www.kuhminsa.com

한발 앞서는 출판사 구민사

# KUH
# MIN
# SA

#604, Mullaebuk-ro 116, Yeongdeungpo-gu
Seoul, Republic of Korea

T. 02 701 7421
F. 02 3273 9642

Email kuhminsa@kuhminsa.co.kr

# 자격증 시험 접수부터 자격증 수령까지

### 필기원서접수
큐넷 회원 가입 후
(www.q-net.or.kr)
**인터넷 접수만 가능**
시진 피일, 접수비
(인터넷 결제) 필요
**응시자격 요건**
반드시 확인할 것

### 필기시험
입실 시간 미준수 시
**시험 응시 불가**
준비물 : 수험표,
신분증, 필기구 지참!

### 합격여부 확인
큐넷 사이트에서 확인
(www.q-net.or.kr)

### 실기원서접수
큐넷 회원 가입 후
(www.q-net.or.kr)
응시 자격 서류는
**실기시험 접수기간
(4일 이내)**에 제출
해야만 접수 가능

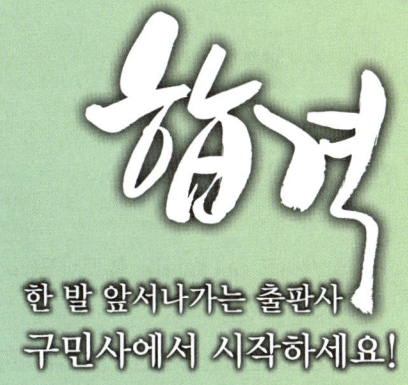

**합격**

한 발 앞서나가는 출판사
구민사에서 시작하세요!

### 실기시험
필답형과 작업형으로 분류. 원서 접수 시 선택한 장소와 시간에 맞게 시험을 봅니다.
**준비물 : 수험표, 신분증, 필기구 지참!**

### 합격여부 확인
**큐넷 사이트**에서 확인
(www.q-net.or.kr)

### 자격증 신청
방문 또는 인터넷 신청 가능. 방문 신청 시 **신분증, 발급 수수료** 지참할 것!

### 자격증 수령
방문 또는 등기 우편 수령 가능. 등기비용을 추가하면 우편으로 받을 수 있습니다.

# CONTENTS

**필답형**

## Part 1 산업재해 예방 및 안전보건 교육

**Chapter 1 안전관리조직** — 1-004
- 용어 정의 — 1-004
- 페일 세이프(Fail safe)와 풀 프루프(Fool proof) — 1-006
- 안전보건관리조직 — 1-006
- 산업안전보건법상의 안전보건조직 체계 — 1-008
- ❖ 예상문제 — 1-024

**Chapter 2 산업안전관리 계획 수립** — 1-040
- 안전보건관리규정 — 1-040
- 안전보건관리계획 및 안전보건 개선계획 — 1-041
- 안전관리자의 증원·교체임명 명령 — 1-043
- 사업장의 산업재해 발생건수 등 공표 — 1-044
- 안전보건 진단 — 1-046
- ❖ 예상문제 — 1-049

**Chapter 3 산업재해 대응** — 1-056
- 재해조사 분석 — 1-056
- 산업재해발생 보고 — 1-059
- 산업재해 발생형태 및 상해 종류 — 1-064
- 산업재해 발생원인, 상해정도 구분 — 1-068
- 재해통계 및 재해사례연구 — 1-070
- 사고발생 및 사고방지 이론 — 1-072
- 재해율의 계산 — 1-075
- 재해손실비의 종류 및 계산 — 1-080
- ❖ 예상문제 — 1-082

**Chapter 4 사업장 안전점검** — 1-105
- 안전점검 — 1-105
- 안전검사 — 1-106
- 자율검사프로그램에 따른 안전검사 — 1-107
- 안전인증 — 1-108

- 자율안전확인    1-111
- 안전인증의 표시    1-112
- 안전인증 및 안전검사 대상 기계, 기구    1-113
- ❖ 예상문제    1-116

## Chapter 5 산업안전보건 교육    1-125
- 안전교육 목적 및 필요성    1-125
- 학습이론    1-126
- 학습조건    1-128
- 안전보건교육계획 수립 및 실시    1-129
- 학습목적 및 교육의 단계    1-130
- 교육실시 방법의 종류    1-132
- 안전보건관리책임자 등에 대한 직무교육    1-135
- ❖ 예상문제    1-151

## Chapter 6 산업안전 심리    1-163
- 착각, 착시현상    1-163
- 주의와 부주의    1-166
- 안전사고와 사고심리    1-167
- 재해빈발성 이론    1-171
- 노동과 피로    1-172
- 리더십과 헤드십    1-175
- 동기부여 이론    1-177
- 무재해운동과 위험예지훈련    1-179
- ❖ 예상문제    1-182

## Chapter 7 산업안전보건법    1-190
- 안전ㆍ보건조치    1-190
- 공정안전보고서    1-192
- 유해ㆍ위험방지 계획서    1-196
- 건강진단    1-200
- 작업시작 전 점검    1-204
- 관리감독자의 유해위험방지업무    1-206
- ❖ 예상문제    1-213

## Part 2 기계·기구 및 설비 안전 관리

### Chapter 1 기계작업 공정 특성 분석 / 기계안전시설 관리 — 1-224

- 기계의 위험요인 — 1-224
- 기계 설비의 안전조건 및 본질안전 — 1-227
- 방호장치의 분류 — 1-228
- 작업점 가드 — 1-231
- 응력, 강도 및 안전율 — 1-233
- 공작기계의 안전 — 1-233
- 기타 공작기계 안전조치 — 1-242
- 목재가공용 둥근톱 작업의 안전 — 1-243
- 동력식 수동대패 작업의 안전 — 1-244
- 목재가공용 기계의 방호장치 — 1-245
- 예초기 — 1-245
- 금속절단기 — 1-246
- 포장기계(진공포장기, 랩핑기) — 1-246
- 식품 가공용 기계의 위험 방지 — 1-247
- 프레스작업의 안전 — 1-248
- 롤러기 — 1-255
- 원심기 — 1-256
- 아세틸렌 용접장치 — 1-257
- 가스집합 용접장치 — 1-260
- 보일러 — 1-261
- 압력용기 — 1-264
- 공기압축기 — 1-264
- 산업용 로봇 — 1-266
- ❖ 예상문제 — 1-268

### Chapter 2 양중 및 운반기계 / 안전시설 관리 — 1-285

- 운반기계 — 1-285
- 지게차 — 1-286
- 구내운반차 — 1-290
- 고소작업대 — 1-291
- 화물자동차 — 1-293

- 컨베이어   1-294
- 차량계 건설기계   1-295
- 항타기, 항발기   1-297
- 양중기   1-298
- 양중기의 와이어로프   1-306
- ❖ 예상문제   1-310

## Part 3 전기 및 화학설비 안전 관리

### Chapter 1 전기작업 안전 관리 / 정전기 위험 관리 / 전기 방폭 관리   1-320

- 전기의 위험성   1-320
- 전기설비 및 기기   1-322
- 전기작업 안전   1-324
- 정전전로에서의 전기작업(정전작업)   1-327
- 충전전로에서의 전기작업(활선작업)   1-328
- 충전전로 인근에서의 차량·기계장치 작업   1-330
- 전격재해 예방 및 조치   1-330
- 아크용접장치   1-336
- 절연용 안전장구   1-338
- 전기화재의 원인 및 예방대책   1-339
- 접지시스템(KEC 규정)   1-341
- 피뢰시스템   1-346
- 화재대책   1-349
- 정전기의 발생 및 재해방지대책   1-351
- 방폭구조   1-354
- ❖ 예상문제   1-361

| Chapter 2 | 화학물질 안전 관리 실행 / 화공 안전 점검 | |
|---|---|---|
| | / 화재·폭발·누출 사고 예방 | 1-384 |
| | • 위험물의 정의 및 종류 | 1-384 |
| | • 노출기준 | 1-388 |
| | • 공정안전보고서 | 1-389 |
| | • 물질안전보건자료 | 1-392 |
| | • 신규화학물질의 유해성·위험성 조사보고서 | 1-397 |
| | • 위험물 취급의 안전 | 1-400 |
| | • 가연성가스 취급 시 주의사항 | 1-402 |
| | • 밀폐공간에서의 건강장애 예방, 환기장치 | 1-403 |
| | • 연소 및 폭발의 구분 | 1-407 |
| | • 가스누출감지 경보기 및 내화기준 | 1-412 |
| | • 폭발 등급 및 안전 간격 | 1-415 |
| | • 폭발범위(폭발한계), 완전연소조성농도, 위험도 | 1-416 |
| | • 화학설비 및 그 부속설비 | 1-421 |
| | • 특수화학설비 | 1-425 |
| | • 반응기, 증류탑, 열교환기 | 1-426 |
| | • 건조설비 | 1-428 |
| | • 제어장치 및 안전장치 | 1-430 |
| | • 배관의 이상 현상 | 1-432 |
| | • 화재종류 및 소화 | 1-433 |
| | • 작업환경 개선 | 1-436 |
| | • 배기 및 환기 | 1-437 |
| | • 소음과 노출기준 | 1-437 |
| | ❖ 예상문제 | 1-441 |

## Part 4 건설공사 안전 관리

### Chapter 1 건설공사 특성 분석 / 건설현장 안전시설 관리  1-464

- 지반의 조사   1-464
- 지반의 이상 현상 및 안전대책   1-465
- 건설업 등의 산업재해 예방   1-467
- 산업안전보건관리비(안전관리비) 계상 및 사용   1-469
- 산업안전보건관리비의 항목별 사용 내역 및 기준   1-472
- 사전조사 및 작업계획서   1-475
- 유해위험방지계획서를 제출해야 될 건설공사   1-479
- 작업지휘자 지정 및 일정 신호방법 결정   1-481
- 굴삭장비(굴착기계)   1-482
- 안전수칙   1-483
- 항타기 및 항발기   1-486
- 컨베이어   1-487
- 화물자동차   1-488
- 고소작업대   1-489
- 구내운반차   1-490
- 지게차   1-490
- 양중기   1-494
- 양중기의 안전수칙   1-496
- 추락위험방지   1-504
- 추락방지설비   1-505
- 안전대   1-507
- 토석붕괴 위험성   1-508
- 터널굴착공사 안전   1-511
- 교량작업 및 채석작업 시 안전   1-513
- 낙하·비래 예방대책   1-515
- 비계의 종류 및 기준   1-515
- 비계작업 시 안전조치   1-519
- 작업통로 설치기준   1-520
- 계단, 이동식 사다리, 작업발판 등의 설치   1-522
- 거푸집 및 거푸집 동바리 안전   1-524

| | | |
|---|---|---|
| | • 콘크리트 타설 작업 및 철골공사 안전 | 1-526 |
| | • 해체공사 | 1-528 |
| | • 운반, 하역작업 안전 | 1-528 |
| | ❖ 예상문제 | 1-530 |

### Part 5 산업안전 보호장비 관리

- 산업안전 보호장비 관리  1-566
- 안전인증 대상 보호구의 종류별 특성 및 성능기준, 시험방법  1-568
- 안전보건표지  1-588
- ❖ 예상문제  1-592

### Part 6 건설공사 위험성 평가

**Chapter 1 건설공사 위험성 평가 사전 준비하기**  1-606
- 사업장의 위험성 평가  1-606
- 사전조사  1-609

**Chapter 2 건설공사 유해 · 위험 요인 파악하기**  1-613
- 건설공사 유해 · 위험 요인 파악  1-613

**Chapter 3 건설공사 위험성 결정하기**  1-617
- 위험성 결정하기  1-617

**Chapter 4 건설공사 위험성 감소 대책 수립하기**  1-623
- 위험성 감소 대책 수립 및 실행  1-623

**Chapter 5 건설공사 위험성 감소 대책 타당성 검토하기**  1-627
- 위험성 감소 대책 타당성 검토  1-627
- 위험성 평가의 공유  1-628
- ❖ 예상문제  1-629

## Part 7 실기 [필답형] 기출문제

- **2013년**
  - 4월 21일 시행 — 1-634
  - 7월 14일 시행 — 1-646
  - 10월 6일 시행 — 1-654

- **2014년**
  - 4월 20일 시행 — 1-661
  - 7월 6일 시행 — 1-669
  - 10월 5일 시행 — 1-677

- **2015년**
  - 4월 18일 시행 — 1-686
  - 7월 11일 시행 — 1-693
  - 10월 3일 시행 — 1-699

- **2016년**
  - 4월 19일 시행 — 1-707
  - 7월 12일 시행 — 1-715
  - 10월 5일 시행 — 1-724

- **2017년**
  - 4월 27일 시행 — 1-733
  - 7월 13일 시행 — 1-739
  - 10월 19일 시행 — 1-745

- **2018년**
  - 4월 14일 시행 — 1-752
  - 6월 30일 시행 — 1-760
  - 10월 6일 시행 — 1-768

- **2019년**
  - 4월 13일 시행 — 1-773
  - 6월 29일 시행 — 1-779
  - 10월 12일 시행 — 1-788

- **2020년**
  - 5월 24일 시행 — 1-795
  - 7월 25일 시행 — 1-802
  - 10월 17일 시행 — 1-811
  - 11월 29일 시행 — 1-819

- **2021년**
  - 4월 25일 시행 — 1-828
  - 7월 11일 시행 — 1-835
  - 10월 16일 시행 — 1-844

| | | | |
|---|---|---|---|
| • 2022년 | 5월 7일 시행 | | 1-851 |
| | 7월 24일 시행 | | 1-859 |
| | 10월 16일 시행 | | 1-866 |
| • 2023년 | 4월 23일 시행 | | 1-872 |
| | 7월 23일 시행 | | 1-879 |
| | 10월 7일 시행 | | 1-886 |
| • 2024년 | 4월 27일 시행 | | 1-895 |
| | 7월 24일 시행 | | 1-905 |
| | 10월 19일 시행 | | 1-914 |

### 작업형

**Part 1 실기 [작업형] 과목별 요약정리 기출문제**

| | | |
|---|---|---|
| 01 | 기계 · 기구 및 설비 안전 관리 | 2-004 |
| 02 | 전기설비 안전 관리 | 2-064 |
| 03 | 화학설비 안전 관리 | 2-102 |
| 04 | 건설공사 안전 관리 | 2-153 |
| 05 | 보호구 | 2-247 |
| 06 | 건설공사 위험성 평가 | 2-286 |

## Part 2
### 실기
### [작업형]
### 기출문제

- **2013년**
  - 1회 1부  산업안전기사   2-300
  - 1회 2부  산업안전기사   2-303
  - 2회 1부  산업안전기사   2-307
  - 2회 2부  산업안전기사   2-310
  - 3회 1부  산업안전기사   2-314
  - 3회 2부  산업안전기사   2-318

- **2014년**
  - 1회 1부  산업안전기사   2-322
  - 1회 2부  산업안전기사   2-326
  - 1회 3부  산업안전기사   2-331
  - 2회 1부  산업안전기사   2-335
  - 2회 2부  산업안전기사   2-338
  - 2회 3부  산업안전기사   2-342
  - 3회 1부  산업안전기사   2-345
  - 3회 2부  산업안전기사   2-349
  - 3회 3부  산업안전기사   2-353

- **2015년**
  - 1회 1부  산업안전기사   2-357
  - 1회 2부  산업안전기사   2-361
  - 1회 3부  산업안전기사   2-366
  - 2회 1부  산업안전기사   2-370
  - 2회 2부  산업안전기사   2-374
  - 2회 3부  산업안전기사   2-378
  - 3회 1부  산업안전기사   2-382
  - 3회 2부  산업안전기사   2-386
  - 3회 3부  산업안전기사   2-390

- **2016년**
  - 1회 1부  산업안전기사   2-394
  - 1회 2부  산업안전기사   2-398
  - 1회 3부  산업안전기사   2-402
  - 2회 1부  산업안전기사   2-408
  - 2회 2부  산업안전기사   2-413

|  |  |  |
|---|---|---|
|  | 3회 1부  산업안전기사 | 2-416 |
|  | 3회 2부  산업안전기사 | 2-420 |
|  | 3회 3부  산업안전기사 | 2-424 |
| • 2017년 | 1회 1부  산업안전기사 | 2-429 |
|  | 1회 2부  산업안전기사 | 2-433 |
|  | 1회 3부  산업안전기사 | 2-437 |
|  | 2회 1부  산업안전기사 | 2-441 |
|  | 2회 2부  산업안전기사 | 2-445 |
|  | 2회 3부  산업안전기사 | 2-449 |
|  | 3회 1부  산업안전기사 | 2-454 |
|  | 3회 2부  산업안전기사 | 2-458 |
|  | 3회 3부  산업안전기사 | 2-462 |
| • 2018년 | 1회 1부  산업안전기사 | 2-466 |
|  | 1회 2부  산업안전기사 | 2-470 |
|  | 1회 3부  산업안전기사 | 2-474 |
|  | 2회 1부  산업안전기사 | 2-479 |
|  | 2회 2부  산업안전기사 | 2-483 |
|  | 2회 3부  산업안전기사 | 2-487 |
|  | 3회 1부  산업안전기사 | 2-491 |
|  | 3회 2부  산업안전기사 | 2-495 |
|  | 3회 3부  산업안전기사 | 2-499 |
| • 2019년 | 1회 1부  산업안전기사 | 2-503 |
|  | 1회 2부  산업안전기사 | 2-508 |
|  | 1회 3부  산업안전기사 | 2-513 |
|  | 2회 1부  산업안전기사 | 2-517 |
|  | 2회 2부  산업안전기사 | 2-520 |
|  | 2회 3부  산업안전기사 | 2-525 |
|  | 3회 1부  산업안전기사 | 2-529 |
|  | 3회 2부  산업안전기사 | 2-533 |
|  | 3회 3부  산업안전기사 | 2-537 |

- 2020년
  - 1회 1부 산업안전기사 2-541
  - 1회 2부 산업안전기사 2-546
  - 1회 3부 산업안전기사 2-550
  - 2-1회 1부 산업안전기사 (7월 27일 시행) 2-554
  - 2-1회 2부 산업안전기사 (7월 27일 시행) 2-558
  - 2-2회 1부 산업안전기사 (8월 2일 시행) 2-562
  - 2-2회 2부 산업안전기사 (8월 2일 시행) 2-566
  - 2-2회 3부 산업안전기사 (8월 2일 시행) 2-571
  - 3-1회 1부 산업안전기사 (10월 10일 시행) 2-575
  - 3-1회 2부 산업안전기사 (10월 10일 시행) 2-579
  - 3-1회 3부 산업안전기사 (10월 10일 시행) 2-583
  - 3-2회 1부 산업안전기사 (10월 12일 시행) 2-587
  - 4회 1부 산업안전기사 2-591
  - 4회 2부 산업안전기사 2-595
  - 4회 3부 산업안전기사 2-599

- 2021년
  - 1회 1부 산업안전기사 2-603
  - 1회 2부 산업안전기사 2-608
  - 1회 3부 산업안전기사 2-613
  - 2회 1부 산업안전기사 2-619
  - 2회 2부 산업안전기사 2-624
  - 2회 3부 산업안전기사 2-630
  - 3회 1부 산업안전기사 2-636
  - 3회 2부 산업안전기사 2-641
  - 3회 3부 산업안전기사 2-645

- 2022년
  - 1회 1부 산업안전기사 2-651
  - 1회 2부 산업안전기사 2-657
  - 1회 3부 산업안전기사 2-662
  - 1회 4부 산업안전기사 2-667
  - 2회 1부 산업안전기사 2-672
  - 2회 2부 산업안전기사 2-676
  - 2회 3부 산업안전기사 2-681

|  |  |  |
|---|---|---|
|  | 3회 1부 산업안전기사 | 2-686 |
|  | 3회 2부 산업안전기사 | 2-692 |
|  | 3회 3부 산업안전기사 | 2-697 |
| • 2023년 | 1회 1부 산업안전기사 | 2-704 |
|  | 1회 2부 산업안전기사 | 2-709 |
|  | 1회 3부 산업안전기사 | 2-716 |
|  | 1회 4부 산업안전기사 | 2-723 |
|  | 2회 1부 산업안전기사 | 2-728 |
|  | 2회 2부 산업안전기사 | 2-733 |
|  | 2회 3부 산업안전기사 | 2-739 |
|  | 3회 1부 산업안전기사 | 2-745 |
|  | 3회 2부 산업안전기사 | 2-750 |
|  | 3회 3부 산업안전기사 | 2-756 |
| • 2024년 | 1회 1부 산업안전기사 | 2-762 |
|  | 1회 2부 산업안전기사 | 2-767 |
|  | 1회 3부 산업안전기사 | 2-772 |
|  | 1회 4부 산업안전기사 | 2-777 |
|  | 2회 1부 산업안전기사 | 2-783 |
|  | 2회 2부 산업안전기사 | 2-788 |
|  | 2회 3부 산업안전기사 | 2-795 |
|  | 3회 1부 산업안전기사 | 2-800 |
|  | 3회 2부 산업안전기사 | 2-805 |
|  | 3회 3부 산업안전기사 | 2-810 |

**별책 부록**

파이널 스마트북(필답형)
파이널 스마트북(작업형)
안전보건표지의 종류와 형태

# HOW TO STUDY

### 산업안전 실기 이렇게 공부하세요

산업안전은 계산문제가 많지 않아 많은 분들이 시작할 땐 만만하게 생각하지만 막상 최종 합격이 그리 쉬운 시험은 아닙니다. 2차 6과목, 3차 작업형까지 방대한 공부량이 문제입니다.

필기시험 후 실기까지 시험기간은 불과 1달~1달 반 정도입니다. 한달 남짓한 기간동안 누구나 두꺼운 책 한권을 정확히 암기하기란 불가능합니다.

그렇다면 어떻게 공부해야 한번에 합격할 수 있는가? 지금부터 산업안전 실기 합격비결을 알려드립니다.

**1.** 내용 전부를 정확히 암기하겠다는 욕심을 버리세요. 60점만 받아도 합격입니다. 최종점수 60점 중 2차 필답형의 목표점수는 30점입니다. 물론 30점 이상 받으신다면 합격 안정권에 들게 되고, 30점 이하라도 실망하실 필요는 없습니다. 작업형에 40점의 점수가 남아있습니다.

**2.** 우선, 공부계획을 세울 때 6과목 중 비중이 높은 과목에 당연히 더 많은 시간을 투자하여야 합니다.
- 산업재해 예방 및 안전보건교육 : 50%
- 위험성 평가 관리 : 10%
- 기계·기구 및 설비 안전 관리 : 10%
- 전기설비 안전 관리 : 10%
- 화학설비 안전 관리 : 10%
- 건설공사 안전 관리 : 20%

**3.** 자주 출제되는 단골문제에서 점수를 놓쳐선 안 됩니다.
첫 번째, 필답형 예상문제 중 별표 3개(★★★) 문제부터 공략하세요.
- 재해율 계산 : 4~5점
- 산업안전보건법(안전조직의 안전직무, 안전보건표지, 사업 내 안전교육 내용, 안전인증 대상 등) : 4~5점
- 기계의 방호장치 및 작업시작 전 점검 : 4~5점

이렇게 눈에 보이는 문제에서 12~15점을 확보하고 시작하여야 합니다.
두 번째, 별표 2개(★★)는 법규의 내용은 아니지만 자주 출제되는 내용들입니다. 암기하여야 하는 문제는 별표 3개~2개까지입니다. 이제 공부량이 절반 이상 줄었을 것입니다.
예상문제 중 별표 3개~ 2개의 문제들은 10번 이상 적으며 암기하세요.

세 번째, 별표 1개(★)는 암기하지 말고 나올 때마다 읽고 넘어가세요.
출제되어도 배점이 낮은 문제들로, 1~2점씩의 부분점수를 얻기 위한 문제들입니다.

4. 공부시간이 많지 않으므로 내용부터 전체를 훑겠다는 생각은 무리입니다. 반드시 예상문제부터 공부하세요. 과목별 내용은 예상문제 풀이를 하다가 정리가 안 되는 부분을 정리하기 위한 정도로 활용하는 것이 좋습니다. 내용으로만 공부한 것은 막상 시험장에서 실패할 확률이 높습니다. 답을 보지 않은 상태에서 문제가 무엇을 묻고 있는지부터 생각해 보아야 합니다. 시험장에서 답은 알고 있었으나 적지 못하거나 다른 답을 적고 나오는 수험생들이 많습니다. 이유는 공부할 때 문제를 고민해 보지 않았기 때문입니다. 무엇을 묻고 있는지 정확히 판단하여야 정확한 답을 적을 수 있습니다. 기출문제만 공부하는 것 또한 위험합니다. 기출에 출제되진 않았으나 출제가 예상되는 부분까지 반드시 공부하여야 합니다. 예상문제 공부를 충실히 한 후 기출문제를 풀어보세요.

5. 예상문제를 공부하였으나 기출문제로 넘어가면 처음 보는 문제들에 당황할 수 있습니다. 필답형 13~15문제 중 2~3문제는 낯선 문제들이 출제되고 있습니다. 시험을 앞두고 이런 문제들만 정리하고 암기하는 것은 불합격의 지름길입니다. 점수를 낮추기 위한 문제들은 다음 시험에는 또 새로운 유형으로 출제된다는 것을 기억하세요.

6. 실기공부는 눈으로만 공부하여서는 절대 안 됩니다. 필기 때의 눈으로 보던 공부습관을 빨리 버려야 실기에 합격할 수 있습니다. 펜을 들고 반복하여 적으세요. 눈으로만 한 공부는 시험장에서 머리에만 맴돌 뿐 답을 적고 나올 수 없습니다. 10번 이상 읽으면 단어가 기억나고, 10번 이상 적어야 문장이 적어집니다.

7. 긴 문장은 암기가 어렵습니다. 핵심단어 위주로 문장을 줄여 암기하세요. 법규 내용 그대로 적지 않아도 충분히 점수를 받을 수 있습니다.

'노력하는 자가 이룬다'라고 합니다.
수험생 여러분들 열심히 하셔서 모두 합격하시길 기원드립니다.

# HOW TO STUDY

**작업형 실기** 이렇게 공부하세요

작업형 시험에서 가장 주의해야 할 점은 시험에서 주어지는 동영상에 의지하여 답을 작성하는 것입니다. 언뜻 이해가 안 될 수도 있습니다. 동영상 시험은 당연히 동영상을 보고 답을 적어야 하는 것 아닌가요? 물론, 반드시 동영상을 확인하고 답을 적어야 하는 경우도 있으나, 80%의 문제는 동영상을 보는 것이 더 함정에 빠질 수 있습니다.

그렇다면 어떻게 답을 적어야 할까요?

작업형 시험은 필답형 시험과 같은 시험지가 주어지고 문제마다 동영상 화면이 제공됩니다. 우선, 동영상을 보지 않은 상태에서 시험지를 읽고 답을 적을 수 있는 문제부터 답안을 마무리 하세요. 그 다음 반드시 동영상을 확인하여야만 답을 적을 수 있는 문제들을 해결하여야 합니다.(동영상은 제공되는 개별 컴퓨터로 다시보기 할 수 있습니다.)

예를 들어보면, 동영상 화면에서는 작업자가 밀폐공간에 들어가는 장면은 잠시 보이고, 주변에 기름통이 널려있고 정리정돈이 안 된 상태에서 용접불꽃을 붙이는 순간 폭발하는 장면이 나옵니다. 화면은 주변의 기름통과 폭발 장면을 반복하여 보여주다 정지합니다. 시험지에는 밀폐공간 작업 시 위험을 적으라고 되어 있습니다. 밀폐공간의 위험은 첫 번째가 '산소결핍에 의한 질식'입니다. 하지만 동영상을 먼저 보신 분들은 '주변 인화성 물질에 의한 폭발'이라고 적을 확률이 높습니다. 시험지를 먼저 보신 분들은 고민 없이 '산소결핍에 의한 질식'을 답으로 적을 것입니다. 이처럼 동영상을 먼저 보는 것이 정답을 적는데 방해로 작용하는 경우가 많이 있습니다. 공부할 때도 마찬가지로 교재의 그림에 의지해서는 안 됩니다. 여러 수험생들이 기출에서 봤던 기계가 나오면 생각 없이 기출에서 암기한 답을 적고 나오는 실수를 하고 있습니다.

작업형 공부에서 교재의 그림과 답을 기억하는 것은 아주 위험한 공부방법입니다. 그림은 참고로만 활용하세요. 시험에서의 동영상은 절대 공개되지 않으므로 교재의 그림과 시험의 동영상이 동일하다는 생각은 잘못된 생각입니다.

작업형 시험은 대부분이 기출문제에서 반복되고 있습니다. 가장 좋은 공부 방법은 기출문제를 잘 암기하는 것입니다. 여기서 주의할 것은 문제를 이해하지 못한 상태에서 무턱대고 답을 암기하는 것입니다.

문제부터 이해하고 그다음 답을 기억하여야 합니다. 예를 들면 과년도 기출문제에는 롤러기 점검 중 사고가 나왔으나 막상 시험에는 모르는 기계 점검 중 사고가 나올 수 있습니다. 알지 못하는 기계라고 답을 고민할 필요는 없습니다. 문제를 여러 번 읽으며 문제가 묻고 있는 것을 생각하세요. 결국 문제가 묻고 있는 것은 기계점검 시 주의사항입니다. 문제를 파악하였다면 기출에서 공부했던 유사한 문제의 답을 떠올려 보세요. 답은 롤러기 점검 중 주의사항과 같다는 것입니다. 점수를 잘 받기 위한 비결은 시험지를 꼼꼼히 읽어보고 문제의 핵심을 파악하는 것입니다.

작업형은 필답형 시험을 친 후 5일 정도면 충분히 준비할 수 있습니다. 대신 5일을 정말 열심히 하여야 합니다. 필답형 점수가 예상보다 잘 나왔을 경우 작업형 시험을 소홀히 여기는 수험생들이 많이 있습니다. 꼭 기억하세요. 작업형에도 45점의 점수가 남아있습니다. 필답형에서 20점을 받으셨더라도 합격할 수 있습니다. 물론 필답형에서 40점을 받은 분도 불합격 할 수 있습니다.

여기까지, 온·오프라인에서 산업안전기사 강의를 해온 저의 경험을 바탕으로 수험생 여러분들의 합격을 바라는 진심어린 마음을 담아 공부 방법을 적어보았습니다.

두서없는 긴 글이었지만, 산업안전을 공부하시는 수험생 여러분께 조금이나마 도움이 되었으면 합니다.

긴 시간 열심히 달려오시느라 정말 고생하셨습니다. 필답형 시험 후에 작업형 준비가 많이 지치고 힘들 것입니다. 남은 며칠만 더 고생하면 정말 마지막입니다.
합격의 기쁨을 생각하며, 마지막까지 힘내세요!

## 40일 완성 계획표

| 일수 | 계획 | 체크(✓) |
|---|---|---|
| 1일 | 필답형 산업재해 예방 및 안전보건교육 예상문제 | ☐ |
| 2일 | 필답형 산업재해 예방 및 안전보건교육 예상문제 | ☐ |
| 3일 | 필답형 산업재해 예방 및 안전보건교육 예상문제 | ☐ |
| 4일 | 필답형 산업재해 예방 및 안전보건교육 예상문제 | ☐ |
| 5일 | 필답형 기계·기구 및 설비 안전 관리 예상문제 | ☐ |
| 6일 | 필답형 기계·기구 및 설비 안전 관리 예상문제 | ☐ |
| 7일 | 필답형 전기 및 화학설비 안전 관리 예상문제 | ☐ |
| 8일 | 필답형 전기 및 화학설비 안전 관리 예상문제 | ☐ |
| 9일 | 필답형 건설공사 안전 관리 예상문제 | ☐ |
| 10일 | 필답형 건설공사 안전 관리 예상문제 | ☐ |
| 11일 | 필답형 산업안전 보호장비 관리 예상문제 | ☐ |
| 12일 | 필답형 산업안전 보호장비 관리 예상문제 | ☐ |
| 13일 | 필답형 건설공사 위험성 평가 예상문제 | ☐ |
| 14일 | 필답형 건설공사 위험성 평가 예상문제 | ☐ |
| 15일 | 필답형 산업재해 예방 및 안전보건교육 예상문제 2번째 복습 | ☐ |
| 16일 | 필답형 산업재해 예방 및 안전보건교육 예상문제 2번째 복습 | ☐ |
| 17일 | 필답형 기계·기구 및 설비 안전 관리 예상문제 2번째 복습 | ☐ |
| 18일 | 필답형 기계·기구 및 설비 안전 관리 예상문제 2번째 복습 | ☐ |
| 19일 | 필답형 건설공사 안전 관리 예상문제 2번째 복습 | ☐ |
| 20일 | 필답형 산업안전 보호장비 관리 2번째 복습 | ☐ |
| 21일 | 필답형 건설공사 위험성 평가 예상문제 2번째 복습 | ☐ |
| 22일 | 필답형 산업재해 예방 및 안전보건교육 3번째 복습 | ☐ |
| 23일 | 필답형 기계·기구 및 설비 안전 관리, 전기 및 화학설비 안전 관리 예상문제 3번째 복습 | ☐ |
| 24일 | 필답형 기계·기구 및 설비 안전 관리, 전기 및 화학설비 안전 관리 예상문제 3번째 복습 | ☐ |
| 25일 | 필답형 건설공사 안전 관리, 산업안전 보호장비 관리 예상문제 3번째 복습 | ☐ |
| 26일 | 필답형 건설공사 위험성 평가 예상문제 3번째 복습 | ☐ |
| 27일 | 필답형 산업재해 예방 및 안전보건교육, 기계·기구 및 설비 안전 관리 4번째 복습 | ☐ |
| 28일 | 필답형 전기 및 화학설비 안전 관리, 건설공사 안전 관리 예상문제 4번째 복습 | ☐ |
| 29일 | 필답형 산업안전 보호장비 관리, 건설공사 위험성 평가 예상문제 4번째 복습 | ☐ |
| 30일 | 필답형 기출문제 2013~2015 | ☐ |
| 31일 | 필답형 기출문제 2016~2019 | ☐ |
| 32일 | 필답형 기출문제 2020~2024 | ☐ |
| 33일 | 예상문제 틀린문제 다시보기 5번째 복습 | ☐ |
| 34일 | 기출문제 틀린문제 다시보기 | ☐ |
| 35일 | 예상문제 및 기출문제 틀린문제 다시보기 6번째 복습 | ☐ |
| 36일 | 작업형 기출문제 | ☐ |
| 37일 | 작업형 기출문제 | ☐ |
| 38일 | 작업형 기출문제 | ☐ |
| 39일 | 작업형 기출문제 | ☐ |
| 40일 | 작업형 기출문제 | ☐ |

# INSTRUCTION MANUAL

이 책의 **사용설명서**

**01** 법규로 구성된 본문 참고

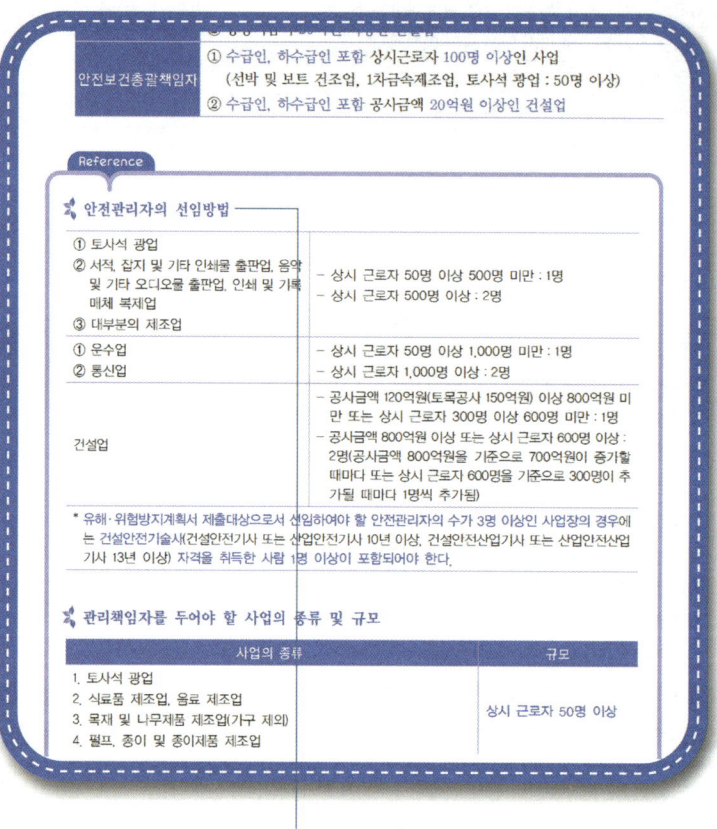

● 법규로 구성된 본문 참고

산업안전기사 실기는 필답형과 작업형 두 파트로 나누어져 있습니다.
산업안전기사 공부에 필요한 **주요 내용을 수록**하였습니다.
교재의 80% 내용은 산업안전보건법을 기준으로 하였습니다.
**반드시 알아야 할 법규내용만을 정리하여 편하고 알기 쉽게 설명**하였습니다.

**02** 별(★)의 갯수에 따른 중요도 표시 및 예상문제 수록

● 각 항목별 주요 개요   ● 저자의 특급 암기법

내용의 **중요도에 따라 별표**로 구분하였으며, 이해하기 쉽게 자세하면서도 편리하게 구성하였습니다.
**산업안전보건법 개정내용에 맞추어** 각 단원이 끝나면 저자가 **엄선한 예상문제**를 통해 내용을 학습해 봅니다.
상세한 **해설과 참고**를 통해 문제를 잘 이해할 수 있습니다.

## 03 필답형 & 작업형 기출문제 수록

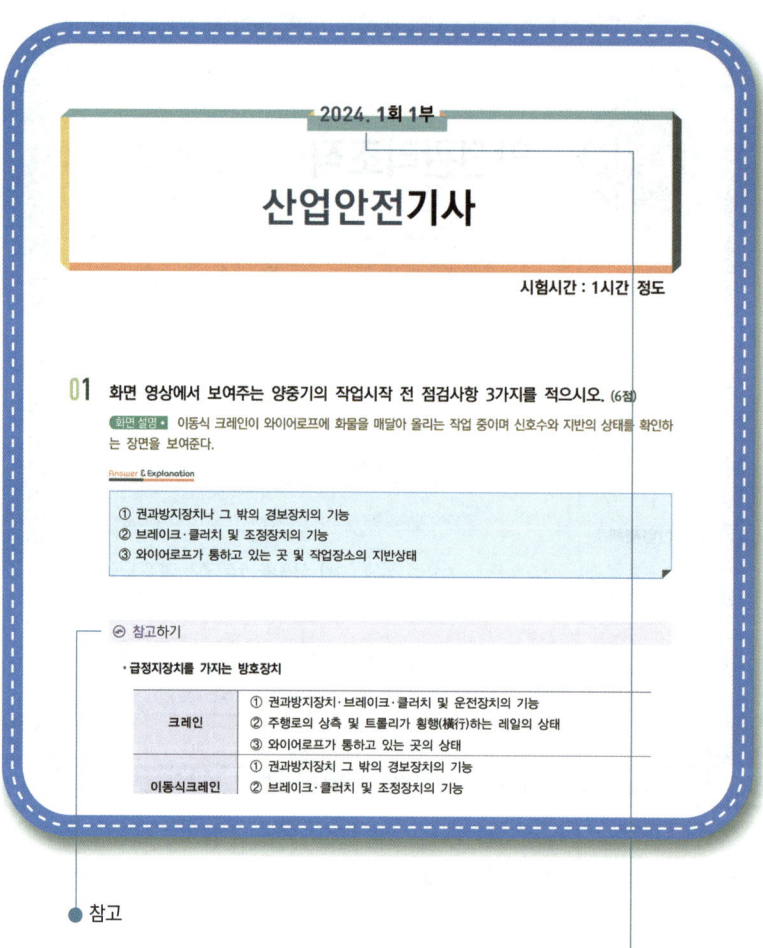

● 참고

실기[필답형]기출문제/실기[작업형]기출문제 수록 ●

실기[필답형] 기출문제, 실기[작업형] 기출문제의 해설에는 문제 "참고"가 실려 있습니다. 파이널 스마트북(필답형 & 작업형)과 안전보건표지의 종류와 형태를 별도로 제작하였습니다. 꼭 소지하시면서 공부하시기 바랍니다.

# 출제기준

| 직무분야 | 안전관리 | 중직무분야 | 안전관리 | 자격종목 | 산업안전기사 | 적용기간 | 2024.1.1~ 2026.12.31 |
|---|---|---|---|---|---|---|---|

| 직무내용 | 제조 및 서비스업 등 각 산업현장에 소속되어 산업재해 예방계획의 수립에 관한 사항을 수행하며, 작업환경의 점검 및 개선에 관한 사항, 유해 및 위험방지에 관한 사항, 사고사례 분석 및 개선에 관한 사항, 근로자의 안전교육 및 훈련 등을 수행하는 직무이다. |
|---|---|
| 수행준거 | 1. 사업장의 안전한 작업환경을 구성하기 위해 산업안전계획과 재해예방계획, 안전보건관리 규정을 수행할 수 있는 산업안전관리 매뉴얼을 개발할 수 있다.<br>2. 관련 공정의 특수성을 분석하여, 안전 관리 상 고려사항을 조사하고, 관련자료 및 기계위험에 대한 안전조건 분석 등을 수행할 수 있다.<br>3. 사업장 내 발생한 사고에 대한 신속한 조치를 통하여 추가 피해를 방지하고, 사고 원인에 대한 분석을 실시하여 향후 발생할 수 있는 산업재해를 예방할 수 있다.<br>4. 사업장 안전점검이란 안전점검계획 수립과 점검표 작성을 통해 안전점검 을 실행하고 이를 평가하는 능력이다.<br>5. 근로자 안전과 관련한 안전시설을 관련법령과 기준, 지침에 따라 관리 할 수 있다.<br>6. 근로자 안전과 관련한 보호구와 안전장구를 관련법령, 기준, 지침에 따라 관리 할 수 있다.<br>7. 정전기로 인해 발생할 수 있는 전기안전사고를 예방하기 위하여 정전기 위험요소를 파악하고 제거할 수 있다.<br>8. 전기로 인해 발생할 수 있는 폭발 사고를 방지하기 위해, 사고 위험요소를 파악하고 대응할 수 있다.<br>9. 작업 중 발생할 수 있는 전기사고로부터 근로자를 보호하기 위해 안전하게 전기작업을 수행하도록 지원하고 예방할 수 있다.<br>10. 작업장에서 발생할 수 있는 관련 사고를 예방하기 위해 관련 요소를 파악하고 계획을 수립 할 수 있다.<br>11. 화학물질에 대한 유해·위험성을 파악하고, MSDS를 활용하여 제반 안전활동을 수행 할 수 있다.<br>12. 화학공정 시설에서 발생할 수 있는 안전사고를 방지하기 위해 안전점검계획을 수립하고 안전점검표에 따라 안전점검을 실행하며 안전점검 결과를 평가할 수 있다.<br>13. 건설공사와 관련된 특수성을 분석하고 공사와 연관된 안전관리의 고려사항과 기존의 관련공사자료를 활용하여 안전관리업무에 적용할 수 있다.<br>14. 근로자 안전과 관련한 건설현장 안전시설을 관련법령과 기준, 지침에 따라 관리 할 수 있다.<br>15. 건설 작업 중 발생할 수 있는 유해·위험요인을 파악하여 감소대책을 수립하고, 평가보고서 작성 후 평가결과를 환류하여 건설현장 내 유해·위험요인을 관리 할 수 있다. |

| 실기검정방법 | 복합형 | 시험시간 | 2시간 30분 정도<br>(필답형 1시간 30분, 작업형 1시간 정도) |
|---|---|---|---|

| 실기과목명 | 주요 항목 | 세부 항목 | |
|---|---|---|---|
| 산업안전 실무 | 1. 산업안전관리 계획수립 | 1. 산업안전계획 수립하기 | 2. 산업재해예방계획 수립하기 |
| | | 3. 안전보건관리규정 작성하기 | 4. 산업안전관리 매뉴얼 개발하기 |
| | 2. 기계작업공정 특성 분석 | 1. 안전관리상 고려사항 결정하기 | |
| | | 2. 관련 공정 특성 분석하기 | |
| | | 3. 유사 공정 안전관리 사례 분석하기 | |
| | | 4. 기계 위험 안전조건 분석하기 | |
| | 3. 산업재해 대응 | 1. 산업재해 처리 절차 수립하기 | 2. 산업재해자 응급조치하기 |
| | | 3. 산업재해원인 분석하기 | 4. 산업재해 대책 수립하기 |
| | 4. 사업장 안전점검 | 1. 산업안전 점검계획 수립하기 | 2. 산업안전 점검표 작성하기 |
| | | 3. 산업안전 점검 실행하기 | 4. 산업안전 점검 평가하기 |
| | 5. 기계안전시설 관리 | 1. 안전시설 관리 계획하기 | 2. 안전시설 설치하기 |
| | | 3. 안전시설 관리하기 | |
| | 6. 산업안전 보호장비관리 | 1. 보호구 관리하기 | 2. 안전장구 관리하기 |
| | 7. 정전기 위험관리 | 1. 정전기 발생방지 계획수립하기 | 2. 정전기 위험요소 파악하기 |
| | | 3. 정전기 위험요소 제거하기 | |
| | 8. 전기 방폭 관리 | 1. 사고 예방 계획수립하기 | 2. 전기 방폭 결함요소 파악하기 |
| | | 3. 전기 방폭 결함요소 제거하기 | |
| | 9. 전기작업안전관리 | 1. 전기작업 위험성 파악하기 | 2. 정전작업 지원하기 |
| | | 3. 활선작업 지원하기 | 4. 충전전로 근접작업 안전지원하기 |
| | 10. 화재·폭발·누출사고 예방 | 1. 화재·폭발·누출요소 파악하기 | |
| | | 2. 화재·폭발·누출 예방 계획수립하기 | |
| | | 3. 화재·폭발·누출 사고 예방활동 하기 | |
| | 11. 화학물질 안전관리 실행 | 1. 유해·위험성 확인하기 | 2. MSDS 활용하기 |
| | 12. 화공안전점검 | 1. 안전점검계획 수립하기 | 2. 안전점검표 작성하기 |
| | | 3. 안전점검 실행하기 | 4. 안전점검 평가하기 |
| | 13. 건설공사 특성분석 | 1. 건설공사 특수성 분석하기 | 2. 안전관리 고려사항 확인하기 |
| | | 3. 관련 공사자료 활용하기 | |
| | 14. 건설현장 안전시설 관리 | 1. 안전시설 관리 계획하기 | 2. 안전시설 설치하기 |
| | | 3. 안전시설 관리하기 | 4. 압접시설 적용하기 |
| | 15. 건설공사 위험성평가 | 1. 건설공사 위험성평가 사전준비하기 | |
| | | 2. 건설공사 유해·위험요인파악하기 | |
| | | 3. 건설공사 위험성 결정하기 | |
| | | 4. 건설공사 위험성평가 보고서 작성하기 | |
| | | 5. 건설공사 위험성 감소대책 수립하기 | |
| | | 6. 건설공사 위험성 감소대책 타당성 검토하기 | |

# 산업안전기사 시험정보 안내

| 자격명(영문명) | 산업안전기사(Engineer Industrial Safety) | | |
|---|---|---|---|
| 관련부처 | 고용노동부 | | |
| 시행기관 | 한국산업인력공단 | | |
| 개요 | 생산관리에서 안전을 제외하고는 생산성 향상이 불가능하다는 인식 속에서 산업현장의 근로자를 보호하고 근로자들이 안심하고 생산성 향상에 주력할 수 있는 작업환경을 만들기 위하여 전문적인 지식을 가진 기술인력을 양성하고자 자격제도이다. 산업현장에서의 안전은 근로자의 생명과 직결되는 문제로서 안전을 비롯하여 보건, 환경 등에 대한 중요성이 부각 | | |
| 취득방법 | 관련학과 | 대학 및 전문대학의 안전공학, 산업안전공학, 보건안전학 관련학과 | |
| | 시험 과목 | 필기 | 1. 산업재해 예방 및 안전보건교육<br>2. 인간공학 및 위험성 평가·관리<br>3. 기계·기구 및 설비 안전 관리<br>4. 전기설비 안전 관리<br>5. 화학설비 안전 관리<br>6. 건설공사 안전 관리 |
| | | 실기 | 산업안전실무 |
| | 검정 방법 | 필기 | 객관식 4지 택일형 |
| | | | 과목당 20문항(과목당 30분) |
| | | 실기 | 복합형<br>[필답형(1시간 30분, 55점) + 작업형(1시간 정도, 45점)] |
| | 합격 기준 | 필기 | 100점을 만점으로 하여 과목당 40점 이상,<br>전과목 평균 60점 이상 |
| | | 실기 | 100점을 만점으로 하여 60점 이상 |

## 응시자격

| 기술자격 소지자 | 관련학과 졸업자 | 경력자 |
|---|---|---|
| 동일(유사)분야 기사<br>산업기사 취득 후 1년<br>기능사 취득 후 3년<br>동일종목 외 외국자격 취득자 | 대졸(졸업예정자)<br>3년제 전문대 졸업 후 1년<br>3년제 전문대 졸업 후 2년<br>기사 수준의 훈련과정 이수자<br>산업기사수준 훈련과정 이수 후 2년 | 4년<br>(동일 및 유사분야) |

- 관련학과 : 2년제 대학교 이상의 학교에 개설되어 있는 산업공학과, 안전공학과 등
- 동일직무분야 : 생산관리, 건설, 광업자원, 기계, 재료, 화학, 섬유, 전기, 전자, 정보통신, 식품가공, 인쇄, 목재, 가구, 공예, 농림어업, 환경, 에너지

| 수행직무 | 제조 및 서비스업 등 각 산업현장에 배속되어 산업재해 예방계획의 수립에 관한 사항을 수행 하며, 작업환경의 점검 및 개선에 관한 사항, 유해 및 위험방지에 관한 사항, 사고사례 분석 및 개선에 관한 사항, 근로자의 안전교육 및 훈련에 관한 업무 수행 |
|---|---|
| 진로 및 전망 | 기계, 금속, 전기, 화학, 목재 등 모든 제조업체, 안전관리 대행업체, 산업안전관리 정부기관, 한국산업안전공단 등이 진출할 수 있다. 선진국의 척도는 안전수준으로 우리나라의 경우 재해율이 아직 후진국 수준에 머물러 있어 이에 대한 계속적 투자의 사회적 인식이 높아가고, 안전인증 대상을 확대하여 프레스, 용접기 등 기계·기구에서 이러한 기계·기구의 각종 방호장치까지 안전인증 을 취득하도록 산업안전보건법 시행규칙의 개정에 따른 고용창출 효과가 기대되고 있다. 또한 경제회복국면과 안전보건조직 축소가 맞물림에 따라 산업 재해의 증가가 우려되고 있다. 특히 제조업의 경우 이미 올해 초부터 전년도의 재해율을 상회하고 있어 정부는 적극적인 재해 예방정책 등으로 이 자격증 취득자에 대한 인력수요는 증가할 것이다. |

| 겸정현황 | 종목명 | 연도 | 실기 |||
|---|---|---|---|---|---|
| | | | 응시 | 합격 | 합격률(%) |
| | 산업안전기사 | 2023 | 52,776 | 28,636 | 54.3% |
| | 산업안전기사 | 2022 | 32,473 | 15,681 | 48.3% |
| | 산업안전기사 | 2021 | 29,571 | 15,310 | 51.8% |
| | 산업안전기사 | 2020 | 26,012 | 14,824 | 57% |
| | 산업안전기사 | 2019 | 20,704 | 9,765 | 47.2% |
| | 산업안전기사 | 2018 | 15,755 | 7,600 | 48.2% |
| | 산업안전기사 | 2017 | 16,019 | 7,886 | 49.2% |
| | 산업안전기사 | 2016 | 12,135 | 6,882 | 56.7% |
| | 산업안전기사 | 2015 | 9,692 | 5,377 | 55.5% |
| | 산업안전기사 | 2014 | 7,793 | 3,993 | 51.2% |
| | 산업안전기사 | 2013 | 6,567 | 2,184 | 33.3% |
| | 산업안전기사 | 2012 | 5,251 | 2,091 | 39.8% |
| | 산업안전기사 | 2011 | 6,786 | 2,038 | 30% |
| | 산업안전기사 | 2010 | 7,605 | 2,605 | 34.3% |
| | 산업안전기사 | 2009 | 7,131 | 2,679 | 37.6% |
| | 산업안전기사 | 2008 | 7,702 | 1,927 | 25% |
| | 산업안전기사 | 2007 | 6,322 | 1,645 | 26% |
| | 산업안전기사 | 2006 | 4,402 | 1,612 | 36.6% |
| | 산업안전기사 | 2005 | 2,639 | 1,168 | 44.3% |
| | 산업안전기사 | 2004 | 2,011 | 718 | 35.7% |
| | 산업안전기사 | 2003 | 1,854 | 343 | 18.5% |
| | 산업안전기사 | 2002 | 1,307 | 236 | 18.1% |
| | 산업안전기사 | 1977~2001 | 57,801 | 16,210 | 28.4% |
| | 소 계 | | 340,308 | 151,410 | 44.5% |

| 동향분석 | 검정현황을 살펴보면 점점 응시인원 및 합격률 모두 눈에 띄게 증가하는 추세를 확인할 수 있다. 이는 다양한 산업안전 현장에서 안전에 대한 수요와 관심이 높아졌음을 반영한다. 국가가 점점 선진화가 되고 산업이 빠른 속도로 발달됨에 따라 안전의식도 점점 높아지긴 하지만, 계속해서 뉴스에서는 수많은 안전사고들로 많은 근로자들이 직·간접적으로 피해를 받고 있는 것은 사실이다. 그렇기에 근로자들을 보호하고, 안심하게 일할 수 있는 작업환경을 조성하기 위해서 이와 같은 자격증이 요구되는 것이다. 정부의 적극적인 재해예방대책 등으로 인해 산업안전기사·산업기사의 수요는 앞으로도 더욱 커질 것으로 분석된다. |
|---|---|

## 공학용 계산기 사용법

**01** $e^{-0.9} = 0.41$

shift → ln (shift를 누른 다음 ln을 누르면 ln 위의 $e^{\square}$ 가 입력됨) → 커서를 ㅁ로 이동시켜 - 0.9 = 을 입력한다.

**02** $10^6$

shift → log (shift를 누른 다음 log를 누르면 log 위의 $10^{\square}$ 가 입력 됨) → 커서를 ㅁ로 이동하여 6 = 을 입력한다.

### 03  $2^5$

$x^\square$ → $x$에 2입력 → 커서를 위의 □로 이동 → 5 = 을 입력한다.

### 04  $2^{\frac{3}{10}}$

$x^\square$ → $x$에 2입력 → 커서를 위의 □로 이동 → (3÷10) = 을 입력한다.

### 05  $\log_2(\frac{1}{0.5})$

$\log_\square \square$ → 커서를 아래쪽 네모로 이동 → 아래쪽 네모에 2를 입력 → 커서를 위의 네모로 이동 → (1÷0.5) −을 입력한다. " $\log_\square \square$ → $\log_2 \square$ → $\log_2(1 \div 0.5)$ "

화살표를 이용하여 커서를 이동한다.

**06**   $10\log(10^{\frac{86}{10}} + 10^{\frac{89}{10}})$

10 × log를 누른다. → 괄호 → $10^{\square}$(shift를 누른 다음 log를 누르면 log 위의 $10^{\square}$가 입력됨)를 누르면 커서가 위의 □에 있다. □에 8.6 을 입력 → + → $10^{\square}$(shift를 누른 다음 log를 누르면 log 위의 $10^{\square}$가 입력됨)를 누르면 커서가 위의 □에 있다. □에 8.9 을 입력한다. → 괄호 = 을 입력한다. "10 × → log →( $10^{\square}$8.6 + $10^{\square}$8.9 ) ="

## 07 $\dfrac{1.2-1.0}{\sqrt{\dfrac{1.0}{120,000}\times 1,000,000}}$

분자, 분모의 값을 괄호로 구분하고, 루트 안에 포함되는 값도 괄호로 구분한다.

"$(1.2-1.0)\div(\sqrt{\phantom{x}}(1.0\div 120,000\times 1,000,000))$"를 차례로 입력한다.

산업안전기사 실기

# 필답형

PART 01 산업재해 예방 및 안전보건교육

PART 02 기계·기구 및 설비 안전 관리

PART 03 전기 및 화학설비 안전 관리

PART 04 건설공사 안전 관리

PART 05 산업안전 보호장비 관리

PART 06 건설공사 위험성 평가

PART 07 실기[필답형] 기출문제

# PART 01

# 산업재해 예방 및 안전보건교육

CHAPTER 01 안전관리조직

CHAPTER 02 산업안전관리 계획 수립

CHAPTER 03 산업재해 대응

CHAPTER 04 사업장 안전점검

CHAPTER 05 산업안전보건 교육

CHAPTER 06 산업안전 심리

CHAPTER 07 산업안전보건법

# CHAPTER 01 안전관리조직

1. 안전보건관리조직의 목적과 종류
2. 안전보건관리조직의 장단점을 이해하고 활용할 수 있어야 한다.
3. 안전보건관리책임자 및 안전관리자의 직무를 이해하고 숙지하여야 한다.
4. 산업안전보건위원회의 구성과 역할을 이해하여야 한다.

## 용어 정의

### (1) 산업재해

노무를 제공하는 자가 업무에 관계되는 건설물·설비·원재료·가스·증기·분진 등에 의하거나 작업 또는 그 밖의 업무로 인하여 사망 또는 부상하거나 질병에 걸리는 것을 말한다.

### (2) 근로자

직업의 종류와 관계없이 임금을 목적으로 사업이나 사업장에 근로를 제공하는 자를 말한다.

### (3) 사업주

근로자를 사용하여 사업을 하는 자를 말한다.

### (4) 근로자대표

근로자의 과반수로 조직된 노동조합이 있는 경우에는 그 노동조합을, 근로자의 과반수로 조직된 노동조합이 없는 경우에는 근로자의 과반수를 대표하는 자를 말한다.

### (5) 작업환경측정

작업환경 실태를 파악하기 위하여 해당 근로자 또는 작업장에 대하여 사업주가 유해인자에 대한 측정계획을 수립한 후 시료(試料)를 채취하고 분석·평가하는 것을 말한다.

### (6) 안전·보건진단

산업재해를 예방하기 위하여 잠재적 위험성을 발견하고 그 개선대책을 수립할 목적으로 조사·평가하는 것을 말한다.

### (7) 중대재해 ★★★

산업재해 중 사망 등 재해 정도가 심하거나 다수의 재해자가 발생한 경우로서 고용노동부령으로 정하는 재해를 말한다.

① 사망자가 1인 이상 발생한 재해
② 3개월 이상 요양을 요하는 부상자가 동시에 2인 이상 발생한 재해
③ 부상자 또는 직업성 질병자가 동시에 10인 이상 발생한 재해

### (8) 도급

명칭에 관계없이 물건의 제조·건설·수리 또는 서비스의 제공, 그 밖의 업무를 타인에게 맡기는 계약을 말한다.

### (9) 도급인

물건의 제조·건설·수리 또는 서비스의 제공, 그밖의 업무를 도급하는 사업주를 말한다. 다만, 건설공사발주자는 제외한다.

### (10) 수급인

도급인으로부터 물건의 제조·건설·수리 또는 서비스의 제공, 그 밖의 업무를 도급받은 사업주를 말한다.

### (11) 관계수급인

도급이 여러 단계에 걸쳐 체결된 경우에 각 단계별로 도급받은 사업주 전부를 말한다.

### (12) 건설공사발주자

건설공사를 도급하는 자로서 건설공사의 시공을 주도하여 총괄·관리하지 아니하는 자를 말한다. 다만, 도급받은 건설공사를 다시 도급하는 자는 제외한다.

## (13) 건설공사

다음 각 목의 어느 하나에 해당하는 공사를 말한다.

① 「건설산업기본법」 제2조제4호에 따른 **건설공사**
② 「전기공사업법」 제2조제1호에 따른 **전기공사**
③ 「정보통신공사업법」 제2조제2호에 따른 **정보통신공사**
④ 「소방시설공사업법」에 따른 **소방시설공사**
⑤ 「문화재수리 등에 관한 법률」에 따른 **문화재수리공사**
⑥ 「국가유산수리 등에 관한 법률」에 따른 **국가유산 수리공사**

---

# 페일 세이프(Fail safe)와 풀 프루프(Fool proof)

## (1) 페일 세이프(Fail safe) ★★★

기계의 고장이 있어도 안전사고를 발생시키지 않도록 2중, 3중 통제를 가함

## (2) 풀 프루프(Fool proof) ★★★

인간의 실수가 있어도 안전사고를 발생시키지 않도록 2중, 3중 통제를 가함

### 페일 세이프(Fail Safe)의 구분 ★★★

① Fail Passive : 부품의 고장 시 기계장치는 정지 상태로 옮겨간다.
② Fail active : 부품이 고장나면 경보를 울리며 짧은 시간 운전이 가능하다.
③ Fail operational : 부품의 고장이 있어도 다음 정기점검까지 운전이 가능하다.

---

# 안전보건관리조직

## (1) 안전관리조직의 목적

① 조직적인 사고 예방 활동
② 위험 제거 기술의 수준 향상
③ 조직간 종적·횡적 신속한 정보처리와 유대 강화

## (2) 안전조직의 종류 ★★★

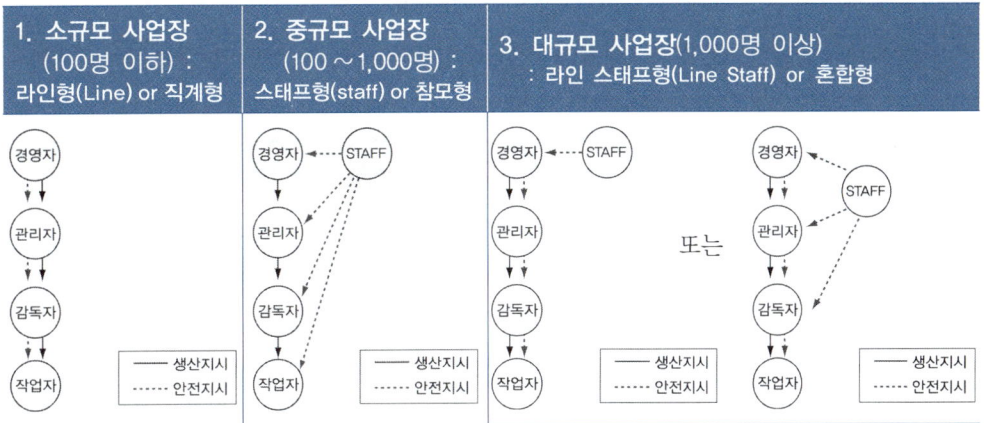

## (3) 안전관리조직의 특징 및 장·단점

### 1) 라인형(Line) or 직계형

① 안전관리에 관한 계획, 실시, 평가에 이르기까지 안전관리의 모든 것을 생산조직을 통하여 행하는 관리 방식이다.
② 생산과 안전을 동시에 지시하는 형태이다.

| 라인형(Line)의 장·단점 ★★ ||
|---|---|
| 장점 | 단점 |
| ① 명령 및 지시가 신속, 정확하다. | ① 안전정보가 불충분하다. |
| ② 안전대책의 실시가 신속하다. | ② 라인에 과도한 책임이 부여될 수 있다. |

### 2) 스태프형(staff) or 참모형

① 안전관리를 전담하는 스태프를 두고 안전관리에 대한 계획, 조사, 검토 등을 행하는 관리방식이다.
② 안전 전문가(스태프)가 문제해결 방안을 모색하고 스태프는 경영자의 조언, 자문 역할을 한다.

| 스태프형(staff)의 장·단점 ★★ ||
|---|---|
| 장점 | 단점 |
| ① 안전정보 수집이 용이하고 빠르다. | ① 안전과 생산을 별개로 취급한다. |
| ② 안전지식 및 기술축적이 용이하다. | ② 생산부문은 안전에 대한 책임, 권한이 없다. |

3) 라인 스태프형(Line Staff) or 혼합형
① 라인형과 스태프형의 장점을 취한 형태이다.
② 스태프는 안전을 입안, 계획, 평가, 조사하고 라인을 통하여 생산기술, 안전대책이 전달된다.

| 라인 스태프형(Line Staff)의 장·단점 ★★ ||
|---|---|
| 장점 | 단점 |
| ① 안전전문가에 의해 입안된 것을 경영자가 명령하므로 **명령이 신속, 정확하다.**<br>② **안전정보 수집이 용이하고 빠르다.**<br>③ 안전지식 및 기술축적이 용이하다. | ① **명령계통과 조언, 권고적 참여의 혼돈이 우려**된다.<br>② 스태프의 월권행위가 우려되고 지나치게 스태프에게 의존할 수 있다.<br>③ 라인이 스탭에 의존 또는 활용하지 않는 경우가 있다. |

## 산업안전보건법상의 안전보건조직 체계

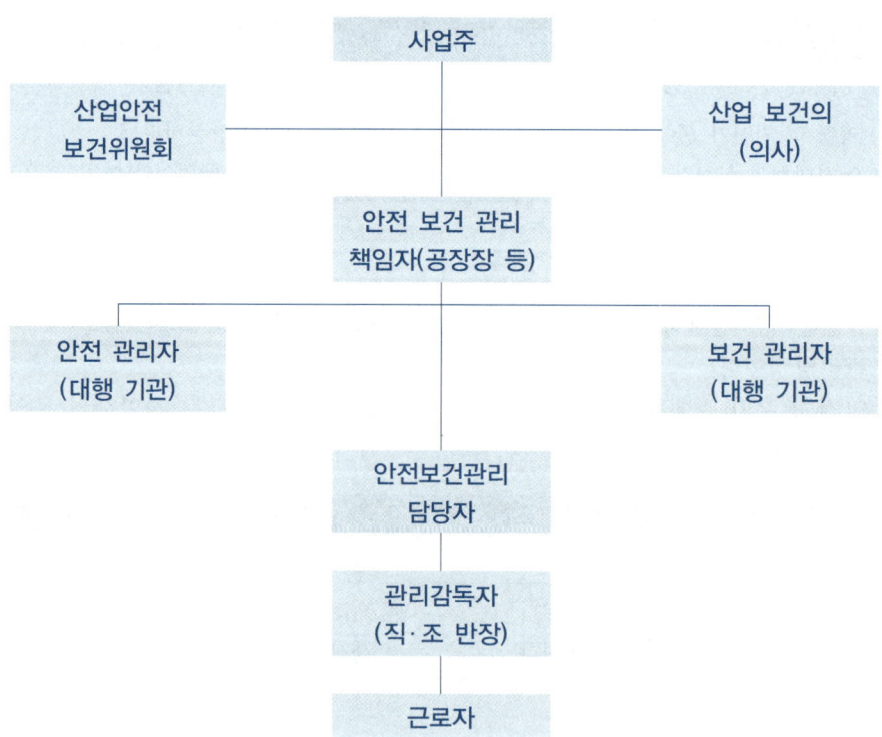

## (1) 안전관리자 등의 선임기준 ★★★

| | |
|---|---|
| 안전관리자<br>(전담) | ① 상시근로자 300인 이상 사업장<br>② 건설업 : 공사금액 120억 원(토목공사 : 150억 원) 이상인 사업장 |
| 산업안전<br>보건위원회 | ① 상시근로자 50인 이상 사업장부터<br>② 건설업 : 공사금액 120억 원(토목공사 : 150억 원) 이상인 사업장 |
| 노사협의체 | 공사금액 120억 원(토목공사 : 150억 원) 이상인 건설업(도급사업인 경우) |
| 안전보건<br>관리책임자 | ① 상시근로자 50인 이상 사업장부터<br>② 총 공사금액 20억 원 이상인 건설업 |
| 안전보건<br>총괄책임자 | ① 관계수급인 포함 상시근로자 100명 이상(선박 및 보트 건조업, 1차 금속 제조업 및 토사석 광업 50명)인 사업<br>② 관계수급인 포함 공사금액 20억 원 이상인 건설업 |
| 안전보건<br>관리담당자 | 상시근로자 20명 이상 50명 미만인 사업장<br>1. 제조업, 2. 임업, 3. 하수, 폐수 및 분뇨 처리업<br>4. 폐기물 수집, 운반, 처리 및 원료 재생업<br>5. 환경 정화 및 복원업<br><br>제임! – (재 임용하자.)<br>하·폐수, 분뇨 폐기하고 원료 재생하여 환경 정화·복원 담당자(안전보건관리담당자) |
| 안전보건 조정자 | 각 건설공사의 금액의 합이 50억 원 이상인 경우로서 2개 이상의 건설공사가 같은 장소에서 행해지는 경우 |

## (2) 이사회 보고 및 승인 ★

① 「상법」에 따른 주식회사 중 **상시근로자 500명 이상**을 사용하는 회사 및 「건설산업기본법」에 따라 평가하여 공시된 **시공능력의 순위 상위 1천위 이내의 건설회사의 대표이사는 매년 회사의 안전 및 보건에 관한 계획을 수립하여 이사회에 보고하고 승인을 받아야 한다.**
② 회사의 대표이사(「상법」에 따라 대표이사를 두지 못하는 회사의 경우에는 대표집행임원을 말한다)는 회사의 정관에서 정하는 바에 따라 회사의 안전 및 보건에 관한 계획을 수립해야 한다.
③ 대표이사는 안전 및 보건에 관한 계획을 성실하게 이행하여야 한다.
④ **안전 및 보건에 관한 계획**에는 안전 및 보건에 관한 **비용, 시설, 인원** 등의 사항을 **포함하여야 한다.**

500명 이상 1천위 이내 건설회사는 비(비용)실(시설)대는 인원 매년 이사회에 보고

> **Reference**

### 안전관리자의 선임방법

| | |
|---|---|
| ① 토사석 광업<br>② 서적, 잡지 및 기타 인쇄물 출판업, 폐기물 수집·운반·처리 및 원료 재생업, 환경 정화 및 복원업, 운수 및 창고업, 자동차 종합 수리업, 자동차 전문 수리업, 발전업<br>③ 대부분의 제조업 | - 상시 근로자 50명 이상 500명 미만 : 1명<br>- 상시 근로자 500명 이상 : 2명 |
| ① 우편 및 통신업<br>② 전기, 가스, 증기 및 공기조절공급업(발전업은 제외한다)<br>③ 도매 및 소매업<br>④ 숙박 및 음식점업<br>⑤ 공공행정(청소, 시설관리, 조리 등 현업업무에 종사하는 사람으로서 고용노동부장관이 정하여 고시하는 사람으로 한정한다)<br>⑥ 교육서비스업 중 초등·중등·고등 교육기관, 특수학교·외국인학교 및 대안학교(청소, 시설관리, 조리 등 현업업무에 종사하는 사람으로서 고용노동부장관이 정하여 고시하는 사람으로 한정한다)<br>⑦ 농업, 임업 및 어업 등 | - 상시 근로자 50명 이상 1,000명 미만 : 1명(다만, 부동산업(부동산 관리업은 제외한다)과 사진처리업의 경우에는 상시근로자 100명 이상 1천명 미만으로 한다)<br>- 상시 근로자 1,000명 이상 : 2명 |
| 건설업 | - 공사금액 50억 원 이상(관계수급인은 100억 원 이상) 120억 원 미만(토목공사업의 경우에는 150억 원 미만) 또는 공사금액 120억 원 이상(토목공사업의 경우에는 150억 원 이상) 800억 원 미만 : 1명 이상<br>- 공사금액 800억 원 이상 1,500억 원 미만 : 2명 이상(다만, 전체 공사기간을 100으로 할 때 공사 시작에서 15에 해당하는 기간과 공사 종료 전의 15에 해당하는 기간 동안은 1명 이상으로 한다)<br>- 공사금액 1,500억 원 이상 2,200억 원 미만 : 3명 이상(다만, 전체 공사기간 중 전·후 15에 해당하는 기간은 2명 이상으로 한다)<br>- 공사금액 2,200억 원 이상 3천억 원 미만 : 4명 이상(다만, 전체 공사기간 중 전·후 15에 해당하는 기간은 2명 이상으로 한다) |

| | |
|---|---|
| 건설업 | - 공사금액 3천억 원 이상 3,900억 원 미만 : 5명 이상 (다만, 전체 공사기간 중 전·후 15에 해당하는 기간은 3명 이상으로 한다)<br>- 공사금액 3,900억 원 이상 4,900억 원 미만 : 6명 이상 (다만, 전체 공사기간 중 전·후 15에 해당하는 기간은 3명 이상으로 한다)<br>- 공사금액 4,900억 원 이상 6천억 원 미만 : 7명 이상 (다만, 전체 공사기간 중 전·후 15에 해당하는 기간은 4명 이상으로 한다)<br>- 공사금액 6천억 원 이상 7,200억 원 미만 : 8명 이상 (다만, 전체 공사기간 중 전·후 15에 해당하는 기간은 4명 이상으로 한다)<br>- 공사금액 7,200억 원 이상 8,500억 원 미만 : 9명 이상 (다만, 전체 공사기간 중 전·후 15에 해당하는 기간은 5명 이상으로 한다)<br>- 공사금액 8,500억 원 이상 1조원 미만 : 10명 이상(다만, 전체 공사기간 중 전·후 15에 해당하는 기간은 5명 이상으로 한다)<br>- 1조원 이상 : 11명 이상[매 2천억 원(2조원 이상부터는 매 3천억 원)마다 1명씩 추가한다]. (다만, 전체 공사기간 중 전·후 15에 해당하는 기간은 선임 대상 안전관리자 수의 2분의 1(소수점 이하는 올림한다) 이상으로 한다) |

1. **이사회 보고 및 승인**

   ① 「상법」에 따른 주식회사 중 대통령령으로 정하는 회사의 대표이사는 대통령령으로 정하는 바에 따라 매년 회사의 안전 및 보건에 관한 계획을 수립하여 이사회에 보고하고 승인을 받아야 한다.
   ② 대표이사는 안전 및 보건에 관한 계획을 성실하게 이행하여야 한다.
   ③ 안전 및 보건에 관한 계획에는 안전 및 보건에 관한 비용, 시설, 인원 등의 사항을 포함하여야 한다.

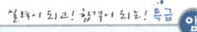

> 비(비용)실(시설)대는 인원 매년 이사회에 보고

2. **안전관리자의 선임**

   ① 같은 사업주가 경영하는 둘 이상의 사업장이 다음 각 호의 어느 하나에 해당하는 경우에는 그 둘 이상의 사업장에 1명의 안전관리자를 공동으로 둘 수 있다. 이 경우 해당 사업장의 상시근로자 수의 합계는 300명 이내[건설업의 경우에는 공사금액의 합계가 120억 원(토목공사업의 경우 150억 원) 이내]이어야 한다.

   • 같은 시·군·구(자치구를 말한다) 지역에 소재하는 경우
   • 사업장 간의 경계를 기준으로 15킬로미터 이내에 소재하는 경우

② 도급인의 사업장에서 이루어지는 **도급사업에서 도급인**이 고용노동부령으로 정하는 바에 따라 그 사업의 **관계수급인** 근로자에 대한 안전관리를 전담하는 안전관리자를 선임한 경우에는 그 사업의 **관계수급인**은 해당 도급사업에 대한 안전관리자를 선임하지 않을 수 있다.

> **안전관리자 및 보건관리자를 두어야 할**
> **수급인인 사업주가 안전관리자 및 보건관리자를 선임하지 않을 수 있는 조건**

1. 도급인인 사업주 자신이 선임해야 할 안전관리자 및 보건관리자를 둔 경우
2. 안전관리자 및 보건관리자를 두어야 할 수급인인 사업주의 사업의 종류별로 상시근로자 수(건설공사의 경우에는 건설공사 금액을 말한다)를 합계하여 그 상시근로자 수에 해당하는 안전관리자 및 보건관리자를 추가로 선임한 경우

③ 사업주는 **안전관리자**를 선임하거나 안전관리자의 업무를 안전관리전문기관에 위탁한 경우에는 고용노동부령으로 정하는 바에 따라 **선임하거나 위탁한 날부터 14일 이내에 고용노동부장관에게 증명할 수 있는 서류를 제출**하여야 한다. 안전관리자를 늘리거나 교체한 경우에도 또한 같다.

### 3. 안전보건관리담당자의 요건

해당 사업장 소속 근로자로서 다음 각 호의 어느 하나에 해당하는 요건을 갖추어야 한다.

① 안전관리자의 자격을 갖추었을 것
② 보건관리자의 자격을 갖추었을 것
③ 고용노동부장관이 정하여 고시하는 안전보건교육을 이수했을 것

> **Reference**

### 안전보건관리책임자를 두어야 할 사업의 종류 및 규모

| 사업의 종류 | 규모 |
|---|---|
| 1. 토사석 광업<br>2. 식료품 제조업, 음료 제조업<br>3. 목재 및 나무제품 제조업(가구 제외)<br>4. 펄프, 종이 및 종이제품 제조업<br>5. 코크스, 연탄 및 석유정제품 제조업<br>6. 화학물질 및 화학제품 제조업(의약품 제외)<br>7. 의료용 물질 및 의약품 제조업<br>8. 고무 및 플라스틱제품 제조업<br>9. 비금속 광물제품 제조업<br>10. 1차 금속 제조업<br>11. 금속가공제품 제조업(기계 및 가구 제외)<br>12. 전자부품, 컴퓨터, 영상, 음향 및 통신장비 제조업<br>13. 의료, 정밀, 광학기기 및 시계 제조업<br>14. 전기장비 제조업<br>15. 기타 기계 및 장비 제조업<br>16. 자동차 및 트레일러 제조업<br>17. 기타 운송장비 제조업<br>18. 가구 제조업<br>19. 기타 제품 제조업<br>20. 서적, 잡지 및 기타 인쇄물 출판업<br>21. 해체, 선별 및 원료 재생업<br>22. 자동차 종합 수리업, 자동차 전문 수리업 | 상시 근로자 50명 이상 |
| 23. 농업<br>24. 어업<br>25. 소프트웨어 개발 및 공급업<br>26. 컴퓨터 프로그래밍, 시스템 통합 및 관리업<br>26의 2. 영상 · 오디오물 제공 서비스업<br>27. 정보서비스업<br>28. 금융 및 보험업<br>29. 임대업(부동산 제외)<br>30. 전문, 과학 및 기술 서비스업(연구개발업은 제외한다)<br>31. 사업지원 서비스업<br>32. 사회복지 서비스업 | 상시 근로자 300명 이상 |
| 33. 건설업 | 공사금액 20억 원 이상 |
| 34. 제1호부터 제26호까지, 제26호의2 및 제27호부터 제33호까지의 사업을 제외한 사업 | 상시 근로자 100명 이상 |

## (2) 안전조직의 직무 ★★★

| | |
|---|---|
| 사업주 | ① 산업재해 예방을 위한 기준을 따를 것<br>② 근로자의 신체적 피로와 정신적 스트레스 등을 줄일 수 있는 쾌적한 작업환경의 조성 및 근로조건 개선<br>③ 해당 사업장의 안전·보건에 관한 정보를 근로자에게 제공할 것 |
| 안전보건총괄책임자 ★★★ | ① 산업재해가 발생할 급박한 위험이 있을 때 및 중대재해가 발생하였을 때의 작업의 중지<br>② 도급 시 산업재해 예방조치<br>③ 산업안전보건관리비의 관계수급인 간의 사용에 관한 협의·조정 및 그 집행의 감독<br>④ 안전인증대상 기계 등과 자율안전확인대상 기계 등의 사용 여부 확인<br>⑤ 위험성 평가의 실시에 관한 사항 |
| 안전보건관리책임자 ★★★ | ① 산업재해 예방계획의 수립에 관한 사항<br>② 안전보건관리규정의 작성 및 변경에 관한 사항<br>③ 근로자의 안전·보건교육에 관한 사항<br>④ 작업환경 측정 등 작업환경의 점검 및 개선에 관한 사항<br>⑤ 근로자의 건강진단 등 건강관리에 관한 사항<br>⑥ 산업재해의 원인 조사 및 재발 방지대책 수립에 관한 사항<br>⑦ 산업재해에 관한 통계의 기록 및 유지에 관한 사항<br>⑧ 안전장치 및 보호구 구입 시 적격품 여부 확인에 관한 사항<br>⑨ 위험성 평가의 실시에 관한 사항<br>⑩ 근로자의 위험 또는 건강장해의 방지에 관한 사항 |
| 안전관리자 ★★★ | ① 사업장 안전교육계획의 수립 및 안전교육 실시에 관한 보좌 및 조언·지도<br>② 사업장 순회점검·지도 및 조치의 건의<br>③ 산업재해 발생의 원인 조사·분석 및 재발 방지를 위한 기술적 보좌 및 조언·지도<br>④ 산업재해에 관한 통계의 유지·관리·분석을 위한 보좌 및 조언·지도<br>⑤ 안전인증대상 기계·기구 등과 자율안전확인대상 기계·기구 등 구입 시 적격품의 선정에 관한 보좌 및 조언·지도<br>⑥ 위험성 평가에 관한 보좌 및 조언·지도<br>⑦ 안전에 관한 사항의 이행에 관한 보좌 및 조언·지도<br>⑧ 산업안전보건위원회 또는 노사협의체, 안전보건관리규정 및 취업규칙에서 정한 직무<br>⑨ 업무수행 내용의 기록·유지<br>⑩ 그 밖에 안전에 관한 사항으로서 노동부장관이 정하는 사항 |

| | |
|---|---|
| 안전보건관리담당자 | ① 안전·보건교육 실시에 관한 보좌 및 조언·지도<br>② 위험성 평가에 관한 보좌 및 조언·지도<br>③ 작업환경측정 및 개선에 관한 보좌 및 조언·지도<br>④ 건강진단에 관한 보좌 및 조언·지도<br>⑤ 산업재해 발생의 원인 조사, 산업재해 통계의 기록 및 유지를 위한 보좌 및 조언·지도<br>⑥ 산업안전·보건과 관련된 안전장치 및 보호구 구입 시 적격품 선정에 관한 보좌 및 조언·지도 |
| 안전보건조정자 | ① 같은 장소에서 행하여지는 각각의 공사 간에 혼재된 작업의 파악<br>② 혼재된 작업으로 인한 산업재해 발생의 위험성 파악<br>③ 혼재된 작업으로 인한 산업재해를 예방하기 위한 작업의 시기·내용 및 안전보건 조치 등의 조정<br>④ 각각의 공사 도급인의 안전보건관리책임자 간 작업내용에 관한 정보 공유 여부의 확인 |
| 관리감독자<br>★★★ | ① 기계·기구 또는 설비의 안전·보건 점검 및 이상 유무의 확인<br>② 근로자의 작업복·보호구 및 방호장치의 점검과 그 착용·사용에 관한 교육·지도<br>③ 산업재해에 관한 보고 및 이에 대한 응급조치<br>④ 작업장 정리·정돈 및 통로확보에 대한 확인·감독<br>⑤ 산업보건의, 안전관리자(안전관리전문기관의 해당 사업장 담당자) 및 보건관리자(보건관리전문기관의 해당 사업장 담당자), 안전보건관리담당자(안전관리전문기관 또는 보건관리전문기관의 해당 사업장 담당자)의 지도·조언에 대한 협조<br>⑥ 위험성 평가를 위한 유해·위험요인의 파악 및 개선조치의 시행에 대한 참여<br>⑦ 그 밖에 해당 작업의 안전·보건에 관한 사항으로서 고용노동부령으로 정하는 사항 |
| 산업안전지도사 | ① 공정상의 안전에 관한 평가·지도<br>② 유해·위험의 방지대책에 관한 평가·지도<br>③ 공정상의 안전 및 유해·위험의 방지대책과 관련된 계획서 및 보고서의 작성<br>④ 안전보건개선계획서의 작성<br>⑤ 위험성 평가의 지도<br>⑥ 그 밖에 산업안전에 관한 사항의 자문에 대한 응답 및 조언 |
| 근로자 | ① 법에서 정하는 산업재해 예방을 위한 기준을 지켜야 한다.<br>② 사업주 또는 근로감독관, 공단 등 관계인이 실시하는 산업재해 예방에 관한 조치에 따라야 한다. |

## (3) 산업안전보건위원회, 노사협의체

### 1) 산업안전보건위원회, 노사협의체의 설치기준

| 산업안전보건위원회 설치기준 | 노사협의체 설치기준 |
|---|---|
| 1. 상시 근로자 50명 이상을 사용하는 사업장. 다만, 건설업의 경우 공사금액 120억 원(토목공사업 150억 원) 이상인 사업장<br><br>〈상시근로자 50명 이상 설치 대상 사업〉<br>① 토사석 광업<br>② 목재 및 나무제품 제조업(가구는 제외)<br>③ 화학물질 및 화학제품 제조업(의약품, 세제·화장품 및 광택제 제조업, 화학섬유 제조업은 제외)<br>④ 비금속광물제품 제조업<br>⑤ 1차 금속 제조업<br>⑥ 금속가공제품 제조업(기계 및 가구는 제외)<br>⑦ 자동차 및 트레일러 제조업<br>⑧ 기타 기계 및 장비 제조업(사무용기기 및 장비 제조업은 제외), 가정용기기 제조업, 그 외 기타 전기장비 제조업<br>⑨ 기타 운송장비 제조업(전투용 차량 제조업은 제외)<br><br>**암기법**<br>① 토사석 광업에서 캔 ② 1차금속으로 ③ 금속가공제품, ④ 비금속 광물제품 만들어 ⑤ 자동차 트레일러 만들고 ⑥ 운송장비 위원회 열자. | 1. 공사금액 120억 원(토목공사 : 150억 원) 이상인 건설업 |

### 2) 산업안전보건위원회, 노사협의체의 구성

| 산업안전보건위원회의 구성 ★★★ | 노사협의체의 구성 ★★★ |
|---|---|
| 1. 근로자위원<br>① 근로자대표<br>② 근로자대표가 지명하는 1명 이상의 명예산업안전감독관<br>③ 근로자대표가 지명하는 9명 이내의 해당 사업장의 근로자 | 1. 근로자위원<br>① 도급 또는 하도급 사업을 포함한 전체 사업의 근로자대표<br>② 근로자대표가 지명하는 명예산업안전감독관 1명(다만, 명예산업안전감독관이 위촉되어 있지 아니한 경우에는 근로자대표가 지명하는 해당 사업장 근로자 1명)<br>③ 공사금액이 20억 원 이상인 공사의 관계수급인의 근로자대표 |

| 산업안전보건위원회의 구성 ★★★ | 노사협의체의 구성 ★★★ |
|---|---|
| 2. 사용자위원<br>① 해당 사업의 대표자<br>② 안전관리자 1명<br>③ 보건관리자 1명<br>④ 산업보건의<br>⑤ 사업의 대표자가 지명하는 9명 이내의 해당 사업장 부서의 장 | 2. 사용자위원<br>① 도급 또는 하도급 사업을 포함한 전체 사업의 대표자<br>② 안전관리자 1명<br>③ 보건관리자 1명(보건관리자 선임대상 건설업으로 한정)<br>④ 공사금액이 20억 원 이상인 공사의 관계 수급인의 사업주 |

### Reference

#### 산업안전보건위원회를 설치·운영해야 할 사업의 종류 및 규모

| 사업의 종류 | 규모 |
|---|---|
| 1. 토사석 광업<br>2. 목재 및 나무제품 제조업(가구 제외)<br>3. 화학물질 및 화학제품 제조업(의약품 제외(세제, 화장품 및 광택제 제조업과 화학섬유 제조업은 제외한다))<br>4. 비금속 광물제품 제조업<br>5. 1차 금속 제조업<br>6. 금속가공제품 제조업(기계 및 가구 제외)<br>7. 자동차 및 트레일러 제조업<br>8. 기타 기계 및 장비 제조업(사무용 기계 및 장비 제조업은 제외한다)<br>9. 기타 운송장비 제조업(전투용 차량 제조업은 제외한다) | 상시 근로자 50명 이상 |
| 10. 농업<br>11. 어업<br>12. 소프트웨어 개발 및 공급업<br>13. 컴퓨터 프로그래밍, 시스템 통합 및 관리업<br>13의 2. 영상·오디오물 제공 서비스업<br>14. 정보서비스업<br>15. 금융 및 보험업<br>16. 임대업(부동산 제외)<br>17. 전문, 과학 및 기술 서비스업(연구개발업은 제외한다)<br>18. 사업지원 서비스업<br>19. 사회복지 서비스업 | 상시 근로자 300명 이상 |
| 20. 건설업 | 공사금액 120억 원 이상 (「건설산업기본법 시행령」 별표 1에 따른 토목공사업에 해당하는 공사의 경우에는 150억 원 이상) |
| 21. 제1호부터 제20호까지의 사업을 제외한 사업 | 상시 근로자 100명 이상 |

## 3) 산업안전보건위원회, 노사협의체의 협의사항

| 산업안전보건위원회 및<br>노사협의체의 심의·의결 사항 ★★ | 노사협의체의 협의사항 |
|---|---|
| ① 산업재해 예방계획의 수립에 관한 사항<br>② 안전보건관리규정의 작성 및 변경에 관한 사항<br>③ 근로자의 안전·보건교육에 관한 사항<br>④ 작업환경측정 등 작업환경의 점검 및 개선에 관한 사항<br>⑤ 근로자의 건강진단 등 건강관리에 관한 사항<br>⑥ 중대재해의 원인 조사 및 재발 방지대책 수립에 관한 사항<br>⑦ 산업재해에 관한 통계의 기록 및 유지에 관한 사항<br>⑧ 유해, 위험한 기계·기구 및 설비를 도입한 경우 안전·보건조치에 관한 사항<br>⑨ 그 밖에 해당 사업장 근로자의 안전 및 보건을 유지·증진시키기 위하여 필요한 사항 | ① 산업재해 예방방법 및 산업재해가 발생한 경우의 대피방법<br>② 작업의 시작시간 및 작업장 간의 연락방법<br>③ 그 밖의 산업재해 예방과 관련된 사항 |

## 4) 산업안전보건위원회, 노사협의체의 운영

| 산업안전보건위원회의 운영 ★★★ | 노사협의체의 운영 ★★★ |
|---|---|
| 1. 정기회의 : 분기마다<br>2. 임시회의 : 위원장이 필요하다 인정할 때 | 1. 정기회의 : 2개월마다<br>2. 임시회의 : 위원장이 필요하다 인정할 때 |

> "산업안전보건위원회의 심의·의결 사항"과 "안전보건관리책임자 직무"는 6가지 항목이 동일합니다. 동일한 내용 중 5가지를 암기하면 한번에 정리 끝~!

| 산업안전보건위원회 및 노사협의체의 심의·의결 사항 ★★ | 안전보건관리책임자 직무 ★★★ |
|---|---|
| ① 산업재해 예방계획의 수립에 관한 사항<br>② 안전보건관리규정의 작성 및 변경에 관한 사항<br>③ 근로자의 안전·보건교육에 관한 사항<br>④ 작업환경측정 등 작업환경의 점검 및 개선에 관한 사항<br>⑤ 근로자의 건강진단 등 건강관리에 관한 사항<br>⑥ 산업재해에 관한 통계의 기록 및 유지에 관한 사항<br>⑦ 중대재해의 원인 조사 및 재발 방지대책 수립에 관한 사항<br>⑧ 유해, 위험한 기계·기구 및 설비를 도입한 경우 안전·보건 조치에 관한 사항 | ① 산업재해 예방계획의 수립에 관한 사항<br>② 안전보건관리규정의 작성 및 변경에 관한 사항<br>③ 근로자의 안전·보건교육에 관한 사항<br>④ 작업환경 측정 등 작업환경의 점검 및 개선에 관한 사항<br>⑤ 근로자의 건강진단 등 건강관리에 관한 사항<br>⑥ 산업재해에 관한 통계의 기록 및 유지에 관한 사항<br>⑦ 산업재해의 원인 조사 및 재발 방지대책 수립에 관한 사항<br>⑧ 안전장치 및 보호구 구입 시 적격품 여부 확인에 관한 사항<br>⑨ 위험성평가의 실시에 관한 사항<br>⑩ 근로자의 위험 또는 건강장해의 방지에 관한 사항 |

### (4) 명예산업안전감독관

고용노동부장관은 산업재해 예방활동에 대한 참여와 지원을 촉진하기 위하여 근로자, 근로자단체, 사업주단체 및 산업재해 예방 관련 전문단체에 소속된 자 중에서 명예산업안전감독관을 위촉할 수 있다.

#### 1) 명예산업안전감독관 위촉대상 ★

① 산업안전보건위원회 또는 노사협의체 설치 대상 사업의 근로자 중에서 근로자대표가 사업주의 의견을 들어 추천하는 사람
② 노동조합 또는 그 지역 대표기구에 소속된 임직원 중에서 해당 연합단체인 노동조합 또는 그 지역대표기구가 추천하는 사람
③ 전국 규모의 사업주단체 또는 그 산하조직에 소속된 임직원 중에서 해당단체 또는 그 산하조직이 추천하는 사람
④ 산업재해 예방 관련 업무를 하는 단체 또는 그 산하조직에 소속된 임직원 중에서 해당 단체 또는 그 산하조직이 추천하는 사람

### 2) 명예산업안전감독관의 업무

① 사업장에서 하는 자체점검 참여 및 근로감독관이 하는 사업장 감독 참여
② 사업장 산업재해 예방계획 수립 참여 및 사업장에서 하는 기계·기구 자체검사 참석
③ 법령을 위반한 사실이 있는 경우 사업주에 대한 개선 요청 및 감독기관에의 신고
④ 산업재해 발생의 급박한 위험이 있는 경우 사업주에 대한 작업중지 요청
⑤ 작업환경측정, 근로자 건강진단 시의 참석 및 그 결과에 대한 설명회 참여
⑥ 직업성 질환의 증상이 있거나 질병에 걸린 근로자가 여럿 발생한 경우 사업주에 대한 임시건강진단 실시 요청
⑦ 근로자에 대한 안전수칙 준수 지도
⑧ 법령 및 산업재해 예방정책 개선 건의
⑨ 안전·보건 의식을 북돋우기 위한 활동 등에 대한 참여와 지원
⑩ 그 밖에 산업재해 예방에 대한 홍보 등 산업재해 예방업무와 관련하여 고용노동부장관이 정하는 업무

### 3) 명예산업안전감독관의 해촉 ★

① 근로자대표가 사업주의 의견을 들어 위촉된 명예산업안전감독관의 해촉을 요청한 경우
② 위촉된 명예산업안전감독관이 해당 단체 또는 그 산하조직으로부터 퇴직하거나 해임된 경우
③ 명예산업안전감독관의 업무와 관련하여 부정한 행위를 한 경우
④ 질병이나 부상 등의 사유로 명예산업안전감독관의 업무 수행이 곤란하게 된 경우

### 4) 명예산업안전감독관의 임기: 2년

## (5) 도급사업

### 1) 도급에 따른 산업재해 예방조치 ★

① 도급인과 수급인을 구성원으로 하는 안전 및 보건에 관한 협의체의 구성 및 운영
② 작업장 순회점검
③ 관계수급인이 근로자에게 하는 안전보건교육을 위한 장소 및 자료의 제공 등 지원
④ 관계수급인이 근로자에게 하는 안전보건교육의 실시 확인
⑤ 경보체계 운영과 대피방법 등 훈련
⑥ 위생시설 등 고용노동부령으로 정하는 시설의 설치 등을 위하여 필요한 장소의 제공 또는 도급인이 설치한 위생시설 이용의 협조

### Reference

**[관계수급인 근로자가 도급인의 사업장에서 작업을 하는 경우 도급인의 조치사항]**

1. **도급인과 수급인을 구성원으로 하는 안전 및 보건에 관한 협의체의 구성 및 운영**
   ① 협의체는 도급인인 사업주 및 그의 수급인인 사업주 전원으로 구성
   ② 협의체는 매월 1회 이상 정기적으로 회의를 개최하고 그 결과를 기록·보존하여야 한다.

   | 협의체의 협의사항 |
   | --- |
   | ① 작업의 시작 시간 |
   | ② 작업 또는 작업장 간의 연락방법 |
   | ③ 재해발생 위험 시의 대피방법 |
   | ④ 작업장에서의 위험성 평가의 실시에 관한 사항 |
   | ⑤ 사업주와 수급인 또는 수급인 상호 간의 연락 방법 및 작업공정의 조정 |

2. **작업장 순회점검**

   | | |
   | --- | --- |
   | 2일에 1회 이상 | ① 건설업  ② 제조업<br>③ 토사석 광업  ④ 서적, 잡지 및 기타 인쇄물 출판업<br>⑤ 음악 및 기타 오디오물 출판업  ⑥ 금속 및 비금속 원료 재생업 |
   | 1주일에 1회 이상 | 그 밖의 사업 |

3. **경보체계 운영과 대피방법 등 훈련**

   | 경보체계의 운영 및 대피방법 등을 훈련하여야 하는 경우 |
   | --- |
   | ① 작업 장소에서 발파작업을 하는 경우 |
   | ② 작업 장소에서 화재·폭발, 토사·구축물 등의 붕괴 또는 지진 등이 발생한 경우 |

4. **위생시설 등 필요한 장소의 제공 또는 도급인이 설치한 위생시설 이용의 협조**

   | 수급인에게 필요한 장소의 제공 및 이용을 협조하여야 하는 위생시설 |
   | --- |
   | ① 휴게시설  ② 세면·목욕시설  ③ 세탁시설  ④ 탈의시설  ⑤ 수면시설 |

5. **관계수급인 등의 작업 혼재로 인하여 화재·폭발 등 대통령령으로 정하는 위험이 발생할 우려가 있는 경우 관계수급인 등의 작업시기·내용 등의 조정**

   | 관계수급인 등의 작업시기·내용 등을 조정하여야 하는 경우 |
   | --- |
   | ① 화재·폭발이 발생할 우려가 있는 경우 |
   | ② 동력으로 작동하는 기계·설비 등에 끼일 우려가 있는 경우 |
   | ③ 차량계 하역운반기계, 건설기계, 양중기(揚重機) 등 동력으로 작동하는 기계와 충돌할 우려가 있는 경우 |
   | ④ 근로자가 추락할 우려가 있는 경우 |
   | ⑤ 물체가 떨어지거나 날아올 우려가 있는 경우 |
   | ⑥ 기계·기구 등이 넘어지거나 무너질 우려가 있는 경우 |
   | ⑦ 토사·구축물·인공구조물 등이 붕괴될 우려가 있는 경우 |
   | ⑧ 산소 결핍이나 유해가스로 질식이나 중독의 우려가 있는 경우 |

## 2) 도급사업의 합동 안전·보건점검

| 점검반의 구성 | ① 도급인(같은 사업 내에 지역을 달리하는 사업장이 있는 경우에는 그 사업장의 안전보건관리책임자)<br>② 관계수급인(같은 사업 내에 지역을 달리하는 사업장이 있는 경우에는 그 사업장의 안전보건관리책임자)<br>③ 도급인 및 관계수급인의 근로자 각 1명(관계수급인의 근로자의 경우에는 해당 공정만 해당한다) |
|---|---|
| 합동<br>안전·보건점검의<br>실시 횟수 | ① 2개월에 1회 이상<br>• 건설업<br>• 선박 및 보트 건조업<br>② 그 밖의 사업 : 분기에 1회 이상 |

## 3) 유해작업 도급금지

① 사업주는 근로자의 안전 및 보건에 유해하거나 위험한 작업으로서 **다음 각 호의 어느 하나에 해당하는 작업을 도급하여 자신의 사업장에서 수급인의 근로자가 그 작업을 하도록 해서는 아니 된다.**

> **작업을 도급하여 자신의 사업장에서 수급인의 근로자가 작업을 하도록 해서는 아니 되는 작업(도급금지 작업)** ★

① 도금작업
② 수은, 납 또는 카드뮴을 제련, 주입, 가공 및 가열하는 작업
③ 허가대상물질을 제조하거나 사용하는 작업

> **암기법**
> 도금(도급금지) 수(수은) 납하는 카드(카드뮴)는 허가받아 제조(허가대상물질 제조)

② 사업주는 다음 각 호의 어느 하나에 해당하는 경우에는 **작업을 도급하여 자신의 사업장에서 수급인의 근로자가 그 작업을 하도록 할 수 있다.**

> **작업을 도급하여 자신의 사업장에서<br>수급인의 근로자가 작업을 할 수 있는 작업(도급가능 작업)**

① 일시·간헐적으로 하는 작업을 도급하는 경우
② 수급인이 보유한 기술이 전문적이고 사업주(수급인에게 도급을 한 도급인으로서의 사업주를 말한다)의 사업 운영에 필수 불가결한 경우로서 고용노동부장관의 승인을 받은 경우

③ 도급 작업의 승인
- 사업주는 **고용노동부장관의 도급 작업에 대한 승인**을 받으려는 경우에는 고용노동부령으로 정하는 바에 따라 **고용노동부장관이 실시하는 안전 및 보건에 관한 평가**를 받아야 한다.
- 고용노동부장관에 따른 **승인의 유효기간은 3년의 범위에서 정한다.** ★
- 고용노동부장관은 유효기간이 만료되는 경우에 **사업주가 유효기간의 연장을 신청**하면 승인의 유효기간이 만료되는 날의 다음 날부터 3년의 범위에서 고용노동부령으로 정하는 바에 따라 그 기간의 연장을 승인할 수 있다. 이 경우 사업주는 안전 및 보건에 관한 평가를 받아야 한다.
- 사업주는 도급공정, 도급공정 사용 최대 유해화학 물질량, 도급기간(3년 미만으로 승인 받은 자가 승인일부터 3년 내에서 연장하는 경우만 해당한다)을 **변경하려는 경우에는 고용노동부령으로 정하는 바에 따라 변경에 대한 승인을 받아야 한다.**
- 고용노동부장관은 승인, 연장승인 또는 변경승인을 받은 자가 **다음 각 호의 어느 하나에 해당하는 경우에는 승인을 취소해야 한다.**

### 도급승인이 취소되는 경우 ★

가. 도급승인 기준에 미달하게 된 때
나. 거짓이나 그 밖의 부정한 방법으로 승인, 연장승인, 변경승인을 받은 경우
다. 연장승인 및 변경승인을 받지 않고 사업을 계속한 경우

④ 사업주는 자신의 사업장에서 안전 및 보건에 유해하거나 위험한 작업 중 **급성 독성, 피부 부식성 등이 있는 물질의 취급 등 대통령령으로 정하는 작업을 도급하려는 경우에는 고용노동부장관의 승인을 받아야 한다.** 이 경우 사업주는 고용노동부령으로 정하는 바에 따라 안전 및 보건에 관한 평가를 받아야 한다.

### 도급승인 대상 작업

1. **중량비율 1퍼센트 이상의 황산, 불화수소, 질산 또는 염화수소를 취급하는 설비를 개조·분해·해체·철거하는 작업 또는 해당 설비의 내부에서 이루어지는 작업.** 다만, 도급인이 해당 화학물질을 모두 제거한 후 증명자료를 첨부하여 고용노동부장관에게 신고한 경우는 제외한다.
2. 그 밖에 따른 산업재해보상보험 및 예방심의위원회의 심의를 거쳐 고용노동부장관이 정하는 작업

# 예상문제

**01** 다음 설명은 산업안전보건법상의 용어 정의에 대한 내용이다. 괄호 안에 적합한 내용을 적으시오. ★

(1) "산업재해"란 ( ① )가 업무에 관계되는 건설물·설비·원재료·가스·증기·분진 등에 의하거나 작업 또는 그 밖의 업무로 인하여 사망 또는 부상하거나 질병에 걸리는 것을 말한다.

(2) "( ② )"란 직업의 종류와 관계없이 임금을 목적으로 사업이나 사업장에 근로를 제공하는 자를 말한다.

(3) "( ③ )"란 근로자를 사용하여 사업을 하는 자를 말한다.

(4) "근로자대표"란 근로자의 과반수로 조직된 노동조합이 있는 경우에는 그 ( ④ )을, 근로자의 과반수로 조직된 노동조합이 없는 경우에는 ( ⑤ )를 말한다.

(5) "( ⑥ )"이란 작업환경 실태를 파악하기 위하여 해당 ( ⑦ )에 대하여 사업주가 유해인자에 대한 측정계획을 수립한 후 시료(試料)를 채취하고 분석·평가하는 것을 말한다.

(6) "( ⑧ )"이란 산업재해를 예방하기 위하여 잠재적 위험성을 발견하고 그 개선대책을 수립할 목적으로 조사·평가하는 것을 말한다.

**정답**

① 노무를 제공하는 자　　② 근로자
③ 사업주　　　　　　　　④ 노동조합
⑤ 근로자의 과반수를 대표하는 자　⑥ 작업환경측정
⑦ 근로자 또는 작업장　　⑧ 안전·보건진단

**참고**

[용어정의]

1. "도급"이란 명칭에 관계없이 물건의 제조·건설·수리 또는 서비스의 제공, 그 밖의 **업무를 타인에게 맡기는 계약**을 말한다.
2. "도급인"이란 물건의 제조·건설·수리 또는 서비스의 제공, 그 밖의 **업무를 도급하는 사업주**를 말한다. 다만, 건설공사발주자는 제외한다.
3. "수급인"이란 도급인으로부터 물건의 제조·건설·수리 또는 서비스의 제공, 그 밖의 **업무를 도급받은 사업주**를 말한다.

4. "관계수급인"이란 도급이 여러 단계에 걸쳐 체결된 경우에 각 단계별로 도급받은 사업주 전부를 말한다.
5. "건설공사발주자"란 건설공사를 도급하는 자로서 건설공사의 시공을 주도하여 총괄·관리하지 아니하는 자를 말한다. 다만, 도급받은 건설공사를 다시 도급하는 자는 제외한다.
6. "건설공사"란 다음 각 목의 어느 하나에 해당하는 공사를 말한다.
    가. 「건설산업기본법」 제2조제4호에 따른 건설공사
    나. 「전기공사업법」 제2조제1호에 따른 전기공사
    다. 「정보통신공사업법」 제2조제2호에 따른 정보통신공사
    라. 「소방시설공사업법」에 따른 소방시설공사
    마. 「문화재수리 등에 관한 법률」에 따른 문화재수리공사
    바. 「국가유산수리 등에 관한 법률」에 따른 국가유산 수리공사

**02** 산업재해 중 사망 등 재해 정도가 심하거나 다수의 재해자가 발생한 경우로서 고용노동부령으로 정하는 재해를 (중대재해)라고 한다. 산업안전보건법상에서 중대재해에 해당하는 3가지를 적으시오.

**정답**
① 사망자가 1인 이상 발생한 재해
② 3개월 이상 요양을 요하는 부상자가 동시에 2인 이상 발생한 재해
③ 부상자 또는 직업성 질병자가 동시에 10인 이상 발생한 재해

**03** 풀 프루프와 페일 세이프를 설명하시오. ★★★

**정답**
① 페일 세이프 : 기계의 고장이 있어도 안전사고를 발생시키지 않도록 2중, 3중 통제장치를 가함
② 풀 프루프 : 인간의 실수가 있어도 안전사고를 발생시키지 않도록 2중, 3중 통제장치를 가함

## 04 산업안전보건법에 의한 안전 및 보건 계획의 수립에 관한 내용이다. 괄호에 적합한 내용을 적으시오.

「상법」에 따른 주식회사 중 상시근로자 ( ① ) 이상을 사용하는 회사 및 「건설산업기본법」에 따라 평가하여 공시된 시공능력의 순위 상위 ( ② )위 이내의 건설회사의 대표이사는 매년 회사의 안전 및 보건에 관한 계획을 수립하여 이사회에 보고하고 승인을 받아야 한다.

**정답**
① 500명　② 1천(1,000)

**참고**

안전 및 보건에 관한 계획에는 안전 및 보건에 관한 비용, 시설, 인원 등의 사항을 포함하여야 한다.

> 500명 이상 1천위 이내 건설회사는 비(비용)실(시설)대는 인원 매년 이사회에 보고

## 05 안전조직 종류를 적고, 그림으로 설명하시오. ★★★

**정답**

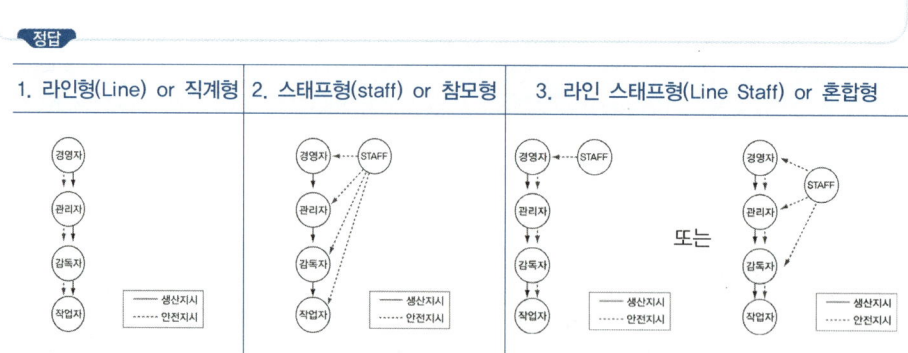

1. 라인형(Line) or 직계형
2. 스태프형(staff) or 참모형
3. 라인 스태프형(Line Staff) or 혼합형

안전조직의 종류를 3가지로 구분하고 특징을 2가지씩 쓰시오. ★★★

**정답**

(1) 라인형 or 직계형(Line)
  ① 소규모 사업장에 적용이 가능하다.
  ② 라인형 장점 : 명령 및 지시가 신속, 정확하다.
  ③ 라인형 단점 : 안전정보가 불충분하다.

(2) 스태프형 or 참모형(staff)
  ① 중규모 사업장에 적용이 가능하다.
  ② 스태프형 장점 : 안전정보 수집이 용이하고 빠르다.
  ③ 스태프형 단점 : 안전과 생산을 별개로 취급한다.

(3) 라인 스태프형 or 혼합형(Line Staff)
  ① 대규모 사업장에 적용이 가능하다.
  ② 라인 – 스태프형 장점
    • 명령이 신속, 정확하다.
    • 안전정보 수집이 용이하고 빠르다.
  ③ 라인 – 스태프형 단점
    • 명령계통과 조언, 권고적 참여의 혼돈이 우려된다.

**다음 안전보건조직의 선임기준(선임대상 사업의 규모)를 쓰시오.** ★★

| 안전관리자<br>(전담) | ①<br>② |
| --- | --- |
| 산업안전<br>보건위원회 | ①<br>② |
| 노사협의체 | |
| 안전보건<br>관리책임자 | ①<br>② |
| 안전보건<br>총괄책임자 | ①<br>② |
| 안전보건<br>관리담당자 | |
| 안전보건<br>조정자 | |

**정답**

| 안전관리자<br>(전담) | ① 상시근로자 300인 이상 사업장<br>② 건설업 : 공사금액 120억 원(토목공사 : 150억 원) 이상인 사업장 |
| --- | --- |
| 산업안전<br>보건위원회 | ① 상시근로자 50인 이상 사업장부터<br>② 건설업 : 공사금액 120억 원(토목공사 : 150억 원) 이상인 사업장 |
| 노사협의체 | 공사금액 120억 원(토목공사 : 150억 원) 이상인 건설업 |
| 안전보건<br>관리책임자 | ① 상시근로자 50인 이상 사업장부터<br>② 총 공사금액 20억 원 이상인 건설업 |
| 안전보건<br>총괄책임자 | ① 관계수급인 포함 상시근로자 100명 이상(선박 및 보트 건조업, 1차 금속 제조업 및 토사석 광업 50명)인 사업<br>② 관계수급인 포함 공사금액 20억 원 이상인 건설업 |
| 안전보건<br>관리담당자 | 상시근로자 20명 이상 50명 미만인 사업장<br>1. 제조업<br>2. 임업<br>3. 하수, 폐수 및 분뇨 처리업<br>4. 폐기물 수집, 운반, 처리 및 원료 재생업<br>5. 환경 정화 및 복원업<br><br>**암기법** 제임!(재 임용하자.)<br>하·폐수, 분뇨 폐기하고 원료 재생하여 환경 정화, 복원 담당자(안전보건관리 담당자) |
| 안전보건<br>조정자 | 각 건설공사의 금액의 합이 50억 원 이상인 경우로서 2개 이상의 건설공사가 같은 장소에서 행해지는 경우 |

**08** 산업안전보건법에 의하여 사업주는 사업장의 안전에 관한 기술적인 사항에 관하여 사업주 또는 안전보건관리책임자를 보좌하고 관리감독자에게 지도·조언하는 업무를 수행하는 안전관리자를 두어야 한다. 다음 [보기]에서 제시하는 사업장에서 선임하여야 하는 안전관리자의 최소인원을 적으시오. ★★

[보기]

1. 상시 근로자 수 600명인 펄프제조업 :
2. 상시 근로자 수 500명인 우편 및 통신업 :
3. 상시 근로자 수 300명인 고무제품 제조업 :
4. 총 공사금액 700억 원인 건설업 :

**정답**

1. 상시 근로자 수 600명인 펄프제조업 : 2명
2. 상시 근로자 수 500명인 우편 및 통신업 : 1명
3. 상시 근로자 수 300명인 고무제품 제조업 : 1명
4. 총 공사금액 700억 원인 건설업 : 1명

**참고**

- 안전관리자의 선임방법

| | |
|---|---|
| ① 토사석 광업<br>② 서적, 잡지 및 기타 인쇄물 출판업, 폐기물 수집·운반·처리 및 원료 재생업, 환경 정화 및 복원업, 운수 및 창고업, 자동차 종합 수리업, 자동차 전문 수리업, 발전업<br>③ 대부분의 제조업 | – 상시 근로자 50명 이상 500명 미만 : 1명<br>– 상시 근로자 500명 이상 : 2명 |
| ① 우편 및 통신업<br>② 전기, 가스, 증기 및 공기조절공급업(발전업은 제외한다)<br>③ 도매 및 소매업<br>④ 숙박 및 음식점업<br>⑤ 공공행정(청소, 시설관리, 조리 등 현업업무에 종사하는 사람으로서 고용노동부장관이 정하여 고시하는 사람으로 한정한다)<br>⑥ 교육 서비스업 중 초등·중등·고등 교육기관, 특수학교·외국인학교 및 대안학교(청소, 시설관리, 조리 등 현업업무에 종사하는 사람으로서 고용노동부장관이 정하여 고시하는 사람으로 한정한다)<br>⑦ 농업, 임업 및 어업 등 | – 상시 근로자 50명 이상 1,000명 미만 : 1명(다만, 부동산업(부동산 관리업은 제외한다)과 사진처리업의 경우에는 상시근로자 100명 이상 1천명 미만으로 한다)<br>– 상시 근로자 1,000명 이상 : 2명 |

| | |
|---|---|
| 건설업 | - 공사금액 **50억 원 이상**(관계수급인은 100억 원 이상) **120억 원 미만**(토목공사업의 경우에는 150억 원 미만) 또는 공사금액 **120억 원 이상**(토목공사업의 경우에는 150억 원 이상) **800억 원 미만** : 1명 이상<br>- 공사금액 **800억 원 이상** 1,500억 원 미만 : 2명 이상(다만, 전체 공사기간을 100으로 할 때 공사 시작에서 15에 해당하는 기간과 공사 종료 전의 15에 해당하는 기간 동안은 1명 이상으로 한다)<br>- 공사금액 **1,500억 원** 이상 2,200억 원 미만 : 3명 이상(다만, 전체 공사기간 중 전·후 15에 해당하는 기간은 2명 이상으로 한다)<br>- 공사금액 **2,200억 원** 이상 3천억 원 미만 : 4명 이상(다만, 전체 공사기간 중 전·후 15에 해당하는 기간은 2명 이상으로 한다)<br>- 공사금액 **3천억 원** 이상 3,900억 원 미만 : 5명 이상(다만, 전체 공사기간 중 전·후 15에 해당하는 기간은 3명 이상으로 한다)<br>- 공사금액 **3,900억 원** 이상 4,900억 원 미만 : 6명 이상 (다만, 전체 공사기간 중 전·후 15에 해당하는 기간은 3명 이상으로 한다)<br>- 공사금액 **4,900억 원** 이상 6천억 원 미만 : 7명 이상(다만, 전체 공사기간 중 전·후 15에 해당하는 기간은 4명 이상으로 한다)<br>- 공사금액 **6천억 원 이상** 7,200억 원 미만 : 8명 이상(다만, 전체 공사기간 중 전·후 15에 해당하는 기간은 4명 이상으로 한다)<br>- 공사금액 **7,200억 원** 이상 8,500억 원 미만 : 9명 이상(다만, 전체 공사기간 중 전·후 15에 해당하는 기간은 5명 이상으로 한다)<br>- 공사금액 **8,500억 원** 이상 1조원 미만 : 10명 이상(다만, 전체 공사기간 중 전·후 15에 해당하는 기간은 5명 이상으로 한다)<br>- 1조원 이상 : 11명 이상[매 **2천억 원**(2조원 이상부터는 매 **3천억 원**)마다 1명씩 추가한다](다만, 전체 공사기간 중 전·후 15에 해당하는 기간은 선임 대상 안전관리자 수의 2분의 1(소수점 이하는 올림한다) 이상으로 한다) |

## 09. 상시 근로자 50명 이상 100명 미만 중, 산업안전보건위원회 설치대상 사업장의 종류 5가지를 적으시오. ★★★

**정답**

① 토사석 광업
② 목재 및 나무제품 제조업(가구는 제외한다)
③ 화학물질 및 화학제품 제조업(의약품, 세제·화장품 및 광택제 제조업, 화학 섬유 제조업은 제외한다)
④ 비금속광물제품 제조업
⑤ 1차 금속 제조업
⑥ 금속가공제품 제조업(기계 및 가구는 제외한다)
⑦ 자동차 및 트레일러 제조업
⑧ 기타 기계 및 장비 제조업(사무용기기 및 장비 제조업은 제외한다), 가정용 기기 제조업, 그 외 기타 전기장비 제조업
⑨ 기타 운송장비 제조업(전투용 차량 제조업은 제외한다)

> ① 토사석 광업에서 캔 ② 1차 금속으로 ③ 금속가공제품, ④ 비금속 광물제품 만들어 ⑤ 자동차 트레일러 만들고 ⑥ 운송장비 위원회 열자.

**참고**

• 산업안전보건위원회를 설치·운영해야 할 사업의 종류 및 규모

| 사업의 종류 | 규모 |
|---|---|
| 1. 토사석 광업<br>2. 목재 및 나무제품 제조업 ; 가구 제외<br>3. 화학물질 및 화학제품 제조업 ; 의약품 제외(세제, 화장품 및 광택제 제조업과 화학섬유 제조업은 제외한다)<br>4. 비금속 광물제품 제조업<br>5. 1차 금속 제조업<br>6. 금속가공제품 제조업 ; 기계 및 가구 제외<br>7. 자동차 및 트레일러 제조업<br>8. 기타 기계 및 장비 제조업(사무용 기계 및 장비 제조업은 제외한다)<br>9. 기타 운송장비 제조업(전투용 차량 제조업은 제외한다) | 상시 근로자 50명 이상 |

> 토사석 광업에서 캔 1차금속으로 금속가공제품, 비금속 광물제품 제조하여 나무, 화학물질 섞어서 기계장비, 자동차 트레일러 만들어 운송장비 위원회(산업안전보건위원회) 열자.

| 사업의 종류 | 규모 |
|---|---|
| 10. 농업<br>11. 어업<br>12. 소프트웨어 개발 및 공급업<br>13. 컴퓨터 프로그래밍, 시스템 통합 및 관리업<br>13의 2. 영상·오디오물 제공 서비스업<br>14. 정보서비스업<br>15. 금융 및 보험업<br>16. 임대업 ; 부동산 제외<br>17. 전문, 과학 및 기술 서비스업(연구개발업은 제외한다)<br>18. 사업지원 서비스업<br>19. 사회복지 서비스업 | 상시 근로자 300명 이상 |
| 20. 건설업 | 공사금액 120억 원 이상(토목공사업 : 150억 원 이상) |
| 21. 제1호부터 제20호까지의 사업을 제외한 사업 | 상시 근로자 100명 이상 |

## 10  산업안전보건법상 산업안전보건위원회 및 노사협의체의 구성위원을 쓰시오. ★★★

| 산업안전보건위원회의 구성 | 노사협의체의 구성 |
|---|---|
| 1. 근로자위원<br>　① <br>　② <br>　③ <br><br>2. 사용자위원<br>　① <br>　② <br>　③ <br>　④ <br>　⑤ | 1. 근로자위원<br>　① <br>　② <br><br><br>　③ <br>2. 사용자위원<br>　① <br>　② <br>　③ <br>　④ |

**정답**

| 산업안전보건위원회의 구성 | 노사협의체의 구성 ★★★ |
|---|---|
| 1. 근로자위원<br>① 근로자대표<br>② 근로자대표가 지명하는 1명 이상의 명예산업안전감독관<br>③ 근로자대표가 지명하는 9명 이내의 해당사업장의 근로자<br><br>2. 사용자위원<br>① 해당 사업의 대표자<br>② 안전관리자 1명<br>③ 보건관리자 1명<br>④ 산업보건의<br>⑤ 사업의 대표자가 지명하는 9명 이내의 해당 사업장 부서의 장 | 1. 근로자위원<br>① 도급 또는 하도급 사업을 포함한 전체 사업의 근로자대표<br>② 근로자대표가 지명하는 명예산업안전감독관 1명(다만, 명예산업안전감독관이 위촉되어 있지 아니한 경우에는 근로자대표가 지명하는 해당 사업장 근로자 1명)<br>③ 공사금액이 20억 원 이상인 공사의 관계수급인의 근로자대표<br><br>2. 사용자위원<br>① 도급 또는 하도급 사업을 포함한 전체 사업의 대표자<br>② 안전관리자 1명<br>③ 보건관리자 1명(보건관리자 선임대상 건설업으로 한정)<br>④ 공사금액이 20억 원 이상인 공사의 관계수급인의 사업주 |

산업안전보건위원회 및 노사협의체의 심의·의결사항과 노사협의체의 협의사항을 적으시오. ★★

| 산업안전보건위원회 및 노사협의체의<br>심의·의결 사항 | 노사협의체의 협의사항 |
|---|---|
|  |  |

정답

| 산업안전보건위원회 및 노사협의체의 심의·의결 사항 | 노사협의체의 협의사항 |
|---|---|
| ① 산업재해 예방계획의 수립에 관한 사항<br>② 안전보건관리규정의 작성 및 변경에 관한 사항<br>③ 근로자의 안전·보건교육에 관한 사항<br>④ 작업환경측정 등 작업환경의 점검 및 개선에 관한 사항<br>⑤ 근로자의 건강진단 등 건강관리에 관한 사항<br>⑥ 중대재해의 원인 조사 및 재발 방지대책 수립에 관한 사항<br>⑦ 산업재해에 관한 통계의 기록 및 유지에 관한 사항<br>⑧ 유해, 위험한 기계·기구 및 설비를 도입한 경우 안전·보건조치에 관한 사항<br>⑨ 그 밖에 해당 사업장 근로자의 안전 및 보건을 유지·증진시키기 위하여 필요한 사항 | ① 산업재해 예방방법 및 산업재해가 발생한 경우의 대피방법<br>② 작업의 시작시간 및 작업장 간의 연락방법<br>③ 그 밖의 산업재해 예방과 관련된 사항 |

> 참고

| 산업안전보건위원회 및 노사협의체의 심의·의결 사항 ★★ | 안전보건관리책임자 직무 ★★★ |
|---|---|
| ① 산업재해 예방계획의 수립에 관한 사항<br>② 안전보건관리규정의 작성 및 변경에 관한 사항<br>③ 근로자의 안전·보건교육에 관한 사항<br>④ 작업환경측정 등 작업환경의 점검 및 개선에 관한 사항<br>⑤ 근로자의 건강진단 등 건강관리에 관한 사항<br>⑥ 산업재해에 관한 통계의 기록 및 유지에 관한 사항<br>⑦ 중대재해의 원인 조사 및 재발 방지대책 수립에 관한 사항<br>⑧ 유해, 위험한 기계·기구 및 설비를 도입한 경우 안전·보건 조치에 관한 사항 | ① 산업재해 예방계획의 수립에 관한 사항<br>② 안전보건관리규정의 작성 및 변경에 관한 사항<br>③ 근로자의 안전·보건교육에 관한 사항<br>④ 작업환경 측정 등 작업환경의 점검 및 개선에 관한 사항<br>⑤ 근로자의 건강진단 등 건강관리에 관한 사항<br>⑥ 산업재해에 관한 통계의 기록 및 유지에 관한 사항<br>⑦ 산업재해의 원인 조사 및 재발 방지대책 수립에 관한 사항<br>⑧ 안전장치 및 보호구 구입 시 적격품 여부 확인에 관한 사항<br>⑨ 위험성평가의 실시에 관한 사항<br>⑩ 근로자의 위험 또는 건강장해의 방지에 관한 사항 |

## 12. 산업안전보건위원회, 노사협의체의 정기회의 개최기간을 쓰시오. ★★★

| 산업안전보건위원회의 운영 | 노사협의체의 운영 |
|---|---|
| 1. 정기회의 : | 1. 정기회의 : |
| 2. 임시회의 : 위원장이 필요하다 인정할 때 | 2. 임시회의 : 위원장이 필요하다 인정할 때 |

**정답**

| 산업안전보건위원회의 운영 ★★★ | 노사협의체의 운영 ★★★ |
|---|---|
| 1. 정기회의 : 분기마다 | 1. 정기회의 : 2개월마다 |
| 2. 임시회의 : 위원장이 필요하다 인정할 때 | 2. 임시회의 : 위원장이 필요하다 인정할 때 |

## 13. 안전보건 조직의 직무를 적으시오. (단, 괄호 안의 항목 수대로 적으시오.) ★★★

| | |
|---|---|
| 사업주 (2가지) | |
| 안전보건총괄책임자 (3가지) | |
| 안전보건관리책임자 (5가지) | |
| 안전관리자 (5가지) | |
| 안전보건관리담당자 (5가지) | |
| 안전보건조정자 (3가지) | |

| | |
|---|---|
| 관리감독자<br>(5가지) | |
| 산업안전지도사<br>(2가지) | |
| 근로자<br>(2가지) | |

**정답**

| | |
|---|---|
| 사업주 | ① 산업재해 예방을 위한 기준을 따를 것<br>② 근로자의 신체적 피로와 정신적 스트레스 등을 줄일 수 있는 쾌적한 작업환경의 조성 및 근로조건 개선<br>③ 해당 사업장의 안전·보건에 관한 정보를 근로자에게 제공할 것 |
| 안전보건총괄책임자 | ① 산업재해가 발생할 급박한 위험이 있을 때 및 중대재해가 발생하였을 때의 작업의 중지<br>② 도급 시 산업재해 예방조치<br>③ 산업안전보건관리비의 관계수급인 간의 사용에 관한 협의·조정 및 그 집행의 감독<br>④ 안전인증대상 기계 등과 자율안전확인대상 기계 등의 사용 여부 확인<br>⑤ 위험성 평가의 실시에 관한 사항 |
| 안전보건관리책임자 | ① 산업재해 예방계획의 수립에 관한 사항<br>② 안전보건관리규정의 작성 및 변경에 관한 사항<br>③ 근로자의 안전·보건교육에 관한 사항<br>④ 작업환경 측정 등 작업환경의 점검 및 개선에 관한 사항<br>⑤ 근로자의 건강진단 등 건강관리에 관한 사항<br>⑥ 산업재해의 원인 조사 및 재발 방지대책 수립에 관한 사항<br>⑦ 산업재해에 관한 통계의 기록 및 유지에 관한 사항<br>⑧ 안전장치 및 보호구 구입 시 적격품 여부 확인에 관한 사항<br>⑨ 위험성 평가의 실시에 관한 사항<br>⑩ 근로자의 위험 또는 건강장해의 방지에 관한 사항 |
| 안전관리자 | ① 사업장 안전교육계획의 수립 및 안전교육 실시에 관한 보좌 및 조언·지도<br>② 사업장 순회점검·지도 및 조치의 건의<br>③ 산업재해 발생의 원인 조사·분석 및 재발 방지를 위한 기술적 보좌 및 조언·지도<br>④ 산업재해에 관한 통계의 유지·관리·분석을 위한 보좌 및 조언·지도<br>⑤ 안전인증대상 기계·기구 등과 자율안전확인대상 기계·기구 등 구입 시 적격품의 선정에 관한 보좌 및 조언·지도<br>⑥ 위험성 평가에 관한 보좌 및 조언·지도<br>⑦ 안전에 관한 사항의 이행에 관한 보좌 및 조언·지도<br>⑧ 산업안전보건위원회 또는 노사협의체, 안전보건관리규정 및 취업규칙에서 정한 직무<br>⑨ 업무수행 내용의 기록·유지<br>⑩ 그 밖에 안전에 관한 사항으로서 노동부장관이 정하는 사항 |

| | |
|---|---|
| 안전보건관리담당자 | ① 안전·보건교육 실시에 관한 보좌 및 조언·지도<br>② 위험성 평가에 관한 보좌 및 조언·지도<br>③ 작업환경측정 및 개선에 관한 보좌 및 조언·지도<br>④ 건강진단에 관한 보좌 및 조언·지도<br>⑤ 산업재해 발생의 원인 조사, 산업재해 통계의 기록 및 유지를 위한 보좌 및 조언·지도<br>⑥ 산업안전·보건과 관련된 안전장치 및 보호구 구입 시 적격품 선정에 관한 보좌 및 조언·지도 |
| 안전보건조정자 | ① 같은 장소에서 행하여지는 각각의 공사 간에 혼재된 작업의 파악<br>② 혼재된 작업으로 인한 산업재해 발생의 위험성 파악<br>③ 혼재된 작업으로 인한 산업재해를 예방하기 위한 작업의 시기·내용 및 안전보건 조치 등의 조정<br>④ 각각의 공사 도급인의 안전보건관리책임자 간 작업 내용에 관한 정보 공유 여부의 확인 |
| 관리감독자 | ① 기계·기구 또는 설비의 안전·보건 점검 및 이상 유무의 확인<br>② 근로자의 작업복·보호구 및 방호장치의 점검과 그 착용·사용에 관한 교육·지도<br>③ 산업재해에 관한 보고 및 이에 대한 응급조치<br>④ 작업장 정리·정돈 및 통로확보에 대한 확인·감독<br>⑤ 산업보건의, 안전관리자(안전관리전문기관의 해당 사업장 담당자) 및 보건관리자(보건관리전문기관의 해당 사업장 담당자), 안전보건관리담당자(안전관리전문기관 또는 보건관리전문기관의 해당 사업장 담당자)의 지도·조언에 대한 협조<br>⑥ 위험성 평가를 위한 유해·위험요인의 파악 및 개선조치의 시행에 대한 참여<br>⑦ 그 밖에 해당 작업의 안전·보건에 관한 사항으로서 고용노동부령으로 정하는 사항 |
| 산업안전지도사 | ① 공정상의 안전에 관한 평가·지도<br>② 유해·위험의 방지대책에 관한 평가·지도<br>③ 공정상의 안전 및 유해·위험의 방지대책과 관련된 계획서 및 보고서의 작성<br>④ 안전보건개선계획서의 작성<br>⑤ 위험성 평가의 지도<br>⑥ 그 밖에 산업안전에 관한 사항의 자문에 대한 응답 및 조언 |
| 근로자 | ① 법에서 정하는 산업재해 예방에 필요한 사항을 지켜야 한다.<br>② 사업주 또는 근로감독관, 공단 등 관계자가 실시하는 산업재해 방지에 관한 조치에 따라야 한다. |

**14** 도급사업 시 안전보건조치를 3가지 적으시오.

**정답**

① 도급인과 수급인을 구성원으로 하는 안전 및 보건에 관한 협의체의 구성 및 운영
② 작업장 순회 점검
③ 관계수급인이 근로자에게 하는 안전보건교육을 위한 장소 및 자료의 제공 등 지원
④ 관계수급인이 근로자에게 하는 안전보건교육의 실시 확인
⑤ 경보체계 운영과 대피방법 등 훈련
⑥ 위생시설 등 고용노동부령으로 정하는 시설의 설치 등을 위하여 필요한 장소의 제공 또는 도급인이 설치한 위생시설 이용의 협조

**참고**

(1) 작업장의 순회점검 등 안전·보건관리

| | |
|---|---|
| 2일에 1회 이상 | ① 건설업<br>② 제조업<br>③ 토사석 광업<br>④ 서적, 잡지 및 기타 인쇄물 출판업<br>⑤ 음악 및 기타 오디오물 출판업<br>⑥ 금속 및 비금속 원료 재생업 |
| 1주일에 1회 이상 | 그 밖의 사업 |

(2) 도급사업의 합동 안전·보건점검

| | |
|---|---|
| 점검반의 구성 | ① 도급인(같은 사업 내에 지역을 달리하는 사업장이 있는 경우에는 그 사업장의 안전보건관리책임자)<br>② 관계수급인(같은 사업 내에 지역을 달리하는 사업장이 있는 경우에는 그 사업장의 안전보건관리책임자)<br>③ 도급인 및 관계수급인의 근로자 각 1명(관계수급인의 근로자의 경우에는 해당 공정만 해당한다) |
| 합동<br>안전·보건점검의<br>실시 횟수 | ① 2개월에 1회 이상<br>• 건설업<br>• 선박 및 보트 건조업<br>② 그 밖의 사업 : 분기에 1회 이상 |

**15** 작업을 도급하여 자신의 사업장에서 수급인의 근로자가 그 작업을 하도록 해서는 아니 되는 작업의 종류 3가지를 적으시오.

**정답**

① 도금작업
② 수은, 납 또는 카드뮴을 제련, 주입, 가공 및 가열하는 작업
③ 허가대상물질을 제조하거나 사용하는 작업

도금(도급금지) 수(수은) 납하는 카드(카드뮴)는 허가받아 제조(허가대상물질 제조)

**참고**

• 도급 작업의 승인
① 사업주는 고용노동부장관의 도급 작업에 대한 승인을 받으려는 경우에는 고용노동부령으로 정하는 바에 따라 고용노동부장관이 실시하는 안전 및 보건에 관한 평가를 받아야 한다.
② 고용노동부장관에 따른 승인의 유효기간은 3년의 범위에서 정한다. ★
③ 고용노동부장관은 유효기간이 만료되는 경우에 사업주가 유효기간의 연장을 신청하면 승인의 유효기간이 만료되는 날의 다음 날부터 3년의 범위에서 고용노동부령으로 정하는 바에 따라 그 기간의 연장을 승인할 수 있다. 이 경우 사업주는 안전 및 보건에 관한 평가를 받아야 한다.
④ 사업주는 도급공정, 도급공정 사용 최대 유해화학 물질량, 도급기간(3년 미만으로 승인 받은 자가 승인일부터 3년 내에서 연장하는 경우만 해당한다)을 변경하려는 경우에는 고용노동부령으로 정하는 바에 따라 변경에 대한 승인을 받아야 한다.

**도급승인이 취소되는 경우 ★**

가. 도급승인 기준에 미달하게 된 때
나. 거짓이나 그 밖의 부정한 방법으로 승인, 연장승인, 변경승인을 받은 경우
다. 연장승인 및 변경승인을 받지 않고 사업을 계속한 경우

**도급승인 대상 작업**

1. 중량비율 1퍼센트 이상의 황산, 불화수소, 질산 또는 염화수소를 취급하는 설비를 개조·분해·해체·철거하는 작업 또는 해당 설비의 내부에서 이루어지는 작업. 다만, 도급인이 해당 화학물질을 모두 제거한 후 증명자료를 첨부하여 고용노동부장관에게 신고한 경우는 제외한다.
2. 그 밖에 따른 산업재해보상보험 및 예방심의위원회의 심의를 거쳐 고용노동부장관이 정하는 작업

# CHAPTER 02 산업안전관리 계획 수립

1. 안전보건관리 규정을 이해·적용할 수 있어야 한다.
2. 안전보건관리 계획을 수립할 수 있어야 한다.
3. 주요 평가척도를 알고 적용할 수 있어야 한다.
4. 안전보건 개선계획을 수립할 수 있어야 한다.

## 안전보건관리규정

### (1) 안전보건관리규정의 작성

1) 작성대상 : 상시 근로자 100명 이상을 사용하는 사업 ★★

**Reference**

◈ 안전보건관리규정을 작성하여야 할 사업의 종류 및 규모

| 사업의 종류 | 규모 |
|---|---|
| 1. 농업<br>2. 어업<br>3. 소프트웨어 개발 및 공급업<br>4. 컴퓨터 프로그래밍, 시스템 통합 및 관리업<br>4의 2. 영상·오디오물 제공 서비스업<br>5. 정보서비스업<br>6. 금융 및 보험업<br>7. 임대업(부동산 제외)<br>8. 전문, 과학 및 기술 서비스업(연구개발업은 제외한다)<br>9. 사업지원 서비스업<br>10. 사회복지 서비스업 | 상시 근로자 300명 이상을 사용하는 사업장 |
| 11. 제1호부터 제4호까지, 제4호의 2 및 제5호부터 제10호까지의 사업을 제외한 사업 | 상시 근로자 100명 이상을 사용하는 사업장 |

2) 사업주는 안전보건관리규정을 작성하여야 할 **사유가 발생한 날부터 30일 이내에** 안전보건관리규정을 **작성**하여야 한다. ★

3) 안전보건관리규정의 포함사항 ★★★
   ① **안전·보건 관리조직과 그 직무**에 관한 사항
   ② **안전·보건교육**에 관한 사항
   ③ **작업장의 안전 및 보건관리**에 관한 사항
   ④ **사고 조사 및 대책 수립**에 관한 사항
   ⑤ 그 밖에 안전·보건에 관한 사항

4) 안전관리규정 작성 시 유의사항
   ① **법정 기준을 상회하도록** 작성
   ② **법령의 제, 개정 시 즉시 수정**
   ③ **현장의견을 충분히 반영**
   ④ **정상 시 및 이상 시 조치**에 관하여도 **규정**
   ⑤ 관리자 층의 직무 및 권한 등을 명확히 기재

5) 안전보건관리규정을 작성하거나 변경할 때에는 산업안전보건위원회의 심의·의결을 거쳐야 한다. 다만, 산업안전보건위원회가 설치되어 있지 아니한 사업장의 경우에는 근로자대표의 동의를 받아야 한다. ★


## 안전보건관리계획 및 안전보건 개선계획

### (1) 안전계획 작성 시 고려사항
① 사업장 실태에 맞도록 **독자적, 실현 가능성 있게** 작성
② **목표는 점진적으로 높게**
③ 직장 단위로 **구체적으로 작성**

### (2) 안전보건 개선계획

1) 안전보건 개선계획의 수립·시행명령을 받은 사업주는 안전보건 개선계획서를 작성하여 그 **명령을 받은 날부터 60일 이내에 관할 지방고용노동관서의 장에게 제출**하여야 한다. ★

2) 안전보건 개선계획서 포함사항 ★
    ① 시설
    ② 안전·보건관리체제
    ③ 안전·보건교육
    ④ 산업재해 예방 및 작업환경 개선을 위하여 필요한 사항

3) 사업주는 안전보건 개선계획을 수립할 때에는 산업안전보건위원회의 심의를 거쳐야 한다. 다만, 산업안전보건위원회가 설치되어 있지 아니한 사업장의 경우에는 근로자 대표의 의견을 들어야 한다. ★

4) 안전보건 개선계획 작성대상 사업장

| 안전보건 개선계획 작성대상 사업장 ★★★ |
| --- |
| ① 산업재해율이 같은 업종의 규모별 **평균** 산업재해율보다 높은 사업장<br>② 사업주가 안전보건조치의무를 이행하지 아니하여 **중대재해가 발생한 사업장**<br>③ 직업성 질병자가 연간 2명 이상 발생한 사업장<br>④ 유해인자의 노출기준을 초과한 사업장 |

평균보다 높으면 개선계획!
중대재해 발생하면 개선계획!
직업성 질병자 2명, 노출기준 초과하면 개선계획!

| 안전·보건진단을 받아 안전보건개선계획을 수립·제출하도록 명할 수 있는 사업장 ★★★ |
| --- |
| 1. 산업재해율이 **같은 업종 평균 산업재해율의 2배 이상**인 사업장<br>2. 사업주가 필요한 안전조치 또는 보건조치를 이행하지 아니하여 **중대재해가 발생한 사업장**<br>3. **직업성 질병자가 연간 2명 이상**(상시근로자 1천명 이상 사업장의 경우 **3명 이상**) 발생한 사업장<br>4. 그 밖에 작업환경 불량, 화재·폭발 또는 누출 사고 등으로 사업장 주변까지 피해가 확산된 사업장으로서 고용노동부령으로 정하는 사업장 |

평균의 2배 이상, 직업성 질병 2명 이상(1,000명 이상 3명) 진단받아 개선!
중대재해 발생하면 진단받아 개선!

# 안전관리자의 증원·교체임명 명령

(1) 지방고용노동관서의 장은 다음 각 호의 어느 하나에 해당하는 사유가 발생한 경우에는 사업주에게 안전관리자나 보건관리자 또는 안전보건관리담당자를 정수 이상으로 증원하게 하거나 교체하여 임명할 것을 명할 수 있다. 다만, 제4호에 해당하는 경우로서 직업성 질병자 발생 당시 사업장에서 해당 화학적 인자(因子)를 사용하지 않은 경우에는 그렇지 않다.

(2) 관리자를 정수 이상으로 증원하게 하거나 교체하여 임명할 것을 명하는 경우에는 미리 사업주 및 해당 관리자의 의견을 듣거나 소명자료를 제출받아야 한다. 다만, 정당한 사유 없이 의견진술 또는 소명자료의 제출을 게을리한 경우에는 그렇지 않다.

### 안전관리자의 증원·교체임명 명령 대상 사업장 ★★★

① 해당 사업장의 연간 재해율이 같은 업종의 평균재해율의 2배 이상인 경우
② 중대재해가 연간 2건 이상 발생한 경우(다만, 해당 사업장의 전년도 사망만인율이 같은 업종의 평균 사망만인율 이하인 경우는 제외)
③ 관리자가 질병이나 그 밖의 사유로 3개월 이상 직무를 수행할 수 없게 된 경우
④ 화학적 인자로 인한 직업성 질병자가 연간 3명 이상 발생한 경우(이 경우 직업성 질병자 발생일은 요양급여의 결정일로 한다.)

평균의 2배 이상, 중대재해 2건 이상 증원!
직업성 질병 3명 이상, 3개월 이상 일안하면 교체!

# 사업장의 산업재해 발생건수 등 공표

**(1) 공표방법**

① 관보
② 일간신문(보급지역을 전국으로 하여 등록한 경우)
③ 인터넷 등에 게재

### 재해발생 건수 등 재해율 공표 대상 사업장 ★★★

① 사망재해자가 연간 2명 이상 발생한 사업장
② 사망만인율(사망재해자 수를 연간 상시근로자 1만 명당 발생하는 사망재해자 수로 환산한 것)이 규모별 같은 업종의 평균 사망만인율 이상인 사업장
③ 중대산업사고가 발생한 사업장
④ 산업재해 발생 사실을 은폐한 사업장
⑤ 산업재해의 발생에 관한 보고를 최근 3년 이내 2회 이상 하지 않은 사업장

사망자 2명, 평균 사망만인율 이상 공표!
중대산업사고 발생하면 공표!
재해은폐, 재해보고 3년 동안 2번 이상 안하면 공표!

**(2)** 제1호부터 제3호까지(사망재해자가 연간 2명 이상, 사망만인율이 규모별 같은 업종의 평균 사망만인율 이상, 중대산업사고가 발생한 사업장)의 규정에 해당하는 사업장은 해당 사업장이 관계수급인의 사업장으로서 도급인이 관계수급인 근로자의 산업재해 예방을 위한 조치의무를 위반하여 관계수급인 근로자가 산업재해를 입은 경우에는 도급인의 사업장의 산업재해발생건수 등을 함께 공표한다. ★

## (3) 도급인의 산업재해 발생건수 등에 수급인의 산업재해 발생건수 등을 포함하여 공표하여야 하는 사업장(통합 공표대상 사업장)

도급인이 사용하는 **상시근로자 수가 500명 이상**인 다음 각 호의 어느 하나에 해당하는 사업장으로서 **도급인 사업장의 사고사망만인율**(질병으로 인한 사망재해자를 제외하고 산출한 사망만인율)보다 관계수급인의 근로자를 포함하여 산출한 사고사망만인율이 높은 사업장을 말한다.

1. 제조업
2. 철도운송업
3. 도시철도운송업
4. 전기업

500명 이상의 제(제조업)철 운송(철도운송업) 도시(도시철도운송업)의 전기는 수급인 포함하여 공표

### Reference

🌸 **도급인이 지배·관리하는 장소**(도급인의 산업재해발생 건수 등에 관계수급인의 산업재해발생 건수 등을 포함하여 공표하여야 하는 장소)

1. 토사(土砂)·구축물·인공구조물 등이 **붕괴될 우려가 있는** 장소
2. 기계·기구 등이 **넘어지거나 무너질 우려가 있는** 장소
3. **안전난간의 설치가 필요한** 장소
4. **비계(飛階) 또는 거푸집을 설치하거나 해체하는** 장소
5. 건설용 리프트를 운행하는 장소
6. **지반(地盤)을 굴착하거나 발파작업을** 하는 장소
7. 엘리베이터 홀 등 근로자가 **추락할 위험이 있는** 장소
8. 석면이 붙어 있는 물질을 파쇄하거나 해체하는 작업을 하는 장소
9. 공중 전선에 가까운 장소로서 **시설물의 설치·해체·점검 및 수리 등의 작업을 할 때 감전의 위험이 있는** 장소
10. 물체가 떨어지거나 날아올 위험이 있는 장소
11. **프레스 또는 전단기(剪斷機)를 사용**하여 작업을 하는 장소
12. **차량계(車輛系) 하역운반기계 또는 차량계 건설기계를 사용**하여 작업하는 장소
13. 전기 기계·기구를 사용하여 감전의 위험이 있는 작업을 하는 장소
14. 「철도산업발전기본법」에 따른 **철도차량**(「도시철도법」에 따른 도시철도차량을 포함한다)에 의한 **충돌 또는 협착의 위험이 있는** 작업을 하는 장소
15. 그 밖에 화재·폭발 등 사고발생 위험이 높은 장소로서 고용노동부령으로 정하는 다음의 장소
    ① 화재·폭발 우려가 있는 다음 각 목의 어느 하나에 해당하는 작업을 하는 장소
    　　가. 선박 내부에서의 용접·용단작업
    　　나. 인화성 액체를 취급·저장하는 설비 및 용기에서의 용접·용단작업

다. 특수화학설비에서의 용접·용단작업
　　라. 가연물(可燃物)이 있는 곳에서의 용접·용단 및 금속의 가열 등 화기를 사용하는 작업이나
　　　 연삭숫돌에 의한 건식연마작업 등 불꽃이 발생할 우려가 있는 작업
② 양중기(揚重機)에 의한 충돌 또는 협착(狹窄)의 위험이 있는 작업을 하는 장소
③ 유기화합물 취급 특별장소
④ 방사선 업무를 하는 장소
⑤ 밀폐공간
⑥ 위험물질을 제조하거나 취급하는 장소
⑦ 화학설비 및 그 부속설비에 대한 정비·보수 작업이 이루어지는 장소

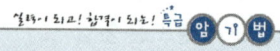

- 붕괴, 기계의 넘어짐, 추락(안전난간, 비계 거푸집), 굴착 발파, 낙하비래, 감전, 철도 충돌, 화재·폭발
- 석면, 차량계 하역운반 및 건설기계, 프레스 전단기, 건설용 리프트

## 안전보건 진단

**(1)** 고용노동부장관은 추락·붕괴, 화재·폭발, 유해하거나 위험한 물질의 누출 등 산업재해 발생의 위험이 현저히 높은 사업장의 사업주에게 안전보건진단기관이 실시하는 안전보건진단을 받을 것을 명할 수 있다.

### 안전보건진단 대상 사업장의 종류 ★

① 중대재해 발생 사업장
② 안전보건개선계획 수립·시행명령을 받은 사업장
③ 추락·폭발·붕괴 등 재해발생 위험이 현저히 높은 사업장으로서 지방 노동관서의 장이 안전·보건진단이 필요하다고 인정하는 사업장

중대재해 발생하면 진단! 진단받아 개선계획 수립!

(2) 사업주는 안전보건진단 명령을 받은 경우 고용노동부령으로 정하는 바에 따라 안전보건진단기관에 안전보건진단을 의뢰하여야 한다.

(3) 사업주는 안전보건진단기관이 실시하는 안전보건진단에 적극 협조하여야 하며, 정당한 사유 없이 이를 거부하거나 방해 또는 기피해서는 아니 된다. 이 경우 근로자대표가 요구할 때에는 해당 안전보건진단에 근로자대표를 참여시켜야 한다.

(4) 안전보건진단의 종류 및 내용

| 종류 | 진단내용 |
| --- | --- |
| 종합진단 | 1. 경영·관리적 사항에 대한 평가<br>  가. 산업재해 예방계획의 적정성<br>  나. 안전·보건 관리조직과 그 직무의 적정성<br>  다. 산업안전보건위원회 설치·운영, 명예산업안전감독관의 역할 등 근로자의 참여 정도<br>  라. 안전보건관리규정 내용의 적정성<br>2. 산업재해 또는 사고의 발생 원인(산업재해 또는 사고가 발생한 경우만 해당한다)<br>3. 작업조건 및 작업방법에 대한 평가<br>4. 유해·위험요인에 대한 측정 및 분석<br>  가. 기계·기구 또는 그 밖의 설비에 의한 위험성<br>  나. 폭발성·물반응성·자기반응성·자기발열성 물질, 자연발화성 액체·고체 및 인화성 액체 등에 의한 위험성<br>  다. 전기·열 또는 그 밖의 에너지에 의한 위험성<br>  라. 추락, 붕괴, 낙하, 비래(飛來) 등으로 인한 위험성<br>  마. 그 밖에 기계·기구·설비·장치·구축물·시설물·원재료 및 공정 등에 의한 위험성<br>  바. 법 제118조제1항에 따른 허가대상물질, 고용노동부령으로 정하는 관리대상 유해물질 및 온도·습도·환기·소음·진동·분진, 유해광선 등의 유해성 또는 위험성<br>5. 보호구, 안전·보건장비 및 작업환경 개선시설의 적정성<br>6. 유해물질의 사용·보관·저장, 물질안전보건자료의 작성, 근로자 교육 및 경고표시 부착의 적정성<br>7. 그 밖에 작업환경 및 근로자 건강 유지·증진 등 보건관리의 개선을 위하여 필요한 사항 |
| 안전진단 | 1. 산업재해 또는 사고의 발생 원인(산업재해 또는 사고가 발생한 경우만 해당한다)<br>2. 작업조건 및 작업방법에 대한 평가 |

| | |
|---|---|
| 안전진단 | 3. **유해·위험요인에 대한 측정 및 분석**(안전 관련 사항만 해당한다)<br>　가. 기계·기구 또는 그 밖의 설비에 의한 위험성<br>　나. 폭발성·물반응성·자기반응성·자기발열성 물질, 자연발화성 액체·고체 및 인화성 액체 등에 의한 위험성<br>　다. 전기·열 또는 그 밖의 에너지에 의한 위험성<br>　라. 추락, 붕괴, 낙하, 비래(飛來) 등으로 인한 위험성<br>　마. 그 밖에 기계·기구·설비·장치·구축물·시설물·원재료 및 공정 등에 의한 위험성 |
| 보건진단 | 1. **산업재해 또는 사고의 발생 원인**(산업재해 또는 사고가 발생한 경우만 해당한다)<br>2. **작업조건 및 작업방법에 대한 평가**<br>3. **허가대상물질, 관리대상 유해물질 및 온도·습도·환기·소음·진동·분진, 유해광선** 등의 유해성 또는 위험성<br>4. **보호구, 안전·보건장비 및 작업환경 개선시설의 적정성**(보건 관련 사항만 해당한다)<br>5. **유해물질의 사용·보관·저장, 물질안전보건자료의 작성, 근로자 교육 및 경고표시 부착의 적정성**<br>6. 그 밖에 작업환경 및 근로자 건강 유지·증진 등 보건관리의 개선을 위하여 필요한 사항 |

# 예상문제

 사내 안전관리규정 제정 시 고려할 사항 3가지를 쓰시오. ★

**정답**
① 법정 기준을 상회하도록 작성
② 법령의 제, 개정 시 즉시 수정
③ 현장의견을 충분히 반영
④ 정상 시 및 이상 시 조치에 관하여도 규정
⑤ 관리자층의 직무 및 권한 등을 명확히 기재

 (1) 안전보건관리규정을 작성하여야 할 사업은 상시 근로자 ( ① ) 이상을 사용하는 사업으로 한다. (2) 안전보건관리규정을 작성하거나 변경할 때에는 ( ② )의 심의·의결을 거쳐야 한다. 다만, 산업안전보건위원회가 설치되어 있지 아니한 사업장의 경우에는 ( ③ )의 동의를 받아야 한다. ★★

**정답**
① 100명
② 산업안전보건위원회
③ 근로자대표

> **참고**
>
> • 안전보건관리규정을 작성하여야 할 사업의 종류 및 규모
>
> | 사업의 종류 | 규모 |
> |---|---|
> | 1. 농업<br>2. 어업<br>3. 소프트웨어 개발 및 공급업<br>4. 컴퓨터 프로그래밍, 시스템 통합 및 관리업<br>4의 2. 영상·오디오물 제공 서비스업<br>5. 정보서비스업<br>6. 금융 및 보험업<br>7. 임대업(부동산 제외)<br>8. 전문, 과학 및 기술 서비스업(연구개발업은 제외한다)<br>9. 사업지원 서비스업<br>10. 사회복지 서비스업 | 상시 근로자 300명 이상을 사용하는 사업장 |
> | 11. 제1호부터 제4호까지, 제4호의 2 및 제5호부터 제10호까지의 사업을 제외한 사업 | 상시 근로자 100명 이상을 사용하는 사업장 |

 사업장 안전보건관리 규정에 포함하여 근로자에게 알려야 하고 사업장에 비치할 사항을 쓰시오. ★★★

① 안전·보건 관리조직과 그 직무에 관한 사항
② 안전·보건교육에 관한 사항
③ 작업장의 안전 및 보건관리에 관한 사항
④ 사고 조사 및 대책 수립에 관한 사항
⑤ 그 밖에 안전·보건에 관한 사항

# 04 다음 물음에 적합한 대상 사업장을 적으시오. ★★★

**(1) 안전보건 개선계획 작성대상 사업장(4가지)**
① 
② 
③ 
④ 

**(2) 안전·보건진단을 받아 안전보건개선계획을 작성하여야 하는 사업장(3가지)**
① 
② 
③ 

**(3) 안전관리자의 증원·교체임명 명령 대상 사업장(4가지)**
① 
② 
③ 
④ 

**(4) 재해발생 건수 등 재해율 공표 대상 사업장(4가지)**
① 
② 
③ 
④ 

**(5) 안전보건진단 대상 사업장의 종류(2가지)**
① 
② 

### 정답

**(1) 안전보건 개선계획 작성대상 사업장 ★★★**
① 산업재해율이 같은 업종의 규모별 평균 산업재해율보다 높은 사업장
② 사업주가 안전보건조치의무를 이행하지 아니하여 중대재해가 발생한 사업장
③ 직업성 질병자가 연간 2명 이상 발생한 사업장
④ 유해인자의 노출기준을 초과한 사업장

> 평균보다 높으면 개선계획!
> 중대재해 발생하면 개선계획!
> 직업성 질병자 2명, 노출기준 초과하면 개선계획!

(2) **안전·보건진단을 받아 안전보건개선계획을 작성하여야 하는 사업장 ★★★**

1. 산업재해율이 같은 업종 평균 산업재해율의 2배 이상인 사업장
2. 사업주가 필요한 안전조치 또는 보건조치를 이행하지 아니하여 **중대재해가 발생한 사업장**
3. **직업성 질병자가 연간 2명 이상(상시근로자 1천명 이상 사업장의 경우 3명 이상)** 발생한 사업장
4. 그 밖에 작업환경 불량, 화재·폭발 또는 누출 사고 등으로 사업장 주변까지 피해가 확산된 사업장으로서 고용노동부령으로 정하는 사업장

> 평균의 2배 이상, 직업성 질병 2명 이상(1,000명 이상 3명) 진단받아 개선!
> 중대재해 발생하면 진단받아 개선!

(3) **안전관리자의 증원·교체임명 명령 대상 사업장 ★★★**

① 연간 재해율이 같은 업종의 평균재해율의 2배 이상인 경우
② 중대재해가 연간 2건 이상 발생한 경우(다만, 해당 사업장의 전년도 사망만인율이 같은 업종의 평균 사망만인율 이하인 경우는 제외)
③ 관리자가 3개월 이상 직무를 수행할 수 없게 된 경우
④ 화학적 인자로 인한 직업성질병자가 연간 3명 이상 발생한 경우

> 평균의 2배 이상, 중대재해 2건 이상 증원!
> 직업성 질병 3명 이상, 3개월 이상 일안하면 교체!

(4) **재해발생 건수 등 재해율 공표 대상 사업장 ★★★**

① 사망재해자가 연간 2명 이상 발생한 사업장
② 사망만인율(사망재해자 수를 연간 상시근로자 1만명 당 발생하는 사망재해자 수로 환산한 것)이 규모별 같은 업종의 평균 사망만인율 이상인 사업장
③ 중대산업사고가 발생한 사업장
④ 산업재해 발생 사실을 은폐한 사업장
⑤ 산업재해의 발생에 관한 보고를 최근 3년 이내 2회 이상 하지 않은 사업장

> 사망자 2명, 평균 사망만인율 이상 공표!
> 중대산업사고 발생하면 공표!
> 재해은폐, 재해보고 3년 동안 2번 이상 안하면 공표!

(5) **안전보건진단 대상 사업장의 종류 ★**

① 중대재해 발생 사업장
② 안전보건개선계획 수립·시행명령을 받은 사업장
③ 추락·폭발·붕괴 등 재해발생 위험이 현저히 높은 사업장으로서 지방 노동관서의 장이 안전·보건진단이 필요하다고 인정하는 사업장

**05** 추락·붕괴, 화재·폭발, 유해하거나 위험한 물질의 누출 등 산업재해 발생의 위험이 현저히 높은 사업장의 경우 고용노동부장관은 안전진단을 실시하도록 명령할 수 있다. 안전보건진단의 종류를 3가지 적으시오. ★

**정답**

① 종합진단  ② 안전진단  ③ 보건진단

**참고**

| 종류 | 진단내용 |
|---|---|
| 종합진단 | 1. 경영·관리적 사항에 대한 평가<br>　가. 산업재해 예방계획의 적정성<br>　나. 안전·보건 관리조직과 그 직무의 적정성<br>　다. 산업안전보건위원회 설치·운영, 명예산업안전감독관의 역할 등 근로자의 참여 정도<br>　라. 안전보건관리규정 내용의 적정성<br>2. 산업재해 또는 사고의 발생 원인(산업재해 또는 사고가 발생한 경우만 해당한다)<br>3. 작업조건 및 작업방법에 대한 평가<br>4. 유해·위험요인에 대한 측정 및 분석<br>　가. 기계·기구 또는 그 밖의 설비에 의한 위험성<br>　나. 폭발성·물반응성·자기반응성·자기발열성 물질, 자연발화성 액체·고체 및 인화성 액체 등에 의한 위험성<br>　다. 전기·열 또는 그 밖의 에너지에 의한 위험성<br>　라. 추락, 붕괴, 낙하, 비래(飛來) 등으로 인한 위험성<br>　마. 그 밖에 기계·기구·설비·장치·구축물·시설물·원재료 및 공정 등에 의한 위험성<br>　바. 법 제118조제1항에 따른 허가대상물질, 고용노동부령으로 정하는 관리대상 유해물질 및 온도·습도·환기·소음·진동·분진, 유해광선 등의 유해성 또는 위험성<br>5. 보호구, 안전·보건장비 및 작업환경 개선시설의 적정성<br>6. 유해물질의 사용·보관·저장, 물질안전보건자료의 작성, 근로자 교육 및 경고표시 부착의 적정성<br>7. 그 밖에 작업환경 및 근로자 건강 유지·증진 등 보건관리의 개선을 위하여 필요한 사항 |
| 안전진단 | 1. 산업재해 또는 사고의 발생 원인(산업재해 또는 사고가 발생한 경우만 해당한다)<br>2. 작업조건 및 작업방법에 대한 평가<br>3. 유해·위험요인에 대한 측정 및 분석(안전 관련 사항만 해당한다)<br>　가. 기계·기구 또는 그 밖의 설비에 의한 위험성<br>　나. 폭발성·물반응성·자기반응성·자기발열성 물질, 자연발화성 액체·고체 및 인화성 액체 등에 의한 위험성<br>　다. 전기·열 또는 그 밖의 에너지에 의한 위험성<br>　라. 추락, 붕괴, 낙하, 비래(飛來) 등으로 인한 위험성<br>　마. 그 밖에 기계·기구·설비·장치·구축물·시설물·원재료 및 공정 등에 의한 위험성 |

| 종류 | 진단내용 |
|---|---|
| 보건진단 | 1. 산업재해 또는 사고의 발생 원인(산업재해 또는 사고가 발생한 경우만 해당한다)<br>2. 작업조건 및 작업방법에 대한 평가<br>3. 허가대상물질, 관리대상 유해물질 및 온도·습도·환기·소음·진동·분진, 유해광선 등의 유해성 또는 위험성<br>4. 보호구, 안전·보건장비 및 작업환경 개선시설의 적정성(보건 관련 사항만 해당한다)<br>5. 유해물질의 사용·보관·저장, 물질안전보건자료의 작성, 근로자 교육 및 경고표시 부착의 적정성<br>6. 그 밖에 작업환경 및 근로자 건강 유지·증진 등 보건관리의 개선을 위하여 필요한 사항 |

## 06 다음 물음에 적합한 내용을 적으시오.

1. 도급인의 산업재해 발생건수 등에 수급인의 산업재해 발생건수 등을 포함하여 공표하여야 하는 사업장은 도급인이 사용하는 상시근로자 수가 ( )명 이상인 사업장이다.

2. 도급인 사업장의 사고사망만인율 보다 수급인[하수급인을 포함]의 근로자를 포함하여 산출한 통합 사고사망만인율이 높은 사업장 중 도급인의 산업재해 발생건수 등에 수급인의 산업재해 발생건수 등을 포함하여 공표하여야 하는 사업장의 종류를 3가지 적으시오.

**정답**

1. 500
2. ① 제조업, ② 철도운송업, ③ 도시철도운송업, ④ 전기업

500명 이상의 제(제조업)철 운송(철도운송업) 도시(도시철도운송업)의 전기는 수급인 포함하여 공표

**참고**

• 도급인이 지배·관리하는 장소(도급인의 산업재해발생 건수 등에 관계수급인의 산업재해발생 건수 등을 포함하여 공표하여야 하는 장소)

1. 토사(土砂)·구축물·인공구조물 등이 붕괴될 우려가 있는 장소
2. 기계·기구 등이 넘어지거나 무너질 우려가 있는 장소
3. 안전난간의 설치가 필요한 장소
4. 비계(飛階) 또는 거푸집을 설치하거나 해체하는 장소
5. 건설용 리프트를 운행하는 장소
6. 지반(地盤)을 굴착하거나 발파작업을 하는 장소
7. 엘리베이터 홀 등 근로자가 추락할 위험이 있는 장소

8. 석면이 붙어있는 물질을 파쇄하거나 해체하는 작업을 하는 장소
9. 공중 전선에 가까운 장소로서 **시설물의 설치 · 해체 · 점검 및 수리 등의 작업**을 할 때 감전의 위험이 있는 장소
10. 물체가 떨어지거나 날아올 위험이 있는 장소
11. **프레스 또는 전단기**(剪斷機)를 사용하여 작업을 하는 장소
12. **차량계**(車輛系) **하역운반기계 또는 차량계 건설기계**를 사용하여 작업하는 장소
13. **전기 기계 · 기구**를 사용하여 감전의 위험이 있는 작업을 하는 장소
14. 「철도산업발전기본법」에 따른 **철도차량**(「도시철도법」에 따른 도시철도차량을 포함한다)에 의한 **충돌 또는 협착의 위험**이 있는 작업을 하는 장소
15. 그 밖에 화재 · 폭발 등 사고발생 위험이 높은 장소로서 고용노동부령으로 정하는 다음의 장소
    ① **화재 · 폭발** 우려가 있는 다음 각 목의 어느 하나에 해당하는 작업을 하는 장소
    　　가. 선박 내부에서의 용접 · 용단작업
    　　나. 인화성 액체를 취급 · 저장하는 설비 및 용기에서의 용접 · 용단작업
    　　다. 특수화학설비에서의 용접 · 용단작업
    　　라. 가연물(可燃物)이 있는 곳에서의 용접 · 용단 및 금속의 가열 등 화기를 사용하는 작업이나 연삭숫돌에 의한 건식연마작업 등 불꽃이 발생할 우려가 있는 작업
    ② **양중기**(揚重機)**에 의한 충돌 또는 협착**(狹窄)**의 위험**이 있는 작업을 하는 장소
    ③ **유기화합물 취급 특별장소**
    ④ **방사선 업무**를 하는 장소
    ⑤ **밀폐공간**
    ⑥ **위험물질**을 제조하거나 **취급**하는 장소
    ⑦ **화학설비 및 그 부속설비에 대한 정비 · 보수** 작업이 이루어지는 장소

- 붕괴, 기계의 넘어짐, 추락(안전난간, 비계 거푸집), 굴착 발파, 낙하비래, 감전, 철도 충돌, 화재 · 폭발
- 석면, 차량계 하역운반 및 건설기계, 프레스 전단기, 건설용 리프트

# CHAPTER 03 산업재해 대응

1. 재해조사 목적을 이해하여야 한다.
2. 재해조사 시 유의사항을 알고 있어야 한다.
3. 재해조사 항목과 내용을 이해·적용할 수 있어야 한다.
4. 재해발생 시 조치사항을 알고 적용할 수 있어야 한다.
5. 재해발생 메커니즘을 알고 있어야 한다.
6. 산업재해 발생형태를 알고 분류할 수 있어야 한다.
7. 재해발생 원인을 알고 적용할 수 있어야 한다.
8. 상해의 종류를 이해·분류할 수 있어야 한다.
9. 통계적 원인 분석방법을 이해·적용할 수 있어야 한다.
10. 재해예방의 4원칙을 이해·적용할 수 있어야 한다.
11. 사고예방대책의 기본원리 5단계를 이해·적용할 수 있어야 한다.
12. 재해율의 정의를 숙지하고 계산할 수 있어야 한다.
13. 재해코스트를 숙지하고 계산할 수 있어야 한다.
14. 재해사례 연구순서를 이해·적용할 수 있어야 한다.

## 재해조사 분석

### (1) 재해조사의 목적

① 재해 발생 원인 및 결함 규명
② 재해예방 자료 수집
③ 동종 재해 및 유사 재해 재발방지

### (2) 재해조사 시 유의사항

① 사실을 수집한다.
② 목격자 등이 증언하는 사실 이외의 추측의 말은 참고로만 한다.
③ 조사는 신속하게 행하고 긴급조치를 하여 2차 재해의 방지를 도모한다.
④ 사람, 기계설비의 양면의 재해요인을 모두 도출한다.
⑤ 객관적인 입장에서 공정하게 조사하며, 조사는 2인 이상이 한다.
⑥ 책임추궁보다 재발방지를 우선하는 기본 태도를 갖는다.

## (3) 재해조사 항목과 내용

■ 산업안전보건법 시행규칙 [별지 제30호서식]

### 산업재해조사표

(앞쪽)

※ 뒤쪽의 작성방법을 읽고 작성해 주시기 바라며, [ ]에는 해당하는 곳에 ∨ 표시를 합니다.

| I. 사업장 정보 | ① 산재관리번호 (사업개시번호) | | 사업자등록번호 | |
|---|---|---|---|---|
| | ② 사업장명 | | ③ 근로자 수 | |
| | ④ 업종 | | 소재지 | ( - ) |
| | ⑤ 재해자가 사내 수급인 소속인 경우 (건설업 제외) | 원도급인 사업장명 | ⑥ 재해자가 파견근로자인 경우 | 파견사업주 사업장명 |
| | | 사업장 산재관리번호 (사업개시번호) | | 사업장 산재관리번호 (사업개시번호) |
| | 건설업만 작성 | 발주자 | [ ]민간 [ ]국가·지방자치단체 [ ]공공기관 | |
| | | ⑦ 원수급 사업장명 | 공사현장 명 | |
| | | ⑧ 원수급 사업장 산재 관리번호(사업개시번호) | | |
| | | ⑨ 공사종류 | 공정률 % | 공사금액 백만원 |

※ 아래 항목은 재해자별로 각각 작성하되, 같은 재해로 재해자가 여러 명이 발생한 경우에는 별도 서식에 추가로 적습니다.

| II. 재해 정보 | 성명 | | 주민등록번호 (외국인등록번호) | | 성별 | [ ]남 [ ]여 |
|---|---|---|---|---|---|---|
| | 국적 | [ ]내국인 [ ]외국인 [국적: ] ⑩ 체류자격: [ ] | | | ⑪ 직업 | |
| | 입사일 년 월 일 | | ⑫ 같은 종류업무 근속기간 | | 년 월 | |
| | ⑬ 고용형태 | [ ]상용 [ ]임시 [ ]일용 [ ]무급가족종사자 [ ]자영업자 [ ]그 밖의 사항 [ ] | | | | |
| | ⑭ 근무형태 | [ ]정상 [ ]2교대 [ ]3교대 [ ]4교대 [ ]시간제 [ ]그 밖의 사항 [ ] | | | | |
| | ⑮ 상해종류 (질병명) | | ⑯ 상해부위 (질병부위) | | ⑰ 휴업예상 일수 | 휴업 [ ]일 |
| | | | | | 사망 여부 | [ ] 사망 |

| III. 재해 발생 개요 및 원인 | ⑱ 재해 발생 개요 | 발생일시 | [ ]년 [ ]월 [ ]일 [ ]요일 [ ]시 [ ]분 |
|---|---|---|---|
| | | 발생장소 | |
| | | 재해관련 작업유형 | |
| | | 재해발생 당시 상황 | |
| | ⑲ 재해발생원인 | | |

| IV. ⑳ 재발 방지 계획 | |
|---|---|

※ 위 재발방지 계획 이행을 위한 안전보건교육 및 기술지도 등을 한국산업안전보건공단에서 무료로 제공하고 있으니 즉시 기술지원 서비스를 받고자 하는 경우 오른쪽에 ∨표시를 하시기 바랍니다. 즉시 기술지원 서비스 요청[ ]

작성자 성명
작성자 전화번호   작성일  년  월  일
사업주 (서명 또는 인)
근로자대표(재해자) (서명 또는 인)

( )지방고용노동청장(지청장) 귀하

| 재해 분류자 기입란 (사업장에서는 작성하지 않습니다) | 발생형태 | □□□ | 기인물 | □□□□□ |
|---|---|---|---|---|
| | 작업지역·공정 | □□□ | 작업내용 | □□□ |

210mm×297mm[백상지(80g/m²) 또는 중질지(80g/m²)]

■ 산업안전보건법 시행규칙 [별지 제1호서식]

## 통합 산업재해 현황 조사표

(제1쪽)

※ 제2쪽의 작성 요령을 읽고, 아래의 각 항목을 작성합니다.

### Ⅰ. 도급인 사업장 정보

| ① 사업장명 | ② 사업자 등록번호 | ③ 사업장 관리번호 | 사업 개시번호 | 사업장 소재지 | ④ 근로자 수 | ⑤ 재해 현황 | | | | ⑥ 업종 |
|---|---|---|---|---|---|---|---|---|---|---|
| | | | | | | 사고 사망자 수 | 질병 사망자 수 | 사고 재해자 수 (사망 포함) | 질병재 해자 수 (사망 포함) | |
| | | | | | | | | | | |

### Ⅱ. 수급인 사업장 정보

| ⑦ 사업장명 | 사업자 등록번호 | ⑧ 사업장 관리번호 | 사업 개시번호 | 사업장 소재지 | ⑨ 근로자 수 | ⑩ 재해 현황 | | | |
|---|---|---|---|---|---|---|---|---|---|
| | | | | | | 사고 사망자 수 | 질병 사망자 수 | 사고 재해자 수 (사망 포함) | 질병 재해자 수 (사망 포함) |
| | | | | | | | | | |
| | | | | | | | | | |
| | | | | | | | | | |
| | | | | | | | | | |
| | | | | | | | | | |
| | | | | | | | | | |
| ⑪ 합계 | 총 ( ) 개소 | | | | | 명 | 명 | 명 | 명 |

### Ⅲ. 도급인과 수급인의 통합 산업재해발생건수 등의 정보

| ⑫ 도급인·수급인 통합 근로자 수 | ⑬ 도급인·수급인 통합 사고사망자 수 | ⑭ 도급인·수급인 통합 재해자 수 |
|---|---|---|
| 명 | 명 | 명 |

| ⑮ 도급인·수급인 통합 사고사망만인율(‰) | ⑯ 도급인·수급인 통합 산업재해율(%) |
|---|---|
| ‰ | % |

작성자 소속 및 성명:

작성자 전화번호:                    작성일    년    월    일

원도급 사업주         (서명 또는 인)

**고용노동부    (지)청장** 귀하

210㎜×297㎜[일반용지 60g/㎡(재활용품)]

## 산업재해발생 보고

### (1) 재해발생 시 조치사항

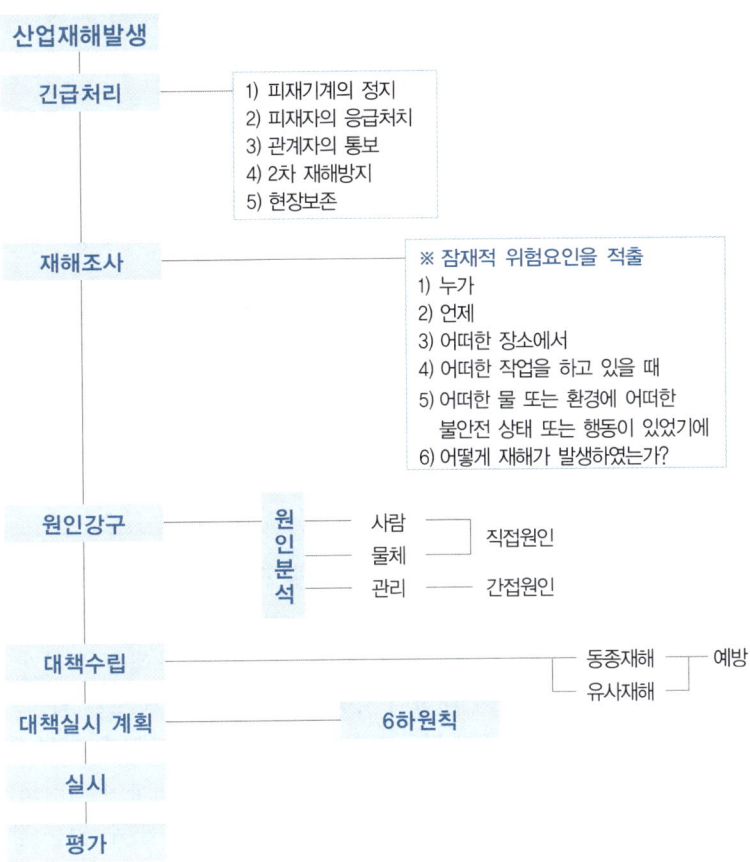

| 재해발생 시 조치순서 ★ | ① 긴급조치<br>② 재해조사<br>③ 원인분석<br>④ 대책수립<br>⑤ 실시<br>⑥ 평가 |
|---|---|
| 긴급조치 순서 ★ | ① 피재기계 정지<br>② 피재자 응급조치<br>③ 관계자에게 통보<br>④ 2차 재해 방지<br>⑤ 현장 보존 |

## (2) 재해발생 위험이 있을 경우의 조치

### 1) 사업주의 작업 중지
사업주는 산업재해가 발생할 급박한 위험이 있을 때에는 즉시 작업을 중지시키고 근로자를 작업장소에서 대피시키는 등 안전 및 보건에 관하여 필요한 조치를 하여야 한다.

### 2) 근로자의 작업 중지
① 근로자는 산업재해가 발생할 급박한 위험이 있는 경우에는 작업을 중지하고 대피할 수 있다.
② 작업을 중지하고 대피한 근로자는 지체 없이 그 사실을 관리감독자 또는 그 밖에 부서의 장("관리감독자 등")에게 보고하여야 한다.
③ 관리감독자 등은 보고를 받으면 안전 및 보건에 관하여 필요한 조치를 하여야 한다.
④ 사업주는 산업재해가 발생할 급박한 위험이 있다고 근로자가 믿을 만한 합리적인 이유가 있을 때에는 작업을 중지하고 대피한 근로자에 대하여 해고나 그 밖의 불리한 처우를 해서는 아니 된다.

### 3) 고용노동부장관의 시정조치
① **고용노동부장관은** 사업주가 사업장의 건설물 또는 그 부속 건설물 및 기계·기구·설비·원재료 등에 대하여 안전 및 보건에 관하여 고용노동부령으로 정하는 필요한 조치를 하지 아니하여 **근로자에게 현저한 유해·위험이 초래될 우려가 있다고 판단될 때에는 해당 기계·설비 등에 대하여 사용중지**·대체·제거 또는 시설의 개선, 그밖에 안전 및 보건에 관하여 고용노동부령으로 정하는 **시정조치를 명할 수 있다.**
② **시정조치 명령을 받은 사업주는** 해당 기계·설비 등에 대하여 **시정조치를 완료할 때까지 시정조치 명령 사항을 사업장 내에 근로자가 쉽게 볼 수 있는 장소에 게시하여야 한다.**
③ **고용노동부장관은** 사업주가 해당 기계·설비 등에 대한 **시정조치 명령을 이행하지 아니하여** 유해·위험 상태가 해소 또는 개선되지 아니하거나 근로자에 대한 유해·위험이 현저히 높아질 우려가 있는 경우에는 해당 **기계·설비 등과 관련된 작업의 전부 또는 일부의 중지를 명할 수 있다.**
④ **고용노동부장관은** 작업의 전부 또는 일부 중지를 명하려는 경우에는 작업중지 명령서 등을 발부하거나 부착할 수 있다.
⑤ **고용노동부장관의 시정조치 명령을 받은 사업주는 해당 내용을** 시정할 때까지 위반 장소 또는 사내 게시판 등에 게시해야 한다.
⑥ 사용중지 명령 또는 작업중지 명령을 받은 사업주는 그 **시정조치를 완료한 경우에는 고용노동부장관에게 사용중지 또는 작업중지의 해제를 요청할 수 있다.**
⑦ 고용노동부장관은 해제 요청에 대하여 **시정조치가 완료되었다고 판단될 때에는 사용중지 또는 작업중지를 해제하여야 한다.**

## (3) 산업재해 발생 보고

1) 사업주는 산업재해로 사망자가 발생, 3일 이상의 휴업이 필요한 부상 또는 질병에 걸린 자가 발생 시 산업재해가 발생한 날부터 1개월 이내에 산업재해조사표를 작성, 관할 지방고용노동관서장에게 제출하여야 한다. ★

2) 산업재해조사표에 근로자대표의 확인을 받아야 하며, 그 기재 내용에 대하여 근로자대표의 이견이 있는 경우에는 그 내용을 첨부하여야 한다. 다만, 근로자대표가 없는 경우에는 재해자 본인의 확인을 받아 제출할 수 있다. ★

3) 산업재해가 발생한 경우 사업장에 기록·보존하여야 할 사항 ★
   ① 사업장의 개요 및 근로자의 인적사항
   ② 재해 발생의 일시 및 장소
   ③ 재해 발생의 원인 및 과정
   ④ 재해 재발방지 계획

## (4) 중대재해 발생 시 사업주의 조치 ★

① 사업주는 중대재해가 발생하였을 때에는 즉시 해당 작업을 중지시키고 근로자를 작업장소에서 대피시키는 등 안전 및 보건에 관하여 필요한 조치를 하여야한다.
② 사업주는 "중대재해"가 발생한 사실을 알게 된 경우에는 고용노동부령으로 정하는 바에 따라 "지체 없이" 다음 각 호의 사항을 관할 지방고용 노동관서의 장에게 전화·팩스, 또는 그 밖에 적절한 방법으로 보고하여야 한다. 다만, 천재지변 등 부득이한 사유가 발생한 경우에는 그 사유가 소멸되면 지체 없이 보고하여야 한다.

### 중대재해 ★★★

① 사망자가 1인 이상 발생한 재해
② 3개월 이상 요양을 요하는 부상자가 동시에 2인 이상 발생한 재해
③ 부상자 또는 직업성 질병자가 동시에 10인 이상 발생한 재해

### 중대재해 발생 시 보고사항 ★

① 발생 개요 및 피해 상황
② 조치 및 전망
③ 그 밖의 중요한 사항

### (5) 중대재해 발생 시 고용노동부장관의 작업 중지 조치

① 고용노동부장관은 중대재해가 발생하였을 때 다음 각 호의 어느 하나에 해당하는 작업으로 인하여 해당 사업장에 산업재해가 다시 발생할 급박한 위험이 있다고 판단되는 경우에는 그 작업의 중지를 명할 수 있다.
   - 중대재해가 발생한 해당 작업
   - 중대재해가 발생한 작업과 동일한 작업

② 고용노동부장관은 토사·구축물의 붕괴, 화재·폭발, 유해하거나 위험한 물질의 누출 등으로 인하여 중대재해가 발생하여 그 재해가 발생한 장소 주변으로 산업재해가 확산될 수 있다고 판단되는 등 불가피한 경우에는 해당 사업장의 작업을 중지할 수 있다.

③ 작업 중지를 명하는 경우에는 작업중지명령서를 발부해야 한다.

④ 사업주가 작업 중지의 해제를 요청할 경우에는 작업 중지 명령 해제신청서를 작성하여 사업장의 소재지를 관할하는 지방고용노동관서의 장에게 제출해야 한다.

⑤ 사업주가 작업 중지 명령 해제 신청서를 제출하는 경우에는 미리 유해·위험요인 개선 내용에 대하여 중대재해가 발생한 해당 작업 근로자의 의견을 들어야 한다. ★

⑥ 지방고용노동관서의 장은 작업 중지 명령 해제를 요청받은 경우에는 근로감독관으로 하여금 안전·보건을 위하여 필요한 조치를 확인하도록 하고, 천재지변 등 불가피한 경우를 제외하고는 해제 요청일 다음 날부터 4일 이내(토요일과 공휴일을 포함하되, 토요일과 공휴일이 연속하는 경우에는 3일까지만 포함한다)에 작업 중지 해제 심의위원회를 개최하여 심의한 후 해당 조치가 완료되었다고 판단될 경우에는 즉시 작업 중지 명령을 해제해야 한다. ★

## (6) 재해 발생 매커니즘 ★

| | |
|---|---|
| 단순자극형(집중형) | • 상호 자극에 의하여 순간적으로 재해가 발생하는 유형으로 재해가 일어난 장소에, 그 시기에 일시적으로 요인이 집중한다는 유형<br><br>재해($\otimes$) |
| 연쇄형 | • 하나의 사고 요인이 또 다른 요인을 발생시키면서 재해가 발생하는 유형<br><br>단순연쇄형<br><br>복합연쇄형 |
| 복합형 | • 단순 자극형과 연쇄형의 복합적인 발생 유형 |

## 산업재해 발생형태 및 상해 종류

### (1) 상해종류별 분류 ★★★

| 분류항목 | 세부항목 |
|---|---|
| ① 골절 | 뼈가 부러진 상해 |
| ② 동상 | 저온물 접촉으로 생긴 동상 상해 |
| ③ 부종 | 국부의 혈액순환의 이상으로 몸이 퉁퉁 부어오르는 상해 |
| ④ 찔림(자상) | 칼날 등 날카로운 물건에 찔린 상해 |
| ⑤ 타박상(뼘, 좌상) | 타박·충돌·추락 등으로 피부표면보다는 피하조직 또는 근육부를 다친 상해 |
| ⑥ 절단(절상) | 신체 부위가 절단된 상해 |
| ⑦ 중독·질식 | 음식물·약물·가스 등에 의한 중독이나 질식된 상해 |
| ⑧ 찰과상 | 스치거나 문질러서 피부가 벗겨진 상해 |
| ⑨ 베임(창상) | 창·칼 등에 베인 상해 |
| ⑩ 화상 | 화재 또는 고온물 접촉으로 인한 상해 |
| ⑪ 뇌진탕 | 머리를 세게 맞았을 때 장해로 일어난 상해 |
| ⑫ 익사 | 물 속에 추락하여 익사한 상해 |
| ⑬ 피부병 | 직업과 연관되어 발생 또는 악화되는 모든 피부질환 |
| ⑭ 청력장애 | 청력이 감퇴 또는 난청이 된 상해 |
| ⑮ 시력장애 | 시력이 감퇴 또는 실명된 상해 |

### (2) 재해 발생형태 : 재해 및 질병이 발생된 형태 또는 근로자(사람)에게 상해를 입힌 기인물과 상관된 현상 ★★★

| 분류항목 | 세부항목 |
|---|---|
| 떨어짐 | • 높이가 있는 곳에서 사람이 떨어짐<br>• 사람이 인력(중력)에 의하여 건축물, 구조물, 가설물, 수목, 사다리 등의 높은 장소에서 떨어지는 것 |
| 넘어짐 | • 사람이 미끄러지거나 넘어짐<br>• 사람이 거의 평면 또는 경사면, 층계 등에서 구르거나 넘어지는 경우 |

| 구분 | 내용 |
|---|---|
| 깔림·뒤집힘 | • 물체의 쓰러짐이나 뒤집힘<br>• 기대어져 있거나 세워져 있는 물체 등이 쓰러져 깔린 경우 및 지게차 등의 건설기계 등이 운행 또는 작업 중 뒤집어진 경우 |
| 부딪힘·접촉 | • 물체에 부딪힘, 접촉<br>• 재해자 자신의 움직임·동작으로 인하여 기인물에 접촉 또는 부딪히거나, 물체가 고정부에서 이탈하지 않은 상태로 움직임(규칙, 불규칙)등에 의하여 접촉한 경우 |
| 맞음 | • 날아오거나 떨어진 물체에 맞음<br>• 고정되어 있던 물체가 고정부에서 이탈하거나 또는 설비 등으로부터 물질이 분출되어 사람을 가해하는 경우 |
| 끼임 | • 기계설비에 끼이거나 감김<br>• 두 물체 사이의 움직임에 의하여 일어난 것으로 직선 운동하는 물체 사이의 끼임, 회전부와 고정체 사이의 끼임, 롤러 등 회전체 사이에 물리거나 또는 회전체·돌기부 등에 감긴 경우 |
| 무너짐 | • 건축물이나 쌓여진 물체가 무너짐<br>• 토사, 건축물, 가설물 등이 전체적으로 허물어져 내리거나 또는 주요 부분이 꺾어져 무너지는 경우 |
| 감전<br>(전류접촉) | 충전부 등에 신체의 일부가 직접 접촉하거나 유도전류의 통전으로 근육의 수축, 호흡곤란, 심실세동 등이 발생한 경우 또는 특별고압 등에 접근함에 따라 발생한 섬락 접촉, 합선·혼촉 등으로 인하여 발생한 아아크에 접촉된 경우 |
| 이상온도 노출·접촉 | 고·저온 환경 또는 물체에 노출·접촉된 경우 |
| 유해·위험물질 노출·접촉 | 유해·위험물질에 노출·접촉 또는 흡입하였거나 독성동물에 쏘이거나 물린 경우 |
| 산소결핍·질식 | 유해물질과 관련 없이 산소가 부족한 상태·환경에 노출되었거나 이물질 등에 의하여 기도가 막혀 호흡기능이 불충분한 경우 |
| 소음노출 | 폭발음을 제외한 일시적·장기적인 소음에 노출된 경우 |
| 이상기압 노출 | 고·저기압 등의 환경에 노출된 경우 |
| 유해광선 노출 | 전리 또는 비전리 방사선에 노출된 경우 |
| 폭발 | 건축물, 용기 내 또는 대기 중에서 물질의 화학적, 물리적 변화가 급격히 진행되어 열, 폭음, 폭발압이 동반하여 발생하는 경우 |
| 화재 | 가연물에 점화원이 가해져 비의도적으로 불이 일어난 경우를 말하며, 방화는 의도적이기는 하나 관리할 수 없으므로 화재에 포함시킨다 |

| | |
|---|---|
| 부자연스런 자세 | 물체의 취급과 관련 없이 작업환경, 설비의 부적절한 설계, 배치로 작업자가 특정한 자세·동작을 장시간 취하여 신체의 일부에 부담을 주는 경우 |
| 과도한 힘·동작 | 물체의 취급과 관련하여 근육의 힘을 많이 사용하는 경우로서 밀기, 당기기, 지탱하기, 들어올리기, 돌리기, 잡기, 운반하기 등과 같은 행위·동작 |
| 반복적 동작 | 물체의 취급과 관련하여 근육의 힘을 많이 사용하지 않는 경우로서 지속적 또는 반복적인 업무수행으로 신체의 일부에 부담을 주는 행위·동작 |
| 신체반작용 | 물체의 취급과 관련 없이 일시적이고 급격한 행위·동작, 균형상실에 따른 반사적 행위 또는 놀람, 정신적 충격, 스트레스 등 |
| 압박·진동 | 재해자가 물체의 취급과정에서 신체특정부위에 과도한 힘이 편중·집중·눌려진 경우나 마찰접촉 또는 진동 등으로 신체에 부담을 주는 경우 |
| 폭력행위 | 의도적인 또는 의도가 불분명한 위험행위(마약, 정신질환 등)로 자신 또는 타인에게 상해를 입힌 폭력·폭행을 말하며, 협박·언어·성폭력 및 동물에 의한 상해 등도 포함한다. |

### (3) 재해 발생형태의 분류 기준

1) 두 가지 이상의 발생형태가 연쇄적으로 발생된 재해의 경우는 상해 결과 또는 피해를 크게 유발한 형태로 분류한다. ★

> • 재해자가 「넘어짐」으로 인하여 기계의 동력 전달 부위 등에 끼이는 사고가 발생하여 신체 부위가 「절단」된 경우 → 「끼임」
> • 재해자가 구조물 상부에서 「넘어짐」으로 인하여 사람이 떨어져 두개골 골절이 발생한 경우 → 「떨어짐」
> • 재해자가 「넘어짐」 또는 「떨어짐」으로 물에 빠져 익사한 경우 → 「유해·위험물질 노출·접촉」
> • 재해자가 전주에서 작업 중 「전류접촉(감전)」으로 떨어진 경우
>   → 상해결과가 골절인 경우에는 「떨어짐」
>   → 전기쇼크인 경우에는 「전류접촉(감전)」

2) 기계의 구동축, 회전체 등 주요 부위의 파단, 파열 등으로 재해가 발생한 경우
   → 상해를 입힌 물체의 운동 형태에 따라 「맞음」 재해로 분류한다.

3) 「떨어짐」과 「넘어짐」의 분류 ▲

> • 바닥면과 신체가 떨어진 상태로 더 낮은 위치로 떨어진 경우 → 「떨어짐」
> • 바닥면과 신체가 접해있는 상태에서 더 낮은 위치로 떨어진 경우 → 「넘어짐」
> • 신체가 바닥면과 접해있었는지 여부를 알 수 없는 경우 작업발판 등 구조물의 높이가 보폭 (약 60cm) 이상인 경우 → 「떨어짐」
> • 보폭 미만인 경우 → 「넘어짐」

4) 「맞음」, 「이상온도 노출·접촉」 또는 「유해·위험물질 노출·접촉」의 분류★

> - 물체 또는 물질이 떨어지거나 날아와 타박상 등의 상해를 입었을 경우 → 「맞음」
> - 고·저온 물체 또는 물질이 떨어지거나 날아와 화상을 입었을 경우 → 「이상온도 노출·접촉」
> - 떨어지거나 날아온 물체 또는 물질의 특성에 의하여 상해를 입은 경우 → 「유해·위험물질 노출·접촉」

5) 「폭력행위」와 「유해·위험물질 노출·접촉」의 분류

> - 개, 뱀 등 동물에게 물려 광견병, 독성물질 중독이 발생한 경우 → 「유해·위험 물질 접촉」
> - 감염은 없이 찔림 정도의 교상만 발생한 경우 → 「폭력행위」

6) 「폭발」과 「화재」의 분류

> 폭발과 화재, 두 현상이 복합적으로 발생된 경우 → 「폭발」

## (4) 기인물 및 가해물

1) 기인물

   **직접적으로 재해를 유발하거나 영향을 끼친 에너지원(운동, 위치, 열, 전기 등)을 지닌 기계·장치, 구조물, 물체·물질, 사람 또는 환경**을 말한다.

2) 2차 기인물

   복합적 요인으로 발생된 재해에 있어서 기인물을 유발(가속화)시켰거나 재해 또는 특정물질에 노출을 유도한 것 즉, **간접적 영향을 끼친 물체, 사람, 에너지원, 환경요인**을 말한다.

3) 가해물

   근로자(사람)에게 직접적으로 상해를 입힌 기계, 장치, 구조물, 물체·물질, 사람 또는 환경요인을 말한다.

## (5) 기인물 및 가해물의 분류기준

1) 재해발생 주 요인이 사물이면 그 사물을 기인물로 한다.

2) **재해발생 주 요인이 사람이나 기인물이 있으면 그 기인물로 분류한다.**(조작 및 취급하던 물체를 우선한다.)

   > 예 운전 중 한눈을 팔다 전주에 충돌 → 기인물 : 차량

3) 재해 발생 주 요인이 사람이고 기인물이 존재하지 않고 가해물이 있으면 그 가해물을 기인물로 분류한다. ★

> 예 손에 들고 있던 운반물을 놓침 → 기인물 : 운반물

4) 재해발생 주 요인이 사람이고 기인물, 가해물이 되는 사물이 없으면 사람으로 분류한다.

> 예 외부요인이 없는 상태에서 사람이 걷다가 발목을 겹질림 → 기인물 : 사람

5) 재해발생 주 요인이 사람이 아니고 불안전한 상태도 없으나 기인물이 있는 경우는 그 기인물로 분류한다.

> 예 자연재해, 천재지변

## 산업재해 발생 원인, 상해 정도 구분

### (1) 재해의 직접원인 ★★★

① 인적원인(불안전한 행동)
② 물적원인(불안전한 상태)

| 인적원인(불안전한 행동) | 물적원인(불안전한 상태) |
|---|---|
| • 위험장소 접근 | • 물 자체의 결함 |
| • 안전장치의 기능 제거 | • 안전 방호장치의 결함 |
| • 복장, 보호구의 잘못 사용 | • 복장, 보호구의 결함 |
| • 기계·기구 잘못 사용 | • 물의 배치 및 작업장소 불량 |
| • 운전 중인 기계장치의 손질 | • 작업환경의 결함 |
| • 불안전한 속도 조작 | • 생산공정의 결함 |
| • 위험물 취급 부주의 | • 경계표시, 설비의 결함 |
| • 불안전한 상태 방치 | |
| • 불안전한 자세·동작 | |
| • 감독 및 연락 불충분 | |

## (2) 재해의 간접원인 ★★★

① 기술적 원인
② 교육적 원인
③ 신체적 원인
④ 정신적 원인
⑤ 작업 관리상 원인

| | |
|---|---|
| 기술적 원인 | • 건물 기계장치 설계 불량<br>• 구조 재료의 부적합<br>• 생산방법의 부적당<br>• 점검 정비 보존 불량 |
| 교육적 원인 | • 안전 지식의 부족<br>• 안전 수칙의 오해<br>• 경험 훈련의 부족<br>• 작업 방법의 교육 불충분<br>• 유해 위험 작업의 교육 불충분 |
| 작업 관리상 원인 | • 안전 관리 조직 결함<br>• 안전 수칙 미제정<br>• 작업 준비 불충분<br>• 인원 배치 부적당<br>• 작업지시 부적당 |

## (3) 인간 에러(휴먼 에러)의 배후요인(4M)

| 휴먼 에러의 배후요인(4M) ★★★ | |
|---|---|
| Man(인간) | 본인 외의 사람, 직장의 인간관계 등 |
| Machine(기계) | 기계, 장치 등의 물적 요인 |
| Media(매체) | 작업 정보, 작업 방법 등 |
| Management(관리) | 작업관리, 법규준수, 단속, 점검 등 |

## (4) ILO의 근로불능 상해의 구분(상해정도별 분류)

| 근로불능 상해의 구분 ★★ |
|---|

① 사망
② 영구 전 노동불능 : 신체 전체의 노동기능 완전 상실(1~3급 상해)
③ 영구 일부 노동불능 : 신체 일부의 노동 기능 상실(4~14급 상해)
④ 일시 전 노동불능 : 일정기간 노동 종사 불가(휴업상해)
⑤ 일시 일부 노동불능 : 일정기간 일부노동에 종사 불가(통원상해)
⑥ 구급조치상해

# 재해통계 및 재해사례연구

## (1) 재해통계방법 ★

### 1) 파레토도

사고 유형, 기인물 등 데이터를 분류하여 **그 항목 값이 큰 순서대로 정리**하여 막대 그래프로 나타낸다.

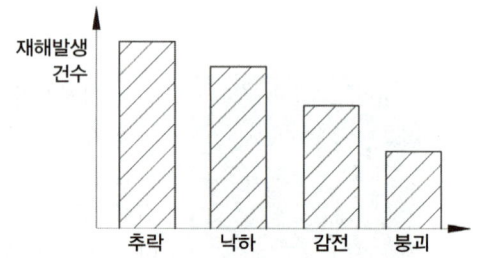

### 2) 특성요인도

**재해와 그 요인의 관계를** 어골상으로 세분화하여 **나타낸다.**

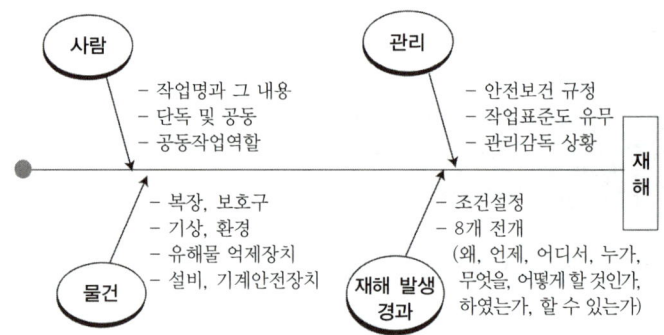

### 3) 크로스(cross) 분석

2가지 또는 2개 항목 이상의 요인이 상호관계를 유지할 때 문제를 분석하는 데 사용된다.

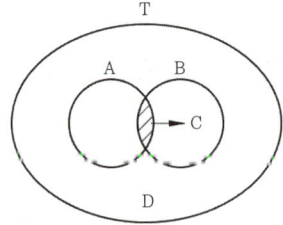

T : 전체 재해
A : 인적 원인으로 인한 재해
B : 물적 원인으로 인한 재해
C : 인적, 물적 원인이 함께 발생한 재해
D : 인적, 물적 원인 외의 원인으로 인한 재해

4) 관리도

시간 경과에 따른 재해 발생 건수 등 **대략적인 추이 파악에 사용된다.**

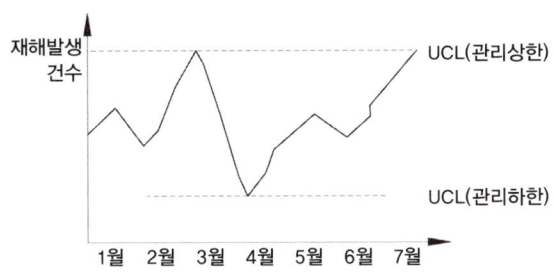

## (2) 산업재해 예방의 4원칙 ★★

1) 예방 가능의 원칙

   재해는 원칙적으로 원인만 제거되면 예방이 가능하다.

2) 손실 우연의 원칙

   사고의 결과 생기는 상해(손실)의 종류와 정도는 사고 발생 시 사고대상의 조건에 따라 우연히 발생한다.

3) 대책 선정의 원칙

   사고의 원인에 대한 적합한 대책이 선정되어야 한다.

4) 원인 연계의 원칙

   재해는 직접원인과 간접원인이 연계되어 일어난다.

## (3) 재해사례연구 진행 단계 ★★

| 전제 조건 | 재해 상황의 파악 |
|---|---|
| 1단계 | 사실의 확인 |
| 2단계 | 문제점 발견 |
| 3단계 | 근본 문제점 결정(재해 원인 결정) |
| 4단계 | 대책 수립 |

> **Reference**
>
> 🌸 **1단계 사실의 확인에서 확인해야 할 4가지**
> - 사람
> - 물건
> - 관리
> - 재해발생경과

## 사고발생 및 사고방지 이론

### (1) 하인리히의 사고방지 이론 ★★

| 단계 | 내용 |
|---|---|
| 1단계 : 안전조직 | • 안전목표 설정<br>• 안전관리자의 선임<br>• 안전조직 구성<br>• 안전활동 방침 및 계획수립<br>• 조직을 통한 안전 활동 전개 |
| 2단계 : 사실의 발견 | • 작업분석<br>• 점검<br>• 사고조사<br>• 안전진단 |
| 3단계 : 분석 | • 사고원인 및 경향성 분석<br>• 작업공정 분석<br>• 사고기록 및 관계자료 분석<br>• 인적·물적 환경 조건분석 |
| 4단계 : 시정방법 선정 | • 기술적 개선<br>• 안전운동 전개<br>• 교육훈련 분석<br>• 안전행정의 개선<br>• 배치 조정<br>• 규칙 및 수칙 등 제도의 개선 |
| 5단계 : 시정책 적용<br>(3E적용) | • 안전교육(Education)<br>• 안전기술(Engineering)<br>• 안전독려(Enforcement) |

## (2) 사고발생 이론

### 1) 하인리히(H. W. Heinrich) 사고발생 도미노 5단계 ★★★

| 1단계 | 선천적 결함(사회, 환경, 유전적 결함) |
|---|---|
| 2단계 | 개인적 결함 |
| 3단계 | 불안전 행동(인적 결함), 불안전한 상태(물적 결함) (제거 가능) |
| 4단계 | 사고 |
| 5단계 | 재해(상해) |

### 2) 버드(Frank. E. Bird)의 사고 연쇄성 이론 5단계 ★★★

| 1단계 | 제어 부족(관리 부재) |
|---|---|
| 2단계 | 기본 원인(기원) |
| 3단계 | 직접 원인(징후) |
| 4단계 | 사고(접촉) |
| 5단계 | 상해(손실) |

### 3) 아담스(Edward Adams) 연쇄성 이론 5단계 ★★★

| 1단계 | 관리구조 |
|---|---|
| 2단계 | 작전적 에러 |
| 3단계 | 전술적 에러 |
| 4단계 | 사고 |
| 5단계 | 상해 |

### 4) 자베타키스(Micheal Zabetakis)의 이론

| 1단계 | 안전정책과 결정 |
|---|---|
| 2단계 | 개인적인 요소 |
| 3단계 | 환경적 요소 |

### 5) 웨버의 연쇄성 이론 ★

| 1단계 | 사회적 환경 및 유전적 요소(유전과 환경) |
|---|---|
| 2단계 | 인간의 결함(개인적 결함) |
| 3단계 | 불안전 행동 및 상태 |
| 4단계 | 사고 |
| 5단계 | 상해 |

### (3) 사고빈도법칙 ★★

| 하인리히 1 : 29 : 300의 법칙 | 버드의 1 : 10 : 30 : 600의 법칙 |
|---|---|
| 총 330건의 사고를 분석했을 때<br>• 중상 또는 사망 : 1건<br>• 경상해 : 29건<br>• 무상해사고 : 300건이 발생함을 의미한다. | 총 641건의 사고를 분석했을 때<br>• 중상 또는 폐질 : 1건<br>• 경상해 : 10건<br>• 무상해사고(물적 손실) : 30건<br>• 무상해, 무사고(위험 순간) : 600건이 발생함을 의미한다. |

### (4) 사고의 본질적 특성

| 사고의 시간성 | 사고는 공간적이 아니고 시간적으로 발생한다. |
|---|---|
| 우연성 중의 법칙성 | 사고는 우연이 아닌 법칙에 따라 발생한다. |
| 필연성 중의 우연성 | 인간의 착오와 같이 우연적인 사고도 있다. |
| 사고의 재현 불가능성 | 사고 발생 후 재현은 불가능하다. |

### (5) J · H Harvey(하비)의 3E ★★

① 안전 교육(Education)
② 안전 기술(Engineering)
③ 안전 독려(Enforcement), 안전감독

### (6) 3S ★

① 단순화(Simplification)
② 표준화(Standardization)
③ 전문화(Specification)
④ 총합화(Synthesization) → 4S

### (7) 안전관리 4 - Cycle(P - D - C - A)

계획(Plan) → 실시(Do) → 검토(check) → 소치(Action)

## 재해율의 계산

### (1) 연천인율 ★★★

① 근로자 1,000명 중 재해자수 비율(1년간)

② 연천인율 = $\dfrac{\text{연간재해자 수}}{\text{연평균 근로자 수}} \times 1,000$

③ 연천인율 = 도수율×2.4

---

**E·X·E·R·C·I·S·E**

연근로자수가 600명인 A사업장의 강도율이 4.68, 종합재해지수가 2.55일 때 이 사업장의 연천인율을 구하시오.(단, 연근로시간수는 ILO 기준에 따른다.)

**풀이**

> 1. 종합재해지수
>    FSI = $\sqrt{\text{FR} \times \text{SR}}$ = $\sqrt{\text{도수율} \times \text{강도율}}$
> 2. 연천인율
>    ① 근로자 1,000명 중 재해자 수 비율(1년간)
>    ② 연천인율 = $\dfrac{\text{연간 재해자 수}}{\text{연평균 근로자 수}} \times 1,000$
>    ③ 연천인율 = 도수율×2.4

1. FSI = $\sqrt{\text{도수율} \times \text{강도율}}$
   FSI² = 도수율×강도율
   도수율 = $\dfrac{\text{FSI}^2}{\text{강도율}}$
   도수율 = $\dfrac{2.55^2}{4.68}$ = 1.39

2. 연천인율 = 도수율×2.4
   연천인율 = 1.39×2.4 = 3.34

---

### (2) 도수율(빈도율 F.R) ★★★

① 100만 근로시간당 요양재해 발생 건수 비율

② 도수율 = $\dfrac{\text{재해 건수}}{\text{연 근로시간 수}} \times 10^6$

| 근로자 1인의 1년간 총 근로시간 수 계산 |
|:---:|
| 8시간×300일 = 2,400시간 |

- 1일 근로시간 8시간
- 1년 근로일수 300일

### (3) 강도율(S.R) ★★★

① 1,000 근로시간 당 요양재해로 인한 근로손실일수 비율

② 강도율 = $\dfrac{\text{총 요양 근로손실일수}}{\text{연 근로시간 수}} \times 1,000$

* 근로손실일수 = 휴업일수, 입원일수, 요양일수 × $\dfrac{300(\text{실제 근로일수})}{365}$

| 신체장해 등급 | 사망, 1,2,3급 | 4급 | 5급 | 6급 | 7급 | 8급 | 9급 | 10급 | 11급 | 12급 | 13급 | 14급 |
|---|---|---|---|---|---|---|---|---|---|---|---|---|
| 근로 손실일수 | 7,500일 | 5,500일 | 4,000일 | 3,000일 | 2,200일 | 1,500일 | 1,000일 | 600일 | 400일 | 200일 | 100일 | 50일 |

**사망 및 1, 2, 3급의 근로손실일 수 계산**

25년 × 300일 = 7,500일

- 근로손실 연수 : 25년
- 1년 근로일 수 300일

---

**EXERCISE**

A 사업장의 근로자 수는(3월 말 300명, 6월 말 320명, 9월 말 270명, 12월 말 260명)이었으며, 1일 8시간, 연간 280일 작업하는 동안 연간 15건의 재해가 발생하여 휴업 일수 288일을 가져왔다. 도수율과 강도율을 구하시오. (4점)

**풀이**

① 도수율 = $\dfrac{\text{재해건수}}{\text{연 근로시간 수}} \times 10^6 = \dfrac{15}{288 \times 8 \times 280} \times 10^6 = 23.25$

(연평균근로자수 = $\dfrac{300+320+270+260}{4}$ = 287.5 ≒ 288명)

② 강도율 = $\dfrac{\text{총 요양 근로손실 일수}}{\text{연 근로시간 수}} \times 1,000 = \dfrac{288 \times \dfrac{280}{365}}{288 \times 8 \times 280} \times 1,000 = 0.34$

---

**EXERCISE**

근로자 수는 1,440명인 A 사업장의 지난해 재해건수 40건, 근로손실일수 1,200일, 사망재해 1건이 발생하였을 때 강도율을 구하시오. (단, 주당 40시간, 1년 50주 근무하며 조기출근 및 잔업시간 합계가 100,000시간) (3점)

**풀이**

강도율 = $\dfrac{\text{총 요양 근로손실 일수}}{\text{연 근로시간 수}} \times 1,000$

강도율 = $\dfrac{1,200+7,500}{(1,440 \times 40 \times 50)+100,000} \times 1,000 = 2.92$

(사망 1건의 근로손실 수 : 7,500일)

### (4) 종합재해지수 ★★★

$$FSI = \sqrt{FR \times SR} = \sqrt{도수율 \times 강도율}$$

**E·X·E·R·C·I·S·E**

종업원 수가 400명인 H 사업장에서 하루에 8시간씩 연간 280일 근로하는 동안 재해 건수가 80건, 재해로 인한 근로손실 일수가 800일 발생하였다. FSI를 구하시오.

**풀이**

도수율(빈도율) = $\dfrac{재해\ 건수}{연\ 근로시간\ 수} \times 10^6 = \dfrac{80}{400 \times 8 \times 280} \times 10^6 = 89.29$

강도율 = $\dfrac{총\ 요양\ 근로손실\ 일수}{연\ 근로시간\ 수} \times 1,000 = \dfrac{800}{400 \times 8 \times 280} \times 1,000 = 0.89$

FSI = $\sqrt{도수율 \times 강도율} = \sqrt{89.29 \times 0.89} = 8.91$

### (5) 환산 강도율(S) ★★★

① 일평생 근로하는 동안의 근로손실일수를 말한다.

② 환산 강도율(S) = $\dfrac{총\ 요양\ 근로손실일수}{연\ 근로시간\ 수} \times 평생\ 근로시간\ 수(100,000)$

③ 환산 강도율 = 강도율 × 100

> 환산 강도율은 평생 근로시간 100,000시간 단위이고 강도율은 1,000시간 단위이므로
> • 100,000시간 = 1,000시간 × 100
> • 환산 강도율 = 강도율 × 100

**근로자 1인의 평생 근로시간 수 계산**

(40년 × 2,400시간) + 4,000시간 = 100,000시간

• 1인의 일평생 근로연수 : 40년  • 1년 총 근로시간 수 : 2,400시간  • 일평생 잔업시간 : 4,000시간

### (6) 환산 도수율(F) ★★★

① 일평생 근로하는 동안의 재해건수를 말한다.

② 환산 도수율(F) = $\dfrac{재해\ 건수}{연\ 근로시간\ 수} \times 평생\ 근로시간\ 수(100,000)$

③ 환산 도수율 = 도수율 ÷ 10

> 환산 도수율은 평생 근로시간 100,000시간 단위이고 도수율은 1,000,000단위
> • 100,000시간 = 1,000,000시간 ÷ 10
> • 환산 도수율 = 도수율 ÷ 10

### EXERCISE

어느 사업장의 연천인율이 36이었다. 다음을 계산하시오. (단, 총 근로시간 수 100,000시간, 근로손실일수 219일)

(1) 도수율을 구하시오.
(2) 강도율을 구하시오.
(3) 어느 작업자가 평생 근무한다면 몇 건의 재해를 당하겠는가?
(4) 어느 작업자가 평생 작업한다면 몇 일의 근로손실일수를 당하겠는가?

**풀이**

(1) 도수율
   연천인율 = 도수율×2.4
   도수율 = $\dfrac{연천인율}{2.4} = \dfrac{36}{2.4} = 15$

(2) 강도율
   강도율 = $\dfrac{총\ 요양\ 근로손실\ 일수}{연\ 근로시간\ 수} \times 1,000 = \dfrac{219}{100,000} \times 1,000 = 2.19$

(3) 평생 근무하는 동안의 재해건수(환산 도수율)
   환산 도수율(F) = 도수율÷10 = 15 ÷ 10 = 1.5(2건)

(4) 평생 근무하는 동안의 근로손실일 수(환산 강도율)
   환산 강도율(S) = 강도율×100 = 2.19×100 = 219(일)

### (7) 평균 강도율 ★★

$$평균\ 강도율 = \dfrac{강도율}{도수율} \times 1,000$$

### (8) 안전활동률 ★★

① 100만 시간당 안전 활동 건수를 나타낸다.

② 안전활동률 = $\dfrac{안전\ 활동\ 건수}{총\ 근로시간\ 수} \times 10^6$

### EXERCISE

1,000명이 근무하는 A 사업장의 작년 재해건수는 3건 발생하였다. 이에 따라 안전관리부서 주관으로 6개월간에 걸쳐서 불안전 행동의 발견 및 조치건수 21건, 안전제안건수 8건, 안전홍보건수 12건, 안전회의건수 8건의 안전활동을 전개하였을 때 안전활동률을 계산하시오.
(단, 1일 8시간, 월 26일 근무) (4점)

**풀이**

안전활동률 = $\dfrac{안전\ 활동\ 건수}{총\ 근로시간\ 수} \times 10^6 = \dfrac{21+8+12+8}{1,000 \times 8 \times 26 \times 6} \times 10^6 = 39.26$

## (9) Safe-T-Score(세이프 티 스코어) ★★

① 과거와 현재의 안전을 성적내어 비교, 평가하는 기법이다.

② $\text{Safe-T-Score} = \dfrac{\text{현재빈도율} - \text{과거빈도율}}{\sqrt{\dfrac{\text{과거빈도율}}{\text{(현재)총 근로시간수}} \times 1{,}000{,}000}}$

③ 판정
- 계산 값이 −2 이하 : 과거보다 안전이 좋아졌다.
- 계산 값이 −2 ~ +2 사이 : 과거와 큰 차이 없다.
- 계산 값이 +2 이상 : 과거보다 안전이 심각하게 나빠졌다.

---

**E·X·E·R·C·I·S·E**

다음 조건에서의 2006년도와 2007년도의 Safe-T-score를 구하고 안전도에 대한 심각성 여부를 판정하시오.

| 구분 | 2006년 | 2007년 |
|---|---|---|
| 인원 | 80명 | 100명 |
| 재해건수 | 100건 | 125건 |
| 총 근로시간수 | 1,000,000시간 | 1,100,000시간 |

**풀이**

1. 도수율(빈도율) = $\dfrac{\text{재해 건수}}{\text{연 근로시간 수}} \times 10^6$

2. $\text{Safe-T-Score} = \dfrac{\text{현재빈도율} - \text{과거빈도율}}{\sqrt{\dfrac{\text{과거빈도율}}{\text{(현재) 총 근로시간수}} \times 10^6}}$

1. 2006년 빈도율

   도수율(빈도율) = $\dfrac{100}{1{,}000{,}000} \times 10^6 = 100$

2. 2007년 빈도율 = (125/1,100,000)×1,000,000 = 113.63

   도수율(빈도율) = $\dfrac{125}{1{,}100{,}000} \times 10^6 = 113.63$

3. $\text{Safe-T-Score} = \dfrac{113.63 - 100}{\sqrt{\dfrac{100}{1{,}100{,}000} \times 10^6}} = 1.43$

4. 판정 : 계산 값이 +2.00 ~ −2.00이므로 과거에 비해 심각한 차이가 없다.

### (10) 사망 만인율

① 산재보험적용 근로자 수 10,000명당 발생하는 사망자 수의 비율을 말한다.

② 사망 만인율 = $\dfrac{\text{사망자 수}}{\text{산재보험적용 근로자 수}} \times 10{,}000$

### (11) 재해율

① 산재보험적용 근로자 수 100명당 발생하는 재해자 수의 비율을 말한다.

② 재해율 = $\dfrac{\text{재해자 수}}{\text{산재보험적용 근로자 수}} \times 100$

### (12) 휴업 재해율

① 임금 근로자 수 100명당 발생하는 휴업 재해자 수의 비율을 말한다.

② 휴업 재해율 = $\dfrac{\text{휴업 재해자 수}}{\text{임금 근로자 수}} \times 100$

### (13) 건설업체의 산업재해발생률 ★★

다음의 계산식에 따른 사고사망 만인율로 산출하되, 소수점 셋째 자리에서 반올림한다.

$$\text{사고사망 만인율}(‱) = \dfrac{\text{사고사망자 수}}{\text{상시 근로자 수}} \times 10{,}000$$

$$\text{상시 근로자 수} = \dfrac{\text{연간 국내공사 실적액} \times \text{노무비율}}{\text{건설업 월평균임금} \times 12}$$

## 재해손실비의 종류 및 계산

### (1) 하인리히 방식 ★★

총 재해비용 = 직접비+간접비(1 : 4)

| 직접비 | | 간접비 |
|---|---|---|
| • 치료비<br>• 요양급여<br>• 상해급여<br>• 직업재활급여<br>• 장례비 등 | • 휴업급여<br>• 유족급여<br>• 산병급여<br>• 상병(傷病)보상연금 | • 인적 손실비<br>• 물적 손실비<br>• 생산 손실비<br>• 기계·기구 손실비 등 |

### (2) 시몬즈의 방식 ★★

총 재해코스트 = 보험코스트 + 비보험코스트

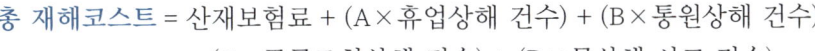

총 재해코스트 = 산재보험료 + (A×휴업상해 건수) + (B×통원상해 건수)
            + (C×구급조치상해 건수) + (D×무상해 사고 건수)
* A, B, C, D : 상수(각 재해에 대한 평균 비보험코스트)

| 보험코스트 | 비보험코스트 |
|---|---|
| • 산재보험료 | • 휴업상해  • 통원상해<br>• 구급조치상해  • 무상해 사고 |

**EXERCISE**

H기업의 근로자는 1,000명, 연간재해건수는 60건이다. 지난해 납부한 산재보험료는 18,000,000원이며, 산재보상금 12,650,000을 받았다. 또한, 휴업상해건수는 10건, 통원상해건수는 15건, 구급조치건수 8건, 무상해건수 20건이었으며 각각의 평균비용은 아래와 같다.
다음 각각의 방식에 의한 총 재해비용을 계산하시오. (휴업상해 900,000원, 통원상해 290,000원, 구급조치상해 150,000원, 무상해사고 200,000원)

(1) 하인리히 방식
(2) 시몬즈 방식

**풀이**

(1) 하인리히 방식
  총 재해코스트 = 직접비 + 간접비
               1 : 4
  = 12,650,000 + (4 × 12,650,000) = 63,250,000원
  (산재보상금 : 직접비)

(2) 시몬즈 방식
  총 재해코스트 = 보험 코스트 + 비보험 코스트
  = 산재보험료 + [(A×휴업상해 건수) + (B×통원상해 건수) + (C×응급처치 건수)
    + (D×무상해 사고 건수)]
  = 18,000,000 + [(900,000×10) + (290,000×15) + (150,000×8) + (200,000×20)]
  = 36,550,000원

### (3) 버즈의 방식

보험비용 : 비보험 재산비용 : 비보험 기타재산비용
  1   :   5~50   :   1~3

### (4) 콤패스 방식

총 재해비용 = 공동비용 + 개별비용

| 공동비용(불변비용) | 개별비용(가변비용) |
|---|---|
| • 보험료<br>• 안전보건팀 유지비 등 | • 작업 중단 손실비<br>• 사고조사비<br>• 수리비용 등 |

# 예상문제

 재해 발생 시 조치순서이다. ( ) 안에 들어갈 말을 쓰시오.

> 재해 발생 → ( ① ) → ( ② ) → ( ③ ) → 대책 수립

**정답**
① 긴급조치
② 재해조사
③ 원인분석

 산업재해 예방의 4원칙을 쓰시오. ★★

**정답**
① 예방 가능의 원칙 : 재해는 원칙적으로 원인만 제거되면 예방이 가능하다.
② 손실 우연의 원칙 : 사고의 결과 생기는 상해의 종류와 정도는 사고 발생 시 사고대상의 조건에 따라 우연히 발생한다.
③ 대책 선정의 원칙 : 사고의 원인에 대한 적합한 대책이 선정되어야 한다.
④ 원인 연계의 원칙 : 재해는 직접 원인과 간접 원인이 연계되어 일어난다.

재해사례연구 순서 5단계를 기술하시오. ★★

**정답**

전제 조건 : 재해 상황의 파악
1단계 조건 : 사실의 확인
2단계 조건 : 문제점 발견
3단계 조건 : 근본 문제점 결정(재해 원인 결정)
4단계 조건 : 대책 수립

 중대재해를 설명하고 보고시점과 보고사항을 쓰시오. ★★★

**정답**

1. 중대재해 : ① 사망자가 1인 이상 발생한 재해
　　　　　　② 3개월 이상 요양을 요하는 부상자가 동시에 2인 이상 발생한 재해
　　　　　　③ 부상자 또는 직업성 질병자가 동시에 10인 이상 발생한 재해
2. 보고시점 : 지체 없이 보고
3. 보고사항 : ① 발생개요 및 피해 상황
　　　　　　② 조치 및 전망
　　　　　　③ 그 밖의 중요한 사항

**참고**

- **중대재해 발생 시 사업주의 조치**
  1. 사업주는 중대재해가 발생하였을 때에는 즉시 해당 작업을 중지시키고 근로자를 작업장소에서 대피시키는 등 안전 및 보건에 관하여 필요한 조치를 하여야 한다.
  2. 사업주는 중대재해가 발생한 사실을 알게 된 경우에는 고용노동부령으로 정하는 바에 따라 지체 없이 고용노동부장관에게 보고하여야 한다. 다만, 천재지변 등 부득이한 사유가 발생한 경우에는 그 사유가 소멸되면 지체 없이 보고하여야 한다.

하인리히의 사고방지 이론 5단계를 쓰시오. ★★

**정답**

1단계 : 안전조직
2단계 : 사실의 발견
3단계 : 분석
4단계 : 시정방법 선정
5단계 : 시정책 적용

 하인리히의 도미노 이론 5단계를 쓰고, 제거 가능한 요인을 쓰시오. ★★★

**정답**

1. 도미노 이론 5단계
    1단계 : 선천적 결함
    2단계 : 개인적 결함
    3단계 : 불안전 행동, 불안전한 상태
    4단계 : 사고
    5단계 : 재해
2. 제거 가능 : 불안전 행동, 불안전한 상태

 버드의 사고발생 5단계를 적으시오. ★★★

**정답**

1단계 : 제어 부족(관리 부재)
2단계 : 기본 원인(기원)
3단계 : 직접 원인(징후)
4단계 : 사고(접촉)
5단계 : 상해(손실)

아담스의 사고 발생단계를 적으시오. ★★★

> **정답**
>
> 1단계 : 관리구조
> 2단계 : 작전적 에러
> 3단계 : 전술적 에러
> 4단계 : 사고
> 5단계 : 상해
>
> **참고**
>
> • 웨버의 연쇄성 이론
>
> | 1단계 | 사회적 환경 및 유전적 요소(유전과 환경) |
> |---|---|
> | 2단계 | 인간의 결함(개인적 결함) |
> | 3단계 | 불안전 행동 및 상태 |
> | 4단계 | 사고 |
> | 5단계 | 상해 |

 하인리히와 버드의 사고빈도법칙을 설명하시오. ★★

> **정답**
>
> (1) 하인리히 1 : 29 : 300(총 330건의 재해분석 시)
>   - 중상 또는 사망 : 1건
>   - 경상해 : 29건
>   - 무상해 사고(물적 손실) : 300건
>
> (2) 버드의 1 : 10 : 30 : 600의 법칙
>   - 중상, 폐질 : 1건
>   - 경상해 : 10건
>   - 무상해 사고(물적 손실) : 30건
>   - 무상해, 무사고(위험 순간) : 600건

**10** H기업에서 500만원의 총 재해 코스트가 발생했다. 하인리히 방식을 적용하여 직접비와 간접비를 구하시오. ★★

**정답**

총 재해 코스트 = 직접비 + 간접비
　　　　　　　　　　1　：　4
500만원 = 100만원 + 400만원
∴ 직접비 : 100만원, 간접비 : 400만원

**11** H기업의 2020년도 산재보상금 7,650,000원이었으며 산재보험료는 9,000,000원이었다. 또한, 휴업상해건수는 10건, 통원상해건수는 6건, 구급조치건수 3건, 무상해건수 1건이었으며 각각의 평균비용은 아래와 같다. (휴업상해 400,000원, 통원상해 190,000원, 구급조치상해 100,000원, 무상해 100,000원) ★★

(1) 하인리히 방식과 시몬즈 방식에 의한 총 재해 비용을 구하시오.
(2) 두 방식에 따른 재해비용의 차이를 구하시오.

**정답**

(1) 하인리히의 총 재해코스트 = 직접비 + 간접비
　　　　　　　　　　　　　　　　1　：　4
　　　　　　　　　　= 7,650,000 + (4 × 7,650,000)
　　　　　　　　　　= 38,250,000원
　　　　　　　　　　　(산재보상금 → 직접비)
　시몬즈의 총 재해코스트 = 보험 코스트 + 비보험 코스트
　　　　　　　　　　= 산재보험료 + (A×휴업상해 건수) + (B×통원상해 건수) + (C×구급조치 건수)
　　　　　　　　　　　+ (D×무상해 사고 건수)
　　　　　　　　　　= 9,000,000 + [(400,000×10) + (190,000×6) + (100,000×3) + (100,000×1)]
　　　　　　　　　　= 14,540,000원
(2) 비용의 차이 = 38,250,000원 − 14,540,000원 = 23,710,000원

**12** 재해방지 대책에서 시정책의 적용에는 3S원칙과 3E원칙의 개념이 있다. 3S와 3E를 기술하시오. ★★

(1) 3E

(2) 3S

**정답**

(1) ① 안전 교육(Education)
　　② 안전 기술(Engineering)
　　③ 안전 독려(Enforcement)

(2) ① 단순화(Simplification)
　　② 표준화(Standardization)
　　③ 전문화(Specification)


**13** 재해의 직접원인 2가지를 쓰시오. ★★★

**정답**

① 인적원인 : 불안전한 행동
② 물적원인 : 불안전한 상태


**14** 재해의 간접원인 5가지를 쓰시오. ★★★

**정답**

① 기술적 원인
② 교육적 원인
③ 신체적 원인
④ 정신적 원인
⑤ 관리적 원인

**15** 다음 근로 불능상해의 종류(상해정도별 분류)를 적고, 설명하시오. ★★

**정답**
① 사망
② 영구 전 노동불능 : 신체 전체의 노동기능 완전 상실(1~3급)
③ 영구 일부 노동불능 : 신체 일부의 노동 기능 상실(4~14급)
④ 일시 전 노동불능 : 일정기간 노동 종사 불가(휴업상해)
⑤ 일시 일부 노동불능 : 일정기간 일부노동에 종사 불가(통원상해)

**16** 안전에 관한 심각성 여부를 기준년도에 대한 현재를 비교하여 표시하는 통계방식으로 Safety-T-Score가 이용된다. ( ) 안에 알맞은 용어를 답란에 쓰시오. ★★★

$$\text{Safety-T-Score} = (①) - (②) / \sqrt{(③)/\text{총 근로시간수}\times 1{,}000{,}000}$$

**정답**
① 현재빈도율
② 과거빈도율
③ 과거빈도율

**참고**

$$\frac{\text{현재빈도율}-\text{과거빈도율}}{\sqrt{\dfrac{\text{과거빈도율}}{\text{(현재)총 근로 시간수}}\times 1{,}000{,}000}}$$

**17** 어떤 제철공장에서 500명의 종업원이 1년간 작업하는 가운데 신체장해 11급 10명과 사망 및 영구 근로 장해 2명이 발생하였다. 강도율을 구하시오. (단, 근로손실연수는 25년이고, 근로자 1인당 근로시간은 연 2,400시간이다.) ★★★

**정답**

$$\text{강도율} = \frac{\text{총 요양 근로손실 일수}}{\text{연 근로시간 수}} \times 1{,}000$$

$$= \frac{(400\times 10)+(7{,}500\times 2)}{500\times 2{,}400}\times 1{,}000 = 15.83$$

(11급 근로손실일 수 : 400일, 사망 및 영구 근로 장해 근로손실일 수 : 7,500일)

### 참고

| 신체장해등급 | 사망, 1, 2, 3급 | 4급 | 5급 | 6급 | 7급 | 8급 |
|---|---|---|---|---|---|---|
| 손실일수 | 7,500일 | 5,500일 | 4,000일 | 3,000일 | 2,200일 | 1,500일 |
| 신체장해등급 | 9급 | 10급 | 11급 | 12급 | 13급 | 14급 |
| 손실일수 | 1,000일 | 600일 | 400일 | 200일 | 100일 | 50일 |

**18** 평균 근로자 수 1,000명인 어떤 사업장의 재해 빈도율은 10.55일 때 이 사업장의 재해건수는 얼마인지 계산하시오. ★★★

**정답**

$$\text{도수율(빈도율)} = \frac{\text{재해건수}}{\text{연 근로시간 수}} \times 10^6$$

$$\text{재해건수} = \frac{\text{빈도율} \times \text{연 근로시간 수}}{10^6}$$

$$\text{재해건수} = \frac{10.55 \times 1,000 \times 2,400}{10^6} = 25.32(26건)$$

**19** 400명의 근로자가 작업 시, 연간 10건의 재해가 발생하였다. 도수율을 구하시오. (단, 결근율은 10%이다.) ★★★

**정답**

$$\text{도수율(빈도율)} = \frac{\text{재해건수}}{\text{연 근로시간 수}} \times 10^6$$

$$= \frac{10}{400 \times 2,400 \times 0.9} \times 10^6 = 11.57$$

(결근율 10% → 출근율 90%)

근로자 400명의 어떤 작업장의 연간재해자수는 14명이었고, 그 중 1건은 사망, 13건은 장해등급 14등급이었다. 이때의 재해율을 계산하는데 다음의 물음에 답하시오. ★★★

(1) 연천인율 :

(2) 도수율 :

**정답**

(1) 연천인율 = $\dfrac{\text{연간 재해자수}}{\text{연평균 근로자수}} \times 1{,}000$

$= \dfrac{14}{400} \times 1{,}000 = 35$

(2) 도수율(빈도율) = $\dfrac{\text{재해건수}}{\text{연 근로시간 수}} \times 10^6$

$= \dfrac{14}{400 \times 2{,}400} \times 10^6 = 14.58$

**참고**

1. 문제에서 근로자수와 연간 재해자수가 주어질 경우 문제에서 주어진 값을 이용하여 계산한다. →

   연천인율 = $\dfrac{\text{연간 재해자수}}{\text{연평균 근로자수}} \times 1{,}000$

2. 문제에서 도수율 값이 주어진 경우 도수율을 이용하여 연천인율을 계산한다. →

   연천인율 = 도수율 × 2.4

 500명의 근로자가 근무하는 사업장에서 재해건수 6건 중 장애등급 3급, 5급, 7급, 11급 각 1명씩이며 휴업일수 438일, 입원일수 30일, 요양일수 10일일 때 도수율과 강도율을 구하시오. ★★★

**정답**

(1) 도수율(빈도율) = $\dfrac{\text{재해건수}}{\text{연 근로시간 수}} \times 10^6 = \dfrac{6}{500 \times 2{,}400} \times 10^6 = 5$

(2) 강도율 = $\dfrac{\text{총 요양 근로손실 일수}}{\text{연 근로시간 수}} \times 1{,}000$

$= \dfrac{7{,}500 + 4{,}000 + 2{,}200 + 400 + (438 \times \frac{300}{365}) + (30 \times \frac{300}{365}) + (10 \times \frac{300}{365})}{500 \times 2{,}400} \times 1{,}000 = 12.08$

(근로손실일 수 = 휴업일수, 입원일수, 요양일수 $\times \dfrac{300(\text{실제 근로일 수})}{365}$)

> **참고**
>
> | 신체장해등급 | 사망, 1, 2, 3급 | 4급 | 5급 | 6급 | 7급 | 8급 |
> |---|---|---|---|---|---|---|
> | 손실일수 | 7,500일 | 5,500일 | 4,000일 | 3,000일 | 2,200일 | 1,500일 |
> | 신체장해등급 | 9급 | 10급 | 11급 | 12급 | 13급 | 14급 |
> | 손실일수 | 1,000일 | 600일 | 400일 | 200일 | 100일 | 50일 |

**22** 2022년도 S 기업의 근로자는 500명이 작업하면서 일일 8시간 연 300일 근무 중 사망 재해건수 2건, 휴업일수 27일, 잔업시간 10,000시간, 조퇴 시간 500시간, 출근율 95%이다. 이 기업의 강도율을 계산하시오. ★★★

**정답**

$$\text{강도율} = \dfrac{\text{총 요양 근로손실 일수}}{\text{연 근로시간 수}} \times 1{,}000$$

$$= \dfrac{(2 \times 7{,}500) + \left(27 \times \dfrac{300}{365}\right)}{(500 \times 8 \times 300 \times 0.95) + 10{,}000 - 500} \times 1{,}000 = 13.07$$

**23** 평균 강도율의 공식을 쓰시오. ★★

**정답**

$$\text{평균 강도율} = \dfrac{\text{강도율}}{\text{도수율}} \times 1{,}000$$

**24** 1년간 평균 500명의 상시 근로자를 두고 있는 기업체에서 연간 25명의 재해가 발생하였다면 연천인율을 구하시오. ★★★

**정답**

$$연천인율 = \frac{연간재해자수}{연평균근로자수} \times 1,000$$

$$= \frac{25}{500} \times 1,000 = 50$$

**25** 근로자수 300명, 1일 8시간, 연 300일 근로하는 사업장에 10명의 재해자가 발생하여 3급 장애 2명, 휴일 근로손실일수 219일이 생겼을 때 강도율을 구하시오. ★★★

**정답**

$$강도율 = \frac{총\ 요양\ 근로손실\ 일수}{연\ 근로시간\ 수} \times 1,000$$

$$= \frac{7,500 \times 2}{300 \times 8 \times 300} \times 1,000 = 20.83$$

* 휴일 근로손실일 수는 재해율에 포함되지 않는다.
* 3급 장애의 근로손실일 수 : 7,500일

**26** 근로자 수 1,200명, 1주일에 54시간, 연 50주 근무, 결근율 5.5%, 재해건수 77건일 때 도수율을 구하시오. ★★★

**정답**

$$도수율(빈도율) = \frac{재해건수}{연\ 근로시간\ 수} \times 10^6$$

$$= \frac{77}{1,200 \times 54 \times 50 \times 0.945} \times 10^6 = 25.15$$

(결근율 5.5% → 출근율 94.5%)

**27** 연평균 100인의 근로자가 일하는 직장에서 6건의 재해가 발생하였다. 그 중 2명은 사망하고 6급 재해자 1명, 휴업일수 35일, 가료일수 20일이 발생하였다. 이 직장의 강도율은 얼마인가? (단, 1인당 일일 8시간, 연 290일 근무) ★★★

**정답**

$$강도율 = \frac{총\ 요양\ 근로손실\ 일수}{연\ 근로시간\ 수} \times 1,000$$

$$= \frac{(2 \times 7,500) + (3,000 \times 1) + (35 \times \frac{290}{365}) + (20 \times \frac{290}{365})}{100 \times 8 \times 290} \times 1,000 = 77.77$$

* 근로손실일수 = 휴업일수, 입원일수, 요양일수 × $\frac{실제\ 근로일수}{365}$

* 근로손실일수 = 가료일수(치료일수) × $\frac{실제\ 근로일수}{365}$

**참고**

| 신체장해등급 | 사망, 1, 2, 3급 | 4급 | 5급 | 6급 | 7급 | 8급 |
|---|---|---|---|---|---|---|
| 손실일수 | 7,500일 | 5,500일 | 4,000일 | 3,000일 | 2,200일 | 1,500일 |
| 신체장해등급 | 9급 | 10급 | 11급 | 12급 | 13급 | 14급 |
| 손실일수 | 1,000일 | 600일 | 400일 | 200일 | 100일 | 50일 |

**28** 도수율이 24.5이고 강도율이 2.15의 사업장이 있다. 한 사람의 근로자가 입사하여 퇴직할 때까지는 몇 일간의 근로손실일수, 몇 건의 재해를 당하겠는가? ★★★

**정답**
① 환산 강도율(S) = 강도율×100 = 2.15×100 = 215일
② 환산 도수율(F) = 도수율÷10 = 24.5÷10 = 2.45 3건
$\begin{pmatrix} \text{입사하여 퇴직할 때까지의 근로손실일수} \rightarrow \text{환산 강도율} \\ \text{입사하여 퇴직할 때까지의 재해건수} \rightarrow \text{환산 도수율} \end{pmatrix}$

**29** 도수율이 2.15인 사업장의 연천인율을 구하시오. ★★★

**정답**
연천인율 = 2.4×도수율 = 2.4×2.15 = 5.16

**30** 베어링 및 기계부품을 생산하는 업체에 300명의 근로자가 일하고 있는데 1년에 21건의 재해가 발생하였다. 이 사업장에서 근로자 1명이 평생 작업한다면 몇 건의 재해를 당할 수 있겠는가? (단, 평생근로시간은 12만 시간임) ★★★

**정답**
1. 평생 작업하는 동안의 재해건수 → 환산 도수율
2. 환산 도수율 = $\dfrac{\text{재해건수}}{\text{연 근로시간 수}}$ × 평생 근로시간 수
   = $\dfrac{21}{300 \times 2{,}400}$ × 120,000 = 3.5[4건]

**31** 500명의 근로자가 근무하는 사업장에서 재해건수 6건 중 장애등급 3급, 5급, 7급, 11급 각 1명씩이며 휴업일수 438일일 때 도수율과 강도율을 구하시오. (단, 1인당 근로시간은 연 2,400시간, 총 잔업시간 120시간, 출근율 85%이다) ★★★

**정답**

① 도수율(빈도율) = $\dfrac{\text{재해건수}}{\text{연 근로시간 수}} \times 10^6$

$= \dfrac{6}{(500 \times 2,400 \times 0.85) + 120} \times 10^6 = 5.88$

② 강도율 = $\dfrac{\text{총 요양 근로손실 일수}}{\text{연 근로시간 수}} \times 1,000$

$= \dfrac{7,500 + 4,000 + 2,200 + 400 + (438 \times \dfrac{300}{365})}{(500 \times 2,400 \times 0.85) + 120} \times 1,000 = 14.17$

**참고**

| 신체장해등급 | 사망, 1, 2, 3급 | 4급 | 5급 | 6급 | 7급 | 8급 |
|---|---|---|---|---|---|---|
| 손실일수 | 7,500일 | 5,500일 | 4,000일 | 3,000일 | 2,200일 | 1,500일 |
| 신체장해등급 | 9급 | 10급 | 11급 | 12급 | 13급 | 14급 |
| 손실일수 | 1,000일 | 600일 | 400일 | 200일 | 100일 | 50일 |

**32** 근로자 800명, 연간 50주, 주당 48시간 작업, 5건의 재해가 발생되었다. 결근율 7%, 신체장해등급 9급 4명, 1,200일의 휴업일수가 발생되었을 때 일평생 작업하는 동안의 근로손실일수, 일평생 작업하는 동안의 재해건수를 구하시오. ★★★

**정답**

① 평생 작업하는 동안의 재해건수 → 환산 도수율

환산 도수율 = $\dfrac{\text{재해건수}}{\text{연 근로시간 수}} \times \text{평생 근로시간수}(100,000)$

$= \dfrac{5}{800 \times 48 \times 50 \times 0.93} \times 100,000 = 0.28\,[1건]$

(결근율 7% → 출근율 93%)

② 평생 작업하는 동안의 근로손실 일수 → 환산 강도율

$$환산\ 강도율 = \frac{총\ 요양\ 근로손실\ 일수}{연\ 근로시간\ 수} \times 평생\ 근로\ 시간수(100,000)$$

$$= \frac{(4 \times 1,000)+(1,200 \times \frac{300}{365})}{800 \times 48 \times 50 \times 0.93} \times 100,000 = 279.25[280일]$$

> **참고**
>
> 48시간×50주 근무
> 1. $\frac{48시간}{8시간} = 6일$(주 6일 근무)
> 2. 6일 × 50주 = 300일(연간 300일 근무)

## 33

평균근로자 440명, 일일 근로시간 7시간 30분, 연간 근무일수 300일, 출근율 95%, 잔업시간 10,000시간, 조퇴 500시간, 휴업 3일 이상의 재해건수가 4건, 불휴 재해건수가 6건일 때 도수율을 구하시오. ★★★

> **정답**
>
> $$도수율(빈도율) = \frac{재해건수}{연\ 근로시간\ 수} \times 10^6$$
>
> $$= \frac{4+6}{(440 \times 7.5 \times 300 \times 0.95)+10,000-500} \times 10^6 = 10.53$$

> **참고**
>
> 재해율 계산에는 불휴 재해도 포함시킨다.

## 34

어느 공장의 도수율이 13이고 강도율이 1.2일 때 입사부터 정년까지 몇 회의 부상과 몇 일의 근로손실일수를 갖게 되는가? ★★★

> **정답**
>
> ① 환산 강도율(S) = 강도율×100 = 1.2×100 = 120 [120일]
> ② 환산 도수율(F) = 도수율÷10 = 13÷10 = 1.3 [2회]
>
> ⎛ 입사하여 정년까지의 재해건수    → 환산 도수율 ⎞
> ⎝ 입사하여 정년까지의 근로손실일수 → 환산 강도율 ⎠

[보기]의 조건을 참고하여 사업장의 휴업 재해율을 구하시오.

[보기]

임금근로자 수가 1,000명인 사업장에서 사고로 인하여 다음과 같은 손실이 발생하였다.
① 총 요양 근로손실일수 : 300일
② 총 휴업 재해일수 : 150일
③ 통상의 출퇴근에 의한 휴업 재해자 수 : 10명
④ 생산설비에 의한 휴업 재해자 수 : 50명

**정답**

**휴업 재해율**
- 임금 근로자 수 100명당 발생하는 휴업 재해자 수의 비율을 말한다.
- 휴업 재해율 = $\dfrac{\text{휴업 재해자 수}}{\text{임금 근로자 수}} \times 100$
- "휴업 재해자 수"란 근로복지공단의 휴업급여를 지급받은 재해자 수를 말함. 다만, 질병에 의한 재해와 사업장 밖의 교통사고(운수업, 음식숙박업은 사업장 밖의 교통사고도 포함)·체육행사·폭력행위·통상의 출퇴근으로 발생한 재해는 제외함.
- "임금 근로자 수"는 통계청의 경제활동 인구조사 상 임금 근로자 수를 말함.

휴업 재해율 = $\dfrac{50}{1,000} \times 100 = 5$

 근로자 1인당 평생 근로시간을 계산하시오. ★★

**정답**

평생 근로시간 수 = (40년 × 2,400시간) + 4,000시간 = 100,000시간
① 1인의 평생 근로연수 : 40년
② 1년 총 근로시간 수 : 2,400시간
③ 일평생 잔업시간 : 4,000시간

## 37. 건설업체의 사고사망 만인율과 상시 근로자 수를 계산하는 공식을 쓰시오. ★★

**정답**

$$\text{사고사망 만인율}(‰) = \frac{\text{사고 사망자 수}}{\text{상시 근로자 수}} \times 10,000$$

$$\text{상시 근로자 수} = \frac{\text{연간 국내공사 실적액} \times \text{노무비율}}{\text{건설업 월평균임금} \times 12}$$

\* 소수점 셋째 자리에서 반올림한다.

## 38. 다음 상해의 종류를 적으시오. ★★

| 분류 항목 | 세부 항목 |
|---|---|
| ① | 뼈가 부러진 상해 |
| ② | 저온물 접촉으로 생긴 동상 상해 |
| ③ | 국부의 혈액순환의 이상으로 몸이 퉁퉁 부어오르는 상해 |
| ④ | 칼날 등 날카로운 물건에 찔린 상해 |
| ⑤ | 타박·충돌·추락 등으로 피부표면보다는 피하조직 또는 근육부를 다친 상태 |
| ⑥ | 신체 부위가 절단된 상해 |
| ⑦ | 음식물·약물·가스 등에 의한 중독이나 질식된 상해 |
| ⑧ | 스치거나 문질러서 피부가 벗겨진 상해 |
| ⑨ | 창·칼 등에 베인 상해 |
| ⑩ | 화재 또는 고온물 접촉으로 인한 상해 |
| ⑪ | 머리를 세게 맞았을 때 장해로 일어난 상해 |
| ⑫ | 물 속에 추락하여 익사한 상해 |
| ⑬ | 직업과 연관되어 발생 또는 악화되는 모든 피부질환 |
| ⑭ | 청력이 감퇴 또는 난청이 된 상태 |
| ⑮ | 시력이 감퇴 또는 실명된 상해 |

**정답**

| 분류 항목 | 세부 항목 |
|---|---|
| ① 골절 | 뼈가 부러진 상해 |
| ② 동상 | 저온물 접촉으로 생긴 동상 상해 |
| ③ 부종 | 국부의 혈액순환의 이상으로 몸이 퉁퉁 부어오르는 상해 |
| ④ 찔림(자상) | 칼날 등 날카로운 물건에 찔린 상해 |
| ⑤ 타박상(뼘, 좌상) | 타박·충돌·추락 등으로 피부표면보다는 피하조직 또는 근육부를 다친 상태 |
| ⑥ 절단(절상) | 신체 부위가 절단된 상해 |
| ⑦ 중독·질식 | 음식물·약물·가스 등에 의한 중독이나 질식된 상해 |
| ⑧ 찰과상 | 스치거나 문질러서 피부가 벗겨진 상해 |
| ⑨ 베임(창상) | 창·칼 등에 베인 상해 |
| ⑩ 화상 | 화재 또는 고온물 접촉으로 인한 상해 |
| ⑪ 뇌진탕 | 머리를 세게 맞았을 때 장해로 일어난 상해 |
| ⑫ 익사 | 물 속에 추락하여 익사한 상해 |
| ⑬ 피부병 | 직업과 연관되어 발생 또는 악화되는 모든 피부질환 |
| ⑭ 청력장애 | 청력이 감퇴 또는 난청이 된 상태 |
| ⑮ 시력장애 | 시력이 감퇴 또는 실명된 상해 |

## 39 다음의 재해 발생형태를 적으시오. ★★★

| 분류 항목 | 세부 항목 |
|---|---|
|  | • 높이가 있는 곳에서 사람이 떨어짐<br>• 사람이 인력(중력)에 의하여 건축물, 구조물, 가설물, 수목, 사다리 등의 높은 장소에서 떨어지는 것 |
|  | • 사람이 미끄러지거나 넘어짐<br>• 사람이 거의 평면 또는 경사면, 층계 등에서 구르거나 넘어지는 경우 |
|  | • 물체의 쓰러짐이나 뒤집힘<br>• 기대어져 있거나 세워져 있는 물체 등이 쓰러져 깔린 경우 및 지게차 등의 건설기계 등이 운행 또는 작업 중 뒤집어진 경우 |
|  | • 물체에 부딪힘, 접촉<br>• 재해자 자신의 움직임·동작으로 인하여 기인물에 접촉 또는 부딪히거나, 물체가 고정부에서 이탈하지 않은 상태로 움직임(규칙, 불규칙) 등에 의하여 접촉한 경우 |

| 분류 항목 | 세부 항목 |
|---|---|
| | • 날아오거나 떨어진 물체에 맞음<br>• 고정되어 있던 물체가 고정부에서 이탈하거나 또는 설비 등으로부터 물질이 분출되어 사람을 가해하는 경우 |
| | • 기계설비에 끼이거나 감김<br>• 두 물체 사이의 움직임에 의하여 일어난 것으로 직선 운동하는 물체 사이의 끼임, 회전부와 고정체 사이의 끼임, 롤러 등 회전체 사이에 물리거나 또는 회전체·돌기부 등에 감긴 경우 |
| | • 건축물이나 쌓여진 물체가 무너짐<br>• 토사, 건축물, 가설물 등이 전체적으로 허물어져 내리거나 또는 주요 부분이 꺾어져 무너지는 경우 |
| | 충전부 등에 신체의 일부가 직접 접촉하거나 유도전류의 통전으로 근육의 수축, 호흡곤란, 심실세동 등이 발생한 경우 또는 특별고압 등에 접근함에 따라 발생한 섬락 접촉, 합선·혼촉 등으로 인하여 발생한 아크에 접촉된 경우 |
| | 고·저온 환경 또는 물체에 노출·접촉된 경우 |
| | 유해·위험물질에 노출·접촉 또는 흡입하였거나 독성동물에 쏘이거나 물린 경우 |
| | 유해물질과 관련 없이 산소가 부족한 상태·환경에 노출되었거나 이물질 등에 의하여 기도가 막혀 호흡기능이 불충분한 경우 |
| | 폭발음을 제외한 일시적·장기적인 소음에 노출된 경우 |
| | 고·저기압 등의 환경에 노출된 경우 |
| | 전리 또는 비전리 방사선에 노출된 경우 |
| | 건축물, 용기 내 또는 대기 중에서 물질의 화학적, 물리적 변화가 급격히 진행되어 열, 폭음, 폭발압이 동반하여 발생하는 경우 |
| | 가연물에 점화원이 가해져 비의도적으로 불이 일어난 경우를 말하며, 방화는 의도적이기는 하나 관리할 수 없으므로 화재에 포함시킨다. |
| | 물체의 취급과 관련 없이 작업환경, 설비의 부적절한 설계, 배치로 작업자가 특정한 자세·동작을 장시간 취하여 신체의 일부에 부담을 주는 경우 |
| | 물체의 취급과 관련하여 근육의 힘을 많이 사용하는 경우로서 밀기, 당기기, 지탱하기, 들어올리기, 돌리기, 잡기, 운반하기 등과 같은 행위·동작 |

| 분류 항목 | 세부 항목 |
|---|---|
| | 물체의 취급과 관련하여 근육의 힘을 많이 사용하지 않는 경우로서 지속적 또는 반복적인 업무 수행으로 신체의 일부에 부담을 주는 행위·동작 |
| | 물체의 취급과 관련 없이 일시적이고 급격한 행위·동작, 균형상실에 따른 반사적 행위 또는 놀람, 정신적 충격, 스트레스 등 |
| | 재해자가 물체의 취급과정에서 신체특정 부위에 과도한 힘이 편중·집중·눌려진 경우나 마찰접촉 또는 진동 등으로 신체에 부담을 주는 경우 |
| | 의도적인 또는 의도가 불분명한 위험행위(마약, 정신질환 등)로 자신 또는 타인에게 상해를 입힌 폭력·폭행을 말하며, 협박·언어·성폭력 및 동물에 의한 상해 등도 포함한다. |

### 정답

| 분류 항목 | 세부 항목 |
|---|---|
| 떨어짐 | • 높이가 있는 곳에서 사람이 떨어짐<br>• 사람이 인력(중력)에 의하여 건축물, 구조물, 가설물, 수목, 사다리 등의 높은 장소에서 떨어지는 것 |
| 넘어짐 | • 사람이 미끄러지거나 넘어짐<br>• 사람이 거의 평면 또는 경사면, 층계 등에서 구르거나 넘어지는 경우 |
| 깔림·뒤집힘 | • 물체의 쓰러짐이나 뒤집힘<br>• 기대어져 있거나 세워져 있는 물체 등이 쓰러져 깔린 경우 및 지게차 등의 건설기계 등이 운행 또는 작업 중 뒤집어진 경우 |
| 부딪힘·접촉 | • 물체에 부딪힘, 접촉<br>• 재해자 자신의 움직임·동작으로 인하여 기인물에 접촉 또는 부딪히거나, 물체가 고정부에서 이탈하지 않은 상태로 움직임(규칙, 불규칙) 등에 의하여 접촉한 경우 |
| 맞음 | • 날아오거나 떨어진 물체에 맞음<br>• 고정되어 있던 물체가 고정부에서 이탈하거나 또는 설비 등으로부터 물질이 분출되어 사람을 가해하는 경우 |
| 끼임 | • 기계설비에 끼이거나 감김<br>• 두 물체 사이의 움직임에 의하여 일어난 것으로 직선 운동하는 물체 사이의 끼임, 회전부와 고정체 사이의 끼임, 롤러 등 회전체 사이에 물리거나 또는 회전체·돌기부 등에 감긴 경우 |
| 무너짐 | • 건축물이나 쌓여진 물체가 무너짐<br>• 토사, 건축물, 가설물 등이 전체적으로 허물어져 내리거나 또는 주요 부분이 꺾어져 무너지는 경우 |

| 분류 항목 | 세부 항목 |
|---|---|
| 감전<br>(전류접촉) | 충전부 등에 신체의 일부가 직접 접촉하거나 유도전류의 통전으로 근육의 수축, 호흡곤란, 심실세동 등이 발생한 경우 또는 특별고압 등에 접근함에 따라 발생한 섬락 접촉, 합선·혼촉 등으로 인하여 발생한 아아크에 접촉된 경우 |
| 이상온도 노출·접촉 | 고·저온 환경 또는 물체에 노출·접촉된 경우 |
| 유해·위험물질<br>노출·접촉 | 유해·위험물질에 노출·접촉 또는 흡입하였거나 독성동물에 쏘이거나 물린 경우 |
| 산소결핍·질식 | 유해물질과 관련 없이 산소가 부족한 상태·환경에 노출되었거나 이물질 등에 의하여 기도가 막혀 호흡기능이 불충분한 경우 |
| 소음노출 | 폭발음을 제외한 일시적·장기적인 소음에 노출된 경우 |
| 이상기압 노출 | 고·저기압 등의 환경에 노출된 경우 |
| 유해광선 노출 | 전리 또는 비전리 방사선에 노출된 경우 |
| 폭발 | 건축물, 용기 내 또는 대기 중에서 물질의 화학적, 물리적 변화가 급격히 진행되어 열, 폭음, 폭발압이 동반하여 발생하는 경우 |
| 화재 | 가연물에 점화원이 가해져 비의도적으로 불이 일어난 경우를 말하며, 방화는 의도적이기는 하나 관리할 수 없으므로 화재에 포함시킨다. |
| 부자연스런 자세 | 물체의 취급과 관련 없이 작업환경, 설비의 부적절한 설계, 배치로 작업자가 특정한 자세·동작을 장시간 취하여 신체의 일부에 부담을 주는 경우 |
| 과도한 힘·동작 | 물체의 취급과 관련하여 근육의 힘을 많이 사용하는 경우로서 밀기, 당기기, 지탱하기, 들어올리기, 돌리기, 잡기, 운반하기 등과 같은 행위·동작 |
| 반복적 동작 | 물체의 취급과 관련하여 근육의 힘을 많이 사용하지 않는 경우로서 지속적 또는 반복적인 업무수행으로 신체의 일부에 부담을 주는 행위·동작 |
| 신체반작용 | 물체의 취급과 관련 없이 일시적이고 급격한 행위·동작, 균형상실에 따른 반사적 행위 또는 놀람, 정신적 충격, 스트레스 등 |
| 압박·진동 | 재해자가 물체의 취급과정에서 신체특정 부위에 과도한 힘이 편중·집중·눌려진 경우나 마찰접촉 또는 진동 등으로 신체에 부담을 주는 경우 |
| 폭력행위 | 의도적인 또는 의도가 불분명한 위험행위(마약, 정신질환 등)로 자신 또는 타인에게 상해를 입힌 폭력·폭행을 말하며, 협박·언어·성폭력 및 동물에 의한 상해 등도 포함한다. |

다음의 경우 재해 발생형태를 분류하시오. ★★

- 재해자가 「넘어짐」으로 인하여 기계의 동력전달부위 등에 끼이는 사고가 발생하여 신체부위가 「절단」된 경우 → (         )
- 재해자가 구조물 상부에서 「넘어짐」으로 인하여 사람이 떨어져 두개골 골절이 발생한 경우 → (         )
- 재해자가 「넘어짐」 또는 「떨어짐」으로 물에 빠져 익사한 경우 → (         )
- 재해자가 전주에서 작업 중 「전류접촉」으로 떨어져서 상해 결과가 골절인 경우 → (         ), 상해 결과가 전기쇼크인 경우 → (         )
- 바닥면과 신체가 떨어진 상태로 더 낮은 위치로 떨어진 경우 → (         )
- 바닥면과 신체가 접해있는 상태에서 더 낮은 위치로 떨어진 경우 → (         )
- 신체가 바닥면과 접해있었는지 여부를 알 수 없는 경우 작업발판 등 구조물의 높이가 보폭(약 60cm) 이상인 경우 → (         )
- 보폭 미만인 경우 → (         )
- 물체 또는 물질이 떨어지거나 날아와 타박상 등의 상해를 입었을 경우 → (         )
- 고·저온 물체 또는 물질이 떨어지거나 날아와 화상을 입었을 경우 → (         )
- 떨어지거나 날아온 물체 또는 물질의 특성에 의하여 상해를 입은 경우 → (         )

### 정답

- 재해자가 「넘어짐」으로 인하여 기계의 동력전달 부위 등에 끼이는 사고가 발생하여 신체 부위가 「절단」된 경우 → (끼임)
- 재해자가 구조물 상부에서 「넘어짐」으로 인하여 사람이 떨어져 두개골 골절이 발생한 경우 → (떨어짐)
- 재해자가 「넘어짐」 또는 「떨어짐」으로 물에 빠져 익사한 경우 → (유해·위험물질 노출·접촉)
- 재해자가 전주에서 작업 중 「전류접촉」으로 떨어져서 상해결과가 골절인 경우 → (떨어짐), 상해결과가 전기쇼크인 경우 → (전류접촉(감전))
- 바닥면과 신체가 떨어진 상태로 더 낮은 위치로 떨어진 경우 → (떨어짐)
- 바닥면과 신체가 접해있는 상태에서 더 낮은 위치로 떨어진 경우 → (넘어짐)
- 신체가 바닥면과 접해있었는지 여부를 알 수 없는 경우 작업발판 등 구조물의 높이가 보폭(약 60cm) 이상인 경우 → (떨어짐)
- 보폭 미만인 경우 → (넘어짐)
- 물체 또는 물질이 떨어지거나 날아와 타박상 등의 상해를 입었을 경우 → (맞음)
- 고·저온 물체 또는 물질이 떨어지거나 날아와 화상을 입었을 경우 → (이상온도 노출·접촉)
- 떨어지거나 날아온 물체 또는 물질의 특성에 의하여 상해를 입은 경우 → (유해·위험물질 노출·접촉)

**41** 다음의 경우 기인물을 적으시오. ★★

(1) 운전 중 한눈을 팔다 전주에 충돌 → 기인물 :

(2) 손에 들고 있던 운반물을 놓침 → 기인물 :

(3) 외부요인이 없는 상태에서 사람이 걷다가 발목을 겹질림 → 기인물 :

> 정답
> (1) 차량
> (2) 운반물
> (3) 사람

# CHAPTER 04 사업장 안전점검

1. 안전점검의 정의 및 목적을 이해하고 적용할 수 있어야 한다.
2. 안전점검의 종류를 알고 적용할 수 있어야 한다.
3. 안전점검 기준을 이해하고 적용할 수 있어야 한다.
4. 안전검사 제도를 이해·적용할 수 있어야 하여야 한다.
5. 안전인증제도를 이해·적용할 수 있어야 한다.
6. 안전진단을 이해하고 실행할 수 있어야 한다.

## 안전점검

### (1) 안전점검의 정의

사고가 발생하기 전에 모든 작업장에서 존재하는 불안전한 행동 및 불안전한 상태를 조사하여 위험성을 찾아내는 행위를 말한다.

### (2) 안전점검의 목적

① 결함이나 불안전 조건의 제거
② 기계, 설비의 본래 성능 유지
③ 합리적인 생산관리

### (3) 안전점검의 종류 ★

| 정기점검<br>(계획점검) | • 일정 기간마다 정기적으로 실시하는 점검<br>• 법적 기준 또는 사내 안전규정에 따라 해당 책임자가 실시하는 점검 |
|---|---|
| 수시점검<br>(일상점검) | • 매일 작업 전, 중, 후에 실시하는 점검<br>• 작업자·작업책임자·관리감독자가 실시하며 사업주의 안전순찰도 포함된다. |
| 특별점검 | • 기계·기구 또는 설비의 신설·변경 또는 고장·수리 등으로 비정기적인 특정 점검을 말하며 기술 책임자가 실시한다.<br>• 산업안전보건 강조기간, 악천후 시에도 실시한다. |
| 임시점검 | • 기계·기구 또는 설비의 이상 발견 시에 임시로 실시하는 점검<br>• 정기점검 실시 후 다음 점검일 이전에 임시로 실시하는 점검 |

### (4) 안전점검표(안전점검 체크리스트) 작성 시 유의사항

① 사업장에 적합한 내용이며 독자적일 것
② 내용은 구체적이며, 재해예방에 실효가 있을 것
③ 중요도가 높은 순으로 작성할 것
④ 일정 양식 및 점검 대상을 정하여 작성할 것
⑤ 가급적 쉬운 표현으로 작성할 것

---

## 안전검사

### (1) 안전검사

① 유해하거나 위험한 기계·기구·설비로서 대통령령으로 정하는 것("안전검사대상 기계 등")을 사용하는 사업주는 안전검사대상 기계 등의 안전에 관한 성능이 고용노동부장관이 정하여 고시하는 검사 기준에 맞는지에 대하여 안전검사를 받아야 한다. 이 경우 안전검사대상 기계 등을 사용하는 사업주와 소유자가 다른 경우에는 안전검사대상 기계 등의 소유자가 안전검사를 받아야 한다.
② 안전검사대상 기계 등이 다른 법령에 따라 안전성에 관한 검사나 인증을 받은 경우로서 고용노동부령으로 정하는 경우에는 안전검사를 면제할 수 있다.

### (2) 안전검사의 신청

① 안전검사를 받아야 하는 자는 안전검사 신청서를 검사 주기 만료일 30일 전에 안전검사기관에 제출하여야 한다.
② 안전검사 신청을 받은 안전검사기관은 30일 이내에 해당 기계·기구 및 설비별로 안전검사를 하여야 한다.
③ 안전검사 결과 안전검사기준에 적합한 경우에는 "안전검사대상 유해·위험기계 등"에 직접 부착 가능한 안전검사 합격표시를 발급하고, 부적합한 경우에는 해당 사업주에게 안전검사 불합격통지서에 그 사유를 밝혀 발급하여야 한다.

### (3) 안전검사의 방법 및 결과판정

① 안전검사기관에서 유해·위험기계 등에 대한 안전검사를 할 때에는 안전검사 결과서를 작성하여야 한다.
② 안전검사기관은 필수항목이 판정기준에 미달하거나 관리항목이 안전검사 고시의 검사기준에 미달하여 재해발생의 위험이 있다고 판단되는 경우에는 불합격 판정을 하고 이를 안전검사 결과서에 기재하여야 한다.

③ 안전검사기관은 안전검사결과 불합격되거나 안전검사 고시의 검사기준에 미달하는 사항에 대하여는 사업장에 그 내용과 조치방법 등을 설명하고 개선하도록 건의하여야 한다.
④ 안전검사기관은 유해·위험기계 등에 대한 검사를 완료한 때에는 검사원이 서명한 안전검사결과서 사본을 검사신청인에게 발급하여야 한다.

### (4) 안전검사 결과의 보존

안전검사기관은 안전검사 결과서를 3년간 보존하여야 한다.

## 자율검사프로그램에 따른 안전검사

### (1) 자율검사프로그램에 따른 안전검사

안전검사를 받아야 하는 사업주가 근로자대표와 협의하여 검사기준, 검사 주기 등을 충족하는 자율검사프로그램을 정하고 고용노동부장관의 인정을 받아 법에서 정한 사람 중 어느 하나에 해당하는 사람으로부터 자율검사프로그램에 따라 안전검사대상 기계 등에 대하여 자율안전검사를 받으면 안전검사를 받은 것으로 본다.

### (2) 자율검사프로그램의 유효기간 : 2년 ★

### (3) 자율검사프로그램의 인정

| 자율검사프로그램의 인정을 받기위한 요건 ★★ |
| --- |
| ① 검사원을 고용하고 있을 것 |
| ② 검사를 할 수 있는 장비를 갖추고 이를 유지·관리할 수 있을 것 |
| ③ 안전검사 주기의 2분의 1에 해당하는 주기(크레인 중 건설현장 외에서 사용하는 크레인의 경우에는 6개월)마다 검사를 할 것 |
| ④ 자율검사프로그램의 검사기준이 안전검사기준을 충족할 것 |

### (4) 자율검사프로그램의 인정취소

| 자율검사프로그램의 인정취소 및 개선을 명할 수 있는 경우 ★ |
|---|
| ① 거짓이나 그 밖의 부정한 방법으로 자율검사프로그램을 인정받은 경우 (다만, ①의 경우에는 인정을 취소한다.)<br>② 자율검사프로그램을 인정받고도 검사를 하지 아니한 경우<br>③ 인정받은 자율검사프로그램의 내용에 따라 검사를 하지 아니한 경우<br>④ 검사 자격을 가진 자 또는 지정검사기관이 검사를 하지 아니한 경우 |

### (5) 자율검사프로그램 인정받기 위해 공단에 제출하여야 하는 서류(2부 제출) ★

① 안전검사대상 기계 등의 보유 현황
② 검사원 보유 현황과 검사를 할 수 있는 장비 및 장비 관리방법(자율안전검사기관에 위탁한 경우에는 위탁을 증명할 수 있는 서류를 제출한다)
③ 안전검사대상 기계 등의 검사 주기 및 검사기준
④ 향후 2년간 검사대상 유해·위험기계 등의 검사수행계획
⑤ 과거 2년간 자율검사프로그램 수행 실적(재신청의 경우만 해당한다)

---

## 안전인증

### (1) 안전인증

유해·위험기계 중 근로자의 안전 및 보건에 위해(危害)를 미칠 수 있다고 인정되어 대통령령으로 정하는 것("안전인증대상 기계 등")을 제조하거나 수입하는 자(고용노동부령으로 정하는 안전인증대상 기계 등을 설치·이전하거나 주요구조 부분을 변경하는 자를 포함)는 안전인증대상 기계 등이 안전인증기준에 맞는지에 대하여 고용노동부장관이 실시하는 안전인증을 받아야 한다.

### (2) 안전인증 심사의 종류 및 방법 ★★

| | |
|---|---|
| 예비심사 | 기계·기구 및 방호장치·보호구가 유해·위험한 기계·기구·설비인지를 확인하는 심사(안전인증을 신청한 경우만 해당) |
| 서면심사 | 유해·위험한 기계·기구·설비 등의 제품기술과 관련된 문서가 안전 인증기준에 적합한지에 대한 심사 |

| 기술능력 및 생산체계 심사 | 유해·위험한 기계·기구·설비 등의 안전성능을 지속적으로 유지·보증하기 위하여 사업장에서 갖추어야 할 기술능력과 생산체계가 안전인증기준에 적합한지에 대한 심사 |
|---|---|
| 제품심사 | 유해·위험한 기계·기구·설비 등이 서면심사 내용과 일치하는지 여부와 유해·위험한 기계·기구·설비 등의 안전에 관한 성능이 안전인증기준에 적합한지 여부에 대한 심사(다음 각 목의 심사는 어느 하나만을 받는다)<br>• 개별 제품심사 : 유해·위험한 기계·기구·설비 등 모두에 대하여 하는 심사<br>• 형식별 제품심사 : 유해·위험한 기계·기구·설비 등의 형식별로 표본을 추출하여 하는 심사 |

## (3) 심사종류별 심사 기간 ★

| 예비심사 | 7일 |
|---|---|
| 서면심사 | 15일(외국에서 제조한 경우는 30일) |
| 기술능력 및 생산체계 심사 | 30일(외국에서 제조한 경우는 45일) |
| 제품심사 | • 개별 제품심사 : 15일<br>• 형식별 제품심사 : 30일(보호구는 60일) |

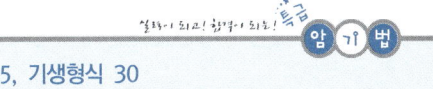

예비 7, 개별서면 15, 기생형식 30

> **Reference**
>
> **형식별 제품심사의 심사 기간을 60일로 두는 보호구의 종류 ★**
>
> ① 추락 및 감전 위험방지용 안전모
> ② 안전화
> ③ 안전장갑
> ④ 방진마스크
> ⑤ 방독마스크
> ⑥ 송기(送氣)마스크
> ⑦ 전동식 호흡보호구
> ⑧ 보호복

### (4) 안전인증 취소, (6개월)★ 이내의 기간을 정하여 안전인증표시의 사용 금지, 개선을 명할 수 있는 경우 ★★

① 거짓이나 그 밖의 부정한 방법으로 안전인증을 받은 경우(다만, ①의 경우는 취소한다.)
② 안전인증을 받은 기계·기구 등의 안전성능이 안전인증기준에 맞지 아니하게 된 경우
③ 고용노동부장관이 실시하는 안전인증기준을 지키는지에 대한 확인을 거부, 기피 또는 방해하는 경우

### (5) 안전인증대상 기계·기구 등의 제조·수입·양도·대여·사용하거나 양도·대여의 목적으로 진열할 수 없는 경우 ★

① 안전인증을 받지 아니한 경우
② 안전인증기준에 맞지 아니하게 된 경우
③ 안전인증이 취소되거나 안전인증표시의 사용 금지 명령을 받은 경우

### (6) 안전인증의 면제

| 안전인증의 전부 또는 일부를 면제할 수 있는 경우 ★ |
|---|
| 1. 연구·개발을 목적으로 제조·수입하거나 수출을 목적으로 제조하는 경우
2. 고용노동부장관이 정하여 고시하는 외국의 안전인증기관에서 인증을 받은 경우
3. 다른 법령에 따라 안전성에 관한 검사나 인증을 받은 경우로서 고용노동부령으로 정하는 경우 |

### (7) 안전인증의 확인

1) 고용노동부장관은 안전인증을 받은 자가 안전인증기준을 지키고 있는지를 3년 이하의 범위에서 고용노동부령으로 정하는 주기마다 확인하여야 한다. 다만, 안전인증의 일부를 면제받은 경우에는 고용노동부령으로 정하는 바에 따라 확인의 전부 또는 일부를 생략할 수 있다.

2) 안전인증기관의 확인 주기 ★★

① 안전인증기관은 안전인증을 받은 제조자가 안전인증기준을 지키고 있는지를 2년에 1회 이상 확인하여야 한다.
② 다만, 다음 각 호의 모두에 해당하는 경우에는 3년에 1회 이상 확인할 수 있다.
 • 최근 3년 동안 안전인증이 취소되거나 안전인증표시의 사용금지 또는 개선명령을 받은 사실이 없는 경우
 • 최근 2회의 확인 결과 기술능력 및 생산 체계가 고용노동부장관이 정하는 기준 이상인 경우

3) 안전인증기관의 확인 사항

① 안전인증서에 적힌 제조 사업장에서 해당 유해·위험한 기계·기구 등을 생산하고 있는지 여부
② 안전인증을 받은 유해·위험기계 등이 안전인증기준에 적합한지 여부
③ 제조자가 안전인증을 받을 당시의 기술능력·생산체계를 지속적으로 유지하고 있는지 여부
④ 유해·위험한 기계·기구 등이 서면심사 내용과 같은 수준 이상의 재료 및 부품을 사용하고 있는지 여부

## 자율안전확인

### (1) 자율안전확인의 신고

안전인증대상 기계 등이 아닌 유해·위험기계 등으로서 대통령령으로 정하는 것("자율안전확인대상 기계 등")을 제조하거나 수입하는 자는 자율안전확인대상 기계 등의 안전에 관한 성능이 고용노동부장관이 정하여 고시하는 자율안전기준에 맞는지 확인("자율안전확인")하여 고용노동부장관에게 신고하여야 한다. 다만, 다음 각 호의 어느 하나에 해당하는 경우에는 신고를 면제할 수 있다.

#### 자율안전확인 '신고를 면제할 수 있는 경우 ★

① 연구·개발을 목적으로 제조·수입하거나 수출을 목적으로 제조하는 경우
② 안전인증을 받은 경우
③ 다른 법령에 따라 안전성에 관한 검사나 인증을 받은 경우로서 고용노동부령으로 정하는 경우
  • 「농업기계화촉진법」에 따른 검정을 받은 경우
  • 「산업표준화법」에 따른 인증을 받은 경우
  • 「전기용품 및 생활용품 안전관리법」에 따른 안전인증 및 안전검사를 받은 경우
  • 국제전기기술위원회의 국제방폭 전기기계·기구 상호인정제도에 따라 인증을 받은 경우

### (2) 자율안전확인대상 기계·기구 등의 제조·수입·양도·대여·사용하거나 양도·대여의 목적으로 진열할 수 없는 경우 ★★

① 자율안전확인 신고를 하지 아니한 경우
② 거짓이나 그 밖의 부정한 방법으로 신고를 한 경우

③ 고용노동부장관이 정하여 고시하는 자율안전기준에 맞지 아니한 경우
④ 자율안전확인 표시의 사용금지 명령을 받은 경우

**안전인증대상 기계 등을 제조·수입·양도·대여·사용하거나
양도·대여의 목적으로 진열할 수 없는 경우 ★★**

① 안전인증을 받지 아니한 경우(안전인증이 전부 면제되는 경우는 제외)
② 안전인증기준에 맞지 아니하게 된 경우
③ 안전인증이 취소되거나 안전인증표시의 사용금지 명령을 받은 경우

## 안전인증의 표시

### (1) 안전인증대상 및 자율안전확인의 표시방법 ★★

### (2) 안전인증대상 아닌 기계·기구의 안전인증 표시방법

> **Reference**
>
> ❖ 인증 표시색
> - 테두리와 문자 : 파란색(2.5PB 4/10)
> - 그 밖의 부분 : 흰색(N9.5)
>   (테두리와 문자를 흰색, 그 밖의 부분을 파란색으로 표현할 수 있다.)

## 안전인증 및 안전검사 대상 기계, 기구

### (1) 안전인증 및 자율안전확인 대상 기계, 기구 ★★★

| | 안전인증 | 자율안전확인 |
|---|---|---|
| 1. 기계 기구 | 1. 설치·이전하는 경우 안전인증을 받아야 하는 기계·기구<br>　가. 크레인<br>　나. 리프트<br>　다. 곤돌라<br><br>2. 주요 구조 부분을 변경하는 경우 안전인증을 받아야 하는 기계·기구<br>　① 프레스<br>　② 전단기 및 절곡기(折曲機)<br>　③ 크레인<br>　④ 리프트<br>　⑤ 압력용기<br>　⑥ 롤러기<br>　⑦ 사출성형기(射出成形機)<br>　⑧ 고소(高所)작업대<br>　⑨ 곤돌라<br><br>**[암기법]**<br>유사한 종류끼리 묶어서 암기<br>손 다치는 기계 - 프레스, 전단기 및 절곡기, 사출성형기, 롤러기<br>양중기 - 크레인, 리프트, 곤돌라<br>폭발 - 압력용기<br>추락 - 고소작업대 | ① 연삭기 및 연마기(휴대형 제외)<br>② 산업용 로봇<br>③ 혼합기<br>④ 파쇄기 or 분쇄기<br>⑤ 식품가공용 기계(파쇄, 절단, 혼합, 제면기만 해당)<br>⑥ 컨베이어<br>⑦ 자동차정비용 리프트<br>⑧ 공작기계(선반, 드릴, 평삭·형삭기, 밀링만 해당)<br>⑨ 고정형 목재가공용 기계(둥근톱, 대패, 루타기, 띠톱, 모떼기 기계만 해당)<br>⑩ 인쇄기<br><br>**[암기법]**<br>공작기계로 철판 잘라서 연삭기, 연마기로 갈고, 고정형 목재가공용기계로 나무 자르고, 식품가공용 기계로 식품 파쇄, 분쇄하여 혼합기로 혼합한 후 컨베이어로 운반해서 자동차 리프트에 올려놓고 인(인쇄기) 기있는 산업용 로봇 만들자. |
| 2. 방호 장치 | ① 프레스 및 전단기 방호장치<br>② 양중기용 과부하방지장치<br>③ 보일러 압력방출용 안전밸브<br>④ 압력용기 압력방출용 안전밸브<br>⑤ 압력용기 압력방출용 파열판<br>⑥ 절연용 방호구 및 활선작업용 기구<br>⑦ 방폭구조 전기기계 기구 및 부품<br>⑧ 추락·낙하 및 붕괴 등의 위험 방지 및 보호에 필요한 가설기자재로서 고용노동부장관이 정하여 고시하는 것<br>⑨ 충돌·협착 등의 위험 방지에 필요한 산업용 로봇 방호장치로서 고용노동부장관이 정하여 고시하는 것 | ① 아세틸렌, 가스집합 용접장치용 안전기<br>② 교류아크용접기용 자동전격방지기<br>③ 롤러기 급정지장치<br>④ 연삭기 덮개<br>⑤ 목재가공용 둥근톱 반발예방장치 및 날접촉예방장치<br>⑥ 동력식수동대패의 칼날 접촉방지장치<br>⑦ 추락, 낙하 및 붕괴 등의 위험방호에 필요한 가설기자재(안전인증 제외) |

| | | |
|---|---|---|
| 2. 방호<br>장치 | 안전인증 대상 중<br>손 다치는 기계 - 프레스 전단기의 방호장치<br>양중기 - 과부하방지장치<br>폭발 - 보일러 안전밸브, 압력용기 안전밸브, 파열판<br>충돌 - 산업용 로봇<br>전기 - 방폭구조, 절연용 방호구, 활선작업용 기구 **암기법** | 롤러를 통과한 철판을 목재가공용 둥근톱, 동력식 수동대패로 잘라서 아세틸렌, 가스집합용접장치, 교류아크용접기로 용접해서 연삭기로 다듬자 **암기법** |
| 3. 보호구 | ① 추락 및 감전 위험방지용 안전모<br>② 안전화<br>③ 안전장갑<br>④ 방진마스크<br>⑤ 방독마스크<br>⑥ 송기마스크<br>⑦ 전동식 호흡보호구<br>⑧ 보호복<br>⑨ 안전대<br>⑩ 차광 및 비산물 위험방지용 보안경<br>⑪ 용접용 보안면<br>⑫ 방음용 귀마개 또는 귀덮개<br><br>※ 신체부위별로 구분하여 암기 **암기법**<br>머리 - 안전모(추락 및 감전방지용)<br>눈 - 보안경(차광 및 비산물 위험방지용)<br>코, 입 - 방진마스크, 방독마스크, 송기마스크,<br>　　　　전동식 호흡보호구<br>얼굴 - 보안면(용접용)<br>귀 - 귀마개 또는 귀덮개(방음용)<br>손 - 안전장갑<br>허리 - 안전대<br>발 - 안전화<br>몸 - 보호복 | ① 안전모(안전인증 제외)<br>② 보안경(안전인증 제외)<br>③ 보안면(안전인증 제외) |
| 4. 합격<br>표시 | ① 형식 또는 모델명<br>② 규격 또는 등급<br>③ 제조자 명<br>④ 제조번호 및 제조연월<br>⑤ 안전인증 번호 | ① 형식 또는 모델명<br>② 규격 또는 등급<br>③ 제조자 명<br>④ 제조번호 및 제조연월<br>⑤ 자율안전확인 번호 |

## (2) 안전검사 대상 기계, 기구 ★★★

| | |
|---|---|
| 1. 안전검사 대상 유해·위험기계등 | ① 프레스<br>② 전단기<br>③ 크레인[정격 하중이 2톤 미만인 것 제외]<br>④ 리프트<br>⑤ 압력용기<br>⑥ 곤돌라<br>⑦ 국소 배기장치(이동식은 제외)<br>⑧ 원심기(산업용만 해당)<br>⑨ 롤러기(밀폐형 구조는 제외한다)<br>⑩ 사출성형기[형 체결력 294킬로뉴턴(KN) 미만은 제외]<br>⑪ 고소작업대[화물자동차 또는 특수자동차에 탑재한 고소작업대로 한정]<br>⑫ 컨베이어<br>⑬ 산업용 로봇<br><br>**암기법**<br>안전인증 대상 중<br>손 다치는 기계 - 프레스, 전단기, 사출성형기, 롤러기<br>양중기 - 크레인, 리프트, 곤돌라<br>폭발 - 압력용기<br>추가 - 극소(국소) 로봇이 고소(높은 곳)의 큰(컨) 원을 검사(안전검사)<br>국소배기장치, 산업용 로봇, 고소작업대, 컨베이어, 원심기 |
| 2. 안전검사대상 유해·위험기계 등의 검사 주기 | 1. 크레인(이동식 크레인은 제외), 리프트(이삿짐운반용 리프트는 제외) 및 곤돌라 : 사업장에 설치가 끝난 날부터 3년 이내에 최초 안전검사를 실시하되, 그 이후부터 2년마다(건설현장에서 사용하는 것은 최초로 설치한 날부터 6개월마다)<br>2. 이동식 크레인, 이삿짐운반용 리프트 및 고소작업대 : 신규등록 이후 3년 이내에 최초 안전검사를 실시하되, 그 이후부터 2년마다<br>3. 그 밖의 안전검사 대상 기계·기구<br>프레스, 전단기, 압력용기, 국소 배기장치, 원심기, 롤러기, 사출성형기, 컨베이어 및 산업용 로봇 : 사업장에 설치가 끝난 날부터 3년 이내에 최초 안전검사를 실시하되, 그 이후부터 2년마다(공정안전보고서를 제출하여 확인을 받은 압력용기는 4년마다) |
| 3. 안전검사 합격표시 | ① 검사 대상 유해·위험 기계명 ② 신청인<br>③ 형식번호(기호) ④ 합격번호<br>⑤ 검사유효기간 ⑥ 검사기관 |

# 예상문제

 **안전점검의 종류 4가지를 쓰고 설명하시오.** ★

**정답**
① 정기점검(계획점검) : 일정 기간마다 정기적으로 실시하는 점검
② 수시점검(일상점검) : 매일 작업 전, 중, 후에 실시하는 점검
③ 특별점검 : 기계·기구 또는 설비의 신설·변경 또는 고장·수리 시, 산업안전보건 강조 기간, 악천후 시에 실시한다.
④ 임시점검 : 기계·기구 또는 설비의 이상 발견 시에 임시로 점검하는 점검

 **안전인증 심사의 종류를 4가지 쓰시오.** ★★

**정답**

| 예비심사 | 기계·기구 및 방호장치·보호구가 유해·위험한 기계·기구·설비 등 인지를 확인하는 심사 |
|---|---|
| 서면심사 | 유해·위험한 기계·기구·설비 등의 제품기술과 관련된 문서가 안전인증기준에 적합한지에 대한 심사 |
| 기술능력 및 생산체계 심사 | 사업장에서 갖추어야 할 기술능력과 생산체계가 안전인증기준에 적합한지에 대한 심사 |
| 제품심사 | 유해·위험한 기계·기구·설비 등이 서면심사 내용과 일치하는지 여부와 유해·위험한 기계·기구·설비 등의 안전에 관한 성능이 안전인증기준에 적합한지 여부에 대한 심사<br>• 개별 제품심사 : 유해·위험한 기계·기구·설비 등 모두에 대하여 하는 심사<br>• 형식별 제품심사 : 유해·위험한 기계·기구·설비 등의 형식별로 표본을 추출하여 하는 심사 |

> **참고**

| 예비심사 | 7일 |
|---|---|
| 서면심사 | 15일(외국에서 제조한 경우는 30일) |
| 기술능력 및 생산체계 심사 | 30일(외국에서 제조한 경우는 45일) |
| 제품심사 | • 개별 제품심사 : 15일<br>• 형식별 제품심사 : 30일(보호구는 60일) |

**암기법**: 예비 7, 개별서면 15, 기생형식 30

안전인증 취소, ( (1) )개월 이내의 기간을 정하여 (2) 안전인증표시의 사용 금지, 시정을 명할 수 있는 경우를 적으시오. ★★

**정답**

(1) 6
(2) 1. 거짓이나 그 밖의 부정한 방법으로 안전인증을 받은 경우(안전인증 취소만 해당됨)
    2. 안전인증을 받은 유해·위험기계 등의 안전에 관한 성능 등이 안전인증기준에 맞지 아니하게 된 경우
    3. 정당한 사유 없이 안전인증 확인을 거부, 방해 또는 기피하는 경우

> **참고**

### 자율검사프로그램의 인정취소 및 개선을 명할 수 있는 경우 ★

① 거짓이나 그 밖의 부정한 방법으로 자율검사프로그램을 인정받은 경우
  (다만, ①의 경우에는 인정을 취소한다.)
② 자율검사프로그램을 인정받고도 검사를 하지 아니한 경우
③ 인정받은 자율검사프로그램의 내용에 따라 검사를 하지 아니한 경우
④ 검사 자격을 가진 자 또는 지정검사기관이 검사를 하지 아니한 경우

| 자율안전확인 표시나 이와 유사한 표시를 제거할 것을 명할 수 있는 경우 | 안전인증표시나 이와 유사한 표시를 제거할 것을 명할 수 있는 경우 |
|---|---|
| 1. 자율안전확인 대상이 아닌 기계 등에 자율안전확인 표시나 이와 유사한 표시를 한 경우<br>2. 거짓이나 그 밖의 부정한 방법으로 신고를 한 경우<br>3. 자율안전확인표시의 사용 금지 명령을 받은 경우 | 1. 안전인증을 받지 아니하고 안전인증표시나 이와 유사한 표시를 한 경우<br>2. 안전인증이 취소되거나 안전인증표시의 사용 금지 명령을 받은 경우 |

## 04 안전인증대상 기계·기구 등의 제조·수입·양도·대여·사용하거나 양도·대여의 목적으로 진열할 수 없는 경우를 적으시오. ★

**정답**
① 안전인증을 받지 아니한 경우(안전인증이 전부 면제되는 경우는 제외)
② 안전인증기준에 맞지 아니하게 된 경우
③ 안전인증이 취소되거나 안전인증표시의 사용금지 명령을 받은 경우

**참고**
- 자율안전확인대상 기계·기구 등의 제조·수입·양도·대여·사용하거나 양도·대여의 목적으로 진열할 수 없는 경우
  ① 자율안전확인 신고를 하지 아니한 경우
  ② 거짓이나 그 밖의 부정한 방법으로 신고를 한 경우
  ③ 자율안전확인대상 기계 등의 안전에 관한 성능이 자율안전기준에 맞지 아니하게 된 경우
  ④ 자율안전확인 표시의 사용금지 명령을 받은 경우

## 05 다음 괄호 안을 채우시오. ★

사업주가 근로자 대표와 협의하여 검사기준, 검사 주기 및 검사합격 표시 방법 등을 충족하는 검사프로그램을 정하고 고용노동부장관의 인정을 받아 그에 따라 유해·위험기계 등의 안전에 관한 성능검사를 하면 안전검사를 받은 것으로 본다. 이 경우 자율검사프로그램의 유효기간은 (    )으로 한다.

**정답**
2년

## 06. 자율검사프로그램의 인정을 받기위한 요건을 적으시오. ★★

**자율검사프로그램의 인정을 받기 위한 요건 ★★**

① 검사원을 고용하고 있을 것
② 검사를 할 수 있는 장비를 갖추고 이를 유지·관리할 수 있을 것
③ 안전검사 주기의 2분의 1에 해당하는 주기(크레인 중 건설현장 외에서 사용하는 크레인의 경우에는 6개월) 마다 검사를 할 것
④ 자율검사프로그램의 검사기준이 안전검사기준을 충족할 것

> **참고**
> 
> • 자율검사프로그램 인정받기 위해 공단에 제출하여야 하는 서류(2부 제출)
>   ① 안전검사대상 기계 등의 보유 현황
>   ② 검사원 보유 현황과 검사를 할 수 있는 장비 및 장비 관리방법(자율안전검사기관에 위탁한 경우에는 위탁을 증명할 수 있는 서류를 제출한다)
>   ③ 안전검사대상 기계 등의 검사 주기 및 검사기준
>   ④ 향후 2년간 검사대상 유해·위험기계 등의 검사수행계획
>   ⑤ 과거 2년간 자율검사프로그램 수행 실적(재신청의 경우만 해당한다.)

안전인증 및 자율안전확인 대상 기계·기구, 방호장치, 보호구의 종류를 5가지씩 적으시오.(단, 자율안전확인 대상 보호구 제외) ★★★

| | 안전인증 | 자율안전확인 |
|---|---|---|
| 1. 기계 기구 | 1. 설치·이전하는 경우 안전인증을 받아야 하는 기계·기구<br>①<br>②<br>③<br><br>2. 주요 구조 부분을 변경하는 경우 안전인증을 받아야 하는 기계·기구<br>①<br>②<br>③<br>④<br>⑤<br>⑥<br>⑦<br>⑧<br>⑨ | |
| 2. 방호 장치 | | |
| 3. 보호구 | | |

**정답**

| | 안전인증 | 자율안전확인 |
|---|---|---|
| 1. 기계 기구 | 1. 설치·이전하는 경우 안전인증을 받아야 하는 기계·기구<br>가. 크레인<br>나. 리프트<br>다. 곤돌라<br><br>2. 주요 구조 부분을 변경하는 경우 안전인증을 받아야 하는 기계·기구<br>① 프레스<br>② 전단기 및 절곡기(折曲機)<br>③ 크레인<br>④ 리프트<br>⑤ 압력용기<br>⑥ 롤러기<br>⑦ 사출성형기(射出成形機)<br>⑧ 고소(高所)작업대<br>⑨ 곤돌라 | ① 연삭기 및 연마기(휴대형 제외)<br>② 산업용 로봇<br>③ 혼합기<br>④ 파쇄기 or 분쇄기<br>⑤ 식품가공용 기계<br>　(파쇄, 절단, 혼합, 제면기만 해당)<br>⑥ 컨베이어<br>⑦ 자동차정비용 리프트<br>⑧ 공작기계<br>　(선반, 드릴, 평삭·형삭기, 밀링만 해당)<br>⑨ 고정형 목재가공용 기계(둥근톱, 대패, 루타기, 띠톱, 모떼기 기계만 해당)<br>⑩ 인쇄기 |

| | | |
|---|---|---|
| | 유사한 종류끼리 묶어서 암기<br>손 다치는 기계 – 프레스, 전단기 및 절곡기, 사출성형기, 롤러기<br>양중기 – 크레인, 리프트, 곤돌라<br>폭발 – 압력용기<br>추락 – 고소작업대 | 공작기계로 철판 잘라서 연삭기, 연마기로 갈고, 고정형 목재가공용 기계로 나무 자르고, 식품가공용 기계로 식품 파쇄, 분쇄하여 혼합기로 혼합한 후 컨베이어로 운반해서 자동차 리프트에 올려놓고 인기있는 산업용 로봇 만들자. |
| 2.<br>방호<br>장치 | ① 프레스 및 전단기 방호장치<br>② 양중기용 과부하방지장치<br>③ 보일러 압력방출용 안전밸브<br>④ 압력용기 압력방출용 안전밸브<br>⑤ 압력용기 압력방출용 파열판<br>⑥ 절연용 방호구 및 활선작업용 기구<br>⑦ 방폭구조 전기기계 기구 및 부품<br>⑧ 추락·낙하 및 붕괴 등의 위험 방지 및 보호에 필요한 가설기자재로서 고용노동부장관이 정하여 고시하는 것<br>⑨ 충돌·협착 등의 위험 방지에 필요한 산업용 로봇 방호장치로서 고용노동부장관이 정하여 고시하는 것<br><br>안전인증 대상 중<br>손 다치는 기계 – 프레스 전단기의 방호장치<br>양중기 – 과부하방지장치<br>폭발 – 보일러 안전밸브, 압력용기 안전밸브, 파열판<br>충돌 – 산업용 로봇<br>전기 – 방폭구조, 절연용 방호구, 활선작업용 기구 | ① 아세틸렌, 가스집합 용접장치용 안전기<br>② 교류아크용접기용 자동전격방지기<br>③ 롤러기 급정지장치<br>④ 연삭기 덮개<br>⑤ 목재가공용 둥근톱 반발예방장치 및 날접촉 예방장치<br>⑥ 동력식 수동대패의 칼날 접촉방지장치<br>⑦ 추락, 낙하 및 붕괴 등의 위험방호에 필요한 가설기자재(안전인증 제외)<br><br>롤러를 통과한 철판을 목재가공용 둥근톱, 동력식 수동대패로 잘라서 아세틸렌, 가스집합용접장치, 교류아크용접기로 용접해서 연삭기로 다듬자. |
| 3.<br>보호구 | ① 추락 및 감전 위험방지용 안전모<br>② 안전화<br>③ 안전장갑<br>④ 방진마스크<br>⑤ 방독마스크<br>⑥ 송기마스크<br>⑦ 전동식 호흡보호구<br>⑧ 보호복<br>⑨ 안전대<br>⑩ 차광 및 비산물 위험방지용 보안경<br>⑪ 용접용 보안면<br>⑫ 방음용 귀마개 또는 귀덮개<br><br>신체부위별로 구분하여 암기<br>머리 – 안전모(추락 및 감전방지용)<br>눈 – 보안경(차광 및 비산물 위험방지용)<br>코, 입 – 방진마스크, 방독마스크, 송기마스크, 전동식 호흡보호구<br>얼굴 – 보안면(용접용)<br>귀 – 귀마개 또는 귀덮개(방음용)<br>손 – 안전장갑<br>허리 – 안전대<br>발 – 안전화<br>몸 – 보호복 | ① 안전모(안전인증 제외)<br>② 보안경(안전인증 제외)<br>③ 보안면(안전인증 제외) |

## 08. 안전검사 대상 기계·기구의 종류를 5가지 적으시오.(단, 세부항목 포함) ★★★

**1. 안전검사 대상 유해·위험기계 등**

① 
② 
③ 
④ 
⑤ 
⑥ 
⑦ 
⑧ 
⑨ 
⑩ 
⑪ 
⑫ 
⑬ 

**정답**

**1. 안전검사 대상 유해·위험기계 등**

① 프레스
② 전단기
③ 크레인[정격 하중이 2톤 미만인 것 제외]
④ 리프트
⑤ 압력용기
⑥ 곤돌라
⑦ 국소 배기장치(이동식은 제외)
⑧ 원심기(산업용만 해당)
⑨ 롤러기(밀폐형 구조는 제외한다)
⑩ 사출성형기[형 체결력 294킬로뉴턴(KN) 미만은 제외]
⑪ 고소작업대[화물자동차 또는 특수자동차에 탑재한 고소작업대로 한정]
⑫ 컨베이어
⑬ 산업용 로봇

**암기법**

안전인증 대상 중
손 다치는 기계 - 프레스, 전단기, 사출성형기, 롤러기
양중기 - 크레인, 리프트, 곤돌라
폭발 - 압력용기

추가 - 극소(국소) 로봇이 고소(높은 곳)의 큰(컨) 원을 검사(안전검사)
국소배기장치, 산업용 로봇, 고소작업대, 컨베이어, 원심기

## 09 안전검사 주기이다. ( )속을 채우시오. ★★★

1. 크레인(이동식 크레인은 제외한다), 리프트(이삿짐운반용 리프트는 제외한다) 및 곤돌라 : 사업장에 설치가 끝난 날부터 ( ① )년 이내에 최초 안전검사를 실시하되, 그 이후부터 ( ② )년마다, 건설현장에서 사용하는 것은 최초로 설치한 날부터 ( ③ )개월마다)

2. 이동식 크레인, 이삿짐운반용 리프트 및 고소작업대 : 신규 등록 이후 ( ④ )년 이내에 최초 안전검사를 실시하되, 그 이후부터 ( ⑤ )년마다

3. 프레스, 전단기, 압력용기, 국소 배기장치, 원심기, 롤러기, 사출성형기, 컨베이어 및 산업용 로봇 : 사업장에 설치가 끝난 날부터 ( ⑥ )년 이내에 최초 안전검사를 실시하되 그 이후부터 ( ⑦ )년마다, 공정안전보고서를 제출하여 확인을 받은 압력용기는 ( ⑧ )년마다

**정답**

① 3
② 2
③ 6
④ 3
⑤ 2
⑥ 3
⑦ 2
⑧ 4

## 10. 안전인증 및 자율안전 확인, 안전검사의 합격표시에 표시할 내용을 적으시오. ★★

| 안전인증 | 자율안전 확인 | 안전검사 |
|---|---|---|
| ① | ① | ① |
| ② | ② | ② |
| ③ | ③ | ③ |
| ④ | ④ | ④ |
| ⑤ | ⑤ | ⑤ |

**정답**

| 안전인증 | 자율안전 확인 | 안전검사 |
|---|---|---|
| ① 형식 또는 모델명 | ① 형식 또는 모델명 | ① 검사 대상 유해, 위험 기계명 |
| ② 규격 또는 등급 등 | ② 규격 또는 등급 등 | ② 신청인 |
| ③ 제조자 명 | ③ 제조자 명 | ③ 형식번호(기호) |
| ④ 제조번호 및 제조연월 | ④ 제조번호 및 제조연월 | ④ 합격번호 |
| ⑤ 안전인증 번호 | ⑤ 자율안전 확인 번호 | ⑤ 검사유효기간 |

## 11. 다음은 안전인증기관의 확인 주기에 관한 내용이다. 괄호에 적합한 숫자를 적으시오.

1. 안전인증기관은 안전인증을 받은 제조자가 안전인증기준을 지키고 있는지를 ( ① )년에 1회 이상 확인하여야 한다.

2. 다만, 다음 각호의 모두에 해당하는 경우에는 ( ② )년에 1회 이상 확인할 수 있다.

   • 최근 ( ③ )년 동안 안전인증이 취소되거나 안전인증표시의 사용금지 또는 개선명령을 받은 사실이 없는 경우
   • 최근 ( ④ )회의 확인 결과 기술능력 및 생산 체계가 고용노동부 장관이 정하는 기준 이상인 경우

**정답**

① 2
② 3
③ 3
④ 2

# CHAPTER 05 산업안전보건 교육

1. 안전교육을 지도하고 전개할 수 있어야 한다.
2. 교육방법의 4단계를 이해·적용할 수 있어야 한다.
3. 안전교육의 기본방향을 이해·적용할 수 있어야 한다.
4. 안전교육의 단계를 이해·적용할 수 있어야 한다.
5. 안전교육계획과 그 내용
6. O.J.T를 이해하고 실시할 수 있어야 한다.
7. Off.J.T를 이해하고 실시할 수 있어야 한다.
8. 학습목적의 3요소와 학습정도의 4단계를 이해·적용할 수 있어야 한다.
9. 교육훈련평가의 4단계를 이해·적용할 수 있어야 한다.
10. 산업안전보건법상의 교육의 종류와 교육시간 및 교육내용을 이해·적용할 수 있어야 한다.

## 안전교육 목적 및 필요성

### (1) 안전교육 실시 목적

① 인간정신의 안전화
② 인간행동의 안전화
③ 환경의 안전화
④ 설비물자의 안전화
⑤ 생산성 및 품질향상 기여
⑥ 직·간접적 경제적 손실 방지
⑦ 작업자를 산업재해로부터 보호

### (2) 안전교육의 필요성

① 지식 교육 : 안전의식 향상, 안전규정 및 기준 습득
② 기능 교육 : 안전작업 기능 향상
③ 태도 교육 : 표준 안전작업방법의 습관화, 안전태도의 습관화

### (3) 교육 지도의 원칙 ★

① 상대방(피교육자) 입장에서 교육한다.
② 동기부여를 한다.(상대방으로부터 알려고 하는 의욕을 일어나게 하는 것이 중요하다.)

③ 반복하여 교육한다.
④ 쉬운 것에서부터 어려운 것으로 진행한다.
⑤ 한 번에 한가지 씩 교육한다.
⑥ 인상의 강화 : 특히 중요한 것은 재 강조한다.
⑦ 5관의 활용

| 구분 | 시각 | 청각 | 촉각 | 미각 | 후각 |
|------|------|------|------|------|------|
| 교육효과 | 60% | 20% | 15% | 3% | 2% |

⑧ 기능적인 이해 : '왜 그렇게 되어야 하는가?'하는 문제에 관하여 기능적으로 이해시켜야 한다.

## 학습이론

### (1) 자극과 반응이론(S – R이론)

학습이란 어떤 자극(S)에 대해서 생체가 나타내는 특정 반응(R)의 결합으로 이루어진다는 학습 이론으로 Thorndike가 이 이론의 시초라고 할 수 있다.

1) 돈다아크의 학습의 법칙(시행착오설) ★★
  ① 준비성의 법칙
  ② 연습 또는 반복의 법칙
  ③ 효과의 법칙

2) 파블로프의 조건반사설(자극과 반응이론 : S – R이론) ★★
  ① 일관성의 원리
  ② 계속성의 원리
  ③ 시간의 원리
  ④ 강도의 원리

3) 스키너의 조작적 조건화설(강화의 원리) : 강화에 의해 행동을 변화시킴
  ① 반응을 할 때마다 강화를 주는 것보다 간헐적으로 강화를 제공하는 것이 효과적이다.
  ② 벌이나 혐오자극보다 칭찬, 격려 등 긍정적 강화물이 학습에 효과적이다.
  ③ 반응을 보인 후 즉시 강화물을 제공하는 것이 효과적이다.

4) 반두라(Bandura)의 사회학습이론
　① 개인은 직접적인 경험이 아닌 관찰을 통해서도 학습을 할 수 있으며, **대부분의 학습이 다른 사람의 행동을 관찰하고 모방한 결과 일어난다.**
　② 다른 아동이 보상이나 벌을 받는 것을 관찰함으로써 **간접적인 강화(대리적 강화)**를 받는다.

## (2) 하버드학파의 교수법 ★★

1단계 : 준비시킨다.
2단계 : 교시시킨다.
3단계 : 연합한다.
4단계 : 총괄한다.
5단계 : 응용시킨다.

## (3) 슈퍼(SUPER D.E)의 역할이론 ★

① **역할 연기**(Role playing) : **자아 탐색인 동시에 자아실현의 수단**이다.
② **역할 기대**(Role expection) : **자기 자신의 역할을 기대하고 감수하는 자는 자기 직업에 충실하다고 본다.**
③ **역할 조성**(Role shaping) : 여러 가지 역할이 발생 시 그 중 어떤 역할에는 불응 또는 거부감을 나타내거나 또 다른 **역할에는 적응하여 실현시키기 위해 일을 구할 때 발생한다.**
④ **역할 갈등**(R. K troubling) : 작업 중 서로 **상반된 역할이 기대될 경우 갈등이 발생한다.**

## (4) 톨만(Tolman)의 기호형태설

① **학습은 환경에 대한 인지지도를 신경조직 속에 형성시키는 것**이다.
② 학습은 자극과 자극 사이에 형성된 결속이다.[S-S(Sign-Signification)이론]
③ 톨만은 문제사태의 인지를 학습에 있어서 가장 필요한 조건이라고 생각하였다. 그는 학습의 목표를 의미체라 하고 그것을 달성하는 수단이 되는 대상을 기호라고 부르고, 이 양자 간의 수단, 목적 관계를 기호-형태라고 칭하였다.

## (5) 학습지도의 원리

① **자발성의 원리** : 학습자 **스스로가 능동적으로 학습활동에 의욕을 가지고 참여하도록** 하는 원리
② **개별화의 원리** : 학습자를 존중하고, **학습자 개개인의 능력, 소질, 성향 등 모든 발달 가능성을 신장시키려는 원리**
③ **목적의 원리** : 학습자는 **학습목표가 분명하게 인식되었을 때** 자발적이고 적극적인 학습활동을 하게 된다.

④ **사회화의 원리** : 학교 교육을 통하여 학생들이 사회화되어 유용한 사회인으로 육성시키고자 하는 교육이다.
⑤ **통합화의 원리** : 학습자를 전체적 인격체로 보고 그에게 내재하여 있는 모든 능력을 조화적으로 발달시키기 위한 생활 중심의 통합교육을 원칙으로 하는 원리
⑥ **직관의 원리(직접경험의 원리)** : 학습에 있어 언어 위주로 설명을 하는 수업보다는 구체적인 사물을 학습자가 직접 경험해 봄으로써 학습의 효과를 높일 수 있는 원리

## 학습조건

### (1) 전이

한 상황에서 실시한 학습이 다른 상황의 학습에 영향을 끼치는 현상

**앞에 실시한 교육이 뒤에 실시한 학습을 방해하는 조건(전이가 잘 되는 조건)** ★

① **학습의 정도** : 앞의 학습이 **불완전할 경우**
② **유사성** : 앞뒤의 학습내용이 **비슷한 경우**
③ **시간적 간격**
   • 뒤의 학습을 앞의 학습 직후에 실시하는 경우
   • 앞의 학습내용을 제어하기 직전에 실시하는 경우
④ 학습자의 태도
⑤ 학습자의 지능

### (2) 기억의 과정 ★

① **기억** : 과거 행동이 미래 행동에 영향을 줌
② **기명** : 사물의 인상을 마음에 간직함
③ **파지** : 인상이 보존됨
④ **재생** : 보존된 인상이 떠오름
⑤ **재인** : 과거에 경험했던 것과 비슷한 상황에서 떠오르는 현상

### (3) 망각

경험한 내용이나 학습된 내용을 다시 생각하여 작업에 적용하지 아니하고 방치함으로써 경험의 내용이나 인상이 약해지거나 소멸되는 현상

① 학습된 내용은 학습 직후의 망각율이 가장 높다.
② 의미 없는 내용은 의미 있는 내용보다 빨리 망각한다.
③ 사고를 요하는 내용이 단순한 지식보다 망각이 적다.
④ 연습은 학습한 직후에 시키는 것이 효과가 있다.

## 안전보건교육계획 수립 및 실시

### (1) 안전교육 계획 수립

① 교육목표 설정 : 첫째 과제
② 교육 대상자와 범위설정
③ 교육의 과정 결정
④ 교육방법 결정
⑤ 보조자료 및 강사, 조교의 편성
⑥ 교육 진행 사항
⑦ 소요 예산 산정

### (2) OJT와 OFF JT의 특징 ★

1) OJT(On The Job Training)

직속 상사가 부하 직원에게 일상 업무를 통하여 지식, 기능, 문제해결 능력 및 태도 등을 교육하는 방법으로 개별교육에 적합하다.

2) OFF JT(Off The Job Training)

외부 강사를 초청하여 근로자를 일정한 장소에 집합시켜 실시하는 교육형태로서 집합교육에 적합하다.

| OJT의 특징 ★ | OFF JT의 특징 ★ |
| --- | --- |
| ① 개개인에게 적절한 훈련이 가능하다.<br>② 직장의 실정에 맞는 훈련이 가능하다.<br>③ 교육효과가 즉시 업무에 연결된다.<br>④ 훈련에 대한 업무의 계속성이 끊어지지 않는다.<br>⑤ 상호 신뢰 이해도가 높다. | ① 다수의 근로자들에게 훈련을 할 수 있다.<br>② 훈련에만 전념하게 된다.<br>③ 특별설비기구 이용이 가능하다.<br>④ 많은 지식이나 경험을 교류할 수 있다.<br>⑤ 교육훈련 목표에 대하여 집단적 노력이 흐트러질 수 있다. |

### (3) 전습법과 분습법

| 전습법 | 분습법 |
|---|---|
| ① 망각이 적다.<br>② 반복이 적다.<br>③ 연합이 생긴다.<br>④ 시간과 노력이 적다. | ① 학습효과가 빠르다.<br>② 길고 복잡한 학습에 적합하다.<br>③ 주의와 집중력의 범위를 좁히는데 적합하다. |

### (4) 관리감독자 대상 교육의 종류 ★

1) TWI(Training Within Industry) : 일선관리감독자 대상 교육

   **TWI 교육과정 ★★**
   ① 작업 방법 기법(Job Method Training : JMT)
   ② 작업 지도 기법(Job Instruction Training : JIT)
   ③ 인간 관계관리 기법 or 부하통솔법(Job Relations Training : JRT)
   ④ 작업 안전 기법(Job Safety Training : JST)

2) MTP(Management Training Program) : 중간계층관리자 대상 교육

3) ATT(American Telephone & Telegraph Company) : 대상이 한정되어 있지 않고 한번 교육을 이수한 자는 부하에게 지도가 가능하다.

4) CCS(Civil Communication Section) : 최고층 관리감독자 대상 교육

---

## 학습목적 및 교육의 단계

### (1) 학습목적의 3요소

① 학습목표(goal) : 학습을 통하여 달성하려는 지표를 말한다.(학습목적의 핵심)
② 주제(subject) : 목적달성을 위한 중심내용을 의미한다.
③ 학습정도(level of learning) : 주제를 학습시킬 때 내용 범위와 내용의 정도를 뜻한다.

| 학습의 정도 4단계 |
|---|

① 인지(to acquaint) : ~을 인지하여야 한다.
② 지각(to know) : ~을 알아야 한다.
③ 이해(to understand) : ~을 이해하여야 한다.
④ 적용(to apply) : ~을 ~에 적용할 수 있어야 한다.

### (2) 학습의 전개과정

① 쉬운 것부터 어려운 것으로 학습한다.
② 과거에서 현재, 미래의 순으로 학습한다.
③ 많이 사용하는 것에서 적게 사용하는 순으로 학습한다.
④ 간단한 것에서 복잡한 것으로 학습한다.
⑤ 전체에서 부분으로 학습한다.
⑥ 기지에서 미지로 학습한다.

### (3) 교육의 3요소 ★

|  | 교육의 주체 | 교육의 객체 | 교육의 매개체 |
|---|---|---|---|
| 형식적 교육 | 강사 | 학생(수강자) | 교재(학습내용) |
| 비형식적 교육 | 부모, 형, 선배, 사회인사 | 자녀와 미성숙자 | 교육적 환경 인간관계 |

### (4) 교육의 3단계 ★

① 제1단계(지식교육) : 강의 및 시청각 교육 등을 통하여 지식을 전달하는 단계
② 제2단계(기능교육) : 시범, 견학, 현장실습 교육 등을 통하여 경험을 체득하는 단계
③ 제3단계(태도교육) : 작업동작 지도 등을 통하여 안전행동을 습관화하는 단계

| 태도교육 실시 순서 ★ |
|---|

① 청취한다.
② 이해, 납득시킨다.
③ 모범을 보인다.
④ 권장한다.
⑤ 평가한다.(상과 벌)

### (5) 교육진행 4단계 ★

| 단계 | 교육방법 |
|---|---|
| 제1단계 : 도입<br>(학습할 준비를 시킨다) | • 마음을 안정시킨다.<br>• 무슨 작업을 할 것인가를 말해준다.<br>• 그 작업에 대해 알고 있는 정도를 확인한다.<br>• 작업을 배우고 싶은 의욕을 갖게 한다.<br>• 정확한 위치에 자리 잡게 한다. |
| 제2단계 : 제시<br>(작업을 설명한다) | • 주요 단계를 하나씩 설명해주고, 시범해 보이고, 그려 보인다.<br>• 급소를 강조한다.<br>• 확실하게, 빠짐없이, 끈기 있게 지도한다. |
| 제3단계 : 적용<br>(작업을 시켜본다) | • 작업을 지켜보고 잘못을 고쳐준다.<br>• 작업을 시키면서 설명하게 한다.<br>• 다시 한번 시키면서 급소를 말하게 한다.<br>• 확실히 알았다고 할 때까지 확인한다.<br>• 이해할 수 있는 능력 이상으로 강요하지 않는다. |
| 제4단계 : 확인<br>(가르친 뒤 살펴본다) | • 일에 임하도록 한다.<br>• 모르는 것이 있을 때는 물어 볼 사람을 정해 둔다.<br>• 질문을 하도록 분위기를 조성한다.<br>• 점차 지도 횟수를 줄여간다. |

### (6) 교육훈련 평가의 4단계

1단계 : 반응단계 – 훈련을 어떻게 생각하고 있는가?
2단계 : 학습단계 – 어떠한 원칙과 사실 및 기술 등을 배웠는가?
3단계 : 행동단계 – 교육훈련을 통하여 직무수행 상 어떠한 행동의 변화를 가져왔는가?
4단계 : 결과단계 – 교육훈련을 통하여 직무에 어떠한 성과가 있었는가?

## 교육실시 방법의 종류

### (1) 교육방법의 종류

#### 1) 강의법

강사가 중심이 되어 학습자들에게 지식, 개념, 사실 등의 정보를 제공하는 것을 목적으로 하여 해설방식으로 진행하는 학습지도 형태

| 강의법의 장점 | 강의법의 단점 |
|---|---|
| • 새로운 기술, 지식, 정보를 체계적으로 전달할 수 있다.<br>• 많은 양의 정보를 전달할 수 있다.<br>• 한 사람의 강사가 많은 학생을 지도할 수 있다.(교육의 경제성이 높다)<br>• 구체적인 사실적 정보의 제공과 요점을 파악하기에 효율적이다. | • 학습자의 이해수준을 알 수가 없다.<br>• 학습자의 성향을 고려할 수 없다.<br>• 학습자의 능동적 참여를 기대할 수 없다.<br>• 강사의 지식수준에서 모든 것이 이루어지기 때문에 학습자에게 끼치는 영향이 크다. |

## 2) 토의법

집단구성원들이 특정한 문제에 대하여 서로 의견을 발표하면서 올바른 결론에 도달하는 학습방법

| 토의법의 장점 | 토의법의 단점 |
|---|---|
| • 학습자의 적극적인 참여를 통해 학습동기와 흥미를 유발시킬 수 있다.<br>• 자기 스스로 사고하는 능력 및 표현력을 키울 수 있다.<br>• 자신의 생각에 대한 타당성을 검증하는 기회를 얻을 수 있다.<br>• 사회적 기능 및 태도를 형성시킬 수 있다.<br>• 강사가 학습자의 이해 정도를 파악하기 쉽다. | • 시간이 많이 소요된다.<br>• 철저한 사전준비와 체계적인 관리에도 불구하고 예측하지 못한 상황이 발생할 수 있다.<br>• 집단 구성원 수에 한계가 있다.<br>• 다양하고 많은 양의 정보를 다루기에 어려움이 있다.<br>• 내용에 대한 사전 지식이 필요하다. |

## 3) 실연법

학습자가 이미 설명을 듣거나 시범을 보고 알게 된 지식이나 기능을 강사의 감독아래 직접적으로 연습해 적용케 하는 교육방법

## 4) 모의법

실제의 장면이나 상태와 극히 유사한 사태를 인위적으로 만들어 그 속에서 학습토록 하는 교육 방법

## 5) 프로그램 학습법

학생이 혼자서 자기능력과 시간, 학습속도에 맞추어 학습할 수 있도록 프로그램 학습자료를 이용하여 학습하는 형태

| 프로그램 학습법의 장점 | 프로그램 학습법의 단점 |
|---|---|
| • 기본개념학습이나 논리적인 학습에 유리하다.<br>• 지능, 학습속도 등 개인차를 고려할 수 있다.<br>• 수업의 모든 단계에 적용이 가능하다.<br>• 수강자들이 학습이 가능한 시간대의 폭이 넓다.<br>• 매 학습마다 피드백을 할 수 있다. | • 한번 개발된 프로그램 자료는 변경이 어렵다.<br>• 개발비가 많이 들고 제작 과정이 어렵다.<br>• 교육 내용이 고정되어 있다.<br>• 학습에 많은 시간이 걸린다.<br>• 집단 사고의 기회가 없다. |

6) 시청각교육법

① 라디오·텔레비전·견학 등 다양한 시청각 교육매체를 이용하여 학습자의 감각기관을 통해 학습효과를 높이기 위한 학습방법

② 교육 대상자수가 많고 교육 대상자의 학습능력의 차가 큰 경우 집단안전교육 방법으로 가장 효과적이다.

7) 문제법(Problem Method)

새로운 문제에 당면했을 때 그 문제를 해결하는 과정에서 이루어지는 학습방법

8) 구안법(Project Method)

학습자가 마음 속에 생각하고 있는 것(자신의 목표)을 구체적으로 실천하기 위하여 스스로 계획을 세워 수행하는 학습활동

## (2) 토의식 교육법의 종류

1) 사례연구법(Case Study : Case Method) ★

먼저 사례를 제시, 문제적 사실들과 그의 상호관계에 대해서 검토하고 대책을 토의하는 학습방법

2) 롤 플레잉(역할연기 : Role Playing) ★

참가자에게 일정한 역할을 주어서 실제적으로 연기를 시켜봄으로써 자기의 역할을 보다 확실히 인식시키는 방법

3) 포럼(Forum) ★

새로운 자료나 교재를 제시, 거기서의 문제점을 피교육자로 하여금 제기하게 하여 발표하고 토의하는 방법

### 4) 심포지엄(Symposium) ★

몇 사람의 전문가에 의하여 과제에 관한 견해를 발표한 뒤 참가자로 하여금 의견이나 질문을 하게 하여 토의하는 방법

### 5) 패널 디스커션(Panel discussion) ★

패널 멤버(교육과제에 정통한 전문가 4~5명)가 피교육자 앞에서 토의를 하고, 뒤에 피교육자 전원이 참가하여 사회자의 사회에 따라 토의하는 방법

### 6) 버즈 세션(6 – 6 회의 : Buzz Session) ★

사회자와 기록계를 선출한 후 6명씩의 소집단으로 구분하고, 소집단별로 6분씩 자유토의를 행하여 의견을 종합하는 방법

## 안전보건관리책임자 등에 대한 직무교육

### (1) 안전보건관리책임자 등에 대한 직무교육

다음 각 호의 어느 하나에 해당하는 사람은 해당 직위에 선임(위촉의 경우를 포함)되거나 채용된 후 3개월(보건관리자가 의사인 경우는 1년) 이내에 직무를 수행하는 데 필요한 신규교육을 받아야 하며, 신규교육을 이수한 후 매 2년이 되는 날을 기준으로 전후 6개월 사이에 고용노동부장관이 실시하는 안전보건에 관한 보수교육을 받아야 한다.

① 안전보건관리책임자
② 안전관리자(「기업활동 규제완화에 관한 특별조치법」 제30조제3항에 따라 안전관리자로 채용된 것으로 보는 사람을 포함한다)
③ 보건관리자
④ 안전보건관리담당자
⑤ 안전관리전문기관 또는 보건관리전문기관에서 안전관리자 또는 보건관리자의 위탁 업무를 수행하는 사람
⑥ 건설재해예방전문지도기관에서 지도업무를 수행하는 사람
⑦ 안전검사기관에서 검사업무를 수행하는 사람
⑧ 자율안전검사기관에서 검사업무를 수행하는 사람
⑨ 석면조사기관에서 석면조사 업무를 수행하는 사람

## (2) 안전보건 교육의 교육시간

1) 사업주가 근로자에게 실시해야 하는 안전보건교육의 교육시간 ★★★

① 근로자 안전보건교육

| 교육과정 | 교육대상 | | 교육시간 |
|---|---|---|---|
| 가. 정기교육 | 1) 사무직 종사 근로자 | | 매반기 6시간 이상 |
| | 2) 그 밖의 근로자 | 가) 판매업무에 직접 종사하는 근로자 | 매반기 6시간 이상 |
| | | 나) 판매업무에 직접 종사하는 근로자 외의 근로자 | 매반기 12시간 이상 |
| 나. 채용 시 교육 | 1) 일용근로자 및 근로계약기간이 1주일 이하인 기간제근로자 | | 1시간 이상 |
| | 2) 근로계약기간이 1주일 초과 1개월 이하인 기간제근로자 | | 4시간 이상 |
| | 3) 그 밖의 근로자 | | 8시간 이상 |
| 다. 작업내용 변경 시 교육 | 1) 일용근로자 및 근로계약기간이 1주일 이하인 기간제근로자 | | 1시간 이상 |
| | 2) 그 밖의 근로자 | | 2시간 이상 |
| 라. 특별교육 | 1) 일용근로자 및 근로계약기간이 1주일 이하인 기간제 근로자(타워크레인신호작업에 종사하는 근로자 제외) | | 2시간 이상 |
| | 2) 일용근로자 및 근로계약기간이 1주일 이하인 기간제 근로자 중 타워크레인 신호작업에 종사하는 근로자 | | 8시간 이상 |
| | 3) 일용근로자 및 근로계약기간이 1주일 이하인 기간제 근로자를 제외한 근로자 | | 가) 16시간 이상(최초 작업에 종사하기 전 4시간 이상 실시하고 12시간은 3개월 이내에서 분할하여 실시 가능) 나) 단기간 작업 또는 간헐적 작업인 경우에는 2시간 이상 |
| 마. 건설업 기초안전·보건교육 | 건설 일용근로자 | | 4시간 이상 |

1. 위 표의 적용을 받는 "일용근로자"란 근로계약을 1일 단위로 체결하고 그 날의 근로가 끝나면 근로관계가 종료되어 계속 고용이 보장되지 않는 근로자를 말한다.
2. 일용근로자가 위 표의 나목 또는 라목에 따른 교육을 받은 날 이후 1주일 동안 같은 사업장에서 같은 업무의 일용근로자로 다시 종사하는 경우에는 이미 받은 위 표의 나목 또는 라목에 따른 교육을 면제한다.
3. 다음 각 목의 어느 하나에 해당하는 경우는 위 표의 가목부터 라목까지의 규정에도 불구하고 해당 교육과정별 교육시간의 2분의 1 이상을 그 교육시간으로 한다.
   가. 「광산안전법」 적용 사업(광업 중 광물의 채광·채굴·선광 또는 제련 등의 공정으로 한정하며, 제조공정은 제외한다), 「원자력안전법」 적용 사업(발전업 중 원자력 발전설비를 이용하여 전기를 생산하는 사업장으로 한정한다), 「항공안전법」 적용 사업(항공기, 우주선 및 부품 제조업과 창고 및 운송관련 서비스업, 여행사 및 기타 여행보조 서비스업 중 항공 관련 사업은 각각 제외한다), 「선박안전법」 적용 사업(선박 및 보트 건조업은 제외한다)
   나. 상시근로자 50명 미만의 도매업, 숙박 및 음식점업
4. 근로자가 다음 각 목의 어느 하나에 해당하는 안전교육을 받은 경우에는 그 시간만큼 위 표의 가목에 따른 해당 반기의 정기교육을 받은 것으로 본다.
   가. 「원자력안전법 시행령」 제148조제1항에 따른 방사선작업종사자 정기교육
   나. 「항만안전특별법 시행령」 제5조제1항제2호에 따른 정기안전교육
   다. 「화학물질관리법 시행규칙」 제37조제4항에 따른 유해화학물질 안전교육
5. 근로자가 「항만안전특별법 시행령」 제5조제1항제1호에 따른 신규안전교육을 받은 때에는 그 시간만큼 위 표의 나목에 따른 채용 시 교육을 받은 것으로 본다.
6. 방사선 업무에 관계되는 작업에 종사하는 근로자가 「원자력안전법 시행규칙」 제138조제1항제2호에 따른 방사선작업종사자 신규교육 중 직장교육을 받은 때에는 그 시간만큼 위 표의 라목에 따른 특별교육 중 별표 5 제1호라목의 33.란에 따른 특별교육을 받은 것으로 본다.

② 관리감독자 안전보건교육

| 교육과정 | 교육시간 |
|---|---|
| 가. 정기교육 | 연간 16시간 이상 |
| 나. 채용 시 교육 | 8시간 이상 |
| 다. 작업내용 변경 시 교육 | 2시간 이상 |
| 라. 특별교육 | 16시간 이상(최초 작업에 종사하기 전 4시간 이상 실시하고, 12시간은 3개월 이내에서 분할하여 실시 가능) |
| | 단기간 작업 또는 간헐적 작업인 경우에는 2시간 이상 |

③ 안전보건관리책임자 등에 대한 교육(직무교육)

| 교육대상 | 교육시간 | |
|---|---|---|
| | 신규교육 | 보수교육 |
| 가. 안전보건관리책임자 | 6시간 이상 | 6시간 이상 |
| 나. 안전관리자, 안전관리전문기관의 종사자 | 34시간 이상 | 24시간 이상 |
| 다. 보건관리자, 보건관리전문기관의 종사자 | 34시간 이상 | 24시간 이상 |
| 라. 건설재해예방 전문지도기관 종사자 | 34시간 이상 | 24시간 이상 |
| 마. 석면조사기관 종사자 | 34시간 이상 | 24시간 이상 |
| 바. 안전보건관리담당자 | – | 8시간 이상 |
| 사. 안전검사기관, 자율안전검사기관의 종사자 | 34시간 이상 | 24시간 이상 |

④ 특수형태근로종사자에 대한 안전보건교육

| 교육과정 | 교육시간 |
|---|---|
| 가. 최초 노무제공 시 교육 | 2시간 이상(단기간 작업 또는 간헐적 작업에 노무를 제공하는 경우에는 1시간 이상 실시하고, 특별교육을 실시한 경우는 면제) |
| 나. 특별교육 | 16시간 이상(최초 작업에 종사하기 전 4시간 이상 실시하고 12시간은 3개월 이내에서 분할하여 실시가능) |
| | 단기간 작업 또는 간헐적 작업인 경우에는 2시간 이상 |

⑤ 검사원 성능검사 교육

| 교육과정 | 교육대상 | 교육시간 |
|---|---|---|
| 성능검사 교육 | – | 28시간 이상 |

## (3) 사업주가 근로자에게 실시해야 하는 안전보건교육의 대상별 교육내용

### 1) 근로자 정기안전·보건교육 ★★★

**근로자의 정기교육 내용**

① 산업안전 및 사고 예방에 관한 사항
② 산업보건 및 직업병 예방에 관한 사항
③ 유해·위험 작업환경 관리에 관한 사항
④ 산업안전보건법령 및 산업재해보상보험제도에 관한 사항
⑤ 직무스트레스 예방 및 관리에 관한 사항
⑥ 직장 내 괴롭힘, 고객의 폭언 등으로 인한 건강장해 예방 및 관리에 관한 사항
⑦ 건강증진 및 질병 예방에 관한 사항
⑧ 위험성 평가에 관한 사항

공통 항목(관리감독자, 근로자)
1. 근로자는 법, 산재보상제도를 알자.
2. 근로자는 건강을 보존(산업보건)하고 직업병, 스트레스, 괴롭힘, 폭언 예방하자!
3. 근로자는 유해위험 환경을 관리해서 안전하고 사고예방하자!
4. 근로자는 위험성을 평가하자!

근로자 정기교육의 특징
1. 근로자는 건강증진하고 질병예방하자!

**근로자 채용 시 교육 및 작업내용 변경 시 교육내용**

① 산업안전 및 사고 예방에 관한 사항
② 산업보건 및 직업병 예방에 관한 사항
③ 산업안전보건법령 및 산업재해보상보험제도에 관한 사항
④ 직무스트레스 예방 및 관리에 관한 사항
⑤ 직장 내 괴롭힘, 고객의 폭언 등으로 인한 건강장해 예방 및 관리에 관한 사항
⑥ 기계·기구의 위험성과 작업의 순서 및 동선에 관한 사항
⑦ 물질안전보건자료에 관한 사항
⑧ 작업 개시 전 점검에 관한 사항
⑨ 정리정돈 및 청소에 관한 사항
⑩ 사고 발생 시 긴급조치에 관한 사항
⑪ 위험성 평가에 관한 사항

> **공통 항목**
> 1. 신규자는 법, 산재보상제도를 알자!
> 2. 신규자는 건강을 보존(산업보건)하고 직업병, 스트레스, 괴롭힘, 폭언 예방하자!
> 3. 신규자는 안전하고 사고예방하자!
> 4. 신규자는 위험성을 평가하자!
>
> 신규채용자는 회사에 처음 입사해서 처음 일을 하는 근로자, 안전하게 일하기 위한 기본내용을 교육한다.
> 1. 신규자는 기계기구 위험성, 작업순서, 동선을 알자!
> 2. 신규자는 취급물질의 위험성(물질안전보건자료)을 알자!
> 3. 신규자는 작업 전 점검하자!
> 4. 신규자는 항상 정리정돈 청소하자!
> 5. 신규자는 사고 시 조치를 알자!

2) 관리감독자 정기안전·보건교육 ★★★

| 관리감독자의 정기교육 내용 |
|---|
| ① 산업안전 및 사고 예방에 관한 사항 |
| ② 산업보건 및 직업병 예방에 관한 사항 |
| ③ 유해·위험 작업환경 관리에 관한 사항 |
| ④ 산업안전보건법령 및 산업재해보상보험 제도에 관한 사항 |
| ⑤ 직무스트레스 예방 및 관리에 관한 사항 |
| ⑥ 직장 내 괴롭힘, 고객의 폭언 등으로 인한 건강장해 예방 및 관리에 관한 사항 |
| ⑦ 위험성평가에 관한 사항 |
| ⑧ 작업공정의 유해·위험과 재해 예방대책에 관한 사항 |
| ⑨ 표준안전 작업방법 결정 및 지도·감독 요령에 관한 사항 |
| ⑩ 비상시 또는 재해 발생 시 긴급조치에 관한 사항 |
| ⑪ 사업장 내 안전보건관리체제 및 안전·보건조치 현황에 관한 사항 |
| ⑫ 현장근로자와의 의사소통능력 및 강의능력 등 안전보건교육 능력 배양에 관한 사항 |
| ⑬ 그 밖의 관리감독자의 직무에 관한 사항 |

> **공통 항목(관리감독자, 근로자)**
> 1. 관리자는 법, 산재보상제도를 알자.
> 2. 관리자는 건강을 보존(산업보건)하고 직업병, 스트레스, 괴롭힘, 폭언 예방하자!
> 3. 관리자는 유해위험 환경을 관리해서 안전하고 사고예방하자!
> 4. 관리자는 위험성을 평가하자!

### 관리감독자 정기교육의 특징
1. 관리자는 유해위험의 재해예방대책 세우자!
2. 관리자는 안전 작업방법 결정해서 감독하자!
3. 관리자는 재해발생 시 긴급조치하자!
4. 관리자는 안전보건 조치하자!
5. 관리자는 안전보건교육 능력 배양하자!

### 관리감독자의 채용 시 교육 및 작업내용 변경 시 교육내용

① 산업안전 및 사고 예방에 관한 사항
② 산업보건 및 직업병 예방에 관한 사항
③ 산업안전보건법령 및 산업재해보상보험 제도에 관한 사항
④ 직무스트레스 예방 및 관리에 관한 사항
⑤ 직장 내 괴롭힘, 고객의 폭언 등으로 인한 건강장해 예방 및 관리에 관한 사항
⑥ 위험성평가에 관한 사항
⑦ 기계·기구의 위험성과 작업의 순서 및 동선에 관한 사항
⑧ 작업 개시 전 점검에 관한 사항
⑨ 물질안전보건자료에 관한 사항
⑩ 사업장 내 안전보건관리체제 및 안전·보건조치 현황에 관한 사항
⑪ 표준안전 작업방법 결정 및 지도·감독 요령에 관한 사항
⑫ 비상시 또는 재해 발생 시 긴급조치에 관한 사항
⑬ 그 밖의 관리감독자의 직무에 관한 사항

#### 공통 항목 – 채용 시 근로자 교육과 동일
1. 신규 관리자는 법, 산재보상제도를 알자!
2. 신규 관리자는 건강을 보존(산업보건)하고 직업병, 스트레스, 괴롭힘, 폭언 예방하자!
3. 신규 관리자는 안전하고 사고예방하자!
4. 신규 관리자는 위험성을 평가하자!

#### 채용 시 근로자 교육 중 "정리정돈 청소" 제외
1. 신규 관리자는 기계기구 위험성, 작업순서, 동선을 알자!
2. 신규 관리자는 취급물질의 위험성(물질안전보건자료)을 알자!
3. 신규 관리자는 작업 전 점검하자!

#### 신규 관리자 내용 추가
1. 신규 관리자는 안전보건 조치하자!
2. 신규 관리자는 안전 작업방법 결정해서 감독하자!
3. 신규 관리자는 재해 시 긴급조치하자!

### 3) 건설업 기초안전·보건교육에 대한 내용 및 시간 ★

| 교육 내용 | 시간 |
|---|---|
| 1. 건설공사의 종류(건축, 토목 등) 및 시공 절차 | 1시간 |
| 2. 산업재해 유형별 위험요인 및 안전보건조치 | 2시간 |
| 3. 안전보건관리체제 현황 및 산업안전보건 관련 근로자 권리·의무 | 1시간 |

### 4) 특수형태근로종사자에 대한 안전보건교육(최초 노무제공 시 교육)

| 교육내용 |
|---|
| 아래의 내용 중 **특수형태근로종사자의 직무에 적합한 내용을 교육**해야 한다.<br><br>① 교통안전 및 운전안전에 관한 사항<br>② 보호구 착용에 대한 사항<br>③ 산업안전 및 사고 예방에 관한 사항<br>④ 산업보건 및 직업병 예방에 관한 사항<br>⑤ 건강증진 및 질병 예방에 관한 사항<br>⑥ 유해·위험 작업환경 관리에 관한 사항<br>⑦ 기계·기구의 위험성과 작업의 순서 및 동선에 관한 사항<br>⑧ 작업 개시 전 점검에 관한 사항<br>⑨ 정리정돈 및 청소에 관한 사항<br>⑩ 사고 발생 시 긴급조치에 관한 사항<br>⑪ 물질안전보건자료에 관한 사항<br>⑫ 직무스트레스 예방 및 관리에 관한 사항<br>⑬ 직장 내 괴롭힘, 고객의 폭언 등으로 인한 건강장해 예방 및 관리에 관한 사항<br>⑭ 산업안전보건법령 및 산업재해보상보험 제도에 관한 사항 |

채용 시 교육 내용 + 근로자 정기교육 내용 + 보호구 + 교통, 운전안전(위험성 평가 제외)

### 5) 물질안전보건 자료에 관한 교육

| 교육내용 |
|---|
| • 대상 화학물질의 명칭(또는 제품명)
• 물리적 위험성 및 건강 유해성
• 취급상의 주의사항
• 적절한 보호구
• 응급조치 요령 및 사고 시 대처방법
• 물질안전보건자료 및 경고표지를 이해하는 방법 |

> **Reference**
>
> **특수형태근로종사자로부터 노무를 제공받는 자 중
> 안전·보건교육을 실시하여야 하는 자 ★**
>
> 1. 「건설기계관리법」에 따라 등록된 건설기계를 직접 운전하는 사람
> 2. 「체육시설의 설치·이용에 관한 법률」에 따라 직장체육시설로 설치된 골프장 또는 체육시설업의 등록을 한 골프장에서 골프경기를 보조하는 골프장 캐디
> 3. 한국표준직업분류표의 세분류에 따른 택배원으로서 택배사업(소화물을 집화·수송 과정을 거쳐 배송하는 사업을 말한다)에서 집화 또는 배송 업무를 하는 사람
> 4. 한국표준직업분류표의 세분류에 따른 택배원으로서 고용노동부장관이 정하는 기준에 따라 주로 하나의 퀵서비스업자로부터 업무를 의뢰받아 배송 업무를 하는 사람
> 5. 고용노동부장관이 정하는 기준에 따라 주로 하나의 대리운전업자로부터 업무를 의뢰받아 대리운전 업무를 하는 사람

### (4) 특별교육 대상 작업별 교육내용 ★

> 특별교육은 모두 39개 작업이 해당됩니다. 39개 작업별 교육내용을 5가지씩 다 암기할 만큼 자주 출제되진 않습니다. 이미 기출된 내용만 암기하고 넘어가는 정도로 공부하세요.

| 작업명 | 교육내용 |
|---|---|
| 〈개별내용〉
1. 고압실 내 작업(잠함공법이나 그 밖의 압기공법으로 대기압을 넘는 기압인 작업실 또는 수갱 내부에서 하는 작업만 해당한다) | • 고기압 장해의 인체에 미치는 영향에 관한 사항
• 작업의 시간·작업 방법 및 절차에 관한 사항
• 압기공법에 관한 기초지식 및 보호구 착용에 관한 사항
• 이상 발생 시 응급조치에 관한 사항
• 그 밖에 안전·보건관리에 필요한 사항 |

| 작업명 | 교육내용 |
|---|---|
| 2. 아세틸렌 용접장치 또는 가스집합 용접장치를 사용하는 금속의 용접·용단 또는 가열작업(발생기·도관 등에 의하여 구성되는 용접장치만 해당한다) ★ | • 용접 흄, 분진 및 유해광선 등의 유해성에 관한 사항<br>• 가스용접기, 압력조정기, 호스 및 취관두(불꽃이 나오는 용접기의 앞부분) 등의 기기점검에 관한 사항<br>• 작업방법·순서 및 응급처치에 관한 사항<br>• 안전기 및 보호구 취급에 관한 사항<br>• 화재예방 및 초기대응에 관한사항<br>• 그 밖에 안전·보건관리에 필요한 사항 |
| 3. 밀폐된 장소(탱크 내 또는 환기가 극히 불량한 좁은 장소를 말한다)에서 하는 용접작업 또는 습한 장소에서 하는 전기용접 작업 ★ | • 작업순서, 안전작업방법 및 수칙에 관한 사항<br>• 환기설비에 관한 사항<br>• 전격 방지 및 보호구 착용에 관한 사항<br>• 질식 시 응급조치에 관한 사항<br>• 작업환경 점검에 관한 사항<br>• 그 밖에 안전·보건관리에 필요한 사항 |
| 4. 폭발성·물반응성·자기반응성·자기발열성 물질, 자연발화성 액체·고체 및 인화성 액체의 제조 또는 취급작업(시험연구를 위한 취급작업은 제외한다) ★ | • 폭발성·물반응성·자기반응성·자기발열성 물질, 자연발화성 액체·고체 및 인화성 액체의 성질이나 상태에 관한 사항<br>• 폭발 한계점, 발화점 및 인화점 등에 관한 사항<br>• 취급방법 및 안전수칙에 관한 사항<br>• 이상 발견 시의 응급처치 및 대피 요령에 관한 사항<br>• 화기·정전기·충격 및 자연발화 등의 위험방지에 관한 사항<br>• 작업순서, 취급주의사항 및 방호거리 등에 관한 사항<br>• 그 밖에 안전·보건관리에 필요한 사항 |
| 5. 액화석유가스·수소가스 등 인화성 가스 또는 폭발성 물질 중 가스의 발생장치 취급 작업 | • 취급가스의 상태 및 성질에 관한 사항<br>• 발생장치 등의 위험 방지에 관한 사항<br>• 고압가스 저장설비 및 안전취급방법에 관한 사항<br>• 설비 및 기구의 점검 요령<br>• 그 밖에 안전·보건관리에 필요한 사항 |
| 6. 화학설비 중 반응기, 교반기·추출기의 사용 및 세척작업 | • 각 계측장치의 취급 및 주의에 관한 사항<br>• 부시장·수위 및 유량계 등의 섬검 및 밸브의 소작주의에 관한 사항<br>• 세척액의 유해성 및 인체에 미치는 영향에 관한 사항<br>• 작업 절차에 관한 사항<br>• 그 밖에 안전·보건관리에 필요한 사항 |

| 작업명 | 교육내용 |
|---|---|
| 7. 화학설비의 탱크 내 작업 | • 차단장치·정지장치 및 밸브 개폐장치의 점검에 관한 사항<br>• 탱크 내의 산소농도 측정 및 작업환경에 관한 사항<br>• 안전보호구 및 이상 발생 시 응급조치에 관한 사항<br>• 작업절차·방법 및 유해·위험에 관한 사항<br>• 그 밖에 안전·보건관리에 필요한 사항 |
| 8. 분말·원재료 등을 담은 호퍼(하부가 깔대기 모양으로 된 저장통)·저장창고 등 저장탱크의 내부작업 | • 분말·원재료의 인체에 미치는 영향에 관한 사항<br>• 저장탱크 내부작업 및 복장보호구 착용에 관한 사항<br>• 작업의 지정·방법·순서 및 작업환경 점검에 관한 사항<br>• 팬·풍기(風旗) 조작 및 취급에 관한 사항<br>• 분진 폭발에 관한 사항<br>• 그 밖에 안전·보건관리에 필요한 사항 |
| 9. 다음 각 목에 정하는 설비에 의한 물건의 가열·건조작업<br>　가. 건조설비 중 위험물 등에 관계되는 설비로 속부피가 1세제곱미터 이상인 것<br>　나. 건조설비 중 가목의 위험물 등 외의 물질에 관계되는 설비로서, 연료를 열원으로 사용하는 것(그 최대연소소비량이 매 시간당 10킬로그램 이상인 것만 해당한다) 또는 전력을 열원으로 사용하는 것(정격소비전력이 10킬로와트 이상인 경우만 해당한다) | • 건조설비 내외면 및 기기기능의 점검에 관한 사항<br>• 복장보호구 착용에 관한 사항<br>• 건조 시 유해가스 및 고열 등이 인체에 미치는 영향에 관한 사항<br>• 건조설비에 의한 화재·폭발 예방에 관한 사항 |
| 10. 다음 각 목에 해당하는 집재장치(집재기·가선·운반기구·지주 및 이들에 부속하는 물건으로 구성되고, 동력을 사용하여 원목 또는 장작과 숯을 담아 올리거나 공중에서 운반하는 설비를 말한다)의 조립, 해체, 변경 또는 수리작업 및 이들 설비에 의한 집재 또는 운반 작업<br>　가. 원동기의 정격출력이 7.5킬로와트를 넘는 것<br>　나. 지간의 경사거리 합계가 350미터 이상인 것<br>　다. 최대사용하중이 200킬로그램 이상인 것 | • 기계의 브레이크 비상정지장치 및 운반경로, 각종 기능 점검에 관한 사항<br>• 작업 시작 전 준비사항 및 작업방법에 관한 사항<br>• 취급물의 유해·위험에 관한 사항<br>• 구조상의 이상 시 응급처치에 관한 사항<br>• 그 밖에 안전·보건관리에 필요한 사항 |
| 11. 동력에 의하여 작동되는 프레스기계를 5대 이상 보유한 사업장에서 해당 기계로 하는 작업 ★ | • 프레스의 특성과 위험성에 관한 사항<br>• 방호장치 종류와 취급에 관한 사항<br>• 안전작업방법에 관한 사항 |

| 작업명 | 교육내용 |
|---|---|
| | • 프레스 안전기준에 관한 사항<br>• 그 밖에 안전·보건관리에 필요한 사항 |
| 12. 목재가공용 기계(둥근톱기계, 띠톱기계, 대패기계, 모떼기기계 및 라우터기(목재를 자르거나 홈을 파는 기계)만 해당하며, 휴대용은 제외한다)를 5대 이상 보유한 사업장에서 해당 기계로 하는 작업 | • 목재가공용 기계의 특성과 위험성에 관한 사항<br>• 방호장치의 종류와 구조 및 취급에 관한 사항<br>• 안전기준에 관한 사항<br>• 안전작업방법 및 목재 취급에 관한 사항<br>• 그 밖에 안전·보건관리에 필요한 사항 |
| 13. 운반용 등 하역기계를 5대 이상 보유한 사업장에서의 해당 기계로 하는 작업 | • 운반하역기계 및 부속설비의 점검에 관한 사항<br>• 작업순서와 방법에 관한 사항<br>• 안전운전방법에 관한 사항<br>• 화물의 취급 및 작업신호에 관한 사항<br>• 그 밖에 안전·보건관리에 필요한 사항 |
| 14. 1톤 이상의 크레인을 사용하는 작업 또는 1톤 미만의 크레인 또는 호이스트를 5대 이상 보유한 사업장에서 해당 기계로 하는 작업 | • 방호장치의 종류, 기능 및 취급에 관한 사항<br>• 걸고리·와이어로프 및 비상정지장치 등의 기계·기구 점검에 관한 사항<br>• 화물의 취급 및 안전작업방법에 관한 사항<br>• 신호방법 및 공동작업에 관한 사항<br>• 인양 물건의 위험성 및 낙하·비래(飛來)·충돌재해 예방에 관한 사항<br>• 인양물이 적재될 지반의 조건, 인양하중, 풍압 등이 인양물과 타워크레인에 미치는 영향<br>• 그 밖에 안전·보건관리에 필요한 사항 |
| 15. 건설용 리프트·곤돌라를 이용한 작업 ★ | • 방호장치의 기능 및 사용에 관한 사항<br>• 기계, 기구, 달기체인 및 와이어 등의 점검에 관한 사항<br>• 화물의 권상·권하 작업방법 및 안전작업 지도에 관한 사항<br>• 기계·기구에 특성 및 동작원리에 관한 사항<br>• 신호방법 및 공동작업에 관한 사항<br>• 그 밖에 안전·보건관리에 필요한 사항 |
| 16. 주물 및 단조(금속을 두들기거나 눌러서 형체를 만드는 일) 작업 | • 고열물의 재료 및 작업환경에 관한 사항<br>• 출탕·주조 및 고열물의 취급과 안전작업방법에 관한 사항<br>• 고열작업의 유해·위험 및 보호구 착용에 관한 사항<br>• 안전기준 및 중량물 취급에 관한 사항<br>• 그 밖에 안전·보건관리에 필요한 사항 |

| 작업명 | 교육내용 |
|---|---|
| 17. 전압이 75볼트 이상인 정전 및 활선작업 ★ | • 전기의 위험성 및 전격 방지에 관한 사항<br>• 해당 설비의 보수 및 점검에 관한 사항<br>• 정전작업·활선작업 시의 안전작업방법 및 순서에 관한 사항<br>• 절연용 보호구, 절연용 보호구 및 활선작업용 기구 등의 사용에 관한 사항<br>• 그 밖에 안전·보건관리에 필요한 사항 |
| 18. 콘크리트 파쇄기를 사용하여 하는 파쇄작업(2미터 이상인 구축물의 파쇄작업만 해당한다) | • 콘크리트 해체 요령과 방호거리에 관한 사항<br>• 작업안전조치 및 안전기준에 관한 사항<br>• 파쇄기의 조작 및 공통작업 신호에 관한 사항<br>• 보호구 및 방호장비 등에 관한 사항<br>• 그 밖에 안전·보건관리에 필요한 사항 |
| 19. 굴착면의 높이가 2미터 이상이 되는 지반 굴착(터널 및 수직갱 외의 갱 굴착은 제외한다)작업 | • 지반의 형태·구조 및 굴착 요령에 관한 사항<br>• 지반의 붕괴재해 예방에 관한 사항<br>• 붕괴 방지용 구조물 설치 및 작업방법에 관한 사항<br>• 보호구의 종류 및 사용에 관한 사항<br>• 그 밖에 안전·보건관리에 필요한 사항 |
| 20. 흙막이 지보공의 보강 또는 동바리를 설치하거나 해체하는 작업 | • 작업안전 점검 요령과 방법에 관한 사항<br>• 동바리의 운반·취급 및 설치 시 안전작업에 관한 사항<br>• 해체작업 순서와 안전기준에 관한 사항<br>• 보호구 취급 및 사용에 관한 사항<br>• 그 밖에 안전·보건관리에 필요한 사항 |
| 21. 터널 안에서의 굴착작업(굴착용 기계를 사용하여 하는 굴착작업 중 근로자가 칼날 밑에 접근하지 않고 하는 작업은 제외한다) 또는 같은 작업에서의 터널 거푸집 지보공의 조립 또는 콘크리트 작업 | • 작업환경의 점검 요령과 방법에 관한 사항<br>• 붕괴 방지용 구조물 설치 및 안전작업 방법에 관한 사항<br>• 재료의 운반 및 취급·설치의 안전기준에 관한 사항<br>• 보호구의 종류 및 사용에 관한 사항<br>• 소화설비의 설치장소 및 사용방법에 관한 사항<br>• 그 밖에 안전·보건관리에 필요한 사항 |
| 22. 굴착면의 높이가 2미터 이상이 되는 암석의 굴착작업 | • 폭발물 취급 요령과 대피 요령에 관한 사항<br>• 안전거리 및 안전기준에 관한 사항<br>• 방호물의 설치 및 기준에 관한 사항<br>• 보호구 및 신호방법 등에 관한 사항<br>• 그 밖에 안전·보건관리에 필요한 사항 |

| 작업명 | 교육내용 |
|---|---|
| 23. 높이가 2미터 이상인 물건을 쌓거나 무너뜨리는 작업(하역기계로만 하는 작업은 제외한다) | • 원부재료의 취급 방법 및 요령에 관한 사항<br>• 물건의 위험성·낙하 및 붕괴재해 예방에 관한 사항<br>• 적재방법 및 전도 방지에 관한 사항<br>• 보호구 착용에 관한 사항<br>• 그 밖에 안전·보건관리에 필요한 사항 |
| 24. 선박에 짐을 쌓거나 부리거나 이동시키는 작업 | • 하역 기계·기구의 운전방법에 관한 사항<br>• 운반·이송경로의 안전작업방법 및 기준에 관한 사항<br>• 중량물 취급 요령과 신호 요령에 관한 사항<br>• 작업안전 점검과 보호구 취급에 관한 사항<br>• 그 밖에 안전·보건관리에 필요한 사항 |
| 25. 거푸집 동바리의 조립 또는 해체작업 ★ | • 동바리의 조립방법 및 작업 절차에 관한 사항<br>• 조립재료의 취급방법 및 설치기준에 관한 사항<br>• 조립 해체 시의 사고 예방에 관한 사항<br>• 보호구 착용 및 점검에 관한 사항<br>• 그 밖에 안전·보건관리에 필요한 사항 |
| 26. 비계의 조립·해체 또는 변경작업 ★ | • 비계의 조립순서 및 방법에 관한 사항<br>• 비계작업의 재료 취급 및 설치에 관한 사항<br>• 추락재해 방지에 관한 사항<br>• 보호구 착용에 관한 사항<br>• 비계상부 작업 시 최대 적재하중에 관한 사항<br>• 그 밖에 안전·보건관리에 필요한 사항 |
| 27. 건축물의 골조, 다리의 상부구조 또는 탑의 금속제의 부재로 구성되는 것(5미터 이상인 것만 해당한다)의 조립·해체 또는 변경작업 | • 건립 및 버팀대의 설치순서에 관한 사항<br>• 조립 해체 시의 추락재해 및 위험요인에 관한 사항<br>• 건립용 기계의 조작 및 작업신호 방법에 관한 사항<br>• 안전장비 착용 및 해체순서에 관한 사항<br>• 그 밖에 안전·보건관리에 필요한 사항 |
| 28. 처마 높이가 5미터 이상인 목조건축물의 구조 부재의 조립이나 건축물의 지붕 또는 외벽 밑에서의 설치작업 | • 붕괴·추락 및 재해 방지에 관한 사항<br>• 부재의 강도·재질 및 특성에 관한 사항<br>• 조립·설치 순서 및 안전작업방법에 관한 사항<br>• 보호구 착용 및 작업 점검에 관한 사항<br>• 그 밖에 안전·보건관리에 필요한 사항 |
| 29. 콘크리트 인공구조물(그 높이가 2미터 이상인 것만 해당한다)의 해체 또는 파괴작업 | • 콘크리트 해체기계의 점검에 관한 사항<br>• 파괴 시의 안전거리 및 대피 요령에 관한 사항<br>• 작업방법·순서 및 신호 방법 등에 관한 사항<br>• 해체·파괴 시의 작업안전기준 및 보호구에 관한 사항<br>• 그 밖에 안전·보건관리에 필요한 사항 |

| 작업명 | 교육내용 |
|---|---|
| 30. 타워크레인을 설치(상승작업을 포함한다)·해체하는 작업 ★ | • 붕괴·추락 및 재해 방지에 관한 사항<br>• 설치·해체 순서 및 안전작업방법에 관한 사항<br>• 부재의 구조·재질 및 특성에 관한 사항<br>• 신호방법 및 요령에 관한 사항<br>• 이상 발생 시 응급조치에 관한 사항<br>• 그 밖에 안전·보건관리에 필요한 사항 |
| 31. 보일러(소형 보일러 및 다음 각 목에서 정하는 보일러는 제외한다)의 설치 및 취급 작업<br>　가. 몸통 반지름이 750밀리미터 이하이고 그 길이가 1,300밀리미터 이하인 증기보일러<br>　나. 전열면적이 3제곱미터 이하인 증기보일러<br>　다. 전열면적이 14제곱미터 이하인 온수보일러<br>　라. 전열면적이 30제곱미터 이하인 관류보일러(물관을 사용하여 가열시키는 방식의 보일러) | • 기계 및 기기 점화장치 계측기의 점검에 관한 사항<br>• 열관리 및 방호장치에 관한 사항<br>• 작업순서 및 방법에 관한 사항<br>• 그 밖에 안전·보건관리에 필요한 사항 |
| 32. 게이지 압력을 제곱센티미터당 1킬로그램 이상으로 사용하는 압력용기의 설치 및 취급작업 ★ | • 안전시설 및 안전기준에 관한 사항<br>• 압력용기의 위험성에 관한 사항<br>• 용기 취급 및 설치기준에 관한 사항<br>• 작업안전 점검 방법 및 요령에 관한 사항<br>• 그 밖에 안전·보건관리에 필요한 사항 |
| 33. 방사선 업무에 관계되는 작업(의료 및 실험용은 제외한다) | • 방사선의 유해·위험 및 인체에 미치는 영향<br>• 방사선의 측정기기 기능의 점검에 관한 사항<br>• 방호거리·방호벽 및 방사선물질의 취급 요령에 관한 사항<br>• 응급처치 및 보호구 착용에 관한 사항<br>• 그 밖에 안전·보건관리에 필요한 사항 |
| 34. 밀폐공간에서의 작업 ★ | • 산소농도 측정 및 작업환경에 관한 사항<br>• 사고 시의 응급처치 및 비상 시 구출에 관한 사항<br>• 보호구 착용 및 보호 장비 사용에 관한 사항<br>• 작업 내용·안전 작업 방법 및 절차에 관한 사항<br>• 장비·설비 및 시설 등의 안전점검에 관한 사항<br>• 그 밖에 안전·보건 관리에 필요한 사항 |
| 35. 허가 및 관리 대상 유해물질의 제조 또는 취급작업 | • 취급물질의 성질 및 상태에 관한 사항<br>• 유해물질이 인체에 미치는 영향<br>• 국소배기장치 및 안전설비에 관한 사항 |

| 작업명 | 교육내용 |
|---|---|
| | • 안전작업방법 및 보호구 사용에 관한 사항<br>• 그 밖에 안전·보건관리에 필요한 사항 |
| 36. 로봇작업 ★ | • 로봇의 기본원리·구조 및 작업방법에 관한 사항<br>• 이상 발생 시 응급조치에 관한 사항<br>• 안전시설 및 안전기준에 관한 사항<br>• 조작방법 및 작업순서에 관한 사항 |
| 37. 석면해체·제거작업 ★ | • 석면의 특성과 위험성<br>• 석면해체·제거의 작업방법에 관한 사항<br>• 장비 및 보호구 사용에 관한 사항<br>• 그 밖에 안전·보건관리에 필요한 사항 |
| 38. 가연물이 있는 장소에서 하는 화재위험 작업 | • 작업준비 및 작업절차에 관한 사항<br>• 작업장 내 위험물, 가연물의 사용·보관·설치 현황에 관한 사항<br>• 화재위험작업에 따른 인근 인화성 액체에 대한 방호조치에 관한 사항<br>• 화재위험작업으로 인한 불꽃, 불티 등의 흩날림 방지 조치에 관한 사항<br>• 인화성 액체의 증기가 남아 있지 않도록 환기 등의 조치에 관한 사항<br>• 화재감시자의 직무 및 피난교육 등 비상조치에 관한 사항<br>• 그 밖에 안전·보건관리에 필요한 사항 |
| 39. 타워크레인을 사용하는 작업 시 신호업무를 하는 작업 | • 타워크레인의 기계적 특성 및 방호장치 등에 관한 사항<br>• 화물의 취급 및 안전작업방법에 관한 사항<br>• 신호방법 및 요령에 관한 사항<br>• 인양 물건의 위험성 및 낙하·비래·충돌재해 예방에 관한 사항<br>• 인양물이 적재될 지반의 조건, 인양하중, 풍압 등이 인양물과 타워크레인에 미치는 영향<br>• 그 밖에 안전·보건관리에 필요한 사항 |

# 예상문제

 파블로프의 조건 반사설의 학습 이론원리 4가지를 쓰시오. ★

**정답**

① 일관성의 원리
② 계속성의 원리
③ 시간의 원리
④ 강도의 원리

 OJT와 OFF JT의 특징을 설명하시오. ★

**정답**

① OJT : 직속상사가 부하직원에게 일상업무를 교육하는 형태
② OFF JT : 외부강사에 의한 집합교육을 실시하는 형태

**참고**

| OJT의 특징 | OFF JT의 특징 |
| --- | --- |
| ① 개개인에게 적절한 훈련이 가능하다.<br>② 직장의 실정에 맞는 훈련이 가능하다.<br>③ 교육효과가 즉시 업무에 연결된다.<br>④ 훈련에 대한 업무의 계속성이 끊어지지 않는다.<br>⑤ 상호 신뢰 이해도가 높다. | ① 다수의 근로자들에게 훈련을 할 수 있다.<br>② 훈련에만 전념하게 된다.<br>③ 특별설비기구 이용이 가능하다.<br>④ 많은 지식이나 경험을 교류할 수 있다.<br>⑤ 교육 훈련 목표에 대하여 집단적 노력이 흐트러질 수 있다. |

**하버드학파의 교수법을 쓰시오.** ★

**정답**

① 1단계 : 준비시킨다.
② 2단계 : 교시시킨다.
③ 3단계 : 연합한다.
④ 4단계 : 총괄한다.
⑤ 5단계 : 응용시킨다.

 **교육의 3요소를 적으시오.**

**정답**

① 교육의 주체 : 강사
② 교육의 객체 : 학생
③ 교육의 매개체 : 교재(학습내용)

**참고**

(1) 교육의 3단계
    ① 1단계(지식교육) : 강의, 시청각 교육
    ② 2단계(기능교육) : 시범, 견학, 실습, 현장교육
       \* 기능교육의 3원칙 : 준비철저 – 안전작업 표준화 – 위험작업 규제화
    ③ 3단계(태도교육)
       청취한다 → 이해, 납득시킨다 → 모범을 보인다 → 권장한다 → 평가(칭찬, 벌)

(2) 교육진행 4단계
    ① 1단계(도입) : 학습할 준비
    ② 2단계(제시) : 작업 설명
    ③ 3단계(적용) : 시켜본다.
    ④ 4단계(확인) : 가르친 뒤 살펴본다.

## 05 안전태도교육의 기본과정에 대하여 5가지 기술하시오. ★

**정답**

청취한다 → 이해, 납득시킨다 → 모범을 보인다 → 권장한다 → 평가(칭찬, 벌)

## 06 관리감독자 훈련의 교육내용을 4가지 쓰시오. ★

**정답**

① 작업 방법 기법(Job Method Training : JMT)
② 작업 지도 기법(Job Instruction Training : JIT)
③ 인간관계관리기법, 부하통솔법(Job Relations Training : JRT)
④ 작업 안전 기법(Job Safety Training : JST)

**참고**

- 관리감독자 교육의 종류
  ① TWI(Training Within Industry) : 일선관리감독자 교육
  ② MTP(Management Training Program)
  ③ ATT(American Telephone & Telegraph Company)
  ④ CCS(Civil Communication Section)

산업안전보건법에 의한 근로자 및 관리감독자 안전보건교육의 종류를 5가지로 구분하고 교육시간을 적으시오. ★★★

## 가. 근로자 안전보건교육

| 교육과정 | 교육대상 | | 교육시간 |
|---|---|---|---|
| 가. (　　　) | 1) 사무직 종사 근로자 | | (　　　) |
| | 2) 그 밖의 근로자 | 가) 판매업무에 직접 종사하는 근로자 | (　　　) |
| | | 나) 판매업무에 직접 종사하는 근로자 외의 근로자 | (　　　) |
| 나. (　　　) | 1) 일용근로자 및 근로계약기간이 1주일 이하인 기간제근로자 | | (　　　) |
| | 2) 근로계약기간이 1주일 초과 1개월 이하인 기간제근로자 | | (　　　) |
| | 3) 그 밖의 근로자 | | (　　　) |
| 다. (　　　) | 1) 일용근로자 및 근로계약기간이 1주일 이하인 기간제근로자 | | (　　　) |
| | 2) 그 밖의 근로자 | | (　　　) |
| 라. (　　　) | 1) 일용근로자 및 근로계약기간이 1주일 이하인 기간제 근로자(타워크레인신호작업에 종사하는 근로자 제외) | | (　　　) |
| | 2) 일용근로자 및 근로계약기간이 1주일 이하인 기간제 근로자 중 타워크레인신호작업에 종사하는 근로자 | | (　　　) |
| | 3) 일용근로자 및 근로계약기간이 1주일 이하인 기간제 근로자를 제외한 근로자 | | 가) 단기간 작업 또는 간헐적 작업 제외 : <br> 나) 단기간 작업 또는 간헐적 작업 : |
| 마. (　　　) | 건설 일용근로자 | | (　　　) |

## 나. 관리감독자 안전보건교육

| 교육과정 | 교육시간 |
|---|---|
| 가. 정기교육 | ( ) |
| 나. 채용 시 교육 | ( ) |
| 다. 작업내용 변경 시 교육 | ( ) |
| 라. 특별교육 | 단기간 작업 또는 간헐적 작업 제외 : |
| | 단기간 작업 또는 간헐적 작업 : |

> 정답

### 가. 근로자 안전보건교육

| 교육과정 | 교육대상 | | 교육시간 |
|---|---|---|---|
| 가. 정기교육 | 1) 사무직 종사 근로자 | | 매반기 6시간 이상 |
| | 2) 그 밖의 근로자 | 가) 판매업무에 직접 종사하는 근로자 | 매반기 6시간 이상 |
| | | 나) 판매업무에 직접 종사하는 근로자 외의 근로자 | 매반기 12시간 이상 |
| 나. 채용 시 교육 | 1) 일용근로자 및 근로계약기간이 1주일 이하인 기간제근로자 | | 1시간 이상 |
| | 2) 근로계약기간이 1주일 초과 1개월 이하인 기간제근로자 | | 4시간 이상 |
| | 3) 그 밖의 근로자 | | 8시간 이상 |
| 다. 작업내용 변경 시 교육 | 1) 일용근로자 및 근로계약기간이 1주일 이하인 기간제근로자 | | 1시간 이상 |
| | 2) 그 밖의 근로자 | | 2시간 이상 |
| 라. 특별교육 | 1) 일용근로자 및 근로계약기간이 1주일 이하인 기간제 근로자(타워크레인신호작업에 종사하는 근로자 제외) | | 2시간 이상 |
| | 2) 일용근로자 및 근로계약기간이 1주일 이하인 기간제 근로자 중 타워크레인신호작업에 종사하는 근로자 | | 8시간 이상 |
| | 3) 일용근로자 및 근로계약기간이 1주일 이하인 기간제 근로자를 제외한 근로자 | | 가) 16시간 이상(최초 작업에 종사하기 전 4시간 이상 실시하고 12시간은 3개월 이내에서 분할하여 실시 가능) 나) 단기간 작업 또는 간헐적 작업인 경우에는 2시간 이상 |
| 마. 건설업 기초안전·보건교육 | 건설 일용근로자 | | 4시간 이상 |

나. 관리감독자 안전보건교육

| 교육과정 | 교육시간 |
|---|---|
| 가. 정기교육 | 연간 16시간 이상 |
| 나. 채용 시 교육 | 8시간 이상 |
| 다. 작업내용 변경 시 교육 | 2시간 이상 |
| 라. 특별교육 | 16시간 이상(최초 작업에 종사하기 전 4시간 이상 실시하고, 12시간은 3개월 이내에서 분할하여 실시 가능) |
| | 단기간 작업 또는 간헐적 작업인 경우에는 2시간 이상 |

## 08 안전보건관리책임자 등에 대한 교육(직무교육)의 교육시간을 적으시오. ★★★

| 교육대상 | 교육시간 | |
|---|---|---|
| | 신규교육 | 보수교육 |
| 가. 안전보건관리책임자 | | |
| 나. 안전관리자, 안전관리전문기관의 종사자 | | |
| 다. 보건관리자, 보건관리전문기관의 종사자 | | |
| 라. 건설재해예방 전문지도기관 종사자 | | |
| 마. 석면조사기관 종사자 | | |
| 바. 안전보건관리담당자 | – | |
| 사. 안전검사기관, 자율안전검사기관의 종사자 | | |

**정답**

| 교육대상 | 교육시간 | |
|---|---|---|
| | 신규교육 | 보수교육 |
| 가. 안전보건관리책임자 | 6시간 이상 | 6시간 이상 |
| 나. 안전관리자, 안전관리전문기관의 종사자 | 34시간 이상 | 24시간 이상 |
| 다. 보건관리자, 보건관리전문기관의 종사자 | 34시간 이상 | 24시간 이상 |
| 라. 건설재해예방 전문지도기관 종사자 | 34시간 이상 | 24시간 이상 |
| 마. 석면조사기관 종사자 | 34시간 이상 | 24시간 이상 |
| 바. 안전보건관리담당자 | – | 8시간 이상 |
| 사. 안전검사기관, 자율안전검사기관의 종사자 | 34시간 이상 | 24시간 이상 |

**09** 산업안전보건법에 의한 검사원 성능검사 교육의 교육시간을 적으시오. ★★★

> **정답**

28시간 이상

**10** 특수형태근로종사자에 대한 안전보건교육의 교육시간을 적으시오. ★

| 교육과정 | 교육시간 |
|---|---|
| 가. 최초 노무제공 시 교육 | ( ① ) 시간 이상(단기간 작업 또는 간헐적 작업 : ( ② )시간 이상, 특별교육을 실시한 경우 : ( ③ )) |
| 나. 특별교육 | ( ④ ) 시간 이상(최초 작업에 종사하기 전 ( ⑤ ) 시간 이상 실시하고 ( ⑥ ) 시간은 ( ⑦ )개월 이내에서 분할하여 실시 가능) |
| | 단기간 작업 또는 간헐적 작업 : ( ⑧ )시간 이상 |

> **정답**

| 교육과정 | 교육시간 |
|---|---|
| 가. 최초 노무제공 시 교육 | 2시간 이상(단기간 작업 또는 간헐적 작업에 노무를 제공하는 경우에는 1시간 이상 실시하고, 특별교육을 실시한 경우는 면제) |
| 나. 특별교육 | 16시간 이상(최초 작업에 종사하기 전 4시간 이상 실시하고 12시간은 3개월 이내에서 분할하여 실시가능) |
| | 단기간 작업 또는 간헐적 작업인 경우에는 2시간 이상 |

사업주가 근로자에게 실시해야 하는 안전보건교육의 대상별 교육내용을 4가지씩 적으시오. ★★★

| 근로자 정기안전·보건교육 | |
|---|---|
| 근로자 채용 시의 교육 및 작업내용 변경 시의 교육 | |
| 관리감독자 정기안전·보건교육 | |
| 관리감독자 채용 시 교육 및 작업내용 변경 시 교육 | |

**정답**

가. 근로자 정기안전·보건교육 ★★★

| 근로자의 정기교육 내용 | ① 산업안전 및 사고 예방에 관한 사항<br>② 산업보건 및 직업병 예방에 관한 사항<br>③ 유해·위험 작업환경 관리에 관한 사항<br>④ 산업안전보건법령 및 산업재해보상보험제도에 관한 사항<br>⑤ 직무스트레스 예방 및 관리에 관한 사항<br>⑥ 직장 내 괴롭힘, 고객의 폭언 등으로 인한 건강장해 예방 및 관리에 관한사항<br>⑦ 건강증진 및 질병 예방에 관한 사항<br>⑧ 위험성 평가에 관한 사항 |
|---|---|

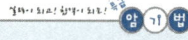

> 공통 항목(관리감독자, 근로자)
> 1. 근로자는 법, 산재보상제도를 알자.
> 2. 근로자는 건강을 보존(산업보건)하고 직업병, 스트레스, 괴롭힘, 폭언 예방하자!
> 3. 근로자는 유해위험 환경을 관리해서 안전하고 사고예방하자!
> 4. 근로자는 위험성을 평가하자!
>
> 근로자 정기교육의 특징
> 1. 근로자는 건강증진하고 질병예방하자!

| | |
|---|---|
| 근로자 채용 시 교육 및 작업내용 변경 시 교육내용 | ① 산업안전 및 사고 예방에 관한 사항<br>② 산업보건 및 직업병 예방에 관한 사항<br>③ 산업안전보건법령 및 산업재해보상보험제도에 관한 사항<br>④ 직무스트레스 예방 및 관리에 관한 사항<br>⑤ 직장 내 괴롭힘, 고객의 폭언 등으로 인한 건강장해 예방 및 관리에 관한 사항<br>⑥ 기계·기구의 위험성과 작업의 순서 및 동선에 관한 사항<br>⑦ 물질안전보건자료에 관한 사항<br>⑧ 작업 개시 전 점검에 관한 사항<br>⑨ 정리정돈 및 청소에 관한 사항<br>⑩ 사고 발생 시 긴급조치에 관한 사항<br>⑪ 위험성 평가에 관한 사항<br><br>**공통 항목**<br>1. 신규자는 법, 산재보상제도를 알자!<br>2. 신규자는 건강을 보존(산업보건)하고 직업병, 스트레스, 괴롭힘, 폭언 예방하자!<br>3. 신규자는 안전하고 사고예방하자!<br>4. 신규자는 위험성을 평가하자!<br><br>신규채용자는 회사에 처음 입사해서 처음 일을 하는 근로자, 안전하게 일하기 위한 기본내용을 교육한다.<br>1. 신규자는 기계기구 위험성, 작업순서, 동선을 알자!<br>2. 신규자는 취급물질의 위험성(물질안전보건자료)을 알자!<br>3. 신규자는 작업 전 점검하자!<br>4. 신규자는 항상 정리정돈 청소하자!<br>5. 신규자는 사고 시 조치를 알자! |

**나. 관리감독자 정기안전·보건교육 ★★★**

| | |
|---|---|
| 관리감독자의 정기교육 내용 | ① 산업안전 및 사고 예방에 관한 사항<br>② 산업보건 및 직업병 예방에 관한 사항<br>③ 유해·위험 작업환경 관리에 관한 사항<br>④ 산업안전보건법령 및 산업재해보상보험 제도에 관한 사항<br>⑤ 직무스트레스 예방 및 관리에 관한 사항<br>⑥ 직장 내 괴롭힘, 고객의 폭언 등으로 인한 건강장해 예방 및 관리에 관한 사항<br>⑦ 위험성평가에 관한 사항<br>⑧ 작업공정의 유해·위험과 재해 예방대책에 관한 사항<br>⑨ 표준안전 작업방법 결정 및 지도·감독 요령에 관한 사항<br>⑩ 비상시 또는 재해 발생 시 긴급조치에 관한 사항<br>⑪ 사업장 내 안전보건관리체제 및 안전·보건조치 현황에 관한 사항<br>⑫ 현장근로자와의 의사소통능력 및 강의능력 등 안전보건교육 능력 배양에 관한 사항<br>⑬ 그 밖의 관리감독자의 직무에 관한 사항 |

| 관리감독자의<br>정기교육 내용 | 공통 항목(관리감독자, 근로자)
1. 관리자는 법, 산재보상제도를 알자.
2. 관리자는 건강을 보존(산업보건)하고 직업병, 스트레스, 괴롭힘, 폭언 예방하자!
3. 관리자는 유해위험 환경을 관리해서 안전하고 사고예방하자!
4. 관리자는 위험성을 평가하자!

관리감독자 정기교육의 특징
1. 관리자는 유해위험의 재해예방대책 세우자!
2. 관리자는 안전 작업방법 결정해서 감독하자!
3. 관리자는 재해발생 시 긴급조치하자!
4. 관리자는 안전보건 조치하자!
5. 관리자는 안전보건교육 능력 배양하자! |
|---|---|
| 관리감독자의<br>채용 시 교육<br>및 작업내용<br>변경 시<br>교육내용 | ① 산업안전 및 사고 예방에 관한 사항<br>② 산업보건 및 직업병 예방에 관한 사항<br>③ 산업안전보건법령 및 산업재해보상보험 제도에 관한 사항<br>④ 직무스트레스 예방 및 관리에 관한 사항<br>⑤ 직장 내 괴롭힘, 고객의 폭언 등으로 인한 건강장해 예방 및 관리에 관한 사항<br>⑥ 위험성평가에 관한 사항<br>⑦ 기계·기구의 위험성과 작업의 순서 및 동선에 관한 사항<br>⑧ 작업 개시 전 점검에 관한 사항<br>⑨ 물질안전보건자료에 관한 사항<br>⑩ 사업장 내 안전보건관리체제 및 안전·보건조치 현황에 관한 사항<br>⑪ 표준안전 작업방법 결정 및 지도·감독 요령에 관한 사항<br>⑫ 비상시 또는 재해 발생 시 긴급조치에 관한 사항<br>⑬ 그 밖의 관리감독자의 직무에 관한 사항<br><br>공통 항목 – 채용 시 근로자 교육과 동일<br>1. 신규 관리자는 법, 산재보상제도를 알자!<br>2. 신규 관리자는 건강을 보존(산업보건)하고 직업병, 스트레스, 괴롭힘, 폭언 예방하자!<br>3. 신규 관리자는 안전하고 사고예방하자!<br>4. 신규 관리자는 위험성을 평가하자!<br><br>채용 시 근로자 교육 중 "정리정돈 청소" 제외<br>1. 신규 관리자는 기계기구 위험성, 작업순서, 동선을 알자!<br>2. 신규 관리자는 취급물질의 위험성(물질안전보건자료)을 알자!<br>3. 신규 관리자는 작업 전 점검하자!<br><br>신규 관리자 내용 추가<br>1. 신규 관리자는 안전보건 조치하자!<br>2. 신규 관리자는 안전 작업방법 결정해서 감독하자!<br>3. 신규 관리자는 재해 시 긴급조치하자! |

> 참고

**(1) 건설업 기초안전·보건교육에 대한 내용 및 시간**

| 교육 내용 | 시간 |
| --- | --- |
| 1. 건설공사의 종류(건축, 토목 등) 및 시공 절차 | 1시간 |
| 2. 산업재해 유형별 위험요인 및 안전보건조치 | 2시간 |
| 3. 안전보건관리체제 현황 및 산업안전보건 관련 근로자 권리·의무 | 1시간 |

**(2) 물질안전보건자료에 관한 교육 내용**
① 대상화학물질의 명칭(또는 제품명)
② 물리적 위험성 및 건강 유해성
③ 취급상의 주의사항
④ 적절한 보호구
⑤ 응급조치 요령 및 사고 시 대처방법
⑥ 물질안전보건자료 및 경고표지를 이해하는 방법

**(3) 특수형태근로종사자에 대한 안전보건교육(최초 노무제공 시 교육)**

| 교육 내용 |
| --- |
| 아래의 내용 중 특수형태근로종사자의 직무에 적합한 내용을 교육해야 한다. |

① 교통안전 및 운전안전에 관한 사항
② 보호구 착용에 대한 사항
③ 산업안전 및 사고 예방에 관한 사항
④ 산업보건 및 직업병 예방에 관한 사항
⑤ 건강증진 및 질병 예방에 관한 사항
⑥ 유해·위험 작업환경 관리에 관한 사항
⑦ 기계·기구의 위험성과 작업의 순서 및 동선에 관한 사항
⑧ 작업 개시 전 점검에 관한 사항
⑨ 정리정돈 및 청소에 관한 사항
⑩ 사고 발생 시 긴급조치에 관한 사항
⑪ 물질안전보건자료에 관한 사항
⑫ 직무스트레스 예방 및 관리에 관한 사항
⑬ 직장 내 괴롭힘, 고객의 폭언 등으로 인한 건강장해 예방 및 관리에 관한 사항
⑭ 산업안전보건법령 및 산업재해보상보험 제도에 관한 사항

채용 시 교육 내용 + 근로자 정기교육 내용 + 보호구 + 교통, 운전 안전(위험성평가 제외)

안전보건관리책임자 등에 대한 1) 직무교육에 해당하는 대상을 4가지 적고, 2) 다음 괄호 안을 채우시오.

> 다음 각 호의 어느 하나에 해당하는 사람은 해당 직위에 선임된 후 ( ① )(보건관리자가 의사인 경우는 ( ② )) 이내에 직무를 수행하는 데 필요한 신규교육을 받아야 하며, 신규교육을 이수한 후 매 ( ③ )이 되는 날을 기준으로 ( ④ ) 사이에 고용노동부장관이 실시하는 안전·보건에 관한 보수교육을 받아야 한다.

**정답**

1) 직무교육 대상
   ① 안전보건관리책임자
   ② 안전관리자
   ③ 보건관리자
   ④ 안전보건관리담당자
   ⑤ 안전관리전문기관 또는 보건관리전문기관에서 안전관리자 또는 보건관리자의 위탁 업무를 수행하는 사람
   ⑥ 건설재해예방전문지도기관에서 지도업무를 수행하는 사람
   ⑦ 안전검사기관에서 검사업무를 수행하는 사람
   ⑧ 자율안전검사기관에서 검사업무를 수행하는 사람
   ⑨ 석면조사기관에서 석면조사 업무를 수행하는 사람

2) ① 3개월  ② 1년  ③ 2년  ④ 전후 6개월

# CHAPTER 06 산업안전 심리

1. 착각현상을 이해·적용하여야 한다.
2. 주의력과 부주의에 대해 이해·적용하여야 한다.
3. 안전사고와 사고심리에 대해 이해·적용하여야 한다.
4. 재해빈발자의 유형에 대해 이해·적용하여야 한다.
5. 노동과 피로에 대해 이해·적용하여야 한다.
6. 직업적성과 인사관리에 대해 이해·적용하여야 한다.
7. 동기부여에 관한 이론에 대해 이해·적용하여야 한다.
8. 무재해운동과 위험예지훈련에 대해 이해·적용하여야 한다.

## 착각, 착시현상

### (1) 착각현상 ★

| 가현운동($\beta$)운동 | • 정지하고 있는 대상물이 급속히 나타나던가 소멸하는 것으로 인하여 일어나는 운동으로 마치 대상물이 운동하는 것처럼 인식되는 현상<br>• 예 영화의 영상 |
|---|---|
| 유도 운동 | • 움직이지 않는 것이 움직이는 것처럼 느껴지는 현상<br>• 예 상행선 열차를 타고 가며 정지하고 있는 하행선 열차를 보면 마치 하행선 열차가 움직이는 것처럼 느껴지는 현상 |
| 자동 운동 | • 암실에서 정지된 소광점을 응시하면 광점이 움직이는 것처럼 보이는 현상<br>• 안구의 불규칙한 운동 때문에 생기는 현상이다.<br>**자동운동이 잘 발생되는 조건**<br>• 광점이 작을 것　　　• 시야의 다른 부분이 어두울 것<br>• 대상이 단순할 것　　• 빛의 강도가 작을 것 |

### (2) 착시현상

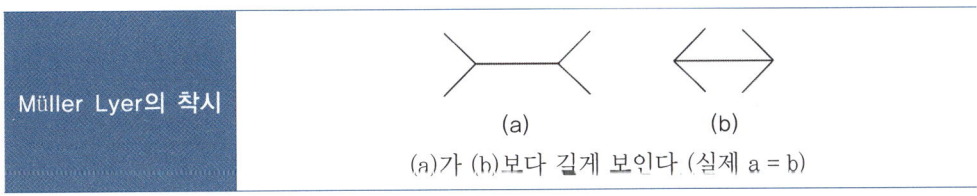

Müller Lyer의 착시: (a)가 (b)보다 길게 보인다 (실제 a = b)

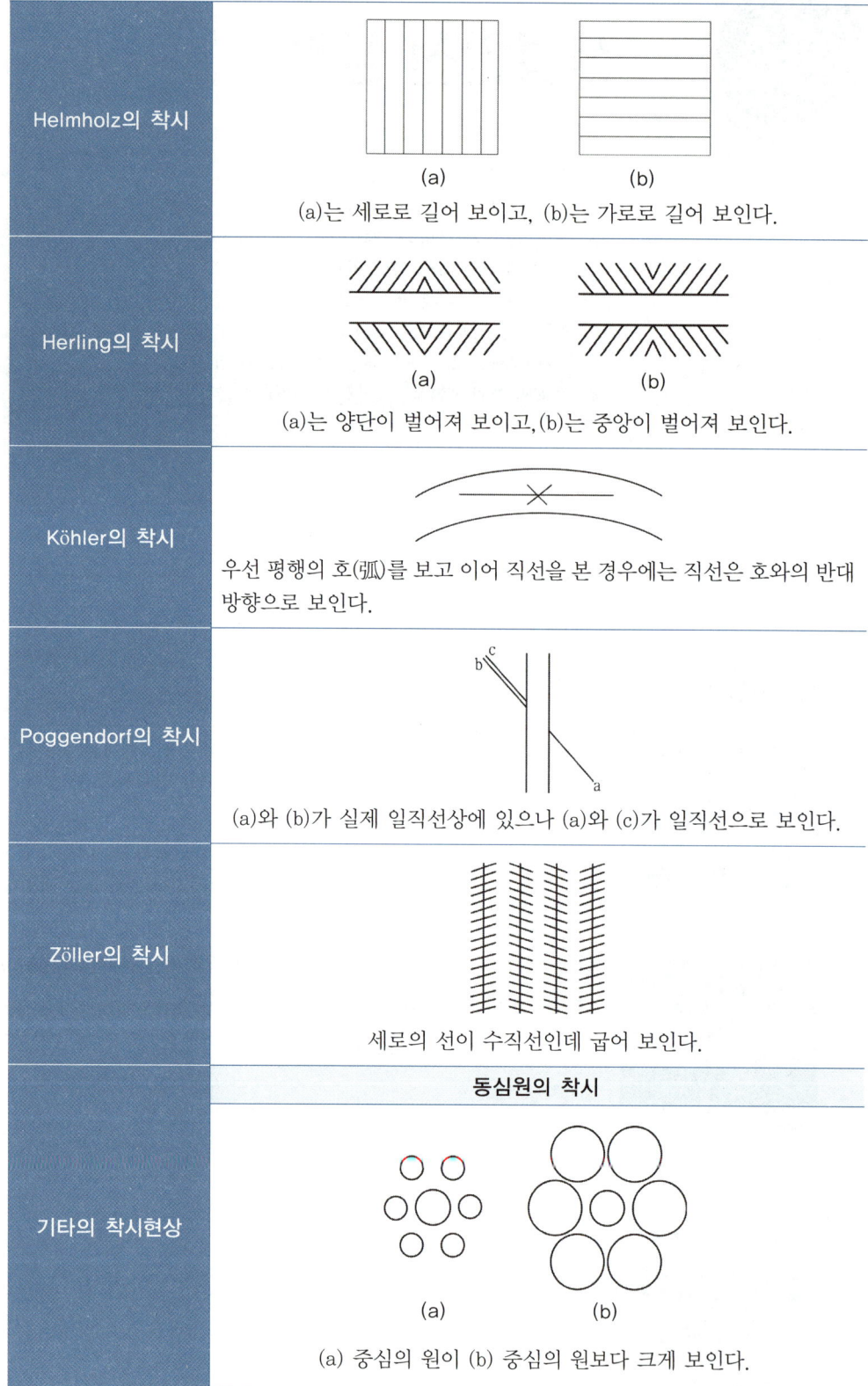

| | |
|---|---|
| 기타의 착시현상 | 좌변의 절선이 꺾여 굽어보인다.<br><br>평행선을 잘못 본다. |

## (3) 군화의 법칙(게슈탈트의 법칙)

| | |
|---|---|
| ① 근접의 요인 | 사물을 인지할 때, 가까이에 있는 물체들을 하나의 그룹으로 묶어 인지한다.<br>○○　○○　○○　○○<br>(가까이 있는 원 2개를 하나의 그룹으로 인지한다.)<br>○○○○○○<br>(배열간격이 동일할 경우 전체를 하나의 그룹으로 인지한다.) |
| ② 동류(同類)의 요인<br>(유사의 요인) | 유사한 자극끼리 함께 묶어서 지각하는 원리이다.<br>●○●○●○<br>(● ○을 묶어서 하나의 그룹으로 인지한다.) |
| ③ 폐합(閉合)의 요인<br>(폐쇄의 요인) | 완성되지 않은 형태를 완성시켜 인지한다.<br>(떨어져 있는 부분들을 합하여 원으로 인지한다.) |
| ④ 연속의 요인 | 요소들이 부드러운 연속을 따라 함께 묶여 인지된다. |
| ⑤ 좋은 모양의 요인<br>(단순성, 대칭성,<br>규칙성, 상징성) | 좋은 모양을 만드는 것끼리 한데 모임으로써 보기 좋아진다. |

## 주의와 부주의

### (1) 인간 의식레벨의 분류 ★

| Phase 0 | 무의식, 실신 | 수면, 뇌발작 | 주의작용 없음 |
| Phase I | 의식 흐림 | 피로, 단조로운 일 | 부주의 |
| Phase II | 이완 | 안정기거, 휴식 | 안정기거, 휴식 |
| Phase III | 상쾌 | 적극적 | 적극활동 |
| Phase IV | 과긴장 | 일점집중현상, 긴급방위 | 감정흥분 |

### (2) 인간 주의특성의 종류 ★★

① **선택성** : 한 번에 여러 종류의 자극을 지각하지 못하여 소수의 특정한 것으로 선택하여 지각하는 기능
② **방향성** : 시선에서 벗어난 부분은 무시되기 쉽다.(주시점만 응시한다.)
③ **변동성** : 주의는 리듬이 있어 일정한 수순을 지키지 못한다.
④ **단속성** : 고도의 주의는 장시간 집중이 곤란하다.
⑤ **주의력의 중복집중 곤란** : 동시에 두개 이상의 방향을 잡지 못한다.

### (3) 부주의 원인 ★★

① **의식 단절** : 의식 흐름의 단절(특수한 질병 등에 의한 경우로 의식수준은 Phase0 인 상태)

② **의식 우회** : 걱정, 고뇌 등으로 의식이 빗나감

③ **의식수준 저하** : 피로, 단조로운 작업의 연속으로 의식수준이 저하됨

④ **의식 혼란** : 외부자극의 강, 약에 의해 위험요인에 대응할 수 없을 때 발생

⑤ **의식 과잉** : 긴급상황 시 일점 집중 현상을 일으킨다.

## (4) 부주의의 원인과 대책 ★

① **소질적 문제** : 적성 배치
② **의식의 우회** : 카운슬링
③ **경험, 미경험자** : 안전교육, 훈련
④ 작업환경 조건 불량 : 환경 정비
⑤ 작업순서의 부적당 : 작업 순서 정비

---

## 안전사고와 사고심리

### (1) 인간의 행동성향 ★

1) 투사
   - 자기 속의 억압된 것을 다른 사람의 것으로 생각하는 것
   - 자신의 불만이나 불안을 해소시키기 위해서 **자신의 잘못을 남의 탓으로 돌리는 행동**

2) 모방
   - **남의 행동이나 판단을 표본으로 하여 그것과 같거나 또는 그것에 가까운 행동 또는 판단을 취하려는 행동**

3) 암시
   - **다른 사람으로부터의 판단이나 행동을 무비판적으로 논리적·사실적 근거없이 받아들이는 행동**

4) 승화
   - 사회적으로 승인되지 않은 욕구가 **사회적, 문화적으로 가치 있는 것으로 나타남**
   - 자신의 동기에 대해 불안을 느끼는 사람은 무의식적으로 **내면의 동기를 사회가 용납하는 다른 동기로 변형시킴**

5) 합리화
   - **자기 행위는 합리적이고 정당하며 실제보다 훌륭하게 평가함**
   - 자기의 실패나 약점을 그럴듯한 **이유나 변명을 들어 자신의 실패를 정당화하는 행동**

6) 억압
   - 의식에서 용납하기 힘든 생각, 욕망, 충동, 공격성 등을 무의식적으로 눌러 버리는 것

### 7) 동일화

- 다른 사람의 행동 양식이나 태도를 투입시키거나 다른 사람 가운데서 자기와 비슷한 점을 발견하는 것
- 부모, 형, 주위의 중요한 인물들의 태도나 행동을 따라하는 것
- 예 고등학교 때 선생님이 멋있어서 열심히 그 과목을 공부하는 것

### 8) 반동형성

- 자신의 감정과 정반대의 태도를 취하는 것
- 예 슬퍼서 울고 싶은데 오히려 더 많이 웃고 떠든다.

### 9) 보상

- 약점을 보충하기 위해 다른 어떤 것을 과도히 발전시키는 것
- 자신의 결함이나 열등감, 긴장을 해소시키기 위하여 장점 등으로 그 결함을 보충하려는 행동
- 예 다리가 짧은 사람이 걸음을 더 빠르게 걸으려 하는 것

### 10) 퇴행

- 좌절을 심하게 당했을 때 현재보다 유치한 과거 수준으로 후퇴하는 것
- 예 여동생이나 남동생을 얻게 되면서 손가락을 빠는 것과 같이 어린 시절의 버릇을 나타낸다.

### 11) 커뮤니케이션

- 갖가지 행동 양식을 매개로 하여 어떤 사람으로부터 다른 사람에게 전달되는 과정
- 예 언어, 몸짓, 신호, 기호

### 12) 억측판단

- 규정대로 수행하지 않고 '괜찮다'고 생각하여 자기주관대로 행하는 행동
- 예 신호등의 신호가 녹색에서 황색으로 바뀌었으나 괜찮다고 판단하고 지나감

## (2) 인간의 사회 행동 기본형태

① 협력 : 조력, 분업
② 대립 : 공격, 경쟁
③ 도피 : 고립, 정신병, 자살
④ 융합 : 강제타협

## (3) 인간의 특성

① **간결성의 원리** ★ : 최소에너지에 의해 목적에 달성하려는 경향을 말한다.

> 생략 행위 : 작업현장에서 소정의 작업용구를 사용하지 않고 근처의 용구를 사용해서 임시 변통하는 인간 심리 결함행위

② 주의의 **일점집중현상** ★ : 인간은 **위급한 상황 시 가장 중요한 일에만** 집중한다.
③ 순간적인 대피방향 : 좌측
④ 동조행동 : 집단 규범·관습이나 다른 사람의 반응에 일치하도록 행동하는 양식
⑤ Risk Taking(위험감수) : 객관적인 위험을 자기 나름대로 판단해서 의지·결정하고 행동에 옮기는 것

## (4) 양립성 ★

### 1) 양립성의 정의

자극과 반응의 관계가 인간의 기대와 모순되지 않는 성질

### 2) 양립성의 종류

| 개념적 양립성 | • 외부자극에 대해 인간의 개념적 현상의 양립성<br>• 예 빨간 버튼은 온수, 파란 버튼은 냉수 |
|---|---|
| 공간적 양립성 | • 표시장치, 조종장치의 형태 및 공간적 배치의 양립성<br>• 예 오른쪽 조리대는 오른쪽 조절장치로, 왼쪽 조리대는 왼쪽 조절장치로 조정한다. |
| 운동의 양립성 | • 표시장치, 조종장치 등의 운동 방향의 양립성<br>• 예 조종장치를 오른쪽으로 돌리면 표시장치 지침이 오른쪽으로 이동한다. |
| 양식 양립성 | • 직무에 알맞은 자극과 응답 양식의 존재에 대한 양립성<br>• 예 음성과업에 대해서는 청각적 자극 제시와 이에 대한 음성응답 과업에서 갖는 양립성 |

## (5) 산업안전심리 5요소 ★

① **동기**(motive) : 마음을 움직이는 원동력
② **기질**(temper) : 인간의 성격, 능력 등 개인적인 특성
③ **감정**(emotion) : 희로애락 등의 감정은 안전과 밀접한 관계를 가지고 사고를 일으키는 정신적 동기를 만든다.

④ **습성**(habits) : 동기, 기질, 감정 등이 연관관계를 형성하여 인간행동에 영향을 미치는 것
⑤ **습관**(custom) : 성장과정을 통해 형성된 특성이 자신도 모르게 습관화 된 현상

### (6) 레윈(K. Lewin)의 법칙 ★

인간의 행동은 개체의 자질과 심리적 환경의 함수관계이다.

$$B = f(P \cdot E)$$

여기서, B : Behavior(인간의 행동)
       f : function(함수관계)
       P : Person(개체 : 연령, 경험, 심신상태, 성격, 지능 등)
       E : Environment(심리적 환경 : 인간관계, 작업환경 등)

### (7) 인간 의식의 공통적 경향

① 의식은 현상의 **대응력에 한계가 있다.**
② 의식은 그 **초점에서 멀어질수록 희미해진다.**
③ 당면한 문제에 의식의 초점이 합치되지 않고 있을 때는 대응력이 저감된다.
④ 인간의 **의식은 중단되는 경향이** 있다.
⑤ 인간의 **의식은 파동한다.**

### (8) 인간의 착오 요인

| 구분 | 내용 |
|---|---|
| 인지과정 착오의 요인 | • 정보량 저장의 한계<br>• 감각 차단 현상<br>• 정서적 불안정<br>• 생리, 심리적 능력의 한계(정보 수용 능력의 한계) |
| 판단과정 착오요인 | • 자기 합리화<br>• 능력 부족<br>• 정보 부족<br>• 자기과신 |
| 조작과정의 착오 요인 | • 작업자의 기능 미숙(기술 부족)<br>• 작업경험 부족<br>• 피로 |
| 심리적, 기타 요인 | • 불안·공포·과로·수면부족 등 |

## (9) 적응기제

| 방어기제(갈등을 이겨내려는 능동성과 적극성) ★ | 도피기제(갈등을 해결하지 않고 도망감) ★ |
|---|---|
| ① 보상 : 열등감을 다른 곳에서 강점으로 발휘함<br>② 합리화 : 자기실패의 합리화, 자기미화<br>③ 동일시 : 힘 있고 능력 있는 사람을 통해 자기 만족을 얻으려 함<br>④ 승화 : 열등감과 욕구불만을 사회적으로 바람직한 가치로 나타내는 것<br>⑤ 투사 : 자신의 열등감을 다른 것의 결함을 발견해서 벗어나려 함 | ① 고립 : 외부와의 접촉을 끊음<br>② 퇴행 : 유아 시절로 돌아가 유치해짐<br>③ 억압 : 무의식으로 쑤셔 넣기<br>④ 백일몽 : 공상의 나래를 펼침 |

## (10) 호손(Hawthorne)실험

① 미국의 호손공장에서 행한 실험으로 작업능률을 좌우하는 것은 근무시간 등과 같은 노동조건이나 작업환경 등의 물적 조건보다 종업원의 태도, 즉 심리적, 내적양심과 감정이 중요하다.
② 물적 조건도 그 개선에 의하여 효과를 가져올 수 있으나 종업원의 심리적 요소가 더 중요하다.

## (11) 카운슬링

① 카운슬링 방법
  • 직접충고   • 설득적 방법   • 설명적 방법
② 카운슬링의 순서
  장면구성 → 대담자 대화 → 의견 재분석 → 감정표출 → 감정의 명확화

---

# 재해빈발성 이론

## (1) 재해설 ★

① **기회설(상황설)** : 재해가 일어날 수 있는 상황만 주어지면 재해가 유발된다.
② **암시설(습관설)** : 한번 재해를 당한 사람은 겁쟁이가 되어 신경과민으로 또 재해를 유발한다.
③ **경향설(성향설)** : 근로자 중 재해가 빈발하는 소질적 결함자가 있다.

## (2) 재해 누발자의 유형 ★

### ① 미숙성 누발자
- 기능 미숙자
- 환경에 익숙하지 못한 자

### ② 상황성 누발자
- 작업에 어려움이 많은 자
- 기계 설비의 결함이 있을 때
- 심신에 근심이 있는 자
- 환경상 주의력 집중이 혼란되기 쉬울 때

### ③ 소질성 누발자
- 개인 소질 가운데 재해 원인 요소를 가지고 있는 자
- 개인의 특수 성격 소유자

| 소질성 누발자의 공통된 성격 |
|---|
| • 주의력 산만 및 주의력 지속 불능<br>• 흥분성<br>• 저지능<br>• 비협조성<br>• 도덕성의 결여<br>• 소심한 성격<br>• 감각운동 부적합 등 |

### ④ 습관성 누발자
- 재해 경험에 의해 겁쟁이가 되거나 신경과민이 된 자
- 슬럼프에 빠져있는 자

---

## 노동과 피로

### (1) 산소부채(oxygen debt)현상

격렬한 작업이나 운동을 할 때 산소 섭취량이 산소 소모량보다 부족하게 되어 산소부채(산소 빚)를 일으키는 현상을 말하며 빚진 산소 부족분을 되갚기 위해 작업이나 운동 후 호흡이 즉시 정상으로 회복되지 않고 서서히 회복되는 산소부채의 보상 현상이 발생한다.

## (2) 피로의 측정법

### 1) 생리학적 측정법 ★

① EMG(electromyogram ; 근전도) : 근육활동 전위차의 기록
② ECG(electrocardiogram ; 심전도) : 심장근 활동 전위차의 기록
③ ENG 또는 EEG(electroneurogram ; 뇌전도) : 신경활동 전위차의 기록
④ EOG(electrooculogram ; 안전도) : 안구(眼球)운동 전위차의 기록
⑤ 산소소비량
⑥ 에너지 소비량(RMR)
⑦ 피부전기반사(GSR)
⑧ 점멸 융합 주파수(플리커법, 어름거림 검사)

### 2) 생화학적 측정법

혈액, 뇨 중의 스테로이드량, 아드레날린 배설량 등을 측정하는 방법

### 3) 심리학적 측정법

동작 분석, 연속반응시간, 자세 변화, 주의력, 집중력 등을 이용한 측정법

## (3) 에너지 대사율(RMR)

**에너지 대사율(RMR)의 계산 ★★**

$$RMR = \frac{노동대사량}{기초대사량} = \frac{작업\ 시의\ 소비\ energy - 안정\ 시\ 소비\ energy}{기초대사량}$$

① 작업강도는 에너지 대사율로 나타낸다.
② 작업시의 소비에너지는 작업 중에 소비한 산소의 소모량으로 측정한다.
③ 안정시의 소비에너지는 의자에 앉아서 호흡하는 동안에 소비한 산소의 소모량으로 측정한다.

---

**E·X·E·R·C·I·S·E**

중량물 들기 작업을 수행하는데, 5분간의 산소소비량을 측정한 결과, 90L의 배기량 중에 산소가 16%, 이산화탄소가 4%로 분석되었다. 해당 작업에 대한 분당 산소소비량과 분당 에너지 소비량은 얼마인가? (단, 공기 중 질소는 79vol%, 산소는 21vol%, 산소 1ℓ의 에너지는 5kcal 이다.)

**풀이**

① 분당 배기량 = $\frac{90}{5}$ = 18(ℓ/분)

② 분당 흡기량 = $\frac{100 - O_2 - CO_2}{100 - 21}$ × 분당 배기량 = $\frac{100 - 16 - 4}{79}$ × 18 = 18.227 = 18.23(ℓ/분)

③ • 분당 산소소비량 = (분당 흡기량×21%) − (분당 배기량×16%) = (18.23×0.21) − (18×0.16) = 0.948(ℓ/분)
  • 분당 에너지소비량 = 0.948(L/min) × 5(kcal/L) = 4.74(kcal/min)

### (4) 작업강도 구분에 따른 RMR ★★

① **경작업**(가벼운 작업) : 1 ~ 2
② **중작업**(보통 작업) : 2 ~ 4
③ **중작업**(힘든 작업) : 4 ~ 7
④ **초중작업**(굉장히 힘든 작업) : 7 이상

### (5) 휴식시간

**휴식시간의 계산 ★★**

$$\text{휴식시간(R)} = \frac{60 \times (E-5)}{E-1.5} \text{ [분]}$$

- 1.5 : 휴식 중의 에너지 소비량
- 5(kcal/분) : 보통 작업에 대한 평균 에너지(기초대사량을 포함하지 않을 경우 4)
- 60(분) : 작업시간
- E(kcal/분) : 문제에서 주어진 작업 시 필요한 에너지

**E·X·E·R·C·I·S·E**

작업장에서 근로자가 작업 시 분당 에너지 소모가 5.5kcal라면 적당한 휴식시간은 얼마인지 계산하시오. (단, 작업에 관한 평균에너지 4kcal)

**풀이**

$$\text{휴식시간(R)} = \frac{60 \times (E-4)}{E-1.5} \text{ [분]} = \frac{60 \times (5.5-4)}{5.5-1.5} = 22.5 \text{[분]}$$

### (6) 생체리듬(biorhythm)

1) 바이오리듬의 종류

| 육체적 리듬(P) | 감성적 리듬(S) | 지성적 리듬(I) |
|---|---|---|
| 23일 주기 | 28일 주기 | 33일 주기 |
| 청색의 실선으로 표시 | 적색의 점선으로 표시 | 녹색의 일점쇄선으로 표시 |
| 식욕, 소화력, 활동력, 지구력 등을 나타냄 | 감정, 주의심, 창조력, 희로애락 등을 나타냄 | 상상력, 사고력, 기억력, 인지력, 판단력 등을 나타냄 |

## 리더십과 헤드십

### (1) 리더십의 정의

| 리더십(leadership) |
|---|
| $L = f(l \cdot f_1 \cdot s)$ |

여기서, $L$ : 리더십(leader ship)
$f$ : 함수(function)
$l$ : 리더(leader)
$f_1$ : 멤버, 추종자(follower)
$s$ : 상황요인(situational variables)

### (2) 업무 추진의 방식에 따른 분류

① **권위주의적** 리더 : 리더가 독단적으로 의사를 결정하는 형태
② **민주주의적** 리더 : 집단토의에 의해 의사를 결정하는 형태
③ **자유방임적** 리더 : 리더 역할은 하지 않고 명목상 자리만 유지하는 형태

### (3) 행동유형 방식에 따른 분류

① **참여적 리더십** : 부하들과 상담하여 부하의견을 고려하는 형태
② **지시적 리더십** : 지도자는 독선적이며 조직 구성원들을 보상-체벌의 연속선상에서 명령하고 통제한다.
③ **지원적 리더십** : 우호적이며 친밀감이 강하고 부하의 의사 표현을 존중하는 형태
④ **성취 지향적 리더십** : 도전적 목표설정을 강조하고 부하능력을 신뢰하는 형태

### (4) 리더의 행동유형 중 관리그리드 이론 ★

| | |
|---|---|
| (1.1)형 | 무관심형 |
| (1.9)형 | 인기형 |
| (9.1)형 | 과업형 |
| (5.5)형 | 타협형 |
| (9.9)형 | 이상형 |

*(x,y)형에서 x는 과업의 관심도, y는 인간관계의 관심도를 나타냄

### (5) 리더십 권한의 역할 ★

① **보상적 권한** : 지도자가 **부하에게 보상**할 수 있는 능력

② **강압적 권한** : 지도자가 부하들을 처벌할 수 있는 권한
③ **합법적 권한** : 조직의 규정에 의해 공식화된 권한
④ **위임된 권한** : 부하직원들이 지도자를 따르고 지도자와 함께 일하는 것
⑤ **전문성의 권한** : 지도자가 집단 목표수행에 전문적인 지식을 갖고 있는가와 관련한 권한

### (6) 리더십과 헤드십의 특성 ★

| 구 분 | 리더십 | 헤드십 |
|---|---|---|
| 권한 행사 | 선출된 리더 | 임명적 헤드 |
| 권한 부여 | 밑으로부터의 동의 | 위에서 위임 |
| 권한 귀속 | 집단 목표에 기여한 공로 인정 | 공식화된 규정에 의함 |
| 상사, 부하 관계 | 개인적인 영향 | 지배적임 |
| 부하와의 관계 | 좁음 | 넓음 |
| 지휘형태 | 민주주의적 | 권위주의적 |
| 책임귀속 | 상사와 부하 | 상사 |
| 권한근거 | 개인적 | 법적, 공식적 |

### (7) 집단의 유형

| 구분 | 특징 | 예 |
|---|---|---|
| 1차 집단<br>(primary group) | • 대면 상호작용과 집단 구성원 간의 상호의존과 동일시를 중요시한다.<br>• 작고 오래 지속되는 집단의 형태이다. | 가족, 친한 친구 등 |
| 2차 집단<br>(secondary group) | • 보다 복잡한 사회에서 나타나는 비교적 크고 공식적으로 조직되는 사회집단이다. | 직장동료, 모임 등 |

### (8) 집단의 기능

① **응집력** : 집단내부로부터 생기는 힘
② **행동의 규범** : 그 집단을 유지하며, 집단의 목표를 달성하는 데 필수적인 것으로서 자연 발생적으로 성립되는 것
③ **집단의 목표** : 집단을 형성하기 위한 기본 조건으로 가장 중요한 요소는 특정 목표를 지녀야 한다.

## (9) 비통제적 집단행동

① 군중(Crowd) : 공통된 규범이나 조직성 없이 우연히 조직된 인간의 일시적 집합
② 모브(Mob) : 비통제의 집단행동 중 폭동과 같은 것을 의미하며 군중보다 합의성이 없고 감정에 의해서만 행동하는 특성을 가진다.
③ 패닉(Panic) : 위험을 회피하기 위해서 일어나는 집합적인 도주현상
④ 심리적 전염

# 동기부여 이론

## (1) 데이비스(K. Davis)의 동기부여 이론 ★

① 인간의 성과×물질의 성과 = 경영의 성과
② 지식(knowledge)×기능(skill) = 능력(ability)
③ 상황(situation)×태도(attitude) = 동기유발(motivation)
④ 능력×동기유발 = 인간의 성과(human performance)

## (2) 매슬로(Maslow A. H.)의 욕구단계 이론(인간의 욕구 5단계) ★★

① 제1단계(생리적 욕구) : 인간의 가장 기본적인 욕구
② 제2단계(안전 욕구) : 자기 보존 욕구
③ 제3단계(사회적 욕구) : 소속감과 애정 욕구
④ 제4단계(존경 욕구) : 인정받으려는 욕구
⑤ 제5단계(자아실현의 욕구) : 잠재적인 능력을 실현하고자 하는 욕구

## (3) 헤르츠버그(Herzberg)의 동기·위생 이론 ★★

① 위생 요인 : 인간의 동물적 욕구를 반영하는 것으로 Maslow의 생리적, 안전, 사회적 욕구와 비슷하다.(저차원의 욕구)
② 동기 요인 : 자아실현을 하려는 인간의 독특한 경향을 반영한 것으로 Maslow의 존경, 자아실현의 욕구와 비슷하다.(고차원의 욕구)

| 위생 요인(직무 환경) | 동기 요인(직무 내용) |
|---|---|
| • 회사정책과 관리<br>• 개인 상호 간의 관계<br>• 감독 | • 성취감<br>• 책임감<br>• 안정감 |

| | |
|---|---|
| • 임금<br>• 보수<br>• 작업조건<br>• 지위<br>• 안전 | • 성장과 발전<br>• 도전감<br>• 일 그 자체 |

### (4) 알더퍼의 E.R.G이론 ★★

① **생존 욕구**(존재 욕구) : 의식주, 봉급, 직무안전
② **관계 욕구** : 대인관계
③ **성장 욕구** : 개인적 발전

### (5) 맥그리거(McGregor)의 X, Y 이론 ★★

| X이론의 특징 | Y이론의 특징 |
|---|---|
| 인간 불신감 | 상호 신뢰감 |
| 성악설 | 성선설 |
| 인간은 원래 게으르고 태만하며 남의 지배를 받기를 즐긴다. | 인간은 부지런하고 적극적이며 자주적이다. |
| 물질욕구(저차원 욕구)에 만족 | 정신욕구(고차원 욕구)에 만족 |
| 명령, 통제에 의한 관리<br>(권위주의형 리더십) | 목표 통합과 자기통제에 의한 관리<br>(민주주의형 리더십) |
| 저개발국형 | 선진국형 |

○ **맥그리거(McGregor)의 X, Y이론의 관리처방**

| X이론(저차원) | Y이론(고차원) |
|---|---|
| • 경제적 보상체제의 강화<br>• 권위주의적 리더십의 확립<br>• 면밀한 감독과 엄격한 통제<br>• 상부 책임제도의 강화 | • 분권화와 권한의 위임<br>• 직무확장 및 목표에 의한 관리<br>• 민주적 리더십의 확립<br>• 비공식적 조직의 활용<br>• 상호 신뢰감<br>• 책임과 창조력<br>• 인간관계 관리방식 |

## 무재해운동과 위험예지훈련

### (1) 무재해의 정의

**무재해** : 무재해운동 시행사업장에서 근로자가 업무에 기인하여 사망 또는 4일 이상의 요양을 요하는 부상 또는 질병에 이환되지 않는 것을 말한다. 다만, 다음 각 목의 어느 하나에 해당하는 경우에는 무재해로 본다.

#### 무재해에 해당하는 경우 ★

① 업무 수행 중의 사고 중 천재지변 또는 돌발적인 사고로 인한 구조행위 또는 긴급피난 중 발생한 사고
② 출·퇴근 도중에 발생한 재해
③ 운동경기 등 각종 행사 중 발생한 재해
④ 천재지변 또는 돌발적인 사고 우려가 많은 장소에서 사회통념상 인정되는 업무수행 중 발생한 사고
⑤ 제3자의 행위에 의한 업무상 재해
⑥ 업무상 질병에 대한 구체적인 인정기준 중 뇌혈관 질병 또는 심장 질병에 의한 재해
⑦ 업무시간 외에 발생한 재해. 다만, 사업주가 제공한 사업장 내의 시설물에서 발생한 재해 또는 작업 개시 전의 작업준비 및 작업 종료 후의 정리정돈과정에서 발생한 재해는 제외한다.
⑧ 도로에서 발생한 사업장 밖의 교통사고, 소속 사업장을 벗어난 출장 및 외부기관으로 위탁 교육 중 발생한 사고, 회식중의 사고, 전염병 등 사업주의 법 위반으로 인한 것이 아니라고 인정되는 재해

> **암기법**
> 무재해 : 업무시간 외, 제3자, 각종 행사, 출·퇴근 도중, 뇌혈관 질환·심장 질환

### (2) 무재해 운동의 3대 원칙 ★★

① **무(無)의 원칙**(ZERO의 원칙) : 사업장 내의 모든 잠재위험요인을 적극적으로 사전에 발견하고 파악·해결함으로써 산업재해의 근원적인 요소들을 없앤다는 것을 의미한다.
② **선취의 원칙**(안전제일의 원칙) : 사업장 내에서 행동하기 전에 잠재위험요인을 발견하고 파악·해결하여 재해를 예방하는 것을 의미한다.
③ **참가의 원칙**(참여의 원칙) : 작업에 따르는 잠재위험요인을 발견하고 파악·해결하기 위하여 전원이 일치 협력하여 각자의 위치에서 적극적으로 문제해결을 하겠다는 것을 의미한다.

### (3) 무재해 운동의 3요소 ★

① 최고 경영자의 경영자세
② 라인관리자에 의한 안전보건 추진
③ 직장의 자주안전 활동의 활성화

### (4) 무재해 소집단활동

1) 브레인스토밍(Brain storming)

   인간의 잠재의식을 일깨워 자유로이 아이디어를 개발하자는 토의식 아이디어 개발 기법

   | 브레인스토밍의 4원칙 ★ |
   |---|
   | • 비판금지 : 좋다, 나쁘다 비판은 하지 않는다.<br>• 자유분방 : 마음대로 자유로이 발언한다.<br>• 대량발언 : 무엇이든 좋으니 많이 발언한다.<br>• 수정발언 : 타인의 생각에 동참하거나 보충 발언해도 좋다. |

2) 미국 듀폰사의 STOP기법

   (Safety Training Observation Program : 안전교육 관찰 프로그램)

   숙련된 관찰자(안전관리자)가 불안전한 행위를 관찰하기 위한 기법

   | STOP 기법 진행방법 |
   |---|
   | 결심 → 정지 → 관찰 → 보고 |

3) T.B.M(Tool Box Meeting) : 단시간 미팅 즉시 적응법 ★

   작업 전, 종료 시 5~10분간 작업자 3~5인이 조를 이뤄 작업 시 위험요소에 대하여 말하는 방식

4) 안전 확인 5지 운동

   ① 모지(마음)   ② 시지(복장)
   ③ 중지(규정)   ④ 약지(정비)
   ⑤ 새끼손가락(확인)

5) 지적확인 ★

   사람의 눈이나 귀 등 오관의 감각기관을 총동원해서 작업공정의 요소 요소에서 자신의 행동을(…좋아) 하고 대상을 지적하여 큰 소리로 확인하여 작업의 정확성과 안전을 확인하는 방법이다.

6) 5C 운동 ★

① **복장단정**(Correctness)
② **정리정돈**(Clearance)
③ **청소청결**(Cleaning)
④ **점검확인**(Checking)
⑤ **전심전력**(Concentration)

7) E.C.R(Erroe Cause Removal) 제안제도 ★

근로자 자신이 자기의 부주의 이외에 제반 오류의 원인을 생각함으로써 개선을 하도록 하는 방법

8) 터치 앤 콜(Touch and Call)

팀의 전 구성원이 원을 만들어 팀의 행동목표나 무재해 구호를 지적확인 하는 방법 (무재해로 나가자, 좋아! 좋아! 좋아!)

## (5) 위험예지 훈련

| 위험예지 훈련 4단계 ★★ ||
|---|---|
| 1단계 : 현상 파악 | • 어떤 위험이 잠재하고 있는가?<br>• 전원이 대화로써 도해 상황 속의 잠재위험요인을 발견하고 그 요인이 초래할 수 있는 사고를 생각해내는 단계 |
| 2단계 : 요인조사<br>(본질추구) | • 이것이 위험의 포인트다.<br>• 발견해 낸 위험 중 가장 위험한 것을 합의로서 결정하는 단계 |
| 3단계 : 대책수립 | • 당신이라면 어떻게 할 것인가?<br>• 중요위험요인을 해결하기 위한 대책을 세우는 단계 |
| 4단계 : 행동목표 설정<br>(합의요약) | • 우리들은 이렇게 하자!<br>• 대책 중 중점 실시항목을 합의 요약해서 그것을 실천하기 위한 행동목표를 설정하는 단계 |

# 예상문제

 **다음 용어를 정의하시오.** ★★

(1) 무재해의 3원칙
   ①
   ②
   ③

(2) 위험예지훈련 4라운드
   ① 1단계 :
   ② 2단계 :
   ③ 3단계 :
   ④ 4단계 :

**정답**

(1) ① 무(無)의 원칙(ZERO의 원칙) : 산업재해의 근원적인 요소들을 없앤다는 것을 의미
   ② 선취의 원칙(안전제일의 원칙) : 행동하기 전에 잠재위험요인을 발견하고 파악·해결하여 재해를 예방하는 것을 의미
   ③ 참가의 원칙(참여의 원칙) : 전원이 일치 협력하여 각자의 위치에서 적극적으로 문제해결을 하겠다는 것을 의미

(2) 위험예지훈련 4라운드
   ① 1단계 : 현상 파악
   ② 2단계 : 요인조사 또는 본질추구
   ③ 3단계 : 대책수립
   ④ 4단계 : 행동계획(목표) 설정

## 02 브레인 스토밍의 4원칙을 쓰시오. ★

**정답**

① 비판금지
② 자유분방
③ 대량발언
④ 수정발언

## 03 양립성의 종류 3가지를 적으시오. ★

**정답**

① 개념적 양립성
② 공간적 양립성
③ 운동의 양립성

**참고**

- 양립성 : 자극과 반응의 관계가 인간의 기대와 모순되지 않는 성질
    ① 개념적 양립성 : 외부자극에 대해 인간의 개념적 현상의 양립성
    ② 공간적 양립성 : 표시장치, 조종장치의 형태 및 공간적 배치의 양립성
    ③ 운동의 양립성 : 표시장치, 조종장치 등의 운동방향의 양립성

다음 인간관계 매커니즘의 종류를 적으시오. ★

(1) (          ) : 자기 속의 억압된 것을 다른 사람의 것으로 생각

(2) (          ) : 남의 행동이나 판단을 기준으로 그것에 가까운 행동을 취함

(3) (          ) : 다른 사람의 판단이나 행동을 무비판적으로 받아들이는 것

(4) (          ) : 사회적으로 승인되지 않은 욕구가 사회적, 문화적으로 가치있는 것으로 나타남

(5) (          ) : 자기행위는 합리적이고 정당하며 실제보다 훌륭하게 평가함

(6) (          ) : 자신의 동기에 대해 불안을 느끼는 사람은 무의식적으로 내면의 동기를 사회가 용납하는 다른 동기로 변형시킴

(7) (          ) : 객관적인 위험을 행동에 옮김(규정대로 수행하지 않고 괜찮다고 생각하여 자기 주관대로 하는 행동)

(8) (          ) : 의식에서 용납하기 힘든 생각, 욕망, 충동, 공격성 등을 무의식적으로 눌러 버리는 것

**정답**

(1) 투사
(2) 모방
(3) 암시
(4) 승화
(5) 합리화
(6) 승화
(7) 억측판단
(8) 억압

 안전심리의 5대 요소를 기술하시오. (5점)

**정답**

동기, 기질, 습성, 습관, 감정

맥그리거의 X이론과 Y이론의 특징을 표로서 설명하시오. (3가지) ★

| X이론(저차원) | Y이론(고차원) |
|---|---|
|  |  |
|  |  |
|  |  |
|  |  |
|  |  |

**정답**

| X이론(저차원) | Y이론(고차원) |
|---|---|
| 인간불신감 | 상호신뢰감 |
| 성악설 | 성선설 |
| 게으르고, 태만, 남의 지배 즐김 | 부지런하고 적극적, 자주적 |
| 물질욕구(저차원) | 정신욕구(고차원) |
| 명령, 통제에 의한 관리 (권위주의형 리더십) | 목표통합, 자기통제에 의한 관리 (민주주의형 리더십) |
| 저개발국형 | 선진국형 |

 동기부여 이론 중 매슬로(Maslow.A.H)의 욕구단계, 알더퍼의 E.R.G이론, Herzberg의 동기·위생 이론을 설명하시오. ★★

(1) 매슬로(Maslow.A.H)의 욕구단계

(2) 알더퍼의 E.R.G이론

(3) Herzberg의 동기·위생 이론

**정답**

(1) ① 제 1단계(생리적 욕구)
　　② 제 2단계(안전 욕구)
　　③ 제 3단계(사회적 욕구)
　　④ 제 4단계(존경욕구)
　　⑤ 제 5단계(자아실현 욕구)

(2) ① 생존욕구
    ② 관계욕구
    ③ 성장욕구
(3) ① 위생 요인(저차원)
    ② 동기 요인(고차원)

 **리더십의 유형 3가지를 적고 설명하시오.**

**정답**

① 권위주의적 리더 : 리더가 독단적으로 의사를 결정하는 형태
② 민주주의적 리더 : 집단토의에 의해 의사를 결정하는 형태
③ 자유방임적 리더 : 리더 역할은 하지 않고 명목상 자리만 유지하는 형태

**참고**

(1) 리더십의 권한의 역할
    ① 보상적 권한 : 지도자가 부하에게 보상할 수 있는 능력
    ② 강압적 권한 : 부하들을 처벌할 수 있는 권한
    ③ 합법적 권한 : 조직의 규정에 의해 공식화된 권한
    ④ 위임된 권한 : 부하직원들이 지도자를 따르고 지도자와 함께 일하는 것
    ⑤ 전문성의 권한 : 지도자가 집단 목표수행에 전문적인 지식을 갖고 있는가와 관련한 권한

(2) 리더십과 헤드십의 특성

| 구분 | 리더십 | 헤드십 |
|---|---|---|
| 권한 행사 | 선출된 리더 | 임명적 헤드 |
| 권한 부여 | 밑으로 부터의 동의 | 위에서 위임 |
| 권한 귀속 | 집단 목표에 기여한 공로인정 | 공식화된 규정에 의함 |
| 상하, 부하 관계 | 개인적인 영향 | 지배적 |
| 부하와의 관계 | 좁음 | 넓음 |
| 지휘형태 | 민주주의적 | 권위주의적 |

## 09 다음 설명에 해당하는 착각현상을 적으시오. ★

① ( ) : 정지하고 있는 대상물이 급속히 나타나던가 소멸하는 것으로 인하여 일어나는 운동으로 마치 대상물이 운동하는 것처럼 인식되는 현상
- 예) 영화의 영상

② ( ) : 움직이지 않는 것이 움직이는 것처럼 느껴지는 현상

③ ( ) : 암실에서 정지된 소광점을 응시하면 광점이 움직이는 것처럼 보이는 현상

**정답**
(1) 가현($\beta$)현상　　(2) 유도운동　　(3) 자동운동

## 10 기초대사량이 7,000kg/day이고 작업 시 소비에너지가 20,000kg/day, 안정 시 소비에너지가 6,000kg/day일 때 RMR을 계산하시오. ★★

**정답**

$$RMR = \frac{노동대사량}{기초대사량} = \frac{작업시의\ 소비\ energy - 안정시의\ 소비\ energy}{기초대사량}$$

$$= \frac{20,000-6,000}{7,000} = 2$$

## 11 작업강도에 따른 RMR을 구분하여 적으시오. ★★

(1) 경작업 :

(2) 중(中)작업 :

(3) 중(重)작업 :

(4) 초중(超重)작업 :

**정답**
(1) 1 ~ 2　　(2) 2 ~ 4
(3) 4 ~ 7　　(4) 7 이상

## 12
작업현장에서 60분 동안 선반작업 시 평균에너지 소비량이 분당 6.5Kcal일 때 휴식시간을 계산하시오. (단, 작업에 대한 평균에너지 5Kcal) ★★

**정답**

휴식시간(R) = $\dfrac{60 \times (E-5)}{E-1.5}$ [분]

R = $\dfrac{60 \times (6.5-5)}{6.5-1.5}$ = 18분

## 13
다음 설명에 맞는 인간 주의특성의 종류를 적으시오. ★★

(1) 사람은 한 번에 여러 종류의 자극을 수용하지 못하며 소수의 특정한 것으로 한정해서 선택하는 기능 : (　　)
(2) 시선에서 벗어난 부분은 무시되기 쉽다(주시점만 응시한다) : (　　)
(3) 주의는 리듬이 있어 일정한 수순을 지키지 못한다 : (　　)
(4) 고도의 주의는 장시간 집중이 곤란하다 : (　　)
(5) 인간은 동시에 두 개 이상의 방향을 잡지 못한다 : (　　)

**정답**

(1) 선택성　　(2) 방향성　　(3) 변동성
(4) 단속성　　(5) 주의력의 중복집중 곤란

## 14
인간이 작업 중 부주의하게 되는 5가지 원인을 쓰시오. ★★

**정답**

① 의식 단절　　② 의식 우회　　③ 의식 수준 저하
④ 의식 혼란　　⑤ 의식 과잉

**15** 사업장 무재해운동 추진 및 운영에 관한 규칙에 의하여 무재해에 해당하는 경우 3가지를 적으시오.

**정답**

① 업무 수행 중의 사고 중 천재지변 또는 돌발적인 사고로 인한 구조행위 또는 긴급피난 중 발생한 사고
② 출·퇴근 도중에 발생한 재해
③ 운동경기 등 각종 행사 중 발생한 재해
④ 천재지변 또는 돌발적인 사고 우려가 많은 장소에서 사회통념상 인정되는 업무 수행 중 발생한 사고
⑤ 제3자의 행위에 의한 업무상 재해
⑥ 뇌혈관 질병 또는 심장 질병에 의한 재해
⑦ 업무시간 외에 발생한 재해. 다만, 사업주가 제공한 사업장 내의 시설물에서 발생한 재해 또는 작업 개시 전의 작업 준비 및 작업 종료 후의 정리 정돈 과정에서 발생한 재해는 제외한다.
⑧ 도로에서 발생한 사업장 밖의 교통사고, 소속 사업장을 벗어난 출장 및 외부기관으로 위탁교육 중 발생한 사고, 회식 중의 사고, 전염병 등 사업주의 법 위반으로 인한 것이 아니라고 인정되는 재해

# CHAPTER 07 산업안전보건법

## 안전·보건조치

### (1) 유해·위험 예방조치

사업주는 사업을 할 때 다음 각 호의 위험 및 건강장해를 예방하기 위하여 필요한 조치를 하여야 한다.

| 안전조치 | 보건조치 |
|---|---|
| ① 기계·기구, 그 밖의 설비에 의한 위험<br>② 폭발성, 발화성 및 인화성 물질 등에 의한 위험<br>③ 전기, 열, 그 밖의 에너지에 의한 위험 | ① 원재료·가스·증기·분진·흄(fume)·미스트(mist)·산소결핍·병원체 등에 의한 건강장해<br>② 방사선·유해광선·고온·저온·초음파·소음·진동·이상기압 등에 의한 건강장해<br>③ 사업장에서 배출되는 기체·액체 또는 찌꺼기 등에 의한 건강장해<br>④ 계측감시(計測監視), 컴퓨터 단말기 조작, 정밀공작 등의 작업에 의한 건강장해<br>⑤ 단순반복작업 또는 인체에 과도한 부담을 주는 작업에 의한 건강장해<br>⑥ 환기·채광·조명·보온·방습·청결 등의 적정기준을 유지하지 아니하여 발생하는 건강장해 |

### (2) 사업주는 근로자가 다음 각 호의 어느 하나에 해당하는 장소에서 작업을 할 때 발생할 수 있는 산업재해를 예방하기 위하여 필요한 조치를 하여야 한다.

① 근로자가 추락할 위험이 있는 장소
② 토사·구축물 등이 붕괴할 우려가 있는 장소

③ 물체가 떨어지거나 날아올 위험이 있는 장소
④ 천재지변으로 인한 위험이 발생할 우려가 있는 장소

### (3) 배달종사자에 대한 안전조치

1) 「이동통신단말장치 유통구조 개선에 관한 법률」에 따른 이동통신단말장치로 물건의 수거·배달 등을 중개하는 자는 이륜자동차로 물건의 수거·배달 등을 하는 사람의 산업재해 예방을 위하여 다음 각 호의 조치를 해야 한다.
   ① 이륜자동차로 물건의 수거·배달 등을 하는 사람이 이동통신단말장치의 소프트웨어에 등록하는 경우 이륜자동차를 운행할 수 있는 면허 및 승차용 안전모의 보유 여부 확인
   ② 이동통신단말장치의 소프트웨어를 통하여 「도로교통법」에 따른 운전자의 준수사항 등 안전운행 및 산업재해 예방에 필요한 사항에 대한 정기적 고지
2) 물건의 수거·배달 등을 중개하는 자는 물건의 수거·배달 등에 소요되는 시간에 대해 산업재해를 유발할 수 있을 정도로 제한해서는 안 된다.

### (4) 가맹본부의 산업재해 예방 조치

가맹본부 중 가맹점의 수가 200개 이상인 1. 대분류가 외식업인 경우 2. 대분류가 도소매업으로서 중분류가 편의점인 경우의 가맹본부는 가맹점 사업자에게 가맹점의 설비나 기계, 원자재 또는 상품 등을 공급하는 경우에 가맹점사업자와 그 소속 근로자의 산업재해 예방을 위하여 다음 각 호의 조치를 하여야 한다.

| 산업재해 예방 조치를 하여야 하는 가맹본부 | 가맹본부의 산업재해 예방 조치 |
|---|---|
| 「가맹사업거래의 공정화에 관한 법률」에 따라 등록한 정보공개서상 업종이 다음 각 호의 어느 하나에 해당하는 경우로서 가맹점의 수가 200개 이상인 가맹본부를 말한다.<br>1. 대분류가 외식업인 경우<br>2. 대분류가 도소매업으로서 중분류가 편의점인 경우 | 1. 다음의 내용을 포함한 가맹점의 안전 및 보건에 관한 프로그램의 마련·시행<br>① 가맹본부의 안전보건경영방침 및 안전보건활동 계획<br>② 가맹본부의 프로그램 운영 조직의 구성, 역할 및 가맹점사업자에 대한 안전보건교육 지원 체계<br>③ 가맹점 내 위험요소 및 예방대책 등을 포함한 가맹점 안전보건 매뉴얼<br>④ 가맹점의 재해 발생에 대비한 가맹본부 및 가맹점사업자의 조치사항<br>2. 가맹본부가 가맹점에 설치하거나 공급하는 설비·기계 및 원자재 또는 상품 등에 대하여 가맹점사업자에게 안전 및 보건에 관한 정보의 제공 |

(5) 사업주는 근로자(관계수급인의 근로자를 포함)가 신체적 피로와 정신적 스트레스를 해소할 수 있도록 휴식시간에 이용할 수 있는 휴게시설을 갖추어야 한다.

### 휴게시설 설치·관리기준 준수 대상 사업장

1. 상시근로자(관계수급인의 근로자를 포함) 20명 이상을 사용하는 사업장(건설업의 경우에는 관계수급인의 공사금액을 포함한 해당 공사의 총 공사금액이 20억 원 이상인 사업장으로 한정)

2. 다음 각 목의 어느 하나에 해당하는 직종의 상시근로자가 2명 이상인 사업장으로서 상시근로자 10명 이상 20명 미만을 사용하는 사업장(건설업은 제외)
   가. 전화 상담원
   나. 돌봄 서비스 종사원
   다. 텔레마케터
   라. 배달원
   마. 청소원 및 환경미화원
   바. 아파트 경비원
   사. 건물 경비원

## 공정안전보고서

### (1) 공정안전보고서의 작성·제출

1) **사업주는** 사업장에 대통령령으로 정하는 유해하거나 위험한 설비가 있는 경우 그 설비로부터의 위험물질 누출, 화재 및 폭발 등으로 인하여 사업장 내의 근로자에게 즉시 피해를 주거나 사업장 인근 지역에 피해를 줄 수 있는 사고로서 대통령령으로 정하는 사고("중대산업사고")를 예방하기 위하여 대통령령으로 정하는 바에 따라 공정안전보고서를 작성하고 고용노동부장관에게 제출하여 심사를 받아야 한다. 이 경우 공정안전보고서의 내용이 중대산업사고를 예방하기 위하여 적합하다고 통보받기 전에는 관련된 유해하거나 위험한 설비를 가동해서는 아니 된다. ★

2) 사업주는 공정안전보고서를 작성할 때 산업안전보건위원회의 심의를 거쳐야 한다. 다만, 산업안전보건위원회가 설치되어 있지 아니한 사업장의 경우에는 근로자대표의 의견을 들어야한다. ★

3) 공정안전보고서의 제출 시기

사업주는 유해하거나 위험한 설비의 설치·이전 또는 주요 구조부분의 변경공사의 착공일(기존 설비의 제조·취급·저장 물질이 변경되거나 제조량·취급량·저장량이 증가하여 유해·위험물질 규정량에 해당하게 된 경우에는 그 해당일을 말한다) 30일 전까지 공정안전보고서를 2부 작성하여 공단에 제출해야 한다.

## (2) 공정안전보고서의 심사

1) 공단은 공정안전보고서를 제출받은 경우에는 제출받은 날부터 30일 이내에 심사하여 1부를 사업주에게 송부하고, 그 내용을 지방고용노동관서의 장에게 보고해야 한다.

2) 심사결과 구분 ★★

| 적정 | 보고서의 심사기준을 충족시킨 경우 |
|---|---|
| 조건부 적정 | 보고서의 심사기준을 대부분 충족하고 있으나 부분적인 보완이 필요하다고 판단할 경우 |
| 부적정 | 보고서의 심사기준을 충족시키지 못한 경우 |

3) 사업주는 심사를 받은 공정안전보고서를 사업장에 갖추어 두어야 한다.

4) 사업주는 심사를 받은 공정안전보고서의 내용을 변경하여야 할 사유가 발생한 경우에는 지체 없이 그 내용을 보완하여야 한다.

## (3) 공정안전보고서의 이행

사업주와 근로자는 심사를 받은 공정안전보고서의 내용을 지켜야 한다.

## (4) 공정안전보고서의 확인

1) 사업주는 심사를 받은 공정안전보고서의 내용을 실제로 이행하고 있는지 여부에 대하여 고용노동부령으로 정하는 바에 따라 고용노동부장관의 확인을 받아야 한다.

2) 공정안전보고서를 제출하여 심사를 받은 사업주는 다음 각 호의 시기별로 공단의 확인을 받아야 한다. 다만, 화공안전 분야 산업안전지도사 또는 대학에서 조교수 이상으로 재직하고 있는 사람으로서 화공 관련 교과를 담당하고 있는 사람, 그 밖에 자격 및 관련 업무 경력 등을 고려하여 고용노동부장관이 정하여 고시하는 요건을 갖춘 사람에게 자체감사를 하게하고 그 결과를 공단에 제출한 경우에는 공단은 확인을 하지 아니할 수 있다.(안전보건진단을 받은 사업장 등 고용노동부장관이 정하여 고시하는 사업장의 경우에는 공단의 확인을 생략할 수 있나)

| 신규로 설치될 유해·위험설비 | 설치 과정 및 설치 완료 후 시운전단계 각 1회 |
|---|---|
| 기존에 설치되어 사용 중인 유해·위험설비 | 심사 완료 후 3개월 이내 |
| 유해·위험설비와 관련한 공정의 중대한 변경의 경우 | 변경 완료 후 1개월 이내 |
| 유해·위험설비 또는 이와 관련된 공정에 중대한 사고 또는 결함이 발생한 경우 | 1개월 이내 |

3) 공단은 사업주로부터 확인요청을 받은 날부터 1개월 이내에 내용이 현장과 일치하는지 여부를 확인하고, 확인한 날부터 15일 이내에 그 결과를 사업주에게 통보하고 지방고용노동관서의 장에게 보고해야 한다.

| 적합 | 현장과 일치하는 경우 |
|---|---|
| 부적합 | 현장과 일치하지 아니하는 경우 |
| 조건부 적합 | 현장과 불일치하는 사항 또는 조건부 적정 사항 중 확인일 이후에 조치하여도 안전상에 문제가 없는 경우 |

## (5) 공정안전보고서 이행상태 평가

1) 고용노동부장관은 고용노동부령으로 정하는 바에 따라 **공정안전보고서의 이행 상태**를 정기적으로 평가할 수 있다.

2) 고용노동부장관은 **공정안전보고서의 확인**(신규로 설치되는 유해·위험설비의 경우에는 설치완료 후 시운전 단계에서의 확인을 말한다) **후 1년이 지난 날 부터 2년 이내**에 공정안전보고서 이행상태평가를 하여야 한다.

3) 고용노동부장관은 이행상태평가 후 **4년마다 이행상태평가를 하여야 한다. 다만, 다음 각 호의 어느 하나에 해당하는 경우에는 1년 또는 2년마다 실시할 수 있다.**

① 이행상태평가 후 **사업주가 이행상태평가를 요청하는 경우**

② 사업장에 출입하여 검사 및 안전·보건점검 등을 실시한 결과 변경요소 관리계획 미준수로 공정안전보고서 이행상태가 불량한 것으로 인정되는 경우 등 고용노동부장관이 정하여 고시하는 경우

4) 이행상태평가는 공정안전보고서의 세부 내용에 관하여 실시한다.

5) **고용노동부장관은 평가 결과 보완상태가 불량한** 사업장의 **사업주에게는 공정안전보고서의 변경을 명할 수 있으며,** 이에 따르지 아니하는 경우 공정안전보고서를 **다시 제출하도록 명할 수 있다.**

## (6) 공정안전보고서의 제출 대상 ★★★

1) 공정안전보고서를 작성하여야 하는 유해·위험설비란 다음 각 호의 어느 하나에 해당하는 사업을 하는 사업장의 경우에는 그 보유설비를 말하고, 그 외의 사업을 하는 사업장의 경우에는 유해·위험물질 중 하나 이상을 규정량 이상 제조·취급·사용·저장하는 설비 및 그 설비의 운영과 관련된 모든 공정설비를 말한다.

### 공정안전보고서의 제출 대상 사업 ★★★

① 원유 정제처리업
② 기타 석유정제물 재처리업
③ 석유화학계 기초화학물 제조업 또는 합성수지 및 기타 플라스틱물질 제조업
④ 질소 화합물, 질소·인산 및 칼리질 화학비료 제조업 중 질소질 비료 제조
⑤ 복합비료 및 기타 화학비료 제조업 중 복합비료 제조(단순혼합 또는 배합에 의한 경우는 제외한다)
⑥ 화학 살균·살충제 및 농업용 약제 제조업[농약 원제(原劑) 제조만 해당한다]
⑦ 화약 및 불꽃제품 제조업

화재·폭발- 원유, 석유정제물, 화약 및 불꽃제품
중독·질식- 농약, 비료(복합비료, 질소질 비료)

2) 다음 각 호의 설비는 유해·위험설비로 보지 아니한다.

### 공정안전보고서 제출 제외 대상 설비 ★★

① 원자력 설비
② 군사시설
③ 사업주가 해당 사업장 내에서 직접 사용하기 위한 난방용 연료의 저장설비 및 사용설비
④ 도매·소매시설
⑤ 차량 등의 운송설비
⑥ 「액화석유가스의 안전관리 및 사업법」에 따른 액화석유가스의 충전·저장시설
⑦ 「도시가스사업법」에 따른 가스공급시설
⑧ 그 밖에 고용노동부장관이 누출·화재·폭발 등으로 인한 피해의 정도가 크지 않다고 인정하여 고시하는 설비

## (7) 공정안전보고서의 내용 ★★★

① 공정안전자료
② 공정위험성 평가서
③ 안전운전계획
④ 비상조치계획
⑤ 그 밖에 공정상의 안전과 관련하여 노동부장관이 필요하다고 인정하여 고시하는 사항

---

## 유해·위험방지 계획서

### (1) 유해·위험방지 계획서 작성대상 사업(제조업) 및 기계·기구 설비 ★★★

유해·위험방지 계획서 작성하여야 하는 사업이란 다음 각 호의 어느 하나에 해당하는 사업으로서 전기사용설비의 정격용량의 합이 300킬로와트 이상인 사업을 말한다.

**유해위험방지계획서 작성 대상 제조업 ★★★**

① 금속가공제품(기계 및 가구는 제외한다) 제조업
② 비금속 광물제품 제조업
③ 기타 기계 및 장비 제조업
④ 자동차 및 트레일러 제조업
⑤ 식료품 제조업
⑥ 고무제품 및 플라스틱 제품 제조업
⑦ 목재 및 나무제품 제조업
⑧ 기타 제품 제조업
⑨ 1차 금속 제조업
⑩ 가구 제조업
⑪ 화학물질 및 화학제품 제조업
⑫ 반도체 제조업
⑬ 전자부품 제조업

> 1차 금속으로 금속, 비금속 광물제품 제조하여 기계장비, 자동차 트레일러 만들고, 목재 및 나무제품으로 가구 만들고, 고무 및 플라스틱, 반도체로 전자부품 만들고 화학물질, 기타 제품으로 식료품 만들었더니 유해·위험하다.

### 유해위험방지계획서 작성 대상 기계·기구 및 설비 ★★★

① 금속이나 그 밖의 광물의 용해로
② 화학설비
③ 건조설비
④ 가스집합 용접장치
⑤ 근로자의 건강에 상당한 장해를 일으킬 우려가 있는 물질로서 고용노동부령으로 정하는 물질의 밀폐·환기·배기를 위한 설비

유해 위험 설비 → 화재·폭발 일으킴 → ┌ 용해로
　　　　　　　　　　　　　　　　　　　├ 가스집합 용접장치
　　　　　　　　　　　　　　　　　　　└ 화학·건조설비

## (2) 유해·위험방지 계획서 작성대상 사업(건설공사)

### 유해위험방지계획서 작성 대상 건설공사 ★★★

1. 다음 각 목의 어느 하나에 해당하는 건축물 또는 시설 등의 건설·개조 또는 해체공사
   가. 지상높이가 31미터 이상인 건축물 또는 인공구조물
   나. 연면적 3만제곱미터 이상인 건축물
   다. 연면적 5천제곱미터 이상인 시설로서 다음의 어느 하나에 해당하는 시설
       1) 문화 및 집회시설(전시장 및 동물원·식물원은 제외한다)
       2) 판매시설, 운수시설(고속철도의 역사 및 집배송시설은 제외한다)
       3) 종교시설
       4) 의료시설 중 종합병원
       5) 숙박시설 중 관광숙박시설
       6) 지하도상가
       7) 냉동·냉장 창고시설

2. 연면적 5천제곱미터 이상의 냉동·냉장창고시설의 설비공사 및 단열공사
3. 최대 지간길이(다리의 기둥과 기둥의 중심사이의 거리)가 50미터 이상인 교량 건설 등 공사
4. 터널 건설 등의 공사
5. 다목적댐, 발전용 댐, 저수용량 2천만 톤 이상의 용수 전용 댐, 지방상수도 전용 댐 건설 등의 공사
6. 깊이 10미터 이상인 굴착공사

- 지상높이 31m, 연면적 3만m², 사람 많은 시설 연면적 5,000m²
- 연면적 5,000m² 냉동·냉장창고시설
- 최대 지간길이가 50미터 이상 교량
- 터널
- 저수용량 2천만 톤 이상 댐
- 10미터 이상인 굴착

### (3) 유해·위험방지계획서 작성 자격을 갖춘 자

| 유해·위험방지계획서 작성 자격을 갖춘 자 |
|---|
| ① 건설안전 분야 산업안전지도사 |
| ② 건설안전기술사 또는 토목·건축 분야 기술사 |
| ③ 건설안전산업기사 이상으로서 건설안전 관련 실무경력이 7년(기사는 5년) 이상인 사람 |

### (4) 제출서류

① 사업주가 제조업 대상 사업, 대상 기계·기구 설비에 해당하는 유해·위험방지계획서를 제출하려면 다음 각 호의 서류를 첨부하여 해당 작업 시작 15일 전까지 공단에 2부를 제출하여야 한다.

| | |
|---|---|
| 제조업 대상 사업 첨부서류 | ① 건축물 각 층의 평면도<br>② 기계·설비의 개요를 나타내는 서류<br>③ 기계·설비의 배치도면<br>④ 원재료 및 제품의 취급, 제조 등의 작업방법의 개요<br>⑤ 그 밖에 고용노동부장관이 정하는 도면 및 서류 |
| 대상 기계·기구 설비 첨부서류 | ① 설치장소의 개요를 나타내는 서류<br>② 설비의 도면<br>③ 그 밖에 고용노동부장관이 정하는 도면 및 서류 |

② 사업주가 건설공사에 해당하는 유해·위험방지계획서를 제출하려면 건설공사 유해·위험방지계획서 다음 각 호 서류를 첨부하여 해당 공사의 착공 전날까지 공단에 2부를 제출하여야 한다. ★

### 유해위험방지계획서 제출서류(건설업)

1. 공사 개요 및 안전보건관리계획
    ① 공사 개요서
    ② 공사현장의 주변 현황 및 주변과의 관계를 나타내는 도면(매설물 현황을 포함)
    ③ 건설물, 사용 기계설비 등의 배치를 나타내는 도면
    ④ 전체 공정표
    ⑤ 산업안전보건관리비 사용계획
    ⑥ 안전관리 조직표
    ⑦ 재해 발생 위험 시 연락 및 대피방법
2. 작업 공사 종류별 유해·위험방지계획

### (5) 유해위험 방지계획서 심사 결과의 구분 ★★

| | |
|---|---|
| 적정 | 근로자의 안전과 보건을 위하여 필요한 조치가 구체적으로 확보되었다고 인정되는 경우 |
| 조건부 적정 | 근로자의 안전과 보건을 확보하기 위하여 일부 개선이 필요하다고 인정되는 경우 |
| 부적정 | 기계·설비 또는 건설물이 심사기준에 위반되어 공사 착공 시 중대한 위험 발생의 우려가 있거나 계획에 근본적 결함이 있다고 인정되는 경우 |

# 건강진단

## (1) 건강진단에 관한 사업주의 의무

1) 사업주는 건강진단을 실시하는 경우 근로자대표가 요구하면 근로자대표를 참석시켜야 한다.

2) 사업주는 산업안전보건위원회 또는 근로자대표가 요구할 때에는 직접 또는 건강진단을 한 건강진단기관에 건강진단 결과에 대하여 설명하도록 하여야 한다. 다만, 개별 근로자의 건강진단 결과는 본인의 동의 없이 공개해서는 아니 된다.

3) 사업주는 건강진단의 결과를 근로자의 건강 보호 및 유지 외의 목적으로 사용해서는 아니 된다.

4) 사업주는 건강진단의 결과 근로자의 건강을 유지하기 위하여 필요하다고 인정할 때에는 작업 장소 변경, 작업 전환, 근로시간 단축, 야간근로(오후 10시부터 다음 날 오전 6시까지 사이의 근로를 말한다)의 제한, 작업환경측정 또는 시설·설비의 설치·개선 등 고용노동부령으로 정하는 바에 따라 적절한 조치를 하여야 한다.

## (2) 건강진단의 종류 및 정의

1) "**일반건강진단**"이란 상시 사용하는 근로자의 건강관리를 위하여 사업주가 주기적으로 실시하는 건강진단을 말한다.

| 일반건강진단 실시시기 |
|---|
| ① 사무직 종사 근로자(판매업무 종사하는 근로자 제외) : 2년에 1회 이상 |
| ② 그 밖의 근로자 : 1년에 1회 이상 |

2) "**특수건강진단**"이란 다음 각 목의 어느 하나에 해당하는 근로자의 건강관리를 위하여 사업주가 실시하는 건강진단을 말한다.

① 특수건강진단 대상 업무에 종사하는 근로자
② 건강진단 실시 결과 직업병 소견이 있는 근로자로 판정받아 작업 전환을 하거나 작업 장소를 변경하여 해당 판정의 원인이 된 특수건강진단 대상업무에 종사하지 아니하는 사람으로서 해당 유해인자에 대한 건강진단이 필요하다는 의사의 소견이 있는 근로자

> **Reference**
>
> ### 특수건강진단 대상 유해인자 ★
>
> 1. 화학적 인자
>    ① 유기화합물(109종)
>    ② 금속류(20종)
>    ③ 산 및 알카리류(8종)
>    ④ 가스 상태 물질류(14종)
>    ⑤ 허가 대상 물질(12종)
>    ⑥ 금속가공유 : 미네랄 오일미스트(광물성 오일, Oil mist, mineral)
>
> 2. 분진(7종)
>    ① 곡물 분진
>    ② 광물성 분진
>    ③ 면 분진
>    ④ 목재 분진
>    ⑤ 용접 흄
>    ⑥ 유리섬유 분진
>    ⑦ 석면분진
>
> 3. 물리적 인자(8종)
>    ① 소음
>    ② 진동
>    ③ 방사선
>    ④ 고기압
>    ⑤ 저기압
>    ⑥ 유해광선(자외선, 적외선, 마이크로파 및 라디오파)
>
> 4. 야간작업(2종)
>    ① 6개월간 밤 12시부터 오전 5시까지의 시간을 포함하여 계속되는 8시간 작업을 월 평균 4회 이상 수행하는 경우
>    ② 6개월간 오후 10시부터 다음날 오전 6시 사이의 시간 중 작업을 월 평균 60시간 이상 수행하는 경우

3) "**배치전건강진단**"이란 특수건강진단 대상업무에 종사할 근로자에 대하여 배치예정업무에 대한 적합성 평가를 위하여 사업주가 실시하는 건강진단을 말한다.

4) "**수시건강진단**"이란 특수건강진단 대상업무에 따른 유해인자로 인한 것이라고 의심되는 건강장해 증상을 보이거나 의학적 소견이 있는 근로자 중 보건관리자 등이 사업주에게 건강진단 실시를 건의하는 등 고용노동부령으로 정하는 근로자에 대하여 실시하는 건강진단을 말한다.

5) "**임시건강진단**"이란 같은 유해인자에 노출되는 근로자들에게 유사한 질병의 증상이 발생한 경우 등 고용노동부령으로 정하는 경우에 근로자의 건강을 보호하기 위하여 사업주가 특정 근로자에 대하여 실시하는 건강진단을 말한다.

| 임시 건강진단을 실시하여야 하는 경우 |
|---|
| • 같은 부서에 근무하는 근로자 또는 같은 유해인자에 노출되는 근로자에게 유사한 질병의 자각·타각 증상이 발생한 경우<br>• 직업병 유소견자가 발생하거나 여러 명이 발생할 우려가 있는 경우<br>• 그 밖에 지방고용노동관서의 장이 필요하다고 판단하는 경우 |

### (3) 특수 건강진단 시기 및 주기

| 구분 | 대상 유해인자 | 시기<br>(배치 후 첫 번째<br>특수 건강진단) | 주기 |
|---|---|---|---|
| 1 | N,N-디메틸아세트아미드<br>N,N-디메틸포름아미드 | 1개월 이내 | 6개월 |
| 2 | 벤젠 | 2개월 이내 | 6개월 |
| 3 | 1,1,2,2-테트라클로로에탄,<br>사염화탄소<br>아크릴로니트릴, 염화비닐 | 3개월 이내 | 6개월 |
| 4 | 석면, 면 분진 | 12개월 이내 | 12개월 |
| 5 | 광물성 분진,<br>목재 분진,<br>소음 및 충격소음 | 12개월 이내 | 24개월 |
| 6 | 제1호부터 제5호까지의 규정의<br>대상 유해인자를 제외한<br>모든 대상 유해인자 | 6개월 이내 | 12개월 |

### (4) 건강진단 결과의 보고

건강진단기관이 건강진단을 실시하였을 때에는 그 결과를 고용노동부장관이 정하는 건강진단 개인 표에 기록하고, 건강진단 실시 일부터 30일 이내에 근로자에게 송부하여야 한다.

| 건강관리 구분 | | 건강관리 구분내용 |
|---|---|---|
| A | | 건강관리상 사후관리가 필요 없는 근로자(건강한 근로자) |
| C | $C_1$ | 직업성 질병으로 진전될 우려가 있어 추적검사 등 관찰이 필요한 근로자 (직업병 요관찰자) |
| | $C_2$ | 일반질병으로 진전될 우려가 있어 추적관찰이 필요한 근로자 (일반질병 요관찰자) |
| $D_1$ | | 직업성 질병의 소견을 보여 사후관리가 필요한 근로자(직업병 유소견자) |
| $D_2$ | | 일반 질병의 소견을 보여 사후관리가 필요한 근로자(일반 질병 유소견자) |
| R | | 건강진단 1차 검사결과 건강수준의 평가가 곤란하거나 질병이 의심되는 근로자(제2차 건강진단 대상자) |

### (5) 건강진단 결과의 보존

사업주는 건강진단 결과표 및 근로자가 제출한 건강진단 결과를 증명하는 서류를 5년간 보존하여야 한다. 다만, 고용노동부장관이 고시하는 발암성 확인물질을 취급하는 근로자에 대한 건강진단 결과의 서류 또는 전산입력 자료는 30년간 보존하여야 한다.

## 작업시작 전 점검 ★★★

| 작업의 종류 | 점검내용 |
|---|---|
| 1. 프레스 등을 사용하여 작업을 할 때 | 가. 클러치 및 브레이크의 기능<br>나. 크랭크축·플라이휠·슬라이드·연결봉 및 연결 나사의 풀림 여부<br>다. 1행정 1정지기구·급정지장치 및 비상정지장치의 기능<br>라. 슬라이드 또는 칼날에 의한 위험방지 기구의 기능<br>마. 프레스의 금형 및 고정볼트 상태<br>바. 방호장치의 기능<br>사. 전단기(剪斷機)의 칼날 및 테이블의 상태 |
| 2. 로봇의 작동 범위에서 그 로봇에 관하여 교시 등(로봇의 동력원을 차단하고 하는 것은 제외한다.)의 작업을 할 때 | 가. 외부 전선의 피복 또는 외장의 손상 유무<br>나. 매니퓰레이터(manipulator) 작동의 이상 유무<br>다. 제동장치 및 비상정지장치의 기능 |
| 3. 공기압축기를 가동할 때 | 가. 공기저장 압력용기의 외관 상태<br>나. 드레인밸브(drain valve)의 조작 및 배수<br>다. 압력방출장치의 기능<br>라. 언로드밸브(unloading valve)의 기능<br>마. 윤활유의 상태<br>바. 회전부의 덮개 또는 울<br>사. 그 밖의 연결 부위의 이상 유무 |
| 4. 크레인을 사용하여 작업을 하는 때 | 가. 권과방지장치·브레이크·클러치 및 운전장치의 기능<br>나. 주행로의 상측 및 트롤리(trolley)가 횡행하는 레일의 상태<br>다. 와이어로프가 통하고 있는 곳의 상태 |
| 5. 이동식 크레인을 사용하여 작업을 할 때 | 가. 권과방지장치나 그 밖의 경보장치의 기능<br>나. 브레이크·클러치 및 조정장치의 기능<br>다. 와이어로프가 통하고 있는 곳 및 작업장소의 지반상태 |
| 6. 리프트 | 가. 방호장치·브레이크 및 클러치의 기능<br>나. 와이어로프가 통하고 있는 곳의 상태 |
| 7. 곤돌라를 사용하여 작업을 할 때 | 가. 방호장치·브레이크의 기능<br>나. 와이어로프·슬링와이어(sling wire) 등의 상태 |

| 작업의 종류 | 점검내용 |
|---|---|
| 8. 양중기의 와이어로프·달기체인·섬유로프·섬유벨트 또는 훅·샤클·링 등의 철구(이하 "와이어로프등"이라 한다)를 사용하여 고리걸이작업을 할 때 | 와이어로프 등의 이상 유무 |
| 9. 지게차를 사용하여 작업을 하는 때 | 가. 제동장치 및 조종장치 기능의 이상 유무<br>나. 하역장치 및 유압장치 기능의 이상 유무<br>다. 바퀴의 이상 유무<br>라. 전조등·후미등·방향지시기 및 경보장치 기능의 이상 유무 |
| 10. 구내운반차를 사용하여 작업을 할 때 | 가. 제동장치 및 조종장치 기능의 이상 유무<br>나. 하역장치 및 유압장치 기능의 이상 유무<br>다. 바퀴의 이상 유무<br>라. 전조등·후미등·방향지시기 및 경음기 기능의 이상 유무<br>마. 충전장치를 포함한 홀더 등의 결합상태의 이상 유무 |
| 11. 고소작업대를 사용하여 작업을 할 때 | 가. 비상정지장치 및 비상하강 방지장치 기능의 이상 유무<br>나. 과부하 방지장치의 작동 유무(와이어로프 또는 체인구동방식의 경우)<br>다. 아웃트리거 또는 바퀴의 이상 유무<br>라. 작업면의 기울기 또는 요철 유무<br>마. 활선작업용 장치의 경우 홈·균열·파손 등 그 밖의 손상 유무 |
| 12. 화물자동차를 사용하는 작업을 하게 할 때 | 가. 제동장치 및 조종장치의 기능<br>나. 하역장치 및 유압장치의 기능<br>다. 바퀴의 이상 유무 |
| 13. 컨베이어 등을 사용하여 작업을 할 때 | 가. 원동기 및 풀리(pulley) 기능의 이상 유무<br>나. 이탈 등의 방지장치 기능의 이상 유무<br>다. 비상정지장치 기능의 이상 유무<br>라. 원동기·회전축·기어 및 풀리 등의 덮개 또는 울 등의 이상 유무 |
| 14. 차량계 건설기계를 사용하여 작업을 할 때 | 브레이크 및 클러치 등의 기능 |
| 14-2. 용접·용단 작업 등의 화재위험작업을 할 때 | 가. 작업 준비 및 작업 절차 수립 여부<br>나. 화기작업에 따른 인근 가연성 물질에 대한 방호조치 및 소화기구 비치 여부 |

| 작업의 종류 | 점검내용 |
|---|---|
| | 다. 용접불티 비산방지덮개 또는 용접방화포 등 불꽃·불티 등의 비산을 방지하기 위한 조치 여부<br>라. 인화성 액체의 증기 또는 인화성 가스가 남아 있지 않도록 하는 환기 조치 여부<br>마. 작업근로자에 대한 화재예방 및 피난 교육 등 비상조치 여부<br><br>**암기법**<br>작업준비, 절차수립 → 불꽃비산방지 → 환기 → 소화기구 → 화재예방, 피난 교육 |
| 15. 이동식 방폭구조(防爆構造) 전기기계·기구를 사용할 때 | 전선 및 접속부 상태 |
| 16. 근로자가 반복하여 계속적으로 중량물을 취급하는 작업을 할 때 | 가. 중량물 취급의 올바른 자세 및 복장<br>나. 위험물이 날아 흩어짐에 따른 보호구의 착용<br>다. 카바이드·생석회(산화칼슘) 등과 같이 온도상승이나 습기에 의하여 위험성이 존재하는 중량물의 취급방법<br>라. 그 밖에 하역운반기계 등의 적절한 사용방법 |
| 17. 양화장치를 사용하여 화물을 싣고 내리는 작업을 할 때 | 가. 양화장치(揚貨裝置)의 작동상태<br>나. 양화장치에 제한하중을 초과하는 하중을 실었는지 여부 |
| 18. 슬링 등을 사용하여 작업을 할 때 | 가. 훅이 붙어 있는 슬링·와이어슬링 등이 매달린 상태<br>나. 슬링·와이어슬링 등의 상태(작업시작 전 및 작업 중 수시로 점검) |

## 관리감독자의 유해위험방지업무

| 작업의 종류 | 직무수행 내용 |
|---|---|
| 1. 프레스 등을 사용하는 작업 | 가. 프레스 등 및 그 방호장치를 점검하는 일<br>나. 프레스 등 및 그 방호장치에 이상이 발견되면 즉시 필요한 조치를 하는 일<br>다. 프레스 등 및 그 방호장치에 전환스위치를 설치했을 때 그 전환스위치의 열쇠를 관리하는 일<br>라. 금형의 부착·해체 또는 조정작업을 직접 지휘하는 일 |

| 작업의 종류 | 직무수행 내용 |
|---|---|
| 2. 목재가공용 기계를 취급하는 작업 | 가. 목재가공용 기계를 취급하는 작업을 지휘하는 일<br>나. 목재가공용 기계 및 그 방호장치를 점검하는 일<br>다. 목재가공용 기계 및 그 방호장치에 이상이 발견된 즉시 보고 및 필요한 조치를 하는 일<br>라. 작업 중 지그(jig) 및 공구 등의 사용 상황을 감독하는 일 |
| 3. 크레인을 사용하는 작업 ★ | 가. 작업방법과 근로자 배치를 결정하고 그 작업을 지휘하는 일<br>나. 재료의 결함 유무 또는 기구 및 공구의 기능을 점검하고 불량품을 제거하는 일<br>다. 작업 중 안전대 또는 안전모의 착용 상황을 감시하는 일 |
| 4. 위험물을 제조하거나 취급하는 작업 | 가. 작업을 지휘하는 일<br>나. 위험물을 제조하거나 취급하는 설비 및 그 설비의 부속설비가 있는 장소의 온도·습도·차광 및 환기 상태 등을 수시로 점검하고 이상을 발견하면 즉시 필요한 조치를 하는 일<br>다. 나목에 따라 한 조치를 기록하고 보관하는 일 |
| 5. 건조설비를 사용하는 작업 ★ | 가. 건조설비를 처음으로 사용하거나 건조방법 또는 건조물의 종류를 변경했을 때에는 근로자에게 미리 그 작업방법을 교육하고 작업을 직접 지휘하는 일<br>나. 건조설비가 있는 장소를 항상 정리정돈하고 그 장소에 가연성 물질을 두지 않도록 하는 일 |
| 6. 아세틸렌 용접장치를 사용하는 금속의 용접·용단 또는 가열작업 | 가. 작업방법을 결정하고 작업을 지휘하는 일<br>나. 아세틸렌 용접장치의 취급에 종사하는 근로자로 하여금 다음의 작업요령을 준수하도록 하는 일<br>  (1) 사용 중인 발생기에 불꽃을 발생시킬 우려가 있는 공구를 사용하거나 그 발생기에 충격을 가하지 않도록 할 것<br>  (2) 아세틸렌 용접장치의 가스누출을 점검할 때에는 비눗물을 사용하는 등 안전한 방법으로 할 것<br>  (3) 발생기실의 출입구 문을 열어 두지 않도록 할 것<br>  (4) 이동식 아세틸렌 용접장치의 발생기에 카바이드를 교환할 때에는 옥외의 안전한 장소에서 할 것<br>다. 아세틸렌 용접작업을 시작할 때에는 아세틸렌 용접장치를 점검하고 발생기 내부로부터 공기와 아세틸렌의 혼합가스를 배제하는 일<br>라. 안전기는 작업 중 그 수위를 쉽게 확인할 수 있는 장소에 놓고 1일 1회 이상 점검하는 일 |

| 작업의 종류 | 직무수행 내용 |
|---|---|
| | 마. 아세틸렌 용접장치 내의 물이 동결되는 것을 방지하기 위하여 아세틸렌 용접장치를 보온하거나 가열할 때에는 온수나 증기를 사용하는 등 안전한 방법으로 하도록 하는 일<br>바. 발생기 사용을 중지하였을 때에는 물과 잔류 카바이드가 접촉하지 않은 상태로 유지하는 일<br>사. 발생기를 수리·가공·운반 또는 보관할 때에는 아세틸렌 및 카바이드에 접촉하지 않은 상태로 유지하는 일<br>아. 작업에 종사하는 근로자의 보안경 및 안전장갑의 착용 상황을 감시하는 일 |
| 7. 가스집합용접장치의 취급작업 | 가. 작업방법을 결정하고 작업을 직접 지휘하는 일<br>나. 가스집합장치의 취급에 종사하는 근로자로 하여금 다음의 작업요령을 준수하도록 하는 일<br>  (1) 부착할 가스용기의 마개 및 배관 연결부에 붙어 있는 유류·찌꺼기 등을 제거할 것<br>  (2) 가스용기를 교환할 때에는 그 용기의 마개 및 배관 연결부 부분의 가스누출을 점검하고 배관 내의 가스가 공기와 혼합되지 않도록 할 것<br>  (3) 가스누출 점검은 비눗물을 사용하는 등 안전한 방법으로 할 것<br>  (4) 밸브 또는 콕은 서서히 열고 닫을 것<br>다. 가스용기의 교환작업을 감시하는 일<br>라. 작업을 시작할 때에는 호스·취관·호스밴드 등의 기구를 점검하고 손상·마모 등으로 인하여 가스나 산소가 누출될 우려가 있다고 인정할 때에는 보수하거나 교환하는 일<br>마. 안전기는 작업 중 그 기능을 쉽게 확인할 수 있는 장소에 두고 1일 1회 이상 점검하는 일<br>바. 작업에 종사하는 근로자의 보안경 및 안전장갑의 착용 상황을 감시하는 일 |
| 8. 거푸집 동바리의 고정·조립 또는 해체 작업/지반의 굴착작업/흙막이 지보공의 고정·조립 또는 해체 작업/터널의 굴착작업/건물 등의 해체작업 | 가. 안전한 작업방법을 결정하고 작업을 지휘하는 일<br>나. 재료·기구의 결함 유무를 점검하고 불량품을 제거하는 일<br>다. 작업 중 안전대 및 안전모 등 보호구 착용 상황을 감시하는 일 |
| 9. 높이 5미터 이상의 비계(飛階)를 조립·해체하거나 변경하는 작업 (해체작업의 경우 가목은 적용 제외) | 가. 재료의 결함 유무를 점검하고 불량품을 제거하는 일<br>나. 기구·공구·안전대 및 안전모 등의 기능을 점검하고 불량품을 제거하는 일 |

| 작업의 종류 | 직무수행 내용 |
|---|---|
| | 다. 작업방법 및 근로자 배치를 결정하고 작업 진행 상태를 감시하는 일<br>라. 안전대와 안전모 등의 착용 상황을 감시하는 일 |
| 10. 달비계 작업 | 가. 작업용 섬유로프, 작업용 섬유로프의 고정점, 구명줄의 조정점, 작업대, 고리걸이용 철구 및 안전대 등의 결손 여부를 확인하는 일<br>나. 작업용 섬유로프 및 안전대 부착설비용 로프가 고정점에 풀리지 않는 매듭방법으로 결속되었는지 확인하는 일<br>다. 근로자가 작업대에 탑승하기 전 안전모 및 안전대를 착용하고 안전대를 구명줄에 체결했는지 확인하는 일<br>라. 작업방법 및 근로자 배치를 결정하고 작업 진행 상태를 감시하는 일 |
| 11. 발파작업 ★ | 가. 점화 전에 점화작업에 종사하는 근로자가 아닌 사람에게 대피를 지시하는 일<br>나. 점화작업에 종사하는 근로자에게 대피장소 및 경로를 지시하는 일<br>다. 점화 전에 위험구역 내에서 근로자가 대피한 것을 확인하는 일<br>라. 점화순서 및 방법에 대하여 지시하는 일<br>마. 점화신호를 하는 일<br>바. 점화작업에 종사하는 근로자에게 대피신호를 하는 일<br>사. 발파 후 터지지 않은 장약이나 남은 장약의 유무, 용수(湧水)의 유무 및 암석·토사의 낙하 여부 등을 점검하는 일<br>아. 점화하는 사람을 정하는 일<br>자. 공기압축기의 안전밸브 작동 유무를 점검하는 일<br>차. 안전모 등 보호구 착용 상황을 감시하는 일 |
| 12. 채석을 위한 굴착작업 ★ | 가. 대피방법을 미리 교육하는 일<br>나. 작업을 시작하기 전 또는 폭우가 내린 후에는 토사 등의 낙하·균열의 유무 또는 함수(含水)·용수(湧水) 및 동결의 상태를 점검하는 일<br>다. 발파한 후에는 발파장소 및 그 주변의 토사 등의 낙하·균열의 유무를 점검하는 일 |
| 13. 화물취급작업 ★ | 가. 작업방법 및 순서를 결정하고 작업을 지휘하는 일<br>나. 기구 및 공구를 점검하고 불량품을 제거하는 일<br>다. 그 작업장소에는 관계 근로자가 아닌 사람의 출입을 금지하는 일<br>라. 로프 등의 해체작업을 할 때에는 하대(荷臺) 위의 화물의 낙하위험 유무를 확인하고 작업의 착수를 지시하는 일 |

| 작업의 종류 | 직무수행 내용 |
|---|---|
| 14. 부두와 선박에서의 하역작업 | 가. 작업방법을 결정하고 작업을 지휘하는 일<br>나. 통행설비·하역기계·보호구 및 기구·공구를 점검·정비하고 이들의 사용 상황을 감시하는 일<br>다. 주변 작업자간의 연락을 조정하는 일 |
| 15. 전로 등 전기작업 또는 그 지지물의 설치, 점검, 수리 및 도장 등의 작업 | 가. 작업구간 내의 충전전로 등 모든 충전 시설을 점검하는 일<br>나. 작업방법 및 그 순서를 결정(근로자 교육 포함)하고 작업을 지휘하는 일<br>다. 작업근로자의 보호구 또는 절연용 보호구 착용 상황을 감시하고 감전재해 요소를 제거하는 일<br>라. 작업 공구, 절연용 방호구 등의 결함 여부와 기능을 점검하고 불량품을 제거하는 일<br>마. 작업장소에 관계 근로자 외에는 출입을 금지하고 주변 작업자와의 연락을 조정하며 도로작업 시 차량 및 통행인 등에 대한 교통통제 등 작업전반에 대해 지휘·감시하는 일<br>바. 활선작업용 기구를 사용하여 작업할 때 안전거리가 유지되는지 감시하는 일<br>사. 감전재해를 비롯한 각종 산업재해에 따른 신속한 응급처치를 할 수 있도록 근로자들을 교육하는 일 |
| 16. 관리대상 유해물질을 취급하는 작업 | 가. 관리대상 유해물질을 취급하는 근로자가 물질에 오염되지 않도록 작업방법을 결정하고 작업을 지휘하는 업무<br>나. 관리대상 유해물질을 취급하는 장소나 설비를 매월 1회 이상 순회점검하고 국소배기장치 등 환기설비에 대해서는 다음 각 호의 사항을 점검하여 필요한 조치를 하는 업무. 단, 환기설비를 점검하는 경우에는 다음의 사항을 점검<br>  (1) 후드(hood)나 덕트(duct)의 마모·부식, 그 밖의 손상 여부 및 정도<br>  (2) 송풍기와 배풍기의 주유 및 청결 상태<br>  (3) 덕트 접속부가 헐거워졌는지 여부<br>  (4) 전동기와 배풍기를 연결하는 벨트의 작동 상태<br>  (5) 흡기 및 배기 능력 상태<br>다. 보호구의 착용 상황을 감시하는 업무<br>라. 근로자가 탱크 내부에서 관리대상 유해물질을 취급하는 경우에 다음의 조치를 했는지 확인하는 업무<br>  (1) 관리대상 유해물질에 관하여 필요한 지식을 가진 사람이 해당 작업을 지휘<br>  (2) 관리대상 유해물질이 들어올 우려가 없는 경우에는 작업을 하는 설비의 개구부를 모두 개방 |

| 작업의 종류 | 직무수행 내용 |
|---|---|
| | (3) 근로자의 신체가 관리대상 유해물질에 의하여 오염되었거나 작업이 끝난 경우에는 즉시 몸을 씻는 조치<br>(4) 비상 시에 작업설비 내부의 근로자를 즉시 대피시키거나 구조하기 위한 기구와 그 밖의 설비를 갖추는 조치<br>(5) 작업을 하는 설비의 내부에 대하여 작업 전에 관리대상 유해물질의 농도를 측정하거나 그 밖의 방법으로 근로자가 건강에 장해를 입을 우려가 있는지를 확인하는 조치<br>(6) 제(5)에 따른 설비 내부에 관리대상 유해물질이 있는 경우에는 설비 내부를 충분히 환기하는 조치<br>(7) 유기화합물을 넣었던 탱크에 대하여 제(1)부터 제(6)까지의 조치 외에 다음의 조치<br>  (가) 유기화합물이 탱크로부터 배출된 후 탱크 내부에 재유입되지 않도록 조치<br>  (나) 물이나 수증기 등으로 탱크 내부를 씻은 후 그 씻은 물이나 수증기 등을 탱크로부터 배출<br>  (다) 탱크 용적의 3배 이상의 공기를 채웠다가 내보내거나 탱크에 물을 가득 채웠다가 내보내거나 탱크에 물을 가득 채웠다가 배출<br>마. 나목에 따른 점검 및 조치 결과를 기록·관리하는 업무 |
| 17. 허가대상 유해물질 취급작업 | 가. 근로자가 허가대상 유해물질을 들이마시거나 허가대상 유해물질에 오염되지 않도록 작업수칙을 정하고 지휘하는 업무<br>나. 작업장에 설치되어 있는 국소배기장치나 그 밖에 근로자의 건강장해 예방을 위한 장치 등을 매월 1회 이상 점검하는 업무<br>다. 근로자의 보호구 착용 상황을 점검하는 업무 |
| 18. 석면 해체·제거작업 | 가. 근로자가 석면분진을 들이마시거나 석면분진에 오염되지 않도록 작업방법을 정하고 지휘하는 업무<br>나. 작업장에 설치되어 있는 석면분진 포집장치, 음압기 등의 장비의 이상 유무를 점검하고 필요한 조치를 하는 업무<br>다. 근로자의 보호구 착용 상황을 점검하는 업무 |
| 19. 고압작업 | 가. 작업방법을 결정하여 고압작업자를 직접 지휘하는 업무<br>나. 유해가스의 농도를 측정하는 기구를 점검하는 업무<br>다. 고압작업자가 작업실에 입실하거나 퇴실하는 경우에 고압작업자의 수를 점검하는 업무 |

| 작업의 종류 | 직무수행 내용 |
|---|---|
| | 라. 작업실에서 공기조절을 하기 위한 밸브나 콕을 조작하는 사람과 연락하여 작업실 내부의 압력을 적정한 상태로 유지하도록 하는 업무<br>마. 공기를 기압조절실로 보내거나 기압조절실에서 내보내기 위한 밸브나 콕을 조작하는 사람과 연락하여 고압작업자에 대하여 가압이나 감압을 다음과 같이 따르도록 조치하는 업무<br>  (1) 가압을 하는 경우 1분에 제곱센티미터당 0.8킬로그램 이하의 속도로 함<br>  (2) 감압을 하는 경우에는 고용노동부장관이 정하여 고시하는 기준에 맞도록 함<br>바. 작업실 및 기압조절실 내 고압작업자의 건강에 이상이 발생한 경우 필요한 조치를 하는 업무 |
| 20. 밀폐공간 작업(제3편제10장) ★ | 가. 산소가 결핍된 공기나 유해가스에 노출되지 않도록 작업 시작 전에 해당 근로자의 작업을 지휘하는 업무<br>나. 작업을 하는 장소의 공기가 적절한지를 작업 시작 전에 측정하는 업무<br>다. 측정장비·환기장치 또는 송기마스크 등을 작업 시작 전에 점검하는 업무<br>라. 근로자에게 송기마스크 등의 착용을 지도하고 착용 상황을 점검하는 업무 |

# 예상문제

 산업안전보건법에 의한 공정안전보고서에 관한 내용이다. 괄호에 적합한 내용을 적으시오. ★★

(1) 사업주는 사업장에 대통령령으로 정하는 유해하거나 위험한 설비가 있는 경우 그 설비로부터의 중대산업사고를 예방하기 위하여 대통령령으로 정하는 바에 따라 ( ① )를 작성하고 고용노동부장관에게 제출하여 심사를 받아야 한다.

(2) 사업주는 ( ① )를 작성할 때 ( ② )의 심의를 거쳐야 한다. 다만, ( ② )가 설치되어 있지 아니한 사업장의 경우에는 ( ③ )의 의견을 들어야 한다.

**정답**

① 공정안전보고서  ② 산업안전보건위원회  ③ 근로자대표

 공정안전보고서 제출대상 사업의 종류를 5가지 적으시오. ★★★

**정답**

① 원유 정제처리업
② 기타 석유정제물 재처리업
③ 석유화학계 기초화학물 제조업 또는 합성수지 및 기타 플라스틱 물질 제조업
④ 질소 화합물, 질소·인산 및 칼리질 화학비료 제조업 중 질소질 비료 제조
⑤ 복합비료 및 기타 화학비료 제조업 중 복합비료 제조(단순혼합 또는 배합에 의한 경우는 제외한다)
⑥ 화학 살균·살충제 및 농업용 약제 제조업[농약 원제(原劑) 제조만 해당한다]
⑦ 화약 및 불꽃제품 제조업

화재·폭발 – 원유, 석유정제물, 화약 및 불꽃제품
중독·질식 – 농약, 비료(복합비료, 질소질 비료)

> 참고
> 
> - 공정안전보고서 제출 제외 대상
>   ① 원자력 설비
>   ② 군사시설
>   ③ 사업주가 해당 사업장 내에서 직접 사용하기 위한 난방용 연료의 저장설비 및 사용설비
>   ④ 도매·소매시설
>   ⑤ 차량 등의 운송설비
>   ⑥ 액화석유가스의 충전·저장시설
>   ⑦ 가스공급시설
>   ⑧ 그 밖에 고용노동부장관이 누출·화재·폭발 등으로 인한 피해의 정도가 크지 않다고 인정하여 고시하는 설비

  공정안전보고서의 내용을 4가지 적으시오. ★★★

> 정답
> 
> ① 공정안전자료
> ② 공정 위험성 평가서
> ③ 안전운전계획
> ④ 비상 조치계획
> ⑤ 그 밖에 공정상의 안전과 관련하여 노동부장관이 필요하다고 인정하여 고시하는 사항

> 참고
> 
> (1) 공정안전보고서의 제출 시기
>     사업주는 유해하거나 위험한 설비의 설치·이전 또는 주요 구조부분의 변경공사의 착공일(기존 설비의 제조·취급·저장 물질이 변경되거나 제조량·취급량·저장량이 증가하여 유해·위험물질 규정량에 해당하게 된 경우에는 그 해당일을 말한다) 30일 전까지 공정안전보고서를 2부 작성하여 공단에 제출해야 한다.

(2) 공정안전보고서의 확인

| 신규로 설치될 유해·위험설비 | 설치 과정 및 설치 완료 후 시운전단계 각 1회 |
|---|---|
| 기존에 설치되어 사용 중인 유해·위험설비 | 심사 완료 후 3개월 이내 |
| 유해·위험설비와 관련한 공정의 중대한 변경의 경우 | 변경 완료 후 1개월 이내 |
| 유해·위험설비 또는 이와 관련된 공정에 중대한 사고 또는 결함이 발생한 경우 | 1개월 이내 |

(3) 공정안전보고서 이행상태 평가
① 고용노동부장관은 공정안전보고서의 확인(신규로 설치되는 유해·위험설비의 경우에는 설치완료 후 시운전 단계에서의 확인을 말한다) 후 (1년)이 지난 날 부터 (2년) 이내에 공정안전보고서 이행상태평가를 하여야 한다.
② 고용노동부장관은 이행상태평가 후 (4년)마다 이행상태평가를 하여야 한다. 다만, 다음 각 호의 어느 하나에 해당하는 경우에는 (1년 또는 2년)마다 실시할 수 있다.
  • 이행상태평가 후 사업주가 이행상태평가를 요청하는 경우
  • 사업장에 출입하여 검사 및 안전·보건점검 등을 실시한 결과 변경요소 관리계획 미준수로 공정안전보고서 이행상태가 불량한 것으로 인정되는 경우 등 고용노동부장관이 정하여 고시하는 경우

## 04 유해·위험 방지 계획서 작성대상 건설업의 종류를 적으시오. (5가지) ★★★

**정답**

1. 다음 각 목의 어느 하나에 해당하는 건축물 또는 시설 등의 건설·개조 또는 해체공사
   가. 지상높이가 31미터 이상인 건축물 또는 인공구조물
   나. 연면적 3만제곱미터 이상인 건축물
   다. 연면적 5천제곱미터 이상인 시설로서 다음의 어느 하나에 해당하는 시설
      1) 문화 및 집회시설(전시장 및 동물원·식물원은 제외한다)
      2) 판매시설, 운수시설(고속철도의 역사 및 집배송시설은 제외한다)
      3) 종교시설
      4) 의료시설 중 종합병원
      5) 숙박시설 중 관광숙박시설
      6) 지하도상가
      7) 냉동·냉장 창고시설
2. 연면적 5천제곱미터 이상의 냉동·냉장창고시설의 설비공사 및 단열공사
3. 최대 지간길이(다리의 기둥과 기둥의 중심사이의 거리)가 50미터 이상인 교량 건설등 공사
4. 터널 건설 등의 공사
5. 다목적댐, 발전용 댐, 저수용량 2천만 톤 이상의 용수 전용 댐, 지방상수도 전용 댐 건설 등의 공사
6. 깊이 10미터 이상인 굴착공사

- 지상높이 31m, 연면적 3만m², 사람 많은 시설 연면적 5,000m²
- 연면적 5,000m² 냉동·냉장창고 시설
- 최대 지간길이가 50미터 이상 교량
- 터널
- 저수용량 2천만 톤 이상 댐
- 10미터 이상인 굴착

참고

사업주가 건설공사에 해당하는 유해·위험방지계획서를 제출하려면 건설공사 유해·위험방지계획서는 다음 각 호 서류를 첨부하여 해당 공사의 착공 전날까지 공단에 2부를 제출하여야 한다.

**유해위험방지계획서 제출서류(건설업)**

1. 공사 개요 및 안전보건관리계획
    ① 공사 개요서
    ② 공사현장의 주변 현황 및 주변과의 관계를 나타내는 도면(매설물 현황을 포함)
    ③ 건설물, 사용 기계설비 등의 배치를 나타내는 도면
    ④ 전체 공정표
    ⑤ 산업안전보건관리비 사용계획
    ⑥ 안전관리 조직표
    ⑦ 재해 발생 위험 시 연락 및 대피방법
2. 작업 공사 종류별 유해·위험방지계획

(1) 다음 괄호 안을 채우고 (2) 유해위험방지계획서 작성 대상 제조업의 종류를 5가지 적으시오. ★★★

(1) 유해·위험방지 계획서 작성대상 제조업은 전기사용설비의 정격용량의 합이 (   ) 이상인 사업을 말한다.

(2) **유해위험방지계획서 작성 대상 제조업**
   ①
   ②
   ③
   ④
   ⑤
   ⑥

정답

(1) 300킬로와트
(2) 유해위험방지계획서 작성 대상 제조업
   1. 1차 금속 제조업
   2. 금속가공제품(기계 및 가구 제외) 제조업
   3. 비금속 광물제품 제조업
   4. 목재 및 나무제품 제조업
   5. 가구 제조업
   6. 고무제품 및 플라스틱제품 제조업
   7. 식료품 제조업
   8. 기타 기계 및 장비 제조업
   9. 자동차 및 트레일러 제조업
   10. 기타 제품 제조업
   11. 화학물질 및 화학제품 제조업
   12. 반도체 제조업
   13. 전자부품 제조업

### 참고

(1) 사업주가 제조업 대상 사업, 대상기계·기구 설비에 해당하는 유해·위험방지계획서를 제출하려면 다음 각 호의 서류를 첨부하여 해당 공사 착공 15일 전까지 공단에 2부를 제출하여야 한다.
(2) 비교

| 산업안전보건위원회의 설치 대상사업 ★★ | 유해위험방지계획서 작성대상(제조업) ★★★ |
|---|---|
| 1. 토사석 광업 | 1. 1차 금속 제조업 |
| 2. 1차 금속 제조업 | 2. 금속가공제품(기계 및 가구 제외) 제조업 |
| 3. 금속가공제품 제조업(기계 및 가구는 제외) | 3. 비금속 광물제품 제조업 |
| 4. 비금속광물제품 제조업 | 4. 목재 및 나무제품 제조업 |
| 5. 자동차 및 트레일러 제조업 | 5. 가구 제조업 |
| 6. 기타 운송장비 제조업(전투용 차량 제조업 제외) | 6. 고무제품 및 플라스틱제품 제조업 |
| 7. 목재 및 나무제품 제조업(가구 제외) | 7. 식료품 제조업 |
| 8. 화학물질 및 화학제품 제조업(의약품, 세제·화장품 및 광택제 제조업, 화학섬유 제조업 제외) | 8. 기타 기계 및 장비 제조업 |
| | 9. 자동차 및 트레일러 제조업 |
| | 10. 기타 제품 제조업 |
| 9. 기타 기계 및 장비 제조업(사무용기기 및 장비 제조업 제외), 가정용기기 제조업, 그 외 기타 전기장비 제조업 | 11. 화학물질 및 화학제품 제조업 |
| | 12. 반도체 제조업 |
| | 13. 전자부품 제조업 |
| ① 1차 금속으로 ② 금속가공제품, ③ 비금속 광물제품 만들고 ④ 자동차 트레일러 만들어 ⑤ 운송장비 위원회 열자. | ① 1차 금속으로 ② 금속가공제품, ③ 비금속 광물제품 만들고 ④ 자동차 트레일러로, ⑤ 식료품 만들었더니 유해, 위험하다. |

유해·위험방지 계획서 작성대상 기계·기구 및 설비의 종류를 4가지 적으시오. ★★★

| 유해·위험방지 계획서 작성대상 기계·기구 및 설비 |
|---|
| ① |
| ② |
| ③ |
| ④ |
| ⑤ |
| ⑥ |

**정답**

### 유해위험방지계획서 작성 대상 기계·기구 및 설비 ★★★

① 금속이나 그 밖의 광물의 용해로
② 화학설비
③ 건조설비
④ 가스집합 용접장치
⑤ 근로자의 건강에 상당한 장해를 일으킬 우려가 있는 물질로서 고용노동부령으로 정하는 물질의 밀폐·환기·배기를 위한 설비

 유해위험 방지계획서 심사 결과를 구분하고 설명하시오. ★★

**정답**

| 적정 | 근로자의 안전과 보건을 위하여 필요한 조치가 구체적으로 확보되었다고 인정되는 경우 |
|---|---|
| 조건부 적정 | 근로자의 안전과 보건을 확보하기 위하여 일부 개선이 필요하다고 인정되는 경우 |
| 부적정 | 기계·설비 또는 건설물이 심사기준에 위반되어 공사 착공 시 중대한 위험 발생의 우려가 있거나 계획에 근본적 결함이 있다고 인정되는 경우 |

**다음 작업 시작 전 점검내용을 적으시오.** ★★★

| 작업의 종류 | 점검내용 |
| --- | --- |
| 1. 프레스 등을 사용하여 작업을 할 때 (4가지) | ① <br> ② <br> ③ <br> ④ |
| 2. 로봇의 작동 범위에서 그 로봇에 관하여 교시 등(로봇의 동력원을 차단하고 하는 것은 제외한다)의 작업을 할 때 (3가지) | ① <br> ② <br> ③ |
| 3. 공기압축기를 가동할 때 (4가지) | ① <br> ② <br> ③ <br> ④ |
| 4. 크레인을 사용하여 작업을 하는 때 (3가지) | ① <br> ② <br> ③ |
| 5. 이동식 크레인을 사용하여 작업을 할 때 (3가지) | ① <br> ② <br> ③ |
| 6. 리프트(간이리프트를 포함한다)를 사용하여 작업을 할 때 (2가지) | ① <br> ② |
| 7. 곤돌라를 사용하여 작업을 할 때 (2가지) | ① <br> ② |
| 8. 지게차를 사용하여 작업을 하는 때 (4가지) | ① <br> ② <br> ③ <br> ④ |
| 9. 구내운반차를 사용하여 작업을 할 때 (4가지) | ① <br> ② <br> ③ <br> ④ |

| 작업의 종류 | 점검내용 |
|---|---|
| 10. 고소작업대를 사용하여 작업을 할 때 (4가지) | ① ② ③ ④ |
| 11. 화물자동차를 사용하는 작업을 하게 할 때 (3가지) | ① ② ③ |
| 12. 컨베이어 등을 사용하여 작업을 할 때 (4가지) | ① ② ③ ④ |
| 13. 용접·용단 작업 등의 화재위험 작업을 할 때 (3가지) | ① ② ③ |
| 14. 근로자가 반복하여 계속적으로 중량물을 취급하는 작업을 할 때 (3가지) | ① ② ③ |
| 15. 양화장치를 사용하여 화물을 싣고 내리는 작업을 할 때 (2가지) | ① ② |
| 16. 슬링 등을 사용하여 작업을 할 때 (2가지) | ① ② |

**정답**

| 작업의 종류 | 점검내용 |
|---|---|
| 1. 프레스 등을 사용하여 작업을 할 때 | 가. 클러치 및 브레이크의 기능<br>나. 크랭크축·플라이휠·슬라이드·연결봉 및 연결 나사의 풀림 여부<br>다. 1행정 1정지기구·급정지장치 및 비상정지장치의 기능<br>라. 슬라이드 또는 칼날에 의한 위험방지 기구의 기능<br>마. 프레스의 금형 및 고정볼트 상태<br>바. 방호장치의 기능<br>사. 전단기(剪斷機)의 칼날 및 테이블의 상태 |
| 2. 로봇의 작동 범위에서 그 로봇에 관하여 교시 등(로봇의 동력원을 차단하고 하는 것은 제외한다)의 작업을 할 때 | 가. 외부 전선의 피복 또는 외장의 손상 유무<br>나. 매니퓰레이터(manipulator) 작동의 이상 유무<br>다. 제동장치 및 비상정지장치의 기능 |

| 3. 공기압축기를 가동할 때 | 가. 공기저장 압력용기의 외관 상태<br>나. 드레인밸브(drain valve)의 조작 및 배수<br>다. 압력방출장치의 기능<br>라. 언로드밸브(unloading valve)의 기능<br>마. 윤활유의 상태<br>바. 회전부의 덮개 또는 울<br>사. 그 밖의 연결 부위의 이상 유무 |
|---|---|
| 4. 크레인을 사용하여 작업을 하는 때 | 가. 권과방지장치·브레이크·클러치 및 운전장치의 기능<br>나. 주행로의 상측 및 트롤리(trolley)가 횡행하는 레일의 상태<br>다. 와이어로프가 통하고 있는 곳의 상태 |
| 5. 이동식 크레인을 사용하여 작업을 할 때 | 가. 권과방지장치나 그 밖의 경보장치의 기능<br>나. 브레이크·클러치 및 조정장치의 기능<br>다. 와이어로프가 통하고 있는 곳 및 작업장소의 지반상태 |
| 6. 리프트 | 가. 방호장치·브레이크 및 클러치의 기능<br>나. 와이어로프가 통하고 있는 곳의 상태 |
| 7. 곤돌라를 사용하여 작업을 할 때 | 가. 방호장치·브레이크의 기능<br>나. 와이어로프·슬링와이어(sling wire) 등의 상태 |
| 8. 지게차를 사용하여 작업을 하는 때 | 가. 제동장치 및 조종장치 기능의 이상 유무<br>나. 하역장치 및 유압장치 기능의 이상 유무<br>다. 바퀴의 이상 유무<br>라. 전조등·후미등·방향지시기 및 경보장치 기능의 이상 유무 |
| 9. 구내운반차를 사용하여 작업을 할 때 | 가. 제동장치 및 조종장치 기능의 이상 유무<br>나. 하역장치 및 유압장치 기능의 이상 유무<br>다. 바퀴의 이상 유무<br>라. 전조등·후미등·방향지시기 및 경음기 기능의 이상 유무<br>마. 충전장치를 포함한 홀더 등의 결합상태의 이상 유무 |
| 10. 고소작업대를 사용하여 작업을 할 때 | 가. 비상정지장치 및 비상하강 방지장치 기능의 이상 유무<br>나. 과부하 방지장치의 작동 유무(와이어로프 또는 체인구동방식의 경우)<br>다. 아웃트리거 또는 바퀴의 이상 유무<br>라. 작업면의 기울기 또는 요철 유무<br>마. 활선작업용 장치의 경우 홈·균열·파손 등 그 밖의 손상 유무 |
| 11. 화물자동차를 사용하는 작업을 하게 할 때 | 가. 제동장치 및 조종장치의 기능<br>나. 하역장치 및 유압장치의 기능<br>다. 바퀴의 이상 유무 |
| 12. 컨베이어 등을 사용하여 작업을 할 때 | 가. 원동기 및 풀리(pulley) 기능의 이상 유무<br>나. 이탈 등의 방지장치 기능의 이상 유무<br>다. 비상정지장치 기능의 이상 유무<br>라. 원동기·회전축·기어 및 풀리 등의 덮개 또는 울 등의 이상 유무 |
| 13. 용접·용단 작업 등의 화재위험 작업을 할 때 | 가. 작업 준비 및 작업 절차 수립 여부<br>나. 화기작업에 따른 인근 가연성 물질에 대한 방호조치 및 소화 기구 비치 여부<br>다. 용접불티 비산방지덮개 또는 용접방화포 등 불꽃·불티 등의 비산을 방지하기 위한 조치 여부 |

| | |
|---|---|
| | 라. 인화성 액체의 증기 또는 인화성 가스가 남아 있지 않도록 하는 환기 조치 여부<br>마. 작업근로자에 대한 화재예방 및 피난 교육 등 비상조치 여부<br><br>**작업준비, 절차수립 → 불꽃비산방지 → 환기 → 소화기구 → 화재예방, 피난 교육** |
| 14. 근로자가 반복하여 계속적으로 중량물을 취급하는 작업을 할 때 | 가. 중량물 취급의 올바른 자세 및 복장<br>나. 위험물이 날아 흩어짐에 따른 보호구의 착용<br>다. 카바이드·생석회(산화칼슘) 등과 같이 온도상승이나 습기에 의하여 위험성이 존재하는 중량물의 취급방법<br>라. 그 밖에 하역운반기계 등의 적절한 사용방법 |
| 15. 양화장치를 사용하여 화물을 싣고 내리는 작업을 할 때 | 가. 양화장치(揚貨裝置)의 작동상태<br>나. 양화장치에 제한하중을 초과하는 하중을 실었는지 여부 |
| 16. 슬링 등을 사용하여 작업을 할 때 | 가. 훅이 붙어 있는 슬링·와이어슬링 등이 매달린 상태<br>나. 슬링·와이어슬링 등의 상태<br>　(작업시작 전 및 작업 중 수시로 점검) |

# 기계·기구 및 설비 안전 관리

**CHAPTER 01** 기계작업 공정 특성 분석 / 기계안전시설 관리

**CHAPTER 02** 양중 및 운반기계 / 안전시설 관리

# CHAPTER 01 기계작업 공정 특성 분석 / 기계안전시설 관리

1. 기계설비의 위험점을 이해할 수 있어야 한다.
2. 기계설비의 본질적 안전화를 이해할 수 있어야 한다.
3. 기계설비의 안전조건을 이해할 수 있어야 한다.
4. Fool Proof를 이해할 수 있어야 한다.
5. Fail Safe를 이해할 수 있어야 한다.
6. 기계설비의 방호장치를 이해·적용할 수 있어야 한다.
7. 동력 차단장치를 이해·적용할 수 있어야 한다.
8. 동력전달장치의 방호장치를 이해·적용할 수 있어야 한다.
9. 산업안전보건법상 유해위험 기계 기구를 이해할 수 있어야 한다.
10. 프레스의 방호장치 및 설치방법을 이해·적용할 수 있어야 한다.
11. 아세틸렌용접장치 및 가스 집합 용접장치의 방호장치 및 설치방법을 이해·적용할 수 있어야 한다.
12. 양중기의 방호장치 및 재해 유형을 이해·적용할 수 있어야 한다.
13. 보일러 및 압력용기의 방호장치를 이해·적용할 수 있어야 한다.
14. 롤러기의 방호장치 및 설치방법을 이해·적용할 수 있어야 한다.
15. 연삭기의 재해 유형을 이해할 수 있어야 한다.
16. 연삭숫돌의 파괴 원인을 이해할 수 있어야 한다.
17. 연삭기의 방호장치 및 설치방법을 이해·적용할 수 있어야 한다.
18. 동력식 수동대패기를 이해·적용할 수 있어야 한다.
19. 산업용 로봇의 방호장치를 이해·적용할 수 있어야 한다.

## 기계의 위험요인

**(1) 위험점의 분류 ★★★**

① 협착점 : 왕복운동 부분과 고정부분 사이에서 형성되는 위험점
  예 프레스기, 전단기, 성형기 등

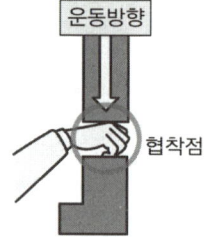

② 끼임점 : 고정부분과 회전하는 동작 부분 사이에서 형성되는 위험점
  예 연삭숫돌과 덮개, 교반기 날개와 하우징 등

| | |
|---|---|
| ③ 절단점 : 회전하는 운동부 자체, 운동하는 기계부분 자체의 위험점<br>예 날, 커터를 가진 기계<br>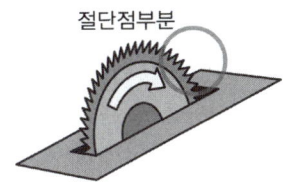 | ④ 물림점 : 회전하는 두 개의 회전체에 물려 들어가는 위험점<br>\* 물림점의 형성조건 : 서로 반대방향으로 회전하는 두 개의 회전체<br>예 롤러와 롤러, 기어와 기어 등<br>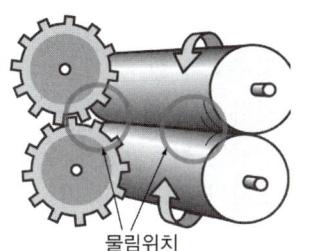 |
| ⑤ 접선 물림점 : 회전하는 부분의 접선 방향으로 물려 들어가는 위험점<br>예 벨트와 풀리, 체인과 스프로킷, 랙과 피니언 등<br> | ⑥ 회전 말림점 : 회전하는 물체에 작업복, 머리카락 등이 말려 들어가는 위험점<br>예 회전축, 커플링 등<br> |

## (2) 원동기·회전축 등의 위험 방지

① 기계의 원동기·회전축·기어·풀리·플라이휠·벨트 및 체인 등 근로자가 위험에 처할 우려가 있는 부위에 덮개·울·슬리브 및 건널다리 등을 설치하여야 한다. ★★
② 회전축·기어·풀리 및 플라이휠 등에 부속되는 키·핀 등의 기계요소는 묻힘형으로 하거나 해당 부위에 덮개를 설치하여야 한다. ★★
③ 벨트의 이음 부분에 돌출된 고정구를 사용해서는 아니 된다. ★★
④ 건널다리에는 안전난간 및 미끄러지지 아니하는 구조의 발판을 설치하여야 한다.
⑤ 연삭기(研削機) 또는 평삭기(平削機)의 테이블, 형삭기(形削機) 램 등의 행정 끝이 근로자에게 위험을 미칠 우려가 있는 경우에 해당 부위에 덮개 또는 울 등을 설치하여야 한다.
⑥ 선반 등으로부터 돌출하여 회전하고 있는 가공물이 근로자에게 위험을 미칠 우려가 있는 경우에 덮개 또는 울 등을 설치하여야 한다.
⑦ 원심기에는 덮개를 설치하여야 한다.

⑧ 분쇄기·파쇄기·마쇄기·미분기·혼합기 및 혼화기 등을 가동하거나 원료가 흩날리거나 하여 근로자가 위험해질 우려가 있는 경우 해당 부위에 **덮개를 설치**하는 등 필요한 조치를 해야 하며, 분쇄기 등의 **가동 중 덮개를 열어야 하는 경우**에는 다음 각 호의 어느 하나 이상에 해당하는 조치를 해야 한다.
  - 근로자가 **덮개를 열기 전에 분쇄기 등의 가동을 정지**하도록 할 것
  - 분쇄기 등과 덮개 간에 **연동장치를 설치하여 덮개가 열리면 분쇄기 등이 자동으로 멈추도록** 할 것
  - 분쇄기 등에 **광전자식 방호장치 등 감응형(感應形) 방호장치를 설치**하여 근로자의 **신체가 위험한계에 들어가게 되면 분쇄기 등이 자동으로 멈추도록** 할 것
⑨ 근로자가 **분쇄기 등의 개구부**로부터 가동 부분에 접촉함으로써 위해(危害)를 입을 우려가 있는 경우 덮개 또는 울 등을 설치해야 하며, 분쇄기 등의 **가동 중 덮개 또는 울 등을 열어야 하는 경우**에는 다음 각 호의 어느 하나 이상에 해당하는 조치를 해야 한다.
  - 근로자가 **덮개 또는 울 등을 열기 전에 분쇄기 등의 가동을 정지**하도록 할 것
  - 분쇄기 등과 덮개 또는 울 등 간에 **연동장치를 설치하여 덮개 또는 울 등이 열리면 분쇄기 등이 자동으로 멈추도록** 할 것
  - 분쇄기 등에 **광전자식 방호장치 등 감응형 방호장치를 설치**하여 근로자의 **신체가 위험한계에 들어가게 되면 분쇄기 등이 자동으로 멈추도록** 할 것
⑩ 종이·천·비닐 및 **와이어로프 등의 감김통** 등에 의하여 근로자가 위험해질 우려가 있는 부위에 **덮개 또는 울 등을 설치**하여야 한다.
⑪ **압력용기 및 공기압축기** 등에 부속하는 원동기·축이음·벨트·풀리의 회전 부위 등 근로자가 위험에 처할 우려가 있는 부위에 **덮개 또는 울 등을 설치**하여야 한다.

## (3) 리미트 스위치 ★

기계가 한계를 벗어나 과도하게 작동하는 것을 제한하는 장치를 말한다.

① 과부하 방지 장치
② 권과 방지 장치
③ 과전류 차단 장치
④ 압력제한 장치

### (4) 기계설비의 Layout 시 유의사항

① 작업 흐름에 따라 배치한다.
② 통로를 확보한다.
③ 장래의 확장을 고려하여 설계, 배치한다.
④ 기계설비의 간격을 유지한다.
⑤ 유해, 위험공정으로부터 작업자를 격리한다.
⑥ 운반작업을 기계 작업화한다.
⑦ 원재료, 제품저장소 등의 공간을 확보한다.

## 기계 설비의 안전조건 및 본질안전

### (1) 기계 설비의 안전조건(근원적 안전) ★

#### 1) 외관상 안전화

① 회전부에 덮개 설치
② 안전색채 사용
   예 기계의 시동 버튼 – 녹색, 정지 버튼 – 적색

#### 2) 기능적 안전화

① 전압 강하에 따른 오동작 방지
② 정전 및 단락에 따른 오동작 방지
③ 사용 압력 변동 시 등의 오동작 방지

#### 3) 구조 부분 안전화(구조부분 강도적 안전화)

① 설계상의 결함 방지
② 재료의 결함 방지
③ 가공 결함 방지

#### 4) 작업의 안전화

예 • 조작 장치는 조작이 쉽게 설계
  • 적당한 수공구의 사용
  • 불필요한 동작을 배제하고 작업의 표준화
  • 급정지장치 등의 설치

5) 보수유지의 안전화(보전성 향상 위한 고려 사항)

> 예
> - 보전용 통로와 작업장 확보
> - 기계는 분해하기 쉽게
> - 부품 교환이 용이한 구조
> - 보수, 점검 용이하도록
> - 주유 방법을 쉽게 개선

6) 표준화

### (2) 기계 설비의 본질 안전 ★

근로자의 실수나 기계설비에 이상이 발생하여도 재해가 발생되지 않도록 설계되는 기본적 개념을 말한다.

① **안전기능을 기계설비 내에 내장할 것**
② **풀 프루프(fool proof) 기능가질 것** : 작업자의 실수가 있더라도 사고로 연결되지 않도록 2중, 3중 통제를 한다.
③ **페일 세이프(fail safe) 기능가질 것** : 기계, 설비가 고장 나더라도 사고로 연결되지 않도록 2중, 3중 통제를 한다.

방호장치의 분류

## (1) 위험장소에 따른 분류 ★

| 격리형 방호장치 | • 위험한 작업점과 작업자 사이에 서로 접근되어 일어날 수 있는 재해를 방지하기 위해 차단벽이나 망을 설치하는 방호장치<br>• 예 완전 차단형 방호장치, 덮개형 방호장치, 방책 등 |
|---|---|
| 위치 제한형 방호장치 | • 작업자의 신체 부위가 위험한계 밖에 있도록 기계의 조작장치를 위험한 작업점에서 안전거리 이상 떨어지게 하거나 조작장치를 양손으로 동시 조작하게 함으로써 위험한계에 접근하는 것을 제한하는 방호장치<br>• 예 프레스의 양수조작식 방호장치 |
| 접근 거부형 방호장치 | • 작업자의 신체 부위가 위험한계 내로 접근하였을 때 기계적인 작용에 의하여 접근을 못하도록 저지하는 방호장치<br>• 예 프레스의 수인식, 손쳐내기식 방호장치 |
| 접근 반응형 방호장치 | • 작업자의 신체 부위가 위험한계 또는 그 인접한 거리내로 들어오면 이를 감지하여 그 즉시 기계의 동작을 정지시키고 경보 등을 발하는 방호장치<br>• 예 프레스의 광전자식 방호장치 |

## (2) 위험원에 따른 분류 ★

| 포집형 방호장치 | • 위험장소에 설치하여 위험원이 비산하거나 튀는 것을 포집하여 작업자로부터 위험원을 차단하는 방호장치<br>• 예 목재가공용 둥근톱의 반발예방장치, 연삭기의 덮개 등 |
|---|---|
| 감지형 방호장치 | • 이상 온도, 이상 기압, 과부하 등 기계의 부하가 안전한계치를 초과하는 경우에 이를 감지하고 자동으로 안전상태가 되도록 조정하거나 기계의 작동을 중지시키는 방호장치 |

## (3) 방호조치를 하여야 할 유해하거나 위험한 기계·기구

### 1) 방호조치

**방호조치를 하지 아니하고는 양도·대여·설치·사용, 진열해서는 아니 되는 기계·기구 ★★★**

① 예초기
② 원심기
③ 공기압축기
④ 금속절단기
⑤ 지게차
⑥ 포장기계(진공포장기, 랩핑기로 한정)

방호조치 없이 포장된 공원에서 원예금지

## 방호조치가 필요한 유해위험 기계기구 및 방호조치 ★★★

| | | |
|---|---|---|
| 1. 예초기의 날 접촉 예방장치 | | 예초기의 절단 날 또는 비산물로 부터 작업자를 보호하기 위해 설치하는 보호덮개 등의 장치를 말한다. |
| 2. 원심기의 회전체 접촉 예방장치 | | 원심기의 케이싱 또는 하우징 내부의 회전통 등에 작업자의 신체 일부가 접촉되는 것을 방지하기 위해 설치하는 덮개 등의 장치를 말한다. |
| 3. 공기압축기의 압력방출장치 | | 공기압축기에 부속된 압력용기의 과도한 압력상승을 방지하기 위하여 설치하는 안전밸브, 언로드밸브 등의 장치를 말한다. |
| 4. 금속절단기의 날 접촉 예방장치 | | 띠톱, 둥근톱 등 금속절단기의 절단날 또는 비산물로부터 작업자를 보호하기 위하여 설치하는 장치를 말한다. |
| 5. 지게차의 헤드가드, 백레스트, 전조등, 후미등, 안전벨트 | 헤드가드 | 지게차를 이용한 작업 중에 위쪽으로부터 떨어지는 물건에 의한 위험을 방지하기 위하여 운전자의 머리 위쪽에 설치하는 덮개를 말한다. |
| | 백레스트 | 지게차를 이용한 작업 중에 마스트를 뒤로 기울일 때 화물이 마스트 방향으로 떨어지는 것을 방지하기 위해 설치하는 짐받이 틀을 말한다. |
| 6. 포장기계(진공 포장기, 랩핑기)의 구동부 방호연동장치 | | 진공포장기, 랩핑기의 구동부에 설치되는 방호장치 등이 개방되었을 때 기계의 작동이 정지되도록 하거나 방호장치가 닫힌 상태에서만 기계가 작동되도록 상호 연결시키는 것을 말한다. |

## 동력으로 작동하는 기계·기구 중 방호조치를 하지 아니하고는 양도·대여·설치·사용, 진열해서는 아니 되는 경우 ★

① 작동 부분에 돌기 부분이 있는 것
② 동력전달 부분 또는 속도조절 부분이 있는 것
③ 회전기계에 물체 등이 말려 들어갈 부분이 있는 것

돌이 동력전달부에 말려들어 속도 조절됨

2) 방호조치가 필요한 유해위험 기계·기구 중 동력으로 작동되는 기계·기구에는 다음 각 호의 방호조치를 하여야 한다. ★★

　① 작동 부분의 돌기 부분은 묻힘형으로 하거나 덮개를 부착할 것
　② 동력 전달 부분 및 속도 조절 부분에는 덮개를 부착하거나 방호망을 설치할 것
　③ 회전기계의 물림점(롤러·기어 등)에는 덮개 또는 울을 설치할 것

3) 사업주와 근로자는 방호조치를 해체하려는 경우 등 고용노동부령으로 정하는 경우에는 필요한 안전조치 및 보건조치를 하여야 한다.

　① 방호조치를 해체하려는 경우 : 사업주의 허가를 받아 해체할 것
　② 방호조치 해체 사유가 소멸된 경우: 방호조치를 지체 없이 원상으로 회복시킬 것
　③ 방호조치의 기능이 상실된 것을 발견한 경우: 지체 없이 사업주에게 신고할 것

## 작업점 가드

### (1) 가드의 정의

기계의 운동부분(위험점)에 신체가 접촉하는 것을 방지하여 작업자를 보호하기 위한 목적으로 설치하는 장치

### (2) 가드의 종류

① 고정 가드 : 기계의 운동 부분(위험점)에 신체가 접촉하는 것을 방지하는 목적으로 기계의 개구부에 고정하여 설치하는 가드

**고정형 가드의 구비조건**

- 기계의 운동 부분(위험점)에 신체가 접촉하는 것을 방지하는 구조일 것
- 충분한 강도를 유지할 것
- 단순한 구조이며 조정이 용이할 것
- 일반작업, 점검, 주유 시 방해되지 않는 구조일 것

② 조정 가드 : 위험 구역에 맞추어 형상과 크기를 조절 가능한 가드
③ 연동 가드(인터록 가드) : 기계 작동 중에 가드를 개폐하는 경우 기계가 정지하는 가드
④ 자동 가드

## (3) 가드의 개구부 치수 ★★

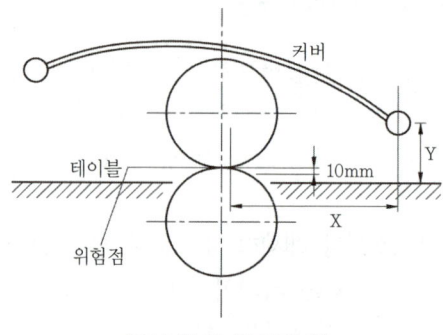

[이송롤의 방호덮개]

| 가드의 개구간격 | 일방 평행 보호망,<br>위험점이 전동체인 경우의 개구간격 |
|---|---|
| ① X < 160mm일 경우<br>　Y = 6 + 0.15X<br>② X ≥ 160mm일 경우<br>　Y = 30mm<br>　여기서, X : 안전거리(위험점에서 가드까지의<br>　　　　　거리)(mm)<br>　　　　　Y : 가드의 최대 개구 간격(mm) | ① Y = 6 + 0.1X<br>　여기서, X : 안전거리(mm)<br>　　　　　Y : 가드의 최대 개구 간격(mm) |

## 응력, 강도 및 안전율

### (1) 응력, 강도

**응력, 강도의 계산 ★**

$$응력(강도)\ \sigma = \frac{P_t}{A} = \frac{하중}{단면적}\ (kg_f/mm^2,\ kg_f/cm^2)$$

$$\left( \begin{array}{l} 지름\ d가\ 주어질\ 경우의\ 단면적\ A = \frac{\pi \times d^2}{4} \\ 가로(a),\ 세로(b)가\ 주어질\ 경우의\ 단면적\ A = a \times b \end{array} \right)$$

### (2) 안전율(안전계수)

**안전율의 계산 ★★**

$$안전율 = \frac{극한강도}{허용응력} = \frac{극한강도}{최대설계응력} = \frac{극한강도}{사용응력}$$

$$= \frac{파괴하중}{최대사용하중} = \frac{파단하중}{안전하중} = \frac{극한하중}{정격하중}$$

1. 위험도가 큰 하중(안전율이 커진다) : 충격하중 〉 교번하중 〉 반복하중 〉 정하중
2. 안전율을 가장 크게 취해야 하는 하중(가장 위험하다) : 충격하중
3. 안전율을 가장 작게 취해야 하는 하중(가장 안전하다) : 정하중

## 공작기계의 안전

### 1) 공작기계 작업의 안전

① 움직이는 기계 위에 공구, 재료를 올려놓지 않는다.
② 기계 이송을 건 채 기계를 정지시키지 않는다.
③ 기계 회전을 손이나 공구로 멈추지 않는다.
④ 절삭공구의 장착은 정확하게 한다.
⑤ 절삭공구를 짧게 장착하고, 절삭성 나쁘면 바꾼다.
⑥ 보안경을 착용하고, 차폐막을 설치한다.
⑦ 절삭분 제거는 기계를 정지하고 브러시나 봉을 사용한다.(손 사용 금지)

⑧ 회전이나 절삭 중에는 공작물 측정, 점검, 주유 등의 작업을 금지한다.(운전을 정지하고 실시한다.)
⑨ 장갑은 절대 착용 금지한다.

## (1) 선반의 안전

### 1) 선반의 특징
주축에 **일감을 고정하고 회전시키며 일감을 절삭하는 공작 기계**로 가장 많이 사용되는 공작 기계이다.

### 2) 선반의 구성
① **주축대** : 주축과 주축 속도변환장치들이 내장되어 있으며, 공작물을 회전시키는 것이 목적이다.
② **심압대** : 일감을 주축과 심압대 사이에 고정할 때 이용된다.
③ **왕복대** : 길이가 긴 가공물을 가공하거나 힘을 많이 받는 가공을 할 때에 가공물의 중심을 지지해 주는 역할을 한다.
④ 베드 : 심압대, 왕복대, 주축대를 올려놓을 수 있는 선반의 몸체를 말한다.

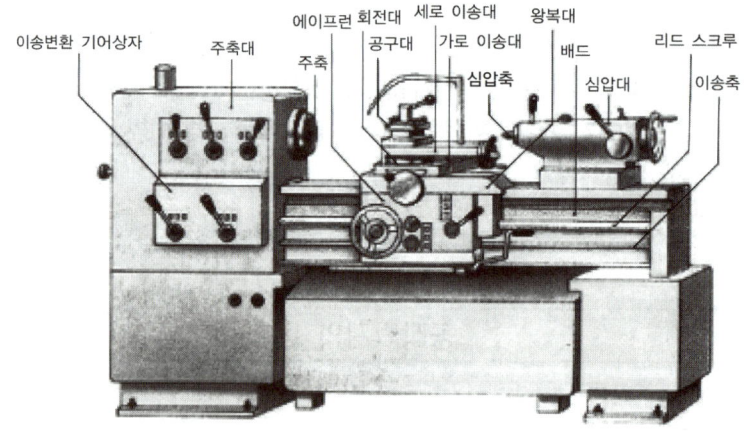

### 3) 선반의 안전장치 ★
① **쉴드**(Shield) : 칩 및 절삭유의 비산을 방지하기 위해 설치하는 **플라스틱 덮개**
② **칩 브레이커 : 칩을 짧게 절단하는 장치**
③ **척 커버** : 기어 등을 복개하는 장치
④ **브레이크** : 선반의 일시 정지장치

척 방호장치

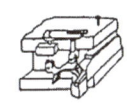
칩 브레이크

쉴드

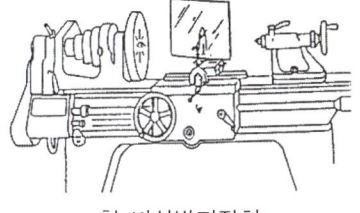
칩 비산방지장치

4) 선반의 안전작업 방법
① 베드에는 공구를 올려놓지 말 것
② 칩 제거는 운전 정지 후 브러시를 이용할 것
③ 양 센터 작업 시에는 심압대에 윤활유를 자주 주입할 것
④ 공작물의 길이가 직경의 12 ~ 20배 이상일 때에는 방진구를 사용하여 재료를 고정할 것
⑤ 바이트는 끝을 짧게 할 것
⑥ 시동 전에 척 핸들을 빼둘 것
⑦ 반드시 보안경을 착용할 것

## (2) 밀링 작업의 안전

① 커터가 날카롭고 예리해서 칩이 가장 가늘고 예리하다.
② 반드시 보호안경 착용, 장갑은 절대 착용을 금지한다.
③ 칩 제거는 운전 정지 후 브러시를 이용한다.
④ 강력 절삭 시 일감을 바이스에 깊게 물린다.
⑤ 제품을 측정, 풀어낼 때는 반드시 운전을 정지한다.
⑥ 보링, 드릴, 내형 홈파기 작업이 가능하다.

밀링머신

### (3) 플레이너(평삭기) 작업의 안전

① 플레이너 **운동 범위에 방책을 설치**한다.
② 프레임 내 피트에 덮개를 설치한다.
③ 베드 위에 물건 등을 두지 않는다.
④ 바이트는 되도록 짧게 나오도록 설치한다.

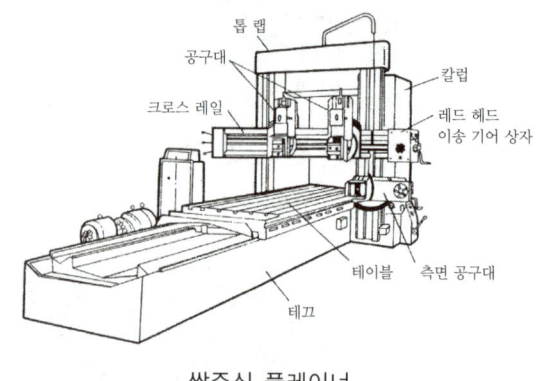

쌍주식 플레이너

### (4) 세이퍼(형삭기) 작업의 안전

① 램은 가급적 행정을 짧게 한다.
② 바이트 짧게 물린다.
③ 재질에 따라 절삭속도를 결정한다.
④ **운전자는 바이트의 운동 방향(정면)에 서지 말고 측면에서 작업**한다.
⑤ **세이퍼 운동 범위에 방책을 설치**한다.

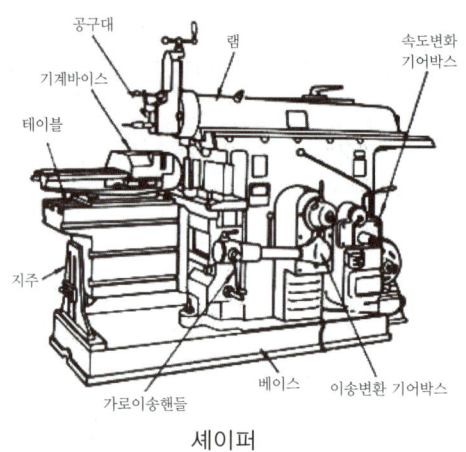

세이퍼

### (5) 사출성형기 작업의 안전

① 사업주는 **사출성형기(射出成形機)·주형조형기(鑄型造形機) 및 형단조기**(프레스 등은 제외) 등에 근로자의 신체 일부가 말려들어갈 우려가 있는 경우 게이트가드(gate guard) 또는 양수조작식 등에 의한 방호장치, 그 밖에 필요한 방호 조치를 하여야 한다.
② **게이트가드는** 닫지 아니하면 기계가 작동되지 아니하는 **연동구조(連動構造)여야 한다.**
③ 사업주는 사출성형기(射出成形機)·주형조형기(鑄型造形機) 및 형단조기(프레스 등은 제외) 등의 **가열 부위 또는 감전 우려가 있는 부위에는 방호덮개를 설치**하는 등 필요한 안전 조치를 하여야 한다.

### (6) 드릴 작업의 안전

1) 일감 고정 방법 ★

   ① 일감이 작을 때 : 바이스로 고정
   ② 일감이 크고 복잡할 때 : 볼트와 고정구
   ③ 대량 생산과 정밀도를 요할 때 : 전용의 지그 사용

2) 드릴 안전 대책

   ① 드릴 작업 시에는 장갑 착용 금지
   ② 칩 제거 시에는 운전 중지 후 솔로서 제거
   ③ 큰 구멍을 뚫을 때에는 작은 구멍을 먼저 뚫은 후에 뚫을 것
   ④ 작업 시에는 보안경 착용
   ⑤ 자동 이송 작업 중에는 기계를 멈추지 말 것

 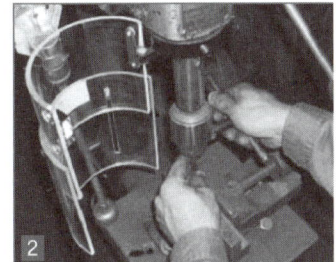

공작물 고정    드릴날 고정

### (7) 연삭기 작업의 안전

1) 연삭기에 의한 재해의 유형

   ① 연삭 숫돌에 신체의 접촉
   ② 숫돌 파괴에 의한 파편 비산
   ③ 연삭분이 튀어 눈에 들어가는 사고
   ④ 재료의 튕김(가공 중 공작물의 반발)

2) 안전대책 ★

① 숫돌에 충격을 가하지 말 것
② **작업시작 전 1분 이상, 숫돌 교체 시 3분 이상 시운전할 것**
③ 연삭숫돌 **최고사용 회전속도 초과 사용 금지**
④ 측면을 사용하는 것을 목적으로 제작된 연삭기 이외에는 **측면 사용 금지**
⑤ 작업 시에는 숫돌의 원주면을 이용하고, **작업자는 숫돌의 측면에서 작업할 것**

3) 연삭기의 방호 장치 ★

① **덮개**
- 산업안전보건법에는 **숫돌 직경이 5cm 이상인 것부터 반드시 설치하도록 되어 있다.** ★★
- 숫돌의 외경이 125mm 이상인 연삭기 또는 연마기 : 숫돌의 절단면과 가드 사이의 거리가 5mm 이내이고 숫돌의 측면과의 간격이 10mm 이내가 되도록 조정할 것

○ 위험기계·기구 자율안전 확인 고시

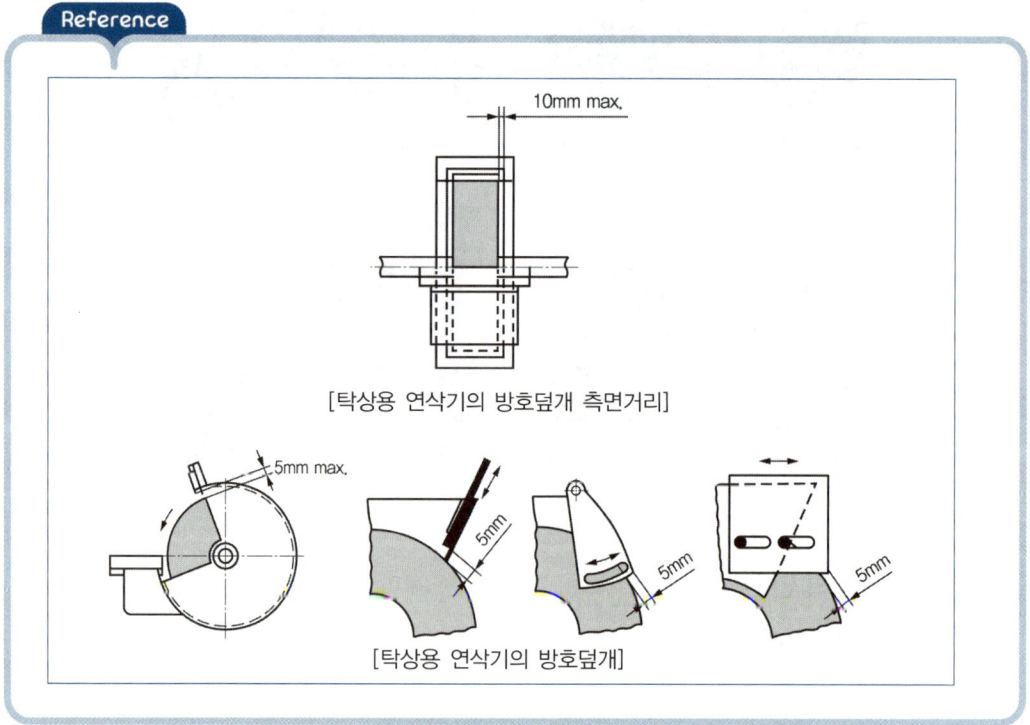

[탁상용 연삭기의 방호덮개 측면거리]

[탁상용 연삭기의 방호덮개]

② **투명 비산방지판(안전 실드, 방호 스크린)**
  • 연삭분의 비산을 방지하기 위하여 **투명한 비산방지판을 설치**한다.

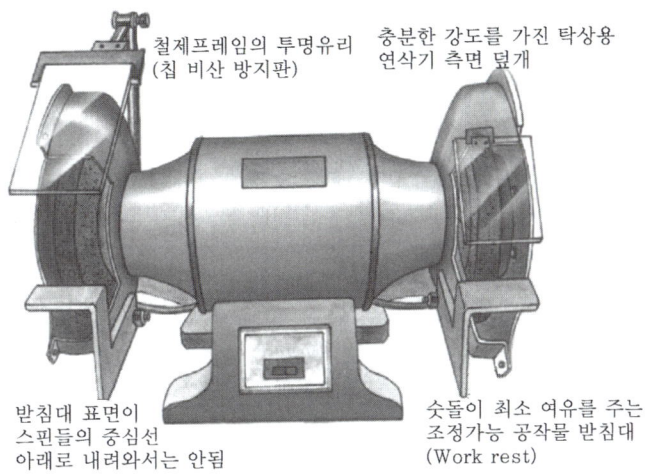

③ **가공물 받침대(워크레스트)및 유도·고정장치(위험기계기구 자율안전확인 고시)**
  • 연삭기 또는 연마기에는 **가공물이 움직이지 않도록 가공물 고정장치를 설치**해야 한다.
  • 탁상용 및 절단용 연삭기에는 아래 요건에 적합한 조절 가능한 **가공물 받침대를 설치**해야 한다.
    – 연삭숫돌의 외주면과 받침대 사이의 거리는 2mm를 초과하지 않을 것 ★
    – 연삭기에서 사용토록 설계된 **연삭숫돌 폭 이상의 크기일 것**
    – 연삭기에 견고히 고정될 것

○ **방호장치 자율안전 확인 고시**

> **Reference**
>
> • 탁상용 연삭기의 덮개에는 워크레스트 및 조정편을 구비하여야 하며, **워크레스트는 연삭숫돌과의 간격을 3밀리미터 이하로 조정할 수 있는 구조이어야 한다.** ★
>
>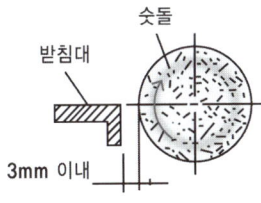
>
> 받침대의 간격

### 4) 숫돌 노출각도 ★★

① **탁상용**
- 상부를 사용하는 경우 : 60° 이내
- 수평면 이하에서 연삭 : 125° 이내
- 최대 원주 속도가 초당 50m 이하인 경우 : 90° 이내(주축면 위로 50°)
- 그 외 탁상용 연삭기 : 80° 이내(주축면 위로 65°)

② **절단기, 평면형** 연삭기 : 150° 이내
③ **휴대용, 원통형** 연삭기 : 180° 이내

## ◯ 연삭기 덮개의 설치 기준 ★★

| 탁상용 연삭기 | |
|---|---|
| ① 상부를 사용하는 경우 : 60° 이내 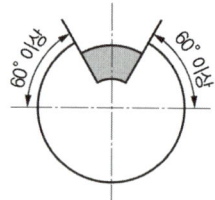 | |
| ② 수평면 이하에서 연삭할 경우 : 노출 각도를 125°까지 증가시킬 수 있다. 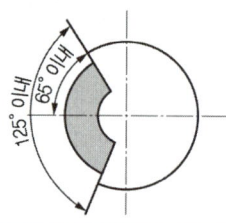 | |
| ①, ② 외의 탁상용연삭기 : 80° 이내(주축면 위로 65°) 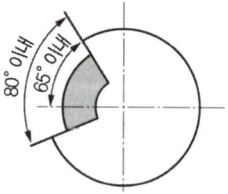 | |
| ③ 최대 원주 속도가 초당 50m 이하인 탁상용 연삭기 : 90° 이내 (주축면 위로 50°) 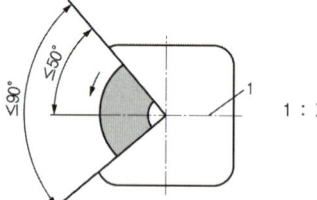 1 : X축 | |

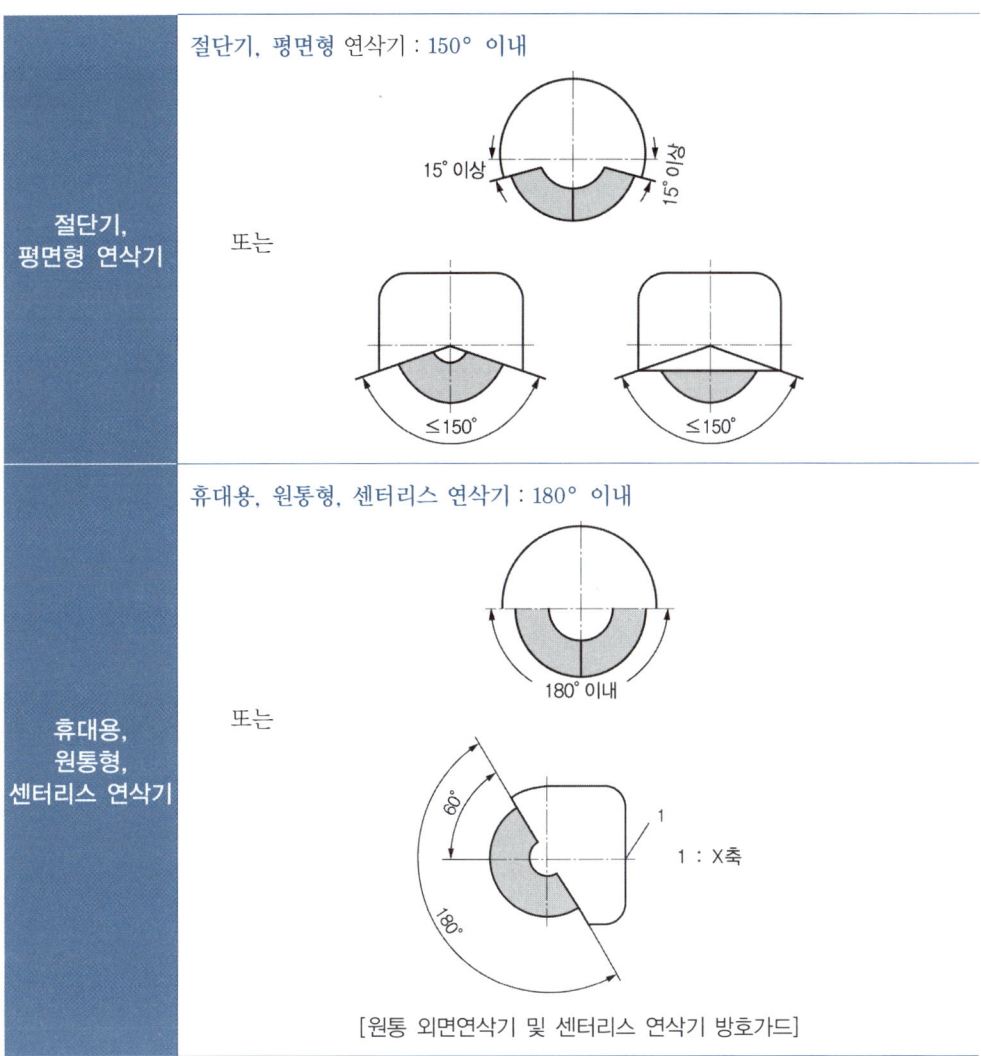

[원통 외면연삭기 및 센터리스 연삭기 방호가드]

5) 연삭기 숫돌 파괴 원인 ★★

① 숫돌의 회전 속도가 너무 빠를 때
② 숫돌 자체에 균열이 있을 때
③ 숫돌의 측면을 사용하여 작업할 때
④ 숫돌에 과대한 충격을 가할 때
⑤ 플랜지가 현저히 작을 때(플랜지는 숫돌 지름의 1/3 이상일 것)
⑥ 숫돌 불균형, 베어링 마모에 의한 진동이 심할 때
⑦ 반지름 방향 온도변화 심할 때

6) 연삭기의 회전속도(원주속도)

> **연삭기의 회전속도(원주속도) 계산 ★★**
>
> 회전속도(원주속도) $V = \dfrac{\pi \times D \times N}{1000}$ (m/min)

여기서, D : 연삭숫돌의 직경(mm),　　N : 회전수(rpm)

## 기타 공작기계 안전조치

### (1) 비파괴검사의 실시 ★

고속회전체(회전축의 중량이 1톤을 초과하고 원주속도가 매초당 120미터 이상인 것에 한한다)의 회전시험을 하는 때에는 미리 회전축의 재질 및 형상 등에 상응하는 종류의 **비파괴검사를 실시하여 결함유무를 확인**하여야 한다.

### (2) 공작기계 안전조치

1) 행정 끝의 덮개

**연삭기 또는 평삭기의 테이블, 형삭기램** 등의 행정 끝이 근로자에게 위험을 미칠 우려가 있는 때에는 해당 부위에 **덮개 또는 울 등을 설치**하여야 한다.

2) 돌출가공물의 덮개

**선반** 등으로부터 돌출하여 회전하고 있는 가공물이 근로자에게 위험을 미칠 우려가 있는 때에는 **덮개 또는 울 등을 설치**하여야 한다.

3) 띠톱기계의 덮개

**띠톱기계**(목재가공용 띠톱기계를 제외)의 절단에 필요한 톱날부위 외의 위험한 **톱날부위에는 덮개 또는 울 등을 설치**하여야 한다.

4) 원형톱기계의 톱날접촉예방장치

**원형톱기계**(목재가공용 둥근톱기계를 제외)에는 **톱날접촉예방장치를 설치**하여야 한다.

5) 탑승의 금지

운전 중인 **평삭기(平削機)의 테이블 또는 수직선반 등의 테이블에 근로자를 탑승시켜서는 아니 된다.** 다만, 테이블에 탑승한 근로자 또는 배치된 근로자가 즉시 기계를 정지할 수 있도록 하는 등 근로자에게 미칠 위험을 방지하기 위하여 필요한 조치를 한때에는 그러하지 아니하다.

# 목재가공용 둥근톱 작업의 안전

## (1) 목재 가공용 둥근톱 기계에 의한 재해 위험성

① 톱날과 신체의 접촉에 의한 사고
② 목재의 반발에 의한 사고
③ 칩 비산에 의한 눈의 상해

## (2) 목재 가공용 둥근톱 기계의 방호 장치 ★★

### 1) 날접촉예방장치(덮개)
목재가공용 둥근톱의 톱날과 인체의 접촉을 방지하기 위한 덮개를 말한다.

### 2) 반발예방장치
둥근톱 작업 시 가공재의 반발을 방지하기 위하여 설치하는 분할날을 말한다.

### 3) 분할날의 종류
① 분할날(spreader)
② 반발방지기구(finger)
③ 반발방지롤러(roll)

#### 분할날의 설치조건 ★

① 분할날 두께는 톱 두께의 1.1배 이상이며 치진폭 보다 작을 것
  $1.1\ t_1 \leqq t_2 < b$
  ($t_1$ : 톱 두께, $t_2$ : 분할날 두께, b : 치진폭)
② 톱날 후면과의 간격은 12mm 이내일 것
③ 후면 날의 $\frac{2}{3}$ 이상을 덮어 설치할 것
④ 분할날 조임볼트는 2개 이상일 것
⑤ 분할날 최소길이

  $L = \dfrac{\pi \times D}{6}$ (mm) 여기서, D : 톱날 직경(mm)

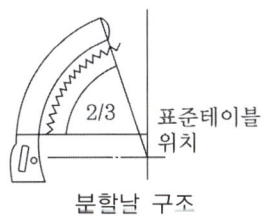

분할날 구조

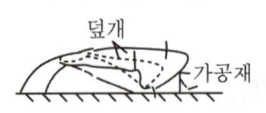
[그림 1] 가동식 덮개

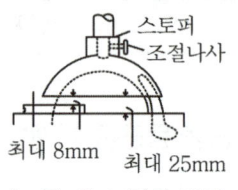
[그림 2] 고정식 덮개

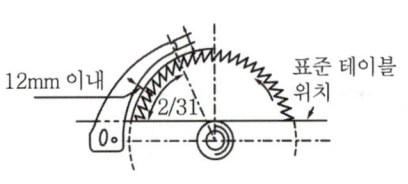
[그림 3] 겸형식 분할날

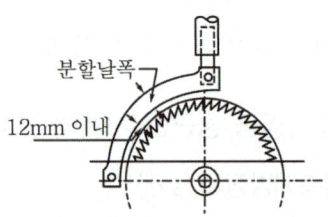
[그림 4] 현수식 분할날
(직경이 610mm를 넘을 경우)

## 동력식 수동대패 작업의 안전

### (1) 방호장치 : 칼날 접촉방지장치(덮개)

칼날 접촉방지장치 : 인체가 대패 날에 접촉하지 않도록 덮어주는 것을 말한다.(덮개)

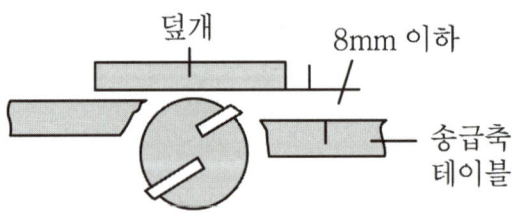
덮개와 테이블과의 간격

## 목재가공용 기계의 방호장치 ★

| 목재가공용 둥근톱 | ① 톱날접촉예방장치<br>② 반발예방장치 |
|---|---|
| 띠톱기계 | ① 덮개<br>② 날접촉예방장치 |
| 동력식 수동대패 | ① 날접촉예방장치(칼날접촉 방지장치) |
| 모떼기기계 | ① 날접촉예방장치(자동이송장치를 부착한 것은 제외) |

## 예초기

### (1) 예초기

 엔진으로 구동되는 금속 또는 플라스틱 재질의 절단 날을 이용하여 잡초, 잡목, 작은 나무 또는 이와 유사한 성질의 초목을 자르는 예초기에 대하여 적용한다.

### (2) 예초기의 방호장치 : 날접촉 예방장치 ★

① 두께 2밀리미터 이상
② 절단 날의 회전범위를 100분의 25(90°) 이상 방호할 수 있고, 절단 날의 밑면에서 날 접촉 예방장치의 끝단까지의 거리가 3밀리미터 이상인 구조로서 조작자 쪽에 설치할 것
③ 사용 중 탈락 또는 이완되지 않도록 지름 6밀리미터 이상의 볼트를 2개 이상 사용하여 샤프트 튜브에 견고하게 부착하여야 한다.

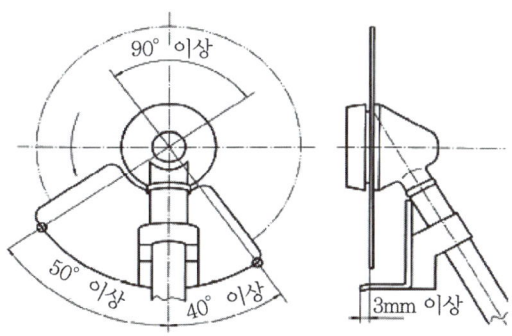

## 금속절단기

### (1) 금속절단기
동력으로 작동되는 톱날을 이용하여 냉간금속을 절단하는 기계에 대하여 적용한다.

### (2) 방호장치 : 날접촉 예방장치 ★
① 금속절단기의 톱날 부위에는 고정식, 조절식 또는 연동식 날접촉 예방장치를 설치하여야 한다.
② 조절식 날접촉 예방장치는 가공재의 크기에 따라 절단 날의 노출정도를 조절할 수 있는 구조이어야 한다.
③ 연동식 날접촉 예방장치는 개방 시 기계의 작동이 정지되는 구조이어야 한다.

### (3) 설치방법
① 작업부분을 제외한 톱날 전체를 덮을 수 있을 것
② 가드와 함께 움직이며 가공물을 절단하는 톱날에는 조정식 가이드를 설치할 것
③ 톱날, 가공물 등의 비산을 방지할 수 있는 충분한 강도를 가질 것
④ 둥근 톱날의 경우 회전 날의 뒤, 옆, 밑 등을 통한 신체 일부의 접근을 차단할 수 있을 것

## 포장기계(진공포장기, 랩핑기)

### (1) 방호장치 : 구동부 방호 연동장치 ★
진공포장기 및 랩핑기의 다음 각 호의 부위에는 **개방 시 기계의 작동이 정지되는 구조의 구동부 방호 연동장치를 설치**하여야 한다. 다만, 연동회로의 구성이 곤란한 부위에는 고정식 방호 가드를 설치하여야 한다.

| 진공포장기 및 랩핑기에서 구동부 방호 연동장치를 설치하여야 하는 부분 |
|---|
| ① 릴 풀림장치 등 구동부 |
| ② 열 봉합장치 등 고열발생 부위 |
| ③ 포장 릴(릴 풀림장치 포함) 주변 |
| ④ 자동 스플라이싱 장치 주변 |
| ⑤ 포장재 절단용 칼날 주변 |

## (2) 설치방법

① 정해진 위치에 견고하게 고정될 것
② 공구를 사용하여야 해체할 수 있을 것
③ 연동장치는 방호덮개 등을 닫은 후 자동으로 재가동되지 아니하고 별도의 조작에 의해서만 기동될 것
④ 구동부와 방호덮개 등의 연동장치가 상호 간섭되지 않도록 충분한 안전거리를 확보할 것

## 식품 가공용 기계의 위험 방지

(1) 사업주는 식품 등을 손으로 직접 넣어 분쇄하는 기계의 작동 부분이 근로자를 위험하게 할 우려가 있는 경우 식품 등을 분쇄기에 넣거나 꺼내는 데에 필요한 부위를 제외하고는 덮개를 설치하고, 분쇄물 투입용 보조 기구를 사용하도록 하는 등 근로자의 손 등이 말려 들어가지 않도록 필요한 조치를 하여야 한다.

(2) 사업주는 식품을 제조하는 과정에서 내용물이 담긴 용기를 들어 올려 부어주는 기계를 작동할 때 근로자에게 위험이 발생할 우려가 있는 경우에는 근로자가 잘 볼 수 있는 곳에 즉시 기계의 작동을 정지시킬 수 있는 비상정지장치를 설치하고, 근로자의 안전을 확보하기 위해 다음 각호의 어느 하나 이상의 조치를 해야 한다.

① 고정식 가드 또는 울타리를 설치하여 근로자의 신체가 위험한계에 들어가는 것을 방지할 것
② 센서 등 감응형 방호장치를 설치하여 근로자의 신체가 위험한계에 들어가면 기계가 자동으로 멈추도록 할 것
③ 기계의 용기를 올리거나 내리는 버튼을 근로자가 직접 누르고 있는 동안에만 운반기계가 작동하도록 기능 변경 등 필요한 조치를 할 것

## 프레스작업의 안전

**(1) 프레스의 본질안전 조건(No-hand in die 방식, 금형내 손이 들어가지 않는 구조) ★★**

① 안전울을 부착한 프레스
② 안전한 금형 사용
③ 전용 프레스 도입
④ 자동 프레스 도입

**(2) hand in die 방식(금형내 손이 들어가는 구조)**

① 프레스기의 종류, 압력 능력, 매분 행정수, 행정 길이 및 작업 방법에 따른 방호 장치
  • 가드식 방호 장치
  • 손쳐내기식 방호 장치
  • 수인식 방호 장치
② 프레스기의 정지 성능에 상응하는 방호 장치
  • 양수 조작식 방호 장치
  • 감응식(광전자식) 방호 장치

**(3) 프레스의 방호장치 설치기준**

1) 일행정 일정지식 프레스(크랭크 프레스) ★

① 양수 조작식
② 게이트 가드식

2) 행정 길이 40mm 이상, SPM 120 이하에서 사용 가능

① 손쳐내기식
② 수인식

3) 슬라이드 작동 중 정지 가능한 구조(급정지장치 가짐) ★★

① 감응식(광전자식)
② 양수조작식

4) 마찰프레스에 사용하나 크랭크식 프레스에 사용 불가능

감응식(광전자식)

## (4) 프레스 방호장치의 종류

| 종류 | 분류 | 기능 |
|---|---|---|
| 프레스 또는 전단기 방호장치의 종류 및 분류 ★ ||| 
| 광전자식 | A-1 | 프레스 또는 전단기에서 일반적으로 많이 활용하고 있는 형태로서 투광부, 수광부, 컨트롤 부분으로 구성된 것으로서 신체의 일부가 광선을 차단하면 기계를 급정지시키는 방호장치 |
| | A-2 | 급정지기능이 없는 프레스의 클러치 개조를 통해 광선 차단 시 급정지시킬 수 있도록 한 방호장치 |
| 양수 조작식 | B-1 (유·공압 밸브식) | 1행정 1정지식 프레스에 사용되는 것으로서 양손으로 동시에 조작하지 않으면 기계가 동작하지 않으며, 한손이라도 떼어내면 기계를 정지시키는 방호장치 |
| | B-2 (전기버튼식) | |
| 가드식 | C | 가드가 열려 있는 상태에서는 기계의 위험부분이 동작되지 않고 기계가 위험한 상태일 때에는 가드를 열 수 없도록 한 방호장치 |
| 손쳐내기식 | D | 슬라이드의 작동에 연동시켜 위험상태로 되기 전에 손을 위험영역에서 밀어내거나 쳐내는 방호장치로서 프레스용으로 확동식 클러치형 프레스에 한해서 사용됨(다만, 광전자식 또는 양수조작식과 이중으로 설치 시에는 급정지 가능프레스에 사용 가능) |
| 수인식 | E | 슬라이드와 작업자 손을 끈으로 연결하여 슬라이드 하강 시 작업자 손을 당겨 위험영역에서 빼낼 수 있도록 한 방호장치로서 프레스용으로 확동식 클러치형 프레스에 한해서 사용됨 (다만, 광전자식 또는 양수조작식과 이중으로 설치 시에는 급정지가능 프레스에 사용 가능) |

### 1) 양수 조작식 방호 장치

① 1행정 1정지식 프레스에 사용되는 것으로서 **누름 버튼을 양손으로 동시에 조작하지 않으면 기계가 동작하지 않으며, 한 손이라도 떼어내면 기계를 정지시키는 방호장치** ★

② 안전거리(위험점과 버튼 간의 설치거리)의 계산 ★★

> 1. 안전거리 D(cm) = 160 × 프레스 작동 후 작업점까지의 도달시간(초)
> 2. 안전거리 D(mm) = 1600 × (Tc+Ts)
>    Tc : 방호장치의 작동시간[즉 누름버튼으로부터 한 손이 떨어졌을 때부터 급정지기구가 작동을 개시할 때까지의 시간(초)]
>    Ts : 프레스의 급정지시간[즉 급정지기구가 작동을 개시했을 때부터 슬라이드가 정지할 때까지의 시간(초)]

**양수기동식 방호 장치** ★★
① 버튼에서 손을 떼고 위험점에 접근 시에 슬라이드는 이미 하사점에 도달한 구조
② 안전거리(위험점과 버튼간의 설치거리)
Dm(mm) = 1.6 × Tm

$$Dm(mm) = 1.6 \times \left(\frac{1}{클러치개소수} + \frac{1}{2}\right) \times \left(\frac{60,000}{매분 행정수}\right)$$

여기서 Tm : 슬라이드가 하사점에 도달할 때까지의 시간(ms)

* $ms = \frac{1}{1000}$초

③ **누름버튼의 상호간 내측거리는 300mm 이상**이어야 한다. ★
④ 슬라이드 하강 중 정전 또는 방호장치의 이상 시에 정지할 수 있는 구조이어야 한다.
⑤ 방호장치는 릴레이, 리미트스위치 등의 **전기부품의 고장, 전원전압의 변동 및 정전에 의해 슬라이드가 불시에 동작하지 않아야 하며**, 사용전원전압의 ±(100분의 20)의 변동에 대하여 정상으로 작동되어야 한다.
⑥ **1행정 1정지 기구에 사용**할 수 있어야 한다. ★

2) 광전자식 방호장치

① 투광부, 수광부, 컨트롤 부분으로 구성된 것으로서 **신체의 일부가 광선을 차단하면 기계를 급정지시키는 방호장치** ★
② 안전거리(위험점과 안전장치 간의 설치거리)의 계산 ★★

> 1. 안전거리 D(cm) = 160 × 프레스 작동 후 작업점까지의 도달시간(초)
> 2. 안전거리 D(mm) = 1600 × (Tc + Ts)
>    Tc : 방호장치의 작동시간[누름버튼으로부터 한 손이 떨어졌을 때부터 급정지기구가 작동을 개시할 때까지의 시간(초)]
>    Ts : 프레스의 급정지시간[급정지기구가 작동을 개시했을 때부터 슬라이드가 정지할 때까지의 시간(초)]

③ **연속 차광폭 30mm 이하**(다만, 12광축 이상으로 광축과 작업점과의 수평거리가 500mm 를 초과하는 프레스에 사용하는 경우는 40mm 이하)
④ 슬라이드 하강 중 정전 또는 방호장치의 이상 시에 정지할 수 있는 구조이어야 한다.

⑤ 방호장치는 릴레이, 리미트 스위치 등의 전기부품의 고장, 전원전압의 변동 및 정전에 의해 **슬라이드가 불시에 동작하지 않아야 하며, 사용전원 전압의 ±(100분의 20)의 변동에 대하여 정상으로 작동**되어야 한다.
⑥ 광전자식 방호장치는 구조와 성능이 같은 것을 동일형식으로 하며 광축 수에 따라 그 형식을 구분한다.

| 광전자식 방호장치의 형식 구분 ||
|---|---|
| 형식 구분 | 광축의 범위 |
| Ⓐ | 12광축 이하 |
| Ⓑ | 13 ~ 56광축 미만 |
| Ⓒ | 56광축 이상 |

## 3) 손쳐내기식(Sweep Guard식) 방호장치

① 슬라이드의 작동에 연동시켜 위험상태로 되기 전에 **손을 위험 영역에서 밀어내거나 쳐내는 방호장치** ★
② 손쳐내기식 방호장치의 일반구조
   - **슬라이드 하행정거리의 3/4 위치에서 손을 완전히 밀어내야 한다.**
   - 손쳐내기봉의 행정(Stroke) 길이를 조정할 수 있고 진동 폭은 금형폭 이상이어야 한다.
   - 방호판과 손쳐내기봉은 경량이면서 충분한 강도를 가져야 한다.
   - **방호판의 폭은 금형폭의 1/2 이상**이어야 하고, 행정길이가 300mm 이상의 프레스 기계에는 방호판 폭을 300mm로 해야 한다.
   - **손쳐내기봉은** 손 접촉 시 충격을 완화할 수 있는 **완충재를 부착**해야 한다.

## 4) 수인식(Pull Out식) 방호장치

① **슬라이드와 작업자 손을 끈으로 연결하여 슬라이드 하강 시 작업자 손을 당겨 위험 영역에서 빼낼 수 있도록 한 방호장치** ★
② 수인식 방호장치의 일반구조
   - 손목밴드(wrist band)의 재료는 유연한 내유성 피혁 또는 이와 동등한 재료를 사용해야 한다.
   - 손목밴드는 착용감이 좋으며 쉽게 착용할 수 있는 구조이어야 한다.
   - **수인끈의 재료는 합성섬유로 직경이 4mm 이상**이어야 한다.
   - **수인끈은** 작업자와 작업공정에 따라 **그 길이를 조정할 수 있어야 한다.**

5) 게이트가드식 방호장치
① 가드가 열려 있는 상태에서는 기계의 위험부분이 동작되지 않고 기계가 위험한 상태일 때에는 가드를 열 수 없도록 한 방호장치
② 가드가 열린 상태에서 슬라이드를 동작시킬 수 없고 또한 슬라이드 작동 중에는 게이트 가드를 열 수 없어야 한다. ★

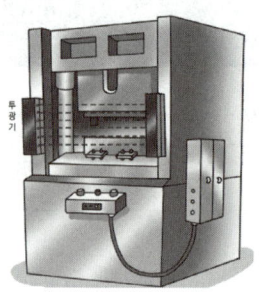
[광전자식 방호장치]

[양수조작식 방호장치]

[게이트가드식 방호장치]

[손쳐내기식 방호장치]

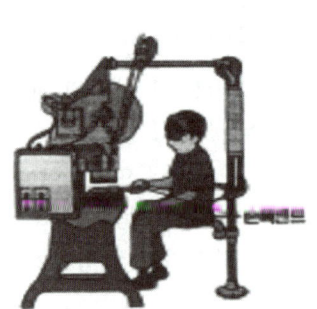
[수인식 방호장치]

## (5) 금형의 안전화

1) **금형을 부착, 해체, 조정 작업할 때 신체 일부가 위험점 내에서 슬라이드 불시 하강으로 인한 위험을 방지할 목적으로 안전블럭을 설치**한다.(금형 수리작업은 제외) ★

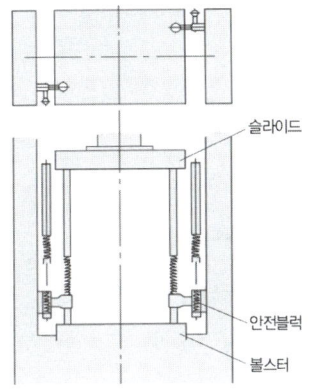

2) 금형설치 시 안전조치
   ① 금형 사이 안전망 설치
   ② **상하 간의 틈새를 8mm 이하**로 하여 손가락이 들어가지 않도록 한다.(펀치와 다이 틈새, 가이드 포스트와 부시와의 틈새, 상사점의 상형, 하형 간격)

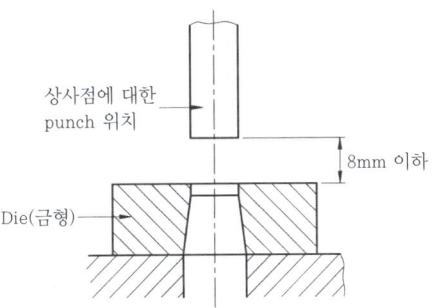

3) 프레스의 금형설치 시 점검사항
   ① 다이홀더와 펀치의 직각도, 상크홀과 펀치의 직각도(그림 ①)
   ② 펀치와 다이의 평행도, 펀치와 볼스타의 평행도(그림 ②)
   ③ 다이와 볼스타의 평행도(그림 ③)

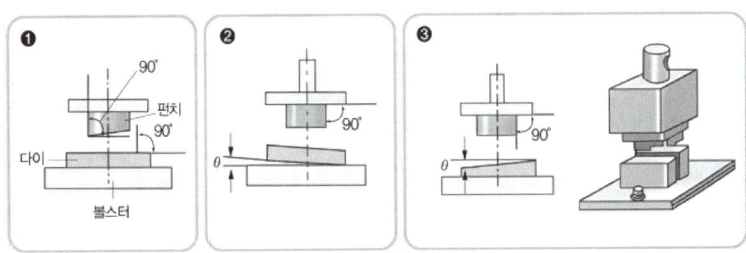

4) 금형작업 시 사용하는 수공구
   ① 집게류
   ② 핀셋트류
   ③ 진공컵류
   ④ 자석공구류
   ⑤ 누름봉 및 갈고리류

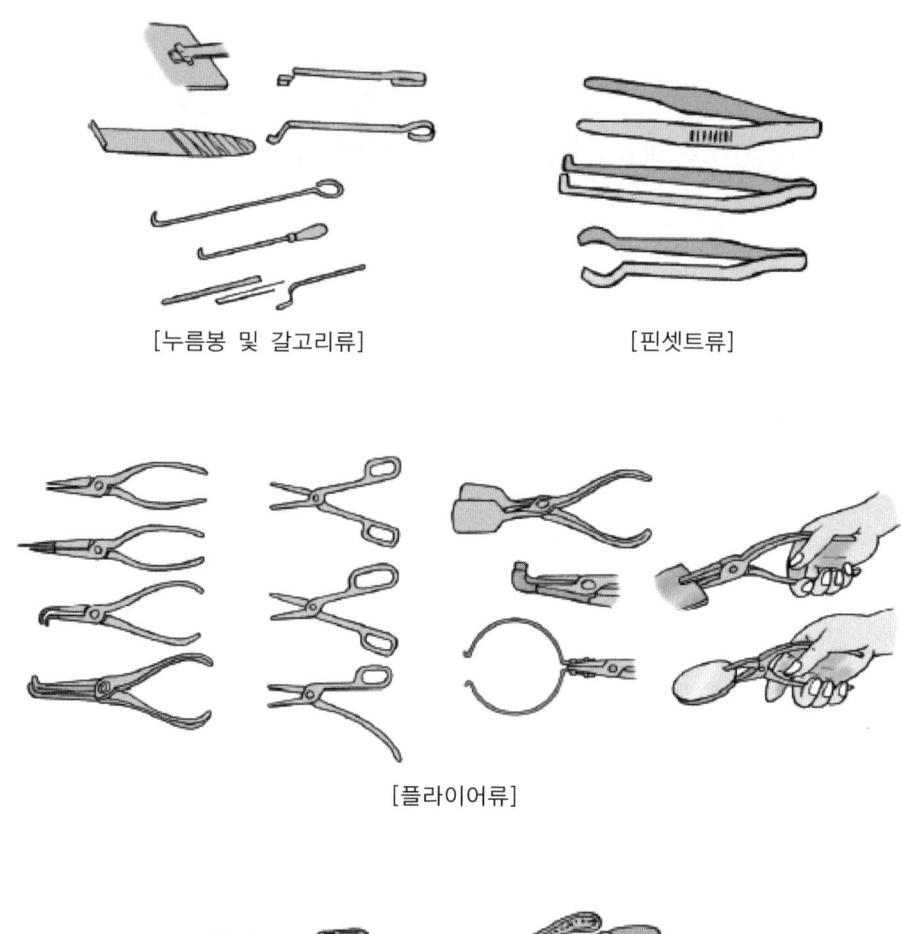

[누름봉 및 갈고리류]   [핀셋트류]

[플라이어류]

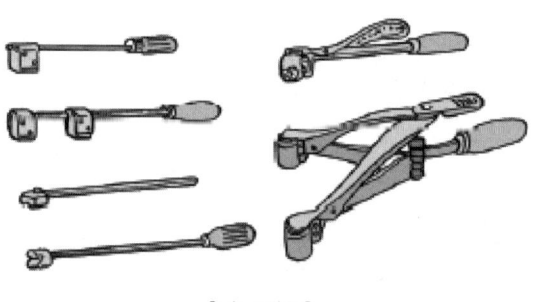

[마그넷류]

# 롤러기

## (1) 가드의 설치 ★★

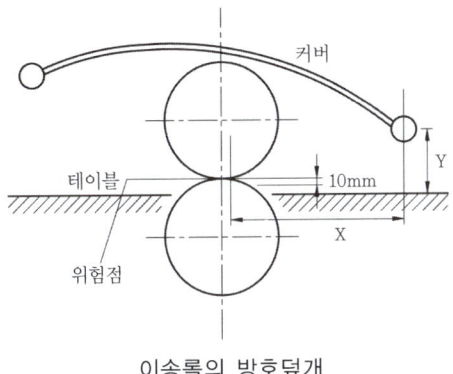

이송롤의 방호덮개

| 가드의 개구간격 | 일방 평행 보호망, 위험점이 전동체인 경우의 개구간격 |
|---|---|
| ① X < 160mm일 경우<br>　Y = 6+0.15×X<br>② X ≧ 160mm일 경우<br>　Y = 30mm<br>　여기서, X : 안전거리(위험점에서 가드까지의 거리)(mm)<br>　　　　Y : 가드의 최대 개구 간격(mm) | ① Y = 6+0.1×X<br>　여기서, X : 안전거리(mm)<br>　　　　Y : 가드의 최대 개구 간격(mm) |

## (2) 롤러기의 방호장치명 : 급정지장치 ★★★

급정지장치 : 근로자의 신체 일부가 롤러 사이에 말려들어 가거나 말려 들어갈 우려가 있는 경우에 근로자가 손, 무릎, 복부 등으로 급정지 조작부를 동작시킴으로써 브레이크가 작동하여 급정지하게 하는 방호장치를 말한다.

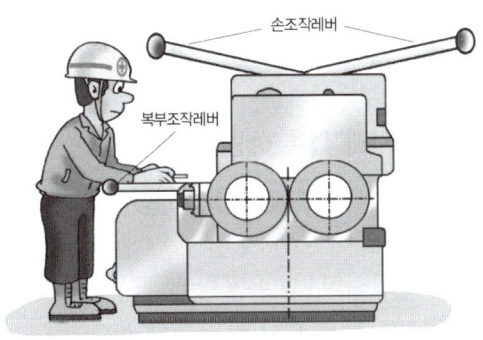

### (3) 조작부의 설치 위치에 따른 급정지장치의 종류 ★★★

| 종류 | 설치 위치 | 비고 |
|---|---|---|
| 손조작식 | 밑면에서 1.8m 이내 | 위치는 급정지장치의 조작부의 중심점을 기준 |
| 복부조작식 | 밑면에서 0.8m 이상 1.1m 이내 | |
| 무릎조작식 | 밑면에서 0.6m 이내(위험기계기구 자율안전확인 고시 기준) 또는 밑면으로부터 0.4m 이상 0.6m 이내(위험기계기구 안전인증 고시 및 안전검사 고시 기준) | |

### (4) 앞면 롤러의 표면속도에 따른 급정지거리 ★★

| 앞면 롤러의 표면속도(m/min) | 급정지거리 |
|---|---|
| 30 미만 | 앞면 롤러 원주의 1/3 이내 <br> ($\pi \times D \times \dfrac{1}{3}$) |
| 30 이상 | 앞면 롤러 원주의 1/2.5 이내 <br> ($\pi \times D \times \dfrac{1}{2.5}$) |

이때 표면속도의 산식은 $V = \dfrac{\pi \times D \times N}{1,000}$ (m/min)

여기서 V : 표면속도, D : 롤러 원통의 직경(mm), N : 1분 간에 롤러기가 회전되는 수(rpm)

## 원심기

원심력을 이용하여 액체 속의 고체 입자를 분리하거나 비중이 서로 다른 혼합액을 분리하기 위한 목적으로 쓰이는 동력에 의해 작동되는 원심기에 적용한다.

### (1) 원심기의 방호장치 : 회전체 접촉 예방장치 ★

① 회전통에 설치되는 덮개는 내부 물질이 비산되어 충격이 가해지더라도 변형 또는 파손되지 않을 정도의 충분한 강도일 것
② 개방 시 회전운동이 정지되며, 덮개를 닫은 후 자동으로 작동되지 않고 별도의 조작에 의하여 회전통이 작동되도록 회로를 구성할 것

### (2) 설치방법

① 회전체 접촉 예방장치가 작동 중 열리지 않도록 잠금장치를 설치할 것
② 작동 중 기계의 진동에 의한 이탈, 이완의 위험이 없도록 체결볼트에는 와셔 등을 이용하여 풀림방지조치를 할 것
③ 급정지로 인하여 기계에 파손위험이 있는 경우에는 순차정지회로를 구성하는 등의 조치를 할 것

---

## 아세틸렌 용접장치

### (1) 아세틸렌 용접장치 및 가스집합용접장치의 방호장치명 : 안전기(역화방지기) ★★★

### (2) 안전기의 역할 : 가스의 역화 및 역류 방지 ★

| 역류 | 역화 |
|---|---|
| ① 산소가 아세틸렌 호스 쪽으로 흘러가는 현상<br>② 원인<br>　• 팁의 끝이 막혔을 때<br>　• 산소의 압력이 아세틸렌 압력보다 높을 때 | ① 아세틸렌 가스의 압력이 부족할 경우 팁 끝에서 "빵빵" 소리를 내면서 불꽃이 들어갔다, 나왔다 하는 현상<br>② 역화의 원인<br>　• 팁 끝이 막혔을 때<br>　• 팁 끝이 과열되었을 때<br>　• 가스 압력과 유량이 적당하지 않았을 때<br>　• 팁의 조임이 풀려올 때<br>　• 압력조정기 불량일 때<br>　• 토치의 성능이 좋지 않을 때 발생<br>③ 방지<br>　• 팁을 물에 담갔다 냉각시키면 방지된다. |

### (3) 안전기의 종류

① 수봉식 안전기
　• 유효수주 : 25mm 이상(저압용), 중압용 50mm 이상

② 건식 안전기(역화방지기)
　• 소염소자식
　• 우회로식

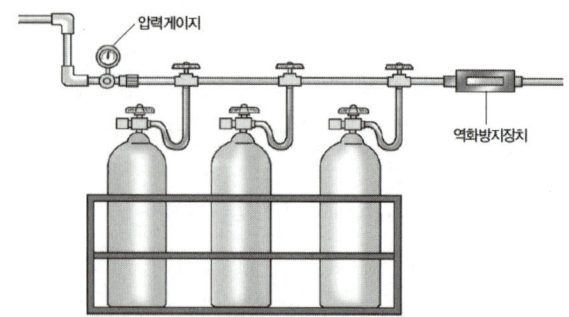

역화방지기의 설치

역화방지기

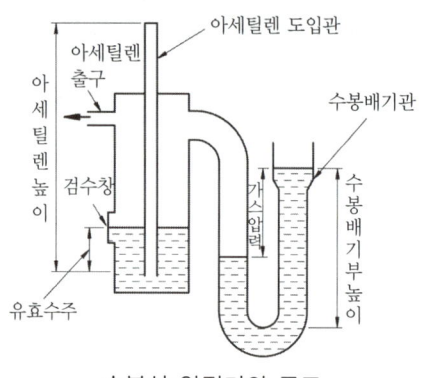

수봉식 안전기의 구조

> **Reference**
>
> 안전기(역화방지기)에 자율안전확인 표시 외에 추가로 표시하여야 하는 사항
> ① 가스의 흐름 방향
> ② 가스의 종류

### (4) 아세틸렌 발생 압력 ★★

아세틸렌 용접장치를 사용하여 금속의 용접·용단 또는 가열작업을 하는 경우에는 **게이지 압력이 127킬로파스칼을 초과하는 압력의 아세틸렌을 발생시켜 사용해서는 아니 된다.**

### (5) 안전기의 설치 ★★

① 아세틸렌 용접장치의 **취관마다 안전기를 설치**하여야 한다. 다만, 주관 및 취관에 가장 가까운 분기관마다 안전기를 부착한 경우에는 그러하지 아니 하다.
② 가스용기가 발생기와 분리되어 있는 아세틸렌 용접장치에 대하여는 **발생기와 가스용기 사이에 안전기를 설치**하여야 한다.

### (6) 아세틸렌 발생기실의 설치장소 ★★

① 아세틸렌 용접장치의 아세틸렌 발생기를 설치하는 경우에는 **전용의 발생기실에 설치**하여야 한다.
② **발생기실은 건물의 최상층에 위치**하여야 하며, **화기를 사용하는 설비로부터 3미터를 초과하는 장소에 설치**하여야 한다.
③ 발생기실을 옥외에 설치한 경우에는 그 **개구부를 다른 건축물로부터 1.5미터 이상 떨어지도록** 하여야 한다.

### (7) 발생기실의 구조 ★

① **벽은 불연성 재료로 하고 철근 콘크리트 또는 그 밖에 이와 동등하거나 그 이상의 강도를 가진 구조로 할 것**
② **지붕과 천장에는 얇은 철판이나 가벼운 불연성 재료를 사용할 것**
③ **바닥면적의 16분의 1 이상의 단면적을 가진 배기통을 옥상으로 돌출시키고 그 개구부를 창이나 출입구로부터 1.5미터 이상 떨어지도록 할 것**
④ **출입구의 문은 불연성 재료로 하고 두께 1.5밀리미터 이상의 철판**이나 그밖에 그 이상의 강도를 가진 구조로 할 것
⑤ **벽과 발생기 사이에는** 발생기의 조정 또는 카바이드 공급 등의 **작업을 방해하지 않도록 간격을 확보할 것**

### (8) 아세틸렌 용접장치를 사용하여 금속의 용접·용단(溶斷) 또는 가열작업을 하는 경우 준수사항

① **발생기**(이동식 아세틸렌 용접장치의 발생기는 제외한다)**의 종류, 형식, 제작 업체명, 매시 평균 가스발생량 및 1회 카바이드 공급량을 발생기실 내의 보기 쉬운 장소에 게시할 것**
② 발생기실에는 **관계 근로자가 아닌 사람이 출입하는 것을 금지할 것**
③ **발생기에서 5미터 이내 또는 발생기실에서 3미터 이내의 장소에서는 흡연, 화기의 사용 또는 불꽃이 발생할 위험한 행위를 금지시킬 것** ★★
④ 도관에는 **산소용과 아세틸렌용의 혼동을 방지하기 위한 조치를 할 것**
⑤ 아세틸렌 용접장치의 설치장소에는 **적당한 소화설비를 갖출 것**

⑥ 이동식 아세틸렌용접장치의 발생기는 고온의 장소, 통풍이나 환기가 불충분한 장소 또는 진동이 많은 장소 등에 설치하지 않도록 할 것

### (9) 아세틸렌 가스의 생성

탄화칼슘 + 물 → 아세틸렌 + 소석회

$CaC_2 + 2H_2O \rightarrow C_2H_2 + Ca(OH)_2$

## 가스집합 용접장치

### (1) 화기와의 이격거리 ★★

가스집합장치는 화기를 사용하는 설비로부터 5미터 이상 떨어진 장소에 설치하여야 한다.

### (2) 가스장치실의 구조 ★

① 가스가 누출된 때에는 당해 가스가 정체되지 아니하도록 할 것
② 지붕 및 천장에는 가벼운 불연성의 재료를 사용할 것
③ 벽에는 불연성의 재료를 사용할 것

### (3) 가스집합용접장치의 배관 ★★

① 플랜지·밸브·콕 등의 접합부에는 개스킷을 사용하고 접합면을 상호밀착 시키는 등의 조치를 할 것
② 주관 및 분기관에는 안전기를 설치할 것(이 경우 하나의 취관에 대하여 2개 이상의 안전기를 설치하여야 한다)

### (4) 동의 사용금지

용해아세틸렌의 가스집합용접장치의 배관 및 부속기구는 동 또는 동을 70% 이상 함유한 합금을 사용하여서는 아니 된다.

### (5) 충전가스 용기의 도색 ★★

① 산소 → 녹색
② 수소 → 주황색
③ 탄산가스 → 청색
④ 염소 → 갈색

⑤ 아세틸렌 → 황색   ⑥ 암모니아 → 백색
⑦ 그 외 가스 → 회색

산녹 수주 탄청 염갈 아황 암백

### (6) 가스등의 용기의 취급 시 주의사항 ★

① 가스용기를 사용·설치·저장 또는 방치하지 않아야 하는 장소
- 통풍 또는 환기가 불충분한 장소
- 화기를 사용하는 장소 및 그 부근
- 위험물 또는 인화성 액체를 취급하는 장소 및 그 부근

② 용기의 온도를 섭씨 40도 이하로 유지할 것
③ 전도의 위험이 없도록 할 것
④ 충격을 가하지 아니하도록 할 것
⑤ 운반할 때에는 캡을 씌울 것
⑥ 사용할 때에는 용기의 마개에 부착되어 있는 유류 및 먼지를 제거할 것
⑦ 밸브의 개폐는 서서히 할 것
⑧ 사용 전 또는 사용 중인 용기와 그 외의 용기를 명확히 구별하여 보관할 것
⑨ 용해아세틸렌의 용기는 세워 둘 것
⑩ 용기의 부식·마모 또는 변형상태를 점검한 후 사용할 것

## 보일러

연료를 연소시켜 그 연소열에 의해서 물을 끓여 수증기로 바꾸는 장치를 말한다.

[보일러]

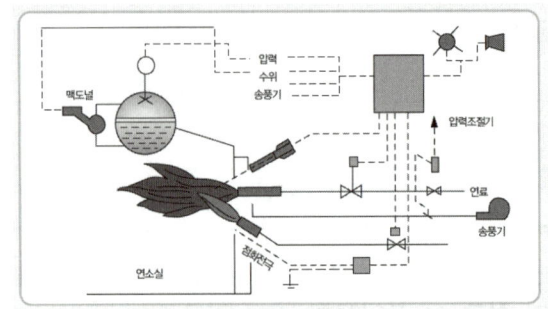

[보일러의 구조]

## (1) 보일러의 과열 원인

① 내면에 스케일이 많이 쌓여 있을 때
② 보일러 수위 저하 시
③ 관수 중에 유지분이 섞여 있을 때
④ 화염이 국부적으로 진행 시

## (2) 보일러 취급 시 이상 현상 ★

① **포밍**(foaming, **물거품 솟음**) : 보일러수 중에 유지류, 용해 고형물, 부유물 등에 의해 **보일러 수면에 거품이 생겨 올바른 수위를 판단하지 못하는 현상**
② **플라이밍**(priming, **비수 현상**) : 보일러 부하의 급변, 수위 과승 등에 의해 **수분이 증기와 분리되지 않아 보일러 수면이 심하게 솟아올라 올바른 수위를 판단하지 못하는 현상**
③ **캐리오버**(carry over, **기수 공발**) : 보일러수 중에 용해 고형분이나 **수분이 발생, 증기 중에 다량 함유되어 증기의 순도를 저하시킴**으로써 관내 응축수가 생겨 **워터 해머의 원인**이 되고 증기 과열기나 터빈 등의 고장 원인이 된다.
④ **수격 작용** : 물망치 작용(**워터 해머**, water hammer) : 고여 있던 **응축수**가 밸브를 급격히 개폐 시에 고온 고압의 증기에 이끌려 **배관을 강하게 치는 현상**으로 **배관파열**을 초래한다.
⑤ **역화**(Back Fire) : 보일러 시동 시 연료가 나온 다음 시간을 두고 착화하는 등으로 인해 미연소 가스가 노 내에 잔류하여 비정상적인 폭발적 연소를 일으킨다.

> **Reference**
>
> ❋ 보일러의 역화발생 원인
> ① 착화가 5초 이내에 이루어지지 않을 때
> ② 노 내 미연소가스 충만할 때 점화한 경우
> ③ 점화 시 공기보다 연료공급이 먼저 이루어진 경우
> ④ 연료공급을 다량으로 했을 때
> ⑤ 압입통풍이 강할 때
> ⑥ 흡입통풍이 부족할 때
> ⑦ 노내의 환기 부족

### (3) 보일러의 방호장치 ★★★

① 압력방출 장치
② 압력제한 스위치
③ 고저 수위조절 장치
④ 화염검출기

### (4) 압력방출장치의 설치 ★★

① 압력방출장치를 1개 또는 2개 이상 설치하고 최고사용압력 이하에서 작동되도록 하여야 한다. 다만, 압력방출장치가 2개 이상 설치된 경우에는 최고사용압력 이하에서 1개가 작동되고, 다른 압력방출장치는 최고사용압력 1.05배 이하에서 작동되도록 부착하여야 한다.
② 압력방출장치는 매년 1회 이상 "국가교정기관"으로부터 교정을 받은 압력계를 이용하여 토출 압력을 시험한 후 납으로 봉인하여 사용하여야 한다. 다만, 공정안전보고서 제출대상으로서 공정안전관리 이행수준 평가결과가 우수한 사업장의 압력방출장치에 대하여 4년마다 1회 이상 토출압력을 시험할 수 있다.

### (5) 압력제한스위치의 설치 ★★

보일러의 과열을 방지하기 위하여 최고사용압력과 상용압력사이에서 보일러의 버너연소를 차단할 수 있도록 압력제한스위치를 부착하여야 한다.

### (6) 고저수위조절장치의 설치 ★

고저수위조절장치의 동작 상태를 작업자가 쉽게 감시하도록 하기 위하여 고저수위지점을 알리는 경보등·경보음장치 등을 설치하여야 하며, 자동으로 급수 또는 단수되도록 설치하여야 한다.

### (7) 운전방법의 교육

보일러의 안전운전을 위하여 다음 각 호의 사항을 근로자에게 교육하여야 한다.

① 가동 중인 보일러에는 작업자가 항상 정위치를 떠나지 아니할 것
② 압력방출장치·압력제한스위치·화염검출기의 설치 및 정상 작동여부를 점검할 것
③ 압력방출장치의 봉인상태를 점검할 것
④ 고저수위조절장치와 급수펌프와의 상호 기능 상태를 점검할 것
⑤ 보일러의 각종 부속장치의 누설상태를 점검할 것
⑥ 노 내의 환기 및 통풍장치를 점검할 것

# 압력용기

압력용기란 압력을 가지는 기체 및 액체를 저장하는 모든 용기를 말한다.

## (1) 압력용기의 방호장치 : 압력방출장치 ★★★

## (2) 회전부의 덮개

압력용기 및 공기압축기 등에 부속하는 원동기·축이음·벨트·풀리의 회전부위 등 근로자에게 위험을 미칠 우려가 있는 부위에는 덮개 또는 울 등을 설치하여야 한다.

## (3) 압력방출장치의 설치 ★★

① 압력용기 등에 과압으로 인한 폭발을 방지하기 위하여 압력방출장치를 설치하여야 한다.
② 다단형 압축기 또는 직렬로 접속된 공기압축기에는 과압방지 압력방출장치를 각단마다 설치하여야 한다.
③ 압력방출장치가 압력용기의 최고사용압력 이전에 작동되도록 설정하여야 한다.
④ 압력방출장치는 1년에 1회 이상 국가교정기관으로부터 교정을 받은 압력계를 이용하여 토출압력을 시험한 후 납으로 봉인하여 사용하여야 한다. 다만, 공정안전보고서 제출대상으로서 공정안전관리 이행수준 평가결과가 우수한 사업장은 압력방출장치에 대하여 4년에 1회 이상 토출압력을 시험할 수 있다.
⑤ 운전자가 토출압력을 임의로 조정하기 위하여 납으로 봉인된 압력방출장치를 해체하거나 조정할 수 없도록 조치하여야 한다.

# 공기압축기

## (1) 공기압축기

동력에 의해 구동되고 다음 각 호의 어느 하나에 해당되는 공기압축기에 적용한다.

① 토출압력이 0.2MPa 이상으로서 몸통 내경이 200밀리미터 이상이거나 그 길이가 1,000밀리미터 이상인 것
② 토출압력이 0.2MPa 이상으로서 토출량이 분당 1세제곱미터 이상인 것

## (2) 공기압축기의 방호장치 ★

공기압축기에는 다음 각 호에 해당하는 **압력방출장치를 설치**하여야 한다.

① 공기 토출구의 차단밸브를 닫아도 용기의 압력이 설정 압력 이하에서 작동하는 구조의 **언로드밸브**
② 다음 각 목의 요건에 적합한 **안전밸브**
  • 안전인증(KCs)을 받은 것일 것
  • 내후성이 좋고 장기간 정지하여도 밸브시트에 접착되지 않을 것

> **Reference**
>
>  공기압축기의 방호장치 ★★
>   ① 압력방출장치
>   ② 안전밸브
>   ③ 언로드밸브

## (3) 압력방출장치의 설치방법

① 압력방출장치는 검사가 용이한 위치의 용기본체 또는 그 본체에 부설되는 관에 **압력방출장치의 밸브축이 수직되게 설치**하여야 한다.
② 공기압축기의 **언로드밸브는 공기탱크 등의 적합한 위치에 수직되게 설치**하여야 한다.
③ 언로드밸브는 작동상태를 확인하기 쉽고 응축수 등에 의한 부식의 위험이 없는 위치에 설치하여야 한다.
④ 안전밸브는 다음 각 호의 요건에 적합해야 한다.
  • 안전밸브의 조정너트는 임의로 조정할 수 없도록 봉인되어 있을 것
  • 설정압력은 설계압력을 초과하지 아니하고, 작동압력은 설정압력치의 ±5% 이내일 것
  • 설정압력 등이 포함된 표지를 식별이 쉬운 곳에 견고하게 부착할 것

> **Reference**
>
> 1. **언로드밸브** : 공기탱크 내의 압력이 최고사용압력에 달하면 압송을 정지하고, 소정의 압력까지 강하하면 다시 압송작업을 하는 밸브
> 2. **체크밸브** : 압축공기의 역류를 방지하기 위한 밸브

### (4) 공기압축기 작업 시작 전 점검사항 ★★★

① 공기저장 압력용기의 외관 상태
② 드레인 밸브의 조작 및 배수
③ 압력방출장치의 기능
④ 언로드 밸브의 기능
⑤ 윤활유의 상태
⑥ 회전부의 덮개 또는 울
⑦ 그 밖의 연결부위의 이상 유무

## 산업용 로봇

"복합동작을 할 수 있는 산업용 로봇"이라 함은 매니퓰레이터 및 기억장치를 가지고 기억장치 정보에 의해 매니퓰레이터의 동작을 자동적으로 행할 수 있는 기계를 말한다.

### (1) 로봇 교시 등 작업시의 안전 ★

산업용 로봇의 작동범위 내에서 교시 등(매니퓰레이터의 작동순서, 위치·속도의 설정·변경 또는 그 결과를 확인하는 것을 말한다.)의 작업을 하는 때에는 당해 로봇의 불의의 작동 또는 오조작에 의한 위험을 방지하기 위하여 다음 각 호의 조치를 하여야 한다.

1) 다음 각목의 사항에 관한 **지침을 정하고 그 지침에 따라 작업**을 시킬 것 ★
   ① **로봇의 조작방법 및 순서**
   ② 작업 중의 **매니퓰레이터의 속도**
   ③ 2인 이상의 근로자에게 작업을 시킬 때의 **신호방법**
   ④ **이상을 발견한 때의 조치**
   ⑤ 이상을 발견하여 로봇의 운전을 정지시킨 후 이를 **재가동 시킬 때의 조치**
   ⑥ 그 밖에 로봇의 **예기치 못한 작동** 또는 오조작에 의한 위험을 방지하기 위하여 필요한 조치

2) 작업에 종사하고 있는 근로자 또는 그 근로자를 감시하는 사람은 **이상을 발견하면 즉시 로봇의 운전을 정지시키기 위한 조치를 할 것**

3) 작업을 하고 있는 동안 로봇의 **기동스위치 등에 작업 중이라는 표시**를 하는 등 작업에 종사하고 있는 **근로자가 아닌 사람이 그 스위치 등을 조작할 수 없도록 필요한 조치를 할 것**

## (2) 수리 등 작업 시의 조치

로봇의 작동범위에서 해당 로봇의 수리·검사·조정(교시 등에 해당하는 것은 제외한다)·청소·급유 또는 결과에 대한 확인 작업을 하는 경우에는 **해당 로봇의 운전을 정지함과 동시에** 그 작업을 하고 있는 동안 로봇의 **기동스위치를 열쇠로 잠근 후 열쇠를 별도 관리**하거나 해당 로봇의 **기동스위치에 작업 중이란 내용의 표지판을 부착**하는 등 해당 작업에 종사하고 있는 근로자가 아닌 사람이 해당 기동스위치를 조작할 수 없도록 필요한 조치를 하여야 한다. 다만, 로봇의 운전 중에 작업을 하지 아니하면 안 되는 경우로서 해당 로봇의 예기치 못한 작동 또는 오조작에 의한 위험을 방지하기 위하여 조치를 한 경우에는 그러하지 아니하다.

## (3) 로봇의 작업 시작 전 점검사항 ★★★

① 외부전선의 피복 또는 외장의 손상 유무
② 매니퓰레이터(manipulator) 작동의 이상 유무
③ 제동장치 및 비상정지장치의 기능

> **Reference**
>
> **매니퓰레이터**
> 산업용 로봇의 재해발생에 대한 주된 원인이며, 본체의 외부에 조립되어 인간의 팔에 해당되는 기능을 하는 것

## (4) 운전 중 위험방지 ★★

로봇의 운전(교시 등을 위한 로봇의 운전은 제외한다)으로 인하여 근로자에게 발생할 수 있는 부상 등의 위험을 방지하기 위하여 **높이 1.8미터 이상의 울타리**(로봇의 가동범위 등을 고려하여 높이로 인한 위험성이 없는 경우에는 높이를 그 이하로 조절할 수 있다)를 설치하여야 하며, **컨베이어 시스템의 설치 등으로 울타리를 설치할 수 없는 일부 구간에 대해서는 안전매트 또는 광전자식 방호장치 등 감응형 방호장치를 설치**하여야 한다.

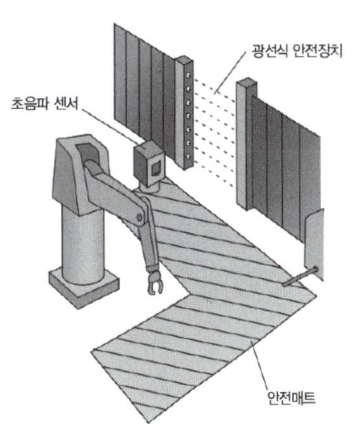

> **Reference**
>
> **산업용 로봇의 방호장치 ★★**
>
> ① 높이 1.8미터 이상의 울타리
> ② 안전매트
> ③ 광전자식 방호장치 등 감응형(感應形) 방호장치

# 예상문제

 기계에 존재하는 위험점을 6가지로 분류하고 설명하시오. ★★★

**정답**

① 협착점 : 왕복운동 부분과 고정부분 사이에서 형성되는 위험점
② 끼임점 : 고정부분과 회전하는 부분 사이에서 형성되는 위험점
③ 절단점 : 회전하는 운동부 자체, 운동하는 기계부분 자체의 위험점
④ 물림점 : 회전하는 두 개의 회전체에 물려 들어가는 위험점
⑤ 접선 물림점 : 회전하는 부분의 접선 방향으로 물려 들어가는 위험점
⑥ 회전 말림점 : 회전하는 물체에 작업복, 머리카락 등이 말려들어가는 위험점

 기계설비의 근본적 안전화를 위한 안전조건을 5가지 쓰시오. ★

**정답**

① 외관상 안전화　　② 기능적 안전화
③ 구조적 안전화　　④ 작업의 안전화
⑤ 보수유지 안전화　⑥ 표준화

> **참고**
> - 기계 설비의 본질안전 조건
>   ① 안전기능 내장할 것
>   ② 풀 프루프(fool proof) 기능을 가질 것
>   ③ 페일 세이프(fail safe) 기능을 가질 것

 인장강도가 35kg/mm² 인 강판의 안전율이 4라면 허용응력은? ★

**정답**

$$안전율 = \frac{인장강도}{허용응력}$$

$$허용응력 = \frac{인장강도}{안전율} = \frac{35}{4} = 8.75 kg/mm^2$$

 방호조치가 필요한 기계, 기구의 종류 6가지와 그 방호장치를 쓰시오. ★★★

**정답**

① 예초기 : 날접촉 예방장치
② 원심기 : 회전체 접촉 예방장치
③ 공기압축기 : 압력방출장치
④ 금속절단기 : 날접촉 예방장치
⑤ 지게차 : 헤드가드, 백레스트, 전조등, 후미등, 안전벨트
⑥ 포장기계(진공포장기, 랩핑기로 한정) : 구동부 방호 연동장치

> 방호조치없이 포장된 공원에서 원예금지

### 참고

| 방호조치를 하지 아니하고는 양도·대여·설치·사용, 진열해서는 아니 되는 기계·기구 |||
|---|---|---|
| ① 예초기 | ② 원심기 | ③ 공기압축기 |
| ④ 금속절단기 | ⑤ 지게차 | ⑥ 포장기계(진공포장기, 랩핑기로 한정) |

| 방호조치가 필요한 유해위험 기계기구 및 방호조치 ||
|---|---|
| 1. 예초기의 날접촉 예방장치 | 예초기의 절단 날 또는 비산물로부터 작업자를 보호하기 위해 설치하는 보호덮개 등의 장치를 말한다. |
| 2. 원심기의 회전체 접촉 예방장치 | 원심기의 케이싱 또는 하우징 내부의 회전통 등에 작업자의 신체 일부가 접촉되는 것을 방지하기 위해 설치하는 덮개 등의 장치를 말한다. |
| 3. 공기압축기의 압력방출장치 | 공기압축기에 부속된 압력용기의 과도한 압력상승을 방지하기 위하여 설치하는 안전밸브, 언로드밸브 등의 장치를 말한다. |
| 4. 금속절단기의 날접촉 예방장치 | 띠톱, 둥근톱 등 금속절단기의 절단 날 또는 비산물로부터 작업자를 보호하기 위하여 설치하는 장치를 말한다. |
| 5. 지게차의 헤드가드, 백레스트, 전조등, 후미등, 안전벨트 | 헤드가드 : 지게차를 이용한 작업 중에 위쪽으로부터 떨어지는 물건에 의한 위험을 방지하기 위하여 운전자의 머리 위쪽에 설치하는 덮개를 말한다.<br>백레스트 : 지게차를 이용한 작업 중에 마스트를 뒤로 기울일 때 화물이 마스트 방향으로 떨어지는 것을 방지하기 위해 설치하는 짐받이 틀을 말한다. |
| 6. 포장기계(진공포장기, 랩핑기)의 구동부 방호 연동장치 | 진공포장기, 랩핑기의 구동부에 설치되는 방호장치 등이 개방되었을 때 기계의 작동이 정지되도록 하거나 방호장치가 닫힌 상태에서만 기계가 작동되도록 상호 연결시키는 것을 말한다. |

**05** 동력으로 작동하는 기계·기구 중 방호조치를 하지 아니하고는 양도·대여·설치·사용, 진열해서는 아니 되는 경우 3가지를 적으시오.

### 정답

① 작동 부분에 돌기 부분이 있는 것
② 동력전달 부분 또는 속도조절 부분이 있는 것
③ 회전기계에 물체 등이 말려 들어갈 부분이 있는 것

돌이 동력전달부에 말려들어 속도 조절됨

### 참고

방호조치가 필요한 유해위험 기계·기구 중 동력으로 작동되는 기계·기구에는 다음 각 호의 방호조치를 하여야 한다. ★★

① 작동 부분의 돌기부분은 묻힘형으로 하거나 덮개를 부착할 것
② 동력전달부분 및 속도조절부분에는 덮개를 부착하거나 방호망을 설치할 것
③ 회전기계의 물림점(롤러·기어 등)에는 덮개 또는 울을 설치할 것

**06** 롤러의 맞물림점의 전방에 개구간격 25mm의 가드를 설치하고자 한다. 가드의 설치 위치는 맞물림에서 얼마의 간격(mm)을 유지하여야 하는가? ★★

**정답**

| 가드의 개구간격 | 일방 평행 보호망, 위험점이 전동체인 경우의 개구간격 |
|---|---|
| ① X < 160mm일 경우<br>　Y = 6+0.15×X<br>② X ≧ 160mm일 경우<br>　Y = 30mm<br>여기서, X : 안전거리<br>　　　　(위험점에서 가드까지의 거리)(mm)<br>　　　　Y : 가드의 최대 개구 간격(mm) | ① Y = 6+0.1×X<br>　여기서, X : 안전거리(mm)<br>　　　　　Y : 가드의 최대 개구 간격(mm) |

맞물림 점에서 가드까지의 간격 : 안전거리(X)

$Y = 6 + 0.15x$　　$0.15x = Y-6$　　$x = \dfrac{Y-6}{0.15}$

$x = \dfrac{25-6}{0.15} = 126.67\text{mm}$

**07** 기계의 원동기, 회전축, 풀리, 벨트 등의 보호 장치 4가지를 쓰시오. ★★

**정답**

① 덮개
② 울
③ 슬리브
④ 건널다리

**리미트 스위치의 종류 3가지를 쓰시오.** ★

**정답**
① 과부하 방지 장치
② 권과 방지 장치
③ 과전류 차단 장치
④ 압력제한 장치

 **연삭 숫돌의 파괴 원인을 4가지 쓰시오.** ★★

**정답**
① 숫돌의 회전 속도가 너무 빠를 때
② 숫돌 자체에 균열이 있을 때
③ 숫돌의 측면을 사용하여 작업할 때
④ 숫돌에 과대한 충격을 가할 때
⑤ 플랜지가 현저히 작을 때

 **숫돌의 회전수가 2,000rpm인 연삭기에 지름 300mm의 숫돌을 사용하고자 할 때에 숫돌사용 원주속도(m/min)는 얼마 이하로 하여야 하는가?** ★★

**정답**
원주(회전)속도 $V = \dfrac{\pi \times D \times N}{1,000}$ (m/min)

$\begin{cases} D : 연삭숫돌의\ 직경(mm) \\ N : 회전수(rpm) \end{cases}$

$V = \dfrac{\pi \times 300 \times 2,000}{1,000} = 1884.96\,\text{m/min}(이하)$

## 11 산업안전보건법에 의하여 고속회전체에서 비파괴검사를 실시해야 할 대상을 쓰시오. ★

**정답**

회전축의 중량이 1톤을 초과하고 원주속도가 매초 당 120미터 이상인 것

## 12 연삭기 종류별 덮개 설치기준(숫돌 노출각도)를 설명하시오. ★★

- 탁상용 연삭기 : (　　) 이내[주축면 위로 (　　)]
- 탁상용 연삭기 상부사용 : (　　) 이내
- 탁상용 연삭기 주축 이하면에서 작업 시 : (　　)까지 증가시킬 수 있다.
- 휴대용, 원통형 : (　　) 이내
- 절단기, 평면형 : (　　) 이내

**정답**

- 탁상용 연삭기 : (80°) 이내[주축면 위로(65°)]
- 탁상용 연삭기 상부사용 : (60°) 이내
- 탁상용 연삭기 주축 이하면에서 작업 시 : (125°)까지 증가시킬 수 있다.
- 휴대용, 원통형 : (180°) 이내
- 절단기, 평면형 : (150°) 이내

> 참고

| | |
|---|---|
| 탁상용 연삭기 | ① 상부를 사용하는 경우 : 60° 이내<br />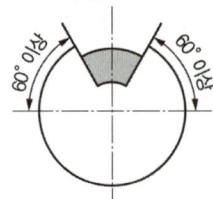<br />② 수평면 이하에서 연삭할 경우 : 노출 각도를 125°까지 증가시킬 수 있다.<br />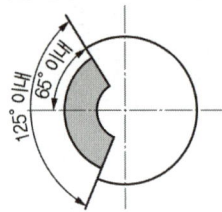<br />①, ② 외의 탁상용연삭기 : 80° 이내(주축면 위로 65°)<br />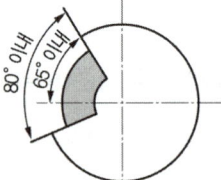<br />③ 최대 원주 속도가 초당 50m 이하인 탁상용 연삭기 : 90° 이내(주축면 위로 50°)<br />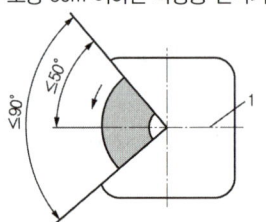  1 : X축 |
| 절단기,<br />평면형 연삭기 | 절단기, 평면형 연삭기 : 150° 이내<br />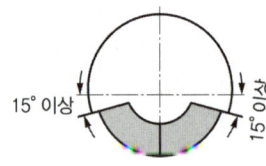<br />또는<br />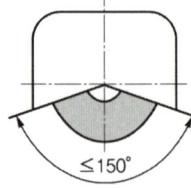 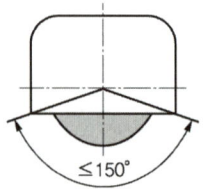 |

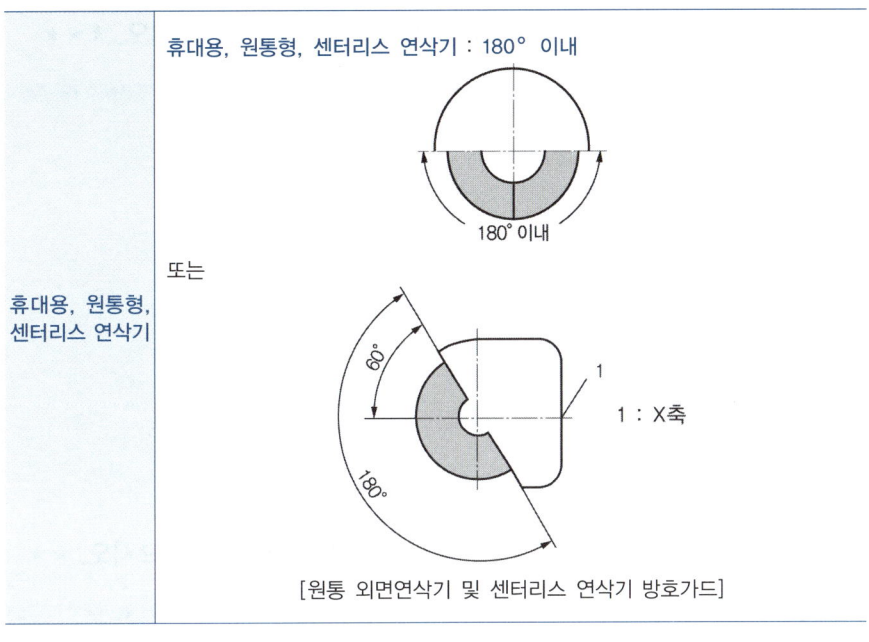

[원통 외면연삭기 및 센터리스 연삭기 방호가드]

## 13  연삭기 방호장치 설치에 관한 내용이다. 괄호를 채우시오.(단, 위험기계기구 자율안전 확인 고시 기준) ★★

- 숫돌 직경이 ( ① ) 이상인 것부터 덮개 설치
- 연삭숫돌의 외주면과 받침대 사이의 거리는 ( ② )를 초과하지 않을 것

**정답**

① 5cm  ② 2mm

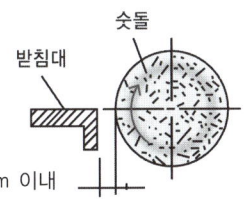

(방호장치 자율안전확인 고시)3mm 이내

2mm 이하(위험기계기구 자율안전 확인 고시)

**참고**

워크레스트는 연삭숫돌과의 간격을 3밀리미터 이하로 조정할 수 있는 구조이어야 한다.
(방호장치 자율안전확인 고시)

## 14. 목재 가공용 둥근톱 기계의 방호 장치를 2가지 적으시오. ★★★

**정답**
① 톱니(날) 접촉 예방 장치
② 반발 예방 장치

## 15. 목재 가공용 둥근톱 기계의 반발예방장치를 3가지 적으시오. ★★

**정답**
① 분할날
② 반발 방지 기구(finger)
③ 반발 방지 롤러

## 16. 분할날 설치조건의 다음 괄호를 채우시오. ★

① 분할날 두께는 톱 두께의 (　　) 이상이며 (　　)보다 작을 것
② 톱날 후면과의 간격은 (　　) 이내일 것
③ 후면날의 (　　) 이상을 덮어 설치할 것
④ 분할날 조임 볼트는 (　　)개 이상일 것

**정답**
① 분할날 두께는 톱 두께의 (1.1배) 이상이며 (치진폭)보다 작을 것
② 톱날 후면과의 간격은 (12mm) 이내일 것
③ 후면날의 (2/3) 이상을 덮어 설치할 것
④ 분할날 조임 볼트는 (2)개 이상일 것

> **참고**
>
> • **분할날의 설치조건**
>   - 분할날 두께는 **톱 두께의 1.1배 이상**이며 치진폭보다 작을 것
>     $1.1\, t_1 \leq t_2 < b$
>     ($t_1$ : 톱 두께, $t_2$ : 분할날두께, b : 치진폭)
>   - **톱날 후면과의 간격은 12mm 이내**일 것
>   - **후면날의 2/3 이상**을 덮어 설치할 것
>   - 분할날 조임 볼트는 **2개 이상**일 것
>   - 분할날 최소길이
>     $L = \dfrac{\pi \times D}{6}$ (mm)   D : 톱날 직경(mm)

**17** 프레스의 본질안전조건(No-hand in die 방식, 금형내 손이 들어가지 않는 구조)을 적으시오. ★★

**정답**

① 안전울을 부착한 프레스(프레스에 안전울 부착)
② 안전한 금형 사용
③ 전용 프레스 도입
④ 자동 프레스 도입

다음 프레스기에 적합한 방호장치의 종류를 적으시오. ★

(1) 일행정 일정지식 프레스(크랭크 프레스)
(2) 행정 길이 40mm 이상, SPM 120 이하에서 사용가능
(3) 슬라이드 작동 중 정지 가능한 구조(급정지장치 가짐)
(4) 마찰프레스에 사용 가능하나 크랭크식 프레스에 사용 불가능

**정답**

(1) ① 양수 조작식
    ② 게이트 가드식
(2) ① 손쳐내기식
    ② 수인식
(3) ① 감응식(광전자식)
    ② 양수조작식
(4) 감응식(광전자식)

**참고**

① 양수 조작식 방호 장치 : 누름 버튼을 양손으로 조작하지 않으면 슬라이드를 작동시킬 수 없는 구조, 버튼간 간격은 300mm 이상 격리하여 설치
② 게이트 가드식(gate guard system) 방호 장치 : 가드를 닫지 않으면 슬라이드를 작동시킬 수 없는 구조, 슬라이드 작동 중에 가드를 열 수 없는 구조일 것
③ 손쳐내기식(sweep guard system) 방호 장치 : 손쳐내기판이 위험점 접근시 근로자의 손을 쳐내는 방식
④ 수인식(pull out system) 방호 장치 : 손과 기계운동 부분을 로프로 연결하여 위험 작동시에 근로자의 손을 끌어내는 장치
⑤ 광전자식(감응식, 광선식) 방호 장치 : 손이 위험점에 접근시 센서가 감지하여 슬라이드를 급정지 시키는 구조

 프레스 작업이 끝난 후 프레스기계의 페달에(U자형 커버)를 씌우는 이유는 무엇인가?

**정답**

프레스의 불시작동으로 인한 재해 방지

**20** 프레스기계 양수조작식 방호장치 설치 방법 3가지를 쓰시오.

**정답**
① 누름 버튼을 양손으로 조작하지 않으면 슬라이드를 작동시킬 수 없는 구조
② 버튼 간 간격은 300mm 이상 격리하여 설치
③ 안전거리(기계 위험점에서 버튼까지 떨어진 거리)
　　$D(cm) = 160 \times (T_C + T_S)$
　　($T_C + T_S$ = 급정지 총 소요시간(초))

**21** 클러치 맞물림 개수 4개, 200SPM의 동력 프레스기 양수기동식 안전장치의 안전거리(mm)를 계산하시오. ★★

**정답**

$Dm(mm) = 1.6 \times Tm$

$= 1.6 \times (\dfrac{1}{\text{클러치개소수}} + \dfrac{1}{2}) \times (\dfrac{60,000}{\text{매분행정수}})$

$= 1.6 \times (\dfrac{1}{4} + \dfrac{1}{2}) \times (\dfrac{60,000}{200}) = 360mm$

**22** 프레스에 광전자식 안전장치를 부착하고자 한다. 급정지에 소요되는 시간 중 전기적 지동시간이 25ms, 기계적 지동시간이 15ms라고 할 때 프레스 금형에서 안전장치까지 떨어지는 거리(mm)를 계산하시오. ★★

**정답**

**풀이 1.** 안전거리 D(mm) = 1,600 × ($T_C + T_S$)   ※ $T_C + T_S$ : 급정지 총 소요시간(초)

$$D = 1,600 \times (\frac{25}{1,000} + \frac{15}{1,000}) = 64(mm)$$

$(ms = \frac{1}{1,000}$초,  $25ms = \frac{25}{1,000}$초,  $15ms = \frac{15}{1,000}$초$)$

**풀이 2.** 안전거리 D(cm) = 160 × 프레스 작동 후 작업점까지의 도달시간(초)

$$D = 160 \times (\frac{25}{1000} + \frac{15}{1000}) = 6.4(cm) \times 10 = 64(mm)$$

## 23. 40rpm의 속도로 회전하는 롤러기의 앞면 롤러의 지름이 30cm인 경우 앞면롤의 표면속도 및 급정지 장치의 급정지 거리(mm)를 구하시오. ★★

**정답**

회전속도 $V = \frac{\pi \times d \times N}{1,000} = \frac{\pi \times 300 \times 40}{1,000} = 37.70$ m/min

표면속도(회전속도)가 30m/min 이상이므로

급정지거리 $V = \pi \times d \times \frac{1}{2.5} = \pi \times 300 \times \frac{1}{2.5} = 376.99$ mm

**참고**

- 급정지 장치의 급정지 거리

| 앞면 롤러의 표면속도(m/min) | 급정지거리 |
|---|---|
| 30 미만 | 앞면 롤러 원주의 1/3 이내 ($\pi \times D \times \frac{1}{3}$) |
| 30 이상 | 앞면 롤러 원주의 1/2.5 이내 ($\pi \times D \times \frac{1}{2.5}$) |

이때 표면속도의 산식은

$V = \frac{\pi \cdot D \cdot N}{1,000}$ (m/min)

V : 표면속도,  D : 롤러 원통의 직경(mm),  N : 1분간에 롤러기가 회전되는 수(rpm)

## 24. 롤러의 방호장치인(급정지장치)를 설치하는 위치를 구분하여 설명하시오. ★★

**정답**

| 종류 | 설치 위치 | 비고 |
|---|---|---|
| 손조작식 | 밑면에서 1.8m 이내 | 위치는 급정지장치의 조작부의 중심점을 기준 |
| 복부조작식 | 밑면에서 0.8m 이상 1.1m 이내 | |
| 무릎조작식 | 밑면에서 0.6m 이내(방호장치 자율안전기준 고시) 또는 밑면으로부터 0.4m 이상 0.6m 이내(위험기계기구 안전인증 고시 및 안전검사 고시) | |

## 25. 아세틸렌 용접장치, 가스집합 용접장치의 방호장치명을 적으시오. ★★★

**정답**

안전기

## 26. 다음 내용의 괄호 안을 채우시오. ★★

① 아세틸렌 용접장치에 대하여는 그 (　　　)마다 (　　　)를 설치하여야 한다.
② 가스용기가 발생기와 분리되어 있는 아세틸렌 용접장치에 대하여는 발생기와 가스용기 사이에 (　　　)를 설치하여야 한다.
③ 아세틸렌 발생기에서 (　　　) 이내 또는 발생기실에서 (　　　) 이내의 장소에서는 흡연, 화기의 사용 또는 불꽃이 발생할 위험한 행위를 금지시킬 것
④ 가스집합장치는 화기를 사용하는 설비로부터 (　　　) 이상 떨어진 장소에 설치하여야 한다.

**정답**

① 아세틸렌 용접장치에 대하여는 그 (취관)마다 (안전기)를 설치하여야 한다.
② 가스용기가 발생기와 분리되어 있는 아세틸렌 용접장치에 대하여는 발생기와 가스용기 사이에 (안전기)를 설치하여야 한다.

③ 아세틸렌 발생기에서 (5미터) 이내 또는 발생기실에서 (3미터) 이내의 장소에서는 흡연, 화기의 사용 또는 불꽃이 발생할 위험한 행위를 금지시킬 것
④ 가스집합장치는 화기를 사용하는 설비로부터 (5미터) 이상 떨어진 장소에 설치하여야 한다.

> **참고**
> 
> ① 아세틸렌 용접장치의 아세틸렌 발생기를 설치하는 경우에는 전용의 발생기실에 설치하여야 한다.
> ② 발생기실은 건물의 최상층에 위치하여야 하며, 화기를 사용하는 설비로부터 3미터를 초과하는 장소에 설치하여야 한다.
> ③ 발생기실을 옥외에 설치한 경우에는 그 개구부를 다른 건축물로부터 1.5미터 이상 떨어지도록 하여야 한다.

## 27  다음 고압가스 용기의 색상을 적으시오. ★★

산소 :            수소 :            탄산가스 :

액화염소 :        아세틸렌 :        암모니아 :        그 외 가스 :

**정답**

산소 : 녹색, 수소 : 주황색, 탄산가스 : 청색
액화염소 : 갈색, 아세틸렌 : 황색, 암모니아 : 백색
그 외 가스 : 회색

산녹, 수주, 탄청, 염갈, 아황, 암백

## 28  보일러의 방호장치를 4가지 적으시오. ★★★

**정답**

① 압력방출 장치
② 압력제한 스위치(버너연소를 차단하는 역할)
③ 고저 수위조절 장치
④ 화염검출기

**29** 다음 내용에 대한 (　)안에 알맞은 내용을 쓰시오. ★★

(1) 압력방출장치를 1개 또는 2개 이상 설치하고 ( ① ) 이하에서 작동되도록 하여야 한다. 다만, 압력방출장치가 2개 이상 설치된 경우에는 ( ② )에서 1개가 작동되고, 다른 압력방출장치는 ( ③ )에서 작동되도록 부착하여야 한다.

(2) 압력방출장치는 ( ① ) 이상 "국가교정기관"으로부터 교정을 받은 압력계를 이용하여 ( ② )을 시험한 후 ( ③ )으로 봉인하여 사용하여야 한다. 다만, 공정안전보고서 제출대상으로서 공정안전관리 이행수준 평가결과가 우수한 사업장은 압력방출장치에 대하여 ( ④ ) 이상 토출압력을 시험할 수 있다.

(3) 압력방출장치를 설치한 후에는 ( ① ) 이상 작동시험을 하는 등 성능이 유지될 수 있도록 점검, 보수하여야 한다.

**정답**

(1) ① 최고사용압력
　② 최고사용압력 이하
　③ 최고사용압력의 1.05배 이하

(2) ① 1년에 1회
　② 토출압력
　③ 납
　④ 4년에 1회

(3) ① 1일 1회

 **30** [보기]의 설명에 해당하는 보일러의 장해 및 사고의 원인이 되는 보일러 이상 현상의 종류를 적으시오. ★

[보기]

(1) 보일러 수 중에 유지류, 용해 고형물, 부유물 등에 의해 보일러 수면에 거품이 생겨 올바른 수위를 판단하지 못하는 현상

(2) 보일러 부하의 급변 수위 과승 등에 의해 수분이 증기와 분리되지 않아 보일러 수면이 심하게 솟아올라 올바른 수위를 판단하지 못하는 현상

(3) 보일러 수 중에 용해 고형분이나 수분이 발생, 증기 중에 다량 함유되어 증기의 순도를 저하시킴으로써 관내 응축수가 생겨 워터 해머의 원인이 되고 증기 과열기나 터빈 등의 고장 원인이 된다.

(4) 고여 있던 응축수가 밸브를 급격히 개폐 시에 고온 고압의 증기에 이끌려 배관을 강하게 치는 현상으로 배관 파열을 초래한다.

**정답**

(1) 포밍(foaming, 물거품 솟음)
(2) 플라이밍(priming, 비수 현상)
(3) 캐리오버(carry over, 기수 공발)
(4) 수격 작용 : 물망치 작용(워터 해머, water hammer)

## 31 산업용 로봇의 방호장치를 3가지 적으시오. ★★★

**정답**

① 울타리(높이 1.8미터 이상)
② 안전매트
③ 광전자식 방호장치 등 감응형(感應形) 방호장치

## 32 다음 내용의 괄호 안을 채우시오. ★★

아세틸렌 용접장치를 사용하여 금속의 용접·용단 또는 가열작업을 하는 경우에는 게이지 압력이 (      )을 초과하는 압력의 아세틸렌을 발생시켜 사용해서는 아니 된다.

**정답**

127킬로파스칼

# CHAPTER 02 양중 및 운반기계 / 안전시설 관리

## 운반기계

### (1) 차량계 하역운반기계의 넘어짐(전도) 방지조치 ★★

① 지반의 부동침하(불동침하) 방지
② 갓길의 붕괴 방지
③ 유도자 배치

### (2) 차량계 하역운반기계에 화물적재 시의 조치 ★★

① 하중이 한쪽으로 치우치지 않도록 적재할 것
② 구내운반차 또는 화물자동차의 경우 화물의 붕괴 또는 낙하에 의한 위험을 방지하기 위하여 화물에 로프를 거는 등 필요한 조치를 할 것
③ 운전자의 시야를 가리지 않도록 화물을 적재할 것
④ 화물을 적재하는 경우에는 **최대적재량**을 초과해서는 아니 된다.

### (3) 차량계 하역운반기계 운전 위치 이탈 시의 조치 ★★

① 포크, 버킷, 디퍼 등의 장치를 가장 낮은 위치 또는 지면에 내려 둘 것
② 원동기를 정지시키고 브레이크를 확실히 거는 등 갑작스러운 이동을 방지하기 위한 조치를 할 것
③ 운전석을 이탈하는 경우에는 시동키를 운전대에서 분리시킬 것. 다만, 운전석에 잠금장치를 하는 등 운전자가 아닌 사람이 운전하지 못하도록 조치한 경우에는 그러하지 아니하다.

### (4) 수리 등의 작업 시 조치

차량계 하역운반기계 등의 수리 또는 부속장치의 장착 및 해체작업을 하는 때에는 해당 작업의 지휘자를 지정하여 다음 각 호의 사항을 준수하도록 하여야 한다.

> **차량계 하역운반기계 등의 수리 또는 부속장치의 장착 및 해체작업 시 작업의 지휘자 역할 ★**
> ① 작업순서를 결정하고 작업을 지휘할 것
> ② 안전지지대 또는 안전블록 등의 사용상황 등을 점검할 것

### (5) 싣거나 내리는 작업 ★

차량계 하역운반기계에 **단위화물의 무게가 100킬로그램 이상인 화물을 싣는 작업 또는 내리는 작업**을 하는 때에는 당해 **작업의 지휘자를 지정**하여 다음 각 호의 사항을 준수하도록 하여야 한다.

> **단위화물의 무게가 100킬로그램 이상인 화물을 싣는 작업 또는 내리는 작업을 하는 때 작업지휘자 역할 ★**
> ① 작업순서 및 작업방법을 정하고 작업을 지휘할 것
> ② 기구 및 공구를 점검하고 불량품을 제거할 것
> ③ 해당 작업을 하는 장소에 관계 근로자가 아닌 사람이 출입하는 것을 금지할 것
> ④ 로프 풀기 작업 또는 덮개 벗기기 작업은 적재함의 화물이 떨어질 위험이 없음을 확인한 후에 하도록 할 것

## 지게차

포크, 램(ram) 등의 화물적재 장치와 그 장치를 승강시키는 마스트(mast)를 구비하고 동력에 의해 이동하는 지게차에 적용한다.

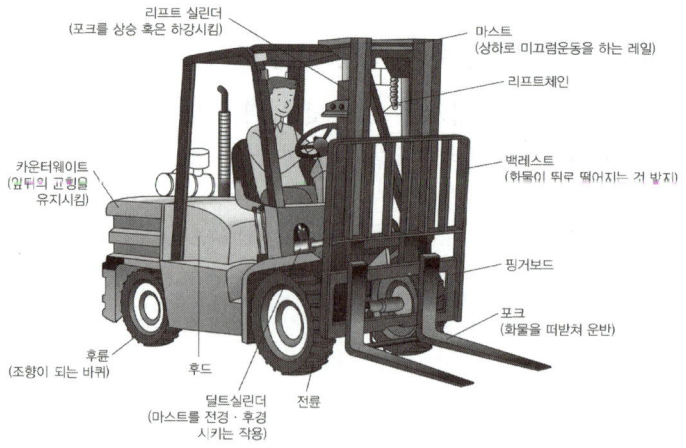

## (1) 방호장치 ★★

| | |
|---|---|
| 헤드가드 | • 최대하중의 2배(4톤을 넘는 값에 대해서는 4톤으로 한다)에 해당하는 등분포정하중(等分布靜荷重)에 견딜 수 있는 강도의 헤드가드를 설치하여야 한다. |
| 백레스트 | • 포크에 적재된 화물이 마스트의 뒤쪽으로 떨어지는 것을 방지하기 위한 백레스트(backrest)를 설치하여야 한다. |
| 전조등, 후미등 | • 7천 5백칸델라 이상의 광도를 가지는 전조등, 2칸델라 이상의 광도를 가지는 후미등을 설치하여야 한다. |
| 안전벨트 | • 안전인증을 받은 제품, 국제적으로 인정되는 규격에 따른 제품 또는 국토해양부장관이 이와 동등 이상이라고 인정하는 제품일 것<br>• 사용자가 쉽게 잠그고 풀 수 있는 구조일 것 |

## (2) 설치방법 ★★

| | |
|---|---|
| 헤드가드 | ① 상부 틀의 각 개구의 폭 또는 길이는 16센티미터 미만일 것<br>② 한국산업표준에서 정하는 높이 기준 이상일 것<br>　(좌식 : 0.903m 이상, 입식 : 1.88m 이상) |
| 백레스트 | ① 외부 충격이나 진동 등에 의해 탈락 또는 파손되지 않도록 견고하게 부착할 것<br>② 최대하중을 적재한 상태에서 마스트가 뒤쪽으로 경사지더라도 변형 또는 파손이 없을 것 |
| 전조등 | ① 좌우에 1개씩 설치할 것<br>② 등광색은 백색으로 할 것<br>③ 점등 시 차체의 다른 부분에 의하여 가려지지 아니할 것 |
| 후미등 | ① 지게차 뒷면 양쪽에 설치할 것<br>② 등광색은 적색으로 할 것<br>③ 지게차 중심선에 대하여 좌우대칭이 되게 설치할 것<br>④ 등화의 중심점을 기준으로 외측의 수평각 45도에서 볼 때에 투영면이 12.5제곱센티미터 이상일 것 |

## (3) 지게차의 안전기준

1) 사업주는 다음 각 호에 따른 적합한 헤드가드(head guard)를 갖추지 아니한 지게차를 사용해서는 아니 된다. 다만, 화물의 낙하에 의하여 지게차의 운전자에게 위험을 미칠 우려가 없는 경우에는 그러하지 아니하다. ★★

① 강도는 지게차의 최대하중의 2배 값(4톤을 넘는 값에 대해서는 4톤으로 한다)의 등분포정하중(等分布靜荷重)에 견딜 수 있을 것
② 상부틀의 각 개구의 폭 또는 길이가 16센티미터 미만일 것

③ 운전자가 앉아서 조작하거나 서서 조작하는 지게차의 헤드가드는 「산업표준화법」에 따른 한국산업표준에서 정하는 높이 기준 이상일 것
(좌식 : 0.903m 이상, 입식 : 1.88m 이상)

2) 사업주는 백레스트(backrest)를 갖추지 아니한 지게차를 사용해서는 아니 된다. 다만, 마스트의 후방에서 화물이 낙하함으로써 근로자가 위험해질 우려가 없는 경우에는 그러하지 아니하다.

3) 사업주는 지게차에 의한 하역운반작업에 사용하는 팔레트(pallet) 또는 스키드(skid)는 다음 각 호에 해당하는 것을 사용하여야 한다.
① 적재하는 화물의 중량에 따른 충분한 강도를 가질 것
② 심한 손상·변형 또는 부식이 없을 것

4) 사업주는 앉아서 조작하는 방식의 지게차를 운전하는 근로자에게 좌석 안전띠를 착용하도록 하여야 한다.

5) 사업주는 전조등과 후미등을 갖추지 아니한 지게차를 사용해서는 아니 된다. 다만, 작업을 안전하게 수행하기 위하여 필요한 조명이 확보되어 있는 장소에서 사용하는 경우에는 그러하지 아니하다.

6) 사업주는 지게차 작업 중 근로자와 충돌할 위험이 있는 경우에는 지게차에 후진 경보기와 경광등을 설치하거나 후방감지기를 설치하는 등 후방을 확인할 수 있는 조치를 해야 한다.

## (4) 지게차에 의한 사고 유형

① 주행 시 지게차와 작업자의 충돌(가장 많다.)
② 화물의 낙하
③ 지게차의 전도, 전락

## (5) 지게차 안전조건

① 지게차가 전도되지 않고 안정되기 위해서는 물체의 모멘트($M_1 = W \times a$)보다 지게차의 모멘트 ($M_2 = G \times b$)가 더 커야 한다.

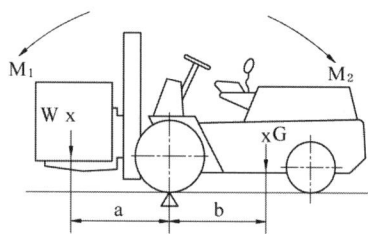

지게차의 안정도 ★

$$W \times a < G \times b$$
$$(M1 < M2)$$

여기서 W : 화물중량  a : 앞바퀴 ~ 화물중심까지 거리
G : 지게차 자체 중량  b : 앞바퀴 ~ 차 중심까지 거리

② 전경사각 : 마스터의 수직위치에서 앞으로 기울인 경우 최대경사각 5 ~ 6°
③ 후경사각 : 마스터의 수직위치에서 뒤로 기울인 경우 최대경사각 10 ~ 12°

## (6) 지게차 작업 시의 안정도 ★★

| 안정도 | 지게차의 상태 |
|---|---|
| 하역작업시의 전·후 안정도 : 4% 이내 (5t 이상 : 3.5%) | (위에서 본 경우) |
| 주행시의 전·후 안정도 : 18% 이내 | |
| 하역작업시의 좌·우 안정도 : 6% 이내 | (밑에서 본 경우) |
| 주행시의 좌·우 안정도 : (15+1.1V)% 이내 최대 40%(V : 최고속도 km/h) | |

$$안정도 = \frac{h}{l} \times 100(\%)$$

### Reference

1. 지게차는 지면에서 중심선이 지면의 기울어진 방향과 평행할 경우 앞이나 뒤로 넘어지지 아니하여야 한다.
(1) 지게차의 최대 하중 상태에서 쇠스랑을 가장 높이 올린 경우 기울기가 100분의 4(4%) [지게차의 최대 하중이 5톤 이상인 경우에는 100분의 3.5(3.5%)]인 지면
(2) 지게차의 기준부하 상태에서 주행할 경우 기울기가 100분의 18(18%)인 지면

2. 지게차는 지면에서 중심선이 지면의 기울어진 방향과 직각으로 교차할 경우 옆으로 넘어지지 아니하여야 한다.
(1) 지게차의 최대하중상태에서 쇠스랑을 가장 높이 올리고 마스트를 가장 뒤로 기울인 경우 기울기가 100분의 6(6%)인 지면
(2) 지게차의 기준 무부하 상태에서 주행할 경우 구배가 지게차의 최고주행속도에 1.1을 곱한 후 15를 더한 값인 지면. 다만, 규격이 5,000킬로그램 미만인 경우에는 최대 기울기가 100분의 50, 5,000킬로그램 이상인 경우에는 최대 기울기가 100분의 40인 지면을 말한다.

### (7) 지게차 운전 중 주의사항

① 정해진 하중 및 높이를 초과하여 적재를 금지한다.
② 운전자 이외에는 절대 탑승을 금지한다.
③ 급격한 후퇴를 피해야 한다.
④ 정해진 구역 외는 운전을 금지한다.
⑤ 견인 시 견인 봉을 사용한다.
⑥ 짐을 싣고 비탈길을 내려갈 때에는 후진한다.

### (8) 지게차의 작업 시작 전 점검사항 ★★★

① 하역장치 및 유압장치 기능의 이상 유무
② 제동장치 및 조종장치 기능의 이상 유무
③ 바퀴의 이상 유무
④ 전조등, 후미등, 방향지시기, 경보장치 기능의 이상 유무

## 구내운반차

작업장 내 운반을 주목적으로 하는 차량에 한한다.

### (1) 구내운반차를 사용하는 때 준수사항 ★

① 주행을 제동하고 또한 정지 상태를 유지하기 위하여 유효한 제동장치를 갖출 것
② 경음기를 갖출 것
③ 운전석이 차 실내에 있는 것은 좌우에 한 개씩 방향지시기를 갖출 것
④ 전조등과 후미등을 갖출 것. 다만, 작업을 안전하게 하기 위하여 필요한 조명이 있는 장소에서 사용하는 구내 운반차에 대해서는 그러하지 아니하다.
⑤ 구내운반차가 후진 중에 주변의 근로자 또는 차량계 하역운반기계 등과 충돌할 위험이 있는 경우에는 구내운반차에 후진 경보기와 경광등을 설치할 것

### (2) 구내운반차의 작업시작 전 점검사항 ★★★

① 제동장치 및 조종장치 기능의 이상 유무
② 하역장치 및 유압장치 기능의 이상 유무
③ 바퀴의 이상 유무
④ 전조등·후미등·방향지시기 및 경음기 기능의 이상 유무
⑤ 충전장치를 포함한 홀더 등의 결합상태의 이상 유무

# 고소작업대

[고소작업대]

### (1) 고소작업대를 설치하는 때에는 다음 각 호에 해당하는 것을 설치하여야 한다.

① 작업대를 와이어로프 또는 체인으로 상승 또는 하강시킬 때에는 와이어로프 또는 체인이 끊어져 작업대가 낙하하지 아니하는 구조이어야 하며, 와이어로프 또는 체인의 안전율은 5 이상일 것 ★
② 작업대를 유압에 의하여 상승 또는 하강시킬 때에는 작업대를 일정한 위치에 유지할 수 있는 장치를 갖추고 압력의 이상저하를 방지할 수 있는 구조일 것
③ 권과방지장치를 갖추거나 압력의 이상상승을 방지할 수 있는 구조일 것
④ 붐의 최대 지면경사각을 초과 운전하여 전도되지 않도록 할 것
⑤ 작업대에 정격하중(안전율 5 이상)을 표시할 것
⑥ 작업대에 끼임·충돌 등 재해를 예방하기 위한 가드 또는 과상승 방지장치를 설치할 것
⑦ 조작반의 스위치는 눈으로 확인할 수 있도록 명칭 및 방향표시를 유지할 것

### (2) 고소작업대를 설치하는 때 준수사항

① 바닥과 고소작업대는 가능한 한 수평을 유지하도록 할 것
② 갑작스러운 이동을 방지하기 위하여 아웃트리거(outrigger) 또는 브레이크 등을 확실히 사용할 것

### (3) 고소작업대를 이동하는 때 준수사항

① 작업대를 가장 낮게 하강시킬 것
② 작업자를 태우고 이동하지 말 것. 다만, 이동 중 전도 등의 위험예방을 위하여 유도하는 사람을 배치하고 짧은 구간을 이동하는 경우에는 작업대를 가장 낮게 내린 상태에서 작업자를 태우고 이동할 수 있다.
③ 이동통로의 요철상태 또는 장애물의 유무 등을 확인할 것

### (4) 고소작업대를 사용하는 때 준수사항

① 작업자가 안전모·안전대 등의 보호구를 착용하도록 할 것
② 관계자 외의 자가 작업구역 내에 들어오는 것을 방지하기 위하여 필요한 조치를 할 것
③ 안전한 작업을 위하여 적정수준의 조도를 유지할 것
④ 전로(電路)에 근접하여 작업을 하는 때에는 작업감시자를 배치하는 등 감전사고를 방지하기 위하여 필요한 조치를 할 것
⑤ 작업대를 정기적으로 점검하고 붐·작업대 등 각 부위의 이상 유무를 확인할 것
⑥ 전환스위치는 다른 물체를 이용하여 고정하지 말 것
⑦ 작업대는 정격하중을 초과하여 물건을 싣거나 탑승하지 말 것
⑧ 작업대의 붐대를 상승시킨 상태에서 탑승자는 작업대를 벗어나지 말 것(작업대에 안전대 부착설비를 설치하고 안전대를 연결하였을 때에는 그러하지 아니하다.)

### (5) 악천후 시 작업 중지 ★

비·눈 그 밖의 기상상태의 불안정으로 인하여 날씨가 몹시 나쁠 때에 10미터 이상의 높이에서 고소작업대를 사용함에 있어 근로자에게 위험을 미칠 우려가 있는 때에는 작업을 중지하여야 한다.

### (6) 고소작업대의 작업시작 전 점검사항 ★★★

① 비상정지장치 및 비상하강방지장치 기능의 이상 유무
② 과부하방지장치의 작동 유무(와이어로프 또는 체인구동방식의 경우)
③ 아웃트리거 또는 바퀴의 이상 유무
④ 작업면의 기울기 또는 요철 유무

## 화물자동차

### (1) 승강 설비의 설치

바닥으로부터 짐 윗면까지의 높이가 2미터 이상인 화물 자동차에 짐을 싣는 작업 또는 내리는 작업을 하는 때에는 추락에 의한 근로자의 위험을 방지하기 위하여 근로자가 바닥과 적재함의 짐 윗면과의 사이를 안전하게 상승 또는 하강하기 위한 설비를 설치하여야 한다.

### (2) 섬유 로프 등을 화물 자동차의 짐걸이에 사용하는 때 작업 시작 전 조치사항 (작업지휘자 역할)

① 작업 순서 및 작업 순서마다 작업 방법을 결정하고 작업을 직접 지휘하는 일
② 기구 및 공구를 점검하고 불량품을 제거하는 일
③ 해당 작업을 하는 장소에 관계 근로자가 아닌 사람의 출입을 금지하는 일
④ 로프 풀기 작업 및 덮개 벗기기 작업을 하는 경우에는 적재함의 화물에 낙하 위험이 없음을 확인한 후에 해당 작업의 착수를 지시하는 일

### (3) 화물자동차 작업 시작 전 점검사항 ★★★

① 제동 장치 및 조종 장치의 기능
② 하역 장치 및 유압 장치의 기능
③ 바퀴의 이상 유무

# 컨베이어

## (1) 컨베이어의 방호장치 ★★★

| 이탈 등의 방지장치 | 정전·전압강하 등에 의한 화물 또는 운반구의 이탈 및 역주행을 방지하는 장치를 갖추어야 한다. |
|---|---|
| 비상정지장치 | 근로자의 신체의 일부가 말려드는 등 근로자에게 위험을 미칠 우려가 있는 때 및 비상시에는 즉시 컨베이어 등의 운전을 정지시킬 수 있는 장치를 설치하여야 한다. |
| 덮개, 울의 설치 | 컨베이어 등으로 부터 화물이 떨어져 근로자가 위험해질 우려가 있는 경우에는 해당 컨베이어 등에 덮개 또는 울을 설치하는 등 낙하 방지를 위한 조치를 하여야 한다. |

[컨베이어 덮개]

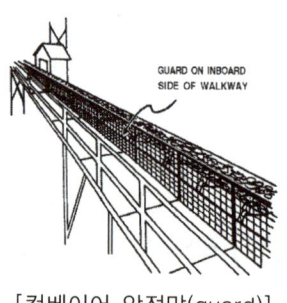
[컨베이어 안전망(guard)]

## (2) 건널다리의 설치 ★

운전 중인 컨베이어 등의 위로 근로자를 넘어가도록 하는 때에는 위험을 방지하기 위하여 **건널다리를 설치**하는 등 필요한 조치를 하여야 한다.

## (3) 스토퍼의 설치

동일선상에 구간별 설치된 컨베이어에 중량물을 운반하는 경우에는 **중량물 충돌에 대비한 스토퍼를 설치**하거나 작업자 출입을 금지하여야 한다.

## (4) 컨베이어 작업 시작 전 점검사항 ★★★

① **원동기** 및 **풀리** 기능의 이상 유무
② **이탈 등의 방지장치**기능의 이상 유무
③ **비상정지장치** 기능의 이상 유무
④ 원동기·**회전축**·기어 및 풀리 등의 덮개 또는 울 등의 이상 유무

# 차량계 건설기계

## (1) 차량계 건설기계의 정의

**동력원을 사용하여 특정되지 아니한 장소로 스스로 이동이 가능한 건설기계로서 별표에** 정한 기계를 말한다.

> [별표]
> ### 차량계 건설기계
>
> 1. 도저형 건설기계(불도저, 스트레이트도저, 틸트도저, 앵글도저, 버킷도저 등)
> 2. 모터그레이더(motor grader, 땅 고르는 기계)
> 3. 로더(포크 등 부착물 종류에 따른 용도 변경 형식을 포함한다)
> 4. 스크레이퍼(scraper, 흙을 절삭·운반하거나 펴 고르는 등의 작업을 하는 토공기계)
> 5. 크레인형 굴착기계(크램쉘, 드래그라인 등)
> 6. 굴착기(브레이커, 크러셔, 드릴 등 부착물 종류에 따른 용도 변경 형식을 포함한다)
> 7. 항타기 및 항발기
> 8. 천공용 건설기계(어스드릴, 어스오거, 크롤러드릴, 점보드릴 등)
> 9. 지반 압밀침하용 건설기계(샌드드레인머신, 페이퍼드레인머신, 팩드레인머신 등)
> 10. 지반 다짐용 건설기계(타이어롤러, 매커덤롤러, 탠덤롤러 등)
> 11. 준설용 건설기계(버킷준설선, 그래브준설선, 펌프준설선 등)
> 12. 콘크리트 펌프카
> 13. 덤프트럭
> 14. 콘크리트 믹서 트럭
> 15. 도로포장용 건설기계(아스팔트 살포기, 콘크리트 살포기, 아스팔트 피니셔, 콘크리트 피니셔 등)
> 16. 제1호부터 제15호까지와 유사한 구조 또는 기능을 갖는 건설기계로서 건설작업에 사용하는 것

## (2) 낙하물 보호구조의 설치 ★

사업주는 **암석이 떨어질 우려가 있는 등 위험한 장소에서 차량계 건설기계를 사용하는 경우에는 해당 차량계 건설기계에 견고한 낙하물 보호 구조를 갖춰야 한다.**

| 낙하물 보호 구조를 설치하여야 하는 차량계 건설기계 | | | |
|---|---|---|---|
| ① 불도저 | ② 트랙터 | ③ 굴착기 | ④ 로더(loader) |
| ⑤ 스크레이퍼 | ⑥ 덤프트럭 | ⑦ 모터그레이더 | ⑧ 롤러 |
| ⑨ 천공기 | ⑩ 항타기 및 항발기 | | |

### (3) 차량계 건설기계 넘어짐(전도) 등의 방지 ★★

① 지반의 부동침하방지
② 갓길의 붕괴 방지
③ 유도하는 자 배치
④ 도로의 폭의 유지

**차량계 하역운반기계의 넘어짐(전도) 방지 조치 ★★**
① 지반의 부동침하방지
② 갓길의 붕괴 방지
③ 유도자 배치

### (4) 차량계 건설기계 운전위치 이탈 시의 조치 ★★

① 포크, 버킷, 디퍼 등의 장치를 가장 낮은 위치 또는 지면에 내려 둘 것
② 원동기를 정지시키고 브레이크를 확실히 거는 등 갑작스러운 이동을 방지하기 위한 조치를 할 것
③ 운전석을 이탈하는 경우에는 시동키를 운전대에서 분리시킬 것

**차량계 하역 운반기계의 운전 위치 이탈 시의 조치 ★★**
① 포크, 버킷, 디퍼 등의 장치를 가장 낮은 위치 또는 지면에 내려 둘 것
② 원동기를 정지시키고 브레이크를 확실히 거는 등 갑작스러운 이동을 방지하기 위한 조치를 할 것
③ 운전석을 이탈하는 경우에는 시동키를 운전대에서 분리시킬 것

### (5) 붐 등의 강하에 의한 위험의 방지

차량계 건설기계의 붐·암 등을 올리고 그 밑에서 수리·점검작업 등을 하는 때에는 붐·암 등이 갑자기 내려옴으로써 발생하는 위험을 방지하기 위하여 해당 작업에 종사하는 근로자에게 안전지지대 또는 안전블록 등을 사용하도록 하여야 한다.

### (6) 수리 등의 작업 시 조치

**차량계 건설기계의 수리 또는 부속장치의 장착 및 제거 작업을 하는 때 작업지휘자 역할**
① 작업순서를 결정하고 작업을 지휘할 것
② 안전지지대 또는 안전블록 등의 사용상황 등을 점검할 것

## 항타기, 항발기

### (1) 항타기 또는 항발기의 무너짐을 방지하기 위한 준수사항(무너짐 방지 조치)

① 연약한 지반에 설치하는 경우에는 아웃트리거·받침 등 지지구조물의 침하를 방지하기 위하여 깔판·받침목 등을 사용할 것
② 시설 또는 가설물 등에 설치하는 때에는 그 내력을 확인하고 내력이 부족한 때에는 그 내력을 보강할 것
③ 아웃트리거·받침 등 지지구조물이 미끄러질 우려가 있는 경우에는 말뚝 또는 쐐기 등을 사용하여 해당 지지구조물을 고정시킬 것
④ 궤도 또는 차로 이동하는 항타기 또는 항발기에 대하여는 불시에 이동하는 것을 방지하기 위하여 레일클램프 및 쐐기 등으로 고정시킬 것
⑤ 상단 부분은 버팀대·버팀줄로 고정하여 안정시키고, 그 하단 부분은 견고한 버팀·말뚝 또는 철골 등으로 고정시킬 것

### (2) 권상용 와이어로프의 길이

① 권상용 와이어로프는 추 또는 해머가 최저의 위치에 있을 때 또는 널말뚝을 빼어내기 시작한 때를 기준으로 하여 권상장치의 드럼에 적어도 2회 감기고 남을 수 있는 충분한 길이일 것
② 권상용 와이어로프는 권상장치의 드럼에 클램프·클립 등을 사용하여 견고하게 고정할 것
③ 항타기의 권상용 와이어로프에 있어서 추·해머 등과의 연결은 클램프·클립 등을 사용하여 견고하게 할 것

### (3) 도르래의 위치

① 항타기나 항발기에 도르래나 도르래 뭉치를 부착하는 경우에는 부착부가 받는 하중에 의하여 파괴될 우려가 없는 브라켓·샤클 및 와이어로프 등으로 견고하게 부착하여야 한다.
② 항타기 또는 항발기의 권상장치의 드럼축과 권상장치로부터 첫 번째 도르래의 축과의 거리를 권상장치의 드럼 폭의 15배 이상으로 하여야 한다. ★
③ 도르래는 권상장치의 드럼의 중심을 지나야 하며 축과 수직면상에 있어야 한다. ★

### (4) 항타기, 항발기 조립하는 때 점검사항 ★

① 본체의 연결부의 풀림 또는 손상의 유무
② 권상용 와이어로프·드럼 및 도르래의 부착상태의 이상 유무

③ 권상장치의 브레이크 및 쐐기장치 기능의 이상 유무
④ 권상기의 설치상태의 이상 유무
⑤ 리더(leader)의 버팀 방법 및 고정상태의 이상 유무
⑥ 본체·부속장치 및 부속품의 강도가 적합한지 여부
⑦ 본체·부속장치 및 부속품에 심한 손상·마모·변형 또는 부식이 있는지 여부

### (5) 항타기 또는 항발기를 조립하거나 해체하는 경우 준수사항
① 항타기 또는 항발기에 사용하는 권상기에 쐐기장치 또는 역회전방지용 브레이크를 부착할 것
② 항타기 또는 항발기의 권상기가 들리거나 미끄러지거나 흔들리지 않도록 설치할 것
③ 그 밖에 조립·해체에 필요한 사항은 제조사에서 정한 설치·해체 작업 설명서에 따를 것

## 양중기

양중기란 동력을 사용하여 화물, 사람 등을 운반하는 기계, 설비를 말한다.

### (1) 양중기의 종류(산업안전보건법 기준) ★★★
① 크레인[호이스트(hoist)를 포함]
② 이동식 크레인
③ 리프트(이삿짐운반용 리프트의 경우에는 적재하중이 0.1톤 이상인 것)
④ 곤돌라
⑤ 승강기

### (2) 크레인
① 크레인 : 동력을 사용하여 중량물을 매달아 상하 및 좌우로 운반하는 것을 목적으로 하는 기계
② 호이스트 : 훅이나 그 밖의 달기구 등을 사용하여 화물을 권상 및 횡행 또는 권상동작만을 하여 양중하는 것

| 크레인의 종류 및 특징 | |
|---|---|
| 드레그 크레인<br>(drag crane) | ① 크레인 선회부분을 고무 타이어의 트럭 위에 장치한 기계를 말한다.<br>② 연약지 작업이 불가능하나 기동성이 크고 미세한 인칭(inching)이 가능하다.<br>③ 고층 건물의 철골 조립, 자재의 적재, 운반, 항만 하역 작업 등에 사용한다. |
| 휠 크레인<br>(wheel crane) | ① 크롤러 크레인의 크롤러 대신 차륜을 장치한 것으로서 드레그 크레인보다 소형이며, 모빌 크레인이라고도 한다.<br>② 공장과 같이 작업범위가 제한되어 있는 장소나 고속 주행을 요할 경우에 적합하다. |
| 크롤러 크레인<br>(crawler crane) | ① 크롤러 셔블에 크레인 부속장치를 설치한 것으로서 안정성이 높으며 다목적이다.<br>② 고르지 못한 지형이나 연약 지반에서의 작업, 좁은 장소나 습지대 등에서도 작업이 가능하다. |
| 케이블 크레인<br>(cable crane) | ① 타워(tower)에 케이블을 쳐서 트롤리를 달아 운반물을 달아 올리는 기계이다.<br>② 댐 공사 등에서 콘크리트나 자재 운반 시에 이용한다. |
| 천장주행 크레인 | ① 천장형 크레인에 주행 레일을 설치하여 이동하도록 한 기계이다.<br>② 콘크리트 빔의 제작이나 가공 현장 등에서 사용한다. |
| 타워 크레인<br>(tower crane) | ① 360° 회전이 가능하다.<br>② 주로 높이를 필요로 하는 건축 현장이나 빌딩 고층화 등에 사용한다. |

\* 적용 제외

이동식 크레인, 데릭, 엘리베이터, 간이 엘리베이터, 건설용 리프트는 크레인에 적용하지 않는다.

## (3) 이동식 크레인

원동기를 내장하고 있는 것으로서 **불특정 장소에 스스로 이동할 수 있는 크레인으로 동력을 사용하여 중량물을 매달아 상하 및 좌우로 운반하는 설비**로서 기중기 또는 화물·특수자동차의 작업부에 탑재하여 화물운반 등에 사용하는 기계 또는 기계장치를 말한다.

## (4) 리프트

**동력을 사용하여 사람이나 화물을 운반하는 것을 목적으로 하는 기계 설비**를 말한다.

| 리프트의 종류 및 특징 ★ | |
|---|---|
| 건설용 리프트 | 동력을 사용하여 가이드레일(운반구를 지지하여 상승 및 하강 동작을 안내하는 레일)을 따라 **상하로 움직이는 운반구를 매달아 사람이나 화물을 운반할 수 있는 설비** 또는 이와 유사한 구조 및 성능을 가진 것으로 건설현장에서 사용하는 것을 말한다. |
| 산업용 리프트 | 동력을 사용하여 가이드레일을 따라 **상하로 움직이는 운반구를 매달아 화물을 운반할 수 있는 설비** 또는 이와 유사한 구조 및 성능을 가진 것으로 **건설현장 외의 장소에서 사용하는 것**을 말한다. |

| | |
|---|---|
| 자동차정비용 리프트 | 동력을 사용하여 가이드레일을 따라 움직이는 지지대로 자동차 등을 일정한 높이로 올리거나 내리는 구조의 리프트로서 자동차 정비에 사용하는 것을 말한다. |
| 이삿짐운반용 리프트 | 연장 및 축소가 가능하고 끝단을 건축물 등에 지지하는 구조의 사다리형 붐에 따라 동력을 사용하여 움직이는 운반구를 매달아 화물을 운반하는 설비로서 화물자동차 등 차량 위에 탑재하여 이삿짐 운반 등에 사용하는 것을 말한다. |

### (5) 곤돌라

달기발판 또는 운반구, 승강장치, 그 밖의 장치 및 이들에 부속된 기계부품에 의하여 구성되고, 와이어로프 또는 달기강선에 의하여 달기발판 또는 운반구가 전용 승강장치에 의하여 오르내리는 설비를 말한다.

### (6) 승강기

건축물이나 고정된 시설물에 설치되어 일정한 경로에 따라 사람이나 화물을 승강장으로 옮기는 데에 사용되는 설비로서 다음 각 목의 것을 말한다.

| 승강기의 종류 ★ | |
|---|---|
| 승객용 엘리베이터 | 사람의 운송에 적합하게 제조·설치된 엘리베이터 |
| 승객화물용 엘리베이터 | 사람의 운송과 화물 운반을 겸용하는데 적합하게 제조·설치된 엘리베이터 |
| 화물용 엘리베이터 | 화물 운반에 적합하게 제조·설치된 엘리베이터로서 조작자 또는 화물취급자 1명은 탑승할 수 있는 것(적재용량이 300킬로그램 미만인 것은 제외한다) |
| 소형화물용 엘리베이터 | 음식물이나 서적 등 소형 화물의 운반에 적합하게 제조·설치된 엘리베이터로서 사람의 탑승이 금지된 것 |
| 에스컬레이터 | 일정한 경사로 또는 수평로를 따라 위·아래 또는 옆으로 움직이는 디딤판을 통해 사람이나 화물을 승강장으로 운송시키는 설비 |

## (7) 양중기의 방호장치

| 양중기의 방호장치 ★★★ | |
|---|---|
| 크레인<br>(호이스트 포함) | • 과부하방지장치　　　　　(추가설치)<br>• 권과방지장치(捲過防止裝置)　훅의 해지장치<br>• 비상정지장치　　　　　　안전밸브(유압식)<br>• 제동장치 |
| 이동식 크레인 | • 과부하방지장치　　　　　(추가설치)<br>• 권과방지장치(捲過防止裝置)　훅의 해지장치<br>• 비상정지장치　　　　　　안전밸브(유압식)<br>• 제동장치 |
| 리프트<br>(자동차정비용 리프트 제외) | • 권과방지장치<br>• 과부하방지장치<br>• 비상정지장치<br>• 제동장치<br>• 조작반(盤) 잠금장치 |
| 곤돌라 | • 과부하방지장치<br>• 권과방지장치(捲過防止裝置)<br>• 비상정지장치<br>• 제동장치 |
| 승강기 | • 과부하방지장치<br>• 권과방지장치(捲過防止裝置)<br>• 비상정지장치<br>• 제동장치<br>• 파이널리미트스위치<br>• 출입문인터록<br>• 속도조절기(조속기) |

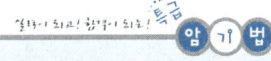

- 양중기 공통 방호장치 : 과부하방지장치, 권과방지장치, 비상정지장치, 제동장치
- 추가 설치
  리프트(자동차정비용 제외) : 조작반잠금장치
  승강기 : 파이널리미트스위치, 출입문인터록, 속도조절기

### (8) 양중기의 권과방지장치 ★

① 권과방지장치는 훅·버킷 등 달기구의 윗면이 드럼, 상부 도르래, 트롤리프레임 등 권상장치의 아랫면과 접촉할 우려가 있는 경우에 그 간격이 0.25미터 이상[직동식(直動式) 권과방지장치는 0.05미터 이상]이 되도록 조정하여야 한다.
② 권과방지장치를 설치하지 않은 크레인에 대해서는 권상용 와이어로프에 위험표시를 하고 경보장치를 설치하는 등 권상용 와이어로프가 지나치게 감겨서 근로자가 위험해질 상황을 방지하기 위한 조치를 하여야 한다.

### (9) 크레인의 해지장치 ★

훅걸이용 와이어로프 등이 훅으로부터 벗겨지는 것을 방지하기 위한 장치를 말하며, 크레인을 사용하여 짐을 운반하는 경우에는 해지장치를 사용하여야 한다.

### (10) 크레인의 스토퍼(stopper) 설치

같은 주행로에 병렬로 설치되어 있는 주행 크레인의 수리·조정 및 점검 등의 작업을 하는 경우, 주행로상이나 그 밖에 주행 크레인이 근로자와 접촉할 우려가 있는 장소에서 작업을 하는 경우 등에 주행 크레인끼리 충돌하거나 주행 크레인이 근로자와 접촉할 위험을 방지하기 위하여 감시인을 두고 주행로 상에 스토퍼(stopper)를 설치하는 등 위험 방지 조치를 하여야 한다.

### (11) 통로의 설치 ★

① 주행 크레인 또는 선회 크레인과 건설물 또는 설비와의 사이에 통로 : 폭을 0.6미터 이상(건설물의 기둥에 접촉하는 부분 0.4미터 이상)으로 설치
② 갠트리 크레인 등과 같이 작업장 바닥에 고정된 레일을 따라 주행하는 크레인의 새들(saddle) 돌출부와 주변 구조물 사이 : 40센티미터 이상되도록 바닥에 표시
③ 크레인의 운전실 또는 운전대를 통하는 통로의 끝과 건설물 등의 벽체의 간격 : 0.3미터 이하
④ 크레인 거더(girder)의 통로 끝과 크레인 거더의 간격 : 0.3미터 이하
⑤ 크레인 거더의 통로로 통하는 통로의 끝과 건설물 등의 벽체의 간격 : 0.3미터 이하

### (12) 크레인의 설치·조립·수리·점검 또는 해체 작업시의 조치사항

① 작업순서를 정하고 그 순서에 따라 작업을 할 것
② 작업을 할 구역에 관계 근로자가 아닌 사람의 출입을 금지하고 그 취지를 보기 쉬운 곳에 표시할 것
③ 비, 눈, 그 밖에 기상상태의 불안정으로 날씨가 몹시 나쁜 경우에는 그 작업을 중지시킬 것

④ 작업 장소는 안전한 작업이 이루어질 수 있도록 충분한 공간을 확보하고 장애물이 없도록 할 것
⑤ 들어 올리거나 내리는 기자재는 균형을 유지하면서 작업을 하도록 할 것
⑥ 크레인의 성능, 사용조건 등에 따라 충분한 응력(應力)을 갖는 구조로 기초를 설치하고 침하 등이 일어나지 않도록 할 것
⑦ 규격품인 조립용 볼트를 사용하고 대칭되는 곳을 차례로 결합하고 분해할 것

### (13) 타워크레인 작업계획서 포함사항 ★★

① 타워크레인의 종류 및 형식
② 설치·조립 및 해체순서
③ 작업도구·장비·가설설비(假設設備) 및 방호설비
④ 작업인원의 구성 및 작업근로자의 역할범위
⑤ 타워크레인 지지방법

> **Reference**
>
> ### 타워크레인의 지지방법
>
> 사업주는 타워크레인을 자립고(自立高) 이상의 높이로 설치하는 경우 건축물 등의 벽체에 지지하도록 하여야 한다. 다만, 지지할 벽체가 없는 등 부득이한 경우에는 와이어로프에 의하여 지지할 수 있다.
>
> (1) 타워크레인을 벽체에 지지하는 경우 다음 각 호의 사항을 준수하여야 한다.
> ① 서면심사에 관한 서류 또는 제조사의 설치작업설명서 등에 따라 설치할 것
> ② 서면심사 서류 등이 없거나 명확하지 아니한 경우에는 건축구조·건설기계·기계안전·건설안전기술사 또는 건설안전분야 산업안전지도사의 확인을 받아 설치하거나 기종별·모델별 공인된 표준방법으로 설치할 것
> ③ 콘크리트구조물에 고정시키는 경우에는 매립이나 관통 또는 이와 동등 이상의 방법으로 충분히 지지되도록 할 것
> ④ 건축 중인 시설물에 지지하는 경우에는 그 시설물의 구조적 안정성에 영향이 없도록 할 것
>
> (2) 타워크레인을 와이어로프로 지지하는 경우 다음 각 호의 사항을 준수하여야 한다. ★
> ① 서면심사에 관한 서류 또는 제조사의 설치작업설명서 등에 따라 설치할 것 또는 서면심사 서류 등이 없거나 명확하지 아니한 경우에는 건축구조·건설기계·기계안전·건설안전기 술사 또는 건설안전분야 산업안전지도사의 확인을 받아 설치하거나 기종별·모델별 공인 된 표준방법으로 설치할 것
> ② 와이어로프를 고정하기 위한 전용 지지프레임을 사용할 것
> ③ 와이어로프 설치각도는 수평면에서 60도 이내로 하되, 지지점은 4개소 이상으로 하고, 같은 각도로 설치할 것
> ④ 와이어로프와 그 고정부위는 충분한 강도와 장력을 갖도록 설치하고, 와이어로프를 클립·샤클(shackle) 등의 고정기구를 사용하여 견고하게 고정시켜 풀리지 아니하도록 하며, 사용 중에는 충분한 강도와 장력을 유지하도록 할 것
> ⑤ 와이어로프가 가공전선(架空電線)에 근접하지 않도록 할 것

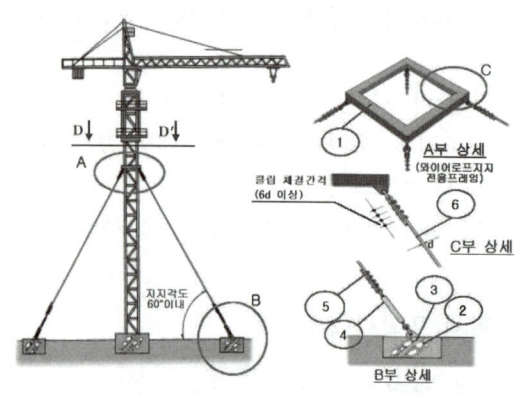

| 번호 | 품명 | 수량 | 비고 |
|---|---|---|---|
| 1 | 와이어 로프 지지전용 프레임 | 1 | |
| 2 | 기초고정 블럭 | 4 | |
| 3 | 샤클 | 8 | |
| 4 | 유압식 긴장장치 | 4 | |
| 5 | 와이어로프 클립 | 40 | 1개소 당 최소 5개 이상 |

## (14) 크레인 작업 시의 조치 ★

1) 사업주는 크레인을 사용하여 작업을 하는 경우 다음 각 호의 조치를 준수하고, 그 작업에 종사하는 관계 근로자가 그 조치를 준수하도록 하여야 한다.

   ① 인양할 하물(荷物)을 바닥에서 끌어당기거나 밀어내는 작업을 하지 아니할 것
   ② 유류드럼이나 가스통 등 운반 도중에 떨어져 폭발하거나 누출될 가능성이 있는 위험물 용기는 보관함(또는 보관고)에 담아 안전하게 매달아 운반할 것
   ③ 고정된 물체를 직접 분리·제거하는 작업을 하지 아니할 것
   ④ 미리 근로자의 출입을 통제하여 인양 중인 하물이 작업자의 머리 위로 통과하지 않도록 할 것
   ⑤ 인양할 하물이 보이지 아니하는 경우에는 어떠한 동작도 하지 아니할 것(신호하는 사람에 의하여 작업을 하는 경우는 제외한다)

2) 사업주는 조종석이 설치되지 아니한 크레인에 대하여 다음 각 호의 조치를 하여야 한다.

   ① 고용노동부장관이 고시하는 크레인의 제작기준과 안전기준에 맞는 무선원격제어기 또는 펜던트 스위치를 설치·사용할 것
   ② 무선원격제어기 또는 펜던트 스위치를 취급하는 근로자에게는 작동요령 등 안전조작에 관한 사항을 충분히 주지시킬 것

3) 사업주는 타워크레인을 사용하여 작업을 하는 경우 타워크레인마다 근로자와 조종 작업을 하는 사람 간에 신호업무를 담당하는 사람을 각각 두어야 한다.

## (15) 악천후 시 조치 ★★

① 순간풍속이 매초당 10미터를 초과하는 경우 : 타워크레인의 설치·수리·점검 또는 해체작업을 중지
② 순간풍속이 매초당 15미터를 초과하는 경우 : 타워크레인의 운전작업을 중지
③ 순간풍속이 초당 30미터를 초과하는 바람이 불거나 중진(中震) 이상 진도의 지진이 있은 후 : 옥외에 설치되어 있는 양중기를 사용하여 작업을 하는 경우에는 미리 기계 각 부위에 이상이 있는지를 점검
④ 순간풍속이 초당 30미터를 초과하는 경우 : 옥외에 설치되어 있는 주행 크레인에 대하여 이탈방지 장치를 작동시키는 등 이탈 방지를 위한 조치
⑤ 순간풍속이 초당 35미터를 초과하는 경우 : 건설용 리프트(지하에 설치되어 있는 것은 제외) 및 승강기에 대하여 받침의 수를 증가시키는 등 승강기가 무너지는 것을 방지하기 위한 조치

## (16) 승강기, 리프트의 설치·조립·수리·점검 또는 해체 작업을 하는 경우 조치 사항

① 작업을 지휘하는 사람을 선임하여 그 사람의 지휘 하에 작업을 실시할 것

> **작업 지휘자의 이행사항**
> ① 작업방법과 근로자의 배치를 결정하고 해당 작업을 지휘하는 일
> ② 재료의 결함 유무 또는 기구 및 공구의 기능을 점검하고 불량품을 제거하는 일
> ③ 작업 중 안전대 등 보호구의 착용 상황을 감시하는 일

② 작업을 할 구역에 관계 근로자가 아닌 사람의 출입을 금지하고 그 취지를 보기 쉬운 장소에 표시할 것
③ 비, 눈, 그 밖에 기상상태의 불안정으로 날씨가 몹시 나쁜 경우에는 그 작업을 중지시킬 것

## (17) 작업시작 전 점검사항 ★★★

| | |
|---|---|
| 크레인 | ① 권과방지장치·브레이크·클러치 및 운전장치의 기능<br>② 주행로의 상측 및 트롤리가 횡행(橫行)하는 레일의 상태<br>③ 와이어로프가 통하고 있는 곳의 상태 |
| 이동식 크레인 | ① 권과방지장치 그 밖의 경보장치의 기능<br>② 브레이크·클러치 및 조정장치의 기능<br>③ 와이어로프가 통하고 있는 곳 및 작업장소의 지반상태 |
| 리프트 | ① 방호장치·브레이크 및 클러치의 기능<br>② 와이어로프가 통하고 있는 곳의 상태 |
| 곤돌라 | ① 방호장치·브레이크의 기능<br>② 와이어로프·슬링와이어 등의 상태 |

## 양중기의 와이어로프

### (1) 와이어로프 등의 안전계수 ★★

안전계수 : 달기구 절단하중의 값을 그 달기구에 걸리는 하중의 최댓값으로 나눈 값

| | |
|---|---|
| 근로자가 탑승하는 운반구를 지지하는 달기와이어로프 또는 달기체인의 경우 | 10 이상 |
| 화물의 하중을 직접 지지하는 달기와이어로프 또는 달기체인의 경우 | 5 이상 |
| 훅, 샤클, 클램프, 리프팅 빔의 경우 | 3 이상 |
| 그 밖의 경우 | 4 이상 |

### (2) 와이어로프의 절단방법

① 와이어로프를 절단하여 양중(揚重)작업용구를 제작하는 경우 반드시 기계적인 방법으로 절단하여야 하며, 가스용단 등 열에 의한 방법으로 절단해서는 아니 된다.
② 아크(arc), 화염, 고온부 접촉 등으로 인하여 열 영향을 받은 와이어로프를 사용해서는 아니 된다.

### (3) 와이어로프 등의 사용금지 사항 ★★

| | |
|---|---|
| 와이어로프 | ① 이음매가 있는 것<br>② 와이어로프의 한 꼬임(스트랜드: strand)에서 끊어진 소선의 수가 10퍼센트 이상(비자전로프의 경우에는 끊어진 소선의 수가 와이어로프 호칭지름의 6배 길이 이내에서 4개 이상이거나 호칭지름 30배 길이 이내에서 8개 이상)인 것<br>③ 지름의 감소가 공칭지름의 7퍼센트를 초과하는 것<br>④ 꼬인 것<br>⑤ 심하게 변형되거나 부식된 것<br>⑥ 열과 전기충격에 의해 손상된 것 |
| 달기체인 | ① 달기 체인의 길이가 달기 체인이 제조된 때의 길이의 5퍼센트를 초과한 것<br>② 링의 단면지름이 달기 체인이 제조된 때의 해당 링의 지름의 10퍼센트를 초과하여 감소한 것<br>③ 균열이 있거나 심하게 변형된 것 |
| 섬유로프 | ① 꼬임이 끊어진 것<br>② 심하게 손상 또는 부식된 것 |
| 달비계에 사용하는 섬유로프 또는 안전대의 섬유벨트 | ① 꼬임이 끊어진 것<br>② 심하게 손상되거나 부식된 것<br>③ 2개 이상의 작업용 섬유 로프 또는 섬유벨트를 연결한 것<br>④ 작업 높이보다 길이가 짧은 것 |

### (4) 변형되어 있는 훅·샤클 등의 사용금지 사항

① 훅·샤클·클램프 및 링 등의 철구로서 **변형되어 있는 것 또는 균열이 있는 것**을 크레인 또는 이동식 크레인의 고리걸이 용구로 사용해서는 아니 된다.
② 중량물을 운반하기 위해 제작하는 지그, 훅의 구조를 운반 중 주변 구조물과의 충돌로 슬링이 이탈되지 않도록 하여야 한다.
③ 안전성 시험을 거쳐 **안전율이 3 이상 확보된** 중량물 취급용구를 구매하여 사용하거나 자체 제작한 중량물 취급용구에 대하여 비파괴시험을 하여야 한다.

### (5) 와이어로프의 안전율, 하중계산

| | |
|---|---|
| 와이어로프의 안전율 계산 ★ | $S = \dfrac{N \times P}{Q}$<br><br>여기서 S : 안전율<br>N : 로프 가닥수<br>P : 로프의 파단강도($kg/mm^2$)<br>Q : 허용응력($kg/mm^2$) |
| 와이어로프에 걸리는 총 하중 계산 ★ | 총 하중($w$) = 정하중($w_1$)+동하중($w_2$)<br><br>동하중($w_2$) = $\dfrac{w_1}{g} \times a$<br><br>여기서, w : 총 하중($kg_f$)<br>$w_1$ : 정하중($kg_f$)<br>$w_2$ : 동하중($kg_f$)<br>g : 중력 가속도($9.8m/s^2$)<br>a : 가속도($m/s^2$)<br>* 정하중 : 매단 물체의 무게 |
| 와이어로프 한 가닥에 걸리는 하중 계산 ★ | 한 가닥에 걸리는 하중(kg) = $\dfrac{w}{2} \div \cos\dfrac{\theta}{2}$<br><br>여기서 w : 매단 물체의 무게($kg_f$)<br>$\theta$ : 매단 각도(°) |

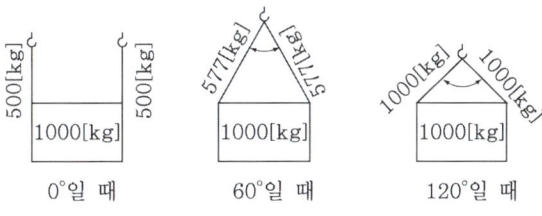

달아매기 각도에 의한 장력의 변화

* 매다는 각도는 작을수록 좋으나 60° 이내로 사용하는 것이 바람직하다.

## (6) 와이어로프의 구조

1. 와이어로프의 구조 ★
   ① 심강
   ② 소선
   ③ 꼬임(가닥, 자승, 스트랜드)
2. 와이어로프의 표시 ★
   "6 × 19"
   여기서 6 : 꼬임(가닥, 자승, 스트랜드)의 수
          19 : 소선의 수량

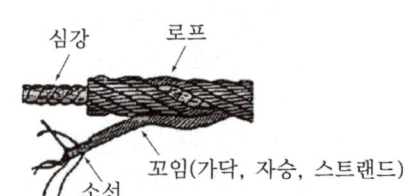

### Reference

#### 클립(CLIP)고정법

① 클립의 새들(SADDLE)은 [그림 1]과 같이 와이어로프의 힘이 걸리는 쪽에 있어야 한다.
② 클립과의 간격은 와이어로프직경의 6배 이상, 수량은 최소 4개 이상이어야 한다.[그림 2]
③ 클립의 체결수량은 다음 [표 1]에 따른다.
④ 하중을 걸기 전후에 단단하게 조여줄 것
⑤ 가능한 팀블(Thimble)을 부착할 것
⑥ 남은 부분을 시이징(Seizing)할 것
⑦ 팀블 접합부가 이탈되지 않도록 할 것

[표 1] 클립고정 개수

| 와이어로프의 지름(mm) | 클립 수 |
|---|---|
| 16 이하 | 4개 |
| 16 초과 ~ 28 이하 | 5개 |
| 28 초과 | 6개 |

[그림 1]          [그림 2]

> **Reference**

 **와이어로프 꼬임의 종류 ★**

① 보통꼬임
- 스트랜드 꼬임방향과 로프의 꼬임 방향이 반대인 것
- 랑그꼬임에 비해 더 한층 유연하여 EYE 작업을 쉽게 할 수 있다.
- 로프자체의 변형이 적다.
- 킹크가 잘 생기지 않는다.
- 하중을 걸었을 때 저항성이 크다.

② 랑그(랭)꼬임
- 스트랜드 꼬임 방향과 로프의 꼬임 방향이 같은 방향인 것
- 보통꼬임의 로프보다 사용시 표면 전체가 균일하게 마모됨으로 인하여 수명이 길다.
- 내마모성, 유연성, 내피로성이 우수하다.

　보통 Z꼬임　　보통 S꼬임　　랭 Z꼬임　　랭 S꼬임

> **Reference**

 **소켓가공법**

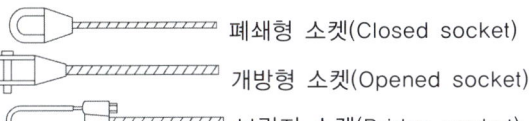

폐쇄형 소켓(Closed socket)
개방형 소켓(Opened socket)
브릿지 소켓(Bridge socket)

# 예상문제

**01** 양중기의 종류(단, 세부사항 포함)를 적고, 그 방호장치를 적으시오. ★★★

**정답**

(1) 양중기의 종류
  ① 크레인(호이스트(hoist)를 포함)
  ② 이동식 크레인
  ③ 리프트(이삿짐운반용 리프트의 경우에는 적재하중이 0.1톤 이상인 것)
  ④ 곤돌라
  ⑤ 승강기

(2) 양중기의 방호장치

| | 양중기의 방호장치 | |
|---|---|---|
| 크레인<br>(호이스트 포함) | • 과부하방지장치<br>• 비상정지장치<br>(추가설치)<br>훅의 해지장치<br>안전밸브(유압식) | • 권과방지장치<br>• 제동장치 |
| 이동식 크레인 | • 과부하방지장치<br>• 비상정지장치<br>(추가설치)<br>훅의 해지장치<br>안전밸브(유압식) | • 권과방지장치(捲過防止裝置)<br>• 제동장치 |
| 리프트<br>(자동차정비용 리프트 제외) | • 권과방지장치<br>• 비상정지장치<br>• 조작반(盤) 잠금장치 | • 과부하방지장치<br>• 제동장치 |
| 곤돌라 | • 과부하방지장치<br>• 비상정지장치 | • 권과방지장치<br>• 제동장치 |
| 승강기 | • 과부하방지장치<br>• 비상정지장치<br>• 파이널리미트스위치<br>• 속도조절기(조속기) | • 권과방지장치<br>• 제동장치<br>• 출입문인터록 |

- 양중기 공통 방호장치: 과부하방지장치, 권과방지장치, 비상정지장치, 제동장치
- 추가 설치
  리프트(자동차정비용 제외) : 조작반잠금장치
  승강기 : 파이널리미트스위치, 출입문인터록, 속도조절기

### 참고

#### 리프트의 종류 및 특징

| | |
|---|---|
| 건설용 리프트 | 동력을 사용하여 가이드레일(운반구를 지지하여 상승 및 하강 동작을 안내하는 레일)을 따라 **상하로 움직이는 운반구를 매달아 사람이나 화물을 운반할 수 있는 설비** 또는 이와 유사한 구조 및 성능을 가진 것으로 건설현장에서 사용하는 것을 말한다. |
| 산업용 리프트 | 동력을 사용하여 가이드레일을 따라 **상하로 움직이는 운반구를 매달아 화물을 운반할 수 있는 설비** 또는 이와 유사한 구조 및 성능을 가진 것으로 건설현장 외의 장소에서 사용하는 것을 말한다. |
| 자동차정비용 리프트 | 동력을 사용하여 가이드레일을 따라 움직이는 지지대로 **자동차 등을 일정한 높이로 올리거나 내리는 구조의 리프트로서 자동차 정비에 사용**하는 것을 말한다. |
| 이삿짐운반용 리프트 | 연장 및 축소가 가능하고 끝단을 건축물 등에 지지하는 구조의 사다리형 붐에 따라 동력을 사용하여 움직이는 운반구를 매달아 화물을 운반하는 설비로서 화물자동차 등 차량 위에 탑재하여 **이삿짐 운반 등에 사용**하는 것을 말한다. |

#### 승강기의 종류 및 특징

| | |
|---|---|
| 승객용 엘리베이터 | 사람의 운송에 적합하게 제조·설치된 엘리베이터 |
| 승객화물용 엘리베이터 | 사람의 운송과 화물 운반을 겸용하는데 적합하게 제조·설치된 엘리베이터 |
| 화물용 엘리베이터 | 화물 운반에 적합하게 제조·설치된 엘리베이터로서 조작자 또는 화물취급자 1명은 탑승할 수 있는 것(적재용량이 300킬로그램 미만인 것은 제외한다) |
| 소형화물용 엘리베이터 | 음식물이나 서적 등 소형 화물의 운반에 적합하게 제조·설치된 엘리베이터로서 사람의 탑승이 금지된 것 |
| 에스컬레이터 | 일정한 경사로 또는 수평로를 따라 위·아래 또는 옆으로 움직이는 디딤판을 통해 사람이나 화물을 승강장으로 운송시키는 설비 |

## 02 다음 괄호 안을 채우시오. ★

권과방지장치는 훅·버킷 등 달기구의 윗면이 드럼·상부도르래·트롤리프레임 등 권상장치의 아랫면과 접촉할 우려가 있는 때에는 그 간격이 (　　) 이상[직동식 권과방지장치는 (　　) 이상]이 되도록 조정하여야 한다.

**정답**

0.25미터, 0.05미터

## 03 다음 괄호 안을 채우시오. ★★

와이어로프 등의 안전계수 : 와이어로프 또는 달기체인 ( ① )의 값을 그 와이어로프 또는 달기체인에 ( ② )의 ( ③ )으로 나눈 값

(1) 근로자가 탑승하는 운반구를 지지하는 달기와이어로프 또는 달기체인의 경우 : (　　) 이상
(2) 화물의 하중을 직접 지지하는 달기와이어로프 또는 달기체인의 경우 : (　　) 이상
(3) 훅, 샤클, 클램프, 리프팅 빔의 경우 : (　　) 이상
(4) 그 밖의 경우 : (　　) 이상

**정답**

① 절단하중　② 걸리는 하중　③ 최댓값
(1) 10
(2) 5
(3) 3
(4) 4

## 04 와이어로프 등의 사용 금지 사항을 5가지 적으시오. ★★★

**정답**

① 이음매가 있는 것
② 와이어로프의 한 꼬임에서 끊어진 소선 수가 10퍼센트 이상인 것
③ 지름의 감소가 공칭지름의 7퍼센트를 초과하는 것
④ 꼬인 것
⑤ 심하게 변형 또는 부식된 것
⑥ 열 및 전기 충격에 의해 손상된 것

늘어난 달기체인 등의 사용 금지 사항을 3가지 적으시오. ★★★

**정답**
① 달기 체인의 길이가 달기 체인이 제조된 때의 길이의 5퍼센트를 초과한 것
② 링의 단면지름이 달기 체인이 제조된 때의 해당 링의 지름의 10퍼센트를 초과하여 감소한 것
③ 균열이 있거나 심하게 변형된 것

 섬유로프 등의 사용금지 사항을 2가지 적으시오. ★★★

**정답**
① 꼬임이 끊어진 것
② 심하게 손상 또는 부식된 것

> **참고**
> • 달비계에 사용하는 섬유로프 또는 안전대의 섬유벨트
>  ① 꼬임이 끊어진 것
>  ② 심하게 손상되거나 부식된 것
>  ③ 2개 이상의 작업용 섬유로프 또는 섬유벨트를 연결한 것
>  ④ 작업 높이보다 길이가 짧은 것

 섬유로프 또는 안전대의 섬유벨트 등의 사용금지 사항을 2가지 적으시오. ★★

**정답**
① 꼬임이 끊어진 것
② 심하게 손상되거나 부식된 것
③ 2개 이상의 작업용 섬유로프 또는 섬유벨트를 연결한 것
④ 작업높이보다 길이가 짧은 것것

**08** 로프 가닥 수가 3가닥 허용응력이 100kg/mm², 로프의 파단강도가 300kg/mm² 이다. 와이어로프의 안전율을 계산하시오. ★

**정답**

$S = \dfrac{N \times P}{Q}$ [Q : 허용응력(kg/mm²), N : 로프의 가닥 수, P : 파단강도(kg/mm²)]

$S = \dfrac{3 \times 300}{100} = 9$

**09** 크레인 작업 시 와이어로프에 100kg의 중량을 걸어 20m/s²의 가속도로 감아올릴 와이어로프에 걸리는 총 하중을 계산하시오. ★

**정답**

총 하중(W) = 정하중($W_1$) + 동하중($W_2$)

$= 정하중 + \dfrac{정하중}{9.8} \times 가속도$

(정하중 = 매단 물체의 무게)

총 하중 $= 100 + \dfrac{100}{9.8} \times 20 = 304.08$(kg)

**10** 와이어로프에 100kg의 중량을 걸어 30°의 각도로 들어 올릴 때 와이어로프 한 가닥에 걸리는 하중을 계산하시오. ★

**정답**

한 가닥의 하중 $= \dfrac{w}{2} \div \cos\dfrac{\theta}{2} = \dfrac{100}{2} \div \cos\dfrac{30}{2} = 51.76$(kg)

**11** 와이어로프의 구조이다. 괄호에 해당하는 명칭을 적으시오. ★

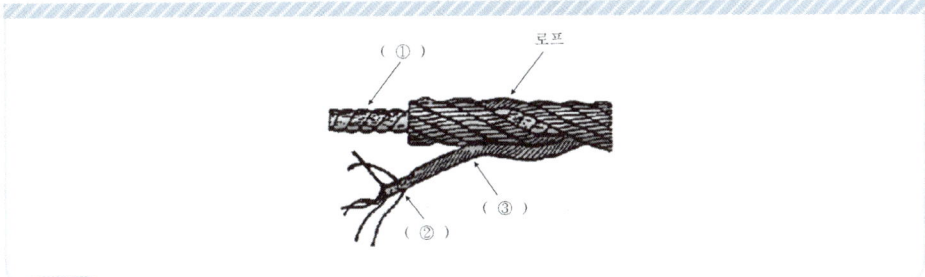

> 정답

① 심강
② 소선
③ 꼬임

> 참고

• 와이어로프 꼬임의 종류
  ① 보통꼬임
    – 스트랜드 꼬임방향과 로프의 꼬임 방향이 반대인 것
    – 랑그꼬임에 비해 더 한층 유연하여 EYE 작업을 쉽게 할 수 있다.
    – 로프자체의 변형이 적다.
    – 킹크가 잘 생기지 않는다.
    – 하중을 걸었을 때 저항성이 크다.
  ② 랑그(랭)꼬임
    – 스트랜드 꼬임 방향과 로프의 꼬임 방향이 같은 방향인 것
    – 보통꼬임의 로프보다 사용시 표면 전체가 균일하게 마모됨으로 인하여 수명이 길다.
    – 내마모성, 유연성, 내피로성이 우수하다.

보통 Z꼬임    보통 S꼬임    랭 Z꼬임    랭 S꼬임

**12** 다음 지게차의 안정도를 적으시오. ★★

① 주행 시 좌·우 안정도
② 주행 시 전·후 안정도
③ 하역작업 시 좌·우 안정도
④ 하역작업 시 전·후 안정도
⑤ 하역작업 시 전·후 안정도(5t 이상)

> 정답

① 주행 시 좌·우 안정도 = 15 + 1.1V (%) 이내 (V : 최고속도 Km/hr)
② 주행 시 전·후 안정도 : 18% 이내
③ 하역작업 시 좌·우 안정도 : 6% 이내
④ 하역작업 시 전·후 안정도 : 4% 이내
⑤ 하역작업 시 전·후 안정도(5t 이상) = 3.5% 이내

## 13. 헤드가드의 설치요령이다. 다음 괄호 안을 채우시오. ★★

(1) 강도는 지게차의 (     ), 그 값이 [(     )을 넘는 것에 대하여서는 (     )으로 한다)]의 등분포정하중에 견딜 수 있는 것일 것
(2) 상부틀의 각 개구의 폭 또는 길이가 (     )일 것
(3) 운전자가 앉아서 조작하는 방식의 지게차에 있어서는 운전자의 좌석의 상면에서 헤드가드의 상부틀의 아랫면까지의 높이가 (     )일 것
(4) 운전자가 서서 조작하는 방식의 지게차에 있어서는 운전석의 바닥면에서 헤드가드의 상부틀의 아랫면까지의 높이가 (     )일 것

**정답**

(1) 최대하중의 2배의 값, 4톤, 4톤
(2) 16센티미터 미만
(3) 0.903m 이상
(4) 1.88m 이상

## 14. 컨베이어의 방호장치를 3가지 적으시오. ★★★

**정답**

① 이탈 등의 방지장치
② 비상정지장치
③ 덮개, 울의 설치

**참고**

운전 중인 컨베이어 등의 위로 근로자를 넘어가도록 하는 때 – 건널다리 설치

**15** 항타기, 항발기의 무너짐 방지 조치에 관한 내용이다. 괄호 안을 채우시오. ★

(1) 연약한 지반에 설치하는 경우에는 아웃트리거·받침 등 지지구조물의 침하를 방지하기 위하여 ( ① ) 등을 사용할 것

(2) 시설 또는 가설물 등에 설치하는 때에는 그 내력을 확인하고 내력이 부족한 때에는 그 내력을 보강할 것

(3) 아웃트리거·받침 등 지지구조물이 미끄러질 우려가 있는 경우에는 ( ② ) 또는 ( ③ ) 등을 사용하여 해당 지지구조물을 고정시킬 것

(4) 궤도 또는 차로 이동하는 항타기 또는 항발기에 대하여는 불시에 이동하는 것을 방지하기 위하여 ( ④ ) 및 ( ⑤ ) 등으로 고정시킬 것

(5) 상단 부분은 ( ⑥ )로 고정하여 안정시키고, 그 하단 부분은 견고한 ( ⑦ ) 또는 ( ⑧ ) 등으로 고정시킬 것

**정답**

① 깔판, 받침목
② 말뚝
③ 쐐기
④ 레일클램프
⑤ 쐐기
⑥ 버팀대·버팀줄
⑦ 버팀·말뚝
⑧ 철골

**참고**

- 운전 중인 항타기, 항발기 조립하는 때 점검 사항
  ① 본체 연결부의 풀림 또는 손상의 유무
  ② 권상용 와이어로프·드럼 및 도르래의 부착상태의 이상 유무
  ③ 권상장치의 브레이크 및 쐐기장치 기능의 이상 유무
  ④ 권상기의 설치상태의 이상 유무
  ⑤ 리더(leader)의 버팀 방법 및 고정상태의 이상 유무
  ⑥ 본체·부속장치 및 부속품의 강도가 적합한지 여부
  ⑦ 본체·부속장치 및 부속품에 심한 손상·마모·변형 또는 부식이 있는지 여부

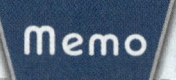

# 전기 및 화학설비 안전 관리

CHAPTER 01 전기작업 안전 관리/정전기 위험 관리/
전기 방폭 관리

CHAPTER 02 화학물질 안전 관리 실행/화공 안전 점검/
화재·폭발·누출 사고 예방

# CHAPTER 01

# 전기작업 안전 관리 / 정전기 위험 관리 / 전기 방폭 관리

1. 감전재해 유해요소를 이해할 수 있어야 한다.
2. 통전전류가 인체에 미치는 영향을 이해·적용할 수 있어야 한다.
3. 감전사고 방지대책을 이해·적용할 수 있어야 한다.
4. 개폐기의 분류를 이해·적용할 수 있어야 한다.
5. 퓨즈를 이해·적용할 수 있어야 한다.
6. 누전차단기를 이해·적용할 수 있어야 한다.
7. 피뢰기 및 피뢰침을 이해할 수 있어야 한다.
8. 정전작업을 이해·적용할 수 있어야 한다.
9. 활선작업을 이해·적용할 수 있어야 한다.
10. 접지설비의 종류 및 공사시 안전을 이해·적용할 수 있어야 한다.
11. 아크용접 장치의 방호장치 및 성능 조건을 이해·적용할 수 있어야 한다.
12. 전기화재의 원인을 이해할 수 있어야 한다.
13. 절연저항을 이해·적용할 수 있어야 한다.
14. 정전기 발생과 안전대책을 이해·적용할 수 있어야 한다.
15. 전기설비의 방폭화 방법을 이해·적용할 수 있어야 한다.
16. 폭발등급을 이해·적용할 수 있어야 한다.
17. 위험장소를 이해·적용할 수 있어야 한다.
18. 방폭구조의 기호를 이해할 수 있어야 한다.
19. 방폭구조의 종류를 이해·적용할 수 있어야 한다.

## 전기의 위험성

### (1) 감전

사람이나 가축의 몸을 통과하는 전류로 인한 생리적 영향으로 정의되며, 이 생리적 영향은 전류 감지, 근육 반응, 심실세동, 화상 등을 말한다.

## (2) 감전의 원인

① 노출 충전부의 접촉에 의한 감전(직접접촉)
② 누전에 의한 감전(간접접촉)
③ 특별고압 충전전로 근접접근 시 감전(비접촉)
④ 낙뢰로 인한 감전(화염, 화상)
⑤ 정전기에 의한 감전

## (3) 감전방지 대책

① 전기설비의 필요한 부분에 보호접지를 한다.
② 노출된 충전부에 절연용 방호구를 설치하는 등 충전부를 절연, 격리한다.
③ 설비의 사용 전압을 될 수 있는 한 낮춘다.
④ 전기기기에 누전차단기를 설치한다.
⑤ 전기기기 조작의 안전화를 위해 전기기기 설비를 개선한다.
⑥ 전기설비를 전기기기를 적정한 상태로 유지하기 위해 점검·보수한다.
⑦ 근로자 안전교육을 실시하여 전기의 위험성을 강조한다.
⑧ 전기 취급 작업 근로자에게 절연용 보호구를 착용토록 한다.
⑨ 유자격자 이외에는 전기기계, 기구의 조작을 금지한다.

## (4) 통전전류세기와 인체의 영향 ★★

| 종류 | 내용 | 비고 |
|---|---|---|
| 최소감지전류 | 짜릿함을 느끼는 최소의 전류치 | 1 ~ 2mA (성인 남자, 상용 주파수 60Hz 기준) |
| 고통감지전류 | 참을 수 있으나 고통을 느끼는 전류치 | 2 ~ 8mA |
| 이탈가능전류 | 전원으로부터 떨어질 수 있는 최대 전류치 | 8 ~ 15mA |
| 이탈불능전류 | 근육수축이 격렬하여 전원으로부터 떨어질 수 없는 전류치 | 15 ~ 50mA |
| 심실세동전류 | 심장박동 불규칙으로 심장마비를 일으켜 수분 내 사망할 수 있는 전류치 | 100mA 이상 |

## 전기설비 및 기기

### (1) 과전류 차단장치 설치방법 ★

① 과전류 차단장치는 반드시 접지선이 아닌 전로에 직렬로 연결하여 과전류 발생 시 전로를 자동으로 차단하도록 설치할 것
② 차단기·퓨즈는 계통에서 발생하는 최대 과전류에 대하여 충분하게 차단할 수 있는 성능을 가질 것
③ 과전류 차단장치가 전기계통상에서 상호 협조·보완되어 과전류를 효과적으로 차단하도록 할 것

### (2) 퓨즈

일정 값 이상의 전류가 흐르면 용단되어 회로 및 기기를 보호한다.

① 퓨즈 선택 시 고려사항
- 정격전류
- 정격전압
- 차단용량
- 사용 장소

② 퓨즈 종류 및 용단 시간 ★

| 퓨즈의 종류 | 정격 용량 | 용단 시간 |
| --- | --- | --- |
| 고압용 포장 퓨즈 | 정격 전류의 1.3배 | • 2배의 전류로 120분 |
| 고압용 비포장 퓨즈 | 정격 전류의 1.25배 | • 2배의 전류로 2분 |

### (3) 개폐기

전기 회로(回路)를 이었다 끊었다 하는 장치를 말하며 운전이나 정지, 고장의 점검이나 수리 등에 쓰인다.

| 주상 유입 개폐기(POS) | 반드시 개폐표시기 있어야 하는 고압 개폐기로서 배전선의 개폐, 부하전류의 차단, 콘덴서의 개폐에 이용된다. |
| --- | --- |
| 단로기(DS) ★ | 차단기의 전후, 회로의 접속 변환, 고압 또는 특고압 회로의 기기 분리 등에 사용하는 개폐기로서 반드시 무부하시 개폐 조작을 하여야 한다.<br>• 전원 개방 시 : 차단기 개방한 후 단로기 개방<br>• 전원 투입 시 : 단로기 투입한 후 차단기 투입 |

| 부하개폐기(OLB) | 부하 상태에서 개폐할 수 있는 개폐기 |
|---|---|
| 자동개폐기 | • 전자 개폐기 : 전동기의 기동과 정지에 많이 사용, 과부하 보호용으로 적합하다.<br>• 압력 개폐기 : 압력의 변화에 따라 작동<br>• 시한 개폐기(time switch) : 옥외의 신호 회로에 사용<br>• 스냅 개폐기 : 전열기, 전등 점멸, 소형 전동기의 기동, 정지 등에 사용 |
| 저압개폐기 | 스위치 내부에 퓨즈 삽입된 구조<br>• 안전 개폐기(cut out switch)<br>• 커버 개폐기(cover knife switch)<br>• 칼날형 개폐기(knife switch)<br>• 박스 개폐기(box switch) |

### (4) 차단기[circuit breake]

기기 및 전력 계통에 이상이 발생했을 때 그것을 검출하여 신속하게 계통으로부터 단절시키는 장치를 말한다.

| 공기 차단기(ABB)<br>[airblast breaker] | 압축공기로 아크를 소호하는 차단기로서 대규모 설비에 이용된다. |
|---|---|
| 기중차단기(ACB)<br>[air circuit breaker] | 공기 중에서 아크를 자연 소호하는 차단기 |
| 진공 차단기(VCB)<br>[vacuum circuit breaker] | 진공 속에서의 높은 절연효과를 이용하여 아크를 소호하는 차단기 |
| 자기 차단기(MCB)<br>[magnetic circuit breaker] | 전자력을 이용하여 아크를 소호실로 끌어넣어 차단하는 차단기 |
| 유입 차단기(OCB, LOCB)<br>[oil circuit breaker] | 절연유 속에서 과전류를 차단하는 차단기 |
| 가스 차단기(GCB)<br>[gas circuit breaker] | 생가스($SF_6$)의 절연성능을 이용한 차단기 |

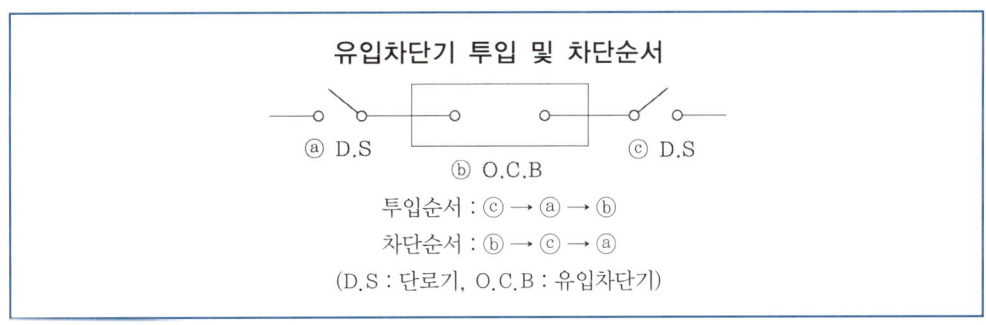

유입차단기 투입 및 차단순서

ⓐ D.S    ⓑ O.C.B    ⓒ D.S

투입순서 : ⓒ → ⓐ → ⓑ
차단순서 : ⓑ → ⓒ → ⓐ
(D.S : 단로기, O.C.B : 유입차단기)

## 전기작업 안전

**(1) 전기기계·기구 등의 충전부 방호(직접접촉으로 인한 감전방지 조치) ★**

① 충전부가 노출되지 아니하도록 폐쇄형 외함이 있는 구조로 할 것
② 충분한 절연효과가 있는 방호망 또는 절연덮개를 설치할 것
③ 충전부는 내구성이 있는 절연물로 완전히 덮어 감쌀 것
④ 발전소·변전소 및 개폐소 등 구획되어 있는 장소로서 관계 근로자가 아닌 사람의 출입이 금지되는 장소에 충전부를 설치하고, 위험표시 등의 방법으로 방호를 강화할 것
⑤ 전주 위 및 철탑 위 등 격리되어 있는 장소로서 관계 근로자가 아닌 사람이 접근할 우려가 없는 장소에 충전부를 설치할 것

**(2) 전기기계·기구의 설치 시 고려사항(전기 기계·기구의 적정설치)**

① 전기기계·기구의 충분한 전기적 용량 및 기계적 강도
② 습기·분진 등 사용 장소의 주위 환경
③ 전기적·기계적 방호수단의 적정성

**(3) 전기기계·기구의 조작 시 등의 안전조치**

① 전기기계·기구의 조작부분을 점검하거나 보수하는 경우에는 근로자가 안전하게 작업할 수 있도록 전기 기계·기구로부터 폭 70센티미터 이상의 작업공간을 확보하여야 한다. 다만, 작업 공간을 확보하는 것이 곤란하여 근로자에게 절연용 보호구를 착용하도록 한 경우에는 그러하지 아니하다.
② 전기적 불꽃 또는 아크에 의한 화상의 우려가 있는 고압 이상의 충전전로 작업에 근로자를 종사시키는 경우에는 방염 처리된 작업복 또는 난연(難燃)성능을 가진 작업복을 착용시켜야 한다.

**(4) 임시로 사용하는 전등 등의 위험방지**

① 이동전선에 접속하여 임시로 사용하는 전등이나 가설의 배선 또는 이동전선에 접속하는 가공매달기식 전등 등을 접촉함으로 인한 감전 및 전구의 파손에 의한 위험을 방지하기 위하여 보호망을 부착하여야 한다.
② 보호망을 설치하는 때 준수사항
 • 전구의 노출된 금속부분에 근로자가 쉽게 접촉되지 아니하는 구조로 할 것
 • 재료는 쉽게 파손되거나 변형되지 아니하는 것으로 할 것

## (5) 배선 등의 절연피복

① 근로자가 접촉할 우려가 있는 배선 또는 이동전선에 대하여는 절연피복이 손상되거나 노화됨으로 인한 감전의 위험을 방지하기 위하여 필요한 조치를 하여야 한다.
② 전선을 서로 접속하는 때에는 전선의 절연성능 이상으로 절연될 수 있는 것으로 충분히 피복하거나 적합한 접속기구를 사용하여야 한다.

## (6) 습윤한 장소의 이동전선

물 등 도전성이 높은 액체가 있는 습윤한 장소에서 근로자가 작업 중에나 통행하면서 이동전선 등에 접촉할 우려가 있는 경우에는 충분한 절연효과가 있는 것을 사용하여야 한다.

## (7) 꽂음 접속기의 설치·사용 시 준수사항

① 서로 다른 전압의 꽂음 접속기는 서로 접속되지 아니한 구조의 것을 사용할 것
② 습윤한 장소에 사용되는 꽂음 접속기는 방수형 등 그 장소에 적합한 것을 사용할 것
③ 근로자가 해당 꽂음 접속기를 접속시킬 경우 땀 등으로 젖은 손으로 취급하지 않도록 할 것
④ 해당 꽂음 접속기에 잠금장치가 있는 때에는 접속 후 잠그고 사용할 것

## (8) 이동 및 휴대장비 등을 사용하는 전기작업 시 조치

① 근로자가 착용하거나 취급하고 있는 도전성 공구·장비 등이 노출 충전부에 닿지 않도록 할 것
② 근로자가 사다리를 노출 충전부가 있는 곳에서 사용하는 경우에는 도전성 재질의 사다리를 사용하지 않도록 할 것
③ 근로자가 젖은 손으로 전기기계·기구의 플러그를 꽂거나 제거하지 않도록 할 것
④ 근로자가 전기회로를 개방, 변환 또는 투입하는 경우에는 전기 차단용으로 특별히 설계된 스위치, 차단기 등을 사용하도록 할 것
⑤ 차단기 등의 과전류 차단장치에 의하여 자동 차단된 후에는 전기회로 또는 전기기계·기구가 안전하다는 것이 증명되기 전까지는 과전류 차단장치를 재투입하지 않도록 할 것

## (9) 변전실 등의 위치

가스폭발 위험장소 또는 분진폭발 위험장소에는 변전실 등을 설치하여서는 아니 된다. 다만, 변전실 등의 실내기압이 항상 양압(25파스칼 이상의 압력)을 유지하도록 하고 다음 각 호의 조치를 하거나, 가스폭발 위험장소 또는 분진폭발 위험장소에 적합한 방폭 성능을 갖는 전기기계·기구를 변전실 등에 설치·사용한 경우에는 그러하지 아니하다.

① 양압을 유지하기 위한 환기설비의 고장 등으로 **양압이 유지되지 아니한 경우 경보를 할 수 있는 조치**
② 환기설비가 정지된 후 재가동하는 경우 변전실 등에 가스 등이 있는지를 확인할 수 있는 **가스 검지기 등 장비의 비치**
③ 환기설비에 의하여 **변전실 등에 공급되는 공기는 가스 또는 분진폭발위험장소가 아닌 곳으로부터 공급되도록 하는 조치**

### (10) 전기 작업자의 제한

근로자가 감전위험이 있는 전기기계·기구 또는 전로의 설치·해체·정비·점검 등의 작업을 하는 경우에는 유자격자가 작업을 수행하도록 하여야 한다.

### (11) 감전사고 시 응급조치

1) 감전사고 발생 시 처리순서

① 전원으로부터 **즉시 스위치를 분리**시키고 구출자 본인의 방호조치 후 신속하게 상해자를 구출할 것
② 즉시 **인공호흡을 실시할 것**
③ 생명 소생 후 **병원으로 후송할 것**

2) 인공호흡 요령

① **1분당 12 ~ 15회**(4초 간격), **30분 이상 계속** 실시한다.
② **1분 이내 소생률 : 95% 이상**

| 호흡정지에서 인공호흡 개시까지 경과시간 | 소생률(%) |
|:---:|:---:|
| 1분 | 95% |
| 2분 | 90% |
| 3분 | 75% |
| 4분 | 50% |
| 5분 | 25% |
| 6분 | 10% |

3) 진격 재해사 **중요** 관찰 사항

- 의식 상태
- 호흡 상태
- 맥박 상태
- 출혈 상태
- 골절 상태

## 정전전로에서의 전기작업(정전작업) ★★

### (1) 정전작업을 하지 않아도 되는 경우

근로자가 노출된 충전부 또는 그 부근에서 작업함으로써 감전될 우려가 있는 경우에는 작업에 들어가기 전에 해당 전로를 차단하여야 한다. 다만, 다음 각 호의 경우에는 그러하지 아니하다.

| 정전작업을 하지 않아도 되는 경우 |
|---|

① 생명유지 장치, 비상경보설비, 폭발위험장소의 환기설비, 비상조명설비 등의 장치·설비의 가동이 중지되어 사고의 위험이 증가되는 경우
② 기기의 설계상 또는 작동 상 제한으로 전로차단이 불가능한 경우
③ 감전, 아크 등으로 인한 화상, 화재·폭발의 위험이 없는 것으로 확인된 경우

※ 정전작업 : 전로를 개로(전원차단)하여 당해 전로 또는 지지물 설치·점검·수리 및 도장 등을 행하는 작업을 말한다.

### (2) 정전작업 시 전로 차단 절차 ★★

① 전기기기 등에 공급되는 모든 전원을 관련 도면, 배선도 등으로 확인할 것
② 전원을 차단한 후 각 단로기 등을 개방하고 확인할 것
③ 차단장치나 단로기 등에 잠금장치 및 꼬리표를 부착할 것
④ 개로된 전로에서 유도전압 또는 전기에너지가 축적되어 근로자에게 전기위험을 끼칠 수 있는 전기기기 등은 접촉하기 전에 잔류전하를 완전히 방전시킬 것
⑤ 검전기를 이용하여 작업 대상 기기가 충전되었는지를 확인할 것
⑥ 전기기기 등이 다른 노출 충전부와의 접촉, 유도 또는 예비동력원의 역송전 등으로 전압이 발생할 우려가 있는 경우에는 충분한 용량을 가진 단락 접지기구를 이용하여 접지할 것

전원차단 → 잠금장치 꼬리표 부착 → 잔류전하 방전 → 검전기로 확인 → 단락접지 실시

### (3) 정전 작업 중 또는 작업을 마친 후 전원 공급 시 준수사항 ★

① 작업기구, 단락 접지기구 등을 제거하고 전기기기 등이 안전하게 통전될 수 있는지를 확인할 것
② 모든 작업자가 작업이 완료된 전기기기 등에서 떨어져 있는지를 확인할 것
③ 잠금장치와 꼬리표는 설치한 근로자가 직접 철거할 것
④ 모든 이상 유무를 확인한 후 전기기기 등의 전원을 투입할 것

## 충전전로에서의 전기작업(활선작업) ★★

### (1) 충전전로에서의 전기작업(활선작업) 시의 조치 ★★

① 충전전로를 정전시키는 경우에는 정전작업 시 전로 차단 절차에 따른 조치를 할 것
② 충전전로를 방호하는 경우에는 근로자의 신체가 전로와 직·간접 접촉되지 않도록 할 것
③ 충전전로 취급 근로자에게 절연용 보호구를 착용시킬 것
④ 충전전로에 근접한 장소에서 전기작업을 하는 경우 적합한 절연용 방호구를 설치할 것
⑤ 고압 및 특별고압의 전로에서 전기작업을 하는 근로자에게 활선작업용 기구 및 장치를 사용하도록 할 것
⑥ 절연용 방호구의 설치·해체작업 시 절연용 보호구 착용하거나 활선작업용 기구 및 장치를 사용하도록 할 것
⑦ 유자격자가 아닌 근로자가 충전전로 인근에서 작업할 때의 접근한계거리
  • 대지전압이 50킬로볼트 이하인 경우 : 근로자의 몸 또는 긴 도전성 물체가 충전전로에서 300 센티미터 이내로 접근금지
  • 대지전압이 50킬로볼트를 넘는 경우 : 10킬로볼트당 10센티미터씩 더한 거리 이상 이격 이내로 접근 금지
⑧ 유자격자가 충전전로 인근에서 작업하는 경우 접근한계거리

| 충전전로의 선간전압<br>(단위 : 킬로볼트) | 충전전로에 대한 접근 한계거리<br>(단위 : 센티미터) |
|---|---|
| 0.3 이하 | 접촉금지 |
| 0.3 초과 0.75 이하 | 30 |
| 0.75 초과 2 이하 | 45 |
| 2 초과 15 이하 | 60 |
| 15 초과 37 이하 | 90 |
| 37 초과 88 이하 | 110 |

| | |
|---|---|
| 88 초과 121 이하 | 130 |
| 121 초과 145 이하 | 150 |
| 145 초과 169 이하 | 170 |
| 169 초과 242 이하 | 230 |
| 242 초과 362 이하 | 380 |
| 362 초과 550 이하 | 550 |
| 550 초과 800 이하 | 790 |

선간전압 : 0.3, 0.75 / 2, 15 / 37, 88 / 121, 145, 169 / 242, 362 / 550, 800
접근한계거리 : 접촉 × / 3, 45, 6 / 9, 11, 13, 15, 17 / 23, 38, 55, 79 뒤에 "0"(45 제외)

⑨ 유자격자가 충전전로 인근에서 작업하는 경우 접근한계거리 이내로 접근하거나 절연 손잡이가 없는 도전체에 접근할 수 있는 경우
- 근로자가 노출 충전부로부터 절연된 경우 또는 해당 전압에 적합한 절연 장갑을 착용한 경우
- 노출 충전부가 다른 전위를 갖는 도전체 또는 근로자와 절연된 경우
- 근로자가 다른 전위를 갖는 모든 도전체로부터 절연된 경우

① 절연용 보호구 착용
② 절연용 방호구 설치
③ 활선작업용 기구, 장치 사용
④ 충전전로에 신체가 직·간접 접촉금지
⑤ 접근한계거리 ─ 대지전압 50kV 이하 : 300cm 이내
           └ 대지전압 50kV 초과 : 10kV 당 10cm씩 더한 거리 이내 접근 금지

### (2) 울타리의 설치

절연이 되지 않은 충전부나 그 인근에 근로자가 접근하는 것을 막거나 제한할 필요가 있는 경우에는 울타리를 설치하고 근로자가 쉽게 알아볼 수 있도록 하여야 한다. 다만, 전기와 접촉할 위험이 있는 경우에는 도전성이 있는 금속제 울타리를 사용하거나, 접근한계거리 이내에 설치해서는 아니 된다.

### (3) 감시인 배치

울타리의 설치가 곤란한 경우에는 근로자를 감전 위험에서 보호하기 위하여 사전에 위험을 경고하는 감시인을 배치하여야 한다.

## 충전전로 인근에서의 차량·기계장치 작업 ★★

### (1) 충전전로 인근에서의 차량·기계장치 작업 시의 안전 조치 ★★

① 차량 등을 충전부로부터 300센티미터 이상 이격시키되, 대지전압이 50킬로볼트를 넘는 경우 10킬로볼트 증가할 때마다 10센티미터씩 증가
② 이격거리
  - 절연용 방호구를 설치한 경우 : 절연용 방호구 앞면까지
  - 차량의 버킷이나 끝부분이 절연되어 있고 유자격자가 작업하는 경우 : 접근한계 거리까지
③ 근로자가 차량과 접촉하지 않도록 울타리를 설치하거나 감시인 배치 등의 조치

| 울타리 및 감시인 배치를 하지 않아도 되는 경우 |
|---|
| ① 근로자가 해당 전압에 적합한 절연용 보호구 등을 착용하거나 사용하는 경우 |
| ② 차량 등의 절연되지 않은 부분이 접근 한계거리 이내로 접근하지 않도록 하는 경우 |

④ 충전전로 인근에서 접지된 차량 등이 충전전로와 접촉할 우려가 있을 경우에는 지상의 근로자가 접지점에 접촉하지 않도록 조치

① 이격거리 ┌ 충전전로로부터 300cm 이상
           └ 대지전압이 50kV 초과 – 10kV 증가 시마다 10cm씩 증가
② 울타리 설치, 감시인 배치
③ 근로자가 접지점에 접촉않도록 조치

---

## 전격재해 예방 및 조치

### (1) 전압, 전류, 저항의 관계

| | |
|---|---|
| 옴의 법칙 ★★ | $V = I \times R$<br>여기서 $V$ : 전압($V$ : 볼트)<br>　　　$I$ : 전류($A$ : 암페어)<br>　　　$R$ : 저항($\Omega$ : 옴) |
| 줄의 법칙 ★ | $Q = I^2 \times R \times T$<br>여기서 $Q$ : 전기발생열(에너지)(J)<br>　　　$I$ : 전류(A)<br>　　　$R$ : 전기저항($\Omega$)<br>　　　$T$ : 통전시간(S) |

| | |
|---|---|
| 위험한계 에너지 ★ | 인체의 전기저항이 최악인 상태인 500Ω 일 때<br>$Q = I^2 \times R \times T = (\frac{165 \sim 185}{\sqrt{1}} \times 10^{-3})^2 \times 500 \times 1$<br>$= 13.61 \sim 17.11(J)$ |
| 심실세동 전류의 계산 ★★ | ① $I(\text{mA}) = \frac{165}{\sqrt{T}}$<br>$T$ : 통전시간(초)<br>② $I(\text{A}) = \frac{V}{R}$ |
| 전하량의 계산 | $Q = I \times T$<br>여기서, $Q$ : 전하량(C), $I$ : 전류(A), $T$ : 시간(초) |

## E·X·E·R·C·I·S·E

전압이 220V인 충전부에 작업자가 젖은 손으로 접촉되어 감전, 사망하였다. 다음을 계산하시오. (단, 인체저항이 1000Ω 이다) (4점)

(1) 심실세동전류(mA)
(2) 통전시간(mS)

**풀이**

(1) 심실세동전류(mA)

$V = I \times R$
여기서 $V$ : 전압(V : 볼트), $I$ : 전류(A : 암페어)
$R$ : 저항(Ω : 옴)

$I = \frac{V}{R}$ 에서

$V$ : 220V, $R$ : 1000Ω(젖은 손이므로 저항이 $\frac{1}{25}$ 로 감소된다.)

$I = \frac{220}{1,000 \times \frac{1}{25}} = 5.5\text{A} \times 1,000 = 5,500\text{mA}$

(2) 통전시간(mS)

$I(\text{mA}) = \frac{165}{\sqrt{T}}$

$T$ : 통전시간(초)

심실세동전류 $I(\text{mA}) = \frac{165}{\sqrt{T}}$ 에서

$\sqrt{T} = \frac{165}{I}, \ T = (\frac{165}{I})^2$

$T = (\frac{165}{5,500})^2 = 0.0009\text{초} \times 1,000 = 0.9\text{ms}$

※ $\text{ms} = \frac{1}{1,000}\text{s}$

## (2) 허용접촉전압 ★★

인체가 접촉해도 안전한 전압을 말한다.

| 종 별 | 접촉 상태 | 허용 접촉 전압 |
|---|---|---|
| 제1종 | • 인체의 대부분이 수중에 있는 상태 | 2.5V 이하 |
| 제2종 | • 인체가 현저히 젖어 있는 상태<br>• 금속성의 전기·기계 장치나 구조물에 인체의 일부가 상시 접촉되어 있는 상태 | 25V 이하 |
| 제3종 | • 제1종, 제2종 이외의 경우로서 통상의 인체 상태에 있어서 접촉 전압이 가해지면 위험성이 높은 상태 | 50V 이하 |
| 제4종 | • 제1종, 제2종 이외의 경우로서 통상의 인체 상태에 접촉 전압이 가해지더라도 위험성이 낮은 상태<br>• 접촉 전압이 가해질 우려가 없는 경우 | 제한 없음 |

## (3) 인체의 저항

① 인체 저항은 보통 5,000Ω이나 근로환경, 피부가 젖은 정도, 인가전압, 접촉면적, 접촉부위에 따라 최악의 상태에는 500Ω까지 감소한다.

| 인체저항 | 5,000Ω |
|---|---|
| 피부저항 | 2,500Ω |
| 내부저항 | 500Ω |
| 발과 신발사이 저항 | 1,500Ω |
| 신발과 대지사이 저항 | 500Ω |

② 피부에 땀이 나면 건조 시보다 저항이 $\frac{1}{12}$로 감소되고, 물에 젖을 경우 $\frac{1}{25}$, 습기가 많을 경우는 $\frac{1}{10}$정도로 저항이 감소된다.

## (4) 감전위험요소

| 1차 감전위험 요소 및 영향력 ★ | 2차 감전위험 요소 |
|---|---|
| 통전 전류 크기 > 통전시간 > 통전 경로 > 전원의 종류(직류보다 교류가 더 위험) | ① 인체 조건(저항)<br>② 전압<br>③ 계절 |

## (5) 통전 경로별 위험도 ★

| 통전 경로 | 위험도 |
|---|---|
| 왼손 – 가슴 | 1.5 |
| 오른손 – 가슴 | 1.3 |
| 왼손 – 한발 또는 양발 | 1.0 |
| 양손 – 양발 | 1.0 |
| 오른손 – 한발 또는 양발 | 0.8 |
| 왼손 – 등 | 0.7 |
| 한손 또는 양손 – 앉아있는 자리 | 0.7 |
| 왼손 – 오른손 | 0.4 |
| 오른손 – 등 | 0.3 |

왼가 오가 / 왼발 손발 오발 / 왼등 손자리 / 손손 오등(53땡땡 / 87743)

## (6) 전압의 구분 ★★★

| 전압의 종별 | 교류 | 직류 |
|---|---|---|
| 저압 | 1,000V 이하의 것 | 1,500V 이하의 것 |
| 고압 | 1,000V 초과 7,000V 이하 | 1,500V 초과 7,000V 이하 |
| 특별고압 | 7,000V 초과 | 7,000V 초과 |

## (7) 아크를 발생하는 기구 시설 시 이격 거리 ★

| 기구 등의 구분 | 교류 |
|---|---|
| 고압용의 것 | 1m 이상 |
| 특고압용의 것 | 2m 이상(사용전압이 35kV 이하의 특고압용의 기구 등으로서 동작할 때에 생기는 아크의 방향과 길이를 화재가 발생할 우려가 없도록 제한하는 경우에는 1m 이상) |

## (8) 누전차단기를 설치해야 하는 기계, 기구 ★★

① 대지전압이 150볼트를 초과하는 이동형 또는 휴대형 전기기계·기구
② 물 등 도전성이 높은 액체가 있는 습윤장소에서 사용하는 저압용 전기기계·기구
③ 철판·철골 위 등 도전성이 높은 장소에서 사용하는 이동형 또는 휴대형 전기기계·기구
④ 임시배선의 전로가 설치되는 장소에서 사용하는 이동형 또는 휴대형 전기기계·기구

누전차단기 설치 → 전기가 잘 통하는 곳 → ① 땅(대지전압 150V 초과)
② 물(습윤장소)
③ 철판·철골(도전성 높은 장소)

### (9) 누전차단기를 설치하지 않아도 되는 경우 ★★

① 이중절연구조 또는 이와 같은 수준 이상으로 보호되는 전기기계·기구
② 절연대 위 등과 같이 감전위험이 없는 장소에서 사용하는 전기기계·기구
③ 비접지방식의 전로

누전차단기 설치 × → 전기가 잘 통하지 않음 → 절연이 우수한 경우 → ① 이중절연구조
② 절연대 위

> **Reference**
>
> 1. 전원의 자동차단에 의한 저압 전로의 보호대책으로 누전차단기를 시설해야 할 대상(KEC 규정)
> ① 금속제 외함을 가지는 사용전압이 50V를 초과하는 저압의 기계·기구로서 사람이 쉽게 접촉할 우려가 있는 곳에 시설하는 것에 전기를 공급하는 전로
> ② 주택의 인입구 등 이 규정에서 누전차단기 설치를 요구하는 전로
> ③ 특고압전로, 고압전로 또는 저압전로와 변압기에 의하여 결합되는 사용전압 400V 초과의 저압전로 또는 발전기에서 공급하는 사용전압 400V 초과의 저압전로(발전소 및 변전소와 이에 준하는 곳에 있는 부분의 전로를 제외한다.)
>
> 2. 누전차단기를 시설하지 않아도 되는 경우(KEC 규정)
> - 기계·기구를 발전소·변전소·개폐소 또는 이에 준하는 곳에 시설하는 경우
> - 기계·기구를 건조한 곳에 시설하는 경우
> - 대지전압이 150V 이하인 기계·기구를 물기가 있는 곳 이외의 곳에 시설하는 경우
> - 이중절연구조의 기계·기구를 시설하는 경우
> - 그 전로의 전원 측에 절연변압기(2차 전압이 300V 이하인 경우에 한한다)를 시설하고 또한 그 절연변압기의 부하 측의 전로에 접지하지 아니하는 경우
> - 기계·기구가 고무·합성수지 기타 절연물로 피복된 경우
> - 기계·기구가 유도전동기의 2차측 전로에 접속되는 것일 경우
> - 기계·기구가 전로의 일부를 대지로부터 절연하지 아니하고 전기를 사용하는 것이 부득이 한 것 또는 대지로부터 절연하는 것이 기술상 불가능한 것
> - 기계·기구 내에 누전차단기를 설치하고 또한 기계·기구의 전원 연결선이 손상을 받을 우려가 없도록 시설하는 경우

## (10) 누전차단기 접속할 때 준수사항 ★★

① 전기기계·기구에 설치되어 있는 누전차단기는 **정격감도전류가 30밀리암페어 이하이고 작동시간은 0.03초 이내일 것**. 다만, **정격전부하전류가 50암페어 이상인 전기기계·기구에 접속되는 누전차단기는** 오작동을 방지하기 위하여 **정격감도전류는 200밀리암페어 이하로, 작동시간은 0.1초 이내로 할 수 있다.**
② 분기회로 또는 전기기계·기구마다 누전차단기를 접속할 것
③ 누전차단기는 **배전반 또는 분전반 내에 접속하거나 꽂음접속기형 누전차단기를 콘센트에 접속**하는 등 파손이나 감전 사고를 방지할 수 있는 장소에 접속할 것
④ 지락보호전용 기능만 있는 누전차단기는 과전류를 차단하는 퓨즈나 차단기 등과 조합하여 접속할 것

## (11) 누전차단기의 사용기준

① 당해 부하에 **적합한 정격전류를 갖출 것**
② 당해 부하에 **적합한 차단용량을 갖출 것**
③ **정격 부동작 전류가 정격감도전류의 50% 이상**이어야 하고 이들의 전류 차가 가능한 한 작을 것
④ **절연저항이 5MΩ 이상일 것**
⑤ 누전차단기의 정격전압은 당해 누전차단기를 설치할 전로의 공칭전압의 90~110% 이내이어야 한다.

## (12) 누전전류(누설전류)의 크기 ★

$$누설전류 = 최대공급전류 \times \frac{1}{2000} \ (A)$$

## (13) 발화에 이르는 누전 전류의 최소치 ★

누설되는 전류의 크기가 300 ~ 500mA일 때 누설전류에 의해 **발화가 일어날 수 있다.**

## 아크용접장치

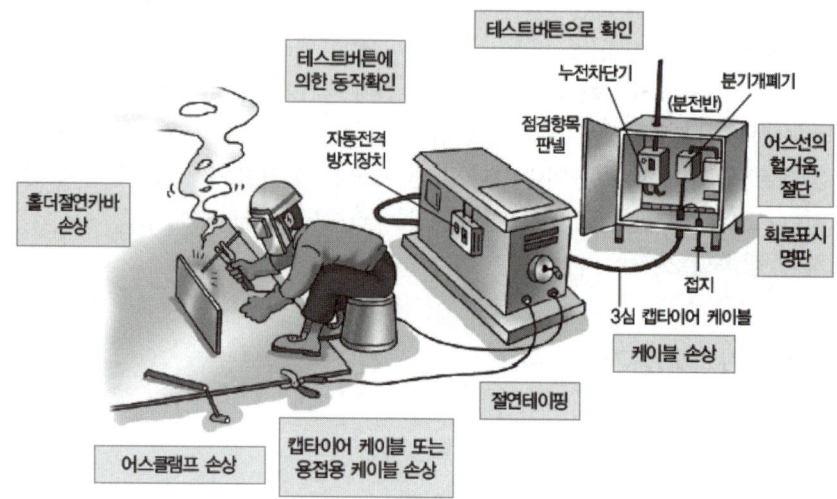

### (1) 용접장치의 구조 및 특성

① arc 용접기는 낮은 전압으로 대전류를 흐르게 설계되어 있다.
② 수하특성(dropping characteristics)을 가진다.

> **Reference**
>
>  **수하특성**
>
> 옴의 법칙인 V = I × R에 의하여 전류(I)를 크게 하면 전압(V)도 크게 되나, 반대로 **소전류의 범위에서는 전류의 증가에 따라 전압이 감소하는 특성을 말한다.**(전류가 커지면 전압을 낮추어 출력을 일정하게 유지)

### (2) 아크용접 시 위험성

① 감전
② 유해 가스, 흄 등에 의한 질식
③ 유해 광선에 의한 전기성 안염
④ 화상
⑤ 화재 발생

## (3) 교류아크용접기의 방호장치 : 자동전격방지기 ★★★

### 교류아크용접기에 자동전격방지기를 설치하여야 하는 장소

① 선박의 이중 선체 내부, 밸러스트(Ballast) 탱크, 보일러 내부 등 도전체에 둘러싸인 장소
② 추락할 위험이 있는 높이 2미터 이상의 장소로 철골 등 도전성이 높은 물체에 근로자가 접촉할 우려가 있는 장소
③ 근로자가 물·땀 등으로 인하여 도전성이 높은 습윤 상태에서 작업하는 장소

## (4) 자동전격방지기의 성능 ★

용접을 중단하고 1.0초 내에 용접기의 홀더, 어스선에 흐르는 무부하 전압을 안전전압 25V 이하로 내려준다.

### 교류아크용접기의 허용사용률 계산

$$허용사용률 = \frac{정격\ 2차전류^2}{실제사용\ 용접전류^2} \times 정격사용률$$

### E·X·E·R·C·I·S·E

교류 아크용접기의 허용사용률(%)은? (단, 정격사용률은 10%, 2차 정력전류는 500A, 교류 아크용접기의 사용전류는 250A이다.)

**풀이**

$$허용사용률 = \frac{정격\ 2차전류^2}{실제사용\ 용접전류^2} \times 정격사용률$$

$$허용사용률 = \frac{500^2}{250^2} \times 10 = 40(\%)$$

### Reference

**교류아크용접기의 자동전격방지기 표시사항**

예 SP – 3A – L

① 외장형 : 외장형은 용접기 외함에 부착하여 사용하는 전격방지기로 그 기호는 SP로 표시
② 내장형 : 내장형은 용접기함내에 설치하여 사용하는 전격방지기로 그 기호는 SPB로 표시
③ 기호 SP 또는 SPB 뒤의 숫자(□)는 출력측의 정격전류의 100단위의 수치로 표시
  (예 2.5는 250A, 3은 300A를 표시)
④ 숫자 다음의 A는 용접기에 내장되어 있는 콘덴서의 유무에 관계없이 사용할 수 있는 것, B는 콘덴서를 내장하지 않은 용접기에 사용하는 것, C는 콘덴서 내장형 용접기에 사용하는 것, E는 엔진구동 용접기에 사용하는 전격방지기를 표시
⑤ 마지막 기호 L은 저저항시동형, H는 고저항시동형을 표시

# 절연용 안전장구

## (1) 절연용 보호구 등의 사용

**절연용 보호구 등(절연용 방호구, 활선작업용 기구, 활선작업용 장치) 등을 사용하여야 하는 작업 ★**

① 밀폐공간에서의 전기작업
② 이동 및 휴대 장비 등을 사용하는 전기작업
③ 정전 전로 또는 그 인근에서의 전기작업
④ 충전전로에서의 전기작업
⑤ 충전전로 인근에서의 차량·기계장치 등의 작업

## (2) 절연용 안전 보호구

7000V 이하 전로 활선 작업 시 작업자 몸에 착용한다.

① 전기용 안전모
 • AE종(물체의 낙하·비래 및 감전방지용)
 • ABE종(물체의 낙하·비래 및 추락, 감전방지용)
② 안전화(절연화)
③ 절연장화
④ 절연장갑(전기용 고무장갑)
⑤ 보호용 가죽장갑
⑥ 절연소매, 절연복

## (3) 절연용 방호구

활선작업 시 전로의 충전부, 지지물 주변, 전기배선에 설치한다.

① 고무판 : 충전부 작업 중 접지면 절연에 사용
② 방호판(절연판) : 고·저압 전로의 충전부 방호에 사용
③ 선로 커버, 애자커버(절연커버)
④ 완금커버, COS커버, 고무블랭킷, 점퍼호스

## (4) 검출용구

① 검전기 : 충전 유무 확인
② 활선 접근 경보기

## (5) 활선작업용 장치

① 차량
② 절연대

## (6) 활선작업용 기구

① 절연봉(핫스틱) : 충전 중인 고압의 전선 등을 조작할 때 사용한다.
② 조작용 훅봉(디스콘 봉) : 충전 중인 고압의 컷 아웃 스위치 등을 개폐할 때 사용한다.
③ 활차
④ 다용도 집게봉

# 전기화재의 원인 및 예방대책

## (1) 전기화재의 원인

① 단락에 의한 발화
② 누전에 의한 발화
③ 과전류에 의한 발화
④ 스파크에 의한 발화
⑤ 접촉부의 과열에 의한 발화
⑥ 절연열화 또는 탄화에 의한 발화
   - 트래킹(Tracking) 현상 : 유기절연체의 표면에 발생하는 미소한 불꽃에 의해 탄화 경로가 생기는 현상
   - 탄화현상(가네하라 현상) : 목재나 플라스틱 등의 유기 절연체의 표면에 스파크 등에 의하여 탄화경로(전기통로)가 생성되고 그 부분에 전류가 흐르게 되면 발화하게 되는 현상
⑦ 지락에 의한 발화
⑧ 낙뢰에 의한 발화
⑨ 정전기 스파크에 의한 발화

## (2) 전로의 절연저항 ★★

| 전로의 사용전압(V) | DC 시험전압(V) | 절연저항($M\Omega$) |
| --- | --- | --- |
| SELV(비접지회로) 및 PELV(접지회로) | 250 | 0.5 |
| FELV(1차와 2차가 전기적으로 절연되지 않은 회로), 500(V) 이하 | 500 | 1.0 |
| 500(V) 초과 | 1,000 | 1.0 |

- 특별저압(extra low voltage : 2차 전압이 AC 50V, DC 120V 이하)으로 SELV(비접지회로 구성) 및 PELV(접지회로 구성)은 1차와 2차가 전기적으로 절연된 회로, FELV는 1차와 2차가 전기적으로 절연되지 않은 회로

### (3) 전기화재 예방대책

1) 일반적 예방대책
    ① 접지할 것
    ② 누전차단기 설치
    ③ 퓨즈 설치
    ④ 경보장치 설치

2) 전열기 재해방지 대책
    ① 열판 밑에 차열판 있는 것 사용
    ② 파일럿(점멸 표시 램프)이 부착된 것 사용
    ③ 단열성이며 불연재의 받침대 사용
    ④ 주위로는 30 ~ 50cm, 위로 1 ~ 1.5m 이내 가연성 물질 접근금지
    ⑤ 배선 및 코드는 용량이 충분한 것 사용

# 접지시스템(KEC 규정)

## (1) 접지(ground, earth)의 목적

전기 회로나 전기 기기를 도체로 땅에 연결하여 이상 전압 발생 시에도 **고장 전류를 땅으로 흘려보내 기기와 인체를 보호**한다.

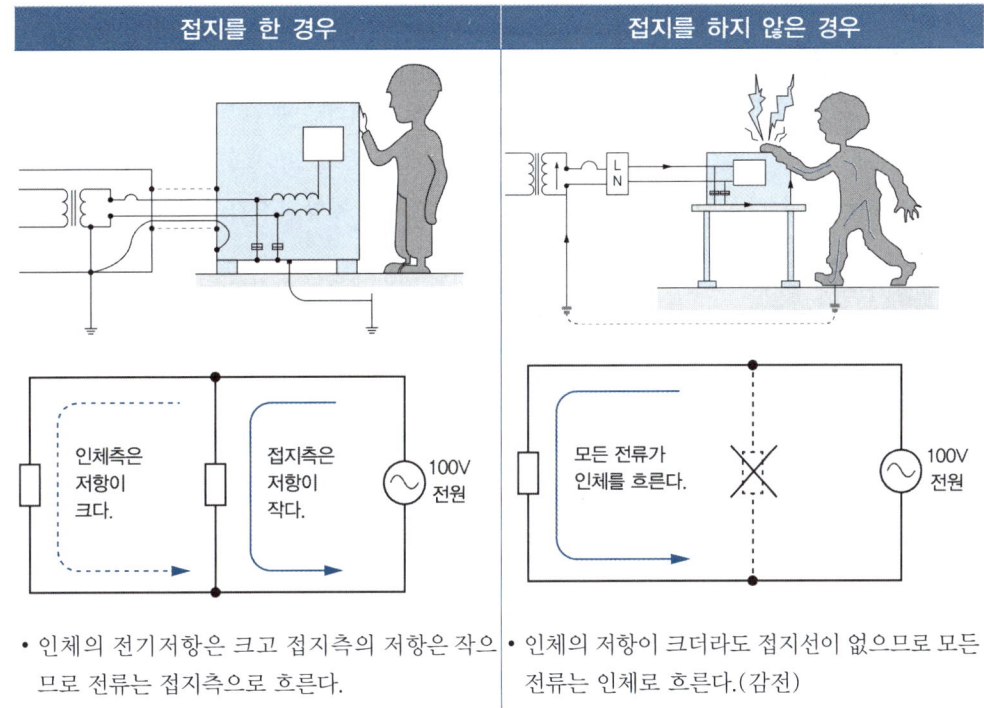

- 인체의 전기저항은 크고 접지측의 저항은 작으므로 전류는 접지측으로 흐른다.
- 인체의 저항이 크더라도 접지선이 없으므로 모든 전류는 인체로 흐른다.(감전)

## (2) 접지시스템의 구분 및 종류 ★

1) 접지시스템은 **계통접지, 보호접지, 피뢰시스템 접지** 등으로 구분한다.

| | |
|---|---|
| 계통접지<br>(System Earthing)<br>★★ | 전력계통에서 돌발적으로 발생하는 이상현상에 대비하여 대지와 계통을 연결하는 것으로, 중성점을 대지에 접속하는 것을 말한다.<br>• TN방식(TN-S, TN-C, TN-C-S방식)<br>• TT방식<br>• IT방식 |
| 보호접지<br>(Protective Earthing) | 고장 시 감전에 대한 보호를 목적으로 기기의 한 점 또는 여러 점을 접지하는 것을 말한다. |
| 피뢰시스템 접지 | 뇌격전류를 안전하게 대지로 방류하기 위한 접지를 말한다. |

2) 접지시스템의 시설 종류에는 **단독접지, 공통접지, 통합접지**가 있다.

| | |
|---|---|
| 단독접지 | 고압, 특고압계통의 접지극과 저압계통의 접지극을 독립적으로 설치하는 것을 말한다. |
| 공통접지 | 등전위가 형성되도록 고압, 특고압계통과 저압접지계통을 공통으로 접지하는 것을 말한다. |
| 통합접지 | 전기설비 접지계통, 피뢰설비 및 전기통신설비 등의 접지극을 통합하여 접지시스템을 구성하는 것, 설비 사이의 전위차를 해소하여 등전위를 형성하는 접지방식을 말한다. |

## (3) 접지시스템의 구성요소

1) 접지시스템은 **접지극, 접지도체, 보호도체 및 기타 설비**로 구성된다. ★
2) 접지극은 접지도체를 사용하여 주접지 단자에 연결하여야 한다.

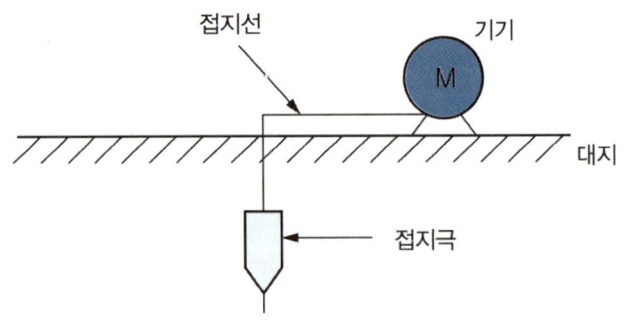

### (4) 접지극의 매설

① 접지극은 매설하는 토양을 오염시키지 않아야 하며, 가능한 다습한 부분에 설치한다.
② 접지극은 동결 깊이를 감안하여 시설하되 **고압 이상의 전기설비와 변압기 중성점 접지에 시설하는 접지극의 매설깊이는 지표면으로부터 지하 0.75m 이상**으로 한다. 다만, 발전소·변전소·개폐소 또는 이와 준하는 곳에 접지극을 시설하는 경우에는 그러하지 아니하다.
③ **접지도체를 철주 기타의 금속체를 따라서 시설하는 경우에는 접지극을 철주의 밑면으로부터 0.3m 이상의 깊이에 매설하는 경우 이외에는 접지극을 지중에서 그 금속체로부터 1m 이상 떼어 매설하여야 한다.**

### (5) 접지도체의 선정 ★

1) 접지도체의 단면적은 큰 고장전류가 접지도체를 통하여 흐르지 않을 경우 접지도체의 최소 단면적은 다음과 같다.

| 구리 | $6mm^2$ 이상 |
|---|---|
| 철제 | $50mm^2$ 이상 |
| 접지도체에 피뢰시스템이 접속되는 경우 | 구리 $16mm^2$ 또는 철 $50mm^2$ 이상 |

2) 접지도체의 굵기 ★★

| 1. 특고압·고압 전기설비용 접지도체 | – 단면적 $6mm^2$ 이상의 연동선 |
|---|---|
| 2. 중성점 접지용 접지도체 | – 공칭단면적 $16mm^2$ 이상의 연동선 |
| 3. 중성점 접지용 접지도체 중<br>• 7kV 이하의 전로<br>• 사용전압이 25kV 이하인 특고압 가공전선로(중성선 다중접지 방식의 것으로서 전로에 지락이 생겼을 때 2초 이내에 자동적으로 이를 전로로부터 차단하는 장치가 되어 있는 것) | – 공칭단면적 $6mm^2$ 이상의 연동선 |
| 4. 이동하여 사용하는 전기기계·기구의 금속제 외함 등의 접지시스템<br>• 특고압·고압 전기설비용 접지도체 및 중성점 접지용 접지도체 | – 클로로프렌 캡타이어케이블(3종 및 4종) 또는 클로로설포네이트폴리에틸렌캡타이어케이블(3종 및 4종)의 1개 도체 또는 다심 캡타이어케이블의 차폐 또는 기타의 금속체로 **단면적이 $10mm^2$ 이상인 것** |
| • 저압 전기설비용 접지도체 | – 다심 코드 또는 다심 캡타이어케이블의 1개 또는 도체의 **단면적이 $0.75mm^2$ 이상인 것**(다만, 기타 유연성이 있는 연동연선은 1개 도체의 단면적이 $1.5mm^2$ 이상인 것을 사용) |

## (6) 계통접지의 분류(저압 전기설비의 접지방식) ★★

| | |
|---|---|
| TN 계통 | 전원측의 한 점을 직접접지하고 설비의 노출도전부를 보호도체로 접속시키는 방식<br>① TN-S 방식<br>② TN-C 방식<br>③ TN-C-S 방식 |
| TT계통 | 전원의 한 점을 직접 접지하고 설비의 노출도전부는 전원의 접지전극과 전기적으로 독립적인 접지극에 접속시킨다. |
| IT계통 | ① 충전부 전체를 대지로부터 절연시키거나, 한 점을 임피던스를 통해 대지에 접속시킨다.(전기설비의 노출도전부를 단독 또는 일괄적으로 계통의 PE 도체에 접속시키며 배전계통에서 추가접지가 가능하다.)<br>② 계통은 충분히 높은 임피던스를 통하여 접지할 수 있다. (이 접속은 중성점, 인위적 중성점, 선도체 등에서 할 수 있고 중성선은 배선할 수도 있고, 배선하지 않을 수도 있다.) |

## (7) 변압기의 중성점 접지 저항 값 ★★★

| 일반적인 경우 | 변압기의 고압·특고압측 전로 또는 사용전압이 35kV 이하의 특고압전로가 저압측 전로와 혼촉하고 저압전로의 대지전압이 150V를 초과하는 경우 |
|---|---|
| 변압기의 고압·특고압측 전로 1선 지락전류로 150을 나눈 값 이하<br>($\dfrac{150}{1선지락전류}\Omega$ 이하) | • 1초 초과 2초 이내에 고압·특고압 전로를 자동으로 차단하는 장치를 설치할 때는 300을 나눈 값 이하($\dfrac{300}{1선지락전류}\Omega$ 이하)<br>• 1초 이내에 고압·특고압 전로를 자동으로 차단하는 장치를 설치할 때는 600을 나눈 값 이하($\dfrac{600}{1선지락전류}\Omega$ 이하) |

## (8) 접지저항 저감대책 ★

① 접지극의 병렬 매설(병렬법)
② 접지봉의 심타 매설(심타법)
③ 접지저항 저감제 사용(약품법)
④ 접지극의 규격을 크게
⑤ 토질개량
⑥ 보조 메쉬(mesh), 보조전극 사용

## (9) 접지를 하여야 하는 전기기계·기구(산업안전보건법 기준)

① 전기기계·기구의 금속제 외함·금속제 외피 및 철대
② 고정 설치되거나 고정배선에 접속된 전기기계·기구의 노출된 비충전 금속체 중 충전될 우려가 있는 다음 각목의 1에 해당하는 비충전 금속체
  • 지면이나 접지된 금속체로부터 수직거리 2.4미터, 수평거리 1.5미터 이내의 것
  • 물기 또는 습기가 있는 장소에 설치되어 있는 것
  • 금속으로 되어 있는 기기접지용 전선의 피복·외장 또는 배선관 등
  • 사용전압이 대지전압 150볼트를 넘는 것
③ 전기를 사용하지 아니하는 설비 중 다음 각목의 1에 해당하는 금속체
  • 전동식 양중기의 프레임과 궤도
  • 전선이 붙어있는 비전동식 양중기의 프레임
  • 고압 이상의 전기를 사용하는 전기기계·기구 주변의 금속제 칸막이·망 및 이와 유사한 장치
④ **코드 및 플러그를 접속하여 사용하는 전기기계·기구** 중 다음 각목의 1에 해당하는 **노출된 비충전 금속체**
  • 사용전압이 **대지전압 150볼트를 넘는 것**
  • **냉장고·세탁기·컴퓨터 및 주변기기 등**과 같은 **고정형 전기기계·기구**
  • **고정형·이동형 또는 휴대형 전동기계·기구**
  • **물 또는 도전성이 높은 곳에서 사용하는 전기기계·기구, 비접지형 콘센트**
  • **휴대형 손전등**
⑤ 수중펌프를 금속제 물탱크 등의 내부에 설치하여 사용하는 경우에, 그 탱크(이 경우 탱크를 수중펌프의 접지선과 접속하여야 한다)

## (10) 접지를 시행하지 않아도 되는 경우(산업안전보건법 기준) ★★

① 「전기용품 및 생활용품 안전관리법」이 적용되는 **이중절연구조** 또는 이와 같은 수준 이상으로 보호되는 구조로 된 전기기계·기구
② **절연대 위** 등과 같이 감전 위험이 없는 장소에서 사용하는 전기기계·기구
③ **비접지방식의 전로**(그 전기 기계·기구의 전원 측의 전로에 설치한 절연 변압기의 2차 전압이 300볼트 이하, 정격용량이 3킬로볼트 암페어 이하이고 그 절연전압기의 부하측의 전로가 접지되어 있지 아니한 것으로 한정한다)에 접속하여 사용되는 **전기 기계·기구**

누전차단기를 설치하지 않아도 되는 경우 ★★
① 이중절연구조 또는 이와 같은 수준 이상으로 보호되는 전기기계·기구
② 절연대 위 등과 같이 감전위험이 없는 장소에서 사용하는 전기기계·기구
③ 비접지방식의 전로

누전차단기 설치 × → 전기가 잘 통하지 않음 → 절연이 우수한 경우 → ① 이중절연구조, ② 절연대 위

# 피뢰시스템

## (1) 전기설비의 피뢰

뇌방전으로 인한 과전압으로부터 전기설비의 손상, 감전 또는 화재의 우려가 없도록 피뢰설비를 시설하고 그 밖에 적절한 조치를 하여야 한다.

## (2) 적용 범위 ★

① 전기전자설비가 설치된 건축물·구조물로서 낙뢰로부터 보호가 필요한 것 또는 **지상으로부터 높이가 20m 이상인 것**
② 전기 설비 및 전자설비 중 **낙뢰로부터 보호가 필요한 설비**

## (3) 피뢰시스템의 구성

| 외부피뢰 시스템 | 직격뢰로부터 대상물을 보호한다.<br>① 수뢰부시스템(受雷部, Air-termination system)<br>　• 뇌격전류를 받아들이기 위한 외부 피뢰설비의 일부분을 말한다.<br>　• 돌침, 수평도체, 메시도체의 요소 중에 한 가지 또는 이를 조합한 형식으로 시설하여야 한다.<br>② 인하도선시스템<br>　• 수뢰부시스템과 접지시스템을 전기적으로 연결하여 수뢰부로부터 접지부로 뇌격전류를 흘리기 위한 외부 피뢰설비의 일부분을 말한다.<br>③ 접지극시스템<br>　• 뇌전류를 대지로 방류시키기 위한 것이다.<br>　• 접지극은 지표면에서 0.75m 이상 깊이로 매설하여야 한다. 다만, 필요 시는 해당 지역의 동결심도를 고려한 깊이로 할 수 있다. |
|---|---|

| 내부피뢰 시스템 | 간접뢰 및 유도뢰로부터 대상물을 보호한다.<br>① 등전위 본딩<br>② 외부 피뢰설비와의 전기적 절연 |
|---|---|

### (4) 피뢰 설비의 보호 능력

① **완전 보호** : 금속체로 CAGE를 구성하는 완전보호방식이다. 산꼭대기에 있는 관측소나 건물 등에 설치한다.
② **증강 보호** : 돌침의 보호각내에 건축물이 시설된 경우라도 건축물상부의 모서리에 돌침과 수평도체를 추가 부설하여 보호능력을 향상시킨 것이다. CAGE방식을 채택하기 어려운 목조건물 등에 사용한다.
③ **보통 보호** : 피보호물 전부가 돌침이나 수평도체의 보호범위에 있도록 시설하는 방식이다.
④ **간이 보호** : 보통 보호보다 간단한 것으로 보호범위를 고려치 않은 간이 피뢰설비를 하는 방식이다.

### (5) 피뢰기의 설치 장소 ★

① **발전소·변전소** 또는 이에 준하는 장소의 **가공전선 인입구 및 인출구**
② 가공전선로에 접속하는 **배전용 변압기의 고압측 및 특고압측**
③ **고압 및 특고압 가공전선로로부터 공급을 받는 수용장소의 인입구**
④ 가공전선로와 지중전선로가 접속되는 곳

### (6) 피뢰기의 종류

① 저항형 피뢰기
② 밸브형 피뢰기
③ 밸브 저항형 피뢰기
④ 방출형 피뢰기
⑤ 종이 피뢰기(p-valve 피뢰기)

### (7) 피뢰기의 구성

피뢰기는 **직렬 갭과 특성요소로 구성**된다.

① **직렬 갭** : 정상 시에는 방전을 하지 않고 절연상태를 유지하며, 이상 과전압 발생 시에는 신속히 이상전압을 대지로 방전하고 속류를 차단하는 역할을 한다.
② **특성 요소** : 뇌전류 방전 시 피뢰기 자신의 전위 상승을 억제하여 자신의 절연 파괴를 방지하는 역할을 한다.

### (8) 피뢰기가 구비해야 할 성능 ★

① 반복 동작이 가능할 것
② 구조가 견고하며 특성이 변하지 않을 것
③ 점검, 보수가 간단할 것
④ 충격 방전 개시 전압과 제한 전압이 낮을 것
⑤ 뇌전류의 방전 능력이 크고, 속류의 차단이 확실하게 될 것

### (9) 피뢰기의 접지 ★★

① 접지도체에 피뢰시스템이 접속되는 경우, 접지도체의 단면적은 구리 $16mm^2$ 또는 철 $50mm^2$ 이상으로 하여야 한다
② 고압 및 특고압의 전로에 시설하는 피뢰기 접지저항 값은 $10\Omega$ 이하로 하여야 한다.

### (10) 피뢰기의 보호 여유도 ★

$$여유도(\%) = \frac{충격\ 절연\ 강도 - 제한\ 전압}{제한\ 전압} \times 100$$

### (11) 피뢰기의 점검 : 연 1회 이상 ★

① 접지 저항 측정
② 지상의 각 접속부 검사
③ 지상의 단선, 용융, 기타 손상 유무 검사

### (12) 피뢰침의 구성요소

① 돌출부(돌침)
② 피뢰도선
③ 접지극

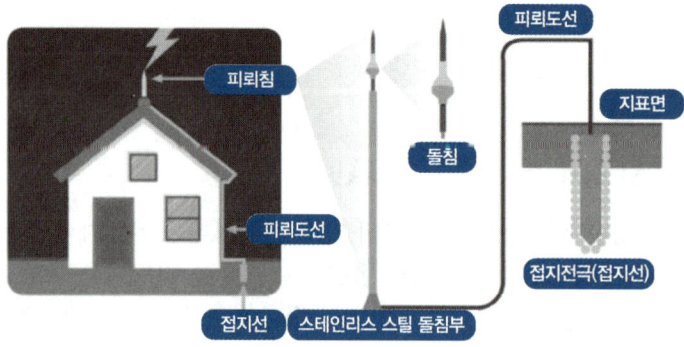

[피뢰침의 구조]

## (13) 피뢰침의 설치 ★

① 피뢰침의 보호각은 45도 이하로 할 것
  - 위험물 저장소 45°
  - 일반 건축물 60° 이하
② 피뢰침의 접지 저항은 10Ω 이하로 할 것
  - 종합 접지 : 10Ω 이하
  - 단독 접지 : 20Ω 이하
③ 돌침
  - 돌침의 직경은 12mm 이상으로서 동봉, 알루미늄 도금을 한 철봉 또는 이와 동등 이상의 강도 및 성능의 것을 사용하여야 한다.
④ 피뢰도선(인하도선)
  - 인하도선의 단면적은 30mm$^2$ 이상인 동선, 50mm$^2$ 이상의 알루미늄 또는 이와 동등 이상의 도전성의 것을 사용한다.
⑤ 피뢰침은 가연성 가스 등이 누설될 우려가 있는 밸브, 게이지 및 배기구 등의 시설물로부터 1.5m 이상 떨어진 장소에 설치할 것

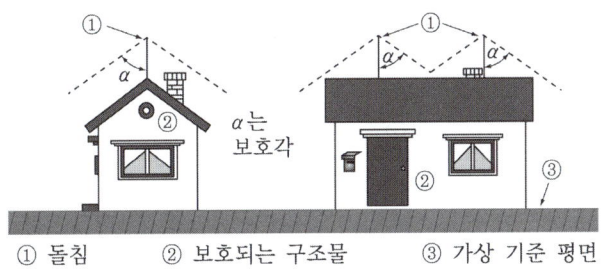

① 돌침   ② 보호되는 구조물   ③ 가상 기준 평면

---

## 화재대책

### (1) 화재의 구분 ★★★

| 등급 \ 구분 | 화재의 구분 | 표시 색 | 소화효과 | 소화기의 종류 |
|---|---|---|---|---|
| A급 | 일반 가연물화재 (종이, 섬유, 목재 등) | 백색 | 냉각소화 | 물소화기, 산·알칼리소화기, 강화액소화기 |
| B급 | 유류화재 | 황색 | 질식소화 | 분말소화기, 포말소화기, 이산화탄소(탄산가스)소화기 |

| | | | | |
|---|---|---|---|---|
| C급 | 전기화재<br>(발전기, 변압기 등) | 청색 | 질식소화,<br>억제소화<br>(부촉매소화) | 분말소화기,<br>이산화탄소(탄산가스) 소화기,<br>할로겐화합물소화기 |
| D급 | 금속화재<br>(금속분 등) | 무색,<br>표시없음 | 질식소화 | 팽창질석, 팽창진주암, 건조사 |

### (2) 예방대책

화재가 발생하기 전에 미리 발화를 방지하는 대책을 말한다.

### (3) 국한대책

화재가 더 이상 확대되지 않도록 하는 대책을 말한다.

① 가연성 물질의 집적 방지
② 건물 및 설비의 불연성화
③ 위험물 시설의 지하매설
④ 방화벽, 방유제 등의 정비
⑤ 일정한 공지의 확보

### (4) 소화대책

초기소화 및 본격적인 소화 활동을 뜻하며 소화설비로서 수동식 소화기, 자동식 스프링클러, 물 분무 소화장치, 소방 호스용의 옥내외 소화전(消火栓) 등이 있다.

### (5) 피난대책

비상구 등을 통하여 대피하는 대책을 말한다. 이때 피난구의 문은 안에서 바깥으로 열리는 구조로 하여야 한다.

# 정전기의 발생 및 재해방지대책

## (1) 정전기 발생현상 ★★

① 마찰대전
- 두 물체 사이의 마찰로 인한 접촉, 분리에서 발생한다.
- 예 롤러기

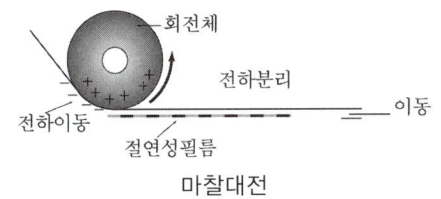

마찰대전

② 유동대전
- 액체류가 파이프 등 내부에서 유동 시 관벽과 액체 사이에서 발생한다.
- 가솔린, 벤젠 등의 유속을 1m/sec 이하로 하여야 한다.

③ 박리대전
- 밀착된 물체가 떨어지면서 자유전자의 이동으로 발생한다.
- 이 경우는 마찰대전보다 더 큰 에너지가 발생한다.

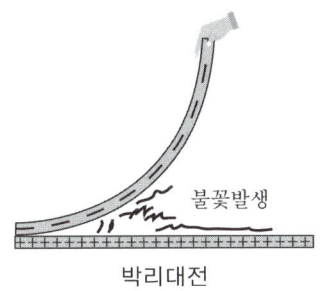

박리대전

④ 충돌대전
- 입자와 다른 고체와의 충돌과 급속한 분리에 의해 발생한다.

⑤ 분출대전
- 기체, 액체, 분체류가 단면적이 작은 분출구를 통과할 때 발생한다.

⑥ 파괴대전
- 고체, 분체류와 같은 물체가 파괴됐을 때 전하분리 또는 전하의 균형이 깨지면서 정전기가 발생한다.

## (2) 정전기 발생에 영향을 주는 요인 ★

| 물체의 특성 | 대전서열에서 멀리 있는 물체들끼리 마찰할수록 발생량이 많다. |
|---|---|
| 물체의 표면 상태 | 표면이 거칠수록, 표면이 수분, 기름 등에 오염될수록 발생량이 많다. |
| 물체의 이력 | 처음 접촉, 분리할 때 정전기 발생량이 최고이고, 반복될수록 발생량은 줄어든다. |
| 접촉 면적 및 압력 | 접촉면적이 넓을수록, 접촉 압력이 클수록 발생량이 많다. |
| 분리 속도 | 분리 속도가 빠를수록 발생량이 많다. |

## (3) 정전기 방전형태

### 1) 코로나 방전

① 전선 간에 가해지는 전압이 어떤 값 이상으로 되면 전선 주위의 전장이 강하게 되어 **전선 표면의 공기가 국부적으로 절연이 파괴되어 빛과 소리를 내는 현상**
② 코로나 방전은 **대전체나 방전물체의 돌기부분과 같은 끝부분에서 미약한 발광이 일어나는 현상**이다.
③ 방전에너지의 밀도가 낮아 재해의 원인이 되는 확률이 비교적 적다.
④ **코로나 방전 결과 공기 중에 오존($O_3$)이 생성된다.**

코로나 방전

### 2) 브러쉬 방전(스트리머 방전)

① 코로나 방전이 보다 진전하여 **수지상 발광과 펄스상의 파괴음을 수반하는 방전**을 말한다.
② 가연성 가스, 증기 또는 민감한 분진에서 화재, 폭발을 일으킬 수 있다.

스트리머 방전

### 3) 불꽃 방전

① 대전체 또는 **접지체의 형태가 비교적 평활하고 그 간격이 작은 경우 그 공간에서 발생하는 강한 발광과 파괴음을 가진 방전**을 말한다.
② 방전에너지가 커서 재해나 장해의 주요 원인이 된다.

### 4) 연면 방전

① 절연체 표면의 전계강도가 큰 경우에 **고체표면을 따라서 진행하는 방전**을 말한다.
② 불꽃 방전과 마찬가지로 방전에너지가 높아 재해나 장해의 원인이 된다.
③ star-check 마크를 가지는 나뭇가지 형태의 발광을 수반한다.

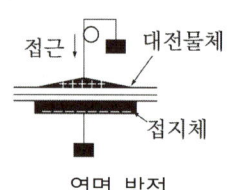
연면 방전

## (4) 정전기의 최소 착화 에너지(정전에너지)

**최소 착화 에너지(정전에너지)의 계산 ★**

$$E = \frac{1}{2}CV^2$$

여기서, E : 정전기 에너지(J)
C : 도체의 정전 용량(F)
V : 대전 전위(V)

## (5) 정전기 재해 예방대책 ★★

① **접지**(도체일 경우 효과 있으나 부도체는 효과 없다.)
② **습기 부여**(공기 중 습도를 60 ~ 70% 이상 유지한다.)
③ **도전성 재료 사용**(절연성 재료는 절대 금한다.)
④ **대전방지제 사용**
⑤ **제전기 사용**
⑥ 유속 조절(석유류 제품 1m/s 이하)

## (6) 인체에 대전된 정전기위험 방지 조치 ★★

① 정전기용 안전화의 착용
② 제전복(除電服)의 착용
③ 정전기 제전 용구의 사용
④ 작업장 바닥 등에 도전성을 갖추도록 하는 등의 조치

## (7) 제전기 종류 및 특징

### 1) 전압인가식 제전기

① 7,000V 정도의 전압으로 코로나 방전을 일으키고 발생된 이온으로 제전한다.
② 제전효과가 가장 좋다.

### 2) 자기 방전식 제전기

① 스테인리스, 카본(7μm), 도전성 섬유(5μm) 등에 작은 코로나 방전을 일으켜서 제전한다.
② 아세테이트 필름의 권취 공정, 셀로판 제조 공정, 섬유 공장 등에 유용하다.
③ 경제적이며 제전효과 좋다.

### 3) 이온식 스프레이식 제전기

① 코로나 방전에 의해 발생한 이온을 blower로 대전체에 내뿜는 방식이다.
② 제전효율은 낮으나 폭발위험 있는 곳에 적당하다.

4) 방사선식 제전기
① 방사선 원소의 전리 작용을 이용하여 제전한다.

# 방폭구조

(1) 방폭구조의 구비조건
① 시건장치할 것
② 도선의 인입방식을 정확히 채택할 것
③ 접지할 것
④ 퓨즈 사용

(2) 전기설비의 방폭화 방법 ★★
① 점화원의 방폭적 격리 : 내압, 압력, 유입 방폭구조
② 전기설비의 안전도 증강 : 안전증 방폭구조
③ 점화능력의 본질적 억제 : 본질안전 방폭구조

(3) 방폭구조의 종류 ★★★

1) 내압방폭구조(d)
① 전기기기의 외함 내부에서 가연성가스의 폭발이 발생할 경우 그 외함이 폭발압력에 견디고, 접합면, 개구부 등을 통해 외부의 가연성가스에 인화되지 아니하도록 한 방폭구조를 말한다.
② 폭발한 고열 가스가 용기의 틈을 통하여 누설되더라도 틈의 냉각 효과(최대안전틈새 적용)로 인하여 폭발의 위험이 없도록 한다.

2) 압력 방폭 구조(p)
외함 내부의 보호가스 압력을 외부 대기 압력보다 높게 유지함으로써 외부 대기가 외함 내부로 유입되지 아니하도록 한 방폭구조를 말한다.

3) 유입 방폭 구조(o)
전기기기 전체 또는 전기기기의 일부를 보호액체에 잠기게 함으로써 보호액체의 상부 또는 외함 외부에 존재하는 폭발성가스분위기에 점화가 일어나지 아니하도록 한 방폭구조를 말한다.

### 4) 안전증 방폭 구조(e)

정상작동상태 중 또는 특정한 비정상상태에서 가연성가스의 점화원이 될 수 있는 전기 불꽃 아크 또는 고온부분의 발생을 방지하기 위하여 안전도를 증가시킨 방폭구조를 말한다.

### 5) 본질 안전 방폭 구조(ia, ib)

폭발성분위기에 노출되는 기기 및 연결 배선 내의 에너지를 스파크 또는 가열효과에 의하여 점화를 유발할 수 있는 수준 이하로 제한하는 방폭구조를 말한다.

### 6) 비점화방폭구조(n)

① 정상작동 및 특정 이상상태에서 주위의 폭발성분위기를 점화시키지 아니하는 전기기계 및 기구에 적용하는 방폭구조를 말한다.
② 2종장소에만 사용할 수 있다.

### 7) 몰드방폭구조(m)

폭발성 분위기에 점화를 유발할 수 있는 부분에 컴파운드를 충전함으로써 설치 및 운전 조건에서 폭발성분위기에 점화가 일어나지 아니하도록 한 방폭구조를 말한다.

### 8) 충전방폭구조(q)

폭발성 가스 분위기에 점화를 유발할 수 있는 부분을 고정설치하고 그 주위 전체를 충전물질로 둘러쌈으로써 외부 폭발성분위기에 점화가 일어나지 아니하도록 한 방폭구조를 말한다.

### 9) 특수방폭구조(s)

내압, 유입, 압력, 안전증, 본질안전 이외의 방폭구조로서 폭발성가스 또는 증기에 점화 또는 위험 분위기로 인화를 방지할 수 있는 것이 시험, 기타에 의하여 확인된 구조를 말한다.

### 10) 방진방폭구조(tD)

분진층이나 분진운의 점화를 방지하기 위하여 용기로 보호하는 전기기기에 적용되는 분진침투방지, 표면 온도 제한 등의 방법을 말한다.

○ **방폭구조의 기호 ★★★**

| 가스, 증기, 분진 방폭구조 | | 기호 |
|---|---|---|
| 가스, 증기 방폭구조 | 내압 방폭구조 | d |
| | 압력 방폭구조 | p |
| | 유입 방폭구조 | o |
| | 안전증 방폭구조 | e |

| | 본질안전 방폭구조 | ia or ib |
|---|---|---|
| 가스, 증기 방폭구조 | 충전 방폭구조 | q |
| | 비점화 방폭구조 | n |
| | 몰드 방폭구조 | m |
| | 특수 방폭구조 | s |
| 분진 방폭구조 | 방진 방폭구조 | tD |

### (4) 안전간격(Safety gap) ★

용기 내(8L, 틈의 안길이 25mm의 구형용기)에 폭발성 가스를 채우고 점화시켰을 때 폭발 화염이 용기 외부까지 전달되지 않는 한계의 틈을 말한다.

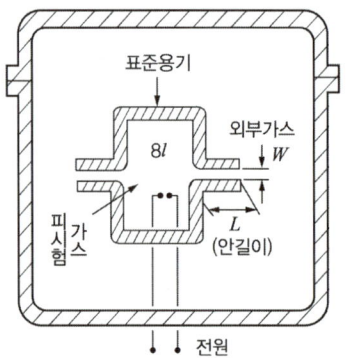

### (5) 방폭 전기기기의 분류

① 방폭전기기기는 탄광용 Group I, 공장 및 사업장용 Group II로 분류하고 있다.
② 내압방폭구조 및 본질안전방폭구조의 전기기기는 그 방폭성능에 따라 IIA, IIB, IIC의 3개 Group으로 분류하고 있다.

| 화염일주한계에 의한 분류 ★★ | | | |
|---|---|---|---|
| 폭발성 가스의 분류 | A | B | C |
| 최대 안전 틈새<br>(화염일주한계) | 0.9mm 이상 | 0.5mm 초과<br>0.9mm 미만 | 0.5mm 이하 |
| 내압방폭구조의<br>전기기기의 분류 | IIA | IIB | IIC |

| 최소점화전류비에 의한 분류 ★ ||||
|---|---|---|---|
| 폭발성 가스의 분류 | A | B | C |
| 최소 점화 전류비 | 0.8 초과 | 0.45 이상 0.8 이하 | 0.45 미만 |
| 본질안전 방폭구조의 전기기기의 분류 | ⅡA | ⅡB | ⅡC |

※ 최소점화전류(Minimum ignition current) : 폭발성분위기가 전기불꽃에 의하여 폭발을 일으킬 수 있는 최소의 회로전류로서, 폭발성 가스의 종류에 따라서 다르다.(최소점화전류비는 메탄가스의 최소점화전류를 기준으로 나타낸다.)

### Reference

**안전간격에 따른 폭발등급(폭발성 가스를 구분하는 과거 기준)**

| 폭발 등급 | 안전간격(mm) | 해당가스 |
|---|---|---|
| 1등급 | 0.6mm 초과 | 메탄, 에탄, 프로판, 부탄 |
| 2등급 | 0.4mm 초과 0.6mm 이하 | 에틸렌, 석탄가스 |
| 3등급 | 0.4mm 이하 | 수소, 아세틸렌 |

## (6) 폭발 위험장소의 구분

### 1) 폭발위험이 있는 장소의 설정 및 관리

| 폭발위험장소의 구분도(區分圖)를 작성하는 경우 가스폭발 위험장소 또는 분진폭발 위험장소로 설정하여 관리하여야 하는 장소 |
|---|

① 인화성 액체의 증기나 인화성 가스 등을 제조·취급 또는 사용하는 장소
② 인화성 고체를 제조·사용하는 장소

## 2) 위험장소의 분류 ★★★

| 가스폭발 위험장소 | |
|---|---|
| 0종 장소 | 가. **설비의 내부**<br>나. 인화성 또는 가연성 액체가 **피트(PIT) 등의 내부**<br>다. 인화성 또는 **가연성의 가스나 증기가 지속적으로 또는 장기간 체류하는 곳** |
| 1종 장소 | 가. **통상의 상태에서 위험 분위기가 쉽게 생성되는 곳**<br>나. 운전·유지 보수 또는 누설에 의하여 자주 위험분위기가 생성되는 곳<br>다. 설비 일부의 고장 시 가연성 물질의 방출과 전기계통의 고장이 동시에 발생되기 쉬운 곳<br>라. 환기가 불충분한 장소에 설치된 배관 계통으로 배관이 쉽게 누설되는 구조의 곳<br>마. 주변 지역보다 낮아 가스나 증기가 체류할 수 있는 곳<br>바. **상용의 상태에서 위험 분위기가 주기적 또는 간헐적으로 존재하는 곳** |
| 2종 장소 | 가. 환기가 불충분한 장소에 설치된 배관 계통으로 배관이 쉽게 누설되지 않는 구조의 곳<br>나. **가스켓(GASKET), 팩킹(PACKING) 등의 고장과 같이 이상상태에서만 누출**될 수 있는 공정설비 또는 배관이 환기가 충분한 곳에 설치될 경우<br>다. 1종 장소와 직접 접하며 개방되어 있는 곳 또는 1종 장소와 덕트, 트랜치, 파이프 등으로 연결되어 이들을 통해 가스나 증기의 유입이 가능한 곳<br>라. 강제 환기방식이 채용되는 곳으로 **환기설비의 고장이나 이상 시에 위험 분위기가 생성될 수 있는 곳** |

| 분진폭발 위험장소 | |
|---|---|
| 20종 장소 | • 분진운 형태의 **가연성 분진이 폭발농도를 형성할 정도로 충분한 양이 정상작동 중에 연속적으로** 또는 자주 존재하거나, 제어할 수 없을 정도의 양 및 두께의 분진층이 **형성될 수 있는 장소** |
| 21종 장소 | • 20종 장소외의 장소로서, 분진운 형태의 **가연성 분진이 폭발농도를 형성할 정도의 충분한 양이 정상작동 중에 존재할 수 있는 장소** |
| 22종 장소 | • 21종 장소외의 장소로서, **가연성 분진운 형태가 드물게 발생 또는 단기간 존재할 우려가 있거나, 이상작동 상태 하에서 가연성 분진운이 형성될 수 있는 장소** |

## (7) 위험장소별 방폭구조 ★★★

| 가스폭발 위험장소 | 0종 장소 | 본질안전 방폭구조(ia) |
|---|---|---|
| | 1종 장소 | 내압 방폭구조(d)<br>압력 방폭구조(p)<br>충전 방폭구조(q)<br>유입 방폭구조(o)<br>안전증 방폭구조(e)<br>본질안전 방폭구조(ia, ib)<br>몰드 방폭구조(m) |
| | 2종 장소 | 0종 장소 및 1종 장소에 사용 가능한 방폭 구조<br>비점화 방폭구조(n) |
| 분진폭발 위험장소 | 20종 장소 | 밀폐방진 방폭구조(DIP A20 또는 DIP B20) |
| | 21종 장소 | 밀폐방진 방폭구조(DIP A20 또는 A21, DIP B20 또는 B21)<br>특수방진 방폭구조(SDP) |
| | 22종 장소 | 20종 장소 및 21종 장소에서 사용 가능한 방폭 구조<br>일반방진 방폭구조(DIP A22 또는 DIP B22)<br>보통방진 방폭구조(DIP) |

## (8) 방폭기기의 표시 ★★

| 방폭기기의 표시법 |
|---|
| Ex d ⅡA T1 IP 54 |

① Ex : 방폭구조의 상징
② d : 방폭구조(내압 방폭구조)
③ ⅡA : 가스, 증기 및 분진의 그룹
④ T1 : 온도등급
⑤ IP 54 : 보호등급

| Ex | d | | ⅡA | | T1 | IP 54 |
|---|---|---|---|---|---|---|
| 방폭구조 | | 분류 | | 기호 | 온도등급 | 보호등급 |
| 내압<br>-<br>-<br>특수방진<br>-<br>- | d<br>-<br>-<br>SDP<br>-<br>- | 산업용 Ⅱ | 가스·증기 | A<br>B<br>C | T1<br>~<br>T6 | IP OO |
| | | | 분진 | 11<br>12<br>13 | | |

방폭구조 – 폭발등급 – 발화도 순으로 다음과 같이 표시한다.
[ d 2 G4 ]

① d : 내압 방폭구조
② 2 : 폭발등급 2등급
③ G4 : 발화도 등급 G4에 해당하는 가연성 가스

※ 관련 지침이 변경되기 전의 표시법이며, 현재는 (8)번의 표시법을 사용하고 있음

| 폭발성 가스의 분류 | A | B | C |
|---|---|---|---|
| 최대 안전 틈새(내압) | 0.9mm 이상 | 0.5mm 초과 0.9mm 미만 | 0.5mm 이하 |
| 최소 점화 전류비 (본질안전) | 0.8 초과 | 0.45 이상 0.8 이하 | 0.45 미만 |
| 적용 기기 (내압, 본질안전, 비점화) | IIA | IIB | IIC |
| 대표적 가스 | 암모니아, 일산화탄소, 벤젠, 아세톤, 에탄올, 메탄올, 프로판 | 부타디엔, 에틸렌, diethyl ether, 에틸렌옥사이드, 도시가스 | 아세틸렌, 수소, 유화탄소 |

# 예상문제

**01** 1차 감전 위험요소는 (　　), (　　), (　　), (　　)이다. ★

**정답**

통전전류크기, 통전시간, 통전경로, 전원의 종류

**02** 누전차단기는 ( ① )의 누전에 ( ② ) 이내에 작동하여야 한다. (단, 정격전부하전류가 ( ③ ) 이상인 경우 ( ④ ) 이하에서 ( ⑤ ) 이내에 작동하여야 한다.) ★★

**정답**

① 30밀리암페어 이하
② 0.03초 이내
③ 50암페어 이상
④ 200밀리암페어 이하
⑤ 0.1초

**03** 누전차단기를 설치해야 하는 기계·기구를 4가지를 쓰시오. ★★

**정답**

① 대지전압이 150볼트를 초과하는 이동형 또는 휴대형 전기기계·기구
② 물 등 도전성이 높은 액체가 있는 습윤장소에서 사용하는 저압용 전기기계·기구
③ 철판·철골 위 등 도전성이 높은 장소에서 사용하는 이동형 또는 휴대형 전기기계·기구
④ 임시 배선의 전로가 설치되는 장소에서 사용하는 이동형 또는 휴대형 전기기계·기구

누전차단기 설치 → 전기가 잘 통하는 곳 → ① 땅(대지전압 150V 초과)
　　　　　　　　　　　　　　　　　　　② 물(습윤장소)
　　　　　　　　　　　　　　　　　　　③ 철판·철골(도전성 높은 장소)

**누전차단기를 설치하지 않아도 되는 경우(접지를 시행하지 않아도 되는 경우) 3가지를 쓰시오.** ★★

**정답**
① 이중절연구조 또는 이와 같은 수준 이상으로 보호되는 전기기계·기구
② 절연대 위 등과 같이 감전 위험이 없는 장소에서 사용하는 전기기계·기구
③ 비접지방식의 전로

누전차단기 설치 × → 전기가 잘 통하지 않음 → 절연이 우수한 경우 → ① 이중절연구조
　　　　　　　　　　　　　　　　　　　　　　　　　　　　　　　　　② 절연대 위

 **정전작업 시 전로 차단 절차를 쓰시오.** ★★

**정답**
① 전기기기 등에 공급되는 모든 전원을 관련 도면, 배선도 등으로 확인할 것
② 전원을 차단한 후 각 단로기 등을 개방하고 확인할 것
③ 차단장치나 단로기 등에 잠금장치 및 꼬리표를 부착할 것
④ 잔류전하를 완전히 방전시킬 것
⑤ 검전기를 이용하여 충전되었는지를 확인할 것
⑥ 다른 노출 충전부와의 접촉, 유도 또는 예비동력원의 역송전 등으로 전압이 발생할 우려가 있는 경우에는 충분한 용량을 가진 단락 접지기구를 이용하여 접지할 것

전원차단 → 잠금장치 꼬리표 부착 → 잔류전하 방전 → 검전기로 확인 → 단락접지 실시

정전 작업 중 또는 작업을 마친 후 전원 공급 시 준수사항을 4가지 쓰시오. ★★

**정답**
① 작업기구, 단락 접지기구 등을 제거하고 전기기기 등이 안전하게 통전될 수 있는지를 확인할 것
② 모든 작업자가 작업이 완료된 전기기기 등에서 떨어져 있는지를 확인할 것
③ 잠금장치와 꼬리표는 설치한 근로자가 직접 철거할 것
④ 모든 이상 유무를 확인한 후 전기기기 등의 전원을 투입할 것

 정전작업을 하지 않아도 되는 경우 3가지를 쓰시오.

**정답**
① 생명유지장치, 비상경보설비, 폭발위험장소의 환기설비, 비상조명설비 등의 장치·설비의 가동이 중지되어 사고의 위험이 증가되는 경우
② 기기의 설계상 또는 작동 상 제한으로 전로 차단이 불가능한 경우
③ 감전, 아크 등으로 인한 화상, 화재·폭발의 위험이 없는 것으로 확인된 경우

**충전전로에서의 전기작업(활선작업)시의 조치를 5가지 쓰시오.** ★★

정답

① 충전전로를 정전시키는 경우 정전작업 시 전로차단 절차에 따른 조치를 할 것
② 충전전로를 방호, 차폐하거나 절연 등의 조치를 하는 경우 신체가 전로와 직접 접촉하거나 기기 등을 통하여 간접 접촉되지 않도록 할 것
③ 근로자에게 절연용 보호구를 착용시킬 것
④ 해당 전압에 적합한 절연용 방호구를 설치할 것
⑤ 고압 및 특별고압의 전로에서 전기작업을 하는 근로자에게 활선작업용 기구 및 장치를 사용하도록 할 것
⑥ 절연용 방호구의 설치·해체작업을 하는 경우에는 절연용 보호구를 착용하거나 활선작업용 기구 및 장치를 사용하도록 할 것
⑦ 유자격자가 아닌 근로자가 충전전로 인근의 높은 곳에서 작업할 때에 충전전로에서 대지전압이 50킬로볼트 이하인 경우에는 300센티미터 이내로, 대지전압이 50킬로볼트를 넘는 경우에는 10킬로볼트당 10센티미터씩 더한 거리 이내로 각각 접근할 수 없도록 할 것
⑧ 유자격자가 충전전로 인근에서 작업하는 경우 접근한계거리 이내로 접근하거나 절연 손잡이가 없는 도전체에 접근할 수 없도록 할 것

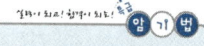

① 절연용 보호구 착용
② 절연용 방호구 설치
③ 활선작업용 기구, 장치 사용
④ 충전전로에 신체가 직·간접 접촉금지
⑤ 접근금지 ┌ 대지전압 50kV 이하 : 300cm 이내
           └ 대지전압 50kV 초과 : 10kV당 10cm씩 더한 거리 이내

**09** 충전전로에서의 전기작업(활선작업)시의 접근한계거리이다. 표를 채우시오. ★★

| 충전전로의 선간전압(kV) | 충전전로에 대한 접근 한계거리(cm) |
|---|---|
| 0.3 이하 | |
| 0.3 초과 0.75 이하 | |
| 0.75 초과 2 이하 | |
| 2 초과 15 이하 | |
| 15 초과 37 이하 | |
| 37 초과 88 이하 | |
| 88 초과 121 이하 | |
| 121 초과 145 이하 | |
| 145 초과 169 이하 | |
| 169 초과 242 이하 | |
| 242 초과 362 이하 | |
| 362 초과 550 이하 | |
| 550 초과 800 이하 | |

**정답**

| 충전전로의 선간전압(kV) | 충전전로에 대한 접근 한계거리(cm) |
|---|---|
| 0.3 이하 | 접촉금지 |
| 0.3 초과 0.75 이하 | 30 |
| 0.75 초과 2 이하 | 45 |
| 2 초과 15 이하 | 60 |
| 15 초과 37 이하 | 90 |
| 37 초과 88 이하 | 110 |
| 88 초과 121 이하 | 130 |
| 121 초과 145 이하 | 150 |
| 145 초과 169 이하 | 170 |
| 169 초과 242 이하 | 230 |
| 242 초과 362 이하 | 380 |
| 362 초과 550 이하 | 550 |
| 550 초과 800 이하 | 790 |

**암기법**

선간전압 : 0.3, 0.75 / 2, 15 / 37, 88 / 121, 145, 169 / 242, 362 / 550, 800
접근 한계거리 : 접촉×/ 3, 45, 6 / 9, 11, 13, 15, 17 / 23, 38, 55, 79 뒤에 "0" (45 제외)

**10** 전선로 주변에서 크레인 등의 건설장비로 건설공사 시 우려되는 감전을 방지하기 위한 조치를 적으시오. (충전전로 인근에서의 차량·기계장치 작업 시 감전방지 조치) ★★

**정답**

① 충전전로 인근에서 차량, 기계장치 등의 작업이 있는 경우에는 차량 등을 충전전로의 충전부로부터 300센티미터 이상 이격시켜 유지시키되, 대지전압이 50킬로볼트를 넘는 경우 이격거리는 10킬로볼트 증가할 때마다 10센티미터씩 증가시켜야 한다. 다만, 차량 등의 높이를 낮춘 상태에서 이동하는 경우에는 이격거리를 120센티미터 이상(대지전압이 50킬로볼트를 넘는 경우에는 10킬로볼트 증가할 때마다 이격거리를 10센티미터씩 증가)으로 할 수 있다.
② 절연용 방호구를 설치한 경우에는 이격거리를 절연용 방호구 앞면까지로, 차량 등의 가공 붐대의 버킷이나 끝부분 등이 절연되어 있고 유자격자가 작업을 수행하는 경우의 이격거리는 접근 한계거리까지로 할 수 있다.
③ 울타리를 설치하거나 감시인 배치 등의 조치를 하여야 한다.
④ 충전전로 인근에서 접지된 차량 등이 충전전로와 접촉할 우려가 있을 경우에는 지상의 근로자가 접지점에 접촉하지 않도록 조치하여야 한다.

**참고**

**울타리 및 감시인 배치를 하지 않아도 되는 경우**
① 근로자가 해당 전압에 적합한 절연용 보호구 등을 착용하거나 사용하는 경우
② 차량 등의 절연되지 않은 부분이 접근 한계거리 이내로 접근하지 않도록 하는 경우

① 이격거리 ┌ 충전전로로부터 300cm 이상
　　　　　 └ 대지전압이 50kV 초과 - 10kV 증가 시마다 10cm씩 증가
② 울타리 설치, 감시인 배치
③ 근로자가 접지점에 접촉 않도록 조치

전기기계·기구 등의 충전부방호(직접접촉으로 인한 감전방지조치) 5가지를 쓰시오. ★

**정답**

① 폐쇄형 외함이 있는 구조로 할 것
② 방호망 또는 절연덮개를 설치할 것
③ 절연물로 완전히 덮어 감쌀 것
④ 발전소·변전소 및 개폐소 등 구획되어 있는 장소로서 관계 근로자가 아닌 사람의 출입이 금지되는 장소에 충전부를 설치하고, 위험표시 등의 방법으로 방호를 강화할 것
⑤ 전주 위 및 철탑 위 등 격리되어 있는 장소로서 관계 근로자가 아닌 사람이 접근할 우려가 없는 장소에 충전부를 설치할 것

 절연용 보호구 등(절연용 보호구, 절연용 방호구, 활선작업용 기구, 활선작업용 장치)을 사용하여야 하는 작업을 5가지 쓰시오.

**정답**

① 밀폐공간에서의 전기작업
② 이동 및 휴대장비 등을 사용하는 전기작업
③ 정전 전로 또는 그 인근에서의 전기작업
④ 충전전로에서의 전기작업
⑤ 충전전로 인근에서의 차량·기계장치 등의 작업

## 13. 전압의 구분이다. 다음 표를 채우시오. ★★★

| 전압의 종별 | 교류 | 직류 |
|---|---|---|
| 저압 | | |
| 고압 | | |
| 특별고압 | | |

**정답**

| 전압의 종별 | 교류 | 직류 |
|---|---|---|
| 저압 | 1,000V 이하의 것 | 1,500V 이하의 것 |
| 고압 | 1,000V 초과 7,000V 이하 | 1,500V 초과 7,000V 이하 |
| 특별고압 | 7,000V 초과 | 7,000V 초과 |

## 14. 다음 통전전류를 설명하고 값을 적으시오. ★★

| 종류 | 내용 | 비고 |
|---|---|---|
| 최소 감지 전류 | | |
| 고통 감지 전류 | | |
| 이탈가능 감지 전류 | | |
| 이탈불능 감지 전류 | | |
| 심실세동 감지 전류 | | |

**정답**

| 종류 | 내용 | 비고 |
|---|---|---|
| 최소 감지 전류 | 짜릿함을 느끼는 최소의 전류 | 1~2mA |
| 고통 감지 전류 | 참을 수 있으나 고통을 느끼는 전류 | 2~8mA |
| 이탈가능 감지 전류 | 전원으로부터 떨어질 수 있는 최대전류 | 8~15mA |
| 이탈불능 감지 전류 | 근육수축이 격렬하여 전원으로부터 떨어질 수 없는 전류 | 15~50mA |
| 심실세동 감지 전류 | 심장박동 불규칙으로 심장마비를 일으켜 수분 내 사망할 수 있는 전류 | 100mA 이상 |

**15** 인체피부의 전기저항은 ( ① )이며, 내부조직은 ( ② ), 물에 젖을 경우 피부저항이 ( ③ )로 감소, 땀에 젖을 경우 ( ④ )로 감소한다.

> **정답**
> ① 피부 : 2,500Ω
> ② 내부조직 : 500Ω
> ③ 물에 젖어 있을 때 : 1/25
> ④ 땀이 나 있을 때 : 1/12

**16** 어떤 작업자가 100V의 회로를 물에 젖은 손으로 만져 사망한 일이 있다. 이 때 인체에 흐른 전류(mA)는 얼마였으며, 심실세동을 일으킨 시간은 얼마였겠는가? (단, 인체의 저항은 5,000Ω ) ★★

> **정답**
> $V = I \times R$
> 물에 젖은 손 → 저항이 $\frac{1}{25}$ 로 감소하므로
> 
> 1. 전류 $I = \frac{V}{R} = \frac{100}{5000 \times \frac{1}{25}} \times 1000 = 500$ mA
> 
> 2. 심실세동전류 $I = \frac{165}{\sqrt{T}}$ (mA)    $T$ : 통전시간(초)
> 
> $500 = \frac{165}{\sqrt{T}}$
> $500 \times \sqrt{T} = 165$
> $\sqrt{T} = \frac{165}{500}$
> $T = (\frac{165}{500})^2 = 0.1089 = 0.11$초

**17** 다음 장소에 적합한 허용접촉전압을 쓰시오. ★★

| 종별 | 접촉 상태 | 허용 접촉 전압 |
|---|---|---|
| 제1종 | • 인체의 대부분이 수중에 있는 상태 | ( ) |
| 제2종 | • 인체가 현저히 젖어 있는 상태<br>• 금속성의 전기·기계 장치나 구조물에 인체의 일부가 상시 접촉되어 있는 상태 | ( ) |
| 제3종 | • 제1종, 제2종 이외의 경우로서 통상의 인체 상태 있어서 접촉 전압이 가해지면 위험성이 높은 상태 | ( ) |
| 제4종 | • 제1종, 제2종 이외의 경우로서 통상의 인체 상태에 접촉 전압이 가해지더라도 위험성이 낮은 상태<br>• 접촉 전압이 가해질 우려가 없는 경우 | ( ) |

**정답**

| 종별 | 접촉 상태 | 허용 접촉 전압 |
|---|---|---|
| 제1종 | • 인체의 대부분이 수중에 있는 상태 | 2.5V 이하 |
| 제2종 | • 인체가 현저히 젖어 있는 상태<br>• 금속성의 전기·기계 장치나 구조물에 인체의 일부가 상시 접촉되어 있는 상태 | 25V 이하 |
| 제3종 | • 제1종, 제2종 이외의 경우로서 통상의 인체 상태 있어서 접촉 전압이 가해지면 위험성이 높은 상태 | 50V 이하 |
| 제4종 | • 제1종, 제2종 이외의 경우로서 통상의 인체 상태에 접촉 전압이 가해지더라도 위험성이 낮은 상태<br>• 접촉 전압이 가해질 우려가 없는 경우 | 제한 없음 |

**18** 전로의 절연저항을 나타내고 있다. 괄호에 적합한 절연저항 값을 적으시오. (단, 단위를 포함하여 적을 것)

| 전로의 사용전압(V) | DC 시험전압 | 절연저항 |
|---|---|---|
| SELV(비접지회로) 및 PELV(접지회로) | ( ① ) | ( ② ) |
| FELV(1차와 2차가 전기적으로 절연되지 않은 회로), 500(V) 이하 | ( ③ ) | ( ④ ) |
| 500(V) 초과 | ( ⑤ ) | ( ⑥ ) |

**정답**

① 250(V)　② 0.5($M\Omega$)　③ 500(V)　④ 1.0($M\Omega$)　⑤ 1,000(V)　⑥ 1.0($M\Omega$)

**19** 다음 표는 통전 경로별 위험도를 나타내었다. 표의 빈칸을 채우시오. ★

| 통전 경로 | 위험도 |
|---|---|
| 왼손-가슴 | |
| 오른손-가슴 | |
| 왼손-한발 또는 양발 | |
| 양손-양발 | |
| 오른손-한발 또는 양발 | |
| 왼손-등 | |
| 한손 또는 양손-앉아있는 자리 | |
| 왼손-오른손 | |
| 오른손-등 | |

**정답**

| 통전 경로 | 위험도 |
|---|---|
| 왼손 – 가슴 | 1.5 |
| 오른손 – 가슴 | 1.3 |
| 왼손 – 한발 또는 양발 | 1.0 |
| 양손 – 양발 | 1.0 |
| 오른손 – 한발 또는 양발 | 0.8 |
| 왼손 – 등 | 0.7 |
| 한손 또는 양손 – 앉아있는 자리 | 0.7 |
| 왼손 – 오른손 | 0.4 |
| 오른손 – 등 | 0.3 |

왼가 오가/ 왼발 손발 오발/ 왼등 손자리 손손 오등(53땡땡 / 87743)

**20** 퓨즈종류 및 용단시간이다. 다음 괄호를 채우시오. ★

| 퓨즈의 종류 | 정격 용량 | 용단 시간 |
|---|---|---|
| 고압용 포장 퓨즈 | 정격 전류의 ( )배 | 2배의 전류로 ( ) |
| 고압용 비포장 퓨즈 | 정격 전류의 ( )배 | 2배의 전류로 ( ) |

**정답**

| 퓨즈의 종류 | 정격 용량 | 용단 시간 |
|---|---|---|
| 고압용 포장 퓨즈 | 정격 전류의 1.3배 | 2배의 전류로 120분 |
| 고압용 비포장 퓨즈 | 정격 전류의 1.25배 | 2배의 전류로 2분 |

### 21. 계통접지의 종류를 3가지로 구분하여 적으시오. ★★

**정답**
① TN방식(TN-S, TN-C, TN-C-S방식)
② TT방식
③ IT방식

### 22. KEC 규정에 따른 접지도체의 최소 단면적을 적으시오. ★★

| 구리 | ( ① )mm² 이상 |
|---|---|
| 철제 | ( ② )mm² 이상 |
| 접지도체에 피뢰시스템이 접속되는 경우 | 구리 ( ③ )mm² 또는 철 ( ④ )mm² 이상 |

**정답**
① 6  ② 50  ③ 16  ④ 50

### 23. KEC 규정에 따른 변압기의 중성점접지 저항값을 계산하시오. ★

① 일반적인 변압기의 고압·특고압 측 전로의 1선 지락전류가 3A인 경우
② 변압기의 특고압 측 전로에 1초 초과 2초 이내에 전로를 차단하는 장치를 설치한 경우이며 1선 지락전류가 5A인 경우
③ 사용전압이 35kV 이하의 특고압전로가 대지전압이 150V를 초과하는 저압 측 전로와 혼촉하고 1초 이내에 전로를 자동으로 차단하는 장치를 설치하였으며 1선 지락전류가 12A인 경우

**정답**
① $\dfrac{150}{1선지락전류} = \dfrac{150}{3} = 50\Omega$ 이하
② $\dfrac{300}{1선지락전류} = \dfrac{300}{5} = 60\Omega$ 이하
③ $\dfrac{600}{1선지락전류} = \dfrac{600}{12} = 50\Omega$ 이하

## 참고

| 1. 일반적인 변압기 | 변압기의 고압·특고압측 전로 1선 지락전류로 150을 나눈 값 이하($\frac{150}{1선지락전류}\Omega$ 이하) | |
|---|---|---|
| 2. 변압기의 고압·특고압측 전로 또는 사용전압이 35kV 이하의 특고압전로가 저압측 전로와 혼촉하고 저압전로의 대지전압이 150V를 초과하는 경우 | • 1초 초과 2초 이내에 고압·특고압 전로를 자동으로 차단하는 장치를 설치할 때 | 1선 지락전류로 300을 나눈 값 이하 ($\frac{300}{1선지락전류}\Omega$ 이하) |
| | • 1초 이내에 고압·특고압 전로를 자동으로 차단하는 장치를 설치할 때 | 1선 지락전류로 600을 나눈 값 이하 ($\frac{600}{1선지락전류}\Omega$ 이하) |

**24** KEC 규정에 따른 적합한 접지도체의 굵기를 적으시오. ★★

| 1. 특고압·고압 전기설비용 접지도체 | 단면적 ( ① )mm² 이상의 연동선 | |
|---|---|---|
| 2. 중성점 접지용 접지도체 | 공칭단면적 ( ② )mm² 이상의 연동선 | |
| 3. 중성점 접지용 접지도체 중 7kV 이하의 전로 | 공칭단면적 ( ③ )mm² 이상의 연동선 | |
| 4. 이동하여 사용하는 전기기계·기구의 금속제 외함 등의 접지시스템 | • 특고압·고압 및 중성점 접지용 접지도체 | 다심 캡타이어케이블의 차폐 또는 기타의 금속체로 단면적이 ( ④ )mm² 이상인 것 |
| | • 저압 전기설비용 접지도체 | 다심 코드 또는 다심 캡타이어케이블의 1개 또는 도체의 단면적이 ( ⑤ )mm² 이상인 것 |

**정답**

① 6  ② 16  ③ 6  ④ 10  ⑤ 0.75

> **참고**

| 1. 특고압·고압 전기설비용 접지도체 | – 단면적 6mm² 이상의 연동선 |
|---|---|
| 2. 중성점 접지용 접지도체 | – 공칭단면적 16mm² 이상의 연동선 |
| 3. 중성점 접지용 접지도체 중<br>• 7kV 이하의 전로<br>• 사용전압이 25kV 이하인 특고압 가공 전선로(중성선 다중접지 방식의 것으로서 전로에 지락이 생겼을 때 2초 이내에 자동적으로 이를 전로로부터 차단하는 장치가 되어 있는 것) | – 공칭단면적 6mm² 이상의 연동선 |
| 4. 이동하여 사용하는 전기기계·기구의 금속제 외함 등의 접지시스템<br>• 특고압·고압 전기설비용 접지도체 및 중성점 접지용 접지도체 | – 클로로프렌 캡타이어케이블(3종 및 4종) 또는 클로로설포네이트폴리에틸렌캡타이어케이블(3종 및 4종)의 1개 도체 또는 다심 캡타이어케이블의 차폐 또는 기타의 금속체로 단면적이 10mm² 이상인 것 |
| • 저압 전기설비용 접지도체 | – 다심 코드 또는 다심 캡타이어케이블의 1개 또는 도체의 단면적이 0.75mm² 이상인 것(다만, 기타 유연성이 있는 연동연선은 1개 도체의 단면적이 1.5mm² 이상인 것을 사용) |

## 25 교류아크 용접기의(자동 전격 방지기)의 성능을 설명하시오. ★

**정답**

용접을 중단하고 1.0초 내에 용접기의 홀더, 어스선에 흐르는 무부하 전압을 안전전압 25V 이하로 내려준다.

다음은 피뢰기의 접지에 관한 내용이다. 괄호 안을 채우시오. ★★

(1) 접지도체에 피뢰시스템이 접속되는 경우, 접지도체의 단면적은 구리 ( ① ) mm² 또는 철 ( ② )mm² 이상으로 하여야 한다.

(2) 고압 및 특고압의 전로에 시설하는 피뢰기 접지저항 값은 ( ③ )Ω 이하로 하여야 한다.

**정답**

① 16  ② 50  ③ 10

화재 종류를 구분하고 적합한 소화기를 적으시오. ★★★

**정답**

① A급 화재 : 일반가연물 화재(백색)
　적용 가능한 소화기 : 물, 산·알칼리 소화기, 강화액 소화기
② B급 화재 : 유류화재(황색)
　적용 가능한 소화기 : 포말소화기, 분말소화기, $CO_2$소화기
③ C급 화재 : 전기화재(청색)
　적용 가능한 소화기 : 분말소화기, $CO_2$소화기, 할로겐화합물소화기
④ D급 화재 : 금속화재(표시 없음 or 무색)
　적용 가능한 소화기 : 건조사, 팽창질석, 팽창 진주암

## 28. 다음 절연물의 종류에 따른 최고허용온도를 적으시오. ★

(1) Y종 절연 :

(2) A종 절연 :

(3) E종 절연 :

(4) B종 절연 :

(5) F종 절연 :

(6) H종 절연 :

(7) C종 절연 :

**정답**

(1) 90℃
(2) 105℃
(3) 120℃
(4) 130℃
(5) 155℃
(6) 180℃
(7) 180℃ 초과

## 29. 인체에 대전된 정전기 위험 방지조치 3가지를 적으시오. ★★

**정답**

① 정전기용 안전화의 착용
② 제전복의 착용
③ 정전기 제전 용구의 사용
④ 작업장 바닥 등에 도전성을 갖추는 등의 조치

### 30. 정전기 재해방지 대책을 5가지 적으시오. ★★

**정답**
① 접지
② 도전성 재료 사용
③ 공기 중 습기 부여
④ 제전기 사용
⑤ 대전방지제 도포

### 31. 정전기 발생에 영향을 미치는 요소를 4가지 기술하시오. ★

**정답**
① 물체의 특성
② 물체의 표면 상태
③ 물체의 이력
④ 접촉 면적 및 압력
⑤ 분리 속도

### 32. 정전기대전의 종류 5가지를 쓰시오. ★

**정답**
① 마찰대전
② 유동대전
③ 박리대전
④ 충돌대전
⑤ 분출대전

> **참고**
> ① 마찰대전 : 두 물체 사이의 마찰로 인한 접촉, 분리에서 발생한다.
> ② 유동대전 : 액체류가 파이프 등 내부에서 유동 시 관벽과 액체 사이에서 발생한다.
> ③ 박리대전 : 밀착된 물체가 떨어지면서 발생한다.
> ④ 충돌대전 : 입자와 다른 고체와의 충돌과 급속한 분리에 의해 발생한다.
> ⑤ 분출대전 : 기체, 액체, 분체류가 단면적이 작은 분출구를 통과할 때 발생한다.
> ⑥ 비말대전 : 공간에 분출된 액체류가 가늘게 비산해서 분리되고, 많은 물방울로 될 때 새로운 표면을 형성하기 위해 발생한다.

## 33. 정전기의 최소 착화 에너지(정전에너지)를 계산하시오.(mJ) (단, 정전용량 12pF, 전위 1,000V이다.) ★

**정답**

$E = \frac{1}{2}CV^2(J)$

$\begin{pmatrix} C : 정전용량(F) \\ V : 전위(V) \end{pmatrix}$

$E = \frac{1}{2} \times 12 \times 10^{-12} \times 1,000^2 = 0.000006J \times 1,000 = 0.006mJ$

(pF : $10^{-12}$F, J = 1,000mJ)

가스폭발 위험장소와 분진폭발 위험장소를 구분하여 설명하시오. ★★

### 정답

**(1) 가스폭발 위험장소**
① 0종장소 : 인화성 또는 가연성의 가스나 증기가 지속적으로 또는 장기간 체류하는 곳(설비의 내부, 피트 내부)
② 1종장소 : 통상의 상태에서 위험 분위기가 쉽게 생성되는 곳
③ 2종장소 : 가스켓(GASKET), 팩킹(PACKING) 등의 고장과 같이 이상 상태에서만 누출될 수 있는 공정설비 또는 배관이 환기가 충분한 곳에 설치될 경우

**(2) 분진폭발 위험장소**
① 20종장소 : 가연성 분진이 폭발농도를 형성할 정도로 충분한 양이 정상작동 중에 연속적으로 또는 자주 존재하거나, 제어할 수 없을 정도의 양 및 두께의 분진층이 형성될 수 있는 장소
② 21종장소 : 20종 장소 외의 장소로서, 분진운 형태의 가연성 분진이 폭발 농도를 형성할 정도의 충분한 양이 정상작동 중에 존재할 수 있는 장소
③ 22종장소 : 21종 장소외의 장소로서, 가연성 분진운 형태가 드물게 발생 또는 단기간 존재할 우려가 있거나, 이상작동 상태 하에서 가연성 분진 운이 형성될 수 있는 장소

### 참고

| 가스폭발 위험장소 | |
|---|---|
| 0종 장소 | 가. 설비의 내부<br>나. 인화성 또는 가연성 액체의 피트(PIT) 등의 내부<br>다. 인화성 또는 가연성의 가스나 증기가 지속적으로 또는 장기간 체류하는 곳 |
| 1종 장소 | 가. 통상의 상태에서 위험분위기가 쉽게 생성되는 곳<br>나. 운전·유지 보수 또는 누설에 의하여 자주 위험분위기가 생성되는 곳<br>다. 설비 일부의 고장 시 가연성 물질의 방출과 전기계통의 고장이 동시에 발생되기 쉬운 곳<br>라. 환기가 불충분한 장소에 설치된 배관 계통으로 배관이 쉽게 누설되는 구조의 곳<br>마. 주변 지역보다 낮아 가스나 증기가 체류할 수 있는 곳<br>바. 상용의 상태에서 위험분위기가 주기적 또는 간헐적으로 존재하는 곳 |
| 2종 장소 | 가. 환기가 불충분한 장소에 설치된 배관계통으로 배관이 쉽게 누설되지 않는 구조의 곳<br>나. 가스켓(GASKET), 팩킹(PACKING) 등의 고장과 같이 이상상태에서만 누출될 수 있는 공정설비 또는 배관이 환기가 충분한 곳에 설치될 경우<br>다. 1종 장소와 직접 접하며 개방되어 있는 곳 또는 1종 장소와 덕트, 트랜치, 파이프 등으로 연결되어 이들을 통해 가스나 증기의 유입이 가능한 곳<br>라. 강제 환기방식이 채용되는 곳으로 환기설비의 고장이나 이상시에 위험분위기가 생성될 수 있는 곳 |

안전간격(Safety gap)을 정의를 적으시오. ★

**정답**

용기 내에 폭발성 가스를 채우고 점화시켰을 때 폭발 화염이 용기 외부까지 전달되지 않는 한계의 틈

 1) 내압 방폭구조를 방폭 성능에 따라 ⅡA, ⅡB, ⅡC의 3개 Group으로 분류하고 있다. ⅡA, ⅡB, ⅡC 그룹의 화염일주 한계를 적으시오.

| 폭발성 가스의 분류 | A | B | C |
|---|---|---|---|
| 화염일주한계 | ( ① )mm 이상 | ( ② )mm 초과<br>( ③ )mm 미만 | ( ④ )mm 이하 |
| 내압 방폭구조의 전기기기의 분류 | ⅡA | ⅡB | ⅡC |

**정답**

① 0.9  ② 0.5  ③ 0.9  ④ 0.5

2) 본질안전 방폭구조를 방폭 성능에 따라 ⅡA, ⅡB, ⅡC의 3개 Group으로 분류하고 있다. ⅡA, ⅡB, ⅡC 그룹의 최소 점화 전류비를 적으시오.

| 폭발성 가스의 분류 | A | B | C |
|---|---|---|---|
| 최소 점화 전류비 | ( ① ) 초과 | ( ② ) 이상<br>( ③ ) 이하 | ( ④ ) 미만 |
| 본질안전 방폭구조의 전기기기의 분류 | ⅡA | ⅡB | ⅡC |

**정답**

① 0.8  ② 0.45  ③ 0.8  ④ 0.45

전기설비의 방폭화 방법과 그 예를 적으시오. ★★

**정답**

① 점화원의 방폭적 격리 : 내압, 압력, 유입 방폭구조
② 전기설비의 안전도 증강 : 안전증 방폭구조
③ 점화능력의 본질적 억제 : 본질안전 방폭구조

 다음은 최고표면온도 등급 및 발화도 등급을 나타내었다. 괄호 속을 채우시오. ★★

| 최고표면<br>온도등급 | 전기기기의 최고표면온도<br>(℃) | 발화도<br>등급 | 증기 또는 가스의 발화도<br>(℃) |
|---|---|---|---|
| T1 | (     ) 이하 | G1 | (     ) 초과 |
| T2 | (     ) 이하 | G2 | (     ) 초과 (     ) 이하 |
| T3 | (     ) 이하 | G3 | (     ) 초과 (     ) 이하 |
| T4 | (     ) 이하 | G4 | (     ) 초과 (     ) 이하 |
| T5 | (     ) 이하 | G5 | (     ) 초과 (     ) 이하 |
| T6 | (     ) 이하 | G6 | (     ) 초과 (     ) 이하 |

**정답**

| 최고표면<br>온도등급 | 전기기기의 최고표면온도<br>(℃) | 발화도 등급 | 증기 또는 가스의 발화도<br>(℃) |
|---|---|---|---|
| T1 | 450 이하 (300 초과 450 이하) | G1 | 450 초과 |
| T2 | 300 이하 (200 초과 300 이하) | G2 | 300 초과 450 이하 |
| T3 | 200 이하 (135 초과 200 이하) | G3 | 200 초과 300 이하 |
| T4 | 135 이하 (100 초과 135 이하) | G4 | 135 초과 200 이하 |
| T5 | 100 이하 (85 초과 100 이하) | G5 | 100 초과 135 이하 |
| T6 | 85 이하 | G6 | 85 초과 100 이하 |

## 39. 다음 방폭구조의 기호를 적으시오. ★★★

(1) 본질안전 방폭구조 :
(2) 내압 방폭구조 :
(3) 압력 방폭구조 :
(4) 유입 방폭구조 :
(5) 안전증 방폭구조 :
(6) 비점화 방폭구조 :
(7) 몰드 방폭구조 :
(8) 충전 방폭구조 :
(9) 특수방폭구조 :
(10) 방진방폭구조 :

**정답**

(1) ia, ib
(2) d
(3) p
(4) o
(5) e
(6) n
(7) m
(8) q
(9) s
(10) tD

## 40. 다음 장소에 적합한 방폭구조를 적으시오. ★★

(1) 0종 장소 :
(2) 1종 장소 :
(3) 2종 장소 :
(4) 20종 장소 :
(5) 21종 장소 :
(6) 22종 장소 :

**정답**

(1) 본질 안전 방폭 구조(ia)
(2) 내압 방폭 구조(d), 압력 방폭 구조(p), 충전 방폭 구조(q), 유입 방폭 구조(o), 안전증 방폭 구조(e), 본질 안전 방폭 구조(ia, ib), 몰드 방폭 구조(m)
(3) 내압 방폭 구조(d), 압력 방폭 구조(p), 충전 방폭 구조(q), 유입 방폭 구조(o), 안전증 방폭 구조(e), 본질 안전 방폭 구조(ia, ib), 몰드 방폭 구조(m), 비점화 방폭 구조(n)
(4) 밀폐 방진 방폭 구조(DIP A20 또는 DIP B20)
(5) 밀폐 방진 방폭 구조(DIP A20 또는 A21, DIP B20 또는 B21), 특수 방진 방폭 구조(SDP)
(6) 밀폐 방진 방폭 구조(DIP A20 또는, DIP B20 또는 B21), 특수 방진 방폭 구조(SDP), 일반 방진 방폭 구조(DIP A22 또는 DIP B22), 보통 방진 방폭 구조(DIP)

다음의 방폭기기의 표시방법을 설명하시오. ★★

Ex d ⅡA T1 IP54

**정답**

Ex d : 내압방폭구조
ⅡA : 가스, 증기 및 분진의 그룹 A
T1 : 온도 등급 1등급
IP54 : 보호등급 54

**참고**

| 방폭구조 | | 분류 | 기호 | 온도등급 | 보호등급 |
|---|---|---|---|---|---|
| 내압 | d | 가스·증기 | A | T1 | IP ○○ |
| – | – | | B | ~ | |
| – | – | | C | T6 | |
| 특수방진 | SDP | 산업용 Ⅱ | | | |
| – | – | 분진 | 11 | | |
| – | – | | 12 | | |
| | | | 13 | | |

(Ex d / ⅡA / T1 / IP54)

# CHAPTER 02

# 화학물질 안전 관리 실행 / 화공 안전 점검 / 화재·폭발·누출 사고 예방

1. 연소의 정의를 이해할 수 있어야 한다.
2. 연소형태를 알고 있어야 한다.
3. 인화점을 알고 적용할 수 있어야 한다.
4. 발화점을 알고 적용할 수 있어야 한다.
5. 폭발의 성립조건을 알고 적용할 수 있어야 한다.
6. 폭발의 종류를 알고 있어야 한다.
7. 혼합가스의 폭발범위를 알고 적용할 수 있어야 한다.
8. 위험도를 알고 적용할 수 있어야 한다.
9. 화재의 종류를 알고 적용할 수 있어야 한다.
10. 폭발의 방호방법을 알고 적용할 수 있어야 한다.
11. 고압가스 용기의 도색을 알고 있어야 한다.
12. 소화이론을 알고 적용할 수 있어야 한다.
13. 소화기의 종류를 알고 적용할 수 있어야 한다.
14. 화학설비의 안전장치 종류를 알고 적용할 수 있어야 한다.
15. 공정안전 개요를 이해할 수 있어야 한다.
16. 공정안전 보고서 제출·심사·확인 절차를 알고 적용할 수 있어야 한다.

## 위험물의 정의 및 종류

### (1) 위험물의 특징

① 물 또는 산소와 반응이 용이하다.
② 반응속도가 급격히 진행된다.
③ 반응 시 발생되는 발열량 크다.
④ 수소와 같은 가연성 가스를 발생시킨다.
⑤ 화학적 구조나 결합력이 불안정하다.

## (2) 위험물의 정의 및 종류 ★★★

| | |
|---|---|
| **(1) 폭발성 물질 및 유기과산화물 ★★** | 가. 질산에스테르류<br>나. 니트로화합물<br>다. 니트로소화합물<br>라. 아조화합물<br>마. 디아조화합물<br>바. 하이드라진 유도체<br>사. 유기과산화물<br><br>**암기법**<br>폭발하는 질산에 니태아조 하드라유(폭발하는 질산에 니태워줘? 하드라)<br>→ 폭발하는(폭발성 물질) 질산에(질산에스테르) 니(니트로, 니트로소)태아조(아조, 디아조) 하드라(하이드라진 유도체)유(유기과산화물) |
| **(2) 물반응성 물질 및 인화성 고체 ★★** | 가. 리튬<br>나. 칼륨·나트륨<br>다. 황<br>라. 황린<br>마. 황화인·적린<br>바. 셀룰로이드류<br>사. 알킬알루미늄·알킬리튬<br>아. 마그네슘 분말<br>자. 금속 분말(마그네슘 분말은 제외한다)<br>차. 알칼리금속(리튬·칼륨 및 나트륨은 제외한다)<br>카. 유기 금속화합물(알킬알루미늄 및 알킬리튬은 제외한다)<br>타. 금속의 수소화물<br>파. 금속의 인화물<br>하. 칼슘 탄화물, 알루미늄 탄화물<br><br>**암기법**<br>1. 물반응성 물질 : 리튬, 칼륨·나트륨, 알킬알루미늄·알킬리튬, 칼슘탄화물(탄화칼슘), 알루미늄탄화물(탄화알루미늄)<br>나 칼 안물리(나, 칼 안물거야)<br>→ 나(나트륨) 칼(칼륨, 탄화칼슘) 안(알킬 알루미늄, 알킬리튬)물(물반응성물질)리(리튬)<br>2. 인화성 고체 : 황, 황린, 황화인, 적린, 셀룰로이드, 마그네슘 분말, 금속분말<br>인화성 황인이 젤 금매(인화성 황이 젤 겁나)<br>→ 인화성(인화성 고체) 황인(황, 황린, 황화인적린)이 젤(셀룰로이드) 금(금속분말) 매(마그네슘 분말) |
| **(3) 산화성 액체 및 산화성 고체 ★★** | 가. 차아염소산 및 그 염류<br>나. 아염소산 및 그 염류<br>다. 염소산 및 그 염류<br>라. 과염소산 및 그 염류 |

| | |
|---|---|
| | 마. 브롬산 및 그 염류<br>바. 요오드산 및 그 염류<br>사. 과산화수소 및 무기 과산화물<br>아. 질산 및 그 염류<br>자. 과망간산 및 그 염류<br>차. 중크롬산 및 그 염류<br><br>**암기법**<br>염소(염소산) 보러(브롬산) 요과(요오드산, 과산화수소, 과망간산)하고 질산가는 중(중크롬산)! |
| (4) 인화성 액체 | 가. 에틸에테르, 가솔린, 아세트알데히드, 산화프로필렌, 그 밖에 인화점이 섭씨 23도 미만이고 초기끓는 점이 섭씨 35도 이하인 물질<br><br>**암기법**<br>235 아세트알(아세트알데히드)샴푸(산화프로필렌)가 거슬린(가솔린) 에테르(에틸에테르)<br><br>나. 노르말헥산, 아세톤, 메틸에틸케톤, 메틸알코올, 에틸알코올, 이황화탄소, 그 밖에 인화점이 섭씨 23도 미만이고 초기 끓는점이 섭씨 35도를 초과하는 물질<br><br>**암기법**<br>아세톤(아세톤) 메에케(메틸에틸케톤)해! 노(노르말헥산)! 이황화탄(이황화탄소) 알콜(메틸알콜, 에틸알콜)<br><br>다. 크실렌, 아세트산아밀, 등유, 경유, 테레핀 유, 이소아밀알코올, 아세트산, 하이드라진, 그 밖에 인화점이 섭씨 23도 이상 섭씨 60도 이하인 물질<br><br>**암기법**<br>아세트산아(아세트산, 아세트산아밀)! 텔레비전(테레핀유) 켜실땐(크실렌) 2360 등(등유)을 경유 하이(하이드라진)소(이소아밀알콜)! |
| (5) 인화성 가스<br>★★ | 가. 수소<br>나. 아세틸렌<br>다. 에틸렌<br>라. 메탄<br>마. 에탄<br>바. 프로판<br>사. 부탄<br><br>**암기법**<br>폭발 1단계 - 메, 에, 프로, 부<br>폭발 2단계 - 에틸렌<br>폭발 3단계 - 수소, 아세틸렌<br><br>아. 인화한계 농도의 최저한도가 13퍼센트 이하 또는 최고한도와 최저한도의 차가 12퍼센트 이상인 것으로서 표준압력(101.3KPa) 하의 20℃에서 가스 상태인 물질 |

| (6) 부식성 물질 ★★★ | 가. 부식성 산류<br>　① 농도 20퍼센트 이상 : 염산, 황산, 질산<br>　② 농도 60퍼센트 이상 : 인산, 아세트산, 불산<br>나. 부식성 염기류<br>　① 농도 40퍼센트 이상 : 수산화나트륨, 수산화칼륨<br><br>• 20% 이상 : 염, 황, 질<br>• 60% 이상 : 인, 아, 불<br>• 40% 이상 : 수나, 수칼 |
|---|---|
| (7) 급성 독성 물질 ★★★ | ① $LD_{50}$(경구, 쥐) : 300mg/kg(체중) 이하인 화학물질<br>　[$LD_{50}$(경구, 쥐) : 쥐에 대한 경구투입실험에 의하여 실험동물의 50퍼센트를 사망시킬 수 있는 물질의 양]<br>② $LD_{50}$(경피, 토끼 또는 쥐) : 1,000mg/kg(체중) 이하인 화학물질<br>　[$LD_{50}$(경피, 토끼 또는 쥐) : 쥐 또는 토끼에 대한 경피흡수실험에 의하여 실험동물의 50퍼센트를 사망시킬 수 있는 물질의 양]<br>③ 가스 $LC_{50}$(쥐, 4시간 흡입) : 2,500ppm 이하인 화학물질<br>　증기 $LC_{50}$(쥐, 4시간 흡입) : 10mg/ℓ 이하인 화학물질<br>　분진 또는 미스트 $LC_{50}$(쥐, 4시간 흡입) : 1mg/ℓ 이하인 화학물질<br>　[$LC_{50}$(쥐, 4시간 흡입) : 쥐에 대한 4시간 동안의 흡입실험에 의하여 실험동물의 50퍼센트를 사망시킬 수 있는 물질의 농도]<br><br>• 경구 : 300mg/kg　　• 가스 : 2,500ppm<br>• 경피 : 1,000mg/kg　　• 증기 : 10mg/ℓ<br>• 분진, 미스트 : 1mg/ℓ |

## (3) 금수성

물과 반응하여 발화하거나 가연성 가스를 발생시키는 성질

**금수성물질의 종류 ★**

① 리튬
② 칼륨·나트륨
③ 알킬알루미늄·알킬리튬
④ 칼슘 탄화물(탄화칼슘), 알루미늄 탄화물(탄화알루미늄)

나 칼 안물리

# 노출기준

"노출기준"은 노출기준 이하 수준에서는 거의 모든 근로자에게 건강상 나쁜 영향을 미치지 아니하는 기준이며, 유해인자가 단독으로 존재하는 경우의 노출기준을 말한다.

## (1) 노출기준의 종류 및 정의

| 노출기준의 종류 ★★ | |
|---|---|
| 시간가중평균 노출기준<br>(TWA 농도) | ① 일 8시간 작업하는 동안 반복 노출되더라도 건강장해를 일으키지 않는 유해물질의 평균 농도<br>② $TWA = \dfrac{C_1 \cdot T_1 + C_2 \cdot T_2 + \cdots + C_n \cdot T_n}{8}$<br>여기서 C : 유해인자의 측정치(단위 : ppm 또는 mg/m³)<br>　　　T : 유해인자의 발생시간(단위 : 시간) |
| 단시간 노출기준<br>(STEL 농도) | ① 1회에 15분간 유해인자에 노출되는 경우의 기준<br>② 1회 노출 간격이 1시간 이상인 경우 1일 작업시간 동안 4회까지 노출이 허용될 수 있다. |
| 최고 노출기준<br>(C : Ceiling 농도) | ① 1일 작업시간 동안 잠시라도 노출되어서는 아니되는 기준<br>② 노출기준 앞에 "C"를 붙여 표시한다. |

## (2) 유해인자가 혼재하는 경우 노출기준 계산(상가작용으로 유해성이 증가할 수 있다.)

| 혼합물의 노출지수 및 노출기준 계산 |
|---|

1. 노출지수 $EI = \dfrac{C_1}{T_1} + \dfrac{C_2}{T_2} + \cdots + \dfrac{C_n}{T_n}$ ★

   여기서 C : 화학물질 각각의 측정치
   　　　T : 화학물질 각각의 노출기준
   　　　$EI > 1$일 경우 노출기준을 초과함

2. 혼합물의 TLV-TWA

   $TVL - TWA = \dfrac{C_1 + C_2 + \cdots + C_n}{EI}$

3. 액체 혼합물의 구성성분(%)을 알 때 혼합물의 허용농도(노출기준)

   혼합물의 노출기준(mg/m³) = $\dfrac{1}{\dfrac{f_a}{TLV_a} + \dfrac{f_b}{TLV_b} + \cdots + \dfrac{f_n}{TLV_n}}$

   여기서, $f_a, f_b, f_n$ : 액체 혼합물에서의 각 성분 무게(중량) 구성비(%)
   　　　　$TLV_a, TLV_b, TLV_n$ : 해당 물질의 노출기준(mg/m³)

> **Reference**

> **유해인자의 유해성·위험성 평가 및 관리**
>
> 1) **고용노동부장관은** 유해인자가 근로자의 건강에 미치는 유해성·위험성을 평가하고 그 결과를 관보 등에 공표할 수 있다.
>    ① 유해성·위험성 평가의 대상이 되는 유해인자의 선정기준은 다음 각 호와 같다.
>       가. 유해성·위험성 평가가 필요한 유해인자
>       나. **노출 시 변이원성**(變異原性 : 유전적인 돌연변이를 일으키는 물리적·화학적 성질), 흡입독성, 생식독성(生殖毒性 : 생물체의 생식에 해를 끼치는 약물 등의 독성), 발암성 등 근로자의 **건강 장해 발생이 의심되는 유해인자**
>       다. 그 밖에 **사회적 물의를 일으키는 등** 유해성·위험성 평가가 필요한 유해인자
>    ② 고용노동부장관은 선정된 유해인자에 대한 유해성·위험성 평가를 실시할 때에는 다음 각 호의 사항을 고려해야 한다.
>       가. 독성시험자료 등을 통한 **유해성·위험성 확인**
>       나. 화학물질의 노출이 **인체에 미치는 영향**
>       다. 화학물질의 **노출수준**
>
> 2) **고용노동부장관은** 유해성·위험성 평가 결과 등을 고려하여 고용노동부령으로 정하는 바에 따라 유해성·위험성 수준별로 유해인자를 구분하여 관리하여야 한다.(다음 각 호의 물질 또는 인자로 정하여 관리해야 한다)
>    가. 노출기준 설정 대상 유해인자
>    나. 허용기준 설정 대상 유해인자
>    다. 제조 등 금지물질
>    라. 제조 등 허가물질
>    마. 작업환경측정 대상 유해인자
>    바. 특수건강진단 대상 유해인자
>    사. 관리대상 유해물질

## 공정안전보고서

### (1) 공정안전보고서의 작성·제출

1) **사업주는** 사업장에 대통령령으로 정하는 유해하거나 위험한 설비가 있는 경우 그 설비로부터의 위험물질 누출, 화재 및 폭발 등으로 인하여 사업장 내의 근로자에게 즉시 피해를 주거나 사업장 인근 지역에 피해를 줄 수 있는 사고로서 대통령령으로 정하는 사고("중대산업사고")를 예방하기 위하여 대통령령으로 정하는 바에 따라 **공정안전보고서를 작성하고 고용노동부장관에게 제출하여 심사를 받아야 한다.** 이 경우

공정안전보고서의 내용이 중대산업사고를 예방하기 위하여 **적합하다고 통보받기 전에는 관련된 유해하거나 위험한 설비를 가동해서는 아니 된다.** ★

2) 사업주는 공정안전보고서를 작성할 때 산업안전보건위원회의 심의를 거쳐야 한다. 다만, 산업안전보건위원회가 설치되어 있지 아니한 사업장의 경우에는 근로자대표의 의견을 들어야한다. ★

3) 공정안전보고서의 제출 시기

사업주는 유해하거나 위험한 설비의 설치·이전 또는 주요 구조부분의 변경공사의 착공일 (기존 설비의 제조·취급·저장 물질이 변경되거나 제조량·취급량·저장량이 증가하여 유해·위험물질 규정량에 해당하게 된 경우에는 그 해당일을 말한다) **30일 전까지** 공정안전보고서를 2부 작성하여 공단에 제출해야 한다.

4) 공정안전보고서의 제출 대상

| 공정안전보고서의 제출 대상 사업 ★★★ |
|---|
| ① 원유 정제처리업 |
| ② 기타 석유정제물 재처리업 |
| ③ 석유화학계 기초화학물 제조업 또는 합성수지 및 기타 플라스틱물질 제조업 |
| ④ 질소 화합물, 질소·인산 및 칼리질 화학비료 제조업 중 **질소질 비료 제조** |
| ⑤ 복합비료 및 기타 화학비료 제조업 중 **복합비료 제조**(단순혼합 또는 배합에 의한 경우는 제외한다) |
| ⑥ 화학 살균·살충제 및 농업용 약제 제조업[농약 원제(原劑) 제조만 해당한다] |
| ⑦ 화약 및 불꽃제품 제조업 |

> **암기법**
> 화재·폭발 - 원유, 석유정제물, 화약 및 불꽃제품
> 중독·질식 - 농약, 비료(복합비료, 질소질 비료)

5) 공정안전보고서 제출 제외 대상 설비 ★★

① 원자력 설비
② 군사시설
③ 사업주가 해당 사업장 내에서 **직접 사용하기 위한 난방용 연료의 저장설비 및 사용설비**
④ 도매·소매시설
⑤ 차량 등의 운송설비
⑥ 「액화석유가스의 안전관리 및 사업법」에 따른 **액화석유가스의 충전·저장시설**
⑦ 「도시가스사업법」에 따른 **가스공급시설**
⑧ 그 밖에 고용노동부장관이 누출·화재·폭발 등으로 인한 피해의 정도가 크지 않다고 인정하여 고시하는 설비

6) 공정안전보고서의 내용 ★★★

① 공정안전자료
② 공정위험성 평가서
③ 안전운전계획
④ 비상조치계획
⑤ 그 밖에 공정상의 안전과 관련하여 노동부장관이 필요하다고 인정하여 고시하는 사항

## (2) 공정안전보고서의 심사

1) **공단은** 공정안전보고서를 제출받은 경우에는 **제출받은 날부터 30일 이내에 심사하여** 1부를 사업주에게 송부하고, 그 내용을 지방고용노동관서의 장에게 보고해야 한다.

2) **사업주는 송부받은** 공정안전보고서를 송부받은 날부터 **5년간 보존**하여야 한다.

3) 심사결과 구분 ★★

| 적정 | 보고서의 심사기준을 충족시킨 경우 |
|---|---|
| 조건부 적정 | 보고서의 심사기준을 대부분 충족하고 있으나 부분적인 보완이 필요하다고 판단할 경우 |
| 부적정 | 보고서의 심사기준을 충족시키지 못한 경우 |

## (3) 공정안전보고서의 확인

1) 사업주는 심사를 받은 공정안전보고서의 내용을 실제로 이행하고 있는지 여부에 대하여 고용노동부령으로 정하는 바에 따라 고용노동부장관의 확인을 받아야 한다.

2) 공정안전보고서를 제출하여 심사를 받은 사업주는 다음 각 호의 시기별로 공단의 확인을 받아야 한다. ★

| | |
|---|---|
| 신규로 설치될 유해·위험설비 | 설치 과정 및 설치 완료 후 시운전 단계 각 1회 |
| 기존에 설치되어 사용 중인 유해·위험설비 | 심사 완료 후 3개월 이내 |
| 유해·위험설비와 관련한 공정의 중대한 변경의 경우 | 변경 완료 후 1개월 이내 |
| 유해·위험설비 또는 이와 관련된 공정에 중대한 사고 또는 결함이 발생한 경우 | 1개월 이내 |

3) 확인 결과 ★

| 적합 | 현장과 일치하는 경우 |
|---|---|
| 부적합 | 현장과 일치하지 아니하는 경우 |
| 조건부 적합 | 현장과 불일치하는 사항 또는 조건부 적정 사항 중 확인일 이후에 조치하여도 안전상에 문제가 없는 경우 |

### (4) 공정안전보고서 이행상태의 평가

1) 고용노동부장관은 고용노동부령으로 정하는 바에 따라 공정안전보고서의 이행 상태를 정기적으로 평가할 수 있다.

2) 고용노동부장관은 공정안전보고서의 확인(신규로 설치되는 유해·위험설비의 경우에는 설치완료 후 시운전 단계에서의 확인을 말한다) 후 1년이 경과한 날부터 2년 이내에 공정안전보고서 이행상태평가를 하여야 한다.

3) 고용노동부장관은 이행상태평가 후 4년마다 이행상태평가를 하여야 한다. 다만, 다음 각 호의 어느 하나에 해당하는 경우에는 1년 또는 2년마다 실시할 수 있다.

| 1년 또는 2년마다 이행상태평가를 실시할 수 있는 경우 |
|---|
| ① 이행상태평가 후 사업주가 이행상태평가를 요청하는 경우<br>② 사업장에 출입하여 검사 및 안전·보건점검 등을 실시한 결과 변경요소 관리계획 미준수로 공정안전보고서 이행상태가 불량한 것으로 인정되는 경우 등 고용노동부장관이 정하여 고시하는 경우 |

4) 이행상태평가는 공정안전보고서의 세부 내용에 관하여 실시한다.

## 물질안전보건자료(MSDS : Material Safety Data Sheet)

### (1) 물질안전보건자료의 작성 및 제출 ★★

① 화학물실 또는 이를 함유한 혼합물로서 "물질안전보건자료대상물질"을 제조하거나 수입하려는 자는 다음 각 호의 사항을 적은 물질안전보건자료를 고용노동부령으로 정하는 바에 따라 작성하여 고용노동부장관에게 제출하여야 한다. 이 경우 고용노동부장관은 고용노동부령으로 물질안전보건자료의 기재 사항이나 작성 방법을 정할 때 「화학물질관리법」 및 「화학물질의 등록 및 평가 등에 관한 법률」과 관련된 사항에 대해서는 환경부장관과 협의하여야 한다.

## 물질안전보건자료에 적어야 하는 사항 ★★

1. 제품명
2. 물질안전보건자료 대상물질을 구성하는 화학물질 중 유해인자의 분류기준에 해당하는 화학물질의 명칭 및 함유량
3. 안전 및 보건상의 취급 주의 사항
4. 건강 및 환경에 대한 유해성, 물리적 위험성
5. 물리·화학적 특성 등 고용노동부령으로 정하는 사항
   ① 물리·화학적 특성
   ② 독성에 관한 정보
   ③ 폭발·화재 시의 대처방법
   ④ 응급조치 요령
   ⑤ 그 밖에 고용노동부장관이 정하는 사항

## 물질안전보건자료의 작성항목(Data Sheet 16가지 항목) ★★

1. 화학제품과 회사에 관한 정보
2. 유해·위험성
3. 구성성분의 명칭 및 함유량
4. 응급조치요령
5. 폭발·화재 시 대처방법
6. 누출사고 시 대처방법
7. 취급 및 저장방법
8. 노출방지 및 개인보호구
9. 물리화학적 특성
10. 안정성 및 반응성
11. 독성에 관한 정보
12. 환경에 미치는 영향
13. 폐기 시 주의사항
14. 운송에 필요한 정보
15. 법적규제 현황
16. 기타 참고사항

관련 항목을 묶어서 암기하세요.

1. 제품, 회사
2. 명칭, 함유량
3. 물리화학적 특성
   • 유해·위험성
   • 안정성·반응성
   • 독성
   • 환경
4. 취급, 저장법
   • 운송
   • 폐기
5. 대처법
   • 노출방지, 보호구
   • 응급조치
   • 누출사고
   • 폭발·화재
6. 법적 규제

> **Reference**

> ### 물질안전보건자료 작성 제외 대상 ★★
>
> 1. 「건강기능식품에 관한 법률」에 따른 건강기능식품
> 2. 「농약관리법」에 따른 농약
> 3. 「마약류 관리에 관한 법률」에 따른 마약 및 향정신성의약품
> 4. 「비료관리법」에 따른 비료
> 5. 「사료관리법」에 따른 사료
> 6. 「생활주변방사선 안전관리법」에 따른 원료물질
> 7. 「생활화학제품 및 살생물제의 안전관리에 관한 법률」에 따른 안전 확인대상 생활화학제품 및 살생물제품 중 일반 소비자의 생활용으로 제공되는 제품
> 8. 「식품위생법」에 따른 식품 및 식품첨가물
> 9. 「약사법」에 따른 의약품 및 의약외품
> 10. 「원자력안전법」에 따른 방사성물질
> 11. 「위생용품 관리법」에 따른 위생용품
> 12. 「의료기기법」에 따른 의료기기
> 12의2. 「첨단재생의료 및 첨단바이오의약품 안전 및 지원에 관한 법률」에 따른 첨단바이오의약품
> 13. 「총포·도검·화약류 등의 안전관리에 관한 법률」에 따른 화약류
> 14. 「폐기물관리법」에 따른 폐기물
> 15. 「화장품법」에 따른 화장품
> 16. 제1호부터 제15호까지의 규정 외의 화학물질 또는 혼합물로서 일반소비자의 생활용으로 제공되는 것(일반소비자의 생활용으로 제공되는 화학물질 또는 혼합물이 사업장 내에서 취급되는 경우를 포함한다)

> 비료로 농사지은 식품, 건강식품, 위생용품 폐기물에서 화약, 방사성 원료물질 나와서 소비자용 의료기기, 첨단 의약품, 마약, 화장품으로 치료했다.

## (2) 물질안전보건자료의 제공

① 물질안전보건자료 대상물질을 양도하거나 제공하는 자는 이를 양도받거나 제공받는 자에게 물질안전보건자료를 제공하여야 한다.

② 물질안전보건자료 대상물질을 제조하거나 수입한 자는 이를 양도받거나 제공받은 자에게 변경된 물질안전보건자료를 제공하여야 한다.

③ 동일한 상대방에게 같은 물질안전보건자료 대상 물질을 2회 이상 계속하여 양도 또는 제공하는 경우에는 해당 물질안전보건자료 대상 물질에 대한 물질안전보건자료의 변경이 없으면 추가로 물질안전보건자료를 제공하지 않을 수 있다. 다만, 상대방이 물질안전보건자료의 제공을 요청한 경우에는 그렇지 않다.

## (3) 물질안전보건자료 대상물질 용기 등의 경고표시 ★

① 물질안전보건자료 대상물질을 양도하거나 제공하는 자는 고용노동부령으로 정하는 방법에 따라 이를 담은 용기 및 포장에 경고표시를 하여야한다. 다만, 용기 및 포장에 담는 방법 외의 방법으로 물질안전보건자료 대상물질을 양도하거나 제공하는 경우에는 고용노동부장관이 정하여 고시한 바에 따라 경고표시 기재 항목을 적은 자료를 제공하여야 한다.

② 사업주는 사업장에서 사용하는 물질안전보건자료 대상물질을 담은 용기에 고용노동부령으로 정하는 방법에 따라 경고표시를 하여야 한다. 다만, 용기에 이미 경고표시가 되어있는 등 고용노동부령으로 정하는 경우에는 그러하지 아니하다.

**[비교]**

| 물질안전보건자료에 적어야 하는 사항 | 관리요령에 포함사항 ★ | 교육내용 ★ |
|---|---|---|
| 1. 제품명<br>2. 물질안전보건자료 대상물질을 구성하는 화학물질 중 유해인자의 분류기준에 해당하는 화학물질의 명칭 및 함유량<br>3. 안전 및 보건상의 취급 주의사항<br>4. 건강 및 환경에 대한 유해성, 물리적 위험성<br>5. 물리·화학적 특성 등 고용노동부령으로 정하는 사항<br>① 물리·화학적 특성<br>② 독성에 관한 정보<br>③ 폭발·화재 시의 대처방법<br>④ 응급조치 요령<br>⑤ 그 밖에 고용노동부장관이 정하는 사항 | 1. 제품명<br>2. 건강 및 환경에 대한 유해성, 물리적 위험성<br>3. 안전 및 보건상의 취급 주의사항<br>4. 적절한 보호구<br>5. 응급조치 요령 및 사고 시 대처방법 | 1. 대상화학물질의 명칭 (또는 제품명)<br>2. 물리적 위험성 및 건강 유해성<br>3. 취급상의 주의사항<br>4. 적절한 보호구<br>5. 응급조치 요령 및 사고 시 대처방법<br>6. 물질안전보건자료 및 경고표지를 이해하는 방법 |

**[특급 암기법]**

**적어야 하는 사항, 관리 요령에 포함사항(명칭 및 함유량 제외), 교육내용(명칭 및 함유량 제외)의 공통 내용**

1. 제품명(명칭)
2. 명칭 및 함유량
3. 물리적 위험성 및 건강 유해성
4. 취급 주의사항
5. 응급조치 요령, 사고 시 대처법

### (4) 물질안전보건자료의 게시 및 교육 ★

① 물질안전보건자료 대상 물질을 취급하는 사업주는 **다음 각 호의 어느 하나에 해당하는 장소 또는 전산장비에 항상** 물질안전보건자료를 게시하거나 갖추어 두어야 한다. 다만, 장비에 게시하거나 갖추어 두는 경우에는 고용노동부 장관이 정하는 조치를 해야 한다.

#### 물질안전보건자료를 게시 또는 비치하여야 하는 장소 ★

- 물질안전보건자료 대상 물질을 취급하는 작업공정이 있는 장소
- 작업장 내 근로자가 가장 보기 쉬운 장소
- 근로자가 작업 중 쉽게 접근할 수 있는 장소에 설치된 전산장비

② 건설공사, 임시 작업 또는 단시간 작업에 대해서는 물질안전보건자료 대상물질의 관리요령으로 대신 게시하거나 갖추어 둘 수 있다. 다만, 근로자가 물질안전보건자료의 게시를 요청하는 경우에는 제1항에 따라 게시해야 한다.

③ 사업주는 물질안전보건자료 대상물질을 취급하는 작업공정별로 고용노동부령으로 정하는 바에 따라 물질안전보건자료 대상물질의 관리요령을 게시하여야 한다.(작업공정별 관리 요령은 유해성·위험성이 유사한 물질안전보건자료 대상물질의 그룹별로 작성하여 게시할 수 있다)

#### 물질안전보건자료대상물질의 작업공정별 관리요령에 포함사항 ★

- 제품명
- 건강 및 환경에 대한 유해성, 물리적 위험성
- 안전 및 보건상의 취급주의 사항
- 적절한 보호구
- 응급조치 요령 및 사고 시 대처방법

③ 사업주는 다음 각 호의 어느 하나에 해당하는 경우에는 작업장에서 취급하는 **물질안전보건자료 대상물질의 내용을 근로자에게 교육하고** 교육을 실시하였을 때에는 **교육시간 및 내용 등을 기록하여 보존해야 한다.** 이 경우 교육받은 근로자에 대해서는 해당 교육 시간만큼 안전·보건교육을 실시한 것으로 본다.(유해성·위험성이 유사한 물질안전보건자료 대상물질을 그룹별로 분류하여 교육할 수 있다)

#### 물질안전보건자료 대상물질의 내용을 근로자에게 교육하여야 하는 경우

① 물질안전보건자료 대상물질을 제조·사용·운반 또는 저장하는 작업에 근로자를 배치하게 된 경우
② 새로운 물질안전보건자료 대상물질이 도입된 경우
③ 유해성·위험성 정보가 변경된 경우

### 물질안전보건자료에 관한 교육내용 ★

① 대상화학물질의 명칭(또는 제품명)  ② 물리적 위험성 및 건강 유해성
③ 취급상의 주의사항  ④ 적절한 보호구
⑤ 응급조치 요령 및 사고 시 대처방법
⑥ 물질안전보건자료 및 경고표지를 이해하는 방법

## 신규화학물질의 유해성·위험성 조사보고서

### (1) 신규화학물질의 유해성·위험성 조사보고서의 제출

1) 대통령령으로 정하는 화학물질 외의 화학물질("신규화학물질")을 제조하거나 수입하려는 자는 신규화학물질에 의한 근로자의 건강장해를 예방하기 위하여 그 신규화학물질의 유해·위험성을 조사하고 그 조사보고서를 고용노동부장관에게 제출하여야 한다. 다만, 다음 각 호의 어느 하나에 해당하는 경우에는 그러하지 아니하다.

#### 신규화학물질의 유해성·위험성 조사보고서를 제출하지 않아도 되는 경우

1. 일반 소비자의 생활용으로 제공하기 위하여 신규화학물질을 수입하는 경우로서 고용노동부령으로 정하는 경우

   ① 해당 신규화학물질이 완성된 제품으로서 국내에서 가공하지 않는 경우
   ② 해당 신규화학물질의 포장 또는 용기를 국내에서 변경하지 않거나 국내에서 포장하거나 용기에 담지 않는 경우
   ③ 해당 신규화학물질이 직접 소비자에게 제공되고 국내의 사업장에서 사용되지 않는 경우

2. 신규화학물질의 수입량이 소량(신규화학물질의 연간 수입량이 100킬로그램 미만인 경우로서 고용노동부장관의 확인을 받은 경우)이거나 그 밖에 위해의 정도가 적다고 인정되는 경우로서 고용노동부령으로 정하는 경우(다음 각 호의 어느 하나에 해당하는 경우로서 고용노동부장관의 확인을 받은 경우)

   ① 제조하거나 수입하려는 신규화학물질이 시험·연구를 위하여 사용되는 경우
   ② 신규화학물질을 전량 수출하기 위하여 연간 10톤 이하로 제조하거나 수입하는 경우
   ③ 신규화학물질이 아닌 화학물질로만 구성된 고분자화합물로서 고용노동부장관이 정하여 고시하는 경우

> **Reference**
>
> ### 유해성 · 위험성 조사 제외 화학물질 ★
>
> 1. 원소
> 2. 천연으로 산출된 화학물질
> 3. 「건강기능식품에 관한 법률」에 따른 건강기능식품
> 4. 「군수품관리법」 및 「방위사업법」에 따른 군수품
>    [「군수품관리법」 제3조에 따른 통상품(通常品)은 제외한다]
> 5. 「농약관리법」에 따른 농약 및 원제
> 6. 「마약류 관리에 관한 법률」에 따른 마약류
> 7. 「비료관리법」에 따른 비료
> 8. 「사료관리법」에 따른 사료
> 9. 「생활화학제품 및 살생물제의 안전관리에 관한 법률」에 따른 살생물 물질 및 살생물 제품
> 10. 「식품위생법」에 따른 식품 및 식품첨가물
> 11. 「약사법」에 따른 의약품 및 의약외품(醫藥外品)
> 12. 「원자력안전법」에 따른 방사성물질
> 13. 「위생용품 관리법」에 따른 위생용품
> 14. 「의료기기법」에 따른 의료기기
> 15. 「총포·도검·화약류 등의 안전관리에 관한 법률」에 따른 화약류
> 16. 「화장품법」에 따른 화장품과 화장품에 사용하는 원료
> 17. 고용노동부장관이 명칭, 유해성·위험성, 근로자의 건강장해 예방을 위한 조치 사항 및 연간 제조량·수입량을 공표한 물질로서 공표된 연간 제조량·수입량 이하로 제조하거나 수입한 물질
> 18. 고용노동부장관이 환경부장관과 협의하여 고시하는 화학물질 목록에 기록되어 있는 물질
>
>
>
> 비료로 농사지은 식품, 건강식품, 군수품, 위생용품에서 화약, 방사성물질 나와서 의료기기, 의약품, 마약, 화장품으로 치료했더니 천연 원소인 살생물의 위험조사 제외됐다.

2) 신규화학물질을 제조하거나 수입하려는 자는 제조하거나 수입하려는 날 30일(연간 제조하거나 수입하려는 양이 100킬로그램 이상 1톤 미만인 경우에는 14일) 전까지 신규화학물질 유해성·위험성 조사보고서를 첨부하여 고용노동부장관에게 제출하여야 한다. (다만, 그 신규화학물질을 「화학물질의 등록 및 평가 등에 관한 법률」에 따라 환경부장관에게 등록한 경우에는 고용노동부장관에게 유해성·위험성 조사보고서를 제출한 것으로 본다) ★★

3) 신규화학물질 제조자 등은 유해성·위험성을 조사한 결과 해당 신규화학물질에 의한 근로자의 건강장해를 예방하기 위하여 필요한 조치를 하여야 하는 경우 이를 즉시 시행하여야 한다.

4) **고용노동부장관**은 신규화학물질의 유해성·위험성 조사보고서가 제출되면 고용노동부령으로 정하는 바에 따라 그 신규화학물질의 명칭, 유해성·위험성, 근로자의 건강장해 예방을 위한 조치 사항 등을 공표하고 관계 부처에 통보하여야 한다.

5) 고용노동부장관은 유해성·위험성 조사보고서 또는 환경부장관으로부터 제공받은 신규화학물질 등록자료 및 유해성심사 결과를 검토한 결과 필요한 조치를 명하려는 경우에는 유해성·위험성 조사보고서를 제출받은 날 또는 환경부장관으로부터 신규화학물질 등록자료 및 유해성심사 결과를 제공받은 날부터 30일(연간 제조하거나 수입하려는 양이 100킬로그램 이상 1톤 미만인 경우에는 14일) 이내에 유해성·위험성 조사보고서를 제출한 자 또는 유해성·위험성 조사보고서를 제출한 것으로 보는 자에게 신규화학물질의 유해성·위험성 조치사항을 통지해야 한다. 다만, 추가 검토에 필요한 자료제출을 요청한 경우에는 그 자료를 제출받은 날부터 30일(연간 제조하거나 수입하려는 양이 100킬로그램 이상 1톤 미만인 경우에는 14일) 이내에 서식에 따라 유해성·위험성 조치사항을 통지해야 한다.

6) **고용노동부장관**은 환경부장관으로부터 받은 서류 등을 검토한 결과 필요한 조치를 명하려는 경우에는 유해성·위험성 조치사항 통지서를 작성하여 환경부장관에게 송부하여야 한다.

7) **고용노동부장관**은 제출된 신규화학물질의 유해성·위험성 조사보고서를 검토한 결과 근로자의 건강장해 예방을 위하여 필요하다고 인정할 때에는 신규화학물질 제조자등에게 시설·설비를 설치·정비하고 보호구를 갖추어 두는 등의 조치를 하도록 명할 수 있다.

8) 신규화학물질 제조자 등이 신규화학물질을 양도하거나 제공하는 경우에는 근로자의 건강장해 예방을 위하여 조치하여야 할 사항을 기록한 서류를 함께 제공하여야 한다.

## 위험물 취급의 안전

### (1) 허가대상 유해물질의 제조 등 허가

① 허가대상물질을 제조하거나 사용하려는 자는 고용노동부장관의 허가를 받아야 한다. 허가받은 사항을 변경할 때에도 또한 같다.
② 고용노동부장관은 허가대상물질 제조·사용자가 다음 각 호의 어느 하나에 해당하면 그 허가를 취소하거나 6개월 이내의 기간을 정하여 영업을 정지하게 할 수 있다. 다만, 제1호에 해당할 때에는 그 허가를 취소하여야 한다.

> **허가대상물질의 제조·사용 허가를 취소하거나 6개월 이내의 기간을 정하여 영업을 정지하게 할 수 있는 경우**

① 거짓이나 그 밖의 부정한 방법으로 허가를 받은 경우(취소에 해당함)
② 허가기준에 맞지 아니하게 된 경우
③ 제조·사용설비 및 작업방법이 허가기준에 적합하지 않거나, 제조·사용설비를 수리·개조 또는 이전 및 기준에 적합한 작업방법으로 제조·사용하도록 한 명령을 위반한 경우
④ 자체검사 결과 이상을 발견하고도 즉시 보수 및 필요한 조치를 하지 아니한 경우

### (2) 유해물 취급상의 안전조치

① 유해물 발생원의 봉쇄
② 유해물의 위치, 작업공정의 변경
③ 작업공정의 은폐 및 작업장의 격리

### (3) 발화성 물질의 저장법

① 나트륨, 칼륨 : 석유 속 저장
② 황린 : 물 속 저장
③ 적린, 마그네슘, 칼륨 : 격리저장
④ 질산은($AgNO_3$) 용액 : 햇빛 피하여 저장(빛에 의해 광분해 반응 일으킴)
⑤ 벤젠 : 산화성물질과 격리 저장
⑥ 탄화칼슘($CaC_2$, 카바이트) : 금수성물질로서 물과 격렬히 반응하므로 건조한 곳에 보관
⑦ 니트로셀룰로오스(질화면)의 저장법 : 건조하면 분해폭발 하므로 알콜에 적셔 습하게 보관한다.

## (4) 중독 증세

① 수은 중독 : 구내염, 혈뇨, 손떨림 증상
② 납 중독 : 신경근육계통 장애
③ 크롬 중독 : 비중격천공 증세 ★
④ 벤젠 : 조혈기관 장애(백혈병)

## (5) 위험물질 등의 제조, 취급 시 금지하여야 하는 행위

① 폭발성 물질, 유기과산화물 : 화기, 점화원이 될 우려가 있는 것에 접근, 가열, 마찰시키거나 충격을 가하는 행위
② 물반응성 물질, 인화성 고체 : 화기, 점화원이 될 우려가 있는 것에 접근, 발화를 촉진하는 물질 또는 물에 접촉, 가열, 마찰시키거나 충격을 가하는 행위
③ 산화성 액체·산화성 고체 : 분해가 촉진될 우려가 있는 물질에 접촉, 가열, 마찰시키거나 충격을 가하는 행위
④ 인화성 액체 : 화기, 점화원이 될 우려가 있는 것에 접근, 주입, 가열, 증발시키는 행위
⑤ 인화성 가스 : 화기, 점화원이 될 우려가 있는 것에 접근, 압축·가열 또는 주입하는 행위
⑥ 부식성 물질 또는 급성 독성물질 : 인체에 접촉시키는 행위
⑦ 위험물을 제조하거나 취급하는 설비가 있는 장소에 인화성 가스 또는 산화성 액체 및 산화성 고체를 방치하는 행위

## (6) 인화성 물질의 증기, 가연성 가스 또는 분진에 의한 폭발 또는 화재 등의 예방 ★

① 인화성 물질의 증기, 가연성 가스 또는 가연성 분진이 존재하여 폭발 또는 화재가 발생할 우려가 있는 장소에서는 당해 증기·가스 또는 분진에 의한 폭발 또는 화재를 예방하기 위해 환풍기, 배풍기(排風機) 등 환기장치를 적절하게 설치해야 한다.
② 증기 또는 가스에 의한 폭발 또는 화재를 미리 감지할 수 있는 가스 검지 및 경보장치를 설치하고 그 성능이 발휘될 수 있도록 하여야 한다.

## 가연성가스 취급 시 주의사항

### (1) 가스의 종류 및 특징 ★

| | |
|---|---|
| 액화가스 | ① 상온에서 낮은 압력으로도 쉽게 액화되는 가스<br>② 예 프로판($C_3H_8$), 부탄($C_4H_{10}$), 암모니아($NH_3$), 염소($Cl_2$), 이산화탄소($CO_2$) |
| 압축가스 | ① 상온에서 압축하여도 쉽게 액화되지 않는 가스<br>② 예 헬륨(He), 네온(Ne), 아르곤(Ar), 수소($H_2$), 산소($O_2$), 질소($N_2$), 일산화탄소(CO), 공기 등 |
| 용해가스 | ① 액화하기 위해 압축하면 분해를 발하므로, 용기에 다공물질 채우고 용제에 용해하여 충전한 가스<br>② 예 아세틸렌($C_2H_2$) |

### (2) 가스용기 취급 시 주의사항 ★

① 가스용기를 사용·설치·저장 또는 방치하지 않아야 하는 장소
  • 통풍 또는 환기가 불충분한 장소
  • 화기를 사용하는 장소 및 그 부근
  • 위험물 또는 인화성 액체를 취급하는 장소 및 그 부근
② 용기의 온도를 섭씨 40도 이하로 유지할 것
③ 전도의 위험이 없도록 할 것
④ 충격을 가하지 아니하도록 할 것
⑤ 운반할 때에는 캡을 씌울 것
⑥ 사용할 때에는 용기의 마개에 부착되어 있는 유류 및 먼지를 제거할 것
⑦ 밸브의 개폐는 서서히 할 것
⑧ 사용 전 또는 사용 중인 용기와 그 외의 용기를 명확히 구별하여 보관할 것
⑨ 용해아세틸렌의 용기는 세워 둘 것
⑩ 용기의 부식·마모 또는 변형상태를 점검한 후 사용할 것

(3) 인화성 가스 발생 우려 있는 지하작업장에서 작업하는 때 폭발·화재 및 위험물 누출에 의한 위험방지 조치

① 가스의 농도를 측정하는 자를 지명하여 당해 가스의 농도를 측정하도록 하는 일

**가스농도를 측정하여야 하는 경우 ★**

① 매일 작업을 시작하기 전
② 가스의 누출이 의심되는 경우
③ 가스가 발생하거나 정체할 위험이 있는 장소가 있는 경우
④ 장시간 작업을 계속하는 때(이 경우 4시간마다 가스농도를 측정한다.)

② 가스의 농도가 인화하한계 값의 25퍼센트 이상인 경우
- 즉시 근로자를 안전한 장소에 대피
- 화기 그 밖에 점화원이 될 우려가 있는 기계·기구 등의 사용을 중지
- 통풍·환기 등을 할 것

## 밀폐공간에서의 건강장애 예방, 환기장치

(1) 작업장의 적정공기 수준

**적정공기 수준 ★★**

① 산소농도의 범위가 18% 이상 23.5% 미만
② 탄산가스의 농도가 1.5% 미만
③ 일산화탄소의 농도가 30ppm 미만
④ 황화수소의 농도가 10ppm 미만

(2) 산소결핍

공기 중의 산소농도가 18퍼센트 미만인 상태를 말한다. ★

(3) 밀폐공간 작업 프로그램의 수립·시행

① 사업주는 밀폐공간에 근로자를 종사하도록 하는 경우에 다음 각 호의 내용이 포함된 밀폐공간 작업 프로그램을 수립하여 시행하여야 한다.

| 밀폐공간 작업 프로그램의 내용 ★ |
| --- |
| ① 사업장 내 **밀폐공간의 위치 파악 및 관리 방안**<br>② 밀폐공간 내 질식·중독 등을 일으킬 수 있는 **유해·위험 요인의 파악 및 관리 방안**<br>③ 밀폐공간 작업 시 **사전 확인이 필요한 사항에 대한 확인 절차**<br>④ **안전보건교육 및 훈련**<br>⑤ 그 밖에 밀폐공간 작업 근로자의 건강장해 예방에 관한 사항 |

② 사업주는 근로자가 밀폐공간에서 작업을 시작하기 전에 다음 각 호의 사항을 확인하여 근로자가 안전한 상태에서 작업하도록 하여야 하며, **밀폐공간에서의 작업이 종료될 때까지 각 호의 내용을 해당 작업장 출입구에 게시하여야 한다.**
  1. 작업 일시, 기간, 장소 및 내용 등 **작업 정보**
  2. 관리감독자, 근로자, 감시인 등 **작업자 정보**
  3. **산소 및 유해가스 농도의 측정결과 및 후속조치 사항**
  4. 작업 중 **불활성가스 또는 유해가스의 누출·유입·발생 가능성 검토 및 후속조치 사항**
  5. 작업 시 **착용하여야 할 보호구의 종류**
  6. **비상연락체계**

(4) 사업주는 근로자가 **밀폐공간에서 작업을 하는 경우에 작업을 시작할 때마다 사전에 다음 각 호의 사항을 작업근로자(감시인을 포함한다)에게 알려야 한다.** ★
  ① **산소 및 유해가스농도 측정**에 관한 사항
  ② **환기설비의 가동 등 안전한 작업방법**에 관한 사항
  ③ **보호구의 착용과 사용방법**에 관한 사항
  ④ 사고 시의 **응급조치 요령**
  ⑤ 구조요청을 할 수 있는 비상연락처, 구조용 장비의 사용 등 **비상시 구출에 관한 사항**

(5) 산소 및 유해가스 농도의 측정
  ① 사업주는 밀폐공간에서 근로자에게 작업을 하도록 하는 경우 작업을 시작(작업을 일시 중단하였다가 다시 시작하는 경우를 포함한다) 하기 전에 밀폐공간의 산소 및 유해가스 농도의 측정 및 평가에 관한 지식과 실무 경험이 있는 자를 지정하여 그로 하여금 해당 밀폐공간의 산소 및 유해가스 농도를 측정하여 적정 공기가 유지되고 있는지를 평가하도록 해야 한다.
  ② 밀폐공간의 **산소 및 유해가스 농도를 측정 및 평가하는 자에 대하여** 밀폐공간에서 **작업을 시작하기 전에** 다음 각 호의 사항의 숙지 여부를 확인하고 필요한 **교육을** 실시해야 한다.

| 산소 및 유해가스 농도를 측정 및 평가하는 자에 대한 교육 내용 |
|---|

- 밀폐공간의 위험성
- 측정장비의 이상 유무 확인 및 조작 방법
- 밀폐공간 내에서의 산소 및 유해가스 농도 측정 방법
- 적정 공기의 기준과 평가 방법

② 사업주는 산소 및 유해가스 농도를 측정한 결과 적정공기가 유지되고 있지 아니하다고 평가된 경우에는 작업장을 환기시키거나, 근로자에게 공기호흡기 또는 송기마스크를 지급하여 착용하도록 하는 등 근로자의 건강장해 예방을 위하여 필요한 조치를 하여야 한다.

### (6) 환기

① 사업주는 밀폐공간에 근로자를 종사하도록 하는 경우에 작업 시작 전 및 작업 중에 해당 작업장을 적정공기 상태가 유지되도록 환기하여야 한다. 다만, 폭발이나 산화 등의 위험으로 인하여 환기할 수 없거나 작업의 성질상 환기하기가 매우 곤란한 경우에는 근로자에게 공기호흡기 또는 송기마스크를 지급하여 착용하도록 하고 환기하지 아니할 수 있다.
② 근로자는 지급된 보호구를 착용하여야 한다.

### (7) 출입금지

① 사업주는 밀폐공간에 근로자를 종사하도록 하는 경우에는 그 장소에 근로자를 입장시킬 때와 퇴장시킬 때마다 인원을 점검하여야 한다.
② 사업주는 밀폐공간에서 하는 작업에 근로자를 종사하도록 하는 경우에는 그 밀폐공간에서 작업하는 근로자가 아닌 사람이 그 장소에 출입하는 것을 금지하고, 출입금지 표지를 밀폐공간 근처의 보기 쉬운 장소에 게시하여야 한다.

### (8) 감시인의 배치

① 사업주는 근로자가 밀폐공간에서 작업을 하는 동안 작업 상황을 감시할 수 있는 감시인을 지정하여 밀폐공간 외부에 배치하여야 한다.
② 감시인은 밀폐공간에 종사하는 근로자에게 이상이 있을 경우에 구조요청 등 필요한 조치를 한 후 이를 즉시 관리감독자에게 알려야 한다.
③ 사업주는 근로자가 밀폐공간에서 작업을 하는 동안 그 작업장과 외부의 감시인 간에 항상 연락을 취할 수 있는 설비를 설치하여야 한다.

### (9) 사고 시의 대피

① 사업주는 근로자가 밀폐공간에서 작업을 하는 경우에 산소결핍이나 유해가스로 인한 질식·화재·폭발 등의 우려가 있으면 즉시 작업을 중단시키고 해당 근로자를 대피하도록 하여야 한다.
② 사업주는 근로자를 대피시킨 경우 적정 공기 상태임이 확인될 때까지 그 장소에 관계자가 아닌 사람이 출입하는 것을 금지하고, 그 내용을 해당 장소의 보기 쉬운 곳에 게시하여야 한다.
③ 근로자는 출입이 금지된 장소에 사업주의 허락 없이 출입하여서는 아니 된다.

### (10) 안전대 등 보호구 지급

① 사업주는 밀폐공간에서 작업하는 근로자가 산소결핍이나 유해가스로 인하여 추락할 우려가 있는 경우에는 해당 근로자에게 안전대나 구명밧줄, 공기호흡기 또는 송기마스크를 지급하여 착용하도록 하여야 한다.
② 안전대나 구명밧줄을 착용하도록 하는 경우에 이를 안전하게 착용할 수 있는 설비 등을 설치하여야 한다.
③ 근로자는 지급된 보호구를 착용하여야 한다.

### (11) 대피용 기구의 비치

사업주는 밀폐공간에 근로자를 종사하도록 하는 경우에 공기호흡기 또는 송기마스크, 사다리 및 섬유로프 등 비상시에 근로자를 피난시키거나 구출하기 위하여 필요한 기구를 갖추어 두어야 한다. ★

### (12) 구출 시 공기호흡기 또는 송기마스크의 사용 ★

사업주는 밀폐공간에서 위급한 근로자를 구출하는 작업을 하는 경우 그 구출작업에 종사하는 근로자에게 공기호흡기 또는 송기마스크를 지급하여 착용하도록 하여야 한다.

## 연소 및 폭발의 구분

### (1) 연소의 정의
가연성 물질이 공기 중 산소와 결합하여 열과 불꽃을 내며 타는 현상을 말한다.

### (2) 연소 및 폭발의 조건

| 연소의 3요소 ★ | 폭발의 성립 조건 ★ |
|---|---|
| ① 가연물<br>② 열 or 점화원<br>③ 산소(공기) | ① 가스 및 분진이 밀폐된 공간에 존재하여야 한다.<br>② 가연성 가스, 증기 또는 분진이 폭발범위 내에 존재하여야 한다.<br>③ 점화원이 존재하여야 한다.<br>④ 산소가 존재하여야 한다. |

### (3) 인화점(인화온도) ★

① 인화성 액체가 증발하여 공기 중에서 연소하한농도 이상의 혼합기체를 생성할 수 있는 가장 낮은 온도
② 가연성 액체의 액면 가까이에서 인화하는데 충분한 농도의 증기를 발산하는 최저 온도
③ 공기 중에서 그 액체의 표면부근에서 불꽃의 전파가 일어나기에 충분한 농도의 증기를 발생시키는 최저온도

### (4) 발화점(발화온도), 착화점 ★

① 착화원 없이 가연성 물질을 대기 중에서 가열함으로써 스스로 연소 혹은 폭발을 일으키는 최저 온도
② 가연성 물질을 공기나 산소 중에서 가열한 후 발화 또는 폭발을 일으키기 시작하는 최저 온도

## (5) 기체, 액체, 고체의 연소 형태 ★★

| 기체의 연소 | • 확산연소 : 가연성 가스가 공기 중에 확산되어 연소하는 형태<br>　예 대부분 가스의 연소<br>• 예혼합연소 : 연소시키기 전에 이미 연소 가능한 혼합가스를 만들어 연소시키는 형태<br>• 폭발연소 : 가연성 기체와 공기의 혼합가스가 밀폐용기 안에 있을 때 점화되면 연소가 폭발적으로 일어난다. |
|---|---|
| 액체의 연소 | • 증발연소 : 액체자체가 연소되는 것이 아니라 액체 표면에서 발생하는 증기가 연소하는 형태<br>　예 대부분 액체의 연소 |
| 고체의 연소 | • 표면연소 : 가연성 가스를 발생하지 않고 물질 그 자체가 연소하는 형태<br>　예 코크스, 목탄, 금속분 등<br>• 분해연소 : 가열 분해에 의해 발생된 가연성 가스가 공기와 혼합되어 연소하는 형태<br>　예 목재, 종이, 석탄, 플라스틱 등 일반 가연물<br>• 증발연소 : 고체가연물의 가열에 의해 발생한 가연성 증기가 연소하는 형태<br>　예 황, 나프탈렌<br>• 자기연소 : 자체 내 산소를 함유하고 있어 공기 중 산소를 필요치 않고 연소하는 형태<br>　예 니트로 화합물, 다이너마이트 등 |

## (6) 자연발화 ★

외부 점화원 없이 자체의 열에 의해 발화하는 현상

1) 자연발화를 일으키는 열의 종류
　① 산화열에 의한 발열 : 석탄, 원면, 건성유 등
　② 분해열에 의한 발열 : 셀룰로이드, 니트로셀룰로오스
　③ 흡착열에 의한 발열 : 활성탄, 목탄 등
　④ 미생물에 의한 발열 : 퇴비, 먼지 등

2) 자연발화가 되기 쉬운 조건 ★
　① 표면적이 넓을 것
　② 열전도율이 적을 것
　③ 주위의 온도가 높을 것
　④ 발열량이 클 것
　⑤ 수분이 적당량 존재할 것

3) 자연발화에 영향을 미치는 요인
   ① 열의 축적
   ② 열전도율
   ③ 공기의 유동
   ④ 발열량
   ⑤ 수분

4) 자연발화 방지법
   ① 저장소의 온도를 낮출 것
   ② 산소와의 접촉을 피할 것
   ③ 통풍 및 환기를 철저히 할 것
   ④ 습도가 높은 곳에는 저장하지 말 것

5) 혼합위험의 특성
   ① 가압 하에서 발화지연이 짧다.
   ② 주위온도보다 발화온도 낮아지면 발화지연이 짧다.
   ③ 혼합물인 경우 단독물의 혼합보다 발화지연이 짧아진다.
   ④ 햇빛이나 기타의 빛으로 광분해 반응이 수반될 수 있다.

## (7) 연소파와 폭굉파

1) 연소파(Combustion wave)

   가연성 가스에 적당한 공기를 혼합하여 폭발범위 내에 이르면 화염의 전파속도가 빨라져 그 **속도가 0.1 ~ 10m/sec 정도**가 되는데 이를 연소파라 한다.

2) 폭굉파

   충격파의 일종으로 화염의 전파속도가 음속 이상일 경우이며 그 **속도가 1,000 ~ 3,500m/sec**에 이른다.

   ### 폭굉 유도거리(DID)가 짧아지는 요인 ★

   - **점화에너지가 강할수록** 짧다.
   - **연소속도가 큰 가스일수록** 짧다.
   - **관경이 가늘거나** 관 속에 **이물질이 있을 경우** 짧다.
   - **압력이 높을수록** 짧다.

3) 반응폭주

온도, 압력 등 제어상태가 규정의 조건을 벗어나는 것에 의해 반응 속도가 지수 함수적으로 증대되고 용기 내의 온도, 압력이 이상 상승하여 규정 조건을 벗어나고 반응이 과격화되는 현상

## (8) 폭발 원인물질의 상태에 의한 분류

| | |
|---|---|
| 기상폭발<br>(기체상태의 폭발) | ① 가스폭발 : 가연성 가스와 조연성 가스(산소)가 혼합되어 점화원과 접촉 시 폭발을 일으킨다.<br>예 수소, 일산화탄소, 메탄, 에탄, 프로판, 아세틸렌 등<br>② 분무폭발 : 가연성액체의 미세한 액적이 무상으로 되어 공기 중에 부유하고 있을 때에 발생하는 폭발<br>③ 분진폭발 : 분진, mist 등이 일정 농도 이상으로 공기와 혼합 시 발화원에 의해 폭발을 일으킨다.<br>예 마그네슘, 티타늄 등의 분말, 곡물가루 등 |
| 응상폭발<br>(고체 및<br>액체상태의 폭발) | ① 수증기폭발 : 액체의 폭발적인 비등현상으로 상태변화(액체 → 기체)가 일어나며 폭발을 일으킨다.<br>② 증기폭발 : 물, 액체 등이 과열에 의하여 순간적으로 증기화되어 폭발 현상을 일으킨다.<br>③ 전선폭발 : 금속의 전선에 대전류가 흘러 전선이 가열되고 용융과 기화가 급격하게 진행되어 폭발을 일으킨다. |

## (9) 분진폭발의 발생순서 ★

　　　　　　열에너지
　　　　　　증가
퇴적 분진 →　비산(기체발생) → 분산(혼합기체 형성) → 점화원 → 1차 폭발 → 2차 폭발

## (10) 분진폭발 영향인자

| 분진폭발에 영향을 미치는 인자 ★ | |
|---|---|
| ① 입도와 입도 분포 | 입자가 작고 표면적이 클수록 폭발이 용이하다. |
| ② 분진의 화학적 성분과 반응성 | 발열량이 클수록, 휘발성분이 많을수록 폭발이 용이하다. |
| ③ 입자의 형상과 표면의 상태 | 입자의 형상이 구형(球形)일수록 폭발성이 약하고 입자의 표면이 산소에 대한 활성을 가질수록 폭발성이 높다. |

| ④ 분진 속의 수분 | 분진 속에 수분이 있으면 부유성 및 정전기 대전성을 감소시켜 폭발의 위험이 낮아진다. |
|---|---|
| ⑤ 분진의 부유성 | 분진의 부유성이 클수록 공기 중 체류 시간이 길어져 폭발이 용이하다. |

## (11) 분진폭발과 가스폭발

| 가스폭발과 분진폭발의 비교 ★ | |
|---|---|
| 가스폭발 | ① 화염이 크다.<br>② 연소속도가 빠르다. |
| 분진폭발 | ① 폭발압력, 에너지가 크다.<br>② 연소시간이 길다.<br>③ 불완전연소로 인한 중독(CO)이 발생한다. |

## (12) 폭발현상

1) 슬롭오버(Slop – over)현상 ★
   - 석유화재에서 수분을 포함한 소화약제 방사시에 급작스런 기화로 인해 열유를 비산시키는 현상
   - 위험물 저장탱크 화재 시 물 또는 포를 화염이 왕성한 표면에 방사할 때 위험물과 함께 탱크 밖으로 흘러넘치는 현상

2) 보일오버(Boil – Over)현상
   - 유류저장탱크의 화재 중 탱크저부에 물 또는 물-기름 에멀젼이 수증기로 변해 갑작스런 탱크 외부로의 분출을 발생시키는 현상

3) 프로스오버(Froth – over)현상
   - 저장탱크 속의 물이 점성을 가진 뜨거운 기름의 표면 아래에서 끓을 때 급격한 부피팽창에 의하여 화재를 수반하지 않고 유류가 탱크 외부로 분출되는 현상

4) 블래비(Bleve)현상(비등액 팽창 증기폭발) ★
   - 가연성 액화가스에서 외부화재에 의해 탱크 내 액체가 비등하고 증기가 팽창하면서 폭발을 일으키는 현상으로 벽면파괴를 동반한다.

5) 개방계 증기운폭발(UVCE : Unconfined vapor cloud explosion) ★
   - 가연성가스가 지속적으로 누출되면서 대기 중에 구름형태로 모여 바람 등의 영향으로 움직이다가 점화원에 의하여 순간적으로 모든 가스가 동시에 폭발하는 현상을 말한다.

### 증기운 폭발의 특징

① 증기운의 크기가 증가하면 점화확률도 증가한다.
② 증기운에 의한 재해는 폭발력보다는 화재가 원인이 된다.
③ **폭발효율이 적다.**
④ **증기와 공기의 난류혼합은 폭발력을 증대시킨다.**
⑤ 증기 누출부로부터 먼 지점에서의 착화는 폭발의 충격을 증가시킨다.

## 가스누출감지 경보기 및 내화기준

### (1) 가스누출감지 경보기의 설치

① 가스누출감지경보기를 설치할 때에는 감지대상 가스의 특성을 충분히 고려하여 가장 적절한 것을 선정한다.
② 하나의 감지대상 가스가 가연성이면서 독성인 경우에는 **독성가스를 기준하여 가스누출감지 경보기를 선정한다.**

### (2) 가스누출감지 경보기를 설치하여야 할 장소

① 건축물 내·외에 설치되어 있는 가연성 및 독성물질을 취급하는 압축기, 밸브, 반응기, 배관 연결 부위 등 **가스의 누출이 우려되는 화학설비 및 부속설비 주변**
② 가열로 등 발화원이 있는 제조설비 주위에 **가스가 체류하기 쉬운 장소**
③ **가연성 및 독성물질의 충진용 설비의 접속부의 주위**
④ **방폭지역 내에 위치한 변전실, 배전반실, 제어실 등**
⑤ 기타 특별히 **가스가 체류하기 쉬운 장소**

### (3) 가스누출감지 경보기의 설치 위치

① 가스누출감지경보기는 가능한 한 가스의 누출이 우려되는 **누출 부위 가까이 설치하여야 한다.**
② 건축물 밖에 설치되는 가스누출감지경보기는 풍향, 풍속, 가스의 비중 등을 고려하여 **가스가 체류하기 쉬운 지점에 설치한다.**
③ 건축물 내에 설치되는 가스누출감지경보기는 **감지 대상 가스의 비중이 공기보다 무거운 경우에는 건축물 내의 하부에, 공기보다 가벼운 경우에는 건축물의 환기구 부근 또는 당해 건축물 내의 상부에 설치하여야 한다.**
④ 가스누출감지경보기의 경보기는 **근로자가 상주하는 곳에 설치하여야 한다.**

## (4) 가스누출감지 경보기의 경보 설정치 ★

① 가연성 가스누출감지경보기는 감지대상 가스의 폭발하한계 25% 이하, 독성가스 누출 감지경보기는 해당 독성가스의 허용농도 이하에서 경보가 울리도록 설정하여야 한다.
② 가스누출감지경보의 정밀도는 경보 설정치에 대하여 가연성가스 누출감지 경보기는 ±25% 이하, 독성가스 누출감지 경보기는 ±30% 이하이어야 한다.

## (5) 가스누출감지 경보기의 성능

① 가연성 가스누출감지경보기는 담배연기 등에, 독성가스 누출감지경보기는 담배연기, 기계 세척유 가스, 등유의 증발가스, 배기가스 및 탄화수소계 가스, 기타 잡가스에는 경보가 울리지 않아야 한다.
② 가스누출감지경보기의 가스 감지에서 경보발신까지 걸리는 시간은 경보농도 1.6배 시 보통 30초 이내일 것. 다만, 암모니아, 일산화탄소 또는 이와 유사한 가스 등을 감지하는 가스누출감지경보기는 1분 이내로 한다.
③ 경보정밀도는 전원의 전압 등의 변동률이 ±10%까지 저하되지 않아야 한다.
④ 지시계 눈금의 범위는 가연성가스용은 0에서 폭발하한계값, 독성가스는 0에서 허용농도의 3배값(암모니아를 실내에서 사용하는 경우에는 150)이어야 한다.
⑤ 경보를 발신한 후에는 가스농도가 변화하여도 계속 경보를 울려야 하며, 그 확인 또는 대책을 조치할 때에는 경보가 정지되어야 한다.

## (6) 내화기준 ★

가스폭발 위험장소 또는 분진폭발 위험장소에 설치되는 건축물 등에 대해서는 다음 각 호에 해당하는 부분을 내화구조로 하여야 하며, 그 성능이 항상 유지될 수 있도록 점검·보수 등 적절한 조치를 하여야 한다. 다만, 건축물 등의 주변에 화재에 대비하여 물 분무시설 또는 폼 헤드(foam head)설비 등의 자동소화설비를 설치하여 건축물 등이 화재 시에 2시간 이상 그 안전성을 유지할 수 있도록 한 경우에는 내화구조로 하지 아니할 수 있다.

① 건축물의 기둥 및 보 : 지상 1층(지상 1층의 높이가 6미터를 초과하는 경우에는 6미터)까지
② 위험물 저장·취급용기의 지지대(높이가 30센티미터 이하인 것은 제외한다) : 지상으로부터 지지대의 끝부분까지
③ 배관·전선관 등의 지지대 : 지상으로부터 1단(1단의 높이가 6미터를 초과하는 경우에는 6미터)까지

> **Reference**

### 1. 화재위험작업 시의 준수사항

① 사업주는 통풍이나 환기가 충분하지 않은 장소에서 화재위험작업을 하는 경우에는 통풍 또는 환기를 위하여 산소를 사용해서는 아니 된다.
② 사업주는 가연성 물질이 있는 장소에서 화재위험작업을 하는 경우에는 화재 예방에 필요한 다음 각 호의 사항을 준수하여야 한다.

| 화재위험작업을 하는 경우에 화재예방을 위하여 준수하여야 하는 사항 |
|---|
| 1. 작업 준비 및 작업 절차 수립
2. 작업장 내 위험물의 사용·보관 현황 파악
3. 화기작업에 따른 인근 가연성 물질에 대한 방호조치 및 소화기구 비치
4. 용접불티 비산방지덮개, 용접방화포 등 불꽃, 불티 등 비산방지조치
5. 인화성 액체의 증기 및 인화성 가스가 남아 있지 않도록 환기 등의 조치
6. 작업근로자에 대한 화재예방 및 피난교육 등 비상조치 |

### 2. 화재감시자 ★

1) 사업주는 근로자에게 다음 각 호의 어느 하나에 해당하는 장소에서 용접·용단 작업을 하도록 하는 경우에는 화재감시자를 지정하여 용접·용단 작업 장소에 배치해야 한다. 다만, 같은 장소에서 상시·반복적으로 용접·용단작업을 할 때 경보용 설비·기구, 소화설비 또는 소화기가 갖추어진 경우에는 화재감시자를 지정·배치하지 않을 수 있다.
   ① 작업반경 11미터 이내에 건물구조 자체나 내부(개구부 등으로 개방된 부분을 포함한다)에 가연성 물질이 있는 장소
   ② 작업반경 11미터 이내의 바닥 하부에 가연성 물질이 11미터 이상 떨어져 있지만 불꽃에 의해 쉽게 발화될 우려가 있는 장소
   ③ 가연성 물질이 금속으로 된 칸막이·벽·천장 또는 지붕의 반대쪽 면에 인접해 있어 열전도나 열복사에 의해 발화될 우려가 있는 장소

2) 사업주는 근로자에게 다음 각 호의 어느 하나에 해당하는 장소에서 화재위험작업을 하도록 하는 경우에는 화재의 위험을 감시하고 화재 발생 시 사업장 내 근로자의 대피를 유도하는 업무만을 담당하는 화재감시자를 지정하여 화재위험작업 장소에 배치하여야 한다.
   ① 연면적 15,000제곱미터 이상의 건설공사 또는 개조공사가 이루어지는 건축물의 지하장소
   ② 연면적 5,000제곱미터 이상의 냉동·냉장창고시설의 설비 공사 또는 단열공사 현장
   ③ 액화석유가스 운반선 중 단열재가 부착된 액화석유가스 저장시설에 인접한 장소

3) 화재감시자는 다음 각 호의 업무를 수행한다.
   ① 해당 장소에 가연성 물질이 있는지 여부의 확인
   ② 가스 검지, 경보 성능을 갖춘 가스 검지 및 경보 장치의 작동 여부의 확인
   ③ 화재 발생 시 사업장 내 근로자의 대피 유도

# 폭발 등급 및 안전 간격

## (1) 안전 간격(Safety Gap) ★

부피 8*l*, 틈의 안길이 25mm인 구형 용기에 혼합가스를 채우고 점화시켰을 때 **화염이 외부까지 전달되지 않는 한계의 틈**을 말한다.

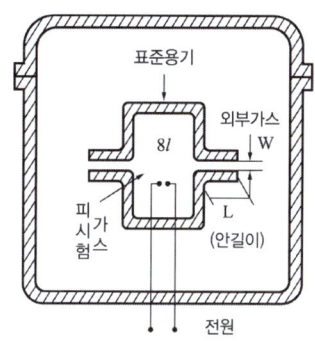

## (2) 폭발성 가스의 분류

① 내압 방폭구조를 그 방폭 성능에 따라 ⅡA, ⅡB, ⅡC의 3개 Group으로 분류한다.

| 폭발성 가스의 분류 | A | B | C |
|---|---|---|---|
| 화염일주한계 | 0.9mm 이상 | 0.5mm 초과 0.9mm 미만 | 0.5mm 이하 |
| 내압 방폭구조의 전기기기의 분류 | ⅡA | ⅡB | ⅡC |

② 본질안전 방폭구조를 방폭 성능에 따라 ⅡA, ⅡB, ⅡC의 3개 Group으로 분류한다.

| 폭발성 가스의 분류 | A | B | C |
|---|---|---|---|
| 최소점화 전류비 | 0.8 초과 | 0.45 이상 0.8 이하 | 0.45 미만 |
| 본질안전 방폭구조의 전기기기의 분류 | ⅡA | ⅡB | ⅡC |

> **Reference**
>
> 🍀 안전간격에 따른 폭발등급(폭발성 가스를 구분하는 과거 기준)
>
> | 폭발 등급 | 안전간격(mm) | 해당가스 |
> |---|---|---|
> | 1등급 | 0.6mm 초과 | 메탄, 에탄, 프로판, 부탄 |
> | 2등급 | 0.4mm 초과 0.6mm 이하 | 에틸렌, 석탄가스 |
> | 3등급 | 0.4mm 이하 | 수소, 아세틸렌 |

## (3) 최고표면온도 및 발화도 등급 ★★

| 최고표면<br>온도등급 | 전기기기의 최고표면온도(℃) | 발화도 등급 | 증기 또는 가스의 발화도(℃) |
|---|---|---|---|
| T1 | 450 이하<br>(또는 300 초과 450 이하) | G1 | 450 초과 |
| T2 | 300 이하<br>(또는 200 초과 300 이하) | G2 | 300 초과 450 이하 |
| T3 | 200 이하<br>(또는 135 초과 200 이하) | G3 | 200 초과 300 이하 |
| T4 | 135 이하<br>(또는 100 초과 135 이하) | G4 | 135 초과 200 이하 |
| T5 | 100 이하<br>(또는 85 초과 100 이하) | G5 | 100 초과 135 이하 |
| T6 | 85 이하 | G6 | 85 초과 100 이하 |

## (4) 폭발 재해의 근본대책 ★

① **폭발 봉쇄** : 안전밸브나 파열판을 통해 저장소로 압력을 보내어 압력을 완화시켜 폭발을 방지
② **폭발 억제** : 폭발억제장치가 작동, 소화기를 터지게 하여 큰 폭발이 되지 않도록 폭발을 진압
③ **폭발 방산** : 안전밸브나 파열판 등으로 탱크 내 압력을 방출시켜 폭발을 방지

---

# 폭발범위(폭발한계), 완전연소조성농도, 위험도

## (1) 연소범위(폭발범위, 폭발한계)

가연성 물질이 공기와 혼합하여 일정 농도 범위 내에서 폭발이 일어날 수 있는 범위를 말한다.

1) 폭발 하한계 ★

① 폭발이 시작되는 최저의 용량비를 말한다.
② 가연성 물질의 용량이 폭발하한계보다 낮으면 폭발은 일어나지 않는다.

2) 폭발 상한계 ★

① 폭발이 계속되는 최고의 용량비를 말한다.
② 가연성 물질의 용량이 폭발상한계보다 높으면 공기 중 산소가 부족하여 폭발은 중지된다.

3) 온도, 압력과의 관계 ★

① 압력상승 시 하한계는 불변, 상한계는 상승한다.
② 온도상승 시 하한계는 약간 하강, 상한계는 상승한다.
③ 폭발하한계가 낮을수록, 폭발상한계는 높을수록 폭발범위가 넓어져 위험하다.

### (2) 완전 연소 조성 농도(화학양론농도, 이론산소농도)

발열량이 최대이고 폭발 파괴력이 가장 강한 농도를 말한다.

**완전연소조성농도(화학양론농도) ★★**

$$C_{st} = \frac{100}{1 + 4.773\left(n + \frac{m-f-2\lambda}{4}\right)} (\text{Vol}\%)$$

여기서, $n$ : 탄소, $m$ : 수소, $f$ : 할로겐원소, $\lambda$ : 산소의 원자 수, 4.773 : 공기의 몰수

---

**E·X·E·R·C·I·S·E**

프로판($C_3H_8$)가스가 공기 중 연소할 때의 화학양론농도는 약 얼마인가? (단, 공기 중의 산소 농도는 21%이다)

**풀이**

$$C_{st} = \frac{100}{1 + 4.773\left(n + \frac{m-f-2\lambda}{4}\right)} (\text{Vol}\%)$$

여기서, $n$ : 탄소, $m$ : 수소, $f$ : 할로겐원소, $\lambda$ : 산소의 원자 수
프로판($C_3H_8$)에서 $n$ : 3, $m$ : 8, $f, \lambda = 0$ 이므로

$$C_{st} = \frac{100}{1 + 4.773\left(3 + \frac{8}{4}\right)} = 4.02(\text{Vol}\%)$$

## (3) 혼합 가스의 폭발 범위(르 샤틀리에의 공식) ★★

**폭발범위(폭발하한계 및 폭발상한계)의 계산**

$$\frac{100}{L} = \frac{V_1}{L_1} + \frac{V_2}{L_2} + \frac{V_3}{L_3} \cdots (\text{Vol\%})$$

$$L = \frac{100}{\frac{V_1}{L_1} + \frac{V_2}{L_2} + \frac{V_3}{L_3} \cdots}$$

여기서, $L$ : 혼합가스의 폭발하한계(상한계)
 $L_1, L_2, L_3$ : 단독가스의 폭발하한계(상한계)
 $V_1, V_2, V_3$ : 단독가스의 공기 중 부피
 $100 : V_1 + V_2 + V_3 + \cdots$ (단독가스 부피의 합)

### EXERCISE

가연성 혼합가스가 메탄($CH_4$) 80%, 에탄($C_2H_6$) 10%, 부탄($n-C_4H_{10}$) 10%로 구성되어져 있다. 공기 중에서 이 3성분 혼합가스의 화학양론 조성을 구하면? (단, 각 단독가스의 화학양론 조성은 메탄 9.5Vol%, 에탄 5.6Vol%, 부탄 3.1Vol%로 한다.)

**풀이**

혼합가스의 양론조성은

$$\frac{100}{L} = \frac{V_1}{L_1} + \frac{V_2}{L_2} + \frac{V_3}{L_3} \cdots$$

$$\frac{(80+10+10)}{L} = \frac{80}{9.5} + \frac{10}{5.6} + \frac{10}{3.1}$$

$$L = \frac{100}{\frac{80}{9.5} + \frac{10}{5.6} + \frac{10}{3.1}} = 7.44 \text{Vol\%}$$

### EXERCISE

에틸에테르와 에틸알콜의 3 : 1의 혼합증기 몰비가 각각 0.75, 0.25이고, 단독가스의 폭발상한을 각각 48Vol%, 19Vol%라면 혼합성 가스의 폭발상한값은?

**풀이**

몰비(부피비)가 3 : 1이므로(0.75 : 0.25 = 75% : 25%)

$$\frac{(75+25)}{L} = \frac{75}{48} + \frac{25}{19}$$

$$L = \frac{100}{\frac{75}{48} + \frac{25}{19}} = 34.7 \text{Vol\%}$$

## E·X·E·R·C·I·S·E

메탄 70Vol%, 부탄 30Vol% 혼합가스의 공기 중 폭발하한계는?
(각 물질의 폭발하한계는 Jones식에 의해 추산하시오)

**풀이**

1. 메탄의 폭발하한계
   Jones식에 의한 폭발하한계 $= 0.55 \times C_{st}$
   Jones식에 의한 폭발상한계 $= 3.50 \times C_{st}$

   $$C_{st} = \frac{100}{1 + 4.773\left(n + \frac{m-f-2\lambda}{4}\right)}$$

   ($n$ : 탄소, $m$ : 수소, $f$ : 할로겐원소, $\lambda$ : 산소의 원자 수)
   메탄 $CH_4$에서 ($n$ : 1, $m$ : 4, $f$ : 0, $\lambda$ : 0)

   $$C_{st} = \frac{100}{1 + 4.773\left(1 + \frac{4}{4}\right)} = 9.48$$

   폭발하한계 $= 0.55 \times C_{st} = 0.55 \times 9.48 = 5.21$

2. 부탄의 폭발하한계
   부탄 $C_4H_{10}$에서 ($n$ : 4, $m$ : 10, $f$ : 0, $\lambda$ : 0)

   $$C_{st} = \frac{100}{1 + 4.773\left(4 + \frac{10}{4}\right)} = 3.12$$

   폭발하한계 $= 0.55 \times C_{st} = 0.55 \times 3.12 = 1.72$

3. 혼합가스의 폭발하한계

   $$\frac{100}{L} = \frac{V_1}{L_1} + \frac{V_2}{L_2} + \frac{V_3}{L_3} \cdots$$

   $$\frac{100}{L} = \frac{70}{5.21} + \frac{30}{1.72}$$

   $$L = \frac{100}{\frac{70}{5.21} + \frac{30}{1.72}} = 3.24 \text{Vol\%}$$

## (4) 최소산소농도(MOC 농도) ★

**최소산소농도(MOC 농도)의 계산**

$$MOC \text{ 농도} = \text{폭발하한계} \times \frac{\text{산소의 몰수}}{\text{연료의 몰수}} \text{ (Vol\%)}$$

---

**EXERCISE**

프로판($C_3H_8$)의 연소에 필요한 최소 산소농도의 값은? (단, 프로판의 폭발하한은 2.2Vol%) ★

**풀이**

MOC농도 = 폭발하한계 $\times \dfrac{\text{산소의 몰수}}{\text{연료의 몰수}}$ (Vol%)

$1C_3H_8 + 5O_2 = 3CO_2 + 4H_2O$ (여기서 1, 5, 3, 4 = 몰수)

프로판의 최소 산소농도 = $2.2 \times \dfrac{5}{1} = 11$Vol%

---

**EXERCISE**

부탄($C_4H_{10}$)의 연소에 필요한 최소 산소농도의 값은? (단, 부탄의 폭발하한은 1.6Vol%) ★

**풀이**

MOC농도 = 폭발하한계 $\times \dfrac{\text{산소의 몰수}}{\text{연료의 몰수}}$ (Vol%)

$1C_4H_{10} + 6.5O_2 = 4CO_2 + 5H_2O$ (여기서 1, 6.5, 4, 5는 몰수)

부탄의 최소산소농도 = $1.6 \times \dfrac{6.5}{1} = 10.4$(Vol%)

---

**EXERCISE**

부탄($C_4H_{10}$)이 완전연소하기 위한 화학양론농도를 계산하고, 완전연소에 필요한 최소산소농도를 구하시오. (단, 부탄의 폭발하한계는 1.6Vol%)

**풀이**

(1) 완전연소 조성농도(화학양론농도)

$$C_{st} = \frac{100}{1 + 4.773\left(n + \dfrac{m - f - 2\lambda}{4}\right)} \text{ (Vol\%)}$$

여기서, $n$ : 탄소, $m$ : 수소, $f$ : 할로겐원소, $\lambda$ : 산소의 원자 수, 4.773 : 공기의 몰수

(2) 최소산소농도(MOC농도)

MOC농도 = 폭발하한계 $\times \dfrac{\text{산소의 몰수}}{\text{연료의 몰수}}$ (Vol%)

① 화학양론농도

$$C_{st} = \frac{100}{1+4.773(4+\frac{10}{4})} = 3.12 \text{vol\%}$$

② 부탄의 연소반응식

$2C_4H_{10} + 13O_2 = 8CO_2 + 10H_2O$

부탄의 최소산소농도 $= 1.6 \times \frac{13}{2} = 10.4 \text{Vol\%}$

## (5) 위험도의 계산 ★★

### 위험도의 계산

$$위험도(H) = \frac{U_2 - U_1}{U_1}$$

여기서, $U_1$ : 폭발 하한계(%), $U_2$ : 폭발 상한계(%)

**E·X·E·R·C·I·S·E**

공기 중에서 수소의 폭발하한계가 4.0vol%, 상한계가 75.0vol%라면 수소의 위험도는 얼마인가?

**풀이**

위험도$(H) = \dfrac{U_2 - U_1}{U_1} = \dfrac{75-4}{4} = 17.75$

* 위험도는 단위가 없습니다.

---

## 화학설비 및 그 부속설비

### (1) 부식방지 ★

화학설비 또는 그 배관 중 위험물 또는 인화점이 섭씨 60도 이상인 물질이 접촉하는 부분에 대해서는 부식되어 폭발·화재 또는 누출되는 것을 방지하기 위하여 부식이 잘 되지 않는 재료를 사용하거나 도장(塗裝) 등의 조치를 하여야 한다.

### (2) 덮개 등의 접합부 ★

화학설비 또는 그 배관의 덮개·플랜지·밸브 및 콕의 접합부에 대하여 위험물질 등의 누출로 인한 폭발·화재 또는 위험물의 누출을 방지하기 위하여 적절한 개스킷(gasket)을 사용하고 접합면을 상호 밀착시키는 등 적절한 조치를 하여야 한다.

### (3) 안전밸브를 설치하여야 하는 곳 ★

> 과압에 따른 폭발을 방지하기 위하여 안전밸브 또는 파열판을 설치하여야 하는 설비

① **압력용기**(안지름이 150밀리미터 이하인 압력용기는 제외하며, 압력용기 중 관형 열교환기의 경우에는 관의 파열로 인하여 상승한 압력이 압력용기의 최고사용압력을 초과할 우려가 있는 경우만 해당한다.)
② **정변위 압축기**
③ **정변위 펌프**(토출 측에 차단밸브가 설치된 것만 해당한다)
④ **배관**(2개 이상의 밸브에 의하여 차단되어 대기온도에서 액체의 열팽창에 의하여 파열될 우려가 있는 것으로 한정한다.)
⑤ 그 밖의 화학설비 및 그 부속설비로서 해당 설비의 최고사용압력을 초과할 우려가 있는 것

### (4) 안전밸브의 설치방법 ★

다단형 압축기 또는 직렬로 접속된 공기압축기에 대해서는 각 단 또는 각 공기압축기별로 안전밸브 등을 설치하여야 한다.

### (5) 안전밸브의 검사주기

① 안전밸브는 검사주기마다 국가교정기관에서 교정을 받은 압력계를 이용하여 설정압력에서 안전밸브가 적정하게 작동하는지를 검사한 후 납으로 봉인하여 사용하여야 한다. ★

| 안전밸브 검사주기 ★★ | |
|---|---|
| 화학공정 유체와 안전밸브의 디스크 또는 시트가 직접 접촉될 수 있도록 설치된 경우 | 2년마다 1회 이상 |
| 안전밸브 전단에 파열판이 설치된 경우 | 3년마다 1회 이상 |
| 공정안전보고서 이행상태 평가결과가 우수한 사업장의 안전밸브의 경우 | 4년마다 1회 이상 |

② 사업주는 납으로 봉인된 안전밸브를 해체하거나 조정할 수 없도록 조치하여야 한다.

안전밸브

## (6) 파열판의 설치

**반드시 파열판을 설치하여야 하는 경우 ★★**

① 반응 폭주 등 급격한 압력상승의 우려가 있는 경우
② 급성독성물질의 누출로 인하여 주위의 작업환경을 오염시킬 우려가 있는 경우
③ 운전 중 안전밸브에 이상 물질이 누적되어 안전밸브가 작동되지 아니할 우려가 있는 경우

## (7) 파열판 및 안전밸브의 직렬설치

사업주는 급성 독성물질이 지속적으로 외부에 유출될 수 있는 화학설비 및 그 부속설비에 파열판과 안전밸브를 직렬로 설치하고 그 사이에는 압력지시계 또는 자동경보장치를 설치하여야 한다.

## (8) 안전밸브 등의 작동요건 및 배출용량 ★★

① 안전밸브 등이 안전밸브 등을 통하여 보호하려는 설비의 최고사용압력 이하에서 작동되도록 하여야 한다. 다만, 안전밸브 등이 2개 이상 설치된 경우에 1개는 최고사용압력의 1.05배(외부화재를 대비한 경우에는 1.1배) 이하에서 작동되도록 설치할 수 있다.
② 안전밸브 등의 배출용량은 그 작동원인에 따라 각각의 소요분출량을 계산하여 가장 큰 수치를 당해 안전밸브 등의 배출용량으로 하여야 한다.

## (9) 차단밸브의 설치금지

안전밸브 등의 전·후단에는 차단밸브를 설치하여서는 아니된다. 다만, 다음 각호의 1에 해당하는 경우에는 자물쇠형 또는 이에 준하는 형식의 차단밸브를 설치할 수 있다.

**안전밸브 등의 전·후단에는 차단밸브를 설치할 수 있는 경우 ★**

① 인접한 화학설비 및 그 부속설비에 안전밸브 등이 각각 설치되어 있고 당해 화학설비 및 그 부속설비의 연결배관에 차단밸브가 없는 경우
② 안전밸브 등의 배출용량의 2분의 1 이상에 해당하는 용량의 자동압력조절밸브와 안전밸브 등이 병렬로 연결된 경우
③ 화학설비 및 그 부속설비에 안전밸브 등이 복수방식으로 설치되어 있는 경우
④ 예비용 설비를 설치하고 각각의 설비에 안전밸브 등이 설치되어 있는 경우
⑤ 열팽창에 의하여 상승된 압력을 낮추기 위한 목적으로 안전밸브가 설치된 경우
⑥ 하나의 플레어스택(flare stack)에 2 이상의 단위공정의 플레어헤더(flare header)를 연결하여 사용하는 경우로서 각각의 단위공정의 플레어헤더에 설치된 차단밸브의 열림·닫힘상태를 중앙제어실에서 알 수 있도록 조치한 경우

### (10) 통기설비(대기밸브, Breather valve) ★★

① 인화성 액체를 저장·취급하는 대기압탱크에는 통기관 또는 통기밸브(breather valve) 등을 설치하여야 한다.
② 통기설비는 정상운전 시에 대기압탱크 내부가 진공 또는 가압되지 않도록 **충분한 용량의 것을 사용**하여야 하며, **철저하게 유지·보수**를 하여야 한다.
③ 통기밸브는 탱크 내의 압력을 대기압과 평행하게 유지하는 역할을 한다.

통기밸브

### (11) 화염방지기(Flame Arrester)의 설치 ★★

인화성 액체 및 인화성 가스를 저장 취급하는 화학설비에서 증기나 가스를 대기로 방출하는 경우에는 **외부로부터의 화염을 방지하기 위하여 화염방지기를 그 설비 상단에 설치**하여야 한다.(다만, 대기로 연결된 통기관에 통기밸브가 설치되어 있거나, 인화점이 섭씨 38도 이상 60도 이하인 인화성 액체를 저장·취급할 때에 화염방지 기능을 가지는 인화방지망을 설치한 경우에는 그러하지 아니하다.)

### (12) 방유제 설치 ★

위험물질을 액체상태로 저장하는 저장탱크를 설치하는 때에는 **위험물질이 누출되어 확산되는 것을 방지**하기 위하여 방유제(防油提)를 설치하여야 한다.

### (13) 화학설비의 안전거리 기준 ★★

○ 안전거리

| 구분 | 안전거리 |
| --- | --- |
| 1. 단위공정시설 및 설비로부터 다른 단위공정 시설 및 설비의 사이 | 설비의 바깥 면으로부터 10미터 이상 |

| 2. 플레어스택으로부터 단위공정시설 및 설비, **위험물질 저장탱크** 또는 위험물질 하역설비의 사이 | 플레어스택으로부터 반경 **20미터 이상**. 다만, 단위공정시설 등이 불연재로 시공된 지붕 아래에 설치된 경우에는 그러하지 아니하다. |
|---|---|
| 3. **위험물질 저장탱크**로부터 단위공정시설 및 설비, 보일러 또는 가열로의 사이 | 저장탱크의 바깥 면으로부터 **20미터 이상**. 다만, 저장탱크의 방호벽, 원격조종 소화설비 또는 살수설비를 설치한 경우에는 그러하지 아니하다. |
| 4. 사무실·연구실·실험실·정비실 또는 식당으로부터 단위공정시설 및 설비, **위험물질 저장탱크**, 위험물질 하역설비, 보일러 또는 가열로의 사이 | 사무실 등의 바깥 면으로부터 **20미터 이상**. 다만, 난방용 보일러인 경우 또는 사무실 등의 벽을 방호구조로 설치한 경우에는 그러하지 아니하다. |

> **암기법**
> 공정시설 및 설비 사이 → 10m 이상
> 위험물질 저장탱크과 다른 설비 사이 → 20m 이상

**(14)** 화학설비 또는 그 부속설비의 용도를 변경하는 경우(사용하는 원재료의 종류를 변경하는 경우를 포함한다)에도 해당 설비의 **다음 각 호의 사항을 점검**한 후 사용하여야 한다.

① 그 설비 **내부**에 폭발이나 화재의 우려가 있는 물질이 있는지
② 안전밸브·긴급차단장치 및 그 밖의 **방호장치 기능의 이상 유무**
③ 냉각장치·가열장치·교반장치·압축장치·**계측장치 및 제어장치** 기능의 이상 유무

---

## 특수화학설비

### (1) 특수화학설비

위험물질을 기준량 이상으로 제조 또는 취급하는 다음 각 호의 1에 해당하는 화학설비를 특수화학설비라 한다.

| 특수화학설비의 종류 ★ |
|---|

① **발열반응**이 일어나는 반응장치
② 증류·정류·증발·추출 등 **분리를 행하는 장치**
③ 가열시켜주는 물질의 온도가 가열되는 **위험 물질의 분해 온도 또는 발화점 보다 높은 상태**에서 운전되는 설비

④ 반응폭주 등 이상 화학반응에 의하여 위험물질이 발생할 우려가 있는 설비
⑤ 온도가 섭씨 350도 이상이거나 게이지 압력이 980킬로파스칼 이상인 상태에서 운전되는 설비
⑥ 가열로 또는 가열기

### (2) 특수화학설비의 방호장치 설치 ★★

| | |
|---|---|
| 계측장치 | 특수화학설비를 설치하는 때에는 내부의 이상상태를 조기에 파악하기 위하여 필요한 온도계·유량계·압력계 등의 계측장치를 설치하여야 한다. |
| 자동경보장치 | 특수 화학설비를 설치하는 때에는 그 내부의 이상상태를 조기에 파악하기 위하여 필요한 자동경보장치를 설치하여야 한다. 다만, 자동경보장치를 설치하는 것이 곤란한 때에는 감시인을 두고 당해 특수화학설비의 운전 중 당해설비를 감시하도록 하는 등의 조치를 하여야 한다. |
| 긴급차단장치 | 특수화학설비를 설치하는 때에는 이상상태의 발생에 따른 폭발·화재 또는 위험물의 누출을 방지하기 위하여 원재료 공급의 긴급차단, 제품 등의 방출, 불활성가스의 주입 또는 냉각용수 등의 공급을 위하여 필요한 장치 등을 설치하여야 한다. |
| 예비동력원 | • 동력원의 이상에 의한 폭발 또는 화재를 방지하기 위하여 즉시 사용할 수 있는 예비동력원을 갖추어 둘 것<br>• 밸브·콕·스위치 등에 대하여는 오조작을 방지하기 위하여 잠금장치를 하고 색채표시 등으로 구분할 것 |

## 반응기, 증류탑, 열교환기

### (1) 반응기의 구비조건

① 고온, 고압에 견딜 것
② 균일한 혼합이 가능할 것
③ 촉매의 활성에 영향 주지 않을 것
④ 체류시간 있을 것
⑤ 냉각장치, 가열장치 가질 것

### (2) 반응기의 설계 시 수요 인자

① 온도
② 압력
③ 부식성
④ 상의 형태
⑤ 체류시간

## (3) 증류탑

증발하기 쉬운 차이(비점차)를 이용하여 액체 혼합물의 성분을 각각의 액체로 분리하는 장치

## (4) 증류탑의 종류

① **충전탑** : 증기와 액체와의 접촉면적을 크게 하기 위하여 탑 속에 충전물을 채운 형태의 탑이다.
② **단탑** : 빈 탑 속에 여러 개의 수평관을 일정한 간격으로 설치하여 증기와 액체를 접촉시켜 증류, 흡수, 추출을 행하는 장치이다.
③ **포종탑** : 탑 속의 각 단판에 포종을 설치, 유해 성분의 흡수효율을 높인 장치이다.
④ 다공판탑
⑤ 니플 트레이
⑥ 벨러스트 트레이

## (5) 증류탑 설계 시 주요인자

① 온도
② 압력
③ 부식성
④ 액 및 가스비율
⑤ 연속식 및 회분식

## (6) 증류탑의 점검

| 일상 점검 | 증류탑 개방시 점검 |
|---|---|
| ① 보온재·보냉재의 파손 상황 | ① 트레이의 부식상태 |
| ② 도장의 열화 정도 | ② 포종의 막힘 여부 |
| ③ 볼트의 풀림 여부 | ③ 넘쳐흐르는 둑의 높이가 설계와 같은지 여부 |
| ④ 플랜지, 맨홀, 용접부 등에서의 누출 여부 | ④ 용접선의 상황 및 포종의 고정 여부 |
| ⑤ 증기 배관의 열팽창에 의한 과도한 힘이 가해지지 않는지 여부 | ⑤ 균열, 손상 여부 |

## (7) 증류장치 운전 시 주의사항

① 라인, 라인업 확인
② 증류탑으로 원료액이 공급되는지 확인
③ 응축기에 냉각수 확인
④ 계기의 소성 및 펌프의 작동상태 점검

## (8) 열교환기

| 열교환기 손실열량 계산 |
|---|

$$Q = K \times A \times \frac{\Delta T}{\Delta X} (\text{kcal/hr})$$

여기서 $K$ : 전열계수, $A$ : 면적, $\Delta X$ : 두께, $\Delta T$ : 온도변화량

## (9) 열교환기의 일상점검 항목

① 보온재 및 보냉재의 상태
② 도장의 열화상태
③ 용접부 등으로부터의 누출 여부
④ 기초볼트의 풀림상태

---

# 건조설비

## (1) 건조기의 종류

| 고체건조기 | ① 상자건조기 : 입상의 고체를 회분식으로 건조하는 방식<br>② 터널건조기 : 다량을 연속적으로 건조하는 방식<br>③ 회전건조기 : 회전통 내의 원료에 열 가스를 접촉하여 건조하는 방식 |
|---|---|
| 용액, 슬러리<br>건조기 | ① 드럼건조기 : 롤러 사이에서 증발, 건조하는 방식<br>② 교반건조기 : 원료가 점착성이 있어 타 건조기 사용이 어려울 때 사용<br>③ 분무건조기 : 고온 가스 중에서 액체를 미세하게 분산시켜 건조하는 방식 |

## (2) 위험물 건조설비의 설치

| 건조실을 독립된 단층 건물로 하여야 하는 경우 ★ ||
|---|---|
| ① 위험물 또는 위험물이 발생하는 물질을 가열·건조하는 경우 | • 내용적이 1세제곱미터 이상 |
| ② 위험물이 아닌 물질을 가열·건조하는 경우 | • 고체 또는 액체연료의 최대사용량이 시간당 10킬로그램(10kg/h) 이상<br>• 기체연료의 최대사용량이 시간당 1세제곱미터($1m^3$/h) 이상<br>• 전기사용 정격용량이 10kw 이상 |

## (3) 건조설비의 구조 ★

① 건조설비의 바깥 면은 불연성 재료로 만들 것
② 건조설비(유기 과산화물을 가열 건조하는 것을 제외)의 내면과 내부의 선반이나 틀은 불연성 재료로 만들 것
③ 위험물건조설비의 측벽이나 바닥은 견고한 구조로 할 것
④ 위험물건조설비는 그 상부를 가벼운 재료로 만들고 주위상황을 고려하여 폭발구를 설치할 것
⑤ 위험물건조설비는 건조하는 경우에 발생하는 가스·증기 또는 분진을 안전한 장소로 배출시킬 수 있는 구조로 할 것
⑥ 액체연료 또는 인화성가스를 열원의 연료로서 사용하는 건조설비는 점화하는 경우에는 폭발 또는 화재를 예방하기 위하여 연소실이나 그 밖에 점화하는 부분을 환기시킬 수 있는 구조로 할 것
⑦ 건조설비의 내부는 청소하기 쉬운 구조로 할 것
⑧ 건조설비의 감시창·출입구 및 배기구 등과 같은 개구부는 발화시에 불이 다른 곳으로 번지지 아니하는 위치에 설치하고 필요한 경우에는 즉시 밀폐할 수 있는 구조로 할 것
⑨ 건조설비는 내부의 온도가 부분적으로 상승하지 아니하는 구조로 설치할 것
⑩ 위험물 건조설비의 열원으로서 직화를 사용하지 아니할 것
⑪ 위험물 건조설비가 아닌 건조설비의 열원으로서 직화를 사용하는 경우에는 불꽃 등에 의한 화재를 예방하기 위하여 덮개를 설치하거나 격벽을 설치할 것

## (4) 건조설비를 사용하여 작업하는 때 준수사항 ★

① 위험물건조설비를 사용하는 때에는 미리 내부를 청소하거나 환기할 것
② 위험물건조설비를 사용하는 때에는 건조로 인하여 발생하는 가스·증기 또는 분진에 의하여 폭발·화재의 위험이 있는 물질을 안전한 장소로 배출시킬 것
③ 위험물건조설비를 사용하여 가열 건조하는 건조물은 쉽게 이탈되지 아니 하도록 할 것
④ 고온으로 가열 건조한 인화성 액체는 발화의 위험이 없는 온도로 냉각한 후에 격납시킬 것
⑤ 건조설비(바깥 면이 현저히 고온이 되는 설비만 해당한다.)에 가까운 장소에는 인화성 액체를 두지 않도록 할 것

## 제어장치 및 안전장치

기계나 설비를 목적에 알맞도록 조절하는 장치이다.

### (1) 제어계의 종류

#### 1) 열린 루프 제어계(개회로방식)

① 열린 루프 제어계의 대표적인 예는 시퀀스제어이다.
② **시퀀스제어는 한 동작이 끝나면 그 결과를 쫓아 다음 동작이 시작되는 순서제어**이며 세탁기, 자동판매기, 엘리베이터, 공장 등의 가공공정 자동화 등에 이용되고 있다.

**개회로방식 제어계 작동순서**

① 공정설비
② **검출부** : 온도, 압력, 유량등을 **계기에서 검출**
③ **조절부** : 검출부로부터 신호받아 **설정치를 적절히 조절**
④ **조작부** : 조절부로 부터의 신호에 의해 **개폐동작**(밸브 등)

#### 2) 닫힌 루프 제어계(피드백제어)

① 닫힌 루프 제어계의 대표적인 예는 피드백제어이다.
② **피드백제어는 제어결과를 입력 측으로 되돌림으로써 제어결과가 소기의 목적에 일치하도록 연속적으로 조절하여 제어의 질을 개선하는 효과를 가져오게 한다.**

**폐회로방식 제어계 작동순서 ★**

① 공정설비
② **검출부** : 온도, 압력, 유량 등을 계기에서 검출
③ **조절부** : 검출부로부터 신호받아 **설정치를 적절히 조절**
④ **조작부** : 조절부로 부터의 신호에 의해 **개폐동작**(밸브 등)
⑤ 공정설비

### (2) 안전장치의 종류

#### 1) 안전밸브(safety valve)

밸브 입구 쪽의 **압력이 설정압력에 도달하면 자동적으로 작동하여 유체가 분출**되고 **일정압력 이하가 되면 정상상태로 복원되는 방호장치**를 말한다.

## 안전밸브의 종류

① **중추식** : 압력이 상승할 경우 **추의 중량을 이용**하여 가스를 외부로 배출하는 방식
② **지렛대식(레버식)** : 지렛대 사이에 추를 설치하여 추의 위치에 따라 가스 배출량이 결정되는 방식
③ **파열판식** : 용기 내 압력이 급격히 상승 시 **얇은 금속판이 파열**되며 가스를 외부로 배출하는 방식
④ **스프링식** : **가장 많이 사용**되는 방식으로 용기 내 압력이 설정 압력 이상이 되면 스프링의 작동으로 가스를 외부로 배출하는 방식으로 분출용량에 따라 저양식, 고양정식, 전양정식, 전량식이 있다.
⑤ **가용전식** : 용기 내의 온도가 설정온도 이상이 되면 **가용금속이 녹아** 가스를 배출하는 방식

## 2) 파열판(rupture disc)

안전밸브에 대체할 수 있는 방호장치로서 **판 입구측의 압력이 설정 압력에 도달하면 판이 파열하면서 유체가 분출**하도록 용기 등에 설치된 얇은 판을 말한다.

### 반드시 파열판을 설치하여야 하는 경우 ★★

① 반응폭주 등 **급격한 압력상승의 우려**가 있는 경우
② **독성물질의 누출**로 인하여 주위의 작업환경을 오염시킬 우려가 있는 경우
③ 운전 중 **안전밸브에 이상물질이 누적**되어 안전밸브가 작동되지 아니할 우려가 있는 경우

## 3) 체크밸브

**유체의 역류를 방지**한다. ★

## 4) 대기밸브(통기밸브, Breather valve)

**탱크 내의 압력을 대기압과 평행하게 유지**하는 역할을 한다. ★★

## 5) 블로밸브(blow valve)

**과잉 압력을 방출**한다.

## 6) 화염방지기(flame arrester)

**외부로부터의 화염을 차단**할 목적으로 인화성액체(유류탱크) 및 가연성가스 저장 설비의 **상단에 설치**한다. ★★

## 7) 벤트스택(Vent stack)

탱크 내 압력을 정상상태로 유지하기 위한 **가스방출 장치**이다.

### 8) 플레어스텍(Flare stack)

가스, 고휘발성 **액체의 증기를 연소하여 대기 중에 방출하는 장치**이다. Seal Drum을 통해 점화버너에 착화 연소하여 **가연성, 독성, 냄새 제거 후 대기 중에 방출**한다.

### 9) blow-down

공정액체를 빼내고 안전하게 처리하기 위한 설비이다.

### 10) Steam trap

증기 배관 내에 생성되는 응축수를 제거할 때 증기가 배출되지 않도록 하면서 **응축수를 자동적으로 배출하기 위한 장치**

## (3) 관의 부속품

| 2개관의 연결 | • 플랜지<br>• 니플 | • 유니언<br>• 소켓 |
|---|---|---|
| 관의 지름 변경 | • 리듀서 | • 부싱 |
| 관로 방향 변경 | • 엘보<br>• 티 | • Y형 관이음쇠<br>• 십자 |
| 유로차단 | • 플러그<br>• 캡 | • 밸브 |
| 유량조절 | • 게이트밸브<br>• 체크밸브 | • 글로브밸브<br>• 니들밸브 |

---

# 배관의 이상 현상

## (1) 공동현상(Cavitation) ★

유체의 증기압이 물의 증기압보다 낮을 경우 **부분적으로 증기를 발생시켜 배관을 부식시키는 현상**이다.

| 펌프에서 공동현상 발생원인 | 펌프에서 공동현상 방지대책 |
|---|---|
| ① 펌프의 흡입수두가 클 때 | ① 펌프의 흡입수두를 작게 한다. |
| ② 펌프의 마찰손실이 클 때 | ② 펌프의 마찰손실을 작게 한다. |
| ③ 펌프의 임펠러 속도가 클 때 | ③ 펌프의 임펠러 속도를 작게 한다. |
| ④ 펌프의 설치 위치가 수원보다 높을 때 | ④ 펌프의 설치 위치를 수원보다 낮게 한다. |

⑤ 관내 수온이 높을 때
⑥ 관내의 물의 정압이 그때의 증기압보다 낮을 때
⑦ 흡입관의 구경이 작을 때
⑧ 흡입 거리가 길 때
⑨ 유량이 증가하여 펌프물이 과속으로 흐를 때

⑤ 배관 내 물의 정압을 그때의 증기압보다 높게 한다.
⑥ 흡입관의 구경을 크게 한다.
⑦ 펌프를 2대 이상 설치한다.

## (2) 수격작용(Water hammering, 물망치 작용) ★

밸브를 급격히 개폐 시에 **배관 내를 유동하던 물이 배관을 치는 현상**(압력파가 급격히 관내를 왕복하는 현상)으로 **배관 파열을 초래**한다.

## (3) 맥동현상(surging)

**압축기와 송풍의 관로에 심한 공기의 맥동과 진동을 발생**하면서 유량이 단속적으로 변하여 펌프 입출구에 설치된 진공계, 압력계가 흔들리고 **진동과 소음이 일어나며 펌프의 토출량의 변화(불안정한 운전)를 초래**한다.

## (4) 베이퍼로크(Vapor lock)

유체 이동 시 배관 내에서 외부 영향받아 액체가 기체로 변하는 현상을 말한다.

---

## 화재종류 및 소화

### (1) 화재의 분류 및 소화방법 ★★★

| 분류 | A급 화재 | B급 화재 | C급 화재 | D급 화재 |
|---|---|---|---|---|
| 구분색 | 백색 | 황색 | 청색 | 표시없음 (무색) |
| 가연물 | 일반화재 | 유류화재 | 전기화재 | 금속화재 |
| 주된 소화 효과 | 냉각효과 | 질식효과 | 질식, 억제효과 | 질식효과 |
| 적응 소화제 | • 물<br>• 강화액소화기<br>• 산, 알칼리소화기 | • 포 소화기<br>• $CO_2$ 소화기<br>• 분말소화기 | • $CO_2$ 소화기<br>• 분말소화기<br>• 할로겐화합물 소화기 | • 건조사<br>• 팽창 질석<br>• 팽창 진주암 |

## (2) 소화 방법 ★

| 제거소화 | 가연물의 제거에 의한 소화 방법<br>예 • 촛불을 입으로 불어 끈다.<br>• 산불이 진행되는 방향의 나무를 제거한다.<br>• 가스화재나 전기화재 시 가스공급 밸브나 차단기를 닫는다. |
|---|---|
| 질식소화 | 공기 중의 산소농도를 21%에서 15% 이하로 낮추어 소화하는 방법<br>예 • 분말소화기<br>• 포소화기<br>• 이산화탄소($CO_2$)소화기<br>• 물의 분무 등 |
| 냉각소화 | 가연물의 온도를 떨어뜨려 소화하는 방법 or 물의 증발잠열을 이용하는 방법<br>예 • 물<br>• 산알칼리 소화기<br>• 강화액소화기 |
| 억제소화<br>(부촉매효과) | 연소반응을 억제하는 부촉매를 이용하는 소화방법<br>예 • 할로겐화합물 소화기(할론소화기) |

## (3) 소화효과에 따른 소화기의 종류

1) 냉각소화 효과

① 물소화기
- 물에 의한 냉각작용으로 소화효과를 증대하기 위해 인산염, 계면활성제 등을 첨가한다.
- 방출방식 : 수동펌프, 축압, 가스가압식

② 산, 알칼리 소화기
- 소화기의 내부에 탄산수소나트륨($NaHCO_3$) 수용액과 진한황산($H_2SO_4$)이 분리 저장된 상태에서, 레버를 누르면 탄산수소나트륨 수용액과 황산의 화학반응 결과 발생되는 탄산가스의 압력으로 물을 방출시키는 소화기이다.
- $H_2SO_4$ + $2NaHCO_3$ → $2CO_2$ ↑ + $2H_2O$ + $Na_2SO_4$
  (황산) (중탄산나트륨) (이산화탄소) (물) (황산나트륨)
- 방출방식 : 전도식, 파병식(이중병식)

③ 강화액 소화기 : 부동액을 첨가하여 물의 동해를 방지한 소화기이다.
- 방출방식 : 축압, 가스가압, 반응(파병식)

2) 질식소화 효과

① 분말소화기
- A.B.C 분말 소화기 : 제1인산암모늄을 충전한 소화기이다.
- B.C 분말 소화기 : 중탄산소다, 중탄산칼륨을 충전한 소화기이다.
- 방출방식 : 축압식, 가스가압식

② 이산화탄소 소화기(탄산가스 소화기)
- 이산화탄소($CO_2$)를 액화시켜 철제용기에 넣은 것이다.
- 피부에 닿으면 동상이 우려되므로 주의해야 한다.
- 무창층, 지하층, 밀폐된 거실 등에서는 질식이 우려되므로 사용을 금지한다.

③ 포 소화기
- 화학포(탄산수소나트륨, 황산알미늄)소화기와 기계포(수성막포, 계면활성제포) 소화기가 있으며 거품이 연소면을 덮어 질식 및 냉각에 의해 소화한다.
- 밀폐공간에서 화재진압 시 질식 등의 우려가 있는 소화기(분말, 이산화탄소, 하론 소화기)의 문제점을 제거하여 지하실 등에 적응이 가능하다.

④ 할로겐화합물 소화기
- 가격이 비싸고 공기 중 오존층을 파괴하는 물질로, 사용이 규제되어 생산량이 크게 줄었다.
- 할로겐화합물을 소화기 본체 내부에 충전하여 화재 발생 시 외부로 방출하여 화재를 소화시키는 소화기이다.
- 사염화탄소 소화기 실내에서는 포스겐가스($COCl_2$)에 의한 중독위험 있다.
- 방출방식 : 축압식, 가스가압식

### 하론 소화약제의 종류 ★

① 하론 1301($CF_3Br$)
② 하론 1211($CF_2ClBr$)
③ 하론 2402($C_2F_4Br_2$)
④ 하론 1011($CH_2ClBr$)
⑤ 하론 1040($CCl_4$) 또는 사염화탄소(CTC)

C, F, Cl, Br에 순서대로 숫자를 붙인다.
1301 → $C_1F_3Cl_0Br_1$ → $CF_3Br$
1011 → $C_1F_0Cl_1Br_1$ → $CH_2ClBr$(주의!!)

### 부촉매 효과 및 안정성 ★

부촉매 효과 : I > Br > Cl > F
안정성 : F > Cl > Br > I

### (4) 감지기 종류

① **열감지기**

| 차동식감지기<br>(스폿형, 분포형) | 실내온도의 상승률이 일정한 값을 넘었을 때 동작한다. |
|---|---|
| 정온식감지기<br>(스폿형, 감지선형) | 실온이 일정 온도 이상으로 상승하였을 때 작동한다. |
| 보상식감지기<br>(스폿형) | 차동성을 가지면서 차동식의 단점을 보완하여 고온에서도 반드시 작동하도록 한 것이다. |

② **연기감지기**

| 이온화식 | 검지부에 연기가 들어가는 데 따라 이온전류가 변화하는 것을 이용했다. |
|---|---|
| 광전식 | 검지부에 연기가 들어가는데 따라 광전소자의 입사광량이 변화하는 것을 이용했다. |

## 작업환경 개선

### (1) 작업환경 개선대책

1) 대치(대체 ; Substitution)

   ① 공정의 변경
   ② 유해물질 변경
   ③ 시설의 변경

2) 격리(Isolation)

   ① 저장물질의 격리
   ② 시설의 격리
   ③ 공정의 격리
   ④ 작업자의 격리 : 위생 보호구 사용

3) 환기(Ventilation) : 국소환기와 전체 환기

4) 교육(Education) : 올바른 작업방법에 대한 교육과 습관화

## 배기 및 환기

### (1) 환기장치의 설치 기준

| | |
|---|---|
| 후드 | ① 유해물질이 발생하는 곳마다 설치할 것<br>② 분진의 발산원(發散源)을 제어할 수 있는 구조로 설치할 것<br>③ 후드(hood) 형식은 가능하면 포위식 또는 부스식 후드를 설치할 것<br>④ 외부식 또는 리시버식 후드는 해당 분진의 발산원에 가장 가까운 위치에 설치할 것 |
| 덕트 | ① 가능하면 길이는 짧게 하고 굴곡부의 수는 적게 할 것<br>② 접속부의 안쪽은 돌출된 부분이 없도록 할 것<br>③ 청소구를 설치하는 등 청소하기 쉬운 구조로 할 것<br>④ 덕트 내부에 오염물질이 쌓이지 않도록 이송속도를 유지할 것<br>⑤ 연결 부위 등은 외부 공기가 들어오지 않도록 할 것 |
| 배풍기 | 국소배기장치에 공기정화장치를 설치하는 경우 정화 후의 공기가 통하는 위치에 배풍기(排風機)를 설치하여야 한다. |
| 배기구 | 배기구를 직접 외부로 향하도록 개방하여 실외에 설치하는 등 배출되는 분진이 작업장으로 재유입되지 않는 구조로 하여야 한다. |
| 공기정화장치 | 배출하는 분진으로 인하여 건강장해가 발생하지 않도록 흡수·연소·집진(集塵) 또는 그 밖의 적절한 방식에 의한 공기정화장치를 설치하여야 한다. |

## 소음과 노출기준

### (1) 소음과 청력손실

① 진동수가 높아짐에 따라 청력손실도 심해진다.
② 청력손실의 정도는 노출 소음 수준에 따라 증가한다.
③ 초기 청력손실은 4,000Hz에서 가장 크게 나타난다.
④ 강한 소음에 대해서는 노출 기간에 따라 청력손실이 증가하지만 약한 소음과는 관계가 없다.

### (2) 소음계산

| 소음을 내는 기계로부터 거리가 $d_2$만큼 떨어진 곳의 소음 계산 ★ |

$$dB_2 = dB_1 - 20 \times \log\left(\frac{d_2}{d_1}\right)$$

여기서, $dB_1$ : 소음기계로부터 $d_1$ 떨어진 곳의 소음
$dB_2$ : 소음기계로부터 $d_2$ 떨어진 곳의 소음

### (3) 음량 수준 측정 척도 ★

① phone에 의한 음량 수준
② sone에 의한 음량 수준
③ 인식소음 수준

1. 1phone : 1000Hz, 1dB 음의 크기
2. 1sone : 1000Hz, 40dB 음의 크기
3. $S(sone) = 2^{\frac{(p-40)}{10}}$
   (단, P = phone)
   즉, 40phon = 1sone

### (4) 소음작업 ★★

하루 8시간 동안 85dB 이상의 소음이 발생하는 작업을 말한다.

### (5) 강렬한 소음작업 ★

① 하루 8시간 동안 90dB 이상의 소음이 발생하는 작업
② 하루 4시간 동안 95dB 이상의 소음이 발생하는 작업
③ 하루 2시간 동안 100dB 이상의 소음이 발생하는 작업
④ 하루 1시간 동안 105dB 이상의 소음이 발생하는 작업
⑤ 하루 30분 동안 110dB 이상의 소음이 발생하는 작업
⑥ 하루 15분 동안 115dB 이상의 소음이 발생하는 작업

### (6) 복합소음(합성소음) ★

① 두 소음 수준차가 10dB 이내일 때 : 복합소음 발생
② 같은 소음 수준의 기계 2대일 때 : 3dB 소음이 증가하는 현상을 말한다.

③ 합성소음도(전체 소음, 여러 소음원 동시 가동 시의 소음도)

| 합성소음도의 계산 |
|---|

$$L = 10\log(10^{\frac{L_1}{10}} + 10^{\frac{L_2}{10}} + \cdots + 10^{\frac{L_n}{10}})(dB)$$

여기서, $L$ : 합성소음도(dB)
$L_1 \sim L_n$ : 각각 소음원의 소음(dB)

## (7) 은폐 현상(Masking 현상) ★

① 두음의 차가 10dB 이상인 경우 발생한다.
② 높은 음이 낮은 음을 상쇄시켜 높은 음만 들리는 현상이다.

## (8) 소음의 노출 기준(충격 소음 제외) ★

| 1일 노출 시간(hr) | 소음강도 dB(A) |
|---|---|
| 8 | 90 |
| 4 | 95 |
| 2 | 100 |
| 1 | 105 |
| 1/2 | 110 |
| 1/4 | 115 |

주 : 115dB(A)를 초과하는 소음 수준에 노출되어서는 안 됨

## (9) 충격 소음의 노출 기준 ★

| 1일 노출 횟수 | 충격소음의 강도 dB(A) |
|---|---|
| 100 | 140 |
| 1,000 | 130 |
| 10,000 | 120 |

주 : 1. 최대 음압수준이 140dB(A)를 초과하는 충격소음에 노출되어서는 안 됨
   2. 충격소음이라 함은 최대음압수준에 120dB(A) 이상인 소음이 1초 이상의 간격으로 발생하는 것을 말함

### (10) 소음 대책

① 소음원 통제 : 기계에 고무 받침대 부착, 차량 소음기 등(가장 적극적인 대책)
② 소음의 격리 : 씌우개, 방, 장벽, 창문 등으로 격리
③ 차폐장치, 흡음제 사용
④ 음향처리제 사용
⑤ 적절한 배치(Layout)
⑥ 배경음악
⑦ 보호구 사용 : 귀마개, 귀덮개(가장 소극적인 대책)

### (11) 난청 발생에 따른 조치

사업주는 소음으로 인하여 근로자에게 소음성 난청 등의 건강장해가 발생하였거나 발생할 우려가 있는 경우에 다음 각 호의 조치를 하여야 한다.

① 해당 작업장의 소음성 난청 발생 원인 조사
② 청력손실을 감소시키고 청력손실의 재발을 방지하기 위한 대책 마련
③ ②에 따른 대책의 이행 여부 확인
④ 작업전환 등 의사의 소견에 따른 조치

### (12) 청력보존 프로그램의 시행 ★

사업주는 다음 각 호의 어느 하나에 해당하는 경우에 청력보존 프로그램을 수립하여 시행하여야 한다.

① 근로자가 소음작업, 강렬한 소음작업 또는 충격소음작업에 종사하는 사업장
② 소음으로 인하여 근로자에게 건강장해가 발생한 사업장

# 예상문제

**01** 산업안전보건법상의 위험물의 종류 7가지를 적으시오. ★★★

### 정답

① 폭발성 물질 및 유기과산화물
② 물반응성 물질 및 인화성 고체
③ 산화성 액체 및 산화성 고체
④ 인화성 액체
⑤ 인화성 가스
⑥ 부식성 물질
⑦ 급성 독성 물질

**02** 다음은 인화성 가스의 정의이다. 괄호 속을 채우시오.

인화한계 농도의 최저한도가 ( ① ) 이하 또는 최고한도와 최저한도의 차가 ( ② ) 이상인 것으로서 표준압력 ( ③ )kPa 하의 ( ④ )℃에서 가스 상태인 물질

### 정답

① 13%
② 12%
③ 101.3
④ 20

## 03 다음 위험물의 종류를 3가지씩 적으시오. ★★★

(1) 폭발성 물질 및 유기과산화물

(2) 물반응성 물질 및 인화성 고체

(3) 산화성 액체 및 산화성 고체

(4) 인화성 가스

(5) 부식성 물질

(6) 급성독성물질

**정답**

(1) ① 질산에스테르류  ② 니트로화합물  ③ 니트로소화합물  ④ 아조화합물
  ⑤ 디아조화합물  ⑥ 하이드라진 유도체  ⑦ 유기과산화물

> 폭발하는 질산에 니태아조 하드라유(폭발하는 질산에 니태워줘? 하더라)
> → 폭발하는(폭발성 물질) 질산에(질산에스테르) 니(니트로, 니트로소)태아조(아조, 디아조) 하드라(하이드라진 유도체)유(유기과산화물)

(2) ① 리튬  ② 칼륨·나트륨  ③ 황  ④ 황린
  ⑤ 황화인·적린  ⑥ 셀룰로이드류  ⑦ 알킬알루미늄·알킬리튬  ⑧ 마그네슘 분말
  ⑨ 금속 분말(마그네슘 분말은 제외한다)  ⑩ 알칼리금속(리튬·칼륨 및 나트륨은 제외한다.)
  ⑪ 유기 금속화합물(알킬알루미늄 및 알킬리튬은 제외한다)
  ⑫ 금속의 수소화물  ⑬ 금속의 인화물  ⑭ 칼슘 탄화물, 알루미늄 탄화물

> 물반응성 물질 : 리튬, 칼륨·나트륨, 알킬알루미늄·알킬리튬, 칼슘탄화물(탄화칼슘), 알루미늄탄화물(탄화알루미늄)
> 나 칼 안물리(나, 칼 안물거야)
> → 나(나트륨) 칼(칼륨, 탄화칼슘) 안(알킬 알루미늄, 알킬리튬)물(물반응성물질)리(리튬)
> 인화성 고체 : 황, 황린, 황화인, 적린, 셀룰로이드, 마그네슘분말, 금속분말
> 인화성 황인이 젤 금마(인화성 황이 젤 겁나)
> → 인화성(인화성 고체) 황인(황, 황린, 황화인적린)이 젤(셀룰로이드) 금(금속분말)마(마그네슘 분말)

(3) ① 차아염소산 및 그 염류  ② 아염소산 및 그 염류
  ③ 염소산 및 그 염류  ④ 과염소산 및 그 염류
  ⑤ 브롬산 및 그 염류  ⑥ 요오드산 및 그 염류
  ⑦ 과산화수소 및 무기 과산화물  ⑧ 질산 및 그 염류
  ⑨ 과망간산 및 그 염류  ⑩ 중크롬산 및 그 염류

> 염소(염소산) 보러(브롬산) 요과(요오드산, 과산화수소, 과망간산)하고 질산가는 중(중크롬산)!

(4) ① 수소　② 아세틸렌　③ 에틸렌　④ 메탄
⑤ 에탄　⑥ 프로판　⑦ 부탄
⑧ 인화한계 농도의 최저한도가 13퍼센트 이하 또는 최고한도와 최저한도의 차가 12퍼센트 이상인 것으로서 표준압력 101.3kPa 하의 20℃에서 가스 상태인 물질

폭발 1단계 - 메, 에, 프로, 부
폭발 2단계 - 에틸렌
폭발 3단계 - 수소, 아세틸렌

(5) ① 부식성 산류
　　- 농도가 20퍼센트 이상인 염산·황산·질산
　　- 농도가 60퍼센트 이상인 인산·아세트산·불산
　② 부식성 염기류
　　- 농도가 40퍼센트 이상인 수산화나트륨·수산화칼륨
(6) ① 쥐에 대한 경구투입실험에 의하여 실험동물의 50퍼센트를 사망시킬 수 있는 물질의 양
　　- LD$_{50}$(경구, 쥐)이 킬로그램당 300밀리그램-(체중) 이하인 화학물질
　② 쥐 또는 토끼에 대한 경피흡수실험에 의하여 실험동물의 50퍼센트를 사망시킬 수 있는 물질의 양
　　- LD$_{50}$(경피, 토끼 또는 쥐)이 킬로그램당 1,000밀리그램-(체중) 이하인 화학물질
　③ 쥐에 대한 4시간 동안의 흡입실험에 의하여 실험동물의 50퍼센트를 사망시킬 수 있는 물질의 농도
　　- 가스 LC$_{50}$(쥐, 4시간 흡입)이 2,500ppm 이하인 화학물질
　　- 증기 LC$_{50}$(쥐, 4시간 흡입)이 10mg/ℓ 이하인 화학물질
　　- 분진 또는 미스트 1mg/ℓ 이하인 화학물질

- 경구 : 300mg/kg　　· 가스 : 2,500ppm　　· 경피 : 1,000mg/kg
- 증기 : 10mg/ℓ　　· 분진, 미스트 : 1mg/ℓ

**04** 다음 보기는 폭발성 물질 및 유기과산화물과 물반응성 물질 및 인화성 고체, 산화성 액체 및 산화성 고체를 나열하였다. 각각의 물질을 구분하시오. ★★★

[보기]

니트로글리세린, 나트륨, 황린, 염소산칼륨, 탄화칼슘, 질산나트륨, 셀룰로이드류, 알루미늄 분말, TNT, 피크린산

**정답**

폭발성 물질 및 유기과산화물 : 니트로글리세린, TNT, 피크린산
물반응성 물질 및 인화성 고체 : 나트륨, 황린, 탄화칼슘, 셀룰로이드류, 알루미늄 분말
산화성액체 및 산화성고체 : 염소산칼륨, 질산나트륨

산업안전보건법상의 위험물질의 분류에 해당하는 물질을 [보기]에서 1가지씩 고르시오.

[보기]
① 리튬   ② 아세틸렌   ③ 등유   ④ 과염소산   ⑤ 마그네슘 분말

(1) 인화성 가스 :

(2) 인화성 액체 :

(3) 산화성 액체 및 산화성 고체 :

**정답**

(1) 인화성 가스 : ②
(2) 인화성 액체 : ③
(3) 산화성 액체 및 산화성 고체 : ④

**참고**

• 리튬, 마그네슘 분말 : 물반응성 물질 및 인화성 고체

 유해물질 취급상 안전조치를 3가지 적으시오.

**정답**

① 유해물 발생원인 봉쇄
② 작업공정 은폐, 작업장 격리
③ 유해물의 위치, 작업공정 변경

다음 발화성 물질의 저장방법을 쓰시오.

(1) 나트륨, 칼륨 :

(2) 황린 :

(3) 적린, 마그네슘, 칼륨 :

(4) 질산은(AgNO₃) 용액

▶정답

(1) 석유 속 저장
(2) 물속에 저장
(3) 격리 저장
(4) 햇빛 피하여 저장

 다음 허용농도를 설명하시오. ★★

(1) TLV-TWA(시간가중 평균 농도) :

(2) TLV-STEL(단시간노출기준) :

(3) TLV-C(최고농도) :

▶정답

(1) 1일 8시간 작업하는 동안 반복 노출되더라도 건강장해를 일으키지 않는 유해물질의 평균 농도
(2) 근로자가 1회 15분간 유해인자에 노출되는 경우의 허용농도
(3) 1일 작업시간 중 잠시라도 노출되어서는 안 되는 최고농도

다음 가스의 종류를 구분하시오. ★

[보기]
프로판, 아세틸렌, 부탄, 암모니아, 산소, 질소, 염소, 이산화탄소, 수소, 일산화탄소, 공기

(1) 액화가스 :

(2) 압축가스 :

(3) 용해가스 :

**정답**

(1) 프로판, 부탄, 암모니아, 염소, 이산화탄소
(2) 수소($H_2$), 산소($O_2$), 질소($N_2$), 일산화탄소(CO), 공기
(3) 아세틸렌($C_2H_2$)

 연소의 3요소를 적으시오. ★

**정답**

① 가연물
② 열 or 점화원
③ 산소(공기)

## 11. 다음 보기의 가연성 기체와 액체, 고체의 연소의 종류에 대해서 쓰시오. ★★

[보기]
① 수소  ② 알코올  ③ 석탄  ④ 알루미늄
⑤ 목탄  ⑥ 코크스  ⑦ 종이  ⑧ 황
⑨ 나프탈렌  ⑩ 니트로 화합물  ⑪ 다이너마이트  ⑫ 가스

**정답**

확산연소 : 수소, 가스
증발연소 : 알코올, 황, 나프탈렌
분해연소 : 석탄, 종이
표면연소 : 목탄, 코크스, 알루미늄
자기연소 : 니트로 화합물, 다이너마이트

**참고**

- 연소의 종류
  (1) 기체의 연소
    ① 확산 연소 : 가연성 가스가 공기 중에 확산되어 연소하는 형태(예 대부분 가스)
  (2) 액체의 연소
    ① 증발연소 : 액체 표면에서 발생하는 증기가 연소하는 형태(예 대부분 액체)
  (3) 고체의 연소
    ① 표면 연소 : 물질 그 자체가 연소하는 형태(예 코크스, 목탄, 금속분 등)
    ② 분해 연소 : 가연성 가스가 공기와 혼합되어 연소하는 형태(예 목재, 종이, 석탄 등 일반 가연물)
    ③ 증발 연소 : 가열에 의해 발생한 가연성 증기가 연소하는 형태(예 황, 나프탈렌)
    ④ 자기 연소 : 공기 중 산소를 필요치 않고 연소하는 형태(예 니트로 화합물, 다이너마이트 등)

## 12. 폭발 재해의 근본대책 3가지를 적으시오. ★

**정답**

① 폭발 봉쇄
② 폭발 억제
③ 폭발 방산

## 13. 자연발화가 잘 되는 조건을 적으시오. ★

**정답**

① 표면적이 넓을 것
② 열전도율이 적을 것
③ 주위의 온도가 높을 것
④ 발열량이 클 것
⑤ 수분이 적당량 존재할 것

> **참고**
> • **자연 발화** : 외부 점화원 없이 자체의 열에 의해 발화하는 현상
>   ① 산화열에 의한 발열
>   ② 분해열에 의한 발열
>   ③ 흡착열에 의한 발열
>   ④ 미생물에 의한 발열

## 14. 폭발 하한계가 1.2Vol%, 폭발 상한계가 2.9Vol%인 물질의 위험도를 계산하시오. ★★

**정답**

$$위험도(H) = \frac{폭발상한계 - 폭발하한계}{폭발하한계}$$

$$위험도(H) = \frac{2.9 - 1.2}{1.2} = 1.42$$

공기 중에 LPG 가스가 누출하였다. 공기와 혼합된 기체의 조성은 공기 50%, 프로판 45%, 부탄 5%라 가정하면 이 때의 혼합기체의 폭발한계를 구하라. (단, 공기 중 프로판 및 부탄의 폭발 하한계는 2.1Vol%, 1.8Vol%이다.) (6점) ★★

**정답**

$$\frac{100}{L} = \frac{V_1}{L_1} + \frac{V_2}{L_2} + \frac{V_3}{L_3} + \cdots$$

$$\frac{100}{L} = \frac{90}{2.1} + \frac{10}{1.8}$$

$$L = \frac{100}{\frac{90}{2.1} + \frac{10}{1.8}} = 2.07\text{Vol\%}$$

**참고**

$$\frac{50}{L} = \frac{45}{2.1} + \frac{5}{1.8}$$

$$L = \frac{50}{\frac{45}{2.1} + \frac{5}{1.8}} = 2.07\text{Vol\%}$$

공기 50% 중 프로판 45%, 부탄 5%가 존재하고 있습니다. 공기 100%에는 프로판은 90%, 부탄 10%가 존재하게 됩니다. 폭발한계는 공기 100%를 기준으로 표기하는 원칙에 따라 공기 100%일 때 프로판 부탄의 조성을 대입하여 풀이하였습니다.

 프로판과 부탄의 최소 산소 농도를 계산하시오.
(프로판의 하한계 2.2Vol%, 부탄 1.6Vol%) ★

**정답**

MOC농도 = 폭발하한계 × $\frac{\text{산소의 몰수}}{\text{연료의 몰수}}$ (Vol%)

1) 프로판의 최소산소농도 = $2.2 \times \frac{5}{1} = 11\text{Vol\%}$

   $C_3H_8 + 5O_2 = 3CO_2 + 4H_2O$

2) 부탄의 최소산소농도 = $1.6 \times \frac{13}{2} = 10.4\text{Vol\%}$

   $2C_4H_{10} + 13O_2 - 8CO_2 + 10H_2O$

## 17. 프로판의 완전 연소 조성 농도(화학 양론 농도, John식)를 계산하시오. ★★

**정답**

프로판($C_3H_8$)에서 $n:3$, $m:8$이므로

$$C_{st} = \frac{100}{1+4.773\left(3+\dfrac{8}{4}\right)} = 4.02(\text{Vol\%})$$

**참고**

$$C_{st} = \frac{100}{1+4.773\left(n+\dfrac{m-f-2\lambda}{4}\right)} (\text{Vol\%})$$

여기서, $n$ : 탄소, $m$ : 수소, $f$ : 할로겐원소, $\lambda$ : 산소의 원자 수

## 18. 파열판을 설치하여야 하는 경우 3가지를 적으시오. ★★

**정답**

① 반응 폭주 등 급격한 압력상승의 우려가 있는 경우
② 독성물질의 누출로 인하여 주위의 작업환경을 오염시킬 우려가 있는 경우
③ 안전밸브에 이상 물질이 누적되어 안전밸브가 작동되지 아니할 우려가 있는 경우

**19** 다음의 괄호 안을 채우시오. ★★

(1) 안전밸브 등은 화학설비 및 그 부속설비의 (　　　)에서 작동되도록 하여야 한다. 다만, 안전밸브 등이 2개 이상 설치된 경우에 1개는 (　　　) 이하, 외부화재를 대비한 경우에는 (　　　) 이하에서 작동되도록 설치할 수 있다.

(2) 위험물질을 액체상태로 저장하는 저장탱크를 설치하는 때에는 위험물질이 누출되어 확산되는 것을 방지하기 위하여 (　　　)를 설치하여야 한다.

(3) 화학설비 또는 그 배관의 덮개·플랜지·밸브 및 콕의 접합부에 대하여 위험물의 누출을 방지하기 위하여 적절한 (　　　)을 사용하여야 한다.

**정답**
(1) 최고사용압력 이하, 최고사용압력의 1.05배, 1.1배
(2) 방유제
(3) 개스킷

**20** 다음의 안전장치를 설명하시오. ★

(1) 대기밸브
(2) 화염방지기

**정답**
(1) 통기설비(대기밸브, Breather valve) : 탱크 내의 압력을 대기압과 평행하게 유지하는 역할을 한다.
(2) 화염방지기(Flame arrestor) : 인화성 액체 및 가연성 가스를 취급하는 설비 상단에 설치하여 외부로부터의 화염을 방지한다.

**21** 특수 화학설비에 사용하는 안전장치 종류 3가지를 쓰시오. ★★

**정답**
① 계측장치 : 온도계·유량계·압력계
② 자동경보장치
③ 긴급차단장치

## 22. 특수 화학설비의 계측장치의 종류를 3가지 적으시오. ★★

**정답**

온도계, 유량계, 압력계

## 23. 화학설비, 시설의 안전거리 기준이다. ( )를 채우시오. ★★

(1) 단위 공정시설, 설비로부터 다른 공정시설 및 설비 사이 : ( )m 이상 이격

(2) 플레어스택으로부터 위험물 저장탱크, 위험물 하역설비 사이 : 반경 ( )m 이상 이격

(3) 위험물 저장탱크로부터 단위 공정설비, 보일러, 가열로 사이 : 저장탱크 외면에서 ( )m 이상 이격

(4) 사무실, 연구실, 식당 등으로부터 공정설비, 위험물 저장탱크, 보일러, 가열로 사이 : 사무실 등 외면으로부터 ( )m 이상 이격

**정답**

(1) 10
(2) 20
(3) 20
(4) 20

> 공정시설 및 설비 사이 → 10m 이상
> 위험물질 저장탱크과 다른 설비 사이 → 20m 이상

## 24. 공동현상을 설명하시오. ★

**정답**

유체의 증기압이 물의 증기압보다 낮을 경우 부분적으로 증기를 발생시켜 배관을 부식시키는 현상

## 25. 다음 괄호 안을 채우시오. ★★

안전밸브에 대해서는 다음 각 호의 구분에 따른 검사주기마다 **국가교정기관에서 교정을 받은 압력계를 이용하여** 설정압력에서 안전밸브가 적정하게 작동하는지를 **검사한 후 납으로 봉인**하여 사용하여야 한다.

(1) 화학공정 유체와 안전밸브의 디스크 또는 시트가 직접 접촉될 수 있도록 설치된 경우 : (　　) 이상

(2) 안전밸브 전단에 파열판이 설치된 경우 : (　　) 이상

(3) 공정안전보고서 제출 대상으로서 고용노동부장관이 실시하는 **공정안전보고서 이행상태 평가결과가 우수한 사업장**의 안전밸브의 경우 : (　　) 이상

**정답**
(1) 2년마다 1회
(2) 3년마다 1회
(3) 4년마다 1회

## 26. 할로겐화합물 소화기의 소화약제 종류를 쓰시오. ★

**정답**
① 하론 1301($CF_3Br$)
② 하론 1211($CF_2ClBr$)
③ 하론 2402($C_2F_4Br_2$)
④ 하론 1011($CH_2ClBr$)
⑤ 하론 1040($CCl_4$) 또는 사염화탄소(CTC)

다음 폭발현상을 설명하시오. ★

(1) 슬롭오버(Slop-over) 현상

(2) 블래비(Bleve) 현상(비등액 팽창증기폭발)

(3) 개방계 증기운폭발(Unconfined vapor cloud explosion, "UVCE")

**정답**

(1) 석유화재에서 수분을 포함한 소화약제 방사시에 급작스런 기화로 인해 열유를 비산시키는 현상(위험물 저장탱크 화재시 물 또는 포를 화염이 왕성한 표면에 방사할 때 위험물과 함께 탱크 밖으로 흘러 넘치는 현상)
(2) 가연성 액화가스에서 외부화재에 의해 탱크 내 액체가 비등하고 증기가 팽창하면서 폭발을 일으키는 현상으로 벽면파괴를 동반한다.
(3) 가연성가스가 지속적으로 누출되면서 대기 중에 구름형태로 모여 바람 등의 영향으로 움직이다가 점화원에 의하여 순간적으로 모든 가스가 동시에 폭발하는 현상을 말한다.

**참고**

(1) 보일오버(Boil Over) 현상 : 유류저장 탱크의 화재 중 탱크저부에 물 또는 물-기름 에멀젼이 수증기로 변해 갑작스런 탱크 외부로의 분출을 발생시키는 현상
(2) 프로스오버(Froth-over) 현상 : 저장탱크 속의 물이 점성을 가진 뜨거운 기름의 표면 아래에서 끓을 때 급격한 부피팽창에 의하여 화재를 수반하지 않고 유류가 탱크 외부로 분출되는 현상

 물질안전보건자료 작성 시에 물질안전보건자료에 적어야 하는 사항 4가지를 적으시오. ★★

**정답**

1. 제품명
2. 물질안전보건자료 대상 물질을 구성하는 화학물질 중 유해인자의 분류기준에 해당하는 화학물질의 명칭 및 함유량
3. 안전 및 보건상의 취급 주의 사항
4. 건강 및 환경에 대한 유해성, 물리적 위험성
5. 물리·화학적 특성 등 고용노동부령으로 정하는 사항
   ① 물리·화학적 특성
   ② 독성에 관한 정보
   ③ 폭발·화재 시의 대처방법
   ④ 응급조치 요령
   ⑤ 그 밖에 고용노동부장관이 정하는 사항

> **참고**
>
> **물질안전보건자료에 관한 교육내용 ★**
>
> ① 대상화학물질의 명칭(또는 제품명)
> ② 물리적 위험성 및 건강 유해성
> ③ 취급상의 주의사항
> ④ 적절한 보호구
> ⑤ 응급조치 요령 및 사고 시 대처방법
> ⑥ 물질안전보건자료 및 경고표지를 이해하는 방법

## 29. 물질안전보건자료의 작성항목을 적으시오. ★★

**정답**

1. 화학제품과 회사에 관한 정보
2. 유해·위험성
3. 구성성분의 명칭 및 함유량
4. 응급조치 요령
5. 폭발·화재 시 대처방법
6. 누출사고 시 대처방법
7. 취급 및 저장방법
8. 노출방지 및 개인 보호구
9. 물리화학적 특성
10. 안정성 및 반응성
11. 독성에 관한 정보
12. 환경에 미치는 영향
13. 폐기 시 주의사항
14. 운송에 필요한 정보
15. 법적 규제 현황
16. 기타 참고사항

> **[암기법]** 관련 항목을 묶어서 암기하세요
>
> 1. 제품, 회사
> 2. 명칭, 함유량
> 3. 물리화학적 특성
>    - 유해·위험성
>    - 안정성·반응성
>    - 독성
>    - 환경
> 4. 취급, 저장법
>    - 운송
>    - 폐기
> 5. 대처법
>    - 노출방지, 보호구
>    - 응급조치
>    - 누출사고
>    - 폭발·화재
> 6. 법적 규제

### 참고

- **물질안전보건자료(MSDS : Material Safety Data Sheet)**

1. 물질안전보건자료의 작성 및 제출 : 물질안전보건자료 대상물질을 제조하거나 수입하려는 자는 물질안전보건자료를 작성하여 고용노동부장관에게 제출하여야 한다.
2. 물질안전보건자료의 제공 : 물질안전보건자료 대상물질을 양도하거나 제공하는 자는 이를 양도받거나 제공받는 자에게 물질안전보건자료를 제공하여야 한다.
3. 물질안전보건자료의 게시 및 교육

| 물질안전보건자료를 게시 또는 비치하여야 하는 장소 |
|---|
| • 물질안전보건자료 대상물질을 취급하는 작업공정이 있는 장소 |
| • 작업장 내 근로자가 가장 보기 쉬운 장소 |
| • 근로자가 작업 중 쉽게 접근할 수 있는 장소에 설치된 전산장비 |

4. 사업주는 물질안전보건자료 대상물질을 취급하는 작업공정별로 고용노동부령으로 정하는 바에 따라 물질안전보건자료 대상물질의 관리 요령을 게시하여야 한다.(작업공정별 관리 요령은 유해성·위험성이 유사한 물질안전보건자료 대상물질의 그룹별로 작성하여 게시할 수 있다)

| 물질안전보건자료 대상물질의 작업공정별 관리요령에 포함사항 |
|---|
| • 제품명 |
| • 건강 및 환경에 대한 유해성, 물리적 위험성 |
| • 안전 및 보건상의 취급주의 사항 |
| • 적절한 보호구 |
| • 응급조치 요령 및 사고 시 대처방법 |

> **[암기법]** 적어야 하는 사항, 관리요령에 포함사항(명칭 및 함유량 제외), 교육내용(명칭 및 함유량 제외)의 **공통 내용**
>
> 1. 제품명(명칭)
> 2. 명칭 및 함유량
> 3. 물리적 위험성 및 건강 유해성
> 4. 취급 주의 사항
> 5. 응급조치 요령, 사고 시 대처법

물질안전보건자료 작성 제외 대상 5가지를 적으시오. (단, 해당 법령은 적지 않아도 된다.) ★★

### 정답

#### 물질안전보건자료 작성 제외 대상 ★★

1. 「건강기능식품에 관한 법률」에 따른 건강기능식품
2. 「농약관리법」에 따른 농약
3. 「마약류 관리에 관한 법률」에 따른 마약 및 향정신성의약품
4. 「비료관리법」에 따른 비료
5. 「사료관리법」에 따른 사료
6. 「생활주변방사선 안전관리법」에 따른 원료물질
7. 「생활화학제품 및 살생물제의 안전 관리에 관한 법률」에 따른 안전 확인대상 생활화학제품 및 살생물제품 중 일반 소비자의 생활용으로 제공되는 제품
8. 「식품위생법」에 따른 식품 및 식품첨가물
9. 「약사법」에 따른 의약품 및 의약외품
10. 「원자력안전법」에 따른 방사성물질
11. 「위생용품 관리법」에 따른 위생용품
12. 「의료기기법」에 따른 의료기기
12의 2. 「첨단재생의료 및 첨단바이오의약품 안전 및 지원에 관한 법률」에 따른 첨단바이오의약품
13. 「총포·도검·화약류 등의 안전관리에 관한 법률」에 따른 화약류
14. 「폐기물관리법」에 따른 폐기물
15. 「화장품법」에 따른 화장품
16. 제1호부터 제15호까지의 규정 외의 화학물질 또는 혼합물로서 일반 소비자의 생활용으로 제공되는 것(일반소비자의 생활용으로 제공되는 화학물질 또는 혼합물이 사업장 내에서 취급되는 경우를 포함한다)

> 비료로 농사지은 식품, 건강식품, 위생용품 폐기물에서 화약, 방사성 원료물질 나와서 소비자용 의료기기, 첨단 의약품, 마약, 화장품으로 치료했다.

## 31. 건조설비를 사용하는 작업을 할 경우 관리감독자의 직무를 적으시오. (2가지)

**정답**
① 건조설비를 처음으로 사용하거나 건조방법 또는 건조물의 종류를 변경한 때에는 근로자에게 미리 그 작업방법을 교육하고 작업을 직접 지휘하는 일
② 건조설비가 있는 장소를 항상 정리 정돈하고 그 장소에 가연성 물질을 내버려 두지 아니하도록 하는 일

## 32. 다음 괄호 안을 채우시오. ★

신규화학물질을 제조하거나 수입하려는 자는 제조하거나 수입하려는 날 ( ① )[연간 제조하거나 수입하려는 양이 100킬로그램 이상 1톤 미만인 경우에는 ( ② )] 전까지 신규화학물질 유해성·위험성 조사보고서를 첨부하여 ( ③ )에게 제출하여야 한다.

**정답**
① 30일
② 14일
③ 고용노동부장관

> **참고**
> 고용노동부장관은 신규화학물질의 유해성·위험성 조사보고서가 제출되면 고용노동부령으로 정하는 바에 따라 그 신규화학물질의 명칭, 유해성·위험성, 근로자의 건강장해 예방을 위한 조치 사항 등을 공표하고 관계 부처에 통보하여야 한다.

신규화학물질을 제조하거나 수입할 경우 실시하는 유해성·위험성 조사에서 제외되는 화학물질의 종류를 적으시오. ★

**정답**

### 유해성·위험성 조사 제외 화학물질 ★★

1. 원소
2. 천연으로 산출된 화학물질
3. 「건강기능식품에 관한 법률」에 따른 건강기능식품
4. 「군수품관리법」 및 「방위사업법」에 따른 군수품
   [「군수품관리법」 제3조에 따른 통상품(通常品)은 제외한다]
5. 「농약관리법」에 따른 농약 및 원제
6. 「마약류 관리에 관한 법률」에 따른 마약류
7. 「비료관리법」에 따른 비료
8. 「사료관리법」에 따른 사료
9. 「생활화학제품 및 살생물제의 안전관리에 관한 법률」에 따른 살생물 물질 및 살생물 제품
10. 「식품위생법」에 따른 식품 및 식품첨가물
11. 「약사법」에 따른 의약품 및 의약외품(醫藥外品)
12. 「원자력안전법」에 따른 방사성물질
13. 「위생용품 관리법」에 따른 위생용품
14. 「의료기기법」에 따른 의료기기
15. 「총포·도검·화약류 등의 안전관리에 관한 법률」에 따른 화약류
16. 「화장품법」에 따른 화장품과 화장품에 사용하는 원료
17. 고용노동부장관이 명칭, 유해성·위험성, 근로자의 건강장해 예방을 위한 조치 사항 및 연간 제조량·수입량을 공표한 물질로서 공표된 연간 제조량·수입량 이하로 제조하거나 수입한 물질
18. 고용노동부장관이 환경부장관과 협의하여 고시하는 화학물질 목록에 기록되어 있는 물질

비료로 농사지은 식품, 건강식품, 군수품, 위생용품에서 화약, 방사성물질 나와서 의료기기, 의약품, 마약, 화장품으로 치료했더니 천연 원소인 살생물의 위험조사 제외됐다.

> **참고**
>
> ### 신규화학물질의 유해성·위험성 조사보고서를 제출하지 않아도 되는 경우
>
> 1. 일반 소비자의 생활용으로 제공하기 위하여 신규화학물질을 수입하는 경우로서 고용노동부령으로 정하는 경우
>    ① 해당 신규화학물질이 완성된 제품으로서 국내에서 가공하지 않는 경우
>    ② 해당 신규화학물질의 포장 또는 용기를 국내에서 변경하지 않거나 국내에서 포장하거나 용기에 담지 않는 경우
>    ③ 해당 신규화학물질이 직접 소비자에게 제공되고 국내의 사업장에서 사용되지 않는 경우
> 2. 신규화학물질의 수입량이 소량(신규화학물질의 연간 수입량이 100킬로그램 미만인 경우로서 고용노동부장관의 확인을 받은 경우)이거나 그 밖에 위해의 정도가 적다고 인정되는 경우로서 고용노동부령으로 정하는 경우(다음 각 호의 어느 하나에 해당하는 경우로서 고용노동부장관의 확인을 받은 경우)
>    ① 제조하거나 수입하려는 신규화학물질이 시험·연구를 위하여 사용되는 경우
>    ② 신규화학물질을 전량 수출하기 위하여 연간 10톤 이하로 제조하거나 수입하는 경우
>    ③ 신규화학물질이 아닌 화학물질로만 구성된 고분자화합물로서 고용노동부장관이 정하여 고시하는 경우

**34** 다음은 산업안전보건법상의 건축물 등의 내화기준에 관한 내용이다. 괄호에 적합한 내용을 적으시오. ★

가스폭발 위험장소 또는 분진폭발 위험장소에 설치되는 건축물 등에 대해서는 다음 각 호에 해당하는 부분을 내화구조로 하여야 하며, 그 성능이 항상 유지될 수 있도록 점검·보수 등 적절한 조치를 하여야 한다. 다만, 건축물 등의 주변에 화재에 대비하여 물 분무시설 또는 폼 헤드(foam head)설비 등의 자동소화 설비를 설치하여 건축물 등이 화재 시에 ( ① ) 이상 그 안전성을 유지할 수 있도록 한 경우에는 내화구조로 하지 아니할 수 있다.

- 건축물의 기둥 및 보 : 지상 ( ② ) [지상 1층의 높이가 ( ③ )를 초과하는 경우에는 ( ③ )까지]
- 위험물 저장·취급 용기의 지지대(높이가 30센티미터 이하인 것은 제외한다) : 지상으로부터 ( ④ )부분까지
- 배관·전선관 등의 지지대 : 지상으로부터 ( ⑤ ) [1단의 높이가 ( ⑥ )를 초과하는 경우에는 ( ⑥ )까지]

① 2시간  ② 1층  ③ 6미터  ④ 지지대의 끝  ⑤ 1단  ⑥ 6미터

> **참고**
>
> 1. 화재 위험 작업을 하는 경우에 화재 예방을 위하여 준수하여야 하는 사항
>     ① 작업 준비 및 작업 절차 수립
>     ② 작업장 내 위험물의 사용·보관 현황 파악
>     ③ 화기작업에 따른 인근 가연성 물질에 대한 방호조치 및 소화기구 비치
>     ④ 용접불티 비산방지덮개, 용접방화포 등 불꽃, 불티 등 비산방지조치
>     ⑤ 인화성 액체의 증기 및 인화성 가스가 남아 있지 않도록 환기 등의 조치
>     ⑥ 작업근로자에 대한 화재예방 및 피난교육 등 비상조치
>
> 2. 용접·용단 작업을 하는 경우 화재감시자를 지정하여야 하는 장소
>     ① 작업반경 11미터 이내에 건물구조 자체나 내부에 가연성 물질이 있는 장소
>     ② 작업반경 11미터 이내의 바닥 하부에 가연성 물질이 11미터 이상 떨어져 있지만 불꽃에 의해 쉽게 발화될 우려가 있는 장소
>     ③ 가연성 물질이 금속으로 된 칸막이·벽·천장 또는 지붕의 반대쪽 면에 인접해 있어 열전도나 열복사에 의해 발화될 우려가 있는 장소
>     ※ 사업주는 배치된 화재감시자에게 업무 수행에 필요한 확성기, 휴대용 조명기구 및 방연마스크 등 대피용 방연장비를 지급하여야 한다.

 다음 물음에 적합한 답을 적으시오.

1. 고용노동부장관은 허가대상물질 제조·사용자에게 그 허가를 취소하거나 (    ) 이내의 기간을 정하여 영업을 정지하게 할 수 있다.
2. 고용노동부장관이 허가대상물질의 제조·사용 허가를 취소하거나 영업을 정지하게 할 수 있는 경우 3가지를 적으시오.

**정답**

1. 6개월
2. 허가대상물질의 제조·사용 허가를 취소하거나 영업을 정지하게 할 수 있는 경우
    ① 거짓이나 그 밖의 부정한 방법으로 허가를 받은 경우(취소에 해당함)
    ② 허가기준에 맞지 아니하게 된 경우
    ③ 제조·사용설비 및 작업방법이 허가기준에 적합하지 않거나, 제조·사용설비를 수리·개조 또는 이전 및 기준에 적합한 작업방법으로 제조·사용하도록 한 명령을 위반한 경우
    ④ 자체검사 결과 이상을 발견하고도 즉시 보수 및 필요한 조치를 하지 아니한 경우

# PART 04

# 건설공사 안전 관리

CHAPTER 01 건설공사 특성 분석/건설현장 안전시설 관리

# CHAPTER 01 건설공사 특성 분석 / 건설현장 안전시설 관리

## 지반의 조사

### (1) 표준 관입 시험(standard penetration test) ★

① 표준 샘플러 63.5kg의 해머로 75cm의 높이에서 낙하시켜 관입량 30cm에 달하는데 요하는 타격횟수로서 사질지반(모래)의 밀도를 측정하는 방법이다.
② 타격횟수의 값이 클수록 밀실한 토질이다.

| 타격횟수에 따른 지반의 판정 ★ |
| --- |
| • 타격횟수 4회 미만 : 대단히 연약한 지반<br>• 타격횟수 4 ~ 10회 : 연약한 지반<br>• 타격횟수 10 ~ 30회 : 보통 지반<br>• 타격횟수 30 ~ 50회 : 밀실한 지반<br>• 타격횟수 50회 이상 : 대단히 밀실한 지반 |

### (2) 베인 테스트(vane test) ★

보링 구멍을 이용하여 십자 날개형의 베인 테스터를 지반에 박고 이것을 회전시켜 그 **회전력에 의하여 점토(진흙)의 점착력을 판별하는 방법**이다.

### (3) 보링(Boring) ★

지중에 철판을 꽂아 천공하면서 토사를 채취하여 지반을 조사하는 방법이다.

1) 보링(boring) 시 주의사항

① 보링의 깊이는 경미한 건물은 **기초폭의 1.5 ~ 2.0배**, 지지층 이상으로 한다.
② **간격은 약 30m**로 하고 중간지점은 물리적 탐사법을 이용한다.

③ 한 장소에서 3개소 이상 실시한다.
④ 보링 구멍은 수직으로 판다.
⑤ 채취 시료는 충분히 양생해야 한다.

2) 보링의 종류

① **회전식 보링**(rotary boring) : 천공 날을 회전시켜 천공하는 공법으로 가장 많이 사용되는 방법이며, 지질의 상태를 가장 정확히 파악할 수 있다.
② **수세식 보링**(wash boring) : 보링 내 선단에서 물을 뿜어내어 나온 진흙 물을 침전시켜 토질을 분석하는 방법으로 깊은 지층조사가 가능하다.
③ **충격식 보링**(percussion boring) : 낙하, 충격에 의해 파쇄되는 토사나 암석을 이용하여 분석하는 방법
④ **오거 보링**(auger boring) : 송곳(auger)을 이용해 깊이 10m 이내의 시추에 사용되며 얕은 점토층의 분석에 사용

## 지반의 이상 현상 및 안전대책

### (1) 지반의 이상 현상

1) 히빙(Heaving) 현상 ★★

① 연약한 점토 지반에서 굴착에 의한 흙막이 내·외면의 흙의 중량 차이(토압)로 인해 굴착저면의 흙이 부풀어 올라오는 현상
② 흙막이 바깥 흙이 안으로 밀려든다.

| 히빙 발생원인 | 히빙현상 방지책 |
|---|---|
| ① 배면지반과 터파기 저면과의 토압 차<br>② 연약지반 및 하부지반의 강성 부족<br>③ 지표면의 토사적치 등 과재하<br>④ 흙막이 밑둥넣기 부족 | ① 양질의 재료로 지반을 개량한다.<br>  (흙의 전단강도 높인다.)<br>② 어스앵커 설치<br>③ 시트파일 등의 근입심도 검토(흙막이 벽체의 근입깊이를 깊게 한다.)<br>④ 굴착주변에 웰포인트 공법을 병행한다.<br>⑤ 소단을 두면서 굴착한다.<br>⑥ 굴착 주변의 상재하중을 제거한다.<br>  (표토를 제거하여 하중을 적게 한다)<br>⑦ 굴착저면에 하중을 가한다.<br>  (토사 등의 인공중력을 가중시킨다)<br>⑧ 토류벽의 배면토압을 경감시키고, 약액주입 공법 및 탈수공법을 적용 |

## 2) 보일링(Boiling) 현상 ★★

① 사질토 지반에서 굴착저면과 흙막이 배면과의 수위 차이로 인해 굴착저면의 흙과 물이 함께 위로 솟구쳐 오르는 현상
② 모래가 액상화 되어 솟아오른다.

| 보일링 발생 원인 | 보일링현상 방지책 ★★ |
|---|---|
| ① 배면 지반과 터파기 저면과의 수위 차<br>② 포화 지반 및 지하 수위가 높은 경우<br>③ 사질 지반 및 파이핑의 형성<br>④ 흙막이 밑둥 넣기 부족 | ① 지하 수위 저하<br>② 지하수 흐름 변경<br>③ 근입벽을 깊게 한다.<br>④ 작업 중지<br>⑤ 차수성이 높은 흙막이 벽 사용 |

## 3) 파이핑(Piping) 현상

보일링(Boiling) 현상으로 인하여 지반 내에서 물의 통로가 생기면서 흙이 세굴되는 현상

## 4) 압밀침하(consolidation settlement) 현상

흙 속에 하중이 가해지면 간극수가 배출되면서 천천히 압축되는 현상

## 5) 흙의 동상(frost heaving) 현상

물이 결빙되는 위치로 지속적으로 유입되는 조건에서 온도가 하강함에 따라 토중수가 얼어 생성된 결빙 크기가 계속 커져 지표면이 부풀어 오르는 현상

### (2) 지반개량공법 ★

| 모래의 개량공법 | 점토의 개량공법 |
|---|---|
| ① 다짐말뚝공법<br>② 다짐모래말뚝공법<br>③ 바이브로플로테이션<br>④ 전기충격공법<br>⑤ 약액주입공법<br>⑥ 웰포인트공법 | ① 치환공법<br>② 탈수공법<br>③ 재하공법<br>④ 압성토공법<br>⑤ 생석회말뚝공법 |

# 건설업 등의 산업재해 예방

## (1) 건설공사발주자의 산업재해 예방 조치

① 총 공사금액이 50억 원 이상인 건설공사발주자는 산업재해 예방을 위하여 건설공사의 계획, 설계 및 시공 단계에서 다음 각 호의 구분에 따른 조치를 하여야 한다.

| 건설공사 계획단계 | 해당 건설공사에서 중점적으로 관리하여야 할 유해·위험요인과 이의 감소방안을 포함한 기본 안전보건 대장을 작성할 것 |
|---|---|
| 건설공사 설계단계 | 기본안전보건대장을 설계자에게 제공하고, 설계자로 하여금 유해·위험요인의 감소방안을 포함한 설계 안전보건 대장을 작성하게 하고 이를 확인할 것 |
| 건설공사 시공단계 | 건설공사발주자로부터 건설공사를 최초로 도급받은 수급인에게 설계 안전보건 대장을 제공하고, 그 수급인에게 이를 반영하여 안전한 작업을 위한 공사 안전보건 대장을 작성하게 하고 그 이행 여부를 확인할 것 |

## (2) 공사기간 단축 및 공법변경 금지

① 건설공사발주자 또는 건설공사도급인(건설공사발주자로부터 해당 건설공사를 최초로 도급받은 수급인 또는 건설공사의 시공을 주도하여 총괄·관리하는 자)은 설계도서 등에 따라 산정된 공사기간을 단축해서는 아니 된다.

② 건설공사발주자 또는 건설공사도급인은 공사비를 줄이기 위하여 위험성이 있는 공법을 사용하거나 정당한 사유 없이 정해진 공법을 변경해서는 아니 된다.

## (3) 건설공사 기간의 연장

① 건설공사발주자는 다음 각 호의 어느 하나에 해당하는 사유로 건설공사가 지연되어 해당 건설공사 도급인이 산업재해 예방을 위하여 공사기간의 연장을 요청하는 경우에는 특별한 사유가 없으면 공사기간을 연장하여야 한다.

**도급인이 공사기간의 연장을 요청하는 경우 발주자가 공사기간을 연장하여야 하는 경우**

① 태풍·홍수 등 악천후, 전쟁·사변, 지진, 화재, 전염병, 폭동, 그밖에 계약 당사자가 통제할 수 없는 사태의 발생 등 불가항력의 사유가 있는 경우
② 건설공사발주자에게 책임이 있는 사유로 착공이 지연되거나 시공이 중단된 경우

② 건설공사의 관계수급인은 태풍·홍수 등 통제할 수 없는 사태의 발생 등 불가항력의 사유가 있는 경우 또는 건설공사 도급인에게 책임이 있는 사유로 착공이 지연되거나 시공이 중단되어 해당 건설공사가 지연된 경우에 산업재해 예방을 위하여 건설공사

도급인에게 공사기간의 연장을 요청할 수 있다. 이 경우 건설공사 도급인은 특별한 사유가 없으면 공사기간을 연장하거나 건설공사 발주자에게 그 기간의 연장을 요청하여야 한다.

### (4) 설계변경의 요청

① 건설공사 도급인은 해당 건설공사 중에 대통령령으로 정하는 가설구조물의 붕괴 등으로 산업재해가 발생할 위험이 있다고 판단되면 건축·토목 분야의 전문가 등 대통령령으로 정하는 전문가의 의견을 들어 건설공사발주자에게 해당 건설공사의 설계변경을 요청할 수 있다. 다만, 건설공사발주자가 설계를 포함하여 발주한 경우는 그러하지 아니하다.
② 고용노동부장관으로부터 공사중지 또는 유해위험방지계획서의 변경 명령을 받은 건설공사 도급인은 설계변경이 필요한 경우 건설공사 발주자에게 설계변경을 요청할 수 있다.
③ 건설공사의 관계수급인은 건설공사 중에 가설구조물의 붕괴 등으로 산업재해가 발생할 위험이 있다고 판단되면 전문가의 의견을 들어 건설공사 도급인에게 해당 건설공사의 설계변경을 요청할 수 있다. 이 경우 건설공사 도급인은 그 요청받은 내용이 기술적으로 적용이 불가능한 명백한 경우가 아니면 이를 반영하여 해당 건설공사의 설계를 변경하거나 건설공사 발주자에게 설계변경을 요청하여야 한다.
④ 설계변경 요청을 받은 건설공사 발주자는 그 요청받은 내용이 기술적으로 적용이 불가능한 명백한 경우가 아니면 이를 반영하여 설계를 변경하여야 한다.

> **산업재해가 발생할 위험이 있다고 판단되어 설계변경을 요청할 수 있는 경우 ★**

① 높이 31미터 이상인 비계
② 작업발판 일체형 거푸집 또는 높이 5미터 이상인 거푸집 동바리
③ 터널의 지보공 또는 높이 2미터 이상인 흙막이 지보공
④ 동력을 이용하여 움직이는 가설구조물

### (5) 건설공사의 산업재해 예방 지도

대통령령으로 정하는 건설공사 도급인은 해당 건설공사를 하는 동안에 건설재해예방전문지도기관에서 건설산업재해 예방을 위한 지도를 받아야 한다.

### (6) 기계·기구 등에 대한 건설공사도급인의 안전조치

건설공사 도급인은 자신의 사업장에서 타워크레인 등 대통령령으로 정하는 기계·기구 또는 설비 등이 설치되어 있거나 작동하고 있는 경우 또는 이를 설치·해체·조립하는 등의 작업이 이루어지고 있는 경우에는 필요한 안전조치 및 보건조치를 하여야 한다.

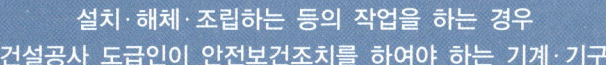

> **설치·해체·조립하는 등의 작업을 하는 경우
> 건설공사 도급인이 안전보건조치를 하여야 하는 기계·기구**

1. 타워크레인
2. 건설용 리프트
3. 항타기(해머나 동력을 사용하여 말뚝을 박는 기계) 및 항발기(박힌 말뚝을 빼내는 기계)

**Reference**

타워크레인, 건설용 리프트, 항타기 등을 설치·해체·조립하는 등의 작업을 하는 경우 실시·확인 또는 조치해야 하는 사항

1. 작업시작 전 기계·기구 등을 소유 또는 대여하는 자와 합동으로 안전점검 실시
2. 작업을 수행하는 사업주의 작업계획서 작성 및 이행여부 확인(영 제66조제1호 및 제3호에 한정한다)
3. 작업자가 법에서 정한 자격·면허·경험 또는 기능을 가지고 있는지 여부 확인(영 제66조제1호 및 제3호에 한정한다)
4. 그 밖에 해당 기계·기구 또는 설비 등에 대하여 안전보건규칙에서 정하고 있는 안전보건 조치
5. 기계·기구 등의 결함, 작업방법과 절차 미준수, 강풍 등 이상 환경으로 인하여 작업수행 시 현저한 위험이 예상되는 경우 작업 중지 조치

### (7) 안전조치

① 사업주는 굴착, 채석, 하역, 벌목, 운송, 조작, 운반, 해체, 중량물취급, 그 밖의 작업을 할 때 불량한 작업방법 등에 의한 위험으로 인한 산업재해를 예방하기 위하여 필요한 조치를 하여야 한다.
② 사업주는 근로자가 다음 각 호의 어느 하나에 해당하는 장소에서 작업을 할 때 발생할 수 있는 산업재해를 예방하기 위하여 필요한 조치를 하여야 한다. ★
  • 근로자가 추락할 위험이 있는 장소
  • 토사·구축물 등이 붕괴할 우려가 있는 장소
  • 물체가 떨어지거나 날아올 위험이 있는 장소
  • 천재지변으로 인한 위험이 발생할 우려가 있는 장소

## 산업안전보건관리비(안전관리비) 계상 및 사용

### (1) 산업안전보건관리비(안전관리비)

건설사업장과 본사 안전전담부서에서 산업재해의 예방을 위하여 법령에 규정된 사항의 이행에 필요한 비용을 말한다.

## (2) 적용범위

산업안전보건법 제2조 제11호의 **건설공사 중 총 공사금액 2천만 원 이상인 공사에 적용**한다. 다만, 단가계약에 의하여 행하는 공사에 대하여는 총 계약금액을 기준으로 적용한다.

## (3) 산업안전보건관리비의 사용

① 건설공사도급인은 도급금액 또는 사업비에 계상(計上)된 산업안전보건관리비의 범위에서 그의 관계수급인에게 해당 사업의 위험도를 고려하여 적정하게 산업안전보건관리비를 지급하여 사용하게 할 수 있다.

② 건설공사도급인은 산업안전보건관리비를 사용하는 해당 **건설공사의 금액이 4천만원 이상인 때에는** 고용노동부장관이 정하는 바에 따라 **매월(건설공사가 1개월 이내에 종료되는 사업의 경우에는 해당 건설공사가 끝나는 날이 속하는 달) 사용명세서를** 작성하고, 건설공사 종료 후 1년 동안 보존해야 한다.

③ 도급을 받은 수급인 또는 자체사업을 하는 자 중 **공사금액 1억 원 이상 120억 원(토목공사업에 속하는 공사는 150억 원) 미만인 공사를 하는 자와 건축허가의 대상이 되는 공사를 하는 자가 산업안전보건관리비를 사용하려는 경우에는** 미리 그 사용방법, 재해예방 조치 등에 관하여 "재해예방 전문지도기관"의 지도를 받아야 한다. 다만, 다음 각 호의 어느 하나에 해당하는 공사를 하는 자는 제외한다.

> **산업안전보건관리비 사용 시 재해예방 전문지도기관의 지도를 받지 않아도 되는 공사**
> - 공사기간이 1개월 미만인 공사
> - 육지와 연결되지 아니한 섬지역(제주특별자치도는 제외)에서 이루어지는 공사
> - 사업주가 안전관리자의 자격을 가진 사람을 선임(같은 광역 자치단체의 지역 내에서 같은 사업주가 경영하는 셋 이하의 공사에 대하여 공동으로 안전관리자 자격을 가진 사람 1명을 선임한 경우를 포함)하여 안전관리자의 업무만을 전담하도록 하는 공사
> - 유해·위험방지계획서를 제출하여야 하는 공사

④ 수급인 또는 자기공사자는 **산업안전보건관리비 사용내역에 대하여 공사 시작 후 6개월마다 1회 이상 발주자 또는 감리원의 확인을** 받아야 한다. 다만, 6개월 이내에 공사가 종료되는 경우에는 종료 시 확인을 받아야 한다.

## (4) 산업안전보건관리비 계상기준

① 발주자가 재료를 제공하거나 일부 물품이 완제품의 형태로 제작·납품되는 경우에는 해당 재료비 또는 완제품 가액을 대상액에 포함하여 산출한 산업안전보건관리비와 해당 재료비 또는 완제품 가액을 대상액에서 제외하고 산출한 산업안전보건관리비의 1.2배에 해당하는 값을 비교하여 그 중 작은 값 이상의 금액으로 계상한다.

> ① 발주자의 재료비 포함 산업안전보건관리비
> ② 발주자의 재료비 제외한 산업안전보건관리비×1.2
> ①, ② 중 작은 값 이상으로 한다.

② 대상액 = 재료비(직접재료비, 간접재료비) + 직접노무비

**산업안전보건관리비의 계상**

1. 대상액이 5억 원 미만 또는 50억 원 이상
   산업안전보건관리비 = 대상액(재료비 + 직접 노무비) × 비율

2. 대상액이 5억 원 이상 50억 원 미만
   산업안전보건관리비 = 대상액(재료비 + 직접 노무비) × 비율 + 기초액(C)

3. 대상액이 명확하지 않은 경우 : 도급계약 또는 자체사업계획상 책정된 총 공사금액의 10분의 7에 해당하는 금액을 대상액으로 하고 제1호 및 제2호에서 정한 기준에 따라 계상

[별표 1] 공사종류 및 규모별 산업안전보건관리비 계상기준표

| 공사 종류 | 대상액 5억 원 미만인 경우 적용비율(%) | 대상액 5억 원 이상 50억 원 미만인 경우 적용비율(%) | 대상액 5억 원 이상 50억 원 미만인 경우 기초액 | 대상액 50억 원 이상인 경우 적용비율(%) | 보건관리자 선임 대상 건설공사의 적용비율(%) |
|---|---|---|---|---|---|
| 건축공사 | 3.11(%) | 2.28(%) | 4,325천원 | 2.37(%) | 2.64(%) |
| 토목공사 | 3.15(%) | 2.53(%) | 3,300천원 | 2.60(%) | 2.73(%) |
| 중건설공사 | 3.64(%) | 3.05(%) | 2,975천원 | 3.11(%) | 3.39(%) |
| 특수건설공사 | 2.07(%) | 1.59(%) | 2,450천원 | 1.64(%) | 1.78(%) |

③ 하나의 사업장 내에 건설공사 종류가 둘 이상인 경우에는 공사금액이 가장 큰 공사 종류를 적용한다.
④ 발주자 또는 자기공사자는 설계변경 등으로 대상액의 변동이 있는 경우 지체 없이 산업안전보건관리비를 조정 계상하여야 한다. 다만, 설계변경으로 공사금액이 800억 원 이상으로 증액된 경우에는 증액된 대상액을 기준으로 재 계상한다.

[별표 2] 공사진척에 따른 산업안전보건관리비 사용기준

| 공정률 | 50퍼센트 이상 70퍼센트 미만 | 70퍼센트 이상 90퍼센트 미만 | 90퍼센트 이상 |
|---|---|---|---|
| 사용기준 | 50퍼센트 이상 | 70퍼센트 이상 | 90퍼센트 이상 |

※ 공정률은 기성 공정률을 기준으로 한다.

## 산업안전보건관리비의 항목별 사용 내역 및 기준

### (1) 산업안전보건관리비의 사용 내역 ★★

① 안전·보건관리자 임금 등
② 안전시설비 등
③ 보호구 등
④ 안전보건 진단비 등
⑤ 안전보건 교육비 등
⑥ 근로자 건강장해 예방비 등
⑦ 건설재해예방전문지도기관 기술지도비
⑧ 본사 전담조직 근로자 임금 등
⑨ 위험성 평가 등에 따른 소요비용

### (2) 산업안전보건관리비의 세부 사용 항목 ★★

| 1. 안전관리자·보건관리자의 임금 등 | ① 안전관리 또는 보건관리 업무만을 전담하는 안전관리자 또는 보건관리자의 임금과 출장비 전액<br>② 안전관리 또는 보건관리 업무를 전담하지 않는 안전관리자 또는 보건관리자의 임금과 출장비의 각각 2분의 1에 해당하는 비용<br>③ 안전관리자를 선임한 건설공사 현장에서 산업재해 예방 업무만을 수행하는 작업지휘자, 유도자, 신호자 등의 임금 전액<br>④ 작업을 직접 지휘·감독하는 직·조·반장 등 관리감독자의 직위에 있는 자가 업무를 수행하는 경우에 지급하는 업무수당(임금의 10분의 1 이내) |
|---|---|

| | | |
|---|---|---|
| 2. 안전시설비 | ① 산업재해 예방을 위한 안전난간, 추락방호망, 안전대 부착설비, 방호장치(기계·기구와 방호장치가 일체로 제작된 경우, 방호장치 부분의 가액에 한함) 등 안전시설의 구입·임대 및 설치를 위해 소요되는 비용<br>② 스마트 안전장비 구입·임대 비용의 10분의 7에 해당하는 비용 (2025년 1월 1일~12월 31일까지 적용, 2016년 1월 1일부터는 "스마트 안전장비 구입·임대 비용"). 다만, 계상된 산업안전보건관리비 총액의 10분의 1을 초과할 수 없다.<br>③ 용접 작업 등 화재 위험작업 시 사용하는 소화기의 구입·임대비용 | |
| 3. 보호구 등 | ① 보호구의 구입·수리·관리 등에 소요되는 비용<br>② 근로자가 보호구를 직접 구매·사용하여 합리적인 범위 내에서 보전하는 비용<br>③ 안전관리자 등의 업무용 피복, 기기 등을 구입하기 위한 비용<br>④ 안전관리자 및 보건관리자가 안전보건 점검 등을 목적으로 건설공사 현장에서 사용하는 차량의 유류비·수리비·보험료 | |
| 4. 안전보건진단비 등 | ① 유해위험방지계획서의 작성 등에 소요되는 비용<br>② 안전보건진단에 소요되는 비용<br>③ 작업환경 측정에 소요되는 비용<br>④ 그 밖에 산업재해예방을 위해 법에서 지정한 전문기관 등에서 실시하는 진단, 검사, 지도 등에 소요되는 비용 | |
| 5. 안전보건교육비 등 | ① 의무교육이나 이에 준하여 실시하는 교육을 위해 건설공사 현장의 교육 장소 설치·운영 등에 소요되는 비용<br>② 산업재해 예방 목적을 가진 다른 법령상 의무교육을 실시하기 위해 소요되는 비용<br>③ 「응급의료에 관한 법률」에 따른 안전보건교육 대상자 등에게 구조 및 응급처치에 관한 교육을 실시하기 위해 소요되는 비용<br>④ 안전보건관리책임자, 안전관리자, 보건관리자가 업무수행을 위해 필요한 정보를 취득하기 위한 목적으로 도서, 정기간행물을 구입하는 데 소요되는 비용<br>⑤ 건설공사 현장에서 안전기원제 등 산업재해 예방을 기원하는 행사를 개최하기 위해 소요되는 비용. 다만, 행사의 방법, 소요된 비용 등을 고려하여 사회통념에 적합한 행사에 한한다.<br>⑥ 건설공사 현장의 유해·위험요인을 제보하거나 개선방안을 제안한 근로자를 격려하기 위해 지급하는 비용 | |
| 6. 근로자 건강장해 예방비 등 | ① 법·영·규칙에서 규정하거나 그에 준하여 필요로 하는 각종 근로자의 건강장해 예방에 필요한 비용<br>② 중대재해 목격으로 발생한 정신질환을 치료하기 위해 소요되는 비용 | |

| 6. 근로자 건강장해 예방비 등 | ③ 「감염병의 예방 및 관리에 관한 법률」에 따른 감염병의 확산 방지를 위한 마스크, 손소독제, 체온계 구입비용 및 감염병병원체 검사를 위해 소요되는 비용<br>④ 휴게시설을 갖춘 경우 온도, 조명 설치·관리기준을 준수하기 위해 소요되는 비용<br>⑤ 건설공사 현장에서 근로자 심폐소생을 위해 사용되는 자동심장충격기(AED) 구입에 소요되는 비용 |
|---|---|

7. 건설재해예방전문지도기관의 지도에 대한 대가로 자기공사자가 지급하는 비용

8. 「중대재해 처벌 등에 관한 법률」에 해당하는 건설사업자가 아닌 자가 운영하는 사업에서 안전보건 업무를 총괄·관리하는 3명 이상으로 구성된 본사 전담조직에 소속된 근로자의 임금 및 업무수행 출장비 전액. 다만, 산업안전보건관리비 총액의 20분의 1을 초과할 수 없다.

9. 위험성평가 또는 유해·위험요인 개선을 위해 필요하다고 판단하여 산업안전보건위원회 또는 노사협의체에서 사용하기로 결정한 사항을 이행하기 위한 비용. 계상된 산업안전보건관리비 총액의 10분의 1을 초과할 수 없다.

(3) 도급인 및 자기공사자는 다음 각 호의 어느 하나에 해당하는 경우에는 산업안전보건관리비를 사용할 수 없다.

**산업안전보건관리비 계상기준 ★**

① 「(계약예규)예정가격작성기준」 중 "경비"에 해당되는 비용(단, 산업안전보건관리비 제외)
② 다른 법령에서 의무사항으로 규정한 사항을 이행하는 데 필요한 비용
③ 근로자 재해예방 외의 목적이 있는 시설·장비나 물건 등을 사용하기 위해 소요되는 비용
④ 환경관리, 민원 또는 수방 대비 등 다른 목적이 포함된 경우

(4) 사용내역의 확인

① 도급인은 산업안전보건관리비 사용내역에 대하여 공사 시작 후 6개월마다 1회 이상 발주자 또는 감리자의 확인을 받아야 한다. 다만, 6개월 이내에 공사가 종료되는 경우에는 종료 시 확인을 받아야 한다. ★
② 발주자, 감리자 및 관계 근로감독관은 산업안전보건관리비 사용내역을 수시 확인할 수 있으며, 도급인 또는 자기공사자는 이에 따라야 한다.
③ 발주자 또는 감리자는 산업안전보건관리비 사용내역 확인 시 기술지도 계약 체결, 기술지도 실시 및 개선 여부 등을 확인하여야 한다.

## (5) 실행예산의 작성 및 집행

① **공사금액 4천만 원 이상의 도급인 및 자기공사자**는 공사실행예산을 작성하는 경우에 해당 공사에 사용하여야 할 산업안전보건관리비의 실행예산을 계상된 산업안전보건관리비 총액 이상으로 별도 편성해야 하며, 이에 따라 산업안전보건관리비를 사용하고 산업안전보건관리비 사용내역서를 작성하여 해당 공사현장에 갖추어 두어야 한다. ★

② 도급인 및 자기공사자는 산업안전보건관리비 실행예산을 작성하고 집행하는 경우에 선임된 해당 사업장의 안전관리자가 참여하도록 하여야 한다.

## 사전조사 및 작업계획서

### (1) 사전조사 및 작업계획서의 작성 대상작업 ★★

① 타워크레인을 설치·조립·해체하는 작업
② 차량계 하역운반기계 등을 사용하는 작업(화물자동차를 사용하는 도로상의 주행작업은 제외)
③ 차량계 건설기계를 사용하는 작업
④ 화학설비와 그 부속설비를 사용하는 작업
⑤ 전기작업(해당 전압이 50볼트를 넘거나 전기에너지가 250볼트암페어를 넘는 경우로 한정)
⑥ 굴착면의 높이가 2미터 이상이 되는 지반의 굴착작업
⑦ 터널굴착작업
⑧ 교량(상부구조가 금속 또는 콘크리트로 구성되는 교량으로서 그 높이가 5미터 이상이거나 교량의 최대 지간 길이가 30미터 이상인 교량으로 한정)의 설치·해체 또는 변경 작업
⑨ 채석작업
⑩ 구축물, 건축물, 그 밖의 시설물 등의 해체작업
⑪ 중량물의 취급작업
⑫ 궤도나 그 밖의 관련 설비의 보수·점검작업
⑬ 열차의 교환·연결 또는 분리 작업(입환작업)

## (2) 사전조사 및 작업계획서 내용 ★★

| 작업명 | 사전조사 내용 | 작업계획서 내용 |
|---|---|---|
| 1. 타워크레인을 설치·조립·해체하는 작업 | - | ★★<br>가. 타워크레인의 종류 및 형식<br>나. 설치·조립 및 해체순서<br>다. 작업도구·장비·가설설비(假設設備) 및 방호설비<br>라. 작업인원의 구성 및 작업근로자의 역할 범위<br>마. 타워크레인의 지지 방법 |
| 2. 차량계 하역운반기계 등을 사용하는 작업 | - | 가. 해당 작업에 따른 추락·낙하·전도·협착 및 붕괴 등의 위험 예방대책<br>나. 차량계 하역운반기계 등의 운행경로 및 작업방법 |
| 3. 차량계 건설기계를 사용하는 작업 | 해당 기계의 굴러 떨어짐, 지반의 붕괴 등으로 인한 근로자의 위험을 방지하기 위한 해당 작업장소의 지형 및 지반상태 | ★★<br>가. 사용하는 차량계 건설기계의 종류 및 성능<br>나. 차량계 건설기계의 운행경로<br>다. 차량계 건설기계에 의한 작업방법 |
| 4. 화학설비와 그 부속설비 사용작업 | - | 가. 밸브·콕 등의 조작(해당 화학설비에 원재료를 공급하거나 해당 화학설비에서 제품 등을 꺼내는 경우만 해당한다)<br>나. 냉각장치·가열장치·교반장치(攪拌裝置) 및 압축장치의 조작<br>다. 계측장치 및 제어장치의 감시 및 조정<br>라. 안전밸브, 긴급차단장치, 그 밖의 방호장치 및 자동경보장치의 조정<br>마. 덮개판·플랜지(flange)·밸브·콕 등의 접합부에서 위험물 등의 누출 여부에 대한 점검<br>바. 시료의 채취<br>사. 화학설비에서는 그 운전이 일시적 또는 부분적으로 중단된 경우의 작업방법 또는 운전 재개 시의 작업방법<br>아. 이상 상태가 발생한 경우의 응급조치<br>자. 위험물 누출 시의 조치<br>차. 그 밖에 폭발·화재를 방지하기 위하여 필요한 조치 |

| 작업명 | 사전조사 내용 | 작업계획서 내용 |
|---|---|---|
| 5. 전기작업 | – | 가. 전기작업의 목적 및 내용<br>나. 전기작업 근로자의 자격 및 적정 인원<br>다. 작업 범위, 작업책임자 임명, 전격·아크 섬광·아크 폭발 등 전기 위험 요인 파악, 접근 한계거리, 활선접근 경보장치 휴대 등 작업시작 전에 필요한 사항<br>라. 제328조의 전로차단에 관한 작업계획 및 전원(電源) 재투입 절차 등 작업 상황에 필요한 안전 작업 요령<br>마. 절연용 보호구 및 방호구, 활선작업용 기구·장치 등의 준비·점검·착용·사용 등에 관한 사항<br>바. 점검·시운전을 위한 일시 운전, 작업 중단 등에 관한 사항<br>사. 교대 근무 시 근무 인계(引繼)에 관한 사항<br>아. 전기작업장소에 대한 관계 근로자가 아닌 사람의 출입금지에 관한 사항<br>자. 전기안전작업계획서를 해당 근로자에게 교육할 수 있는 방법과 작성된 전기안전작업계획서의 평가·관리 계획<br>차. 전기 도면, 기기 세부 사항 등 작업과 관련되는 자료 |
| 6. 굴착작업 | ★★<br>가. 형상·지질 및 지층의 상태<br>나. 균열·함수(含水)·용수 및 동결의 유무 또는 상태<br>다. 매설물 등의 유무 또는 상태<br>라. 지반의 지하수위 상태 | ★<br>가. 굴착방법 및 순서, 토사 반출 방법<br>나. 필요한 인원 및 장비 사용계획<br>다. 매설물 등에 대한 이설·보호대책<br>라. 사업장 내 연락방법 및 신호방법<br>마. 흙막이 지보공 설치방법 및 계측계획<br>바. 작업지휘자의 배치계획<br>사. 그 밖에 안전·보건에 관련된 사항 |
| 7. 터널굴착작업 | 보링(boring) 등 적절한 방법으로 낙반·출수(出水) 및 가스폭발 등으로 인한 근로자의 위험을 방지하기 위하여 미리 지형·지질 및 지층상태를 조사 | ★★<br>가. 굴착의 방법<br>나. 터널지보공 및 복공(覆工)의 시공방법과 용수(湧水)의 처리방법<br>다. 환기 또는 조명시설을 설치할 때에는 그 방법 |

| 작업명 | 사전조사 내용 | 작업계획서 내용 |
|---|---|---|
| 8. 교량작업 | – | ★<br>가. 작업 방법 및 순서<br>나. 부재(部材)의 낙하·전도 또는 붕괴를 방지하기 위한 방법<br>다. 작업에 종사하는 근로자의 추락 위험을 방지하기 위한 안전조치 방법<br>라. 공사에 사용되는 가설 철구조물 등의 설치·사용·해체 시 안전성 검토 방법<br>마. 사용하는 기계 등의 종류 및 성능, 작업방법<br>바. 작업지휘자 배치계획<br>사. 그 밖에 안전·보건에 관련된 사항 |
| 9. 채석작업 | 지반의 붕괴·굴착기계의 굴러 떨어짐 등에 의한 근로자에게 발생할 위험을 방지하기 위한 해당 작업장의 지형·지질 및 지층의 상태 | ★<br>가. 노천굴착과 갱내 굴착의 구별 및 채석방법<br>나. 굴착면의 높이와 기울기<br>다. 굴착면 소단(小段)의 위치와 넓이<br>라. 갱내에서의 낙반 및 붕괴방지 방법<br>마. 발파방법<br>바. 암석의 분할방법<br>사. 암석의 가공장소<br>아. 사용하는 굴착기계·분할기계·적재기계 또는 운반기계의 종류 및 성능<br>자. 토석 또는 암석의 적재 및 운반방법과 운반경로<br>차. 표토 또는 용수(湧水)의 처리방법 |
| 10. 구축물, 건축물, 그 밖의 시설물 등의 해체작업 | 해체건물 등의 구조, 주변 상황 등 | ★★<br>가. 해체의 방법 및 해체 순서도면<br>나. 가설설비·방호설비·환기설비 및 살수·방화설비 등의 방법<br>다. 사업장 내 연락방법<br>라. 해체물의 처분계획<br>마. 해체작업용 기계·기구 등의 작업계획서<br>바. 해체작업용 화약류 등의 사용계획서<br>사. 그 밖에 안전·보건에 관련된 사항 |

| 작업명 | 사전조사 내용 | 작업계획서 내용 |
|---|---|---|
| 11. 중량물의 취급 작업 | – | 가. 추락위험을 예방할 수 있는 안전대책<br>나. 낙하위험을 예방할 수 있는 안전대책<br>다. 전도위험을 예방할 수 있는 안전대책<br>라. 협착위험을 예방할 수 있는 안전대책<br>마. 붕괴위험을 예방할 수 있는 안전대책 |
| 12. 궤도와 그 밖의 관련설비의 보수·점검작업<br>13. 입환작업(入換作業) | – | 가. 적절한 작업 인원<br>나. 작업량<br>다. 작업순서<br>라. 작업방법 및 위험요인에 대한 안전조치 방법 등 |

## 유해위험방지계획서를 제출해야 될 건설공사

### (1) 유해위험방지계획서 제출대상 건설공사 ★★★

1. 다음 각 목의 어느 하나에 해당하는 건축물 또는 시설 등의 건설·개조 또는 해체공사
   가. 지상높이가 31미터 이상인 건축물 또는 인공구조물
   나. 연면적 3만제곱미터 이상인 건축물
   다. 연면적 5천제곱미터 이상인 시설로서 다음의 어느 하나에 해당하는 시설
      1) 문화 및 집회시설(전시장 및 동물원·식물원은 제외한다)
      2) 판매시설, 운수시설(고속철도의 역사 및 집배송시설은 제외한다)
      3) 종교시설
      4) 의료시설 중 종합병원
      5) 숙박시설 중 관광숙박시설
      6) 지하도상가
      7) 냉동·냉장 창고시설
2. 연면적 5천제곱미터 이상의 냉동·냉장창고시설의 설비공사 및 단열공사
3. 최대 지간길이(다리의 기둥과 기둥의 중심사이의 거리)가 50미터 이상인 교량 건설 등의 공사
4. 터널 건설 등의 공사
5. 다목적댐, 발전용 댐, 저수용량 2천만 톤 이상의 용수 전용 댐, 지방상수도 전용 댐 건설 등의 공사
6. 깊이 10미터 이상인 굴착공사

- 지상높이 31m, 연면적 3만m², 사람 많은 시설 연면적 5,000m²
- 연면적 5,000m² 냉동·냉장창고 시설
- 최대 지간길이가 50미터 이상 교량
- 터널
- 저수용량 2천만 톤 이상 댐
- 10미터 이상인 굴착

### (2) 유해위험방지계획서의 확인사항

1) 사업주는 건설공사 중 6개월 이내마다 다음 각 호의 사항에 관하여 공단의 확인을 받아야 한다.
   ① 유해·위험방지계획서의 내용과 실제공사 내용이 부합하는지 여부
   ② 유해·위험방지계획서 변경내용의 적정성
   ③ 추가적인 유해·위험요인의 존재 여부

2) 자체심사 및 확인업체의 사업주는 해당 공사 준공 시까지 6개월 이내마다 자체확인을 하여야 한다. 다만, 그 공사 중 사망재해가 발생한 경우에는 공단의 확인을 받아야 한다.

3) 유해위험 방지계획서 심사 결과의 구분 ★★
   ① 적정 : 근로자의 안전과 보건을 위하여 필요한 조치가 구체적으로 확보되었다고 인정되는 경우
   ② 조건부 적정 : 근로자의 안전과 보건을 확보하기 위하여 일부 개선이 필요하다고 인정되는 경우
   ③ 부적정 : 기계·설비 또는 건설물이 심사기준에 위반되어 공사착공 시 중대한 위험 발생의 우려가 있거나 계획에 근본적 결함이 있다고 인정되는 경우

### (3) 유해위험방지계획서 제출 시 첨부서류 ★

사업주가 건설공사에 해당하는 유해·위험방지계획서를 제출하려면 건설공사 유해·위험방지계획서에 다음 각 호 서류를 첨부하여 해당 공사의 착공 전날까지 공단에 2부를 제출하여야 한다.

1) 공사 개요 및 안전보건관리계획
   ① 공사 개요서
   ② 공사현장의 주변 현황 및 주변과의 관계를 나타내는 도면(매설물 현황을 포함한다)
   ③ 건설물, 사용 기계설비 등의 배치를 나타내는 도면
   ④ 전체 공정표

⑤ 산업안전보건관리비 사용계획
⑥ 안전관리 조직표
⑦ 재해 발생 위험 시 연락 및 대피방법

2) 작업 공사 종류별 유해·위험방지계획

## 작업지휘자 지정 및 일정 신호방법 결정

### (1) 작업지휘자의 지정 ★

**작업지휘자를 지정하여야 하는 작업**

① 차량계 하역운반기계 등을 사용하는 작업(화물자동차를 사용하는 도로상의 주행작업은 제외)
② 굴착면의 높이가 2미터 이상이 되는 지반의 굴착작업
③ 교량(상부구조가 금속 또는 콘크리트로 구성되는 교량으로서 그 높이가 5미터 이상이거나 교량의 최대 지간 길이가 30미터 이상인 교량으로 한정)의 설치·해체 또는 변경 작업
④ 중량물의 취급작업
⑤ 항타기나 항발기를 조립·해체·변경 또는 이동하여 작업을 하는 경우

### (2) 일정한 신호방법의 결정 ★

**일정한 신호방법을 정하여야 하는 작업**

① 양중기(揚重機)를 사용하는 작업
② 차량계 하역운반기계의 유도자를 배치하는 작업
③ 차량계 건설기계의 유도자를 배치하는 작업
④ 항타기 또는 항발기의 운전작업
⑤ 중량물을 2명 이상의 근로자가 취급하거나 운반하는 작업
⑥ 양화장치를 사용하는 작업
⑦ 궤도작업차량의 유도자를 배치하는 작업
⑧ 입환작업(入換作業)

차량계 하역운반기계, 중량물의 취급작업, 항타기 또는 항발기는 작업지휘자 지정하고, 일정한 신호방법 정하자!!

### (3) 운전위치의 이탈금지 ★

**운전자가 운전위치를 이탈하여서는 안되는 기계**

① 양중기
② 항타기 또는 항발기(권상장치에 하중을 건 상태)
③ 양화장치(화물을 적재한 상태)

## 굴삭장비(굴착기계)

### (1) 셔블계 기계 ★

① 파워 셔블(power shovel)[dipper shovel : 동력삽]
  - 기계가 서 있는 지반면보다 높은 곳의 땅파기에 적합하다.
  - 앞으로 흙을 긁어서 굴착하는 방식이다.
  - 붐(boom)이 단단하여 굳은 지반의 굴착에도 사용된다.

② 드래그 셔블(drag shovel, 백호)
  - 기계가 서 있는 지면보다 낮은 장소의 굴착 및 수중굴착이 가능하다.
  - 지하층이나 기초의 굴착에 사용된다.
  - 굳은 지반의 토질도 정확한 굴착이 된다.

③ 드래그 라인(drag line)
  - 기계가 서있는 위치보다 낮은 장소의 굴착에 적당하고 굳은 토질에서의 굴착은 되지 않지만 굴착 반지름이 크다.
  - 작업범위가 광범위하고 수중굴착 및 연약한 지반의 굴착에 적합하다.

④ 클램셸(clamshell)
  - 수중굴착 및 가장 협소하고 깊은 굴착이 가능하며 호퍼(hopper)에 적당하다.
  - 연약지반이나 수중굴착 및 자갈 등을 싣는데 적합하다.
  - 깊은 땅파기 공사와 흙막이 버팀대를 설치하는데 사용한다.

### (2) 모터 그레이더(Motor grader)

토공판을 작동시켜 지면의 정지작업(땅을 깎아 고르는 작업)을 하는데 사용된다.

### (3) 항타기(pile driver)

낙하해머, 디젤해머에 의한 강관말뚝, 널말뚝(Sheet Pile)의 항타 작업에 사용된다.

# 안전수칙

## (1) 차량계 건설기계의 안전

### 1) 차량계 건설기계의 운전자 위치 이탈 시 조치 ★★

① 포크, 버킷, 디퍼 등의 장치를 가장 낮은 위치 또는 지면에 내려 둘 것
② 원동기를 정지시키고 브레이크를 확실히 거는 등 갑작스러운 이동을 방지하기 위한 조치를 할 것
③ 운전석을 이탈하는 경우에는 시동키를 운전대에서 분리시킬 것

**차량계 하역운반기계 운전자가 운전 위치 이탈 시 조치 ★★**
① 포크, 버킷, 디퍼 등의 장치를 가장 낮은 위치 또는 지면에 내려 둘 것
② 원동기를 정지시키고 브레이크를 확실히 거는 등 갑작스러운 이동을 방지하기 위한 조치를 할 것
③ 운전석을 이탈하는 경우에는 시동키를 운전대에서 분리시킬 것

### 2) 차량계 건설기계의 넘어짐(전도) 방지 조치 ★★

① 유도자 배치
② 지반의 부동침하방지
③ 갓길의 붕괴 방지
④ 도로의 폭 유지

**차량계 하역운반기계 넘어짐(전도) 방지 조치 ★★**
① 유도자 배치
② 지반의 부동침하방지
③ 갓길의 붕괴 방지

### 3) 낙하물 보호 구조의 설치

| 낙하물 보호 구조를 설치하여야 하는 차량계 건설기계 |
|---|

① 불도저
② 트랙터
③ 굴착기
④ 로더(loader)
⑤ 스크레이퍼
⑥ 덤프트럭
⑦ 모터그레이더
⑧ 롤러
⑨ 천공기
⑩ 항타기 및 항발기

### 4) 수리 등의 작업 시 조치

| 차량계 건설기계의 수리 또는 부속장치의 장착 및 해체작업을 하는 때 작업지휘자의 역할 |
|---|

① 작업순서를 결정하고 작업을 지휘할 것
② 안전지지대 또는 안전블록 등의 사용상황 등을 점검할 것

### 5) 차량계 건설기계의 작업계획서 ★★

① 사용하는 차량계 건설기계의 종류 및 성능
② 차량계 건설기계의 운행경로
③ 차량계 건설기계에 의한 작업방법

## (2) 운반기계의 안전

### 1) 차량계 하역운반기계 운전자 위치 이탈 시 조치 ★★

① 포크, 버킷, 디퍼 등의 장치를 가장 낮은 위치 또는 지면에 내려 둘 것
② 원동기를 정지시키고 브레이크를 확실히 거는 등 갑작스러운 이동을 방지하기 위한 조치를 할 것
③ 운전석을 이탈하는 경우에는 시동키를 운전대에서 분리시킬 것

### 2) 차량계 하역운반기계의 넘어짐(전도) 방지 조치 ★★

① 유도자 배치
② 지반의 부동침하방지
③ 갓길의 붕괴 방지

3) 차량계 하역운반기계에 화물 적재 시의 조치 ★★

① 하중이 한쪽으로 치우치지 않도록 적재할 것
② 구내운반차 또는 화물자동차의 경우 화물의 붕괴 또는 낙하에 의한 위험을 방지하기 위하여 화물에 로프를 거는 등 필요한 조치를 할 것
③ 운전자의 시야를 가리지 않도록 화물을 적재할 것
④ 화물을 적재하는 경우에는 최대적재량을 초과해서는 아니 된다.

4) 차량계 하역운반기계에 단위화물의 무게가 100킬로그램 이상인 화물을 싣는 작업 또는 내리는 작업 시 작업의 지휘자를 지정하여야 한다.

### 차량계 하역운반기계 작업지휘자 임무 ★★

① 작업 순서 및 그 순서마다의 작업 방법을 정하고 작업을 지휘할 것
② 기구 및 공구를 점검하고 불량품을 제거할 것
③ 해당 작업을 하는 장소에 관계 근로자가 아닌 사람이 출입하는 것을 금지할 것
④ 로프를 풀거나 덮개를 벗기는 작업을 행하는 때에는 적재함의 낙하할 위험이 없음을 확인한 후에 당해 작업을 하도록 할 것

5) 수리 등의 작업 시 조치

### 차량계 하역운반기계의 수리 또는 부속장치의 장착 및 해체작업을 하는 때 작업지휘자의 역할

① 작업순서를 결정하고 작업을 지휘할 것
② 안전지지대 또는 안전블록 등의 사용상황 등을 점검할 것

6) 차량계 하역운반기계 작업계획서

① 작업에 따른 추락·낙하·전도·협착 및 붕괴 등의 위험 예방대책
② 차량계 하역운반기계 등의 운행경로 및 작업방법

## 항타기 및 항발기

**(1) 항타기 또는 항발기의 무너짐을 방지하기 위한 준수사항(무너짐 방지 조치)**

① 연약한 지반에 설치하는 경우에는 아웃트리거·받침 등 지지구조물의 침하를 방지하기 위하여 깔판·받침목 등을 사용할 것
② 시설 또는 가설물 등에 설치하는 때에는 그 내력을 확인하고 내력이 부족한 때에는 그 내력을 보강할 것
③ 아웃트리거·받침 등 지지구조물이 미끄러질 우려가 있는 경우에는 말뚝 또는 쐐기 등을 사용하여 해당 지지구조물을 고정시킬 것
④ 궤도 또는 차로 이동하는 항타기 또는 항발기에 대하여는 불시에 이동하는 것을 방지하기 위하여 레일클램프 및 쐐기 등으로 고정시킬 것
⑤ 상단 부분은 버팀대·버팀줄로 고정하여 안정시키고, 그 하단 부분은 견고한 버팀·말뚝 또는 철골 등으로 고정시킬 것

**(2) 권상용 와이어로프**

① 항타기 또는 항발기의 권상용 와이어로프의 안전계수가 5 이상이 아니면 이를 사용하여서는 아니 된다. ★
② 권상용 와이어로프는 추 또는 해머가 최저의 위치에 있는 때 또는 널말뚝을 빼어내기 시작한 때를 기준으로 하여 권상장치의 드럼에 적어도 2회 감기고 남을 수 있는 충분한 길이일 것
③ 권상용 와이어로프는 권상장치의 드럼에 클램프·클립 등을 사용하여 견고하게 고정할 것
④ 항타기의 권상용 와이어로프에 있어서 추·해머 등과의 연결은 클램프·클립 등을 사용하여 견고하게 할 것

**(3) 권상기 및 도르래의 설치**

① 항타기 또는 항발기에 사용하는 권상기에는 쐐기장치 또는 역회전방지용 브레이크를 부착하여야 한다.
② 항타기 또는 항발기의 권상장치의 드럼축과 권상장치로부터 첫번째 도르래의 축과의 거리를 권상장치의 드럼폭의 15배 이상으로 하여야 한다. ★
③ 도르래는 권상장치의 드럼의 중심을 지나야 하며 축과 수직면상에 있어야 한다. ★

### (4) 항타기, 항발기 조립하는 때 점검사항 ★

① 본체의 연결부의 풀림 또는 손상의 유무
② 권상용 와이어로프·드럼 및 도르래의 부착상태의 이상 유무
③ 권상장치의 브레이크 및 쐐기장치 기능의 이상 유무
④ 권상기의 설치상태의 이상 유무
⑤ 리더(leader)의 버팀 방법 및 고정상태의 이상 유무
⑥ 본체·부속장치 및 부속품의 강도가 적합한지 여부
⑦ 본체·부속장치 및 부속품에 심한 손상·마모·변형 또는 부식이 있는지 여부

### (5) 항타기 또는 항발기를 조립하거나 해체하는 경우 준수사항

① 항타기 또는 항발기에 사용하는 권상기에 쐐기장치 또는 역회전방지용 브레이크를 부착할 것
② 항타기 또는 항발기의 권상기가 들리거나 미끄러지거나 흔들리지 않도록 설치할 것
③ 그 밖에 조립·해체에 필요한 사항은 제조사에서 정한 설치·해체 작업 설명서에 따를 것

## 컨베이어

### (1) 컨베이어의 방호장치 ★★★

① **이탈 등의 방지장치** : 정전·전압강하 등에 의한 화물 또는 운반구의 이탈 및 역주행을 방지하는 장치
② **비상정지장치** : 컨베이어 등에 근로자의 신체 일부가 말려드는 등 근로자에게 위험을 미칠 우려가 있는 때 및 비상시에 즉시 컨베이어 등의 운전을 정지시킬 수 있는 장치
③ **덮개, 울의 설치** : 컨베이어 등으로 부터 화물의 낙하로 인하여 근로자에게 위험을 미칠 우려가 있는 때에는 당해 컨베이어 등에 덮개 또는 울을 설치

### (2) 건널다리의 설치 ★

운전 중인 컨베이어 등의 위로 근로자를 넘어가도록 하는 때에는 근로자의 위험을 방지하기 위하여 건널다리를 설치하는 등 필요한 조치를 하여야 한다.

### (3) 탑승의 제한

운전 중인 컨베이어 등에 근로자를 탑승시켜서는 아니 된다.

### (4) 컨베이어 작업 시작 전 점검사항 ★★★

① 원동기 및 풀리기능의 이상 유무
② 이탈 등의 방지장치기능의 이상 유무
③ 비상정지장치 기능의 이상 유무
④ 원동기·회전축·기어 및 풀리 등의 덮개 또는 울 등의 이상 유무

## 화물자동차

### (1) 승강설비

바닥으로부터 짐 윗면과의 높이가 2미터 이상인 화물자동차에 짐을 싣는 작업 또는 내리는 작업을 하는 경우에는 근로자의 추가 위험을 방지하기 위하여 해당 작업에 종사하는 근로자가 바닥과 적재함의 짐 윗면과의 사이를 안전하게 상승 또는 하강하기 위한 설비를 설치하여야 한다.

### (2) 섬유로프 등의 점검

**섬유로프 등을 화물자동차의 짐걸이에 사용하는 때에 작업시작 전 조치(작업지휘자 역할) ★**

① 작업순서 및 작업순서마다의 작업방법을 결정하고 작업을 직접 지휘하는 일
② 기구 및 공구를 점검하고 불량품을 제거하는 일
③ 당해 작업을 행하는 장소에는 관계근로자외의 자의 출입을 금지시키는 일
④ 로프 풀기 작업 및 덮개를 벗기는 작업을 행하는 때에는 적재함의 화물에 낙하 위험이 없음을 확인한 후에 당해 작업의 착수를 지시하는 일

### (3) 화물 자동차 작업 시작 전 점검 사항 ★★★

① 제동 장치 및 조종 장치의 기능
② 하역 장치 및 유압 장치의 기능
③ 바퀴의 이상 유무

# 고소작업대

## (1) 고소작업대의 준수사항

① 작업대를 와이어로프 또는 체인으로 상승 또는 하강시킬 때에는 와이어로프 또는 체인이 끊어져 작업대가 낙하하지 아니하는 구조이어야 하며, 와이어로프 또는 체인의 안전율은 5 이상일 것 ★
② 작업대를 유압에 의하여 상승 또는 하강시킬 때에는 작업대를 일정한 위치에 유지할 수 있는 장치를 갖추고 압력의 이상 저하를 방지할 수 있는 구조일 것
③ 권과방지장치를 갖추거나 압력의 이상 상승을 방지할 수 있는 구조일 것
④ 붐의 최대 지면경사각을 초과 운전하여 전도되지 않도록 할 것
⑤ 작업대에 정격하중(안전율 5 이상)을 표시할 것
⑥ 작업대에 끼임·충돌 등 재해를 예방하기 위한 가드 또는 과상승 방지장치를 설치할 것
⑦ 조작반의 스위치는 눈으로 확인할 수 있도록 명칭 및 방향 표시를 유지할 것

## (2) 사업주가 고소작업대를 이동하는 때 준수사항

① 작업대를 가장 낮게 하강시킬 것
② 작업자를 태우고 이동하지 말 것. 다만, 이동 중 전도 등의 위험예방을 위하여 유도하는 사람을 배치하고 짧은 구간을 이동하는 경우에는 작업대를 가장 낮게 내린 상태에서 작업자를 태우고 이동할 수 있다.
③ 이동통로의 요철상태 또는 장애물의 유무 등을 확인할 것

## (3) 악천후 시 작업 중지 ★

비·눈 그 밖의 기상상태의 불안정으로 인하여 날씨가 몹시 나쁠 때에 10미터 이상의 높이에서 고소작업대를 사용함에 있어 근로자에게 위험을 미칠 우려가 있는 때에는 작업을 중지하여야 한다.

## (4) 고소작업대의 작업시작 전 점검사항 ★★★

① 비상정지장치 및 비상하강 방지장치 기능의 이상 유무
② 과부하방지장치의 작동 유무(와이어로프 또는 체인구동방식의 경우)
③ 아웃트리거 또는 바퀴의 이상 유무
④ 작업면의 기울기 또는 요철 유무

## 구내운반차

### (1) 구내운반차의 준수사항

① 주행을 제동하고 또한 정지상태를 유지하기 위하여 유효한 제동장치를 갖출 것
② 경음기를 갖출 것
③ 운전석이 차 실내에 있는 것은 좌우에 한 개씩 방향지시기를 갖출 것
④ 전조등과 후미등을 갖출 것. 다만, 작업을 안전하게 하기 위하여 필요한 조명이 있는 장소에서 사용하는 구내운반차에 대해서는 그러하지 아니하다.
⑤ 구내운반차가 후진 중에 주변의 근로자 또는 차량계 하역운반기계 등과 충돌할 위험이 있는 경우에는 구내운반차에 후진 경보기와 경광등을 설치할 것

### (2) 구내운반차의 작업 시작 전 점검사항 ★★★

① 제동장치 및 조종장치 기능의 이상 유무
② 하역장치 및 유압장치 기능의 이상 유무
③ 바퀴의 이상 유무
④ 전조등·후미등·방향지시기 및 경음기 기능의 이상 유무
⑤ 충전장치를 포함한 홀더 등의 결합상태의 이상 유무


## 지게차

### (1) 방호장치 ★★

| | |
|---|---|
| 헤드가드 | • 지게차에는 최대하중의 2배(4톤을 넘는 값에 대해서는 4톤으로)에 해당하는 등분포정하중(等分布靜荷重)에 견딜 수 있는 강도의 헤드가드를 설치하여야 한다. |
| 백레스트 | • 지게차에는 포크에 적재된 화물이 마스트의 뒤쪽으로 떨어지는 것을 방지하기 위한 백레스트(backrest)를 설치하여야 한다. |
| 전조등, 후미등 | • 지게차에는 7천5백칸델라 이상의 광도를 가지는 전조등, 2칸델라 이상의 광도를 가지는 후미등을 설치하여야 한다. |
| 안전벨트 | • 안전인증을 받은 제품, 국제적으로 인정되는 규격에 따른 제품 또는 국토해양부장관이 이와 동등 이상이라고 인정하는 제품일 것<br>• 사용자가 쉽게 잠그고 풀 수 있는 구조일 것 |

## (2) 설치방법 ★★

| | |
|---|---|
| 헤드가드 | ① 상부 틀의 각 개구의 폭 또는 길이는 16센티미터 미만일 것<br>② 운전자가 앉아서 조작하거나 서서 조작하는 지게차의 헤드가드는 한국산업표준에서 정하는 높이 기준 이상일 것<br>(좌식 : 0.903m, 입식 : 1.88m) |
| 백레스트 | ① 외부 충격이나 진동 등에 의해 탈락 또는 파손되지 않도록 견고하게 부착할 것<br>② 최대하중을 적재한 상태에서 마스트가 뒤쪽으로 경사지더라도 변형 또는 파손이 없을 것 |
| 전조등 | ① 좌우에 1개씩 설치할 것<br>② 등광색은 백색으로 할 것<br>③ 점등 시 차체의 다른 부분에 의하여 가려지지 아니할 것 |
| 후미등 | ① 지게차 뒷면 양쪽에 설치할 것<br>② 등광색은 적색으로 할 것<br>③ 지게차 중심선에 대하여 좌우대칭이 되게 설치할 것<br>④ 등화의 중심점을 기준으로 외측의 수평각 45도에서 볼 때에 투영면적이 12.5제곱 센티미터 이상일 것 |

## (3) 지게차의 안전기준

1) 사업주는 다음 각 호에 따른 적합한 헤드가드(head guard)를 갖추지 아니한 지게차를 사용해서는 아니 된다. 다만, 화물의 낙하에 의하여 지게차의 운전자에게 위험을 미칠 우려가 없는 경우에는 그러하지 아니하다. ★★

   ① 강도는 지게차의 최대하중의 2배 값(4톤을 넘는 값에 대해서는 4톤으로 한다)의 등분포정하중(等分布靜荷重)에 견딜 수 있을 것
   ② 상부틀의 각 개구의 폭 또는 길이가 16센티미터 미만일 것
   ③ 운전자가 앉아서 조작하거나 서서 조작하는 지게차의 헤드가드는 「산업표준화법」에 따른 한국산업표준에서 정하는 높이 기준 이상일 것
   (좌식 : 0.903m 이상, 입식 : 1.88m 이상)

2) 사업주는 백레스트(backrest)를 갖추지 아니한 지게차를 사용해서는 아니 된다. 다만, 마스트의 후방에서 화물이 낙하함으로써 근로자가 위험해질 우려가 없는 경우에는 그러하지 아니하다.

3) 사업주는 지게차에 의한 하역운반작업에 사용하는 팔레트(pallet) 또는 스키드(skid)는 다음 각 호에 해당하는 것을 사용하여야 한다.

   1. 적재하는 화물의 중량에 따른 충분한 강도를 가질 것
   2. 심한 손상·변형 또는 부식이 없을 것

4) 사업주는 앉아서 조작하는 방식의 지게차를 운전하는 근로자에게 좌석 안전띠를 착용하도록 하여야 한다.

5) 사업주는 전조등과 후미등을 갖추지 아니한 지게차를 사용해서는 아니 된다. 다만, 작업을 안전하게 수행하기 위하여 필요한 조명이 확보되어 있는 장소에서 사용하는 경우에는 그러하지 아니하다.

6) 사업주는 지게차 작업 중 근로자와 충돌할 위험이 있는 경우에는 지게차에 후진 경보기와 경광등을 설치하거나 후방감지기를 설치하는 등 후방을 확인할 수 있는 조치를 해야 한다.

### (4) 지게차의 안전조건

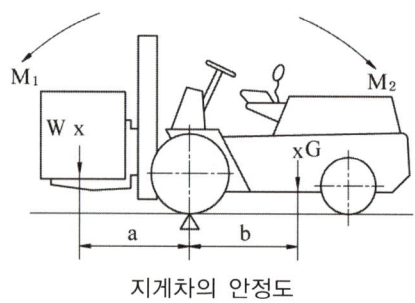

지게차의 안정도

① 지게차가 전도되지 않고 안정되기 위해서는 물체의 모멘트($NM_1 = W \times a$)보다 지게차의 모멘트($M_2 = G \times b$)가 더 커야 한다.

$$W \times a < G \times b \text{★★}$$
$$(M_1 < M_2)$$

여기서 W : 화물중량　　　　　a : 앞바퀴 ~ 화물중심까지 거리
　　　G : 지게차 자체 중량　　b : 앞바퀴 ~ 차 중심까지 거리

② 전경사각 : 마스터의 수직 위치에서 앞으로 기울인 경우 최대경사각 5 ~ 6° ★
③ 후경사각 : 마스터의 수직 위치에서 뒤로 기울인 경우 최대경사각 10 ~ 12° ★

> **Reference**
>
> 1. 지게차는 지면에서 중심선이 지면의 기울어진 방향과 평행할 경우 앞이나 뒤로 넘어지지 아니하여야 한다.
>    (1) 지게차의 최대 하중 상태에서 쇠스랑을 가장 높이 올린 경우 기울기가 100분의 4(4%) [지게차의 최대 하중이 5톤 이상인 경우에는 100분의 3.5(3.5%)]인 지면
>    (2) 지게차의 기준부하 상태에서 주행할 경우 기울기가 100분의 18(18%)인 지면
>
> 2. 지게차는 지면에서 중심선이 지면의 기울어진 방향과 직각으로 교차할 경우 옆으로 넘어지지 아니하여야 한다.
>    (1) 지게차의 최대 하중 상태에서 쇠스랑을 가장 높이 올리고 마스트를 가장 뒤로 기울인 경우 기울기가 100분의 6(6%)인 지면
>    (2) 지게차의 기준 무부하 상태에서 주행할 경우 구배가 지게차의 최고 주행속도에 1.1을 곱한 후 15를 더한 값인 지면. 다만, 규격이 5,000킬로그램 미만인 경우에는 최대 기울기가 100분의 50, 5,000킬로그램 이상인 경우에는 최대 기울기가 100분의 40인 지면을 말한다.

## (5) 지게차 작업 시의 안정도 ★★

| 안정도 | 지게차의 상태 | |
|---|---|---|
| 하역작업 시의 전·후 안정도 : 4% 이내 (5t 이상 : 3.5%) | | (위에서 본 경우) |
| 주행 시의 전·후 안정도 : 18% 이내 | | |
| 하역작업 시의 좌·우 안정도 : 6% 이내 | | (밑에서 본 경우) |
| 주행 시의 좌·우 안정도 : (15+1.1V)% 이내 최대 40%(V : 최고속도 km/h) | | |

$$안정도 = \frac{h}{l} \times 100(\%)$$

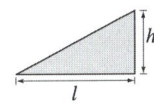

### (6) 지게차의 작업 시작 전 점검 사항 ★★★

① 하역장치 및 유압장치 기능의 이상 유무
② 제동장치 및 조종장치 기능의 이상 유무
③ 바퀴의 이상 유무
④ 전조등, 후미등, 방향지시기, 경보장치 기능의 이상 유무

## 양중기

### (1) 양중기의 종류(산업안전보건법 기준) ★★★

① 크레인[호이스트(hoist) 포함]
② 이동식 크레인
③ 리프트(이삿짐운반용 리프트의 경우에는 적재하중이 0.1톤 이상인 것으로 한정한다)
④ 곤돌라
⑤ 승강기

### (2) 크레인

① **크레인** : 동력을 사용하여 중량물을 매달아 상하좌우로 운반하는 것을 목적으로 하는 기계
② **호이스트** : 훅이나 그 밖의 달기구 등을 사용하여 화물을 권상 및 횡행 또는 권상동작만을 하여 양중하는 것

### (3) 이동식 크레인

원동기를 내장하고 있는 것으로서 불특정 장소에 스스로 이동할 수 있는 크레인으로 동력을 사용하여 중량물을 매달아 상하 및 좌우로 운반하는 설비로서 기중기 또는 화물·특수자동차의 작업부에 탑재하여 화물운반 등에 사용하는 기계 또는 기계장치를 말한다.

### (4) 리프트

동력을 사용하여 사람이나 화물을 운반하는 것을 목적으로 하는 기계 설비

| 리프트의 종류 및 특징 ★ | |
|---|---|
| 건설용 리프트 | 동력을 사용하여 가이드레일(운반구를 지지하여 상승 및 하강 동작을 안내하는 레일)을 따라 상하로 움직이는 운반구를 매달아 사람이나 화물을 운반할 수 있는 설비 또는 이와 유사한 구조 및 성능을 가진 것으로 건설현장에서 사용하는 것을 말한다. |
| 산업용 리프트 | 동력을 사용하여 가이드레일을 따라 상하로 움직이는 운반구를 매달아 화물을 운반할 수 있는 설비 또는 이와 유사한 구조 및 성능을 가진 것으로 건설현장 외의 장소에서 사용하는 것을 말한다. |
| 자동차정비용 리프트 | 동력을 사용하여 가이드레일을 따라 움직이는 지지대로 자동차 등을 일정한 높이로 올리거나 내리는 구조의 리프트로서 자동차 정비에 사용하는 것을 말한다. |
| 이삿짐운반용 리프트 | 연장 및 축소가 가능하고 끝단을 건축물 등에 지지하는 구조의 사다리형 붐에 따라 동력을 사용하여 움직이는 운반구를 매달아 화물을 운반하는 설비로서 화물자동차 등 차량 위에 탑재하여 이삿짐 운반 등에 사용하는 것을 말한다. |

## (5) 곤돌라

달기발판 또는 운반구, 승강장치, 그 밖의 장치 및 이들에 부속된 기계부품에 의하여 구성되고, 와이어로프 또는 달기강선에 의하여 달기발판 또는 운반구가 전용 승강장치에 의하여 오르내리는 설비

## (6) 승강기

건축물이나 고정된 시설물에 설치되어 일정한 경로에 따라 사람이나 화물을 승강장으로 옮기는 데에 사용되는 설비로서 다음 각 목의 것을 말한다.

| 승강기의 종류 및 특징 ★ | |
|---|---|
| 승객용 엘리베이터 | 사람의 운송에 적합하게 제조·설치된 엘리베이터 |
| 승객화물용 엘리베이터 | 사람의 운송과 화물 운반을 겸용하는데 적합하게 제조·설치된 엘리베이터 |
| 화물용 엘리베이터 | 화물 운반에 적합하게 제조·설치된 엘리베이터로서 조작자 또는 화물취급자 1명은 탑승할 수 있는 것(적재용량이 300킬로그램 미만인 것은 제외한다) |
| 소형화물용 엘리베이터 | 음식물이나 서적 등 소형 화물의 운반에 적합하게 제조·설치된 엘리베이터로서 사람의 탑승이 금지된 것 |
| 에스컬레이터 | 일정한 경사로 또는 수평로를 따라 위·아래 또는 옆으로 움직이는 디딤판을 통해 사람이나 화물을 승강장으로 운송시키는 설비 |

## 양중기의 안전수칙

### (1) 양중기의 권과방지장치

① 훅·버킷 등 달기구의 윗면(달기구에 권상용 도르래가 설치된 경우에는 권상용 도르래의 윗면)이 드럼, 상부도르래, 트롤리프레임 등 권상장치의 아랫면과 접촉할 우려가 있는 경우에 그 간격이 0.25미터 이상[직동식(直動式) 권과방지장치는 0.05미터 이상]이 되도록 조정하여야 한다. ★
② 권과방지장치를 설치하지 않은 크레인에 대해서는 권상용 와이어로프에 위험표시를 하고 경보장치를 설치하는 등 권상용 와이어로프가 지나치게 감겨서 근로자가 위험해질 상황을 방지하기 위한 조치를 하여야 한다.

### (2) 양중기의 해지장치 ★

훅걸이용 와이어로프 등이 훅으로부터 벗겨지는 것을 방지하기 위한 장치

### (3) 크레인의 스토퍼(stopper) 설치 ★

같은 주행로에 병렬로 설치되어 있는 주행 크레인의 수리·조정 및 점검 등의 작업을 하는 경우, 주행 크레인끼리 충돌하거나 주행 크레인이 근로자와 접촉할 위험을 방지하기 위하여 감시인을 두고 주행로 상에 스토퍼(stopper)를 설치하는 등 위험 방지 조치를 하여야 한다.

### (4) 크레인 통로의 설치 ★

1) 주행 크레인 또는 선회 크레인과 건설물, 설비와의 통로 폭 : 0.6미터 이상(통로 중 건설물의 기둥에 접촉하는 부분은 0.4미터 이상)

2) 다음 각 호의 간격을 0.3미터 이하로 하여야 한다.(근로자 추락위험 없는 경우 간격을 0.3미터 이하로 유지하지 아니할 수 있다.)

① 크레인의 운전실 또는 운전대를 통하는 통로의 끝과 건설물 등의 벽체의 간격
② 크레인 거더(girder)의 통로 끝과 크레인 거더의 간격
③ 크레인 거더의 통로로 통하는 통로의 끝과 건설물 등의 벽체의 간격

3) 갠트리 크레인 등과 같이 작업장 바닥에 고정된 레일을 따라 주행하는 크레인의 새들 (saddle) 돌출부와 주변 구조물 사이의 안전공간이 40센티미터 이상 되도록 바닥에 표시를 하는 등 안전공간을 확보하여야 한다.

1. 움직이는 크레인(간격 넓어야 충돌 안 함)
   주행, 선회하는 크레인과 통로 - 0.6m 이상(기둥에 접하는 경우 : 0.4m 이상)

2. 바닥에 고정되어 움직임(간격 넓어야 충돌 안 함)
   갠트리 크레인 돌출부와 주변 구조물 - 0.4m 이상

3. 고정된 경우(간격 좁아야 추락 안 함)
   크레인 운전실, 거더와 벽체 - 0.3m 이하

## (5) 양중기의 방호장치 설치

| 양중기의 방호장치 ★★★ | |
|---|---|
| 크레인<br>(호이스트 포함) | • 과부하방지장치<br>• 권과방지장치(捲過防止裝置)<br>• 비상정지장치<br>• 제동장치<br>(추가 설치)<br>훅의 해지장치<br>안전밸브(유압식) |
| 이동식 크레인 | • 과부하방지장치<br>• 권과방지장치(捲過防止裝置)<br>• 비상정지장치<br>• 제동장치<br>(추가 설치)<br>훅의 해지장치<br>안전밸브(유압식) |
| 리프트<br>(자동차정비용 리프트 제외) | • 권과방지장치<br>• 과부하방지장치<br>• 비상정지장치<br>• 제동장치<br>• 조작반(盤) 잠금장치 |
| 곤돌라 | • 과부하방지장치<br>• 권과방지장치(捲過防止裝置)<br>• 비상정지장치<br>• 제동장치 |
| 승강기 | • 과부하방지장치<br>• 권과방지장치(捲過防止裝置)<br>• 비상정지장치<br>• 제동장치<br>• 파이널리미트스위치<br>• 출입문인터록<br>• 조속기(속도조절기) |

**특급 암기법**

- 양중기 공통 방호장치 : 과부하방지장치, 권과방지장치, 비상정지장치, 제동장치
- 추가 설치
  리프트(자동차정비용 제외) : 조작반잠금장치
  승강기 : 파이널리미트스위치, 출입문인터록, 속도조절기

## (6) 악천후 시 조치 ★★

① 순간풍속이 초당 10미터를 초과 : 타워크레인의 설치·수리·점검 또는 해체작업을 중지
② 순간풍속이 초당 15미터를 초과 : 타워크레인의 운전작업을 중지
③ 순간풍속이 초당 30미터를 초과 : 옥외에 설치되어 있는 주행 크레인 이탈방지조치
④ 순간풍속이 초당 30미터를 초과하는 바람이 불거나 중진(中震) 이상 진도의 지진이 있은 후 : 옥외 양중기 각 부위 이상 점검
⑤ 순간풍속이 초당 35미터를 초과 : 옥외 승강기 및 건설용 리프트(지하에 설치되어 있는 것은 제외)에 대하여 받침의 수를 증가시키는 등 승강기가 무너지는 것을 방지하기 위한 조치

## (7) 작업 시작 전 점검 사항 ★★★

| | |
|---|---|
| 크레인 | ① 권과방지장치·브레이크·클러치 및 운전장치의 기능<br>② 주행로의 상측 및 트롤리가 횡행(橫行)하는 레일의 상태<br>③ 와이어로프가 통하고 있는 곳의 상태 |
| 이동식크레인 | ① 권과방지장치 그 밖의 경보장치의 기능<br>② 브레이크·클러치 및 조정장치의 기능<br>③ 와이어로프가 통하고 있는 곳 및 작업장소의 지반상태 |
| 리프트 | ① 방호장치·브레이크 및 클러치의 기능<br>② 와이어로프가 통하고 있는 곳의 상태 |
| 곤돌라 | ① 방호장치·브레이크의 기능<br>② 와이어로프·슬링와이어 등의 상태 |

## (8) 타워크레인의 작업계획서 내용 ★★

① 타워크레인의 종류 및 형식
② 설치·조립 및 해체순서
③ 작업 도구·장비·가설설비(假設設備) 및 방호설비
④ 작업 인원의 구성 및 작업근로자의 역할 범위
⑤ 타워크레인의 지지방법

### (9) 타워크레인의 지지

① 타워크레인을 자립고(自立高) 이상의 높이로 설치하는 경우 건축물 등의 벽체에 지지하거나 와이어로프에 의하여 지지하여야 한다.
② 타워크레인을 벽체에 지지하는 경우 준수 사항

> 가. 서면심사에 관한 서류 또는 제조사의 설치작업설명서 등에 따라 설치할 것
> 나. 서면심사 서류 등이 없거나 명확하지 아니한 경우에는 건축구조·건설기계·기계안전·건설안전기술사 또는 건설안전분야 산업안전지도사의 확인을 받아 설치하거나 기종별·모델별 공인된 표준방법으로 설치할 것
> 다. 콘크리트구조물에 고정시키는 경우에는 매립이나 관통 또는 이와 동등 이상의 방법으로 충분히 지지되도록 할 것
> 라. 건축 중인 시설물에 지지하는 경우에는 그 시설물의 구조적 안정성에 영향이 없도록 할 것

③ 타워크레인을 와이어로프로 지지하는 경우 준수 사항

> 가. 서면심사에 관한 서류 또는 제조사의 설치작업설명서 등에 따라 설치할 것
> 나. 서면심사 서류 등이 없거나 명확하지 아니한 경우에는 건축구조·건설기계·기계안전·건설안전기술사 또는 건설안전분야 산업안전지도사의 확인을 받아 설치하거나 기종별·모델별 공인된 표준방법으로 설치할 것
> 다. 와이어로프를 고정하기 위한 전용 지지프레임을 사용할 것
> 라. 와이어로프 설치 각도는 수평면에서 60도 이내로 하되, 지지점은 4개소 이상으로 하고, 같은 간격으로 설치할 것
> 마. 와이어로프의 고정부위는 충분한 강도와 장력을 갖도록 설치하고, 와이어로프를 클립·샤클(shackle) 등의 고정기구를 사용하여 견고하게 고정시켜 풀리지 않도록 하며, 사용 중에는 충분한 강도와 장력을 유지하도록 할 것
> 바. 와이어로프가 가공전선(架空電線)에 근접하지 않도록 할 것

### (10) 탑승의 제한

① 크레인을 사용하여 근로자를 운반하거나 근로자를 달아 올린 상태에서 작업에 종사시켜서는 아니 된다.

**크레인의 탑승설비에 근로자가 탑승하여도 되는 경우 ★**
> ① 탑승설비가 뒤집히거나 떨어지지 않도록 필요한 조치를 할 것
> ② 안전대나 구명줄을 설치하고, 안전난간을 설치할 수 있는 구조이면 안전난간을 설치할 것
> ③ 탑승설비를 하강시킬 때에는 동력하강방법으로 할 것

② 이동식 크레인을 사용하여 근로자를 운반하거나 근로자를 달아 올린 상태에서 작업에 종사시켜서는 아니 된다.

③ 내부에 비상정지장치·조작스위치 등 탑승 조작장치가 설치되어 있지 아니한 리프트의 운반구에 근로자를 탑승시켜서는 아니 된다.
④ 자동차정비용 리프트에 근로자를 탑승시켜서는 아니 된다. 다만, 자동차정비용 리프트의 수리·조정 및 점검 등의 작업을 할 때에 그 작업에 종사하는 근로자가 위험해질 우려가 없도록 조치한 경우에는 그러하지 아니하다.
⑤ 곤돌라의 운반구에 근로자를 탑승시켜서는 아니 된다.

> **곤돌라의 운반구에 근로자가 탑승하여도 되는 경우**
> ① 운반구가 뒤집히거나 떨어지지 않도록 필요한 조치를 할 것
> ② 안전대나 구명줄을 설치하고, 안전난간을 설치할 수 있는 구조이면 안전난간을 설치할 것

⑥ 소형화물용 엘리베이터에 근로자를 탑승시켜서는 아니 된다. 다만, 소형화물용 엘리베이터의 수리·조정 및 점검 등의 작업을 하는 경우에는 그러하지 아니하다.
⑦ 차량계 하역운반기계(화물자동차는 제외한다)를 사용하여 작업을 하는 경우 승차석이 아닌 위치에 근로자를 탑승시켜서는 아니 된다. 다만, 추락 등의 위험을 방지하기 위한 조치를 한 경우에는 그러하지 아니하다.
⑧ 화물자동차 적재함에 근로자를 탑승시켜서는 아니 된다. 다만, 화물자동차에 울 등을 설치하여 추락을 방지하는 조치를 한 경우에는 그러하지 아니하다.
⑨ 운전 중인 컨베이어 등에 근로자를 탑승시켜서는 아니 된다. 다만, 근로자를 운반할 수 있는 구조를 갖춘 컨베이어 등으로서 추락·접촉 등에 의한 위험을 방지할 수 있는 조치를 한 경우에는 그러하지 아니하다.
⑩ 이삿짐운반용 리프트 운반구에 근로자를 탑승시켜서는 아니 된다. 다만, 이삿짐운반용 리프트의 수리·조정 및 점검 등의 작업을 할 때에 그 작업에 종사하는 근로자가 추락할 위험이 없도록 조치한 경우에는 그러하지 아니하다.
⑪ 전조등, 제동등, 후미등, 후사경 또는 제동장치가 정상적으로 작동되지 아니하는 이륜자동차에 근로자를 탑승시켜서는 아니 된다.

## (11) 크레인 작업 시의 조치

1) 사업주는 크레인을 사용하여 작업을 하는 경우 다음 각 호의 조치를 준수하고, 그 작업에 종사하는 관계 근로자가 그 조치를 준수하도록 하여야 한다.
   ① 인양할 하물(荷物)을 바닥에서 끌어당기거나 밀어내는 작업을 하지 아니할 것
   ② 유류드럼이나 가스통 등 운반 도중에 떨어져 폭발하거나 누출될 가능성이 있는 위험물 용기는 보관함(또는 보관고)에 담아 안전하게 매달아 운반할 것
   ③ 고정된 물체를 직접 분리·제거하는 작업을 하지 아니할 것
   ④ 미리 근로자의 출입을 통제하여 인양 중인 하물이 작업자의 머리 위로 통과하지 않도록 할 것

⑤ 인양할 하물이 보이지 아니하는 경우에는 어떠한 동작도 하지 아니할 것(신호하는 사람에 의하여 작업을 하는 경우는 제외한다)

2) 사업주는 조종석이 설치되지 아니한 크레인에 대하여 다음 각 호의 조치를 하여야 한다.
   ① 고용노동부장관이 고시하는 크레인의 제작기준과 안전기준에 맞는 무선원격제어기 또는 펜던트 스위치를 설치·사용할 것
   ② 무선원격제어기 또는 펜던트 스위치를 취급하는 근로자에게는 작동요령 등 안전조작에 관한 사항을 충분히 주지시킬 것

3) 사업주는 타워크레인을 사용하여 작업을 하는 경우 타워크레인마다 근로자와 조종 작업을 하는 사람 간에 신호업무를 담당하는 사람을 각각 두어야 한다.

## (12) 설치·조립·수리·점검 또는 해체 작업

### 크레인의 설치·조립·수리·점검 또는 해체 작업을 하는 경우의 조치

① 작업순서를 정하고 그 순서에 따라 작업을 할 것
② 작업을 할 구역에 관계 근로자가 아닌 사람의 출입을 금지하고 그 취지를 보기 쉬운 곳에 표시할 것
③ 비, 눈, 그 밖에 기상상태의 불안정으로 날씨가 몹시 나쁜 경우에는 그 작업을 중지시킬 것
④ 작업장소는 안전한 작업이 이루어질 수 있도록 충분한 공간을 확보하고 장애물이 없도록 할 것
⑤ 들어올리거나 내리는 기자재는 균형을 유지하면서 작업을 하도록 할 것
⑥ 크레인의 성능, 사용조건 등에 따라 충분한 응력(應力)을 갖는 구조로 기초를 설치하고 침하 등이 일어나지 않도록 할 것
⑦ 규격품인 조립용 볼트를 사용하고 대칭되는 곳을 차례로 결합하고 분해할 것

### 리프트 및 승강기의 설치·조립·수리·점검 또는 해체 작업을 하는 경우의 조치

① 작업을 지휘하는 사람을 선임하여 그 사람의 지휘하에 작업을 실시할 것
② 작업을 할 구역에 관계 근로자가 아닌 사람의 출입을 금지하고 그 취지를 보기 쉬운 장소에 표시할 것
③ 비, 눈, 그 밖에 기상상태의 불안정으로 날씨가 몹시 나쁜 경우에는 그 작업을 중지시킬 것

### 리프트 및 승강기의 설치·조립·수리·점검 또는 해체 작업을 하는 경우 작업 지휘자의 이행 사항

① 작업방법과 근로자의 배치를 결정하고 해당 작업을 지휘하는 일
② 재료의 결함 유무 또는 기구 및 공구의 기능을 점검하고 불량품을 제거하는 일
③ 작업 중 안전대 등 보호구의 착용 상황을 감시하는 일

## (13) 양중기의 와이어로프 등 달기구의 안전계수 ★★

안전계수 : 달기구 절단하중의 값을 그 달기구에 걸리는 하중의 최댓값으로 나눈 값

| 양중기 와이어로프 등의 안전계수 |
|---|

① 근로자가 탑승하는 운반구를 지지하는 달기와이어로프 또는 달기체인의 경우 : 10 이상
② 화물의 하중을 직접 지지하는 달기와이어로프 또는 달기체인의 경우 : 5 이상
③ 훅, 샤클, 클램프, 리프팅 빔의 경우 : 3 이상
④ 그 밖의 경우 : 4 이상

## (14) 와이어로프 등의 사용금지 사항 ★★

| | |
|---|---|
| 와이어로프 | ① 이음매가 있는 것<br>② 와이어로프의 한 꼬임(스트랜드: strand)에서 끊어진 소선의 수가 10퍼센트 이상(비자전로프의 경우에는 끊어진 소선의 수가 와이어로프 호칭지름의 6배 길이 이내에서 4개 이상이거나 호칭지름 30배 길이 이내에서 8개 이상)인 것<br>③ 지름의 감소가 공칭지름의 7퍼센트를 초과하는 것<br>④ 꼬인 것<br>⑤ 심하게 변형되거나 부식된 것<br>⑥ 열과 전기충격에 의해 손상된 것 |
| 달기체인 | ① 달기 체인의 길이가 달기 체인이 제조된 때의 길이의 5퍼센트를 초과한 것<br>② 링의 단면지름이 달기 체인이 제조된 때의 해당 링의 지름의 10퍼센트를 초과하여 감소한 것<br>③ 균열이 있거나 심하게 변형된 것 |
| 섬유로프 | ① 꼬임이 끊어진 것<br>② 심하게 손상 또는 부식된 것 |
| 달비계에 사용하는 섬유로프 또는 안전대의 섬유벨트 | ① 꼬임이 끊어진 것<br>② 심하게 손상되거나 부식된 것<br>③ 2개 이상의 작업용 섬유 로프 또는 섬유벨트를 연결한 것<br>④ 작업높이보다 길이가 짧은 것 |

# 추락위험방지

## (1) 추락에 의한 위험 방지

### 1) 추락의 방지

① 근로자가 추락하거나 넘어질 위험이 있는 장소 또는 기계·설비·선박블록 등에서 작업을 할 때에 근로자가 위험해질 우려가 있는 경우 비계(飛階)를 조립하는 등의 방법으로 **작업발판을 설치**하여야 한다.
② **작업발판을 설치하기 곤란한 경우 추락방호망을 설치**하여야 한다. 다만, **추락방호망을 설치하기 곤란한 경우에는 근로자에게 안전대를 착용**하도록 하여야 한다.
③ 사업주는 추락방호망을 설치하는 경우에는 한국산업표준에서 정하는 성능기준에 적합한 추락방호망을 사용하여야 한다.
④ 사업주는 **작업발판 및 추락방호망을 설치하기 곤란한 경우**에는 근로자로 하여금 **3개 이상의 버팀대를 가지고 지면으로부터 안정적으로 세울 수 있는 구조를 갖춘 이동식 사다리를 사용하여 작업**을 하게 할 수 있다.

### 2) 개구부 등의 방호 조치

① 작업발판 및 통로의 끝이나 개구부로서 **근로자가 추락할 위험이 있는 장소에는 안전난간, 울타리, 수직형 추락방망 또는 덮개 등의 방호 조치**를 충분한 강도를 가진 구조로 튼튼하게 설치하여야 하며, **덮개를 설치하는 경우에는 뒤집히거나 떨어지지 않도록 설치**하여야 한다. 이 경우 어두운 장소에서도 알아볼 수 있도록 개구부임을 표시해야 하며, 수직형 추락방망은 「산업표준화법」에 따른 한국산업표준에서 정하는 성능기준에 적합한 것을 사용해야 한다.
② **난간 등을 설치하는 것이 매우 곤란하거나 작업의 필요상 임시로 난간 등을 해체하여야 하는 경우 추락방호망을 설치**하여야 한다. 다만, 추락방호망을 설치하기 곤란한 경우에는 근로자에게 **안전대를 착용**하도록 하는 등 추락할 위험을 방지하기 위하여 필요한 조치를 하여야 한다.

| 추락위험 방지조치 ★★ | 작업발판, 통로의 끝, 개구부 등 추락위험 있는 장소의 조치 ★ |
|---|---|
| ① 작업발판 설치<br>② 추락방호망 설치<br>③ 안전대 착용<br>④ 안전난간 설치 | ① 안전난간 설치<br>② 울타리 설치<br>③ 수직형 추락방망 설치<br>④ 덮개 설치<br>⑤ 추락방호망 설치(안전난간 설치가 곤란하거나 해체한 경우) |

3) 지붕 위에서의 위험 방지

① 사업주는 근로자가 **지붕 위에서 작업을 할 때에 추락하거나 넘어질 위험이 있는 경우에는 다음 각 호의 조치**를 해야 한다.

- **지붕의 가장자리에 안전난간을 설치할 것**
- **채광창(skylight)에는 견고한 구조의 덮개를 설치할 것**
- 슬레이트 등 강도가 약한 재료로 덮은 **지붕에는 폭 30센티미터 이상의 발판을 설치할 것** ★

② 사업주는 작업 환경 등을 고려할 때 ① **조치를 하기 곤란한 경우에는 추락방호망을 설치**해야 한다. 다만, 사업주는 작업 환경 등을 고려할 때 **추락방호망을 설치하기 곤란한 경우에는 근로자에게 안전대를 착용**하도록 하는 등 추락 위험을 방지하기 위하여 필요한 조치를 해야 한다.

## 추락방지설비

### (1) 추락방호망

1) 추락방호망의 설치 ★★

① 추락방호망의 설치 위치는 가능하면 **작업면으로 부터 가까운 지점에 설치**하여야 하며, **작업면으로 부터 망의 설치지점까지의 수직거리는 10미터를 초과하지 아니할 것**
② **추락방호망은 수평으로 설치하고, 망의 처짐은 짧은 변 길이의 12퍼센트 이상**이 되도록 할 것
③ 건축물 등의 바깥쪽으로 설치하는 경우 망의 내민 길이는 벽면으로부터 **3미터 이상** 되도록 할 것(다만, 그물코가 20밀리미터 이하인 망을 사용한 경우에는 낙하물방지망을 설치한 것으로 본다.)

2) 방망사의 강도

방망사는 시험용사로부터 채취한 시험편의 양단을 인장시험기로 시험하거나 또는 이와 유사한 방법으로서 **등속인장시험**을 한 경우 그 강도는 〈표 1〉 및 〈표 2〉에 정한 값 이상이어야 한다.

○ 〈표 1〉 방망사의 신품에 대한 인장강도 ★

| 그물코의 크기<br>(단위 : 센티미터) | 방망의 종류(단위 : 킬로그램) | |
|---|---|---|
| | 매듭 없는 방망 | 매듭방망 |
| 10 | 240 | 200 |
| 5 | | 110 |

○ 〈표 2〉 방망사의 폐기 시 인장강도 ★

| 그물코의 크기<br>(단위 : 센티미터) | 방망의 종류(단위 : 킬로그램) | |
|---|---|---|
| | 매듭 없는 방망 | 매듭방망 |
| 10 | 150 | 135 |
| 5 | | 60 |

3) 지지점의 강도

지지점의 강도는 다음 각 호에 의한 계산값 이상이어야 한다.
① 방망 지지점은 600킬로그램의 외력에 견딜 수 있는 강도를 보유하여야 한다.
② 연속적인 구조물이 방망 지지점인 경우의 외력 계산

$$F = 200 \times B$$
여기에서 F는 외력(단위 : 킬로그램), B는 지지점간격(단위 : m)이다.

4) 정기시험

① 방망의 정기시험은 **사용개시 후 1년 이내**로 하고, **그 후 6개월마다 1회씩** 정기적으로 시험용사에 대해서 **등속인장시험**을 하여야 한다. 다만, 사용상태가 비슷한 다수의 방망의 시험용사에 대하여는 무작위 추출한 5개 이상을 인장시험 했을 경우 다른 방망에 대한 등속 인장시험을 생략할 수 있다.
② 방망의 마모가 현저한 경우나 방망이 유해가스에 노출된 경우에는 사용 후 시험용사에 대해서 인장시험을 하여야 한다.

5) 사용제한

① 방망사가 규정한 강도 이하인 방망
② 인체 또는 이와 동등 이상의 무게를 갖는 낙하물에 대해 충격을 받은 방망
③ 파손한 부분을 보수하지 않은 방망
④ 강도가 명확하지 않은 방망

6) 방망의 표시
   ① 제조자명
   ② 제조연월
   ③ 재봉치수
   ④ 그물코
   ⑤ 신품인 때의 방망의 강도

## (2) 안전난간의 구조 및 설치요건 ★★

① 상부 난간대, 중간 난간대, 발끝막이판 및 난간기둥으로 구성할 것
② **상부 난간대**
   - 상부 난간대는 바닥면 등으로부터 90센티미터 이상 지점에 설치
   - 상부 난간대를 120센티미터 이하에 설치하는 경우 : 중간 난간대는 상부 난간대와 바닥면 등의 중간에 설치
   - 120센티미터 이상 지점에 설치하는 경우 : 중간 난간대를 2단 이상으로 설치, 난간의 상하 간격은 60센티미터 이하가 되도록 할 것(다만, 난간기둥 간의 간격이 25센티미터 이하인 경우에는 중간 난간대를 설치하지 않을 수 있다.)
③ **발끝막이판** : 바닥면 등으로부터 10센티미터 이상의 높이를 유지할 것
④ **난간기둥** : 상부 난간대와 중간 난간대를 견고하게 떠받칠 수 있도록 적정한 간격을 유지할 것
⑤ 상부 난간대와 중간 난간대는 난간 길이 전체에 걸쳐 바닥면 등과 평행을 유지할 것
⑥ **난간대** : 지름 2.7센티미터 이상의 금속제 파이프
⑦ 안전난간은 100킬로그램 이상의 하중에 견딜 수 있는 튼튼한 구조일 것

---

## 안전대

## (1) 안전대의 구분 ★★

| 종류 | 사용구분 |
|---|---|
| 벨트식 | 1개 걸이용 |
|  | U자 걸이용 |
| 안전그네식 | 추락방지대 |
|  | 안전블록 |

## (2) 안전대의 선정 ★

① U자 걸이용
- "전주 위" 작업과 같이 발받침은 확보되어 있어도 불완전한 경우
- 체중의 일부를 U자 걸이로 안전대에 지지하여야만 작업을 할 수 있는 경우 선정

② 1개 걸이용 : 안전대에 의지하지 않아도 작업할 수 있는 발판이 확보되었을 때 사용

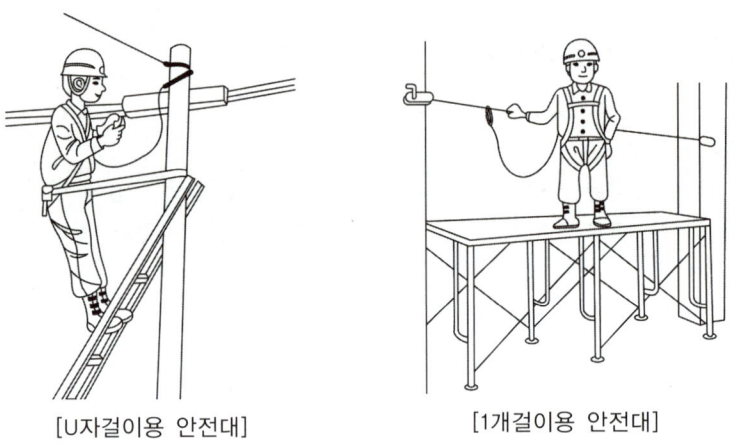

[U자걸이용 안전대]   [1개걸이용 안전대]

---

# 토석 붕괴 위험성

## (1) 토석 붕괴의 외적 원인 ★★

① 사면, 법면의 경사 및 기울기의 증가
② 절토 및 성토 높이의 증가
③ 공사에 의한 진동 및 반복 하중의 증가
④ 지표수 및 지하수의 침투에 의한 토사 중량의 증가
⑤ 지진, 차량, 구조물의 하중작용
⑥ 토사 및 암석의 혼합층 두께

## (2) 토석 붕괴의 내적 원인

① 절토 사면의 토질·암질
② 성토 사면의 토질구성 및 분포
③ 토석의 강도 저하

### (3) 굴착작업 시 위험방지(굴착작업 시 토사 등의 붕괴 또는 낙하에 의한 위험방지 조치)

사업주는 굴착작업 시 토사 등의 붕괴 또는 낙하에 의하여 근로자에게 위험을 미칠 우려가 있는 경우에는 미리 그 위험을 방지하기 위하여 필요한 조치를 해야 한다.

① 흙막이 지보공의 설치
② 방호망의 설치
③ 근로자의 출입금지 등

### (4) 굴착면의 기울기 및 높이 기준 ★★

| 지반의 종류 | 굴착면의 기울기 |
|---|---|
| 모래 | 1 : 1.8 |
| 연암 및 풍화암 | 1 : 1.0 |
| 경암 | 1 : 0.5 |
| 그 밖의 흙 | 1 : 1.2 |

### (5) 잠함 또는 우물통의 내부에서 굴착작업 시 급격한 침하로 인한 위험방지 조치 ★

① 침하관계도에 따라 굴착방법 및 재하량(載荷量) 등을 정할 것
② 바닥으로부터 천장 또는 보까지의 높이는 1.8미터 이상으로 할 것

### (6) 잠함 등 내부에서의 굴착작업 시 준수사항 ★

① 산소결핍의 우려가 있는 때에는 산소의 농도를 측정하는 자를 지명하여 측정하도록 할 것
② 근로자가 안전하게 오르내리기 위한 설비를 설치할 것
③ 굴착 깊이가 20미터를 초과하는 때에는 당해 작업 장소와 외부와의 연락을 위한 통신설비 등을 설치할 것
④ 산소농도 측정결과 산소의 결핍이 인정되거나 굴착 깊이가 20미터를 초과하는 때에는 송기를 위한 설비를 설치할 것

## (7) 굴착작업 시 사전조사 및 작업계획서 내용

| 굴착작업 시 사전조사 내용 ★★ | 굴착작업 시 작업계획서 내용 ★ |
|---|---|
| ① 형상·지질 및 지층의 상태<br>② 균열·함수(含水)·용수 및 동결의 유무 또는 상태<br>③ 매설물 등의 유무 또는 상태<br>④ 지반의 지하수위 상태 | ① 굴착방법 및 순서, 토사 반출 방법<br>② 필요한 인원 및 장비 사용계획<br>③ 매설물 등에 대한 이설·보호대책<br>④ 사업장 내 연락방법 및 신호방법<br>⑤ 흙막이 지보공 설치방법 및 계측계획<br>⑥ 작업지휘자의 배치계획<br>⑦ 그 밖에 안전·보건에 관련된 사항 |

**암기법**: 작업지휘자 배치 → 인원, 장비계획 → 지보공 설치 → 매설물 보호 → 굴착, 토사 반출

## (8) 흙막이 지보공을 설치한 때 점검 사항 ★★

① 부재의 손상·변형·부식·변위 및 탈락의 유무와 상태
② 버팀대의 긴압의 정도
③ 부재의 접속부·부착부 및 교차부의 상태
④ 침하의 정도

## (9) 구축물 또는 시설물의 안전성 평가를 실시하여야 하는 경우 ★

① 구축물 등의 인근에서 굴착·항타작업 등으로 침하·균열 등이 발생하여 붕괴의 위험이 예상될 경우
② 구축물 등에 지진, 동해(凍害), 부동침하(불동침하) 등으로 균열·비틀림 등이 발생하였을 경우
③ 구축물 등이 그 자체의 무게·적설·풍압 또는 그 밖에 부가되는 하중 등으로 붕괴 등의 위험이 있을 경우
④ 화재 등으로 구축물 등의 내력(耐力)이 심하게 저하 되었을 경우
⑤ 오랜 기간 사용하지 아니하던 구축물 등을 재사용하게 되어 안전성을 검토하여야 하는 경우
⑥ 구축물 등의 주요구조부에 대한 설계 및 시공 방법의 전부 또는 일부를 변경하는 경우
⑦ 그 밖의 잠재위험이 예상될 경우

## 터널굴착공사 안전

### (1) 터널의 계측관리 사항(NATM 기준) ★

① 내공변위 측정
② 천단침하 측정
③ 지중, 지표침하 측정
④ 록볼트 축력측정
⑤ 숏크리트 응력 측정

> **Reference**
>
> ❊ 터널의 계측장치
>
> ① 내공변위 측정계
> ② 천단침하 측정계
> ③ 지중, 지표침하 측정계
> ④ 록볼트 축력측정계
> ⑤ 숏크리트 응력 측정계
>
> ❊ 깊이 10.5m 이상의 굴착작업 시 계측기기 ★
>
> ① 수위계
> ② 경사계
> ③ 하중 및 침하계
> ④ 응력계

### (2) 낙반에 의한 위험 방지 조치 ★

① 터널지보공 및 록볼트의 설치
② 부석의 제거

### (3) 인화성 가스 농도 측정

인화성 가스 농도를 측정한 결과 인화성 가스가 존재하여 폭발이나 화재가 발생할 위험이 있는 경우에는 인화성 가스 농도의 이상 상승을 조기에 파악하기 위하여 그 장소에 자동경보장치를 설치하여야 한다.

| 자동경보장치의 작업 시작 전 점검 사항 ★★ |
|---|

① 계기의 이상 유무
② 검지부의 이상 유무
③ 경보장치의 작동상태

### (4) 터널지보공 설치 시 점검항목 ★★

① 부재의 손상·변형·부식·변위 탈락의 유무 및 상태
② 부재의 긴압의 정도
③ 부재의 접속부 및 교차부의 상태
④ 기둥침하의 유무 및 상태

### (5) 터널 굴착작업의 작업계획서 내용 ★★

① 굴착의 방법
② 터널지보공 및 복공(覆工)의 시공방법과 용수(湧水)의 처리방법
③ 환기 또는 조명시설을 설치할 때에는 그 방법

### (6) 발파 작업 기준

① 얼어붙은 다이너마이트는 화기에 접근시키거나 그 밖의 고열물에 직접 접촉시키는 등 위험한 방법으로 융해하지 아니하도록 할 것
② 화약이나 폭약을 장전하는 경우에는 그 부근에서 화기를 사용하거나 흡연을 하지 않도록 할 것
③ 장전구(裝塡具)는 마찰·충격·정전기 등에 의한 폭발의 위험이 없는 안전한 것을 사용할 것 ★
④ 발파공의 충진재료는 점토·모래 등 발화성 또는 인화성의 위험이 없는 재료를 사용할 것 ★
⑤ 점화 후 장전된 화약류가 폭발하지 아니한 때 또는 장전된 화약류의 폭발 여부를 확인하기 곤란한 때에는 다음 각목의 사항을 따를 것

| 전기뇌관에 의한 경우 | 재점화되지 않도록 조치하고 5분 이상 경과한 후가 아니면 화약류의 장전장소에 접근시키지 않도록 할 것 ★ |
|---|---|
| 전기뇌관 외의 것에 의한 경우 | 점화한 때부터 15분 이상 경과한 후가 아니면 화약류의 장전장소에 접근시키지 않도록 할 것 ★ |

⑥ 전기뇌관에 의한 발파의 경우 점화하기 전에 화약류를 장전한 장소로부터 30미터 이상 떨어진 안전한 장소에서 전선에 대하여 저항측정 및 도통(導通)시험을 할 것 ★

### (7) 발파작업 시 관리감독자의 직무 ★

① 점화 전에 점화작업에 종사하는 근로자가 아닌 사람에게 대피를 지시하는 일
② 점화작업에 종사하는 근로자에게 대피장소 및 경로를 지시하는 일

③ 점화 전에 위험구역 내에서 근로자가 대피한 것을 확인하는 일
④ 점화순서 및 방법에 대하여 지시하는 일
⑤ 점화신호를 하는 일
⑥ 점화작업에 종사하는 근로자에게 대피신호를 하는 일
⑦ 발파 후 터지지 않은 장약이나 남은 장약의 유무, 용수(湧水)의 유무 및 암석·토사의 낙하 여부 등을 점검하는 일
⑧ 점화하는 사람을 정하는 일
⑨ 공기압축기의 안전밸브 작동 유무를 점검하는 일
⑩ 안전모 등 보호구 착용 상황을 감시하는 일

## (8) 터널 작업면의 적합한 조도 ★

| 작업 구분 | 기준 |
|---|---|
| 막장 구간 | 70 Lux 이상 |
| 터널 중간 구간 | 50 Lux 이상 |
| 터널 입출구, 수직구 구간 | 30 Lux 이상 |

---

## 교량작업 및 채석작업 시 안전

### (1) 교량작업 시 준수사항

> 교량의 설치·해체 또는 변경 작업을 하는 경우 준수사항
> (상부구조가 금속 또는 콘크리트로 구성되는 교량으로서 높이가 5미터 이상이거나 교량의 최대 지간 길이가 30미터 이상인 교량으로 한정)

① 작업을 하는 구역에는 관계 근로자가 아닌 사람의 출입을 금지할 것
② 재료, 기구 또는 공구 등을 올리거나 내릴 경우에는 근로자로 하여금 달줄, 달포대 등을 사용하도록 할 것
③ 중량물 부재를 크레인 등으로 인양하는 경우에는 부재에 인양용 고리를 견고하게 설치하고, 인양용 로프는 부재에 두 군데 이상 결속하여 인양하여야 하며, 중량물이 안전하게 거치되기 전까지는 걸이 로프를 해제시키지 아니할 것
④ 자재나 부재의 낙하·전도 또는 붕괴 등에 의하여 근로자에게 위험을 미칠 우려가 있을 경우에는 출입금지구역의 설정, 자재 또는 가설시설의 좌굴(挫屈) 또는 변형 방지를 위한 보강재 부착 등의 조치를 할 것

## (2) 작업계획서의 내용

| 작업명 | 작업계획서 내용 |
|---|---|
| 교량작업 | ① 작업 방법 및 순서<br>② 부재(部材)의 낙하·전도 또는 붕괴를 방지하기 위한 방법<br>③ 작업에 종사하는 근로자의 추락 위험을 방지하기 위한 안전조치 방법<br>④ 공사에 사용되는 가설 철 구조물 등의 설치·사용·해체 시 안전성 검토 방법<br>⑤ 사용하는 기계 등의 종류 및 성능, 작업 방법<br>⑥ 작업지휘자 배치계획<br>⑦ 그 밖에 안전·보건에 관련된 사항<br><br>**암기법**: 작업지휘자 배치 → 인원, 장비계획 → 지보공 설치 → 매설물 보호 → 굴착, 토사 반출 |
| 채석작업 ★ | ① 노천굴착과 갱내굴착의 구별 및 채석방법<br>② 굴착면의 높이와 기울기<br>③ 굴착면 소단(小段)의 위치와 넓이<br>④ 갱내에서의 낙반 및 붕괴방지 방법<br>⑤ 발파방법<br>⑥ 암석의 분할방법<br>⑦ 암석의 가공장소<br>⑧ 사용하는 굴착기계 등의 종류 및 성능<br>⑨ 토석 또는 암석의 적재 및 운반방법과 운반경로<br>⑩ 표토 또는 용수(湧水)의 처리방법<br><br>**암기법**: 발파 → 분할 → 가공 → 적재 및 운반 → 낙반 및 붕괴방지 |

## 낙하·비래 예방대책

### (1) 낙하·비래 위험방지 조치 ★★
① 낙하물 방지망·수직보호망 또는 방호선반의 설치
② 출입금지구역의 설정
③ 보호구의 착용

### (2) 낙하물 방지망 또는 방호선반 설치 시 준수사항 ★★
① 설치 높이는 10미터 이내마다 설치하고, 내민길이는 벽면으로부터 2미터 이상으로 할 것
② 수평면과의 각도는 20도 이상 30도 이하를 유지할 것

### (3) 투하설비의 설치
사업주는 높이가 3미터 이상인 장소로부터 물체를 투하하는 때에는 적당한 **투하설비를 설치하거나 감시인을 배치**하는 등 위험방지를 위하여 필요한 조치를 하여야 한다.


## 비계의 종류 및 기준

> **Reference**
>
> 1. 가설구조물의 특징 ★
>    ① 연결재가 부족한 구조가 되기 쉽다.
>    ② 부재의 결합이 간단하여 불안전 결합이 되기 쉽다.
>    ③ 구조물이라는 개념이 확고하지 않아 조립의 정밀도가 낮다.
>    ④ 부재는 과소 단면이거나 결함이 있는 재료가 사용되기 쉽다.
>
> 2. 가설재(비계)의 3조건
>    ① 안정성 : 파괴, 도괴 및 동요에 대한 충분한 강도를 가질 것
>    ② 작업성 : 통행과 작업에 방해가 없는 넓은 작업발판과 넓은 작업공간을 확보할 것
>    ③ 경제성 : 가설 및 철거가 신속하고 용이할 것

## (1) 강관비계(강관을 이용한 단관비계의 구조) ★★

| 강관비계의 구조 | 강관비계 조립 시의 준수사항 |
|---|---|
| ① 비계기둥 간격 : 띠장방향에서는 1.85m 이하, 장선방향에서는 1.5m 이하로 할 것<br>다만, 다음 각 목의 어느 하나에 해당하는 작업의 경우에는 안전성에 대한 구조검토를 실시하고 조립도를 작성하면 띠장 방향 및 장선 방향으로 각각 2.7미터 이하로 할 수 있다.<br>  가. 선박 및 보트 건조작업<br>  나. 그 밖에 장비 반입·반출을 위하여 공간 등을 확보할 필요가 있는 등 작업의 성질상 비계기둥 간격에 관한 기준을 준수하기 곤란한 작업<br>② 띠장간격 : 2.0미터 이하로 할 것(다만, 작업의 성질상 이를 준수하기가 곤란하여 쌍기둥틀 등에 의하여 해당 부분을 보강한 경우에는 그러하지 아니하다)<br>③ 비계기둥의 제일 윗부분으로부터 31m되는 지점 밑 부분의 비계기둥은 2본의 강관으로 묶어 세울 것(다만, 브라켓(bracket), 까치발 등으로 보강하여 2개의 강관으로 묶을 경우 이상의 강도가 유지되는 경우에는 그러하지 아니하다)<br>④ 비계기둥 간의 적재하중은 400kg을 초과하지 않도록 할 것 | ① 비계기둥에는 미끄러지거나 침하하는 것을 방지하기 위하여 밑받침철물을 사용하거나 깔판·받침목 등을 사용하여 밑둥잡이를 설치할 것<br>② 강관의 접속부 또는 교차부는 적합한 부속철물을 사용하여 접속하거나 단단히 묶을 것<br>③ 교차가새로 보강할 것<br>④ 외줄비계·쌍줄비계 또는 돌출 비계의 벽이음 및 버팀 설치<br>  • 조립간격 : 수직방향에서 5m 이하, 수평방향에서 5m 이하<br>  • 강관·통나무 등의 재료를 사용하여 견고한 것으로 할 것<br>  • 인장재와 압축재로 구성되어 있는 때에는 인장재와 압축재의 간격을 1미터 이내로 할 것<br>⑤ 가공전로에 근접하여 비계를 설치하는 때에는 가공전로를 이설, 절연용 방호구 장착하는 등 가공전로와의 접촉 방지 조치할 것 |

## (2) 틀비계(강관 틀비계)

| 틀비계(강관 틀비계) 조립 시 준수사항 ★ |
|---|
| ① 밑둥에는 밑받침철물을 사용하여야 하며 밑받침에 고저차가 있는 경우에는 조절형 밑받침철물을 사용하여 항상 수평 및 수직을 유지하도록 할 것<br>② 높이가 20미터를 초과하거나 중량물의 적재를 수반하는 작업을 할 경우에는 주틀 간의 간격이 1.8미터 이하로 할 것<br>③ 주틀간에 교차가새를 설치하고 최상층 및 5층 이내마다 수평재를 설치할 것<br>④ 벽이음 간격(조립간격) : 수직방향 6m, 수평방향으로 8m 이내마다 할 것<br>⑤ 길이가 띠장방향으로 4m 이하이고 높이가 10m를 초과하는 경우에는 10m 이내마다 띠장방향으로 버팀기둥을 설치할 것 |

## (3) 비계 조립간격(벽이음 간격) ★★

| 비계 종류 | | 수직방향 | 수평방향 |
|---|---|---|---|
| 강관 비계 | 단관비계 | 5m | 5m |
| | 틀비계(높이 5m 미만인 것 제외) | 6m | 8m |

## (4) 달비계

작업발판을 와이어로프에 매달아 고층 건물 청소용 등의 작업 시에 사용하는 비계

### 1) 달비계의 구조
① 작업발판은 폭을 40센티미터 이상으로 하고 틈새가 없도록 할 것

### 2) 달기체인 등 사용 금지 항목 ★★

| 달기체인 등 사용 금지 항목 ★★ | |
|---|---|
| 와이어로프 | ① 이음매가 있는 것<br>② 와이어로프의 한 꼬임(스트랜드: strand)에서 끊어진 소선의 수가 10퍼센트 이상(비자전로프의 경우에는 끊어진 소선의 수가 와이어로프 호칭지름의 6배 길이 이내에서 4개 이상이거나 호칭지름 30배 길이 이내에서 8개 이상)인 것<br>③ 지름의 감소가 공칭지름의 7퍼센트를 초과하는 것<br>④ 꼬인 것<br>⑤ 심하게 변형되거나 부식된 것<br>⑥ 열과 전기충격에 의해 손상된 것 |
| 달기체인 | ① 달기 체인의 길이가 달기 체인이 제조된 때의 길이의 5퍼센트를 초과한 것<br>② 링의 단면지름이 제조된 때의 해당 링의 지름의 10%를 초과하여 감소한 것<br>③ 균열이 있거나 심하게 변형된 것 |
| 섬유로프 | ① 꼬임이 끊어진 것<br>② 심하게 손상 또는 부식된 것 |
| 달비계에 사용하는 섬유로프 또는 안전대의 섬유벨트 | ① 꼬임이 끊어진 것<br>② 심하게 손상되거나 부식된 것<br>③ 2개 이상의 작업용 섬유 로프 또는 섬유벨트를 연결한 것<br>④ 작업높이보다 길이가 짧은 것 |

## (5) 말비계

| 말비계의 조립 시 준수사항(말비계의 구조) ★ |
|---|
| ① 지주부재의 하단에는 미끄럼 방지장치를 하고, 양측 끝부분에 올라서서 작업하지 아니하도록 할 것
② 지주부재와 수평면과의 기울기를 75도 이하로 하고, 지주부재와 지주부재 사이를 고정시키는 보조부재를 설치할 것
③ 말비계의 높이가 2미터를 초과할 경우에는 작업발판의 폭을 40센티미터 이상으로 할 것 |

## (6) 이동식 비계

| 이동식 비계의 조립 시 준수사항(이동식 비계의 구조) ★★ |
|---|
| ① 바퀴에는 갑작스러운 이동 또는 전도를 방지하기 위하여 브레이크·쐐기 등으로 바퀴를 고정시킨 다음 비계의 일부를 견고한 시설물에 고정하거나 아웃트리거를 설치하는 등 필요한 조치를 할 것
② 승강용 사다리는 견고하게 설치할 것
③ 비계의 최상부에서 작업을 할 때에는 안전난간을 설치할 것
④ 작업발판은 항상 수평을 유지하고 작업발판 위에서 안전난간을 딛고 작업을 하거나 받침대 또는 사다리를 사용하여 작업하지 않도록 할 것
⑤ 작업발판의 최대적재하중은 250킬로그램을 초과하지 않도록 할 것 |

## (7) 시스템 비계 ★★

수직재, 수평재, 가새재 등 각각의 부재를 공장에서 제작하고 현장에서 조립하여 사용하는 조립형 비계

| 시스템 비계의 구조 | 시스템 비계 조립시의 준수사항 |
|---|---|
| ① 수직재·수평재·가새재를 견고하게 연결하는 구조가 되도록 할 것
② 비계 밑단의 수직재와 받침철물은 밀착되도록 설치하고, 수직재와 받침철물의 연결부의 겹침길이는 받침철물 전체길이의 3분의 1 이상이 되도록 할 것
③ 수평재는 수직재와 직각으로 설치하여야 하니, 체결 후 흔들림이 없도록 견고하게 설치할 것
④ 수직재와 수직재의 연결철물은 이탈되지 않도록 견고한 구조로 할 것
⑤ 벽 연결재의 설치간격은 제조사가 정한 기준에 따라 설치할 것 | ① 비계 기둥의 밑둥에는 밑받침철물을 사용하여야 하며, 밑받침에 고저차가 있는 경우에는 조절형 밑받침철물을 사용하여 시스템 비계가 항상 수평 및 수직을 유지하도록 할 것
② 경사진 바닥에 설치하는 경우에는 피벗형 받침 철물 또는 쐐기 등을 사용하여 밑받침 철물의 바닥면이 수평을 유지하도록 할 것
③ 가공전로에 근접하여 비계를 설치하는 경우에는 가공전로를 이설하거나 가공전로에 절연용방호구를 설치하는 등 가공전로와의 접촉을 방지하기 위하여 필요한 조치를 할 것
④ 비계 내에서 근로자가 상하 또는 좌우로 이동하는 경우에는 반드시 지정된 통로를 이용하도록 주지시킬 것 |

⑤ 비계 작업 근로자는 같은 수직면상의 위와 아래 동시 작업을 금지할 것
⑥ 작업발판에는 제조사가 정한 최대적재하중을 초과하여 적재해서는 아니 되며, 최대적재하중이 표기된 표지판을 부착하고 근로자에게 주지시키도록 할 것

### (8) 걸침비계의 구조

① 지지점이 되는 매달림 부재의 고정부는 구조물로부터 이탈되지 않도록 견고히 고정할 것
② 비계재료 간에는 서로 움직임, 뒤집힘 등이 없어야 하고, 재료가 분리되지 않도록 철물 또는 철선으로 충분히 결속할 것. 다만, 작업발판 밑 부분에 띠장 및 장선으로 사용되는 수평부재 간의 결속은 철선을 사용하지 않을 것
③ 매달림 부재의 안전율은 4 이상일 것
④ 작업발판에는 구조검토에 따라 설계한 최대적재하중을 초과하여 적재하여서는 아니 되며, 그 작업에 종사하는 근로자에게 최대적재하중을 충분히 알릴 것

## 비계작업 시 안전조치

### (1) 달비계 또는 높이 5미터 이상의 비계 조립·해체 및 변경 시 준수사항 ★

① 관리감독자의 지휘하에 작업하도록 할 것
② 조립·해체 또는 변경의 시기·범위 및 절차를 그 작업에 종사하는 근로자에게 교육할 것
③ 조립·해체 또는 변경작업구역 내에는 당해 작업에 종사하는 근로자 외의 자의 출입을 금지시키고 그 내용을 보기 쉬운 장소에 게시할 것
④ 비·눈 그 밖의 기상상태의 불안정으로 인하여 날씨가 몹시 나쁠 때에는 그 작업을 중지시킬 것
⑤ 비계재료의 연결·해체작업을 하는 때에는 폭 20센티미터 이상의 발판을 설치하고 근로자로 하여금 안전대를 사용하도록 하는 등 근로자의 추락방지를 위한 조치를 할 것
⑥ 재료·기구 또는 공구 등을 올리거나 내리는 때에는 근로자로 하여금 달줄 또는 달포대 등을 사용하도록 할 것

## (2) 비계의 점검 보수 항목

**비계의 작업시작 전 점검사항 ★★**

① 발판재료의 손상여부 및 부착 또는 걸림 상태
② 당해비계의 연결부 또는 접속부의 풀림상태
③ 연결재료 및 연결철물의 손상 또는 부식상태
④ 손잡이의 탈락 여부
⑤ 기둥의 침하·변형·변위 또는 흔들림 상태
⑥ 로프의 부착상태 및 매단장치의 흔들림 상태

비계(연결부, 연결재료) → 발판 → 손잡이 → 비계 기둥

# 작업통로 설치기준

## (1) 비상구의 설치

위험물질을 제조·취급하는 작업장과 그 작업장이 있는 건축물에 **출입구 외에 안전한 장소로 대피할 수 있는 비상구 1개 이상**을 다음 각 호의 기준에 맞는 **구조로 설치**하여야 한다. 다만, 작업장 바닥면의 가로 및 세로가 각 3미터 미만인 경우에는 그렇지 않다.

**비상구의 구조 ★**

① 출입구와 같은 방향에 있지 아니하고, 출입구로부터 3미터 이상 떨어져 있을 것
② 작업장의 각 부분으로부터 하나의 비상구 또는 출입구까지의 수평거리가 50미터 이하가 되도록 할 것(다만, 작업장이 있는 층에 피난층 또는 지상으로 통하는 직통계단을 설치한 경우에는 그 부분에 한정하여 본문에 따른 기준을 충족한 것으로 본다.)
③ 비상구의 너비는 0.75미터 이상으로 하고, 높이는 1.5미터 이상으로 할 것
④ 비상구의 문은 피난 방향으로 열리도록 하고, 실내에서 항상 열 수 있는 구조로 할 것

## (2) 경보용 설비의 설치

연면적이 400제곱미터 이상이거나 상시 50명 이상의 근로자가 작업하는 옥내 작업장에는 비상시에 근로자에게 신속하게 알리기 위한 **경보용 설비 또는 기구를 설치**하여야 한다.

## (3) 통로의 설치

① 작업장으로 통하는 장소 또는 작업장 내에는 근로자가 사용하기 위한 안전한 통로를 설치하고 항상 사용 가능한 상태로 유지하여야 한다.
② 통로의 주요한 부분에는 통로표시를 하고, 근로자가 안전하게 통행할 수 있도록 하여야 한다.
③ 근로자가 안전하게 통행할 수 있도록 통로에 75럭스 이상의 채광 또는 조명시설을 하여야 한다.
④ 통로면으로 부터 높이 2미터 이내에는 장애물이 없도록 하여야 한다.

## (4) 가설통로

### 가설통로의 구조 ★★

① 견고한 구조로 할 것
② 경사는 30도 이하로 할 것
③ 경사가 15도를 초과하는 때는 미끄러지지 아니하는 구조로 할 것
④ 추락의 위험이 있는 장소에는 안전난간을 설치할 것
⑤ 수직갱 : 길이가 15미터 이상인 때에는 10미터 이내마다 계단참을 설치할 것
⑥ 건설공사에 사용하는 높이 8미터 이상인 비계다리 : 7미터 이내마다 계단참을 설치할 것

## (5) 사다리식 통로

### 사다리식 통로의 구조(사다리식 통로 설치 시의 준수사항) ★★

① 견고한 구조로 할 것
② 심한 손상·부식 등이 없는 재료를 사용할 것
③ 발판의 간격은 일정하게 할 것
④ 발판과 벽과의 사이는 15센티미터 이상의 간격을 유지할 것
⑤ 폭은 30센티미터 이상으로 할 것
⑥ 사다리가 넘어지거나 미끄러지는 것을 방지하기 위한 조치를 할 것
⑦ 사다리의 상단은 걸쳐놓은 지점으로부터 60센티미터 이상 올라가도록 할 것
⑧ 사다리식 통로의 길이가 10미터 이상인 경우에는 5미터 이내마다 계단참을 설치할 것
⑨ 사다리식 통로의 기울기는 75도 이하로 할 것. 다만, 고정식 사다리식 통로의 기울기는 90도 이하로 하고, 그 높이가 7미터 이상인 경우에는 다음 각 목의 구분에 따른 조치를 할 것
  • 등받이울이 있어도 근로자 이동에 지장이 없는 경우 : 바닥으로부터 높이가 2.5미터 되는 지점부터 등받이울을 설치할 것
  • 등받이울이 있으면 근로자가 이동이 곤란한 경우 : 한국산업표준에서 정하는 기준에 적합한 개인용 추락 방지 시스템을 설치하고 근로자로 하여금 한국산업표준에서 정하는 기준에 적합한 전신 안전대를 사용하도록 할 것
⑩ 접이식 사다리 기둥은 사용 시 접혀지거나 펼쳐지지 않도록 철물 등을 사용하여 견고하게 조치할 것

# 계단, 이동식 사다리, 작업발판 등의 설치

## (1) 계단

### 계단의 구조 ★★

① 계단의 강도
- 계단 및 계단참의 강도는 500kg/m² 이상이어야 하며 안전율은 4 이상으로 하여야 한다.

② 계단의 폭
- 1미터 이상으로 하여야 한다.

③ 계단참의 높이
- 높이가 3m를 초과하는 계단에는 높이 3m 이내마다 너비 1.2미터 이상의 계단참을 설치해야 한다.

④ 천장의 높이
- 바닥면으로부터 높이 2미터 이내의 공간에 장애물이 없도록 하여야 한다.

⑤ 계단의 난간
- 높이 1미터 이상인 계단의 개방된 측면에 안전난간을 설치하여야 한다.

## (2) 이동식 사다리

### 1) 이동식 사다리의 구조 ★

① 길이가 6미터를 초과해서는 안 된다.
② 다리의 벌림은 벽 높이의 1/4 정도가 적당하다.
③ 벽면 상부로부터 최소한 60센티미터 이상의 연장 길이가 있어야 한다.

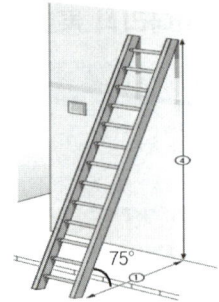

### 2) 추락 방지 ★

사업주는 추락을 방지하기 위하여 **작업발판 및 추락방호망을 설치하기 곤란한 경우**에는 근로자로 하여금 **3개 이상의 버팀대를 가지고 지면으로부터 안정적으로 세울 수 있는 구조를 갖춘 이동식 사다리를 사용하여 작업**을 하게 할 수 있다. 이 경우 사업주는 근로자가 다음 각 호의 사항을 준수하도록 조치해야 한다.

① 평탄하고 견고하며 미끄럽지 않은 바닥에 이동식 사다리를 설치할 것
② 이동식 사다리의 넘어짐을 방지하기 위해 다음 각 목의 어느 하나 이상에 해당하는 조치를 할 것
   - 이동식 사다리를 견고한 시설물에 연결하여 고정할 것
   - 아웃트리거(outrigger, 전도방지용 지지대)를 설치하거나 아웃트리거가 붙어있는 이동식 사다리를 설치할 것
   - 이동식 사다리를 다른 근로자가 지지하여 넘어지지 않도록 할 것

③ 이동식 사다리의 제조사가 정하여 표시한 이동식 사다리의 **최대사용하중을 초과하지 않는 범위 내에서만 사용할 것**
④ 이동식 사다리를 설치한 **바닥면에서 높이 3.5미터 이하의 장소에서만 작업할 것**
⑤ 이동식 사다리의 **최상부 발판 및 그 하단 디딤대에 올라서서 작업하지 않을 것**(다만, 높이 1미터 이하의 사다리는 제외한다.)
⑥ **안전모를 착용하되, 작업 높이가 2미터 이상인 경우에는 안전모와 안전대를 함께 착용할 것**
⑦ 이동식 사다리 **사용 전 변형 및 이상 유무 등을 점검하여 이상이 발견되면 즉시 수리하거나 그 밖에 필요한 조치를 할 것**

### (3) 작업발판 설치기준

비계(달비계·달대비계 및 말비계를 제외)의 높이가 2미터 이상인 작업장소에는 다음 각 호의 기준에 적합한 작업발판을 설치하여야 한다.

| 작업발판 설치기준 ★★ |
|---|

① 발판재료 : 작업 시의 하중을 견딜 수 있도록 견고한 것으로 할 것
② 발판의 폭 : 40cm 이상으로 하고, 발판재료 간의 틈 : 3cm 이하로 할 것
③ 추락의 위험성이 있는 장소에는 안전난간을 설치할 것
④ 작업발판의 지지물 : 하중에 의하여 파괴될 우려가 없는 것을 사용할 것
⑤ 작업발판 재료는 뒤집히거나 떨어지지 아니하도록 2 이상의 지지물에 연결하거나 고정시킬 것
⑥ 작업에 따라 이동시킬 때에는 위험방지 조치를 할 것
⑦ 선박 및 보트 건조작업에서 선박블록 또는 엔진실 등의 좁은 작업공간에 작업발판을 설치하는 경우 : 작업발판의 폭을 30센티미터 이상으로 할 수 있고, 걸침비계의 경우 발판재료 간의 틈을 3센티미터 이하로 유지하기 곤란하면 5센티미터 이하로 할 수 있다.

### (4) 공사용 가설도로의 설치

① 도로는 장비 및 차량이 안전하게 운행할 수 있도록 견고하게 설치할 것
② 도로와 작업장이 접하여 있을 경우에는 울타리 등을 설치할 것
③ 도로는 배수를 위하여 경사지게 설치하거나 배수시설을 설치할 것
④ 차량의 속도제한 표지를 부착할 것

## 거푸집 및 거푸집 동바리 안전

### (1) 거푸집 구비조건

① 거푸집은 조립·해체·운반이 용이할 것
② 최소한의 재료로 여러번 사용할 수 있는 형상과 크기일 것
③ 수분이나 모르타르 등의 누출을 방지할 수 있는 수밀성이 있을 것
④ 시공 정확도에 알맞은 수평·수직·직각을 견지하고 변형이 생기지 않는 구조일 것
⑤ 콘크리트의 자중 및 부어넣기 할 때의 충격과 작업하중에 견디고, 변형을 일으키지 않을 강도를 가질 것

철재 거푸집과 비교한 합판 거푸집 장점
① 녹이 슬지 않으므로 보관하기 쉽다.
② 가볍다.
③ 보수가 간단하다.
④ 삽입기구(insert)의 삽입이 간단하다.
⑤ 외기온도의 영향이 적다.

## (2) 동바리 유형에 따른 동바리 조립 시의 안전조치

### 동바리로 사용하는 파이프서포트의 조립 시 준수사항 ★★

- 파이프서포트를 3개본 이상 이어서 사용하지 아니하도록 할 것
- 파이프서포트를 이어서 사용할 때에는 4개 이상의 볼트 또는 전용철물을 사용하여 이을 것
- 높이가 3.5미터를 초과하는 경우에는 높이 2미터 이내마다 수평연결재를 2개 방향으로 만들고 수평연결재의 변위를 방지할 것

### 동바리로 사용하는 강관 틀의 준수사항

- 강관틀과 강관틀과의 사이에 교차가새를 설치할 것
- 최상단 및 5단 이내마다 동바리의 측면과 틀면의 방향 및 교차가새의 방향에서 5개 이내마다 수평연결재를 설치하고 수평연결재의 변위를 방지할 것
- 최상단 및 5단 이내마다 동바리의 틀면의 방향에서 양단 및 5개틀 이내마다 교차가새의 방향으로 띠장틀을 설치할 것

### 동바리로 사용하는 조립강주의 준수사항 ★

- 높이가 4미터를 초과할 때에는 높이 4미터 이내마다 수평연결재를 2개 방향으로 설치하고 수평연결재의 변위를 방지할 것

### 시스템 동바리의 경우

- 수평재는 수직재와 직각으로 설치해야 하며, 흔들리지 않도록 견고하게 설치할 것
- 연결철물을 사용하여 수직재를 견고하게 연결하고, 연결 부위가 탈락 또는 꺾어지지 않도록 할 것
- 수직 및 수평하중에 의한 동바리의 구조적 안전성이 확보되도록 조립도에 따라 수직재 및 수평재에는 가새재를 견고하게 설치할 것
- 동바리 최상단과 최하단의 수직재와 받침철물은 서로 밀착되도록 설치하고 수직재와 받침철물의 연결부의 겹침 길이는 받침철물 전체 길이의 3분의 1 이상 되도록 할 것

### 보 형식의 동바리[강제 갑판(steel deck), 철재트러스 조립 보 등 수평으로 설치하여 거푸집을 지지하는 동바리를 말한다]의 경우

- 접합부는 충분한 걸침 길이를 확보하고 못, 용접 등으로 양끝을 지지물에 고정시켜 미끄러짐 및 탈락을 방지할 것
- 양끝에 설치된 보 거푸집을 지지하는 동바리 사이에는 수평연결재를 설치하거나 동바리를 추가로 설치하는 등 보 거푸집이 옆으로 넘어지지 않도록 견고하게 할 것
- 설계도면, 시방서 등 설계도서를 준수하여 설치할 것

### (3) 거푸집 및 동바리의 조립 · 해체 등 작업 시의 준수사항 ★

① 해당 작업을 하는 구역에는 관계 근로자가 아닌 사람의 출입을 금지할 것
② 비·눈 그 밖의 기상상태의 불안정으로 인하여 날씨가 몹시 나쁜 경우에는 그 작업을 중지시킬 것
③ 재료·기구 또는 공구 등을 올리거나 내릴 때에는 근로자로 하여금 달줄·달포대 등을 사용하도록 할 것
④ 낙하·충격에 의한 돌발적 재해를 방지하기 위하여 버팀목을 설치하고 거푸집동바리 등을 인양 장비에 매단 후에 작업을 하도록 하는 등 필요한 조치를 할 것

### (4) 작업발판 일체형 거푸집

거푸집을 작업발판과 일체로 제작하여 사용하는 거푸집

| 작업발판 일체형 거푸집의 종류 ★ |
|---|

① 갱 폼(gang form)
② 슬립 폼(slip form)
③ 클라이밍 폼(climbing form)
④ 터널 라이닝 폼(tunnel lining form)
⑤ 그 밖에 거푸집과 작업발판이 일체로 제작된 거푸집 등

### (5) 거푸집 조립 및 해체 순서 ★

① **조립순서** : 기둥 → 보받이 내력벽 → 큰 보 → 작은 보 → 바닥 → (내벽) → (외벽)
② **해체순서** : 바닥 → 보 → 벽 → 기둥

---

## 콘크리트 타설 작업 및 철골공사 안전

### (1) 콘크리트의 타설 작업 시 준수사항 ★

① 당일의 작업을 시작하기 전에 해당 작업에 관한 거푸집 동바리 등의 변형·변위 및 지반이 침하 유무 등을 점검하고 이상이 있으면 보수할 것
② 작업 중에는 감시자를 배치하는 등의 방법으로 거푸집 및 동바리의 변형·변위 및 침하 유무 등을 확인해야 하며, 이상이 있으면 작업을 중지하고 근로자를 대피시킬 것
③ 콘크리트의 타설작업 시 거푸집 붕괴의 위험이 발생할 우려가 있으면 충분한 보강 조치를 할 것
④ 설계도서상의 콘크리트 양생기간을 준수하여 거푸집 및 동바리를 해체할 것
⑤ 콘크리트를 타설하는 경우에는 편심이 발생하지 않도록 골고루 분산하여 타설할 것

## (2) 콘크리트 타설 장비(콘크리트 플레이싱 붐(placing boom), 콘크리트 분배기, 콘크리트 펌프카 등) 사용 시의 준수사항

① 작업을 시작하기 전에 콘크리트 타설 장비를 점검하고 이상을 발견하였으면 즉시 보수할 것
② 건축물의 난간 등에서 작업하는 근로자가 호스의 요동·선회로 인하여 추락하는 위험을 방지하기 위하여 안전난간 설치 등 필요한 조치를 할 것
③ 콘크리트 타설 장비의 붐을 조정하는 경우에는 주변의 전선 등에 의한 위험을 예방하기 위한 적절한 조치를 할 것
④ 작업 중에 지반의 침하나 아웃트리거 등 콘크리트 타설 장비 지지구조물의 손상 등에 의하여 콘크리트 타설 장비가 넘어질 우려가 있는 경우에는 이를 방지하기 위한 적절한 조치를 할 것

## (3) 콘크리트의 측압 ★

① 철골 or 철근량 적을수록 측압이 크다.
② 외기온도 낮을수록 측압이 크다.
③ 습도가 낮을수록 측압이 크다.
④ 타설 속도 빠를수록 측압이 크다.
⑤ 콘크리트 비중이 클수록 측압이 크다.

## (4) 콘크리트 옹벽(흙막이 지보공)의 안정성 검토사항 ★★

① 전도에 대한 안정
② 활동에 대한 안정
③ 침하에 대한 안정(지반 지지력에 대한 안정)

## (5) 철골구조물 중 강풍에 의한 풍압 등 외압에 대한 내력이 설계에 고려되었는지 확인하여야 할 대상(자립도 검토대상) ★

① 높이 20미터 이상의 구조물
② 구조물의 폭과 높이의 비가 1 : 4 이상인 구조물
③ 단면구조에 현저한 차이가 있는 구조물
④ 연면적당 철골량이 $50kg/m^2$ 이하인 구조물
⑤ 기둥이 타이플레이트(tie plate)형인 구조물
⑥ 이음부가 현장용접인 구조물

### (6) 철골작업을 중지해야 하는 조건 ★★★

① 풍속이 초당 10미터 이상인 경우
② 강우량이 시간당 1밀리미터 이상인 경우
③ 강설량이 시간당 1센티미터 이상인 경우

## 해체공사

### (1) 해체공사의 작업계획서 내용 ★★

① 해체의 방법 및 해체 순서도면
② 가설설비·방호설비·환기설비 및 살수·방화설비 등의 방법
③ 사업장 내 연락방법
④ 해체물의 처분계획
⑤ 해체작업용 기계·기구 등의 작업계획서
⑥ 해체작업용 화약류 등의 사용계획서
⑦ 그 밖에 안전·보건에 관련된 사항

## 운반, 하역작업 안전

### (1) 부두·안벽 등 하역작업장의 조치기준

① 작업장 및 통로의 위험한 부분에는 안전하게 작업할 수 있는 조명을 유지할 것
② 부두 또는 안벽의 선을 따라 통로를 설치하는 경우에는 폭을 90센티미터 이상으로 할 것
③ 육상에서의 통로 및 작업 장소로서 다리 또는 선거(船渠) 갑문(閘門)을 넘는 보도(步道) 등의 위험한 부분에는 안전난간 또는 울타리 등을 설치할 것

### (2) 화물의 적재 시의 준수사항 ★

① 침하 우려가 없는 튼튼한 기반 위에 적재할 것
② 건물의 칸막이나 벽 등이 화물의 압력에 견딜 만큼의 강도를 지니지 아니한 경우에는 칸막이나 벽에 기대어 적재하지 않도록 할 것
③ 불안정할 정도로 높이 쌓아 올리지 말 것
④ 하중이 한쪽으로 치우치지 않도록 쌓을 것

### (3) 항만하역작업의 안전수칙

① 갑판의 윗면에서 선창 밑바닥까지의 깊이가 1.5미터를 초과하는 선창의 내부에서 화물취급 작업을 하는 때에는 그 작업에 종사하는 근로자가 안전하게 통행할 수 있는 설비를 설치하여야 한다.

② 300톤급 이상의 선박에서 하역작업을 하는 경우에 근로자들이 안전하게 오르내릴 수 있는 현문(舷門) 사다리를 설치하여야 하며, 이 사다리 밑에 안전망을 설치하여야 한다. 현문 사다리는 견고한 재료로 제작된 것으로 너비는 55센티미터 이상이어야 하고, 양측에 82센티미터 이상의 높이로 울타리를 설치하여야 하며, 바닥은 미끄러지지 않도록 적합한 재질로 처리되어야 한다.

③ 현문 사다리는 근로자의 통행에만 사용하여야 하며, 화물용 발판 또는 화물용 보판으로 사용하도록 해서는 아니 된다.

④ 항만하역작업을 시작하기 전에 그 작업을 하는 선창 내부, 갑판 위 또는 안벽 위에 있는 화물 중에 급성 독성물질이 있는지를 조사하여 안전한 취급방법 및 누출 시 처리방법을 정하여야 한다.

# 예상문제

**01** 표준관입시험(standard penetration test)을 설명하시오. ★

**정답**

63.5kg의 해머로 75cm의 높이에서 낙하시켜 땅을 30cm 관입하는데 요하는 타격횟수로서 사질지반의 밀도를 측정하는 방법이다. 타격횟수의 값이 클수록 밀실한 토질이다.

**02** 표준관입시험 결과 타격횟수이다. 지반을 판단하시오. ★

(1) 타격횟수 4회 미만 :
(2) 타격횟수 4회 ~ 10회 :
(3) 타격횟수 10회 ~ 30회 :
(4) 타격횟수 30회 ~ 50회 :
(5) 타격횟수 50회 이상 :

**정답**

(1) 대단히 연약한 지반
(2) 연약한 지반
(3) 보통 지반
(4) 밀실한 지반
(5) 대단히 밀실한 지반

## 03 베인 테스트(vane test)의 용도를 쓰시오. ★

**정답**

점토(진흙)의 점착력을 판별하는 시험이다.

## 04 연약지반 개량공법을 적으시오. (5가지) ★

**정답**

① 치환공법
② 탈수공법
③ 다짐말뚝공법
④ 재하공법(여성토공법, 압성토공법)
⑤ 약액주입공법

## 05 모래지반의 개량공법을 적으시오. ★

**정답**

① 다짐말뚝공법
② 다짐모래말뚝공법
③ 바이브로플로테이션
④ 웰포인트공법
⑤ 전기충격공법

점토지반의 개량공법을 적으시오. ★

**정답**

① 샌드드레인공법
② 페이퍼드레인공법
③ 진공배수공법
④ 여성토공법
⑤ 압성토공법
⑥ 치환공법

 보일링 현상과 히빙 현상을 비교하여 설명하시오. ★★

**정답**

① 보일링 현상 : 사질지반에서 유동하는 지하수에 의해 흙막이 저면이 붕괴되는 현상 (모래가 액상화 되어 솟아오른다.)
② 히빙 현상 : 연약한 점토지반에서 토압에 의해 흙막이 저면이 붕괴되는 현상 (흙막이 바깥 흙이 안으로 밀려든다.)

 보일링 현상 방지책을 쓰시오. ★★

**정답**

① 지하 수위 저하
② 지하수 흐름 변경
③ 근입벽을 깊게 한다.
④ 작업 중지

> **참고**
>
> - 히빙현상 방지책
>   ① 양질의 재료로 지반을 개량한다.(흙의 전단강도 높인다.).
>   ② 어스앵커 설치
>   ③ 시트파일 등의 근입심도 검토(흙막이 벽체의 근입 깊이를 깊게 한다)
>   ④ 굴착주변에 웰포인트 공법을 병행한다.
>   ⑤ 소단을 두면서 굴착한다.
>   ⑥ 굴착주변의 상재하중을 제거한다.(포토를 제거하여 하중을 적게 한다)
>   ⑦ 굴착저면에 하중을 가한다.(토사 등의 인공중력을 가중시킨다)
>   ⑧ 토류벽의 배면토압을 경감시키고, 약액주입공법 및 탈수공법을 적용

## 09 다음 물음에 답하시오. ★

1. 총 공사금액이 ( ① ) 이상인 건설공사발주자는 건설공사의 계획, 설계 및 시공 단계에서 산업재해 예방을 위한 조치를 하여야 한다.
2. 건설공사 계획단계 : 해당 건설공사에서 중점적으로 관리하여야 할 유해·위험 요인과 이의 감소방안을 포함한 ( ② )을 작성할 것
3. 건설공사 설계단계 : ( ② )을 설계자에게 제공하고, 설계자로 하여금 유해·위험 요인의 감소방안을 포함한 ( ③ )을 작성하게 하고 이를 확인할 것
4. 건설공사 시공단계 : 건설공사발주자로부터 건설공사를 최초로 도급받은 수급인에게 ( ③ )을 제공하고, 그 수급인에게 이를 반영하여 안전한 작업을 위한 ( ④ )을 작성하게 하고 그 이행 여부를 확인할 것

**정답**
① 50억 원  ② 기본 안전보건 대장  ③ 설계 안전보건 대장  ④ 공사 안전보건 대장

## 10 설치·해체·조립하는 등의 작업을 하는 경우 건설공사 도급인이 안전보건조치를 하여야 하는 기계·기구 3가지를 적으시오. ★

**정답**
① 타워크레인
② 건설용 리프트
③ 항타기 및 항발기

**11** 건설공사에 사용되는 산업안전보건관리비의 항목을 5가지 적으시오. ★★

> **정답**
>
> ① 안전·보건관리자 임금 등
> ② 안전시설비 등
> ③ 보호구 등
> ④ 안전보건진단비 등
> ⑤ 안전보건교육비 등
> ⑥ 근로자 건강장해예방비 등
> ⑦ 건설재해예방전문지도기관 기술지도비
> ⑧ 본사 전담조직 근로자 임금 등
> ⑨ 위험성평가 등에 따른 소요비용

**참고**

1. 산업안전보건관리비의 적용범위
   ①「산업재해보상보험법」의 적용을 받는 공사 중 **총 공사금액 2천만 원 이상**인 공사에 적용한다.
   ② 다음 각 호의 어느 하나에 해당되는 공사 중 단가계약에 의하여 행하는 공사에 대하여는 **총 계약금액을 기준으로** 적용한다.
      •「전기공사업법」에 따른 전기공사로서 저압·고압 또는 **특별고압** 작업으로 이루어지는 공사
      •「정보통신공사업법」에 따른 정보통신공사
2. 산업안전보건관리비를 사용하려는 경우에는 미리 그 사용방법, 재해예방 조치 등에 관하여 "재해예방 전문지도기관"의 지도를 받아야 하는 공사 : 도급을 받은 수급인 또는 자체사업을 하는 자 중 공사금액 1억 원 이상 120억 원(토목공사업에 속하는 공사는 150억 원) 미만인 공사를 하는 자와 건축허가의 대상이 되는 공사(다만, 다음 각 호의 공사는 제외)

   | 산업안전보건관리비 사용 시 재해예방 전문지도기관의 지도를 받지 않아도 되는 공사 |
   |---|

   ① 공사기간이 1개월 미만인 공사
   ② 육지와 연결되지 아니한 섬지역(제주특별자치도는 제외)에서 이루어지는 공사
   ③ 사업주가 안전관리자의 자격을 가진 사람을 선임하여 안전관리자의 업무만을 전담하도록 하는 공사
   ④ 유해·위험방지계획서를 제출하여야 하는 공사

3. 산업안전보건관리비 계상기준
   ① 공사를 다른 이에게 도급하는 자와 건설업을 행하는 자는 산업안전보건관리비를 다음 각 호와 같이 계상하여야 한다.

   > 산업안전보건관리비의 계상
   > 1. 대상액이 5억 원 미만 또는 50억 원 이상
   >    산업안전보건관리비 = 대상액(재료비 + 직접 노무비) × 비율
   > 2. 대상액이 5억 원 이상 50억 원 미만
   >    산업안전보건관리비 = 대상액(재료비 + 직접 노무비) × 비율 + 기초액(C)
   > 3. 대상액이 명확하지 않은 경우 : 도급계약 또는 자체사업계획상 책정된 총 공사금액의 10분의 7에 해당하는 금액을 대상액으로 하고 제1호 및 제2호에서 정한 기준에 따라 계상

② 발주자가 재료를 제공하거나 일부 물품이 완제품의 형태로 제작·납품되는 경우에는 해당 재료비 또는 완제품 가액을 대상액에 포함하여 산출한 산업안전보건관리비와 해당 재료비 또는 완제품 가액을 대상액에서 제외하고 산출한 산업안전보건관리비의 1.2배에 해당하는 값을 비교하여 그 중 작은 값 이상의 금액으로 계상한다.

> ① 발주자의 재료비 포함 산업안전보건관리비
> ② 발주자의 재료비 제외한 산업안전보건관리비 × 1.2
> ①, ② 중 작은 값 이상으로 한다.

  [보기]의 항목 중 산업안전보건관리비로 사용 가능한 항목을 4가지 골라 번호를 적으시오.

[보기]
① 면장갑 및 코팅장갑의 구입비
② 안전보건 교육장 내 냉·난방 설비 설치비
③ 안전보건 관리자용 안전 순찰차량의 유류비
④ 교통통제를 위한 교통정리자의 인건비
⑤ 외부인 출입금지, 공사장 경계표시를 위한 가설울타리
⑥ 위생 및 긴급 피난용 시설비
⑦ 안전보건교육장의 대지 구입비
⑧ 안전관련 간행물, 잡지 구독비

**정답**

②, ③, ⑥, ⑧

**참고**

- 산업안전보건관리비의 사용 항목

| | |
|---|---|
| 1. 안전관리자·보건관리자의 임금 등 | ① 안전관리 또는 보건관리 업무만을 전담하는 안전관리자 또는 보건관리자의 임금과 출장비 전액<br>② 안전관리 또는 보건관리 업무를 전담하지 않는 안전관리자 또는 보건관리자의 임금과 출장비의 각각 2분의 1에 해당하는 비용<br>③ 안전관리자를 선임한 건설공사 현장에서 산업재해 예방 업무만을 수행하는 작업지휘자, 유도자, 신호자 등의 임금 전액<br>④ 작업을 직접 지휘·감독하는 직·조·반장 등 관리감독자의 직위에 있는 자가 업무를 수행하는 경우에 지급하는 업무수당(임금의 10분의 1 이내) |
| 2. 안전시설비 | ① 산업재해 예방을 위한 안전난간, 추락방호망, 안전대 부착설비, 방호장치(기계·기구와 방호장치가 일체로 제작된 경우, 방호장치 부분의 가액에 한함) 등 안전시설의 구입·임대 및 설치를 위해 소요되는 비용<br>② 스마트 안전장비 구입·임대 비용의 10분의 7에 해당하는 비용(2025년 1월 1일~12월 31일까지 적용, 2016년 1월 1일부터는 "스마트 안전장비 구입·임대 비용"). 다만, 계상된 산업안전보건관리비 총액의 10분의 1을 초과할 수 없다.<br>③ 용접 작업 등 화재 위험작업 시 사용하는 소화기의 구입·임대비용 |

| | |
|---|---|
| 3. 보호구 등 | ① 보호구의 구입·수리·관리 등에 소요되는 비용<br>② 근로자가 보호구를 직접 구매·사용하여 합리적인 범위 내에서 보전하는 비용<br>③ 안전관리자 등의 업무용 피복, 기기 등을 구입하기 위한 비용<br>④ 안전관리자 및 보건관리자가 안전보건 점검 등을 목적으로 건설공사 현장에서 사용하는 차량의 유류비·수리비·보험료 |
| 4. 안전보건진단비 등 | ① 유해위험방지계획서의 작성 등에 소요되는 비용<br>② 안전보건진단에 소요되는 비용<br>③ 작업환경 측정에 소요되는 비용<br>④ 그 밖에 산업재해예방을 위해 법에서 지정한 전문기관 등에서 실시하는 진단, 검사, 지도 등에 소요되는 비용 |
| 5. 안전보건교육비 등 | ① 의무교육이나 이에 준하여 실시하는 교육을 위해 건설공사 현장의 교육 장소 설치·운영 등에 소요되는 비용<br>② 산업재해 예방 목적을 가진 다른 법령상 의무교육을 실시하기 위해 소요되는 비용<br>③ 「응급의료에 관한 법률」에 따른 안전보건교육 대상자 등에게 구조 및 응급처치에 관한 교육을 실시하기 위해 소요되는 비용<br>④ 안전보건관리책임자, 안전관리자, 보건관리자가 업무수행을 위해 필요한 정보를 취득하기 위한 목적으로 도서, 정기간행물을 구입하는 데 소요되는 비용<br>⑤ 건설공사 현장에서 안전기원제 등 산업재해 예방을 기원하는 행사를 개최하기 위해 소요되는 비용. 다만, 행사의 방법, 소요된 비용 등을 고려하여 사회통념에 적합한 행사에 한한다.<br>⑥ 건설공사 현장의 유해·위험요인을 제보하거나 개선방안을 제안한 근로자를 격려하기 위해 지급하는 비용 |
| 6. 근로자 건강장해 예방비 등 | ① 법·영·규칙에서 규정하거나 그에 준하여 필요로 하는 각종 근로자의 건강장해 예방에 필요한 비용<br>② 중대재해 목격으로 발생한 정신질환을 치료하기 위해 소요되는 비용<br>③ 「감염병의 예방 및 관리에 관한 법률」에 따른 감염병의 확산 방지를 위한 마스크, 손소독제, 체온계 구입비용 및 감염병 병원체 검사를 위해 소요되는 비용<br>④ 휴게시설을 갖춘 경우 온도, 조명 설치·관리기준을 준수하기 위해 소요되는 비용<br>⑤ 건설공사 현장에서 근로자 심폐소생을 위해 사용되는 자동심장충격기(AED) 구입에 소요되는 비용 |

7. 건설재해예방전문지도기관의 지도에 대한 대가로 자기공사자가 지급하는 비용

8. 「중대재해 처벌 등에 관한 법률」에 해당하는 건설사업자가 아닌 자가 운영하는 사업에서 안전보건 업무를 총괄·관리하는 3명 이상으로 구성된 본사 전담조직에 소속된 근로자의 임금 및 업무 수행 출장비 전액. 다만, 산업안전보건관리비 총액의 20분의 1을 초과할 수 없다.

9. 위험성평가 또는 유해·위험요인 개선을 위해 필요하다고 판단하여 산업안전보건위원회 또는 노사협의체에서 사용하기로 결정한 사항을 이행하기 위한 비용. 계상된 산업안전보건관리비 총액의 10분의 1을 초과할 수 없다.

**13** 화물적재 시 안전사항을 적으시오. (4가지) ★

> 정답

① 편하중이 생기지 않도록 적재할 것
② 운전자의 시야를 가리지 않도록 화물을 적재할 것
③ 최대적재량 초과 금지
④ 화물의 붕괴, 낙하방지 위해 화물에 로프를 거는 등 조치할 것

**14** 차량계 하역, 운반기계 운전자 운전 위치 이탈 시 조치를 적으시오. (3가지) ★★

> 정답

① 포크, 버킷, 디퍼 등의 장치를 가장 낮은 위치 또는 지면에 내려 둘 것
② 원동기를 정지시키고 브레이크를 확실히 거는 등 갑작스러운 이동을 방지하기 위한 조치를 할 것
③ 운전석을 이탈하는 경우에는 시동키를 운전대에서 분리시킬 것

## 15 차량계 건설기계 운전자 운전 위치 이탈 시 조치를 적으시오. (3가지) ★★

**정답**
① 포크, 버킷, 디퍼 등의 장치를 가장 낮은 위치 또는 지면에 내려 둘 것
② 원동기를 정지시키고 브레이크를 확실히 거는 등 갑작스러운 이동을 방지하기 위한 조치를 할 것
③ 운전석을 이탈하는 경우에는 시동키를 운전대에서 분리시킬 것

## 16 차량계 건설기계의 넘어짐(전도) 방지 조치를 적으시오. (4가지) ★★

**정답**
① 유도자 배치
② 지반의 부동침하방지
③ 갓길의 붕괴방지
④ 도로의 폭 유지

## 17 차량계 하역운반기계 넘어짐(전도) 방지 조치를 적으시오. (3가지) ★★

**정답**
① 유도자 배치
② 지반의 부동침하방지
③ 갓길의 붕괴방지

## 18. 다음은 지게차(Fork lift)와 관련한 내용이다. 괄호 안을 채우시오. ★★

(1) 전경사각(마스터의 수직 위치에서 앞으로 기울인 경우 최대경사각)은 (   )
(2) 후경사각(마스터의 수직 위치에서 뒤로 기울인 경우 최대경사각)은 (   )
(3) 지게차의 헤드 가드 구비 조건
   ① 상부 프레임의 각 개구의 폭 또는 길이는 (   ) 미만일 것
   ② 강도는 포크 리프트의 최대하중의 (   ), 그 값이 (   )을 넘을 경우에는 (   )의 등분포 하중에 견딜 것
   ③ 운전자가 앉아서 조작하는 방식의 지게차의 헤드가드의 높이는 (   )m 이상일 것
   ④ 운전자가 서서 조작하는 방식의 지게차의 헤드가드의 높이는 (   )m 이상일 것

**정답**

(1) 5~6°
(2) 10~12°
(3) ① 16[cm]
    ② 2배 값, 4[t]  4[t]
    ③ 0.903[m]
    ④ 1.88[m]

## 19. 지게차의 안정도를 적으시오. ★

① 주행 시 좌·우 안정도
② 주행 시 전·후 안정도
③ 하역작업 시 좌·우 안정도
④ 하역작업 시 전·후 안정도
⑤ 수평면의 길이가 9m 높이가 3m인 비탈길을 올라가는 지게차의 안정도
⑥ 하역작업 시 전·후 안정도(5t 이상)

**정답**

① 주행 시 좌·우 안정도 = 15 + 1.1V (%) 이내 (V : 최고속도 Km/hr)
② 주행 시 전·후 안정도 : 18% 이내
③ 하역작업 시 좌·우 안정도 : 6% 이내
④ 하역작업 시 전·후 안정도 : 4% 이내
⑤ 비탈길에서의 지게차의 안정도 = $\dfrac{높이}{수평면의 길이} \times 100 = \dfrac{3}{9} \times 100 = 33.33\%$
⑥ 하역작업 시 전·후 안정도(5t 이상) = 3.5% 이내

## 20. 수평면의 길이가 9m 높이가 3m인 비탈길을 올라가는 지게차의 안정도를 계산하시오. ★

**정답**

비탈길에서의 지게차의 안정도 $= \dfrac{h}{l} \times 100 = \dfrac{3}{9} \times 100 = 33.33\%$

## 21. 추락방호망의 설치방법을 설명하시오. (3가지) ★★

**정답**

① 가능하면 작업면으로부터 가까운 지점에 설치하여야 하며, 수직거리는 10미터를 초과하지 아니할 것
② 추락방호망은 수평으로 설치하고, 망의 처짐은 짧은 변 길이의 12퍼센트 이상이 되도록 할 것
③ 건축물 등의 바깥쪽으로 설치하는 경우 망의 내민 길이는 벽면으로부터 3미터 이상 되도록 할 것

## 22. 추락방호망의 구조를 설명하시오. (3가지)

**정답**

① 소재 : 합성섬유 또는 그 이상의 물리적 성질을 갖는 것이어야 한다.
② 그물코 : 사각 또는 마름모로서 그 크기는 10센티미터 이하이어야 한다.
③ 방망의 종류 : 매듭방망으로서 매듭은 원칙적으로 단매듭을 한다.
④ 테두리 로프와 방망의 재봉 : 테두리 로프는 각 그물코를 관통시키고 서로 중복됨이 없이 재봉사로 결속한다.
⑤ 테두리 로프 상호의 접합 : 테두리 로프를 중간에서 결속하는 경우는 충분한 강도를 갖도록 한다.
⑥ 달기 로프의 결속 : 달기 로프는 3회 이상 엮어 묶는 방법 또는 이와 동등 이상의 강도를 갖는 방법으로 테두리 로프에 결속하여야 한다.

## 23. 방망사의 신품 및 폐기 대상의 인장강도이다. 빈칸을 채우시오. ★

• 방망사의 신품의 인장강도

| 그물코의 크기 (단위 : 센티미터) | 방망의 종류(단위 : 킬로그램) ||
|---|---|---|
| | 매듭 없는 방망 | 매듭방망 |
| 10 | ( ) | ( ) |
| 5 | | ( ) |

• 방망사의 폐기 시 인장강도

| 그물코의 크기 (단위 : 센티미터) | 방망의 종류(단위 : 킬로그램) ||
|---|---|---|
| | 매듭 없는 방망 | 매듭방망 |
| 10 | ( ) | ( ) |
| 5 | | ( ) |

### 정답

• 방망사의 신품의 인장강도

| 그물코의 크기 (단위 : 센티미터) | 방망의 종류(단위 : 킬로그램) ||
|---|---|---|
| | 매듭 없는 방망 | 매듭방망 |
| 10 | 240kg | 200kg |
| 5 | | 110kg |

• 방망사의 폐기 시 인장강도

| 그물코의 크기 (단위 : 센티미터) | 방망의 종류(단위 : 킬로그램) ||
|---|---|---|
| | 매듭 없는 방망 | 매듭방망 |
| 10 | 150kg | 135kg |
| 5 | | 60kg |

### 참고

(1) 추락방호망 지지점의 강도
지지점의 강도는 다음 각 호에 의한 계산값 이상이어야 한다.
① 방망 지지점은 600킬로그램의 외력에 견딜 수 있는 강도를 보유하여야 한다.
② 연속적인 구조물이 방망 지지점인 경우의 외력 계산
$F = 200 \times B$
여기에서 F는 외력(kg), B는 지지점 간격(m)이다.

(2) 정기시험
방망의 정기시험은 사용개시 후 1년 이내로 하고, 그 후 6개월마다 1회씩 정기적으로 시험용사에 대해서 등속인장시험을 하여야 한다.

(3) 방망의 표시
방망에는 보기 쉬운 곳에 다음 각 호의 사항을 표시하여야 한다.
① 제조자명
② 제조연월
③ 재봉치수
④ 그물코
⑤ 신품인 때의 방망의 강도

(4) 사용 제한
다음 각 호의 1에 해당하는 방망은 사용하지 말아야 한다.
① 방망사가 규정한 강도 이하인 방망
② 인체 또는 이와 동등 이상의 무게를 갖는 낙하물에 대해 충격을 받은 방망
③ 파손한 부분을 보수하지 않은 방망
④ 강도가 명확하지 않은 방망

 낙하물방지망 또는 방호선반 설치 시 준수사항을 쓰시오. (2가지) ★★

 정답
① 설치 높이는 10미터 이내마다 설치하고, 내민 길이는 벽면으로부터 2미터 이상으로 할 것
② 수평면과의 각도는 20도 내지 30도를 유지할 것

 낙하·비래 재해 방지조치를 적으시오. (3가지) ★★

 정답
① 낙하물방지망·수직보호망 또는 방호선반의 설치
② 출입금지구역의 설정
③ 보호구의 착용

┌─ 참고 ─
(1) 지반의 붕괴 등에 의한 위험방지 조치
    ① 흙막이 지보공의 설치
    ② 방호망의 설치
    ③ 근로자의 출입금지 조치
(2) 낙반에 의한 위험 방지조치
    ① 터널지보공 및 록볼트의 설치
    ② 부석의 제거

## 26 계단의 구조를 설명하시오. (5가지) ★★

**정답**

① 계단의 폭 : 1미터 이상
② 계단참의 높이 : 높이가 3미터를 초과하는 계단에는 높이 3미터 이내마다 너비 1.2미터 이상의 계단참 설치
③ 계단의 난간 : 높이 1미터 이상인 계단의 개방된 측면에 안전난간을 설치
④ 계단·계단참의 강도 : 500kg/m² 이상(안전율 4 이상)
⑤ 천장의 높이 : 바닥면으로부터 높이 2미터 이내의 공간에 장애물이 없도록 하여야 한다.

## 27 가설통로의 구조를 설명하시오. (5가지) ★★

**정답**

① 견고한 구조
② 경사는 30도 이하로 할 것
③ 경사가 15도를 초과하는 때에는 미끄러지지 아니하는 구조
④ 추락의 위험이 있는 장소에는 안전난간을 설치할 것
⑤ 수직갱 : 길이가 15미터 이상인 때에는 10미터 이내마다 계단참 설치
⑥ 높이 8미터 이상인 비계다리 : 7미터 이내마다 계단참 설치

## 28 이동식 사다리의 구조를 3가지 적으시오. ★

**정답**

① 길이가 6미터를 초과해서는 안 된다.
② 다리의 벌림은 벽 높이의 1/4 정도가 적당하다.
③ 벽면 상부로부터 최소한 60센티미터 이상의 연장길이가 있어야 한다.

## 29 3개 이상의 버팀대를 가지고 지면으로부터 안정적으로 세울 수 있는 구조를 갖춘 이동식 사다리를 사용하여 작업하는 경우 근로자의 준수사항 4가지를 적으시오. ★★

**정답**

① 평탄하고 견고하며 미끄럽지 않은 바닥에 이동식 사다리를 설치할 것
② 이동식 사다리의 넘어짐을 방지하기 위해 다음 각 목의 어느 하나 이상에 해당하는 조치를 할 것
　• 이동식 사다리를 견고한 시설물에 연결하여 고정할 것
　• 아웃트리거(outrigger, 전도방지용 지지대)를 설치하거나 아웃트리거가 붙어있는 이동식 사다리를 설치할 것
　• 이동식 사다리를 다른 근로자가 지지하여 넘어지지 않도록 할 것
③ 이동식 사다리의 제조시가 정하여 표시한 이동식 사다리의 최대사용하중을 초과하지 않는 범위 내에서만 사용할 것
④ 이동식 사다리를 설치한 바닥면에서 높이 3.5미터 이하의 장소에서만 작업할 것
⑤ 이동식 사다리의 최상부 발판 및 그 하단 디딤대에 올라서서 작업하지 않을 것(다만, 높이 1미터 이하의 사다리는 제외한다.)
⑥ 안전모를 착용하되, 작업 높이가 2미터 이상인 경우에는 안전모와 안전대를 함께 착용할 것
⑦ 이동식 사다리 사용 전 변형 및 이상 유무 등을 점검하여 이상이 발견되면 즉시 수리하거나 그 밖에 필요한 조치를 할 것

## 30. 사다리식 통로의 구조를 설명하시오. (5가지) ★★

**정답**

① 견고한 구조
② 발판의 간격은 동일하게 할 것
③ 심한 손상·부식 등이 없는 재료를 사용할 것
④ 폭은 30센티미터 이상으로 할 것
⑤ 발판과 벽과의 사이 간격 : 15센티미터 이상
⑥ 넘어짐, 미끄러짐 방지 조치할 것
⑦ 사다리 상단은 걸쳐놓은 지점으로부터 60센티미터 이상 올라가도록 할 것
⑧ 길이가 10미터 이상인 때에는 5미터 이내마다 계단참 설치할 것
⑨ 사다리식 통로의 기울기는 75도 이하로 할 것. 다만, 고정식 사다리식 통로의 기울기는 90도 이하로 하고, 그 높이가 7미터 이상인 경우에는 다음 각 목의 구분에 따른 조치를 할 것
  • 등받이울이 있어도 근로자 이동에 지장이 없는 경우 : 바닥으로부터 높이가 2.5미터 되는 지점부터 등받이울을 설치할 것
  • 등받이울이 있으면 근로자가 이동이 곤란한 경우 : 한국산업표준에서 정하는 기준에 적합한 개인용 추락 방지 시스템을 설치하고 근로자로 하여금 한국산업표준에서 정하는 기준에 적합한 전신 안전대를 사용하도록 할 것
⑩ 접이식 사다리 기둥은 사용 시 접혀지거나 펼쳐지지 않도록 철물 등을 사용하여 견고하게 조치할 것

## 31. 작업발판의 구조를 설명하시오. (5가지) ★★

**정답**

① 폭은 40센티미터 이상, 발판재료 간의 틈은 3센티미터 이하
② 추락 위험이 있는 장소에는 안전난간 설치
③ 뒤집히거나 떨어지지 아니하도록 2 이상의 지지물에 연결, 고정시킬 것

④ 작업에 따라 이동시킬 때에는 위험방지 조치할 것
⑤ 발판 재료는 견고한 것으로 할 것
⑥ 작업발판의 지지물은 파괴될 우려가 없는 것 사용
⑦ 선박 및 보트 건조작업에서 선박블록 또는 엔진실 등의 좁은 작업공간에 작업발판을 설치하는 경우 : 작업발판의 폭을 30센티미터 이상으로 할 수 있고, 걸침비계의 경우 발판 재료 간의 틈을 3센티미터 이하로 유지하기 곤란하면 5센티미터 이하로 할 수 있다.

## 32. 안전난간의 구조를 설명하시오. (5가지) ★★

**정답**

① 상부 난간대·중간 난간대·발끝막이판 및 난간기둥으로 구성
② 상부 난간대
  • 상부 난간대는 바닥면 등으로부터 90센티미터 이상 지점에 설치
  • 상부 난간대를 120센티미터 이하에 설치하는 경우: 중간 난간대는 상부 난간대와 바닥면 등의 중간에 설치
  • 120센티미터 이상 지점에 설치하는 경우: 중간 난간대를 2단 이상으로 설치, 난간의 상하 간격은 60센티미터 이하가 되도록 할 것(다만, 난간기둥 간의 간격이 25센티미터 이하인 경우에는 중간 난간대를 설치하지 않을 수 있다.)
③ 발끝막이판 : 바닥면 등으로 부터 10센티미터 이상의 높이를 유지할 것
④ 난간기둥 : 상부 난간대와 중간 난간대를 견고하게 떠받칠 수 있도록 적정한 간격을 유지할 것
⑤ 상부 난간대와 중간 난간대는 난간 길이 전체에 걸쳐 바닥면 등과 평행을 유지할 것
⑥ 난간대 : 지름 2.7센티미터 이상의 금속제 파이프
⑦ 안전난간은 100킬로그램 이상의 하중에 견딜 수 있는 튼튼한 구조일 것

## 33. 강관비계를 이용한 단관비계의 구조를 적으시오. (4가지) ★★

**정답**

① 비계기둥 간격 : 띠장방향에서는 1.85m 이하, 장선방향에서는 1.5m 이하로 할 것
  다만, 다음 각 목의 어느 하나에 해당하는 작업의 경우에는 안전성에 대한 구조검토를 실시하고 조립도를 작성하면 띠장 방향 및 장선 방향으로 각각 2.7미터 이하로 할 수 있다.
  가. 선박 및 보트 건조작업
  나. 그 밖에 장비 반입·반출을 위하여 공간 등을 확보할 필요가 있는 등 작업의 성질상 비계기둥 간격에 관한 기준을 준수하기 곤란한 작업
② 띠장간격 : 2.0미터 이하로 할 것(다만, 작업의 성질상 이를 준수하기가 곤란하여 쌍기둥 틀 등에 의하여 해당 부분을 보강한 경우에는 그러하지 아니하다)
③ 비계기둥의 제일 윗부분으로부터 31m되는 지점 밑 부분의 비계기둥은 2본의 강관으로 묶어 세울 것(다만, 브라켓(bracket, 까치발) 등으로 보강하여 2개의 강관으로 묶을 경우 이상의 강도가 유지되는 경우에는 그러하지 아니하다)
④ 비계기둥 간의 적재하중은 400kg을 초과하지 않도록 할 것

### 34. 강관비계 조립 시의 준수사항을 적으시오. (5가지) ★★

**정답**

① 미끄러지거나 침하하는 것을 방지하기 위하여 밑받침철물을 사용하거나 깔판·받침목 등을 사용하여 밑둥잡이를 설치할 것
② 접속부 또는 교차부는 적합한 부속철물을 사용하여 단단히 묶을 것
③ 교차가새로 보강할 것
④ 외줄비계·쌍줄비계 또는 돌출비계의 벽이음 및 버팀 설치
  - 조립간격 : 수직 방향에서 5m 이하, 수평 방향에서 5m 이하
  - 강관·통나무 등의 재료를 사용하여 견고한 것으로 할 것
  - 인장재와 압축재로 구성되어 있는 때에는 인장재와 압축재의 간격을 1미터 이내로 할 것
⑤ 가공전로에 근접하여 비계를 설치하는 때에는 가공 전로와의 접촉 방지 조치할 것

비계 조립간격(벽이음 간격)이다. 다음 표의 빈칸을 채우시오. ★★

| 비계 종류 | 수직 방향 | 수평 방향 |
|---|---|---|
| 단관비계 | ( ① ) 이내 | ( ② ) 이내 |
| 틀비계(높이 5m 미만인 것 제외) | ( ③ ) 이내 | ( ④ ) 이내 |

**정답**

| 비계 종류 | 수직 방향 | 수평 방향 |
|---|---|---|
| 단관비계 | 5m 이내 | 5m 이내 |
| 틀비계(높이 5m 미만인 것 제외) | 6m 이내 | 8m 이내 |

 시스템 비계의 구조를 쓰시오. (5가지) ★★

**정답**
① 수직재·수평재·가새재를 견고하게 연결하는 구조가 되도록 할 것
② 비계 밑단의 수직재와 받침철물은 밀착되도록 설치하고, 수직재와 받침철물의 연결부의 겹침 길이는 받침철물 전체 길이의 3분의 1 이상이 되도록 할 것
③ 수평재는 수직재와 직각으로 설치하여야 하며, 체결 후 흔들림이 없도록 견고하게 설치할 것
④ 수직재와 수직재의 연결철물은 이탈되지 않도록 견고한 구조로 할 것
⑤ 벽 연결재의 설치 간격은 제조사가 정한 기준에 따라 설치할 것

## 37. 시스템 비계 조립 시의 준수사항을 쓰시오. (5가지) ★★

**정답**

① 밑받침 철물을 사용하여야 하며, 고저 차가 있는 경우는 조절형 밑받침 철물을 사용하여 수평, 수직을 유지하도록 할 것
② 경사진 바닥에 설치하는 경우에는 피벗형 받침 철물 또는 쐐기 등을 사용하여 바닥면이 수평을 유지하도록 할 것
③ 가공 전로에 근접하여 비계를 설치하는 경우에는 가공 전로와의 접촉을 방지하기 위한 조치를 할 것
④ 비계 내에서 근로자가 이동하는 경우에는 지정된 통로를 이용하도록 주지시킬 것
⑤ 같은 수직면상의 위와 아래 동시 작업을 금지할 것
⑥ 작업발판에는 최대적재하중을 초과하여 적재해서는 아니 되며, 최대적재하중이 표기된 표지판을 부착하고 근로자에게 주지시키도록 할 것

**참고**
• 시스템 비계 : 수직재, 수평재, 가새재 등 각각의 부재를 공장에서 제작하고 현장에서 조립하여 사용하는 조립형 비계

## 38. 이동식 비계의 조립 시의 준수 사항(구조)를 쓰시오. (4가지) ★

**정답**

① 바퀴에는 갑작스러운 이동 또는 전도를 방지하기 위하여 브레이크·쐐기 등으로 바퀴를 고정시킨 다음 비계의 일부를 견고한 시설물에 고정하거나 아웃트리거를 설치하는 등 필요한 조치를 할 것
② 승강용 사다리는 견고하게 설치할 것
③ 비계의 최상부에서 작업을 할 때에는 안전난간을 설치할 것
④ 작업발판은 항상 수평을 유지하고 작업발판 위에서 안전난간을 딛고 작업을 하거나 받침대 또는 사다리를 사용하여 작업하지 않도록 할 것
⑤ 작업발판의 최대적재하중은 250킬로그램을 초과하지 않도록 할 것

**말비계의 조립 시의 준수 사항(구조)를 적으시오. (3가지)** ★★

**정답**
① 높이가 2미터 초과 시는 작업 발판의 폭을 40센티미터 이상으로 할 것
② 미끄럼 방지장치를 하고, 양측 끝부분에 올라서서 작업하지 않도록 할 것
③ 수평면과 기울기 75도 이하로 하고, 지주 부재와 지주 부재 사이를 고정시키는 보조 부재를 설치할 것

 **틀비계 조립 시의 준수사항을 적으시오. (3가지)** ★

**정답**
① 밑둥에는 밑받침철물을 사용하여야 하며 밑받침에 고저차가 있는 경우에는 조절형 밑받침철물을 사용하여 항상 수평 및 수직을 유지하도록 할 것
② 높이가 20미터를 초과하거나 중량물의 적재를 수반하는 작업을 할 경우에는 주틀 간의 간격이 1.8미터 이하로 할 것
③ 주틀 간에 교차가새를 설치하고 최상층 및 5층 이내마다 수평재를 설치할 것
④ 벽이음 간격(조립 간격) : 수직방향 6m, 수평방향으로 8m미터 이내마다 할 것
⑤ 길이가 띠장방향으로 4m 이하이고 높이가 10m를 초과하는 경우에는 10m 이내마다 띠장방향으로 버팀기둥을 설치할 것

 **비계를 조립·해체하거나 또는 변경한 후 당해 작업 시작 전 점검사항을 적으시오. (5가지)** ★★

**정답**
① 발판 재료의 손상 여부 및 부착 또는 걸림 상태
② 당해 비계의 연결부 또는 접속부의 풀림 상태
③ 연결 재료 및 연결철물의 손상 또는 부식 상태
④ 손잡이의 탈락 여부

⑤ 기둥의 침하·변형·변위 또는 흔들림 상태
⑥ 로프의 부착상태 및 매단장치의 흔들림 상태

비계(연결부, 연결재료) → 발판 → 손잡이 → 비계기둥

## 42. 강관지주 및 파이프서포트를 이용한 거푸집 조립 시의 방법이다. 다음 괄호 안을 채우시오. ★★

동바리로 사용하는 파이프서포트의 조립 시 준수사항

- 파이프서포트를 ( ① ) 이상 이어서 사용하지 아니하도록 할 것
- 파이프서포트를 이어서 사용할 때에는 ( ② ) 이상의 볼트 또는 전용철물을 사용하여 이을 것
- 높이가 ( ③ )를 초과할 때 높이 ( ④ )미터 이내마다 수평연결재를 ( ⑤ )방향으로 만들고 수평연결재의 변위를 방지할 것

**정답**

① 3개본   ② 4개   ③ 3.5m   ④ 2m   ⑤ 2개

**참고**

1. 시스템 동바리의 경우

    (시스템 동바리 : 규격화·부품화된 수직재, 수평재 및 가새재 등의 부재를 현장에서 조립하여 거푸집으로 지지하는 동바리 형식을 말한다)
    - 수평재는 수직재와 직각으로 설치해야 하며, 흔들리지 않도록 견고하게 설치할 것
    - 연결철물을 사용하여 수직재를 견고하게 연결하고, 연결 부위가 탈락 또는 꺾어지지 않도록 할 것
    - 수직 및 수평하중에 의한 동바리의 구조적 안전성이 확보되도록 조립도에 따라 수직재 및 수평재에는 가새재를 견고하게 설치할 것
    - 동바리 최상단과 최하단의 수직재와 받침철물은 서로 밀착되도록 설치하고 수직재와 받침철물의 연결부의 겹침길이는 받침철물 전체 길이의 3분의 1 이상이 되도록 할 것

2. 동바리로 사용하는 강관 틀의 준수사항
    - 강관틀과 강관틀 사이에 교차가새를 설치할 것
    - 최상단 및 5단 이내마다 동바리의 측면과 틀면의 방향 및 교차가새의 방향에서 5개 이내마다 수평연결재를 설치하고 수평연결재의 변위를 방지할 것
    - 최상단 및 5단 이내마다 동바리의 틀면의 방향에서 양단 및 5개틀 이내마다 교차가새의 방향으로 띠장틀을 설치할 것

3. 동바리로 사용하는 조립강주의 준수사항
    - 높이가 4미터를 초과할 때에는 높이 4미터 이내마다 수평연결재를 2개 방향으로 설치하고 수평연결재의 변위를 방지할 것

### 43. 거푸집 조립 순서를 설명하시오.

( ① ) → ( ② ) → ( ③ ) → ( ④ )

**정답**

① 기둥 → ② 벽 → ③ 보 → ④ 바닥(슬라브)

### 44. 토사 붕괴 재해의 외적 요인을 적으시오. (5가지) ★

**정답**

① 경사 및 구배의 증가
② 절토, 성토 높이의 증가
③ 진동, 반복하중 증가
④ 토사중량의 증가
⑤ 지진, 차량, 구조물의 하중작용

### 45. 굴착면의 기울기 기준이다. 다음 표의 빈칸을 채우시오. ★★★

| 지반의 종류 | 굴착면의 기울기 |
|---|---|
| 모래 | ( ① ) |
| 연암 및 풍화암 | ( ② ) |
| 경암 | ( ③ ) |
| 그 밖의 흙 | ( ④ ) |

**정답**

① 1 : 1.8   ② 1 : 1.0   ③ 1 : 0.5   ④ 1 : 1.2

콘크리트 타설 작업 시 안전수칙을 적으시오. (4가지) ★

정답

① 당일의 작업을 시작하기 전에 해당 작업에 관한 거푸집동바리 등의 변형·변위 및 지반의 침하 유무 등을 점검하고 이상이 있으면 보수할 것
② 작업 중에는 감시자를 배치하는 등의 방법으로 거푸집 및 동바리의 변형·변위 및 침하 유무 등을 확인해야 하며, 이상이 있으면 작업을 중지하고 근로자를 대피시킬 것
③ 콘크리트의 타설작업 시 거푸집붕괴의 위험이 발생할 우려가 있으면 충분한 보강조치를 할 것
④ 설계도서상의 콘크리트 양생기간을 준수하여 거푸집 및 동바리를 해체할 것
⑤ 콘크리트를 타설하는 경우에는 편심이 발생하지 않도록 골고루 분산하여 타설할 것

 콘크리트 플레이싱 붐(placing boom), 콘크리트 분배기, 콘크리트 펌프카 등 콘크리트 타설 장비 사용 시의 준수사항 4가지를 적으시오. ★

정답

① 작업을 시작하기 전에 콘크리트 타설 장비를 점검하고 이상을 발견하였으면 즉시 보수할 것
② 건축물의 난간 등에서 작업하는 근로자가 호스의 요동·선회로 인하여 추락하는 위험을 방지하기 위하여 안전난간 설치 등 필요한 조치를 할 것
③ 콘크리트 타설 장비의 붐을 조정하는 경우에는 주변의 전선 등에 의한 위험을 예방하기 위한 적절한 조치를 할 것
④ 작업 중에 지반의 침하나 아웃트리거 등 콘크리트 타설 장비 지지 구조물의 손상 등에 의하여 콘크리트 타설 장비가 넘어질 우려가 있는 경우에는 이를 방지하기 위한 적절한 조치를 할 것

### 48. 콘크리트 측압이 큰 경우를 적으시오. (5가지) ★

**정답**
① 외기온도 낮을수록 크다.
② 습도가 낮을수록 크다.
③ 철골 또는 철근량이 적을수록 크다.
④ 타설 속도가 빠를수록 크다.
⑤ 콘크리트 비중이 클수록 크다.

### 49. 콘크리트 옹벽(흙막이 지보공)의 안정성 검토사항을 적으시오. (3가지) ★★

**정답**
① 전도에 대한 안정
② 활동에 대한 안정
③ 침하(지반 지지력)에 대한 안정

### 50. 철골구조물의 외압에 대한 내력이 설계에 고려되었는지 확인하여야 하는 대상을 적으시오. (5가지) ★

**정답**
① 높이 20미터 이상의 구조물
② 구조물의 폭과 높이의 비가 1 : 4 이상인 구조물
③ 단면구조에 현저한 차이가 있는 구조물
④ 연면적당 철골량이 50kg/m² 이하인 구조물
⑤ 기둥이 타이플레이트(tie plate)형인 구조물
⑥ 이음부가 현장용접인 구조물

## 51 철골 작업 시 악천후 시의 작업 중지 조건을 적으시오. (3가지) ★★★

**정답**

① 풍속 : 풍속이 초당 10m 이상 시
② 강우량 : 1시간당 1mm 이상 시
③ 강설량 : 1시간당 1cm 이상 시

## 52 다음 내용의 괄호 안을 채우시오. ★★

(1) 순간풍속이 초당 (　　)미터를 초과하는 경우 : 타워크레인의 설치·수리 점검 또는 해체작업을 중지

(2) 순간풍속이 초당 (　　)미터를 초과하는 경우 : 타워크레인의 운전작업을 중지

(3) 순간풍속이 초당 (　　)미터를 초과하는 바람이 불어올 우려가 있는 경우 옥외에 설치되어 있는 주행 크레인의 이탈 방지조치

(4) 순간풍속이 초당 (　　)미터를 초과하는 바람이 불거나 (　　) 이상 진도의 지진이 있은 후 : 옥외에 설치되어 있는 양중기 각 부위 이상이 있는지를 점검

(5) 순간풍속이 초당 (　　)미터를 초과하는 바람이 불어올 우려가 있는 경우 : 옥외에 설치되어 있는 승강기 및 건설용 리프트 등 승강기가 무너지는 것을 방지하기 위한 조치

**정답**

(1) 10
(2) 15
(3) 30
(4) 30, 중진(中震)
(5) 35

## 53 사전조사 및 작업계획서를 작성하여야 하는 대상 작업의 종류를 쓰시오. (5가지) ★★

**정답**

① 타워크레인을 설치·조립·해체하는 작업
② 차량계 하역운반기계 등을 사용하는 작업(화물자동차를 사용하는 도로상의 주행작업은 제외한다.)
③ 차량계 건설기계를 사용하는 작업
④ 화학설비와 그 부속설비를 사용하는 작업
⑤ 전기작업(해당 전압이 50볼트를 넘거나 전기에너지가 250볼트암페어를 넘는 경우로 한정한다.)
⑥ 굴착면의 높이가 2미터 이상이 되는 지반의 굴착작업
⑦ 터널굴착작업
⑧ 교량(상부구조가 금속 또는 콘크리트로 구성되는 교량으로서 그 높이가 5미터 이상이거나 교량의 최대 지간 길이가 30미터 이상인 교량으로 한정한다)의 설치·해체 또는 변경 작업
⑨ 채석작업
⑩ 구축물, 건축물, 그 밖의 시설물 등의 해체작업
⑪ 중량물의 취급작업
⑫ 궤도나 그 밖의 관련 설비의 보수·점검작업
⑬ 열차의 교환·연결 또는 분리 작업("입환작업")

## 54 터널 굴착작업 시 작업계획서 내용을 작성하시오. (3가지) ★★

**정답**

① 굴착방법
② 터널지보공 및 복공시공법, 용수처리법
③ 환기, 조명시설방법

## 55. 차량계 건설기계의 작업계획서 작성 항목을 적으시오. (3가지) ★★

**정답**
① 차량계 건설기계의 종류 및 능력
② 차량계 건설기계의 운행경로
③ 차량계 건설기계에 의한 작업방법

## 56. 타워크레인의 조립·해체 작업 시 작성하는 작업계획서 작성 항목을 적으시오. (5가지) ★★

**정답**
① 타워크레인의 종류 및 형식
② 설치·조립 및 해체순서
③ 작업도구·장비·가설설비 및 방호설비
④ 작업인원의 구성 및 작업근로자의 역할범위
⑤ 타워크레인 지지방법

## 57. 구축물, 건축물, 그 밖의 시설물 등의 해체작업 시 해체계획 작성 항목을 적으시오. (5가지) ★★

**정답**
① 해체방법, 해체 순서도면
② 가설설비, 방호설비, 환기설비, 살수, 방화설비 등 방법
③ 사업장 내 연락방법
④ 해체물 처분계획
⑤ 해체작업용 기계·기구의 작업계획서
⑥ 해체작업용 화약류 등 사용계획서

## 58 굴착작업 시 사전조사 내용을 적으시오. (4가지) ★★

**정답**

① 형상·지질 및 지층의 상태
② 균열·함수·용수 및 동결의 유무 또는 상태
③ 매설물 등의 유무 또는 상태
④ 지반의 지하 수위 상태

## 59 굴착작업 시 작업계획서 내용을 적으시오. (5가지) ★

**정답**

① 굴착방법 및 순서, 토사 반출 방법
② 필요한 인원 및 장비 사용계획
③ 매설물 등에 대한 이설·보호대책
④ 사업장 내 연락방법 및 신호방법
⑤ 흙막이 지보공 설치방법 및 계측계획
⑥ 작업지휘자의 배치계획
⑦ 그 밖에 안전·보건에 관련된 사항

**암기법**: 작업지휘자 배치 → 인원, 장비계획 → 지보공 설치 → 매설물 보호 → 굴착, 토사 반출

## 60. 교량작업 시 작업계획서 내용을 쓰시오. (5가지)

**정답**
① 작업방법 및 순서
② 부재(部材)의 낙하·전도 또는 붕괴를 방지하기 위한 방법
③ 작업에 종사하는 근로자의 추락 위험을 방지하기 위한 안전조치 방법
④ 공사에 사용되는 가설 철 구조물 등의 설치·사용·해체 시 안전성 검토 방법
⑤ 사용하는 기계 등의 종류 및 성능, 작업방법
⑥ 작업지휘자 배치계획
⑦ 그 밖에 안전·보건에 관련된 사항

작업지휘자 배치 → 작업방법, 순서 → 기계 종류, 성능 → 낙하, 전도, 붕괴 방지 → 추락 방지

## 61. 채석작업 시 작업계획서 내용을 쓰시오. (5가지) ★

**정답**
① 노천굴착과 갱내굴착의 구별 및 채석방법
② 굴착면의 높이와 기울기
③ 굴착면 소단(小段)의 위치와 넓이
④ 갱내에서의 낙반 및 붕괴 방지 방법
⑤ 발파방법
⑥ 암석의 분할방법
⑦ 암석의 가공장소
⑧ 사용하는 굴착기계 등의 종류 및 성능
⑨ 토석 또는 암석의 적재 및 운반방법과 운반경로
⑩ 표토 또는 용수(湧水)의 처리방법

발파 → 분할 → 가공 → 적재 및 운반 → 낙반 및 붕괴 방지

작업지휘자를 지정하여야 하는 작업의 종류를 쓰시오. (4가지) ★

**정답**
① 차량계 하역운반기계 등을 사용하는 작업(화물자동차를 사용하는 도로상의 주행 작업은 제외)
② 굴착면의 높이가 2미터 이상이 되는 지반의 굴착작업
③ 교량(상부구조가 금속 또는 콘크리트로 구성되는 교량으로서 그 높이가 5미터 이상이거나 교량의 최대 지간 길이가 30미터 이상인 교량으로 한정한다)의 설치·해체 또는 변경 작업
④ 중량물의 취급 작업
⑤ 항타기나 항발기를 조립·해체·변경 또는 이동하여 작업을 하는 경우

 일정한 신호방법을 정하여야 하는 작업의 종류를 쓰시오. (4가지) ★

**정답**
① 양중기(揚重機)를 사용하는 작업
② 차량계 하역운반기계의 유도자를 배치하는 작업
③ 차량계 건설기계의 유도자를 배치하는 작업
④ 항타기 또는 항발기의 운전작업
⑤ 중량물을 2명 이상의 근로자가 취급하거나 운반하는 작업
⑥ 양화장치를 사용하는 작업
⑦ 궤도작업차량의 유도자를 배치하는 작업
⑧ 입환작업(入換作業)

> 차량계 하역운반기계, 중량물의 취급작업, 항타기 또는 항발기는 작업지휘자 지정하고, 일정한 신호방법 정하자!!

운전자가 운전 위치를 이탈하여서는 안 되는 기계의 종류를 쓰시오. (3가지)

**정답**

① 양중기
② 항타기 또는 항발기(권상장치에 하중을 건 상태)
③ 양화장치(화물을 적재한 상태)

 흙막이 지보공(터널 지보공) 설치 후 점검해야 할 사항을 적으시오. (4가지) ★★

**정답**

① 부재의 손상·변형·부식·변위 및 탈락의 유무와 상태
② 버팀대의 긴압의 정도
③ 부재의 접속부·부착부 및 교차부의 상태
④ 침하의 정도

**참고**

- 터널 지보공 설치 시 점검 항목
  ① 부재의 손상·변형·부식·변위 탈락의 유무 및 상태
  ② 부재의 긴압의 정도
  ③ 부재의 접속부 및 교차부의 상태
  ④ 기둥침하의 유무 및 상태

가연성 가스를 조기에 파악할 목적으로 설치하는 장치명과 작업 시작 전 점검항목을 적으시오. ★★

**정답**

(1) 장치명 : 자동경보장치
(2) 작업 시작 전 점검항목
　① 계기의 이상 유무
　② 검지부의 이상 유무
　③ 경보장치의 작동상태

항타기, 항발기 조립 시에 하여야 하는 점검사항을 적으시오. (4가지) ★

**정답**

① 본체 연결부의 풀림 또는 손상의 유무
② 권상용 와이어로프·드럼 및 도르래의 부착상태의 이상 유무
③ 권상장치의 브레이크 및 쐐기장치 기능의 이상 유무
④ 권싱기의 실지싱태의 이싱 유무
⑤ 리더(leader)의 버팀 방법 및 고정상태의 이상 유무
⑥ 본체·부속장치 및 부속품의 강도가 적합한지 여부
⑦ 본체·부속장치 및 부속품에 심한 손상·마모·변형 또는 부식이 있는지 여부

**건설공사에서 유해위험 방지계획서 제출대상 사업의 종류를 적으시오. (5가지)** ★★★

정답

1. 다음 각 목의 어느 하나에 해당하는 건축물 또는 시설 등의 건설·개조 또는 해체공사
   가. 지상높이가 31미터 이상인 건축물 또는 인공구조물
   나. 연면적 3만제곱미터 이상인 건축물
   다. 연면적 5천제곱미터 이상인 시설로서 다음의 어느 하나에 해당하는 시설
      1) 문화 및 집회시설(전시장 및 동물원·식물원은 제외한다)
      2) 판매시설, 운수시설(고속철도의 역사 및 집배송시설은 제외한다)
      3) 종교시설
      4) 의료시설 중 종합병원
      5) 숙박시설 중 관광숙박시설
      6) 지하도상가
      7) 냉동·냉장 창고시설
2. 연면적 5천제곱미터 이상의 냉동·냉장창고시설의 설비공사 및 단열공사
3. 최대 지간길이(다리의 기둥과 기둥의 중심사이의 거리)가 50미터 이상인 교량 건설등 공사
4. 터널 건설 등의 공사
5. 다목적댐, 발전용 댐, 저수용량 2천만 톤 이상의 용수 전용 댐, 지방상수도 전용 댐 건설 등의 공사
6. 깊이 10미터 이상인 굴착공사

- 지상높이 31m, 연면적 3만㎡, 사람 많은 시설 연면적 5,000㎡
- 연면적 5,000㎡ 냉동·냉장창고 시설
- 최대 지간길이가 50미터 이상 교량
- 터널
- 저수용량 2천만 톤 이상 댐
- 10미터 이상인 굴착

잠함 또는 우물통의 내부에서 근로자 굴착작업 시 잠함 또는 우물통의 급격한 침하에 의한 위험을 방지하기 위하여 준수사항을 2가지 적으시오. ★

**정답**

① 굴착방법 및 재하량 등을 정할 것
② 바닥으로부터 천장 또는 보까지의 높이는 1.8미터 이상으로 할 것

 잠함·우물통·수직갱 등의 내부에서 굴착작업을 하는 때 준수해야 할 사항을 적으시오. (3가지)

**정답**

① 산소농도 측정하는 자를 지명하여 측정하도록 할 것
② 안전하게 승강하기 위한 설비를 설치할 것
③ 굴착 깊이가 20미터를 초과하는 때에는 통신설비 등을 설치할 것
④ 굴착 깊이가 20미터를 초과하는 때에는 송기를 위한 설비를 설치

 화물 취급작업 시 관리감독자의 직무를 적으시오. ★

**정답**

① 작업방법 및 순서를 결정하고 작업을 지휘하는 일
② 기구 및 공구를 점검하고 불량품을 제거하는 일
③ 그 작업 장소에는 관계 근로자 외의 자의 출입을 금지시키는 일
④ 로프 등의 해체작업을 하는 때에는 하대(荷臺) 위의 화물의 낙하 위험 유무를 확인하고 그 작업의 착수를 지시하는 일

# 산업안전 보호장비 관리

# PART 05 산업안전 보호장비 관리

## (1) 보호구의 지급 등 ★★★

| 작업조건에 적합한 보호구 | |
|---|---|
| 물체가 떨어지거나 날아올 위험 또는 근로자가 추락할 위험이 있는 작업 | 안전모 |
| 높이 또는 깊이 2미터 이상의 추락할 위험이 있는 장소에서 하는 작업 | 안전대(安全帶) |
| 물체의 낙하·충격, 물체에의 끼임, 감전 또는 정전기의 대전(帶電)에 의한 위험이 있는 작업 | 안전화 |
| 물체가 흩날릴 위험이 있는 작업 | 보안경 |
| 용접 시 불꽃이나 물체가 흩날릴 위험이 있는 작업 | 보안면 |
| 감전의 위험이 있는 작업 | 절연용 보호구 |
| 고열에 의한 화상 등의 위험이 있는 작업 | 방열복 |
| 선창 등에서 분진(粉塵)이 심하게 발생하는 하역작업 | 방진마스크 |
| 섭씨 영하 18도 이하인 급냉동어창에서 하는 하역작업 | 방한모·방한복·방한화·방한장갑 |
| 물건을 운반하거나 수거·배달하기 위하여 이륜자동차 또는 원동기장치 자전거를 운행하는 작업 | 승차용 안전모 |
| 물건을 운반하거나 수거·배달하기 위하여 자전거 등을 운행하는 작업 | 안전모 |

## (2) 보호구 구비 조건

① 착용이 간편해야 한다.
② 작업에 방해주지 않아야 한다.
③ 품질이 우수해야 한다.
④ 구조, 끝마무리가 양호해야 한다.
⑤ 겉모양, 보기가 좋아야 한다.
⑥ 유해, 위험에 대한 방호가 완전할 것
⑦ 금속성 재료는 내식성일 것

## (3) 보호구 선택 시 유의사항

① 사용 목적에 적합해야 한다.
② 작업에 방해되지 않아야 한다.
③ 품질이 우수해야 한다.
④ 착용하기 쉽고 편리해야 한다.

## (4) 안전인증 대상 보호구의 종류 ★★★

① 추락 및 감전 위험방지용 안전모
② 안전화
③ 안전장갑
④ 방진마스크
⑤ 방독마스크
⑥ 송기마스크
⑦ 전동식 호흡보호구
⑧ 보호복
⑨ 안전대
⑩ 차광 및 비산물 위험방지용 보안경
⑪ 용접용 보안면
⑫ 방음용 귀마개 또는 귀덮개

- 머리 : 안전모(추락 및 감전 위험방지용)
- 눈 : 차광 및 비산물 위험방지용 보안경
- 코, 입 : 방진마스크, 방독마스크, 송기마스크, 전동식 호흡보호구
- 얼굴 : 용접용 보안면
- 귀 : 방음용 귀마개 또는 귀덮개
- 손 : 안전장갑
- 허리 : 안전대
- 발 : 안전화
- 몸 : 보호복

## (5) 자율안전 확인 대상 보호구의 종류 ★★

① 안전모(안전인증 대상 제외)
② 보안경(안전인증 대상 제외)
③ 보안면(안전인증 대상 제외)

### (6) 안전인증 제품표시의 붙임 ★★★

안전인증제품에는 안전인증 표시 외에 다음 각 목의 사항을 표시한다.

① 형식 또는 모델명
② 규격 또는 등급 등
③ 제조자명
④ 제조번호 및 제조연월
⑤ 안전인증 번호

### (7) 안전인증제품에는 다음 각 호의 사항을 포함하는 제품사용설명서를 작성하여 해당제품과 함께 제공하여야 한다.

| 제품사용설명서 포함사항 |
| --- |
| ① 안전인증의 표시<br>② 제품용도<br>③ 사용방법<br>④ 사용 제한 및 경고 사항<br>⑤ 점검 사항과 방법<br>⑥ 폐기방법<br>⑦ 안전한 운반과 보관방법<br>⑧ 보증사항<br>⑨ 작성 일자, 연락처 등 |

## 안전인증 대상 보호구의 종류별 특성 및 성능기준, 시험방법

### (1) 안전인증 대상 안전모

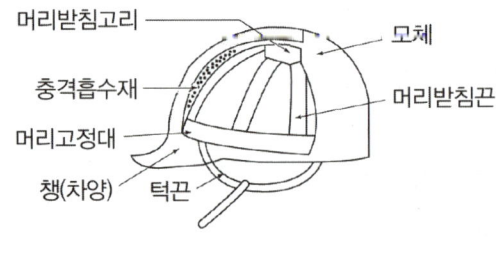

[안전모의 명칭]

## 1) 안전인증 대상 안전모의 일반구조

① 안전모는 모체, 착장체 및 턱끈을 가질 것
② 착장체의 머리고정대는 착용자의 머리 부위에 적합하도록 조절할 수 있을 것
③ 착장체의 구조는 착용자의 머리에 균등한 힘이 분배되도록 할 것
④ 모체, 착장체 등 안전모의 부품은 착용자에게 상해를 줄 수 있는 날카로운 모서리 등이 없을 것
⑤ 모체에 구멍이 없을 것(착장체 및 턱끈의 설치 또는 안전등, 보안면 등을 붙이기 위한 구멍은 제외한다.)
⑥ 턱끈은 사용 중 탈락되지 않도록 확실히 고정되는 구조일 것
⑦ **안전모의 착용 높이는 85mm 이상이고 외부 수직거리는 80mm 미만일 것**
⑧ **안전모의 내부 수직거리는 25mm 이상 50mm 미만일 것**
⑨ 안전모의 수평 간격은 5mm 이상일 것
⑩ 머리받침끈의 폭은 15mm 이상이어야 하며, 교차지점 중심으로부터 방사되는 끈의 총합은 72mm 이상일 것
⑪ 턱끈의 폭은 10mm 이상일 것
⑫ AB종 안전모는 충격흡수재를 가져야 하며, 리벳(rivet) 등 기타 돌출부가 모체의 표면에서 5mm 이상 돌출되지 않아야 한다.
⑬ AE종 안전모는 금속제의 부품을 사용하지 않고, 착장체는 모체의 내외면을 관통하는 구멍을 뚫지 않고 붙일 수 있는 구조로서 모체의 내외면을 관통하는 구멍 핀홀 등이 없어야 한다.
⑭ 안전모의 모체, 착장체 및 충격흡수재를 포함한 질량은 440g을 초과하지 않을 것

## 2) 안전인증 안전모의 종류(추락, 감전방지용) ★★★

| 종류<br>(기호) | 사용구분 | 비고 |
|---|---|---|
| AB | 물체의 낙하 또는 비래 및 추락에 의한 위험을 방지 또는 경감시키기 위한 것 | |
| AE | 물체의 낙하 또는 비래에 의한 위험을 방지 또는 경감하고, 머리 부위 감전에 의한 위험을 방지하기 위한 것 | 내전압성 |
| ABE | 물체의 낙하 또는 비래 및 추락에 의한 위험을 방지 또는 경감하고, 머리 부위 감전에 의한 위험을 방지하기 위한 것 | 내전압성 |

내전압성이란 7,000V 이하의 전압에 견디는 것을 말한다.

## 3) 안전인증대상 안전모의 성능시험 종류 및 시험성능 기준 ★★

| 항목 | 시험성능 기준 |
|---|---|
| ① 내관통성 시험 | AE, ABE종 안전모는 관통거리가 9.5mm 이하이고, AB종 안전모는 관통거리가 11.1mm 이하이어야 한다. |

| | |
|---|---|
| ② 충격흡수성 시험 | 최고전달충격력이 4,450N을 초과해서는 안되며, 모체와 착장체의 기능이 상실되지 않아야 한다. |
| ③ 내전압성 시험 | AE, ABE종 안전모는 교류 20kV에서 1분간 절연파괴 없이 견뎌야 하고, 이때 누설되는 충전전류는 10mA 이하이어야 한다. |
| ④ 내수성 시험 | AE, ABE종 안전모는 질량증가율이 1% 미만이어야 한다. |
| ⑤ 난연성 시험 | 모체가 불꽃을 내며 5초 이상 연소되지 않아야 한다. |
| ⑥ 턱끈풀림 시험 | 150N 이상 250N 이하에서 턱끈이 풀려야 한다. |

### 안전모의 내수성 시험

- AE, ABE종 안전모의 내수성 시험은 시험 안전모의 모체를(20 ~ 25)℃의 수중에 24시간 담가 놓은 후, 대기 중에 꺼내어 마른 천 등으로 표면의 수분을 닦아내고 다음 산식으로 질량증가율(%)을 산출한다.

$$질량증가율(\%) = \frac{담근\ 후의\ 질량 - 담그기\ 전의\ 질량}{담그기\ 전의\ 질량} \times 100$$

- AE, ABE종 안전모는 질량증가율이 1% 미만이어야 한다.

> **Reference**
>
> 자율안전확인대상 안전모의 성능시험 종류 ★★
> ① 내관통성 시험
> ② 충격흡수성 시험
> ③ 난연성 시험
> ④ 턱끈풀림시험

## (2) 안전화

### 1) 안전화 종류 ★

| 종류 | 성능구분 |
|---|---|
| 가죽제안전화 | 물체의 낙하, 충격 또는 날카로운 물체에 의한 찔림 위험으로부터 발을 보호하기 위한 것 |
| 고무제안전화 | 물체의 낙하, 충격 또는 날카로운 물체에 의한 찔림 위험으로부터 발을 보호하고 내수성을 겸한 것 |
| 정전기안전화 | 물체의 낙하, 충격 또는 날카로운 물체에 의한 찔림 위험으로부터 발을 보호하고 정전기의 인체대전을 방지하기 위한 것 |

| | |
|---|---|
| 발등안전화 | 물체의 낙하, 충격 또는 날카로운 물체에 의한 찔림 위험으로부터 발 및 발등을 보호하기 위한 것 |
| 절연화 | 물체의 낙하, 충격 또는 날카로운 물체에 의한 찔림 위험으로부터 발을 보호하고 저압의 전기에 의한 감전을 방지하기 위한 것 |
| 절연장화 | 고압에 의한 감전을 방지 및 방수를 겸한 것 |
| 화학물질용 안전화 | 물체의 낙하, 충격 또는 날카로운 물체에 의한 찔림 위험으로부터 발을 보호하고 화학물질로부터 유해위험을 방지하기 위한 것 |

### 2) 사용장소에 따른 안전화의 등급

| 등급 | 용어정의 |
|---|---|
| 중 작업용 | 1,000밀리미터의 낙하 높이에서 시험했을 때의 충격과 (15.0 ±0.1)킬로뉴턴(KN)의 압축하중에서 시험했을 때 압박에 대하여 보호해 줄 수 있는 선심을 부착하여, 착용자를 보호하기 위한 안전화를 말한다. |
| 보통 작업용 | 500밀리미터의 낙하 높이에서 시험했을 때의 충격과 (10.0 ± 0.1)킬로뉴턴(KN)의 압축하중에서 시험했을 때 압박에 대하여 보호해 줄 수 있는 선심을 부착하여, 착용자를 보호하기 위한 안전화를 말한다. |
| 경 작업용 | 250밀리미터의 낙하 높이에서 시험했을 때의 충격과 (4.4 ± 0.1)킬로뉴턴(KN)의 압축하중에서 시험했을 때 압박에 대하여 보호해 줄 수 있는 선심을 부착하여, 착용자를 보호하기 위한 안전화를 말한다. |

### 3) 고무제 안전화의 종류

| 구분 | 사용장소 |
|---|---|
| 일반용 | 일반작업장 |
| 내유용 | 탄화수소류의 윤활유 등을 취급하는 작업장 |

### 4) 화학물질용 안전화의 종류

| 구분 | | 사용장소 |
|---|---|---|
| 가죽제 | | 물체의 낙하, 충격 또는 날카로운 물체에 의한 찔림 위험과 화학물질로부터 발을 보호하기 위한 것 |
| 고무제 | 내답판 있는 것 | 물체의 낙하, 충격 또는 날카로운 물체에 의한 찔림 위험과 화학물질로부터 발을 보호하기 위한 것 |
| | 내답판 없는 것 | |

### 5) 가죽제 안전화의 성능시험 종류 ★

① **내충격성** 시험
② **내압박성** 시험
③ **내답발성** 시험
④ **박리저항** 시험
⑤ 내유성 시험
⑥ 인장강도 시험 및 신장율 시험
⑦ 내부식성 시험
⑧ 인열강도 시험
⑨ 은면결렬 시험

#### 가죽제 안전화의 내유성 시험

시험편을 공기 중에서 질량($m_1$)을 단 다음 실온의 증류수 중에서 질량($m_2$)을 단 후 알코올에 담그고 즉시 꺼내어 수분을 제거한다. 시험편을 시험용 기름 중에 일정 기간 담근 후 기름을 닦은 다음 공기 중의 질량($m_3$)을 달고 다시 실온의 증류수 중에서 질량($m_4$)를 달아서 다음 산식에 의해서 부피변화율을 산출한다.

$$\Delta V = \frac{(m_3 - m_4) - (m_1 - m_2)}{(m_1 - m_2)} \times 100$$

여기서 $\Delta V$ : 부피 변화율(%)
　　　　$m_1$ : 담그기 전 공기 중에서의 질량(g)
　　　　$m_2$ : 담그기 전 수중에서의 질량(g)
　　　　$m_3$ : 담근 후 공기 중에서의 질량(g)
　　　　$m_4$ : 담근 후 수중에서의 질량(g)

## (3) 안전장갑

### 1) 내전압용 절연장갑

① 절연장갑의 등급 및 색상 ★

| 등 급 | 최대사용전압 | | 색상 |
|---|---|---|---|
| | 교류(V, 실효값) | 직류(V) | |
| 00 | 500 | 750 | 갈색 |
| 0 | 1,000 | 1,500 | 빨간색 |
| 1 | 7,500 | 11,250 | 흰색 |
| 2 | 17,000 | 25,500 | 노란색 |
| 3 | 26,500 | 39,750 | 녹색 |
| 4 | 36,000 | 54,000 | 등색 |

교류 × 1.5 = 직류
공(00)갈 공(0)적 1백 2황 3녹 4등

② 절연장갑의 성능

| 인장강도 | 1,400N/cm² 이상(평균값) |
|---|---|
| 신장률 | 100분의 600 이상(평균값) |
| 영구 신장률 | 100분의 15 이하 |

2) 화학물질용 안전장갑

## (4) 방진마스크

1) 용어정의

① **전면형 방진마스크** : 분진 등으로부터 **안면부 전체(입, 코, 눈)를 덮을 수 있는 구조의** 방진 마스크를 말한다. ★
② **반면형 방진마스크** : 분진 등으로부터 **안면부의 입과 코를 덮을 수 있는 구조의 방진** 마스크를 말한다. ★

2) 방진마스크의 등급 ★★

| 등급 | 특급 | 1급 | 2급 |
|---|---|---|---|
| 사용 장소 | • 베릴륨 등과 같이 독성이 강한 물질들을 함유한 분진 등 발생 장소<br>• 석면 취급 장소 | • 특급마스크 착용장소를 제외한 분진 등 발생 장소<br>• **금속흄 등과 같이 열적으로** 생기는 분진 등 발생 장소<br>• **기계적으로 생기는 분진 등** 발생 장소(규소 등과 같이 2급 방진마스크를 착용하여도 무방한 경우는 제외한다) | • 특급 및 1급 마스크 착용장소를 제외한 분진 등 발생 장소 |
| 배기밸브가 없는 안면부여과식 마스크는 특급 및 1급 장소에 사용해서는 안 된다. ||||

3) 방진마스크의 형태

| 종류 | 분리식 | | 안면부 여과식 |
|---|---|---|---|
| | 격리식 | 직결식 | |
| 형태 | • 전면형<br>[그림 1] 참조 | • 전면형<br>[그림 2] 참조 | • 반면형<br>[그림 5] 참조 |
| | • 반면형<br>[그림 3] 참조 | • 반면형<br>[그림 4] 참조 | |
| 사용조건 | 산소농도 18% 이상인 장소에서 사용하여야 한다. | | |

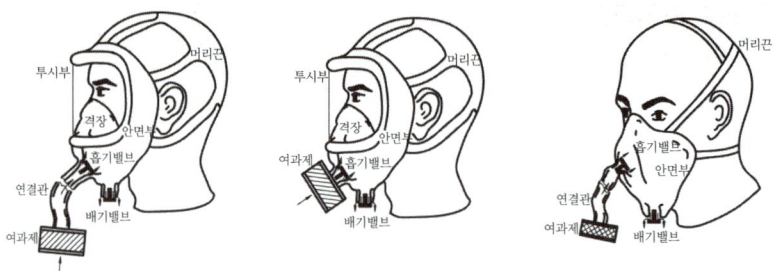

[그림 1] 격리식 전면형    [그림 2] 직결식 전면형    [그림 3] 격리식 반면형

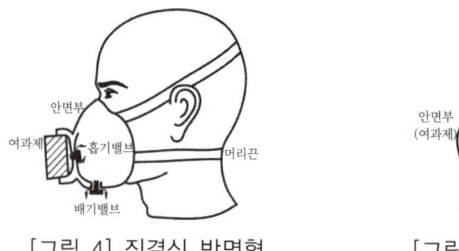 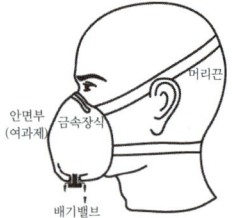

[그림 4] 직결식 반면형    [그림 5] 안면부여과식

4) 방진마스크의 일반구조 ★

① 착용 시 이상한 압박감이나 고통을 주지 않을 것
② **전면형** : 호흡 시에 투시부가 흐려지지 않을 것
③ **분리식** 마스크 : 여과재, 흡기밸브, 배기밸브 및 머리끈을 쉽게 교환할 수 있고 착용자 자신이 안면부와의 밀착성 여부를 수시로 확인할 수 있을 것
④ **안면부 여과식** : 여과재로 된 안면부가 사용 중 심하게 변형되지 않을 것. 또한 여과재를 안면에 밀착시킬 수 있을 것

5) 여과재 분진 등 포집효율 ★

| 형태 및 등급 | | 염화나트륨(NaCl) 및 파라핀 오일(Paraffin oil) 시험(%) |
|---|---|---|
| 분리식 | 특급 | 99.95 이상 |
| | 1급 | 94.0 이상 |
| | 2급 | 80.0 이상 |
| 안면부 여과식 | 특급 | 99.0 이상 |
| | 1급 | 94.0 이상 |
| | 2급 | 80.0 이상 |

6) 시야

| 형태 | | 시야(%) | |
|---|---|---|---|
| | | 유효 시야 | 겹침 시야 |
| 전면형 | 1 안식 | 70 이상 | 80 이상 |
| | 2 안식 | 70 이상 | 20 이상 |

7) 안면부 내부의 이산화탄소농도 ★

안면부 내부의 이산화탄소 농도가 부피분율 1% 이하일 것

8) 방진마스크 성능시험 종류

| 방진마스크 성능시험 종류 |
|---|
| ① 안면부 흡기저항시험<br>② 여과재의 분진 등 포집효율시험<br>③ 안면부 배기저항시험<br>④ 안면부 누설률시험<br>⑤ 배기밸브 작동시험<br>⑥ 시야시험<br>⑦ 강도, 신장률 및 영구변형률시험<br>⑧ 불연성시험<br>⑨ 음성전달판시험<br>⑩ 투시부의 내충격성 시험<br>⑪ 여과재 질량시험<br>⑫ 여과재 호흡저항시험<br>⑬ 안면부 내부의 이산화탄소농도시험 |

### (5) 방독마스크

1) 용어정의
   ① **파과** : 대응하는 가스에 대하여 **정화통 내부의 흡착제가 포화상태가 되어 흡착능력을 상실한 상태**를 말한다. ★
   ② **파과시간** : 어느 일정농도의 유해물질 등을 포함한 공기를 일정 유량으로 정화통에 통과하기 시작부터 파과가 보일 때까지의 시간을 말한다.
   ③ **파과곡선** : 파과시간과 유해물질 등에 대한 농도와의 관계를 나타낸 곡선을 말한다.
   ④ **전면형 방독마스크** : 유해물질 등으로부터 **안면부 전체(입, 코, 눈)를 덮을 수 있는 구조**의 방독마스크를 말한다.
   ⑤ **반면형 방독마스크** : 유해물질 등으로부터 **안면부의 입과 코를 덮을 수 있는 구조**의 방독마스크를 말한다.
   ⑥ **복합용 방독마스크** : 2종류 이상의 유해물질 등에 대한 제독능력이 있는 방독마스크를 말한다. ★
   ⑦ **겸용 방독마스크** : 방독마스크(복합용 포함)의 성능에 방진마스크의 성능이 포함된 방독마스크를 말한다. ★

2) 방독마스크의 종류 ★★

   | 종류 | 시험가스 |
   | --- | --- |
   | 유기화합물용 | 시클로헥산($C_6H_{12}$) |
   | | 디메틸에테르($CH_3OCH_3$) |
   | | 이소부탄($C_4H_{10}$) |
   | 할로겐용 | 염소가스 또는 증기($Cl_2$) |
   | 황화수소용 | 황화수소가스($H_2S$) |
   | 시안화수소용 | 시안화수소가스(HCN) |
   | 아황산용 | 아황산가스($SO_2$) |
   | 암모니아용 | 암모니아가스($NH_3$) |

3) 방독마스크의 등급 ★★

   | 등급 | 사용장소 |
   | --- | --- |
   | 고농도 | 가스 또는 증기의 농도가 100분의 2(암모니아에 있어서는 100분의 3) 이하의 대기 중에서 사용하는 것 |
   | 중농도 | 가스 또는 증기의 농도가 100분의 1(암모니아에 있어서는 100분의 1.5) 이하의 대기 중에서 사용하는 것 |
   | 저농도 및 최저농도 | 가스 또는 증기의 농도가 100분의 0.1 이하의 대기 중에서 사용하는 것으로서 긴급용이 아닌 것 |

   비고 : 방독마스크는 산소농도가 18% 이상인 장소에서 사용하여야 하고, 고농도와 중농도에서 사용하는 방독마스크는 전면형(격리식, 직결식)을 사용해야 한다.

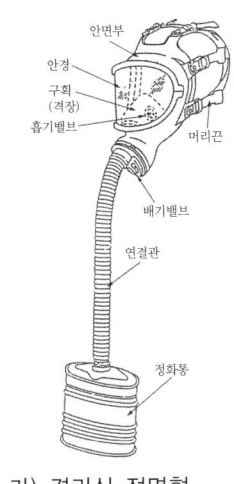
가) 격리식 전면형

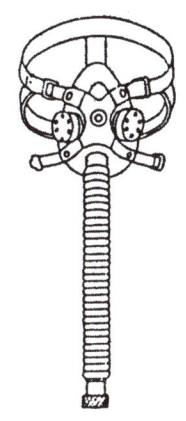
나) 격리식 반면형

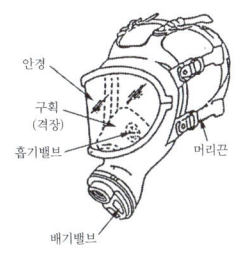
다) 직결식 전면형(1안식)

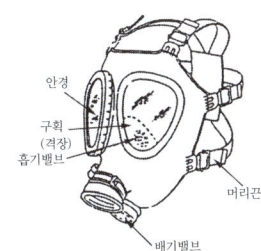
라) 직결식 전면형(2안식)

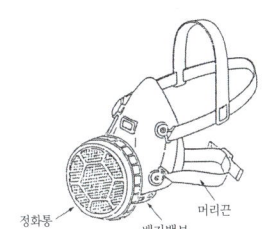
마) 직결식 반면형

4) 시야

| 형태 | | 시야(%) | |
|---|---|---|---|
| | | 유효 시야 | 겹침 시야 |
| 전면형 | 1 안식 | 70 이상 | 80 이상 |
| | 2 안식 | | 20 이상 |

5) 안면부내부의 이산화탄소 농도 ★

안면부 내부의 이산화탄소 농도가 부피분율 1% 이하일 것

6) 방독마스크 성능시험

| 방독마스크 성능시험 종류 |
|---|

① 안면부 흡기저항시험
② 정화통의 제독능력시험
③ 안면부 배기저항시험
④ 안면부 누설률시험
⑤ 배기밸브 작동시험

⑥ 시야시험
⑦ 강도, 신장률 및 영구 변형률시험
⑧ 불연성시험
⑨ 음성전달판시험
⑩ 투시부의 내충격성시험
⑪ 정화통 질량시험
⑫ 정화통 호흡저항시험
⑬ 안면부 내부의 이산화탄소농도시험

7) 안전인증 방독마스크 표시 외에 표시사항 ★★

① 파과곡선도
② 사용시간 기록카드
③ 정화통의 외부측면의 표시색
④ 사용상의 주의사항

8) 흡수제 종류

① 활성탄
② 큐프라마이트
③ 호프칼라이트
④ 실리카겔
⑤ 소다라임
⑥ 알칼리제재 등

9) 정화통 외부측면의 표시 색 ★★

| 종류 | 표시 색 |
| --- | --- |
| 유기화합물용 정화통 | 갈색 |
| 할로겐용 정화통 | 회색 |
| 황화수소용 정화통 | 회색 |
| 시안화수소용 정화통 | 회색 |
| 아황산용 정화통 | 노란색 |
| 암모니아용 정화통 | 녹색 |
| 복합용 및 겸용의 정화통 | • 복합용의 경우 : 해당 가스 모두 표시(2층 분리)<br>• 겸용의 경우 : 백색과 해당 가스 모두 표시(2층 분리) |

※ 증기밀도가 낮은 유기화합물 정화통의 경우 색상표시 및 화학물질명 또는 화학기호를 표기)

10) 방독마스크의 유효시간 계산 ★

$$유효시간(파과시간) = \frac{시험가스농도 \times 표준유효시간}{작업장 공기 중 유해가스 농도} (분)$$

**E·X·E·R·C·I·S·E**

시험가스농도 1.5%에서 표준유효시간이 80분인 정화통을 유해가스농도가 0.8%인 작업장에서 사용할 경우 유효사용 가능시간을 계산하시오.

**풀이**

$$정화통의 유효시간 = \frac{표준 유효시간 \times 시험가스 농도}{작업장 공기 중 유해가스 농도} = \frac{80 \times 1.5}{0.8} = 150분$$

## (6) 송기마스크

### 1) 송기마스크의 종류 및 등급

| | 등급 | | 구분 |
|---|---|---|---|
| 호스 마스크 | 폐력흡인형 | | 안면부 |
| | 송풍기형 | 전동 | 안면부, 페이스실드, 후드 |
| | | 수동 | 안면부 |
| 에어라인마스크 | 일정유량형 | | 안면부, 페이스실드, 후드 |
| | 디맨드형 | | 안면부 |
| | 압력디맨드형 | | 안면부 |
| 복합식 에어라인마스크 | 디맨드형 | | 안면부 |
| | 압력디맨드형 | | 안면부 |

### 2) 송풍기형 호스 마스크의 분진 포집효율 ★

| 등급 | 효율(%) |
|---|---|
| 전동 | 99.8 이상 |
| 수동 | 95.0 이상 |

3) 송기마스크 성능시험

| 송기마스크 성능시험 종류 |
|---|
| ① 안면부 누설률시험          ⑦ 호스 및 중압호스 연결부시험<br>② 저압부의 기밀성시험        ⑧ 송풍기시험<br>③ 배기밸브의 작동기밀성시험   ⑨ 송풍기형 호스마스크의 분진포집효율시험<br>④ 안면부 내의 압력시험       ⑩ 일정유량형 에어라인마스크의 공기공급량시험<br>⑤ 통기저항시험                ⑪ 기타의 구조시험<br>⑥ 호스 및 중압호스시험 |

## (7) 전동식 호흡보호구

### 1) 전동식 호흡보호구의 분류

| 분류 | 사용구분 |
|---|---|
| 전동식 방진마스크 | 분진 등이 호흡기를 통하여 체내에 유입되는 것을 방지하기 위하여 고효율 여과재를 전동장치에 부착하여 사용하는 것 |
| 전동식 방독마스크 | 유해물질 및 분진 등이 호흡기를 통하여 체내에 유입되는 것을 방지하기 위하여 고효율 정화통 및 여과재를 전동장치에 부착하여 사용하는 것 |
| 전동식 후드 및 전동식 보안면 | 유해물질 및 분진 등이 호흡기를 통하여 체내에 유입되는 것을 방지하기 위하여 고효율 정화통 및 여과재를 전동장치에 부착하여 사용함과 동시에 머리, 안면부, 목, 어깨 부분까지 보호하기 위해 사용하는 것 |

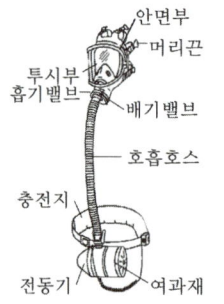
[그림 1] 전동식 전면형

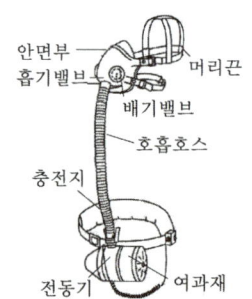
[그림 2] 전동식 반면형

| | 상태 | 농도(%) |
|---|---|---|
| 안면부 내부의 이산화탄소 농도 | 전원을 켠 상태 | 안면부 내부의 이산화탄소($CO_2$) 농도가 부피분율 1.0% 이하일 것 |
| | 전원을 끈 상태 | 안면부 내부의 이산화탄소($CO_2$) 농도가 부피분율 2.0% 이하일 것 |

2) 전동식 후드 및 전동식 보안면의 형태 및 구조

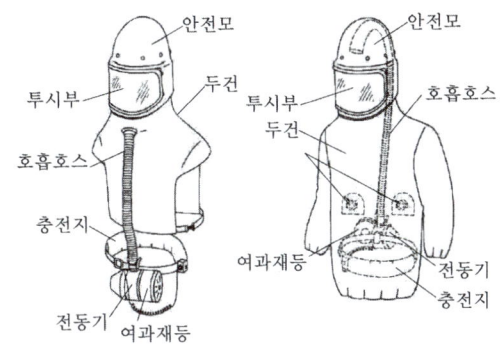

[그림 3] 전동식 후드

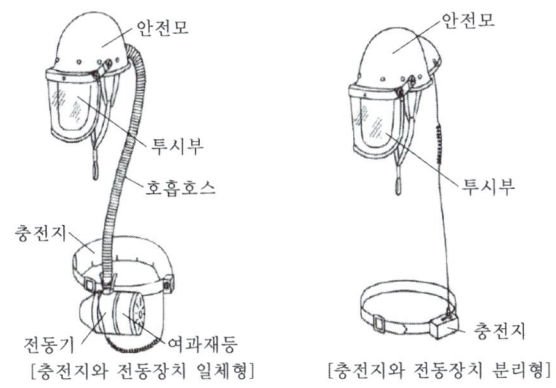

[충전지와 전동장치 일체형]     [충전지와 전동장치 분리형]

[그림 4] 전동식 보안면

| | 형태 및 등급 | | 염화나트륨(NaCl) 및 파라핀 오일(Paraffin oil) 시험(%) |
|---|---|---|---|
| 여과재의 분진 등 포집효율 | 전동식 후드 및 전동식 보안면 | 전동식 특급 | 99.8 이상 |
| | | 전동식 1급 | 98.0 이상 |
| | | 전동식 2급 | 90.0 이상 |

| | 상태 | 농도(%) |
|---|---|---|
| 후드 및 보안면 내부의 이산화탄소 농도 | 전원을 켠 상태 | 후드 및 보안면 내부의 이산화탄소($CO_2$) 농도가 부피분율 1.0% 이하일 것 |

### (8) 보호복

1) 방열복

   ① **내열원단** : 내열섬유에 유연접착제를 바르고 알루미늄이 증착된 필름을 접착시켜 주름이 생기지 않도록 한 원단을 말한다.
   ② **방열상의** : 내열원단으로 제조되어 상체에 입는 옷을 말한다.
   ③ **방열하의** : 내열원단으로 제조되어 하체에 입는 옷을 말한다.
   ④ **방열일체복** : 방열 상·하의가 단일하게 연결되어 있는 옷을 말한다.
   ⑤ **방열장갑** : 내열원단으로 제조되어 손에 끼는 장갑을 말한다.
   ⑥ **방열두건** : **내열원단으로 제조되어 안전모와 안면렌즈가 일체형으로 부착되어 있는 형태의 두건**을 말한다.

2) 방열복의 종류 ★

| 종류 | 착용부위 |
| --- | --- |
| 방열상의 | 상체 |
| 방열하의 | 하체 |
| 방열일체복 | 몸체(상·하체) |
| 방열장갑 | 손 |
| 방열두건 | 머리 |

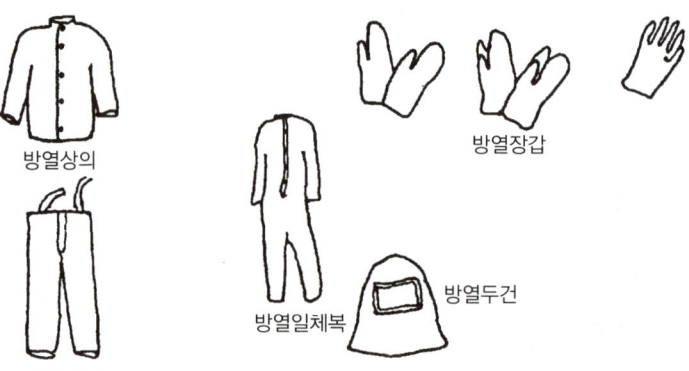

3) 방열복의 질량 ★

| 종류 | 질량(단위 : kg) |
| --- | --- |
| 방열상의 | 3.0 |
| 방열하의 | 2.0 |
| 방열일체복 | 4.3 |
| 방열장갑 | 0.5 |
| 방열두건 | 2.0 |

4) 방열복의 시험성능기준

| 구분 | 항목 | 시험성능기준 |
|---|---|---|
| 내열원단 | 난연성 | 잔염 및 잔진시간이 2초 미만이고 녹거나 떨어지지 말아야 하며, 탄화길이가 102mm 이내일 것 |
| | 절연저항 | 표면과 이면의 절연저항이 1M$\Omega$ 이상일 것 |
| | 인장강도 | 인장강도는 가로, 세로 방향으로 각각 25$kg_f$ 이상일 것 |
| | 내열성 | 균열 또는 부풀음이 없을 것 |
| | 내한성 | 피복이 벗겨져 떨어지지 않을 것 |
| 안면렌즈 | 차광능력 | 투시부의 가시광선 파장영역에 대한 시감투과율은 0.061% 이상, 43.2% 이하이고, 가시광선 투과율에 따른 적외선 투과율이 다음 수치 이하일 것 (아래 표 참조) |
| | 열충격 | 열충격 시험 시 균열, 파손, 얼룩, 발포가 없을 것 |
| | 표면 마모 저항 | 헤이즈 미터에 의한 시험결과가 다음 기준에 적합할 것 (아래 표 참조) |
| | 내충격 | 균열 및 파손이 없을 것 |
| 내열원단 및 안면렌즈 | 열전도율 | 이면중심 온도가 47℃ 이하이고, 온도상승이 25℃/4min 이하일 것 |

| 차광도번호 (#) | 가시광선투과율(%) (380~780nm) | 적외선 투과율(%) | |
|---|---|---|---|
| | | 근적외선 (780~1300nm) | 중적외선 (1300~2000nm) |
| 2.0 | 43.2~29.1 | 21 | 13 |
| 2.5 | 29.1~17.8 | 15 | 9.6 |
| 3 | 17.8~8.5 | 12 | 8.5 |
| 4 | 8.5~3.2 | 6.4 | 5.4 |
| 5 | 3.2~1.2 | 3.2 | 3.2 |
| 6 | 1.2~0.44 | 1.7 | 1.9 |
| 7 | 0.44~0.16 | 0.81 | 1.2 |
| 8 | 0.16~0.061 | 0.43 | 0.68 |

| 연삭재의 양(g) | 100 | 200 | 400 | 800 |
|---|---|---|---|---|
| 표면 마모 저항(%) | 3 이하 | 5 이하 | 8 이하 | 13 이하 |

5) 화학물질용 보호복

① 화학물질 : 제조 등이 금지되는 유해물질, 허가 대상 유해물질 및 관리대상 유해물질을 말한다.
② 화학물질용 보호복 : 화학물질이 피부를 통하여 인체에 흡수되는 것을 방지하기 위한 것으로서 신체의 전부 또는 일부를 보호하기 위한 옷을 말한다.

| 종류 | 형식 | 형식구분 기준 |
|---|---|---|
| 전신 보호복 | 액체방호형 (3형식) | 보호복의 재료, 솔기 및 접합부가 화학물질의 분사에 대한 보호성능을 갖는 구조 |
| | 분무방호형 (4형식) | 보호복의 재료, 솔기 및 접합부가 화학물질의 분무에 대한 보호성능을 갖는 구조 |
| 부분 보호복 | 액체방호형 (3형식) | 화학물질로부터 신체의 특정한 부분을 보호하는 것으로 재료, 솔기가 화학물질의 분사에 대한 보호성능을 갖는 구조 |
| | 분무방호형 (4형식) | 화학물질로부터 신체의 특정한 부분을 보호하는 것으로 재료, 솔기가 화학물질의 분무에 대한 보호성능을 갖는 구조 |

화학물질 보호성능 표시

## (9) 안전대

1) 안전대의 용어정의

① **안전그네** : 신체지지의 목적으로 전신에 착용하는 띠 모양의 것으로서 상체 등 신체 일부분만 지지하는 것은 제외한다. ★
② **추락방지대** : 신체의 추락을 방지하기 위해 자동잠김 장치를 갖추고 죔줄과 수직구명줄에 연결된 금속장치를 말한다. ★
③ **안전블록** : 안전그네와 연결하여 추락발생 시 추락을 억제할 수 있는 자동잠김장치가 갖추어져 있고 죔줄이 자동적으로 수축되는 장치를 말한다. ★
④ **충격흡수장치** : 추락 시 신체에 가해지는 충격하중을 완화시키는 기능을 갖는 죔줄에 연결되는 부품을 말한다.
⑤ **U자 걸이** : 안전대의 죔줄을 구조물 등에 U자 모양으로 돌린 뒤 훅 또는 카라비너를 D링에, 신축조절기를 각링 등에 연결하는 걸이 방법을 말한다. ★
⑥ **1개 걸이** : 죔줄의 한쪽 끝을 D링에 고정시키고 훅 또는 카라비너를 구조물 또는 구명줄에 고정시키는 걸이 방법을 말한다. ★

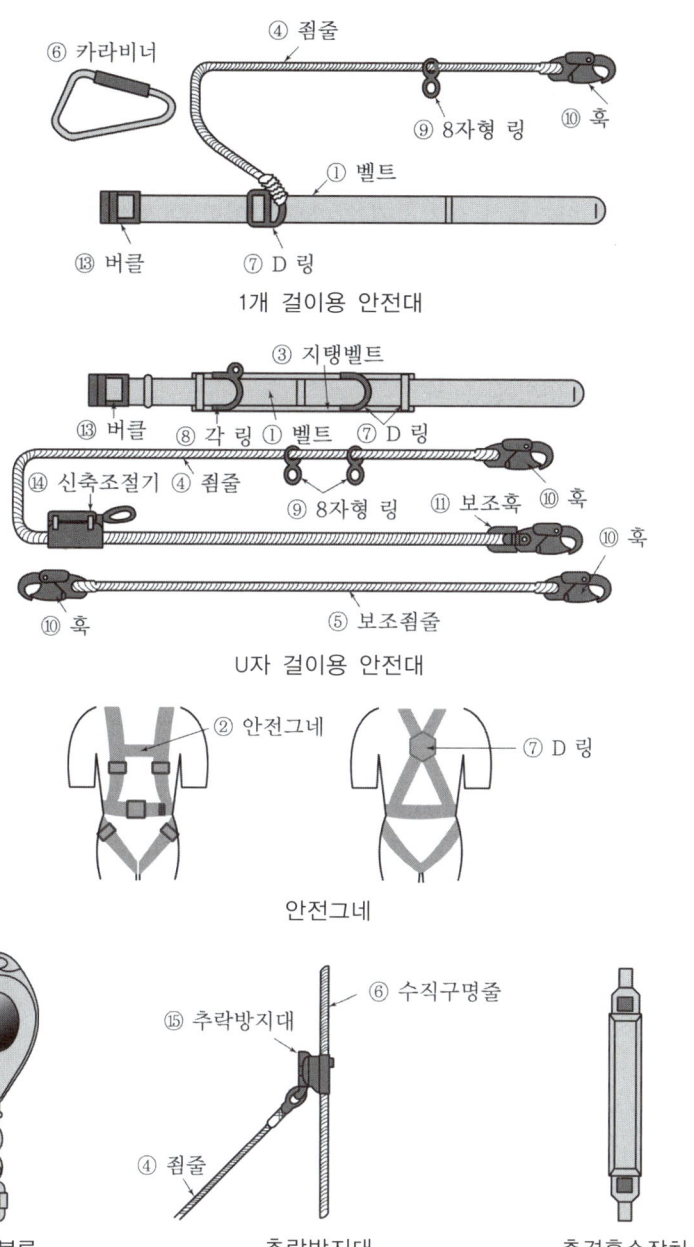

### 2) 안전대의 종류 ★★

| 종류 | 사용구분 |
| --- | --- |
| 벨트식 | 1개 걸이용 |
|  | U자 걸이용 |
| 안전그네식 | 추락방지대 |
|  | 안전블록 |

3) 안전대의 선정 ★
   ① **U자 걸이용**은 전주 위에서의 작업과 같이 **발받침은 확보되어 있어도 불완전하여 체중의 일부는 U자 걸이로 하여 안전대에 지지하여야만 작업**을 할 수 있으며, 1개 걸이의 상태로서는 사용하지 않는 경우에 선정해야 한다.
   ② **1개 걸이용은 안전대에 의지하지 않아도 작업할 수 있는 발판이 확보되었을 때 사용**한다.

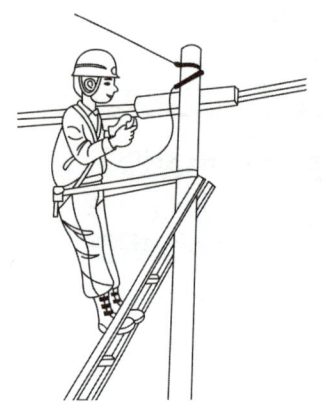
[그림 1] U자걸이용 안전대

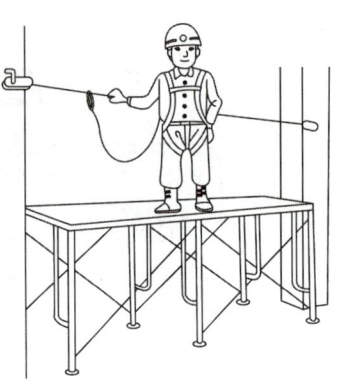
[그림 2] 1개 걸이용 안전대

4) 안전블록이 부착된 안전대의 구조
   ① **안전블록을 부착하여 사용하는 안전대**는 신체지지의 방법으로 **안전그네만을 사용**할 것
   ② 안전블록은 **정격 사용 길이가 명시될 것**
   ③ 안전블록의 **줄은 합성섬유로프, 웨빙(webbing), 와이어로프이어야 하며, 와이어로프인 경우 최소지름이 4mm 이상일 것**

5) 추락방지대가 부착된 안전대의 구조
   ① 추락방지대를 부착하여 사용하는 안전대는 **신체지지의 방법으로 안전그네만을 사용**하여야 하며 수직구명줄이 포함될 것
   ② 수직구명줄에서 걸이설비와의 연결 부위는 훅 또는 카라비너 등이 장착되어 걸이설비와 확실히 연결될 것
   ③ 유연한 수직구명줄은 합성섬유로프 또는 와이어로프 등이어야 하며 구명줄이 고정되지 않아 흔들림에 의한 추락방지대의 오작동을 막기 위하여 적절한 긴장수단을 이용, 팽팽히 당겨질 것
   ④ **죔줄은 합성섬유로프, 웨빙, 와이어로프 등일 것**
   ⑤ 고정된 추락방지대의 **수직구명줄은 와이어로프 등으로 하며 최소지름이 8mm 이상**일 것
   ⑥ 고정 와이어로프에는 하단부에 무게추가 부착되어 있을 것

## (10) 차광보안경

### 1) 차광보안경의 용어정의

① **접안경** : 착용자의 시야를 확보하는 보안경의 일부로서 렌즈 및 플레이트 등을 말한다.
② **필터** : 해로운 자외선 및 적외선 또는 강렬한 가시광선의 강도를 감소시킬 수 있도록 설계된 것을 말한다.
③ **필터렌즈(플레이트)** : 유해광선을 차단하는 원형 또는 변형모양의 렌즈(플레이트)를 말한다. ★
④ **커버렌즈(플레이트)** : 분진, 칩, 액체약품 등 비산물로부터 눈을 보호하기 위해 사용하는 렌즈(플레이트)를 말한다.
⑤ **시감투과율** : 필터 입사에 대한 투과 광속의 비를 말하며, 분광투과율을 측정한다.
⑥ **차광도 번호(scale number)** : 필터와 플레이트의 유해광선을 차단할 수 있는 능력을 말하고 자외선, 가시광선 및 적외선에 대해 표기한다.

### 2) 사용구분에 따른 차광보안경의 종류 ★

| 종류 | 사용구분 |
| --- | --- |
| 자외선용 | 자외선이 발생하는 장소 |
| 적외선용 | 적외선이 발생하는 장소 |
| 복합용 | 자외선 및 적외선이 발생하는 장소 |
| 용접용 | 산소용접작업 등과 같이 자외선, 적외선 및 강렬한 가시광선이 발생하는 장소 |

> **Reference**
>
> **자율안전확인 대상 보안경의 종류**
>
> | 유리 보안경 | 비산물로부터 눈을 보호하기 위한 것으로 렌즈의 재질이 유리인 것 |
> | --- | --- |
> | 플라스틱 보안경 | 비산물로부터 눈을 보호하기 위한 것으로 렌즈의 플라스틱인 것 |
> | 도수렌즈 보안경 | 비산물로부터 눈을 보호하기 위한 것으로 도수가 있는 것 |

## (11) 용접용 보안면

### 1) 용접용 보안면의 형태

| 형태 | 구조 |
| --- | --- |
| 헬멧형 | 안전모나 착용자의 머리에 지지대나 헤드밴드 등을 이용하여 적정위치에 고정, 사용하는 형태(자동용접필터형, 일반용접필터형) |
| 핸드실드형 | 손에 들고 이용하는 보안면으로 적절한 필터를 장착하여 눈 및 안면을 보호하는 형태 |

2) 용접용 보안면의 투과율 ★

| 투과율 | 커버플레이트 | 89% 이상 |
|---|---|---|
| | 자동용접필터 | 낮은 수준의 최소시감투과율 0.16% 이상 |

### (12) 방음용 귀마개 또는 귀덮개

1) 방음용 귀마개 또는 귀덮개의 종류·등급 ★

| 종류 | 등급 | 기호 | 성능 | 비고 |
|---|---|---|---|---|
| 귀마개 | 1종 | EP-1 | 저음부터 고음까지 차음하는 것 | 귀마개의 경우 재사용 여부를 제조특성으로 표기 |
| | 2종 | EP-2 | 주로 고음을 차음하고 저음(회화음영역)은 차음하지 않는 것 | |
| 귀덮개 | - | EM | | |

## 안전보건 표지

### (1) 안전보건 표지의 정의 및 제작

① "안전·보건표지"란 근로자의 안전 및 보건을 확보하기 위하여 위험장소 또는 위험물질에 대한 경고, 비상시에 대처하기 위한 지시 또는 안내, 그 밖에 근로자의 안전·보건의식을 고취하기 위한 사항 등을 그림·기호 및 글자 등으로 표시하여 근로자의 판단이나 행동의 착오로 인하여 산업재해를 일으킬 우려가 있는 작업장의 특정 장소, 시설 또는 물체에 설치하거나 부착하는 표지를 말한다.
② 안전·보건표지는 그 표시내용을 근로자가 빠르고 쉽게 알아볼 수 있는 크기로 제작하여야 한다.
③ 안전·보건표지 속의 그림 또는 부호의 크기는 안전·보건표지의 크기와 비례하여야 하며, 안전·보건표지 전체 규격의 30퍼센트 이상이 되어야 한다.
④ 안전·보건표지는 쉽게 파손되거나 변형되지 아니하는 재료로 제작하여야 한다.
⑤ 야간에 필요한 안전·보건표지는 야광물질을 사용하는 등 쉽게 알아볼 수 있도록 제작하여야 한다.

## (2) 안전보건 표지의 색채, 색도기준 및 용도 ★★★

| 색채 | 색도기준 | 용도 | 사용례 |
|---|---|---|---|
| 빨간색 | 7.5R 4/14 | 금지 | 정지신호, 소화설비 및 그 장소, 유해행위의 금지 |
| | | 경고 | 화학물질 취급장소에서의 유해·위험 경고 |
| 노란색 | 5Y 8.5/12 | 경고 | 화학물질 취급장소에서의 유해·위험경고 이외의 위험경고, 주의표지 또는 기계방호물 |
| 파란색 | 2.5PB 4/10 | 지시 | 특정 행위의 지시 및 사실의 고지 |
| 녹색 | 2.5G 4/10 | 안내 | 비상구 및 피난소, 사람 또는 차량의 통행표지 |
| 흰색 | N9.5 | | 파란색 또는 녹색에 대한 보조색 |
| 검은색 | N0.5 | | 문자 및 빨간색 또는 노란색에 대한 보조색 |

> **특급 암기법**
> 7.5R 4/14(싫어 4/14)　5Y 8.5/12(오! 빨리와 이리)
> 2.5PB 4/10(2.5 × 4 = 10) or 2.5G 4/10(2.5 × 4 = 10)

## (3) 안전보건표지의 종류 및 형태 ★★★　　[별책부록 컬러 자료를 참고해 주세요.]

| 1. 금지표지 | 101 출입금지 | 102 보행금지 | 103 차량통행금지 | 104 사용금지 |
|---|---|---|---|---|
| | 105 탑승금지 | 106 금연 | 107 화기금지 | 108 물체이동금지 |

| 2. 경고표지 | 201 인화성물질 경고 | 202 산화성물질 경고 | 203 폭발성물질 경고 | 204 급성독성물질 경고 | 205 부식성물질 경고 |
|---|---|---|---|---|---|
| | 206 방사성물질 경고 | 207 고압전기 경고 | 208 매달린 물체 경고 | 209 낙하물 경고 | 210 고온 경고 |

| | 211<br>저온 경고 | 212<br>몸균형 상실 경고 | 213<br>레이저광선 경고 | 214<br>발암성·변이원성<br>·생식독성·전신<br>독성·호흡기과<br>민성 물질 경고 | 215<br>위험장소 경고 |
|---|---|---|---|---|---|
| 3. 지시표지 | 301<br>보안경 착용 | 302<br>방독마스크 착용 | 303<br>방진마스크 착용 | 304<br>보안면 착용 | 305<br>안전모 착용 |
| | 306<br>귀마개 착용 | 307<br>안전화 착용 | 308<br>안전장갑 착용 | 309<br>안전복 착용 | |
| 4. 안내표지 | 401<br>녹십자표지 | 402<br>응급구호표지 | 403<br>들것 | 404<br>세안장치 | |
| | 405<br>비상용기구 | 406<br>비상구 | 407<br>좌측비상구 | 408<br>우측비상구 | |
| 5. 관계자외<br>출입금지 | 501<br>허가대상물질 작업장<br><br>관계자외 출입금지<br>(허가물질 명칭) 제조/사용/보관 중<br>보호구/보호복 착용<br>흡연 및 음식물<br>섭취 금지 | | 502<br>석면취급/해체 작업장<br><br>관계자외 출입금지<br>석면 취급/해체 중<br>보호구/보호복 착용<br>흡연 및 음식물<br>섭취 금지 | | 503<br>금지대상물질의 취급<br>실험실 등<br><br>관계자외 출입금지<br>발암물질 취급 중<br>보호구/보호복 착용<br>흡연 및 음식물<br>섭취 금지 |

## (4) 안전보건표지의 종류별 색채

| 구분 | 색채 |
|---|---|
| 금지표지 | 바탕 – 흰색, 기본모형 – 빨간색, 관련 부호 및 그림 – 검은색 |
| 경고표지 | 삼각형 : 바탕 – 노란색, 기본모형 – 검은색, 관련 부호 및 그림 – 검은색<br>마름모 : 바탕 – 무색, 기본모형 – 빨간색(검은색도 가능) |
| 지시표지 | 바탕 – 파란색, 관련 그림 – 흰색 |
| 안내표지 | 바탕 – 흰색, 기본모형 및 관련 부호 – 녹색<br>또는 바탕 – 녹색, 관련 부호 및 그림 – 흰색 |
| 출입금지표지 | 흰색 바탕에 글자는 흑색<br>다음 글자는 적색<br>– ○○○제조 / 사용 / 보관 중<br>– 석면취급 / 해체 중<br>– 발암물질 취급 중 |

> **Reference**
>
> 🌸 산업안전보건법 상의 안전보건표지 중 '관계자 외 출입금지' 표지의 하단에 포함되어야 하는 문자 2가지 ★
>
> ① 보호구 / 보호복 착용
> ② 흡연 및 음식물 섭취 금지

# 예상문제

  다음 지급해야 할 보호구의 명칭을 (   ) 안에 적으시오. ★★★

| 작업조건에 적합한 보호구 | |
|---|---|
| 물체가 떨어지거나 날아올 위험 또는 근로자가 추락할 위험이 있는 작업 | |
| 높이 또는 깊이 2미터 이상의 추락할 위험이 있는 장소에서 하는 작업 | |
| 물체의 낙하·충격, 물체에의 끼임, 감전 또는 정전기의 대전(帶電)에 의한 위험이 있는 작업 | |
| 물체가 흩날릴 위험이 있는 작업 | |
| 용접 시 불꽃이나 물체가 흩날릴 위험이 있는 작업 | |
| 감전의 위험이 있는 작업 | |
| 고열에 의한 화상 등의 위험이 있는 작업 | |
| 선창 등에서 분진(粉塵)이 심하게 발생하는 하역작업 | |
| 섭씨 영하 18도 이하인 급냉동어창에서 하는 하역작업 | |
| 물건을 운반하거나 수거·배달하기 위하여 이륜자동차 또는 원동기장치 자전거를 운행하는 작업 | |
| 물건을 운반하거나 수거·배달하기 위하여 자전거 등을 운행하는 작업 | |

### 정답

| 작업조건에 적합한 보호구 | |
|---|---|
| 물체가 떨어지거나 날아올 위험 또는 근로자가 추락할 위험이 있는 작업 | 안전모 |
| 높이 또는 깊이 2미터 이상의 추락할 위험이 있는 장소에서 하는 작업 | 안전대 |
| 물체의 낙하·충격, 물체에의 끼임, 감전 또는 정전기의 대전(帶電)에 의한 위험이 있는 작업 | 안전화 |
| 물체가 흩날릴 위험이 있는 작업 | 보안경 |
| 용접 시 불꽃이나 물체가 흩날릴 위험이 있는 작업 | 보안면 |
| 감전의 위험이 있는 작업 | 절연용 보호구 |
| 고열에 의한 화상 등의 위험이 있는 작업 | 방열복 |
| 선창 등에서 분진(粉塵)이 심하게 발생하는 하역작업 | 방진마스크 |
| 섭씨 영하 18도 이하인 급냉동어창에서 하는 하역작업 | 방한모·방한복·방한화·방한장갑 |
| 물건을 운반하거나 수거·배달하기 위하여 이륜자동차 또는 원동기장치 자전거를 운행하는 작업 | 승차용 안전모 |
| 물건을 운반하거나 수거·배달하기 위하여 자전거 등을 운행하는 작업 | 안전모 |

보호구 선택 시 유의사항을 3가지 적으시오. (보호구의 구비 조건)

**정답**

① 사용 목적에 적합해야 한다.
② 착용이 간편해야 한다.
③ 작업에 방해되지 않아야 한다.
④ 품질이 우수해야 한다.
⑤ 구조, 끝마무리가 양호해야 한다.
⑥ 겉모양, 보기가 좋아야 한다.

03 안전인증 대상 안전모의 종류를 적으시오. ★★★

**정답**

① AB형 : 물체의 낙하 비래, 추락 방지용
② AE형 : 물체의 낙하 비래, 머리 부위 감전 방지용
③ ABE형 : 물체의 낙하 비래, 추락, 머리 부위 감전 방지용

 안전인증 대상 안전모의 성능시험 종류를 쓰시오. ★★

**정답**

① 내관통성 시험
② 충격흡수성 시험
③ 내수성 시험
④ 내전압성 시험
⑤ 난연성 시험
⑥ 턱끈풀림 시험

> **참고**
> · 자율안전확인 대상 안전모의 성능시험 종류
>   ① 내관통성 시험
>   ② 충격흡수성 시험
>   ③ 난연성 시험
>   ④ 턱끈풀림 시험

 가죽제 안전화의 성능시험 종류를 쓰시오. ★

**정답**

① 내충격성시험
② 내압박성시험
③ 내답발성시험
④ 박리저항시험
⑤ 내유성시험

 방진마스크에 관한 다음 물음에 답하시오. ★★

(1) 방진마스크의 등급을 3가지로 구분하시오.
(2) 다음 [보기]의 분진 발생장소에서 착용하여야 할 방진마스크의 등급을 적으시오.

① 베릴륨 등 독성이 강한 분진, 석면 취급 장소 : (           )
② 금속흄 등 열적으로 생기는 분진, 기계적으로 생기는 분진(규소 제외) : (        )
③ 특급 및 1급 마스크 착용장소를 제외한 분진 등 발생장소 :

**정답**

(1) 방진마스크의 등급 : 특급, 1급, 2급
(2) 분진 발생 장소에서 착용하여야 할 방진마스크의 등급

① 베릴륨 등 독성이 강한 분진, 석면 취급장소 : 특급
② 금속흄 등 열적으로 생기는 분진, 기계적으로 생기는 분진(규소 제외) : 1급
③ 특급 및 1급 마스크 착용 장소를 제외한 분진 등 발생 장소 : 2급

**참고**

· 방진마스크의 여과재 분진 등 포집효율

| 형태 및 등급 | | 염화나트륨(NaCl) 및 파라핀 오일(Paraffin oil) 시험(%) |
|---|---|---|
| 분리식 | 특 급 | 99.95 이상 |
| | 1 급 | 94.0 이상 |
| | 2 급 | 80.0 이상 |
| 안면부 여과식 | 특 급 | 99.0 이상 |
| | 1 급 | 94.0 이상 |
| | 2 급 | 80.0 이상 |

 다음 방독마스크의 종류별 시험가스를 (　)안에 적으시오. ★★

| 종류 | 시험가스 |
|---|---|
| 유기화합물용 | (　　　) |
| | (　　　) |
| | (　　　) |
| 할로겐용 | (　　　) |
| 황화수소용 | (　　　) |
| 시안화수소용 | (　　　) |
| 아황산용 | (　　　) |
| 암모니아용 | (　　　) |

**정답**

| 종류 | 시험가스 |
|---|---|
| 유기화합물용 | 시클로헥산 |
| | 디메틸에테르 |
| | 이소부탄 |
| 할로겐용 | 염소가스 또는 증기 |
| 황화수소용 | 황화수소가스 |
| 시안화수소용 | 시안화수소가스 |
| 아황산용 | 아황산가스 |
| 암모니아용 | 암모니아가스 |

**08** 다음 장소에 착용하여야 할 방독마스크의 등급을 구분하여 (　)안에 적으시오. ★★

(1) 가스 또는 증기의 농도가 100분의 2(암모니아에 있어서는 100분의 3) 이하의 대기 중에서 사용하는 것 : (　　)

(2) 가스 또는 증기의 농도가 100분의 1(암모니아에 있어서는 100분의 1.5) 이하의 대기 중에서 사용하는 것 : (　　)

(3) 가스 또는 증기의 농도가 100분의 0.1 이하의 대기 중에서 사용하는 것으로서 긴급용이 아닌 것 : (　　)

(4) 방독마스크는 산소농도가 (　　) 이상인 장소에서 사용하여야 하고, 고농도와 중농도에서 사용하는 방독마스크는 (　　)을 사용해야 한다.

**정답**

(1) 고농도
(2) 중농도
(3) 저농도 및 최저농도
(4) 18%, 전면형

방독마스크 정화통 외부 측면 색을 (   )쓰시오. ★★

| 종 류 | 표시 색 |
|---|---|
| 유기화합물용 정화통 | (          ) |
| 할로겐용 정화통 | (          ) |
| 황화수소용 정화통 | |
| 시안화수소용 정화통 | |
| 아황산용 정화통 | (          ) |
| 암모니아용 정화통 | (          ) |
| 복합용 및 겸용의 정화통 | (          ) : 해당가스 모두 표시, 2층 분리<br>(          ) : 백색과 해당가스 모두 표시, 2층 분리 |

**정답**

| 종 류 | 표시 색 |
|---|---|
| 유기화합물용 정화통 | 갈색 |
| 할로겐용 정화통 | 회색 |
| 황화수소용 정화통 | |
| 시안화수소용 정화통 | |
| 아황산용 정화통 | 노란색 |
| 암모니아용 정화통 | 녹색 |
| 복합용 및 겸용의 정화통 | 복합용 : 해당가스 모두 표시, 2층 분리<br>겸용 : 백색과 해당가스 모두 표시, 2층 분리 |

 방독마스크 정화통 표기사항을 4가지 쓰시오. (안전인증 방독마스크 표시 외에 표시사항) ★

**정답**

① 파과곡선도
② 사용시간 기록카드
③ 정화통의 외부측면의 표시 색
④ 사용상의 주의사항

## 11. 안전대 종류 4가지를 구분하여 적으시오. ★★

**정답**

| 종류 | 사용 구분 |
|---|---|
| 벨트식 | 1개 걸이용 |
| | U자 걸이용 |
| 안전그네식 | 추락방지대 |
| | 안전블록 |

## 12. 안전인증 대상 차광보안경의 종류와 사용 장소를 4가지로 구분하여 적으시오. ★

**정답**

| 종류 | 사용 구분 |
|---|---|
| 자외선용 | 자외선이 발생하는 장소 |
| 적외선용 | 적외선이 발생하는 장소 |
| 복합용 | 자외선 및 적외선이 발생하는 장소 |
| 용접용 | 산소용접작업 등과 같이 자외선, 적외선 및 강렬한 가시광선이 발생하는 장소 |

> **참고**
> 
> • 자율안전확인 대상 보안경의 종류
> 
> | 유리 보안경 | 비산물로부터 눈을 보호하기 위한 것으로 렌즈의 재질이 유리인 것 |
> |---|---|
> | 플라스틱 보안경 | 비산물로부터 눈을 보호하기 위한 것으로 렌즈의 플라스틱인 것 |
> | 도수렌즈 보안경 | 비산물로부터 눈을 보호하기 위한 것으로 도수가 있는 것 |

## 13 안전인증 대상 안전화의 종류를 5가지 적으시오. ★

**정답**
① 가죽제안전화
② 고무제안전화
③ 정전기안전화
④ 발등안전화
⑤ 절연화
⑥ 절연장화
⑦ 화학물질용 안전화

> **참고**
> 
> | 종류 | 성능구분 |
> |---|---|
> | 가죽제안전화 | 물체의 낙하, 충격 또는 날카로운 물체에 의한 찔림 위험으로부터 발을 보호하기 위한 것 |
> | 고무제안전화 | 물체의 낙하, 충격 또는 날카로운 물체에 의한 찔림 위험으로부터 발을 보호하고 내수성을 겸한 것 |
> | 정전기안전화 | 물체의 낙하, 충격 또는 날카로운 물체에 의한 찔림 위험으로부터 발을 보호하고 정전기의 인체대전을 방지하기 위한 것 |
> | 발등안전화 | 물체의 낙하, 충격 또는 날카로운 물체에 의한 찔림 위험으로부터 발 및 발등을 보호하기 위한 것 |
> | 절연화 | 물체의 낙하, 충격 또는 날카로운 물체에 의한 찔림 위험으로부터 발을 보호하고 저압의 전기에 의한 감전을 방지하기 위한 것 |
> | 절연장화 | 고압에 의한 감전을 방지 및 방수를 겸한 것 |
> | 화학물질용 안전화 | 물체의 낙하, 충격 또는 날카로운 물체에 의한 찔림 위험으로부터 발을 보호하고 화학물질로부터 유해위험을 방지하기 위한 것 |

**14** 사용 장소에 따른 고무제 안전화의 종류를 2가지로 구분하시오.

**정답**
① 일반용
② 내유용

**참고**

| 구분 | 사용 장소 |
|---|---|
| 일반용 | 일반작업장 |
| 내유용 | 탄화수소류의 윤활유 등을 취급하는 작업장 |

**15** 다음 안전보건표지의 명칭을 적으시오. ★★★   [별책부록 컬러 자료를 참고해주세요.]

1. 금지표지

2. 경고표지

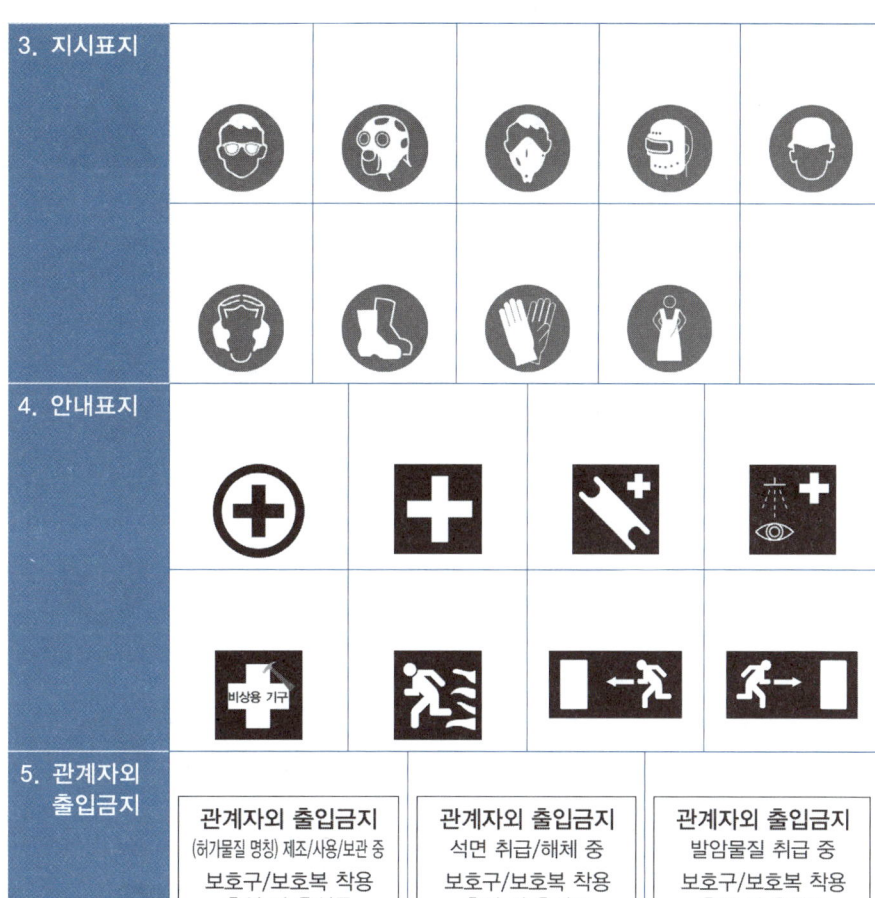

| | | | | | | |
|---|---|---|---|---|---|---|
| 2. 경고표지 | 206 방사성물질 경고 | 207 고압전기 경고 | 208 매달린 물체 경고 | 209 낙하물 경고 | 210 고온 경고 | |
| | 211 저온 경고 | 212 몸균형 상실 경고 | 213 레이저광선 경고 | 214 발암성·변이원성·생식독성·전신독성·호흡기 과민성 물질 경고 | 215 위험장소 경고 | |
| 3. 지시표지 | 301 보안경 착용 | 302 방독마스크 착용 | 303 방진마스크 착용 | 304 보안면 착용 | 305 안전모 착용 | |
| | 306 귀마개 착용 | 307 안전화 착용 | 308 안전장갑 착용 | 309 안전복 착용 | | |
| 4. 안내표지 | 401 녹십자표지 | 402 응급구호표지 | 403 들것 | 404 세안장치 | | |
| | 405 비상용기구 | 406 비상구 | 407 좌측비상구 | 408 우측비상구 | | |
| 5. 관계자 외 출입금지 | 501 허가대상물질 작업장 관계자외 출입금지 (허가물질 명칭) 제조/사용/보관 중 보호구/보호복 착용 흡연 및 음식물 섭취 금지 | | 502 석면취급/해체 작업장 관계자외 출입금지 석면 취급/해체 중 보호구/보호복 착용 흡연 및 음식물 섭취 금지 | | 503 금지대상물질의 취급 실험실 등 관계자외 출입금지 발암물질 취급 중 보호구/보호복 착용 흡연 및 음식물 섭취 금지 | |

(1) 산업안전 표지의 종류 5가지를 쓰고, 색을 설명하시오.

(2) '관계자 외 출입금지' 표지의 하단에 포함되어야 하는 문자 2가지를 적으시오.
★★★

(1) 산업안전 표지의 종류

| 금지표지 | 바탕 – 흰색, 기본모형 – 빨간색, 관련 부호·그림 – 검은색 |
|---|---|
| 지시표지 | ① 경고표지(삼각형) : 바탕 – 노란색, 기본모형 – 검은색, 관련 부호·그림 – 검은색<br>② 경고표지(마름모) : 바탕 – 무색, 기본모형 – 빨간색, 관련 부호·그림 – 검은색 |
| 안내표지 | 바탕 – 흰색, 기본모형, 관련 그림 – 녹색 |
| 관계자 외 출입금지표지<br>(출입금지 표지) | 바탕 – 흰색, 글자 – 검은색<br>다음 글자는 빨간색<br>– ○○○제조 / 사용 / 보관 중<br>– 석면취급 / 해체 중<br>– 발암물질 취급 중 |

(2) ① 보호구/보호복 착용
② 흡연 및 음식물 섭취 금지

다음 보기의 ( )안에 알맞은 내용을 쓰시오. ★★★

| 용도 | 색도기준 | 색채 |
|---|---|---|
| 금지, 경고표지 | ( ) | 적색 |
| 경고표지 | ( ) | 황색 |
| 지시표지 | ( ) | 청색 |
| 안내표지 | ( ) | 녹색 |
|  | ( ) | 흰색 |
|  | ( ) | 검정 |

정답

| 용도 | 색도기준 | 색채 |
|---|---|---|
| 금지, 경고표지 | 7.5R 4/14 | 적색 |
| 경고표지 | 5Y 8.5/12 | 황색 |
| 지시표지 | 2.5PB 4/10 | 청색 |
| 안내표지 | 2.5G 4/10 | 녹색 |
|  | N 9.5 | 흰색 |
|  | N 0.5 | 검정 |

# PART 06

# 건설공사 위험성 평가

CHAPTER 01　건설공사 위험성 평가 사전 준비하기

CHAPTER 02　건설공사 유해·위험요인 파악하기

CHAPTER 03　건설공사 위험성 결정하기

CHAPTER 04　건설공사 위험성 감소 대책 수립하기

CHAPTER 05　건설공사 위험성 감소 대책 타당성 검토하기

# CHAPTER 01 건설공사 위험성 평가 사전 준비하기

## 사업장의 위험성 평가

사업주는 건설물, 기계·기구·설비, 원재료, 가스, 증기, 분진, 근로자의 작업행동 또는 그 밖의 **업무로 인한 유해·위험 요인을 찾아내어** 부상 및 질병으로 이어질 수 있는 **위험성의 크기가 허용 가능한 범위인지를 평가하여야** 하고, **그 결과에 따른 조치를 하여야** 하며, 근로자에 대한 위험 또는 건강장해를 방지하기 위하여 필요한 경우에는 추가적인 조치를 하여야 한다.

### (1) 용어 정의

1) "유해·위험요인"이란 유해·위험을 일으킬 잠재적 가능성이 있는 것의 고유한 특징이나 속성을 말한다.
2) "위험성"이란 유해·위험요인이 사망, 부상 또는 질병으로 이어질 수 있는 가능성과 중대성 등을 고려한 위험의 정도를 말한다.
3) "위험성 평가"란 사업주가 스스로 유해·위험요인을 파악하고 해당 유해·위험요인의 위험성 수준을 결정하여, 위험성을 낮추기 위한 적절한 조치를 마련하고 실행하는 과정을 말한다. ★

### (2) 위험성 평가 실시 주체

1) 사업주는 스스로 사업장의 유해·위험요인을 파악하고 이를 평가하여 관리 개선하는 등 위험성 평가를 실시하여야 한다.

2) 작업의 일부 또는 전부를 도급에 의하여 행하는 사업의 경우는 도급을 준 도급인("도급사업주")과 도급을 받은 수급인("수급사업주")은 각각 위험성 평가를 실시하여야 한다.

3) 도급사업주는 수급사업주가 실시한 위험성 평가 결과를 검토하여 도급사업주가 개선할 사항이 있는 경우 이를 개선하여야 한다.

### (3) 위험성 평가의 대상 ★

1) 위험성 평가의 대상이 되는 유해·위험요인은 업무 중 근로자에게 노출된 것이 확인되었거나 노출될 것이 합리적으로 예견 가능한 모든 유해·위험요인이다. 다만, 매우 경미한 부상 및 질병만을 초래할 것으로 명백히 예상되는 유해·위험요인은 평가 대상에서 제외할 수 있다.

2) 사업주는 사업장 내 부상 또는 질병으로 이어질 가능성이 있었던 상황("아차사고")을 확인한 경우에는 해당 사고를 일으킨 유해·위험요인을 위험성 평가의 대상에 포함시켜야 한다.

3) 사업주는 사업장 내에서 중대재해가 발생한 때에는 지체 없이 중대재해의 원인이 되는 유해·위험요인에 대해 위험성 평가를 실시하고, 그 밖의 사업장 내 유해·위험요인에 대해서는 위험성 평가 재검토를 실시하여야 한다.

### (4) 위험성 평가의 실시 시기

1) 사업주는 **사업이 성립된 날**(사업 개시일을 말하며, 건설업의 경우 실착공일을 말한다)**로부터 1개월이 되는 날까지** 위험성 평가의 대상이 되는 유해·위험요인에 대한 **최초 위험성 평가의 실시에 착수**하여야 한다. 다만, 1개월 미만의 기간 동안 이루어지는 작업 또는 공사의 경우에는 특별한 사정이 없는 한 작업 또는 공사 개시 후 지체 없이 최초 위험성 평가를 실시하여야 한다.

2) 사업주는 **다음 각 호의 어느 하나에 해당하여 추가적인 유해·위험요인이 생기는 경우**에는 해당 유해·위험요인에 대한 **수시 위험성 평가를 실시**하여야 한다. 다만, 제5호에 해당하는 경우에는 재해 발생 작업을 대상으로 작업을 재개하기 전에 실시하여야 한다.

| 수시평가를 하여야 하는 경우 |
|---|

① 사업장 건설물의 설치·이전·변경 또는 해체
② 기계·기구, 설비, 원재료 등의 신규 도입 또는 변경
③ 건설물, 기계·기구, 설비 등의 정비 또는 보수
   (주기적 · 반복적 작업으로서 이미 위험성 평가를 실시한 경우에는 제외)
④ 작업방법 또는 작업절차의 신규 도입 또는 변경
⑤ 중대산업사고 또는 산업재해(휴업 이상의 요양을 요하는 경우에 한정한다) 발생
⑥ 그 밖에 사업주가 필요하다고 판단한 경우

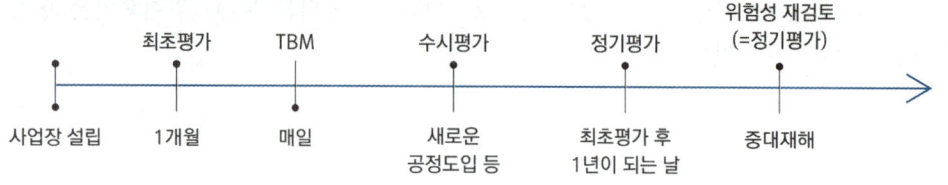

일반적인 위험성 평가 절차

### (5) 근로자 참여

사업주는 위험성 평가를 실시할 때 다음 각 호에 해당하는 경우 해당 작업에 종사하는 근로자를 참여시켜야 한다.

① 유해·위험요인의 위험성 수준을 판단하는 기준을 마련하고, 유해·위험요인별로 허용 가능한 위험성 수준을 정하거나 변경하는 경우
② 해당 사업장의 유해·위험요인을 파악하는 경우
③ 유해·위험요인의 위험성이 허용 가능한 수준인지 여부를 결정하는 경우
④ 위험성 감소대책을 수립하여 실행하는 경우
⑤ 위험성 감소대책 실행 여부를 확인하는 경우

### (6) 사업장 위험성 평가의 방법

① 안전보건관리책임자 등 해당 사업장에서 사업의 실시를 총괄 관리하는 사람에게 위험성 평가의 실시를 총괄 관리하게 할 것
② 사업장의 안전관리자, 보건관리자 등이 위험성 평가의 실시에 관하여 안전보건관리책임자를 보좌하고 지도·조언하게 할 것
③ 유해·위험요인을 파악하고 그 결과에 따른 개선조치를 시행할 것
④ 기계·기구, 설비 등과 관련된 위험성 평가에는 해당 기계·기구, 설비 등에 전문지식을 갖춘 사람을 참여하게 할 것
⑤ 안전·보건관리자의 선임의무가 없는 경우에는 업무를 수행할 사람을 지정하는 등 그 밖에 위험성 평가를 위한 체제를 구축할 것

(7) 사업주가 **다음 각 호의 어느 하나에 해당하는 제도를 이행한 경우**에는 그 부분에 대하여 이 고시에 따른 **위험성 평가를 실시한 것으로 본다.**

| 위험성 평가를 실시한 것으로 인정하는 경우 ★ |
|---|
| ① 위험성 평가 방법을 적용한 안전·보건진단<br>② 공정안전보고서(다만, 공정안전보고서의 내용 중 **공정 위험성 평가서가 최대 4년 범위 이내**에서 정기적으로 작성된 경우에 한한다.)<br>③ 근골격계 부담작업 유해요인조사<br>④ 그 밖에 법과 이 법에 따른 명령에서 정하는 위험성 평가 관련 제도 |

## (8) 위험성 평가의 절차 ★

사업주는 위험성 평가를 다음의 절차에 따라 실시하여야 한다. 다만, 상시근로자 5인 미만 사업장(건설공사의 경우 1억 원 미만)의 경우 제1호의 절차를 생략할 수 있다.

① 사전준비
② 유해·위험요인 파악
③ 위험성 결정
④ 위험성 감소대책 수립 및 실행
⑤ 위험성 평가 실시내용 및 결과에 관한 기록 및 보존

---

### 사전조사

위험성 평가 **실시 규정 작성, 평가 대상 선정, 위험성 수준 기준 설정, 허용 가능한 위험성 수준 설정, 평가에 필요한 자료를 수집하는 단계**이다.

## (1) 위험성 평가 실시 규정의 작성

사업주는 위험성 평가를 효과적으로 실시하기 위하여 **최초 위험성 평가 시 다음 각 호의 사항이 포함된 위험성 평가 실시규정**을 작성하고, 지속적으로 관리하여야 한다.

| 위험성 평가 실시 규정 작성 시 포함사항 |
|---|
| ① 평가의 목적 및 방법
② 평가담당자 및 책임자의 역할
③ 평가 시기 및 절차
④ 근로자에 대한 참여·공유 방법 및 유의사항
⑤ 결과의 기록·보존 |

## (2) 위험성 수준과 그 판단기준 등의 설정

1) 사전에 사업주와 근로자가 모여 유해·위험요인이 "얼마나 위험한지"에 대한 기준을 미리 정해 객관성을 확보하고, 사업장에서 「허용 가능한 위험성의 수준」은 어느 정도인지 미리 정하는 단계이다.

2) 사업주는 위험성 평가를 실시하기 전에 다음 각 호의 사항을 확정하여야 한다.
   ① 위험성의 수준과 그 수준을 판단하는 기준
   ② 허용 가능한 위험성의 수준(이 경우 법에서 정한 기준 이상으로 위험성의 수준을 정하여야 한다)

| ① 〈위험성 수준 설정〉 | | | ② 〈판단기준 설정〉 | ③ 〈허용 가능한 기준〉 | |
|---|---|---|---|---|---|
| 〈1단계〉 | 〈3단계〉 | 〈5단계〉 | | | |
| "O" | "상" | "매우 높음" | 사망 또는 영구 장애를 일으키는 재해 | "허용 불가능" | 감소대책 수립 |
| | | "높음" | 6개월 이상의 휴업을 요하는 부상이나 질병 | | |
| | "중" | "중간" | 3일~6개월 이상의 휴업을 요하는 부상이나 질병 | | |
| "X" | "하" | "낮음" | 3일 미만의 휴업을 요하는 부상이나 질병 | "허용 가능" | 법에서 정한 기준 이상 상태 유지 |
| | | "매우 낮음" | 휴업을 요하지 않는 부상이나 질병 | | |

## (3) 평가팀의 구성(건설업)

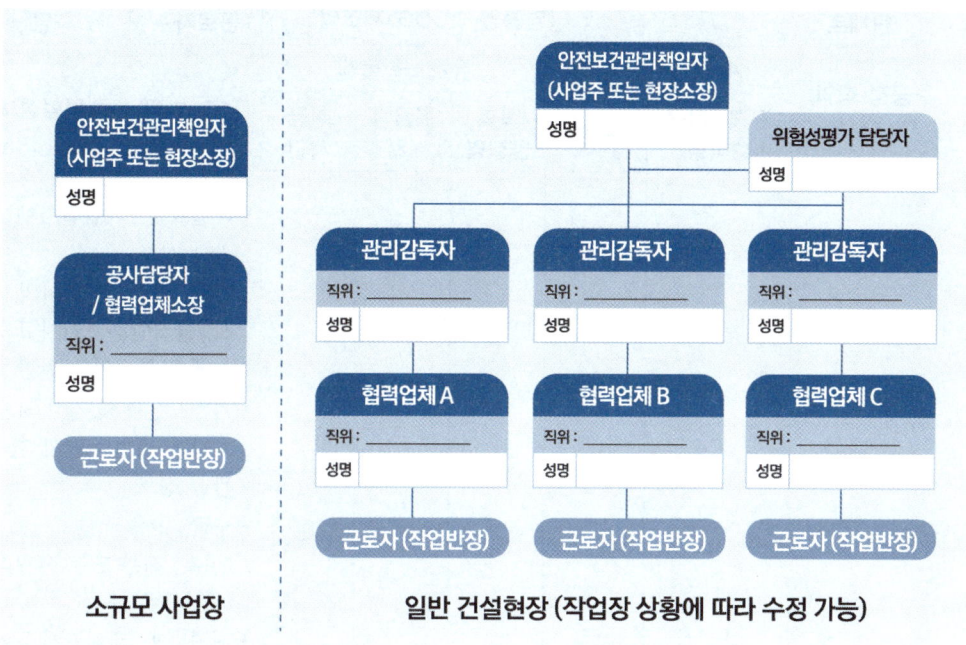

소규모 사업장 | 일반 건설현장 (작업장 상황에 따라 수정 가능)

## (4) 평가에 필요한 자료를 수집

1) 사업장의 유해·위험요인을 빠짐없이 발굴하고 적절한 위험성 감소대책을 마련하기 위해 안전보건정보(자료)를 찾고 분석하여 활용하다.

2) 활용 가능한 안전보건정보
  ① 작업 표준, 작업 절차서 등의 정보
  ② 기계·기구, 설비 등의 사양서, 물질안전보건자료 등 유해·위험요인 관련 정보
  ③ 기계·기구, 설비 등의 공정흐름도 등과 작업 주변의 환경에 관한 정보
  ④ 도급사업장이 있는 경우 혼재 작업의 위험성 및 작업 상황에 관한 정보
  ⑤ 사업장 및 동종·유사 사업장 재해사례, 재해통계에 관한 정보
  ⑥ 작업환경 측정 자료, 근로자 건강진단 결과 등

## 안전보건정보에 대한 사전조사표(예시)

| 작업(공정) | | 안전보건정보 (업종명 : ○○○ 제조업) | | | 생산품 | |
|---|---|---|---|---|---|---|
| 원재료 | | | | | 근로자수 | 명 |

| 공정(작업) 순서 | 기계·기구 및 설비 | | 유해화학물질 | | | 그 밖의 유해위험정보 |
|---|---|---|---|---|---|---|
| | 기계·기구 설비명 | 수량 | 화학 물질명 | 취급량 /일 | 취급 시간 | |
| | | | | | | • 작업표준, 작업절차에 관한 정보<br>• 기계·기구 및 설비의 사양서, 물질안전보건자료 등의 유해 위험요인에 관한 정보<br>• 기계·기구 및 설비의 공정 흐름과 작업주변의 환경에 관한 정보<br>• 도금<br>(일부, 전부 또는 혼재작업)<br>(유□, 무□)<br>• 재해사례, 재해통계 등에 관한 정보<br>• 안전작업허가증 필요 작업 유무 (유□, 무□)<br>• 중량물 인력취급 시 단위 중량( kg) 및 취급형태<br>(들기□, 밀기□, 끌기□)<br>• 작업환경측정 측정 유무<br>(측정□, 미측정□, 해당무□)<br>• 근로자 건강 진단 유무<br>(유□, 무□)<br>• 근로자 구성 및 경력특성<br><br>여성근로자　　　□<br>고령근로지　　　□<br>외국인 근로자　　□<br>1년 미만 미숙련자　□<br>비정규직 근로자　□<br>장애근로자　　　□<br><br>• 그 밖에 위험성 평가에 참고가 되는 자료 등 |

# CHAPTER 02 건설공사 유해·위험 요인 파악하기

## 건설공사 유해·위험 요인 파악

사업장 순회점검 및 안전보건 점검표 활용 등을 통해 사업장의 유해·위험요인을 파악하는 단계이다.

### (1) 평가의 대상

① 위험성 평가 대상은 "업무 중 합리적으로 예견 가능한 모든 유해·위험요인"이다.
② 매우 경미한 부상 및 질병만을 초래할 것으로 '명백히' 예상되는 유해·위험요인은 평가대상에서 제외할 수 있다.
③ 부상 및 질병을 예상할 때는 **최악의 상황에서 가장 큰 부상 또는 질병이 일어날 것을 예상하여 기준으로 삼는다.**
④ **아차사고 사례를 수집한 내용을 확인**하고 사고의 원인이 된 위험요인에 대한 **유해·위험요인에 대한 위험성 평가를 실시**한다.(아차사고 사례를 수집하고 있지 않은 경우, 이 절차를 갖추도록 한다.)
⑤ **중대재해의 원인이 되는 유해·위험요인에 대해 지체 없이 수시 위험성 평가를 실시**한다.(누락되어 있다면 수시 위험성 평가를 실시하고 그 외 유해·위험요인에 대해서는 위험성 평가 재검토를 실시한다.)

### (2) 위험성 평가 대상 분류

유해·위험요인을 파악하기 위해 작업·공정을 구분·분류한다.(작업 분류 시 연관된 작업은 별도로 구분하지 않는 것도 가능하다.)

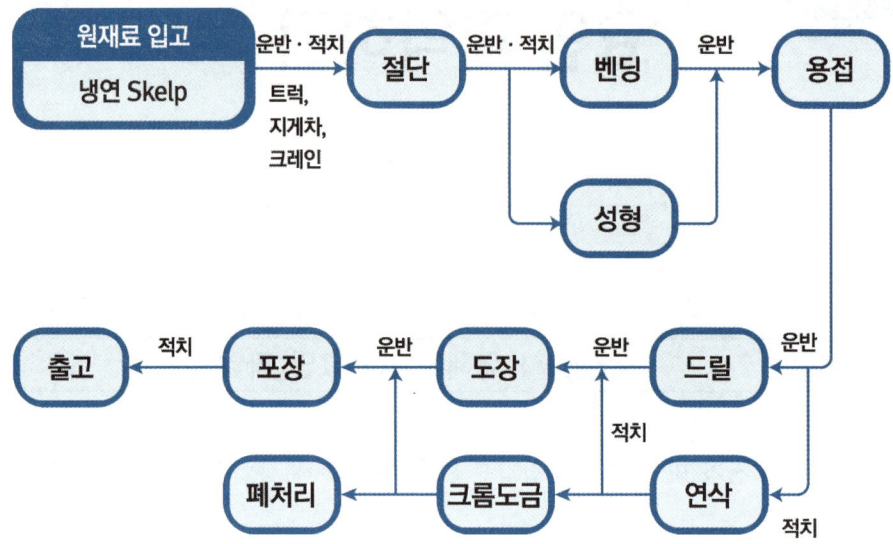

공정 흐름도에 따른 분류 예시

### (3) 유해 · 위험요인을 파악하는 방법

사업주는 다음 각 호의 방법 중 어느 하나 이상의 방법을 사용하되, **특별한 사정이 없으면 제1호에 의한 방법을 포함**하여야 한다.

| 유해 · 위험요인을 파악하는 방법 ★ |
|---|

① 사업장 순회 점검에 의한 방법
② 근로자들의 상시적 제안에 의한 방법
③ 설문조사 · 인터뷰 등 청취 조사에 의한 방법
④ 물질안전보건자료, 작업환경측정 결과, 특수건강진단 결과 등 안전보건 자료에 의한 방법
⑤ 안전보건 체크리스트에 의한 방법
⑥ 그 밖에 사업장의 특성에 적합한 방법

사업상 점검하며 근로자 제안 청취하여 안전보건 자료에 체크한다.

1) 순회점검에 의한 방법

위험성 평가 **수행자(평가팀)가 정기적으로 사업장을 순회 점검하여 기계·기구 및 설비나 작업의 유해·위험요인을 파악**하는 방법

※ 특별한 사정이 없으면 "사업장 순회점검에 의한 방법"이 포함되어야 함

| 사전준비 | 유의사항 |
|---|---|
| • 사업장에서 발생한 재해와 질병 기록<br>• 이전에 실시한 점검사항의 기록<br>• 유해·위험작업 또는 설비의 목록 | • 점검자는 사업장 작업에 정통할 것<br>• 측정이 필요한 경우 계측기 등을 준비할 것<br>• 교대 작업인 경우 점검 시간대를 조정할 것<br>• 점검 이후 필요한 때마다 점검자 회의를 개최할 것 |

2) 근로자들의 상시적 제안에 의한 방법

사업장의 **위험성을 가장 잘 알 수 있는 근로자들이 제안을 할 수 있는 창구를 마련하여 유해·위험요인을 파악**하는 방법

| 사전준비 | 유의사항 |
|---|---|
| • 사내 근로자의 제안 절차 마련 및 시행<br>• 포상이나 인센티브제도 마련 | • 제안에 따른 불이익이 없도록 할 것<br>• 근로자의 제안에 대해 실제 반영을 검토할 것<br>• 제안 내용 및 제안에 따른 결과를 공유할 것<br>• 근로자가 이해할 수 있는 언어로 제도를 설명할 것<br>• 참여를 제한하는 관행 및 장벽의 제거 |

3) 설문조사·인터뷰 등 청취조사에 의한 방법

위험성 평가 **수행자가 현장 근로자와의 면담을 통해** 직접 경험한 기계·기구 및 설비나 **작업의 유해·위험요인을 파악**하는 방법

| 사전준비 | 유의사항 |
|---|---|
| • 청취 대상을 누구로 할 것인지 사전에 선정<br>• 현재 작업에 어느 정도 정통한 사람, 안전보건에 관한 교육을 받은 사람, 유해·위험요인에 대한 판단이 가능한 사람 등 현장 책임자가 바람직함 | • 청취조사는 계획에 따라 실시하되, 조사표를 사용할 것<br>• 특정한 사람으로 한정하지 말 것<br>• 청취조사 과정에서 개인정보 보호(비밀유지) |

4) 안전보건자료에 의한 방법

재해 조사보고서, 건강진단, 아차사고 등 안전보건자료를 참고하여 유해·위험요인을 파악하는 방법

| 사전준비 | 유의사항 |
|---|---|
| • 산업안전보건위원회 등의 회의록 또는 기록<br>• 발생한 사고나 질병의 보고서<br>• 작업환경 측정이나 건강진단의 실시 결과<br>• 물질안전보건자료<br>• 작업 전 안전점검 회의(TBM) 등 안전·보건 활동 기록 등 | • 사고가 발생했을 때 수행하고 있던 작업 또는 원인을 대상으로 할 것<br>• 건강진단에서는 유소견자의 작업 또는 원인을 대상으로 할 것<br>• 기존 안전보건활동에 의해 파악 및 기록된 사항을 포함할 것 |

5) 체크리스트에 의한 방법

사업장에서 이뤄지는 작업에 대하여 안전보건 체크리스트를 작성하여 유해·위험요인을 파악하는 방법

| 사전준비 | 유의사항 |
|---|---|
| • 작업의 목록화 | • 작업 중 부상이나 질병으로 이어질 수 있는 유해·위험 요인을 도출<br>• 작업의 단계별로 유해·위험요인을 기재 |

# CHAPTER 03 건설공사 위험성 결정하기

## 위험성 결정하기

유해·위험요인별 위험성을 사업장이 설정한 허용 가능한 위험성의 기준과 비교하여 위험성의 수준이 허용 가능한지 여부를 판단하는 단계이다.

### (1) 위험성의 결정

1) 사업주는 파악된 유해·위험요인이 근로자에게 노출되었을 때의 위험성을 '위험성의 수준과 그 수준을 판단하는 기준'에 의해 판단하여야 한다.

2) 사업주는 판단한 위험성의 수준이 허용 가능한 위험성의 수준인지 결정하여야 한다.

> **Reference**
>
> ❋ 위험성 결정 기록 예시
>
> ◎ 평가대상 : 비계설치공사  ◎ 평가자 : 박안전, 김반장
>
> | 번호 | 유해·위험요인 파악<br>(위험한 상황과 결과) | 위험성의 수준<br>(상, 중, 하) | 개선<br>대책 | 개선<br>예정일 | 개선<br>완료일 | 담당자 |
> |---|---|---|---|---|---|---|
> | 1 | 비계의 작업발판 위에서 이동 또는 작업 중 떨어짐 위험 | ☑ □ □<br>상 중 하 | | | | |
> | 2 | 비계 조립 작업 중 강관 등 자재가 떨어져 이동하는 근로자에게 맞음 위험 | □ ☑ □<br>상 중 하 | | | | |
> | 3 | 비계 조립 작업 시 강관이 고압선에 접촉되어 감전 위험 | □ □ ☑<br>상 중 하 | | | | |
> | ⋮ | | | | | | |

## (2) 허용 가능한 위험 여부의 결정

1) 빈도와 강도를 곱하거나 더해서 나온 숫자가 유해·위험요인의 위험성의 크기이며, 이를 사전에 근로자들과 상의하여 준비한 "허용 가능한 위험성의 크기"와 비교한다.

> **Reference**
>
> ◎ 빈도의 크기 : 2 (※ 사유 : 이동식 사다리 작업을 1주일에 1회 실시
> ◎ 강도의 크기 : 3 (※ 사유 : 추락 시 근로자 사망)
> ◎ 위험성의 크기 : 6 = 2(빈도의 크기) × 3(강도의 크기)
>
> | 빈도의 크기 산출 기준 | | |
> | --- | --- | --- |
> | 구분 | 빈도의 크기 | 기준 |
> | 빈번 | 3 | 1일에 1회 정도 |
> | 가끔 | ② | 1주일에 1회 정도 |
> | 거의 없음 | 1 | 3개월에 1회 정도 |
>
> | 강도의 크기 산출 기준 | | |
> | --- | --- | --- |
> | 구분 | 강도의 크기 | 기준 |
> | 대 | ③ | 사망(장애 발생) |
> | 중 | 2 | 휴업 필요 |
> | 소 | 1 | 비치료 |
>
> ※ 예를 들어 "3 × 3" 평가방법을 사용하면 유해·위험요인의 위험성 크기는 1에서부터 9까지의 숫자로 나타나게 된다.
> 1×1 = 1, 1×2 = 2, 1×3 = 3
> 2×1 = 2, 2×2 = 4, 2×3 = 6
> 3×1 = 3, 3×2 = 6, 3×3 = 9

2) 우리 사업장에서는 3까지의 위험성 크기만을 허용 가능하다고 정해 놓았다면, 유해·위험요인의 위험성이 4, 6, 9에 해당하는 경우에는 위험성 감소대책의 수립·이행이 필요하다.

> **Reference**

| 허용 가능한 위험수준인지 여부의 결정 예시 ||| |
|---|---|---|---|
| 위험성의 크기 | 허용 가능 여부 | 개선 여부 | → 허용 불가능한 위험이므로 개선대책 마련·이행 |
| 4~9 | 허용 불가능 | 개선책 마련·이행 | |
| 1~3 | 허용 가능 | (필요 시) 개선 | |

| 위험성 평가 실시규정(예시) |||||||
|---|---|---|---|---|---|---|
| 사업장명 | ○○산업 | 위험성 평가 실시규정(예시) (최초-정기-수시평가용) | 담당자 | 검토자 | 근로자 대표 | 승인자 |
| 작성일자 (개정일자) | '22.2.1. ('23.5.10.) ||||||
| 목적 | • 실질적인 위험성 평가로 안전사고를 예방하여 무재해 사업장 달성 ||||||
| 방법 | • 위험성 수준 5단계 판단법(매우높음 – 높음 – 보통 – 낮음 – 매우낮음)을 채택한다.<br>– 작업기간 1개월 미만의 임시·수시·비정형 작업에 대해서는 핵심요인기술법을 활용한다.<br>• 위험성 결정 시 "낮음" 이상에 대해서는 위험성 감소대책을 수립한다.<br>• 이외의 사항은 「새로운 위험성평가 안내서」를 따른다. ||||||
| 위험성 수준의 판단 기준 | • 매우 높음 : 사망 또는 영구적 장해<br>• 높음 : 6개월 이상 휴업을 요하는 부상·질병<br>• 보통 : 3~6개월 휴업을 요하는 부상·질병<br>• 낮음 : 3개월 미만 휴업을 요하는 부상·질병<br>• 매우 낮음 : 휴업을 요하지 않는 부상·질병 ||||||
| 허용 가능한 위험성 수준 | • 매우 낮음(매우 높음부터 낮음의 경우 위험성 감소대책을 수립한다) ||||||

## (3) 위험성 평가의 방법 선정

사업주는 사업장의 규모와 특성 등을 고려하여 **다음 각 호의 위험성 평가 방법 중 한 가지 이상을 선정하여 위험성 평가를 실시할 수 있다.** ★

① 위험 가능성과 중대성을 조합한 빈도·강도법
② 체크리스트(Checklist)법
③ 위험성 수준 3단계(저·중·고) 판단법
④ 핵심요인 기술(One Point Sheet)법
⑤ 그 외 공정위험성 평가 기법

1) 위험성 수준 3단계 판단법

위험성 결정을 위해 유해·위험요인의 위험성을 가늠하고 판단할 때, **위험성 수준을 상·중·하 또는 고·중·저와 같이 간략하게 구분**하고, 직관적으로 이해할 수 있도록 위험성의 수준을 표시하는 방법이다.

2) 체크리스트법

유해·위험요인을 파악하고, **유해·위험요인별로 체크리스트를 만들어 위험성을 줄이기 위한 현재 조치가 적정한지 아닌지 "○" 또는 "×"으로 표시하는 방법**이다.

① 목록에 제시된 유해·위험요인의 위험성과 현재 조치사항을 종합하여, 그 **위험성이 우리 사업장에서 허용 가능한 수준의 위험인지 여부를 판단**한다.

② 체크리스트가 **지나치게 단순하게 작성되었거나, 주관적으로 작성된 경우 중요한 유해·위험요인을 빠트릴 수** 있으므로 주의하여야 한다.

※ 예 이 프레스는 위험한가? (×)

→ 이 프레스는 작업 시 광전자식 방호장치가 제대로 작동하는가? (○)

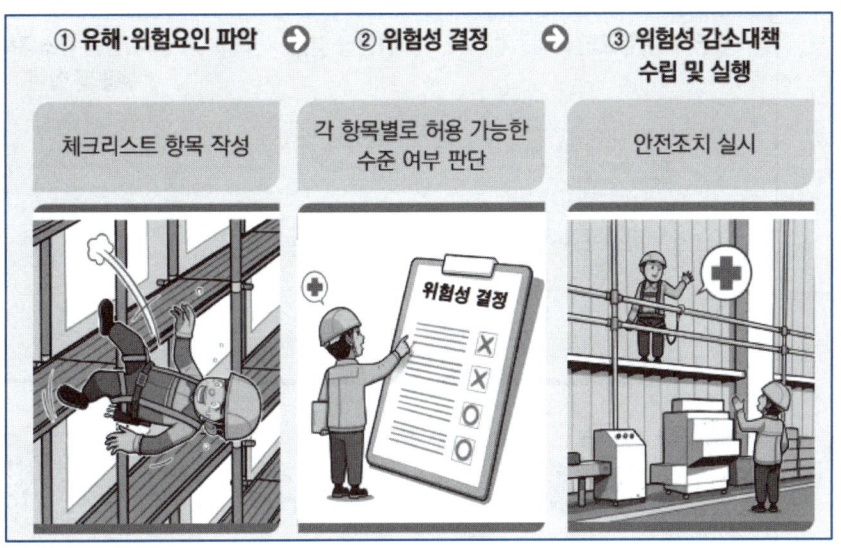

3) 핵심요인 기술법

① 영국 산업안전보건청(HSE), 국제노동기구(ILO)에서 **위험성 수준이 높지 않고, 유해·위험요인이 많지 않은 중·소규모 사업장의 위험성 평가를 위해 제시한 방법**의 하나이다.
② 단계적으로 **핵심 질문에 답변하는 방법**으로 간략하게 위험성 평가를 실시할 수 있다.
③ "유해·위험요인은 무엇인지?" "누가, 어떻게 피해를 입는지?" "현재 시행 중인 안전조치는 무엇인지?" "추가적으로 필요한 조치는 무엇인지?"의 질문에 **단계적으로 답변하며 위험성을 결정**하고, **위험성 감소대책을 수립**하여 시행하게 된다.

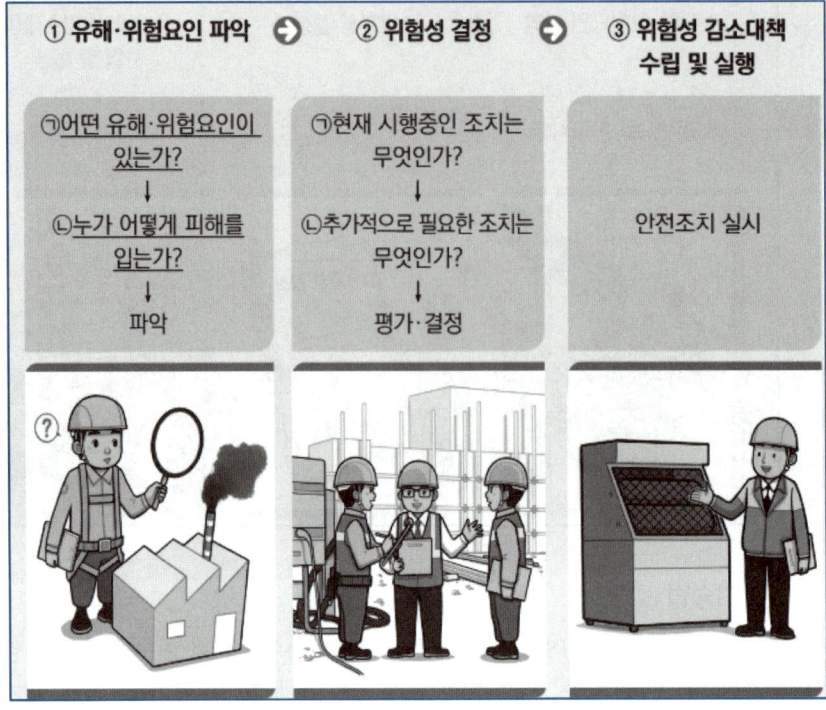

4) 빈도 · 강도법

　사업장에서 파악된 유해 · 위험요인이 얼마나 위험한지를 판단하기 위해 **위험성의 빈도(가능성)와 강도(중대성)를 곱셈, 덧셈, 행렬 등의 방법으로 조합하여 위험성의 크기(수준)를 산출해 보고, 이 위험성의 크기가 허용 가능한 수준인지 여부를 살펴보는 방법**이다.

# CHAPTER 04 건설공사 위험성 감소 대책 수립하기

## 위험성 감소 대책 수립 및 실행

위험성 평가 결과 허용 불가능한 위험성을 합리적으로 실천 가능한 범위에서 가능한 낮은 수준으로 감소시키기 위한 대책을 수립하고 시행하는 단계이다.

### (1) 위험성 감소 대책 수립 시의 순서

사업주는 허용 가능한 위험성이 아니라고 판단한 경우에는 위험성의 수준, 영향을 받는 근로자 수 및 다음 각 호의 순서를 고려하여 위험성 감소를 위한 대책을 수립하여 실행하여야 한다. 이 경우 법령에서 정하는 사항과 그 밖에 근로자의 위험 또는 건강장해를 방지하기 위하여 필요한 조치를 반영하여야 한다.

① 위험한 작업의 폐지·변경, 유해·위험 물질 대체 등의 조치 또는 설계나 계획 단계에서 위험성을 제거 또는 저감하는 조치
② 연동장치, 환기장치 설치 등의 공학적 대책
③ 사업장 작업절차서 정비 등의 관리적 대책
④ 개인용 보호구의 사용

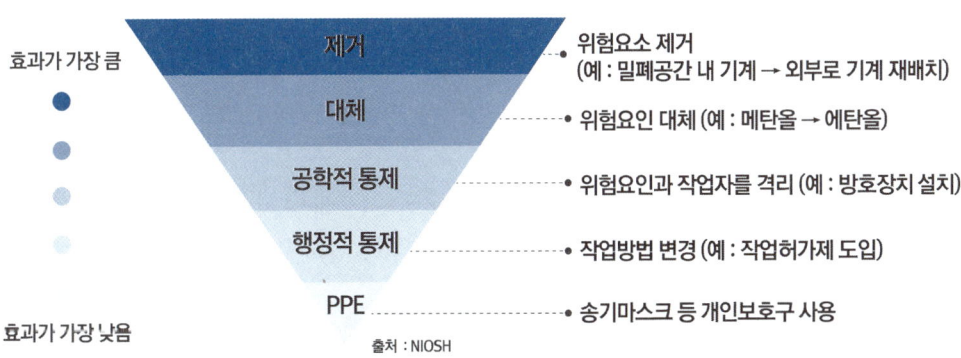

> **Reference**
>
> ### 위험성 개선대책의 종류
>
> | 제거·대체<br>(본질적·근원적 대책) | ① 위험한 작업의 폐지·변경<br>② 유해위험물질 또는 유해위험요인이 보다 적은 재료로의 대체<br>③ 설계나 계획단계에서 위험성을 제거 또는 저감하는 조치 |
> |---|---|
> | 공학적 대책 | ① 인터록장치 설치<br>② 안전장치(방호장치)의 설치<br>③ 방호문 설치<br>④ 국소배기장치 등의 설치 |
> | 관리적 대책 | ① 매뉴얼 정비<br>② 출입금지<br>③ 노출관리<br>④ 교육훈련 등 |
> | 개인보호구 | 제거·대체, 공학적 대책, 관리적 대책의 조치를 취하더라도 제거·감소할 수 없었던 위험성에 대해서만 실시 |

2) 사업주는 **위험성 감소대책을 실행한 후 해당 공정 또는 작업의 위험성의 수준이 사전에 자체 설정한 허용 가능한 위험성의 수준인지를 확인**하여야 한다.

3) **위험성 수준 확인 결과, 위험성이 자체 설정한 허용 가능한 위험성 수준으로 내려오지 않는 경우에는 허용 가능한 위험성 수준이 될 때까지 추가의 감소대책을 수립·실행**하여야 한다.

4) 사업주는 **중대재해, 중대산업사고 또는 심각한 질병이 발생할 우려가 있는 위험성으로서 수립한 위험성 감소대책의 실행에 많은 시간이 필요한 경우에는 즉시 잠정적인 조치를 강구**하여야 한다.

**Reference**

### 유해·위험요인별 위험성 감소대책 수립

| 유해·위험 요인 | 제거·대체 | 공학적 대책 | 관리적 대책 | 개인보호구 |
|---|---|---|---|---|
| 건설현장 개구부 | 설계·시공 시 개구부 최소화 | 안전난간 또는 덮개 설치 | '추락 위험' 표지판 설치 | 안전모·안전대 착용 |
| 끼임 위험 기계·기구 | 끼임 위험이 없는 자동화 기계 도입 | 덮개 등 방호장치 설치 | 'Lock Out, Tag Out' 안전작업허가제 도입 | 말려 들어갈 위험이 없는 작업복 착용 |
| 유해 화학물질 | - 유해물질 제거 또는 저독성 물질로 대체<br>예) 메탄올 → 에탄올 | - 국소배기장치 설치<br>- 누출방지 조치 등 | - 작업절차서 준수<br>- 작업환경 측정을 통한 노출 관리 | - 방독마스크, 내화학 장갑, 보안경 등 착용 |
| 인화성 가스 | 인화성 완화<br>예) 아세틸렌 → LPG | - 전기설비 방폭 조치(점화원 관리)<br>- 가스검지기·긴급 차단 장치 연동 설치<br>- 환기·배기 장치 설치 | - 작업절차서 준수<br>- 정비작업 허가제 도입 | - 제전작업복 착용<br>- 가스검지기 휴대<br>- 방폭공구 사용 |
| 밀폐공간 | - 밀폐공간 내부 기계·기구 제거<br>예) 내부 모터 → 외부 모터 | - 환기·배기장치 설치<br>- 유해가스 경보기 설치 | - 출입금지 표지설치<br>- 작업허가제 도입<br>- 감시인 배치 | - 송기마스크 |

## (2) 위험성 감소 대책 수립·실행 시의 고려사항

① 위험성의 크기가 큰 것부터 위험성 감소대책의 대상으로 한다. 위험성 감소를 위한 우선도를 결정하는 방법은 위험성 평가 1단계인 사전준비 단계에서 미리 설정해 두는 것이 바람직하다.

② 안전보건 상 중대한 문제가 있는 것은 위험성 감소 조치를 즉시 실시하여야 한다.

③ 위험성 감소 대책의 구체적 내용은 법령에 규정된 사항이 있는 경우에는 그것을 반드시 실시해야 한다.

④ 이 경우, ④의 조치로 ①~③의 조치를 대체해서는 안 되며, 비용 대비 효과 측면에서 현저한 불균형이 있는 경우를 제외하고는 보다 상위의 감소대책을 실시할 필요가 있다.

### (3) 위험성 감소 대책 수립·실행 추진방법

① 위험성 감소 대책을 실행한 후에는 해당 대책이 타당한 것인지, 위험성이 적절하게 감소된 수준으로 되었는지의 여부를 확인한다.
② 유해·위험요인의 제거가 충분하지 않은 경우에는 위험성을 추정하고 결정한 후, 다시 감소대책을 수립하고 실행하여야 한다.
③ 본질(근원)적 또는 공학적인 방법으로서는 위험성이 허용 가능한 수준으로 내려가지 않는 경우에는 관리적 대책으로 대응한다.
④ 새로운 유해·위험요인이 발생되는 경우에는 재차 위험성 평가를 실시하여야 한다.

**Reference**

**위험성 감소대책 수립·실행 결과의 기록 예시**

◎ 평가대상 : 비계설치공사 　　　　　　　　　　　　◎ 평가자 : 박안전, 김반장

| 번호 | 유해·위험요인 파악<br>(위험한 상황과 결과) | 위험성의 수준<br>(상, 중, 하) | 개선 대책 | 개선 예정일 | 개선 완료일 | 담당자 |
|---|---|---|---|---|---|---|
| 1 | 비계의 작업발판 위에서 이동 또는 작업 중 떨어짐 위험 | ☑ ☐ ☐<br>상 중 하 | • 작업발판 단부에 안전난간을 설치<br>• 임의 해체구간에서 작업 시 반드시 부착설비에 안전대 체결 | '23. 3.15 | '23. 3.15 | 김반장 |
| 2 | 비계 조립 작업 중 강관 등 자재가 떨어져 이동하는 근로자에게 맞음 위험 | ☐ ☑ ☐<br>상 중 하 | • 비계설치 작업 중 비계 하부에 작업자 출입하지 못하도록 감시자 배치 | '23. 3.15 | '23. 3.15 | 박안전 |
| 3 | 비계 조립 작업 시 강관이 고압선에 접촉되어 감전 위험 | ☐ ☐ ☑<br>상 중 하 | | | | |
| ⋮ | | | | | | |

# CHAPTER 05 건설공사 위험성 감소 대책 타당성 검토하기

## 위험성 감소 대책 타당성 검토

사업주는 다음 각 호의 사항을 고려하여 위험성 평가의 결과에 대한 적정성을 1년마다 정기적으로 재검토하여야 한다. 재검토 결과 허용 가능한 위험성 수준이 아니라고 검토된 유해·위험요인에 대해서는 위험성 감소대책을 수립하여 실행하여야 한다.

### 위험성 평가 결과에 대한 적정성을 재검토 하여야 하는 경우
① 기계·기구, 설비 등의 기간 경과에 의한 성능 저하
② 근로자의 교체 등에 수반하는 안전·보건과 관련되는 지식 또는 경험의 변화
③ 안전·보건과 관련되는 새로운 지식의 습득
④ 현재 수립되어 있는 위험성 감소대책의 유효성 등

## 위험성 평가의 공유

**(1)** 사업주는 위험성 평가를 실시한 결과 중 다음 각 호에 해당하는 사항을 근로자에게 게시, 주지 등의 방법으로 알려야 한다.

| 위험성 평가 결과 중 근로자에게 알려야 하는 사항 |
|---|
| ① 근로자가 종사하는 작업과 관련된 유해·위험요인<br>② 위험성 결정 결과<br>③ 유해·위험요인의 위험성 감소대책과 그 실행 계획 및 실행 여부<br>④ 위험성 감소대책에 따라 근로자가 준수하거나 주의하여야 할 사항 |

**(2)** 사업주는 위험성 평가 결과 중대재해로 이어질 수 있는 유해·위험요인에 대해서는 작업 전 안전점검회의(TBM: Tool Box Meeting) 등을 통해 근로자에게 상시적으로 주지시키도록 노력하여야 한다.

**(3) 기록 및 보존**

1) 위험성 평가의 결과와 조치사항을 기록·보존할 때에는 다음 각 호의 사항이 포함되어야 한다.

| 위험성 평가 기록에 포함사항 ★ |
|---|
| ① 위험성 평가 대상의 유해·위험요인<br>② 위험성 결정의 내용<br>③ 위험성 결정에 따른 조치의 내용<br>④ 위험성 평가를 위해 사전조사 한 안전보건정보<br>⑤ 그 밖에 사업장에서 필요하다고 정한 사항 |

2) 사업주는 제1항에 따른 자료를 3년간 보존해야 한다. ★

# 예상문제

「사업장 위험성 평가의 지침」에 의하여 위험성 평가의 대상이 되는 유해·위험요인 3가지를 적으시오.

**정답**

① 업무 중 근로자에게 노출된 것이 확인되었거나 노출될 것이 합리적으로 예견 가능한 모든 유해·위험요인(매우 경미한 부상 및 질병만을 초래할 것으로 명백히 예상되는 유해·위험요인은 평가 대상에서 제외)
② 아차사고(사업장 내 부상 또는 질병으로 이어질 가능성이 있었던 상황)를 일으킨 유해·위험요인
③ 중대재해의 원인이 되는 유해·위험요인

사업주는 사업장의 규모와 특성 등을 고려하여 위험성 평가 방법 중 한 가지 이상을 선정하여 위험성 평가를 실시할 수 있다. 선정 가능한 위험성 평가 방법 3가지를 적으시오.

**정답**

① 위험 가능성과 중대성을 조합한 빈도·강도법
② 체크리스트(Checklist)법
③ 위험성 수준 3단계(저·중·고) 판단법
④ 핵심요인 기술(One Point Sheet)법
⑤ 그 외 공정위험성 평가 기법

**03** 사업주가 「사업장 위험성 평가의 지침」에 의하여 위험성 평가를 실시하는 경우 실시절차를 적으시오.(단, 상시근로자 5인 이상, 건설공사의 경우 1억 원 이상 사업장에 해당한다.)

**정답**
① 사전준비
② 유해 · 위험요인 파악
③ 위험성 결정
④ 위험성 감소대책 수립 및 실행
⑤ 위험성 평가 실시내용 및 결과에 관한 기록 및 보존

**참고**
상시근로자 5인 미만(건설공사의 경우 1억 원 미만)의 사업장의 경우 "사전준비"를 생략할 수 있다.

**04** 위험성 평가 실시규정을 작성하는 경우 포함하여야 하는 사항 3가지를 적으시오.

**정답**
① 평가의 목적 및 방법
② 평가담당자 및 책임자의 역할
③ 평가시기 및 절차
④ 근로자에 대한 참여 · 공유방법 및 유의사항
⑤ 결과의 기록 · 보존

위험성 평가를 실시한 것으로 인정하는 경우 3가지를 적으시오.

> 정답

① 위험성 평가 방법을 적용한 안전·보건진단
② 공정안전보고서(다만, 공정안전보고서의 내용 중 공정 위험성 평가서가 최대 4년 범위 이내에서 정기적으로 작성된 경우에 한한다.)
③ 근골격계 부담작업 유해요인조사
④ 그 밖에 법과 이 법에 따른 명령에서 정하는 위험성 평가 관련 제도

  위험성 평가의 실시 시기에 관한 내용이다. 괄호에 적합한 내용을 적으시오.

[보기]

사업주는 사업이 성립된 날(사업 개시일을 말하며, 건설업의 경우 실착공일을 말한다)로 부터 ( ① )이 되는 날까지 위험성 평가의 대상이 되는 유해·위험요인에 대한 최초 위험성 평가의 실시에 착수하여야 한다. 다만, ( ① ) 미만의 기간 동안 이루어지는 작업 또는 공사의 경우에는 특별한 사정이 없는 한 작업 또는 공사 개시 후 ( ② ) 최초 위험성 평가를 실시하여야 한다.

> 정답

① 1개월
② 지체 없이

**07** 사업주는 최초평가 후 추가적인 유해 · 위험요인이 생기는 경우에는 해당 유해 · 위험요인에 대한 수시 위험성 평가를 실시하여야 한다. 수시 위험성 평가를 하여야 하는 경우 3가지를 적으시오.

**정답**

① 사업장 건설물의 설치 · 이전 · 변경 또는 해체
② 기계 · 기구, 설비, 원재료 등의 신규 도입 또는 변경
③ 건설물, 기계 · 기구, 설비 등의 정비 또는 보수(주기적 · 반복적 작업으로서 이미 위험성 평가를 실시한 경우에는 제외)
④ 작업방법 또는 작업절차의 신규 도입 또는 변경
⑤ 중대산업사고 또는 산업재해(휴업 이상의 요양을 요하는 경우에 한정한다) 발생
⑥ 그 밖에 사업주가 필요하다고 판단한 경우

# PART 07

## 실기[필답형] 기출문제

# 2013년 산업안전기사 (4월 21일 시행)

시험시간 : 1시간 30분

**01** [보기]의 충전전로의 선간전압에 대한 접근한계 거리를 적으시오. (4점)

[보기]
① 380V  ② 1.5kV  ③ 6.6kV  ④ 22.9kV

**정답**
① 30cm
② 45cm
③ 60cm
④ 90cm

**참고**

| 충전전로의 선간전압<br>(단위 : 킬로볼트) | 충전전로에 대한 접근 한계거리<br>(단위 : 센티미터) |
| --- | --- |
| 0.3 이하 | 접촉금지 |
| 0.3 초과 0.75 이하 | 30 |
| 0.75 초과 2 이하 | 45 |
| 2 초과 15 이하 | 60 |
| 15 초과 37 이하 | 90 |
| 37 초과 88 이하 | 110 |
| 88 초과 121 이하 | 130 |
| 121 초과 145 이하 | 150 |
| 145 초과 169 이하 | 170 |
| 169 초과 242 이하 | 230 |
| 242 초과 362 이하 | 380 |
| 362 초과 550 이하 | 550 |
| 550 초과 800 이하 | 790 |

선간전압 : 0.3, 0.75 / 2, 15 / 37, 88 / 121, 145, 169 / 242, 362 / 550, 800
접근 한계거리 : 접촉 × / 3, 45, 6 / 9, 11, 13, 15, 17 / 23, 38, 55, 79 위에 "0" (45 제외)

**02** 시몬즈 방식에 의한 보험코스트와 비보험코스트 중 비보험코스트 항목(종류) 4가지를 적으시오. (4점)

> **정답**
> ① 휴업상해
> ② 통원상해
> ③ 구급조치상해
> ④ 무상해 사고

> **참고**
> • 시몬즈의 방식
>   총 재해코스트 = 보험코스트+비보험코스트
>   총 재해코스트 = 산재보험료+(A×휴업상해 건수)+(B×통원상해 건수)+(C×구급조치상해 건수)
>         +(D×무상해 사고 건수)
> * A, B, C, D : 상수(각 재해에 대한 평균 비보험코스트)
>
> | 보험코스트 | 비보험코스트 |
> | --- | --- |
> | • 산재보험료 | • 휴업상해<br>• 통원상해<br>• 구급조치상해<br>• 무상해 사고 |

**03** 건설현장에서 사용하는 거푸집의 종류 중 작업발판 일체형 거푸집 종류 4가지를 적으시오. (4점)

> **정답**
> ① 갱 폼(gang form)
> ② 슬립 폼(slip form)
> ③ 클라이밍 폼(climbing form)
> ④ 터널 라이닝 폼(tunnel lining form)

**04** 산업안전보건위원회의 심의·의결 사항을 4가지 적으시오. (4점)

> **정답**
> ① 산업재해 예방계획의 수립에 관한 사항
> ② 안전보건관리규정의 작성 및 변경에 관한 사항
> ③ 근로자의 안전·보건교육에 관한 사항
> ④ 작업환경측정 등 작업환경의 점검 및 개선에 관한 사항

⑤ 근로자의 건강진단 등 건강관리에 관한 사항
⑥ 중대재해의 원인 조사 및 재발 방지대책 수립에 관한 사항
⑦ 산업재해에 관한 통계의 기록 및 유지에 관한 사항
⑧ 유해, 위험한 기계·기구 및 설비를 도입한 경우 안전·보건조치에 관한 사항

**참고**

| 노사협의체의 심의·의결 사항 | 노사협의체 협의사항 |
| --- | --- |
| ① 산업재해 예방계획의 수립에 관한 사항<br>② 안전보건관리규정의 작성 및 변경에 관한 사항<br>③ 근로자의 안전·보건교육에 관한 사항<br>④ 작업환경측정 등 작업환경의 점검 및 개선에 관한 사항<br>⑤ 근로자의 건강진단 등 건강관리에 관한 사항<br>⑥ 중대재해의 원인 조사 및 재발 방지대책 수립에 관한 사항<br>⑦ 산업재해에 관한 통계의 기록 및 유지에 관한 사항<br>⑧ 유해하거나 위험한 기계·기구·설비를 도입한 경우 안전·보건조치에 관한 사항<br>⑨ 그 밖에 해당 사업장 근로자의 안전 및 보건을 유지·증진시키기 위하여 필요한 사항 | ① 산업재해 예방방법 및 산업재해가 발생한 경우의 대피방법<br>② 작업의 시작시간 및 작업장 간의 연락방법<br>③ 그 밖의 산업재해 예방과 관련된 사항 |

 다음 설명에 맞는 프레스 및 전단기의 방호장치를 각각 적으시오. (4점)

(1) 슬라이드 하강 중 정전 또는 방호장치의 이상 시에 정지할 수 있는 구조이어야 한다.
(2) 슬라이드 하강 중 정전 또는 방호장치의 이상 시에 정지하고, 1행정 1정지 기구에 사용할 수 있어야 한다.
(3) 슬라이드 하행정거리의 3/4 위치에서 손을 완전히 밀어내야 한다.
(4) 손목밴드는 착용감이 좋으며 쉽게 착용할 수 있는 구조이고, 수인끈은 작업자와 작업공정에 따라 그 길이를 조정할 수 있어야 한다.

**정답**
(1) 광전자식 방호장치
(2) 양수조작식 방호장치
(3) 손쳐내기식 방호장치
(4) 수인식 방호장치

| 구분 | 내용 |
|---|---|
| 양수 조작식 | ① 1행정 1정지식 프레스에 사용되는 것으로서 누름버튼을 양손으로 동시에 조작하지 않으면 기계가 동작하지 않으며, 한손이라도 떼어내면 기계를 정지시키는 방호장치<br>② 슬라이드 하강 중 정전 또는 방호장치의 이상 시에 정지할 수 있는 구조 |
| 광전자식 | ① 프레스 또는 전단기에서 일반적으로 많이 활용하고 있는 형태로서 투광부, 수광부, 컨트롤 부분으로 구성된 것으로서 신체의 일부가 광선을 차단하면 기계를 급정지시키는 방호장치<br>② 슬라이드 하강 중 정전 또는 방호장치의 이상 시에 정지할 수 있는 구조 |
| 손쳐내기식 | ① 슬라이드의 작동에 연동시켜 위험상태로 되기 전에 손을 위험 영역에서 밀어내거나 쳐내는 방호장치로서 프레스용으로 확동식 클러치형 프레스에 한해서 사용됨(다만, 광전자식 또는 양수조작식과 이중으로 설치 시에는 급정지 가능프레스에 사용 가능) |
| 수인식 | ① 슬라이드와 작업자 손을 끈으로 연결하여 슬라이드 하강 시 작업자 손을 당겨 위험 영역에서 빼낼 수 있도록 한 방호장치로서 프레스용으로 확동식 클러치형 프레스에 한해서 사용됨(다만, 광전자식 또는 양수조작식과 이중으로 설치 시에는 급정지가 능 프레스에 사용 가능) |

 HAZOP 기법에 사용되는 가이드워드 중 [보기]의 의미를 가지는 가이드워드를 영문으로 적으시오. (4점)

[보기]
① 완전대체 ② 성질상의 증가
③ 설계의도의 완전한 부정 ④ 설계의도의 정반대

정답
① Other Than
② As Well As
③ No 또는 Not
④ Reverse

분석 실기 출제 기준에서 제외된 "인간공학 및 시스템안전공학" 문제입니다.

참고

• 유인어의 종류와 뜻
 - No 또는 Not : 완전한 부정
 - More 또는 Less : 양의 증가 및 감소
 - As Well As : 성질상의 증가, 설계 의도 외의 다른 변수가 부가되는 경우
 - Part of : 일부 변경(설계 의도대로 완전히 이루어지지 않은 상태), 성질상의 감소
 - Reverse : 설계 의도의 논리적인 역, 설계 의도와 정 반대로 나타나는 현상
 - Other Than : 완전한 대체, 설계 의도대로 되지 않거나 유지되지 않은 상태

[보기]의 항목 중 산업안전보건관리비로 사용 가능한 항목을 4가지 골라 번호를 적으시오. (4점)

[보기]
① 면장갑 및 코팅장갑의 구입비
② 안전보건 교육장 내 냉·난방 설비 설치비
③ 안전보건 관리자용 안전 순찰차량의 유류비
④ 교통통제를 위한 교통정리자의 인건비
⑤ 외부인 출입금지, 공사장 경계표시를 위한 가설울타리
⑥ 위생 및 긴급 피난용 시설비
⑦ 안전보건교육장의 대지 구입비
⑧ 안전관련 간행물, 잡지 구독비

**정답**

②, ③, ⑥, ⑧

**참고**

• 산업안전보건관리비의 사용 항목

| | |
|---|---|
| 1. 안전관리자·<br>보건관리자의 임금 등 | ① 안전관리 또는 보건관리 업무만을 전담하는 안전관리자 또는 보건관리자의 임금과 출장비 전액<br>② 안전관리 또는 보건관리 업무를 전담하지 않는 안전관리자 또는 보건관리자의 임금과 출장비의 각각 2분의 1에 해당하는 비용<br>③ 안전관리자를 선임한 건설공사 현장에서 산업재해 예방 업무만을 수행하는 작업지휘자, 유도자, 신호자 등의 임금 전액<br>④ 작업을 직접 지휘·감독하는 직·조·반장 등 관리감독자의 직위에 있는 자가 업무를 수행하는 경우에 지급하는 업무수당(임금의 10분의 1 이내) |
| 2. 안전시설비 등 | ① 산업재해 예방을 위한 안전난간, 추락방호망, 안전대 부착설비, 방호장치(기계·기구와 방호장치가 일체로 제작된 경우, 방호장치 부분의 가액에 한함) 등 안전시설의 구입·임대 및 설치를 위해 소요되는 비용<br>② 스마트 안전장비 구입·임대 비용의 10분의 7에 해당하는 비용(2025년 1월 1일~12월 31일까지 적용, 2016년 1월 1일부터는 "스마트 안전장비 구입·임대 비용"). 다만, 계상된 산업안전보건관리비 총액의 10분의 1을 초과할 수 없다.<br>③ 용접 작업 등 화재 위험작업 시 사용하는 소화기의 구입·임대비용 |

| | |
|---|---|
| 3. 보호구 등 | ① 보호구의 구입·수리·관리 등에 소요되는 비용<br>② 근로자가 보호구를 직접 구매·사용하여 합리적인 범위 내에서 보전하는 비용<br>③ 안전관리자 등의 업무용 피복, 기기 등을 구입하기 위한 비용<br>④ 안전관리자 및 보건관리자가 안전보건 점검 등을 목적으로 건설공사 현장에서 사용하는 차량의 유류비·수리비·보험료 |
| 4. 안전보건진단비 등 | ① 유해위험방지계획서의 작성 등에 소요되는 비용<br>② 안전보건진단에 소요되는 비용<br>③ 작업환경 측정에 소요되는 비용<br>④ 그 밖에 산업재해예방을 위해 법에서 지정한 전문기관 등에서 실시하는 진단, 검사, 지도 등에 소요되는 비용 |
| 5. 안전보건교육비 등 | ① 의무교육이나 이에 준하여 실시하는 교육을 위해 건설공사 현장의 교육 장소 설치·운영 등에 소요되는 비용<br>② 산업재해 예방 목적을 가진 다른 법령상 의무교육을 실시하기 위해 소요되는 비용<br>③ 「응급의료에 관한 법률」에 따른 안전보건교육 대상자 등에게 구조 및 응급처치에 관한 교육을 실시하기 위해 소요되는 비용<br>④ 안전보건관리책임자, 안전관리자, 보건관리자가 업무수행을 위해 필요한 정보를 취득하기 위한 목적으로 도서, 정기간행물을 구입하는 데 소요되는 비용<br>⑤ 건설공사 현장에서 안전기원제 등 산업재해 예방을 기원하는 행사를 개최하기 위해 소요되는 비용. 다만, 행사의 방법, 소요된 비용 등을 고려하여 사회통념에 적합한 행사에 한한다.<br>⑥ 건설공사 현장의 유해·위험요인을 제보하거나 개선방안을 제안한 근로자를 격려하기 위해 지급하는 비용 |
| 6. 근로자 건강장해 예방비 등 | ① 법·영·규칙에서 규정하거나 그에 준하여 필요로 하는 각종 근로자의 건강장해 예방에 필요한 비용<br>② 중대재해 목격으로 발생한 정신질환을 치료하기 위해 소요되는 비용<br>③ 「감염병의 예방 및 관리에 관한 법률」에 따른 감염병의 확산 방지를 위한 마스크, 손소독제, 체온계 구입비용 및 감염병병원체 검사를 위해 소요되는 비용<br>④ 휴게시설을 갖춘 경우 온도, 조명 설치·관리기준을 준수하기 위해 소요되는 비용<br>⑤ 건설공사 현장에서 근로자 심폐소생을 위해 사용되는 자동심장충격기(AED) 구입에 소요되는 비용 |

7. 건설재해예방전문지도기관의 지도에 대한 대가로 자기공사자가 지급하는 비용

8. 「중대재해 처벌 등에 관한 법률」에 해당하는 건설사업자가 아닌 자가 운영하는 사업에서 안전보건 업무를 총괄·관리하는 3명 이상으로 구성된 본사 전담조직에 소속된 근로자의 임금 및 업무수행 출장비 전액. 다만, 산업안전보건관리비 총액의 20분의 1을 초과할 수 없다.

9. 위험성평가 또는 유해·위험요인 개선을 위해 필요하다고 판단하여 산업안전보건위원회 또는 노사협의체에서 사용하기로 결정한 사항을 이행하기 위한 비용. 계상된 산업안전보건관리비 총액의 10분의 1을 초과할 수 없다.

다음은 연삭기의 덮개 설치기준(숫돌 노출각도)에 관한 내용이다. 해당되는 덮개의 설치기준(숫돌 노출각도)를 적으시오. (4점)

|  |  |
|---|---|
|  | ① 일반연삭작업 등에 사용하는 것을 목적으로 하는 탁상용 연삭기의 덮개 각도 |
|  | ② 연삭숫돌의 상부를 사용하는 것을 목적으로 하는 탁상용 연삭기의 덮개 각도 |
|  | ③ 휴대용 연삭기, 스윙연삭기, 스라브연삭기, 기타 이와 비슷한 연삭기의 덮개 각도 |
|  | ④ 평면연삭기, 절단연삭기, 기타 이와 비슷한 연삭기의 덮개 각도 |

**정답**

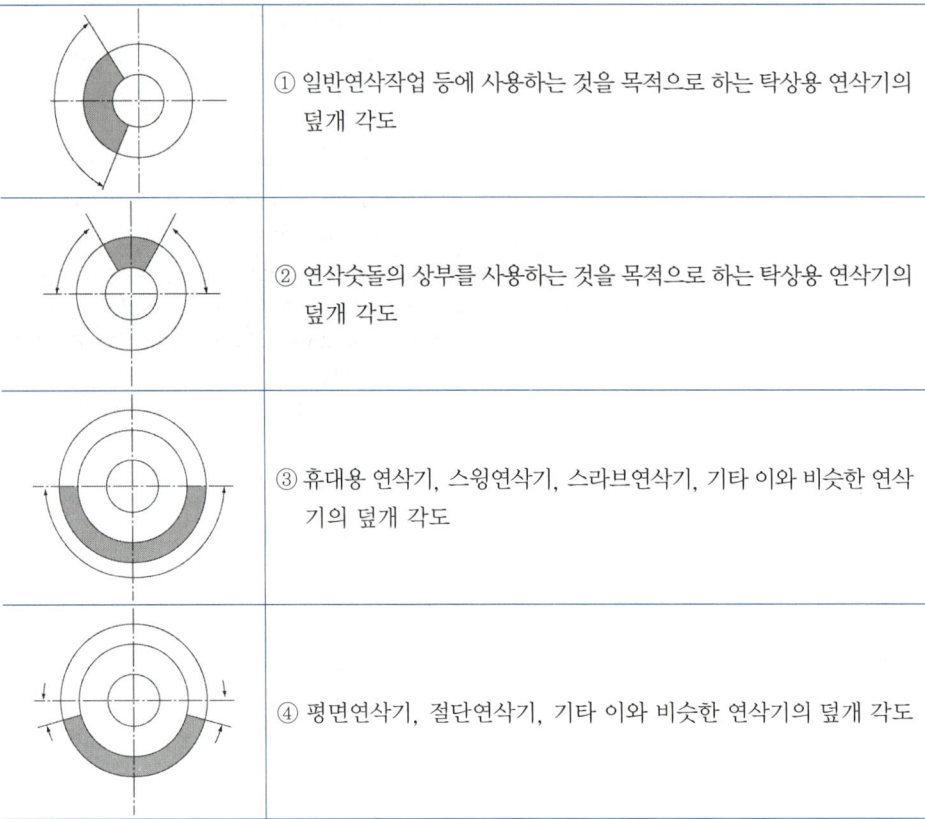

① 일반연삭작업 등에 사용하는 것을 목적으로 하는 탁상용 연삭기의 덮개 각도: 65° 이내, 125° 이내
② 연삭숫돌의 상부를 사용하는 것을 목적으로 하는 탁상용 연삭기의 덮개 각도: 60° 이상
③ 휴대용 연삭기, 스윙연삭기, 스라브 연삭기, 기타 이와 비슷한 연삭기의 덮개 각도: 180° 이내
④ 평면연삭기, 절단연삭기, 기타 이와 비슷한 연삭기의 덮개 각도: 15° 이상

**09** 산업안전보건법상의 추락 위험을 방지하기 위하여 설치하는 안전난간의 주요구성 요소 4가지를 적으시오. (4점)

> **정답**
> ① 상부 난간대
> ② 중간 난간대
> ③ 발끝막이판
> ④ 난간기둥

> **참고**
>
> • 안전난간의 구조 및 설치요건
>   ① 상부 난간대, 중간 난간대, 발끝막이판 및 난간기둥으로 구성할 것
>   ② 상부 난간대
>     – 상부 난간대는 바닥면 등으로부터 90센티미터 이상 지점에 설치
>     – 상부 난간대를 120센티미터 이하에 설치하는 경우 : 중간 난간대는 상부 난간대와 바닥면 등의 중간에 설치
>     – 120센티미터 이상 지점에 설치하는 경우 : 중간 난간대를 2단 이상으로 설치, 난간의 상하간격은 60센티미터 이하가 되도록 할 것(다만, 난간기둥 간의 간격이 25센티미터 이하인 경우에는 중간 난간대를 설치하지 않을 수 있다.)
>   ③ 발끝막이판 : 바닥면 등으로 부터 10센티미터 이상의 높이를 유지할 것
>   ④ 난간기둥 : 상부 난간대와 중간 난간대를 견고하게 떠받칠 수 있도록 적정한 간격을 유지할 것
>   ⑤ 상부 난간대와 중간 난간대는 난간 길이 전체에 걸쳐 바닥면 등과 평행을 유지할 것
>   ⑥ 난간대 : 지름 2.7센티미터 이상의 금속제 파이프를 사용할 것
>   ⑦ 안전난간은 100킬로그램 이상의 하중에 견딜 수 있는 튼튼한 구조일 것

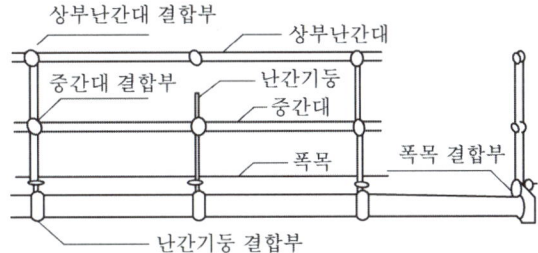

**10** 시험가스농도 1.5%에서 표준유효시간이 80분인 정화통을 유해가스농도가 0.8%인 작업장에서 사용할 경우 유효사용 가능 시간을 계산하시오. (4점)

> **정답**
> 정화통의 유효시간 = $\dfrac{\text{표준 유효시간} \times \text{시험가스농도}}{\text{작업장 공기 중 유해가스 농도}} = \dfrac{80 \times 1.5}{0.8} = 150$분

**11** 다음 [보기] 중 노출기준이 가장 낮은 것과 높은 것을 골라 적으시오. (4점)

[보기]
① 암모니아   ② 불소   ③ 과산화수소
④ 사염화탄소   ⑤ 염화수소

정답
가장 낮은 것 : 불소
가장 높은 것 : 암모니아

참고
- 암모니아 : 25ppm
- 불소 : 0.1ppm
- 과산화수소 : 1ppm
- 사염화탄소 : 5ppm
- 염화수소 : 1ppm

**12** [보기]는 산업안전보건법상 사업주가 근로자에게 실시해야 하는 안전보건교육의 교육시간을 나타내었다. 괄호에 적합한 교육시간을 적으시오. (5점)

[보기]
① 안전관리자 신규교육 시간 : (   )시간 이상
② 안전보건관리 책임자 보수교육 시간 : (   )시간 이상
③ 사무직 종사 근로자의 정기교육시간 : 매 반기 (   )시간 이상
④ 일용근로자 및 근로계약기간이 1주일 이하인 기간제 근로자, 근로계약기간이 1주일 초과 1개월 이하인 기간제 근로자를 제외한 근로자의 채용 시의 교육시간 : (   )시간 이상
⑤ 일용근로자 및 근로계약기간이 1주일 이하인 기간제 근로자를 제외한 근로자의 작업 내용변경 시의 교육시간 : (   )시간 이상

정답
① 34
② 6
③ 6
④ 8
⑤ 2

> **참고**

- 사업주가 근로자에게 실시해야 하는 안전보건교육의 교육시간

가. 근로자 안전보건교육

| 교육과정 | 교육대상 | | 교육시간 |
|---|---|---|---|
| 가. 정기교육 | 1) 사무직 종사 근로자 | | 매반기 6시간 이상 |
| | 2) 그 밖의 근로자 | 가) 판매업무에 직접 종사하는 근로자 | 매반기 6시간 이상 |
| | | 나) 판매업무에 직접 종사하는 근로자 외의 근로자 | 매반기 12시간 이상 |
| 나. 채용 시 교육 | 1) 일용근로자 및 근로계약기간이 1주일 이하인 기간제근로자 | | 1시간 이상 |
| | 2) 근로계약기간이 1주일 초과 1개월 이하인 기간제근로자 | | 4시간 이상 |
| | 3) 그 밖의 근로자 | | 8시간 이상 |
| 다. 작업내용 변경 시 교육 | 1) 일용근로자 및 근로계약기간이 1주일 이하인 기간제근로자 | | 1시간 이상 |
| | 2) 그 밖의 근로자 | | 2시간 이상 |
| 라. 특별교육 | 1) 일용근로자 및 근로계약기간이 1주일 이하인 기간제 근로자(타워크레인신호작업에 종사하는 근로자 제외) | | 2시간 이상 |
| | 2) 일용근로자 및 근로계약기간이 1주일 이하인 기간제 근로자 중 타워크레인신호작업에 종사하는 근로자 | | 8시간 이상 |
| | 3) 일용근로자 및 근로계약기간이 1주일 이하인 기간제 근로자를 제외한 근로자 | | 가) 16시간 이상(최초 작업에 종사하기 전 4시간 이상 실시하고 12시간은 3개월 이내에서 분할하여 실시 가능) 나) 단기간 작업 또는 간헐적 작업인 경우에는 2시간 이상 |
| 마. 건설업 기초안전·보건교육 | 건설 일용근로자 | | 4시간 이상 |

나. 관리감독자 안전보건교육

| 교육과정 | 교육시간 |
|---|---|
| 가. 정기교육 | 연간 16시간 이상 |
| 나. 채용 시 교육 | 8시간 이상 |
| 다. 작업내용 변경 시 교육 | 2시간 이상 |
| 라. 특별교육 | 16시간 이상(최초 작업에 종사하기 전 4시간 이상 실시하고, 12시간은 3개월 이내에서 분할하여 실시 가능) |
| | 단기간 작업 또는 간헐적 작업인 경우에는 2시간 이상 |

다. 안전보건관리책임자 등에 대한 교육(직무교육)

| 교육대상 | 교육시간 | |
|---|---|---|
| | 신규교육 | 보수교육 |
| 가. 안전보건관리책임자 | 6시간 이상 | 6시간 이상 |
| 나. 안전관리자, 안전관리전문기관의 종사자 | 34시간 이상 | 24시간 이상 |
| 다. 보건관리자, 보건관리전문기관의 종사자 | 34시간 이상 | 24시간 이상 |
| 라. 건설재해예방 전문지도기관 종사자 | 34시간 이상 | 24시간 이상 |
| 마. 석면조사기관 종사자 | 34시간 이상 | 24시간 이상 |
| 바. 안전보건관리담당자 | – | 8시간 이상 |
| 사. 안전검사기관, 자율안전검사기관의 종사자 | 34시간 이상 | 24시간 이상 |

**13** 다음 [보기]의 위험물과 혼재 가능한 물질을 적으시오. (4점)

[보기]
① 산화성 고체   ② 가연성 고체   ③ 자연발화 및 금수성
④ 인화성 액체   ⑤ 자기반응성 물질   ⑥ 산화성 액체

(1) 산화성 고체 :

(2) 가연성 고체 :

(3) 자기반응성 물질 :

(4) 자연발화성 및 금수성 :

> **정답**
> (1) 산화성 고체 : ⑥ 산화성 액체
> (2) 가연성 고체 : ④ 인화성 액체, ⑤ 자기반응성 물질
> (3) 자기반응성 물질 : ② 가연성 고체, ④ 인화성 액체
> (4) 자연발화성 및 금수성 : ④ 인화성 액체

> 참고

| 위험물의 구분 | 제1류 | 제2류 | 제3류 | 제4류 | 제5류 | 제6류 |
|---|---|---|---|---|---|---|
| 제1류 |  | × | × | × | × | ○ |
| 제2류 | × |  | × | ○ | ○ | × |
| 제3류 | × | × |  | ○ | × | × |
| 제4류 | × | ○ | ○ |  | ○ | × |
| 제5류 | × | ○ | × | ○ |  | × |
| 제6류 | ○ | × | × | × | × |  |

### 위험물 안전관리법상 위험물 분류

- 1류 산화성 고체
- 4류 인화성 액체
- 2류 가연성 고체
- 5류 자기반응성 물질
- 3류 자연발화성 및 금수성 물질
- 6류 산화성 액체

  4m 거리에서 Landholf ring을 1.2mm까지 관찰할 수 있는 사람의 시력을 구하시오. (단, 1(rad)은 57.3이다.)

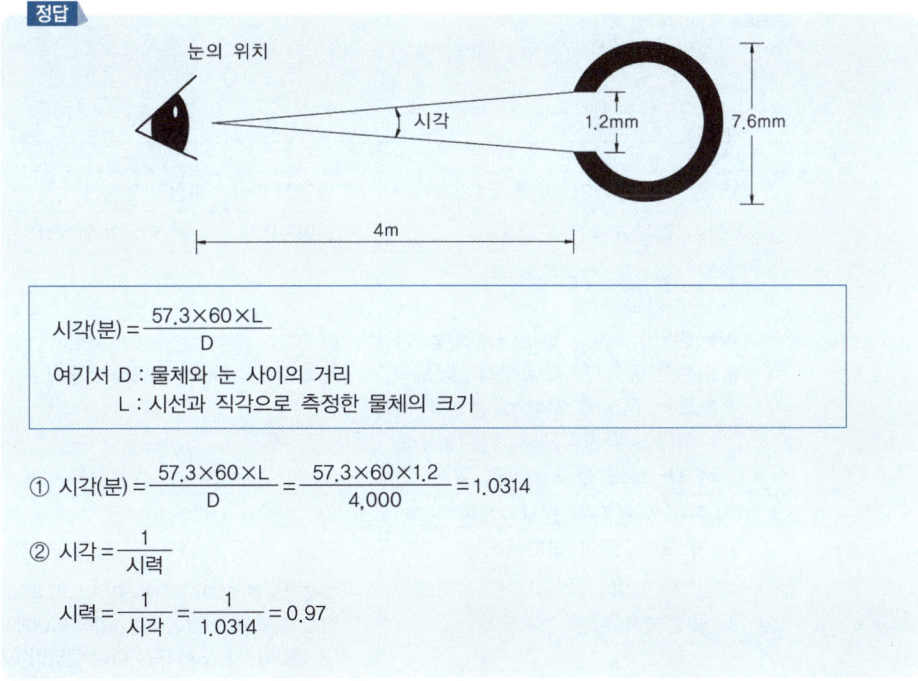

시각(분) = $\dfrac{57.3 \times 60 \times L}{D}$

여기서 D : 물체와 눈 사이의 거리
L : 시선과 직각으로 측정한 물체의 크기

① 시각(분) = $\dfrac{57.3 \times 60 \times L}{D} = \dfrac{57.3 \times 60 \times 1.2}{4,000} = 1.0314$

② 시각 = $\dfrac{1}{시력}$

시력 = $\dfrac{1}{시각} = \dfrac{1}{1.0314} = 0.97$

**분석** 실기 출제 기준에서 제외된 "인간공학 및 시스템안전공학" 문제입니다.

# 2013년 산업안전기사 (7월 14일 시행)

시험시간 : 1시간 30분

KEC 규정에 따른 적합한 접지도체의 굵기를 적으시오. (4점)

| 1. 특고압·고압 전기설비용 접지도체 | 단면적 ( ① )mm² 이상의 연동선 | |
|---|---|---|
| 2. 중성점 접지용 접지도체 | 공칭단면적 ( ② )mm² 이상의 연동선 | |
| 3. 중성점 접지용 접지도체 중 7kV 이하의 전로 | 공칭단면적 ( ③ )mm² 이상의 연동선 | |
| 4. 이동하여 사용하는 전기기계·기구의 금속제 외함 등의 접지시스템 | • 특고압·고압 및 중성점 접지용 접지도체 | 다심 캡타이어케이블의 차폐 또는 기타의 금속체로 단면적이 ( ④ )mm² 이상인 것 |
| | • 저압 전기설비용 접지도체 | 다심 코드 또는 다심 캡타이어케이블의 1개 또는 도체의 단면적이 ( ⑤ )mm² 이상인 것 |

**정답**

① 6    ② 16    ③ 6    ④ 10    ⑤ 0.75

**참고**

| 1. 특고압·고압 전기설비용 접지도체 | – 단면적 6mm² 이상의 연동선 |
|---|---|
| 2. 중성점 접지용 접지도체 | – 공칭단면적 16mm² 이상의 연동선 |
| 3. 중성점 접지용 접지도체 중<br>• 7kV 이하의 전로<br>• 사용전압이 25kV 이하인 특고압 가공전선로(중성선 다중접지 방식의 것으로서 전로에 지락이 생겼을 때 2초 이내에 자동적으로 이를 전로로부터 차단하는 장치가 되어 있는 것) | – 공칭단면적 6mm² 이상의 연동선 |
| 4. 이동하여 사용하는 전기기계·기구의 금속제 외함 등의 접지시스템<br>• 특고압·고압 전기설비용 접지도체 및 중성점 접지용 접지도체 | – 클로로프렌 캡타이어케이블(3종 및 4종) 또는 클로로설포네이트폴리에틸렌캡타이어케이블(3종 및 4종)의 1개 도체 또는 다심 캡타이어케이블의 차폐 또는 기타의 금속체로 단면적이 10mm² 이상인 것 |

| • 저압 전기설비용 접지도체 | – 다심 코드 또는 다심 캡타이어케이블의 1개 또는 도체의 **단면적이 0.75mm² 이상**인 것(다만, 기타 유연성이 있는 연동연선은 1개 도체의 단면적이 1.5mm² 이상인 것을 사용) |
|---|---|

※ 관련 규정의 변경으로 문제를 수정하였습니다.

[보기]는 산업안전보건법상의 계단의 설치기준이다. ( )에 알맞은 내용을 적으시오. (5점)

[보기]

(1) 사업주는 계단 및 계단참을 설치하는 경우 매제곱미터당 ( )kg 이상의 하중에 견딜 수 있는 강도를 가진 구조로 설치하여야 하며, 안전율은 ( ) 이상으로 하여야 한다.
(2) 계단을 설치하는 경우 그 폭을 ( )m 이상으로 하여야 한다.
(3) 높이가 ( )m를 초과하는 계단에는 높이 3m 이내마다 너비 1.2미터 이상의 계단참을 설치하여야 한다.
(4) 높이 ( )m 이상인 계단의 개방된 측면에 안전난간을 설치하여야 한다.

**정답**
(1) 500, 4   (2) 1   (4) 3   (5) 1

**참고**
• 계단의 설치
① 계단의 강도 : 계단 및 계단참의 강도는 **500kg/m² 이상**이어야 하며 안전율(안전의 정도를 표시하는 것으로서 재료의 파괴응력도와 허용응력도와의 비를 말한다)은 **4 이상**으로 하여야 한다.
② 계단의 폭 : 1미터 이상으로 하여야 한다. (다만, 급유용·보수용·비상용계단 및 나선형계단에 대하여는 그러하지 아니하다.)
③ 계단참의 높이 : **높이가 3m**를 초과하는 계단에는 **높이 3m 이내마다 너비 1.2미터 이상의 계단참을 설치**하여야 한다.
④ 천장의 높이 : **바닥면으로부터 높이 2미터 이내의 공간에 장애물이 없도록** 하여야 한다. (다만, 급유용·보수용·비상용계단 및 나선형계단에 대하여는 그러하지 아니하다.)
⑤ 계단의 난간 : 높이 1미터 이상인 계단의 개방된 측면에 안전난간을 설치하여야 한다.

잠함 또는 우물통의 내부에서 굴착작업을 하는 경우 잠함 또는 우물통의 급격한 침하로 인한 위험을 방지하기 위하여 준수하여야 할 사항을 2가지를 적으시오. (4점)

**정답**
① 침하관계도에 따라 **굴착방법 및 재하량(載荷量) 등을 정할 것**
② 바닥으로부터 천장 또는 보까지의 높이는 **1.8미터 이상으로 할 것**

> **참고**
> - 잠함 등 내부에서의 굴착작업 시 준수사항
>   ① 산소결핍의 우려가 있는 때에는 산소의 농도를 측정하는 자를 지명하여 측정하도록 할 것
>   ② 근로자가 안전하게 오르내리기 위한 설비를 설치할 것
>   ③ 굴착 깊이가 20미터를 초과하는 때에는 당해 작업장소와 외부와의 연락을 위한 통신설비 등을 설치할 것
>   ④ 산소농도 측정결과 산소의 결핍이 인정되거나 굴착깊이가 20미터를 초과하는 때에는 송기를 위한 설비를 설치할 것

비·눈 그 밖의 기상 상태의 불안정으로 인하여 날씨가 몹시 나빠서 작업을 중지시킨 후 또는 비계를 조립·해체하거나 또는 변경한 후 그 비계에서 작업을 하는 경우 작업 시작 전 점검사항 4가지를 적으시오. (4점)

> **정답**
> ① 발판 재료의 손상 여부 및 부착 또는 걸림 상태
> ② 당해 비계의 연결부 또는 접속부의 풀림 상태
> ③ 연결재료 및 연결철물의 손상 또는 부식 상태
> ④ 손잡이의 탈락 여부
> ⑤ 기둥의 침하·변형·변위 또는 흔들림 상태
> ⑥ 로프의 부착상태 및 매단 장치의 흔들림 상태

비계(연결부, 연결재료) → 발판 → 손잡이 → 비계기둥

10,000시간 동안 10개의 제품에 고장이 발생될 경우 (1) 고장률과 (2) 900시간 가동하는 동안 적어도 1개의 제품이 고장날 확률을 계산하시오. (4점)

> **정답**
>
> | 고장률과 신뢰도의 계산 |
> | --- |
> | ① 고장률($\lambda$) = $\dfrac{\text{고장건수}}{\text{총 가동시간}}$ (건/시간) |
> | ② MTBF = $\dfrac{1}{\text{고장률}(\lambda)}$ (시간) |
> | ③ 신뢰도(고장나지 않을 확률) <br> $R(t) = e^{-\frac{t}{t_0}} = e^{-\lambda \times t}$ <br> ($t_0$ : 평균고장시간 or 평균수명, $t$ : 앞으로 고장 없이 사용할 시간, $\lambda$ : 고장률) |
> | ④ 불신뢰도(고장날 확률) = 1 − 신뢰도 |
>
> (1) 고장률($\lambda$) = $\dfrac{\text{고장건수}}{\text{총 가동시간}} = \dfrac{10}{10,000} = 0.001$ (건/시간)
> (2) 900시간 가동하는 동안 고장날 확률
>   ① 신뢰도(고장나지 않을 확률) $R(t) = e^{-\lambda \times t} = e^{-0.001 \times 900} = 0.4066$
>   ② 불신뢰도(고장날 확률) = 1 − 신뢰도 = 1 − 0.4066 = 0.5934

**분석** 실기 출제 기준에서 제외된 "인간공학 및 시스템안전공학" 문제입니다.

보호구의 종류 중 방열복의 종류 4가지를 적으시오. (4점)

**정답**

방열상의, 방열하의, 방열일체복, 방열장갑, 방열두건

**참고**

- 방열복의 종류

| 종류 | 착용 부위 |
|---|---|
| 방열상의 | 상체 |
| 방열하의 | 하체 |
| 방열일체복 | 몸체(상·하체) |
| 방열장갑 | 손 |
| 방열두건 | 머리 |

 할로겐 화합물 소화약제의 할로겐 원소 4가지를 적으시오. (4점)

**정답**

① I(요오드)
② F(불소, 플루오르)
③ Cl(염소)
④ Br(브롬)

**참고**

- 부촉매 효과 및 안정성
  - 부촉매 효과 : I 〉 Br 〉 Cl 〉 F
  - 안정성 : F 〉 Cl 〉 Br 〉 I

**08** 다음은 지게차의 헤드가드에 관한 내용이다. 빈칸에 적합한 숫자를 적으시오. (3점)

(1) 강도는 지게차의 최대하중의 (　　)배의 값의 등분포정하중에 견딜 수 있는 것일 것
(2) 운전자가 앉아서 조작하는 방식의 지게차의 헤드가드의 높이는 (　　)m 이상일 것
(3) 상부틀의 각 개구의 폭 또는 길이가 (　　)센티미터 미만일 것

**정답**
(1) 2
(2) 0.903m
(3) 16

**참고**

- 지게차의 방호장치 설치방법

| 헤드가드 | ① 상부 틀의 각 개구의 폭 또는 길이는 16센티미터 미만일 것<br>② 한국산업표준에서 정하는 높이 기준 이상일 것<br>　(좌식 : 0.903m 이상, 입식 : 1.88m 이상) |
|---|---|
| 백레스트 | ① 외부충격이나 진동 등에 의해 탈락 또는 파손되지 않도록 견고하게 부착할 것<br>② 최대하중을 적재한 상태에서 마스트가 뒤쪽으로 경사지더라도 변형 또는 파손이 없을 것 |
| 전조등 | ① 좌우에 1개씩 설치할 것<br>② 등광색은 백색으로 할 것<br>③ 점등 시 차체의 다른 부분에 의하여 가려지지 아니할 것 |
| 후미등 | ① 지게차 뒷면 양쪽에 설치할 것<br>② 등광색은 적색으로 할 것<br>③ 지게차 중심선에 대하여 좌우대칭이 되게 설치할 것<br>④ 등화의 중심점을 기준으로 외측의 수평각 45도에서 볼 때에 투영면적이 12.5제곱센티미터 이상일 것 |

**09** 미 국방성 위험성 평가 중 위험도(MIL-STD-882B)의 4가지를 구분하시오. (4점)

**정답**
① 파국적
② 위기적(중대재해)
③ 한계적(경미한 재해)
④ 무시

**분석** 실기 출제 기준에서 제외된 "인간공학 및 시스템안전공학" 문제입니다.

연천인율, 평균강도율, 환산도수율, 안전활동률의 공식을 각각 쓰시오. (4점)

**정답**

① 연천인율 = $\dfrac{\text{연간 재해자수}}{\text{연 평균근로자수}} \times 1,000$

② 평균강도율 = $\dfrac{\text{강도율}}{\text{도수율}} \times 1,000$

③ 환산 도수율(F) = $\dfrac{\text{재해건수}}{\text{연 근로시간 수}} \times$ 평생 근로시간수(100,000)

④ 안전활동률 = $\dfrac{\text{안전활동건수}}{\text{총 근로시간수}} \times 10^6$

 다음은 보일러에서 발생하는 이상 현상에 대한 설명이다. 설명에 적합한 현상을 적으시오. (4점)

(1) 보일러수 속의 용해 고형물이나 현탁 고형물이 증기에 섞여 보일러 밖으로 튀어 나가는 현상
(2) 유지분이나 부유물 등에 의하여 보일러수의 비등과 함께 수면부에 거품을 발생시키는 현상

**정답**
(1) 캐리오버
(2) 포밍

**참고**

- **보일러 취급 시 이상 현상**
  ① 플라이밍(priming, 비수 현상) : 보일러 부하의 급변, 수위 과승 등에 의해 수분이 증기와 분리되지 않아 보일러 수면이 심하게 솟아올라 올바른 수위를 판단하지 못하는 현상
  ② 수격 작용(물망치 작용, water hammer) : 고여 있던 응축수가 밸브를 급격히 개폐 시에 고온 고압의 증기에 이끌려 배관을 강하게 치는 현상으로 배관파열을 초래한다.
  ③ 역화(Back Fire) : 보일러 시동 시 연료가 나온 다음 시간을 두고 착화하는 등으로 인해 미연소가스가 노 내에 잔류하여 비정상적인 폭발적 연소를 일으킨다.

**12** 지반 굴착작업 시 발생하는 보일링현상 방지대책 3가지를 쓰시오. (단, 작업중지, 굴착토 원상매립은 제외) (3점)

> **정답**
> ① 지하수위 저하
> ② 지하수 흐름 변경
> ③ 근입벽을 깊게 한다.

**13** [보기]는 데이비스의 동기부여 이론이다. (   ) 안에 적합한 내용을 적으시오. (4점)

가. 능력 = ( ① ) × ( ② )
나. 동기 = ( ③ ) × ( ④ )

> **정답**
> ① 지식
> ② 기능
> ③ 상황
> ④ 태도

> **참고**
> • 데이비스(K. Davis)의 동기부여 이론
>   ① 인간의 성과×물질의 성과 = 경영의 성과
>   ② 지식(knowledge)×기능(skill) = 능력(ability)
>   ③ 상황(situation)×태도(attitude) = 동기유발(motivation)
>   ④ 능력×동기유발 = 인간의 성과(human performance)

14  FT도가 다음과 같을 때 최소 패스셋을 모두 구하시오. (4점)

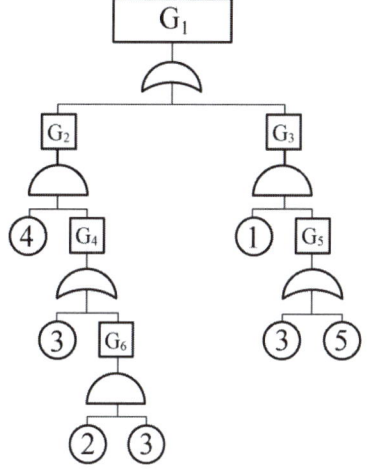

**정답**

최소 패스셋을 구할 때는 FT도의 AND와 OR 게이트를 반대로 해석하여 미니멀 컷을 구하면 된다.

$G_1 = G_2 \cdot G_3$
$\quad = \begin{pmatrix} ④ \\ G_4 \end{pmatrix} \cdot \begin{pmatrix} ① \\ G_5 \end{pmatrix}$
$\quad = \begin{pmatrix} ④ \\ ③ \end{pmatrix} \cdot \begin{pmatrix} ① \\ ③⑤ \end{pmatrix}$
$\quad = (①④)$
$\quad\ \ (③④⑤)$
$\quad\ \ (①③)$
$\quad\ \ (③⑤)$

미니멀컷셋 : (①③)(①④)(③⑤)
∴ 최소패스셋 : (①③) 또는 (①④) 또는 (③⑤)

$\begin{cases} G_4 = ③ \cdot G_6 \\ \quad\ \ = ③ \begin{pmatrix} ② \\ ③ \end{pmatrix} \\ \quad\ \ = (②,③)(③) \\ ∴ \text{미니멀 컷} : (③) \end{cases}$

**분석** 실기 출제 기준에서 제외된 "인간공학 및 시스템안전공학" 문제입니다.

# 2013년 산업안전기사 (10월 6일 시행)

시험시간 : 1시간 30분

 다음 FT도에서 컷셋(cut set)을 모두 구하시오. (4점)

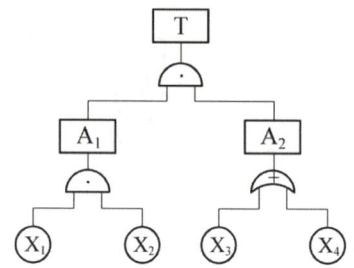

**정답**

$T = A_1 \cdot A_2$
$= (X_1 X_2) \cdot \begin{pmatrix} X_3 \\ X_4 \end{pmatrix}$
$= (X_1 X_2 X_3)$
$\quad (X_1 X_2 X_4)$

컷셋 : $(X_1 X_2 X_3)(X_1 X_2 X_4)$
미니멀 컷 : $(X_1 X_2 X_3)$ 또는 $(X_1 X_2 X_4)$

**분석** 실기 출제 기준에서 제외된 "인간공학 및 시스템안전공학" 문제입니다.

 비·눈 그 밖의 기상상태의 불안정으로 인하여 날씨가 몹시 나빠서 작업을 중지시킨 후 또는 비계를 조립·해체하거나 또는 변경한 후 그 비계에서 작업을 하는 때 실시하는 당해 작업 시작 전 점검사항을 적으시오. (3점)

**정답**

① 발판 재료의 손상 여부 및 부착 또는 걸림 상태
② 당해 비계의 연결부 또는 접속부의 풀림 상태
③ 연결재료 및 연결철물의 손상 또는 부식 상태
④ 손잡이의 탈락 여부
⑤ 기둥의 침하·변형·변위 또는 흔들림 상태
⑥ 로프의 부착상태 및 매단 장치의 흔들림 상태

**암기법** 비계(연결부, 연결재료) → 발판 → 손잡이 → 비계기둥

공정안전보고서의 세부내용 중 공정위험성 평가서 및 잠재위험에 대한 사고예방·피해 최소화 대책을 위해 실시하는 각 단위공정에 대한 위험성 평가 기법을 4가지 적으시오. (4점)

**정답**
① 체크리스트(Check List)
② 상대위험순위 결정(Dow and Mond Indices)
③ 작업자 실수 분석(HEA)
④ 사고 예상 질문 분석(What-if)
⑤ 위험과 운전 분석(HAZOP)
⑥ 이상위험도 분석(FMECA)
⑦ 결함수 분석(FTA)
⑧ 사건수 분석(ETA)
⑨ 원인결과 분석(CCA)
⑩ 예비위험분석(PHA)기법
⑪ 공정위험분석(PHR)기법

**참고**

### 공정위험성 분석기법의 종류별 특징

| 기법 | 특징 |
|---|---|
| 체크리스트(Checklist)기법 | 공정 및 설비의 오류, 결함상태, 위험상황 등을 목록화한 형태로 작성하여 경험적으로 비교함으로써 위험성을 파악하는 방법 |
| 상대위험순위결정기법(DMI) (Dow and Mond Indices) | 공정 및 설비에 존재하는 위험에 대하여 상대위험 순위를 수치로 지표화하여 그 피해정도를 나타내는 방법 |
| 작업자 실수 분석기법(HEA) (Human Error Analysis) | 설비의 운전원, 보수반원, 기술자 등의 실수에 의해 작업에 영향을 미칠 수 있는 요소를 평가하고 그 실수의 원인을 파악·추적하여 정량(定量)적으로 실수의 상대적 순위를 결정하는 방법 |
| 사고예상 질문 분석기법 (What-if) | 공정에 잠재하고 있는 위험요소에 의해 야기될 수 있는 사고를 사전에 예상·질문을 통하여 확인·예측하여 공정의 위험성 및 사고의 영향을 최소화하기 위한 대책을 제시하는 방법 |
| 위험과 운전분석(HAZOP) 기법 (Hazard and Operability Studies) | • 공정에 존재하는 위험 요소들과 공정의 효율을 떨어뜨릴 수 있는 운전상의 문제점을 찾아내어 그 원인을 제거하는 방법<br>• 화학공장의 공정위험평가기법에서 공정변수(process Parameter)와 가이드 워드를 사용하여 비정상 상태(deviation)가 일어날 수 있는 원인을 찾고 결과를 예측함과 동시에 대책을 세워나가는 방법 |
| 이상 위험도 분석(FMECA) 기법 (Failure Modes Effects and Criticality Analysis) | 공정 및 설비의 고장의 형태 및 영향, 고장형태별 위험도 순위 등을 결정하는 방법 |
| 결함수분석(FTA)기법 (Fault Tree Analysis) | 사고의 원인이 되는 장치의 이상이나 고장의 다양한 조합 및 작업자 실수 원인을 연역적으로 분석하는 방법 |
| 사건수 분석(ETA)기법 (Event Tree Analysis) | 초기사건으로 알려진 특정한 장치의 이상 또는 운전자의 실수에 의해 발생되는 잠재적인 사고결과를 정량(定量)적으로 평가·분석하는 방법 |
| 원인결과분석(CCA)기법 (Cause-Consequence Analysis) | 잠재된 사고의 결과 및 사고의 근본적인 원인을 찾아내고 사고결과와 원인 사이의 상호 관계를 예측하여 위험성을 정량(定量)적으로 평가하는 방법 |

산업안전보건법상의 연삭숫돌 작업시의 안전대책이다. ( )에 적합한 내용을 적으시오. (4점)

> 사업주는 연삭숫돌을 사용하여 작업을 하는 경우 작업을 시작하기 전에는 ( ① ) 이상, 연삭숫돌을 교체한 후에는 ( ② ) 이상 시운전을 하고 해당 기계에 이상이 있는지를 확인한 후 작업하여야 한다.

**정답**
① 1분
② 3분

**참고**

(1) 연삭기의 안전대책
  ① 숫돌에 충격을 가하지 말 것
  ② 작업시작 전 1분 이상, 숫돌 교체 시 3분 이상 시운전할 것
  ③ 연삭숫돌 최고사용 회전속도 초과 사용 금지
  ④ 측면을 사용하는 것을 목적으로 제작된 연삭기 이외에는 측면 사용 금지
  ⑤ 작업 시에는 숫돌의 원주면을 이용하고, 작업자는 숫돌의 측면에서 작업할 것

(2) 연삭기의 방호 장치
  ① 덮개
    – 숫돌의 외경이 125mm 이상인 연삭기 또는 연마기 : 숫돌의 절단면과 가드 사이의 거리가 5mm 이내이고 숫돌의 측면과의 간격이 10mm 이내가 되도록 조정할 것
  ② 가공물 받침대(워크레스트)및 유도·고정장치
    – 연삭숫돌의 외주면과 받침대 사이의 거리는 2mm를 초과하지 않을 것(위험기계기구 자율안전 확인 고시)
    – 워크레스트는 연삭숫돌과의 간격을 3밀리미터 이하로 조정할 수 있는 구조일 것(방호장치 자율안전기준 고시)
  ③ 투명 비산방지판(안전 실드)
    – 연삭분의 비산을 방지하기 위하여 투명한 비산방지판을 설치

 반복하여 계속적으로 중량물을 취급하는 작업을 할 때 실시하는 작업시작 전 점검사항 2가지를 쓰시오. (단, 그 밖의 하역운반기계 등의 적절한 사용방법은 제외한다.) (4점)

**정답**
① 중량물 취급의 올바른 자세 및 복장
② 위험물이 날아 흩어짐에 따른 보호구의 착용
③ 카바이드·생석회 등과 같이 온도상승이나 습기에 의하여 위험성이 존재하는 중량물의 취급방법
④ 그 밖에 하역운반기계 등의 적절한 사용방법

다음은 안전밸브 형식을 표시한 것이다. 세부항목을 상세히 기술하시오. (4점)

SF Ⅱ 1-B

**정답**

안전밸브의 형식표시는 다음과 같이 한다.

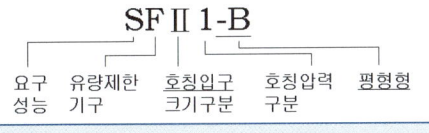

**참고**

① 안전밸브의 요구 성능은 다음과 같이 한다.

| 요구 성능의 기호 | 요구성능 | 용도 |
|---|---|---|
| S | 증기의 분출압력을 요구 | 증기(steam) |
| G | 가스의 분출압력을 요구 | 가스 |

② 안전밸브의 유량제한 기구는 다음과 같이 한다.

| 형식기호 | 유량제한기구 |
|---|---|
| L | 양정식 |
| F | 전량식 |

유해물질 배출을 위한 국소 배기장치의 후드설치 시 준수사항 4가지를 적으시오. (4점)

**정답**

① 유해물질이 발생하는 곳마다 설치할 것
② 유해인자의 발생형태와 비중, 작업방법 등을 고려하여 해당 분진 등의 발산원(發散源)을 제어할 수 있는 구조로 설치할 것
③ 후드(hood) 형식은 가능하면 포위식 또는 부스식 후드를 설치할 것
④ 외부식 또는 리시버식 후드는 해당 분진 등의 발산원에 가장 가까운 위치에 설치할 것

[보기]는 안전보건표지 중 경고표지의 용도 및 사용장소에 관한 설명이다. 설명에 적합한 경고표지의 종류를 적으시오. (4점)

> (1) 폭발성 물질을 취급하는 장소 :
> (2) 돌 및 블록 등 떨어질 물체가 있는 장소 :
> (3) 경사진 통로 등의 입구 :
> (4) 휘발유 등 화기 취급을 극히 주의해야 하는 물질이 있는 장소 :

**정답**

(1) 폭발성 물질 경고
(2) 낙하물 경고
(3) 몸균형 상실 경고
(4) 인화성물질 경고

**참고**

• 경고표지의 종류                    [별책부록 컬러 자료를 참고해주세요.]

| 201 인화성 물질 경고 | 202 산화성 물질 경고 | 203 폭발성 물질 경고 | 204 급성독성 물질 경고 | 205 부식성 물질 경고 | 206 방사성 물질 경고 | 207 고압전기 경고 | 208 매달린 물체 경고 |
|---|---|---|---|---|---|---|---|
| 209 낙하물 경고 | 210 고온 경고 | 211 저온 경고 | 212 몸균형 상실 경고 | 213 레이저 광선 경고 | 214 발암성·변이원성·생식 독성·전신독성·호흡기 과민성 물질 경고 | 215 위험장소 경고 | |

 안전성 평가를 실시하는 순서를 4단계로 구분하여 설명하시오. (4점)

**정답**

① 1단계 : 관계자료의 정비 검토(작성 준비)
② 2단계 : 정성적인 평가
③ 3단계 : 정량적인 평가
④ 4단계 : 안전대책 수립

**분석** 실기 출제 기준에서 제외된 "인간공학 및 시스템안전공학" 문제입니다.

안전인증대상 기계·기구 등으로서 근로자의 안전·보건에 필요하다고 인정되어 대통령령으로 정하는 것을 제조하는 자는 안전인증기준에 맞는지에 대하여 안전인증을 받아야 한다. 안전인증의 전부 또는 일부가 면제되는 경우를 3가지 적으시오. (3점)

> **정답**
> ① 연구·개발을 목적으로 제조·수입하거나 수출을 목적으로 제조하는 경우
> ② 고용노동부장관이 정하여 고시하는 외국의 안전인증기관에서 인증을 받은 경우
> ③ 다른 법령에서 안전성에 관한 검사나 인증을 받은 경우

 A 사업장의 평균근로자수 300명이며 연평균 재해건수가 2건, 휴업일수가 219일 발생하였다. 이 사업장의 종합재해지수를 계산하시오. (단, 1일 8시간, 연간 280일 근무) (4점)

> **정답**
> ① 도수율 = $\dfrac{\text{재해건수}}{\text{연 근로시간 수}} \times 10^6 = \dfrac{2}{300 \times 8 \times 280} \times 10^6 = 2.98$
> ② 강도율 = $\dfrac{\text{총 요양 근로손실 일수}}{\text{연 근로시간 수}} \times 1{,}000 = \dfrac{219 \times \dfrac{280}{365}}{300 \times 8 \times 280} \times 1{,}000 = 0.25$
> ③ 종합재해지수 = $\sqrt{\text{도수율} \times \text{강도율}} = \sqrt{2.98 \times 0.25} = 0.86$

 건설공사에 해당하는 유해·위험방지계획서 제출할 경우 (1) 서류의 제출기한과 (2) 첨부하여야 하는 서류를 2가지 적으시오. (5점)

> **정답**
> (1) 제출기한 : 해당 공사의 착공 전날까지
> (2) 첨부서류
>    ① 공사 개요 및 안전보건관리계획
>    ② 작업공사 종류별 유해·위험방지계획

근로자에게 물질안전보건자료에 관한 교육을 실시할 경우 교육내용 4가지를 적으시오. (4점)

> **정답**
> ① 대상 화학물질의 명칭(또는 제품명)
> ② 물리적 위험성 및 건강 유해성
> ③ 취급상의 주의사항
> ④ 적절한 보호구
> ⑤ 응급조치 요령 및 사고 시 대처방법
> ⑥ 물질안전보건자료 및 경고표지를 이해하는 방법

 방호장치 안전인증기준에 의한 소형전기기기 및 방폭 부품에 표시하여야 하는 최소 표시사항 4가지를 적으시오. (4점)

> **정답**
> 관련 법규에서 삭제된 내용입니다.

# 2014년 산업안전기사 (4월 20일 시행)

시험시간 : 1시간 30분

**01** 산업안전보건 표지 중 "응급구호 표지"를 그리시오. (4점) (단, 색상을 글자로 표시, 크기는 나타내지 않아도 된다.)  [별책부록 컬러 자료를 참고해주세요.]

**정답**

- 바탕 : 녹색
- 관련 부호 및 그림 : 흰색

**02** 근로자를 환경미화 업무에 상시적으로 종사하도록 하는 경우 근로자가 접근하기 쉬운 장소에 설치해야 하는 위생시설 4가지를 적으시오. (4점)

**정답**
① 세면시설
② 목욕시설
③ 탈의시설
④ 세탁시설

**참고**
- 사업주는 근로자로 하여금 다음 각 호의 어느 하나에 해당하는 업무에 상시적으로 종사하도록 하는 경우 근로자가 접근하기 쉬운 장소에 세면·목욕시설, 탈의 및 세탁시설을 설치하고 필요한 용품과 용구를 갖추어 두어야 한다.
  1. 환경미화 업무
  2. 음식물쓰레기·분뇨 등 오물의 수거·처리 업무
  3. 폐기물·재활용품의 선별·처리 업무
  4. 그 밖에 미생물로 인하여 신체 또는 피복이 오염될 우려가 있는 업무

파블로프의 조건반사설에 의한 학습의 원리 4가지를 적으시오. (4점)

> **정답**
> ① 일관성의 원리    ② 계속성의 원리
> ③ 시간의 원리    ④ 강도의 원리

 무재해운동 시행사업장에서 무재해 운동 추진 중 사고나 재해가 발생하여도 무재해로 인정되는 경우 4가지를 적으시오. (4점)

> **정답**
> ① 업무수행 중의 사고 중 천재지변 또는 돌발적인 사고로 인한 구조행위 또는 긴급피난 중 발생한 사고
> ② 출·퇴근 도중에 발생한 재해
> ③ 운동경기 등 각종 행사 중 발생한 재해
> ④ 천재지변 또는 돌발적인 사고 우려가 많은 장소에서 사회통념상 인정되는 업무수행 중 발생한 사고
> ⑤ 제3자의 행위에 의한 업무상 재해
> ⑥ 뇌혈관질병 또는 심장질병에 의한 재해
> ⑦ 업무시간 외에 발생한 재해. 다만, 사업주가 제공한 사업장내의 시설물에서 발생한 재해 또는 작업개시전의 작업준비 및 작업종료 후의 정리정돈과정에서 발생한 재해는 제외한다.
> ⑧ 도로에서 발생한 사업장 밖의 교통사고, 소속 사업장을 벗어난 출장 및 외부기관으로 위탁교육 중 발생한 사고, 회식 중의 사고, 전염병 등 사업주의 법 위반으로 인한 것이 아니라고 인정되는 재해

무재해 - 출·퇴근 도중, 각종 행사, 제3자, 뇌혈관환 또는 심장질환, 업무시간 외

 안전인증대상 기계·기구 등이 안전인증기준에 적합한지를 확인하기 위하여 안전인증기관이 하는 심사의 종류를 4가지 적으시오. (4점)

> **정답**
> ① 예비심사
> ② 서면심사
> ③ 기술능력 및 생산체계 심사
> ④ 제품심사

> **참고**
> (1) 안전인증 심사의 종류 및 방법 ★
>
> | | |
> |---|---|
> | 예비심사 | 기계·기구 및 방호장치·보호구가 유해·위험한 기계·기구·설비 등 인지를 확인하는 심사 |
> | 서면심사 | 유해·위험한 기계·기구·설비 등의 제품기술과 관련된 문서가 안전인증기준에 적합한지에 대한 심사 |

| 기술능력 및 생산체계 심사 | 유해·위험한 기계·기구·설비 등의 사업장에서 갖추어야 할 기술능력과 생산체계가 안전인증기준에 적합한지에 대한 심사 |
|---|---|
| 제품심사 | • 개별 제품심사<br>• 형식별 제품심사 |

(2) 심사종류별 심사기간

| 예비심사 | 7일 |
|---|---|
| 서면심사 | 15일(외국에서 제조한 경우는 30일) |
| 기술능력 및 생산체계 심사 | 30일(외국에서 제조한 경우는 45일) |
| 제품심사 | • 개별 제품심사 : 15일<br>• 형식별 제품심사 : 30일(보호구는 60일) |

예비 7, 개별서면 15, 기생형식 30

지반 굴착 시 발생하는 보일링 현상 방지책 3가지를 적으시오. (단, 작업 중지는 제외한다.) (3점)

**정답**
① 지하 수위 저하
② 지하수 흐름 변경
③ 근입 벽을 깊게 한다.

**참고**
• 보일링(Boiling) 현상
① 사질토 지반에서 굴착저면과 흙막이 배면과의 수위 차이로 인해 굴착저면의 흙과 물이 함께 위로 솟구쳐 오르는 현상(모래의 액상화 현상)을 말한다.
② 모래가 액상화되어 솟아오른다.

다음 용어를 정의하시오. (4점)

(1) 페일 세이프(Fail safe)

(2) 풀 프루프(Fool proof)

**정답**
(1) 페일 세이프(Fail safe) : 기계의 고장이 있어도 안전사고를 발생시키지 않도록 2중, 3중 통제를 가함
(2) 풀 프루프(Fool proof) : 인간의 실수가 있어도 안전사고를 발생시키지 않도록 2중, 3중 통제를 가함

타워크레인을 설치·조립·해체하는 작업을 하는 경우에 작성하여야 하는 작업계획서의 내용을 4가지 적으시오. (4점)

> **정답**
> ① 타워크레인의 종류 및 형식
> ② 설치·조립 및 해체순서
> ③ 작업도구·장비·가설설비(假設設備) 및 방호설비
> ④ 작업 인원의 구성 및 작업근로자의 역할 범위
> ⑤ 타워크레인의 지지 방법

 산업안전보건법상의 안전보건 조직의 안전 직무 중 사업주의 안전 직무(2가지)와 근로자의 안전 직무를 적으시오. (4점)

> **정답**
> (1) 사업주의 안전 직무
>   ① 산업재해 예방을 위한 기준을 지킬 것
>   ② 근로자의 신체적 피로와 정신적 스트레스 등을 줄일 수 있는 쾌적한 작업 환경을 조성하고 근로조건을 개선할 것
>   ③ 해당 사업장의 안전·보건에 관한 정보를 근로자에게 제공할 것
> 2) 근로자의 안전 직무
>   법에서 정하는 산업재해 예방을 위한 기준을 지켜야 하며, 사업주 또는 근로감독관, 공단 등 관계인이 실시하는 산업재해 예방에 관한 조치에 따라야 한다.

**참고**

• 안전조직의 직무

| | |
|---|---|
| 안전보건<br>총괄책임자 | ① 산업재해가 발생할 급박한 위험이 있을 때 및 중대재해가 발생하였을 때의 작업의 중지<br>② 도급 시의 산업재해 예방 조치<br>③ 산업안전보건관리비의 관계수급인 간의 사용에 관한 협의·조정 및 그 집행의 감독<br>④ 안전인증대상 기계 등과 자율안전확인대상 기계 등의 사용 여부 확인<br>⑤ 위험성평가의 실시에 관한 사항 |
| 안전보건<br>관리책임자 | ① 산업재해 예방계획의 수립에 관한 사항<br>② 안전보건관리규정의 작성 및 변경에 관한 사항<br>③ 근로자의 안전·보건교육에 관한 사항<br>④ 작업환경 측정 등 작업환경의 점검 및 개선에 관한 사항<br>⑤ 근로자의 건강진단 등 건강관리에 관한 사항<br>⑥ 산업재해의 원인 조사 및 재발 방지대책 수립에 관한 사항<br>⑦ 산업재해에 관한 통계의 기록 및 유지에 관한 사항<br>⑧ 안전장치 및 보호구 구입 시 적격품 여부 확인에 관한 사항<br>⑨ 위험성평가의 실시에 관한 사항<br>⑩ 근로자의 위험 또는 건강장해의 방지에 관한 사항 |

| | |
|---|---|
| 안전관리자 | ① 사업장 안전교육계획의 수립 및 안전교육 실시에 관한 보좌 및 조언·지도<br>② 사업장 순회점검·지도 및 조치의 건의<br>③ 산업재해 발생의 원인 조사·분석 및 재발 방지를 위한 기술적 보좌 및 조언·지도<br>④ 산업재해에 관한 통계의 유지·관리·분석을 위한 보좌 및 조언·지도<br>⑤ 안전인증대상 기계·기구등과 자율안전확인대상 기계·기구 등 구입 시 적격품의 선정에 관한 보좌 및 조언·지도<br>⑥ 위험성평가에 관한 보좌 및 조언·지도<br>⑦ 안전에 관한 사항의 이행에 관한 보좌 및 조언·지도<br>⑧ 산업안전보건위원회 또는 노사협의체, 안전보건관리규정 및 취업규칙에서 정한 직무<br>⑨ 업무수행 내용의 기록. 유지<br>⑩ 그 밖에 안전에 관한 사항으로서 노동부장관이 정하는 사항 |
| 안전보건<br>관리담당자 | ① 안전·보건교육 실시에 관한 보좌 및 조언·지도<br>② 위험성평가에 관한 보좌 및 조언·지도<br>③ 작업환경측정 및 개선에 관한 보좌 및 조언·지도<br>④ 건강진단에 관한 보좌 및 조언·지도<br>⑤ 산업재해 발생의 원인 조사, 산업재해 통계의 기록 및 유지를 위한 보좌 및 조언·지도<br>⑥ 산업안전·보건과 관련된 안전장치 및 보호구 구입 시 적격품 선정에 관한 보좌 및 조언·지도 |
| 안전보건<br>조정자 | ① 같은 장소에서 행하여지는 각각의 공사 간에 혼재된 작업의 파악<br>② 혼재된 작업으로 인한 산업재해 발생의 위험성 파악<br>③ 혼재된 작업으로 인한 산업재해를 예방하기 위한 작업의 시기·내용 및 안전보건조치 등의 조정<br>④ 각각의 공사 도급인의 안전보건관리책임자 간 작업 내용에 관한 정보 공유 여부의 확인 |
| 관리감독자 | ① 기계·기구 또는 설비의 안전·보건 점검 및 이상 유무의 확인<br>② 근로자의 작업복·보호구 및 방호장치의 점검과 그 착용·사용에 관한 교육·지도<br>③ 산업재해에 관한 보고 및 이에 대한 응급조치<br>④ 작업장 정리·정돈 및 통로확보에 대한 확인·감독<br>⑤ 산업보건의, 안전관리자(안전관리전문기관의 해당 사업장 담당자) 및 보건관리자(보건관리전문기관의 해당 사업장 담당자), 안전보건관리담당자(안전관리전문기관 또는 보건관리전문기관의 해당 사업장 담당자)의 지도·조언에 대한 협조<br>⑥ 위험성평가를 위한 유해·위험요인의 파악 및 개선조치의 시행에 대한 참여<br>⑦ 그 밖에 해당 작업의 안전·보건에 관한 사항으로서 고용노동부령으로 정하는 사항 |
| 산업안전<br>지도사 | ① 공정상의 안전에 관한 평가·지도<br>② 유해·위험의 방지대책에 관한 평가·지도<br>③ 공정상의 안전 및 유해·위험의 방지대책과 관련된 계획서 및 보고서의 작성<br>④ 안전보건개선계획서의 작성<br>⑤ 위험성평가의 지도<br>⑥ 그 밖에 산업안전에 관한 사항의 자문에 대한 응답 및 조언 |

전압이 220V인 때 용접 작업하는 작업자가 젖은 손으로 접촉되어 감전, 사망하였다. (단, 인체저항이 1,000Ω 이다) (4점)

(1) 심실세동전류(mA)와 (2) 통전시간(ms)을 계산하시오.

> **정답**
> 
> ① 심실세동전류(mA)
> 
> $I = \dfrac{V}{R}$, 젖은 손이므로 저항이 $\dfrac{1}{25}$로 감소된다.
> 
> $I = \dfrac{220}{1,000 \times \dfrac{1}{25}} = 5.5A \times 1,000 = 5500mA$
> 
> ② 통전시간(ms)
> 
> 심실세동전류  $I = \dfrac{165}{\sqrt{T}}$    $I^2 = \dfrac{165^2}{T}$    $T = \dfrac{165^2}{I^2}$
> 
> $T = \dfrac{165^2}{5500^2} = 0.0009$초 $\times 1,000 = 0.9$ms
> 
> (ms = $\dfrac{1}{1,000}$ 초)

 다음은 산업안전보건법상의 공정안전보고서 이행상태의 평가에 관련된 내용이다. 괄호 속의 내용을 채우시오. (4점)

> (1) 고용노동부장관은 공정안전보고서의 확인(신규로 설치되는 유해·위험설비의 경우에는 설치완료 후 시운전 단계에서의 확인을 말한다.) 후 1년이 경과한 날부터 (     ) 이내에 공정안전보고서 이행상태평가를 하여야 한다.
> (2) 고용노동부장관은 이행상태평가 후 4년마다 이행상태평가를 하여야 한다. 다만, 사업주의 요청에 따라 (     )마다 실시할 수 있다.

> **정답**
> 
> (1) 2년
> (2) 1년 또는 2년

휴먼에러의 분류 중 (1) 독립행동에 관한 에러와 (2) 원인의 레벨적 분류를 구분하여 2가지씩 적으시오. (4점)

**정답**

(1) ① omission error(누설오류, 생략오류, 부작위오류)
② time error(시간오류)
③ commission error(작위오류)
④ sequential error(순서오류)
⑤ extraneous error(과잉행동오류)

(2) ① primary error(1차 에러)
② secondary error(2차 에러)
③ command error

**분석** 실기 출제 기준에서 제외된 "인간공학 및 시스템안전공학" 문제입니다.

**참고**

(1) 휴먼에러 중 독립행동에 관한 에러(Swain의 심리적 분류)
① omission error(누설오류, 생략오류, 부작위오류) : 필요한 작업 또는 절차를 수행하지 않는데 기인한 에러
② time error(시간오류) : 필요한 작업 또는 절차의 수행 지연으로 인한 에러
③ commission error(작위오류) : 필요한 작업 또는 절차의 불확실한 수행으로 인한 에러
④ sequential error(순서오류) : 필요한 작업 또는 절차의 순서 착오로 인한 에러
⑤ extraneous error(과잉행동오류) : 불필요한 작업 또는 절차를 수행함으로써 기인한 에러

(2) 원인의 레벨적 분류
① primary error(1차 에러) : 작업자 자신으로부터 발생한 에러
② secondary error(2차 에러) : 작업 형태, 작업조건 중 문제가 생겨 필요한 사항을 실행할 수 없어 발생한 에러
③ command error : 실행하고자 하여도 필요한 물품, 정보, 에너지 등이 공급되지 않아서 작업자가 움직일 수 없는 상태에서 발생한 에러

고장확률 평가기법 중 직렬이나 병렬구조로 단순화될 수 없는 복잡한 시스템의 신뢰도나 고장확률을 평가할 때 사용하는 평가기법 3가지를 적으시오. (3점)

**정답**

① 사상 공간법
② 경로 추적법
③ 분해법

**분석** 실기 출제 기준에서 제외된 "인간공학 및 시스템안전공학" 문제입니다.

**14** 다음은 광전자식 방호장치의 일반구조에 관한 내용이다. 괄호 속의 내용을 채우시오. (3점)

> (1) 투광부, 수광부, 컨트롤 부분으로 구성된 것으로서 신체의 일부가 광선을 차단하면 기계를 급정지시키는 방호장치로 (        ) 분류에 해당한다.
> (2) 정상동작 표시램프는 (        ), 위험 표시램프는 (        )으로 하며, 쉽게 근로자가 볼 수 있는 곳에 설치해야 한다.
> (3) 방호장치는 릴레이, 리미트 스위치 등의 전기부품의 고장, 전원전압의 변동 및 정전에 의해 슬라이드가 불시에 동작하지 않아야 하며, 사용전원전압의 ±(        )%의 변동에 대하여 정상으로 작동되어야 한다.

**정답**
(1) A-1
(2) 녹색, 붉은색
(3) 20%

**참고**

| 종류 | 분류 | 기능 |
|---|---|---|
| 광전자식 | A-1 | 프레스 또는 전단기에서 일반적으로 많이 활용하고 있는 형태로서 투광부, 수광부, 컨트롤 부분으로 구성된 것으로서 신체의 일부가 광선을 차단하면 기계를 급정지시키는 방호장치 |
| | A-2 | 급정지기능이 없는 프레스의 클러치 개조를 통해 광선 차단 시 급정지시킬 수 있도록 한 방호장치 |

# 2014년 산업안전기사 (7월 6일 시행)

시험시간 : 1시간 30분

재해예방 4원칙을 적고 설명하시오. (4점)

**정답**
① 예방가능의 원칙 : 모든 재해는 예방이 가능하다.
② 손실우연의 원칙 : 사고의 결과 손실은 우연히 발생한다.
③ 대책선정의 원칙 : 사고의 원인에 대한 대책선정이 가능하다.
④ 원인연계의 원칙 : 사고에는 원인이 있고 그 원인은 연계되어 있다.

상시 근로자 50인 이상의 경우 산업안전보건위원회를 설치·운영하여야 하는 대상 사업의 종류를 5가지 적으시오. (5점)

**정답**
① 토사석 광업
② 목재 및 나무제품 제조업(가구는 제외)
③ 화학물질 및 화학제품 제조업(의약품, 세제·화장품 및 광택제 제조업, 화학섬유 제조업은 제외)
④ 비금속광물제품 제조업
⑤ 1차 금속 제조업
⑥ 금속가공제품 제조업(기계 및 가구는 제외)
⑦ 자동차 및 트레일러 제조업
⑧ 기타 기계 및 장비 제조업(사무용기기 및 장비 제조업은 제외), 가정용 기기 제조업, 그 외 기타 전기장비 제조업
⑨ 기타 운송장비 제조업(전투용 차량 제조업은 제외)

① 토사석 광업에서 캔 ② 1차 금속으로 ③ 금속가공제품, ④ 비금속 광물제품 만들고 ⑤ 자동차 트레일러 만들어 ⑥ 운송장비 위원회 열자.

> 참고

| 사업의 종류 | 규모 |
|---|---|
| 1. 토사석 광업<br>2. 목재 및 나무제품 제조업 ; 가구제외<br>3. 화학물질 및 화학제품 제조업 ; 의약품 제외<br>　(세제, 화장품 및 광택제 제조업과 화학섬유 제조업은<br>　제외한다)<br>4. 비금속 광물제품 제조업<br>5. 1차 금속 제조업<br>6. 금속가공제품 제조업 ; 기계 및 가구 제외<br>7. 자동차 및 트레일러 제조업<br>8. 기타 기계 및 장비 제조업<br>　(사무용 기계 및 장비 제조업은 제외한다)<br>9. 기타 운송장비 제조업<br>　(전투용 차량 제조업은 제외한다)<br><br>암기법<br>토사석 광업에서 캔 1차금속으로 금속가공제품, 비금속 광물제품 제조하여 나무, 화학물질 섞어서 기계장비, 자동차 트레일러 만들어 운송장비 위원회(산업안전보건 위원회) 열자. | 상시 근로자 50명 이상 |
| 10. 농업<br>11. 어업<br>12. 소프트웨어 개발 및 공급업<br>13. 컴퓨터 프로그래밍, 시스템 통합 및 관리업<br>14. 정보서비스업<br>15. 금융 및 보험업<br>16. 임대업 ; 부동산 제외<br>17. 전문, 과학 및 기술 서비스업(연구개발업은 제외한다)<br>18. 사업지원 서비스업<br>19. 사회복지 서비스업 | 상시 근로자 300명 이상 |
| 20. 건설업 | 공사금액 120억 원 이상<br>(토목공사업 : 150억 원 이상) |
| 21. 제1호부터 제20호까지의 사업을 제외한 사업 | 상시 근로자 100명 이상 |

다음 화재의 경우 적응성이 있는 적합한 소화기를 [보기]에서 2가지씩 골라 적으시오. (6점)

[보기]
① $CO_2$   ② 건조사   ③ 봉상수소화기
④ 물통 또는 수조   ⑤ 포소화기   ⑥ 할로겐화합물소화기

(1) 전기설비 :
(2) 인화성액체 :
(3) 자기반응성물질 :

**정답**
(1) 전기설비 : ①, ⑥
(2) 인화성액체 : ①, ②, ⑤, ⑥
(3) 자기반응성물질 : ②, ③, ④, ⑤

위험물질을 제조·취급하는 작업장과 그 작업장이 있는 건축물의 경우 출입구 외에 안전한 장소로 대피할 수 있는 비상구 1개 이상을 설치하여야 한다. 비상구를 설치할 경우의 기준에 맞는 구조를 2가지 적으시오. (4점)

**정답**
① 출입구와 같은 방향에 있지 아니하고, 출입구로부터 3미터 이상 떨어져 있을 것
② 작업장의 각 부분으로부터 하나의 비상구 또는 출입구까지의 수평거리가 50미터 이하가 되도록 할 것(다만, 작업장이 있는 층에 피난층 또는 지상으로 통하는 직통계단을 설치한 경우에는 그 부분에 한정하여 본문에 따른 기준을 충족한 것으로 본다.)
③ 비상구의 너비는 0.75미터 이상으로 하고, 높이는 1.5미터 이상으로 할 것
④ 비상구의 문은 피난 방향으로 열리도록 하고, 실내에서 항상 열 수 있는 구조로 할 것
⑤ 비상구에 문을 설치하는 경우 항상 사용할 수 있는 상태로 유지하여야 한다.

[보기]는 건설공사에서 안전관리비 사용에 관한 기준이다. ( )에 적합한 내용을 적으시오. (6점)

[보기]
(1) 발주자가 재료를 제공하거나 일부 물품이 완제품의 형태로 제작 · 납품되는 경우에는 해당 재료비 또는 완제품 가액을 대상액에 포함하여 산출한 산업안전보건관리비와 해당 재료비 또는 완제품 가액을 대상액에서 제외하고 산출한 산업안전보건관리비의 ( )배에 해당하는 값을 비교하여 그 중 작은 값 이상의 금액으로 계상한다.
(2) 대상액이 명확하지 않은 경우는 도급계약 또는 자체사업계획상 책정된 총 공사금액의 ( )에 해당하는 금액을 대상액으로 하여 산업안전보건관리비를 계상하여야 한다.
(3) 도급인은 산업안전보건관리비 사용내역에 대하여 공사 시작 후 ( )개월마다 1회 이상 발주자 또는 감리자의 확인을 받아야 한다. 다만, ( )개월 이내에 공사가 종료되는 경우에는 종료 시 확인을 받아야 한다.

**정답**
(1) 1.2
(2) 10분의 7(70%)
(3) 6

**참고**
① 발주자의 재료비 포함 산업안전보건관리비
② 발주자의 재료비 제외한 산업안전보건관리비 × 1.2
①, ② 중 작은 값 이상으로 한다.

 다음 [보기]와 같은 조건에서 작업을 할 경우 제공하여야 할 휴식시간을 계산하시오. (4점)

[보기]
(1) 도끼로 나무를 자르는데 소요되는 에너지 : 8kcal/min
(2) 작업에 대한 평균 에너지 : 5kcal/min
(3) 휴식 시의 에너지 : 1.5kcal/min
(4) 작업시간 : 60분

> **정답**
>
> 휴식시간(R) = $\dfrac{60 \times (E-5)}{E-1.5}$ [분]
> - 1.5 : 휴식 중의 에너지 소비량
> - 5(kcal/분) : 보통 작업에 대한 평균 에너지(기초대사량을 포함하지 않을 경우 : 4kcal/분)
> - 60(분) : 작업시간
> - E(kcal/분) : 문제에서 주어진 작업 시 필요한 에너지

휴식시간(R) = $\dfrac{60 \times (8-5)}{8-1.5}$ = 27.69(분)

## 07 [보기]는 누전차단기에 관한 내용이다. (   )안에 적합한 내용을 적으시오. (3점)

[보기]
(1) 누전차단기(Residual current device, RCD)는 지락검출장치·(   )·개폐기구 등으로 구성
(2) 중감도형 누전차단기는 정격감도전류가 (   )mA ~ 1000mA 이하
(3) 시연형(지연형)누전차단기는 정격감도전류에서 0.1초 초과 (   )초 이내 동작

> **정답**
> (1) 차단장치
> (2) 50
> (3) 2

**참고**

| 구분 | | 정격감도전류(mA) | 동작시간 |
|---|---|---|---|
| 고감도형 | 고속형 | 5, 10, 15, 30 | 정격감도전류에서 0.1초 이내 |
| | 시연형 | | 정격감도전류에서 0.1초 ~ 2초 이내 |
| | 반 한시형 | | 정격감도전류에서 0.2초 ~ 1초 이내<br>정격감도전류에서 1.4배의 전류에서 0.1초 ~ 0.5초 이내<br>정격감도전류에서 4.4배의 잔류에서 0.05초 이내 |
| 중감도형 | 고속형 | 50, 100, 200, 500, 1,000 | 정격감도전류에서 0.1초 이내 |
| | 시연형 | | 정격감도전류에서 0.1초 ~ 2초 이내 |

평균수명 1,000시간인 에어컨 스위치가 (1) 앞으로 500시간 동안 고장 없이 작동할 확률과 (2) 이미 1,000시간을 사용한 스위치가 앞으로 500시간 이상 견딜 확률을 계산하시오. (4점)

> 1. 신뢰도(고장나지 않을 확률)
>    $$R(t) = e^{-\frac{t}{t_0}} = e^{-\lambda \times t}$$
>    ($t_0$ : 평균고장시간 or 평균수명
>    $t$ : 앞으로 고장 없이 사용할 시간
>    $\lambda$ : 고장률)
> 2. 불신뢰도(고장날 확률) = 1 − 신뢰도

**정답**

(1) 앞으로 500시간 동안 고장 없이 작동할 확률(신뢰도)
$$R(t) = e^{-\frac{500}{1,000}} = 0.61$$
(2) 이미 1,000시간을 사용한 스위치가 앞으로 500시간 이상 견딜 확률(신뢰도)
$$R(t) = e^{-\frac{500}{1,000}} = 0.61$$

**분석** 실기 출제 기준에서 제외된 "인간공학 및 시스템안전공학" 문제입니다.

 인간주의의 특성에 있어서 양립성의 종류를 2가지 적고 사례를 들어 설명하시오. (4점)

**정답**

| 개념적 양립성 | • 외부자극에 대해 인간의 개념적 현상의 양립성<br>• 예 빨간 버튼은 온수, 파란 버튼은 냉수 |
|---|---|
| 공간적 양립성 | • 표시장치, 조종장치의 형태 및 공간적 배치의 양립성<br>• 예 오른쪽 조리대는 오른쪽 조절장치로, 왼쪽 조리대는 왼쪽 조절장치로 조정한다. |
| 운동의 양립성 | • 표시장치, 조종장치 등의 운동 방향의 양립성<br>• 예 조종장치를 오른쪽으로 돌리면 표시장치 지침이 오른쪽으로 이동한다. |
| 양식 양립성 | • 직무에 알맞은 자극과 응답 양식의 존재에 대한 양립성<br>• 예 음성과업에 대해서는 청각적 자극 제시와 이에 대한 음성응답 과업에서 갖는 양립성 |

**분석** 실기 출제 기준에서 제외된 "인간공학 및 시스템안전공학" 문제입니다.

## 10

보일러의 폭발사고 방지를 위하여 기능이 정상적으로 작동될 수 있도록 유지·관리하여야 하는 장치를 3가지 적으시오. (3점)

**정답**
① 압력방출 장치
② 압력제한 스위치
③ 고저 수위조절 장치
④ 화염검출기

## 11

안전보건표지 중 출입금지표지를 그리시오. (단, 색상은 글로 설명하시오.) (4점)

[별책부록 컬러 자료를 참고해주세요.]

**정답**

- 바탕 : 흰색
- 기본모형 : 빨간색
- 관련 부호 : 검은색

## 12

컨베이어의 작업 시작 전 점검사항을 3가지 적으시오. (3점)

**정답**
① 원동기 및 풀리 기능의 이상 유무
② 이탈 등의 방지장치기능의 이상 유무
③ 비상정지장치 기능의 이상 유무
④ 원동기·회전축·기어 및 풀리 등의 덮개 또는 울 등의 이상 유무

## 13

화학물질 및 화학물질을 함유한 제제를 양도하거나 제공하는 자는 이를 양도받거나 제공받는 자에게 다음 각 호의 사항을 모두 기재한 물질안전보건자료를 고용노동부령으로 정하는 방법에 따라 작성하여 제공하여야 한다. 이 경우 물질안전보건자료에 적어야 하는 사항 4가지를 적으시오. (4점)

**정답**

1. 제품명
2. 물질안전보건자료 대상물질을 구성하는 화학물질 중 유해인자의 분류기준에 해당하는 화학물질의 명칭 및 함유량
3. 안전 및 보건상의 취급 주의 사항
4. 건강 및 환경에 대한 유해성, 물리적 위험성
5. 물리·화학적 특성 등 고용노동부령으로 정하는 사항
   ① 물리·화학적 특성
   ② 독성에 관한 정보
   ③ 폭발·화재 시의 대처방법
   ④ 응급조치 요령
   ⑤ 그 밖에 고용노동부장관이 정하는 사항

**참고**

| 물질안전보건자료의 작성항목<br>(Data Sheet 16가지 항목) | 물질안전보건자료 관리요령에 포함사항 | 물질안전보건자료에 관한 교육내용 |
|---|---|---|
| 1. 화학제품과 회사에 관한 정보<br>2. 유해·위험성<br>3. 구성성분의 명칭 및 함유량<br>4. 응급조치요령<br>5. 폭발·화재 시 대처방법<br>6. 누출사고 시 대처방법<br>7. 취급 및 저장방법<br>8. 노출방지 및 개인보호구<br>9. 물리화학적 특성<br>10. 안정성 및 반응성<br>11. 독성에 관한 정보<br>12. 환경에 미치는 영향<br>13. 폐기 시 주의사항<br>14. 운송에 필요한 정보<br>15. 법적규제 현황<br>16. 기타 참고사항 | 1. 제품명<br>2. 건강 및 환경에 대한 유해성, 물리적 위험성<br>3. 안전 및 보건상의 취급주의 사항<br>4. 적절한 보호구<br>5. 응급조치 요령 및 사고 시 대처방법 | 1. 대상화학물질의 명칭 (또는 제품명)<br>2. 물리적 위험성 및 건강 유해성<br>3. 취급상의 주의사항<br>4. 적절한 보호구<br>5. 응급조치 요령 및 사고 시 대처방법<br>6. 물질안전보건자료 및 경고 표지를 이해하는 방법 |

 산업안전보건법상 사용안전 확인을 필요한 제품에 대한 무문석 변경의 허용범위를 3가지 적으시오. (3점)

**정답**

관련 법규에서 삭제된 내용입니다.

# 2014년 산업안전기사(10월 5일 시행)

시험시간 : 1시간 30분

 [보기]는 위험물질의 종류이다. [보기] 중 물반응성 물질 및 인화성 고체와 폭발성 물질 및 유기과산화물을 구분하여 2가지씩 적으시오. (4점)

[보기]
① 수소   ② 리튬   ③ 황   ④ 아세톤
⑤ 염소산칼륨   ⑥ 과망간산   ⑦ 하이드라진유도체   ⑧ 니트로소화합물

**정답**
(1) 폭발성 물질 및 유기과산화물 : ⑦, ⑧
(2) 물반응성 물질 및 인화성 고체 : ②, ③

**참고**

(1) 폭발성 물질 및 유기과산화물
　① 질산에스테르류
　② 니트로화합물
　③ 니트로소화합물
　④ 아조화합물
　⑤ 디아조화합물
　⑥ 하이드라진 유도체
　⑦ 유기과산화물

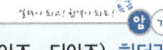

폭발하는(폭발성물질) 질산에(질산에스테르) 니태아조?(니트로, 니트로소, 아조, 디아조) 하더라유!
(하이드라진유도체, 유기과산화물)

(2) 물반응성 물질 및 인화성 고체
　① 리튬
　② 칼륨·나트륨
　③ 황
　④ 황린
　⑤ 황화인·적린
　⑥ 셀룰로이드류
　⑦ 알킬알루미늄·알킬리튬
　⑧ 마그네슘 분말
　⑨ 금속 분말(마그네슘 분말은 제외한다)
　⑩ 알칼리금속(리튬·칼륨 및 나트륨은 제외한다)
　⑪ 유기 금속화합물(알킬알루미늄 및 알킬리튬은 제외한다)
　⑫ 금속의 수소화물
　⑬ 금속의 인화물
　⑭ 칼슘 탄화물, 알루미늄 탄화물

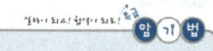

> 물반응성 물질 : 나 칼 안물리!
> 나(나트륨) 칼(칼륨·칼슘탄화물) 안(알킬알루미늄, 알킬리튬) 물(물반응성물질) 리(리튬)
> 인화성 고체 : 인화성 황인이 젤 금매!(겹나)
> 인화성(인화성물질) 황인(황, 황린, 황화인, 적린)이 젤(셀룰로이드) 금매(금속분말, 마그네슘분말)

 어떤 작업자가 300V의 회로를 물에 젖은 손으로 만져 사망한 일이 있다. 이 때 인체에 흐른 전류(mA)는 얼마였으며, 심실세동을 일으킨 시간(ms)은 얼마였겠는가? (단, 인체의 저항은 1,000Ω )

**정답**

(1) 심실세동전류(mA)

$$V = I \times R$$
여기서 $V$ : 전압 단위(V : 볼트)
$I$ : 전류 단위(A : 암페어)
$R$ : 저항 단위(Ω : 옴)

전류 $I = \dfrac{V}{R} = \dfrac{300}{1{,}000 \times \dfrac{1}{25}} \times 1{,}000 = 7{,}500\,\text{mA}$

$V$ : 300V, $R$ : 1,000Ω (젖은 손이므로 저항이 $\dfrac{1}{25}$ 로 감소된다.)

(2) 통전시간(mS)

$$I(\text{mA}) = \dfrac{165}{\sqrt{T}}$$
$T$ : 통전시간(초)

심실세동전류 $I = \dfrac{165}{\sqrt{T}}$

$I \times \sqrt{T} = 165$

$\sqrt{T} = \dfrac{165}{I}$

$T = (\dfrac{165}{I})^2$

$T = (\dfrac{165}{7500})^2 = 0.000484(초) \times 1{,}000 = 0.48(\text{ms})$

**03** 콘크리트 옹벽의 안정성 검토사항을 3가지를 적으시오. (3점)

> **정답**
> ① 전도에 대한 안정
> ② 활동에 대한 안정
> ③ 침하(지반 지지력)에 대한 안정

**04** 무재해운동 추진 중인 사업장에서 재해가 발생되어도 무재해로 인정되는 경우 4가지를 적으시오. (4점)

> **정답**
> ① 업무수행 중의 사고 중 천재지변 또는 돌발적인 사고로 인한 구조행위 또는 긴급피난 중 발생한 사고
> ② 출·퇴근 도중에 발생한 재해
> ③ 운동경기 등 각종 행사 중 발생한 재해
> ④ 천재지변 또는 돌발적인 사고 우려가 많은 장소에서 사회통념상 인정되는 업무수행 중 발생한 사고
> ⑤ 제3자의 행위에 의한 업무상 재해
> ⑥ 뇌혈관질병 또는 심장질병에 의한 재해
> ⑦ 업무시간 외에 발생한 재해. 다만, 사업주가 제공한 사업장 내의 시설물에서 발생한 재해 또는 작업 개시 전의 작업 준비 및 작업종료 후의 정리정돈과정에서 발생한 재해는 제외한다.
> ⑧ 도로에서 발생한 사업장 밖의 교통사고, 소속 사업장을 벗어난 출장 및 외부기관으로 위탁교육 중 발생한 사고, 회식 중의 사고, 전염병 등 사업주의 법 위반으로 인한 것이 아니라고 인정되는 재해

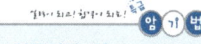
무재해 - 출·퇴근 도중, 각종 행사, 제3자, 뇌혈관질환 또는 심장질환, 업무시간 외

**05** 기계 설비의 근원적 안전을 확보하는 방안 4가지를 적으시오. (4점)

> **정답**
> ① 외관상 안전화
> ② 기능적 안전화
> ③ 구조 부분 안전화(구조부분 강도적 안전화)
> ④ 작업의 안전화
> ⑤ 보수유지의 안전화 (보전성 향상 위한 고려 사항)
> ⑥ 표준화

아세틸렌 및 가스 집합 용접 장치의 안전장치인 역화방지기의 성능시험 종류 4가지를 적으시오. (4점)

> 정답
> ① 역화방지시험
> ② 역류방지시험
> ③ 기밀시험
> ④ 내압시험

 산업안전보건법상의 안전보건표지 중 안내표지의 종류 4가지를 적으시오. (4점)

> 정답
> ① 녹십자표지
> ② 응급구호표지
> ③ 들것
> ④ 세안장치
> ⑤ 비상용기구
> ⑥ 비상구
> ⑦ 좌측비상구
> ⑧ 우측비상구

 공정안전보고서 작성 시 공정안전보고서에 포함하여야 하는 사항 4가지를 적으시오.

> 정답
> ① 공정안전자료
> ② 공정위험성 평가서
> ③ 안전운전계획
> ④ 비상조치계획

**09** FT도가 다음과 같을 때 최소 패스셋을 모두 구하시오. (4점)

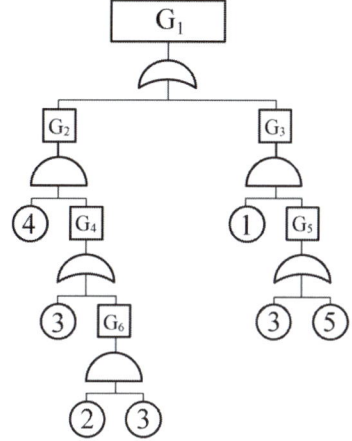

**정답**

최소 패스셋을 구할 때는 FT도의 AND와 OR 게이트를 반대로 해석하여 미니멀 컷을 구하면 된다.

$G_1 = G_2 \cdot G_3$
$= \binom{④}{G_4} \cdot \binom{①}{G_5}$
$= \binom{④}{③} \cdot \binom{①}{③⑤}$
$= (①④)$
　$(③④⑤)$
　$(①③)$
　$(③⑤)$

미니멀컷셋 : (①③)(①④)(③⑤)

∴ 최소패스셋 : (①③) 또는 (①④) 또는 (③⑤)

$\begin{cases} G_4 = ③ \cdot G_6 \\ \quad = ③\binom{②}{③} \\ \quad = (②, ③)(③) \\ \therefore \text{미니멀 컷} : (③) \end{cases}$

**분석** 실기 출제 기준에서 제외된 "인간공학 및 시스템안전공학" 문제입니다.

## 10. 다음을 설명하시오. (4점)

(1) 연천인율
(2) 강도율

**정답**

(1) 연천인율
① 근로자 1,000명 중 재해자수 비율(1년간)
② 연천인율 = $\dfrac{\text{연간 재해자수}}{\text{연평균근로자 수}} \times 1,000$

(2) 강도율
① 1,000 근로 시간당 근로손실일수 비율
② 강도율 = $\dfrac{\text{총 요양 근로손실일수}}{\text{연 근로시간 수}} \times 1,000$

## 11. 인간 – 기계 통합시스템(man-machine system)의 정보처리 기능 4가지를 적으시오. (4점)

**정답**
① 감지 기능
② 정보보관기능
③ 정보처리 및 의사결정 기능
④ 행동 기능

**분석** 실기 출제 기준에서 제외된 "인간공학 및 시스템안전공학" 문제입니다.

## 12. 산업안전보건법에 따라 굴착면의 높이가 2미터 이상이 되는 지반의 굴착작업을 하는 경우 작성하여야 하는 작업계획서 포함사항 4가지를 적으시오. (단. 그 밖에 안전·보건에 관련된 사항은 제외할 것)

**정답**
① 굴착 방법 및 순서, 토사 반출 방법
② 필요한 인원 및 장비 사용계획
③ 매설물 등에 대한 이설·보호 대책
④ 사업장 내 연락 방법 및 신호 방법
⑤ 흙막이 지보공 설치 방법 및 계측계획
⑥ 작업지휘자의 배치계획

작업지휘자 배치 → 인원, 장비계획 → 지보공 설치 → 매설물 보호 → 굴착, 토사 반출

**13** 다음 [보기]의 기계·기구, 방호장치 및 보호구 중 안전인증대상을 찾아 번호를 적으시오. (4점)

[보기]
① 안전대
② 아세틸렌용접 장치의 안전기
③ 압력용기
④ 연삭기 덮개
⑤ 산업용로봇 안전매트
⑥ 양중기용 과부하방지장치
⑦ 곤돌라
⑧ 교류아크용접기의 자동전격방지장치
⑨ 동력식 수동대패의 날접촉예방장치
⑩ 보호복

**정답**

①, ③, ⑤, ⑥, ⑦, ⑩

**참고**

• 안전인증 및 자율안전확인 대상 기계, 기구

| | 안전인증 | 자율안전확인 |
|---|---|---|
| 1.<br>기계<br>기구 | 1. 설치·이전하는 경우 안전인증을 받아야 하는 기계·기구<br>가. 크레인<br>나. 리프트<br>다. 곤돌라<br><br>2. 주요 구조 부분을 변경하는 경우 안전인증을 받아야 하는 기계·기구<br>① 프레스<br>② 전단기 및 절곡기(折曲機)<br>③ 크레인<br>④ 리프트<br>⑤ 압력용기<br>⑥ 롤러기<br>⑦ 사출성형기(射出成形機)<br>⑧ 고소(高所)작업대<br>⑨ 곤돌라<br><br>**암기법**<br>유사한 종류끼리 묶어서 암기<br>손 다치는 기계 - 프레스, 전단기 및 절곡기, 사출성형기, 롤러기<br>양중기 - 크레인, 리프트, 곤돌라<br>폭발 - 압력용기<br>추락 - 고소작업대 | ① 연삭기 및 연마기(휴대형 제외)<br>② 산업용 로봇<br>③ 혼합기<br>④ 파쇄기 or 분쇄기<br>⑤ 식품가공용 기계<br>  (파쇄, 절단, 혼합, 제면기만 해당)<br>⑥ 컨베이어<br>⑦ 자동차정비용 리프트<br>⑧ 공작기계<br>  (선반, 드릴, 평삭·형삭기, 밀링만 해당)<br>⑨ 고정형 목재가공용 기계(둥근톱, 대패, 루타기, 띠톱, 모떼기 기계만 해당)<br>⑩ 인쇄기<br><br>**암기법**<br>공작기계로 철판 잘라서 연삭기, 연마기로 갈고, 고정형 목재가공용기계로 나무 자르고, 식품가공용 기계로 식품 파쇄, 분쇄하여 혼합기로 혼합한 후 컨베이어로 운반해서 자동차 리프트에 올려놓고 인기있는 산업용 로봇 만들자. |

| | | |
|---|---|---|
| 2. 방호장치 | ① 프레스 및 전단기 방호장치<br>② 양중기용 과부하방지장치<br>③ 보일러 압력방출용 안전밸브<br>④ 압력용기 압력방출용 안전밸브<br>⑤ 압력용기 압력방출용 파열판<br>⑥ 절연용 방호구 및 활선작업용 기구<br>⑦ 방폭구조 전기기계 기구 및 부품<br>⑧ 추락·낙하 및 붕괴 등의 위험 방지 및 보호에 필요한 가설기자재로서 고용노동부장관이 정하여 고시하는 것<br>⑨ 충돌·협착 등의 위험 방지에 필요한 산업용 로봇 방호장치로서 고용노동부장관이 정하여 고시하는 것<br><br>**암기법**<br>안전인증 대상 중<br>손 다치는 기계 - 프레스 전단기의 방호장치<br>양중기 - 과부하방지장치<br>폭발 - 보일러 안전밸브, 압력용기 안전밸브, 파열판<br>충돌 - 산업용 로봇<br>전기 - 방폭구조, 절연용 방호구, 활선작업용 기구 | ① 아세틸렌, 가스집합 용접장치용 안전기<br>② 교류아크용접기용 자동전격방지기<br>③ 롤러기 급정지장치<br>④ 연삭기 덮개<br>⑤ 목재가공용 둥근톱 반발예방장치 및 날접촉예방장치<br>⑥ 동력식 수동대패의 칼날 접촉방지장치<br>⑦ 추락, 낙하 및 붕괴 등의 위험방호에 필요한 가설기자재(안전인증 제외)<br><br>**암기법**<br>롤러를 통과한 철판을 목재가공용 둥근톱, 동력식 수동대패로 잘라서 아세틸렌, 가스집합 용접장치, 교류아크용접기로 용접해서 연삭기로 다듬자. |
| 3. 보호구 | ① 추락 및 감전 위험방지용 안전모<br>② 안전화<br>③ 안전장갑<br>④ 방진마스크<br>⑤ 방독마스크<br>⑥ 송기마스크<br>⑦ 전동식 호흡보호구<br>⑧ 보호복<br>⑨ 안전대<br>⑩ 차광 및 비산물 위험방지용 보안경<br>⑪ 용접용 보안면<br>⑫ 방음용 귀마개 또는 귀덮개<br><br>**암기법**<br>신체 부위별로 구분하여 암기<br>머리 - 안전모(추락 및 감전방지용)<br>눈 - 보안경(차광 및 비산물 위험방지용)<br>코, 입 - 방진마스크, 방독마스크, 송기마스크, 전동식 호흡보호구<br>얼굴 - 보안면(용접용)<br>귀 - 귀마개 또는 귀덮개(방음용)<br>손 - 안전장갑<br>허리 - 안전대<br>발 - 안전화<br>몸 - 보호복 | ① 안전모(안전인증 제외)<br>② 보안경(안전인증 제외)<br>③ 보안면(안전인증 제외) |

아래 그림은 휴먼에러의 원인인 4M과 안전대책 3E의 관계를 나타내었다. 빈칸에 알맞은 내용을 적으시오. (4점)

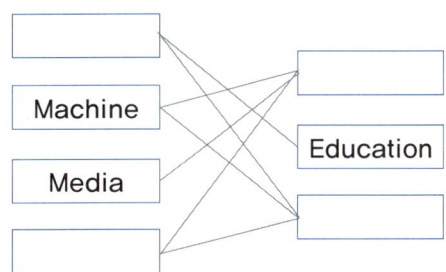

**정답**

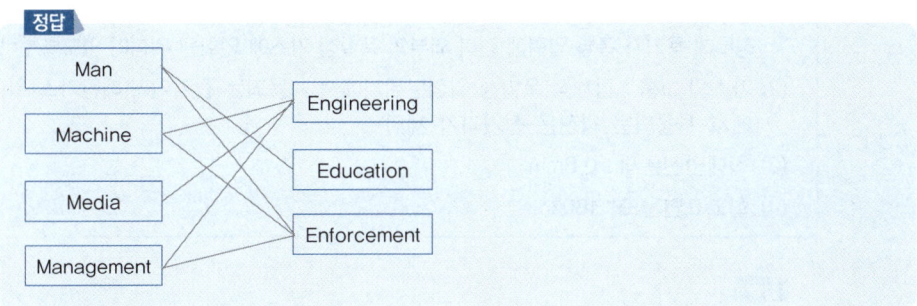

> **참고**
>
> 1. 휴먼에러의 배후요인(4M)
>
>    ① Man(인간) : 본인 외의 사람, 직장의 인간관계 등
>    ② Machine(기계) : 기계, 장치 등의 물적 요인
>    ③ Media(매체) : 작업정보, 작업방법 등
>    ④ Management(관리) : 작업관리, 법규준수, 단속, 점검 등
>
> 2. J·H Harvey(하비)의 3E
>
>    ① 안전 교육(Education)
>    ② 안전 기술(Engineering)
>    ③ 안전 독려(Enforcement), 안전감독

# 2015년 산업안전기사 (4월 18일 시행)

시험시간 : 1시간 30분

**01** 보기의 설명에 해당하는 방폭구조를 표시하시오. (5점)

(1) 방폭구조 : 아크를 발생시키는 전기설비를 전폐용기에 넣고 용기 내부에 폭발이 일어날 경우에 용기가 폭발 압력에 견뎌 외부의 폭발성 가스에 인화될 위험이 없도록 한 방폭구조
(2) 가스의 그룹 : 잠재적 폭발성 위험분위기에서 사용되는 전기기기(메탄가스 위험분위기에서 사용되는 광산용 전기기기 제외)
(3) 최대안전틈새 : 0.8mm
(4) 최고표면온도 : 180℃

**정답**

Ex d ⅡB T3

**참고**

① 방폭기기의 분류
  - 그룹 Ⅰ : 폭발성 메탄가스 위험분위기에서 사용되는 광산용 전기기기
  - 그룹 Ⅱ : 그룹 Ⅰ 이 외의 잠재적 폭발성 위험분위기에서 사용되는 전기기기
② 폭발등급 및 최대안전틈새

| 폭발등급 | ⅡA | ⅡB | ⅡC |
|---|---|---|---|
| 최대안전틈새(mm) | 0.9 이상 | 0.5 초과 0.9 미만 | 0.5 이하 |

③ 그룹 Ⅱ 전기기기에 대한 최고표면온도의 분류

| 온도등급 | 최고 표면 온도(℃) |
|---|---|
| T1 | 450 이하 |
| T2 | 300 이하 |
| T3 | 200 이하 |
| T4 | 135 이하 |
| T5 | 100 이하 |
| T6 | 85 이하 |

④ 방폭기기의 표시

Ex d ⅡA T1 IP 54

Ex : 방폭구조의 상징
d : 방폭구조(내압 방폭구조)
ⅡA : 가스, 증기 및 분진의 그룹
T1 : 온도등급
IP 54 : 보호등급

유해물질의 취급 등 근로자에게 유해한 환경에서 작업을 하는 경우 작업환경 개선을 위한 조치사항 3가지를 적으시오. (3점)

**정답**
① 대치(대체)
② 격리(Isolation)
③ 환기(Ventilation)

**참고**
- 작업환경 개선의 3원칙 및 방법
  ① 대치(대체) : 공정의 변경, 유해물질 변경, 시설의 변경
  ② 격리(Isolation)
    - 저장물질의 격리
    - 시설의 격리
    - 공정의 격리
    - 작업자의 격리
  ③ 환기(Ventilation) : 국소 환기, 전체 환기

 보일러의 이상 현상 중 캐리오버의 원인 4가지를 적으시오. (4점)

**정답**
① 기실과 증발 수면의 협소
② 기수 분리기의 고장
③ 보일러 내의 수면이 비정상적으로 높게 될 경우
④ 보일러 부하가 급격하게 증대될 경우
⑤ 압력의 급강하로 격렬한 자기증발을 일으킬 때

산업안전보건법상의 물질안전보건자료 작성 및 비치 제외 대상 4가지를 적으시오.
(단, 일반 소비자의 생활용으로 제공되는 제제는 제외) (4점)

> **정답**
> 물질안전보건자료 작성 제외 대상
> 1. 「건강기능식품에 관한 법률」에 따른 건강기능식품
> 2. 「농약관리법」에 따른 농약
> 3. 「마약류 관리에 관한 법률」에 따른 마약 및 향정신성의약품
> 4. 「비료관리법」에 따른 비료
> 5. 「사료관리법」에 따른 사료
> 6. 「생활주변방사선 안전관리법」에 따른 원료물질
> 7. 「생활화학제품 및 살생물제의 안전 관리에 관한 법률」에 따른 안전 확인대상 생활화학제품 및 살생물제품 중 일반 소비자의 생활용으로 제공되는 제품
> 8. 「식품위생법」에 따른 식품 및 식품첨가물
> 9. 「약사법」에 따른 의약품 및 의약외품
> 10. 「원자력안전법」에 따른 방사성물질
> 11. 「위생용품 관리법」에 따른 위생용품
> 12. 「의료기기법」에 따른 의료기기
> 12의2. 「첨단재생의료 및 첨단바이오의약품 안전 및 지원에 관한 법률」에 따른 첨단바이오의약품
> 13. 「총포·도검·화약류 등의 안전관리에 관한 법률」에 따른 화약류
> 14. 「폐기물관리법」에 따른 폐기물
> 15. 「화장품법」에 따른 화장품
> 16. 제1호부터 제15호까지의 규정 외의 화학물질 또는 혼합물로서 일반소비자의 생활용으로 제공되는 것(일반소비자의 생활용으로 제공되는 화학물질 또는 혼합물이 사업장 내에서 취급되는 경우를 포함한다)
> 17. 고용노동부장관이 정하여 고시하는 연구·개발용 화학물질 또는 화학제품. 이 경우 법 제110조 제1항부터 제3항까지의 규정에 따른 자료의 제출만 제외된다.
> 18. 그 밖에 고용노동부장관이 독성·폭발성 등으로 인한 위해의 정도가 적다고 인정하여 고시하는 화학물질

> 비료로 농사지은 식품, 건강식품, 위생용품 폐기물에서 화약, 방사성 원료물질 나와서 소비자용 의료기기, 첨단 의약품, 마약, 화장품으로 치료했다.

 산업안전보건법상의 로봇 작업에 대한 특별 안전보건교육 내용 4가지를 적으시오. (4점)

> **정답**
> ① 로봇의 기본원리·구조 및 작업 방법에 관한 사항
> ② 이상 발생 시 응급조치에 관한 사항
> ③ 안전시설 및 안전기준에 관한 사항
> ④ 조작 방법 및 작업순서에 관한 사항

다음 내용을 읽고 빈칸에 적합한 내용을 적으시오. (3점)

(1) 부두 또는 안벽의 선을 따라 통로를 설치하는 경우에는 폭을 ( ① ) 이상으로 할 것
(2) 육상에서의 통로 및 작업장소로서 다리 또는 선거(船渠) 갑문(閘門)을 넘는 보도(步道) 등의 위험한 부분에는 ( ② ) 또는 울타리 등을 설치할 것
(3) 바닥으로부터의 높이가 2미터 이상 되는 하적단(포대·가마니 등으로 포장된 화물이 쌓여 있는 것만 해당한다)과 인접 하적단 사이의 간격을 하적단의 밑 부분을 기준하여 ( ③ ) 이상으로 하여야 한다.

**정답**
① 90센티미터
② 안전난간
③ 10센티미터

 하인리히의 사고방지 이론 5단계를 적으시오. (5점)

**정답**
1단계 : 안전조직
2단계 : 사실의 발견
3단계 : 분석
4단계 : 시정방법 선정
5단계 : 시정책 적용

다음 [보기]는 산업재해조사표를 작성하고자 할 때의 작성항목이다. [보기] 중 주요 조사항목이 아닌 것을 4가지 고르시오. (4점)

[보기]
① 발생일시   ② 목격자 인적사항   ③ 발생 형태   ④ 상해종류
⑤ 고용 형태   ⑥ 작업내용        ⑦ 기인물     ⑧ 응급조치 내역
⑨ 재해 발생 후 첫 출근일자       ⑩ 급여 수준

정답
② ⑧ ⑨ ⑩

 관련 법규내용 변경으로 [보기]의 일부를 수정하였습니다.

 안전보건 표지 중 "응급구호표지"를 그리시오. (단, 색상표시는 글자로 나타내도록 하고, 크기에 대한 기준은 표시하지 않아도 된다.) (5점)

[별책부록 컬러 자료를 참고해주세요.]

정답

바탕 : 녹색
관련 부호 및 그림 : 흰색

어떤 기계가 1시간 가동하였을 때 고장 발생확률이 0.004일 경우 아래 물음에 답하시오. (6점)

(1) 평균고장 간격을 구하시오.

(2) 10시간 가동하였을 때 기계의 신뢰도를 구하시오.

(3) 10시간 가동하였을 때 고장이 발생될 확률을 구하시오.

**정답**

① $MTBF = \dfrac{1}{고장률(\lambda)}$ (시간)

$= \dfrac{1}{0.004} = 250$시간

② 신뢰도 : 고장나지 않을 확률
$R(t) = e^{-\lambda \times t}$
$= e^{-0.004 \times 10} = e^{-0.04} = 0.9608$

③ 불신뢰도(고장날 확률) = 1 − 신뢰도
$= 1 - 0.9608 = 0.0392$

**분석** 실기 출제 기준에서 제외된 "인간공학 및 시스템안전공학" 문제입니다.

 크레인을 사용하여 작업하는 경우 작업 시작 전 점검 사항 2가지를 적으시오. (4점)

**정답**
① 권과방지장치·브레이크·클러치 및 운전 장치의 기능
② 주행로의 상측 및 트롤리(trolley)가 횡행하는 레일의 상태
③ 와이어로프가 통하고 있는 곳의 상태

 다음 빈칸에 적합한 달비계의 안전계수를 적으시오. (4점)

(1) 달기와이어로프 및 달기강선의 안전계수는 ( ① )이상

(2) 달기체인 및 달기훅의 안전계수는 ( ② )이상

(3) 달기강대와 달비계의 하부 및 상부지점의 안전계수는 강재의 경우 ( ③ )이상, 목재의 경우 ( ④ )이상

**정답**
관련 법규에서 삭제된 내용입니다.

다음은 목재 가공용 둥근톱 기계의 분할날 설치에 관한 내용이다. 빈칸에 적합한 내용을 적으시오. (4점)

> ① 분할날 두께는 톱 두께의 ( ① )배 이상이며 치진폭 보다 작을 것
> ② 분할날과 톱날 후면과의 간격은 ( ② ) 이내일 것
> ③ 톱날 후면 날의 ( ③ ) 이상을 덮어 설치할 것

**정답**
① 1.1
② 12mm
③ $\frac{2}{3}$

  시스템 안전 프로그램(SSPP)의 포함사항 4가지를 적으시오. (4점)

**정답**
① 시스템 안전조직
② 시스템 안전업무 활동
③ 시스템 안전문서 양식
④ 시스템 개발과정에서의 안전업무 활동 시기 및 방법
⑤ 리스크 평가 방법 및 수용기준

**분석** 실기 출제 기준에서 제외된 "인간공학 및 시스템안전공학" 문제입니다.

# 2015년 산업안전기사 (7월 11일 시행)

시험시간 : 1시간 30분

 보기의 재해 상황을 기준으로 산업재해조사표를 작성하고자 한다. 질문에 적당한 답을 적으시오. (4점)

> 2015년 5월 30일 금요일 14시 30분 사출성형부 플라스틱 용기 생산 1팀 사출공정에서 재해자 홍길동과 동료작업자 1명이 함께 작업 중이었으며 재해자 홍길동이 사출성형기 2호기에서 플라스틱 용기를 꺼낸 후 금형을 점검하던 중 동료근로자가 재해자가 점검 중임을 모르고 사출성형기 조작스위치를 가동하여 재해자 홍길동이 금형 사이에 끼어 사망하였다. 재해당시 사출성형기의 도어인터록장치는 설치되어 있었으나 고장난 상태였고, 점검과 관련하여 "수리중·조작금지"의 안전 표지판이나, 전원스위치 작동금지용 잠금장치는 설치되어 있지 않은 상태이었다.

1) 발생 일시 :

2) 발생 장소 :

3) 재해 관련 작업 유형 :

4) 재해 발생 당시 상황 :

**정답**

| 발생 일시 | 2015년 5월 30일 금요일 14시 30분 |
|---|---|
| 발생 장소 | 사출성형부 플라스틱 용기 생산 1팀 사출공정에서 |
| 재해 관련 작업 유형 | 재해자 홍길동이 사출성형기 2호기에서 플라스틱 용기를 꺼낸 후 금형을 점검하던 중 |
| 재해 발생 당시 상황 | 재해자가 점검중임을 모르던 동료 근로자가 사출성형기 조작 스위치를 가동하여 금형 사이에 재해자 홍길동이 끼어 사망하였음 |

산업안전보건법상 사업주의 안전 직무(2가지)와 근로자의 안전 직무를 적으시오. (4점)

**정답**

(1) 사업주
① 산업재해 예방을 위한 기준을 지킬 것
② 근로자의 신체적 피로와 정신적 스트레스 등을 줄일 수 있는 쾌적한 작업환경을 조성하고 근로조건을 개선할 것
③ 해당 사업장의 안전·보건에 관한 정보를 근로자에게 제공할 것

(2) 근로자의 안전 직무
법에서 정하는 산업재해 예방을 위한 기준을 지켜야 하며, 사업주 또는 근로감독관, 공단 등 관계인이 실시하는 산업재해 예방에 관한 조치에 따라야 한다.

 페일세이프를 기능면에서 3가지로 분류하시오. (3점)

**정답**

① Fail Passive
② Fail active
③ Fail operational

**참고**

① Fail Passive : 부품의 고장 시 기계장치는 정지 상태로 옮겨간다.
② Fail active : 부품이 고장나면 경보를 울리며 짧은 시간 운전이 가능하다.
③ Fail operational : 부품의 고장이 있어도 다음 정기점검까지 운전이 가능하다.

 와이어로프 꼬임의 형식 2가지를 적으시오. (4점)

**정답**

① 보통꼬임
② 랑그(랭)꼬임

**참고**

① 보통꼬임
- 스트랜드 꼬임방향과 로프의 꼬임 방향이 반대인 것
- 랑그꼬임에 비해 더 한층 유연하여 EYE 작업을 쉽게 할 수 있다.
- 로프자체의 변형이 적다.
- 킹크가 잘 생기지 않는다.
- 하중을 걸었을 때 저항성이 크다.

② 랑그(랭)꼬임
- 스트랜드 꼬임 방향과 로프의 꼬임 방향이 같은 방향인 것
- 보통꼬임의 로프보다 사용 시 표면전체가 균일하게 마모됨으로 인하여 수명이 길다.
- 내마모성, 유연성, 내피로성이 우수하다.

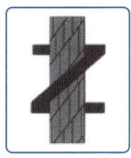   

보통 Z꼬임    보통 S꼬임    랭 Z꼬임    랭 S꼬임

산업안전보건법상의 산업안전보건위원회를 개최하는 경우 작성하여야 하는 회의록에 포함하여야 하는 사항 3가지를 적으시오. (3점)

**정답**
① 개최 일시 및 장소
② 출석위원
③ 심의 내용 및 의결·결정 사항
④ 그 밖의 토의사항

연소의 3요소를 적고 각 요소별 소화방법을 적으시오. (6점)

**정답**
① 가연물 : 제거소화
② 산소 : 질식소화
③ 점화원 또는 열 : 냉각소화

신규화학물질을 제조수입 하고자 하는 자는 제조 또는 수입하고자 하는 날 ( ① )일전 까지 당해 신규화학물질의 유해성·위험성 조사보고서를 첨부하여 ( ② )에게 제출 하여야 한다.

> **정답**
> ① 30
> ② 고용노동부장관

 고장률이 1시간당 0.01로 일정한 기계가 있다. 이 기계가 처음 100시간 동안에 고장이 발생할 확률은? (4점)

> **정답**
>
> 1. 신뢰도(고장나지 않을 확률)
>    $R(t) = e^{-\frac{t}{t_0}} = e^{-\lambda \times t}$
>    (여기서, $t_0$ : 평균고장시간 or 평균수명 , $t$ : 앞으로 고장 없이 사용할 시간
>    $\lambda$ : 고장률)
>
> 2. 불신뢰도(고장이 발생할 확률) = 1 − 신뢰도
>
> 1. 신뢰도 $R(t) = e^{-\lambda \times t} = e^{-(0.01 \times 100)} = e^{-1} = 0.37$
> 2. 불신뢰도(고장이 발생할 확률) = 1 − 신뢰도 = 1 − 0.37 = 0.63

**분석** 실기 출제 기준에서 제외된 "인간공학 및 시스템안전공학" 문제입니다.

**09** 인간 - 기계 통합체계의 4가지 기본 기능을 나열하시오. (4점)

> **정답**
> ① 감지 기능
> ② 정보보관 기능
> ③ 정보처리 및 의사결정 기능
> ④ 행동 기능

**분석** 실기 출제 기준에서 제외된 "인간공학 및 시스템안전공학" 문제입니다.

**10** 산업안전보건법상의 사업주가 근로자에게 실시해야 하는 안전보건교육 중 근로자의 신규 채용 시 교육내용 4가지를 적으시오.

> **정답**
>
> **근로자 채용 시 교육 및 작업내용 변경 시 교육내용**
> ① 산업안전 및 사고 예방에 관한 사항
> ② 산업보건 및 직업병 예방에 관한 사항
> ③ 산업안전보건법령 및 산업재해보상보험제도에 관한 사항
> ④ 직무스트레스 예방 및 관리에 관한 사항
> ⑤ 직장 내 괴롭힘, 고객의 폭언 등으로 인한 건강장해 예방 및 관리에 관한 사항
> ⑥ 기계·기구의 위험성과 작업의 순서 및 동선에 관한 사항
> ⑦ 물질안전보건자료에 관한 사항
> ⑧ 작업 개시 전 점검에 관한 사항
> ⑨ 정리정돈 및 청소에 관한 사항
> ⑩ 사고 발생 시 긴급조치에 관한 사항
> ⑪ 위험성 평가에 관한 사항

공통 항목
1. 신규자는 법, 산재보상제도를 알자!
2. 신규자는 건강을 보존(산업보건)하고 직업병, 스트레스, 괴롭힘, 폭언 예방하자!
3. 신규자는 안전하고 사고예방하자!
4. 신규자는 위험성을 평가하자!

신규채용자는 회사에 처음 입사해서 처음 일을 하는 근로자, 안전하게 일하기 위한 기본내용을 교육한다.
1. 신규자는 기계기구 위험성, 작업순서, 동선을 알자!
2. 신규자는 취급물질의 위험성(물질안전보건자료)을 알자!
3. 신규자는 작업 전 점검하자!
4. 신규자는 항상 정리정돈 청소하자!
5. 신규자는 사고 시 조치를 알자!

**11** 전동 기계·기구에 접속되어 있는 누전 차단기는 정격 감도 전류가 ( ① ) 이하이고, 작동 시간은 ( ② ) 이내이어야 한다. 이때 ( ) 안에 알맞은 내용을 적으시오. (단, 정격전부하 전류 50A 미만)

> **정답**
>
> ① 30mA  ② 0.03초

**참고**

누전차단기는 정격감도전류가 30밀리암페어 이하이고 작동시간은 0.03초 이내일 것. 다만, 정격전부하 전류가 50암페어 이상인 전기기계·기구에 접속되는 누전차단기는 오작동을 방지하기 위하여 정격 감도전류는 200밀리암페어 이하로, 작동시간은 0.1초 이내로 할 수 있다.

## 12

다음 그림은 산업안전보건법상의 안전보건표지이다. 경고표지와 지시표지를 구분하여 적으시오. (4점)

[별책부록 컬러 자료를 참고해주세요.]

**정답**

경고표지 : ①, ③, ⑤, ⑥, ⑨, ⑩
지시표지 : ②, ④, ⑦, ⑧

## 13

콘크리트 타설 작업 시의 안전수칙을 3가지 적으시오. (3점)

**정답**

① 당일의 작업을 시작하기 전에 해당 작업에 관한 거푸집동바리 등의 변형·변위 및 지반의 침하 유무 등을 점검하고 이상이 있으면 보수할 것
② 작업 중에는 감시자를 배치하는 등의 방법으로 거푸집 및 동바리의 변형·변위 및 침하 유무 등을 확인해야 하며, 이상이 있으면 작업을 중지하고 근로자를 대피시킬 것
③ 콘크리트의 타설작업 시 거푸집붕괴의 위험이 발생할 우려가 있으면 충분한 보강조치를 할 것
④ 설계도서상의 콘크리트 양생기간을 준수하여 거푸집 및 동바리를 해체할 것
⑤ 콘크리트를 타설하는 경우에는 편심이 발생하지 않도록 골고루 분산하여 타설할 것

## 14

도급사업에서 합동 안전·보건 점검을 하는 경우 점검반의 구성에 포함하여야 하는 사람 3가지를 적으시오. (3점)

**정답**

① 도급인(같은 사업 내에 지역을 달리하는 사업장이 있는 경우에는 그 사업장의 안전보건관리책임자)
② 관계수급인(같은 사업 내에 지역을 달리하는 사업장이 있는 경우에는 그 사업장의 안전보건관리책임자)
③ 도급인 및 관계수급인의 근로자 각 1명(관계수급인의 근로자의 경우에는 해당 공정만 해당한다)

**참고**

- 합동 안전·보건 점검의 실시 횟수
  ① 2개월에 1회 이상
     - 건설업
     - 선박 및 보트 건조업
  ② 그 밖의 사업 : 분기에 1회 이상

# 2015년 산업안전기사 (10월 3일 시행)

**01** 다음은 연삭기의 덮개 설치기준(숫돌 노출각도)에 관한 내용이다. 해당되는 덮개의 설치 기준(숫돌 노출각도)를 적으시오.(단, 이상, 이하, 이내를 정확히 구분하여 적으시오.) (4점)

① 일반연삭작업 등에 사용하는 것을 목적으로 하는 탁상용 연삭기의 덮개 각도

② 연삭숫돌의 상부를 사용하는 것을 목적으로 하는 탁상용 연삭기의 덮개 각도

③ 휴대용 연삭기, 스윙연삭기, 스라브연삭기, 기타 이와 비슷한 연삭기의 덮개 각도

④ 평면연삭기, 절단연삭기, 기타 이와 비슷한 연삭기의 덮개 각도

> **정답**

| | |
|---|---|
| 65° 이내 / 125° 이내 | ① 일반연삭작업 등에 사용하는 것을 목적으로 하는 탁상용 연삭기의 덮개 각도 |
| 60° 이상 / 60° 이상 | ② 연삭숫돌의 상부를 사용하는 것을 목적으로 하는 탁상용 연삭기의 덮개 각도 |
| 180° 이내 | ③ 휴대용 연삭기, 스윙연삭기, 스라브연삭기, 기타 이와 비슷한 연삭기의 덮개 각도 |
| 15° 이상 / 15° 이상 | ④ 평면연삭기, 절단연삭기, 기타 이와 비슷한 연삭기의 덮개 각도 |

## 02 보기의 충전가스 용기를 도색하는 경우 적합한 색채를 적으시오. (4점)

[보기]
① 산소   ② 수소
③ 탄산가스   ④ 아세틸렌

> **정답**
> ① 녹색
> ② 주황색
> ③ 청색
> ④ 황색

> **참고**
> ① 산소 → 녹색   ② 수소 → 주황색   ③ 탄산가스 → 청색
> ④ 염소 → 갈색   ⑤ 암모니아 → 백색   ⑥ 아세틸렌 → 황색
> ⑦ 그 외 가스 → 회색

**암기법**
산녹 수주 탄청 염갈 아황 암백

작업장에 잠재하고 있는 위험을 해결하는 것을 습관화하여 사고를 예방하기 위한 훈련인 위험예지 훈련의 4단계를 적으시오. (4점)

**정답**

위험예지 훈련 4단계
1단계 : 현상 파악
2단계 : 요인 조사(본질추구)
3단계 : 대책 수립
4단계 : 행동목표 설정(합의 요약)

고장률이 1시간당 0.01로 일정한 기계가 있다. 이 기계가 처음 100시간 동안에 고장이 발생할 확률은? (5점)

**정답**

1. 신뢰도(고장 나지 않을 확률)
   $R(t) = e^{-\frac{t}{t_0}} = e^{-\lambda \times t}$
   (여기서, $t_0$ : 평균고장시간 or 평균수명, $t$ : 앞으로 고장 없이 사용할 시간, $\lambda$ : 고장률)
2. 불 신뢰도(고장이 발생할 확률) = 1 − 신뢰도

1. 신뢰도 $R(t) = e^{-\lambda \times t} = e^{-(0.01 \times 100)} = e^{-1} = 0.37$
2. 불 신뢰도(고장이 발생할 확률) = 1 − 신뢰도 = 1 − 0.37 = 0.63

**분석** 실기 출제 기준에서 제외된 "인간공학 및 시스템안전공학" 문제입니다.

05 KEC 규정에 따른 적합한 접지도체의 굵기를 적으시오. (4점)

| 1. 특고압·고압 전기설비용 접지도체 | 단면적 ( ① )mm² 이상의 연동선 | |
|---|---|---|
| 2. 중성점 접지용 접지도체 | 공칭단면적 ( ② )mm² 이상의 연동선 | |
| 3. 중성점 접지용 접지도체 중 7kV 이하의 전로 | 공칭단면적 ( ③ )mm² 이상의 연동선 | |
| 4. 이동하여 사용하는 전기기계·기구의 금속제 외함 등의 접지시스템 | • 특고압·고압 및 중성점 접지용 접지도체 | 다심 캡타이어케이블의 차폐 또는 기타의 금속체로 **단면적이 ( ④ )mm² 이상인 것** |
| | • **저압** 전기설비용 접지도체 | 다심 코드 또는 다심 캡타이어케이블의 1개 또는 도체의 **단면적이 ( ⑤ )mm² 이상인 것** |

**정답**

① 6   ② 16   ③ 6   ④ 10   ⑤ 0.75

> **참고**
>
> | | |
> |---|---|
> | 1. 특고압·고압 전기설비용 접지도체 | - 단면적 6mm² 이상의 연동선 |
> | 2. 중성점 접지용 접지도체 | - 공칭단면적 16mm² 이상의 연동선 |
> | 3. 중성점 접지용 접지도체 중<br>  • 7kV 이하의 전로<br>  • 사용전압이 25kV 이하인 특고압 가공전선로(중성선 다중접지 방식의 것으로서 전로에 지락이 생겼을 때 2초 이내에 자동적으로 이를 전로부터 차단하는 장치가 되어 있는 것) | - 공칭단면적 6mm² 이상의 연동선 |
> | 4. 이동하여 사용하는 전기기계·기구의 금속제 외함 등의 접지시스템<br>  • 특고압·고압 전기설비용 접지도체 및 중성점 접지용 접지도체 | - 클로로프렌 캡타이어케이블(3종 및 4종) 또는 클로로설포네이트폴리에틸렌캡타이어케이블(3종 및 4종)의 1개 도체 또는 다심 캡타이어케이블의 차폐 또는 기타의 금속체로 **단면적이 10mm² 이상인 것** |
> | • 저압 전기설비용 접지도체 | - 다심 코드 또는 다심 캡타이어케이블의 1개 또는 도체의 **단면적이 0.75mm² 이상인 것**(다만, 기타 유연성이 있는 연동연선은 1개 도체의 단면적이 1.5mm² 이상인 것을 사용) |
>
> ※ 관련 규정의 변경으로 문제를 수정하였습니다.

 전기작업에 사용하는 절연장갑의 등급별 최대사용전압과 색상을 적으시오. (4점)

| 등급 | 최대사용전압 | | 색상 |
|---|---|---|---|
| | 교류(V, 실효값) | 직류(V) | |
| 00 | 500 | 750 | 갈색 |
| 0 | ( ① ) | 1,500 | 빨간색 |
| 1 | 7,500 | ( ② ) | 흰색 |
| 2 | 17,000 | 25,500 | 노란색 |
| 3 | ( ③ ) | 39,750 | 녹색 |
| 4 | 36,000 | 54,000 | ( ④ ) |

**정답**

① 1,000  ② 11,250  ③ 26,500  ④ 등색

**07** 다음 [보기]는 산업재해조사표를 작성하고자 할 때의 작성항목이다. [보기] 중 주요 조사항목이 아닌 것을 3가지 고르시오. (3점)

[보기]
① 발생 일시   ② 목격자 인적 사항   ③ 발생형태   ④ 상해 종류
⑤ 고용 형태   ⑥ 가해물   ⑦ 기인물   ⑧ 요양기관
⑨ 재해 발생 후 첫 출근 일자

**정답**
②, ⑧, ⑨

**참고**
4가지를 적으라는 경우만 '⑥ 가해물' 포함할 것

**08** 시스템 위험분석기법 중 PHA의 주요 목표를 달성하기 위한 4가지 특징을 적으시오. (4점)

**정답**
① 시스템의 모든 주요한 사고를 식별하고, 대략적인 말로 표시할 것
② 사고를 유발하는 요인을 식별할 것
③ 사고가 발생한다고 가정하고 시스템에 생기는 결과를 식별하고 평가할 것
④ 식별된 사고를 "파국적", "위기적", "한계적", "무시"의 4가지 범주로 분류할 것

 실기 출제 기준에서 제외된 "인간공학 및 시스템안전공학" 문제입니다.

**09** 산업안전보건법상의 안전보건조직의 직무 중 관리감독자 직무내용 4가지를 적으시오. (4점)

**정답**
① 기계·기구 또는 설비의 안전·보건 점검 및 이상 유무의 확인
② 근로자의 작업복·보호구 및 방호장치의 점검과 그 착용·사용에 관한 교육·지도
③ 산업재해에 관한 보고 및 이에 대한 응급조치
④ 작업장 정리·정돈 및 통로확보에 대한 확인·감독
⑤ 산업보건의, 안전관리자(안전관리전문기관의 해당 사업장 담당자) 및 보건관리자(보건관리전문기관의 해당 사업장 담당자), 안전보건관리담당자(안전관리전문기관 또는 보건관리전문기관의 해당 사업장 담당자)의 지도·조언에 대한 협조
⑥ 위험성평가를 위한 유해·위험요인의 파악 및 개선조치의 시행에 대한 참여
⑦ 그 밖에 해당 작업의 안전·보건에 관한 사항으로서 고용노동부령으로 정하는 사항

**10** 사업주가 근로자대표와 협의하여 검사프로그램을 정하고 고용 노동부장관의 인정을 받아 유해·위험기계 등의 안전에 관한 성능검사를 실시하는 자율검사프로그램의 인정을 취소하거나 인정받은 자율검사프로그램의 내용에 따라 검사를 하도록 하는 등 개선을 명할 수 있는 경우 2가지를 적으시오. (4점)

> **정답**
> ① 거짓이나 그 밖의 부정한 방법으로 자율검사프로그램을 인정받은 경우
> ② 자율검사프로그램을 인정받고도 검사를 하지 아니한 경우
> ③ 인정받은 자율검사프로그램의 내용에 따라 검사를 하지 아니한 경우
> ④ 검사 자격을 가진 자 또는 지정검사기관이 검사를 하지 아니한 경우

**참고**

| 자율안전확인대상 기계 등을 제조·수입·양도·대여·사용하거나 양도·대여의 목적으로 진열할 수 없는 경우 | 안전인증대상 기계 등을 제조·수입·양도·대여·사용하거나 양도·대여의 목적으로 진열할 수 없는 경우 |
|---|---|
| ① 자율안전확인 신고를 하지 아니한 경우<br>② 거짓이나 그 밖의 부정한 방법으로 신고를 한 경우<br>③ 자율안전확인대상 기계 등의 안전에 관한 성능이 자율안전기준에 맞지 아니하게 된 경우<br>④ 자율안전확인 표시의 사용 금지 명령을 받은 경우 | ① 안전인증을 받지 아니한 경우(안전인증이 전부 면제되는 경우는 제외)<br>② 안전인증기준에 맞지 아니하게 된 경우<br>③ 안전인증이 취소되거나 안전인증표시의 사용 금지 명령을 받은 경우 |

| 자율안전확인 표시나 이와 유사한 표시를 제거할 것을 명할 수 있는 경우 | 안전인증표시나 이와 유사한 표시를 제거할 것을 명할 수 있는 경우 |
|---|---|
| 1. 자율안전확인 대상이 아닌 기계 등에 자율안전확인 표시나 이와 유사한 표시를 한 경우<br>2. 거짓이나 그 밖의 부정한 방법으로 신고를 한 경우<br>3. 자율안전확인 표시의 사용 금지 명령을 받은 경우 | 1. 안전인증을 받지 아니하고 안전인증표시나 이와 유사한 표시를 한 경우<br>2. 안전인증이 취소되거나 안전인증표시의 사용 금지 명령을 받은 경우 |

보기는 산업안전보건법에 의한 위험성 평가의 절차에 관한 내용이다. 실시 순서대로 번호로 나타내시오. (4점)

[보기]
① 근로자의 작업과 관계되는 유해·위험요인의 파악
② 추정한 위험성이 허용 가능한 위험성인지 여부의 결정
③ 평가대상의 선정 등 사전준비
④ 위험성 평가 실시내용 및 결과에 관한 기록
⑤ 위험성 감소대책의 수립 및 실행

**정답**

③ → ① → ② → ⑤ → ④

**참고**

• 위험성 평가의 절차

사업주는 위험성 평가를 다음의 절차에 따라 실시하여야 한다. 다만, **상시근로자 5인 미만 사업장 (건설공사의 경우 1억 원 미만)의 경우 제1호의 절차를 생략할 수 있다.**

① 사전준비
② 유해·위험요인 파악
③ 위험성 결정
④ 위험성 감소대책 수립 및 실행
⑤ 위험성 평가 실시내용 및 결과에 관한 기록 및 보존

12  보기의 기계에 존재하는 위험점의 종류를 구분하여 적으시오. (4점)

(1)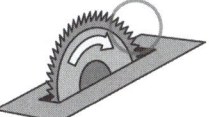

(2)

(3)

(4)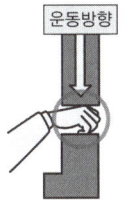

정답
(1) 절단점
(2) 물림점
(3) 끼임점
(4) 협착점

참고
- 회전말림점
- 접선물림점

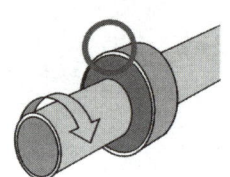
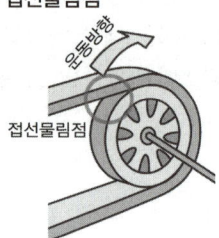

**13** 양중기에 사용되는 와이어로프의 사용금지 항목 4가지를 적으시오. (4점)

정답
① 이음매가 있는 것
② 와이어로프의 한 꼬임에서 끊어진 소선의 수가 10퍼센트 이상(비자전로프의 경우에는 끊어진 소선의 수가 와이어로프 호칭지름의 6배 길이 이내에서 4개 이상이거나 호칭지름 30배 길이 이내에서 8개 이상)인 것
③ 지름의 감소가 공칭지름의 7퍼센트를 초과하는 것
④ 꼬인 것
⑤ 심하게 변형되거나 부식된 것
⑥ 열과 전기충격에 의해 손상된 것

**14** 잠함 또는 우물통의 내부에서 굴착작업 시 급격한 침하로 인한 위험 방지 조치사항 2가지를 적으시오. (4점)

정답
① 침하 관계도에 따라 굴착 방법 및 재하량(載荷量) 등을 정할 것
② 바닥으로부터 천장 또는 보까지의 높이는 1.8미터 이상으로 할 것

# 2016년 산업안전기사 (4월 19일 시행)

시험시간 : 1시간 30분

산업안전보건법에 의한 작업 시작 전 점검 중 근로자가 반복하여 계속적으로 중량물을 취급하는 작업하는 경우의 작업 시작 전 점검내용 2가지를 적으시오. (단, "그 밖의 하역운반기계 등의 적절한 사용방법"은 제외한다.) (4점)

**정답**
① 중량물 취급의 올바른 자세 및 복장
② 위험물이 날아 흩어짐에 따른 보호구의 착용
③ 카바이드·생석회 등과 같이 온도 상승이나 습기에 의하여 위험성이 존재하는 중량물의 취급방법

폭발성가스의 폭발등급에 따른 안전간격(최대 안전 틈새)과 해당되는 가스 명을 적으시오. (5점)

**정답**

| 폭발 등급 | 안전간격(mm) | 해당 가스 |
|---|---|---|
| 1등급 | 0.6mm 초과 | 메탄, 에탄, 프로판, 부탄 |
| 2등급 | 0.4mm 초과 0.6mm 이하 | 에틸렌, 석탄가스 |
| 3등급 | 0.4mm 이하 | 수소, 아세틸렌 |

※ 폭발성 가스를 구분하는 과거 기준입니다. 참고의 현재 기준을 기억하세요.

**참고**

1. 화염일주한계에 의한 분류

| 폭발성 가스의 분류 | A | B | C |
|---|---|---|---|
| 최대 안전 틈새<br>(화염일주한계) | 0.9mm 이상 | 0.5mm 초과 0.9mm 미만 | 0.5mm 이하 |
| 내압방폭구조의<br>전기기기의 분류 | ⅡA | ⅡB | ⅡC |

2. 최소점화전류비에 의한 분류

| 폭발성 가스의 분류 | A | B | C |
|---|---|---|---|
| 최소점화전류비 | 0.8 초과 | 0.45 이상 0.8 이하 | 0.45 미만 |
| 본질안전 방폭구조의<br>전기기기의 분류 | ⅡA | ⅡB | ⅡC |

그림의 FT도에서 컷셋(cut set)을 구하시오. (3점)

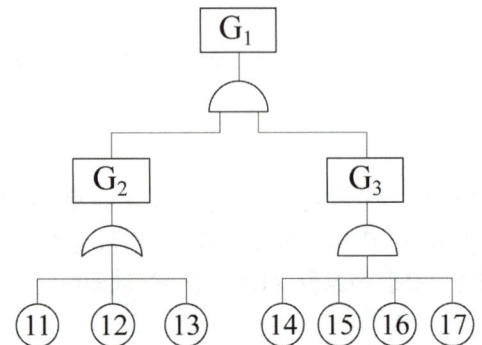

**정답**

$G_1 = G_2 \cdot G_3$
$= \begin{pmatrix} ⑪ \\ ⑫ \\ ⑬ \end{pmatrix} \cdot (⑭⑮⑯⑰)$
$= (⑪⑭⑮⑯⑰)$
  $(⑫⑭⑮⑯⑰)$
  $(⑬⑭⑮⑯⑰)$

컷셋 : (⑪⑭⑮⑯⑰), (⑫⑭⑮⑯⑰), (⑬⑭⑮⑯⑰)

**분석** 실기 출제 기준에서 제외된 "인간공학 및 시스템안전공학" 문제입니다.

 지게차를 이용한 작업 중에 위쪽으로부터 떨어지는 물건에 의한 운전자의 위험을 방지하기 위하여 운전자의 머리 위쪽에 헤드가드를 설치하여야 한다. 지게차의 헤드가드가 갖추어야 하는 조건 2가지를 적으시오. (4점)

**정답**

① 강도는 지게차 최대하중의 2배 값(그 값이 4[t]를 넘을 경우에는 4[t]으로 한다)의 등분포 정하중에 견딜 것
② 상부 프레임의 각 개구의 폭 또는 길이는 16[cm] 미만일 것
③ 운전자가 앉아서 조작하거나 서서 조작하는 지게차의 헤드가드는 「한국산업표준」에서 정하는 높이 기준 이상일 것
(좌식 : 0.903m, 입식 : 1.88m)

표는 화재의 분류에 따른 표시 색을 나타내고 있다. 빈칸에 알맞은 내용을 적으시오. (5점)

| 유형 | 화재의 분류 | 색상 |
|---|---|---|
| A | 일반 화재 | ( ④ ) |
| B | ( ① ) | ( ⑤ ) |
| C | ( ② ) | 청색 |
| D | ( ③ ) | 무색 |

**정답**

① 유류 화재, ② 전기화재, ③ 금속 화재, ④ 백색, ⑤ 황색

**참고**

| 구분 등급 | 화재의 구분 | 표시 색 | 소화기의 종류 |
|---|---|---|---|
| A급 | 일반 가연물화재 (종이, 섬유, 목재 등) | 백색 | 물소화기, 산·알칼리소화기 강화액소화기 |
| B급 | 유류화재 | 황색 | 분말소화기, 포말소화기 이산화탄소(탄산가스)소화기 |
| C급 | 전기화재 (발전기, 변압기 등) | 청색 | 분말소화기, 이산화탄소(탄산가스)소화기 할로겐화합물소화기 |
| D급 | 금속화재 (금속분 등) | 무색, 표시 없음 | 팽창질석, 팽창진주암, 건조사 |

안전인증 대상 차광보안경의 사용 구분에 따른 종류를 4가지 적으시오. (4점)

**정답**

① 자외선용, ② 적외선용, ③ 복합용, ④ 용접용

**참고**

- 자율 안전확인 대상 보안경의 종류
  ① 유리 보안경
  ② 플라스틱 보안경
  ③ 도수렌즈 보안경

프레스에 광전자식 방호장치가 설치되어 있다. 신체 일부가 광선을 차단한 후 200ms 후에 슬라이드가 정지하였다면 광전자식 방호장치의 안전거리는 최소 몇 mm 이상이어야 하는가? (3점)

**광전자식 방호장치의 안전거리**

1. 안전거리 D(cm) = 160 × 프레스 작동 후 작업점까지의 도달시간(초)
2. 안전거리 D(mm) = 1,600 × 프레스 작동 후 작업점까지의 도달시간(초)

**정답**

풀이 1. 안전거리 D(cm) = 160 × 프레스 작동 후 작업점까지의 도달시간(초)

$$= 160 \times \frac{200}{1,000} = 32(cm) \times 10 = 320\,mm(이상)$$

풀이 2. 안전거리 D(mm) = 1,600 × 프레스 작동 후 작업점까지의 도달시간(초)

$$= 1,600 \times \frac{200}{1,000} = 320\,mm(이상)$$

**참고**

$ms = \frac{1}{1,000}\,s$,  $200ms = \frac{200}{1,000}\,s$

 어느 사업장의 도수율은 18.73이다. 이 사업장에서 근로자 1명이 평생 작업하는 동안 발생할 수 있는 재해건수를 구하시오. (단, 1일 8시간, 월 25일 근무, 평생 근로연수 35년, 연간 잔업시간수 240시간으로 한다.) (3점)

**환산 도수율(F)**

(1) 일평생 근로하는 동안의 요양 재해건수를 말한다.

(2) 환산 도수율(F) = $\frac{재해건수}{연\,근로시간\,수}$ × 평생 근로시간 수(100,000)

(3) 환산 도수율 = 도수율 ÷ 10

**정답**

1. 환산 도수율 = 도수율 ÷ 10 = 18.73 ÷ 10 = 1.873
2. 100,000 : 1.873 = 92,400 : $x$
   100,000 $x$ = 1.873 × 92,400
   $x = \dfrac{1.873 \times 92,400}{100,000} = 1.73$
   (평생 근로시간 수 = (8 × 25 × 12 × 35) + (240 × 35) = 92,400시간)
3. 평생 작업하는 동안의 재해건수 : 2건

아세틸렌 용접장치의 점검항목 중 용접기 도관의 점검내용 3가지를 적으시오. (3점)

**정답**

① 밸브의 작동 상태
② 누출의 유무
③ 역화방지기 접속부 및 밸브 코크의 작동 상태의 이상 유무

산업안전보건법상의 사업주가 근로자에게 실시하여야 하는 안전보건 교육의 종류를 4가지 적으시오. (4점)

**정답**

① 채용 시 교육
② 작업내용 변경 시 교육
③ 정기교육(정기 안전·보건교육)
④ 특별교육
⑤ 건설업 기초안전보건교육

**참고**

- 사업주가 근로자에게 실시해야 하는 안전보건교육의 교육시간

가. 근로자 안전보건교육

| 교육과정 | 교육대상 | | 교육시간 |
|---|---|---|---|
| 가. 정기교육 | 1) 사무직 종사 근로자 | | 매반기 6시간 이상 |
| | 2) 그 밖의 근로자 | 가) 판매업무에 직접 종사하는 근로자 | 매반기 6시간 이상 |
| | | 나) 판매업무에 직접 종사하는 근로자 외의 근로자 | 매반기 12시간 이상 |

| 교육과정 | 교육대상 | 교육시간 |
|---|---|---|
| 나. 채용 시 교육 | 1) 일용근로자 및 근로계약기간이 1주일 이하인 기간제근로자 | 1시간 이상 |
| | 2) 근로계약기간이 1주일 초과 1개월 이하인 기간제근로자 | 4시간 이상 |
| | 3) 그 밖의 근로자 | 8시간 이상 |
| 다. 작업내용 변경 시 교육 | 1) 일용근로자 및 근로계약기간이 1주일 이하인 기간제근로자 | 1시간 이상 |
| | 2) 그 밖의 근로자 | 2시간 이상 |
| 라. 특별교육 | 1) 일용근로자 및 근로계약기간이 1주일 이하인 기간제 근로자(타워크레인신호작업에 종사하는 근로자 제외) | 2시간 이상 |
| | 2) 일용근로자 및 근로계약기간이 1주일 이하인 기간제 근로자 중 타워크레인신호작업에 종사하는 근로자 | 8시간 이상 |
| | 3) 일용근로자 및 근로계약기간이 1주일 이하인 기간제 근로자를 제외한 근로자 | 가) 16시간 이상(최초 작업에 종사하기 전 4시간 이상 실시하고 12시간은 3개월 이내에서 분할하여 실시 가능)<br>나) 단기간 작업 또는 간헐적 작업인 경우에는 2시간 이상 |
| 마. 건설업 기초안전·보건교육 | 건설 일용근로자 | 4시간 이상 |

나. 관리감독자 안전보건교육

| 교육과정 | 교육시간 |
|---|---|
| 가. 정기교육 | 연간 16시간 이상 |
| 나. 채용 시 교육 | 8시간 이상 |
| 다. 작업내용 변경 시 교육 | 2시간 이상 |
| 라. 특별교육 | 16시간 이상(최초 작업에 종사하기 전 4시간 이상 실시하고, 12시간은 3개월 이내에서 분할하여 실시 가능) |
| | 단기간 작업 또는 간헐적 작업인 경우에는 2시간 이상 |

**11** 산업안전보건법상의 양중기의 종류 5가지를 적으시오. (5점)

**정답**
① 크레인[호이스트(hoist)를 포함]
② 이동식 크레인
③ 리프트(이삿짐운반용 리프트의 경우에는 적재하중이 0.1톤 이상인 것으로 한정)
④ 곤돌라
⑤ 승강기

**12** 와이어로프 등의 사용금지 사항 4가지를 적으시오. (4점)

**정답**
① 이음매가 있는 것
② 와이어로프의 한 꼬임에서 끊어진 소선의 수가 10퍼센트 이상인 것
③ 지름의 감소가 공칭지름의 7퍼센트를 초과하는 것
④ 꼬인 것
⑤ 심하게 변형되거나 부식된 것
⑥ 열과 전기충격에 의해 손상된 것

**13** 사업장에 중대 재해가 발생한 때에는 지체 없이 관할 지방고용노동관서의 장에게 전화·팩스, 또는 그 밖에 적절한 방법으로 보고하여야 한다. 이 때 보고하여야 하는 사항 4가지를 적으시오. (단, 그 밖의 중요한 사항은 제외) (4점)

**정답**
① 발생 개요
② 피해 상황
③ 조치
④ 전망

**참고**
사업주는 중대재해가 발생한 사실을 알게 된 경우에는 지체 없이 다음 각 호의 사항을 사업장 소재지를 관할하는 지방고용노동관서의 장에게 전화·팩스 또는 그 밖의 적절한 방법으로 보고해야 한다.

1. 발생 개요 및 피해 상황
2. 조치 및 전망
3. 그 밖의 중요한 사항

**주의** 2가지를 적으라는 경우는 "1. 발생 개요 및 피해 상황, 2. 조치 및 전망"으로 작성할 것

Swain에 의한 인간 오류의 분류 중 작위적 오류(Commission Error)와 부작위적 오류(Omission Error)를 구분하여 설명하시오. (4점)

**정답**
① omission error(누설오류, 생략오류, 부작위오류) : 필요한 작업 또는 절차를 수행하지 않는데 기인한 에러
② commission error(작위오류) : 필요한 작업 또는 절차의 불확실한 수행으로 인한 에러

**분석** 실기 출제 기준에서 제외된 "인간공학 및 시스템안전공학" 문제입니다.

**참고**

| 휴먼에러의 심리적 분류(Swain의 분류) | 원인의 레벨적 분류 |
|---|---|
| ① omission error(누설오류, 생략오류, 부작위오류) : 필요한 작업 또는 절차를 수행하지 않는데 기인한 에러<br>② time error(시간오류) : 필요한 작업 또는 절차의 수행 지연으로 인한 에러<br>③ commission error(작위오류) : 필요한 작업 또는 절차의 불확실한 수행으로 인한 에러<br>④ sequential error(순서오류) : 필요한 작업 또는 절차의 순서 착오로 인한 에러<br>⑤ extraneous error(과잉행동오류) : 불필요한 작업 또는 절차를 수행함으로써 기인한 에러 | ① primary error(1차 에러) : 작업자 자신으로부터 발생한 에러<br>② secondary error(2차 에러) : 작업형태, 작업조건 중 문제가 생겨 필요한 사항을 실행할 수 없어 발생한 에러<br>③ command error : 실행하고자 하여도 필요한 물품, 정보, 에너지 등이 공급되지 않아서 작업자가 움직일 수 없는 상태에서 발생한 에러 |

# 2016년 산업안전기사 (7월 12일 시행)

시험시간 : 1시간 30분

 고용노동부령에 따라 화학물질 및 화학물질을 함유한 제제를 양도하거나 제공하는 경우 작성하여야 하는 물질안전보건자료(MSDS) 작성 시 포함사항 16가지 중 [보기]의 내용을 제외한 나머지 내용 4가지를 적으시오. (4점)

[보기]
① 화학제품과 회사에 관한 정보
② 구성성분의 명칭 및 함유량
③ 취급 및 저장 방법
④ 물리화학적 특성
⑤ 폐기 시 주의사항
⑥ 그 밖의 참고사항

**정답**
① 유해, 위험성, ② 응급조치 요령, ③ 폭발, 화재 시 대처 방법
④ 누출 사고 시 대처 방법, ⑤ 노출 방지 및 개인보호구

**참고**
- 물질안전보건자료의 작성항목
  ① 화학제품과 회사에 관한 정보
  ② 유해·위험성
  ③ 구성성분의 명칭 및 함유량
  ④ 응급조치요령
  ⑤ 폭발·화재 시 대처 방법
  ⑥ 누출사고 시 대처 방법
  ⑦ 취급 및 저장 방법
  ⑧ 노출방지 및 개인 보호구
  ⑨ 물리 화학적 특성
  ⑩ 안정성 및 반응성
  ⑪ 독성에 관한 정보
  ⑫ 환경에 미치는 영향
  ⑬ 폐기 시 주의사항
  ⑭ 운송에 필요한 정보
  ⑮ 법적규제 현황
  ⑯ 기타 참고사항

유해·위험설비를 보유한 사업장의 사업주는 그 설비로부터의 위험물질 누출, 화재, 폭발 등으로 인한 중대 산업 사고를 예방하기 위하여 대통령령으로 정하는 바에 따라 공정안전보고서를 작성하여 고용노동부장관에게 제출하고, 사업장에 갖춰 두어야 한다. 공정안전보고서에 포함되어야 할 내용 4가지를 적으시오. (4점)

**정답**
① 공정안전자료
② 공정위험성 평가서
③ 안전운전계획
④ 비상조치계획

**참고**

| 공정안전보고서의 제출 대상 사업 | 공정안전보고서 제출 제외 대상설비 |
|---|---|
| ① 원유 정제처리업<br>② 기타 석유정제물 재처리업<br>③ 석유화학계 기초화학물 제조업 또는 합성수지 및 기타 플라스틱물질 제조업<br>④ 질소 화합물, 질소·인산 및 칼리질 화학비료 제조업 중 질소질 비료 제조<br>⑤ 복합비료 및 기타 화학비료 제조업 중 복합비료 제조(단순혼합 또는 배합에 의한 경우는 제외한다)<br>⑥ 화학 살균·살충제 및 농업용 약제 제조업 [농약 원제(原劑) 제조만 해당한다]<br>⑦ 화약 및 불꽃제품 제조업 | ① 원자력 설비<br>② 군사시설<br>③ 사업주가 해당 사업장 내에서 직접 사용하기 위한 난방용 연료의 저장설비 및 사용설비<br>④ 도매·소매시설<br>⑤ 차량 등의 운송설비<br>⑥ 「액화석유가스의 안전관리 및 사업법」에 따른 액화석유가스의 충전·저장시설<br>⑦ 「도시가스사업법」에 따른 가스공급시설<br>⑧ 그 밖에 고용노동부장관이 누출·화재·폭발 등으로 인한 피해의 정도가 크지 않다고 인정하여 고시하는 설비 |

**암기법**
화재·폭발 – 원유, 석유정제물, 화약 및 불꽃제품
중독·질식 – 농약, 비료(복합비료, 질소질 비료)

 공기압축기를 가동하여 작업하는 경우 산업안전보건법에 따른 작업 시작 전 점검을 하여야 한다. 공기압축기의 작업 시작 전 점검 사항을 4가지 적으시오. (4점)

**정답**
① 공기저장 압력용기의 외관 상태
② 드레인 밸브의 조작 및 배수
③ 압력방출장치의 기능
④ 언로드 밸브의 기능
⑤ 윤활유의 상태
⑥ 회전부의 덮개 또는 울
⑦ 그 밖의 연결 부위의 이상 유무

어느 실내작업장의 소음수준을 측정한 결과 8시간 작업하는 동안 85dB[A]에 2시간, 90dB[A]에 4시간, 95dB[A]에 2시간 소음에 노출되었다.

(1) 소음에 노출된 수준(%)을 구하고
(2) 소음 노출 기준 초과 여부를 판단하시오. (4점)

> **정답**
>
> (1) 소음 노출 수준 = $\left(\dfrac{2}{16} + \dfrac{4}{8} + \dfrac{2}{4}\right) \times 100 = 112.5(\%)$
> (2) 초과(소음 노출 수준이 100%를 초과)

> **참고**
>
> 1. 소음 노출 수준
>
> 소음 노출 수준(%) = $\left(\dfrac{C_1}{T_1} + \dfrac{C_2}{T_2} + \cdots + \dfrac{C_n}{T_n}\right) \times 100$
>
> 여기서, C : 각각의 소음도에 노출되는 시간(hr)
> T : 각각의 소음도에 노출될 수 있는 허용노출 시간(hr)
> * 소음 노출 수준이 100%를 초과할 경우 노출기준 초과
>
> 2. 소음의 노출 기준
>
> | 1일 노출시간(hr) | 소음수준[dB(A)] |
> |---|---|
> | 8 | 90 |
> | 4 | 95 |
> | 2 | 100 |
> | 1 | 105 |
> | 1/2 | 110 |
> | 1/4 | 115 |
>
> * 소음수준이 5dB 증가시마다 노출시간은 1/2로 줄어든다.

 비·눈 그 밖의 기상 상태의 불안정으로 인하여 날씨가 몹시 나빠서 작업을 중지시킨 후 또는 비계를 조립·해체하거나 또는 변경한 후 그 비계에서 작업을 하는 때에는 당해 작업 시작 전 비계의 이상 유무를 점검하여야 한다. 비계의 작업 시작 전 점검 사항 4가지를 적으시오. (4점)

> **정답**
>
> ① 발판 재료의 손상 여부 및 부착 또는 걸림 상태
> ② 당해 비계의 연결부 또는 접속부의 풀림 상태
> ③ 연결 재료 및 연결철물의 손상 또는 부식 상태
> ④ 손잡이의 탈락 여부
> ⑤ 기둥의 침하·변형·변위 또는 흔들림 상태
> ⑥ 로프의 부착상태 및 매단 장치의 흔들림 상태

**06** 다음 표는 매슬로의 욕구단계론과 알더퍼의 ERG이론을 설명하고 있다. ①~④의 빈칸에 알맞은 내용을 적으시오. (4점)

|  | 욕구단계론 | ERG이론 |
|---|---|---|
| 제1단계 | 생리적 욕구 | 생존 욕구 |
| 제2단계 | ( ① ) |  |
| 제3단계 | ( ② ) | ( ③ ) |
| 제4단계 | 인정받으려는 욕구 |  |
| 제5단계 | 자아실현의 욕구 | ( ④ ) |

**정답**
① 안전 욕구
② 사회적 욕구
③ 관계 욕구
④ 성장 욕구

**참고**

· **동기부여 이론**

(1) 매슬로(Maslow A. H.)의 욕구단계 이론(인간의 욕구 5단계)
 ① 제1단계(생리적 욕구)
 ② 제2단계(안전 욕구)
 ③ 제3단계(사회적 욕구)
 ④ 제4단계(존경 욕구)
 ⑤ 제5단계(자아실현의 욕구)

(2) 헤르츠버그(Herzberg)의 동기·위생 이론
 ① 위생 요인(유지 욕구)
 ② 동기 요인(만족 욕구)

(3) 알더퍼의 E.R.G이론
 ① 생존 욕구(존재 욕구)
 ② 관계 욕구 : 대인관계
 ③ 성장 욕구 : 개인적 발전

차량계 하역운반기계 작업 시 운전자가 운전 위치를 이탈하고자 할 때에는 안전조치를 한 후에 이탈하여야 한다. 이 때 운전자가 준수하여야 할 사항 2가지를 적으시오. (4점)

**정답**
① 포크, 버킷, 디퍼 등의 장치를 가장 낮은 위치 또는 지면에 내려 둘 것
② 원동기를 정지시키고 브레이크를 확실히 거는 등 갑작스러운 이동을 방지하기 위한 조치를 할 것
③ 운전석을 이탈하는 경우에는 시동키를 운전대에서 분리시킬 것

 [보기]는 근로불능 상해의 종류를 나타내었다. 각각의 용어를 설명하시오. (3점)

[보기]
(1) 영구 전 노동불능 상해 :
(2) 영구 일부 노동 불능 상해 :
(3) 일시 전 노동 불능 상해 :

**정답**
① 신체 전체의 노동기능을 완전히 상실(상해등급 1~3급)
② 신체 일부의 노동기능을 상실(상해등급 4~14급)
③ 일정기간 동안 노동 종사가 불가함(휴업상해)

**참고**
- ILO의 근로불능 상해의 구분(상해정도별 분류)
  ① 사망
  ② 영구 전 노동불능 : 신체 전체의 노동기능을 완전히 상실(1~3급)
  ③ 영구 일부 노동불능 : 신체 일부의 노동기능을 상실 (4~14급)
  ④ 일시 전 노동불능 : 일정기간 동안 노동종사 불가(휴업상해)
  ⑤ 일시 일부 노동불능 : 일정기간 동안 일부 노동에 종사 불가(통원상해)
  ⑥ 구급조치상해

[보기]는 FT 각 단계별 순서를 나열하였다. 올바른 순서대로 번호를 적으시오. (4점)

[보기]
(1) 정상사상의 원인이 되는 기초사상을 분석한다.
(2) 정상사상과의 관계는 논리게이트를 이용하여 도해한다.
(3) 분석현상이 된 시스템을 정의한다.
(4) 이전단계에서 결정된 사상이 조금 더 전개가 가능한지 검사한다.
(5) 정성·정량적으로 해석 평가한다.
(6) FT를 간소화한다.

**정답**
③ → ① → ② → ④ → ⑥ → ⑤

**분석** 실기 출제 기준에서 제외된 "인간공학 및 시스템안전공학" 문제입니다.

다음 표는 안전·보건표지의 색채·색도기준 및 용도를 나타내고 있다. 빈칸에 적합한 용어를 적으시오. (4점)

| 색채 | 색도기준 | 용도 | 사용례 |
|---|---|---|---|
| ( ① ) | 7.5R 4/14 | 금지 | 정지신호, 소화설비 및 그 장소, 유해행위의 금지 |
|  |  | ( ② ) | 화학물질 취급장소에서의 유해·위험 경고 |
| 파란색 | 2.5PB 4/10 | 지시 | 특정행위의 지시 및 사실의 고지 |
| 흰색 | N9.5 |  | ( ③ ) |
| 검은색 | ( ④ ) |  | 문자 및 빨간색 또는 노란색에 대한 보조색 |

**정답**
① 빨간색
② 경고
③ 파란색 또는 녹색에 대한 보조색
④ N0.5

> 참고

• 안전·보건표지의 색채, 색도기준 및 용도

| 색채 | 색도기준 | 용도 | 사용례 |
|---|---|---|---|
| 빨간색 | 7.5R 4/14<br>싫어(7.5) 4/14 | 금지 | 정지신호, 소화설비 및 그 장소,<br>유해행위의 금지 |
| | | 경고 | 화학물질 취급장소에서의 유해·위험 경고 |
| 노란색 | 5Y 8.5/12<br>오(5) 빨리와(8.5)이리(12) | 경고 | 화학물질 취급장소에서의 유해·위험경고<br>이외의 위험경고, 주의표지 또는 기계방호물 |
| 파란색 | 2.5PB 4/10<br>2.5 × 4=10 | 지시 | 특정 행위의 지시 및 사실의 고지 |
| 녹색 | 2.5G 4/10<br>2.5 × 4=10 | 안내 | 비상구 및 피난소, 사람 또는<br>차량의 통행표지 |
| 흰색 | N9.5 | | 파란색 또는 녹색에 대한 보조색 |
| 검은색 | N0.5 | | 문자 및 빨간색 또는 노란색에 대한 보조색 |

 다음 [보기]의 용어를 설명하시오. (4점)

[보기]

(1) UVCE(개방계 증기운폭발) :

(2) BLEVE(비등액체 증기폭발) :

> 정답

(1) 가연성 가스가 누출되면서 대기 중에 구름 형태로 모여 점화원에 의하여 순간적으로 모든 가스가 동시에 폭발하는 현상
(2) 외부화재에 의해 탱크 내 가연성액체가 비등하고 증기가 팽창하면서 폭발을 일으키는 현상

## 12

다음 표는 산업재해 발생 시의 조치순서를 나타내었다. 빈칸에 알맞은 내용을 적으시오. (4점)

산업재해 발생 → ( ① ) → ( ② ) → 원인강구 → ( ③ ) → 대책실시계획 → 실시 → ( ④ )

**정답**
① 긴급처리
② 재해조사
③ 대책수립
④ 평가

## 13

산업안전보건법에 의하여 방호조치를 하지 아니하고는 양도·대여·설치·사용, 진열해서는 아니 되는 기계·기구의 종류 4가지를 적으시오. (4점)

**정답**
① 예초기
② 원심기
③ 공기압축기
④ 금속 절단기
⑤ 지게차
⑥ 포장기계

**암기법**: 방호조치 없이 포장된 공원에서 원예금지

**참고**

- 방호조치가 필요한 유해위험 기계 기구 및 방호조치
  ① 예초기의 날 접촉 예방 장치
  ② 원심기의 회전체 접촉 예방 장치
  ③ 공기압축기의 압력방출장치
  ④ 금속 절단기의 날 접촉 예방 장치
  ⑤ 지게차의 헤드가드, 백레스트, 전조등, 후미등, 안전벨트
  ⑥ 포장기계(진공포장기, 랩핑기)의 구동부 방호 연동장치

**14** 다음 표는 방폭구조를 설명하고 있다. 설명에 해당하는 방폭구조의 표시를 적으시오. (5점)

- 방폭구조 : 외부의 가스가 용기 내로 침입하여 폭발하더라도 용기는 그 압력에 견디고 외부의 폭발성가스에 착화될 우려가 없도록 만들어진 구조
- 그룹 : ⅡB
- 최고표면온도 : 90도

### 정답

Ex d ⅡB T5

### 참고

1. 방폭기기의 표시

   Ex d ⅡA T1 IP 54
   Ex : 방폭구조의 상징
   d : 방폭구조(내압 방폭구조)
   ⅡA : 가스, 증기 및 분진의 그룹
   T1 : 온도등급
   IP 54 : 보호등급

2. 내압 방폭구조(d)

   전기설비를 전폐용기에 넣고 용기 내부에 폭발이 일어날 경우에 용기가 폭발 압력에 견뎌 외부의 폭발성 가스에 인화될 위험이 없도록 한 구조의 방폭구조

3. 최고표면온도

| 최고표면 온도등급 | 전기기기의 최고표면온도(℃) |
|---|---|
| $T_1$ | 450 이하(또는 300 초과 450 이하) |
| $T_2$ | 300 이하(또는 200 초과 300 이하) |
| $T_3$ | 200 이하(또는 135 초과 200 이하) |
| $T_4$ | 135 이하(또는 100 초과 135 이하) |
| $T_5$ | 100 이하(또는 85 초과 100 이하) |
| $T_6$ | 85 이하 |

# 2016년 산업안전기사 (10월 5일 시행)

시험시간 : 1시간 30분

  작업장에는 적정한 조도가 유지되어야 산업재해를 예방할 수 있다. 산업안전보건법 기준에 의한 작업장에 적합한 조도의 기준을 적으시오.

(1) 초정밀 작업 :

(2) 정밀 작업 :

(3) 보통 작업 :

(4) 기타 작업 :

> **정답**
> (1) 초정밀 작업 : 750 Lux 이상
> (2) 정밀 작업 : 300 Lux 이상
> (3) 보통 작업 : 150 Lux 이상
> (4) 기타 작업 : 75 Lux 이상

  관리대상 유해물질을 취급하는 작업장의 보기 쉬운 장소에 게시하여야 하는 사항 5가지를 적으시오.

> **정답**
> ① 관리대상 유해물질의 명칭
> ② 인체에 미치는 영향
> ③ 취급상 주의사항
> ④ 착용하여야 할 보호구
> ⑤ 응급조치와 긴급방재요령

> **참고**
> 1. 사업주는 허가대상 유해물질을 제조하거나 사용하는 작업장에 다음 각 호의 사항을 보기 쉬운 장소에 게시하여야 한다.
> ① 허가대상 유해물질의 명칭
> ② 인체에 미치는 영향
> ③ 취급상의 주의사항

④ 착용하여야 할 보호구
⑤ 응급처치와 긴급 방재 요령

산업재해조사표에 기록하여야 하는 상해 종류 4가지를 적으시오. (4점)

**정답**
① 골절
② 동상
③ 부종
④ 찔림(자상)
⑤ 타박상(좌상)
⑥ 절단(절상)
⑦ 중독·질식
⑧ 찰과상
⑨ 베임(창상)
⑩ 화상
⑪ 뇌진탕
⑫ 익사
⑬ 피부병
⑭ 청력장애
⑮ 시력장애

이동식 크레인을 사용하여 작업을 하는 경우 산업안전보건법에 의한 작업 시작 전 점검을 하여야 한다. 이동식 크레인의 작업 시작 전 점검내용 3가지를 적으시오. (4점)

**정답**
① 권과방지장치나 그 밖의 경보장치의 기능
② 브레이크·클러치 및 조정장치의 기능
③ 와이어로프가 통하고 있는 곳 및 작업장소의 지반 상태

**05** 안전인증대상 기계·기구 등으로서 근로자의 안전·보건에 필요하다고 인정되어 대통령령으로 정하는 것을 제조하는 자는 안전인증 대상 기계·기구 등이 안전인증 기준에 맞는지에 대하여 고용노동부장관이 실시하는 안전인증을 받아야 한다. 안전인증 대상 기계·기구의 종류 3가지를 적으시오.

> **정답**
> ① 프레스
> ② 전단기 및 절곡기(折曲機)
> ③ 크레인
> ④ 리프트
> ⑤ 압력용기
> ⑥ 롤러기
> ⑦ 사출성형기(射出成形機)
> ⑧ 고소(高所)작업대
> ⑨ 곤돌라

> **암기법**
> 유사한 종류끼리 묶어서 암기
> 손 다치는 기계 – 프레스, 전단기 및 절곡기, 사출성형기, 롤러기
> 양중기 – 크레인, 리프트, 곤돌라
> 폭발 – 압력용기
> 추락 – 고소작업대

**참고**

| | 안전인증 | 자율안전확인 |
|---|---|---|
| 1. 기계 기구 | 1. 설치·이전하는 경우 안전인증을 받아야 하는 기계·기구<br>　가. 크레인<br>　나. 리프트<br>　다. 곤돌라<br>2. 주요 구조 부분을 변경하는 경우 안전인증을 받아야 하는 기계·기구<br>　① 프레스<br>　② 전단기 및 절곡기(折曲機)<br>　③ 크레인<br>　④ 리프트<br>　⑤ 압력용기<br>　⑥ 롤러기<br>　⑦ 사출성형기(射出成形機)<br>　⑧ 고소(高所)작업대<br>　⑨ 곤돌라 | ① 연삭기 및 연마기(휴대형 제외)<br>② 산업용 로봇<br>③ 혼합기<br>④ 파쇄기 or 분쇄기<br>⑤ 식품가공용 기계<br>　(파쇄, 절단, 혼합, 제면기만 해당)<br>⑥ 컨베이어<br>⑦ 자동차정비용 리프트<br>⑧ 공작기계<br>　(선반, 드릴, 평삭·형삭기, 밀링만 해당)<br>⑨ 고정형 목재가공용 기계(둥근톱, 대패, 루타기, 띠톱, 모떼기 기계만 해당)<br>⑩ 인쇄기 |

> **암기법**
> 유사한 종류끼리 묶어서 암기
> 손 다치는 기계 – 프레스, 전단기 및 절곡기, 사출성형기, 롤러기
> 양중기 – 크레인, 리프트, 곤돌라
> 폭발 – 압력용기
> 추락 – 고소작업대

> **암기법**
> 공작기계로 철판 잘라서 연삭기, 연마기로 갈고, 고정형 목재가공용기계로 나무 자르고, 식품가공용 기계로 식품 파쇄, 분쇄하여 혼합기로 혼합한 후 컨베이어로 운반해서 자동차 리프트에 올려놓고 인기있는 산업용 로봇 만들자.

| | 안전인증 | 자율안전확인 |
|---|---|---|
| 2. 방호장치 | ① 프레스 및 전단기 방호장치<br>② 양중기용 과부하방지장치<br>③ 보일러 압력방출용 안전밸브<br>④ 압력용기 압력방출용 안전밸브<br>⑤ 압력용기 압력방출용 파열판<br>⑥ 절연용 방호구 및 활선작업용 기구<br>⑦ 방폭구조 전기기계 기구 및 부품<br>⑧ 추락·낙하 및 붕괴 등의 위험 방지 및 보호에 필요한 가설기자재로서 고용노동부장관이 정하여 고시하는 것<br>⑨ 충돌·협착 등의 위험 방지에 필요한 산업용 로봇 방호장치로서 고용노동부장관이 정하여 고시하는 것<br><br>**안기법**<br>**안전인증 대상 중**<br>**손 다치는 기계 – 프레스 전단기의 방호장치**<br>**양중기 – 과부하방지장치**<br>**폭발 – 보일러 안전밸브, 압력용기 안전밸브, 파열판**<br>**충돌 – 산업용 로봇**<br>**전기– 방폭구조, 절연용 방호구, 활선작업용기구** | ① 아세틸렌, 가스집합 용접장치용 안전기<br>② 교류아크용접기용 자동전격방지기<br>③ 롤러기 급정지장치<br>④ 연삭기 덮개<br>⑤ 목재가공용 둥근톱 반발예방장치 및 날접촉예방장치<br>⑥ 동력식 수동대패의 칼날 접촉방지장치<br>⑦ 추락, 낙하 및 붕괴 등의 위험방호에 필요한 가설기자재(안전인증 제외)<br><br>**안기법**<br>**롤러를 통과한 철판을 목재가공용 둥근톱, 동력식 수동대패로 잘라서 아세틸렌, 가스집합용접장치, 교류아크용접기로 용접해서 연삭기로 다듬자.** |
| 3. 보호구 | ① 추락 및 감전 위험방지용 안전모<br>② 안전화<br>③ 안전장갑<br>④ 방진마스크<br>⑤ 방독마스크<br>⑥ 송기마스크<br>⑦ 전동식 호흡보호구<br>⑧ 보호복<br>⑨ 안전대<br>⑩ 차광 및 비산물 위험방지용 보안경<br>⑪ 용접용 보안면<br>⑫ 방음용 귀마개 또는 귀덮개<br><br>**안기법**<br>**신체부위별로 구분하여 암기**<br>**머리 – 안전모(추락 및 감전방지용)**<br>**눈 – 보안경(차광 및 비산물 위험방지용)**<br>**코, 입 – 방진마스크, 방독마스크, 송기마스크, 전동식 호흡보호구**<br>**얼굴 – 보안면(용접용)**<br>**귀 – 귀마개 또는 귀덮개(방음용)**<br>**손 – 안전장갑**<br>**허리 – 안전대**<br>**발 – 안전화**<br>**몸 – 보호복** | ① 안전모(안전인증 제외)<br>② 보안경(안전인증 제외)<br>③ 보안면(안전인증 제외) |

공기 중에 아세틸렌이 70%, 클로로벤젠이 30% 존재하고 있다. 다음 표와 같은 조건에서 (1) 혼합기체의 공기 중 폭발하한계와 (2) 아세틸렌의 위험도를 계산하시오. (4점)

| 구분 | 폭발하한계 | 폭발상한계 |
|---|---|---|
| 아세틸렌 | 2.5Vol% | 81Vol% |
| 클로로벤젠 | 1.3Vol% | 7.1Vol% |

**정답**

(1) 혼합기체의 폭발하한계

$$\frac{100}{L} = \frac{70}{2.5} + \frac{30}{1.3}$$

$$L = \frac{100}{\frac{70}{2.5} + \frac{30}{1.3}} = 1.96 Vol\%$$

(2) 아세틸렌의 위험도

$$위험도(H) = \frac{폭발상한계 - 폭발하한계}{폭발하한계}$$

$$위험도(H) = \frac{81 - 2.5}{2.5} = 31.4$$

다음 [보기]는 계단의 구조를 설명하고 있다. 빈칸에 알맞은 숫자를 적으시오. (4점)

[보기]
(1) 계단 및 계단참의 강도는 매 제곱미터 당 (　　)kg 이상이어야 하며 안전율은 (　　) 이상으로 하여야 한다.
(2) 계단의 폭은 (　　)m 이상으로 하여야 한다.
(3) 높이가 (　　)m를 초과하는 계단에는 높이 3m 이내마다 너비 1.2m 이상의 계단참을 설치하여야 한다.
(4) 높이 (　　)m 이상인 계단의 개방된 측면에 안전난간을 설치하여야 한다.

**정답**

(1) 500, 4
(2) 1
(3) 3
(4) 1

산업안전보건법에 의하여 사업주가 근로자에게 실시해야 하는 안전보건교육 중 관리감독자 정기교육의 교육내용 4가지를 적으시오. (4점)

**정답**

① 산업안전 및 사고 예방에 관한 사항
② 산업보건 및 직업병 예방에 관한 사항
③ 유해·위험 작업환경 관리에 관한 사항
④ 산업안전보건법령 및 산업재해보상보험 제도에 관한 사항
⑤ 직무스트레스 예방 및 관리에 관한 사항
⑥ 직장 내 괴롭힘, 고객의 폭언 등으로 인한 건강장해 예방 및 관리에 관한 사항
⑦ 위험성평가에 관한 사항
⑧ 작업공정의 유해·위험과 재해 예방대책에 관한 사항
⑨ 표준안전 작업방법 결정 및 지도·감독 요령에 관한 사항
⑩ 비상시 또는 재해 발생 시 긴급조치에 관한 사항
⑪ 사업장 내 안전보건관리체제 및 안전·보건조치 현황에 관한 사항
⑫ 현장근로자와의 의사소통능력 및 강의능력 등 안전보건교육 능력 배양에 관한 사항
⑬ 그 밖의 관리감독자의 직무에 관한 사항

공통 항목(관리감독자, 근로자)
1. 관리자는 법, 산재보상제도를 알자.
2. 관리자는 건강을 보존(산업보건)하고 직업병, 스트레스, 괴롭힘, 폭언 예방하자!
3. 관리자는 유해위험 환경을 관리해서 안전하고 사고예방하자!
4. 관리자는 위험성을 평가하자!

관리감독자 정기교육의 특징
1. 관리자는 유해위험의 재해예방대책 세우자!
2. 관리자는 안전 작업방법 결정해서 감독하자!
3. 관리자는 재해발생 시 긴급조치하자!
4. 관리자는 안전보건 조치하자!
5. 관리자는 안전보건교육 능력 배양하자!

**참고**

### 관리감독자의 채용 시 교육 및 작업내용 변경 시 교육

① 산업안전 및 사고 예방에 관한 사항
② 산업보건 및 직업병 예방에 관한 사항
③ 산업안전보건법령 및 산업재해보상보험 제도에 관한 사항
④ 직무스트레스 예방 및 관리에 관한 사항
⑤ 직장 내 괴롭힘, 고객의 폭언 등으로 인한 건강장해 예방 및 관리에 관한 사항
⑥ 위험성평가에 관한 사항
⑦ 기계·기구의 위험성과 작업의 순서 및 동선에 관한 사항
⑧ 작업 개시 전 점검에 관한 사항
⑨ 물질안전보건자료에 관한 사항
⑩ 사업장 내 안전보건관리체제 및 안전·보건조치 현황에 관한 사항

⑪ 표준안전 작업방법 결정 및 지도·감독 요령에 관한 사항
⑫ 비상시 또는 재해 발생 시 긴급조치에 관한 사항
⑬ 그 밖의 관리감독자의 직무에 관한 사항

> 공통 항목 – 채용 시 근로자 교육과 동일
> 1. 신규 관리자는 법, 산재보상제도를 알자!
> 2. 신규 관리자는 건강을 보존(산업보건)하고 직업병, 스트레스, 괴롭힘, 폭언 예방하자!
> 3. 신규 관리자는 안전하고 사고예방하자!
> 4. 신규 관리자는 위험성을 평가하자!
>
> 채용 시 근로자 교육 중 "정리정돈 청소" 제외
> 1. 신규 관리자는 기계기구 위험성, 작업순서, 동선을 알자!
> 2. 신규 관리자는 취급물질의 위험성(물질안전보건자료)을 알자!
> 3. 신규 관리자는 작업 전 점검하자!
>
> 신규 관리자 내용 추가
> 1. 신규 관리자는 안전보건 조치하자!
> 2. 신규 관리자는 안전 작업방법 결정해서 감독하자!
> 3. 신규 관리자는 재해 시 긴급조치하자!

**09** [보기]는 산업안전보건기준에 관한 규칙에 의한 가설통로 설치기준을 설명하고 있다. 괄호 속에 적합한 내용을 적으시오. (5점)

[보기]
(1) 경사는 (    )도 이하로 할 것
(2) 경사가 (    )도를 초과하는 때는 미끄러지지 아니하는 구조로 할 것
(3) 추락의 위험이 있는 장소에는 (    )을 설치할 것
(4) 수직갱에 가설된 통로의 길이가 15미터 이상인 때에는 (    )미터 이내마다 계단참을 설치할 것
(5) 건설공사에 사용하는 높이 8미터 이상인 비계다리에는 (    )미터 이내마다 계단참을 설치할 것

**정답**
(1) 30
(2) 15
(3) 안전난간
(4) 10
(5) 7

**10** 방진마스크를 착용하여야 하는 작업 중 1급 방진마스크를 착용하여야 하는 작업장소의 종류를 3가지 적으시오. (3점)

> **정답**
> ① 특급마스크 착용 장소를 제외한 분진 발생 장소
> ② 금속흄 등과 같이 열적으로 생기는 분진 발생 장소
> ③ 기계적으로 생기는 분진 발생 장소(규소 제외)

**11** [보기]는 프레스의 방호장치 중 광전자식 방호장치에 관한 설명이다. 괄호 속에 적합한 내용을 적으시오. (3점)

> **[보기]**
> (1) 프레스 또는 전단기에서 일반적으로 많이 활용하고 있는 형태로서 투광부, 수광부, 컨트롤 부분으로 구성된 것으로서 신체의 일부가 광선을 차단하면 기계를 급정지시키는 방호장치로 ( ① ) 분류에 해당한다.
> (2) 정상 동작 표시램프는 ( ② )색, 위험 표시램프는 ( ③ )색으로 하며, 쉽게 근로자가 볼 수 있는 곳에 설치해야 한다.
> (3) 방호장치는 릴레이, 리미트 스위치 등의 전기부품의 고장, 전원 전압의 변동 및 정전에 의해 슬라이드가 불시에 동작하지 않아야 하며, 사용 전원 전압의 ±( ④ )%의 변동에 대하여 정상으로 작동되어야 한다.

> **정답**
> ① A-1  ② 녹  ③ 붉은  ④ 20

**12** 누전에 의한 감전을 방지하기 위하여 접지를 하여야 하는 기계·기구 중 코드 및 플러그를 접속하여 사용하는 전기기계·기구의 종류를 3가지 적으시오. (3점)

> **정답**
> ① 사용전압이 대지전압 150볼트를 넘는 것
> ② 냉장고·세탁기·컴퓨터 및 주변기기 등과 같은 고정형 전기기계·기구
> ③ 고정형·이동형 또는 휴대형 전동기계·기구
> ④ 물 또는 도전성이 높은 곳에서 사용하는 전기기계·기구, 비접지형 콘센트
> ⑤ 휴대형 손전등

**13** 와이어로프에 980kg의 중량을 걸어 90°의 각도로 들어 올릴 때 와이어로프 한 가닥에 걸리는 하중을 계산하시오.

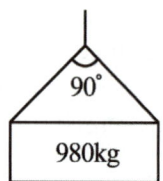

**[정답]**

한 가닥의 하중 $= \dfrac{w}{2} \div \cos\dfrac{\theta}{2}$ (kg) $= \dfrac{980}{2} \div \cos\dfrac{90}{2} = 692.96$ (kg)

**14** 산업안전보건법상의 안전보건표지 중 출입금지 표지의 종류 3가지를 적으시오. (3점)

**[정답]**
① 허가대상물질 작업장
② 석면취급 / 해체 작업장
③ 금지대상물질의 취급 실험실 등

**[참고]**

| 501<br>허가대상물질 작업장 | 502<br>석면취급/해체 작업장 | 503<br>금지대상물질의 취급 실험실 등 |
|---|---|---|
| 관계자외 출입금지<br>(허가물질 명칭) 제조/사용/보관 중<br>보호구/보호복 착용<br>흡연 및 음식물<br>섭취 금지 | 관계자외 출입금지<br>석면 취급/해체 중<br>보호구/보호복 착용<br>흡연 및 음식물<br>섭취 금지 | 관계자외 출입금지<br>발암물질 취급 중<br>보호구/보호복 착용<br>흡연 및 음식물<br>섭취 금지 |

# 2017년 산업안전기사 (4월 27일 시행)

시험시간 : 1시간 30분

 다음 FT도에서 미니멀 컷셋을 구하시오. (5점)

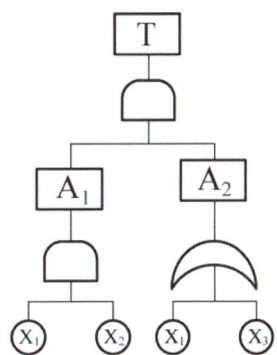

**정답**

$T = A_1 \cdot A_2$
$= (X_1 \cdot X_2)\begin{pmatrix} X_1 \\ X_3 \end{pmatrix}$
$= (X_1 \cdot X_2)(X_1 \cdot X_2 \cdot X_3)$
미니멀 컷셋 : $(X_1 \cdot X_2)$

**분석** 실기 출제 기준에서 제외된 "인간공학 및 시스템안전공학" 문제입니다.

 근로자수 400명인 사업장에서 하루 8시간 연간 280일 근무하던 중 재해자 수가 100명, 재해발생 건수가 80건, 근로손실일수가 800일 발생하였다. 종합재해지수를 계산하시오. (4점)

**정답**

1. 종합재해지수
   $FSI = \sqrt{FR \times SR} = \sqrt{도수율 \times 강도율}$

2. 도수율(빈도율) $= \dfrac{재해건수}{연 근로시간 수} \times 10^6$

3. 강도율 $= \dfrac{총 요양 근로손실일수}{연 근로시간 수} \times 1,000$

1. 도수율(빈도율) = $\dfrac{\text{재해 건수}}{\text{연근로시간수}} \times 10^6 = \dfrac{80}{400 \times 8 \times 280} \times 10^6 = 89.29$

2. 강도율 = $\dfrac{\text{총 요양 근로 손실 일수}}{\text{연 근로시간 수}} \times 1,000 = \dfrac{800}{400 \times 8 \times 280} \times 1,000 = 0.89$

3. 종합재해지수 = $\sqrt{\text{도수율} \times \text{강도율}} = \sqrt{89.29 \times 0.89} = 8.91$

대통령령으로 정하는 업종 및 규모에 해당하는 사업의 사업주는 건설물·기계·기구 및 설비 등 일체를 설치·이전하거나 그 주요 구조부분을 변경할 때에는 유해·위험 방지계획서를 작성하여 고용노동부장관에게 제출하여야 한다. 건설공사 중 유해위험방지계획서를 제출하여야 하는 대상공사를 4가지 적으시오. (4점)

**정답**

1. 다음 각 목의 어느 하나에 해당하는 건축물 또는 시설 등의 건설·개조 또는 해체공사
   가. 지상높이가 31미터 이상인 건축물 또는 인공구조물
   나. 연면적 3만제곱미터 이상인 건축물
   다. 연면적 5천제곱미터 이상인 시설로서 다음의 어느 하나에 해당하는 시설
      1) 문화 및 집회시설(전시장 및 동물원·식물원은 제외한다)
      2) 판매시설, 운수시설(고속철도의 역사 및 집배송시설은 제외한다)
      3) 종교시설
      4) 의료시설 중 종합병원
      5) 숙박시설 중 관광숙박시설
      6) 지하도상가
      7) 냉동·냉장 창고시설
2. 연면적 5천제곱미터 이상의 냉동·냉장창고 시설의 설비공사 및 단열공사
3. 최대 지간길이(다리의 기둥과 기둥의 중심사이의 거리)가 50미터 이상인 교량 건설 등 공사
4. 터널 건설 등의 공사
5. 다목적댐, 발전용 댐, 저수용량 2천만 톤 이상의 용수 전용 댐, 지방상수도 전용 댐 건설 등의 공사
6. 깊이 10미터 이상인 굴착공사

- 지상높이 31m, 연면적 3만m², 사람 많은 시설 연면적 5,000m²
- 연면적 5,000m² 냉동·냉장창고 시설
- 최대 지간길이가 50미터 이상 교량
- 터널
- 저수용량 2천만 톤 이상 댐
- 10미터 이상인 굴착

## 04

구축물, 건축물, 그 밖의 시설물 등의 해체작업을 할 경우에는 해체계획서를 수립하여야 한다. 해체계획에 포함해야 할 사항을 4가지 적으시오.

**정답**
1. 해체의 방법 및 해체순서 도면
2. 가설설비, 방호설비, 환기 설비 및 살수, 방화설비 등의 방법
3. 사업장 내 연락방법
4. 해체물의 처분계획
5. 해체작업용 기계, 기구 등의 작업계획서
6. 해체작업용 화약류 등의 사용계획서

## 05

클러치 맞물림 개수 5개, 200SPM의 동력 프레스기 양수기동식 안전장치의 안전거리를 계산하시오.

**정답**

$Dm(mm) = 1.6 \times Tm$

$= 1.6 \times (\dfrac{1}{클러치개소수} + \dfrac{1}{2}) \times (\dfrac{60,000}{매분행정수})$

- Tm : 슬라이드가 하사점에 도달할 때까지의 시간(ms)

$Dm(mm) = 1.6 \times (\dfrac{1}{클러치개소수} + \dfrac{1}{2}) \times (\dfrac{60,000}{매분행정수})$

$= 1.6 \times (\dfrac{1}{5} + \dfrac{1}{2}) \times (\dfrac{60,000}{200})$

$= 336mm$

## 06

누전에 의한 감전의 위험을 방지하기 위하여 접지를 하여야 한다. 전기를 사용하지 아니하는 설비 중 접지를 하여야 하는 금속체 부분을 3가지 적으시오. (4점)

**정답**
① 전동식 양중기의 프레임과 궤도
② 전선이 붙어있는 비전동식 양중기의 프레임
③ 고압 이상의 전기를 사용하는 전기기계 기구 주변의 금속제 칸막이·망 및 이와 유사한 장치

안전인증대상 기계·기구 등으로서 근로자의 안전·보건에 필요하다고 인정되어 대통령령으로 정하는 것을 제조하는 자는 대상 기계·기구 등이 안전인증기준에 맞는지에 대하여 고용노동부장관이 실시하는 안전인증을 받아야 한다. 안전인증을 전부 또는 일부가 면제되는 경우 3가지를 적으시오. (3점)

**정답**
① 연구개발을 목적으로 제조·수입하거나 수출을 목적으로 제조하는 경우
② 고용노동부장관이 정하여 고시하는 외국의 안전인증기관에서 인증을 받은 경우
③ 다른 법령에서 안전성에 관한 검사나 인증을 받은 경우

**참고**

자율안전확인 신고를 면제할 수 있는 경우
① 연구·개발을 목적으로 제조·수입하거나 수출을 목적으로 제조하는 경우
② 안전인증을 받은 경우
③ 다른 법령에 따라 안전성에 관한 검사나 인증을 받은 경우로서 고용노동부령으로 정하는 경우

 안전모의 내관통성 시험 성능기준에 관한 내용이다. ( )에 알맞은 내용을 쓰시오. (4점)

[보기]
- AE형 및 ABE형의 관통거리는 ( ① )mm 이하,
- AB형의 관통거리는 ( ② )mm 이하이어야 한다.

**정답**
① 9.5
② 11.1

 늘어난 달기체인 등의 사용금지 사항을 2가지 적으시오.(단, 균열이 있거나 심하게 변형된 것 제외) (4점)

**정답**
① 달기 체인의 길이가 달기 체인이 제조된 때의 길이의 5퍼센트를 초과한 것
② 링의 단면지름이 달기 체인이 제조된 때의 해당 링의 지름의 10퍼센트를 초과하여 감소한 것

말비계의 조립 시의 준수사항(말비계의 구조)을 2가지 적으시오. (4점)

> **정답**
> ① 지주부재의 하단에는 미끄럼 방지장치를 하고, 양측 끝부분에 올라서서 작업하지 아니하도록 할 것
> ② 지주부재와 수평면과의 기울기를 75도 이하로 하고, 지주부재와 지주부재 사이를 고정시키는 보조부재를 설치할 것
> ③ 말비계의 높이가 2미터를 초과할 경우에는 작업발판의 폭을 40센티미터 이상으로 할 것

다음은 (보기)는 산업안전보건법상의 급성 독성물질을 설명하고 있다. 빈칸을 채우시오. (4점)

> **[보기]**
> ① $LD_{50}$은 ( ① )mg/kg을 쥐에 대한 경구 투입실험에 의하여 실험동물의 50%를 사망시킨다.
> ② $LD_{50}$은 ( ② )mg/kg을 쥐 또는 토끼에 대한 경피 흡수실험에서 의하여 실험동물의 50%를 사망시킨다.
> ③ $LC_{50}$은 가스로 ( ③ )ppm을 쥐에 대한 4시간 동안 흡입실험에 의하여 실험동물의 50%를 사망시킨다.
> ④ $LC_{50}$은 증기로 ( ④ )mg/ℓ 을 쥐에 대한 4시간 동안 흡입실험에 의하여 실험동물의 50%를 사망시킨다.

> **정답**
> ① 300
> ② 1,000
> ③ 2,500
> ④ 10

> **참고**
>
> | 급성 독성 물질 | 가. 쥐에 대한 경구투입실험에 의하여 실험동물의 50퍼센트를 사망시킬 수 있는 물질의 양, 즉 $LD_{50}$(경구, 쥐)이 300mg/kg(체중) 이하인 화학물질 |
> | --- | --- |
> | | 나. 쥐 또는 토끼에 대한 경피흡수실험에 의하여 실험동물의 50퍼센트를 사망시킬 수 있는 물질의 양, 즉 $LD_{50}$(경피, 토끼 또는 쥐)이 1000mg/kg(체중) 이하인 화학물질 |
> | | 다. 쥐에 대한 4시간 동안의 흡입실험에 의하여 실험동물의 50퍼센트를 사망시킬 수 있는 물질의 농도, 즉 가스 $LC_{50}$(쥐, 4시간 흡입)이 2,500ppm 이하인 화학물질, 증기 $LC_{50}$(쥐, 4시간 흡입)이 10mg/ℓ 이하인 화학물질, 분진 또는 미스트 1mg/ℓ 이하인 화학물질 |

## 12. 잠함·우물통·수직갱 등의 내부에서 굴착작업을 하는 때 준수해야 할 사항 3가지를 적으시오. (3점)

**정답**
① 산소농도 측정하는 자를 지명하여 측정하도록 할 것
② 안전하게 승강하기 위한 설비를 설치할 것
③ 굴착 깊이가 20미터를 초과하는 때에는 통신설비 등을 설치할 것
④ 굴착 깊이가 20미터를 초과하는 때에는 송기를 위한 설비를 설치

## 13. 추락을 방지하기 위하여 근로자가 착용하여야하는 U자형걸이용 안전대의 구조 기준을 2가지 적으시오. (4점)

**정답**
① 지탱 벨트, 각링, 신축조절기가 있을 것(안전그네를 착용할 경우 지탱 벨트를 사용하지 않아도 된다)
② U자 걸이 사용 시 D링, 각 링은 안전대 착용자의 몸통 양 측면에 해당하는 곳에 고정되도록 지탱 벨트 또는 안전그네에 부착할 것
③ 신축조절기는 죔줄로부터 이탈하지 않도록 할 것
④ U자 걸이 사용 상태에서 신체의 추락을 방지하기 위하여 보조죔줄을 사용할 것
⑤ 보조 훅 부착 안전대는 신축조절기의 역방향으로 낙하 저지 기능을 갖출 것, 다만 죔줄에 스토퍼가 부착될 경우에는 이에 해당하지 않는다.
⑥ 보조 훅이 없는 U자 걸이 안전대는 1개 걸이로 사용할 수 없도록 훅이 열리는 너비가 죔줄의 직경보다 작고 8자형 링 및 이음형 고리를 갖추지 않을 것

## 14. 타워크레인을 설치(상승작업을 포함한다)·해체하는 작업에 종사하는 근로자를 대상으로 하는 특별안전보건교육 내용을 4가지 적으시오. (4점)

**정답**
① 붕괴·추락 및 재해 방지에 관한 사항
② 설치·해체 순서 및 안전작업 방법에 관한 사항
③ 부재의 구조·재질 및 특성에 관한 사항
④ 신호 방법 및 요령에 관한 사항
⑤ 이상 발생 시 응급조치에 관한 사항
⑥ 그 밖에 안전·보건관리에 필요한 사항

# 2017년 산업안전기사 (7월 13일 시행)

시험시간 : 1시간 30분

  건설용 리프트·곤돌라를 이용한 작업의 특별교육 내용 4가지를 적으시오. (4점)

**정답**
① 방호장치의 기능 및 사용에 관한 사항
② 기계, 기구, 달기체인 및 와이어 등의 점검에 관한 사항
③ 화물의 권상·권하 작업방법 및 안전작업 지도에 관한 사항
④ 기계·기구에 특성 및 동작원리에 관한 사항
⑤ 신호방법 및 공동작업에 관한 사항
⑥ 그 밖에 안전·보건관리에 필요한 사항

  타워크레인 등 작업에 대한 악천후 시의 조치 기준이다. 다음 내용의 괄호 안을 채우시오. (4점)

[보기]
① 순간풍속이 초당 (   )미터를 초과하는 바람이 불어올 우려가 있는 경우 타워크레인의 운전 작업을 중지
② 순간풍속이 초당 (   )미터를 초과하는 바람이 불거나 중진(中震) 이상 진도의 지진이 있은 후 옥외에 설치되어 있는 양중기 각 부위 이상이 있는지를 점검

**정답**
① 15m, ② 30m

**참고**
- 악천후 시 조치
  ① 순간풍속이 초당 10미터를 초과 : 타워크레인의 설치·수리·점검 또는 해체작업을 중지
  ② 순간풍속이 초당 15미터를 초과 : 타워크레인의 운전작업을 중지
  ③ 순간풍속이 초당 30미터를 초과 : 옥외에 설치되어 있는 주행 크레인 이탈방지조치
  ④ 순간풍속이 초당 30미터를 초과하는 바람이 불거나 중진(中震) 이상 진도의 지진이 있은 후 : 옥외 양중기 각 부위 이상 점검
  ⑤ 순간풍속이 초당 35미터를 초과 : 옥외 승강기 및 건설용 리프트(지하에 설치되어 있는 것은 제외)에 대하여 받침의 수를 증가시키는 등 승강기가 무너지는 것을 방지하기 위한 조치

산업안전보건법상의 공정안전보고서를 제출하여야 하는 대상 사업 4가지를 적으시오. (4점)

**정답**
① 원유 정제처리업
② 기타 석유정제물 재처리업
③ 석유화학계 기초화학물 제조업 또는 합성수지 및 기타 플라스틱물질 제조업
④ 질소 화합물, 질소·인산 및 칼리질 화학비료 제조업 중 **질소질 비료 제조**
⑤ 복합비료 및 기타 화학비료 제조업 중 **복합비료 제조**(단순혼합 또는 배합에 의한 경우는 제외한다)
⑥ 화학 살균·살충제 및 농업용 약제 제조업[농약 원제(原劑) 제조만 해당한다]
⑦ 화약 및 불꽃제품 제조업

화재·폭발 – 원유, 석유정제물, 화약 및 불꽃제품
중독·질식 – 농약, 비료(복합비료, 질소질 비료)

 지게차를 사용하여 작업을 하는 때의 작업 시작 전 점검사항 4가지를 적으시오. (4점)

**정답**
① 제동장치 및 조종장치 기능의 이상 유무
② 하역장치 및 유압장치 기능의 이상 유무
③ 바퀴의 이상 유무
④ 전조등·후미등·방향지시기 및 경보장치 기능의 이상 유무

 다음 장소에 적합한 안전보건표지의 명칭을 적으시오. (3점)

[보기]
① 돌 및 블록 등 물체가 떨어질 우려가 있는 물체가 있는 장소 :
② 미끄러운 장소 등 넘어지기 쉬운 장소 :
③ 휘발유 등 화기의 취급을 극히 주의해야 하는 물질이 있는 장소 :

**정답**
① 낙하물 경고
② 몸 균형 상실 경고
③ 인화성물질 경고

## 06

낙하물방지망 또는 방호선반을 설치 시의 준수사항을 설명하였다. 괄호를 채우시오. (4점)

[보기]
- 설치 높이는 ( ① )미터 이내마다 설치하고, 내민길이는 벽면으로부터 ( ② )미터 이상으로 할 것
- 수평면과의 각도는 ( ③ )도 내지 ( ④ )도를 유지할 것

**정답**
① 10  ② 2  ③ 20  ④ 30

## 07

회사 내의 안전 관리규정 작성 시 포함해야 하는 사항 4가지를 적으시오. (4점)

**정답**
안전보건관리규정의 포함사항
① 안전·보건 관리조직과 그 직무에 관한 사항
② 안전·보건교육에 관한 사항
③ 작업장의 안전 및 보건관리에 관한 사항
④ 사고 조사 및 대책 수립에 관한 사항
⑤ 그 밖에 안전·보건에 관한 사항

## 08

물질안전보건자료 작성 제외 대상 4가지를 적으시오. (단, 일반 소비자의 생활용으로 제공되는 제제와 그 밖에 고용노동부장관이 폭발성 등으로 인한 위해의 정도가 적다고 인정하여 고시하는 제제는 제외한다.) (4점)

**정답**
1. 건강기능식품
2. 농약
3. 마약 및 향정신성의약품
4. 비료
5. 사료
6. 원료물질
7. 식품 및 식품첨가물
8. 의약품 및 의약외품
9. 방사성물질
10. 위생용품
11. 의료기기
12. 화약류
12. 첨단바이오의약품
13. 폐기물
14. 화장품

비료로 농사지은 식품, 건강식품, 위생용품 폐기물에서 화약, 방사성 원료물질 나와서 소비자용 의료기기, 첨단의약품, 마약, 화장품으로 치료했다.

다음 [보기]를 각각 omission error와 commission error로 구분하시오. (5점)

[보기]
① 납 접합을 빠트렸다.
② 전선의 연결이 바뀌었다.
③ 부품을 빠트렸다.
④ 부품을 거꾸로 배열했다.
⑤ 틀린 부품을 사용하였다.

**정답**
① omission error
② commission error
③ omission error
④ commission error
⑤ commission error

**분석** 실기 출제 기준에서 제외된 "인간공학 및 시스템안전공학" 문제입니다.

**참고**

| 휴먼에러의 심리적 분류(Swain의 분류) ★★ | 휴먼에러 원인의 레벨적 분류★★ |
|---|---|
| ① omission error(누설오류, 생략오류, 부작위오류) : 필요한 작업 또는 절차를 수행하지 않아 발생한 에러<br>② commission error(작위오류) : 필요한 작업 또는 절차의 불확실한 수행으로 인한 에러<br>③ time error(시간오류) : 필요한 작업 또는 절차의 수행 지연으로 인한 에러<br>④ sequential error(순서오류) : 필요한 작업 또는 절차의 순서 착오로 인한 에러<br>⑤ extraneous error(과잉행동오류) : 불필요한 작업 또는 절차를 수행함으로써 발생한 에러 | ① primary error(1차 에러) : 작업자 자신으로부터 발생한 에러<br>② secondary error(2차에러) : 작업형태, 작업조건으로 부터 발생한 에러<br>③ command error : 실행하고자 하여도 필요한 물품, 정보, 에너지 등이 공급되지 않아서 작업자가 움직일 수 없는 상태에서 발생한 에러 |

 정전기 재해 예방대책 3가지를 적으시오. (3점)

**정답**
① 접지(도체일 경우)
② 습기부여(공기 중 습도를 60 ~ 70% 이상 유지한다.)
③ 도전성재료 사용
④ 대전방지제 사용
⑤ 제전기 사용

**11** 2017년도 S 기업의 근로자는 500명이 작업하면서 일일 8시간 연 300일 근무 중 사망 재해건수 2건, 휴업일수 27일, 잔업시간 10,000시간, 조퇴시간 500시간, 출근율 95%이다. 이 기업의 강도율을 계산하시오.

**정답**

$$강도율 = \frac{총요양근로손실일수}{연근로시간수} \times 1,000$$

$$= \frac{2 \times 7,500 + 27 \times \frac{300}{365}}{(500 \times 8 \times 300 \times 0.95) + 10,000 - 500} \times 1,000 = 13.07$$

**12** 지상높이가 31m 이상 되는 건축물을 건설하는 공사현장에서 건설공사 유해·위험 방지계획서를 작성하여 제출하고자 할 때 첨부하여야 하는 작업 공종별 유해위험 방지계획의 해당 작업 공종을 4가지 쓰시오.

**정답**
① 가설공사
② 구조물공사
③ 마감공사
④ 기계 설비공사
⑤ 해체공사

**13** 아세틸렌용접 장치 검사 시 안전기의 설치 위치를 확인하려고 한다. 안전기가 설치 되어야 할 위치를 3가지 적으시오. (3점)

**정답**
① 취관
② 분기관
③ 발생기와 가스용기 사이

**참고**

• 안전기의 설치
① 아세틸렌 용접장치의 **취관마다 안전기를 설치**하여야 한다. 다만, 주관 및 취관에 가장 가까운 **분기 관마다 안전기를 부착**한 경우에는 그러하지 아니하다.
② 가스용기가 발생기와 분리되어 있는 아세틸렌 용접장치에 대하여는 **발생기와 가스용기 사이에 안전기를 설치**하여야 한다.

화학설비 또는 그 부속설비의 용도를 변경하는 경우(사용하는 원재료의 종류를 변경하는 경우를 포함한다)에 해당 설비를 점검한 후 사용하여야 한다. 점검내용 3가지를 적으시오. (3점)

> **정답**
> ① 설비 내부에 폭발이나 화재의 우려가 있는 물질이 있는지
> ② 안전밸브·긴급차단장치 및 그 밖의 방호장치 기능의 이상 유무
> ③ 냉각장치·가열장치·교반장치·압축장치·계측장치 및 제어장치 기능의 이상 유무

 통풍이나 환기가 충분하지 않고 가연물이 있는 건축물 내부나 설비 내부에서 화재위험작업을 하는 경우에 사업주가 화재 예방을 위하여 준수하여야 하는 사항 3가지를 적으시오. (3점)

> **정답**
> 1. 작업 준비 및 작업 절차 수립
> 2. 작업장 내 위험물의 사용·보관 현황 파악
> 3. 화기작업에 따른 인근 가연성물질에 대한 방호조치 및 소화기구 비치
> 4. 용접불티 비산방지덮개, 용접방화포 등 불꽃, 불티 등 비산방지조치
> 5. 인화성 액체의 증기 및 인화성 가스가 남아 있지 않도록 환기 등의 조치
> 6. 작업근로자에 대한 화재예방 및 피난교육 등 비상조치

# 2017년 산업안전기사 (10월 19일 시행)

시험시간 : 1시간 30분

다음 [보기]의 설명에 해당하는 재해발생 형태를 적으시오. (4점)

[보기]
① 폭발과 화재, 두 현상이 복합적으로 발생한 경우
② 바닥면과 신체가 떨어진 상태로 더 낮은 위치로 떨어진 경우
③ 바닥면과 신체가 접해 있는 상태에서 더 낮은 위치로 떨어진 경우
④ 재해자가 「넘어짐」으로 인하여 기계의 동력 전달 부위 등에 끼이는 사고가 발생하여 신체 부위가 「절단」된 경우

**정답**

(1) 폭발  (2) 떨어짐  (3) 넘어짐  (4) 끼임

작업 현장에서 60분 동안 작업 시 산소소비량은 1.5(L/min)이었다. 작업에 적합한 휴식시간을 계산하시오. 단, 작업에 대한 평균에너지 5(Kcal/min), 휴식 시 평균에너지 1.5(kcal/min), 산소 에너지당량은 5(kcal/L)이다.

**정답**

$$휴식시간(R) = \frac{60 \times (E-5)}{E-1.5} [분]$$

- 1.5 : 휴식 중의 에너지 소비량
- 5(kcal/분) : 보통 작업에 대한 평균 에너지(기초대사량을 포함하지 않을 경우 : 4kcal/분)
- 60(분) : 작업시간
- E(kcal/분) : 문제에서 주어진 작업 시 필요한 에너지

$$휴식시간(R) = \frac{60 \times (7.5 - 5)}{7.5 - 1.5} = 25[분]$$

[작업 시의 소비에너지 E = 1.5(L/min) × 5(kcal/L) = 7.5(kcal/min)]

**[보기]는 안전성 평가의 내용이다. 순서대로 나열하시오. (4점)**

[보기]
① 정성적 평가　　② 재평가　　③ FTA 재평가
④ 대책검토　　　　⑤ 자료 정비　⑥ 정량적 평가

**정답**
⑤ → ① → ⑥ → ④ → ② → ③

**분석** 실기 출제 기준에서 제외된 "인간공학 및 시스템안전공학" 문제입니다.

 **(보기)는 산업안전보건법상의 천정 크레인 안전 검사 주기에 관한 사항이다. 괄호를 채우시오. (3점)**

[보기]

사업장에 설치가 끝난 날부터 몇( ① )년 이내에 최초 안전검사를 실시, 그 이후부터 매 몇( ② )년, [건설현장에서 사용하는 것은 최초로 설치한 날로부터 (③ 개월)마다] 안전 검사를 실시한다.

**정답**
① 3년
② 2년
③ 6개월

**참고**
1. 크레인(이동식 크레인은 제외한다), 리프트(이삿짐운반용 리프트는 제외한다) 및 곤돌라 : 사업장에 설치가 끝난 날부터 3년 이내에 최초 안전검사를 실시하되, 그 이후부터 2년마다(건설현장에서 사용하는 것은 최초로 설치한 날부터 6개월마다)
2. 이동식 크레인, 이삿짐운반용 리프트 및 고소작업대 : 신규 등록 이후 3년 이내에 최초 안전검사를 실시하되, 그 이후부터 2년마다
3. 프레스, 전단기, 압력용기, 국소 배기장치, 원심기, 화학설비 및 그 부속설비, 건조설비 및 그 부속설비, 롤러기, 사출성형기, 컨베이어 및 산업용 로봇 : 사업장에 설치가 끝난 날부터 3년 이내에 최초 안전검사를 실시하되, 그 이후부터 2년마다(공정안전보고서를 제출하여 확인을 받은 압력용기는 4년마다)

**05** 지게차를 사용하여 작업을 하는 때 작업 시작 전 점검 사항 4가지를 적으시오. (3점)

> **정답**
> ① 제동장치 및 조종장치 기능의 이상 유무
> ② 하역장치 및 유압장치 기능의 이상 유무
> ③ 바퀴의 이상 유무
> ④ 전조등·후미등·방향지시기, 경보장치 기능의 이상 유무

**06** (보기)는 추락을 방지하는 안전난간의 구조이다. 괄호를 채우시오. (3점)

> **[보기]**
> 1. 상부난간대 : 바닥면·발판 또는 경사로의 표면으로부터 ( ① )cm 이상
> 2. 난간대 : 지름 ( ③ )cm 이상의 금속제 파이프
> 3. 하중 : ( ④ )kg 이상의 하중에 견딜 수 있는 튼튼한 구조

> **정답**
> ① 90
> ② 2.7
> ③ 100

> **참고**
> • 안전난간의 구조 및 설치요건
>   ① 상부 난간대, 중간 난간대, 발끝막이판 및 난간기둥으로 구성할 것
>   ② 상부 난간대
>     ㉠ 상부 난간대는 바닥면 등으로부터 90센티미터 이상 지점에 설치
>     ㉡ 상부 난간대를 120센티미터 이하에 설치하는 경우 : 중간 난간대는 상부 난간대와 바닥면 등의 중간에 설치
>     ㉢ 120센티미터 이상 지점에 설치하는 경우 : 중간 난간대를 2단 이상으로 설치, 난간의 상하 간격은 60센티미터 이하가 되도록 할 것(다만, 난간기둥 간의 간격이 25센티미터 이하인 경우에는 중간 난간대를 설치하지 않을 수 있다.)
>   ③ 발끝막이판 : 바닥면 등으로 부터 10센티미터 이상의 높이를 유지할 것
>   ④ 난간기둥 : 상부 난간대와 중간 난간대를 견고하게 떠받칠 수 있도록 적정한 간격을 유지할 것
>   ⑤ 상부 난간대와 중간 난간대는 난간 길이 전체에 걸쳐 바닥면등과 평행을 유지할 것
>   ⑥ 난간대 : 지름 2.7센티미터 이상의 금속제 파이프
>   ⑦ 안전난간은 100킬로그램 이상의 하중에 견딜 수 있는 튼튼한 구조일 것

안전관리자를 정수 이상으로 증원·교체 임명할 수 있는 대상 사업장의 종류를 3가지 적으시오. (3점)

> **정답**
> ① 해당 사업장의 연간 재해율이 같은 업종의 평균재해율의 2배 이상인 경우
> ② 중대재해가 연간 2건 이상 발생한 경우(다만, 해당 사업장의 전년도 사망만인율이 같은 업종의 평균 사망만인율 이하인 경우는 제외)
> ③ 관리자가 질병이나 그 밖의 사유로 3개월 이상 직무를 수행할 수 없게 된 경우
> ④ 화학적 인자로 인한 직업성 질병자가 연간 3명 이상 발생한 경우

평균의 2배 이상, 중대재해 2건 이상 증원!
직업성 질병 3건 이상, 3개월 이상 일 안하면 교체!

 산업안전보건법에 따라 이상 화학반응 밸브의 막힘 등 이상 상태로 인한 압력상승으로 당해 설비의 최고 사용압력을 구조적으로 초과할 우려가 있는 화학 설비 및 그 부속 설비에 안전밸브 또는 파열판을 설치하여야 한다. 이때 반드시 파열판을 설치해야 하는 이유 2가지를 적으시오. (5점)

> **정답**
> ① 반응 폭주 등 급격한 압력 상승 우려가 있는 경우
> ② 급성 독성물질의 누출로 인하여 주위의 작업환경을 오염시킬 우려가 있는 경우
> ③ 운전 중 안전밸브에 이상 물질이 누적되어 안전밸브가 작동되지 아니할 우려가 있는 경우

방독마스크의 종류별 시험가스 및 정화통 외부 측면의 표시 색을 나타내고 있다. 가스종류별 시험가스와 정화통 외부 측면의 표시 색을 구별하여 적으시오. (5점)

| 종 류 | 시 험 가 스 | 표시 색 |
|---|---|---|
| 유기화합물용 | 시클로헥산($C_6H_{12}$) | ① |
| | 디메틸에테르($CH_3OCH_3$) | |
| | 이소부탄($C_4H_{10}$) | |
| 할로겐용 | ② | ③ |
| 황화수소용 | 황화수소가스($H_2S$) | |
| 시안화수소용 | 시안화수소가스(HCN) | |
| 아황산용 | ④ | 노란색 |
| 암모니아용 | 암모니아가스($NH_3$) | ⑤ |

**정답**

① 갈색
② 염소가스 또는 증기($Cl_2$)
③ 회색
④ 아황산가스($SO_2$)
⑤ 녹색

**참고**

| 종 류 | 표시 색 |
|---|---|
| 유기화합물용 정화통 | 갈색 |
| 할로겐용 정화통 | 회색 |
| 황화수소용 정화통 | |
| 시안화수소용 정화통 | |
| 아황산용 정화통 | 노란색 |
| 암모니아용 정화통 | 녹색 |
| 복합용 및 겸용의 정화통 | **복합용의 경우**<br>해당가스 모두 표시<br>(2층 분리)<br><br>**겸용의 경우**<br>백색과 해당가스 모두 표시<br>(2층 분리) |

※ 증기밀도가 낮은 유기화합물 정화통의 경우 색상표시 및 화학물질 명 또는 화학기호를 표기

**10** 대통령령으로 정하는 유해·위험설비를 보유한 사업장의 사업주는 그 설비로 부터의 위험물질 누출, 화재, 폭발 등으로 인하여 사업장 내의 근로자에게 즉시 피해를 주거나 사업장 인근지역에 피해를 줄 수 있는 사고를 예방하기 위하여 대통령령으로 정하는 바에 따라 공정안전보고서를 작성하여 고용노동부장관에게 제출하여야 한다. 공정안전보고서에 포함되어야할 사항을 4가지를 적으시오. (4점)

> **정답**
> ① 공정안전자료
> ② 공정위험성평가서
> ③ 안전운전계획
> ④ 비상조치계획

**11** 롤러기 급정지장치의 급정지거리를 계산하는 공식을 나타내었다. 괄호를 채우시오. (4점)

| 앞면 롤러의 표면속도(m/min) | 급정지거리 |
|---|---|
| 30 미만 | 앞면 롤러 원주의 ( ① ) 이내 |
| 30 이상 | 앞면 롤러 원주의 ( ② ) 이내 |

> **정답**
> ① $\frac{1}{3}$
> ② $\frac{1}{2.5}$

**12** 가설통로 설치 시 가설통로의 구조를 3가지 적으시오. (3점)

> **정답**
> ① 견고한 구조로 할 것
> ② 경사는 30도 이하로 할 것
> ③ 경사가 15도를 초과하는 때는 미끄러지지 아니하는 구조로 할 것
> ④ 추락의 위험이 있는 장소에는 안전난간을 설치할 것
> ⑤ 수직갱 : 길이가 15미터 이상인 때에는 10미터 이내마다 계단참을 설치할 것
> ⑥ 건설공사에 사용하는 높이 8미터 이상인 비계다리 : 7미터 이내 마다 계단참을 설치할 것

**13** 충전전로에서 전기작업(활선작업) 시 적합한 접근 한계거리를 적으시오. (4점)

| 충전전로의 선간전압 | 접근한계거리 |
|---|---|
| 380V | ( ① ) |
| 1.5kV | ( ② ) |
| 6.6kV | ( ③ ) |
| 22.9kV | ( ④ ) |

**정답**

① 30cm  ② 45cm  ③ 60cm  ④ 90cm

**참고**

| 충전전로의 선간전압<br>(단위 : 킬로볼트) | 충전전로에 대한 접근 한계거리<br>(단위 : 센티미터) |
|---|---|
| 0.3 이하 | 접촉금지 |
| 0.3 초과 0.75 이하 | 30 |
| 0.75 초과 2 이하 | 45 |
| 2 초과 15 이하 | 60 |
| 15 초과 37 이하 | 90 |
| 37 초과 88 이하 | 110 |
| 88 초과 121 이하 | 130 |
| 121 초과 145 이하 | 150 |
| 145 초과 169 이하 | 170 |
| 169 초과 242 이하 | 230 |
| 242 초과 362 이하 | 380 |
| 362 초과 550 이하 | 550 |
| 550 초과 800 이하 | 790 |

선간전압 : 0.3, 0.75 / 2, 15 / 37, 88 / 121, 145, 169 / 242, 362 / 550, 800
접근 한계거리 : 접촉 × / 3, 45, 6 / 9, 11, 13, 15, 17 / 23, 38, 55, 79 위에 "0" (45 제외)

**14** 가스폭발 위험장소 또는 분진폭발 위험장소에 설치되는 건축물 등에 대해서는 해당하는 부분을 내화구조로 하여야 하며, 그 성능이 항상 유지될 수 있도록 점검·보수 등 적절한 조치를 하여야 한다. 내화구조로 하여야 하는 부분 2가지를 적으시오. (4점)

**정답**

① 건축물의 기둥 및 보 : 지상 1층(지상 1층의 높이가 6미터를 초과하는 경우에는 6미터)까지
② 위험물 저장·취급용기의 지지대(높이가 30센티미터 이하인 것은 제외한다) : 지상으로부터 지지대의 끝부분까지
③ 배관·전선관 등의 지지대 : 지상으로부터 1단(1단의 높이가 6미터를 초과하는 경우에는 6미터)까지

# 2018년 산업안전기사 (4월 14일 시행)

시험시간 : 1시간 30분

연 평균 근로자 수가 1,500명인 어느 공장에서 연간 재해건수가 60건 발생하였다. 이중 사망이 2건, 근로손실일수가 1,200일인 경우 연천인율을 구하시오. (3점)

**정답**

① 연천인율 = $\dfrac{\text{연간 재해자 수}}{\text{연평균 근로자 수}} \times 1,000$

② 연천인율 = 도수율 × 2.4

③ 도수율(빈도율) = $\dfrac{\text{재해건수}}{\text{연 근로시간 수}} \times 10^6$

문제에서 연간 재해자 수와 도수율이 주어지지 않고 근로자 수와 재해 건수가 주어졌으므로 도수율을 계산한 후 연천인율을 계산한다.

1. 도수율(빈도율) = $\dfrac{\text{재해건수}}{\text{연 근로시간 수}} \times 10^6 = \dfrac{60}{1,500 \times 2,400} \times 10^6 = 16.67$

2. 연천인율 = 도수율 × 2.4 = 16.67 × 2.4 = 40.01

산업안전보건기준에 관한 규칙에 의하여 원동기, 회전축 등의 위험방지를 위한 기계적인 안전조치를 3가지 적으시오. (5점)

**정답**

① 덮개
② 울
③ 슬리브
④ 건널다리

**참고**

1. 기계의 원동기·회전축·기어·풀리·플라이휠·벨트 및 체인 등 근로자가 위험에 처할 우려가 있는 부위에 덮개·울·슬리브 및 건널다리 등을 설치하여야 한다.
2. 회전축·기어·풀리 및 플라이휠 등에 부속되는 키·핀 등의 기계요소는 묻힘형으로 하거나 해당 부위에 덮개를 설치하여야 한다.

비등액체 팽창 증기폭발(BLEVE)에 영향을 주는 인자를 3가지 쓰시오. (5점)

> **정답**
> ① 저장된 물질의 종류와 형태
> ② 저장 용기의 재질
> ③ 저장된 물질의 인화성 여부
> ④ 주위 온도와 압력

 산업안전보건법에 따라 철골 작업을 중지하여야 하는 기상조건 3가지를 적으시오. (3점)

> **정답**
> 철골 작업을 중지해야 하는 조건
> ① 풍속이 초당 10미터 이상인 경우
> ② 강우량이 시간당 1밀리미터 이상인 경우
> ③ 강설량이 시간당 1센티미터 이상인 경우

 보호구 안전인증고시에 의하여 사용 장소에 따른 방독마스크의 등급기준 중 다음 (　)안에 알맞은 내용을 적으시오. (5점)

> **[보기]**
> (1) 고농도 : 가스 또는 증기의 농도가 100분의 (　) 이하의 대기 중에서 사용하는 것
> (2) 중농도 : 가스 또는 증기의 농도가 100분의 (　) 이하의 대기 중에서 사용하는 것
> (3) 방독마스크는 산소농도가 (　) % 이상인 장소에서 사용하여야 하고, 고농도와 중농도에서 사용하는 방독마스크는 전면형(격리식, 직결식)을 사용해야 한다.

> **정답**
> (1) 2
> (2) 1
> (3) 18

> 참고

| 등급 | 사용 장소 |
|---|---|
| 고농도 | 가스 또는 증기의 농도가 100분의 2(암모니아에 있어서는 100분의 3) 이하의 대기 중에서 사용하는 것 |
| 중농도 | 가스 또는 증기의 농도가 100분의 1(암모니아에 있어서는 100분의 1.5) 이하의 대기 중에서 사용하는 것 |
| 저농도 및 최저농도 | 가스 또는 증기의 농도가 100분의 0.1 이하의 대기 중에서 사용하는 것으로서 긴급용이 아닌 것 |

비고 : 방독마스크는 산소농도가 18% 이상인 장소에서 사용하여야 하고, 고농도와 중농도에서 사용하는 방독마스크는 전면형(격리식, 직결식)을 사용해야 한다.

휴먼에러 분류 중 심리적 분류(독립 행동에 관한 분류)와 원인에 대한 분류의 종류를 2가지씩 적으시오. (4점)

> 정답

| 휴먼에러의 심리적 분류(Swain의 분류) | 원인의 레벨적 분류 |
|---|---|
| ① omission error(누설오류, 생략오류, 부작위오류)<br>② time error(시간오류)<br>③ commission error(작위오류)<br>④ sequential error(순서오류)<br>⑤ extraneous error(과잉행동오류) | ① primary error(1차 에러)<br>② secondary error(2차 에러)<br>③ command error |

> 분석: 실기 출제 기준에서 제외된 "인간공학 및 시스템안전공학" 문제입니다.

> 참고

(1) 휴먼에러의 심리적 분류(Swain의 분류)
 ① omission error(누설오류, 생략오류, 부작위오류) : 필요한 작업 또는 절차를 수행하지 않는데 기인한 에러
 ② time error(시간오류) : 필요한 작업 또는 절차의 수행 지연으로 인한 에러
 ③ commission error(작위오류) : 필요한 작업 또는 절차의 불확실한 수행으로 인한 에러
 ④ sequential error(순서오류) : 필요한 작업 또는 절차의 순서 착오로 인한 에러
 ⑤ extraneous error(과잉행동오류) : 불필요한 작업 또는 절차를 수행함으로써 기인한 에러

(2) 원인의 레벨적 분류
 ① primary error(1차 에러) : 작업자 자신으로부터 발생한 에러
 ② secondary error(2차 에러) : 작업 형태, 작업조건 중 문제가 생겨 필요한 사항을 실행할 수 없어 발생한 에러
 ③ command error : 실행하고자 하여도 필요한 물품, 정보, 에너지 등이 공급되지 않아서 작업자가 움직일 수 없는 상태에서 발생한 에러

산업안전보건 법령상 연삭기 덮개의 시험방법 중 연삭기 작동시험에 관한 사항이다. 다음 (  )안에 알맞은 내용을 적으시오. (3점)

(1) 연삭 (  ①  )과 덮개의 접촉 여부
(2) 탁상용 연삭기는 덮개, (  ②  ) 및 (  ③  ) 부착상태의 적합성 여부

**정답**
① 숫돌
② 워크레스트
③ 조정편

**참고**

| 작동시험 | 연삭기 작동시험은 시험용 연삭기에 직접 부착 후 다음 각 목의 사항을 확인하여 이상이 없어야 한다.<br>가. 연삭숫돌과 덮개의 접촉 여부<br>나. 덮개의 고정상태, 작업의 원활성, 안전성, 덮개 노출의 적합성 여부<br>다. 탁상용 연삭기는 덮개, 워크레스트 및 조정편 부착상태의 적합성 여부 |
|---|---|
| 휴대용 연삭기의 작동시험 | 휴대용 연삭기 작동시험은 이동 덮개를 연삭기에 부착해서 이동 덮개의 작동상태, 복원상태 등 작업의 원활성을 확인하여 이상이 없어야 한다. |

다음은 고속회전체의 비파괴검사에 관한 내용입니다. (  ) 속에 적합한 숫자를 적으시오.

사업주는 고속 회전체(회전축의 중량이 (  ①  )톤을 초과하고 원주 속도가 초당 (  ②  )m 이상인 것으로 한정한다)의 회전시험을 하는 경우 미리 회전축의 재질 및 형상 등에 상응하는 종류의 비파괴검사를 해서 결함 여부를 확인하여야 한다.

**정답**
① 1
② 120

공장의 설비 배치 3단계를 [보기]에서 찾아 순서대로 나열하시오. (3점)

[보기]
① 건물  ② 기계  ③ 지역

**정답**
③ → ① → ②

산업안전보건기준에 관한 규칙에 의한 가설통로 설치 시 준수사항을 설명하였다. ( )에 알맞은 숫자를 적으시오. (3점)

1. 경사가 ( ① )도 초과하는 경우에는 미끄러지지 않는 구조로 할 것
2. 수직갱에 가설 된 통로의 길이가 15m 이상인 경우에는 ( ② )m 이내 마다 계단참 설치
3. 건설공사에 사용하는 높이 8m 이상인 비계다리에는 ( ③ )m 이내 마다 계단참 설치

**정답**
① 15
② 10
③ 7

**참고**

• 가설통로의 구조
① 견고한 구조로 할 것
② 경사는 30도 이하로 할 것
③ 경사가 15도를 초과하는 때는 미끄러지지 아니하는 구조로 할 것
④ 추락의 위험이 있는 장소에는 안전난간을 설치할 것
⑤ 수직갱 : 길이가 15미터 이상인 때에는 10미터 이내마다 계단참을 설치할 것
⑥ 건설공사에 사용하는 높이 8미터 이상인 비계다리 : 7미터 이내 마다 계단참을 설치할 것

산업안전보건기준에 관한 규칙에 의한 전기기계·기구 등의 충전부 방호 조치로서 근로자가 작업이나 통행 등으로 인해 전기기계, 기구 등 또는 전로 등의 충전부분에 접촉하거나 접근함으로써 감전 위험이 있는 충전 부분에 대하여 감전을 방지하기 위한 방법을 3가지 쓰시오. (5점)

> **정답**
> ① 충전부가 노출되지 아니하도록 폐쇄형 외함이 있는 구조로 할 것
> ② 충분한 절연 효과가 있는 방호망 또는 절연덮개를 설치할 것
> ③ 충전부는 내구성이 있는 절연물로 완전히 덮어 감쌀 것
> ④ 발전소·변전소 및 개폐소 등 구획되어 있는 장소로서 관계 근로자가 아닌 사람의 출입이 금지되는 장소에 충전부를 설치하고, 위험표시 등의 방법으로 방호를 강화할 것
> ⑤ 전주 위 및 철탑 위 등 격리되어 있는 장소로서 관계 근로자가 아닌 사람이 접근할 우려가 없는 장소에 충전부를 설치할 것

산업안전보건법령에 의한 공정안전보고서 제출대상에서 제출대상이 되는 유해·위험설비로 보지 않는 시설이나 설비의 종류를 2가지 적으시오. (4점)

> **정답**
> 다음 각 호의 설비는 유해·위험설비로 보지 아니한다.(공정안전보고서 제출 제외 대상 설비)
> ① 원자력 설비
> ② 군사시설
> ③ 사업주가 해당 사업장 내에서 직접 사용하기 위한 난방용 연료의 저장설비 및 사용설비
> ④ 도매·소매시설
> ⑤ 차량 등의 운송설비
> ⑥ 「액화석유가스의 안전관리 및 사업법」에 따른 액화석유가스의 충전·저장시설
> ⑦ 「도시가스사업법」에 따른 가스공급시설
> ⑧ 그 밖에 고용노동부장관이 누출·화재·폭발 등으로 인한 피해의 정도가 크지 않다고 인정하여 고시하는 설비

산업안전보건법에 의하여 사업주가 근로자에게 실시해야 하는 안전보건교육 중 관리감독자 정기교육의 교육내용 4가지를 적으시오. (4점)

**정답**
① 산업안전 및 사고 예방에 관한 사항
② 산업보건 및 직업병 예방에 관한 사항
③ 유해·위험 작업환경 관리에 관한 사항
④ 산업안전보건법령 및 산업재해보상보험 제도에 관한 사항
⑤ 직무스트레스 예방 및 관리에 관한 사항
⑥ 직장 내 괴롭힘, 고객의 폭언 등으로 인한 건강장해 예방 및 관리에 관한 사항
⑦ 위험성평가에 관한 사항
⑧ 작업공정의 유해·위험과 재해 예방대책에 관한 사항
⑨ 표준안전 작업방법 결정 및 지도·감독 요령에 관한 사항
⑩ 비상시 또는 재해 발생 시 긴급조치에 관한 사항
⑪ 사업장 내 안전보건관리체제 및 안전·보건조치 현황에 관한 사항
⑫ 현장근로자와의 의사소통능력 및 강의능력 등 안전보건교육 능력 배양에 관한 사항
⑬ 그 밖의 관리감독자의 직무에 관한 사항

공통 항목(관리감독자, 근로자)
1. 관리자는 법, 산재보상제도를 알자.
2. 관리자는 건강을 보존(산업보건)하고 직업병, 스트레스, 괴롭힘, 폭언 예방하자!
3. 관리자는 유해위험 환경을 관리해서 안전하고 사고예방하자!
4. 관리자는 위험성을 평가하자!

관리감독자 정기교육의 특징
1. 관리자는 유해위험의 재해예방대책 세우자!
2. 관리자는 안전 작업방법 결정해서 감독하자!
3. 관리자는 재해발생 시 긴급조치하자!
4. 관리자는 안전보건 조치하자!
5. 관리자는 안전보건교육 능력 배양하자!

**참고**

### 관리감독자의 채용 시 교육 및 작업내용 변경 시 교육

① 산업안전 및 사고 예방에 관한 사항
② 산업보건 및 직업병 예방에 관한 사항
③ 산업안전보건법령 및 산업재해보상보험 제도에 관한 사항
④ 직무스트레스 예방 및 관리에 관한 사항
⑤ 직장 내 괴롭힘, 고객의 폭언 등으로 인한 건강장해 예방 및 관리에 관한 사항
⑥ 위험성평가에 관한 사항
⑦ 기계·기구의 위험성과 작업의 순서 및 동선에 관한 사항
⑧ 작업 개시 전 점검에 관한 사항
⑨ 물질안전보건자료에 관한 사항
⑩ 사업장 내 안전보건관리체제 및 안전·보건조치 현황에 관한 사항

⑪ 표준안전 작업방법 결정 및 지도·감독 요령에 관한 사항
⑫ 비상시 또는 재해 발생 시 긴급조치에 관한 사항
⑬ 그 밖의 관리감독자의 직무에 관한 사항

공통 항목 - 채용 시 근로자 교육과 동일
1. 신규 관리자는 법, 산재보상제도를 알자!
2. 신규 관리자는 건강을 보존(산업보건)하고 직업병, 스트레스, 괴롭힘, 폭언 예방하자!
3. 신규 관리자는 안전하고 사고예방하자!
4. 신규 관리자는 위험성을 평가하자!

채용 시 근로자 교육 중 "정리정돈 청소" 제외
1. 신규 관리자는 기계기구 위험성, 작업순서, 동선을 알자!
2. 신규 관리자는 취급물질의 위험성(물질안전보건자료)을 알자!
3. 신규 관리자는 작업 전 점검하자!

신규 관리자 내용 추가
1. 신규 관리자는 안전보건 조치하자!
2. 신규 관리자는 안전 작업방법 결정해서 감독하자!
3. 신규 관리자는 재해 시 긴급조치하자!

 방호조치를 아니하고는 양도, 대여, 설치, 진열해서는 아니 되는 기계·기구 4가지를 적으시오. (4점)

**정답**

| 방호조치를 하지 아니하고는 양도·대여·설치·사용, 진열해서는 아니 되는 기계·기구 | |
|---|---|
| ① 예초기 | ② 원심기 |
| ③ 공기압축기 | ④ 금속절단기 |
| ⑤ 지게차 | ⑥ 포장기계(진공포장기, 랩핑기로 한정) |

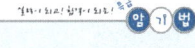

방호조치 없이 포장된 공원에서 원예금지

# 2018년 산업안전기사 (6월 30일 시행)

시험시간 : 1시간 30분

**01** 보기의 기계에 존재하는 위험점의 종류를 구분하여 적고, 위험점의 정의를 적으시오. (4점)

(1)

(2)

(3)

(4)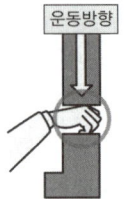

> **정답**
> (1) 접선물림점 : 회전하는 부분의 접선 방향으로 물려 들어가는 위험점
> (2) 물림점 : 회전하는 두 개의 회전체에 물려 들어가는 위험점
> (3) 끼임점 : 고정부분과 회전하는 동작부분 사이에서 형성되는 위험점
> (4) 협착점 : 왕복운동 부분과 고정부분 사이에서 형성되는 위험점

**참고**

• 절단점

• 회전말림점

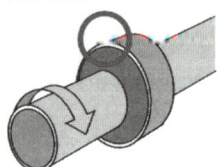

**산업안전보건법상의 사업주가 근로자에게 실시하여야 하는 안전보건 교육의 종류를 4가지 적으시오. (4점)**

> **정답**
> ① 채용 시 교육
> ② 작업내용 변경 시 교육
> ③ 정기교육
> ④ 특별교육
> ⑤ 건설업 기초안전보건교육

> **참고**
>
> • 사업주가 근로자에게 실시해야 하는 안전보건교육의 교육시간
>
> 가. 근로자 안전보건교육
>
> | 교육과정 | 교육대상 | | 교육시간 |
> |---|---|---|---|
> | 가. 정기교육 | 1) 사무직 종사 근로자 | | 매반기 6시간 이상 |
> | | 2) 그 밖의 근로자 | 가) 판매업무에 직접 종사하는 근로자 | 매반기 6시간 이상 |
> | | | 나) 판매업무에 직접 종사하는 근로자 외의 근로자 | 매반기 12시간 이상 |
> | 나. 채용 시 교육 | 1) 일용근로자 및 근로계약기간이 1주일 이하인 기간제근로자 | | 1시간 이상 |
> | | 2) 근로계약기간이 1주일 초과 1개월 이하인 기간제근로자 | | 4시간 이상 |
> | | 3) 그 밖의 근로자 | | 8시간 이상 |
> | 다. 작업내용 변경 시 교육 | 1) 일용근로자 및 근로계약기간이 1주일 이하인 기간제근로자 | | 1시간 이상 |
> | | 2) 그 밖의 근로자 | | 2시간 이상 |
> | 라. 특별교육 | 1) 일용근로자 및 근로계약기간이 1주일 이하인 기간제 근로자(타워크레인신호작업에 종사하는 근로자 제외) | | 2시간 이상 |
> | | 2) 일용근로자 및 근로계약기간이 1주일 이하인 기간제 근로자 중 타워크레인신호작업에 종사하는 근로자 | | 8시간 이상 |
> | | 3) 일용근로자 및 근로계약기간이 1주일 이하인 기간제 근로자를 제외한 근로자 | | 가) 16시간 이상(최초 작업에 종사하기 전 4시간 이상 실시하고 12시간은 3개월 이내에서 분할하여 실시 가능)<br>나) 단기간 작업 또는 간헐적 작업인 경우에는 2시간 이상 |
> | 마. 건설업 기초안전 · 보건교육 | 건설 일용근로자 | | 4시간 이상 |

나. 관리감독자 안전보건교육

| 교육과정 | 교육시간 |
|---|---|
| 가. 정기교육 | 연간 16시간 이상 |
| 나. 채용 시 교육 | 8시간 이상 |
| 다. 작업내용 변경 시 교육 | 2시간 이상 |
| 라. 특별교육 | 16시간 이상(최초 작업에 종사하기 전 4시간 이상 실시하고, 12시간은 3개월 이내에서 분할하여 실시 가능) |
| | 단기간 작업 또는 간헐적 작업인 경우에는 2시간 이상 |

산업안전보건법에 의하여 안전기를 설치하여야 하는 장소에 관한 내용이다. 괄호에 적합한 내용을 적으시오.

1. 아세틸렌 용접장치의 ( ① )마다 안전기를 설치하여야 한다. 다만, ( ② ) 및 ( ① )에 가장 가까운 분기관마다 안전기를 부착한 경우에는 그러하지 아니하다.
2. 가스용기가 발생기와 분리되어 있는 아세틸렌 용접장치에 대하여는 ( ③ )에 안전기를 설치하여야 한다.

> **정답**
> ① 취관  ② 주관  ③ 발생기와 가스용기 사이

콘크리트의 타설 작업 시 안전을 위하여 준수하여야 하는 사항 3가지를 적으시오.

> **정답**
> ① 당일의 작업을 시작하기 전에 해당 작업에 관한 거푸집동바리 등의 변형·변위 및 지반의 침하 유무 등을 점검하고 이상이 있으면 보수할 것
> ② 작업 중에는 감시자를 배치하는 등의 방법으로 거푸집 및 동바리의 변형·변위 및 침하 유무 등을 확인해야 하며, 이상이 있으면 작업을 중지하고 근로자를 대피시킬 것
> ③ 콘크리트의 타설작업 시 거푸집 붕괴의 위험이 발생할 우려가 있으면 충분한 보강조치를 할 것
> ④ 설계도서상의 콘크리트 양생기간을 준수하여 거푸집 및 동바리를 해체할 것
> ⑤ 콘크리트를 타설하는 경우에는 편심이 발생하지 않도록 골고루 분산하여 타설할 것

전로의 전압에 따른 적합한 절연저항을 적으시오.

[보기]
(1) SELV(비접지회로) 및 PELV(접지회로) :
(2) FELV(1차와 2차가 전기적으로 절연되지 않은 회로), 500(V) 이하 :
(3) 500(V) 초과 :

**정답**

(1) 0.5MΩ  (2) 1.0MΩ  (3) 1.0MΩ

**참고**

- 전로의 절연저항

| 전로의 사용전압(V) | DC 시험전압(V) | 절연저항($M\Omega$) |
|---|---|---|
| SELV(비접지회로) 및 PELV(접지회로) | 250 | 0.5 |
| FELV(1차와 2차가 전기적으로 절연되지 않은 회로), 500(V) 이하 | 500 | 1.0 |
| 500(V) 초과 | 1,000 | 1.0 |

- 특별저압(extra low voltage : 2차 전압이 AC 50V, DC 120V 이하)으로 SELV(비접지회로 구성) 및 PELV(접지회로 구성)은 1차와 2차가 전기적으로 절연된 회로, FELV는 1차와 2차가 전기적으로 절연되지 않은 회로

※ 관련 규정의 변경으로 문제를 수정하였습니다.

 산업안전보건법에 따른 크레인 작업 시의 작업 시작 전 점검내용 3가지를 적으시오.

**정답**

① 권과방지장치·브레이크·클러치 및 운전장치의 기능
② 주행로의 상측 및 트롤리(trolley)가 횡행하는 레일의 상태
③ 와이어로프가 통하고 있는 곳의 상태

가스집합장치를 사용하는 경우 가스장치실이 갖추어야 할 구조를 3가지 적으시오.

**정답**
① 가스가 누출된 때에는 당해 가스가 정체되지 아니하도록 할 것
② 지붕 및 천장에는 가벼운 불연성의 재료를 사용할 것
③ 벽에는 불연성의 재료를 사용할 것

 다음 [보기]는 산업안전보건법에서 정의하는 중대재해에 관한 내용이다. 괄호에 적합한 내용을 적으시오.

[보기]
1. 사망자가 ( ① ) 이상 발생한 재해
2. ( ② ) 이상 요양을 요하는 부상자가 동시에 ( ③ ) 이상 발생한 재해
3. 부상자 또는 직업성 질병자가 동시에 ( ④ ) 이상 발생한 재해

**정답**
① 1인
② 3개월
③ 2인
④ 10인

 인체 계측자료를 장비나 설비의 설계에 응용하는 경우 활용되는 3가지 원칙을 나열하시오.

**정답**
① 최대 치수와 최소 치수 설계
② 조절(조정) 범위
③ 평균치를 기준으로 한 설계

**분석** 실기 출제 기준에서 제외된 "인간공학 및 시스템안전공학" 문제입니다.

### 참고

① **최대 치수와 최소 치수 설계** : 최대 치수 또는 최소 치수를 기준으로 하여 설계한다.

| 최대 치수 설계의 예 | 최소 치수 설계의 예 |
|---|---|
| • 위험구역의 울타리 높이<br>• 출입문의 높이<br>• 그네줄의 인장강도 | • 물건을 올리는 선반의 높이<br>• 조정장치를 조정하는 힘<br>• 조정장치까지의 조정거리 |

② 조절(조정)범위
- 체격이 다른 여러 사람에 맞도록 설계한다.
- 예 침대, 의자 높낮이 조절, 자동차의 운전석 위치 조정

③ 평균치를 기준으로 한 설계
- 최대 치수나 최소 치수, 조절식으로 하기가 곤란할 때 평균치를 기준으로 하여 설계한다.
- 예 은행의 창구 높이

---

**10** 소음이 심한 기계로부터 20m 떨어진 곳의 음압수준이 100dB이라면 이 기계로부터 200m 떨어진 곳의 음압수준은 얼마인가?

**정답**

소음을 내는 기계로부터 거리가 $d_2$만큼 떨어진 곳의 소음 계산

$$dB_2 = dB_1 - 20 \times \log(\frac{d_2}{d_1})$$

소음기계로부터 $d_1$떨어진 곳의 소음 : $dB_1$
소음기계로부터 $d_2$떨어진 곳의 소음 : $dB_2$

$$dB_2 = 100 - 20 \times \log \frac{200}{20} = 80[dB]$$

**분석** 실기 출제 기준에서 제외된 "인간공학 및 시스템안전공학" 문제입니다.

11  다음 [보기]는 산업안전보건법상의 안전보건표지의 종류를 나타내었다. 그림에 해당하는 안전보건표지의 명칭을 적으시오. [별책부록 컬러 자료를 참고해주세요.]

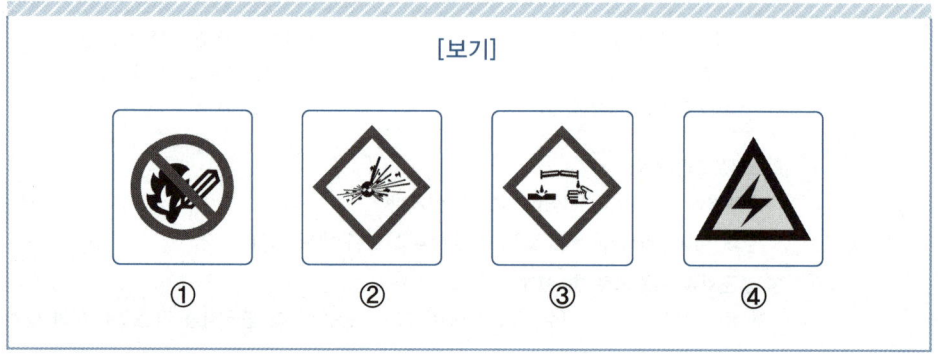

정답
1. 화기금지
2. 폭발성물질 경고
3. 부식성물질 경고
4. 고압전기 경고

12  다음 표는 방호장치 안전인증 기준에 의한 프레스 광전자식 안전장치의 형식 구분을 나타내었다. 방호장치의 형식에 적합한 광축의 범위를 적으시오.

| 형식구분 | 광축의 범위 |
| --- | --- |
| Ⓐ | ( ① ) 이하 |
| Ⓑ | ( ② ) 미만 |
| Ⓒ | ( ③ ) 이상 |

정답
① 12광축
② 13 ~ 56광축
③ 56광축

지게차 방호장치인 헤드가드의 설치방법 2가지를 적으시오.

> **정답**
> ① 상부 틀의 각 개구의 폭 또는 길이는 16[cm] 미만일 것
> ② 운전자가 앉아서 조작하거나 서서 조작하는 지게차의 헤드가드는 「한국산업표준」에서 정하는 높이 기준 이상일 것
>   (좌식 : 0.903m, 입식 : 1.88m)

위험물질을 제조·취급하는 작업장과 그 작업장이 있는 건축물에 출입구 외에 안전한 장소로 대피할 수 있는 비상구 1개 이상을 설치하여야 한다. 비상구의 구조 중 괄호에 적합한 내용을 적으시오.

> ① 출입구와 같은 방향에 있지 아니하고, 출입구로부터 ( ① ) 이상 떨어져 있을 것
> ② 작업장의 각 부분으로부터 하나의 비상구 또는 출입구까지의 수평거리가 ( ② ) 이하가 되도록 할 것
> ③ 비상구의 너비는 ( ③ ) 이상으로 하고, 높이는 ( ④ ) 이상으로 할 것
> ④ 비상구의 문은 피난 방향으로 열리도록 하고, 실내에서 항상 열 수 있는 구조로 할 것

> **정답**
> ① 3미터
> ② 50미터
> ③ 0.75미터
> ④ 1.5미터

# 2018년 산업안전기사 (10월 6일 시행)

시험시간 : 1시간 30분

산업안전보건법에 의한 안전인증 대상 보호구의 종류를 6가지 적으시오. (6점)

**정답**
① 추락 및 감전 위험방지용 안전모
② 안전화
③ 안전장갑
④ 방진마스크
⑤ 방독마스크
⑥ 송기마스크
⑦ 전동식 호흡보호구
⑧ 보호복
⑨ 안전대
⑩ 차광 및 비산물 위험방지용 보안경
⑪ 용접용 보안면
⑫ 방음용 귀마개 또는 귀덮개

산업안전보건법에 의한 자율안전 확인 대상 기계·기구 및 설비의 종류를 4가지 적으시오. (4점)

**정답**
① 연삭기 또는 연마기(휴대형은 제외)
② 산업용 로봇
③ 혼합기
④ 파쇄기 또는 분쇄기
⑤ 식품가공용 기계(파쇄·절단·혼합·제면기만 해당)
⑥ 컨베이어
⑦ 자동차정비용 리프트
⑧ 공작기계(선반, 드릴기, 평삭·형삭기, 밀링만 해당)
⑨ 고정형 목재가공용 기계(둥근톱, 대패, 루타기, 띠톱, 모떼기 기계만 해당)
⑩ 인쇄기

**암기법**
공작기계로 철판 잘라서 연삭기, 연마기로 갈고, 고정형 목재가공용 기계로 나무 자르고, 식품가공용 기계로 식품 파쇄, 분쇄하여 혼합기로 혼합한 후 컨베이어로 운반해서 자동차 리프트에 올려놓고 인 기있는 산업용 로봇 만들자.

## 03 산업재해 예방의 4가지 기본 원칙을 적으시오. (4점)

**정답**
① 예방 가능의 원칙
② 손실 우연의 원칙
③ 대책 선정의 원칙
④ 원인 연계의 원칙

**참고**
① 예방 가능의 원칙 : 재해는 원칙적으로 원인만 제거되면 예방이 가능하다.
② 손실 우연의 원칙 : 사고의 결과 생기는 상해의 종류와 정도는 사고 발생 시 사고대상의 조건에 따라 우연히 발생한다.
③ 대책 선정의 원칙 : 사고의 원인에 대한 적합한 대책이 선정되어야 한다.
④ 원인 연계의 원칙 : 재해는 직접 원인과 간접 원인이 연계되어 일어난다.

## 04 분진 등을 배출하기 위하여 설치하는 국소배기장치(이동식은 제외한다)의 덕트(duct)의 설치기준 3가지를 적으시오. (3점)

**정답**
① 가능하면 길이는 짧게 하고 굴곡부의 수는 적게 할 것
② 접속부의 안쪽은 돌출된 부분이 없도록 할 것
③ 청소구를 설치하는 등 청소하기 쉬운 구조로 할 것
④ 덕트 내부에 오염물질이 쌓이지 않도록 이송속도를 유지할 것
⑤ 연결 부위 등은 외부 공기가 들어오지 않도록 할 것

## 05 달비계 등에 사용하는 와이어로프 등의 사용금지 사항 4가지를 적으시오. (4점)

**정답**
① 이음매가 있는 것
② 와이어로프의 한 꼬임에서 끊어진 소선의 수가 10퍼센트 이상인 것
③ 지름의 감소가 공칭지름의 7퍼센트를 초과하는 것
④ 꼬인 것
⑤ 심하게 변형되거나 부식된 것
⑥ 열과 전기충격에 의해 손상된 것

**06** 산업안전보건기준에 관한 규칙에 따라 벌목작업(유압식 벌목기를 사용하는 제외)을 하는 경우 위험방지를 위하여 사업주가 준수하여야 하는 사항 2가지를 적으시오. (4점)

> **정답**
> ① 벌목하려는 경우에는 미리 대피로 및 대피장소를 정해 둘 것
> ② 벌목하려는 나무의 가슴높이 지름이 20센티미터 이상인 경우에는 수구의 상면·하면의 각도를 30도 이상으로 하며, 수구 깊이는 뿌리부분 지름의 4분의 1 이상 3분의 1 이하로 만들 것
> 신설
> ③ 벌목작업 중에는 벌목하려는 나무로부터 해당 나무 높이의 2배에 해당하는 직선거리 안에서 다른 작업을 하지 않을 것

> **참고**
> 사업주는 유압식 벌목기에는 견고한 헤드 가드(head guard)를 부착하여야 한다.

**07** 건설작업을 위하여 이동식 비계를 조립하여 사용하는 경우 이동식 비계 조립 시의 준수사항(이동식 비계의 구조)를 4가지 적으시오. (4점)

> **정답**
> ① 바퀴에는 갑작스러운 이동 또는 전도를 방지하기 위하여 브레이크·쐐기 등으로 바퀴를 고정시킨 다음 비계의 일부를 견고한 시설물에 고정하거나 아웃트리거를 설치하는 등 필요한 조치를 할 것
> ② 승강용사다리는 견고하게 설치할 것
> ③ 비계의 최상부에서 작업을 할 때에는 안전난간을 설치할 것
> ④ 작업발판은 항상 수평을 유지하고 작업발판 위에서 안전난간을 딛고 작업을 하거나 받침대 또는 사다리를 사용하여 작업하지 않도록 할 것
> ⑤ 작업발판의 최대적재하중은 250킬로그램을 초과하지 않도록 할 것

**08** 인간 – 기계 통합시스템(man – machine system)의 정보처리 기능 4가지를 적으시오. (4점)

> **정답**
> ① 감지 기능
> ② 정보보관 기능
> ③ 정보처리 및 의사결정 기능
> ④ 행동 기능

**분석** 실기 출제 기준에서 제외된 "인간공학 및 시스템안전공학" 문제입니다.

## 09. 산업안전보건법에 따라 철골 작업을 중지하여야 하는 기상조건 3가지를 적으시오. (3점)

**정답**
① 풍속이 초당 10미터 이상인 경우
② 강우량이 시간당 1밀리미터 이상인 경우
③ 강설량이 시간당 1센티미터 이상인 경우

## 10. 부두·안벽 등 하역작업을 하는 장소에서 안전작업을 위하여 조치하여야 하는 하역작업장의 조치기준 3가지를 적으시오. (3점)

**정답**
① 작업장 및 통로의 위험한 부분에는 안전하게 작업할 수 있는 조명을 유지할 것
② 부두 또는 안벽의 선을 따라 통로를 설치하는 경우에는 폭을 90센티미터 이상으로 할 것
③ 육상에서의 통로 및 작업장소로서 다리 또는 선거(船渠) 갑문(閘門)을 넘는 보도(步道) 등의 위험한 부분에는 안전난간 또는 울타리 등을 설치할 것

## 11. "MIL-STD-882B"(미 국방성의 위험성 평가)의 위험도 분류 4가지를 적으시오. (4점)

**정답**
제1단계 : 파국적(치명적)
제2단계 : 위기적(위험)
제3단계 : 한계적
제4단계 : 무시

**분석** 실기 출제 기준에서 제외된 "인간공학 및 시스템안전공학" 문제입니다.

## 12. 인간의 행동성향(인간관계 메커니즘) 3가지를 적으시오. (3점)

**정답**
① 모방      ② 투사
③ 암시      ④ 승화
⑤ 억압      ⑥ 퇴행
⑦ 합리화    ⑧ 동일화

> **참고**
> ① 모방 : 남의 행동이나 판단을 표본으로 하여 그것과 같거나 또는 그것에 가까운 행동 또는 판단을 취하려는 행동
> ② 투사 : 자신의 불만이나 불안을 해소시키기 위해서 자신의 잘못을 남의 탓으로 돌리는 행동
> ③ 암시 : 다른 사람으로부터의 판단이나 행동을 무비판적으로 논리적·사실적 근거없이 받아들이는 행동
> ④ 승화 : 자신의 동기에 대해 불안을 느끼는 사람은 무의식적으로 내면의 동기를 사회가 용납하는 다른 동기로 변형시킴
> ⑤ 억압 : 의식에서 용납하기 힘든 생각, 욕망, 충동, 공격성 등을 무의식적으로 눌러 버리는 것
> ⑥ 퇴행 : 좌절을 심하게 당했을 때 현재보다 유치한 과거 수준으로 후퇴하는 것
> ⑦ 합리화 : 자기의 실패나 약점을 그럴듯한 이유나 변명을 들어 자신의 실패를 정당화하는 행동
> ⑧ 동일화 : 다른 사람의 행동 양식이나 태도를 투입시키거나 다른 사람 가운데서 자기와 비슷한 점을 발견하는 것

## 13. 부탄($C_4H_{10}$)의 화학양론식을 적고, 연소에 필요한 최소 산소농도의 값을 계산하시오. (5점) (단, 부탄의 폭발하한은 1.9Vol%)

**정답**

1. 부탄의 화학양론식
   $1C_4H_{10} + 6.5O_2 = 4CO_2 + 5H_2O$

2. 부탄의 최소산소농도
   $MOC농도 = 폭발하한계 \times \dfrac{산소의\ 몰수}{연료의\ 몰수}\ (Vol\%)$
   
   부탄의 최소산소농도 $= 1.9 \times \dfrac{6.5}{1} = 12.35\ (Vol\%)$

## 14. 정전기 재해예방대책 3가지를 적으시오. (4점)

**정답**

① 접지(도체일 경우)
② 습기부여(공기 중 습도를 60~70% 이상 유지한다.)
③ 도전성재료 사용
④ 대전방지제 사용
⑤ 제전기 사용

# 2019년 산업안전기사 (4월 13일 시행)

시험시간 : 1시간 30분

 사업주는 보일러의 폭발 사고를 방지하기 위하여 방호장치의 기능이 정상적으로 작동될 수 있도록 유지·관리하여야 한다. 유지·관리하여야 하는 보일러의 방호장치 3가지를 적으시오. (3점)

**정답**
① 압력방출 장치
② 압력제한 스위치
③ 고저 수위조절 장치
④ 화염검출기

 잠함 또는 우물통의 내부에서 굴착작업을 하는 경우 급격한 침하로 인한 위험을 방지하기 위한 조치사항 2가지를 적으시오. (4점)

**정답**
① 침하관계도에 따라 굴착방법 및 재하량(載荷量) 등을 정할 것
② 바닥으로부터 천장 또는 보까지의 높이는 1.8미터 이상으로 할 것

 자극-반응의 관계가 인간의 기대와 모순되지 않는 성질을 나타내는 양립성의 종류를 3가지 적으시오. (3점)

**정답**
① 개념 양립성
② 공간 양립성
③ 운동 양립성
④ 양식 양립성

> **참고**

| 개념적 양립성 | • 외부자극에 대해 인간의 개념적 현상의 양립성<br>• 예 빨간 버튼은 온수, 파란 버튼은 냉수 |
|---|---|
| 공간적 양립성 | • 표시장치, 조종장치의 형태 및 공간적 배치의 양립성<br>• 예 오른쪽 조리대는 오른쪽 조절장치로, 왼쪽 조리대는 왼쪽 조절장치로 조정한다. |
| 운동의 양립성 | • 표시장치, 조종장치 등의 운동 방향의 양립성<br>• 예 조종장치를 오른쪽으로 돌리면 표시장치 지침이 오른쪽으로 이동한다. |

 지반의 굴착방법 시 작성하여야 하는 작업계획서에 포함하여야 하는 사항 4가지를 적으시오. (단, 그 밖에 안전·보건에 관련된 사항은 제외) (4점)

> **정답**
> ① 굴착 방법 및 순서, 토사 반출 방법
> ② 필요한 인원 및 장비 사용계획
> ③ 매설물 등에 대한 이설·보호대책
> ④ 사업장 내 연락방법 및 신호방법
> ⑤ 흙막이 지보공 설치방법 및 계측 계획
> ⑥ 작업지휘자의 배치계획

작업지휘자 배치 → 인원, 장비계획 → 지보공 설치 → 매설물 보호 → 굴착, 반출

 정전기 재해 예방대책 5가지를 적으시오. (5점)

> **정답**
> ① 접지
> ② 습기부여
> ③ 도전성 재료 사용
> ④ 대전 방지제 사용
> ⑤ 제전기 사용

> **참고**
> 
> • 인체에 대전된 정전기 위험 방지조치
>   ① 정전기용 안전화의 착용
>   ② 제전복(除電服)의 착용
>   ③ 정전기 제전용구의 사용
>   ④ 작업장 바닥 등에 도전성을 갖출 것

산업안전보건법상의 위험물질의 종류를 7가지로 구분하여 적으시오. (5점)

> **정답**
> ① 폭발성 물질 및 유기과산화물
> ② 물반응성 물질 및 인화성 고체
> ③ 산화성 액체 및 산화성 고체
> ④ 인화성 액체
> ⑤ 인화성 가스
> ⑥ 부식성 물질
> ⑦ 급성 독성 물질

산업용 로봇의 작동범위 내에서 교시 등의 작업을 하는 때에는 당해 로봇의 불의의 작동 또는 오조작에 의한 위험을 방지하기 위하여 지침을 정하고 그 지침에 따라 작업을 시켜야 한다. 이 때 지침에 포함하여야 하는 사항 4가지를 적으시오.
(단, 그 밖에 로봇의 예기치 못한 작동 또는 오동작에 의한 위험을 방지하기 위하여 필요한 조치는 제외) (4점)

> **정답**
> ① 로봇의 조작방법 및 순서
> ② 작업 중의 매니퓰레이터의 속도
> ③ 2인 이상의 근로자에게 작업을 시킬 때의 신호방법
> ④ 이상을 발견한 때의 조치
> ⑤ 이상을 발견하여 로봇의 운전을 정지시킨 후 이를 재가동 시킬 때의 조치

산업안전보건법상 안전보건총괄책임자의 직무 사항 4가지를 적으시오. (4점)

**정답**
① 산업재해가 발생할 급박한 위험이 있을 때 및 중대재해가 발생하였을 때의 작업의 중지
② 도급 시의 산업재해 예방조치
③ 산업안전보건관리비의 관계수급인 간의 사용에 관한 협의·조정 및 그 집행의 감독
④ 안전인증대상 기계 등과 자율안전확인대상 기계 등의 사용 여부 확인
⑤ 위험성평가의 실시에 관한 사항

 굴착작업 시 보일링 현상을 방지하기 위한 대책 3가지를 적으시오. (단, 작업 중지는 제외) (3점)

**정답**
① 지하수위 저하
② 지하수 흐름 변경
③ 근입벽을 깊게 한다.

**참고**
• 보일링(Boiling)현상
① 사질토 지반에서 굴착저면과 흙막이 배면과의 수위 차이로 인해 굴착저면의 흙과 물이 함께 위로 솟구쳐 오르는 현상(모래의 액상화 현상)을 말한다.
② 모래가 액상화되어 솟아오른다.

 빛을 발하는 점광원에서 2[m] 떨어진 곳에서의 조도가 150[lux]일 경우 3[m] 떨어진 곳에서의 조도를 계산하시오. (3점)

**정답**

$$조도(lux) = \frac{광도}{(거리)^2}$$

1. 2m에서의 조도가 150이므로
$150 = \dfrac{광도}{2^2}$
$광도 = 150 \times 2^2 = 600(\text{cd})$

2. 3m에서의 조도

$$조도 = \frac{600}{3^2} = 66.67(\text{Lux})$$

**분석** 실기 출제 기준에서 제외된 "인간공학 및 시스템안전공학" 문제입니다.

## 11

도수율이 12인 어느 사업장에서 지난 한 해 동안 12건의 재해로 인하여 15명의 재해자가 발생되었고 그로 인한 총 휴업일수가 146일이었다. 이 사업장의 강도율을 구하시오. (단, 근로자는 연간 250일. 1일 10시간 근무하였다) (5점)

**정답**

1. 도수율(빈도율) = $\dfrac{\text{재해건수}}{\text{연 근로시간 수}} \times 10^6$

2. 강도율 = $\dfrac{\text{총 요양 근로손실일수}}{\text{연 근로시간 수}} \times 1,000$

   ※ 근로손실일수 = 휴업일수, 요양일수, 입원일수 $\times \dfrac{300(\text{실제 근로일수})}{365}$

1. 도수율 = $\dfrac{\text{재해건수} \times 10^6}{\text{연 근로시간 수}}$

   도수율 × 연 근로시간 수 = 재해건수 × $10^6$

   연 근로시간 수 = $\dfrac{\text{재해건수} \times 10^6}{\text{도수율}} = \dfrac{12 \times 10^6}{12} = 1,000,000(\text{시간})$

2. 강도율 = $\dfrac{146 \times \dfrac{250}{365}}{1,000,000} \times 1,000 = 0.1$

## 12

안전율이 5인 와이어로프의 절단하중이 2,000kg일 경우 와이어로프에 사용할 수 있는 최대하중의 값을 계산하시오. (3점)

**정답**

$$\text{안전율} = \frac{\text{파괴하중}}{\text{최대 사용하중}} = \frac{\text{파단하중}}{\text{안전하중}} = \frac{\text{극한하중}}{\text{정격하중}}$$

안전율 = $\dfrac{\text{절단하중}}{\text{최대 사용하중}}$

안전율 × 최대사용하중 = 절단하중

최대 사용하중 = $\dfrac{\text{절단하중}}{\text{안전율}} = \dfrac{2,000}{5} = 400(\text{kg})$

기초 대사량이 7,000[kg/day]이며, 작업 시의 소비에너지가 20,000[kg/day], 안정 시의 소비에너지가 6,000[kg/day]인 작업을 수행하는 작업에서의 에너지 대사율(RMR)을 계산하시오. (4점)

**정답**

$$RMR = \frac{노동대사량(작업대사량)}{기초대사량} = \frac{작업\ 시의\ 소비\ energy - 안정\ 시\ 소비\ energy}{기초대사량}$$

$$RMR = \frac{작업\ 시\ 소비\ 에너지 - 안정\ 시\ 소비\ 에너지}{기초대사량} = \frac{20,000 - 6,000}{7,000} = 2$$

**14** 산업안전보건법에서 방진마스크를 사용하여야 하는 장소 중 특급방진마스크를 사용하여야 하는 장소 2가지를 적으시오. (4점)

**정답**
① 베릴륨 등과 같이 독성이 강한 물질들을 함유한 분진 등 발생장소
② 석면 취급 장소

**참고**

• 방진마스크 종류별 사용 장소

| 등급 | 특급 | 1급 | 2급 |
|---|---|---|---|
| 사용 장소 | • 베릴륨 등과 같이 독성이 강한 물질들을 함유한 분진 등 발생장소<br>• 석면 취급장소 | • 특급마스크 착용 장소를 제외한 분진 등 발생장소<br>• 금속흄 등과 같이 열적으로 생기는 분진 등 발생장소<br>• 기계적으로 생기는 분진 등 발생장소(규소 등과 같이 2급 방진마스크를 착용하여도 무방한 경우는 제외한다) | • 특급 및 1급 마스크 착용장소를 제외한 분진 등 발생장소 |
| 배기밸브가 없는 안면부여과식 마스크는 특급 및 1급 상소에 사용해서는 안 된다. ||||

# 2019년 산업안전기사 (6월 29일 시행)

시험시간 : 1시간 30분

 산업안전보건법에서 정의하는 중대재해에 해당하는 3가지를 적으시오. (3점)

**정답**
① 사망자가 1인 이상 발생한 재해
② 3개월 이상 요양을 요하는 부상자가 동시에 2인 이상 발생한 재해
③ 부상자 또는 직업성 질병자가 동시에 10인 이상 발생한 재해

 이동식 크레인을 사용하여 하물을 운반하는 경우에 설치하여야 하는 방호장치의 종류를 3가지 적으시오. (6점)

**정답**
① 과부하방지장치
② 권과방지장치(捲過防止裝置)
③ 비상정지장치
④ 제동장치

**참고**

| 양중기의 방호장치 ★★★ | |
|---|---|
| 크레인 | • 과부하방지장치<br>• 권과방지장치(捲過防止裝置)<br>• 비상정지장치<br>• 제동장치<br>(추가설치)<br>훅의 해지장치<br>안전밸브(유압식) |
| 이동식 크레인 | • 과부하방지장치<br>• 권과방지장치(捲過防止裝置)<br>• 비상정지장치<br>• 제동장치<br>(추가설치)<br>훅의 해지장치<br>안전밸브(유압식) |

| 리프트<br>(자동차정비용 리프트 제외) | • 권과방지장치<br>• 과부하방지장치<br>• 비상정지장치<br>• 제동장치<br>• 조작반(盤) 잠금장치 |
|---|---|
| 곤돌라 | • 과부하방지장치<br>• 권과방지장치(捲過防止裝置)<br>• 비상정지장치<br>• 제동장치 |
| 승강기 | • 과부하방지장치<br>• 권과방지장치(捲過防止裝置)<br>• 비상정지장치<br>• 제동장치<br>• 파이널리미트스위치<br>• 출입문인터록<br>• 속도조절기(조속기) |

> • 양중기 공통 방호장치 : 과부하방지장치, 권과방지장치, 비상정지장치, 제동장치
> • 추가 설치
>   리프트(자동차정비용 제외) : 조작반잠금장치
>   승강기 : 파이널리미트스위치, 출입문인터록, 속도조절기

**03** 근로자 수가 300명인 어느 사업장에서 작년 한 해 동안 15건의 재해로 인하여 휴업일수 288일이 발생되었다. 사업장의 도수율과 강도율을 계산하시오.
(단, 연 근로일수 280일, 일 8시간 근로하였다) (4점)

**정답**

1. 도수율(빈도율) = $\dfrac{재해건수}{연\ 근로시간\ 수} \times 10^6$

2. 강도율 = $\dfrac{총\ 요양\ 근로손실일수}{연\ 근로시간\ 수} \times 1,000$

※ 근로손실일수 = 휴업일수, 요양일수, 입원일수 $\times \dfrac{300(실제\ 근로일수)}{365}$

1. 도수율(빈도율) = $\dfrac{재해건수}{연\ 근로시간\ 수} \times 10^6 = \dfrac{15}{300 \times 280 \times 8} \times 10^6 = 22.32$

2. 강도율 = $\dfrac{총\ 요양\ 근로손실일수}{연\ 근로시간\ 수} \times 1,000 = \dfrac{288 \times \dfrac{280}{365}}{300 \times 280 \times 8} \times 1,000 = 0.33$

산업안전보건법에 의하여 사업주는 사업장의 안전에 관한 기술적인 사항에 관하여 사업주 또는 안전보건관리책임자를 보좌하고 관리감독자에게 지도·조언하는 업무를 수행하는 안전관리자를 두어야 한다. 다음 [보기]에서 제시하는 사업장에서 선임하여야 하는 안전관리자의 최소인원을 적으시오. (4점)

[보기]
(1) 상시 근로자수 600명인 펄프제조업 :
(2) 상시 근로자수 300명인 고무제품 제조업 :
(3) 상시 근로자수 500명인 우편 및 통신업 :
(4) 총 공사금액 700억 원인 건설업 :

**정답**

(1) 2명    (2) 1명    (3) 1명    (4) 1명

**참고**

| 구분 | 인원 |
|---|---|
| ① 토사석 광업<br>② 서적, 잡지 및 기타 인쇄물 출판업, 폐기물 수집·운반·처리 및 원료 재생업, 환경 정화 및 복원업, 운수 및 창고업, 자동차 종합 수리업, 자동차 전문 수리업, 발전업<br>③ 대부분의 제조업 | - 상시 근로자 50명 이상 500명 미만 : 1명<br>- 상시 근로자 500명 이상 : 2명 |
| ① 우편 및 통신업<br>② 전기, 가스, 증기 및 공기조절공급업(발전업은 제외한다)<br>③ 도매 및 소매업<br>④ 숙박 및 음식점업<br>⑤ 공공행정(청소, 시설관리, 조리 등 현업업무에 종사하는 사람으로서 고용노동부장관이 정하여 고시하는 사람으로 한정한다)<br>⑥ 교육 서비스업 중 초등·중등·고등 교육기관, 특수학교·외국인학교 및 대학교(청소, 시설관리, 조리 등 현업업무에 종사하는 사람으로서 고용노동부장관이 정하여 고시하는 사람으로 한정한다)<br>⑦ 농업, 임업 및 어업 등 | - 상시 근로자 50명 이상 1,000명 미만 : 1명 (다만, 부동산업(부동산 관리업은 제외한다)과 사진처리업의 경우에는 상시근로자 100명 이상 1천명 미만으로 한다)<br>- 상시 근로자 1,000명 이상 : 2명 |
| 건설업 | - 공사금액 50억 원 이상(관계수급인은 100억 원 이상) 120억 원 미만(토목공사업의 경우에는 150억 원 미만) 또는 공사금액 120억 원 이상(토목공사업의 경우에는 150억 원 이상) 800억 원 미만 : 1명 이상 |

| | |
|---|---|
| 건설업 | - 공사금액 800억 원 이상 1,500억 원 미만 : 2명 이상(다만, 전체 공사기간을 100으로 할 때 공사 시작에서 15에 해당하는 기간과 공사 종료 전의 15에 해당하는 기간 동안은 1명 이상으로 한다)<br>- 공사금액 1,500억 원 이상 2,200억 원 미만 : 3명 이상(다만, 전체 공사기간 중 전·후 15에 해당하는 기간은 2명 이상으로 한다)<br>- 공사금액 2,200억 원 이상 3천억 원 미만 : 4명 이상(다만, 전체 공사기간 중 전·후 15에 해당하는 기간은 2명 이상으로 한다)<br>- 공사금액 3천억 원 이상 3,900억 원 미만 : 5명 이상(다만, 전체 공사기간 중 전·후 15에 해당하는 기간은 3명 이상으로 한다)<br>- 공사금액 3,900억 원 이상 4,900억 원 미만 : 6명 이상 (다만, 전체 공사기간 중 전·후 15에 해당하는 기간은 3명 이상으로 한다)<br>- 공사금액 4,900억 원 이상 6천억 원 미만 : 7명 이상(다만, 전체 공사기간 중 전·후 15에 해당하는 기간은 4명 이상으로 한다)<br>- 공사금액 6천억 원 이상 7,200억 원 미만 : 8명 이상(다만, 전체 공사기간 중 전·후 15에 해당하는 기간은 4명 이상으로 한다)<br>- 공사금액 7,200억 원 이상 8,500억 원 미만 : 9명 이상(다만, 전체 공사기간 중 전·후 15에 해당하는 기간은 5명 이상으로 한다)<br>- 공사금액 8,500억 원 이상 1조 원 미만 : 10명 이상(다만, 전체 공사기간 중 전·후 15에 해당하는 기간은 5명 이상으로 한다)<br>- 1조 원 이상 : 11명 이상[매 2천억 원(2조원 이상부터는 매 3천억 원)마다 1명씩 추가한다]. (다만, 전체 공사기간 중 전·후 15에 해당하는 기간은 선임 대상 안전관리자 수의 2분의 1(소수점 이하는 올림한다) 이상으로 한다) |

  작업장에 잠재하고 있는 위험요인을 미리 생각하여 행동에 앞서 위험요인 해결하는 것을 습관화하는 것을 목표로 실시하는 위험예지훈련 4단계를 순서대로 적으시오. (4점)

> **정답**
> 1단계 : 현상 파악
> 2단계 : 요인조사(본질추구)
> 3단계 : 대책수립
> 4단계 : 행동목표 설정(합의요약)

산업안전보건법에 의하여 실시하여야 하는 공기압축기의 작업 시작 전 점검사항 4가지를 적으시오. (단, 그 밖의 연결 부위의 이상 유무는 제외) (4점)

**정답**
① 공기저장 압력용기의 외관 상태
② 드레인 밸브(drain valve)의 조작 및 배수
③ 압력방출장치의 기능
④ 언로드 밸브(unloading valve)의 기능
⑤ 윤활유의 상태
⑥ 회전부의 덮개 또는 울

 안전인증 대상 안전모의 성능 시험 종류 5가지를 적으시오. (5점)

**정답**
① 내관통성 시험
② 충격흡수성 시험
③ 내전압성 시험
④ 내 수 성 시험
⑤ 난 연 성 시험
⑥ 턱끈풀림 시험

**참고**

- 안전모의 성능시험 종류 및 시험성능기준

| 항 목 | 시험성능기준 |
|---|---|
| ① 내관통성 시험 | AE, ABE종 안전모는 관통거리가 9.5mm 이하이고, AB종 안전모는 관통거리가 11.1mm 이하이어야 한다. |
| ② 충격흡수성 시험 | 최고전달충격력이 4,450N을 초과해서는 안 되며, 모체와 착장체의 기능이 상실되지 않아야 한다. |
| ③ 내전압성 시험 | AE, ABE종 안전모는 교류 20kV에서 1분간 절연파괴 없이 견뎌야 하고, 이 때 누설되는 충전전류는 10mA 이하이어야 한다. |
| ④ 내 수 성 시험 | AE, ABE종 안전모는 질량증가율이 1% 미만이어야 한다. |
| ⑤ 난 연 성 시험 | 모체가 불꽃을 내며 5초 이상 연소되지 않아야 한다. |
| ⑥ 턱끈풀림 시험 | 150N 이상 250N 이하에서 턱 끈이 풀려야 한다. |

안전 인증대상 기계·기구 등이 안전 인증기준에 적합한지를 확인하기 위하여 안전 인증기관이 실시하는 안전인증 심사의 종류 3가지를 적으시오. (3점)

**정답**
① 예비심사
② 서면심사
③ 기술능력 및 생산체계 심사
④ 제품심사

**참고**

| | |
|---|---|
| 예비심사 | 기계·기구 및 방호장치·보호구가 유해·위험한 기계·기구·설비 등인지를 확인하는 심사(안전인증을 신청한 경우만 해당한다.) |
| 서면심사 | 유해·위험한 기계·기구·설비 등의 제품기술과 관련된 문서가 안전 인증기준에 적합한지에 대한 심사 |
| 기술능력 및 생산체계 심사 | 유해·위험한 기계·기구·설비 등의 안전성능을 지속적으로 유지·보증하기 위하여 사업장에서 갖추어야 할 기술능력과 생산체계가 안전인증기준에 적합한지에 대한 심사 |
| 제품심사 | 유해·위험한 기계·기구·설비 등이 서면심사 내용과 일치하는지 여부와 유해·위험한 기계·기구·설비 등의 안전에 관한 성능이 안전인증기준에 적합한지 여부에 대한 심사(다음 각 목의 심사는 어느 하나만을 받는다) |
| | 개별 제품심사: • 서면심사 결과가 안전인증기준에 적합할 경우에 유해·위험한 기계·기구·설비 등 모두에 대하여 하는 심사 <br> • 안전인증을 받으려는 자가 서면심사와 개별 제품심사를 동시에 할 것을 요청하는 경우 병행하여 할 수 있다. |
| | 형식별 제품심사: • 서면심사와 기술능력 및 생산체계 심사 결과가 안전인증 기준에 적합할 경우에 유해·위험한 기계·기구·설비 등의 형식별로 표본을 추출하여 하는 심사 <br> • 안전인증을 받으려는 자가 서면심사, 기술능력 및 생산체계 심사와 형식별 제품심사를 동시에 할 것을 요청하는 경우 병행하여 할 수 있다. |

 인체계측자료를 설계에 적용하는 경우의 응용 3원칙을 적으시오. (3점)

**정답**
① 최대 치수와 최소 치수 설계(극단치 설계)
② 조절(조정)범위(조절식 설계)
③ 평균치를 기준으로 한 설계

**분석** 실기 출제 기준에서 제외된 "인간공학 및 시스템안전공학" 문제입니다.

> 참고

① **최대 치수와 최소 치수 설계(극단치 설계)** : 최대 치수 또는 최소 치수를 기준으로 하여 설계한다.

| 최대 치수 설계의 예 | 최소 치수 설계의 예 |
|---|---|
| • 위험구역의 울타리 높이<br>• 출입문의 높이<br>• 그네줄의 인장강도 | • 물건을 올리는 선반의 높이<br>• 조정장치를 조정하는 힘<br>• 조정장치까지의 조정거리 |

② **조절(조정)범위(조절식 설계)**
- 체격이 다른 여러 사람에 맞도록 설계한다.
- 예 침대, 의자 높낮이 조절, 자동차의 운전석 위치조정

③ **평균치를 기준으로 한 설계**
- 최대 치수나 최소 치수, 조절식으로 하기가 곤란할 때 평균치를 기준으로 하여 설계한다.
- 예 은행의 창구 높이

[보기]는 위험 및 운전성 검토(HAZOP)에 사용되는 가이드워드를 나타낸다. 가이드워드에 적합한 뜻을 적으시오. (4점)

[보기]

1. As Well As :
2. Part of :
3. Reverse :
4. Other Than :

> 정답

1. As Well As : 성질상의 증가
2. Part of : 일부 변경, 성질상의 감소
3. Reverse : 설계 의도의 논리적인 역
4. Other Than : 완전한 대체

> 분석 실기 출제 기준에서 제외된 "인간공학 및 시스템안전공학" 문제입니다.

> 참고

- **유인어의 종류와 뜻**
  - No 또는 Not : 완전한 부정
  - More 또는 Less : 양의 증가 및 감소
  - As Well As : 성질상의 증가, 설계 의도 외의 다른 변수가 부가되는 경우
  - Part of : 일부 변경(설계 의도대로 완전히 이루어지지 않은 상태), 성질상의 감소
  - Reverse : 설계 의도의 논리적인 역, 설계 의도와 정 반대로 나타나는 현상
  - Other Than : 완전한 대체, 설계 의도대로 되지 않거나 유지되지 않은 상태

보일러의 폭발사고를 예방하기 위하여 설치하여야 하는 방호장치의 종류를 3가지 적으시오. (3점)

> **정답**
> ① 압력방출 장치
> ② 압력제한 스위치
> ③ 고저 수위조절 장치
> ④ 화염검출기

 다음 [보기]에 적합한 달기 와이어로프 등의 안전계수를 적으시오. (4점)

> [보기]
> 1. 근로자가 탑승하는 운반구를 지지하는 달기와이어로프 또는 달기체인의 경우 : ( ① ) 이상
> 2. 화물의 하중을 직접 지지하는 달기와이어로프 또는 달기체인의 경우 : ( ② ) 이상

> **정답**
> ① 10  ② 5

> **참고**
> • 와이어로프 등의 안전계수 : 달기구 절단하중의 값을 그 달기구에 걸리는 하중의 최댓값으로 나눈 값
>   ① 근로자가 탑승하는 운반구를 지지하는 달기와이어로프 또는 달기체인의 경우 : 10 이상
>   ② 화물의 하중을 직접 지지하는 달기와이어로프 또는 달기체인의 경우 : 5 이상
>   ③ 훅, 샤클, 클램프, 리프팅 빔의 경우 : 3 이상
>   ④ 그 밖의 경우 : 4 이상

 전기 기계·기구를 설치하려는 경우 고려하여야 하는 사항 3가지를 적으시오. (3점)

> **정답**
> ① 전기기계·기구의 충분한 전기적 용량 및 기계적 강도
> ② 습기·분진 등 사용장소의 주위 환경
> ③ 전기적·기계적 방호수단의 적정성

$LD_{50}$을 설명하시오. (4점)

**정답**

1회 투여로 인하여 7 ~ 10일 이내에 실험동물의 50%를 치사시키는 양으로 실험동물 체중 1kg당 mg으로 나타낸다.

**참고**

① MLD : 실험 동물 가운데 한 마리를 치사시키는 데 필요한 최소의 양
② $LC_{50}$ (Lethal Concentration) : 실험동물의 50%가 사망하는 유해물질의 농도
③ $LT_{50}$ : 일정 농도에서 실험동물의 50%가 사망하는 데 소요되는 시간

# 2019년 산업안전기사 (10월 12일 시행)

시험시간: 1시간 30분

 사업주는 산업안전·보건에 관한 중요 사항을 심의·의결하기 위하여 근로자와 사용자가 같은 수로 구성되는 산업안전보건위원회를 설치·운영하여야 한다. 산업안전보건위원회 구성위원 중 근로자위원의 자격 기준 3가지를 적으시오.

> **정답**
> ① 근로자대표
> ② 근로자대표가 지명하는 1명 이상의 명예산업안전감독관
> ③ 근로자대표가 지명하는 9명 이내의 해당 사업장의 근로자

> **참고**
> • 사용자위원
>   ① 해당 사업의 대표자
>   ② 안전관리자 1명
>   ③ 보건관리자 1명
>   ④ 산업보건의
>   ⑤ 사업의 대표자가 지명하는 9명 이내의 해당 사업장 부서의 장

 산업안전보건법에 의하여 사업장의 안전보건 업무를 총괄 관리하는 안전보건관리책임자의 직무 사항 3가지를 적으시오. (3점)

> **정답**
> ① 산업재해 예방계획의 수립에 관한 사항
> ② 안전보건관리규정의 작성 및 변경에 관한 사항
> ③ 근로자의 안전·보건교육에 관한 사항
> ④ 작업환경 측정 등 작업환경의 점검 및 개선에 관한 사항
> ⑤ 근로자의 건강진단 등 건강관리에 관한 사항
> ⑥ 산업재해의 원인 조사 및 재발 방지대책 수립에 관한 사항
> ⑦ 산업재해에 관한 통계의 기록 및 유지에 관한 사항
> ⑧ 안전장치 및 보호구 구입 시 적격품 여부 확인에 관한 사항
> ⑨ 위험성평가의 실시에 관한 사항
> ⑩ 근로자의 위험 또는 건강장해의 방지에 관한 사항

## 참고

| 산업안전보건위원회(노사협의체)의<br>심의 · 의결 사항 | 안전보건관리책임자 직무 |
|---|---|
| ① 산업재해 예방계획의 수립에 관한 사항<br>② 안전보건관리규정의 작성 및 변경에 관한 사항<br>③ 근로자의 안전 · 보건교육에 관한 사항<br>④ 작업환경측정 등 작업환경의 점검 및 개선에 관한 사항<br>⑤ 근로자의 건강진단 등 건강관리에 관한 사항<br>⑥ 중대재해의 원인 조사 및 재발 방지대책 수립에 관한 사항<br>⑦ 산업재해에 관한 통계의 기록 및 유지에 관한 사항<br>⑧ 유해하거나 위험한 기계·기구와 그 밖의 설비를 도입한 경우 안전·보건 조치에 관한 사항 | ① 산업재해 예방계획의 수립에 관한 사항<br>② 안전보건관리규정의 작성 및 변경에 관한 사항<br>③ 근로자의 안전 · 보건교육에 관한 사항<br>④ 작업환경 측정 등 작업환경의 점검 및 개선에 관한 사항<br>⑤ 근로자의 건강진단 등 건강관리에 관한 사항<br>⑥ 산업재해의 원인 조사 및 재발 방지대책 수립에 관한 사항<br>⑦ 산업재해에 관한 통계의 기록 및 유지에 관한 사항<br>⑧ 안전장치 및 보호구 구입 시 적격품 여부 확인에 관한 사항<br>⑨ 위험성평가의 실시에 관한 사항<br>⑩ 근로자의 위험 또는 건강장해의 방지에 관한 사항 |

 산업안전보건법상의 사업주가 근로자에게 실시해야 하는 안전보건교육 중 근로자의 정기 안전 · 보건교육내용 4가지를 적으시오.(4점)

**정답**

① 산업안전 및 사고 예방에 관한 사항
② 산업보건 및 직업병 예방에 관한 사항
③ 유해·위험 작업환경 관리에 관한 사항
④ 산업안전보건법령 및 산업재해보상보험제도에 관한 사항
⑤ 직무스트레스 예방 및 관리에 관한 사항
⑥ 직장 내 괴롭힘, 고객의 폭언 등으로 인한 건강장해 예방 및 관리에 관한 사항
⑦ 건강증진 및 질병 예방에 관한 사항
⑧ 위험성 평가에 관한 사항

**공통 항목(관리감독자, 근로자)**
1. 근로자는 법, 산재보상제도를 알자.
2. 근로자는 건강을 보존(산업보건)하고 직업병, 스트레스, 괴롭힘, 폭언 예방하자!
3. 근로자는 유해위험 환경을 관리해서 안전하고 사고예방하자!
4. 근로자는 위험성을 평가하자!

**근로자 정기교육의 특징**
1. 근로자는 건강증진하고 질병예방하자!

## 04 안전인증 대상 가죽제 안전화의 성능시험 종류 4가지를 적으시오. (4점)

**정답**
① 내충격성 시험
② 내압박성 시험
③ 내답발성 시험
④ 박리저항 시험
⑤ 내유성 시험
⑥ 인장강도 시험 및 신장율 시험
⑦ 내부식성 시험
⑧ 인열강도 시험
⑨ 은면결렬 시험

## 05 방호조치를 아니하고는 양도, 대여, 설치, 진열해서는 아니 되는 기계·기구 4가지를 적으시오. (4점)

**정답**

| 방호조치를 하지 아니하고는 양도·대여·설치·사용, 진열해서는 아니 되는 기계·기구 |
|---|
| ① 예초기<br>② 원심기<br>③ 공기압축기<br>④ 금속절단기<br>⑤ 지게차<br>⑥ 포장기계(진공포장기, 랩핑기로 한정) |

방호조치 없이 포장된 공원에서 원예금지

## 06 인간 – 기계 통합시스템(man–machine system)의 정보처리 기능 4가지를 적으시오. (4점)

**정답**
① 감지 기능
② 정보보관 기능
③ 정보처리 및 의사결정 기능
④ 행동 기능

**분석** 실기 출제 기준에서 제외된 "인간공학 및 시스템안전공학" 문제입니다.

**산업재해 조사 시 유의하여야 할 사항 4가지를 적으시오. (4점)**

**정답**
① 사실을 수집한다.
② 목격자 등이 증언하는 사실 이외의 추측의 말은 참고로만 한다.
③ 조사는 신속하게 행하고 긴급조치를 하여 2차 재해의 방지를 도모한다.
④ 사람, 기계 설비의 양면의 재해요인을 모두 도출한다.
⑤ 객관적인 입장에서 공정하게 조사하며, 조사는 2인 이상이 한다.
⑥ 책임추궁보다 재발 방지를 우선하는 기본 태도를 갖는다.

**다음 [보기]의 기계·기구, 방호장치 및 보호구 중 안전인증대상을 찾아 번호를 적으시오. (4점)**

[보기]
① 안전대
② 아세틸렌용접장치의 안전기
③ 압력용기
④ 연삭기 덮개
⑤ 산업용 로봇 안전매트
⑥ 양중기용 과부하방지장치
⑦ 곤돌라
⑧ 교류아크용접기의 자동전격방지장치
⑨ 동력식 수동대패의 날접촉예방장치
⑩ 보호복

**정답**
① ③ ⑤ ⑥ ⑦ ⑩

**참고**
- 안전인증 및 자율안전확인 대상 기계, 기구

|   | 안전인증 | 자율안전확인 |
|---|---|---|
| 1. 기계 기구 | 1. 설치·이전하는 경우 안전인증을 받아야 하는 기계·기구<br>가. 크레인<br>나. 리프트<br>다. 곤돌라<br><br>2. 주요 구조 부분을 변경하는 경우 안전인증을 받아야 하는 기계·기구<br>① 프레스<br>② 전단기 및 절곡기(折曲機)<br>③ 크레인<br>④ 리프트<br>⑤ 압력용기<br>⑥ 롤러기<br>⑦ 사출성형기(射出成形機)<br>⑧ 고소(高所)작업대<br>⑨ 곤돌라 | ① 연삭기 및 연마기(휴대형 제외)<br>② 산업용 로봇<br>③ 혼합기<br>④ 파쇄기 or 분쇄기<br>⑤ 식품가공용 기계<br>(파쇄, 절단, 혼합, 제면기만 해당)<br>⑥ 컨베이어<br>⑦ 자동차정비용 리프트<br>⑧ 공작기계<br>(선반, 드릴, 평삭·형삭기, 밀링만 해당)<br>⑨ 고정형 목재가공용 기계(둥근톱, 대패, 루타기, 띠톱, 모떼기 기계만 해당)<br>⑩ 인쇄기 |

|  | 안전인증 | 자율안전확인 |
|---|---|---|
| 1.<br>기계<br>기구 | **암기법**<br>유사한 종류끼리 묶어서 암기<br>손 다치는 기계 – 프레스, 전단기 및 절곡기, 사출성형기, 롤러기<br>양중기 – 크레인, 리프트, 곤돌라<br>폭발 – 압력용기<br>추락 – 고소작업대 | **암기법**<br>공작기계로 철판 잘라서 연삭기, 연마기로 갈고, 고정형 목재가공용기계로 나무 자르고, 식품가공용 기계로 식품 파쇄, 분쇄하여 혼합기로 혼합한 후 컨베이어로 운반해서 자동차 리프트에 올려놓고 인기있는 산업용 로봇 만들자. |
| 2.<br>방호<br>장치 | ① 프레스 및 전단기 방호장치<br>② 양중기용 과부하방지장치<br>③ 보일러 압력방출용 안전밸브<br>④ 압력용기 압력방출용 안전밸브<br>⑤ 압력용기 압력방출용 파열판<br>⑥ 절연용 방호구 및 활선작업용 기구<br>⑦ 방폭구조 전기기계 기구 및 부품<br>⑧ 추락·낙하 및 붕괴 등의 위험 방지 및 보호에 필요한 가설기자재로서 고용노동부장관이 정하여 고시하는 것<br>⑨ 충돌·협착 등의 위험 방지에 필요한 산업용 로봇 방호장치로서 고용노동부장관이 정하여 고시하는 것<br><br>**암기법**<br>안전인증 대상 중<br>손 다치는 기계 – 프레스 전단기의 방호장치<br>양중기 – 과부하방지장치<br>폭발 – 보일러 안전밸브, 압력용기 안전밸브, 파열판<br>충돌 – 산업용 로봇<br>전기 – 방폭구조, 절연용 방호구, 활선작업용기구 | ① 아세틸렌, 가스집합 용접장치용 안전기<br>② 교류아크용접기용 자동전격방지기<br>③ 롤러기 급정지장치<br>④ 연삭기 덮개<br>⑤ 목재가공용 둥근톱 반발예방장치 및 날접촉예방장치<br>⑥ 동력식 수동대패의 칼날 접촉방지장치<br>⑦ 추락, 낙하 및 붕괴 등의 위험방호에 필요한 가설기자재(안전인증 제외)<br><br>**암기법**<br>롤러를 통과한 철판을 목재가공용 둥근톱, 동력식 수동대패로 잘라서 아세틸렌, 가스집합용접장치, 교류아크용접기로 용접해서 연삭기로 다듬자. |

**양중기에 사용되는 와이어로프의 사용금지 항목 4가지를 적으시오. (4점)**

**정답**
① 이음매가 있는 것
② 와이어로프의 한 꼬임에서 끊어진 소선의 수가 10퍼센트 이상인 것
③ 지름의 감소가 공칭지름의 7퍼센트를 초과하는 것
④ 꼬인 것
⑤ 심하게 변형되거나 부식된 것
⑥ 열과 전기충격에 의해 손상된 것

산업안전보건법 기준에 의한 동력식 수동대패에 설치하여야 할 방호장치의 명칭을 적고, 종류를 2가지로 구분하여 적으시오. (4점)

> **정답**
> 1. 명칭 : 칼날접촉예방장치(덮개) 또는 날접촉예방장치
> 2. 종류
>    ① 고정식 덮개
>    ② 가동식 덮개

> **참고**
> 1. 칼날접촉방지장치란 인체가 대패 날에 접촉하지 않도록 덮어주는 것을 말한다.("덮개"라 한다)
> 2. 대패기계 덮개의 종류
>
> | 종류 | 용도 |
> |---|---|
> | 가동식 덮개 | 대패날 부위를 가공재료의 크기에 따라 움직이며 인체가 날에 접촉하는 것을 방지해 주는 형식 |
> | 고정식 덮개 | 대패날 부위를 필요에 따라 수동조정하도록 하는 형식 |

 산업안전보건법상 안전인증 대상 제품에 표시해야 해야 할 사항을 4가지 적으시오. (4점)

> **정답**
> 1. 형식 또는 모델명
> 2. 규격 또는 등급 등
> 3. 제조자명
> 4. 제조번호 및 제조연월
> 5. 안전인증 번호

> **참고**
>
> | 자율안전확인 제품 표시사항 | 안전검사 합격표시 사항 |
> |---|---|
> | ① 형식 또는 모델명<br>② 규격 또는 등급 등<br>③ 제조자명<br>④ 제조번호 및 제조연월<br>⑤ 자율안전확인 번호 | ① 검사 대상 유해, 위험 기계명<br>② 신청인<br>③ 형식번호(기호)<br>④ 합격번호<br>⑤ 검사유효기간<br>⑥ 검사기관 |

## 12

인간이 기계를 사용해서 작업할 때 이를 하나의 시스템으로 생각하는 인간 – 기계 통합시스템(man-machine system)의 유형을 3가지로 구분하시오.

**정답**
① 수동시스템
② 기계시스템(반자동 시스템)
③ 자동시스템

**분석** 실기 출제 기준에서 제외된 "인간공학 및 시스템안전공학" 문제입니다.

## 13

흙막이 지보공을 설치한 때 점검하여야 하는 사항 4가지를 적으시오. (4점)

**정답**
① 부재의 손상·변형·부식·변위 및 탈락의 유무와 상태
② 버팀대의 긴압의 정도
③ 부재의 접속부·부착부 및 교차부의 상태
④ 침하의 정도

## 14

고용노동부장관은 공정안전보고서의 확인 후 공정안전보고서의 세부 내용에 관하여 이행상태의 평가를 실시하여야 한다. [보기]의 괄호에 적합한 내용을 적으시오.

[보기]

1. 고용노동부장관은 공정안전보고서의 확인 후 ( ① )이 경과한 날부터 ( ② ) 이내에 공정안전보고서 이행상태평가를 하여야 한다.
2. 고용노동부장관은 이행상태평가 후 ( ③ )마다 이행상태평가를 하여야 한다. 다만, 다음 각 호의 어느 하나에 해당하는 경우에는 ( ④ )마다 실시할 수 있다.
   - 이행상태평가 후 사업주가 이행상태평가를 요청하는 경우
   - 사업장에 출입하여 검사 및 안전·보건점검 등을 실시한 결과 변경요소 관리계획 미준수로 공정안전보고서 이행상태가 불량한 것으로 인정되는 경우 등 고용노동부장관이 정하여 고시하는 경우

**정답**
① 1년
② 2년
③ 4년
④ 1년 또는 2년

# 2020년 산업안전기사 (5월 24일 시행)

시험시간 : 1시간 30분

**01** 롤러기의 앞면 롤러의 표면속도에 따른 급정지거리를 계산하는 공식이다. 괄호 안에 적합한 숫자를 적으시오. (4점)

| 앞면 롤러의 표면속도(m/min) | 급정지거리 |
|---|---|
| 30 미만 | 앞면 롤러 원주의 ( ① ) 이내 |
| 30 이상 | 앞면 롤러 원주의 ( ② ) 이내 |

**정답**

① $\dfrac{1}{3}$

② $\dfrac{1}{2.5}$

**참고**

| 앞면 롤러의 표면속도(m/min) | 급정지거리 |
|---|---|
| 30 미만 | 앞면 롤러 원주의 1/3 이내 ($\pi \times d \times \dfrac{1}{3}$) |
| 30 이상 | 앞면 롤러 원주의 1/2.5 이내 ($\pi \times d \times \dfrac{1}{2.5}$) |

이 때 표면속도의 산식은

$$V = \dfrac{\pi \times D \times N}{1,000} \text{ (m/min)}$$

여기서 V : 표면속도
D : 롤러 원통의 직경(mm)
N : 1분간에 롤러기가 회전되는 수(rpm)

**02** 비·눈 그 밖의 기상 상태의 불안정으로 인하여 날씨가 몹시 나빠서 작업을 중지시킨 후 또는 비계를 조립·해체하거나 또는 변경한 후 그 비계에서 작업을 하는 때에는 당해 작업 시작 전에 점검하고 이상을 발견한 때에는 즉시 보수하여야 한다. 비계의 점검 보수 사항 3가지를 적으시오. (3점)

> **정답**
> ① 발판 재료의 손상 여부 및 부착 또는 걸림 상태
> ② 당해 비계의 연결부 또는 접속부의 풀림 상태
> ③ 연결 재료 및 연결철물의 손상 또는 부식 상태
> ④ 손잡이의 탈락 여부
> ⑤ 기둥의 침하·변형·변위 또는 흔들림 상태
> ⑥ 로프의 부착상태 및 매단 장치의 흔들림 상태

비계(연결부, 연결철물) → 발판 → 손잡이 → 비계기둥

**03** 과압에 따른 폭발을 방지하기 위하여 반드시 파열판을 설치하여야 하는 경우 3가지를 적으시오. (6점)

> **정답**
> ① 반응 폭주 등 급격한 압력 상승의 우려가 있는 경우
> ② 급성독성물질의 누출로 인하여 주위의 작업환경을 오염시킬 우려가 있는 경우
> ③ 운전 중 안전밸브에 이상 물질이 누적되어 안전밸브가 작동되지 아니할 우려가 있는 경우

**04** 사업주는 사업장의 안전·보건을 유지하기 위하여 안전보건관리규정을 작성하여야 한다. 안전보건관리규정에 포함하여야 하는 사항 4가지를 적으시오. (4점)

> **정답**
> ① 안전 보건 관리조직과 그 직무에 관한 사항
> ② 안전·보건교육에 관한 사항
> ③ 작업장의 안전 및 보건관리에 관한 사항
> ④ 사고 조사 및 대책 수립에 관한 사항
> ⑤ 그 밖에 안전·보건에 관한 사항

**05** 산업안전보건법에 의한 특별교육 중 "로봇작업" 시에 실시하여야 하는 특별교육의 내용을 4가지 적으시오. (4점)

> **정답**
> ① 로봇의 기본원리 · 구조 및 작업방법에 관한 사항
> ② 이상 발생 시 응급조치에 관한 사항
> ③ 안전시설 및 안전기준에 관한 사항
> ④ 조작방법 및 작업순서에 관한 사항

**06** 안전보건표지 중 출입금지 표지를 그리시오.(색은 글로 설명하시오.) (3점)

[별책부록 컬러 자료를 참고해주세요.]

> **정답**
>
> • 바탕 : 흰색
> • 기본모형 : 빨간색
> • 관련 부호 및 그림 : 검은색

**07** 중량물 취급작업 시의 작업계획서에 포함하여야 하는 사항을 3가지 적으시오. (3점)

> **정답**
> ① 추락위험을 예방할 수 있는 안전대책
> ② 낙하위험을 예방할 수 있는 안전대책
> ③ 전도위험을 예방할 수 있는 안전대책
> ④ 협착위험을 예방할 수 있는 안전대책
> ⑤ 붕괴위험을 예방할 수 있는 안전대책

전기사용설비의 정격용량의 합이 300킬로와트 이상인 사업 중 유해·위험방지 계획서 작성대상 제조업의 종류를 3가지 적으시오. (3점)

> **정답**
> ① 금속가공제품(기계 및 가구는 제외한다) 제조업
> ② 비금속 광물제품 제조업
> ③ 기타 기계 및 장비 제조업
> ④ 자동차 및 트레일러 제조업
> ⑤ 식료품 제조업
> ⑥ 고무제품 및 플라스틱 제품 제조업
> ⑦ 목재 및 나무제품 제조업
> ⑧ 기타 제품 제조업
> ⑨ 1차 금속 제조업
> ⑩ 가구 제조업
> ⑪ 화학물질 및 화학제품 제조업
> ⑫ 반도체 제조업
> ⑬ 전자부품 제조업

**암기법**
1차금속으로 금속가공제품, 비금속 광물제품 제조하여 나무, 화학물질 섞어서 기계장비, 자동차 트레일러 만들고, 고무풀(고무 및 플라스틱)로 기타 식료품 만들었더니 도대체(반도체)가(가구) 전부(전자부품) 유해·위험(유해·위험방지계획서)하다.

 코드 및 플러그를 접속하여 사용하는 전기기계·기구 중 누전에 의한 감전의 위험을 방지하기 위하여 접지를 하여야 하는 전기기계·기구 4가지를 적으시오. (4점)

> **정답**
> ① 사용전압이 대지전압 150볼트를 넘는 것
> ② 냉장고·세탁기·컴퓨터 및 주변기기 등과 같은 고정형 전기기계·기구
> ③ 고정형·이동형 또는 휴대형 전동기계·기구
> ④ 물 또는 도전성이 높은 곳에서 사용하는 전기기계·기구, 비접지형 콘센트
> ⑤ 휴대형 손전등

다음은 아세틸렌 발생기실의 설치에 관한 내용이다. 괄호 안에 적합한 숫자를 적으시오. (3점)

> 1. 발생기실은 건물의 최상층에 위치하여야 하며, 화기를 사용하는 설비로부터 ( ① )미터를 초과하는 장소에 설치하여야 한다.
> 2. 발생기실을 ( ② )에 설치한 경우에는 그 개구부를 다른 건축물로부터 ( ③ ) 미터 이상 떨어지도록 하여야 한다.

**정답**

① 3   ② 옥외   ③ 1.5

**참고**

- **아세틸렌 발생기실의 설치장소**
  ① 아세틸렌 용접장치의 아세틸렌 발생기를 설치하는 경우에는 전용의 발생기실에 설치하여야 한다.
  ② 발생기실은 건물의 최상층에 위치하여야 하며, 화기를 사용하는 설비로부터 3미터를 초과하는 장소에 설치하여야 한다.
  ③ 발생기실을 옥외에 설치한 경우에는 그 개구부를 다른 건축물로부터 1.5미터 이상 떨어지도록 하여야 한다.

 재해율 중 강도율을 계산하는 공식을 나타내었다. 괄호 안에 적합한 내용을 적으시오. (4점)

$$강도율 = \frac{( ① )}{연 근로시간 수} \times ( ② )$$

**정답**

① 총 요양 근로손실일수
② 1,000

**참고**

- **강도율(S.R)**
  ① 1,000 근로시간 당 근로손실일 수 비율
  ② 강도율 = $\dfrac{총\ 요양\ 근로손실일수}{연\ 근로시간\ 수} \times 1,000$
  
  * 근로손실일수 = 휴업일수, 요양일수, 입원일수 × $\dfrac{300(실제근로일\ 수)}{365}$

**12** 달기체인의 사용금지 항목 3가지를 적으시오. (4점)

> **정답**
> ① 달기 체인의 길이가 달기 체인이 제조된 때의 길이의 5퍼센트를 초과한 것
> ② 링의 단면지름이 달기 체인이 제조된 때의 해당 링의 지름의 10퍼센트를 초과하여 감소한 것
> ③ 균열이 있거나 심하게 변형된 것

**참고**

• 사용금지 항목

| | |
|---|---|
| 와이어로프 | ① 이음매가 있는 것<br>② 와이어로프의 한 꼬임(스트랜드 : strand)에서 끊어진 소선의 수가 10퍼센트 이상(비자전로프의 경우에는 끊어진 소선의 수가 와이어로프 호칭지름의 6배 길이 이내에서 4개 이상이거나 호칭지름 30배 길이 이내에서 8개 이상)인 것<br>③ 지름의 감소가 공칭지름의 7퍼센트를 초과하는 것<br>④ 꼬인 것<br>⑤ 심하게 변형되거나 부식된 것<br>⑥ 열과 전기충격에 의해 손상된 것 |
| 섬유로프 | ① 꼬임이 끊어진 것<br>② 심하게 손상 또는 부식된 것 |
| 달비계에 사용하는 섬유로프 또는 안전대의 섬유벨트 | ① 꼬임이 끊어진 것<br>② 심하게 손상되거나 부식된 것<br>③ 2개 이상의 작업용 섬유로프 또는 섬유벨트를 연결한 것<br>④ 작업높이보다 길이가 짧은 것 |

**13** 어떤 기계가 10,000시간 가동하는 중에 10건의 고장이 발생하였다. (6점)
① 고장률을 구하시오.
② 900시간 가동하였을 때의 신뢰도를 구하시오.
③ 900시간 가동하였을 때의 고장이 발생될 확률을 구하시오.

> **정답**
> ① 고장률($\lambda$) = $\dfrac{\text{고장건수}}{\text{총 가동시간}}$ (건/시간)
> = $\dfrac{10}{10,000}$ = 0.001(건/시간)
>
> ② 신뢰도 : 고장나지 않을 확률
> $R(t) = e^{-\lambda \times t}$
> = $e^{-0.001 \times 900}$ = $e^{-0.9}$ = 0.41
>
> ③ 불신뢰도(고장 날 확률) = 1 - 신뢰도 = 1 - 0.41 = 0.59

 실기 출제 기준에서 제외된 "인간공학 및 시스템안전공학" 문제입니다.

FTA에 의한 재해사례 연구 순서를 적으시오. (4점)

> **정답**
> 1단계 : 톱 사상의 설정
> 2단계 : 재해 원인 규명
> 3단계 : FT도의 작성
> 4단계 : 개선계획의 작성

**분석** 실기 출제 기준에서 제외된 "인간공학 및 시스템안전공학" 문제입니다.

# 2020년 산업안전기사 (7월 25일 시행)

시험시간 : 1시간 30분

부호의 양립성의 종류를 2가지 적고 그 예를 적으시오. (5점)

**정답**

① 개념적 양립성
  예 빨간 버튼은 온수, 파란 버튼은 냉수
② 공간적 양립성
  예 오른쪽 조리대는 오른쪽 조절장치로, 왼쪽 조리대는 왼쪽 조절장치로 조정한다.
③ 운동의 양립성
  예 조종장치를 오른쪽으로 돌리면 표시장치 지침이 오른쪽으로 이동한다.
④ 양식 양립성
  예 음성과업에 대해서는 청각적 자극 제시와 이에 대한 음성응답 과업에서 갖는 양립성이다.

**참고**

| 개념적 양립성 | • 외부자극에 대해 인간의 개념적 현상의 양립성<br>• 예 빨간 버튼은 온수, 파란 버튼은 냉수 |
|---|---|
| 공간적 양립성 | • 표시장치, 조종장치의 형태 및 공간적배치의 양립성<br>• 예 오른쪽 조리대는 오른쪽 조절장치로, 왼쪽 조리대는 왼쪽 조절장치로 조정한다. |
| 운동의 양립성 | • 표시장치, 조종장치 등의 운동 방향의 양립성<br>• 예 조종장치를 오른쪽으로 돌리면 표시장치 지침이 오른쪽으로 이동한다. |
| 양식 양립성 | • 직무에 알맞은 자극과 응답의 양식 존재에 대한 양립성<br>• 예 음성과업에 대해서는 청각적 자극 제시와 이에 대한 음성응답 과업에서 갖는 양립성이다. |

프레스에 광전자식 방호장치가 설치되어 있다. 급정지시간이 200ms일 경우 광전자식 방호장치의 안전거리(mm)를 계산하시오. (4점)

**정답**

[광전자식 방호장치의 안전거리]
1. 안전거리 D(cm) = 160 × 프레스 작동 후 작업점까지의 도달시간(초)
2. 안전거리 D(mm) = 1,600 × 프레스 작동 후 작업점까지의 도달시간(초)

풀이 1. 안전거리 D(cm) = 160 × 프레스 작동 후 작업점까지의 도달시간(초)

$$= 160 \times \frac{200}{1,000} = 32(cm) \times 10 = 320(mm)$$

풀이 2. 안전거리 D(mm) = 1,600 × 프레스 작동 후 작업점까지의 도달시간(초)

$$= 1,600 \times \frac{200}{1,000} = 320(mm)$$

> **참고**
>
> $ms = \frac{1}{1,000}s$, $200ms = \frac{200}{1,000}s$

---

**03** 다음 보기는 연삭숫돌의 안전작업에 관한 내용이다. 괄호에 적합한 숫자를 적으시오. (4점)

> **[보기]**
> 연삭숫돌은 작업시작 전 ( ① ) 이상, 숫돌 교체 시 ( ② ) 이상 시운전하여야 한다.

**정답**
① 1분  ② 3분

---

**04** 다음 표는 산업안전보건법상의 안전보건관리책임자 등에 대한 교육시간을 나타내었다. 괄호에 적합한 교육시간을 적으시오. (4점)

| 교육대상 | 교육시간 | |
|---|---|---|
| | 신규교육 | 보수교육 |
| 가. 안전보건관리책임자 | ( ① ) | ( ② ) |
| 나. 안전관리자, 안전관리전문기관의 종사자 | ( ③ ) | 24시간 이상 |
| 다. 건설재해예방 전문지도기관의 종사자 | 34시간 이상 | ( ④ ) |

**정답**
① 6시간 이상
② 6시간 이상
③ 34시간 이상
④ 24시간 이상

> 참고
> 
> • 안전보건관리책임자 등에 대한 교육(직무교육)

| 교육대상 | 교육시간 | |
|---|---|---|
| | 신규교육 | 보수교육 |
| 가. 안전보건관리책임자 | 6시간 이상 | 6시간 이상 |
| 나. 안전관리자, 안전관리전문기관의 종사자 | 34시간 이상 | 24시간 이상 |
| 다. 보건관리자, 보건관리전문기관의 종사자 | 34시간 이상 | 24시간 이상 |
| 라. 건설재해예방 전문지도기관 종사자 | 34시간 이상 | 24시간 이상 |
| 마. 석면조사기관 종사자 | 34시간 이상 | 24시간 이상 |
| 바. 안전보건관리담당자 | – | 8시간 이상 |
| 사. 안전검사기관, 자율안전검사기관의 종사자 | 34시간 이상 | 24시간 이상 |

**05** 안전검사를 받아야 하는 사업주가 근로자대표와 협의하여 자율검사프로그램을 정하고 고용노동부장관의 인정을 받아 자율검사프로그램에 따라 안전검사대상 기계 등에 대하여 자율 안전검사를 받으면 안전검사를 받은 것으로 본다. 산업안전보건법에 의하여 자율검사프로그램의 인정취소 및 개선을 명할 수 있는 경우 2가지를 적으시오. (단, 거짓이나 그 밖의 부정한 방법으로 자율검사프로그램을 인정받은 경우는 제외) (4점)

> 정답
> 
> ① 자율검사프로그램을 인정받고도 검사를 하지 아니한 경우
> ② 인정받은 자율검사프로그램의 내용에 따라 검사를 하지 아니한 경우
> ③ 검사 자격을 가진 자 또는 지정검사기관이 검사를 하지 아니한 경우

> 참고
> 
> **자율검사프로그램의 인정취소 및 개선을 명할 수 있는 경우**
> 
> ① 거짓이나 그 밖의 부정한 방법으로 자율검사프로그램을 인정받은 경우
>   (다만, ①의 경우에는 인정을 취소한다.)
> ② 자율검사프로그램을 인정받고도 검사를 하지 아니한 경우
> ③ 인정받은 자율검사프로그램의 내용에 따라 검사를 하지 아니한 경우
> ④ 검사 자격을 가진 자 또는 지정검사기관이 검사를 하지 아니한 경우

| 자율검사프로그램을 인정받기 위한 요건 |
| --- |
| • 검사원을 고용하고 있을 것<br>• 검사를 할 수 있는 장비를 갖추고 이를 유지·관리할 수 있을 것<br>• 안전검사 주기의 2분의 1에 해당하는 주기(크레인 중 건설현장 외에서 사용하는 크레인의 경우에는 6개월)마다 검사를 할 것<br>• 자율검사프로그램의 검사기준이 안전검사기준을 충족할 것 |

연평균 근로자 수가 1,500명인 A 공장에서 작년 한 해 동안 재해자 수 60명이 발생하였다. 이 중 사망이 2명, 나머지 근로손실일수가 1,200일 발생하였다면 A 공장의 연천인율은 얼마인가? (3점)

**정답**

[연천인율]
① 근로자 1,000명 중 재해자 수 비율(1년간)
② 연천인율 = $\dfrac{\text{연간 재해자수}}{\text{연평균 근로자 수}} \times 1{,}000$
③ 연천인율 = 도수율 × 2.4

$$\text{연천인율} = \frac{\text{연간재해자 수}}{\text{연평균 근로자 수}} \times 1{,}000 = \frac{60}{1{,}500} \times 1{,}000 = 40$$

작업자가 작업장 통로를 걷던 중 바닥에 흘러있던 기름 때문에 미끄러지며 넘어져 선반에 머리를 부딪쳐 머리에 부상을 당했다. 다음을 분석하시오. (3점)

(1) 사고 유형 :

(2) 기인물 :

(3) 가해물 :

**정답**

(1) 사고 유형 : 넘어짐
(2) 기인물 : 기름
(3) 가해물 : 선반

> **참고**
> 1. 기인물 : 직접적으로 재해를 유발하거나 영향을 끼친 에너지원(운동, 위치, 열, 전기 등)을 지닌 기계·장치, 구조물, 물체물질, 사람 또는 환경을 말한다.
> 2. 가해물 : 근로자(사람)에게 직접적으로 상해를 입힌 기계, 장치, 구조물, 물체·물질, 사람 또는 환경 요인을 말한다.

지방고용노동관서의 장은 안전관리자를 정수 이상으로 증원하게 하거나 교체하여 임명할 것을 명할 수 있다. 안전관리자의 증원·교체임명을 명할 수 있는 경우 3가지를 적으시오. (3점)

**정답**
① 해당 사업장의 연간 재해율이 같은 업종의 평균 재해율의 2배 이상인 경우
② 중대 재해가 연간 2건 이상 발생한 경우(다만, 해당 사업장의 전년도 사망 만인율이 같은 업종의 평균 사망 만인율 이하인 경우는 제외)
③ 관리자가 질병이나 그 밖의 사유로 3개월 이상 직무를 수행할 수 없게 된 경우
④ 화학적 인자로 인한 직업성 질병자가 연간 3명 이상 발생한 경우

평균의 2배 이상, 중대재해 2건 이상 증원!
직업성 질병 3명 이상, 3개월 이상 일 안하면 교체!

변압기의 중성점 접지 저항 값에 관한 설명이다. 다음 물음에 답하시오. (5점)

[보기]
1. 일반적으로 변압기의 고압·특고압 측 전로 ( ① )로 ( ② )을 나눈 값과 같은 저항 값 이하
2. 변압기의 고압·특고압 측 전로 또는 사용전압이 35kV 이하의 특고압전로가 저압 측 전로와 혼촉하고 저압전로의 대지전압이 150V를 초과하는 경우는 저항 값은 다음에 의한다.
   • 1초 초과 2초 이내에 고압·특고압 전로를 자동으로 차단하는 장치를 설치할 때는 ( ③ )을 나눈 값 이하
   • 1초 이내에 고압·특고압 전로를 자동으로 차단하는 장치를 설치할 때는 ( ④ )을 나눈 값 이하

### 정답
① 1선 지락전류　② 150　③ 300　④ 600

### 참고

- 변압기의 중성점 접지 저항 값

| 일반적인 경우 | 변압기의 고압·특고압측 전로 또는 사용전압이 35kV 이하의 특고압전로가 저압측 전로와 혼촉하고 저압전로의 대지전압이 150V를 초과하는 경우 |
|---|---|
| 변압기의 고압·특고압측 전로 1선 지락전류로 150을 나눈 값 이하 ($\frac{150}{1선지락 전류}\Omega$ 이하) | • 1초 초과 2초 이내에 고압·특고압 전로를 자동으로 차단하는 장치를 설치할 때는 300을 나눈 값 이하 ($\frac{300}{1선지락 전류}\Omega$ 이하)<br>• 1초 이내에 고압·특고압 전로를 자동으로 차단하는 장치를 설치할 때는 600을 나눈 값 이하 ($\frac{600}{1선지락 전류}\Omega$ 이하) |

※ 관련 규정의 변경으로 문제를 수정하였습니다.

## 10. 다음 [보기]는 타워크레인의 악천후 시의 조치에 관한 내용이다. 괄호에 알맞은 숫자를 적으시오. (4점)

[보기]
1. 순간풍속이 ( ① )를 초과하는 경우 타워크레인의 설치·수리·점검 또는 해체작업을 중지하여야 한다.
2. 순간풍속이 ( ② )를 초과하는 경우 타워크레인의 운전작업을 중지하여야 한다.

### 정답
① 초당 10미터(10m/sec)　② 초당 15미터(15m/sec)

### 참고

- 타워크레인의 악천후 시 조치
  ① 순간풍속이 초당 10미터를 초과 : 타워크레인의 설치·수리·점검 또는 해체작업을 중지
  ② 순간풍속이 초당 15미터를 초과 : 타워크레인의 운전작업을 중지

③ 순간풍속이 초당 30미터를 초과 : 옥외에 설치되어 있는 주행 크레인 이탈방지조치
④ 순간풍속이 초당 30미터를 초과하는 바람이 불거나 중진(中震) 이상 진도의 지진이 있은 후 : 옥외 양중기 각 부위 이상 점검
⑤ 순간풍속이 초당 35미터를 초과 : 옥외 승강기 및 건설용 리프트(지하에 설치되어 있는 것은 제외)에 대하여 받침의 수를 증가시키는 등 승강기가 무너지는 것을 방지하기 위한 조치

## 11 FT도의 컷셋을 구하시오. (3점)

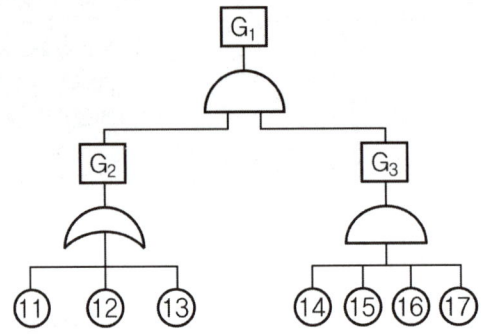

**정답**

$G_1 = G_2 \cdot G_3$
$= \begin{pmatrix} ⑪ \\ ⑫ \\ ⑬ \end{pmatrix} \cdot (⑭⑮⑯⑰)$
$= (⑪⑭⑮⑯⑰), (⑫⑭⑮⑯⑰), (⑬⑭⑮⑯⑰)$
컷셋 : (⑪⑭⑮⑯⑰), (⑫⑭⑮⑯⑰), (⑬⑭⑮⑯⑰)

**분석** 실기 출제 기준에서 제외된 "인간공학 및 시스템안전공학" 문제입니다.

## 12 다음 [보기]는 낙하물방지망의 설치에 관한 설명이다. 괄호에 알맞은 숫자를 적으시오. (4점)

[보기]

1. 설치 높이는 ( ① )미터 이내마다 설치하고, 내민 길이는 벽면으로부터 ( ② )미터 이상으로 할 것
2. 수평면과의 각도는 ( ③ )도 이상 ( ④ )도 이하를 유지할 것

**정답**

① 10, ② 2, ③ 20, ④ 30

> **참고**
>
> • 추락방호망의 설치
>   ① 안전방망의 설치 위치는 가능하면 작업면으로 부터 가까운 지점에 설치하여야 하며, 작업면으로 부터 망의 설치지점까지의 수직거리는 10미터를 초과하지 아니할 것
>   ② 추락방호망은 수평으로 설치하고, 망의 처짐은 짧은 변 길이의 12퍼센트 이상이 되도록 할 것
>   ③ 건축물 등의 바깥쪽으로 설치하는 경우 망의 내민 길이는 벽면으로부터 3미터 이상 되도록 할 것(다만, 그물코가 20밀리미터 이하인 망을 사용한 경우에는 낙하물 방지망을 설치한 것으로 본다.)

  가스폭발 위험장소 또는 분진폭발 위험장소에 설치되는 건축물 등에 대해서는 해당하는 부분을 내화구조로 하여야 하며, 그 성능이 항상 유지될 수 있도록 점검·보수 등 적절한 조치를 하여야 한다. 가스폭발 위험장소 또는 분진폭발 위험장소에 설치되는 건축물 등에 대해서 내화구조로 하여야 하는 부분 3가지를 적으시오. (6점)

> **정답**
>
> ① 건축물의 기둥 및 보 : 지상 1층(지상 1층의 높이가 6미터를 초과하는 경우에는 6미터)까지
> ② 위험물 저장·취급용기의 지지대(높이가 30센티미터 이하인 것은 제외한다) : 지상으로부터 지지대의 끝부분까지
> ③ 배관·전선관 등의 지지대 : 지상으로부터 1단(1단의 높이가 6미터를 초과하는 경우에는 6미터)까지

> **참고**
>
> 1. 화재위험작업을 하는 경우에 화재예방을 위하여 준수하여야 하는 사항
>    ① 작업장 내 위험물의 사용·보관 현황 파악
>    ② 화기작업에 따른 인근 가연성물질에 대한 방호조치 및 소화기구 비치
>    ③ 용접불티 비산방지덮개, 용접방화포 등 불꽃, 불티 등 비산방지조치
>    ④ 인화성 액체의 증기 및 인화성 가스가 남아 있지 않도록 환기 등의 조치
>    ⑤ 작업근로자에 대한 화재예방 및 피난교육 등 비상조치
>
> 2. 화재감시자의 배치
>    사업주는 근로자에게 다음 각 호의 어느 하나에 해당하는 장소에서 용접·용단 작업을 하도록 하는 경우에는 화재의 위험을 감시하고 화재 발생 시 사업장 내 근로자의 대피를 유도하는 업무만을 담당하는 화재감시자를 지정하여 용접·용단 작업장소에 배치하여야 한다.
>    ① 작업반경 11미터 이내에 건물구조 자체나 내부(개구부 등으로 개방된 부분을 포함한다)에 가연성물질이 있는 장소
>    ② 작업반경 11미터 이내의 바닥 하부에 가연성물질이 11미터 이상 떨어져 있지만 불꽃에 의해 쉽게 발화될 우려가 있는 장소
>    ③ 가연성물질이 금속으로 된 칸막이·벽·천장 또는 지붕의 반대쪽 면에 인접해 있어 열전도나 열복사에 의해 발화될 우려가 있는 장소

**14** 안전인증 대상 차광보안경의 주목적 3가지를 적으시오. (3점)

> **정답**
> ① 자외선으로부터 눈 보호
> ② 적외선으로부터 눈 보호
> ③ 강렬한 가시광선으로부터 눈 보호

**참고**

| 종류 | 사용 구분 |
|---|---|
| 자외선용 | 자외선이 발생하는 장소 |
| 적외선용 | 적외선이 발생하는 장소 |
| 복합용 | 자외선 및 적외선이 발생하는 장소 |
| 용접용 | 산소용접 작업 등과 같이 자외선, 적외선 및 강렬한 가시광선이 발생하는 장소 |

# 2020년 산업안전기사 (10월 17일 시행)

시험시간 : 1시간 30분

산업안전보건법에 따른 프레스의 작업 시작 전 점검내용 4가지를 적으시오.

**정답**
① 클러치 및 브레이크 기능
② 크랭크축·플라이 휠·슬라이드·연결 봉 및 연결 나사의 볼트 풀림 유무
③ 1행정 1정지 기구·급정지 장치 및 비상 정지 장치의 기능
④ 슬라이드 또는 칼날에 의한 위험 방지 기구의 기능
⑤ 프레스의 금형 및 고정 볼트 상태
⑥ 당해 방호 장치의 기능
⑦ 전단기의 칼날 및 테이블의 상태

사업주가 해당 화학설비 또는 그 부속설비의 용도를 변경하는 경우(사용하는 원재료의 종류를 변경하는 경우를 포함한다)에는 해당 설비를 점검한 후 사용하여야 한다. 해당 설비의 점검 내용 3가지를 적으시오. (6점)

**정답**
① 그 설비 내부에 폭발이나 화재의 우려가 있는 물질이 있는지
② 안전밸브·긴급차단 장치 및 그 밖의 방호장치 기능의 이상 유무
③ 냉각장치·가열장치·교반장치·압축장치·계측장치 및 제어장치 기능의 이상 유무

산업안전보건법에 의하여 사업주가 근로자에게 실시해야 하는 안전보건교육 중 관리감독자 정기교육의 교육내용 4가지를 적으시오. (4점)

**정답**
① 산업안전 및 사고 예방에 관한 사항
② 산업보건 및 직업병 예방에 관한 사항
③ 유해·위험 작업환경 관리에 관한 사항
④ 산업안전보건법령 및 산업재해보상보험 제도에 관한 사항

⑤ 직무스트레스 예방 및 관리에 관한 사항
⑥ 직장 내 괴롭힘, 고객의 폭언 등으로 인한 건강장해 예방 및 관리에 관한 사항
⑦ 위험성평가에 관한 사항
⑧ 작업공정의 유해·위험과 재해 예방대책에 관한 사항
⑨ 표준안전 작업방법 결정 및 지도·감독 요령에 관한 사항
⑩ 비상시 또는 재해 발생 시 긴급조치에 관한 사항
⑪ 사업장 내 안전보건관리체제 및 안전·보건조치 현황에 관한 사항
⑫ 현장근로자와의 의사소통능력 및 강의능력 등 안전보건교육 능력 배양에 관한 사항
⑬ 그 밖의 관리감독자의 직무에 관한 사항

공통 항목(관리감독자, 근로자)
1. 관리자는 법, 산재보상제도를 알자.
2. 관리자는 건강을 보존(산업보건)하고 직업병, 스트레스, 괴롭힘, 폭언 예방하자!
3. 관리자는 유해위험 환경을 관리해서 안전하고 사고예방하자!
4. 관리자는 위험성을 평가하자!

관리감독자 정기교육의 특징
1. 관리자는 유해위험의 재해예방대책 세우자!
2. 관리자는 안전 작업방법 결정해서 감독하자!
3. 관리자는 재해발생 시 긴급조치하자!
4. 관리자는 안전보건 조치하자!
5. 관리자는 안전보건교육 능력 배양하자!

### 관리감독자의 채용 시 교육 및 작업내용 변경 시 교육

① 산업안전 및 사고 예방에 관한 사항
② 산업보건 및 직업병 예방에 관한 사항
③ 산업안전보건법령 및 산업재해보상보험 제도에 관한 사항
④ 직무스트레스 예방 및 관리에 관한 사항
⑤ 직장 내 괴롭힘, 고객의 폭언 등으로 인한 건강장해 예방 및 관리에 관한 사항
⑥ 위험성평가에 관한 사항
⑦ 기계·기구의 위험성과 작업의 순서 및 동선에 관한 사항
⑧ 작업 개시 전 점검에 관한 사항
⑨ 물질안전보건자료에 관한 사항
⑩ 사업장 내 안전보건관리체제 및 안전·보건조치 현황에 관한 사항
⑪ 표준안전 작업방법 결정 및 지도·감독 요령에 관한 사항
⑫ 비상시 또는 재해 발생 시 긴급조치에 관한 사항
⑬ 그 밖의 관리감독자의 직무에 관한 사항

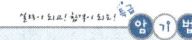

```
공통 항목 - 채용 시 근로자 교육과 동일
1. 신규 관리자는 법, 산재보상제도를 알자!
2. 신규 관리자는 건강을 보존(산업보건)하고 직업병, 스트레스, 괴롭힘, 폭언 예방하자!
3. 신규 관리자는 안전하고 사고예방하자!
4. 신규 관리자는 위험성을 평가하자!

채용 시 근로자 교육 중 "정리정돈 청소" 제외
1. 신규 관리자는 기계기구 위험성, 작업순서, 동선을 알자!
2. 신규 관리자는 취급물질의 위험성(물질안전보건자료)을 알자!
3. 신규 관리자는 작업 전 점검하자!

신규 관리자 내용 추가
1. 신규 관리자는 안전보건 조치하자!
2. 신규 관리자는 안전 작업방법 결정해서 감독하자!
3. 신규 관리자는 재해 시 긴급조치하자!
```

## 04  다음 보기는 연삭숫돌의 안전작업에 관한 내용이다. 괄호에 적합한 숫자를 적으시오. (4점)

[보기]
연삭숫돌은 작업시작 전 ( ① ) 이상, 숫돌 교체 시 ( ② ) 이상 시운전하여야 한다.

> **정답**
> ① 1분
> ② 3분

**05** 소음이 심한 기계로부터 20m 떨어진 곳의 음압수준이 200dB이라면 이 기계로부터 100m 떨어진 곳의 음압수준은 얼마인가? (4점)

> **정답**
>
> 소음을 내는 기계로부터 거리가 $d_2$만큼 떨어진 곳의 소음 계산
>
> $$dB_2 = dB_1 - 20 \times \log\left(\frac{d_2}{d_1}\right)$$
>
> 소음기계로부터 $d_1$떨어진 곳의 소음 : $dB_1$
> 소음기계로부터 $d_2$떨어진 곳의 소음 : $dB_2$
>
> $$dB_2 = 200 - 20 \times \log\frac{100}{20} = 186.02[dB]$$

**분석** 실기 출제 기준에서 제외된 "인간공학 및 시스템안전공학" 문제입니다.

**06** 다음 FT도에서 미니멀컷셋을 구하시오. (4점)

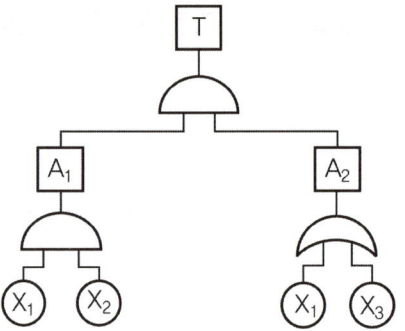

> **정답**
>
> $T = A_1 \, A_2$
> $\quad = (X_1 X_2)\begin{pmatrix} X_1 \\ X_3 \end{pmatrix}$
> $\quad = (X_1 X_2)(X_1 X_2 X_3)$
>
> 미니멀컷셋 : $(X_1 X_2)$

**분석** 실기 출제 기준에서 제외된 "인간공학 및 시스템안전공학" 문제입니다.

## 07
구축물, 건축물, 그 밖의 시설물 등의 해체작업 작업계획서의 내용 4가지를 적으시오. (4점)

**정답**
① 해체의 방법 및 해체 순서도면
② 가설설비·방호설비·환기설비 및 살수·방화설비 등의 방법
③ 사업장 내 연락방법
④ 해체물의 처분계획
⑤ 해체작업용 기계·기구 등의 작업계획서
⑥ 해체작업용 화약류 등의 사용계획서

## 08
굴착공사 시 보일링현상의 방지대책 3가지를 적으시오. (단, "작업중지", "굴착토 원상 매립"은 제외) (3점)

**정답**
① 지하수위 저하
② 지하수 흐름 변경
③ 근입벽을 깊게 한다.

## 09
누전에 의한 감전 위험을 방지하기 위하여 해당 전로의 정격에 적합하고 감도가 양호하며 확실하게 작동하는 감전방지용 누전차단기를 설치하여야 하는 경우 3가지를 적으시오. (6점)

**정답**
① 대지전압이 150볼트를 초과하는 이동형 또는 휴대형 전기기계·기구
② 물 등 도전성이 높은 액체가 있는 습윤장소에서 사용하는 저압용 전기기계·기구
③ 철판·철골 위 등 도전성이 높은 장소에서 사용하는 이동형 또는 휴대형 전기기계·기구
④ 임시배선의 전로가 설치되는 장소에서 사용하는 이동형 또는 휴대형 전기기계·기구

누전차단기 설치 → 누전이 잘 생기는 곳(전기가 잘 통하는 곳) → 1. 땅(대지전압 150V 초과)
2. 물(습윤장소) 3. 철판, 철골(도전성이 높은 장소)

⑩ 근로자 수 400명인 사업장에서 하루 8시간 연간 280일 근무하던 중 재해자 수가 100명, 재해 발생 건수가 80건, 근로손실일수가 800일 발생하였다. 종합재해지수를 계산하시오. (4점)

**정답**

1. 종합재해지수
$$FSI = \sqrt{FR \times SR} = \sqrt{도수율 \times 강도율}$$

2. 도수율(빈도율) $= \dfrac{재해건수}{연 근로시간 수} \times 10^6$

3. 강도율 $= \dfrac{총 요양 근로손실일수}{연 근로시간 수} \times 1,000$

1. 도수율(빈도율) $= \dfrac{재해건수}{연 근로시간수} \times 10^6 = \dfrac{80}{400 \times 8 \times 280} \times 10^6 = 89.29$

2. 강도율 $= \dfrac{총 요양 근로손실 일수}{연 근로시간 수} \times 1,000 = \dfrac{800}{400 \times 8 \times 280} \times 1,000 = 0.89$

3. 종합재해지수 $= \sqrt{도수율 \times 강도율} = \sqrt{89.29 \times 0.89} = 8.91$

⑪ 유해·위험 방지를 위한 방호조치를 하지 아니하고는 양도, 대여, 설치 또는 사용에 제공하거나 양도·대여의 목적으로 진열해서는 아니되는 기계·기구의 종류 2가지를 적으시오. (2점)

**정답**
① 예초기
② 원심기
③ 공기압축기
④ 금속절단기
⑤ 지게차
⑥ 포장기계(진공포장기, 랩핑기로 한정)

방호조치 없이 포장된 공원에서 원예금지

> [참고]
> 
> • 방호조치가 필요한 유해위험 기계기구 및 방호조치

| 1. 예초기의 날접촉 예방장치 | 예초기의 절단 날 또는 비산물로 부터 작업자를 보호하기 위해 설치하는 보호덮개 등의 장치를 말한다. |
|---|---|
| 2. 원심기의 회전체 접촉 예방장치 | 원심기의 케이싱 또는 하우징 내부의 회전통 등에 작업자의 신체 일부가 접촉되는 것을 방지하기 위해 설치하는 덮개 등의 장치를 말한다. |
| 3. 공기압축기의 압력방출장치 | 공기압축기에 부속된 압력용기의 과도한 압력 상승을 방지하기 위하여 설치하는 안전밸브, 언로드밸브 등의 장치를 말한다. |
| 4. 금속절단기의 날접촉 예방장치 | 띠톱, 둥근톱 등 금속절단기의 절단 날 또는 비산물로 부터 작업자를 보호하기 위하여 설치하는 장치를 말한다. |
| 5. 지게차의 헤드가드, 백레스트, 전조등, 후미등, 안전벨트 | 헤드가드 : 지게차를 이용한 작업 중에 위쪽으로부터 떨어지는 물건에 의한 위험을 방지하기 위하여 운전자의 머리 위쪽에 설치하는 덮개를 말한다.<br>백레스트 : 지게차를 이용한 작업 중에 마스트를 뒤로 기울일 때 화물이 마스트 방향으로 떨어지는 것을 방지하기 위해 설치하는 짐받이 틀을 말한다. |
| 6. 포장기계(진공포장기, 랩핑기)의 구동부 방호 연동장치 | 진공포장기, 랩핑기의 구동부에 설치되는 방호장치 등이 개방되었을 때 기계의 작동이 정지되도록 하거나 방호장치가 닫힌 상태에서만 기계가 작동되도록 상호 연결시키는 것을 말한다. |

  재해 예방을 위한 Fool proof 기구의 종류 4가지를 적으시오. (4가지)

> **정답**
> 
> ① 가드(guard)
> ② 록(lock) 기구
> ③ 기동방지기구
> ④ 트립(trip)기구
> ⑤ 오버런(over-run) 기구

**문석** 실기 출제 기준에서 제외된 "인간공학 및 시스템안전공학" 문제입니다.

**13** 산업안전보건법에 의한 내전압용 절연장갑에 대한 성능 기준이다. 괄호에 적합한 최대사용전압을 적으시오. (4점)

| 등급 | 최대사용전압 | | 비고 |
|---|---|---|---|
| | 교류(V, 실효값) | 직류(V) | |
| 00 | 500 | ( ① ) | |
| 0 | ( ② ) | 1,500 | |
| 1 | 7,500 | 11,250 | |
| 2 | 17,000 | 25,500 | |
| 3 | 26,500 | 39,750 | |
| 4 | ( ③ ) | ( ④ ) | |

**정답**
① 750　② 1,000　③ 36,000　④ 54,000

**14** 아세틸렌 용접장치 검사 시 안전기의 설치 위치를 확인하려고 한다. 안전기가 설치되어야 할 위치를 3가지 적으시오. (3점)

**정답**
① 취관　② 분기관　③ 발생기와 가스용기 사이

> **참고**
>
> • 안전기의 설치
>   ① 아세틸렌 용접장치의 **취관마다 안전기를 설치**하여야 한다. 다만, 주관 및 취관에 가장 가까운 **분기관마다 안전기를 부착**한 경우에는 그러하지 아니하다.
>   ② 가스용기가 발생기와 분리되어 있는 아세틸렌 용접장치에 대하여는 **발생기와 가스용기 사이에 안전기를 설치**하여야 한다.

# 2020년 산업안전기사 (11월 29일 시행)

시험시간 : 1시간 30분

 산업안전보건법상의 안전보건표지 중 응급구호 표지를 그리시오. 단, 색상은 글로 나타내고 크기는 무시한다. (3점)   [별책부록 컬러 자료를 참고해주세요.]

**정답**

- 바탕 : 녹색
- 기본모형 및 관련 부호 : 흰색

 [보기]의 시스템분석기법 중에서 인간 과오 분석 가능 도구를 4가지 골라 적으시오. (3점)

[보기]

① FTA    ② ETA    ③ HAZOP    ④ THERP
⑤ CA     ⑥ FMEA   ⑦ PHA      ⑧ MORT

**정답**

①, ②, ④, ⑧

**분석** 실기 출제 기준에서 제외된 "인간공학 및 시스템안전공학" 문제입니다.

**참고**

① 결함수분석(Fault tree analysis, FTA) : 사고를 일으키는 장치의 이상이나 운전자 실수의 조합을 연역적으로 분석하는 방법
② 사건수분석(Event tree analysis, ETA) : 초기사건으로 알려진 특정한 장치의 이상 또는 운전자의 실수에 의해 발생되는 잠재적인 사고결과를 정량적으로 평가 분석하는 방법

③ 위험과 운전분석(Hazard and operability, HAZOP) : 공정에 존재하는 위험요인과 공정의 효율을 떨어뜨릴 수 있는 운전상의 문제점을 찾아내어 그 원인을 제거하는 방법
④ 인간에러율 예측기법 (THERP) : 인간의 과오(human error)를 정량적으로 평가하기 위하여 1963년 Swain 등에 의해 개발된 기법이다.
⑤ 치명도 분석(CA, Criticality analysis) : 고장형태에 따른 영향을 분석한 후 중요한 고장에 대해 그 피해의 크기와 고장 발생율을 이용하여 치명도를 분석하는 절차를 말한다.
⑥ 고장형태에 따른 영향분석(FMEA, Failure modes and effects analysis) : 부품, 장치, 설비 및 시스템의 고장 또는 기능상실의 형태에 따른 원인과 영향을 체계적으로 분류하고 필요한 조치를 수립하는 절차
⑦ 예비 위험성 분석(PHA) : 시스템의 위험분석을 하기 전에 예비적인 작업으로, 공정의 위험 부분을 열거하고 그 사고 빈도와 심각성에 대해 토의하여 결정하는 기법을 말한다.
⑧ MORT : 관리, 설계, 생산, 보전 등에 대한 넓은 범위(인간의 불안전한 행동 포함)에 걸쳐 안전성을 확보하려고 시도된 기법이다.

## 03. [보기]는 방폭구조의 기호이다. 다음 기호에 알맞은 방폭구조의 명칭을 적으시오. (4점)

[보기]
① Ex d    ② Ex q

**정답**
① 내압 방폭구조
② 충전 방폭구조

**참고**

• 위험장소별 방폭구조

| | | |
|---|---|---|
| 가스폭발 위험장소 | 0종 장소 | 본질안전 방폭구조(ia) |
| | 1종 장소 | 내압 방폭구조(d)<br>압력 방폭구조(p)<br>충전 방폭구조(q)<br>유입 방폭구조(o)<br>안전증 방폭구조(e)<br>본질안전 방폭구조(ia, ib)<br>몰드 방폭구조(m) |
| | 2종 장소 | 0종 장소 및 1종 장소에 사용 가능한 방폭 구조<br>비점화 방폭구조(n) |

| 분진폭발<br>위험장소 | 20종 장소 | 밀폐방진 방폭구조(DIP A20 또는 DIP B20) |
|---|---|---|
| | 21종 장소 | 밀폐방진 방폭구조(DIP A20 또는, DIP B20 또는 B21)<br>특수방진 방폭구조(SDP) |
| | 22종 장소 | 20종 장소 및 21종 장소에서 사용 가능한 방폭 구조<br>일반방진 방폭구조(DIP A22 또는 DIP B22)<br>보통방진 방폭구조(DIP) |

A 사업장의 근로자 수는 500명이며, 작년 한 해 동안 3건의 재해가 발생하였다. 도수율을 구하시오. (단, 근로자 1인당 연간 총근로시간이 3,000시간이었다.) (3점)

**정답**

도수율(빈도율 F.R)
① 100만 근로시간 당 재해 발생 건수 비율
② 도수율(빈도율) = $\dfrac{재해건수}{연\ 근로시간\ 수} \times 10^6$

도수율 = $\dfrac{재해건수}{연\ 근로시간\ 수} \times 10^6 = \dfrac{3}{500 \times 3{,}000} \times 10^6 = 2$

다음 [보기]는 산업안전보건법상 방호조치가 필요한 유해위험 기계·기구이다. 기계에 적합한 방호장치명을 적으시오. (6점)

[보기]

(1) 금속절단기 :
(2) 원심기 :
(3) 공기압축기 :

**정답**

(1) 금속절단기 : 날접촉 예방장치
(2) 원심기 : 회전체 접촉 예방장치
(3) 공기압축기 : 압력방출장치

> 참고

• 방호조치가 필요한 유해위험 기계·기구 및 방호조치

| | |
|---|---|
| 1. 예초기의 날접촉 예방장치 | 예초기의 절단 날 또는 비산물로 부터 작업자를 보호하기 위해 설치하는 보호덮개 등의 장치를 말한다. |
| 2. 원심기의 회전체 접촉 예방장치 | 원심기의 케이싱 또는 하우징 내부의 회전통 등에 작업자의 신체 일부가 접촉되는 것을 방지하기 위해 설치하는 덮개 등의 장치를 말한다. |
| 3. 공기압축기의 압력방출장치 | 공기압축기에 부속된 압력용기의 과도한 압력 상승을 방지하기 위하여 설치하는 안전밸브, 언로드밸브 등의 장치를 말한다. |
| 4. 금속절단기의 날접촉 예방장치 | 띠톱, 둥근톱 등 금속절단기의 절단 날 또는 비산물로 부터 작업자를 보호하기 위하여 설치하는 장치를 말한다. |
| 5. 지게차의 헤드가드, 백레스트, 전조등, 후미등, 안전벨트 | 헤드가드 : 지게차를 이용한 작업 중에 위쪽으로부터 떨어지는 물건에 의한 위험을 방지하기 위하여 운전자의 머리 위쪽에 설치하는 덮개를 말한다. |
| | 백레스트 : 지게차를 이용한 작업 중에 마스트를 뒤로 기울일 때 화물이 마스트 방향으로 떨어지는 것을 방지하기 위해 설치하는 짐받이 틀을 말한다. |
| 6. 포장기계(진공포장기, 랩핑기)의 구동부 방호 연동장치 | 진공포장기, 랩핑기의 구동부에 설치되는 방호장치 등이 개방되었을 때 기계의 작동이 정지도록 하거나 방호장치가 닫힌 상태에서만 기계가 작동되도록 상호 연결시키는 것을 말한다. |

 타워크레인을 설치·조립·해체하는 작업을 하는 경우 작성하여야 하는 작업계획서의 내용을 4가지 적으시오. (4점)

> 정답
> ① 타워크레인의 종류 및 형식
> ② 설치·조립 및 해체순서
> ③ 작업도구·장비·가설설비(假設設備) 및 방호설비
> ④ 작업인원의 구성 및 작업근로자의 역할 범위
> ⑤ 타워크레인의 지지 방법

정전기 재해 예방대책 3가지를 적으시오. (3점)

**정답**
① 접지(도체일 경우)  ② 습기 부여(습도를 60~70% 이상 유지)
③ 도전성 재료 사용  ④ 대전 방지제 사용

**참고**
• 인체에 대전된 정전기 위험 방지조치
 ① 정전기용 안전화의 착용
 ② 제전복(除電服)의 착용
 ③ 정전기제전용구의 사용
 ④ 작업장 바닥 등에 도전성을 갖출 것

산업안전보건법에 의하여 유해물질(허가대상 유해물질 및 관리대상 유해물질)을 제조하거나 사용하는 작업장의 보기 쉬운 장소에 게시하여야 하는 사항 5가지를 적으시오. (5점)

**정답**
① 유해물질의 명칭  ② 인체에 미치는 영향
③ 취급상의 주의사항  ④ 착용하여야 할 보호구
⑤ 응급처치와 긴급 방재 요령

**참고**

| 물질안전보건자료에 적어야 하는 사항 | 물질안전보건자료대상물질의 작업공정별 관리요령에 포함사항 |
|---|---|
| 1. 제품명<br>2. 물질안전보건자료 대상물질을 구성하는 화학물질 중 유해인자의 분류기준에 해당하는 화학물질의 명칭 및 함유량<br>3. 안전 및 보건상의 취급 주의 사항<br>4. 건강 및 환경에 대한 유해성, 물리적 위험성<br>5. 물리 · 화학적 특성 등 고용노동부령으로 정하는 사항<br> ① 물리 · 화학적 특성<br> ② 독성에 관한 정보<br> ③ 폭발 · 화재 시의 대처방법<br> ④ 응급조치 요령<br> ⑤ 그 밖에 고용노동부장관이 정하는 사항 | 1. 제품명<br>2. 건강 및 환경에 대한 유해성, 물리적 위험성<br>3. 안전 및 보건상의 취급주의 사항<br>4. 적절한 보호구<br>5. 응급조치 요령 및 사고 시 대처방법 |

**09** 산업안전보건법에 의하여 사업주가 근로자에게 실시해야 하는 안전보건교육 중 근로자의 채용 시의 교육 및 작업내용 변경 시의 교육내용 3가지를 적으시오. (단, 산업안전보건법령 및 산업재해보상보험제도에 관한 사항은 제외한다.) (6점)

> **정답**
>
> **근로자 채용 시 교육 및 작업내용 변경 시 교육내용**
> ① 산업안전 및 사고 예방에 관한 사항
> ② 산업보건 및 직업병 예방에 관한 사항
> ③ 산업안전보건법령 및 산업재해보상보험제도에 관한 사항
> ④ 직무스트레스 예방 및 관리에 관한 사항
> ⑤ 직장 내 괴롭힘, 고객의 폭언 등으로 인한 건강장해 예방 및 관리에 관한 사항
> ⑥ 기계·기구의 위험성과 작업의 순서 및 동선에 관한 사항
> ⑦ 물질안전보건자료에 관한 사항
> ⑧ 작업 개시 전 점검에 관한 사항
> ⑨ 정리정돈 및 청소에 관한 사항
> ⑩ 사고 발생 시 긴급조치에 관한 사항
> ⑪ 위험성 평가에 관한 사항

> **공통 항목**
> 1. 신규자는 법, 산재보상제도를 알자!
> 2. 신규자는 건강을 보존(산업보건)하고 직업병, 스트레스, 괴롭힘, 폭언 예방하자!
> 3. 신규자는 안전하고 사고예방하자!
> 4. 신규자는 위험성을 평가하자!
>
> 신규채용자는 회사에 처음 입사해서 처음 일을 하는 근로자, 안전하게 일하기 위한 기본내용을 교육한다.
> 1. 신규자는 기계기구 위험성, 작업순서, 동선을 알자!
> 2. 신규자는 취급물질의 위험성(물질안전보건자료)을 알자!
> 3. 신규자는 작업 전 점검하자!
> 4. 신규자는 항상 정리정돈 청소하자!
> 5. 신규자는 사고 시 조치를 알자!

**참고**

**관리감독자의 채용 시 교육 및 작업내용 변경 시 교육**
① 산업안전 및 사고 예방에 관한 사항
② 산업보건 및 직업병 예방에 관한 사항
③ 산업안전보건법령 및 산업재해보상보험 제도에 관한 사항
④ 직무스트레스 예방 및 관리에 관한 사항
⑤ 직장 내 괴롭힘, 고객의 폭언 등으로 인한 건강장해 예방 및 관리에 관한 사항
⑥ 위험성평가에 관한 사항
⑦ 기계·기구의 위험성과 작업의 순서 및 동선에 관한 사항

⑧ 작업 개시 전 점검에 관한 사항
⑨ 물질안전보건자료에 관한 사항
⑩ 사업장 내 안전보건관리체제 및 안전·보건조치 현황에 관한 사항
⑪ 표준안전 작업방법 결정 및 지도·감독 요령에 관한 사항
⑫ 비상시 또는 재해 발생 시 긴급조치에 관한 사항
⑬ 그 밖의 관리감독자의 직무에 관한 사항

> **암기법**
>
> 공통 항목 – 채용 시 근로자 교육과 동일
> 1. 신규 관리자는 법, 산재보상제도를 알자!
> 2. 신규 관리자는 건강을 보존(산업보건)하고 직업병, 스트레스, 괴롭힘, 폭언 예방하자!
> 3. 신규 관리자는 안전하고 사고예방하자!
> 4. 신규 관리자는 위험성을 평가하자!
>
> 채용 시 근로자 교육 중 "정리정돈 청소" 제외
> 1. 신규 관리자는 기계기구 위험성, 작업순서, 동선을 알자!
> 2. 신규 관리자는 취급물질의 위험성(물질안전보건자료)을 알자!
> 3. 신규 관리자는 작업 전 점검하자!
>
> 신규 관리자 내용 추가
> 1. 신규 관리자는 안전보건 조치하자!
> 2. 신규 관리자는 안전 작업방법 결정해서 감독하자!
> 3. 신규 관리자는 재해 시 긴급조치하자!

 근로자 400명이 작업하는 사업장에서 작년 한 해 동안 재해자 수 20명, 재해로 인한 근로손실일수가 100일이 생겼다. 사업장의 강도율을 계산하시오.
(단, 일일 8시간 연간 250일 근로하였다.) (4점)

> **정답**
>
> 강도율(S.R)
> ① 1,000 근로시간 당 근로손실일수 비율
> ② 강도율 = $\dfrac{\text{총 요양 근로손실일수}}{\text{연 근로시간 수}} \times 1,000$
>
> ※ 근로손실일수 = 휴업일수, 요양일수, 입원일수 × $\dfrac{300(\text{실제 근로일수})}{365}$
>
> 강도율 = $\dfrac{\text{총 요양 근로손실일수}}{\text{연 근로시간 수}} \times 1,000 = \dfrac{100}{400 \times 8 \times 250} \times 1,000 = 0.13$

## 11

거푸집을 작업발판과 일체로 제작하여 사용하는 작업발판 일체형 거푸집의 종류 4가지를 적으시오. (4점)

> **정답**
> ① 갱 폼(gang form)
> ② 슬립 폼(slip form)
> ③ 클라이밍 폼(climbing form)
> ④ 터널 라이닝 폼(tunnel lining form)

## 12

산업안전보건법에 의하여 과압에 따른 폭발을 방지하기 위하여 반드시 파열판을 설치하여야 하는 경우 3가지를 적으시오. (3점)

> **정답**
> ① 반응폭주 등 급격한 압력상승의 우려가 있는 경우
> ② 급성독성물질의 누출로 인하여 주위의 작업환경을 오염시킬 우려가 있는 경우
> ③ 운전 중 안전밸브에 이상 물질이 누적되어 안전밸브가 작동되지 아니할 우려가 있는 경우

## 13

다음 FT도에서 컷셋(cut set)을 모두 구하시오. (4점)

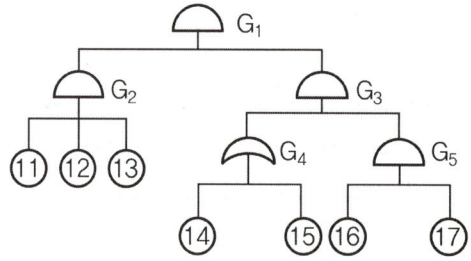

> **정답**
> $G_1 = G_2 \cdot G_3$
> $= (⑪⑫⑬) \cdot (G_4 \cdot G_5)$
> $= (⑪⑫⑬) \cdot \binom{⑭}{⑮} \cdot (⑯⑰)$
>
> 컷셋 : (⑪⑫⑬⑭⑯⑰), (⑪⑫⑬⑮⑯⑰)

**분석** 실기 출제 기준에서 제외된 "인간공학 및 시스템안전공학" 문제입니다.

> **참고**
> • 미니멀컷셋 : (⑪⑫⑬⑭⑯⑰) 또는 (⑪⑫⑬⑮⑯⑰)

**14** 아세틸렌 용접장치를 사용하여 금속의 용접·용단(溶斷) 또는 가열작업을 하는 경우에 준수하여야 하는 사항이다. 괄호에 적합한 내용을 적으시오. (5점)

[보기]

1. 발생기(이동식 아세틸렌 용접장치의 발생기는 제외한다)의 ( ① ), ( ② ), ( ③ ), 매 시 평균 가스발생량 및 1회 카바이드 공급량을 발생기실 내의 보기 쉬운 장소에 게시할 것
2. 발생기실에는 관계 근로자가 아닌 사람이 출입하는 것을 금지할 것
3. 발생기에서 ( ④ )미터 이내 또는 발생기실에서 ( ⑤ )미터 이내의 장소에서는 흡연, 화기의 사용 또는 불꽃이 발생할 위험한 행위를 금지시킬 것
4. 도관에는 산소용과 아세틸렌용의 혼동을 방지하기 위한 조치를 할 것
5. 아세틸렌 용접장치의 설치장소에는 적당한 소화설비를 갖출 것
6. 이동식 아세틸렌 용접장치의 발생기는 고온의 장소, 통풍이나 환기가 불충분한 장소 또는 진동이 많은 장소 등에 설치하지 않도록 할 것

**정답**
① 종류
② 형식
③ 제작 업체명
④ 5
⑤ 3

# 2021년 산업안전기사 (4월 25일 시행)

시험시간 : 1시간 30분

**01** 전기용접 작업을 하던 작업자가 300V의 회로를 물에 젖은 손으로 접촉하여 사망하였다. 이 때 인체에 흐른 전류(mA)와 통전시간(ms)을 계산하시오. (4점) (단, 인체의 저항은 1,000Ω)

> **정답**
>
> 1. $V = I \times R$
>
>    여기서, $V$ : 전압($V$)
>    $I$ : 전류($A$)
>    $R$ : 저항($\Omega$)
>
> 2. 심실세동전류
>    $I(mA) = \dfrac{165}{\sqrt{T}}$
>
>    여기서, $I$ : 통전전류($mA$)
>    $T$ : 통전시간($s$)

1. 인체에 흐른 전류
   $I = \dfrac{V}{R} = \dfrac{300}{1,000 \times \dfrac{1}{25}} = 7.5(A) \times 1,000 = 7,500(mA)$

2. 통전시간
   $I = \dfrac{165}{\sqrt{T}}$
   $\sqrt{T} \times I = 165$

   $\sqrt{T} = \dfrac{165}{I}$
   $(\sqrt{T})^2 = (\dfrac{165}{I})^2$
   $T = (\dfrac{165}{I})^2 = (\dfrac{165}{7,500})^2 = 0.000484(s) \times 1,000 = 0.48(ms)$

> **참고**
>
> 손이 물에 젖을 경우 저항이 $\dfrac{1}{25}$로 감소한다.

## 02. 산업안전보건법에 의한 작업장에 적합한 조도 기준을 적으시오.

- 초정밀 작업 : ( ① ) Lux 이상
- 정밀 작업 : ( ② ) Lux 이상
- 보통 작업 : ( ③ ) Lux 이상
- 기타 작업 : ( ④ ) Lux 이상

**정답**

① 750
② 300
③ 150
④ 75

## 03. 산업안전보건법에 의하여 사업주가 근로자에게 실시해야 하는 안전보건교육 중 근로자의 채용 시의 교육 및 작업내용 변경 시의 교육내용 4가지를 적으시오. (4점)

**정답**

① 산업안전 및 사고 예방에 관한 사항
② 산업보건 및 직업병 예방에 관한 사항
③ 산업안전보건법령 및 산업재해보상보험제도에 관한 사항
④ 직무스트레스 예방 및 관리에 관한 사항
⑤ 직장 내 괴롭힘, 고객의 폭언 등으로 인한 건강장해 예방 및 관리에 관한 사항
⑥ 기계·기구의 위험성과 작업의 순서 및 동선에 관한 사항
⑦ 물질안전보건자료에 관한 사항
⑧ 작업 개시 전 점검에 관한 사항
⑨ 정리정돈 및 청소에 관한 사항
⑩ 사고 발생 시 긴급조치에 관한 사항
⑪ 위험성 평가에 관한 사항

**공통 항목**
1. 신규자는 법, 산재보상제도를 알자!
2. 신규자는 건강을 보존(산업보건)하고 직업병, 스트레스, 괴롭힘, 폭언 예방하자!
3. 신규자는 안전하고 사고예방하자!
4. 신규자는 위험성을 평가하자!

신규채용자는 회사에 처음 입사해서 처음 일을 하는 근로자, 안전하게 일하기 위한 기본내용을 교육한다.
1. 신규자는 기계기구 위험성, 작업순서, 동선을 알자!
2. 신규자는 취급물질의 위험성(물질안전보건자료)을 알자!
3. 신규자는 작업 전 점검하자!
4. 신규자는 항상 정리정돈 청소하자!
5. 신규자는 사고 시 조치를 알자!

롤러의 방호장치인 급정지장치의 설치 위치에 관한 다음 표의 빈칸을 채우시오. (4점)

| 종 류 | 설치 위치 |
| --- | --- |
| 손조작식 | ( ① ) |
| 복부조작식 | ( ② ) |
| 무릎조작식 | ( ③ ) |

**정답**

① 밑면에서 1.8m 이내
② 밑면에서 0.8m 이상 1.1m 이내
③ 밑면에서 0.6m 이내(또는 밑면으로부터 0.4m 이상 0.6m 이내)

 연평균 300명이 근무하는 사업장에서 사고로 인하여 사망 2건, 4급 재해 1명, 10급 재해 1명 및 요양으로 인한 휴업일수가 300일 발생하였다. 강도율을 계산하시오. (단, 1일 8시간, 연간 300일 근무) (5점)

**정답**

$$강도율 = \frac{총\ 요양\ 근로손실일수}{연\ 근로시간\ 수} \times 1,000$$

※ 근로손실일수 = 휴업일수, 요양일수, 입원일수 × $\frac{300(실제근로일수)}{365}$

| 신체장해등급 | 사망, 1, 2, 3급 | 4급 | 5급 | 6급 | 7급 | 8급 |
| --- | --- | --- | --- | --- | --- | --- |
| 손실일수 | 7,500일 | 5,500일 | 4,000일 | 3,000일 | 2,200일 | 1,500일 |
| 신체장해등급 | 9급 | 10급 | 11급 | 12급 | 13급 | 14급 |
| 손실일수 | 1,000일 | 600일 | 400일 | 200일 | 100일 | 50일 |

$$강도율 = \frac{(7,500 \times 2) + (5,500 \times 1) + (600 \times 1) + (300 \times \frac{300}{365})}{300 \times 8 \times 300} \times 1,000 = 29.65$$

가설통로 설치 시의 준수사항(가설통로의 구조)에 관한 내용이다. 괄호에 적합한 내용을 적으시오. (4점)

- 경사가 ( ① )도를 초과하는 때는 미끄러지지 아니하는 구조로 할 것
- 수직갱의 길이가 15미터 이상인 때에는 ( ② )미터 이내마다 계단참을 설치할 것
- 건설공사에 사용하는 높이 8미터 이상인 비계다리는 ( ③ )미터 이내 마다 계단참을 설치할 것

**정답**
① 15
② 10
③ 7

**참고**

- **가설통로의 구조**
  ① 견고한 구조로 할 것
  ② 경사는 30도 이하로 할 것
  ③ 경사가 15도를 초과하는 때는 미끄러지지 아니하는 구조로 할 것
  ④ 추락의 위험이 있는 장소에는 안전난간을 설치할 것
  ⑤ 수직갱 : 길이가 15미터 이상인 때에는 10미터 이내마다 계단참을 설치할 것
  ⑥ 건설공사에 사용하는 높이 8미터 이상인 비계다리 : 7미터 이내 마다 계단참을 설치할 것

 국소배기장치의 후드 설치기준 3가지를 적으시오. (3점)

**정답**
① 유해물질이 발생하는 곳마다 설치할 것
② 유해인자의 발생형태와 비중, 작업방법 등을 고려하여 해당 분진 등의 발산원(發散源)을 제어할 수 있는 구조로 설치할 것
③ 후드(hood) 형식은 가능하면 포위식 또는 부스식 후드를 설치할 것
④ 외부식 또는 리시버식 후드는 해당 분진 등의 발산원에 가장 가까운 위치에 설치할 것

**08** 중대산업사고를 예방하기 위하여 공정안전보고서를 작성하는 경우 공정안전보고서에 포함하여야 하는 내용 4가지를 적으시오. (4점)

> **정답**
> ① 공정안전자료
> ② 공정위험성 평가서
> ③ 안전운전계획
> ④ 비상조치계획
> ⑤ 그 밖에 공정상의 안전과 관련하여 노동부장관이 필요하다고 인정하여 고시하는 사항

> **참고**
> • 공정안전보고서의 제출 대상
> ① 원유 정제처리업
> ② 기타 석유정제물 재처리업
> ③ 석유화학계 기초화학물 제조업 또는 합성수지 및 기타 플라스틱 물질 제조업.
> ④ 질소 화합물, 질소·인산 및 칼리질 화학비료 제조업 중 질소질 비료 제조
> ⑤ 복합비료 및 기타 화학비료 제조업 중 복합비료 제조(단순혼합 또는 배합에 의한 경우는 제외한다)
> ⑥ 화학 살균·살충제 및 농업용 약제 제조업[농약 원제(原劑) 제조만 해당한다]
> ⑦ 화약 및 불꽃제품 제조업

**09** 보호구의 안전인증 고시에 따른 방진마스크의 성능시험 종류 4가지를 적으시오. (4점)

> **정답**
> ① 안면부 흡기저항시험
> ② 여과재의 분진 등 포집효율시험
> ③ 안면부 배기저항시험
> ④ 안면부 누설율 시험
> ⑤ 배기밸브 작동시험
> ⑥ 시야시험
> ⑦ 강도 신장율 및 영구변형율 시험
> ⑧ 불연성시험
> ⑨ 음성 전달판 시험
> ⑩ 투시부의 내충격성 시험
> ⑪ 여과재 질량 시험
> ⑫ 여과재 호흡저항 시험
> ⑬ 안면부 내부의 이산화탄소농도 시험

**10** FTA에 의한 재해사례 연구 순서를 [보기]에서 골라 기호로 나타내시오. (4점)

㉠ 재해 원인 규명   ㉡ 톱사상의 설정
㉢ 개선계획의 작성   ㉣ FT도의 작성

**정답**
㉡ – ㉠ – ㉣ – ㉢

**분석** 실기 출제 기준에서 제외된 "인간공학 및 시스템안전공학" 문제입니다.

**11** 산업안전보건법에 의하여 근로자위원과 사용자위원이 같은 수로 구성되는 노사협의체를 설치하여야 하는 대상 사업장과 노사협의체 정기회의 개최주기를 적으시오.

(1) 대상 사업장 :

(2) 정기회의 개최주기 :

**정답**
(1) 대상 사업장 : 공사금액이 120억 원(토목공사업은 150억 원) 이상인 건설업
(2) 정기회의 개최주기 : 2개월마다

**참고**
임시회의 : 위원장이 필요하다 인정할 때

**12** 연삭작업 시 연삭기 숫돌이 파괴되는 원인 4가지를 적으시오. (4점)

**정답**
① 숫돌의 회전속도가 너무 빠를 때
② 숫돌 자체에 균열이 있을 때
③ 숫돌의 측면을 사용하여 작업할 때
④ 숫돌에 과대한 충격을 가할 때
⑤ 플랜지가 현저히 작을 때(플랜지 지름은 숫돌 지름의 $\frac{1}{3}$ 이상일 것)
⑥ 숫돌 불균형, 베어링 마모에 의한 진동이 심할 때
⑦ 반지름 방향 온도변화 심할 때

가설도로를 설치하는 경우 준수하여야 할 사항 3가지를 적으시오. (3점)

**정답**
① 도로는 장비 및 차량이 안전하게 운행할 수 있도록 견고하게 설치할 것
② 도로와 작업장이 접하여 있을 경우에는 울타리 등을 설치할 것
③ 도로는 배수를 위하여 경사지게 설치하거나 배수시설을 설치할 것
④ 차량의 속도제한 표지를 부착할 것

 사고발생 이론 중 하인리히와 아담스의 사고발생이론을 순서대로 적으시오. (4점)

**정답**

1. 하인리히의 사고발생 이론

| 1단계 | • 선천적 결함 |
|---|---|
| 2단계 | • 개인적 결함 |
| 3단계 | • 불안전 행동, 불안전한 상태 |
| 4단계 | • 사고 |
| 5단계 | • 재해(상해) |

2. 아담스의 사고발생 이론

| 1단계 | • 관리구조 |
|---|---|
| 2단계 | • 작전적 에러 |
| 3단계 | • 전술적 에러 |
| 4단계 | • 사고 |
| 5단계 | • 상해 |

**참고**

버드(Frank. E. Bird)의 사고 연쇄성이론 5단계

| 1단계 | • 제어 부족(관리 부재) |
|---|---|
| 2단계 | • 기본 원인(기원) |
| 3단계 | • 직접 원인(징후) |
| 4단계 | • 사고(접촉) |
| 5단계 | • 상해(손실) |

# 2021년 산업안전기사 (7월 11일 시행)

시험시간 : 1시간 30분

연 평균근로자 수가 400명인 어느 사업장에서 작년 한 해 동안 재해자 수 8명이 발생하였다. 이 사업장의 연천인율은 얼마인가? (4점)

**정답**

[연천인율]
① 근로자 1,000명 중 재해자 수 비율(1년간)
② 연천인율 = $\dfrac{\text{연간 재해자수}}{\text{연 평균근로자수}} \times 1,000$
③ 연천인율 = 도수율 × 2.4

연천인율 = $\dfrac{\text{연간 재해자수}}{\text{연 평균근로자수}} \times 1,000 = \dfrac{8}{400} \times 1,000 = 20$

시스템 전체의 신뢰도를 0.85로 설계하고자 하는 경우 부품 $R_X$의 신뢰도를 계산하시오. (5점)

$R_1 = 0.9$ — [ $R_2 = 0.8$ / $R_3 = 0.8$ ] — [ $R_4 = 0.7$ / $R_X = ?$ ]

**정답**

$0.9 \times \{1 - (1-0.8) \times (1-0.8)\} \times \{1 - (1-0.7) \times (1-R_X)\} = 0.85$
$0.9 \times \{1 - (1-0.8-0.8+0.64)\} \times \{1 - (1-R_X-0.7+0.7R_X)\} = 0.85$
$0.9 \times (1-1+0.8+0.8-0.64) \times (1-1+R_X+0.7-0.7R_X) = 0.85$
$0.9 \times 0.96 \times (0.7+0.3R_X) = 0.85$
$0.864 \times (0.7+0.3R_X) = 0.85$
$0.6048 + 0.2592 R_X = 0.85$
$0.2592 R_X = 0.85 - 0.6048 = 0.2452$
$R_X = \dfrac{0.2452}{0.2592} = 0.95$

**문석** 실기 출제 기준에서 제외된 "인간공학 및 시스템안전공학" 문제입니다.

다음 [보기]에 해당하는 건설업의 산업안전보건관리비를 계상하시오. (5점)

> [보기]
> - 건축공사
> - 요율 : 계상기준은 2.28(%), 기초액 : 4,325,000(원)
> - 낙찰률 : 75%
> - 재료비 : 25억 원
> - 관급재료비 : 3억 원
> - 직접노무비 : 10억 원
> - 관리비(간접비 포함) : 10억 원

**정답**

> 산업안전보건관리비의 계상
> 1. 대상액이 5억 원 미만 또는 50억 원 이상
>    산업안전보건관리비 = 대상액(재료비 + 직접 노무비) × 비율
> 2. 대상액이 5억 원 이상 50억 원 미만
>    산업안전보건관리비 = 대상액(재료비 + 직접 노무비) × 비율 + 기초액(C)

1. 관급재료비를 포함할 경우
   - 대상액 = 25억 원 + 3억 원 + 10억 원 = 38억 원(대상액이 5억 원 이상 50억 원 미만에 해당)
   - 산업안전보건관리비 = 대상액(재료비 + 직접 노무비) × 비율 + 기초액(C)
     = (25억 원 + 3억 원 + 10억 원) × 0.0228 + 4,325,000원
     = 90,965,000원

2. 관급재료비를 포함하지 않을 경우
   - 대상액 = 25억 원 + 10억 원 = 35억 원(대상액이 5억 원 이상 50억 원 미만에 해당)
   - 산업안전보건관리비 = 대상액(재료비 + 직접 노무비) × 비율 + 기초액(C)
     = (25억 원 + 10억 원) × 0.0228 + 4,325,000원
     = 84,125,000원
   - 84,125,000 × 1.2 = 100,950,000원

3. 1, 2 중 작은 값이 안전관리비가 된다.
   ∴ 안전관리비 = 90,965,000원

**참고**

발주자가 재료를 제공하거나 일부 물품이 완제품의 형태로 제작·납품되는 경우에는 해당 재료비 또는 완제품 가액을 대상액에 포함하여 산출한 산업안전보건관리비와 해당 재료비 또는 완제품 가액을 대상액에서 제외하고 산출한 산업안전보건관리비의 1.2배에 해당하는 값을 비교하여 그 중 작은 값 이상의 금액으로 계상한다.

산업안전보건 법령상 연삭기 덮개의 시험방법 중 연삭기 작동시험에 관한 사항이다. 다음 (  )안에 알맞은 내용을 적으시오. (3점)

(1) 연삭 (  ①  ) 과 덮개의 접촉 여부
(2) 탁상용 연삭기는 덮개, (  ②  ) 및 (  ③  ) 부착상태의 적합성 여부

**정답**
① 숫돌  ② 워크래스트  ③ 조정편

**참고**

· 연삭기 덮개의 시험방법

| | |
|---|---|
| 작동시험 | 연삭기 작동시험은 시험용 연삭기에 직접 부착 후 다음 각 목의 사항을 확인하여 이상이 없어야 한다.<br>가. 연삭숫돌과 덮개의 접촉 여부<br>나. 덮개의 고정상태, 작업의 원활성, 안전성, 덮개 노출의 적합성 여부<br>다. 탁상용 연삭기는 덮개, 워크레스트 및 조정편 부착상태의 적합성 여부 |
| 휴대용 연삭기의 작동시험 | 휴대용 연삭기 작동시험은 이동 덮개를 연삭기에 부착해서 이동 덮개의 작동상태, 복원상태 등 작업의 원활성을 확인하여 이상이 없어야 한다. |

산업안전보건법에 의하여 사업주가 근로자에게 실시해야 하는 안전보건교육 중 관리감독자 정기교육의 교육내용 4가지를 적으시오. (4점)

**정답**
① 산업안전 및 사고 예방에 관한 사항
② 산업보건 및 직업병 예방에 관한 사항
③ 유해·위험 작업환경 관리에 관한 사항
④ 산업안전보건법령 및 산업재해보상보험 제도에 관한 사항
⑤ 직무스트레스 예방 및 관리에 관한 사항
⑥ 직장 내 괴롭힘, 고객의 폭언 등으로 인한 건강장해 예방 및 관리에 관한 사항
⑦ 위험성평가에 관한 사항
⑧ 작업공정의 유해·위험과 재해 예방대책에 관한 사항
⑨ 표준안전 작업방법 결정 및 지도·감독 요령에 관한 사항
⑩ 비상시 또는 재해 발생 시 긴급조치에 관한 사항
⑪ 사업장 내 안전보건관리체제 및 안전·보건조치 현황에 관한 사항
⑫ 현장근로자와의 의사소통능력 및 강의능력 등 안전보건교육 능력 배양에 관한 사항
⑬ 그 밖의 관리감독자의 직무에 관한 사항

> **공통 항목(관리감독자, 근로자)**
> 1. 관리자는 법, 산재보상제도를 알자.
> 2. 관리자는 건강을 보존(산업보건)하고 직업병, 스트레스, 괴롭힘, 폭언 예방하자!
> 3. 관리자는 유해위험 환경을 관리해서 안전하고 사고예방하자!
> 4. 관리자는 위험성을 평가하자!
>
> **관리감독자 정기교육의 특징**
> 1. 관리자는 유해위험의 재해예방대책 세우자!
> 2. 관리자는 안전 작업방법 결정해서 감독하자!
> 3. 관리자는 재해발생 시 긴급조치하자!
> 4. 관리자는 안전보건 조치하자!
> 5. 관리자는 안전보건교육 능력 배양하자!

### 참고

#### 관리감독자의 채용 시 교육 및 작업내용 변경 시 교육

① 산업안전 및 사고 예방에 관한 사항
② 산업보건 및 직업병 예방에 관한 사항
③ 산업안전보건법령 및 산업재해보상보험 제도에 관한 사항
④ 직무스트레스 예방 및 관리에 관한 사항
⑤ 직장 내 괴롭힘, 고객의 폭언 등으로 인한 건강장해 예방 및 관리에 관한 사항
⑥ 위험성평가에 관한 사항
⑦ 기계·기구의 위험성과 작업의 순서 및 동선에 관한 사항
⑧ 작업 개시 전 점검에 관한 사항
⑨ 물질안전보건자료에 관한 사항
⑩ 사업장 내 안전보건관리체제 및 안전·보건조치 현황에 관한 사항
⑪ 표준안전 작업방법 결정 및 지도·감독 요령에 관한 사항
⑫ 비상시 또는 재해 발생 시 긴급조치에 관한 사항
⑬ 그 밖의 관리감독자의 직무에 관한 사항

> **공통 항목 – 채용 시 근로자 교육과 동일**
> 1. 신규 관리자는 법, 산재보상제도를 알자!
> 2. 신규 관리자는 건강을 보존(산업보건)하고 직업병, 스트레스, 괴롭힘, 폭언 예방하자!
> 3. 신규 관리자는 안전하고 사고예방하자!
> 4. 신규 관리자는 위험성을 평가하자!
>
> **채용 시 근로자 교육 중 "정리정돈 청소" 제외**
> 1. 신규 관리자는 기계기구 위험성, 작업순서, 동선을 알자!
> 2. 신규 관리자는 취급물질의 위험성(물질안전보건자료)을 알자!
> 3. 신규 관리자는 작업 전 점검하자!
>
> **신규 관리자 내용 추가**
> 1. 신규 관리자는 안전보건 조치하자!
> 2. 신규 관리자는 안전 작업방법 결정해서 감독하자!
> 3. 신규 관리자는 재해 시 긴급조치하자!

**06** 하인리히의 사고빈도법칙 1 : 29 : 300을 설명하시오. (3점)

> **정답**
> - 중상 또는 사망 : 1건
> - 경상해 : 29건
> - 무상해사고 : 300건

> **참고**
> - 총 330건의 사고를 분석했을 때
>   중상 또는 사망 : 1건, 경상해 : 29건, 무상해사고 : 300건이 발생함을 의미한다.

**07** 공기 중에 아세틸렌이 70%, 클로로벤젠이 30% 존재하고 있다. 다음 표와 같은 조건에서 (1) 혼합기체의 공기 중 폭발하한계와 (2) 아세틸렌의 위험도를 계산하시오. (5점)

| 구분 | 폭발하한계 | 폭발상한계 |
|---|---|---|
| 아세틸렌 | 2.5Vol% | 81Vol% |
| 클로로벤젠 | 1.3Vol% | 7.1Vol% |

> **정답**
>
> (1) 혼합기체의 폭발하한계
>
> $$\frac{100}{L} = \frac{70}{2.5} + \frac{30}{1.3}$$
>
> $$L = \frac{100}{\frac{70}{2.5} + \frac{30}{1.3}} = 1.96 \text{Vol\%}$$
>
> (2) 아세틸렌의 위험도
>
> $$위험도(H) = \frac{폭발상한계 - 폭발하한계}{폭발하한계}$$
>
> $$위험도(H) = \frac{81 - 2.5}{2.5} = 31.4$$

08. 안전보건 표지 중 "위험장소 경고"를 그리시오. (단, 색상표시는 글자로 나타내도록 하고, 크기에 대한 기준은 표시하지 않아도 된다.) (4점)

[별책부록 컬러 자료를 참고해주세요.]

**정답**

- 바탕 : 노란색
- 기본모형, 관련 부호 및 그림 : 검은색

09. 다음 [보기]는 작업발판의 설치기준에 관한 설명이다. 괄호에 적합한 내용을 적으시오. (3점)

[보기]

1. 비계의 높이가 2m 이상인 장소에 설치하는 작업발판의 폭은 ( ① )cm 이상으로 하고, 발판 재료 간의 틈은 ( ② )cm 이하로 할 것
2. 추락의 위험성이 있는 장소에는 ( ③ )을 설치할 것

**정답**

① 40
② 3
③ 안전난간

> 참고

### 작업발판 설치기준

① 발판 재료 : 작업 시의 하중을 견딜 수 있도록 견고한 것으로 할 것
② 발판의 폭 : 40cm 이상으로 하고, 발판 재료 간의 틈 : 3cm 이하로 할 것
③ 추락의 위험성이 있는 장소에는 안전난간을 설치할 것
④ 작업발판의 지지물 : 하중에 의하여 파괴될 우려가 없는 것을 사용할 것
⑤ 작업발판재료는 뒤집히거나 떨어지지 아니하도록 2 이상의 지지물에 연결하거나 고정시킬 것
⑥ 작업에 따라 이동시킬 때에는 위험방지 조치를 할 것
⑦ 선박 및 보트 건조작업에서 선박블록 또는 엔진실 등의 좁은 작업공간에 작업발판을 설치하는 경우 : 작업발판의 폭을 30센티미터 이상으로 할 수 있고, 걸침비계의 경우 발판재료 간의 틈을 3센티미터 이하로 유지하기 곤란하면 5센티미터 이하로 할 수 있다.

크레인을 사용하여 작업하는 경우 작업시작 전 점검사항 2가지를 적으시오. (4점)

> 정답

① 권과방지장치·브레이크·클러치 및 운전장치의 기능
② 주행로의 상측 및 트롤리(trolley)가 횡행하는 레일의 상태
③ 와이어로프가 통하고 있는 곳의 상태

양립성의 종류를 3가지 적고 사례를 들어 설명하시오. (3점)

> 정답

① 개념 양립성 : 빨간 버튼은 온수, 파란 버튼은 냉수
② 공간 양립성 : 오른쪽 조리대는 오른쪽 조절장치로, 왼쪽 조리대는 왼쪽 조절장치로 조정한다.
③ 운동 양립성 : 조종장치를 오른쪽으로 돌리면 표시장치 지침이 오른쪽으로 이동한다.
④ 양식 양립성 : 음성과업에 대해서는 청각적 자극 제시와 이에 대한 음성응답 과업에서 갖는 양립성이다.

> 참고

| 개념적 양립성 | • 외부자극에 대해 인간의 개념적 현상의 양립성 |
| --- | --- |
| 공간적 양립성 | • 표시장치, 조종장치의 형태 및 공간적 배치의 양립성 |
| 운동의 양립성 | • 표시장치, 조종장치 등의 운동 방향의 양립성 |
| 양식 양립성 | • 직무에 알맞은 자극과 응답 양식의 존재에 대한 양립성 |

**12** 차량계 하역운반기계 등을 사용하는 작업에서 작성하여야 하는 작업계획서의 내용 2가지를 적으시오. (4점)

> **정답**
> ① 해당 작업에 따른 추락·낙하·전도·협착 및 붕괴 등의 위험 예방대책
> ② 차량계 하역운반기계 등의 운행경로 및 작업방법

> **참고**
> • 차량계 건설기계의 작업계획서 내용
>   ① 사용하는 차량계 건설기계의 종류 및 성능
>   ② 차량계 건설기계의 운행경로
>   ③ 차량계 건설기계에 의한 작업방법

**13** 지게차를 이용한 작업 중에 위쪽으로부터 떨어지는 물건에 의한 운전자의 위험을 방지하기 위하여 운전자의 머리 위쪽에 헤드가드를 설치하여야 한다. 지게차의 헤드가드가 갖추어야 하는 조건 2가지를 적으시오. (4점)

> **정답**
> ① 상부 틀의 각 개구의 폭 또는 길이는 16센티미터 미만일 것
> ② 운전자가 앉아서 조작하거나 서서 조작하는 지게차의 헤드가드는 산업표준화법「한국산업표준」에서 정하는 높이 기준 이상일 것(좌식 : 0.903m, 입식 : 1.88m)
> ③ 최대하중의 2배(4톤을 넘는 값에 대해서는 4톤으로 한다.)에 해당하는 등분포정하중에 견딜 수 있는 강도를 가질 것

**14** 충전전로에서 전기작업(활선작업) 시 적합한 접근 한계거리를 적으시오. (4점)

| 충전전로의 선간전압 | 접근한계거리 |
|---|---|
| 380V | ( ① ) |
| 1.5kV | ( ② ) |
| 6.6kV | ( ③ ) |
| 22.9kV | ( ④ ) |

> **정답**
> ① 30cm
> ② 45cm
> ③ 60cm
> ④ 90cm

> **참고**
>
> | 충전전로의 선간전압<br>(단위 : 킬로볼트) | 충전전로에 대한 접근 한계거리<br>(단위 : 센티미터) |
> |---|---|
> | 0.3 이하 | 접촉금지 |
> | 0.3 초과 0.75 이하 | 30 |
> | 0.75 초과 2 이하 | 45 |
> | 2 초과 15 이하 | 60 |
> | 15 초과 37 이하 | 90 |
> | 37 초과 88 이하 | 110 |
> | 88 초과 121 이하 | 130 |
> | 121 초과 145 이하 | 150 |
> | 145 초과 169 이하 | 170 |
> | 169 초과 242 이하 | 230 |
> | 242 초과 362 이하 | 380 |
> | 362 초과 550 이하 | 550 |
> | 550 초과 800 이하 | 790 |

# 2021년 산업안전기사 (10월 16일 시행)

시험시간 : 1시간 30분

**01** 미국방성의 위험성평가인 MIL-STD-882B의 위험도 분류 4가지를 적으시오. (4점)

> **정답**
> 제1단계 : 파국적(치명적)
> 제2단계 : 위기적(위험)
> 제3단계 : 한계적
> 제4단계 : 무시

**분석** 실기 출제 기준에서 제외된 "인간공학 및 시스템안전공학" 문제입니다.

**02** 대통령령으로 정하는 업종 및 규모에 해당하는 사업의 사업주는 건설물·기계·기구 및 설비 등 일체를 설치·이전하거나 그 주요 구조부분을 변경할 때에는 유해·위험방지계획서를 작성하여 고용노동부장관에게 제출하여야 한다. 건설공사 중 유해위험방지계획서를 제출하여야 하는 대상공사를 4가지 적으시오. (4점)

> **정답**
> 1. 지상높이가 31미터 이상인 건축물 또는 인공구조물, 연면적 3만제곱미터 이상인 건축물 또는 연면적 5천제곱미터 이상의 문화 및 집회시설(전시장 및 동물원·식물원은 제외한다), 판매시설, 운수시설(고속철도의 역사 및 집배송시설은 제외한다), 종교시설, 의료시설 중 종합병원, 숙박시설 중 관광숙박시설, 지하도상가 또는 냉동·냉장창고시설의 건설·개조 또는 해체
> 2. 연면적 5천제곱미터 이상의 냉동·냉장창고 시설의 설비공사 및 단열공사
> 3. 최대 지간길이가 50미터 이상인 교량 건설 등 공사
> 4. 터널 건설 등의 공사
> 5. 다목적댐, 발전용 댐, 저수용량 2천만 톤 이상의 용수 전용 댐, 지방상수도 전용 댐 건설 등의 공사
> 6. 깊이 10미터 이상인 굴착공사

- 지상높이 31m, 연면적 3만m², 사람 많은 시설 연면적 5,000m²
- 연면적 5,000m² 냉동·냉장창고 시설
- 최대 지간길이가 50미터 이상 교량
- 터널
- 저수용량 2천만 톤 이상 댐
- 10미터 이상인 굴착

다음은 추락을 방지하기 위하여 설치하는 안전난간의 구조 및 설치요건에 관한 설명이다. 괄호에 적합한 숫자를 적으시오. (3점)

[보기]
1. 상부 난간대는 바닥면·발판 또는 경사로의 표면으로부터 ( ① )센티미터 이상 지점에 설치하고, 상부 난간대를 120센티미터 이하에 설치하는 경우에는 중간 난간대는 상부 난간대와 바닥면 등의 중간에 설치하여야 한다.
2. 난간대는 지름 ( ② )센티미터 이상의 금속제 파이프나 그 이상의 강도가 있는 재료이어야 한다.
3. 안전난간은 구조적으로 가장 취약한 지점에서 가장 취약한 방향으로 작용하는 ( ③ )킬로그램 이상의 하중에 견딜 수 있는 튼튼한 구조이어야 한다.

**정답**
① 90   ② 2.7   ③ 100

**참고**

- 안전난간의 구조 및 설치요건
  ① 상부 난간대, 중간 난간대, 발끝막이판 및 난간기둥으로 구성할 것
  ② 상부 난간대
    - 상부 난간대는 바닥면 등으로부터 90센티미터 이상 지점에 설치
    - 상부 난간대를 120센티미터 이하에 설치하는 경우 : 중간 난간대는 상부 난간대와 바닥면 등의 중간에 설치
    - 120센티미터 이상 지점에 설치하는 경우 : 중간 난간대를 2단 이상으로 설치, 난간의 상하간격은 60센티미터 이하가 되도록 할 것(다만, 난간기둥 간의 간격이 25센티미터 이하인 경우에는 중간 난간대를 설치하지 않을 수 있다.)
  ③ 발끝막이판은 바닥면 등으로 부터 10센티미터 이상의 높이를 유지할 것
  ④ 난간기둥은 상부 난간대와 중간 난간대를 견고하게 떠받칠 수 있도록 적정한 간격을 유지할 것
  ⑤ 상부 난간대와 중간 난간대는 난간 길이 전체에 걸쳐 바닥면등과 평행을 유지할 것
  ⑥ 난간대는 지름 2.7센티미터 이상의 금속제 파이프나 그 이상의 강도가 있는 재료일 것
  ⑦ 안전난간은 구조적으로 가장 취약한 지점에서 가장 취약한 방향으로 작용하는 100킬로그램 이상의 하중에 견딜 수 있는 튼튼한 구조일 것

 인간 주의 특성의 종류 3가지를 적으시오. (3점)

**정답**
① 선택성
② 방향성
③ 변동성
④ 단속성
⑤ 주의력의 중복집중 곤란

> **참고**
>
> - 인간 주의 특성
>   ① 선택성 : 사람은 한번에 여러 종류의 자극을 지각하거나 수용하지 못하며 소수의 특정한 것으로 한정해서 선택하는 기능을 말한다.
>   ② 방향성 : 시선에서 벗어난 부분은 무시되기 쉽다.(주시점만 응시한다.)
>   ③ 변동성 : 주의는 리듬이 있어 일정한 수순을 지키지 못한다.
>   ④ 단속성 : 고도의 주의는 장시간 집중이 곤란하다.
>   ⑤ 주의력의 중복집중 곤란 : 동시에 두 개 이상의 방향을 잡지 못한다.

 산업안전보건기준에 관한 규칙에 의하여 용융 고열물을 취급하는 피트에 대하여 수증기 폭발을 방지하기 위하여 취하여야 할 조치사항 2가지를 적으시오. (4점)

**정답**
① 지하수가 내부로 새어드는 것을 방지할 수 있는 구조로 할 것
② 작업용수 또는 빗물 등이 내부로 새어드는 것을 방지할 수 있는 격벽 등의 설비를 주위에 설치할 것

 지게차의 헤드가드가 갖추어야 할 조건에 관한 내용이다. 괄호에 적합한 숫자를 적으시오. (4점)

[보기]
1. 상부 틀의 각 개구의 폭 또는 길이는 ( ① )센티미터 미만일 것
2. 지게차에는 최대하중의 ( ② )배(4톤을 넘는 값에 대해서는 4톤으로 한다)에 해당하는 등분포정하중에 견딜 수 있는 강도의 헤드가드를 설치하여야 한다.

**정답**
① 16  ② 2

산업용 로봇의 작동범위 내에서 교시 등의 작업을 하는 때에는 당해 로봇의 불의의 작동 또는 오조작에 의한 위험을 방지하기 위하여 지침을 정하고 그 지침에 따라 작업을 시켜야 한다. 산업용 로봇의 작업지침에 포함하여야 하는 사항 5가지를 적으시오. (5점) (단, 그 밖에 로봇의 예기치 못한 작동 또는 오조작에 의한 위험을 방지하기 위하여 필요한 조치는 제외한다.)

> 정답
> ① 로봇의 조작방법 및 순서
> ② 작업 중의 매니퓰레이터의 속도
> ③ 2인 이상의 근로자에게 작업을 시킬 때의 신호방법
> ④ 이상을 발견한 때의 조치
> ⑤ 이상을 발견하여 로봇의 운전을 정지시킨 후 이를 재가동 시킬 때의 조치

 산업안전보건기준에 관한 규칙에 의하여 코드 및 플러그를 접속하여 사용하는 전기기계·기구 중 접지를 하여야 하는 경우 5가지를 적으시오. (5점)

> 정답
> ① 사용전압이 대지전압 150볼트를 넘는 것
> ② 냉장고·세탁기·컴퓨터 및 주변기기 등과 같은 고정형 전기기계·기구
> ③ 고정형·이동형 또는 휴대형 전동기계·기구
> ④ 물 또는 도전성이 높은 곳에서 사용하는 전기기계·기구, 비접지형 콘센트
> ⑤ 휴대형 손전등

 산업안전보건법에 의하여 선반작업장은 정밀작업의 조도기준으로 설계하여야 한다. 선반작업장에 적합한 조도기준을 적으시오. (3점)

> 정답
> 300 Lux 이상

> 참고
> • 법적 조도 기준
> ① 초정밀 작업 : 750 Lux 이상
> ② 정밀 작업 : 300 Lux 이상
> ③ 보통 작업 : 150 Lux 이상
> ④ 기타 작업 : 75 Lux 이상

**10** 방진마스크 중 분리식 방진마스크 여과재의 분진 등 포집효율을 적으시오. (3점)

1. 특급 :
2. 1급 :
3. 2급 :

**정답**

1. 99.95% 이상
2. 94.0% 이상
3. 80.0% 이상

**참고**

| 형태 및 등급 | | 염화나트륨(NaCl) 및 파라핀 오일(Paraffin oil) 시험(%) |
|---|---|---|
| 분리식 | 특급 | 99.95 이상 |
| | 1급 | 94.0 이상 |
| | 2급 | 80.0 이상 |
| 안면부 여과식 | 특급 | 99.0 이상 |
| | 1급 | 94.0 이상 |
| | 2급 | 80.0 이상 |

**11** 연 근로시간수가 2,400시간인 어느 작업장에서 근로자 600명이 작업하고 있다. 작년 한 해 동안 120건의 재해가 발생되어 800일의 근로손실일수가 발생하였다. 이 작업장의 종합재해지수를 계산하시오. (단, 소수 넷째 자리에서 반올림하여 셋째 자리까지 나타낼 것) (5점)

**정답**

1. 종합재해지수
   $FSI = \sqrt{FR \times SR} = \sqrt{도수율 \times 강도율}$

2. 도수율(빈도율) = $\dfrac{재해건수}{연 근로시간 수} \times 10^6$

3. 강도율 = $\dfrac{총 요양 근로손실일수}{연 근로시간 수} \times 1,000$

* 근로손실일수 = 휴업일수, 요양일수, 입원일수 × $\dfrac{300(\text{실제 근로일수})}{365}$

1. 도수율 = $\dfrac{\text{재해 건수}}{\text{연 근로시간 수}} \times 10^6 = \dfrac{120}{600 \times 2,400} \times 10^6 = 83.333$

2. 강도율 = $\dfrac{\text{총 요양 근로손실일수}}{\text{연 근로시간 수}} \times 1,000 = \dfrac{800}{600 \times 2,400} \times 1,000 = 0.556$

3. 종합재해지수(FSI) = $\sqrt{\text{도수율} \times \text{강도율}} = \sqrt{83.333 \times 0.556} = 6.807$

## 12

산업안전보건법에 의하여 산업안전보건위원회를 개최하는 경우에는 회의록을 작성하여 사업장에 갖추어 두어야 한다. 산업안전보건위원회의 회의록에 기록하여야 하는 사항 3가지를 적으시오.(단, 그 밖의 토의사항은 제외한다.) (3점)

**정답**
① 개최 일시 및 장소
② 출석위원
③ 심의 내용 및 의결·결정 사항

## 13

달비계에 사용해서는 아니 되는 달기체인의 조건 3가지를 적으시오. (3점)

**정답**
① 달기 체인의 길이가 달기 체인이 제조된 때의 길이의 5퍼센트를 초과한 것
② 링의 단면지름이 달기 체인이 제조된 때의 해당 링의 지름의 10퍼센트를 초과하여 감소한 것
③ 균열이 있거나 심하게 변형된 것

> 참고

- **사용금지 항목**

| 와이어로프 | ① 이음매가 있는 것<br>② 와이어로프의 한 꼬임(스트랜드: strand)에서 끊어진 소선의 수가 10퍼센트 이상(비자전로프의 경우에는 끊어진 소선의 수가 와이어로프 호칭지름의 6배 길이 이내에서 4개 이상이거나 호칭지름 30배 길이 이내에서 8개 이상)인 것<br>③ 지름의 감소가 공칭지름의 7퍼센트를 초과하는 것<br>④ 꼬인 것<br>⑤ 심하게 변형되거나 부식된 것<br>⑥ 열과 전기충격에 의해 손상된 것 |
|---|---|
| 섬유로프 | ① 꼬임이 끊어진 것<br>② 심하게 손상 또는 부식된 것 |
| 달비계에 사용하는 섬유로프 또는 안전대의 섬유벨트 | ① 꼬임이 끊어진 것<br>② 심하게 손상되거나 부식된 것<br>③ 2개 이상의 작업용 섬유로프 또는 섬유벨트를 연결한 것<br>④ 작업 높이보다 길이가 짧은 것 |

**14** 가스장치실을 설치하는 경우 준수하여야 하는 가스장치실의 구조 3가지를 적으시오. (6점)

> 정답
> ① 가스가 누출된 때에는 당해 가스가 정체되지 아니하도록 할 것
> ② 지붕 및 천장에는 가벼운 불연성의 재료를 사용할 것
> ③ 벽에는 불연성의 재료를 사용할 것

# 2022년 산업안전기사 (5월 7일 시행)

시험시간 : 1시간 30분

**01** [보기]는 산업안전보건법에 의한 건설공사발주자의 산업재해 예방 조치에 관한 내용이다. 괄호에 적합한 내용을 적으시오. (4점)

[보기]

총 공사금액이 ( ① )원 이상인 건설공사발주자는 산업재해 예방을 위하여 건설공사의 계획, 설계 및 시공 단계에서 다음 각 호의 구분에 따른 조치를 하여야 한다.

| 건설공사 계획단계 | 해당 건설공사에서 중점적으로 관리하여야할 유해·위험 요인과 이의 감소방안을 포함한 ( ② )을 작성할 것 |
|---|---|
| 건설공사 설계단계 | ( ② )을 설계자에게 제공하고, 설계자로 하여금 유해·위험요인의 감소방안을 포함한 ( ③ )을 작성하게 하고 이를 확인할 것 |
| 건설공사 시공단계 | 건설공사발주자로부터 건설공사를 최초로 도급받은 수급인에게 ( ③ )을 제공하고, 그 수급인에게 이를 반영하여 안전한 작업을 위한 ( ④ )을 작성하게 하고 그 이행 여부를 확인할 것 |

**정답**
① 50억
② 기본 안전보건대장
③ 설계 안전보건대장
④ 공사 안전보건대장

차량계 하역운반 기계를 이송하기 위하여 자주 또는 견인에 의하여 화물자동차 등에 싣거나 내리는 작업에 있어서 발판·성토 등을 사용하는 때에 기계의 전도 또는 전락에 의한 위험을 방지하기 위하여 준수하여야 할 사항 4가지를 적으시오. (4점)

> **정답**
> ① 싣거나 내리는 작업은 평탄하고 견고한 장소에서 할 것
> ② 발판을 사용하는 경우에는 충분한 길이·폭 및 강도를 가진 것을 사용하고 적당한 경사를 유지하기 위하여 견고하게 설치할 것
> ③ 가설대 등을 사용하는 경우에는 충분한 폭 및 강도와 적당한 경사를 확보할 것
> ④ 지정운전자의 성명·연락처 등을 보기 쉬운 곳에 표시하고 지정운전자 외에는 운전하지 않도록 할 것

 다음 [보기]는 산업안전보건법에 의한 안전기 설치에 관한 내용이다. 괄호에 적합한 내용을 적으시오. (3점)

> [보기]
>
> 안전기의 설치
> 1. 아세틸렌 용접장치의 ( ① )마다 안전기를 설치하여야 한다. 다만, 주관 및 ( ① )에 가장 가까운 ( ② )마다 안전기를 부착한 경우에는 그러하지 아니하다.
> 2. 가스용기가 ( ③ )와 분리되어 있는 아세틸렌 용접장치에 대하여는 ( ③ )와 가스용기 사이에 안전기를 설치하여야 한다.

> **정답**
> ① 취관
> ② 분기관
> ③ 발생기

전로 등의 충전부분에 접촉하거나 접근함으로써 감전 위험이 있는 충전부분에 대하여 감전을 방지하기 위한 방법(직접 접촉으로 인한 감전 방지조치)을 5가지 적으시오. (5점)

> **정답**
> ① 충전부가 노출되지 아니하도록 폐쇄형 외함이 있는 구조로 할 것
> ② 충분한 절연효과가 있는 방호망 또는 절연덮개를 설치할 것
> ③ 충전부는 내구성이 있는 절연물로 완전히 덮어 감쌀 것
> ④ 발전소·변전소 및 개폐소 등 구획되어 있는 장소로서 관계 근로자가 아닌 사람의 출입이 금지되는 장소에 충전부를 설치하고, 위험표시 등의 방법으로 방호를 강화할 것
> ⑤ 전주 위 및 철탑 위 등 격리되어 있는 장소로서 관계 근로자가 아닌 사람이 접근할 우려가 없는 장소에 충전부를 설치할 것

 타워크레인을 설치·조립·해체하는 작업의 작업계획서의 내용을 3가지 적으시오. (3점)

> **정답**
> ① 타워크레인의 종류 및 형식
> ② 설치·조립 및 해체순서
> ③ 작업도구·장비·가설설비 및 방호설비
> ④ 작업인원의 구성 및 작업근로자의 역할 범위
> ⑤ 타워크레인의 지지 방법

 Swain에 의한 휴먼에러의 분류 중 작위적 오류(Commission Error)와 부작위적 오류(Omission Error)를 구분하여 설명하시오. (4점)

> **정답**
> ① omission error(누설오류, 생략오류, 부작위오류) : 필요한 작업 또는 절차를 수행하지 않는데 기인한 에러
> ② commission error(작위오류) : 필요한 작업 또는 절차의 불확실한 수행으로 인한 에러

**분석** 실기 출제 기준에서 제외된 "인간공학 및 시스템안전공학" 문제입니다.

산업안전보건법에 의한 사다리식 통로의 구조 5가지를 적으시오. (5점)

> **정답**
> ① 견고한 구조로 할 것
> ② 심한 손상·부식 등이 없는 재료를 사용할 것
> ③ 발판의 간격은 일정하게 할 것
> ④ 발판과 벽과의 사이는 15센티미터 이상의 간격을 유지할 것
> ⑤ 폭은 30센티미터 이상으로 할 것
> ⑥ 사다리가 넘어지거나 미끄러지는 것을 방지하기 위한 조치를 할 것
> ⑦ 사다리의 상단은 걸쳐놓은 지점으로부터 60센티미터 이상 올라가도록 할 것
> ⑧ 사다리식 통로의 길이가 10미터 이상인 경우에는 5미터 이내마다 계단참을 설치할 것
> ⑨ 사다리식 통로의 기울기는 75도 이하로 할 것. 다만, 고정식 사다리식 통로의 기울기는 90도 이하로 하고, 그 높이가 7미터 이상인 경우에는 다음 각 목의 구분에 따른 조치를 할 것
>   • 등받이울이 있어도 근로자 이동에 지장이 없는 경우 : 바닥으로부터 높이가 2.5미터 되는 지점부터 등받이울을 설치할 것
>   • 등받이울이 있으면 근로자가 이동이 곤란한 경우 : 한국산업표준에서 정하는 기준에 적합한 개인용 추락 방지 시스템을 설치하고 근로자로 하여금 한국산업표준에서 정하는 기준에 적합한 전신 안전대를 사용하도록 할 것
> ⑩ 접이식 사다리 기둥은 사용 시 접혀지거나 펼쳐지지 않도록 철물 등을 사용하여 견고하게 조치할 것

 산업안전보건법에 의한 안전인증 대상 보호구의 종류를 3가지 적으시오. (6점)

> **정답**
> ① 추락 및 감전 위험방지용 안전모
> ② 안전화
> ③ 안전장갑
> ④ 방진마스크
> ⑤ 방독마스크
> ⑥ 송기마스크
> ⑦ 전동식 호흡보호구
> ⑧ 보호복
> ⑨ 안전대
> ⑩ 차광 및 비산물 위험방지용 보안경
> ⑪ 용접용 보안면
> ⑫ 방음용 귀마개 또는 귀덮개

**암기법**

신체 부위별로 구분하여 암기
**머리** – 안전모(추락 및 감전방지용)
**눈** – 보안경(차광 및 비산물 위험방지용)
**코, 입** – 방진마스크, 방독마스크, 송기마스크, 전동식 호흡보호구
**얼굴** – 보안면(용접용)
**귀** – 귀마개 또는 귀덮개(방음용)
**손** – 안전장갑
**허리** – 안전대
**발** – 안전화
**몸** – 보호복

**09** 유해·위험 방지를 위한 방호조치를 하지 아니하고는 양도, 대여, 설치 또는 사용에 제공하거나 양도·대여의 목적으로 진열해서는 아니 되는 기계·기구의 종류 5가지를 적으시오. (5점)

> **정답**
> ① 예초기
> ② 원심기
> ③ 공기압축기
> ④ 금속절단기
> ⑤ 지게차
> ⑥ 포장기계(진공포장기, 랩핑기로 한정)

방호조치 없이 포장된 공원에서 원예금지

> **참고**
> • 방호조치가 필요한 유해위험 기계기구 및 방호조치

| | |
|---|---|
| 1. 예초기의 날접촉 예방장치 | 예초기의 절단 날 또는 비산물로 부터 작업자를 보호하기 위해 설치하는 보호덮개 등의 장치를 말한다. |
| 2. 원심기의 회전체 접촉 예방장치 | 원심기의 케이싱 또는 하우징 내부의 회전통 등에 작업자의 신체 일부가 접촉되는 것을 방지하기 위해 설치하는 덮개 등의 장치를 말한다. |
| 3. 공기압축기의 압력방출장치 | 공기압축기에 부속된 압력용기의 과도한 압력 상승을 방지하기 위하여 설치하는 안전밸브, 언로드밸브 등의 장치를 말한다. |
| 4. 금속절단기의 날접촉 예방장치 | 띠톱, 둥근톱 등 금속절단기의 절단 날 또는 비산물로 부터 작업자를 보호하기 위하여 설치하는 장치를 말한다. |
| 5. 지게차의 헤드가드, 백레스트, 전조등, 후미등, 안전벨트 | 헤드가드 : 지게차를 이용한 작업 중에 위쪽으로부터 떨어지는 물건에 의한 위험을 방지하기 위하여 운전자의 머리 위쪽에 설치하는 덮개를 말한다.<br>백레스트 : 지게차를 이용한 작업 중에 마스트를 뒤로 기울일 때 화물이 마스트 방향으로 떨어지는 것을 방지하기 위해 설치하는 짐받이 틀을 말한다. |
| 6. 포장기계(진공포장기, 랩핑기)의 구동부 방호 연동장치 | 진공포장기, 랩핑기의 구동부에 설치되는 방호장치 등이 개방되었을 때 기계의 작동이 정지되도록 하거나 방호장치가 닫힌 상태에서만 기계가 작동되도록 상호 연결시키는 것을 말한다. |

**10** [보기]의 설명에 해당하는 인간의 적응기제의 종류를 적으시오. (3점)

[보기]

| 적응기제 | 설명 |
|---|---|
| (1) | 남의 행동이나 판단을 표본으로 하여 그것과 같거나 또는 그것에 가까운 행동 또는 판단을 취하려는 행동 |
| (2) | 자신의 불만이나 불안을 해소시키기 위해서 자신의 잘못을 남의 탓으로 돌리는 행동 |
| (3) | 다른 사람의 행동 양식이나 태도를 투입시키거나 다른 사람 가운데서 자기와 비슷한 점을 발견하는 것 |

**정답**

① 모방  ② 투사  ③ 동일화

**참고**

① 암시 : 다른 사람으로부터의 판단이나 행동을 무비판적으로 논리적·사실적 근거없이 받아들이는 행동
② 승화 : 자신의 동기에 대해 불안을 느끼는 사람은 무의식적으로 내면의 동기를 사회가 용납하는 다른 동기로 변형시킴
③ 억압 : 의식에서 용납하기 힘든 생각, 욕망, 충동, 공격성 등을 무의식적으로 눌러 버리는 것
④ 퇴행 : 좌절을 심하게 당했을 때 현재보다 유치한 과거 수준으로 후퇴하는 것
⑤ 합리화 : 자기의 실패나 약점을 그럴듯한 이유나 변명을 들어 자신의 실패를 정당화하는 행동

**11** 근로자 수가 2000명인 사업장에서 작년 한 해 동안 11건의 재해가 발생하였다. 재해로 인한 사망자 수 2명, 재해자 수가 10명일 경우 사망 만인율을 계산하시오. (3점)

**정답**

[사망 만인율]
- 산재보험 적용 임금근로자 수 10,000명당 발생하는 사망자 수의 비율을 말한다.
- 사망만인율 $= \dfrac{\text{사망자 수}}{\text{산재보험 적용 근로자 수}} \times 10,000$

사망만인율 $= \dfrac{\text{사망자 수}}{\text{산재보험 적용 근로자 수}} \times 10,000 = \dfrac{2}{2,000} \times 10,000 = 10$

> **참고**
>
> • 건설업체의 산업재해발생률
>   다음의 계산식에 따른 **사고사망 만인율**로 산출하되, **소수점 셋째자리에서 반올림**한다.
>
> $$\text{사고사망만인율}(\text{‱}) = \frac{\text{사고사망자수}}{\text{상시 근로자 수}} \times 10{,}000$$
>
> $$\text{상시 근로자수} = \frac{\text{연간 국내공사 실적액} \times \text{노무비율}}{\text{건설업 월평균임금} \times 12}$$

## 12

빛을 발하는 점광원에서 2[m] 떨어진 곳에서의 조도가 150[lux]일 경우 3[m] 떨어진 곳에서의 조도를 계산하시오. (3점)

**정답**

$$\text{조도}(lux) = \frac{\text{광도}}{(\text{거리})^2}$$

1. 2m에서의 조도가 150이므로

   $$150 = \frac{\text{광도}}{2^2}$$

   광도 $= 150 \times 2^2 = 600(\text{cd})$

2. 3m에서의 조도

   $$\text{조도} = \frac{600}{3^2} = 66.67(\text{Lux})$$

**분석** 실기 출제 기준에서 제외된 "인간공학 및 시스템안전공학" 문제입니다.

## 13

화물의 하중을 두 줄로 지지하는 달기 와이어로프의 절단하중이 2,000kg일 경우 와이어로프에 사용할 수 있는 최대하중의 값을 계산하시오. (3점)

**정답**

$$\text{안전율} = \frac{\text{파괴하중}}{\text{최대 사용하중}} = \frac{\text{파단하중}}{\text{안전하중}} = \frac{\text{극한하중}}{\text{정격하중}}$$

• 달기와이어로프의 안전율 : 5 이상

• 안전율 $= \dfrac{\text{절단하중}}{\text{최대 사용하중}}$

  안전율 × 최대사용하중 = 절단하중

  최대 사용하중 $= \dfrac{\text{절단하중}}{\text{안전율}} = \dfrac{2{,}000}{5} = 400(\text{kg})$

화학설비 및 시설 설치 시 유지하여야 하는 안전거리 기준이다. ( )에 적합한 숫자를 적으시오. (4점)

[보기]
- 단위 공정시설, 설비로부터 다른 공정시설 및 설비 사이 : ( ① )m 이상 이격
- 플레어스택으로부터 위험물 저장탱크, 위험물 하역설비 사이: 반경 ( ② )m 이상 이격
- 위험물 저장탱크로부터 단위 공정설비, 보일러, 가열로 사이 : 저장탱크 외면에서 ( ③ )m 이상 이격
- 사무실, 연구실, 식당 등으로부터 공정설비, 위험물 저장탱크, 보일러, 가열로 사이 : 사무실 등 외면으로부터 ( ④ )m 이상 이격

**정답**

① 10  ② 20  ③ 20  ④ 20

**참고**

- 화학설비의 안전거리 기준

| 구분 | 안전거리 |
|---|---|
| 1. 단위공정시설 및 설비로부터 다른 **단위공정시설 및 설비의 사이** | 설비의 바깥 면으로부터 **10미터 이상** |
| 2. 플레어스택으로부터 단위공정시설 및 설비, **위험물질 저장탱크** 또는 위험물질 하역설비의 사이 | 플레어스택으로부터 반경 **20미터 이상**. 다만, 단위공정시설 등이 불연재로 시공된 지붕 아래에 설치된 경우에는 그러하지 아니하다. |
| 3. **위험물질 저장탱크**로부터 단위공정시설 및 설비, 보일러 또는 가열로의 사이 | 저장탱크의 바깥 면으로부터 **20미터 이상**. 다만, 저장탱크의 방호벽, 원격조종 소화설비 또는 살수설비를 설치한 경우에는 그러하지 아니하다. |
| 4. 사무실·연구실·실험실·정비실 또는 식당으로부터 단위공정시설 및 설비, **위험물질 저장탱크**, 위험물질 하역설비, 보일러 또는 가열로의 사이 | 사무실 등의 바깥 면으로부터 **20미터 이상**. 다만, 난방용 보일러인 경우 또는 사무실 등의 벽을 방호구조로 설치한 경우에는 그러하지 아니하다. |

# 2022년 산업안전기사 (7월 24일 시행)

시험시간 : 1시간 30분

  공정안전보고서 작성 시 공정안전보고서에 포함하여야 하는 사항 4가지를 적으시오. (4점)

> **정답**
> ① 공정안전자료
> ② 공정위험성 평가서
> ③ 안전운전계획
> ④ 비상조치계획
> ⑤ 그 밖에 공정상의 안전과 관련하여 노동부장관이 필요하다고 인정하여 고시하는 사항

  안전보건관리규정에 포함하여야 하는 사항 4가지를 적으시오. (4점)

> **정답**
> ① 안전·보건 관리조직과 그 직무에 관한 사항
> ② 안전·보건교육에 관한 사항
> ③ 작업장의 안전 및 보건관리에 관한 사항
> ④ 사고 조사 및 대책 수립에 관한 사항
> ⑤ 그 밖에 안전·보건에 관한 사항

> **참고**
>
> • 안전보건관리규정을 작성하여야 할 사업의 종류 및 규모
>
> | 사업의 종류 | 규모 |
> | --- | --- |
> | 1. 농업<br>2. 어업<br>3. 소프트웨어 개발 및 공급업<br>4. 컴퓨터 프로그래밍, 시스템 통합 및 관리업<br>4의 2. 영상·오디오물 제공 서비스업<br>5. 정보서비스업<br>6. 금융 및 보험업<br>7. 임대업 ; 부동산 제외<br>8. 전문, 과학 및 기술 서비스업(연구개발업은 제외한다)<br>9. 사업지원 서비스업<br>10. 사회복지 서비스업 | 상시 근로자 300명 이상을 사용하는 사업장 |
> | 11. 제1호부터 제4호까지, 제4호의2 및 제5호부터 제10호까지의 사업을 제외한 사업 | 상시 근로자 100명 이상 |

**03** [보기] 중 산업안전보건법에 의하여 안전인증을 받아야 하는 대상 기계·기구를 찾아 번호를 적으시오. (5점)

---

[보기]
① 컨베이어
② 크레인
③ 프레스
④ 산업용 로봇
⑤ 연삭기
⑥ 압력용기

---

**정답**
②, ③, ⑥

**참고**

(1) 설치·이전하는 경우 안전인증을 받아야 하는 기계·기구
　① 크레인
　② 리프트
　③ 곤돌라

(2) 주요 구조 부분을 변경하는 경우 안전인증을 받아야 하는 기계·기구
　① 프레스
　② 전단기 및 절곡기(折曲機)
　③ 크레인
　④ 리프트
　⑤ 압력용기
　⑥ 롤러기
　⑦ 사출성형기(射出成形機)
　⑧ 고소(高所)작업대
　⑨ 곤돌라

> 유사한 종류끼리 묶어서 암기
> 손 다치는 기계 - 프레스, 전단기 및 절곡기, 사출성형기, 롤러기
> 양중기 - 크레인, 리프트, 곤돌라
> 폭발 - 압력용기
> 추락 - 고소작업대

다음 용어를 정의하시오. (4점)

[보기]

(1) 페일 세이프(Fail safe)
(2) 풀 프루프(Fool proof)

**정답**

(1) 페일 세이프 : 기계의 고장이 있어도 안전사고를 발생시키지 않도록 2중, 3중 통제를 가함
(2) 풀 프루프 : 인간의 실수가 있어도 안전사고를 발생시키지 않도록 2중, 3중 통제를 가함

 특수형태근로종사자에 대한 안전보건교육 중 최초 노무제공 시의 교육내용 4가지를 적으시오. (4점)

**정답**

① 교통안전 및 운전안전에 관한 사항
② 보호구 착용에 대한 사항
③ 산업안전 및 사고 예방에 관한 사항
④ 산업보건 및 직업병 예방에 관한 사항
⑤ 건강증진 및 질병 예방에 관한 사항
⑥ 유해·위험 작업환경 관리에 관한 사항
⑦ 기계·기구의 위험성과 작업의 순서 및 동선에 관한 사항
⑧ 작업 개시 전 점검에 관한 사항
⑨ 정리정돈 및 청소에 관한 사항
⑩ 사고 발생 시 긴급조치에 관한 사항
⑪ 물질안전보건자료에 관한 사항
⑫ 직무스트레스 예방 및 관리에 관한 사항
⑬ 직장 내 괴롭힘, 고객의 폭언 등으로 인한 건강장해 예방 및 관리에 관한 사항
⑭ 산업안전보건법령 및 산업재해보상보험 제도에 관한 사항

채용 시 교육 내용 + 근로자 정기교육 내용 + 보호구 + 교통, 운전안전(위험성 평가 제외)

**06** [보기]의 그림에 해당하는 안전보건표지의 명칭을 적으시오. (4점)

[별책부록 컬러 자료를 참고해주세요.]

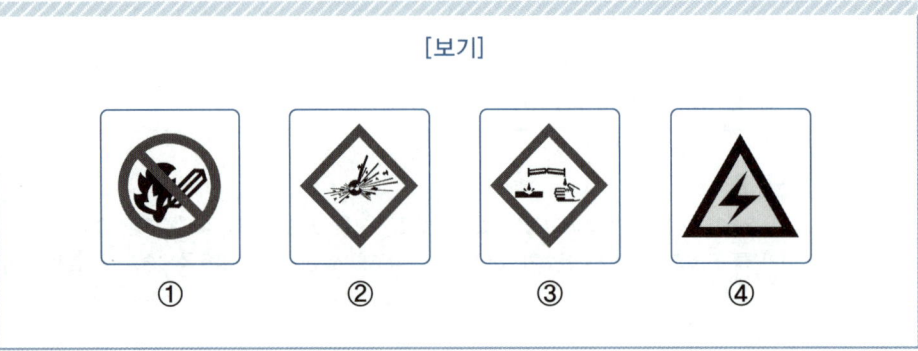

**정답**
1. 화기금지
2. 폭발성물질 경고
3. 부식성물질 경고
4. 고압전기 경고

**07** 특정한 장치의 이상 또는 운전자의 실수에 의해 발생되는 잠재적인 사고결과를 정량적, 귀납적으로 평가 분석하는 기법의 명칭을 적으시오. (3점)

**정답**
ETA(사건수 분석)

**분석** 실기 출제 기준에서 제외된 "인간공학 및 시스템안전공학" 문제입니다.

**08** 사업주가 화재감시자를 지정하여 용접·용단 작업 장소에 배치하여야 하는 장소 3곳을 적으시오. (3점)

**정답**
① 작업반경 11미터 이내에 건물구조 자체나 내부(개구부 등으로 개방된 부분을 포함한다)에 가연성 물질이 있는 장소
② 작업반경 11미터 이내의 바닥 하부에 가연성물질이 11미터 이상 떨어져 있지만 불꽃에 의해 쉽게 발화될 우려가 있는 장소
③ 가연성물질이 금속으로 된 칸막이·벽·천장 또는 지붕의 반대쪽 면에 인접해 있어 열전도나 열복사에 의해 발화될 우려가 있는 장소

빈칸에 알맞은 내용을 적으시오. (5점)

| 유형 | 화재의 분류 | 색상 |
|---|---|---|
| A | 일반화재 | ④ |
| B | ① | ⑤ |
| C | ② | 청색 |
| D | ③ | 무색 |

**정답**

① 유류화재  ② 전기화재  ③ 금속화재  ④ 백색  ⑤ 황색

**참고**

• 화재의 분류 및 소화방법

| 분류 | A급 화재 | B급 화재 | C급 화재 | D급 화재 |
|---|---|---|---|---|
| 구분색 | 백색 | 황색 | 청색 | 표시 없음(무색) |
| 가연물 | 일반 화재 | 유류(가스) 화재 | 전기 화재 | 금속 화재 |
| 주된 소화 효과 | 냉각 효과 | 질식 효과 | 질식, 억제효과 | 질식 효과 |
| 적응 소화제 | 물,<br>강화액소화기,<br>산·알칼리소화기 | 포말 소화기,<br>$CO_2$ 소화기,<br>분말소화기 | $CO_2$ 소화기,<br>분말소화기,<br>할로겐화합물 소화기 | 건조사,<br>팽창 질석,<br>팽창 진주암 |

 전기 기계·기구를 설치하려는 경우 고려하여야 하는 사항 3가지를 적으시오. (3점)

**정답**

① 전기기계·기구의 **충분한 전기적 용량 및 기계적 강도**
② 습기·분진 등 **사용장소의 주위 환경**
③ 전기적·기계적 **방호수단의 적정성**

산업안전보건법에 의한 사다리식 통로의 구조에 관한 내용이다. 빈칸에 알맞은 숫자를 적으시오. (4점)

> 1. 사다리식 통로의 길이가 10미터 이상인 경우에는 ( ① )미터 이내마다 계단참을 설치할 것
> 2. 사다리식 통로의 기울기는 ( ② )도 이하로 할 것. 다만, 고정식 사다리식 통로의 기울기는 ( ③ )도 이하로 하고, 그 높이가 7미터 이상인 경우에는 바닥으로부터 높이가 ( ④ )미터 되는 지점부터 등받이 울을 설치할 것

**정답**
① 5  ② 75  ③ 90  ④ 2.5

**참고**
① 견고한 구조로 할 것
② 심한 손상·부식 등이 없는 재료를 사용할 것
③ 발판의 간격은 일정하게 할 것
④ 발판과 벽과의 사이는 15센티미터 이상의 간격을 유지할 것
⑤ 폭은 30센티미터 이상으로 할 것
⑥ 사다리가 넘어지거나 미끄러지는 것을 방지하기 위한 조치를 할 것
⑦ 사다리의 상단은 걸쳐놓은 지점으로부터 60센티미터 이상 올라가도록 할 것
⑧ 사다리식 통로의 길이가 10미터 이상인 경우에는 5미터 이내마다 계단참을 설치할 것
⑨ 사다리식 통로의 기울기는 75도 이하로 할 것. 다만, 고정식 사다리식 통로의 기울기는 90도 이하로 하고, 그 높이가 7미터 이상인 경우에는 다음 각 목의 구분에 따른 조치를 할 것
  • 등받이울이 있어도 근로자 이동에 지장이 없는 경우: 바닥으로부터 높이가 2.5미터 되는 지점부터 등받이울을 설치할 것
  • 등받이울이 있으면 근로자가 이동이 곤란한 경우: 한국산업표준에서 정하는 기준에 적합한 개인용 추락 방지 시스템을 설치하고 근로자로 하여금 한국산업표준에서 정하는 기준에 적합한 전신 안전대를 사용하도록 할 것
⑩ 접이식 사다리 기둥은 사용 시 접혀지거나 펼쳐지지 않도록 철물 등을 사용하여 견고하게 조치할 것

 비계를 조립·해체하거나 또는 변경한 후 작업시작 전 점검항목을 4가지 적으시오. (4점)

**정답**
① 발판 재료의 손상 여부 및 부착 또는 걸림 상태
② 당해 비계의 연결부 또는 접속부의 풀림 상태
③ 연결 재료 및 연결철물의 손상 또는 부식 상태

④ 손잡이의 탈락 여부
⑤ 기둥의 침하·변형·변위 또는 흔들림 상태
⑥ 로프의 부착상태 및 매단 장치의 흔들림 상태

## 13. 부두·안벽 등 하역작업장의 안전 조치기준 3가지를 적으시오. (3점)

**정답**
① 작업장 및 통로의 위험한 부분에는 안전하게 작업할 수 있는 조명을 유지할 것
② 부두 또는 안벽의 선을 따라 통로를 설치하는 경우에는 폭을 90센티미터 이상으로 할 것
③ 육상에서의 통로 및 작업장소로서 다리 또는 선거(船渠) 갑문(閘門)을 넘는 보도(步道) 등의 위험한 부분에는 안전난간 또는 울타리 등을 설치할 것

## 14. 어떤 기계가 1시간 가동하였을 때 고장발생확률이 0.004일 경우 아래 물음에 답하시오. (5점)

(1) 평균고장 간격을 구하시오.

(2) 10시간 가동하였을 때 기계의 신뢰도를 구하시오.
   (단, 소수 넷째자리까지 나타낼 것)

(3) 10시간 가동하였을 때 고장이 발생될 확률을 구하시오.
   (단, 소수 넷째자리까지 나타낼 것)

**정답**

① $MTBF = \dfrac{1}{\text{고장률}(\lambda)}$ (시간)

$= \dfrac{1}{0.004} = 250$시간

② 신뢰도 : 고장나지 않을 확률

$R(t) = e^{-\lambda \times t}$

$= e^{-0.004 \times 10} = e^{-0.04} = 0.9608$

③ 불신뢰도(고장날 확률) = 1 − 신뢰도

$= 1 - 0.9608 = 0.0392$

**분석** 실기 출제 기준에서 제외된 "인간공학 및 시스템안전공학" 문제입니다.

# 2022년 산업안전기사 (10월 16일 시행)

시험시간 : 1시간 30분

**01** 안전인증 대상 보호구의 종류를 6가지 적으시오. (6점)

> **정답**
> ① 추락 및 감전 위험방지용 안전모
> ② 안전화
> ③ 안전장갑
> ④ 방진마스크
> ⑤ 방독마스크
> ⑥ 송기마스크
> ⑦ 전동식 호흡보호구
> ⑧ 보호복
> ⑨ 안전대
> ⑩ 차광 및 비산물 위험방지용 보안경
> ⑪ 용접용 보안면
> ⑫ 방음용 귀마개 또는 귀덮개

> **암기법**
> 신체 부위별로 구분하여 암기
> 머리 – 안전모(추락 및 감전방지용)
> 눈 – 보안경(차광 및 비산물 위험방지용)
> 코, 입 – 방진마스크, 방독마스크, 송기마스크, 전동식 호흡보호구
> 얼굴 – 보안면(용접용)
> 귀 – 귀마개 또는 귀덮개(방음용)
> 손 – 안전장갑
> 허리 – 안전대
> 발 – 안전화
> 몸 – 보호복

**02** 인간 – 기계 통합시스템(man-machine system)의 정보처리 기능 4가지를 적으시오. (4점)

> 정답
> ① 감지 기능
> ② 정보 보관 기능
> ③ 정보처리 및 의사결정기능
> ④ 행동기능

분석 실기 출제 기준에서 제외된 "인간공학 및 시스템안전공학" 문제입니다.

참고

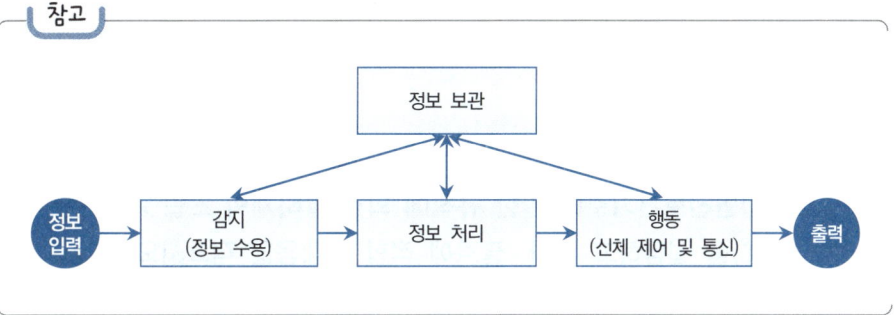

**03** 안전보건관리규정에 포함하여야 하는 사항 4가지를 적으시오. (단, 그 밖에 안전·보건에 관한 사항은 제외) (4점)

> 정답
> ① 안전·보건 관리조직과 그 직무에 관한 사항
> ② 안전·보건교육에 관한 사항
> ③ 작업장의 안전 및 보건관리에 관한 사항
> ④ 사고 조사 및 대책 수립에 관한 사항

**04** 로봇의 작동 범위 내에서 작업 시에 관리감독자가 작업시작 전에 점검하여야 하는 사항 3가지를 적으시오. (3점)

> 정답
> 로봇의 작업 시작 전 점검사항
> ① 외부 전선의 피복 또는 외장의 손상 유무
> ② 매니퓰레이터(manipulator) 작동의 이상 유무
> ③ 제동장치 및 비상정지 장치의 기능

**05** 산업안전보건법에서 정한 안전보건관리담당자의 직무사항 4가지를 적으시오. (4점)

> **정답**
> ① 안전·보건교육 실시에 관한 보좌 및 조언·지도
> ② 위험성 평가에 관한 보좌 및 조언·지도
> ③ 작업환경측정 및 개선에 관한 보좌 및 조언·지도
> ④ 건강진단에 관한 보좌 및 조언·지도
> ⑤ 산업재해 발생의 원인 조사, 산업재해 통계의 기록 및 유지를 위한 보좌 및 조언·지도
> ⑥ 산업안전·보건과 관련된 안전장치 및 보호구 구입 시 적격품 선정에 관한 보좌 및 조언·지도

> 안전보건교육, 재해 원인조사 및 재해통계 관리, 적격품 선정, 위험성 평가, 건강진단

**06** 산업안전보건기준에 관한 규칙에 의한 말비계의 조립 시의 준수사항(말비계의 구조)를 설명하고 있다. 괄호에 적합한 내용을 적으시오. (5점)

1. 지주부재의 하단에는 ( ① )를 하고, 양측 끝부분에 올라서서 작업하지 아니하도록 할 것
2. 지주부재와 수평면과의 기울기를 ( ② )도 이하로 하고, 지주부재와 지주부재 사이를 고정시키는 보조부재를 설치할 것
3. 말비계의 높이가 ( ③ )미터를 초과할 경우에는 작업발판의 폭을 ( ④ )센티미터 이상으로 할 것

> **정답**
> ① 미끄럼 방지장치  ② 75  ③ 2  ④ 40

**07** 기계설비의 방호원리에 해당하는 3가지를 적으시오. (3점)

> **정답**
> ① 위험 제거
> ② 차단
> ③ 덮어씌움
> ④ 위험에의 적응

산업안전보건기준에 관한 규칙에 의하여 교류아크용접기에 자동 전격 방지기를 설치하여야 하는 장소를 3가지 적으시오. (3점)

> **정답**
> ① 선박의 이중 선체 내부, 밸러스트(Ballast) 탱크, 보일러 내부 등 도전체에 둘러싸인 장소
> ② 추락할 위험이 있는 높이 2미터 이상의 장소로 철골 등 도전성이 높은 물체에 근로자가 접촉할 우려가 있는 장소
> ③ 근로자가 물·땀 등으로 인하여 도전성이 높은 습윤 상태에서 작업하는 장소

 화학설비 또는 그 부속설비의 파열판 및 안전밸브 설치에 관한 내용이다. 괄호에 적합한 내용을 적으시오. (5점)

> 사업주는 급성 독성물질이 지속적으로 외부에 유출될 수 있는 화학설비 및 그 부속설비에 파열판과 안전밸브를 ( ① )로 설치하고 그 사이에는 ( ② ) 또는 ( ③ )를 설치하여야 한다.

> **정답**
> ① 직렬  ② 압력지시계  ③ 자동경보장치

 정전기로 인한 화재 폭발방지를 하여야 하는 설비의 정전기의 발생 억제 및 제거 조치에 관한 내용이다. 괄호에 적합한 내용을 적으시오. (4점)

> 정전기에 의한 화재 또는 폭발 등의 위험이 발생할 우려가 있는 경우에는 해당 설비에 대하여 확실한 방법으로 ( ① )를 하거나, ( ② )를 사용하거나 ( ③ ) 및 점화원이 될 우려가 없는 ( ④ )를 사용하는 등 정전기의 발생을 억제하거나 제거하기 위하여 필요한 조치를 하여야 한다.

> **정답**
> ① 접지  ② 도전성 재료  ③ 가습  ④ 제전장치

⑪ 어떤 사업장에서 재해로 인하여 사망 2명, 1급 장해 1명, 2급 장해 1명, 9급 장해 1명, 10급 장해 4명이 발생하였다. 사업장의 재해로 인한 총 요양 근로 손실일수를 계산하시오. (4점)

**정답**

총 요양 근로 손실일수 = (2 × 7,500) + 7,500 + 7,500 + 1,000 + (4 × 600) = 33,400(일)

**참고**

| 신체장해등급 | 사망, 1, 2, 3급 | 4급 | 5급 | 6급 | 7급 | 8급 |
|---|---|---|---|---|---|---|
| 손실일수 | 7,500일 | 5,500일 | 4,000일 | 3,000일 | 2,200일 | 1,500일 |
| 신체장해등급 | 9급 | 10급 | 11급 | 12급 | 13급 | 14급 |
| 손실일수 | 1,000일 | 600일 | 400일 | 200일 | 100일 | 50일 |

⑫ 다음 FT도에서 기본사상 ①, ③, ⑤, ⑦의 발생확률은 20%이며, ②, ④, ⑥의 발생확률은 10%이다. 정상사상의 발생확률을 구하시오. (단, %단위는 소수 다섯째 자리까지 나타낼 것) (5점)

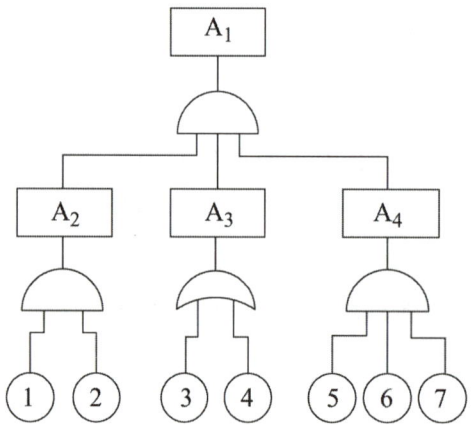

**정답**

$A_1 = A_2 \times A_3 \times A_4 = (① \times ②) \times [1-(1-③) \times (1-④)] \times (⑤ \times ⑥ \times ⑦)$

$= (0.2 \times 0.1) \times [1-(1-0.2) \times (1-0.1)] \times (0.2 \times 0.1 \times 0.2)$

$= 0.0000224 \times 100$

$= 0.00224(\%)$

**분석** 실기 출제 기준에서 제외된 "인간공학 및 시스템안전공학" 문제입니다.

**13** 산업안전보건법상의 사업주가 근로자에게 실시해야 하는 안전보건교육 중 근로자의 정기 안전·보건교육내용 4가지를 적으시오. (4점)

**정답**

| 근로자 정기안전·보건교육 내용 |
|---|
| ① 산업안전 및 사고 예방에 관한 사항 |
| ② 산업보건 및 직업병 예방에 관한 사항 |
| ③ 유해·위험 작업환경 관리에 관한 사항 |
| ④ 산업안전보건법령 및 산업재해보상보험제도에 관한 사항 |
| ⑤ 직무스트레스 예방 및 관리에 관한 사항 |
| ⑥ 직장 내 괴롭힘, 고객의 폭언 등으로 인한 건강장해 예방 및 관리에 관한 사항 |
| ⑦ 건강증진 및 질병 예방에 관한 사항 |
| ⑧ 위험성 평가에 관한 사항 |

공통 항목(관리감독자, 근로자)
1. 근로자는 법, 산재보상제도를 알자.
2. 근로자는 건강을 보존(산업보건)하고 직업병, 스트레스, 괴롭힘, 폭언 예방하자!
3. 근로자는 유해위험 환경을 관리해서 안전하고 사고예방하자!
4. 근로자는 위험성을 평가하자!

근로자 정기교육의 특징
1. 근로자는 건강증진하고 질병예방하자!

**14** 추락방호망의 설치에 관한 설명이다. 괄호에 알맞은 숫자를 적으시오. (4점)

1. 추락방호망의 설치위치는 가능하면 작업면으로 부터 가까운 지점에 설치하여야 하며, 작업면으로 부터 망의 설치지점까지의 수직거리는 ( ① )미터를 초과하지 아니할 것
2. 추락방호망은 수평으로 설치하고, 망의 처짐은 짧은 변 길이의 12퍼센트 이상이 되도록 할 것
3. 건축물 등의 바깥쪽으로 설치하는 경우 망의 내민 길이는 벽면으로부터 ( ② )미터 이상 되도록 할 것(다만, 그물코가 20밀리미터 이하인 망을 사용한 경우에는 낙하물방지망을 설치한 것으로 본다.)

**정답**
① 10   ② 3

# 2023년 산업안전기사 (4월 23일 시행)

시험시간 : 1시간 30분

  충전전로에서 전기작업(활선작업) 시 적합한 접근 한계거리를 적으시오. (4점)

| 충전전로의 선간전압 | 접근한계거리 |
|---|---|
| 0.38kV | ( ① ) |
| 1.5kV | ( ② ) |
| 6.6kV | ( ③ ) |
| 22.9kV | ( ④ ) |

**정답**

① 30cm  ② 45cm  ③ 60cm  ④ 90cm

**참고**

| 충전전로의 선간전압<br>(단위 : 킬로볼트) | 충전전로에 대한 접근 한계거리<br>(단위 : 센티미터) |
|---|---|
| 0.3 이하 | 접촉금지 |
| 0.3 초과 0.75 이하 | 30 |
| 0.75 초과 2 이하 | 45 |
| 2 초과 15 이하 | 60 |
| 15 초과 37 이하 | 90 |
| 37 초과 88 이하 | 110 |
| 88 초과 121 이하 | 130 |
| 121 초과 145 이하 | 150 |
| 145 초과 169 이하 | 170 |
| 169 초과 242 이하 | 230 |
| 242 초과 362 이하 | 380 |
| 362 초과 550 이하 | 550 |
| 550 초과 800 이하 | 790 |

**암기법**

선간전압 : 0.3, 0.75 / 2, 15 / 37, 88 / 121, 145, 169 / 242, 362 / 550, 800
접근 한계거리 : 접촉 × / 3, 45, 6 / 9, 11, 13, 15, 17 / 23, 38, 55, 79 위에 "0" (45 제외)

**[보기]에서 주어진 작업에 적합한 보호구의 명칭을 적으시오. (4점)**

[보기]
(1) 물체가 떨어지거나 날아올 위험 또는 근로자가 추락할 위험이 있는 작업
(2) 높이 또는 깊이 2미터 이상의 추락할 위험이 있는 장소에서 하는 작업
(3) 물체가 흩날릴 위험이 있는 작업
(4) 고열에 의한 화상 등의 위험이 있는 작업

**정답**
(1) 안전모   (2) 안전대   (3) 보안경   (4) 방열복

**참고**

| 작업조건에 적합한 보호구 | |
|---|---|
| 안전모 | 물체가 떨어지거나 날아올 위험 또는 근로자가 추락할 위험이 있는 작업 |
| 안전대 | 높이 또는 깊이 2미터 이상의 추락할 위험이 있는 장소에서 하는 작업 |
| 안전화 | 물체의 낙하·충격, 물체에의 끼임, 감전 또는 정전기의 대전(帶電)에 의한 위험이 있는 작업 |
| 보안경 | 물체가 흩날릴 위험이 있는 작업 |
| 보안면 | 용접 시 불꽃이나 물체가 흩날릴 위험이 있는 작업 |
| 절연용 보호구 | 감전의 위험이 있는 작업 |
| 방열복 | 고열에 의한 화상 등의 위험이 있는 작업 |
| 방진마스크 | 선창 등에서 분진(粉塵)이 심하게 발생하는 하역작업 |
| 방한모·방한복·방한화·방한장갑 | 섭씨 영하 18도 이하인 급냉동어창에서 하는 하역작업 |
| 승차용 안전모 | 물건을 운반하거나 수거·배달하기 위하여 이륜자동차 또는 원동기장치 자전거를 운행하는 작업 |
| 안전모 | 물건을 운반하거나 수거·배달하기 위하여 자전거 등을 운행하는 작업 |

 **가설통로 설치 시 가설통로의 구조를 4가지 적으시오. (4점)**

**정답**
① 견고한 구조로 할 것
② 경사는 30도 이하로 할 것
③ 경사가 15도를 초과하는 때는 미끄러지지 아니하는 구조로 할 것
④ 추락의 위험이 있는 장소에는 안전난간을 설치할 것
⑤ 수직갱 : 길이가 15미터 이상인 때에는 10미터 이내마다 계단참을 설치할 것
⑥ 건설공사에 사용하는 높이 8미터 이상인 비계다리 : 7미터 이내 마다 계단참을 설치할 것

비·눈 그 밖의 기상상태의 불안정으로 인하여 날씨가 몹시 나빠서 작업을 중지시킨 후 또는 비계를 조립·해체하거나 또는 변경한 후 그 비계에서 작업을 하는 때에는 당해 작업 시작 전에 점검하고 이상을 발견한 때에는 즉시 보수하여야 한다. 비계의 점검 보수 사항 3가지를 적으시오. (5점)

> **정답**
> ① 발판재료의 손상 여부 및 부착 또는 걸림 상태
> ② 당해비계의 연결부 또는 접속부의 풀림 상태
> ③ 연결재료 및 연결철물의 손상 또는 부식 상태
> ④ 손잡이의 탈락여부
> ⑤ 기둥의 침하·변형·변위 또는 흔들림 상태
> ⑥ 로프의 부착상태 및 매단장치의 흔들림 상태

비계(연결부, 연결재료) → 발판 → 손잡이 → 비계기둥

 과압에 따른 폭발을 방지하기 위하여 반드시 파열판을 설치하여야 하는 경우 3가지를 적으시오. (5점)

> **정답**
> ① 반응 폭주 등 급격한 압력 상승의 우려가 있는 경우
> ② 급성 독성물질의 누출로 인하여 주위의 작업환경을 오염시킬 우려가 있는 경우
> ③ 운전 중 안전밸브에 이상 물질이 누적되어 안전밸브가 작동되지 아니할 우려가 있는 경우

 근로자 수 400명인 사업장에서 하루 8시간 연간 280일 근무하던 중 재해자 수가 100명, 재해발생 건수가 80건, 근로손실일수가 800일 발생하였다. 종합재해지수를 계산하시오. (4점)

> **정답**
> 1. 종합재해지수
> $$FSI = \sqrt{FR \times SR} = \sqrt{도수율 \times 강도율}$$
> 2. 도수율(빈도율) = $\dfrac{재해건수}{연 근로시간 수} \times 10^6$
> 3. 강도율 = $\dfrac{총 요양 근로손실일수}{연 근로시간 수} \times 1{,}000$

1. 도수율(빈도율) = $\dfrac{재해 건수}{연근로 시간수} \times 10^6 = \dfrac{80}{400 \times 8 \times 280} \times 10^6 = 89.29$

2. 강도율 = $\dfrac{총 요양 근로 손실 일수}{연 근로시간 수} \times 1,000 = \dfrac{800}{400 \times 8 \times 280} \times 1,000 = 0.89$

3. 종합재해지수 = $\sqrt{도수율 \times 강도율} = \sqrt{89.29 \times 0.89} = 8.91$

[보기]는 산업안전보건법에 의한 위험성 평가의 절차에 관한 내용이다. 실시 순서대로 번호로 나타내시오. (4점)

> [보기]
> ① 근로자의 작업과 관계되는 유해·위험요인의 파악
> ② 추정한 위험성이 허용 가능한 위험성인지 여부의 결정
> ③ 평가대상의 선정 등 사전 준비
> ④ 위험성 평가 실시 내용 및 결과에 관한 기록
> ⑤ 위험성 감소 대책의 수립 및 실행

정답
③ → ① → ② → ⑤ → ④

작업장에는 적정한 조도가 유지되어야 산업재해를 예방할 수 있다. 산업안전보건법 기준에 의한 작업장에 적합한 조도의 기준을 적으시오. (4점)

(1) 초정밀 작업 :

(2) 정밀 작업 :

(3) 보통 작업 :

(4) 기타 작업 :

정답
(1) 초정밀 작업 : 750 Lux 이상
(2) 정밀 작업 : 300 Lux 이상
(3) 보통 작업 : 150 Lux 이상
(4) 기타 작업 : 75 Lux 이상

## 09
통풍이나 환기가 충분하지 않고 가연물이 있는 건축물 내부나 설비 내부에서 화재위험작업을 하는 경우에 사업주가 화재 예방을 위하여 준수하여야 하는 사항 3가지를 적으시오. (3점)

**정답**
1. 작업 준비 및 작업 절차 수립
2. 작업장 내 위험물의 사용·보관 현황 파악
3. 화기작업에 따른 인근 가연성물질에 대한 방호조치 및 소화기구 비치
4. 용접불티 비산방지덮개, 용접방화포 등 불꽃, 불티 등 비산방지조치
5. 인화성 액체의 증기 및 인화성 가스가 남아 있지 않도록 환기 등의 조치
6. 작업근로자에 대한 화재예방 및 피난교육 등 비상조치

## 10
안전인증대상 차광보안경의 사용 구분에 따른 종류를 4가지 적으시오. (4점)

**정답**
① 자외선용, ② 적외선용, ③ 복합용, ④ 용접용

**참고**
- 자율 안전확인 대상 보안경의 종류
  ① 유리 보안경
  ② 플라스틱 보안경
  ③ 도수렌즈 보안경

## 11
[보기]는 산업안전보건법상의 소음작업 및 강렬한 소음작업에 관한 내용이다. 괄호에 적합한 내용을 적으시오. (3점)

[보기]
1. 소음작업이란 하루 8시간 동안 ( ① ) 이상의 소음이 발생하는 작업을 말한다.
2. 강렬한 소음작업이란 하루 ( ② )시간 동안 90dB 이상의 소음이 발생하는 작업, 하루 ( ③ )시간 동안 100dB 이상의 소음이 발생하는 작업을 말한다.

**정답**

① 85dB  ② 8  ③ 2

---

**참고**

- **강렬한 소음작업**
  ① 하루 8시간 동안 90dB 이상의 소음이 발생하는 작업
  ② 하루 4시간 동안 95dB 이상의 소음이 발생하는 작업
  ③ 하루 2시간 동안 100dB 이상의 소음이 발생하는 작업
  ④ 하루 1시간 동안 105dB 이상의 소음이 발생하는 작업
  ⑤ 하루 30분 동안 110dB 이상의 소음이 발생하는 작업
  ⑥ 하루 15분 동안 115dB 이상의 소음이 발생하는 작업

---

**12** 「타워크레인을 설치(상승작업을 포함)·해체하는 작업」에 종사하는 근로자를 대상으로 실시하여야 하는 특별안전보건 교육의 내용 4가지를 적으시오. (단, 그 밖에 안전·보건관리에 필요한 사항은 제외한다.) (4점)

**정답**

① 붕괴·추락 및 재해 방지에 관한 사항
② 설치·해체 순서 및 안전작업 방법에 관한 사항
③ 부재의 구조·재질 및 특성에 관한 사항
④ 신호방법 및 요령에 관한 사항
⑤ 이상 발생 시 응급조치에 관한 사항

---

**13** 산업안전보건법에 의하여 [보기]에서 제시한 물질의 공정안전보고서 제출 대상이 되는 유해·위험 물질의 규정량을 적으시오. (4점)

[보기]

(1) 인화성가스의 제조·취급 : ( ① )kg
(2) 암모니아의 제조·취급·저장 : ( ② )kg
(3) 황산(중량 20% 이상)의 제조·취급·저장 : ( ③ )kg
(4) 염산(중량 20% 이상)의 제조·취급·저장 : ( ④ )kg

**정답**

① 5,000  ② 10,000  ③ 20,000  ④ 20,000

산업안전보건법에 의하여 유해·위험방지 계획서 제출 대상이 되는 기계·기구 및 설비의 종류(건설공사 제외)를 3가지 적으시오. (3점)

**정답**
① 금속이나 그 밖의 광물의 용해로
② 화학설비
③ 건조설비
④ 가스집합 용접장치
⑤ 근로자의 건강에 상당한 장해를 일으킬 우려가 있는 물질로서 고용노동부령으로 정하는 물질의 밀폐·환기·배기를 위한 설비

**참고**

| 유해·위험방지 계획서 제출 대상 제조업 | 유해·위험방지 계획서 제출 대상 건설업 |
|---|---|
| 다음 각 호의 어느 하나에 해당하는 사업으로서 전기사용설비의 정격용량의 합이 300킬로와트 이상인 사업을 말한다.<br><br>① 금속가공제품(기계 및 가구는 제외한다) 제조업<br>② 비금속 광물제품 제조업<br>③ 기타 기계 및 장비 제조업<br>④ 자동차 및 트레일러 제조업<br>⑤ 식료품 제조업<br>⑥ 고무제품 및 플라스틱 제품 제조업<br>⑦ 목재 및 나무제품 제조업<br>⑧ 기타 제품 제조업<br>⑨ 1차 금속 제조업<br>⑩ 가구 제조업<br>⑪ 화학물질 및 화학제품 제조업<br>⑫ 반도체 제조업<br>⑬ 전자부품 제조업 | 1. 다음 각 목의 어느 하나에 해당하는 건축물 또는 시설 등의 건설·개조 또는 해체공사<br>  가. 지상높이가 31미터 이상인 건축물 또는 인공구조물<br>  나. 연면적 3만제곱미터 이상인 건축물<br>  다. 연면적 5천제곱미터 이상인 시설로서 다음의 어느 하나에 해당하는 시설<br>    1) 문화 및 집회시설(전시장 및 동물원·식물원은 제외한다)<br>    2) 판매시설, 운수시설(고속철도의 역사 및 집배송시설은 제외한다)<br>    3) 종교시설<br>    4) 의료시설 중 종합병원<br>    5) 숙박시설 중 관광숙박시설<br>    6) 지하도상가<br>    7) 냉동·냉장 창고시설<br>2. 연면적 5천제곱미터 이상의 냉동·냉장창고시설의 설비공사 및 단열공사<br>3. 최대 지간길이(다리의 기둥과 기둥의 중심사이의 거리)가 50미터 이상인 교량 건설등 공사<br>4. 터널 건설 등의 공사<br>5. 다목적댐, 발전용 댐, 저수용량 2천만 톤 이상의 용수 전용 댐, 지방상수도 전용 댐 건설 등의 공사<br>6. 깊이 10미터 이상인 굴착공사 |

**암기법**
1차 금속으로 금속가공제품, 비금속 광물제품 제조하여 나무, 화학물질 섞어서 기계장비, 자동차 트레일러 만들고, 고무풀(고무 및 플라스틱)로 기타 식료품 만들었더니 도대체(반도체)가 (가구) 전부(전자부품) 유해·위험(유해·위험방지계획서)하다.

**암기법**
• 지상높이 31m, 연면적 3만m², 사람 많은 시설 연면적 5,000m²
• 연면적 5,000m² 냉동·냉장창고 시설
• 최대 지간길이가 50미터 이상 교량
• 터널
• 저수용량 2천만 톤 이상 댐
• 10미터 이상인 굴착

# 2023년 산업안전기사 (7월 23일 시행)

시험시간 : 1시간 30분

  산업안전보건위원회 구성위원 중 근로자위원의 자격 기준 3가지를 적으시오. (3점)

**정답**
① 근로자대표
② 근로자대표가 지명하는 1명 이상의 명예산업안전감독관
③ 근로자대표가 지명하는 9명 이내의 해당 사업장의 근로자

**참고**
- 사용자위원
  ① 해당 사업의 대표자
  ② 안전관리자 1명
  ③ 보건관리자 1명
  ④ 산업보건의
  ⑤ 사업의 대표자가 지명하는 9명 이내의 해당 사업장 부서의 장

  안전보건관리규정 작성에 관한 다음 물음에 답하시오. (5점)

(1) 안전보건관리규정에 포함하여야 하는 사항 3가지를 적으시오.
  (단, 그 밖에 안전·보건에 관한 사항은 제외)

(2) 소프트웨어 개발 및 공급업의 경우 상시 근로자 (    )명 이상인 경우 안전보건관리규정을 작성하여야 한다.

**정답**
(1) 안전보건관리규정에 포함하여야 하는 사항
  ① 안전·보건 관리조직과 그 직무에 관한 사항
  ② 안전·보건교육에 관한 사항
  ③ 작업장의 안전 및 보건관리에 관한 사항
  ④ 사고 조사 및 대책 수립에 관한 사항

(2) 300

> **참고**

- 안전보건관리규정을 작성하여야 할 사업의 종류 및 규모

| 사업의 종류 | 규모 |
|---|---|
| 1. 농업<br>2. 어업<br>3. 소프트웨어 개발 및 공급업<br>4. 컴퓨터 프로그래밍, 시스템 통합 및 관리업<br>4의 2. 영상 · 오디오물 제공 서비스업<br>5. 정보서비스업<br>6. 금융 및 보험업<br>7. 임대업 ; 부동산 제외<br>8. 전문, 과학 및 기술 서비스업(연구개발업은 제외한다)<br>9. 사업지원 서비스업<br>10. 사회복지 서비스업 | 상시 근로자 300명 이상을 사용하는 사업장 |
| 11. 제1호부터 제4호까지, 제4호의2 및 제5호부터 제10호까지의 사업을 제외한 사업 | 상시 근로자 100명 이상을 사용하는 사업장 |

**03** 건설공사에 해당하는 유해 · 위험방지계획서를 제출할 경우 (1) 서류의 제출기한과 (2) 첨부하여야 하는 서류를 3가지를 적으시오. (5점)

> **정답**
>
> (1) 제출기한 : 해당 공사의 착공 전날까지
>
> (2) 첨부 서류
>   ① 공사 개요
>   ② 안전보건관리계획
>   ③ 작업공사 종류별 유해 · 위험방지계획

> **참고**

- 유해 · 위험방지계획서 제출서류 (제조업, 대상기계 · 기구 설비)
  사업주가 제조업 대상 사업, 대상기계 · 기구 설비에 해당하는 유해 · 위험방지계획서를 제출하려면 다음 각 호의 서류를 첨부하여 해당 작업 시작 15일 전까지 공단에 2부를 제출하여야 한다.

| 제조업 대상 사업 첨부서류 | ① 건축물 각층의 평면도<br>② 기계 · 설비의 개요를 나타내는 서류<br>③ 기계 · 설비의 배치도면<br>④ 원재료 및 제품의 취급, 제조 등의 작업방법의 개요<br>⑤ 그밖에 고용노동부장관이 정하는 도면 및 서류 |
|---|---|
| 대상 기계 · 기구설비 첨부서류 | ① 설치장소의 개요를 나타내는 서류<br>② 설비의 도면<br>③ 그밖에 고용노동부장관이 정하는 도면 및 서류 |

**04** 로봇작업을 하는 경우에 실시하여야 하는 특별교육의 내용 4가지를 적으시오. (4점)

> **정답**
> ① 로봇의 기본원리 · 구조 및 작업방법에 관한 사항
> ② 이상 발생 시 응급조치에 관한 사항
> ③ 안전시설 및 안전기준에 관한 사항
> ④ 조작방법 및 작업순서에 관한 사항

**05** 다음 장소에 적합한 안전보건표지의 명칭을 적으시오. (4점)

① 돌 및 블록 등 물체가 떨어질 우려가 있는 물체가 있는 장소 :
② 미끄러운 장소 등 넘어지기 쉬운 장소 :
③ 휘발유 등 화기의 취급을 극히 주의해야 하는 물질이 있는 장소 :
④ 가열 · 압축하거나 강산 · 알칼리 등을 첨가하면 강한 산화성을 띄는 물질이 있는 장소 :

> **정답**
> ① 낙하물 경고
> ② 몸균형 상실 경고
> ③ 인화성물질 경고
> ④ 산화성물질 경고

**06** 방호조치를 아니하고는 양도, 대여, 설치, 진열해서는 아니 되는 기계 · 기구 4가지를 적으시오. (4점)

> **정답**
> ① 예초기
> ② 원심기
> ③ 공기압축기
> ④ 금속절단기
> ⑤ 지게차
> ⑥ 포장기계(진공포장기, 랩핑기로 한정)

방호조치 없이 포장된 공원에서 원예금지

목재 가공용 둥근톱 기계의 분할날 설치에 관한 내용이다. 빈칸에 적합한 내용을 적으시오. (3점)

1. 분할날과 톱날 후면과의 간격은 ( ① )이내일 것
2. 분할날 조임볼트는 ( ② )개 이상일 것
3. 분할날 조임볼트는 ( ③ )가 되어 있을 것

**정답**

① 12mm  ② 2  ③ 이완 방지 조치

**참고**

**분할날의 설치조건**

- 분할날 두께는 톱 두께의 1.1배 이상이며 치진 폭보다 작을 것
  $1.1\, t_1 \leq t_2 < b$
  ($t_1$ : 톱 두께, $t_2$ : 분할날 두께, $b$ : 치진 폭)
- 톱날 후면과의 간격은 12mm 이내일 것
- 후면날의 2/3 이상을 덮어 설치할 것
- 분할날 조임 볼트는 2개 이상일 것
- 분할날 최소 길이
  $L = \dfrac{\pi \times D}{6}$ (mm)  $D$ : 톱날 직경(mm)

 누전차단기를 설치하여야 하는 기계·기구(설치하여야 하는 경우) 3가지를 적으시오. (3점)

**정답**

① 대지전압이 150볼트를 초과하는 이동형 또는 휴대형 전기기계·기구
② 물 등 도전성이 높은 액체가 있는 습윤장소에서 사용하는 저압용 전기기계·기구
③ 철판·철골 위 등 도전성이 높은 장소에서 사용하는 이동형 또는 휴대형 전기기계·기구
④ 임시배선의 전로가 설치되는 장소에서 사용하는 이동형 또는 휴대형 전기기계·기구

누전차단기 설치 → 누전이 잘 생기는 곳(전기가 잘 통하는 곳) → 1. 땅(대지전압 150V 초과) 2. 물(습윤장소) 3. 철판, 철골(도전성이 높은 장소)

## 09

[보기]의 방폭구조 명칭에 알맞은 방폭구조의 기호를 적으시오. (4점)

[보기]
① 안전증 방폭구조   ② 충전 방폭구조   ③ 유입 방폭구조   ④ 특수 방폭구조

**정답**

① e(또는 Ex e)   ② q(또는 Ex q)   ③ o(또는 Ex o)   ④ s(또는 Ex s)

**참고**

- 방폭구조의 기호

| 가스, 증기, 분진 방폭구조 | | 기호 |
|---|---|---|
| 가스, 증기 방폭구조 | 내압 방폭구조 | d |
| | 압력 방폭구조 | p |
| | 유입 방폭구조 | o |
| | 안전증 방폭구조 | e |
| | 본질안전 방폭구조 | ia or ib |
| | 충전 방폭구조 | q |
| | 비점화 방폭구조 | n |
| | 몰드 방폭구조 | m |
| | 특수 방폭구조 | s |
| 분진 방폭구조 | 방진 방폭구조 | tD |

## 10

잠함 또는 우물통의 급격한 침하에 의한 위험을 방지하기 위하여 준수하여야 할 사항 2가지를 적으시오. (4점)

**정답**

① 침하관계도에 따라 굴착방법 및 재하량(載荷量) 등을 정할 것
② 바닥으로부터 천장 또는 보까지의 높이는 1.8미터 이상으로 할 것

## 11

터널의 강(鋼)아치 지보공을 조립하는 경우 사업주가 따라야 할 조치사항 3가지를 적으시오. (3점)

**정답**

① 조립 간격은 조립도에 따를 것
② 주재가 아치작용을 충분히 할 수 있도록 쐐기를 박는 등 필요한 조치를 할 것
③ 연결 볼트 및 띠장 등을 사용하여 주재 상호 간을 튼튼하게 연결할 것

④ 터널 등의 출입구 부분에는 받침대를 설치할 것
⑤ 낙하물이 근로자에게 위험을 미칠 우려가 있는 경우에는 널판 등을 설치할 것

**12** [보기]는 달기 체인의 안전계수를 나타낸다. 괄호에 적합한 숫자를 적으시오. (4점)

[보기]
- 달기 와이어 로프 및 달기 강선의 안전계수 : ( ① ) 이상
- 달기 체인 및 달기 훅의 안전계수 : ( ② ) 이상
- 달기 강대와 달비계의 하부 및 상부 지점의 안전계수 : 강재의 경우 ( ③ ) 이상, 목재의 경우 ( ④ ) 이상

**정답**
관련 법규에서 삭제된 내용입니다.

**13** [보기]의 충전전로의 선간전압에 대한 접근한계거리를 적으시오. (4점)

[보기]
① 2kV~15kV   ② 37kV~88kV   ③ 145kV~169kV   ④ 121kV~145kV

**정답**
① 60cm   ② 110cm   ③ 170cm   ④ 150cm

**참고**

| 충전전로의 선간전압 (단위 : 킬로볼트) | 충전전로에 대한 접근 한계거리 (단위 : 센티미터) |
|---|---|
| 0.3 이하 | 접촉금지 |
| 0.3 초과 0.75 이하 | 30 |
| 0.75 초과 2 이하 | 45 |
| 2 초과 15 이하 | 60 |
| 15 초과 37 이하 | 90 |
| 37 초과 88 이하 | 110 |

| 충전전로의 선간전압<br>(단위 : 킬로볼트) | 충전전로에 대한 접근 한계거리<br>(단위 : 센티미터) |
|---|---|
| 88 초과 121 이하 | 130 |
| 121 초과 145 이하 | 150 |
| 145 초과 169 이하 | 170 |
| 169 초과 242 이하 | 230 |
| 242 초과 362 이하 | 380 |
| 362 초과 550 이하 | 550 |
| 550 초과 800 이하 | 790 |

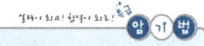

선간전압 : 0.3, 0.75 / 2, 15 / 37, 88 / 121, 145, 169 / 242, 362 / 550, 800
접근 한계거리 : 접촉 × / 3, 45, 6 / 9, 11, 13, 15, 17 / 23, 38, 55, 79 위에 "0" (45 제외)

## 14

와이어로프에 1,200kg의 중량을 걸어 108°의 각도로 들어 올리고 있다. 와이어로프의 파단하중이 42.8kN일 때 다음 물음에 답하시오. (5점)

(1) 와이어 로프의 안전율을 계산하시오.

(2) 와이어 로프의 안전율이 사용조건을 만족하는지 여부를 판단하고 그 이유를 설명하시오.

**정답**

(1) 한 가닥의 하중(kg) = $\dfrac{\omega}{2} \div \cos\dfrac{\theta}{2} = \dfrac{1,200}{2} \div \cos\dfrac{108}{2} = 1,020.78$(kg)

안전율 = $\dfrac{\text{파단하중}}{\text{사용하중}} = \dfrac{(42.8 \times 1,000)\text{N}}{(1,020.78 \times 9.8)\text{N}} = 4.28$

(1kg = 9.8N, 1kN = 1,000N)

(2) • 불만족
   • 화물의 하중을 직접 지지하는 달기 와이어 로프의 안전율은 5 이상이어야 한다.

**참고**

• 와이어로프 등의 안전계수
  ① 근로자가 탑승하는 운반구를 지지하는 달기와이어로프 또는 달기체인의 경우 : 10 이상
  ② 화물의 하중을 직접 지지하는 달기와이어로프 또는 달기체인의 경우 : 5 이상
  ③ 훅, 샤클, 클램프, 리프팅 빔의 경우 : 3 이상
  ④ 그 밖의 경우 : 4 이상

# 2023년 산업안전기사 (10월 7일 시행)

시험시간 : 1시간 30분

**01** HAZOP 기법에서 사용되는 가이드 워드에 대한 설명이다. 설명에 해당하는 가이드 워드를 적으시오. (4점)

1) 설계의 의도 외의 다른 변수가 부가되는 상태 :
2) 설계의 의도대로 완전히 이루어지지 않은 상태 :
3) 설계의 의도대로 되지 않거나 유지되지 않은 상태 :
4) 변수가 양적으로 증가 되어 있는 상태 :

**정답**

1) 설계의 의도 외의 다른 변수가 부가되는 상태 : As Well As
2) 설계의 의도대로 완전히 이루어지지 않은 상태 : Part of
3) 설계의 의도대로 되지 않거나 유지되지 않은 상태 : Other Than
4) 변수가 양적으로 증가 되어 있는 상태 : More

**분석** 실기 출제 기준에서 제외된 "인간공학 및 시스템안전공학" 문제입니다.

**참고**

### 유인어의 종류와 뜻

- No 또는 Not : 완전한 부정
- More 또는 Less : 양의 증가 및 감소
- As Well As : 성질상의 증가, 설계 의도 외의 다른 변수가 부가되는 경우
- Part of : 일부 변경(설계 의도대로 완전히 이루어지지 않은 상태), 성질상의 감소
- Reverse : 설계 의도의 논리적인 역, 설계 의도와 정 반대로 나타나는 현상
- Other Than : 완전한 대체, 설계 의도대로 되지 않거나 유지되지 않은 상태

산업안전보건법에 의하여 건설 일용근로자를 대상으로 실시하여야 하는 건설업 기초안전보건교육의 교육내용 2가지를 적으시오. (4점)

**정답**
① 건설공사의 종류(건축, 토목 등) 및 시공 절차
② 산업재해 유형별 위험요인 및 안전보건조치
③ 안전보건관리체제 현황 및 산업안전보건 관련 근로자 권리 · 의무

**참고**

• 건설업 기초안전 · 보건교육에 대한 내용 및 시간

| 교육 내용 | 시간 |
| --- | --- |
| 1. 건설공사의 종류(건축, 토목 등) 및 시공 절차 | 1시간 |
| 2. 산업재해 유형별 위험요인 및 안전 보건 조치 | 2시간 |
| 3. 안전보건관리체제 현황 및 산업안전보건 관련 근로자 권리 · 의무 | 1시간 |

안전관리자의 증원 · 교체임명을 명할 수 있는 경우 3가지를 적으시오. (3점)

**정답**
① 해당 사업장의 연간 재해율이 같은 업종의 평균재해율의 2배 이상인 경우
② 중대재해가 연간 2건 이상 발생한 경우(다만, 해당 사업장의 전년도 사망 만인율이 같은 업종의 평균 사망만인율 이하인 경우는 제외)
③ 관리자가 질병이나 그 밖의 사유로 3개월 이상 직무를 수행할 수 없게 된 경우
④ 화학적 인자로 인한 직업성질병자가 연간 3명 이상 발생한 경우(이 경우 직업성 질병자 발생일은 요양급여의 결정일로 한다)

평균의 2배 이상, 중대재해 2건 이상 증원!
직업성 질병 3건 이상, 3개월 이상 일 안하면 교체!

사망 만인율을 구하는 공식을 적고, 산업재해 사망자에 포함되지 않는 경우 2가지를 적으시오. (5점)

**정답**

1) 공식 : 사망만인율 = $\dfrac{\text{사망자수}}{\text{산재보험적용 근로자수}} \times 10,000$

2) 산업재해 사망자 수에 포함되지 않는 경우
   ① 사업장 밖의 교통사고에 의한 사망(운수업, 음식숙박업 제외)
   ② 체육행사에 의한 사망
   ③ 폭력행위에 의한 사망
   ④ 통상의 출퇴근에 의한 사망
   ⑤ 사고발생일로부터 1년을 경과하여 사망한 경우

**참고**

- 건설업체의 산업재해발생률

  다음의 계산식에 따른 사고사망 만인율로 산출하되, 소수점 셋째자리에서 반올림한다.

  $$\text{사고사망 만인율}(\text{\textperthousand}) = \dfrac{\text{사고사망자 수}}{\text{상시 근로자 수}} \times 10,000$$

  $$\text{상시 근로자 수} = \dfrac{\text{연간 국내공사 실적액} \times \text{노무비율}}{\text{건설업 월평균임금} \times 12}$$

 특급 방진마스크를 착용하여야 하는 경우(장소) 2가지를 적으시오. (4점)

**정답**
① 베릴륨 등과 같이 독성이 강한 물질들을 함유한 분진 등 발생장소
② 석면 취급장소

**참고**

- 방진마스크의 등급

| 등급 | 특급 | 1급 | 2급 |
| --- | --- | --- | --- |
| 사용 장소 | • 베릴륨 등과 같이 독성이 강한 물질 들을 함유한 분진 등 발생장소<br>• 석면 취급장소 | • 특급마스크 착용장소를 제외한 분진 등 발생장소<br>• 금속흄 등과 같이 열적으로 생기는 분진 등 발생장소<br>• 기계적으로 생기는 분진 등 발생장소(규소 등과 같이 2급 방진마스크를 착용하여도 무방한 경우는 제외한다) | • 특급 및 1급 마스크 착용장소를 제외한 분진 등 발생 장소 |
| 배기밸브가 없는 안면부여과식 마스크는 특급 및 1급 장소에 사용해서는 안 된다. | | | |

인체 계측자료를 장비나 설비의 설계에 응용하는 경우 활용되는 3가지 원칙을 적으시오. (3점)

**정답**
① 최대 치수와 최소 치수 설계
② 조절(조정) 범위
③ 평균치를 기준으로 한 설계

**분석** 실기 출제 기준에서 제외된 "인간공학 및 시스템안전공학" 문제입니다.

사업장에서 선임하여야 하는 안전관리자의 최소인원을 적으시오. (4점)

1) 상시 근로자수 600명인 펄프제조업 :
2) 상시 근로자수 500명인 운수 및 창고업 :
3) 상시 근로자수 300명인 고무제품 제조업 :
4) 공사금액이 1,000억 원인 건설업 :

**정답**
1) 2명(이상)  2) 2명(이상)  3) 1명(이상)  4) 2명(이상)

**참고**

| | |
|---|---|
| ① 토사석 광업<br>② 서적, 잡지 및 기타 인쇄물 출판업, 폐기물 수집·운반·처리 및 원료 재생업, 환경 정화 및 복원업, 운수 및 창고업, 자동차 종합 수리업, 자동차 전문 수리업, 발전업<br>③ 대부분의 제조업 | - 상시 근로자 50명 이상 500명 미만 : 1명<br>- 상시 근로자 500명 이상 : 2명 |
| ① 우편 및 통신업<br>② 전기, 가스, 증기 및 공기조절공급업(발전업은 제외한다)<br>③ 도매 및 소매업<br>④ 숙박 및 음식점업<br>⑤ 공공행정(청소, 시설관리, 조리 등 현업업무에 종사하는 사람으로서 고용노동부장관이 정하여 고시하는 사람으로 한정한다)<br>⑥ 교육서비스업 중 초등·중등·고등 교육기관, 특수학교·외국인학교 및 대안학교(청소, 시설관리, 조리 등 현업업무에 종사하는 사람으로서 고용노동부장관이 정하여 고시하는 사람으로 한정한다)<br>⑦ 농업, 임업 및 어업 등 | - 상시 근로자 50명 이상 1,000명 미만 : 1명(다만, 부동산업(부동산 관리업은 제외한다)과 사진 처리업의 경우에는 상시근로자 100명 이상 1천 명 미만으로 한다)<br>- 상시 근로자 1,000명 이상 : 2명 |

| | |
|---|---|
| 건설업 | - 공사금액 50억 원 이상(관계수급인은 100억 원 이상) 120억 원 미만(토목공사업의 경우에는 150억 원 미만) 또는 공사금액 120억 원 이상(토목공사업의 경우에는 150억 원 이상) 800억 원 미만 : 1명 이상<br>- 공사금액 800억 원 이상 1,500억 원 미만 : 2명 이상<br>(다만, 전체 공사기간을 100으로 할 때 공사 시작에서 15에 해당하는 기간과 공사 종료 전의 15에 해당하는 기간 동안은 1명 이상으로 한다)<br>- 공사금액 1,500억 원 이상 2,200억 원 미만 : 3명 이상<br>(다만, 전체 공사기간 중 전·후 15에 해당하는 기간은 2명 이상으로 한다)<br>- 공사금액 2,200억 원 이상 3천억 원 미만 : 4명 이상<br>(다만, 전체 공사기간 중 전·후 15에 해당하는 기간은 2명 이상으로 한다)<br>- 공사금액 3천억 원 이상 3,900억 원 미만 : 5명 이상<br>(다만, 전체 공사기간 중 전·후 15에 해당하는 기간은 3명 이상으로 한다)<br>- 공사금액 3,900억 원 이상 4,900억 원 미만 : 6명 이상 (다만, 전체 공사기간 중 전·후 15에 해당하는 기간은 3명 이상으로 한다)<br>- 공사금액 4,900억 원 이상 6천억 원 미만 : 7명 이상<br>(다만, 전체 공사기간 중 전·후 15에 해당하는 기간은 4명 이상으로 한다)<br>- 공사금액 6천억 원 이상 7,200억 원 미만 : 8명 이상 (다만, 전체 공사기간 중 전·후 15에 해당하는 기간은 4명 이상으로 한다)<br>- 공사금액 7,200억 원 이상 8,500억 원 미만 : 9명 이상 (다만, 전체 공사기간 중 전·후 15에 해당하는 기간은 5명 이상으로 한다)<br>- 공사금액 8,500억 원 이상 1조원 미만 : 10명 이상(다만, 전체 공사기간 중 전·후 15에 해당하는 기간은 5명 이상으로 한다)<br>- 1조원 이상 : 11명 이상[매 2천억 원(2조원 이상부터는 매 3천억 원)마다 1명씩 추가한다]. (다만, 전체 공사기간 중 전·후 15에 해당하는 기간은 선임 대상 안전관리자 수의 2분의 1(소수점 이하는 올림한다) 이상으로 한다) |

연삭작업 시 연삭기 숫돌이 파괴되는 원인 3가지를 적으시오. (3점)

**정답**
① 숫돌의 회전 속도가 너무 빠를 때(최고 속도를 초과했을 때)
② 숫돌 자체에 균열이 있을 때
③ 숫돌의 측면을 사용하여 작업할 때
④ 숫돌에 과대한 충격을 가할 때
⑤ 플랜지가 현저히 작을 때(플랜지 지름은 숫돌 지름의 $\frac{1}{3}$ 이상일 것)
⑥ 숫돌 불균형, 베어링 마모에 의한 진동이 심할 때
⑦ 반지름 방향 온도변화 심할 때

다음에 괄호에 적합한 달기 와이어로프 등의 안전계수를 적으시오. (3점)

1. 근로자가 탑승하는 운반구를 지지하는 달기 와이어로프 또는 달기체인의 경우 : ( ① ) 이상
2. 화물의 하중을 직접 지지하는 달기 와이어로프 또는 달기 체인의 경우 : ( ② ) 이상
3. 훅, 샤클, 클램프, 리프팅 빔의 경우 : ( ③ ) 이상

**정답**
① 10
② 5
③ 3

**참고**
• 와이어로프 등의 안전계수 : 달기구 절단하중의 값을 그 달기구에 걸리는 하중의 최댓값으로 나눈 값

① 근로자가 탑승하는 운반구를 지지하는 달기 와이어로프 또는 달기 체인의 경우 : 10 이상
② 화물의 하중을 직접 지지하는 달기 와이어로프 또는 달기 체인의 경우 : 5 이상
③ 훅, 샤클, 클램프, 리프팅 빔의 경우 : 3 이상
④ 그 밖의 경우 : 4 이상

**10** 방호조치가 필요한 유해위험 기계·기구에는 적절한 방호조치를 하여야 한다. 다음 기계·기구에 설치하여야 하는 방호장치 명을 적으시오. (3점)

1) 원심기 :

2) 공기압축기 :

3) 금속절단기 :

> **정답**
> 1) 원심기 : 회전체 접촉 예방장치
> 2) 공기압축기 : 압력방출장치
> 3) 금속절단기 : 날접촉 예방장치

**참고**

• 방호조치가 필요한 유해위험 기계기구 및 방호조치

| | |
|---|---|
| 1. 예초기의 날접촉 예방장치 | 예초기의 절단 날 또는 비산물로 부터 작업자를 보호하기 위해 설치하는 보호덮개 등의 장치를 말한다. |
| 2. 원심기의 회전체 접촉 예방장치 | 원심기의 케이싱 또는 하우징 내부의 회전통 등에 작업자의 신체 일부가 접촉되는 것을 방지하기 위해 설치하는 덮개 등의 장치를 말한다. |
| 3. 공기압축기의 압력방출장치 | 공기압축기에 부속된 압력용기의 과도한 압력상승을 방지하기 위하여 설치하는 안전밸브, 언로드밸브 등의 장치를 말한다. |
| 4. 금속절단기의 날접촉 예방장치 | 띠톱, 둥근톱 등 금속절단기의 절단 날 또는 비산물로 부터 작업자를 보호하기 위하여 설치하는 장치를 말한다. |
| 5. 지게차의 헤드가드, 백레스트, 전조등, 후미등, 안전벨트 | 헤드가드 : 지게차를 이용한 작업 중에 위쪽으로부터 떨어지는 물건에 의한 위험을 방지하기 위하여 운전자의 머리 위쪽에 설치하는 덮개를 말한다.<br><br>백레스트 : 지게차를 이용한 작업 중에 마스트를 뒤로 기울일 때 화물이 마스트 방향으로 떨어지는 것을 방지하기 위해 설치하는 짐받이 틀을 말한다. |
| 6. 포장기계(진공포장기, 랩핑기)의 구동부 방호 연동장치 | 진공포장기, 랩핑기의 구동부에 설치되는 방호장치 등이 개방되었을 때 기계의 작동이 정지되도록 하거나 방호장치가 닫힌 상태에서만 기계가 작동되도록 상호 연결시키는 것을 말한다. |

**11** 화학설비 또는 그 부속설비의 파열판 및 안전밸브 설치에 관한 내용이다. 괄호에 적합한 내용을 적으시오. (5점)

> 1. 사업주는 급성 독성물질이 지속적으로 외부에 유출될 수 있는 화학설비 및 그 부속설비에 파열판과 안전밸브를 ( ① )로 설치하고 그 사이에는 ( ② ) 또는 ( ③ )를 설치하여야 한다.
> 2. 안전밸브 등이 안전밸브 등을 통하여 보호하려는 설비의 최고사용압력 이하에서 작동되도록 하여야 한다. 다만, 안전밸브 등이 2개 이상 설치된 경우에 1개는 최고사용압력의 ( ④ )배, 외부화재를 대비한 경우에는 ( ⑤ )배 이하에서 작동되도록 설치할 수 있다.

**정답**
① 직렬  ② 압력지시계  ③ 자동경보장치  ④ 1.05  ⑤ 1.1

**12** 미니멀 컷과 미니멀 패스의 정의를 적으시오. (4점)

**정답**
(1) 미니멀 컷(Minimal Cut Set)
  ① 정상사상을 일으키기 위한 기본사상의 최소집합(최소한의 컷)
  ② 시스템의 위험성을 나타낸다.
(2) 미니멀 패스(Minimal Path Set)
  ① 시스템의 기능을 살리는 최소한의 집합(최소한의 패스)
  ② 시스템의 신뢰성 나타낸다.

**분석** 실기 출제 기준에서 제외된 "인간공학 및 시스템안전공학" 문제입니다.

**참고**
(1) 컷셋(Cut Set)
  ① 정상사상을 발생시키는 기본사상의 집합
  ② 모든 기본사상이 일어났을 때 정상사상을 일으키는 기본사상들의 집합이다.
(2) 패스셋(Path Set)
  ① 시스템의 고장을 일으키지 않는 기본사상들의 집합
  ② 포함된 기본사상이 일어나지 않을 때 처음으로 정상 사상이 일어나지 않는 기본 사상들의 집합이다.

**13** 산업안전보건법에 의하여 산업안전·보건에 관한 중요 사항을 심의·의결하기 위하여 근로자와 사용자가 같은 수로 구성되어야 하는 1) 기구(회의)의 명칭을 적으시오. 2) 회의의 개최주기를 적으시오. 3) 회의에 참여하여야 하는 근로자위원과 사용자위원을 각 1가지씩 적으시오. (6점)

**정답**
1) 기구(회의)의 명칭 : 산업안전보건위원회
2) 개최주기 : 정기회의는 분기마다, 임시회의는 위원장이 필요하다고 인정할 때에 소집한다.

3) 근로자위원과 사용자위원

| | |
|---|---|
| 근로자위원 | ① 근로자대표<br>② 근로자대표가 지명하는 1명 이상의 명예산업안전감독관<br>③ 근로자대표가 지명하는 9명 이내의 해당 사업장의 근로자 |
| 사용자위원 | ① 해당 사업의 대표자<br>② 안전관리자 1명<br>③ 보건관리자 1명<br>④ 산업보건의<br>⑤ 사업의 대표자가 지명하는 9명 이내의 해당 사업장 부서의 장 |

**14** 전기용접 작업을 하던 작업자가 300V의 회로를 물에 젖은 손으로 접촉하여 사망하였다. 이 때 인체에 흐른 전류(mA)와 통전시간(ms)을 계산하시오. (단, 인체의 저항은 1,000Ω) (4점)

**정답**

1. $V = I \times R$

   여기서, $V$ : 전압$(V)$
   $I$ : 전류$(A)$
   $R$ : 저항$(\Omega)$

2. 심실세동전류

   $I(mA) = \dfrac{165}{\sqrt{T}}$

   여기서, $I$ : 통전전류$(mA)$
   $T$ : 통전시간$(s)$

1. 인체에 흐른 전류

   $I = \dfrac{V}{R} = \dfrac{300}{1,000 \times \dfrac{1}{25}} = 7.5(A) \times 1,000 = 7,500(mA)$

2. 통전시간

   $I = \dfrac{165}{\sqrt{T}}$

   $\sqrt{T} \times I = 165$

   $\sqrt{T} = \dfrac{165}{I}$

   $(\sqrt{T})^2 = (\dfrac{165}{I})^2$

   $T = (\dfrac{165}{I})^2 = (\dfrac{165}{7,500})^2 = 0.000484(s) \times 1,000 = 0.48(ms)$

**참고**

손이 물에 젖을 경우 저항이 $\dfrac{1}{25}$ 로 감소한다.

# 2024년 산업안전기사 (4월 27일 시행)

시험시간 : 1시간 30분

**01** 산업안전보건법에 의하여 사업주는 사업장의 안전 및 보건을 유지하기 위하여 안전보건관리규정을 작성하여야 한다. 안전보건관리규정에 포함하여야 하는 사항 3가지를 적으시오.(단, 그 밖에 안전·보건에 관한 사항은 제외) (3점)

**정답**

안전보건관리규정에 포함하여야 하는 사항
① 안전·보건 관리조직과 그 직무에 관한 사항
② 안전·보건교육에 관한 사항
③ 작업장의 안전 및 보건관리에 관한 사항
④ 사고 조사 및 대책 수립에 관한 사항

**참고**

- 안전보건관리규정을 작성하여야 할 사업의 종류 및 규모

| 사업의 종류 | 규모 |
| --- | --- |
| 1. 농업<br>2. 어업<br>3. 소프트웨어 개발 및 공급업<br>4. 컴퓨터 프로그래밍, 시스템 통합 및 관리업<br>4의 2. 영상·오디오물 제공 서비스업<br>5. 정보서비스업<br>6. 금융 및 보험업<br>7. 임대업 ; 부동산 제외<br>8. 전문, 과학 및 기술 서비스업(연구개발업은 제외한다)<br>9. 사업지원 서비스업<br>10. 사회복지 서비스업 | 상시 근로자 300명 이상을 사용하는 사업장 |
| 11. 제1호부터 제4호까지, 제4호의2 및 제5호부터 제10호까지의 사업을 제외한 사업 | 상시 근로자 100명 이상을 사용하는 사업장 |

「방호장치 안전인증 고시」에 의한 안전밸브 형식을 표시한 것이다. 세부항목을 상세히 기술하시오. (4점)

SF Ⅱ 1-B

**정답**
S : 요구 성능
F : 유량 제한 기구
Ⅱ: 호칭 입구 크기 구분
1 : 호칭 압력 구분
B : 평형형

 「보호구 안전인증 고시」에 의한 안전인증 대상 안전모의 성능시험 종류 4가지를 적으시오. (4점)

**정답**
① 내관통성 시험
② 충격흡수성 시험
③ 내전압성 시험
④ 내수성 시험
⑤ 난연성 시험
⑥ 턱끈풀림 시험

**참고**
• 자율안전 확인대상 안전모의 성능시험 종류
  ① 내관통성 시험
  ② 충격흡수성 시험
  ③ 난연성 시험
  ④ 턱끈풀림 시험

방호조치를 아니하고는 양도, 대여, 설치, 진열해서는 아니 되는 기계·기구 5가지를 적으시오. (4점)

**정답**
① 예초기
② 원심기
③ 공기압축기
④ 금속절단기
⑤ 지게차
⑥ 포장기계(진공포장기, 랩핑기로 한정)

방호조치 없이 포장된 공원에서 원예금지

**참고**

- 방호조치가 필요한 유해위험 기계·기구 및 방호조치

| | |
|---|---|
| 1. 예초기의 날접촉 예방장치 | 예초기의 절단 날 또는 비산물로 부터 작업자를 보호하기 위해 설치하는 보호덮개 등의 장치를 말한다. |
| 2. 원심기의 회전체 접촉 예방장치 | 원심기의 케이싱 또는 하우징 내부의 회전통 등에 작업자의 신체 일부가 접촉되는 것을 방지하기 위해 설치하는 덮개 등의 장치를 말한다. |
| 3. 공기압축기의 압력방출장치 | 공기압축기에 부속된 압력용기의 과도한 압력상승을 방지하기 위하여 설치하는 안전밸브, 언로드밸브 등의 장치를 말한다. |
| 4. 금속절단기의 날접촉 예방장치 | 띠톱, 둥근톱 등 금속절단기의 절단 날 또는 비산물로 부터 작업자를 보호하기 위하여 설치하는 장치를 말한다. |
| 5. 지게차의 헤드가드, 백레스트, 전조등, 후미등, 안전벨트 | 헤드가드 : 지게차를 이용한 작업 중에 위쪽으로부터 떨어지는 물건에 의한 위험을 방지하기 위하여 운전자의 머리 위쪽에 설치하는 덮개를 말한다.<br>백레스트 : 지게차를 이용한 작업 중에 마스트를 뒤로 기울일 때 화물이 마스트 방향으로 떨어지는 것을 방지하기 위해 설치하는 짐받이 틀을 말한다. |

| 6. 포장기계(진공포장기, 랩핑기)의 구동부 방호 연동장치 | 진공포장기, 랩핑기의 구동부에 설치되는 방호장치 등이 개방되었을 때 기계의 작동이 정지되도록 하거나 방호장치가 닫힌 상태에서만 기계가 작동되도록 상호 연결시키는 것을 말한다. |
|---|---|

누전차단기에 대한 설명이다. (    ) 안에 알맞은 내용을 적으시오.
(단, 정격전부하전류 50A 미만) (4점)

전동 기계·기구에 접속되어 있는 누전 차단기는 정격 감도 전류가 ( ① ) 이하이고, 작동 시간은 ( ② ) 이내이어야 한다.

**정답**
① 30mA  ② 0.03초

**참고**
누전차단기는 정격감도전류가 30밀리암페어 이하이고 작동시간은 0.03초 이내일 것. 다만, 정격 전부하전류가 50암페어 이상인 전기기계·기구에 접속되는 누전차단기는 오작동을 방지하기 위하여 정격감도전류는 200밀리암페어 이하로, 작동시간은 0.1초 이내로 할 수 있다.

철골공사 작업을 중지해야 하는 조건을 3가지 적으시오.
(단, 단위를 명확히 쓰시오) (3점)

**정답**
① 풍속이 초당 10m(미터) 이상인 경우
② 강우량이 시간당 1mm(밀리미터) 이상이 경우
③ 강설량이 시간당 1cm(센티미터) 이상인 경우

「공정안전보고서의 제출·심사·확인 및 이행상태평가 등에 관한 규정」에 의하여 '저장탱크설비, 유틸리티설비 및 제조공정 중 고체 건조·분쇄설비 등 간단한 단위 공정'의 특성에 맞는 위험성 평가 기법 2가지를 [보기]에서 골라 그 번호를 적으시오. (4점)

[보기]
① 원인 결과 분석기법
② 작업자 실수 분석기법
③ 위험과 운전 분석기법
④ 공정 안전성 분석기법
⑤ 상대위험 순위 결정 기법
⑥ 결함수 분석기법

**정답**

②, ③, ⑤

**참고**

- 위험성 평가 기법

| 제조공정 중 반응, 분리(증류, 추출 등), 이송시스템 및 전기·계장 시스템 등의 단위공정 | 저장탱크설비, 유틸리티 설비 및 제조공정 중 고체 건조·분쇄설비 등 간단한 단위공정 |
|---|---|
| 가. 위험과 운전 분석기법<br>나. 공정위험 분석기법<br>다. 이상 위험도 분석기법<br>라. 원인 결과 분석기법<br>마. 결함수 분석기법<br>바. 사건수 분석기법<br>사. 공정안전성 분석기법<br>아. 방호계층 분석기법 | 가. 체크리스트기법<br>나. 작업자 실수 분석기법<br>다. 사고 예상 질문 분석기법<br>라. 위험과 운전 분석기법<br>마. 상대 위험순위 결정기법<br>바. 공정위험 분석기법<br>사. 공정안정성 분석기법 |

1. "공정안전성 분석기법(K-PSR, KOSHA Process safety review)"이란 설치·가동 중인 화학공장의 공정안전성(Process safety)을 재검토하여 사고위험성을 분석(Review)하는 방법을 말한다.
2. "공정안정성 분석기법"이 "공정안전성 분석기법"과 동일한 기법으로 생각되나 관련 규정에는 "공정안정성 분석기법"으로 되어 있습니다. 2가지를 고르는 문제이므로 나머지 중 2가지를 적으세요.

유해·위험기계 등이 안전인증기준에 적합한지를 확인하기 위하여 안전인증기관이 실시하는 심사 중 형식별 제품심사의 심사 기간을 60일로 두는 보호구의 종류 5가지를 적으시오. (4점)

**정답**
① 추락 및 감전 위험방지용 안전모
② 안전화
③ 안전장갑
④ 방진마스크
⑤ 방독마스크
⑥ 송기(送氣)마스크
⑦ 전동식 호흡보호구
⑧ 보호복

**참고**

- 심사종류별 심사 기간

| 심사종류 | 심사 기간 |
|---|---|
| 예비심사 | 7일 |
| 서면심사 | 15일(외국에서 제조한 경우는 30일) |
| 기술능력 및 생산체계 심사 | 30일(외국에서 제조한 경우는 45일) |
| 제품심사 | • 개별 제품심사 : 15일<br>• 형식별 제품심사 : 30일(방호장치, 보호구는 60일) |

산업안전보건법에 의한 안전보건표지를 나타내었다. 그림에 해당하는 안전보건표지의 명칭을 적으시오. (4점) [별책부록 컬러 자료를 참고해주세요.]

> 정답
> 1. 부식성물질 경고
> 2. 폭발성물질 경고
> 3. 물체이동 금지
> 4. 들것

고용노동부장관은 중대재해가 발생하여 해당 사업장에 산업재해가 다시 발생할 급박한 위험이 있다고 판단되는 경우에는 작업의 중지를 명할 수 있으며 또한 사업주가 작업 중지의 해제를 요청한 경우에 심의를 거쳐 작업 중지를 해제하여야 한다. 작업 중지의 해제에 관한 [보기]의 괄호에 적합한 내용을 적으시오. (4점)

[보기]
(1) 사업주가 작업중지의 해제를 요청할 경우에는 작업 중지 명령 해제신청서를 작성하여 사업장의 소재지를 관할하는 지방고용노동관서의 장에게 제출해야 한다.
(2) 사업주가 작업 중지 명령 해제신청서를 제출하는 경우에는 미리 유해·위험요인 개선 내용에 대하여 중대재해가 발생한 해당 ( ① )의 의견을 들어야 한다.
(3) 지방고용노동관서의 장은 작업 중지 명령 해제를 요청받은 경우에는 ( ② )으로 하여금 안전·보건을 위하여 필요한 조치를 확인하도록 하고, 천재지변 등 불가피한 경우를 제외하고는 해제요청일 다음 날부터 ( ③ ) 이내(토요일과 공휴일을 포함하되, 토요일과 공휴일이 연속하는 경우에는 3일까지만 포함한다)에 ( ④ )를 개최하여 심의한 후 해당 조치가 완료되었다고 판단될 경우에는 즉시 작업 중지 명령을 해제해야 한다.

> 정답
> ① 작업 근로자
> ② 근로감독관
> ③ 4일
> ④ 작업중지해제 심의위원회

## 11 산업안전보건법에 의한 다음 물음에 답하시오. (4점)

[보기]

(1) 산업안전보건법에 의하여 고용노동부장관은 산업재해 예방을 위하여 "사업주가 필요한 안전조치 또는 보건조치를 이행하지 아니하여 중대재해가 발생한 사업장"의 사업주에게 ( ① )을 수립하여 시행할 것을 명할 수 있다.

(2) ( ① )를 제출해야 하는 사업주는 ( ① )의 수립·시행 명령을 받은 날부터 ( ② ) 이내에 관할 지방고용노동관서의 장에게 해당 계획서를 제출(전자문서로 제출하는 것을 포함한다)해야 한다.

**정답**
① 안전보건개선계획
② 60일

**참고**

- 안전보건개선계획 작성대상 사업장의 종류
  ① 산업 재해율이 같은 업종의 규모별 평균 산업재해율 보다 높은 사업장
  ② 사업주가 필요한 안전조치 또는 보건조치를 이행하지 아니하여 중대재해가 발생한 사업장
  ③ 직업성 질병자가 연간 2명 이상 발생한 사업장
  ④ 유해인자의 노출기준을 초과한 사업장

평균보다 높으면 개선계획! 중대재해 발생하면 개선계획!
직업성 질병자 2명 노출기준 초과하면 개선계획!

「방호장치 안전인증고시」에 관한 내용이다. 다음 물음에 답하시오. (4점)

[보기]
(1) 「방호장치 안전인증고시」에 의하여 손쳐내기식 방호장치를 설치하여야 하는 기계·기구의 명칭을 적으시오.
(2) 손쳐내기식 방호장치의 기호를 적으시오.

정답
(1) 프레스
(2) D

참고

• 프레스 또는 전단기 방호장치의 종류 및 분류

| 종류 | 분류 | 기능 |
|---|---|---|
| 광전자식 | A-1 | 프레스 또는 전단기에서 일반적으로 많이 활용하고 있는 형태로서 투광부, 수광부, 컨트롤 부분으로 구성된 것으로서 신체의 일부가 광선을 차단하면 기계를 급정지시키는 방호장치 |
| | A-2 | 급정지기능이 없는 프레스의 클러치 개조를 통해 광선 차단 시 급정지시킬 수 있도록 한 방호장치 |
| 양수조작식 | B-1 (유·공압 밸브식) | 1행정 1정지식 프레스에 사용되는 것으로서 양손으로 동시에 조작하지 않으면 기계가 동작하지 않으며, 한손이라도 떼어내면 기계를 정지시키는 방호장치 |
| | B-2 (전기버튼식) | |
| 가드식 | C | 가드가 열려 있는 상태에서는 기계의 위험부분이 동작되지 않고 기계가 위험한 상태일 때에는 가드를 열 수 없도록 한 방호장치 |
| 손쳐내기식 | D | 슬라이드의 작동에 연동시켜 위험상태로 되기 전에 손을 위험영역에서 밀어내거나 쳐내는 방호장치로서 프레스용으로 확동식 클러치형 프레스에 한해서 사용됨(다만, 광전자식 또는 양수조작식과 이중으로 설치 시에는 급정지 가능프레스에 사용 가능) |
| 수인식 | E | 슬라이드와 작업자 손을 끈으로 연결하여 슬라이드 하강 시 작업자 손을 당겨 위험영역에서 빼낼 수 있도록 한 방호장치로서 프레스용으로 확동식 클러치형 프레스에 한해서 사용됨(다만, 광전자식 또는 양수조작식과 이중으로 설치 시에는 급정지가능 프레스에 사용 가능) |

**13** 클러치 맞물림 개수 4개, 300SPM의 동력 프레스기 양수기동식 안전장치의 안전거리를 계산하시오. (4점)

**정답**

$Dm(mm) = 1.6 \times Tm$

$= 1.6 \times (\dfrac{1}{클러치개소수} + \dfrac{1}{2}) \times (\dfrac{60,000}{매분행정수})$

- Tm : 슬라이드가 하사점에 도달할 때까지의 시간(ms)

$Dm(mm) = 1.6 \times (\dfrac{1}{클러치개소수} + \dfrac{1}{2}) \times (\dfrac{60,000}{매분행정수})$

$= 1.6 \times (\dfrac{1}{4} + \dfrac{1}{2}) \times (\dfrac{60,000}{300})$

$= 240mm$

**14** 근로자 수가 1,440명인 어느 사업장에서 연간 40건의 재해로 인하여 사망 1건, 사망을 제외한 근로손실일수 1,200일이 발생하였다. 강도율을 계산하시오.
(단, 주 40시간씩 연 50주 근무, 조기 출근 및 잔업시간 합계 100,000시간, 출근율 95%이다.) (4점)

**정답**

$강도율 = \dfrac{총요양근로손실일수}{연근로시간수} \times 1,000$

$= \dfrac{(1 \times 7,500) + 1,200}{(1,440 \times 40 \times 50 \times 0.95) + 100,000} \times 1,000 = 3.07$

**참고**

| 신체장해등급 | 사망, 1, 2, 3급 | 4급 | 5급 | 6급 | 7급 | 8급 |
|---|---|---|---|---|---|---|
| 손실일수 | 7,500일 | 5,500일 | 4,000일 | 3,000일 | 2,200일 | 1,500일 |
| 신체장해등급 | 9급 | 10급 | 11급 | 12급 | 13급 | 14급 |
| 손실일수 | 1,000일 | 600일 | 400일 | 200일 | 100일 | 50일 |

# 2024년 산업안전기사 (7월 24일 시행)

시험시간 : 1시간 30분

산업안전보건위원회의 회의록에 포함하여야 하는 사항 3가지를 적으시오. (단, 그 밖의 토의사항은 제외할 것) (3점)

**정답**
① 개최 일시 및 장소
② 출석위원
③ 심의 내용 및 의결·결정 사항

**참고**
- 산업안전보건위원회의 회의 개최 주기
  산업안전보건위원회의 회의는 정기회의와 임시회의로 구분하되, 정기회의는 분기마다 위원장이 소집하며, 임시회의는 위원장이 필요하다고 인정할 때에 소집한다.

사업주는 작업장에서 취급하는 물질안전보건자료 대상물질의 내용을 근로자에게 교육하고 교육을 실시하였을 때에는 교육시간 및 내용 등을 기록하여 보존해야 한다. 산업안전보건법에 의하여 물질안전보건자료 대상물질의 내용을 근로자에게 교육하여야 하는 경우 2가지를 적으시오. (4점)

**정답**
① 물질안전보건자료 대상물질을 제조·사용·운반 또는 저장하는 작업에 근로자를 배치하게 된 경우
② 새로운 물질안전보건자료 대상물질이 도입된 경우
③ 유해성·위험성 정보가 변경된 경우

> 참고
> 
> - 물질안전보건자료에 관한 교육내용
>   ① 대상화학물질의 명칭(또는 제품명)
>   ② 물리적 위험성 및 건강 유해성
>   ③ 취급상의 주의사항
>   ④ 적절한 보호구
>   ⑤ 응급조치 요령 및 사고 시 대처방법
>   ⑥ 물질안전보건자료 및 경고표지를 이해하는 방법

(1) 안전보건관리규정에 포함하여야 하는 사항 4가지를 적으시오. (5점)
(단, 그 밖에 안전·보건에 관한 사항은 제외)

(2) 자동차 제조업의 경우 상시 근로자 (    )명 이상인 경우 안전보건관리규정을 작성하여야 한다.

> **정답**
> 
> (1) 안전보건관리규정에 포함하여야 하는 사항
>   ① 안전·보건 관리조직과 그 직무에 관한 사항
>   ② 안전·보건교육에 관한 사항
>   ③ 작업장의 안전 및 보건관리에 관한 사항
>   ④ 사고 조사 및 대책 수립에 관한 사항
> (2) 100

> 참고
> 
> - 안전보건관리규정을 작성하여야 할 사업의 종류 및 규모
> 
> | 사업의 종류 | 규모 |
> |---|---|
> | 1. 농업<br>2. 어업<br>3. 소프트웨어 개발 및 공급업<br>4. 컴퓨터 프로그래밍, 시스템 통합 및 관리업<br>4의2. 영상·오디오물 제공 서비스업<br>5. 정보서비스업<br>6. 금융 및 보험업<br>7. 임대업 ; 부동산 제외<br>8. 전문, 과학 및 기술 서비스업(연구개발업은 제외한다)<br>9. 사업지원 서비스업<br>10. 사회복지 서비스업 | 상시 근로자 300명 이상을 사용하는 사업장 |
> | 11. 제1호부터 제4호까지, 제4호의2 및 제5호부터 제10호까지의 사업을 제외한 사업 | 상시 근로자 100명 이상을 사용하는 사업장 |

산업용 로봇 교시 등 작업 시의 작업지침에 포함하여야 하는 사항 4가지를 적으시오.
(단, 그 밖에 로봇의 예기치 못한 작동 또는 오동작에 의한 위험을 방지하기 위하여 필요한 조치는 제외) (4점)

**정답**
① 로봇의 조작방법 및 순서
② 작업 중의 매니퓰레이터의 속도
③ 2인 이상의 근로자에게 작업을 시킬 때의 신호방법
④ 이상을 발견한 때의 조치
⑤ 이상을 발견하여 로봇의 운전을 정지시킨 후 이를 재가동 시킬 때의 조치

**참고**

산업용 로봇의 작동 범위에서 해당 로봇에 대하여 교시 등의 작업을 하는 경우 로봇의 예기치 못한 작동 또는 오(誤)조작에 의한 위험을 방지하기 위하여 사업주가 하여야 조치사항

1. 작업지침을 정하고 그 지침에 따라 작업을 시킬 것
   ① 로봇의 조작방법 및 순서
   ② 작업 중의 매니퓰레이터의 속도
   ③ 2명 이상의 근로자에게 작업을 시킬 경우의 신호방법
   ④ 이상을 발견한 경우의 조치
   ⑤ 이상을 발견하여 로봇의 운전을 정지시킨 후 이를 재가동시킬 경우의 조치
   ⑥ 그 밖에 로봇의 예기치 못한 작동 또는 오조작에 의한 위험을 방지하기 위하여 필요한 조치

2. 작업에 종사하고 있는 근로자 또는 그 근로자를 감시하는 사람은 이상을 발견하면 즉시 로봇의 운전을 정지시키기 위한 조치를 할 것

3. 작업을 하고 있는 동안 로봇의 기동스위치 등에 작업 중이라는 표시를 하는 등 작업에 종사하고 있는 근로자가 아닌 사람이 그 스위치 등을 조작할 수 없도록 필요한 조치를 할 것

(1) 산업안전보건법에 의한 중대산업사고의 정의를 적으시오. (4점)
(2) 사업장에서 중대산업사고를 예방하기 위한 목적으로 작성하여 고용노동부장관에게 제출하여야 하는 보고서의 명칭을 적으시오.

**정답**
(1) 유해하거나 위험한 설비로부터의 위험물질 누출, 화재 및 폭발 등으로 인하여 사업장 내의 근로자에게 즉시 피해를 주거나 사업장 인근 지역에 피해를 줄 수 있는 사고를 말한다.
(2) 공정안전보고서

산업안전보건법 상의 안전보건표지 중 '관계자외 출입금지' 표지의 하단에 포함되어야 하는 문자 2가지를 적으시오. (4점)

**정답**
① 보호구 / 보호복 착용
② 흡연 및 음식물 섭취 금지

**참고**

| 501<br>허가대상물질 작업장 | 502<br>석면취급/해체 작업장 | 503<br>금지대상물질의 취급 실험실 등 |
|---|---|---|
| 관계자외 출입금지<br>(허가물질 명칭) 제조/사용/보관 중<br>보호구/보호복 착용<br>흡연 및 음식물<br>섭취 금지 | 관계자외 출입금지<br>석면 취급/해체 중<br>보호구/보호복 착용<br>흡연 및 음식물<br>섭취 금지 | 관계자외 출입금지<br>발암물질 취급 중<br>보호구/보호복 착용<br>흡연 및 음식물<br>섭취 금지 |

 산업안전보건법에 의하여 설치·이전하는 경우 안전인증을 받아야 하는 기계·기구의 종류를 3가지 적으시오. (3점)

**정답**
① 크레인
② 리프트
③ 곤돌라

**참고**

주요 구조 부분을 변경하는 경우 안전인증을 받아야 하는 기계·기구
① 프레스
② 전단기 및 절곡기(折曲機)
③ 크레인
④ 리프트
⑤ 압력용기
⑥ 롤러기
⑦ 사출성형기(射出成形機)
⑧ 고소(高所)작업대
⑨ 곤돌라

> **유사한 종류끼리 묶어서 암기**
> 손 다치는 기계 – 프레스, 전단기 및 절곡기, 사출성형기, 롤러기
> 양중기 – 크레인, 리프트, 곤돌라
> 폭발 – 압력용기
> 추락 – 고소작업대

**08** 산업안전보건법에 의하여 화물자동차의 짐걸이 등으로 사용해서는 안 되는 섬유로프의 조건 2가지를 적으시오. (4점)

정답
① 꼬임이 끊어진 것
② 심하게 손상되거나 부식된 것

참고

• 사용금지 항목

| 달비계의 섬유로프 또는 안전대의 섬유벨트 | ① 꼬임이 끊어진 것<br>② 심하게 손상되거나 부식된 것<br>③ 2개 이상의 작업용 섬유로프 또는 섬유벨트를 연결한 것<br>④ 작업높이보다 길이가 짧은 것 |
|---|---|
| 달기체인 | ① 달기 체인의 길이가 달기 체인이 제조된 때의 길이의 5퍼센트를 초과한 것<br>② 링의 단면지름이 달기 체인이 제조된 때의 해당 링의 지름의 10퍼센트를 초과하여 감소한 것<br>③ 균열이 있거나 심하게 변형된 것 |
| 와이어로프 | ① 이음매가 있는 것<br>② 와이어로프의 한 꼬임에서 끊어진 소선의 수가 10퍼센트 이상인 것<br>③ 지름의 감소가 공칭지름의 7퍼센트를 초과하는 것<br>④ 꼬인 것<br>⑤ 심하게 변형되거나 부식된 것<br>⑥ 열과 전기충격에 의해 손상된 것 |

제조업 대상 사업, 대상 기계·기구 설비에 해당하는 유해·위험방지계획서를 제출하려는 경우 첨부하여야 하는 서류 3가지를 적으시오.(단, 그밖에 고용노동부장관이 정하는 도면 및 서류는 제외할 것) (3점)

> **정답**
> ① 건축물 각층의 평면도
> ② 기계·설비의 개요를 나타내는 서류
> ③ 기계·설비의 배치도면
> ④ 원재료 및 제품의 취급, 제조 등의 작업 방법의 개요

 크레인(이동식 크레인은 제외한다), 리프트(이삿짐운반용 리프트는 제외한다) 및 곤돌라의 안전검사 주기를 나타내었다. 괄호에 적합한 숫자를 적으시오. (3점)

> 사업장에 설치가 끝난 날부터 ( ① )년 이내에 최초 안전검사를 실시, 그 이후부터 매 ( ② )년, (건설현장에서 사용하는 것은 최초로 설치한 날로부터 ( ③ ) 개월마다) 안전검사를 실시한다.

> **정답**
> ① 3   ② 2   ③ 6

> **참고**
>
> 1. 안전검사 대상 유해·위험기계 등
> ① 프레스
> ② 전단기
> ③ 크레인[정격 하중이 2톤 미만인 것 제외]
> ④ 리프트
> ⑤ 압력용기
> ⑥ 곤돌라
> ⑦ 국소 배기장치(이동식은 제외)
> ⑧ 원심기(산업용만 해당)
> ⑨ 롤러기(밀폐형 구조는 제외한다)
> ⑩ 사출성형기[형 체결력 294킬로뉴턴(KN) 미만은 제외]
> ⑪ 고소작업대
> ⑫ 컨베이어
> ⑬ 산업용 로봇

안전인증 대상 중
손 다치는 기계 - 프레스, 전단기, 사출성형기, 롤러기
양중기 - 크레인, 리프트, 곤돌라
폭발 - 압력용기

추가 - 극소(국소) 로봇이 고소(높은 곳)의 콘(컨) 원을 검사(안전검사)
국소배기장치, 산업용 로봇, 고소작업대, 컨베이어, 원심기

### 2. 안전검사대상 유해·위험기계 등의 검사 주기

① 크레인(이동식 크레인은 제외한다), 리프트(이삿짐운반용 리프트는 제외한다) 및 곤돌라 : 사업장에 설치가 끝난 날부터 3년 이내에 최초 안전검사를 실시하되, 그 이후부터 2년마다(건설현장에서 사용하는 것은 최초로 설치한 날부터 6개월마다)
② 이동식 크레인, 이삿짐운반용 리프트 및 고소작업대 : 신규 등록 이후 3년 이내에 최초 안전검사를 실시하되, 그 이후부터 2년마다
③ 프레스, 전단기, 압력용기, 국소 배기장치, 원심기, 화학설비 및 그 부속설비, 건조설비 및 그 부속설비, 롤러기, 사출성형기, 컨베이어 및 산업용 로봇 : 사업장에 설치가 끝난 날부터 3년 이내에 최초 안전검사를 실시하되, 그 이후부터 2년마다(공정안전보고서를 제출하여 확인을 받은 압력용기는 4년마다)

 [보기]의 설명에 해당하는 양중기의 명칭을 적으시오. (4점)

[보기]
(1) 동력을 사용하여 중량물을 매달아 상하 및 좌우[수평 또는 선회를 말한다]로 운반하는 것을 목적으로 하는 기계 또는 기계장치를 말한다.
(2) 훅이나 그 밖의 달기구 등을 사용하여 화물을 권상 및 횡행 또는 권상 동작만을 하여 양중하는 것을 말한다.

**정답**
(1) 크레인
(2) 호이스트

> 참고
>
> 1. "이동식 크레인"이란 원동기를 내장하고 있는 것으로서 불특정 장소에 스스로 이동할 수 있는 크레인으로 동력을 사용하여 중량물을 매달아 상하 및 좌우로 운반하는 설비로서 기중기 또는 화물·특수자동차의 작업부에 탑재하여 화물운반 등에 사용하는 기계 또는 기계장치를 말한다.
> 2. "리프트"란 동력을 사용하여 사람이나 화물을 운반하는 것을 목적으로 하는 기계 설비를 말한다.
> 3. "곤돌라"란 달기발판 또는 운반구, 승강장치, 그 밖의 장치 및 이들에 부속된 기계부품에 의하여 구성되고, 와이어로프 또는 달기강선에 의하여 달기발판 또는 운반구가 전용 승강장치에 의하여 오르내리는 설비를 말한다.
> 4. "승강기"란 건축물이나 고정된 시설물에 설치되어 일정한 경로에 따라 사람이나 화물을 승강장으로 옮기는 데에 사용되는 설비로서 다음 각 목의 것을 말한다.

 그림과 같이 와이어로프에 1,500kg의 중량을 걸어 60°의 각도로 들어 올리고 있다. 와이어로프 한 줄의 파단하중이 42.8kN일 때 다음 물음에 답하시오. (5점)

(1) 와이어 로프의 안전율을 계산하시오.

(2) 와이어 로프의 안전율이 사용조건을 만족하는지 여부를 판단하고 그 이유를 설명하시오.

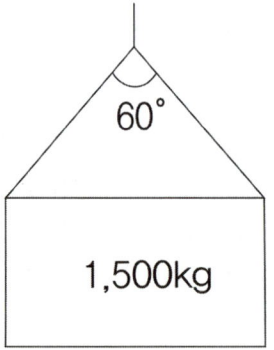

> 정답
>
> (1) 한 가닥의 하중(kg) = $\frac{\omega}{2} \div \cos\frac{\theta}{2} = \frac{1,500}{2} \div \cos\frac{60}{2} = 866.03$(kg)
>
> 안전율 = $\frac{파단하중}{사용하중} = \frac{(42.8 \times 1,000)N}{(866.03 \times 9.8)N} = 5.04$
>
> (1kg = 9.8N, 1kN = 1,000N)
>
> (2) • 만족
> • 화물의 하중을 직접 지지하는 달기 와이어 로프의 안전율은 5 이상이어야 한다.

> **참고**
>
> • 와이어로프 등의 안전계수
>   ① 근로자가 탑승하는 운반구를 지지하는 달기와이어로프 또는 달기체인의 경우 : 10 이상
>   ② 화물의 하중을 직접 지지하는 달기와이어로프 또는 달기체인의 경우 : 5 이상
>   ③ 훅, 샤클, 클램프, 리프팅 빔의 경우 : 3 이상
>   ④ 그 밖의 경우 : 4 이상

## 13. 건설용 리프트·곤돌라를 이용한 작업의 특별교육의 내용 2가지를 적으시오. (단, 그 밖에 안전·보건관리에 필요한 사항은 제외할 것) (4점)

**정답**
① 방호장치의 기능 및 사용에 관한 사항
② 기계, 기구, 달기체인 및 와이어 등의 점검에 관한 사항
③ 화물의 권상·권하 작업방법 및 안전작업 지도에 관한 사항
④ 기계·기구의 특성 및 동작원리에 관한 사항
⑤ 신호방법 및 공동작업에 관한 사항

## 14. 비등액체 팽창 증기폭발(BLEVE)에 영향을 주는 인자를 3가지 쓰시오. (5점)

**정답**
① 저장된 물질의 종류와 형태
② 저장용기의 재질
③ 저장된 물질의 인화성 여부
④ 주위 온도와 압력

# 2024년 산업안전기사 (10월 19일 시행)

시험시간 : 1시간 30분

 산업안전보건법에 의한 안전 및 보건 계획의 수립에 관한 내용이다. 괄호에 적합한 내용을 적으시오. (4점)

[보기]

「상법」에 따른 주식회사 중 상시근로자 ( ① ) 이상을 사용하는 회사 및 「건설산업기본법」에 따라 평가하여 공시된 시공능력의 순위 상위 ( ② )위 이내의 건설회사의 대표이사는 매년 회사의 안전 및 보건에 관한 계획을 수립하여 이사회에 보고하고 승인을 받아야 한다.

정답

① 500명
② 1천(1,000)

참고

안전 및 보건에 관한 계획에는 안전 및 보건에 관한 비용, 시설, 인원 등의 사항을 포함하여야 한다.

500명 이상 1천위 이내 건설회사는 비(비용)실(시설)대는 인원 매년 이사회에 보고

 임금근로자 수가 20,500명이고 산재보험적용 근로자 수가 20,000인 사업장에서 재해로 인한 사망자가 5명 발생하였다. 사업장의 사망 만인율을 계산하시오. (4점)

정답

[사망 만인율]
- 산재보험 적용 근로자 수 10,000명당 발생하는 사망자 수의 비율을 말한다.
- 사망만인율 = $\dfrac{\text{사망자 수}}{\text{산재보험 적용 근로자 수}} \times 10,000$

$$사망만인율 = \frac{사망자\ 수}{산재보험\ 적용\ 근로자\ 수} \times 10{,}000 = \frac{5}{20{,}000} \times 10{,}000 = 2.50$$

> **참고**
>
> • 건설업체의 산업재해발생률
> 다음의 계산식에 따른 사고사망 만인율로 산출하되, 소수점 셋째자리에서 반올림한다.
>
> $$사고사망만인율(‱) = \frac{사고사망자수}{상시\ 근로자수} \times 10{,}000$$
>
> $$상시\ 근로자수 = \frac{연간국내공사\ 실적액 \times 노무비율}{건설업\ 월평균임금 \times 12}$$

## 03 산업안전보건법상의 양중기의 종류 5가지를 적으시오. (단, 세부항목을 포함할 것) (5점)

> **정답**
> ① 크레인[호이스트(hoist)를 포함]
> ② 이동식 크레인
> ③ 리프트(이삿짐운반용 리프트의 경우에는 적재하중이 0.1톤 이상인 것으로 한정한다)
> ④ 곤돌라
> ⑤ 승강기

## 04 내전압용 절연장갑의 최대사용전압을 적으시오. (4점)

| 등 급 | 최대사용전압 | | 색상 |
| --- | --- | --- | --- |
| | 교류(V, 실효값) | 직류(V) | |
| 00 | 500 | ( ① ) | 갈색 |
| 0 | ( ② ) | 1,500 | 빨간색 |
| 1 | 7,500 | 11,250 | 흰색 |
| 2 | 17,000 | 25,500 | 노란색 |
| 3 | 26,500 | 39,750 | 녹색 |
| 4 | ( ③ ) | ( ④ ) | 등색 |

정답
① 750
② 1,000
③ 36,000
④ 54,000

 1급 방진마스크를 착용하여야 하는 작업장소의 종류를 3가지 적으시오. (5점)

정답
① 특급마스크 착용 장소를 제외한 분진 발생 장소
② 금속흄 등과 같이 열적으로 생기는 분진 발생 장소
③ 기계적으로 생기는 분진 발생 장소(규소 제외)

참고

• 방진마스크 종류별 사용 장소

| 등급 | 특급 | 1급 | 2급 |
|---|---|---|---|
| 사용 장소 | • 베릴륨 등과 같이 독성이 강한 물질들을 함유한 분진 등 발생장소<br>• 석면 취급장소 | • 특급마스크 착용 장소를 제외한 분진 등 발생장소<br>• 금속흄 등과 같이 열적으로 생기는 분진 등 발생장소<br>• 기계적으로 생기는 분진 등 발생장소(규소 등과 같이 2급 방진마스크를 착용하여도 무방한 경우는 제외한다) | • 특급 및 1급 마스크 착용 장소를 제외한 분진 등 발생 장소 |
| | 배기밸브가 없는 안면부여과식 마스크는 특급 및 1급 장소에 사용해서는 안 된다. | | |

다음 [보기] 중 산업안전보건법에 의하여 코드 및 플러그를 접속하여 사용하는 전기기계·기구 중 접지를 하여야 하는 경우 2가지를 찾아 그 번호를 적으시오. (4점)

[보기]
① 사용전압이 대지전압 70볼트를 넘는 것
② 냉장고·세탁기·컴퓨터 및 주변기기 등과 같은 고정형 전기기계·기구
③ 고정형 손전등
④ 물 또는 도전성이 높은 곳에서 사용하는 전기기계·기구, 비접지형 콘센트

정답
②, ④

참고
- 코드 및 플러그를 접속하여 사용하는 전기기계·기구 중 접지를 하여야 하는 경우
  ① 사용전압이 대지전압 150볼트를 넘는 것
  ② 냉장고·세탁기·컴퓨터 및 주변기기 등과 같은 고정형 전기기계·기구
  ③ 고정형·이동형 또는 휴대형 전동기계·기구
  ④ 물 또는 도전성이 높은 곳에서 사용하는 전기기계·기구, 비접지형 콘센트
  ⑤ 휴대형 손전등

다음 그림은 「보호구 안전인증 고시」에 의한 보호구이다. 물음에 답하시오. (4점)

(1) 「보호구 안전인증 고시」에 의한 그림 2의 명칭을 적으시오.
    (그림 1과 같이 연결한다.)

(2) 그림 2의 보호구가 갖추어야 할 구조 2가지를 적으시오.

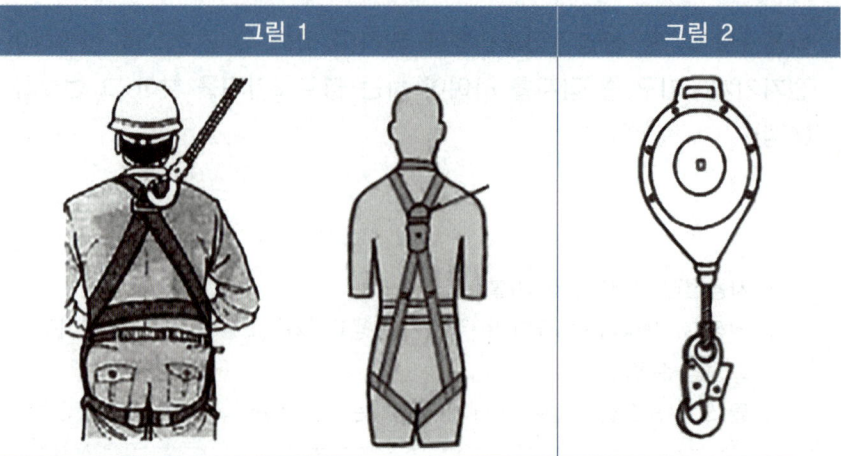

> **정답**
>
> (1) 명칭 : 안전 블록
>
> (2) 안전블록의 구조
>     ① 자동 잠김 장치를 갖출 것
>     ② 안전 블록의 부품은 부식 방지 처리를 할 것

 연삭작업 시 연삭기 숫돌이 파괴되는 원인 4가지를 적으시오. (4점)

> **정답**
>
> ① 숫돌의 회전 속도가 너무 빠를 때(최고 속도를 초과했을 때)
> ② 숫돌 자체에 균열이 있을 때
> ③ 숫돌의 측면을 사용하여 작업할 때
> ④ 숫돌에 과대한 충격을 가할 때
> ⑤ 플랜지가 현저히 작을 때(플랜지 지름은 숫돌 지름의 $\frac{1}{3}$ 이상일 것)
> ⑥ 숫돌 불균형, 베어링 마모에 의한 진동이 심할 때
> ⑦ 반지름 방향 온도변화가 심할 때

산업안전보건법에 의한 공정안전보고서에 관한 내용이다. 괄호에 적합한 내용을 적으시오. (4점)

(1) 사업주는 사업장에 대통령령으로 정하는 유해하거나 위험한 설비가 있는 경우 그 설비로부터의 중대산업사고를 예방하기 위하여 대통령령으로 정하는 바에 따라 ( ① )를 작성하고 고용노동부장관에게 제출하여 심사를 받아야 한다.
(2) 사업주는 ( ① )를 작성할 때 ( ② )의 심의를 거쳐야 한다. 다만, ( ② )가 설치되어 있지 아니한 사업장의 경우에는 근로자대표의 의견을 들어야 한다.

**정답**
① 공정안전보고서
② 산업안전보건위원회

 산업안전보건법에 의하여 인체에 대전된 정전기에 의한 화재 또는 폭발 위험이 있는 경우의 조치사항 4가지를 적으시오. (4점)

**정답**
① 정전기용 안전화의 착용
② 제전복(除電服)의 착용
③ 정전기 제전용구의 사용
④ 작업장 바닥 등에 도전성을 갖추도록 하는 등의 조치

 작업발판 일체형 거푸집의 종류 4가지를 적으시오. (4점)

**정답**
① 갱 폼(gang form)
② 슬립 폼(slip form)
③ 클라이밍 폼(climbing form)
④ 터널 라이닝 폼(tunnel lining form)

**12** 다음 [보기]의 설명에 해당하는 재해발생 형태를 적으시오. (4점)

[보기]
① 폭발과 화재, 두 현상이 복합적으로 발생한 경우
② 바닥면과 신체가 떨어진 상태로 더 낮은 위치로 떨어진 경우
③ 바닥면과 신체가 접해 있는 상태에서 더 낮은 위치로 떨어진 경우
④ 재해자가 「넘어짐」으로 인하여 기계의 동력 전달 부위 등에 끼이는 사고가 발생하여 신체 부위가 「절단」된 경우

**정답**
① 폭발   ② 떨어짐   ③ 넘어짐   ④ 끼임

**13** 산업안전보건법상의 위험 물질의 분류에 해당하는 물질을 [보기]에서 1가지씩 고르시오. (5점)

[보기]
① 리튬   ② 아세틸렌   ③ 등유   ④ 과염소산   ⑤ 마그네슘분말

(1) 인화성 가스 :

(2) 인화성 액체 :

(3) 산화성 액체 및 산화성 고체 :

**정답**
(1) 인화성 가스 : ②
(2) 인화성 액체 : ③
(3) 산화성 액체 및 산화성 고체 : ④

**참고**
- **리튬, 마그네슘 분말** : 물반응성 물질 및 인화성 고체

**01** 실기 기출 암기형 문제 002

**02** 실기 기출 계산형 문제 197

# 01 실기 기출 암기형 문제

## PART 01 산업안전관리

**01** 산업안전보건법에 의한 안전 및 보건 계획의 수립에 관한 내용이다. 괄호에 적합한 내용을 적으시오.
　　　　　　　　　　　　　　　　　　　　　　　　　　　　　　　• 기출 2024년 1회

> 「상법」에 따른 주식회사 중 상시근로자 ( ① ) 이상을 사용하는 회사 및 「건설산업기본법」에 따라 평가하여 공시된 시공능력의 순위 상위 ( ② )위 이내의 건설회사의 대표이사는 매년 회사의 안전 및 보건에 관한 계획을 수립하여 이사회에 보고하고 승인을 받아야 한다.

① 500명
② 1천(1,000)

### 참고

안전 및 보건에 관한 계획에는 안전 및 보건에 관한 비용, 시설, 인원 등의 사항을 포함하여야 한다.

### 암기법

500명 이상 1천위 이내 건설회사는 비(비용)실(시설)대는 인원 매년 이사회에 보고

## 02 안전보건관리책임자의 직무사항 3가지를 적으시오.
• 기출 2019년 3회

① 산업재해 예방계획의 수립에 관한 사항
② 안전보건관리규정의 작성 및 변경에 관한 사항
③ 근로자의 안전·보건교육에 관한 사항
④ 작업환경 측정 등 작업환경의 점검 및 개선에 관한 사항
⑤ 근로자의 건강진단 등 건강관리에 관한 사항
⑥ 산업재해의 원인 조사 및 재발 방지대책 수립에 관한 사항
⑦ 산업재해에 관한 통계의 기록 및 유지에 관한 사항
⑧ 안전장치 및 보호구 구입 시 적격품 여부 확인에 관한 사항
⑨ 위험성평가의 실시에 관한 사항
⑩ 근로자의 위험 또는 건강장해의 방지에 관한 사항

## 03 안전보건총괄책임자의 직무사항 4가지를 적으시오.
• 기출 2012년 2회, 2019년 1회

① 산업재해가 발생할 급박한 위험이 있을 때 및 중대재해가 발생하였을 때의 작업의 중지
② 도급 시 산업재해 예방조치
③ 산업안전보건관리비의 관계수급인 간의 사용에 관한 협의·조정 및 그 집행의 감독
④ 안전인증대상 기계 등과 자율안전확인대상 기계 등의 사용 여부 확인
⑤ 위험성평가의 실시에 관한 사항

## 04 사업주의 안전직무(2가지)와 근로자의 안전직무를 적으시오.
• 기출 2014년 1회, 2015년 2회

1. 사업주의 안전직무
   ① 산업재해 예방을 위한 기준을 따를 것
   ② 근로자의 신체적 피로와 정신적 스트레스 등을 줄일 수 있는 쾌적한 작업환경의 조성 및 근로조건 개선
   ③ 해당 사업장의 안전·보건에 관한 정보를 근로자에게 제공

2. 근로자의 안전직무
   근로자는 법과 법에 따른 명령으로 정하는 산업재해 예방을 위한 기준을 지켜야 하며, 사업주 또는 근로감독관, 공단 등 관계인이 실시하는 산업재해 예방에 관한 조치에 따라야 한다.

## 05  관리감독자 직무내용 4가지를 적으시오.

• 기출 2015년 3회

① 기계·기구 또는 설비의 안전·보건 점검 및 이상 유무의 확인
② 근로자의 작업복·보호구 및 방호장치의 점검과 그 착용·사용에 관한 교육·지도
③ 산업재해에 관한 보고 및 이에 대한 응급조치
④ 작업장 정리·정돈 및 통로확보에 대한 확인·감독
⑤ 산업보건의, 안전관리자(안전관리전문기관의 해당 사업장 담당자) 및 보건관리자(보건관리전문기관의 해당 사업장 담당자), 안전보건관리담당자(안전관리전문기관 또는 보건관리전문기관의 해당 사업장 담당자)의 지도·조언에 대한 협조
⑥ 위험성평가를 위한 유해·위험요인의 파악 및 개선조치의 시행에 대한 참여
⑦ 그 밖에 해당 작업의 안전·보건에 관한 사항으로서 고용노동부령으로 정하는 사항

### 참고

안전관리자 등의 직무

| | |
|---|---|
| 안전관리자 | ① 사업장 안전교육계획의 수립 및 안전교육 실시에 관한 보좌 및 조언·지도<br>② 사업장 순회점검·지도 및 조치의 건의<br>③ 산업재해 발생의 원인 조사·분석 및 재발 방지를 위한 기술적 보좌 및 조언·지도<br>④ 산업재해에 관한 통계의 유지·관리·분석을 위한 보좌 및 조언·지도<br>⑤ 안전인증대상 기계·기구등과 자율안전확인대상 기계·기구 등 구입 시 적격품의 선정에 관한 보좌 및 조언·지도<br>⑥ 위험성평가에 관한 보좌 및 조언·지도<br>⑦ 안전에 관한 사항의 이행에 관한 보좌 및 조언·지도<br>⑧ 산업안전보건위원회 또는 노사협의체, 안전보건관리규정 및 취업규칙에서 정한 직무<br>⑨ 업무수행 내용의 기록, 유지<br>⑩ 그 밖에 안전에 관한 사항으로서 노동부장관이 정하는 사항<br><br>**암기법**<br>안전교육, 사업장 점검, 재해 원인조사, 재해통계 관리, 적격품 선정, 위험성 평가, 업무 내용 기록 |

| 안전보건조정자 | ① 같은 장소에서 행하여지는 각각의 공사 간에 혼재된 작업의 파악<br>② 혼재된 작업으로 인한 산업재해 발생의 위험성 파악<br>③ 혼재된 작업으로 인한 산업재해를 예방하기 위한 작업의 시기·내용 및 안전보건조치 등의 조정<br>④ 각각의 공사 도급인의 안전보건관리책임자 간 작업 내용에 관한 정보 공유 여부의 확인<br><br>**암기법**<br>혼재 작업 파악, 재해 위험성 파악, 작업시기, 내용, 안전조치 조정, 도급인의 작업 내용 정보 공유 확인 |
|---|---|

## 06 산업안전보건법에서 정한 안전보건관리담당자의 직무사항 4가지를 적으시오.

• 기출 2022년 3회

① 안전·보건교육 실시에 관한 보좌 및 조언·지도
② 위험성 평가에 관한 보좌 및 조언·지도
③ 작업환경측정 및 개선에 관한 보좌 및 조언·지도
④ 건강진단에 관한 보좌 및 조언·지도
⑤ 산업재해 발생의 원인 조사, 산업재해 통계의 기록 및 유지를 위한 보좌 및 조언·지도
⑥ 산업안전·보건과 관련된 안전장치 및 보호구 구입 시 적격품 선정에 관한 보좌 및 조언·지도

**암기법**
안전보건교육, 재해 원인조사 및 재해통계 관리, 적격품 선정, 위험성평가, 건강진단

## 07 사업장에서 선임하여야 하는 안전관리자의 최소인원을 적으시오.

• 기출 2012년 3회, 2019년 2회, 2023년 3회

1. 상시 근로자 수 600명인 펄프제조업 :
2. 상시 근로자 수 500명인 우편 및 통신업 :
3. 상시 근로자 수 300명인 고무제품 제조업 :
4. 상시 근로자수 500명인 운수 및 창고업 :
5. 공사금액이 500억 원인 건설업:
6. 공사금액이 1,000억 원인 건설업:

---

1. 상시 근로자 수 600명인 펄프제조업 : 2명(이상)
2. 상시 근로자 수 500명인 우편 및 통신업 : 1명(이상)
3. 상시 근로자 수 300명인 고무제품 제조업 : 1명(이상)
4. 상시 근로자 수 500명인 운수 및 창고업 : 2명(이상)
5. 공사금액이 500억 원인 건설업 : 1명(이상)
6. 공사금액이 1,000억 원인 건설업 : 2명(이상)

### 참고

| | |
|---|---|
| ① 토사석 광업<br>② 서적, 잡지 및 기타 인쇄물 출판업, 폐기물 수집·운반·처리 및 원료 재생업, 환경 정화 및 복원업, 운수 및 창고업, 자동차 종합 수리업, 자동차 전문 수리업, 발전업<br>③ 대부분의 제조업 | • 상시 근로자 50명 이상 500명 미만 : 1명 이상<br>• 상시 근로자 500명 이상 : 2명 이상 |

| | |
|---|---|
| ① 우편 및 통신업<br>② 전기, 가스, 증기 및 공기조절공급업(발전업은 제외한다)<br>③ 도매 및 소매업<br>④ 숙박 및 음식점업<br>⑤ 공공행정(청소, 시설관리, 조리 등 현업업무에 종사하는 사람으로서 고용노동부장관이 정하여 고시하는 사람으로 한정한다)<br>⑥ 교육서비스업 중 초등·중등·고등 교육기관, 특수학교·외국인학교 및 대안학교(청소, 시설관리, 조리 등 현업업무에 종사하는 사람으로서 고용노동부장관이 정하여 고시하는 사람으로 한정한다)<br>⑦ 농업, 임업 및 어업 등 | • 상시 근로자 50명 이상 1,000명 미만 : 1명 (다만, 부동산업(부동산 관리업은 제외한다)과 사진처리업의 경우에는 상시근로자 100명 이상 1천명 미만으로 한다)<br>• 상시 근로자 1,000명 이상 : 2명 |
| 건설업 | • 공사금액 50억 원 이상(관계수급인은 100억 원 이상) 120억 원 미만(토목공사업의 경우에는 150억 원 미만) 또는 공사금액 120억 원 이상(토목공사업의 경우에는 150억 원 이상) 800억 원 미만 : 1명 이상<br>• 공사금액 800억 원 이상 1,500억 원 미만 : 2명 이상(다만, 전체 공사기간을 100으로 할 때 공사 시작에서 15에 해당하는 기간과 공사 종료 전의 15에 해당하는 기간 동안은 1명 이상으로 한다)<br>• 공사금액 1,500억 원 이상 2,200억 원 미만 : 3명 이상 (다만, 전체 공사기간 중 전·후 15에 해당하는 기간은 2명 이상으로 한다)<br>• 공사금액 2,200억 원 이상 3천억 원 미만 : 4명 이상 (다만, 전체 공사기간 중 전·후 15에 해당하는 기간은 2명 이상으로 한다)<br>• 공사금액 3천억 원 이상 3,900억 원 미만 : 5명 이상(다만, 전체 공사기간 중 전·후 15에 해당하는 기간은 3명 이상으로 한다)<br>• 공사금액 3,900억 원 이상 4,900억 원 미만 : 6명 이상(다만, 전체 공사기간 중 전·후 15에 해당하는 기간은 3명 이상으로 한다)<br>• 공사금액 4,900억 원 이상 6천억 원 미만 : 7명 이상(다만, 전체 공사기간 중 전·후 15에 해당하는 기간은 4명 이상으로 한다) |

| | |
|---|---|
| 건설업 | • 공사금액 6천억 원 이상 7,200억 원 미만 : 8명 이상(다만, 전체 공사기간 중 전·후 15에 해당하는 기간은 4명 이상으로 한다)<br>• 공사금액 7,200억 원 이상 8,500억 원 미만 : 9명 이상(다만, 전체 공사기간 중 전·후 15에 해당하는 기간은 5명 이상으로 한다)<br>• 공사금액 8,500억 원 이상 1조원 미만 : 10명 이상(다만, 전체 공사기간 중 전·후 15에 해당하는 기간은 5명 이상으로 한다)<br>• 1조 원 이상 : 11명 이상[매 2천억 원(2조 원 이상부터는 매 3천 억원)마다 1명씩 추가한다] (다만, 전체 공사기간 중 전·후 15에 해당하는 기간은 선임 대상 안전관리자 수의 2분의 1(소수점 이하는 올림한다) 이상으로 한다] |

08 상시 근로자 50인 이상의 경우 산업안전보건위원회를 설치·운영하여야 하는 대상 사업의 종류를 5가지 적으시오.
• 기출 2014년 2회

① 토사석 광업
② 목재 및 나무제품 제조업(가구는 제외)
③ 화학물질 및 화학제품 제조업(의약품, 세제·화장품 및 광택제 제조업, 화학섬유 제조업은 제외)
④ 비금속광물제품 제조업
⑤ 1차 금속 제조업
⑥ 금속가공제품 제조업(기계 및 가구는 제외)
⑦ 자동차 및 트레일러 제조업
⑧ 기타 기계 및 장비 제조업(사무용 기계 및 장비 제조업은 제외)
⑨ 기타 운송장비 제조업(전투용 차량 제조업은 제외)

**암기법**
① 토사석 광업에서 캔 ② 1차금속으로 ③ 금속가공제품, ④ 비금속 광물제품 만들고 ⑤ 자동차 트레일러 만들어 ⑥ 운송장비 위원회 열자.

**참고**

| 사업의 종류 | 규모 |
|---|---|
| 1. 토사석 광업<br>2. 목재 및 나무제품 제조업 ; 가구 제외<br>3. 화학물질 및 화학제품 제조업 ; 의약품 제외(세제, 화장품 및 광택제 제조업과 화학섬유 제조업은 제외한다)<br>4. 비금속 광물제품 제조업<br>5. 1차 금속 제조업<br>6. 금속가공제품 제조업 ; 기계 및 가구 제외<br>7. 자동차 및 트레일러 제조업<br>8. 기타 기계 및 장비 제조업(사무용 기계 및 장비 제조업은 제외한다)<br>9. 기타 운송장비 제조업(전투용 차량 제조업은 제외한다) | 상시 근로자 50명 이상 |

> **암기법**
> 토사석 광업에서 캔 1차금속으로 금속가공제품, 비금속 광물제품 제조하여 나무, 화학물질 섞어서 기계장비, 자동차 트레일러 만들어 운송장비 위원회(산업안전보건위원회) 열자.

| 사업의 종류 | 규모 |
|---|---|
| 10. 농업<br>11. 어업<br>12. 소프트웨어 개발 및 공급업<br>13. 컴퓨터 프로그래밍, 시스템 통합 및 관리업<br>13의 2. 영상 · 오디오물 제공 서비스업<br>14. 정보서비스업<br>15. 금융 및 보험업<br>16. 임대업 ; 부동산 제외<br>17. 전문, 과학 및 기술 서비스업(연구개발업은 제외한다)<br>18. 사업지원 서비스업<br>19. 사회복지 서비스업 | 상시 근로자 300명 이상 |
| 20. 건설업 | 공사금액 120억 원 이상<br>(토목공사업 :<br>150억 원 이상) |
| 21. 제1호부터 제20호까지의 사업을 제외한 사업 | 상시 근로자 100명 이상 |

**09** 산업안전보건법에 의하여 산업안전·보건에 관한 중요 사항을 심의·의결하기 위하여 근로자와 사용자가 같은 수로 구성되어야 하는 1) 기구(회의)의 명칭을 적으시오. 2) 회의의 개최주기를 적으시오. 3) 회의에 참여하여야 하는 근로자위원과 사용자위원을 각 1명씩 적으시오.  •기출 2023년 3회

1) 기구(회의)의 명칭 : 산업안전보건위원회
2) 개최주기 : 정기회의는 분기마다, 임시회의는 위원장이 필요하다고 인정할 때에 소집한다.
3) 근로자위원과 사용자위원

| 근로자위원 | ① 근로자대표<br>② 근로자대표가 지명하는 1명 이상의 명예산업안전감독관<br>③ 근로자대표가 지명하는 9명 이내의 해당 사업장의 근로자 |
|---|---|
| 사용자위원 | ① 해당 사업의 대표자<br>② 안전관리자 1명<br>③ 보건관리자 1명<br>④ 산업보건의<br>⑤ 사업의 대표자가 지명하는 9명 이내의 해당 사업장 부서의 장 |

**10** 산업안전보건위원회 구성위원 중 근로자위원의 자격 기준 3가지를 적으시오.
•기출 2019년 3회, 2023년 2회

① 근로자대표
② 근로자대표가 지명하는 1명 이상의 명예산업안전감독관
③ 근로자대표가 지명하는 9명 이내의 해당 사업장의 근로자

**참고**

사용자위원
① 해당 사업의 대표자
② 안전관리자 1명
③ 보건관리자 1명
④ 산업보건의
⑤ 사업의 대표자가 지명하는 9명 이내의 해당 사업장 부서의 장

## 11. 산업안전보건위원회의 심의·의결 사항을 4가지 적으시오. • 기출 2013년 1회

① 산업재해 예방계획의 수립에 관한 사항
② 안전보건관리규정의 작성 및 변경에 관한 사항
③ 근로자의 안전·보건교육에 관한 사항
④ 작업환경측정 등 작업환경의 점검 및 개선에 관한 사항
⑤ 근로자의 건강진단 등 건강관리에 관한 사항
⑥ 중대재해의 원인 조사 및 재발 방지대책 수립에 관한 사항
⑦ 산업재해에 관한 통계의 기록 및 유지에 관한 사항
⑧ 유해하거나 위험한 기계·기구·설비를 도입한 경우 안전·보건조치에 관한 사항
⑨ 그 밖에 해당 사업장 근로자의 안전 및 보건을 유지·증진시키기 위하여 필요한 사항

### 참고

1. 노사협의체의 심의·의결 사항

    ① 산업재해 예방계획의 수립에 관한 사항
    ② 안전보건관리규정의 작성 및 변경에 관한 사항
    ③ 근로자의 안전·보건교육에 관한 사항
    ④ 작업환경측정 등 작업환경의 점검 및 개선에 관한 사항
    ⑤ 근로자의 건강진단 등 건강관리에 관한 사항
    ⑥ 중대재해의 원인 조사 및 재발 방지대책 수립에 관한 사항
    ⑦ 산업재해에 관한 통계의 기록 및 유지에 관한 사항
    ⑧ 유해하거나 위험한 기계·기구·설비를 도입한 경우 안전·보건조치에 관한 사항
    ⑨ 그 밖에 해당 사업장 근로자의 안전 및 보건을 유지·증진시키기 위하여 필요한 사항

2. 노사협의체 협의사항

    ① 산업재해 예방방법 및 산업재해가 발생한 경우의 대피방법
    ② 작업의 시작시간 및 작업장 간의 연락방법
    ③ 그 밖의 산업재해 예방과 관련된 사항

**12** 산업안전보건위원회의 회의록에 포함하여야 하는 사항 3가지를 적으시오.
(단, 그 밖의 토의사항은 제외할 것) • 기출 2015년 2회, 2021년 3회, 2024년 2회

① 개최 일시 및 장소
② 출석위원
③ 심의 내용 및 의결·결정 사항
④ 그 밖의 토의사항

### 참고

산업안전보건위원회의 회의 개최 주기

산업안전보건위원회의 회의는 정기회의와 임시회의로 구분하되, 정기회의는 분기마다 위원장이 소집하며, 임시회의는 위원장이 필요하다고 인정할 때에 소집한다.


**13** 노사협의체를 설치하여야 하는 대상 사업장과 노사협의체 정기회의 개최주기를 적으시오.
• 기출 2021년 1회

(1) 대상 사업장 :
(2) 정기회의 개최주기 :

(1) 공사금액이 120억 원(토목공사업은 150억 원) 이상인 건설업
(2) 2개월마다

## 참고

**노사협의체의 구성**

| 근로자위원 | 사용자위원 |
|---|---|
| 1. 관계수급인 사업을 포함한 전체 사업의 근로자대표<br>2. 근로자대표가 지명하는 명예산업안전감독관 1명 (다만, 명예산업안전감독관이 위촉되어 있지 아니한 경우에는 근로자대표가 지명하는 해당 사업장 근로자 1명)<br>3. 공사금액이 20억원 이상인 공사의 관계수급인의 근로자대표 | 1. 관계수급인 사업을 포함한 전체 사업의 대표자<br>2. 안전관리자 1명<br>3. 보건관리자 1명(보건관리자 선임대상 건설업으로 한정)<br>4. 공사금액이 20억원 이상인 공사의 관계수급인의 사업주 |

**14** 도급사업에서 합동 안전·보건점검을 하는 경우 점검반의 구성에 포함하여야 하는 사람 3명을 적으시오.
• 기출 2015년 2회

① 도급인
   (같은 사업 내에 지역을 달리하는 사업장이 있는 경우에는 그 사업장의 안전보건관리책임자)
② 관계수급인
   (같은 사업 내에 지역을 달리하는 사업장이 있는 경우에는 그 사업장의 안전보건관리책임자)
③ 도급인 및 관계수급인의 근로자 각 1명
   (관계수급인의 근로자의 경우에는 해당 공정만 해당한다)

## 참고

1. 도급사업의 합동 안전·보건점검의 횟수(주기)

| 점검 주기 |
|---|
| 1. 다음 각 목의 사업의 경우 : 2개월에 1회 이상<br>   가. 건설업<br>   나. 선박 및 보트 건조업<br>2. 그 밖의 사업 : 분기에 1회 이상 |

2. 도급인과 수급인을 구성원으로 하는 안전 및 보건에 관한 협의체의 구성 및 운영

- 협의체는 도급인인 사업주 및 그의 수급인인 사업주 전원으로 구성하여야 한다.
- 협의체의 협의 사항
  - 작업의 시작 시간
  - 작업 또는 작업장 간의 연락방법
  - 재해발생 위험이 있는 경우 대피방법
  - 작업장에서의 위험성평가의 실시에 관한 사항
  - 사업주와 수급인 또는 수급인 상호 간의 연락 방법 및 작업공정의 조정
- 협의체는 매월 1회 이상 정기적으로 회의를 개최하고 그 결과를 기록·보존하여야 한다.

3. 안전 및 보건에 관한 협의체의 작업장 순회점검

| | |
|---|---|
| 2일에 1회 이상 | ① 건설업<br>② 제조업<br>③ 토사석 광업<br>④ 서적, 잡지 및 기타 인쇄물 출판업<br>⑤ 음악 및 기타 오디오물 출판업<br>⑥ 금속 및 비금속 원료 재생업 |
| 1주일에 1회 이상 | 그 밖의 사업 |

**15** 근로자를 환경미화 업무에 상시적으로 종사하도록 하는 경우 설치해야 하는 위생시설 4가지를 적으시오.
• 기출 2014년 1회

① 세면시설  ② 목욕시설  ③ 탈의시설  ④ 세탁시설

**참고**

사업주는 근로자로 하여금 다음 각 호의 어느 하나에 해당하는 업무에 상시적으로 종사하도록 하는 경우 근로자가 접근하기 쉬운 장소에 세면·목욕시설, 탈의 및 세탁시설을 설치하고 필요한 용품과 용구를 갖추어 두어야 한다.

1. 환경미화 업무
2. 음식물쓰레기·분뇨 등 오물의 수거·처리 업무
3. 폐기물·재활용품의 선별·처리 업무
4. 그 밖에 미생물로 인하여 신체 또는 피복이 오염될 우려가 있는 업무

**16** (1) 안전보건관리규정에 포함하여야 하는 사항 4가지를 적으시오. (단, 그 밖에 안전·보건에 관한 사항은 제외) (2) 소프트웨어 개발 및 공급업의 경우 상시 근로자 (   )명 이상인 경우 안전보건관리규정을 작성하여야 한다. (3) 자동차 제조업의 경우 상시 근로자 (   )명 이상인 경우 안전보건관리규정을 작성하여야 한다.

• 기출 2017년 2회, 2020년 1·2회, 2022년 2회, 2022년 3회, 2023년 2회, 2024년 1회, 2024년 2회

(1) 안전보건관리규정에 포함하여야 하는 사항
    ① 안전·보건 관리조직과 그 직무에 관한 사항
    ② 안전·보건교육에 관한 사항
    ③ 작업장의 안전 및 보건관리에 관한 사항
    ④ 사고 조사 및 대책 수립에 관한 사항

(2) 300

(3) 100

### 참고

안전보건관리규정을 작성하여야 할 사업의 종류 및 규모

| 사업의 종류 | 규모 |
| --- | --- |
| 1. 농업<br>2. 어업<br>3. 소프트웨어 개발 및 공급업<br>4. 컴퓨터 프로그래밍, 시스템 통합 및 관리업<br>4의 2. 영상·오디오물 제공 서비스업<br>5. 정보서비스업<br>6. 금융 및 보험업<br>7. 임대업 ; 부동산 제외<br>8. 전문, 과학 및 기술 서비스업(연구개발업은 제외한다)<br>9. 사업지원 서비스업<br>10. 사회복지 서비스업 | 상시 근로자 300명 이상을 사용하는 사업장 |
| 11. 제1호부터 제4호까지, 제4호의2 및 제5호부터 제10호까지의 사업을 제외한 사업 | 상시 근로자 100명 이상을 사용하는 사업장 |

**17** 산업안전보건법에 의한 다음 물음에 답하시오.  • 기출 2024년 1회

(1) 산업안전보건법에 의하여 고용노동부장관은 산업재해 예방을 위하여 "사업주가 필요한 안전조치 또는 보건조치를 이행하지 아니하여 중대재해가 발생한 사업장"의 사업주에게 ( ① )을 수립하여 시행할 것을 명할 수 있다.
(2) ( ① )를(을) 제출해야 하는 사업주는 ( ① )의 수립·시행 명령을 받은 날부터 ( ② ) 이내에 관할 지방고용노동관서의 장에게 해당 계획서를 제출(전자문서로 제출하는 것을 포함한다)해야 한다.

① 안전보건개선계획  ② 60일


**18** 안전보건개선계획 작성대상 사업장의 종류를 3가지 적으시오.  • 기출 2011년 1회

① 산업재해율이 같은 업종의 규모별 평균 산업재해율 보다 높은 사업장
② 사업주가 안전·보건조치 의무를 이행하지 아니하여 중대재해가 발생한 사업장
③ 직업성 질병자가 연간 2명 이상 발생한 사업장
④ 유해인자의 노출기준을 초과한 사업장

### 암기법

평균보다 높으면 개선계획! 중대재해 발생하면 개선계획!
직업성 질병자 2명 노출기준 초과하면 개선계획!

### 참고

안전·보건진단을 받아 안전보건개선계획을 수립·제출하도록 명할 수 있는 사업장
1. 산업재해율이 같은 업종 평균 산업재해율의 2배 이상인 사업장
2. 사업주가 필요한 안전조치 또는 보건조치를 이행하지 아니하여 중대재해가 발생한 사업장
3. 직업성 질병자가 연간 2명 이상(상시근로자 1천명 이상 사업장의 경우 3명 이상) 발생한 사업장
4. 그 밖에 작업환경 불량, 화재·폭발 또는 누출 사고 등으로 사업장 주변까지 피해가 확산된 사업장으로서 고용노동부령으로 정하는 사업장

> **암기법**
> 평균의 2배 이상, 직업성 질병 2명 이상(1,000명 이상 3명) 진단받아 개선!
> 중대재해 발생하면 진단받아 개선!

## 19 재해발생건수 등 재해율 공표대상 사업장의 종류 2가지를 적으시오.

• 기출 2012년 3회

① 사망재해자가 연간 2명 이상 발생한 사업장
② 사망만인율(사망재해자 수를 연간 상시근로자 1만명당 발생하는 사망재해자 수로 환산한 것)이 규모별 같은 업종의 평균 사망만인율 이상인 사업장
③ 중대산업사고가 발생한 사업장
④ 산업재해 발생 사실을 은폐한 사업장
⑤ 산업재해의 발생에 관한 보고를 최근 3년 이내 2회 이상 하지 않은 사업장

> **암기법**
> 사망자 2명, 평균 사망만인율 이상 공표!
> 중대산업사고 발생하면 공표!
> 재해은폐, 재해보고 3년 동안 2번 이상 안 하면 공표!

> **참고**
>
> 도급인의 산업재해 발생건수 등에 수급인의 산업재해 발생건수 등을 포함하여 공표하여야 하는 사업장(통합 공표대상 사업장)
>
> 도급인이 사용하는 상시근로자 수가 500명 이상인 다음 각 호의 어느 하나에 해당하는 사업장으로서 도급인 사업장의 사고사망만인율(질병으로 인한 사망재해자를 제외하고 산출한 사망만인율) 보다 관계수급인의 근로자를 포함하여 산출한 사고사망만인율이 높은 사업장을 말한다.
> 1. 제조업
> 2. 철도운송업
> 3. 도시철도운송업
> 4. 전기업

> **암기법**
> 500명 이상의 제(제조업)철 운송(철도운송업) 도시(도시철도운송업)의 전기는 수급인 포함하여 공표

**20** 안전관리자의 증원·교체임명을 명할 수 있는 경우 3가지를 적으시오.

• 기출 2017년 3회, 2020년 3회, 2023년 3회

① 해당 사업장의 연간 재해율이 같은 업종의 평균재해율의 2배 이상인 경우
② 중대재해가 연간 2건 이상 발생한 경우(다만, 해당 사업장의 전년도 사망 만인율이 같은 업종의 평균 사망만인율 이하인 경우는 제외)
③ 관리자가 질병이나 그 밖의 사유로 3개월 이상 직무를 수행할 수 없게 된 경우
④ 화학적 인자로 인한 직업성 질병자가 연간 3명 이상 발생한 경우(이 경우 직업성 질병자 발생일은 요양급여의 결정일로 한다)

### 암기법

평균의 2배 이상, 중대재해 2건 이상 증원!
직업성 질병 3명 이상, 3개월 이상 일 안하면 교체!

### 참고

안전진단 대상 사업장의 종류
① 중대재해 발생 사업장
② 안전보건개선계획 수립·시행명령을 받은 사업장
③ 추락·폭발·붕괴 등 재해발생 위험이 현저히 높은 사업장으로서 지방노동관서의 장이 안전·보건 진단이 필요하다고 인정하는 사업장

**21** 산업재해 조사 시 유의하여야 할 사항 4가지를 적으시오.

• 기출 2019년 3회

① 사실을 수집한다.
② 목격자 등이 증언하는 사실 이외의 추측의 말은 참고로만 한다.
③ 조사는 신속하게 행하고 긴급조치를 하여 2차 재해의 방지를 도모한다.
④ 사람, 기계설비의 양면의 재해요인을 모두 도출한다.
⑤ 객관적인 입장에서 공정하게 조사하며, 조사는 2인 이상이 한다.
⑥ 책임추궁보다 재발방지를 우선하는 기본 태도를 갖는다.

**22** 산업안전보건법에서 정의하는 중대재해에 해당하는 3가지를 적으시오.

• 기출 2018년 2회, 2019년 2회

① 사망자가 1인 이상 발생한 재해
② 3개월 이상 요양을 요하는 부상자가 동시에 2인 이상 발생한 재해
③ 부상자 또는 직업성 질병자가 동시에 10인 이상 발생한 재해


**23** 사업장에 중대재해가 발생한 때에 관할 지방고용노동관서의 장에게 보고하여야 하는 사항 4가지를 적으시오. (단, 그 밖의 중요한 사항은 제외) • 기출 2016년 1회

① 발생 개요
② 피해 상황
③ 조치
④ 전망

### 참고

사업주는 중대재해가 발생한 사실을 알게 된 경우에는 지체 없이 다음 각 호의 사항을 사업장 소재지를 관할하는 지방고용노동관서의 장에게 전화·팩스 또는 그 밖의 적절한 방법으로 보고해야 한다.

1. 발생 개요 및 피해 상황
2. 조치 및 전망
3. 그 밖의 중요한 사항

### 분석

2가지를 적으라는 경우는 "1. 발생 개요 및 피해 상황, 2. 조치 및 전망"으로 작성할 것

**24** 고용노동부장관은 중대재해가 발생하여 해당 사업장에 산업재해가 다시 발생할 급박한 위험이 있다고 판단되는 경우에는 작업의 중지를 명할 수 있으며 또한 사업주가 작업 중지의 해제를 요청한 경우에 심의를 거쳐 작업 중지를 해제하여야 한다. 작업 중지의 해제에 관한 [보기]의 괄호에 적합한 내용을 적으시오.

• 기출 2024년 1회

(1) 사업주가 작업 중지의 해제를 요청할 경우에는 작업 중지 명령 해제 신청서를 작성하여 사업장의 소재지를 관할하는 지방고용노동관서의 장에게 제출해야 한다.

(2) 사업주가 작업 중지 명령 해제 신청서를 제출하는 경우에는 미리 유해·위험요인 개선 내용에 대하여 중대재해가 발생한 해당 ( ① )의 의견을 들어야 한다.

(3) 지방고용노동관서의 장은 작업 중지 명령 해제를 요청받은 경우에는 ( ② )으로 하여금 안전·보건을 위하여 필요한 조치를 확인하도록 하고, 천재지변 등 불가피한 경우를 제외하고는 해제 요청일 다음 날부터 ( ③ ) 이내(토요일과 공휴일을 포함하되, 토요일과 공휴일이 연속하는 경우에는 3일까지만 포함한다)에 ( ④ )를 개최하여 심의한 후 해당 조치가 완료되었다고 판단될 경우에는 즉시 작업 중지 명령을 해제해야 한다.

① 작업 근로자
② 근로감독관
③ 4일
④ 작업중지해제 심의위원회

**25** (1) 중대산업사고의 정의를 적으시오.
(2) 사업장에서 중대산업사고를 예방하기 위한 목적으로 작성하여 고용노동부장관에게 제출하여야 하는 보고서의 명칭을 적으시오.

• 기출 2024년 2회

(1) 유해하거나 위험한 설비로부터의 위험물질 누출, 화재 및 폭발 등으로 인하여 사업장 내의 근로자에게 즉시 피해를 주거나 사업장 인근 지역에 피해를 줄 수 있는 사고를 말한다.
(2) 공정안전보고서

## 26 산업재해조사표의 주요 조사항목이 아닌 것을 3가지 고르시오.

• 기출 2012년 1회, 2015년 1·3회

① 발생일시  ② 목격자 인적사항
③ 발생형태  ④ 상해종류
⑤ 고용형태  ⑥ 가해물
⑦ 기인물  ⑧ 재해발생대책
⑨ 재해발생 후 첫 출근일자

②, ⑧, ⑨
(※ 4가지 적으라는 경우 : ②, ⑥, ⑧, ⑨)

### 참고

| | | | | | | |
|---|---|---|---|---|---|---|
| ※ 아래 항목은 재해자별로 각각 작성하되, 같은 재해로 재해자가 여러 명이 발생한 경우에는 별도 서식에 추가로 적습니다. | | | | | | |
| Ⅱ. 재해정보 | 성명 | | 주민등록번호 (외국인등록번호) | | 성별 | [ ]남 [ ]여 |
| | 국적 | [ ]내국인 [ ]외국인 [국적: ] ⑩ 체류자격: ] | | | ⑪ 직업 | |
| | 입사일 년 월 일 | | | ⑫ 같은 종류업무 근속기간 | | 년 월 |
| | ⑬ 고용형태 [ ]상용 [ ]임시 [ ]일용 [ ]무급가족종사자 [ ]자영업자 [ ]그 밖의 사항 [ ] | | | | | |
| | ⑭ 근무형태 [ ]정상 [ ]2교대 [ ]3교대 [ ]4교대 [ ]시간제 [ ]그 밖의 사항 [ ] | | | | | |
| | ⑮ 상해종류 (질병명) | | ⑯ 상해부위 (질병부위) | | ⑰ 휴업예상일수 | 휴업 [ ]일 |
| | | | | | 사망 여부 | [ ] 사망 |
| Ⅲ. 재해발생 개요 및 원인 | ⑱ 재해발생 개요 | 발생일시 | [ ]년 [ ]월 [ ]일 [ ]요일 [ ]시 [ ]분 | | | |
| | | 발생장소 | | | | |
| | | 재해관련 작업유형 | | | | |
| | | 재해발생 당시 상황 | | | | |
| | ⑲ 재해발생원인 | | | | | |
| Ⅳ. ⑳ 재발방지계획 | | | | | | |

**27** 산업재해조사표를 작성하고자 한다. 질문에 적당한 답을 적으시오.

• 기출 2015년 2회

> 2015년 5월 30일 금요일 14시 30분 사출성형부 플라스틱 용기 생산 1팀 사출공정에서 재해자 홍길동과 동료작업자 1명이 함께 작업 중이었으며 재해자 홍길동이 사출성형기 2호기에서 플라스틱 용기를 꺼낸 후 금형을 점검하던 중 동료근로자가 재해자가 점검 중임을 모르고 사출성형기 조작스위치를 가동하여 재해자 홍길동이 금형 사이에 끼어 사망하였다. 재해 당시 사출성형기의 도어인터록장치는 설치되어 있었으나 고장 난 상태였고, 점검과 관련하여 "수리 중·조작금지"의 안전 표지판이나, 전원 스위치 작동 금지용 잠금장치는 설치되어 있지 않은 상태이었다.

(1) 발생 일시 :
(2) 발생 장소 :
(3) 재해 관련 작업 유형 :
(4) 재해 발생 당시 상황 :

| 발생 일시 | 2015년 5월 30일 금요일 14시 30분 |
|---|---|
| 발생 장소 | 사출성형부 플라스틱 용기 생산 1팀 사출공정에서 |
| 재해 관련 작업 유형 | 재해자 홍길동이 사출성형기 2호기에서 플라스틱 용기를 꺼낸 후 금형을 점검하던 중 |
| 재해 발생 당시 상황 | 재해자가 점검중임을 모르던 동료 근로자가 사출성형기 조작 스위치를 가동하여 금형 사이에 재해자 홍길동이 끼어 사망하였음 |

### 참고

산업재해조사표의 재해발생 개요 및 원인 항목

| 재해발생 개요 및 원인 | ⑱ 재해 발생 개요 | 발생일시 | [ ]년 [ ]월 [ ]일 [ ]요일 [ ]시 [ ]분 |
|---|---|---|---|
| | | 발생장소 | |
| | | 재해 관련 작업 유형 | |
| | | 재해 발생 당시 상황 | |

왜 : 재해 당시 사출성형기 도어인터록 장치는 설치가 되어있었으나 고장 중이어서 기능을 상실한 상태였고, 점검과 관련하여 "수리 중·조작금지"의 안전 표지판이나, 전원스위치 작동 금지용 잠금장치는 설치하지 않은 상태에서 동료 근로자가 조작스위치를 잘못 조작하여 재해가 발생하였음

## 28 산업재해조사표에 기록하여야 하는 상해 종류 4가지를 적으시오. • 기출 2016년 3회

① 골절 ② 동상 ③ 부종 ④ 찔림(자상) ⑤ 타박상(뼘, 좌상) ⑥ 절단(절상) ⑦ 중독·질식
⑧ 찰과상 ⑨ 베임(창상) ⑩ 화상 ⑪ 뇌진탕 ⑫ 익사 ⑬ 피부병 ⑭ 청력장해 ⑮ 시력장해

### 참고

| 분류 항목 | 세부 항목 |
|---|---|
| 골절 | 뼈가 부러진 상해 |
| 동상 | 저온물 접촉으로 생긴 동상 상해 |
| 부종 | 국부의 혈액순환의 이상으로 몸이 퉁퉁 부어오르는 상해 |
| 찔림(자상) | 칼날 등 날카로운 물건에 찔린 상해 |
| 타박상(뼘, 좌상) | 타박·충돌·추락 등으로 피부표면보다는 피하조직 또는 근육부를 다친 상태 |
| 절단(절상) | 신체 부위가 절단된 상해 |
| 중독·질식 | 음식물·약물·가스 등에 의한 중독이나 질식된 상해 |
| 찰과상 | 스치거나 문질러서 피부가 벗겨진 상해 |

| 분류 항목 | 세부 항목 |
|---|---|
| 베임(창상) | 창·칼 등에 베인 상해 |
| 화상 | 화재 또는 고온물 접촉으로 인한 상해 |
| 뇌진탕 | 머리를 세게 맞았을 때 장해로 일어난 상해 |
| 익사 | 물 속에 추락하여 익사한 상해 |
| 피부병 | 직업과 연관되어 발생 또는 악화되는 모든 피부질환 |
| 청력장해 | 청력이 감퇴 또는 난청이 된 상태 |
| 시력장해 | 시력이 감퇴 또는 실명된 상해 |

**29** 다음 [보기]의 설명에 해당하는 재해발생 형태를 적으시오.

• 기출 2017년 3회, 2024년 3회

(1) 폭발과 화재, 두 현상이 복합적으로 발생한 경우 :
(2) 바닥면과 신체가 떨어진 상태로 더 낮은 위치로 떨어진 경우 :
(3) 바닥면과 신체가 접해 있는 상태에서 더 낮은 위치로 떨어진 경우 :
(4) 재해자가 「넘어짐」으로 인하여 기계의 동력 전달 부위 등에 끼이는 사고가 발생하여 신체 부위가 「절단」된 경우 :

(1) 폭발
(2) 떨어짐
(3) 넘어짐
(4) 끼임

**30** 작업자가 작업장 통로를 걷던 중 바닥에 흘러있던 기름 때문에 미끄러지며 넘어져 선반에 머리를 부딪쳐 머리에 부상을 당했다. 다음을 분석하시오.

• 기출 2020년 3회

(1) 사고 유형 :
(2) 기인물 :
(3) 가해물 :

(1) 넘어짐
(2) 기름
(3) 선반

### 참고

두 가지 이상의 발생형태가 연쇄적으로 발생된 재해의 경우는 상해결과 또는 피해를 크게 유발한 형태로 분류한다.

| 재해자가 「넘어짐」으로 인하여 기계의 동력 전달 부위 등에 끼이는 사고가 발생하여 신체부위가 「절단」된 경우 | 「끼임」 |
|---|---|
| 재해자가 구조물 상부에서 「넘어짐」으로 인하여 사람이 떨어져 두개골 골절이 발생한 경우 | 「떨어짐」 |
| 재해자가 「넘어짐」 또는 「떨어짐」으로 물에 빠져 익사한 경우 | 「유해·위험물질 노출·접촉」 |
| 재해자가 전주에서 작업 중 「전류접촉(감전)」으로 떨어진 경우 | • 상해결과가 골절인 경우에는 「떨어짐」<br>• 전기쇼크인 경우에는 「전류접촉(감전)」 |

**31** 산업재해 발생 시의 조치순서를 나타내었다. 빈칸에 알맞은 내용을 적으시오.
• 기출 2016년 2회

> 산업재해 발생 → ( ① ) → ( ② ) → 원인강구 → ( ③ ) → 대책실시계획 → 실시 → ( ④ )

① 긴급 처리
② 재해조사
③ 대책 수립
④ 평가

**32** 사망 만인율을 구하는 공식을 적고, 산업재해 사망자에 포함되지 않는 경우 2가지를 적으시오.

1) 공식 : 사망만인율 $= \dfrac{\text{사망자수}}{\text{산재보험적용근로자수}} \times 10{,}000$

2) 산업재해 사망자 수에 포함되지 않는 경우
   ① 사업장 밖의 교통사고에 의한 사망(운수업, 음식숙박업 제외)
   ② 체육행사에 의한 사망
   ③ 폭력행위에 의한 사망
   ④ 통상의 출퇴근에 의한 사망
   ⑤ 사고발생일로부터 1년을 경과하여 사망한 경우

### 참고

**건설업체의 산업재해발생률**

다음의 계산식에 따른 사고사망 만인율로 산출하되, 소수점 셋째자리에서 반올림한다.

$$사고사망만인율(\text{\textperthousand}) = \frac{사고사망자수}{상시 근로자수} \times 10{,}000$$

$$상시 근로자수 = \frac{연간 국내공사 실적액 \times 노무비율}{건설업 월평균임금 \times 12}$$

## 33 산업재해의 통계적인 분석방법 4가지를 적고 설명하시오. ・기출 2011년 2회

① 파레토도 : 사고 유형, 기인물 등 데이터를 분류하여 그 항목 값이 큰 순서대로 정리하여 막대그래프로 나타낸다.
② 특성요인도 : 재해와 그 요인의 관계를 어골상으로 세분화하여 나타낸다.
③ 크로스 분석 : 2개 항목 이상의 문제를 분석하는데 사용된다.
④ 관리도 : 시간 경과에 따른 재해발생 건수 등 대략적인 추이 파악에 사용된다.

## 34 산업재해예방의 4원칙을 적고 설명하시오. ・기출 2014년 2회, 2018년 3회

① 예방가능의 원칙 : 모든 재해는 예방이 가능하다.
② 손실우연의 원칙 : 사고의 결과 손실은 우연히 발생한다.
③ 대책선정의 원칙 : 사고의 원인에 대한 대책선정이 가능하다.
④ 원인연계의 원칙 : 사고에는 원인이 있고 그 원인은 연계되어 있다.

## 35 근로불능상해의 종류를 나타내었다. 각각의 용어를 설명하시오.

• 기출 2016년 2회

(1) 영구 전 노동 불능 상해 :
(2) 영구 일부 노동 불능 상해 :
(3) 일시 전 노동 불능 상해 :

(1) 신체 전체의 노동기능을 완전히 상실(상해등급 1~3급)
(2) 신체 일부의 노동기능을 상실 (상해등급 4~14급)
(3) 일정기간 동안 노동 종사가 불가함(휴업상해)

### 참고

ILO의 근로불능 상해의 구분(상해정도별 분류)
① 사망
② 영구 전 노동 불능 : 신체 전체의 노동기능을 완전히 상실(1~3급)
③ 영구 일부 노동 불능 : 신체 일부의 노동기능을 상실 (4~14급)
④ 일시 전 노동 불능 : 일정기간동안 노동종사 불가(휴업상해)
⑤ 일시 일부 노동 불능 : 일정기간동안 일부노동에 종사 불가(통원상해)
⑥ 구급조치상해

## 36 시몬즈 방식에 의한 비보험코스트 항목(종류) 4가지를 적으시오. • 기출 2013년 1회

① 휴업상해
② 통원상해
③ 구급조치상해
④ 무상해 사고

**참고**

1. 시몬즈의 방식

    총 재해코스트 = 보험코스트 + 비보험코스트

    = 산재보험료 + (A×휴업상해 건수) + (B×통원상해 건수) + (C×구급조치상해 건수)
    + (D×무상해 사고 건수)

    * A, B, C, D : 상수(각 재해에 대한 평균 비보험코스트)

2. 하인리히 방식

    총 재해비용 = 직접비 + 간접비
    ( 1 : 4 )

| 직접비 | 간접비 |
| --- | --- |
| • 치료비<br>• 휴업급여<br>• 요양급여<br>• 유족급여<br>• 장해급여<br>• 간병급여<br>• 직업재활급여<br>• 상병(傷病)보상연금<br>• 장의비 등 | • 인적 손실비<br>• 물적 손실비<br>• 생산 손실비<br>• 기계·기구 손실비 등 |

**37** 안전인증대상 기계·기구 등이 안전기준에 적합한지를 확인하기 위하여 안전인증기관이 심사하는 심사의 종류 3가지를 쓰시오.

• 기출 2012년 2회, 2014년 1회, 2019년 2회

① 예비심사
② 서면심사
③ 기술능력 및 생산체계 심사
④ 제품심사

### 참고

#### 1. 안전인증 심사의 종류 및 방법

| | |
|---|---|
| 예비심사 | 기계·기구 및 방호장치·보호구가 유해·위험한 기계·기구 등인지를 확인하는 심사(안전인증을 신청한 경우만 해당한다.) |
| 서면심사 | 유해·위험한 기계 등의 제품기술과 관련된 문서가 안전 인증기준에 적합한지에 대한 심사 |
| 기술능력 및 생산체계 심사 | 유해·위험한 기계·기구·설비 등의 안전성능을 지속적으로 유지·보증하기 위하여 사업장에서 갖추어야 할 기술능력과 생산체계가 안전인증기준에 적합한지에 대한 심사 |
| 제품심사 | 유해·위험한 기계·기구 등이 서면심사 내용과 일치하는지 여부와 유해·위험한 기계·기구 등의 안전에 관한 성능이 안전인증기준에 적합한지 여부에 대한 심사(다음 각 목의 심사는 어느 하나만을 받는다) |
| | 개별 제품심사 | • 서면심사 결과가 안전인증기준에 적합할 경우에 유해·위험한 기계·기구 등 모두에 대하여 하는 심사<br>• 안전인증을 받으려는 자가 서면심사와 개별 제품심사를 동시에 할 것을 요청하는 경우 병행하여 할 수 있다. |
| | 형식별 제품심사 | • 서면심사와 기술능력 및 생산체계 심사 결과가 안전인증 기준에 적합할 경우에 유해·위험한 기계·기구 등의 형식별로 표본을 추출하여 하는 심사<br>• 안전인증을 받으려는 자가 서면심사, 기술능력 및 생산체계 심사와 형식별 제품심사를 동시에 할 것을 요청하는 경우 병행하여 할 수 있다. |

#### 2. 심사종류별 심사기간

| 심사종류 | 심사기간 |
|---|---|
| 예비심사 | 7일 |
| 서면심사 | 15일(외국에서 제조한 경우는 30일) |
| 기술능력 및 생산체계 심사 | 30일(외국에서 제조한 경우는 45일) |
| 제품심사 | • 개별 제품심사 : 15일<br>• 형식별 제품심사 : 30일(방호장치, 보호구는 60일) |

#### 암기법
예비 7, 개별서면 15, 기생형식 30

**38** 유해 · 위험기계 등이 안전인증기준에 적합한지를 확인하기 위하여 안전인증기관이 실시하는 심사 중 형식별 제품심사의 심사기간을 60일로 두는 보호구의 종류 5가지를 적으시오.

• 기출 2024년 1회

① 추락 및 감전 위험방지용 안전모
② 안전화
③ 안전장갑
④ 방진마스크
⑤ 방독마스크
⑥ 송기(送氣)마스크
⑦ 전동식 호흡보호구
⑧ 보호복

**참고**

심사종류별 심사기간

| 심사 종류 | 심사기간 |
| --- | --- |
| 예비심사 | 7일 |
| 서면심사 | 15일(외국에서 제조한 경우는 30일) |
| 기술능력 및 생산체계 심사 | 30일(외국에서 제조한 경우는 45일) |
| 제품심사 | • 개별 제품심사 : 15일<br>• 형식별 제품심사 : 30일(방호장치, 보호구는 60일) |

**39** 안전인증의 전부 또는 일부가 면제되는 경우를 3가지 적으시오.

• 기출 2013년 3회, 2017년 1회

① 연구·개발을 목적으로 제조·수입하거나 수출을 목적으로 제조하는 경우
② 고용노동부장관이 정하여 고시하는 외국의 안전인증기관에서 인증을 받은 경우
③ 다른 법령에 따라 안전성에 관한 검사나 인증을 받은 경우로서 고용노동부령으로 정하는 경우

> **참고**
>
> 안전인증의 취소
>
> 고용노동부장관은 안전인증을 받은 자가 다음 각 호의 어느 하나에 해당하면 안전인증을 취소하거나 6개월 이내의 기간을 정하여 안전인증표시의 사용을 금지하거나 안전인증기준에 맞게 시정하도록 명할 수 있다. 다만, 제1호의 경우에는 안전인증을 취소하여야 한다.
>
> **안전인증을 취소, 안전인증표시의 사용금지, 안전인증기준에 맞게 시정을 요구할 수 있는 경우**
>
> 1. 거짓이나 그 밖의 부정한 방법으로 안전인증을 받은 경우(안전인증 취소만 해당됨)
> 2. 안전인증을 받은 유해·위험기계 등의 안전에 관한 성능 등이 안전인증기준에 맞지 아니하게 된 경우
> 3. 정당한 사유 없이 안전인증 확인을 거부, 방해 또는 기피하는 경우

## 40  [보기]의 기계·기구, 방호장치 및 보호구 중 안전인증대상을 찾아 번호를 적으시오.

• 기출 2011년 2회, 2014년 3회, 2019년 3회

---

① 안전대
② 아세틸렌용접장치의 안전기
③ 압력용기
④ 연삭기 덮개
⑤ 산업용 로봇의 안전매트
⑥ 양중기용 과부하방지장치
⑦ 곤돌라
⑧ 교류아크용접기의 자동전격방지장치
⑨ 동력식 수동대패의 날접촉예방장치
⑩ 보호복

---

①, ③, ⑤, ⑥, ⑦, ⑩

## 41 안전인증 기준에 해당하는 기계·기구 및 설비의 종류를 4가지 적으시오.

• 기출 2011년 3회, 2016년 3회, 2022년 2회

1. 설치·이전하는 경우 안전인증을 받아야 하는 기계·기구
    ① 크레인
    ② 리프트
    ③ 곤돌라
2. 주요 구조 부분을 변경하는 경우 안전인증을 받아야 하는 기계·기구
    ① 프레스
    ② 전단기 및 절곡기
    ③ 크레인
    ④ 리프트
    ⑤ 압력용기
    ⑥ 롤러기
    ⑦ 사출성형기
    ⑧ 고소작업대
    ⑨ 곤돌라

### 암기법

유사한 종류끼리 묶어서 암기
손 다치는 기계 – 프레스, 전단기 및 절곡기, 사출성형기, 롤러기
양중기 – 크레인, 리프트, 곤돌라
폭발 – 압력용기
추락 – 고소작업대

### 참고

안전인증 대상 방호장치의 종류
① 프레스 및 전단기 방호장치
② 양중기용 과부하방지장치
③ 보일러 압력방출용 안전밸브
④ 압력용기 압력방출용 안전밸브
⑤ 압력용기 압력방출용 파열판
⑥ 절연용 방호구 및 활선작업용 기구
⑦ 방폭구조 전기기계·기구 및 부품
⑧ 추락·낙하 및 붕괴 등의 위험 방지 및 보호에 필요한 가설기자재
⑨ 충돌·협착 등의 위험 방지에 필요한 산업용 로봇 방호장치

> **암기법**
>
> 안전인증 대상 중
> 손 다치는 기계 – 프레스 전단기의 방호장치
> 양중기 – 과부하방지장치
> 폭발 – 보일러 안전밸브, 압력용기 안전밸브, 파열판
> 충돌 – 산업용 로봇
> 전기 – 방폭구조, 절연용 방호구, 활선작업용 기구

**42** 산업안전보건법에 의하여 설치·이전하는 경우 안전인증을 받아야 하는 기계·기구의 종류를 3가지 적으시오.
• 기출 2024년 2회

① 크레인
② 리프트
③ 곤돌라

> **참고**
>
> 주요 구조 부분을 변경하는 경우 안전인증을 받아야 하는 기계·기구
>
> ① 프레스
> ② 전단기 및 절곡기
> ③ 크레인
> ④ 리프트
> ⑤ 압력용기
> ⑥ 롤러기
> ⑦ 사출성형기
> ⑧ 고소작업대
> ⑨ 곤돌라

> **암기법**
>
> 유사한 종류끼리 묶어서 암기
> 손 다치는 기계 – 프레스, 전단기 및 절곡기, 사출성형기, 롤러기
> 양중기 – 크레인, 리프트, 곤돌라
> 폭발 – 압력용기
> 추락 – 고소작업대

## 43 [보기] 중 안전인증 대상 기계·기구를 찾아 번호를 적으시오. · 기출 2022년 2회

① 컨베이어　　　　　　② 크레인
③ 프레스　　　　　　　④ 산업용 로봇
⑤ 연삭기　　　　　　　⑥ 압력용기

②, ③, ⑥

## 44 안전인증 대상 보호구의 종류를 6가지 적으시오.

· 기출 2018년 3회, 2022년 1회, 2022년 3회

① 추락 및 감전 위험방지용 안전모
② 안전화
③ 안전장갑
④ 방진마스크
⑤ 방독마스크
⑥ 송기마스크
⑦ 전동식 호흡보호구
⑧ 보호복
⑨ 안전대
⑩ 차광 및 비산물 위험방지용 보안경
⑪ 용접용 보안면
⑫ 방음용 귀마개 또는 귀덮개

### 암기법

신체 부위별로 구분하여 암기
머리 – 안전모(추락 및 감전방지용)
눈 – 보안경(차광 및 비산물 위험방지용)
코, 입 – 방진마스크, 방독마스크, 송기마스크, 전동식 호흡보호구
얼굴 – 보안면(용접용)
귀 – 귀마개 또는 귀덮개(방음용)

손 – 안전장갑
허리 – 안전대
발 – 안전화
몸 – 보호복

### 참고

자율안전확인 대상 보호구
① 안전모(안전인증 제외)
② 보안경(안전인증 제외)
③ 보안면(안전인증 제외)

**45** 안전인증 대상 제품에 표시해야 해야 할 사항을 4가지 적으시오.

• 기출 2019년 3회

① 형식 또는 모델명
② 규격 또는 등급 등
③ 제조자명
④ 제조번호 및 제조연월
⑤ 안전인증 번호

### 참고

| 자율안전확인 제품 표시사항 | 안전검사 합격표시 사항 |
| --- | --- |
| ① 형식 또는 모델명<br>② 규격 또는 등급 등<br>③ 제조자명<br>④ 제조번호 및 제조연월<br>⑤ 자율안전확인 번호 | ① 검사 대상 유해·위험 기계명<br>② 신청인<br>③ 형식번호(기호)<br>④ 합격번호<br>⑤ 검사유효기간<br>⑥ 검사기관 |

## 46  자율안전 확인 대상 기계·기구 및 설비의 종류를 4가지 적으시오.

• 기출 2018년 3회

① 연삭기 및 연마기(휴대형 제외)
② 산업용 로봇
③ 혼합기
④ 파쇄기 or 분쇄기
⑤ 식품가공용 기계(파쇄, 절단, 혼합, 제면기만 해당)
⑥ 컨베이어
⑦ 자동차정비용 리프트
⑧ 공작기계(선반, 드릴, 평삭·형삭기, 밀링만 해당)
⑨ 고정형 목재가공용 기계(둥근톱, 대패, 루타기, 띠톱, 모떼기 기계만 해당)
⑩ 인쇄기

### 암기법
공작기계로 철판 잘라서 연삭기, 연마기로 갈고, 고정형 목재가공용 기계로 나무 자르고, 식품가공용 기계로 식품 파쇄, 분쇄하여 혼합기로 혼합한 후 컨베이어로 운반해서 자동차 리프트에 올려놓고 인기 있는 산업용 로봇 만들자.


## 47  자율안전확인 대상 방호장치의 종류를 5가지 적으시오.

• 기출 2011년 1회

① 아세틸렌, 가스집합 용접장치용 안전기
② 교류아크용접기용 자동전격방지기
③ 롤러기 급정지장치
④ 연삭기 덮개
⑤ 목재가공용 둥근톱 반발예방장치 및 날접촉예방장치
⑥ 동력식수동대패의 칼날 접촉방지장치
⑦ 추락, 낙하 및 붕괴 등의 위험방호에 필요한 가설기자재(안전인증 제외)

### 암기법
롤러를 통과한 철판을 목재가공용 둥근톱, 동력식 수동대패로 잘라서 아세틸렌, 가스집합용접장치, 교류아크용접기로 용접해서 연삭기로 다듬자.

**48** 산업안전보건법상의 천정크레인 [또는 크레인(이동식 크레인은 제외한다), 리프트(이삿짐운반용 리프트는 제외한다) 및 곤돌라]의 안전검사주기에 관한 사항이다. 괄호에 적합한 숫자를 적으시오.  •기출 2017년 3회, 2024년 2회

---

사업장에 설치가 끝난 날부터 ( ① )년 이내에 최초 안전검사를 실시, 그 이후부터 매 ( ② )년, (건설현장에서 사용하는 것은 최초로 설치한 날로부터 ( ③ 개월 ) 마다) 안전검사를 실시한다.

---

① 3
② 2
③ 6

### 참고

| | |
|---|---|
| 1. 안전검사 대상 유해·위험기계 등 | ① 프레스<br>② 전단기<br>③ 크레인[정격 하중이 2톤 미만인 것 제외]<br>④ 리프트<br>⑤ 압력용기<br>⑥ 곤돌라<br>⑦ 국소 배기장치(이동식은 제외)<br>⑧ 원심기(산업용만 해당)<br>⑨ 롤러기(밀폐형 구조는 제외한다)<br>⑩ 사출성형기[형 체결력 294킬로뉴턴(KN) 미만은 제외]<br>⑪ 고소작업대<br>⑫ 컨베이어<br>⑬ 산업용 로봇<br><br>**암기법**<br>• 안전인증 대상 중 손 다치는 기계 - 프레스, 전단기, 사출성형기, 롤러기<br>• 양중기 - 크레인, 리프트, 곤돌라<br>• 폭발 - 압력용기<br>• 추가 - 국소(국소) 로봇이 고소(높은 곳)의 큰(컨) 원을 검사(안전검사)<br>  국소배기장치, 산업용 로봇, 고소작업대, 컨베이어, 원심기 |

| | |
|---|---|
| 2. 안전검사대상 유해·위험기계 등의 검사 주기 | ① 크레인(이동식 크레인은 제외한다), 리프트(이삿짐운반용 리프트는 제외한다) 및 곤돌라 : 사업장에 설치가 끝난 날부터 3년 이내에 최초 안전검사를 실시하되, 그 이후부터 2년마다(건설현장에서 사용하는 것은 최초로 설치한 날부터 6개월마다) <br> ② 이동식 크레인, 이삿짐운반용 리프트 및 고소작업대 : 신규등록 이후 3년 이내에 최초 안전검사를 실시하되, 그 이후부터 2년마다 <br> ③ 프레스, 전단기, 압력용기, 국소 배기장치, 원심기, 롤러기, 사출성형기, 컨베이어 및 산업용 로봇 : 사업장에 설치가 끝난 날부터 3년 이내에 최초 안전검사를 실시하되, 그 이후부터 2년마다(공정안전보고서를 제출하여 확인을 받은 압력용기는 4년마다) |

**49** 자율검사프로그램의 인정취소 및 개선을 명할 수 있는 경우 2가지를 적으시오. (단, 거짓이나 그 밖의 부정한 방법으로 자율검사프로그램을 인정받은 경우는 제외)

• 기출 2015년 3회, 2020년 3회

① 자율검사프로그램을 인정받고도 검사를 하지 아니한 경우
② 인정받은 자율검사프로그램의 내용에 따라 검사를 하지 아니한 경우
③ 자율안전검사 자격을 갖춘 자 또는 자율안전검사기관이 검사를 하지 아니한 경우

---

**참고**

1. 자율검사프로그램을 인정받기 위한 요건
   • 검사원을 고용하고 있을 것
   • 검사를 할 수 있는 장비를 갖추고 이를 유지·관리할 수 있을 것
   • 안전검사 주기의 2분의 1에 해당하는 주기(크레인 중 건설현장 외에서 사용하는 크레인의 경우에는 6개월)마다 검사를 할 것
   • 자율검사프로그램의 검사기준이 안전검사기준을 충족할 것
2. 자율검사프로그램 인정신청서의 첨부서류
   • 안전검사대상 기계 등의 보유 현황
   • 검사원 보유 현황과 검사를 할 수 있는 장비 및 장비 관리방법(자율안전검사기관에 위탁한 경우에는 위탁을 증명할 수 있는 서류를 제출한다)
   • 안전검사대상 기계 등의 검사 주기 및 검사기준
   • 향후 2년간 안전검사대상 기계 등의 검사수행계획
   • 과거 2년간 자율검사프로그램 수행 실적(재신청의 경우만 해당한다)

## 50 다음 용어를 정의하시오.
• 기출 2014년 1회, 2022년 2회

(1) 페일 세이프(Fail safe) :
(2) 풀 프루프(Fool proof) :

(1) 기계의 고장이 있어도 안전사고를 발생시키지 않도록 2중, 3중 통제를 가함
(2) 인간의 실수가 있어도 안전사고를 발생시키지 않도록 2중, 3중 통제를 가함

## 51 페일세이프를 기능면에서 3가지로 분류하시오.
• 기출 2015년 2회

① Fail Passive
② Fail active
③ Fail operational

### 참고

① Fail Passive : 부품의 고장 시 기계장치는 정지 상태로 옮겨간다.
② Fail active : 부품이 고장 나면 경보를 울리며 짧은 시간 운전이 가능하다.
③ Fail operational : 부품의 고장이 있어도 다음 정기점검까지 운전이 가능하다.

52 휴먼에러의 원인인 4M과 안전대책 3E의 관계를 나타내었다. 빈칸에 알맞은 내용을 적으시오.
• 기출 2014년 3회

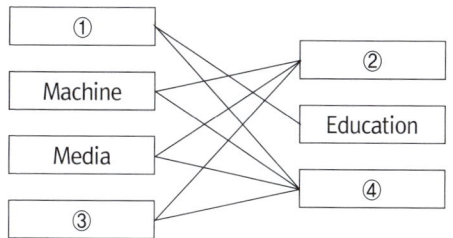

① Man
② Engineering
③ Management
④ Enforcement

### 참고

1. 휴먼 에러의 배후요인(4M)
   - Man(인간) : 본인 외의 사람, 직장의 인간관계 등
   - Machine(기계) : 기계, 장치 등의 물적 요인
   - Media(매체) : 작업정보, 작업방법 등
   - Management(관리) : 작업관리, 법규준수, 단속, 점검 등

2. J·H Harvey(하비)의 3E
   - 안전 교육(Education)
   - 안전 기술(Engineering)
   - 안전 독려(Enforcement), 안전감독

**53** 하인리히의 도미노이론, 버드의 연쇄성이론, 아담스의 연쇄성이론을 비교하여 설명하시오.

• 기출 2011년 3회, 2021년 1회

### 1. 하인리히(H. W. Heinrich)의 사고발생 도미노 5단계

| 1단계 | 선천적 결함(사회, 환경, 유전적 결함) |
|---|---|
| 2단계 | 개인적 결함 |
| 3단계 | 불안전한 행동(인적 결함), 불안전한 상태(물적 결함) (제거 가능) |
| 4단계 | 사고 |
| 5단계 | 재해(상해) |

### 2. 버드(Frank. E. Bird)의 사고 연쇄성이론 5단계

| 1단계 | 제어부족(관리 부재) |
|---|---|
| 2단계 | 기본원인(기원) |
| 3단계 | 직접원인(징후) |
| 4단계 | 사고(접촉) |
| 5단계 | 상해(손실) |

### 3. 아담스(Edward Adams)의 연쇄성이론 5단계

| 1단계 | 관리구조 |
|---|---|
| 2단계 | 작전적 에러 |
| 3단계 | 전술적 에러 |
| 4단계 | 사고 |
| 5단계 | 상해 |

#### 참고

웨버의 연쇄성 이론 5단계

| 1단계 | 사회적 환경 및 유전적 요소(유전과 환경) |
|---|---|
| 2단계 | 인간의 결함(개인적 결함) |
| 3단계 | 불안전 행동 및 상태 |
| 4단계 | 사고 |
| 5단계 | 상해 |

## 54 [보기]를 참고하여 다음 이론에 해당하는 번호를 고르시오. · 기출 2012년 2회

① 사회적 환경 및 유전적 요소(유전과 환경)
② 기본적 원인
③ 불안전한 행동 및 불안전한 상태(직접원인)
④ 작전적 에러
⑤ 사고
⑥ 재해
⑦ 관리(통제)의 부족
⑧ 개인적 결함
⑨ 관리적 결함
⑩ 전술적 에러

(1) 하인리히 :
(2) 버드 :
(3) 아담스 :
(4) 웨버 :

(1) ①, ⑧, ③, ⑤, ⑥
(2) ⑦, ②, ③, ⑤, ⑥
(3) ⑨, ④, ⑩, ⑤, ⑥
(4) ①, ⑧, ③, ⑤, ⑥

## 55 하인리히의 사고방지 이론 5단계를 적으시오. · 기출 2015년 1회

- 1단계 : 안전조직
- 2단계 : 사실의 발견
- 3단계 : 분석
- 4단계 : 시정방법 선정
- 5단계 : 시정책 적용

## 56 하인리히의 사고빈도법칙 1 : 29 : 300을 설명하시오.

• 기출 2021년 2회

총 330건의 사고를 분석했을 때
- 중상 또는 사망 : 1건
- 경상해 : 29건
- 무상해사고 : 300건이 발생함을 의미한다.

### 참고

버드의 1 : 10 : 30 : 600의 법칙 : 총 641건의 사고를 분석했을 때
- 중상 또는 폐질 : 1건
- 경상해 : 10건
- 무상해사고 (물적 손실) : 30건
- 무상해, 무사고 (위험 순간) : 600건이 발생함을 의미한다.

## PART 02 산업안전보건 교육 및 산업안전 심리

**01** 산업안전보건법에 의하여 사업주가 근로자에게 실시하여야 하는 안전보건교육의 종류를 4가지 적으시오.
• 기출 2011년 1회, 2016년 1회, 2018년 2회

① 정기교육(정기 안전·보건교육)
② 채용 시 교육
③ 작업내용 변경 시 교육
④ 특별교육
⑤ 건설업 기초안전·보건교육


**02** 괄호에 적합한 교육시간을 적으시오.
• 기출 2012년 1회

| 교육대상 | 교육시간 | |
|---|---|---|
| | 신규교육 | 보수교육 |
| 가. 안전보건관리책임자 | ( ① ) | ( ② ) |
| 나. 안전관리자, 안전관리전문기관의 종사자 | ( ③ ) | 24시간 이상 |
| 다. 건설재해예방 전문지도기관의 종사자 | 34시간 이상 | ( ④ ) |

① 6시간 이상
② 6시간 이상
③ 34시간 이상
④ 24시간 이상

**참고**

1. 안전보건관리책임자 등에 대한 교육(직무교육)

| 교육대상 | 교육시간 | |
|---|---|---|
| | 신규교육 | 보수교육 |
| 가. 안전보건관리책임자 | 6시간 이상 | 6시간 이상 |
| 나. 안전관리자, 안전관리전문기관의 종사자 | 34시간 이상 | 24시간 이상 |
| 다. 보건관리자, 보건관리전문기관의 종사자 | 34시간 이상 | 24시간 이상 |
| 라. 건설재해예방 전문지도기관의 종사자 | 34시간 이상 | 24시간 이상 |
| 마. 석면조사기관의 종사자 | 34시간 이상 | 24시간 이상 |
| 바. 안전보건관리담당자 | - | 8시간 이상 |
| 사. 안전검사기관, 자율안전검사기관의 종사자 | 34시간 이상 | 24시간 이상 |

2. 검사원 성능검사 교육

| 교육과정 | 교육대상 | 교육시간 |
|---|---|---|
| 성능검사 교육 | - | 28시간 이상 |

03 사업주가 근로자에게 실시해야 하는 안전보건교육의 [보기]에 적합한 교육시간을 적으시오.
· 기출 2013년 1회, 2020년 3회

(1) 안전관리자 신규교육 시간 : (   )시간 이상
(2) 안전보건관리 책임자 보수교육 시간 : (   )시간 이상
(3) 사무직 종사 근로자의 정기교육시간 : 매 반기 (   )시간 이상
(4) 일용근로자 및 근로계약기간이 1주일 이하인 기간제 근로자, 근로계약기간이 1주일 초과 1개월 이하인 기간제 근로자를 제외한 근로자의 채용 시의 교육시간 : (    )시간 이상
(5) 일용근로자 및 근로계약기간이 1주일 이하인 기간제 근로자를 제외한 근로자의 작업내용변경 시의 교육시간 : (    )시간 이상

(1) 34   (2) 6   (3) 6   (4) 8   (5) 2

**참고**

사업주가 근로자에게 실시해야 하는 안전보건교육의 교육시간

가. 근로자 안전보건교육

| 교육과정 | 교육대상 | | 교육시간 |
|---|---|---|---|
| 가. 정기교육 | 1) 사무직 종사 근로자 | | 매반기 6시간 이상 |
| | 2) 그 밖의 근로자 | 가) 판매업무에 직접 종사하는 근로자 | 매반기 6시간 이상 |
| | | 나) 판매업무에 직접 종사하는 근로자 외의 근로자 | 매반기 12시간 이상 |
| 나. 채용 시 교육 | 1) 일용근로자 및 근로계약기간이 1주일 이하인 기간제 근로자 | | 1시간 이상 |
| | 2) 근로계약기간이 1주일 초과 1개월 이하인 기간제 근로자 | | 4시간 이상 |
| | 3) 그 밖의 근로자 | | 8시간 이상 |
| 다. 작업내용 변경 시 교육 | 1) 일용근로자 및 근로계약기간이 1주일 이하인 기간제 근로자 | | 1시간 이상 |
| | 2) 그 밖의 근로자 | | 2시간 이상 |
| 라. 특별교육 | 1) 일용근로자 및 근로계약기간이 1주일 이하인 기간제 근로자(타워크레인신호작업에 종사하는 근로자 제외) | | 2시간 이상 |
| | 2) 일용근로자 및 근로계약기간이 1주일 이하인 기간제 근로자 중 타워크레인신호작업에 종사하는 근로자 | | 8시간 이상 |
| | 3) 일용근로자 및 근로계약기간이 1주일 이하인 기간제 근로자를 제외한 근로자 | | 가) 16시간 이상(최초 작업에 종사하기 전 4시간 이상 실시하고 12시간은 3개월 이내에서 분할하여 실시 가능) 나) 단기간 작업 또는 간헐적 작업인 경우에는 2시간 이상 |
| 마. 건설업 기초안전·보건교육 | 건설 일용근로자 | | 4시간 이상 |

나. 관리감독자 안전보건교육

| 교육과정 | 교육시간 |
|---|---|
| 가. 정기교육 | 연간 16시간 이상 |
| 나. 채용 시 교육 | 8시간 이상 |
| 다. 작업내용 변경 시 교육 | 2시간 이상 |
| 라. 특별교육 | 16시간 이상(최초 작업에 종사하기 전 4시간 이상 실시하고, 12시간은 3개월 이내에서 분할하여 실시 가능) |
| | 단기간 작업 또는 간헐적 작업인 경우에는 2시간 이상 |

다. 안전보건관리책임자 등에 대한 교육(직무교육)

| 교육대상 | 교육시간 | |
|---|---|---|
| | 신규교육 | 보수교육 |
| 가. 안전보건관리책임자 | 6시간 이상 | 6시간 이상 |
| 나. 안전관리자, 안전관리전문기관의 종사자 | 34시간 이상 | 24시간 이상 |
| 다. 보건관리자, 보건관리전문기관의 종사자 | 34시간 이상 | 24시간 이상 |
| 라. 건설재해예방 전문지도기관의 종사자 | 34시간 이상 | 24시간 이상 |
| 마. 석면조사기관의 종사자 | 34시간 이상 | 24시간 이상 |
| 바. 안전보건관리담당자 | - | 8시간 이상 |
| 사. 안전검사기관, 자율안전검사기관의 종사자 | 34시간 이상 | 24시간 이상 |

04 사업주가 근로자에게 실시해야 하는 안전보건교육 중 근로자의 신규 채용 시 및 작업내용 변경 시 교육내용 4가지를 적으시오. • 기출 2015년 2회, 2021년 1회

근로자의 채용 시의 교육 및 작업내용 변경 시의 교육내용
① 산업안전 및 사고 예방에 관한 사항
② 산업보건 및 직업병 예방에 관한 사항
③ 산업안전보건법령 및 산업재해보상보험제도에 관한 사항
④ 직무스트레스 예방 및 관리에 관한 사항
⑤ 직장 내 괴롭힘, 고객의 폭언 등으로 인한 건강장해 예방 및 관리에 관한 사항
⑥ 기계·기구의 위험성과 작업의 순서 및 동선에 관한 사항
⑦ 물질안전보건자료에 관한 사항

⑧ 작업 개시 전 점검에 관한 사항
⑨ 정리정돈 및 청소에 관한 사항
⑩ 사고 발생 시 긴급조치에 관한 사항
⑪ 위험성 평가에 관한 사항

> **암기법**
>
> 공통 항목
> 1. 신규자는 법, 산재보상제도를 알자!
> 2. 신규자는 건강을 보존(산업보건)하고 직업병, 스트레스, 괴롭힘, 폭언 예방하자!
> 3. 신규자는 안전하고 사고예방하자!
> 4. 신규자는 위험성을 평가하자!
>
> 신규채용자는 회사에 처음 입사해서 처음 일을 하는 근로자, 안전하게 일하기 위한 기본내용을 교육한다.
> 1. 신규자는 기계기구 위험성, 작업순서, 동선을 알자!
> 2. 신규자는 취급물질의 위험성(물질안전보건자료)을 알자!
> 3. 신규자는 작업 전 점검하자!
> 4. 신규자는 항상 정리정돈 청소하자!
> 5. 신규자는 사고 시 조치를 알자!

05 사업주가 근로자에게 실시해야 하는 안전보건교육 중 관리감독자 정기교육의 교육 내용 4가지를 적으시오.

• 기출 2016년 3회, 2018년 1회, 2020년 4회, 2021년 2회

① 산업안전 및 사고 예방에 관한 사항
② 산업보건 및 직업병 예방에 관한 사항
③ 유해·위험 작업환경 관리에 관한 사항
④ 산업안전보건법령 및 산업재해보상보험 제도에 관한 사항
⑤ 직무스트레스 예방 및 관리에 관한 사항
⑥ 직장 내 괴롭힘, 고객의 폭언 등으로 인한 건강장해 예방 및 관리에 관한 사항
⑦ 위험성평가에 관한 사항
⑧ 작업공정의 유해·위험과 재해 예방대책에 관한 사항
⑨ 표준안전 작업방법 결정 및 지도·감독 요령에 관한 사항
⑩ 비상시 또는 재해 발생 시 긴급조치에 관한 사항

⑪ 사업장 내 안전보건관리체제 및 안전·보건조치 현황에 관한 사항
⑫ 현장근로자와의 의사소통능력 및 강의능력 등 안전보건교육 능력 배양에 관한 사항
⑬ 그 밖의 관리감독자의 직무에 관한 사항

### 암기법

공통 항목(관리감독자, 근로자)
1. 관리자는 법, 산재보상제도를 알자.
2. 관리자는 건강을 보존(산업보건)하고 직업병, 스트레스, 괴롭힘, 폭언 예방하자!
3. 관리자는 유해위험 환경을 관리해서 안전하고 사고예방하자!
4. 관리자는 위험성을 평가하자!

관리감독자 정기교육의 특징
1. 관리자는 유해위험의 재해예방대책 세우자!
2. 관리자는 안전 작업방법 결정해서 감독하자!
3. 관리자는 재해발생 시 긴급조치하자!
4. 관리자는 안전보건 조치하자!
5. 관리자는 안전보건교육 능력 배양하자!

### 참고

관리감독자의 채용 시 교육 및 작업내용 변경 시 교육
① 산업안전 및 사고 예방에 관한 사항
② 산업보건 및 직업병 예방에 관한 사항
③ 산업안전보건법령 및 산업재해보상보험 제도에 관한 사항
④ 직무스트레스 예방 및 관리에 관한 사항
⑤ 직장 내 괴롭힘, 고객의 폭언 등으로 인한 건강장해 예방 및 관리에 관한 사항
⑥ 위험성평가에 관한 사항
⑦ 기계·기구의 위험성과 작업의 순서 및 동선에 관한 사항
⑧ 작업 개시 전 점검에 관한 사항
⑨ 물질안전보건자료에 관한 사항
⑩ 사업장 내 안전보건관리체제 및 안전·보건조치 현황에 관한 사항
⑪ 표준안전 작업방법 결정 및 지도·감독 요령에 관한 사항
⑫ 비상시 또는 재해 발생 시 긴급조치에 관한 사항
⑬ 그 밖의 관리감독자의 직무에 관한 사항

> **암기법**
>
> 공통 항목 – 채용시 근로자 교육과 동일
> 1. 신규 관리자는 법, 산재보상제도를 알자!
> 2. 신규 관리자는 건강을 보존(산업보건)하고 직업병, 스트레스, 괴롭힘, 폭언 예방하자!
> 3. 신규 관리자는 안전하고 사고예방하자!
> 4. 신규 관리자는 위험성을 평가하자!
>
> 채용시 근로자 교육 중 "정리정돈 청소" 제외
> 1. 신규 관리자는 기계기구 위험성, 작업순서, 동선을 알자!
> 2. 신규 관리자는 취급물질의 위험성(물질안전보건자료)을 알자!
> 3. 신규 관리자는 작업 전 점검하자!
>
> 신규 관리자 내용 추가
> 1. 신규 관리자는 안전보건 조치하자!
> 2. 신규 관리자는 안전 작업방법 결정해서 감독하자!
> 3. 신규 관리자는 재해 시 긴급조치하자!

06 사업주가 근로자에게 실시해야 하는 안전보건교육 중 근로자 정기교육의 내용 4가지를 적으시오.  • 기출 2019년 3회

① 산업안전 및 사고 예방에 관한 사항
② 산업보건 및 직업병 예방에 관한 사항
③ 유해·위험 작업환경 관리에 관한 사항
④ 산업안전보건법령 및 산업재해보상보험제도에 관한 사항
⑤ 직무스트레스 예방 및 관리에 관한 사항
⑥ 직장 내 괴롭힘, 고객의 폭언 등으로 인한 건강장해 예방 및 관리에 관한 사항
⑦ 건강증진 및 질병 예방에 관한 사항
⑧ 위험성 평가에 관한 사항

> **암기법**
>
> 공통 항목(관리감독자, 근로자)
> 1. 근로자는 법, 산재보상제도를 알자.
> 2. 근로자는 건강을 보존(산업보건)하고 직업병, 스트레스, 괴롭힘, 폭언 예방하자!
> 3. 근로자는 유해위험 환경을 관리해서 안전하고 사고예방하자!
> 4. 근로자는 위험성을 평가하자!
>
> 근로자 정기교육의 특징
> 1. 근로자는 건강증진하고 질병예방하자!

## 07 특수형태근로종사자에 대한 안전보건교육 중 최초 노무제공 시의 교육내용 4가지를 적으시오.

• 기출 2022년 2회

① 교통안전 및 운전안전에 관한 사항
② 보호구 착용에 대한 사항
③ 산업안전 및 사고 예방에 관한 사항
④ 산업보건 및 직업병 예방에 관한 사항
⑤ 건강증진 및 질병 예방에 관한 사항
⑥ 유해·위험 작업환경 관리에 관한 사항
⑦ 기계·기구의 위험성과 작업의 순서 및 동선에 관한 사항
⑧ 작업 개시 전 점검에 관한 사항
⑨ 정리정돈 및 청소에 관한 사항
⑩ 사고 발생 시 긴급조치에 관한 사항
⑪ 물질안전보건자료에 관한 사항
⑫ 직무스트레스 예방 및 관리에 관한 사항
⑬ 직장 내 괴롭힘, 고객의 폭언 등으로 인한 건강장해 예방 및 관리에 관한 사항
⑭ 산업안전보건법령 및 산업재해보상보험 제도에 관한 사항

> **암기법**
>
> 채용 시 교육 내용 + 근로자 정기교육 내용 + 보호구 + 교통, 운전안전(위험성평가 제외)

**08** 산업안전보건법에 의하여 건설 일용근로자를 대상으로 실시하여야 하는 건설업기초 안전보건교육의 교육내용 2가지를 적으시오. • 기출 2023년 3회

① 건설공사의 종류(건축, 토목 등) 및 시공 절차
② 산업재해 유형별 위험요인 및 안전보건조치
③ 안전보건관리체제 현황 및 산업안전보건 관련 근로자 권리·의무

**참고**

건설업 기초안전·보건교육에 대한 내용 및 시간

| 교육내용 | 시간 |
| --- | --- |
| 1. 건설공사의 종류(건축, 토목 등) 및 시공 절차 | 1시간 |
| 2. 산업재해 유형별 위험요인 및 안전보건조치 | 2시간 |
| 3. 안전보건관리체제 현황 및 산업안전보건 관련 근로자 권리·의무 | 1시간 |

**09** 방사선 업무에 관계되는 작업(의료 및 실험용은 제외)에 종사하는 근로자에게 실시하여야 하는 특별교육의 내용 4가지를 적으시오. • 기출 2012년 2회

① 방사선의 유해·위험 및 인체에 미치는 영향
② 방사선의 측정기기 기능의 점검에 관한 사항
③ 방호거리·방호벽 및 방사선 물질의 취급 요령에 관한 사항
④ 응급처치 및 보호구 착용에 관한 사항
⑤ 그 밖에 안전·보건관리에 필요한 사항

**10** 밀폐된 장소에서 하는 용접작업 또는 습한 장소에서 하는 전기용접 작업을 실시할 때의 특별교육의 내용 4가지를 적으시오. (단, 공통사항 및 그 밖에 안전보건 관리에 필요한 사항은 제외함)
• 기출 2012년 3회

① 작업순서, 안전작업방법 및 수칙에 관한 사항
② 환기설비에 관한 사항
③ 전격 방지 및 보호구 착용에 관한 사항
④ 질식 시 응급조치에 관한 사항
⑤ 작업환경 점검에 관한 사항


**11** 로봇 작업을 하는 경우에 실시하여야 하는 특별교육의 내용 4가지를 적으시오.
• 기출 2015년 1회, 2020년 1·2회, 2023년 2회

① 로봇의 기본원리·구조 및 작업방법에 관한 사항
② 이상 발생 시 응급조치에 관한 사항
③ 안전시설 및 안전기준에 관한 사항
④ 조작방법 및 작업순서에 관한 사항


**12** 건설용 리프트·곤돌라를 이용한 작업의 특별교육의 내용 4가지를 적으시오. (단, 그 밖에 안전·보건관리에 필요한 사항은 제외할 것)
• 기출 2017년 2회, 2024년 2회

① 방호장치의 기능 및 사용에 관한 사항
② 기계, 기구, 달기체인 및 와이어 등의 점검에 관한 사항
③ 화물의 권상·권하 작업방법 및 안전작업 지도에 관한 사항
④ 기계·기구의 특성 및 동작원리에 관한 사항
⑤ 신호방법 및 공동작업에 관한 사항

**13** 타워크레인을 설치(상승작업을 포함한다)·해체하는 작업에 종사하는 근로자를 대상으로 하는 특별교육의 내용 4가지를 적으시오.

• 기출 2017년 1회, 기출 2023년 2회

① 붕괴·추락 및 재해 방지에 관한 사항
② 설치·해체 순서 및 안전작업방법에 관한 사항
③ 부재의 구조·재질 및 특성에 관한 사항
④ 신호방법 및 요령에 관한 사항
⑤ 이상 발생 시 응급조치에 관한 사항
⑥ 그 밖에 안전·보건관리에 필요한 사항


**14** 위험예지 훈련의 4단계를 적으시오.

• 기출 2015년 3회, 2019년 2회

- 1단계 : 현상 파악
- 2단계 : 요인조사(본질추구)
- 3단계 : 대책수립
- 4단계 : 행동목표 설정(합의요약)

### 참고

재해사례연구 진행 단계
전제 조건 : 재해 상황의 파악
1단계 : 사실의 확인
2단계 : 문제점 발견
3단계 : 근본 문제점 결정(재해 원인 결정)
4단계 : 대책 수립

**15** 재해가 발생되어도 무재해로 인정되는 경우 4가지를 적으시오.

• 기출 2014년 1·3회

① 작업시간 중 천재지변 또는 돌발적인 사고로 인한 구조행위 또는 긴급피난 중 발생한 사고
② 작업시간 외에 천재지변 또는 돌발적인 사고 우려가 많은 장소에서 사회통념상 인정되는 업무 수행 중 발생한 사고
③ 출·퇴근 도중에 발생한 재해
④ 운동경기 등 각종 행사 중 발생한 사고
⑤ 제3자의 행위에 의한 업무상 재해
⑥ 업무상 재해 인정기준 중 뇌혈관질환 또는 심장질환에 의한 재해
⑦ 업무시간 외에 발생한 재해
⑧ 도로에서 발생한 사업장 밖의 교통사고, 소속 사업장을 벗어난 출장 및 외부기관으로 위탁교육 중 발생한 사고, 회식중의 사고, 전염병 등 사업주의 법 위반으로 인한 것이 아니라고 인정되는 재해

### 암기법

무재해 : 업무시간 외, 제3자, 각종 행사, 출·퇴근 도중, 뇌혈관질환·심장질환, 도로의 교통사고

### 참고

무재해 운동의 3대 원칙

① 무(無)의 원칙(ZERO의 원칙) : 사업장 내의 모든 잠재위험요인을 적극적으로 사전에 발견하고 파악·해결함으로써 산업재해의 근원적인 요소들을 없앤다는 것을 의미한다.
② 선취의 원칙(안전제일의 원칙) : 사업장 내에서 행동하기 전에 잠재위험요인을 발견하고 파악·해결하여 재해를 예방하는 것을 의미한다.
③ 참가의 원칙(참여의 원칙) : 전원이 일치 협력하여 각자의 위치에서 적극적으로 문제해결을 하겠다는 것을 의미한다.

**16** 데이비스의 동기부여 이론이다. (　) 안에 적합한 내용을 적으시오.

· 기출 2013년 2회

(1) 능력 = (　) × (　)
(2) 동기 = (　) × (　)

(1) 지식, 기능
(2) 상황, 태도

### 참고

데이비스 (K. Davis)의 동기부여 이론
① 인간의 성과 × 물질의 성과 = 경영의 성과
② 지식(knowledge) × 기능(skill) = 능력(ability)
③ 상황(situation) × 태도(attitude) = 동기유발(motivation)
④ 능력 × 동기유발 = 인간의 성과(human performance)

**17** 매슬로의 욕구단계론과 알더퍼의 ERG이론이다. ①~④의 빈칸에 알맞은 내용을 적으시오.

· 기출 2016년 2회

|  | 욕구단계론 | ERG 이론 |
|---|---|---|
| 제1단계 | 생리적 욕구 | 생존 욕구 |
| 제2단계 | ( ① ) | |
| 제3단계 | ( ② ) | ( ③ ) |
| 제4단계 | 인정받으려는 욕구 | |
| 제5단계 | 자아실현의 욕구 | ( ④ ) |

① 안전 욕구
② 사회적 욕구
③ 관계 욕구
④ 성장 욕구

> **참고**
>
> 동기부여 이론
>
> 1. 매슬로(Maslow A. H.)의 욕구단계 이론(인간의 욕구 5단계)
>    ① 제1단계(생리적 욕구)
>    ② 제2단계(안전 욕구)
>    ③ 제3단계(사회적 욕구)
>    ④ 제4단계(존경 욕구)
>    ⑤ 제5단계(자아실현의 욕구)
>
> 2. 헤르츠버그(Herzberg)의 동기·위생 이론
>    ① 위생 요인(유지 욕구)
>    ② 동기 요인(만족 욕구)
>
> 3. 알더퍼의 E.R.G 이론
>    ① 생존 욕구(존재 욕구)
>    ② 관계 욕구 : 대인관계
>    ③ 성장 욕구 : 개인적 발전

**18** 인간 주의특성의 종류 3가지를 적고 설명하시오. • 기출 2011년 2회, 2021년 3회

① 선택성 : 사람은 한 번에 여러 종류의 자극을 지각하거나 수용하지 못하며 소수의 특정한 것으로 한정해서 선택하는 기능을 말한다.
② 방향성 : 시선에서 벗어난 부분은 무시되기 쉽다.(주시점만 응시한다.)
③ 변동성 : 주의는 리듬이 있어 일정한 수순을 지키지 못한다.
④ 단속성 : 고도의 주의는 장시간 집중이 곤란하다.
⑤ 주의력의 중복 집중 곤란 : 동시에 두 개 이상의 방향을 잡지 못한다.

## 19  인간의 행동성향(인간관계 메커니즘) 3가지를 적으시오.    • 기출 2018년 3회

① 모방
② 투사
③ 암시
④ 승화
⑤ 억압
⑥ 퇴행
⑦ 합리화
⑧ 동일화

### 참고

① 모방 : 남의 행동이나 판단을 표본으로 하여 그것과 같거나 또는 그것에 가까운 행동 또는 판단을 취하려는 행동
② 투사 : 자신의 불만이나 불안을 해소시키기 위해서 자신의 잘못을 남의 탓으로 돌리는 행동
③ 암시 : 다른 사람으로부터의 판단이나 행동을 무비판적으로 논리적·사실적 근거 없이 받아들이는 행동
④ 승화 : 자신의 동기에 대해 불안을 느끼는 사람은 무의식적으로 내면의 동기를 사회가 용납하는 다른 동기로 변형시킴
⑤ 억압 : 의식에서 용납하기 힘든 생각, 욕망, 충동, 공격성 등을 무의식적으로 눌러 버리는 것
⑥ 퇴행 : 좌절을 심하게 당했을 때 현재보다 유치한 과거 수준으로 후퇴하는 것
⑦ 합리화 : 자기의 실패나 약점을 그럴듯한 이유나 변명을 들어 자신의 실패를 정당화하는 행동
⑧ 동일화 : 다른 사람의 행동 양식이나 태도를 투입시키거나 다른 사람 가운데서 자기와 비슷한 점을 발견하는 것

## 20 [보기]의 설명에 해당하는 인간의 적응기제의 종류를 적으시오. • 기출 2022년 1회

| 적응기제 | 설명 |
| --- | --- |
| (1) | 남의 행동이나 판단을 표본으로 하여 그것과 같거나 또는 그것에 가까운 행동 또는 판단을 취하려는 행동 |
| (2) | 자신의 불만이나 불안을 해소시키기 위해서 자신의 잘못을 남의 탓으로 돌리는 행동 |
| (3) | 다른 사람의 행동 양식이나 태도를 투입시키거나 다른 사람 가운데서 자기와 비슷한 점을 발견하는 것 |

① 모방
② 투사
③ 동일화


## 21 파블로프의 조건반사설에 의한 학습의 원리 4가지를 적으시오. • 기출 2014년 1회

① 일관성의 원리
② 계속성의 원리
③ 시간의 원리
④ 강도의 원리

### 참고

손다이크(Thorndike)의 학습의 법칙(시행착오설)
① 준비성의 법칙
② 연습 또는 반복의 법칙
③ 효과의 법칙

## PART 03 보호구 및 안전보건표지

**01** [보기]에서 주어진 작업에 적합한 보호구의 명칭을 적으시오. • 기출 2023년 1회

---
(1) 물체가 떨어지거나 날아올 위험 또는 근로자가 추락할 위험이 있는 작업
(2) 높이 또는 깊이 2미터 이상의 추락할 위험이 있는 장소에서 하는 작업
(3) 물체가 흩날릴 위험이 있는 작업
(4) 고열에 의한 화상 등의 위험이 있는 작업

---

(1) 안전모　(2) 안전대　(3) 보안경　(4) 방열복

### 참고

작업조건에 적합한 보호구

| | |
|---|---|
| 물체가 떨어지거나 날아올 위험 또는 근로자가 추락할 위험이 있는 작업 | 안전모 |
| 높이 또는 깊이 2미터 이상의 추락할 위험이 있는 장소에서 하는 작업 | 안전대 |
| 물체의 낙하·충격, 물체에의 끼임, 감전 또는 정전기의 대전(帶電)에 의한 위험이 있는 작업 | 안전화 |
| 물체가 흩날릴 위험이 있는 작업 | 보안경 |
| 용접 시 불꽃이나 물체가 흩날릴 위험이 있는 작업 | 보안면 |
| 감전의 위험이 있는 작업 | 절연용 보호구 |
| 고열에 의한 화상 등의 위험이 있는 작업 | 방열복 |
| 선창 등에서 분진(粉塵)이 심하게 발생하는 하역작업 | 방진마스크 |
| 섭씨 영하 18도 이하인 급냉동어창에서 하는 하역작업 | 방한모·방한복·방한화·방한장갑 |
| 물건을 운반하거나 수거·배달하기 위하여 이륜자동차 또는 원동기장치 자전거를 운행하는 작업 | 승차용 안전모 |
| 물건을 운반하거나 수거·배달하기 위하여 자전거 등을 운행하는 작업 | 안전모 |

## 02 안전인증 기준에 해당하는 안전모의 종류 3가지를 적고 용도를 설명하시오.

• 기출 2011년 1회

① AB형 : 물체의 낙하 또는 비래 및 추락에 의한 위험을 방지 또는 경감시키기 위한 것
② AE형 : 물체의 낙하 또는 비래에 의한 위험을 방지 또는 경감하고, 머리 부위 감전에 의한 위험을 방지하기 위한 것
③ ABE형 : 물체의 낙하 또는 비래 및 추락에 의한 위험을 방지 또는 경감하고, 머리 부위 감전에 의한 위험을 방지하기 위한 것

## 03 안전인증 대상 안전모의 성능 시험 종류 5가지를 적으시오.

• 기출 2019년 2회, 2024년 1회

① 내관통성 시험   ② 충격흡수성 시험   ③ 내전압성 시험
④ 내수성 시험     ⑤ 난연성 시험       ⑥ 턱끈풀림 시험

**참고**

자율안전 확인 대상 안전모의 성능 시험 종류
① 내관통성 시험   ② 충격흡수성 시험
③ 난연성 시험     ④ 턱끈풀림 시험

## 04 안전모의 내관통성 시험에 관한 내용이다. ( )에 알맞은 내용을 쓰시오.

• 기출 2017년 1회

AE형 및 ABE형의 관통거리는 ( ① )mm 이하, AB형의 관통거리는 ( ② )mm 이하이어야 한다.

① 9.5   ② 11.1

### 참고

안전모의 성능 시험 종류 및 시험성능 기준

| 항목 | 시험성능 기준 |
|---|---|
| ① 내관통성 시험 | AE, ABE종 안전모는 관통거리가 9.5mm 이하이고, AB종 안전모는 관통거리가 11.1mm 이하이어야 한다. |
| ② 충격흡수성 시험 | 최고전달충격력이 4,450N을 초과해서는 안되며, 모체와 착장체의 기능이 상실되지 않아야 한다. |
| ③ 내전압성 시험 | AE, ABE종 안전모는 교류 20kV에서 1분간 절연파괴 없이 견뎌야 하고, 이때 누설되는 충전전류는 10mA 이하이어야 한다. |
| ④ 내수성 시험 | AE, ABE종 안전모는 질량증가율이 1% 미만이어야 한다. |
| ⑤ 난연성 시험 | 모체가 불꽃을 내며 5초 이상 연소되지 않아야 한다. |
| ⑥ 턱끈풀림 시험 | 150N 이상 250N 이하에서 턱끈이 풀려야 한다. |

05 방독마스크 정화통에 안전인증 표시 외에 표시하여야 하는 사항 2가지를 적으시오.

• 기출 2011년 3회

① 파과 곡선도
② 사용시간 기록카드
③ 정화통의 외부 측면의 표시 색
④ 사용상 주의사항

06  방독마스크의 시험가스와 정화통 외부 측면의 표시 색을 구별하여 적으시오.

• 기출 2017년 3회

| 종류 | 시험가스 | 표시 색 |
|---|---|---|
| 유기화합물용 | 시클로헥산($C_6H_{12}$) | ( ① ) |
|  | 디메틸에테르($CH_3OCH_3$) |  |
|  | 이소부탄($C_4H_{10}$) |  |
| 할로겐용 | ( ② ) | ( ③ ) |
| 황화수소용 | 황화수소가스($H_2S$) |  |
| 시안화수소용 | 시안화수소가스(HCN) |  |
| 아황산용 | ( ④ ) | 노란색 |
| 암모니아용 | 암모니아가스($NH_3$) | ( ⑤ ) |

① 갈색
② 염소가스 또는 증기($Cl_2$)
③ 회색
④ 아황산가스($SO_2$)
⑤ 녹색

**참고**

| 종류 | 시험가스 | 표시 색 |
|---|---|---|
| 복합용 및 겸용의 정화통 |  | • 복합용의 경우 : 해당가스 모두 표시(2층 분리)<br>• 겸용의 경우 : 백색과 해당가스 모두 표시(2층 분리) |

## 07 방독마스크의 등급기준 중 다음 ( ) 안에 알맞은 내용을 적으시오.

• 기출 2018년 1회

(1) 고농도 : 가스 또는 증기의 농도가 100분의 ( ) 이하의 대기 중에서 사용하는 것
(2) 중농도 : 가스 또는 증기의 농도가 100분의 ( ) 이하의 대기 중에서 사용하는 것
(3) 방독마스크는 산소농도가 ( )% 이상인 장소에서 사용하여야 하고, 고농도와 중농도에서 사용하는 방독마스크는 전면형(격리식, 직결식)을 사용해야 한다.

(1) 2
(2) 1
(3) 18

### 참고

| 등급 | 사용 장소 |
| --- | --- |
| 고농도 | 가스 또는 증기의 농도가 100분의 2(암모니아에 있어서는 100분의 3) 이하의 대기 중에서 사용하는 것 |
| 중농도 | 가스 또는 증기의 농도가 100분의 1(암모니아에 있어서는 100분의 1.5)이하의 대기 중에서 사용하는 것 |
| 저농도 및 최저농도 | 가스 또는 증기의 농도가 100분의 0.1 이하의 대기 중에서 사용하는 것으로서 긴급용이 아닌 것 |

비고 : 방독마스크는 산소농도가 18% 이상인 장소에서 사용하여야 하고, 고농도와 중농도에서 사용하는 방독마스크는 전면형(격리식, 직결식)을 사용해야 한다.

## 08 특급 방진마스크를 사용하여야 하는 장소 2가지를 적으시오.

• 기출 2019년 1회, 2023년 3회

① 베릴륨 등과 같이 독성이 강한 물질들을 함유한 분진 등 발생 장소
② 석면 취급 장소

## 09  1급 방진마스크를 착용하여야 하는 작업장소의 종류를 3가지 적으시오.

• 기출 2016년 3회, 2024년 3회

① 특급 마스크 착용 장소를 제외한 분진 발생 장소
② 금속흄 등과 같이 열적으로 생기는 분진 발생 장소
③ 기계적으로 생기는 분진 발생 장소(규소 제외)

### 참고

방진마스크 종류별 사용 장소

| 등급 | 특급 | 1급 | 2급 |
| --- | --- | --- | --- |
| 사용 장소 | • 베릴륨 등과 같이 독성이 강한 물질들을 함유한 분진 등 발생장소<br>• 석면 취급장소 | • 특급마스크 착용장소를 제외한 분진 등 발생장소<br>• 금속흄 등과 같이 열적으로 생기는 분진 등 발생장소<br>• 기계적으로 생기는 분진 등 발생장소(규소 등과 같이 2급 방진마스크를 착용하여도 무방한 경우는 제외한다) | • 특급 및 1급 마스크 착용장소를 제외한 분진 등 발생 장소 |
| 배기밸브가 없는 안면부여과식 마스크는 특급 및 1급 장소에 사용해서는 안 된다. | | | |

## 10  보호구의 안전인증 고시에 따른 방진마스크의 성능시험 종류 4가지를 적으시오.

• 기출 2021년 1회

① 안면부 흡기저항시험
② 여과재의 분진 등 포집효율시험
③ 안면부 배기저항시험
④ 안면부 누설률 시험
⑤ 배기밸브 작동시험
⑥ 시야시험
⑦ 강도, 신장률 및 영구변형률 시험
⑧ 불연성시험
⑨ 음성 전달판 시험
⑩ 투시부의 내충격성 시험
⑪ 여과재 질량 시험
⑫ 여과재 호흡저항 시험
⑬ 안면부 내부의 이산화탄소농도 시험

## 11  분리식 방진마스크 여과재의 분진 등 포집효율을 적으시오.   • 기출 2021년 3회

(1) 특급 :
(2) 1급 :
(3) 2급 :

(1) 99.95% 이상
(2) 94.0% 이상
(3) 80.0% 이상

**참고**

| 형태 및 등급 | | 염화나트륨(NaCl) 및 파라핀 오일(Paraffin oil) 시험(%) |
|---|---|---|
| 분리식 | 특급 | 99.95 이상 |
| | 1급 | 94.0 이상 |
| | 2급 | 80.0 이상 |
| 안면부 여과식 | 특급 | 99.0 이상 |
| | 1급 | 94.0 이상 |
| | 2급 | 80.0 이상 |

## 12  U자 걸이를 사용할 수 있는 안전대의 구조를 2가지 적으시오.   • 기출 2017년 1회

① 지탱 벨트, 각 링, 신축조절기가 있을 것(안전그네를 착용할 경우 지탱 벨트를 사용하지 않아도 된다)
② U자 걸이 사용 시 D링, 각 링은 안전대 착용자의 몸통 양 측면에 해당하는 곳에 고정되도록 지탱 벨트 또는 안전그네에 부착할 것
③ 신축조절기는 죔줄로부터 이탈하지 않도록 할 것
④ U자 걸이 사용 상태에서 신체의 추락을 방지하기 위하여 보조죔줄을 사용할 것
⑤ 보조 훅 부착 안전대는 신축조절기의 역방향으로 낙하 저지 기능을 갖출 것, 다만 죔줄에 스토퍼가 부착될 경우에는 이에 해당하지 않는다.
⑥ 보조 훅이 없는 U자 걸이 안전대는 1개 걸이로 사용할 수 없도록 훅이 열리는 너비가 죔줄의 직경보다 작고 8자형 링 및 이음형 고리를 갖추지 않을 것

**13** 다음 그림은 「보호구 안전인증 고시」에 의한 보호구이다. 물음에 답하시오.

(1) 「보호구 안전인증 고시」에 의한 그림 2의 명칭을 적으시오.
 (그림 1과 같이 연결한다.)
(2) 그림 2의 보호구가 갖추어야 할 구조 2가지를 적으시오.

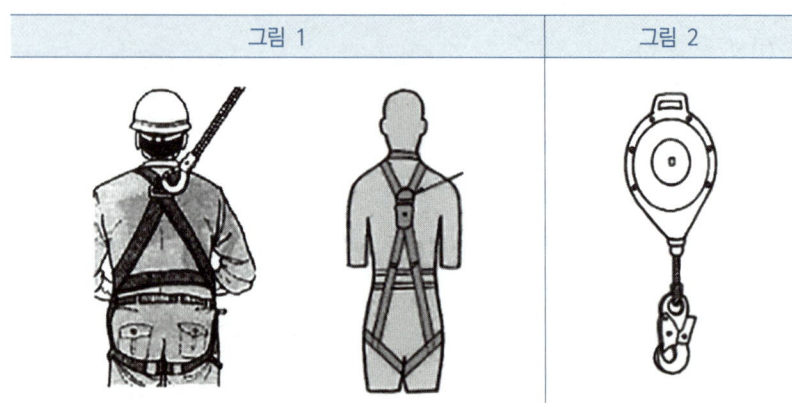

| 그림 1 | 그림 2 |
|---|---|

(1) 안전블록
(2) 안전블록의 구조
  ① 자동 잠김 장치를 갖출 것
  ② 안전블록의 부품은 부식 방지 처리를 할 것

**14** 안전인증대상 차광보안경의 사용 구분에 따른 종류를 4가지 적으시오.
• 기출 2012년 1회, 2016년 1회, 2023년 1회

① 자외선용
② 적외선용
③ 복합용
④ 용접용

> **참고**
>
> 자율안전확인 대상 보안경의 종류
> ① 유리 보안경
> ② 플라스틱 보안경
> ③ 도수렌즈 보안경

## 15  안전인증 대상 차광보안경의 주목적 3가지를 적으시오.

•기출 2020년 3회

① 자외선으로부터 눈 보호
② 적외선으로부터 눈 보호
③ 강렬한 가시광선으로부터 눈 보호

> **참고**
>
> 안전인증 대상 차광보안경의 종류
>
> | 종류 | 사용구분 |
> |---|---|
> | 자외선용 | 자외선이 발생하는 장소 |
> | 적외선용 | 적외선이 발생하는 장소 |
> | 복합용 | 자외선 및 적외선이 발생하는 장소 |
> | 용접용 | 산소용접작업 등과 같이 자외선, 적외선 및 강렬한 가시광선이 발생하는 장소 |

## 16  안전인증대상 안전화의 종류 5가지를 적으시오.

•기출 2012년 2회

① 가죽제안전화
② 고무제안전화
③ 정전기안전화
④ 발등 안전화
⑤ 절연화

**참고**

1. 사용장소에 따른 안전화의 등급

| 등급 | 용어 정의 |
|---|---|
| 중작업용 | 1,000밀리미터의 낙하높이에서 시험했을 때 충격과 (15.0±0.1)킬로뉴턴(KN)의 압축하중에서 시험했을 때 압박에 대하여 보호해 줄 수 있는 선심을 부착하여, 착용자를 보호하기 위한 안전화를 말한다. |
| 보통 작업용 | 500밀리미터의 낙하높이에서 시험했을 때 충격과 (10.0±0.1)킬로뉴턴(KN)의 압축하중에서 시험했을 때 압박에 대하여 보호해 줄 수 있는 선심을 부착하여, 착용자를 보호하기 위한 안전화를 말한다. |
| 경작업용 | 250밀리미터의 낙하높이에서 시험했을 때 충격과 (4.4±0.1)킬로뉴턴(KN)의 압축하중에서 시험했을 때 압박에 대하여 보호해 줄 수 있는 선심을 부착하여, 착용자를 보호하기 위한 안전화를 말한다. |

2. 고무제 안전화의 구분

| 구분 | 사용 장소 |
|---|---|
| 일반용 | 일반작업장 |
| 내유용 | 탄화수소류의 윤활유 등을 취급하는 작업장 |

**17** 안전인증 대상 가죽제 안전화의 성능시험 종류 4가지를 적으시오.

• 기출 2019년 3회

① 내충격성 시험
② 내압박성 시험
③ 내답발성 시험
④ 박리저항 시험
⑤ 내유성 시험
⑥ 인장강도 시험 및 신장율 시험
⑦ 내부식성 시험
⑧ 인열강도 시험
⑨ 은면결렬 시험

## 18  내전압용 절연장갑의 최대사용전압을 적으시오.

• 기출 2015년 3회, 2020년 4회, 2024년 3회

| 등급 | 최대사용전압 | | 색상 |
|---|---|---|---|
| | 교류(V, 실효값) | 직류(V) | |
| 00 | 500 | ( ① ) | 갈색 |
| 0 | ( ② ) | 1,500 | 빨간색 |
| 1 | 7,500 | ( ③ ) | 흰색 |
| 2 | 17,000 | 25,500 | 노란색 |
| 3 | ( ④ ) | 39,750 | 녹색 |
| 4 | ( ⑤ ) | ( ⑥ ) | ( ⑦ ) |

① 750
② 1,000
③ 11,250
④ 26,500
⑤ 36,000
⑥ 54,000
⑦ 등색

## 19  방열복의 종류 4가지를 적으시오.

• 기출 2013년 2회

① 방열상의
② 방열하의
③ 방열 일체복
④ 방열장갑
⑤ 방열두건

**20** 다음 장소에 적합한 안전보건표지의 명칭을 적으시오.

• 기출 2017년 1회, 2023년 2회

(1) 돌 및 블록 등 물체가 떨어질 우려가 있는 물체가 있는 장소 :
(2) 미끄러운 장소 등 넘어지기 쉬운 장소 :
(3) 휘발유 등 화기의 취급을 극히 주의해야 하는 물질이 있는 장소 :
(4) 가열 · 압축하거나 강산 · 알칼리 등을 첨가하면 강한 산화성을 띄는 물질이 있는 장소 :

(1) 낙하물 경고
(2) 몸균형상실 경고
(3) 인화성물질 경고
(4) 산화성물질 경고

**21** 경고표지 중 흰색 바탕에 검정이나 빨간 모형의 그림으로 표현하는 표지의 종류를 5가지 적으시오.

• 기출 2011년 2회

① 인화성물질 경고
② 산화성물질 경고
③ 부식성물질 경고
④ 폭발성물질 경고
⑤ 급성독성물질 경고
⑥ 발암성 · 변이원성 · 생식독성 · 전신독성 · 호흡기과민성물질 경고

**참고**

경고표지의 종류

| | |
|---|---|
| 1. 인화성물질 경고<br>2. 산화성물질 경고<br>3. 폭발성물질 경고<br>4. 급성독성물질 경고<br>5. 부식성물질 경고<br>6. 발암성·변이원성·생식독성·전신독성·호흡기과민성물질 경고 | 바탕은 무색,<br>기본모형은 빨간색(검은색도 가능) |
| 7. 방사성물질 경고<br>8. 고압전기 경고<br>9. 매달린물체 경고<br>10. 낙하물 경고<br>11. 고온 경고<br>12. 저온 경고<br>13. 몸균형 상실 경고<br>14. 레이저광선 경고<br>15. 위험장소 경고 | 바탕은 노란색,<br>기본모형, 관련 부호 및<br>그림은 검은색 |

※ 시험에는 '흰색 바탕'으로 출제되었으나 법규의 내용은 '무색'이므로 '바탕색 : 무색'으로 기억하세요.

**22** 그림에 해당하는 안전보건표지의 명칭을 적으시오.

• 기출 2018년 2회, 2022년 2회, 2024년 1회

1. 화기금지
2. 폭발성물질 경고
3. 부식성물질 경고
4. 고압전기 경고
5. 들것
6. 물체이동금지

**23** "응급구호표지"를 그리시오. (단, 색상표시는 글자로 나타내도록 하고, 크기에 대한 기준은 표시하지 않아도 된다.)  •기출 2012년 3회, 2014년 1회, 2015년 1회, 2020년 4회

- 바탕 : 녹색
- 기본모형 및 관련 부호 : 흰색

**24** 출입금지 표지를 그리시오. (색은 글로 설명할 것)  •기출 2014년 2회, 2020년 1·2회

- 바탕 : 흰색
- 기본모형 : 빨간색
- 관련 부호 및 그림 : 검은색

**25** "위험장소 경고"를 그리시오. (단, 색상표시는 글자로 나타내도록 하고, 크기에 대한 기준은 표시하지 않아도 된다.)  •기출 2021년 2회

- 바탕 : 노란색
- 기본모형, 관련 부호 및 그림 : 검은색

## 26 설명에 적합한 경고표지의 종류를 적으시오.
•기출 2013년 3회

(1) 폭발성 물질을 취급하는 장소 :
(2) 돌 및 블록 등 떨어질 물체가 있는 장소 :
(3) 경사진 통로 등의 입구 :
(4) 휘발유 등 화기 취급을 극히 주의해야 하는 물질이 있는 장소 :

(1) 폭발성 물질 경고
(2) 낙하물 경고
(3) 몸균형 상실 경고
(4) 인화성물질 경고


## 27 안내표지의 종류 4가지를 적으시오.
•기출 2014년 3회

① 녹십자표지
② 응급구호표지
③ 들것
④ 세안장치
⑤ 비상용기구
⑥ 비상구
⑦ 좌측비상구
⑧ 우측비상구

## 28. 경고표지와 지시표지를 구분하여 적으시오. · 기출 2015년 2회

(1) 경고표지 :
(2) 지시표지 :

(1) ①, ③, ⑤, ⑥, ⑨, ⑩
(2) ②, ④, ⑦, ⑧


## 29. 안전보건표지 중 출입금지 표지의 종류 3가지를 적으시오. · 기출 2016년 3회

① 허가대상 유해물질 취급(또는 허가대상 물질 작업장)
② 석면 취급 및 해체·제거(또는 석면 취급/해체 작업장)
③ 금지 유해 물질 취급(또는 금지대상물질의 취급 실험실 등)

**참고**

| 501<br>허가대상물질 작업장 | 502<br>석면취급/해체 작업장 | 503<br>금지대상물질의 취급 실험실 등 |
|---|---|---|
| 관계자외 출입금지<br>(허가물질 명칭)<br>제조/사용/보관 중<br><br>보호구/보호복 착용<br>흡연 및 음식물<br>섭취 금지 | 관계자외 출입금지<br>석면 취급/해체 중<br><br>보호구/보호복 착용<br>흡연 및 음식물<br>섭취 금지 | 관계자외 출입금지<br>발암물질 취급 중<br><br>보호구/보호복 착용<br>흡연 및 음식물<br>섭취 금지 |

**30** 산업안전보건법 상의 안전보건표지 중 '관계자외 출입금지' 표지의 하단에 포함되어야 하는 문자 2가지를 적으시오. • 기출 2024년 2회

① 보호구/보호복 착용
② 흡연 및 음식물 섭취 금지

**참고**

관계자외 출입금지 표지

| 501<br>허가대상물질 작업장 | 502<br>석면취급/해체 작업장 | 503<br>금지대상물질의 취급 실험실 등 |
|---|---|---|
| 관계자외 출입금지<br>(허가물질 명칭)<br>제조/사용/보관 중<br><br>보호구/보호복 착용<br>흡연 및 음식물<br>섭취 금지 | 관계자외 출입금지<br>석면 취급/해체 중<br><br>보호구/보호복 착용<br>흡연 및 음식물<br>섭취 금지 | 관계자외 출입금지<br>발암물질 취급 중<br><br>보호구/보호복 착용<br>흡연 및 음식물<br>섭취 금지 |

## 31
안전·보건표지의 색채·색도 기준 및 용도를 나타내고 있다. 빈칸에 적합한 용어를 적으시오.

• 기출 2016년 2회

| 색채 | 색도 기준 | 용도 | 사용례 |
|---|---|---|---|
| ( ① ) | 7.5R 4/14 | 금지 | 정지신호, 소화설비 및 그 장소, 유해행위의 금지 |
| | | ( ② ) | 화학물질 취급장소에서의 유해·위험 경고 |
| 파란색 | 2.5PB 4/10 | 지시 | 특정행위의 지시 및 사실의 고지 |
| 흰색 | N9.5 | | ( ③ ) |
| 검은색 | ( ④ ) | | 문자 및 빨간색 또는 노란색에 대한 보조색 |

① 빨간색
② 경고
③ 파란색 또는 녹색에 대한 보조색
④ N0.5

## 참고

안전·보건표지의 색채, 색도 기준 및 용도

| 색채 | 색도 기준 | 용도 | 사용례 |
|---|---|---|---|
| 빨간색 | 7.5R 4/14<br>**암기법**<br>싫어(7.5) 4/14 | 금지 | 정지신호, 소화설비 및 그 장소, 유해행위의 금지 |
| | | 경고 | 화학물질 취급장소에서의 유해·위험 경고 |
| 노란색 | 5Y 8.5/12<br>**암기법**<br>오(5) 빨리와(8.5) 이리(12) | 경고 | 화학물질 취급장소에서의 유해·위험경고 이외의 위험경고, 주의표지 또는 기계방호물 |
| 파란색 | 2.5PB 4/10<br>**암기법**<br>2.5×4 = 10 | 지시 | 특정 행위의 지시 및 사실의 고지 |
| 녹색 | 2.5G 4/10<br>**암기법**<br>2.5×4 = 10 | 안내 | 비상구 및 피난소, 사람 또는 차량의 통행표지 |
| 흰색 | N9.5 | | 파란색 또는 녹색에 대한 보조색 |
| 검은색 | N0.5 | | 문자 및 빨간색 또는 노란색에 대한 보조색 |

### PART 04 산업안전보건법, 위험성 평가

**01** 산업안전보건법상의 건강진단의 종류를 4가지 적으시오. • 기출 2011년 3회

① 일반 건강진단  ② 특수 건강진단
③ 배치 전 건강진단  ④ 수시 건강진단
⑤ 임시 건강진단

#### 참고

일반 건강진단 실시 시기
① 사무직 종사 근로자(판매업무 종사하는 근로자 제외) : 2년에 1회 이상
② 그 밖의 근로자 : 1년에 1회 이상


**02** 산업안전보건법에 의한 공정안전보고서에 관한 내용이다. 괄호에 적합한 내용을 적으시오. • 기출 2024년 3회

(1) 사업주는 사업장에 대통령령으로 정하는 유해하거나 위험한 설비가 있는 경우 그 설비로부터의 중대산업사고를 예방하기 위하여 대통령령으로 정하는 바에 따라 ( ① )를 작성하고 고용노동부장관에게 제출하여 심사를 받아야 한다.

(2) 사업주는 ( ① )를 작성할 때 ( ② )의 심의를 거쳐야 한다. 다만, ( ② )가 설치되어 있지 아니한 사업장의 경우에는 근로자대표의 의견을 들어야 한다.

① 공정안전보고서   ② 산업안전보건위원회

## 03 공정안전보고서를 제출하여야 하는 대상 사업 4가지를 적으시오.

• 기출 2017년 2회

① 원유 정제처리업
② 기타 석유정제물 재처리업
③ 석유화학계 기초화학물 제조업 또는 합성수지 및 기타 플라스틱물질 제조업
④ 질소 화합물, 질소·인산 및 칼리질 화학비료 제조업 중 질소질 비료 제조
⑤ 복합비료 및 기타 화학비료 제조업 중 복합비료 제조(단순혼합 또는 배합에 의한 경우는 제외한다)
⑥ 화학 살균·살충제 및 농업용 약제 제조업[농약 원제(原劑) 제조만 해당한다]
⑦ 화약 및 불꽃제품 제조업

> **암기법**
>
> 화재, 폭발 – 원유, 석유정제물, 화약 및 불꽃제품
> 중독, 질식 – 농약, 비료(복합비료, 질소질 비료)

## 04 공정안전보고서 제출대상에서 제출대상이 되는 유해·위험설비로 보지 않는 시설이나 설비의 종류를 2가지 적으시오.

• 기출 2015년 1회, 2018년 1회

공정안전보고서 제출 제외 대상 설비
① 원자력 설비
② 군사시설
③ 사업주가 해당 사업장 내에서 직접 사용하기 위한 난방용 연료의 저장설비 및 사용설비
④ 도매·소매시설
⑤ 차량 등의 운송설비
⑥ 액화석유가스의 안전관리 및 사업법」에 따른 액화석유가스의 충전·저장시설
⑦ 「도시가스사업법」에 따른 가스공급시설
⑧ 그 밖에 고용노동부장관이 누출·화재·폭발 등으로 인한 피해의 정도가 크지 않다고 인정하여 고시하는 설비

> **암기법**
>
> 원자력, 군사, 도·소매, 운송, 가스

## 05 공정안전보고서 작성 시 공정안전보고서에 포함하여야 하는 사항 4가지를 적으시오.

• 기출 2014년 3회, 2016년 2회, 2017년 3회, 2021년 1회, 2022년 2회

① 공정안전자료
② 공정위험성 평가서
③ 안전운전계획
④ 비상조치계획
⑤ 그 밖에 공정상의 안전과 관련하여 노동부장관이 필요하다고 인정하여 고시하는 사항

## 06 공정안전보고서의 세부 내용 이행상태 평가에 관한 내용이다. 괄호에 적합한 내용을 적으시오.

• 기출 2014년 1회, 2019년 3회

(1) 고용노동부장관은 공정안전보고서의 확인 후 (　)이 경과한 날부터 (　) 이내에 공정안전보고서 이행상태평가를 하여야 한다.
(2) 고용노동부장관은 이행상태평가 후 (　)마다 이행상태평가를 하여야 한다. 다만, 다음 각 호의 어느 하나에 해당하는 경우에는 (　)마다 실시할 수 있다.
  • 이행상태평가 후 사업주가 이행상태평가를 요청하는 경우
  • 사업장에 출입하여 검사 및 안전·보건점검 등을 실시한 결과 변경요소 관리계획 미준수로 공정안전보고서 이행상태가 불량한 것으로 인정되는 경우 등 고용노동부장관이 정하여 고시하는 경우

(1) 1년, 2년　　　(2) 4년, 1년 또는 2년

### 참고

**공정안전보고서의 확인 시기**

| 신규로 설치될 유해·위험설비 | 설치 과정 및 설치 완료 후 시운전단계 각 1회 |
|---|---|
| 기존에 설치되어 사용 중인 유해·위험설비 | 심사 완료 후 3개월 이내 |
| 유해·위험설비와 관련된 공정의 중대한 변경의 경우 | 변경 완료 후 1개월 이내 |
| 유해·위험설비 또는 이외 관련된 공정에 중대한 사고 또는 결함이 발생한 경우 | 1개월 이내 |

07 공정안전보고서의 세부내용 중 공정위험성 평가서 및 잠재위험에 대한 사고예방·피해 최소화 대책을 위해 실시하는 각 단위공정에 대한 위험성평가 기법을 4가지 적으시오.
• 기출 2012년 1회, 2013년 3회

① 체크리스트(Check List)
② 상대위험순위 결정(Dow and Mond Indices)
③ 작업자실수 분석(HEA)
④ 사고예상질문 분석(What-if)
⑤ 위험과 운전분석(HAZOP)
⑥ 이상위험도분석(FMECA)
⑦ 결함수 분석(FTA)
⑧ 사건수 분석(ETA)
⑨ 원인결과 분석(CCA)
⑩ 예비위험분석(PHA)기법
⑪ 공정위험분석(PHR)기법

### 암기법
PHA, FTA, ETA, HAZOP


08 「공정안전보고서의 제출·심사·확인 및 이행상태평가 등에 관한 규정」에 의하여 '저장탱크설비, 유틸리티설비 및 제조공정 중 고체 건조·분쇄설비 등 간단한 단위공정'의 특성에 맞는 위험성 평가 기법 2가지를 [보기]에서 골라 그 번호를 적으시오.
• 기출 2024년 1회

① 원인 결과 분석기법　　② 작업자 실수 분석기법
③ 위험과 운전 분석기법　　④ 공정 안전성 분석기법
⑤ 상대위험 순위 결정 기법　　⑥ 결함수 분석기법

②, ③, ⑤

### 참고

위험성 평가 기법

| 제조공정 중 반응, 분리(증류, 추출 등), 이송시스템 및 전기·계장 시스템 등의 단위공정 | 저장탱크설비, 유틸리티 설비 및 제조공정 중 고체 건조·분쇄설비 등 간단한 단위공정 |
|---|---|
| 가. 위험과 운전 분석기법<br>나. 공정위험 분석기법<br>다. 이상 위험도 분석기법<br>라. 원인 결과 분석기법<br>마. 결함수 분석기법<br>바. 사건수 분석기법<br>사. 공정안전성 분석기법<br>아. 방호계층 분석기법 | 가. 체크리스트기법<br>나. 작업자 실수 분석기법<br>다. 사고 예상 질문 분석기법<br>라. 위험과 운전 분석기법<br>마. 상대 위험순위 결정기법<br>바. 공정위험 분석기법<br>사. 공정안정성 분석기법 |

1. "공정안전성 분석기법(K-PSR, KOSHA Process safety review)"이란 설치·가동 중인 화학공장의 공정안전성(Process safety)을 재검토하여 사고위험성을 분석(Review)하는 방법을 말한다.
2. "공정안정성 분석기법"이 "공정안전성 분석기법"과 동일한 기법으로 생각되나 관련 규정에는 "공정안정성 분석기법"으로 되어 있습니다. 2가지를 고르는 문제이므로 나머지 중 2가지를 적으세요.

09 산업안전보건법에 의하여 [보기]에서 제시한 물질의 공정안전보고서 제출 대상이 되는 유해·위험 물질의 규정량을 적으시오. • 기출 2023년 1회

(1) 인화성가스의 제조·취급 : ( ① )kg
(2) 암모니아의 제조·취급·저장 : ( ② )kg
(3) 황산(중량 20% 이상)의 제조·취급·저장 : ( ③ )kg
(4) 염산(중량 20% 이상)의 제조·취급·저장 : ( ④ )kg

① 5,000
② 10,000
③ 20,000
④ 20,000

**10** 공정안전보고서 내용 중 안전작업허가 지침에 포함되어야하는 위험작업의 종류 5가지를 쓰시오.
• 기출 2012년 2회

① 화기작업　　② 정전작업
③ 굴착작업　　④ 고소작업
⑤ 중장비작업

**11** 건설공사에 해당하는 유해·위험방지계획서를 제출할 경우 서류의 제출기한과 첨부하여야 하는 서류를 2가지 적으시오.
• 기출 2013년 3회, 기출 2023년 3회

(1) 서류의 제출기한 :
(2) 첨부하여야 하는 서류 :

(1) 해당 공사의 착공 전날까지
(2) 공사 개요 및 안전보건관리계획, 작업공사 종류별 유해·위험방지계획

### 참고

1. 유해·위험방지계획서 제출서류 (제조업, 대상 기계·기구 설비)

사업주가 제조업 대상 사업, 대상기계·기구 설비에 해당하는 유해·위험방지계획서를 제출하려면 다음 각 호의 서류를 첨부하여 해당 작업 시작 15일 전까지 공단에 2부를 제출하여야 한다.

| | |
|---|---|
| 제조업 대상 사업 첨부서류 | ① 건축물 각층의 평면도<br>② 기계·설비의 개요를 나타내는 서류<br>③ 기계·설비의 배치도면<br>④ 원재료 및 제품의 취급, 제조 등의 작업방법의 개요<br>⑤ 그밖에 고용노동부장관이 정하는 도면 및 서류 |
| 대상 기계·기구설비 첨부서류 | ① 설치장소의 개요를 나타내는 서류<br>② 설비의 도면<br>③ 그밖에 고용노동부장관이 정하는 도면 및 서류 |

2. 유해위험 방지계획서 심사 결과의 구분
   ① 적정 : 근로자의 안전과 보건을 위하여 필요한 조치가 구체적으로 확보되었다고 인정되는 경우
   ② 조건부 적정 : 근로자의 안전과 보건을 확보하기 위하여 일부 개선이 필요하다고 인정되는 경우
   ③ 부적정 : 기계·설비 또는 건설물이 심사기준에 위반되어 공사착공 시 중대한 위험 발생의 우려가 있거나 계획에 근본적 결함이 있다고 인정되는 경우

**12** 제조업 대상 사업, 대상기계·기구 설비에 해당하는 유해·위험방지계획서를 제출하려는 경우 첨부하여야 하는 서류 3가지를 적으시오. (단, 그밖에 고용노동부장관이 정하는 도면 및 서류는 제외할 것)
• 기출 2024년 2회

① 건축물 각층의 평면도
② 기계·설비의 개요를 나타내는 서류
③ 기계·설비의 배치도면
④ 원재료 및 제품의 취급, 제조 등의 작업방법의 개요

**13** 건설공사 중 유해위험방지계획서를 제출하여야 하는 대상공사를 4가지 적으시오.
• 기출 2017년 1회, 2021년 3회

1. 다음 각 목의 어느 하나에 해당하는 건축물 또는 시설 등의 건설·개조 또는 해체공사
   가. 지상높이가 31미터 이상인 건축물 또는 인공구조물
   나. 연면적 3만제곱미터 이상인 건축물
   다. 연면적 5천제곱미터 이상인 시설로서 다음의 어느 하나에 해당하는 시설
      ① 문화 및 집회 시설(전시장 및 동물원·식물원은 제외한다)
      ② 판매시설, 운수시설(고속철도의 역사 및 집배송시설은 제외한다)
      ③ 종교시설
      ④ 의료 시설 중 종합병원
      ⑤ 숙박 시설 중 관광숙박시설
      ⑥ 지하도 상가
      ⑦ 냉동·냉장 창고시설
2. 연면적 5천제곱 미터 이상의 냉동·냉장창고시설의 설비공사 및 단열공사
3. 최대 지간길이(다리의 기둥과 기둥의 중심사이의 거리)가 50미터 이상인 교량 건설 등 공사
4. 터널 건설 등의 공사

5. 다목적 댐, 발전용 댐, 저수용량 2천만 톤 이상의 용수 전용 댐, 지방상수도 전용 댐 건설 등의 공사
6. 깊이 10미터 이상인 굴착공사

> **암기법**
>
> 1. 지상높이 31m, 연면적 3만m², 사람 많은 시설 연면적 5,000m²
> 2. 연면적 5,000m² 냉동창고
> 3. 최대 지간길이가 50미터 이상 교량
> 4. 터널
> 5. 저수용량 2천만톤 이상 댐
> 6. 10미터 이상인 굴착

**14** 전기사용설비의 정격용량의 합이 300킬로와트 이상인 사업 중 유해·위험방지 계획서 작성대상 제조업의 종류를 3가지 적으시오. • 기출 2020년 1·2회

① 금속가공제품(기계 및 가구는 제외한다) 제조업
② 비금속 광물제품 제조업
③ 기타 기계 및 장비 제조업
④ 자동차 및 트레일러 제조업
⑤ 식료품 제조업
⑥ 고무제품 및 플라스틱 제품 제조업
⑦ 목재 및 나무제품 제조업
⑧ 기타 제품 제조업
⑨ 1차 금속 제조업
⑩ 가구 제조업
⑪ 화학물질 및 화학제품 제조업
⑫ 반도체 제조업
⑬ 전자부품 제조업

> **암기법**
>
> 1차금속으로 금속가공제품, 비금속 광물제품 제조하여 나무, 화학물질 섞어서 기계장비, 자동차 트레일러 만들고, 고무풀(고무 및 플라스틱)로 기타 식료품 만들었더니 도대체(반도체)가(가구) 전부(전자부품) 유해·위험(유해·위험방지계획서)하다.

**15** 산업안전보건법에 의하여 유해·위험방지 계획서 제출 대상이 되는 기계·기구 및 설비의 종류(건설공사 제외)를 3가지 적으시오.
・기출 2023년 1회

① 금속이나 그 밖의 광물의 용해로
② 화학설비
③ 건조설비
④ 가스집합 용접장치
⑤ 근로자의 건강에 상당한 장해를 일으킬 우려가 있는 물질로서 고용노동부령으로 정하는 물질의 밀폐·환기·배기를 위한 설비


**16** 건설공사 유해·위험방지계획서를 작성하여 제출하고자 할 때 첨부하여야 하는 작업공종별 유해위험방지계획의 해당 작업공종을 4가지 쓰시오.
・기출 2012년 2회, 2017년 2회

① 가설공사
② 구조물공사
③ 마감공사
④ 기계 설비공사
⑤ 해체공사


**17** 물질안전보건자료(MSDS) 작성 시 포함사항 16가지 중 [보기]의 내용을 제외한 나머지 내용 4가지를 적으시오.
・기출 2016년 2회

① 화학 제품과 회사에 관한 정보     ② 구성 성분의 명칭 및 함유량
③ 취급 및 저장 방법               ④ 물리화학적 특성
⑤ 폐기 시 주의사항                ⑥ 그 밖의 참고사항

① 유해, 위험성
② 응급조치 요령
③ 폭발, 화재 시 대처방법
④ 누출사고 시 대처방법
⑤ 노출방지 및 개인보호구

**참고**

1. 물질안전보건자료의 작성항목

| 물질안전보건자료의 작성항목(Data Sheet 16가지 항목) ||
|---|---|
| 1. 화학제품과 회사에 관한 정보 | 9. 물리화학적 특성 |
| 2. 유해·위험성 | 10. 안정성 및 반응성 |
| 3. 구성성분의 명칭 및 함유량 | 11. 독성에 관한 정보 |
| 4. 응급조치요령 | 12. 환경에 미치는 영향 |
| 5. 폭발·화재 시 대처방법 | 13. 폐기 시 주의사항 |
| 6. 누출사고 시 대처방법 | 14. 운송에 필요한 정보 |
| 7. 취급 및 저장방법 | 15. 법적규제 현황 |
| 8. 노출방지 및 개인보호구 | 16. 기타 참고사항 |

2. 물질안전보건자료에 적어야 하는 사항
   ① 제품명
   ② 물질안전보건자료 대상물질을 구성하는 화학물질 중 유해인자의 분류기준에 해당하는 화학물질의 명칭 및 함유량
   ③ 안전 및 보건상의 취급 주의 사항
   ④ 건강 및 환경에 대한 유해성, 물리적 위험성
   ⑤ 물리·화학적 특성 등 고용노동부령으로 정하는 사항
   • 물리·화학적 특성
   • 독성에 관한 정보
   • 폭발·화재 시의 대처방법
   • 응급조치 요령
   • 그 밖에 고용노동부장관이 정하는 사항

**18** 산업안전보건법상 물질안전보건자료의 작성에서 제외되는 대상 물질의 종류를 4가지 적으시오. (단, 법은 제외하고 답을 작성하시오)

• 기출 2012년 1회, 2015년 1회, 2017년 2회

① 비료
② 농약
③ 사료
④ 식품 및 식품첨가물
⑤ 폐기물

### 암기법

비료로 농 사 지은 식품 폐기물

### 참고

물질안전보건자료 작성 제외 대상

1. 「건강기능식품에 관한 법률」에 따른 건강기능식품
2. 「농약관리법」에 따른 농약
3. 「마약류 관리에 관한 법률」에 따른 마약 및 향정신성의약품
4. 「비료관리법」에 따른 비료
5. 「사료관리법」에 따른 사료
6. 「생활주변방사선 안전관리법」에 따른 원료물질
7. 「생활화학제품 및 살생물제의 안전관리에 관한 법률」에 따른 안전확인대상 생활화학제품 및 살생물제품 중 일반소비자의 생활용으로 제공되는 제품
8. 「식품위생법」에 따른 식품 및 식품첨가물
9. 「약사법」에 따른 의약품 및 의약외품
10. 「원자력안전법」에 따른 방사성물질
11. 「위생용품 관리법」에 따른 위생용품
12. 「의료기기법」에 따른 의료기기
12의 2. 「첨단재생의료 및 첨단바이오의약품 안전 및 지원에 관한 법률」에 따른 첨단바이오의약품
13. 「총포·도검·화약류 등의 안전관리에 관한 법률」에 따른 화약류
14. 「폐기물관리법」에 따른 폐기물
15. 「화장품법」에 따른 화장품
16. 제1호부터 제15호까지의 규정 외의 화학물질 또는 혼합물로서 일반소비자의 생활용으로 제공되는 것(일반소비자의 생활용으로 제공되는 화학물질 또는 혼합물이 사업장 내에서 취급되는 경우를 포함한다)

> **암기법**
> 비료로 농사지은 식품, 건강식품, 위생용품 폐기물에서 화약, 방사성 원료물질 나와서 소비자용 의료기기, 첨단 의약품, 마약, 화장품으로 치료했다.

## 19. 근로자에게 물질안전보건자료에 관한 교육을 실시할 경우 교육내용 4가지를 적으시오.

• 기출 2013년 3회

① 대상 화학물질의 명칭(또는 제품명)
② 물리적 위험성 및 건강 유해성
③ 취급상의 주의사항
④ 적절한 보호구
⑤ 응급조치 요령 및 사고 시 대처방법
⑥ 물질안전보건자료 및 경고표지를 이해하는 방법

> **참고**
>
> 1. 물질안전보건자료대상물질의 작업공정별 관리요령에 포함사항
>    ① 제품명
>    ② 건강 및 환경에 대한 유해성, 물리적 위험성
>    ③ 안전 및 보건상의 취급주의 사항
>    ④ 적절한 보호구
>    ⑤ 응급조치 요령 및 사고 시 대처방법
>
> 2. 물질안전보건자료를 게시 또는 비치하여야 하는 장소
>    ① 물질안전보건자료 대상물질을 취급하는 작업공정이 있는 장소
>    ② 작업장 내 근로자가 가장 보기 쉬운 장소
>    ③ 근로자가 작업 중 쉽게 접근할 수 있는 장소에 설치된 전산장비

**20** 사업주는 작업장에서 취급하는 물질안전보건자료 대상물질의 내용을 근로자에게 교육하고 교육을 실시하였을 때에는 교육시간 및 내용 등을 기록하여 보존해야 한다. 산업안전보건법에 의하여 물질안전보건자료 대상물질의 내용을 근로자에게 교육하여야 하는 경우 2가지를 적으시오. • 기출 2024년 2회

① 물질안전보건자료 대상물질을 제조·사용·운반 또는 저장하는 작업에 근로자를 배치하게 된 경우
② 새로운 물질안전보건자료 대상물질이 도입된 경우
③ 유해성·위험성 정보가 변경된 경우


**21** 반복하여 계속적으로 중량물을 취급하는 작업을 할 때 실시하는 작업시작 전 점검사항 2가지를 쓰시오. (단, 그 밖의 하역운반기계 등의 적절한 사용방법은 제외한다.)
• 기출 2013년 3회, 2016년 1회, 2024년 3회

① 중량물 취급의 올바른 자세 및 복장
② 위험물이 날아 흩어짐에 따른 보호구의 착용
③ 카바이드·생석회 등과 같이 온도상승이나 습기에 의하여 위험성이 존재하는 중량물의 취급방법


**22** 지게차를 사용하여 작업을 하는 때의 작업 시작 전 점검사항 4가지를 적으시오.
• 기출 2017년 2·3회

① 제동장치 및 조종장치 기능의 이상 유무
② 하역장치 및 유압장치 기능의 이상 유무
③ 바퀴의 이상 유무
④ 전조등·후미등·방향지시기 및 경보장치 기능의 이상 유무

**참고**

1. 구내운반차의 작업 시작 전 점검사항
   ① 제동장치 및 조종장치 기능의 이상 유무
   ② 하역장치 및 유압장치 기능의 이상 유무
   ③ 바퀴의 이상 유무
   ④ 전조등·후미등·방향지시기 및 경음기 기능의 이상 유무
   ⑤ 충전장치를 포함한 홀더 등의 결합상태의 이상 유무

2. 화물자동차의 작업 시작 전 점검사항
   ① 제동장치 및 조종장치의 기능
   ② 하역장치 및 유압장치의 기능
   ③ 바퀴의 이상 유무

**23** 크레인을 사용하여 작업하는 경우 작업 시작 전 점검사항 2가지를 적으시오.

• 기출 2015년 1회, 2018년 2회, 2021년 2회

① 권과방지장치·브레이크·클러치 및 운전장치의 기능
② 주행로의 상측 및 트롤리(trolley)가 횡행하는 레일의 상태
③ 와이어로프가 통하고 있는 곳의 상태

**24** 이동식 크레인의 작업 시작 전 점검내용 3가지를 적으시오. • 기출 2016년 3회

① 권과방지장치나 그 밖의 경보장치의 기능
② 브레이크·클러치 및 조정장치의 기능
③ 와이어로프가 통하고 있는 곳 및 작업장소의 지반상태

> **참고**
>
> 1. 리프트의 작업 시작 전 점검사항
>    ① 방호장치·브레이크 및 클러치의 기능
>    ② 와이어로프가 통하고 있는 곳의 상태
> 2. 곤돌라의 작업 시작 전 점검사항
>    ① 방호장치·브레이크의 기능
>    ② 와이어로프·슬링와이어(sling wire) 등의 상태

## 25  공기압축기의 작업시작 전 점검 사항을 4가지 적으시오.

• 기출 2016년 2회, 2019년 2회

① 공기저장 압력용기의 외관 상태
② 드레인밸브의 조작 및 배수
③ 압력방출장치의 기능
④ 언로드밸브의 기능
⑤ 윤활유의 상태
⑥ 회전부의 덮개 또는 울
⑦ 그 밖의 연결 부위의 이상 유무

## 26  프레스의 작업시작 전 점검 내용 4가지를 적으시오.

• 기출 2020년 4회

① 클러치 및 브레이크 기능
② 크랭크축·플라이 휠·슬라이드·연결 봉 및 연결 나사의 볼트 풀림 여부
③ 1행정 1정지 기구·급정지장치 및 비상정지장치의 기능
④ 슬라이드 또는 칼날에 의한 위험 방지 기구의 기능
⑤ 프레스의 금형 및 고정 볼트 상태
⑥ 당해 방호장치의 기능
⑦ 전단기의 칼날 및 테이블의 상태

**참고**

작업 시작 전 점검사항

| 작업의 종류 | 점검내용 |
|---|---|
| 로봇의 작동 범위에서 그 로봇에 관하여 교시 등(로봇의 동력원을 차단하고 하는 것은 제외한다)의 작업을 할 때 | 가. 외부 전선의 피복 또는 외장의 손상 유무<br>나. 매니퓰레이터(manipulator) 작동의 이상 유무<br>다. 제동장치 및 비상정지장치의 기능 |
| 양중기의 와이어로프·달기체인·섬유로프·섬유벨트 또는 훅·샤클·링 등의 철구를 사용하여 고리걸이작업을 할 때 | 와이어로프 등의 이상 유무 |
| 고소작업대를 사용하여 작업을 할 때 | 가. 비상정지장치 및 비상하강 방지장치 기능의 이상 유무<br>나. 과부하 방지장치의 작동 유무(와이어로프 또는 체인구동 방식의 경우)<br>다. 아웃트리거 또는 바퀴의 이상 유무<br>라. 작업면의 기울기 또는 요철 유무<br>마. 활선작업용 장치의 경우 홈·균열·파손 등 그 밖의 손상 유무 |
| 컨베이어 등을 사용하여 작업을 할 때 | 가. 원동기 및 풀리(pulley) 기능의 이상 유무<br>나. 이탈 등의 방지장치 기능의 이상 유무<br>다. 비상정지장치 기능의 이상 유무<br>라. 원동기·회전축·기어 및 풀리 등의 덮개 또는 울 등의 이상 유무 |
| 차량계 건설기계를 사용하여 작업을 할 때 | 브레이크 및 클러치 등의 기능 |
| 용접·용단 작업 등의 화재위험작업을 할 때 | 가. 작업 준비 및 작업 절차 수립 여부<br>나. 화기작업에 따른 인근 가연성물질에 대한 방호조치 및 소화기구 비치 여부<br>다. 용접불티 비산방지덮개 또는 용접방화포 등 불꽃·불티 등의 비산을 방지하기 위한 조치 여부<br>라. 인화성 액체의 증기 또는 인화성 가스가 남아 있지 않도록 하는 환기 조치 여부<br>마. 작업근로자에 대한 화재예방 및 피난교육 등 비상조치 여부<br><br>**암기법**<br>작업 준비, 절차 수립 → 불꽃 비산 방지 → 환기 → 소화기구 → 화재 예방, 피난 교육 |

| 작업의 종류 | 점검내용 |
|---|---|
| 이동식 방폭구조(防爆構造) 전기기계·기구를 사용할 때(제2편제3장제1절) | 전선 및 접속부 상태 |
| 양화장치를 사용하여 화물을 싣고 내리는 작업을 할 때 | 가. 양화장치(揚貨裝置)의 작동상태<br>나. 양화장치에 제한하중을 초과하는 하중을 실었는지 여부 |
| 슬링 등을 사용하여 작업을 할 때 | 가. 훅이 붙어 있는 슬링·와이어슬링 등이 매달린 상태<br>나. 슬링·와이어슬링 등의 상태(작업시작 전 및 작업 중 수시로 점검) |

**27** [보기]는 산업안전보건법 상의 소음작업 및 강렬한 소음작업에 관한 내용이다. 괄호에 적합한 내용을 적으시오.  • 기출 2023년 1회

1. 소음작업이란 하루 8시간 동안 ( ① ) 이상의 소음이 발생하는 작업을 말한다.
2. 강렬한 소음작업이란 하루 ( ② )시간 동안 90dB 이상의 소음이 발생하는 작업, 하루 ( ③ )시간 동안 100dB 이상의 소음이 발생하는 작업을 말한다.

① 85dB　② 8　③ 2

### 참고

**강렬한 소음작업**
① 하루 8시간 동안 90dB 이상의 소음이 발생하는 작업
② 하루 4시간 동안 95dB 이상의 소음이 발생하는 작업
③ 하루 2시간 동안 100dB 이상의 소음이 발생하는 작업
④ 하루 1시간 동안 105dB 이상의 소음이 발생하는 작업
⑤ 하루 30분 동안 110dB 이상의 소음이 발생하는 작업
⑥ 하루 15분 동안 115dB 이상의 소음이 발생하는 작업

**28** 산업안전보건법 기준에 의한 작업장에 적합한 조도의 기준을 적으시오.

• 기출 2016년 3회, 2021년 1·3회, 2023년 1회

(1) 초정밀 작업 :
(2) 정밀작업 :
(3) 보통작업 :
(4) 기타작업 :

(1) 750Lux 이상
(2) 300Lux 이상
(3) 150Lux 이상
(4) 75Lux 이상

**29** 위험성 평가의 절차에 관한 내용이다. 실시 순서대로 번호로 나타내시오.

• 기출 2015년 3회, 2023년 1회

① 근로자의 작업과 관계되는 유해·위험요인의 파악
② 추정한 위험성이 허용 가능한 위험성인지 여부의 결정
③ 평가대상의 선정 등 사전준비
④ 위험성평가 실시내용 및 결과에 관한 기록
⑤ 위험성 감소대책의 수립 및 실행

③ → ① → ② → ⑤ → ④

> **참고**
>
> 위험성 평가의 절차
>
> 사업주는 위험성 평가를 다음의 절차에 따라 실시하여야 한다. 다만, 상시 근로자 5인 미만 사업장(건설공사의 경우 1억 원 미만)의 경우 제1호의 절차를 생략할 수 있다.
> ① 사전준비
> ② 유해 · 위험요인 파악
> ③ 위험성 결정
> ④ 위험성 감소대책 수립 및 실행
> ⑤ 위험성 평가 실시내용 및 결과에 관한 기록 및 보존

**30** 「사업장 위험성 평가의 지침」에 의하여 위험성 평가의 대상이 되는 유해 · 위험요인 3가지를 적으시오. • 예상문제

① 업무 중 근로자에게 노출된 것이 확인되었거나 노출될 것이 합리적으로 예견 가능한 모든 유해 · 위험요인(매우 경미한 부상 및 질병만을 초래할 것으로 명백히 예상되는 유해 · 위험요인은 평가 대상에서 제외)
② 아차사고(사업장 내 부상 또는 질병으로 이어질 가능성이 있었던 상황)를 일으킨 유해 · 위험요인
③ 중대재해의 원인이 되는 유해 · 위험요인

**31** 사업주는 사업장의 규모와 특성 등을 고려하여 위험성 평가 방법 중 한 가지 이상을 선정하여 위험성 평가를 실시할 수 있다. 선정 가능한 위험성 평가 방법 3가지를 적으시오. • 예상문제

① 위험 가능성과 중대성을 조합한 빈도 · 강도법
② 체크리스트(Checklist)법
③ 위험성 수준 3단계(저 · 중 · 고) 판단법
④ 핵심요인 기술(One Point Sheet)법
⑤ 그 외 공정위험성 평가 기법

**32** 위험성 평가를 실시한 것으로 인정하는 경우 3가지를 적으시오. • 예상문제

① 위험성 평가 방법을 적용한 안전·보건진단
② 공정안전보고서(다만, 공정안전보고서의 내용 중 공정위험성 평가서가 최대 4년 범위 이내에서 정기적으로 작성된 경우에 한한다.)
③ 근골격계 부담작업 유해요인조사
④ 그 밖에 법과 이 법에 따른 명령에서 정하는 위험성 평가 관련 제도

**33** 위험성 평가의 실시 시기에 관한 내용이다. 괄호에 적합한 내용을 적으시오.
• 예상문제

사업주는 사업이 성립된 날(사업 개시일을 말하며, 건설업의 경우 실착공일을 말한다)로부터 ( ① )이 되는 날까지 위험성 평가의 대상이 되는 유해·위험요인에 대한 최초 위험성 평가의 실시에 착수하여야 한다. 다만, ( ① ) 미만의 기간 동안 이루어지는 작업 또는 공사의 경우에는 특별한 사정이 없는 한 작업 또는 공사 개시 후 ( ② ) 최초 위험성 평가를 실시하여야 한다.

① 1개월  ② 지체 없이

**34** 사업주는 최초평가 후 추가적인 유해·위험요인이 생기는 경우에는 해당 유해·위험요인에 대한 수시 위험성 평가를 실시하여야 한다. 수시 위험성 평가를 하여야 하는 경우 3가지를 적으시오. • 예상문제

① 사업장 건설물의 설치·이전·변경 또는 해체
② 기계·기구, 설비, 원재료 등의 신규 도입 또는 변경
③ 건설물, 기계·기구, 설비 등의 정비 또는 보수(주기적·반복적 작업으로서 이미 위험성 평가를 실시한 경우에는 제외)
④ 작업방법 또는 작업절차의 신규 도입 또는 변경
⑤ 중대산업사고 또는 산업재해(휴업 이상의 요양을 요하는 경우에 한정한다) 발생
⑥ 그 밖에 사업주가 필요하다고 판단한 경우

# PART 05 기계 안전 관리

01 [보기]의 기계에 존재하는 위험점의 종류를 구분하여 적고, 위험점의 정의를 적으시오.
  • 기출 2012년 3회, 2015년 3회, 2023년 2회

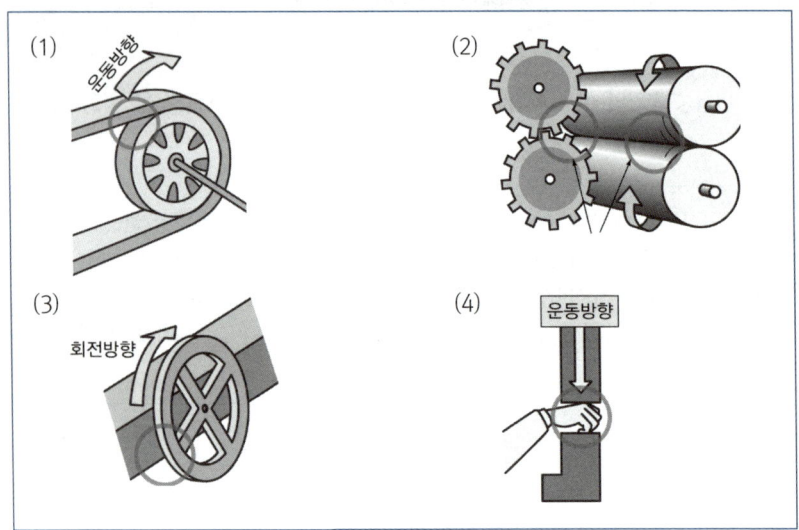

(1) 접선물림점 : 회전하는 부분의 접선 방향으로 물려 들어가는 위험점
(2) 물림점 : 회전하는 두 개의 회전체에 물려 들어가는 위험점
(3) 끼임점 : 고정부분과 회전하는 동작부분 사이에서 형성되는 위험점
(4) 협착점 : 왕복운동 부분과 고정부분 사이에서 형성되는 위험점

**참고**

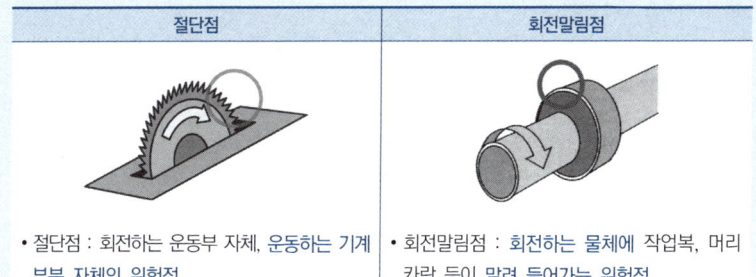

| 절단점 | 회전말림점 |
|---|---|
| • 절단점 : 회전하는 운동부 자체, 운동하는 기계 부분 자체의 위험점 | • 회전말림점 : 회전하는 물체에 작업복, 머리카락 등이 말려 들어가는 위험점 |

**02** 기계 설비의 근원적 안전을 확보하는 방안 4가지를 적으시오.   • 기출 2014년 3회

① 외관상 안전화
② 기능적 안전화
③ 구조 부분 안전화(구조부분 강도적 안전화)
④ 작업의 안전화
⑤ 보수유지의 안전화(보전성 향상 위한 고려 사항)
⑥ 표준화

**03** 원동기, 회전축 등의 위험방지를 위한 기계적인 안전조치를 3가지 적으시오.
• 기출 2018년 1회

① 덮개
② 울
③ 슬리브
④ 건널다리

> **참고**
>
> 원동기·회전축 등의 위험 방지
> ① 기계의 원동기·회전축·기어·풀리·플라이휠·벨트 및 체인 등 근로자가 위험에 처할 우려가 있는 부위에 덮개·울·슬리브 및 건널다리 등을 설치하여야 한다.
> ② 회전축·기어·풀리 및 플라이휠 등에 부속되는 키·핀 등의 기계요소는 묻힘형으로 하거나 해당 부위에 덮개를 설치하여야 한다.
> ③ 벨트의 이음 부분에 돌출된 고정구를 사용해서는 아니 된다.
> ④ 건널다리에는 안전난간 및 미끄러지지 아니하는 구조의 발판을 설치하여야 한다.

**04** 방호조치를 아니하고는 양도, 대여, 설치, 진열해서는 아니 되는 기계·기구 4가지를 적으시오. • 기출 2016년 2회, 2018년 1회, 2019년 3회, 2020년 3회, 2023년 2회, 2024년 1회

> 방호조치를 하지 아니하고는 양도·대여·설치·사용, 진열해서는 아니 되는 기계·기구
> ① 예초기
> ② 원심기
> ③ 공기압축기
> ④ 금속절단기
> ⑤ 지게차
> ⑥ 포장기계(진공포장기, 랩핑기로 한정)

> **암기법**
>
> 방호조치 없이 포장된 공원에서 원예금지

05  방호조치가 필요한 유해위험 기계·기구에는 적절한 방호조치를 하여야 한다. 다음 기계·기구에 설치하여야 하는 방호장치명을 적으시오. • 기출 2023년 3회

> 1) 원심기 :
> 2) 공기압축기 :
> 3) 금속절단기 :

1) 원심기 : 회전체 접촉 예방장치
2) 공기압축기 : 압력방출장치
3) 금속절단기 : 날접촉 예방장치

**참고**

방호조치가 필요한 유해위험 기계기구 및 방호조치

| | |
|---|---|
| 1. 예초기의 날접촉 예방장치 | 예초기의 절단 날 또는 비산물로 부터 작업자를 보호하기 위해 설치하는 보호덮개 등의 장치를 말한다. |
| 2. 원심기의 회전체 접촉 예방장치 | 원심기의 케이싱 또는 하우징 내부의 회전통 등에 작업자의 신체 일부가 접촉되는 것을 방지하기 위해 설치하는 덮개 등의 장치를 말한다. |
| 3. 공기압축기의 압력방출장치 | 공기압축기에 부속된 압력용기의 과도한 압력상승을 방지하기 위하여 설치하는 안전밸브, 언로드밸브 등의 장치를 말한다. |
| 4. 금속절단기의 날접촉 예방장치 | 띠톱, 둥근톱 등 금속절단기의 절단 날 또는 비산물로 부터 작업자를 보호하기 위하여 설치하는 장치를 말한다. |
| 5. 지게차의 헤드가드, 백레스트, 전조등, 후미등, 안전벨트 | 헤드가드 : 지게차를 이용한 작업 중에 위쪽으로부터 떨어지는 물건에 의한 위험을 방지하기 위하여 운전자의 머리 위쪽에 설치하는 덮개를 말한다. |
| | 백레스트 : 지게차를 이용한 작업 중에 마스트를 뒤로 기울일 때 화물이 마스트 방향으로 떨어지는 것을 방지하기 위해 설치하는 짐받이 틀을 말한다. |
| 6. 포장기계(진공포장기, 랩핑기)의 구동부 방호 연동장치 | 진공포장기, 랩핑기의 구동부에 설치되는 방호장치 등이 개방되었을 때 기계의 작동이 정지되도록 하거나 방호장치가 닫힌 상태에서만 기계가 작동되도록 상호 연결시키는 것을 말한다. |

## 06 기계설비의 방호 원리 3가지를 적으시오.
• 기출 2022년 3회

① 위험 제거
② 차단
③ 덮어씌움
④ 위험에의 적응

## 07 고속회전체의 비파괴검사에 관한 내용입니다. ( ) 속에 적합한 숫자를 적으시오.
• 기출 2018년 1회

> 사업주는 고속 회전체(회전축의 중량이 ( ① )톤을 초과하고 원주 속도가 초당 ( ② )m 이상인 것으로 한정한다)의 회전시험을 하는 경우 미리 회전축의 재질 및 형상 등에 상응하는 종류의 비파괴검사를 해서 결함 여부를 확인하여야 한다.

① 1
② 120

## 08 공장의 설비 배치 3단계를 [보기]에서 찾아 순서대로 나열하시오.
• 기출 2018년 1회

| ① 건물 | ② 기계 | ③ 지역 |

③ → ① → ②

09 연삭숫돌의 안전작업에 관한 내용이다. 괄호에 적합한 숫자를 적으시오.

• 기출 2013년 3회, 2020년 3회

> 연삭숫돌은 작업시작 전 ( ① ) 이상, 숫돌 교체 시 ( ② ) 이상 시운전하여야 한다.

① 1분
② 3분

10 다음은 연삭기의 덮개 노출각도에 관한 내용이다. 해당되는 덮개의 노출각도를 적으시오. (단, 이상, 이하, 이내를 정확히 구분하여 적으시오.)

• 기출 2013년 2회, 2015년 3회

| ① 일반연삭작업 등에 사용하는 것을 목적으로 하는 탁상용 연삭기의 덮개 각도 | ② 연삭숫돌의 상부를 사용하는 것을 목적으로 하는 탁상용 연삭기의 덮개 각도 |
|---|---|
| 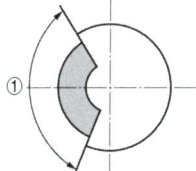 | 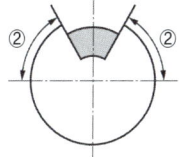 |
| ③ 휴대용 연삭기, 스윙연삭기, 스라브연삭기, 기타 이와 비슷한 연삭기의 덮개 각도 | ④ 평면연삭기, 절단연삭기, 기타 이와 비슷한 연삭기의 덮개 각도 |
| 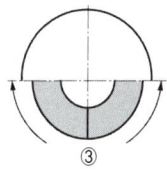 | 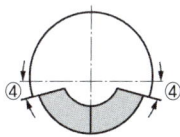 |

① 125° 이내    ② 60° 이상    ③ 180° 이내    ④ 15° 이상

**참고**

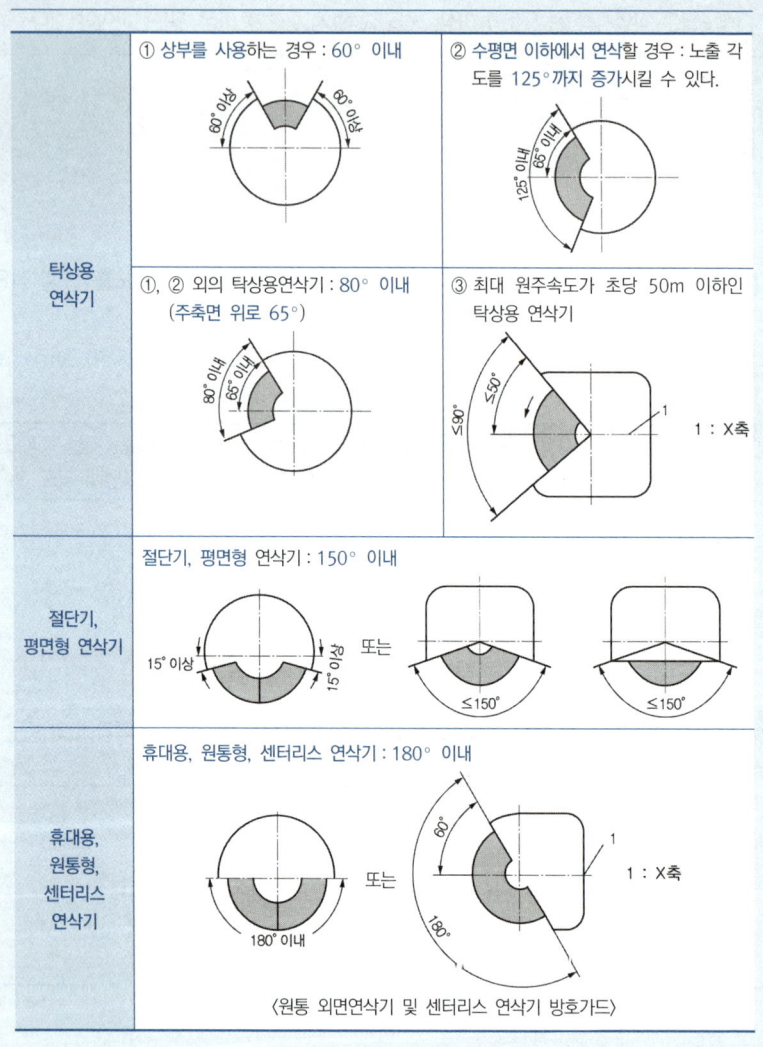

**11** 연삭작업 시 연삭기 숫돌이 파괴되는 원인 4가지를 적으시오.

• 기출 2021년 1회, 기출 2023년 3회, 2024년 3회

① 숫돌의 회전 속도가 너무 빠를 때(최고 속도를 초과했을 때)
② 숫돌 자체에 균열이 있을 때
③ 숫돌의 측면을 사용하여 작업할 때
④ 숫돌에 과대한 충격을 가할 때
⑤ 플랜지가 현저히 작을 때(플랜지 지름은 숫돌 지름의 $\frac{1}{3}$ 이상일 것)
⑥ 숫돌 불균형, 베어링 마모에 의한 진동이 심할 때
⑦ 반지름 방향 온도변화 심할 때

**12** 연삭기 덮개의 시험방법 중 연삭기 작동시험에 관한 사항이다. ( ) 안에 알맞은 내용을 적으시오.

• 기출 2018년 1회, 2021년 2회

(1) 연삭 ( )과 덮개의 접촉 여부
(2) 탁상용 연삭기는 덮개, ( ) 및 ( ) 부착상태의 적합성 여부

(1) 숫돌
(2) 워크레스트, 조정편

**13** 목재가공용 둥근톱기계의 분할날 설치에 관한 내용이다. 빈칸에 적합한 내용을 적으시오.

• 기출 2015년 1회, 기출 2023년 2회

1. 분할날 두께는 톱 두께의 ( ① )배 이상이며 치진폭 보다 작을 것
2. 분할날과 톱날 후면과의 간격은 ( ② ) 이내일 것
3. 톱날 후면 날의 ( ③ ) 이상을 덮어 설치할 것
4. 분할날 조임볼트는 ( ④ )개 이상일 것
5. 분할날 조임볼트는 ( ⑤ )가 되어 있을 것

① 1.1　② 12mm　③ $\frac{2}{3}$　④ 2　⑤ 이완방지조치

> **참고**
>
> 분할날의 설치조건
> - 분할날 두께는 톱 두께의 1.1배 이상이며 치진 폭보다 작을 것
>
>   $1.1t_1 \leq t_2 < b$
>
>   $t_1$ : 톱두께, $t_2$ : 분할날두께, $b$ : 치진 폭
> - 톱날 후면과의 간격은 12mm 이내일 것
> - 후면날의 2/3 이상을 덮어 설치할 것
> - 분할날 조임볼트는 2개 이상일 것
> - 분할날 최소길이
>
>   $L = \dfrac{\pi \times D}{6}$(mm)
>
>   $D$ : 톱날직경(mm)

**14** 동력식 수동대패 방호장치의 명칭을 적고, 종류를 2가지로 구분하시오.

• 기출 2019년 3회

(1) 명칭 :
(2) 종류 :

(1) 칼날접촉예방장치 또는 날접촉예방장치
(2) 고정식 덮개, 가동식 덮개

> **참고**
>
> 목재 가공용 둥근톱 기계의 방호장치
> ① 날접촉 예방장치(덮개)
> ② 반발예방장치
>
> ※ 반발예방장치의 종류
> - 분할날(spreader)
> - 반발방지기구(finger)
> - 반발방지롤러(roll)

**15** 다음 설명에 맞는 프레스 및 전단기의 방호장치를 각각 적으시오.

• 기출 2013년 1회

> (1) 슬라이드 하강 중 정전 또는 방호장치의 이상 시에 정지할 수 있는 구조이어야 한다.
> (2) 슬라이드 하강 중 정전 또는 방호장치의 이상 시에 정지하고, 1행정 1정지 기구에 사용할 수 있어야 한다.
> (3) 슬라이드 하행정거리의 3/4 위치에서 손을 완전히 밀어내어야 한다.
> (4) 손목밴드는 착용감이 좋으며 쉽게 착용할 수 있는 구조이고, 수인끈은 작업자와 작업공정에 따라 그 길이를 조정할 수 있어야 한다.

(1) 광전자식 방호장치
(2) 양수조작식 방호장치
(3) 손쳐내기(Sweep Guard)식 방호장치
(4) 수인(Pull Out)식 방호장치

> **참고**
>
> 게이트가드식 방호장치
> ① 가드가 열려 있는 상태에서는 기계의 위험부분이 동작되지 않고 기계가 위험한 상태일 때에는 가드를 열 수 없도록 한 방호장치
> ② 가드가 열린 상태에서 슬라이드를 동작시킬 수 없고 또한 슬라이드 작동 중에는 게이트 가드를 열 수 없어야 한다.

**16** 「방호장치 안전인증고시」에 관한 내용이다. 다음 물음에 답하시오.

(1) 「방호장치 안전인증고시」에 의하여 손쳐내기식 방호장치를 설치하여야 하는 기계·기구의 명칭을 적으시오.

(2) 손쳐내기식 방호장치의 기호를 적으시오.

(1) 프레스
(2) D

> **참고**
>
> 프레스 또는 전단기 방호장치의 종류 및 분류
>
> | 종류 | 분류 | 기능 |
> | --- | --- | --- |
> | 광전자식 | A-1 | 프레스 또는 전단기에서 일반적으로 많이 활용하고 있는 형태로서 투광부, 수광부, 컨트롤 부분으로 구성된 것으로서 신체의 일부가 광선을 차단하면 기계를 급정지시키는 방호장치 |
> | | A-2 | 급정지기능이 없는 프레스의 클러치 개조를 통해 광선 차단 시 급정지시킬 수 있도록 한 방호장치 |
> | 양수조작식 | B-1<br>(유·공압 밸브식) | 1행정 1정지식 프레스에 사용되는 것으로서 양손으로 동시에 조작하지 않으면 기계가 동작하지 않으며, 한손이라도 떼어 내면 기계를 정지시키는 방호장치 |
> | | B-2<br>(전기버튼식) | |

| 종류 | 분류 | 기능 |
|---|---|---|
| 가드식 | C | 가드가 열려 있는 상태에서는 기계의 위험부분이 동작되지 않고 기계가 위험한 상태일 때에는 가드를 열 수 없도록 한 방호장치 |
| 손쳐내기식 | D | 슬라이드의 작동에 연동시켜 위험상태로 되기 전에 손을 위험 영역에서 밀어내거나 쳐내는 방호장치로서 프레스용으로 확동식 클러치형 프레스에 한해서 사용됨(다만, 광전자식 또는 양수조작식과 이중으로 설치 시에는 급정지 가능 프레스에 사용 가능) |
| 수인식 | E | 슬라이드와 작업자 손을 끈으로 연결하여 슬라이드 하강 시 작업자 손을 당겨 위험영역에서 빼낼 수 있도록 한 방호장치로서 프레스용으로 확동식 클러치형 프레스에 한해서 사용됨(다만, 광전자식 또는 양수조작식과 이중으로 설치 시에는 급정지 가능 프레스에 사용 가능) |

**17** 프레스의 광전자식 방호장치에 관한 설명이다. 괄호 속에 적합한 내용을 적으시오.

• 기출 2014년 1회, 2016년 1·3회

(1) 프레스 또는 전단기에서 일반적으로 많이 활용하고 있는 형태로서 투광부, 수광부, 컨트롤 부분으로 구성된 것으로서 신체의 일부가 광선을 차단하면 기계를 급정지 시키는 방호장치로 (   ) 분류에 해당한다.

(2) 정상동작표시램프는 (   )색, 위험표시램프는 (   )색으로 하며, 쉽게 근로자가 볼 수 있는 곳에 설치해야 한다.

(3) 방호장치는 릴레이, 리미트 스위치 등의 전기부품의 고장, 전원전압의 변동 및 정전에 의해 슬라이드가 불시에 동작하지 않아야 하며, 사용전원전압의 ±(   )%의 변동에 대하여 정상으로 작동되어야 한다.

(1) A-1
(2) 녹, 붉은
(3) 20

## 18 프레스의 광전자식 안전장치의 형식에 적합한 광축의 범위를 적으시오.

• 기출 2018년 2회

| 형식 구분 | 광축의 범위 |
|---|---|
| Ⓐ | ( ① ) 이하 |
| Ⓑ | ( ② ) 미만 |
| Ⓒ | ( ③ ) 이상 |

① 12광축
② 13~56광축
③ 56광축

## 19 롤러기의 앞면 롤러의 표면속도에 따른 급정지거리를 계산하는 공식이다. 괄호 안에 적합한 숫자를 적으시오.

• 기출 2020년 1·2회

| 앞면 롤러의 표면속도(m/min) | 급정지거리 |
|---|---|
| 30 미만 | 앞면 롤러 원주의 ( ① ) 이내 |
| 30 이상 | 앞면 롤러 원주의 ( ② ) 이내 |

① $\frac{1}{3}$

② $\frac{1}{2.5}$

**20** 롤러의 방호장치인 급정지장치의 설치 위치에 관한 다음 표의 빈칸을 채우시오.

• 기출 2021년 1회

| 종류 | 설치 위치 |
| --- | --- |
| 손조작식 | ( ① ) |
| 복부조작식 | ( ② ) |
| 무릎조작식 | ( ③ ) |

① 밑면에서 1.8m 이내
② 밑면에서 0.8m 이상 1.1m 이내
③ 밑면에서 0.6m 이내(또는 밑면으로부터 0.4m 이상 0.6m 이내)

### 참고

1. 롤러기의 방호장치 명 : 급정지장치
2. 급정지장치의 설치 위치에 따른 구분
   ① 손조작식
   ② 복부조작식
   ③ 무릎조작식

**21** 아세틸렌 발생기실의 설치에 관한 내용이다. 괄호 안에 적합한 숫자를 적으시오.

• 기출 2020년 1·2회

(1) 발생기실은 건물의 최상층에 위치하여야 하며, 화기를 사용하는 설비로부터 (　　)미터를 초과하는 장소에 설치하여야 한다.
(2) 발생기실을 (　　)에 설치한 경우에는 그 개구부를 다른 건축물로부터 (　　)미터 이상 떨어지도록 하여야 한다.

(1) 3
(2) 옥외, 1.5

**22** 아세틸렌용접장치 검사 시 안전기의 설치 위치를 확인하려고 한다. 안전기가 설치되어야 할 위치를 3가지 적으시오.

• 기출 2012년 2회, 2017년 2회, 2018년 2회, 2022년 1회

① 취관
② 분기관
③ 발생기와 가스용기 사이

### 참고

안전기의 설치
① 아세틸렌 용접장치의 취관마다 안전기를 설치하여야 한다. 다만, 주관 및 취관에 가장 가까운 분기관마다 안전기를 부착한 경우에는 그러하지 아니하다.
② 가스용기가 발생기와 분리되어 있는 아세틸렌 용접장치에 대하여는 발생기와 가스용기 사이에 안전기를 설치하여야 한다.

**23** 아세틸렌 용접장치를 사용하여 금속의 용접·용단(溶斷) 또는 가열작업을 하는 경우에 준수하여야 하는 사항이다. 괄호에 적합한 내용을 적으시오. • 기출 2020년 4회

> (1) 발생기(이동식 아세틸렌 용접장치의 발생기는 제외한다)의 ( ① ), ( ② ), ( ③ ), 매 시 평균 가스발생량 및 1회 카바이드 공급량을 발생기실 내의 보기 쉬운 장소에 게시할 것
> (2) 발생기실에는 관계 근로자가 아닌 사람이 출입하는 것을 금지할 것
> (3) 발생기에서 ( ④ )미터 이내 또는 발생기실에서 ( ⑤ )미터 이내의 장소에서는 흡연, 화기의 사용 또는 불꽃이 발생할 위험한 행위를 금지시킬 것
> (4) 도관에는 산소용과 아세틸렌용의 혼동을 방지하기 위한 조치를 할 것
> (5) 아세틸렌 용접장치의 설치장소에는 적당한 소화설비를 갖출 것
> (6) 이동식 아세틸렌용접장치의 발생기는 고온의 장소, 통풍이나 환기가 불충분한 장소 또는 진동이 많은 장소 등에 설치하지 않도록 할 것

① 종류
② 형식
③ 제작업체명
④ 5
⑤ 3


**24** 다음 [보기]는 산업안전보건법에 의한 안전기 설치에 관한 내용이다. 괄호에 적합한 내용을 적으시오. • 기출 2022년 1회

> 안전기의 설치
> 1. 아세틸렌 용접장치의 ( ① )마다 안전기를 설치하여야 한다. 다만, 주관 및 ( ① )에 가장 가까운 ( ② )마다 안전기를 부착한 경우에는 그러하지 아니하다.
> 2. 가스용기가 ( ③ )와 분리되어 있는 아세틸렌 용접장치에 대하여는 ( ③ )와 가스용기 사이에 안전기를 설치하여야 한다.

① 취관
② 분기관
③ 발생기

**25** 역화방지기의 성능시험 종류 4가지를 적으시오. •기출 2014년 3회

① 역화방지시험  ② 역류방지시험
③ 기밀시험  ④ 내압시험

### 참고
아세틸렌 용접장치 및 가스집합용접장치의 방호장치명
안전기(역화방지기)

**26** 아세틸렌 용접장치의 점검항목 중 용접기 도관의 점검내용 3가지를 적으시오.
•기출 2016년 1회

① 밸브의 작동상태
② 누출의 유무
③ 역화방지기 접속부 및 밸브 코크의 작동상태의 이상 유무

**27** 가스장치실을 설치하는 경우 준수하여야 하는 가스장치실의 구조 3가지를 적으시오.
•기출 2018년 2회, 2021년 3회

① 가스가 누출된 때에는 당해 가스가 정체되지 아니하도록 할 것
② 지붕 및 천장에는 가벼운 불연성의 재료를 사용할 것
③ 벽에는 불연성의 재료를 사용할 것

## 28 [보기]의 충전가스 용기를 도색하는 경우 적합한 색채를 적으시오.

• 기출 2012년 1회, 2015년 3회

(1) 산소 :
(2) 수소 :
(3) 탄산가스 :
(4) 아세틸렌 :

(1) 녹색
(2) 주황색
(3) 청색
(4) 황색

### 참고

① 산소 → 녹색
② 수소 → 주황색
③ 탄산가스 → 청색
④ 염소 → 갈색
⑤ 암모니아 → 백색
⑥ 아세틸렌 → 황색
⑦ 그 외 가스 → 회색

### 암기법

산녹 수주 탄청 염갈 아황 암백 그 외 가스 회색

**29** 사업주가 보일러의 폭발 사고를 방지하기 위하여 방호장치의 기능이 정상적으로 작동될 수 있도록 유지·관리하여야 하는 장치(보일러의 방호장치) 3가지를 적으시오.

• 기출 2014년 2회, 2019년 1·2회

① 압력방출 장치
② 압력 제한 스위치
③ 고저 수위 조절 장치
④ 화염검출기

**30** 보일러에서 발생하는 이상 현상에 대한 설명이다. 설명에 적합한 현상을 적으시오.

• 기출 2013년 2회

(1) 보일러 수 속의 용해 고형물이나 현탁 고형물이 증기에 섞여 보일러 밖으로 튀어나가는 현상
(2) 유지분이나 부유물 등에 의하여 보일러 수의 비등과 함께 수면부에 거품을 발생시키는 현상

(1) 캐리오버
(2) 포밍

### 참고

보일러 취급 시 이상 현상

1. 포밍(forming, 물거품 솟음)
   보일러수 중에 유지류, 용해 고형물, 부유물 등에 의해 보일러 수면에 거품이 생겨 올바른 수위를 판단하지 못하는 현상

2. 플라이밍(priming, 비수 현상)
   보일러 부하의 급변, 수위 과상승 등에 의해 수분이 증기와 분리되지 않아 보일러 수면이 심하게 솟아올라 올바른 수위를 판단하지 못하는 현상

3. 캐리오버(carry over, 기수 공발)

보일러수 중에 용해 고형분이나 수분이 발생, 증기 중에 다량 함유되어 증기의 순도를 저하시킴으로써 관내 응축수가 생겨 워터해머의 원인이 되고 증기과열, 터빈 등의 고장 원인이 된다.

4. 수격 작용 : 물망치 작용(워터 해머, water hammer)

고여 있던 응축수가 밸브를 급격히 개폐 시에 고온 고압의 증기에 이끌려 배관을 강하게 치는 현상으로 배관파열을 초래한다.

5. 역화(Back Fire)

보일러 시동 시 연료가 나온 다음 시간을 두고 착화하는 등으로 인해 미연소가스가 노 내에 잔류하여 비정상적인 폭발적 연소를 일으킨다.

**31** 보일러의 이상 현상 중 캐리오버의 원인 4가지를 적으시오.  • 기출 2015년 1회

① 기실과 증발 수면의 협소
② 기수 분리기의 고장
③ 보일러내의 수면이 비정상적으로 높게 될 경우
④ 보일러 부하가 급격하게 증대될 경우
⑤ 압력의 급강하로 격렬한 자기증발을 일으킬 때

**32** 보일러의 이상 현상 중 플라이밍의 원인 3가지를 적으시오.  • 기출 2012년 3회

① 보일러 관수의 농축
② 수위의 과 상승
③ 보일러 부하의 급변

**33** 안전밸브 형식을 표시한 것이다. 세부항목을 상세히 기술하시오.
• 기출 2013년 3회, 2014년 1회, 2024년 1회

> SF Ⅱ 1-B

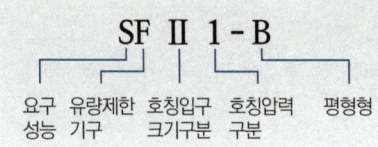

요구성능 / 유량제한기구 / 호칭입구 크기구분 / 호칭압력 구분 / 평형형

**34** 압력용기 등에 표시가 지워지지 않도록 각인(刻印) 표시하여야 하는 사항 3가지를 적으시오.
• 기출 2012년 1회

① 최고사용압력
② 제조연월일
③ 제조회사명

**35** 산업용 로봇 교시 등 작업 시의 작업지침에 포함하여야 하는 사항 4가지를 적으시오. (단, 그 밖에 로봇의 예기치 못한 작동 또는 오동작에 의한 위험을 방지하기 위하여 필요한 조치는 제외)
• 기출 2012년 1회, 2019년 1회, 2021년 3회, 2024년 2회

① 로봇의 조작방법 및 순서
② 작업 중의 매니퓰레이터의 속도
③ 2인 이상의 근로자에게 작업을 시킬 때의 신호방법
④ 이상을 발견한 때의 조치
⑤ 이상을 발견하여 로봇의 운전을 정지시킨 후 이를 재가동 시킬 때의 조치

**36** 차량계 하역운반기계 및 차량계 건설기계의 운전자가 운전 위치를 이탈하고자 할 때 준수하여야 할 사항 2가지를 적으시오. • 기출 2016년 2회

① 포크, 버킷, 디퍼 등의 장치를 가장 낮은 위치 또는 지면에 내려 둘 것
② 원동기를 정지시키고 브레이크를 확실히 거는 등 갑작스러운 주행이나 이탈을 방지하기 위한 조치를 할 것
③ 운전석을 이탈하는 경우에는 시동키를 운전대에서 분리시킬 것


**37** 로봇의 작동 범위 내에서 작업 시에 관리감독자가 작업시작 전에 점검하여야 하는 사항 4가지를 적으시오. • 기출 2022년 3회

로봇의 작업 시작 전 점검사항
① 외부 전선의 피복 또는 외장의 손상 유무
② 매니퓰레이터(manipulator) 작동의 이상 유무
③ 제동장치 및 비상정지 장치의 기능


**38** 지게차의 헤드가드가 갖추어야 하는 조건 2가지를 적으시오.
• 기출 2013년 2회, 2016년 1회, 2018년 2회, 2021년 2·3회

① 상부 틀의 각 개구의 폭 또는 길이는 16센티미터 미만일 것
② 운전자가 앉아서 조작하거나 서서 조작하는 지게차의 헤드가드는 「한국산업표준」에서 정하는 높이 기준 이상일 것(좌식 : 0.903m, 입식 : 1.88m)
③ 최대하중의 2배(4톤을 넘는 값에 대해서는 4톤으로 한다.)에 해당하는 등분포정하중에 견딜 수 있는 강도를 가질 것

## 39 산업안전보건법상의 양중기의 종류 5가지를 적으시오. (단, 세부항목을 포함할 것)

• 기출 2016년 1회, 2024년 3회

① 크레인[호이스트(hoist)를 포함한다]
② 이동식 크레인
③ 리프트(이삿짐운반용 리프트의 경우에는 적재하중이 0.1톤 이상인 것으로 한정한다)
④ 곤돌라
⑤ 승강기

## 40 [보기]의 설명에 해당하는 양중기의 명칭을 적으시오.

• 기출 2024년 2회

(1) 동력을 사용하여 중량물을 매달아 상하 및 좌우[수평 또는 선회를 말한다]로 운반하는 것을 목적으로 하는 기계 또는 기계장치를 말한다.
(2) 훅이나 그 밖의 달기구 등을 사용하여 화물을 권상 및 횡행 또는 권상동작만을 하여 양중하는 것을 말한다.

(1) 크레인
(2) 호이스트

### 참고

1. "이동식 크레인"이란 원동기를 내장하고 있는 것으로서 불특정 장소에 스스로 이동할 수 있는 크레인으로 동력을 사용하여 중량물을 매달아 상하 및 좌우로 운반하는 설비로서 기중기 또는 화물·특수자동차의 작업부에 탑재하여 화물운반 등에 사용하는 기계 또는 기계장치를 말한다.
2. "리프트"란 동력을 사용하여 사람이나 화물을 운반하는 것을 목적으로 하는 기계 설비를 말한다.
3. "곤돌라"란 달기발판 또는 운반구, 승강장치, 그 밖의 장치 및 이들에 부속된 기계부품에 의하여 구성되고, 와이어로프 또는 달기강선에 의하여 달기발판 또는 운반구가 전용 승강장치에 의하여 오르내리는 설비를 말한다.
4. "승강기"란 건축물이나 고정된 시설물에 설치되어 일정한 경로에 따라 사람이나 화물을 승강상으로 옮기는 데에 사용되는 설비로서 다음 각 목의 것을 말한다.

**41** 이동식 크레인의 방호장치의 종류를 3가지 적으시오. • 기출 2019년 2회

① 과부하방지장치
② 권과방지장치(捲過防止裝置)
③ 비상정지장치
④ 제동장치

### 참고

**양중기의 방호장치**

| | |
|---|---|
| 크레인 | • 과부하방지장치<br>• 권과방지장치(捲過防止裝置)<br>• 비상정지장치<br>• 제동장치<br>(기타 방호장치)<br>훅의 해지장치<br>안전밸브(유압식) |
| 이동식 크레인 | • 과부하방지장치<br>• 권과방지장치(捲過防止裝置)<br>• 비상정지장치<br>• 제동장치<br>(기타 방호장치)<br>훅의 해지장치<br>안전밸브(유압식) |
| 리프트<br>(자동차정비용 리프트 제외) | • 권과방지장치<br>• 과부하방지장치<br>• 비상정지장치<br>• 제동장치<br>• 조작반(盤) 잠금장치 |
| 곤돌라 | • 과부하방지장치<br>• 권과방지장치(捲過防止裝置)<br>• 비상정지장치<br>• 제동장치 |

| 승강기 | • 과부하방지장치<br>• 권과방지장치(捲過防止裝置)<br>• 비상정지장치<br>• 제동장치<br>• 파이널리미트스위치<br>• 출입문인터록<br>• 속도조절기(조속기) |
|---|---|

#### 암기법

- 양중기 공통 방호장치 : 과부하방지장치, 권과방지장치, 비상정지장치, 제동장치
- 추가 설치
  리프트(자동차정비용 제외) : 조작반잠금장치
  승강기 : 파이널리미트스위치, 출입문인터록, 속도조절기

## 42 타워크레인 등 작업에 대한 악천후 시의 조치 기준이다. 괄호 안을 채우시오.

• 기출 2017년 1회, 2020년 3회

(1) 순간풍속이 초당 (   )미터를 초과하는 바람이 불어올 우려가 있는 경우에는 타워크레인의 운전 작업을 중지
(2) 순간풍속이 초당 (   )미터를 초과하는 바람이 불거나 중진(中震) 이상 진도의 지진이 있은 후에는 옥외에 설치되어 있는 양중기 각 부위 이상이 있는지를 점검
(3) 순간풍속이 초당 (   )미터를 초과하는 경우에는 타워크레인의 설치·수리·점검 또는 해체작업을 중지

(1) 15   (2) 30   (3) 10

> **참고**
>
> **악천후 시 조치**
>
> ① 순간풍속이 초당 10미터를 초과하는 경우 : 타워크레인의 설치·수리·점검 또는 해체작업을 중지
> ② 순간풍속이 초당 15미터를 초과하는 경우 : 타워크레인의 운전 작업을 중지
> ③ 순간풍속이 초당 30미터를 초과하는 바람이 불거나 중진(中震) 이상 진도의 지진이 있은 후 : 옥외에 설치되어 있는 양중기를 사용하여 작업을 하는 경우에는 미리 기계 각 부위에 이상이 있는지를 점검
> ④ 순간풍속이 초당 30미터를 초과하는 경우 : 옥외에 설치되어 있는 주행 크레인에 대하여 이탈방지장치를 작동시키는 등 이탈 방지를 위한 조치
> ⑤ 순간풍속이 초당 35미터를 초과하는 경우 : 건설용 리프트(지하에 설치되어 있는 것은 제외) 및 승강기에 대하여 받침의 수를 증가시키는 등 승강기가 무너지는 것을 방지하기 위한 조치

**43** 산업안전보건법상의 안전조치에 관한 내용이다. ( )에 적합한 숫자를 적으시오.

· 기출 2012년 3회

---

(1) 사업주는 순간풍속이 ( )m/s를 초과하는 바람이 불어올 우려가 있는 경우 옥외에 설치되어 있는 주행크레인에 대하여 이탈방지장치를 작동시키는 등 이탈 방지를 위한 조치를 하여야 한다.

(2) 사업주는 갠트리크레인 등과 같이 작업장 바닥에 고정된 레일을 따라 주행하는 크레인의 새들(saddle) 돌출부와 주변 구조물 사이의 안전공간이 ( )cm 이상 되도록 바닥에 표시를 하는 등 안전공간을 확보하여야 한다.

(3) 양중기에 대한 권과방지장치는 훅·버킷 등 달기구의 윗면이 드럼, 상부 도르래, 트롤리프레임 등 권상장치의 아랫면과 접촉할 우려가 있는 경우에 그 간격이 ( )m 이상이 되도록 조정하여야 한다.

---

(1) 30    (2) 40    (3) 0.25

> **참고**
>
> 1. 크레인 통로의 설치
>    ① 주행 크레인 또는 선회 크레인과 건설물, 설비와의 통로 폭 : 0.6미터 이상(통로 중 건설물의 기둥에 접촉하는 부분은 0.4미터 이상)
>    ② 다음 각 호의 간격을 0.3미터 이하로 하여야 한다.(근로자 추락위험 없는 경우 간격을 0.3미터 이하로 유지하지 아니할 수 있다.)
>    - 크레인의 운전실 또는 운전대를 통하는 통로의 끝과 건설물 등의 벽체의 간격
>    - 크레인 거더(girder)의 통로 끝과 크레인 거더의 간격
>    - 크레인 거더의 통로로 통하는 통로의 끝과 건설물 등의 벽체의 간격
>    ③ 갠트리 크레인 등과 같이 작업장 바닥에 고정된 레일을 따라 주행하는 크레인의 새들(saddle) 돌출부와 주변 구조물 사이의 안전공간이 40센티미터 이상 되도록 바닥에 표시를 하는 등 안전공간을 확보하여야 한다.
> 2. 권과방지장치는 훅·버킷 등 달기구의 윗면이 드럼, 상부 도르래, 트롤리프레임 등 권상장치의 아랫면과 접촉할 우려가 있는 경우에 그 간격이 0.25미터 이상[직동식(直動式) 권과방지장치는 0.05미터 이상으로 한다)]이 되도록 조정하여야 한다.

## 44 와이어로프 꼬임의 형식 2가지를 적으시오.

• 기출 2015년 2회

① 보통꼬임
② 랑그(랭)꼬임

> **참고**
>
> 1. 보통꼬임
>    - 스트랜드의 꼬임방향과 로프의 꼬임 방향이 반대인 것
>    - 로프 자체의 변형이 적다.
>    - 킹크가 잘 생기지 않는다.
>    - 하중을 걸었을 때 저항성이 크다.
> 2. 랑그(랭)꼬임
>    - 스트랜드의 꼬임 방향과 로프의 꼬임 방향이 같은 방향인 것
>    - 내마모성, 유연성, 내피로성이 우수하다.

| 보통 Z꼬임 | 보통 S꼬임 | 랭 Z꼬임 | 랭 S꼬임 |

## 45 와이어로프의 사용금지 사항 4가지를 적으시오.
• 기출 2015년 3회, 2016년 1회, 2018년 3회, 2019년 3회

① 이음매가 있는 것
② 와이어로프의 한 꼬임에서 끊어진 소선의 수가 10퍼센트 이상인 것
③ 지름의 감소가 공칭지름의 7퍼센트를 초과하는 것
④ 꼬인 것
⑤ 심하게 변형되거나 부식된 것
⑥ 열과 전기충격에 의해 손상된 것

## 46 달기 체인의 사용금지 조건 3가지를 적으시오.
• 기출 2017년 1회, 2020년 1·2회, 2021년 3회

① 달기 체인의 길이가 달기 체인이 제조된 때의 길이의 5퍼센트를 초과한 것
② 링의 단면지름이 달기 체인이 제조된 때의 해당 링의 지름의 10퍼센트를 초과하여 감소한 것
③ 균열이 있거나 심하게 변형된 것

## 47 산업안전보건법에 의하여 화물자동차의 짐걸이 등으로 사용해서는 안 되는 섬유로프의 조건 2가지를 적으시오.
• 기출 2024년 2회

① 꼬임이 끊어진 것
② 심하게 손상되거나 부식된 것

> **참고**
>
> 사용금지 항목
>
> | 달비계의 섬유로프<br>또는 안전대의 섬유벨트 | ① 꼬임이 끊어진 것<br>② 심하게 손상되거나 부식된 것<br>③ 2개 이상의 작업용 섬유로프 또는 섬유벨트를 연결한 것<br>④ 작업높이보다 길이가 짧은 것 |
> |---|---|

## 48 다음에 적합한 달기 와이어로프 등의 안전계수를 적으시오.

• 기출 2019년 2회, 2023년 3회

(1) 근로자가 탑승하는 운반구를 지지하는 달기와이어로프 또는 달기 체인의 경우 : (　) 이상
(2) 화물의 하중을 직접 지지하는 달기와이어로프 또는 달기 체인의 경우 : (　) 이상

(1) 10, (2) 5

> **참고**
>
> 와이어로프 등의 안전계수
> 달기구 절단하중의 값을 그 달기구에 걸리는 하중의 최대 값으로 나눈 값
> ① 근로자가 탑승하는 운반구를 지지하는 달기와이어로프 또는 달기체인의 경우 : 10 이상
> ② 화물의 하중을 직접 지지하는 달기와이어로프 또는 달기체인의 경우 : 5 이상
> ③ 훅, 샤클, 클램프, 리프팅 빔의 경우 : 3 이상
> ④ 그 밖의 경우 : 4 이상

# PART 06 전기 및 화학설비 안전 관리

## | 전기안전 |

**01** 전기 기계·기구를 설치하려는 경우 고려하여야 하는 사항 3가지를 적으시오.
• 기출 2019년 2회, 2022년 2회

① 전기기계·기구의 충분한 전기적 용량 및 기계적 강도
② 습기·분진 등 사용장소의 주위 환경
③ 전기적·기계적 방호수단의 적정성


**02** 전로 등의 충전부분에 접촉하거나 접근함으로써 감전 위험이 있는 충전부분에 대하여 감전을 방지하기 위한 방법(직접 접촉으로 인한 감전 방지조치)을 3가지 쓰시오.
• 기출 2018년 1회, 2022년 1회

① 충전부가 노출되지 아니하도록 폐쇄형 외함이 있는 구조로 할 것
② 충분한 절연효과가 있는 방호망 또는 절연덮개를 설치할 것
③ 충전부는 내구성이 있는 절연물로 완전히 덮어 감쌀 것
④ 발전소·변전소 및 개폐소 등 구획되어 있는 장소로서 관계 근로자가 아닌 사람의 출입이 금지되는 장소에 충전부를 설치하고, 위험표시 등의 방법으로 방호를 강화할 것
⑤ 전주 위 및 철탑 위 등 격리되어 있는 장소로서 관계 근로자가 아닌 사람이 접근할 우려가 없는 장소에 충전부를 설치할 것


**03** [보기]의 충전전로의 선간전압에 대한 접근한계거리를 적으시오.
• 기출 2013년 1회, 2017년 3회, 2021년 2회, 2023년 2회

---

① 380V(0.38kV) :   ② 1.5kV :
③ 6.6kV :         ④ 22.9kV :
⑤ 66kV :          ⑥ 130kV :

---

① 30cm    ② 45cm
③ 60cm    ④ 90cm
⑤ 110cm   ⑥ 150cm

### 참고

| 충전전로의 선간전압(단위 : 킬로볼트) | 충전전로에 대한 접근 한계거리(단위 : 센티미터) |
|---|---|
| 0.3 이하 | 접촉금지 |
| 0.3 초과 0.75 이하 | 30 |
| 0.75 초과 2 이하 | 45 |
| 2 초과 15 이하 | 60 |
| 15 초과 37 이하 | 90 |
| 37 초과 88 이하 | 110 |
| 88 초과 121 이하 | 130 |
| 121 초과 145 이하 | 150 |
| 145 초과 169 이하 | 170 |
| 169 초과 242 이하 | 230 |
| 242 초과 362 이하 | 380 |
| 362 초과 550 이하 | 550 |
| 550 초과 800 이하 | 790 |

### 암기법

선간전압 : 03. 075,/2, 15/ 37, 88/121, 145, 169/ 242, 362/ 550, 800
접근한계거리 : 3, 45, 6/ 9, 11, 13, 15, 17/ 23, 38, 55. 79

**04** 누전차단기를 설치하여야 하는 경우(설치하여야 하는 기계·기구) 3가지를 적으시오.
• 기출 2020년 4회, 2023년 2회

① 대지전압이 150볼트를 초과하는 이동형 또는 휴대형 전기기계·기구
② 물 등 도전성이 높은 액체가 있는 습윤장소에서 사용하는 저압용 전기기계·기구
③ 철판·철골 위 등 도전성이 높은 장소에서 사용하는 이동형 또는 휴대형 접기기계·기구
④ 임시배선의 전로가 설치되는 장소에서 사용하는 이동형 또는 휴대형 전기기계·기구

> **암기법**
>
> 누전차단기 설치 → 누전이 잘 생기는 곳(전기가 잘 통하는 곳) → 1. 땅(대지전압 150V 초과)
> 2. 물(습윤장소) 3. 철판, 철골(도전성이 높은 장소)

> **참고**
>
> 누전차단기를 설치하지 않아도 되는 경우
> ① 이중절연 또는 이와 같은 수준 이상으로 보호되는 구조로 된 전기기계·기구
> ② 절연대 위 등과 같이 감전 위험이 없는 장소에서 사용하는 전기기계·기구
> ③ 비접지방식의 전로

> **암기법**
>
> 누전차단기 설치 × → 전기가 잘 통하지 않음 → 절연이 우수한 경우 → 이중 절연구조, 절연대 위

**05** 누전차단기에 대한 설명이다. ( ) 안에 알맞은 내용을 적으시오.
(단, 정격전부하전류 50A 미만) • 기출 2015년 2회, 2024년 1회

---

전동 기계·기구에 접속되어 있는 누전 차단기는 정격 감도 전류가 ( ① ) 이하이고, 작동 시간은 ( ② ) 이내이어야 한다.

---

① 30mA
② 0.03초

> **참고**
>
> 누전차단기는 정격감도전류가 30밀리암페어 이하이고 작동시간은 0.03초 이내일 것. 다만, 정격전부하전류가 50암페어 이상인 전기기계·기구에 접속되는 누전차단기는 오작동을 방지하기 위하여 정격 감도전류는 200밀리암페어 이하로, 작동시간은 0.1초 이내로 할 수 있다.

## 06 누전차단기에 관한 내용이다. ( ) 안에 적합한 내용을 적으시오.

• 기출 2014년 2회

(1) 누전차단기(Residual current device, RCD)는 지락검출장치·( )·개폐기구 등으로 구성할 것

(2) 중감도형 누전차단기는 정격감도전류가 ( )mA ~ 1000mA 이하일 것

(3) 시연형(지연형)누전차단기는 정격감도전류에서 0.1초 초과 ( )초 이내에 동작할 것

(1) 차단장치
(2) 50
(3) 2


## 07 ( ) 안에 적합한 내용을 적으시오.

• 기출 2018년 2회

| 전로의 사용전압(V) | DC 시험전압 | 절연저항 |
|---|---|---|
| SELV(비접지회로) 및 PELV(접지회로) | ( ① ) | ( ② ) |
| FELV(1차와 2차가 전기적으로 절연되지 않은 회로), 500(V) 이하 | ( ③ ) | 1.0MΩ |
| 500(V) 초과 | 1,000V | ( ④ ) |

① 250V
② 0.5MΩ
③ 500V
④ 1.0MΩ

> **참고**
>
> 전압의 구분
>
> | 전압의 종별 | 교류 | 직류 |
> |---|---|---|
> | 저압 | 1,000V 이하의 것 | 1,500V 이하의 것 |
> | 고압 | 1,000V 초과 7,000V 이하 | 1,500V 초과 7,000V 이하 |
> | 특별고압 | 7,000V 초과 | 7,000V 초과 |

08 다음 표는 접지공사에 관한 설명이다. 괄호에 적합한 숫자를 적으시오.

・기출 2013년 2회, 2015년 3회, 2020년 3회

| 접지도체 | 접지선의 종류 및 굵기 |
|---|---|
| 특고압·고압 전기설비용 접지도체 | 단면적 ( ① )mm² 이상의 연동선 |
| 중성점 접지용 접지도체 | 공칭단면적 ( ② )mm² 이상의 연동선 |
| 중성점 접지용 접지도체 중 7kV 이하의 전로 | 공칭단면적 ( ③ )mm² 이상의 연동선 |

① 6
② 16
③ 6

**참고**

1. 접지도체의 굵기

| ① 특고압·고압 전기설비용 접지도체 | 단면적 6mm² 이상의 연동선 |
|---|---|
| ② 중성점 접지용 접지도체 | 공칭단면적 16mm² 이상의 연동선 |
| ③ 중성점 접지용 접지도체 중<br>• 7kV 이하의 전로<br>• 사용전압이 25kV 이하인 특고압 가공전선로 (중성선 다중접지 방식의 것으로서 전로에 지락이 생겼을 때 2초 이내에 자동적으로 이를 전로로부터 차단하는 장치가 되어 있는 것) | 공칭단면적 6mm² 이상의 연동선 |
| ④ 이동하여 사용하는 전기기계기구의 금속제 외함 등의 접지시스템<br>• 특고압·고압 전기설비용 접지도체 및 중성점 접지용 접지도체<br><br>• 저압 전기설비용 접지도체 | • 클로로프렌 캡타이어케이블(3종 및 4종) 또는 클로로설포네이트폴리에틸렌캡타이어케이블(3종 및 4종)의 1개 도체 또는 다심 캡타이어케이블의 차폐 또는 기타의 금속체로 단면적이 10mm² 이상인 것<br>• 다심 코드 또는 다심 캡타이어케이블의 1개 또는 도체의 단면적이 0.75mm² 이상인 것 (다만, 기타 유연성이 있는 연동연선은 1개 도체의 단면적이 1.5mm² 이상인 것을 사용) |

2. 변압기의 중성점 접지 저항값

| 일반적인 경우 | 변압기의 고압·특고압측 전로 또는 사용전압이 35kV 이하의 특고압전로가 저압측 전로와 혼촉하고 저압전로의 대지전압이 150V를 초과하는 경우 |
|---|---|
| 변압기의 고압·특고압측 전로 1선 지락전류로 150을 나눈 값 이하<br>($\frac{150}{1선지락전류}\Omega$ 이하) | • 1초 초과 2초 이내에 고압·특고압 전로를 자동으로 차단하는 장치를 설치할 때는 300으로 나눈 값 이하($\frac{300}{1선지락전류}\Omega$ 이하)<br>• 1초 이내에 고압·특고압 전로를 자동으로 차단하는 장치를 설치할 때는 600으로 나눈 값 이하($\frac{600}{1선지락전류}\Omega$ 이하) |

### 3. 계통접지의 구분

| | |
|---|---|
| TN 계통 | 전원측의 한 점을 직접 접지하고 설비의 노출도전부를 보호도체로 접속시키는 방식<br>① TN-S 방식<br>② TN-C 방식<br>③ TN-C-S 방식 |
| TT 계통 | 전원의 한 점을 직접 접지하고 설비의 노출도전부는 전원의 접지전극과 전기적으로 독립적인 접지극에 접속시킨다. |
| IT 계통 | 충전부 전체를 대지로부터 절연시키거나, 한 점을 임피던스를 통해 대지에 접속시킨다.(전기설비의 노출도전부를 단독 또는 일괄적으로 계통의 PE 도체에 접속시키며 배전계통에서 추가접지가 가능하다.) |

**09** 전기를 사용하지 아니하는 설비 중 접지를 하여야 하는 금속체 부분을 3가지 적으시오.  • 기출 2017년 1회

① 전동식 양중기의 프레임과 궤도
② 전선이 붙어있는 비전동식 양중기의 프레임
③ 고압 이상의 전기를 사용하는 전기기계·기구 주변의 금속제 칸막이·망 및 이와 유사한 장치

### 참고

피뢰기의 접지

① 접지도체에 피뢰시스템이 접속되는 경우, 접지도체의 단면적은 구리 16mm² 또는 철 50mm² 이상으로 하여야 한다.
② 고압 및 특고압의 전로에 시설하는 피뢰기 접지저항 값은 10Ω 이하로 하여야 한다.

**10** 코드 및 플러그를 접속하여 사용하는 전기기계·기구 중 접지를 하여야 하는 경우 5가지를 적으시오.
• 기출 2016년 3회, 2020년 1·2회, 2021년 3회

① 사용전압이 대지전압 150볼트를 넘는 것
② 냉장고·세탁기·컴퓨터 및 주변기기 등과 같은 고정형 전기기계·기구
③ 고정형·이동형 또는 휴대형 전동기계·기구
④ 물 또는 도전성이 높은 곳에서 사용하는 전기기계·기구, 비접지형 콘센트
⑤ 휴대형 손전등

**참고**

접지를 시행하지 않아도 되는 경우(산업안전보건법 기준)
① 이중절연구조 또는 이와 같은 수준 이상으로 보호되는 구조로 된 전기기계·기구
② 절연대 위 등과 같이 감전 위험이 없는 장소에서 사용하는 전기기계·기구
③ 비접지방식의 전로에 접속하여 사용되는 전기기계·기구


**11** 다음 [보기] 중 산업안전보건법에 의하여 코드 및 플러그를 접속하여 사용하는 전기기계·기구 중 접지를 하여야 하는 경우 2가지를 찾아 그 번호를 적으시오.
• 기출 2024년 3회

① 사용전압이 대지전압 70볼트를 넘는 것
② 냉장고·세탁기·컴퓨터 및 주변기기 등과 같은 고정형 전기기계·기구
③ 고정형 손전등
④ 물 또는 도전성이 높은 곳에서 사용하는 전기기계·기구, 비접지형 콘센트

②, ④

**참고**

코드 및 플러그를 접속하여 사용하는 전기기계·기구 중 접지를 하여야 하는 경우

① 사용전압이 대지전압 150볼트를 넘는 것
② 냉장고·세탁기·컴퓨터 및 주변기기 등과 같은 고정형 전기기계·기구
③ 고정형·이동형 또는 휴대형 전동기계·기구
④ 물 또는 도전성이 높은 곳에서 사용하는 전기기계·기구, 비접지형 콘센트
⑤ 휴대형 손전등


**12** 산업안전보건기준에 관한 규칙에 의하여 교류아크용접기에 자동 전격 방지기를 설치하여야 하는 장소를 3가지 적으시오. • 기출 2022년 3회

① 선박의 이중 선체 내부, 밸러스트(Ballast) 탱크, 보일러 내부 등 도전체에 둘러싸인 장소
② 추락할 위험이 있는 높이 2미터 이상의 장소로 철골 등 도전성이 높은 물체에 근로자가 접촉할 우려가 있는 장소
③ 근로자가 물·땀 등으로 인하여 도전성이 높은 습윤 상태에서 작업하는 장소


**13** 정전기로 인한 화재 폭발방지를 하여야 하는 설비의 정전기의 발생 억제 및 제거 조치에 관한 내용이다. 괄호에 적합한 내용을 적으시오. • 기출 2022년 3회

> 정전기에 의한 화재 또는 폭발 등의 위험이 발생할 우려가 있는 경우에는 해당 설비에 대하여 확실한 방법으로 ( ① )를 하거나, ( ② )를 사용하거나 ( ③ ) 및 점화원이 될 우려가 없는 ( ④ )를 사용하는 등 정전기의 발생을 억제하거나 제거하기 위하여 필요한 조치를 하여야 한다.

① 접지
② 도전성 재료
③ 가습
④ 제전장치

**14** 정전기 발생 방지 대책(재해예방 대책) 4가지를 적으시오.
• 기출 2012년 1회, 2017년 2회, 2018년 3회, 2019년 1회, 2020년 4-2회

① 접지
② 도전성 재료 사용
③ 공기 중 습기부여
④ 제전기 사용
⑤ 대전방지제 사용

#### 참고

인체에 대전된 정전기 위험 방지조치
① 정전기용 안전화의 착용
② 제전복(除電服)의 착용
③ 정전기제전용구의 사용
④ 작업장 바닥 등에 도전성을 갖추도록 하는 등의 조치

**15** 산업안전보건법에 의하여 인체에 대전된 정전기에 의한 화재 또는 폭발 위험이 있는 경우의 조치사항 4가지를 적으시오.
• 기출 2024년 3회

① 정전기용 안전화의 착용
② 제전복(除電服)의 착용
③ 정전기 제전용구의 사용
④ 작업장 바닥 등에 도전성을 갖추도록 하는 등의 조치

**16** 폭발성가스의 폭발등급에 따른 안전간격(최대 안전틈새)과 해당되는 가스 명을 적으시오.
• 기출 2016년 1회

| 폭발 등급 | 안전간격(mm) | 해당가스 |
|---|---|---|
| 1등급 | 0.6mm 초과 | 메탄, 에탄, 프로판, 부탄 |
| 2등급 | 0.4mm 초과 0.6mm 이하 | 에틸렌, 석탄가스 |
| 3등급 | 0.4mm 이하 | 수소, 아세틸렌 |

**주의** 폭발성 가스를 구분하는 과거 기준입니다. '참고'의 현재 기준을 기억하세요.

### 참고

1. 화염일주한계에 의한 분류

| 폭발성 가스의 분류 | A | B | C |
|---|---|---|---|
| 화염일주한계 | 0.9mm 이상 | 0.5mm 초과 0.9mm 미만 | 0.5mm 이하 |
| 내압방폭구조의 전기기기의 분류 | ⅡA | ⅡB | ⅡC |

2. 최소점화전류비에 의한 분류

| 폭발성 가스의 분류 | A | B | C |
|---|---|---|---|
| 최소점화전류비 | 0.8 초과 | 0.45 이상 0.8 이하 | 0.45 미만 |
| 본질안전 방폭구조의 전기기기의 분류 | ⅡA | ⅡB | ⅡC |


**17** 다음 기호에 알맞은 방폭구조의 명칭을 적으시오.
• 기출 2020년 4-2회

(1) Ex d :
(2) Ex q :

(1) 내압 방폭구조
(2) 충전 방폭구조

**참고**

위험장소별 방폭구조

| 가스폭발 위험장소 | 0종 장소 | 본질안전 방폭구조(ia) |
|---|---|---|
| | 1종 장소 | 내압 방폭구조(d)<br>압력 방폭구조(p)<br>충전 방폭구조(q)<br>유입 방폭구조(o)<br>안전증 방폭구조(e)<br>본질안전 방폭구조(ia, ib)<br>몰드 방폭구조(m) |
| | 2종 장소 | 0종 장소 및 1종 장소에 사용 가능한 방폭 구조<br>비점화 방폭구조(n) |
| 분진폭발 위험장소 | 20종 장소 | 밀폐방진 방폭구조(DIP A20 또는 DIP B20) |
| | 21종 장소 | 밀폐방진 방폭구조(DIP A20 또는 A21, DIP B20 또는 B21)<br>특수방진 방폭구조(SDP) |
| | 22종 장소 | 20종 장소 및 21종 장소에서 사용 가능한 방폭 구조<br>일반방진 방폭구조(DIP A22 또는 DIP B22)<br>보통방진 방폭구조(DIP) |

**18** [보기]의 방폭구조 명칭에 알맞은 방폭구조의 기호를 적으시오. ・기출 2023년 2회

① 안전증 방폭구조
② 충전 방폭구조
③ 유입 방폭구조
④ 특수 방폭구조

① e (또는 Ex e)
② q (또는 Ex q)
③ o (또는 Ex o)
④ s (또는 Ex s)

### 참고

방폭구조의 기호

| 가스, 증기, 분진 방폭구조 | | 기호 |
|---|---|---|
| 가스, 증기 방폭구조 | 내압 방폭구조 | d |
| | 압력 방폭구조 | p |
| | 유입 방폭구조 | o |
| | 안전증 방폭구조 | e |
| | 본질안전 방폭구조 | ia or ib |
| | 충전 방폭구조 | q |
| | 비점화 방폭구조 | n |
| | 몰드 방폭구조 | m |
| | 특수 방폭구조 | s |
| 분진 방폭구조 | 방진 방폭구조 | tD |

## 19  설명에 해당하는 방폭구조의 표시를 적으시오.

• 기출 2016년 2회

- 방폭구조 : 외부의 가스가 용기 내로 침입하여 폭발하더라도 용기는 그 압력에 견디고 외부의 폭발성가스에 착화될 우려가 없도록 만들어진 구조
- 그룹 : II B
- 최고표면온도 : 90도

Ex d IIB T5

**참고**

### 1. 방폭기기의 표시

> Ex d IIA T1 IP 54
> - Ex : 방폭구조의 상징
> - d : 방폭구조(내압 방폭구조)
> - IIA : 가스, 증기 및 분진의 그룹
> - T1 : 온도등급
> - IP 54 : 보호등급

### 2. 최고표면온도

| 최고표면 온도등급 | 전기기기의 최고표면온도(℃) |
|---|---|
| T1 | 450 이하(또는 300 초과 450 이하) |
| T2 | 300 이하(또는 200 초과 300 이하) |
| T3 | 200 이하(또는 135 초과 200 이하) |
| T4 | 135 이하(또는 100 초과 135 이하) |
| T5 | 100 이하(또는 85 초과 100 이하) |
| T6 | 85 이하 |

### 3. 방폭구조의 종류

① **내압 방폭구조(d)** : 아크를 발생시키는 전기설비를 전폐용기에 넣고 용기 내부에 폭발이 일어날 경우에 용기가 폭발 압력에 견뎌 외부의 폭발성 가스에 인화될 위험이 없도록 한 구조의 방폭구조

② **본질안전 방폭구조(ia, ib)** : 정상 시 또는 단락, 단선, 지락 등의 사고 시에 발생하는 아크, 불꽃, 고열에 의하여 폭발성 가스나 증기에 점화되지 않는 것이 확인된 구조

③ **유입 방폭구조(o)** : 아크를 발생시키는 전기설비를 용기에 넣고 용기 내부에 보호액을 채워 외부의 폭발성 가스에 접촉시 점화의 우려가 없도록 한 방폭구조

④ **압력 방폭구조(P)** : 아크를 발생시키는 전기설비를 용기에 넣고 용기 내부에 불연성 가스(공기 또는 질소)를 압입하여 용기 내부로 폭발성 가스가 침입하는 것을 방지하는 구조

⑤ **안전증 방폭구조(e)** : 가연성가스의 점화원이 될 수 있는 전기 불꽃·아크 또는 고온부분의 발생을 방지하기 위하여 안전도를 증가시킨 방폭구조

⑥ **비점화 방폭구조(n)** : 정상작동 및 특정 이상상태에서 폭발성분위기를 점화시키지 아니하는 전기기계 및 기구에 적용하는 방폭구조(2종 장소에만 사용할 수 있다.)

⑦ **몰드 방폭구조(m)** : 점화를 유발할 수 있는 부분에 컴파운드를 충전함으로써 점화가 일어나지 아니하도록 한 방폭구조

⑧ **충전 방폭구조(q)** : 섬화를 유발할 수 있는 부분을 고정설치하고 그 주위 전체를 충전물질로 둘러쌈으로써 외부 폭발성분위기에 점화가 일어나지 아니하도록 한 방폭구조

## 20 설명에 해당하는 방폭구조를 표시하시오.

• 기출 2015년 1회

(1) 방폭구조 : 아크를 발생시키는 전기설비를 전폐용기에 넣고 용기 내부에 폭발이 일어날 경우에 용기가 폭발 압력에 견뎌 외부의 폭발성 가스에 인화될 위험이 없도록 한 방폭구조
(2) 가스의 그룹 : 잠재적 폭발성 위험 분위기에서 사용되는 전기기기(메탄가스 위험 분위기에서 사용되는 광산용 전기기기 제외)
(3) 최대안전틈새 : 0.8mm
(4) 최고표면온도 : 180℃

Ex d ⅡB T3

### 참고

폭발성분위기에서 사용되는 전기기기는 다음과 같이 세 가지로 분류한다.

| 그룹 Ⅰ | 폭발 성분 위기가 존재하는 광산에서 사용할 수 있는 전기기기 |
| 그룹 Ⅱ | 광산 외에 폭발성 가스 분위기가 존재하는 장소에서 사용할 수 있는 전기기기 |
| 그룹 Ⅲ | 폭발성 분진 분위기가 존재하는 장소에서 사용할 수 있는 전기기기 |

| 폭발성 가스의 분류 | A | B | C |
| --- | --- | --- | --- |
| 화염일주한계(최대안전틈새) | 0.9mm 이상 | 0.5mm 초과 0.9mm 미만 | 0.5mm 이하 |
| 내압방폭구조의 전기기기의 분류 | ⅡA | ⅡB | ⅡC |

## 21 $d\,Ⅱ\,AT_4$ 방폭구조를 설명하시오.

• 기출 2012년 3회

- $d$ : 내압방폭구조
- $ⅡA$ : 가스 또는 증기의 분류
- $T_4$ : 최고 표면온도 등급(4등급)

**참고**

| 방폭구조 | | 분류 | 기호 | 온도등급 | 보호등급 |
|---|---|---|---|---|---|
| Ex | d | II | A | T1 | IP 54 |
| 내압<br>-<br>-<br>특수방진<br>-<br>- | d<br>-<br>-<br>SDP | 가스·증기<br>산업용=<br>분진 | A<br>B<br>C<br>11<br>12<br>13 | T1<br>~<br>T6 | IP ∞ |

| 화공안전 |

**22** 산업안전보건법상의 위험물질의 종류를 7가지로 구분하여 적으시오.

· 기출 2019년 1회

① 폭발성 물질 및 유기과산화물
② 물반응성 물질 및 인화성 고체
③ 산화성 액체 및 산화성 고체
④ 인화성 액체
⑤ 인화성 가스
⑥ 부식성 물질
⑦ 급성 독성 물질

## 참고

| | |
|---|---|
| 산화성 액체 및 산화성 고체 | 가. 차아염소산 및 그 염류<br>나. 아염소산 및 그 염류<br>다. 염소산 및 그 염류<br>라. 과염소산 및 그 염류<br>마. 브롬산 및 그 염류<br>바. 요오드산 및 그 염류<br>사. 과산화수소 및 무기 과산화물<br>아. 질산 및 그 염류<br>자. 과망간산 및 그 염류<br>차. 중크롬산 및 그 염류<br>카. 그 밖에 가목부터 차목까지의 물질과 같은 정도의 산화성이 있는 물질<br>타. 가목부터 카목까지의 물질을 함유한 물질<br><br>**암기법**<br>염소(염소산) 보러(브롬산) 요과(요오드산, 과산화수소, 과망간산)하고 질산가는 중(중크롬산)! |
| 인화성 액체 | 가. 에틸에테르, 가솔린, 아세트알데히드, 산화프로필렌, 그 밖에 인화점이 섭씨 23도 미만이고 초기 끓는점이 섭씨 35도 이하인 물질<br><br>**암기법**<br>235 아세트알 (아세트알데히드)삼푸(산화프로필렌)가 거슬린(가솔린) 에테르(에틸에테르)<br><br>나. 노르말헥산, 아세톤, 메틸에틸케톤, 메탈알코올, 에틸알코올, 이황화탄소, 그 밖에 인화점이 섭씨 23도 미만이고 초기 끓는점이 섭씨 35도를 초과하는 물질<br><br>**암기법**<br>아세톤(아세톤) 메에케(메틸에틸케톤)해! 노(노르말헥산)! 이황화탄(이황화탄소) 알콜(메틸알콜, 에틸알콜)<br><br>다. 크실렌, 아세트산아밀, 등유, 경유, 테레핀유, 이소아밀알코올, 아세트산, 하이드라진, 밖에 인화점이 섭씨 23도 이상 섭씨 60도이하인 물질<br><br>**암기법**<br>아세트산아(아세트산, 아세트산아밀)! 텔레비전(테레핀유) 켜실땐(크실렌) 2360 등(등유)을 경유 하이(하이드라진)소(이소아밀알콜)! |

| | |
|---|---|
| 인화성 가스 | 가. 수소<br>나. 아세틸렌<br>다. 에틸렌<br>라. 메탄<br>마. 에탄<br>바. 프로판<br>사. 부탄<br>아. 인화한계 농도의 최저한도가 13퍼센트 이하 또는 최고한도와 최저한도의 차가 12퍼센트 이상인 것으로서 표준압력(101.3kPa)하의 20℃에서 가스상태인 물질<br><br>**암기법**<br>폭발 1단계 - 메, 에, 프로, 부<br>폭발 2단계 - 에틸렌<br>폭발 3단계 - 수소, 아세틸렌 |
| 부식성 물질 | 가. 부식성 산류<br>① 농도가 20퍼센트 이상인 염산, 황산, 질산, 그 밖에 이와 같은 정도 이상의 부식성을 가지는 물질<br>② 농도가 60퍼센트 이상인 인산, 아세트산, 불산, 그 밖에 이와 같은 정도 이상의 부식성을 가지는 물질<br>나. 부식성 염기류<br>농도가 40퍼센트 이상인 수산화나트륨, 수산화칼륨, 그 밖에 이와 같은 정도 이상의 부식성을 가지는 염기류<br><br>**암기법**<br>20% : 염·황·질<br>40% : 수나·수칼<br>60% : 인·아·불 |

**23** '물반응성 물질 및 인화성 고체'와 '폭발성물질 및 유기과산화물'을 2가지씩 적으시오.
• 기출 2014년 3회

---

① 수소　　　　　　　　　② 리튬
③ 황　　　　　　　　　　④ 아세톤
⑤ 염소산칼륨　　　　　　⑥ 과망간산
⑦ 하이드라진유도체　　　⑧ 니트로소화합물

(1) 폭발성 물질 및 유기과산화물 :
(2) 물반응성 물질 및 인화성 고체 :

---

(1) ⑦, ⑧
(2) ②, ③

### 참고

| | |
|---|---|
| 폭발성 물질 및 유기과산화물 | 가. 질산에스테르류<br>나. 니트로화합물<br>다. 니트로소화합물<br>라. 아조화합물<br>마. 디아조화합물<br>바. 하이드라진 유도체<br>사. 유기과산화물<br>아. 그 밖에 가목부터 사목까지의 물질과 같은 정도의 폭발 위험이 있는 물질<br>자. 가목부터 아목까지의 물질을 함유한 물질<br><br>**암기법**<br>폭발하는(폭발성물질) 질산에(질산에스테르) 니태아조?(니트로, 니트로소, 아조, 디아조) 하더라유!(하이드라진유도체, 유기과산화물) |
| 물반응성 물질 및 인화성 고체 | 가. 리튬<br>나. 칼륨·나트륨<br>다. 황<br>라. 황린<br>마. 황화인·적린 |

| 물반응성 물질 및 인화성 고체 | 바. 셀룰로이드류<br>사. 알킬알루미늄·알킬리튬<br>아. 마그네슘 분말<br>자. 금속 분말(마그네슘 분말은 제외한다)<br>차. 알칼리금속(리튬·칼륨 및 나트륨은 제외한다)<br>카. 유기 금속화합물(알킬알루미늄 및 알킬리튬은 제외한다)<br>타. 금속의 수소화물<br>파. 금속의 인화물<br>하. 칼슘 탄화물, 알루미늄 탄화물<br>거. 그 밖에 가목부터 하목까지의 물질과 같은 정도의 발화성 또는 인화성이 있는 물질<br>너. 가목부터 거목까지의 물질을 함유한 물질<br><br>**암기법**<br>물반응성물질 : 나 칼 안물리!<br>나(나트륨) 칼(칼륨·칼슘탄화물) 안(알킬알루미늄, 알킬리튬) 물(물반응성물질) 리(리튬)<br>인화성고체 : 인화성 황인이 젤 금마!(겁나)<br>인화성(인화성물질) 황인(황, 황린, 황화인, 적린)이 젤(셀룰로이드) 금마(금속분말, 마그네슘분말) |
|---|---|

**24** 산업안전보건법상의 위험물질의 분류에 해당하는 물질을 [보기]에서 1가지씩 고르시오.
· 기출 2024년 3회

① 리튬  ② 아세틸렌  ③ 등유  ④ 과염소산  ⑤ 마그네슘 분말

(1) 인화성 가스 :

(2) 인화성 액체 :

(3) 산화성 액체 및 산화성 고체 :

(1) 인화성 가스 : ②
(2) 인화성 액체 : ③
(3) 산화성 액체 및 산화성 고체 : ④

#### 참고

리튬, 마그네슘 분말 : 물반응성 물질 및 인화성 고체

## 25 산업안전보건법상의 급성 독성물질을 설명하고 있다. 빈칸을 채우시오.

• 기출 2017년 1회

(1) $LD_{50}$은 ( )mg/kg을 쥐에 대한 경구 투입실험에 의하여 실험동물의 50%를 사망시킨다.
(2) $LD_{50}$은 ( )mg/kg을 쥐 또는 토끼에 대한 경피 흡수실험에 의하여 실험동물의 50%를 사망시킨다.
(3) $LC_{50}$은 가스로 ( )ppm을 쥐에 대한 4시간 동안 흡입실험에 의하여 실험동물의 50%를 사망시킨다.
(4) $LC_{50}$은 증기로 ( )mg/ℓ을 쥐에 대한 4시간 동안 흡입실험에 의하여 실험동물의 50%를 사망시킨다.

(1) 300
(2) 1,000
(3) 2,500
(4) 10

**참고**

| 급성<br>독성 물질 | 가. 쥐에 대한 경구투입실험에 의하여 실험동물의 50퍼센트를 사망시킬 수 있는 물질의 양, 즉 $LD_{50}$(경구, 쥐)이 킬로그램당 300밀리그램-(체중) 이하인 화학물질<br>나. 쥐 또는 토끼에 대한 경피흡수실험에 의하여 실험동물의 50퍼센트를 사망시킬 수 있는 물질의 양, 즉 $LD_{50}$(경피, 토끼 또는 쥐)이 킬로그램당 1,000밀리그램-(체중) 이하인 화학물질<br>다. 쥐에 대한 4시간 동안의 흡입실험에 의하여 실험동물의 50퍼센트를 사망시킬 수 있는 물질의 농도, 즉 가스 $LC_{50}$(쥐, 4시간 흡입)이 2,500ppm 이하인 화학물질, 증기 $LC_{50}$(쥐, 4시간 흡입)이 10mg/ℓ 이하인 화학물질, 분진 또는 미스트 1mg/ℓ 이하인 화학물질<br><br>**암기법**<br>경구 : 300mg/kg,    경피 : 1,000mg/kg<br>가스 : 2,500ppm,    증기 : 10mg/L<br>분진·미스트 : 1mg/L |
|---|---|

## 26    $LD_{50}$을 설명하시오.

• 기출 2019년 2회

1회 투여로 인하여 7~10일 이내에 실험동물의 50%를 치사시키는 양으로 실험동물 체중 1kg당 mg으로 나타낸다.

**참고**

① MLD : 실험 동물 가운데 한 마리를 치사시키는 데 필요한 최소의 양
② $LC_{50}$(Letal Concentration) : 실험동물의 50%가 사망하는 유해물질의 농도
③ $LT_{50}$ : 일정 농도에서 실험동물의 50%가 사망하는 데 소요되는 시간

**27** 다음 [보기] 중 노출 기준이 가장 낮은 것과 높은 것을 골라 적으시오.

• 기출 2013년 1회

---

① 암모니아
② 불소
③ 과산화수소
④ 사염화탄소
⑤ 염화수소

(1) 가장 낮은 것 :
(2) 가장 높은 것 :

---

(1) 불소
(2) 암모니아

### 참고

노출 기준
- 암모니아 : 25ppm
- 불소 : 0.1ppm
- 과산화수소 : 1ppm
- 사염화탄소 : 5ppm
- 염화수소 : 1ppm

## 28 다음 [보기]의 위험물과 혼재 가능한 물질을 적으시오.

• 기출 2013년 1회

① 산화성고체　　　　　　② 가연성고체
③ 자연발화 및 금수성　　　④ 인화성액체
⑤ 자기반응성물질　　　　　⑥ 산화성액체

(1) 산화성고체 :
(2) 가연성고체 :
(3) 자기반응성물질 :
(4) 자연발화성 및 금수성 :

---

(1) ⑥
(2) ④, ⑤
(3) ② ④
(4) ④

## 29 신규화학물질을 제조하거나 수입하려는 자는 제조하거나 수입하려는 날 ( ① )일 (연간 제조하거나 수입하려는 양이 100킬로그램 이상 1톤 미만인 경우에는 14일) 전까지 신규화학물질 유해성·위험성 조사보고서를 첨부하여 ( ② )에게 제출하여야 한다.

• 기출 2015년 2회

① 30
② 고용노동부장관

### 참고

신규화학물질의 유해성·위험성 조사보고서의 제출

1. 신규화학물질을 제조하거나 수입하려는 자는 신규화학물질에 의한 근로자의 건강장해를 예방하기 위하여 그 신규화학물질의 유해성·위험성을 조사하고 그 조사보고서를 고용노동부장관에게 제출하여야 한다.
2. 신규화학물질의 유해성·위험성 조사 제외 화학물질

| 유해성·위험성 조사 제외 화학물질 |
| --- |

1. 원소
2. 천연으로 산출된 화학물질
3. 「건강기능식품에 관한 법률」에 따른 건강기능식품
4. 「군수품관리법」 및 「방위사업법」에 따른 군수품 [「군수품관리법」 제3조에 따른 통상품(痛常品)은 제외한다]
5. 「농약관리법」에 따른 농약 및 원제
6. 「마약류 관리에 관한 법률」에 따른 마약류
7. 「비료관리법」에 따른 비료
8. 「사료관리법」에 따른 사료
9. 「생활화학제품 및 살생물제의 안전관리에 관한 법률」에 따른 살생물 물질 및 살생물 제품
10. 「식품위생법」에 따른 식품 및 식품첨가물
11. 「약사법」에 따른 의약품 및 의약외품(醫藥外品)
12. 「원자력안전법」에 따른 방사성물질
13. 「위생용품 관리법」에 따른 위생용품
14. 「의료기기법」에 따른 의료기기
15. 「총포·도검·화약류 등의 안전관리에 관한 법률」에 따른 화약류
16. 「화장품법」에 따른 화장품과 화장품에 사용하는 원료
17. 고용노동부장관이 명칭, 유해성·위험성, 근로자의 건강장해 예방을 위한 조치 사항 및 연간 제조량·수입량을 공표한 물질로서 공표된 연간 제조량·수입량 이하로 제조하거나 수입한 물질
18. 고용노동부장관이 환경부장관과 협의하여 고시하는 화학물질 목록에 기록되어 있는 물질

#### 암기법

비료로 농사지은 식품, 건강식품, 군수품, 위생용품에서 화약, 방사성물질 나와서 의료기기, 의약품, 마약, 화장품으로 치료했더니 천연 원소인 살생물의 위험조사 제외됐다.

**30** 유해물질(허가대상 유해물질 및 관리대상 유해물질)을 제조하거나 사용하는 작업장의 보기 쉬운 장소에 게시하여야 하는 사항 5가지를 적으시오.

• 기출 2016년 3회, 2020년 4-2회

① 유해물질의 명칭
② 인체에 미치는 영향
③ 취급상의 주의사항
④ 착용하여야 할 보호구
⑤ 응급처치와 긴급 방재 요령

### 참고

| 물질안전보건자료에 적어야 하는 사항 | 물질안전보건자료대상물질의 작업공정별 관리요령에 포함사항 |
|---|---|
| 1. 제품명<br>2. 물질안전보건자료 대상물질을 구성하는 화학물질 중 유해인자의 분류기준에 해당하는 화학물질의 명칭 및 함유량<br>3. 안전 및 보건상의 취급 주의 사항<br>4. 건강 및 환경에 대한 유해성, 물리적 위험성<br>5. 물리·화학적 특성 등 고용노동부령으로 정하는 사항<br>　① 물리·화학적 특성<br>　② 독성에 관한 정보<br>　③ 폭발·화재 시의 대처방법<br>　④ 응급조치 요령<br>　⑤ 그 밖에 고용노동부장관이 정하는 사항 | 1. 제품명<br>2. 건강 및 환경에 대한 유해성, 물리적 위험성<br>3. 안전 및 보건상의 취급주의 사항<br>4. 적절한 보호구<br>5. 응급조치 요령 및 사고 시 대처방법 |

> **암기법**
>
> 적어야 하는 사항, 관리 요령에 포함사항(명칭 및 함유량 제외), 변경사항 중 상대방에게 제공하여야 할 내용, 교육내용(명칭 및 함유량 제외)의 공통 내용
> 1. 제품명(명칭)
> 2. 명칭 및 함유량
> 3. 물리적 위험성 및 건강 유해성
> 4. 취급 주의 사항
> 5. 응급조치 요령, 사고 시 대처법

**31** 화학설비 및 시설 설치 시 유지하여야 하는 안전거리 기준이다. (   )에 적합한 숫자를 적으시오.

• 기출 2022년 1회

- 단위 공정시설, 설비로부터 다른 공정시설 및 설비 사이 : ( ① )m 이상 이격
- 플레어스택으로부터 위험물 저장탱크, 위험물 하역설비 사이 : 반경 ( ② )m 이상 이격
- 위험물 저장탱크로부터 단위 공정설비, 보일러, 가열로 사이 : 저장탱크 외면에서 ( ③ )m 이상 이격
- 사무실, 연구실, 식당 등으로 부터 공정설비, 위험물 저장탱크, 보일러, 가열로 사이 : 사무실 등 외면으로부터 ( ④ )m 이상 이격

① 10
② 20
③ 20
④ 20

> **참고**
>
> 화학설비의 안전거리 기준
>
> | 구분 | 안전거리 |
> |---|---|
> | 1. 단위공정시설 및 설비로부터 다른 단위공정시설 및 설비의 사이 | 설비의 바깥 면으로부터 10미터 이상 |
> | 2. 플레어스택으로부터 단위공정시설 및 설비, 위험물질 저장탱크 또는 위험물질 하역설비의 사이 | 플레어스택으로부터 반경 20미터 이상. 다만, 단위공정시설 등이 불연재로 시공된 지붕 아래에 설치된 경우에는 그러하지 아니하다. |
> | 3. 위험물질 저장탱크로부터 단위공정시설 및 설비, 보일러 또는 가열로의 사이 | 저장탱크의 바깥 면으로부터 20미터 이상. 다만, 저장탱크의 방호벽, 원격조종 소화설비 또는 살수설비를 설치한 경우에는 그러하지 아니하다. |
> | 4. 사무실·연구실·실험실·정비실 또는 식당으로부터 단위공정시설 및 설비, 위험물질 저장탱크, 위험물질 하역설비, 보일러 또는 가열로의 사이 | 사무실 등의 바깥 면으로부터 20미터 이상. 다만, 난방용 보일러인 경우 또는 사무실 등의 벽을 방호구조로 설치한 경우에는 그러하지 아니하다. |

**32** 화학설비 또는 그 부속설비의 파열판 및 안전밸브 설치에 관한 내용이다. 괄호에 적합한 내용을 적으시오. • 기출 2022년 3회, 2023년 3회

> 1. 사업주는 급성 독성물질이 지속적으로 외부에 유출될 수 있는 화학설비 및 그 부속설비에 파열판과 안전밸브를 ( ① )로 설치하고 그 사이에는 ( ② ) 또는 ( ③ )를 설치하여야 한다.
> 2. 안전밸브 등이 안전밸브 등을 통하여 보호하려는 설비의 최고사용압력 이하에서 작동되도록 하여야 한다. 다만, 안전밸브 등이 2개 이상 설치된 경우에 1개는 최고사용압력의 ( ④ )배, 외부화재를 대비한 경우에는 ( ⑤ )배 이하에서 작동되도록 설치할 수 있다.

① 직렬  ② 압력지시계  ③ 자동경보장치  ④ 1.05  ⑤ 1.1

**33** 화학설비 또는 그 부속설비의 용도를 변경하는 경우에는 해당 설비를 점검한 후 사용하여야 한다. 점검 내용 3가지를 적으시오. • 기출 2017년 2회, 2020년 4회

① 그 설비 내부에 폭발이나 화재의 우려가 있는 물질이 있는지
② 안전밸브·긴급차단장치 및 그 밖의 방호장치 기능의 이상 유무
③ 냉각장치·가열장치·교반장치·압축장치·계측장치 및 제어장치 기능의 이상 유무

**34** 가스폭발 위험장소 또는 분진폭발 위험장소에 설치되는 건축물 등에 대해서 내화구조로 하여야 하는 부분 3가지를 적으시오. • 기출 2017년 3회, 2020년 3회

① 건축물의 기둥 및 보 : 지상 1층(지상 1층의 높이가 6미터를 초과하는 경우에는 6미터)까지
② 위험물 저장·취급용기의 지지대(높이가 30센티미터 이하인 것은 제외한다) : 지상으로부터 지지대의 끝부분까지
③ 배관·전선관 등의 지지대 : 지상으로부터 1단(1단의 높이가 6미터를 초과하는 경우에는 6미터)까지

### 참고

화재감시자의 배치
사업주는 근로자에게 다음 각 호의 어느 하나에 해당하는 장소에서 용접·용단 작업을 하도록 하는 경우에는 화재감시자를 지정하여 용접·용단 작업 장소에 배치해야 한다.
① 작업반경 11미터 이내에 건물구조 자체나 내부(개구부 등으로 개방된 부분을 포함한다)에 가연성물질이 있는 장소
② 작업반경 11미터 이내의 바닥 하부에 가연성물질이 11미터 이상 떨어져 있지만 불꽃에 의해 쉽게 발화될 우려가 있는 장소
③ 가연성물질이 금속으로 된 칸막이·벽·천장 또는 지붕의 반대쪽 면에 인접해 있어 열전도나 열복사에 의해 발화될 우려가 있는 장소

**35** 사업주가 화재감시자를 지정하여 용접·용단 작업 장소에 배치하여야 하는 장소 3곳을 적으시오.
• 기출 2022년 2회

① 작업반경 11미터 이내에 건물구조 자체나 내부(개구부 등으로 개방된 부분을 포함한다)에 가연성 물질이 있는 장소
② 작업반경 11미터 이내의 바닥 하부에 가연성물질이 11미터 이상 떨어져 있지만 불꽃에 의해 쉽게 발화될 우려가 있는 장소
③ 가연성물질이 금속으로 된 칸막이·벽·천장 또는 지붕의 반대쪽 면에 인접해 있어 열전도나 열복사에 의해 발화될 우려가 있는 장소


**36** 화재위험작업을 하는 경우에 화재예방을 위하여 준수하여야 하는 사항 3가지를 적으시오.
• 기출 2017년 2회, 2023년 1회

① 작업 준비 및 작업 절차 수립
② 작업장 내 위험물의 사용·보관 현황 파악
③ 화기작업에 따른 인근 인화성 액체에 대한 방호조치 및 소화기구 비치
④ 용접불티 비산방지덮개, 용접방화포 등 불꽃, 불티 등 비산방지조치
⑤ 인화성 액체의 증기가 남아 있지 않도록 환기 등의 조치
⑥ 작업근로자에 대한 화재예방 및 피난교육 등 비상조치


**37** 반드시 파열판을 설치하여야 하는 경우 3가지를 적으시오.
• 기출 2017년 3회, 2020년 1·2·4-2회, 2023년 1회

① 반응폭주 등 급격한 압력상승의 우려가 있는 경우
② 급성독성물질의 누출로 인하여 주위의 작업환경을 오염시킬 우려가 있는 경우
③ 운전 중 안전밸브에 이상 물질이 누적되어 안전밸브가 작동되지 아니할 우려가 있는 경우

## 38. 화학설비 또는 그 배관의 밸브나 콕에 내구성이 있는 재료를 선정할 때 고려사항 4가지를 쓰시오.
• 기출 2012년 3회

① 개폐의 빈도
② 위험물질 등의 종류
③ 위험물질 등의 온도
④ 위험물질 등의 농도

## 39. 비등액체 팽창 증기폭발(BLEVE)에 영향을 주는 인자를 3가지 쓰시오.
• 기출 2018년 1회, 2024년 2회

① 저장된 물질의 종류와 형태
② 저장용기의 재질
③ 저장된 물질의 인화성 여부
④ 주위온도와 압력

## 40. 다음 용어를 설명하시오.
• 기출 2016년 2회

(1) UVCE(개방계 증기운폭발) :
(2) BLEVE(비등액체 증기폭발) :

(1) 가연성 가스가 누출되면서 대기 중에 구름형태로 모여 점화원에 의하여 순간적으로 모든 가스가 동시에 폭발하는 현상
(2) 외부화재에 의해 탱크 내 가연성액체가 비등하고 증기가 팽창하면서 폭발을 일으키는 현상

**41** 용융 고열물을 취급하는 피트에 대하여 수증기 폭발을 방지하기 위한 조치사항 2가지를 적으시오.　　　　　　　　　　　　　　　　　　　• 기출 2021년 3회

① 지하수가 내부로 새어드는 것을 방지할 수 있는 구조로 할 것
② 작업용수 또는 빗물 등이 내부로 새어드는 것을 방지할 수 있는 격벽 등의 설비를 주위에 설치할 것


**42** 연소의 3요소를 적고 각 요소별 소화방법을 적으시오.　　• 기출 2015년 2회

① 가연물 : 제거소화
② 산소 : 질식소화
③ 점화원 또는 열 : 냉각소화


**43** 빈칸에 알맞은 내용을 적으시오.　　　　　　• 기출 2016년 1회, 2022년 2회

| 유형 | 화재의 분류 | 색상 |
|---|---|---|
| A | 일반화재 | ( ④ ) |
| B | ( ① ) | ( ⑤ ) |
| C | ( ② ) | 청색 |
| D | ( ③ ) | 무색 |

① 유류화재
② 전기화재
③ 금속화재
④ 백색
⑤ 황색

**참고**

화재의 분류 및 소화방법

| 분류 | A급 화재 | B급 화재 | C급 화재 | D급 화재 |
|---|---|---|---|---|
| 구분색 | 백색 | 황색 | 청색 | 표시 없음(무색) |
| 가연물 | 일반 화재 | 유류(가스) 화재 | 전기 화재 | 금속 화재 |
| 주된 소화 효과 | 냉각 효과 | 질식 효과 | 질식, 억제효과 | 질식 효과 |
| 적응 소화제 | 물, 강화액소화기, 산·알칼리소화기 | 포소화기, $CO_2$소화기, 분말소화기 | $CO_2$소화기, 분말소화기, 할로겐화합물소화기 | 건조사, 팽창 질석, 팽창 진주암 |

**44** 다음 화재의 경우 적응성이 있는 적합한 소화기를 [보기]에서 2가지씩 골라 적으시오.
・기출 2014년 2회

① $CO_2$
② 건조사
③ 봉상수소화기
④ 물통 또는 수조
⑤ 포소화기
⑥ 할로겐화물소화기

(1) 전기설비 :
(2) 인화성액체 :
(3) 자기반응성물질 :

(1) ①, ⑥
(2) ①, ②, ⑤, ⑥
(3) ②, ③, ④, ⑤

## 45 할로겐화합물 소화약제의 할로겐 원소 4가지를 적으시오.
• 기출 2013년 2회

① I(요오드)　② F(불소, 플루오르)　③ Cl(염소)　④ Br(브롬)


## 46 국소배기장치의 후드설치 시 준수사항 4가지를 적으시오.
• 기출 2013년 3회, 2020년 1회

① 유해물질이 발생하는 곳마다 설치할 것
② 유해인자의 발생형태와 비중, 작업방법 등을 고려하여 해당 분진 등의 발산원을 제어할 수 있는 구조로 설치할 것
③ 후드 형식은 가능하면 포위식 또는 부스식 후드를 설치할 것
④ 외부식 또는 리시버식 후드는 해당 분진등의 발산원에 가장 가까운 위치에 설치할 것


## 47 국소배기장치(이동식은 제외한다)의 덕트(duct)의 설치기준 3가지를 적으시오.
• 기출 2018년 3회

① 가능하면 길이는 짧게 하고 굴곡부의 수는 적게 할 것
② 접속부의 안쪽은 돌출된 부분이 없도록 할 것
③ 청소구를 설치하는 등 청소하기 쉬운 구조로 할 것
④ 덕트 내부에 오염물질이 쌓이지 않도록 이송속도를 유지할 것
⑤ 연결 부위 등은 외부 공기가 들어오지 않도록 할 것


## 48 작업환경 개선을 위한 조치사항(작업환경 개선 원칙) 3가지를 적으시오.
• 기출 2015년 1회

① 대치(대체)
② 격리(Isolation)
③ 환기(Ventilation)

# PART 07 건설안전관리

## 01
굴착작업 시 보일링 현상을 방지하기 위한 대책 3가지를 적으시오. (단, 작업 중지는 제외)
• 기출 2013년 2회, 2014년 2회, 2019년 1회, 2020년 4회

① 지하 수위 저하
② 지하수 흐름 변경
③ 근입벽을 깊게 한다.

### 참고

1. 보일링(Boiling)현상 : 사질토 지반에서 굴착저면과 흙막이 배면과의 수위 차이로 인해 굴착저면의 흙과 물이 함께 위로 솟구쳐 오르는 현상(모래의 액상화 현상)을 말한다.
2. 히빙(Heaving)현상 : 연질 점토지반에서 굴착에 의한 흙막이 내·외면의 흙의 중량 차이(토압 차이)로 인해 굴착저면이 부풀어 올라오는 현상을 말한다.

## 02
[보기]는 산업안전보건법에 의한 건설공사발주자의 산업재해 예방 조치에 관한 내용이다. 괄호에 적합한 내용을 적으시오.
• 기출 2022년 1회

총 공사금액이 ( ① )원 이상인 건설공사발주자는 산업재해 예방을 위하여 건설공사의 계획, 설계 및 시공 단계에서 다음 각 호의 구분에 따른 조치를 하여야 한다.

| | |
|---|---|
| 건설공사 계획단계 | 해당 건설공사에서 중점적으로 관리하여야할 유해·위험 요인과 이의 감소방안을 포함한 ( ② )을 작성할 것 |
| 건설공사 설계단계 | ( ② )을 설계자에게 제공하고, 설계자로 하여금 유해·위험 요인의 감소방안을 포함한 ( ③ )을 작성하게 하고 이를 확인할 것 |
| 건설공사 시공단계 | 건설공사발주자로부터 건설공사를 최초로 도급받는 수급인에게 ( ③ )을 제공하고, 그 수급인에게 이를 반영하여 안전한 작업을 위한 ( ④ )을 작성하게 하고 그 이행 여부를 확인할 것 |

① 50억
② 기본 안전보건대장
③ 설계 안전보건대장
④ 공사 안전보건대장

## 03 [보기] 중 산업안전보건관리비로 사용 가능한 항목을 4가지 골라 번호를 적으시오.

• 기출 2013년 1회

① 면장갑 및 코팅장갑의 구입비
② 안전보건 교육장 내 냉·난방 설비 설치비
③ 안전보건 관리자용 안전 순찰차량의 유류비
④ 교통통제를 위한 교통정리자의 인건비
⑤ 외부인 출입금지, 공사장 경계표시를 위한 가설울타리
⑥ 위생 및 긴급 피난용 시설비
⑦ 안전보건교육장의 대지 구입비
⑧ 안전관련 간행물, 잡지 구독비

②, ③, ⑥, ⑧

### 참고

산업안전보건관리비의 사용 항목

| | |
|---|---|
| 1. 안전관리자·보건관리자의 임금 등 | ① 안전관리 또는 보건관리 업무만을 전담하는 안전관리자 또는 보건관리자의 임금과 출장비 전액<br>② 안전관리 또는 보건관리 업무를 전담하지 않는 안전관리자 또는 보건관리자의 임금과 출장비의 각각 2분의 1에 해당하는 비용<br>③ 안전관리자를 선임한 건설공사 현장에서 산업재해 예방 업무만을 수행하는 작업지휘자, 유도자, 신호자 등의 임금 전액<br>④ 작업을 직접 지휘·감독하는 직·조·반장 등 관리감독자의 직위에 있는 자가 업무를 수행하는 경우에 지급하는 업무수당(임금의 10분의 1 이내) |

| | |
|---|---|
| 2. 안전시설비 등 | ① 산업재해 예방을 위한 안전난간, 추락방호망, 안전대 부착설비, 방호장치(기계·기구와 방호장치가 일체로 제작된 경우, 방호장치 부분의 가액에 한함) 등 안전시설의 구입·임대 및 설치를 위해 소요되는 비용<br>② 스마트 안전장비 구입·임대 비용의 10분의 7에 해당하는 비용(2025년 1월 1일~12월 31일까지 적용, 2016년 1월 1일부터는 "스마트 안전장비 구입·임대 비용"). 다만, 계상된 산업안전보건관리비 총액의 10분의 1을 초과할 수 없다.<br>③ 용접 작업 등 화재 위험작업 시 사용하는 소화기의 구입·임대비용 |
| 3. 보호구 등 | ① 보호구의 구입·수리·관리 등에 소요되는 비용<br>② 근로자가 보호구를 직접 구매·사용하여 합리적인 범위 내에서 보전하는 비용<br>③ 안전관리자 등의 업무용 피복, 기기 등을 구입하기 위한 비용<br>④ 안전관리자 및 보건관리자가 안전보건 점검 등을 목적으로 건설공사 현장에서 사용하는 차량의 유류비·수리비·보험료 |
| 4. 안전보건진단비 등 | ① 유해위험방지계획서의 작성 등에 소요되는 비용<br>② 안전보건진단에 소요되는 비용<br>③ 작업환경 측정에 소요되는 비용<br>④ 그 밖에 산업재해예방을 위해 법에서 지정한 전문기관 등에서 실시하는 진단, 검사, 지도 등에 소요되는 비용 |
| 5. 안전보건교육비 등 | ① 의무교육이나 이에 준하여 실시하는 교육을 위해 건설공사 현장의 교육 장소 설치·운영 등에 소요되는 비용<br>② 산업재해 예방 목적을 가진 다른 법령상 의무교육을 실시하기 위해 소요되는 비용<br>③ 「응급의료에 관한 법률」에 따른 안전보건교육 대상자 등에게 구조 및 응급처치에 관한 교육을 실시하기 위해 소요되는 비용<br>④ 안전보건관리책임자, 안전관리자, 보건관리자가 업무수행을 위해 필요한 정보를 취득하기 위한 목적으로 도서, 정기간행물을 구입하는 데 소요되는 비용<br>⑤ 건설공사 현장에서 안전기원제 등 산업재해 예방을 기원하는 행사를 개최하기 위해 소요되는 비용. 다만, 행사의 방법, 소요된 비용 등을 고려하여 사회통념에 적합한 행사에 한한다.<br>⑥ 건설공사 현장의 유해·위험요인을 제보하거나 개선방안을 제안한 근로자를 격려하기 위해 지급하는 비용 |
| 6. 근로자 건강장해예방비 등 | ① 법·영·규칙에서 규정하거나 그에 준하여 필요로 하는 각종 근로자의 건강장해 예방에 필요한 비용<br>② 중대재해 목격으로 발생한 정신질환을 치료하기 위해 소요되는 비용<br>③ 「감염병의 예방 및 관리에 관한 법률」에 따른 감염병의 확산 방지를 위한 마스크, 손소독제, 체온계 구입비용 및 감염병원체 검사를 위해 소요되는 비용<br>④ 휴게시설을 갖춘 경우 온도, 조명 설치·관리기준을 준수하기 위해 소요되는 비용<br>⑤ 건설공사 현장에서 근로자 심폐소생을 위해 사용되는 자동심장충격기(AED) 구입에 소요되는 비용 |

7. 건설재해예방전문지도기관의 지도에 대한 대가로 자기공사자가 지급하는 비용

8. 「중대재해 처벌 등에 관한 법률」에 해당하는 건설사업자가 아닌 자가 운영하는 사업에서 안전보건 업무를 총괄·관리하는 3명 이상으로 구성된 본사 전담조직에 소속된 근로자의 임금 및 업무수행 출장비 전액. 다만, 산업안전보건관리비 총액의 20분의 1을 초과할 수 없다.

9. 위험성평가 또는 유해·위험요인 개선을 위해 필요하다고 판단하여 산업안전보건위원회 또는 노사협 의체에서 사용하기로 결정한 사항을 이행하기 위한 비용. 계상된 산업안전보건관리비 총액의 10분의 1을 초과할 수 없다.

## 04 건설공사에서 산업안전보건관리비 사용에 관한 기준이다. ( )에 적합한 내용을 적으시오.
• 기출 2014년 2회

(1) 발주자가 재료를 제공하거나 일부 물품이 완제품의 형태로 제작·납품되는 경우에는 해당 재료비 또는 완제품 가액을 대상액에 포함하여 산출한 산업안전보건관리비와 해당 재료비 또는 완제품 가액을 대상액에서 제외하고 산출한 산업안전보건관리비의 ( )배에 해당하는 값을 비교하여 그 중 작은 값 이상의 금액으로 계상한다.

(2) 대상액이 명확하지 않은 경우는 도급계약 또는 자체사업계획상 책정된 총 공사 금액의 ( )에 해당하는 금액을 대상액으로 하여 산업안전보건관리비를 계상하여야 한다.

(3) 도급인은 산업안전보건관리비 사용내역에 대하여 공사 시작 후 ( )개월마다 1회 이상 발주자 또는 감리자의 확인을 받아야 한다. 다만, ( )개월 이내에 공사가 종료되는 경우에는 종료 시 확인을 받아야 한다.

(1) 1.2
(2) 10분의 7(70%)
(3) 6

> **참고**
>
> 건설공사 등의 산업안전보건관리비 계상
> 1. 적용범위 : 산업안전보건법 제2조 제11호의 건설공사 중 총 공사금액 2천만 원 이상인 공사에 적용한다. 다만, 단가계약에 의하여 행하는 공사에 대하여는 총 계약금액을 기준으로 적용한다.
> 2. 건설공사도급인은 고용노동부장관이 정하는 바에 따라 해당 건설공사를 위하여 계상된 산업안전보건관리비를 그가 사용하는 근로자와 그의 관계수급인이 사용하는 근로자의 산업재해 및 건강장해 예방에 사용하고, 그 사용명세서를 매월(공사가 1개월 이내에 종료되는 사업의 경우에는 해당 공사 종료 시) 작성하고 건설공사 종료 후 1년간 보존해야 한다.

## 05  굴착면의 높이가 2미터 이상이 되는 지반의 굴착작업의 작업계획서의 내용 4가지를 적으시오. (단, 그 밖에 안전·보건에 관련된 사항은 제외할 것)

• 기출 2014년 3회, 2019년 1회

① 굴착방법 및 순서, 토사 반출 방법
② 필요한 인원 및 장비 사용계획
③ 매설물 등에 대한 이설·보호대책
④ 사업장 내 연락방법 및 신호방법
⑤ 흙막이 지보공 설치방법 및 계측계획
⑥ 작업지휘자의 배치계획

**암기법**

작업지휘자 배치 → 인원, 장비계획 → 지보공 설치 → 매설물보호 → 굴착, 반출

**06** 구축물, 건축물, 그 밖의 시설물 등의 해체작업 작업계획서의 내용 4가지를 적으시오.

• 기출 2017년 1회, 2020년 4회

① 해체의 방법 및 해체순서 도면
② 가설설비, 방호설비, 환기 설비 및 살수, 방화설비 등의 방법
③ 사업장 내 연락방법
④ 해체물의 처분계획
⑤ 해체작업용 기계·기구 등의 작업계획서
⑥ 해체작업용 화약류 등의 사용계획서


**07** 타워크레인을 설치·조립·해체하는 작업의 작업계획서의 내용을 4가지 적으시오.

• 기출 2014년 1회, 2020년 4-2회, 2022년 1회

① 타워크레인의 종류 및 형식
② 설치·조립 및 해체 순서
③ 작업도구·장비·가설설비 및 방호설비
④ 작업 인원의 구성 및 작업근로자의 역할 범위
⑤ 타워크레인의 지지 방법


**08** 차량계 하역운반기계 등을 사용하는 작업의 작업계획서의 내용 2가지를 적으시오.

• 기출 2021년 2회

① 해당 작업에 따른 추락·낙하·전도·협착 및 붕괴 등의 위험 예방대책
② 차량계 하역운반기계 등의 운행경로 및 작업방법

### 참고

차량계 건설기계 작업의 작업계획서의 내용
① 사용하는 차량계 건설기계의 종류 및 성능
② 차량계 건설기계의 운행경로
③ 차량계 건설기계에 의한 작업방법

**09** 차량계 하역운반 기계를 이송하기 위하여 자주 또는 견인에 의하여 화물자동차 등에 싣거나 내리는 작업에 있어서 발판·성토 등을 사용하는 때에 기계의 전도 또는 전락에 의한 위험을 방지하기 위하여 준수하여야 할 사항 4가지를 적으시오.

• 기출 2022년 1회

① 싣거나 내리는 작업은 평탄하고 견고한 장소에서 할 것
② 발판을 사용하는 경우에는 충분한 길이·폭 및 강도를 가진 것을 사용하고 적당한 경사를 유지하기 위하여 견고하게 설치할 것
③ 가설대 등을 사용하는 경우에는 충분한 폭 및 강도와 적당한 경사를 확보할 것
④ 지정운전자의 성명·연락처 등을 보기 쉬운 곳에 표시하고 지정운전자 외에는 운전하지 않도록 할 것

**10** 안전난간의 구조 및 설치요건에 관한 설명이다. 괄호에 적합한 숫자를 적으시오.

• 기출 2013년 1회, 2021년 3회

(1) 상부 난간대는 바닥면·발판 또는 경사로의 표면으로부터 (　)센티미터 이상 지점에 설치하고, 상부 난간대를 120센티미터 이하에 설치하는 경우에는 중간 난간대는 상부 난간대와 바닥면 등의 중간에 설치하여야 한다.
(2) 난간대는 지름 (　)센티미터 이상의 금속제 파이프나 그 이상의 강도가 있는 재료이어야 한다.
(3) 안전난간은 구조적으로 가장 취약한 지점에서 가장 취약한 방향으로 작용하는 (　)킬로그램 이상의 하중에 견딜 수 있는 튼튼한 구조이어야 한다.

(1) 90
(2) 2.7
(3) 100

**참고**

안전난간의 구조 및 설치요건

① 상부 난간대, 중간 난간대, 발끝막이판 및 난간기둥으로 구성할 것
② 상부 난간대
  · 상부 난간대는 바닥면 등으로부터 90센티미터 이상 지점에 설치
  · 상부 난간대를 120센티미터 이하에 설치하는 경우 : 중간 난간대는 상부 난간대와 바닥면 등의 중간에 설치
  · 120센티미터 이상 지점에 설치하는 경우: 중간 난간대를 2단 이상으로 설치, 난간의 상하간격은 60센티미터 이하가 되도록 할 것(다만, 난간기둥 간의 간격이 25센티미터 이하인 경우에는 중간 난간대를 설치하지 않을 수 있다.)
③ 발끝막이판은 바닥면 등으로부터 10센티미터 이상의 높이를 유지할 것
④ 난간기둥은 상부 난간대와 중간 난간대를 견고하게 떠받칠 수 있도록 적정한 간격을 유지할 것
⑤ 상부 난간대와 중간 난간대는 난간 길이 전체에 걸쳐 바닥면 등과 평행을 유지할 것
⑥ 난간대는 지름 2.7센티미터 이상의 금속제 파이프나 그 이상의 강도가 있는 재료일 것
⑦ 안전난간은 구조적으로 가장 취약한 지점에서 가장 취약한 방향으로 작용하는 100킬로그램 이상의 하중에 견딜 수 있는 튼튼한 구조일 것

**11** 안전난간의 주요 구성요소 4가지를 적으시오. · 기출 2017년 3회

① 상부 난간대
② 중간 난간대
③ 발끝막이판
④ 난간기둥

**12** 잠함 또는 우물통의 급격한 침하에 의한 위험을 방지하기 위하여 준수하여야 할 사항 2가지를 적으시오. · 기출 2012년 2회, 2013년 2회, 2015년 3회, 2019년 1회

① 침하관계도에 따라 굴착방법 및 재하량(載荷量) 등을 정할 것
② 바닥으로부터 천장 또는 보까지의 높이는 1.8미터 이상으로 할 것

**13** 잠함·우물통·수직갱 등의 내부에서 굴착작업을 하는 때 준수해야 할 사항 3가지를 적으시오.
• 기출 2017년 1회, 2023년 2회

① 산소결핍의 우려가 있는 때에는 산소의 농도를 측정하는 자를 지명하여 측정하도록 할 것
② 근로자가 안전하게 오르내리기 위한 설비를 설치할 것
③ 굴착 깊이가 20미터를 초과하는 때에는 당해 작업장소와 외부와의 연락을 위한 통신설비 등을 설치할 것
④ 산소농도 측정결과 산소의 결핍이 인정되거나 굴착 깊이가 20미터를 초과하는 때에는 송기를 위한 설비를 설치할 것


**14** 흙막이 지보공을 설치한 때 점검하여야 하는 사항 4가지를 적으시오.
• 기출 2019년 3회

① 부재의 손상·변형·부식·변위 및 탈락의 유무와 상태
② 버팀대의 긴압의 정도
③ 부재의 접속부·부착부 및 교차부의 상태
④ 침하의 정도


**참고**

1. 터널지보공 설치 시 점검 항목
   ① 부재의 손상·변형·부식·변위 탈락의 유무 및 상태
   ② 부재의 긴압의 정도
   ③ 부재의 접속부 및 교차부의 상태
   ④ 기둥침하의 유무 및 상태

2. 굴착면의 기울기 및 높이 기준

| 지반의 종류 | 굴착면의 기울기 |
| --- | --- |
| 모래 | 1 : 1.8 |
| 연암 및 풍화암 | 1 : 1.0 |
| 경암 | 1 : 0.5 |
| 그 밖의 흙 | 1 : 1.2 |

**15** 터널의 강(鋼)아치 지보공을 조립하는 경우 사업주가 따라야 할 조치사항 3가지를 적으시오.
• 기출 2023년 2회

① 조립 간격은 조립도에 따를 것
② 주재가 아치작용을 충분히 할 수 있도록 쐐기를 박는 등 필요한 조치를 할 것
③ 연결 볼트 및 띠장 등을 사용하여 주재 상호 간을 튼튼하게 연결할 것
④ 터널 등의 출입구 부분에는 받침대를 설치할 것
⑤ 낙하물이 근로자에게 위험을 미칠 우려가 있는 경우에는 널판 등을 설치할 것


**16** 낙하물방지망의 설치에 관한 설명이다. 괄호에 알맞은 숫자를 적으시오.
• 기출 2017년 2회, 2020년 3회

(1) 설치 높이는 (　)미터 이내마다 설치하고, 내민길이는 벽면으로부터 (　)미터 이상으로 할 것
(2) 수평면과의 각도는 (　)도 이상 (　)도 이하를 유지할 것

(1) 10, 2
(2) 20, 30

**17** 추락방호망의 설치에 관한 설명이다. 괄호에 알맞은 숫자를 적으시오.

• 기출 2022년 3회

---

1. 추락방호망의 설치 위치는 가능하면 작업면으로 부터 가까운 지점에 설치하여야 하며, 작업면으로부터 망의 설치지점까지의 수직거리는 ( ① )미터를 초과하지 아니할 것

2. 추락방호망은 수평으로 설치하고, 망의 처짐은 짧은 변 길이의 12퍼센트 이상이 되도록 할 것

3. 건축물 등의 바깥쪽으로 설치하는 경우 망의 내민 길이는 벽면으로부터 ( ② )미터 이상 되도록 할 것(다만, 그물코가 20밀리미터 이하인 망을 사용한 경우에는 낙하물방지망을 설치한 것으로 본다.)

---

① 10  ② 3


**18** 이동식 비계 조립 시의 준수사항(이동식 비계의 구조)를 4가지 적으시오.

• 기출 2018년 3회

① 브레이크·쐐기 등으로 바퀴를 고정시킨 다음 비계의 일부를 시설물에 고정하거나 지지틀(아웃트리거)을 설치할 것
② 승강용사다리는 견고하게 설치할 것
③ 비계의 최상부에서 작업을 할 때에는 안전난간을 설치할 것
④ 작업발판은 항상 수평을 유지하고 작업발판 위에서 안전난간을 딛고 작업을 하거나 받침대 또는 사다리를 사용하여 작업하지 않도록 할 것
⑤ 작업발판의 최대적재하중은 250킬로그램을 초과하지 않도록 할 것

## 참고

| 강관비계의 구조 | 강관비계 조립 시의 준수사항 |
|---|---|
| ① 비계기둥 간격 : 띠장방향에서는 1.85m 이하, 장선방향에서는 1.5m 이하로 할 것<br>다만, 다음 각 목의 어느 하나에 해당하는 작업의 경우에는 안전성에 대한 구조검토를 실시하고 조립도를 작성하면 띠장 방향 및 장선 방향으로 각각 2.7미터 이하로 할 수 있다.<br>  가. 선박 및 보트 건조작업<br>  나. 그 밖에 장비 반입·반출을 위하여 공간 등을 확보할 필요가 있는 등 작업의 성질상 비계기둥 간격에 관한 기준을 준수하기 곤란한 작업<br>② 띠장간격 : 2.0미터 이하로 할 것(다만, 작업의 성질상 이를 준수하기가 곤란하여 쌍기둥 틀 등에 의하여 해당 부분을 보강한 경우에는 그러하지 아니하다)<br>③ 비계기둥의 제일 윗부분으로 부터 31m되는 지점 밑 부분의 비계기둥은 2본의 강관으로 묶어 세울 것(다만, 브라켓(bracket, 까치발) 등으로 보강하여 2개의 강관으로 묶을 경우 이상의 강도가 유지되는 경우에는 그러하지 아니하다)<br>④ 비계기둥 간의 적재하중은 400kg을 초과하지 않도록 할 것 | ① 비계기둥에는 미끄러지거나 침하하는 것을 방지하기 위하여 밑받침철물을 사용하거나 깔판·받침목 등을 사용하여 밑둥잡이를 설치할 것<br>② 강관의 접속부 또는 교차부는 적합한 부속철물을 사용하여 접속하거나 단단히 묶을 것<br>③ 교차가새로 보강할 것<br>④ 외줄비계·쌍줄비계 또는 돌출 비계의 벽이음 및 버팀 설치<br>  • 조립간격 : 수직방향에서 5m 이하, 수평방향에서는 5m 이하<br>  • 강관·통나무 등의 재료를 사용하여 견고한 것으로 할 것<br>  • 인장재와 압축재로 구성되어 있는 때에는 인장재와 압축재의 간격을 1m 이내로 할 것<br>⑤ 가공전로에 근접하여 비계를 설치하는 때에는 가공전로를 이설, 절연용 방호구 장착하는 등 가공전로와의 접촉 방지 조치할 것 |

## 19. 말비계의 조립 시의 준수사항(말비계의 구조)구조를 2가지 적으시오.

• 기출 2017년 1회, 2022년 3회

① 지주부재의 하단에는 미끄럼 방지장치를 하고, 양측 끝부분에 올라서서 작업하지 아니하도록 할 것
② 지주부재와 수평면과의 기울기를 75도 이하로 하고, 지주부재와 지주부재 사이를 고정시키는 보조부재를 설치할 것
③ 말비계의 높이가 2미터를 초과할 경우에는 작업발판의 폭을 40센티미터 이상으로 할 것

### 참고

| 시스템 비계의 구조 | 시스템 비계 조립 시의 준수사항 |
|---|---|
| ① 수직재·수평재·가새재를 견고하게 연결하는 구조가 되도록 할 것<br>② 비계 밑단의 수직재와 받침철물은 밀착되도록 설치하고, 수직재와 받침철물의 연결부의 겹침 길이는 받침철물 전체길이의 3분의 1 이상이 되도록 할 것<br>③ 수평재는 수직재와 직각으로 설치하여야 하며, 체결 후 흔들림이 없도록 견고하게 설치할 것<br>④ 수직재와 수직재의 연결철물은 이탈되지 않도록 견고한 구조로 할 것<br>⑤ 벽 연결재의 설치간격은 제조사가 정한 기준에 따라 설치할 것 | ① 비계 기둥의 밑둥에는 밑받침 철물을 사용하여야 하며, 밑받침에 고저차가 있는 경우에는 조절형 밑받침 철물을 사용하여 시스템 비계가 항상 수평 및 수직을 유지하도록 할 것<br>② 경사진 바닥에 설치하는 경우에는 피벗형 받침 철물 또는 쐐기 등을 사용하여 밑받침 철물의 바닥면이 수평을 유지하도록 할 것<br>③ 가공전로에 근접하여 비계를 설치하는 경우에는 가공전로를 이설하거나 가공전로에 절연용 방호구를 설치하는 등 가공전로와의 접촉을 방지하기 위하여 필요한 조치를 할 것<br>④ 비계 내에서 근로자가 상하 또는 좌우로 이동하는 경우에는 반드시 지정된 통로를 이용하도록 주지시킬 것<br>⑤ 비계 작업 근로자는 같은 수직면상의 위와 아래 동시 작업을 금지할 것<br>⑥ 작업발판에는 제조사가 정한 최대적재하중을 초과하여 적재해서는 아니 되며, 최대적재하중이 표기된 표지판을 부착하고 근로자에게 주지시키도록 할 것 |

## 20 비계를 조립·해체하거나 또는 변경한 후 작업시작 전 점검항목을 4가지 적으시오.
• 기출 2012년 1회, 2012년 3회, 2013년 2·3회, 2016년 2회, 2020년 1·2회, 2022년 2회, 2023년 1회

① 발판 재료의 손상 여부 및 부착 또는 걸림 상태
② 당해 비계의 연결부 또는 접속부의 풀림 상태
③ 연결 재료 및 연결철물의 손상 또는 부식상태
④ 손잡이의 탈락 여부
⑤ 기둥의 침하·변형·변위 또는 흔들림 상태
⑥ 로프의 부착상태 및 매단 장치의 흔들림 상태

**참고**

비계 조립간격(벽이음 간격)

| 비계 종류 | | 수직방향 | 수평방향 |
|---|---|---|---|
| 강관비계 | 단관비계 | 5m | 5m |
| | 틀비계(높이 5m 미만인 것 제외) | 6m | 8m |

## 21 비상구의 설치기준 2가지를 적으시오.
• 기출 2012년 3회, 2014년 2회, 2018년 2회

① 출입구와 같은 방향에 있지 아니하고, 출입구로부터 3미터 이상 떨어져 있을 것
② 작업장의 각 부분으로부터 하나의 비상구 또는 출입구까지의 수평거리가 50미터 이하가 되도록 할 것(다만, 작업장이 있는 층에 피난층 또는 지상으로 통하는 직통계단을 설치한 경우에는 그 부분에 한정하여 본문에 따른 기준을 충족한 것으로 본다.)
③ 비상구의 너비는 0.75미터 이상으로 하고, 높이는 1.5미터 이상으로 할 것
④ 비상구의 문은 피난 방향으로 열리도록 하고, 실내에서 항상 열 수 있는 구조로 할 것

**22** 계단의 설치기준이다. (   )에 알맞은 내용을 적으시오.

• 기출 2013년 2회, 2016년 3회

(1) 사업주는 계단 및 계단참을 설치하는 경우 매제곱미터당 (   )kg 이상의 하중에 견딜 수 있는 강도를 가진 구조로 설치하여야 하며, 안전율은 (   ) 이상으로 하여야 한다.
(2) 계단을 설치하는 경우 그 폭을 (   )m 이상으로 하여야 한다.
(3) 높이가 (   )m를 초과하는 계단에는 높이 3m 이내마다 너비 1.2미터 이상의 계단참을 설치하여야 한다.
(4) 높이 (   )m 이상인 계단의 개방된 측면에 안전난간을 설치하여야 한다.

(1) 500, 4
(2) 1
(3) 3
(4) 1

### 참고

계단의 설치

① 계단의 강도
 • 계단 및 계단참의 강도는 500kg/m² 이상이어야 하며 안전율(안전의 정도를 표시하는 것으로서 재료의 파괴응력도와 허용응력도와의 비를 말한다)은 4 이상으로 하여야 한다.
② 계단의 폭
 • 1미터 이상으로 하여야 한다.
③ 계단참의 높이
 • 높이가 3m를 초과하는 계단에는 높이 3m 이내마다 너비 1.2미터 이상의 계단참을 설치하여야 한다.
④ 천장의 높이
 • 바닥면으로부터 높이 2미터 이내의 공간에 장애물이 없도록 하여야 한다.
⑤ 계단의 난간
 • 높이 1미터 이상인 계단의 개방된 측면에 안전난간을 설치하여야 한다.

## 23 가설통로의 구조를 3가지 적으시오.

• 기출 2016년 3회, 2017년 3회, 2018년 1회, 2021년 1회, 2023년 1회

① 견고한 구조로 할 것
② 경사는 30도 이하로 할 것
③ 경사가 15도를 초과하는 때는 미끄러지지 아니하는 구조로 할 것
④ 추락의 위험이 있는 장소에는 안전난간을 설치할 것
⑤ 수직갱 : 길이가 15미터 이상인 때에는 10미터 이내마다 계단참을 설치할 것
⑥ 건설공사에 사용하는 높이 8미터 이상인 비계다리 : 7미터 이내마다 계단참을 설치할 것


## 24 산업안전보건법에 의한 사다리식 통로의 구조 5가지를 적으시오.

• 기출 2022년 1회, 2022년 2회

① 견고한 구조로 할 것
② 심한 손상·부식 등이 없는 재료를 사용할 것
③ 발판의 간격은 일정하게 할 것
④ 발판과 벽과의 사이는 15센티미터 이상의 간격을 유지할 것
⑤ 폭은 30센티미터 이상으로 할 것
⑥ 사다리가 넘어지거나 미끄러지는 것을 방지하기 위한 조치를 할 것
⑦ 사다리의 상단은 걸쳐놓은 지점으로부터 60센티미터 이상 올라가도록 할 것
⑧ 사다리식 통로의 길이가 10미터 이상인 경우에는 5미터 이내마다 계단참을 설치할 것
⑨ 사다리식 통로의 기울기는 75도 이하로 할 것. 다만, 고정식 사다리식 통로의 기울기는 90도 이하로 하고, 그 높이가 7미터 이상인 경우에는 다음 각 목의 구분에 따른 조치를 할 것
  • 등받이울이 있어도 근로자 이동에 지장이 없는 경우 : 바닥으로부터 높이가 2.5미터 되는 지점부터 등받이울을 설치할 것
  • 등받이울이 있으면 근로자가 이동이 곤란한 경우 : 한국산업표준에서 정하는 기준에 적합한 개인용 추락 방지 시스템을 설치하고 근로자로 하여금 한국산업표준에서 정하는 기준에 적합한 전신안전대를 사용하도록 할 것
⑩ 접이식 사다리 기둥은 사용 시 접혀지거나 펼쳐지지 않도록 철물 등을 사용하여 견고하게 조치할 것

**25** 공사용 가설도로를 설치하는 경우 준수하여야 할 사항 3가지를 적으시오.

• 기출 2012년 2회, 2021년 1회

① 도로는 장비 및 차량이 안전하게 운행할 수 있도록 견고하게 설치할 것
② 도로와 작업장이 접하여 있을 경우에는 울타리 등을 설치할 것
③ 도로는 배수를 위하여 경사지게 설치하거나 배수시설을 설치할 것
④ 차량의 속도제한 표지를 부착할 것


**26** 작업발판의 설치기준에 관한 설명이다. 괄호에 적합한 내용을 적으시오.

• 기출 2021년 2회

(1) 비계의 높이가 2m 이상인 장소에 설치하는 작업발판의 폭은 (   )cm 이상으로 하고, 발판 재료 간의 틈은 (   )cm 이하로 할 것
(2) 추락의 위험성이 있는 장소에는 (   )을 설치할 것

(1) 40, 3
(2) 안전난간

### 참고

**작업발판 설치기준**

① 발판재료 : 작업 시의 하중을 견딜 수 있도록 견고한 것으로 할 것
② 발판의 폭 : 40cm 이상으로 하고, 발판재료간의 틈은 3cm 이하로 할 것
③ 추락의 위험성이 있는 장소에는 안전난간을 설치할 것
④ 작업발판의 지지물 : 하중에 의하여 파괴될 우려가 없는 것을 사용할 것
⑤ 작업발판재료는 뒤집히거나 떨어지지 아니하도록 2 이상의 지지물에 연결하거나 고정시킬 것
⑥ 작업에 따라 이동시킬 때에는 위험방지 조치를 할 것
⑦ 선박 및 보트 건조작업에서 선박블록 또는 엔진실 등의 좁은 작업공간에 작업발판을 설치하는 경우 : 작업발판의 폭을 30센티미터 이상으로 할 수 있고, 걸침비계의 경우 발판재료 간의 틈을 3센티미터 이하로 유지하기 곤란하면 5센티미터 이하로 할 수 있다.

## 27 작업발판 일체형 거푸집의 종류 4가지를 적으시오.

• 기출 2013년 1회, 2020년 4-2회, 2024년 3회

① 갱 폼(gang form)
② 슬립 폼(slip form)
③ 클라이밍 폼(climbing form)
④ 터널 라이닝 폼(tunnel lining form)

### 참고

1. 동바리로 사용하는 파이프서포트의 조립 시 준수사항
   • 파이프서포트를 3개본 이상 이어서 사용하지 아니하도록 할 것
   • 파이프서포트를 이어서 사용할 때에는 4개 이상의 볼트 또는 전용철물을 사용하여 이을 것
   • 높이가 3.5미터를 초과하는 경우에는 높이 2미터 이내마다 수평연결재를 2개 방향으로 만들고 수평연결재의 변위를 방지할 것
2. 동바리로 사용하는 강관틀의 준수사항
   • 강관틀과 강관틀 사이에 교차가새를 설치할 것
   • 최상단 및 5단 이내마다 동바리의 측면과 틀면의 방향 및 교차가새의 방향에서 5개 이내마다 수평연결재를 설치하고 수평연결재의 변위를 방지할 것
   • 최상단 및 5단 이내마다 동바리의 틀면의 방향에서 양단 및 5개틀 이내마다 교차가새의 방향으로 띠장틀을 설치할 것

## 28 콘크리트의 타설 작업 시의 준수사항 3가지를 적으시오.

• 기출 2015년 2회, 2018년 2회

① 당일의 작업을 시작하기 전에 해당 작업에 관한 거푸집 동바리 등의 변형·변위 및 지반의 침하 유무 등을 점검하고 이상이 있으면 보수할 것
② 작업 중에는 감시자를 배치하는 등의 방법으로 거푸집 및 동바리의 변형·변위 및 침하 유무 등을 확인해야 하며, 이상이 있으면 작업을 중지하고 근로자를 대피시킬 것
③ 콘크리트의 타설작업 시 거푸집 붕괴의 위험이 발생할 우려가 있으면 충분한 보강조치를 할 것
④ 설계도서상의 콘크리트 양생기간을 준수하여 거푸집 및 동바리를 해체할 것
⑤ 콘크리트를 타설하는 경우에는 편심이 발생하지 않도록 골고루 분산하여 타설할 것

### 참고

콘크리트 타설 장비(콘크리트 플레이싱 붐(placing boom), 콘크리트 분배기, 콘크리트 펌프카 등) 사용 시의 준수사항

① 작업을 시작하기 전에 콘크리트 타설 장비를 점검하고 이상을 발견하였으면 즉시 보수할 것
② 건축물의 난간 등에서 작업하는 근로자가 호스의 요동·선회로 인하여 추락하는 위험을 방지하기 위하여 안전난간 설치 등 필요한 조치를 할 것
③ 콘크리트 타설 장비의 붐을 조정하는 경우에는 주변의 전선 등에 의한 위험을 예방하기 위한 적절한 조치를 할 것
④ 작업 중에 지반의 침하나 아웃트리거 등 콘크리트 타설 장비 지지구조물의 손상 등에 의하여 콘크리트 타설 장비가 넘어질 우려가 있는 경우에는 이를 방지하기 위한 적절한 조치를 할 것

**29** 철골공사 작업을 중지해야 하는 조건을 3가지 적으시오. (단, 단위를 명확히 쓰시오)

• 기출 2012년 1회, 2018년 1회, 2018년 3회, 2024년 1회

① 풍속이 초당 10미터 이상인 경우
② 강우량이 시간당 1밀리미터 이상인 경우
③ 강설량이 시간당 1센티미터 이상인 경우

**30** 콘크리트 옹벽(또는 흙막이 지보공)의 안정성 검토사항 3가지를 적으시오.

• 기출 2014년 3회

① 전도에 대한 안정
② 활동에 대한 안정
③ 침하(지반 지지력)에 대한 안정

> **참고**
>
> 외압에 대한 내력이 설계에 고려되었는지 확인하여야 할 대상(자립도 검토대상)
> ① 높이 20미터 이상의 구조물
> ② 구조물의 폭과 높이의 비가 1 : 4 이상인 구조물
> ③ 단면구조에 현저한 차이가 있는 구조물
> ④ 연면적당 철골량이 50킬로그램/평방미터 이하인 구조물
> ⑤ 기둥이 타이플레이트(tie plate)형인 구조물
> ⑥ 이음부가 현장용접인 구조물

**31** 부두·안벽 등 하역작업장의 안전조치 기준 3가지를 적으시오.

• 기출 2018년 3회, 2022년 2회

> ① 작업장 및 통로의 위험한 부분에는 안전하게 작업할 수 있는 조명을 유지할 것
> ② 부두 또는 안벽의 선을 따라 통로를 설치하는 경우에는 폭을 90센티미터 이상으로 할 것
> ③ 육상에서의 통로 및 작업장소로서 다리 또는 선거(船渠) 갑문(閘門)을 넘는 보도(步道) 등의 위험한 부분에는 안전난간 또는 울타리 등을 설치할 것

**32** 다음 내용을 읽고 빈칸에 적합한 내용을 적으시오.

• 기출 2015년 1회

> (1) 부두 또는 안벽의 선을 따라 통로를 설치하는 경우에는 폭을 (    ) 이상으로 할 것
> (2) 육상에서의 통로 및 작업장소로서 다리 또는 선거(船渠) 갑문(閘門)을 넘는 보도(步道) 등의 위험한 부분에는 (    ) 또는 울타리 등을 설치할 것
> (3) 바닥으로부터의 높이가 2미터 이상 되는 하적단(포대·가마니 등으로 포장된 화물이 쌓여 있는 것만 해당한다)과 인접 하적단 사이의 간격을 하적단의 밑부분을 기준하여 (    ) 이상으로 하여야 한다.

> ① 90센티미터
> ② 안전난간
> ③ 10센티미터

**33** 벌목작업(유압식 벌목기를 사용하는 제외)을 하는 경우의 준수사항 2가지를 적으시오.
• 기출 2018년 3회

① 벌목하려는 경우에는 미리 대피로 및 대피장소를 정해 둘 것
② 벌목하려는 나무의 가슴높이 지름이 20센티미터 이상인 경우에는 수구의 상면·하면의 각도를 30도 이상으로 하며, 수구 깊이는 뿌리 부분 지름의 4분의 1 이상 3분의 1 이하로 만들 것
③ 벌목작업 중에는 벌목하려는 나무로부터 해당 나무 높이의 2배에 해당하는 직선거리 안에서 다른 작업을 하지 않을 것
④ 나무가 다른 나무에 걸려있는 경우에는 다음 각 목의 사항을 준수할 것
  가. 걸려있는 나무 밑에서 작업을 하지 않을 것
  나. 받치고 있는 나무를 벌목하지 않을 것

# PART 08 [참고] 인간공학 및 시스템 위험분석

※ 24~26년 개정된 출제기준에서 제외된 내용입니다. 기출문제 공부에 참고하세요.

## 01 인간-기계 통합시스템(man-machine system)의 유형을 3가지로 구분하시오.
• 기출 2019년 3회

① 수동시스템
② 기계시스템(반자동 시스템)
③ 자동시스템

### 참고

기계설비의 고장 유형

| 초기 고장<br>(감소형) | • 설계상, 구조상 결함, 불량 제조·생산 과정 등의 품질 관리미비로 생기는 고장 형태<br>• 점검 작업이나 시운전 작업 등으로 사전에 방지할 수 있는 고장 |
|---|---|
| 우발 고장<br>(일정형) | • 예측할 수 없을 때에 생기는 고장의 형태<br>• 사용자의 실수, 천재지변, 우발적 사고 등이 원인이다. |
| 마모 고장<br>(증가형) | • 기계적 요소나 부품의 마모, 사람의 노화 현상 등에 의해 고장률이 상승하는 형이다.<br>• 고장이 일어나기 직전에 교환, 안전 진단 및 적당한 보수에 의해서 방지할 수 있는 고장이다. |

## 02 인간-기계 통합시스템(man-machine system)의 정보처리 기능 4가지를 적으시오.
• 기출 2014년 3회, 2015년 2회, 2018년 2회, 2019년 3회, 2022년 3회

① 감지기능
② 정보보관기능
③ 정보처리 및 의사결정기능
④ 행동기능

> **참고**

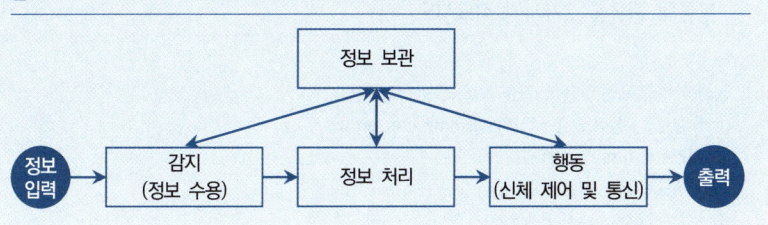

03 재해 예방을 위한 Fool proof 기구의 종류 4가지를 적으시오. • 기출 2020년 4회

① 가드(guard)
② 록(lock) 기구
③ 기동방지기구
④ 트립(trip)기구
⑤ 오버런(over-run) 기구

> **참고**
>
> 부품배치의 원칙
> 1. 중요성의 원칙 : 부품을 작동하는 성능이 체계의 목표 달성에 중요한 정도에 따라 우선순위를 결정한다.
> 2. 사용빈도의 원칙 : 부품을 사용하는 빈도에 따라 우선순위를 결정한다.
> 3. 기능별 배치의 원칙 : 기능적으로 관련된 부품들(표시장치, 조정장치 등)을 모아서 배치한다.
> 4. 사용 순서의 원칙 : 사용 순서에 따라 장치들을 가까이에 배치한다.

04 휴먼에러의 심리적 분류(독립 행동에 관한 분류, Swain의 분류)와 원인에 대한 분류의 종류를 2가지씩 적으시오.
• 기출 2018년 1회

1. 심리적 분류(독립 행동에 관한 분류, Swain의 분류)
   ① 누설오류, 생략오류, 부작위오류(omission error)
   ② 시간오류(time error)
   ③ 작위오류(commission error)
   ④ 순서오류(sequential error)
   ⑤ 과잉행동오류(extraneous error)

2. 원인의 레벨적 분류
   ① 1차 에러(primary error)
   ② 2차 에러(secondary error)
   ③ command error


05 다음 [보기]를 각각 omission error와 commission error로 구분하시오.
• 기출 2012년 2회, 2017년 2회

(1) 납 접합을 빠트렸다.
(2) 전선의 연결이 바뀌었다.
(3) 부품을 빠트렸다.
(4) 부품을 거꾸로 배열하였다.
(5) 틀린 부품을 사용하였다.


(1) omission error
(2) commission error
(3) omission error
(4) commission error
(5) commission error

**참고**

| 휴먼에러의 심리적 분류(Swain의 분류) | 휴먼에러 원인의 레벨적 분류 |
| --- | --- |
| ① omission error(누설오류, 생략오류, 부작위오류) : 필요한 작업 또는 절차를 수행하지 않아 발생한 에러<br>② commission error(작위오류) : 필요한 작업 또는 절차의 불확실한 수행으로 인한 에러<br>③ time error(시간오류) : 필요한 작업 또는 절차의 수행 지연으로 인한 에러<br>④ sequential error(순서오류) : 필요한 작업 또는 절차의 순서 착오로 인한 에러<br>⑤ extraneous error(과잉행동오류) : 불필요한 작업 또는 절차를 수행함으로써 발생한 에러 | ① primary error(1차 에러) : 작업자 자신으로부터 발생한 에러<br>② secondary error(2차 에러) : 작업형태, 작업조건으로 부터 발생한 에러<br>③ command error : 실행하고자 하여도 필요한 물품, 정보, 에너지 등이 공급되지 않아서 작업자가 움직일 수 없는 상태에서 발생한 에러 |

## 06 작위적 오류(Commission Error)와 부작위적 오류(Omission Error)를 구분하여 설명하시오.
• 기출 2016년 1회, 2022년 1회

(1) 작위적 오류(Commission Error) :
(2) 부작위적 오류(Omission Error) :

(1) 필요한 작업 또는 절차의 불확실한 수행으로 인한 에러
(2) 절차를 수행하지 않는데 기인한 에러(누설오류, 생략오류, 부작위오류)

07 인체 계측자료를 장비나 설비의 설계에 응용하는 경우 활용되는 3가지 원칙을 적으시오.
• 기출 2018년 2회, 2019년 2회, 2023년 3회

① 최대치수와 최소치수 설계
② 조절(조정) 범위
③ 평균치를 기준으로 한 설계

#### 참고

1. 최대 치수와 최소 치수 설계 : 최대치수 또는 최소치수를 기준으로 하여 설계한다.

| 최대 치수 설계의 예 | 최소 치수 설계의 예 |
| --- | --- |
| • 위험구역의 울타리 높이<br>• 출입문의 높이<br>• 그네줄의 인장강도 | • 물건을 올리는 선반의 높이<br>• 조정장치를 조정하는 힘<br>• 조정장치까지의 조정거리 |

2. 조절(조정)범위
   • 체격이 다른 여러 사람에 맞도록 설계한다.
   • 예 침대, 의자 높낮이 조절, 자동차의 운전석 위치조정
3. 평균치를 기준으로 한 설계
   • 최대 치수나 최소 치수, 조절식으로 하기가 곤란할 때 평균치를 기준으로 하여 설계한다.
   • 예 은행의 창구 높이


08 양립성의 종류를 3가지 적고 사례를 들어 설명하시오.
• 기출 2019년 1회, 2020년 3회, 2021년 2회

① 개념 양립성 : 빨간 버튼은 온수, 파란 버튼은 냉수
② 공간 양립성 : 오른쪽 조리대는 오른쪽 조절장치로, 왼쪽 조리대는 왼쪽 조절장치로 조정한다.
③ 운동 양립성 : 조종장치를 오른쪽으로 돌리면 표시장치 지침이 오른쪽으로 이동한다.
④ 양식 양립성 : 음성과업에 대해서는 청각적 자극 제시와 이에 대한 음성응답 과업에서 갖는 양립성이다.

## 참고

| 개념적 양립성 | • 외부자극에 대해 인간의 개념적 현상의 양립성<br>• 예 빨간 버튼은 온수, 파란 버튼은 냉수 |
|---|---|
| 공간적 양립성 | • 표시장치, 조종장치의 형태 및 공간적 배치의 양립성<br>• 예 오른쪽 조리대는 오른쪽 조절장치로, 왼쪽 조리대는 왼쪽 조절장치로 조정한다. |
| 운동의 양립성 | • 표시장치, 조종장치 등의 운동 방향의 양립성<br>• 예 조종장치를 오른쪽으로 돌리면 표시장치 지침이 오른 쪽으로 이동한다. |
| 양식 양립성 | • 직무에 알맞은 자극과 응답의 양식 존재에 대한 양립성<br>• 예 음성과업에 대해서는 청각적 자극 제시와 이에 대한 음성응답 과업에서 갖는 양립성이다. |

**09** 다음의 양립성에 대하여 사례를 들어 설명하시오. • 기출 2012년 2회

(1) 공간 양립성
(2) 운동 양립성

(1) 오른쪽 조리대는 오른쪽 조절장치로, 왼쪽 조리대는 왼쪽 조절장치로 조정한다.
(2) 조종장치를 오른쪽으로 돌리면 표시장치 지침이 오른쪽으로 이동한다.

**10** 사람이 느끼는 체감온도 또는 실효온도에 영향을 주는 요인 3가지를 적으시오.
• 기출 2012년 1회

① 온도
② 습도
③ 대류(공기 유동)

**11** 시스템안전 프로그램(SSPP)의 포함사항 4가지를 적으시오. • 기출 2015년 1회

① 시스템 안전조직
② 시스템 안전 업무활동
③ 시스템 안전 문서 양식
④ 시스템 개발과정에서의 안전업무활동 시기 및 방법
⑤ 리스트 평가 방법 및 수용기준

**참고**

시스템 안전 프로그램의 내용
① 일반개요
② 안전조직, 책임 및 권한
③ 시스템 안전기준
④ 수행해야 하는 시스템 안전업무활동
⑤ 시스템 안전문서
⑥ 안전업무활동의 관리
⑦ 안전훈련
⑧ 설비 및 지원기능

**12** HAZOP 기법에 사용되는 가이드워드에 관한 의미를 적으시오.

• 기출 2012년 2회, 2019년 2회

(1) AS WELL AS :
(2) PART OF :
(3) OTHER THAN :
(4) REVERSE :

(1) 성질상의 증가
(2) 일부 변경, 성질상의 감소
(3) 완전 대체
(4) 설계 의도의 논리적인 역


**14** [보기]의 의미를 가지는 가이드 워드를 영문으로 적으시오. • 기출 2013년 1회

(1) 완전 대체
(2) 성질상의 증가
(3) 설계 의도의 완전한 부정
(4) 설계 의도의 정반대

(1) Other Than
(2) As Well As
(3) No 또는 Not
(4) Reverse


**15** HAZOP 기법에서 사용되는 가이드 워드에 대한 설명이다. 설명에 해당하는 가이드 워드를 적으시오. • 기출 2023년 3회

(1) 설계의 의도 외의 다른 변수가 부가되는 상태 :
(2) 설계의 의도대로 완전히 이루어지지 않은 상태 :
(3) 설계의 의도대로 되지 않거나 유지되지 않은 상태 :
(4) 변수가 양적으로 증가 되어 있는 상태 :

(1) 설계의 의도 외의 다른 변수가 부가되는 상태 : As Well As
(2) 설계의 의도대로 완전히 이루어지지 않은 상태 : Part of
(3) 설계의 의도대로 되지 않거나 유지되지 않은 상태 : Other Than
(4) 변수가 양적으로 증가 되어 있는 상태 : More

> **참고**
>
> 유인어의 종류와 뜻
> - No 또는 Not : 완전한 부정
> - More 또는 Less : 양의 증가 및 감소
> - As Well As : 성질상의 증가, 설계의도 외의 다른 변수가 부가되는 경우
> - Part of : 일부 변경(설계 의도대로 완전히 이루어지지 않은 상태), 성질상의 감소
> - Reverse : 설계의도의 논리적인 역, 설계 의도와 정 반대로 나타나는 현상
> - Other Than : 완전한 대체, 설계 의도대로 되지 않거나 유지되지 않은 상태

## 16 [보기]의 시스템분석 기법 중에서 인간과오 분석가능 도구를 4가지 골라 적으시오.

• 기출 2012년 3회, 2020년 4·2회

| ① FTA | ② ETA |
| ③ HAZOP | ④ THERP |
| ⑤ CA | ⑥ FMEA |
| ⑦ PHA | ⑧ MORT |

①, ②, ④, ⑧

> **참고**
>
> ① 결함수분석(Fault tree analysis, FTA) : 사고를 일으키는 장치의 이상이나 운전자 실수의 조합을 연역적으로 분석하는 방법
> ② 사건수분석(Event tree analysis, ETA) : 초기사건으로 알려진 특정한 장치의 이상 또는 운전자의 실수에 의해 발생되는 잠재적인 사고결과를 정량적으로 평가 분석하는 방법
> ③ 위험과 운전분석(Hazard and operability, HAZOP) : 공정에 존재하는 위험요인과 공정의 효율을 떨어뜨릴 수 있는 운전상의 문제점을 찾아내어 그 원인을 제거하는 방법
> ④ 인간에러율 예측기법 (THERP) : 인간의 과오(human error)를 정량적으로 평가하기 위한 기법
> ⑤ 치명도 분석(CA, Criticality analysis) : 고장형태에 따른 영향을 분석한 후 중요한 고장에 대해 그 피해의 크기와 고장 발생률을 이용하여 치명도를 분석하는 절차

⑥ 고장형태에 따른 영향분석(FMEA, Failure modes and effects analysis) : 부품, 장치, 설비 및 시스템의 고장 또는 기능상실의 형태에 따른 원인과 영향을 체계적으로 분류하고 필요한 조치를 수립하는 절차
⑦ 예비 위험성 분석(PHA) : 시스템의 위험분석을 하기 전에 예비적인 작업으로, 공정의 위험부분을 열거하고 그 사고 빈도와 심각성에 대해 토의하여 결정하는 기법
⑧ MORT : 관리, 설계, 생산, 보전 등에 대한 넓은 범위(인간의 불안전한 행동 포함)에 걸쳐 안전성을 확보하려고 시도된 기법

**17** 특정한 장치의 이상 또는 운전자의 실수에 의해 발생되는 잠재적인 사고 결과를 정량적, 귀납적으로 평가 분석하는 기법의 명칭을 적으시오. • 기출 2022년 2회

ETA(사건수 분석)

**18** 미 국방성 위험성 평가 중 위험도(MIL-STD-882B)의 4가지를 구분하시오.
• 기출 2013년 2회, 2018년 3회, 2021년 3회

- 제1단계 : 파국적(치명적)
- 제2단계 : 위기적(위험)
- 제3단계 : 한계적
- 제4단계 : 무시

### 참고

1. PHA 카테고리 분류
   ① Class 1 : 파국적(catastrophic) - 사망, 시스템 완전 손상
   ② Class 2 : 위기적(critical) - 심각한 상해, 시스템 중대 손상
   ③ Class 3 : 한계적(marginal) - 경미한 상해, 시스템 성능 저하
   ④ Class 4 : 무시(negligible) - 경미한 상해 및 시스템 성능 저하 없음

2. FMEA 고장영향과 발생확률($\beta$)에 따른 위험성 분류

| 발생확률($\beta$)에 따른 위험성 분류 | FMEA 위험성의 분류 표시 |
|---|---|
| ① 실제 손실 $\beta = 1.00$<br>② 예상되는 손실 $0.1 < \beta < 1.00$<br>③ 가능한 손실 $0 < \beta \leq 0.1$<br>④ 영향 없음 $\beta = 0$ | ① category 1 : 생명 또는 가옥의 상실<br>② category 2 : 임무 수행의 실패<br>③ category 3 : 활동의 지연<br>④ category 4 : 손실과 영향없음 |

**19** 시스템 위험분석기법 중 PHA의 주요목표를 달성하기 위한 4가지 특징을 적으시오.

• 기출 2015년 3회

① 시스템의 모든 주요한 사고를 식별하고 대략적인 말로 표시할 것
② 사고를 유발하는 요인을 식별할 것
③ 사고가 발생한다고 가정하고 시스템에 생기는 결과를 식별하고 평가할 것
④ 식별된 사고를 "파국적", "위기적", "한계적", "무시"의 4가지 범주로 분류할 것

**20** 고장확률 평가기법 중 직렬이나 병렬구조로 단순화될 수 없는 복잡한 시스템의 신뢰도나 고장확률을 평가할 때 사용하는 평가기법 3가지를 적으시오.

• 기출 2014년 2회

① 사상 공간법
② 경로 추적법
③ 분해법

## 21. FTA에 의한 재해사례 연구 순서를 적으시오.

• 기출 2020년 1·2회, 2021년 1회

- 1단계 : 톱사상의 설정
- 2단계 : 재해 원인 규명
- 3단계 : FT도의 작성
- 4단계 : 개선계획의 작성

## 22. 미니멀 컷과 미니멀 패스의 정의를 적으시오.

• 기출 2023년 3회

(1) 미니멀 컷(Minimal Cut Set)
  ① 정상사상을 일으키기 위한 기본사상의 최소집합(최소한의 컷)
  ② 시스템의 위험성을 나타낸다.

(2) 미니멀 패스(Minimal Path Set)
  ① 시스템의 기능을 살리는 최소한의 집합(최소한의 패스)
  ② 시스템의 신뢰성 나타낸다.

### 참고

1. 컷셋(Cut Set)
   - 정상사상을 발생시키는 기본사상의 집합
   - 모든 기본사상이 일어났을 때 정상사상을 일으키는 기본사상들의 집합이다.

2. 미니멀 컷(Minimal Cut Set)
   - 정상사상을 일으키기 위한 기본사상의 최소집합(최소한의 컷)
   - 시스템의 위험성을 나타낸다.

## 23 [보기]는 FT 각 단계별 순서를 나열하였다. 올바른 순서대로 번호를 적으시오.

• 기출 2016년 2회

① 정상사상의 원인이 되는 기초사상을 분석한다.
② 정상사상과의 관계는 논리게이트를 이용하여 도해한다.
③ 분석현상이 된 시스템을 정의한다.
④ 이전단계에서 결정된 사상이 조금 더 전개가 가능한지 검사한다.
⑤ 정성·정량적으로 해석 평가한다.
⑥ FT를 간소화한다.

③ → ① → ② → ④ → ⑥ → ⑤


## 24 안전성 평가를 실시하는 순서를 4단계로 구분하여 설명하시오.

• 기출 2013년 3회, 2017년 2회

4단계로 구분하라는 경우는 1~4단계까지를 순서대로 적는다.

① 1단계 : 관계 자료의 정비검토
② 2단계 : 정성적인 평가
③ 3단계 : 정량적인 평가
④ 4단계 : 안전대책 수립
⑤ 5단계 : 재해사례에 의한 평가
⑥ 6단계 : FTA에 의한 재평가

# 02 실기 기출 계산형 문제

## PART 01 산업안전관리

**01** A 사업장의 평균근로자수는 540명이다. 지난해 12건의 재해, 15명의 재해자가 발생하여 근로손실일수 총 6,500일이 발생하였다. 다음을 계산하시오.
(단, 근무시간은 1일 9시간, 근무일수는 연간 280일이다.) • 기출 2012년 1회

(1) 도수율 :
(2) 강도율 :
(3) 연천인율 :
(4) 종합재해지수 :

(1) 도수율 $= \dfrac{\text{재해건수}}{\text{연 근로시간 수}} \times 10^6 = \dfrac{12}{540 \times 9 \times 280} \times 10^6 = 8.812 = 8.82$

(2) 강도율 $= \dfrac{\text{총 요양 근로손실일수}}{\text{연 근로시간 수}} \times 1,000 = \dfrac{6500}{540 \times 9 \times 280} \times 1,000 = 4.776 = 4.78$

(3) 연천인율 $= \dfrac{\text{연간 재해자수}}{\text{연평균근로자수}} \times 1,000 = \dfrac{15}{540} \times 1,000 = 27.777 = 27.78$

(4) 종합재해지수 $= \sqrt{\text{도수율} \times \text{강도율}} = \sqrt{8.82 \times 4.78} = 6.493 = 6.49$

02  A 사업장의 근로자 수는(3월 말 300명, 6월 말 320명, 9월 말 270명, 12월 말 260명)이었으며, 1일 8시간, 연간 280일 작업하는 동안 연간 15건의 재해가 발생하여 휴업일수 288일을 가져왔다. 도수율과 강도율을 구하시오.

• 기출 2012년 3회

(1) 도수율 = $\dfrac{\text{재해건수}}{\text{연 근로시간 수}} \times 10^6 = \dfrac{15}{288 \times 8 \times 280} \times 10^6 = 23.25$

(연평균 근로자 수 = $\dfrac{300+320+270+260}{4} = 287.5 ≒ 288$명)

(2) 강도율 = $\dfrac{\text{총 요양 근로손실일수}}{\text{연 근로시간 수}} \times 1,000 = \dfrac{288 \times \dfrac{280}{365}}{288 \times 8 \times 280} \times 1,000 = 0.34$


03  연천인율, 평균 강도율, 환산 도수율, 안전 활동률의 공식을 각각 쓰시오.

• 기출 2013년 2회

(1) 연천인율 = $\dfrac{\text{연간 재해자수}}{\text{연평균근로자수}} \times 1,000$

(2) 평균 강도율 = $\dfrac{\text{강도율}}{\text{도수율}} \times 1,000$

(3) 환산 도수율(F) = $\dfrac{\text{재해건수}}{\text{연 근로시간 수}} \times \text{평생근로시간수}(100,000)$

(4) 안전활동률 = $\dfrac{\text{안전활동 건수}}{\text{연 근로시간 수} \times \text{평균근로자수}} \times 10^6$

**04** A 사업장의 평균근로자수 300명이며 연평균재해건수가 2건, 휴업일수가 219일 발생하였다. 이 사업장의 종합재해지수를 계산하시오. (단, 1일 8시간, 연간 280일 근무)
• 기출 2013년 3회

(1) 도수율 $= \dfrac{\text{재해건수}}{\text{연 근로시간 수}} \times 10^6 = \dfrac{2}{300 \times 8 \times 280} \times 10^6 = 2.98$

(2) 강도율 $= \dfrac{\text{총 요양 근로손실일수}}{\text{연 근로시간 수}} \times 1{,}000 = \dfrac{219 \times \dfrac{280}{365}}{300 \times 8 \times 280} \times 1000 = 0.25$

(3) 종합재해지수 $= \sqrt{\text{도수율} \times \text{강도율}} = \sqrt{2.98 \times 0.25} = 0.86$


**05** 다음 용어를 설명하시오.
• 기출 2014년 3회

(1) 연천인율 :
(2) 강도율 :


(1) 연천인율

① 근로자 1,000명 중 재해자 수 비율(1년간)

② 연천인율 $= \dfrac{\text{연간 재해자수}}{\text{연평균 근로자수}} \times 1{,}000$

(2) 강도율

① 1,000 근로시간당 근로손실일 수 비율

② 강도율 $= \dfrac{\text{총 요양 근로손실일수}}{\text{연 근로시간수}} \times 1{,}000$

**06** 어느 사업장의 도수율은 18.73이다. 이 사업장에서 근로자 1명이 평생 작업하는 동안 발생할 수 있는 재해건수를 구하시오. (단, 1일 8시간, 월 25일 근무, 평생 근로년수 35년, 연간 잔업시간 수 240시간으로 한다.) • 기출 2016년 1회

---

환산 도수율(F)
1. 일평생 근로하는 동안의 요양 재해건수를 말한다.
2. 환산 도수율$(F) = \dfrac{재해건수}{연\ 근로시간\ 수} \times 평생근로시간수(100,000)$
3. 환산 도수율 = 도수율 ÷ 10

---

1. 환산 도수율 = 도수율 ÷ 10 = 18.73 ÷ 10 = 1.873
2. 100,000 : 1.873 = 92,400 : $x$

   $x = \dfrac{1.873 \times 92,400}{100,000} = 1.73(2건)$

   [평생근로시간수 = (8×25×12×35) + (240×35) = 92,400(시간)]

### 참고

"환산 도수율 = 도수율 ÷ 10"

위 공식은 평생근로시간이 100,000시간인 경우 적용할 수 있다. 문제에서의 평생 근로시간은 92,400시간이므로 비례식을 세워 계산한다.

---

**07** 근로자수 400명인 사업장에서 하루 8시간 연간 280일 근무하던 중 재해자수가 100명, 재해발생건수가 80건, 근로손실일수가 800일 발생하였다. 종합재해지수를 계산하시오. • 기출 2017년 1회, 2020년 4회

---

1. 종합재해지수(FSI) = $\sqrt{FR \times SR}$ = $\sqrt{도수율 \times 강도율}$
2. 도수율(빈도율) = $\dfrac{재해건수}{연\ 근로시간\ 수} \times 10^6$
3. 강도율 = $\dfrac{총\ 요양\ 근로손실일수}{연\ 근로시간\ 수} \times 1,000$

1. 도수율 $= \dfrac{\text{재해건수}}{\text{연 근로시간 수}} \times 10^6 = \dfrac{80}{400 \times 8 \times 280} \times 10^6 = 89.29$

2. 강도율 $= \dfrac{\text{총 요양 근로손실일수}}{\text{연 근로시간 수}} \times 1,000 = \dfrac{800}{400 \times 8 \times 280} \times 1,000 = 0.89$

3. 종합재해지수 $= \sqrt{\text{도수율} \times \text{강도율}} = \sqrt{89.29 \times 0.89} = 8.91$

08 2017년도 S기업의 근로자는 500명이 작업하면서 일일 8시간 년 300일 근무 중 사망 재해건수 2건, 휴업일수 27일, 잔업시간 10,000시간, 조퇴시간 500시간, 출근율 95%이었다. 강도율을 계산하시오.  • 기출 2017년 2회, 2024년 1회

$$\text{강도율} = \dfrac{\text{총 요양 근로손실일수}}{\text{연 근로시간 수}} \times 1,000 = \dfrac{2 \times 7500 + 27 \times \dfrac{300}{365}}{(500 \times 8 \times 300 \times 0.95) + 10000 - 500} \times 1000$$

$$= 13.07$$

09 연평균 근로자수가 1,500명인 어느 공장에서 연간 재해건수가 60건 발생하였다. 이중 사망이 2건, 근로손실일수가 1,200일인 경우 연천인율을 구하시오.  • 기출 2018년 1회

> 1. 연천인율 $= \dfrac{\text{연간 재해자수}}{\text{연평균근로자수}} \times 1,000$
>
> 2. 연천인율 $=$ 도수율 $\times 2.4$
>
> 3. 도수율(빈도율) $= \dfrac{\text{재해건수}}{\text{연 근로시간 수}} \times 10^6$

문제에서 연간 재해자수와 도수율이 주어지지 않고 근로자수와 재해건수가 주어졌으므로 도수율을 계산한 후 연천인율을 계산한다.

(1) 도수율(빈도율) $= \dfrac{\text{재해건수}}{\text{연 근로시간 수}} \times 10^6 = \dfrac{60}{1,500 \times 2,400} \times 10^6 = 16.67$

(2) 연천인율 $=$ 도수율 $\times 2.4 = 16.67 \times 2.4 = 40.01$

**10** 도수율이 12인 어느 사업장에서 지난 한 해 동안 12건의 재해로 인하여 15명의 재해자가 발생되었고 그로 인한 총 휴업일수가 146일이었다. 이 사업장의 강도율을 구하시오. (단, 근로자는 연간 250일, 1일 10시간 근무하였다)

• 기출 2019년 1회

> 1. 도수율(빈도율) = $\dfrac{\text{재해건수}}{\text{연 근로시간 수}} \times 10^6$
>
> 2. 강도율 = $\dfrac{\text{총 요양 근로손실일수}}{\text{연 근로시간 수}} \times 1{,}000$
>
> * 근로손실일수 = 휴업일수, 요양일수, 입원일수 × $\dfrac{300(\text{실제근로일수})}{365}$

(1) 도수율 = $\dfrac{\text{재해건수} \times 10^6}{\text{연 근로시간 수}}$

도수율 × 연 근로시간 수 = 재해건수 × $10^6$

연 근로시간 수 = $\dfrac{\text{재해건수} \times 10^6}{\text{도수율}} = \dfrac{12 \times 10^6}{12} = 1{,}000{,}000$(시간)

(2) 강도율 = $\dfrac{146 \times \dfrac{250}{365}}{1{,}000{,}000} \times 1{,}000 = 0.1$

**11** 근로자 수가 300명인 어느 사업장에서 작년 한 해 동안 15건의 재해로 인하여 휴업일수 288일이 발생되었다. 사업장의 도수율과 강도율을 계산하시오.
(단, 연 근로일수 280일, 일 8시간 근로하였다)

• 기출 2019년 2회

> 1. 도수율(빈도율) = $\dfrac{\text{재해건수}}{\text{연 근로시간 수}} \times 10^6$
>
> 2. 강도율 = $\dfrac{\text{총 요양 근로손실일수}}{\text{연 근로시간 수}} \times 1{,}000$
>
> * 근로손실일수 = 휴업일수, 요양일수, 입원일수 × $\dfrac{300(\text{실제근로일수})}{365}$

(1) 도수율(빈도율) $= \dfrac{\text{재해건수}}{\text{연 근로시간 수}} \times 10^6 = \dfrac{15}{300 \times 280 \times 8} \times 10^6 = 22.32$

(2) 강도율 $= \dfrac{\text{총 요양 근로손실일수}}{\text{연 근로시간 수}} \times 1{,}000 = \dfrac{288 \times \dfrac{280}{365}}{300 \times 280 \times 8} \times 1{,}000 = 0.33$

**12** 강도율을 계산하는 공식을 나타내었다. 괄호 안에 적합한 내용을 적으시오.

• 기출 2020년 1·2회

$$\text{강도율} = \dfrac{(\;①\;)}{\text{연 근로시간 수}} \times (\;②\;)$$

---

**강도율(S.R)**

(1) 1,000 근로시간당 요양재해로 인한 근로손실일수 비율

(2) 강도율 $= \dfrac{\text{총 요양 근로손실일수}}{\text{연 근로시간 수}} \times 1{,}000$

* 근로손실일수 = 휴업일수, 요양일수, 입원일수 $\times \dfrac{300(\text{실제근로일수})}{365}$

---

① 총 요양 근로손실일수
② 1,000

**13** 어떤 사업장에서 재해로 인하여 사망 2명, 1급 장해 1명, 2급 장해 1명, 9급 장해 1명, 10급 장해 4명이 발생하였다. 사업장의 재해로 인한 총 요양 근로손실일수를 계산하시오.

• 기출 2022년 3회

총 요양 근로손실일수 = $(2 \times 7{,}500) + 7{,}500 + 7{,}500 + 1{,}000 + (4 \times 600) = 33{,}400$(일)

참고

| 신체장해등급 | 사망 1, 2, 3급 | 4급 | 5급 | 6급 | 7급 | 8급 |
|---|---|---|---|---|---|---|
| 손실일수 | 7,500일 | 5,500일 | 4,000일 | 3,000일 | 2,200일 | 1,500일 |
| 신체장해등급 | 9급 | 10급 | 11급 | 12급 | 13급 | 14급 |
| 손실일수 | 1,000일 | 600일 | 400일 | 200일 | 100일 | 50일 |

**14** 근로자 수가 1,440명인 어느 사업장에서 연간 40건의 재해로 인하여 사망 1건, 사망을 제외한 근로손실일수 1,200일이 발생하였다. 강도율을 계산하시오.
(단, 주 40시간씩 연 50주 근무, 조기 출근 및 잔업시간 합계 100,000시간, 출근율 94%이다.)
• 기출 2024년 1회

$$강도율 = \frac{총\ 요양\ 근로손실일수}{연\ 근로시간\ 수} \times 1,000$$

$$강도율 = \frac{(1 \times 7,500) + 1,200}{(1,440 \times 40 \times 50 \times 0.95) + 100,0000} \times 1,000 = 3.07$$

참고

| 신체장해등급 | 사망 1, 2, 3급 | 4급 | 5급 | 6급 | 7급 | 8급 |
|---|---|---|---|---|---|---|
| 손실일수 | 7,500일 | 5,500일 | 4,000일 | 3,000일 | 2,200일 | 1,500일 |
| 신체장해등급 | 9급 | 10급 | 11급 | 12급 | 13급 | 14급 |
| 손실일수 | 1,000일 | 600일 | 400일 | 200일 | 100일 | 50일 |

**15** 연평균 근로자수가 1,500명인 A 공장에서 작년 한 해 동안 재해자수 60명이 발생하였다. 이 중 사망이 2명, 나머지 근로손실일수가 1,200일 발생하였다면 A 공장의 연천인율은 얼마인가?
• 기출 2020년 3회, 2021년 2회

> **연천인율**
> 1. 근로자 1,000명 중 재해자수 비율(1년간)
> 2. 연천인율 $= \dfrac{\text{연간 재해자수}}{\text{연평균근로자수}} \times 1,000$
> 3. 연천인율 $=$ 도수율 $\times 2.4$

연천인율 $= \dfrac{\text{연간 재해자수}}{\text{연평균근로자수}} \times 1,000 = \dfrac{60}{1,500} \times 1,000 = 40$


**16** A 사업장의 근로자수는 500명이며, 작년 한 해 동안 3건의 재해가 발생하였다. 도수율을 구하시오. (단, 근로자 1인당 연간 총근로시간이 3,000시간이었다.)
• 기출 2020년 4회

> **도수율(빈도율 F.R)**
> 1. 100만 근로시간당 요양 재해 재해발생 건수 비율
> 2. 도수율(빈도율) $= \dfrac{\text{재해건수}}{\text{연 근로시간 수}} \times 10^6$

도수율 $= \dfrac{\text{재해건수}}{\text{연 근로시간 수}} \times 10^6 = \dfrac{3}{500 \times 3,000} \times 10^6 = 2$

**17** 근로자 400명이 작업하는 사업장에서 작년 한 해 동안 재해자수 20명, 재해로 인한 근로손실일수가 100일이 생겼다. 사업장의 강도율을 계산하시오. (단, 일일 8시간 연간 250일 근로하였다.)   • 기출 2020년 4회

> **강도율(S.R)**
> 1. 1,000 근로시간당 요양재해로 인한 근로손실일수 비율
> 2. 강도율 = $\dfrac{\text{총 요양 근로손실일수}}{\text{연 근로시간 수}} \times 1,000$
>
> * 근로손실일수 = 휴업일수, 요양일수, 입원일수 × $\dfrac{300(\text{실제근로일수})}{365}$

강도율 = $\dfrac{\text{총 요양 근로손실일수}}{\text{연 근로시간 수}} \times 1,000 = \dfrac{100}{400 \times 8 \times 250} \times 1,000 = 0.13$

**18** 연평균 300명이 근무하는 사업장에서 사고로 인하여 사망 2건, 4급 재해 1명, 10급 재해 1명 및 요양으로 인한 휴업일수가 300일 발생하였다. 강도율을 계산하시오. (단, 1일 8시간, 연간 300일 근무)   • 기출 2021년 1회

| 신체장해등급 | 사망 1, 2, 3급 | 4급 | 5급 | 6급 | 7급 | 8급 |
|---|---|---|---|---|---|---|
| 손실일수 | 7,500일 | 5,500일 | 4,000일 | 3,000일 | 2,200일 | 1,500일 |
| 신체장해등급 | 9급 | 10급 | 11급 | 12급 | 13급 | 14급 |
| 손실일수 | 1,000일 | 600일 | 400일 | 200일 | 100일 | 50일 |

강도율 = $\dfrac{\text{총 요양 근로손실일수}}{\text{연 근로시간 수}} \times 1,000$

$= \dfrac{(7,500 \times 2) + (5,500 \times 1) + (600 \times 1) + (300 \times \dfrac{300}{365})}{300 \times 8 \times 300} \times 1,000 = 29.65$

**19** 산재보험 적용 근로자 수가 2,000명인 사업장에서 작년 한 해 동안 11건의 재해가 발생하였다. 재해로 인한 사망자 수 2명, 재해자 수가 10명일 경우 사망 만인율을 계산하시오.

• 기출 2022년 1회

> **사망 만인율**
> 1. 산재보험적용 근로자 수 10,000명당 발생하는 사망자 수의 비율을 말한다.
> 2. 사망 만인율 = $\dfrac{\text{사망자 수}}{\text{산재보험적용 근로자 수}} \times 10,000$

사망 만인율 = $\dfrac{\text{사망자 수}}{\text{산재보험적용 근로자 수}} \times 10,000 = \dfrac{2}{2,000} \times 10,000 = 10$

### 참고

**건설업체의 산업재해발생률**

다음의 계산식에 따른 사고사망 만인율로 산출하되, 소수점 셋째자리에서 반올림한다.

> 사고사망만인율(‱) = $\dfrac{\text{사고사망자수}}{\text{상시 근로자수}} \times 10,000$
>
> 상시 근로자수 = $\dfrac{\text{연간 국내공사 실적액} \times \text{노무비율}}{\text{건설업 월평균임금} \times 12}$

**20** 임금 근로자 수가 20,500명이고 산재보험 적용 근로자 수가 20,000인 사업장에서 재해로 인한 사망자가 5명 발생하였다. 사업장의 사망 만인율을 계산하시오.

• 기출 2024년 3회

사망 만인율 = $\dfrac{\text{사망자 수}}{\text{산재보험적용 근로자 수}} \times 10,000 = \dfrac{5}{20,000} \times 10,000 = 2.50$

**21** 연 근로시간수가 2,400시간인 어느 작업장에서 근로자 600명이 작업하고 있다. 작년 한 해 동안 120건의 재해가 발생되어 800일의 근로손실일수가 발생하였다. 이 작업장의 종합재해지수를 계산하시오. (단, 소수 넷째자리에서 반올림하여 셋째자리까지 나타낼 것)
• 기출 2021년 3회, 기출 2023년 1회

> 1. 종합재해지수(FSI) = $\sqrt{FR \times SR}$ = $\sqrt{도수율 \times 강도율}$
>
> 2. 도수율(빈도율) = $\dfrac{재해건수}{연\ 근로시간\ 수} \times 10^6$
>
> 3. 강도율 = $\dfrac{총\ 요양\ 근로손실일수}{연\ 근로시간\ 수} \times 1,000$
>
> *근로손실일수 = 휴업일수, 요양일수, 입원일수 × $\dfrac{300(실제근로일수)}{365}$

1. 종합재해지수(FSI) = $\sqrt{도수율 \times 강도율}$ = $\sqrt{83.333 \times 0.556}$ = 6.807

2. 도수율(빈도율) = $\dfrac{재해건수}{연\ 근로시간\ 수} \times 10^6$ = $\dfrac{120}{600 \times 2,400} \times 10^6$ = 83.333

3. 강도율 = $\dfrac{총\ 요양\ 근로손실일수}{총근로시간수} \times 1,000$ = $\dfrac{800}{600 \times 2,400} \times 1,000$ = 0.556


**21** 기초대사량이 7,000kcal/day이며, 작업 시의 소비에너지가 20,000kcal/day, 안정 시의 소비에너지가 6,000kcal/day인 작업을 수행하는 작업에서의 에너지대사율(RMR)을 계산하시오.
• 기출 2019년 1회

> 안정시의 소비 에너지
>
> RMR = $\dfrac{노동대사량(작업대사량)}{기초대사량}$ = $\dfrac{작업\ 시의\ 소비\ energy - 안정\ 시의\ 소비\ energy}{기초대사량}$

RMR = $\dfrac{작업\ 시의\ 소비\ energy - 안정\ 시의\ 소비\ energy}{기초대사량}$ = $\dfrac{20,000 - 6,000}{7,000}$ = 2

**22** 다음 [보기]와 같은 조건에서 작업을 할 경우 제공하여야 할 휴식시간을 계산하시오.

• 기출 2014년 2회

> (1) 도끼로 나무를 자르는데 소요되는 에너지 : 8kcal/min
> (2) 작업에 대한 평균 에너지 : 5kcal/min
> (3) 휴식 시의 에너지 : 1.5kcal/min
> (4) 작업시간 : 60분

> 휴식시간$(R) = \dfrac{60 \times (E-5)}{E-1.5}$ [분]
> 
> • 1.5 : 휴식 중의 에너지 소비량
> • 5(kcal/분) : 보통 작업에 대한 평균 에너지(기초대사량을 포함하지 않을 경우 4)
> • 60(분) : 작업시간
> • E(kcal/분) : 문제에서 주어진 작업 시 필요한 에너지

휴식시간$(R) = \dfrac{60 \times (8-5)}{8-1.5} = 27.69$(분)


**23** 작업현장에서 60분 동안 작업 시 산소소비량은 1.5L/min이었다. 작업에 적합한 휴식시간을 계산하시오. (단, 작업에 대한 평균에너지 5kcal, 휴식 시 평균에너지 1.5kcal/min, 산소에너지 당량은 5kcal/L이다.)

• 기출 2017년 3회

> 휴식시간$(R) = \dfrac{60 \times (E-5)}{E-1.5}$ [분]
>
> • 1.5 : 휴식 중의 에너지 소비량
> • 5(kcal/분) : 보통 작업에 대한 평균 에너지(기초대사량을 포함하지 않을 경우 4)
> • 60(분) : 작업시간
> • E(kcal/분) : 문제에서 주어진 작업 시 필요한 에너지

휴식시간$(R) = \dfrac{60(7.5-5)}{7.5-1.5} = 25$(분)

(작업 시의 소비에너지 에너지 $= 1.5 \times 5 = 7.5$(kcal/min))

**24** 어느 실내작업장의 소음수준을 측정한 결과 8시간 작업하는 동안 85dB[A]에 2시간, 90dB[A]에 4시간, 95dB[A]에 2시간 소음에 노출되었다. • 기출 2016년 2회

(1) 소음에 노출된 수준 :
(2) 소음 노출기준 초과 여부 :

---

1. 소음노출수준(%) = $\left(\dfrac{C_1}{T_1} + \dfrac{C_2}{T_2} + \cdots + \dfrac{C_n}{T_n}\right) \times 100$

   - $C$ : 각각의 소음도에 노출되는 시간(hr)
   - $T$ : 각각의 소음도에 노출될 수 있는 허용노출시간(hr)
   * 소음노출수준이 100%를 초과할 경우 노출기준 초과

2. 소음의 노출기준

| 1일 노출시간(hr) | 소음수준[dB(A)] |
|---|---|
| 8 | 90 |
| 4 | 95 |
| 2 | 100 |
| 1 | 105 |
| 1/2 | 110 |
| 1/4 | 115 |

* 소음 수준이 5dB 증가시마다 노출시간은 1/2로 줄어든다.

---

(1) 소음노출수준 = $\left(\dfrac{2}{16} + \dfrac{4}{8} + \dfrac{2}{4}\right) \times 100 = 112.5\,(\%)$

(2) 초과(소음노출 수준이 100%를 초과)

### 참고

90dB의 노출시간이 8시간이므로 85dB의 노출시간은 16시간이 된다.

**25** 시험가스농도 1.5%에서 표준유효시간이 80분인 정화통을 유해가스농도가 0.8%인 작업장에서 사용할 경우 유효 사용가능 시간을 계산하시오.

• 기출 2013년 1회

$$\text{정화통의 유효시간} = \frac{\text{표준 유효시간} \times \text{시험가스농도}}{\text{작업장 공기 중 유해가스 농도}} = \frac{80 \times 1.5}{0.8} = 150(\text{분})$$

## PART 02 기계 안전 관리

**01** 클러치 맞물림개수 5개, 200SPM의 동력 프레스기 양수기동식 안전장치의 안전거리를 계산하시오.
• 기출 2017년 1회, 2024년 1회

$$D_m(\text{mm}) = 1.6 \times T_m = 1.6 \times (\frac{1}{\text{클러치개소수}} + \frac{1}{2}) \times (\frac{60,000}{\text{매분행정수}})$$

• $T_m$ : 슬라이드가 하사점에 도달할 때까지의 시간(ms)

$D_m(\text{mm}) = 1.6 \times (\frac{1}{\text{클러치개소수}} + \frac{1}{2}) \times (\frac{60,000}{\text{매분행정수}}) = 1.6 \times (\frac{1}{5} + \frac{1}{2}) \times (\frac{60,000}{200})$
$= 336\text{mm}$

**02** 프레스에 광전자식 방호장치가 설치되어 있다. 급정지시간이 200ms일 경우 광전자식 방호장치의 안전거리(mm)를 계산하시오.
• 기출 2016년 1회, 2020년 3회

광전자식 방호장치의 안전거리
1. 안전거리 $D(\text{cm}) = 160 \times$ 프레스 작동 후 작업점까지의 도달시간(초)
2. 안전거리 $D(\text{mm}) = 1,600 \times$ 프레스 작동 후 작업점까지의 도달시간(초)

(1) 안전거리 $D(\text{cm}) = 160 \times$ 프레스 작동 후 작업점까지의 도달시간(초)
$= 160 \times \frac{200}{1,000} = 32(\text{cm}) \times 10 = 320(\text{mm})$

(2) 안전거리 $D(\text{mm}) = 1,600 \times$ 프레스 작동 후 작업점까지의 도달시간(초)
$= 1,600 \times \frac{200}{1,000} = 320(\text{mm})$

**참고**

$ms = \frac{1}{1,000}s$

03  1,000rpm으로 회전하는 롤러의 앞면 롤러의 지름이 50cm인 경우 앞면 롤러의 표면속도와 관련 규정에 따른 급정지거리(cm)를 구하시오. • 기출 2012년 2회

(1) 앞면 롤러의 표면속도 :
(2) 관련 규정에 따른 급정지거리(cm) :

**원주속도(회전속도)**

$$V = \frac{\pi \times D \times N}{1,000} (\text{m/min})$$

- $D$ : 롤러의 직경(mm)
- $N$ : 회전수(rpm)

(1) $V = \dfrac{\pi \times 500 \times 1,000}{1,000} = 1570.80 (\text{m/min})$

(2) 롤러의 표면속도에 따른 급정지거리

| 앞면 롤러의 표면속도(m/min) | 급정지거리 |
| --- | --- |
| 30 미만 | 앞면 롤러 원주의 1/3 이내 ($\pi \times d \times \dfrac{1}{3}$) |
| 30 이상 | 앞면 롤러 원주의 1/2.5 이내 ($\pi \times d \times \dfrac{1}{2.5}$) |

속도가 30 이상이므로 급정지거리 $= \pi \times d \times \dfrac{1}{2.5} = \pi \times 50 \times \dfrac{1}{2.5} = 62.83 (\text{cm})$


04  롤러기 급정지장치의 급정지거리를 계산하는 공식을 나타내었다. 괄호를 채우시오.
• 기출 2017년 3회

| 앞면 롤러의 표면속도(m/min) | 급정지거리 |
| --- | --- |
| 30 미만 | 앞면 롤러 원주의 ( ① ) 이내 |
| 30 이상 | 앞면 롤러 원주의 ( ② ) 이내 |

① $\dfrac{1}{3}$

② $\dfrac{1}{2.5}$

**05** 안전율이 5인 와이어로프의 절단하중이 2000kg일 경우 와이어로프에 사용할 수 있는 최대하중의 값을 계산하시오.
• 기출 2019년 1회, 2022년 1회

$$안전율 = \dfrac{파괴하중}{최대사용하중} = \dfrac{파단하중}{안전하중} = \dfrac{극한하중}{정격하중}$$

안전율 $= \dfrac{절단하중}{최대사용하중}$

안전율 × 최대사용하중 = 절단하중

최대사용하중 $= \dfrac{절단하중}{안전율} = \dfrac{2000}{5} = 400(\text{kg})$

**06** 와이어로프에 980kg의 중량을 걸어 90°의 각도로 들어올릴 때 와이어로프 한 가닥에 걸리는 하중을 계산하시오.
• 기출 2016년 3회

한 가닥의 하중(kg) $= \dfrac{w}{2} \div \cos\dfrac{\theta}{2} = \dfrac{980}{2} \div \cos\dfrac{90}{2} = 692.96(\text{kg})$

07 와이어로프에 1,200kg의 중량을 걸어 108°의 각도로 들어 올리고 있다. 와이어로프의 파단하중이 42.8kN일 때 다음 물음에 답하시오.

• 기출 2023년 3회, 2024년 2회

(1) 와이어 로프의 안전율을 계산하시오.
(2) 와이어 로프의 안전율이 사용조건을 만족하는지 여부를 판단하고 그 이유를 설명하시오.

(1) 한가닥의 하중$(kg) = \dfrac{w}{2} \div \cos\dfrac{\theta}{2} = \dfrac{1200}{2} \div \cos\dfrac{108}{2} = 1020.78(kg)$

안전율 $= \dfrac{\text{파단하중}}{\text{사용하중}} = \dfrac{(42.8 \times 1000)N}{(1020.78 \times 9.8)N} = 4.28$

$(1kg = 9.8N,\ 1kN = 1000N)$

(2) • 불만족
 • 화물의 하중을 직접 지지하는 달기 와이어 로프의 안전율은 5 이상이어야 한다.

### 참고

**와이어로프 등의 안전계수**

① 근로자가 탑승하는 운반구를 지지하는 달기와이어로프 또는 달기체인의 경우 : 10 이상
② 화물의 하중을 직접 지지하는 달기와이어로프 또는 달기체인의 경우 : 5 이상
③ 훅, 샤클, 클램프, 리프팅 빔의 경우 : 3 이상
④ 그 밖의 경우 : 4 이상

08 그림과 같이 와이어로프에 1,500kg의 중량을 걸어 60°의 각도로 들어 올리고 있다. 와이어로프 한 줄의 파단하중이 42.8kN일 때 다음 물음에 답하시오.

(1) 와이어 로프의 안전율을 계산하시오.

(2) 와이어 로프의 안전율이 사용조건을 만족하는지 여부를 판단하고 그 이유를 설명하시오.

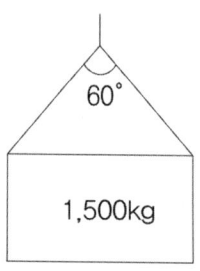

(1) 한가닥의 하중$(kg) = \dfrac{w}{2} \div \cos\dfrac{\theta}{2} = \dfrac{1500}{2} \div \cos\dfrac{60}{2} = 866.03(kg)$

안전율 $= \dfrac{파단하중}{사용하중} = \dfrac{(42.8 \times 1000)N}{(866.03 \times 9.8)N} = 5.04$

($1kg = 9.8N$, $1kN = 1000N$)

(2) • 만족
• 화물의 하중을 직접 지지하는 달기 와이어 로프의 안전율은 5 이상이어야 한다.

## PART 03 전기 및 화학설비 안전 관리

01 전기용접 작업을 하던 작업자가 300V의 회로를 물에 젖은 손으로 접촉하여 사망하였다. 이 때 인체에 흐른 전류(mA)와 통전시간(ms)을 계산하시오.
(단, 인체의 저항은 $1,000\Omega$) • 기출 2014년 1회, 2014년 3회, 2021년 1회, 2023년 3회

(1) 인체에 흐른 전류 :
(2) 통전시간 :

---

1. $V = I \times R$
   - $V$ : 전압(V)
   - $I$ : 전류(A)
   - $R$ : 저항($\Omega$)
2. 심실세동전류 $I(mA) = \dfrac{165}{\sqrt{T}}$
   - $I$ : 통전전류(mA)
   - $T$ : 통전시간(ms)

---

(1) 인체에 흐른 전류

$$I = \frac{V}{R} = \frac{300}{1,000 \times \frac{1}{25}} = 7.5(A) \times 1,000 = 7,500(mA)$$

(2) 통전시간

$$I = \frac{165}{\sqrt{T}}$$

$$\sqrt{T} \times I = 165$$

$$\sqrt{T} = \frac{165}{I}$$

$$(\sqrt{T})^2 = (\frac{165}{I})^2$$

$$T = (\frac{165}{I})^2 = (\frac{165}{7,500})^2 = 0.000484 \times 1,000 = 0.48(ms)$$

> **참고**
>
> 손이 물에 젖을 경우 저항이 $\frac{1}{25}$로 감소한다.

02 통전시간은 1초, 인체의 전기저항 500Ω일 경우 DALZIEL의 관계식을 이용하여 심실세동을 일으킬 수 있는 에너지(J)를 구하시오. • 기출 2012년 2회

$$Q = I^2RT = (\frac{165}{\sqrt{1}} \times 10^{-3})^2 \times 500 \times 1 = 13.61[J]$$

03 공기 중에 아세틸렌이 70%, 클로로벤젠이 30% 존재하고 있다. 다음 표와 같은 조건에서 혼합기체의 공기 중 폭발 하한계와 아세틸렌의 위험도를 계산하시오.
• 기출 2016년 3회, 2021년 2회

|  | 폭발 하한계 | 폭발 상한계 |
| --- | --- | --- |
| 아세틸렌 | 2.5Vol% | 81Vol% |
| 클로로벤젠 | 1.3Vol% | 7.1Vol% |

(1) 혼합기체의 공기 중 폭발 하한계 :
(2) 아세틸렌의 위험도 :

(1) 혼합기체의 폭발 하한계

$$\frac{100}{L} = \frac{70}{2.5} + \frac{30}{1.3}$$

$$L = \frac{100}{\frac{70}{2.5} + \frac{30}{1.3}} = 1.96 \text{Vol\%}$$

(2) 아세틸렌의 위험도

위험도$(H) = \frac{\text{폭발상한계} - \text{폭발하한계}}{\text{폭발하한계}}$

위험도$(H) = \frac{81 - 2.5}{2.5} = 31.4$

**04** 부탄($C_4H_{10}$)의 화학양론식을 적고, 연소에 필요한 최소 산소농도의 값을 계산하시오. (단, 부탄의 폭발하한은 1.9Vol%)　　　• 기출 2018년 3회

(1) 부탄의 화학양론식
  $1C_4H_{10} + 6.5O_2 = 4CO_2 + 5H_2O$

(2) 부탄의 최소산소농도(MOC 농도)

  MOC 농도 = 폭발하한계 × $\frac{\text{산소의 몰수}}{\text{연료의 몰수}}$ (Vol%)

  부탄의 최소산소농도 = $1.9 \times \frac{6.5}{1} = 12.35$(Vol%)

### PART 04 건설안전관리

**01** 건설업의 산업안전보건관리비를 계상하시오.  •기출 2021년 2회

- 건축공사
  - 요율 : 계상기준은 2.28(%), 기초액 : 4,325,000(원)
  - 낙찰률 : 75%
- 재료비 : 25억 원
- 관급재료비 : 3억 원
- 직접노무비 : 10억 원
- 관리비(간접비 포함) : 10억 원

---

**산업안전보건관리비의 계상**

1. 대상액이 5억 원 미만 또는 50억 원 이상
   산업안전보건관리비 = 대상액(재료비 + 직접 노무비)×비율
2. 대상액이 5억 원 이상 50억 원 미만
   산업안전보건관리비 = 대상액(재료비 + 직접 노무비)×비율 + 기초액(C)

(1) 관급재료비를 포함할 경우
  - 대상액 = 25억 원 + 3억 원 + 10억 원 = 38억 원(대상액이 5억 원 이상 50억 원 미만에 해당)
  - 산업안전보건관리비 = 대상액(재료비 + 직접 노무비)×비율 + 기초액(C)
    = (25억 원 + 3억 원 + 10억 원)×0.0228 + 4,325,000원
    = 90,965,000원

(2) 관급재료비를 포함하지 않을 경우
  - 대상액 = 25억 원 + 10억 원 = 35억 원(대상액이 5억 원 이상 50억 원 미만에 해당)
  - 산업안전보건관리비 = 대상액(재료비 + 직접 노무비)×비율 + 기초액(C)
    = (25억 원 + 10억 원)×0.0228 + 4,325,000원
    = 84,125,000원
  - 84,125,000×1.2 = 100,950,000원

(3) 1, 2 중 작은 값이 안전관리비가 된다.
∴ 안전관리비 = 90,965,000원

**참고**

발주자가 재료를 제공하거나 일부 물품이 완제품의 형태로 제작·납품되는 경우에는 해당 재료비 또는 완제품 가액을 대상액에 포함하여 산출한 산업안전보건관리비와 해당 재료비 또는 완제품 가액을 대상액에서 제외하고 산출한 산업안전보건관리비의 1.2배에 해당하는 값을 비교하여 그 중 작은 값 이상의 금액으로 계상한다.

① 발주자의 재료비 포함 산업안전보건관리비
② 발주자의 재료비 제외한 산업안전보건관리비×1.2
①, ② 중 작은 값 이상으로 한다.

## PART 05 [참고] 인간공학 및 시스템 위험분석

※ 24~26년 개정된 출제기준에서 제외된 내용입니다. 기출문제 공부에 참고하세요.

01 소음이 심한 기계로부터 20m 떨어진 곳의 음압수준이 100dB이라면 이 기계로부터 200m 떨어진 곳의 음압수준은 얼마인가? • 기출 2018년 2회, 2020년 4회

> 소음을 내는 기계로부터 거리가 $d_2$만큼 떨어진 곳의 소음 계산
>
> $$dB_2 = dB_1 - 20 \times \log\left(\frac{d_2}{d_1}\right)$$
>
> • 소음기계로부터 $d_1$떨어진 곳의 소음 : $dB_1$
> • 소음기계로부터 $d_2$떨어진 곳의 소음 : $dB_2$

$dB_2 = 100 - 20 \times \log\frac{200}{20} = 80(dB)$


02 빛을 발하는 점광원에서 2m 떨어진 곳에서의 조도가 150lux일 경우 3m 떨어진 곳에서의 조도를 계산하시오. • 기출 2019년 1회, 2022년 1회

> $$조도(lux) = \frac{광도}{(거리)^2}$$

(1) 2m에서의 조도가 150이므로 $150 = \frac{광도}{2^2}$

광도 $= 150 \times 2^2 = 600(cd)$

(2) 3m에서의 조도

조도 $= \frac{600}{3^2} = 66.67(Lux)$

03  4m 거리에서 Landholf ring을 1.2mm까지 관찰할 수 있는 사람의 시력을 구하시오. (단, 1rad은 57.3이다.)
• 기출 2013년 1회

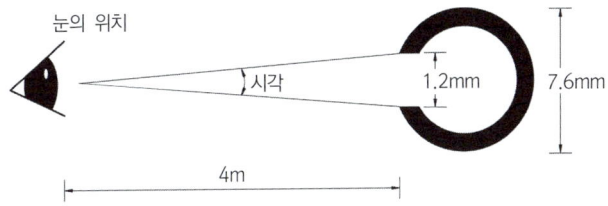

$$시각(분) = \frac{57.3 \times 60 \times L}{D}$$

- $D$ : 물체와 눈 사이의 거리
- $L$ : 시선과 직각으로 측정한 물체의 크기

(1) $시각(분) = \dfrac{57.3 \times 60 \times L}{D} = \dfrac{57.3 \times 60 \times 1.2}{4000} = 1.0314$

(2) $시각 = \dfrac{1}{시력}$

$시력 = \dfrac{1}{시각} = \dfrac{1}{1.0314} = 0.97$

04  어떤 기계를 10,000시간 가동하는 중에 10건의 고장이 발생하였다.
• 기출 2020년 1·2회

(1) 고장률을 구하시오.
(2) 900시간 가동하였을 때의 신뢰도를 구하시오.
(3) 900시간 가동하였을 때의 고장이 발생될 확률을 구하시오.

(1) 고장률($\lambda$) = $\dfrac{\text{고장건수}}{\text{총 가동시간}}$ = $\dfrac{10}{10,000}$ = 0.001(건/시간)

(2) 신뢰도 : 고장나지 않을 확률
$R(t) = e^{-\lambda \times t} = e^{-0.001 \times 900} = e^{-0.9} = 0.41$

(3) 불신뢰도(고장 날 확률) = 1 − 신뢰도 = 1 − 0.41 = 0.59

---

**05** 어떤 기계가 1시간 가동하였을 때 고장 발생 확률이 0.004일 경우 아래 물음에 답하시오.
•기출 2015년 1회, 2022년 2회

(1) 평균고장 간격을 구하시오.

(2) 10시간 가동하였을 때 기계의 신뢰도를 구하시오.
(단, 소수 넷째자리까지 나타낼 것)

(3) 10시간 가동하였을 때 고장이 발생될 확률을 구하시오.
(단, 소수 넷째자리까지 나타낼 것)

---

(1) MTBF = $\dfrac{1}{\text{고장률}(\lambda)}$ = $\dfrac{1}{0.004}$ = 250(시간)

(2) 신뢰도 : 고장나지 않을 확률
$R(t) = e^{-\lambda \times t} = e^{-0.004 \times 10} = e^{-0.04} = 0.9608$

(3) 불신뢰도(고장 날 확률) = 1 − 신뢰도 = 1 − 0.9608 = 0.0392

06 고장률이 1시간당 0.01로 일정한 기계가 있다. 이 기계가 처음 100시간 동안에 고장이 발생할 확률은?
• 기출 2015년 2·3회

> 1. 신뢰도(고장 나지 않을 확률)
> $$R(t) = e^{-\frac{t}{t_0}} = e^{-\lambda \times t}$$
> • $t_0$ : 평균고장시간 or 평균수명
> • $t$ : 앞으로 고장 없이 사용할 시간
> • $\lambda$ : 고장률
> 2. 불 신뢰도(고장이 발생할 확률) = 1 − 신뢰도

(1) 신뢰도 $R(t) = e^{-\lambda \times t} = e^{-(0.01 \times 100)} = e^{-1} = 0.37$

(2) 불 신뢰도(고장이 발생할 확률) = 1 − 신뢰도 = 1 − 0.37 = 0.63


07 10,000시간 동안 10개의 제품에 고장이 발생될 경우 고장률과 900시간 가동하는 동안 적어도 1개의 제품이 고장 날 확률을 계산하시오.
(단, 소수 셋째자리까지 나타낼 것)
• 기출 2013년 2회

(1) 고장률 :
(2) 900시간 가동하는 동안 적어도 1개의 제품이 고장 날 확률 :

> 고장률과 신뢰도의 계산
> 1. 고장률($\lambda$) = $\dfrac{\text{고장건수}}{\text{총 가동시간}}$ (건/시간)
> 2. MTBF = $\dfrac{1}{\text{고장률}(\lambda)}$ (시간)

> 3. 신뢰도 : 고장나지 않을 확률
>
>    $R(t) = e^{-\frac{t}{t_0}} = e^{-\lambda \times t}$
>
>    - $t_0$ : 평균고장시간 or 평균수명
>    - $t$ : 앞으로 고장 없이 사용할 시간
>    - $\lambda$ : 고장률
>
> 4. 불신뢰도(고장 날 확률) = 1 - 신뢰도

(1) 고장률($\lambda$) = $\dfrac{\text{고장건수}}{\text{총 가동시간}} = \dfrac{10}{10,000} = 0.001$(건/시간)

(2) 900시간 가동하는 동안 고장 날 확률

① 신뢰도(고장나지 않을 확률) $R(t) = e^{-\lambda \times t} = e^{-0.001 \times 900} = 0.407$

② 불신뢰도(고장 날 확률) = 1 - 신뢰도 = 1 - 0.4066 = 0.593

08  시스템 전체의 신뢰도를 0.85로 설계하고자 하는 경우 부품 $R_X$의 신뢰도를 계산하시오.

• 기출 2021년 2회

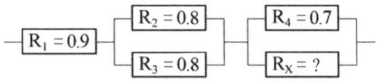

$0.9 \times \{1 - (1-0.8) \times (1-0.8)\} \times \{1 - (1-0.7) \times (1-R_X)\} = 0.85$

$0.9 \times \{1 - (1-0.8-0.8+0.64)\} \times \{1 - (1-R_X-0.7+0.7R_X)\} = 0.85$

$0.9 \times (1-1+0.8+0.8-0.64) \times (1-1+R_X+0.7-0.7R_X) = 0.85$

$0.9 \times 0.96 \times (0.7+0.3R_X) = 0.85$

$0.864 \times (0.7+0.3R_X) = 0.85$

$0.6048 + 0.2592R_X = 0.85$

$0.2592R_X = 0.85 - 0.6048 = 0.2452$

$R_X = \dfrac{0.2452}{0.2592} = 0.95$

## 09 FT도가 다음과 같을 때 최소 패스셋을 모두 구하시오.

• 기출 2013년 2회, 2014년 3회

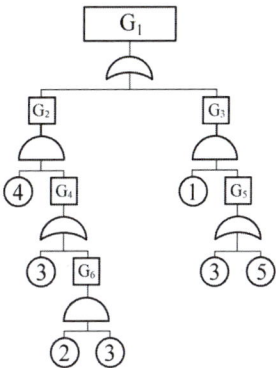

최소 패스셋을 구할 때는 FT도의 AND와 OR 게이트를 반대로 해석하여 미니멀 컷을 구하면 된다.

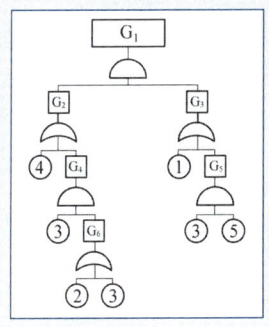

$$G_1 = G_2 \cdot G_3$$
$$= \binom{④}{G_4} \cdot \binom{①}{G_5}$$
$$= \binom{④}{③} \cdot \binom{①}{③⑤}$$
$$= (①④)$$
$$\phantom{=}(③④⑤)$$
$$\phantom{=}(①③)$$
$$\phantom{=}(③⑤)$$

$$\begin{cases} G_4 = ③ \cdot G_6 \\ \phantom{G_4} = ③\begin{pmatrix}②\\③\end{pmatrix} \\ \phantom{G_4} = (②,③)(③) \\ \therefore \text{미니멀 컷} : (③) \end{cases}$$

미니멀컷셋 : (①③) 또는 (①④) 또는 (③⑤)

∴ 최소 패스셋 : (①③) 또는 (①④) 또는 (③⑤)

**10** 다음 FT도에서 컷셋(cut set)을 모두 구하시오.  • 기출 2013년 3회

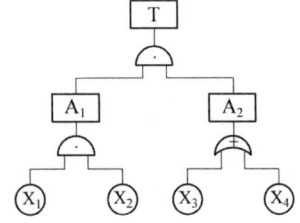

$T = A_1 \cdot A_2$
$\phantom{T} = (X_1 X_2) \cdot \begin{pmatrix} X_3 \\ X_4 \end{pmatrix}$
$\phantom{T} = (X_1 X_2 X_3)$
$\phantom{T==} (X_1 X_2 X_4)$

컷셋 : $(X_1 X_2 X_3)$, $(X_1 X_2 X_4)$

---

**참고**

미니멀 컷
 $(X_1 X_2 X_3)$ 또는 $(X_1 X_2 X_4)$

**11** FT도의 컷셋을 구하시오.　　　　　　　　　　• 기출 2016년 1회, 2020년 3회

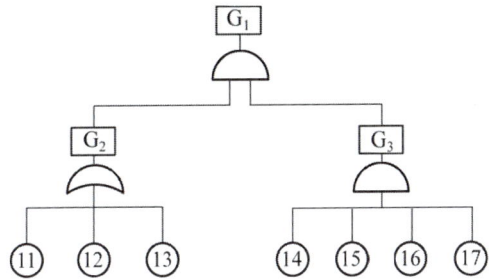

$G_1 = G_2 \cdot G_3$
$= \begin{pmatrix} ⑪ \\ ⑫ \\ ⑬ \end{pmatrix} \cdot (⑭⑮⑯⑰)$
$= (⑪⑭⑮⑯⑰), (⑫⑭⑮⑯⑰), (⑬⑭⑮⑯⑰)$

컷셋 : (⑪⑭⑮⑯⑰), (⑫⑭⑮⑯⑰), (⑬⑭⑮⑯⑰)

### 참고

**미니멀 컷셋**

(⑪⑭⑮⑯⑰) 또는 (⑫⑭⑮⑯⑰) 또는 (⑬⑭⑮⑯⑰)

**12** 다음 FT도에서 미니멀컷셋을 구하시오.　　　　• 기출 2017년 1회, 2020년 4회

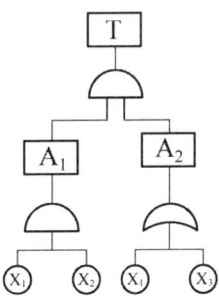

$T = A_1 \cdot A_2$
$= (X_1 \cdot X_2)\begin{pmatrix} X_1 \\ X_3 \end{pmatrix}$
$= (X_1 X_2)(X_1 X_2 X_3)$
미니멀 컷셋 : $(X_1 X_2)$

**13** 다음 FT도에서 컷셋(cut set)을 모두 구하시오. ・기출 2020년 4회

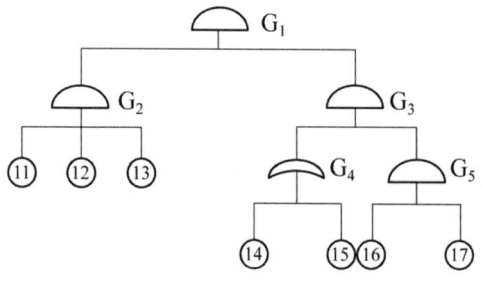

$G_1 = G_2 \cdot G_3$
$= (⑪⑫⑬) \cdot (G_4 \cdot G_5)$
$= (⑪⑫⑬) \cdot \begin{pmatrix} ⑭ \\ ⑮ \end{pmatrix} \cdot (⑯⑰)$

컷셋 : (⑪⑫⑬⑭⑯⑰), (⑪⑫⑬⑮⑯⑰)

### 참고

미니멀 컷셋

(⑪⑫⑬⑭⑯⑰) 또는 (⑪⑫⑬⑮⑯⑰)

**14** 각각의 발생확률이 0.1일 경우 다음 FT도에서 T의 고장발생 확률을 계산하시오. (단, 소수 넷째자리까지 나타낼 것) • 기출 2012년 3회

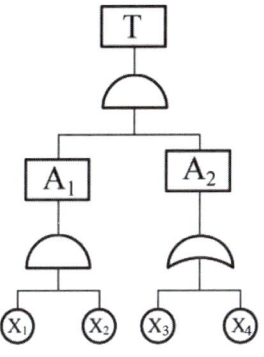

$$T = A_1 \times A_2$$
$$= (X_1 \times X_2) \times \{1 - (1 - X_3)(1 - X_4)\}$$
$$= (0.1 \times 0.1) \times \{1 - (1 - 0.1)(1 - 0.1)\} = 0.0019$$

### 참고

각각의 발생확률의 0.1일 경우 T의 발생확률을 계산하시오.

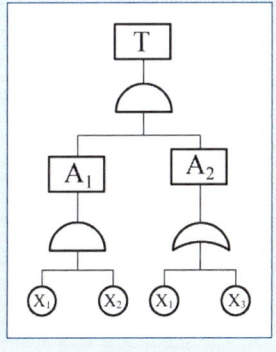

1. 중복사상 $X_1$이 존재하므로 미니멀 컷을 구하여 미니멀 컷의 확률이 시스템의 발생확률이 된다.
2. FT도에서 미니멀 컷을 구하면

   $T = A_1 \cdot A_2$
   $= (X_1 \cdot X_2)\begin{pmatrix} X_1 \\ X_3 \end{pmatrix}$
   $= (X_1 X_2)(X_1 X_2 X_3)$

   미니멀 컷 : $(X_1 X_2)$
3. 미니멀 컷의 발생확률(T의 발생확률)
   $0.1 \times 0.1 = 0.01$

**15** 다음 FT도에서 기본사상 ①, ③, ⑤, ⑦의 발생확률은 20%이며, ②, ④, ⑥의 발생확률은 10%이다. 정상사상의 발생확률을 구하시오. (단, % 단위는 소수 다섯째자리까지 나타낼 것)

• 기출 2022년 3회

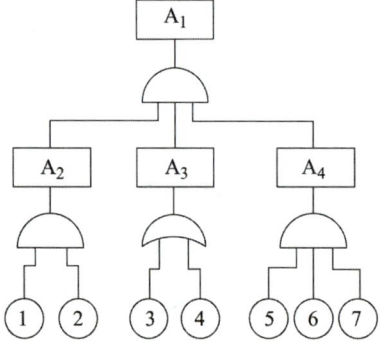

$A_1 = A_2 \times A_3 \times A_4$
$= (① \times ②) \times [1-(1-③) \times (1-④)] \times (⑤ \times ⑥ \times ⑦)$
$= (0.2 \times 0.1) \times [1-(1-0.2) \times (1-0.1)] \times (0.2 \times 0.1 \times 0.2)$
$= 0.0000224 \times 100$
$= 0.00224(\%)$

| 01 | 기계·기구 및 설비 안전 관리 | 002 |
| 02 | 전기설비 안전 관리 | 039 |
| 03 | 화학설비 안전 관리 | 065 |
| 04 | 건설공사 안전 관리 | 093 |
| 05 | 보호구 | 155 |

# 01 기계 · 기구 및 설비 안전 관리

**01** 화면의 재해사례에서(롤러기 작업)나타나는 위험점을 기계의 운동형태에 따라 분류하고자 할 때 (1) 위험점의 명칭 (2) 정의 (3) 위험점의 형성조건을 적으시오.
• 13년 3회 2부, 16년 1회 3부, 17년 1회 1부, 18년 3회 3부, 23년 1회 1부

(1) 위험점의 명칭 : 물림점
(2) 정의 : 회전하는 두 개의 회전체에 물려 들어가는 위험점
(3) 위험점의 조건 : 서로 반대 방향의 회전체(두 개의 회전체가 서로 반대 방향으로 회전)

**02** 화면에서 작업자는 회전하는 롤러기(인쇄윤전기)의 롤러를 걸레로 청소하고 있다. 작업 중 근로자의 손이 롤러에 말려드는 사고가 발생하였다. (1) 위험점의 명칭과 위험점의 정의를 적으시오. (2) 이 사고의 핵심위험요인 2가지를 적으시오. (3) 롤러기 청소 시 안전작업 사항 3가지를 적으시오.

▌**화면 설명** 작업자는 롤러기의 전원을 차단하지 않은 채 걸레로 회전하는 롤러를 닦고 있다. 물림점 안쪽까지 걸레를 밀어 넣어 닦는 순간 작업자의 손이 롤러에 말려든다.

• 13년 2회 1부, 14년 2회 2부, 14년 3회 2부, 15년 3회 1부, 17년 1회 2부, 17년 2회 3부, 17년 3회 2부, 19년 3회 1부, 19년 3회 2부, 20년 2-2회 1부, 20년 4회 3부, 21년 1회 1부, 21년 2회 1부, 21년 3회 1부, 22년 1회 1부, 24년 1회 3부

(1) 위험점의 명칭 : 물림점
   정의 : 회전하는 두 개의 회전체에 물려 들어가는 위험점

(2) 사고의 핵심 위험요인
① 롤러의 전원을 차단하지 않고 청소했다.
② 롤러기에 인터록장치가 설치되지 않았다.
  (롤러의 가드를 제거할 경우 롤러가 작동하지 않는 인터록장치를 설치하여야 한다.)
③ 롤러의 물림점에 가드가 설치되지 않았다.
④ 작업자가 장갑을 착용하였다. (화면에서 장갑을 착용한 경우만 해당)

(3) 안전 작업 사항
① 롤러기 운전을 정지하고 청소한다.
② 롤러기 청소 시 장갑 착용을 금지한다.
③ 롤러기에 인터록 장치를 설치한다.
④ 롤러의 물림점에 가드를 설치한다.

03 화면에서 작업자는 롤러기 작업 중 손이 끼이는 사고를 당하였다. 동종 사고를 방지하기 위한 (1) 롤러기의 방호장치 명을 적고, (2) 방호장치 자율안전고시에 의하여 롤러기에 설치하여야 하는 급정지장치의 종류를 3가지 적고 각각의 설치 위치를 적으시오.   • 17년 1회 3부, 19년 2회 2부, 21년 1회 3부, 2023년 3회 2부

(1) 롤러기의 방호장치 명 : 급정지장치
(2) 급정지장치의 설치 위치에 따른 구분

| 종류 | 설치 위치 |
|---|---|
| 손 조작식 | 밑면에서 1.8m 이내 |
| 복부 조작식 | 밑면에서 0.8m 이상 1.1m 이내 |
| 무릎 조작식 | 밑면에서 0.6m 이내 |

> 참고

위험기계·기구 안전인증 고시 및 안전검사 기준
무릎 조작식 : 밑면으로부터 0.4m 이상 0.6m 이내

04 화면에서 작업자는 크랭크 프레스로 철판에 구멍을 뚫는 작업을 하고 있다. 사용하고 있는 크랭크 프레스에 급정지 기구가 부착되어 있지 않다.
(1) 이 프레스에 설치하여 사용할 수 있는 방호장치를 3가지 적으시오.
(2) 사업주가 관리감독자로 하여금 점검하도록 해야 하는 사항(프레스의 작업 시작 전 점검사항) 3가지를 적으시오.

• 13년 2회 1부, 16년 3회 2부, 18년 2회 1부, 20년 2-1회 2부, 20년 3-2회 1부, 21년 2회 3부, 23년 1회 1부, 24년 2회 2부, 24년 3회 1부, 24년 3회 2부

(1) 방호장치
① 손쳐내기식(방호장치)
② 수인식(방호장치)
③ 게이트가드식(방호장치)

(2) 작업 시작 전 점검 사항
① 클러치 및 브레이크 기능
② 크랭크축·플라이 휠·슬라이드·연결 봉 및 연결 나사의 볼트 풀림 유무
③ 1행정 1정지 기구·급정지 장치 및 비상 정지 장치의 기능
④ 슬라이드 또는 칼날에 의한 위험 방지 기구의 기능
⑤ 프레스의 금형 및 고정 볼트 상태
⑥ 당해 방호 장치의 기능
⑦ 전단기의 칼날 및 테이블의 상태

05 화면에서 작업자는 프레스 기계에 구멍을 뚫는 작업을 하고 있다. (1) 화면의 프레스(또는 전단기)에 추가하여 부착할 수 있는 방호장치 3가지를 적으시오. (2) 화면에서의 재해발생 원인 1가지를 적으시오. (3) 동종 재해를 방지하기 위하여 페달에 부착하여야 하는 방호장치 명을 적으시오. (4) 작업자가 무력화시켜서 복원해야 하는 방호장치의 명칭을 적으시오.

• 20년 2-1회 1부, 23년 1회 3부, 23년 2회 1부, 24년 1회 3부, 24년 3회 3부

■ 화면 설명  프레스에는 투광부와 수광부가 부착되어 있는 모습이 보인다. 작업자가 센서 1개를 치우고 금형을 청소하던 중 페달을 잘못 조작하여 손을 다치는 사고가 발생한다.

(1) 방호장치
  ① 손쳐내기식(방호장치)
  ② 수인식(방호장치)
  ③ 게이트가드식(방호장치)
  ④ 양수조작식(방호장치)

(2) 재해발생 원인
  ① 방호장치를 제거하고 작업하였다.
  ② 전원을 차단하지 않고 청소하였다.
  ③ 페달에 U자형 덮개가 설치되지 않았다.

(3) 페달에 부착하여야 하는 방호장치 : U자형 덮개
(4) 작업자가 무력화시킨 방호장치 : 광전자식(방호장치)

06 화면에서는 프레스의 작업 모습을 보여준다. 프레스에 설치된 방호장치의 명칭과 기능을 적으시오. (단, 장치의 종류는 A-1이다.)

• 18년 1회 1부, 20년 1회 2부, 24년 1회 2부

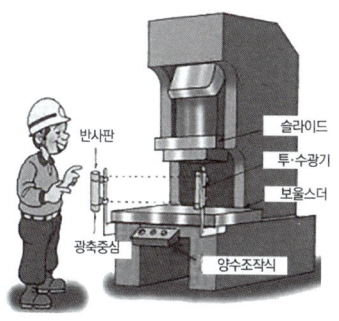
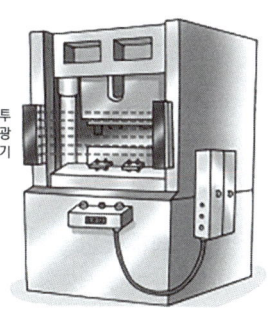

(1) 방호장치의 명칭 : 광전자식 방호장치
(2) 기능 : 투광부, 수광부, 컨트롤 부분으로 구성된 것으로서 신체의 일부가 광선을 차단하면 기계를 급정지시키는 방호장치

> 참고

| 종류 | 분류 |
|---|---|
| 광전자식 | A-1 |
| | A-2 |
| 양수조작식 | B-1(유·공압 밸브식) |
| | B-2(전기버튼식) |
| 가드식 | C |
| 손쳐내기식 | D |
| 수인식 | E |

07 프레스에 금형을 설치할 때 점검사항 3가지를 적으시오. • 17년 1회 2부

① 다이홀더와 펀치의 직각도, 상크홀과 펀치의 직각도
② 펀치와 다이의 평행도, 펀치와 볼스타의 평행도
③ 다이와 볼스타의 평행도

08 화면에서 작업자는 프레스 기계 작업을 하고 있다. 작업자가 금형의 이물질을 제거하기 위해 몸을 기울이는 순간 실수로 페달을 밟아 프레스에 손을 다치는 사고가 발생하였다.

(1) 작업자가 한 불안전한 행동 2가지를 적으시오.
(2) 작업의 위험요인 3가지를 적으시오.
(3) 이러한 사고를 방지하기 위하여 페달에 설치하여야 하는 방호장치 1가지를 적으시오.
(4) 상사점의 상형과 하형 사이의 간격은 얼마 이하가 적당한가?
(5) 동종 사고를 예방하기 위한 조치사항 2가지를 적으시오.

• 16년 1회 1부, 17년 2회 2부, 20년 1회 1부, 20년 2 2회 2부, 20년 4회 1부, 23년 2회 2부

### (1) 불안전한 행동
① 전원을 차단하지 않고 이물질을 제거했다.
② 전용 공구(수공구)를 사용하지 않고 손으로 이물질을 제거했다.

### (2) 작업의 위험요인
① 전원을 차단하지 않고 이물질을 제거했다.
② 전용공구(수공구)를 사용하지 않고 손으로 이물질을 제거했다.
③ 페달에 U자형 덮개가 설치되지 않았다.

### (3) 방호장치
페달에 U자형 덮개를 설치한다.

### (4) 8mm 이하

### (5) 사고방지 조치
① 전원을 차단하고 이물질을 제거한다.
② 이물질 제거 시에 전용 공구(수공구)를 사용한다.
③ 페달에 U자형 덮개(풋 스위치 방호덮개)를 설치한다.

---

**09** 화면에서 작업자는 프레스의 금형을 교체하는 작업을 하고 있다. (1) 가해물을 적으시오. (2) 화면에서와 같은 장치의 부착, 해체, 조정 작업할 때 신체 일부가 위험점 내에서 슬라이드 불시 하강으로 인한 위험을 방지할 목적으로 설치하는 방호장치의 명칭을 적으시오.  •24년 1회 4부

> **화면 설명** 작업자는 금형을 해체하기 위해 금형의 볼트를 풀고 버튼을 누르니 슬라이드가 올라간다. 금형을 옮기던 중 금형을 놓치며 금형이 발에 떨어지는 사고를 당한다.

(1) **가해물** : 금형
(2) **방호장치** : 안전블럭

**10** 화면에서 작업자는 프레스로 철판에 구멍을 뚫는 작업을 하고 있다. 위험예지 포인트를 3가지 적으시오.
• 15년 2회 1부, 18년 2회 2부

① 금형에 붙어있는 이물질을 손으로 제거하려다 손을 다친다.
② 작업자 실수로 페달을 밟아 (슬라이드가 하강하여) 손을 다친다.
③ 주변 정리정돈 불량으로 걸려 넘어지며 기계에 부딪친다.
④ 보안경을 착용하지 않아 눈에 이물질이 들어가 눈을 다친다.


**11** 화면에서 작업자는 사출성형기 작동 중 기계가 멈추자 안을 들여다보며 금형에 끼인 이물질을 손으로 제거하다 감전으로 뒤로 넘어지는 재해를 당한다. 사출성형기의 이물질 제거 작업 시의 (1) 위험요인, (2) 안전작업 방법 3가지, (3) 기인물, (4) 가해물을 적으시오.
• 13년 2회 2부, 14년 1회 3부, 14년 3회 1부, 15년 1회 2부, 15년 2회 1부, 16년 2회 2부, 17년 3회 2부, 17년 3회 3부, 18년 1회 2부, 19년 2회 1부, 20년 3-1회 2부

(1) 위험요인
① 전원을 차단하지 않고 이물질을 제거하였다.
② 감전 우려가 있는 부위에 방호 덮개를 설치하지 않았다.
③ 방호 덮개를 개방하는 경우 전원이 차단되는 연동장치(인터록장치)를 설치하지 않았다.
④ 이물질 제거 시 전용 공구(수공구)를 사용하지 않고 손으로 제거하였다.

(2) 안전 작업 방법
① 전원을 차단하고 이물질을 제거한다.
② 감전 우려가 있는 부위에 방호 덮개(게이트가드)를 설치한다.
③ 방호 덮개(게이트가드)를 개방하는 경우 전원이 차단되는 연동장치(인터록장치)를 설치한다.
④ 이물질 제거 시 전용 공구(수공구)를 사용한다.

(3) 기인물 : 사출성형기

(4) 가해물 : 금형

> 주의
> - 작업자가 물체에 접촉 없이 감전을 당한 경우 → 가해물 : 전기
> - 작업자가 금형에 접촉하여 감전을 당한 경우 → 가해물 : 금형
> - 작업자가 노즐에 접촉하여 감전을 당한 경우 → 가해물 : 노즐
> ※ 동영상을 확인하고 답을 적으세요.

## 12 화면을 보고 물음에 답하시오.   • 23년 3회

(1) 화면에서 보여주는 기계의 명칭을 적으시오.
(2) 위험기계·기구 자율안전 확인 고시에 의하여 기계·기구에 지워지지 않도록 표시하여야 하는 사항 4가지를 적으시오.

▦ 화면 설명  화면에서는 밀링기계의 작업 모습을 보여준다.

사진 출처 :
https://www.youtube.com/shorts/wHII9tiVsZQ

(1) 기계의 명칭 : 밀링
(2) 표시하여야 하는 사항
   ① 제조자명, 주소, 모델번호, 제조번호 및 제조연도
   ② 기계의 중량
   ③ 전기, 유·공압 시스템에 관한 정보
   ④ 스핀들의 회전수 범위
   ⑤ 자율안전확인표시(KCs 마크)

**13** 화면에서 작업자는 사출성형기 금형의 이물질을 제거하던 중 손을 다치는 사고가 발생한다. (1) 재해 유형을 적고, (2) 적합한 방호장치를 2가지 적으시오. (3) 기인물을 적으시오.

• 20년 3-2회 1부, , 23년 3회 3부

(1) 재해 유형 : 끼임
(2) 방호장치 : 게이트가드식 방호장치, 양수조작식 방호장치
(3) 기인물 : 사출성형기

**14** 화면에서 작업자는 섬유기계 작업을 하고 있다. (1) 해당 사고의 핵심위험요인 두 가지를 적으시오. (2) 해당 작업 시 작업자가 착용하여야 할 보호구를 3가지 적으시오.

• 13년 1회 2부, 14년 1회 3부, 15년 1회 1부, 15년 3회 2부, 15년 3회 3부, 20년 1회 3부, 20년 2-1회 2부, 20년 3-1회 1부, 21년 2회 2부

**화면 설명** 섬유기계 작업 중 갑자기 기계가 멈추자 작업자가 전원을 차단하지 않고 면장갑을 착용한 채 회전체의 덮개를 열고 안을 들여다보며 점검하던 중 갑자기 기계가 작동하며 손이 끼이는 사고가 발생한다. 작업자는 안전모 대신 일반 모자를 착용하고 있다.

### (1) 사고의 핵심위험요인
① 전원을 차단하지 않고 기계 점검을 실시했다.
② 기계에 인터록장치(연동장치)가 설치되지 않았다.
③ 장갑을 착용하고 기계 점검을 실시했다.

### (2) 작업 시 작업자가 착용하여야 할 보호구
① 안전모
② 안전화
③ 보안경
④ 방진마스크(먼지가 많을 경우)
⑤ 귀마개 또는 귀덮개(소음이 심한 경우)

**주의** 반드시 동영상을 확인하고 답을 적으세요.

## 15 목재가공용 둥근톱 기계에 고정식 톱날접촉 예방장치(덮개)를 설치하고자 한다. 괄호에 적합한 내용을 적으시오.

• 16년 2회 1부, 16년 3회 3부, 17년 3회 1부, 19년 1회 2부, 20년 1회 3부, 20년 3-1회 1부, 22년 2회 1부, 23년 2회 3부, 24년 2회 1부

[보기]

고정식 접촉예방장치는 톱날 등 분할 날에 대면하고 있는 부분 및 가공재의 상면에서 덮개 하단까지의 틈새가 ( ① )가 되도록 위치를 조절할 수 있고 덮개의 하단부와 테이블면 사이가 ( ② )의 간격을 유지할 수 있는 스토퍼를 설치해야 한다.

① **가공재의 상면에서 덮개 하단 사이** : 8mm 이하
② **덮개의 하단부와 테이블면 사이** : 25mm 이하

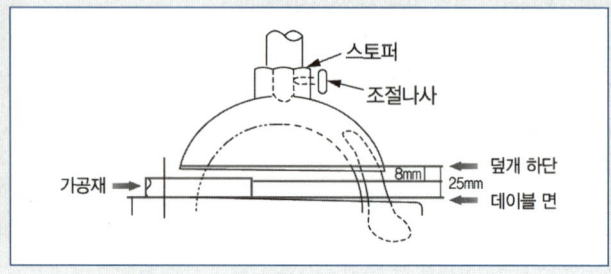

**16** 화면에서는 목재 가공용 둥근톱을 보여준다. (1) 해당 작업의 위험요인 2가지를 적으시오. (2) 목재 가공용 둥근톱에 설치하여야 하는 방호장치 2가지를 적으시오.

• 24년 1회 2부

**화면 설명** 면장갑을 낀 채 작업하고 있으며, 방호장치도 설치되지 않은 상태이다. 잠시 한눈을 판 상태에서 둥근 톱에 손을 다치는 사고를 당한다.

(1) 작업의 위험요인
① 면장갑을 착용하여 손을 다칠 위험 있다.
② 톱날접촉 예방장치(날접촉예방장치), 반발예방장치 등 방호장치가 설치되지 않아 위험하다.
③ 작업에 집중하지 않아 위험하다.

(2) 방호장치
① 톱날접촉 예방장치(날접촉 예방장치)
② 반발예방장치

**17** 화면에서는 목재가공용 둥근톱을 보여준다. (1) 목재가공용 둥근톱의 방호장치 2가지를 적으시오. (2) 자율안전확인 대상 둥근톱의 덮개 및 분할 날에 자율 안전확인 표시 외에 표시해야 하는 사항 1가지를 적으시오. (3) 동력식 수동대패에 설치하여야 하는 방호장치명을 적고, 방호장치 설치방법 두 가지를 적으시오.

• 19년 3회 1부, 19년 3회 2부

**(1) 방호장치**
① 톱날 접촉 예방 장치(날 접촉 예방 장치)
② 반발 예방 장치

**(2) 자율 안전확인대상 표시 외에 표시사항**
① 덮개의 종류
② 둥근톱의 사용 가능 치수

**(3) 동력식 수동대패**
① 방호장치명 : 칼날 접촉 방지장치(덮개) 또는 날접촉예방장치
② 방호장치 설치 방법
 • 고정식 덮개
 • 가동식 덮개


**18** 화면에서 작업자는 띠톱으로 목재를 절단하는 작업을 하고 있다. 작업 시 위험요인 2가지를 적으시오.

• 20년 4회 1부

**화면 설명** 작업자는 면장갑을 착용한 채 띠톱으로 목재절단 작업을 하던 중 장갑이 톱에 걸리며 손에 피가 나는 장면을 보여준다. 보안경, 방진마스크를 미착용한 상태이다.

① 띠톱작업 시 면장갑을 착용하였다.
② 작업자가 보안경, 방진마스크를 미착용하였다.

19 화면에서 작업자는 띠톱을 이용하여 강재 파이프를 절단하는 작업을 하고 있다. 사고의 위험요인 3가지를 적으시오. •13년 3회 1부, 14년 3회 3부, 20년 2-2회 1부

■ 화면 설명  작업자는 면장갑을 착용하고 보안경은 착용하지 않고 작업하고 있다. 띠톱으로 강재 파이프를 절단하고 절단한 재료를 꺼내기 위해 머리를 숙여 꺼내는 순간 회전하는 띠톱에 면장갑이 걸리며 사고가 발생한다.

① 면장갑을 착용하고 작업하였다. (띠톱작업 시 면장갑 착용금지)
② 띠톱이 회전하는 중에 재료를 꺼내었다. (회전을 중지하고 재료를 꺼내야 한다.)
③ 보안경을 착용하지 않았다. (분진이 눈에 들어갈 위험이 있다.)

20 화면에서는 컨베이어와 사출성형기 및 휴대용 연삭기에 방호장치가 설치된 모습을 보여준다. 화면에서 보여주는 방호장치의 명칭을 적으시오. •24년 1회 2부

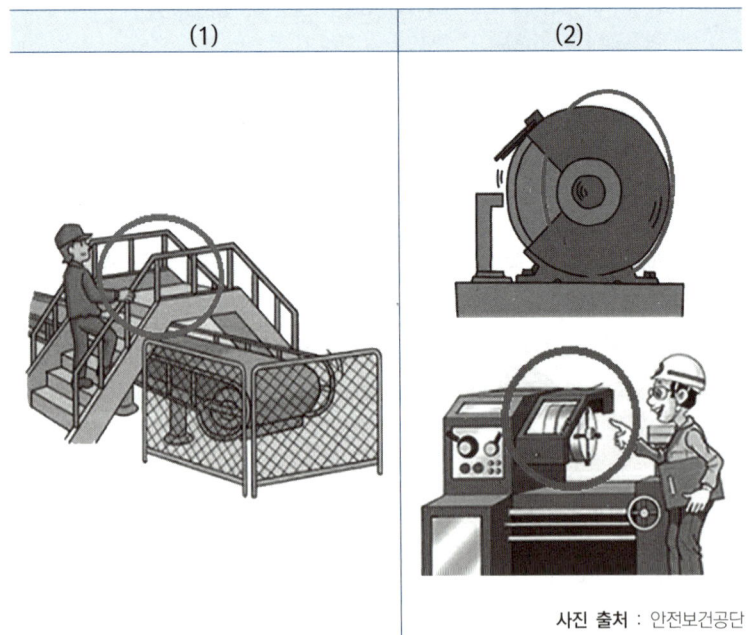

사진 출처 : 안전보건공단

(1) 건널다리
(2) 덮개

## 21 화면에서는 컨베이어 작업을 보여준다.

• 13년 1회 1부, 14년 2회 3부, 15년 1회 3부, 17년 1회 1부, 17년 2회 2부, 20년 4회 2부, 21년 1회 2부, 21년 3회 2부, 24년 1회 3부

(1) 화물의 낙하로 인해 근로자에게 위험 미칠 때 낙하위험 방지조치 2가지를 적으시오.
(2) 컨베이어에 근로자의 신체 일부가 협착되었을 경우 필요한 방호장치를 적으시오.
(3) 컨베이어의 작업 시작 전 점검 사항 4가지를 적으시오.

**(1) 낙하위험 방지조치**
① 덮개 설치  ② 울 설치

**(2) 신체 일부가 협착되었을 경우 필요한 방호장치** : 비상정지장치

**(3) 작업 시작 전 점검 사항**
① 원동기 및 풀리 기능의 이상 유무
② 이탈 등의 방지장치 기능의 이상 유무
③ 비상정지장치 기능의 이상 유무
④ 원동기·회전축·기어 및 풀리 등의 덮개 또는 울 등의 이상 유무

## 22 화면에서 작업자는 컨베이어의 벨트 부위를 점검하던 중 손이 벨트에 말려드는 사고가 발생한다. (1) 기인물과 가해물을 적으시오. (2) 사고의 핵심 원인 한 가지를 적으시오. (3) 동영상을 보고 안전조치 사항 2가지를 적으시오.

• 14년 3회 1부, 15년 1회 3부, 17년 2회 1부, 19년 2회 1부

**화면 설명** 작업자가 야간에 한 손으로 플래시를 들고 컨베이어 벨트를 점검하고 있다. 점검 중 부주의로 컨베이어 위에 올려둔 손이 벨트 사이에 말려들어가는 사고가 발생한다.

(1) 기인물 : 컨베이어, 가해물 : (컨베이어) 벨트
(2) 사고의 핵심 원인 : 전원을 차단하지 않고 점검을 하였다.
(3) 안전조치 사항
  ① 전원 차단 후에 기계 점검 실시
  ② 컨베이어에 비상 정지 장치 설치
  ③ 컨베이어 주변 조명 확보
  ④ 작업 시작 전 기계 점검 실시
  ⑤ 작업자 안전교육 실시
※ ①~③번 항목을 우선으로 작성할 것


**23** 화면에서 두 명의 작업자가 작동 중인 경사 컨베이어에서 포대를 컨베이어 위로 올리는 작업을 하고 있다. 한 작업자는 컨베이어 양쪽 끝부분에 올라서서 포대를 받을 준비를 하고 있으며, 다른 작업자는 컨베이어 아래에서 포대를 올려주고 있다. 컨베이어 위에 서 있던 작업자의 발이 포대에 맞아 넘어지며 작업자의 팔이 컨베이어에 끼이는 사고가 발생한다.

• 14년 3회 2부, 15년 2회 2부, 17년 1회 3부, 18년 3회 2부, 20년 4회 1부, 21년 2회 3부, 23년 2회 2부

(1) 화면에서의 작업에서 작업자 측면의 문제점 2가지를 적으시오.
(2) 사고 시 조치해야 할 사항을 1가지 적으시오.
(3) 컨베이어 방호장치 2가지를 적으시오.


(1) 작업자 측면의 문제점 2가지
  ① 컨베이어 전원을 차단하지 않고 작업했다.
  ② 안전한 작업발판을 확보하지 않고 작동 중인 컨베이어 위에서 작업했다.
  ③ 작업자가 안전모, 안전화를 착용하지 않았다. (보호구를 착용하지 않은 경우만 해당)

(2) 사고 시 조치해야 할 사항
  비상정지장치를 조작하여 컨베이어 운전을 정지시킨다.

(3) 방호장치
  ① **비상정지장치**(근로자의 신체의 일부가 말려드는 등 근로자에게 위험을 미칠 우려가 있는 경우)
  ② **이탈 등의 방지장치**(화물 또는 운반구의 이탈 및 역주행을 방지)
  ③ **덮개, 울**(화물이 떨어져 근로자가 위험해질 우려가 있는 경우)

## 24 화면에서 작업자가 작동 중인 컨베이어 벨트 끝부분에 올라서서 형광등을 교체하던 중 추락하는 장면을 보여준다. 작업자의 불안전한 행동 2가지를 적으시오.

• 14년 2회 3부, 15년 1회 2부, 16년 2회 2부, 16년 3회 1부, 19년 3회 1부

① 안전한 작업 발판을 사용하지 않고 컨베이어 벨트에 올라서서 형광등을 교체하였다.
② 움직이는 기계 주변에서 작업할 경우 기계의 전원을 차단하고 작업하여야 하나 컨베이어 전원을 차단하지 않았다.

## 25 화면을 보고 사고의 원인이 되는 작업위험요인 3가지를 적으시오.

• 20년 3-1회 1부

**화면 설명** 작업자는 움직이는 컨베이어에서 파지를 골라내는 작업을 하고 있다. 작업자의 머리 위로는 장비가 파지를 옮기는 작업을 하고 있다. 파지를 옮기던 중 파지가 작업자에게 떨어지며 작업자가 다치는 영상이다. 이때 작업자는 안전모를 미 착용한 상태이다.

① 작업자가 안전모를 착용하지 않았다.
② 작업자 머리 위로 하물을 운반하였다.(인양 중인 하물은 작업자의 머리 위로 통과하지 않도록 할 것)
③ 작업자가 안전한 작업발판 없이 움직이는 컨베이어 위에서 작업을 하고 있다.

26 화면에서 작업자는 마그네틱 크레인으로 금형을 옮기는 작업을 하고 있다. 작업자가 한 손으로 스위치를 조작하며 다른 손으로 금형을 잡고 이동하던 중 스위치를 잘못 건드려 금형이 발에 떨어지는 사고를 당한다. (크레인 훅에는 해지장치가 없는 상태이며, 작업자는 안전모 미착용, 면장갑을 착용하고 있는 상태이다.) 화면에서와 같은 크레인으로 화물을 옮기는 작업에서의 위험요인 3가지를 적으시오.

• 14년 3회 3부, 15년 2회 2부, 20년 1회 2부, 21년 2회 3부

① 한 손으로 스위치를 조작하며 다른 손으로 금형을 잡고 이동하고 있어 스위치 오조작이 우려된다.
  (불안전한 행동을 할 위험 있다.)
② 크레인에 해지 장치가 없어 화물이 떨어질 위험 있다.
③ 작업자가 안전모를 착용하지 않아 화물에 머리를 다칠 위험 있다.


27 화면은 김치 제조 공장에서 무채 슬라이스 작업을 보여준다. 작업 중 기계작동이 멈춰 슬라이스 부분의 덮개를 열고 고무장갑을 낀 상태로 무채를 제거하는 순간 기계가 작동하며 재해가 발생하였다.

• 13년 1회 1부, 15년 1회 1부, 15년 2회 3부, 19년 2회 1부, 19년 2회 3부, 20년 2-1회 1부, 22년 2회 1부

(1) 슬라이스 기계에서 무채를 썰어내는 부분에 존재하는 위험점을 적으시오.
(2) 위험점의 정의를 적으시오.
(3) 이 기계의 위험 포인트는 무엇인가?
(4) 작업에 존재하는 위험요인 2가지를 적으시오.
(5) 동종 재해를 예방하기 위하여 설치하여야 하는 안전장치를 적으시오.
(6) 동종의 재해를 방지하기 위한 예방대책을 3가지를 적으시오.

(1) 위험점 : 절단점(칼날 부분) 또는 끼임점(회전부와 덮개 사이)
※ 동영상을 확인하세요.

(2) 위험점의 정의
  • 절단점 : 회전하는 운동부 자체, 운동하는 기계 부분 자체의 위험점
  • 끼임점 : 고정부분과 회전하는 동작 부분 사이에서 형성되는 위험점

(3) 기계의 위험 포인트 : 슬라이스 기계 칼날

(4) 작업의 위험요인
   ① 전원을 차단하지 않고 무채를 제거하였다.
   ② 기계에 인터록 장치를 설치하지 않았다.
   ③ 무채를 전용공구(수공구)를 사용하지 않고 손으로 제거하였다.
   ④ 슬라이스 부분에 덮개가 설치되지 않았다. (덮개가 미설치된 경우만 해당)
   ⑤ 작업자가 면장갑을 착용하여 장갑이 말려들 위험이 있다. (면장갑을 착용한 경우만 해당)

(5) 인터록장치(연동장치)

(6) 재해 예방대책
   ① 전원차단 후에 기계 점검 실시
   ② 기계에 인터록장치 설치
   ③ 슬라이스 부분에 덮개 설치(덮개가 미설치된 경우)
   ④ 무채 제거 시 전용 공구(수공구) 사용
   ⑤ 작업자 면장갑 착용 금지(면장갑을 착용한 경우)
   ⑥ 작업 시작 전 기계 점검 실시


28  회전부의 덮개를 열게 되면 기계가 작동하지 않는 등 기계의 각 작동 부분이 정상 조건이 아닌 경우 자동으로 전원을 차단(기계 작동 중지)하여 사고를 방지하는 방호 장치를 무엇이라 하는지 적으시오. •13년 3회 1부

인터록장치(연동장치)

29 화면은 선반작업 중 손 협착 사고가 발생하는 장면을 보여준다.

• 14년 1회 1부, 17년 2회 1부, 19년 2회 3부

**화면 설명** 작업자는 한 손으로 재료를 잡고 있으며, 다른 손은 기계 위에 올리고 작업한다. 작업 중 계속 옆눈질로 작업에 집중하지 않는 모습이다.

(1) 화면의 경우 재해 발생 요인을 3가지 적으시오.
(2) 위 사고에 존재하는 위험점의 종류를 적으시오.

(1) 재해 발생 요인
① 손으로 재료를 지지하여 손을 다친다. (손이 기계에 말려 들어간다.)
② 기계 위에 손을 올려놓아 손을 다친다. (손이 미끄러지며 기계에 말려 들어간다.)
③ 작업에 집중하지 않고 옆눈질을 하던 중 손을 다친다. (손이 기계에 말려 들어간다.)

(2) 위험점의 종류 : 회전말림점


30 화면에서 작업자는 선반작업을 하고 있다. 화면에서의 선반작업에 내재되어 있는 위험요인 3가지를 적으시오.

**화면 설명** 작업자는 맨손으로 조작부에 손을 올려놓은 채 작업을 지켜보고 있다. 선반에는 덮개가 설치되지 않았고 칩 브레이커가 설치되지 않아 칩이 끊어지지 않고 길게 나오고 있다. 길이가 긴 공작물이 흔들리며 가공되는 모습을 보여준다.

① 조작부에 손을 올려놓은 채 작업하여 회전부에 옷소매 등이 말려들거나 손이 끼일 위험 있다.
② 길이가 긴 공작물의 고정 불량(방진구의 미설치)으로 공작물이 부러지며 작업자에게 튈 위험 있다.
③ 보안경 미착용으로 비산하는 칩에 눈을 다칠 위험 있다.
④ 회전 중인 공작물의 칩을 제거하던 중 회전축에 손이 끼일 위험 있다.

> 참고

**작업안전 대책**
① 선반작업 시 면장갑 착용을 금지한다.
② 가공물의 길이가 긴 경우에는 방진구를 사용하여 고정한다.
③ 칩브레이커를 설치하고, 선반을 정지시킨 후 수공구를 사용하여 칩을 제거한다.
④ 보안경을 착용한다.

31 화면에서 작업자는 기계를 점검하다 회전축에 의한 협착사고를 당하였다. 해당되는 위험점의 종류와 정의를 적으시오.

• 14년 2회 3부, 18년 3회 3부, 20년 4회 1부

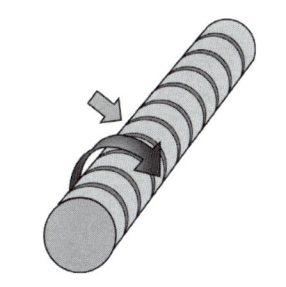

① 위험점의 종류 : 회전말림점
② 정의 : 회전하는 물체에 작업복, 머리카락 등이 말려 들어가는 위험점

## 32 동영상을 보고 다음 물음에 답하시오.

• 23년 3회 1부

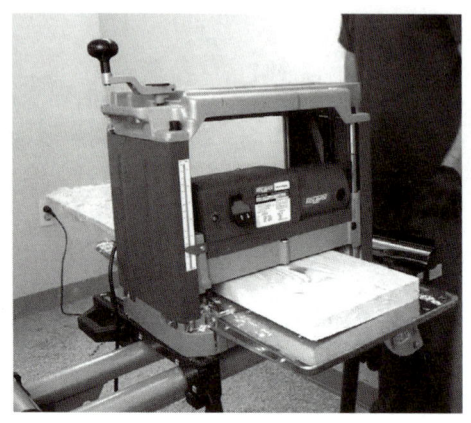

사진 출처 : https://www.youtube.com/watch?v=tgqi9panj1l

(1) 동영상에서 보여주는 기계의 명칭을 적으시오.
(2) 기계에 설치하여야 하는 방호장치의 명칭을 적으시오.
(3) 방호장치 설치방법 두 가지를 적으시오.

■ 화면 설명  화면에서는 동력식 수동대패의 작업 모습을 보여준다

(1) 동력식 수동대패
(2) 칼날 접촉 방지장치 또는 날접촉 예방장치
(3) **방호장치 설치방법**
  ① 고정식 덮개
  ② 가동식 덮개

**33** 화면에서 작업자는 샌드페이퍼 작업을 하고 있다. (1) 손이 말려들어가는 부분에 존재하는 위험점의 종류와 정의를 적으시오. (2) 작업의 위험요인 3가지를 적으시오. • 15년 3회 2부, 17년 2회 3부, 21년 1회 1부, 21년 2회 1부, 21년 2회 3부, 23년 2회 3부

**화면 설명** 화면에서 작업자는 면장갑을 착용하고 샌드페이퍼(사포)를 손으로 지지하며 작업하던 중 손이 말려 들어가는 장면을 보여준다.

(1) **위험점의 종류와 정의**

① 위험점의 종류 : 접선물림점 또는 끼임점 또는 회전말림점
※ 동영상에서 손이 말려드는 부분을 확인하세요.
② 정의
  • 끼임점 : 고정부분과 회전하는 동작 부분 사이에서 형성되는 위험점
  • 접선 물림점 : 회전하는 부분의 접선 방향으로 물려 들어가는 위험점
  • 회전말림점 : 회전하는 물체에 작업복, 머리카락 등이 말려 들어가는 위험점

(2) **작업의 위험요인 3가지**

① 샌드페이퍼(사포)를 손으로 지지하였다.(손이 말려들 위험있다.)
② 작업자가 면장갑을 착용하였다.
③ 위험점에(회전부) 덮개가 설치되지 않았다.


**34** 화면은 탁상용 연삭기 작업을 보여준다. 탁상용 연삭기에 봉강 연마작업 중 환봉이 튀어 발생한 사고이다. (1) 기인물은 무엇이며, (2) 연마 작업 시 파편이나 연삭분의 비래에 의한 위험에 대비하기 위해 설치해야 하는 방호장치명을 적으시오. (3) 탁상용 연삭기의 숫돌과 가공 면과의 각도는 얼마가 적당한지 적으시오. (4) 작업 시 위험요인 3가지를 적으시오.

• 14년 2회 2부, 16년 2회 2부, 17년 3회 1부, 20년 4회 3부, 23년 1회 3부

**화면 설명** 보안경, 방진마스크를 착용하지 않은 작업자가 맨손으로 봉강을 연마 중이다. 연삭기에 덮개는 설치되어 있으나 칩 비산방지 투명판은 설치되지 않았다. 작업 중 칩이 눈에 튀어 작업자가 한 손으로 눈을 비비던 중 두 손으로 잡고 있던 봉강이 흔들리며 작업자 가슴으로 튀는 장면을 보여준다.

(1) 기인물 : 탁상용 연삭기
(2) 장치명 : 투명비산방지판
(3) 각도 : 15 ~ 30도
(4) 작업 시 위험요인
  ① 연삭기에 덮개를 설치하지 않았다.(숫돌에 손을 다칠 위험 있다.) - 덮개가 설치되지 않은 경우만 해당
  ② 워크레스트(작업대)를 설치하지 않아 재료의 고정이 불량하다. (작업 중 재료가 부러지며 작업자에게 튈 위험 있다.)
  ③ 투명비산방지판을 설치하지 않았다. (연삭분에 눈과 얼굴을 다칠 위험 있다.)
  ④ 보안경을 착용하지 않았다. (연삭분에 눈을 다칠 위험 있다.)

**35** 화면에서 작업자는 휴대용 연삭기로 연삭작업을 하고 있다. 이 작업에서 사용하는 휴대용 연삭기의 ① 방호장치명, ② 방호장치(덮개) 설치각도를 적으시오.

• 14년 1회 2부, 16년 1회 3부, 21년 1회 3부, 21년 3회 2부, 24년 2회 2부

① 방호장치명 : 덮개
② 방호장치 설치각도 : 덮개 설치각도 180도 이상(숫돌 노출각도 180도 이내)

**36** 화면에서 작업자는 연삭기로 연마작업을 하고 있다. 작업에 존재하는 (1) 불안전한 행동 3가지, (2) 작업 시의 안전대책 2가지, (3) 작업자가 미착용한 보호구 2가지를 적으시오. (단, 안전모 착용은 제외할 것)

• 20년 2-1회 2부, 23년 1회 2부, 23년 2회 3부, 24년 2회 1부

**화면 설명** 작업자는 보안경을 미착용한 상태이며 면장갑을 착용하고 있다. 연삭기에는 덮개가 설치되어 있지 않으며, 숫돌의 측면으로 대리석을 연삭하던 중에 사고가 발생한다.

(1) 불안전한 행동
   ① 연삭기에 덮개를 설치하지 않았다.
   ② 작업자가 보안경, 방진마스크, 귀마개를 착용하지 않았다.
   ③ 연삭기 측면을 사용하여 작업하였다.
   ④ 작업자가 면장갑을 착용하고 작업하였다.(면장갑을 착용한 경우만 해당)

(2) 작업 시의 안전대책
   ① 연삭기에 덮개 설치
   ② 작업자가 보안경, 방진마스크, 귀마개 착용하고 작업한다.
   ③ 측면을 사용하는 것을 목적으로 제작된 연삭기 이외에는 측면 사용 금지
   ④ 작업시작 전 1분 이상, 숫돌 교체 시 3분 이상 시운전할 것

(3) 미착용한 보호구
   ① 보안경
   ② 방진마스크
   ③ 귀마개
   ④ 안전화(착용하지 않은 경우만 작성할 것)

**37** 화면을 보고 물음에 답하시오. (1) 화면의 작업에서 사용하는 장치의 명칭을 적으시오. (2) 화면에서 보여주는 장치의 숫돌 노출각도를 적으시오.

• 23년 3회 2부, 24년 2회 3부

■ 화면 설명  화면에서 작업자는 휴대용 연삭기로 작업하는 장면을 보여준다.

사진 출처 : 11번가

사진 출처 : 안전보건공단

(1) 장치의 명칭 : 휴대용 연삭기
(2) 숫돌 노출각도 : 180도 이내

**38** 화면에서 작업자는 샌드페이퍼 작업을 하고 있다. (1) 손이 말려들어가는 부분에 존재하는 위험점의 종류와 정의를 적으시오. (2) 불안전한 행동 및 상태(작업의 위험요인) 3가지를 적으시오. (단, 보호구 관련 내용은 제외할 것)

> **화면 설명** 화면에서 작업자는 면장갑을 착용하고 샌드페이퍼(사포)를 손으로 지지하며 작업하던 중 손이 말려들어가는 장면을 보여준다.

(1) 위험점의 종류 : 접선물림점 또는 끼임점 또는 회전말림점
　※ 세 가지 위험점이 모두 출제되었습니다. 동영상에서 손이 말려드는 부분을 확인하고 답을 적으세요.
(2) 정의
　• 끼임점 : 고정부분과 회전하는 동작부분 사이에서 형성되는 위험점
　• 접선 물림점 : 회전하는 부분의 접선 방향으로 물려 들어가는 위험점
　• 회전말림점 : 회전하는 물체에 작업복, 머리카락 등이 말려 들어가는 위험점
(3) 작업의 위험요인
　① 샌드페이퍼(사포)를 손으로 지지하였다. (손이 말려들 위험있다.)
　② 작업자가 면장갑을 착용하였다.
　③ 위험점에(회전부) 덮개가 설치되지 않았다.

> **참고**
>
>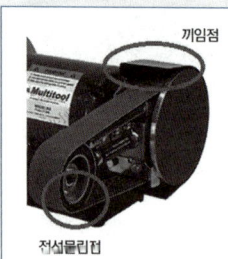
> 접선물림점
>
>
> 끼임점
> 회전 말림점
>
>
> 그림 출처 : AliExpress

**39** 화면에서 작업자는 고속절단기로 파이프를 절단하는 작업을 하고 있다. 절단작업 중 불똥이 튀는 장면이 보이며 작업자는 안전화, 안전모만 착용한 상태이다. 작업자가 추가로 착용하여야 할 보호구 3가지를 적으시오.

• 20년 2-1회 1부, 21년 1회 2부

① 보안경
② 방진마스크
③ 귀마개


**40** 화면에서 작업자는 절단기로 대리석을 자르는 작업을 하고 있다. 영상을 보고 작업자의 불안전한 행동 3가지를 적으시오. • 21년 1회 2부

**화면 설명** 그라인더로 물을 뿌리며 대리석 절단 작업을 하고 있다. 작업자는 기계가 작동 중인 상태에서 막대로 수압조절 밸브를 쳐서 조절하고 있으며, 한쪽 둥근톱이 정지되자 다른 편의 날이 작동 중인 상태에서 면장갑을 착용한 손으로 날을 점검하고 있다. 또한 가동 중인 기계 위로 작업자가 이동하는 장면을 보여준다.

① 절단기를 정지시키지 않고 점검을 실시했다.
② 작업자가 면장갑을 착용하고 작업했다.
③ 작업자가 가동 중인 기계 위로 이동했다.
④ 작업자가 보안경을 착용하지 않았다.

**주의** 동영상을 확인하고 답을 적으세요.

**41** 화면에서 작업자는 양수기의 모터 부위를 수리하고 있다. 모터에 묻은 기름을 닦기 위하여 걸레로 닦던 중 벨트와 덮개 사이에서 손을 다치는 사고가 발생한다. (1) 손을 다치는 부분에 존재하는 위험점, (2) 위험점의 정의, (3) 재해 발생형태, (4) 재해 발생형태의 정의를 적으시오. • 20년 2-1회 2부

(1) 위험점 : 끼임점
(2) 위험점의 정의 : 고정부분과 회전하는 동작부분 사이에서 형성되는 위험점
(3) 재해 발생형태 : 끼임
(4) 재해 발생형태의 정의
  - 기계설비에 끼이거나 감김
  - 두 물체 사이의 움직임에 의하여 일어난 것으로 직선 운동하는 물체 사이의 끼임, 회전부와 고정체 사이의 끼임, 롤러 등 회전체 사이에 물리거나 또는 회전체·돌기부 등에 감긴 경우

**42** 화면에서 작업자는 작업 중 고장 난 양수기를 수리하고 있다. 위험요인 3가지를 적으시오. • 13년 3회 2부, 16년 1회 2부, 17년 2회 3부, 20년 3-2회 1부

**화면 설명** 전원을 차단하지 않고 양수기를 수리하고 있으며 동료와 잡담을 나누며 수공구를 던져주는 장면이 보인다. 수리 중 벨트에 손이 말려드는 사고가 발생한다.

① 전원을 차단하지 않고 수리하여 손을 다칠 위험 있다.
② 작업에 집중하지 않아 손을 다칠 위험 있다.
③ 던져주던 수공구가 양수기에 말려들어갈 위험 있다.

**43** 화면에서 작업자는 드릴작업을 하고 있다. 동영상을 보고 (1) 작업 시의 문제점, (2) 안전작업 대책 3가지를 적으시오.

• 16년 1회 1부, 17년 3회 3부, 20년 4회 1부, 21년 1회 3부

**화면 설명** 작업자는 보안경을 착용하지 않고 맨손으로 드릴을 이용하여 금속제 구멍 넓히기 작업을 하고 있다. 드릴은 고정되지 않은 상태이고 방호장치도 설치되지 않았으며, 손으로 가공물을 잡고 있다.

(1) 작업 시의 위험요인
① 이동식 드릴을 고정하지 않았다. (드릴을 고정하지 않아 작업 중 움직일 위험 있다.)
② 드릴에 방호덮개를 설치하지 않았다. (드릴에 방호덮개를 설치하지 않아 손을 다칠 위험 있다.)
③ 투명 비산방지판을 설치하지 않았다. (투명 비산방지판을 설치하지 않아 칩 등 비산물에 눈을 다칠 위험 있다.)
④ 가공물을 손으로 잡고 있다.(가공물을 손으로 잡고 있어 손을 다칠 위험 있다.)
⑤ 작업자가 보안경, 방진마스크를 착용하지 않았다. (보안경을 착용하지 않아 눈을 다칠 위험 있다.)

(2) 안전작업 대책
① 이동식 드릴은 바닥에 견고하게 고정한다.
② 드릴 날에 방호덮개 설치 및 방호덮개를 개방하면 주전원이 차단될 수 있도록 연동장치를 설치한다. (드릴 날에 방호덮개 및 연동장치 설치)
③ 투명 비산방지판을 설치한다.
④ 가공 대상물을 고정하는 바이스 고정대를 설치한다. (가공물을 바이스로 고정한다.)
⑤ 보안경, 방진마스크를 착용하고 작업한다.

**44** 화면에서 작업자는 드릴 작업 중이다. 다음 물음에 답하시오. (1) 작업의 위험요인 3가지를 적으시오. (2) 안전대책 3가지를 적으시오. (3) 드릴에 손이 말려들어가서 손을 다치는 사고가 발생하였다. 존재하는 위험점의 종류와 정의를 적으시오.

• 15년 1회 2부, 17년 3회 3부, 18년 3회 3부, 20년 1회 2부, 20년 1회 3부, 21년 3회 2부, 23년 3회 3부

**화면 설명** 작은 공작물을 손으로 잡고 작업하던 중 공작물이 튀어 재해를 당하였다. 작업자는 작업 중 이물질을 입으로 불어 제거하고 있으며, 또한 손으로 이물질을 제거하려는 모습을 보여준다. 작업자는 보안경을 미착용하였고 면장갑을 낀 채 작업을 하고 있다.

(1) 위험요인
  ① 작은 공작물을 손으로 잡고 작업하였다.
     (공작물을 바이스를 사용하여 고정하지 않아 손을 다칠 위험 있다.)
  ② 면장갑을 착용하였다. (면장갑을 착용하여 손을 다칠 위험 있다.)
  ③ 보안경을 착용하지 않았다. (보안경을 착용하지 않아 눈을 다칠 위험 있다.)
  ④ 방진마스크를 착용하지 않았다.
     (방진마스크를 착용하지 않아 이물질 또는 칩이 호흡기로 들어갈 위험 있다.)
  ⑤ 이물질 제거 시 전원을 차단하지 않고 손으로 제거하였다.
     (이물질을 전원을 차단하지 않고 손으로 제거하여 손을 다칠 위험 있다.)

(2) 안전대책
  ① 작은 공작물은 바이스를 사용하여 고정한다.
  ② 보안경을 착용하고 작업한다.
  ③ 드릴작업 시 면장갑 착용을 금지한다.
  ④ 방진마스크를 착용하고 작업한다.
  ⑤ 이물질 제거 시 전원을 차단하고 전용공구(수공구)를 사용한다.

(3) 위험점의 종류 및 정의
  ① 회전말림점
  ② 정의 : 회전하는 물체에 작업복, 머리카락 등이 말려 들어가는 위험점

## 45 [보기]의 기계·기구에 설치하여야 하는 방호장치명을 1가지씩 적으시오.

• 24년 1회 4부

[보기]

(1) 컨베이어
(2) 선반의 회전부
(3) 연삭기

(1) 컨베이어
① 비상정지장치
② 이탈 등의 방지장치
③ 덮개 또는 울
(2) 선반의 회전부 : 척 커버
(3) 연삭기 : 덮개

### 》참고

**선반의 방호장치**
① 쉴드(Shield) : 칩 및 절삭유의 비산을 방지하기 위해 설치하는 플라스틱 덮개
② 칩 브레이커 : 칩을 짧게 절단하는 장치
③ 척 커버 : 기어(회전부) 등을 복개하는 장치
④ 브레이크 : 선반의 일시 정지장치

## 46 동영상에서 작업자는 드릴을 이용하여 각목에 구멍을 뚫는 작업을 하고 있다. 작업 시의 위험요인 2가지를 적으시오.

• 24년 1회 4부

■ **화면 설명** 작업자는 면장갑을 착용한 채 드릴로 각목에 구멍 뚫기 작업을 하고 있으며 각목이 고정되지 않아 드릴 작업 중 움직이는 장면을 보여준다.

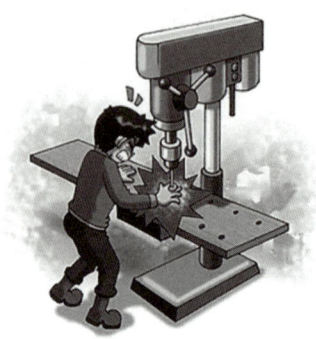
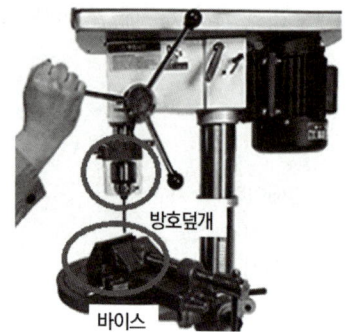

사진 출처 : 안전보건공단

① 각목을 바이스 등으로 고정하지 않았다.
② 면장갑을 착용하였다. (면장갑을 착용하여 손을 다칠 위험 있다.)
③ 보안경을 착용하지 않았다. (보안경을 착용하지 않아 눈을 다칠 위험 있다.)
④ 방진마스크를 착용하지 않았다. (방진마스크를 착용하지 않아 이물질 또는 칩이 호흡기로 들어갈 위험 있다.)

## 47 화면은 승강기 와이어로프에 묻은 기름과 먼지를 청소하는 장면을 보여준다.

• 14년 3회 1부, 15년 3회 3부

(1) 작업 도중에 예상되는 재해의 원인을 3가지 적으시오.
(2) 위험점의 종류를 적으시오.
(3) 화면에서 예상되는 재해의 발생 형태와 그 정의를 적으시오.

(1) 재해 원인
① 전원을 차단하지 않고 청소하여 손이 끼일 위험 있다.
② 로프를 풀리에 걸칠 때 손이 끼일 위험 있다.
③ 불필요한 로프가 걸쳐져 있어 로프가 말려들어갈 위험 있다.

(2) 위험점의 종류 : 접선물림점 또는 끼임점

(3) 재해 발생형태와 정의
   ① 재해 발생형태 : 끼임
   ② 정의
   • **기계설비에 끼이거나 감김**
   • 두 물체 사이의 움직임에 의하여 일어난 것으로 직선 운동하는 **물체 사이의 끼임**, 회전부와 고정체 사이의 끼임, 롤러 등 회전체 사이에 **물리거나** 또는 회전체·돌기부 등에 **감긴 경우**

## 48 화면에서 작업자는 작업 중 고장 난 양수기를 수리하고 있다. 위험요인 3가지를 적으시오. •24년 3회 1부

**화면 설명** 전원을 차단하지 않고 양수기를 수리하고 있으며 동료와 잡담을 나누며 수공구를 던져주는 장면이 보인다. 수리 중 벨트에 손이 말려드는 사고가 발생한다.

① **전원을 차단하지 않고** 수리하여 손을 다칠 위험 있다.
② **작업에 집중하지 않아** 손을 다칠 위험 있다.
③ 던져주던 **수공구가** 양수기에 말려들어갈 위험 있다.

## 49 화면에서 작업자는 에어콤프레셔로 기계의 먼지를 털어내는 중이다. 화면에서 작업자가 착용하여야 하는 보호구 2가지를 적으시오. •18년 3회 1부, 21년 2회 1부

**화면 설명** 기계 청소작업 중 갑자기 먼지가 눈에 들어가며 작업자가 소리를 지르는 장면이다.

① 보안경
② 방진마스크

50 화면에서 보여주는 기계·기구의 작업 시작 전 점검사항 3가지를 적으시오.
(단, 그 밖의 연결 부위의 이상 유무는 제외할 것)
• 23년 2회 3부

■ 화면 설명 화면에서는 작업자가 공기압축기를 점검하는 장면을 보여준다.

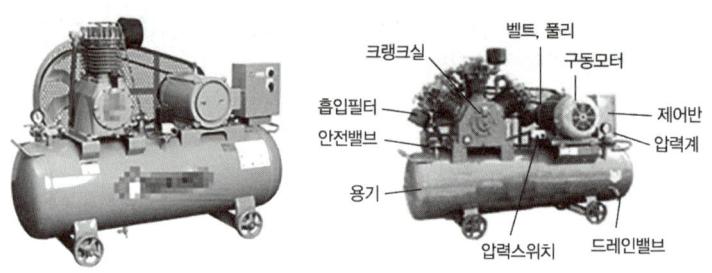

① 공기저장 압력용기의 외관 상태
② 드레인밸브의 조작 및 배수
③ 압력방출장치의 기능
④ 언로드밸브의 기능
⑤ 윤활유의 상태
⑥ 회전부의 덮개 또는 울

51 [보기]는 보일러의 압력방출장치 설치에 관한 내용이다. 괄호 안에 적합한 내용을 적으시오.
• 24년 3회 1부

압력방출장치를 1개 또는 2개 이상 설치하고 ( ① ) 이하에서 작동되도록 하여야 한다. 다만, 압력방출장치가 2개 이상 설치된 경우에는 최고사용압력 이하에서 1개가 작동되고, 다른 압력방출장치는 최고사용압력의 ( ② )배 이하에서 작동되도록 부착하여야 한다.

① 최고사용압력
② 1.05

> **참고**
>
> 압력방출장치는 매년 1회 이상 "국가교정기관"으로부터 교정을 받은 압력계를 이용하여 토출압력을 시험한 후 납으로 봉인하여 사용하여야 한다. 다만, 공정안전보고서 제출대상으로서 공정안전관리 이행수준 평가결과가 우수한 사업장의 압력방출장치에 대하여는 4년마다 1회 이상 토출압력을 시험할 수 있다.

**52** 화면은 보일러에 두 개의 압력방출장치가 설치된 것을 보여준다. A, B 압력방출장치의 작동을 설명하시오. (단, A장치가 B보다 먼저 작동한다.) •24년 1회 4부

A : 최고사용압력 이하에서 작동
B : 최고사용압력의 1.05배 이하에서 작동

**53** 화면에서는 산업용 로봇 작업을 보여준다. (1) 로봇의 운전으로 인하여 근로자에게 발생할 수 있는 위험을 방지하기 위하여 높이 1.8미터 이상의 울타리를 설치할 수 없는 구간에 설치하여야 하는 방호장치 2가지를 적으시오. (2) 산업용 로봇의 방호장치인 안전매트의 동작원리를 적으시오. (3) 안전매트에 표시해야 할 항목 중 안전인증표시 외 추가 표시사항 2가지를 적으시오.

• 23년 2회 1부, 23년 2회 2부

(1) 방호장치
 ① 안전매트
 ② 광전자식 방호장치 등 감응형(感應形) 방호장치
(2) 안전매트의 역할
 유효감지영역 내의 임의의 위치에 일정한 정도 이상의 압력이 주어졌을 때 이를 감지하여 신호를 발생시킨다.
(3) 안전인증 외 표시사항
 ① 작동하중
 ② 감응시간
 ③ 복귀신호의 자동 또는 수동여부
 ④ 대소인공용 여부

**54** 화면에서 작업자는 회전하는 기계를 2인 1조로 분해하여 조립하는 작업 중이다.
 (1) 화면에서와 같은 작업 시의 작업계획서 내용을 3가지 적으시오.
 (2) 중량물의 취급 작업 시에는 산업안전보건법에 의하여 작업계획서를 작성하여야 한다. [보기]의 괄호에 적합한 내용을 적으시오.

• 18년 1회 3부, 21년 1회 1부, 24년 3회 1부

[보기]
중량물 취급 작업의 작업계획서에는 (  ), (  ), (  ) 등의 위험을 예방할 수 있는 안전대책을 포함하여야 한다.

▌화면 설명  기계를 분해하고 조립하는 과정에서 허리를 삐끗하는 장면이 나오며, 중량물의 기계를 놓치는 바람에 옆의 근로자의 발이 중량물에 다치는 사고가 발생한다.

(1) 중량물의 취급 작업 시의 작업계획서의 내용
　① 추락위험을 예방할 수 있는 안전대책
　② 낙하위험을 예방할 수 있는 안전대책
　③ 전도위험을 예방할 수 있는 안전대책
　④ 협착위험을 예방할 수 있는 안전대책
　⑤ 붕괴위험을 예방할 수 있는 안전대책

(2) 추락, 낙하, 전도, 협착, 붕괴


55  화면에서는 액화질소, 액화탄산가스, 액화알곤가스 등 여러 개의 가스용기를 보여준다. 화면에서와 같은 가스집합용접장치의 배관을 하는 경우 준수하여야 할 사항을 2가지 적으시오. ・18년 3회 1부, 20년 3-2회 1부

① 플랜지・밸브・콕 등의 접합부에는 개스킷을 사용하고 접합면을 상호 밀착시키는 등의 조치를 할 것
② 주관 및 분기관에는 안전기를 설치할 것. 이 경우 하나의 취관에 2개 이상의 안전기를 설치하여야 한다.

56 화면에서는 용광로 작업을 보여준다. 작업자는 용탕 내의 쇳물을 휘저으며 슬래그 제거 작업을 하고 있다. 작업자는 슬래그를 제거하여 작업자 바로 앞에서 털어내고 있으며 보호구를 전혀 착용하지 않은 상태이다. • 20년 4회 3부

(1) 화면에서 보여주는 작업 위험요인 3가지를 적으시오.
(2) 신체 부위별로 착용하여야 하는 보호구 3가지를 적으시오.
(3) 예상되는 재해 발생형태를 적으시오.

(1) 작업 위험요인
　① 작업자가 방열 두건을 착용하지 않았다. (눈 및 얼굴 부위에 화상을 입을 위험 있다.)
　② 작업자가 방열복을 착용하지 않았다. (몸에 화상을 입을 위험 있다.)
　③ 작업자가 방열 장갑을 착용하지 않았다. (손에 화상을 입을 위험 있다.)

(2) 착용하여야 하는 보호구
　① 머리, 눈, 얼굴 : 방열 두건
　② 몸 : 방열복
　③ 손 : 방열 장갑

(3) 재해 발생형태 : 이상온도 노출·접촉

# 02 전기설비 안전 관리

**01** 1만 볼트의 고압이 인가된 배전반 작업 중 재해가 발생하였다. 재해 발생형태를 적고 그 용어를 설명하시오.   • 17년 2회 1부, 20년 2-2회 1부, 21년 2회 3부

(1) 재해 발생형태 : 전류접촉(감전)
(2) 정의 : 충전부 등에 신체의 일부가 직접 접촉하거나 유도전류의 통전으로 근육의 수축, 호흡곤란, 심실세동 등이 발생한 경우 또는 특별고압 등에 접근함에 따라 발생한 섬락 접촉, 합선·혼촉 등으로 인하여 발생한 아크에 접촉된 경우


**02** 화면은 승강기 컨트롤 패널 점검 작업을 보여준다.
(1) 재해 발생형태와 (2) 가해물의 종류를 적으시오.

• 13년 2회 1부, 14년 3회 3부, 17년 1회 2부, 19년 3회 2부

**화면 설명** 한 작업자가 승강기 컨트롤 패널 점검 작업을 하고 있고, 다른 작업자는 이동하는 모습을 보여준다. 작업자가 절연저항 측정기로 절연저항을 측정하는 중 다른 작업자가 패널 뒤쪽에서 쓰러지는 화면을 보여준다.

(1) 재해 발생형태 : 감전(전류접촉)

(2) 가해물
 • 전기(접촉물 없이 유도전류에 의해 감전된 경우)
 • 컨트롤 패널(컨트롤 패널에 접촉하여 감전된 경우)
 • 전선(전선을 만지던 중 감전된 경우)
 • 배전반(작업자가 배전반에 접촉하여 감전된 경우)

**주의** 동영상을 확인하세요.

**03** 크레인으로 전주를 옮기는 작업을 하던 중 전주가 떨어지며 작업자가 전주에 맞아 사고를 당하였다. (1) 재해 원인, (2) 가해물, (3) 재해 발생형태, (4) 전기작업 시 착용하여야 하는 안전모의 종류를 적으시오.

• 14년 1회 3부, 20년 2-1회 1부, 23년 2회 2부

(1) **재해 원인** : 전주의 고정 불량으로 떨어지는 전주에 맞음(운반 중 충돌한 경우라면 → 전주와의 충돌)
(2) **가해물** : 전주 (전주에 맞은 것이 아니라 크레인과 충돌한 경우라면 → 크레인)
(3) **재해 발생형태** : 맞음(떨어진 전주에 맞은 것이 아니라 운반 중 부딪힌 경우라면 → 부딪힘·접촉)
(4) **안전모의 종류** : AE형, ABE형


**04** 전신주의 형강을 교체하는 화면을 보여주고 있다.

• 13년 1회 2부, 20년 1회 2부, 2023년 1회 3부

(1) 형강 교체작업(정전작업 시 전로 차단 절차, 정전작업 전의 조치사항) 시의 안전조치를 적으시오.
(2) 작업 중 관리하여야 하는 사항(안전조치 사항) 4가지를 적으시오.
(3) 이 작업(정전작업)이 완료된 후의 조치사항 3가지를 적으시오.
(4) 화면의 작업을 하는 경우 작업자가 착용해야 할 보호구 2가지를 적으시오.

**화면 설명** 화면에서 작업자는 전봇대의 발판을 딛고 작업하고 있으며, 작업 중 흡연하는 장면이 보인다. C.O.S(컷아웃스위치)가 발판 옆에 걸쳐져 있다.

(1) 정전작업 시 전로 차단 절차(정전작업 전의 조치사항)
① 전원을 차단한 후 각 단로기 등을 개방하고 확인할 것
② 차단장치나 단로기 등에 잠금장치 및 꼬리표를 부착할 것
③ 잔류전하를 완전히 방전시킬 것
④ 검전기를 이용하여 작업 대상 기기가 충전되있는지를 확인할 것
⑤ 단락 접지기구를 이용하여 접지할 것

(2) 정전작업 중 관리사항
  ① 개폐기 관리
  ② 단락접지 상태 관리
  ③ 근접활선에 대한 방호관리
  ④ 작업지휘자에 의한 작업

(3) 정전작업이 완료된 후 조치사항
  ① 작업기구, 단락 접지기구 등을 제거하고 전기기기 등이 안전하게 통전될 수 있는지를 확인할 것
  ② 모든 작업자가 작업이 완료된 전기기기 등에서 떨어져 있는지를 확인할 것
  ③ 잠금장치와 꼬리표는 설치한 근로자가 직접 철거할 것
  ④ 모든 이상 유무를 확인한 후 전기기기 등의 전원을 투입할 것

(4) 착용해야 할 보호구
  ① 안전모(AE형, ABE형)
  ② 절연화
  ③ 절연장갑
  ④ 안전대(2m 이상 추락이 우려되는 장소의 경우만 해당)


05 산업안전보건법에 의하여 근로자가 노출된 충전부 또는 그 부근에서 작업함으로써 감전될 우려가 있는 경우에는 작업에 들어가기 전에 해당 전로를 차단하여야 한다. 전로를 차단하지 않아도 되는 경우(정전작업을 하지 않아도 되는 경우) 3가지를 적으시오. •24년 3회 2부

① 생명유지 장치, 비상경보설비, 폭발위험장소의 환기설비, 비상조명설비 등의 장치·설비의 가동이 중지되어 사고의 위험이 증가되는 경우
② 기기의 설계상 또는 작동상 제한으로 전로 차단이 불가능한 경우
③ 감전, 아크 등으로 인한 화상, 화재·폭발의 위험이 없는 것으로 확인된 경우

## 06 전기형강 작업 중 작업자의 위험요인 3가지를 적으시오.

• 13년 1회 2부, 14년 2회 3부, 16년 1회 3부, 16년 2회 1부, 17년 3회 1부, 20년 3-1회 2부

**화면 설명** 화면에서 작업자는 전봇대의 발판을 딛고 작업하고 있으며, 작업 중 흡연하는 장면이 보인다. C.O.S(컷아웃스위치)가 발판 옆에 걸쳐져 있다.

① 작업 중 흡연했다.
② 작업자가 안전대를 착용하지 않았다. (U자 걸이용 안전대 착용)
③ C.O.S(컷아웃스위치)를 발판 옆에 걸쳐놓아 오조작할 위험 있다.


## 07 전주 위에서 전기작업을 하고 있다. 화면에서의 위험요인 3가지를 적으시오.

• 24년 1회 4부

**화면 설명** U자 걸이용 안전대와 안전모를 착용한 작업자가 전주를 타고 올라가서 전주의 발판을 딛고 전기작업을 하고 있으며 C.O.S(컷아웃스위치)가 발판 옆에 걸쳐져 있다. 다른 작업자는 고소작업대에서 작업하고 있으며 안전대와 안전모를 착용하지 않고 일반 모자와 면장갑을 착용한 상태이다. 아래에는 신호수가 작업하는 모습을 올려다보고 있다.

사진 출처 : 매일노동뉴스

사진 출처 : 진 스카이차

① 작업자가 안전대를 착용하지 않아 추락할 위험이 있다. (U자 걸이용 안전대 착용)
② 작업자가 안전모(절연모)와 절연장갑을 착용하지 않아 감전의 위험이 있다.
③ C.O.S(컷아웃스위치)를 발판 옆에 걸쳐놓아 오조작할 위험이 있다.

> 참고

**C.O.S(컷아웃스위치)**
배선의 인입점·분기점 등에 사용되는 스위치로 컷아웃스위치를 꺼버리면 해당 회로의 배선이 정전이 된다. (배선의 점검, 수리 시에 끄고 작업)


08 화면에서 작업자는 전주의 발판에 올라서서 변압기 볼트를 조이는 작업을 하던 중 떨어지는 사고를 당한다. (1) 재해 발생형태, (2) 작업에 존재하는 위험요인 2가지를 적으시오.

• 14년 3회 3부, 16년 1회 1부, 17년 2회 2부, 18년 1회 2부, 18년 3회 3부, 20년 1회 1부, 20년 2-2회 2부, 21년 2회 2부, 21년 3회 3부

▓ **화면 설명** 전봇대의 발판을 딛고 작업하고 있으며 안전대를 착용하고 있으나 안전대를 전주에 고정하지 않은 상태이다. 작업자는 면장갑을 착용하고 있다.

(1) 재해 발생형태 : 떨어짐

(2) 작업 위험요인
① 작업 발판이 불안하여 떨어짐 위험이 있다.
   (전주의 발판에 올라서서 작업하여 떨어짐 위험이 있다.)
② 안전대를 전주에 고정하지 않아 떨어짐 위험이 있다.
③ 작업자가 절연장갑을 착용하지 않아 감전 위험이 있다.

09 화면에서 작업자는 전주에 올라가다가 표지판에 부딪히며 추락하는 사고가 발생하였다. (1) 작업에서의 위험요인 2가지를 적으시오. (2) 재해 발생형태를 적으시오. (3) 화면에서와 같은 작업에서 작업자가 착용하여야 하는 안전모의 종류를 적으시오.

• 13년 3회 2부, 15년 2회 3부, 16년 3회 2부, 18년 1회 1부, 19년 3회 3부, 21년 3회 2부, 24년 2회 2부

(1) 위험요인
① 작업자가 안전대를 착용하지 않았다.
② 작업 발판이 불안하다. [활선작업용장치(차량, 작업대)를 사용하지 않음]
③ 작업 전 주변 점검을 실시하지 않았다.

(2) 재해 발생형태 : 떨어짐

(3) 작업자가 착용하여야 하는 안전모 : ABE형

10 화면은 승강기의 컨트롤 패널 점검 작업을 보여준다. 다음 물음에 답하시오.

• 15년 3회 2부, 17년 2회 2부, 19년 3회 2부

(1) 화면과 같은 재해를 방지하기 위한 대책 3가지를 적으시오.
(2) 작업자가 감전당한 원인은 무엇인가?

**화면 설명** 작업자는 컨트롤 패널을 점검하기 위하여 전원을 차단한 상태에서 전선을 만지는 순간 감전을 당함.

(1) 재해방지대책(전기를 점검, 보수하는 작업은 정전작업에 해당한다.)
① 차단장치에 잠금장치 및 꼬리표를 부착할 것
② 잔류전하를 완전히 방전시킬 것
③ 검전기를 이용하여 충전되었는지를 확인할 것
④ 작업자는 절연장갑을 착용할 것(절연장갑을 미착용한 경우만 해당)

(2) 감전의 원인 : 잔류전하에 의한 감전

> **주의** 
> - 화면에서 검전기로 충전 유무를 확인하는 장면 후에 감전을 당한 경우→오통전에 의한 감전
> - 화면에서 차단기만 내리고 검전기로 확인하는 장면이 없이 감전을 당한 경우→잔류전하에 의한 감전

## 11
화면에서 2명의 작업자가 전주에서 작업을 하고 있다. 작업자 1명은 아래에서 절연용 방호구를 올리고 있으며 다른 작업자는 크레인에서 절연용 방호구를 받아 설치하는 작업을 하던 중 감전사고가 발생하였다. 화면에서와 같은 활선작업 시 내재되어 있는 핵심위험요인 2가지를 적으시오.

• 13년 1회 1부, 14년 3회 1부, 15년 2회 2부, 16년 1회 2부, 17년 3회 3부, 18년 2회 2부, 18년 3회 1부, 20년 2-2회 1부, 20년 3-2회 1부, 23년 1회 1부

① 작업자가 절연용 보호구를 착용하지 않아 감전의 위험 있다.
② 인근 충전 전로에 절연용 방호구를 설치하지 않아 감전의 위험 있다.
③ 활선작업용 기구 및 장치를 사용하지 않아 감전의 위험 있다.
④ 크레인이 이격거리를 준수하지 않아 감전의 위험 있다.

## 12
화면에서는 2명의 작업자가 차량(고소작업대 또는 이동식 크레인)에서 작업하는 모습을 보여준다. 작업자는 니퍼 등의 공구로 작업하고 있으며 면장갑을 착용하고 있다. 작업에서의 위험요인 3가지를 적으시오. • 21년 3회 3부

**화면 설명** 작업대와 전선이 거의 닿을 정도로 가깝게 접근했다. 작업자 중 1명은 안전대와 안전모를 착용한 상태이며, 다른 1명은 안전모와 안전대를 미착용하고 면장갑을 끼고 작업하고 있다. 주변에는 복잡한 전선이 지나가고 있으며 아래로는 안전모를 쓴 다른 작업자가 지나가는 모습을 보여준다.

① 차량(이동식 크레인)이 이격거리를 준수하지 않아 감전의 위험이 있다.
② 근로자가 절연용 보호구(절연모, 절연장갑)를 착용하지 않아 감전의 위험이 있다.
③ 주변 전선에 절연용 방호구를 설치하지 않아 감전의 위험이 있다.
④ 근로자가 안전대를 착용하지 않아 추락의 위험이 있다.

**13** 충전 전로에서 전기작업을 하거나 그 부근에서 작업을 하는 경우의 안전조치사항 4가지를 적으시오.
• 17년 1회 3부

충전전로에서의 전기작업(활선작업) 시의 조치
① 근로자에게 절연용 보호구를 착용시킬 것
② 충전전로에 절연용 방호구를 설치할 것
③ 고압 및 특별고압의 전로에서 전기작업을 하는 근로자에게 활선작업용 기구 및 장치를 사용하도록 할 것
④ 절연용 방호구의 설치·해체작업 시 절연용 보호구를 착용하거나 활선작업용 기구 및 장치를 사용하도록 할 것
⑤ 유자격자가 아닌 근로자가 충전전로 인근의 높은 곳에서 작업할 때에 근로자의 몸 또는 긴 도전성 물체가 방호되지 않은 충전전로에서 대지전압이 50킬로볼트 이하인 경우에는 300센티미터 이내로, 대지전압이 50킬로볼트를 넘는 경우에는 10킬로볼트당 10센티미터씩 더한 거리 이내로 각각 접근할 수 없도록 할 것

**14** (1) [보기]는 충전전로에서 전기 작업을 하는 경우의 조치사항에 관한 내용이다. 괄호에 적합한 내용을 적으시오.

(2) 화면에서는 충전전로 부근에서 이동식 비계를 이용한 작업을 보여 준다. 작업의 위험요인 3가지를 적으시오.

• 21년 1회 1부, 21년 2회 3부, 21년 3회 2부, 22년 1회 1부, 23년 3회 3부, 24년 3회 1부, 24년 3회 3부

**화면 설명** 충전전로 부근에 이동식 비계가 설치되어 있으며 바퀴가 고정되지 않은 상태이다. 작업자는 안전대를 착용하고 비계에 고정 후 작업하고 있다. 비계에 안전난간은 설치되어 있다.

> [보기]
> - 충전전로를 취급하는 근로자에게 그 작업에 적합한 ( ① )를 착용시킬 것
> - 충전전로에 근접한 장소에서 전기작업을 하는 경우에는 해당 전압에 적합한 ( ② )를 설치할 것. 다만, 저압인 경우에는 해당 전기작업자가 ( ① )를 착용하되, 충전전로에 접촉할 우려가 없는 경우에는 ( ② )를 설치하지 아니할 수 있다.
> - 유자격자가 아닌 근로자가 충전전로 인근의 높은 곳에서 작업할 때에 근로자의 몸 또는 긴 도전성 물체가 방호되지 않은 충전전로에서 대지전압이 50킬로볼트 이하인 경우에는 ( ③ ) 이내로, 대지전압이 50킬로볼트를 넘는 경우에는 10킬로볼트당 10센티미터씩 더한 거리 이내로 각각 접근할 수 없도록 할 것

(1) ① 절연용 보호구 ② 절연용 방호구 ③ 300cm

(2) 작업의 위험요인
 ① 충전전로에 절연용 방호구가 설치되지 않았다.
 ② 충전전로와 이동식 비계사이에 이격 거리가 확보되지 않았다.
 ③ 바퀴에는 브레이크·쐐기 등으로 바퀴를 고정시킨 다음 비계의 일부를 시설물에 고정하거나 지지틀(아웃트리거)을 설치하여야 하나 바퀴 고정 및 아웃트리거 설치를 하지 않았다.

**15** 화면은 30kV의 고압이 흐르는 고압선 주변에서 이동식 크레인으로 작업하던 중에 크레인의 붐대 끝이 전선에 닿아 감전이 되는 사고가 발생하였다.

· 15년 1회 1부, 16년 3회 3부, 20년 2-2회 3부, 20년 4회 1부

(1) 고압선 주변에서 크레인 등을 사용하여 작업할 경우 안전대책 3가지를 쓰시오.
(2) 위와 같은 작업의 경우 충전전로와의 이격거리는 얼마인지 적으시오.

(1) 충전전로 인근에서의 차량·기계장치 작업 시의 안전조치
  ① 차량 등을 충전부로부터 300센티미터 이상 이격시키되, 대지전압이 50킬로볼트를 넘는 경우 10킬로볼트 증가할 때마다 10센티미터씩 증가
  ② 이격거리
    - 절연용 방호구를 설치한 경우 : 절연용 방호구 앞면까지
    - 차량의 버킷이나 끝부분이 절연되어 있고 유자격자가 작업하는 경우 : 접근한계 거리까지
  ③ 근로자가 차량과 접촉하지 않도록 울타리를 설치하거나 감시인 배치 등의 조치
  ④ 충전전로 인근에서 접지된 차량 등이 충전전로와 접촉할 우려가 있을 경우에는 지상의 근로자가 접지점에 접촉하지 않도록 조치

(2) 고압선과 크레인의 이격거리 : 3m 이상

> 암기법

1. 이격거리 : 충전부로부터 300cm 이상, 대지전압 50kV 초과 시 - 10kV 증가 시마다 10cm씩 증가
2. 울타리 설치, 감시인 배치
3. 근로자가 접지점에 접촉하지 않도록 조치

16 화면에서는 크레인을 이용하여 활선전로에 인접하여 전주 세우기 작업을 하고 있다. 전주 세우기 작업 중 전주가 조금 돌아가며 인접전로에 접촉하여 스파크가 발생한다.

• 13년 3회 2부, 14년 2회 1부, 14년 2회 2부, 15년 2회 1부, 15년 2회 2부, 15년 3회 1부, 16년 3회 2부, 18년 1회 3부, 21년 1회 3부, 23년 1회 3부, 24년 3회 2부

(1) 이 사고의 직접 원인을 2가지 적으시오.
(2) 동종재해를 방지하기 위한 관리적 대책 3가지를 적으시오.
(3) 가해물을 적으시오.
(4) 작업자가 착용하여야 하는 안전모의 종류를 2가지 적으시오.

(1) 직접 원인
   ① 크레인의 이격거리 미준수로 인접활선전로와 접촉
   ② 활선전로에 절연용 방호구 미설치

(2) 관리적 대책

   충전전로 인근에서의 차량·기계장치 작업 시의 안전조치
   ① 차량 등을 충전부로부터 300센티미터 이상 이격시키되, 대지전압이 50킬로볼트를 넘는 경우 10킬로볼트 증가할 때마다 10센티미터씩 증가
   ② 이격거리
      – 절연용 방호구를 설치한 경우 : 절연용 방호구 앞면까지
      – 차량의 버킷이나 끝부분이 절연되어 있고 유자격자가 작업하는 경우 : 접근한계 거리까지
   ③ 근로자가 차량과 접촉하지 않도록 울타리를 설치하거나 감시인 배치 등의 조치
   ④ 충전전로 인근에서 접지된 차량 등이 충전전로와 접촉할 우려가 있을 경우에는 지상의 근로자가 접지점에 접촉하지 않도록 조치

(3) 가해물 : 전주

(4) 안전모의 종류 : AE형, ABE형

**주의**
- 동영상 화면을 반드시 확인하세요.
- 화면에서 크레인이 전로와 접촉한 경우는 "인접활선전로와 접촉"
- 크레인이 전로와 떨어져 작업하였으나 감전되었다면 "유도전류에 의한 감전"이 답이 됩니다.

**17** 화면은 항타기, 항발기 작업을 보여준다. 항타기, 항발기로 땅을 굴착한 후 전주를 세우는 과정에서 인접 활선전로에 접촉하여 스파크가 일어난다. 충전전로 인근에서 항타기, 항발기 작업 시 감전위험 방지를 위한 조치사항 3가지를 적으시오.

- 14년 2회 2부, 17년 1회 2부, 18년 1회 3부, 19년 1회 1부, 19년 1회 2부, 19년 1회 3부, 21년 2회 2부

① 충전전로 인근에서 차량, 기계장치 등의 작업이 있는 경우에는 차량 등을 충전전로의 충전부로부터 300센티미터 이상 이격시켜 유지시키되, 대지전압이 50킬로볼트를 넘는 경우 이격거리는 10킬로볼트 증가할 때마다 10센티미터씩 증가시켜야 한다.

② 절연용 방호구를 설치한 경우에는 이격거리를 절연용 방호구 앞면까지로, 차량등의 가공 붐대의 버킷이나 끝부분 등이 절연되어 있고 유자격자가 작업을 수행하는 경우의 이격거리는 접근 한계거리까지로 할 수 있다.
③ 울타리를 설치하거나 감시인 배치 등의 조치를 하여야 한다.
④ 접지된 차량 등이 충전전로와 접촉할 우려가 있을 경우에는 지상의 근로자가 접지점에 접촉하지 않도록 조치하여야 한다.

## 18 변압기가 활선(충전물)인지 아닌지 확인할 수 있는 방법을 3가지 쓰시오.

① 검전기로 확인
② 활선경보기로 확인
③ 테스터기로 확인

## 19 화면은 습윤한 장소에 설치된 이동전선을 보여준다. 습윤한 장소에서 사용되는 이동전선에 대한 사용 전 조치사항 3가지를 적으시오.

• 13년 3회 1부, 15년 3회 1부, 16년 3회 3부, 17년 1회 3부, 18년 2회 1부, 20년 1회 3부

**화면 설명** 작업자들이 단무지 공장에서 작업을 하고 있다. 작업자의 무릎 정도로 물이 차 있는 상태에서 수중펌프를 작동하는 순간 작업자가 접속부에 감전된다.

① 이동전선은 충분한 절연 효과가 있는 것을 사용할 것
② 전선의 접속부는 충분히 피복하거나 적합한 접속기구(접지형 콘센트 및 플러그)를 사용할 것
③ 이동전선은 절연 피복 손상, 노화로 인한 감전방지 위해 필요한 조치를 할 것
④ 누전차단기를 설치할 것(전선 인출 부전반에 누전자단기를 설치할 것)

20 화면에서 작업자는 가설전선 점검 작업을 하고 있다. 전선의 연결 부위를 만지던 중 사고가 발생한다. 화면에서와 같은 작업 시 우려되는 (1) 재해 유형, (2) 재해 유형의 정의, (3) 작업의 위험요인 3가지, (4) 동종재해 예방대책 3가지를 적으시오. (작업자는 안전화는 착용하였으나 맨손이며, 전선에 전원이 인가된 상태이다)

• 13년 2회 2부, 16년 1회 2부, 19년 1회 3부, 20년 2-1회 2부

(1) **재해 유형** : 감전

(2) **재해 유형의 정의** : 충전부 등에 신체의 일부가 직접 접촉하거나 유도전류의 통전, 아크에 접촉된 경우

(3) **작업의 위험요인**
   ① 전원을 차단하지 않고 점검을 실시하였다.
   ② 작업자가 절연장갑을 착용하지 않았다.
   ③ 가설전선의 절연이 불량하다.
   ④ 누전차단기를 설치하지 않았다.

(4) **동종재해 예방대책**
   ① 전원을 차단하고 점검을 실시할 것
   ② 작업자는 절연장갑을 착용할 것
   ③ 전선의 접속부는 충분히 피복하거나 적합한 접속기구(접지형 콘센트 및 플러그)를 사용할 것
   ④ 전선은 절연피복 손상, 노화로 인한 감전방지 위해 필요한 조치를 할 것
   ⑤ 누전차단기를 설치할 것(전선 인출 분전반에 누전차단기를 설치할 것)

> 참고

가설전기는 건축공사를 하기 위하여 임시로 설치해서 공사를 마친 후 철거하는 간접공사를 말한다.

21 화면에서 작업자는 습윤한 장소에서 모터보트의 모터 부위를 점검하던 중 감전을 당하였다. (1) 감전방지를 위해 설치하여야 하는 장치 1가지와 (2) 동종 재해예방 대책 3가지를 적으시오.  • 14년 3회 2부, 15년 2회 1부, 18년 2회 3부

(1) 감전방지를 위해 설치하여야 하는 장치 : 누전차단기

(2) 동종재해 예방대책
   ① 전원을 차단하고 점검을 실시할 것(전원을 차단하지 않은 경우만 해당)
   ② 작업자는 절연장갑을 착용할 것(절연장갑을 착용하지 않은 경우만 해당)
   ③ 누전차단기를 설치할 것
   ④ 모터와 전선의 접속부는 충분히 피복하거나 적합한 접속기구(접지형 콘센트 및 플러그)를 사용할 것
   ⑤ 습윤한 장소에서 사용하는 전선은 충분한 절연 효과가 있는 것을 사용할 것


22 화면에서 작업자는 단무지 공장에서 작업을 하고 있다. 무릎 정도 물이 차 있는 상태에서 수중펌프를 작동함과 동시에 감전 사고를 당한다. (1) 작업자가 감전된 원인을 피부 저항과 관련하여 설명하시오. (2) 산업안전보건법상 누전차단기를 설치해야 하는 기계·기구 3가지를 적으시오. (3) 감전을 방지하기 위하여 설치하여야 하는 장치 1가지를 적으시오. (4) 무릎 정도 물이 차 있는 상태에서 수중펌프를 작동함과 동시에 작업자가 접속 부위에 감전되는 사고를 당한다. 재해예방대책 3가지를 적으시오.

  • 14년 2회 1부, 15년 1회 3부, 16년 1회 1부, 17년 3회 1부, 17년 3회 2부, 18년 2회 1부, 19년 1회 2부, 20년 1회 1부, 20년 2-2회 2부, 21년 3회 1부, 22년 1회 1부, 23년 2회 3부, 23년 3회 1부

(1) 감전 원인 : 인체가 젖은 상태에서 피부저항은 1/25로 감소하기 때문에 감전되기 쉽다.

(2) 누전차단기를 설치해야 하는 기계·기구
   ① 대지전압이 150볼트를 초과하는 이동형 또는 휴대형 전기기계·기구
   ② 물 등 도전성이 높은 액체가 있는 습윤장소에서 사용하는 저압용 전기기계·기구
   ③ 철판·철골 위 등 도전성이 높은 장소에서 사용하는 이동형 또는 휴대형 전기기계·기구
   ④ 임시배선의 전로가 설치되는 장소에서 사용하는 이동형 또는 휴대형 전기기계·기구

(3) 감전을 방지하기 위하여 설치하여야 하는 장치 : 누전차단기

(4) 재해예방 대책
   ① 누전차단기를 설치할 것
   ② 전선은 충분한 절연효과가 있는 것을 사용할 것
   ③ 전선의 접속부는 충분히 피복하거나 적합한 접속기구(접지형 콘센트 및 플러그)를 사용할 것
   ④ 전선은 절연피복 손상, 노화로 인한 감전방지 위해 필요한 조치를 할 것

## 23 작업자는 야외에 설치된 임시분전반에서 작업 중이다. 영상을 확인하고 작업 시의 문제점 2가지를 적으시오.
• 17년 1회 1부, 18년 2회 2부, 20년 4회 1부

**화면 설명** 작업자가 면장갑을 착용한 채 분전반에 전원을 연결하여 그라인더 작업을 하는 모습을 보여준다. 다른 작업자가 다가와 맨손으로 분전반 전원에 콘센트 플러그를 꽂고 전선을 만지는 순간 감전되어 쓰러진다. 분전반에는 누전차단기가 설치되어 있다.

① 전선의 절연상태 불량(전선을 만져 감전된 경우)
② 누전차단기 설치 불량(분전반의 각 회로별로 누전차단기를 설치하여야 하나 미설치하였다.)
③ 작업자가 절연장갑을 착용하지 않았다.
④ 임시분전반 접지를 실시하지 않았다.
⑤ 분전반 잠금장치를 설치하지 않았다.(관계자 외 조작금지 조치를 실시하지 않았다.)

24 전기기계 기구의 내전압검사 중 감전 재해가 발생하였다.

• 17년 1회 2부

**화면 설명** 전기기계 기구의 내전압검사를 위해 전원을 차단하고 작업하던 중 다른 작업자가 앞 작업자를 보지 못하고 전원을 투입하여 사고 발생, 작업자는 면장갑을 착용한 상태이고 개폐기 함은 아무런 조치 없이 열려있음.

(1) 이 사고의 위험 포인트를 적으시오.
(2) 동종 사고를 방지하기 위한 대책을 3가지 적으시오.
(3) 제어실과 작업장이 막혀 있어 원활한 의사소통이 되지 못하고 있다. 이에 대한 대책을 적으시오.

(1) 위험 포인트 : 작업자가 앞 작업자를 확인하지 않고 전원을 투입하였다.

(2) 사고방지대책
 ① 개폐기함에 잠금장치 설치 및 통전금지 표찰을 부착한다.
 ② 작업자는 절연장갑을 착용한다.
 ③ 작업자에게 전기안전 교육을 실시한다.

(3) 대화창 설치


25 스피커를 통해 작업지시(점검작업으로 전원차단 시킴)가 전달되고 있으나 작업자는 지시사항을 정확히 듣지 못하고 MCC패널 차단기의 전원을 투입하여 감전재해가 발생하였다. 화면과 같은 재해방지 대책 3가지를 적으시오.

• 13년 2회 1부, 13년 2회 2부, 15년 3회 3부

① 차단기 함에 잠금장치 및 통전금지 표찰을 부착하여 담당자 외의 조작을 금지한다.
 (작업자가 전원을 차단 후 차단기 함을 잠그고 열쇠를 직접 보관한다.)
② 무전기 등 연락장비를 사용하여 지시(연락)를 철저히 한다.
③ 작업자에게 전기안전교육을 실시한다.

**26** 화면에서 작업자는 동료의 연락을 듣고 MCC 패널의 문을 열고 차단기 2개 중 하나를 투입하였으나 전원을 잘못 투입하여 재해가 발생하였다. 동종 재해방지 대책 3가지를 적으시오.  •18년 2회 3부

① 차단기 별로 회로 명을 표기하여 오동작을 방지한다.
② 차단기에 잠금장치 및 통전금지 표찰을 부착하여 작업자 이외의 자의 조작을 방지한다.
③ 무전기 등 연락 장비를 사용하여 지시(연락)를 철저히 한다.
④ 작업자에게 전기안전교육을 실시한다.


**27** 화면에서는 두 작업자가 작업을 하고 있다. 한 작업자가 변압기의 2차 전압을 측정하기 위해 다른 작업자에게 전원을 투입하라는 신호를 보낸다. 2차 전압측정 후 전원을 차단하라는 신호를 보내고 측정기를 철거하던 중 감전이 발생한다. 이때 작업자는 맨손이며, 슬리퍼를 신고 있다. (1) 이 동영상에서 내재되어 있는 핵심위험요인을 3가지를 적으시오. (2) 작업자가 착용하여야하는 보호구 2가지를 적으시오.

•14년 1회 1부, 14년 2회 2부, 15년 3회 2부, 17년 2회 3부, 19년 1회 3부, 20년 2-2회 3부, 21년 2회 1부, 21년 3회 3부

(1) 핵심 위험요인
① 작업자가 절연장갑을 착용하지 않았다.
② 작업자 간의 신호전달이 제대로 이뤄지지 않았다.
③ 측정기를 철거하기 전에 정전 여부를 확인하지 않았다.

(2) 착용해야 할 보호구
① 절연장갑
② 절연화

28 화면은 작업자가 맨손으로 임시 배전반 점검 중에 감전재해가 발생하는 것을 보여준다. (1) 재해 발생형태를 적으시오. (2) 화면에서의 위험요인을 2가지 적으시오. (3) 가해물을 적으시오.

• 13년 3회 1부, 18년 1회 1부, 19년 1회 1부, 19년 1회 3부, 20년 2-1회 1부, 20년 2-2회 2부, 20년 3-2회 1부, 20년 4회 3부, 23년 3회 3부

**화면 설명** 화면에서 작업자는 전원을 차단하고 점검 중이다. 동료가 차단기 함을 열고 전원을 투입하는 순간 감전이 발생한다.

(1) 재해 발생형태 : 감전
(2) 위험요인
  ① 작업자가 절연장갑을 착용하지 않았다.
  ② 개폐기 함에 잠금장치 및 통전금지 표찰을 부착하지 않았다.
(3) 가해물 : 배전반(배전반에 접촉하여 감전된 경우)


29 화면에서 작업자는 전동권선기에 동선을 감는 작업을 하고 있다. 작업 중 기계가 정지하여 전원을 차단하지 않고 점검 중 발생한 재해이다. (1) 재해 발생형태와 (2) 재해 원인 2가지를 적으시오.

• 14년 3회 2부, 15년 1회 1부, 16년 2회 1부, 16년 3회 1부, 19년 3회 3부, 21년 1회 2부, 21년 2회 1부

**화면 설명** 작업자가 전동권선기에 동선(코일)을 감는 작업을 하고 있다. 기계가 작동을 멈추자 기계를 점검하기 위하여 분전반을 열고 전선과 연결된 부분을 만지는 순간 감전되어 쓰러진다.)

(1) **재해 발생형태** : 감전(전류접촉)

(2) **재해 원인**
  ① **전원을 차단하지 않고 기계점검**을 실시했다.
  ② 작업자가 **절연장갑을 착용하지 않았다.**
  ③ 작업시작 전 기계점검을 실시하지 않았다.(3가지를 적으라는 경우만 작성할 것)

> **주의** 기계 점검 중 감전된 경우가 아니고 점검 중 손이 끼인 경우라면
> (1) 재해 발생형태 : 끼임
> (2) 재해 원인
>   ① 전원을 차단하지 않고 기계 점검을 실시했다.
>   ② 면장갑을 착용하고 기계 점검을 실시했다.

**30** 화면에서 작업자는 용접을 하기 위하여 전원을 켜고 용접기 어스선을 잡아당기던 중 감전을 당하였다. (1) 재해 발생형태 및 (2) 화면에서의 위험요인 2가지를 적으시오.  • 20년 3-1회 2부, 24년 1회 3부

**화면 설명** 목장갑을 착용한 작업자가 노란색 배전반을 열고 드라이버로 전선을 연결하는 중이다. 차단기는 켜짐 상태이며 누전차단기는 확인이 안 된다. 2번째 연결하는 전선의 피복상태가 불량해 보인다. 작업자가 배전반을 닫고 자동전격 방지기가 부착된 용접기를 손으로 잡는 순간 전기가 튄다.

(1) **재해 발생형태** : 감전(전류접촉)
(2) **화면에서의 위험요인 2가지**
  ① 작업자가 **절연장갑을 착용하지 않았다.**
  ② **누전차단기를 설치하지 않았다.** (용접기 본체에 접촉하여 감전된 경우)
  ③ **접지를 실시하지 않았다.** (용접기 본체에 접촉하여 감전된 경우)
  ④ **전선의 피복이 손상되었다.** (화면에서 전선의 피복상태가 불량한 경우만 작성할 것)
  ⑤ **자동전격 방지기를 설치하지 않았다.** (용접봉, 홀더, 어스선에 접촉하여 감전된 경우, 화면에서 전격방지기가 부착되지 않은 경우만 작성할 것)

**31** 화면에서 작업자는 교류아크 용접기로 상수도 용접작업을 하고 있다. 습윤한 장소에서 감전을 방지하기 위하여 (1) 교류아크 용접기에 부착하여야 하는 방호장치를 적으시오. (2) 용접봉 홀더의 구비조건 1가지를 적으시오. (3) 교류아크 용접기의 방호장치인 자동전격 방지기의 종류 4가지를 적으시오.

• 19년 1회 1부, 20년 3-1회 3부, 23년 3회 2부, 23년 3회 3부

(1) 자동전격 방지기(자동전격 방지장치)
(2) ① 절연내력
    ② 내열성
(3) ① 외장형
    ② 내장형
    ③ 저저항시동형(L형)
    ④ 고저항시동형(H형)

> 참고

사업주는 아크용접 등(자동용접은 제외한다)의 작업에 사용하는 용접봉의 홀더에 대하여 한국산업표준에 적합하거나 그 이상의 절연내력 및 내열성을 갖춘 것을 사용하여야 한다.

**32** 산업안전보건법에 의하여 교류아크 용접기에 자동전격 방지기를 설치하여야 하는 장소 3가지를 적으시오.

• 23년 3회 1부

① 선박의 이중 선체 내부, 밸러스트(Ballast) 탱크, 보일러 내부 등 도전체에 둘러싸인 장소
② 추락할 위험이 있는 높이 2미터 이상의 장소로 철골 등 도전성이 높은 물체에 근로자가 접촉할 우려가 있는 장소
③ 근로자가 물·땀 등으로 인하여 도전성이 높은 습윤 상태에서 작업하는 장소

**33** 교류아크 용접작업 중 재해가 발생한 사례이다. (1) 기인물은 무엇이며, (2) 이 작업 시 눈과 감전재해 위험으로부터 작업자를 보호하기 위해 착용해야 할 보호구 명칭 두 가지를 적고, (3) 교류아크용접기 사용 전 점검사항 2가지를 적으시오.

• 14년 1회 2부, 16년 3회 1부, 18년 3회 2부, 21년 3회 1부

**화면 설명** 작업자는 일반 모자와 면장갑을 착용하고 있으며, 1회 용접을 한 후 용접슬러지를 제거하고 육안으로 확인한다. 다시 교류아크용접을 시작하는 순간 감전으로 쓰러진다.

(1) 기인물 : 교류아크용접기
(2) 보호구 명칭 : 용접용 보안면, 절연장갑, 절연화, 안전모 AE형 ABE형(절연모)
(3) 교류아크용접기 사용 전 점검사항
  ① 용접기 외함 접지상태
  ② 자동전격방지기 작동상태
  ③ 용접기(용접봉) 홀더의 절연상태
  ④ 케이블(전선)의 피복 손상상태

**34** 화면은 작업자가 교류아크 용접작업을 하는 장면을 보여준다.

• 14년 3회 1부, 16년 2회 1부, 19년 3회 3부, 20년 1회 3부

**화면 설명** 작업자가 한 손으로 스위치를 조작하며 다른 손으로 용접을 하고 있으며, 작업장 주변에는 인화성 물질로 보이는 깡통 등이 쌓여있다.

(1) 화면의 작업에는 위험요인이 내재되어 있다. 작업자 측면과 작업장의 위험요인을 각각 1가지씩 적으시오.
(2) 교류아크 용접작업 중 유해광선에 의한 눈 장해가 우려된다. 유해광선의 종류를 적으시오.
(3) 화면에서의 용접작업 시의 위험요소 3가지를 적으시오.

(1) 유해 요인
  ① 작업자 측면 : 한 손으로 스위치를 조작하며 다른 손으로 용접을 하여 작업이 불안하며 작업상황 파악이 어렵다.
  ② 작업장 요인 : 용접하는 주변에 인화성 물질이 존재하여 화재위험이 있다.
(2) 유해광선의 종류 : 자외선
(3) 용접작업 시의 위험요소
  ① 한 손으로 스위치를 조작하며 다른 손으로 용접을 하고 있어 작업이 불안하며 작업상황 파악이 어렵다.
  ② 용접하는 주변에 인화성 물질이 존재하여 화재위험이 있다.
  ③ 작업장 정리정돈이 불량하다.

## 35
화면에서 작업자는 휴대용 연삭기로 연마작업 중이다. (1) 재해 발생형태를 적으시오. (2) 재해 발생원인 2가지를 적으시오. (3) 휴대용 연삭기 작업 시 감전방지 대책 2가지를 적으시오.

• 21년 2회 1부, 21년 3회 2부, 22년 2회 1부, 24년 1회 1부

**화면 설명** 작업자는 강재에 물을 뿌리며 연마작업 중이다. 바닥에는 물기가 많은 상태이며, 전선의 접속부는 고무장갑으로 감싼 채 물기 있는 바닥에 방치되어 있다. 작업자는 고무장갑을 착용하고 작업하고 있으며, 방진마스크는 미착용하였다. 연삭기 작업 중 감전으로 넘어지는 장면을 보여준다.

(1) 재해 발생형태 : 감전(전류접촉)
(2) 재해 발생원인
  ① 전선 접속부의 절연이 불량하다. (접속부를 충분히 피복하지 않아 누전의 위험 있다.)
  ② 물기가 있는 바닥에서 작업하여 누전의 우려 있다.

(3) 감전방지 대책
  ① 누전차단기를 설치할 것
  ② 전선의 접속부는 충분히 피복하거나 적합한 접속기구(접지형 콘센트 및 플러그)를 사용할 것
  ③ 젖은 손으로 전기기계·기구를 조작하지 않을 것(젖은 손으로 플러그를 꽂거나 제거하지 않을 것)

**36** 화면에서 작업자는 의자 위에 올라서서 배전반 점검을 하던 중 의자에서 떨어지는 재해를 당한다. 작업에서의 위험요인 2가지를 적으시오. • 20년 3-1회 1부

  **화면 설명** 작업자는 맨손으로 배전반 점검을 하고 있으며, 차단기를 손으로 만지다가 감전으로 의자에서 떨어진다.

① 안전한 발판 없이 의자 위에서 점검하여 떨어짐 위험이 있다.
  (작업발판 불량으로 떨어짐(추락) 위험이 있다.)
② 절연장갑을 착용하지 않아 감전될 위험이 있다.

**37** 화면에서 작업자는 등기구를 조작하던 중 사고가 발생한다. (1) 재해 유형(재해 발생형태)을 적으시오. (2) 화면에서의 위험요인(재해 원인) 2가지를 적으시오.
• 20년 2-2회 3부, 24년 3회 3부

(1) 재해 유형 : 감전(전류접촉)

(2) 위험요인
  ① 전원을 차단하지 않고 작업하여 감전 위험이 있다.
  ② 작업자가 절연장갑을 착용하지 않아 감전 위험이 있다.
  ③ 등기구의 접지를 실시하지 않아 감전 위험이 있다. (철제 등기구만 해당)

**38** 화면에서 작업자는 인화성 물질 저장창고에서 작업을 하고 있다. 폭발의 원인이 된 (1) 발화원의 형태, (2) 발화원의 종류를 2가지 적고, (3) 그 현상을 설명하시오. (4) 화면에서의 폭발사고를 방지하기 위한 대책(인체에 대전된 정전기에 의한 화재·폭발을 예방하기 위한 대책)을 3가지 적으시오. (단, 작업시설에 관련된 내용은 무시하고 작업장 및 작업자 관련 내용만 작성할 것) (5) 정전기에 의한 화재, 폭발 위험이 있는 경우 작업자가 착용하여야 하는 보호구를 2가지 적으시오.

• 15년 3회 3부, 17년 3회 2부, 19년 3회 3부, 20년 4회 3부, 23년 3회 3부, 24년 2회 3부

**화면 설명** 인화성 물질이 든 드럼통을 들고 들어온 작업자가 윗옷을 벗음과 동시에 폭발사고가 발생한다. 작업자는 운동화와 작업복을 착용한 상태이다.

(1) 발화원의 형태 : 정전기 스파크

(2) 종류
   ① 박리대전(옷을 벗을 때)
   ② 마찰대전(신발과 바닥 사이)

(3) 설명
   ① 마찰대전 : 두 물체 사이의 마찰로 인한 접촉, 분리에서 발생한다.(신발과 바닥 사이)
   ② 박리대전 : 밀착된 물체가 떨어지면서 자유전자의 이동으로 발생한다.(옷을 벗을 때)

(4) 대책
   ① 정전기용 안전화 착용
   ② 제전복 착용
   ③ 정전기 제전용구 사용
   ④ 작업장 바닥에 도전성을 갖출 것

(5) 보호구
   ① 정전기용 안전화 착용
   ② 제전복 착용

**39** 화면에서는 근로자들이 휴식시간에 건물 옥상 변전실 부근에서 공놀이를 하는 모습을 보여준다. (1) 화면에서 예상되는 재해의 종류와 (2) 재해방지대책 4가지를 적으시오.
• 17년 1회 1부

> **화면 설명** 공이 변전실 울타리 안쪽의 변압기의 충전부에 떨어져 공을 줍기 위해 근로자가 출입문을 통해 들어가 공을 꺼내는 장면이다.

(1) **재해 종류** : 전류접촉(감전)

(2) **재해 방지대책**
　① 변전실 출입구에 잠금장치를 할 것
　② 전원차단 확인 후에 공을 제거할 것
　③ 변전실 주변에 안전표지판을 부착할 것(전기위험, 관계자 외 출입금지)
　④ 작업자에게 전기안전 교육을 실시할 것


**40** 화면에서는 작업자가 전주에서 작업하는 모습을 보여준다. 배전선에 접속하는 중요기기를 뇌전압으로부터 보호하기 위하여 설치하는 장치로서 (1) 영상에서 보여주는 동그라미 한 부분의 명칭과 (2) 장치의 구비조건을 3가지 적으시오.
• 23년 1회 1부

(1) 명칭 : 피뢰기

(2) 구비조건
   ① 반복 동작이 가능할 것
   ② 구조가 견고하며 특성이 변하지 않을 것
   ③ 점검, 보수가 간단할 것
   ④ 충격 방전 개시 전압과 제한 전압이 낮을 것
   ⑤ 뇌전류의 방전 능력이 크고, 속류의 차단이 확실하게 될 것

> 참고

| 피뢰기 | |
|---|---|
| 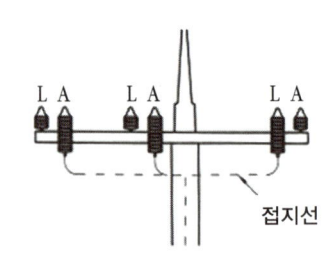 | 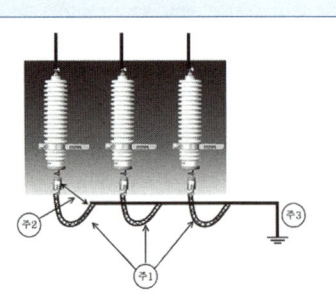 |

| COS(컷아웃스위치) | |
|---|---|
| 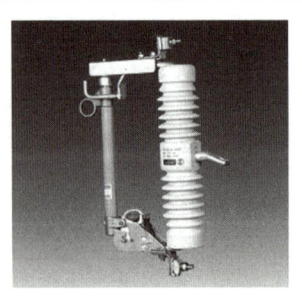 |  |

# 03 화학설비 안전 관리

01 (1) 특수화학설비 내부의 이상 상태를 조기에 파악하기 위하여 설치해야 할 방호장치 3가지를 적으시오.
(2) 특수화학설비 내부의 이상 상태를 조기에 파악하기 위하여 설치해야 할 계측장치 3가지를 적으시오.

• 13년 1회 2부, 14년 3회 1부, 15년 3회 2부, 18년 1회 3부, 18년 3회 2부, 19년 2회 3부, 20년 2-2회 3부, 20년 3-1회 2부, 23년 2회 1부, 23년 3회 2부, 24년 1회 2부

(1) 특수화학설비의 방호장치
① 계측장치(온도계·압력계·유량계)
② 자동경보장치
③ 긴급차단장치

(2) 특수화학설비의 계측장치
① 온도계
② 압력계
③ 유량계

02 화면에서 작업자는 가스용접 작업을 하고 있다. (1) 작업에서의 불안전한 행동 및 상태(위험요인) 2가지를 적으시오. (2) 안전작업 대책 2가지를 적으시오.
• 24년 2회 2부, 24년 3회 2부

**화면 설명** 작업자는 맨얼굴과 면장갑을 끼고 용접작업 중이며, 용접 중 줄이 짧아 줄을 잡아당기는 순간 호스가 뽑히며 산소가 누설되어 불꽃이 튄다. 산소 용기가 눕혀져 있으며 작업장 바닥에는 철판 등이 어지럽게 놓여있다.

(1) 작업 시의 위험요인
① 산소 용기를 눕혀서 사용하여 위험하다. (용기 밸브 등의 파손 위험 있다.)
② 호스의 접속부에 조임 기구를 사용하여 가스 누출을 방지하여야 하나 사용하지 않아 호스가 뽑히며 가스가 누설되었다. (가스 누설로 인한 화재, 폭발 위험 있다.)
③ 작업자가 보호구를 착용하지 않았다. (용접용 보안면, 안전장갑을 착용하지 않아 화상 위험이 있다.)
④ 주변 정리 정돈 불량으로(가연성 물질과의 접촉에 의한 화재, 폭발 및 걸려 넘어짐 등) 인한 사고 발생 위험 있다.

(2) 안전 작업 대책
① 산소용기는 세워서 사용한다.
② 호스의 접속부에 조임 기구를 사용하여 가스가 누출되지 않도록 조임을 철저히 한다.
③ 작업자는 용접용 보안면, 안전장갑을 착용하고 작업한다.
④ 주변 정리 정돈을 철저히 한다.


03 동영상에서 작업자는 혼자 피복아크 용접을 하고 있다. 작업에 존재하는 불안전한 행동 및 상태(위험요인) 3가지를 적으시오.
• 21년 2회 3부, 21년 3회 3부, 24년 2회 2부, 24년 2회 3부

**화면 설명** 주변에는 인화성 물질로 보이는 드럼통이 놓여있고 바닥은 정리정돈이 안된 상태이며 용접불꽃이 주변으로 튀는 장면을 보여준다. 작업자는 용접용 보안면, 가죽장갑, 용접용 앞치마를 착용한 상태이다.

① 인근 가연성물질에 대한 방호조치를 하지 않아 화재의 위험 있다.
② 용접불티 비산방지덮개, 용접방화포 등 불꽃, 불티 등 비산방지조치를 하지 않았다. (화재의 위험 있다.)
③ 용접 흄, 용접 시 발생되는 유해가스 제거를 위한 환기를 실시하지 않았다.
④ 작업장소 인근에 소화기가 비치되지 않았다. (소화기가 비치되지 않은 경우만 해당)

## 04
화면은 인화성 물질의 취급 및 저장소를 보여준다. 동영상을 참고하여 (1) 가스폭발의 종류와 (2) 가스폭발의 종류를 정의하시오. •18년 2회 2부, 19년 3회 2부

**화면 설명** 화면에서는 가스가 대기 중에 다량 유출되어 순간적으로 폭발하는 장면을 보여준다.

(1) 가스폭발의 종류 : 증기운 폭발
(2) 정의 : 인화성 가스가 대기 중에 유출되어 구름형태로 모여 점화원에 의하여 순간적으로 폭발하는 현상

## 05
산업안전보건법에 의하여 사업주는 용융(鎔融)한 고열의 광물("용융고열물")을 취급하는 피트에 대하여 수증기 폭발을 방지하기 위한 조치를 하여야 한다. 이 경우 사업주가 하여야 하는 조치사항 2가지를 적으시오.

•21년 1회 1부, 23년 1회 4부, 24년 3회 3부

① 지하수가 내부로 새어드는 것을 방지할 수 있는 구조로 할 것
② 작업용수 또는 빗물 등이 내부로 새어드는 것을 방지할 수 있는 격벽 등의 설비를 주위에 설치할 것

06 화면에서 작업자는 폭발성 물질 저장소에 들어가기 위해 신발에 물을 묻히고 있다. (1) 그 이유를 설명하시오. (2) 폭발성 물질 화재 시 적합한 소화 방법을 적으시오.

• 13년 2회 1부, 14년 3회 3부, 15년 2회 3부, 16년 3회 3부, 18년 3회 2부, 20년 2-2회 1부, 24년 2회 3부

**화면 설명** 작업자가 '위험물'이라 적힌 작업장에 들어서며 신발에 물을 묻히는 장면을 보여준다. 다른 화면에서 작업자가 바닥에 가루가 떨어져 있는 작업장에서 조금 미끄러지는 순간 신발에서 불꽃이 발생하는 모습을 보여준다.

(1) 이유 : 신발과 바닥 사이의 정전기로 인한 폭발방지
(2) 소화 방법 : 다량의 주수에 의한 냉각소화


07 LPG 저장소에 설치하는 가스 누출 감지경보기 검지 센서의 적절한 (1) 설치 위치와 (2) 경보 설정치는 폭발하한계의 몇 %인가?

• 14년 1회 2부, 15년 2회 2부, 17년 2회 1부, 18년 3회 3부, 20년 2-2회 3부, 21년 회 2부, 23년 2회 1부

(1) LPG의 비중이 공기보다 무거우므로 바닥에 인접한 낮은 곳
(2) 폭발하한계의 25% 이하


08 화면에서 작업자는 주황색 가스용기(수소) 저장소로 들어간다. 저장소에는 방폭형 전원 스위치가 설치되어 있으며 환풍기는 작동하지 않는 상태이다. 수소 취급 시 위험요인을 고려한 수소의 특성 2가지를 적으시오.

• 20년 3-1회 3부

① 폭발범위가 넓어 누출 시 폭발 위험성이 크다.(누출 시 대형 폭발의 우려 있다.)
② 연소 시 발열량이 크다
③ 금속을 녹이는 성질이 있고 저장과 운반이 매우 어렵다.

09 산업안전보건법에 의하여 가스장치실을 설치하는 경우 준수하여야 하는 가스장치실의 구조 3가지를 적으시오. • 24년 1회 1부

① 가스가 누출된 때에는 당해 가스가 정체되지 아니하도록 할 것
② 지붕 및 천장에는 가벼운 불연성의 재료를 사용할 것
③ 벽에는 불연성의 재료를 사용할 것

10 화면에서는 주유소에서 지게차에 경유를 주입하는 장면을 보여준다. 운전자의 흡연에 의한 발화가 발생하였다. (1) 화면에서의 위험요인을 원인과 결과로 설명하시오. (2) 담뱃불에 해당하는 발화의 형태는 무엇인가?

• 19년 1회 3부, 20년 2-2회 3부, 21년 1회 2부

(1) 위험요인 : 인화성 물질 주변에서 흡연을 하여 나화에 의한 화재, 폭발이 우려된다.
(2) 발화의 형태 : 나화

11 산업안전보건기준에 관한 규칙에서 정하는 아세틸렌 및 가스집합 용접장치에 관한 내용이다. 괄호에 적합한 숫자를 적으시오. • 23년 1회 2부

[보기]
(1) 아세틸렌 용접장치를 사용하여 금속의 용접·용단 또는 가열작업을 하는 경우에는 게이지 압력이 ( ① )을 초과하는 압력의 아세틸렌을 발생시켜 사용해서는 아니 된다.
(2) 주관 및 분기관에는 ( ② )를 설치할 것[이 경우 하나의 취관에 대하여 2개 이상의 ( ② )를 설치하여야 한다]

(3) 발생기실은 건물의 최상층에 위치하여야 하며, 화기를 사용하는 설비로 부터 ( ③ )를 초과하는 장소에 설치하여야 한다.
(4) 용해아세틸렌의 가스집합용접장치의 배관 및 부속기구는 동 또는 동을 ( ④ ) 이상 함유한 합금을 사용하여서는 아니 된다.

① 127킬로파스칼(127kPa)
② 안전기
③ 3미터(m)
④ 70퍼센트(%)

> 참고

| 아세틸렌 발생기실의 설치장소 | 가스집합용접장치의 배관 |
|---|---|
| ① 아세틸렌 용접장치의 아세틸렌 발생기를 설치하는 경우에는 **전용의 발생기실에 설치**하여야 한다.<br>② 발생기실은 **건물의 최상층에 위치하여야 하며, 화기를 사용하는 설비로부터 3미터를 초과하는 장소에 설치하여야** 한다.<br>③ 발생기실을 옥외에 설치한 경우에는 그 **개구부를 다른 건축물로부터 1.5미터 이상 떨어지도록 하여야 한다.** | ① 플랜지·밸브·콕 등의 **접합부에는 개스킷을 사용**하고 접합면을 상호밀착 시키는 등의 조치를 할 것<br>② **주관 및 분기관에는 안전기를 설치할 것**(이 경우 **하나의 취관에 대하여 2개 이상의 안전기를 설치하여야** 한다) |

**12** 산업안전보건법에 의하여 '입구 측의 압력이 설정압력에 도달 하면 판이 파열하면서 유체가 분출하도록 용기 등에 설치된 얇은 판으로 된 장치의 (1) 명칭을 적으시오. (2) 이 장치를 반드시 설치해야 하는 경우를 2가지 적으시오.

• 23년 1회 3부

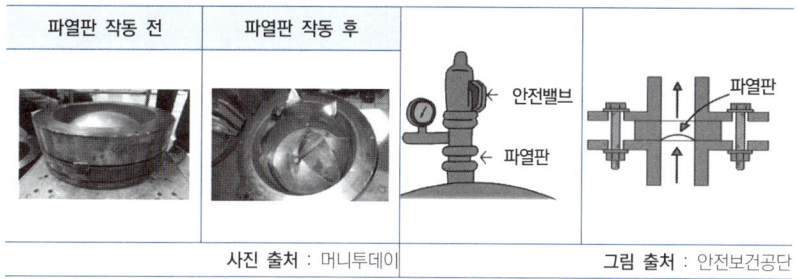

(1) 명칭 : 파열판

(2) 반드시 설치해야 하는 경우
  ① 반응폭주 등 급격한 압력상승의 우려가 있는 경우
  ② 급성독성물질의 누출로 인하여 주위의 작업환경을 오염시킬 우려가 있는 경우
  ③ 운전 중 안전밸브에 이상 물질이 누적되어 안전밸브가 작동되지 아니할 우려가 있는 경우

**13** 화면에서는 화학설비 공장에서 높이 설치된 굴뚝의 모습을 보여준다. (1) 플레어 시스템 중 소각탑으로 스택 지지대, 플레어 팁, 파이롯 버너 및 점화장치 등으로 구성된 설비 일체를 무엇이라 하는가? (2) 플레어 시스템의 설치 목적을 구체적으로 적으시오.

• 23년 1회 2부, 24년 3회 2부

 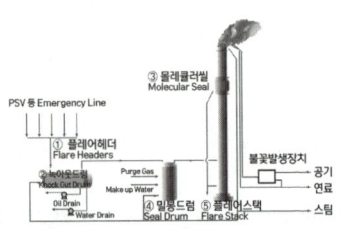

그림 출처 : 한화토탈에너지     그림 출처 : https://hello-onl.tistory.com/3

(1) 플레어스택
(2) 안전밸브 등에서 배출되는 위험물질을 안전하게 연소 처리하여 배출(대기 중으로 방출)하기 위하여 설치한다.


**14** 산업안전보건법에 의하여 사업주가 가스집합용접장치의 배관을 하는 경우에는 준수하여야 하는 사항 2가지를 적으시오.  • 23년 2회 2부

① 플랜지·밸브·콕 등의 접합부에는 개스킷을 사용하고 접합면을 상호 밀착시키는 등의 조치를 할 것
② 주관 및 분기관에는 안전기를 설치할 것. 이 경우 하나의 취관에 2개 이상의 안전기를 설치하여야 한다.

**15** 산업안전보건법에 의하여 화학설비로서 가솔린이 남아 있는 화학설비(위험물을 저장하는 것으로 한정), 탱크로리, 드럼 등에 등유나 경유를 주입하는 작업을 하는 경우에는 미리 그 내부를 깨끗하게 씻어내고 가솔린의 증기를 불활성 가스로 바꾸는 등 안전한 상태로 되어 있는지를 확인한 후에 그 작업을 하여야 한다. 다만, 다음 각 호의 조치를 하는 경우에는 그러하지 아니하다. 괄호에 적합한 내용을 적으시오. • 23년 1회 1부, 2024년 2회 1부

[보기]
(1) 등유나 경유를 주입하기 전에 탱크·드럼 등과 주입설비 사이에 접속선이나 접지선을 연결하여 ( ① )를 줄이도록 할 것
(2) 등유나 경유를 주입하는 경우에는 그 액표면의 높이가 주입관의 선단의 높이를 넘을 때까지 주입속도를 초당 ( ② ) 이하로 할 것

① 전위차
② 1미터

**16** 다음의 가스를 사용하여 작업하는 경우 퍼지를 실시하는 목적을 적으시오.
• 16년 1회 3부, 17년 2회 3부, 19년 1회 1부

(1) 가연성가스 및 지연성가스
(2) 독성가스
(3) 불활성가스

(1) 가연성가스 및 지연성가스 : 화재폭발 방지
(2) 독성가스 : 중독사고 방지
(3) 불활성가스 : 산소결핍 방지

**17** 화면에서 작업자는 퍼지작업을 하고 있다. 퍼지작업의 종류 3가지를 적으시오.

• 14년 2회 2부, 15년 2회 1부, 15년 3회 2부, 17년 1회 3부, 18년 2회 2부, 20년 2-1회 1부, 20년 4회 1부

① 진공퍼지
② 압력퍼지
③ 스위프퍼지
④ 사이폰퍼지

**18** 화면은 선박 탱크 내부의 슬러지 처리 작업을 보여준다. 작업 도중 한 작업자가 의식을 잃고 쓰러진다. (1) 이러한 사고에 대비하여 비치하여야 하는 비상시 피난용구(밀폐공간 작업 시에 필요한 기구, 대피용 기구) 3가지를 적으시오. (2) 작업자가 탱크 내부에서 30분 이상 작업할 경우 착용하여야 할 보호구의 종류를 2가지 적으시오.

• 13년 1회 1부, 14년 1회 1부, 14년 3회 2부, 15년 1회 2부, 15년 2회 3부, 16년 1회 1부, 16년 3회 1부, 17년 1회 1부, 17년 3회 3부, 19년 2회 1부, 20년 1회 1부, 20년 2-2회 1부, 23년 3회 1부, 24년 1회 1부, 24년 2회 1부

(1) 비상 시 피난용구
① 송기마스크 또는 공기호흡기
② 섬유로프
③ 사다리
④ 안전대
⑤ 도르래
⑥ 구명밧줄

(2) 작업자가 착용하여야 할 보호구(산소농도 18% 미만인 경우)
  ① 송기마스크
  ② 공기호흡기
※ 보호구를 3가지 적으라는 경우 '방독마스크' 추가할 것

## 19 밀폐공간(산소 결핍 장소)에서 근로자가 작업하는 경우의 안전조치 사항을 3가지 적으시오.

• 13년 3회 2부, 18년 1회 3부, 19년 2회 2부, 19년 2회 3부, 20년 3-1회 1부, 23년 3회 2부

① 작업 시작 전 및 작업 중에 해당 작업장을 적정 공기 상태가 유지되도록 환기하여야 한다.
② 밀폐공간에 근로자를 종사하도록 하는 경우에는 그 장소에 근로자를 입장시킬 때와 퇴장시킬 때마다 인원을 점검하여야 한다.
③ 작업하는 근로자가 아닌 사람이 그 장소에 출입하는 것을 금지하고, 출입금지 표지를 밀폐공간 근처의 보기 쉬운 장소에 게시하여야 한다.
④ 작업상황을 감시할 수 있는 감시인을 지정하여 밀폐공간 외부에 배치하여야 한다.
⑤ 밀폐공간에서 작업을 하는 동안 그 작업장과 외부의 감시인 간에 항상 연락을 취할 수 있는 설비를 설치하여야 한다.
⑥ 밀폐공간에서 작업을 하는 경우에 산소결핍이나 유해가스로 인한 질식·화재·폭발 등의 우려가 있으면 즉시 작업을 중단시키고 해당 근로자를 대피하도록 하여야 한다.
⑦ 공기호흡기 또는 송기마스크, 안전대나 구명밧줄, 사다리 및 섬유로프 등 비상 시에 대피용기구 및 근로자를 구출하기 위하여 필요한 기구를 갖추어 두어야 한다.
⑧ 밀폐공간에서 근로자를 구출하는 경우 구출작업에 종사하는 근로자에게 공기호흡기 또는 송기마스크를 지급하여야 한다.

**20** 밀폐공간(산소 결핍 장소)에서 근로자가 작업하는 경우의 위험요인 3가지를 적으시오.

• 14년 3회 2부, 20년 1회 2부

**화면 설명** 선박밸러스트 탱크 내부에서 작업하던 중 작업자가 쓰러지는 장면을 보여준다. 작업자는 송기마스크를 착용하지 않았으며 산소농도 측정도 하지 않는다.

① 환기장치를 설치하지 않아 산소결핍의 위험 있다.
② 작업자가 송기마스크를 착용하지 않아 질식 위험이 있다.
③ 작업 중 산소 및 유해가스농도를 측정하지 않아 질식 및 가스중독의 위험 있다.
④ 송기마스크, 사다리 및 섬유로프 등 비상 시 구출용구를 갖추지 않아 위험하다.

**21** 밀폐공간에서 작업하는 경우 실시하여야 하는 특별교육의 내용 3가지를 적으시오. (단, 그 밖에 안전 · 보건관리에 필요한 사항은 제외할 것)

• 21년 3회 3부, 22년 1회 1부, 23년 3회 3부

① 산소농도 측정 및 작업환경에 관한 사항
② 사고 시의 응급처치 및 비상 시 구출에 관한 사항
③ 보호구 착용 및 보호 장비 사용에 관한 사항
④ 작업내용 · 안전작업방법 및 절차에 관한 사항
⑤ 장비 · 설비 및 시설 등의 안전점검에 관한 사항

> **참고**

"밀폐공간에서 작업을 하는 경우 작업 전 근로자에게 알려야 할 사항", "화학설비의 탱크 내 작업 시의 특별교육 내용", "밀폐공간에서의 작업 시의 특별교육 내용"의 공통 내용

① 산소농도 측정 및 작업환경에 관한 사항
② 응급조치 요령에 관한 사항
③ 보호구의 착용 및 사용에 관한 사항
④ 안전작업방법에 관한 사항

| 밀폐공간에서 작업을 하는 경우 작업 전 근로자에게 알려야 할 사항 | 화학설비의 탱크 내 작업 시 특별교육 내용 | 밀폐공간에서의 작업 시 특별교육 내용 |
|---|---|---|
| ① 산소 및 유해가스농도 측정에 관한 사항<br>② 사고 시의 응급조치 요령<br>③ 환기설비의 가동 등 안전한 작업방법에 관한 사항<br>④ 보호구의 착용과 사용방법에 관한 사항<br>⑤ 구조용 장비 사용 등 비상시 구출에 관한 사항 | ① 차단장치·정지장치 및 밸브 개폐장치의 점검에 관한 사항<br>② 탱크 내의 산소농도 측정 및 작업환경에 관한 사항<br>③ 안전보호구 및 이상 발생 시 응급조치에 관한 사항<br>④ 작업절차·방법 및 유해·위험에 관한 사항<br>⑤ 그 밖에 안전·보건관리에 필요한 사항 | ① 산소농도 측정 및 작업환경에 관한 사항<br>② 사고 시의 응급처치 및 비상 시 구출에 관한 사항<br>③ 보호구 착용 및 보호 장비 사용에 관한 사항<br>④ 작업내용·안전작업방법 및 절차에 관한 사항<br>⑤ 장비·설비 및 시설 등의 안전점검에 관한 사항<br>⑥ 그 밖에 안전·보건관리에 필요한 사항 |

## 22 밀폐공간에서 작업하는 경우 관리감독자의 직무 3가지를 적으시오.

• 13년 2회 2부, 16년 3회 1부, 19년 1회 2부, 20년 4회 1부

① 산소가 결핍된 공기나 유해가스에 노출되지 않도록 작업 시작 전에 해당 근로자의 작업을 지휘하는 업무
② 작업을 하는 장소의 공기가 적절한지를 작업 시작 전에 측정하는 업무
③ 측정장비·환기장치 또는 송기마스크 등을 작업 시작 전에 점검하는 업무
④ 근로자에게 송기마스크 등의 착용을 지도하고 착용 상황을 점검하는 업무

측정장비 환기장치 송기마스크 작업 전 점검, 공기적정한지 작업 전 측정, 송기마스크 착용 점검

## 23 화면은 밀폐공간 작업을 보여준다. (1) 산소결핍이란 산소농도 (   ) 미만인 상태를 말한다. (2) 밀폐된 공간에서 작업자를 구출하는 경우 구출하는 자가 착용하여야 하는 보호구는 (   )이다. (3) 작업자가 착용하지 않은 보호구의 종류를 3가지 적으시오.

• 17년 3회 2부, 19년 2회 2부, 20년 2-1회 2부

(1) 18%
(2) 공기호흡기 또는 송기마스크
(3) ① 송기마스크
    ② 안전모
    ③ 안전화

**24** 밀폐공간의 적정 공기 수준에 관한 내용이다. [보기]의 ( )에 적합한 숫자를 적으시오.

• 16년 2회 1부, 17년 3회 1부, 18년 1회 3부, 19년 3회 1부, 21년 1회 3부, 24년 3회 2부

[보기]

적정한 공기라 함은 산소농도의 범위가 ( ① )% 이상 ( ② )% 미만, 탄산가스의 농도가 ( ③ )% 미만, 일산화탄소의 농도가 ( ④ )ppm 미만, 황화수소의 농도가 ( ⑤ )ppm 미만인 수준의 공기를 말한다.

① 18  ② 23.5  ③ 1.5  ④ 30  ⑤ 10

**25** 화면에서 작업자는 밀폐된 탱크 내에서 그라인더 작업 중 다른 작업자가 외부에 설치된 국소배기장치의 전원을 발로 차서 국소배기장치의 전원이 끊어지며 작업자가 의식을 잃고 쓰러진다. (1) 동영상에서와 같은 작업 시의 위험요인 2가지를 적으시오. (2) 안전작업 사항 2가지를 적으시오. (3) 산업안전보건법에 의한 국소배기장치의 설치조건 2가지를 적으시오.

• 15년 1회 3부, 17년 2회 3부, 21년 1회 1부, 23년 1회 1부

(1) 작업 시의 위험요인(사고 발생 원인)
  ① 국소배기장치 전원 차단으로 인한 질식 위험 있다.
  ② 작업 중 환기 미실시로 인한 질식 위험 있다.
  ③ 근로자 송기 마스크 미착용으로 인한 질식 위험 있다.

(2) 안전 작업 사항
  ① 작업 전 및 작업 중 수시로 환기를 실시한다.
  ② 작업자는 송기 마스크를 착용하고 작업한다.
  ③ 작업지휘자를 배치하여 국소배기장치의 작동 및 환기 상태를 확인한다.

(3) 국소배기장치의 설치조건

① 후드는 유해물질 발산원마다 설치할 것
② 외부식, 리시버식 후드는 발산원에 가장 가까운 위치에 설치할 것
③ 덕트의 길이는 짧게, 굴곡부 수를 적게 할 것
④ 배기구를 옥외에 설치할 것

26 산업안전보건법에 의하여 밀폐공간에서 근로자가 종사할 때에는 밀폐공간 보건 작업 프로그램을 시행하여야 한다. 밀폐공간 작업 프로그램의 내용을 3가지 적으시오.
• 24년 1회 4부

사진 출처 : 안전보건공단

① 사업장 내 **밀폐공간의 위치 파악 및 관리 방안**
② 밀폐공간 내 질식·중독 등을 일으킬 수 있는 **유해·위험 요인의 파악 및 관리 방안**
③ 밀폐공간 작업 시 사전 확인이 필요한 사항에 대한 확인 절차
④ **안전보건교육 및 훈련**
⑤ 그 밖에 밀폐공간 작업 근로자의 건강장해 예방에 관한 사항

밀폐공간 위치 파악하고 유해위험요인 파악해서 관리방안 세우고 교육 훈련하자.

**27** 화면은 크롬도금 작업을 보여준다. 크롬도금 작업을 할 경우 안전조치사항 3가지를 적으시오.
•15년 3회 3부

① 국소배기장치를 도금조에 근접하게 설치하고 정상작동 여부를 수시로 확인한다.
② 작업장 바닥은 불침투성 재료를 사용하고 누출된 도금액은 즉시 세척한다.
③ 젖은 손으로 전기시설 조작을 금지한다.
④ 보호구(방독마스크, 보호장갑, 보호장화, 불침투성 보호복, 보안경)를 착용하고 작업한다.


**28** 화면에서 작업자는 화학물질(황산)을 취급하고 있다. 작업자는 맨손이며, 마스크를 미착용한 채로 화학물질(황산)을 비커에 따르는 작업을 하고 있다.

(1) 화학물질(황산)이 체내에 유입될 수 있는 경로 3가지를 적으시오.

(2) 화학물질이 담긴 용기에 화학물질의 특성 등을 표시하여 화학물질의 유해·위험을 알리기 위하여 작성하는 자료의 명칭을 적으시오.
(단, 명칭을 정확히 적을 것)

•14년 2회 3부, 15년 1회 3부, 17년 2회 2부, 19년 1회 2부, 20년 2-1회 1부, 20년 3-1회 1부, 23년 3회 1부, 24년 2회 1부, 24년 2회 3부

(1) ① 호흡기
    ② 소화기
    ③ 피부점막

(2) 물질안전보건자료(MSDS)

**29** 화면에서 작업자는 비커에 담긴 황산을 집게로 집어 다른 기구로 옮기던 중 기구가 깨지며 황산이 튀는 사고가 발생하였다. (1) 이 사고의 재해 발생형태와 (2) 재해 발생형태의 정의를 적으시오. (3) 작업자가 착용하여야 하는 보호구의 종류 3가지를 적으시오.

• 16년 1회 3부, 20년 4회 3부, 21년 1회 2부, 21년 2회 3부, 21년 3회 2부, 23년 1회 2부, 24년 3회 1부

(1) **재해 발생형태** : 유해위험물질 노출·접촉

(2) **정의** : 유해·위험물질에 노출·접촉 또는 흡입하였거나 독성동물에 쏘이거나 물린 경우

(3) **착용하여야 하는 보호구의 종류**
① 화학물질용 보호복(불침투성 보호복)
② 화학물질용 안전장갑
③ 보안경
④ 화학물질용 안전화
⑤ 방독마스크

**30** 화면에서 작업자는 화학물질 실험 중이다. 보호구를 착용하지 않고 실험을 하던 중 갑자기 작업자가 아파하는 장면이 나온다. 화면에서와 같은 사고의 (1) 재해 발생형태와 (2) 재해 발생형태의 정의를 적으시오. • 18년 2회 3부, 19년 3회 3부

(1) **재해 발생형태** : 유해·위험물질 노출·접촉
(2) **정의** : 유해·위험물질에 노출·접촉 또는 흡입하였거나 독성동물에 쏘이거나 물린 경우

**31** 화면에서는 유해물 취급 작업을 보여준다. 유해물 취급 시 주의사항(안전 조치 사항) 3가지를 적으시오.
• 13년 2회 1부, 14년 3회 3부, 16년 2회 2부, 17년 1회 2부, 18년 1회 1부, 20년 3-1회 3부, 20년 4회 1부

① 유해물질 발생원인 봉쇄
② 작업공정 은폐, 작업장 격리
③ 유해물의 위치, 작업공정 변경


**32** 화면에서 작업자는 유기용제 취급작업을 하고 있다. 화면을 보고 유기용제 취급 작업장의 안전 수칙 2가지를 적으시오. • 13년 1회 2부

**화면 설명** 화면에서는 작업자가 들고 들어온 유기용제 용기를 보여준다. 한 작업자는 일반 면 마스크를 착용한 채 작업을 하고 있으며 다른 작업자는 담배를 피우고 담배꽁초를 던지고 나가는 모습을 보여준다.

① 작업자는 화학물질용 보호복(불침투성 보호복), 화학물질용 안전장갑(보호장갑), 화학물질용 안전화(보호장화), 보안경, 방독마스크(유기화합물용)를 착용한다.
② 작업장 안에서는 음식섭취 및 흡연을 금지한다.
③ 작업장은 환기장치(국소배기장치 또는 전체 환기장치)를 설치하고 작동한다.


**33** 화면에서 작업자는 자동차 부품을 도금 후 세척하는 작업을 하고 있다. 다음 물음에 답하시오.

• 13년 3회 2부, 15년 3회 1부, 19년 2회 3부, 20년 3-1회 2부

**화면 설명** 작업자는 담배를 물고 운동화를 착용한 상태에서 작업하고 있다.

(1) 위 화면을 참고하여 위험예지훈련을 하려고 한다. 근로자가 지켜야 할 행동 목표 두 가지를 적으시오.
(2) 만약, 세척조에서 신너를 사용한다면 예상되는 재해유형을 적으시오.

(1) 근로자 행동목표
  ① 작업 중 흡연하지 말자.
  ② 세척작업 중 화학물질용 안전화(고무장화)를 착용하자.

(2) 재해유형 : 폭발, 화재


**34** 화면은 변압기를 유기화합물에 담가 절연처리한 후 건조하는 작업을 나타낸다. 화면과 같은 작업에서 착용해야 할 보호구를 적으시오.

• 14년 1회 2부, 14년 2회 2부, 15년 1회 1부, 16년 3회 3부, 18년 1회 2부, 20년 1회 3부

(1) 손
(2) 눈
(3) 피부


(1) 화학물질용 안전장갑
(2) 보안경
(3) 화학물질용 보호복


**35** 화면에서는 작업자가 DMF를 배합기에 넣는 유해물질 취급 작업을 보여준다.

• 15년 3회 1부, 17년 1회 2부, 17년 2회 2부, 17년 3회 3부, 18년 1회 1부, 18년 2회 1부, 24년 3회 3부

(1) 유해물질 취급 장소에 게시하여야 하는 사항 3가지를 적으시오.
(2) 착용하여야 할 보호구를 적으시오.
(3) 관리대상 유해물질을 취급하는 작업에 근로자를 종사하도록 하는 경우에 근로자를 작업에 배치하기 전에 근로자에게 알려야 하는 사항 3가지를 적으시오. (단, 그 밖에 근로자의 건강장해 예방에 관한 사항은 제외한다.)
(4) 해당 작업장에 게시하여야 하는 경고표지의 종류 2가지를 [보기]에서 골라 그 번호를 적으시오.

[보기]
① 급성독성물질 경고    ② 산화성물질 경고
③ 인화성물질 경고      ④ 발암성물질 경고

(1) 취급 장소 게시사항(관리대상 물질 및 허가대상 물질 취급 작업장)
    ① 유해물질의 명칭
    ② 인체에 미치는 영향
    ③ 취급상 주의사항
    ④ 착용하여야 할 보호구
    ⑤ 응급조치와 긴급 방재 요령

※ 디메틸포름아미드(DMF)는 관리대상 유해물질에 해당한다.

(2) 착용하여야 할 보호구
    ① 방독마스크
    ② 화학물질용 안전장갑(불침투성 보호장갑)
    ③ 화학물질용 안전화(불침투성 보호장화)
    ④ 화학물질용 보호복(불침투성 보호복)
    ⑤ 보안경

(3) 알려야 하는 사항
    ① 관리대상 유해물질의 명칭 및 물리적·화학적 특성
    ② 인체에 미치는 영향과 증상
    ③ 취급상의 주의사항
    ④ 착용하여야 할 보호구와 착용방법
    ⑤ 위급상황 시의 대처방법과 응급조치 요령

(4) ①, ③

> **참고**

DMF의 경고표지 항목(MSDS 자료 기준)

|  |  | |
|---|---|---|
| 인화성물질 경고 | 급성독성물질 경고 | 발암성·변이원성·생식독성·전신독성·호흡기 과민성 물질 경고 |

**36** 산업안전보건법에 의한 국소배기장치의 후드 설치기준 3가지를 적으시오.

• 24년 1회 1부

① 유해물질이 발생하는 곳마다 설치할 것
② 유해인자의 발산원을 제어할 수 있는 구조
③ 후드형식은 가능한 한 포위식 또는 부스식 후드를 설치할 것
④ 외부식 또는 리시버식 후드는 해당 분진 등의 발산원에 가장 가까운 위치에 설치할 것

**37** 화면에서 작업자는 지게차에 경유를 주입하는 중이다. 지게차의 시동을 걸어둔 상태에서 내려 다른 작업자와 담배를 피우며 이야기를 나누고 있다. (1) 동영상에서의 가장 근본적인 위험(근로자의 불안전한 행동) 1가지를 서술하시오. (2) 예상되는 재해 발생형태를 적으시오.

• 14년 1회 3부, 16년 1회 2부

(1) 근본적인 위험(불안전한 행동) : 인화성 물질을 취급하는 주변에서 담배를 피워(흡연을 하여) 화재, 폭발의 위험이 있다.
(2) 예상되는 재해 발생형태 : 화재, 폭발

38 화면에서 작업자는 면 마스크를 착용한 상태에서 석면 취급 작업을 하고 있다. 작업자가 마스크를 착용하고 있으나 석면 위험에 노출되어 있어 직업병이 우려된다. (1) 그 이유를 설명하고, (2) 장기간 석면에 노출될 경우 우려되는 직업병의 종류를 3가지 적으시오.

• 13년 1회 1부, 13년 2회 3부, 14년 2회 1부, 15년 1회 1부, 15년 2회 2부, 16년 1회 1부, 17년 3회 1부, 19년 1회 3부

**화면 설명** 작업장에 국소배기장치가 설치되지 않은 상태에서 석면이 날리고 있다. 작업자가 석면을 포대에서 배합기에 넣고 있으며, 다른 작업자는 주변에 흩어진 석면을 빗자루로 쓸고 있다. 작업자는 방진마스크를 착용하지 않고 면 마스크를 착용한 채 작업하고 있다.

(1) **이유** : 방진마스크(특급)를 착용하지 않고 면 마스크를 착용하고 있다.

(2) **직업병의 종류**
   ① 폐암
   ② 석면폐증
   ③ 악성 중피종

39 화면에서 작업자는 석면취급 작업을 하고 있다. 안전작업수칙 3가지를 적으시오.

• 14년 1회 1부, 14년 1회 3부, 16년 2회 2부

① **국소배기장치를 설치하여 가동할 것**
② **다른 작업장소와 격리할 것**
③ 석면을 사용하는 설비는 **밀폐된 장소에 설치할 것**
④ 바닥은 **불침투성 재료를 사용하고 청소하기 쉬운 구조로 할 것**
⑤ 석면이 흩날리지 않도록 **습기를 유지할 것**
⑥ 근로자가 담배를 피우거나 음식물을 먹지 않도록 할 것
⑦ **방진마스크를 착용할 것(특급)**

**40** 화면에서는 주유소에서 지게차에 경유를 주입하는 장면을 보여준다. 운전자의 흡연에 의한 발화가 발생하였다. (1) 화면에서의 가장 근본적인 위험(불안전한 요소, 근로자의 불안전한 행동) 1가지를 원인과 결과로 설명하시오. (2) 담뱃불에 해당하는 발화의 형태는 무엇인가? (3) 예상되는 재해 발생형태를 적으시오.

• 24년 1회 1부

(1) 위험요인 : 인화성물질 주변에서 흡연을 하여 나화에 의한 화재, 폭발이 우려된다.
(2) 발화의 형태 : 나화
(3) 재해 발생형태 : 화재, 폭발

> 참고

나화(裸火) : 가연성 혼합가스 또는 기타 물질에 불을 붙일 수 있는 불꽃, 성냥, 라이터 및 양초 등을 말한다.

**41** 화면에서 작업자는 브레이크 라이닝 패드를 제작하는 작업 중이며 석면을 취급하고 있다. (1) 석면에 장기간 폭로 시 예상되는 질병 3가지를 적으시오. (2) 화면에서와 같은 브레이크 라이닝 패드 제작 작업(석면 취급작업)에 종사하는 근로자가 착용하여야 하는 보호구를 3가지 적으시오.

• 19년 1회 1부

(1) 석면에 장기간 폭로 시 예상되는 질병
  ① 폐암
  ② 석면폐증
  ③ 악성 중피종

(2) 착용하여야 할 보호구
  ① 특급 방진마스크(산소결핍 시에는 송기 마스크)
  ② 고글형 보호안경
  ③ 신체를 감싸는 보호복과 보호 신발

## 42
화면에서 작업자는 브레이크 라이닝 패드를 화학물질에 담그는 작업을 하고 있다. 근로자가 착용하여야 하는 보호구를 3가지 적으시오.

• 13년 3회 1부, 15년 2회 1부, 20년 4회 1부, 21년 1회 2부, 21년 3회 3부, 23년 1회 3부

① 방독마스크
② 보안경
③ 화학물질용 안전장갑
④ 화학물질용 안전화
⑤ 화학물질용 보호복

**주의**
- 브레이크 라이닝 패드를 제작 작업 → 석면 취급작업(특급 방진마스크)
- 브레이크 라이닝 패드를 화학물질에 담그는 작업 → 화학물질 취급작업(방독마스크)

## 43
화면에서 작업자는 브레이크 라이닝 패드를 제작하는 작업 중이다. 장시간 노출될 경우 (1) 질병 발생원인, (2) 장기간 폭로 시 예상되는 질병 3가지를 적으시오.

• 17년 1회 3부, 23년 1회 4부

(1) 질병 발생원인 : 석면
(2) 장기간 폭로 시 예상되는 질병
 ① 폐암
 ② 석면폐증
 ③ 악성 중피종

## 44
화면은 고온의 스팀 배관을 보수하기 위해 누출 부위를 점검하는 장면을 보여준다. 예상되는 재해 발생형태를 적으시오.

• 14년 1회 1부, 15년 1회 2부, 16년 3회 2부, 18년 1회 2부, 20년 3-1회 2부, 24년 1회 4부

이상온도 노출·접촉

> **참고**
> 상해의 종류 : 화상

**45** 화면에서 작업자는 에어배관 점검을 하던 중 눈 재해를 당하였다. 사고원인 2가지를 적으시오. (안전모, 안전장갑은 착용한 상태)

• 17년 1회 1부, 20년 4회 1부, 24년 3회 1부

① 배관 내 잔압을 제거하지 않고 배관을 점검하였다.
② 배관 점검 시 남은 압력이 빠진 것을 확인하지 않았다.
③ 배관 점검 시 주 밸브를 잠그지 않았다.(동영상에서 밸브를 잠그지 않은 경우만 해당)
④ 보안경을 착용하지 않았다.


**46** 화면에서 작업자는 이동식 사다리에 올라선 채 고온 배관의 플랜지 볼트를 조이는 작업을 하다가 추락하는 재해를 당한다. 화면에서의 작업위험요인 3가지를 적으시오.

• 19년 2회 1부, 19년 2회 3부, 20년 1회 2부

① 안전한 작업발판을 확보하지 않아 떨어질 위험 있다.
② 작업자가 안전대를 착용하지 않아 떨어질 위험 있다.
③ 작업자가 보안경을 착용하지 않아 눈을 다칠 위험 있다.
④ 작업자가 방열 장갑을 착용하지 않아 손에 화상을 입을 위험 있다.

**47** 화면은 영상표시 단말기(VDT) 작업을 나타내고 있다. VDT 작업으로 인한 장애를 3가지 쓰시오.
• 15년 2회 3부

① 경견완증후군
② 기타 근골격계 증상
③ 눈의 피로
④ 피부 증상
⑤ 정신신경계 증상


**48** 화면은 컴퓨터 단말기(VDT) 작업을 보여준다. 화면의 작업에서 옳지 못한 포인트를 3가지를 찾아 바른 자세로 수정하시오.
• 14년 1회 2부, 17년 2회 1부, 19년 1회 1부, 20년 3-1회 3부, 21년 2회 2부

① 모니터 위치 불량 → 모니터를 보기 편한 위치로 조정한다.
  (시선 : 수평면 아래 10 ~ 15도)
② 키보드 조작 위치 불량 → 키보드를 조작하기 편한 위치로 조정한다.
  (팔뚝과 위팔 사이 각도 : 90도 이상)
③ 의자 앉은 자세 불량 → 의자 깊숙이 앉아야 한다.
  (무릎 굽힘 각도 : 90도 정도)


**49** 화면에서는 컴퓨터 단말기 작업을 보여준다. (1) 반복적인 동작, 부적절한 작업자세, 무리한 힘의 사용, 날카로운 면과의 신체접촉, 진동 및 온도 등의 요인에 의하여 발생하는 건강장해로서 목, 어깨, 허리, 팔·다리의 신경·근육 및 그 주변 신체조직 등에 나타나는 질환의 명칭을 적으시오. (2) 산업안전보건법에 의하여 컴퓨터 단말기 조작업무를 하는 경우 사업주의 조치사항 4가지를 적으시오.
• 23년 2회 2부, 24년 1회 2부

(1) 질환의 명칭 : 근골격계 질환
(2) 사업주의 조치사항
   ① 실내는 명암의 차이가 심하지 않도록 하고 직사광선이 들어오지 않는 구조로 할 것
   ② 저 휘도형(低輝度型)의 조명기구를 사용하고 창·벽면 등은 반사되지 않는 재질을 사용할 것
   ③ 컴퓨터 단말기와 키보드를 설치하는 책상과 의자는 작업에 종사하는 근로자에 따라 그 높낮이를 조절할 수 있는 구조로 할 것
   ④ 연속적으로 컴퓨터 단말기 작업에 종사하는 근로자에 대하여 작업시간 중에 적절한 휴식시간을 부여할 것

## 50

[보기]는 산업안전보건법에 의한 근골격계 질환 유해요인 조사에 관한 내용이다. (1) 괄호에 적합한 내용을 적으시오. (2) 근골격계 부담작업을 하는 경우에 실시하여야 하는 근골격계 질환 유해요인 조사 항목 2가지를 적으시오.

• 23년 2회 3부

[보기]

상시근로자 1인 이상의 근로자를 사용하는 사업주는 근로자가 근골격계 부담작업을 하는 경우에 3년마다 다음 각 호의 사항에 대한 유해요인조사를 하여야 한다. 다만, 신설되는 사업장의 경우에는 신설일로 부터 (　　) 이내에 최초의 유해요인 조사를 하여야 한다.

(1) 1년
(2) 유해요인 조사 항목
   ① 설비·작업공정·작업량·작업속도 등 작업장 상황
   ② 작업시간·작업지세·작업방법 등 작업조건
   ③ 작업과 관련된 근골격계질환 징후와 증상 유무 등

# 04 건설공사 안전 관리

01 화면에서 작업자는 철골 위에서 발판설치 작업을 하고 있다. 작업자가 발판 위를 지나가다가 땅으로 떨어지는 사고가 발생하였다. (1) 사고유형 (2) 기인물을 적으시오.
• 14년 2회 1부

(1) 사고유형 : 떨어짐
(2) 기인물 : 발판(작업발판)

02 화면에서는 박공지붕 설치작업을 보여준다. 다음 물음에 답하시오.

• 13년 2회 2부, 14년 2회 3부, 14년 3회 1부, 15년 3회 1부, 16년 3회 1부, 17년 3회 2부, 18년 3회 1부, 19년 1회 3부, 20년 1회 3부, 20년 2-2회 3부, 20년 3-1회 1부, 21년 3회 3부, 23년 1회 1부

**화면 설명** 박공지붕 위에서 박공지붕을 설치하던 중 작업자가 미끄러지며 박공지붕 재료와 함께 추락하였다. 지붕 아래에는 다른 작업자가 누워서 휴식을 취하다가 떨어지는 박공지붕에 맞는 사고가 발생했다. 안전난간과 추락방호망이 미설치된 상태이며, 작업자는 안전모와 안전화를 착용하고 있다.

(1) 재해원인 3가지를 적으시오.
(2) 박공지붕 비래에 의한 재해가 발생하였다. 가해물은 무엇인가?
(3) 동종 사고를 예방하기 위한 안전대책 3가지를 적으시오.

(1) 재해원인
   ① 추락방호망 미설치(추락방호망을 설치하지 않았다.)
   ② 안전대 미착용(작업자가 안전대를 착용하지 않았다.)
   ③ 안전난간 미설치(안전난간을 설치하지 않았다.)
   ④ 작업발판 미설치
   ⑤ 작업장 아래 접근금지 조치 미실시

(2) 가해물 : 박공지붕

(3) 안전대책
   ① 추락방호망을 설치한다.
   ② 지붕 가장자리에 안전난간을 설치한다.
   ③ 작업자가 안전대를 착용한다.
   ④ 폭 30cm 이상의 작업발판을 설치한다.
   ⑤ 작업장 아래에는 관계근로자 외 접근을 금지한다.


03 물체를 인양 중 떨어뜨려 지나가던 작업자가 맞아 재해가 발생하였다. (1) 재해 발생형태와 (2) 재해 발생형태의 정의를 적으시오.

• 13년 3회 1부, 16년 1회 3부, 19년 3회 1부, 22년 1회 1부, 24년 2회 3부

**화면 설명** 작업자가 천막 뭉치를 로프로 묶어 안전 난간에 걸쳐서 올리던 중 천막 뭉치가 떨어지며 아래를 지나가던 작업자가 맞는 사고가 난다.

(1) 재해 발생 형태 : 맞음

(2) 재해 발생 형태의 정의
   • 날아오거나 떨어진 물체에 맞음
   • 고정되어 있던 물체가 고정부에서 이탈하거나 또는 설비 등으로부터 물질이 분출되어 사람을 가해하는 경우

04 작업발판을 이용해 전동 톱으로 목재를 절단하던 중 작업자가 작업발판(높이 60cm 이상)의 불균형으로 넘어지는 재해가 발생하였다. (1) 기인물 (2) 가해물 (3) 재해 발생형태를 쓰시오. • 15년 3회 1부, 20년 4회 3부, 23년 3회 1부, 24년 3회 3부

(1) **기인물** : 작업발판
(2) **가해물** : 바닥
(3) **재해 발생형태** : 떨어짐(또는 넘어짐)

**주의** 동영상을 확인하여 바닥면과 신체가 접해있거나, 발판의 높이가 60cm 미만인 경우는 "넘어짐"이 된다. (동영상을 확인하고 답을 적으세요.)


05 교량점검 작업 중 근로자 추락사고가 발생하였다. 물음에 답하시오.

• 13년 3회 2부, 15년 1회 3부, 16년 1회 1부, 17년 1회 3부, 18년 1회 3부, 18년 2회 2부, 18년 2회 3부, 19년 3회 2부, 21년 1회 1부, 24년 1회 2부, 24년 3회 2부

**화면 설명** 작업자는 부실한 작업발판 위에서 교량 하부를 점검하는 중이다. 추락방호망도 설치되지 않았으며 주변 정리정돈도 불량한 상태이다. 안전난간 대신 로프가 난간 역할을 하고 있으며 작업자가 로프로 된 난간 쪽으로 기대는 순간 로프 줄이 늘어지며 추락한다.

(1) 위 사고의 원인(불안전한 행동 및 상태) 세 가지를 적으시오.
(2) 높이 2m 이상 장소에 설치하는 작업발판의 폭을 적으시오.
(3) 작업발판 재료 간의 틈을 적으시오.

(1) **추락사고의 원인**
① 안전대 미착용
② 추락방호망 미설치(또는 불량)
③ 안전난간 미설치(또는 불량)
④ 작업발판 미설치(또는 불량)
⑤ 주변 정리정돈 불량(정리정돈 불량으로 걸려 넘어진 경우)

(2) 높이 2m 이상 장소에서의 작업발판의 폭 : 40cm 이상

(3) 발판 재료 간의 틈 : 3cm 이하

## 06 아파트 창틀에서 창호설치 작업 중 근로자가 바닥으로 추락사고가 발생하였다.

• 14년 1회 2부, 16년 1회 2부, 17년 1회 2부, 17년 2회 3부

(1) 위 사고에서 추락의 원인 두 가지를 적으시오.

(2) 위 사고의 가해물을 적으시오.

(1) 추락사고의 원인
 ① 안전대 미착용
 ② 추락방호망 미설치(또는 불량)
 ③ 안전난간 미설치(창호를 들어올리기 위해 안전난간을 해체해야 하는 경우는 제외)
 ④ 작업발판 미설치 또는 불량(작업발판이 아닌 내부에서 작업하는 경우 제외)
 ⑤ 주변 정리정돈 불량(정리정돈 불량으로 걸려 넘어지는 경우만 해당)

(2) 가해물 : 바닥

## 07 아파트 창틀에서 두 명의 작업자가 발판을 설치하는 작업을 하고 있다. 한 작업자가 발판을 건네주고 다른 작업자가 설치하려고 이동하던 중 바닥으로 추락사고가 발생하였다. 주변 정리정돈이 되어있지 않고, 작업자가 밟고 있던 콘크리트 부스러기가 함께 떨어지는 장면을 보여준다.

• 14년 3회 1부, 15년 2회 2부, 18년 1회 2부, 20년 1회 2부, 21년 1회 2부, 21년 2회 1부, 21년 3회 2부

(1) 위 사고에서 추락의 원인 3가지를 적으시오.

(2) 기인물을 적으시오.

(3) 가해물을 적으시오.

(1) 추락사고의 원인
  ① 안전대 미착용
  ② 추락방호망 미설치(또는 불량)
  ③ 안전난간 미설치(또는 불량)
  ④ 작업발판 불량
  ⑤ 주변 정리정돈 불량
(2) 기인물 : 작업발판
(3) 가해물 : 바닥

## 08 아파트 건설현장에서 승강기 개구부 주변에서 작업하던 근로자가 승강기 개구부로 추락하는 사고가 발생하였다.

• 13년 1회 1부, 13년 2회 1부, 14년 1회 2부, 14년 2회 1부, 18년 3회 2부

**화면 설명** 나무판자를 이어붙인 발판 위에서 못 제거 작업을 하던 중 추락

(1) 사고의 핵심 원인 3가지를 적으시오.
(2) 작업자가 사망하는 사고가 발생한 경우 해당 노동관서의 장에게 보고해야 할 사항 3가지를 적으시오.

(1) 사고의 핵심 원인
  ① 안전대 미착용
  ② 추락방호망 미설치(또는 불량)
  ③ 안전난간 미설치(또는 불량)
  ④ 작업발판 미설치(고정하지 않음)
  ⑤ 주변 정리정돈 불량
(2) 중대재해 발생 시 보고사항
  ① 발생개요 및 피해상황
  ② 조치 및 전망
  ③ 그 밖의 중요한 사항

09 화면에서 작업자는 승강기 피트의 뚜껑을 열고 나무 발판에 올라선 채 플래시를 비추며 피트 내부를 점검하던 중 발이 미끄러지며 피트로 추락하는 사고가 발생한다. 동영상에서와 같은 작업에 존재하는 (1) 위험요인 3가지와 (2) 준수하여야 할 작업 안전 수칙 3가지를 적으시오.

• 15년 2회 3부, 16년 3회 1부, 20년 2-2회 2부, 20년 3-1회 3부,

**화면 설명** 작업발판은 나무판자로 엉성하게 되어있으며, 작업자는 안전대를 착용하고 있으나 고정하지 않았고, 추락방호망도 설치되지 않았다. 피트 입구에 안전난간은 설치된 상태이다.

(1) 위험요인
① 작업발판 설치가 불량하다.(떨어짐 위험이 있다.)
② 작업자가 안전대를 고정하지 않아 위험하다.(떨어짐 위험이 있다.)
③ 추락방호망이 설치되지 않아 위험하다.(떨어짐 위험이 있다.)

(2) 작업 안전 수칙
① 안전한 작업발판을 확보하고 작업한다.
② 작업자가 안전대를 착용한다.(안전대를 고정한다.)
③ 피트 내 추락방호망을 설치한다.


10 화면에서 작업자는 승강기 피트 내부에서 작업하는 모습을 보여준다. 동영상을 참고하여 개구부에 설치하여야 하는 방호조치 3가지를 적으시오.(단, 작업장소에 한하여 답안을 작성하고, 안전대 착용은 답안작성에서 제외할 것)

• 21년 1회 3부, 23년 3회 1부

**화면 설명** 승강기 피트 내부의 발판에서 작업자 2명이 쪼그려 앉아 작업발판 위의 돌들을 손으로 치우고 있다. 주위에는 시멘트 포대가 쌓여있으며 작업자가 포대에 미끄러지며 떨어지는 장면을 보여준다.

① 안전난간
② 울타리
③ 수직형 추락방망 또는 덮개

**11** 화면에서 작업자 두 명은 피트에서 바닥에 고인 물을 퍼내는 작업 중이다. 영상에서 와 같은 재해를 방지하기 위한 대책 2가지를 적으시오. •22년 1회 2부

**화면 설명** 작업자 두 명은 안전모, 안전화를 착용한 채 양동이로 피트 내부에 고인 물을 퍼내고 있다. 작업자 1명이 몸을 숙이고 물을 퍼내어 다른 작업자에게 건네주는 작업을 반복하고 있다. 작업을 하던 중 작업자 1명이 몸의 균형을 잃고 피트 아래로 추락하려는 순간 다른 작업자가 잡아주는 모습을 보여준다.

① 피트 주위에 안전난간 설치
② 작업자 안전대 착용하고 작업할 것

**12** 화면에서 작업자는 공장 지붕에서 패널설치 작업 중 실족으로 추락하였다. (1) 재해발생 원인 2가지, (2) 안전대책 2가지를 적으시오.

•13년 1회 2부, 15년 1회 3부, 16년 2회 1부, 17년 1회 1부, 17년 3회 1부, 20년 1회 2부,

**(1) 재해발생 원인**
① 근로자 안전대 미착용
② 안전난간 미설치
③ 추락방호망 미설치
④ 주변 정리정돈 불량

(2) 안전대책
① 근로자 안전대 착용
② 안전난간 설치
③ 추락방호망 설치
④ 주변 정리정돈 철저

**주의** • 동영상을 확인하고 답을 적으세요.

**13** 화면에서 작업자는 공사현장에서 이동 중이다. 작업자는 발판이 설치되지 않은 곳을 지나가다가 떨어지는 사고를 당한다. • 20년 4회 1부, 20년 4회 3부

(1) 화면에서 떨어짐 사고의 원인 2가지를 적으시오.
(2) 화면에서 보여주는 추락 사고를 방지하기 안전대책 3가지를 적으시오.

(1) 떨어짐 사고의 원인
① 작업발판 미설치
② 작업자 안전대 미착용
③ 안전난간 미설치
④ 추락방호망 미설치
⑤ 작업장 정리 정돈 불량

(2) 추락 사고를 방지하기 안전대책
① 안전난간 설치
② 추락방호망 설치
③ 작업발판 설치(폭 40cm 이상의 발판이 확보되지 않은 경우만 해당)
④ 작업자 안전대 착용
⑤ 작업장 정리정돈 철저

**14** 화면에서는 고소작업 시 추락을 방지하기 위한 시설을 보여준다.
(1) 화면에서 보여주는 시설의 명칭을 적으시오.
(2) 화면에서 보여주는 시설의 설치 높이를 적으시오.
(3) 추락방호망의 설치에 관한 내용이다. 괄호에 적합한 내용을 적으시오.

• 20년 2-2회 1부, 23년 3회 1부

[보기]

1. 추락방호망의 설치 위치는 가능하면 작업 면으로 부터 가까운 지점에 설치하여야 하며, 작업 면으로 부터 망의 설치지점까지의 수직거리는 ( ① )미터를 초과하지 아니할 것
2. 추락방호망은 ( ② )으로 설치하고, 망의 처짐은 짧은 변 길이의 ( ③ )퍼센트 이상이 되도록 할 것

(1) **명칭** : 추락방호망
(2) **설치 높이** : 10m 이내
(3) ① 10 ② 수평 ③ 12

15 동영상은 건설현장에서 작업발판을 설치하는 모습을 보여준다. 동영상 작업에서의 추락방지 대책과 낙하물 방지대책을 각각 1가지씩 적으시오. •23년 1회 4부

**화면 설명** 작업자가 안전대 없이 망치를 들고 작업발판을 설치하던 중 망치를 떨어뜨리는 사고가 발생한다.

(1) 추락방지 대책
  ① 작업자는 안전대를 착용하고 작업한다.
  ② 추락방호망을 설치한다.

(2) 낙하방지 대책
  ① 낙하물 방지망을 설치한다.


16 동영상은 아파트 건설현장을 보여주고 있다. 추락 및 낙하를 방지하기 위한 시설 중 영상에 보이는 시설을 추락과 낙하재해로 구분하여 각각 1가지씩 적으시오.
•20년 2-2회 2부

(1) 추락재해 방지시설
  ① 추락방호망
  ② 안전난간
  ③ 작업발판

(2) 낙하재해 방지시설
  ① 낙하물방지망
  ② 수직보호망
  ③ 방호선반

### 1. 추락재해 방지시설

### 2. 낙하재해 방지시설

**17** 동영상은 아파트 건설현장을 보여주고 있다. 물음에 답하시오.

(1) 안전난간 설치 시 준수하여야 할 사항에 대하여 괄호에 적합한 내용을 적으시오.

(1) 상부난간대는 바닥면 등으로 부터 ( ① )cm 이상 지점에 설치할 것
(2) 발끝막이판은 바닥면 등으로부터 ( ② )cm 이상의 높이를 유지할 것
(3) 난간대는 지름 ( ③ )센티미터 이상의 금속제 파이프나 그 이상의 강도가 있는 재료일 것

(2) 안전난간의 구조 및 설치기준 중 발끝막이판의 상세 설치기준을 적으시오.

(1) ① 90   ② 10   ③ 2.7
(2) 발끝막이판은 바닥면 등으로 부터 10센티미터 이상의 높이를 유지할 것


18 안전난간 설치 시 준수해야 할 사항에 대한 내용이다. 질문에 답하시오.
  (단, 설치 범위와 단위를 포함하여 적을 것)

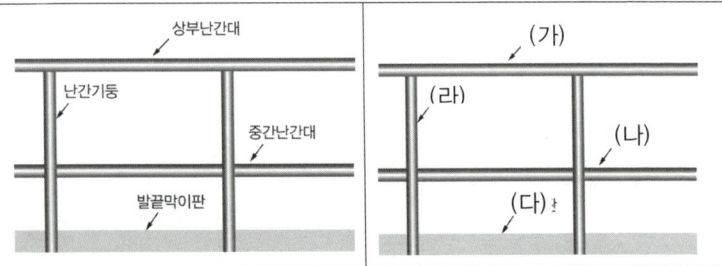

(1) (1) 화면에서 (다)의 높이는 얼마로 유지하여야 하는가?
(2) 화면에서 (라)의 지름은 얼마로 하여야 하는가?

(1) 발끝막이판의 높이 : 바닥면 등으로부터 10cm 이상
(2) 난간대의 지름 : 2.7cm 이상

> **참고**

- **안전난간의 구조 및 설치요건**
① 상부 난간대, 중간 난간대, 발끝막이판 및 난간기둥으로 구성할 것
② 상부 난간대
  - 상부 난간대는 바닥면 등으로부터 90센티미터 이상 지점에 설치
  - 상부 난간대를 120센티미터 이하에 설치하는 경우 : 중간 난간대는 상부 난간대와 바닥면 등의 중간에 설치
  - 120센티미터 이상 지점에 설치하는 경우: 중간 난간대를 2단 이상으로 설치, 난간의 상하간격은 60센티미터 이하가 되도록 할 것(다만, 난간기둥 간의 간격이 25센티미터 이하인 경우에는 중간 난간대를 설치하지 않을 수 있다.)
③ 발끝막이판은 바닥면 등으로부터 10센티미터 이상의 높이를 유지할 것
④ 난간기둥은 상부 난간대와 중간 난간대를 견고하게 떠받칠 수 있도록 적정한 간격을 유지할 것
⑤ 상부 난간대와 중간 난간대는 난간 길이 전체에 걸쳐 바닥면 등과 평행을 유지할 것
⑥ 난간대는 지름 2.7센티미터 이상의 금속제 파이프나 그 이상의 강도가 있는 재료일 것
⑦ 안전난간은 구조적으로 가장 취약한 지점에서 가장 취약한 방향으로 작용하는 100킬로그램 이상의 하중에 견딜 수 있는 튼튼한 구조일 것

**19** 동영상은 아파트 공사현장을 보여준다. 현장에서 물체가 낙하 또는 비래할 위험이 있을 경우 취해야 할 조치사항 3가지를 적으시오. • 20년 2-2회 3부

① 낙하물방지망 · 수직보호망 또는 방호선반의 설치
② 출입금지구역의 설정
③ 보호구의 착용

**20** 다음 [보기]의 설명은 낙하물 방지망의 설치기준에 관한 내용이다. 괄호에 적합한 내용을 적으시오.

· 20년 3-2회 1부, 21년 3회 1부, 22년 1회 1부, 23년 2회 1부, 23년 3회 3부, 24년 1회 2부

[보기]
1. 설치 높이는 ( ① )미터 이내마다 설치하고, 내민 길이는 벽면으로부터 ( ② ) 미터 이상으로 할 것
2. 수평면과의 각도는 ( ③ )를 유지할 것

① 10
② 2
③ 20도 이상 30도 이하

**21** 터널 등의 건설작업을 하는 경우 낙반 등에 의한 위험이 있을 때 위험방지조치 3가지를 적으시오.

· 14년 1회 1부, 16년 1회 1부, 19년 1회 2부, 20년 2-2회 1부, 24년 2회 2부

① 터널지보공 설치
② 록볼트의 설치
③ 부석의 제거

**22** 화면은 터널발파작업을 보여준다. (1) 화면의 장전작업에 존재하는 위험요인을 적으시오. (2) 화약장전 시 안전사항을 적으시오. (3) 발파공의 충진 재료의 조건을 적으시오.

· 13년 1회 1부, 14년 2회 3부, 16년 2회 2부, 19년 2회 3부, 20년 3-1회 3부

**화면 설명** 화면에서는 철근으로 화약을 장전하는 장면을 보여준다.

(1) 위험요인
   철근으로 화약을 장전하여 폭발의 위험이 있다.

(2) **장전작업 시의 안전사항**
   장전구는 마찰·충격·정전기 등에 의한 폭발의 위험이 없는 안전한 것을 사용할 것

(3) **발파공의 충진 재료의 조건**
   발파공의 충진 재료는 점토·모래 등 발화성 또는 인화성의 위험이 없는 재료를 사용할 것


## 23 동영상에서는 터널공사 현장을 보여준다. 장약 작업 시의 준수사항 3가지를 적으시오.
·20년 4회 2부

① 장약작업 장소 인근에서는 화기사용 및 흡연을 하지 않도록 할 것
② 장약작업 장소 인근에서는 전기용접 작업이나 동력을 사용하는 기계를 사용하지 않을 것
③ 장약작업을 하는 근로자가 안전모 등 적절한 보호구를 착용하도록 할 것
④ 기존의 발파에 사용된 발파공에는 장약하지 않도록 할 것
⑤ 약포는 1개씩 손을 사용하여 신중하게 장약봉으로 넣고, 약포 간에 간격이 없도록 그때마다 구멍길이의 차를 측정하면서 장약을 수행하도록 할 것
⑥ 장약봉은 곧바르고 견고하며, 마찰·충격·정전기 등에 대하여 안전한 부도체(플라스틱, 나무 등)를 사용하여 약포 지름보다 약간 굵고, 적당한 길이로 하고, 개수는 충분히 준비하게 할 것
⑦ 장약은 뇌관의 관체, 각선, 연결장치 등이 충격 또는 손상되지 않도록 주의하며, 각선의 길이는 결선작업을 고려하여 충분한 길이의 것을 사용하게 할 것
⑧ 낙석 또는 붕락의 위험이 있는 뜬돌(부석) 등의 유무를 확인하고, 이를 제거하는 등 안전조치 후 작업하도록 할 것
⑨ 장약작업 중에는 관계 근로자가 아닌 사람의 출입을 금지할 것

## 24 터널공사에 사용되는 계측기의 종류 3가지를 적으시오.

•17년 2회 2부

① 천단침하 측정계
② 내공변위 측정계
③ 지중 및 지표침하 측정계
④ 록볼트 축력 측정계
⑤ 숏크리트 응력 측정계


## 25 터널의 계측관리 사항(계측방법) 3가지를 적으시오.

•13년 2회 1부, 14년 3회 3부, 16년 1회 3부, 19년 2회 2부, 20년 2-1회 1부

① 천단침하 측정
② 내공변위 측정
③ 지중 및 지표침하 측정
④ 록볼트 축력 측정
⑤ 숏크리트 응력 측정


## 26 화면에서 작업자는 흙막이 지보공(또는 터널지보공) 설치작업을 하고 있다. (1) 흙막이 지보공 설치 목적을 적고 (2) 설치 후 정기적 점검사항 4가지를 적으시오.

•18년 2회 1부, 19년 2회 1부, 20년 2-1회 2부, 22년 1회 3부, 23년 1회 1부, 24년 2회 2부

(1) 설치 목적
굴착작업에 있어서 토사의 붕괴 또는 토석의 낙하에 의하여 근로자에게 위험을 미칠 우려가 있을 때 굴착면이 붕괴되지 않도록 하기 위하여 설치한다.

(2) 점검사항
　① 부재의 손상·변형·부식·변위 및 탈락의 유무와 상태
　② 버팀대의 긴압의 정도
　③ 부재의 접속부·부착부 및 교차부의 상태
　④ 침하의 정도

**27** 터널 내부에서의 굴착작업을 보여준다. 근로자가 노출될 수 있는 위험요인 2가지를 적으시오.  •21년 3회 1부, 22년 1회 1부

> **화면 설명** 터널 내에서 굴착한 토사(버력)를 컨베이어로 반출하는 모습을 보여준다. TBM 기계 주변으로 방진마스크를 착용하지 않은 근로자가 이동하고 있으며, 분진이 많이 날리는 모습을 보여준다.

① 작업장 내의 분진에 의한 진폐증 등 직업병이 발생할 위험이 있다.
② 작업장 내의 소음에 의한 소음성난청이 발생할 위험이 있다.
③ 신선한 공기를 공급할 수 있는 환기장치가 설치되지 않아 산소결핍의 위험이 있다.
(동영상을 확인하고 작성할 것)


**28** 동영상에서는 항타기의 작업 모습을 보여준다. 동영상에 나오는 기계를 조립하는 때에 점검하여야 하는 사항 3가지를 적으시오.

•14년 1회 3부, 16년 3회 2부, 17년 2회 2부, 18년 1회 1부, 20년 2-1회 1부, 23년 3회 1부

① 본체 연결부의 풀림 또는 손상의 유무
② 권상용 와이어로프·드럼 및 도르래의 부착상태의 이상 유무
③ 권상장치의 브레이크 및 쐐기장치 기능의 이상 유무
④ 권상기의 설치상태의 이상 유무
⑤ 리더(leader)의 버팀 방법 및 고정상태의 이상 유무
⑥ 본체·부속장치 및 부속품의 강도가 적합한지 여부
⑦ 본체·부속장치 및 부속품에 심한 손상·마모·변형 또는 부식이 있는지 여부


> **암기법**
>
> 항타기 또는 항발기를 조립하거나 해체하는 경우 준수사항
> ① 항타기 또는 항발기에 사용하는 권상기에 쐐기장치 또는 역회전방지용 브레이크를 부착할 것
> ② 항타기 또는 항발기의 권상기가 들리거나 미끄러지거나 흔들리지 않도록 설치할 것
> ③ 그 밖에 조립·해체에 필요한 사항은 제조사에서 정한 설치·해체 작업 설명서에 따를 것

## 29
[보기]는 산업안전보건법에 의한 항타기, 항발기의 무너짐 방지 조치에 관한 내용이다. 괄호에 적합한 내용을 적으시오.
• 24년 1회 3부

[보기]
(1) 연약한 지반에 설치하는 경우에는 아웃트리거·받침 등 지지구조물의 침하를 방지하기 위하여 ( ① ) 등을 사용할 것
(2) 궤도 또는 차로 이동하는 항타기 또는 항발기에 대하여는 불시에 이동하는 것을 방지하기 위하여 ( ② ) 등으로 고정시킬 것

① 깔판·받침목
② 레일클램프 및 쐐기

### 참고

• **항타기 및 항발기의 무너짐 방지조치**
① 연약한 지반에 설치하는 경우에는 아웃트리거·받침 등 지지구조물의 침하를 방지하기 위하여 깔판·받침목 등을 사용할 것
② 시설 또는 가설물 등에 설치하는 때에는 그 내력을 확인하고 내력이 부족한 때에는 그 내력을 보강할 것
③ 아웃트리거·받침 등 지지구조물이 미끄러질 우려가 있는 때에는 말뚝 또는 쐐기 등을 사용하여 해당 지지구조물을 고정시킬 것
④ 궤도 또는 차로 이동하는 항타기 또는 항발기에 대하여는 불시에 이동하는 것을 방지하기 위하여 레일클램프 및 쐐기 등으로 고정시킬 것
⑤ 상단 부분은 버팀대·버팀줄로 고정하여 안정시키고, 그 하단 부분은 견고한 버팀·말뚝 또는 철골 등으로 고정시킬 것

## 30 항타기, 항발기 작업 시 안전작업 수칙 4가지를 기술하시오.

• 14년 3회 2부, 19년 2회 2부

① 작업 반경 내 출입금지 조치
② 작업 반경 내 가설 울타리 설치
③ 인접한 고압전선의 방호조치
④ 지하 매설물 확인


## 31 화면에서는 항타기 작업을 보여준다. 다음 물음에 적합한 내용을 적으시오.

• 13년 1회 2부, 15년 3회 2부, 17년 3회 2부, 18년 3회 1부, 20년 3-1회 2부, 22년 2회 1부

> 항타기 또는 항발기의 권상장치의 드럼축과 권상장치로부터 첫번째 도르래의 축과의 거리를 권상장치의 드럼폭의 ( ① )배 이상으로 하여야 하며, 도르래는 권상장치 드럼의 ( ② )을 지나야 하며 축과 ( ③ )에 있어야 한다.

① 15   ② 중심   ③ 수직면상


## 32 지게차 작업 중 위험예지 포인트(지게차 주행작업 중 우려되는 사고위험요인) 3가지를 기술하시오.

• 13년 2회 2부, 15년 2회 1부, 18년 3회 3부, 20년 4회 3부, 21년 1회 3부

① 전방시야 불충분으로 지게차와 작업자가 충돌한다.
② 물건을 과적하여 운전자 시야를 가려 지게차와 작업자가 충돌한다.
③ 물건을 불안정하게 적재하여 화물이 떨어지며 작업자가 다친다.
④ 작업자가 포크에 올라타서 이동하던 중 떨어진다.

## 33 화면을 보고 다음 물음에 답하시오.

(1) 지게차 주행 작업 중 우려되는 사고 위험요인 2가지를 적으시오.
(2) 사고를 예방하기 위한 대책 2가지를 적으시오.
 (단, 주변 정리정돈 불량 및 작업지휘자 배치는 제외할 것)

• 21년 2회 2부, 22년 2회 1부, 23년 2회 2부, 24년 1회 3부, 24년 3회 2부

**화면 설명** 지게차 포크에 화물(냉장고)을 2단으로 적재하고 로프로 고정하지 않아 맨 위의 화물이 흔들리며 운행하던 중 지나가던 다른 작업자가 화물에 맞는 사고가 발생한다.

(1) 사고 위험요인
① 화물을 불안정하게 적재하여 화물이 떨어질 위험 있다.
② 화물을 너무 높이 적재하여 운전자 시야를 가려 위험하다.
③ 운전자 시야가 확보되지 않은 경우에는 유도자를 배치하여 지게차를 유도하여야 하나 배치하지 않아 위험하다.
④ 지게차 운행 경로에 작업자 출입금지 조치를 하지 않았다. (출입금지를 하지 않아 지게차와 작업자 충돌 위험 있다.)

(2) 사고 예방 대책
① 화물이 한쪽으로 치우치지 않도록 적재하고 최대하중 이하로 적재한다.
 (화물이 무너질 우려가 있는 경우 밧줄로 묶는 등 안전 조치한다.)
② 운전자 시야를 가리지 않도록 화물을 적재한다.
③ 유도자를 배치하여 지게차를 유도한다.
④ 지게차 운행 경로에 작업자 출입금지 조치를 한다.

## 34
화면에서 작업자는 지게차 포크 위에서 전등 교체작업을 하고 있다. 작업에서의 위험요인(작업자의 불안전한 행동) 3가지를 적으시오.

• 20년 3-1회 2부, 23년 3회 2부

**화면 설명** 작업자가 지게차 포크 위에서 전등 교체작업을 하고 있던 중 다른 작업자가 지게차를 움직이며 작업자가 떨어지는 사고가 발생한다.

① 안전한 작업발판을 사용하지 않고 지게차 포크 위에서 전등교체를 하였다.(지게차 포크 위에서 작업하여 떨어질 위험 있다.)
② 지게차 운행 중에는 운전자 외에 탑승을 금지하여야 하나, 작업자가 포크에 올라탄 채 지게차를 움직였다.
③ 추락할 위험이 있는 높이 2m 이상의 장소에서 작업 시에는 안전모, 안전대 등 추락방지용 보호구를 착용하여야 하나 착용하지 않았다.(높이 2m 이상인 경우만 해당)
④ 열쇠를 뽑아 별도 관리하여 지게차를 운전자 외에 운전하지 않도록 하여야 하나 이를 준수하지 않았다.(운전자 외의 자가 운전한 경우만 해당)

## 35
화면에서는 지게차 작업을 보여준다. 물음에 답하시오.

(1) 지게차의 방호장치 중 운전자의 머리를 보호하기 위하여 설치하는 방호장치는?
(2) 지게차의 작업시작 전 (안전관리자 또는 관리감독자의) 점검사항 3가지를 적으시오.

• 18년 3회 1부, 20년 1회 1부, 21년 3회 1부, 22년 1회 1부, 23년 2회 1부, 24년 1회 4부, 24년 2회 1부

(1) 헤드가드
(2) 지게차의 작업 시작 전 점검사항
  ① 제동장치, 조종장치의 이상 유무
  ② 하역장치, 유압장치의 이상 유무
  ③ 바퀴의 이상 유무
  ④ 전조등, 후미등, 방향지시기, 경보장치의 이상 유무

36 화면에서는 지게차 작업을 보여준다. (1) 지게차 마스트의 후방에서 화물이 낙하함으로써 근로자가 위험해질 우려가 있는 경우 설치하여야 하는 장치의 명칭을 적으시오. (2) 헤드가드의 설치조건(설치방법) 1가지를 적으시오.

(1) 백레스트(backrest)
(2) 헤드가드의 설치조건
　① 상부 틀의 각 개구의 폭 또는 길이는 16센티미터 미만일 것
　② 운전자가 앉아서 조작하거나 서서 조작하는 지게차의 헤드가드 높이는 좌식 0.903m, 입식 1.88m 이상일 것
　③ 최대하중의 2배(4톤을 넘는 값에 대해서는 4톤으로 한다)에 해당하는 등분포정하중(等分布靜荷重)에 견딜 수 있는 강도를 가질 것

> 참고

1. 사업주는 백레스트(backrest)를 갖추지 아니한 지게차를 사용해서는 아니 된다. 다만, 마스트의 후방에서 화물이 낙하함으로써 근로자가 위험해질 우려가 없는 경우에는 그러하지 아니하다.
2. 사업주는 헤드가드(head guard)를 갖추지 아니한 지게차를 사용해서는 안 된다. 다만, 화물의 낙하에 의하여 지게차의 운전자에게 위험을 미칠 우려가 없는 경우에는 그렇지 않다.
3. 사업주는 전조등과 후미등을 갖추지 아니한 지게차를 사용해서는 아니 된다. 다만, 작업을 안전하게 수행하기 위하여 필요한 조명이 확보되어 있는 장소에서 사용하는 경우에는 그러하지 아니하다.

37 화면은 지게차 작업을 보여준다. 화면처럼 지게차에 적재된 화물이 크고 현저하게 운전자의 시야를 방해할 경우 운전자의 조치를 3가지 적으시오.

• 14년 1회 3부, 16년 2회 2부

① 유도자를 배치하여 지게차를 유도시킨다.
② 지게차를 후진으로 진행한다.
③ 경적을 울리면서 서행한다.

## 38 화면에서는 지게차 작업을 보여준다. 지게차 작업 시의 안정도를 적으시오.

• 13년 1회 2부, 16년 1회 2부, 16년 2회 1부, 20년 4회 1부,

(1) 하역작업 시 전·후 안정도
(2) 하역작업 시 전·후 안정도(5t 이상)
(3) 하역작업 시 좌·우 안정도
(4) 지게차가 5km의 속도로 주행 시 좌·우 안정도
(5) 주행 시 전·후안정도

(1) 4% 이내
(2) 3.5% 이내
(3) 6% 이내
(4) $15 + 1.1 \times V = 15 + 1.1 \times 5 = 20.5\%$ 이내
(5) 18% 이내

## 39 동영상에서는 지게차 작업을 보여준다. 괄호에 적합한 지게차의 안정도를 적으시오.

• 23년 1회 2부

1. 지게차는 지면에서 중심선이 지면의 기울어진 방향과 평행할 경우 앞이나 뒤로 넘어지지 아니하여야 한다.
   (1) 지게차의 최대하중상태에서 쇠스랑을 가장 높이 올린 경우 기울기가
       ( ① ) [지게차의 최대하중이 5톤 이상인 경우에는 ( ② )]인 지면
   (2) 지게차의 기준부하상태에서 주행할 경우 기울기가 ( ③ )인 지면

2. 지게차는 지면에서 중심선이 지면의 기울어진 방향과 직각으로 교차할 경우 옆으로 넘어지지 아니하여야 한다.
   (1) 지게차의 최대하중상태에서 쇠스랑을 가장 높이 올리고 마스트를 가장 뒤로 기울인 경우 기울기가 ( ④ )인 지면

(2) 지게차의 기준 무부하 상태에서 주행할 경우 구배가 지게차의 최고주행속도에 1.1을 곱한 후 15를 더한 값인 지면. 다만, 규격이 5,000킬로그램 미만인 경우에는 최대 기울기가 100분의 50, 5,000킬로그램 이상인 경우에는 최대 기울기가 100분의 40인 지면을 말한다.

① 100분의 4(4%)
② 100분의 3.5(3.5%)
③ 100분의 18(18%)
④ 100분의 6(6%)

## 40 동영상을 보고 다음 물음에 답하시오.

• 23년 3회 1부

(1) 동영상에서 나오는 장비(차량)의 명칭을 적으시오.
(2) 산업안전보건법에 의하여 동영상의 장비에 설치하여야 하는 방호장치를 4가지 적으시오.

■ 화면 설명  화면에서는 지게차의 작업 모습을 보여준다.

사진 출처 : https://www.youtube.com/watch?v=kJzMEHK_nyl

(1) 이름 : 지게차

(2) 설치하여야 하는 방호장치
   ① 헤드가드
   ② 백레스트
   ③ 전조등, 후미등
   ④ 안전벨트


**41** 화면에서는 지게차 작업을 보여준다. 지게차와 같은 차량계 하역운반기계를 사용하여 작업하는 경우 작성하여야 하는 작업계획서에 포함하여야 할 내용을 2가지 적으시오.
•21년 2회 3부, 23년 1회 1부

① 해당 작업에 따른 추락·낙하·전도·협착 및 붕괴 등의 위험 예방대책
② 차량계 하역운반기계 등의 운행경로 및 작업방법


**42** 화면에서 작업자는 덤프트럭 적재함을 들어 올리고 수리를 하던 중 재해를 당하였다. 차량계 하역, 운반기계 등의 수리 또는 부속 장치의 장착 및 해체작업을 하는 때 (1) 작업 시작 전 조치사항 3가지, (2) 작업지휘자 준수사항 2가지를 적으시오.
•14년 2회 2부, 15년 3회 3부, 17년 3회 3부, 18년 1회 1부, 18년 3회 2부, 20년 2-2회 2부

(1) 작업시작 전 조치사항
   ① 작업순서를 결정하고 작업지휘자를 배치한다.
   ② 하역 및 유압장치에 안전지지대 또는 안전블럭 등을 받쳐놓는다.
   ③ 작업 시작 전 하역장치 및 유압장치 기능의 이상 유무를 점검한다.

(2) 작업지휘자 준수사항
   ① 작업순서를 결정하고 작업을 지휘할 것
   ② 안전지지대 또는 안전블럭 등의 사용상황 등을 점검할 것

**43** 화면에서 작업자는 버스 정비 작업을 하고 있다. 작업자가 버스 아래에 들어가 정비작업을 하는 중에 다른 작업자가 시동을 걸어 정비 작업 중이던 근로자가 다치는 사고가 난다. 아래 물음에 답하시오.

• 14년 2회 1부, 15년 1회 2부, 16년 3회 3부, 20년 2-2회 3부, 20년 3-2회 1부

(1) 가해물을 적으시오.
(2) 작업의 위험요인 3가지를 적으시오. (단, 작업지휘자 배치와 보호구 착용은 제외할 것)
(3) 작업자가 버스 아래에 들어가 정비작업을 하는 경우의 안전조치사항 3가지를 적으시오. (단, 작업지휘자 배치와 보호구 착용은 제외할 것)
(4) 작업 중 근로자가 샤프트에 재해를 당하였다. 위험점의 종류를 적으시오.
(5) 화면에서와 같이 작업자가 버스 아래에 들어가 정비작업을 하는 경우 설치하여야 하는 장치 2가지를 적으시오.

---

**(1) 가해물** : 버스(또는 차량)

**(2) 작업의 위험요인**
① 버스 시동장치에 잠금장치를 하지 않았다.
② 열쇠를 뽑아 별도 관리하지 않았다.
③ "정비 중" 표지판을 설치하지 않았다.
④ 안전블럭 또는 안전지주를 설치하지 않았다.

**(3) 안전조치사항**
① 버스 시동장치에 잠금장치를 한다.
② 열쇠를 뽑아 별도 관리한다.
③ "정비 중" 표지판을 설치한다.
④ 안전블럭 또는 안전지주를 설치하고 작업한다.

**(4) 위험점의 종류** : 회전말림점

**(5) 설치하여야 하는 장치의 종류**
① 안전블럭
② 안전지주

**44** 화면에서는 건설작업용 리프트를 보여준다. 리프트의 작업 시작 전 점검을 2가지 적으시오. • 13년 3회 2부, 16년 1회 1부, 18년 1회 1부, 20년 3-1회 3부, 22년 2회 1부

① 와이어로프가 통하는 곳의 상태
② 방호장치 및 브레이크, 클러치의 기능

**45** 화면에서는 이동식 크레인 작업을 보여준다. 이동식 크레인 작업 시 운전자의 안전 조치사항 3가지를 적으시오.

• 14년 3회 2부, 15년 1회 1부, 18년 2회 1부, 18년 2회 3부, 19년 3회 3부, 20년 2-2회 1부

**화면 설명** 이동식 크레인으로 비계를 운반하던 중 비계를 내리는 과정에서 비계가 흔들리며 아래에 있던 작업자와 충돌하는 재해가 발생한다.

① 인양 중인 **하물이 작업자의 머리 위로 통과하게 하지 아니하게** 한다.
② **작업 중 운전석 이탈을 금지**한다.
③ 이동식 크레인의 **지브와 인양물 또는 각종 장애물과 부딪치지 않도록** 한다.

**46** 화면에서는 이동식 크레인 작업을 보여준다. 화면에서 보여주는 양중기를 사용하여 작업할 때 관리감독자로 하여금 작업시작 전에 점검하도록 하여야 하는 사항 3가지를 적으시오.

• 14년 2회 1부, 15년 3회 2부, 17년 2회 1부, 18년 2회 3부, 18년 3회 2부, 20년 1회 1부, 20년 4회 1부, 21년 1회 1부, 24년 1회 1부, 24년 3회 1부

① 권과방지장치나 그 밖의 경보장치의 기능
② 브레이크·클러치 및 조정장치의 기능
③ 와이어로프가 통하고 있는 곳 및 작업장소의 지반상태

> 참고

| | |
|---|---|
| 크레인 | ① 권과방지장치·브레이크·클러치 및 운전장치의 기능<br>② 주행로의 상측 및 트롤리가 횡행(橫行)하는 레일의 상태<br>③ 와이어로프가 통하고 있는 곳의 상태 |
| 이동식 크레인 | ① 권과방지장치 그 밖의 경보장치의 기능<br>② 브레이크·클러치 및 조정장치의 기능<br>③ 와이어로프가 통하고 있는 곳 및 작업장소의 지반상태 |
| 리프트 | ① 방호장치·브레이크 및 클러치의 기능<br>② 와이어로프가 통하고 있는 곳의 상태 |
| 곤돌라 | ① 방호장치·브레이크의 기능<br>② 와이어로프·슬링와이어 등의 상태 |

**47** 화면은 이동식 크레인에 의한 작업을 보여준다. 다음 설명에 해당하는 이동식 크레인의 방호장치의 명칭을 적으시오. • 23년 1회 3부

(1) 권상용 와이어로프가 지나치게 감겨서 근로자가 위험해질 상황을 방지하기 위한 장치
(2) 와이어로프 등이 훅으로부터 벗겨지는 것을 방지하기 위한 장치
(3) 이동식 크레인의 전도 사고를 방지하기 위하여 장비의 측면에 부착하는 장치

① 권과방지장치
② 훅의 해지장치
③ 아웃트리거

## 48
「운반하역 표준안전 작업지침」에 의하여 크레인 등 고정식기계 운반 하역작업을 하는 경우 "걸이"작업의 기준 3가지를 적으시오. • 23년 2회 3부

| 줄걸이 작업의 종류 | | |
|---|---|---|
| 1줄 걸이(적용금지) | 2줄 걸이 | 3줄 걸이 |
| • 화물이 회전할 위험 있어 적용 금지 | • 긴 환봉 등의 줄걸이에 적합 | • U자, T자형의 줄걸이 작업에 활용 |

① 와이어로프 등은 크레인의 후크 중심에 걸어야 한다.
② 인양 물체의 안정을 위하여 2줄 걸이 이상을 사용하여야 한다.
③ 밑에 있는 물체를 걸고자 할 때에는 위의 물체를 제거한 후에 행하여야 한다.
④ 매다는 각도는 60도 이내로 하여야 한다.
⑤ 근로자를 매달린 물체 위에 탑승시키지 않아야 한다.


## 49
화면을 보고 물음에 답하시오. (1) 화면에서 보여주는 크레인의 명칭을 [보기]에서 골라 적으시오. (2) 크레인의 새들(saddle) 돌출부와 주변 구조물 사이의 안전공간은 얼마 이상 확보하여야 하는가?

> 화면 설명 작업장 바닥에 고정된 레일을 따라 주행하는 크레인을 보여준다.

사진 출처 : AICRANE

[보기]

호이스트, 서스펜션 크레인, 타워 크레인, 겐트리 크레인

(1) 명칭 : 겐트리 크레인
(2) 간격 : 40센티미터 이상

> 참고

1. 주행 크레인 또는 선회 크레인과 건설물 또는 설비와의 사이에 통로를 설치하는 경우 그 폭을 0.6미터 이상으로 하여야 한다. 다만, 그 통로 중 건설물의 기둥에 접촉하는 부분에 대해서는 0.4미터 이상으로 할 수 있다.
2. 다음 각 호의 간격을 0.3미터 이하로 하여야 한다. 다만, 근로자가 추락할 위험이 없는 경우에는 그 간격을 0.3미터 이하로 유지하지 아니할 수 있다. ★

① 크레인의 운전실 또는 운전대를 통하는 통로의 끝과 건설물 등의 벽체의 간격
② 크레인 거더(girder)의 통로 끝과 크레인 거더의 간격
③ 크레인 거더의 통로로 통하는 통로의 끝과 건설물 등의 벽체의 간격

**50** 화면에서는 이동식 크레인으로 배관을 운반하는 작업 중이다. (1) 작업 중 위험요소 2가지를 적고 (2) 작업 중 안전대책을 적으시오. (3) 크레인으로 운반 작업 중 유해위험 방지를 위한 관리감독자의 역할 3가지를 적으시오. (단, 작업시작 전 점검은 제외한다.)

- 15년 1회 2부, 15년 2회 1부, 16년 3회 3부, 17년 3회 3부, 18년 1회 3부, 20년 1회 2부, 20년 1회 3부, 20년 2-1회 2부, 20년 3-1회 2부

**화면 설명** 배관을 1줄 걸이 상태로 불안하게 운반하고 있으며, 와이어로프의 일부분이 손상된 모습을 보여준다. 작업자가 배관을 손으로 지지하다 배관이 흔들리며 작업자가 배관에 맞는 사고가 발생한다.

(1) 작업 중 위험요소
 ① 줄걸이 방법 불량(2줄 걸이로 균형을 유지하여야 하나 1줄 걸이 상태로 운반함)
 ② 배관을 유도(보조)로프로 흔들림 방지하지 않고 손으로 지지하고 있다.
 ③ 와이어로프 상태 불량(손상된 와이어로프 사용함)
 ④ 훅의 해지장치 미설치(혹은 훅의 해지장치를 체결하지 않음)

(2) 작업 중 안전대책
 ① 작업반경 내 관계 근로자 외 출입금지 조치
 ② 2줄 걸이로 줄걸이 방법 변경
 ③ 와이어로프 상태 점검하여 불량품 제거
 ④ 훅의 해지장치 상태 확인
 ⑤ 유도로프를 사용하여 흔들림 방지

(3) 작업지휘자 직무(크레인을 사용하는 작업의 관리감독자의 역할)
 ① 작업 방법과 근로자 배치를 결정하고 그 작업을 지휘하는 일
 ② 재료의 결함 유무 또는 기구 및 공구의 기능을 점검하고 불량품을 제거하는 일
 ③ 작업 중 안전대 또는 안전모의 착용 상황을 감시하는 일

**51** 화면에서는 이동식 크레인 작업을 보여준다. 이동식 크레인 작업 중 화물의 낙하·비래 위험을 방지하기 위한 사전점검 또는 조치내용을 3가지 적으시오.

• 13년 2회 2부, 17년 1회 3부, 21년 1회 3부

**화면 설명** 이동식 크레인을 이용하여 배관을 2줄 걸이로 운반하는 작업을 하고 있다. 훅에 해지장치도 설치되지 않았고, 신호수가 신호를 하고 있으나 신호가 잘 맞지 않아 배관이 철골에 부딪치는 사고가 발생한다.

① 와이어로프 상태 점검
② 훅의 해지장치 점검
③ 줄걸이 방법 점검
④ 작업 반경 내 관계근로자 외 출입금지 조치


**52** 동영상에서는 굴착기를 이용하여 거푸집을 인양하는 장면을 보여준다. 작업에서의 위험요인 2가지를 적으시오.

• 24년 2회 2부

**화면 설명** 작업자 2명이 굴착기의 버킷에 로프를 연결하여 거푸집을 운반하고 있다. 거푸집을 바닥에 내려 놓으려고 할 때 버킷에서 로프가 풀리며 거푸집이 뒤로 넘어지고 작업자가 거푸집에 깔리는 사고가 난다.

① 화물 인양작업이 불가능한 굴착기로 인양하였다. (굴착기의 용도 외 사용)
② 작업반경 내 출입금지 조치를 실시하지 않았다.
③ 작업지휘자를 배치하지 않았다.

## 53
화면에서는 이동식 크레인을 이용하여 형강을 운반하는 작업을 보여준다. 동영상에서와 같은 작업에서의 (1) 위험요인 2가지를 적으시오. (2) 작업 시 준수해야 할 사항 3가지를 적으시오. (단, 근로자 안전보건교육, 유도자 배치, 작업장 정리정돈은 제외할 것) ・24년 3회 3부

**화면 설명** 작업자가 형강을 1줄 걸이로 결속하여 운반하고 있으며 유도 로프를 사용하여 운반하는 모습을 보여준다.

(1) 위험요인
① 비계를 1줄 걸이로 인양하였다.
② 유도로프를 사용하지 않았다.
③ 훅의 해지장치를 사용하지 않았다.
④ 작업구역 내 관계근로자 외의 출입금지 조치를 하지 않았다.

(2) 준수해야 할 사항
① 비계 인양 시 2줄 걸이로 인양한다.
② 유도로프를 사용하여 흔들림을 방지한다.(동영상에서 사용하지 않는 경우만 해당)
③ 훅의 해지장치를 사용하여 인양물이 훅에서 이탈하는 것을 방지한다.
④ 작업구역 내에 출입금지 구역을 설정하여 관계근로자 외의 출입을 금지시킨다.

**주의** 반드시 동영상을 확인하고 답을 적으세요.

## 54
화면에서는 천정크레인 작업을 보여준다. 동영상에서의 작업 위험요인 2가지를 적으시오. ・21년 2회 2부

**화면 설명** 천정크레인으로 변압기를 2줄 걸이로 인양하던 중 보조로프를 사용하지 않아 흔들리자 작업자가 변압기를 손으로 붙잡고 있다. 변압기를 내리던 중 훅에서 와이어로프가 이탈하여 작업자의 발에 화물(변압기)이 떨어진다. 크레인 훅에 해지장치가 설치되어 있으나 해지장치를 걸지 않은 상태이다.

① 해지장치를 고정하지 않았다. (해지장치를 고정하지 않아 화물(변압기)이 훅에서 이탈할 위험이 있다.)
② 유도로프를 설치하지 않고 화물(변압기)을 손으로 고정하였다.

**55** 화면에서는 작업자 2명이 화물(철제파이프)을 들어 올리는 작업을 하고 있다. 승강기 개구부에서 한 명의 작업자는 위에서 안전난간에 로프를 걸쳐 화물을 끌어올리고 있으며, 다른 작업자는 밑에서 화물을 올려주는 작업을 하고 있다. 작업 중 인양하던 화물이 떨어지며 밑에 있던 작업자가 화물에 맞는 사고가 발생하였다. 동종 재해 방지를 위한 화물인양 시의 준수사항을 2가지 적으시오.

• 14년 1회 3부, 15년 2회 3부, 16년 3회 3부, 18년 3회 1부, 20년 3-2회 1부

① 안전난간에 로프를 걸쳐 화물을 끌어올려 작업해서는 안 된다.
② 손상된 로프 사용금지
③ 중량물은 양중장비를 활용할 것
④ 긴 화물은 2줄 걸이로 균형을 유지하며, 로프의 결속을 단단히 할 것
⑤ 작업자는 안전모 등 보호구를 착용할 것

**56** 화면에서는 크레인 작업을 보여준다. (1) 크레인으로 자재를 운반하던 중 훅에서 자재가 떨어지는 사고가 발생한다. 동영상에서와 같은 사고를 방지하기 위하여 크레인 훅에 설치하여야 하는 방호장치명을 적으시오. (2) 크레인 및 이동식 크레인의 방호장치 4가지를 적으시오. (3) 산업안전보건법의 안전검사 주기에 해당하는 적합한 내용을 [보기]의 (    ) 안에 적으시오.

• 16년 3회 2부, 20년 1회 3부, 24년 1회 3부

**화면 설명** 집게형 천정 크레인으로 철판을 트럭으로 이동하던 중 훅에서 체인이 이탈하며 철판이 낙하하여 작업자가 철판에 깔리는 사고가 발생하였다. 훅에는 해지장치가 설치되지 않았다.

> ### 크레인, 리프트 및 곤돌라의 안전검사 주기
>
> 사업장에 설치가 끝난 날부터 ( ① ) 이내에 최초 안전검사를 실시하고, 그 이후부터 ( ② )마다, 단, 건설현장에서 사용하는 것은 최초로 설치한 날부터 ( ③ ) 마다 실시한다.

**(1) 크레인 훅에 설치하여야 하는 방호장치명** : 해지장치

**(2) 이동식 크레인의 방호장치**
　① 과부하방지장치
　② 권과방지장치(捲過防止裝置)
　③ 비상정지장치
　④ 제동장치

**(3) 안전검사 주기**
　① 3년
　② 2년
　③ 6개월

## 57 화면은 이동식 크레인에 의한 작업을 보여준다. 다음 설명에 해당하는 이동식 크레인의 방호장치의 명칭을 적으시오.
• 24년 2회 3부

> (1) 권상용 와이어로프가 지나치게 감겨서 근로자가 위험해질 상황을 방지하기 위한 장치(인양용 와이어로프가 일정한계 이상 감기게 되면 자동적으로 동력을 차단하고 작동을 정지시키는 장치)
> (2) 와이어로프 등이 훅으로부터 벗겨지는 것을 방지하기 위한 장치
> (3) 이동식 크레인의 전도 사고를 방지하기 위하여 장비의 측면에 부착하는 장치

① 권과방지장치
② 훅의 해지장치
③ 아웃트리거

> 참고

과부하방지장치 : 정격하중 이상의 하중이 부하되었을 때 자동적으로 상승이 정지되면서 경보음을 발생하는 장치


**58** 화면은 타워크레인을 이용하여 비계를 운반 중 발생한 재해를 보여준다. 이 사고는 타워크레인의 안전작업방법 중 어느 부분을 준수하지 않아 발생하였는지 3가지를 적으시오.
• 13년 3회 1부, 14년 3회 3부, 15년 2회 3부, 16년 3회 1부

**화면 설명** 타워크레인으로 비계를 운반하여 지면에 내려놓는 작업을 하던 중 비계가 흔들리며 크레인 아래에서 작업 중이던 근로자와 충돌함

① 크레인으로 하물을 인양하는 하부에는 미리 근로자의 출입을 통제하여야 하나 출입을 통제하지 않았다.
② 유도(보조)로프로 흔들림 방지하여야 하나 유도로프를 사용하지 않았다.
③ 신호수를 배치하지 않았다.

**주의** 반드시 동영상을 확인하고 답을 적으세요.

**59** 화면에서는 타워크레인이 작업하는 모습을 보여준다.

(1) 크레인을 사용하여 작업을 하는 경우 사업주가 그 작업에 종사하는 관계 근로자에게 조치를 준수하도록 하여야 하는 사항 3가지를 적으시오.

(2) [보기]는 타워크레인의 작업 종료 후의 조치사항에 관한 내용이다. 맞는 내용은 ( O ), 틀린 내용은 ( X )로 답하시오. • 21년 1회 3부, 21년 2회 1부

---

[보기]

1) 후크를 가장 높은 위치로 올린다. ( )
2) 트롤리를 운전석에서 가장 먼 쪽으로 이동시킨다. ( )
3) 선회장치를 브레이크로 고정한다. ( )
4) 작동장치를 중립으로 놓고 문을 잠근다. ( )

---

(1) ① 인양할 하물(荷物)을 바닥에서 끌어당기거나 밀어내는 작업을 하지 아니할 것
② 유류드럼이나 가스통 등 운반 도중에 떨어져 폭발하거나 누출될 가능성이 있는 위험물 용기는 보관함(또는 보관고)에 담아 안전하게 매달아 운반할 것
③ 고정된 물체를 직접 분리·제거하는 작업을 하지 아니할 것
④ 미리 근로자의 출입을 통제하여 인양 중인 하물이 작업자의 머리 위로 통과하지 않도록 할 것
⑤ 인양할 하물이 보이지 아니하는 경우에는 어떠한 동작도 하지 아니할 것(신호하는 사람에 의하여 작업을 하는 경우는 제외한다)

(2) 1) O   2) X   3) X   4) O

---

**≫참고**

(1) 운전자는 매달은 하물을 지상에 내리고 훅(Hook)을 가능한 한 높이 올린다.
(2) 바람이 심하게 불면 지브가 흔들려 훅 등이 건물 또는 족장 등에 부딪힐 우려가 있으므로 지브의 최소작업반경이 유지되도록 트롤리를 가능한 한 운전석 가까운 위치로 이동시킨다.
(3) 타워크레인의 운전정지 시에는 선회치차(Slewing gear)의 회전을 자유롭게 하며 운전자가 운전석을 떠날 때는 항상 선회기어 브레이크를 풀어 놓아 자유롭게 선회될 수 있도록 한다.
(4) 운전을 마칠 때는 모든 제어장치를 "0"점 또는 중립에 위치시키며 모든 동력스위치를 끄고 키를 잠근 후 운전석을 떠나도록 한다.

60 타워크레인 작업을 하는 경우에는 악천후 시 작업을 중지하여야 한다. 물음에 해당하는 작업 중지 조건을 적으시오. • 18년 3회 3부, 21년 3회 1부, 23년 2회 2부

[보기]
(1) 타워크레인의 운전 작업을 중지하여야 하는 풍속조건
(2) 타워크레인의 설치·수리·점검 또는 해체작업을 중지하여야 하는 풍속 조건
(3) 옥외 주행 크레인의 이탈 방지 조치를 하여야 하는 풍속 조건
(4) 건설용 리프트(지하에 설치되어 있는 것은 제외) 및 승강기의 붕괴 등을 방지하기 위한 조치를 하여야 하는 풍속 조건

(1) 초당 15미터(15m/s) 초과
(2) 초당 10미터(10m/s) 초과
(3) 초당 30미터(30m/s) 초과
(4) 초당 35미터(35m/s) 초과

> 참고

악천후 시 조치
① 순간풍속이 매 초당 10미터를 초과하는 경우 : 타워크레인의 설치·수리·점검 또는 해체작업을 중지
② 순간풍속이 매 초당 15미터를 초과하는 경우 : 타워크레인의 운전작업을 중지
③ 순간풍속이 초당 30미터를 초과하는 바람이 불거나 중진(中震) 이상 진도의 지진이 있은 후 : 옥외 양중기의 각 부위 이상 점검
④ 순간풍속이 초당 30미터를 초과하는 경우 : 옥외 주행 크레인의 이탈방지 조치
⑤ 순간풍속이 초당 35미터를 초과하는 경우 : 건설용 리프트(지하에 설치되어 있는 것은 제외) 및 승강기의 붕괴 등을 방지하기 위한 조치

**61** (1) 동영상을 보고 적합한 승강기의 방호장치 명칭을 적으시오.

(2) 화면에서는 건설용 리프트를 보여준다. 화면을 보고 건설용 리프트 방호장치의 명칭을 적으시오.

• 18년 3회 1부, 20년 1회 1부, 23년 1회 3부

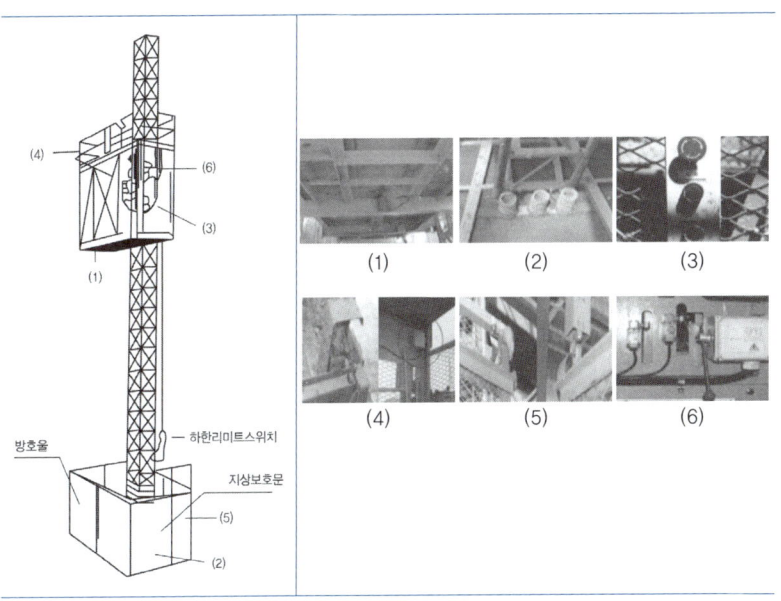

**(1) 승강기의 방호장치**
① 과부하방지장치
② 권과방지장치(捲過防止裝置)
③ 비상정지장치
④ 제동장치
⑤ 파이널리미트스위치
⑥ 출입문인터록
⑦ 조속기(속도조절기)

## (2) 건설용 리프트의 방호장치
① 과부하방지장치
② 완충스프링
③ 비상정지장치
④ 출입문 인터록장치(연동장치)
⑤ 방호울 출입문 연동장치
⑥ 3상 전원차단장치

주의 동영상의 그림을 참고하여 답을 적으세요.

>> 참고

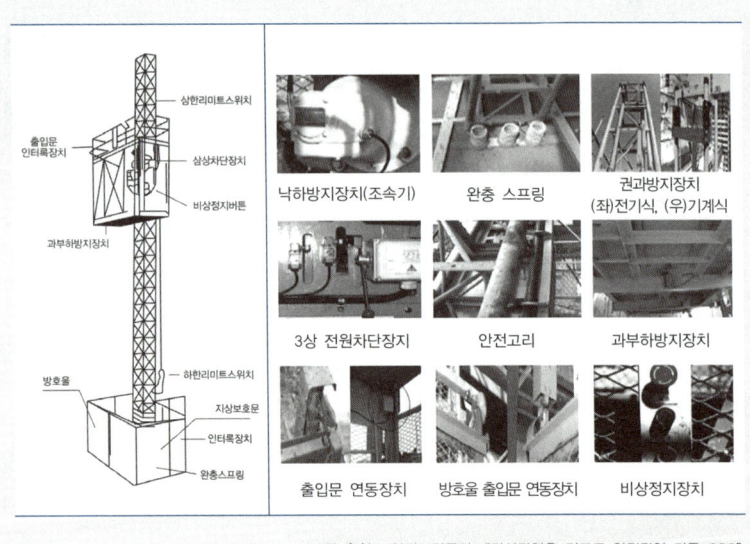

**그림 출처** : 안전보건공단, "건설작업용 리프트 안전작업 기준 OPS"

## 승강기의 방호장치

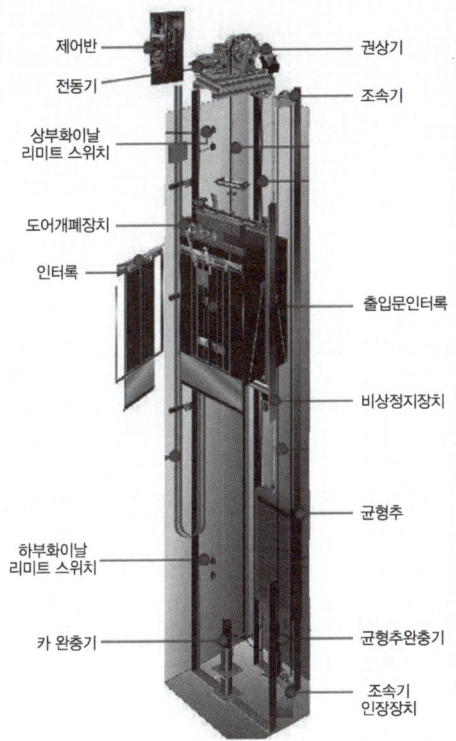

## 62 화면에서는 건설용 리프트를 보여준다. 리프트의 방호장치를 3가지 적으시오. (단, 자동차정비용 리프트 제외)
· 24년 1회 2부

**화면 설명** 건설용 리프트에서 작업자가 탑승하여 상부로 이동 후 리프트에서 내리는 장면을 보여준다. 화면에서 방호울, 출입문 연동장치와 비상정지장치가 설치된 것을 확인할 수 있다.

① 과부하방지장치
② 권과방지장치
③ 비상정지장치
④ 제동장치
⑤ 조작반 잠금장치

## 63 화면에서와 같은 화물자동차의 작업시작 전 점검 사항 3가지를 적으시오.
· 19년 2회 2부

① 제동장치 및 조종장치의 기능
② 하역장치 및 유압장치의 기능
③ 바퀴의 이상 유무

## 64 화면에서와 같은 고소작업대의 작업 시작 전 점검 사항 3가지를 적으시오.
· 18년 1회 1부

① 비상정지장치 및 비상 하강 방지장치 기능의 이상 유무
② 과부하방지장치의 작동 유무(와이어로프 또는 체인구동방식의 경우)
③ 아웃트리거 또는 바퀴의 이상 유무
④ 작업면의 기울기 또는 요철 유무

**65** 화면에서는 고소작업대를 이용하여 산소절단기로 철근을 절단하는 장면을 보여준다. 화면에서와 같은 장비로 작업을 하는 경우 안전작업 준수사항 3가지를 적으시오.
　　　　　　　　　　　　　　　　　　　　　　　• 18년 1회 2부, 19년 3회 3부, 24년 1회 3부

**고소작업대를 사용하는 때 준수사항**
① 작업자는 안전모·안전대 등의 보호구를 착용하도록 할 것
② 관계자 외의 자가 작업구역 내에 들어오는 것을 방지하기 위하여 필요한 조치를 할 것
③ 안전한 작업을 위하여 적정수준의 조도를 유지할 것
④ 전로(電路)에 근접하여 작업을 하는 때에는 작업감시자를 배치하는 등 감전사고를 방지하기 위하여 필요한 조치를 할 것
⑤ 작업대를 정기적으로 점검하고 붐·작업대 등 각 부위의 이상 유무를 확인할 것
⑥ 전환스위치는 다른 물체를 이용하여 고정하지 말 것
⑦ 작업대는 정격하중을 초과하여 물건을 싣거나 탑승하지 말 것
⑧ 작업대의 붐대를 상승시킨 상태에서 탑승자는 작업대를 벗어나지 말 것


**66** 화면에서는 고소작업대를 이동하는 모습을 보여준다.

(1) 화면에서와 같이 고소작업대를 이동하는 경우 준수하여야 하는 사항 3가지를 적으시오.

(2) 화면에서 보여주는 장치에 관한 설명이다. 괄호에 적합한 내용을 적으시오.

> (1) 작업대에 정격하중 [안전율 ( ① ) 이상]을 표시할 것
> (2) 작업대에 끼임·충돌 등 재해를 예방하기 위한 가드 또는 ( ② )를 설치할 것

　　　　　　　　　　　　　　　　　　　　　　　• 19년 3회 3부, 24년 2회 3부

**화면 설명** 고소작업대에 작업자를 태우고 이동하던 중 바닥에 있던 대걸레에 걸려 고소작업대가 넘어지는 사고가 난다.

그림 출처 : 안전보건공단

(1) 고소작업대를 이동하는 경우 준수 사항
　① 작업대를 가장 낮게 하강시킬 것
　② 작업자를 태우고 이동하지 말 것
　③ 이동통로의 요철상태 또는 장애물의 유무 등을 확인할 것
(2) ① 5　　② 과상승방지장치

> **참고**

고소작업대를 설치하는 때에는 다음 각 호에 해당하는 것을 설치하여야 한다.
① 작업대를 와이어로프 또는 체인으로 상승 또는 하강시킬 때에는 와이어로프 또는 체인이 끊어져 작업대가 낙하하지 아니하는 구조이어야 하며, **와이어로프 또는 체인의 안전율은 5 이상일 것**
② 작업대를 유압에 의하여 상승 또는 하강시킬 때에는 작업대를 일정한 위치에 유지할 수 있는 장치를 갖추고 **압력의 이상 저하를 방지할 수 있는 구조일 것**
③ 권과방지장치를 갖추거나 압력의 이상 상승을 방지할 수 있는 구조일 것

④ 붐의 최대 지면경사각을 초과 운전하여 전도되지 않도록 할 것
⑤ 작업대에 정격하중(안전율 5 이상)을 표시할 것
⑥ 작업대에 끼임·충돌 등 재해를 예방하기 위한 가드 또는 과상승방지장치를 설치할 것
⑦ 조작반의 스위치는 눈으로 확인할 수 있도록 명칭 및 방향 표시를 유지할 것

## 67 구축물, 건축물, 그 밖의 시설물 등의 해체작업 시 작성하여야 하는 해체계획에 포함되어야 할 사항 3가지를 적으시오.

• 15년 1회 1부, 15년 2회 2부, 16년 2회 2부, 17년 2회 1부, 18년 2회 2부, 18년 3회 3부, 19년 2회 1부, 19년 3회 1부, 19년 3회 3부, 21년 3회 1부, 22년 2회 1부

① 해체방법, 해체순서 도면
② 가설설비, 방호설비, 살수, 방화설비 등 설비방법
③ 사업장 내 연락방법
④ 해체물 처분계획
⑤ 해체작업용 기계·기구 등의 작업계획서
⑥ 해체작업용 화약류 등의 사용계획서

## 68 건물해체공사를 하고 있다. (1) 해체장비와 해체물 사이의 이격거리는 얼마 이상 이격하여야 하는지 적으시오. (2) 작업자와 해체장비 사이의 이격거리는 얼마 이상이어야 하는가? (단, 해체물의 높이는 7m이다.)

• 14년 1회 2부, 15년 3회 3부, 19년 1회 1부

(1) **해체장비와 해체물 사이의 이격거리** : 해체물 높이×0.5 = 7×0.5 = 3.5m 이상
(2) **작업자와 해체장비 사이의 이격거리** : 4m

69 화면에서는 압쇄기로 아파트를 해체하는 장면을 보여준다.

• 20년 3-1회 1부, 23년 1회 2부, 24년 3회 1부

(1) 해체 장비의 명칭을 적으시오.
(2) 동영상과 같은 해체 작업에서의 위험 요인 2가지를 적으시오.
(3) 동영상과 같은 해체 작업을 하는 경우의 안전 준수사항 3가지를 적으시오.
(4) 압쇄기 사용 시의 준수사항 3가지를 적으시오.

▌화면 설명 해체장비로 해체작업을 하는 중이다. 신호수가 신호를 하고 있으나 신호가 맞지 않으며 해체물에 지나가던 근로자가 다치는 모습을 보여준다.

사진 출처 : 신아그룹

(1) 해체장비의 명칭 : 압쇄기
(2) 작업 위험요인
   ① 작업구역 내 관계자 외 출입을 통제하지 않았다. (관계자 외 출입금지 미실시)
   ② 작업자 간 신호 규정을 준수하지 않았다.

### (3) 해체공사 공법의 안전 준수사항
① 작업구역 내에는 관계자 이외의 자에 대하여 출입을 통제하여야 한다.
② 강풍, 폭우, 폭설 등 악천후 시에는 작업을 중지하여야 한다.
③ 작업자 상호 간의 적정한 신호규정을 준수하고 신호방식 및 신호기기 사용법은 사전교육에 의해 숙지되어야 한다.

### (4) 압쇄기 사용 시의 준수사항
① 압쇄기의 중량, 작업충격을 사전에 고려하고, 차체 지지력을 초과하는 중량의 압쇄기부착을 금지하여야 한다.
② 압쇄기 부착과 해체에는 경험이 많은 사람으로서 선임된 자에 한하여 실시한다.
③ 압쇄기 연결구조부는 보수점검을 수시로 하여야 한다.
④ 배관 접속부의 핀, 볼트 등 연결구조의 안전 여부를 점검하여야 한다.
⑤ 절단 날은 마모가 심하기 때문에 적절히 교환하여야 하며 교환 대체품목을 항상 비치하여야 한다.

| 해체공사 안전일반 | 압쇄기 사용공법의 준수사항 |
| --- | --- |
| ① 작업구역 내에는 관계자 이외의 자에 대하여 출입을 통제하여야 한다.<br>② 강풍, 폭우, 폭설 등 악천후 시에는 작업을 중지하여야 한다.<br>③ 사용기계기구 등을 인양하거나 내릴 때에는 그물망이나 그물포대 등을 사용토록 하여야 한다.<br>④ 외벽과 기둥 등을 전도시키는 작업을 할 경우에는 전도 낙하위치 검토 및 파편 비산거리 등을 예측하여 작업반경을 설정하여야 한다.<br>⑤ 전도 작업을 수행할 때에는 작업자 이외의 다른 작업자는 대피시키도록 하고 완전 대피상태를 확인한 다음 전도시키도록 하여야 한다. | ① 항시 중기의 안전성을 확인하고 중기침하로 인한 위험을 사전 제거토록 조치하여야 하며 중기작업구조의 지반다짐을 확인하고 편평도는 1/100 이내이어야 한다.<br>② 중기의 작업 가능 높이보다 높은 부분 해체 시에는 해체물을 깔고 올라가 작업을 하고, 이 때에는 중기전도로 인한 사고가 발생되지 않도록 조치하여야 한다.<br>③ 중기 운전자는 경험이 풍부한 자격 소유자이어야 한다.<br>④ 중기작업 반경 내와 해체물의 낙하가 예상되는 지역에 대하여는 출입을 제한하여야 한다.<br>⑤ 해체작업 중 발생되는 분진의 비산을 막기 위해 살수할 경우에는 살수 작업자와 중기 운전자는 서로 상황을 확인하여야 한다. |

⑥ 해체건물 외곽에 방호용 비계를 설치하여야 하며 해체물의 전도, 낙하, 비산의 안전거리를 유지하여야 한다.
⑦ 파쇄공법의 특성에 따라 방진벽, 비산차단벽, 분진억제 살수시설을 설치하여야 한다.
⑧ 작업자 상호 간의 적정한 신호규정을 준수하고 신호방식 및 신호기기 사용법은 사전교육에 의해 숙지되어야 한다.
⑨ 적정한 위치에 대피소를 설치하여야 한다.

⑥ 외벽을 해체할 때에는 비계철거 작업자와 서로 연락하여야 하고 벽과 연결된 비계는 외벽해체 직전에 철거하여야 한다.
⑦ 상층 부분의 보와 기둥, 벽체를 해체할 경우는 해체물이 비산, 낙하할 위험이 있으므로 해체구조 바로 아래층에 **수평 낙하물 방호책을 설치해서 해체물이 비산, 낙하되지 않도록** 하여야 한다.
⑧ 높은 곳에서 가스로 철근을 절단할 경우에는 항시 안전대 부착설비를 하고 안전대를 착용하여야 한다.
⑨ 압쇄기에 의한 파쇄작업순서는 슬래브, 보, 벽체, 기둥의 순서로 해체하여야 한다.

**주의** '압쇄기 사용공법의 준수사항'을 적으라는 경우는 '참고' 내용을 적으세요!

## 70
화면에서 작업자는 착암기(전동 브레이커)로 도로 옆 인도를 파쇄하는 작업을 하고 있다. 작업자가 착용하여야 하는 보호구를 4가지 적으시오.
(단, 화면과는 무관하게 작성할 것)

**화면 설명** 작업자는 안전모, 안전화, 목장갑을 착용하고 있으며 방진마스크, 보안경은 착용하지 않은 채 작업하고 있다.

사진 출처 : 뉴시스

사진 출처 : 한일교역

① 안전모
② 안전화
③ 보안경
④ 방진마스크
⑤ 귀마개(또는 귀덮개)
⑥ 방진장갑

71 화면은 철골작업을 보여주고 있다. 화면에서와 같은 철골작업 시 작업을 중지해야 하는 경우 3가지를 적으시오.
•17년 1회 1부

① 풍속이 초당 10m(10m/s) 이상
② 강우량이 시간당 1mm(1mm/hr) 이상
③ 강설량이 시간당 1cm(1cm/hr) 이상

04 건설공사 안전 관리

## 72 화면에서는 작업발판을 보여준다. 물음에 답하시오.

• 14년 1회 1부, 15년 1회 2부, 16년 2회 1부, 16년 3회 2부, 17년 2회 3부, 17년 3회 1부, 19년 2회 2부, 19년 2회 3부, 19년 3회 1부, 19년 3회 2부, 20년 1회 1부, 20년 2-1회 2부, 21년 3회 3부, 22년 2회 1부 23년 3회 2부

(1) 높이 2미터 이상인 작업장소에 설치하여야 하는 작업발판의 설치기준을 6가지 적으시오.

(2) 높이 2미터 이상인 작업 장소에 설치하여야 하는 작업발판의 설치기준을 3가지 적시오. (단, 발판 폭과 두께, 재료 간 틈에 관한 기준은 제외하고 작성할 것)

(3) 높이 2미터 이상인 작업장소에 설치하여야 하는 작업발판의 설치기준 중 작업 발판의 폭과 발판 재료간 틈의 적당한 간격을 적으시오.

---

(1) 작업발판의 설치 기준
  ① 발판 재료 : 작업 시의 하중을 견딜 수 있도록 견고한 것으로 할 것
  ② 발판의 폭 : 40cm 이상으로 하고, 발판 재료 간의 틈 : 3cm 이하로 할 것
  ③ 추락의 위험성이 있는 장소에는 안전난간을 설치할 것
  ④ 작업발판의 지지물 : 하중에 의하여 파괴될 우려가 없는 것을 사용할 것
  ⑤ 작업발판 재료는 뒤집히거나 떨어지지 아니하도록 2 이상의 지지물에 연결하거나 고정시킬 것
  ⑥ 작업에 따라 이동시킬 때에는 위험방지 조치를 할 것
  ⑦ 선박 및 보트 건조작업에서 선박블록 또는 엔진실 등의 좁은 작업공간에 작업발 판을 설치하는 경우 : 작업발판의 폭을 30센티미터 이상으로 할 수 있고, 걸침비 계의 경우 발판재료 간의 틈을 3센티미터 이하로 유지하기 곤란하면 5센티미터 이하로 할 수 있다.

(2) 작업발판의 설치기준(폭과 발판 재료 간 틈 제외)
  ① 발판재료는 작업 시의 하중을 견딜 수 있도록 견고한 것으로 할 것
  ② 추락의 위험성이 있는 장소에는 안전난간을 설치할 것
  ③ 작업발판의 지지물은 하중에 의하여 파괴될 우려가 없는 것을 사용할 것
  ④ 작업발판 재료는 뒤집히거나 떨어지지 아니하도록 2 이상의 지지물에 연결하거나 고정시킬 것

(3) 발판의 폭 : 40cm 이상, 발판 재료 간의 틈 : 3cm 이하

> 참고

- 발판의 폭은 40cm 이상으로 하고, 발판재료 간의 틈은 3cm 이하로 할 것
- 선박 및 보트 건조작업에서 선박블록 또는 엔진실 등의 좁은 작업공간에 작업발판을 설치하는 경우 작업발판의 폭을 30센티미터 이상으로 할 수 있고, 걸침비계의 경우 발판재료 간의 틈을 3센티미터 이하로 유지하기 곤란하면 5센티미터 이하로 할 수 있다.

## 73 화면에서는 가설계단을 보여주고 있다. 다음 물음에 답하시오.

[보기]

1. 계단 및 계단참의 강도는 매제곱미터당 ( ① )kg 이상이어야 하며 안전율은 ( ② )이상으로 하여야 한다.
2. 계단의 폭은 ( ③ )미터 이상으로 하여야 한다. (다만, 급유용·보수용·비상용 계단 및 나선형계단에 대하여는 그러하지 아니하다.)
3. 높이가 3m를 초과하는 계단에는 높이 ( ④ )m 이내마다 너비 ( ⑤ )m 이상의 계단참을 설치하여야 한다.
4. 바닥면으로부터 높이 ( ⑥ )m 이내의 공간에 장애물이 없도록 하여야 한다.

① 500   ② 4   ③ 1   ④ 3   ⑤ 1.2   ⑥ 2

> 참고

**계단의 설치**

① 계단의 강도
- 계단 및 계단참의 강도는 500kg/m² 이상이어야 하며 안전율은 4 이상으로 하여야 한다.

② 계단의 폭
- 1미터 이상으로 하여야 한다.

③ 계단참의 높이
- 높이가 3m를 초과하는 계단에는 높이 3m 이내마다 너비 1.2미터 이상의 계단참을 설치하여야 한다.

④ 천장의 높이
- 바닥면으로부터 높이 2미터 이내의 공간에 장애물이 없도록 하여야 한다.

⑤ 계단의 난간
- 높이 1미터 이상인 계단의 개방된 측면에 안전난간을 설치하여야 한다.

## 74
화면에서는 이동식 비계 위에서의 작업을 보여준다. 이동식 비계 작업의 준수사항 3가지를 적으시오. • 18년 2회 2부, 20년 1회 1부, 21년 1회 2부, 21년 2회 1부, 23년 2회 2부

**화면 설명** 작업자가 이동식 비계 위에서 작업 중에 다른 작업자가 이동식 비계를 밀어 움직이던 중 바닥에 있던 동바리에 걸려 비계가 넘어진다.

① 바퀴에는 갑작스러운 이동 또는 전도를 방지하기 위하여 브레이크·쐐기 등으로 바퀴를 고정시킨 다음 비계의 일부를 견고한 시설물에 고정하거나 아웃트리거(outrigger, 전도방지용 지지대)를 설치하는 등 필요한 조치를 할 것
② 승강용사다리는 견고하게 설치할 것
③ 비계의 최상부에서 작업을 할 때에는 안전난간을 설치할 것
④ 작업발판은 항상 수평을 유지하고 작업발판 위에서 안전난간을 딛고 작업을 하거나 받침대 또는 사다리를 사용하여 작업하지 않도록 할 것
⑤ 작업발판의 최대적재하중은 250킬로그램을 초과하지 않도록 할 것

## 75
화면에서는 이동식 비계에서 작업하는 모습을 보여준다. 화면에서의 작업 위험요인 2가지를 적으시오.

• 20년 4회 1부, 21년 1회 1부, 21년 2회 2부, 21년 3회 3부, 22년 1회 2부

**화면 설명** 이동식 비계에 안전난간이 없으며, 바퀴는 고정이 안 되어 작업 중 비계가 움직인다. 목재로 된 작업발판이 고정되지 않은 채 비계에 걸쳐져 있다.

① 이동식 비계에 안전 난간 미설치(안전 난간이 미설치되어 작업자 떨어짐이 우려된다.)
② 이동식 비계 바퀴를 고정하지 않았다. (바퀴는 브레이크·쐐기 등으로 고정시킨 다음 지지틀(아웃트리거)을 설치하여야 하나 고정하지 않았다.)
③ 작업발판 설치 불량(발판을 고정하지 않아 작업자 떨어짐이 우려된다.)

## 76 이동식 비계에서 발생한 사고이다. 작업의 위험요인 2가지를 적으시오.

• 22년 1회 3부

**화면 설명** 이동식 비계 위에서 작업자가 작업 중이다. 작업자는 안전모를 착용한 상태이며 안전대는 착용하지 않았다. 다른 작업자가 작업 중인 이동식 비계를 이동시키던 중 바닥에 있던 장애물에 걸려 이동식 비계가 심하게 흔들리며 작업자가 이동식 비계에서 떨어진다. 이동식 비계에는 안전난간과 승강용 사다리가 설치되어 있고 아웃트리거는 설치되어 있으나 고정되지 않은 상태이다.

① 작업자가 이동식 비계에 탑승한 상태에서 이동식 비계를 이동하였다.
② 이동식 비계의 아웃트리거를 고정하거나 비계 일부를 견고한 시설물에 고정하여야 하나 이를 준수하지 않았다.
③ 작업자가 안전대를 착용하지 않았다.

## 77 화면에서는 틀비계 위에서의 작업을 보여준다. 틀비계 조립 시의 준수사항 3가지를 적으시오.

• 18년 2회 1부

① 밑동에는 밑받침철물을 사용하여야 하며 밑받침에 고저차가 있는 경우에는 조절형 밑받침철물을 사용하여 항상 수평 및 수직을 유지하도록 할 것
② 높이가 20미터를 초과하거나 중량물의 적재를 수반하는 작업을 할 경우에는 주틀 간의 간격이 1.8미터 이하로 할 것

③ 주틀 간에 교차가새를 설치하고 최상층 및 5층 이내마다 수평재를 설치할 것
④ 벽이음 간격(조립간격) : 수직방향 6m, 수평방향으로 8m 이내마다 할 것
⑤ 길이가 띠장방향으로 4m 이하이고 높이가 10m를 초과하는 경우에는 10m 이내마다 띠장방향으로 버팀기둥을 설치할 것

## 78 동영상에서는 말비계를 보여준다. 말비계 조립 시의 준수사항(말비계의 구조)에 관한 내용 중 괄호 안에 적합한 내용을 적으시오. •23년 3회 2부, 24년 2회 2부

### [보기]
1. 지주부재의 하단에는 미끄럼 방지장치를 하고, 양측 끝부분에 올라서서 작업하지 아니하도록 할 것
2. 지주부재와 수평면과의 기울기를 ( ① )도 이하로 하고, 지주부재와 지주부재 사이를 고정시키는 보조부재를 설치할 것
3. 말비계의 높이가 2미터를 초과할 경우에는 작업발판의 폭을 ( ② ) 이상으로 할 것

① 75  ② 40센티미터

## 79 [보기]는 산업안전보건법에 의한 강관비계(강관을 이용한 단관비계)의 구조에 관한 설명이다. 괄호에 적합한 숫자를 적으시오. •23년 1회 4부

### [보기]
비계기둥 간격은 띠장 방향에서는 ( ① ) 이하, 장선 방향에서는 ( ② ) 이하로 할 것

① 1.85m  ② 1.5m

> 참고

| 강관비계의 구조 | 강관비계 조립 시의 준수사항 |
|---|---|
| ① 비계기둥 간격 : 띠장 방향에서는 1.85m 이하, 장선 방향에서는 1.5m 이하로 할 것 다만, 다음 각 목의 어느 하나에 해당하는 작업의 경우에는 안전성에 대한 구조검토를 실시하고 조립도를 작성하면 띠장 방향 및 장선 방향으로 각각 2.7미터 이하로 할 수 있다.<br>가. 선박 및 보트 건조작업<br>나. 그 밖에 장비 반입·반출을 위하여 공간 등을 확보할 필요가 있는 등 작업의 성질상 비계기둥 간격에 관한 기준을 준수하기 곤란한 작업<br>② 띠장간격 : 2.0미터 이하로 할 것(다만, 작업의 성질상 이를 준수하기가 곤란하여 쌍기둥 틀 등에 의하여 해당 부분을 보강한 경우에는 그러하지 아니하다)<br>③ 비계기둥의 제일 윗부분으로 부터 31m되는 지점 밑 부분의 비계기둥은 2본의 강관으로 묶어 세울 것(다만, 브라켓(bracket, 까치발) 등으로 보강하여 2개의 강관으로 묶을 경우 이상의 강도가 유지되는 경우에는 그러하지 아니하다)<br>④ 비계기둥 간의 적재하중은 400kg을 초과하지 않도록 할 것 | ① 비계기둥에는 미끄러지거나 침하하는 것을 방지하기 위하여 밑받침철물을 사용하거나 깔판·받침목 등을 사용하여 밑둥잡이를 설치할 것<br>② 강관의 접속부 또는 교차부는 적합한 부속철물을 사용하여 접속하거나 단단히 묶을 것<br>③ 교차가새로 보강할 것<br>④ 외줄비계·쌍줄비계 또는 돌출 비계의 벽이음 및 버팀 설치<br>• 조립간격 : 수직 방향에서 5m 이하, 수평 방향에서는 5m 이하<br>• 강관·통나무 등의 재료를 사용하여 견고한 것으로 할 것<br>• 인장재와 압축재로 구성되어 있는 때에는 인장재와 압축재의 간격을 1m 이내로 할 것<br>⑤ 가공전로에 근접하여 비계를 설치하는 때에는 가공전로를 이설, 절연용 방호구 장착하는 등 가공전로와의 접촉 방지 조치할 것 |

80 화면에서 작업자는 가설통로 설치작업 중이다. 가설통로 설치 시의 준수사항 (가설통로의 구조)를 4가지 적으시오. •18년 3회 2부, 21년 1회 2부, 21년 2회 2부

① 견고한 구조로 할 것
② 경사는 30도 이하로 할 것
③ 경사가 15도를 초과하는 때는 미끄러지지 아니하는 구조로 할 것
④ 추락의 위험이 있는 장소에는 안전난간을 설치할 것
⑤ 수직갱 : 길이가 15미터 이상인 때에는 10미터 이내마다 계단참을 설치할 것
⑥ 건설공사에 사용하는 높이 8미터 이상인 비계다리 : 7미터 이내 마다 계단참을 설치할 것

81 화면에서는 사다리식 통로를 보여준다. 사다리식 통로의 구조 2가지를 적으시오. (단, 견고한 구조로 할 것은 제외하며, 단위를 포함할 것) •23년 3회 3부

① 심한 손상·부식 등이 없는 재료를 사용할 것
② 발판의 간격은 일정하게 할 것
③ 발판과 벽과의 사이는 15센티미터 이상의 간격을 유지할 것
④ 폭은 30센티미터 이상으로 할 것
⑤ 사다리가 넘어지거나 미끄러지는 것을 방지하기 위한 조치를 할 것
⑥ 사다리의 상단은 걸쳐놓은 지점으로부터 60센티미터 이상 올라가도록 할 것
⑦ 사다리식 통로의 길이가 10미터 이상인 경우에는 5미터 이내마다 계단참을 설치할 것
⑧ 사다리식 통로의 기울기는 75도 이하로 할 것. 다만, 고정식 사다리식 통로의 기울기는 90도 이하로 하고, 그 높이가 7미터 이상인 경우에는 다음 각 목의 구분에 따른 조치를 할 것
 • 등받이울이 있어도 근로자 이동에 지장이 없는 경우 : 바닥으로부터 높이가 2.5미터 되는 지점부터 등받이울을 설치할 것
 • 등받이울이 있으면 근로자가 이동이 곤란한 경우 : 한국산업표준에서 정하는 기준에 적합한 개인용 추락 방지 시스템을 설치하고 근로자로 하여금 한국산업표준에서 정하는 기준에 적합한 전신 안전대를 사용하도록 할 것
⑨ 접이식 사다리 기둥은 사용 시 접혀지거나 펼쳐지지 않도록 철물 등을 사용하여 견고하게 조치할 것

82 화면에서는 전주에 이동식 사다리를 이용하여 작업하던 중 이동식 사다리가 넘어지며 작업자가 바닥으로 떨어지는 장면을 보여준다. (1) 이동식 사다리의 구조 3가지를 적으시오. (2) 기인물을 적으시오. (3) 가해물을 적으시오.

• 20년 3-1회 3부, 24년 2회 2부

(1) 이동식 사다리의 구조
   ① 길이가 6미터를 초과해서는 안 된다.
   ② 다리의 벌림은 벽 높이의 1/4 정도가 적당하다.
   ③ 벽면 상부로부터 최소한 60센티미터 이상의 연장길이가 있어야 한다.

(2) 기인물 : 이동식 사다리

(3) 가해물 : 바닥

>> 참고

**이동식 사다리의 추락방지**
사업주는 추락을 방지하기 위하여 작업발판 및 추락방호망을 설치하기 곤란한 경우에는 근로자로 하여금 3개 이상의 버팀대를 가지고 지면으로부터 안정적으로 세울 수 있는 구조를 갖춘 이동식 사다리를 사용하여 작업을 하게 할 수 있다. 이 경우 사업주는 근로자가 다음 각 호의 사항을 준수하도록 조치해야 한다.
① 평탄하고 견고하며 미끄럽지 않은 바닥에 이동식 사다리를 설치할 것
② 이동식 사다리의 넘어짐을 방지하기 위해 다음 각 목의 어느 하나 이상에 해당하는 조치를 할 것
   • 이동식 사다리를 견고한 시설물에 연결하여 고정할 것
   • 아웃트리거(outrigger, 전도방지용 지지대)를 설치하거나 아웃트리거가 붙어있는 이동식 사다리를 설치할 것
   • 이동식 사다리를 다른 근로자가 지지하여 넘어지지 않도록 할 것
③ 이동식 사다리의 제조사가 정하여 표시한 이동식 사다리의 최대사용하중을 초과하지 않는 범위 내에서만 사용할 것
④ 이동식 사다리를 설치한 바닥면에서 높이 3.5미터 이하의 장소에서만 작업할 것
⑤ 이동식 사다리의 최상부 발판 및 그 하단 디딤대에 올라서서 작업하지 않을 것(다만, 높이 1미터 이하의 사다리는 제외한다.)

⑥ 안전모를 착용하되, 작업 높이가 2미터 이상인 경우에는 안전모와 안전대를 함께 착용할 것
⑦ 이동식 사다리 사용 전 변형 및 이상 유무 등을 점검하여 이상이 발견되면 즉시 수리하거나 그 밖에 필요한 조치를 할 것

**83** 화면에서 작업자는 거푸집 동바리의 해체작업을 하던 중 사고를 당한다. 거푸집 동바리의 조립 또는 해체작업 시 준수사항 3가지를 적으시오.

• 18년 2회 3부, 20년 2-2회 3부

① 해당 작업을 하는 구역에는 관계 근로자가 아닌 사람의 출입을 금지할 것
② 비·눈 그 밖의 기상상태의 불안정으로 인하여 날씨가 몹시 나쁜 경우에는 그 작업을 중지시킬 것
③ 재료·기구 또는 공구 등을 올리거나 내릴 때에는 근로자로 하여금 달줄·달포대 등을 사용하도록 할 것
④ 낙하·충격에 의한 돌발적 재해를 방지하기 위하여 버팀목을 설치하고 거푸집 동바리 등을 인양장비에 매단 후에 작업을 하도록 하는 등 필요한 조치를 할 것

**84** 영상에서는 거푸집 동바리를 보여준다. 다음 물음에 답하시오.

(1) [보기]의 설명에 해당하는 동바리의 명칭을 적으시오.

• 23년 1회 4부, 24년 2회 1부

[보기]

규격화·부품화된 수직재, 수평재 및 가새재 등의 부재를 현장에서 조립하여 거푸집으로 지지하는 동바리 형식을 말한다.

(2) (1)에서 설명하는 동바리 조립 시의 안전조치에 관한 내용이다. 괄호에 적합한 내용을 적으시오.

> [보기]
> 동바리 최상단과 최하단의 수직재와 받침철물은 서로 밀착되도록 설치하고 수직재와 받침철물의 연결부의 겹침 길이는 받침철물 전체 길이의 (   ) 이상이 되도록 할 것

(1) 시스템 동바리
(2) 3분의 1

### 참고

1. **시스템 동바리의 정의**
   규격화·부품화된 수직재, 수평재 및 가새재 등의 부재를 현장에서 조립하여 거푸집으로 지지하는 동바리 형식을 말한다.

2. **시스템 동바리 조립 시의 안전조치**
   ① 수평재는 수직재와 직각으로 설치해야 하며, 흔들리지 않도록 견고하게 설치할 것
   ② 연결철물을 사용하여 수직재를 견고하게 연결하고, 연결 부위가 탈락 또는 꺾어지지 않도록 할 것
   ③ 수직 및 수평하중에 의한 동바리의 구조적 안전성이 확보되도록 조립도에 따라 수직재 및 수평재에는 가새재를 견고하게 설치할 것
   ④ 동바리 최상단과 최하단의 수직재와 받침철물은 서로 밀착되도록 설치하고 수직재와 받침철물의 연결부의 겹침길이는 받침철물 전체 길이의 3분의 1 이상이 되도록 할 것

### 시스템 동바리

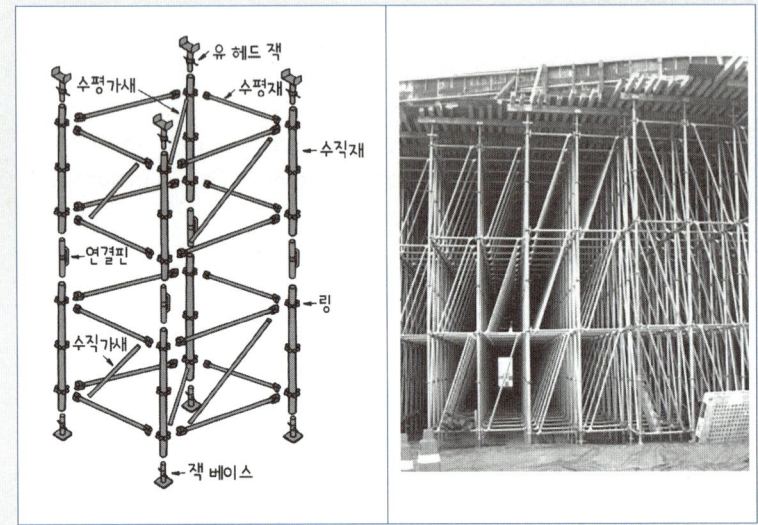

그림 출처 : 안전보건공단

85 화면에서 작업자는 콘크리트의 타설 작업을 하는 중이다. 콘크리트 타설 작업 시의 준수사항 3가지를 적으시오.   •18년 2회 1부

① 당일의 작업을 시작하기 전에 해당 작업에 관한 거푸집 동바리 등의 변형·변위 및 지반의 침하 유무 등을 점검하고 이상이 있으면 보수할 것
② 작업 중에는 감시자를 배치하는 등의 방법으로 거푸집 및 동바리의 변형·변위 및 침하 유무 등을 확인해야 하며, 이상이 있으면 작업을 중지하고 근로자를 대피시킬 것
③ 콘크리트의 타설작업 시 거푸집 붕괴의 위험이 발생할 우려가 있으면 충분한 보강조치를 할 것
④ 설계도서상의 콘크리트 양생기간을 준수하여 거푸집 및 동바리를 해체할 것
⑤ 콘크리트를 타설하는 경우에는 편심이 발생하지 않도록 골고루 분산하여 타설할 것

## 86 동영상은 안전 난간을 보여주고 있다. 안전난간 설치 시 준수하여야 할 사항에 대하여 괄호에 적합한 내용을 적으시오.
• 23년 3회 2부

[보기]

(1) 상부난간대는 바닥면 등으로 부터 ( ① )cm 이상 지점에 설치할 것
(2) 발끝막이판은 바닥면 등으로부터 ( ② )cm 이상의 높이를 유지할 것
(3) 난간대는 지름 ( ③ )센티미터 이상의 금속제 파이프나 그 이상의 강도가 있는 재료일 것

① 90   ② 10   ③ 2.7

>> 참고

**안전난간의 구조 및 설치요건**
① 상부 난간대, 중간 난간대, 발끝막이판 및 난간기둥으로 구성할 것
② 상부 난간대
  • 상부 난간대는 바닥면 등으로부터 90센티미터 이상 지점에 설치
  • 상부 난간대를 120센티미터 이하에 설치하는 경우 : 중간 난간대는 상부 난간대와 바닥면 등의 중간에 설치
  • 120센티미터 이상 지점에 설치하는 경우 : 중간 난간대를 2단 이상으로 설치, 난간의 상하간격은 60센티미터 이하가 되도록 할 것(다만, 난간기둥 간의 간격이 25센티미터 이하인 경우에는 중간 난간대를 설치하지 않을 수 있다.)
③ 발끝막이판 : 바닥면 등으로 부터 10센티미터 이상의 높이를 유지할 것
④ 난간기둥 : 상부 난간대와 중간 난간대를 견고하게 떠받칠 수 있도록 적정한 간격을 유지할 것
⑤ 상부 난간대와 중간 난간대는 난간 길이 전체에 걸쳐 바닥면 등과 평행을 유지할 것
⑥ 난간대 : 지름 2.7센티미터 이상의 금속제 파이프
⑦ 안전난간은 100킬로그램 이상의 하중에 견딜 수 있는 튼튼한 구조일 것

87 화면은 철로 위에서 점검 작업을 하던 작업자들이 잡담을 나누던 중 기차가 접근하는 것을 알지 못하고 사고가 나는 장면을 보여 준다. 이러한 사고를 방지하기 위한 안전대책 3가지를 적으시오.   • 19년 3회 2부

① 열차 운행에 의한 충돌사고가 발생할 우려가 있는 궤도를 보수·점검하는 경우에 열차 운행 감시인을 배치하여야 한다.
② 열차 운행 감시인을 배치한 경우에 위험을 즉시 알릴 수 있도록 확성기·경보기·무선통신기 등 그 작업에 적합한 신호 장비를 지급하고, 열차운행 감시 중에는 감시 외의 업무에 종사하게 해서는 아니 된다.
③ 열차가 운행하는 궤도 상에서 궤도와 그 밖의 관련 설비의 보수·점검작업 등을 하는 중 위험이 발생할 때에 작업자들이 안전하게 대피할 수 있도록 열차통행의 시간간격을 충분히 하고, 작업자들이 안전하게 대피할 수 있는 공간이 확보된 것을 확인한 후에 작업에 종사하도록 하여야 한다.

> 참고

열차 운행 중에 열차를 점검·수리하거나 열차에 의하여 근로자에게 접촉·충돌·감전 또는 추락 등의 위험이 발생할 우려가 있는 경우 조치하여야 할 사항
① 열차의 운전이 정지된 후 작업을 하도록 하고, 점검 등의 작업 완료 후 열차 운전을 시작하기 전에 반드시 작업자와 신호하여 접촉위험이 없음을 확인하고 운전을 재개하도록 할 것
② 열차의 유동 방지를 위하여 차 바퀴막이 등 필요한 조치를 할 것
③ 노출된 열차충전부에 잔류전하 방전조치를 하거나 근로자에게 절연보호구를 지급하여 착용하도록 할 것
④ 열차의 상판에서 작업을 하는 경우에는 그 주변에 작업발판 또는 안전매트를 설치할 것

# 05 보호구

01 화면에서는 도금작업장에서 착용하는 고무제 안전화를 보여준다. 화면의 고무제 안전화의 사용 장소에 따른 종류를 2가지 적으시오.

• 13년 1회 2부, 15년 1회 1부, 19년 1회 3부, 19년 2회 1부

| 종류 | 사용 장소 |
|---|---|
| 일반용 | 일반작업장 |
| 내유용 | 탄화수소류의 윤활유 등을 취급하는 작업장 |

02 작업자는 발파를 위한 천공작업을 하고 있다. 근로자가 착용하여야 할 (1) 보호구 명칭과 화면에서 해당되는 번호를 적으시오. • 18년 1회 2부

(1) 보호구의 명칭
① 안전모
② 안전화
③ 방진마스크
④ 귀마개 또는 귀덮개
⑤ 보안경

03 화면에서 보이는 보호구의 (1) 명칭, (2) 등급을 3가지로 구분하고, (3) 산소농도 몇 % 이상인 장소에서 사용할 수 있는지를 적으시오.

• 14년 3회 1부, 15년 3회 2부, 19년 2회 3부

(1) 명칭 : 방진마스크
(2) 등급 : 특급, 1급, 2급
(3) 산소농도 18% 이상에서 사용


04 안전인증대상 안전모의 그림이다. 안전모의 그림을 보고 ( )에 적합한 세부 명칭을 적으시오.

• 16년 1회 1부, 17년 1회 3부, 18년 2회 1부

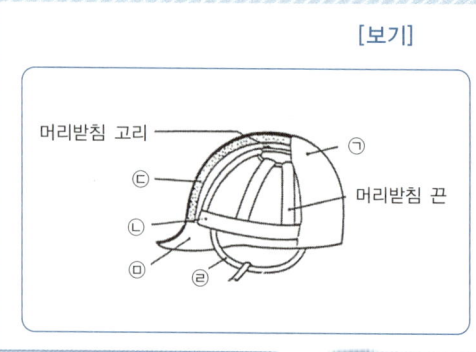

ㄱ 모체   ㄴ 머리고정대   ㄷ 충격흡수재   ㄹ 턱끈   ㅁ 모자챙(차양)

05 화면에서는 안전모를 보여준다. 안전인증 기준에 의한 다음 (    )안에 적합한 내용을 적으시오.
• 13년 2회 2부

(1) 안전모의 모체, 착장체 및 충격흡수재를 포함한 질량은 (    )을 초과하지 않을 것
(2) 물체의 낙하 또는 비래에 의한 위험을 방지 또는 경감하고, 머리 부위 감전에 의한 위험을 방지하기 위한 안전모의 기호는?
(3) 내전압성이란 (    )V 이하의 전압에 견디는 것을 말한다.

(1) 440g    (2) AE형    (3) 7,000


06 안전인증대상 안전모의 시험성능 기준에 관한 다음 (   )안에 적합한 내용을 적으시오.
• 19년 1회 1부

### [보기]

1. **내관통성 시험** : AE, ABE종 안전모는 관통거리가 ( ① )mm 이하이고, AB종 안전모는 관통거리가 ( ② )mm 이하이어야 한다.
2. **충격흡수성 시험** : 최고전달충격력이 ( ③ )N을 초과해서는 안 되며, 모체와 착장체의 기능이 상실되지 않아야 한다.

① 9.5
② 11.1
③ 4,450

**07** 안전인증 대상 방진마스크의 일반적인 구조조건 4가지를 적으시오.

• 13년 3회 2부

① 착용 시 압박감, 고통 주지 않을 것
② 전면형은 호흡 시에 투시부가 흐려지지 않을 것
③ 안면부 여과식 마스크는 여과재로 된 안면부가 사용 기간 중 심하게 변형되지 않을 것
④ 안면부 여과식 마스크는 여과재를 안면에 밀착시킬 수 있을 것
⑤ 분리식 마스크는 여과재, 흡기 밸브, 배기 밸브 및 머리끈을 쉽게 교환할 수 있고, 착용자 자신이 안면부와의 밀착성 여부를 수시로 검사할 수 있을 것

**08** 화면에서는 방진마스크를 보여준다. 분리식 방진마스크의 여과재 분진 등 포집 효율을 적으시오.

• 14년 3회 2부, 16년 1회 3부, 17년 2회 1부

| 형태 및 등급 | | 염화나트륨(NaCl) 및 파라핀 오일(Paraffin oil) 시험(%) |
|---|---|---|
| 분리식 | 특급 | ( ① ) 이상 |
| | 1급 | ( ② ) 이상 |
| | 2급 | ( ③ ) 이상 |

| 형태 및 등급 | | 염화나트륨(NaCl) 및 파라핀 오일(Paraffin oil) 시험(%) |
|---|---|---|
| 분리식 | 특급 | 99.95 이상 |
| | 1급 | 94.0 이상 |
| | 2급 | 80.0 이상 |

## 09 보호구 중 안전화의 종류를 5가지 적으시오.

• 17년 3회 2부

① 가죽제안전화
② 고무제안전화
③ 절연화
④ 절연장화
⑤ 정전기 안전화
⑥ 발등 안전화
⑦ 화학물질용 안전화

## 10 화면에서는 가죽제 안전화를 보여준다. 가죽제 안전화의 성능시험 항목을 3가지 적으시오.

• 14년 2회 3부, 15년 2회 1부

① 내충격성 시험
② 내압박성 시험
③ 내답발성 시험
④ 박리저항 시험
⑤ 내유성 시험

## 11 가죽제 안전화의 뒷굽 높이를 제외한 몸통 높이를 적으시오.

• 15년 3회 1부, 17년 3회 1부, 18년 3회 1부

| 단화 | 중단화 | 장화 |
|---|---|---|
| 113mm 미만 | 113mm 이상 | 178mm 이상 |

**12** 화면에서 보여주는 (1) 보호구의 명칭을 적으시오. (2) 보호구의 구조를 2가지 적으시오. (3) 안전블록이 부착된 안전대의 구조를 3가지 적으시오.

• 14년 2회 2부, 16년 2회 1부, 16년 3회 2부, 17년 3회 3부, 18년 1회 3부, 19년 1회 1부

사진 출처 : COV

(1) 안전블록

(2) 안전블록의 구조
  ① 자동잠김장치를 갖출 것
  ② 안전블록의 부품은 부식방지처리를 할 것

(3) 안전블록이 부착된 안전대의 구조
  ① 안전블록을 부착하여 사용하는 안전대는 신체지지의 방법으로 안전그네만을 사용할 것
  ② 안전블록은 정격 사용 길이가 명시될 것
  ③ 안전블록의 줄은 합성섬유로프, 웨빙(webbing), 와이어로프이어야 하며, 와이어로프인 경우 최소지름이 4mm 이상일 거

**13** 화면에서 작업자는 활선작업(충전전로에서의 전기작업) 중이다. 절연용 보호구의 종류 3가지를 적으시오. • 24년 2회 1부

① 안전모(AE형, ABE형) 또는 절연모
② 절연장갑
③ 절연화

**14** 화면에서와 같은 전기형강 작업 시 작업자가 착용하고 있는 안전대의 종류를 적으시오. • 15년 3회 3부, 17년 3회 2부, 19년 2회 2부, 24년 2회 1부

> 화면 설명  작업자는 전봇대의 작업발판을 딛고 작업을 하고 있는 상황이다.

사진 출처 : 뉴스 Q

U자걸이용 안전대

**15** 동영상에서와 같은 전주 위 작업에서 착용하여야 하는 안전대의 종류를 2가지 적으시오.
• 14년 1회 1부

① 벨트식(U자 걸이용)
② 안전그네식

**16** 화면에서는 안전대를 보여준다. (가) 화면과 같은 안전대의 명칭을 적고, (나) 그림에 해당하는 부위의 명칭을 적으시오. (다) 안전대의 벨트의 구조 및 치수 1가지를 적으시오.
• 17년 2회 3부, 19년 1회 2부

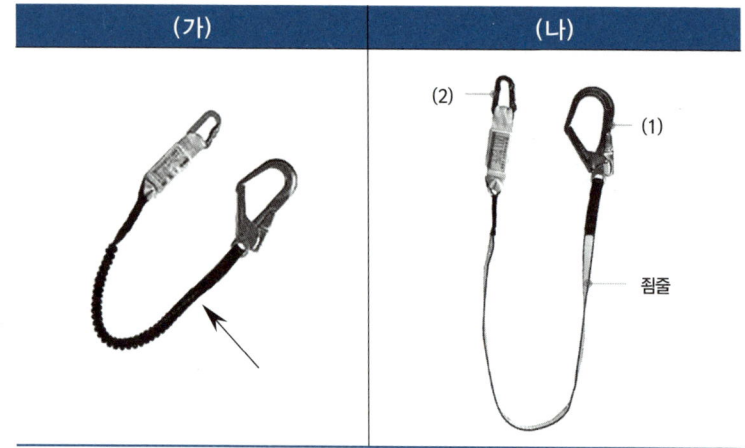

(가) 죔줄
(나) (1) 훅
　　 (2) 카라비너
(다) 안전대의 벨트의 구조 및 치수
　　 ① 강인한 실로 짠 직물로 비틀어짐, 흠, 기디 결림이 없을 것
　　 ② 벨트의 너비는 50mm 이상(U자 걸이로 사용할 수 있는 안전대는 40mm) 길이는 버클 포함 1,100mm 이상, 두께는 2mm 이상일 것

**17** 보호구 안전인증 고시에 의한 안전대에 사용되는 벨트의 구조 및 충격 흡수장치의 시험성능 기준을 설명하였다. 괄호에 적합한 내용을 적으시오.

• 24년 1회 3부

[보기]

1. 벨트

 가. 강인한 실로 짠 직물로 비틀어짐, 흠, 기타 결함이 없을 것
 나. 벨트의 너비는 ( ① )mm 이상(U자 걸이로 사용할 수 있는 안전대는 40mm) 길이는 버클 포함 ( ② )mm 이상, 두께는 ( ③ )mm 이상일 것

2. 충격 흡수장치의 시험 하중

| 충격 흡수장치 | ( ④ )kN | 완전 전개한 후 시험하여 파단하지 않을 것 |
|---|---|---|
| | 2kN | 50mm 이상의 늘어남이 없을 것 |

① 50  ② 1,100  ③ 2  ④ 15

18 산소결핍 장소에서는 착용할 수 없으며 염소가스가 발생되는 작업장에서 착용하여
야 하는 보호구이다. 다음 물음에 답하시오. • 13년 2회 1부, 14년 1회 3부

(1) 화면에 해당하는 방독마스크의 종류를 적으시오.
(2) 방독마스크 정화통의 주성분을 1가지 적으시오.
(3) 화면에 해당하는 방독마스크 정화통의 시험가스 종류를 적으시오.
(4) 화면에 해당하는 방독마스크의 형식을 적으시오.

(1) 보호구의 종류 : 할로겐가스용 방독마스크
(2) 정화통의 주성분 : 활성탄, 소다라임
(3) 시험가스의 종류 : 염소가스
(4) 방독마스크의 형식 : 격리식(전면형)

## 19 화면에서는 녹색 정화통의 방독마스크를 보여준다.

* 13년 3회 1부, 14년 1회 2부, 14년 3회 3부, 15년 1회 3부, 15년 2회 3부, 15년 3회 3부, 16년 3회 1부, 17년 1회 2부, 17년 2회 2부, 18년 1회 1부, 18년 3회 2부

(1) 화면에 해당하는 방독마스크의 종류를 적으시오.
(2) 방독마스크 정화통의 주성분을 1가지 적으시오.
(3) 화면에 해당하는 방독마스크 정화통의 시험가스 종류를 적으시오.
(4) 화면에 해당하는 방독마스크의 형식을 적으시오.
(5) 직결식 방독마스크 전면형의 누설률은 얼마인가?
(6) 중농도 방독마스크의 파과시간은 얼마인가?

(1) 암모니아용 방독마스크
(2) 큐프라마이트
(3) 암모니아 가스
(4) 직결식
(5) 0.05% 이하
(6) 파과시간(중농도) : 40분 이상

**20** 방독마스크 정화통에 표시하여야 하는 사항 중 안전인증 표시 외 추가표시사항을 4가지 적으시오.

• 15년 2회 2부, 18년 2회 3부

① 파과곡선도
② 사용시간 기록카드
③ 정화통의 외부측면의 표시 색
④ 사용 상의 주의사항


**21** 화면에서 작업자는 DMF(디메틸포름아미드) 취급 작업을 하고 있다. 위 동영상을 보고 DMF 작업 시 작업자가 착용해야 할 보호구를 적으시오.

• 14년 2회 3부, 20년 2-2회 2부

① 불침투성 보호복(화학물질용 보호복)
② 보호장갑(화학물질용 안전장갑)
③ 보호장화(화학물질용 안전화)
④ 호흡용 보호구(방독마스크)
⑤ 보안경


**22** 화면은 작업자가 재료를 유기화합물에 담그는 장면을 보여준다. 해당 작업 시에 착용하여야 하는 보호구를 적으시오.

• 20년 2-2회 2부

① 코, 입 : 방독마스크
② 눈 : 보안경
③ 손, 발 : 화학물질용 안전장갑, 화학물질용 안전화(보호장갑, 보호장화)
④ 피부 : 화학물질용 보호복(불침투성 보호복)

**23** 화면에서 작업자는 스프레이건으로 파이프에 도장작업을 하고 있다.

• 14년 2회 1부, 16년 1회 2부, 16년 3회 2부, 17년 2회 1부, 19년 3회 1부, 19년 3회 2부, 23년 2회 1부

(1) 페인트 도장작업을 하는 작업자가 착용하여야 하는 보호구의 종류를 적으시오.
(2) 시험가스 종류를 3가지 적으시오.
(3) 페인트 도장작업을 하는 작업자가 착용하여야 하는 방독마스크의 흡수제 종류 3가지를 적으시오.

(1) **방독마스크(유기화합물용)**

(2) **시험가스의 종류**
시클로헥산($C_6H_{12}$), 디메틸에테르($CH_3OCH_3$), 이소부탄($C_4H_{10}$)

(3) **흡수제의 종류**
① 활성탄
② 소다라임
③ 알칼리제재

---

**24** 보호구 안전인증 고시에 의한 방독마스크의 성능시험 종류를 3가지 적으시오.

• 19년 3회 1부, 24년 3회 2부

① **안면부 흡기 저항 시험**
② **정화통의 제독 능력 시험**
③ **안면부 배기 저항 시험**
④ 안면부 누설률 시험
⑤ 배기밸브 작동 시험
⑥ **시야 시험**
⑦ 강도, 신장률 및 영구 변형률 시험
⑧ 불연성 시험
⑨ 음성 전달판 시험
⑩ 투시부의 내충격성 시험
⑪ 정화통 질량 시험
⑫ 정화통 호흡 저항 시험
⑬ 안면부 내부의 이산화탄소농도 시험

**25** 보안면의 채색 투시부의 차광도를 구분하여 투과율을 적으시오.

• 18년 2회 2부

| 차광도 | 투과율 |
|---|---|
| 밝음 | (1) |
| 중간밝기 | (2) |
| 어두움 | (3) |

| 차광도 | 투과율 |
|---|---|
| 밝음 | 50±7 |
| 중간밝기 | 23±4 |
| 어두움 | 14±4 |

**26** 화면에서는 용접용 보안면을 보여준다.

• 17년 1회 1부, 19년 1회 3부

(1) 용접용 보안면의 등급을 나누는 기준을 적으시오.
(2) 용접용 보안면의 투과율의 종류를 적으시오.
(3) 용접용 보안면의 성능시험 항목 3가지를 적으시오.

(1) 등급을 나누는 기준 : 차광도 번호

(2) 투과율의 종류
  ① 자외선 최대 분광 투과율
  ② 적외선 투과율
  ③ 시감 투과율

(3) 성능시험 항목
  ① 내충격성시험　　② 내노후성시험
  ③ 내발화, 관통성시험　　④ 낙하시험
  ⑤ 내식성시험　　⑥ 절연시험

**27** (1) 고열의 정의를 적으시오.

(2) 다량의 고열물체를 취급하거나 심히 더운 장소에서 작업하는 근로자에게 착용해야 할 보호구의 명칭을 적으시오. (해당 사항 모두 기재)

• 23년 1회 4부

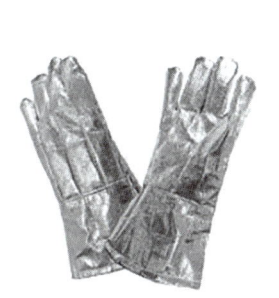

(1) 고열의 정의 : 열에 의하여 근로자에게 열경련·열탈진 또는 열사병 등의 건강장해를 유발할 수 있는 더운 온도를 말한다.
(2) 보호구의 명칭 : 방열장갑 및 방열복

> 참고

사업주는 다음 각 호의 어느 하나에서 정하는 바에 따라 근로자에게 적절한 보호구를 지급하고, 이를 착용하도록 하여야 한다.
1. 다량의 고열물체를 취급하거나 매우 더운 장소에서 작업하는 근로자 : **방열장갑과 방열복**
2. 다량의 저온물체를 취급하거나 현저히 추운 장소에서 작업하는 근로자 : **방한모, 방한화, 방한장갑 및 방한복**

## 28 다음에서 주어진 방열복의 질량을 적으시오.

• 16년 3회 3부, 18년 3회 3부

| 종류 | 질량(단위 : kg) |
|---|---|
| 방열상의 | ( ① ) |
| 방열하의 | ( ② ) |
| 방열일체복 | ( ③ ) |
| 방열장갑 | ( ④ ) |
| 방열두건 | ( ⑤ ) |

| 종류 | 질량(단위 : kg) |
|---|---|
| 방열상의 | 3.0 |
| 방열하의 | 2.0 |
| 방열일체복 | 4.3 |
| 방열장갑 | 0.5 |
| 방열두건 | 2.0 |

## 29 화면은 방열복을 보여준다. 물음에 답하시오.

• 13년 1회 1부, 14년 2회 1부, 16년 1회 2부, 18년 1회 2부, 19년 2회 2부, 21년 3회 1부, 24년 1회 2부

(1) 방열복 내열원단의 시험성능 기준 3가지를 적으시오.
(2) 방열복 내열원단의 시험성능 기준 중 다음 물음에 답하시오.

[보기]

1. 난연성 : 잔염 및 잔진 시간이 ( ① ) 미만이고 녹거나 떨어지지 말아야 하며, 탄화길이가 ( ② ) 이내 일 것
2. 절연저항 : 표면과 이면의 절연저항이 ( ③ ) 이상일 것
3. 내열성 : 균열 또는 부풀음이 없을 것

(1) 시험성능 기준
① 난연성 시험 ② 열 충격 시험 ③ 인장강도 시험 ④ 내열성 시험 ⑤ 내한성 시험
(2) ① 2초  ② 102mm  ③ 1MΩ

**30** 화면에서는 방음보호구를 보여준다. (1) 방음보호구(귀마개, 귀덮개)의 종류를 적고 성능을 적으시오. (2) 강렬한 소음이 발생되는 작업장에서 착용하여야 하는 보호구의 명칭과 기호를 적으시오. • 14년 1회 1부, 16년 2회 2부,

(1) 방음보호구의 종류

| 종류 | 등급 | 기호 | 성 능 |
|------|------|------|-------|
| 귀마개 | 1종 | EP-1 | 저음부터 고음까지 차음하는 것 |
| | 2종 | EP-2 | 주로 고음을 차음하고 저음(회화음영역)은 차음하지 않는 것 |
| 귀덮개 | - | EM | |

(2) 귀덮개(EM)

**31** 안전인증 대상 방음용 귀덮개(EM)의 차음성능 기준을 나타내고 있다. ( ) 안에 적합한 내용을 적으시오. • 19년 1회 2부

| 중심 주파수(Hz) | EM의 차음치(dB) |
|----------------|------------------|
| 1,000 | ( ① ) 이상 |
| 2,000 | ( ② ) 이상 |
| 4,000 | ( ③ ) 이상 |

① 25(dB)
② 30(dB)
③ 35(dB)

# MEMO

산 업 안 전 기 사  실 기

# 작업형

PART 01 실기[작업형] 과목별 요약정리 기출문제

PART 02 실기[작업형] 기출문제

# 실기[작업형] 과목별 요약정리 기출문제

CHAPTER 01    기계·기구 및 설비 안전 관리

CHAPTER 02    전기설비 안전 관리

CHAPTER 03    화학설비 안전 관리

CHAPTER 04    건설공사 안전 관리

CHAPTER 05    보호구

CHAPTER 06    건설공사 위험성 평가

# 기계·기구 및 설비 안전 관리

**암기형**

**01** 화면에서는 인쇄윤전기를 보여준다. 인쇄윤전기 롤러의 표면 원주속도를 구하려고 한다. 공식을 적으시오.

Answer & Explanation

$$V = \frac{\pi \times D \times N}{1,000} \text{ (m/min)}$$

여기서 V : 표면속도(m/min)
D : 롤러 원통의 직경(mm)
N : 1분간에 롤러기가 회전되는 수(rpm)

**암기형**

**02** 화면의 재해사례에서(롤러기 작업) 나타나는 위험점을 기계의 운동 형태에 따라 분류하고자 할 때 (1) 위험점의 명칭, (2) 정의, (3) 위험점의 형성조건을 적으시오.

Answer & Explanation

(1) 위험점의 명칭 : 물림점
(2) 정의 : 회전하는 두 개의 회전체에 물려 들어가는 위험점
(3) 위험점의 조건 : 서로 반대 방향의 회전체(두 개의 회전체가 서로 반대 방향으로 회전)

**03** 화면에서 작업자는 회전하는 롤러기(인쇄윤전기)의 롤러를 걸레로 청소하고 있다. 작업 중 근로자의 손이 롤러에 말려드는 사고가 발생하였다. (1) 위험점의 명칭과 위험점의 정의를 적으시오. (2) 이 사고의 핵심 위험요인 2가지를 적으시오. (3) 롤러기 청소 시 안전작업 사항 3가지를 적으시오.

> **화면 설명 ●** 작업자는 롤러기의 전원을 차단하지 않은 채 걸레로 회전하는 롤러를 닦고 있다. 물림점 안쪽까지 걸레를 밀어 넣어 닦는 순간 작업자의 손이 롤러에 말려든다.

그림 출처 : 안전보건공단 재해사례

**Answer & Explanation**

(1) 위험점의 명칭 : 물림점
  정의 : 회전하는 두 개의 회전체에 물려 들어가는 위험점

(2) 사고의 핵심 위험요인
  ① 롤러의 전원을 차단하지 않고 청소했다.
  ② 롤러기에 **인터록장치가 설치되지 않았다.**
    (롤러의 가드를 제거할 경우 롤러가 작동하지 않는 인터록장치를 설치하여야 한다.)
  ③ 롤러의 물림점에 가드가 설치되지 않았다.
  ④ **작업자가 장갑을 착용하였다.** (화면에서 장갑을 착용한 경우만 해당)

(3) 안전 작업 사항
  ① 롤러기 운전을 정지하고 청소한다.
  ② 롤러기 청소 시 장갑 착용을 금지한다.
  ③ 롤러기에 인터록 장치를 설치한다.
  ④ 롤러의 물림점에 가드를 설치한다.

## 참고하기

| 인쇄윤전기(롤러기) | 물림점 |
|---|---|
|  | 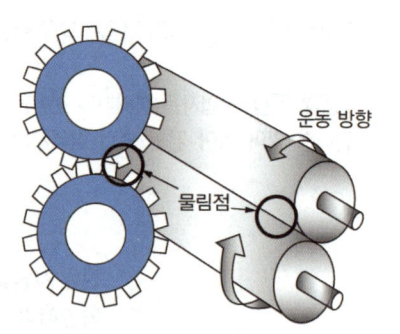 |
| 사진 출처 : 위키백과 | |

**04** 화면에서 작업자는 면장갑을 착용한 채 회전하는 롤러기의 이물질을 제거하고 있다. 이물질을 손으로 제거하던 중 작업자의 손이 롤러에 말려드는 사고가 발생하였다. 1) 이 사고의 핵심 위험요인 2가지를 적으시오. 2) 작업 안전대책 2가지를 적으시오.

**Answer & Explanation**

1) 사고의 핵심위험요인
   ① 롤러의 전원을 차단하지 않고 이물질을 제거하여 손을 다칠 위험 있다.
   ② 롤러기에 인터록 장치가 미설치 되었다.
      (롤러의 가드를 제거할 경우 롤러가 작동하지 않는 인터록장치를 설치하여야 한다.)
   ③ 롤러의 물림점에 가드가 설치되지 않았다.
   ④ 이물질 제거 시 전용공구(수공구)를 사용하지 않고 손으로 제거했다.
   ⑤ 작업자가 장갑을 착용하고 이물질을 제거했다. (화면에서 장갑을 착용한 경우만 해당)

2) 안전작업 사항
   ① 롤러기 운전을 정지하고 이물질을 제거한다.
   ② 롤러기에 인터록 장치를 설치한다.
   ③ 롤러의 물림점에 가드를 설치한다.
   ④ 이물질 제거 시 전용 공구(수공구)를 사용한다.
   ⑤ 이물질 제거 시 장갑 착용을 금지한다.

**암기형**

**05** 화면에서 작업자는 롤러기 작업 중 손이 끼이는 사고를 당하였다. 동종 사고를 방지하기 위한 (1) 롤러기의 방호장치 명을 적고, (2) 방호장치 자율안전 고시에 의하여 롤러기에 설치하여야 하는 급정지 장치의 종류를 3가지 적고 각각의 설치 위치를 적으시오.

**Answer & Explanation**

(1) 롤러기의 방호장치 명 : 급정지장치
(2) 급정지장치의 설치 위치에 따른 구분

| 종류 | 설치 위치 | 비고 |
|---|---|---|
| 손 조작식 | 밑면에서 1.8m 이내 | 위치는 급정지장치의 조작부의 중심점을 기준 |
| 복부 조작식 | 밑면에서 0.8m 이상 1.1m 이내 | |
| 무릎 조작식 | 밑면에서 0.6m 이내 | |

**참고하기**

- 위험기계 기구 안전인증 고시 및 안전검사 고시 기준
  - 무릎 조작식 : 밑면으로부터 0.4m 이상 0.6m 이내

---

**암기형**

**06** 화면에서 작업자는 크랭크 프레스로 철판에 구멍을 뚫는 작업을 하고 있다. 사용하고 있는 크랭크 프레스에 급정지 기구가 부착되어 있지 않다.

(1) 이 프레스에 설치하여 사용할 수 있는 방호장치를 3가지 적으시오.
(2) 사업주가 관리감독자로 하여금 점검하도록 해야 하는 사항(프레스의 작업시작 전 점검 사항) 3가지를 적으시오.

**Answer & Explanation**

(1) 방호장치
  ① 손쳐내기식(방호장치)
  ② 수인식(방호장치)
  ③ 게이트가드식(방호장치)

(2) 작업 시작 전 점검 사항
  ① 클러치 및 브레이크 기능
  ② 크랭크축·플라이 휠·슬라이드·연결 봉 및 연결 나사의 볼트 풀림 유무
  ③ 1행정 1정지 기구·급정지 장치 및 비상 정지 장치의 기능
  ④ 슬라이드 또는 칼날에 의한 위험 방지 기구의 기능
  ⑤ 프레스의 금형 및 고정 볼트 상태
  ⑥ 당해 방호 장치의 기능
  ⑦ 전단기의 칼날 및 테이블의 상태

**07** 화면에서 작업자는 프레스 기계 작업을 하고 있다. 작업자가 금형의 이물질을 제거하기 위해 몸을 기울이는 순간 실수로 페달을 밟아 프레스에 손을 다치는 사고가 발생하였다. 사용하고 있는 프레스에 급정지 기구가 부착되어 있지 않다. 이 프레스에 설치하여 사용할 수 있는 방호장치를 3가지를 적으시오.

**Answer & Explanation**

① 손쳐내기식
② 수인식
③ 게이트가드식
④ 페달에 U자형 덮개 설치(방호장치 4가지를 적으라는 경우만 해당)

**참고하기**

- 급정지장치를 가지는 방호장치
  - 감응식(광전자식)
  - 양수조작식

**08** 화면에서 작업자는 프레스 기계에 구멍을 뚫는 작업을 하고 있다. (1) 화면의 프레스에 추가하여 부착할 수 있는 방호장치 3가지를 적으시오. (2) 화면에서의 재해발생 원인 1가지를 적으시오. (3) 동종 재해를 방지하기 위하여 페달에 부착하여야 하는 방호장치 명을 적으시오. (4) 작업자가 무력화 시킨 방호장치의 명칭을 적으시오.

**화면 설명 •** 프레스에는 투광부와 수광부가 부착되어 있는 모습이 보인다. 작업자가 센서 1개를 치우고 금형을 청소하던 중 페달을 잘못 조작하여 손을 다치는 사고가 발생한다.

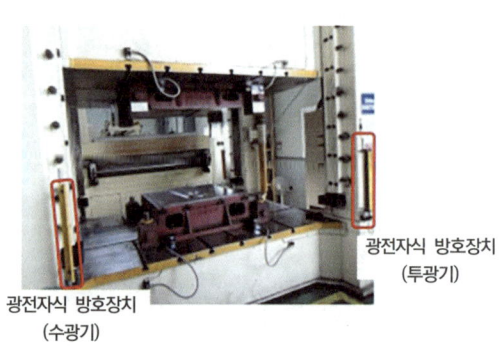
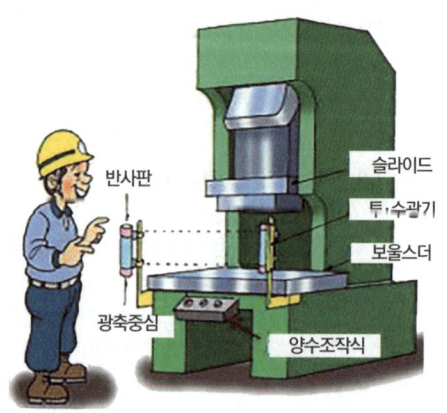

그림 출처 : 안전보건공단 재해사례

Answer & Explanation

(1) 방호장치
　① 손쳐내기식(방호장치)
　② 수인식(방호장치)
　③ 게이트가드식(방호장치)
　④ 양수조작식(방호장치)
(2) 재해발생 원인
　① 방호장치를 제거하고 작업하였다.
　② 전원을 차단하지 않고 청소하였다.
　③ 페달에 U자형 덮개가 설치되지 않았다.
(3) 페달에 부착하여야 하는 방호장치 : U자형 덮개
(4) 작업자가 무력화시킨 방호장치 : 광전자식(방호장치)

## 참고하기

• 손쳐내기식 방호장치

• 수인식 방호장치

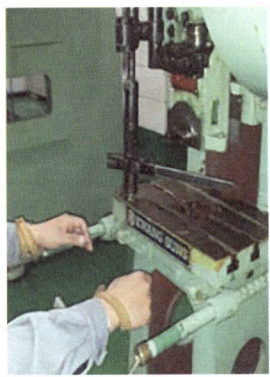
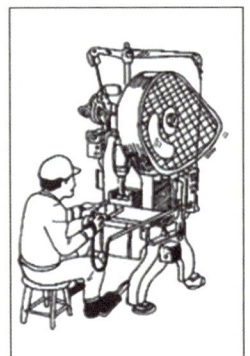

• 게이트가드식 방호장치

• 양수조작식 방호장치

• 광전자식 방호장치

사진 출처 : 고용노동부, "사망재해 다발작업 안전대책 – 프레스 취급작업편"

**09** 화면에서는 프레스의 작업 모습을 보여준다. 프레스에 설치된 방호장치의 명칭과 기능을 적으시오. (단, 장치의 종류는 A-1이다.)

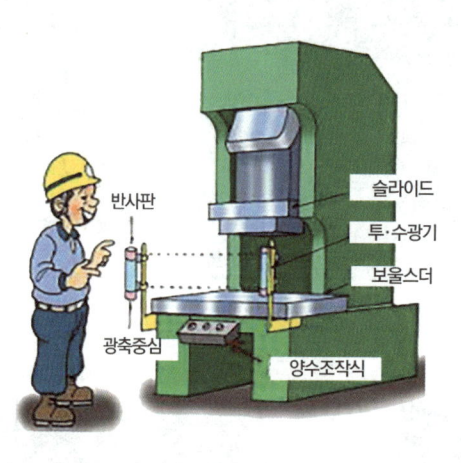
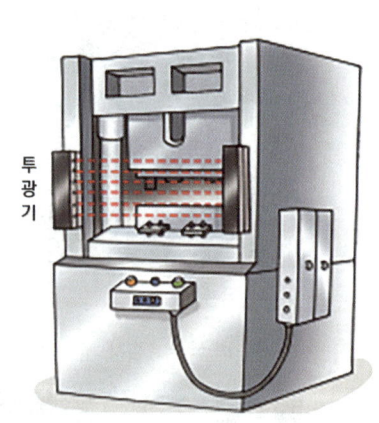

그림 출처 : 안전보건공단

**Answer & Explanation**

(1) 방호장치의 명칭 : 광전자식 방호장치
(2) 기능 : 투광부, 수광부, 컨트롤 부분으로 구성된 것으로서 신체의 일부가 광선을 차단하면 기계를 급정지 시키는 방호장치

## 참고하기

| 종류 | 분류 | 기능 |
|---|---|---|
| 광전자식 | A-1 | 프레스 또는 전단기에서 일반적으로 많이 활용하고 있는 형태로서 투광부, 수광부, 컨트롤 부분으로 구성된 것으로서 신체의 일부가 광선을 차단하면 기계를 급정지시키는 방호장치 |
| | A-2 | 급정지기능이 없는 프레스의 클러치 개조를 통해 광선 차단 시 급정지시킬 수 있도록 한 방호장치 |
| 양수조작식 | B-1 (유·공압 밸브식) | 1행정 1정지식 프레스에 사용되는 것으로서 양손으로 동시에 조작하지 않으면 기계가 동작하지 않으며, 한 손이라도 떼어내면 기계를 정지시키는 방호장치 |
| | B-2 (전기버튼식) | |
| 가드식 | C | 가드가 열려있는 상태에서는 기계의 위험 부분이 동작되지 않고 기계가 위험한 상태일 때에는 가드를 열 수 없도록 한 방호장치 |
| 손쳐내기식 | D | 슬라이드의 작동에 연동시켜 위험상태로 되기 전에 손을 위험 영역에서 밀어내거나 쳐내는 방호장치로서 프레스용으로 확동식 클러치형프레스에 한해서 사용됨(다만, 광전자식 또는 양수조작식과 이중으로 설치 시에는 급정지 가능 프레스에 사용 가능) |
| 수인식 | E | 슬라이드와 작업자 손을 끈으로 연결하여 슬라이드 하강 시 작업자 손을 당겨 위험영역에서 빼낼 수 있도록 한 방호장치로서 프레스용으로 확동식 클러치형 프레스에 한해서 사용됨(다만, 광전자식 또는 양수조작식과 이중으로 설치 시에는 급정지 가능 프레스에 사용 가능) |

## 암기형

**10** 프레스에 금형을 설치할 때 점검사항 3가지를 적으시오.

*Answer & Explanation*

① 다이홀더와 펀치의 직각도, 상크홀과 펀치의 직각도(그림 ①)
② 펀치와 다이의 평행도, 펀치와 볼스타의 평행도(그림 ②)
③ 다이와 볼스타의 평행도(그림 ③)

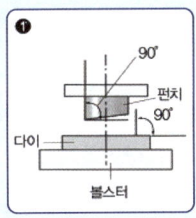 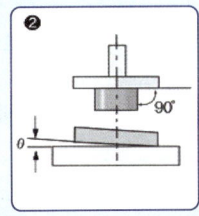 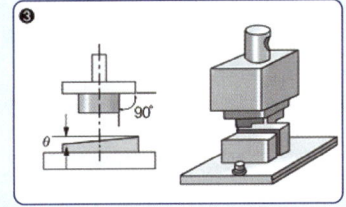

> 참고하기

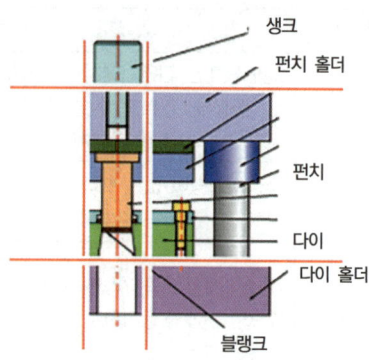

**11** 화면에서 프레스에 광전자식 안전장치를 설치할 때 안전장치의 급정지 시간이 5ms였다면 광축의 설치거리를 계산하시오(mm).

**Answer & Explanation**

풀이 1. 안전거리 D(cm) = 160 × 프레스 작동 후 작업점까지의 도달시간(초)

$$D = 160 \times \frac{5}{1,000} = 0.8cm \times 10 = 8mm$$

풀이 2. 안전거리 D(mm) = 1,600 × (Tc + Ts)

$$D = 1,600 \times \frac{5}{1,000} = 8mm$$

(ms = $\frac{1}{1,000}$ s, 5ms = $\frac{5}{1,000}$ s)

> 참고하기

1. 안전거리 D(cm) = 160 × 프레스 작동 후 작업점까지의 도달시간(초)
2. 안전거리 D(mm) = 1600 × (Tc + Ts)
   - Tc : 방호장치의 작동시간[즉, 누름버튼으로부터 한 손이 떨어졌을 때부터 급정지기구가 작동을 개시할 때까지의 시간(**초**)]
   - Ts : 프레스의 급정지시간[즉, 급정지기구가 작동을 개시했을 때부터 슬라이드가 정지할 때까지의 시간(**초**)]

**12** (1) 크랭크식 프레스에 양수기동식 방호장치가 설치되어 있다. 프레스 작동 후 작업점까지 도달시간이 0.6초라면 양수기동식 방호장치의 안전거리를 계산하시오.

(2) 작업자가 실수로 프레스의 페달을 밟아 금형 사이에 손이 끼였다.
① 이러한 재해를 방지하기 위하여 페달에 설치하여야 하는 것은 무엇인가?
② 상사점의 상형과 하형 사이의 간격은 얼마 이하가 적당한가?

**Answer & Explanation**

(1) Dm = 1.6 × Tm = 1.6 × 0.6 × 1000 = 960(mm)
 (0.6초 = 0.6 × 1000ms)

(2) ① U자형 덮개 설치
 ② 8mm 이하

### 참고하기

- **양수기동식 방호장치**

(1) 양수기동식 방호장치
① 버튼에서 손을 떼고 위험점에 접근 시에 슬라이드는 이미 하사점에 도달한 구조
② 안전거리(위험점과 버튼 간의 설치 거리)

$$Dm(mm) = 1.6 \times Tm$$
$$= 1.6 \times \left(\frac{1}{\text{클러치개소수}} + \frac{1}{2}\right) \times \left(\frac{60,000}{\text{매분 행정수}}\right)$$

$$\left(\begin{array}{l}\text{여기서 Tm : 슬라이드가 하사점에 도달할 때까지의 시간(ms)} \\ * \ ms = \frac{1}{1,000} \text{ 초}\end{array}\right)$$

(2) **상하 간의 틈새를 8mm 이하**로 하여 손가락이 들어가지 않도록 한다.
 (펀치와 다이 틈새, 가이드 포스트와 부시와의 틈새, 상사점의 상형·하형 간격)

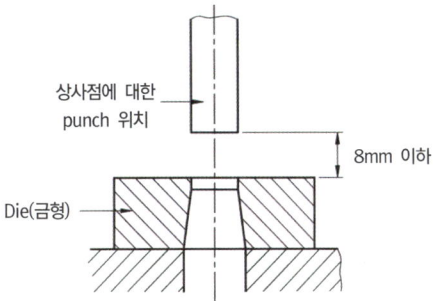

**13** 화면에서 작업자는 프레스 기계 작업을 하고 있다. 작업자가 금형의 이물질을 제거하기 위해 몸을 기울이는 순간 실수로 페달을 밟아 프레스에 손을 다치는 사고가 발생하였다.

(1) 작업자가 한 불안전한 행동 2가지를 적으시오.
(2) 작업의 위험요인 3가지를 적으시오.
(3) 이러한 사고를 방지하기 위하여 페달에 설치하여야 하는 방호장치 1가지를 적으시오.
(4) 동종 사고를 예방하기 위한 조치사항 2가지를 적으시오.

### Answer & Explanation

(1) 불안전한 행동
 ① 전원을 차단하지 않고 이물질을 제거했다.
 ② 전용 공구(수공구)를 사용하지 않고 손으로 이물질을 제거했다.

(2) 작업의 위험요인
 ① 전원을 차단하지 않고 이물질을 제거했다.
 ② 전용공구(수공구)를 사용하지 않고 손으로 이물질을 제거했다.
 ③ 페달에 U자형 덮개가 설치되지 않았다.

(3) 방호장치
 페달에 U자형 덮개를 설치한다.

(4) 사고방지 조치
 ① 전원을 차단하고 이물질을 제거한다.
 ② 이물질 제거 시에 전용 공구(수공구)를 사용한다.
 ③ 페달에 U자형 덮개(풋 스위치 방호덮개)를 설치한다.

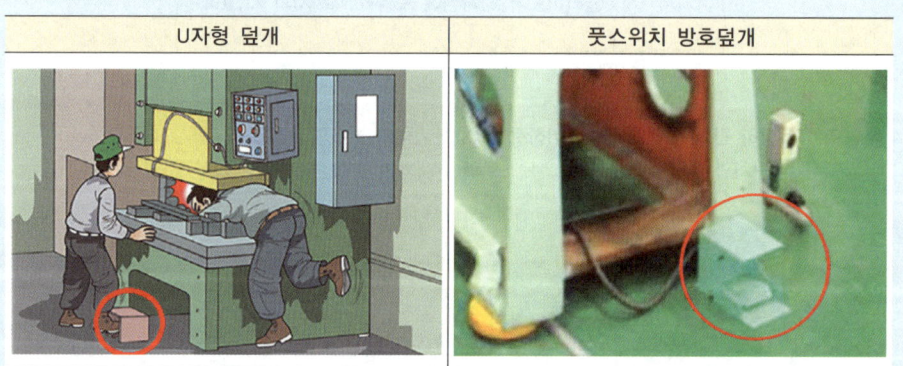

| U자형 덮개 | 풋스위치 방호덮개 |

사진 출처 : 고용노동부, "사망재해 다발작업 안전대책 – 프레스 취급작업편"

**14** 화면에서 작업자는 프레스의 금형을 교체하는 작업을 하고 있다. 동영상에서 보여주는 작업의 위험요인 3가지를 적으시오.

**Answer & Explanation**

① 프레스 운전을 정지하고 다른 근로자가 운전하는 것을 방지하기 위해 기동장치의 **열쇠를 별도 관리**하거나 "**작업 중**" 표지판을 설치하여야 하나 이를 준수하지 않았다.
② 슬라이드 불시 하강으로 인한 위험을 방지할 목적으로 안전블럭을 설치하여야 하나 **안전블럭을 설치하지 않았다.**
③ 금형 사이에 안전망을 설치하지 않았다.
④ 작업자가 **안전모, 안전화** 등 보호구를 착용하지 않았다.

그림 출처 : 고용노동부, "2021. 만화로 보는 산업안전보건기준에 관한 규칙" p58.

사진 출처 : MiSUMi

**안전블럭**

사진 출처 : 고용노동부, "사망재해 다발작업 안전대책 - 프레스 취급작업편"

### 🔎 참고하기

1. 금형을 부착, 해체, 조정 작업할 때 신체 일부가 위험점 내에서 **슬라이드 불시 하강으로 인한 위험을** 방지할 목적으로 안전블럭을 설치한다.
2. 금형 설치 시 안전조치
   ① 금형 사이 안전망 설치
   ② **상, 하 간의 틈새**를 **8mm 이하**로 하여 손가락이 들어가지 않도록 한다.
      (펀치와 다이 틈새, 가이드 포스트와 부시와의 틈새, 상사점의 상형. 하형 간격)

**15** 화면에서 작업자는 프레스의 금형을 교체하는 작업을 하고 있다. (1) 가해물을 적으시오. (2) 화면에서와 같은 장치의 부착, 해체, 조정 작업할 때 신체 일부가 위험점 내에서 슬라이드 불시 하강으로 인한 위험을 방지할 목적으로 설치하는 방호장치의 명칭을 적으시오.

> **화면 설명 •** 작업자는 금형을 해체하기 위해 금형의 볼트를 풀고 버튼을 누르니 슬라이드가 올라간다. 금형을 옮기던 중 금형을 놓치며 금형이 발에 떨어지는 사고를 당한다.

**Answer & Explanation**

(1) 가해물 : 금형
(2) 방호장치 : 안전블럭

---

**암기형**

**16** 화면에서는 프레스 기계를 보여준다. SPM 120 미만, Stroke 40mm 이상인 크랭크 프레스에 적합한 방호장치 2가지를 적으시오.

**Answer & Explanation**

손쳐내기식, 수인식 안전장치

**🔸 참고하기**

• 프레스의 방호장치 설치기준

| | |
|---|---|
| 1행정 1정지식 프레스(크랭크 프레스) | ① 양수 조작식<br>② 게이트 가드식 |
| 행정 길이 40mm 이상, SPM 120 이하에서 사용가능 | ① 손쳐내기식<br>② 수인식 |
| 슬라이드 작동 중 정지 가능한 구조(급정지장치 가짐) | ① 감응식(광전자식)<br>② 양수조작식 |
| 마찰프레스에 사용 가능하나 크랭크식 프레스에 사용 불가능 | 감응식(광전자식) |

**17** 화면에서 작업자는 프레스로 철판에 구멍을 뚫는 작업을 하고 있다. (1) 위험예지 포인트를 3가지 적으시오. (2) 프레스에 손이 끼이는 사고가 발생하였다. 기계에 존재하는 위험점과 위험점의 정의를 적으시오.

Answer & Explanation

(1) 위험예지 포인트
 ① 금형에 붙어있는 이물질을 손으로 제거하려다 손을 다친다.
 ② 작업자 실수로 페달을 밟아 (슬라이드가 하강하여) 손을 다친다.
 ③ 주변 정리정돈 불량으로 걸려 넘어지며 기계에 부딪친다.
 ④ 보안경을 착용하지 않아 눈에 이물질이 들어가 눈을 다친다.
(2) • 위험점 : 협착점
 • 위험점의 정의 : 왕복운동 부분과 고정 부분 사이에 형성되는 위험점

주의 반드시 동영상을 확인하고 답을 적으세요.

**18** 동영상은 프레스에 방호장치가 설치된 모습을 보여준다.
(1) 영상에서 보여주는 장치의 명칭을 적으시오.
(2) 영상에서 보여주는 장치의 내측 거리를 적으시오.

사진 출처 : 안전보건공단 안젤이

Answer & Explanation

(1) 방호장치명 : 양수조작식 방호장치
(2) 내측 거리 : 300mm 이상

**19** 동영상에서 보여주는 기계에 존재하는 위험점과 위험점의 정의를 적으시오.

> **화면 설명**: 동영상에서는 전단기로 철판을 자르는 작업을 하고 있다. 작업자가 고무장갑을 착용한 채 왕복운동하는 전단기로 철판을 절단하던 중 손가락이 잘리는 사고를 당한다.

사진 출처 : 안전보건공단

**Answer & Explanation**

(1) 위험점의 종류 : 협착점
(2) 위험점의 정의 : 왕복운동 부분과 고정 부분 사이에서 형성되는 위험점

### 참고하기

| 협착점 | 절단점 |
|---|---|
| 운동방향 ↓ 협착점 | • 회전하는 운동부 자체, 운동하는 기계부분 자체의 위험점<br>절단점부분 |
| 예) 프레스기, 전단기, 성형기 등 | 예) 날, 커터를 가진 기계 |

**주의** 동영상을 확인하고 답을 적으세요.

**20** 화면에서 작업자는 사출성형기 작동 중 기계가 멈추자 안을 들여다보며 금형에 끼인 이물질을 손으로 제거하다 감전으로 뒤로 넘어지는 재해를 당한다. 사출성형기의 이물질 제거 작업 시의 (1) 위험요인, (2) 안전 작업 방법(동종 재해예방대책) 3가지, (3) 기인물, (4) 가해물을 적으시오.

그림 출처 : 안전보건공단 유해 위험 기계 기구 종합정보시스템, "사출성형기 재해사례"

**Answer & Explanation**

(1) 위험요인
 ① 전원을 차단하지 않고 이물질을 제거하였다.
 ② 감전 우려가 있는 부위에 **방호덮개**를 설치하지 않았다.
 ③ 방호덮개를 개방하는 경우 전원이 차단되는 **연동장치(인터록장치)**를 설치하지 않았다.
 ④ 이물질 제거 시 **전용공구(수공구)**를 사용하지 않고 손으로 제거하였다.

(2) 안전 작업 방법
 ① 전원을 차단하고 이물질을 제거한다.
 ② 감전 우려가 있는 부위에 **방호덮개(게이트가드)**를 설치한다.
 ③ 방호덮개(게이트가드)를 개방하는 경우 전원이 차단되는 **연동장치(인터록장치)**를 설치한다.
 ④ 이물질 제거 시 **전용공구(수공구)**를 사용한다.

(3) 기인물 : 사출성형기

(4) 가해물 : 금형

**주의**
• 작업자가 물체에 접촉 없이 감전을 당한 경우 → 가해물 : 전기
• 작업자가 금형에 접촉하여 감전을 당한 경우 → 가해물 : 금형
• 작업자가 노즐에 접촉하여 감전을 당한 경우 → 가해물 : 노즐
※ 동영상을 확인하고 답을 적으세요.

### 참고하기

| 사출성형기의 구조 | 연동장치(인터록장치) |
|---|---|
| 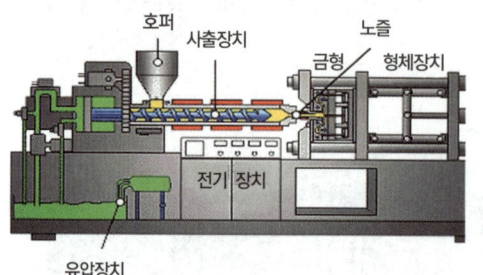 |  |
| 그림 출처 : Hello T 산업경제 기사, "구동 동력 방식·기계 배열 방식에 따른 분류 알아보기", 2020.08.07. | 그림 출처 : 안전보건공단 유해 위험 기계 기구 종합정보시스템, "사출성형기 재해사례" |

게이트가드식 방호장치

사진 출처 : 플라스틱 산업포털

---

**21** 화면에서 작업자는 사출성형기 금형의 이물질을 제거하던 중 손을 다치는 사고가 발생한다. (1) 재해 유형을 적고, (2) 적합한 방호장치를 2가지 적으시오. (3) 기인물을 적으시오.

**화면 설명** ● 장갑을 착용한 작업자가 사출성형기의 금형에 낀 이물질을 제거하기 위해 금형 볼트를 풀던 중 손이 끼인다.

#### Answer & Explanation

(1) 재해 유형 : 끼임
(2) 방호장치 : 게이트가드식 방호장치, 양수조작식 방호장치
(3) 기인물 : 사출성형기

### 참고하기

- 끼임
  ① 기계설비에 끼이거나 감김
  ② 두 물체 사이의 움직임에 의하여 일어난 것으로 직선 운동하는 **물체 사이의 끼임**, 회전부와 고정체 사이의 끼임, 롤러 등 회전체 사이에 **물리거나** 또는 회전체·돌기부 등에 **감긴 경우**

- 사출성형기 등의 방호장치
  ① 사업주는 **사출성형기**(射出成形機)·**주형조형기**(鑄型造形機) 및 **형단조기**(프레스 등은 제외) 등에 근로자의 신체 일부가 말려들어갈 우려가 있는 경우 게이트가드(gate guard) 또는 양수조작식 등에 의한 방호장치, 그 밖에 필요한 방호 조치를 하여야 한다.
  ② **게이트가드**는 닫지 아니하면 기계가 작동되지 아니하는 **연동구조**(連動構造)여야 한다.
  ③ 사업주는 사출성형기(射出成形機)·주형조형기(鑄型造形機) 및 형단조기(프레스 등은 제외) 등의 **가열부위** 또는 감전 우려가 있는 부위에는 **방호덮개를 설치**하는 등 필요한 안전 조치를 하여야 한다.

## 22
화면에서 작업자는 섬유기계 작업을 하고 있다. (1) 해당 사고의 핵심위험요인 두 가지를 적으시오. (2) 해당 작업 시 작업자가 착용하여야 할 보호구 3가지를 적으시오.

**화면 설명** • 섬유기계 작업 중 갑자기 기계가 멈추자 작업자가 전원을 차단하지 않고 면장갑을 착용한 채 회전체의 덮개를 열고 안을 들여다보며 점검하던 중 갑자기 기계가 작동하며 손이 끼이는 사고가 발생한다. 작업자는 안전모 대신 일반 모자를 착용하고 있다.

그림 출처 : 안전보건공단

### Answer & Explanation

(1) 사고의 핵심위험요인
  ① 전원을 차단하지 않고 기계점검을 실시했다.
  ② 기계에 인터록장치(연동장치)가 설치되지 않았다.
  ③ 장갑을 착용하고 기계점검을 실시했다.

(2) 작업 시 작업자가 착용하여야 할 보호구
  ① 안전모
  ② 안전화
  ③ 보안경
  ④ 방진마스크(먼지가 많을 경우)
  ⑤ 귀마개 또는 귀덮개(소음이 심한 경우)

**주의** 반드시 동영상을 확인하고 답을 적으세요.

**23** 화면을 보고 물음에 답하시오. (1) 화면에서 보여주는 기계의 명칭을 적으시오. (2) 위험 기계·기구 자율안전 확인 고시에 의하여 기계·기구에 지워지지 않도록 표시하여야 하는 사항 4가지를 적으시오.

> **화면 설명** • 화면에서는 밀링기계의 작업 모습을 보여준다.

사진 출처 : https://www.youtube.com/shorts/wHII9tiVsZQ

### Answer & Explanation

(1) 기계의 명칭 : 밀링

(2) 표시하여야 하는 사항
① 제조자명, 주소, 모델번호, 제조번호 및 제조연도
② 기계의 중량
③ 전기, 유·공압 시스템에 관한 정보
④ 스핀들의 회전수 범위
⑤ 자율안전확인표시(KCs 마크)

## 24. 둥근톱 작업에 필요한 안전 및 보조장치의 종류 5가지를 적으시오.

**Answer & Explanation**

① 톱날 접촉 예방 장치(날 접촉 예방 장치)  ② 분할날
③ 반발방지롤러  ④ 반발방지기구
⑤ 밀대  ⑥ 직각정규
⑦ 평행조정기

➡ 참고하기

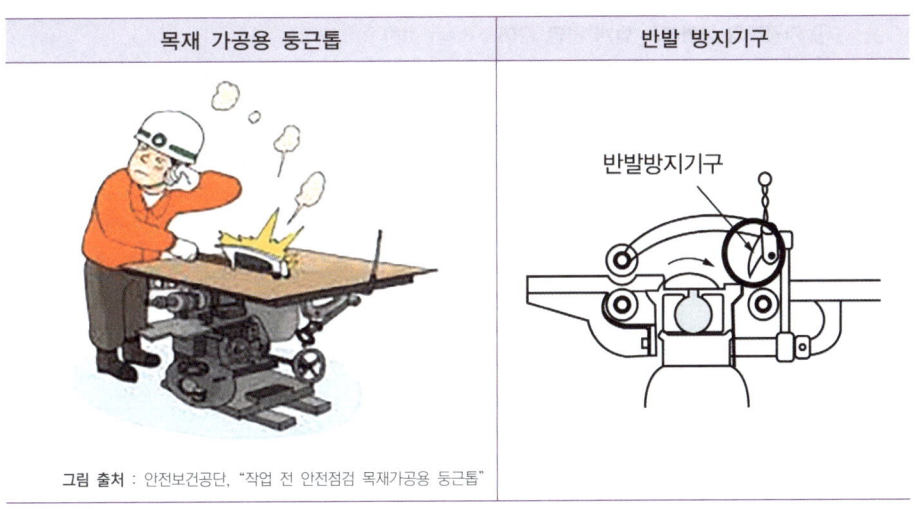

| 목재 가공용 둥근톱 | 반발 방지기구 |

그림 출처 : 안전보건공단, "작업 전 안전점검 목재가공용 둥근톱"

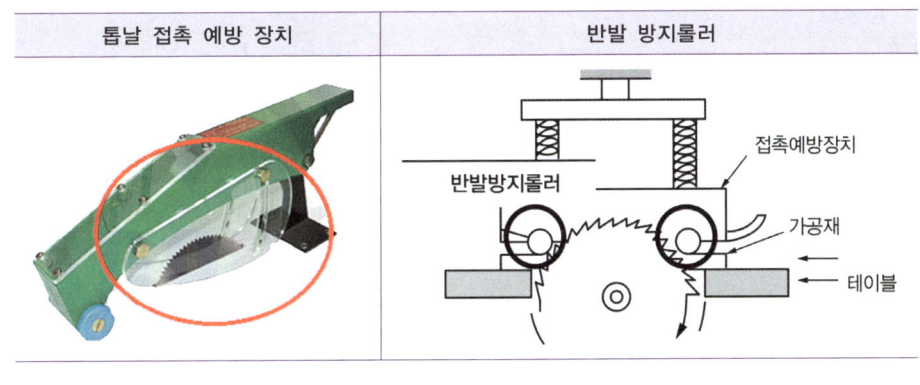

| 톱날 접촉 예방 장치 | 반발 방지롤러 |

**25** 목재가공용 둥근톱 기계에 고정식 톱날접촉예방장치(덮개)를 설치하고자 한다. 괄호에 적합한 내용을 적으시오.

> **보기**
> 고정식 접촉예방장치는 톱날 등 분할 날에 대면하고 있는 부분 및 가공재의 상면에서 덮개 하단까지의 틈새가 ( ① )가 되도록 위치를 조절할 수 있고 덮개의 하단부와 테이블면 사이가 ( ② )의 간격을 유지할 수 있는 스토퍼를 설치해야 한다.

Answer & Explanation

① 가공재의 상면에서 덮개 하단 사이 : 8mm 이하
② 덮개의 하단부와 테이블면 사이 : 25mm 이하

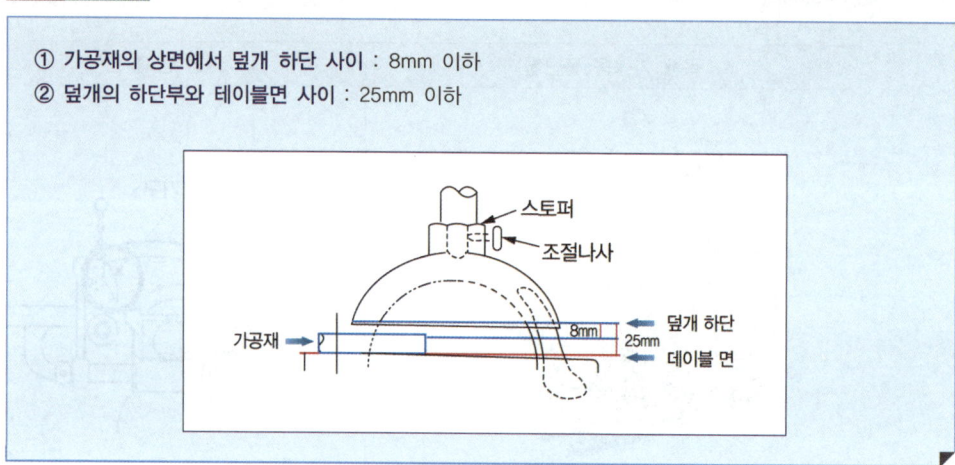

**26** 화면은 목재 가공용 둥근 톱 작업을 보여준다. 안전작업 방법 3가지를 적으시오.

[화면 설명] 작업자는 보호구를 착용하지 않은 상태에서 면장갑을 낀 채 작업하고 있으며, 방호장치도 설치되지 않은 상태이다. 나무판자를 둥근 톱 쪽으로 밀어 넣던 중 손가락 절단 사고를 당한다.

그림 출처 : 안전보건공단

**Answer & Explanation**

① 둥근 톱 작업 시 면장갑 착용을 금지한다.
② 톱날 접촉 예방 장치(날 접촉 예방 장치)를 설치한다.
③ 반발 예방 장치(분할 날, 반발 방지 롤러, 반발 방지기구)를 설치한다.
④ 안전모, 안전화, 보안경, 방진마스크, 귀마개를 착용하고 작업한다.
　(화면에서 미착용한 보호구만 작성)

**27** 화면에서는 목재가공용 둥근 톱을 보여준다. (1) 해당 작업의 위험요인 2가지를 적으시오. (2) 목재가공용 둥근 톱에 설치하여야 하는 방호장치 2가지를 적으시오.

**화면 설명 ●** 면장갑을 낀 채 작업하고 있으며, 방호장치도 설치되지 않은 상태이다. 잠시 한눈을 판 상태에서 둥근 톱에 손을 다치는 사고를 당한다.

**Answer & Explanation**

(1) 작업의 위험요인
① **면장갑을 착용**하여 손을 다칠 위험 있다.
② **톱날접촉예방장치**(날접촉예방장치), **반발예방장치** 등 방호장치가 설치되지 않아 위험하다.
③ 작업에 집중하지 않아 위험하다.
(2) 방호장치
① 톱날접촉예방장치(날접촉예방장치)
② 반발예방장치

**암기형**

**28** 화면에서는 목재가공용 둥근톱을 보여준다. (1) 목재가공용 둥근톱의 방호장치 2가지를 적으시오. (2) 자율안전확인 대상 둥근톱의 덮개 및 분할 날에 자율 안전확인 표시 외에 표시해야 하는 사항 1가지를 적으시오. (3) 동력식 수동대패에 설치하여야 하는 방호장치 명을 적고, 방호장치 설치방법 두 가지를 적으시오.

**Answer & Explanation**

(1) 방호장치
① 톱날접촉예방 장치(날접촉예방장치)
② 반발예방장치
(2) 자율 안전확인대상 표시 외에 표시사항
① 덮개의 종류
② 둥근톱의 사용 가능 치수
(3) 동력식 수동대패
① 방호장치명 : 칼날 접촉 방지장치(덮개) 또는 날접촉예방장치
② 방호장치 설치 방법
　• 고정식 덮개
　• 가동식 덮개

**29** 화면에서 작업자는 띠톱으로 목재를 절단하는 작업을 하고 있다. 작업 시 위험요인 2가지를 적으시오.

> **화면 설명**・ 작업자는 면장갑을 착용한 채 띠톱으로 목재 절단 작업을 하던 중 장갑이 톱에 걸리며 손에 피가 나는 장면을 보여준다. 보안경, 방진 마스크를 미착용한 상태이다.

**Answer & Explanation**

① 띠톱작업 시 면장갑을 착용하였다.
② 작업자가 보안경, 방진마스크를 미착용하였다.

### 참고하기

띠톱

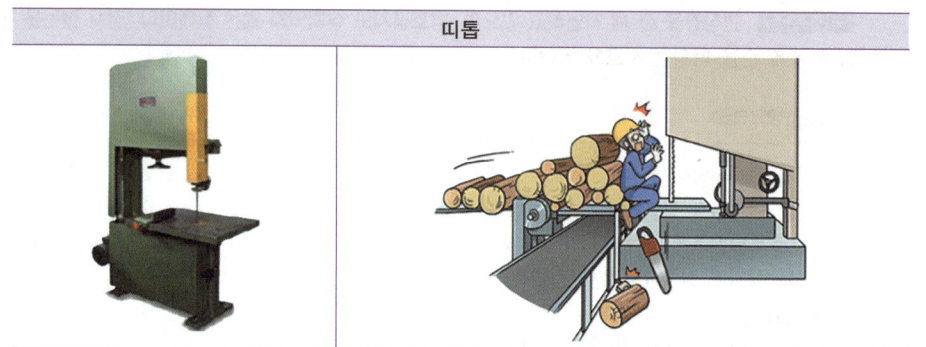

그림 출처 : 안전보건공단, 업종별 자료 "목재가공작업 안전"

**30** 동영상을 보고 다음 물음에 답하시오.
(1) 동영상에서 보여주는 기계의 명칭을 적으시오.
(2) 기계에 설치하여야 하는 방호장치의 명칭을 적으시오.
(3) 방호장치 설치방법 두 가지를 적으시오.

> **화면 설명**・ 화면에서는 동력식 수동대패의 작업 모습을 보여준다.

그림 출처 : https://www.youtube.com/watch?v=tgqi9panj1I

**Answer & Explanation**

(1) 동력식 수동 대패

(2) 칼날 접촉 방지장치 또는 날접촉예방장치

(3) 방호장치 설치 방법
   ① 고정식 덮개
   ② 가동식 덮개

---

**암기형**

**31** 화면에서 작업자는 띠톱을 이용하여 강재 파이프를 절단하는 작업을 하고 있다. 사고의 위험요인 3가지를 적으시오.

**화면 설명 ▪** 작업자는 면장갑을 착용하고 보안경은 착용하지 않고 작업하고 있다. 띠톱으로 강재 파이프를 절단하고 절단한 재료를 꺼내기 위해 머리를 숙여 꺼내는 순간 회전하는 띠톱에 면장갑이 걸리며 사고가 발생한다.

**Answer & Explanation**

① 면장갑을 착용하고 작업하였다.(띠톱작업 시 면장갑 착용금지)
② 띠톱이 회전하는 중에 재료를 꺼내었다.(회전을 중지하고 재료를 꺼내야 한다.)
③ 보안경을 착용하지 않았다.(분진이 눈에 들어갈 위험이 있다.)

---

**암기형**

**32** 화면에서는 컨베이어 작업을 보여준다.

(1) 화물의 낙하로 인해 근로자에게 위험을 미칠 우려가 있을 때 낙하위험 방지조치 2가지를 적으시오.

(2) 컨베이어에 근로자의 신체 일부가 협착되었을 경우 필요한 방호장치를 적으시오.

(3) 컨베이어의 작업 시작 전 점검 사항 4가지를 적으시오.

**Answer & Explanation**

(1) 낙하위험 방지조치
   ① 덮개 설치   ② 울 설치

(2) 신체 일부가 협착되었을 경우 필요한 방호장치 : 비상정지장치

(3) 작업 시작 전 점검 사항
   ① 원동기 및 풀리 기능의 이상 유무
   ② 이탈 등의 방지장치 기능의 이상 유무
   ③ 비상정지장치 기능의 이상 유무
   ④ 원동기·회전축·기어 및 풀리 등의 덮개 또는 울 등의 이상 유무

## 참고하기

| 컨베이어의 비상정지장치 및 이탈 등의 방지장치 | 컨베이어의 덮개, 울(낙하방지) |
|---|---|
|  |  |

그림 출처 : 안전보건공단, "벨트컨베이어 안전"   사진 출처 : YONG WON

### 암기형

**33** 화면에서는 컨베이어 작업을 보여준다. 컨베이어의 방호장치 2가지를 적으시오.

**Answer & Explanation**

① 이탈 등의 방지 장치
② 비상 정지 장치
③ 덮개, 울

## 참고하기

**(1) 컨베이어의 방호장치**

| 이탈 등의 방지 장치 | 정전·전압강하 등에 의한 **화물 또는 운반구의 이탈 및 역주행을 방지**하는 장치를 갖추어야 한다. |
|---|---|
| 비상 정지 장치 | 근로자의 신체의 일부가 말려드는 등 근로자에게 위험을 미칠 우려가 있는 때 및 비상시에는 즉시 **컨베이어 등의 운전을 정지**시킬 수 있는 장치를 설치하여야 한다. |
| 덮개, 울 | 컨베이어 등으로 부터 **화물이 떨어져 근로자가 위험해질 우려가 있는 경우**에는 해당 **컨베이어 등에 덮개 또는 울을 설치**하는 등 낙하 방지를 위한 조치를 하여야 한다. |

**(2) 건널다리의 설치**
운전 중인 컨베이어 등의 위로 근로자를 넘어가도록 하는 때에는 위험을 방지하기 위하여 **건널다리를 설치**하는 등 필요한 조치를 하여야 한다.

**(3) 스토퍼의 설치**
동일선상에 구간별 설치된 컨베이어에 중량물을 운반하는 경우에는 **중량물 충돌에 대비한 스토퍼를 설치**하거나 **작업자 출입을 금지**하여야 한다.

---

**암기형**

**34** 화면에서 작업자는 컨베이어 작업을 하고 있다. 작업자가 작업 중 넘어질 경우 우려되는 (1) 위험의 형태와 (2) 사고 시 처음으로 조치해야 할 사항을 1가지씩 적으시오.

**Answer & Explanation**

(1) **위험의 형태** : 컨베이어에 신체가 끼일 위험이 있다.(재해 발생 형태 : 끼임)
(2) **처음으로 조치해야 할 사항** : 비상정지장치를 조작하여 컨베이어 운전을 정지시킨다.

**35** 화면에서 작업자는 컨베이어의 벨트 부위를 점검하던 중 손이 벨트에 말려드는 사고가 발생한다. (1) 기인물과 가해물을 적으시오. (2) 사고의 핵심 원인 한 가지를 적으시오. (3) 동영상을 보고 안전조치 사항 2가지를 적으시오.

> 화면 설명• 작업자가 야간에 한 손으로 플래시를 들고 컨베이어 벨트를 점검하고 있다. 점검 중 부주의로 컨베이어 위에 올려둔 손이 벨트 사이에 말려들어가는 사고가 발생한다.

그림 출처 : 안전보건공단 재해사례

**Answer & Explanation**

(1) 기인물 : 컨베이어, 가해물 : (컨베이어) 벨트
(2) 사고의 핵심 원인 : 전원을 차단하지 않고 점검을 하였다.
(3) 안전조치 사항
  ① 전원 차단 후에 기계 점검 실시
  ② 컨베이어에 비상 정지 장치 설치
  ③ 컨베이어 주변 조명 확보
  ④ 작업 시작 전 기계 점검 실시
  ⑤ 작업자 안전교육 실시
※ ①~③번 항목을 우선으로 작성할 것

**36** 화면에서 작업자는 컨베이어의 수리 중 손 끼임 사고를 당한다. (1) 화면의 기계에 존재하는 위험점의 종류를 적으시오. (2) 동종 재해를 예방하기 위한 재해 예방대책 2가지를 적으시오.

> 화면 설명• 전원을 차단하고 컨베이어의 벨트를 수리하던 중 다른 작업자가 전원을 투입하여 작업자의 손이 컨베이어 벨트에 끼이는 사고가 발생한다.

그림 출처 : 안전보건공단 재해사례

**Answer & Explanation**

(1) 위험점의 종류 : 접선물림점

(2) 재해 예방대책
① 전원 차단 후 다른 작업자가 전원을 공급할 수 없도록 전원스위치를 열쇠로 잠근 후 별도 보관한다.
② 전원에 '점검 중' 표지판을 부착한다.

**37** 화면에서 두 명의 작업자가 작동 중인 경사 컨베이어에서 포대를 컨베이어 위로 올리는 작업을 하고 있다. 한 작업자는 컨베이어 양쪽 끝부분에 올라서서 포대를 받을 준비를 하고 있으며, 다른 작업자는 컨베이어 아래에서 포대를 올려주고 있다. 컨베이어 위에 서 있던 작업자의 발이 포대에 맞아 넘어지며 작업자의 팔이 컨베이어에 끼이는 사고가 발생한다.

(1) 화면에서의 작업에서 작업자 측면의 문제점 2가지를 적으시오.

(2) 사고 시 조치해야 할 사항을 1가지 적으시오.

(3) 컨베이어 방호장치 2가지를 적으시오.

사진 출처 : 안전보건공단

**Answer & Explanation**

(1) 작업자 측면의 문제점 2가지
① 컨베이어 전원을 차단하지 않고 작업했다.
② 안전한 작업발판을 확보하지 않고 작동 중인 컨베이어 위에서 작업했다.
③ 작업자가 안전모, 안전화를 착용하지 않았다. (보호구를 착용하지 않은 경우만 해당)

(2) 사고 시 조치해야 할 사항
비상정지장치를 조작하여 컨베이어 운전을 정지시킨다.

(3) 방호장치
① **비상정지장치**(근로자의 신체의 일부가 말려드는 등 근로자에게 위험을 미칠 우려가 있는 경우)
② **이탈 등의 방지장치**(화물 또는 운반구의 이탈 및 역주행을 방지)
③ **덮개, 울**(화물이 떨어져 근로자가 위험해질 우려가 있는 경우)
④ **건널다리**(운전 중인 컨베이어 등의 위로 근로자를 넘어가도록 하는 경우)

> 참고하기

- 운반하역 표준안전작업지침
  운전 중 컨베이어 자체의 운반물 처리는 기계적인 방법으로 하여야 하며 **구조상 그와 같은 방법을 설치할 수 없을 때에는 운전을 멈추고 처리하여야** 한다. 부득이 운전 중에 운반물을 처리할 필요가 있을 때에도 구동부, 테이크업, 작업장소의 안전울 내에서의 작업은 절대 금지하여야 한다.

- 컨베이어 작업발판

사진 출처 : ㈜세움시스콘

## 38
어두운 작업장에서 면장갑을 낀 작업자가 회전하는 체인과 스프로킷 사이를 점검하던 중 체인에 손이 끼이는 사고가 발생한다. (1) 가해물을 적으시오. (2) 사고의 직접원인 1가지를 적으시오.

**Answer & Explanation**

(1) 가해물 : 체인
(2) 사고의 직접원인
  ① 전원을 차단하지 않고 점검했다.
  ② 작업자가 면장갑을 착용하고 점검했다.

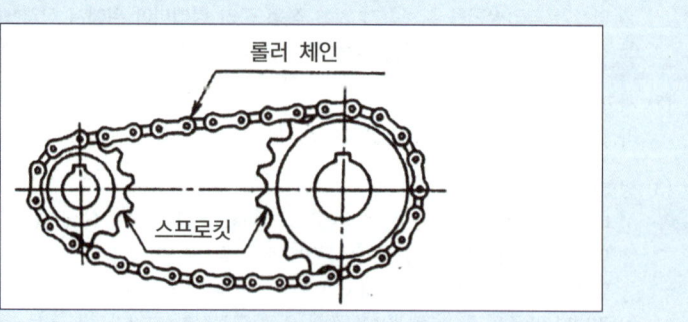

**39** 화면에서 작업자가 작동 중인 컨베이어 벨트 끝부분에 올라서서 형광등을 교체하던 중 추락하는 장면을 보여준다. 작업자의 불안전한 행동 2가지를 적으시오.

**Answer & Explanation**

① 안전한 작업 발판을 사용하지 않고 컨베이어 벨트에 올라서서 형광등을 교체하였다.
② 움직이는 기계 주변에서 작업할 경우 기계의 전원을 차단하고 작업하여야 하나 컨베이어 전원을 차단하지 않았다.

**참고하기**

그림 출처 : 안전보건공단

**40** 화면을 보고 사고의 원인이 되는 작업 위험요인(작업자의 불안전한 행동) 3가지를 적으시오.

**화면 설명** ● 작업자는 움직이는 컨베이어에서 파지를 골라내는 작업을 하고 있다. 작업자의 머리 위로는 장비가 파지를 옮기는 작업을 하고 있다. 파지를 옮기던 중 파지가 작업자에게 떨어지며 작업자가 다치는 영상이다. 이때 작업자는 안전모를 미 착용한 상태이다.

사진 출처 : 연합뉴스,
"쓰레기 재활용률…우리나라 40% vs 일본 80%" 2019.06.08

사진 출처 : 경북매일,
"언택트에 '재활용쓰레기 산' 치수는다" 2020.10.28

**Answer & Explanation**

① 작업자가 안전모를 착용하지 않았다.
② 작업자가 안전한 작업발판 없이 움직이는 컨베이어 위에서 작업을 하고 있다.
③ 작업자 머리 위로 하물을 운반하였다.(인양 중인 하물은 작업자의 머리 위로 통과하지 않도록 할 것)

**41** 화면에서 작업자는 마그네틱 크레인으로 금형을 옮기는 작업을 하고 있다. 작업자가 한 손으로 스위치를 조작하며 다른 손으로 금형을 잡고 이동하던 중 스위치를 잘못 건드려 금형이 발에 떨어지는 사고를 당한다. (크레인 훅에는 해지장치가 없는 상태이며, 작업자는 안전모 미착용, 면장갑을 착용하고 있는 상태이다.) 화면에서와 같은 크레인으로 화물을 옮기는 작업에서의 위험요인 3가지를 적으시오.

**Answer & Explanation**

① 한 손으로 스위치를 조작하며 다른 손으로 금형을 잡고 이동하고 있어 스위치 오조작이 우려된다.
 (불안전한 행동을 할 위험 있다.)
② 크레인에 해지 장치가 없어 화물이 떨어질 위험 있다.
③ 안전모를 미착용하여 화물에 머리를 다칠 위험 있다.

**참고하기**

• 마그네틱 크레인 훅의 해지장치

사진 출처 : Mag Switch

**42** 화면은 김치 제조 공장에서 무채 슬라이스 작업을 보여준다. 작업 중 기계작동이 멈춰 슬라이스 부분의 덮개를 열고 고무장갑을 낀 상태로 무채를 제거하는 순간 기계가 작동하며 재해가 발생하였다.

(1) 슬라이스 기계에서 무채를 썰어내는 부분에 존재하는 위험점을 적으시오.
(2) 위험점의 정의를 적으시오.
(3) 이 기계의 위험 포인트는 무엇인가?
(4) 작업에 존재하는 위험요인 2가지를 적으시오.
(5) 동종 재해를 예방하기 위하여 설치하여야 하는 안전장치를 적으시오.
(6) 동종의 재해를 방지하기 위한 예방대책을 3가지를 적으시오.

사진 출처 : 유튜브, "https://www.youtube.com/watch?v=Yvn45LwJr1Q"

**Answer & Explanation**

(1) **위험점** : 절단점(칼날 부분) 또는 끼임점(회전부와 덮개 사이)
 ※ 동영상을 확인하세요.

(2) **위험점의 정의**
 • 절단점 : 회전하는 운동부 자체, 운동하는 기계 부분 자체의 위험점
 • 끼임점 : 고정부분과 회전하는 동작 부분 사이에서 형성되는 위험점

(3) **기계의 위험 포인트** : 슬라이스 기계 칼날

(4) **작업의 위험요인**
 ① 전원을 차단하지 않고 무채를 제거하였다.
 ② 기계에 인터록 장치를 설치하지 않았다.
 ③ 무채를 전용공구(수공구)를 사용하지 않고 손으로 제거하였다.
 ④ 슬라이스 부분에 덮개가 설치되지 않았다. (덮개가 미설치된 경우만 해당)
 ⑤ 작업자가 면장갑을 착용하여 장갑이 말려들 위험이 있다. (면장갑을 착용한 경우만 해당)

(5) 인터록장치(연동장치)
(6) 재해 예방대책
   ① 전원차단 후에 기계 점검 실시
   ② 기계에 인터록장치 설치
   ③ 슬라이스 부분에 덮개 설치(덮개가 미설치된 경우)
   ④ 무채 제거 시 전용 공구(수공구) 사용
   ⑤ 작업자 면장갑 착용 금지(면장갑을 착용한 경우)
   ⑥ 작업 시작 전 기계 점검 실시

### 참고하기

- **식품 가공용 기계의 위험 방지** ★
   (1) 사업주는 식품 등을 손으로 직접 넣어 분쇄하는 기계의 작동 부분이 근로자를 위험하게 할 우려가 있는 경우 식품 등을 분쇄기에 넣거나 꺼내는 데에 필요한 부위를 제외하고는 **덮개를 설치**하고, **분쇄물 투입용 보조 기구를 사용**하도록 하는 등 근로자의 손 등이 말려 들어가지 않도록 필요한 조치를 하여야 한다.
   (2) 사업주는 식품을 제조하는 과정에서 **내용물이 담긴 용기를 들어 올려 부어주는 기계를 작동할 때 근로자에게 위험이 발생할 우려가 있는 경우**에는 근로자가 잘 볼 수 있는 곳에 즉시 기계의 작동을 정지시킬 수 있는 **비상정지 장치를 설치**하고, 근로자의 안전을 확보하기 위해 **다음 각호의 어느 하나 이상의 조치**를 해야 한다.
   ① **고정식 가드 또는 울타리를 설치**하여 근로자의 **신체가 위험한계에 들어가는 것을 방지**할 것
   ② **센서 등 감응형 방호장치를 설치**하여 근로자의 신체가 위험한계에 들어가면 기계가 자동으로 멈추도록 할 것
   ③ 기계의 용기를 올리거나 내리는 **버튼을 근로자가 직접 누르고 있는 동안에만** 운반기계가 작동하도록 기능 변경 등 필요한 조치를 할 것

**43** 화면은 김치제조 공장에서 무채 슬라이스 작업을 보여준다. 작업 중 기계작동이 멈춰 기계를 점검하고 있던 중에 걸려있던 무채를 제거하는 순간 기계가 작동하며 재해가 발생하였다. (1) 위험예지 포인트를 적으시오.(2가지 이상) (2) 기인물과 가해물을 적으시오.

#### Answer & Explanation

(1) 위험예지 포인트
   ① 전원을 차단하지 않고 기계를 점검하여 손을 다칠 위험 있다.
   ② 인터록장치가 설치되어 있지 않아 손을 다칠 위험 있다.
   ③ 무채를 손으로 제거하여 손을 다칠 위험 있다.
(2) 기인물과 가해물
   - 기인물 : 무채 슬라이스 기계
   - 가해물 : 무채 슬라이스 기계의 칼날

> 참고하기

• 위험예지 포인트(잠재 위험요인) : 발생할 수 있는 사고를 미리 예측하여 위험을 파악

**44** [암기형] 회전부의 덮개를 열게 되면 기계가 작동하지 않는 등 기계의 각 작동 부분이 정상 조건이 아닌 경우 자동으로 전원을 차단(기계 작동 중지)하여 사고를 방지하는 방호장치를 무엇이라 하는지 적으시오.

Answer & Explanation

인터록장치(연동장치)

**45** [암기형] 위 사고의 재해 특성 요인도를 작성하시오.

Answer & Explanation

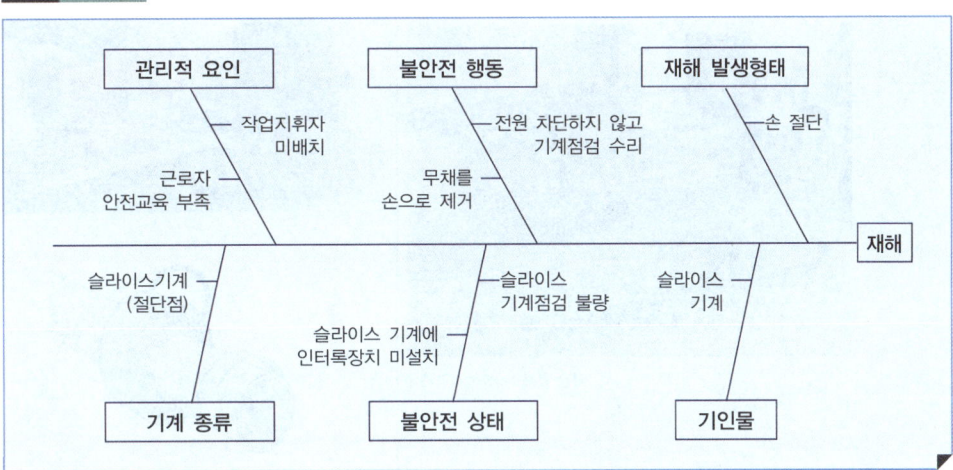

**46** 화면은 선반작업 중 손 끼임 사고가 발생하는 장면을 보여준다.

[화면 설명] 작업자는 한 손으로 재료를 잡고 있으며, 다른 손은 기계 위에 올리고 작업한다. 작업 중 계속 옆눈질로 작업에 집중하지 않는 모습이다.

(1) 화면의 경우 재해 발생 요인을 3가지 적으시오.
(2) 위 사고에 존재하는 위험점의 종류를 적으시오.
(3) 위험점의 정의를 적으시오.

**Answer & Explanation**

(1) 재해 발생 요인
① 손으로 재료를 지지하여 손을 다친다. (손이 기계에 말려 들어간다.)
② 기계 위에 손을 올려놓아 손을 다친다. (손이 미끄러지며 기계에 말려 들어간다.)
③ 작업에 집중하지 않고 옆눈질을 하던 중 손을 다친다. (손이 기계에 말려 들어간다.)

(2) 위험점의 종류 : 회전말림점

(3) 위험점의 정의
회전하는 물체에 작업복, 머리카락 등이 말려 들어가는 위험점

### 참고하기

- 회전말림점 : 회전하는 물체에 작업복, 머리카락 등이 말려 들어가는 위험점
  (예) 회전축, 커플링 등

| 선반 | 선반의 회전말림점 |
|---|---|
|  |  |
|  | 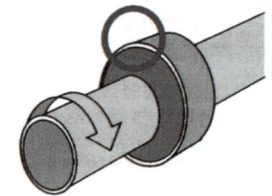 |
| 사진 출처 : ㈜인천공작기계 | 그림 출처 : 안전보건공단, "재해발생정보시트 공작기계 취급작업" |

**47** 화면에서 작업자는 기계를 점검하다 회전축에 의한 손 끼임 사고를 당하였다. 해당되는 위험점의 종류와 정의를 적으시오.

 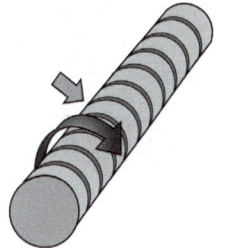

Answer & Explanation

① 위험점의 종류 : **회전말림점**
② 정의 : **회전하는 물체에 작업복, 머리카락 등이 말려 들어가는 위험점**

---

**48** 화면에서 작업자는 샌드페이퍼 작업을 하고 있다. (1) 손이 말려들어가는 부분에 존재하는 위험점의 종류와 정의를 적으시오. (2) 불안전한 행동 및 상태(작업의 위험요인) 3가지를 적으시오. (단, 보호구 관련 내용은 제외할 것)

**화면 설명 ▶** 화면에서 작업자는 면장갑을 착용하고 샌드페이퍼(사포)를 손으로 지지하며 작업하던 중 손이 말려 들어가는 장면을 보여준다.

Answer & Explanation

(1) 위험점의 종류와 정의
  ① **위험점의 종류** : 접선물림점 또는 끼임점 또는 회전말림점
     ※ 동영상에서 손이 말려드는 부분을 확인하세요.
  ② 정의
     • 끼임점 : 고정부분과 회전하는 동작 부분 사이에서 형성되는 위험점
     • 접선 물림점 : 회전하는 부분의 접선 방향으로 물려 들어가는 위험점
     • 회전말림점 : 회전하는 물체에 작업복, 머리카락 등이 말려 들어가는 위험점
(2) 작업의 위험요인 3가지
  ① 샌드페이퍼(사포)를 손으로 지지하였다.(손이 말려들 위험있다.)
  ② 작업자가 면장갑을 착용하였다.
  ③ 위험점에(회전부) 덮개가 설치되지 않았다.

> 참고하기

끼임점

접선물림점

회전 말림점

사진 출처 : AliExpress

## 49
화면에서 작업자는 선반작업을 하고 있다. 화면에서의 선반작업에 내재되어 있는 위험요인 3가지를 적으시오.

**화면 설명 ●** 작업자는 맨손으로 조작부에 손을 올려놓은 채 작업을 지켜보고 있다. 선반에는 덮개가 설치되지 않았고 칩 브레이커가 설치되지 않아 칩이 끊어지지 않고 길게 나오고 있다. 길이가 긴 공작물이 흔들리며 가공되는 모습을 보여준다.

그림 출처 : 안전 저널

**Answer & Explanation**

① 조작부에 손을 올려놓은 채 작업하여 회전부에 옷소매 등이 말려들거나 손이 끼일 위험 있다.
② 길이가 긴 공작물의 고정 불량(방진구의 미설치)으로 공작물이 부러지며 작업자에게 튈 위험 있다.
③ 보안경 미착용으로 비산하는 칩에 눈을 다칠 위험 있다.
④ 회전 중인 공작물의 칩을 제거하던 중 회전축에 손이 끼일 위험 있다.

### 참고하기

- 작업안전 대책
  ① 선반작업 시 **면장갑 착용을 금지**한다.
  ② **가공물의 길이가 긴 경우에는 방진구를 사용**하여 고정한다.
  ③ **칩브레이커를 설치**하고, **선반을 정지시킨 후 수공구를 사용하여 칩을 제거**한다.
  ④ **보안경을 착용**한다.

그림 출처 : 안전보건공단

**50** 화면은 탁상용 연삭기 작업을 보여준다. 탁상용 연삭기에 봉강 연마작업 중 환봉이 튀어 발생한 사고이다. (1) 기인물은 무엇이며, (2) 연마 작업 시 파편이나 연삭분의 비래에 의한 위험에 대비하기 위해 설치해야 하는 방호장치명을 적으시오. (3) 탁상용 연삭기의 숫돌과 가공 면과의 각도는 얼마가 적당한지 적으시오. (4) 작업 시 위험요인(사고의 직접 원인) 3가지를 적으시오.

> **화면 설명** ● 보안경, 방진마스크를 착용하지 않은 작업자가 맨손으로 봉강을 연마 중이다. 연삭기에 덮개는 설치되어 있으나 칩 비산방지 투명판은 설치되지 않았다. 작업 중 칩이 눈에 튀어 작업자가 한 손으로 눈을 비비던 중 두 손으로 잡고 있던 봉강이 흔들리며 작업자 가슴으로 튀는 장면을 보여준다.

그림 출처 : 고용노동부,
"2021. 만화로 보는 산업안전보건기준에 관한 규칙" p63.

사진 출처 : 한일기업사

Answer & Explanation

(1) 기인물 : 탁상용 연삭기
(2) 장치명 : 투명비산방지판
(3) 각도 : 15 ~ 30도
(4) 작업 시 위험요인(사고의 직접 원인)
   ① 워크레스트(작업대)를 설치하지 않아 재료의 고정이 불량하다.(작업 중 재료가 부러지며 작업자에게 튈 위험 있다.)
   ② 투명비산방지판을 설치하지 않았다.(연삭분에 눈과 얼굴을 다칠 위험 있다.)
   ③ 보안경을 착용하지 않았다.(연삭분에 눈을 다칠 위험 있다.)
   ④ 연삭기에 덮개를 설치하지 않았다.(숫돌에 손을 다칠 위험 있다.) – 연삭숫돌에 손을 다친 경우 해당

주의 반드시 동영상을 확인하고 답을 적으세요.

참고하기

• 연삭기의 방호장치
   ① 덮개 : 숫돌과 신체의 접촉방지
   ② 투명비산방지판 : 파편, 연삭분의 비래 위험 방지

**51** 화면에서 작업자는 휴대용 연삭기로 연삭작업을 하고 있다. 이 작업에서 사용하는 휴대용 연삭기의 ① 방호장치명 ② 방호장치(덮개) 설치각도를 적으시오.

Answer & Explanation

① 방호장치명 : 덮개
② 방호장치 설치각도 : 덮개 설치각도 180도 이상(숫돌 노출각도 : 180도 이내)

참고하기

• 연삭기 덮개의 설치 기준

| 탁상용 연삭기 | ① 상부를 사용하는 경우 : 60° 이내 |

| | |
|---|---|
| 탁상용 연삭기 | ② 수평면 이하에서 연삭할 경우(일반 연삭 작업 등에 사용하는 것을 목적으로 하는 탁상용 연삭기) : 노출 각도를 125°까지 증가시킬 수 있다.<br><br>①, ② 외의 탁상용연삭기 : 80° 이내(주축면 위로 65°)<br><br>③ 최대 원주 속도가 초당 50m 이하인 탁상용 연삭기 : 90° 이내 (주축면 위로 50°) |
| 절단기, 평면형 연삭기 | 절단기, 평면형 연삭기 : 150° 이내<br>또는 |
| 휴대용, 원통형, 센터리스 연삭기 | 휴대용, 원통형, 센터리스 연삭기 : 180° 이내<br>또는<br>[원통 이면연삭기 및 센터리스 연삭기 방호가드] |

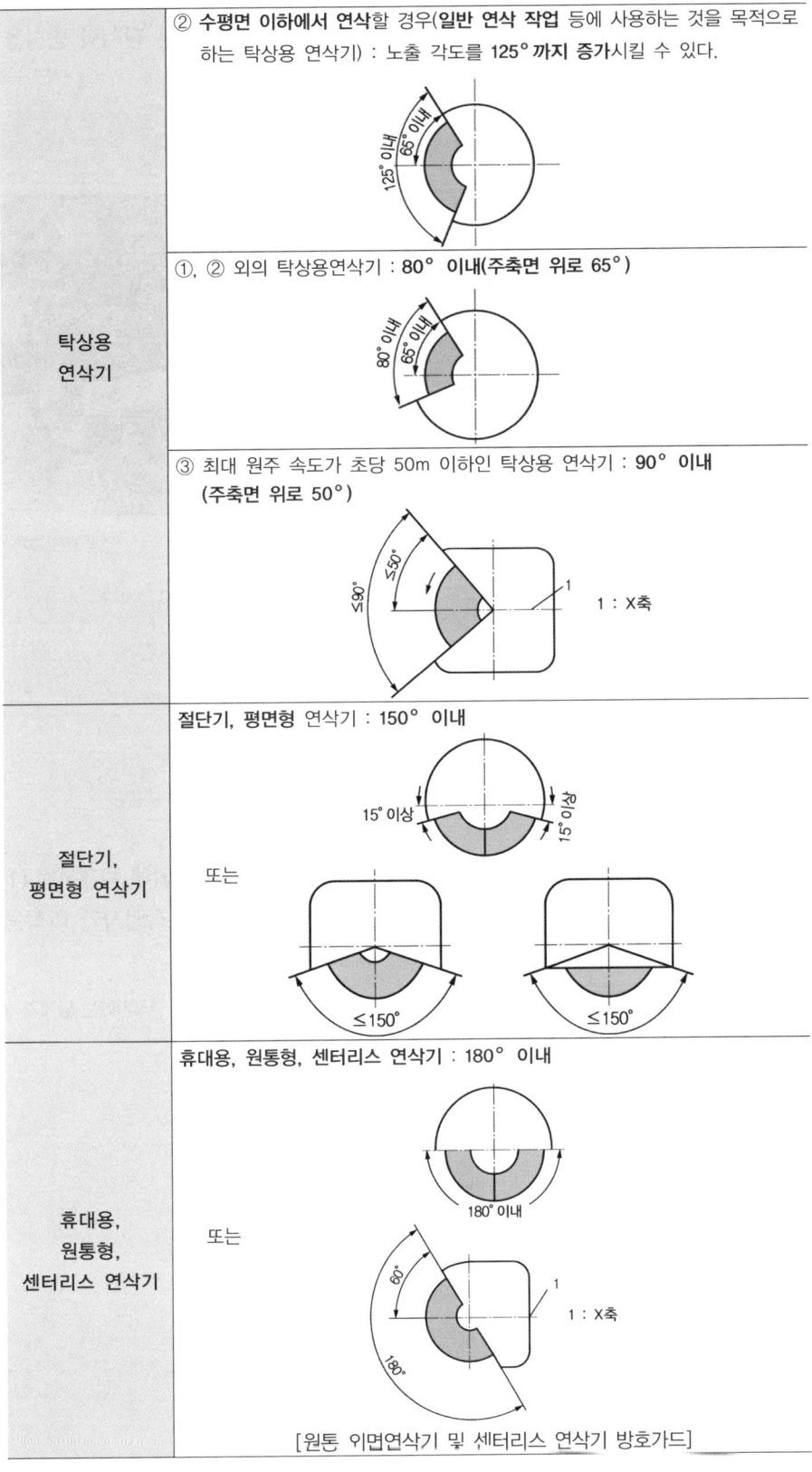

**52** 화면을 보고 물음에 답하시오. (1) 화면의 작업에서 사용하는 장치의 명칭을 적으시오. (2) 화면에서 보여주는 장치의 숫돌 노출각도를 적으시오.

> 화면 설명 • 화면에서 작업자는 휴대용 연삭기로 작업하는 장면을 보여준다.

사진 출처 : 11번가    사진 출처 : 안전보건공단

Answer & Explanation

(1) 장치의 명칭 : 휴대용 연삭기
(2) 숫돌 노출각도 : 180도 이내

**53** 화면에서 작업자는 휴대용 연삭기로 연마작업을 하고 있다. 작업에 존재하는 (1) 위험요인(불안전한 행동) 3가지, (2) 작업 시의 안전대책 2가지, (3) 작업자가 미착용한 보호구 2가지를 적으시오. (단, 안전모 착용은 제외할 것)

> 화면 설명 • 작업자는 보안경을 미착용한 상태이며 면장갑을 착용하고 있다. 연삭기에는 덮개가 설치되어 있지 않으며, 숫돌의 측면으로 대리석을 연삭하던 중에 사고가 발생한다.

**Answer & Explanation**

(1) 위험요인(불안전한 행동)
   ① 연삭기에 덮개를 설치하지 않았다.
   ② 작업자가 면장갑을 착용하고 작업하였다.(면장갑을 착용한 경우만 해당)
   ③ 연삭기 측면을 사용하여 작업하였다.
   ④ 작업자가 보안경, 방진마스크, 귀마개를 착용하지 않았다.

(2) 작업 시의 안전대책
   ① 연삭기에 덮개 설치
   ② 면장갑 착용 금지
   ③ 측면을 사용하는 것을 목적으로 제작된 연삭기 이외에는 측면 사용 금지
   ④ 작업자가 보안경, 방진마스크, 귀마개를 착용하고 작업한다.
   ⑤ 작업시작 전 1분 이상, 숫돌 교체 시 3분 이상 시운전할 것

(3) 미착용한 보호구
   ① 보안경
   ② 방진마스크
   ③ 귀마개
   ④ 안전화(착용하지 않은 경우만 작성할 것)
   ※ 귀마개는 착용 여부 확인이 어려우므로 확인이 안 될 경우 보안경, 방진마스크, 안전화만 작성할 것

**54** 화면에서 작업자는 고속절단기로 파이프를 절단하는 작업을 하고 있다. 절단작업 중 불똥이 튀는 장면이 보이며 작업자는 안전화, 안전모만 착용한 상태이다. 작업자가 추가로 착용하여야 할 보호구 3가지를 적으시오.

**Answer & Explanation**

① 보안경
② 방진마스크
③ 귀마개

🔵 **참고하기**

• 고속절단기

사진 출처 : 스킬전동공구

**55** 화면에서 작업자는 절단기로 대리석을 자르는 작업을 하고 있다. 영상을 보고 작업자의 불안전한 행동 3가지를 적으시오.

> **화면 설명**  그라인더로 물을 뿌리며 대리석 절단 작업을 하고 있다. 작업자는 기계가 작동 중인 상태에서 막대로 수압조절밸브를 쳐서 조절하고 있으며, 한쪽 둥근톱이 정지되자 다른 편의 날이 작동 중인 상태에서 면장갑을 착용한 손으로 날을 점검하고 있다. 또한 가동 중인 기계 위로 작업자가 이동하는 장면을 보여준다.

그림 출처 : 일손산업기계

**Answer & Explanation**

① 전원을 차단하지 않고(절단기를 정지시키지 않고) 점검을 실시했다.
② 작업자가 면장갑을 착용하고 작업했다.
③ 작업자가 가동 중인 기계 위로 이동했다.
④ 작업자가 보안경을 착용하지 않았다.

**주의**  동영상을 확인하고 답을 적으세요.

**56** 화면에서 작업자는 금속절단기로 금속을 절단하는 작업을 하고 있다. 산업안전보건법에 의하여 금속절단기의 날 접촉 예방장치가 갖추어야 할 조건 3가지를 적으시오.

사진 출처 : 깜부의 기계이야기

**Answer & Explanation**

① 작업부분을 제외한 톱날 전체를 덮을 수 있을 것
② 가드와 함께 움직이며 가공물을 절단하는 톱날에는 조정식 가이드를 설치할 것
③ 톱날, 가공물 등의 비산을 방지할 수 있는 충분한 강도를 가질 것
④ 둥근 톱날의 경우 회전 날의 뒤, 옆, 밑 등을 통한 신체 일부의 접근을 차단할 수 있을 것

**57** 기계의 V벨트 교환 작업 중 협착재해가 발생하였다. 다음 물음에 답하시오.

(1) 위와 같은 V벨트 교환 작업 시의 안전작업수칙 3가지를 적으시오.
(2) 이 사고는 기계설비의 위험점 중 어느 부위에서 발생한 것인가?

**화면 설명** ● 작업자 2명이 기계의 전원을 차단하고 V벨트를 교환하는 중이다. 다른 작업자가 작업 중임을 인지하지 못하고 전원을 투입하여 작업자의 손이 기계에 말려든다.

**Answer & Explanation**

(1) V벨트 교환 작업 시의 안전작업수칙
① 전원을 차단하고 벨트를 교환한다.
② 기계의 전원부에 "보수 중" 표지판을 부착한다.
③ 천대장치를 사용한다.

(2) 위험점 : 접선물림점

**참고하기**

• 접선 물림점 : 회전하는 부분의 접선 방향으로 물려 들어가는 위험점
  예 벨트와 풀리, 체인과 스프로킷, 랙과 피니언 등
• 천대장치 : V벨트의 교환 시에 벨트를 탈거할 때 사용하는 기구

| V벨트 및 천대장치 | 접선물림점 |
| --- | --- |

사진 출처 : 유튜브,
"https://www.youtube.com/watch?v=7KBxjSN2BwY"

**암기형**

## 58 [보기]의 기계·기구에 설치하여야 하는 방호장치명을 1가지씩 적으시오.

>> 보기

(1) 컨베이어
(2) 선반의 회전부
(3) 연삭기

**Answer & Explanation**

(1) 컨베이어
  ① 비상정지장치
  ② 이탈 등의 방지장치
  ③ 덮개 또는 울
(2) 선반의 회전부 : 척 커버
(3) 연삭기 : 덮개

🔹 **참고하기**

- 선반의 방호장치
  ① **쉴드**(Shield) : 칩 및 절삭유의 비산을 방지하기 위해 설치하는 **플라스틱 덮개**
  ② **칩 브레이커** : 칩을 짧게 절단하는 장치
  ③ **척 커버** : 기어(회전부) 등을 복개하는 장치
  ④ **브레이크** : 선반의 일시 정지장치

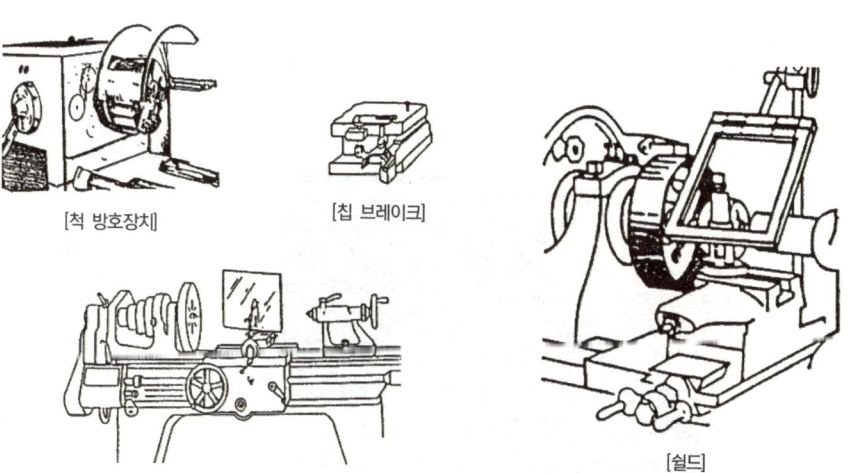

[척 방호장치] [칩 브레이크] [쉴드] [칩 비산방지장치]

🚨 사진 출처 : 안전보건공단

**59** 화면에서는 컨베이어와 사출성형기 및 휴대용 연삭기에 방호장치가 설치된 모습을 보여준다. 화면에서 보여주는 방호장치의 명칭을 적으시오.

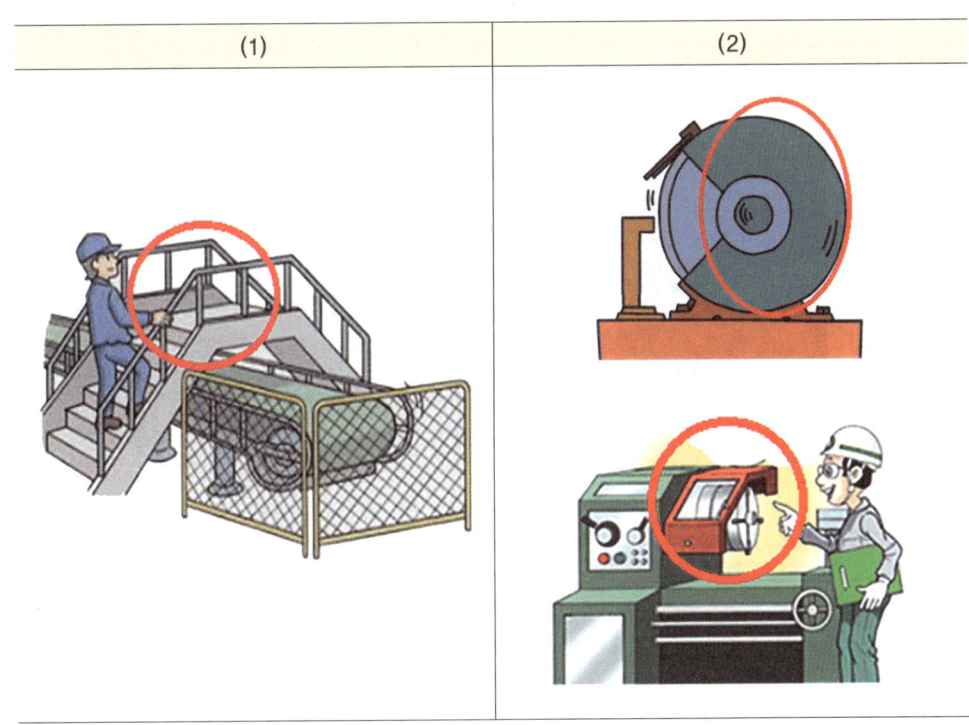

🚨 그림 출처 : 안전보건공단

**Answer & Explanation**

(1) 건널다리
(2) 덮개

**60** 화면에서 작업자는 양수기의 모터 부위를 수리하고 있다. 모터에 묻은 기름을 닦기 위하여 걸레로 닦던 중 벨트와 덮개 사이에서 손을 다치는 사고가 발생한다. (1) 손을 다치는 부분에 존재하는 위험점, (2) 위험점의 정의, (3) 재해발생 형태, (4) 재해발생 형태의 정의를 적으시오.

### Answer & Explanation

(1) 위험점 : 끼임점
(2) 위험점의 정의 : 고정부분과 회전하는 동작부분 사이에서 형성되는 위험점
(3) 재해발생 형태 : 끼임
(4) 재해발생 형태의 정의
 - 기계설비에 끼이거나 감김
 - 두 물체 사이의 움직임에 의하여 일어난 것으로 직선 운동하는 **물체 사이의 끼임**, 회전부와 고정체 사이의 끼임, 롤러 등 회전체 사이에 물리거나 또는 회전체·돌기부 등에 감긴 경우

### 참고하기

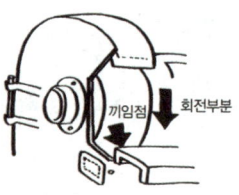

사진 출처 : 전남일보,
"농어촌公, 농촌용수관리 운영 체계 정비", 2020.05.28.

**주의** 위험점은 동영상을 확인하고 답을 적으세요.
 - 벨트와 풀리(회전 바퀴) 사이에 손이 끼인다면 접선물림점이 된다.
 - 접선 물림점의 정의 : 회전하는 부분의 접선 방향으로 물려 들어가는 위험점

**61** 화면에서 작업자는 작업 중 고장 난 양수기를 수리하고 있다. 위험요인 3가지를 적으시오.

> **화면 설명** • 전원을 차단하지 않고 양수기를 수리하고 있으며 동료와 잡담을 나누며 수공구를 던져주는 장면이 보인다. 수리 중 벨트에 손이 말려드는 사고가 발생한다.

그림 출처 : 제주환경일보

**Answer & Explanation**

① **전원을 차단하지 않고 수리**하여 손을 다칠 위험 있다.
② **작업에 집중하지 않아** 손을 다칠 위험 있다.
③ 던져주던 수공구가 **양수기에 말려들어갈 위험** 있다.

---

**62** 화면에서 작업자는 드릴작업을 하고 있다. 동영상을 보고 (1) 작업 시의 문제점, (2) 안전 작업 대책 3가지를 적으시오.

> **화면 설명** • 작업자는 보안경을 착용하지 않고 맨손으로 드릴을 이용하여 금속제 구멍 넓히기 작업을 하고 있다. 드릴은 고정되지 않은 상태이고 방호장치도 설치되지 않았으며, 손으로 가공물을 잡고 있다.

**Answer & Explanation**

(1) 작업 시의 위험요인
 ① **이동식 드릴을 고정하지 않았다.** (드릴을 고정하지 않아 작업 중 움직일 위험 있다.)
 ② 드릴에 **방호덮개를 설치하지 않았다.** (드릴에 방호덮개를 설치하지 않아 손을 다칠 위험 있다.)
 ③ **투명 비산방지판을 설치하지 않았다.** (투명 비산방지판을 설치하지 않아 칩 등 비산물에 눈을 다칠 위험 있다.)
 ④ **가공물을 손으로 잡고 있다.**(가공물을 손으로 잡고 있어 손을 다칠 위험 있다.)
 ⑤ 작업자가 보안경, 방진마스크를 착용하지 않았다. (보안경을 착용하지 않아 눈을 다칠 위험 있다.)

(2) 안전작업 대책
 ① 이동식 드릴은 바닥에 견고하게 고정한다.
 ② 드릴 날에 **방호덮개 설치** 및 방호덮개를 개방하면 주전원이 차단될 수 있도록 **연동장치를 설치**한다.
  (드릴 날에 방호덮개 및 연동장치 설치)
 ③ 투명 비산방지판을 설치한다.
 ④ 가공 대상물을 고정하는 **바이스 고정대를 설치**한다.(가공물을 바이스로 고정한다.)
 ⑤ **보안경, 방진마스크를 착용**하고 작업한다.

> 참고하기

| 드릴의 투명 비산방지판 | 드릴의 방호덮개 및 바이스 |
|---|---|
|  | 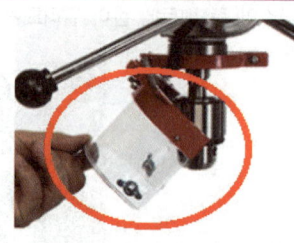<br><br>방호덮개<br>바이스 |
| 사진 출처 : 휘찬정밀 | 사진 출처 : 힘찬기업 |

주의 동영상을 확인하고 답을 적으세요.

**63** 화면에서 작업자는 드릴 작업 중이다. 다음 물음에 답하시오. (1) 작업의 위험요인 3가지를 적으시오. (2) 안전대책 3가지를 적으시오. (3) 드릴에 손이 말려들어 가서 손을 다치는 사고가 발생하였다. 존재하는 위험점의 종류와 정의를 적으시오.

**화면 설명** ▸ 작은 공작물을 손으로 잡고 작업하던 중 공작물이 튀어 재해를 당하였다. 작업자는 작업 중 이물질을 입으로 불어 제거하고 있으며, 또한 손으로 이물질을 제거하려는 모습을 보여준다. 작업자는 보안경을 미착용하였고 면장갑을 낀 채 작업을 하고 있다.

**Answer & Explanation**

(1) 위험요인
 ① 작은 공작물을 손으로 잡고 작업하였다.
  (공작물을 바이스를 사용하여 고정하지 않아 손을 다칠 위험 있다.)
 ② 면장갑을 착용하였다. (면장갑을 착용하여 손을 다칠 위험 있다.)
 ③ 보안경을 착용하지 않았다. (보안경을 착용하지 않아 눈을 다칠 위험 있다.)
 ④ 방진마스크를 착용하지 않았다.
  (방진마스크를 착용하지 않아 이물질 또는 칩이 호흡기로 들어갈 위험 있다.)
 ⑤ 이물질 제거 시 전원을 차단하지 않고 손으로 제거하였다.
  (이물질을 전원을 차단하지 않고 손으로 제거하여 손을 다칠 위험 있다.)

(2) 안전대책
① 작은 공작물은 바이스를 사용하여 고정한다.
② 보안경을 착용하고 작업한다.
③ 드릴작업 시 면장갑 착용을 금지한다.
④ 방진마스크를 착용하고 작업한다.
⑤ 이물질 제거 시 전원을 차단하고 전용공구(수공구)를 사용한다.

(3) 위험점의 종류 및 정의
① 회전말림점
② 정의 : 회전하는 물체에 작업복, 머리카락 등이 말려 들어가는 위험점

### 참고하기

| 회전말림점 |
|:---:|

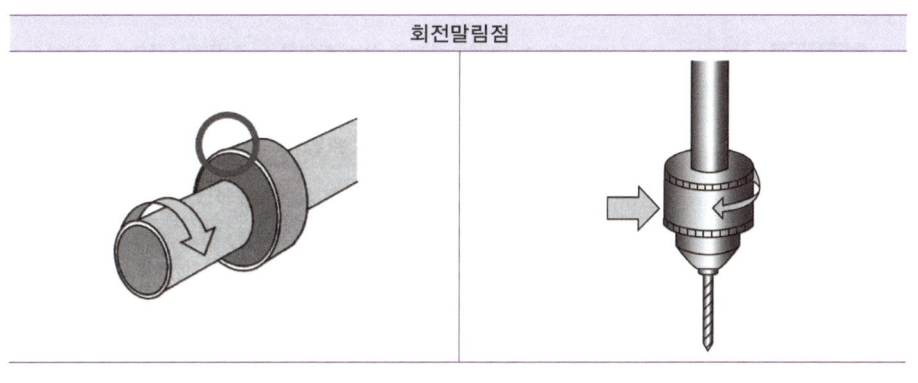

주의 동영상을 확인하고 답을 적으세요.

**64** 동영상에서 작업자는 드릴을 이용하여 각목에 구멍을 뚫는 작업을 하고 있다. 작업 시의 위험요인 2가지를 적으시오.

화면 설명 • 작업자는 면장갑을 착용한 채 드릴로 각목에 구멍 뚫기 작업을 하고 있으며 각목이 고정되지 않아 드릴 작업 중 움직이는 장면을 보여준다.

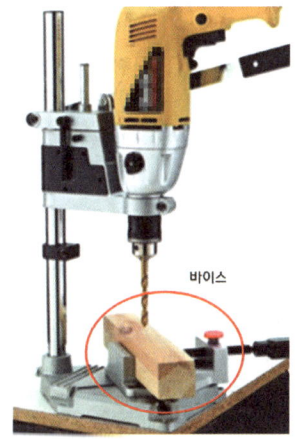

사진 출처 : 구글 검색

> Answer & Explanation

> ① 각목을 바이스 등으로 고정하지 않았다.
> ② 면장갑을 착용하였다.(면장갑을 착용하여 손을 다칠 위험 있다.)
> ③ 보안경을 착용하지 않았다.(보안경을 착용하지 않아 눈을 다칠 위험 있다.)
> ④ 방진마스크를 착용하지 않았다.(방진마스크를 착용하지 않아 이물질 또는 칩이 호흡기로 들어갈 위험 있다.)

**65** 동영상에서 작업자는 드릴작업 중 사고를 당한다. 사고가 발생한 원인(위험요인) 1가지와 재해예방 대책 1가지를 적으시오. (단, 보호구에 대한 부분은 정답에서 제외한다.)

> **화면 설명** ▸ 작업자는 드릴을 이용하여 합판에 경첩을 박는 작업을 하고 있다. 경첩을 고정하지 않고 작업을 하던 중 경첩이 작업자에게 튀는 사고가 난다. 작업자는 안전모, 보안경 등을 미착용한 채 작업을 하고 있다.

> Answer & Explanation

> (1) 사고의 원인(위험요인) : 공작물(경첩)을 고정하지 않고 작업하였다.
> (2) 재해예방 대책 : 작은 공작물은 바이스를 사용하여 고정하고 작업한다.

**66** 화면에서 작업자는 원심기 내부를 점검하고 있다.
(1) 재해유발요인 3가지를 적으시오. (2) 작업 시 안전대책 2가지를 적으시오.
(단, 작업지휘자 배치 및 근로자 안전교육 관련 내용은 제외한다.)

> **화면 설명** ▸ 안전모를 착용한 작업자가 원심기 내부를 들여다보며 점검하고 있다. 이때 다른 작업자가 원심기 작동 버튼을 눌러 작업자의 머리가 원심기 안으로 빨려 들어가는 사고가 난다.

> Answer & Explanation

> (1) 재해유발요인
>   ① 원심기를 정지시키지 않고 점검을 실시했다.(기계를 정지시키지 않은 경우만 해당)
>   ② 원심기 전원을 차단한 후 '점검 중' 표지판을 부착하지 않았다.
>   ③ 원심기에 회전체 접촉 예방장치(덮개)를 설치하지 않았다.(덮개를 설치하지 않은 경우만 해당)
>   ④ 회전체 접촉 예방장치(덮개)에 개방 시 회전이 정지되는 연동장치(인터록장치)를 설치하지 않았다.
>   ⑤ 원심기에서 내용물을 꺼내거나 정비, 청소 등의 작업을 하는 경우 안전한 보조도구를 사용하여야 하나 사용하지 않았다.
>   ⑥ 작업자가 보안경 등 보호구를 착용하지 않았다.
> (2) 작업 시 안전대책
>   ① 원심기 전원을 차단하고 '점검 중' 표지판을 부착한다.
>   ② 원심에 회전체 접촉 예방장치(덮개)를 설치하고 개방 시 회전이 정지되는 연동장치(인터록장치)를 설치한다.
>   ③ 원심기에서 내용물을 꺼내거나 정비, 청소 등의 작업을 하는 경우 안전한 보조도구를 사용한다.
>   ④ 작업자는 보안경 등 보호구를 착용한다.

> 참고하기

| 원심기의 회전체 접촉 예방장치(덮개) | |
|---|---|
|  |  |
|  |  |
| 그림 출처 : 고용노동부,<br>"2021. 만화로 보는 산업안전보건기준에 관한 규칙" p60. | 사진 출처 : 안전보건공단<br>유해·위험 기계 기구 종합정보시스템, "원심기" |

주의 동영상을 확인하고 답을 적으세요.

암기형

**67** 화면에서 작업자는 가스용접 작업을 하고 있다. [보기]의 (　)안에 알맞은 내용을 적으시오.

>> 보기

(1) 용기의 온도를 섭씨 ( ① )도 이하로 유지할 것
(2) 전도의 위험이 없도록 할 것
(3) 충격을 가하지 않도록 할 것
(4) 운반 시 ( ② )을 씌울 것
(5) 사용할 때에는 용기 마개의 유류, 먼지 제거할 것
(6) 밸브의 개폐는 ( ③ ) 할 것
(7) 사용 중인 용기와 그 외의 용기 구별하여 보관
(8) 용해아세틸렌의 용기는 세워둘 것
(9) 용기의 부식, 마모, 변형 확인

> ① 40   ② 캡   ③ 서서히

**68** 화면은 승강기 와이어로프에 묻은 기름과 먼지를 청소하는 장면을 보여준다.

(1) 작업 도중에 예상되는 재해의 원인을 3가지 적으시오.
(2) 위험점의 종류를 적으시오.
(3) 화면에서 예상되는 재해의 발생 형태와 그 정의를 적으시오.

사진 출처 : 영남뉴스

> (1) 재해원인
>  ① 전원을 차단하지 않고 청소하여 손이 끼일 위험 있다.
>  ② 로프를 풀리에 걸칠 때 손이 끼일 위험 있다.
>  ③ 불필요한 로프가 걸쳐져 있어 로프가 말려들어갈 위험 있다.
> (2) 위험점의 종류 : 접선물림점 또는 끼임점
> (3) 재해 발생형태와 정의
>  ① 재해발생 형태 : 끼임
>  ② 정의
>   • 기계설비에 끼이거나 감김
>   • 두 물체 사이의 움직임에 의하여 일어난 것으로 직선 운동하는 **물체 사이의 끼임**, 회전부와 고정체 사이의 **끼임**, 롤러 등 **회전체 사이에 물리거나** 또는 회전체·돌기부 등에 **감긴 경우**

> **참고**하기

| 접선물림점 | 끼임점 |
|---|---|

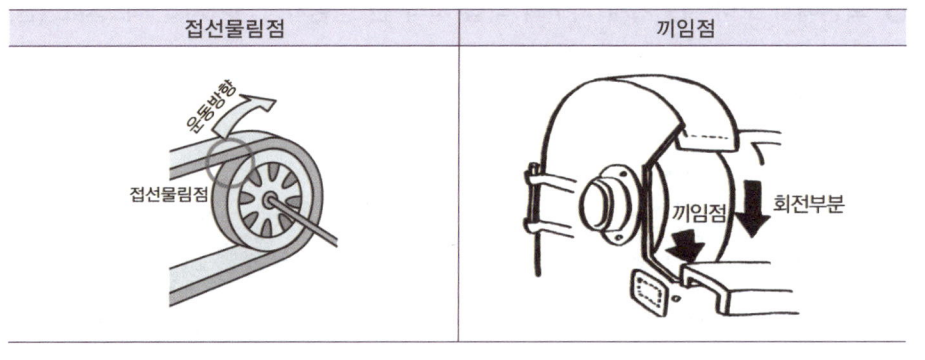

주의 위험점은 동영상을 확인하고 답을 적으세요.

**69** 화면에서 작업자는 에어콤프레셔로 기계의 먼지를 털어내는 중이다. 화면에서 작업자가 착용하여야 하는 보호구 2가지를 적으시오.

화면 설명 ▸ 기계 청소작업 중 갑자기 먼지가 눈에 들어가며 작업자가 소리를 지르는 장면이다.

**Answer & Explanation**

① 보안경
② 방진마스크

**암기형**

**70** 화면에서 보여주는 기계·기구의 작업 시작 전 점검사항 3가지를 적으시오.(단, 그 밖의 연결 부위의 이상 유무는 제외할 것)

> 화면 설명 • 작업자가 공기압축기를 점검하는 장면을 보여준다.

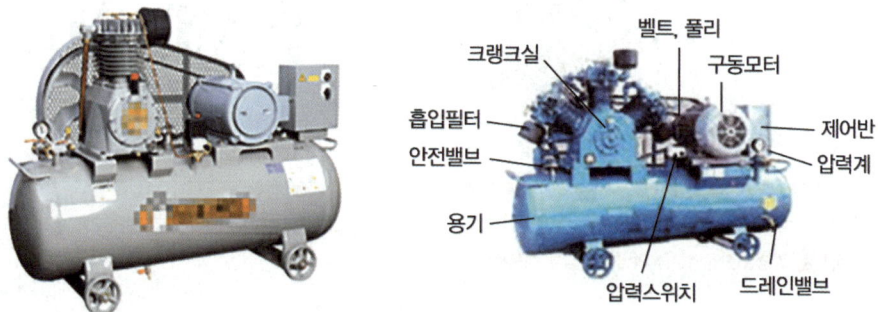

Answer & Explanation

① 공기저장 압력용기의 외관 상태
② 드레인밸브의 조작 및 배수
③ 압력방출장치의 기능
④ 언로드밸브의 기능
⑤ 윤활유의 상태
⑥ 회전부의 덮개 또는 울

**암기형**

**71** [보기]는 보일러의 압력방출장치 설치에 관한 내용이다. 괄호 안에 적합한 내용을 적으시오. (4점)

> 보기
>
> 압력방출장치를 1개 또는 2개 이상 설치하고 ( ① ) 이하에서 작동되도록 하여야 한다. 다만, 압력방출장치가 2개 이상 설치된 경우에는 최고사용압력 이하에서 1개가 작동되고, 다른 압력방출장치는 최고사용압력의 ( ② )배 이하에서 작동되도록 부착하여야 한다.

Answer & Explanation

① 최고사용압력  ② 1.05

참고하기

압력방출장치는 **매년 1회 이상** "국가교정기관"으로부터 교정을 받은 압력계를 이용하여 **토출압력을 시험한 후 납으로 봉인**하여 사용하여야 한다. 다만, **공정안전보고서 제출대상**으로서 공정안전관리 이행수준 평가 결과가 우수한 사업장의 압력방출장치에 대하여 **4년마다 1회 이상 토출압력**을 시험할 수 있다.

**72** 화면은 보일러에 두 개의 압력방출장치가 설치된 것을 보여준다. A, B 압력방출장치의 작동을 설명하시오. (단, A장치가 B보다 먼저 작동한다.)

**Answer & Explanation**

A : 최고사용압력 이하에서 작동
B : 최고사용압력의 1.05배 이하에서 작동

**암기형**

**73** 화면에서 작업자는 회전하는 기계를 2인 1조로 분해하여 조립하는 작업 중이다.
(1) 화면에서와 같은 작업 시의 작업계획서 내용을 3가지 적으시오.
(2) 중량물의 취급 작업 시에는 산업안전보건법에 의하여 작업계획서를 작성하여야 한다. [보기]의 괄호에 적합한 내용을 적으시오.

> **보기**
> 중량물 취급 작업의 작업계획서에는 ( ), ( ), ( ) 등의 위험을 예방할 수 있는 안전대책을 포함하여야 한다.

**화면 설명** ▸ 기계를 분해하고 조립하는 과정에서 허리를 삐끗하는 장면이 나오며, 중량물의 기계를 놓치는 바람에 옆의 근로자의 발이 중량물에 다치는 사고가 발생한다.

**Answer & Explanation**

(1) 중량물의 취급 작업 시의 작업계획서의 내용
  ① 추락위험을 예방할 수 있는 안전대책
  ② 낙하위험을 예방할 수 있는 안전대책
  ③ 전도위험을 예방할 수 있는 안전대책
  ④ 협착위험을 예방할 수 있는 안전대책
  ⑤ 붕괴위험을 예방할 수 있는 안전대책
(2) 추락, 낙하, 전도, 협착, 붕괴

**암기형**

**74** 화면에서는 액화질소, 액화탄산가스, 액화알곤가스 등 여러 개의 가스용기를 보여준다. 화면에서와 같은 가스집합용접장치의 배관을 하는 경우 준수하여야 할 사항을 2가지 적으시오.

**Answer & Explanation**

① 플랜지·밸브·콕 등의 접합부에는 개스킷을 사용하고 접합면을 상호 밀착시키는 등의 조치를 할 것
② 주관 및 분기관에는 안전기를 설치할 것. 이 경우 하나의 취관에 2개 이상의 안전기를 설치하여야 한다.

**75** 화면에서 작업자는 회전하는 기계를 2인 1조로 분해하여 조립하는 작업 중이다. 화면에서 보여주는 작업에 존재하는 (1) 위험요인과 (2) 사고 예방 대책을 3가지씩 적으시오.

**화면 설명** • 기계를 분해하여 조립하는 작업을 2인 1조로 하던 중 작업자 1명이 허리를 삐끗하며 중량물의 기계를 놓치는 바람에 옆의 근로자의 발에 중량물이 떨어져 다치는 사고가 발생한다.

그림 출처 : 안전보건공단 교육자료

**Answer & Explanation**

(1) 위험요인
① 중량물을 인력으로 운반하여 허리 등을 다칠 위험 있다.
② 작업지휘자를 배치하지 않아 작업자 간 신호가 맞지 않다.
③ 운반 시 화물의 무게중심이 맞지 않아 화물을 놓칠 위험 있다.

(2) 사고예방 대책
① 인력운반이 힘든 중량물은 기계를 이용한다.
② 작업지휘자를 배치하여 작업지휘자의 신호에 따라 작업한다.
③ 화물의 무게중심을 찾아 최대한 몸을 무게중심에 밀착시켜 운반한다.

**암기형**

**76** 화면에서는 작업자가 산업용 로봇의 조작실에 들어가 로봇을 조작하는 장면을 보여준다. 산업용 로봇의 작동범위 내에서 교시 등의 작업을 하는 때에는 로봇의 불의의 작동 또는 오조작에 의한 위험을 방지하기 위하여 작업지침을 정하고 그 지침에 따라 작업을 하여야 한다. 이 경우 지침에 포함하여야 하는 사항 3가지를 적으시오.

**Answer & Explanation**

① 로봇의 조작방법 및 순서
② 작업 중의 **매니퓰레이터의 속도**
③ 2인 이상의 근로자에게 작업을 시킬 때의 **신호방법**
④ **이상을 발견한 때의 조치**
⑤ 이상을 발견하여 로봇의 운전을 **정지시킨 후 이를 재가동 시킬 때의 조치**
⑥ 그 밖에 로봇의 **예기치 못한 작동 또는 오조작에 의한 위험을 방지하기 위하여 필요한 조치**

**77** 화면에서는 용광로 작업을 보여준다. 작업자는 용탕 내의 쇳물을 휘저으며 슬래그 제거 작업을 하고 있다. 작업자는 슬래그를 제거하여 작업자 바로 앞에서 털어내고 있으며 보호구를 전혀 착용하지 않은 상태이다.

(1) 화면에서 보여주는 작업 위험요인 3가지를 적으시오.
(2) 신체 부위별로 착용하여야 하는 보호구 3가지를 적으시오.
(3) 예상되는 재해 발생형태를 적으시오.

🔆 사진 출처 : 조선비즈 기사, "용광로 안전밸브 …", 2019.11.27.

**Answer & Explanation**

(1) 작업 위험요인
  ① 작업자가 방열 두건을 착용하지 않았다. (눈 및 얼굴 부위에 화상을 입을 위험 있다.)
  ② 작업자가 방열복을 착용하지 않았다. (몸에 화상을 입을 위험 있다.)
  ③ 작업자가 방열 장갑을 착용하지 않았다. (손에 화상을 입을 위험 있다.)

(2) 착용하여야 하는 보호구
  ① 머리, 눈, 얼굴 : 방열 두건
  ② 몸 : 방열복
  ③ 손 : 방열 장갑

(3) 재해 발생형태 : 이상온도 노출·접촉

### ⊙ 참고하기

1. 용광로의 슬래그 처리작업
   ① 슬래그의 처리를 할 경우에는 노 안에서 용해되지 못한 원재료가 낙하되지 않도록 주의하여야 한다.
   ② 슬래그 처리 시에는 **슬래그 팬을 가동시켜 슬래그가 비산되지 않도록** 하여야 한다.
   ③ 슬래그 팬 안에는 물기가 없음을 수시로 확인하여야 한다.

2. 고열물체를 취급하거나 그 밖에 화상의 우려가 있는 작업장의 조치
   ① 작업 중 또는 통행 시 **전락(轉落)**으로 인하여 근로자가 화상·질식 등의 위험에 처할 우려가 있는 케틀(kettle), 호퍼(hopper), 피트(pit) 등이 있는 경우에 높이 90센티미터 이상의 울타리를 설치
   ② 용광로, 용선로 또는 유리 용해로, 그 밖에 다량의 고열물을 취급하는 작업을 하는 장소에 대하여 해당 **고열물의 비산 및 유출 등으로 인한 화상이나 그 밖의 위험을 방지하기 위하여 적절한 조치**
   ③ 작업 중 땀을 많이 흘리게 되는 장소에 소금과 깨끗한 음료수 등을 비치

**78** 화면에서는 산업용 로봇 작업을 보여준다.

(1) 로봇의 운전으로 인하여 근로자에게 발생할 수 있는 위험을 방지하기 위하여 높이 1.8미터 이상의 울타리를 설치할 수 없는 구간에 설치하여야 하는 방호장치 2가지를 적으시오.

(2) 산업용 로봇의 방호장치인 안전매트의 동작 원리를 적으시오.

(3) 안전매트에 표시해야 할 항목 중 안전인증표시 외 추가 표시사항 2가지를 적으시오.

그림 출처 : 안전보건공단

**Answer & Explanation**

(1) 방호장치
 ① 안전매트
 ② 광전자식 방호장치 등 감응형 방호장치

(2) 안전매트의 역할
 유효감지영역 내의 임의의 위치에 **일정한 정도 이상의 압력이 주어졌을 때** 이를 감지하여 **신호를 발생**시킨다.

(3) 안전인증 외 표시사항
 ① 작동 하중
 ② 감응 시간
 ③ 복귀 신호의 자동 또는 수동 여부
 ④ 대소인 공용 여부

# CHAPTER 02 전기설비 안전 관리

## 01 

**암기형**

1만 볼트의 고압이 인가된 배전반 작업 중 재해가 발생하였다. 재해 발생형태를 적고 그 용어를 설명하시오.

**Answer & Explanation**

(1) 재해 발생형태 : 전류접촉(감전)
(2) 정의 : 충전부 등에 신체의 일부가 **직접 접촉**하거나 **유도전류의 통전**으로 근육의 수축, 호흡곤란, 심실세동 등이 발생한 경우 또는 특별고압 등에 접근함에 따라 발생한 섬락 접촉, 합선·혼촉 등으로 인하여 발생한 **아크에 접촉된 경우**

## 02

화면은 승강기 컨트롤패널 점검 작업을 보여준다.
(1) 재해 발생형태와 (2) 가해물의 종류를 적으시오.

**화면 설명** • 한 작업자가 승강기 컨트롤 패널 점검 작업을 하고 있고, 다른 작업자는 이동하는 모습을 보여준다. 작업자가 절연저항 측정기로 절연저항을 측정하는 중 다른 작업자가 패널 뒤쪽에서 쓰러지는 화면을 보여준다.

**Answer & Explanation**

(1) 재해 발생형태 : 감전(전류접촉)
(2) 가해물
 • **전기**(접촉물 없이 유도전류에 의해 감전된 경우)
 • **컨트롤 패널**(컨트롤 패널에 접촉하여 감전된 경우)
 • **전선**(전선을 만지던 중 감전된 경우)
 • **배전반**(작업자가 배전반에 접촉하여 감전된 경우)

## 참고하기

(1) 기인물 : 직접적으로 재해를 유발하거나 영향을 끼친 에너지원(운동, 위치, 열, 전기 등)을 지닌 기계·장치, 구조물, 물체·물질, 사람 또는 환경을 말한다.
(2) 가해물 : 근로자(사람)에게 직접적으로 상해를 입힌 기계, 장치, 구조물, 물체·물질, 사람 또는 환경을 말한다.

| 컨트롤 패널 | 절연저항 측정 |
|---|---|
|  |  |
| 사진 출처 : 중화자동화시스템 | 사진 출처 : ㈜ 한빛 |

※ 컨트롤 패널(제어반) : 제어계기를 한곳에 모아서 집중 관리하기 쉽도록 설치한 계기판

---

**03** 화면은 작업자가 싱크대 위에서 환풍기 팬 수리작업을 하던 중 발생한 재해이다. 다음 물음에 답하시오.

**화면 설명** • 빨간색 코팅장갑을 낀 작업자가 싱크대 위에서 환풍기 팬 수리 작업을 하던 중 전기에 의해 짜릿함을 느낀다. 순간 몸의 균형을 잃고 싱크대 위에서 떨어져 선반에 부딪치며 부상을 당한 재해를 보여준다.

**보기**
① 기인물   ② 가해물   ③ 재해 형태

**Answer & Explanation**

① 기인물 : 전기
② 가해물 : 선반
③ 재해 형태 : 떨어짐

**주의** 상해의 종류가 부딪힘에 의한 타박상일 경우 → 부딪힘·접촉
상해의 종류가 떨어짐에 의한 골절일 경우 → 떨어짐
상해의 종류가 전기에 의한 감전일 경우 → 전류접촉(감전)
동영상을 확인하고 답을 적으세요.

## 04
도자기 공장에서 도자기 작업 중 재해가 발생한다. (1) 재해 발생형태를 적으시오. (2) 작업자의 불안전한 행동 1가지를 적으시오.

**화면 설명 ●** 작업자 2명이 손에 물을 묻혀가며 도자기를 만드는 중이다. 작업자가 젖은 손으로 전기 스위치를 조작하는 순간 쓰러진다.

**Answer & Explanation**

> (1) 재해 발생형태 : 감전(전류접촉)
> (2) 작업자의 불안전한 행동 1가지 : 물에 젖은 손으로 전기 스위치를 조작하였다.

**참고하기**

- 감전
  충전부 등에 신체의 일부가 **직접 접촉**하거나 **유도전류의 통전**으로 근육의 수축, 호흡곤란, 심실세동 등이 발생한 경우 또는 특별고압 등에 접근함에 따라 발생한 섬락 접촉, 합선·혼촉 등으로 인하여 발생한 **아아크에 접촉된 경우**

## 05
크레인으로 전주를 옮기는 작업을 하던 중 전주가 떨어지며 작업자가 전주에 맞아 사고를 당하였다. (1) 재해 원인, (2) 가해물, (3) 재해 발생 형태, (4) 전기작업 시 착용하여야 하는 안전모의 종류를 적으시오.

사진 출처 : 요가크레인 전주작업

**Answer & Explanation**

> (1) 재해 원인 : 전주의 고정 불량으로 떨어지는 전주에 맞음(운반 중 충돌한 경우라면 → 전주와의 충돌)
> (2) 가해물 : 전주(전주에 맞은 것이 아니라 크레인과 충돌한 경우라면 → 크레인)
> (3) 재해 발생형태 : 맞음(떨어진 전주에 맞은 것이 아니라 운반 중 부딪힌 경우라면 → 부딪힘·접촉)
> (4) 안전모의 종류 : AE형, ABE형

> **참고**하기

- 안전인증 안전모의 종류(추락, 감전방지용)

| 종류<br>(기호) | 사용 구분 | 비고 |
|---|---|---|
| AB | 물체의 낙하 또는 비래 및 추락에 의한 위험을 방지 또는 경감시키기 위한 것 | |
| AE | 물체의 낙하 또는 비래에 의한 위험을 방지 또는 경감하고, 머리 부위 감전에 의한 위험을 방지하기 위한 것 | 내전압성 |
| ABE | 물체의 낙하 또는 비래 및 추락에 의한 위험을 방지 또는 경감하고, 머리 부위 감전에 의한 위험을 방지하기 위한 것 | 내전압성 |

내전압성이란 7,000V 이하의 전압에 견디는 것을 말한다.

---

**암기형**

**06** 전기기계·기구를 취급하는 경우 충전부 방호대책 3가지를 적으시오.

**Answer & Explanation**

① 충전부가 노출되지 아니하도록 **폐쇄형 외함이 있는 구조**로 할 것
② 충분한 절연효과가 있는 **방호망 또는 절연덮개를 설치**할 것
③ 충전부는 내구성이 있는 **절연물로 완전히 덮어 감쌀 것**
④ 발전소·변전소 및 개폐소 등 구획되어 있는 장소로서 **관계 근로자가 아닌 사람의 출입이 금지되는 장소**에 충전부를 설치하고, 위험표시 등의 방법으로 방호를 강화할 것
⑤ 전주 위 및 철탑 위 등 격리되어 있는 장소로서 관계 근로자가 아닌 사람이 접근할 우려가 없는 장소에 **충전부를 설치할 것**

---

**암기형**

**07** 전신주의 형강을 교체하는 화면을 보여주고 있다.

**화면설명** ● 화면에서 작업자는 전봇대의 발판을 딛고 작업하고 있으며, 작업 중 흡연하는 장면이 보인다. C.O.S(컷아웃스위치)가 발판 옆에 걸쳐져 있다.

(1) 형강 교체작업 시의 안전조치(정전작업 시 전로 차단 절차, 정전작업 전의 조치사항)를 적으시오.
(2) 작업 중 관리하여야 하는 사항(안전조치 사항) 4가지를 적으시오.
(3) 이 작업(정전작업)이 완료된 후의 조치사항 3가지를 적으시오.
(4) 화면의 작업을 하는 경우 직업자가 착용해야 할 보호구 2가지를 적으시오.

**Answer & Explanation**

(1) 정전작업 시 전로 차단 절차(정전작업 전의 조치사항)
① 전원을 차단한 후 각 단로기 등을 개방하고 확인할 것
② 차단장치나 단로기 등에 잠금장치 및 꼬리표를 부착할 것
③ 잔류전하를 완전히 방전시킬 것
④ 검전기를 이용하여 작업 대상 기기가 충전되었는지를 확인할 것
⑤ 단락 접지기구를 이용하여 접지할 것

(2) 정전작업 중 관리사항
① 개폐기 관리
② 단락접지 상태 관리
③ 근접활선에 대한 방호관리
④ 작업지휘자에 의한 작업

(3) 정전작업이 완료된 후 조치사항
① 작업기구, 단락 접지기구 등을 제거하고 전기기기 등이 안전하게 통전될 수 있는지를 확인할 것
② 모든 작업자가 작업이 완료된 전기기기 등에서 떨어져 있는지를 확인할 것
③ 잠금장치와 꼬리표는 설치한 근로자가 직접 철거할 것
④ 모든 이상 유무를 확인한 후 전기기기 등의 전원을 투입할 것

(4) 착용해야 할 보호구
① 안전모(ABE형) – 2m 이하 장소로서 추락의 위험이 없는 전기작업은 AE형 포함할 것
② 절연화
③ 절연장갑
④ 안전대(2m 이상 추락이 우려되는 장소의 경우만 해당)

---

**[암기형]**

**08** 산업안전보건법에 의하여 근로자가 노출된 충전부 또는 그 부근에서 작업함으로써 감전될 우려가 있는 경우에는 작업에 들어가기 전에 해당 전로를 차단하여야 한다. 전로를 차단하지 않아도 되는 경우(정전작업을 하지 않아도 되는 경우) 3가지를 적으시오.

**Answer & Explanation**

① 생명유지 장치, 비상경보 설비, 폭발위험장소의 환기설비, 비상조명설비 등의 장치·설비의 가동이 중지되어 사고의 위험이 증가되는 경우
② 기기의 설계상 또는 작동상 제한으로 전로 차단이 불가능한 경우
③ 감전, 아크 등으로 인한 화상, 화재·폭발의 위험이 없는 것으로 확인된 경우

## 09 전기형강 작업 중 작업자의 위험요인 3가지를 적으시오.

**화면 설명** ● 화면에서 작업자는 전봇대의 발판을 딛고 작업하고 있으며, 작업 중 흡연하는 장면이 보인다. C.O.S (컷아웃스위치)가 발판 옆에 걸쳐져 있다.

**Answer & Explanation**

① 작업 중 흡연했다.
② 작업자가 안전대를 착용하지 않았다. (U자 걸이용 안전대 착용)
③ C.O.S(컷아웃스위치)를 발판 옆에 걸쳐놓아 오조작할 위험 있다.

### 참고하기

- **C.O.S(컷아웃 스위치)**
  배선의 인입점·분기점 등에 사용되는 스위치로 컷아웃스위치를 꺼버리면 해당 회로의 배선이 정전이 된다. (배선의 점검, 수리 시에 끄고 작업)

| C.O.S(컷아웃스위치) | 전기형강 작업 |
|---|---|
|  |  |
| 사진 출처 : ㈜예일이앤티 | 사진 출처 : 민주노총 건설산업연맹 전국건설노동조합 |

**10** 전주 위에서 전기작업을 하고 있다. 화면에서의 위험요인 3가지를 적으시오.

> **화면 설명 ●** U자 걸이용 안전대와 안전모를 착용한 작업자가 전주를 타고 올라가서 전주의 발판을 딛고 전기작업을 하고 있으며 C.O.S(컷아웃스위치)가 발판 옆에 걸쳐져 있다. 다른 작업자는 고소작업대에서 작업하고 있으며 안전대와 안전모를 착용하지 않고 일반 모자와 면장갑을 착용한 상태이다. 아래에는 신호수가 작업하는 모습을 올려다보고 있다.

사진 출처 : 매일노동뉴스

사진 출처 : 진 스카이차

**Answer & Explanation**

① 작업자가 안전대를 착용하지 않아 추락할 위험이 있다.(U자 걸이용 안전대 착용)
② 작업자가 안전모(절연모)와 절연장갑을 착용하지 않아 감전의 위험이 있다.
③ C.O.S(컷아웃스위치)를 발판 옆에 걸쳐놓아 오조작할 위험이 있다.

**11** 화면에서 작업자는 전주의 발판에 올라서서 변압기 볼트를 조이는 작업을 하던 중 떨어지는 사고를 당한다. (1) 재해 발생 형태를 적으시오. (2) 작업에 존재하는 위험요인 2가지를 적으시오. (3) 화면에서와 같은 작업에서 작업자가 착용하여야 하는 안전모의 종류를 적으시오.

> **화면 설명 ●** 전봇대의 발판을 딛고 작업하고 있으며 안전대를 착용하고 있으나 안전대를 전주에 고정하지 않은 상태이다. 작업자는 면장갑을 착용하고 있다.

| 전주의 발판에서 작업(떨어짐 위험) | 작업대 사용(안전한 방법) |
|---|---|
| |  |
| 사진 출처 : 미디어오늘 뉴스, "비 오는 날 전봇대, '비닐장갑'으로 올라가라면 하시겠습니까?", 2014.07.25. | 사진 출처 : e대한경제 뉴스, "한전-전기공사업계, 간접활선공구 도입 놓고 '평행선'", 2019.01.23. |

### Answer & Explanation

(1) 재해 발생 형태 : 떨어짐

(2) 작업 위험요인
① 작업 발판이 불안하여 떨어짐 위험이 있다.
  (전주의 발판에 올라서서 작업하여 떨어짐 위험 있다.)
② 안전대를 전주에 고정하지 않아 떨어짐 위험이 있다.
③ 작업자가 절연장갑을 착용하지 않아 감전 위험이 있다.

(3) 작업자가 착용하여야 하는 안전모 : ABE형

### 참고하기

- 안전인증대상 안전모의 종류와 기능

| 종류 (기호) | 기 능 |
|---|---|
| AB | 물체의 낙하 또는 날아옴 및 추락에 의한 위험을 방지 또는 경감하기 위한 것 |
| AE | 물체의 낙하 또는 날아옴에 의한 위험을 방지 또는 경감하고, 머리 부위 감전에 의한 위험을 방지하기 위한것 |
| ABE | 물체의 낙하 또는 날아옴 및 추락에 의한 위험을 방지 또는 경감하고, 머리 부위 감전에 의한 위험을 방지하기 위한 것 |

**12** 화면에서 작업자는 전주에 올라가다가 표지판에 부딪히며 추락하는 사고가 발생하였다. 위험요인 2가지를 적으시오.

**Answer & Explanation**

① 작업자가 안전대를 착용하지 않았다.
② 작업 발판이 불안하다.[활선작업용장치(차량, 작업대)를 사용하지 않음]
③ 작업 전 주변 점검을 실시하지 않았다.

**암기형**

**13** 화면은 승강기의 컨트롤 패널 점검 작업을 보여준다. 다음 물음에 답하시오.

(1) 화면과 같은 재해를 방지하기 위한 대책 3가지를 적으시오.

(2) 전원을 차단하였으나 작업자가 감전을 당한 원인을 1가지 적으시오.

**화면 설명** • 작업자는 컨트롤 패널을 점검하기 위하여 전원을 차단한 상태에서 전선을 만지는 순간 감전을 당함.

**Answer & Explanation**

(1) 재해방지대책(전기를 점검, 보수하는 작업은 정전작업에 해당한다.)
  ① 차단장치에 잠금장치 및 꼬리표를 부착할 것
  ② 잔류전하를 완전히 방전시킬 것
  ③ 검전기를 이용하여 충전되었는지를 확인할 것
  ④ 작업자는 절연장갑을 착용할 것(절연장갑을 미착용한 경우만 해당)
(2) 감전의 원인 : 잔류전하에 의한 감전(잔류전하를 방전시키지 않음)

**주의**
- 화면에서 검전기로 충전 유무를 확인하는 장면 후에 감전을 당한 경우 → 오통전에 의한 감전
- 화면에서 차단기만 내리고 검전기로 확인하는 장면이 없이 감전을 당한 경우 → 잔류전하에 의한 감전

**14** 화면에서 2명의 작업자가 전주에서 작업을 하고 있다. 작업자 1명은 아래에서 절연용 방호구를 올리고 있으며 다른 작업자는 크레인에서 절연용 방호구를 받아 설치하는 작업을 하던 중 감전사고가 발생하였다. 화면에서와 같은 활선작업 시 내재되어 있는 핵심위험요인 2가지를 적으시오.

**Answer & Explanation**

① 작업자가 **절연용보호구를 착용하지 않아** 감전의 위험 있다.
② 인근 충전 전로에 절연용 방호구를 **설치하지 않아** 감전의 위험 있다.
③ 활선작업용 기구 및 장치를 **사용하지 않아** 감전의 위험 있다.
④ 크레인이 이격거리를 **준수하지 않아** 감전의 위험 있다.

**주의** 반드시 동영상을 확인하고 답을 적으세요.

**참고하기**

| 활선작업(전기가 흐르는 전선에서 작업) |

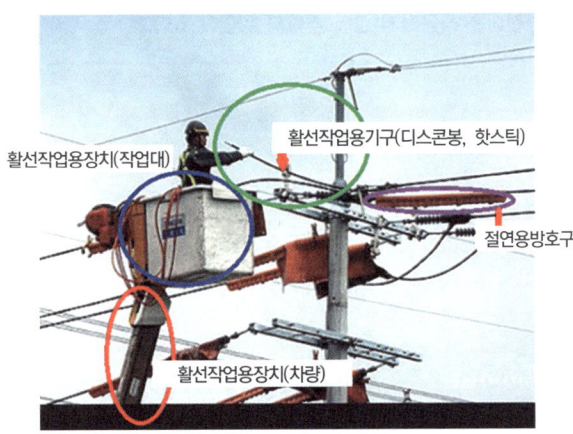

사진 출처 : ㈜한국안전신문, "민주노총 건설노조, '직접 활선공법' 전면폐지 촉구", 2018.03.07.

**15** 화면에서는 2명의 작업자가 차량(고소작업대 또는 이동식크레인)에서 작업하는 모습을 보여준다. 작업자는 니퍼 등의 공구로 작업하고 있으며 면장갑을 착용하고 있다. 작업에서의 위험요인 3가지를 적으시오.

> **화면 설명 •** 작업대와 전선이 거의 닿을 정도로 가깝게 접근했다. 작업자 중 1명은 안전대와 안전모를 착용한 상태이며, 다른 1명은 안전모와 안전대를 미착용하고 면장갑을 끼고 작업하고 있다. 주변에는 복잡한 전선이 지나가고 있으며 아래로는 안전모를 쓴 다른 작업자가 지나가는 모습을 보여준다.

**Answer & Explanation**

① 차량(이동식크레인)이 이격거리를 준수하지 않아 감전의 위험이 있다.
② 근로자가 절연용 보호구(절연모, 절연장갑)를 착용하지 않아 감전의 위험이 있다.
③ 주변 전선에 절연용 방호구를 설치하지 않아 감전의 위험이 있다.
④ 근로자가 안전대를 착용하지 않아 추락의 위험이 있다.

**16** 충전 전로에서 전기작업을 하거나 그 부근에서 작업을 하는 경우의 안전조치사항 4가지를 적으시오.

Answer & Explanation

> 충전전로에서의 전기작업(활선작업) 시의 조치
> ① 근로자에게 절연용 보호구를 착용시킬 것
> ② 충전전로에 절연용 방호구를 설치할 것
> ③ 고압 및 특별고압의 전로에서 전기작업을 하는 근로자에게 활선작업용 기구 및 장치를 사용하도록 할 것
> ④ 절연용 방호구의 설치·해체작업 시 절연용 보호구를 착용하거나 활선작업용 기구 및 장치를 사용하도록 할 것
> ⑤ 유자격자가 아닌 근로자가 충전전로 인근의 높은 곳에서 작업할 때에 근로자의 몸 또는 긴 도전성 물체가 방호되지 않은 충전전로에서 대지전압이 50킬로볼트 이하인 경우에는 300센티미터 이내로, 대지전압이 50킬로볼트를 넘는 경우에는 10킬로볼트당 10센티미터씩 더한 거리 이내로 각각 접근할 수 없도록 할 것

**17** (1) [보기]는 충전전로에서 전기 작업을 하는 경우의 조치사항에 관한 내용이다. 괄호에 적합한 내용을 적으시오.

(2) 화면에서는 충전전로 부근에서 이동식 비계를 이용한 작업을 보여 준다. 작업의 위험요인 3가지를 적으시오.

화면 설명 ● 충전로 부근에 이동식 비계가 설치되어 있으며 바퀴가 고정되지 않은 상태이다. 작업자는 안전대를 착용하고 비계에 고정 후 작업하고 있다. 비계에 안전난간은 설치되어 있다.

>> 보기
- 충전전로를 취급하는 근로자에게 그 작업에 적합한 ( ① )를 착용시킬 것
- 충전전로에 근접한 장소에서 전기작업을 하는 경우에는 해당 전압에 적합한 ( ② )를 설치할 것. 다만, 저압인 경우에는 해당 전기작업자가 ( ① )를 착용하되, 충전전로에 접촉할 우려가 없는 경우에는 ( ② )를 설치하지 아니할 수 있다.
- 유자격자가 아닌 근로자가 충전전로 인근의 높은 곳에서 작업할 때에 근로자의 몸 또는 긴 도전성 물체가 방호되지 않은 충전전로에서 대지전압이 50킬로볼트 이하인 경우에는 ( ③ ) 이내로, 대지전압이 50킬로볼트를 넘는 경우에는 10킬로볼트당 10센티미터씩 더한 거리 이내로 각각 접근할 수 없도록 할 것

**Answer & Explanation**

(1) ① 절연용 보호구  ② 절연용 방호구  ③ 300cm
(2) 작업의 위험요인
  ① 충전전로에 절연용 방호구가 설치되지 않았다.
  ② 충전전로와 이동식 비계 사이에 이격 거리가 확보되지 않았다.
  ③ 바퀴에는 브레이크·쐐기 등으로 바퀴를 고정시킨 다음 비계의 일부를 시설물에 고정하거나 아웃트리거를 설치하여야 하나 바퀴 고정 및 아웃트리거 설치를 하지 않았다.

**18** 화면에서는 작업자가 전주 위에서 작업하는 모습을 보여준다. 정전작업을 마친 후 전원 공급 시의 준수사항 3가지를 적으시오.

**Answer & Explanation**

① 작업기구, 단락 접지기구 등을 제거하고 전기기기 등이 안전하게 통전될 수 있는지를 확인할 것
② 모든 작업자가 작업이 완료된 전기기기 등에서 떨어져 있는지를 확인할 것
③ 잠금장치와 꼬리표는 설치한 근로자가 직접 철거할 것
④ 모든 이상 유무를 확인한 후 전기기기 등의 전원을 투입할 것

**암기형**

**19** 화면은 30kV의 고압이 흐르는 고압선 주변에서 이동식 크레인으로 작업하던 중에 크레인의 붐대 끝이 전선에 닿아 감전이 되는 사고가 발생하였다.

(1) 고압선 주변에서 크레인 등을 사용하여 작업할 경우 안전대책 3가지를 쓰시오.

(2) 위와 같은 작업의 경우 충전전로와의 이격거리는 얼마인지 적으시오.

**Answer & Explanation**

(1) 충전전로 인근에서의 차량·기계장치 작업 시의 안전조치
 ① 차량 등을 충전부로부터 300센티미터 이상 이격시키되, 대지전압이 50킬로볼트를 넘는 경우 10킬로볼트 증가할 때마다 10센티미터씩 증가
 ② 이격거리
  - 절연용 방호구를 설치한 경우 : 절연용 방호구 앞면까지
  - 차량의 버킷이나 끝부분이 절연되어 있고 유자격자가 작업하는 경우 : 접근한계 거리까지
 ③ 근로자가 차량과 접촉하지 않도록 울타리를 설치하거나 감시인 배치 등의 조치
 ④ 충전전로 인근에서 접지된 차량 등이 충전전로와 접촉할 우려가 있을 경우에는 지상의 근로자가 접지점에 접촉하지 않도록 조치
(2) 고압선과 크레인의 이격거리 : 3m 이상

**암기법**

1. 이격거리 : 충전부로부터 300cm 이상, 대지전압 50kV 초과 시 – 10kV 증가 시마다 10cm씩 증가
2. 울타리 설치, 감시인 배치
3. 근로자가 접지점에 접촉하지 않도록 조치

**20** 화면에서는 크레인을 이용하여 활선전로에 인접하여 전주 세우기 작업을 하고 있다. 전주 세우기 작업 중 전주가 조금 돌아가며 인접전로에 접촉하여 스파크가 발생한다.

(1) 이 사고의 직접 원인을 2가지 적으시오.
(2) 동종재해를 방지하기 위한 관리적 대책 3가지를 적으시오.
(3) 가해물을 적으시오.
(4) 작업자가 착용하여야 하는 안전모의 종류를 2가지 적으시오.

사진 출처 : 오가크레인 전주작업

**Answer & Explanation**

(1) 직접 원인
  ① 크레인의 이격거리 미준수로 인접 활선전로와 접촉
  ② 활선전로에 절연용 방호구 미설치

(2) 관리적 대책
  충전전로 인근에서의 차량·기계장치 작업 시의 안전조치
  ① 차량 등을 충전부로부터 300센티미터 이상 이격시키되, 대지전압이 50킬로볼트를 넘는 경우 10킬로볼트 증가할 때마다 10센티미터씩 증가
  ② 이격거리
    - 절연용 방호구를 설치한 경우 : 절연용 방호구 앞면까지
    - 차량의 버킷이나 끝부분이 절연되어 있고 유자격자가 작업하는 경우 : 접근한계거리까지
  ③ 근로자가 차량과 접촉하지 않도록 울타리를 설치하거나 감시인 배치 등의 조치
  ④ 충전전로 인근에서 접지된 차량 등이 충전전로와 접촉할 우려가 있을 경우에는 지상의 근로자가 접지점에 접촉하지 않도록 조치

(3) 가해물 : 전주

(4) 안전모의 종류 : AE형, ABE형

**주의** 동영상 화면을 반드시 확인하세요.
화면에서 크레인이 전로와 접촉한 경우는 "인접 활선전로와 접촉"
크레인이 전로와 떨어져 작업하였으나 감전되었다면 "유도전류에 의한 감전"이 답이 됩니다.

**21** 화면은 항타기, 항발기 작업을 보여준다. 항타기, 항발기로 땅을 굴착한 후 전주를 세우는 과정에서 인접 활선전로에 접촉하여 스파크가 일어난다. 충전전로 인근에서 항타기, 항발기 작업 시 감전위험 방지를 위한 조치사항 3가지를 적으시오.

**Answer & Explanation**

① 충전전로 인근에서 차량, 기계장치 등의 작업이 있는 경우에는 **차량 등을 충전전로의 충전부로부터 300 센티미터 이상 이격시켜** 유지시키되, **대지전압이 50킬로볼트를 넘는 경우 이격거리는 10킬로볼트 증가할 때마다 10센티미터씩 증가**시켜야 한다. 다만, 차량 등의 높이를 낮춘 상태에서 이동하는 경우에는 이격거리를 120센티미터 이상(대지전압이 50킬로볼트를 넘는 경우에는 10킬로볼트 증가할 때마다 이격거리를 10센티미터씩 증가)으로 할 수 있다.
② 절연용 방호구를 설치한 경우에는 이격거리를 절연용 방호구 앞면까지로, 차량등의 가공 붐대의 버킷이나 끝부분 등이 절연되어 있고 유자격자가 작업을 수행하는 경우의 이격거리는 접근 한계거리까지로 할 수 있다.
③ 울타리를 설치하거나 감시인 배치 등의 조치를 하여야 한다.
④ 접지된 차량 등이 충전전로와 접촉할 우려가 있을 경우에는 지상의 근로자가 접지점에 접촉하지 않도록 조치하여야 한다.

**암기법**

1. 이격거리 : 충전부로부터 300cm 이상, 대지전압 50kV 초과 시 – 10kV 증가 시마다 10cm씩 증가
2. 울타리 설치, 감시인 배치
3. 근로자가 접지점에 접촉하지 않도록 조치

**참고하기**

- 항타기, 항발기 작업 시의 안전작업 수칙
  ① 작업반경 내 출입금지 조치
  ② 작업반경 내 가설 울타리 설치
  ③ 인접한 고압전선의 방호 조치
  ④ 지하 매설물 확인

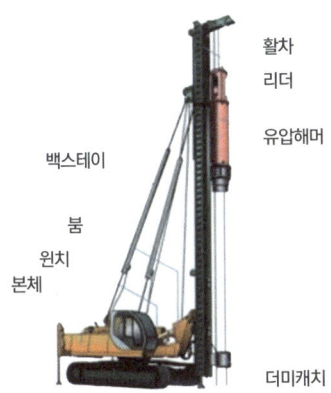

그림 출처 : 안전보건공단 교육자료

**암기형**

**22** 변압기가 활선(충전물)인지 아닌지 확인할 수 있는 방법을 3가지 쓰시오.

**Answer & Explanation**

① 검전기로 확인
② 활선경보기로 확인
③ 테스터기로 확인

**암기형**

**23** 작업자가 정전상태를 확인하면서 작업할 수 있도록 하기 위한 경보장치는 무엇인가?

**Answer & Explanation**

활선경보기

🔖 **참고하기**

• 활선경보기 : 작업자의 손목 등에 부착하며 충전부에 접근 시 경보를 발해준다.

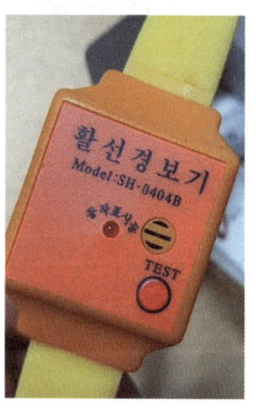 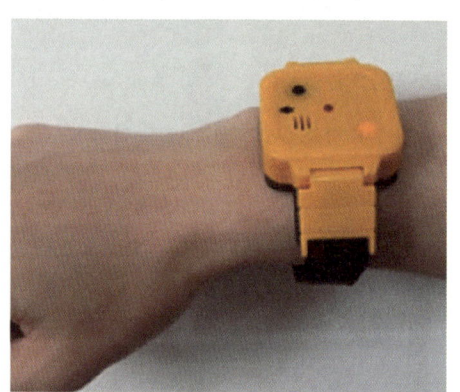

💡 사진 출처 : 코리아테크

**24** 화면은 습윤한 장소에 설치된 이동전선을 보여준다. 습윤한 장소에서 사용되는 이동전선에 대한 사용 전 조치사항 3가지를 적으시오.

> **화면 설명** • 작업자들이 단무지 공장에서 작업을 하고 있다. 작업자의 무릎 정도로 물이 차 있는 상태에서 수중펌프를 작동하는 순간 작업자가 접속부에 감전된다.

그림 출처 : 안전보건공단 교육자료

**Answer & Explanation**

① 이동전선은 충분한 절연 효과가 있는 것을 사용할 것
② 전선의 접속부는 충분히 피복하거나 적합한 접속기구(접지형 콘센트 및 플러그)를 사용할 것
③ 이동전선은 절연피복 손상, 노화로 인한 감전방지 위해 필요한 조치를 할 것
④ 누전차단기를 설치할 것(전선 인출 분전반에 누전차단기를 설치할 것)

### 참고하기

(1) 배선 등의 절연피복
① 근로자가 접촉할 우려가 있는 **배선 또는 이동전선**에 대하여는 **절연피복이 손상되거나 노화됨으로 인한 감전의 위험을 방지**하기 위하여 필요한 조치를 하여야 한다.
② 전선을 서로 **접속하는 때**에는 전선의 절연성능 이상으로 절연될 수 있는 것으로 **충분히 피복하거나 적합한 접속기구를 사용**하여야 한다.

(2) 습윤한 장소의 이동전선
물 등 도전성이 높은 액체가 있는 **습윤한 장소**에서 근로자가 작업 중이나 통행하면서 **이동전선 등에 접촉할 우려가 있는 경우**에는 충분한 절연효과가 있는 것을 사용하여야 한다.

## 25 화면을 보고 습윤한 장소에서의 감전재해 방지 및 이동전선 사용 시 점검사항 3가지를 적으시오.

**화면 설명 •** 작업자들이 무채작업을 하고 있는 장면이다. 작업자의 무릎 정도로 물이 차 있는 상태에서 전기기구를 손으로 쥐고 작업하고 있으며 이동전선은 물속에 잠겨있는 상태이다.

사진 출처 : kbs뉴스, 극한직업

### Answer & Explanation

① 누전차단기를 설치할 것
② 전선은 충분한 절연 효과가 있는 것을 사용할 것
③ 전선의 접속부는 충분히 피복하거나 적합한 접속기구(접지형 콘센트 및 플러그)를 사용할 것
④ 전선은 절연 피복 손상, 노화로 인한 감전방지 위해 필요한 조치를 할 것

**주의** 반드시 동영상을 확인하고 답을 적으세요.

26  화면에서 작업자는 가설 전선 점검 작업을 하고 있다. 전선의 연결 부위를 만지던 중 사고가 발생한다. 화면에서와 같은 작업 시 우려되는 (1) 재해 유형, (2) 재해 유형의 정의, (3) 작업의 위험요인 3가지, (4) 동종 재해 예방대책 3가지를 적으시오.

> 화면 설명 • 작업자는 안전화는 착용하였으나 맨손이며, 전선에 전원이 인가된 상태이다

그림 출처 : 안전보건공단 교육자료

**Answer & Explanation**

(1) 재해 유형 : 감전(전류접촉)

(2) 재해 유형의 정의 : 충전부 등에 신체의 일부가 직접 접촉하거나 유도전류의 통전, 아아크에 접촉된 경우

(3) 작업의 위험요인
 ① 전원을 차단하지 않고 점검을 실시하였다.
 ② 작업자가 절연장갑을 착용하지 않았다.
 ③ 가설전선의 절연이 불량하다.
 ④ 누전차단기를 설치하지 않았다.

(4) 동종재해 예방대책
 ① 전원을 차단하고 점검을 실시할 것
 ② 작업자는 절연장갑을 착용할 것
 ③ 전선의 접속부는 충분히 피복하거나 적합한 접속기구(접지형 콘센트 및 플러그)를 사용할 것
 ④ 전선은 절연피복 손상, 노화로 인한 감전방지 위해 필요한 조치를 할 것
 ⑤ 누전차단기를 설치할 것(전선 인출 분전반에 누전차단기를 설치할 것)

● 참고하기

가설전기는 건축공사를 하기 위하여 임시로 설치해서 공사를 마친 후 철거하는 간접공사를 말한다.

**27** 화면에서 작업자는 습윤한 장소에서 모터보트의 모터 부위를 점검하던 중 감전을 당하였다. (1) 감전방지를 위해 설치하여야 하는 장치 1가지와 (2) 동종재해 예방대책 3가지를 적으시오.

사진 출처 : 부안 인터넷 신문

**Answer & Explanation**

(1) 감전방지를 위해 설치하여야 하는 장치 : 누전차단기

(2) 동종재해 예방대책
 ① 전원을 차단하고 점검을 실시할 것(전원을 차단하지 않은 경우만 해당)
 ② 작업자는 절연장갑을 착용할 것(절연장갑을 착용하지 않은 경우만 해당)
 ③ 누전차단기를 설치할 것
 ④ 모터와 전선의 접속부는 충분히 피복하거나 적합한 접속기구(접지형 콘센트 및 플러그)를 사용할 것
 ⑤ 습윤한 장소에서 사용하는 전선은 충분한 절연 효과가 있는 것을 사용할 것

**암기형**

**28** 전원접속부에서의 감전사고를 방지하기 위해 전동기를 가진 기계·기구에 설치해야 하는 것은 무엇인가?

Answer & Explanation

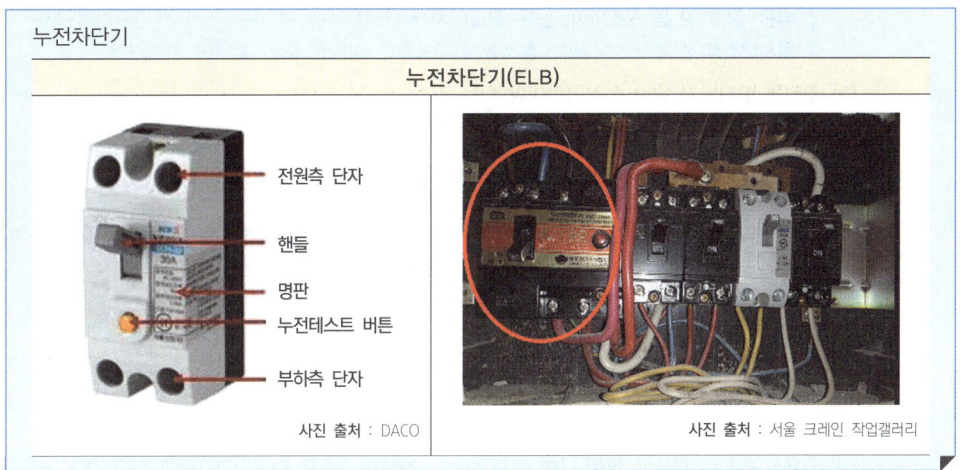

**암기형**

**29** 산업안전보건법상 누전차단기를 설치해야 하는 기계·기구 3가지를 적으시오.

화면 설명 • 주변에 물기가 있는 습윤한 장소에서 핸드 그라인더로 철골에서 작업하는 장면을 보여준다.

Answer & Explanation

① **대지전압이 150볼트를 초과하는** 이동형 또는 휴대형 전기기계·기구
② **물 등 도전성이 높은 액체가 있는 습윤장소**에서 사용하는 저압용 전기기계·기구
③ **철판·철골 위 등 도전성이 높은 장소**에서 사용하는 이동형 또는 휴대형 전기기계·기구
④ **임시배선의 전로**가 설치되는 장소에서 사용하는 이동형 또는 휴대형 전기기계·기구

**암기형**

**30** 화면에서 작업자는 단무지공장에서 작업을 하고 있다. 무릎 정도 물이 차 있는 상태에서 수중펌프를 작동함과 동시에 감전 사고를 당한다. (1) 작업자가 감전된 원인을 피부 저항과 관련하여 설명하시오. (2) 산업안전보건법상 누전차단기를 설치해야 하는 기계·기구 3가지를 적으시오. (3) 감전을 방지하기 위하여 설치하여야 하는 장치 1가지를 적으시오. (4) 무릎 정도 물이 차 있는 상태에서 수중펌프를 작동함과 동시에 작업자가 접속부위에 감전되는 사고를 당한다. 재해예방대책 3가지를 적으시오.

### Answer & Explanation

(1) 감전 원인 : 인체가 젖은 상태에서 피부저항은 1/25로 감소하기 때문에 감전되기 쉽다.
(2) 누전차단기를 설치해야 하는 기계·기구
  ① 대지전압이 150볼트를 초과하는 이동형 또는 휴대형 전기기계·기구
  ② 물 등 도전성이 높은 액체가 있는 습윤장소에서 사용하는 저압용 전기기계·기구
  ③ 철판·철골 위 등 도전성이 높은 장소에서 사용하는 이동형 또는 휴대형 전기기계·기구
  ④ 임시배선의 전로가 설치되는 장소에서 사용하는 이동형 또는 휴대형 전기기계·기구
(3) 감전을 방지하기 위하여 설치하여야 하는 장치 : 누전차단기
(4) 재해예방 대책
  ① 누전차단기를 설치할 것
  ② 전선은 충분한 절연효과가 있는 것을 사용할 것
  ③ 전선의 접속부는 충분히 피복하거나 적합한 접속기구(접지형 콘센트 및 플러그)를 사용할 것
  ④ 전선은 절연피복 손상, 노화로 인한 감전방지 위해 필요한 조치를 할 것

#### 참고하기

- 인체의 저항
  ① 인체의 저항은 피부에 땀이 나면 건조 시보다 저항이 $\frac{1}{12}$ 로 감소되고, 물에 젖을 경우 $\frac{1}{25}$, 습기가 많을 경우는 $\frac{1}{10}$ 정도로 저항이 감소된다.

---

**31** 작업자는 야외에 설치된 임시분전반에서 작업 중이다. 영상을 확인하고 작업 시의 문제점 2가지를 적으시오.

> **화면 설명** ● 작업자가 면장갑을 착용한 채 분전반에 전원을 연결하여 그라인더 작업을 하는 모습을 보여준다. 다른 작업자가 다가와 맨손으로 분전반 전원에 콘센트 플러그를 꽂고 전선을 만지는 순간 감전되어 쓰러진다. 분전반에는 누전차단기가 설치되어 있다.

그림 출처 : 안전보건공단 교육자료

#### Answer & Explanation

> ① 전선의 절연상태 불량(전선을 만져 감전된 경우)
> ② 누전차단기 설치 불량(분전반의 각 회로별로 누전차단기를 설치하여야 하나 미설치하였다.)
> ③ 작업자가 절연장갑을 착용하지 않았다.
> ④ 임시분전반 접지를 실시하지 않았다.
> ⑤ 분전반 잠금장치를 설치하지 않았다.(관계자 외 조작금지 조치를 실시하지 않았다.)

● 참고하기

- **전기 공급순서** : 수전반 → 배전반 → 분전반 → 부하기기 순
- **배전반** : 수전반으로부터 공급받은 전기를 계통별로 나누어 주는 곳(배선용 차단기로 구성)
- **분전반** : 배전반으로부터 공급받은 전기를 부하 기기별로 분기해 주는 곳
  (전기제품 등에 연결되는 곳으로 배선용 차단기와 누전차단기로 구성)
- **분전반의 안전조치**

## 32 전기기계 기구의 내전압검사 중 감전 재해가 발생하였다.

> **화면 설명** • 전기기계 기구의 내전압검사를 위해 전원을 차단하고 작업하던 중 다른 작업자가 앞 작업자를 보지 못하고 전원을 투입하여 사고 발생, 작업자는 면장갑을 착용한 상태이고 개폐기 함은 아무런 조치 없이 열려있음.

(1) 이 사고의 위험 포인트를 적으시오.

(2) 동종 사고를 방지하기 위한 대책을 3가지 적으시오.

(3) 제어실과 작업장이 막혀 있어 원활한 의사소통이 되지 못하고 있다. 이에 대한 대책을 적으시오.

**Answer & Explanation**

(1) 위험포인트 : 작업자가 앞 작업자를 확인하지 않고 전원을 투입하였다.
(2) 사고 방지 대책
   ① 개폐기함에 잠금장치 설치 및 통전금지 표찰을 부착한다.
   ② 작업자는 절연장갑을 착용한다.
   ③ 작업자에게 전기안전 교육을 실시한다.
(3) 대화창 설치

주의 이 문제는 반드시 동영상을 확인하고 답을 적으세요.

### 참고하기

| 내전압시험 | |
|---|---|
|  | 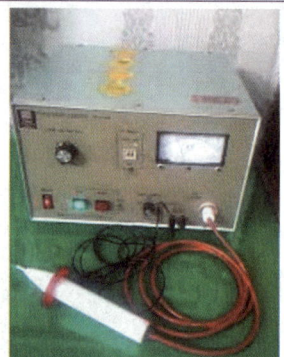 |
| 사진 출처 : 가나상공 | 사진 출처 : 소리전자 |

**33** 스피커를 통해 작업지시(점검작업으로 전원차단 시킴)가 전달되고 있으나 작업자는 지시사항을 정확히 듣지 못하고 MCC패널 차단기의 전원을 투입하여 감전재해가 발생하였다. 화면과 같은 재해방지 대책 3가지를 적으시오.

**Answer & Explanation**

① 차단기 함에 잠금장치 및 통전금지 표찰을 부착하여 담당자 외의 조작을 금지한다.
   (작업자가 전원을 차단 후 차단기 함을 잠그고 열쇠를 직접 보관한다.)
② 무전기 등 연락장비를 사용하여 지시(연락)를 철저히 한다.
③ 작업자에게 전기안전교육을 실시한다.

### 참고하기

사진 출처 : https://www.ehs.ucsb.edu/
https://www.shutterstock.com/ko/search/lock+out+tag+ou

**34** 화면에서 작업자는 동료의 연락을 듣고 MCC 패널의 문을 열고 차단기 2개 중 하나를 투입하였으나 전원을 잘못 투입하여 재해가 발생하였다. 동종 재해방지 대책 3가지를 적으시오.

#### Answer & Explanation

① **차단기 별로 회로 명을 표기**하여 오동작을 방지한다.
② 차단기에 **잠금장치 및 통전금지 표찰**을 부착하여 작업자 이외의 자의 조작을 방지한다.
③ 무전기 등 **연락 장비를 사용**하여 지시(연락)를 철저히 한다.
④ 작업자에게 **전기안전교육을 실시**한다.

### 참고하기

• **MCC(Motor Control Center) 패널** : 전기제어 설비들이 들어 있는 판넬(전동기 제어반)

| MCC 패널 외부 | MCC 패널 내부 |
|---|---|
|  |  |

사진 출처 : 경남산전 갤러리

**35** 화면에서는 두 작업자가 작업을 하고 있다. 한 작업자가 변압기의 2차 전압을 측정하기 위해 다른 작업자에게 전원을 투입하라는 신호를 보낸다. 2차 전압측정 후 전원을 차단하라는 신호를 보내고 측정기를 철거하던 중 감전이 발생한다. 이때 작업자는 맨손이며, 슬리퍼를 신고 있다. (1) 이 동영상에서 내재되어 있는 핵심위험요인을 3가지를 적으시오. (2) 작업자가 착용하여야하는 보호구 2가지를 적으시오.

 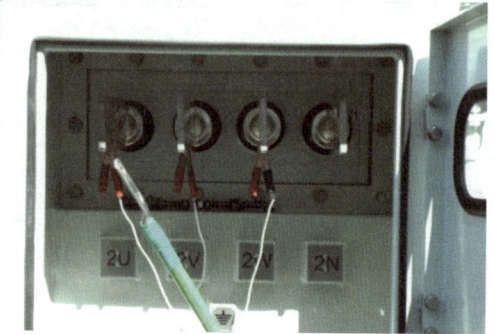

사진 출처 : 변압기 TEST, 네이버 블로그(naver.com)

**Answer & Explanation**

(1) 핵심 위험요인
  ① 작업자가 절연장갑을 착용하지 않았다.
  ② 작업자 간의 신호전달이 제대로 이뤄지지 않았다.
  ③ 측정기를 철거하기 전에 정전 여부를 확인하지 않았다.

(2) 착용해야 할 보호구
  ① 절연장갑
  ② 절연화

주의 반드시 동영상을 확인하고 답을 적으세요.

**36** 화면은 작업자가 맨손으로 임시 배전반 점검 중에 감전재해가 발생하는 것을 보여준다. (1) 재해 발생형태를 적으시오. (2) 화면에서의 위험요인을 2가지 적으시오. (3) 가해물을 적으시오.

**화면 설명 ●** 화면에서 작업자는 전원을 차단하고 점검 중이다. 동료가 차단기 함을 열고 전원을 투입하는 순간 감전이 발생한다.

**Answer & Explanation**

(1) 재해 발생형태 : 감전

(2) 위험요인
  ① 작업자가 절연장갑을 착용하지 않았다.
  ② 개폐기 함에 잠금장치 및 통전금지 표찰을 부착하지 않았다.

(3) 가해물 : 배전반(배전반에 접촉하여 감전된 경우)

**37** 화면에서 작업자는 전동권선기에 동선을 감는 작업을 하고 있다. 작업 중 기계가 정지하여 전원을 차단하지 않고 점검 중 발생한 재해이다. (1) 재해 발생형태와 (2) 재해 원인 2가지를 적으시오.

> **화면 설명 ●** 작업자가 전동권선기에 동선(코일)을 감는 작업을 하고 있다. 기계가 작동을 멈추자 기계를 점검하기 위하여 분전반을 열고 전선과 연결된 부분을 만지는 순간 감전되어 쓰러진다.

**Answer & Explanation**

(1) 재해 발생형태 : 감전(전류접촉)
(2) 재해 원인
 ① **전원을 차단하지 않고 기계점검**을 실시했다.
 ② 작업자가 **절연장갑을 착용하지 않았다.**
 ③ 작업 시작 전 기계 점검을 실시하지 않았다.(3가지를 적으라는 경우만 작성할 것)

**주의** 반드시 동영상을 확인하고 답을 적으세요.
기계 점검 중 감전된 경우가 아니라 점검 중 손이 끼인 경우라면
(1) 재해 발생형태 : 끼임
(2) 재해 원인
 ① 전원을 차단하지 않고 기계 점검을 실시했다.
 ② 면장갑을 착용하고 기계 점검을 실시했다. (영상에서 면장갑을 착용한 경우만 해당)

**참고하기**

• 전동권선기

사진 출처 : 극동ENG

**38** 화면에서 작업자는 용접을 하기 위하여 전원을 켜고 용접기 어스선을 잡아당기던 중 감전을 당하였다. (1) 재해 발생형태 및 (2) 화면에서의 위험요인 2가지를 적으시오.

> **화면 설명** ● 목장갑을 착용한 작업자가 노란색 배전반을 열고 드라이버로 전선을 연결하는 중이다. 차단기는 켜짐 상태이며 누전차단기는 확인이 안 된다. 2번째 연결하는 전선의 피복상태가 불량해 보인다. 작업자가 배전반을 닫고 자동 전격 방지기가 부착된 용접기를 손으로 잡는 순간 전기가 튄다.

**Answer & Explanation**

(1) 재해 발생형태 : 감전(전류접촉)

(2) 화면에서의 위험요인 2가지
 ① 작업자가 **절연장갑**을 착용하지 않았다.
 ② 누전차단기를 설치하지 않았다.(용접기 본체에 접촉하여 감전된 경우)
 ③ 접지를 실시하지 않았다.(용접기 본체에 접촉하여 감전된 경우)
 ④ 전선의 피복이 손상되었다.(화면에서 전선의 피복상태가 불량한 경우만 작성할 것)
 ⑤ 자동전격방지기를 설치하지 않았다.(용접봉, 홀더, 어스선에 접촉하여 감전된 경우, 화면에서 전격 방지기가 부착되지 않은 경우만 작성할 것)

### 참고하기

누전 차단기와 접지는 용접기 본체에 접촉하였을 경우의 감전을 방지하며 자동 전격 방지기는 용접을 하다가 잠시 작업을 멈추었을 때 용접봉, 홀더, 어스선(케이블) 등에 접촉하였을 경우의 감전을 방지한다.

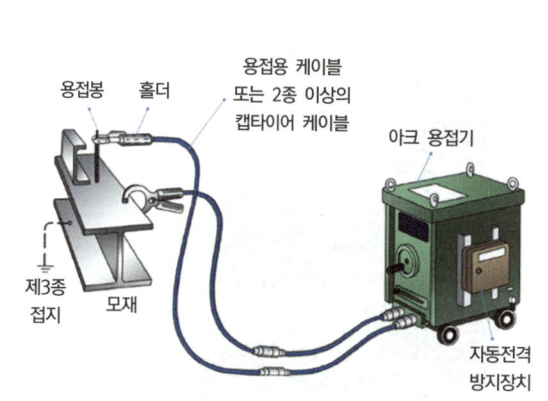

그림 출처 : https://ulsansafety.tistory.com/819

교류아크 용접기에 자동 전격 방지기 부착

사진 출처 : 세이프넷, 설치사례

**암기형**

**39** 화면에서 작업자는 교류아크 용접기로 상수도 용접작업을 하고 있다. 습윤한 장소에서 감전을 방지하기 위하여 (1) 교류아크 용접기에 부착하여야 하는 방호장치를 적으시오. (2) 용접봉 홀더의 구비조건 1가지를 적으시오.

**Answer & Explanation**

(1) 자동전격방지기(자동전격방지장치)
(2) ① 절연내력
 ② 내열성

**참고하기**

사업주는 아크용접 등(자동용접은 제외한다)의 작업에 사용하는 **용접봉의 홀더**에 대하여 한국산업표준에 적합하거나 그 이상의 **절연내력 및 내열성을 갖춘 것을 사용**하여야 한다.

---

**암기형**

**40** 교류아크 용접작업 중 재해가 발생한 사례이다. (1) 기인물은 무엇이며, (2) 이 작업 시 눈과 감전재해위험으로부터 작업자를 보호하기 위해 착용해야 할 보호구 명칭 두 가지를 적고, (3) 교류아크 용접기 사용 전 점검사항 2가지를 적으시오.

**화면 설명** • 작업자는 일반 모자와 면장갑을 착용하고 있으며, 1회 용접을 한 후 용접슬러지를 제거하고 육안으로 확인한다. 다시 교류아크용접을 시작하는 순간 감전으로 쓰러진다.

**Answer & Explanation**

(1) 기인물 : 교류아크 용접기
(2) 보호구 명칭 : 용접용 보안면, 절연장갑, 절연화, 안전모 AE형, ABE형(절연모)
(3) 교류아크 용접기 사용 전 점검사항
 ① 용접기 외함 접지상태
 ② 자동전격방지기 작동상태
 ③ 용접기(용접봉) 홀더의 절연상태
 ④ 케이블(전선)의 피복 손상상태

### 참고하기

**교류아크용접작업 시의 보호구**

**41** 화면은 작업자가 교류아크 용접작업을 하는 장면을 보여준다.

**화면 설명** : 작업자가 한 손으로 스위치를 조작하며 다른 손으로 용접을 하고 있으며, 작업장 주변에는 인화성 물질로 보이는 깡통 등이 쌓여있다.

(1) 화면의 작업에는 위험요인이 내재되어 있다. 작업자 측면과 작업장의 위험요인을 각각 1가지씩 적으시오.
(2) 교류아크 용접작업 중 유해광선에 의한 눈 장해가 우려된다. 유해광선의 종류를 적으시오.
(3) 화면에서의 용접작업 시의 위험요소 3가지를 적으시오.

**Answer & Explanation**

(1) 유해요인
 ① 작업자 측면 : 한 손으로 스위치를 조작하며 다른 손으로 용접을 하여 작업이 불안하며 작업상황 파악이 어렵다.
 ② 작업장 요인 : 용접하는 주변에 인화성 물질이 존재하여 화재위험이 있다.

(2) 유해광선의 종류 : 자외선

(3) 용접직업 시의 위험요소
 ① 한 손으로 스위치를 조작하며 다른 손으로 용접을 하고 있어 작업이 불안하며 작업상황 파악이 어렵다.
 ② 용접하는 주변에 인화성 물질이 존재하여 화재위험이 있다.
 ③ 작업장 정리정돈이 불량하다.

> 참고하기

사진 출처 : 세이프넷

> 암기형

**42** 화면에서 작업자는 교류아크 용접기로 배관용접 작업을 하고 있다. 작업자가 접촉 시 감전될 수 있는 교류아크 용접기의 부위를 4가지 적으시오.

**Answer & Explanation**

① 용접봉
② 용접기의 홀더(용접봉 홀더)
③ 용접기 케이블
④ 용접기 리드단자

> 참고하기

그림 출처 : https://ulsansafety.tistory.com/819/ 대양용접기

**암기형**

**43** 화면에서 작업자는 교류아크 용접기로 용접작업을 하고 있다. 교류아크용접기의 방호장치인 자동전격방지기의 종류 4가지를 적으시오.

*Answer & Explanation*

① 외장형
② 내장형
③ 저저항시동형(L형)
④ 고저항시동형(H형)

**44** 산업안전보건법에 의하여 교류아크 용접기에 자동 전격 방지기를 설치하여야 하는 장소 3가지를 적으시오.

*Answer & Explanation*

① 선박의 이중 선체 내부, 밸러스트(Ballast) 탱크, 보일러 내부 등 도전체에 둘러싸인 장소
② 추락할 위험이 있는 높이 2미터 이상의 장소로 철골 등 도전성이 높은 물체에 근로자가 접촉할 우려가 있는 장소
③ 근로자가 물·땀 등으로 인하여 도전성이 높은 습윤 상태에서 작업하는 장소

**45** 화면에서 작업자는 휴대용 연삭기로 연마 작업 중이다. (1) 재해 발생 형태를 적으시오. (2) 재해 발생 원인 2가지를 적으시오. (3) 휴대용 연삭기 작업 시 감전방지 대책 2가지를 적으시오.

**화면 설명●** 작업자는 강재에 물을 뿌리며 연마작업 중이다. 바닥에는 물기가 많은 상태이며, 전선의 접속부는 고무장갑으로 감싼 채 물기 있는 바닥에 방치되어 있다. 작업자는 고무장갑을 착용하고 작업하고 있으며, 방진마스크는 미착용한 상태이며 연삭기 작업 중 감전으로 넘어지는 장면을 보여준다.

**Answer & Explanation**

(1) 재해 발생 형태 : 감전(전류접촉)

(2) 재해 발생 원인
 ① 전선의 접속부의 절연이 불량하다.(접속부를 충분히 피복하지 않아 누전의 위험 있다.)
 ② 물기가 있는 바닥에서 작업하여 누전의 우려 있다.

(3) 감전방지 대책
 ① 누전차단기를 설치할 것
 ② 전선의 접속부는 충분히 피복하거나 적합한 접속기구(접지형 콘센트 및 플러그)를 사용할 것
 ③ 젖은 손으로 전기기계·기구를 조작하지 않을 것(젖은 손으로 플러그를 꽂거나 제거하지 않을 것)

**주의** 연삭기는 날이 회전하는 기계로 장갑을 착용할 경우 보호용 가죽장갑을 착용하는 것이 적합하다.

**46** 화면을 보고 재해 발생형태와 작업의 위험요인 2가지를 적으시오.

**화면 설명 •** 작업자가 기계의 시동을 켠 채 기계를 닦던 중 기계 주변으로 물이 흐르며 작업자가 감전되는 장면을 보여준다.

**Answer & Explanation**

(1) 재해 발생형태 : 감전

(2) 작업의 위험요인
 ① 기계의 전원을 켠 채 청소하였다.
 ② 누전차단기를 설치하지 않았다.

**암기형**

**47** 화면에서 작업자는 배전반 볼트를 조이는 작업 중 짜릿함을 느끼는 장면이 나온다. 화면에서 우려되는 재해 발생 형태와 가해물을 적으시오.

사진 출처 : https://m.blog.naver.com/hanbit-jeongi/222064761696

> (1) 재해 발생형태 : 감전
> (2) 가해물
>   • 배전반(배전반에 접촉하여 감전당한 경우)
>   • 볼트(볼트에 접촉하여 감전당한 경우)

🔸 동영상을 확인하고 답을 적으세요.

## 48
화면에서 작업자는 의자 위에 올라서서 배전반 점검을 하던 중 의자에서 떨어지는 재해를 당한다. 작업위험요인 2가지를 적으시오.

> 화면 설명 • 작업자는 맨손으로 배전반 점검을 하고 있으며, 차단기를 손으로 만지다가 감전으로 의자에서 떨어진다.

사진 출처 : ㈜재원전기

> ① 안전한 발판 없이 의자 위에서 작업하여 떨어짐 위험이 있다.
>   (작업발판 불량으로 떨어짐(추락) 위험이 있다.)
> ② 절연장갑을 착용하지 않아 감전될 위험이 있다.

**49** 화면에서 작업자는 퓨즈를 교체하는 중 감전을 당한다. 감전이 발생한 원인 2가지를 적으시오.

사진 출처 : 안전보건공단

**Answer & Explanation**

① 전원을 차단하지 않고 퓨즈를 교체했다.
② 작업자가 절연장갑을 착용하지 않았다.

**50** 화면에서 작업자는 등 기구를 조작하던 중 사고가 발생한다. (1) 재해 유형(재해 발생형태)을 적으시오. (2) 화면에서의 위험요인(재해원인) 2가지를 적으시오.

 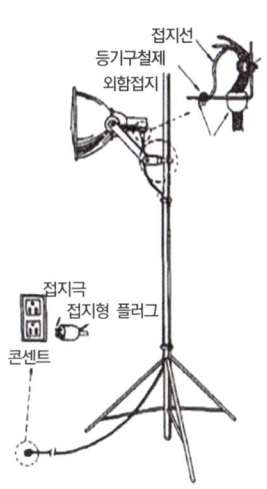

그림 출처 : 세이프넷

**Answer & Explanation**

(1) 재해 유형 : 감전(전류접촉)

(2) 위험요인
 ① 전원을 차단하지 않고 작업하여 감전 위험이 있다.
 ② 작업자가 절연장갑을 착용하지 않아 감전 위험이 있다.
 ③ 등기구의 접지를 실시하지 않아 감전 위험이 있다.(철제 등기구만 해당)

**암기형**

**51** 화면에서 작업자는 인화성 물질 저장창고에서 작업을 하고 있다. 폭발의 원인이 된 (1) 발화원의 형태, (2) 발화원의 종류를 2가지 적고, (3) 그 현상을 설명하시오. (4) 화면에서의 폭발사고를 방지하기 위한 대책(인체에 대전된 정전기에 의한 화재·폭발을 예방하기 위한 대책)을 3가지 적으시오. (단, 작업시설에 관련된 내용은 무시하고 작업장 및 작업자 관련 내용만 작성할 것) (5) 정전기에 의한 화재, 폭발 위험이 있는 경우 작업자가 착용하여야 하는 보호구를 2가지 적으시오.

**화면 설명 ·** 인화성 물질이 든 드럼통을 들고 들어온 작업자가 윗옷을 벗음과 동시에 폭발사고가 발생한다. 작업자는 운동화와 작업복을 착용한 상태이다.

그림 출처 : 안전보건공단

[제전복 착용]

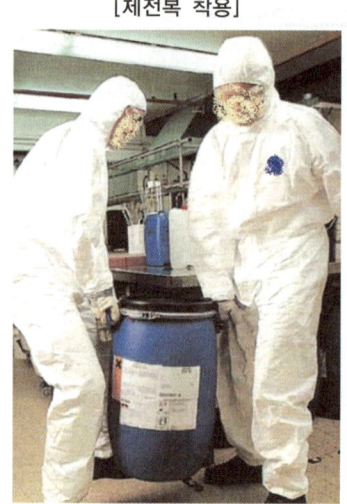

그림 출처 : 듀폰 안전 보호복

**Answer & Explanation**

(1) 발화원의 형태 : 정전기 스파크

(2) 종류
　① 박리대전(옷을 벗을 때)
　② 마찰대전(신발과 바닥 사이)

(3) 설명
　① 마찰대전 : 두 물체 사이의 **마찰로 인한 접촉, 분리에서 발생**한다.(신발과 바닥 사이)
　② 박리대전 : 밀착된 **물체가 떨어지면서** 자유전자의 이동으로 **발생**한다. (옷을 벗을 때)

(4) 대책
　① 정전기용 안전화 착용
　② 제전복 착용
　③ 정전기 제전용구 사용
　④ 작업장 바닥에 도전성을 갖출 것

(5) 보호구
　① 정전기용 안전화 착용
　② 제전복 착용

**52** 화면에서는 근로자들이 휴식시간에 건물 옥상 변전실 부근에서 공놀이를 하는 모습을 보여준다. (1) 화면에서 예상되는 재해의 종류와 (2) 재해방지대책(감전을 방지하기 위한 대책) 4가지를 적으시오.

> **화면 설명 ●** 공이 변전실 울타리 안쪽의 변압기의 충전부에 떨어져 공을 줍기 위해 근로자가 출입문을 통해 들어가 공을 꺼내는 장면이다.

**Answer & Explanation**

(1) 재해 종류 : 감전(전류접촉)

(2) 재해 방지대책
① 변전실 출입구에 잠금장치를 할 것
② 전원차단 확인 후에 공을 제거할 것
③ 변전실 주변에 안전표지판을 부착할 것(전기위험, 관계자 외 출입금지)
④ 작업자에게 전기안전 교육을 실시할 것

사진 출처 : (주)지텍

**주의** 동영상을 확인하고 답을 적으세요.

# 화학설비 안전 관리

**01** 암기형
(1) 특수화학설비 내부의 이상 상태를 조기에 파악하기 위하여 설치해야 할 방호장치 3가지를 적으시오.
(2) 특수화학설비 내부의 이상 상태를 조기에 파악하기 위하여 설치해야 할 계측장치 3가지를 적으시오.

**Answer & Explanation**

(1) 특수화학설비의 방호장치
① 계측장치 (온도계 · 압력계 · 유량계)
② 자동경보장치
③ 긴급차단장치
④ 예비동력원(4가지를 적으라는 경우만 해당)

(2) 특수화학설비의 계측장치
① 온도계
② 압력계
③ 유량계

**02** 산업안전보건법에 의하여 급기(給氣) · 배기(排氣) 환기장치를 설치한 경우에 밀폐설비나 국소배기장치를 설치하지 아니할 수 있는 경우 2가지를 적으시오.

**Answer & Explanation**

① 실내작업장의 벽 · 바닥 또는 천장에 대하여 관리대상 유해물질 취급업무를 수행할 때 관리대상 유해물질의 발산 면적이 넓어 밀폐설비나 국소배기장치를 설치하기 곤란한 경우
② 자동차의 차체, 항공기의 기체, 선체(船體) 블록(block) 등 표면적이 넓은 물체의 표면에 대하여 관리대상 유해물질 취급업무를 수행할 때 관리대상 유해물질의 증기 발산 면적이 넓어 밀폐설비나 국소배기장치를 설치하기 곤란한 경우

**암기형**

**03** 화면과 같이 공기 중에 LP가스가 누출되었다. 다음 조건에서 혼합가스의 폭발하한계를 구하시오.

> **보기**
>
> 혼합된 가스의 조성은
> - 공기 50%, 프로판 45%, 부탄 5%라고 가정한다.
>   (단, 공기 중 프로판 및 부탄의 폭발하한계는 2.1Vol%, 1.8Vol%이다.)

**Answer & Explanation**

$$\frac{100}{L} = \frac{90}{2.1} + \frac{10}{1.8} = 2.07 \,(\text{Vol\%})$$

**참고하기**

- 폭발범위(폭발하한계 및 폭발상한계)의 계산

$$\frac{100}{L} = \frac{V_1}{L_1} + \frac{V_2}{L_2} + \frac{V_3}{L_3} \cdots \,(\text{Vol\%})$$

$$L = \frac{100}{\dfrac{V_1}{L_1} + \dfrac{V_2}{L_2} + \dfrac{V_3}{L_3} \cdots}$$

여기서, $L$ : 혼합가스의 폭발하한계(상한계)
$L_1$, $L_2$, $L_3$ : 단독가스의 폭발하한계(상한계)
$V_1$, $V_2$, $V_3$ : 단독가스의 공기 중 부피
$100 : V_1 + V_2 + V_3 \cdots$

## 04 화면에서 작업자는 가스용접 작업을 하고 있다.

(1) 작업에서의 불안전한 행동 및 상태(위험요인) 2가지를 적으시오.

(2) 안전작업 대책 2가지를 적으시오.

> **화면 설명** ● 작업자는 맨 얼굴과 면장갑을 끼고 용접작업 중이며, 용접 중 줄이 짧아 줄을 잡아당기는 순간 호스가 뽑히며 산소가 누설되어 불꽃이 튄다. 산소 용기가 눕혀져 있으며 작업장 바닥에는 철판 등이 어지럽게 놓여있다.

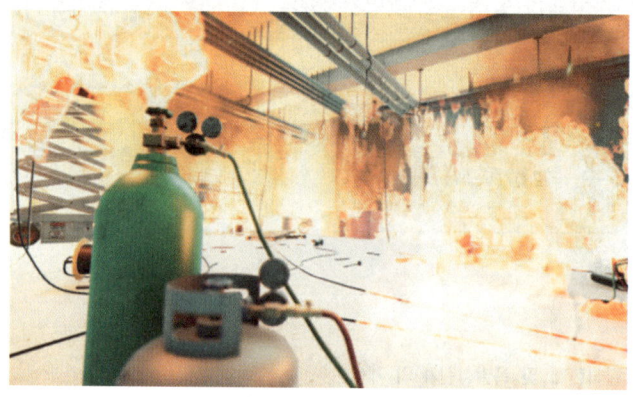

사진 출처 : 안전보건공단

**Answer & Explanation**

(1) 작업 시의 위험요인
  ① 산소용기를 눕혀서 사용하여 위험하다. (용기 밸브 등의 파손 위험 있다.)
  ② 호스의 접속부에 조임기구를 사용하여 가스 누출을 방지하여야 하나 **사용하지 않아** 호스가 뽑히며 가스가 누설되었다. (가스 누설로 인한 화재, 폭발 위험 있다.)
  ③ 작업자가 보호구를 착용하지 않았다.(용접용 보안면, 안전장갑을 착용하지 않아 화상 위험이 있다.)
  ④ 주변 정리 정돈 불량으로 (가연성 물질과의 접촉에 의한 화재, 폭발 및 걸려 넘어짐 등) 인한 사고 발생 위험 있다.

(2) 안전 작업 대책
  ① 산소용기는 세워서 사용한다.
  ② 호스의 접속부에 조임 기구를 사용하여 가스가 누출되지 않도록 조임을 철저히 한다.
  ③ 작업자는 용접용 보안면, 안전장갑을 착용하고 작업한다.
  ④ 주변 정리 정돈을 철저히 한다.

### 참고하기

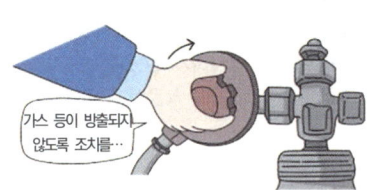

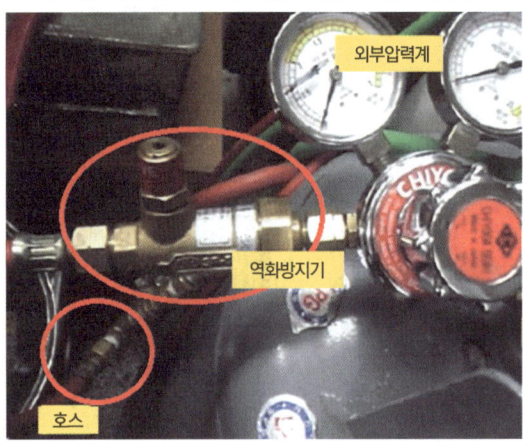

그림 출처 : 만화로 보는 안전보건기준에 관한 규칙
사진 출처 : https://m.blog.naver.com/tinki8/221023765847

---

**05** 동영상에서 작업자는 혼자 피복아크 용접을 하고 있다. 작업에 존재하는 불안전한 행동 및 상태(위험요인) 3가지를 적으시오.

> **화면 설명 •** 주변에는 인화성물질로 보이는 드럼통이 놓여있고 바닥은 정리정돈이 안된 상태이며 용접불꽃이 주변으로 튀는 장면을 보여준다. 작업자는 용접용 보안면, 가죽장갑, 용접용 앞치마를 착용한 상태이다.

사진 출처 : 안전보건공단 블로그 안젤이

**Answer & Explanation**

① 인근 가연성 물질에 대한 방호조치를 하지 않아 화재의 위험 있다.
② 용접불티 비산방지덮개, 용접방화포 등 불꽃, 불티 등 비산 방지 조치를 하지 않았다. (화재의 위험 있다.)
③ 용접 흄, 용접 시 발생되는 유해가스 제거를 위한 환기를 실시하지 않았다.
④ 작업장소 인근에 소화기가 비치되지 않았다. (소화기가 비치되지 않은 경우만 해당)

### 참고하기

- **피복아크 용접**
  피복제를 입힌 용접봉에 전류를 가해서 발생하는 Arc열로 용접을 한다.

그림 출처 : 안전보건공단 교육자료

### 암기형

**06** 프로판가스 용기 저장소로서 부적절한 장소 3가지를 적으시오.

**Answer & Explanation**

① 통풍, 환기가 불충분한 장소
② 화기사용 장소 및 그 주변
③ 위험물, 화약류, 가연성가스 취급 장소 및 그 주변

**07** 프로판가스의 최소산소농도를 계산하시오. (단, 프로판의 연소범위는 2.1 ~ 9.5 Vol%)

> **보기**
> 프로판의 연소식 : $C_3H_8 + 5O_2 = 3CO_2 + 4H_2O$

**Answer & Explanation**

최소산소농도 = 폭발하한계 × $\dfrac{\text{산소몰수}}{\text{연료몰수}}$

$= 2.1 \times \dfrac{5}{1} = 10.5 \text{Vol\%}$

---

**08** 화면은 인화성 물질의 취급 및 저장소를 보여준다. 동영상을 참고하여 (1) 가스폭발의 종류와 (2) 가스폭발의 종류를 정의하시오.

**화면 설명**  화면에서는 가스가 대기 중에 다량 유출되어 순간적으로 폭발하는 장면을 보여준다.

**Answer & Explanation**

(1) **가스폭발의 종류** : 증기운 폭발
(2) **정의** : 인화성 가스가 대기 중에 유출되어 구름형태로 모여 점화원에 의하여 순간적으로 폭발하는 현상

### 참고하기

- **폭발현상**
  (1) **슬롭오버(Slop-over)현상**
    - 석유화재에서 수분을 포함한 소화약제 방사 시에 급작스런 기화로 인해 열유를 비산시키는 현상
    - 위험물 저장탱크 화재 시 물 또는 포를 화염이 왕성한 표면에 방사할 때 위험물과 함께 탱크 밖으로 흘러넘치는 현상

  (2) **보일오버(Boil Over)현상**
    - 유류저장탱크의 화재 중 **탱크저부에 물 또는 물-기름 에멀전이 수증기로 변해 갑작스런 탱크 외부로의 분출을 발생**시키는 현상

  (3) **프로스오버(Froth-over)현상**
    - 저장탱크 속의 물이 점성을 가진 **뜨거운 기름의 표면 아래에서 끓을 때 급격한 부피팽창에 의하여 화재를 수반하지 않고 유류가 탱크 외부로 분출**되는 현상

  (4) **블래비(Bleve)현상**(비등액 팽창증기폭발)
    - 가연성 액화가스에서 **외부화재에 의해 탱크 내 액체가 비등하고 증기가 팽창하면서 폭발을 일으키는 현상**으로 벽면파괴를 동반한다.

**암기형**

**09** LPG가 대기 중에 유출되어 재해가 발생되었다면 (1) 재해 발생형태와 (2) 기인물은 무엇인지 적으시오.

*Answer & Explanation*

(1) 재해 발생형태 : 폭발
(2) 기인물 : LPG

**암기형**

**10** 산업안전보건법에 의하여 사업주는 용융(鎔融)한 고열의 광물("용융고열물")을 취급하는 피트에 대하여 수증기 폭발을 방지하기 위한 조치를 하여야 한다. 이 경우 사업주가 하여야 하는 조치사항 2가지를 적으시오.

*Answer & Explanation*

① 지하수가 내부로 새어드는 것을 방지할 수 있는 구조로 할 것
② 작업용수 또는 빗물 등이 내부로 새어드는 것을 방지할 수 있는 격벽 등의 설비를 주위에 설치할 것

**암기형**

**11** 화면에서 작업자는 인화성 물질 용기를 들고 인화성 물질의 취급 및 저장소에 들어가서 운반작업을 하다가 잠시 쉬려고 웃옷을 벗는 순간 폭발사고가 일어났다. 다음 물음에 답하시오.

(1) 폭발의 핵심 위험요인은 무엇인가?
(2) 인화성 물질 저장소의 물질 누출에 대비한 바닥의 경사 또는 턱은 높이를 몇 cm 이상으로 하여야 하는가?
(3) 인화성 물질의 증기, 가연성 가스, 가연성 분진이 존재하여 폭발, 화재가 발생할 우려가 있는 경우 예방대책 3가지를 적으시오.

*Answer & Explanation*

(1) 핵심 위험요인 : 정전기에 의한 발화(박리대전)
(2) 턱의 높이 : 15cm 이상
(3) 폭발, 화재 예방대책
   ① 환풍기, 배풍기 등 환기장치를 설치
   ② 가스검지 및 경보장치를 설치

**암기형**

**12** 화면에서 작업자는 폭발성 물질 저장소에 들어가기 위해 신발에 물을 묻히고 있다.
(1) 그 이유를 설명하시오.
(2) 폭발성 물질 화재 시 적합한 소화 방법을 적으시오.
(3) 정전기에 의한 화재, 폭발 위험이 있는 경우 작업자가 착용하여야 하는 보호구를 2가지 적으시오.

**화면 설명 ●** 작업자가 '위험물'이라 적힌 작업장에 들어서며 신발에 물을 묻히는 장면을 보여준다. 다른 화면에서 작업자가 바닥에 가루가 떨어져 있는 작업장에서 조금 미끄러지는 순간 신발에서 불꽃이 발생하는 모습을 보여준다.

**Answer & Explanation**

(1) 이유 : 신발과 바닥 사이의 **정전기로 인한 폭발방지**
(2) 소화 방법 : 다량의 주수에 의한 **냉각소화**
(3) 보호구
① 정전기용 안전화
② 제전복

---

**암기형**

**13** LPG 저장소에 설치하는 가스 누출 감지경보기 검지센서의 적절한 (1) 설치 위치와 (2) 경보 설정치는 폭발하한계의 몇 %인가?

**Answer & Explanation**

(1) LPG의 비중이 공기보다 무거우므로 바닥에 인접한 낮은 곳
(2) 폭발하한계의 25% 이하

**◉ 참고하기**

(1) 가스 누출 감지경보기의 설치
① 하나의 감지 대상 가스가 가연성이면서 독성인 경우에는 **독성가스를 기준하여 가스 누출 감지경보기를 선정한다.**
② 건축물 내에 설치되는 가스 누출 감지경보기는 **감지대상가스의 비중이 공기보다 무거운 경우에는 건축물 내의 하부에, 공기보다 가벼운 경우에는 건축물의 환기구 부근 또는 당해 건축물 내의 상부에 설치**하여야 한다.

(2) 가스 누출 감지경보기의 경보 설정치
① **가연성 가스** 누출 감지경보기는 감지대상 가스의 **폭발 하한계 25% 이하**, **독성가스** 누출 감지경보기는 해당 독성가스의 **허용농도 이하에서 경보가 울리도록 설정**하여야 한다.
② 가스 누출 감지경보의 정밀도는 경보 설정치에 대하여 **가연성가스 누출 감지 경보기는 ±25% 이하, 독성가스 누출 감지 경보기는 ±30% 이하**이어야 한다.

**암기형**

**14** 화면에서 작업자는 주황색 가스용기(수소) 저장소로 들어간다. 저장소에는 방폭형 전원 스위치가 설치되어 있으며 환풍기는 작동하지 않는 상태이다. 수소 취급 시 위험요인을 고려한 수소의 특성 2가지를 적으시오.

**Answer & Explanation**

① 폭발범위가 넓어 **누출 시 폭발 위험성이 크다.**(누출 시 대형 폭발의 우려 있다.)
② **연소 시 발열량이 크다.**
③ 금속을 녹이는 성질이 있고 **저장과 운반이 매우 어렵다.**

**참고하기**

| 방폭형 스위치 |
|:---:|

사진 출처 : 금화조명

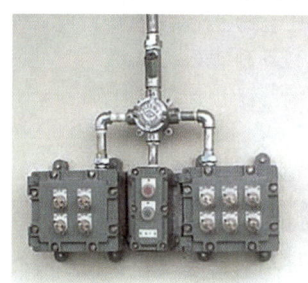
사진 출처 : 한영가스기공

**15** 화면에서는 아세틸렌 가스(노란색 가스용기) 저장소를 보여준다. 화면에서의 아세틸렌 가스 저장소에 존재하는 위험요인 2가지를 적으시오.

**화면 설명 •** 가스 저장소의 윗부분에 창문이 있으며 환풍기는 설치되어 있지 않은 상태이다. 가스저장소의 외부 3m 정도 거리에서 다른 작업자가 연삭기로 작업 중인데 불꽃이 튀는 장면이 보이며 저장소 안의 작업자는 가스 밸브를 돌리며 점검하는 모습이 보인다.

**Answer & Explanation**

① 아세틸렌 가스 저장소 **주변에서 불꽃이 튀는 작업**을 하여 화재, 폭발의 위험이 있다.
② 가스 저장소에 **소화설비**가 비치되지 않았다.
③ 가스 저장소에 **관계자외 출입금지** 조치를 하지 않았다.

## 참고하기

- **아세틸렌 용접장치의 관리**
    ① **발생기의 종류, 형식, 제작업체명, 매 시 평균 가스발생량 및 1회 카바이드 공급량**을 발생기실 내의 보기 쉬운 장소에 게시할 것
    ② 발생기실에는 관계 근로자가 아닌 사람이 출입하는 것을 금지할 것
    ③ **발생기에서 5미터 이내 또는 발생기실에서 3미터 이내**의 장소에서는 흡연, 화기의 사용 또는 불꽃이 발생할 위험한 행위를 금지시킬 것
    ④ 도관에는 산소용과 아세틸렌용의 혼동을 방지하기 위한 조치를 할 것
    ⑤ 아세틸렌 용접장치의 설치장소에는 적당한 소화설비를 갖출 것
    ⑥ 이동식 아세틸렌 용접장치의 발생기는 고온의 장소, 통풍이나 환기가 불충분한 장소 또는 진동이 많은 장소 등에 설치하지 않도록 할 것

가스장치실의 구조

그림 출처 : 만화로 보는 안전보건기준에 관한 규칙

가스저장소

사진 출처 : 한국가스신문 모바일사이트, "가스용기 보관함 믿을만한가요?", 2016.07.13.

**암기형**

**16** 산업안전보건법에 의하여 가스장치실을 설치하는 경우 준수하여야 하는 가스장치실의 구조 3가지를 적으시오.

**Answer & Explanation**

① 가스가 누출된 때에는 당해 **가스가 정체되지 아니하도록** 할 것
② **지붕 및 천장에는 가벼운 불연성의 재료를** 사용할 것
③ **벽에는 불연성의 재료를 사용**할 것

**암기형**

**17** 산업안전보건기준에 관한 규칙에서 정하는 아세틸렌 및 가스집합 용접장치에 관한 내용이다. 괄호에 적합한 숫자를 적으시오.

> **보기**
>
> (1) 아세틸렌 용접장치를 사용하여 금속의 용접·용단 또는 가열작업을 하는 경우에는 게이지 압력이 ( ① )을 초과하는 압력의 아세틸렌을 발생시켜 사용해서는 아니 된다.
> (2) 주관 및 분기관에는 ( ② )를 설치할 것[이 경우 하나의 취관에 대하여 2개 이상의 ( ② )를 설치하여야 한다]
> (3) 발생기실은 건물의 최상층에 위치하여야 하며, 화기를 사용하는 설비로부터 ( ③ )를 초과하는 장소에 설치하여야 한다.
> (4) 용해아세틸렌의 가스집합용접장치의 배관 및 부속기구는 동 또는 동을 ( ③ ) 이상 함유한 합금을 사용하여서는 아니 된다.

**Answer & Explanation**

① 127킬로파스칼(127kPa)
② 안전기
③ 3미터(m)
④ 70퍼센트(%)

> 참고하기

| 아세틸렌 발생기실의 설치장소 | 가스집합용접장치의 배관 |
|---|---|
| ① 아세틸렌 용접장치의 아세틸렌 발생기를 설치하는 경우에는 **전용의 발생기실에 설치**하여야 한다.<br>② 발생기실은 건물의 **최상층에 위치**하여야 하며, **화기를 사용하는 설비로부터 3미터를 초과**하는 장소에 설치하여야 한다.<br>③ 발생기실을 옥외에 설치한 경우에는 그 개구부를 다른 건축물로부터 1.5미터 이상 떨어지도록 하여야 한다. | ① 플랜지·밸브·콕 등의 **접합부에는 개스킷**을 사용하고 접합면을 상호밀착 시키는 등의 조치를 할 것<br>② **주관 및 분기관에는 안전기를 설치**할 것(이 경우 하나의 취관에 대하여 2개 이상의 안전기를 설치하여야 한다) |

**18** 산업안전보건법에 의하여 '입구 측의 압력이 설정압력에 도달 하면 판이 파열하면서 유체가 분출하도록 용기 등에 설치된 얇은 판으로 된 장치의 (1) 명칭을 적으시오. (2) 이 장치를 반드시 설치해야 하는 경우를 2가지 적으시오.

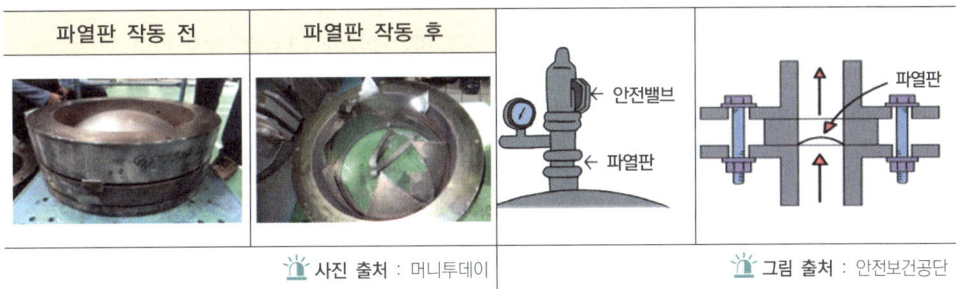

Answer & Explanation

(1) 명칭 : 파열판
(2) 반드시 설치해야 하는 경우
　① 반응 폭주 등 급격한 압력 상승의 우려가 있는 경우
　② 급성독성물질의 누출로 인하여 주위의 작업환경을 오염시킬 우려가 있는 경우
　③ 운전 중 안전밸브에 이상 물질이 누적되어 **안전밸브가 작동되지 아니할 우려가 있는 경우**

**19** 산업안전보건법에 의한 안전밸브 등의 작동 요건 및 배출 용량에 관한 내용이다. 괄호에 적합한 내용을 적으시오.

> **보기**
>
> 안전밸브 등이 안전밸브 등을 통하여 보호하려는 설비의 ( ① ) 이하에서 작동되도록 하여야 한다. 다만, 안전밸브 등이 2개 이상 설치된 경우에 1개는 ( ① )의 ( ② )배(외부화재를 대비한 경우에는 1.1배) 이하에서 작동되도록 설치할 수 있다.

**Answer & Explanation**

① 최고사용압력  ② 1.05배

---

**20** 화면에서는 인화성 물질 저장 탱크에 부착된 설비를 보여준다. 물음에 답하시오.

(1) 화면에서 보여주는 설비의 명칭을 적으시오.
(2) (1)의 장치에 대한 설명을 읽고 괄호에 적합한 내용을 적으시오.

> **보기**
>
> 정상운전 시에 대기압 탱크 내부가 ( )되지 않도록 충분한 용량의 것을 사용하여야 하며, 철저하게 유지·보수를 하여야 한다.

**Answer & Explanation**

(1) 통기설비[통기관 또는 통기밸브(breather valve)]
(2) 진공 또는 가압

**참고하기**

1. **통기설비(통기밸브, Breather valve)**
   ① 인화성 액체를 저장·취급하는 대기압 탱크에는 통기관 또는 통기밸브(breather valve) 등 (이하 "통기설비"라 한다)을 설치하여야 한다.
   ② 통기설비는 정상운전 시에 대기압 탱크 내부가 진공 또는 가압되지 않도록 충분한 용량의 것을 사용하여야 하며, 철저하게 유지·보수를 하여야 한다.
2. **통기밸브(breather valve)**는 탱크 내의 압력을 대기압과 평행하게 유지하는 역할을 한다.

**21** 화면에서는 화학설비 공장에서 높이 설치된 굴뚝의 모습을 보여준다. (1) 플레어 시스템 중 소각탑으로 스택 지지대, 플레어 팁, 파이롯 버너 및 점화장치 등으로 구성된 설비 일체를 무엇이라 하는가? (2) 플레어 시스템의 설치 목적을 구체적으로 적으시오.

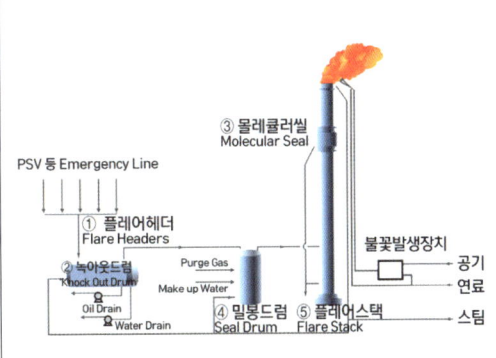

**Answer & Explanation**

(1) 플레어스택
(2) 안전밸브 등에서 **배출되는 위험물질을 안전하게 연소 처리**하여 배출(대기 중으로 방출)하기 위하여 설치한다.

**22** 화면에서는 화학설비의 수리를 위하여 배관을 분리하는 모습을 보여준다. 산업안전보건법에 의하여 화학설비와 그 부속설비의 개조·수리 및 청소 등을 위하여 해당 설비를 분해하거나 해당 설비의 내부에서 작업을 하는 경우에 준수해야 하는 사항 2가지를 적으시오.

**Answer & Explanation**

① 작업책임자를 정하여 해당 작업을 지휘하도록 할 것
② 작업장소에 위험물 등이 누출되거나 고온의 수증기가 새어나오지 않도록 할 것
③ 작업장 및 그 주변의 인화성 액체의 증기나 인화성 가스의 농도를 수시로 측정할 것

**23** 산업안전보건법에 의하여 사업주가 가스집합용접장치의 배관을 하는 경우에는 준수하여야 하는 사항 2가지를 적으시오.

그림 출처 : 안전보건공단

**Answer & Explanation**

① 플랜지·밸브·콕 등의 접합부에는 개스킷을 사용하고 접합면을 상호 밀착시키는 등의 조치를 할 것
② 주관 및 분기관에는 안전기를 설치할 것. 이 경우 하나의 취관에 2개 이상의 안전기를 설치하여야 한다.

**24** 산업안전보건법에 의하여 화학설비로서 가솔린이 남아 있는 화학설비(위험물을 저장하는 것으로 한정), 탱크로리, 드럼 등에 등유나 경유를 주입하는 작업을 하는 경우에는 미리 그 내부를 깨끗하게 씻어내고 가솔린의 증기를 불활성 가스로 바꾸는 등 안전한 상태로 되어 있는지를 확인한 후에 그 작업을 하여야 한다. 다만, 다음 각 호의 조치를 하는 경우에는 그러하지 아니하다. 괄호에 적합한 내용을 적으시오.

> **보기**
> (1) 등유나 경유를 주입하기 전에 탱크·드럼 등과 주입 설비 사이에 접속선이나 접지선을 연결하여 ( ① )를 줄이도록 할 것
> (2) 등유나 경유를 주입하는 경우에는 그 액표면의 높이가 주입관의 선단의 높이를 넘을 때까지 주입속도를 초당 ( ② ) 이하로 할 것

**Answer & Explanation**

① 전위차   ② 1미터

---

**25** 화면에서는 주유소에서 지게차에 경유를 주입하는 장면을 보여준다. 운전자의 흡연에 의한 발화가 발생하였다. (1) 화면에서의 위험요인을 원인과 결과로 설명하시오. (2) 담뱃불에 해당하는 발화의 형태는 무엇인가?

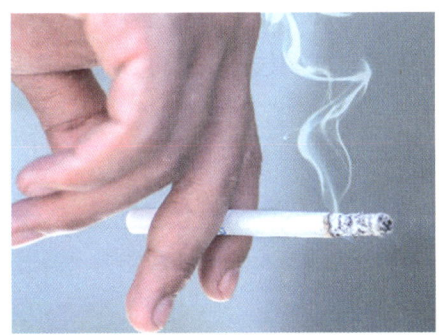

사진 출처 : 더코리아뉴스

**Answer & Explanation**

(1) **위험요인** : 인화성 물질 주변에서 흡연을 하여 나화에 의한 화재, 폭발이 우려된다.
(2) **발화의 형태** : 나화

**참고하기**

• **나화(裸火)** : 가연성 혼합가스 또는 기타 물질에 불을 붙일 수 있는 불꽃, 성냥, 라이터 및 양초 등을 말한다.

**26** 다음의 가스를 사용하여 작업하는 경우 퍼지를 실시하는 목적을 적으시오.

(1) 가연성가스 및 지연성가스
(2) 독성가스
(3) 불활성가스

**Answer & Explanation**

(1) 가연성가스 및 지연성가스 : 화재폭발 방지
(2) 독성가스 : 중독사고 방지
(3) 불활성가스 : 산소결핍 방지

**27** 화면에서 작업자는 퍼지작업을 하고 있다. 퍼지작업의 종류 3가지를 적으시오.

**Answer & Explanation**

① 진공퍼지  ② 압력퍼지  ③ 스위프퍼지  ④ 사이폰퍼지

**28** 밀폐작업장 내 산소농도가 몇 % 이상일 때 작업자 출입이 가능한가?

**Answer & Explanation**

산소농도 18% 이상

**29** 밀폐작업장의 경우 작업시작 전 산소농도 및 유해기스 농도를 반드시 측정해야 한다. 이때 산소농도가 몇 % 미만이면 반드시 환기를 실시해야 하는가?

**Answer & Explanation**

산소농도 18% 미만

**30** 화면은 선박 탱크 내부의 슬러지처리 작업을 보여준다. 작업 도중 한 작업자가 의식을 잃고 쓰러진다.

(1) 이러한 사고에 대비하여 비치하여야 하는 비상시 피난용구(밀폐공간 작업 시에 필요한 기구, 대피용 기구) 3가지를 적으시오.

(2) 작업자가 탱크 내부에서 30분 이상 작업할 경우 착용하여야 할 보호구의 종류를 2가지 적으시오.

### Answer & Explanation

(1) 비상 시 피난용구
 ① 송기마스크 또는 공기호흡기
 ② 섬유로프
 ③ 사다리
 ④ 안전대
 ⑤ 구명밧줄

(2) 작업자가 착용하여야 할 보호구
 ① 송기마스크
 ② 공기호흡기
 ※ 보호구를 3가지 적으라는 경우 '방독마스크' 추가할 것

### 참고하기

- 비상시 피난용구(구출용구)

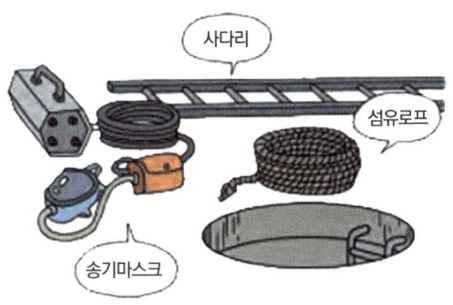

그림 출처 : 만화로 보는 산업안전보건기준에 관한 규칙

### 암기형

**31** 밀폐공간(산소 결핍 장소)에서 근로자가 작업하는 경우의 안전조치 사항을 3가지 적으시오.

**Answer & Explanation**

① 작업 시작 전 및 작업 중에 해당 작업장을 **적정 공기 상태가 유지되도록 환기**하여야 한다.
② 밀폐공간에 근로자를 종사하도록 하는 경우에는 그 장소에 **근로자를 입장시킬 때와 퇴장시킬 때마다 인원을 점검**하여야 한다.
③ 작업하는 **근로자가 아닌 사람이** 그 장소에 **출입하는 것을 금지**하고, 출입금지 표지를 밀폐공간 근처의 보기 쉬운 장소에 게시하여야 한다.
④ 작업상황을 감시할 수 있는 **감시인을 지정**하여 밀폐공간 **외부에 배치**하여야 한다.
⑤ 밀폐공간에서 작업을 하는 동안 그 **작업장과 외부의 감시인 간에 항상 연락을 취할 수 있는 설비**를 설치하여야 한다.
⑥ 밀폐공간에서 작업을 하는 경우에 산소결핍이나 유해가스로 인한 질식·화재·폭발 등의 우려가 있으면 **즉시 작업을 중단시키고 해당 근로자를 대피**하도록 하여야 한다.
⑦ **공기호흡기 또는 송기마스크, 안전대나 구명밧줄, 사다리 및 섬유로프** 등 비상 시에 대피용기구 및 근로자를 구출하기 위하여 필요한 기구를 갖추어 두어야 한다.
⑧ 밀폐공간에서 근로자를 구출하는 경우 **구출작업에 종사하는 근로자에게 공기호흡기 또는 송기마스크를 지급**하여야 한다.

### 참고하기

그림 출처 : 만화로 보는 산업안전보건기준에 관한 규칙

**32** 밀폐공간(산소 결핍 장소)에서 근로자가 작업하는 경우의 위험요인 3가지를 적으시오.

> **화면 설명** • 선박 밸러스트 탱크 내부에서 작업하던 중 작업자가 쓰러지는 장면을 보여준다. 작업자는 송기마스크를 착용하지 않았으며 산소농도 측정도 하지 않는다.

그림 출처 : 안전보건공단 자료실

**Answer & Explanation**

① 환기장치를 설치하지 않아 **산소결핍의 위험** 있다.
② 작업자가 송기마스크를 착용하지 않아 **질식 위험**이 있다.
③ 작업 중 **산소 및 유해가스농도**를 측정하지 않아 **질식 및 가스중독의 위험** 있다.
④ 송기마스크, 사다리 및 섬유로프 등 비상 시에 근로자를 피난시키거나 구출하기 위한 기구를 갖추지 않아 위험하다.

**암기형**

**33** 화면은 밀폐공간 작업을 보여준다. 밀폐공간에서 작업을 하는 경우 작업 전 근로자에게 알려야 할 사항 3가지를 적으시오.

**Answer & Explanation**

① **산소 및 유해가스농도 측정**에 관한 사항
② 사고 시의 **응급조치 요령**
③ 환기설비의 가동 등 **안전한 작업방법**에 관한 사항
④ **보호구의 착용과 사용방법**에 관한 사항
⑤ 구조용 장비 사용 등 **비상시 구출**에 관한 사항

## 34 밀폐공간에서 작업하는 경우 실시하여야 하는 특별교육의 내용 3가지를 적으시오. (단, 그 밖에 안전·보건관리에 필요한 사항은 제외할 것)

**Answer & Explanation**

① 산소농도 측정 및 작업환경에 관한 사항
② 사고 시의 응급처치 및 비상 시 구출에 관한 사항
③ 보호구 착용 및 보호 장비 사용에 관한 사항
④ 작업내용·안전작업방법 및 절차에 관한 사항
⑤ 장비·설비 및 시설 등의 안전점검에 관한 사항

### 참고하기

"밀폐공간에서 작업을 하는 경우 작업 전 근로자에게 알려야 할 사항", "화학설비의 탱크 내 작업 시의 특별교육 내용", "밀폐공간에서의 작업 시의 특별교육 내용"의 공통 내용

① 산소농도 측정 및 작업환경에 관한 사항
② 응급조치 요령에 관한 사항
③ 보호구의 착용 및 사용에 관한 사항
④ 안전작업방법에 관한 사항

| 밀폐공간에서 작업을 하는 경우 작업 전 근로자에게 알려야 할 사항 | 화학설비의 탱크 내 작업 시 특별교육 내용 | 밀폐공간에서의 작업 시 특별교육 내용 |
|---|---|---|
| ① 산소 및 유해가스농도 측정에 관한 사항<br>② 사고 시의 응급조치 요령<br>③ 환기설비의 가동 등 안전한 작업방법에 관한 사항<br>④ 보호구의 착용과 사용방법에 관한 사항<br>⑤ 구조용 장비 사용 등 비상시 구출에 관한 사항 | ① 차단장치·정지장치 및 밸브 개폐장치의 점검에 관한 사항<br>② 탱크 내의 산소농도 측정 및 작업환경에 관한 사항<br>③ 안전보호구 및 이상 발생 시 응급조치에 관한 사항<br>④ 작업절차·방법 및 유해·위험에 관한 사항<br>⑤ 그 밖에 안전·보건관리에 필요한 사항 | ① 산소농도 측정 및 작업환경에 관한 사항<br>② 사고 시의 응급처치 및 비상 시 구출에 관한 사항<br>③ 보호구 착용 및 보호 장비 사용에 관한 사항<br>④ 작업내용·안전작업방법 및 절차에 관한 사항<br>⑤ 장비·설비 및 시설 등의 안전점검에 관한 사항<br>⑥ 그 밖에 안전·보건관리에 필요한 사항 |

## 35 밀폐공간에서 작업하는 경우 관리감독자의 직무 3가지를 적으시오.

**Answer & Explanation**

① 산소가 결핍된 공기나 유해가스에 노출되지 않도록 작업 시작 전에 해당 근로자의 작업을 지휘하는 업무
② 작업을 하는 장소의 공기가 적절한지를 작업 시작 전에 측정하는 업무
③ 측정장비·환기장치 또는 송기마스크 등을 작업 시작 전에 점검하는 업무
④ 근로자에게 송기마스크 등의 착용을 지도하고 착용 상황을 점검하는 업무

**암기법**

측정장비 환기장치 송기마스크 작업 전 점검, 공기적정한지 작업 전 측정, 송기마스크 착용 점검

## 36 화면은 지하에 위치한 폐수처리조의 슬러지 처리작업을 보여준다.

(1) 화면과 같은 작업을 하는 경우 착용하여야 할 호흡용 보호구의 종류를 2가지 적으시오. (단, 작업장의 산소농도는 18% 미만이다.)
(2) 화면과 같은 작업을 하는 경우 착용하여야 할 호흡용 보호구의 종류를 2가지 적으시오.
(3) 작업자가 혼절한 후 7~8분 이내에 사망하였다면 작업장의 산소농도는 약 % 정도로 예상할 수 있는지 적으시오.
(4) 밀폐공간에서 근로자가 종사할 때 밀폐공간보건작업 프로그램을 시행하여야 한다. 밀폐공간작업 프로그램의 내용을 3가지 적으시오.

사진 출처 : 안전보건공단

**Answer & Explanation**

(1) 송기마스크, 공기호흡기
(2) 송기마스크 또는 공기호흡기(산소농도 18% 미만인 경우), 방독마스크(산소농도 18% 이상인 경우)
(3) 약 7 ~ 8%
(4) 밀폐공간작업 프로그램의 내용
  ① 사업장 내 밀폐공간의 위치 파악 및 관리 방안
  ② 밀폐공간 내 질식·중독 등을 일으킬 수 있는 유해·위험 요인의 파악 및 관리 방안
  ③ 밀폐공간 작업 시 사전 확인이 필요한 사항에 대한 확인 절차
  ④ 안전보건교육 및 훈련
  ⑤ 그 밖에 밀폐공간 작업 근로자의 건강장해 예방에 관한 사항

**암기법**
밀폐공간 위치 파악하고 유해위험요인 파악해서 관리방안 세우고 교육 훈련하자.

**[암기형]**

**37** 화면은 밀폐공간 작업을 보여준다. (1) 산소결핍이란 산소농도 (  ) 미만인 상태를 말한다. (2) 밀폐된 공간에서 작업자를 구출하는 경우 구출하는 자가 착용하여야 하는 보호구는 (  )이다. (3) 작업자가 착용하지 않은 보호구의 종류를 3가지 적으시오.

**Answer & Explanation**

(1) 18%
(2) 공기호흡기 또는 송기마스크
(3) ① 송기마스크
    ② 안전모
    ③ 안전화

주의 작업자가 착용하지 않은 보호구는 반드시 동영상을 확인하고 답을 적으세요.

**[암기형]**

**38** 밀폐공간의 적정 공기 수준에 관한 내용이다. [보기]의 (   )에 적합한 숫자를 적으시오.

> **보기**
> 적정한 공기라 함은 산소농도의 범위가 ( ① )% 이상 ( ② )% 미만, 탄산가스의 농도가 ( ③ )% 미만, 일산화탄소의 농도가 ( ④ )ppm 미만, 황화수소의 농도가 ( ⑤ )ppm 미만인 수준의 공기를 말한다.

**Answer & Explanation**

① 18  ② 23.5  ③ 1.5  ④ 30  ⑤ 10

**암기형**

**39** 작업자가 사망하는 사고가 발생한 경우 해당 노동관서의 장에게 보고해야 할 사항 3가지를 쓰시오.

**Answer & Explanation**

① 발생개요 및 피해상황
② 조치 및 전망
③ 그 밖의 중요한 사항

**암기형**

**40** 화면에서 작업자는 밀폐된 탱크 내에서 그라인더 작업 중 다른 작업자가 외부에 설치된 국소배기장치의 전원을 발로 차서 국소배기장치의 전원이 끊어지며 작업자가 의식을 잃고 쓰러진다. (1) 동영상에서와 같은 작업 시의 위험요인(사고발생 원인) 2가지를 적으시오. (2) 안전작업 사항 2가지를 적으시오.

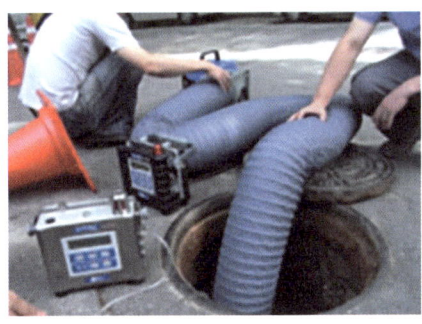 

그림 출처 : 안전보건공단 자료실

**Answer & Explanation**

(1) 작업 시의 위험요인(사고 발생 원인)
① 국소배기장치 전원 차단으로 인한 질식 위험 있다.
② 작업 중 환기 미실시로 인한 질식 위험 있다.
③ 근로자 송기 마스크 미착용으로 인한 질식 위험 있다.

(2) 안전 작업 사항
① 작업 전 및 작업 중 수시로 환기를 실시한다.
② 작업자는 송기 마스크를 착용하고 작업한다.
③ 작업지휘자를 배치하여 국소배기장치의 작동 및 환기 상태를 확인한다.

**주의** 동영상을 확인하고 답을 적으세요.

### 참고하기

- 탱크 내 환기장치 설치

| 탱크 하부 급기(적합) | 출입구 근처 급기(부적합) |
|---|---|

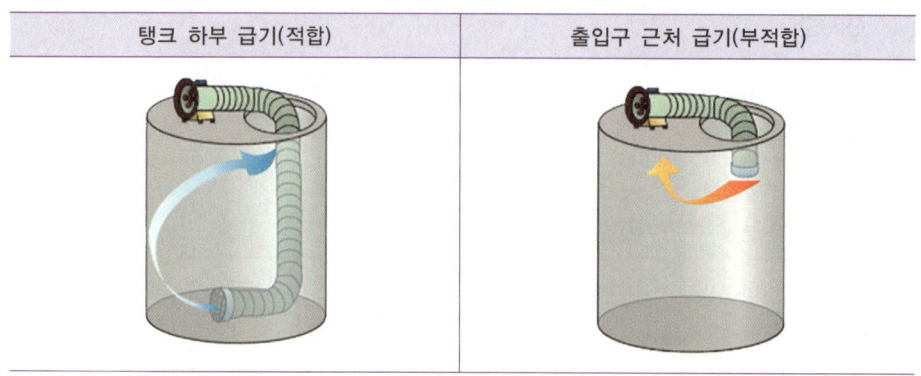

**암기형**

**41** 화면은 크롬도금 작업을 보여준다. 크롬도금 작업을 할 경우 안전조치사항 3가지를 적으시오.

사진 출처 : 근안도금

**Answer & Explanation**

① 국소배기장치를 도금조에 근접하게 설치하고 정상작동 여부를 수시로 확인한다.
② 작업장 바닥은 불침투성 재료를 사용하고 누출된 도금액은 즉시 세척한다.
③ 젖은 손으로 전기시설 조작을 금지한다.
④ 보호구(방독마스크, 불침투성 보호장갑, 불침투성 보호장화, 불침투성 보호복, 보안경)를 착용하고 작업한다.

### 42 [암기형]
크롬 및 크롬화합물의 흄, 분진 등의 흡입에 의하여 발생할 수 있는 (1) 직업병의 명칭과 (2) 증상을 적으시오.

**Answer & Explanation**

(1) **직업병의 명칭** : 비중격천공증
(2) **증상** : 콧속 물렁뼈에 구멍이 생기는 증상

### 43 [암기형]
화면에서 작업자는 크롬 취급 작업을 하고 있다. 장기간 근무할 경우 크롬 화합물이 작업자의 체내에 유입될 수 있는 침입 경로 3가지를 적으시오.

**Answer & Explanation**

① 호흡기
② 소화기
③ 피부점막

### 44 [암기형]
화면에서 작업자는 화학물질(황산)을 취급하고 있다. 작업자는 맨손이며, 마스크를 미착용한 채로 화학물질(황산)을 비커에 따르는 작업을 하고 있다.

(1) 화학물질(황산)이 체내에 유입될 수 있는 경로 3가지를 적으시오.
(2) 화학물질이 담긴 용기에 화학물질의 특성 등을 표시하여 화학물질의 유해·위험을 알리기 위하여 작성하는 자료의 명칭을 적으시오. (단, 명칭을 정확히 적을 것)

**Answer & Explanation**

(1) ① 호흡기
② 소화기
③ 피부점막
(2) 물질안전보건자료(MSDS)

**암기형**

**45** 화면에서 작업자는 비커에 담긴 황산을 집게로 집어 다른 기구로 옮기던 중 기구가 깨지며 황산이 튀는 사고가 발생하였다. (1) 이 사고의 재해 발생형태와 (2) 재해 발생형태의 정의를 적으시오. (3) 작업자가 착용하여야 하는 보호구의 종류 3가지를 적으시오.

*Answer & Explanation*

(1) **재해 발생형태** : 유해위험물질 노출·접촉
(2) **정의** : 유해·위험물질에 노출·접촉 또는 흡입하였거나 독성동물에 쏘이거나 물린 경우
(3) **착용하여야 하는 보호구의 종류**
   ① 화학물질용 보호복(불침투성 보호복)
   ② 화학물질용 안전장갑(불침투성 보호장갑)
   ③ 보안경
   ④ 화학물질용 안전화(불침투성 보호장화)
   ⑤ 방독마스크

**암기형**

**46** 화면에서 작업자는 화학물질 실험 중이다. 보호구를 착용하지 않고 실험을 하던 중 갑자기 작업자가 아파하는 장면이 나온다. 화면에서와 같은 사고의 (1) 재해 발생형태와 (2) 재해 발생형태의 정의를 적으시오.

*Answer & Explanation*

(1) **재해 발생형태** : 유해·위험물질 노출·접촉
(2) **정의** : 유해·위험물질에 노출·접촉 또는 흡입하였거나 독성동물에 쏘이거나 물린 경우

**암기형**

**47** 화면에서는 유해물 취급 작업을 보여준다. 유해물 취급 시 주의사항(안전 조치사항) 3가지를 적으시오.

*Answer & Explanation*

① 유해물질 발생원인 봉쇄
② 작업공정 은폐, 작업장 격리
③ 유해물의 위치, 작업공정 변경

> **암기형**

**48** 화면에서 작업자는 유기용제 취급작업을 하고 있다. 화면을 보고 유기용제 취급 작업장의 안전 수칙 2가지를 적으시오.

> **화면 설명** • 화면에서는 작업자가 들고 들어온 유기용제 용기를 보여준다. 한 작업자는 일반 면 마스크를 착용한 채 작업을 하고 있으며 다른 작업자는 담배를 피우고 담배꽁초를 던지고 나가는 모습을 보여준다.

**Answer & Explanation**

① 작업자는 화학물질용 보호복(불침투성 보호복), 화학물질용 안전장갑(불침투성 보호장갑), 화학물질용 안전화(불침투성 보호장화), 보안경, 방독마스크(유기화합물용)를 착용한다.
② 작업장 안에서는 음식섭취 및 흡연을 금지한다.
③ 작업장은 환기장치(국소배기장치 또는 전체 환기장치)를 설치하고 작동한다.

◉ **참고**하기

그림 출처 : 안전보건공단 자료실

## 49
화면에서 작업자는 베어링 세척 작업(금속 세척 작업) 중이다.

(1) 베어링 세척 작업(금속 세척 작업) 시의 위험요인 3가지를 적으시오.

(2) 작업자가 착용해야 하는 보호구 3가지를 적으시오.

> **화면 설명 ▶** 작업자는 베어링 세척 중 흡연을 하고 있다. 작업자는 보호구를 미착용하였고 바닥에는 고무호스가 나뒹굴고 있다. 훅에는 해지 장치가 설치되지 않은 모습을 보여준다.

 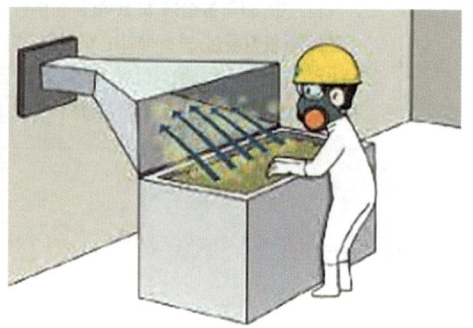

그림 출처 : 안전보건공단

### Answer & Explanation

(1) 작업 시의 위험요인
① 작업 중 흡연하여 위험하다.(화재, 폭발의 위험이 있다.)
② 작업자가 방독마스크, 불침투성 보호복(화학물질용 보호복), 불침투성 보호장갑(화학물질용 보호장갑), 불침투성 보호장화(화학물질용 안전화), 보안경을 착용하지 않았다.
③ 작업장에 국소배기장치가 설치되지 않았다.
④ 작업장 바닥의 정리정돈이 불량하다.

(2) 착용해야 할 보호구
① 방독마스크
② 불침투성 보호복(화학물질용 보호복)
③ 불침투성 보호장갑(화학물질용 보호장갑)
④ 불침투성 보호장화(화학물질용 안전화)
⑤ 보안경

### ⊙ 참고하기

금속의 세척작업에는 TCE, 신너 등의 화학물질이 포함된 세척제가 사용된다.

> 암기형

**50** (1) 위험물을 다루는 바닥이 갖추어야 할 조건을 2가지를 적으시오.

(2) 위험 물질을 액체 상태로 저장하는 저장 탱크를 설치하는 때에 위험 물질이 누출되어 확산되는 것을 방지하기 위하여 설치하여야 하는 장치를 적으시오.

> 화면 설명 • 실험실에서 황산을 취급 중 용기를 깨뜨려 황산이 바닥에 흐르는 장면을 보여준다.

**Answer & Explanation**

(1) 위험물을 다루는 바닥이 갖추어야 할 조건
  ① 바닥은 불침투성 재료를 사용한다.
  ② 청소하기 쉬운 구조로 한다.
  ③ 누출 시 액체가 확산되지 않도록 높이 15cm 이상의 턱을 설치한다.(3가지 이상 적으라는 경우만 작성)

(2) 방유제

**51** 화면에서는 크롬 취급 작업장을 보여준다. (1) 크롬 등 관리대상 유해물질 취급 작업장의 바닥이 갖추어야 할 조건 중 바닥 재료의 조건을 적으시오. (2) 작업장 바닥의 구조조건을 적으시오.

**Answer & Explanation**

(1) 바닥 재료의 조건
  바닥은 **불침투성 재료**를 사용한다. (산업안전보건기준에 관한 규칙)

(2) 작업장 바닥의 구조조건
  ① 청소하기 쉬운 구조로 한다. (산업안전보건기준에 관한 규칙)
  ② 누출 시 액체가 확산되지 않도록 **높이 15cm 이상의 턱**을 설치한다. (2가지 이상 적으라는 경우만 작성할 것)

> 암기형

**52** 화면에서 작업자는 크롬도금 공정 중에 도금의 상태를 검사하고 있다. 도금조에 적합한 (1) 국소배기장치의 명칭과 (2) 크롬산 미스트 발생을 억제하는 방법 (3) 착용해야 할 보호구(고무장갑, 고무장화 제외)를 적으시오.

**Answer & Explanation**

(1) 국소배기장치의 명칭 : PUSH-PULL형
(2) 크롬산 미스트 발생을 억제하는 방법 : 크롬 도금조에 계면활성제, 소형 플라스틱 볼을 넣어 발생을 억제한다.
(3) 착용해야할 보호구 : 불침투성 보호복(화학물질용 보호복), 방독마스크, 보안경

> 📖 참고하기

(1) 도금작업 시 착용하여야 할 보호구
  ① T.C.E(Trichloroethylene) 증기가 발생하는 초음파 세척부서 작업자 : 유기가스용 방독마스크 또는 호스마스크 착용
  ② 무수크롬산, 염화수소, 시안화합물의 미스트, 증기, 가스 등이 발생하는 도금 작업장 : 호흡용 보호구 착용
(2) 푸쉬-풀형 국소배기장치 : 한쪽에서 강하게 공기를 쏘아주고 다른 한쪽에서 공기를 빨아들임으로써 발생하는 미스트나 증기가 도금조를 빠져나오지 못하도록 한다.

| 푸쉬-풀형 환기장치가 설치되어 있는 도금조 | 슬롯형 후드가 설치된 도금조 |
|---|---|
| 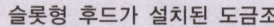 |  |

**53** 화면에서 작업자는 자동차부품을 도금 후 세척하는 작업을 하고 있다. 다음 물음에 답하시오.

> 화면 설명 • 작업자는 담배를 물고 운동화를 착용한 상태에서 작업하고 있다.

(1) 위 화면을 참고하여 위험예지훈련을 하려고 한다. 근로자가 지켜야 할 행동목표 두 가지를 적으시오.
(2) 만약, 세척조에서 신너를 사용한다면 예상되는 재해 유형을 적으시오.

사진 출처 : 연합뉴스

**Answer & Explanation**

(1) 근로자 행동목표
① 작업 중 흡연하지 말자.
② 세척작업 중 화학물질용 안전화(불침투성 보호장화)를 착용하자.

(2) 재해 유형 : 폭발, 화재

**54** 화면에서 작업자는 납땜 작업을 하고 있다. (1) 작업자가 착용하여야 할 보호구 2가지를 적으시오. (2) 작업에 존재하는 유해 위험요인 1가지와 재해 발생형태를 적으시오.

> **화면 설명** ● 납땜 작업 중에 연기가 발생하고 있으며 국소배기장치로 연기가 빨려 들어간다. 다른 작업자는 납땜 완료된 자재를 국소배기장치 안쪽으로 던져 쌓고 있으며 작업 중 갑자기 작업자가 쓰러진다.

**Answer & Explanation**

(1) 착용해야 할 보호구
① 호흡용 보호구
- 특급 또는 1급 방진마스크(납 분진 발생 시)
- 방독마스크(납 증기 발생 시)
- 송기 마스크(밀폐 공간에서 산소결핍 시)
② 보안경

(2) 유해 위험요인 및 재해 발생형태
① 유해 위험요인 : 국소배기장치 후드로 자재를 쌓아 환기가 불량하다.
② 재해 발생형태
- 산소결핍, 질식(주변이 개구부가 없는 밀폐공간일 경우)
- 유해·위험 물질 노출·접촉(밀폐공간이 아닐 경우)

**주의** 동영상을 확인하고 답을 적으세요.

> 참고하기

| 유해·위험물질<br>노출·접촉 | 유해·위험물질에 노출·접촉 또는 흡입하였거나 독성동물에 쏘이거나 물린 경우 |
|---|---|
| 산소결핍·질식 | 유해물질과 관련 없이 산소가 부족한 상태·환경에 노출되었거나 이물질 등에 의하여 기도가 막혀 호흡기능이 불충분한 경우 |

**55** 도료 및 용제를 취급하는 작업이다. (1) 작업 중 발생이 우려되는 위험요인 3가지를 적으시오. (2) 작업자가 착용하여야 할 보호구 1가지를 적으시오.

> 화면 설명 • 작업자는 방진마스크와 보안경을 착용하고 있으며 면장갑을 낀 채 금속에 페인트를 뿌리고 있다.

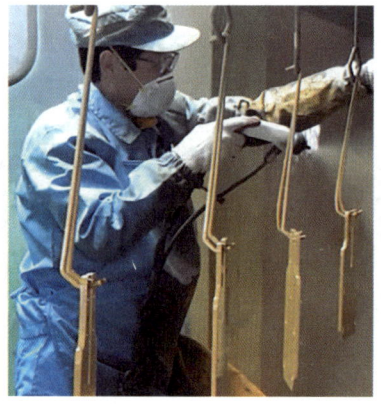

사진 출처 : 안전보건공단

**Answer & Explanation**

(1) 유해요인
 ① 유독가스에 의한 중독, 질식
 ② 도료 및 용제에 의한 화재
 ③ 주변 정리 정돈 불량으로 걸려 넘어짐 또는 충돌(정리정돈이 불량한 경우만 해당)

(2) 착용하여야 할 보호구
 ① 방독마스크(유기화합물용)
 ② 화학물질용 안전장갑(불침투성 보호장갑)
 ③ 화학물질용 보호복

**암기형**

**56** 화면은 변압기를 유기화합물에 담가 절연처리한 후 건조하는 작업을 나타낸다. 화면과 같은 작업에서 착용해야 할 보호구를 적으시오.

(1) 손
(2) 눈
(3) 피부

**Answer & Explanation**

(1) 화학물질용 안전장갑(불침투성 보호장갑)
(2) 보안경
(3) 화학물질용 보호복(불침투성 보호복)

---

**암기형**

**57** 화면에서는 유해물질 취급 작업을 보여준다. 화학물질 또는 화학물질을 함유한 제제를 제조·수입·사용·운반 또는 저장하려면 "물질안전 보건자료"를 작성하여 취급근로자가 쉽게 볼 수 있는 장소에 게시하거나 갖춰 두어야 한다.

(1) 물질안전보건자료에 적어야 하는 사항 3가지를 적으시오.
(2) MSDS를 게시 또는 갖추어 두고 정기 또는 수시로 점검·관리하여야 하는 장소를 적으시오.

**Answer & Explanation**

(1) 물질안전보건자료에 적어야 하는 사항
  1. **제품명**
  2. 물질안전보건자료 대상물질을 구성하는 화학물질 중 유해인자의 분류기준에 해당하는 **화학물질의 명칭 및 함유량**
  3. 안전 및 보건상의 **취급 주의 사항**
  4. **건강 및 환경에 대한 유해성, 물리적 위험성**
  5. 물리·화학적 특성 등 고용노동부령으로 정하는 사항
    ① 물리·화학적 특성
    ② 독성에 관한 정보
    ③ 폭발·화재 시의 대처방법
    ④ 응급조치 요령
    ⑤ 그 밖에 고용노동부장관이 정하는 사항

(2) MSDS를 게시 또는 갖추어 두어야 하는 장소
  ① 물질안전보건자료대상물질을 취급하는 작업공정이 있는 장소
  ② 작업장 내 근로자가 가장 보기 쉬운 장소
  ③ 근로자가 작업 중 쉽게 접근할 수 있는 장소에 설치된 전산장비

### 참고하기

**(1) 물질안전보건자료의 작성항목(Data Sheet 16가지 항목)**
1. 화학제품과 회사에 관한 정보
2. 유해·위험성
3. 구성성분의 명칭 및 함유량
4. 응급조치요령
5. 폭발·화재 시 대처방법
6. 누출 사고 시 대처방법
7. 취급 및 저장방법
8. 노출방지 및 개인보호구
9. 물리화학적 특성
10. 안정성 및 반응성
11. 독성에 관한 정보
12. 환경에 미치는 영향
13. 폐기 시 주의사항
14. 운송에 필요한 정보
15. 법적규제 현황
16. 기타 참고사항

**(2) 물질안전보건자료 작성 제외 대상**
1. 「건강기능식품에 관한 법률」에 따른 **건강기능식품**
2. 「농약관리법」에 따른 **농약**
3. 「마약류 관리에 관한 법률」에 따른 **마약 및 향정신성의약품**
4. 「비료관리법」에 따른 **비료**
5. 「사료관리법」에 따른 **사료**
6. 「생활주변방사선 안전관리법」에 따른 **원료물질**
7. 「생활화학제품 및 살생물제의 안전 관리에 관한 법률」에 따른 안전 확인대상 **생활화학제품 및 살생물제품 중 일반 소비자의 생활용으로 제공되는 제품**
8. 「식품위생법」에 따른 **식품 및 식품첨가물**
9. 「약사법」에 따른 **의약품 및 의약외품**
10. 「원자력안전법」에 따른 **방사성물질**
11. 「위생용품 관리법」에 따른 **위생용품**
12. 「의료기기법」에 따른 **의료기기**
12의 2. 「첨단재생의료 및 첨단바이오의약품 안전 및 지원에 관한 법률」에 따른 **첨단바이오의약품**
13. 「총포·도검·화약류 등의 안전관리에 관한 법률」에 따른 **화약류**
14. 「폐기물관리법」에 따른 **폐기물**
15. 「화장품법」에 따른 **화장품**
16. 제1호부터 제15호까지의 규정 외의 **화학물질 또는 혼합물로서 일반소비자의 생활용으로 제공되는 것** (일반소비자의 생활용으로 제공되는 화학물질 또는 혼합물이 사업장 내에서 취급되는 경우를 포함한다)
17. 고용노동부장관이 정하여 고시하는 연구·개발용 화학물질 또는 화학제품. 이 경우 법 제110조 제1항부터 제3항까지의 규정에 따른 자료의 제출만 제외된다.
18. 그 밖에 고용노동부장관이 독성·폭발성 등으로 인한 위해의 정도가 적다고 인정하여 고시하는 화학물질

---

**암기법**

비료로 농사지은 식품, 건강식품, 위생용품 폐기물에서 화약, 방사성 원료물질 나와서 소비자용 의료기기, 첨단 의약품, 마약, 화장품으로 치료했다.

(3) 물질안전보건자료 대상물질의 작업공정별 관리요령에 포함사항
   ① **제품명**
   ② 건강 및 환경에 대한 **유해성, 물리적 위험성**
   ③ 안전 및 보건상의 **취급 주의사항**
   ④ 적절한 **보호구**
   ⑤ **응급조치 요령 및 사고 시 대처방법**

> **암기법**
>
> 물질안전보건자료에 적어야 하는 사항, 관리요령에 포함사항(명칭 및 함유량 제외), 변경사항 중 상대방에게 제공하여야 할 내용, 교육내용((명칭 및 함유량 제외))의 공통 내용
> 1. 제품명(명칭)
> 2. 명칭 및 함유량
> 3. 물리적 위험성 및 건강 유해성
> 4. 취급 주의사항
> 5. 응급조치 요령, 사고 시 대처법

---

**58** 화면에서는 작업자가 DMF를 배합기에 넣는 유해물질 취급 작업을 보여준다.

(1) 유해물질 취급 장소에 게시하여야 하는 사항 3가지를 적으시오.

(2) 착용하여야 할 보호구를 적으시오.

(3) 관리대상 유해물질을 취급하는 작업에 근로자를 종사하도록 하는 경우에 근로자를 작업에 배치하기 전에 근로자에게 알려야 하는 사항 3가지를 적으시오.
   (단, 그 밖에 근로자의 건강장해 예방에 관한 사항은 제외한다.)

(4) 해당 작업장에 게시하여야 하는 경고표지의 종류 2가지를 [보기]에서 골라 그 번호를 적으시오.

> **보기**
> ① 급성독성물질 경고   ② 산화성물질 경고   ③ 인화성물질 경고   ④ 발암성물질 경고

**Answer & Explanation**

(1) 취급 장소 게시사항(관리대상 물질 및 허가대상 물질 취급 작업장)
   ① 유해물질의 명칭
   ② 인체에 미치는 영향
   ③ 취급상 주의사항
   ④ 착용하여야 할 보호구
   ⑤ 응급조치와 긴급 방재 요령

※ 디메틸포름아미드(DMF)는 관리대상 유해물질에 해당한다.

(2) 착용하여야 할 보호구
    ① 방독마스크
    ② 화학물질용 안전장갑(불침투성 보호장갑)
    ③ 화학물질용 안전화(불침투성 보호장화)
    ④ 화학물질용 보호복(불침투성 보호복)
    ⑤ 보안경

(3) 알려야 하는 사항
    ① 관리대상 유해물질의 명칭 및 물리적·화학적 특성
    ② 인체에 미치는 영향과 증상
    ③ 취급상의 주의사항
    ④ 착용하여야 할 보호구와 착용방법
    ⑤ 위급상황 시의 대처방법과 응급조치 요령

(4) ①, ③

## 참고하기

1. 사업주는 관리대상 유해물질(또는 허가대상 유해물질)을 취급하는 작업장의 보기 쉬운 장소에 다음 각 호의 사항을 게시하여야 한다.
    ① 유해물질의 명칭
    ② 인체에 미치는 영향
    ③ 취급상 주의사항
    ④ 착용하여야 할 보호구
    ⑤ 응급조치와 긴급 방재 요령

2. DMF의 경고표지 항목(MSDS 자료 기준)

|  |  |  |
|---|---|---|
| 인화성물질 경고 | 급성독성물질 경고 | 발암성·변이원성·생식독성·전신독성·호흡기 과민성 물질 경고 |

3. DMF의 유해·위험성 분류(MSDS 자료 기준)
    인화성 액체 : 구분 3
    급성독성(흡입 : 증기) : 구분 3
    심한 눈 손상 또는 자극성 : 구분 2
    발암성 : 구분 1B
    생식독성 : 구분 1B
    특정표적장기, 전신 독성(반복 노출) : 구분 2

**59** [암기형] 사업주는 근로자가 허가대상 유해물질(베릴륨 및 석면은 제외한다)을 제조·사용하는 경우에 작업수칙을 정하고, 이를 해당 작업근로자에게 알려야 한다. 작업수칙에 포함하여야 하는 사항 3가지를 적으시오.

**Answer & Explanation**

① 밸브·콕 등의 조작
② 냉각장치, 가열장치, 교반장치 및 압축장치의 조작
③ 계측장치와 제어장치의 감시·조정
④ 안전밸브, 긴급 차단장치, 자동경보장치 및 그 밖의 안전장치의 조정
⑤ 뚜껑·플랜지·밸브 및 콕 등 접합부가 새는지 점검
⑥ 시료의 채취 및 해당 작업에 사용된 기구 등의 처리
⑦ 이상 상황이 발생한 경우의 응급조치
⑧ 보호구의 사용·점검·보관 및 청소
⑨ 허가대상 유해물질을 용기에 넣거나 꺼내는 작업 또는 반응조 등에 투입하는 작업
⑩ 그 밖에 허가대상 유해물질이 새지 않도록 하는 조치

**60** [암기형]
(1) 국소배기장치의 설치조건을 3가지 적으시오.
(2) 국소배기장치의 후드 설치기준 3가지를 적으시오.

**Answer & Explanation**

(1) 국소배기장치의 설치조건
① 후드는 유해물질 발산원마다 설치할 것
② 외부식, 리시버식 후드는 발산원에 가장 가까운 위치에 설치할 것
③ 덕트의 길이는 짧게, 굴곡부 수를 적게할 것
④ 배기구를 옥외에 설치할 것

(2) 국소배기장치의 후드 설치기준
① 유해물질이 발생하는 곳마다 설치할 것
② 유해인자의 발산원을 제어할 수 있는 구조
③ 후드형식은 가능한 한 포위식 또는 부스식 후드를 설치할 것
④ 외부식 또는 리시버식 후드는 해당 분진 등의 발산원에 가장 가까운 위치에 설치할 것

⊙ 참고하기

(1) 국소배기장치의 덕트 설치 기준
   ① 가능한 한 **길이는 짧게** 하고 **굴곡부의 수는 적게** 할 것
   ② 접속부의 **안쪽은 돌출된 부분이 없도록** 할 것
   ③ 청소구를 설치하는 등 **청소하기 쉬운 구조로** 할 것
   ④ 덕트 내부에 오염물질이 쌓이지 않도록 이송속도를 유지할 것
   ⑤ 연결부위 등은 외부 공기가 들어오지 않도록 할 것

(2) 배풍기
   국소배기장치에 공기정화장치를 설치하는 경우 **정화 후의 공기가 통하는 위치에 배풍기를 설치**

(3) 배기구
   국소배기장치의 배기구를 **직접 외부로 향하도록 개방하여 실외에 설치**

## 61
화면에서는 주유소에서 지게차에 경유를 주입하는 장면을 보여준다. 운전자의 흡연에 의한 발화가 발생하였다.

(1) 동영상에서의 가장 근본적인 위험(불안전한 요소, 근로자의 불안전한 행동) 1가지를 원인과 결과로 설명하시오.
(2) 담뱃불에 해당하는 발화의 형태는 무엇인가?
(3) 예상되는 재해 발생형태를 적으시오.

**Answer & Explanation**

(1) 근본적인 위험(불안전한 요소) : 인화성 물질을 취급하는 주변에서 담배를 피워(흡연을 하여) 화재, 폭발의 위험이 있다.
(2) 발화의 형태 : 나화
(3) 예상되는 재해 발생형태 : 화재, 폭발

⊙ 참고하기

• **나화(裸火)** : 가연성 혼합가스 또는 기타 물질에 불을 붙일 수 있는 불꽃, 성냥, 라이터 및 양초 등을 말한다.

## 62 [보기]의 설명을 읽고 화면에서 동그라미 한 부분의 (1) 명칭과 (2) 역할을 적으시오.

> **보기**
>
> 화학설비로서 가솔린이 남아 있는 화학설비(위험물을 저장하는 것으로 한정한다.), 탱크로리, 드럼 등에 등유나 경유를 주입하는 작업을 하는 경우에는 미리 그 내부를 깨끗하게 씻어내고 가솔린의 증기를 불활성 가스로 바꾸는 등 안전한 상태로 되어 있는지를 확인한 후에 그 작업을 하여야 한다. 다만, 산업안전보건법에서 정한 조치를 하는 경우에는 그러하지 아니하다.

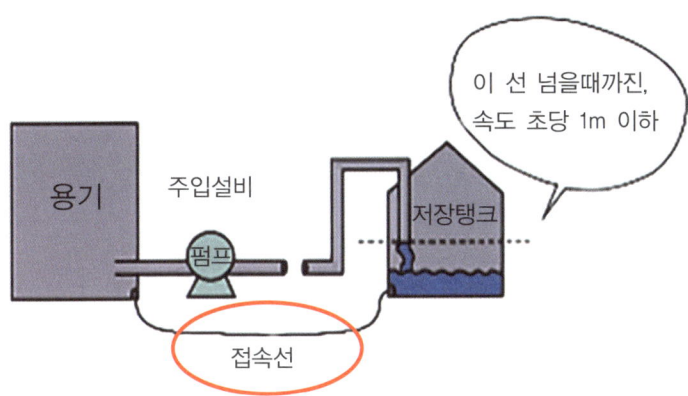

**Answer & Explanation**

(1) 명칭 : 접속선
(2) 역할 : 탱크·드럼 등과 주입설비 사이의 **전위차를 줄인다.**

### 참고하기

화학설비로서 가솔린이 남아 있는 화학설비(위험물을 저장하는 것으로 한정한다.), 탱크로리, 드럼 등에 등유나 경유를 주입하는 작업을 하는 경우에는 미리 그 내부를 깨끗하게 씻어내고 가솔린의 증기를 불활성 가스로 바꾸는 등 안전한 상태로 되어 있는지를 확인한 후에 그 작업을 하여야 한다. 다만, 다음 각 호의 조치를 하는 경우에는 그러하지 아니하다.

1. 등유나 경유를 주입하기 전에 **탱크·드럼 등과 주입설비 사이에 접속선이나 접지선을 연결하여 전위차를 줄이도록 할 것**
2. 등유나 경유를 주입하는 경우에는 그 **액표면의 높이가 주입관의 선단의 높이를 넘을 때까지 주입속도를 초당 1미터 이하로 할 것**

**암기형**

**63** 화면에서 작업자는 면 마스크를 착용한 상태에서 석면 취급 작업을 하고 있다. 작업자가 마스크를 착용하고 있으나 석면 위험에 노출되어 있어 직업병이 우려된다. (1) 그 이유를 설명하고, (2) 장기간 석면에 노출될 경우 우려되는 직업병의 종류를 3가지 적으시오.

> **화면 설명** ● 작업장에 국소배기장치가 설치되지 않은 상태에서 석면이 날리고 있다. 작업자가 석면을 포대에서 배합기에 넣고 있으며, 다른 작업자는 주변에 흩어진 석면을 빗자루로 쓸고 있다. 작업자는 방진마스크를 착용하지 않고 면 마스크를 착용한 채 작업하고 있다.

**Answer & Explanation**

(1) 이유 : 방진마스크(특급)를 착용하지 않고 면 마스크를 착용하고 있다.
(2) 직업병의 종류
  ① 폐암
  ② 석면폐증
  ③ 악성 중피종

---

**암기형**

**64** 화면에서 작업자는 석면취급 작업을 하고 있다. 안전작업수칙 3가지를 적으시오.

**Answer & Explanation**

① 국소배기장치를 설치하여 가동할 것
② 다른 작업장소와 격리할 것
③ 석면을 사용하는 설비는 밀폐된 장소에 설치할 것
④ 바닥은 불침투성 재료를 사용하고 청소하기 쉬운 구조로 할 것
⑤ 석면이 흩날리지 않도록 습기를 유지할 것
⑥ 근로자가 담배를 피우거나 음식물을 먹지 않도록 할 것
⑦ 방진마스크를 착용할 것(특급)

**● 참고하기**

• 석면 해체·제거작업에 종사하는 근로자가 착용하여야 할 보호구

  ① 방진마스크나 송기마스크
  ② 고글(Goggles)형 보호안경
  ③ 신체를 감싸는 보호복과 보호신발

**암기형**

**65** 화면에서 작업자는 브레이크 라이닝 패드를 제작하는 작업 중이며 석면을 취급하고 있다. (1) 석면에 장기간 폭로 시 예상되는 질병 3가지를 적으시오. (2) 화면에서와 같은 브레이크 라이닝 패드 제작 작업(석면 취급작업)에 종사하는 근로자가 착용하여야 하는 보호구를 3가지 적으시오.

**Answer & Explanation**

(1) 석면에 장기간 폭로 시 예상되는 질병
   ① 폐암
   ② 석면폐증
   ③ 악성 중피종

(2) 착용하여야 할 보호구
   ① 특급 방진마스크(산소결핍 시에는 송기 마스크)
   ② 고글형 보호안경
   ③ 신체를 감싸는 보호복과 보호 신발

**암기형**

**66** 화면에서 작업자는 브레이크 라이닝 패드를 화학물질에 담그는 작업을 하고 있다. 근로자가 착용하여야 하는 보호구를 3가지 적으시오.

**Answer & Explanation**

① 방독마스크
② 보안경
③ 화학물질용 안전장갑(불침투성 보호장갑)
④ 화학물질용 안전화(불침투성 보호장화)
⑤ 화학물질용 보호복 (불침투성 보호복)

**주의**
• 브레이크 라이닝 패드를 제작 작업 → 석면 취급작업(특급 방진마스크)
• 브레이크 라이닝 패드를 화학물질에 담그는 작업 → 화학물질 취급작업(방독마스크)

**암기형**

**67** 화면에서 작업자는 브레이크 라이닝 패드를 제작하는 작업 중이다. 장시간 노출될 경우 (1) 질병 발생원인, (2) 장기간 폭로 시 예상되는 질병 3가지를 적으시오.

Answer & Explanation

(1) 질병 발생원인 : 석면
(2) 장기간 폭로 시 예상되는 질병
① 폐암
② 석면폐증
③ 악성 중피종

**암기형**

**68** 화면은 고온의 스팀 배관을 보수하기 위해 누출 부위를 점검하는 장면을 보여준다. 예상되는 재해 발생형태를 적으시오.

Answer & Explanation

이상온도 노출·접촉

▶ 참고하기
• 상해의 종류 : 화상

**69** 화면에서 작업자는 에어배관 점검을 하던 중 재해를 당하였다.

(1) 이 사고를 참고하여 위험예지 훈련을 하고자 한다. 행동 목표 두 가지를 정하시오.
(2) 사고의 기인물은 무엇인가?
(3) 스팀이 눈에 튀어 들어가는 사고를 한 경우 가해물은 무엇인가?

그림 출처 : 안전보건공단 자료실

**Answer & Explanation**

(1) 행동 목표
  ① 배관 점검 시 주 밸브를 잠그자.
  ② 배관 점검 시 배관 내 잔압을 제거하고, 남은 압력이 빠진 것을 확인하자.
  ③ 보안경을 착용하자.
(2) 기인물 : 배관
(3) 가해물 : 스팀

**70** 화면에서 작업자는 에어배관 점검을 하던 중 눈 재해를 당하였다. 사고원인 2가지를 적으시오. (안전모, 안전장갑은 착용한 상태)

**Answer & Explanation**

① 배관 내 잔압을 제거하지 않고 배관을 점검하였다.
② 배관 점검 시 남은 압력이 빠진 것을 확인하지 않았다.
③ 배관 점검 시 주 밸브를 잠그지 않았다. (동영상에서 밸브를 잠그지 않은 경우만 해당)
④ 보안경을 착용하지 않았다.

**참고하기**

그림 출처 : 안전보건공단 자료실

**71** 화면에서 작업자는 이동식 사다리에 올라선 채 고온 배관의 플랜지 볼트를 조이는 작업을 하다가 추락하는 재해를 당한다. 화면에서의 작업위험요인 3가지를 적으시오.

**화면 설명 •** 안전모를 착용하고 보안경을 착용하지 않은 작업자가 이동식 사다리 위에서 배관의 플랜지를 조이던 중 배관에서 약간의 증기가 세어 나와 인상을 찌푸리던 중 사다리에서 떨어진다.

**Answer & Explanation**

① 안전한 작업발판을 확보하지 않아 떨어질 위험 있다.
② 작업자가 안전대를 착용하지 않아 떨어질 위험 있다.
③ 작업자가 보안경을 착용하지 않아 눈을 다칠 위험 있다.
④ 작업자가 방열 장갑을 착용하지 않아 손에 화상을 입을 위험 있다.
⑤ 배관 내 잔압을 제거하지 않고 배관을 점검하였다.

> 참고하기

**72** 화면에서는 컴퓨터 단말기 작업을 보여준다. (1) 반복적인 동작, 부적절한 작업 자세, 무리한 힘의 사용, 날카로운 면과의 신체접촉, 진동 및 온도 등의 요인에 의하여 발생하는 건강장해로서 목, 어깨, 허리, 팔·다리의 신경·근육 및 그 주변 신체조직 등에 나타나는 질환의 명칭을 적으시오. (2) 산업안전보건법에 의하여 컴퓨터 단말기 조작업무를 하는 경우 사업주의 조치사항 4가지를 적으시오.

**Answer & Explanation**

(1) 질환의 명칭 : 근골격계 질환
(2) 사업주의 조치사항
 ① 실내는 명암의 차이가 심하지 않도록 하고 직사광선이 들어오지 않는 구조로 할 것
 ② 저 휘도형(低輝度型)의 조명기구를 사용하고 창·벽면 등은 반사되지 않는 재질을 사용할 것
 ③ 컴퓨터 단말기와 키보드를 설치하는 책상과 의자는 작업에 종사하는 근로자에 따라 그 높낮이를 조절할 수 있는 구조로 할 것
 ④ 연속적으로 컴퓨터 단말기 작업에 종사하는 근로자에 대하여 작업시간 중에 적절한 휴식시간을 부여할 것

**[암기형]**

**73** 화면은 영상표시단말기(VDT) 작업을 나타내고 있다. VDT 작업으로 인한 장애를 3가지 쓰시오.

**Answer & Explanation**

① 경견완증후군
② 기타 근골격계 증상
③ 눈의 피로
④ 피부 증상
⑤ 정신신경계 증상

**참고하기**

1. **영상표시단말기 연속 작업** : 자료입력·문서작성·자료 검색·대화형 작업·컴퓨터 설계(CAD) 등 근무시간 동안 연속하여 영상표시단말기 화면을 보거나 키보드·마우스 등을 조작하는 작업을 말한다.
2. **영상표시단말기 작업으로 인한 관련 증상(VDT 증후군)** : 영상 표시 단말기를 취급하는 작업으로 인하여 발생되는 다음과 같은 증상 등을 말한다.
   ① 경견완증후군
   ② 기타 근골격계 증상
   ③ 눈의 피로
   ④ 피부 증상
   ⑤ 정신신경계 증상

**[암기형]**

**74** 화면과 같은 컴퓨터 단말기(VDT) 작업을 하는 작업장의 적정 실내조도를 적으시오.

(1) 바탕화면이 흰색계통일 경우 :

(2) 바탕화면이 검은색계통일 경우 :

**Answer & Explanation**

(1) 500 ~ 700Lux
(2) 300 ~ 500Lux

**75** 화면은 컴퓨터 단말기(VDT) 작업을 보여준다. 화면의 작업에서 옳지 못한 포인트 3가지를 찾아 바르게 고치시오.

**Answer & Explanation**

① 모니터 위치 불량 → 모니터를 보기 편한 위치로 조정한다.
　　(시선 : 수평면 아래 10 ~ 15도)
② 키보드 조작 위치 불량 → 키보드를 조작하기 편한 위치로 조정한다.
　　(팔뚝과 위팔 사이 각도 : 90도 이상)
③ 의자 앉은 자세 불량 → 의자 깊숙이 앉아야 한다.
　　(무릎 굽힘 각도 : 90도 정도)

🔄 **참고하기**

그림 출처 : https://3sun.tistory.com/323

**암기형**

**76** 컴퓨터 단말기(VDT) 작업 시의 작업자의 올바른 자세를 적으시오.

(1) 시선
(2) 팔뚝과 위팔
(3) 무릎 굽힘 각도

**Answer & Explanation**

(1) 시선 : 수평면 아래 10 ~ 15°
(2) 팔뚝과 위팔 : 90° 이상
(3) 무릎 굽힘 각도 : 90° 정도

**77** [보기]는 산업안전보건법에 의한 근골격계 질환 유해요인 조사에 관한 내용이다. (1) 괄호에 적합한 내용을 적으시오. (2) 근골격계 부담작업을 하는 경우에 실시하여야 하는 근골격계 질환 유해요인 조사 항목 2가지를 적으시오.

> **보기**
>
> 상시근로자 1인 이상의 근로자를 사용하는 사업주는 근로자가 근골격계 부담 작업을 하는 경우에 3년마다 다음 각 호의 사항에 대한 유해요인 조사를 하여야 한다. 다만, 신설되는 사업장의 경우에는 신설 일로 부터 (     ) 이내에 최초의 유해요인 조사를 하여야 한다.

**Answer & Explanation**

(1) 1년
(2) 유해요인 조사 항목
  ① 설비 · 작업공정 · 작업량 · 작업속도 등 **작업장 상황**
  ② 작업시간 · 작업자세 · 작업방법 등 **작업조건**
  ③ 작업과 관련된 **근골격계질환 징후와 증상 유무** 등

**78** 다음 [보기]는 근골격계질환 예방관리 프로그램을 수립하여 시행하여야 하는 경우를 설명하고 있다. 괄호 안에 적합한 숫자를 적으시오.

> **보기**
>
> 1. 근골격계질환으로 업무상 질병으로 인정받은 근로자가 연간 ( ① )명 이상 발생한 사업장 또는 ( ② )명 이상 발생한 사업장으로서 발생 비율이 그 사업장 근로자 수의 ( ③ ) 이상인 경우
> 2. 근골격계질환 예방과 관련하여 노사 간 이견이 지속되는 사업장으로서 고용노동부장관이 필요하다고 인정하여 근골격계질환 예방관리 프로그램을 수립하여 시행할 것을 명령한 경우

**Answer & Explanation**

① 10
② 5
③ 10퍼센트

## 79. 화면에서 작업자는 컴퓨터 단말기 조작 작업을 하고 있다. 물음에 답하시오.

(1) 작업자가 하루에 8시간 동안 영상에서 보여주는 작업을 한다면 산업안전보건법에서 정한 어떤 작업에 해당하는가?

(2) (1)의 작업을 하는 경우 상시근로자 1인 이상의 근로자를 사용하는 사업주는 유해요인 조사를 하여야 한다. 이 경우 유해요인 조사는 몇 년마다 실시해야 하는가? (단, 신설되는 사업장은 제외 한다.)

**Answer & Explanation**

(1) 근골격계 부담작업
(2) 3년

### 참고하기

**1. 근골격계 부담작업**

"근골격계 부담작업"이라 함은 다음 각 호의 1에 해당하는 작업을 말한다. 다만, **단기간 작업 또는 간헐적인 작업은 제외**한다.

① 하루에 **4시간 이상** 집중적으로 자료입력 등을 위해 **키보드 또는 마우스를 조작**하는 작업
② 하루에 총 **2시간 이상** 목, 어깨, 팔꿈치, **손목 또는 손을 사용하여 같은 동작을 반복**하는 작업
③ 하루에 총 **2시간 이상 머리 위에** 손이 있거나, 팔꿈치가 어깨 위에 있거나, 팔꿈치를 몸통으로부터 들거나, **팔꿈치를 몸통 뒤쪽**에 위치하도록 하는 상태에서 이루어지는 작업
④ 지지되지 않은 상태이거나 임의로 자세를 바꿀 수 없는 조건에서, 하루에 총 **2시간 이상 목이나 허리를 구부리거나 비트는 상태**에서 이루어지는 작업
⑤ 하루에 총 **2시간 이상** 쪼그리고 앉거나 무릎을 굽힌 자세에서 이루어지는 작업
⑥ 하루에 총 2시간 이상 지지되지 않은 상태에서 1kg 이상의 물건을 한 손의 손가락으로 집어 옮기거나, 2kg 이상에 상응하는 힘을 가하여 한 손의 손가락으로 물건을 쥐는 작업
⑦ 하루에 총 2시간 이상 지지되지 않은 상태에서 4.5kg 이상의 물건을 한 손으로 들거나 동일한 힘으로 쥐는 작업
⑧ 하루에 10회 이상 25kg 이상의 물체를 드는 작업
⑨ 하루에 25회 이상 10kg 이상의 물체를 무릎 아래에서 들거나, 어깨 위에서 들거나, 팔을 뻗은 상태에서 드는 작업
⑩ 하루에 총 2시간 이상, 분당 2회 이상 4.5kg 이상의 물체를 드는 작업
⑪ 하루에 총 2시간 이상 시간당 10회 이상 손 또는 무릎을 사용하여 **반복적으로 충격을 가하는** 작업

**암기법**

- 키보드 입력 4시간, 나머지 2시간
- 2시간 4.5kg 한 손 쥐기 / 2시간 1kg 손가락 집어 옮기기, 2kg 손가락 쥐기 / 10회 25kg, 25회 10kg 무릎 아래, 2시간 분당 2회 4.5kg 들기 / 2시간 시간당 10회 반복 충격

**2.** **상시근로자 1인 이상의 근로자를 사용하는 사업주**는 근로자가 근골격계 부담작업을 하는 경우에 **3년마다** 다음 각 호의 사항에 대한 **유해요인 조사를** 하여야 한다. 다만, 신설되는 사업장의 경우에는 신설일로부터 **1년 이내에 최초의 유해요인 조사를 하여야 한다.**

① 설비·작업공정·작업량·작업속도 등 **작업장 상황**
② 작업시간·작업자세·작업방법 등 **작업조건**
③ 작업과 관련된 **근골격계질환** 징후와 증상 유무 등

### 암기형

**80** 다음 [보기]의 설명에 해당하는 열중증(고열 장해)의 종류를 적으시오.

> **보기**
>
> (1) **전형적인 열 중증의 형태**로 고온 환경에서 심한 육체적인 노동을 할 때 **혈중 염분농도 저하**가 원인이 된다.
>
> (2) 고온 환경에서 장시간 힘든 노동을 할 때 **과다 발한**으로 인한 수분과 염분 손실 및 탈수로 인한 혈장량 감소가 원인이다. 심할 경우 허탈로 빠져 의식을 잃을 수도 있다.

**Answer & Explanation**

(1) 열경련
(2) 열피로(열탈진, 열피비)

**참고하기**

(1) 열허탈(열실신)
고열작업을 수행(중근 작업을 2시간 이상하였을 때)하는 경우에 **혈액순환 장애로 인하여 신체 말단부에 혈액이 과다하게 저류**되며 뇌의 혈액 흐름이 좋지 못하여 **대뇌피질의 혈류량이 부족**(뇌의 산소 부족)하여 **발생**한다.

(2) 열사병
태양의 복사열에 직접 노출 시에 뇌의 온도 상승으로 체온조절 중추기능 장애(중추신경 마비)를 일으켜서 체내에 열이 축적되어 발생한다.

**81** 산업안전보건법에 의한 작업장의 조도기준을 나타내었다. 괄호에 적합한 숫자를 적으시오.

| 초정밀 작업 | 정밀 작업 | 보통 작업 | 기타 작업 |
|---|---|---|---|
| ( ① ) Lux 이상 | ( ② )Lux 이상 | ( ③ )Lux 이상 | ( ④ )Lux 이상 |

Answer & Explanation

① 750  ② 300  ③ 150  ④ 75

# CHAPTER 04

# 건설공사 안전 관리

**01** 화면에서 작업자는 철골 위에서 발판 설치 작업을 하고 있다. 작업자가 발판 위를 지나가다가 땅으로 떨어지는 사고가 발생하였다. (1) 사고 유형, (2) 기인물을 적으시오.

그림 출처 : 안전보건공단 재해사례

**Answer & Explanation**

(1) 사고 유형 : 떨어짐
(2) 기인물 : 발판(작업발판)

**02** 화면에서는 박공지붕 설치작업을 보여준다. 다음 물음에 답하시오.

**화면 설명 ·** 박공지붕 위에서 박공지붕을 설치하던 중 작업자가 미끄러지며 박공지붕 재료와 함께 추락하였다. 지붕 아래에는 다른 작업자가 누워서 휴식을 취하다가 떨어지는 박공지붕에 맞는 사고가 발생했다. 안전난간과 추락방호망이 미설치된 상태이며, 작업자는 안전모와 안전화를 착용하고 있다.

(1) 재해원인 3가지를 적으시오.
(2) 박공지붕 비래에 의한 재해가 발생하였다. 가해물은 무엇인가?
(3) 동종 사고를 예방하기 위한 안전대책 3가지를 적으시오.

🌱 그림 출처 : 안전보건공단 재해사례

**Answer & Explanation**

(1) 재해원인
  ① 추락방호망 미설치(추락방호망을 설치하지 않았다.)
  ② 안전대 미착용(작업자가 안전대를 착용하지 않았다.)
  ③ 안전난간 미설치(안전난간을 설치하지 않았다.)
  ④ 작업발판 미설치
  ⑤ 작업장 아래 접근금지 조치 미실시

(2) 가해물 : 박공지붕

(3) 안전대책
  ① 추락방호망을 설치한다.
  ② 지붕 가장자리에 **안전난간**을 설치한다.
  ③ 작업자가 **안전대를 착용**한다.
  ④ 폭 30cm 이상의 작업발판을 설치한다.
  ⑤ 작업장 아래에는 관계근로자 외 접근을 금지한다.

주의❗ 반드시 동영상을 확인하고 답을 적으세요.

### 💡 참고하기

1. 사업주는 근로자가 **지붕 위에서 작업**을 할 때에 추락하거나 넘어질 위험이 있는 경우에는 다음 각 호의 조치를 해야 한다.
   ① **지붕의 가장자리에 안전난간을 설치**할 것
   ② **채광창(skylight)에는 견고한 구조의 덮개를 설치**할 것
   ③ **슬레이트 등 강도가 약한 재료로 덮은 지붕에는 폭 30센티미터 이상의 발판을 설치**할 것

2. 사업주는 작업 환경 등을 고려할 때 1) 조치를 하기 곤란한 경우에는 추락방호망을 설치해야 한다. 다만, 사업주는 작업 환경 등을 고려할 때 추락방호망을 설치하기 곤란한 경우에는 근로자에게 안전대를 착용하도록 하는 등 추락 위험을 방지하기 위하여 필요한 조치를 해야 한다.

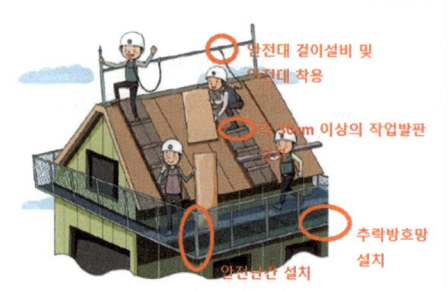

| 채광창 안전덮개 설치 | 작업장 아래 접근금지 조치 |
|---|---|
|  |  |

그림 출처 : 안전보건공단 "지붕공사 작업안전"

**03** 화면에서는 박공지붕 설치작업을 보여준다. 동영상에서와 같은 재해를 예방하기 위한 안전대책 3가지를 적으시오.

<화면 설명> 작업자들은 박공지붕 위에서 휴식을 취하며 커피를 마시고 있다. 주변에는 자재가 적재되어 있고 적재되어 있던 자재가 작업자에게 굴러 떨어져 작업자가 앞으로 넘어지는 장면을 보여준다. 작업자는 안전모, 안전화를 착용하고 안전대는 미착용한 상태이다. 추락방호망과 안전대도 미설치된 상태이다.

그림 출처 : 안전보건공단 "지붕공사 작업안전"

**Answer & Explanation**

① 작업자는 **안전대를 착용**하고 작업한다.
② **추락방호망을 설치**한다.
④ 지붕 가장자리에 **안전난간을 설치**한다.
⑤ **자재를 한 곳에 과적하지 않는다.**

> 암기형

**04** 물체를 인양 중 떨어뜨려 지나가던 작업자가 맞아 재해가 발생하였다. (1) 재해 발생형태와 (2) 재해 발생형태의 정의를 적으시오.

> **화면 설명 •** 작업자가 천막 뭉치를 로프로 묶어 안전 난간에 걸쳐서 올리던 중 천막 뭉치가 떨어지며 아래를 지나가던 작업자가 맞는 사고가 난다.

**Answer & Explanation**

(1) 재해 발생형태 : 맞음
(2) 재해 발생형태의 정의
  • 날아오거나 떨어진 물체에 맞음
  • 고정되어 있던 물체가 고정부에서 이탈하거나 또는 설비 등으로부터 물질이 분출되어 사람을 가해하는 경우

**05** 작업발판을 이용해 전동 톱으로 목재를 절단하던 중 작업자가 작업발판(높이 60cm 이상)의 불균형으로 넘어지는 재해가 발생하였다. (1) 기인물, (2) 가해물, (3) 재해 발생형태를 쓰시오.

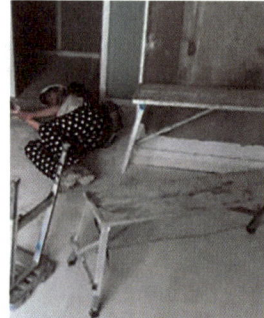

사진 출처 : https://www.csi.go.kr/acd/acdCaseView.do?case_no=1748

**Answer & Explanation**

(1) 기인물 : 작업발판
(2) 가해물 : 바닥
(3) 재해 발생형태 : 떨어짐(또는 넘어짐)

> **주의** 동영상을 확인하여 바닥면과 신체가 접해있거나, 발판의 높이가 60cm 미만인 경우는 "넘어짐"이 된다. (동영상을 확인하고 답을 적으세요.)

**참고하기**

• 「떨어짐」과 「넘어짐」의 분류
  – 바닥면과 신체가 떨어진 상태로 더 낮은 위치로 떨어진 경우 → 「떨어짐」
  – 바닥면과 신체가 접해있는 상태에서 더 낮은 위치로 떨어진 경우 → 「넘어짐」
  – 신체가 바닥면과 접해있었는지 여부를 알 수 없는 경우 : **작업발판 등 구조물의 높이가 보폭 (약 60cm) 이상인 경우** → 「떨어짐」
  – 보폭 미만인 경우 → 「넘어짐」

## 06 호이스트를 이용하여 변압기를 트럭에 하역작업 중 변압기가 흔들리며 떨어져 작업자가 맞는 사고가 발생한다. (1) 재해 유형 및 (2) 재해 원인 2가지를 적으시오.

**화면 설명** ● 변압기를 1줄 걸이로 트럭에 싣던 중 변압기가 흔들리며 아래로 떨어진다. 작업자는 한 손으로 조작 스위치를 조작하고 다른 손으로는 흔들리는 변압기를 잡고 있다. 훅에는 해지 장치가 없으며 작업장 바닥은 정리정돈이 안 된 상태이다.

### Answer & Explanation

(1) 재해 유형 : **맞음**
(2) 재해 원인
  ① **줄걸이 방법 불량**(1줄 걸이로 운반하여 화물이 균형을 잃고 떨어질 위험 있다.)
  ② 보조 로프로 흔들림을 방지하지 않았다.
  ③ 훅에 해지 장치가 설치되지 않았다.
  ④ 주변 정리정돈이 불량하다.

**주의** 동영상을 확인하고 답을 적으세요.

### 참고하기

• **호이스트** : 중량물을 달아 올리거나 감아올리는 기계, 비교적 소형 화물을 들어 옮긴다.

사진 출처 : Alibaba.com

## 07 화면을 보고 물음에 답하시오.

(1) 가해물은 무엇이며, (2) 와이어로프를 빼내는 작업에서 적합한 작업방식 두 가지를 적으시오.

**화면 설명** ● 형강을 고정했던 줄걸이 와이어로프를 빼내는 작업을 하던 중 형강이 무너지며 근로자의 발이 형강 사이에 끼이는 사고가 발생하였다.

### Answer & Explanation

> (1) 가해물 : 형강
> 
> (2) 적합한 작업방식
>   ① 받침대를 형강 사이에 넣어 형강이 무너져 내리지 않게 작업한다.
>   ② 2인이 동시에 형강을 들어 올려 와이어로프를 빼낸다. (2인 동시 작업)

#### 참고하기

- **형강** : H형, L형 등 일정한 단면 모양으로 성형된 강철을 총칭해서 말한다.

- 반드시 동영상을 확인하세요.
- 만약 화면에서 와이어로프가 풀리며 근로자가 와이어로프에 맞았다면 가해물은 와이어로프가 됩니다.

## 08 교량점검 작업 중 근로자 추락사고가 발생하였다. 물음에 답하시오.

**화면 설명**  작업자는 부실한 작업발판 위에서 교량 하부를 점검하는 중이다. 추락방호망도 설치되지 않았으며 주변 정리정돈도 불량한 상태이다. 안전난간 대신 로프가 난간 역할을 하고 있으며 작업자가 로프로 된 난간 쪽으로 기대는 순간 로프 줄이 늘어지며 추락한다.

(1) 위 사고의 원인(불안전한 행동 및 상태) 3가지를 적으시오.
(2) 높이 2m 이상 장소에 설치하는 작업발판의 폭을 적으시오.
(3) 작업발판 재료 간의 틈을 적으시오.
(4) 안전작업 대책 2가지를 적으시오.

**Answer & Explanation**

> (1) 추락사고의 원인
>   ① 안전대 미착용
>   ② 추락방호망 미설치(또는 불량)
>   ③ 안전난간 미설치(또는 불량)
>   ④ 작업발판 미설치(또는 불량)
>   ⑤ 주변 정리정돈 불량(정리정돈 불량으로 걸려 넘어진 경우)
> (2) 높이 2m 이상 장소에서의 작업발판의 폭 : 40cm 이상
> (3) 발판 재료 간의 틈 : 3cm 이하
> (4) 안전작업 대책
>   ① 작업자는 **안전대를 착용**한다.
>   ② **추락방호망을 설치**한다.
>   ③ **안전난간을 설치**한다.
>   ④ 안전한 작업발판을 설치한다. (작업발판 불량인 경우만 해당)
>   ⑤ 주변 정리정돈을 철저히 한다. (정리정돈 불량으로 걸려 넘어진 경우 해당)

**09** 아파트 창틀에서 창호설치 작업 중 근로자가 바닥으로 추락사고가 발생하였다.

(1) 위 사고에서 추락의 원인 두 가지를 적으시오.

(2) 위 사고의 가해물을 적으시오.

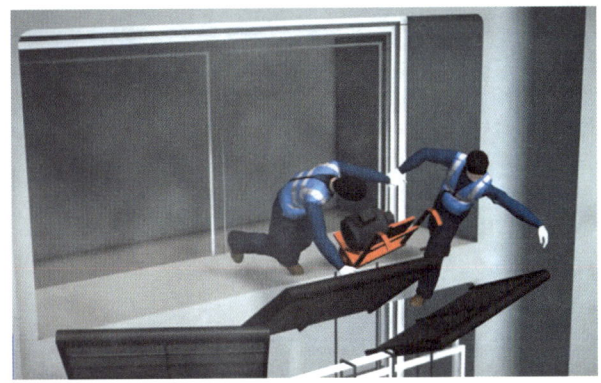

🔆 사진 출처 : 연합뉴스

**Answer & Explanation**

> (1) 추락사고의 원인
>   ① 안전대 미착용
>   ② 추락방호망 미설치(또는 불량)
>   ③ 안전난간 미설치(창호를 들어올리기 위해 안전난간을 해체해야 하는 경우는 제외)
>   ④ 작업발판 미설치 또는 불량(작업발판이 아닌 내부에서 작업하는 경우 제외)
>   ⑤ 주변 정리정돈 불량(정리정돈 불량으로 걸려 넘어지는 경우만 해당)
> (2) **가해물** : 바닥

**주의** 위 문제는 반드시 동영상 화면을 확인하고 추락 원인 5개 중 해당 항목을 답으로 적으세요.

**10** 아파트 창틀에서 두 명의 작업자가 발판을 설치하는 작업을 하고 있다. 한 작업자가 발판을 건네주고 다른 작업자가 설치하려고 이동하던 중 바닥으로 추락사고가 발생하였다. 주변 정리정돈이 되어있지 않고, 작업자가 밟고 있던 콘크리트 부스러기가 함께 떨어지는 장면을 보여준다.

(1) 위 사고에서 추락의 원인 3가지를 적으시오.
(2) 기인물을 적으시오.
(3) 가해물을 적으시오.

그림 출처 : 안전보건공단 재해사례

**Answer & Explanation**

(1) 추락사고의 원인
　① 안전대 미착용
　② 추락방호망 미설치(또는 불량)
　③ 안전난간 미설치(또는 불량)
　④ 작업발판 불량
　⑤ 주변 정리정돈 불량
(2) 기인물 : 작업발판
(3) 가해물 : 바닥

주의 동영상을 확인하고 답을 적으세요.

**참고**하기

그림 출처 : 안전보건공단 재해사례

**11** 아파트 옥상에서 벽돌을 운반 작업을 하고 있다. 작업자가 벽돌을 들고 일어서는 순간 주변 벽돌에 걸려 넘어지며 추락사고가 발생하였다.

(1) 위 사고에서 추락의 원인 두 가지를 적으시오.
(2) 동종 재해를 예방하기 위하여 설치해야 하는 것은? (단, 추락방호망은 설치한 것으로 가정한다.)

**Answer & Explanation**

(1) 추락사고의 원인
  ① 안전대 미착용
  ② 추락방호망 미설치(또는 불량)
  ③ 안전난간 미설치(또는 불량)
  ④ 작업발판 미설치(또는 고정불량)
  ⑤ 주변 정리정돈 불량
(2) 재해를 예방하기 위하여 설치해야 하는 것 : 안전난간

**12** 아파트 건설현장에서 승강기 개구부 주변에서 작업하던 근로자가 승강기 개구부로 추락하는 사고가 발생하였다.

**화면 설명** • 나무판자를 이어붙인 발판 위에서 못 제거작업을 하던 중 추락

(1) 사고의 핵심 원인 3가지를 적으시오.
(2) 작업자가 사망하는 사고가 발생한 경우 해당 노동관서의 장에게 보고해야 할 사항 3가지를 적으시오.

그림 출처 : 매일 노동 뉴스

**Answer & Explanation**

(1) 사고의 핵심 원인
  ① 작업발판 불량
  ② 안전대 미착용
  ③ 안전난간 미설치
  ④ 울타리 미설치
  ⑤ 수직형 추락방망 또는 덮개 미설치
  ⑥ 개구부 내부에 추락방호망 미설치(안전난간 설치가 곤란하거나 안전난간을 해체한 경우)

주의 위 문제는 반드시 동영상 화면을 확인하고 추락 원인 5개 중 사고의 주 원인을 찾아 답으로 적으세요.

(2) 중대재해 발생 시 보고사항
  ① 발생 개요 및 피해 상황
  ② 조치 및 전망
  ③ 그 밖의 중요한 사항

### 참고하기

- "**중대재해**"가 발생한 때는 "**지체 없이**" 지방고용노동관서의 장에게 전화·팩스, 또는 그 밖에 적절한 방법으로 보고하여야 한다.

| 중대재해 |
|---|
| ① 사망자가 1인 이상 발생한 재해 |
| ② 3개월 이상 요양을 요하는 부상자가 동시에 2인 이상 발생한 재해 |
| ③ 부상자 또는 직업성 질병자가 동시에 10인 이상 발생한 재해 |

**13** 화면에서 작업자는 승강기 피트의 뚜껑을 열고 나무 발판에 올라선 채 플래시를 비추며 피트 내부를 점검하던 중 발이 미끄러지며 피트로 추락하는 사고가 발생한다. 동영상에서와 같은 작업에 존재하는 (1) 위험요인 3가지와 (2) 준수하여야 할 작업 안전 수칙 3가지를 적으시오.

화면 설명 ● 작업발판은 나무판자로 엉성하게 되어있으며, 작업자는 안전대를 착용하고 있으나 고정하지 않았고, 추락방호망도 설치되지 않았다. 피트 입구에 안전난간은 설치된 상태이다.

그림 출처 : 안전세계, 재해사례 "엘리베이터 피트 내부 철근 절단작업 중 추락"

Answer & Explanation

(1) 위험요인
  ① **작업발판 설치가 불량**하다.(떨어짐 위험이 있다.)
  ② 작업자가 **안전대를 고정**하지 않아 위험하다.(떨어짐 위험이 있다.)
  ③ 개구부에 **울타리, 수직형 추락방망 또는 덮개**를 설치하지 않아 위험하다.(떨어짐 위험이 있다.)
  ④ 피트 내부에 **추락방호망**이 설치되지 않아 위험하다.(떨어짐 위험이 있다.)

(2) 작업 안전 수칙
  ① 안전한 **작업발판을 확보**하고 작업한다.
  ② 작업자가 **안전대를 착용**한다.(안전대를 고정한다.)
  ③ 개구부에 **울타리, 수직형 추락방망 또는 덮개**를 설치한다.
  ④ 피트 내부에 **추락방호망을 설치**한다.

◎ 참고하기

안전대 착용, 수직형 추락방망, 추락방호망, 안전난간 설치

그림 출처 : 고용노동부, "2020. 만화로 보는 산업안전보건기준에 관한 규칙", p25.

**암기형**

**14** 화면에서 작업자는 승강기 피트 내부에서 작업하는 모습을 보여준다. 동영상을 참고하여 개구부에 설치하여야 하는 방호조치 3가지를 적으시오.
(단, 작업장소에 한하여 답안을 작성하고, 안전대 착용은 답안작성에서 제외할 것)

**화면 설명** ● 승강기 피트 내부의 발판에서 작업자 2명이 쪼그려 앉아 작업발판 위의 돌들을 손으로 치우고 있다. 주위에는 시멘트 포대가 쌓여있으며 작업자가 포대에 미끄러지며 떨어지는 장면을 보여준다.

Answer & Explanation

① **안전난간 설치**
② **울타리 설치**
③ **수직형 추락방망 또는 덮개 설치**
④ **추락방호망 설치**(안전난간 설치 곤란 또는 해체한 경우)

> **참고하기**
>
> - 개구부 등의 방호조치
>   난간 등을 설치하는 것이 매우 곤란하거나 작업의 필요상 임시로 난간 등을 해체하여야 하는 경우 추락방호망을 설치하여야 한다. 다만, 추락방호망을 설치하기 곤란한 경우에는 근로자에게 안전대를 착용하도록 하는 등 추락할 위험을 방지하기 위하여 필요한 조치를 하여야 한다.

**15** 화면에서 작업자 두 명은 피트에서 바닥에 고인 물을 퍼내는 작업 중이다. 영상에서와 같은 재해를 방지하기 위한 대책 2가지를 적으시오.

> **화면 설명** • 작업자 두 명은 안전모, 안전화를 착용한 채 양동이로 피트 내부에 고인 물을 퍼내고 있다. 작업자 1명이 몸을 숙이고 물을 퍼내어 다른 작업자에게 건네주는 작업을 반복하고 있다. 작업을 하던 중 작업자 1명이 몸의 균형을 잃고 피트 아래로 추락하려는 순간 다른 작업자가 잡아주는 모습을 보여준다.

**Answer & Explanation**

① 피트 주위에 안전난간 설치
② 작업자 안전대 착용하고 작업할 것

**16** 화면에서 작업자는 공장 지붕에서 패널설치 작업 중 실족으로 추락하였다. (1) 재해발생 원인 2가지, (2) 안전대책 2가지를 적으시오.

그림 출처 : 안전보건공단 재해사례

**Answer & Explanation**

(1) 재해발생 원인
① 근로자 안전대 미착용
② 안전난간 미설치
③ 추락방호망 미설치
④ 주변 정리정돈 불량

(2) 안전대책
① 근로자 안전대 착용
② 안전난간 설치
③ 추락방호망 설치
④ 주변 정리정돈 철저

**주의** 동영상을 확인하고 답을 적으세요.

**17** 화면에서 작업자는 공사현장에서 이동 중이다. 작업자는 발판이 설치되지 않은 곳을 지나가다가 떨어지는 사고를 당한다.

(1) 화면에서 떨어짐 사고의 원인 2가지를 적으시오.

(2) 화면에서 보여주는 추락 사고를 방지하기 안전대책 3가지를 적으시오.

**Answer & Explanation**

(1) 떨어짐 사고의 원인
① 작업발판 미설치
② 작업자 안전대 미착용
③ 안전난간 미설치
④ 추락방호망 미설치
⑤ 작업장 정리 정돈 불량

(2) 추락 사고를 방지하기 안전대책
① 안전난간 설치
② 추락방호망 설치
③ 작업발판 설치(폭 40cm 이상의 발판이 확보되지 않은 경우만 해당)
④ 작업자 안전대 착용
⑤ 작업장 정리정돈 철저

**주의** 동영상을 확인하고 답을 적으세요.

> 참고하기

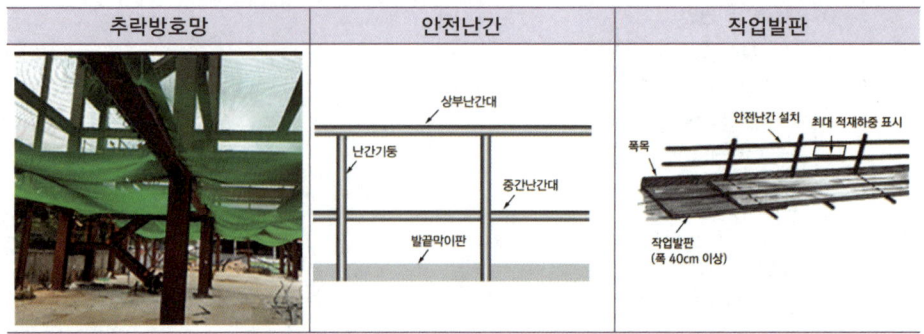

그림 출처 : ulsansafety

> 암기형

**18** 화면에서는 고소 작업 시 추락을 방지하기 위한 시설을 보여준다.
(1) 화면에서 보여주는 시설의 명칭을 적으시오.
(2) 화면에서 보여주는 시설의 설치 높이를 적으시오.

**Answer & Explanation**

(1) 명칭 : 추락방호망
(2) 설치높이 : 10m 이내

> 참고하기

- **추락방호망의 설치**
  ① 추락방호망의 설치 위치는 가능하면 작업면으로부터 가까운 지점에 설치하여야 하며, **작업면으로 부터 망의 설치지점까지의 수직거리는 10미터를 초과하지 아니할 것**
  ② 추락방호망은 수평으로 설치하고, 망의 처짐은 짧은 변 길이의 12퍼센트 이상이 되도록 할 것
  ③ 건축물 등의 바깥쪽으로 설치하는 경우 망의 내민 길이는 벽면으로부터 3미터 이상 되도록 할 것

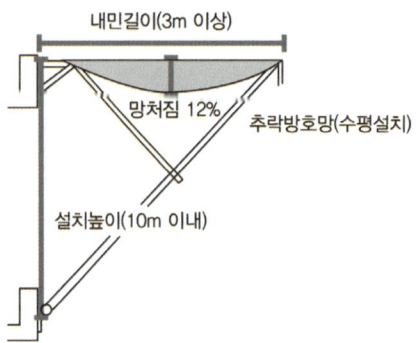

**암기형**

**19** 추락방호망의 설치에 관한 내용이다. 괄호에 적합한 내용을 적으시오.

> **보기**
>
> 1. 추락방호망의 설치 위치는 가능하면 작업 면으로부터 가까운 지점에 설치하여야 하며, 작업 면으로부터 망의 설치지점까지의 수직거리는 ( ① )미터를 초과하지 아니할 것
> 2. 추락방호망은 ( ② )으로 설치하고, 망의 처짐은 짧은 변 길이의 ( ③ )퍼센트 이상이 되도록 할 것
> 3. 건축물 등의 바깥쪽으로 설치하는 경우 망의 내민 길이는 벽면으로부터 ( ④ )미터 이상 되도록 할 것

**Answer & Explanation**

① 10  ② 수평  ③ 12  ④ 3

---

**암기형**

**20** 동영상은 건설현장에서 작업발판을 설치하는 모습을 보여준다. 동영상 작업에서의 추락 방지 대책과 낙하물 방지 대책을 각각 1가지씩 적으시오.

**화면 설명** • 작업자가 안전대 없이 망치를 들고 작업발판을 설치하던 중 망치를 떨어뜨리는 사고가 발생한다.

**Answer & Explanation**

(1) 추락 방지 대책
 ① 작업자는 안전대를 착용하고 작업한다.
 ② 추락방호망을 설치한다.

(2) 낙하 방지 대책
 ① 낙하물 방지망을 설치한다.

**21** 동영상에서는 아파트 공사현장을 보여준다. 작업자가 방망 설치작업을 하던 중 떨어지는 사고가 발생한다. (1) 동영상에서의 작업 위험요인 2가지와 (2) 동종 재해의 예방을 위한 안전 조치사항 2가지를 적으시오.

> **화면 설명** ● 작업발판이 미설치된 비계 위에서 안전모를 착용한 작업자가 낙하물 방지망을 비계에 고정하던 중 떨어진다.

| 작업발판 미설치, 안전대 미고정 | 작업발판 설치 및 안전대 착용 |
|---|---|
|  |  |

**Answer & Explanation**

(1) 위험요인
  ① 작업발판 미설치
  ② 작업자 안전대 미착용
(2) 조치사항
  ① 안전한 작업발판 설치
  ② 작업자 안전대 착용

> **주의** 반드시 동영상을 확인하고 답을 적으세요.

---

**암기형**

**22** 동영상은 아파트 건설현장을 보여주고 있다. 추락 및 낙하를 방지하기 위한 시설 중 영상에 보이는 시설을 추락과 낙하재해로 구분하여 각각 1가지씩 적으시오.

(1) **추**락재해 방지시설
(2) **낙**하재해 방지시설

**Answer & Explanation**

(1) 추락재해 방지시설
  ① 추락방호망
  ② 안전난간
  ③ 작업발판

### (2) 낙하재해 방지시설
① 낙하물 방지망
② 수직보호망
③ 방호선반

### 참고하기

1. 추락재해 방지시설

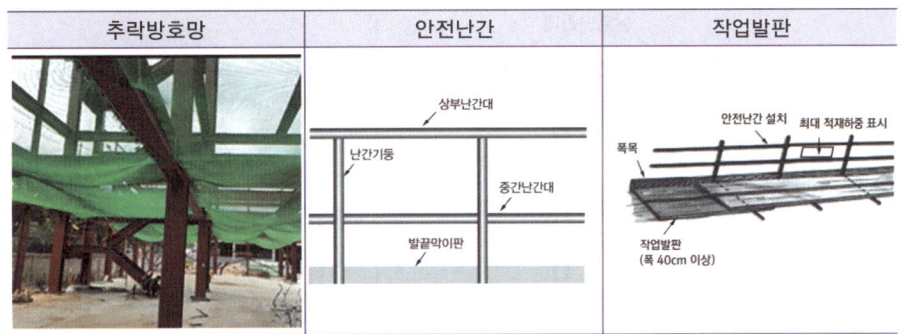

그림 출처 : ulsansafety

2. 낙하재해 방지시설

**23** 동영상은 아파트 건설현장을 보여주고 있다. 물음에 답하시오.

(1) 안전난간 설치 시 준수하여야 할 사항에 대하여 괄호에 적합한 내용을 적으시오.

> 보기
> (1) 상부난간대는 바닥면 등으로 부터 ( ① )cm 이상 지점에 설치할 것
> (2) 발끝막이판은 바닥면 등으로부터 ( ② )cm 이상의 높이를 유지할 것
> (3) 난간대는 지름 ( ③ )센티미터 이상의 금속제 파이프나 그 이상의 강도가 있는 재료일 것

(2) 안전난간의 구조 및 설치기준 중 발끝막이판의 상세 설치기준을 적으시오.

> **Answer & Explanation**
>
> (1) ① 90  ② 10  ③ 2.7
> (2) 발끝막이판은 바닥면 등으로 부터 10센티미터 이상의 높이를 유지할 것

**24** 안전난간 설치 시 준수해야 할 사항에 대한 내용이다. 질문에 답하시오.
(단, 설치 범위와 단위를 포함하여 적을 것)

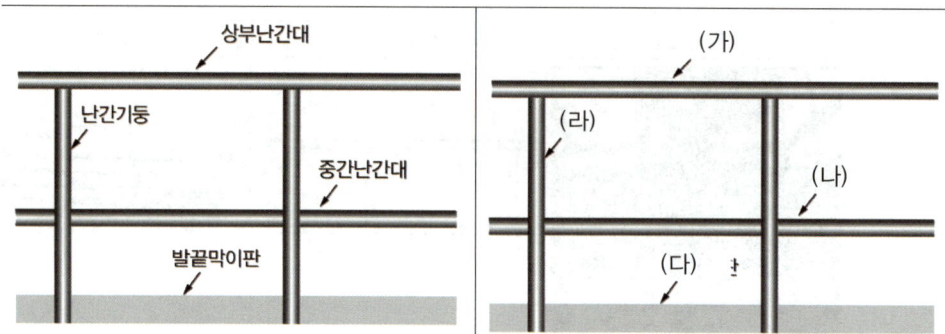

(1) 화면에서 (다)의 높이는 얼마로 유지하여야 하는가?
(2) 화면에서 (라)의 지름은 얼마로 하여야 하는가?

> **Answer & Explanation**
>
> (1) 발끝막이판의 높이 : 바닥면 등으로부터 10cm 이상
> (2) 난간대의 지름 : 2.7cm 이상

### 참고하기

- 안전난간의 구조 및 설치요건
① 상부 난간대, 중간 난간대, 발끝막이판 및 난간기둥으로 구성할 것
② 상부 난간대
  - 상부 난간대는 바닥면 등으로부터 90센티미터 이상 지점에 설치
  - 상부 난간대를 120센티미터 이하에 설치하는 경우 : 중간 난간대는 상부 난간대와 바닥면 등의 중간에 설치
  - 120센티미터 이상 지점에 설치하는 경우: 중간 난간대를 2단 이상으로 설치, 난간의 상하간격은 60센티미터 이하가 되도록 할 것(다만, 난간기둥 간의 간격이 25센티미터 이하인 경우에는 중간 난간대를 설치하지 않을 수 있다.)
③ 발끝막이판은 바닥면 등으로부터 10센티미터 이상의 높이를 유지할 것
④ 난간기둥은 상부 난간대와 중간 난간대를 견고하게 떠받칠 수 있도록 적정한 간격을 유지할 것
⑤ 상부 난간대와 중간 난간대는 난간 길이 전체에 걸쳐 바닥면 등과 평행을 유지할 것
⑥ 난간대는 지름 2.7센티미터 이상의 금속제 파이프나 그 이상의 강도가 있는 재료일 것
⑦ 안전난간은 구조적으로 가장 취약한 지점에서 가장 취약한 방향으로 작용하는 100킬로그램 이상의 하중에 견딜 수 있는 튼튼한 구조일 것

**25** 동영상은 아파트 공사 현장을 보여준다. 현장에서 물체가 낙하 또는 비래할 위험이 있을 경우 취해야 할 조치사항 3가지를 적으시오.

**Answer & Explanation**

① 낙하물방지망·수직보호망 또는 방호선반의 설치
② 출입금지구역의 설정
③ 보호구의 착용

**26** 다음 [보기]의 설명은 낙하물 방지망의 설치기준에 관한 내용이다. 괄호에 적합한 내용을 적으시오.

**보기**

1. 설치 높이는 ( ① )미터 이내마다 설치하고, 내민 길이는 벽면으로부터 ( ② )미터 이상으로 할 것
2. 수평면과의 각도는 ( ③ )를 유지할 것

**Answer & Explanation**

① 10
② 2
③ 20도 이상 30도 이하

**참고하기**

| 낙하물 방지망 또는 방호선반을 설치 시 준수사항 | 추락방호망의 설치기준 |
|---|---|
| ① 설치 높이는 10미터 이내마다 설치하고, 내민 길이는 벽면으로부터 2미터 이상으로 할 것<br>② 수평면과의 각도는 20도 이상 30도 이하를 유지할 것 | ① 추락방호망의 설치 위치는 가능하면 작업면으로부터 가까운 지점에 설치하여야 하며, 작업면으로 부터 망의 설치지점까지의 수직거리는 10미터를 초과하지 아니할 것<br>② 추락방호망은 수평으로 설치하고, 망의 처짐은 짧은 변 길이의 12퍼센트 이상이 되도록 할 것<br>③ 건축물 등의 바깥쪽으로 설치하는 경우 망의 내민 길이는 벽면으로부터 3미터 이상 되도록 할 것 |

**27** 화면에서는 작업발판을 보여준다. 높이 2미터 이상인 작업 장소에 설치하여야 하는 작업발판의 설치기준을 3가지 적으시오.
(단, 발판 폭과 두께, 재료 간 틈에 관한 기준은 제외하고 작성할 것)

**Answer & Explanation**

① 발판재료는 작업 시의 하중을 견딜 수 있도록 **견고한 것**으로 할 것
② 추락의 위험성이 있는 장소에는 **안전난간**을 설치할 것
③ 작업발판의 **지지물**은 하중에 의하여 파괴될 우려가 없는 것을 사용할 것
④ 작업발판재료는 뒤집히거나 떨어지지 아니하도록 **2 이상의 지지물**에 연결하거나 고정시킬 것
⑤ 작업에 따라 이동시킬 때에는 위험방지 조치를 할 것

**참고하기**

- 발판의 폭은 40cm 이상으로 하고, 발판재료 간의 틈은 3cm 이하로 할 것
- 선박 및 보트 건조작업에서 선박블록 또는 엔진실 등의 좁은 작업공간에 작업발판을 설치하는 경우 **작업발판의 폭을 30센티미터 이상**으로 할 수 있고, 걸침비계의 경우 발판재료 간의 틈을 3센티미터 이하로 유지하기 곤란하면 5센티미터 이하로 할 수 있다.

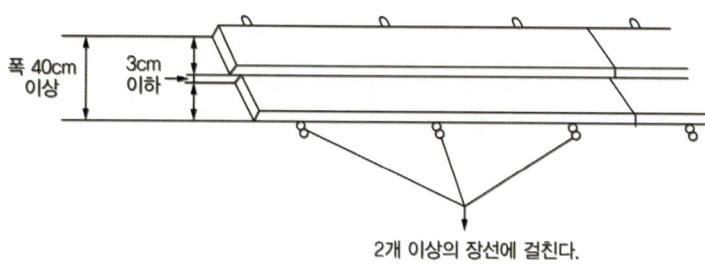

**28** 터널굴착 작업 시 시공계획에 포함되어야 할 사항 3가지를 적으시오.

**Answer & Explanation**

① 굴착방법
② 터널지보공, 복공 시공법 및 용수 처리법
③ 환기, 조명 시설방법

**29** 터널 등의 건설작업을 하는 경우 낙반 등에 의한 위험이 있을 때 위험방지조치 3가지를 적으시오.

Answer & Explanation

① 터널지보공 설치
② 록볼트의 설치
③ 부석의 제거

**30** 터널 작업 시 가연성 가스가 존재하여 폭발 또는 화재발생위험이 있을 때 (1) 가연성 가스를 조기에 파악하기 위한 필요한 장치와 (2) 그 장치의 작업 시작 전 점검 사항을 3가지 적으시오.

Answer & Explanation

(1) 장치명 : 자동경보장치

(2) 작업 시작 전 점검사항
① 계기의 이상 유무
② 검지부의 이상 유무
③ 경보장치 작동상태

**31** 화면은 터널 발파작업을 보여준다. (1) 화면의 장전작업에 존재하는 위험요인을 적으시오. (2) 화약장전 시 안전사항을 적으시오. (3) 발파공의 충진 재료의 조건을 적으시오.

화면 설명 • 화면에서는 철근으로 화약을 장전하는 장면을 보여준다.

사진 출처 : http://www.shbt.co.kr/html/business

**Answer & Explanation**

(1) 위험요인
  철근으로 화약을 장전하여 폭발의 위험이 있다.
(2) 장전작업 시의 안전사항
  장전구는 마찰·충격·정전기 등에 의한 **폭발의 위험이 없는 안전한 것을 사용**할 것
(3) 발파공의 충진 재료의 조건
  발파공의 충진 재료는 **점토·모래 등 발화성 또는 인화성의 위험이 없는 재료를 사용**할 것

### 참고하기

- 발파작업 기준
① 얼어붙은 다이너마이트는 화기에 접근시키거나 그 밖의 고열물에 직접 접촉시키는 등 위험한 방법으로 융해하지 아니하도록 할 것
② 화약이나 폭약을 장전하는 경우에는 그 부근에서 화기를 사용하거나 흡연을 하지 않도록 할 것
③ **장전구(裝塡具)는** 마찰·충격·정전기 등에 의한 **폭발의 위험이 없는 안전한 것을 사용**할 것
④ **발파공의 충진재료는 점토·모래 등 발화성 또는 인화성의 위험이 없는 재료를 사용**할 것
⑤ 점화 후 장전된 화약류가 폭발하지 아니한 때 또는 장전된 화약류의 폭발 여부를 확인하기 곤란한 때에는 다음 각목의 사항을 따를 것

| 전기뇌관에 의한 경우 | 재점화되지 않도록 조치하고 5분 이상 경과한 후가 아니면 화약류의 장전장소에 접근시키지 않도록 할 것 |
|---|---|
| 전기뇌관 외의 것에 의한 경우 | 점화한 때부터 15분 이상 경과한 후가 아니면 화약류의 장전장소에 접근시키지 않도록 할 것 |

⑥ 전기뇌관에 의한 발파의 경우 점화하기 전에 화약류를 장전한 장소로부터 30미터 이상 떨어진 안전한 장소에서 전선에 대하여 저항측정 및 **도통(導通)** 시험을 할 것

---

**암기형**

**32** 동영상에서는 터널 공사 현장을 보여준다. 장약 작업 시의 준수사항 3가지를 적으시오.

**Answer & Explanation**

① 장약작업 장소 인근에서는 화기사용 및 흡연을 하지 않도록 할 것
② 장약작업 장소 인근에서는 전기용접 작업이나 동력을 사용하는 기계를 사용하지 않을 것
③ 장약작업을 하는 근로자가 **안전모 등 적절한 보호구를 착용**하도록 할 것
④ 기존의 발파에 사용된 발파공에는 장약하지 않도록 할 것
⑤ 약포는 1개씩 손을 사용하여 신중하게 장약봉으로 넣고, 약포 간에 간격이 없도록 그때마다 구멍길이의 차를 측정하면서 장약을 수행하도록 할 것
⑥ 장약봉은 곧바르고 견고하며, 마찰·충격·정전기 등에 대하여 안전한 부도체(플라스틱, 나무 등)를 사용하여 약포 지름보다 약간 굵고, 적당한 길이로 하고, 개수는 충분히 준비하게 할 것
⑦ 장약은 뇌관의 관체, 각선, 연결장치 등이 충격 또는 손상되지 않도록 주의하며, 각선의 길이는 결선작업을 고려하여 충분한 길이의 것을 사용하게 할 것
⑧ 낙석 또는 붕락의 위험이 있는 뜬돌(부석) 등의 유무를 확인하고, 이를 제거하는 등 안전조치 후 작업하도록 할 것
⑨ 장약작업 중에는 **관계 근로자가 아닌 사람의 출입을 금지**할 것

**33** 발파공의 충진 재료로 사용해야 하는 것은?

*Answer & Explanation*

> 점토, 모래

**34** 터널 발파작업 시 발파에 주로 사용하는 재료는 무엇인가?

*Answer & Explanation*

> 다이너마이트

**35** 화약 발파 후 부석 및 불발화약의 유무를 확인하기 위해 발파작업장에 재접근하게 된다. 이 경우 발파 후 몇 분이 경과한 후에 재접근해야 하는가?

(1) 전기뇌관에 의한 경우 :     (분) 이상

(2) 전기뇌관 외의 것에 의한 경우 :     (분) 이상

*Answer & Explanation*

> (1) 5
> (2) 15

**36** 터널공사에 사용되는 계측기의 종류 3가지를 적으시오.

*Answer & Explanation*

> ① 천단침하 측정계
> ② 내공변위 측정계
> ③ 지중 및 지표침하 측정계
> ④ 록볼트 축력 측정계
> ⑤ 숏크리트 응력 측정계

### 37 터널의 계측관리 사항(계측방법) 3가지를 적으시오.

**Answer & Explanation**

① 천단침하 측정
② 내공변위 측정
③ 지중 및 지표침하 측정
④ 록볼트 축력 측정
⑤ 숏크리트 응력 측정

### 38 화면에서 작업자는 흙막이 지보공(또는 터널 지보공) 설치작업을 하고 있다. (1) 흙막이 지보공 설치 목적을 적고 (2) 설치 후 정기적 점검 사항 4가지를 적으시오.

| 흙막이 지보공 | 터널 지보공 |
|---|---|
| |  |
| 사진 출처 : 테크비전 | 사진 출처 : 대영구조기술단 |

**Answer & Explanation**

(1) 설치 목적
굴착작업에 있어서 토사의 붕괴 또는 토석의 낙하에 의하여 근로자에게 위험을 미칠 우려가 있을 때 굴착면이 붕괴되지 않도록 하기 위하여 설치한다.

(2) 점검 사항
① 부재의 손상·변형·부식·변위 및 탈락의 유무와 상태
② 버팀대의 긴압의 정도
③ 부재의 접속부·부착부 및 교차부의 상태
④ 침하의 정도

## 참고하기

그림 출처 : 만화로 보는 산업안전보건기준에 관한 규칙

**39** 터널 내부에서의 굴착작업을 보여준다. 근로자가 노출될 수 있는 위험요인 2가지를 적으시오.

**화면 설명** • 터널 내에서 굴착한 토사(버력)를 컨베이어로 반출하는 모습을 보여준다. TBM 기계 주변으로 방진마스크를 착용하지 않은 근로자가 이동하고 있으며, 분진이 많이 날리는 모습을 보여준다.

사진 출처 : 연합뉴스

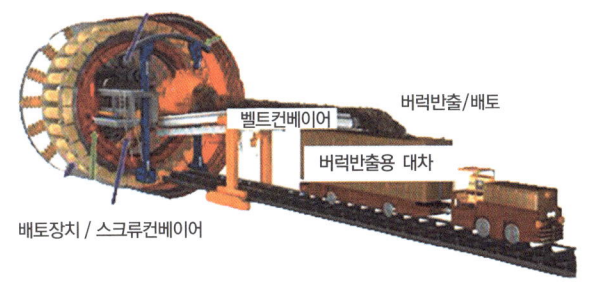

사진 출처 : https://patents.google.com/patent

04. 건설공사 안전 관리 **2-177**

> Answer & Explanation
>
> ① 작업장 내의 분진에 의한 진폐증 등 직업병이 발생할 위험이 있다.
> ② 작업장 내의 소음에 의한 소음성난청이 발생할 위험이 있다.
> ③ 신선한 공기를 공급할 수 있는 환기장치가 설치되지 않아 산소결핍의 위험이 있다.(동영상을 확인하고 작성할 것)

**암기형**

**40** 와이어로프를 걸 때 양중용 (1) 와이어로프의 안전계수와 (2) 슬링 와이어의 매다는 각도는 얼마가 적당한가?

> Answer & Explanation
>
> (1) 안전계수 : 5 이상
> (2) 각도 : 60도 이내

**암기형**

**41** (1) 와이어로프의 사용금지 사항 5가지를 적으시오.

(2) 달비계에 사용하는 달기체인의 사용금지 사항 2가지를 적으시오.

> Answer & Explanation
>
> (1) 와이어로프의 사용금지 사항
>   ① 이음매가 있는 것
>   ② 와이어로프의 한 꼬임에서 끊어진 소선의 수가 10퍼센트 이상인 것
>   ③ 지름의 감소가 공칭지름의 7퍼센트를 초과하는 것
>   ④ 꼬인 것
>   ⑤ 심하게 변형, 부식된 것
>   ⑥ 열과 전기충격에 의해 손상된 것
> (2) 달기체인의 사용금지 사항
>   ① 달기 체인의 길이가 달기 체인이 제조된 때의 길이의 5퍼센트를 초과한 것
>   ② 링의 단면지름이 달기 체인이 제조된 때의 해당 링의 지름의 10퍼센트를 초과하여 감소한 것
>   ③ 균열이 있거나 심하게 변형된 것

### 참고하기

| | 사용금지 항목 |
|---|---|
| 화물자동차의 짐걸이 등에 사용하는 섬유로프 | ① 꼬임이 끊어진 것<br>② 심하게 손상되거나 부식된 것 |
| 달비계에 사용하는 섬유로프 또는 안전대의 섬유벨트 | ① 꼬임이 끊어진 것<br>② 심하게 손상되거나 부식된 것<br>③ 2개 이상의 작업용 섬유로프 또는 섬유벨트를 연결한 것<br>④ 작업높이보다 길이가 짧은 것 |

**암기형**

**42** 항타기, 항발기에 사용되는 와이어로프의 안전율을 고려할 때 인양하고자 하는 말뚝의 하중이 1.5톤이라면 와이어로프의 절단하중은 몇 톤 이상이어야 하는가?

**Answer & Explanation**

안전계수 = $\dfrac{\text{절단하중}}{\text{인양하중}}$

절단하중 = 안전계수 × 인양하중 = 1.5 × 5 = 7.5톤 이상
(항타기, 항발기 와이어로프의 안전계수 : 5 이상)

**암기형**

**43** 항타기 또는 항발기의 권상장치의 드럼 축과 권상장치로부터 첫 번째 도르래의 축과의 거리를 권상장치의 드럼 폭의 몇 배 이상으로 하여야 하는지 적으시오.

**Answer & Explanation**

15배 이상

**암기형**

## 44 동영상에서와 같은 장비를 조립하거나 해체하는 경우에 점검하여야 하는 사항 3가지를 적으시오.

> **화면 설명 •** 동영상에서는 항타기를 조립하는 장면을 보여준다.

**Answer & Explanation**

① 본체의 연결부의 풀림 또는 손상의 유무
② 권상용 와이어로프·드럼 및 도르래의 부착상태의 이상 유무
③ 권상장치의 브레이크 및 쐐기장치 기능의 이상 유무
④ 권상기의 설치상태의 이상 유무
⑤ 리더(leader)의 버팀 방법 및 고정상태의 이상 유무
⑥ 본체·부속장치 및 부속품의 강도가 적합한지 여부
⑦ 본체·부속장치 및 부속품에 심한 손상·마모·변형 또는 부식이 있는지 여부

### 참고하기

• 항타기 또는 항발기를 조립하거나 해체하는 경우 준수사항
  ① 항타기 또는 항발기에 사용하는 권상기에 쐐기장치 또는 역회전방지용 브레이크를 부착할 것
  ② 항타기 또는 항발기의 권상기가 들리거나 미끄러지거나 흔들리지 않도록 설치할 것
  ③ 그 밖에 조립·해체에 필요한 사항은 제조사에서 정한 설치·해체 작업 설명서에 따를 것

그림 출처 : 만화로 보는 산업안전보건기준에 관한 규칙

**45** [보기]는 산업안전보건법에 의한 항타기, 항발기의 무너짐 방지 조치에 관한 내용이다. 괄호에 적합한 내용을 적으시오.

> **보기**
> (1) 연약한 지반에 설치하는 경우에는 아웃트리거·받침 등 지지구조물의 침하를 방지하기 위하여 ( ① ) 등을 사용할 것
> (2) 궤도 또는 차로 이동하는 항타기 또는 항발기에 대하여는 불시에 이동하는 것을 방지하기 위하여 ( ② ) 등으로 고정시킬 것

**Answer & Explanation**

① 깔판·받침목
② 레일클램프 및 쐐기

**참고하기**

- 항타기 및 항발기의 무너짐 방지조치
  ① 연약한 지반에 설치하는 경우에는 아웃트리거·받침 등 지지구조물의 침하를 방지하기 위하여 깔판·받침목 등을 사용할 것
  ② 시설 또는 가설물 등에 설치하는 때에는 그 내력을 확인하고 내력이 부족한 때에는 그 내력을 보강할 것
  ③ 아웃트리거·받침 등 지지구조물이 미끄러질 우려가 있는 때에는 말뚝 또는 쐐기 등을 사용하여 해당 지지구조물을 고정시킬 것
  ④ 궤도 또는 차로 이동하는 항타기 또는 항발기에 대하여는 불시에 이동하는 것을 방지하기 위하여 레일클램프 및 쐐기 등으로 고정시킬 것
  ⑤ 상단 부분은 버팀대·버팀줄로 고정하여 안정시키고, 그 하단 부분은 견고한 버팀·말뚝 또는 철골 등으로 고정시킬 것

**암기형**

**46** 항타기, 항발기 작업 시 안전작업 수칙 4가지를 기술하시오.

**Answer & Explanation**

① 작업 반경 내 출입금지 조치
② 작업 반경 내 가설 울타리 설치
③ 인접한 고압전선의 방호조치
④ 지하 매설물 확인

> 참고하기

• 충전전로 인근에서 항타기, 항발기 작업 시 감전위험 방지를 위한 조치사항

① 충전전로 인근에서 차량, 기계장치 등의 작업이 있는 경우에는 **차량 등을 충전전로의 충전부로부터 300센티미터 이상** 이격시켜 유지시키되, 대지전압이 50킬로볼트를 넘는 경우 이격거리는 10킬로볼트 증가할 때마다 10센티미터씩 증가시켜야 한다.
② **절연용 방호구를 설치한 경우에는 이격거리를 절연용 방호구 앞면까지로, 차량** 등의 가공 붐대의 버킷이나 끝부분 등이 절연되어 있고 유자격자가 작업을 수행하는 경우의 이격거리는 접근 한계거리까지로 할 수 있다.
③ **방책을 설치하거나 감시인 배치** 등의 조치를 하여야 한다.
④ 접지된 차량 등이 충전전로와 접촉할 우려가 있을 경우에는 **지상의 근로자가 접지점에 접촉하지 않도록 조치**하여야 한다.

| 암기법 |
|---|
| 1. 이격거리 : 충전부로부터 300cm 이상, 대지전압 50kV 초과 시 – 10kV 증가 시마다 10cm씩 증가<br>2. 울타리 설치, 감시인 배치<br>3. 근로자가 접지점에 접촉하지 않도록 조치 |

### 암기형

**47** 화면에서는 항타기 작업을 보여준다. 다음 물음에 적합한 내용을 적으시오.

> 보기

항타기 또는 항발기의 권상장치의 드럼축과 권상장치로부터 첫번째 도르래의 축과의 거리를 권상장치의 드럼폭의 ( ① )배 이상으로 하여야 하며, 도르래는 권상장치 드럼의 ( ② )을 지나야 하며 축과 ( ③ )에 있어야 한다.

**Answer & Explanation**

① 15   ② 중심   ③ 수직면상

> 참고하기

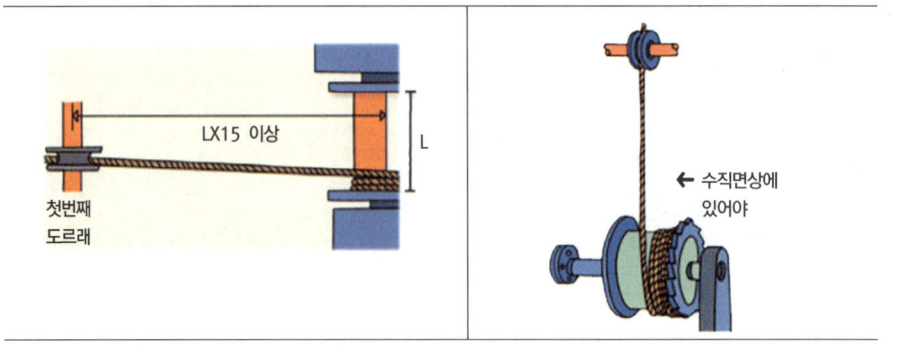

그림 출처 : 만화로 보는 산업안전보건기준에 관한 규칙

**암기형**

**48** 지게차의 헤드가드에 관한 내용이다. [보기]의 (    )에 적합한 숫자를 적으시오.

> **보기**
> (1) 헤드가드 강도는 지게차의 최대하중의 (    )배의 값(4톤이 넘는 것은 4톤으로 한다.)의 등분포 정하중에 견딜 것
> (2) 상부틀의 각 개구의 폭 또는 길이가 (    )cm 미만일 것
> (3) 운전자가 앉아서 조작하는 방식의 지게차의 헤드가드의 높이는 (    )m 이상일 것
> (4) 운전자가 서서 조작하는 방식의 지게차의 헤드가드의 높이는 (    )m 이상일 것

**Answer & Explanation**

(1) 2    (2) 16    (3) 0.903    (4) 1.88

**참고하기**

· 지게차의 방호장치 설치 방법

| 헤드가드 | ① 상부 틀의 각 개구의 폭 또는 길이는 16센티미터 미만일 것<br>② 한국산업표준에서 정하는 높이 기준 이상일 것<br>   (좌식 : 0.903m 이상, 입식 : 1.88m 이상) |
|---|---|
| 백레스트 | ① 외부충격이나 진동 등에 의해 **탈락 또는 파손되지 않도록** 견고하게 부착할 것<br>② 최대하중을 적재한 상태에서 **마스트가 뒤쪽으로 경사지더라도 변형 또는 파손이 없을 것** |
| 전조등 | ① 좌우에 1개씩 설치할 것<br>② 등광색은 **백색**으로 할 것<br>③ 점등 시 **차체의 다른 부분에 의하여 가려지지 아니할 것** |
| 후미등 | ① 지게차 **뒷면 양쪽에 설치할 것**<br>② 등광색은 **적색**으로 할 것<br>③ 지게차 중심선에 대하여 **좌우대칭**이 되게 설치할 것<br>④ 등화의 중심점을 기준으로 **외측의 수평각 45도에서 볼 때에 투영면적이 12.5제곱센티미터 이상**일 것 |

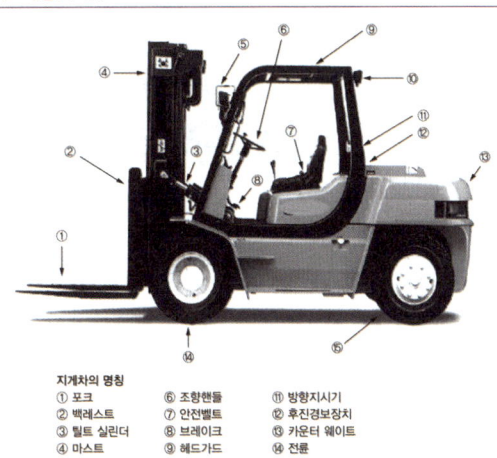

**지게차의 명칭**
① 포크  ⑥ 조향핸들  ⑪ 방향지시기
② 백레스트  ⑦ 안전벨트  ⑫ 후진경보장치
③ 틸트 실린더  ⑧ 브레이크  ⑬ 카운터 웨이트
④ 마스트  ⑨ 헤드가드  ⑭ 전륜
⑤ 전조등  ⑩ 후미등  ⑮ 후륜

그림 출처 : 안전보건공단

**49** 지게차 작업 중 위험예지 포인트(지게차 주행작업 중 우려되는 사고위험요인) 3가지를 기술하시오.

Answer & Explanation

① 전방시야 불충분으로 지게차와 작업자가 충돌한다.
② 물건을 과적하여 운전자 시야를 가려 지게차와 작업자가 충돌한다.
③ 물건을 불안정하게 적재하여 화물이 떨어지며 작업자가 다친다.
④ 작업자가 포크에 올라타서 이동하던 중 떨어진다.

**50** 화면을 보고 다음 물음에 답하시오.
(1) 지게차 주행 작업 중 우려되는 사고 위험요인 2가지를 적으시오.
(2) 사고를 예방하기 위한 대책 2가지를 적으시오.
   (단, 주변 정리정돈 불량 및 작업지휘자 배치는 제외할 것)

화면 설명 • 지게차 포크에 화물(냉장고)을 2단으로 적재하고 로프로 고정하지 않아 맨 위의 화물이 흔들리며 운행하던 중 지나가던 다른 작업자가 화물에 맞는 사고가 발생한다.

사진 출처 : 안전저널

Answer & Explanation

(1) 사고 위험요인
① 화물을 **불안정하게 적재**하여 화물이 떨어질 위험 있다.
② 화물을 **너무 높이 적재**하여 운전자 시야를 가려 위험하다.
③ 운전자 시야가 확보되지 않은 경우에는 **유도자**를 배치하여 지게차를 유도하여야 하나 **배치하지 않아** 위험하다.
④ 지게차 **운행 경로에 작업자 출입금지 조치를 하지 않았다.**(출입금지를 하지 않아 지게차와 작업자 충돌 위험 있다.)

(2) 사고 예방 대책
① 화물이 한쪽으로 치우치지 않도록 적재하고 최대하중 이하로 적재한다.(화물이 무너질 우려가 있는 경우 밧줄로 묶는 등 안전 조치한다.)
② 운전자 시야를 가리지 않도록 화물을 적재한다.
③ 유도자를 배치하여 지게차를 유도한다.
④ 지게차 운행 경로에 작업자 출입금지 조치를 한다.

**51** 화면에서 작업자는 지게차 포크 위에서 전등 교체작업을 하고 있다. 작업에서의 위험요인(작업자의 불안전한 행동) 3가지를 적으시오.

> **화면 설명** • 작업자가 지게차 포크 위에서 전등 교체작업을 하고 있던 중 다른 작업자가 지게차를 움직이며 작업자가 떨어지는 사고가 발생한다.

그림 출처 : https://ulsansafety.tistory.com/543

**Answer & Explanation**

① 안전한 작업발판을 사용하지 않고 지게차 포크 위에서 전등교체를 하였다.(지게차 포크 위에서 작업하여 떨어질 위험 있다.)
② 지게차 운행 중에는 운전자 외에 탑승을 금지하여야 하나, **작업자가 포크에 올라탄 채 지게차를 움직였다.**
③ 추락할 위험이 있는 높이 2m 이상의 장소에서 작업 시에는 **안전모, 안전대 등 추락방지용 보호구를 착용하여야 하나 착용하지 않았다.**(높이 2m 이상인 경우만 해당)
④ **열쇠를 뽑아 별도 관리**하여 지게차를 운전자 외에 운전하지 않도록 **하여야 하나 이를 준수하지 않았다.** (운전자 외의 자가 운전한 경우만 해당)

**주의** 동영상을 확인하고 답을 적으세요.

**암기형**

## 52 화면에서는 지게차 작업을 보여준다. 물음에 답하시오.

(1) 지게차의 방호장치 중 운전자의 머리를 보호하기 위하여 설치하는 방호장치는?

(2) 지게차의 작업시작 전 (안전관리자 또는 관리감독자의) 점검사항 3가지를 적으시오.

(3) 사업주는 사업장에서 지게차를 이용하여 하역 및 운반작업을 할 때에는 보유하고 있는 지게차별로 작업계획서를 작성하여야 한다. 작업계획서 작성 시기는 일상작업은 최초 작업개시 전에 작성하며 그 밖의 경우에도 작성하여야 한다. 일상작업 외에 작업계획서를 작성하여야 하는 경우 3가지를 적으시오.

**Answer & Explanation**

(1) 헤드가드
(2) 지게차의 작업 시작 전 점검사항
  ① 제동장치, 조종장치의 이상 유무
  ② 하역장치, 유압장치의 이상 유무
  ③ 바퀴의 이상 유무
  ④ 전조등, 후미등, 방향지시기, 경보장치의 이상 유무
(3) 일상작업 외에 작업계획서를 작성하여야 하는 경우
  ① 작업장 내 **구조 설비 및 작업방법**이 변경되었을 경우
  ② **작업장소 또는 화물의 상태**가 변경되었을 경우
  ③ 지게차 **운전자가 변경**되었을 경우

### 참고하기

1. 작업 시작 전 점검사항

| 구내운반차의 작업 시작 전 점검사항 | 화물자동차의 작업 시작 전 점검사항 |
|---|---|
| ① **제동장치 및 조종장치** 기능의 이상 유무<br>② **하역장치 및 유압장치** 기능의 이상 유무<br>③ 바퀴의 이상 유무<br>④ **전조등·후미등·방향지시기 및 경음기** 기능의 이상 유무<br>⑤ 충전장치를 포함한 홀더 등의 **결합상태**의 이상 유무 | ① 제동 장치 및 조종 장치의 기능<br>② 하역 장치 및 유압 장치의 기능<br>③ 바퀴의 이상 유무 |

2. 차량계 하역운반기계 등을 사용하는 작업의 작업계획서 내용
  ① 해당 작업에 따른 **추락·낙하·전도·협착 및 붕괴** 등의 위험 예방대책
  ② 차량계 하역운반기계 등의 **운행경로 및 작업방법**

### 암기형

**53** 화면에서는 지게차 작업을 보여준다.

(1) 지게차 마스트의 후방에서 화물이 낙하함으로써 근로자가 위험해질 우려가 있는 경우 설치하여야 하는 장치의 명칭을 적으시오.

(2) 헤드가드의 설치조건(설치방법) 1가지를 적으시오.

**Answer & Explanation**

(1) 백레스트(backrest)
(2) 헤드가드의 설치조건
   ① 상부 틀의 각 개구의 폭 또는 길이는 16센티미터 미만일 것
   ② 운전자가 앉아서 조작하거나 서서 조작하는 지게차의 헤드가드 높이는 좌식 0.903m, 입식 1.88m 이상일 것
   ③ 최대하중의 2배(4톤을 넘는 값에 대해서는 4톤으로 한다)에 해당하는 등분포정하중(等分布靜荷重)에 견딜 수 있는 강도를 가질 것

**◉ 참고하기**

1. 사업주는 **백레스트(backrest)**를 갖추지 아니한 지게차를 사용해서는 아니 된다. 다만, 마스트의 후방에서 화물이 낙하함으로써 근로자가 위험해질 우려가 없는 경우에는 그러하지 아니하다.
2. 사업주는 **헤드가드(head guard)**를 갖추지 아니한 지게차를 사용해서는 안 된다. 다만, 화물의 낙하에 의하여 지게차의 운전자에게 위험을 미칠 우려가 없는 경우에는 그렇지 않다.
3. 사업주는 전조등과 후미등을 갖추지 아니한 지게차를 사용해서는 아니 된다. 다만, 작업을 안전하게 수행하기 위하여 필요한 조명이 확보되어 있는 장소에서 사용하는 경우에는 그러하지 아니하다.

**54** 동영상을 보고 다음 물음에 답하시오.

(1) 동영상에서 나오는 장비(차량)의 명칭을 적으시오.
(2) 산업안전보건법에 의하여 동영상의 장비에 설치하여야 하는 방호장치를 4가지 적으시오.

**화면 설명 •** 화면에서는 지게차의 작업 모습을 보여준다.

그림 출처 : https://www.youtube.com/watch?v=kJzMEHK_nyl

**Answer & Explanation**

(1) 이름 : 지게차
(2) 설치하여야 하는 방호장치
   ① 헤드가드
   ② 백레스트
   ③ 전조등, 후미등
   ④ 안전벨트

**암기형**

**55** 화면은 지게차 작업을 보여준다. 화면처럼 지게차에 적재된 화물이 크고 현저하게 운전자의 시야를 방해할 경우 운전자의 조치를 3가지 적으시오.

**Answer & Explanation**

① 유도자를 배치하여 지게차를 유도시킨다.
② 지게차를 후진으로 진행한다.
③ 경적을 울리면서 서행한다.

**암기형**

**56** 화면은 지게차를 수리하는 장면을 보여주고 있다.

**화면 설명** • 포크가 들어 올려진 상태에서 점검하던 중 떨어지는 포크에 작업자가 맞는 재해가 발생함

(1) 지게차의 포크가 올려진 상태에서 지게차를 점검할 때 필요한 조치를 적으시오.
(2) 현재 이 지게차의 고장은 작업시작 전 점검사항 중 어떤 사항을 확인하였다면 예방할 수 있었는지 해당 내용을 적으시오.
(3) 위 사고에서의 가해물은 무엇인가?

**Answer & Explanation**

> (1) 안전블럭을 포크 밑에 받쳐놓고 작업한다.
> (2) 하역장치, 유압장치의 이상 유무
> (3) 포크

◉ 참고하기

| 안전블럭 사용 전 | 안전블럭 사용 |

그림 출처 : 안전세계,
재해사례 "지게차 수리 중 포크 불시 하강으로 깔림"

그림 출처 : 안전보건공단,
일터에서의 유해위험예방조치 "차량계 하역운반기계 등"

---

**암기형**

**57** 화면에서는 지게차 작업을 보여준다. 지게차 작업 시의 안정도를 적으시오.

(1) 하역작업 시 전·후 안정도
(2) 하역작업 시 전·후 안정도(5t 이상)
(3) 하역작업 시 좌·우 안정도
(4) 지게차가 5km의 속도로 주행 시 좌·우 안정도
(5) 주행 시 전·후 안정도

**Answer & Explanation**

(1) 4% 이내
(2) 3.5% 이내
(3) 6% 이내
(4) 15 + 1.1 × V = 15 + 1.1 × 5 = 20.5% 이내
(5) 18% 이내

**58** 동영상에서는 지게차 작업을 보여준다. 괄호에 적합한 지게차의 안정도를 적으시오.

> **보기**
>
> 1. 지게차는 지면에서 중심선이 지면의 기울어진 방향과 평행할 경우 앞이나 뒤로 넘어지지 아니하여야 한다.
>    (1) 지게차의 최대하중상태에서 쇠스랑을 가장 높이 올린 경우 기울기가 ( ① ) [지게차의 최대하중이 5톤 이상인 경우에는 ( ② )]인 지면
>    (2) 지게차의 기준부하상태에서 주행할 경우 기울기가 ( ③ )인 지면
> 2. 지게차는 지면에서 중심선이 지면의 기울어진 방향과 직각으로 교차할 경우 옆으로 넘어지지 아니하여야 한다.
>    (1) 지게차의 최대 하중상태에서 쇠스랑을 가장 높이 올리고 마스트를 가장 뒤로 기울인 경우 기울기가 ( ④ )인 지면
>    (2) 지게차의 기준 무부하 상태에서 주행할 경우 구배가 지게차의 최고 주행속도에 1.1을 곱한 후 15를 더한 값인 지면. 다만, 규격이 5,000킬로그램 미만인 경우에는 최대 기울기가 100분의 50, 5,000킬로그램 이상인 경우에는 최대 기울기가 100분의 40인 지면을 말한다.

**Answer & Explanation**

① 100분의 4(4%)
② 100분의 3.5(3.5%)
③ 100분의 18(18%)
④ 100분의 6(6%)

**암기형**

**59** 화면에서는 지게차 작업을 보여준다. 지게차와 같은 차량계 하역운반기계를 사용하여 작업하는 경우 작성하여야 하는 작업계획서에 포함하여야 할 내용을 2가지 적으시오.

**Answer & Explanation**

① 해당 작업에 따른 **추락 · 낙하 · 전도 · 협착 및 붕괴** 등의 위험 **예방대책**
② 차량계 하역운반기계 등의 **운행경로 및 작업방법**

**60** 화면에서는 지게차 작업을 보여준다. 지게차와 같은 차량계 하역운반기계 작업에서 운전자가 운전 위치를 이탈하는 경우의 조치사항 2가지를 적으시오.

**Answer & Explanation**

① 포크, 버킷, 디퍼 등의 장치를 가장 낮은 위치 또는 지면에 내려 둘 것
② 원동기를 정지시키고 브레이크를 확실히 거는 등 갑작스러운 이동을 방지하기 위한 조치를 할 것
③ 운전석을 이탈하는 경우에는 시동키를 운전대에서 분리시킬 것

**참고하기**

- 차량계 건설기계의 운전자 위치 이탈 시 조치
  ① 포크, 버킷, 디퍼 등의 장치를 가장 낮은 위치 또는 지면에 내려 둘 것
  ② 원동기를 정지시키고 브레이크를 확실히 거는 등 갑작스러운 이동을 방지하기 위한 조치를 할 것
  ③ 운전석을 이탈하는 경우에는 시동키를 운전대에서 분리시킬 것

**61** 화면에서는 지게차의 작업 모습을 보여준다. 화면에서의 위험요인을 3가지 적으시오.

**화면 설명** ● 지게차 유도자가 포크의 화물을 들어 올리라는 신호를 하며 자신도 화물에 올라탄다. 화물이 운전자의 시야를 가려 시야 확보가 안 된 상태에서 화물에 올라탄 유도자가 뒤로 후진하라는 신호를 보낸다. 지게차의 뒷바퀴가 나무 조각에 걸려 덜컹거리는 순간 유도자가 지게차에서 떨어진다.

그림 출처 : 세이프 넷, 중대재해사례

**Answer & Explanation**

① 지게차 운행 중에는 운전자 외에 탑승을 금지하여야 하나, 유도자가 포크에 올라탄 채 지게차를 운행했다.
② 화물이 운전자의 시야를 가려 시야가 확보되지 않았다.
③ 운행경로의 정리정돈이 불량하다.

**62** 화면에서는 지게차의 작업 모습을 보여준다. 안전작업 조치사항 2가지를 적으시오.

> **화면 설명** • 지게차를 이용하여 나무 파렛트에 화물을 올리고 운반작업을 하고 있다. 운전자는 정면을 보지 않고 옆눈질로 운전하던 중 전방에서 이동 중이던 근로자와 지게차가 충돌한다. 화물은 전방 시야를 가지지 않을 정도의 높이로 적재되었다.

그림 출처 : 안전저널

**Answer & Explanation**

① 지게차 작업 반경 내 근로자 출입금지 조치를 실시한다.
② 지게차 운전자는 운전 중 주행방향을 주시한다.
③ 미리 작업계획서를 작성하고 작업계획서를 준수하여 작업한다.

**암기형**

**63** 화면에서 작업자는 덤프트럭 적재함을 들어 올리고 수리를 하던 중 재해를 당하였다. 차량계 하역, 운반기계 등의 수리 또는 부속 장치의 장착 및 해체작업을 하는 때 (1) 작업 시작 전 조치사항 3가지, (2) 작업지휘자 준수사항 2가지를 적으시오.

**Answer & Explanation**

(1) 작업시작 전 조치사항
  ① 작업순서를 결정하고 작업지휘자를 배치한다.
  ② 하역 및 유압장치에 안전지지대 또는 안전블럭 등을 받쳐놓는다.
  ③ 작업 시작 전 하역장치 및 유압장치 기능의 이상 유무를 점검한다.
(2) 작업지휘자 준수사항
  ① 작업순서를 결정하고 작업을 지휘할 것
  ② 안전지지대 또는 안전블럭 등의 사용상황 등을 점검할 것

**64** 화면에서 작업자는 버스 정비 작업을 하고 있다. 아래 물음에 답하시오.

> **화면 설명 ●** 작업자가 버스 아래에 들어가 정비작업을 하는 중에 다른 작업자가 시동을 걸어 정비작업 중이던 근로자가 다치는 사고가 난다.

(1) 가해물을 적으시오.
(2) 작업의 위험요인 3가지를 적으시오. (단, 작업지휘자 배치와 보호구 착용은 제외할 것)
(3) 작업자가 버스 아래에 들어가 정비작업을 하는 경우의 안전조치사항 3가지를 적으시오. (단, 작업지휘자 배치와 보호구 착용은 제외할 것)
(4) 작업 중 근로자가 샤프트에 재해를 당하였다. 위험점의 종류를 적으시오.
(5) 화면에서와 같이 작업자가 버스 아래에 들어가 정비작업을 하는 경우 설치하여야 하는 장치 2가지를 적으시오.

그림 출처 : http://news.imaeil.com/page/view/2018122116343894797

**Answer & Explanation**

(1) 가해물 : 버스(또는 차량)

(2) 작업의 위험요인
　① 버스 시동장치에 잠금장치를 하지 않았다.
　② 열쇠를 뽑아 별도 관리하지 않았다.
　③ "정비 중" 표지판을 설치하지 않았다.
　④ 안전블럭 또는 안전지주를 설치하지 않았다.

(3) 안전조치사항
　① 버스 시동장치에 잠금장치를 한다.
　② 열쇠를 뽑아 별도 관리한다.
　③ "정비 중" 표지판을 설치한다.
　④ 안전블럭 또는 안전지주를 설치하고 작업한다.

(4) 위험점의 종류 : 회전말림점

(5) 설치하여야 하는 장치의 종류
　① 안전블럭
　② 안전지주

## 참고하기

1. 샤프트(회전축) → 회전말림점

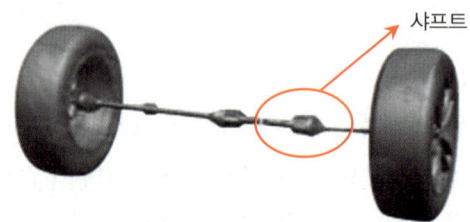

2. 안전지주

그림 출처 : 고용노동부, "2020. 만화로 보는 산업안전보건기준에 관한 규칙", p93.

3. 안전블럭

그림 출처 : 안전보건공단, "덤프트럭 안전보건작업 지침" 2016.11, p12.

**65** 화면에서 작업자는 차량(자동차) 정비 중이다. (1) 재해발생 원인 1가지를 적고 (2) 가해물을 적으시오.

> **화면 설명** ● 차량(자동차) 정비소에서 작업자는 잭으로 차량을 들어 올리고 그 아래 들어가 누워 정비작업을 하고 있다. 작업 중 차량을 들어 올린 잭을 잘못 건드려 들어올린 차량이 내려오며 작업자가 깔리는 장면을 보여준다.

사진 출처 : kwalt

**Answer & Explanation**

(1) **재해발생 원인**
   안전블럭 또는 안전지주를 설치하지 않았다.
(2) **가해물** : 차량(자동차)

---

**암기형**

**66** 화면에서는 건설작업용 리프트를 보여준다. 리프트의 작업 시작 전 점검을 2가지 적으시오.

**Answer & Explanation**

① 와이어로프가 통하는 곳의 상태
② 방호장치 및 브레이크, 클러치의 기능

**암기형**

**67** 건설용 리프트 작업 시 안전수칙 3가지를 적으시오.

**Answer & Explanation**

① 화물용 리프트에 사람이 탄 채 승강을 금지한다.
② 상승조작 시 상부작업자에게 경보 등으로 리프트 상승을 알린다.
③ 운전 중 이상발생 시 비상정지버튼을 눌러 비상정지 한다.

**68** 건설용 리프트·곤돌라를 이용한 작업 시의 특별교육 내용 3가지를 적으시오.
(단, 그 밖에 안전·보건관리에 필요한 사항은 제외할 것)

**Answer & Explanation**

① 방호장치의 기능 및 사용에 관한 사항
② 기계, 기구, 달기체인 및 와이어 등의 점검에 관한 사항
③ 화물의 권상·권하 작업방법 및 안전작업 지도에 관한 사항
④ 기계·기구의 특성 및 동작원리에 관한 사항
⑤ 신호방법 및 공동작업에 관한 사항

**암기형**

**69** 화면에서는 이동식 크레인 작업을 보여준다. 이동식 크레인 작업 시 운전자의 안전 조치 사항 3가지를 적으시오.

**화면 설명●** 이동식 크레인으로 비계를 운반하던 중 비계를 내리는 과정에서 비계가 흔들리며 아래에 있던 작업자와 충돌하는 재해가 발생한다.

**Answer & Explanation**

① 인양 중인 하물이 작업자의 머리 위로 통과하게 하지 아니하게 한다.
② 작업 중 운전석 이탈을 금지한다.
③ 이동식 크레인의 지브와 인양물 또는 각종 장애물과 부딪치지 않도록 한다.

**참고하기**

• 이동식 크레인 운전원 준수사항
  ① 이동식 크레인의 탑승과 하차는 승강 계단을 이용하여야 한다.
  ② **이동식 크레인의 작업 중 운전석 이탈을 금지**하여야 한다. 운전원이 장비를 떠나야 할 경우는 인양물을 지면에 내려놓아야 하고, 구동 엔진 정지 및 브레이크를 작동 상태로 하여 잠금장치를 하여야 한다.
  ③ 인양작업 중 고장 발생 시 인양물을 지상에 내려놓고 브레이크와 안전장치를 작동상태로 유지하여야 한다.
  ④ 이동식 크레인의 **지브와 인양물 또는 각종 장애물과 부딪치지 않도록** 하여야 한다.

**70** 이동식 크레인 작업이다. 작업 시의 내재되어 있는 위험요인 3가지를 적으시오.

> 화면 설명 • 이동식 크레인으로 화물을 운반하는 장면을 보여준다. 화물이 이동하는 앞쪽에 강구조물이 적재되어 있으며, 신호하는 신호수 또한 화물이 이동하는 경로 앞에서 신호하고 있어 화물과 충돌할 위험이 있어 보인다.

그림 출처 : 신한안전이엔씨(주)

**Answer & Explanation**

① 신호수가 화물의 이동경로에 위치하여 화물과 충돌할 위험 있다.
② 화물의 이동경로에 강구조물이 적재되어 있어 화물과 충돌할 위험이 있다.
③ 줄걸이 방법 불량으로 운반 중인 화물이 떨어질 위험이 있다.

---

**71** 동영상은 크레인을 이용하여 화물을 인양하던 중 발생한 사고를 보여준다. 물음에 답하시오.

(1) 재해 발생형태를 적으시오.

(2) 영상에서 보여주는 인양작업의 문제점(산업안전보건법규 위반사항) 1가지를 적으시오.

> 화면 설명 • 크레인 훅에 화물을 걸고 작업자가 화물에 올라탄 채 신호수에게 올리라는 신호를 한다. 작업자가 화물에 탄 채 올라가던 중 작업자가 떨어지는 사고가 발생한다.

사진 출처 : 세이프티 넷

Answer & Explanation

(1) 재해 발생형태 : 떨어짐
(2) 문제점(법규 위반사항) : 크레인을 사용하여 근로자를 운반하거나 근로자를 달아 올린 상태에서 작업에 종사시켜서는 아니 된다.

## 72 동영상에서는 굴착기를 이용하여 거푸집을 인양하는 장면을 보여준다. 작업에서의 위험요인 2가지를 적으시오.

**화면 설명** ● 작업자 2명이 굴착기의 버킷에 로프를 연결하여 거푸집을 운반하고 있다. 거푸집을 바닥에 내려 놓으려고 할 때 버킷에서 로프가 풀리며 거푸집이 뒤로 넘어지고 작업자가 거푸집에 깔리는 사고가 난다.

사진 출처 : https://www.youtube.com/watch?v=F06OvsSOAP4

사진 출처 : https://ulsansafety.tistory.com/3662

**Answer & Explanation**

① 화물 인양작업이 불가능한 굴착기로 인양하였다.(굴착기의 용도 외 사용)
② 작업반경 내 출입 금지 조치를 실시하지 않았다.
③ 작업지휘자를 배치하지 않았다.

### 참고하기

• 굴착기를 사용하여 화물 인양작업을 할 수 있는 경우
  ① 굴착기의 퀵 커플러 또는 **작업 장치에 달기구**(훅, 걸쇠 등을 말한다)가 부착되어 있는 등 인양작업이 **가능하도록 제작된 기계**일 것
  ② 굴착기 제조사에서 정한 **정격하중**이 확인되는 **굴착기**를 사용할 것
  ③ 달기구에 해지장치가 사용되는 등 **작업 중 인양물의 낙하 우려가 없을 것**

**주의** 반드시 동영상을 확인하고 답을 적으세요.

### 암기형

**73** 화면에서는 이동식 크레인 작업을 보여준다. 화면에서 보여주는 양중기를 사용하여 작업할 때 관리감독자로 하여금 작업 시작 전에 점검하도록 하여야 하는 사항 3가지를 적으시오.

**Answer & Explanation**

① 권과방지장치나 그 밖의 경보장치의 기능
② 브레이크·클러치 및 조정장치의 기능
③ 와이어로프가 통하고 있는 곳 및 작업장소의 지반상태

### 참고하기

| | |
|---|---|
| 크레인 | ① 권과방지장치·브레이크·클러치 및 운전장치의 기능<br>② 주행로의 상측 및 트롤리가 횡행(橫行)하는 레일의 상태<br>③ 와이어로프가 통하고 있는 곳의 상태 |
| 이동식 크레인 | ① 권과방지장치 그 밖의 경보장치의 기능<br>② 브레이크·클러치 및 조정장치의 기능<br>③ 와이어로프가 통하고 있는 곳 및 작업장소의 지반상태 |
| 리프트 | ① 방호장치·브레이크 및 클러치의 기능<br>② 와이어로프가 통하고 있는 곳의 상태 |
| 곤돌라 | ① 방호장치·브레이크의 기능<br>② 와이어로프·슬링와이어 등의 상태 |

## 74 화면은 이동식 크레인에 의한 작업이다. 이동식 크레인의 방호장치를 3가지 적으시오.

**Answer & Explanation**

① 권과방지장치
② 과부하방지장치
③ 제동장치
④ 비상정지장치

### 참고하기

- 양중기의 방호장치

| 양중기의 방호장치 | |
|---|---|
| 크레인 | • 과부하방지장치<br>• 권과방지장치(捲過防止裝置)<br>• 비상정지장치<br>• 제동장치<br>〈기타 방호장치〉<br>• 훅의 해지장치<br>• 안전밸브(유압식) |
| 이동식 크레인 | • 과부하방지장치<br>• 권과방지장치(捲過防止裝置)<br>• 비상정지장치<br>• 제동장치<br>〈기타 방호장치〉<br>• 훅의 해지장치<br>• 안전밸브(유압식) |

## 양중기의 방호장치

| | |
|---|---|
| 리프트<br>(자동차정비용 리프트 제외) | • 권과방지장치<br>• 과부하방지장치<br>• 비상정지장치<br>• 제동장치<br>• 조작반(盤) 잠금장치 |
| 곤돌라 | • 과부하방지장치<br>• 권과방지장치(捲過防止裝置)<br>• 비상정지장치<br>• 제동장치 |
| 승강기 | • 과부하방지장치<br>• 권과방지장치(捲過防止裝置)<br>• 비상정지장치<br>• 제동장치<br>• 파이널리미트스위치<br>• 출입문인터록<br>• 조속기(속도조절기) |

**암기법**
- 양중기 공통 방호장치 : 과부하방지장치, 권과방지장치, 비상정지장치, 제동장치
- 추가 설치
  리프트(자동차정비용 제외) : 조작반잠금장치
  승강기 : 파이널리미트스위치, 출입문인터록, 속도조절기

---

**암기형**

**75** 화면은 이동식 크레인에 의한 작업을 보여준다. 다음 설명에 해당하는 이동식 크레인의 방호장치의 명칭을 적으시오.

> **보기**
> (1) 권상용 와이어로프가 지나치게 감겨서 근로자가 위험해질 상황을 방지하기 위한 장치
> (2) 와이어로프 등이 훅으로부터 벗겨지는 것을 방지하기 위한 장치
> (3) 이동식 크레인의 전도 사고를 방지하기 위하여 장비의 측면에 부착하는 장치

**Answer & Explanation**

① 권과방지장치
② 훅의 해지장치
③ 아웃트리거

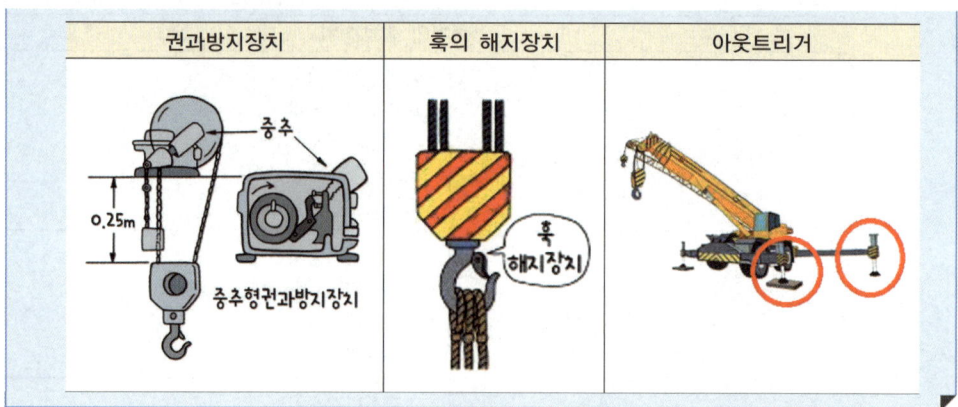

**76** 화면에서는 이동식 크레인으로 배관을 운반하는 작업 중이다. (1) 작업 중 위험요소 2가지를 적고, (2) 작업 중 안전대책, (3) 크레인으로 운반 작업 중 유해위험 방지를 위한 관리감독자의 역할 3가지를 적으시오. (단, 작업시작 전 점검은 제외한다.)
(4) 재해 발생형태와 재해 발생형태의 정의를 적으시오.

> **화면 설명 ●** 배관을 1줄 걸이 상태로 불안하게 운반하고 있으며, 와이어로프의 일부분이 손상된 모습을 보여준다. 작업자가 배관을 손으로 지지하다 배관이 흔들리며 작업자가 배관에 맞는 사고가 발생한다.

**Answer & Explanation**

(1) 작업 중 위험요소
 ① 줄걸이 방법 불량(2줄 걸이로 균형을 유지하여야 하나 1줄 걸이 상태로 운반함)
 ② 배관을 유도(보조)로프로 흔들림 방지하지 않고 손으로 지지하고 있다.
 ③ 와이어로프 상태 불량(손상된 와이어로프 사용함)
 ④ 훅의 해지장치 미설치(혹은 훅의 해지장치를 체결하지 않음)

(2) 작업 중 안전대책
 ① 작업반경 내 관계 근로자 외 출입금지 조치
 ② 2줄 걸이로 줄걸이 방법 변경
 ③ 와이어로프 상태 점검하여 불량품 제거
 ④ 훅의 해지장치 상태 확인
 ⑤ 유도로프를 사용하여 흔들림 방지

(3) 관리감독자(작업지휘자)의 직무(크레인을 사용하는 작업의 관리감독자의 역할)
 ① 작업 방법과 근로자 배치를 결정하고 그 작업을 지휘하는 일
 ② 재료의 결함 유무 또는 기구 및 공구의 기능을 점검하고 불량품을 제거하는 일
 ③ 작업 중 안전대 또는 안전모의 착용 상황을 감시하는 일

(4) ① 재해 발생형태 : 맞음
 ② 재해 발생형태의 정의
  • 날아오거나 떨어진 물체에 맞음
  • 고정되어 있던 물체가 고정부에서 이탈하거나 또는 설비 등으로부터 물질이 분출되어 사람을 가해하는 경우

**주의** 동영상을 확인하고 답을 적으세요.

### 참고하기

• 화물 취급작업 관리감독자의 역할
① **작업방법 및 순서를 결정**하고 **작업을 지휘**하는 일
② **기구 및 공구를 점검**하고 **불량품을 제거**하는 일
③ 그 작업장소에는 **관계 근로자가 아닌 사람의 출입을 금지**하는 일
④ 로프 등의 해체작업을 할 때에는 하대(荷臺) 위의 화물의 낙하위험 유무를 확인하고 작업의 착수를 지시하는 일

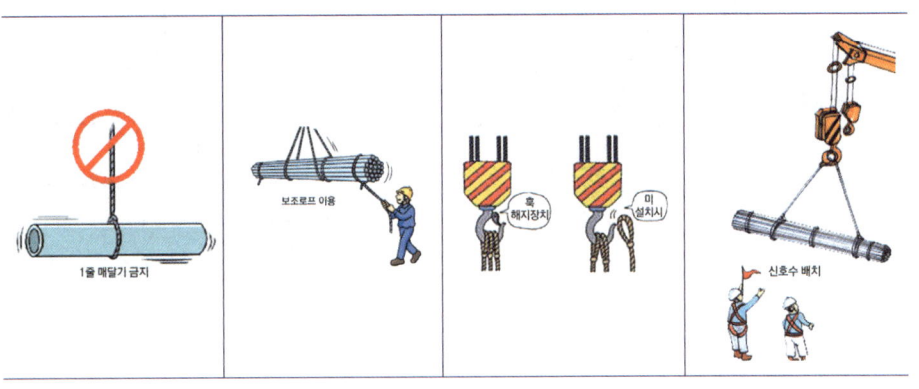

**77** 화면에서는 이동식 크레인 작업을 보여준다. 이동식 크레인 작업 중 화물의 낙하·비래 위험을 방지하기 위한 사전점검 또는 조치내용을 3가지 적으시오.

> 화면 설명 • 이동식 크레인을 이용하여 배관을 2줄 걸이로 운반하는 작업을 하고 있다. 훅에 해지장치도 설치되지 않았고, 신호수가 신호를 하고 있으나 신호가 잘 맞지 않아 배관이 철골에 부딪치는 사고가 발생한다.

**Answer & Explanation**

① 와이어로프 상태 점검
② 훅의 해지장치 점검
③ 줄걸이 방법 점검
④ 작업 반경 내 관계근로자 외 출입금지 조치

### 참고하기

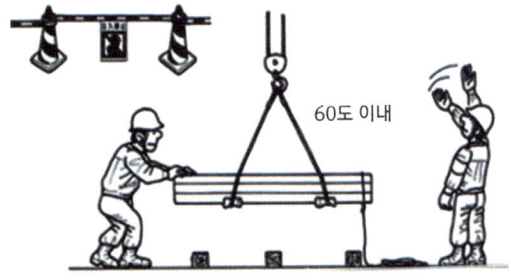

**78** 화면에서는 천정크레인 작업을 보여준다. 동영상에서의 작업 위험요인 2가지를 적으시오.

> **화면 설명** ▸ 천정크레인으로 변압기를 2줄 걸이로 인양하던 중 보조로프를 사용하지 않아 흔들리자 작업자가 변압기를 손으로 붙잡고 있다. 변압기를 내리던 중 훅에서 와이어로프가 이탈하여 작업자의 발에 화물(변압기)이 떨어진다. 크레인 훅에 해지장치가 설치되어 있으나 해지장치를 걸지 않은 상태이다.

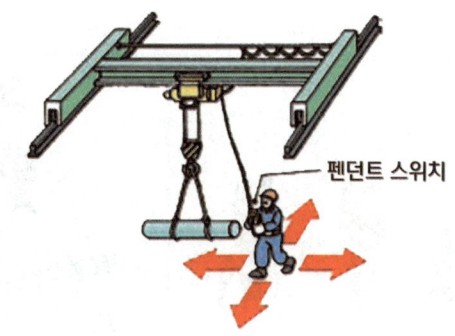

그림 출처 : 안전보건공단 재해사례

**Answer & Explanation**

① 해지장치를 고정하지 않았다.(해지장치를 고정하지 않아 화물(변압기)이 훅에서 이탈할 위험있다.)
② 유도로프를 설치하지 않고 화물(변압기)을 손으로 고정하였다.

**암기형**

**79** 화면에서는 화물트럭으로 배관을 운반하는 작업 중이다. 작업지휘자의 직무를 적으시오.

**Answer & Explanation**

① 안전한 작업방법을 결정, 작업을 지휘할 것
② 작업에 사용하는 기계, 기구를 미리 점검하여 불량품을 제거할 것
③ 작업반경 내 관계자 외 출입금지 조치

**참고하기**

차량계 하역운반기계 등에 **단위 화물의 무게가 100킬로그램 이상**인 화물을 싣는 작업 또는 내리는 작업을 하는 경우에 해당 **작업의 지휘자에게 다음 각 호의 사항을 준수하도록** 하여야 한다.

① 작업순서 및 그 순서 마다의 작업 방법을 정하고 작업을 지휘할 것
② 기구와 공구를 점검하고 불량품을 제거할 것
③ 해당 작업을 하는 장소에 관계 근로자가 아닌 사람이 출입하는 것을 금지할 것
④ 로프 풀기 작업 또는 덮개 벗기기 작업은 적재함의 화물이 떨어질 위험이 없음을 확인한 후에 하도록 할 것

**80** 화면에서는 이동식 크레인을 이용하여 형강을 운반하는 작업을 보여준다.

(1) 위험요인 2가지를 적으시오.

(2) 작업 시 준수해야 할 사항 3가지를 적으시오.
 (단, 근로자 안전보건교육, 유도자 배치, 작업장 정리정돈은 제외할 것)

화면 설명 • 작업자가 형강을 1줄 걸이로 결속하여 운반하고 있으며 유도로프를 사용하여 운반하는 모습을 보여준다.

사진 출처 : 안전보건공단

Answer & Explanation

(1) 위험요인
 ① 비계를 1줄 걸이로 인양하였다.
 ② **유도로프를 사용하지 않았다.** (동영상에서 사용하지 않은 경우만 해당)
 ③ **훅의 해지장치를 사용하지 않았다.**
 ④ 작업구역 내 관계근로자 외의 출입금지 조치를 하지 않았다.

(2) 준수해야 할 사항
 ① 비계 인양 시 **2줄 걸이로 인양**한다.
 ② **유도로프를 사용**하여 흔들림을 방지한다.(동영상에서 사용하지 않는 경우만 해당)
 ③ **훅의 해지장치를 사용**하여 인양물이 훅에서 이탈하는 것을 방지한다.
 ④ **신호수를 배치**하여 표준 신호에 따라 작업을 실시한다.
 ⑤ 작업구역 내에 출입금지 구역을 설정하여 **관계근로자 외의 출입을 금지**시킨다.

주의 동영상을 확인하고 답을 적으세요.

**81** 화면에서는 작업자 2명이 화물(철제파이프)을 들어 올리는 작업을 하고 있다. 승강기 개구부에서 한 명의 작업자는 위에서 안전난간에 로프를 걸쳐 화물을 끌어올리고 있으며, 다른 작업자는 밑에서 화물을 올려주는 작업을 하고 있다. 작업 중 인양하던 화물이 떨어지며 밑에 있던 작업자가 화물에 맞는 사고가 발생하였다. 동종 재해 방지를 위한 화물인양 시의 준수사항을 2가지 적으시오.

**Answer & Explanation**

① 안전난간에 로프를 걸치고 화물을 끌어올리는 작업을 해서는 안 된다.
② 손상된 로프 사용금지
③ 중량물은 양중장비를 활용할 것
④ 긴 화물은 2줄 걸이로 균형을 유지하며, 로프의 결속을 단단히 할 것
⑤ 작업자는 안전모 등 보호구를 착용할 것

**주의** 동영상을 확인하고 답을 적으세요.

➡ **참고하기**

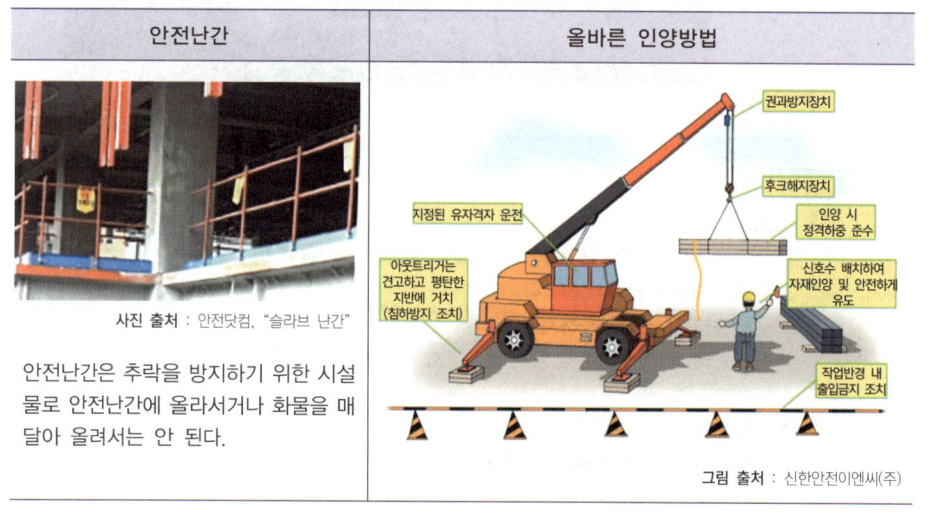

| 안전난간 | 올바른 인양방법 |

사진 출처 : 안전닷컴, "슬라브 난간"

안전난간은 추락을 방지하기 위한 시설물로 안전난간에 올라서거나 화물을 매달아 올려서는 안 된다.

그림 출처 : 신한안전이엔씨(주)

**암기형**

**82** 화면에서는 크레인 작업을 보여준다. (1) 크레인으로 자재를 운반하던 중 훅에서 자재가 떨어지는 사고가 발생한다. 동영상에서와 같은 사고를 방지하기 위하여 크레인 훅에 설치하여야 하는 방호장치명을 적으시오. (2) 크레인 및 이동식 크레인의 방호장치 4가지를 적으시오. (3) 산업안전보건법의 안전검사 주기에 해당하는 적합한 내용을 [보기]의 ( ) 안에 적으시오.

**화면 설명 ●** 집게형 천정크레인으로 철판을 트럭으로 이동하던 중 훅에서 체인이 이탈하며 철판이 낙하하여 작업자가 철판에 깔리는 사고가 발생하였다. 훅에는 해지장치가 설치되지 않았다.

> **보기**
>
> 크레인, 리프트 및 곤돌라의 안전검사 주기
>
> 사업장에 설치가 끝난 날부터 ( ① ) 이내에 최초 안전검사를 실시하고, 그 이후부터 ( ② ) 마다, 단, 건설현장에서 사용하는 것은 최초로 설치한 날부터 ( ③ ) 마다 실시한다.

사진 출처 : 안전보건공단

**Answer & Explanation**

(1) 크레인 훅에 설치하여야 하는 방호장치명 : 해지장치

(2) 이동식 크레인의 방호장치
① 과부하방지장치
② 권과방지장치(捲過防止裝置)
③ 비상정지장치
④ 제동장치

(3) 안전검사 주기
① 3년
② 2년
③ 6개월

> **참고**하기

- 안전검사대상 유해·위험기계 등의 검사 주기
  1. 크레인(이동식 크레인은 제외한다), 리프트(이삿짐운반용 리프트는 제외한다) 및 곤돌라 : 사업장에 **설치가 끝난 날부터 3년 이내**에 최초 안전검사를 실시하되, 그 이후부터 **2년마다**(건설현장에서 사용하는 것은 **최초로 설치한 날부터 6개월마다**)
  2. 이동식 크레인, 이삿짐운반용 리프트 및 고소작업대 : 신규등록 이후 3년 이내에 최초 안전검사를 실시하되, 그 이후부터 2년마다
  3. 프레스, 전단기, 압력용기, 국소 배기장치, 원심기, 롤러기, 사출성형기, 컨베이어 및 산업용 로봇 : 사업장에 설치가 끝난 날부터 3년 이내에 최초 안전검사를 실시하되, 그 이후부터 2년마다(공정안전보고서를 제출하여 확인을 받은 압력용기는 4년마다)

**암기형**

**83** 화면은 이동식 크레인에 의한 작업을 보여준다. [보기]의 설명에 적합한 이동식 크레인의 방호장치 명칭을 적으시오.

>> **보기**

(1) 정격하중 이상의 하중이 부하되었을 경우 자동적으로 권상장치를 정지시키는 장치
(2) 권상용 와이로프 등의 과도한 권상(감아올림)으로 인하여 화물이 지브에 부딪쳐 떨어지는 사고를 방지하기 위한 장치
(3) 훅 걸이용 와이어로프 등이 훅으로부터 벗겨지는 것을 방지하기 위한 장치
(4) 전도 사고를 방지하기 위하여 장비의 측면에 부착하여 전도 모멘트에 대하여 효과적으로 지탱할 수 있도록 한 장치

**Answer & Explanation**

① 과부하방지장치
② 권과방지장치
③ 훅의 해지장치
④ 아웃트리거

## 84
화면에서는 천정크레인으로 열연코일을 인양하던 중 작업자와 지게차와 충돌하는 사고를 보여준다.

(1) 화면과 같은 재해를 예방하기 위한 대책 2가지를 적으시오.
(2) 천정크레인에 설치하여야 하는 방호장치 3가지를 적으시오.

> **화면 설명●** 작업자는 천정크레인으로 열연코일을 운반하기 위해 크레인 조작 스위치를 조작하며 뒷걸음으로 이동하던 중에 맞은편에서 후진 중이던 지게차와 충돌하는 사고가 발생한다.

사진 출처 : 안전보건공단

**Answer & Explanation**

(1) 재해예방 대책
  ① 작업지휘자를 배치하여 작업을 지휘한다.
  ② 차량계 하역운반기계(지게차)의 이동 통로와 크레인의 작업공간을 분리한다.
  ③ 지게차 후진 시에는 유도자를 배치하거나 경적을 울리며 운행한다.

(2) 방호장치
  ① 과부하방지장치
  ② 권과방지장치
  ③ 비상정지장치
  ④ 제동장치

**85** 화면은 타워크레인을 이용하여 비계를 운반 중 발생한 재해를 보여준다. 이 사고는 타워크레인의 안전작업방법 중 어느 부분을 준수하지 않아 발생하였는지 3가지를 적으시오.

**화면 설명●** 타워크레인으로 비계를 운반하여 지면에 내려놓는 작업을 하던 중 비계가 흔들리며 크레인 아래에서 작업 중이던 근로자와 충돌함

그림 출처 : 안전보건공단 재해사례

**Answer & Explanation**

① 크레인으로 하물을 인양하는 하부에는 미리 근로자의 출입을 통제하여야 하나 출입을 통제하지 않았다.
② 유도(보조)로프로 흔들림 방지하여야 하나 유도로프를 사용하지 않았다.
③ 신호수를 배치하지 않았다.

**주의** 반드시 동영상을 확인하고 답을 적으세요.

---

**암기형**

**86** 「운반하역 표준안전 작업지침」에 의하여 크레인 등 고정식기계 운반 하역작업을 하는 경우 "걸이"작업의 기준 3가지를 적으시오.

| 줄걸이 작업의 종류 | | |
|---|---|---|
| 1줄 걸이(적용금지) | 2줄 걸이 | 3줄 걸이 |
| • 화물이 회전할 위험 있어 적용 금지 | • 긴 환봉 등의 줄걸이에 적합 | • U자, T자형의 줄걸이 작업에 활용 |

Answer & Explanation

① 와이어로프 등은 크레인의 후크 중심에 걸어야 한다.
② 인양 물체의 안정을 위하여 2줄 걸이 이상을 사용하여야 한다.
③ 밑에 있는 물체를 걸고자 할 때에는 위의 물체를 제거한 후에 행하여야 한다.
④ 매다는 각도는 60도 이내로 하여야 한다.
⑤ 근로자를 매달린 물체 위에 탑승시키지 않아야 한다.

**87** 영상에서는 크레인으로 화물을 운반하는 장면을 보여준다. 영상을 보고 그림에 해당하는 부분의 명칭을 적으시오.

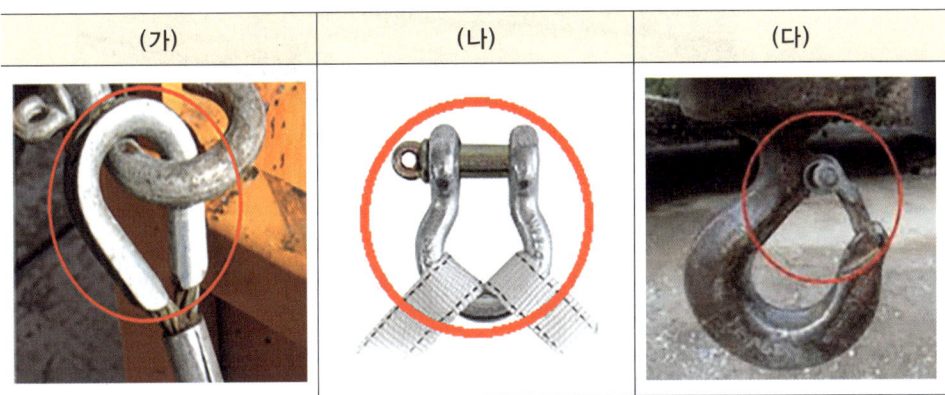

Answer & Explanation

(가) 팀블(심블 : thimble)
(나) 샤클(shackle)
(다) 훅의 해지장치

◉ 참고하기

**팀블(thimble)** : 와이어로프의 손상을 방지하기 위하여 로프를 보강하는 철물을 말한다.
(와이어로프의 킹크 및 마모 등을 방지)

**88** 화면을 보고 물음에 답하시오. (1) 화면에서 보여주는 크레인의 명칭을 [보기]에서 골라 적으시오. (2) 크레인의 새들(saddle) 돌출부와 주변 구조물 사이의 안전공간은 얼마 이상 확보하여야 하는가?

**화면 설명** ● 작업장 바닥에 고정된 레일을 따라 주행하는 크레인을 보여준다.

사진 출처 : AICRANE

>> 보기

호이스트, 서스펜션 크레인, 타워 크레인, 겐트리 크레인

Answer & Explanation

(1) 명칭 : 겐트리 크레인
(2) 간격 : 40센티미터 이상

● 참고하기

1. 주행 크레인 또는 선회 크레인과 건설물 또는 설비와의 사이에 통로를 설치하는 경우 그 폭을 0.6미터 이상으로 하여야 한다. 다만, 그 통로 중 건설물의 기둥에 접촉하는 부분에 대해서는 0.4미터 이상으로 할 수 있다.
2. 다음 각 호의 간격을 0.3미터 이하로 하여야 한다. 다만, 근로자가 추락할 위험이 없는 경우에는 그 간격을 0.3미터 이하로 유지하지 아니할 수 있다. ★
   ① 크레인의 운전실 또는 운전대를 통하는 통로의 끝과 건설물 등의 벽체의 간격
   ② 크레인 거더(girder)의 통로 끝과 크레인 거더의 간격
   ③ 크레인 거더의 통로로 통하는 통로의 끝과 건설물 등의 벽체의 간격

**암기형**

## 89 화면에서는 타워크레인이 작업하는 모습을 보여준다.

(1) 크레인을 사용하여 작업을 하는 경우 사업주가 그 작업에 종사하는 관계 근로자에게 조치를 준수하도록 하여야 하는 사항 3가지를 적으시오.

(2) [보기]는 타워크레인의 작업 종료 후의 조치사항에 관한 내용이다. 맞는 내용은 ( O ), 틀린 내용은 ( X )로 답하시오.

> **보기**
>
> ① 후크를 가장 높은 위치로 올린다. ( )
> ② 트롤리를 운전석에서 가장 먼 쪽으로 이동시킨다. ( )
> ③ 선회장치를 브레이크로 고정한다. ( )
> ④ 작동장치를 중립으로 놓고 문을 잠근다. ( )

**Answer & Explanation**

(1) 관계 근로자에게 준수하도록 하여야 하는 사항
 ① 인양할 하물(荷物)을 바닥에서 끌어당기거나 밀어내는 작업을 하지 아니할 것
 ② 유류드럼이나 가스통 등 운반 도중에 떨어져 폭발하거나 누출될 가능성이 있는 위험물 용기는 보관함(또는 보관고)에 담아 안전하게 매달아 운반할 것
 ③ 고정된 물체를 직접 분리·제거하는 작업을 하지 아니할 것
 ④ 미리 근로자의 출입을 통제하여 인양 중인 하물이 작업자의 머리 위로 통과하지 않도록 할 것
 ⑤ 인양할 하물이 보이지 아니하는 경우에는 어떠한 동작도 하지 아니할 것(신호하는 사람에 의하여 작업을 하는 경우는 제외한다)

(2) ① O
 ② X
 ③ X
 ④ O

**참고하기**

(1) 운전자는 매달은 하물을 지상에 내리고 훅(Hook)을 가능한 한 높이 올린다.
(2) 바람이 심하게 불면 지브가 흔들려 훅 등이 건물 또는 족장 등에 부딪힐 우려가 있으므로 지브의 최소작업반경이 유지되도록 트롤리를 가능한 한 운전석 가까운 위치로 이동시킨다.
(3) 타워크레인의 운전정지 시에는 선회치차(Slewing gear)의 회전을 자유롭게 하며 운전자가 운전석을 떠날 때는 항상 선회기어 브레이크를 풀어 놓아 자유롭게 선회될 수 있도록 한다.
(4) 운전을 마칠 때는 모든 제어장치를 "0"점 또는 중립에 위치시키며 모든 동력 스위치를 끄고 키를 잠근 후 운전석을 떠나도록 한다.

**암기형**

## 90. 타워크레인 작업을 하는 경우에는 악천후 시 작업을 중지하여야 한다. 물음에 해당하는 작업 중지 조건을 적으시오.

> **보기**
> (1) 타워크레인의 운전 작업을 중지하여야 하는 풍속조건
> (2) 타워크레인의 설치·수리·점검 또는 해체작업을 중지하여야 하는 풍속조건
> (3) 옥외 주행 크레인의 이탈방지 조치를 하여야 하는 풍속조건
> (4) 건설용 리프트(지하에 설치되어 있는 것은 제외) 및 승강기의 붕괴 등을 방지하기 위한 조치를 하여야 하는 풍속조건

**Answer & Explanation**

(1) 초당 15미터(15m/s) 초과
(2) 초당 10미터(10m/s) 초과
(3) 초당 30미터(30m/s) 초과
(4) 초당 35미터(35m/s) 초과

**참고하기**

- 악천후 시 조치
  ① 순간풍속이 매 초당 10미터를 초과하는 경우 : 타워크레인의 설치·수리·점검 또는 해체작업을 중지
  ② 순간풍속이 매 초당 15미터를 초과하는 경우 : 타워크레인의 운전작업을 중지
  ③ 순간풍속이 초당 30미터를 초과하는 바람이 불거나 중진(中震) 이상 진도의 지진이 있은 후 : 옥외 양중기의 각 부위 이상 점검
  ④ 순간풍속이 초당 30미터를 초과하는 경우 : 옥외 주행 크레인의 이탈방지 조치
  ⑤ 순간풍속이 초당 35미터를 초과하는 경우 : 건설용 리프트(지하에 설치되어 있는 것은 제외) 및 승강기의 붕괴 등을 방지하기 위한 조치

**암기형**

## 91. 동영상을 보고 적합한 승강기의 방호장치 명칭을 적으시오.

**Answer & Explanation**

① 과부하방지장치
② 권과방지장치(捲過防止裝置)
③ 비상정지장치
④ 제동장치
⑤ 파이널리미트스위치
⑥ 출입문인터록
⑦ 조속기(속도조절기)

> **참고**하기

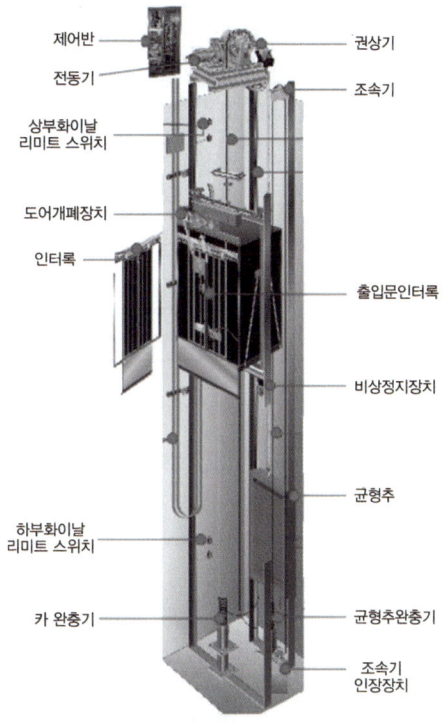

그림 출처 : 안전보건공단

**암기형**

**92** 화면에서는 건설용 리프트를 보여준다. 화면을 보고 건설용 리프트 방호장치의 명칭을 적으시오.

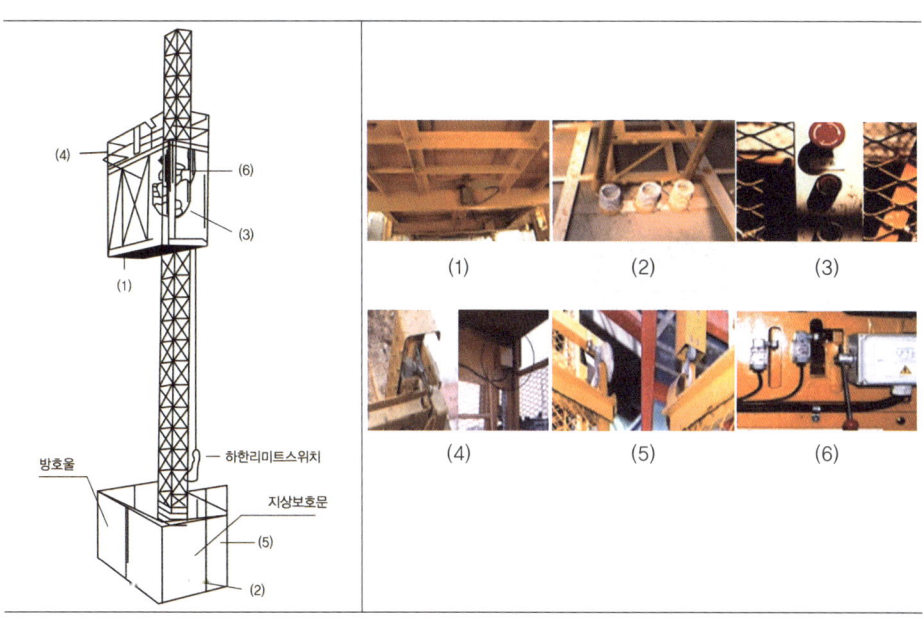

## Answer & Explanation

(1) 과부하방지장치
(2) 완충스프링
(3) 비상정지장치
(4) 출입문 인터록장치(연동장치)
(5) 방호울 출입문 연동장치
(6) 3상 전원차단장치

### 참고하기

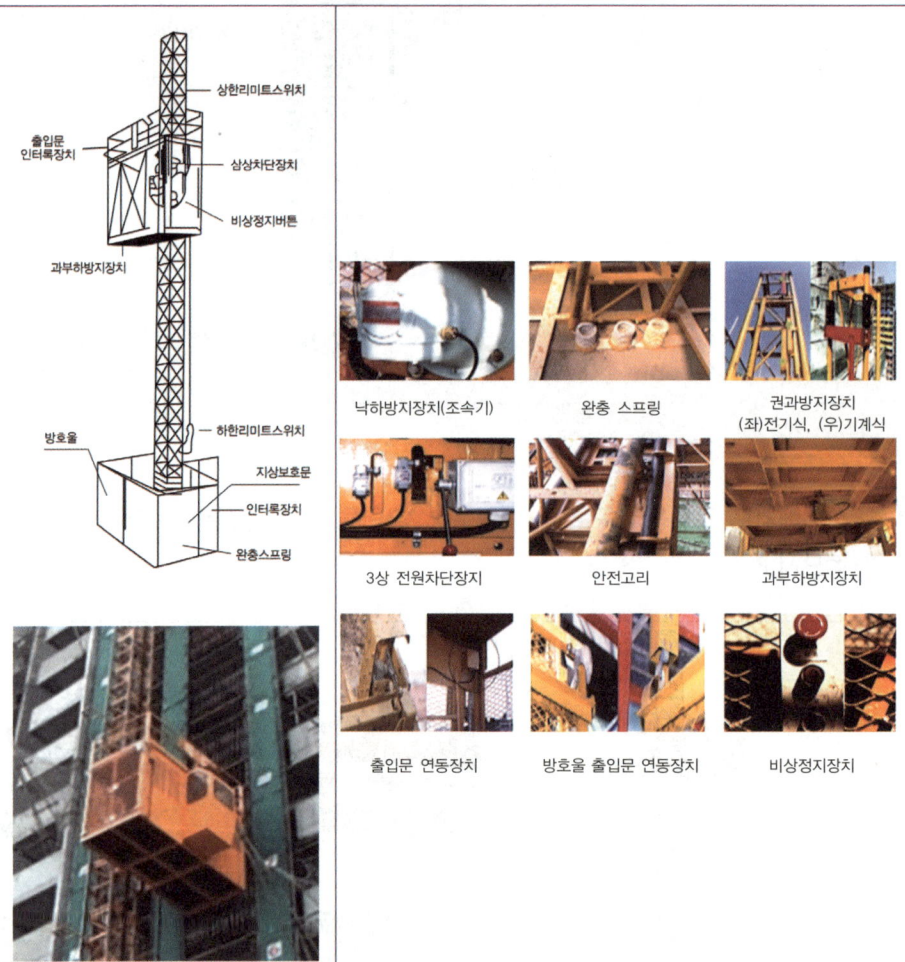

그림 출처 : 안전보건공단, "건설작업용 리프트 안전작업 기준 OPS"

**93** 화면에서는 건설용 리프트를 보여준다. 리프트의 방호장치를 3가지 적으시오.
(단, 자동차정비용 리프트 제외)

> **화면 설명** • 건설용 리프트에서 작업자가 탑승하여 상부로 이동 후 리프트에서 내리는 장면을 보여준다. 화면에서 방호울 출입문 연동장치와 비상정지장치가 설치된 것을 확인할 수 있다.

Answer & Explanation

① 과부하방지장치
② 권과방지장치
③ 비상정지장치
④ 제동장치
⑤ 조작반 잠금장치

**94** 화면에서는 건설 현장을 보여준다. (1) 화면에서 보여주는 장비(운반구)의 명칭을 적으시오.
(2) 해당 장비의 운반구에는 근로자를 탑승시켜서는 아니 된다. 다만, 추락 위험을 방지하기 위한 조치를 한 경우에는 그러하지 아니하다. 해당되는 조치 2가지를 적으시오.

사진 출처 : 영남일보

사진 출처 : https://gondola11.tistory.com/7505579

**Answer & Explanation**

(1) 장비의 명칭 : 곤돌라
(2) ① 운반구가 뒤집히거나 떨어지지 않도록 필요한 조치를 할 것
② 안전대나 구명줄을 설치하고, 안전난간을 설치할 수 있는 구조인 경우이면 안전난간을 설치할 것

---

**암기형**

**95** 화면에서와 같은 화물자동차의 작업 시작 전 점검 사항 3가지를 적으시오.

**Answer & Explanation**

① 제동장치 및 조종장치의 기능
② 하역장치 및 유압장치의 기능
③ 바퀴의 이상 유무

---

**암기형**

**96** 화면에서와 같은 고소작업대의 작업 시작 전 점검 사항 3가지를 적으시오.

**Answer & Explanation**

① 비상정지장치 및 비상하강방지장치 기능의 이상 유무
② 과부하방지장치의 작동 유무(와이어로프 또는 체인구동방식의 경우)
③ 아웃트리거 또는 바퀴의 이상 유무
④ 작업면의 기울기 또는 요철 유무

**참고하기**

• 작업 시작 전 점검

| 작업의 종류 | 점검내용 |
| --- | --- |
| 1. 프레스 등을 사용하여 작업을 할 때 | 가. 클러치 및 브레이크의 기능<br>나. 크랭크축·플라이휠·슬라이드·연결봉 및 연결 나사의 풀림 여부<br>다. 1행정 1정지기구·급정지장치 및 비상정지장치의 기능<br>라. 슬라이드 또는 칼날에 의한 위험방지 기구의 기능<br>마. 프레스의 금형 및 고정볼트 상태<br>바. 방호장치의 기능<br>사. 전단기(剪斷機)의 칼날 및 테이블의 상태 |
| 2. 로봇의 작동 범위에서 그 로봇에 관하여 교시 등(로봇의 동력원을 차단하고 하는 것은 제외한다)의 작업을 할 때 | 가. 외부 전선의 피복 또는 외장의 손상 유무<br>나. 매니퓰레이터(manipulator) 작동의 이상 유무<br>다. 제동장치 및 비상정지장치의 기능 |

| 작업의 종류 | 점검내용 |
|---|---|
| 3. 공기압축기를 가동할 때 | 가. 공기저장 압력용기의 외관 상태<br>나. 드레인밸브(drain valve)의 조작 및 배수<br>다. 압력방출장치의 기능<br>라. 언로드밸브(unloading valve)의 기능<br>마. 윤활유의 상태<br>바. 회전부의 덮개 또는 울<br>사. 그 밖의 연결 부위의 이상 유무 |
| 4. 크레인을 사용하여 작업을 하는 때 | 가. 권과방지장치·브레이크·클러치 및 운전장치의 기능<br>나. 주행로의 상측 및 트롤리(trolley)가 횡행하는 레일의 상태<br>다. 와이어로프가 통하고 있는 곳의 상태 |
| 5. 이동식 크레인을 사용하여 작업을 할 때 | 가. 권과방지장치나 그 밖의 경보장치의 기능<br>나. 브레이크·클러치 및 조정장치의 기능<br>다. 와이어로프가 통하고 있는 곳 및 작업장소의 지반상태 |
| 6. 리프트 | 가. 방호장치·브레이크 및 클러치의 기능<br>나. 와이어로프가 통하고 있는 곳의 상태 |
| 7. 곤돌라를 사용하여 작업을 할 때 | 가. 방호장치·브레이크의 기능<br>나. 와이어로프·슬링와이어(sling wire) 등의 상태 |
| 8. 지게차를 사용하여 작업을 하는 때 | 가. 제동장치 및 조종장치 기능의 이상 유무<br>나. 하역장치 및 유압장치 기능의 이상 유무<br>다. 바퀴의 이상 유무<br>라. 전조등·후미등·방향지시기 및 경보장치 기능의 이상 유무 |
| 9. 구내운반차를 사용하여 작업을 할 때 | 가. 제동장치 및 조종장치 기능의 이상 유무<br>나. 하역장치 및 유압장치 기능의 이상 유무<br>다. 바퀴의 이상 유무<br>라. 전조등·후미등·방향지시기 및 경음기 기능의 이상 유무<br>마. 충전장치를 포함한 홀더 등의 결합상태의 이상 유무 |
| 10. 고소작업대를 사용하여 작업을 할 때 | 가. 비상정지장치 및 비상하강 방지장치 기능의 이상 유무<br>나. 과부하 방지장치의 작동 유무(와이어로프 또는 체인구동 방식의 경우)<br>다. 아웃트리거 또는 바퀴의 이상 유무<br>라. 작업면의 기울기 또는 요철 유무<br>마. 활선작업용 장치의 경우 홈·균열·파손 등 그 밖의 손상 유무 |
| 11. 화물자동차를 사용하는 작업을 하게 할 때 | 가. 제동장치 및 조종장치의 기능<br>나. 하역장치 및 유압장치의 기능<br>다. 바퀴의 이상 유무 |
| 12. 컨베이어 등을 사용하여 작업을 할 때 | 가. 원동기 및 풀리(pulley) 기능의 이상 유무<br>나. 이탈 등의 방지장치 기능의 이상 유무<br>다. 비상정지장치 기능의 이상 유무<br>라. 원동기·회전축·기어 및 풀리 등의 덮개 또는 울 등의 이상 유무 |
| 14. 근로자가 반복하여 계속적으로 중량물을 취급하는 작업을 할 때 | 가. 중량물 취급의 올바른 자세 및 복장<br>나. 위험물이 날아 흩어짐에 따른 보호구의 착용<br>다. 카바이드·생석회(산화칼슘) 등과 같이 온도상승이나 습기에 의하여 위험성이 존재하는 중량물의 취급방법<br>라. 그 밖에 하역운반기계 등의 적절한 사용방법 |

| 작업의 종류 | 점검내용 |
|---|---|
| 15. 양화장치를 사용하여 화물을 싣고 내리는 작업을 할 때 | 가. 양화장치(揚貨裝置)의 작동상태<br>나. 양화장치에 제한하중을 초과하는 하중을 실었는지 여부 |
| 16. 슬링 등을 사용하여 작업을 할 때 | 가. 훅이 붙어 있는 슬링·와이어슬링 등이 매달린 상태<br>나. 슬링·와이어링 등의 상태<br>　　(작업시작 전 및 작업 중 수시로 점검) |

### 암기형

**97** 화면에서는 고소작업대를 이용하여 산소절단기로 철근을 절단하는 장면을 보여준다. 화면에서와 같은 장비로 작업을 하는 경우 안전작업 준수사항 3가지를 적으시오.

**Answer & Explanation**

고소작업대를 사용하는 때 준수사항
① 작업자는 안전모·안전대 등의 보호구를 착용하도록 할 것
② 관계자 외의 자가 작업구역 내에 들어오는 것을 방지하기 위하여 필요한 조치를 할 것
③ 안전한 작업을 위하여 적정수준의 조도를 유지할 것
④ 전로(電路)에 근접하여 작업을 하는 때에는 작업감시자를 배치하는 등 감전사고를 방지하기 위하여 필요한 조치를 할 것
⑤ 작업대를 정기적으로 점검하고 붐·작업대 등 각 부위의 이상 유무를 확인할 것
⑥ 전환스위치는 다른 물체를 이용하여 고정하지 말 것
⑦ 작업대는 정격하중을 초과하여 물건을 싣거나 탑승하지 말 것
⑧ 작업대의 붐대를 상승시킨 상태에서 탑승자는 작업대를 벗어나지 말 것

### 참고하기

아웃트리거

사진 출처 : 제주 고고렌탈

**98** 화면에서는 고소작업대를 이동하는 모습을 보여준다.

(1) 화면에서와 같이 고소작업대를 이동하는 경우 준수하여야 하는 사항 3가지를 적으시오.

(2) 화면에서 보여주는 장치에 관한 설명이다. 괄호에 적합한 내용을 적으시오.

> **보기**
> (1) 작업대에 정격하중[안전율 ( ① ) 이상]을 표시할 것
> (2) 작업대에 끼임·충돌 등 재해를 예방하기 위한 가드 또는 ( ② )를 설치할 것

**화면 설명** • 고소작업대에 작업자를 태우고 이동하던 중 바닥에 있던 대걸레에 걸려 고소작업대가 넘어지는 사고가 난다.

### Answer & Explanation

(1) 고소작업대를 이동하는 경우 준수사항
 ① **작업대를 가장 낮게 하강시킬 것**
 ② **작업자를 태우고 이동하지 말 것**. 다만, 이동 중 전도 등의 위험 예방을 위하여 유도하는 사람을 배치하고 짧은 구간을 이동하는 경우에는 작업대를 가장 낮게 내린 상태에서 작업자를 태우고 이동할 수 있다.
 ③ **이동통로의 요철상태 또는 장애물의 유무 등을 확인할 것**

(2) ① 5
 ② 과상승 방지장치

### 참고하기

고소작업대를 설치하는 때에는 다음 각 호에 해당하는 것을 설치하여야 한다.
① 작업대를 와이어로프 또는 체인으로 상승 또는 하강시킬 때에는 와이어로프 또는 체인이 끊어져 작업대가 낙하하지 아니하는 구조이어야 하며, **와이어로프 또는 체인의 안전율은 5 이상일 것**
② 작업대를 유압에 의하여 상승 또는 하강시킬 때에는 작업대를 일정한 위치에 유지할 수 있는 장치를 갖추고 **압력의 이상 저하를 방지할 수 있는 구조일 것**
③ 권과방지장치를 갖추거나 압력의 이상 상승을 방지할 수 있는 구조일 것
④ 붐의 최대 지면경사각을 초과 운전하여 전도되지 않도록 할 것
⑤ 작업대에 **정격하중(안전율 5 이상)**을 표시할 것
⑥ 작업대에 끼임·충돌 등 재해를 예방하기 위한 **가드 또는 과상승방지장치를 설치할 것**
⑦ **조작반의 스위치는 눈으로 확인할 수 있도록 명칭 및 방향 표시를 유지할 것**

**암기형**

**99** 화면에서는 고소작업대를 이용하여 용접하는 장면을 보여준다. 화면에서와 같은 고소작업대 작업 시의 작업자 준수사항 3가지를 적으시오.

**화면 설명 ●** 고소작업대의 붐대를 조금 내리고 작업자를 태운 채 이동한 후 다시 고소작업대를 상승시켜 용접하는 장면을 보여준다. 작업자는 안전모와 면장갑을 착용한 상태이며 주변에 소화기가 비치되어 있다.

사진 출처 : ulsansafety

**Answer & Explanation**

① 작업자를 태우고 이동하지 말 것
② 작업자는 용접용 보안면, 안전장갑을 착용할 것
③ 작업대의 붐대를 상승시킨 상태에서 탑승자는 작업대를 벗어나지 말 것
④ 작업대에 정격하중을 초과하여 물건을 싣거나 탑승하지 말 것

**암기형**

**100** 화면에서는 구내운반차의 작업 모습을 보여준다.

(1) 구내운반차의 작업 시 준수사항 3가지를 적으시오.
(2) 구내운반차의 작업 시작 전 점검사항 3가지를 적으시오.

**Answer & Explanation**

(1) 작업 시 준수사항
① 주행을 제동하고 또한 정지상태를 유지하기 위하여 유효한 **제동장치**를 갖출 것
② **경음기**를 갖출 것
③ 운전석이 차 실내에 있는 것은 **좌우에 한 개씩 방향지시기**를 갖출 것
④ **전조등과 후미등**을 갖출 것

(2) 작업 시작 전 점검사항
① 제동장치 및 조종장치 기능의 이상 유무
② 하역장치 및 유압장치 기능의 이상 유무
③ 바퀴의 이상 유무
④ 전조등·후미등·방향지시기 및 경음기 기능의 이상 유무
⑤ 충전장치를 포함한 홀더 등의 결합 상태의 이상 유무

◉ 참고하기

사진 출처 : 수성물류 운반기계

**101** 화면에서는 구내운반차의 작업 모습을 보여준다. 구내운반차의 작업 시 준수사항에 관한 내용이다. 괄호에 적합한 용어를 적으시오.

>> 보기
(1) 사업주는 구내운반차[작업장 내 ( ① )을 주목적으로 하는 차량으로 한정한다]를 사용하는 경우에 다음 각 호의 사항을 준수해야 한다.
(2) 주행을 제동하고 또한 정지상태를 유지하기 위하여 유효한 ( ② )를 갖출 것
(3) ( ③ )를 갖출 것
(4) 운전석이 차 실내에 있는 것은 좌우에 한 개씩 방향지시기를 갖출 것
(5) ( ④ )과 ( ⑤ )을 갖출 것
(6) 구내운반차가 후진 중에 주변의 근로자 또는 차량계 하역운반기계 등과 충돌할 위험이 있는 경우에는 구내운반차에 ( ⑥ )와 ( ⑦ )을 설치할 것

Answer & Explanation
① 운반  ② 제동장치  ③ 경음기  ④ 전조등  ⑤ 후미등  ⑥ 후진 경보기  ⑦ 경광등

**암기형**

**102** 구축물, 건축물, 그 밖의 시설물 등의 해체작업 시 작성하여야 하는 해체계획에 포함되어야 할 사항 3가지를 적으시오.

> Answer & Explanation
>
> ① 해체방법, 해체순서 도면
> ② 가설설비, 방호설비, 살수, 방화설비 등 설비방법
> ③ 사업장 내 연락방법
> ④ 해체물 처분계획
> ⑤ 해체작업용 기계·기구 등의 작업계획서
> ⑥ 해체작업용 화약류 등의 사용계획서

**암기형**

**103** 건물해체공사를 하고 있다. (1) 해체장비와 해체물 사이의 이격거리는 얼마 이상 이격하여야 하는지 적으시오. (2) 작업자와 해체장비 사이의 이격거리는 얼마 이상이어야 하는가? (단, 해체물의 높이는 7m이다.)

> Answer & Explanation
>
> (1) 해체장비와 해체물 사이의 이격거리 : 해체물 높이×0.5 = 7×0.5 = 3.5m 이상
> (2) 작업자와 해체장비 사이의 이격거리 : 4m

**104** 화면에서는 압쇄기로 아파트를 해체하는 장면을 보여준다.

(1) 해체장비의 명칭을 적으시오.
(2) 동영상과 같은 해체 작업에서의 위험 요인 2가지를 적으시오.
(3) 동영상과 같은 해체 작업을 하는 경우의 안전 준수사항 3가지를 적으시오.
(4) 압쇄기 사용 시의 준수사항 3가지를 적으시오.

> **화면 설명** • 해체장비로 해체작업을 하는 중이다. 신호수가 신호를 하고 있으나 신호가 맞지 않으며 해체물에 지나가던 근로자가 다치는 모습을 보여준다.

사진 출처 : 신아그룹

**Answer & Explanation**

(1) 해체장비의 명칭 : 압쇄기

(2) 작업 위험요인
① 작업구역 내 관계자 외 출입을 통제하지 않았다. (관계자 외 출입금지 미실시)
② 작업자 간 신호 규정을 준수하지 않았다.

(3) 안전 준수사항
① 작업구역 내에는 관계자 이외의 자에 대하여 출입을 통제하여야 한다.
② 강풍, 폭우, 폭설 등 악천후 시에는 작업을 중지하여야 한다.
③ 작업자 상호 간의 적정한 신호 규정을 준수하고 신호방식 및 신호기기 사용법은 사전 교육에 의해 숙지되어야 한다.

(4) 압쇄기 사용 시의 준수사항
① 압쇄기의 중량, 작업충격을 사전에 고려하고, 차체 **지지력을 초과하는 중량의 압쇄기 부착을 금지**하여야 한다.
② **압쇄기 부착과 해체에는 경험이 많은 사람으로서 선임**된 자에 한하여 실시한다.
③ 압쇄기 **연결구조부는 보수점검을 수시로 하여야 한다.**
④ 배관 접속부의 핀, 볼트 등 **연결구조의 안전 여부를 점검**하여야 한다.
⑤ 절단 날은 마모가 심하기 때문에 적절히 **교환**하여야 하며 교환 대체품목을 항상 비치하여야 한다.

**주의** '압쇄기 사용공법의 준수사항'을 적으라는 경우는 '참고' 내용을 적으세요!

### 참고하기

| 해체공사 안전일반 | 압쇄기 사용공법의 준수사항 |
|---|---|
| ① **작업구역 내에는 관계자 이외의 자에 대하여 출입을 통제**하여야 한다.<br>② 강풍, 폭우, 폭설 등 **악천후 시에는 작업을 중지**하여야 한다.<br>③ 사용 기계 기구 등을 인양하거나 내릴 때에는 그물망이나 그물 포대 등을 사용토록 하여야 한다.<br>④ 외벽과 기둥 등을 전도시키는 작업을 할 경우에는 전도 낙하 위치 검토 및 **파편 비산거리 등을 예측하여 작업반경을 설정**하여야 한다.<br>⑤ 전도 작업을 수행할 때에는 작업자 이외의 다른 작업자는 대피시키도록 하고 완전 대피 상태를 확인한 다음 전도시키도록 하여야 한다.<br>⑥ 해체 건물 외곽에 **방호용 비계를 설치하여야 하며 해체물의 전도, 낙하, 비산의 안전거리를 유지**하여야 한다.<br>⑦ 파쇄공법의 특성에 따라 **방진벽, 비산 차단벽, 분진 억제 살수시설을 설치**하여야 한다. | ① 항시 중기의 안전성을 확인하고 중기침하로 인한 위험을 사전 제거토록 조치하여야 하며 중기 작업구조의 지반다짐을 확인하고 편평도는 1/100 이내이어야 한다.<br>② 중기의 작업가능 높이보다 높은 부분 해체 시에는 해체물을 깔고 올라가 작업을 하고, 이 때에는 중기전도로 인한 사고가 발생되지 않도록 조치하여야 한다.<br>③ **중기 운전자는 경험이 풍부한 자격 소유자**이어야 한다.<br>④ 중기 작업반경 내와 **해체물의 낙하가 예상되는 지역에 대하여는 출입을 제한**하여야 한다.<br>⑤ 해체작업 중 발생되는 분진의 비산을 막기 위해 살수할 경우에는 살수 작업자와 중기운전자는 서로 상황을 확인하여야 한다.<br>⑥ 외벽을 해체할 때에는 비계철거 작업자와 서로 연락하여야 하고 벽과 연결된 비계는 외벽해체 직전에 철거하여야 한다. |

| 해체공사 안전일반 | 압쇄기 사용공법의 준수사항 |
|---|---|
| ⑧ 작업자 상호 간의 적정한 신호 규정을 준수하고 신호방식 및 신호기기 사용법은 사전교육에 의해 숙지되어야 한다.<br>⑨ 적정한 위치에 대피소를 설치하여야 한다. | ⑦ 상층 부분의 보와 기둥, 벽체를 해체할 경우는 해체물이 비산, 낙하할 위험이 있으므로 해체구조 바로 아래층에 **수평 낙하물 방호책을 설치**해서 **해체물이 비산, 낙하되지 않도록** 하여야 한다.<br>⑧ 높은 곳에서 가스로 철근을 절단할 경우에는 항시 안전대 부착설비를 하고 안전대를 착용하여야 한다.<br>⑨ 압쇄기에 의한 파쇄작업순서는 슬라브, 보, 벽체, 기둥의 순서로 해체하여야 한다. |

**105** 화면에서 작업자는 착암기(전동 브레이커)로 도로 옆 인도를 파쇄하는 작업을 하고 있다. 작업자가 착용하여야 하는 보호구를 4가지 적으시오. (단, 화면과는 무관하게 작성할 것)

> **화면 설명** • 작업자는 안전모, 안전화, 목장갑을 착용하고 있으며 방진마스크, 보안경은 착용하지 않은 채 작업하고 있다.

**Answer & Explanation**

사진 출처 : 뉴시스

사진 출처 : 만일교역

① 안전모
② 안전화
③ 보안경
④ 방진마스크
⑤ 귀마개(또는 귀덮개)
⑥ 방진장갑

**106** 화면은 철골작업을 보여주고 있다. 화면에서와 같은 철골작업 시 작업을 중지해야 하는 경우 3가지를 적으시오.

Answer & Explanation

① 풍속이 초당 10m(10m/s) 이상
② 강우량이 시간당 1mm(1mm/hr) 이상
③ 강설량이 시간당 1cm(1cm/hr) 이상

**107** 고장력 볼트의 이음에는 축력이 매우 중요하다. 토크가 80kg·m 토크계수 K = 0.15, d = 22mm일 때 볼트의 축력(Ton)을 계산하시오.

Answer & Explanation

$T = K \times N \times d$

여기서, T : 토크(kg·m)
K : 토크계수
N : 볼트 축력(kg)
d : 볼트 직경(m)

$T = K \times N \times d$

$N = \dfrac{T}{K \times d} = \dfrac{80}{0.15 \times \dfrac{22}{1,000}} = 24,240 \text{kg} \div 1,000 = 24.24 \text{Ton}$

**암기형**

**108** 화면에서는 작업발판을 보여준다. 물음에 답하시오.

(1) 높이 2미터 이상인 작업 장소에 설치하여야 하는 작업발판의 설치기준을 6가지 적으시오.

(2) 높이 2미터 이상인 작업 장소에 설치하여야 하는 작업발판의 설치기준 중 작업발판의 폭과 발판 재료 간 틈의 적당한 간격을 적으시오.

>> 보기

발판의 폭은 ( ① ) 이상으로 하고, 발판 재료 간의 틈은 ( ② ) 이하로 할 것

**Answer & Explanation**

(1) 작업발판의 설치 기준
  ① 발판 재료 : 작업 시의 하중을 견딜 수 있도록 견고한 것으로 할 것
  ② 발판의 폭 : 40cm 이상으로 하고, 발판 재료 간의 틈 : 3cm 이하로 할 것
  ③ 추락의 위험성이 있는 장소에는 안전난간을 설치할 것
  ④ 작업발판의 지지물 : 하중에 의하여 파괴될 우려가 없는 것을 사용할 것
  ⑤ 작업발판재료는 뒤집히거나 떨어지지 아니하도록 2 이상의 지지물에 연결하거나 고정시킬 것
  ⑥ 작업에 따라 이동시킬 때에는 위험방지 조치를 할 것
  ⑦ 선박 및 보트 건조작업에서 선박블록 또는 엔진실 등의 좁은 작업공간에 작업발판을 설치하는 경우 : 작업발판의 폭을 30센티미터 이상으로 할 수 있고, 걸침비계의 경우 발판재료 간의 틈을 3센티미터 이하로 유지하기 곤란하면 5센티미터 이하로 할 수 있다.

(2) ① 40cm  ② 3cm

⊙ 참고하기

• 발판의 구조

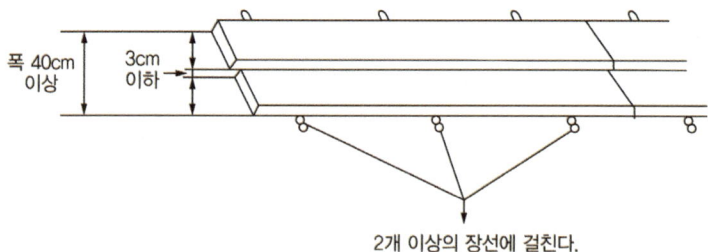

**109** 화면에서 작업자는 벽돌 벽에 시멘트를 바르는 미장작업을 하고 있다. 작업에서의 위험요소 2가지를 적으시오.

> **화면 설명 •** 작업자의 키 높이 정도에 작업발판이 설치되어 있으며 발판은 제대로 고정이 되지 않았다. 작업발판 위에 벽돌, 시멘트 등이 쌓여있고, 작업발판에 안전난간은 설치되지 않았다. 작업자는 안전모는 착용하였으나 안전대와 안전화는 미착용하였으며 작업발판 위에서 아래로 뛰어내리는 모습을 보여준다.

그림 출처 : http://www.sbsafety.co.kr/

**Answer & Explanation**

① 작업발판 불량(작업발판은 2 이상의 지지물에 연결하거나 고정시켜야 하나 고정이 불량하다.)
② 안전난간 미설치(높이 2m 이상인 경우만 해당)
③ 작업자 안전대, 안전화 미착용(안전대는 높이 2m 이상인 경우만 해당)
④ 작업통로를 이용하지 않고 **작업발판에서 뛰어내림**

**110** 화면에서는 작업자가 발판이 설치되지 않은 강관비계 위에서 작업하다 떨어지는 장면을 보여준다. 사고를 예방하기 위한 안전작업 대책 2가지를 적으시오.

**화면 설명 •** 작업자는 비계에 올라서서 비계를 연결하는 작업을 하던 중 비계가 비틀거리며 떨어진다. 작업자는 안전모를 착용하고 있으며 안전대는 미착용한 상태이다.

그림 출처 : 안전보건공단, 재해사례

**Answer & Explanation**

① 안전한 작업발판을 설치하고 작업발판 위에서 작업한다.
② 작업자는 안전대를 착용한다.

**참고하기**

• 작업발판 설치 및 안전대 착용

사진 출처 : 안전보건공단, 그림으로 보는 산업안전보건에 관한 규칙

**111** 작업자 2명이 이동식 사다리 사이에 발판을 걸쳐놓고 작업하던 중 사다리가 흔들리며 바닥으로 떨어지는 사고가 발생한다. 동영상에서의 작업 위험요인 2가지를 적으시오.

그림 출처 : 성봉안전

**Answer & Explanation**

① 작업발판 불량(안전한 작업발판을 사용하지 않고 사다리에 발판을 걸치고 작업했다.)
② 작업자가 안전대 미착용

### 참고하기

- **안전 작업방법**
  안전한 작업발판이 설치된 **이동식 비계**를 이용하여 **안전대를 착용**하고 작업한다.

- 바퀴 고정
- 시설물에 고정하거나 아웃트리거에 설치

그림 출처 : 고용노동부

**암기형**

## 112. 화면에서는 이동식 비계 위에서의 작업을 보여준다. 이동식 비계 작업의 준수사항 3가지를 적으시오.

> **화면 설명** • 작업자가 이동식 비계 위에서 작업 중에 다른 작업자가 이동식 비계를 밀어 움직이던 중 바닥에 있던 동바리에 걸려 비계가 넘어진다.

**Answer & Explanation**

① 바퀴에는 갑작스러운 이동 또는 전도를 방지하기 위하여 브레이크·쐐기 등으로 바퀴를 고정시킨 다음 비계의 일부를 견고한 시설물에 고정하거나 아웃트리거를 설치하는 등 필요한 조치를 할 것
② 승강용사다리는 견고하게 설치할 것
③ 비계의 최상부에서 작업을 할 때에는 안전난간을 설치할 것
④ 작업발판은 항상 수평을 유지하고 작업발판 위에서 안전난간을 딛고 작업을 하거나 받침대 또는 사다리를 사용하여 작업하지 않도록 할 것
⑤ 작업발판의 최대적재하중은 250킬로그램을 초과하지 않도록 할 것

### 참고하기

• 이동식 비계

그림 출처 : 안전보건공단, "비계·작업발판 재해예방을 위한 작업 전 안전점검"

**113** 화면에서는 이동식 비계에서 작업하는 모습을 보여준다. 화면에서의 작업 위험요인 2가지를 적으시오.

> **화면 설명 •** 이동식 비계에 안전난간이 없으며, 바퀴는 고정이 안 되어 작업 중 비계가 움직인다. 목재로 된 작업발판이 고정되지 않은 채 비계에 걸쳐져 있다.

**Answer & Explanation**

① 이동식 비계에 안전 난간 미설치(안전 난간이 미설치되어 작업자 떨어짐이 우려된다.)
② 이동식 비계 바퀴를 고정하지 않았다.(바퀴는 브레이크·쐐기 등으로 고정시킨 다음 아웃트리거를 설치하여야 하나 설치하지 않았다.)
③ 작업발판 설치 불량(발판을 고정하지 않아 작업자 떨어짐이 우려된다.)

**114** 이동식 비계에서 발생한 사고이다. 작업의 위험요인 2가지를 적으시오.

> **화면 설명 •** 이동식 비계 위에서 작업자가 작업 중이다. 작업자는 안전모를 착용한 상태이며 안전대는 착용하지 않았다. 다른 작업자가 작업 중인 이동식 비계를 이동시키던 중 바닥에 있던 장애물에 걸려 이동식 비계가 심하게 흔들리며 작업자가 이동식 비계에서 떨어진다. 이동식 비계에는 안전난간과 승강용 사다리가 설치되어 있고 아웃트리거는 설치되어 있으나 고정되지 않은 상태이다.

**Answer & Explanation**

① **작업자가** 이동식 비계에 **탑승한 상태에서 이동식 비계를 이동하였다.**
② 이동식 비계의 **아웃트리거를 고정하거나** 비계 일부를 **견고한 시설물에 고정하여야 하나** 이를 준수하지 않았다.
③ 작업자가 **안전대를 착용하지 않았다.**

**115** 화면에서는 이동식 비계에서 작업하는 모습을 보여준다. 화면에서의 작업 위험요인 2가지를 적으시오.

> **화면 설명 •** 이동식 비계에 안전난간이 없으며 비계 위로 파이프를 1줄 걸이로 들어 올리던 중 파이프가 떨어지며 아래 작업자에게 맞는 사고가 난다.

**Answer & Explanation**

① **이동식 비계에 안전난간 미설치**(안전난간이 미설치되어 작업자 떨어짐이 우려된다.)
② **재료·**기구 또는 공구 **등을** 올리거나 내리는 때에는 달줄, 달포대를 사용하여야 하나 사용하지 않음
③ 작업구역 내에 **출입금지 조치를** 실시하지 않음

**116** 화면에서는 충전전로 부근에서 이동식 비계를 이용한 작업을 보여 준다. 작업의 위험요인 3가지를 적으시오.

> **화면 설명** • 이동식 비계는 충전전로 부근에 설치되어 있으며 바퀴가 고정되지 않은 상태이다. 작업자는 안전대를 착용하고 비계에 고정 후 작업하고 있다.

**Answer & Explanation**

① 충전전로에 절연용 방호구가 설치되지 않았다.
② 충전전로와 이동식 비계사이에 이격거리가 확보되지 않았다.
③ 바퀴에는 브레이크·쐐기 등으로 바퀴를 고정시킨 다음 비계의 일부를 시설물에 고정하거나 지지틀(아웃트리거)을 설치하여야 하나 바퀴고정 및 아웃트리거 설치를 하지 않았다.
④ 비계의 최상부에서 작업을 할 때에는 안전난간을 설치하여야 하나 설치하지 않았다.(안전난간이 미설치된 경우만 해당)

**암기형**

**117** 동영상에서는 말비계를 보여준다. 말비계 조립 시의 준수사항(말비계의 구조)에 관한 내용 중 괄호 안에 적합한 내용을 적으시오.

> **보기**
>
> 1. 지주부재의 하단에는 미끄럼 방지장치를 하고, 양측 끝부분에 올라서서 작업하지 아니하도록 할 것
> 2. 지주부재와 수평면과의 기울기를 ( ① )도 이하로 하고, 지주부재와 지주부재 사이를 고정시키는 ( ② )를 설치할 것
> 3. 말비계의 높이가 2미터를 초과할 경우에는 작업발판의 폭을 40센티미터 이상으로 할 것

**Answer & Explanation**

① 75
② 보조부재

## 참고하기

**말비계**

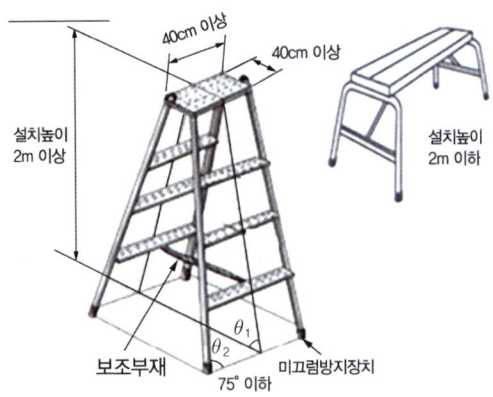

사진 출처 : 안전보건공단, "비계·작업발판 재해예방을 위한 작업 전 안전점검"

**118** [보기]는 산업안전보건법에 의한 강관비계(강관을 이용한 단관비계)의 구조에 관한 설명이다. 괄호에 적합한 숫자를 적으시오.

>> 보기

비계기둥 간격은 띠장방향에서는 ( ① ) 이하, 장선방향에서는 ( ② ) 이하로 할 것

Answer & Explanation

① 1.85m
② 1.5m

## 참고하기

| 강관비계의 구조 | 강관비계 조립 시의 준수사항 |
|---|---|
| ① 비계기둥 간격 : 띠장방향에서는 1.85m 이하, 장선방향에서는 1.5m 이하로 할 것<br>다만, 다음 각 목의 어느 하나에 해당하는 작업의 경우에는 안전성에 대한 구조검토를 실시하고 조립도를 작성하면 띠장 방향 및 장선 방향으로 각각 2.7미터 이하로 할 수 있다.<br>가. 선박 및 보트 건조작업<br>나. 그 밖에 장비 반입·반출을 위하여 공간 등을 확보할 필요가 있는 등 **작업의 성질상 비계 기둥 간격에 관한 기준을 준수하기 곤란한 작업**<br>② 띠장간격 : 2.0미터 이하로 할 것(다만, 작업의 성질상 이를 준수하기가 곤란하여 쌍기둥 틀 등에 의하여 해당 부분을 보강한 경우에는 그러하지 아니하다)<br>③ 비계기둥의 제일 윗부분으로 부터 31m되는 지점 밑 부분의 비계기둥은 2본의 강관으로 묶어세울 것(다만, 브라켓(bracket, 까치발) 등으로 보강하여 2개의 강관으로 묶을 경우 이상의 강도가 유지되는 경우에는 그러하지 아니하다)<br>④ 비계기둥 간의 적재하중은 400kg을 초과하지 않도록 할 것 | ① 비계기둥에는 미끄러지거나 침하하는 것을 방지하기 위하여 밑받침철물을 사용하거나 깔판·받침목 등을 사용하여 밑둥잡이를 설치할 것<br>② 강관의 접속부 또는 교차부는 적합한 부속철물을 사용하여 접속하거나 단단히 묶을 것<br>③ 교차가새로 보강할 것<br>④ 외줄비계·쌍줄비계 또는 돌출 비계의 벽이음 및 버팀 설치<br>• 조립간격 : 수직방향에서 5m 이하, 수평방향에서는 5m 이하<br>• 강관·통나무 등의 재료를 사용하여 견고한 것으로 할 것<br>• 인장재와 압축재로 구성되어 있는 때에는 인장재와 압축재의 간격을 1m 이내로 할 것<br>⑤ 가공전로에 근접하여 비계를 설치하는 때에는 가공전로를 이설, 절연용 방호구 장착하는 등 가공전로와의 접촉 방지 조치할 것 |

강관비계

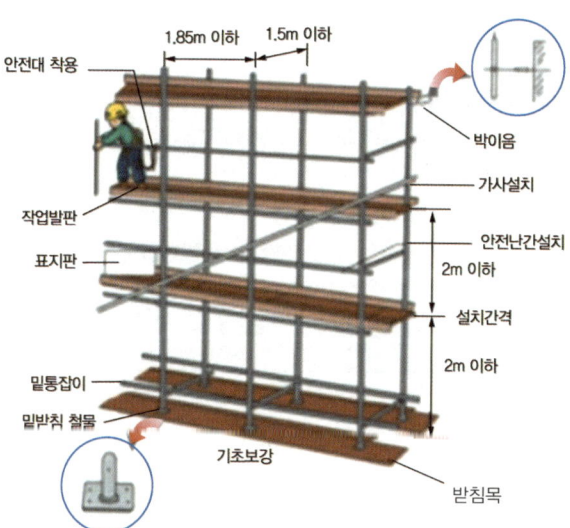

사진 출처 : 안전보건공단, "비계·작업발판 재해예방을 위한 작업 전 안전점검"

**119** 화면에서는 틀비계 위에서의 작업을 보여준다. 틀비계 조립 시의 준수사항 3가지를 적으시오.

**Answer & Explanation**

① 밑둥에는 밑받침철물을 사용하여야 하며 밑받침에 고저차가 있는 경우에는 조절형 밑받침철물을 사용하여 항상 수평 및 수직을 유지하도록 할 것
② 높이가 20미터를 초과하거나 중량물의 적재를 수반하는 작업을 할 경우에는 주틀 간의 간격이 1.8미터 이하로 할 것
③ 주틀 간에 교차가새를 설치하고 최상층 및 5층 이내마다 수평재를 설치할 것
④ 벽이음 간격(조립간격) : 수직방향 6m, 수평방향으로 8m 이내마다 할 것
⑤ 길이가 띠장방향으로 4m 이하이고 높이가 10m를 초과하는 경우에는 10m 이내마다 띠장방향으로 버팀기둥을 설치할 것

**참고하기**

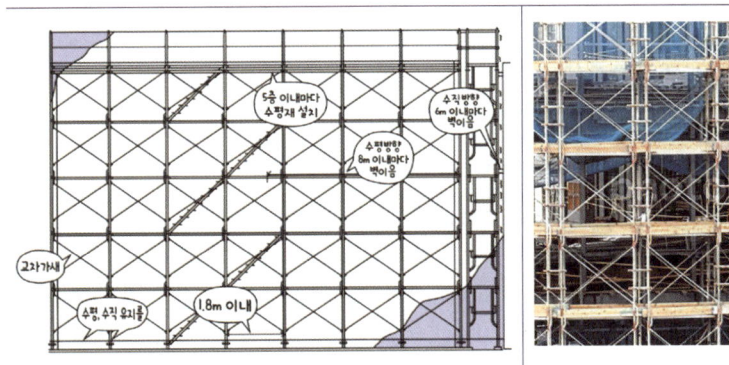

사진 출처 : PhotoAC
그림 출처 : 안전보건공단, "2021년 만화로보는 산업안전보건기준에 관한 규칙", p34.

**120** 화면에서 작업자는 가설통로 설치작업 중이다. 가설통로 설치 시의 준수사항(가설통로의 구조)를 4가지 적으시오.

**Answer & Explanation**

① 견고한 구조로 할 것
② 경사는 30도 이하로 할 것
③ 경사가 15도를 초과하는 때는 미끄러지지 아니하는 구조로 할 것
④ 추락의 위험이 있는 장소에는 안전난간을 설치할 것
⑤ 수직갱 : 길이가 15미터 이상인 때에는 10미터 이내마다 계단참을 설치할 것
⑥ 건설공사에 사용하는 높이 8미터 이상인 비계다리 : 7미터 이내 마다 계단참을 설치할 것

### 참고하기

사진 출처 : 세이프넷, 설치사례 "가설통로 낙하,비례안전시설"
그림 출처 : 안전보건공단, "2022년 만화로보는 산업안전보건기준에 관한 규칙", p18.

## 121 화면에서는 가설계단을 보여주고 있다. 다음 물음에 답하시오.

> **보기**
> 1. 계단 및 계단참의 강도는 매제곱미터당 ( ① )kg 이상이어야 하며 안전율은 ( ② )이상으로 하여야 한다.
> 2. 계단의 폭은 ( ③ )미터 이상으로 하여야 한다. (다만, 급유용·보수용·비상용계단 및 나선형 계단에 대하여는 그러하지 아니하다.)
> 3. 높이가 3m를 초과하는 계단에는 높이 ( ④ )m 이내마다 너비 ( ⑤ )m 이상의 계단참을 설치하여야 한다.
> 4. 바닥면으로부터 높이 ( ⑥ )m 이내의 공간에 장애물이 없도록 하여야 한다.

**Answer & Explanation**

① 500　② 4　③ 1　④ 3　⑤ 1.2　⑥ 2

### 참고하기

• 계단의 설치
① 계단의 강도
　• 계단 및 계단참의 강도는 500kg/m² 이상이어야 하며 안전율은 4 이상으로 하여야 한다.
② 계단의 폭
　• 1미터 이상으로 하여야 한다.
③ 계단참의 높이
　• 높이가 3m를 초과하는 계단에는 높이 3m 이내마다 너비 1.2미터 이상의 계단참을 설치하여야 한다.

④ 천장의 높이
  • 바닥면으로부터 높이 2미터 이내의 공간에 장애물이 없도록 하여야 한다.
⑤ 계단의 난간
  • 높이 1미터 이상인 계단의 개방된 측면에 안전난간을 설치하여야 한다.

**암기형**

**122** 화면에서는 전주에 이동식 사다리를 이용하여 작업하던 중 이동식 사다리가 넘어지며 작업자가 바닥으로 떨어지는 장면을 보여준다.

(1) 이동식 사다리의 구조 3가지를 적으시오.

(2) 기인물을 적으시오.

(3) 가해물을 적으시오.

**Answer & Explanation**

(1) 이동식 사다리의 구조
  ① 길이가 6미터를 초과해서는 안 된다.
  ② 다리의 벌림은 벽 높이의 1/4 정도가 적당하다.
  ③ 벽면 상부로부터 최소한 60센티미터 이상의 연장 길이가 있어야 한다.

(2) 기인물 : 이동식 사다리

(3) 가해물 : 바닥

**참고하기**

• 이동식 사다리의 추락방지

사업주는 추락을 방지하기 위하여 **작업발판 및 추락방호망을 설치하기 곤란한 경우**에는 근로자로 하여금 **3개 이상의 버팀대를 가지고 지면으로부터 안정적으로 세울 수 있는 구조를 갖춘 이동식 사다리를 사용하여 작업**을 하게 할 수 있다. 이 경우 사업주는 근로자가 다음 각 호의 사항을 준수하도록 조치해야 한다.

① **평탄하고 견고하며 미끄럽지 않은 바닥**에 이동식 사다리를 설치할 것
② 이동식 사다리의 **넘어짐을 방지**하기 위해 다음 각 목의 어느 하나 이상에 해당하는 조치를 할 것
  • 이동식 사다리를 **견고한 시설물에 연결하여 고정**할 것
  • **아웃트리거**(outrigger, 전도방지용 지지대)**를 설치**하거나 아웃트리거가 붙어있는 이동식 사다리를 설치할 것
  • 이동식 사다리를 다른 근로자가 지지하여 넘어지지 않도록 할 것
③ 이동식 사다리의 제조사가 정하여 표시한 이동식 사다리의 **최대사용하중을 초과하지 않는 범위 내에서만 사용**할 것
④ 이동식 사다리를 설치한 **바닥면에서 높이 3.5미터 이하의 장소에서만 작업**할 것
⑤ 이동식 사다리의 **최상부 발판 및 그 하단 디딤대에 올라서서 작업하지 않을 것**(다만, 높이 1미터 이하의 사다리는 제외한다.)
⑥ **안전모를 착용**하되, 작업 높이가 2미터 이상인 경우에는 안전모와 안전대를 함께 착용할 것
⑦ 이동식 사다리 **사용 전 변형 및 이상 유무** 등을 점검하여 이상이 발견되면 즉시 수리하거나 그 밖에 필요한 조치를 할 것

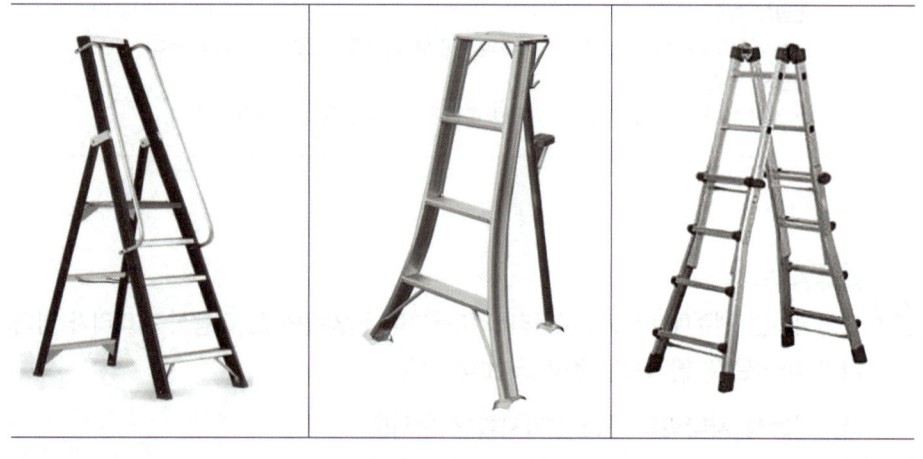

### 암기형

**123** 화면에서는 이동식 사다리를 이용하여 이동하는 모습을 보여준다. 이동식 사다리의 최대 사용 길이는 얼마인지 적으시오.

*Answer & Explanation*

6m (6m 이내, 6m를 초과하지 않을 것)

**124** 화면에서는 사다리식 통로를 보여준다. 사다리식 통로의 구조 2가지를 적으시오. (단, 견고한 구조로 할 것은 제외하며, 단위를 포함할 것)

그림 출처 : 만화로 보는 산업안전보건기준에 관한 규칙

Answer & Explanation

① 견고한 구조로 할 것
② 심한 손상·부식 등이 없는 재료를 사용할 것
③ 발판의 간격은 일정하게 할 것
④ 발판과 벽과의 사이는 15센티미터 이상의 간격을 유지할 것
⑤ 폭은 30센티미터 이상으로 할 것
⑥ 사다리가 넘어지거나 미끄러지는 것을 방지하기 위한 조치를 할 것
⑦ 사다리의 상단은 걸쳐놓은 지점으로부터 60센티미터 이상 올라가도록 할 것
⑧ 사다리식 통로의 길이가 10미터 이상인 경우에는 5미터 이내마다 계단참을 설치할 것
⑨ 사다리식 통로의 기울기는 75도 이하로 할 것. 다만, 고정식 사다리식 통로의 기울기는 90도 이하로 하고, 그 높이가 7미터 이상인 경우에는 다음 각 목의 구분에 따른 조치를 할 것
  • 등받이울이 있어도 근로자 이동에 지장이 없는 경우 : 바닥으로부터 높이가 2.5미터 되는 지점부터 등받이울을 설치할 것
  • 등받이울이 있으면 근로자가 이동이 곤란한 경우 : 한국산업표준에서 정하는 기준에 적합한 개인용 추락 방지 시스템을 설치하고 근로자로 하여금 한국산업표준에서 정하는 기준에 적합한 전신 안전대를 사용하도록 할 것
⑩ 접이식 사다리 기둥은 사용 시 접혀지거나 펼쳐지지 않도록 철물 등을 사용하여 견고하게 조치할 것

## 125 화면은 갱폼 설치작업을 하는 장면을 보여준다.

**화면 설명 •** 바닥은 눈이 많이 쌓여 있으며 갱폼의 하부는 철사로 고정한 상태이다. 버팀대 또한 고정이 제대로 되지 않은 상황에서 작업하고 있다.

(1) 화면의 작업에서 불안전한 상태 2가지를 적으시오.
(2) 가이데릭 설치 시 고정방법에 대하여 설명하시오.

**Answer & Explanation**

(1) 불안전 상태
 ① 갱폼의 하부만 고정해 갱폼이 무너질 위험 있다.
 ② 버팀대가 미끄러질 우려 있다.
 ③ 철사 고정으로 고정이 끊어질 우려 있다.

(2) 고정방법 : 와이어로프로 결속

### 참고하기

- 2군데 이상을 고정하여 와이어로프로 결속한다.

사진 출처 : 두성도시건설(주)

**암기형**

**126** 화면에서 작업자는 거푸집 동바리의 해체작업을 하던 중 사고를 당한다. 거푸집 동바리의 조립 또는 해체작업 시 준수사항 3가지를 적으시오.

**Answer & Explanation**

① 해당 작업을 하는 구역에는 관계 근로자가 아닌 사람의 출입을 금지할 것
② 비·눈 그 밖의 기상상태의 불안정으로 인하여 날씨가 몹시 나쁜 경우에는 그 작업을 중시시킬 것
③ 재료·기구 또는 공구 등을 올리거나 내릴 때에는 근로자로 하여금 달줄·달포대 등을 사용하도록 할 것
④ 낙하·충격에 의한 돌발적 재해를 방지하기 위하여 버팀목을 설치하고 거푸집동바리 등을 인양장비에 매단 후에 작업을 하도록 하는 등 필요한 조치를 할 것

> 참고하기

• 거푸집 동바리 붕괴

사진 출처 : 안전보건공단, "거푸집동바리 안전작업 매뉴얼"

## 127 영상에서는 거푸집 동바리를 보여준다. 다음 물음에 답하시오.

(1) [보기]의 설명에 해당하는 동바리의 명칭을 적으시오.

>> 보기

규격화·부품화된 수직재, 수평재 및 가새재 등의 부재를 현장에서 조립하여 거푸집으로 지지하는 동바리 형식을 말한다.

(2) (1)에서 설명하는 동바리 조립 시의 안전조치에 관한 내용이다. 괄호에 적합한 내용을 적으시오.

>> 보기

동바리 최상단과 최하단의 수직재와 받침철물은 서로 밀착되도록 설치하고 수직재와 받침철물의 연결부의 겹침길이는 받침철물 전체 길이의 (    ) 이상이 되도록 할 것

**Answer & Explanation**

(1) 시스템 동바리
(2) 3분의 1

> **참고하기**
>
> 1. 시스템 동바리의 정의
>
> 규격화·부품화된 수직재, 수평재 및 가새재 등의 부재를 현장에서 조립하여 거푸집으로 지지하는 동바리 형식을 말한다.
>
> 2. 시스템 동바리 조립 시의 안전조치
> ① 수평재는 수직재와 **직각**으로 **설치해야** 하며, 흔들리지 않도록 견고하게 설치할 것
> ② **연결철물**을 **사용**하여 수직재를 견고하게 **연결**하고, 연결 부위가 탈락 또는 꺾어지지 않도록 할 것
> ③ 수직 및 수평하중에 의한 동바리의 구조적 안전성이 확보되도록 조립도에 따라 수직재 및 수평재에는 **가새재를 견고하게 설치**할 것
> ④ 동바리 최상단과 최하단의 수직재와 받침철물은 서로 밀착되도록 설치하고 수직재와 받침철물의 연결부의 겹침길이는 받침철물 전체 길이의 3분의 1 이상이 되도록 할 것

**128** 화면에서 작업자는 콘크리트의 타설 작업을 하는 중이다. 콘크리트 타설 작업 시의 준수사항 3가지를 적으시오.

**Answer & Explanation**

① 당일의 작업을 시작하기 전에 해당 작업에 관한 거푸집 동바리 등의 변형·변위 및 지반의 침하 유무 등을 점검하고 이상이 있으면 보수할 것
② 작업 중에는 감시자를 배치하는 등의 방법으로 거푸집 및 동바리의 변형·변위 및 침하 유무 등을 확인해야 하며, 이상이 있으면 작업을 중지하고 근로자를 대피시킬 것
③ 콘크리트의 타설작업 시 거푸집 붕괴의 위험이 발생할 우려가 있으면 충분한 보강조치를 할 것
④ 설계도서상의 콘크리트 양생기간을 준수하여 거푸집 및 동바리를 해체할 것
⑤ 콘크리트를 타설하는 경우에는 편심이 발생하지 않도록 골고루 분산하여 타설할 것

**암기형**

**129** 콘크리트 양생을 위해 열풍기를 사용하는 경우의 안전조치 사항 3가지를 적으시오.

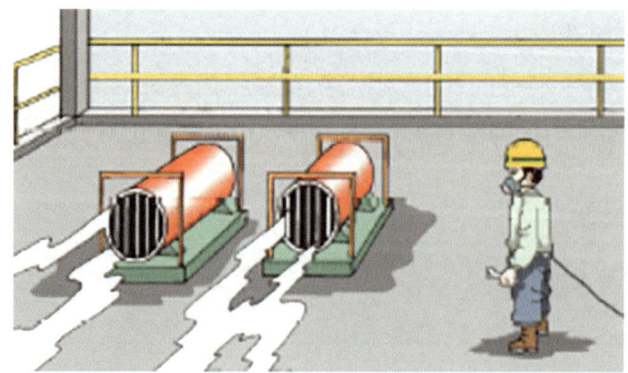

그림 출처 : 안전보건공단

**Answer & Explanation**

① 주변에 소화기를 비치할 것
② 환기 설비를 설치할 것
③ 작업자는 호흡용 보호구를 착용할 것
④ 열풍기 외함 접지 및 누전차단기를 설치할 것

**130** 중량물 취급작업 시의 안전기준이다. 괄호에 적합한 내용을 적으시오.

> **보기**
> 사업주는 근로자가 취급하는 물품의 ( ① ), ( ② ), ( ③ ), ( ④ ) 등 인체에 부담을 주는 작업의 조건에 따라 작업시간과 휴식시간 등을 적정하게 배분하여야 한다.

**Answer & Explanation**

① 중량
② 취급 빈도
③ 운반 거리
④ 운반속도

**131** 화면에서 작업자는 드럼통을 혼자 손으로 굴리며 운반하고 있다. 드럼통을 굴리던 중 허리를 삐끗하며 다리를 다치는 장면이 나온다. 작업에서의 위험요인 2가지와 안전대책 2가지를 적으시오.

**Answer & Explanation**

(1) 작업 시의 위험요인
  ① 중량물을 혼자서 운반하여 위험하다.
  ② 운반 중 중량물의 동요나 이동을 조절하지 않아 위험하다.
  ③ 작업에 적합한 운반보조기구를 이용하지 않아 위험하다.
  ④ 작업 자세 불량(허리를 숙이고 작업)으로 허리를 다칠 위험 있다.(동영상 확인할 것)

(2) 안전대책
  ① 중량물의 경우는 2인이 함께 작업할 것
  ② 구름멈춤대·쐐기 등을 이용하여 중량물의 동요나 이동을 조절할 것
  ③ 적합한 운반보조기구 및 기계를 이용할 것
  ④ 허리를 곧추세우고 드럼을 세워 돌리며 운반한다.

◉ 참고하기

---

**암기형**

**132** 화면은 철로 위에서 점검 작업을 하던 작업자들이 잡담을 나누던 중 기차가 접근하는 것을 알지 못하고 사고가 나는 장면을 보여 준다. 이러한 사고를 방지하기 위한 안전대책 3가지를 적으시오.

*Answer & Explanation*

① 열차 운행에 의한 충돌사고가 발생할 우려가 있는 궤도를 보수·점검하는 경우에 열차 운행 감시인을 **배치**하여야 한다.
② **열차 운행 감시인을 배치**한 경우에 위험을 즉시 알릴 수 있도록 **확성기·경보기·무선통신기** 등 그 작업에 적합한 **신호 장비를 지급**하고, 열차 운행 감시 중에는 감시 외의 업무에 종사하게 해서는 아니 된다.
③ 열차가 운행하는 궤도 상에서 궤도와 그 밖의 관련 설비의 보수·점검작업 등을 하는 중 **위험이 발생할 때**에 작업자들이 안전하게 대피할 수 있도록 **열차통행의 시간 간격을 충분히** 하고, 작업자들이 안전하게 대피할 수 있는 공간이 확보된 것을 확인한 후에 작업에 종사하도록 하여야 한다.

---

◉ 참고하기

열차 운행 중에 열차를 점검·수리하거나 열차에 의하여 근로자에게 접촉·충돌·감전 또는 추락 등의 위험이 발생할 우려가 있는 경우 조치하여야 할 사항

① **열차의 운전이 정지된 후 작업**을 하도록 하고, 점검 등의 작업 완료 후 열차 운전을 시작하기 전에 반드시 작업자와 신호하여 접촉위험이 없음을 확인하고 운전을 재개하도록 할 것
② 열차의 유동 방지를 위하여 **차 바퀴막이 등 필요한 조치**를 할 것
③ 노출된 **열차충전부에 산류선하 망선 소치**를 하거나 근로사에게 **절연 보호구**를 지급하여 **착용하도록** 할 것
④ 열차의 상판에서 작업을 하는 경우에는 그 주변에 **작업발판 또는 안전매트를 설치**할 것

# CHAPTER 05

# 보호구

### 암기형

**01** 화면의 보호구를 보고 안전인증대상 보호구 12가지를 적으시오.

**Answer & Explanation**

① 추락 및 감전 위험방지용 안전모(AB, AE, ABE형)
② 안전화
③ 안전장갑
④ 방진마스크
⑤ 방독마스크
⑥ 송기마스크
⑦ 전동식 호흡보호구
⑧ 보호복
⑨ 안전대
⑩ 차광 및 비산물 위험방지용 보안경
⑪ 용접용 보안면
⑫ 방음용 귀마개 또는 귀덮개

### 암기형

**02** 화면의 보호구를 참고하여 안전인증 대상 안전모의 성능시험 방법 5가지를 적으시오.

**Answer & Explanation**

① 내관통성 시험
② 충격 흡수성 시험
③ 내전압성 시험
④ 내수성 시험
⑤ 난연성 시험
⑥ 턱끈풀림 시험

> 참고하기
> 
> - 자율안전확인 대상 안전모의 성능시험 방법
>   ① 내관통성 시험
>   ② 충격 흡수성 시험
>   ③ 난연성 시험
>   ④ 턱끈풀림 시험

**암기형**

## 03 안전인증대상 안전모의 종류와 기능을 적으시오.

Answer & Explanation

| 종류 | 기능 |
|---|---|
| AB | 물체의 낙하 또는 날아옴 및 추락에 의한 위험을 방지 또는 경감하기 위한 것 |
| AE | 물체의 낙하 또는 날아옴에 의한 위험을 방지 또는 경감하고, 머리 부위 감전에 의한 위험을 방지하기 위한 것 |
| ABE | 물체의 낙하 또는 날아옴 및 추락에 의한 위험을 방지 또는 경감하고, 머리 부위 감전에 의한 위험을 방지하기 위한 것 |

## 04 유해광선에 의한 시력장해가 우려되는 작업장의 근로자에게 착용해야 할 보호구의 명칭과 화면에서 해당되는 번호를 적으시오.

Answer & Explanation

① 보호구 명칭 : 차광용 보안경
② 화면 해당번호 : 2번(화면에서 차광용 보안경을 찾아 그 번호를 기재한다.)

사진 출처 : OTOS

**암기형**

**05** 벌목작업 시 근로자가 착용해야 할 보호구의 명칭과 화면에서 해당되는 번호를 쓰시오. (단, 안전화, 안전모, 호흡용 보호구는 착용한 상태임)

Answer & Explanation

① **보호구 명칭** : 보안경, 귀덮개
② **화면 해당번호** : 3번, 4번(화면에서 보안경, 귀덮개를 찾아 그 번호를 기재한다.)

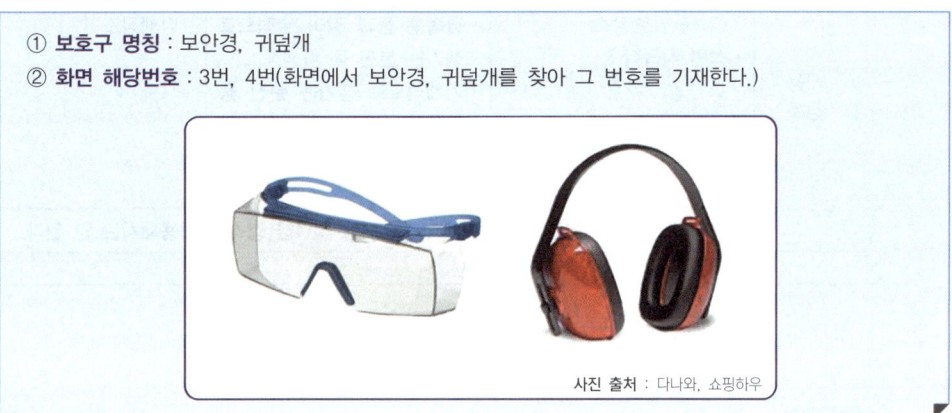

사진 출처 : 다나와, 쇼핑하우

**암기형**

**06** 석면을 사용하는 근로자에게 지급하고 착용토록 해야 할 보호구의 명칭과 해당되는 번호를 적으시오. (해당사항 모두 기재)

Answer & Explanation

① **보호구 명칭** : 방진마스크(특급)
② **화면의 해당번호** : 4번(화면에서 방진마스크를 찾아 그 번호를 기재한다.)

사진 출처 : 3M

**주의** 석면작업일 경우 안면부 여과식은 반드시 배기밸브 있는 것 선택할 것

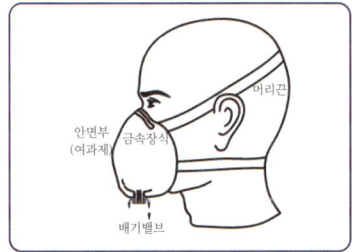

### 참고하기

• 방진마스크의 등급

| 등급 | 특급 | 1급 | 2급 |
|---|---|---|---|
| 사용 장소 | • **베릴륨** 등과 같이 독성이 강한 물질들을 함유한 분진 등 발생장소<br>• **석면** 취급장소 | • 특급마스크 착용장소를 제외한 분진 등 발생장소<br>• **금속흄** 등과 같이 **열적으로** 생기는 분진 등 발생장소<br>• 기계적으로 생기는 분진 등 발생장소(규소 등과 같이 2급 방진마스크를 착용하여도 무방한 경우는 **제외**한다) | • 특급 및 1급 마스크 착용장소를 제외한 분진 등 발생장소 |
| | 배기밸브가 없는 안면부여과식 마스크는 특급 및 1급 장소에 사용해서는 안 된다. | | |

### 암기형

**07** 유기용제의 증기 발산원을 밀폐하는 설비 또는 국소배기장치를 설치하지 아니하고 행하는 옥내작업장의 경우 착용해야 하는 호흡용 보호구 명칭과 화면에서 해당되는 번호를 적으시오. (단, 산소농도는 18%임)

**Answer & Explanation**

① 보호구 명칭 : 유기화합물용 방독마스크 (갈색)
② 화면의 해당 번호 : 5번(화면에서 방독마스크(갈색)를 찾아 그 번호를 기재한다.)

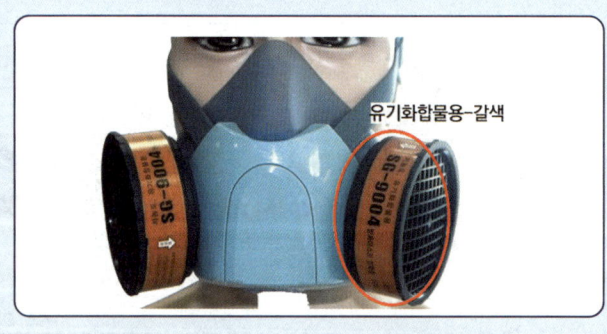

**암기형**

08 인체에 해로운 가스, 증기, 미스트 또는 분진이 발생하는 장소에서 작업하는 근로자가 착용해야 할 보호구 명칭과 화면에서 해당되는 번호를 적으시오. (단, 안전화, 보호의, 안전모는 착용하고 있고, 작업장 내 산소농도는 21%이다.)

Answer & Explanation

① 보호장구 명칭 : 방독마스크
② 화면의 해당 번호 : 5번(화면에서 방독마스크를 찾아 그 번호를 기재한다.)

사진 출처 : 도부라이트텍 방독마스크

**암기형**

09 산소결핍이 우려되는 장소 중 광산이나 갱내의 화재, 폭발재해 등이 발생하였을 때 사용되는 보호구의 명칭과 화면에서 해당되는 번호를 적으시오. (해당사항 모두 기재)

Answer & Explanation

① 보호장구명 : 공기호흡기
② 화면의 해당번호 : 6번(화면에서 공기호흡기(흰색 공기탱크)를 찾아 그 번호를 기재한다.)

사진 출처 : 허드공기호흡기    사진 출처 : HONEYWELL

> 암기형

**10** 화면을 보고 물음에 답하시오.

(1) 인화성 액체를 저장하는 옥외 저장탱크 내부 청소작업 시 작업자의 질식사를 방지하기 위해 착용해야 할 보호구의 번호와 명칭을 적으시오.(단, 안전화, 안전모, 보호의, 고무장갑은 제외)

(2) 작업자는 산소농도가 18% 미만인 탱크 내에서 작업을 하고 있다. 사용해야 할 호흡용 보호구의 명칭과 화면에서 해당되는 번호를 적으시오.(해당사항 모두 기재)

Answer & Explanation

① 보호구 명칭 : 송기마스크
② 화면의 해당번호 : 7번(화면에서 송기마스크를 찾아 그 번호를 기재한다.)

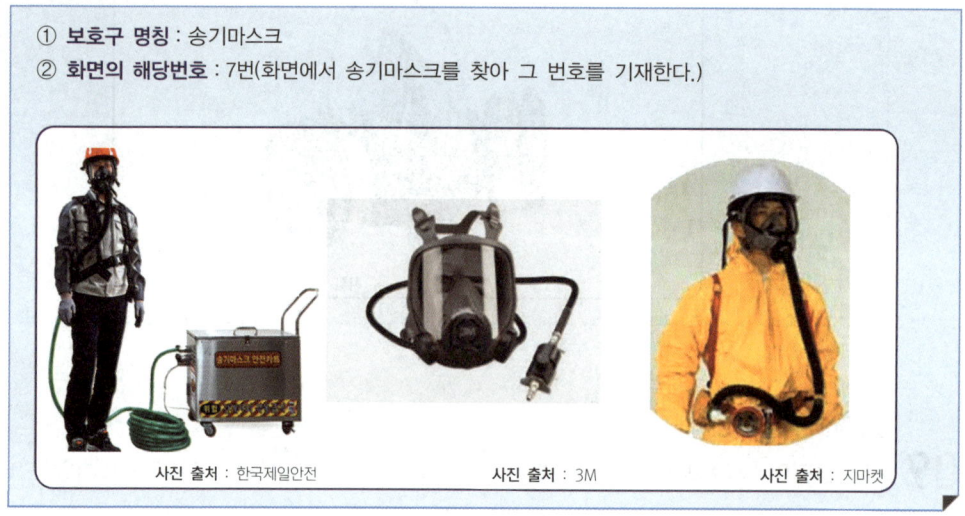

> 암기형

**11** 보호구 중 물체의 낙하, 충격 또는 날카로운 물체에 의한 찔림 위험으로부터 발을 보호하고 내수성을 겸한 보호구의 명칭과 해당되는 번호를 적으시오.

Answer & Explanation

① 보호구 명칭 : 고무제 안전화
② 화면의 해당번호 : 8번(화면에서 고무제 안전화를 찾아 그 번호를 기재한다.)

**암기형**

**12** 화면에서는 도금작업장에서 착용하는 고무제안전화를 보여준다. 화면의 고무제 안전화의 사용 장소에 따른 종류를 2가지 적으시오.

Answer & Explanation

① 일반용   ② 내유용

⊙ 참고하기

| 종류 | 사용 장소 |
|---|---|
| 일반용 | 일반작업장 |
| 내유용 | 탄화수소류의 윤활유 등을 취급하는 작업장 |

**암기형**

**13** 고무제 안전화의 질량변화율(%) 측정을 위한 실험에서 질량변화율(%) 공식을 적으시오.

Answer & Explanation

$$\text{질량변화율}(\%) = \frac{\text{침지 전의 질량} - \text{침지 후의 질량}}{\text{침지 전의 질량}} \times 100$$

⊙ 참고하기

• 안전모의 내수성 시험

$$\text{질량증가율}(\%) = \frac{\text{담근 후의 질량} - \text{담그기 전의 질량}}{\text{담그기 전의 질량}} \times 100$$

AE, ABE종 안전모는 질량증가율이 1% 미만이어야 한다.

**암기형**

**14** 작업자는 발파를 위한 천공작업을 하고 있다. 근로자가 착용하여야 할 (1) 보호구 명칭과 (2) 화면에서 해당되는 번호를 적으시오.

Answer & Explanation

(1) 보호구의 명칭
  ① 안전모   ② 안전화   ③ 방진마스크   ④ 귀마개 또는 귀덮개   ⑤ 보안경
(2) 화면의 해당번호 : 9, 10, 11, 12번(화면에서 해당되는 보호구를 찾아 그 번호를 기재한다.)

**암기형**

**15** 추락 시 받는 하중을 신체에 고루 분산시킬 수 있는 구조의 안전대의 명칭과 화면에서 해당되는 번호를 적으시오.

Answer & Explanation

(1) 보호구의 명칭 : 안전그네
(2) 화면의 해당번호 : 13번(화면에서 안전그네를 찾아 그 번호를 기재한다.)

**암기형**

**16** 보호구 중 내열원단으로 제조되어 물체의 낙하 및 비래에 의한 머리부위의 위험을 방지하기 위한 안전모가 있으며, 얼굴 부위를 보호하기 위한 안전렌즈가 부착되어 있는 보호구의 명칭과 화면에서 해당되는 번호를 적으시오.

Answer & Explanation

(1) 보호구의 명칭 : 방열두건
(2) 화면의 해당번호 : 14번(화면에서 방열두건을 찾아 그 번호를 기재한다.)

**암기형**

**17** 다량의 고열물체를 취급하거나 심히 더운 장소에서 작업하는 근로자에게 착용해야 할 보호구의 명칭과 화면에서 해당되는 번호를 적으시오. (해당사항 모두 기재)

Answer & Explanation

(1) 보호구의 명칭 : 방열장갑 및 방열복
(2) 화면의 해당번호 : 15, 16번(화면에서 방열장갑 및 방열복을 찾아 그 번호를 기재한다.)

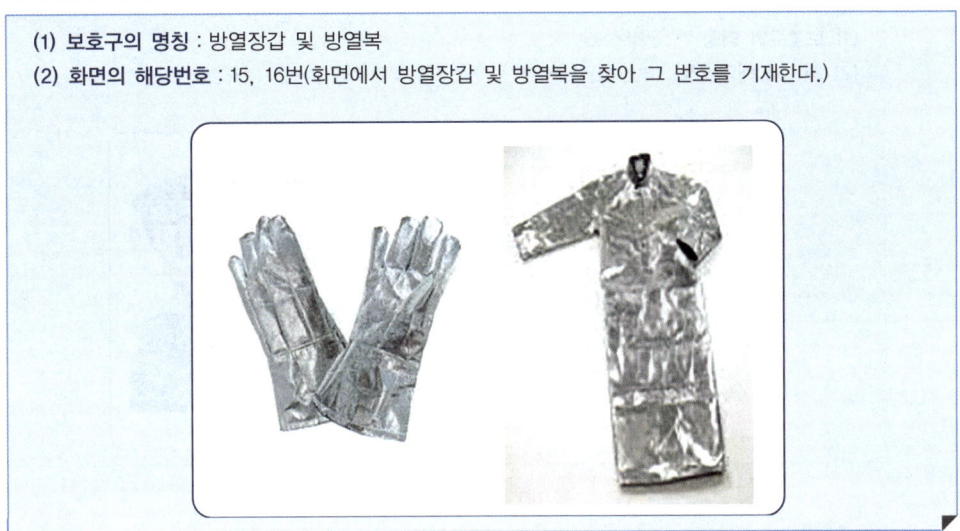

주의 화면에서 방열일체복이 아닌 방열복 상의, 방열복 하의가 있을 경우 각각의 명칭과 해당 번호를 기재한다.

**18** 가스집합장치를 사용하여 금속의 용접·용단작업 시 작업자가 착용할 보호구의 명칭과 해당하는 번호를 적으시오. (안전모, 안전화, 안전장갑, 방진마스크 착용함)

Answer & Explanation

(1) 보호구의 명칭 : 차광용 보안경
(2) 화면의 해당번호 : 17번(화면에서 차광용 보안경을 찾아 그 번호를 기재한다.)

사진 출처 : OTOS

> 암기형

**19** 보호구 중 분진, 미스트 등이 호흡기를 통하여 체내에 유입되는 것을 방지하기 위해 사용하는 보호구의 명칭과 직결식 반면형 보호구의 해당번호를 적으시오.

**Answer & Explanation**

(1) 보호구의 명칭 : 방진마스크
(2) 화면의 해당번호 : 18번(화면에서 방진마스크를 찾아 그 번호를 기재한다.)

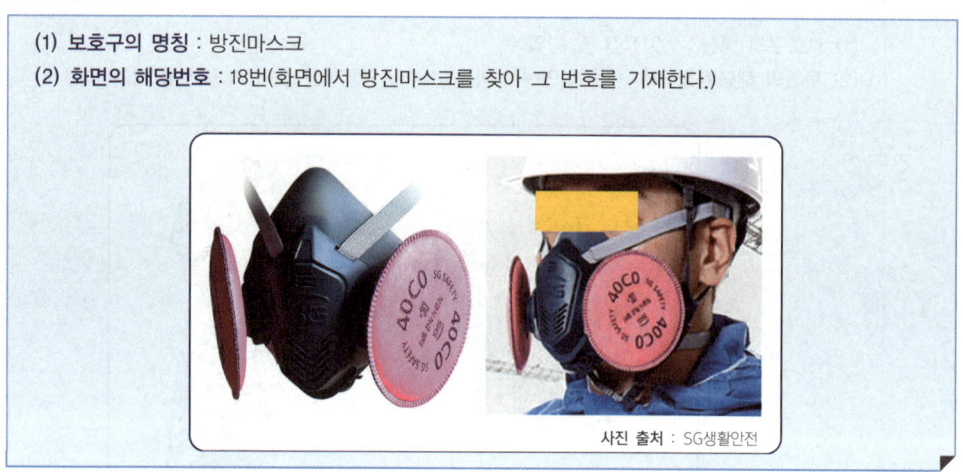

사진 출처 : SG생활안전

● 참고하기

- 방진마스크
  - 격리식은 여과재가 연결관으로 연결되어 있고, 직결식은 여과재가 안면부에 바로 연결되어 있다.
  - 전면형 : 눈, 코, 입을 보호한다.
  - 반면형 : 코, 입을 보호한다.

| 직결식 전면형 | 직결식 반면형 | 격리식 전면형 | 격리식 반면형 | 안면부여과식 |
|---|---|---|---|---|

**20** 화면에서 보이는 보호구의 (1) 명칭, (2) 등급을 3가지로 구분하고, (3) 산소농도 몇 % 이상인 장소에서 사용할 수 있는지를 적으시오.

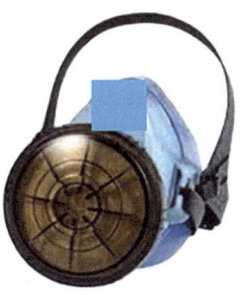 

Answer & Explanation

(1) 명칭 : 방진마스크
(2) 등급 : 특급, 1급, 2급
(3) 산소농도 18% 이상에서 사용

> 암기형

**21** 보호구 중 안전그네와 연결하여 추락발생 시 추락을 억제할 수 있는 자동 잠김 장치가 갖추어져 있고 죔줄이 자동적으로 수축되는 장치의 명칭을 적고, 화면에서 해당하는 번호를 적으시오.

Answer & Explanation

① 보호구의 명칭 : 안전블록
② 화면의 해당번호 : 19번(화면에서 안전블록을 찾아 그 번호를 기재한다.)

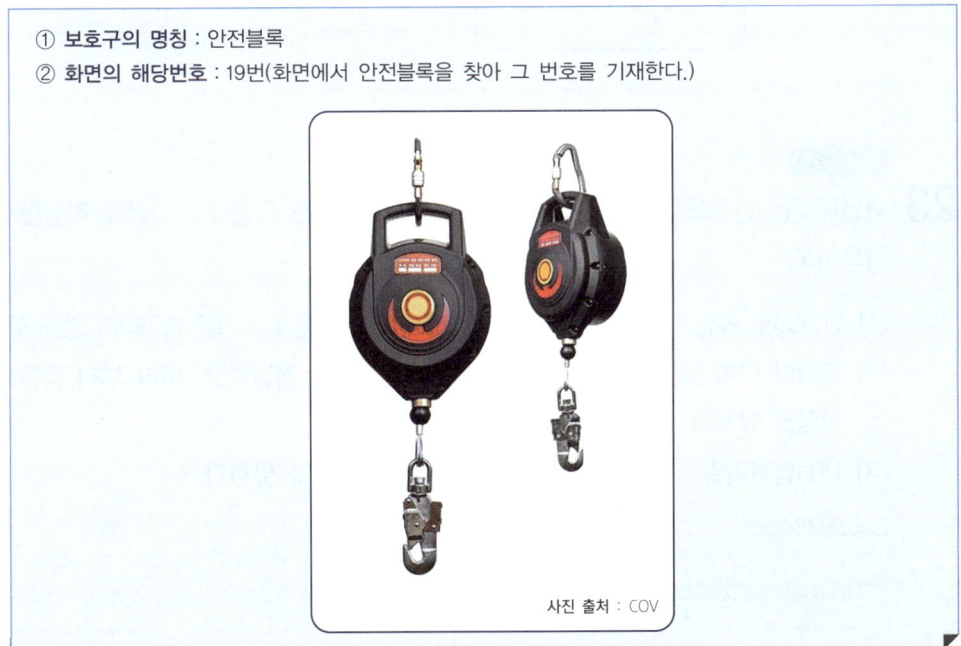

사진 출처 : COV

**22** 안전인증대상 안전모의 그림이다. 안전모의 그림을 보고 ( )에 적합한 세부명칭을 적으시오.

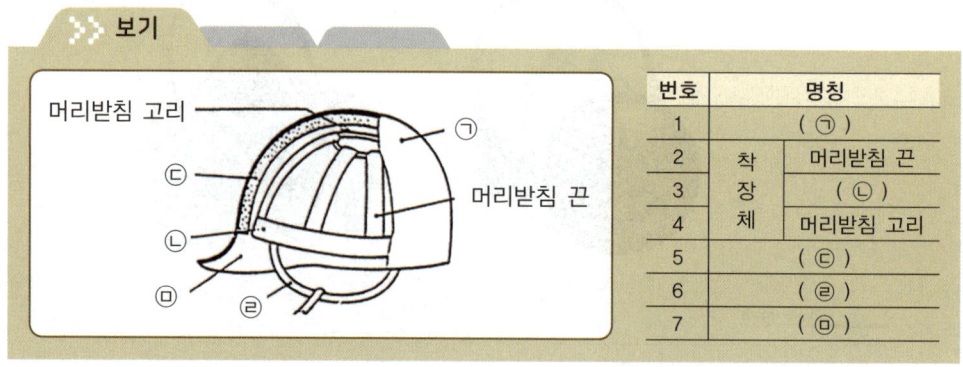

**Answer & Explanation**

ⓐ 모체  ⓑ 머리고정대  ⓒ 충격흡수재  ⓓ 턱끈  ⓔ 모자챙(차양)

**참고하기**

- 자율안전확인 대상 안전모

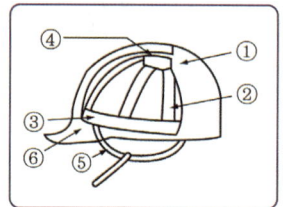

| 번호 | | 명칭 |
|---|---|---|
| ① | | 모체 |
| ② | 착장체 | 머리받침 끈 |
| ③ | | 머리고정대 |
| ④ | | 머리받침 고리 |
| ⑤ | | 턱끈 |
| ⑥ | | 챙(차양) |

**23** 화면에서는 안전모를 보여준다. 안전인증 기준에 의한 다음 ( )안에 적합한 내용을 적으시오.

(1) 안전모의 모체, 착장체 및 충격흡수재를 포함한 질량은 ( )을 초과하지 않을 것
(2) 물체의 낙하 또는 비래에 의한 위험을 방지 또는 경감하고, 머리 부위 감전에 의한 위험을 방지하기 위한 안전모의 기호는?
(3) 내전압성이란 ( )V 이하의 전압에 견디는 것을 말한다.

**Answer & Explanation**

(1) 440g   (2) AE형   (3) 7,000

**암기형**

## 24 안전인증대상 안전모의 시험성능 기준에 관한 다음 (   )안에 적합한 내용을 적으시오.

> **보기**
>
> 1. **내관통성 시험** : AE, ABE종 안전모는 관통거리가 ( ① )mm 이하이고, AB종 안전모는 관통거리가 ( ② )mm 이하이어야 한다.
> 2. **충격흡수성 시험** : 최고전달충격력이 ( ③ )N을 초과해서는 안 되며, 모체와 착장체의 기능이 상실되지 않아야 한다.

**Answer & Explanation**

① 9.5   ② 11.1   ③ 4,450

### 참고하기

- 안전모의 성능 시험 종류 및 시험성능 기준

| 항 목 | 시험성능 기준 |
|---|---|
| ① 내관통성 시험 | AE, ABE종 안전모는 관통거리가 9.5mm 이하이고, AB종 안전모는 관통거리가 11.1mm 이하이어야 한다. |
| ② 충격흡수성 시험 | 최고 전달충격력이 4,450N을 초과해서는 안 되며, 모체와 착장체의 기능이 상실되지 않아야 한다. |
| ③ 내전압성 시험 | AE, ABE종 안전모는 교류 20kV에서 1분간 절연파괴 없이 견뎌야 하고, 이때 누설되는 충전전류는 10mA 이하이어야 한다. |
| ④ 내수성 시험 | AE, ABE종 안전모는 질량증가율이 1% 미만이어야 한다. |
| ⑤ 난연성 시험 | 모체가 불꽃을 내며 5초 이상 연소되지 않아야 한다. |
| ⑥ 턱끈풀림 시험 | 150N 이상 250N 이하에서 턱끈이 풀려야 한다. |

**암기형**

## 25 안전인증 대상 방진마스크의 일반적인 구조조건 4가지를 적으시오.

**Answer & Explanation**

① 착용 시 압박감, 고통 주지 않을 것
② 전면형은 호흡 시에 투시부가 흐려지지 않을 것
③ 안면부 여과식 마스크는 여과재로 된 안면부가 사용 기간 중 심하게 변형되지 않을 것
④ 안면부 여과식 마스크는 여과재를 안면에 밀착시킬 수 있을 것
⑤ 분리식 마스크는 여과재, 흡기 밸브, 배기 밸브 및 머리끈을 쉽게 교환할 수 있고, 착용자 자신이 안면부와의 밀착성 여부를 수시로 검사할 수 있을 것

**암기형**

**26** 화면에서는 방진마스크를 보여준다. 분리식 방진마스크의 여과재 분진 등 포집효율을 적으시오.

| 형태 및 등급 | | 염화나트륨(NaCl) 및 파라핀 오일(Paraffin oil) 시험(%) |
|---|---|---|
| 분리식 | 특급 | ( ① ) 이상 |
| | 1급 | ( ② ) 이상 |
| | 2급 | ( ③ ) 이상 |

**Answer & Explanation**

| 형태 및 등급 | | 염화나트륨(NaCl) 및 파라핀 오일(Paraffin oil) 시험(%) |
|---|---|---|
| 분리식 | 특급 | 99.95 이상 |
| | 1급 | 94.0 이상 |
| | 2급 | 80.0 이상 |

◉ 참고하기

• 방진마스크 분진 등 포집효율

| 형태 및 등급 | | 염화나트륨(NaCl) 및 파라핀 오일(Paraffin oil) 시험(%) |
|---|---|---|
| 분리식 | 특급 | 99.95 이상 |
| | 1급 | 94.0 이상 |
| | 2급 | 80.0 이상 |
| 안면부 여과식 | 특급 | 99.0 이상 |
| | 1급 | 94.0 이상 |
| | 2급 | 80.0 이상 |

**암기형**

**27** 보호구 중 안전화의 종류를 5가지 적으시오.

**Answer & Explanation**

① 가죽제안전화
② 고무제안전화
③ 절연화
④ 절연장화
⑤ 정전기 안전화
⑥ 발등 안전화
⑦ 화학물질용 안전화

> 참고하기

- 안전화의 종류

| 종류 | 성능 구분 |
|---|---|
| 가죽제안전화 | 물체의 낙하, 충격 또는 날카로운 물체에 의한 찔림 위험으로부터 발을 보호하기 위한 것 |
| 고무제안전화 | 물체의 낙하, 충격 또는 날카로운 물체에 의한 찔림 위험으로부터 발을 보호하고 내수성을 겸한 것 |
| 정전기안전화 | 물체의 낙하, 충격 또는 날카로운 물체에 의한 찔림 위험으로부터 발을 보호하고 정전기의 인체대전을 방지하기 위한 것 |
| 발등 안전화 | 물체의 낙하, 충격 또는 날카로운 물체에 의한 찔림 위험으로부터 발 및 발등을 보호하기 위한 것 |
| 절연화 | 물체의 낙하, 충격 또는 날카로운 물체에 의한 찔림 위험으로부터 발을 보호하고 저압의 전기에 의한 감전을 방지하기 위한 것 |
| 절연장화 | 고압에 의한 감전을 방지 및 방수를 겸한 것 |
| 화학물질용 안전화 | 물체의 낙하, 충격 또는 날카로운 물체에 의한 찔림 위험으로부터 발을 보호하고 화학물질로부터 유해위험을 방지하기 위한 것 |

**28** 화면에서는 가죽제 안전화를 보여준다. 가죽제 안전화의 성능시험 항목을 3가지 적으시오.

**Answer & Explanation**

① 내충격성 시험
② 내압박성 시험
③ 내답발성 시험
④ 박리저항 시험
⑤ 내유성 시험

**29** 가죽제 안전화의 뒷굽 높이를 제외한 몸통 높이를 적으시오.

**Answer & Explanation**

| 단화 | 중단화 | 장화 |
|---|---|---|
| 113mm 미만 | 113mm 이상 | 178mm 이상 |

> 참고하기

몸통 높이란 몸통 뒤의 가장 높은 지점과 안창의 뒤끝 위쪽 면 사이의 수직거리를 말한다.

### 암기형

**30** 화면에서는 도금작업장을 보여준다. 도금작업장에서 착용하여야 하는 고무제안전화의 종류를 구분하고 고무제 안전화를 사용하여야 하는 작업장의 종류 2가지를 적으시오.

#### Answer & Explanation

| 구 분 | 사용 장소 |
|---|---|
| 일반용 | 일반작업장 |
| 내유용 | 탄화수소류의 윤활유 등을 취급하는 작업장 |

#### 참고하기

• 사용 장소에 따른 안전화의 등급

| 등급 | 용어정의 |
|---|---|
| 중 작업용 | 1,000밀리미터의 낙하높이에서 시험했을 때 충격과 (15.0±0.1)킬로뉴턴(KN)의 압축하중에서 시험했을 때 압박에 대하여 보호해 줄 수 있는 선심을 부착하여, 착용자를 보호하기 위한 안전화를 말한다. |
| 보통 작업용 | 500밀리미터의 낙하높이에서 시험했을 때 충격과 (10.0±0.1)킬로뉴턴(KN)의 압축하중에서 시험했을 때 압박에 대하여 보호해 줄 수 있는 선심을 부착하여, 착용자를 보호하기 위한 안전화를 말한다. |
| 경 작업용 | 250밀리미터의 낙하높이에서 시험했을 때 충격과 (4.4±0.1)킬로뉴턴(KN)의 압축하중에서 시험했을 때 압박에 대하여 보호해 줄 수 있는 선심을 부착하여, 착용자를 보호하기 위한 안전화를 말한다. |

### 암기형

**31** 안전대 중 (1) 안전블록의 정의와 (2) 안전블록이 부착된 안전대의 구조를 3가지 적으시오.

그림 출처 : COV, 안전보건공단. "고소작업자를 위한 추락방지장치 구성요소"

**Answer & Explanation**

(1) **안전블록의 정의** : 안전 그네와 연결하여 추락발생 시 추락을 억제할 수 있는 자동잠김 장치가 갖추어져 있고 죔줄이 자동적으로 수축되는 장치를 말한다.

(2) **안전블록이 부착된 안전대의 구조**
① 안전블록을 부착하여 사용하는 안전대는 신체지지의 방법으로 안전그네만을 사용할 것
② 안전블록은 정격 사용 길이가 명시될 것
③ 안전블록의 줄은 합성섬유로프, 웨빙(webbing), 와이어로프이어야 하며, 와이어로프인 경우 최소 지름이 4mm 이상일 것

**암기형**

**32** 화면에서 보여주는 (1) 보호구의 명칭을 적으시오. (2) 보호구의 구조를 2가지 적으시오. (3) 안전블록이 부착된 안전대의 구조를 3가지 적으시오.

사진 출처 : COV

**Answer & Explanation**

(1) **안전블록**

(2) **안전블록의 구조**
① 자동잠김장치를 갖출 것
② 안전블록의 부품은 부식방지처리를 할 것

(3) **안전블록이 부착된 안전대의 구조**
① 안전블록을 부착하여 사용하는 안전대는 **신체 지지의 방법으로 안전그네만을 사용할 것**
② 안전블록은 **정격 사용 길이가 명시될 것**
③ 안전블록의 **줄은 합성섬유로프, 웨빙(webbing), 와이어로프이어야 하며, 와이어로프인 경우 최소 지름이 4mm 이상일 것**

## 33 화면에서와 같은 전기형강 작업 시 작업자가 착용하고 있는 안전대의 종류를 적으시오.

**화면 설명 •** 작업자는 전봇대의 작업 발판을 딛고 작업을 하고 있는 상황이다.

사진 출처 : 뉴스 Q

### Answer & Explanation

U자걸이용 안전대

### 참고하기

• 안전대의 선정
① U자 걸이용은 전주 위에서의 작업과 같이 발 받침은 확보되어 있어도 불완전하여 체중의 일부는 U자 걸이로 하여 안전대에 지지하여야만 작업을 할 수 있으며, 1개 걸이의 상태로서는 사용하지 않는 경우에 선정해야 한다.
② 1개 걸이용은 안전대에 의지하지 않아도 작업할 수 있는 발판이 확보되었을 때 사용한다.

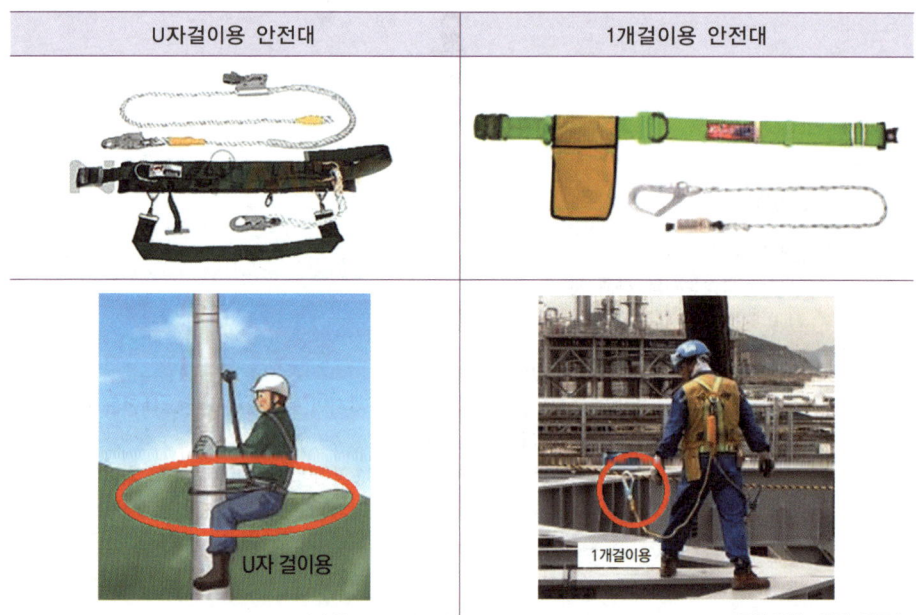

## 34. 8자형 링, 카라비너가 있는 안전대의 종류를 적으시오.

**Answer & Explanation**

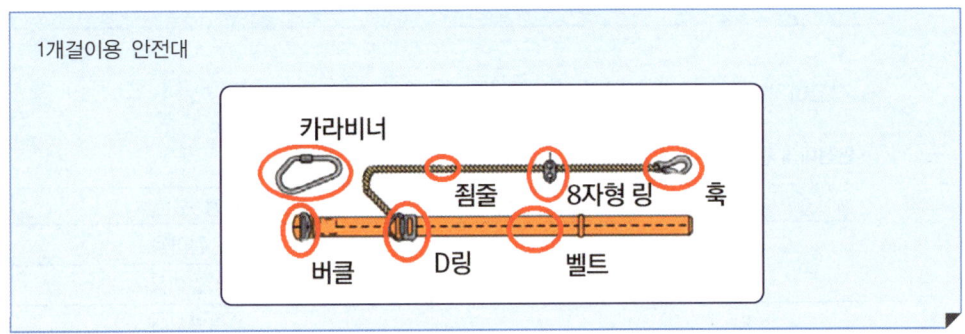

▶ 참고하기

- "8자형 링"이란 안전대를 1개걸이로 사용할 때 훅 또는 카라비너를 죔 줄에 연결하기 위한 8자형의 금속 고리를 말한다.

## 35. 화면에서는 안전대를 보여준다. 번호에 해당하는 안전대의 명칭을 적으시오.

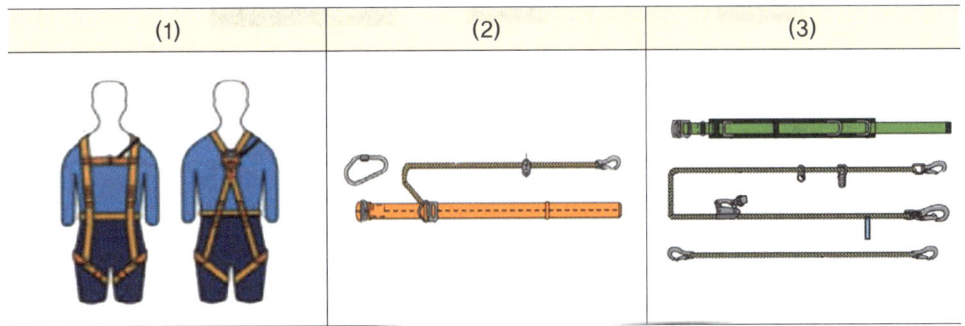

**Answer & Explanation**

(1) 안전그네
(2) 1개 걸이용(안전대)
(3) U자 걸이용(안전대)

### 참고하기

• 안전대의 종류

| 종류 | 사용 구분 |
|---|---|
| 벨트식 | 1개 걸이용 |
|  | U자 걸이용 |
| 안전그네식 | 추락방지대 |
|  | 안전블록 |

**36** 동영상에서와 같은 전주 위 작업에서 착용하여야 하는 안전대의 종류를 2가지 적으시오.

사진 출처 : 뉴스 Q

사진 출처 : 코리아 테크

**Answer & Explanation**

① 벨트식(U자 걸이용)
② 안전그네식

**37** 화면에서는 안전대를 보여준다. (가) 화면과 같은 안전대의 명칭을 적고, (나) 그림에 해당하는 부위의 명칭을 적으시오. (다) 안전대의 벨트의 구조 및 치수 1가지를 적으시오.

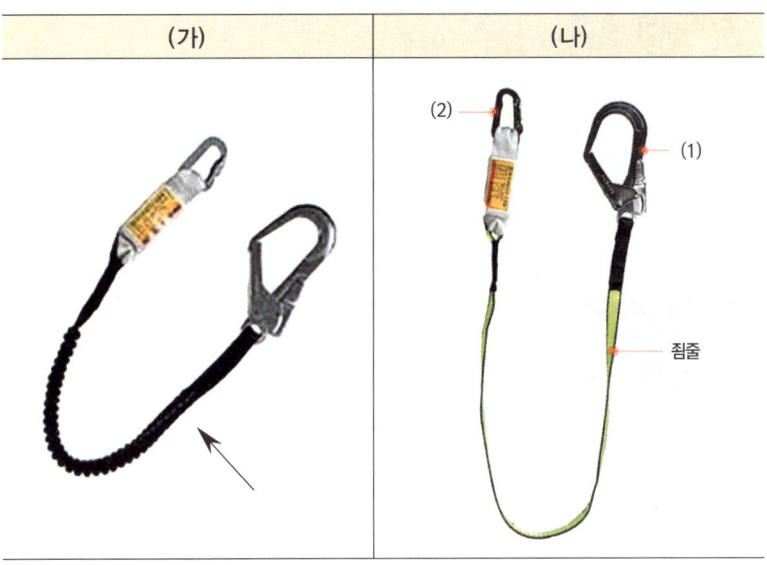

**Answer & Explanation**

(가) 죔줄
(나) (1) 훅
    (2) 카라비너
(다) 안전대의 벨트의 구조 및 치수
    ① 강인한 실로 짠 직물로 비틀어짐, 흠, 기타 결함이 없을 것
    ② 벨트의 너비는 50mm 이상(U자 걸이로 사용할 수 있는 안전대는 40mm) 길이는 버클 포함 1,100mm 이상, 두께는 2mm 이상일 것

**참고하기**

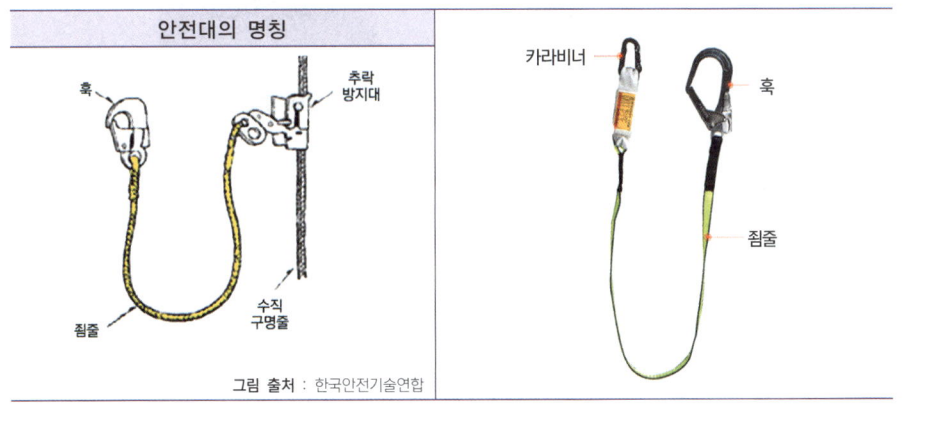

그림 출처 : 한국안전기술연합

**38** 보호구 안전인증 고시에 의한 안전대에 사용되는 벨트의 구조 및 충격 흡수장치의 시험 성능 기준을 설명하였다. 괄호에 적합한 내용을 적으시오.

> **보기**
>
> 1. 벨트
>    가. 강인한 실로 짠 직물로 비틀어짐, 흠, 기타 결함이 없을 것
>    나. 벨트의 너비는 ( ① )mm 이상(U자 걸이로 사용할 수 있는 안전대는 40mm) 길이는 버클 포함 ( ② )mm 이상, 두께는 ( ③ )mm 이상일 것
>
> 2. 충격흡수장치의 시험 하중
>
> | 충격흡수장치 | ( ④ )kN | 완전 전개한 후 시험하여 파단하지 않을 것 |
> |---|---|---|
> | | 2kN | 50mm 이상의 늘어남이 없을 것 |

**Answer & Explanation**

① 50  ② 1,100  ③ 2  ④ 15

---

**39** 산소결핍 장소에서는 착용할 수 없으며 염소가스가 발생되는 작업장에서 착용하여야 하는 보호구이다. 다음 물음에 답하시오.

(1) 화면에 해당하는 방독마스크의 종류를 적으시오.
(2) 방독마스크 정화통의 주성분을 1가지 적으시오.
(3) 화면에 해당하는 방독마스크 정화통의 시험가스 종류를 적으시오.
(4) 화면에 해당하는 방독마스크의 형식을 적으시오.

**Answer & Explanation**

(1) 보호구의 종류 : 할로겐가스용 방독마스크
(2) 정화통의 주성분 : 활성탄, 소다라임
(3) 시험가스의 종류 : 염소가스
(4) 방독마스크의 형식 : 격리식(전면형)

**암기형**

**40** 화면에서는 녹색 정화통의 방독마스크를 보여준다.

(1) 화면에 해당하는 방독마스크의 종류를 적으시오.
(2) 방독마스크 정화통의 주성분을 1가지 적으시오.
(3) 화면에 해당하는 방독마스크 정화통의 시험가스 종류를 적으시오.
(4) 화면에 해당하는 방독마스크의 형식을 적으시오.
(5) 직결식 방독마스크 전면형의 누설률은 얼마인가?
(6) 중농도 방독마스크의 파과시간은 얼마인가?

**Answer & Explanation**

(1) 암모니아용 방독마스크
(2) 큐프라마이트
(3) 암모니아 가스
(4) 직결식
(5) 0.05% 이하
(6) 파과시간(중농도) : 40분 이상

> **참고하기**

1. 안면부 누설률

| 형태 | | 누설률(%) |
|---|---|---|
| 격리식 및 직결식 | 전면형 | 0.05 이하 |
| | 반면형 | 5 이하 |

2. 파과시간

| 종류 및 등급 | | 시험가스의 조건 | | 파과농도 (ppm, ± 20%) | 파과시간 (분) |
|---|---|---|---|---|---|
| | | 시험 가스 | 농도(%) (± 10%) | | |
| 암모니아용 | 고농도 | 암모니아가스 | 1.0 | 25.0 | 60 이상 |
| | 중농도 | 〃 | 0.5 | | 40 이상 |
| | 저농도 | 〃 | 0.1 | | 50 이상 |

**암기형**

## 41 방독마스크 흡수통의 색을 쓰시오.

(1) 암모니아용 :

(2) 아황산용 :

(3) 시안화수소용 :

(4) 황화수소용 :

(5) 할로겐용 :

(6) 유기화합물용 :

**Answer & Explanation**

(1) 암모니아용 : 녹색
(2) 아황산용 : 황색
(3) 시안화수소용 : 회색
(4) 황화수소용 : 회색
(5) 할로겐용 : 회색
(6) 유기화합물용 : 갈색

### 참고하기

(1) 방독마스크의 종류 및 시험가스

| 종류 | 시험가스 |
|---|---|
| 유기화합물용 | 시클로헥산($C_6H_{12}$) |
| | 디메틸에테르($CH_3OCH_3$) |
| | 이소부탄($C_4H_{10}$) |
| 할로겐용 | 염소가스 또는 증기($Cl_2$) |
| 황화수소용 | 황화수소가스($H_2S$) |
| 시안화수소용 | 시안화수소가스(HCN) |
| 아황산용 | 아황산가스($SO_2$) |
| 암모니아용 | 암모니아가스($NH_3$) |

(2) 정화통 외부 측면의 표시 색

| 종류 | 표시 색 |
|---|---|
| 유기화합물용 정화통 | 갈색 |
| 할로겐용 정화통 | 회색 |
| 황화수소용 정화통 | 회색 |
| 시안화수소용 정화통 | 회색 |
| 아황산용 정화통 | 노란색 |
| 암모니아용 정화통 | 녹색 |
| 복합용 및 겸용의 정화통 | • 복합용의 경우 : 해당 가스 모두 표시(2층 분리)<br>• 겸용의 경우 : 백색과 해당 가스 모두 표시 (2층 분리) |

※ 증기밀도가 낮은 유기화합물 정화통의 경우 색상표시 및 화학물질명 또는 화학기호를 표기)

---

**암기형**

**42** 방독마스크 정화통에 표시하여야 하는 사항 중 안전인증 표시 외 추가표시사항을 4가지 적으시오.

**Answer & Explanation**

① 파과곡선도
② 사용시간 기록카드
③ 정화통의 외부측면의 표시 색
④ 사용 상의 주의사항

**암기형**

**43** 방독마스크 사용수칙 4가지를 적으시오.

*Answer & Explanation*

① 산소결핍장소에서 사용금지
② 용도 이외의 것 사용금지
③ 수명이 지난 것 사용금지
④ 방독마스크를 너무 과신하지 말 것

**암기형**

**44** 화면에서 작업자는 DMF(디메틸포름아미드) 취급 작업을 하고 있다. 위 동영상을 보고 DMF작업 시 작업자가 착용해야 할 보호구를 적으시오.

*Answer & Explanation*

① 불침투성 보호복(화학물질용 보호복)
② 불침투성 보호장갑(화학물질용 안전장갑)
③ 불침투성 보호장화(화학물질용 안전화)
④ 호흡용보호구(방독마스크)
⑤ 보안경

**참고하기**

① **산업보건기준에 관한 규칙** : 불침투성 보호복, 불침투성 보호장갑, 불침투성 보호장화, 호흡용 보호구, 보안경
② **보호구 안전인증에 관한 노동부 고시** : 화학물질용 보호복, 화학물질용 안전장갑, 화학물질용 안전화, 방독마스크, 보안경

**암기형**

## 45 화면을 보고 물음에 답하시오.

(1) 화면에서 주어진 보호구의 명칭을 적으시오.(단, 시험 가스는 아황산가스이다.)
(2) 파과농도를 적으시오.

**화면 설명** • 섬유화면에는 황색의 정화통이 보인다.

**Answer & Explanation**

(1) 보호구 명칭 : 방독마스크(아황산용)
(2) 파과농도 : 5ppm

### 참고하기

• 방독마스크의 시험가스의 조건 및 파과농도, 파과시간 등

| 종류 및 등급 | | 시험가스의 조건 | | 파과농도<br>(ppm,<br>± 20%) | 파과시간<br>(분) | 분진포집<br>효율<br>(%) |
|---|---|---|---|---|---|---|
| | | 시험가스 | 농도(%)<br>(± 10%) | | | |
| 유기<br>화합물용 | 고농도 | 시클로헥산 | 0.8 | 10.0 | 65 이상 | **<br>특급 : 99.95<br>1급 : 94.0<br>2급 : 80.0 |
| | 중농도 | 〃 | 0.5 | | 35 이상 | |
| | 저농도 | 〃 | 0.1 | | 70 이상 | |
| | | 〃 | 0.1 | | 20 이상 | |
| | 최저농도 | 디메틸에테르 | 0.05 | 5.0 | 50 이상 | |
| | | 이소부탄 | 0.25 | | | |
| 할로겐용 | 고농도 | 염소가스 | 1.0 | 0.5 | 30 이상 | |
| | 중농도 | 〃 | 0.5 | | 20 이상 | |
| | 저농도 | 〃 | 0.1 | | 20 이상 | |
| 황화수소용 | 고농도 | 황화수소가스 | 1.0 | 10.0 | 60 이상 | |
| | 중농도 | 〃 | 0.5 | | 40 이상 | |
| | 저농도 | 〃 | 0.1 | | 40 이상 | |

| 종류 및 등급 | | 시험가스의 조건 | | 파과농도 (ppm, ± 20%) | 파과시간 (분) | 분진포집 효율 (%) |
|---|---|---|---|---|---|---|
| | | 시험가스 | 농도(%) (± 10%) | | | |
| 황화수소용 | 고농도 | 황화수소가스 | 1.0 | 10.0 | 60 이상 | **<br>특급 : 99.95<br>1급 : 94.0<br>2급 : 80.0 |
| | 중농도 | 〃 | 0.5 | | 40 이상 | |
| | 저농도 | 〃 | 0.1 | | 40 이상 | |
| 시안화수소용 | 고농도 | 시안화수소가스 | 1.0 | 10.0* | 35 이상 | |
| | 중농도 | 〃 | 0.5 | | 25 이상 | |
| | 저농도 | 〃 | 0.1 | | 25 이상 | |
| 아황산용 | 고농도 | 아황산가스 | 1.0 | 5.0 | 30 이상 | |
| | 중농도 | 〃 | 0.5 | | 20 이상 | |
| | 저농도 | 〃 | 0.1 | | 20 이상 | |
| 암모니아용 | 고농도 | 암모니아가스 | 1.0 | 25.0 | 60 이상 | |
| | 중농도 | 〃 | 0.5 | | 40 이상 | |
| | 저농도 | 〃 | 0.1 | | 50 이상 | |

* 시안화수소가스에 의한 제독능력시험 시 시아노겐($C_2N_2$)은 시험가스에 포함될 수 있다. ($C_2N_2$+HCN)를 포함한 파과농도는 10ppm을 초과할 수 없다.
** 겸용의 경우 정화통과 여과재가 장착된 상태에서 분진포집효율시험을 하였을 때 등급에 따른 기준치 이상일 것

### 46. 할로겐가스용 방독마스크(고농도) 정화통의 (1) 시험가스 종류, (2) 파과농도, (3) 파과시간을 적으시오.

**Answer & Explanation**

(1) 시험가스 종류 : 염소가스
(2) 파과농도 : 0.5ppm
(3) 파과시간 : 30분 이상

◉ 참고하기

| 종류 및 등급 | | 시험가스의 조건 | | 파과농도 (ppm, ± 20%) | 파과시간 (분) |
|---|---|---|---|---|---|
| | | 시험가스 | 농도(%) (± 10%) | | |
| 할로겐용 | 고농도 | 염소가스 | 1.0 | 0.5 | 30 이상 |
| | 중농도 | 〃 | 0.5 | | 20 이상 |
| | 저농도 | 〃 | 0.1 | | 20 이상 |

• 방독마스크의 등급

| 등 급 | 사 용 장 소 |
|---|---|
| 고농도 | 가스 또는 증기의 농도가 100분의 2(암모니아에 있어서는 100분의 3) 이하의 대기 중에서 사용하는 것 |
| 중농도 | 가스 또는 증기의 농도가 100분의 1(암모니아에 있어서는 100분의 1.5) 이하의 대기 중에서 사용하는 것 |
| 저농도 및 최저농도 | 가스 또는 증기의 농도가 100분의 0.1 이하의 대기 중에서 사용하는 것으로서 긴급용이 아닌 것 |

비고 : 방독마스크는 산소농도가 18% 이상인 장소에서 사용하여야 하고, 고농도와 중농도에서 사용하는 방독마스크는 전면형(격리식, 직결식)을 사용해야 한다.

## 47 [암기형]

화면은 작업자가 도금조에서 제품을 꺼내어 도금상태를 검사하면서 냄새를 맡고 있다. 작업자가 착용해야 할 보호구 2가지를 적으시오.

**Answer & Explanation**

① 방독마스크
② 보안경
③ 화학물질용 안전장갑, 화학물질용 안전화(불침투성 보호장갑, 불침투성 보호장화)
④ 화학물질용 보호복(불침투성 보호복)

**참고하기**

① 산업보건기준에 관한 규칙 : 보호장갑, 보호장화, 불침투성 보호복
② 보호구 안전인증 기준 : 화학물질용 안전장갑, 화학물질용 안전화, 화학물질용 보호복
 – T.C.E(Trichloroethylene) 증기가 발생하는 초음파 세척부서 작업자 : 유기가스용 방독마스크 또는 호스마스크 착용
 – 무수크롬산, 염화수소, 시안화합물의 미스트, 증기, 가스 등이 발생하는 도금 작업장 : 호흡용 보호구

**48** 화면에서 작업자는 자동차 브레이크 라이닝을 화학약품에 세척하는 작업을 하고 있다. 화면과 같은 작업을 하는 경우 착용해야 할 보호구를 3가지 적으시오.

Answer & Explanation

① 방독마스크
② 보안경
③ 화학물질용 안전장갑, 화학물질용 안전화(불침투성 보호장갑, 불침투성 보호장화)
④ 화학물질용 보호복(불침투성 보호복)

**49** 화면은 작업자가 재료를 유기화합물에 담그는 장면을 보여준다. 해당 작업 시에 착용하여야 하는 보호구를 적으시오.

Answer & Explanation

① 코, 입 : 방독마스크
② 눈 : 보안경
③ 손, 발 : 화학물질용 안전장갑, 화학물질용 안전화(불침투성 보호장갑, 불침투성 보호장화)
④ 피부 : 화학물질용 보호복(불침투성 보호복)

**50** 방독마스크 흡수제의 종류를 3가지 적으시오.

Answer & Explanation

① 활성탄
② 실리카겔
③ 호프칼라이트
④ 큐프라마이트
⑤ 소다라임
⑥ 알칼리제재

**51** 화면에서 작업자는 스프레이건으로 파이프에 도장작업을 하고 있다.

(1) 페인트 도장작업을 하는 작업자가 착용하여야 하는 보호구의 종류를 적으시오.

(2) 시험가스 종류를 3가지 적으시오.

(3) 페인트 도장작업을 하는 작업자가 착용하여야 하는 방독마스크의 흡수제 종류 3가지를 적으시오.

**Answer & Explanation**

(1) 방독마스크(유기화합물용)
(2) 시험가스의 종류
　　시클로헥산($C_6H_{12}$), 디메틸에테르($CH_3OCH_3$), 이소부탄($C_4H_{10}$)
(3) 흡수제의 종류
　① 활성탄
　② 소다라임
　③ 알칼리제재
　④ 큐프라마이트

### 참고하기

| 종류 | 시험가스 |
| --- | --- |
| 유기화합물용 | 시클로헥산($C_6H_{12}$) |
|  | 디메틸에테르($CH_3OCH_3$) |
|  | 이소부탄($C_4H_{10}$) |
| 할로겐용 | 염소가스 또는 증기($Cl_2$) |
| 황화수소용 | 황화수소가스($H_2S$) |
| 시안화수소용 | 시안화수소가스(HCN) |
| 아황산용 | 아황산가스($SO_2$) |
| 암모니아용 | 암모니아가스($NH_3$) |

**암기형**

**52** 보호구 안전인증 고시에 의한 방독마스크의 성능시험 종류를 3가지 적으시오.

**Answer & Explanation**

① **안면부 흡기 저항 시험**　② **정화통의 제독 능력 시험**
③ **안면부 배기 저항 시험**　④ **안면부 누설률 시험**
⑤ 배기밸브 작동 시험　⑥ **시야 시험**
⑦ 강도, 신장률 및 영구 변형률 시험　⑧ 불연성 시험
⑨ 음성 전달판 시험　⑩ 투시부의 내충격성 시험
⑪ 정화통 질량 시험　⑫ 정화통 호흡 저항 시험
⑬ 안면부 내부의 이산화탄소농도 시험

**53** 보호구 안전인증 기준에 의한 차광보안경의 종류를 4가지 적으시오.

**Answer & Explanation**

① 자외선용
② 적외선용
③ 복합용
④ 용접용

### 참고하기

(1) 안전인증 기준

| 종류 | 사용 구분 |
|---|---|
| 자외선용 | 자외선이 발생하는 장소 |
| 적외선용 | 적외선이 발생하는 장소 |
| 복합용 | 자외선 및 적외선이 발생하는 장소 |
| 용접용 | 산소용접작업 등과 같이 자외선, 적외선 및 강렬한 가시광선이 발생하는 장소 |

(2) 자율안전확인

| 종류 | 사용 구분 |
|---|---|
| 유리 보안경 | 비산물로부터 눈을 보호하기 위한 것으로 렌즈의 재질이 유리인 것 |
| 플라스틱 보안경 | 비산물로부터 눈을 보호하기 위한 것으로 렌즈의 재질이 플라스틱인 것 |
| 도수렌즈 보안경 | 비산물로부터 눈을 보호하기 위한 것으로 도수가 있는 것 |

**54** 화면에서 보여주는 자율안전확인 대상 보안경(투명렌즈의 보안경)의 종류를 구분하여 적으시오.

**Answer & Explanation**

① 유리 보안경
② 플라스틱 보안경
③ 도수렌즈 보안경

### 암기형
**55** 보안면의 등급 및 형태를 설명하시오.

**Answer & Explanation**

> 4A : 헤드기어와 머리 윗부분에 챙이 없는 형식
> 4B : 헤드기어와 머리 윗부분에 챙이 있는 형식
> 4C : 헤드기어와 머리 윗부분 및 턱부분에 챙이 있는 형식

### 암기형
**56** 보안면의 채색 투시부의 차광도를 구분하여 투과율을 적으시오.

| 차광도 | 투과율 |
|---|---|
| 밝음 | (1) |
| 중간밝기 | (2) |
| 어두움 | (3) |

**Answer & Explanation**

| 차광도 | 투과율 |
|---|---|
| 밝음 | 50±7 |
| 중간밝기 | 23±4 |
| 어두움 | 14±4 |

**참고하기**

| 구분 | | 투과율(%) |
|---|---|---|
| 투명 투시부 | | 85 이상 |
| 채색 투시부 | 밝음 | 50±7 |
| | 중간 밝기 | 23±4 |
| | 어두움 | 14±4 |

**암기형**

**57** 화면에서는 용접용 보안면을 보여준다.

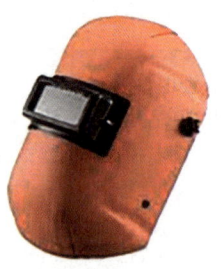

(1) 용접용 보안면의 등급을 나누는 기준을 적으시오.
(2) 용접용 보안면의 투과율의 종류를 적으시오.
(3) 용접용 보안면의 성능시험 항목 3가지를 적으시오.

**Answer & Explanation**

(1) 등급을 나누는 기준 : 차광도 번호
(2) 투과율의 종류
   ① 자외선 최대 분광 투과율
   ② 적외선 투과율
   ③ 시감 투과율
(3) 성능시험 항목
   ① 내충격성시험      ② 내노후성시험
   ③ 내발화, 관통성시험  ④ 낙하시험
   ⑤ 내식성시험        ⑥ 절연시험

---

**암기형**

**58** (1) 고열의 정의를 적으시오.
(2) 다음에서 주어진 방열복의 질량을 적으시오.

| 종 류 | 실 량 |
| --- | --- |
| 방열상의 | ( ① ) |
| 방열하의 | ( ② ) |
| 방열일체복 | ( ③ ) |
| 방열장갑 | ( ④ ) |
| 방열두건 | ( ⑤ ) |

Answer & Explanation

(1) 고열의 정의 : 열에 의하여 근로자에게 열경련·열탈진 또는 열사병 등의 **건강장해를 유발할 수 있는 더운 온도**를 말한다.
(2) 방열복의 질량
   ① 3.0kg   ② 2.0kg   ③ 4.3kg   ④ 0.5kg   ⑤ 2.0kg

### 참고하기

| 방열상의 | 방열하의 | 방열 일체복 | 방열장갑 | 방열두건 |
|---|---|---|---|---|

**암기형**

**59** 보호구 안전기준에 의한 방열복, 방열장갑의 내열원단 성능기준을 겉감용 및 안감을 구분하여 적으시오.

Answer & Explanation

| 부품별 | 용도 | 성능 기준 | 적용 대상 |
|---|---|---|---|
| 내열원단 | 겉감용 및 방열장갑의 등감용 | • 질량 : 500g/m² 이하<br>• 두께 : 0.70mm 이하 | 방열상의·방열하의·방열일체복·방열장갑·방열두건 |
|  | 안감 | • 질량 : 330g/m² 이하 | 〃 |

**암기형**

**60** 화면은 방열복을 보여준다. 물음에 답하시오.

(1) 방열복 내열원단의 시험성능 기준 3가지를 적으시오.
(2) 방열복 내열원단의 시험성능 기준 중 다음 물음에 답하시오.

> **보기**
>
> 1. 난연성 : 잔염 및 잔진 시간이 ( ① ) 미만이고 녹거나 떨어지지 말아야 하며, 탄화길이가 ( ② ) 이내 일 것
> 2. 절연저항 : 표면과 이면의 절연저항이 ( ③ ) 이상일 것
> 3. 내열성 : 균열 또는 부풀음이 없을 것

**Answer & Explanation**

(1) 시험성능 기준
　① 난연성 시험
　② 열 충격 시험
　③ 인장강도 시험
　④ 내열성 시험
　⑤ 내한성 시험

(2) ① 2초　② 102mm　③ 1MΩ

**참고하기**

| 구분 | 항목 | 시험성능기준 |
|---|---|---|
| 내열원단 | 난연성 | 잔염 및 잔진시간이 2초 미만이고 녹거나 떨어지지 말아야 하며, 탄화길이가 102mm 이내일 것 |
| | 절연저항 | 표면과 이면의 절연저항이 1MΩ 이상일 것 |
| | 인장강도 | 인장강도는 가로, 세로 방향으로 각각 25kgf 이상일 것 |
| | 내열성 | 균열 또는 부풀음이 없을 것 |
| | 내한성 | 피복이 벗겨져 떨어지지 않을 것 |
| 내열원단 및 안면렌즈 | 열전도율 | 이면중심 온도가 47℃ 이하이고, 온도상승이 25℃/4min 이하일 것 |

**61** (1) 방음보호구(귀마개, 귀덮개)의 종류를 적고 성능을 적으시오. (2) 강렬한 소음이 발생되는 작업장에서 착용하여야 하는 보호구의 명칭과 기호를 적으시오.

**Answer & Explanation**

(1) 방음보호구의 종류

| 종류 | 등급 | 기호 | 성능 |
|---|---|---|---|
| 귀마개 | 1종 | EP-1 | 저음부터 고음까지 차음하는 것 |
|  | 2종 | EP-2 | 주로 고음을 차음하고 저음(회화음영역)은 차음하지 않는 것 |
| 귀덮개 | - | EM |  |

(2) 귀덮개(EM)

---

**62** 안전인증 대상 방음용 귀덮개(EM)의 차음성능 기준을 나타내고 있다. ( ) 안에 적합한 내용을 적으시오.

| 중심 주파수(Hz) | EM의 차음치(dB) |
|---|---|
| 1,000 | ( ① ) 이상 |
| 2,000 | ( ② ) 이상 |
| 4,000 | ( ③ ) 이상 |

**Answer & Explanation**

① 25(dB)  ② 30(dB)  ③ 35(dB)

**참고하기**

| 차음성능 | 중심 주파수(Hz) | 차음치(dB) | | |
|---|---|---|---|---|
| | | EP-1 | EP-2 | EM |
| | 125 | 10 이상 | 10 미만 | 5 이상 |
| | 250 | 15 이상 | 10 미만 | 10 이상 |
| | 500 | 15 이상 | 10 미만 | 20 이상 |
| | 1,000 | 20 이상 | 20 미만 | 25 이상 |
| | 2,000 | 25 이상 | 20 이상 | 30 이상 |
| | 4,000 | 25 이상 | 25 이상 | 35 이상 |
| | 8,000 | 20 이상 | 20 이상 | 20 이상 |

**암기형**

**63** 화면에서는 내전압용 절연장갑을 보여준다.

(1) 절연장갑의 종류를 구분하여 적으시오.
(2) 각 등급에 대한 최대사용전압을 적으시오.

| 등급 | 최대사용전압 | | 색상 |
|---|---|---|---|
| | 교류(V, 실효값) | 직류(V) | |
| 00 | | | 갈색 |
| 0 | | | 빨간색 |
| 1 | | | 흰색 |
| 2 | | | 노란색 |
| 3 | | | 녹색 |
| 4 | | | 등색 |

**Answer & Explanation**

(1) 절연장갑의 종류
   00등급, 0등급, 1등급, 2등급, 3등급, 4등급

(2) 각 등급에 대한 최대사용전압

| 등급 | 최대사용전압 | | 색상 |
|---|---|---|---|
| | 교류(V, 실효값) | 직류(V) | |
| 00 | 500 | 750 | 갈색 |
| 0 | 1,000 | 1,500 | 빨간색 |
| 1 | 7,500 | 11,250 | 흰색 |
| 2 | 17,000 | 25,500 | 노란색 |
| 3 | 26,500 | 39,750 | 녹색 |
| 4 | 36,000 | 54,000 | 등색 |

**암기형**

**64** 화면에서 작업자는 활선작업(충전전로에서의 전기작업) 중이다. 절연용 보호구의 종류 3가지를 적으시오.

**Answer & Explanation**

① 안전모 AE형, ABE형(절연모)
② 절연장갑
③ 절연화

**암기형**

**65** 동영상에서 작업자는 전기용접 작업 중이다. 작업자가 전기용접 작업 시에 착용하여야 하는 보호구를 3가지 적으시오.

Answer & Explanation

① 용접용 보안면(또는 차광용 보안경)
② 절연장갑
③ 절연화
④ 안전모 AE형, ABE형(절연모)
⑤ 방진마스크
⑥ 귀마개(소음이 심한 경우)

**암기형**

**66** 산업안전보건법상 사업주의 유해·위험 예방조치를 적으시오.

Answer & Explanation

(1) 안전상의 조치
　① 기계·기구, 그 밖의 설비에 의한 위험
　② 폭발성, 발화성 및 인화성 물질 등에 의한 위험
　③ 전기, 열, 그 밖의 에너지에 의한 위험
(2) 보건상의 조치
　① 원재료·가스·증기·분진·흄(fume)·미스트(mist)·산소결핍·병원체 등에 의한 건강장해
　② 방사선·유해광선·고온·저온·초음파·소음·진동·이상기압 등에 의한 건강장해
　③ 사업장에서 배출되는 기체·액체 또는 찌꺼기 등에 의한 건강장해
　④ 계측감시, 컴퓨터 단말기 조작, 정밀공작 등의 작업에 의한 건강장해
　⑤ 단순 반복 작업 또는 인체에 과도한 부담을 주는 작업에 의한 건강장해
　⑥ 환기·채광·조명·보온·방습·청결 등의 적정기준을 유지하지 아니하여 발생하는 건강장해

# 건설공사 위험성 평가

## 위험성 평가의 방법

사업주는 사업장의 규모와 특성 등을 고려하여 **다음 각 호의 위험성 평가 방법 중 한 가지 이상을 선정하여 위험성 평가를 실시할 수 있다.** ★

① **위험 가능성과 중대성을 조합한 빈도 · 강도법**
② **체크리스트(Checklist)법**
③ **위험성 수준 3단계(저 · 중 · 고) 판단법**
④ **핵심요인 기술(One Point Sheet)법**
⑤ 그 외 공정위험성 평가 기법

## 01 위험성 수준 3단계 판단법

위험성 결정을 위해 유해 · 위험요인의 위험성을 가늠하고 판단할 때, **위험성 수준을 상 · 중 · 하** 또는 **고 · 중 · 저와 같이 간략하게 구분**하고, 직관적으로 이해할 수 있도록 위험성의 수준을 표시하는 방법이다.

### 예제

**01** 동영상을 보고 동영상에서의 유해위험을 파악하여 [위험성 평가표]를 완성하시오.
(단, 위험성 결정은 [보기]를 참고하여 위험성 평가 3단계 판단 법(상, 중, 하)을 이용할 것)

> **화면 설명** • 동영상은 터널 내부에서 고소작업대를 이용한 작업 모습을 보여준다. 작업자는 고소작업대에서 안전대를 착용하지 않고 작업하고 있으며 상, 하부에서 2명의 작업자가 동시 작업을 하고 있다. 터널 내부는 적정 조명이 확보되지 않아 매우 어두운 상태이다. 해당 현장에서는 고소작업대에서 작업 중 1명의 작업자가 고소작업대에서 추락하여 6개월 이상의 휴업을 요하는 재해가 1건, 상·하 동시 작업 중 1주일 치료를 요하는 재해가 1건, 조도 미확보로 인한 넘어짐으로 4일 치료를 요하는 사고가 1건 있었다.

그림 출처 : 안전보건공단자료실

사진 출처 : (주)윤성 ENG

> 보기

### 위험성 결정(위험 수준 설정)

| 위험성 결정<br>(위험 수준 설정) | 판단기준 설정 | 허용 가능한 기준 |
|---|---|---|
| 상(고) | • 사망 또는 영구장애를 일으키거나 6개월 이상의 휴업을 요하는 부상이나 질병 | 허용 불가능<br>(감소대책 수립) |
| 중 | • 3일~6개월의 휴업을 요하는 부상이나 질병 | 허용 불가능<br>(감소대책 수립) |
| 하(저) | • 3일 미만의 휴업을 요하는 부상이나 질병 또는 휴업을 요하지 않는 부상이나 질병<br>• 아차사고를 초래할 수 있는 경우 | 허용 가능<br>(현재 상태 유지) |

### 위험성 평가표

| 위험요인 | 유해위험 요인 파악 | 위험성 결정 | | 감소대책 수립 |
| | | 위험 수준 | 허용 가능 여부 | |
|---|---|---|---|---|
| 위험요인 1 | | | | |
| 위험요인 2 | | | | |
| 위험요인 3 | | | | |

**Answer & Explanation**

| 위험요인 | 유해위험 요인 파악 | 위험성 결정 | | 감소대책 수립 |
| | | 위험 수준 | 허용 가능 여부 | |
|---|---|---|---|---|
| 위험요인 1 | 작업자가 안전대를 착용하지 않아 고소작업대에서 떨어질 위험 있다. | 상 | 허용 불가능 | 작업지휘자를 지정하여 작업자가 안전대를 착용하고 작업하도록 작업을 지휘한다. |
| 위험요인 2 | 고소작업대 아래에서 동시 작업을 실시하여 떨어지는 자재 등에 맞을 위험이 있다. | 중 | 허용 불가능 | 작업지휘자를 지정하여 상, 하 동시작업이 진행되지 않도록 작업 순서를 조정하고, 작업을 지휘한다. |
| 위험요인 3 | 작업장(터널 내부)에 적정 조도가 확보되지 않았다. | 중 | 허용 불가능 | 작업장(터널 내부)에 적정 조도가 확보될 수 있도록 조명을 설치한다. |

### 예제

**02** 동영상을 보고 동영상에서의 유해위험을 파악하여 [위험성 평가표]를 완성하시오.
(단, 위험성 결정은 [보기]를 참고하여 위험성 평가 5단계 판단 법(매우 높음, 높음, 중간, 낮음, 매우 낮음)을 이용할 것)

> **화면 설명** • 동영상은 건축물 공사 실내작업장에서 틀비계 위에 올라가 전기용접기를 이용하여 용접작업 중 사고가 발생한 장면을 보여준다. 틀비계에는 안전난간이 설치되지 않았고, 근로자는 안전대를 착용하지 않았다. 전기용접기에도 방호장치가 설치되지 않았으며 작업자는 맨손으로 용접 중에 감전을 당한다. 해당 현장에서는 용접 중 감전으로 2개월의 휴업을 요하는 재해가 1건, 틀비계에서 추락하여 사망하는 재해가 1건 있었다.

그림 출처 : ULSANSAFETY

### 보기

#### 위험성 결정(위험 수준 설정)

| 위험성 결정<br>(위험 수준 설정) | 판단기준 설정 | 허용 가능한 기준 |
|---|---|---|
| 매우 높음 | 사망 또는 영구장애를 일으키는 재해 | 허용 불가능 |
| 높음 | 6개월 이상의 휴업을 요하는 부상이나 질병 | 허용 불가능 |
| 보통 | 3일~6개월 이상의 휴업을 요하는 부상이나 질병 | 허용 불가능 |
| 낮음 | 3일 미만의 휴업을 요하는 부상이나 질병 | 허용 가능<br>(현재 상태 유지) |
| 매우 낮음 | 휴업을 요하지 않는 부상이나 질병 | 허용 가능<br>(현재 상태 유지) |

### 위험성 평가표

| 위험요인 | 유해위험 요인 파악 | 위험성 결정 | | 감소대책 수립 |
|---|---|---|---|---|
| | | 위험 수준 | 허용 가능 여부 | |
| 위험요인 1 | | | | |
| 위험요인 2 | | | | |
| 위험요인 3 | | | | |
| 위험요인 4 | | | | |

**Answer & Explanation**

| 위험요인 | 유해위험 요인 파악 | 위험성 결정 | | 감소대책 수립 |
|---|---|---|---|---|
| | | 위험 수준 | 허용 가능 여부 | |
| 위험요인 1 | 틀비계에 안전난간이 설치되지 않아 떨어짐 위험이 있다. | 매우 높음 | 허용 불가능 | 틀비계에 안전난간을 설치한다. |
| 위험요인 2 | 작업자가 안전대를 착용하지 않아 떨어짐 위험이 있다. | 매우 높음 | 허용 불가능 | 작업지휘자를 지정하여 작업자가 안전대를 착용하고 작업하도록 작업을 지휘한다. |
| 위험요인 3 | 전기용접기에 자동전격방지기가 설치되지 않아 감전의 위험이 있다. | 보통 | 허용 불가능 | 전기용접기에 자동전격방지기를 설치한다. |
| 위험요인 4 | 작업자가 절연장갑을 착용하지 않아 감전의 위험이 있다. | 보통 | 허용 불가능 | 작업지휘자를 지정하여 작업자가 절연장갑을 착용하고 작업하도록 작업을 지휘한다. |

## 02 체크리스트법

유해·위험요인을 파악하고, **유해·위험요인별로 체크리스트를 만들어 위험성을 줄이기 위한 현재 조치가 적정한지 아닌지 "O" 또는 "×"으로 표시하는 방법**이다.

① 목록에 제시된 유해·위험요인의 위험성과 현재 조치사항을 종합하여, 그 **위험성이 우리 사업장에서 허용 가능한 수준의 위험인지 여부를 판단**한다.
② 체크리스트가 **지나치게 단순하게 작성되었거나, 주관적으로 작성된 경우 중요한 유해·위험요인을 빠트릴 수 있으므로 주의**하여야 한다.

* 예 이 프레스는 위험한가? (×)
  → 이 프레스는 작업 시 광전자식 방호장치가 제대로 작동하는가? (O)

**예제**

## 03 동영상을 보고 동영상에서의 유해위험을 파악하여 [체크리스트]를 완성하시오.

**화면 설명 •** 화면에서 작업자는 프레스 기계 작업을 하고 있다. 작업자가 금형의 이물질을 제거하기 위해 몸을 기울이는 순간 실수로 페달을 밟아 프레스에 손을 다치는 사고가 발생하였다. 작업자는 이물질 제거 시 전원을 차단하지 않았으며 수공구 대신 손을 사용하여 이물질을 제거하려 하였다. 작업자는 안전모, 안전화, 귀마개 등 보호구를 착용한 상태이다.

| U자형 덮개 | 풋 스위치 방호 덮개 |
|---|---|
|  |  |
| 사진 출처 : 고용노동부, "사망재해다발작업 안전대책 – 프레스 취급작업편" | 사진 출처 : 고용노동부, "사망재해다발작업 안전대책 – 프레스 취급작업편" |

**>> 보기**

### 체크리스트

| 번호 | 유해위험요인 파악(체크리스트 항목) | 위험성 확인 결과 | | | 개선대책 |
|---|---|---|---|---|---|
| | | 적정 | 보완 | 해당 없음 | |
| | | | | | |
| | | | | | |
| | | | | | |
| | | | | | |

## Answer & Explanation

| 번호 | 유해위험요인 파악 (체크리스트 항목) | 위험성 확인 결과 | | | 개선대책 |
|---|---|---|---|---|---|
| | | 적정 | 보완 | 해당 없음 | |
| 1 | 프레스에 방호장치(광전자식, 양수조작식 등)가 설치되었는가? | | √ | | • 양수조작식 및 광전자식 방호장치 설치 |
| 2 | 프레스 방호장치는 정상적으로 작동하는가? | | √ | | • 작업 전 방호장치의 정상 상태 확인한 후 작업 시작토록 작업절차에 반영<br>• 방호장치의 정상작동 여부를 작업 시작 전에 관리감독자 확인 실시 |
| 3 | 프레스 페달에는 방호장치가 설치되었는가? | | √ | | • 페달에 U자형 덮개 설치 |
| 4 | 작업 중 금형의 이물질 제거 시 프레스의 전원을 차단하는가? | | √ | | • 이물질 제거 시에 전원을 차단하도록 작업자 안전교육 실시<br>• 관리감독자 또는 작업지휘자 지정하여 이물질 제거 시에 전원을 차단하도록 작업 지휘 |
| 5 | 작업 중 금형의 이물질 제거 시 수공구를 사용하는가? | | √ | | • 금형의 이물질 제거 시에 손 대신 수공구 사용하도록 작업자 안전교육 실시<br>• 관리감독자 또는 작업지휘자 지정하여 수공구 사용하여 이물질 제거하도록 작업 지휘 |
| 6 | 작업자는 안전모, 안전화, 귀마개 등 작업에 필요한 보호구를 착용하는가? | √ | | | |

# 03 | 핵심요인 기술법

① 영국 산업안전보건청(HSE), 국제노동기구(ILO)에서 **위험성 수준이 높지 않고, 유해·위험요인이 많지 않은 중·소규모 사업장의 위험성 평가를 위해 제시한 방법**의 하나이다.
② 단계적으로 **핵심 질문에 답변하는 방법으로 간략하게 위험성 평가를 실시**할 수 있다.
③ "유해·위험요인은 무엇인지?" "누가, 어떻게 피해를 입는지?" "현재 시행 중인 안전조치는 무엇인지?" "추가적으로 필요한 조치는 무엇인지?"의 **질문에 단계적으로 답변하며 위험성을 결정**하고, **위험성 감소대책을 수립**하여 시행하게 된다.

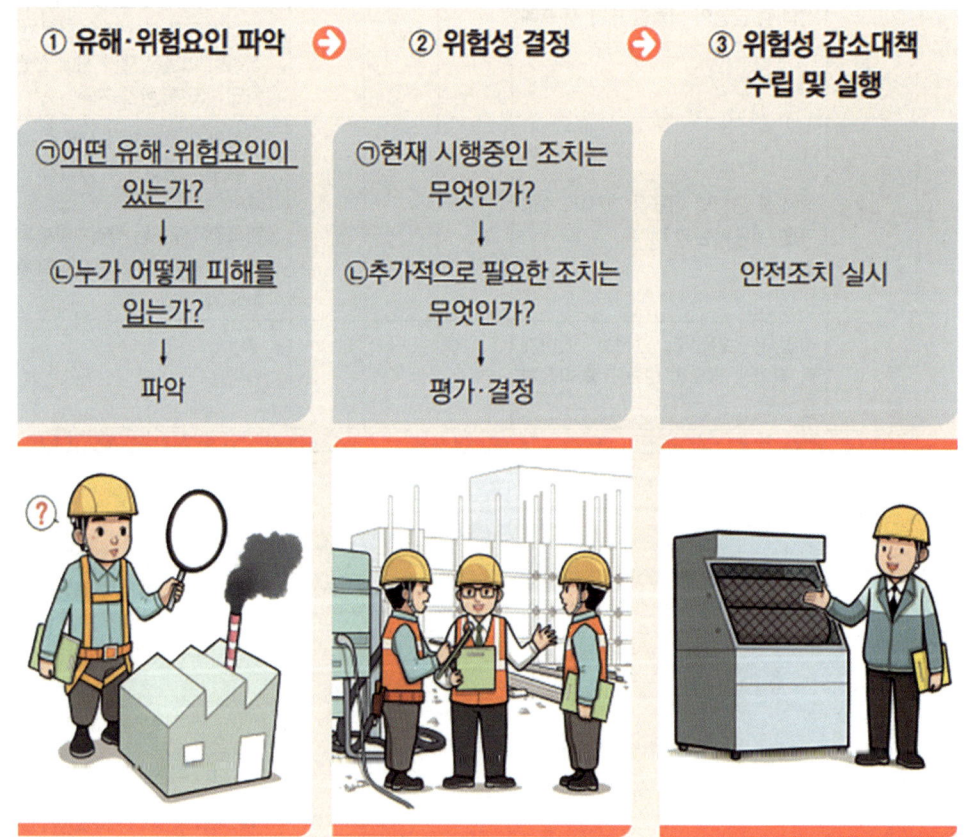

# 04 빈도·강도법

(1) 사업장에서 파악된 유해·위험요인이 얼마나 위험한지를 판단하기 위해 **위험성의 빈도(가능성)와 강도(중대성)를 곱셈, 덧셈, 행렬 등의 방법으로 조합**하여 **위험성의 크기(수준)를 산출**해 보고, 이 위험성의 크기가 **허용 가능한 수준인지 여부를 살펴보는 방법**이다.

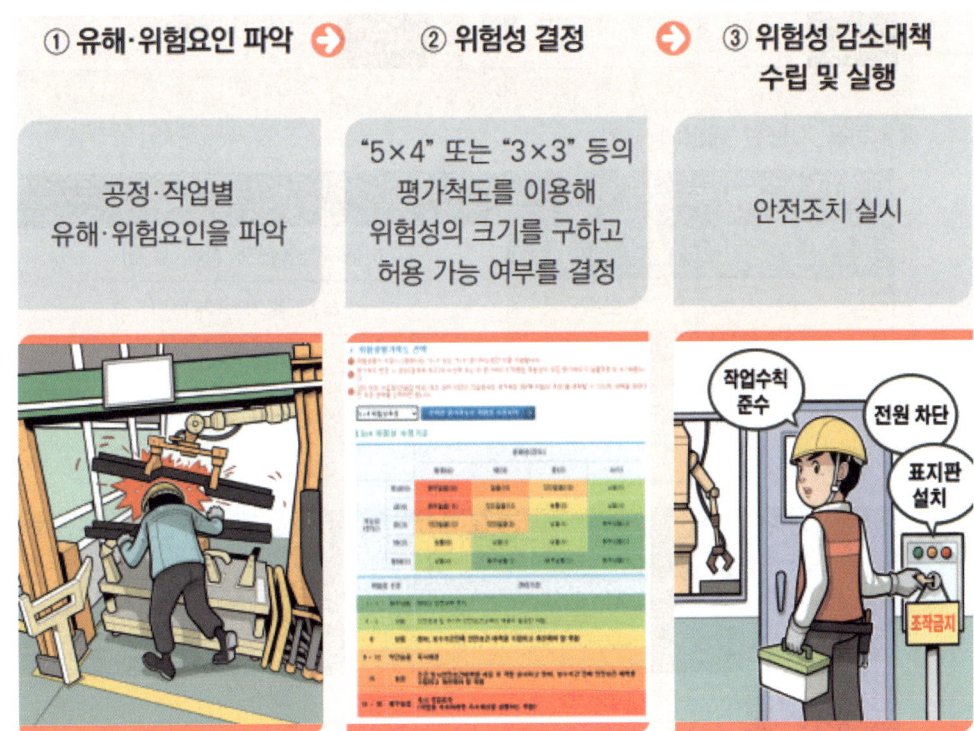

### 예제

**04** 동영상을 보고 동영상에서의 유해위험을 파악하여 [위험성 평가표]를 완성하시오.
(단, 위험성 결정은 [보기]를 참고하여 부상이나 질병의 발생가능성과 중대성의 곱셈식으로 산출한다.)

> **화면 설명** ● 동영상에서는 이동식 크레인으로 철근을 운반하는 장면을 보여준다. 이동식 크레인의 훅에는 해지장치가 설치되지 않았다. 철근을 2줄 걸이로 인양 중 유도 로프를 사용하지 않아 운반 중인 철근이 흔들리는 모습을 보여준다. 이동식 크레인에는 아웃트리거가 설치되지 않았으며 이동식 크레인은 물기 있는 바닥에 설치되어 있다. 해당 현장에서 이동식 크레인으로 철근을 운반하는 작업은 1주일에 1회 정도 실시되고 있으며 이동식 크레인으로 철근 운반 중 철근이 떨어지며 작업자가 철근에 맞아 6개월 이상 치료를 요하는 새해가 1건, 이동식 크레인의 넘어짐으로 인한 사망이 1건 발생하였다.

>> 보기

● 위험성의 크기 = 빈도의 크기 × 강도의 크기

| 빈도의 크기 산출 기준 | | |
|---|---|---|
| 구분 | 빈도의 크기 | 기준 |
| 빈번 | 3 | 1일에 1회 정도 작업 |
| 가끔 | 2 | 1주일에 1회 정도 작업 |
| 거의 없음 | 1 | 3개월에 1회 정도 작업 |

| 강도의 크기 산출 기준 | | |
|---|---|---|
| 구분 | 강도의 크기 | 기준 |
| 대 | 3 | 사망(장애 필요) |
| 중 | 2 | 휴업 필요 |
| 소 | 1 | 비 치료 |

● 허용 가능한 위험의 크기

| 위험성 수준 | | 관리기준 |
|---|---|---|
| 1~2 | 낮음 | 허용 가능(현재 상태 유지) |
| 3~4 | 보통 | 허용 불가능(개선) |
| 6~9 | 높음 | 허용 불가능(즉시 개선) |

● 위험성 평가표

| 위험요인 | 유해위험 요인 파악 | 위험성 결정 (위험수준 설정) | | | | 감소대책 수립 |
|---|---|---|---|---|---|---|
| | | 빈도의 크기 | 강도의 크기 | 위험의 크기 | 허용 가능 여부 | |
| 위험요인 1 | | | | | | |
| 위험요인 2 | | | | | | |
| 위험요인 3 | | | | | | |

### Answer & Explanation

| 위험요인 | 유해위험 요인 파악 | 위험성 결정 (위험수준 설정) ||||감소대책 수립 |
|---|---|---|---|---|---|---|
| | | 빈도의 크기 | 강도의 크기 | 위험의 크기 | 허용 가능 여부 | |
| 위험요인 1 | 이동식 크레인의 훅에 해지장치가 설치되지 않아 줄걸이가 훅에서 벗겨질 위험 있다. | 2 | 2 | 2×2=4 | 허용 불가능 | 이동식 크레인의 훅에 해지장치를 설치한다. |
| 위험요인 2 | 이동식 크레인에 아우트리거가 설치되지 않고 물기 있는 바닥에 설치하여 이동식 크레인이 넘어질 위험 있다. | 2 | 3 | 2×3=6 | 허용 불가능 | • 이동식 크레인에 아우트리거를 설치한다.<br>• 바닥의 물기를 제거하고 견고한 바닥에 이동식크레인을 설치한다. |
| 위험요인 3 | 유도 로프를 사용하지 않고 철근이 흔들리는 상태로 운반하던 중 철근이 떨어질 위험 있다. | 2 | 2 | 2×2=4 | 허용 불가능 | 유도 로프를 사용하여 철근의 흔들림을 방지한다. |

**(2) 4M을 응용한 빈도·강도법**

① 사업장 내 잠재하고 있는 **위험요인을 Machine(기계적), Media(물질·환경적), Man(인적), Management(관리적) 등 4가지 분야로 유해·위험요인을 파악**하여 위험성 감소대책을 제시하는 방법이다.

② 4M 항목별 유해·위험요인(예시)

| Machine(기계적) | Media(물질·환경적) | Man(인적) | Management(관리적) |
|---|---|---|---|
| • 기계·설비 설계상의 결함<br>• 방호장치의 불량<br>• 사용 유틸리티(전기, 압축공기 등)의 결함<br>• 설비를 이용한 운반 수단의 결함 등 | • 작업공간의 불량<br>• 가스, 증기, 분진, 흄 발생<br>• 산소결핍, 유해 광선, 소음, 진동<br>• MSDS 자료 미비 | • 근로자 특성의 불안전 행동(여성, 고령자, 외국인, 비정규직 등)<br>• 작업 자세, 동작의 결함<br>• 작업 방법의 부적절 등 | • 관리감독 부족<br>• 교육·훈련의 미흡<br>• 규정, 지침, 매뉴얼 등 미작성<br>• 안전 수칙 및 각종 표지판 미게시 등 |

### (3) 4M 위험성 평가 결과서 예

| 작업내용 | 평가구분 | 위험요인 | 현재 안전조치 | 현재 위험성 빈도 | 현재 위험성 강도 | 현재 위험성 위험성 | 개선대책 | 개선 후 위험성 |
|---|---|---|---|---|---|---|---|---|
| 용접작업 | 기계적 | • 비정상 작동 시 긴급 전원차단 어려움 | - | 2 | 3 | 6 | • 비상정지스위치 설치 | 3 |
| | | • 용접 로봇에 충돌위험 | - | 3 | 3 | 9 | • 방호울 및 출입문 연동장치(안전플러그 등) 설치 | 3 |
| | 물질·환경적 | • 작업 중 발생하는 소음으로 인한 청력 손상 위험 | • 귀마개 착용 | 1 | 2 | 2 | - | - |
| | | • 작업 중 발생하는 용접흄으로 인한 건강장해 위험 | - | 3 | 2 | 6 | • 국소배기장치 설치 | 3 |
| | | • 용접기 및 전원공급 장치 접근용 사다리에서 추락, 충돌위험 | • 수직사다리 설치 | 2 | 3 | 6 | • 안전한 접근을 위한 계단 설치 | 2 |
| | 인적 | • 무자격자의 지게차 운전 | • 자격자에 한해 지게차 운전 실시 및 관리 | 1 | 2 | 2 | - | - |
| | 관리적 | • 각종 조작 스위치의 형태 색상 불일치로 오작동에 따른 협착, 충돌위험 | - | 2 | 3 | 6 | • 기동, 정지, 비상정지스위치의 색상, 형태 등에 대한 기준정립 및 교체 실시 | 3 |
| | | • 전원을 차단하지 않고 청소, 점검, 수리작업 중 협착, 충돌위험 | - | 2 | 3 | 6 | • 수리작업 지침제정 및 준수 전원 차단 및 "수리작업 중" 표지판 설치 후 작업 실시 | 3 |

# PART 02

# 실기[작업형] 기출문제

## 2013. 1회 1부

# 산업안전기사

시험시간 : 1시간 정도

**암기형**

**01** 화면은 김치 제조 공장에서 무채 슬라이스 작업을 보여준다. 작업 중 기계작동이 멈춰 기계를 점검하고 있던 중에 걸려있던 무채를 제거하는 순간 기계가 작동하며 재해가 발생하였다. (1) 슬라이스 기계에서 무채를 썰어내는 부분에 존재하는 위험점을 적으시오. (2) 위험점의 정의를 적으시오. (4점)

**Answer & Explanation**

(1) 위험점 : 절단점
(2) 위험점의 정의 : 회전하는 운동부 자체, 운동하는 기계부분 자체의 위험점

**02** 화면에서 작업자는 면 마스크를 착용한 상태에서 석면 취급 작업을 하고 있다. 작업자가 마스크를 착용하고 있으나 석면 위험에 노출되어 있어 직업병이 우려된다. (1) 그 이유를 설명하고, (2) 장기간 석면에 노출될 경우 우려되는 직업병의 종류를 3가지 적으시오. (7점)

**Answer & Explanation**

(1) 이유 : 방진마스크(특급)를 착용하지 않고 면 마스크를 착용하고 있다.
(2) 직업병의 종류
　① 폐암
　② 석면폐증
　③ 악성 중피종

## 03
화면은 선박 탱크 내부의 슬러지처리 작업을 보여준다. 작업 도중 한 작업자가 의식을 잃고 쓰러진다. 이러한 사고에 대비하여 필요한 비상시 피난용구 3가지를 적으시오. (6점)

**Answer & Explanation**

① 송기마스크 또는 공기호흡기
② 섬유로프
③ 사다리
④ 안전대
⑤ 구명밧줄

## 04
화면은 밀폐공간 작업을 보여준다. 작업자가 착용하지 않은 보호구의 종류를 1가지 적으시오. (4점)

**Answer & Explanation**

송기마스크

## 05
화면은 터널발파작업을 보여준다. 화약장전 시 안전사항을 적으시오. (4점)

**Answer & Explanation**

마찰·충격·정전기 등에 의한 **폭발의 위험이 없는 안전한 것을 사용**할 것

## 06
작업자는 고압의 전기가 흐르는 충전전로에서 작업을 하고 있다. 화면과 같은 활선작업에서의 잠재 위험요인 2가지를 적으시오. (4점)

**Answer & Explanation**

① 작업자가 **절연용 보호구를 착용하지 않아** 감전의 위험 있다.
② 크레인이 **이격거리를 준수하지 않아** 감전의 위험 있다.
③ 작업자가 **접근한계 거리를 준수하지 않고** 충전 전로에 접근하여 감전의 위험 있다.
④ **활선 작업용 기구 및 장치를 사용하지 않아** 감전의 위험 있다.

**07** 화면에서는 컨베이어 작업을 보여준다. 컨베이어의 작업시작 전 점검사항 4가지를 적으시오. (4점)

**Answer & Explanation**

① 원동기 및 풀리기능의 이상 유무
② 이탈 등의 방지장치기능의 이상 유무
③ 비상정지장치 기능의 이상 유무
④ 원동기·회전축·기어 및 풀리 등의 덮개 또는 울 등의 이상 유무

**08** 화면은 방열복을 보여준다. 방열복 내열 원단의 시험성능 기준 3가지를 적으시오. (6점)

**Answer & Explanation**

① 난연성 시험
② 절연저항 시험
③ 인장강도 시험
④ 내열성 시험
⑤ 내한성 시험

**09** 아파트 건설현장에서 승강기 개구부 주변에서 작업하던 근로자가 승강기 개구부로 추락하는 사고가 발생하였다. 사고의 핵심 원인 3가지를 적으시오. (6점)

**Answer & Explanation**

① 작업발판 불량
② 안전대 미착용
③ 안전난간 미설치
④ 울타리 미설치
⑤ 수직형 추락방망 또는 덮개 미설치

# 산업안전기사

2013. 1회 2부

시험시간 : 1시간 정도

**01** 화면에서 작업자는 섬유기계 작업을 하고 있다. 해당 사고의 핵심 위험요인 두 가지를 적으시오. (4점)

> **화면 설명 ▶** 섬유기계 작업 중 갑자기 기계가 멈춘다. 작업자가 전원을 차단하지 않고 면장갑을 착용한 채 회전체의 덮개를 열고 안을 들여다보며 점검하던 중 갑자기 기계가 작동하며 손이 끼이는 사고가 발생

**Answer & Explanation**

① 전원을 차단하지 않고 기계점검을 실시했다.
② 기계에 인터록장치(연동장치)가 설치되지 않았다.
③ 면장갑을 착용하고 기계점검을 실시했다.

**02** 화면에서는 지게차 작업을 보여준다. 지게차 작업 시의 안정도를 적으시오. (6점)

(1) 하역작업 시 전·후 안정도
(2) 주행 시 전·후 안정도
(3) 하역작업 시 좌·우 안정도
(4) 지게차가 5km의 속도로 주행 시 좌·우 안정도

**Answer & Explanation**

(1) 4%
(2) 18%
(3) 6%
(4) $15 + 1.1 \times V = 15 + 1.1 \times 5 = 20.5\%$

**03** 화면에서 작업자는 공장 지붕에서 패널 설치 작업 중 실족으로 추락하였다. (1) 재해 발생 원인 2가지, (2) 안전대책 2가지를 적으시오. (4점)

**Answer & Explanation**

(1) 재해 발생원인
① 작업발판 불량
② 안전대 미착용
③ 안전난간 미설치
④ 추락방호망 미설치
⑤ 주변 정리정돈 불량

(2) 안전대책
① 작업발판 설치(작업발판이 고정되지 않았다면 "작업발판 고정")
② 안전대 착용
③ 안전난간 설치
④ 추락방호망 설치
⑤ 주변 정리정돈 철저

**04** 화면에서는 항타기 작업을 보여준다. 다음 물음에 적합한 내용을 적으시오. (6점)

> **보기**
> 항타기 또는 항발기의 권상장치의 드럼축과 권상장치로부터 첫번째 도르래의 축과의 거리를 권상장치의 드럼 폭의 ( ① )배 이상으로 하여야 하며, 도르래는 권상장치 드럼의 ( ② )을 지나야 하며 축과 ( ③ )에 있어야 한다.

**Answer & Explanation**

① 15
② 중심
③ 수직면상

## 05
화면에서 작업자는 전봇대에서 전기형강 교체작업을 하고 있다. 화면의 작업에서 위험요인 3가지를 적으시오. (6점)

**화면 설명**ㆍ 작업자는 담배를 물고 전봇대의 발판에 서서 작업을 하고 있다. C.O.S(Cut Out Switch)는 발판에 걸쳐져 있다.

**Answer & Explanation**

① 작업 중 흡연했다.
② 작업자가 안전대를 착용하지 않았다. (U자 걸이용 안전대 착용)
③ C.O.S(컷아웃스위치)를 발판 옆에 걸쳐놓아 오조작할 위험 있다.

**➔ 참고하기**

- C.O.S(컷아웃스위치)
  배선의 인입점ㆍ분기점 등에 사용되는 스위치로 컷아웃스위치를 꺼버리면 해당 회로의 배선이 정전 된다. (배선의 점검, 수리 시에 끄고 작업)

## 06
전신주의 형강을 교체하는 화면을 보여주고 있다. 이 작업(정전작업)이 완료된 후 조치사항 3가지를 쓰시오. (6점)

**Answer & Explanation**

① 작업기구, 단락 접지기구 등을 제거하고 전기기기 등이 안전하게 통전될 수 있는지를 확인할 것
② 모든 작업자가 작업이 완료된 전기기기 등에서 떨어져 있는지를 확인할 것
③ 잠금장치와 꼬리표는 설치한 근로자가 직접 철거할 것
④ 모든 이상 유무를 확인한 후 전기기기 등의 전원을 투입할 것

## 07
특수 화학설비 내부의 이상 상태를 조기에 파악하기 위하여 설치해야 할 방호장치 3가지를 적으시오. (3점)

**Answer & Explanation**

① 계측장치(온도계ㆍ압력계ㆍ유량계)
② 자동경보장치
③ 긴급차단장치
④ 예비동력원(4가지를 적으라는 경우만 해당)

## 08 화면은 작업자가 교류아크 용접작업을 하는 장면을 보여준다. (6점)

**화면 설명** ● 작업자가 한 손으로 스위치를 조작하며 다른 손으로 용접을 하고 있으며, 작업장 주변에는 인화성 물질로 보이는 깡통 등이 쌓여있다.

(1) 화면의 작업에는 위험요인이 내재되어 있다. 작업자 측면과 작업장의 위험요인을 각각 1가지씩 적으시오.

(2) 교류아크 용접작업 중 유해광선에 의한 눈 장해가 우려된다. 유해광선의 종류를 적으시오.

**Answer & Explanation**

(1) 유해요인
　① 작업자 측면 : 한 손으로 스위치를 조작하며 다른 손으로 용접을 하고 있어 작업이 불안하며 작업상황 파악이 어렵다.
　② 작업장 요인 : 용접하는 주변에 인화성 물질이 존재하여 화재위험이 있다.

(2) 유해광선의 종류 : 자외선

## 09 화면에서는 고무제 안전화를 보여준다. 고무제 안전화를 사용하여야 하는 작업장의 종류 2가지를 적으시오. (4점)

**Answer & Explanation**

① 일반작업장
② 탄화수소류의 윤활유 등을 취급하는 작업장

**참고하기**

• 고무제 안전화의 종류

| 종류 | 사용 장소 |
|---|---|
| 일반용 | 일반작업장 |
| 내유용 | 탄화수소류의 유활유 등을 취급하는 작업장 |

**2013. 2회 1부**

# 산업안전기사

시험시간 : 1시간 정도

**01** 화면은 승강기 컨트롤 패널 점검 작업을 보여준다. **(5점)**

(1) 재해 발생형태와 (2) 가해물의 종류를 적으시오.

> **화면 설명 ●** 한 작업자가 승강기 컨트롤 패널 점검 작업을 하고 있고, 다른 작업자는 이동하는 모습을 보여준다. 작업자가 절연저항 측정기로 절연저항을 측정하는 중 다른 작업자가 패널 뒤쪽에서 쓰러지는 화면을 보여준다.

**Answer & Explanation**

(1) **재해 발생형태** : 전류접촉(감전)
(2) **가해물** : 승강기 컨트롤 패널

**주의** 반드시 동영상을 확인하고 답을 적으세요.

**02** 화면에서는 유해물 취급 작업을 보여준다. 유해물 취급 시 주의사항 3가지를 적으시오. **(6점)**

**Answer & Explanation**

① 유해물질 발생원인 봉쇄
② 작업공정 은폐, 작업장 격리
③ 유해물의 위치, 작업공정 변경

**03** 화면에서 작업자는 크랭크 프레스로 철판에 구멍을 뚫는 작업을 하고 있다. 사용하고 있는 크랭크 프레스에 급정지 기구가 부착되어 있지 않다. 이 프레스에 설치하여 사용할 수 있는 방호장치를 3가지 적으시오. **(6점)**

**Answer & Explanation**

① 손쳐내기식
② 수인식
③ 게이트가드식

**04** 화면에서 작업자는 회전하는 롤러기의 롤러를 걸레로 청소하고 있다. 작업 중 근로자의 손이 롤러에 말려드는 사고가 발생하였다. 이 사고의 핵심 위험요인 2가지를 적으시오. (4점)

**Answer & Explanation**

① 롤러의 전원을 차단하지 않고 청소했다.
② 롤러기에 인터록장치가 설치되지 않았다.
 (롤러의 가드를 제거할 경우 롤러가 작동하지 않는 인터록장치를 설치하여야 한다.)
③ 롤러의 물림점에 가드가 설치되지 않았다.
④ 작업자가 장갑을 착용하였다. (화면에서 장갑을 착용한 경우만 해당)

**05** 화면에서 작업자는 폭발성 물질 저장소에 들어가기 위해 신발에 물을 묻히고 있다. (1) 그 이유를 설명하시오. (2) 폭발성 물질 화재 시 적합한 소화 방법을 적으시오. (4점)

**Answer & Explanation**

(1) 이유 : 신발과 바닥 사이의 **정전기로 인한 폭발** 방지
(2) 소화방법 : 다량의 주수에 의한 **냉각소화**

**06** 스피커를 통해 작업지시(점검 작업으로 전원차단 시킴)가 전달되고 있으나 작업자는 지시 사항을 정확히 듣지 못하고 MCC 패널 차단기의 전원을 투입하여 감전재해가 발생하였다. 화면과 같은 재해방지 대책 3가지를 적으시오. (6점)

**Answer & Explanation**

① 차단기 함에 잠금장치 및 통전 금지 표찰을 부착하여 담당자 외의 조작을 금지한다.
② 무전기 등 연락 장비를 사용하여 지시(연락)를 철저히 한다.
③ 작업자에게 **전기안전교육을** 실시한다.

**07** 터널의 계측관리 사항(계측방법) 3가지를 적으시오. (4점)

**Answer & Explanation**

① 천단침하 측정
② 내공변위측정
③ 지중 및 지표침하측정
④ 록볼트 축력측정
⑤ 숏크리트 응력 측정

**08** 아파트 건설현장에서 승강기 개구부 주변에서 작업하던 근로자가 승강기 개구부로 추락하는 사고가 발생하였다. 사고의 핵심 원인 3가지를 적으시오. (6점)

**Answer & Explanation**

① 작업발판 불량
② 안전대 미착용
③ 안전난간 미설치
④ 울타리 미설치
⑤ 수직형 추락방망 또는 덮개 미설치

**09** 염소가스로부터 작업자를 보호하기 위한 것으로 산소결핍 환경 중에서는 착용할 수 없는 (1) 보호구의 명칭과 (2) 정화통의 주요성분 (3) 시험가스의 종류를 적으시오. (4점)

**Answer & Explanation**

(1) 보호구의 명칭 : 할로겐용 방독마스크
(2) 정화통의 주요성분 : 활성탄
(3) 시험가스의 종류 : 염소가스

# 산업안전기사

2013. 2회 2부

시험시간 : 1시간 정도

**01** 화면에서는 이동식 크레인 작업을 보여준다. 이동식 크레인 작업 중 화물의 낙하·비래 위험을 방지하기 위한 사전점검 또는 조치내용을 3가지 적으시오. (6점)

**Answer & Explanation**

① 와이어로프 상태 점검
② 훅의 해지장치 점검
③ 줄걸이방법 점검
④ 유도로프로 화물의 흔들림 방지
⑤ 인양 중인 하물이 작업자의 머리 위로 통과하게 하지 아니할 것

**02** 화면은 도로상의 가설전선 점검 작업을 보여준다. 화면에서와 같은 작업 시 우려되는 (1) 재해 유형, (2) 재해 유형의 정의, (2) 동종재해 예방대책 3가지를 적으시오. (6점)

**Answer & Explanation**

(1) 재해 유형 : 전류접촉(감전)

(2) 재해 유형의 정의 : 충전부 등에 신체의 일부가 직접 접촉하거나 유도전류의 통전, 아크에 접촉된 경우

(3) 동종재해 예방대책
① 전원을 차단하고 점검을 실시할 것
② 작업자는 절연장갑을 착용할 것
③ 전선의 접속부는 충분히 피복하거나 적합한 접속기구(접지형 콘센트 및 플러그)를 사용할 것
④ 전선은 절연 피복 손상, 노화로 인한 감전방지 위해 필요한 조치를 할 것
⑤ 누전차단기를 설치할 것(전선 인출 분전반에 누전차단기를 설치할 것)

## 03 지게차 작업 중 위험예지 포인트 3가지를 기술하시오. (6점)

**Answer & Explanation**

① 전방 시야 불충분으로 지게차와 작업자가 충돌한다.
② 물건을 과적하여 운전자 시야를 가려 지게차와 작업자가 충돌한다.
③ 물건을 불안정하게 적재하여 화물이 떨어지며 작업자가 다친다.
④ 작업자가 포크에 올라서서 이동하던 중 떨어진다.

## 04 화면은 밀폐공간 작업을 보여준다. 작업자가 밀폐공간 내부에서 30분 이상 작업할 경우 착용하여야 할 보호구의 종류를 1가지 적으시오. (3점)

**Answer & Explanation**

① 송기마스크
② 공기호흡기

## 05 밀폐공간에서 작업하는 경우 관리감독자의 직무 3가지를 적으시오. (6점)

**Answer & Explanation**

① 산소가 결핍된 공기나 유해가스에 노출되지 않도록 작업 시작 전에 해당 근로자의 작업을 지휘하는 업무
② 작업을 하는 장소의 공기가 적절한지를 작업 시작 전에 측정하는 업무
③ 측정 장비·환기장치 또는 송기마스크 등을 작업 시작 전에 점검하는 업무
④ 근로자에게 송기마스크 등의 착용을 지도하고 착용 상황을 점검하는 업무

## 06 화면에서는 박공지붕 설치작업을 보여준다. 다음 물음에 답하시오. (5점)

**화면 설명** • 박공지붕 위에서 박공지붕을 설치하던 중 작업자가 미끄러지며 박공지붕 재료와 함께 추락하였다. 지붕 아래에는 다른 작업자가 누워서 휴식을 취하다가 비래하는 박공지붕에 맞는 사고가 발생했다.

(1) 재해 원인 3가지를 적으시오.
(2) 박공지붕 비래에 의한 재해가 발생하였다. 가해물은 무엇인가?

**Answer & Explanation**

(1) 재해 원인
  ① 추락방호망 미설치
  ② 안전대 미착용
  ③ 안전난간 미설치
  ④ 작업발판 미설치(또는 작업발판 불량)
  ⑤ 작업장 아래 접근금지 조치 미실시

(2) 가해물 : 박공지붕

**07** 스피커를 통해 작업지시(점검 작업으로 전원 차단 시킴)가 전달되고 있으나 작업자는 지시사항을 정확히 듣지 못하고 MCC 패널 차단기의 전원을 투입하여 감전재해가 발생하였다. 화면과 같은 재해방지 대책 3가지를 적으시오. (6점)

**Answer & Explanation**

① 차단기 함에 잠금장치 및 통전 금지 표찰을 부착하여 담당자 외의 조작을 금지한다.
② 무전기 등 연락 장비를 사용하여 지시(연락)를 철저히 한다.
③ 작업자에게 전기안전교육을 실시한다.

**08** 사출성형기의 금형에 붙어있는 이물질 제거 중 작업자 감전사고가 발생하였다. 다음 물음에 답하시오. (4점)

(1) 위와 같은 감전재해의 대책 3가지를 적으시오.
(2) 재해원인 중 기인물은 무엇인가?

**Answer & Explanation**

(1) 감전재해의 대책
  ① 전원을 차단하고 이물질을 제거한다.
  ② 감전 우려가 있는 부위에 **방호덮개(게이트가드)를** 설치한다.
  ③ 방호덮개(게이트가드)를 개방하는 경우 전원이 차단되는 **연동장치(인터록장치)를** 설치한다.
  ④ 이물질 제거 시 **전용공구(수공구)를** 사용한다.

(2) 기인물 : 사출성형기

## 09
화면에서는 안전모를 보여준다. 안전인증 기준에 의한 다음 (　)안에 적합한 내용을 적으시오. (3점)

(1) 안전모의 모체, 착장체 및 충격흡수재를 포함한 질량은 (　)을 초과하지 않을 것
(2) 물체의 낙하 또는 비래에 의한 위험을 방지 또는 경감하고, 머리 부위 감전에 의한 위험을 방지하기 위한 안전모의 기호는?
(3) 내전압성이란 (　)V 이하의 전압에 견디는 것을 말한다.

**Answer & Explanation**

(1) 440g
(2) AE형
(3) 7,000

**2013. 3회 1부**

# 산업안전기사

시험시간 : 1시간 정도

**01** 화면은 작업자가 맨손으로 임시 배전반 점검 중에 감전 재해가 발생하는 것을 보여준다. 화면에서의 위험요인을 2가지 적으시오. (4점)

> 화면 설명 • 화면에서 작업자는 전원을 차단하고 점검 작업 중이다. 동료가 차단기 함을 열고 전원을 투입하는 순간 감전이 발생한다.

**Answer & Explanation**

① 작업자가 절연장갑을 착용하지 않았다.
② 개폐기 함에 잠금장치 및 통전금지 표찰을 설치하지 않았다.

**02** 화면에서 작업자는 자동차 브레이크 라이닝을 화학약품에 세척하는 작업을 하고 있다. 화면과 같은 작업을 하는 경우 착용해야 할 보호구를 3가지 적으시오. (6점)

**Answer & Explanation**

① 방독마스크
② 보안경
③ 화학물질용 안전장갑(불침투성 보호장갑)
④ 화학물질용 안전화(불침투성 보호장화)
⑤ 화학물질용 보호복(불침투성 보호복)

**03** 화면에서 작업자는 면 마스크를 착용한 상태에서 석면취급 작업을 하고 있다. 작업자가 마스크를 착용하고 있으나 석면 위험에 노출되어 있어 직업병이 우려된다. (1) 그 이유를 설명하고, (2) 장기간 석면에 노출될 경우 우려되는 직업병의 종류를 3가지 적으시오. **(5점)**

> **Answer & Explanation**
>
> (1) 이유 : 방진마스크(특급)를 착용하지 않고 면 마스크를 착용하고 있다.
>
> (2) 직업병의 종류
> ① 폐암
> ② 석면폐증
> ③ 악성 중피종

**04** 회전부의 덮개를 열게 되면 기계가 작동하지 않는 등 기계의 각 작동 부분이 정상조건이 아닌 경우 자동으로 전원을 차단(기계 작동 중지)하여 사고를 방지하는 방호장치를 무엇이라 하는지 적으시오. **(3점)**

> **Answer & Explanation**
>
> 인터록장치(연동장치)

**05** 물체를 인양 중 떨어뜨려 지나가던 작업자가 맞아 재해가 발생하였다. (1) 재해 발생 형태와 (2) 재해 형태의 정의를 적으시오. **(4점)**

> **Answer & Explanation**
>
> ① 재해 발생 형태 : 맞음
>
> ② 정의
> • 날아오거나 떨어진 물체에 맞음
> • 고정되어 있던 물체가 고정부에서 이탈하거나 또는 설비 등으로부터 물질이 분출되어 사람을 가해하는 경우

**06** 화면에서 작업자는 띠톱을 이용하여 강재 파이프를 절단하는 작업을 하고 있다. 사고의 위험요인 3가지를 적으시오. (6점)

> 화면 설명 • 작업자는 면장갑을 착용하고 보안경은 착용하지 않고 작업하고 있다. 띠톱으로 강재 파이프를 절단하고 절단한 재료를 꺼내기 위해 머리를 숙여 꺼내는 순간 회전하는 띠톱에 면장갑이 걸리며 사고가 발생한다.

**Answer & Explanation**

① 면장갑을 착용하고 작업하였다. (띠톱 작업 시 면장갑 착용 금지)
② 띠톱이 회전 중에 재료를 꺼내었다. (회전을 중지하고 재료를 꺼내야 한다.)
③ 보안경을 착용하지 않았다. (분진이 눈에 들어갈 위험 있다.)

**07** 화면은 타워크레인을 이용하여 비계를 운반 중 발생한 재해를 보여준다. 이 사고는 타워크레인의 안전작업 방법 중 어느 부분을 준수하지 않아 발생하였는지 3가지를 적으시오. (4점)

> 화면 설명 • 타워크레인으로 비계를 운반하여 지면에 내려놓는 작업을 하던 중 비계가 흔들리며 크레인 아래에서 작업 중이던 근로자와 충돌한다.

**Answer & Explanation**

① 크레인으로 하물을 인양하는 하부에는 미리 근로자의 출입을 통제하여야 하나 출입을 통제하지 않았다.
② 유도(보조)로프로 흔들림을 방지하여야 하나 유도로프를 사용하지 않았다.
③ 하물을 내려놓기 위해 하물을 흔들어서는 안 된다.
④ 신호수를 배치하지 않았다.

08 화면에서는 정화통의 색이 녹색인 방독마스크를 보여준다. 화면의 보호구를 보고 다음 물음에 답하시오. [단, 그림의 기호는 무시] (7점)

(1) 보호구의 종류를 적으시오.
(2) 방독마스크 정화통의 주성분을 1가지만 적으시오.
(3) 시험가스의 종류를 적으시오.
(4) 직결식 방독마스크 전면형의 누설률은 얼마인가?

**Answer & Explanation**

(1) 보호구의 종류 : 암모니아용 방독마스크
(2) 정화통의 주성분 : 큐프라마이트
(3) 시험가스의 종류 : 암모니아 가스
(4) 0.05% 이하

09 화면은 습윤한 장소에 설치된 이동전선을 보여준다. 습윤한 장소에서 사용되는 이동전선에 대한 사용 전 조치사항 3가지를 적으시오. (6점)

**Answer & Explanation**

① 이동전선은 충분한 절연효과가 있는 것을 사용할 것
② 전선의 접속부는 충분히 피복하거나 적합한 접속기구(접지형 콘센트 및 플러그)를 사용할 것
③ 이동전선은 절연피복 손상, 노화로 인한 감전방지 위해 필요한 조치를 할 것
④ 누전차단기를 설치할 것(전선 인출 분전반에 누전차단기를 설치할 것)

## 2013. 3회 2부

# 산업안전기사

시험시간 : 1시간 정도

**01** 안전인증 대상 방진마스크의 일반적인 구조조건 4가지를 적으시오. (4점)

**Answer & Explanation**

① 착용 시 압박감, 고통 주지 않을 것
② 전면형은 호흡 시에 투시부가 흐려지지 않을 것
③ 안면부 여과식 마스크는 여과재로 된 안면부가 사용 기간 중 심하게 변형되지 않을 것
④ 안면부 여과식 마스크는 여과재를 안면에 밀착시킬 수 있을 것
⑤ 분리식 마스크는 여과재, 흡기 밸브, 배기 밸브 및 머리끈을 쉽게 교환할 수 있고, 착용자 자신이 안면부와의 밀착성 여부를 수시로 검사할 수 있을 것

**02** 화면에서 작업자는 작업 중 고장 난 양수기를 수리하고 있다. 위험요인 3가지를 적으시오. (6점)

**화면 설명 •** 전원을 차단하지 않고 양수기를 수리하고 있으며 동료와 잡담을 나누며 수공구를 던져주는 장면이 보인다. 수리 중 벨트에 손이 말려드는 사고가 발생한다.

**Answer & Explanation**

① 전원을 차단하지 않고 수리하여 손을 다칠 위험 있다.
② 작업에 집중하지 않아 손을 다칠 위험 있다.
③ 수공구를 던져 수공구가 양수기에 말려들어갈 위험 있다.

**03** 화면에서 작업자는 작업을 하기 위해 전주에 올라가다 표지판에 부딪히며 추락하였다. 사고 발생원인 2가지를 적으시오. (4점)

> **Answer & Explanation**
>
> ① 작업자가 안전대를 착용하지 않았다.
> ② 작업 발판이 불안하다. [활선작업용장치(차량, 작업대)를 사용하지 않음]
> ③ 작업 전 주변 점검을 실시하지 않았다.

**04** 화면의 재해사례에서 (롤러기 작업) 나타나는 위험점을 기계의 운동형태에 따라 분류하고자 할 때 (1) 위험점의 명칭, (2) 정의, (3) 위험점의 형성조건을 적으시오. (6점)

> **Answer & Explanation**
>
> (1) **위험점의 명칭** : 물림점
> (2) **정의** : 회전하는 두 개의 회전체에 물려 들어가는 위험점
> (3) **위험점의 조건** : 서로 반대 방향의 회전체(두 개의 회전체가 서로 반대 방향으로 회전)

**05** 화면에서는 건설작업용 리프트를 보여준다. 리프트의 작업 시작 전 점검을 2가지 적으시오. (4점)

> **Answer & Explanation**
>
> ① 와이어로프가 통하는 곳의 상태
> ② 방호장치 및 브레이크, 클러치의 기능

## 06 크레인을 이용하여 활선전로에 인접하여 전주 세우기 작업을 하던 중 크레인이 전로에 접촉하며 운전자가 감전을 당하는 재해가 발생하였다. (5점)

(1) 이 사고의 직접 원인을 적으시오.
(2) 동종재해를 방지하기 위한 관리적 대책 3가지를 적으시오.

**Answer & Explanation**

(1) 직접 원인 : 크레인이 이격거리를 준수하지 않아 인접 활선전로와 접촉하였다.
(2) 관리적 대책
　　충전전로 인근에서의 차량·기계장치 작업 시의 안전조치
　① 차량 등을 충전부로부터 300센티미터 이상 이격시키되, 대지전압이 50킬로볼트를 넘는 경우 10킬로볼트 증가할 때마다 10센티미터씩 증가
　② 이격거리
　　　- 절연용 방호구를 설치한 경우 : 절연용 방호구 앞면까지
　　　- 차량의 버킷이나 끝부분이 절연되어 있고 유자격자가 작업하는 경우 : 접근 한계거리까지
　③ 근로자가 차량과 접촉하지 않도록 울타리를 설치하거나 감시인 배치 등의 조치
　④ 충전전로 인근에서 접지된 차량 등이 충전전로와 접촉할 우려가 있을 경우에는 지상의 근로자가 접지점에 접촉하지 않도록 조치

## 07 교량 점검 작업 중 근로자 추락사고가 발생하였다. (6점)

(1) 위 사고의 원인 두 가지를 적으시오.
(2) 위와 같은 작업 시 설치하여야 하는 작업 발판의 폭을 적으시오.

**Answer & Explanation**

(1) 추락사고의 원인
　① 안전대 미착용
　② 추락방호망 미설치(또는 불량)
　③ 안전난간 미설치(또는 불량)
　④ 주변 정리정돈 불량
(2) 높이 2m 이상 장소에서의 작업 발판의 폭 : 40cm 이상

**08** 밀폐공간(산소 결핍 장소)에서 근로자가 작업하는 경우의 안전조치 사항을 3가지 적으시오. (6점)

**Answer & Explanation**

① 작업 시작 전 및 작업 중에 해당 작업장을 적정 공기 상태가 유지되도록 환기하여야 한다.
② 그 장소에 근로자를 입장시킬 때와 퇴장시킬 때마다 인원을 점검하여야 한다.
③ 밀폐공간에서 작업하는 근로자가 아닌 사람이 그 장소에 출입하는 것을 금지하고, 그 내용을 보기 쉬운 장소에 게시하여야 한다.
④ 작업장과 외부의 감시인 간에 상시 연락을 취할 수 있는 설비를 설치하여야 한다.
⑤ 산소결핍이 우려되거나 폭발할 우려가 있으면 즉시 작업을 중단시키고 해당 근로자를 대피하도록 하여야 한다.
⑥ 송기마스크, 사다리 및 섬유로프 등 비상시에 근로자를 피난시키거나 구출하기 위하여 필요한 기구를 갖추어 두어야 한다.
⑦ 구출작업에 종사하는 근로자에게 송기마스크를 지급하여 착용하도록 하여야 한다.

**09** 화면에서 작업자는 자동차 부품을 도금 후 세척하는 작업을 하고 있다. 다음 물음에 답하시오. (4점)

[화면 설명] 작업자는 담배를 물고 운동화를 착용한 상태에서 작업하고 있다.

(1) 위 화면을 참고하여 위험예지훈련을 하려고 한다. 근로자가 지켜야 할 행동목표 두 가지를 적으시오.
(2) 만약, 세척조에서 신너를 사용한다면 예상되는 재해 유형을 적으시오.

**Answer & Explanation**

(1) 근로자 행동목표
   ① 작업 중 흡연하지 말자.
   ② 세척작업 중 화학물질용 안전화(불침투성 보호장화)를 착용하자.
(2) 재해 유형 : 폭발, 화재

## 2014. 1회 1부

# 산업안전기사

시험시간 : 1시간 정도

**01** 화면은 선반 작업 중 손 끼임 사고가 발생하는 장면을 보여준다. (9점)

 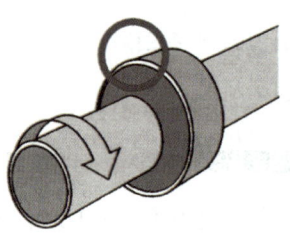

그림 출처 : 안전보건공단, "재해발생정보시트 공작기계 취급작업"

**화면 설명 ·** 작업자는 한 손으로 재료를 잡고 있으며, 다른 손은 기계 위에 올리고 작업한다. 작업 중 계속 곁눈질로 작업에 집중하지 않는 모습이다.

(1) 화면의 경우 재해 발생 요인을 3가지 적으시오. (6점)
(2) 위 사고에 존재하는 위험점의 종류를 적으시오. (3점)

**Answer & Explanation**

(1) 재해 발생 요인
   ① 손으로 재료를 지지하다 손이 말려 들어간다.
   ② 기계 위에 손을 올려놓고 있어 손이 미끄러지며 기계에 말려 들어간다.
   ③ 작업에 집중하지 않고 곁눈질로 손이 말려 들어간다.

(2) 위험점의 종류 : 회전말림점

02 동영상에서와 같은 전주 위 작업에서 착용하여야 하는 안전대의 종류를 2가지 적으시오. (4점)

사진 출처 : 뉴스 Q    사진 출처 : 코리아 테크

**Answer & Explanation**

① 벨트식(U자 걸이용)
② 안전그네식

03 화면은 선박 탱크 내부의 슬러지처리 작업을 보여준다. 작업 도중 한 작업자가 의식을 잃고 쓰러진다. 이러한 사고에 대비하여 필요한 비상시 피난용구 3가지를 적으시오. (3점)

**Answer & Explanation**

① 송기마스크 또는 공기호흡기
② 섬유로프
③ 사다리
④ 안전대
⑤ 구명밧줄

**04** 화면에서 작업자는 석면취급 작업을 하고 있다. 안전작업수칙 3가지를 적으시오. (6점)

> **Answer & Explanation**
>
> ① 국소배기장치를 설치하여 가동할 것
> ② 다른 작업장소와 격리할 것
> ③ 석면을 사용하는 설비는 밀폐된 장소에 설치할 것
> ④ 바닥은 불침투성 재료를 사용하고 청소하기 쉬운 구조로 할 것
> ③ 석면이 흩날리지 않도록 습기를 유지할 것
> ④ 근로자가 담배를 피우거나 음식물을 먹지 않도록 할 것
> ⑤ 방진마스크 착용할 것(특급)

**05** 높이 2미터 이상인 작업 장소에 설치하여야 하는 작업 발판의 설치기준을 6가지 적으시오. (6점)

> **Answer & Explanation**
>
> ① 발판 재료 : 작업 시의 하중을 견딜 수 있도록 견고한 것으로 할 것
> ② 발판의 폭 : 40cm 이상으로 하고, 발판 재료 간의 틈 : 3cm 이하로 할 것
> ③ 추락의 위험성이 있는 장소에는 안전난간을 설치할 것
> ④ 작업 발판의 지지물 : 하중에 의하여 파괴될 우려가 없는 것을 사용할 것
> ⑤ 작업 발판 재료는 뒤집히거나 떨어지지 아니하도록 2 이상의 지지물에 연결하거나 고정시킬 것
> ⑥ 작업에 따라 이동시킬 때에는 위험방지 조치를 할 것
> ⑦ 선박 및 보트 건조작업에서 선박블록 또는 엔진실 등의 좁은 작업공간에 작업 발판을 설치하는 경우
>   : 작업발판의 폭을 30센티미터 이상으로 할 수 있고, 걸침비계의 경우 발판 재료 간의 틈을 3센티미터 이하로 유지하기 곤란하면 5센티미터 이하로 할 수 있다.

**06** 화면에서 두 작업자가 작업을 하던 중 한 작업자가 변압기의 2차 전압을 측정하기 위해 다른 작업자에게 전원을 투입하라는 신호를 보낸다. 측정 후 전원을 차단하라는 신호를 보내고 측정기를 철거하던 중 감전이 발생한다. 이때 작업자는 맨손으로 작업을 하였다. 이 동영상에서 내재되어 있는 핵심위험요인을 3가지 적으시오. (3점)

> **Answer & Explanation**
>
> ① 작업자가 절연장갑을 착용하지 않았다.
> ② 작업자 간 신호전달이 제대로 이뤄지지 않았다.
> ③ 측정기를 철거하기 전에 정전되었는지 확인을 하지 않았다.

주의 이 문제는 반드시 동영상을 확인하고 답을 적으세요.

**07** 화면은 고온의 스팀배관을 보수하기 위해 누출 부위를 점검하는 장면을 보여준다. 예상되는 재해 발생 형태를 적으시오. (3점)

**Answer & Explanation**

이상온도 노출·접촉

**참고하기**

- 상해의 종류 : 화상

**08** 터널 등의 건설작업을 하는 경우 낙반 등에 의한 위험이 있을 때 위험방지조치 3가지를 적으시오. (6점)

**Answer & Explanation**

① 터널지보공 설치
② 록볼트의 설치
③ 부석의 제거

**09** 방음보호구(귀마개, 귀덮개)의 종류를 적고 성능을 적으시오. (5점)

**Answer & Explanation**

| 종류 | 등급 | 기호 | 성 능 |
|---|---|---|---|
| 귀마개 | 1종 | EP-1 | 저음부터 고음까지 차음하는 것 |
|  | 2종 | EP-2 | 주로 고음을 차음하고 저음(회화음영역)은 차음하지 않는 것 |
| 귀덮개 | - | EM |  |

# 산업안전기사

2014. 1회 2부

시험시간 : 1시간 정도

**01** 아파트 창틀에서 창호설치 작업 중 근로자가 바닥으로 추락사고가 발생하였다. (6점)
(1) 위 사고에서 추락의 원인 두 가지를 적으시오.
(2) 위 사고의 가해물을 적으시오.

**Answer & Explanation**

(1) 추락사고의 원인
① 안전대 미착용
② 추락방호망 미설치(또는 불량)
③ 안전난간 미설치(또는 불량)
④ 작업발판 미설치(고정하지 않음)
⑤ 주변 정리정돈 불량

(2) 가해물 : 바닥

주의 ☞ 위 문제는 반드시 동영상 화면을 확인하고 추락원인 5개 중 해당 항목을 답으로 적으세요.

**02** LPG 저장소에 설치하는 가스 누출 감지경보기 검지센서의 적절한 (1) 설치 위치와 (2) 경보설정치는 폭발하한계의 몇 %인가? (4점)

**Answer & Explanation**

(1) 바닥에 인접한 낮은 곳
(2) 폭발하한계의 25% 이하

**03** 화면은 컴퓨터 단말기(VDT) 작업을 보여준다. 화면의 작업에서 옳지 못한 포인트 3가지를 찾아 바르게 고치시오. (6점)

**Answer & Explanation**

① 모니터 위치 불량 → 모니터를 보기 편한 위치로 조정한다. (시선 : 수평면 아래 10 ~ 15도)
② 키보드 조작 위치 불량 → 키보드를 조작하기 편한 위치로 조정한다. (팔뚝과 위팔 사이 각도 : 90도 이상)
③ 의자 앉은 자세 불량 → 의자 깊숙이 앉아야 한다. (무릎 굽힘 각도 : 90도 정도)

**참고**하기

그림 출처 : https://3sun.tistory.com/323

**04** 건물해체공사를 하고 있다. (1) 해체 장비와 해체물 사이의 이격거리는 얼마 이상 이격하여야 하는지 적으시오. (2) 작업자와 해체 장비 사이의 이격거리는 얼마 이상이어야 하는가? (단, 해체물의 높이는 7m이다.) (5점)

**Answer & Explanation**

(1) 해체장비와 해체물 사이의 이격거리 : 해체물 높이×0.5 = 7×0.5 = 3.5m 이상
(2) 작업자와 해체장비 사이의 이격거리 : 4m

**05** 교류아크 용접작업 중 재해가 발생한 사례이다. 기인물은 무엇이며, 이 작업 시 눈과 감전재해 위험으로부터 작업자를 보호하기 위해 착용해야 할 보호구 명칭 두 가지를 쓰시오. (4점)

(1) 기인물 :
(2) 보호구 명칭 :

**Answer & Explanation**

(1) 기인물 : 교류아크용접기
(2) 보호구 명칭 : 보안면(용접용보안면), 절연장갑, 절연화

**06** 화면은 변압기를 유기화합물에 담가 절연 처리한 후 건조하는 작업을 나타낸다. 화면과 같은 작업에서 착용해야 할 보호구를 적으시오. (3점)

(1) 손
(2) 눈
(3) 피부

**Answer & Explanation**

(1) 화학물질용 안전장갑(불침투성 보호장갑)
(2) 보안경
(3) 화학물질용 보호복(불침투성 보호복)

**07** 화면에서는 녹색 정화통의 방독마스크를 보여준다. 다음 물음에 답하시오. [단, 그림의 기호는 무시] (7점)

(1) 보호구의 종류를 적으시오.
(2) 방독마스크 정화통의 주성분을 1가지만 적으시오.

(3) 시험가스의 종류를 적으시오.
(4) 직결식 방독마스크 전면형의 누설률은 얼마인가?

**Answer & Explanation**

(1) 보호구의 종류 : 암모니아용 방독마스크
(2) 정화통의 주성분 : 큐프라마이트
(3) 시험가스의 종류 : 암모니아 가스
(4) 0.05% 이하

**08** 화면에서 작업자는 휴대용 연삭기로 연삭작업을 하고 있다. 이 작업에서 사용하는 휴대용 연삭기의 (1) 방호장치명, (2) 방호장치 설치각도를 적으시오. (4점)

**Answer & Explanation**

(1) 방호장치명 : 덮개
(2) 방호장치 설치각도 : 180도 이상(숫돌 노출각도 : 180도 이내)

⊙ 참고하기

• 연삭기 덮개의 설치 기준

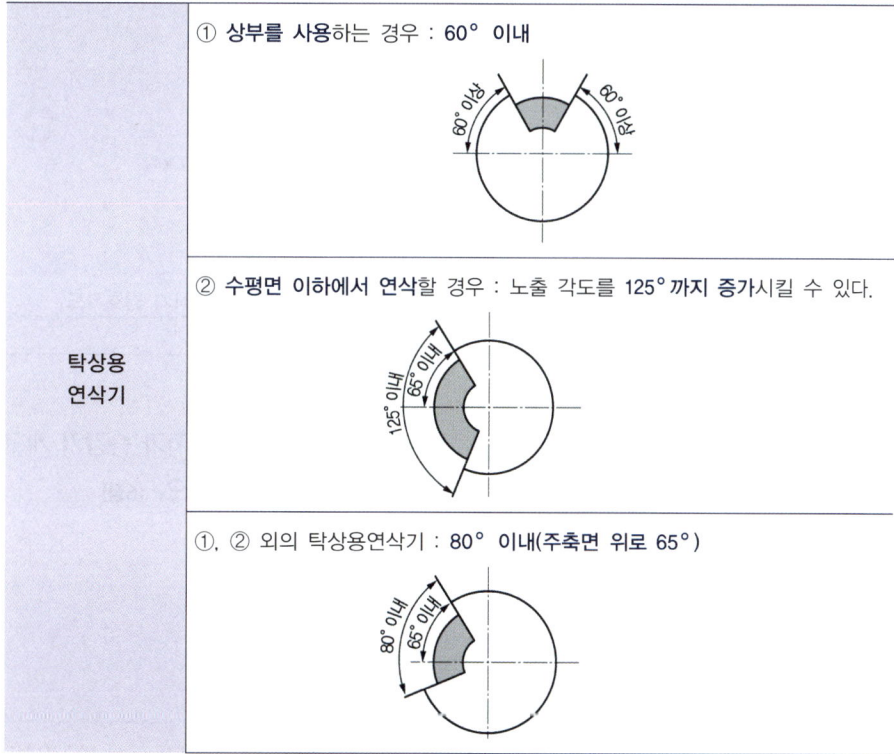

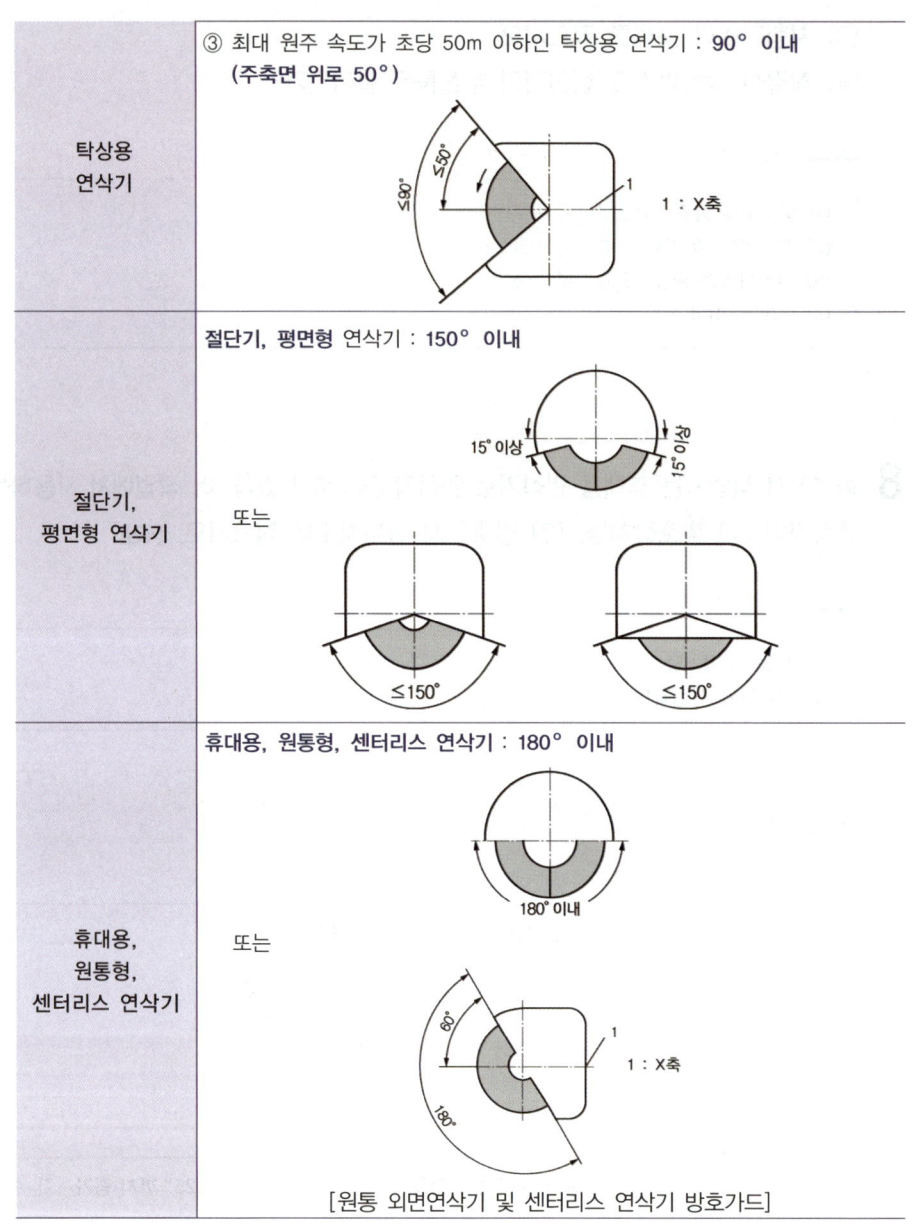

**09** 아파트 건설현장에서 승강기 개구부 주변에서 작업하던 근로자가 승강기 개구부로 추락하는 사고가 발생하였다. 사고의 핵심 원인 3가지를 적으시오. (6점)

**Answer & Explanation**

① 작업발판 불량
② 안전대 미착용
③ 안전난간 미설치
④ 울타리 미설치
⑤ 수직형 추락방망 또는 덮개 미설치

주의 위 문제는 반드시 동영상 화면을 확인하고 추락원인 5개 중 사고의 주 원인을 찾아 답으로 적으세요.

## 산업안전기사

2014. 1회 3부

시험시간 : 1시간 정도

**01** 화면에서 작업자는 석면취급 작업을 하고 있다. 안전작업수칙 3가지를 적으시오. (6점)

**Answer & Explanation**

① 국소배기장치를 설치하여 가동할 것
② 다른 작업장소와 격리할 것
③ 석면을 사용하는 설비는 밀폐된 장소에 설치할 것
④ 바닥은 불침투성 재료를 사용하고 청소하기 쉬운 구조로 할 것
⑤ 석면이 흩날리지 않도록 습기를 유지할 것
⑥ 근로자가 담배를 피우거나 음식물을 먹지 않도록 할 것
⑤ 방진마스크 착용할 것(특급)

**02** 화면에서는 항타기·항발기 작업을 보여준다. 항타기, 항발기 조립 시 점검해야 할 사항 3가지를 적으시오. (6점)

**Answer & Explanation**

① 본체의 연결부의 풀림 또는 손상의 유무
② 권상용 와이어로프·드럼 및 도르래의 부착상태의 이상 유무
③ 권상장치의 브레이크 및 쐐기장치 기능의 이상 유무
④ 권상기의 설치상태의 이상 유무
⑤ 리더(leader)의 버팀 방법 및 고정상태의 이상 유무
⑥ 본체·부속장치 및 부속품의 강도가 적합한지 여부
⑦ 본체·부속장치 및 부속품에 심한 손상·마모·변형 또는 부식이 있는지 여부

## 03
전주를 옮기는 작업을 하던 중 작업자가 전주에 맞아 사고를 당하였다. (1) 재해 원인, (2) 가해물, (3) 전기작업 시 착용하여야 하는 안전모의 종류를 적으시오. (5점)

**Answer & Explanation**

(1) 재해 원인 : 전주의 고정 불량으로 떨어지는 전주에 맞음(운반 중 충돌한 경우라면 → 전주와의 충돌)
(2) 가해물 : 전주(전주에 맞은 것이 아니라 크레인과 충돌한 경우라면 → 크레인)
(3) 안전모의 종류 : AE형, ABE형

## 04
화면에서 작업자는 섬유기계 작업을 하고 있다. 해당 사고의 핵심 위험요인 두 가지를 적으시오. (4점)

**화면 설명 ●** 섬유기계 작업 중 갑자기 기계가 멈추자 작업자가 전원을 차단하지 않고 면장갑을 착용한 채 회전체의 덮개를 열고 안을 들여다보며 점검하던 중 갑자기 기계가 작동하며 손이 끼이는 사고가 발생한다.

**Answer & Explanation**

① 전원을 차단하지 않고 기계점검을 실시했다.
② 기계에 인터록장치(연동장치)가 설치되지 않았다.
③ 면장갑을 착용하고 기계점검을 실시했다.

**주의** 반드시 동영상을 확인하고 답을 적으세요.

## 05
화면은 지게차 작업을 보여준다. 화면처럼 지게차에 적재된 화물이 운전자의 시야를 방해할 경우 운전자의 조치를 3가지 적으시오. (6점)

**Answer & Explanation**

① 유도자를 붙여 지게차를 유도시킨다.
② 지게차를 후진으로 진행한다.
③ 경적을 울리면서 서행한다.

**06** 크레인을 이용하여 활선전로에 인접하여 전주 세우기 작업을 하던 중 크레인이 전로에 접촉하며 운전자가 감전을 당하는 재해가 발생하였다. 동종재해를 방지하기 위한 관리적 대책 3가지를 적으시오. (6점)

**Answer & Explanation**

충전전로 인근에서의 차량·기계장치 작업 시의 안전조치
① 차량 등을 충전부로부터 300센티미터 이상 이격시키되, 대지전압이 50킬로볼트를 넘는 경우 10킬로볼트 증가할 때마다 10센티미터씩 증가
② 이격거리
　• 절연용 방호구를 설치한 경우 : 절연용 방호구 앞면까지
　• 차량의 버킷이나 끝부분이 절연되어 있고 유자격자가 작업하는 경우 : 접근한계 거리까지
③ 근로자가 차량과 접촉하지 않도록 울타리를 설치하거나 감시인 배치 등의 조치
④ 충전전로 인근에서 접지된 차량 등이 충전전로와 접촉할 우려가 있을 경우에는 지상의 근로자가 접지점에 접촉하지 않도록 조치

**07** 화면에서 작업자는 지게차에 경유를 주입하는 중이다. 지게차의 시동을 걸어둔 상태에서 내려 다른 작업자와 담배를 피우며 이야기를 나누고 있다. 동영상에서 가장 근본적인 위험 1가지를 서술하시오. (4점)

**Answer & Explanation**

인화성 물질을 취급하는 주변에서 담배를 피우고 있어 화재, 폭발의 위험이 있다.

**08** 화면에서는 작업자 2명이 화물(철제파이프)을 들어 올리는 작업을 하고 있다. 승강기 개구부에서 한 명의 작업자는 위에서 안전난간에 로프를 걸쳐 화물을 끌어올리고 있으며, 다른 작업자는 밑에서 화물을 올려주는 작업을 하고 있다. 작업 중 인양하던 화물이 떨어지며 밑에 있던 작업자가 화물에 맞는 사고가 발생하였다. 동종 재해 방지를 위한 화물 인양 시의 준수사항을 2가지 적으시오. (4점)

**Answer & Explanation**

① 안전난간에 로프를 걸치고 화물을 끌어 올리는 작업을 해서는 안 된다.
② 손상된 로프 사용금지
③ 중량물은 양중장비를 활용할 것
④ 긴 화물은 2줄 걸이로 균형을 유지하며, 로프의 결속을 단단히 할 것
⑤ 작업자는 안전모 등 보호구를 착용할 것

주의 반드시 동영상을 확인하고 답을 적으세요.

**09** 화면의 보호구를 보고 다음 물음에 답하시오. [단, 그림의 기호는 무시] (4점)

(1) 보호구의 종류를 적으시오.
(2) 방독마스크 정화통의 주성분을 1가지만 적으시오.
(3) 시험가스의 종류를 적으시오.

**Answer & Explanation**

(1) 보호구의 종류 : 할로겐가스용 방독마스크
(2) 정화통의 주성분 : 활성탄, 소다라임
(3) 시험가스의 종류 : 염소가스

## 2014. 2회 1부

# 산업안전기사

시험시간 : 1시간 정도

**01** 화면에서 작업자는 철골 위에서 발판설치 작업을 하고 있다. 작업자가 발판 위를 지나가다가 땅으로 떨어지는 사고가 발생하였다. (1) 사고유형, (2) 기인물을 적으시오. (4점)

**Answer & Explanation**

(1) 사고유형 : 떨어짐
(2) 기인물 : 발판

**02** 크레인을 이용하여 활선전로에 인접하여 전주 세우기 작업을 하던 중 크레인이 전로에 접촉하며 운전자가 감전을 당하는 재해가 발생하였다. 동종재해를 방지하기 위한 관리적 대책 3가지를 적으시오. (6점)

**Answer & Explanation**

충전전로 인근에서의 차량·기계장치 작업 시의 안전조치
① 차량 등을 충전부로부터 300센티미터 이상 이격시키되, 대지전압이 50킬로볼트를 넘는 경우 10킬로볼트 증가할 때마다 10센티미터씩 증가
② 이격거리
　• 절연용 방호구를 설치한 경우 : 절연용 방호구 앞면까지
　• 차량의 버킷이나 끝부분이 절연되어 있고 유자격자가 작업하는 경우 : 접근한계 거리까지
③ 근로자가 차량과 접촉하지 않도록 울타리를 설치하거나 감시인 배치 등의 조치
④ 충전전로 인근에서 접지된 차량 등이 충전전로와 접촉할 우려가 있을 경우에는 지상의 근로자가 접지점에 접촉하지 않도록 조치

## 03
화면에서 작업자는 면 마스크를 착용한 상태에서 석면취급 작업을 하고 있다. 작업자가 마스크를 착용하고 있으나 석면 위험에 노출되어 있어 직업병이 우려된다. (1) 그 이유를 설명하고, (2) 장기간 석면에 노출될 경우 우려되는 직업병의 종류를 3가지 적으시오. (7점)

**Answer & Explanation**

(1) 이유 : 방진마스크(특급)를 착용하지 않고 면 마스크를 착용하고 있다.

(2) 직업병의 종류
 ① 폐암
 ② 석면폐증
 ③ 악성 중피종

## 04
아파트 건설현장에서 승강기 개구부 주변에서 작업하던 근로자가 승강기 개구부로 추락하는 사고가 발생하였다. (6점)

(1) 사고의 핵심 원인 3가지를 적으시오.
(2) 작업자가 사망하는 사고가 발생한 경우 해당 노동관서의 장에게 보고해야 할 사항 3가지를 적으시오.

**Answer & Explanation**

(1) 사고의 핵심 원인
 ① 작업발판 불량
 ② 안전대 미착용
 ③ 안전난간 미설치
 ④ 울타리 미설치
 ⑤ 수직형 추락방망 또는 덮개 미설치

(2) ① 발생개요 및 피해 상황
 ② 조치 및 전망
 ③ 그 밖의 중요한 사항

**주의** 위 문제는 반드시 동영상 화면을 확인하고 추락원인 5개 중 사고의 주 원인을 찾아 답으로 적으세요.

## 05
화면에서 작업자는 버스정비작업을 하고 있다. 작업자가 버스 아래에 들어가 정비작업을 하는 경우의 안전조치사항 3가지를 적으시오. (6점)

**Answer & Explanation**

① 버스 시동장치에 잠금장치를 한다.
② 열쇠를 뽑아 별도 관리한다.

③ "정비 중" 표지판을 설치한다.
④ 안전블럭 또는 안전지주를 설치하고 작업한다.
⑤ 작업지휘자를 배치하여 작업을 지휘한다.

## 06 이동식 크레인 작업 시 작업시작 전 점검사항 3가지를 적으시오. (6점)

**Answer & Explanation**

① 권과방지장치나 그 밖의 경보장치의 기능
② 브레이크·클러치 및 조정장치의 기능
③ 와이어로프가 통하고 있는 곳 및 작업장소의 지반상태

## 07 화면에서 작업자는 물기가 많은 작업장에서 펌프 점검 중 수중펌프에 접촉하여 감전사고가 발생하였다. 작업자가 감전된 원인을 피부 저항과 관련하여 설명하시오. (3점)

**Answer & Explanation**

인체가 젖은 상태에서 피부저항은 1/25로 감소하기 때문에 감전되기 쉽다.

## 08 페인트 도장작업을 하는 작업자가 착용하여야 하는 방독마스크의 흡수제 종류 2가지를 적으시오. (4점)

**Answer & Explanation**

① 활성탄
② 소다라임
③ 알칼리제재
④ 큐프라마이트

## 09 화면은 방열복을 보여준다. 방열복 내열 원단의 시험성능 기준 3가지를 적으시오. (3점)

**Answer & Explanation**

① 난연성 시험
② 열충격 시험
③ 인장강도 시험
④ 내열성 시험
⑤ 내한성 시험

## 산업안전기사

2014. 2회 2부

시험시간 : 1시간 정도

**01** 퍼지작업의 종류 4가지를 적으시오. (4점)

**Answer & Explanation**

① 진공퍼지
② 압력퍼지
③ 스위프퍼지
④ 사이폰퍼지

**02** 화면에서 작업자는 회전하는 롤러기의 롤러를 걸레로 청소하고 있다. 작업 중 근로자의 손이 롤러에 말려드는 사고가 발생하였다. 롤러기 청소 시 안전작업 사항 3가지를 적으시오. (6점)

**Answer & Explanation**

① 롤러기 운전을 정지하고 청소한다.
② 롤러기 청소 시 장갑 착용을 금지한다.
③ 롤러기에 인터록 장치를 설치한다.
④ 롤러의 물림점에 가드를 설치한다.

## 03
화면에서 보여주는 (1) 보호구의 명칭을 적으시오. (2) 안전블록이 부착된 안전대의 구조를 3가지 적으시오. (5점)

그림 출처 : COV, 안전보건공단. "고소작업자를 위한 추락방지장치 구성요소"

**Answer & Explanation**

(1) 안전블록

(2) 안전블록이 부착된 안전대의 구조
 ① 안전블록을 부착하여 사용하는 안전대는 신체지지의 방법으로 안전그네만을 사용할 것
 ② 안전블록은 정격 사용 길이가 명시될 것
 ③ 안전블록의 줄은 합성 섬유로프, 웨빙(webbing), 와이어로프이어야 하며, 와이어로프인 경우 최소 지름이 4mm 이상일 것

**참고하기**

- 안전블록의 구조
 ① 자동잠김장치를 갖출 것
 ② 안전블록의 부품은 부식방지처리를 할 것

## 04
화면에서 작업자는 덤프트럭 적재함을 들어 올리고 수리하다 재해를 당하였다. 차량계 하역, 운반기계 등의 수리 또는 부속장치의 장착 및 해체작업을 하는 때 작업시작 전 조치사항 3가지를 적으시오. (6점)

**Answer & Explanation**

① 작업순서를 결정하고 작업지휘자를 배치한다.
② 하역 및 유압장치에 안전지지대 또는 안전블록 등을 받쳐놓는다.
③ 작업시작 전 하역장치 및 유압장치 기능의 이상 유무를 점검한다.

**05** 화면에서 두 작업자가 작업을 하던 중 한 작업자가 변압기의 2차 전압을 측정하기 위해 다른 작업자에게 전원을 투입하라는 신호를 보낸다. 측정 후 전원을 차단하라는 신호를 보내고 측정기를 철거하던 중 감전이 발생한다. 이때 작업자는 맨손으로 작업을 하였다. 이 동영상에서 내재되어 있는 핵심 위험요인을 3가지 적으시오. (6점)

**Answer & Explanation**

① 작업자가 절연장갑을 착용하지 않았다.
② 작업자 간 신호전달이 제대로 이뤄지지 않았다.
③ 측정기를 철거하기 전에 정전되었는지 확인을 하지 않았다.

주의 이 문제는 반드시 동영상을 확인하고 답을 적으세요.

**06** 크레인을 이용하여 활선전로에 인접하여 전주 세우기 작업을 하던 중 크레인이 전로에 접촉하며 운전자가 감전을 당하는 재해가 발생하였다. 이 사고의 직접 원인을 적으시오. (2점)

**Answer & Explanation**

크레인이 이격거리를 준수하지 않아 인접 활선전로와 접촉하였다.

**07** 화면은 항타기, 항발기 작업을 보여준다. 충전전로 인근에서 항타기, 항발기 작업 시 감전 위험 방지를 위한 사업주의 조치사항 3가지를 적으시오. (6점)

**Answer & Explanation**

① 충전전로 인근에서 차량, 기계장치 등의 작업이 있는 경우에는 차량 등을 충전전로의 충전부로부터 300센티미터 이상 이격시켜 유지시키되, 대지전압이 50킬로볼트를 넘는 경우 이격거리는 10킬로볼트 증가할 때마다 10센티미터씩 증가시켜야 한다. 다만, 차량 등의 높이를 낮춘 상태에서 이동하는 경우에는 이격거리를 120센티미터 이상(대지전압이 50킬로볼트를 넘는 경우에는 10킬로볼트 증가할 때마다 이격거리를 10센티미터씩 증가)으로 할 수 있다.
② 절연용 방호구를 설치한 경우에는 이격거리를 절연용 방호구 앞면까지로, 차량 등의 가공 붐대의 버킷이나 끝부분 등이 절연되어 있고 유자격자가 작업을 수행하는 경우의 이격거리는 접근 한계거리까지로 할 수 있다.
③ 울타리를 설치하거나 감시인 배치 등의 조치를 하여야 한다.
④ 접지된 차량 등이 충전전로와 접촉할 우려가 있을 경우에는 지상의 근로자가 접지점에 접촉하지 않도록 조치하여야 한다.

**08** 화면은 탁상용 연삭기 작업을 보여준다. 탁상용 연삭기에 봉강 연마작업 중 환봉이 튀어 발생한 사고이다. (1) 기인물은 무엇이며, (2) 연마작업 시 파편이나 연삭분의 비래에 의한 위험에 대비하기 위해 설치해야 하는 방호장치명을 적으시오. (4점)

**Answer & Explanation**

(1) 기인물 : 탁상용 연삭기
(2) 장치명 : 투명비산방지판

**09** 화면은 변압기를 유기화합물에 담가 절연 처리한 후 건조하는 작업을 나타낸다. 화면과 같은 작업에서 착용해야 할 보호구를 적으시오. (6점)

(1) 손
(2) 눈
(3) 피부

**Answer & Explanation**

(1) 화학물질용 안전장갑(불침투성 보호장갑)
(2) 보안경
(3) 화학물질용 보호복(불침투성 보호복)

## 2014. 2회 3부

# 산업안전기사

시험시간 : 1시간 정도

**01** 화면에서는 박공지붕 설치작업을 보여준다. 다음 물음에 답하시오.
재해 원인 3가지를 적으시오. (4점)

> **화면 설명 •** 박공지붕 위에서 박공지붕을 설치하던 중 작업자가 미끄러지며 박공지붕 재료와 함께 추락하였다. 지붕 아래에는 다른 작업자가 누워서 휴식을 취하다가 비래하는 박공지붕에 맞는 사고가 발생했다.

**Answer & Explanation**

① 추락방호망 미설치
② 안전대 미착용
③ 안전난간 미설치
④ 작업발판 미설치(또는 작업발판 불량)
⑤ 작업장 아래 접근금지 조치 미실시

**주의** 반드시 동영상을 확인하고 답을 적으세요.

**02** 화면에서 작업자는 DMF(디메틸포름아미드) 취급 작업을 하고 있다. 위 동영상을 보고 DMF 작업 시 작업자가 착용해야 할 보호구 3가지를 적으시오. (6점)

**Answer & Explanation**

① 방독마스크
② 화학물질용 안전장갑(불침투성 보호장갑)
③ 화학물질용 안전화(불침투성 보호장화)
④ 화학물질용 보호복(불침투성 보호복)
⑤ 보안경

**03** 화면에서 작업자는 황산을 취급하고 있다. 작업자는 맨손이며, 마스크를 미착용한 채로 황산을 비커에 따르는 작업을 하고 있다. 황산이 체내에 유입될 수 있는 경로 3가지를 적으시오. (3점)

Answer & Explanation

① 호흡기
② 소화기
③ 피부점막

**04** 컨베이어의 작업 시작 전 점검 사항 4가지를 적으시오. (8점)

Answer & Explanation

① 원동기 및 풀리기능의 이상 유무
② 이탈 등의 방지장치기능의 이상 유무
③ 비상정지장치 기능의 이상 유무
④ 원동기·회전축·기어 및 풀리 등의 덮개 또는 울 등의 이상 유무

**05** 화면에서는 가죽제 안전화를 보여준다. 가죽제 안전화의 성능시험 항목을 3가지 적으시오. (3점)

Answer & Explanation

① **내충격성** 시험
② **내압박성** 시험
③ **내답발성** 시험
④ **박리저항** 시험
⑤ 내유성 시험

**06** 화면에서 작업자가 작동 중인 컨베이어 벨트 끝부분에 올라서서 형광등을 교체하던 중 추락하는 장면을 보여준다. 작업자의 불안전한 행동 2가지를 적으시오. (6점)

Answer & Explanation

① 안전한 작업 발판을 사용하지 않고 컨베이어 벨트에 올라서서 형광등을 교체하였다.
② 움직이는 기계 주변에서 작업할 경우 기계의 전원을 차단하고 작업하여야 하나 컨베이어 전원을 차단하지 않았다.

**07** 화면에서 작업자는 기계를 점검하다 회전축에 의한 협착사고를 당하였다. 해당되는 위험점의 종류와 정의를 적으시오. (4점)

 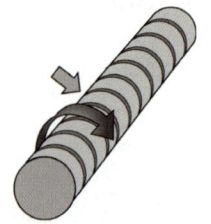

**Answer & Explanation**

① 위험점의 종류 : 회전말림점
② 정의 : 회전하는 물체에 작업복, 머리카락 등이 말려 들어가는 위험점

**08** 화면은 터널 발파작업을 보여준다. 화약 장전 시 안전사항을 적으시오. (5점)

화면 설명 • 화면에서는 철근으로 화약을 장전하는 장면을 보여준다.

**Answer & Explanation**

마찰·충격·정전기 등에 의한 **폭발의 위험이 없는 안전한 것을 사용**할 것

**09** 전기형강 작업 중 작업자의 위험요인 3가지를 적으시오. (6점)

화면 설명 • 화면에서 작업자는 전봇대의 발판을 딛고 작업하고 있으며, 작업 중 흡연하는 장면이 보인다. C.O.S가 발판 옆에 걸쳐져 있다.

**Answer & Explanation**

① 작업 중 흡연했다.
② 작업자가 안전대를 착용하지 않았다. (U자 걸이용 안전대 착용)
③ C.O.S(컷아웃스위치)를 발판 옆에 걸쳐놓아 오조작할 위험이 있다.

◉ **참고**하기

• **C.O.S(컷아웃스위치)**
배선의 인입점·분기점 등에 사용되는 스위치로 컷아웃스위치를 꺼버리면 해당 회로의 배선이 정전이 된다. (배선의 점검, 수리 시에 끄고 작업)

## 2014. 3회 1부

# 산업안전기사

시험시간 : 1시간 정도

**01** 화면에서 작업자는 컨베이어 작업을 하던 중 손이 협착되었다. 위 동영상을 보고 안전조치 사항 2가지를 적으시오. (4점)

> **화면 설명 ●** 작업자가 야간에 한 손으로 후레쉬를 들고 컨베이어 벨트를 점검하고 있다. 점검 중 부주의로 컨베이어 위에 올려둔 손이 롤러 사이에 말려들어가는 사고가 발생한다.

**Answer & Explanation**

① 전원차단 후에 기계 점검 실시
② 컨베이어에 비상 정지 장치 설치
③ 컨베이어 주변 조명 확보
④ 작업 시작 전 기계 점검 실시
⑤ 작업자 안전교육 실시

**02** 화면은 승강기 와이어로프에 묻은 기름과 먼지를 청소하는 장면을 보여준다. (1) 위험점의 종류를 적으시오. (2) 화면에서 예상되는 재해의 발생형태와 그 정의를 적으시오. (6점)

사진 출처 : 영남뉴스

### Answer & Explanation

(1) 위험점의 종류 : 접선물림점

(2) ① 재해발생 형태 : 끼임
    ② 정의
    • 기계설비에 끼이거나 감김
    • 두 물체 사이의 움직임에 의하여 일어난 것으로 직선 운동하는 물체 사이의 끼임, 회전부와 고정체 사이의 끼임, 롤러 등 회전체 사이에 물리거나 또는 회전체·돌기부 등에 감긴 경우

#### 참고하기

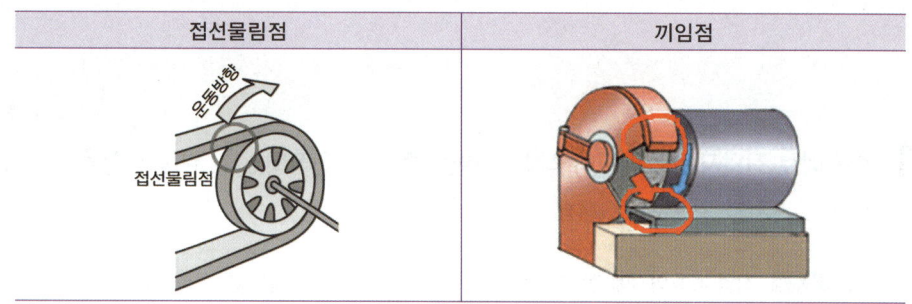

---

**03** 화면에서 보이는 보호구의 (1) 명칭, (2) 등급을 3가지로 구분하고, (3) 산소농도 몇 % 이상인 장소에서 사용할 수 있는지를 적으시오. **(6점)**

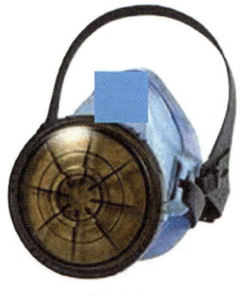 

### Answer & Explanation

(1) 명칭 : 방진마스크
(2) 등급 : 특급, 1급, 2급
(3) 산소농도 18% 이상에서 사용

**04** 화면에서 작업자는 사출성형기 작동 중 기계가 멈추자 안을 들여다보며 기계 안에 끼인 이물질을 손으로 제거하다 감전으로 뒤로 넘어지는 재해를 당한다. 사출성형기의 이물질 제거 시 안전작업 방법 3가지를 적으시오. **(6점)**

**Answer & Explanation**

① **전원을 차단하고 이물질을 제거**한다.
② 감전 우려가 있는 부위에 **방호 덮개(게이트가드)를 설치**한다.
③ 방호 덮개(게이트가드)를 개방하는 경우 전원이 차단되는 **연동장치(인터록장치)를 설치**한다.
④ **이물질 제거 시 전용 공구(수공구)를 사용**한다.

**05** 화면에서 2명의 작업자가 전주에서 작업을 하고 있다. 작업자 1명은 아래에서 절연용 방호구를 올리고 있으며 다른 작업자는 크레인에서 절연용 방호구를 받아 설치하는 작업을 하던 중 감전사고가 발생하였다. 화면에서와 같은 활선작업 시 내재되어 있는 핵심위험요인 2가지를 적으시오. **(4점)**

**Answer & Explanation**

① 작업자가 절연용 보호구를 착용하지 않아 감전의 위험 있다.
② 크레인이 이격거리를 준수하지 않아 감전의 위험 있다.
③ 작업자가 접근한계 거리를 준수하지 않고 충전 전로에 접근하여 감전의 위험 있다.
④ 활선 작업용 기구 및 장치를 사용하지 않아 감전의 위험 있다.

**주의** 동영상 화면을 확인하고 답을 적으세요.

**06** 아파트 창틀에서 두 명의 작업자가 발판을 설치하는 작업을 하고 있다. 한 작업자가 발판을 건네주고 다른 작업자가 설치하려고 이동하던 중 바닥으로 추락사고가 발생하였다. 주변 정리정돈이 되어있지 않고, 작업자가 밟고 있던 콘크리트 부스러기가 함께 떨어지는 장면을 보여준다. 위 사고에서 추락의 원인 3가지를 적으시오. **(6점)**

**Answer & Explanation**

① 안전대 미착용
② 추락방호망 미설치(또는 불량)
③ 안전난간 미설치(또는 불량)
④ 주변 정리정돈 불량

**주의** 동영상을 확인하고 답을 적으세요.

**07** 화면은 작업자가 교류아크 용접작업을 하는 장면을 보여준다. (4점)

화면의 작업에는 위험요인이 내재되어 있다. 작업자 측면과 작업장의 위험요인을 각각 1가지씩 적으시오.

> **화면 설명** · 작업자가 한 손으로 스위치를 조작하며 다른 손으로 용접을 하고 있으며, 작업장 주변에는 인화성 물질로 보이는 깡통 등이 쌓여있다.

**Answer & Explanation**

① **작업자 측면** : 한 손으로 스위치를 조작하며 다른 손으로 용접을 하고 있어 작업이 불안하며 작업상황 파악이 어렵다.
② **작업장 요인** : 용접하는 주변에 인화성 물질이 존재하여 화재위험이 있다.


**08** 특수화학 설비 내부의 이상 상태를 조기에 파악하기 위하여 설치해야 할 방호장치 3가지를 적으시오. (3점)

**Answer & Explanation**

① 계측장치(온도계·압력계·유량계)
② 자동경보장치
③ 긴급차단장치
④ 예비동력원(4가지를 적으라는 경우만 해당)


**09** 화면에서는 박공지붕 설치작업을 보여준다. 다음 물음에 답하시오. (6점)

재해원인 3가지를 적으시오.

> **화면 설명** · 박공지붕 위에서 박공지붕을 설치하던 중 작업자가 미끄러지며 박공지붕 재료와 함께 추락하였다. 지붕 아래에는 다른 작업자가 누워서 휴식을 취하다가 비래하는 박공지붕에 맞는 사고가 발생했다.

**Answer & Explanation**

① 추락방호망 미설치
② 안전대 미착용
③ 안전난간 미설치
④ 작업발판 미설치(또는 작업발판 불량)
⑤ 작업장 아래 접근금지 조치 미실시

**주의** 반드시 동영상을 확인하고 답을 적으세요.

## 산업안전기사

2014. 3회 2부

시험시간 : 1시간 정도

**01** 화면에서 작업자는 습윤한 장소에서 모터보트의 모터 부위를 점검하던 중 감전을 당하였다. 동종재해 예방대책 3가지를 적으시오. (6점)

**Answer & Explanation**

① **전원을 차단하고 점검을** 실시할 것(전원을 차단하지 않은 경우만 해당)
② 작업자는 **절연장갑을 착용**할 것(절연장갑을 착용하지 않은 경우만 해당)
③ **누전차단기를 설치**할 것
④ 모터와 **전선의 접속부는** 충분히 피복하거나 **적합한 접속기구**(접지형 콘센트 및 플러그)를 사용할 것
⑤ 습윤한 장소에서 사용하는 **전선은 충분한 절연효과가 있는 것을 사용**할 것

**02** 밀폐공간(산소 결핍 장소)에서 근로자가 작업하는 경우의 위험요인 3가지를 적으시오. (6점)

**Answer & Explanation**

① 환기장치를 설치하지 않아 산소결핍의 위험 있다.
② 작업자가 송기마스크를 착용하지 않아 질식 위험이 있다.
③ 작업 중 산소 및 유해가스농도를 측정하지 않아 질식 및 가스중독의 위험 있다.
④ 송기마스크, 사다리 및 섬유로프 등 비상시에 근로자를 피난시키거나 구출하기 위한 기구를 갖추지 않아 위험하다.

**03** 항타기, 항발기 작업 시의 안전작업수칙 4가지를 기술하시오. (4점)

**Answer & Explanation**

① 작업반경 내 출입금지 조치
② 작업반경 내 가설 울타리 설치
③ 인접한 고압전선의 방호조치
④ 지하 매설물 확인

## 04

화면에서는 이동식 크레인 작업을 보여준다. 이동식 크레인 작업 시 운전자의 안전 조치 사항 3가지를 적으시오. (6점)

**화면 설명** • 이동식 크레인으로 비계를 운반하던 중 비계를 내리는 과정에서 비계가 흔들리며 아래에 있던 작업자와 충돌하는 재해가 발생한다.

**Answer & Explanation**

① 인양 중인 하물이 작업자의 머리 위로 통과하게 하지 아니하게 한다.
② 작업 중 운전석 이탈을 금지한다.
③ 이동식 크레인의 지브와 인양물 또는 각종 장애물과 부딪치지 않도록 한다.

### 참고하기

- 이동식 크레인 운전원 준수사항
  ① 이동식 크레인의 탑승과 하차는 승강 계단을 이용하여야 한다.
  ② 이동식 크레인의 작업 중 운전석 이탈을 금지하여야 한다. 운전원이 장비를 떠나야 할 경우는 인양물을 지면에 내려놓아야 하고, 구동 엔진 정지 및 브레이크를 작동 상태로 하여 잠금장치를 하여야 한다.
  ③ 인양작업 중 고장 발생 시 인양물을 지상에 내려놓고 브레이크와 안전장치를 작동상태로 유지하여야 한다.
  ④ 이동식 크레인의 지브와 인양물 또는 각종 장애물과 부딪치지 않도록 하여야 한다.

## 05

화면에서 작업자는 회전하는 롤러기의 롤러를 걸레로 청소하고 있다. 작업 중 근로자의 손이 롤러에 말려드는 사고가 발생하였다. (1) 이 사고의 핵심위험요인 2가지를 적으시오. (2) 롤러기 청소 시 안전작업 사항 3가지를 적으시오. (6점)

**Answer & Explanation**

(1) 사고의 핵심위험요인
① 롤러의 전원을 차단하지 않고 청소했다.
② 롤러기에 **인터록장치가** 설치되지 않았다.
   (롤러의 가드를 제거할 경우 롤러가 작동하지 않는 인터록장치를 설치하여야 한다.)
③ 롤러의 물림점에 가드가 설치되지 않았다.
④ 작업자가 **장갑을 착용하였다.** (화면에서 장갑을 착용한 경우만 해당)

(2) 롤러기 청소 시 안전작업 사항
① 롤러기 운전을 정지하고 청소한다.
② 롤러기 청소 시 장갑 착용을 금지한다.
③ 롤러기에 인터록 장치를 설치한다.
④ 롤러의 물림점에 가드를 설치한다.

## 06
화면은 지하에 위치한 폐수처리조의 슬러지처리 작업을 보여준다. 화면과 같은 작업을 하는 경우 착용하여야 할 호흡용 보호구의 종류를 2가지 적으시오. (4점)

**Answer & Explanation**

송기마스크, 공기호흡기, 방독마스크(3가지를 적으라는 경우만 해당)

## 07
화면에서는 방진마스크를 보여준다. 분리식 방진마스크의 여과재 분진 등 포집효율을 적으시오. (3점)

| 형태 및 등급 | | 염화나트륨(NaCl) 및 파라핀 오일(Paraffin oil) 시험(%) |
|---|---|---|
| 분리식 | 특급 | ( ① ) 이상 |
| | 1급 | ( ② ) 이상 |
| | 2급 | ( ③ ) 이상 |

**Answer & Explanation**

| 형태 및 등급 | | 염화나트륨(NaCl) 및 파라핀 오일(Paraffin oil) 시험(%) |
|---|---|---|
| 분리식 | 특급 | 99.95 이상 |
| | 1급 | 94.0 이상 |
| | 2급 | 80.0 이상 |

## 08
화면에서 작업자는 전동권선기에 동선을 감는 작업을 하고 있다. 작업 중 기계가 정지하여 전원을 차단하지 않고 점검 중 발생한 재해이다. (1) 재해 발생형태와 (2) 재해 원인 2가지를 적으시오. (6점)

**Answer & Explanation**

(1) 재해 발생형태 : 전류접촉(감전)

(2) 재해 원인
 ① 전원을 차단하지 않고 기계 점검을 실시했다.
 ② 작업자가 절연장갑을 착용하지 않았다.
 ③ 작업 시작 전 기계 점검을 실시하지 않았다.(3가지를 적으라는 경우만 작성할 것)

주의 반드시 동영상을 확인하고 답을 적으세요.

**09** 화면에서 두 명의 작업자가 작동 중인 경사 컨베이어에서 포대를 컨베이어 위로 올리는 작업을 하고 있다. 한 작업자는 컨베이어 양쪽 끝부분에 올라서서 포대를 받을 준비를 하고 있으며, 다른 작업자는 컨베이어 아래에서 포대를 올려주고 있다. 컨베이어 위에서 있던 작업자의 발이 포대에 맞아 넘어지며 작업자의 팔이 컨베이어에 끼이는 사고가 발생한다. 화면에서의 작업에서 작업자 측면의 문제점 2가지를 적으시오. (4점)

**Answer & Explanation**

① 컨베이어 전원을 차단하지 않고 작업하였다.
② 안전한 작업 발판을 확보하지 않고 작동 중인 컨베이어 위에서 작업했다.

## 산업안전기사

2014. 3회 3부

시험시간 : 1시간 정도

**01** 화면의 보호구를 보고 다음 물음에 답하시오. [단, 그림의 기호는 무시] (8점)

(1) 보호구의 종류를 적으시오.
(2) 방독마스크 정화통의 주성분을 1가지만 적으시오.
(3) 시험가스의 종류를 적으시오.
(4) 직결식 방독마스크 전면형의 누설률은 얼마인가?

**Answer & Explanation**

(1) 보호구의 종류 : 암모니아용 방독마스크
(2) 정화통의 주성분 : 큐프라마이트
(3) 시험가스의 종류 : 암모니아 가스
(4) 0.05% 이하

## 02
화면에서 작업자는 폭발성 물질 저장소에 들어가기 위해 신발에 물을 묻히고 있다. (1) 그 이유를 설명하시오. (2) 폭발성 물질 화재 시 적합한 소화 방법을 적으시오. **(4점)**

**Answer & Explanation**

(1) 이유 : 신발과 바닥 사이의 **정전기로 인한 폭발 방지**
(2) 소화 방법 : 다량의 주수에 의한 **냉각소화**

## 03
화면에서 작업자는 마그네틱 크레인으로 금형을 옮기는 작업을 하고 있다. 작업자가 한손으로 스위치를 조작하며 다른 손으로 금형을 잡고 이동하던 중 스위치를 잘못 건드려 금형이 발에 떨어지는 사고를 당한다. (크레인 훅에는 해지장치가 없는 상태이며, 작업자는 안전모 미착용, 면장갑을 착용하고 있는 상태이다.) 화면에서와 같은 크레인으로 화물을 옮기는 작업에서의 위험요인 3가지를 적으시오. **(6점)**

**Answer & Explanation**

① 한손으로 스위치를 조작하며 다른 손으로 금형을 잡고 이동하고 있어 스위치 오조작이 우려된다.
② 크레인에 해지장치가 없어 화물이 낙하할 우려 있다.
③ 안전모를 미착용하여 낙하하는 화물에 머리를 다칠 우려 있다.

## 04
화면은 승강기의 컨트롤패널 점검 작업을 보여준다. 다음 물음에 답하시오. **(9점)**

**화면 설명 •** 작업자는 컨트롤패널을 점검하기 위하여 전원을 차단한 상태에서 전선을 만지는 순간 감전 당함

(1) 화면과 같은 재해를 방지하기 위한 대책 3가지를 적으시오. **(6점)**
(2) 작업자가 감전당한 원인은 무엇인가? **(3점)**

**Answer & Explanation**

(1) 재해방지대책(전기를 점검, 보수하는 작업은 정전작업에 해당한다.)
① **차단장치**에 **잠금장치** 및 **꼬리표**를 **부착**할 것
② **잔류전하**를 완전히 **방전**시킬 것
③ **검전기**를 이용하여 **충전**되었는지를 확인할 것
④ 작업자는 **절연장갑**을 착용할 것(절연장갑을 미착용한 경우만 해당)
(2) 감전의 원인 : 잔류전하에 의한 감전

**주의** • 화면에서 검전기로 충전 유무를 확인하는 장면 후에 감전을 당한 경우 → 오통전에 의한 감전
• 동영상에서 차단기만 내리고 검전기로 확인하는 장면이 없이 감전을 당한 경우 → 잔류전하에 의한 감전

> **참고하기**
>
> • 정전작업 시의 조치
> ① 전기기기 등에 공급되는 모든 전원을 관련 도면, 배선도 등으로 확인할 것
> ② 전원을 차단한 후 각 단로기 등을 개방하고 확인할 것
> ③ 차단장치나 단로기 등에 잠금장치 및 꼬리표를 부착할 것
> ④ 잔류전하를 완전히 방전시킬 것
> ⑤ 검전기를 이용하여 충전되었는지를 확인할 것
> ⑥ 다른 노출 충전부와의 접촉, 유도 또는 예비동력원의 역송전 등으로 전압이 발생할 우려가 있는 경우에는 충분한 용량을 가진 단락 접지기구를 이용하여 접지할 것

**05** 화면에서는 유해물 취급 작업을 보여준다. 유해물 취급 시 주의사항 3가지를 적으시오. (3점)

**Answer & Explanation**

① 유해물질 발생원인 봉쇄
② 작업공정 은폐, 작업장 격리
③ 유해물의 위치, 작업공정 변경

**06** 화면에서 작업자는 전주의 발판에 올라서서 변압기 볼트를 조이는 작업을 하고 있다. 작업 위험요인 2가지를 적으시오. (6점)

**화면 설명** • 안전대를 착용하고 있으나 안전대를 전주에 고정하지 않은 상태이다.

**Answer & Explanation**

① 안전대를 전주에 고정하지 않아 떨어짐 위험이 있다.
② 작업발판이 불안하여 떨어짐 위험이 있다. (전주의 발판에 올라서서 작업하여 떨어짐 위험있다.)

## 07 터널의 계측관리 사항(계측방법) 3가지를 적으시오. (3점)

**Answer & Explanation**

① 천단침하 측정
② 내공변위측정
③ 지중 및 지표침하측정
④ 록볼트 축력측정
⑤ 숏크리트 응력 측정

## 08 화면에서 작업자는 띠톱을 이용하여 강재 파이프를 절단하는 작업을 하고 있다. 사고의 위험요인 3가지를 적으시오. (3점)

**화면 설명ㆍ** 작업자는 면장갑을 착용하고 보안경은 착용하지 않고 작업하고 있다. 띠톱으로 강재 파이프를 절단하고 절단한 재료를 꺼내기 위해 머리를 숙여 꺼내는 순간 회전하는 띠톱에 면장갑이 걸리며 사고가 발생한다.

**Answer & Explanation**

① 면장갑을 착용하고 작업하였다. (띠톱 작업 시 면장갑 착용 금지)
② 띠톱이 회전 중에 재료를 꺼내었다. (회전을 중지하고 재료를 꺼내야 한다.)
③ 보안경을 착용하지 않았다. (분진이 눈에 들어갈 위험 있다.)

## 09 화면은 타워크레인을 이용하여 비계를 운반 중 발생한 재해를 보여준다. 이 사고는 타워크레인의 안전작업 방법 중 어느 부분을 준수하지 않아 발생하였는지 3가지를 적으시오. (3점)

**화면 설명ㆍ** 타워크레인으로 비계를 운반하여 지면에 내려놓는 작업을 하던 중 비계가 흔들리며 크레인 아래에서 작업 중이던 근로자와 충돌함)

**Answer & Explanation**

① 크레인으로 **하물을 인양하는 하부**에는 미리 근로자의 **출입을** 통제하여야 하나 출입을 통제하지 않았다.
② 유도(보조)로프로 흔들림 방지하여야하나 **유도로프를 사용하지 않았다.**
③ 하물을 내려놓기 위해 하물을 흔들어서는 안 된다.
④ **신호수를 배치하지 않았다.**

**주의** 반드시 동영상을 확인하고 답을 적으세요.

## 2015. 1회 1부 산업안전기사

시험시간 : 1시간 정도

**01** 구축물, 건축물, 그 밖의 시설물 등의 해체작업 시 작성하여야 하는 해체계획에 포함되어야 할 사항 3가지를 적으시오. (6점)

**Answer & Explanation**

① 해체방법, 해체순서 도면
② 가설설비, 방호설비, 살수, 방화설비 등 설비방법
③ 사업장 내 연락방법
④ 해체물 처분계획
⑤ 해체작업용 기계·기구 등의 작업계획서
⑥ 해체작업용 화약류 등의 사용계획서

**02** 화면에서 작업자는 섬유기계 작업을 하고 있다. 해당 사고의 핵심위험 요인 두 가지를 적으시오. (4점)

**화면 설명** ● 섬유기계 작업 중 갑자기 기계가 멈추자 작업자가 전원을 차단하지 않고 면장갑을 착용한 채 회전체의 덮개를 열고 안을 들여다보며 점검하던 중 갑자기 기계가 작동하며 손이 끼이는 사고가 발생한다.

**Answer & Explanation**

① 전원을 차단하지 않고 기계점검을 실시했다.
② 기계에 인터록장치(연동장치)가 설치되지 않았다.
③ 면장갑을 착용하고 기계점검을 실시했다.

**주의** 반드시 동영상을 확인하고 답을 적으세요.

**03** 화면은 고압선 주변에서 크레인이 작업하는 장면을 보여주고 있다. 고압선 주변에서 크레인 등을 사용하여 작업할 경우 안전대책 3가지를 쓰시오. (6점)

**Answer & Explanation**

> 충전전로 인근에서의 차량·기계장치 작업 시의 안전조치
> ① 차량 등을 충전부로부터 300센티미터 이상 이격시키되, 대지전압이 50킬로볼트를 넘는 경우 10킬로 볼트 증가할 때마다 10센티미터씩 증가
> ② 이격거리
>   • 절연용 방호구를 설치한 경우 : 절연용 방호구 앞면까지
>   • 차량의 버킷이나 끝부분이 절연되어 있고 유자격자가 작업하는 경우 : 접근한계 거리까지
> ③ 근로자가 차량과 접촉하지 않도록 울타리를 설치하거나 감시인 배치 등의 조치
> ④ 충전전로 인근에서 접지된 차량 등이 충전전로와 접촉할 우려가 있을 경우에는 지상의 근로자가 접지점에 접촉하지 않도록 조치

**04** 화면에서 작업자는 전동권선기에 동선을 감는 작업을 하고 있다. 작업 중 기계가 정지하여 전원을 차단하지 않고 점검 중 발생한 재해이다. (1) 재해 발생형태와 (2) 재해 원인 2가지를 적으시오. (6점)

**화면 설명** • 작업자가 전동권선기에 동선(코일)을 감는 작업을 하고 있다. 기계가 작동을 멈추자 기계를 점검하기 위하여 분전반을 열고 전선과 연결된 부분을 만지는 순간 감전되어 쓰러진다.

**Answer & Explanation**

> (1) 재해 발생형태 : 전류접촉(감전)
>
> (2) 재해 원인
>   ① 전원을 차단하지 않고 기계 점검을 실시했다.
>   ② 작업자가 **절연장갑**을 착용하지 않았다.
>   ③ 작업 시작 전 기계 점검을 실시하지 않았다. (3가지를 적으라는 경우만 작성할 것)

**주의** 반드시 동영상을 확인하고 답을 적으세요.
기계 점검 중 감전된 경우가 아니고 점검 중 손이 끼인 경우라면
(1) 재해 발생 형태 : 끼임
(?) 재해 원인
    ① 전원을 차단하지 않고 기계 점검을 실시했다.
    ② 면장갑을 착용하고 기계 점검을 실시했다.

**05** 화면에서는 고무제 안전화를 보여준다. 고무제 안전화를 사용하여야 하는 작업장의 종류 2가지를 적으시오. (4점)

**Answer & Explanation**

① 일반 작업장
② 탄화수소류의 윤활유 등을 취급하는 작업장

➡ **참고**하기

- 고무제 안전화의 종류

| 종류 | 사용 장소 |
|------|-----------|
| 일반용 | 일반 작업장 |
| 내유용 | 탄화수소류의 윤활유 등을 취급하는 작업장 |

**06** 화면에서 작업자는 면 마스크를 착용한 상태에서 석면취급 작업을 하고 있다. 작업자가 마스크를 착용하고 있으나 석면 위험에 노출되어 있어 직업병이 우려된다. 장기간 석면에 노출될 경우 우려되는 직업병의 종류를 3가지 적으시오. (6점)

**Answer & Explanation**

① 폐암
② 석면폐증
③ 악성 중피종

**07** 화면은 김치제조 공장에서 무채 슬라이스 작업을 보여준다. 작업 중 기계작동이 멈춰 기계를 점검하고 있던 중에 걸려있던 무채를 제거하는 순간 기계가 작동하며 재해가 발생하였다. 동종 재해를 예방하기 위하여 설치하여야 하는 안전장치를 적으시오. (4점)

**Answer & Explanation**

인터록장치(연동장치)

**08** 화면에서는 이동식 크레인 작업을 보여준다. 이동식 크레인 작업 시 운전자의 안전 조치 사항 3가지를 적으시오. (6점)

> **화면 설명** • 이동식 크레인으로 비계를 운반하던 중 비계를 내리는 과정에서 비계가 흔들리며 아래에 있던 작업자와 충돌하는 재해가 발생한다.

**Answer & Explanation**

① 인양 중인 하물이 작업자의 머리 위로 통과하게 하지 아니하게 한다.
② 작업 중 운전석 이탈을 금지한다.
③ 이동식 크레인의 지브와 인양물 또는 각종 장애물과 부딪치지 않도록 한다.

**➲ 참고하기**

• 이동식 크레인 운전원 준수사항
 ① 이동식 크레인의 탑승과 하차는 승강 계단을 이용하여야 한다.
 ② 이동식 크레인의 작업 중 운전석 이탈을 금지하여야 한다. 운전원이 장비를 떠나야 할 경우는 인양물을 지면에 내려놓아야 하고, 구동 엔진 정지 및 브레이크를 작동 상태로 하여 잠금장치를 하여야 한다.
 ③ 인양작업 중 고장 발생 시 인양물을 지상에 내려놓고 브레이크와 안전장치를 작동상태로 유지하여야 한다.
 ④ 이동식 크레인의 지브와 인양물 또는 각종 장애물과 부딪치지 않도록 하여야 한다.

**09** 화면은 변압기를 유기화합물에 담가 절연 처리한 후 건조하는 작업을 나타낸다. 화면과 같은 작업에서 착용해야 할 보호구를 적으시오. (3점)

(1) 손
(2) 눈
(3) 피부

**Answer & Explanation**

(1) 화학물질용 안전장갑(불침투성 보호장갑)
(2) 보안경
(3) 화학물질용 보호복(불침투성 보호복)

## 2015. 1회 2부

# 산업안전기사

시험시간 : 1시간 정도

**01** 화면은 고온의 스팀 배관을 보수하기 위해 누출 부위를 점검하는 장면을 보여준다. 예상되는 재해 발생형태를 적으시오. (3점)

**Answer & Explanation**

이상온도 노출·접촉

**02** 화면에서 작업자가 작동 중인 컨베이어 벨트 끝부분에 올라서서 형광등을 교체하던 중 추락하는 장면을 보여준다. 작업자의 불안전한 행동 2가지를 적으시오. (4점)

**Answer & Explanation**

① 안전한 작업발판을 사용하지 않고 컨베이어 벨트에 올라서서 형광등을 교체하였다.
② 움직이는 기계 주변에서 작업할 경우 기계의 전원을 차단하고 작업하여야 하나 컨베이어 전원을 차단하지 않았다.

**03** 화면에서 작업자는 버스정비작업을 하고 있다. (7점)

(1) 작업자가 버스 아래에 들어가 정비작업을 하는 경우의 작업 시 위험요인을 적으시오.
(2) 작업 중 근로자가 샤프트에 재해를 당하였다. 위험점의 종류를 적으시오.

**Answer & Explanation**

(1) 안전조치사항
① 버스 시동장치에 잠금장치를 하지 않았다.
② 열쇠를 뽑아 별도 관리하지 않았다.
③ "정비 중" 표지판을 설치하지 않았다.
④ 안전블럭 또는 안전지주를 설치하지 않았다.
⑤ 작업지휘자를 배치하지 않았다.

(2) 위험점의 종류 : 회전말림점

### 참고하기

1. 샤프트(회전축) → 회전말림점

2. 안전지주

그림 출처 : 고용노동부, "2020. 만화로 보는 산업안전보건기준에 관한 규칙", p93.

3. 안전블럭

그림 출처 : 안전보건공단, "덤프트럭 안전보건작업 지침" 2016.11. p12.

**04** 화면에서 보여주는 (1) 보호구의 명칭을 적으시오. (2) 안전블록이 부착된 안전대의 구조를 3가지 적으시오. (8점)

그림 출처 : COV, 안전보건공단. "고소작업자를 위한 추락방지장치 구성요소"

**Answer & Explanation**

(1) 안전블록

(2) 안전블록이 부착된 안전대의 구조
  ① 안전블록을 부착하여 사용하는 안전대는 신체지지의 방법으로 안전그네만을 사용할 것
  ② 안전블록은 정격 사용 길이가 명시 될 것
  ③ 안전블록의 줄은 합성섬유로프, 웨빙(webbing), 와이어로프이어야 하며, 와이어로프인 경우 최소 지름이 4mm이상일 것

**참고하기**

• 안전블록의 구조
  ① 자동 잠김 장치를 갖출 것
  ② 안전블록의 부품은 부식방지처리를 할 것

**05** 화면에서는 이동식 크레인으로 배관을 운반하는 작업 중이다. 작업 중 위험요소 2가지를 적으시오. (4점)

**화면 설명** ● 배관을 1줄걸이 상태로 불안하게 운반하고 있으며, 와이어로프의 일부분이 손상된 모습을 보여준다. 작업자가 배관을 손으로 지지하다 배관이 흔들리며 작업자가 배관에 맞는 사고가 발생한다.

**Answer & Explanation**

① 줄걸이 방법 불량(2줄 걸이로 균형을 유지하여야 하나 1줄 걸이 상태로 운반함)
② 배관을 유도(보조)로프로 흔들림 방지하지 않고 손으로 지지하고 있음
③ 와이어로프 상태 불량(손상된 와이어로프 사용함)
④ 훅의 해지장치 미설치(혹은 훅의 해지장치를 체결하지 않음)

**주의** 동영상을 확인하고 답을 적으세요.

## 06
높이 2미터 이상인 작업장소에 설치하여야 하는 작업발판의 설치기준을 6가지 적으시오. (6점)

**Answer & Explanation**

① 발판재료 : 작업시의 하중을 견딜 수 있도록 견고한 것으로 할 것
② 발판의 폭 : 40cm 이상으로 하고, 발판재료간의 틈 : 3cm 이하로 할 것
③ 추락의 위험성이 있는 장소에는 안전난간을 설치할 것
④ 작업발판의 지지물 : 하중에 의하여 파괴될 우려가 없는 것을 사용할 것
⑤ 작업발판재료는 뒤집히거나 떨어지지 아니하도록 2 이상의 지지물에 연결하거나 고정시킬 것
⑥ 작업에 따라 이동시킬 때에는 위험방지 조치를 할 것
⑦ 선박 및 보트 건조작업에서 선박블록 또는 엔진실 등의 좁은 작업공간에 작업발판을 설치하는 경우 : 작업발판의 폭을 30센티미터 이상으로 할 수 있고, 걸침비계의 경우 발판재료 간의 틈을 3센티미터 이하로 유지하기 곤란하면 5센티미터 이하로 할 수 있다.

## 07
화면은 선박 탱크 내부의 슬러지처리 작업을 보여준다. 작업도중 한 작업자가 의식을 잃고 쓰러진다. 이러한 사고에 대비하여 필요한 비상시 피난용구 3가지를 적으시오. (6점)

**Answer & Explanation**

① 송기마스크 또는 공기호흡기
② 섬유로프
③ 사다리
④ 안전대
⑤ 구명밧줄

## 08
화면에서 작업자는 사출성형기 작동 중 기계가 멈추자 안을 들여다보며 기계 안에 끼인 이물질을 손으로 제거하다 감전으로 뒤로 넘어지는 재해를 당한다. 사출성형기의 이물질 제거 시 안전작업 방법 3가지를 적으시오. (3점)

**Answer & Explanation**

① 전원을 차단하고 이물질을 제거한다.
② 감전 우려가 있는 부위에 **방호덮개(게이트가드)**를 설치한다.
③ 방호덮개(게이트가드)를 개방하는 경우 전원이 차단되는 **연동장치(인터록장치)**를 설치한다.
④ 이물질 제거 시 **전용공구(수공구)**를 사용한다.

## 09 화면에서 작업자는 드릴 작업을 하고 있다. 작업 시 위험요인 2가지를 적으시오. (4점)

**화면 설명 •** 작업자는 작업 중 이물질을 입으로 불어 제거하고 있으며, 또한 손으로 이물질을 제거하려는 모습을 보여준다. 작업자는 보안경을 착용하지 않은 상태이다.

**Answer & Explanation**

① 보안경을 착용하지 않았다.
   (보안경을 착용하지 않아 눈을 다칠 위험 있다.)
② 방진마스크를 착용하지 않았다.
   (방진마스크를 착용하지 않아 이물질 또는 칩이 호흡기로 들어갈 위험 있다.)
③ 이물질을 전용공구(수공구)를 사용하지 않고 손으로 제거하였다.
   (이물질을 손으로 제거하여 손을 다칠 위험 있다.)

# 산업안전기사

**01** 화면의 보호구를 보고 다음 물음에 답하시오. [단, 그림의 기호는 무시] (8점)

(1) 보호구의 종류를 적으시오.
(2) 방독마스크 정화통의 주성분을 1가지만 적으시오.
(3) 시험가스의 종류를 적으시오.
(4) 직결식 방독마스크 전면형의 누설률은 얼마인가?

**Answer & Explanation**

(1) 보호구의 종류 : 암모니아용 방독마스크
(2) 정화통의 주성분 : 큐프라마이트
(3) 시험가스의 종류 : 암모니아 가스
(4) 0.05% 이하

**02** 화면에서는 컨베이어 작업을 보여준다. 컨베이어의 작업 시작 전 점검 사항 4가지를 적으시오. (4점)

**Answer & Explanation**

> 작업 시작 전 점검 사항
> ① 원동기 및 풀리기능의 이상 유무
> ② 이탈 등의 방지장치기능의 이상 유무
> ③ 비상정지장치 기능의 이상 유무
> ④ 원동기·회전축·기어 및 풀리 등의 덮개 또는 울 등의 이상 유무

**03** 화면에서 두 작업자가 작업을 하던 중 한 작업자가 변압기의 2차 전압을 측정하기 위해 다른 작업자에게 전원을 투입하라는 신호를 보낸다. 측정 후 전원을 차단하라는 신호를 보내고 측정기를 철거하던 중 감전이 발생한다. 이때 작업자는 맨손으로 작업을 하였다. 이 동영상에서 내재되어 있는 핵심 위험요인을 3가지 적으시오. (5점)

**Answer & Explanation**

> ① 작업자가 절연장갑을 착용하지 않았다.
> ② 작업자 간 신호전달이 제대로 이뤄지지 않았다.
> ③ 측정기를 철거하기 전에 정전되었는지 확인을 하지 않았다.

**주의** 이 문제는 반드시 동영상을 확인하고 답을 적으세요.

**04** 교량점검 작업 중 근로자 추락사고가 발생하였다. (6점)

(1) 위 사고의 원인 두 가지를 적으시오.
(2) 위와 같은 작업 시 설치하여야 하는 작업발판의 폭을 적으시오.

**Answer & Explanation**

> (1) 추락사고의 원인
>     ① 안전대 미착용
>     ② 추락방호망 미설치(또는 불량)
>     ③ 안전난간 미설치(또는 불량)
>     ④ 주변 정리정돈 불량
> (2) 높이 2m 이상 장소에서의 작업발판의 폭 : 40cm 이상

**05** 화면에서 작업자는 컨베이어 작업을 하던 중 손이 협착되었다. 위 동영상을 보고 안전조치 사항 2가지를 적으시오. (4점)

> **화면 설명 ●** 작업자가 야간에 한 손으로 플래시를 들고 컨베이어 벨트를 점검하고 있다. 점검 중 부주의로 컨베이어 위에 올려둔 손이 롤러 사이에 말려 들어가는 사고가 발생한다.

**Answer & Explanation**

① 전원차단 후에 기계 점검 실시
② 컨베이어에 비상 정지 장치 설치
③ 컨베이어 주변 조명 확보
④ 작업 시작 전 기계 점검 실시
⑤ 작업자 안전교육 실시

**06** 화면에서 작업자는 공장 지붕에서 패널설치 작업 중 실족으로 추락하였다. (1) 재해발생 원인 2가지 (2) 안전대책 2가지를 적으시오. (8점)

**Answer & Explanation**

(1) 재해발생 원인
① 작업발판 불량
② 안전대 미착용
③ 안전난간 미설치
④ 추락방호망 미설치
⑤ 주변 정리정돈 불량

(2) 안전대책
① 작업발판 설치(작업발판이 고정되지 않았다면 "작업발판 고정")
② 안전대 착용
③ 안전난간 설치
④ 추락방호망 설치
⑤ 주변 정리정돈 철저

**07** 화면에서 작업자는 황산을 취급하고 있다. 작업자는 맨손이며, 마스크를 미착용한 채로 황산을 비커에 따르는 작업을 하고 있다. 황산이 체내에 유입될 수 있는 경로 3가지를 적으시오. (3점)

**Answer & Explanation**

① 호흡기
② 소화기
③ 피부점막

**08** 화면에서 작업자는 물기가 많은 작업장에서 펌프 점검 중 수중펌프에 접촉하여 감전사고가 발생하였다. 작업자가 감전된 원인을 피부저항과 관련하여 설명하시오. (3점)

**Answer & Explanation**

인체가 젖은 상태에서 피부저항은 1/25로 감소하기 때문에 감전되기 쉽다.

**09** 화면에서 작업자는 밀폐된 탱크 내에서 그라인더 작업 중 다른 작업자가 외부에 설치된 국소배기장치의 전원을 발로 차서 국소배기장치의 전원이 끊어지며 작업자가 의식을 잃고 쓰러진다. 동영상에서와 같은 작업 시의 위험요인 2가지를 적으시오. (4점)

**Answer & Explanation**

① 국소배기장치 **전원 차단으로 인한 질식 위험** 있다.
② 작업 중 **환기 미실시로 인한 질식 위험** 있다.
③ 근로자 **송기마스크 미착용으로 인한 질식 위험** 있다.

**주의** 동영상을 확인하고 답을 적으세요.

# 산업안전기사

2015. 2회 1부

시험시간 : 1시간 정도

**01** 화면에서 작업자는 자동차 브레이크 라이닝을 화학약품에 세척하는 작업을 하고 있다. 화면과 같은 작업을 하는 경우 착용해야 할 보호구를 3가지 적으시오. (6점)

**Answer & Explanation**

① 방독마스크
② 보안경
③ 화학물질용 안전장갑(불침투성 보호장갑)
④ 화학물질용 안전화(불침투성 보호장화)
⑤ 화학물질용 보호복 (불침투성 보호복)

**02** 화면에서는 가죽제 안전화를 보여준다. 가죽제 안전화의 성능시험 항목을 3가지 적으시오. (6점)

**Answer & Explanation**

① 내충격성 시험
② 내압박성 시험
③ 내답발성 시험
④ 박리저항 시험
⑤ 내유성 시험

**03** 화면에서 작업자는 습윤한 장소에서 모터보트의 모터 부위를 점검하던 중 감전을 당하였다. (1) 감전 방지를 위해 설치하여야 하는 장치 1가지와 (2) 동종재해 예방대책 3가지를 적으시오. (6점)

> **Answer & Explanation**
>
> (1) 감전방지를 위해 설치하여야 하는 장치 : 누전차단기
>
> (2) 동종재해 예방대책
>   ① **전원을 차단하고 점검**을 실시할 것(전원을 차단하지 않은 경우만 해당)
>   ② 작업자는 **절연장갑을 착용**할 것(절연장갑을 착용하지 않은 경우만 해당)
>   ③ **누전차단기를 설치**할 것
>   ④ 모터와 전선의 접속부는 충분히 피복하거나 적합한 접속기구(접지형 콘센트 및 플러그)를 사용할 것
>   ⑤ 습윤한 장소에서 사용하는 전선은 충분한 절연 효과가 있는 것을 사용할 것

**04** 화면에서 작업자는 퍼지작업을 하고 있다. 퍼지작업의 종류 3가지를 적으시오. (4점)

> **Answer & Explanation**
>
> ① 진공퍼지
> ② 압력퍼지
> ③ 스위프퍼지
> ④ 사이폰퍼지

**05** 지게차 작업 중 위험예지 포인트 3가지를 기술하시오. (3점)

> **Answer & Explanation**
>
> ① 전방 시야 불충분으로 지게차와 작업자가 충돌한다.
> ② 물건을 과적하여 운전자 시야를 가려 지게차와 작업자가 충돌한다.
> ③ 물건을 불안정하게 적재하여 화물이 떨어지며 작업자가 다친다.
> ④ 작업자가 포크에 올라서서 이동하던 중 떨어진다.

**06** 화면에서 작업자는 사출성형기 작동 중 기계가 멈추자 안을 들여다보며 금형에 끼인 이물질을 손으로 제거하다 감전으로 뒤로 넘어지는 재해를 당한다. 사출성형기 금형의 이물질 제거 작업 시의 위험요인 2가지를 적으시오. (4점)

> Answer & Explanation
>
> ① 전원을 차단하지 않고 이물질을 제거하였다.
> ② 이물질 제거 시 전용공구(수공구)를 사용하지 않고 손으로 제거하였다.
> ③ 방호 덮개를 개방하는 경우 전원이 차단되는 연동장치(인터록장치)를 설치하지 않았다.
> ④ 감전 우려가 있는 부위에 방호 덮개를 설치하지 않았다.

**07** 화면에서 작업자는 프레스로 철판에 구멍을 뚫는 작업을 하고 있다. 위험예지 포인트를 3가지 적으시오. (6점)

> Answer & Explanation
>
> ① 금형에 붙어있는 이물질을 손으로 제거하려다 손을 다친다.
> ② 작업자 실수로 페달을 밟아(슬라이드가 하강하여) 손을 다친다.
> ③ 주변 정리정돈 불량으로 걸려 넘어지며 기계에 부딪힌다.
> ④ 보안경을 착용하지 않아 눈에 이물질이 들어가 눈을 다친다.

**08** 화면에서는 이동식 크레인으로 배관을 운반하는 작업 중이다. 작업 중 위험요소 2가지를 적으시오. (4점)

> 화면 설명 • 배관을 1줄걸이 상태로 불안하게 운반하고 있으며, 와이어로프의 일부분이 손상된 모습을 보여준다. 작업자가 배관을 손으로 지지하다 배관이 흔들리며 작업자가 배관에 맞는 사고가 발생한다.
>
> Answer & Explanation
>
> ① 줄걸이 방법 불량(2줄 걸이로 균형을 유지하여야 하나 1줄 걸이 상태로 운반함)
> ② 배관을 유도(보조)로프로 흔들림 방지하지 않고 손으로 지지하고 있음
> ③ 와이어로프 상태 불량(손상된 와이어로프 사용함)
> ④ 훅의 해지장치 미설치(혹은 훅의 해지장치를 체결하지 않음)

주의 • 동영상을 확인하고 답을 적으세요.

**09** 크레인을 이용하여 활선전로에 인접하여 전주 세우기 작업을 하던 중 크레인이 전로에 접촉하며 운전자가 감전을 당하는 재해가 발생하였다. 동종재해를 방지하기 위한 관리적 대책 3가지를 적으시오. (6점)

**Answer & Explanation**

충전전로 인근에서의 차량·기계장치 작업 시의 안전조치
① 차량 등을 충전부로부터 300센티미터 이상 이격시키되, 대지전압이 50킬로볼트를 넘는 경우 10킬로볼트 증가할 때마다 10센티미터씩 증가
② 이격거리
  • 절연용 방호구를 설치한 경우 : 절연용 방호구 앞면까지
  • 차량의 버킷이나 끝부분이 절연되어 있고 유자격자가 작업하는 경우 : 접근 한계거리까지
③ 근로자가 차량과 접촉하지 않도록 울타리를 설치하거나 감시인 배치 등의 조치
④ 충전전로 인근에서 접지된 차량 등이 충전전로와 접촉할 우려가 있을 경우에는 지상의 근로자가 접지점에 접촉하지 않도록 조치

**주의** 동영상 화면을 반드시 확인하세요.

## 2015. 2회 2부

# 산업안전기사

시험시간 : 1시간 정도

**01** 화면에서 두 명의 작업자가 작동 중인 경사 컨베이어에서 포대를 컨베이어 위로 올리는 작업을 하고 있다. 한 작업자는 컨베이어 양쪽 끝부분에 올라서서 포대를 받을 준비를 하고 있으며, 다른 작업자는 컨베이어 아래에서 포대를 올려주고 있다. 컨베이어 위에 서 있던 작업자의 발이 포대에 맞아 넘어지며 작업자의 팔이 컨베이어에 끼이는 사고가 발생한다. (1) 불안전한 작업 방법 2가지를 적으시오. (2) 사고 시 조치해야 할 사항을 1가지씩 적으시오. (4점)

**Answer & Explanation**

(1) 불안전한 작업 방법
① 컨베이어 전원을 차단하지 않고 작업하였다.
② 안전한 작업발판을 확보하지 않고 컨베이어 위에서 작업했다.
(2) 사고 시 조치해야 할 사항 : 비상정지장치를 조작하여 컨베이어 운전을 정지시킨다.

**02** 건물 해체작업 시 작성하여야 하는 해체계획에 포함되어야 할 사항 3가지를 적으시오. (6점)

**Answer & Explanation**

① 해체방법, 해체순서 도면
② 가설설비, 방호설비, 살수, 방화설비 등 설비방법
③ 사업장 내 연락방법
④ 해체물 처분계획
⑤ 해체작업용 기계·기구 등의 작업계획서
⑥ 해체작업용 화약류 등의 사용계획서

**03** 방독마스크 정화통에 표시하여야 하는 사항 중 안전인증 표시 외 추가표시사항을 4가지 적으시오. (4점)

> **Answer & Explanation**
> 
> ① 파과곡선도
> ② 사용 시간 기록 카드
> ③ 정화통의 외부 측면의 표시 색
> ④ 사용상의 주의사항

**04** 아파트 창틀에서 두 명의 작업자가 발판을 설치하는 작업을 하고 있다. 한 작업자가 발판을 건네주고 다른 작업자가 설치하려고 이동하던 중 바닥으로 추락사고가 발생하였다. 주변 정리정돈이 되어있지 않고, 작업자가 밟고 있던 콘크리트 부스러기가 함께 떨어지는 장면을 보여준다. 위 사고에서 추락의 원인 3가지를 적으시오. (6점)

> **Answer & Explanation**
> 
> ① 안전대 미착용
> ② 추락방호망 미설치(또는 불량)
> ③ 안전난간 미설치(또는 불량)
> ④ 주변 정리정돈 불량

**주의** 동영상을 확인하고 답을 적으세요.

**05** 화면에서 작업자는 마그네틱 크레인으로 금형을 옮기는 작업을 하고 있다. 작업자가 한 손으로 스위치를 조작하며 다른 손으로 금형을 잡고 이동하던 중 스위치를 잘못 건드려 금형이 발에 떨어지는 사고를 당한다. (크레인 훅에는 해지장치가 없는 상태이며, 작업자는 안전모 미착용, 면장갑을 착용하고 있는 상태이다.) 화면에서와 같은 크레인으로 화물을 옮기는 작업에서의 위험요인 3가지를 적으시오. (6점)

> **Answer & Explanation**
> 
> ① 한 손으로 스위치를 조작하며 다른 손으로 금형을 잡고 이동하고 있어 스위치 오조작이 우려된다.
> ② 크레인에 해지장치가 없어 화물이 낙하할 우려 있다.
> ③ 안전모를 미착용하여 낙하하는 화물에 머리를 다칠 우려 있다.

**06** 화면에서는 크레인을 이용하여 활선전로에 인접하여 전주 세우기 작업을 하고 있다. 전주 세우기 작업 중 전주가 조금 돌아가며 인접전로에 접촉하여 스파크가 발생한다. (1) 사고의 직접 원인, (2) 가해물, (3) 전기작업 시 착용하여야 하는 안전모의 종류를 2가지를 적으시오. (6점)

**Answer & Explanation**

(1) 직접 원인 : 크레인 이격거리 미준수로 인접활선전로와 접촉
(2) 가해물 : 전주
(3) 안전모의 종류 : AE형, ABE형

**주의** 동영상 화면을 반드시 확인하세요.
화면에서 크레인이 전로와 접촉한 경우는 "인접활선전로와 접촉",
크레인이 전로와 떨어져 작업하였으나 감전을 당하였다면 "유도전류에 의한 감전"이 답이 됩니다.

**07** LPG 저장소에 설치하는 가스 누출 감지경보기 검지 센서의 적절한 (1) 설치 위치와 (2) 경보설정치는 폭발하한계의 몇 %인가? (4점)

**Answer & Explanation**

(1) 바닥에 인접한 낮은 곳
(2) 폭발하한계의 25% 이하

**08** 화면에서 작업자는 면 마스크를 착용한 상태에서 석면취급 작업을 하고 있다. 작업자가 마스크를 착용하고 있으나 석면 위험에 노출되어 있어 직업병이 우려된다. (1) 그 이유를 설명하고, (2) 장기간 석면에 노출될 경우 우려되는 직업병의 종류를 3가지 적으시오. (5점)

**Answer & Explanation**

(1) 이유 : 방진마스크(특급)를 착용하지 않고 면 마스크를 착용하고 있다.
(2) 직업병의 종류
① 폐암
② 석면폐증
③ 악성 중피종

**09** 화면에서 2명의 작업자가 전주에서 작업을 하고 있다. 작업자 1명은 아래에서 절연용 방호구를 올리고 있으며 다른 작업자는 크레인에서 절연용 방호구를 받아 설치하는 작업을 하던 중 감전사고가 발생하였다. 화면에서와 같은 활선작업 시 내재되어 있는 핵심 위험요인 2가지를 적으시오. (4점)

**Answer & Explanation**

① 작업자가 **절연용 보호구를 착용하지 않아** 감전의 위험 있다.
② 크레인이 **이격거리를 준수하지 않아** 감전의 위험 있다.
③ 작업자가 **접근한계 거리를 준수하지 않고 충전 전로에 접근하여** 감전의 위험 있다.
④ **활선 작업용 기구 및 장치를 사용하지 않아** 감전의 위험 있다.

**주의** 동영상 화면을 확인하고 답을 적으세요.

# 산업안전기사

2015. 2회 3부

시험시간 : 1시간 정도

**01** 화면에서는 녹색 정화통의 방독마스크를 보여준다. 다음 물음에 답하시오. (6점)
[단, 그림의 기호는 무시]

(1) 화면에 해당하는 방독마스크의 종류를 적으시오.
(2) 방독마스크 정화통의 주성분을 1가지 적으시오.
(3) 화면에 해당하는 방독마스크 정화통의 시험가스 종류를 적으시오.
(4) 화면에 해당하는 방독마스크의 형식을 적으시오.

**Answer & Explanation**

(1) 암모니아용 방독마스크
(2) 큐프라마이트
(3) 암모니아 가스
(4) 직결식

**02** 화면은 김치제조 공장에서 무채 슬라이스 작업을 보여준다. 작업 중 기계작동이 멈춰 기계를 점검하고 있던 중에 걸려있던 무채를 제거하는 순간 기계가 작동하며 재해가 발생하였다. (5점)

(1) 슬라이스 기계에서 무채를 썰어내는 부분에 존재하는 위험점을 적으시오.
(2) 위험점의 정의를 적으시오.
(3) 이 기계의 위험 포인트는 무엇인가?
(4) 동종 재해를 예방하기 위하여 설치하여야 하는 안전장치를 적으시오.
(5) 동종의 재해를 방지하기 위한 예방대책을 3가지를 적으시오.

**Answer & Explanation**

(1) 위험점 : 절단점
(2) 위험점의 정의 : 회전하는 운동부 자체, 운동하는 기계부분 자체의 위험점
(3) 위험 포인트 : 슬라이스 기계 칼날
(4) 안전장치 : 칼날 부위 덮개, 인터록장치(덮개 제거 시 기계 정지)
(5) 재해방지 대책 : ① 기계에 인터록장치 설치, ② 장갑 착용 금지, ③ 기계운전 정지하고 이물질 제거

**03** 화면은 선박 탱크 내부의 슬러지처리 작업을 보여준다. 작업 도중 한 작업자가 의식을 잃고 쓰러진다. 작업자가 탱크 내부에서 30분 이상 작업할 경우 착용하여야 할 보호구의 종류를 2가지 적으시오. (4점)

**Answer & Explanation**

① 송기마스크
② 공기호흡기

**04** 화면에서 작업자는 작업을 하기 위해 전주에 올라가다 표지판에 부딪히며 추락하였다. 사고 발생원인 2가지를 적으시오. (4점)

**Answer & Explanation**

① 작업자가 안전대를 착용하지 않았다.
② 작업 발판이 불안하다. [활선 작업용 장치(차량, 작업대)를 사용하지 않음]
③ 작업 전 주변 점검을 실시하지 않았다.

## 05
화면은 영상표시단말기(VDT) 작업을 나타내고 있다. VDT 작업으로 인한 장애를 3가지 쓰시오. (6점)

**Answer & Explanation**

① 경견완증후군
② 기타 근골격계 증상
③ 눈의 피로
④ 피부 증상
⑤ 정신 신경계 증상

## 06
화면에서 작업자는 피트의 뚜껑을 열고 나무 발판에 올라선 채 플래시를 비추며 피트 내부를 점검하던 중 발이 미끄러지며 피트로 추락하는 사고가 발생한다. 동영상에서와 같은 작업 시 준수하여야 할 작업 안전수칙 3가지를 적으시오. (6점)

**Answer & Explanation**

① 안전한 작업 발판을 확보하고 작업한다.
② 작업자가 안전대를 착용한다.
③ 피트 내 추락방호망을 설치한다.

## 07
화면은 타워크레인을 이용하여 비계를 운반 중 발생한 재해를 보여준다. 이 사고는 타워크레인의 안전작업 방법 중 어느 부분을 준수하지 않아 발생하였는지 3가지를 적으시오. (6점)

**화면 설명 ●** 타워크레인으로 비계를 운반하여 지면에 내려놓는 작업을 하던 중 비계가 흔들리며 크레인 아래에서 작업 중이던 근로자와 충돌함

**Answer & Explanation**

① 크레인으로 하물을 인양하는 하부에는 미리 근로자의 출입을 통제하여야 하나 출입을 통제하지 않았다.
② 유도(보조)로프로 흔들림 방지하여야하나 유도로프를 사용하지 않았다.
③ 하물을 내려놓기 위해 하물을 흔들어서는 안 된다.
④ 신호수를 배치하지 않았다.

**주의** 동영상을 확인하고 답을 적으세요.

**08** 화면에서는 작업자 2명이 화물을 들어올리는 작업을 하고 있다. 승강기 개구부에서 한 명의 작업자는 위에서 안전난간에 로프를 걸쳐 화물을 끌어올리고 있으며, 다른 작업자는 밑에서 화물을 올려주는 작업을 하고 있다. 작업 중 인양하던 화물이 떨어지며 밑에 있던 작업자가 화물에 맞는 사고가 발생하였다. 동종 재해 방지를 위한 화물인양 시의 준수사항을 2가지 적으시오. (4점)

**Answer & Explanation**

① 안전난간에 로프를 걸치고 화물을 끌어올리는 작업해서는 안 된다.
② 손상된 로프 사용금지
③ 중량물은 양중장비를 활용할 것
④ 작업자는 안전모 등 보호구를 착용할 것

**주의** 동영상을 확인하고 답을 적으세요.

**09** 화면에서 작업자는 폭발성 물질 저장소에 들어가기 위해 신발에 물을 묻히고 있다. (4점)

(1) 그 이유를 설명하시오.
(2) 폭발성 물질 화재 시 적합한 소화 방법을 적으시오.

**Answer & Explanation**

(1) 이유 : 신발과 바닥 사이의 **정전기로 인한 폭발 방지**
(2) 소화 방법 : 다량의 주수에 의한 **냉각 소화**

## 2015. 3회 1부

# 산업안전기사

시험시간 : 1시간 정도

**01** 화면을 보고 습윤한 장소에서의 감전재해 방지 및 이동전선 사용 시 점검사항 3가지를 적으시오. (6점)

> **화면 설명**  작업자들이 무채 작업을 하고 있는 장면이다. 작업자의 무릎 정도로 물이 차 있는 상태에서 전기기구를 손으로 쥐고 작업하고 있으며 이동 전선은 물속에 잠겨있는 상태이다.

**Answer & Explanation**

① 누전차단기를 설치할 것
② 전선은 충분한 절연효과가 있는 것을 사용할 것
③ 전선의 접속부는 충분히 피복하거나 적합한 접속기구(접지형 콘센트 및 플러그)를 사용할 것
④ 전선은 절연피복 손상, 노화로 인한 감전방지 위해 필요한 조치를 할 것

**주의** 반드시 동영상을 확인하고 답을 적으세요.

**02** 화면에서는 가죽제 안전화를 보여준다. 가죽제 안전화의 뒷굽 높이를 제외한 몸통의 높이를 적으시오. (6점)

**Answer & Explanation**

| 단화 | 중단화 | 장화 |
|---|---|---|
| 113mm 미만 | 113mm 이상 | 178mm 이상 |

**03** 크레인을 이용하여 활선전로에 인접하여 전주 세우기 작업을 하던 중 크레인이 전로에 접촉하며 운전자가 감전을 당하는 재해가 발생하였다. 동종재해를 방지하기 위한 대책 3가지를 적으시오. (6점)

> **Answer & Explanation**
>
> 충전전로 인근에서의 차량·기계장치 작업 시의 안전조치
> ① 차량 등을 충전부로부터 300센티미터 이상 이격시키되, 대지전압이 50킬로볼트를 넘는 경우 10킬로볼트 증가할 때마다 10센티미터씩 증가
> ② 이격거리
>   • 절연용 방호구를 설치한 경우 : 절연용 방호구 앞면까지
>   • 차량의 버킷이나 끝부분이 절연되어 있고 유자격자가 작업하는 경우 : 접근 한계거리까지
> ③ 근로자가 차량과 접촉하지 않도록 울타리를 설치하거나 감시인 배치 등의 조치
> ④ 충전전로 인근에서 접지된 차량 등이 충전전로와 접촉할 우려가 있을 경우에는 지상의 근로자가 접지점에 접촉하지 않도록 조치

**04** 화면에서 작업자는 회전하는 롤러기의 롤러를 걸레로 청소하고 있다. 작업 중 근로자의 손이 롤러에 말려드는 사고가 발생하였다. 이 사고의 핵심위험요인 2가지를 적으시오. (4점)

> **Answer & Explanation**
>
> ① 롤러의 전원을 차단하지 않고 청소했다.
> ② 롤러기에 인터록장치가 설치되지 않았다.
>   (롤러의 가드를 제거할 경우 롤러가 작동하지 않는 인터록장치를 설치하여야 한다.)
> ③ 롤러의 물림점에 가드가 설치되지 않았다.
> ④ 작업자가 장갑을 착용하였다. (화면에서 장갑을 착용한 경우만 해당)

**05** 화면에서는 박공지붕 설치작업을 보여준다. 다음 물음에 답하시오.
사고 발생원인 3가지를 적으시오. (6점)

**화면 설명** • 박공지붕 위에서 박공지붕을 설치하던 중 작업자가 미끄러지며 박공지붕 재료와 함께 추락하였다. 지붕 아래에는 다른 작업자가 누워서 휴식을 취하다가 비래하는 박공지붕에 맞는 사고가 발생했다.

> **Answer & Explanation**
>
> ① 추락방호망 미설치
> ② 안전대 미착용
> ③ 안전난간 미설치
> ④ 작업발판 미설치(또는 작업발판 불량)
> ⑤ 작업장 아래 접근금지 조치 미실시

**주의** 반드시 동영상을 확인하고 답을 적으세요.

## 06
작업 발판을 이용해 전동 톱으로 목재를 절단하던 중 작업자가 작업 발판(높이 60cm 이상)의 불균형으로 넘어지는 재해가 발생하였다. (1) 가해물과 (2) 재해 발생형태를 쓰시오. (4점)

**Answer & Explanation**

(1) 가해물 : 바닥
(2) 재해 발생 형태 : 떨어짐

### 참고하기

- 「떨어짐」과 「넘어짐」의 분류
  ① 바닥면과 신체가 떨어진 상태로 더 낮은 위치로 떨어진 경우 → 「떨어짐」
  ② 바닥면과 신체가 접해있는 상태에서 더 낮은 위치로 떨어진 경우 → 「넘어짐」
  ③ 신체가 바닥면과 접해있었는지 여부를 알 수 없는 경우 **작업발판 등 구조물의 높이가 보폭 (약 60cm) 이상인 경우** → 「떨어짐」
  ④ 보폭 미만인 경우 → 「넘어짐」

**주의** • 바닥면과 신체가 접해있거나, 발판의 높이가 60cm 미만인 경우는 "넘어짐"이 된다.
• 동영상을 확인하고 답을 적으세요.

## 07
화면에서 작업자는 DMF(디메틸포름아미드) 취급 작업을 하고 있다. 위 동영상을 보고 DMF작업 시 작업자가 착용해야 할 보호구 3가지를 적으시오. (6점)

**Answer & Explanation**

① 방독마스크
② 화학물질용 안전장갑(불침투성 보호장갑)
③ 화학물질용 안전화(불침투성 보호장화)
④ 화학물질용 보호복(불침투성 보호복)
⑤ 보안경

### 참고하기

① 산업보건기준에 관한 규칙 : 불침투성 보호복, 불침투성 보호장갑, 불침투성 보호장화, 호흡용 보호구, 보안경
② 보호구 안전인증에 관한 노동부 고시 : 화학물질용 보호복, 화학물질용 안전장갑, 화학물질용 안전화, 방독마스크, 보안경

**08** 화면에서 작업자는 자동차 부품을 도금 후 세척하는 작업을 하고 있다. 다음 물음에 답하시오. (7점)

> **화면 설명** • 작업자는 담배를 물고 운동화를 착용한 상태에서 작업하고 있다.

(1) 위 화면을 참고하여 위험예지훈련을 하려고 한다. 근로자가 지켜야 할 행동목표 두 가지를 적으시오.

(2) 만약, 세척조에서 신너를 사용한다면 예상되는 재해 유형을 적으시오.

**Answer & Explanation**

(1) 근로자 행동목표
   ① 작업 중 흡연하지 말자.
   ② 세척작업 중 화학물질용 안전화(불침투성 보호장화)를 착용하자.

(2) 재해 유형 : 폭발, 화재

# 산업안전기사

2015. 3회 2부

시험시간 : 1시간 정도

**01** 화면에서 작업자는 퍼지작업을 하고 있다. 퍼지작업의 종류 4가지를 적으시오. (4점)

**Answer & Explanation**

① 진공퍼지
② 압력퍼지
③ 스위프퍼지
④ 사이폰퍼지

**02** 화면에서 보이는 보호구의 (1) 명칭 (2) 등급을 3가지로 구분하고, (3) 산소농도 몇 % 이상인 장소에서 사용할 수 있는지를 적으시오. (6점)

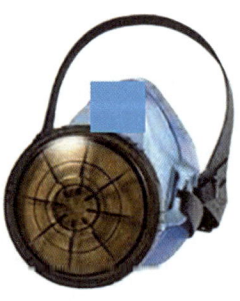 

**Answer & Explanation**

(1) 명칭 : 방진마스크
(2) 등급 : 특급, 1급, 2급
(3) 산소농도 18% 이상에서 사용

## 03 화면에서는 항타기 작업을 보여준다. 다음 물음에 적합한 내용을 적으시오. (3점)

> **보기**
> 항타기 또는 항발기의 권상장치의 드럼축과 권상장치로부터 첫번째 도르래의 축과의 거리를 권상장치의 드럼 폭의 ( ① )배 이상으로 하여야 하며, 도르래는 권상장치 드럼의 ( ② )을 지나야 하며 축과 ( ③ )에 있어야 한다.

**Answer & Explanation**

① 15
② 중심
③ 수직면상

## 04 특수화학 설비 내부의 이상 상태를 조기에 파악하기 위하여 설치해야 할 방호장치 3가지를 적으시오. (6점)

**Answer & Explanation**

① 계측장치(온도계·압력계·유량계)
② 자동경보장치
③ 긴급차단장치
④ 예비동력원(4가지를 적으라는 경우만 해당)

## 05 이동식 크레인 작업 시 작업 시작 전 점검 사항 3가지를 적으시오. (6점)

**Answer & Explanation**

① 권과방지장치나 그 밖의 경보장치의 기능
② 브레이크·클러치 및 조정장치의 기능
③ 와이어로프가 통하고 있는 곳 및 작업장소의 지반상태

## 06

화면에서 작업자는 섬유기계 작업을 하고 있다. 해당 사고의 핵심 위험요인 두 가지를 적으시오. (4점)

**화면 설명 ▶** 섬유기계 작업 중 갑자기 기계가 멈추자 작업자가 전원을 차단하지 않고 면장갑을 착용한 채 회전체의 덮개를 열고 안을 들여다보며 점검하던 중 갑자기 기계가 작동하며 손이 끼이는 사고가 발생한다.

**Answer & Explanation**

① 전원을 차단하지 않고 기계점검을 실시했다.
② 기계에 인터록장치(연동장치)가 설치되지 않았다.
③ 면장갑을 착용하고 기계점검을 실시했다.

**주의 ▶** 반드시 동영상을 확인하고 답을 적으세요.

## 07

화면은 승강기의 컨트롤 패널 점검 작업을 보여준다. 다음 물음에 답하시오. (6점)

**화면 설명 ▶** 작업자는 컨트롤 패널을 점검하기 위하여 전원을 차단한 상태에서 전선을 만지는 순간 감전 당한다.

(1) 화면과 같은 재해를 방지하기 위한 대책 3가지를 적으시오. (3점)
(2) 작업자가 감전당한 원인은 무엇인가? (3점)

**Answer & Explanation**

(1) 재해방지대책(전기를 점검, 보수하는 작업은 정전작업에 해당한다.)
 ① 차단장치에 **잠금장치 및 꼬리표**를 부착할 것
 ② **잔류전하**를 완전히 방전시킬 것
 ③ **검전기**를 이용하여 충전되었는지를 확인할 것
 ④ 작업자는 **절연장갑**을 착용할 것(절연장갑을 미착용한 경우만 해당)
(2) 감전의 원인 : 잔류전하에 의한 감전

**주의 ▶**
• 화면에서 검전기로 충전 유무를 확인하는 장면 후에 감전을 당한 경우 → 오통전에 의한 감전
• 동영상에서 차단기만 내리고 검전기로 확인하는 장면이 없이 감전을 당한 경우 → 잔류전하에 의한 감전

### 참고하기

• 정전작업 시의 조치
 ① 선기기기 등에 **공급**되는 모든 전원을 관련 도면, 배선도 등으로 확인할 것
 ② 전원을 차단한 후 각 단로기 등을 개방하고 확인할 것
 ③ 차단장치나 단로기 등에 잠금장치 및 꼬리표를 부착할 것
 ④ 잔류전하를 완전히 방전시킬 것
 ⑤ 검전기를 이용하여 충전되었는지를 확인할 것
 ⑥ 다른 노출 충전부와의 접촉, 유도 또는 예비동력원의 역송전 등으로 전압이 발생할 우려가 있는 경우에는 충분한 용량을 가진 **단락 접지기구**를 이용하여 접지할 것

**08** 화면에서 두 작업자가 작업을 하던 중 한 작업자가 변압기의 2차 전압을 측정하기 위해 다른 작업자에게 전원을 투입하라는 신호를 보낸다. 측정 후 전원을 차단하라는 신호를 보내고 측정기를 철거하던 중 감전이 발생한다. 이때 작업자는 맨손으로 작업을 하였다. 이 동영상에서 내재되어 있는 핵심 위험요인을 3가지 적으시오. (6점)

**Answer & Explanation**

① 작업자가 절연장갑을 착용하지 않았다.
② 작업자 간 신호전달이 제대로 이뤄지지 않았다.
③ 측정기를 철거하기 전에 정전되었는지 확인을 하지 않았다.

**주의** 이 문제는 반드시 동영상을 확인하고 답을 적으세요.

**09** 화면에서 작업자는 샌드페이퍼(사포)를 손으로 지지하며 작업하다 손이 감겨들어가는 장면을 보여준다. 손이 말려들어가는 부분에 존재하는 위험점의 종류와 정의를 적으시오. (4점)

**Answer & Explanation**

① **위험점의 종류** : 접선물림점 또는 끼임점 또는 회전말림점
   ※ **동영상에서 손이 말려드는 부분을 확인하세요.**
② **정의**
   • 끼임점 : 고정부분과 회전하는 동작 부분 사이에서 형성되는 위험점
   • 접선 물림점 : 회전하는 부분의 접선 방향으로 물려 들어가는 위험점
   • 회전말림점 : 회전하는 물체에 작업복, 머리카락 등이 말려 들어가는 위험점

**참고**하기

접선물림점 / 끼임점

회전 말림점

사진 출처 : AliExpress

**주의** 동영상에서 손이 말려드는 부분을 확인하고 끼임점 또는 접선물림점을 적으세요.

## 2015. 3회 3부

# 산업안전기사

시험시간 : 1시간 정도

**01** 화면에서 작업자는 덤프트럭 적재함을 들어 올리고 수리하다 재해를 당하였다. 차량계 하역, 운반기계 등의 수리 또는 부속장치의 장착 및 해체작업을 하는 때 작업지휘자 준수사항 2가지를 적으시오. (4점)

> ① 작업순서를 결정하고 작업을 지휘할 것
> ② 안전지지대 또는 안전블록 등의 사용상황 등을 점검할 것

**02** 화면의 보호구를 보고 다음 물음에 답하시오. [단, 그림의 기호는 무시] (6점)

(1) 보호구의 종류를 적으시오.
(2) 방독마스크 정화통의 주성분을 1가지만 적으시오.
(3) 시험가스의 종류를 적으시오.

**Answer & Explanation**

(1) 보호구의 종류 : 암모니아용 방독마스크
(2) 정화통의 주성분 : 큐프라마이트
(3) 시험가스의 종류 : 암모니아 가스

**03** 화면은 승강기 와이어로프에 묻은 기름과 먼지를 청소하는 장면을 보여준다. (1) 화면에서 예상되는 재해의 발생형태와 그 정의를 적으시오. (2) 위험점의 종류를 적으시오. (7점)

**Answer & Explanation**

(1) ① 재해 발생형태 : 끼임
② 정의
 • 기계설비에 끼이거나 감김
 • 두 물체 사이의 움직임에 의하여 일어난 것으로 직선 운동하는 물체 사이의 끼임, 회전부와 고정체 사이의 끼임, 롤러 등 회전체 사이에 물리거나 또는 회전체·돌기부 등에 감긴 경우

(2) 위험점의 종류 : 접선물림점 또는 끼임점

**참고하기**

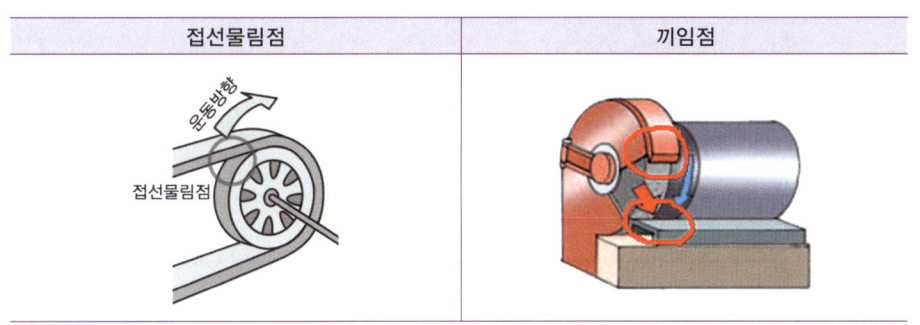

| 접선물림점 | 끼임점 |

주의 위 문제는 반드시 동영상을 확인 후에 답을 적으세요.

**04** 스피커를 통해 작업 지시(점검 작업으로 전원차단 시킴)가 전달되고 있으나 작업자는 지시 사항을 정확히 듣지 못하고 MCC 패널 차단기의 전원을 투입하여 감전재해가 발생하였다. 화면과 같은 재해방지 대책 3가지를 적으시오. (6점)

> **Answer & Explanation**
>
> ① 차단기 함에 잠금장치 및 통전 금지 표찰을 부착하여 담당자 외의 조작을 금지한다.
> ② 무전기 등 연락 장비를 사용하여 지시(연락)를 철저히 한다.
> ③ 작업자에게 전기안전교육을 실시한다.

## 05 화면에서 작업자는 섬유기계 작업을 하고 있다. 해당 사고의 핵심 위험요인 두 가지를 적으시오. (4점)

> **화면 설명 ●** 섬유기계 작업 중 갑자기 기계가 멈추자 작업자가 전원을 차단하지 않고 면장갑을 착용한 채 회전체의 덮개를 열고 안을 들여다보며 점검하던 중 갑자기 기계가 작동하며 손이 끼이는 사고가 발생한다.

> **Answer & Explanation**
>
> ① 전원을 차단하지 않고 기계점검을 실시했다.
> ② 기계에 인터록장치(연동장치)가 설치되지 않았다.
> ③ 면장갑을 착용하고 기계점검을 실시했다.

**주의** 반드시 동영상을 확인하고 답을 적으세요.

## 06 건물해체공사를 하던 중 작업자가 해체 장비와 충돌하는 사고가 발생하였다. 동종재해를 방지하기 위하여 작업자와 해체 장비 사이의 이격거리는 얼마 이상 이격하여야 하는가? (4점)

> **Answer & Explanation**
>
> 4m

## 07 화면에서 작업자는 인화성 물질 용기를 들고 인화성 물질의 취급 및 저장소에 들어가서 운반 작업을 하다가 잠시 쉬려고 웃옷을 벗는 순간 폭발사고가 일어났다. 폭발의 핵심 위험요인은 무엇인가? (4점)

> **Answer & Explanation**
>
> 정전기에 의한 발화(박리대전)

08 화면에서와 같은 전기형강 작업 시 작업자가 착용하고 있는 안전대의 종류를 적으시오. (4점)

**화면 설명 •** 작업자는 전봇대의 작업발판을 딛고 작업을 하고 있는 상황이다.

사진 출처 : 뉴스 Q

**Answer & Explanation**

U자걸이용 안전대

09 화면은 크롬도금 작업을 보여준다. 크롬도금 작업을 할 경우 안전조치사항 3가지를 적으시오. (6점)

**Answer & Explanation**

① 국소 배기장치를 도금조에 근접하게 설치하고 정상작동 여부를 수시로 확인한다.
② 작업장 바닥은 불침투성 재료를 사용하고 누출된 도금액은 즉시 세척한다.
③ 젖은 손으로 전기시설 조작을 금지한다.
④ **보호구**(방진마스크, 불침투성 보호장갑, 불침투성 보호장화, 불침투성 보호복, 보안경)를 **착용하고 작업**한다.

## 2016. 1회 1부
# 산업안전기사

시험시간 : 1시간 정도

**01** 화면에서 작업자는 전주에서 전기형강 교체작업을 하던 중 추락사고가 발생하였다. 작업 위험요인 2가지를 적으시오. (4점)

> **화면 설명** ▸ 작업자는 전주의 발판에 올라서서 작업하고 있으며, 안전대를 착용하고 있으나 전주에 안전대를 걸지 않고 작업하고 있다.

**Answer & Explanation**

① 안전대를 전주에 고정하지 않아 떨어짐 위험이 있다.
② 작업 발판이 불안하여 떨어짐 위험이 있다. (전주의 발판에 올라서서 작업하여 떨어짐 위험있다.)

**02** 높이 2미터 이상인 작업 장소에 설치하여야 하는 (1) 작업발판의 폭은 몇 cm 이상이며, (2) 발판 틈새는 몇 cm 이하가 적절한지 적으시오. (6점)

**Answer & Explanation**

(1) 40cm
(2) 3cm

## 03 건설작업용 리프트의 안전을 확인하는 내용이다. 리프트의 작업 시작 전 점검을 2가지 쓰시오. (6점)

**Answer & Explanation**

① 와이어로프가 통하는 곳의 상태
② 방호장치 및 브레이크, 클러치의 기능

## 04 산업안전보건법상 누전차단기를 설치해야 하는 기계·기구 3가지를 적으시오. (6점)

**Answer & Explanation**

① 대지전압이 150볼트를 초과하는 이동형 또는 휴대형 전기기계·기구
② 물 등 도전성이 높은 액체가 있는 습윤장소에서 사용하는 저압용 전기기계·기구
③ 철판·철골 위 등 도전성이 높은 장소에서 사용하는 이동형 또는 휴대형 전기기계·기구
④ 임시배선의 전로가 설치되는 장소에서 사용하는 이동형 또는 휴대형 전기기계·기구

## 05 안전인증대상 안전모의 그림이다. 안전모의 그림을 보고 ( )에 적합한 세부명칭을 적으시오. (5점)

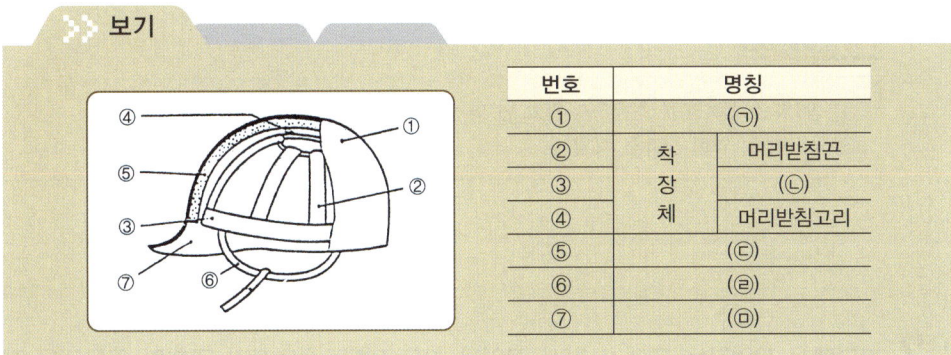

**Answer & Explanation**

㉠ 모체
㉡ 머리고정대
㉢ 충격흡수재
㉣ 턱끈
㉤ 모자챙(차양)

### 참고하기

• 자율안전확인 대상 안전모

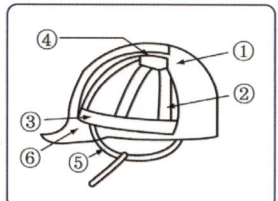

| 번호 | 명칭 | |
|---|---|---|
| ① | 모체 | |
| ② | 착장체 | 머리받침끈 |
| ③ | | 머리고정대 |
| ④ | | 머리받침고리 |
| ⑤ | 턱끈 | |
| ⑥ | 챙(차양) | |

**06** 화면에서 작업자는 면 마스크를 착용한 상태에서 석면 취급 작업을 하고 있다. 작업자가 마스크를 착용하고 있으나 석면 위험에 노출되어 있어 직업병이 우려된다. 그 이유를 설명하고, 장기간 석면에 노출될 경우 우려되는 직업병의 종류를 3가지 적으시오. (4점)

(1) 이유 :

(2) 직업병 종류 :

> **화면 설명 •** 작업장에 국소배기장치가 설치되지 않은 상태에서 석면이 날리고 있는 상태이다. 작업자가 석면을 포대에서 배합기에 넣고 있으며, 다른 작업자는 주변에 흩어진 석면을 빗자루로 쓸고 있다. 작업자는 방진마스크를 착용하지 않고 면 마스크를 착용한 채 작업하고 있다.

**Answer & Explanation**

(1) 방진마스크(특급)를 착용하지 않고 면 마스크를 착용하고 있다.
(2) 석면폐증, 악성 중피종, 폐암

**07** 화면에서 작업자는 프레스 기계 작업을 하고 있다. 작업자가 금형의 이물질을 제거하기 위해 몸을 기울이는 순간 실수로 페달을 밟아 프레스에 손을 다치는 사고가 발생하였다. **동종** 사고를 방지하기 위한 조치사항을 2가지 적으시오. (4점)

**Answer & Explanation**

① 이물질 제거 시에는 수공구 사용한다.
② 페달에 U자형 덮개를 설치한다.

## 08
화면에서 작업자는 드릴 작업을 하고 있다. 동영상을 보고 작업 안전대책 3가지를 적으시오. (6점)

**화면 설명 ▶** 작업자는 보안경을 착용하지 않고 맨손으로 드릴로 금속제 구멍 넓히기 작업을 하고 있다. 드릴은 고정되지 않은 상태이고 방호장치도 설치되지 않았다.

**Answer & Explanation**

① 이동식 드릴은 바닥에 견고하게 고정한다.
② 드릴 날에 방호 덮개 설치 및 방호 덮개를 개방하면 주전원이 차단될 수 있도록 연동장치를 설치한다. (드릴 날에 방호덮개 및 연동장치 설치)
③ 투명 비산 방지판을 설치한다.
④ 가공 대상물을 고정하는 바이스 고정대를 설치한다. (가공물을 바이스로 고정한다.)

## 09
밀폐공간에서 재해자를 구조하는 경우 구조자가 착용하여야 하는 개인용 보호구를 쓰시오. (4점)

**Answer & Explanation**

공기호흡기 또는 송기마스크

## 2016. 1회 2부

# 산업안전기사

시험시간 : 1시간 정도

**01** 화면에서 작업자는 파이프에 페인트 도장작업을 하고 있다. 작업자가 착용하여야 하는 마스크의 종류와 마스크의 흡수제 종류 3가지를 적으시오. (5점)

**Answer & Explanation**

(1) 착용하여야 하는 마스크의 종류 : 방독마스크(유기화합물용)
(2) 마스크의 흡수제 종류 : 활성탄, 큐프라마이트, 소다라임, 알칼리제재

**02** 화면은 방열복을 보여준다. 방열복 내열 원단의 시험성능 기준 3가지를 적으시오. (6점)

**Answer & Explanation**

① 난연성 시험
② 열충격 시험
③ 인장강도 시험
④ 내열성 시험
⑤ 내한성 시험

**03** 터널 등의 건설작업을 하는 경우 낙반 등에 의한 위험이 있을 때 위험방지조치 3가지를 적으시오. (6점)

**Answer & Explanation**

① 터널지보공 설치
② 록볼트의 설치
③ 부석의 제거

**04** 화면에서 2명의 작업자가 전주에서 작업을 하고 있다. 작업자 1명은 아래에서 절연용 방호구를 올리고 있으며 다른 작업자는 크레인에서 절연용 방호구를 받아 설치하는 작업을 하던 중 감전사고가 발생하였다. 화면에서와 같은 활선작업 시 내재되어 있는 핵심위험요인 2가지를 적으시오. (4점)

**Answer & Explanation**

① 작업자가 **절연용 보호구를 착용하지 않아** 감전의 위험 있다.
② 크레인이 **이격거리를 준수하지 않아** 감전의 위험 있다.
③ 작업자가 **접근한계 거리를 준수하지 않고 충전 전로에 접근하여** 감전의 위험 있다.
④ **활선 작업용 기구 및 장치를 사용하지 않아** 감전의 위험 있다.

**05** 아파트 창틀에서 창호설치 작업 중 근로자가 바닥으로 추락사고가 발생하였다. (6점)

(1) 위 사고에서 추락의 원인 두 가지를 적으시오.
(2) 위 사고의 가해물을 적으시오.

**Answer & Explanation**

(1) 추락사고의 원인
    ① 안전대 미착용
    ② 추락방호망 미설치(또는 불량)
    ③ 안전난간 미설치(또는 불량)
    ④ 작업발판 미설치(고정하지 않음)
    ⑤ 주변 정리정돈 불량

(2) 가해물 : 바닥

**주의** 위 문제는 반드시 동영상 화면을 확인하고 추락 원인 5개 중 해당 항목을 답으로 적으세요.

**06** 화면에서는 지게차 작업을 보여준다. 지게차 작업 시의 안정도를 적으시오. (6점)

> **보기**
> (1) 하역작업 시 전·후 안정도 :
> (2) 주행 시 전·후 안정도 :
> (3) 하역작업 시 좌·우 안정도 :

**Answer & Explanation**

(1) 4%
(2) 18%
(3) 6%


**07** 화면은 도로상의 가설전선 점검 작업을 보여준다. 화면에서와 같은 작업 시 우려되는 (1) 재해 유형, (2) 재해 유형의 정의, (2) 동종재해 예방대책 3가지를 적으시오. (6점)

**Answer & Explanation**

(1) **재해 유형** : 전류접촉(감전)
(2) **재해 유형의 정의** : 충전부 등에 신체의 일부가 직접 접촉하거나 유도전류의 통전, 아아크에 접촉된 경우
(3) **동종재해 예방대책**
  ① **전원을 차단**하고 점검을 실시할 것
  ② 작업자는 **절연장갑을 착용**할 것
  ③ **전선의 접속부는** 충분히 **피복**하거나 **적합한 접속기구**(접지형 콘센트 및 플러그)**를 사용**할 것
  ④ 전선은 **절연 피복 손상, 노화**로 인한 감전 **방지** 위해 필요한 **조치**를 할 것
  ⑤ **누전차단기를 설치할 것**(전선 인출 분전반에 누전차단기를 설치할 것)


**08** 화면에서 작업자는 지게차에 경유를 주입하는 중이다. 지게차의 시동을 걸어둔 상태에서 내려 다른 작업자와 담배를 피우며 이야기를 나누고 있다. 동영상에서 가장 근본적인 위험 1가지를 서술하시오. (3점)

**Answer & Explanation**

인화성 물질을 취급하는 주변에서 담배를 피우고 있어 화재, 폭발의 위험이 있다.

**09** 화면에서 작업자는 작업 중 고장 난 양수기를 수리하고 있다. 위험요인 3가지를 적으시오. (3점)

**화면 설명** ● 전원을 차단하지 않고 양수기를 수리하고 있으며 동료와 잡담을 나누며 수공구를 던져주는 장면이 보인다. 수리 중 벨트에 손이 말려드는 사고가 발생한다.

**Answer & Explanation**

① **전원을 차단하지 않고** 수리하여 손을 다칠 위험 있다.
② **작업에 집중하지 않아** 손을 다칠 위험 있다.
③ 던져주던 **수공구가 양수기에 말려들어갈 위험** 있다.

## 산업안전기사

2016. 1회 3부

시험시간 : 1시간 정도

**01** 다음의 가스를 사용하여 작업하는 경우 퍼지를 실시하는 목적을 적으시오. (6점)

>> 보기
(1) 가연성가스 및 지연성가스 :
(2) 독성가스 :
(3) 불활성가스 :

**Answer & Explanation**

(1) 화재폭발 방지
(2) 중독사고 방지
(3) 산소결핍 방지

**02** 전기형강 작업 중 작업자의 위험요인 3가지를 적으시오. (6점)

**화면 설명**・ 화면에서 작업자는 전봇대의 발판을 딛고 작업하고 있으며, 작업 중 흡연하는 장면이 보인다. C.O.S(컷아웃스위치)가 발판 옆에 걸쳐져 있다.

**Answer & Explanation**

① 작업 중 흡연했다.
② 작업자가 안전대를 착용하지 않았다. (U자 걸이용 안전대 착용)
③ C.O.S(컷아웃스위치)를 발판 옆에 걸쳐놓아 오조작할 위험 있다.

> 참고하기

- C.O.S(컷아웃스위치)
  배선의 인입점·분기점 등에 사용되는 스위치로 컷아웃스위치를 꺼버리면 해당 회로의 배선이 정전 된다.
  (배선의 점검, 수리 시에 끄고 작업)

## 03 화면에서 작업자는 휴대용 연삭기로 연삭작업을 하고 있다. 이 작업에서 사용하는 휴대용 연삭기의 (1) 방호장치명 (2) 방호장치 설치 각도를 적으시오. (6점)

**Answer & Explanation**

(1) **방호장치명** : 덮개
(2) **방호장치 설치 각도** : 덮개 설치각도 180도 이상(숫돌 노출각도 180도 이내)
※ 덮개는 많이 덮을수록 안전하므로 180도 이상, 숫돌은 많이 노출되면 위험하므로 180도 이내이다.

> 참고하기

- 연삭기 덮개의 설치 기준

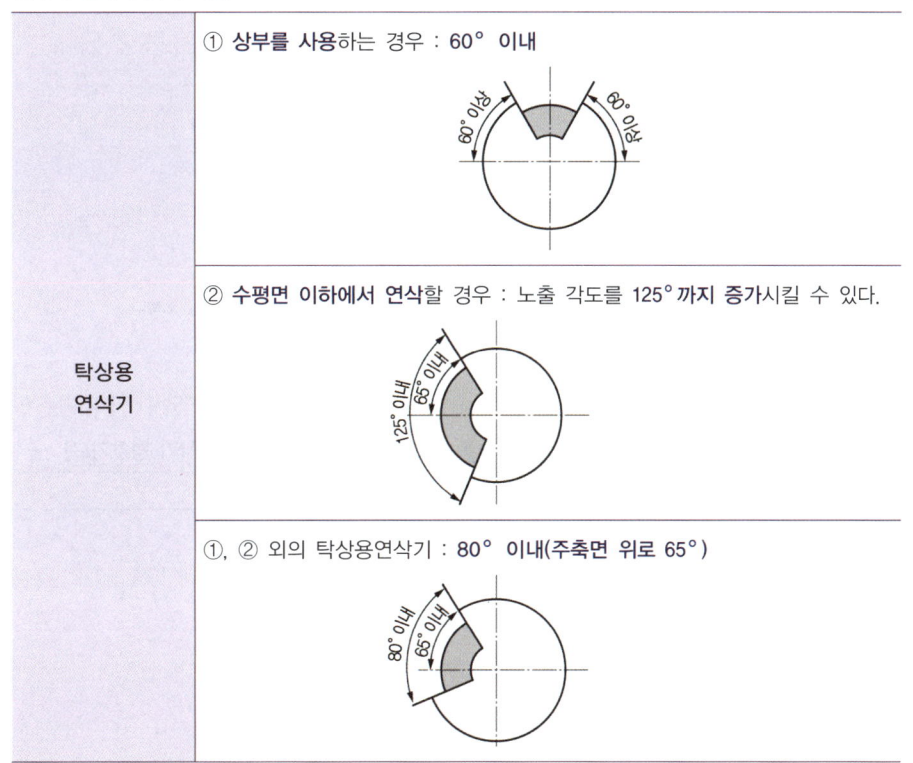

| | |
|---|---|
| 탁상용 연삭기 | ③ 최대 원주 속도가 초당 50m 이하인 탁상용 연삭기 : 90° 이내 (주축면 위로 50°) |
| 절단기, 평면형 연삭기 | 절단기, 평면형 연삭기 : 150° 이내 |
| 휴대용, 원통형, 센터리스 연삭기 | 휴대용, 원통형, 센터리스 연삭기 : 180° 이내 |

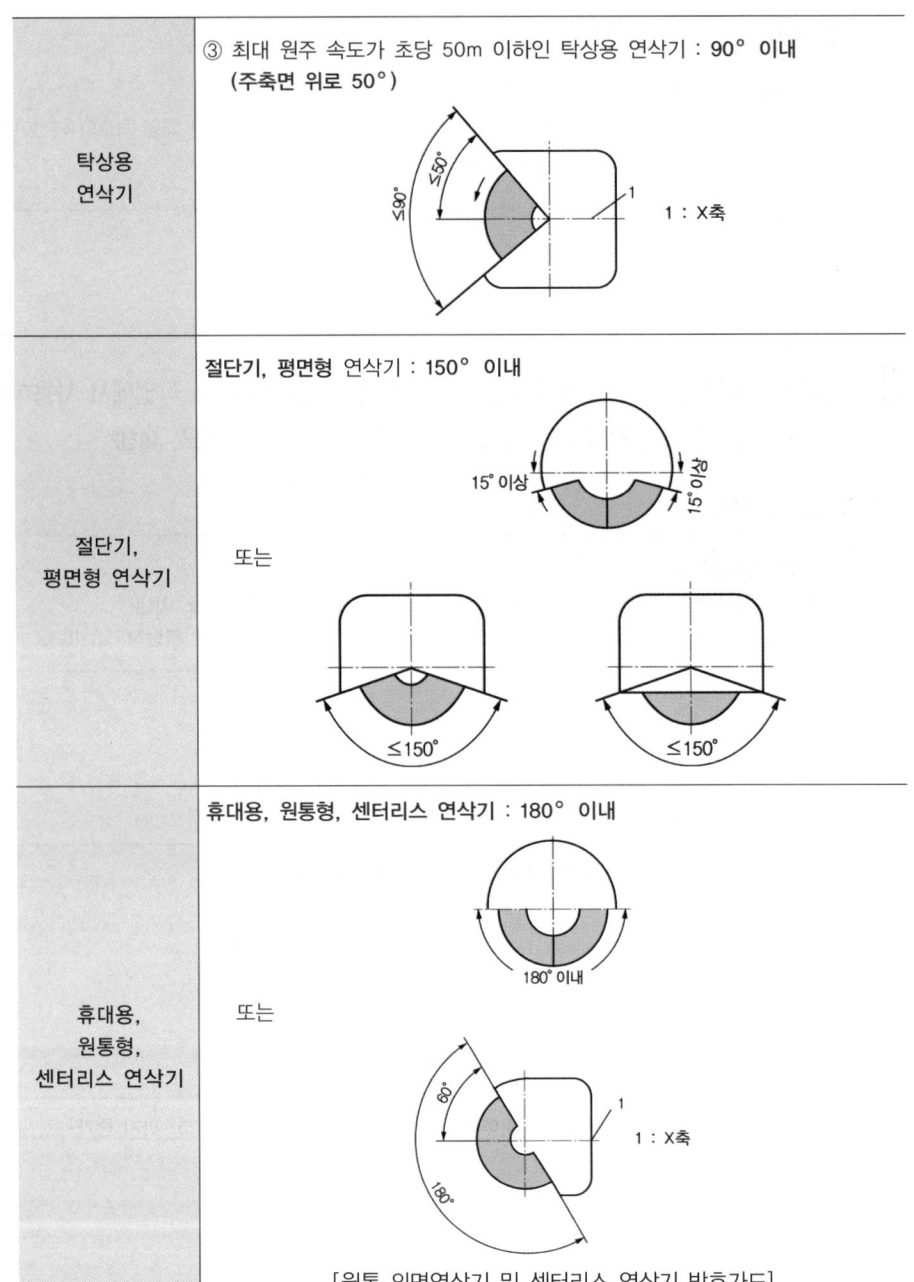

[원통 외면연삭기 및 센터리스 연삭기 방호가드]

**04** 화면에서는 방진마스크를 보여준다. 분리식 방진마스크의 여과재 분진 등 포집효율을 적으시오. (6점)

| 형태 및 등급 | | 염화나트륨(NaCl) 및 파라핀 오일(Paraffin oil) 시험(%) |
|---|---|---|
| 분리식 | 특급 | ( ① ) 이상 |
| | 1급 | ( ② ) 이상 |
| | 2급 | ( ③ ) 이상 |

**Answer & Explanation**

| 형태 및 등급 | | 염화나트륨(NaCl) 및 파라핀 오일(Paraffin oil) 시험(%) |
|---|---|---|
| 분리식 | 특급 | 99.95 이상 |
| | 1급 | 94.0 이상 |
| | 2급 | 80.0 이상 |

**참고하기**

- 방진마스크 분진 등 포집효율

| 형태 및 등급 | | 염화나트륨(NaCl) 및 파라핀 오일(Paraffin oil) 시험(%) |
|---|---|---|
| 분리식 | 특급 | 99.95 이상 |
| | 1급 | 94.0 이상 |
| | 2급 | 80.0 이상 |
| 안면부 여과식 | 특급 | 99.0 이상 |
| | 1급 | 94.0 이상 |
| | 2급 | 80.0 이상 |

**05** 화면의 재해사례에서(롤러기 작업) 나타나는 위험점을 기계의 운동 형태에 따라 분류하고자 할 때 (1) 위험점의 명칭, (2) 정의, (3) 위험점의 형성조건을 적으시오. (7점)

(1) 위험점의 명칭 :

(2) 정의 :

(3) 위험점의 조건 :

| 인쇄윤전기(롤러기) | 물림점 |
|---|---|
|  | 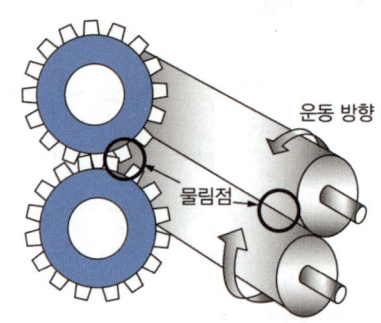 |
| 사진 출처 : 위키백과 | |

**Answer & Explanation**

(1) 물림점
(2) 회전하는 두 개의 회전체에 물려 들어가는 위험점
(3) 서로 반대 방향의 회전체(두 개의 회전체가 서로 반대 방향으로 회전)

## 06 터널의 계측관리 사항(계측방법) 3가지를 적으시오. (6점)

**Answer & Explanation**

① 천단침하 측정
② 내공변위 측정
③ 지중 및 지표침하 측정
④ 록볼트 축력 측정
⑤ 숏크리트 응력 측정

**07** 물체를 인양 중 떨어뜨려 지나가던 작업자가 맞아 재해가 발생하였다. (1) 재해 발생형태와 (2) 재해 형태의 정의를 적으시오. (4점)

**Answer & Explanation**

(1) 재해 발생형태 : 맞음

(2) 정의
- 날아오거나 떨어진 물체에 맞음
- 고정되어 있던 물체가 고정부에서 이탈하거나 또는 설비 등으로부터 **물질이 분출되어 사람을 가해**하는 경우

**08** 화면에서 작업자는 비커에 담긴 황산을 집게로 집어 다른 기구로 옮기던 중 기구가 깨지며 황산이 튀는 사고가 발생하였다. (1) 이 사고의 재해 발생형태와 (2) 재해 발생형태의 정의를 적으시오. (4점)

**Answer & Explanation**

(1) 재해 발생형태 : 유해위험물질 노출·접촉
(2) 정의 : 유해·위험물질에 노출·접촉 또는 흡입하였거나 독성동물에 쏘이거나 물린 경우

## 2016. 2회 1부

# 산업안전기사

시험시간 : 1시간 정도

**01** 높이 2미터 이상인 작업 장소에 설치하여야 하는 작업 발판의 설치기준을 6가지 적으시오. (6점)

**Answer & Explanation**

① 발판재료 : 작업 시의 하중을 견딜 수 있도록 견고한 것으로 할 것
② 발판의 폭 : 40cm 이상으로 하고,
   발판재료 간의 틈 : 3cm 이하로 할 것
③ 추락의 위험성이 있는 장소에는 안전난간을 설치할 것
④ 작업발판의 지지물 : 하중에 의하여 파괴될 우려가 없는 것을 사용할 것
⑤ 작업발판 재료는 뒤집히거나 떨어지지 아니하도록 2 이상의 지지물에 연결하거나 고정시킬 것
⑥ 작업에 따라 이동시킬 때에는 위험방지 조치를 할 것
⑦ 선박 및 보트 건조작업에서 선박블록 또는 엔진실 등의 좁은 작업공간에 작업발판을 설치하는 경우 : 작업 발판의 폭을 30센티미터 이상으로 할 수 있고, 걸침비계의 경우 발판재료 간의 틈을 3센티미터 이하로 유지하기 곤란하면 5센티미터 이하로 할 수 있다.

**02** 화면에서는 지게차 작업을 보여준다. 지게차 작업 시의 안정도를 적으시오. (6점)

>> 보기

(1) 하역작업 시 전·후 안정도 :
(2) 주행 시 전·후 안정도 :
(3) 하역작업 시 좌·우 안정도 :
(4) 지게차가 5km의 속도로 주행 시 좌·우 안정도 :

**Answer & Explanation**

(1) 4%
(2) 18%
(3) 6%
(4) 15 + 1.1 × V = 15 + 1.1 × 5 = 20.5%

---

**03** 밀폐공간의 적정공기수준에 관한 내용이다. [보기]의 (   )에 적합한 숫자를 적으시오. (6점)

> **보기**
> 적정한 공기라 함은 산소농도의 범위가 ( ① )% 이상 ( ② )% 미만, 탄산가스의 농도가 ( ③ )% 미만, 일산화탄소의 농도가 ( ④ )ppm 미만, 황화수소의 농도가 ( ⑤ )ppm 미만인 수준의 공기를 말한다.

**Answer & Explanation**

① 18   ② 23.5   ③ 1.5   ④ 30   ⑤ 10

---

**04** 전기형강 작업 중 작업자의 위험요인 3가지를 적으시오. (6점)

**화면 설명** ● 화면에서 작업자는 전봇대의 발판을 딛고 작업하고 있으며, 작업 중 흡연하는 장면이 보인다. C.O.S(컷아웃스위치)가 발판 옆에 걸쳐져 있다.

**Answer & Explanation**

① 작업 중 흡연했다.
② 작업자가 안전대를 착용하지 않았다. (U자 걸이용 안전대 착용)
③ C.O.S(컷아웃스위치)를 발판 옆에 걸쳐놓아 오조작할 위험 있다.

**참고하기**

- C.O.S(컷아웃스위치)
  배선의 인입점·분기점 등에 사용되는 스위치로 컷아웃스위치를 꺼버리면 해당 회로의 배선이 정전 된다. (배선의 점검, 수리 시에 끄고 작업)

## 05
목재가공용 둥근톱 기계에 고정식 톱날접촉 예방장치(덮개)를 설치하고자 한다. 덮개 하단과 테이블 사이의 간격과 덮개 하단과 가공재 사이의 간격을 얼마로 조정하여야 하는가? (4점)

(1) 하단과 테이블 사이 높이 :

(2) 하단과 가공재 사이 간격 :

**Answer & Explanation**

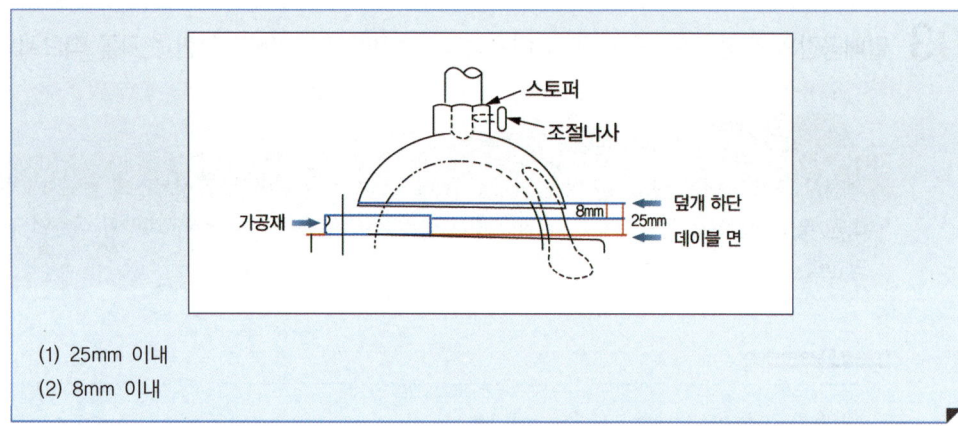

(1) 25mm 이내
(2) 8mm 이내

## 06
화면에서 작업자는 전동권선기에 동선을 감는 작업을 하고 있다. 작업 중 기계가 정지하여 전원을 차단하지 않고 점검 중 발생한 재해이다. (1) 재해 발생형태와 (2) 재해 원인 2가지를 적으시오. (5점)

**Answer & Explanation**

(1) 재해 발생형태 : 전류접촉(감전)

(2) 재해 원인
① 전원을 차단하지 않고 기계 점검을 실시했다.
② 작업자가 절연장갑을 착용하지 않았다.
③ 작업시작 전 기계 점검을 실시하지 않았다.

주의 반드시 동영상을 확인하고 답을 적으세요.

## 07 화면은 작업자가 교류아크 용접작업을 하는 장면을 보여준다. (4점)

**화면 설명 •** 작업자가 한 손으로 스위치를 조작하며 다른 손으로 용접을 하고 있으며, 작업장 주변에는 인화성 물질로 보이는 깡통 등이 쌓여있다.

(1) 화면의 작업에는 위험요인이 내재되어 있다. 작업자 측면과 작업장의 위험요인을 각각 1가지씩 적으시오.

(2) 교류아크 용접작업 중 유해광선에 의한 눈 장해가 우려된다. 유해광선의 종류를 적으시오.

**Answer & Explanation**

(1) 유해요인
① 작업자 측면 : 한 손으로 스위치를 조작하며 다른 손으로 용접을 하고 있어 작업이 불안하며 작업상황 파악이 어렵다.
② 작업장 요인 : 용접하는 주변에 인화성 물질이 존재하여 화재위험이 있다.

(2) 유해광선의 종류 : 자외선

## 08 화면에서 작업자는 공장 지붕에서 패널 설치작업 중 실족으로 추락하였다. (4점)

(1) 재해 발생원인 2가지
(2) 안전대책 2가지를 적으시오.

**Answer & Explanation**

(1) 재해 발생원인
① 안전대 미착용
② 안전난간 미설치
③ 추락방호망 미설치
④ 주변 정리정돈 불량

(2) 안전대책
① 안전대 착용
② 안전난간 설치
③ 추락방호망 설치
④ 주변 정리정돈 철저

**주의** 동영상을 확인하고 답을 적으세요.

**09** 화면에서 보여주는 (1) 보호구의 명칭을 적으시오. (2) 안전블록이 부착된 안전대의 구조를 3가지 적으시오. **(4점)**

🔆 그림 출처 : COV, 안전보건공단. "고소작업자를 위한 추락방지장치 구성요소"

### Answer & Explanation

(1) 안전블록

(2) 안전블록이 부착된 안전대의 구조
 ① 안전블록을 부착하여 사용하는 안전대는 신체 지지의 방법으로 안전그네만을 사용할 것
 ② 안전블록은 정격 사용 길이가 명시될 것
 ③ 안전블록의 줄은 합성 섬유로프, 웨빙(webbing), 와이어로프이어야 하며, 와이어로프인 경우 최소 지름이 4mm 이상일 것

### 참고하기

- 안전블록의 구조
 ① 자동 잠김 장치를 갖출 것
 ② 안전블록의 부품은 부식방지처리를 할 것

## 2016. 2회 2부

# 산업안전기사

시험시간 : 1시간 정도

**01** 화면은 지게차 작업을 보여준다. 화면처럼 지게차에 적재된 화물이 운전자의 시야를 방해할 경우 운전자의 조치를 3가지 적으시오. (6점)

**Answer & Explanation**

① 유도자를 붙여 지게차를 유도시킨다.
② 지게차를 후진으로 진행한다.
③ 경적을 울리면서 서행한다.

**02** 방음보호구(귀마개, 귀덮개)의 종류를 적고 성능을 적으시오. (5점)

**Answer & Explanation**

| 종류 | 등급 | 기호 | 성 능 |
|---|---|---|---|
| 귀마개 | 1종 | EP-1 | 저음부터 고음까지 차음하는 것 |
|  | 2종 | EP-2 | 주로 고음을 차음하고 저음(회화음영역)은 차음하지 않는 것 |
| 귀덮개 | – | EM |  |

**03** 화면에서 작업자가 작동 중인 컨베이어 벨트 끝부분에 올라서서 형광등을 교체하던 중 추락하는 장면을 보여준다. 작업자의 불안전한 행동 2가지를 적으시오. (4점)

**Answer & Explanation**

① 안전한 작업발판을 사용하지 않고 **컨베이어 벨트에 올라서서 형광등을 교체**하였다.
② 움직이는 기계 주변에서 작업할 경우 기계의 전원을 차단하고 작업하여야 하나 **컨베이어 전원을 차단하지 않았다.**

## 04 구축물, 건축물, 그 밖의 시설물 등의 해체작업 시 작성하여야 하는 해체계획에 포함되어야 할 사항 3가지를 적으시오. (6점)

**Answer & Explanation**

① 해체방법, 해체순서 도면
② 가설설비, 방호설비, 살수, 방화설비 등 설비방법
③ 사업장 내 연락 방법
④ 해체물 처분계획
⑤ 해체작업용 기계·기구 등의 작업계획서
⑥ 해체작업용 화약류 등의 사용계획서

## 05 화면에서는 유해물 취급작업을 보여준다. 유해물 취급 시 주의사항 3가지를 적으시오. (6점)

**Answer & Explanation**

① 유해물질 발생원인 봉쇄
② 작업공정 은폐, 작업장 격리
③ 유해물의 위치, 작업공정 변경

## 06 화면은 터널 발파작업을 보여준다. 화약장전 시 안전사항을 적으시오. (3점)

**화면 설명** ● 화면에서는 철근으로 화약을 장전하는 장면을 보여준다.

**Answer & Explanation**

마찰·충격·정전기 등에 의한 폭발의 위험이 없는 안전한 것을 사용할 것

**07** 화면에서 작업자는 사출성형기 작동 중 기계가 멈추자 안을 들여다보며 기계 안에 끼인 이물질을 손으로 제거하다 감전으로 뒤로 넘어지는 재해를 당한다. 사출성형기의 이물질 제거 시 안전작업 방법 3가지를 적으시오. (3점)

**Answer & Explanation**

① 전원을 차단하고 이물질을 제거한다.
② 감전 우려가 있는 부위에 **방호 덮개(게이트가드)를** 설치한다.
③ 방호 덮개(게이트가드)를 개방하는 경우 전원이 차단되는 **연동장치(인터록장치)를** 설치한다.
④ **이물질 제거 시 전용 공구(수공구)를** 사용한다.

**08** 화면은 탁상용 연삭기 작업을 보여준다. 탁상용 연삭기에 봉강 연마작업 중 환봉이 튀어 발생한 사고이다. (1) 기인물은 무엇이며, (2) 연마 작업시 파편이나 연삭분의 비래에 의한 위험에 대비하기 위해 설치해야 하는 방호장치명을 적으시오. (3) 탁상용 연삭기의 숫돌과 가공면과의 각도는 얼마가 적당한지 적으시오. (6점)

**Answer & Explanation**

(1) 기인물 : 탁상용 연삭기
(2) 장치명 : 투명비산방지판
(3) 각도 : 15 ~ 30도

**09** 화면에서 작업자는 석면 취급 작업을 하고 있다. 안전작업수칙 3가지를 적으시오. (6점)

**Answer & Explanation**

① 국소배기장치를 설치하여 가동할 것
② 다른 작업장소와 격리할 것
③ 석면을 사용하는 설비는 밀폐된 장소에 설치할 것
④ 바닥은 불침투성 재료를 사용하고 청소하기 쉬운 구조로 할 것
⑤ 석면이 흩날리지 않도록 습기를 유지할 것
⑥ 근로자가 담배를 피우거나 음식물을 먹지 않도록 할 것
⑦ 방진마스크 착용할 것(특급)

# 산업안전기사

**2016. 3회 1부**

시험시간 : 1시간 정도

**01** 밀폐공간에서 작업하는 경우 관리감독자의 직무 3가지를 적으시오. (6점)

**Answer & Explanation**

① 산소가 결핍된 공기나 유해가스에 노출되지 않도록 작업 시작 전에 해당 근로자의 작업을 지휘하는 업무
② 작업을 하는 장소의 공기가 적절한지를 작업 시작 전에 측정하는 업무
③ 측정장비·환기장치 또는 송기마스크 등을 작업 시작 전에 점검하는 업무
④ 근로자에게 송기마스크 등의 착용을 지도하고 착용 상황을 점검하는 업무

**02** 화면에서 작업자는 전동권선기에 동선을 감는 작업을 하고 있다. 작업 중 기계가 정지하여 전원을 차단하지 않고 점검 중 발생한 재해이다. (1) 재해 발생형태와 (2) 재해 원인 2가지를 적으시오. (4점)

**화면 설명** ● 작업자가 전동권선기에 동선(코일)을 감는 작업을 하고 있다. 기계가 작동을 멈추자 기계를 점검하기 위하여 분전반을 열고 전선과 연결된 부분을 만지는 순간 감전되어 쓰러진다.

**Answer & Explanation**

(1) 재해 발생 형태 : 전류접촉(감전)
(2) 재해 원인
　① 전원을 차단하지 않고 기계 점검을 실시했다.
　② 작업자가 절연장갑을 착용하지 않았다.
　③ 작업 시작 전 기계 점검을 실시하지 않았다. (3가지를 적으라는 경우만 작성할 것)

**주의** ● 반드시 동영상을 확인하고 답을 적으세요.
기계 점검 중 감전된 경우가 아니고 점검 중 손이 끼인 경우라면
(1) 재해 발생형태 : 끼임
(2) 재해 원인
　① 전원을 차단하지 않고 기계 점검을 실시했다.
　② 면장갑을 착용하고 기계 점검을 실시했다.

**03** 화면에서는 녹색 정화통의 방독마스크를 보여준다. 다음 물음에 답하시오.
[단, 그림의 기호는 무시] (4점)

(1) 화면에 해당하는 방독마스크의 종류를 적으시오.
(2) 방독마스크 정화통의 주성분을 1가지 적으시오.
(3) 화면에 해당하는 방독마스크 정화통의 시험가스 종류를 적으시오.
(4) 화면에 해당하는 방독마스크의 형식을 적으시오.

**Answer & Explanation**

(1) 암모니아용 방독마스크
(2) 큐프라마이트
(3) 암모니아 가스
(4) 직결식

**04** 교류아크 용접작업 중 재해가 발생한 사례이다. (1) 기인물은 무엇이며, (2) 이 작업 시 눈과 감전 재해 위험으로부터 작업자를 보호하기 위해 착용해야 할 보호구 명칭 두 가지를 적으시오. (4점)

**Answer & Explanation**

(1) 기인물 : 교류아크용접기
(2) 보호구 명칭 : 보안면(용접용 보안면), 절연장갑, 절연화

**05** 화면에서 작업자는 피트의 뚜껑을 열고 나무 발판에 올라선 채 플래시를 비추며 피트 내부를 점검하던 중 발이 미끄러지며 피트로 추락하는 사고가 발생한다. 동영상에서와 같은 작업 시 준수하여야 할 작업 안전 수칙 3가지를 적으시오. (6점)

> **화면 설명●** 작업발판은 나무판자로 엉성하게 되어있으며, 작업자는 안전대를 착용하고 있으나 고정하지 않았고, 추락방호망도 설치되지 않았다. 피트 입구에 안전난간은 설치된 상태이다.

**Answer & Explanation**

① 안전한 작업발판을 확보하고 작업한다.
② 작업자가 안전대를 착용한다. (안전대를 고정한다.)
③ 개구부에 울타리, 수직형 추락방망 또는 덮개를 설치한다.
④ 피트 내부에 추락방호망을 설치한다.

**06** 화면은 지하에 위치한 폐수처리조의 슬러지 처리 작업을 보여준다. 화면과 같은 작업을 하는 경우 착용하여야 할 호흡용 보호구의 종류를 2가지 적으시오. (4점)

**Answer & Explanation**

송기마스크, 공기호흡기, 방독마스크(3가지를 적으라는 경우만 해당)

**07** 화면에서는 박공지붕 설치작업을 보여준다. 다음 물음에 답하시오. (5점)

> **화면 설명●** 박공지붕 위에서 박공지붕을 설치하던 중 작업자가 미끄러지며 박공지붕 재료와 함께 추락하였다. 지붕 아래에는 다른 작업자가 누워서 휴식을 취하다가 비래하는 박공지붕에 맞는 사고가 발생했다.

(1) 재해 원인 3가지를 적으시오.
(2) 박공지붕 비래에 의한 재해가 발생하였다. 가해물은 무엇인가?

**Answer & Explanation**

(1) 재해 원인
① 추락방호망 미설치
② 안전대 미착용
③ 안전난간 미설치
④ 작업발판 미설치(또는 작업발판 불량)
⑤ 작업장 아래 접근금지 조치 미실시

(2) 가해물 : 박공지붕

**주의** 동영상을 확인하고 답을 적으세요.

**08** 화면은 타워크레인을 이용하여 비계를 운반 중 발생한 재해를 보여준다. 이 사고는 타워크레인의 안전작업 방법 중 어느 부분을 준수하지 않아 발생하였는지 3가지를 적으시오. (6점)

**화면 설명 •** 타워크레인으로 비계를 운반하여 지면에 내려놓는 작업을 하던 중 비계가 흔들리며 크레인 아래에서 작업 중이던 근로자와 충돌함

**Answer & Explanation**

① 크레인으로 하물을 인양하는 하부에는 미리 **근로자의 출입을 통제하여야** 하나 출입을 통제하지 않았다.
② 유도(보조)로프로 흔들림 방지하여야 하나 **유도로프를 사용하지** 않았다.
③ 하물을 내려놓기 위해 하물을 흔들어서는 안 된다.
④ 신호수를 배치하지 않았다.

**주의** 반드시 동영상을 확인하고 답을 적으세요.

**09** 화면에서 작업자가 작동 중인 컨베이어 벨트 끝부분에 올라서서 형광등을 교체하던 중 추락하는 장면을 보여준다. 작업자의 불안전한 행동 2가지를 적으시오. (6점)

**Answer & Explanation**

① 안전한 작업발판을 사용하지 않고 **컨베이어 벨트에 올라서서 형광등을 교체**하였다.
② 움직이는 기계 주변에서 작업할 경우 기계의 전원을 차단하고 작업하여야 하나 **컨베이어 전원을 차단하지** 않았다.

## 산업안전기사

2016. 3회 2부

시험시간 : 1시간 정도

**01** 화면에서 작업자는 전주에 올라가다가 표지판에 부딪히며 추락하는 사고가 발생하였다. 위험요인 2가지를 적으시오. (4점)

**Answer & Explanation**

① 작업자가 안전대를 착용하지 않았다.
② 작업 발판이 불안하다. [활선 작업용 장치(차량, 작업대)를 사용하지 않음]
③ 작업 전 주변 점검을 실시하지 않았다.

**02** 화면에서 보여주는 (1) 보호구의 명칭을 적으시오. (2) 안전블록이 부착된 안전대의 구조를 3가지 적으시오. (6점)

그림 출처 : COV, 안전보건공단. "고소작업자를 위한 추락방지장치 구성요소"

**Answer & Explanation**

(1) 안전블록

(2) 안전블록이 부착된 안전대의 구조
   ① 안전블록을 부착하여 사용하는 안전대는 신체 지지의 방법으로 안전그네만을 사용할 것
   ② 안전블록은 정격 사용 길이가 명시될 것
   ③ 안전블록의 줄은 합성섬유로프, 웨빙(webbing), 와이어로프이어야 하며, 와이어로프인 경우 최소 지름이 4mm 이상일 것

**참고**하기

- 안전블록의 구조
  ① 자동잠김장치를 갖출 것
  ② 안전블록의 부품은 부식방지처리를 할 것

**03** 화면에서는 항타기·항발기 작업을 보여준다. 항타기, 항발기 조립 시 점검해야 할 사항 3가지를 적으시오. (6점)

**Answer & Explanation**

① 본체의 연결부의 풀림 또는 손상의 유무
② 권상용 와이어로프·드럼 및 도르래의 부착상태의 이상 유무
③ 권상장치의 브레이크 및 쐐기장치 기능의 이상 유무
④ 권상기의 설치상태의 이상 유무
⑤ 리더(leader)의 버팀 방법 및 고정상태의 이상 유무
⑥ 본체·부속장치 및 부속품의 강도가 적합한지 여부
⑦ 본체·부속장치 및 부속품에 심한 손상·마모·변형 또는 부식이 있는지 여부

**04** 화면은 이동식 크레인 작업을 보여준다. (7점)

(1) 이동식 크레인의 방호장치 4가지를 적으시오.
(2) 산업안전보건법의 안전검사 주기에 해당하는 적합한 내용을 [보기]의 ( ) 안에 적으시오.

>> 보기

크레인, 리프트 및 곤돌라의 안전검사 주기

사업장에 설치가 끝난 날부터 ( ① ) 이내에 최초 안전검사를 실시하고, 그 이후부터 ( ② ) 마다, 단, 건설현장에서 사용하는 것은 최초로 설치한 날부터 ( ③ ) 마다 실시한다.

**Answer & Explanation**

(1) 이동식 크레인의 방호장치
  ① 과부하방지장치
  ② 권과방지장치(捲過防止裝置)
  ③ 비상정지장치
  ④ 제동장치
(2) 안전검사 주기
  ① 3년
  ② 2년
  ③ 6개월

**05** 페인트 도장작업을 하는 작업자가 착용하여야 하는 (1) 마스크의 종류와 (2) 흡수제 종류 2가지를 적으시오. (2점)

**Answer & Explanation**

(1) 착용하여야 하는 마스크의 종류 : 방독마스크(유기화합물용)
(2) ① 활성탄 ② 소다라임 ③ 알칼리제재 ④ 큐프라마이트

**06** 화면에서는 크레인을 이용하여 활선전로에 인접하여 전주 세우기 작업을 하고 있다. 전주 세우기 작업 중 전주가 조금 돌아가며 인접전로에 접촉하여 스파크가 발생한다. (1) 사고의 직접 원인, (2) 가해물, (3) 전기작업 시 착용하여야 하는 안전모의 종류를 2가지를 적으시오. (5점)

**Answer & Explanation**

(1) 직접 원인 : 크레인 이격거리 미준수로 인접활선전로와 접촉
(2) 전주
(3) 안전모의 종류 : AE형, ABE형

**주의** 동영상 화면을 반드시 확인하세요.
  화면에서 크레인이 전로와 접촉한 경우는 "인접활선전로와 접촉",
  크레인이 전로와 떨어져 작업하였으나 감전을 당하였다면 "유도전류에 의한 감전"이 답이 됩니다.

## 07
높이 2미터 이상인 작업장소에 설치하여야 하는 작업발판의 설치 기준을 6가지 적으시오. (6점)

**Answer & Explanation**

① 발판재료 : 작업시의 하중을 견딜 수 있도록 견고한 것으로 할 것
② 발판의 폭 : 40cm 이상으로 하고,
발판재료 간의 틈 : 3cm 이하로 할 것
③ 추락의 위험성이 있는 장소에는 안전난간을 설치할 것
④ 작업발판의 지지물 : 하중에 의하여 파괴될 우려가 없는 것을 사용할 것
⑤ 작업발판재료는 뒤집히거나 떨어지지 아니하도록 2 이상의 지지물에 연결하거나 고정시킬 것
⑥ 작업에 따라 이동시킬 때에는 위험방지 조치를 할 것
⑦ 선박 및 보트 건조작업에서 선박블록 또는 엔진실 등의 좁은 작업공간에 작업발판을 설치하는 경우 : 작업발판의 폭을 30센티미터 이상으로 할 수 있고, 걸침비계의 경우 발판재료 간의 틈을 3센티미터 이하로 유지하기 곤란하면 5센티미터 이하로 할 수 있다.

## 08
화면은 고온의 스팀 배관을 보수하기 위해 누출 부위를 점검하는 장면을 보여준다. 예상되는 재해 발생형태를 적으시오. (2점)

**Answer & Explanation**

이상온도 노출·접촉

**참고하기**
- 상해의 종류 : 화상

## 09
화면에서 작업자는 크랭크 프레스로 철판에 구멍을 뚫는 작업을 하고 있다. 사용하고 있는 크랭크 프레스에 급정지 기구가 부착되어 있지 않다. 이 프레스에 설치하여 사용할 수 있는 방호장치를 3가지 적으시오. (6점)

**Answer & Explanation**

① 손쳐내기식
② 수인식
③ 게이트가드식

# 산업안전기사

2016. 3회 3부

시험시간 : 1시간 정도

**01** 다음에서 주어진 방열복의 질량을 적으시오. (5점)

| 종류 | 질량(단위 : kg) |
|---|---|
| 방열상의 | ( ① ) |
| 방열하의 | ( ② ) |
| 방열일체복 | ( ③ ) |
| 방열장갑 | ( ④ ) |
| 방열두건 | ( ⑤ ) |

**Answer & Explanation**

| 종류 | 질량(단위 : kg) |
|---|---|
| 방열상의 | 3.0 |
| 방열하의 | 2.0 |
| 방열일체복 | 4.3 |
| 방열장갑 | 0.5 |
| 방열두건 | 2.0 |

**02** 화면은 변압기를 유기화합물에 담가 절연처리한 후 건조하는 작업을 나타낸다. 화면과 같은 작업에서 착용해야 할 보호구를 적으시오. (6점)

> [보기]
> (1) 손
> (2) 눈
> (3) 피부

> **Answer & Explanation**
>
> (1) 화학물질용 안전장갑(불침투성 보호장갑)
> (2) 보안경
> (3) 화학물질용 보호복(불침투성 보호복)

**03** 목재가공용 둥근톱 기계에 고정식 톱날접촉 예방장치(덮개)를 설치하고자 한다. 덮개 하단과 테이블 사이의 간격과 덮개 하단과 가공재 사이의 간격을 얼마로 조정하여야 하는가? (4점)

(1) 하단과 테이블 사이 높이 :
(2) 하단과 가공재 사이 간격 :

> **Answer & Explanation**
>
>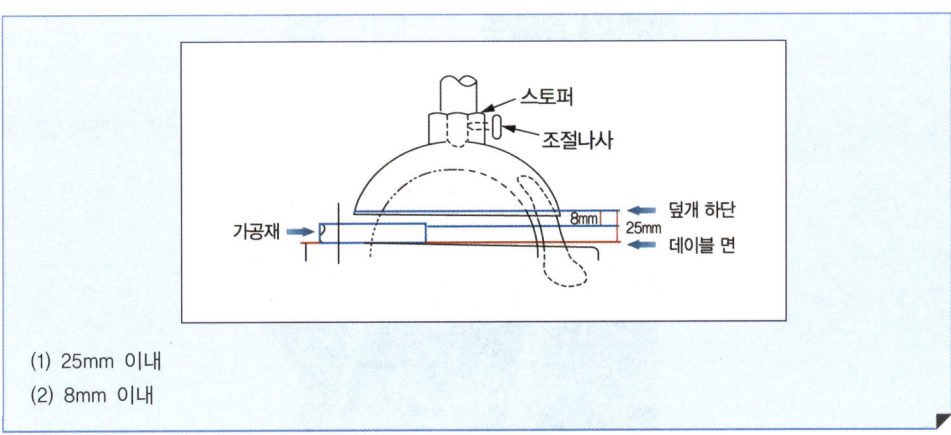
>
> (1) 25mm 이내
> (2) 8mm 이내

**04** 화면에서 작업자는 버스정비작업을 하고 있다. (4점)

(1) 작업자가 버스 아래에 들어가 정비작업을 하는 경우의 위험요인을 적으시오.
(2) 작업 중 근로자가 샤프트에 재해를 당하였다. 위험점의 종류를 적으시오.

> **Answer & Explanation**
>
> (1) 위험요인
>   ① 버스 시동장치에 잠금장치를 하지 않았다.
>   ② 열쇠를 뽑아 별도 관리하지 않았다.
>   ③ "정비 중" 표지판을 설치하지 않았다.
>   ④ 안전블럭 또는 안전지주를 설치하지 않았다.
>   ⑤ 작업지휘자를 배치하지 않았다.
> (2) 위험점의 종류 : 회전말림점

> 참고하기

1. 샤프트(회전축) → 회전말림점

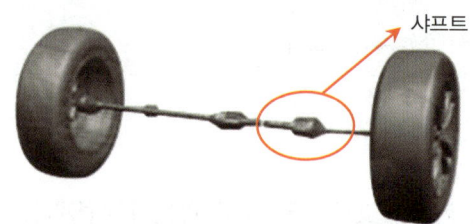

2. 안전지주

그림 출처 : 고용노동부, "2020. 만화로 보는 산업안전보건기준에 관한 규칙", p93.

3. 안전블럭

그림 출처 : 안전보건공단, "덤프트럭 안전보건작업 지침" 2016.11. p12.

**05** 화면에서는 이동식 크레인으로 배관을 운반하는 작업 중이다. 작업 중 위험요소 2가지를 적으시오. (6점)

화면 설명 • 배관을 1줄 걸이 상태로 불안하게 운반하고 있으며, 와이어로프의 일부분이 손상된 모습을 보여준다. 작업자가 배관을 손으로 지지하다 배관이 흔들리며 작업자가 배관에 맞는 사고가 발생한다.

**Answer & Explanation**

① 줄걸이 방법 불량(2줄 걸이로 균형을 유지하여야 하나 1줄 걸이 상태로 운반함)
② 배관을 유도(보조)로프로 흔들림 방지하지 않고 손으로 지지하고 있음
③ 와이어로프 상태 불량(손상된 와이어로프 사용함)
④ 훅의 해지장치 미설치(혹은 훅의 해지장치를 체결하지 않음)

**06** 화면은 습윤한 장소에 설치된 이동전선을 보여준다. 습윤한 장소에서 사용되는 이동전선에 대한 사용 전 조치사항 3가지를 적으시오. (6점)

**Answer & Explanation**

① 이동전선은 충분한 절연효과가 있는 것을 사용할 것
② 전선의 접속부는 충분히 피복하거나 적합한 접속기구(접지형 콘센트 및 플러그)를 사용할 것
③ 이동전선은 절연피복 손상, 노화로 인한 감전 방지 위해 필요한 조치를 할 것
④ 누전차단기를 설치할 것(전선 인출 분전반에 누전차단기를 설치할 것)

**07** 화면에서는 작업자 2명이 화물을 들어 올리는 작업을 하고 있다. 승강기 개구부에서 한 명의 작업자는 위에서 안전난간에 로프를 걸쳐 화물을 끌어올리고 있으며, 다른 작업자는 밑에서 화물을 올려주는 작업을 하고 있다. 작업 중 인양하던 화물이 떨어지며 밑에 있던 작업자가 화물에 맞는 사고가 발생하였다. 동종 재해 방지를 위한 화물인양 시의 준수사항을 2가지 적으시오. (4점)

**Answer & Explanation**

① 안전난간에 로프를 걸치고 화물을 끌어 올리는 작업을 해서는 안 된다.
② 손상된 로프 사용금지
③ 중량물은 양중장비를 활용할 것
④ 긴 화물은 2줄 걸이로 균형을 유지하며, 로프의 결속을 단단히 할 것
⑤ 작업자는 안전모 등 보호구를 착용할 것

**주의** 동영상을 확인하고 답을 적으세요.

## 08
화면에서 작업자는 폭발성 물질 저장소에 들어가기 위해 신발에 물을 묻히고 있다. (1) 그 이유를 설명하시오. (2) 폭발성 물질 화재 시 적합한 소화 방법을 적으시오. (4점)

**Answer & Explanation**

(1) 이유 : 신발과 바닥 사이의 정전기로 인한 폭발 방지
(2) 소화방법 : 다량의 주수에 의한 냉각소화

## 09
화면은 고압선 주변에서 크레인이 작업하는 장면을 보여주고 있다. 고압선 주변에서 크레인 등을 사용하여 작업할 경우 안전대책 3가지를 쓰시오. (6점)

**Answer & Explanation**

충전전로 인근에서의 차량·기계장치 작업 시의 안전조치
① 차량 등을 충전부로부터 300센티미터 이상 이격시키되, 대지전압이 50킬로볼트를 넘는 경우 10킬로볼트 증가할 때마다 10센티미터씩 증가
② 이격거리
  - 절연용 방호구를 설치한 경우 : 절연용 방호구 앞면까지
  - 차량의 버킷이나 끝부분이 절연되어 있고 유자격자가 작업하는 경우 : 접근한계 거리까지
③ 근로자가 차량과 접촉하지 않도록 울타리를 설치하거나 감시인 배치 등의 조치
④ 충전전로 인근에서 접지된 차량 등이 충전전로와 접촉할 우려가 있을 경우에는 지상의 근로자가 접지점에 접촉하지 않도록 조치

## 2017. 1회 1부

# 산업안전기사

시험시간 : 1시간 정도

**01** 화면에서 작업자는 에어배관 점검을 하던 중 눈 재해를 당하였다. 사고원인 2가지를 적으시오. (4점)

**Answer & Explanation**

① 배관 내 잔압을 제거하지 않고 배관을 점검하였다.
② 보안경을 착용하지 않았다.

**02** 화면에서는 용접용 보안면을 보여준다. (1) 용접용 보안면의 등급을 나누는 기준을 적으시오. (2) 용접용 보안면의 투과율의 종류를 적으시오. (5점)

**Answer & Explanation**

(1) 등급을 나누는 기준 : 차광도 번호
(2) 투과율의 종류
   ① 자외선 투과율(자외선 최대 분광 투과율)
   ② 적외선 투과율
   ③ 시감 투과율

03 화면의 재해 사례에서(롤러기 작업)나타나는 위험점을 기계의 운동형태에 따라 분류하고자 할 때 (1) 위험점의 명칭, (2) 위험점의 정의를 적으시오. (6점)

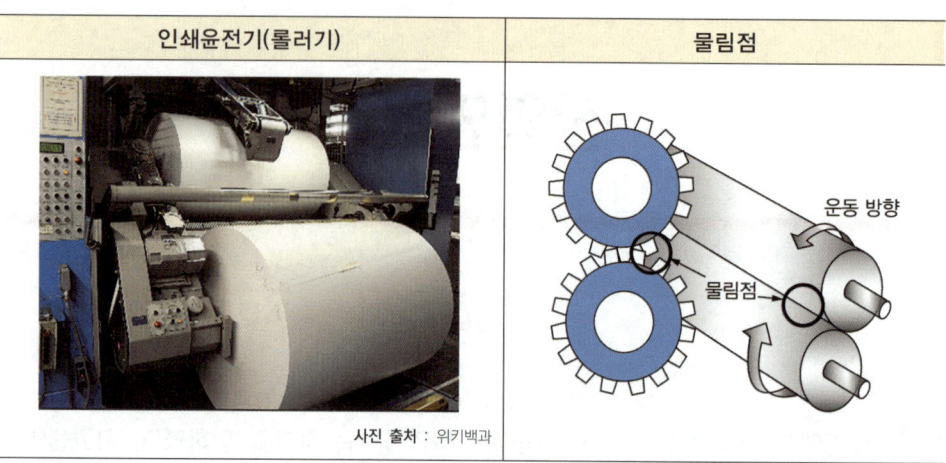

사진 출처 : 위키백과

**Answer & Explanation**

(1) 위험점의 명칭 : 물림점
(2) 정의 : 회전하는 두 개의 회전체에 물려 들어가는 위험점

04 화면은 지하에 위치한 폐수처리조의 슬러지 처리 작업을 보여준다. 화면과 같은 작업을 하는 경우 착용하여야 할 호흡용 보호구의 종류를 2가지를 적으시오. (4점)

**Answer & Explanation**

송기마스크, 공기호흡기, 방독마스크(3가지를 적으라는 경우만 해당)

**05** 화면은 근로자들이 휴식시간에 건물 옥상 변전실 부근에서 공놀이를 하고 있다. (6점)

> **화면 설명** ● 공이 변전실 울타리 안쪽의 변압기의 충전부에 떨어져 공을 줍기 위해 근로자가 출입문을 통해 들어가 공을 꺼내는 장면이다.

(1) 화면에서 예상되는 재해의 종류와 (2) 재해방지 대책 4가지를 적으시오.

**Answer & Explanation**

(1) 재해 종류 : 전류접촉(감전)

(2) 재해방지 대책
① 변전실 출입구에 잠금장치 할 것
② 전원차단 확인 후에 공을 제거할 것
③ 변전실 주변에 안전표지판 부착할 것(전기위험, 관계자 외 출입금지)
④ 작업자에게 전기안전교육을 실시할 것

**06** 화면은 철골작업을 보여주고 있다. 화면에서와 같은 철골작업 시 작업을 중지해야 하는 경우 3가지를 적으시오. (6점)

**Answer & Explanation**

① 풍속이 초당 10m 이상(10m/s)
② 강우량이 시간당 1mm 이상
③ 강설량이 시간당 1cm 이상

**07** 화면에서는 컨베이어 작업을 보여준다. (4점)

(1) 화물의 낙하로 인해 근로자에게 위험 미칠 때 낙하위험 방지조치 2가지를 적으시오.
(2) 컨베이어에 근로자의 신체 일부가 협착되었을 경우 필요한 방호장치를 적으시오.

**Answer & Explanation**

(1) 낙하위험 방지조치
① 덮개
② 울 설치

(2) 신체 일부가 협착되었을 경우 필요한 방호장치 : 비상정지장치

**08** 화면에서 작업자는 공장 지붕에서 패널 설치 작업 중 실족으로 추락하였다. (1) 재해 발생 원인 2가지 (2) 안전대책 2가지를 적으시오. (6점)

**Answer & Explanation**

(1) 재해 발생원인
  ① 안전대 미착용
  ② 안전난간 미설치
  ③ 추락방호망 미설치
  ④ 주변 정리정돈 불량

(2) 안전대책
  ① 안전대 착용
  ② 안전난간 설치
  ③ 추락방호망 설치
  ④ 주변 정리정돈 철저

**09** 분전반 앞에서 그라인더 작업을 하기 위해 작업자가 맨손으로 콘센트를 잡고 차단기를 올리는 순간 감전이 발생한다. 동영상에서의 재해 발생원인 2가지를 적으시오. (4점)

**Answer & Explanation**

① 맨손으로 전기를 조작하였다.(절연장갑을 착용하지 않았다.)
② 전기 기계·기구의 점검이 불량하다.(누전차단기 불량)

# 산업안전기사

**2017. 1회 2부**

시험시간 : 1시간 정도

---

**01** 화면은 항타기, 항발기 작업을 보여준다. 충전전로 인근에서 항타기, 항발기 작업 시 감전 위험방지를 위한 사업주의 조치사항 3가지를 적으시오. (6점)

**Answer & Explanation**

① 충전전로 인근에서 차량, 기계장치 등의 작업이 있는 경우에는 **차량등을 충전전로의 충전부로부터 300 센티미터 이상 이격시켜** 유지시키되, 대지전압이 50킬로볼트를 넘는 경우 이격거리는 10킬로볼트 증가할 때마다 **10센티미터씩 증가시켜야** 한다.
② **울타리를 설치**하거나 **감시인 배치** 등의 조치
③ 접지된 차량 등이 충전전로와 접촉할 우려가 있을 경우에는 **지상의 근로자가 접지점에 접촉하지 않도록** 조치
④ 절연용 방호구를 설치한 경우에는 이격거리를 절연용 방호구 앞면까지로, 차량등의 가공 붐대의 버킷이나 끝부분 등이 절연되어 있고 유자격자가 작업을 수행하는 경우의 이격거리는 접근 한계거리까지로 할 수 있다.

---

**02** 프레스에 금형을 설치할 때 점검 사항 3가지를 적으시오. (6점)

**Answer & Explanation**

① 다이홀더와 펀치의 직각도, 상크홀과 펀치의 직각도(그림 ①)
② 펀치와 다이의 평행도, 펀치와 볼스타의 평행도(그림 ②)
③ 다이와 볼스타의 평행도(그림 ③)

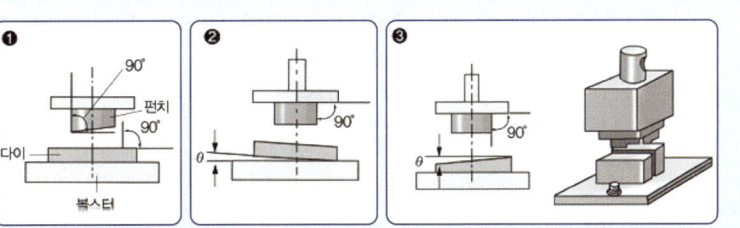

## 03 화면에서는 녹색 정화통의 방독마스크를 보여준다. 다음 물음에 답하시오. [단, 그림의 기호는 무시] (5점)

(1) 화면에 해당하는 방독마스크의 종류를 적으시오.
(2) 화면에 해당하는 방독마스크 정화통의 시험가스 종류를 적으시오.
(3) 화면에 해당하는 방독마스크의 형식을 적으시오.

**Answer & Explanation**

(1) 암모니아용 방독마스크
(2) 암모니아 가스
(3) 직결식

## 04 화면은 승강기 컨트롤 패널 점검 작업을 보여준다. (4점)
(1) 재해 발생형태와 (2) 가해물의 종류를 적으시오.

**화면 설명 ●** 한 작업자가 승강기 컨트롤 패널 점검 작업을 하고 있고, 다른 작업자는 이동하는 모습을 보여준다. 작업자가 절연저항 측정기로 절연저항을 측정하는 중 다른 작업자가 패널 뒤쪽에서 쓰러지는 화면을 보여준다.

**Answer & Explanation**

(1) 재해 발생형태 : 전류접촉(감전)
(2) 가해물 : 전기

**수희<sup>®</sup> 통영상을 꼭 확인하세요.**
작업자가 컨트롤 패널에 접촉하여 감전되었다면 가해물은 "컨트롤 패널", 전선을 만지고 있었다면 "전선"이 된다. 접촉부위 없이 감전이 되었다면 가해물은 "전기"가 된다.

## 05 전기기계기구의 내전압 검사 중 감전재해가 발생하였다. (4점)

**화면 설명 ●** 전기기계기구의 내전압 검사를 위해 전원을 차단하고 작업하던 중 다른 작업자가 앞 작업자를 보지 못하고 전원을 투입하여 사고 발생, 작업자는 면장갑을 착용한 상태이고 개폐기 함은 아무런 조치 없이 열려있음)

(1) 동종 사고를 방지하기 위한 대책을 3가지 적으시오.
(2) 제어실과 작업장이 막혀 있어 원활한 의사소통이 되지 못하고 있다. 이에 대한 대책을 적으시오.

**Answer & Explanation**

(1) 사고방지대책
  ① 개폐기함에 잠금장치 설치 및 통전금지 표찰을 부착한다.
  ② 작업자는 절연장갑을 착용한다.
  ③ 근로자에게 전기안전 교육을 실시한다.

(2) 대화창 설치

## 06 화면에서 작업자는 회전하는 롤러기의 롤러를 걸레로 청소하고 있다. 작업 중 근로자의 손이 롤러에 말려드는 사고가 발생하였다. 이 사고의 핵심위험요인 2가지를 적으시오. (4점)

**Answer & Explanation**

① **롤러의 전원을 차단하지 않고** 청소했다.
② 롤러기에 **인터록장치가 설치되지** 않았다.
  (롤러의 가드를 제거할 경우 롤러가 작동하지 않는 인터록장치를 설치하여야 한다.)
③ 롤러의 **물림점에 가드가 설치되지** 않았다.
④ **작업자가 장갑을 착용**하였다. (화면에서 장갑을 착용한 경우만 해당)

## 07 화면에서는 유해물 취급작업을 보여준다. 유해물 취급 시 주의사항 3가지를 적으시오. (6점)

**Answer & Explanation**

① 유해물질 발생원인 봉쇄
② 작업공정 은폐, 작업장 격리
③ 유해물의 위치, 작업공정 변경

**08** 아파트 창틀에서 창호설치 작업 중 근로자가 바닥으로 추락사고가 발생하였다. 위 사고에서 추락의 원인 두 가지를 적으시오. (4점)

**Answer & Explanation**

① 안전대 미착용
② 추락방호망 미설치(또는 불량)
③ 안전난간 미설치(또는 불량)
④ 주변 정리정돈 불량

**09** 화면에서 작업자는 DMF(디메틸포름아미드) 취급 작업을 하고 있다. 위 동영상을 보고 DMF 작업 시 작업자가 착용해야 할 보호구 3가지를 적으시오. (6점)

**Answer & Explanation**

① 방독마스크
② 화학물질용 안전장갑(불침투성 보호장갑)
③ 화학물질용 안전화(불침투성 보호장화)
④ 화학물질용 보호복(불침투성 보호복)
⑤ 보안경

# 산업안전기사

2017. 1회 3부

시험시간 : 1시간 정도

**01** 화면에서는 이동식 크레인 작업을 보여준다. 이동식 크레인 작업 중 화물의 낙하·비래 위험을 방지하기 위한 사전점검 또는 조치내용을 3가지 적으시오. (9점)

**Answer & Explanation**

① 와이어로프 상태 점검
② 훅의 해지장치 점검
③ 줄 걸이 방법 점검
④ 작업 반경 내 관계 근로자 외 출입금지 조치

**02** 화면에서 작업자는 브레이크 라이닝 패드를 제작하는 작업 중이다. 장시간 노출될 경우 (1) 질병 발생원인, (2) 장기간 폭로 시 예상되는 직업병 3가지를 적으시오. (4점)

**Answer & Explanation**

(1) 질병 발생원인 : 석면
(2) 장기간 폭로 시 예상되는 직업병
 ① 폐암
 ② 석면폐증
 ③ 악성 중피종

## 03
충전전로에서 전기작업을 하거나 그 부근에서 작업을 하는 경우의 안전조치 사항 4가지를 적으시오. (4점)

**Answer & Explanation**

충전전로에서의 전기작업(활선작업) 시의 조치
① 근로자에게 절연용 보호구를 착용시킬 것
② 절연용 방호구를 설치할 것
③ 고압 및 특별고압의 전로에서 전기작업을 하는 근로자에게 활선작업용 기구 및 장치를 사용하도록 할 것
④ 절연용 방호구의 설치·해체작업시 절연용 보호구 착용하거나 활선작업용 기구 및 장치를 사용하도록 할 것

## 04
화면은 습윤한 장소에 설치된 이동전선을 보여준다. 습윤한 장소에서 사용되는 이동전선에 대한 사용 전 조치사항 3가지를 적으시오. (6점)

**Answer & Explanation**

① 이동전선은 충분한 절연효과가 있는 것을 사용할 것
② 전선의 접속부는 충분히 피복하거나 적합한 접속기구(접지형 콘센트 및 플러그)를 사용할 것
③ 이동전선은 절연피복 손상, 노화로 인한 감전방지 위해 필요한 조치를 할 것
④ 누전차단기를 설치할 것(전선 인출 분전반에 누전차단기를 설치할 것)

## 05
안전인증대상 안전모의 그림이다. 안전모의 그림을 보고 ( )에 적합한 세부명칭을 적으시오. (5점)

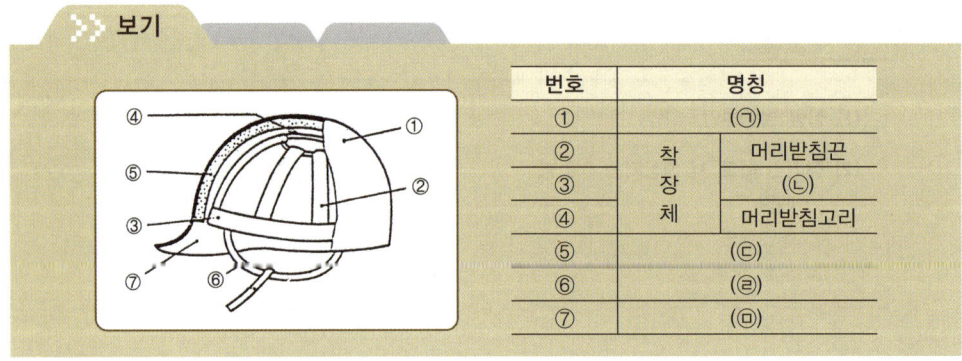

| 번호 | 명칭 | |
|---|---|---|
| ① | | (㉠) |
| ② | 착장체 | 머리받침끈 |
| ③ | | (㉡) |
| ④ | | 머리받침고리 |
| ⑤ | | (㉢) |
| ⑥ | | (㉣) |
| ⑦ | | (㉤) |

**Answer & Explanation**

㉠ 모체  ㉡ 머리고정대  ㉢ 충격흡수재  ㉣ 턱끈  ㉤ 모자챙(차양)

## 06

화면에서 두 명의 작업자가 작동 중인 경사 컨베이어에서 포대를 컨베이어 위로 올리는 작업을 하고 있다. 한 작업자는 컨베이어 양쪽 끝부분에 올라서서 포대를 받을 준비를 하고 있으며, 다른 작업자는 컨베이어 아래에서 포대를 올려주고 있다. 컨베이어 위에 서 있던 작업자의 발이 포대에 맞아 넘어지며 작업자의 팔이 컨베이어에 끼이는 사고가 발생한다. (1) 화면에서의 작업에서 작업자 측면의 문제점 2가지를 적으시오. (2) 사고 시 조치해야 할 사항을 1가지씩 적으시오. (4점)

**Answer & Explanation**

(1) 작업자 측면의 문제점 2가지
 ① 컨베이어 전원을 차단하지 않고 작업하였다.
 ② 안전한 작업발판을 확보하지 않고 컨베이어 위에서 작업했다.

(2) 사고 시 조치해야 할 사항
 비상정지장치를 조작하여 컨베이어 운전을 정지시킨다.

## 07

화면에서 작업자는 롤러기 작업 중 손 협착 사고를 당하였다. 동종 사고를 방지하기 위한 (1) 롤러기의 방호장치명, (2) 방호장치 자율안전고시에 의하여 롤러기에 설치하여야 하는 급정지장치의 종류를 3가지 적고 각각의 설치 위치를 적으시오. (6점)

**Answer & Explanation**

(1) 롤러기의 방호장치명 : 급정지장치

(2) 급정지장치의 설치 위치에 따른 구분

| 종류 | 설치 위치 | 비고 |
|---|---|---|
| 손 조작식 | 밑면에서 1.8m 이내 | 위치는 급정지장치의 조작부의 중심점을 기준 |
| 복부 조작식 | 밑면에서 0.8m 이상 1.1m 이내 | |
| 무릎 조작식 | 밑면에서 0.6m 이내 | |

> **참고하기**
>
> • 위험기계기구 안전인증 고시 및 안전검사 고시 기준
>   무릎 조작식 : 밑면으로부터 0.4m 이상 0.6m 이내

## 08 교량 점검 작업 중 근로자 추락사고가 발생하였다. (4점)

(1) 위와 같은 작업 시 설치하여야 하는 작업 발판의 폭을 적으시오.
(2) 작업 발판 재료 간의 틈을 적으시오.

**Answer & Explanation**

(1) 높이 2m 이상 장소에서의 작업 발판의 폭 : 40cm 이상
(2) 발판 재료 간의 틈 : 3cm 이하

## 09 화면에서 작업자는 퍼지작업을 하고 있다. 퍼지작업의 종류 3가지를 적으시오. (6점)

**Answer & Explanation**

① 진공퍼지
② 압력퍼지
③ 스위프퍼지
④ 사이폰퍼지

# 산업안전기사

2017. 2회 1부

시험시간 : 1시간 정도

**01** 화면에서는 이동식 크레인을 이용하여 작업하고 있다. 이동식 크레인 작업 시 작업 시작 전 점검 사항 3가지를 적으시오. (6점)

**Answer & Explanation**

① 권과방지장치나 그 밖의 경보장치의 기능
② 브레이크·클러치 및 조정장치의 기능
③ 와이어로프가 통하고 있는 곳 및 작업장소의 지반상태

**02** 화면에서 작업자는 스프레이건으로 파이프에 도장작업을 하고 있다. 페인트 도장작업을 하는 작업자가 착용하여야 하는 방독마스크의 흡수제 종류 3가지를 적으시오. (6점)

**Answer & Explanation**

① 활성탄
② 소다라임
③ 알칼리제재
④ 큐프라마이트

**03** 화면에서는 방진마스크를 보여준다. 분리식 방진마스크의 여과재 분진 등 포집효율을 적으시오. (6점)

| 형태 및 등급 | | 염화나트륨(NaCl) 및 파라핀 오일(Paraffin oil) 시험(%) |
|---|---|---|
| 분리식 | 특급 | ( ① ) 이상 |
| | 1급 | ( ② ) 이상 |
| | 2급 | ( ③ ) 이상 |

**Answer & Explanation**

| 형태 및 등급 | | 염화나트륨(NaCl) 및 파라핀 오일(Paraffin oil) 시험(%) |
|---|---|---|
| 분리식 | 특급 | 99.95 이상 |
| | 1급 | 94.0 이상 |
| | 2급 | 80.0 이상 |

**04** 화면에서 작업자는 컨베이어 작업을 하던 중 손이 협착되었다. 위 동영상을 보고 안전조치 사항 2가지를 적으시오. (4점)

**화면 설명** ● 작업자가 야간에 한 손으로 플래시를 들고 컨베이어 벨트를 점검하고 있다. 점검 중 부주의로 컨베이어 위에 올려둔 손이 롤러 사이에 말려 들어가는 사고가 발생한다.

**Answer & Explanation**

① 전원차단 후에 기계 점검 실시
② 컨베이어에 비상 정지 장치 설치
③ 컨베이어 주변 조명 확보
④ 작업 시작 전 기계 점검 실시
⑤ 작업자 안전교육 실시

**05** 구축물, 건축물, 그 밖의 시설물 등의 해체작업 시 작성하여야 하는 해체계획에 포함되어야 할 사항 3가지를 적으시오. (4점)

> **Answer & Explanation**
> ① 해체방법, 해체순서 도면
> ② 가설설비, 방호설비, 살수, 방화설비 등 설비방법
> ③ 사업장 내 연락방법
> ④ 해체물 처분계획
> ⑤ 해체작업용 기계·기구 등의 작업계획서
> ⑥ 해체작업용 화약류 등의 사용계획서

**06** 화면에서 작업자는 터널 내에서 전기 취급작업을 하고 있다. 화면에서와 같은 작업 시 우려되는 (1) 재해 유형, (2) 재해 유형의 정의를 적으시오. (4점)

> **Answer & Explanation**
> (1) **재해 유형** : 전류접촉(감전)
> (2) **재해 유형의 정의** : 충전부 등에 신체의 일부가 직접 접촉하거나 유도전류의 통전, 아아크에 접촉된 경우

**07** 화면은 선반 작업 중 손 협착 사고가 발생하는 장면을 보여준다. (5점)

> **화면 설명** • 작업자는 한 손으로 재료를 잡고 있으며, 다른 손은 기계 위에 올리고 작업한다. 작업 중 계속 곁눈질로 작업에 집중하지 않는 모습이다.

(1) 화면의 경우 재해 발생 요인을 3가지 적으시오.
(2) 위 사고에 존재하는 위험점의 종류를 적으시오.

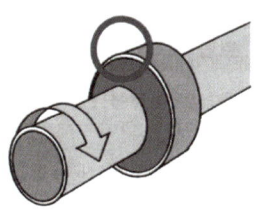

그림 출처 : 안전보건공단, "재해발생정보시트 공작기계 취급작업"

**Answer & Explanation**

(1) 재해 발생 요인
 ① 손으로 재료를 지지하다 손이 말려 들어간다.
 ② 기계 위에 손을 올려놓고 있어 손이 미끄러지며 기계에 말려들어간다.
 ③ 작업에 집중하지 않고 곁눈질로 손이 말려들어간다.

(2) 위험점의 종류 : 회전말림점

**08** LPG 저장소에 설치하는 가스 누출 감지경보기 검지 센서의 적절한 (1) 설치 위치와 (2) 경보설정치는 폭발하한계의 몇 %인가? (4점)

**Answer & Explanation**

① 바닥에 인접한 낮은 곳
② 폭발하한계의 25% 이하

**09** 화면은 컴퓨터 단말기(VDT) 작업을 보여준다. 화면의 작업에서 옳지 못한 포인트 3가지를 찾아 바르게 고치시오. (6점)

**Answer & Explanation**

① 모니터 위치 불량 → 모니터를 보기 편한 위치로 조정한다. (시선 : 수평면 아래 10 ~ 15도)
② 키보드 조작 위치 불량 → 키보드를 조작하기 편한 위치로 조정한다. (팔뚝과 위팔 사이 각도 : 90도 이상)
③ 의자 앉은 자세 불량 → 의자 깊숙이 앉아야 한다. (무릎 굽힘 각도 : 90도 정도)

🔎 **참고하기**

그림 출처 : https://3sun.tistory.com/323

# 산업안전기사

**2017. 2회 2부**

시험시간 : 1시간 정도

---

**01** 화면에서 작업자는 황산을 취급하고 있다. 작업자는 맨손이며, 마스크를 미착용한 채로 황산을 비커에 따르는 작업을 하고 있다. 황산이 체내에 유입될 수 있는 경로 3가지를 적으시오. (6점)

**Answer & Explanation**

① 호흡기
② 소화기
③ 피부점막

**02** 화면에서 작업자는 DMF(디메틸포름아미드) 취급 작업을 하고 있다. 위 동영상을 보고 DMF 작업 시 작업자가 착용해야 할 보호구 3가지를 적으시오. (6점)

**Answer & Explanation**

① 방독마스크
② 화학물질용 안전장갑(불침투성 보호장갑)
③ 화학물질용 안전화(불침투성 보호장화)
④ 화학물질용 보호복(불침투성 보호복)
⑤ 보안경

## 03
화면에서는 정화통의 색이 녹색인 방독마스크를 보여준다. 화면의 보호구를 보고 다음 물음에 답하시오. (4점)

(1) 보호구의 종류를 적으시오.
(2) 시험가스의 종류를 적으시오.
(3) 중농도 방독마스크의 파과시간은 얼마인가?

**Answer & Explanation**

(1) 보호구의 종류 : 암모니아용 방독마스크
(2) 시험가스의 종류 : 암모니아 가스
(3) 파과시간(중농도) : 40분 이상

### ➔ 참고하기

| 종류 및 등급 | | 시험가스의 조건 | | 파과농도 (ppm, ± 20%) | 파과시간 (분) |
|---|---|---|---|---|---|
| | | 시험가스 | 농도(%) (± 10%) | | |
| 암모니아용 | 고농도 | 암모니아가스 | 1.0 | 25.0 | 60 이상 |
| | 중농도 | 〃 | 0.5 | | 40 이상 |
| | 저농도 | 〃 | 0.1 | | 50 이상 |

## 04
화면에서 작업자는 프레스 기계 작업을 하고 있다. 작업자가 금형의 이물질을 제거하기 위해 몸을 기울이는 순간 실수로 페달을 밟아 프레스에 손을 다치는 사고가 발생하였다. 동종 사고를 방지하기 위한 조치사항을 2가지 적으시오. (4점)

**Answer & Explanation**

① 전원을 차단하고 이물질을 제거한다.
② 이물질 제거 시에 전용 공구(수공구)를 사용한다.
③ 페달에 U자형 덮개(풋 스위치 방호 덮개)를 설치한다.

**05** 화면에서는 컨베이어 작업을 보여준다. 컨베이어의 작업 시작 전 점검사항 4가지를 적으시오. (4점)

**Answer & Explanation**

① 원동기 및 풀리기능의 이상 유무
② 이탈 등의 방지장치기능의 이상 유무
③ 비상정지장치 기능의 이상 유무
④ 원동기·회전축·기어 및 풀리 등의 덮개 또는 울 등의 이상 유무

**06** 화면에서 작업자는 전주의 발판에 올라서서 변압기 볼트를 조이는 작업을 하고 있다. 작업위험요인 2가지를 적으시오. (4점)

**화면 설명** • 안전대를 착용하고 있으나 안전대를 전주에 고정하지 않은 상태이다.

**Answer & Explanation**

① 작업 발판이 불안하여 떨어짐 위험이 있다. (전주의 발판에 올라서서 작업하여 떨어짐 위험 있다.)
② 안전대를 전주에 고정하지 않아 떨어짐 위험이 있다.

**07** 화면에서는 항타기·항발기 작업을 보여준다. 항타기, 항발기 조립 시 점검해야 할 사항 3가지를 적으시오. (6점)

**Answer & Explanation**

① 본체의 연결부의 풀림 또는 손상의 유무
② 권상용 와이어로프·드럼 및 도르래의 부착상태의 이상 유무
③ 권상장치의 브레이크 및 쐐기장치 기능의 이상 유무
④ 권상기의 설치상태의 이상 유무
⑤ 리더(leader)의 버팀 방법 및 고정상태의 이상 유무
⑥ 본체·부속장치 및 부속품의 강도가 적합한지 여부
⑦ 본체·부속장치 및 부속품에 심한 손상·마모·변형 또는 부식이 있는지 여부

## 08 터널 공사에 사용되는 계측기의 종류 3가지를 적으시오. (6점)

**Answer & Explanation**

① 천단침하 측정계
② 내공변위 측정계
③ 지중 및 지표침하 측정계
④ 록볼트 축력측정계
⑤ 숏크리트 응력 측정계

## 09 화면은 승강기의 컨트롤 패널 점검 작업을 보여준다. 다음 물음에 답하시오. (5점)

**화면 설명** • 작업자는 컨트롤 패널을 점검하기 위하여 전원을 차단한 상태에서 전선을 만지는 순간 감전 당함

(1) 화면과 같은 재해를 방지하기 위한 대책 3가지를 적으시오.
(2) 작업자가 감전당한 원인은 무엇인가?

**Answer & Explanation**

(1) 재해방지대책(전기를 점검, 보수하는 작업은 정전작업에 해당한다.)
 ① 차단장치에 잠금장치 및 꼬리표를 부착할 것
 ② 잔류전하를 완전히 방전시킬 것
 ③ 검전기를 이용하여 충전되었는지를 확인할 것
 ④ 작업자는 **절연장갑을 착용할 것**(절연장갑을 미착용한 경우만 해당)
(2) 감전의 원인 : 잔류전하에 의한 감전

**주의** • 화면에서 검전기로 충전 유무를 확인하는 장면 후에 감전을 당한 경우 → 오통전에 의한 감전
 • 동영상에서 차단기만 내리고 검전기로 확인하는 장면이 없이 감전을 당한 경우 → 잔류전하에 의한 감전

## 2017. 2회 3부

# 산업안전기사

시험시간 : 1시간 정도

**01** 화면에서는 비계의 작업 발판을 보여준다. 비계 작업 발판의 폭은 ( ① )으로 하고, 발판 재료 간의 틈은 ( ② )로 하여야 한다. (4점)

**Answer & Explanation**

① 40cm 이상
② 3cm 이하

**02** 아파트 창틀에서 두 명의 작업자가 발판을 설치하는 작업을 하고 있다. 한 작업자가 발판을 건네주고 다른 작업자가 설치하려고 이동하던 중 바닥으로 추락사고가 발생하였다. 주변 정리정돈이 되어있지 않고, 작업자가 밟고 있던 콘크리트 부스러기가 함께 떨어지는 장면을 보여준다. 위 사고에서 추락의 원인 3가지를 적으시오. (6점)

**Answer & Explanation**

① 안전대 미착용
② 추락방호망 미설치(또는 불량)
③ 안전난간 미설치(또는 불량)
④ 주변 정리정돈 불량

**03** 화면에서는 안전대를 보여준다. (1) 화면과 같은 안전대의 명칭을 적고, (2) 그림에 해당하는 부위의 명칭을 적으시오. (6점)

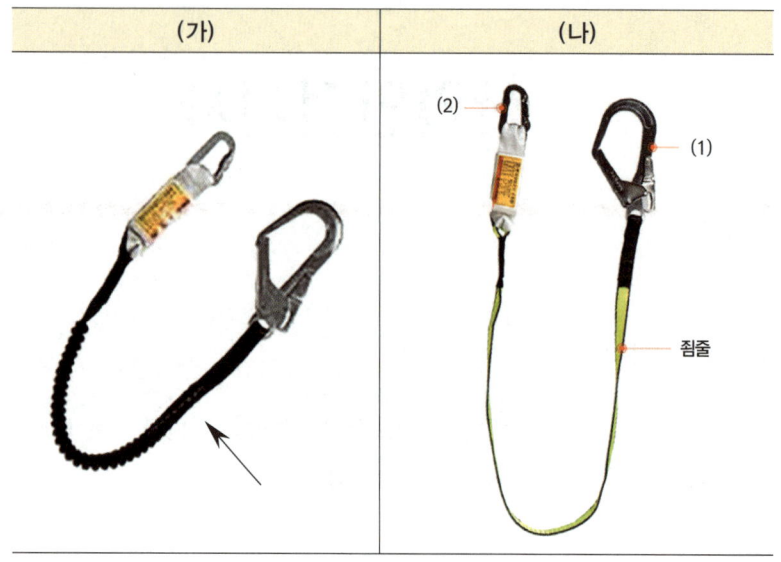

### Answer & Explanation

(가) 죔줄
(나) (1) 훅
    (2) 카라비너

주의 동영상을 확인하고 답을 적으세요.

### 참고하기

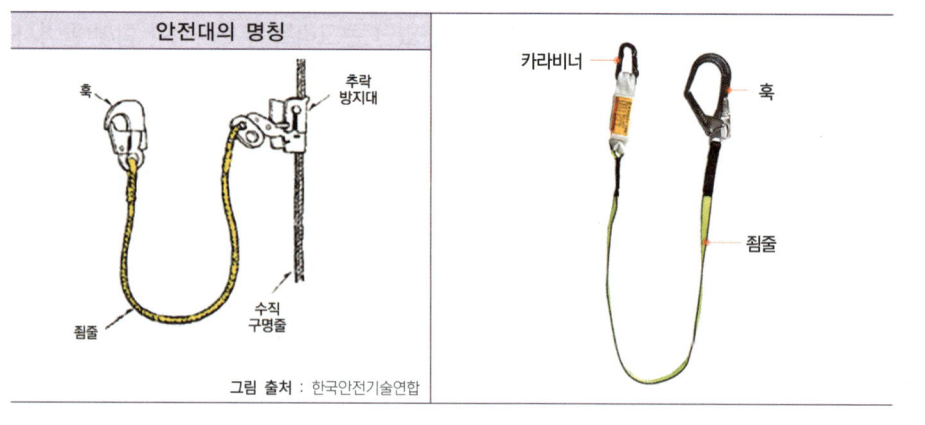

그림 출처 : 한국안전기술연합

## 04. 화면에서 작업자는 선반작업을 하고 있다. 손이 말려들어가는 부분에 존재하는 위험점의 종류와 정의를 적으시오. (4점)

**화면 설명** ● 화면에서 작업자는 샌드페이퍼(사포)를 손으로 지지하며 작업하고 있고, 다른 손은 손이 말려들어가는 장면을 보여준다.

**Answer & Explanation**

① 위험점의 종류 : 접선물림점 또는 끼임점 또는 회전말림점
  ※ 동영상에서 손이 말려드는 부분을 확인하세요.
② 정의
  • 끼임점 : 고정부분과 회전하는 동작 부분 사이에서 형성되는 위험점
  • 접선 물림점 : 회전하는 부분의 접선 방향으로 물려 들어가는 위험점
  • 회전말림점 : 회전하는 물체에 작업복, 머리카락 등이 말려 들어가는 위험점

**참고하기**

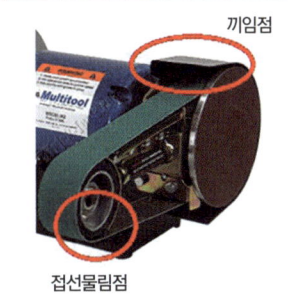
접선물림점 / 끼임점

회전 말림점

사진 출처 : AliExpress

**주의** 동영상에서 손이 말려드는 부분을 확인하고 끼임점 또는 접선물림점을 적으세요.

## 05. 화면에서 작업자는 작업 중 고장 난 양수기를 수리하고 있다. 위험요인 3가지를 적으시오. (6점)

**화면 설명** ● 전원을 차단하지 않고 양수기를 수리하고 있으며 동료와 잡담을 나누며 수공구를 던져주는 장면이 보인다. 수리 중 벨트에 손이 말려드는 사고가 발생한다.

① **전원을 차단하지 않고** 수리하여 손을 다칠 위험 있다.
② **작업에 집중하지 않아** 손을 다칠 위험 있다.
③ 던져주던 **수공구가 양수기에 말려들어갈** 위험 있다.

**06** 화면에서 작업자는 밀폐된 탱크 내에서 작업을 하고 있다. 밀폐공간 작업 시 안전작업사항 3가지를 적으시오. (6점)

**Answer & Explanation**

① 작업 시작 전 및 작업 중에 해당 작업장을 적정 공기 상태가 유지되도록 환기하여야 한다.
② 밀폐공간에 근로자를 종사하도록 하는 경우에는 그 장소에 근로자를 입장시킬 때와 퇴장시킬 때마다 인원을 점검하여야 한다.
③ 작업하는 근로자가 아닌 사람이 그 장소에 출입하는 것을 금지하고, 출입금지 표지를 밀폐공간 근처의 보기 쉬운 장소에 게시하여야 한다.
④ 작업상황을 감시할 수 있는 감시인을 지정하여 밀폐공간 외부에 배치하여야 한다.
⑤ 밀폐공간에서 작업을 하는 동안 그 작업장과 외부의 감시인 간에 항상 연락을 취할 수 있는 설비를 설치하여야 한다.
⑥ 밀폐공간에서 작업을 하는 경우에 산소결핍이나 유해가스로 인한 질식·화재·폭발 등의 우려가 있으면 즉시 작업을 중단시키고 해당 근로자를 대피하도록 하여야 한다.
⑦ 공기호흡기 또는 송기마스크, 안전대나 구명밧줄, 사다리 및 섬유로프 등 비상시에 대피용 기구 및 근로자를 구출하기 위하여 필요한 기구를 갖추어 두어야 한다.
⑧ 밀폐공간에서 근로자를 구출하는 경우 구출작업에 종사하는 근로자에게 공기호흡기 또는 송기마스크를 지급하여야 한다.

**07** 화면에서 두 작업자가 작업을 하던 중 한 작업자가 변압기의 2차 전압을 측정하기 위해 다른 작업자에게 전원을 투입하라는 신호를 보낸다. 측정 후 전원을 차단하라는 신호를 보내고 측정기를 철거하던 중 감전이 발생한다. 이때 작업자는 맨손으로 작업을 하였다. 이 동영상에서 내재되어 있는 핵심 위험요인을 3가지 적으시오. (6점)

**Answer & Explanation**

① 작업자가 절연장갑을 착용하지 않았다.
② 작업자 간 신호전달이 제대로 이뤄지지 않았다.
③ 측정기를 철거하기 전에 정전되었는지 확인을 하지 않았다.

**08** 화면에서 작업자는 회전하는 롤러기의 롤러를 걸레로 청소하고 있다. 작업 중 근로자의 손이 롤러에 말려드는 사고가 발생하였다. 이 사고의 핵심위험요인 2가지를 적으시오. (4점)

**Answer & Explanation**

① 롤러의 전원을 차단하지 않고 청소했다.
② 롤러기에 인터록장치가 설치되지 않았다.
　(롤러의 가드를 제거할 경우 롤러가 작동하지 않는 인터록장치를 설치하여야 한다.)
③ 롤러의 물림점에 가드가 설치되지 않았다.
④ 작업자가 장갑을 착용하였다. (화면에서 장갑을 착용한 경우만 해당)

**09** 다음의 가스를 사용하여 작업하는 경우 퍼지를 실시하는 목적을 적으시오. (3점)

(1) 가연성가스 및 지연성가스
(2) 독성가스
(3) 불활성가스

**Answer & Explanation**

(1) 가연성가스 및 지연성가스 : 화재폭발 방지
(2) 독성가스 : 중독사고 방지
(3) 불활성가스 : 산소결핍 방지

## 2017. 3회 1부

# 산업안전기사

시험시간 : 1시간 정도

**01** 화면은 탁상용 연삭기 작업을 보여준다. 탁상용 연삭기에 봉강 연마작업 중 환봉이 튀어 발생한 사고이다. (1) 기인물은 무엇이며, (2) 연마작업 시 파편이나 연삭분의 비래에 의한 위험에 대비하기 위해 설치해야 하는 방호장치명을 적으시오. (4점)

**Answer & Explanation**

(1) 기인물 : 탁상용 연삭기
(2) 장치명 : 투명비산 방지판

**02** 밀폐공간의 적정 공기 수준에 관한 내용이다. [보기]의 ( )에 적합한 숫자를 적으시오. (5점)

> **보기**
> 적정한 공기라 함은 산소농도의 범위가 ( ① )% 이상 ( ② )% 미만, 탄산가스의 농도가 ( ③ )% 미만, 일산화탄소의 농도가 ( ④ )ppm 미만, 황화수소의 농도가 ( ⑤ )ppm 미만인 수준의 공기를 말한다.

**Answer & Explanation**

① 18
② 23.5
③ 1.5
④ 30
⑤ 10

**03** 화면에서 작업자는 면 마스크를 착용한 상태에서 석면취급 작업을 하고 있다. 작업자가 마스크를 착용하고 있으나 석면 위험에 노출되어 있어 직업병이 우려된다. 그 이유를 설명하시오. (4점)

> 방진마스크(특급)를 착용하지 않고 면 마스크를 착용하고 있다.

**04** 산업안전보건법상 누전차단기를 설치해야 하는 기계·기구 3가지를 적으시오. (6점)

> ① 대지전압이 150볼트를 초과하는 이동형 또는 휴대형 전기기계·기구
> ② 물 등 도전성이 높은 액체가 있는 습윤장소에서 사용하는 저압용 전기기계·기구
> ③ 철판·철골 위 등 도전성이 높은 장소에서 사용하는 이동형 또는 휴대형 전기기계·기구
> ④ 임시배선의 전로가 설치되는 장소에서 사용하는 이동형 또는 휴대형 전기기계·기구

**05** 화면에서 작업자는 공장 지붕에서 패널설치 작업 중 실족으로 추락하였다. (1) 재해 발생원인 2가지, (2) 안전대책 2가지를 적으시오. (4점)

> (1) 재해 발생원인
>   ① 안전대 미착용
>   ② 안전난간 미설치
>   ③ 추락방호망 미설치
>   ④ 주변 정리정돈 불량
>
> (2) 안전대책
>   ① 안전대 착용
>   ② 안전난간 설치
>   ③ 추락방호망 설치
>   ④ 주변 정리정돈 철저

## 06 가죽제 안전화의 뒷굽 높이를 제외한 몸통 높이를 적으시오. (6점)

**Answer & Explanation**

| 단화 | 중단화 | 장화 |
|---|---|---|
| 113mm 미만 | 113mm 이상 | 178mm 이상 |

🔎 **참고**하기

몸통 높이란 몸통 뒤의 가장 높은 지점과 안창의 뒤끝 위쪽 면 사이의 수직거리를 말한다.

## 07 높이 2미터 이상인 작업장소에 설치하여야 하는 작업 발판의 설치 기준을 3가지 적으시오. (단, 작업 발판의 폭과 틈의 기준은 제외한다.) (6점)

**Answer & Explanation**

① 발판재료 : 작업 시의 하중을 견딜 수 있도록 견고한 것으로 할 것
② 추락의 위험성이 있는 장소에는 안전난간을 설치할 것
③ 작업발판의 지지물 : 하중에 의하여 파괴될 우려가 없는 것을 사용할 것
④ 작업발판재료는 뒤집히거나 떨어지지 아니하도록 2 이상의 지지물에 연결하거나 고정시킬 것
⑤ 작업에 따라 이동시킬 때에는 위험방지 조치를 할 것
⑥ 선박 및 보트 건조작업에서 선박블록 또는 엔진실 등의 좁은 작업공간에 작업발판을 설치하는 경우 : 작업발판의 폭을 30센티미터 이상으로 할 수 있고, 걸침비계의 경우 발판재료 간의 틈을 3센티미터 이하로 유지하기 곤란하면 5센티미터 이하로 할 수 있다.

## 08
목재가공용 둥근톱 기계에 고정식 톱날접촉 예방장치(덮개)를 설치하고자 한다. 덮개 하단과 테이블 사이의 간격과 덮개 하단과 가공재 사이의 간격을 얼마로 조정하여야 하는가? (4점)

(1) 하단과 테이블 사이 높이 :
(2) 하단과 가공재 사이 간격 :

**Answer & Explanation**

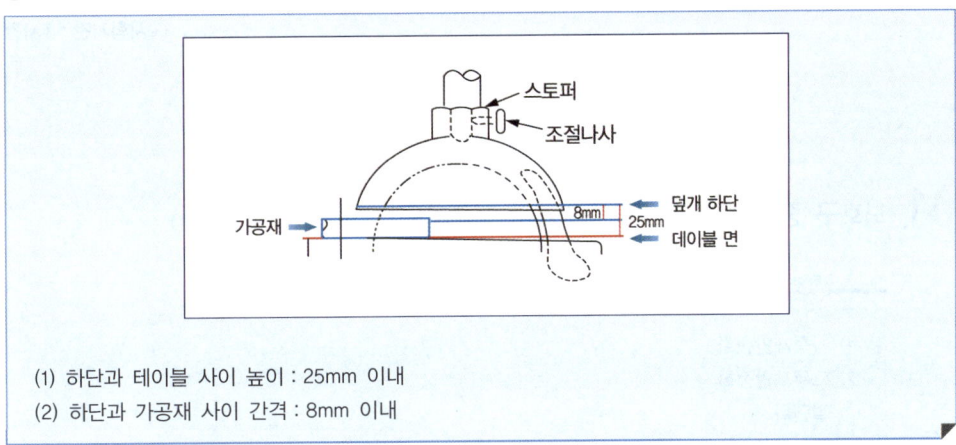

(1) 하단과 테이블 사이 높이 : 25mm 이내
(2) 하단과 가공재 사이 간격 : 8mm 이내

## 09
전기형강 작업 중 작업자의 위험요인 3가지를 적으시오. (6점)

**화면 설명** • 화면에서 작업자는 전봇대의 발판을 딛고 작업하고 있으며, 작업 중 흡연하는 장면이 보인다. C.O.S가 발판 옆에 걸쳐져 있다.

**Answer & Explanation**

① 작업 중 흡연했다.
② 작업자가 안전대를 착용하지 않았다. (U자 걸이용 안전대 착용)
③ C.O.S(컷아웃스위치)를 발판 옆에 걸쳐놓아 오조작할 위험 있다.

**➡ 참고하기**

• C.O.S(컷아웃스위치)
배선의 인입점·분기점 등에 사용되는 스위치로 컷아웃스위치를 꺼버리면 해당 회로의 배선이 정전 된다.
(배선의 점검, 수리 시에 끄고 작업)

# 산업안전기사

2017. 3회 2부

시험시간 : 1시간 정도

**01** 보호구 중 안전화의 종류를 5가지 적으시오. (5점)

**Answer & Explanation**

① 가죽제안전화
② 고무제안전화
③ 절연화
④ 절연장화
⑤ 정전기 안전화
⑥ 발등 안전화
⑦ 화학물질용 안전화

**02** 화면에서 작업자는 사출성형기 작동 중 기계가 멈추자 안을 들여다보며 기계 안에 끼인 이물질을 손으로 제거하다 감전으로 뒤로 넘어지는 재해를 당한다. 사출성형기의 이물질 제거 작업 시의 위험요인 3가지를 적으시오. (6점)

**Answer & Explanation**

① 전원을 차단하지 않고 이물질을 제거하였다.
② 감전 우려가 있는 부위에 방호 덮개를 설치하지 않았다.
③ 방호 덮개를 개방하는 경우 전원이 차단되는 연동장치(인터록킹장치)를 설치하지 않았다.
④ 이물질 제거 시 전용 공구(수공구)를 사용하지 않고 손으로 제거하였다.

03 화면에서와 같은 전기형강 작업 시 작업자가 착용하고 있는 안전대의 종류를 적으시오. (4점)

> **화면 설명 •** 작업자는 전봇대의 작업발판을 딛고 작업을 하고 있는 상황이다.

사진 출처 : 뉴스 Q

**Answer & Explanation**

U자걸이용 안전대

---

04 화면에서는 박공지붕 설치작업을 보여준다. 재해 원인 3가지를 적으시오. (6점)

> **화면 설명 •** 박공지붕 위에서 박공지붕을 설치하던 중 작업자가 미끄러지며 박공지붕 재료와 함께 추락하였다. 지붕 아래에는 다른 작업자가 누워서 휴식을 취하다가 비래하는 박공지붕에 맞는 사고가 발생했다.

**Answer & Explanation**

① 추락방호망 미설치
② 안전대 미착용
③ 안전난간 미설치
④ 작업발판 미설치(또는 작업발판 불량)
⑤ 작업장 아래 접근금지 조치 미실시

**05** 화면에서 작업자는 회전하는 롤러기의 롤러를 걸레로 청소하고 있다. 작업 중 근로자의 손이 롤러에 말려드는 사고가 발생하였다. 이 사고의 핵심위험요인 2가지를 적으시오. (4점)

> ① 롤러의 전원을 차단하지 않고 청소했다.
> ② 롤러기에 인터록장치가 설치되지 않았다.
>   (롤러의 가드를 제거할 경우 롤러가 작동하지 않는 인터록장치를 설치하여야 한다.)
> ③ 롤러의 물림점에 가드가 설치되지 않았다.
> ④ 작업자가 장갑을 착용하였다. (화면에서 장갑을 착용한 경우만 해당)

**06** 화면에서는 항타기 작업을 보여준다. 다음 물음에 적합한 내용을 적으시오. (6점)

> **▶▶ 보기**
>
> 항타기 또는 항발기의 권상장치의 드럼축과 권상장치로부터 첫번째 도르래의 축과의 거리를 권상장치의 드럼폭의 ( ① )배 이상으로 하여야 하며, 도르래는 권상장치 드럼의 ( ② )을 지나야 하며 축과 ( ③ )에 있어야 한다.

> ① 15
> ② 중심
> ③ 수직면상

**07** 화면에서 작업자는 물기가 많은 작업장에서 펌프 점검 중 수중 펌프에 접촉하여 감전 사고가 발생하였다. 작업자가 감전된 원인을 피부 저항과 관련하여 설명하시오. (4점)

> 인체가 젖은 상태에서 피부 저항은 1/25로 감소하기 때문에 감전되기 쉽다.

**08** 화면에서 작업자는 인화성 물질 저장창고에서 작업을 하고 있다. 폭발의 원인이 된 (1) 발화원의 형태 (2) 그 종류를 2가지 적으시오. **(6점)**

> **화면 설명** • 인화성 물질이 든 드럼통을 들고 들어온 작업자가 윗옷을 벗음과 동시에 폭발사고가 발생한다.

**Answer & Explanation**

(1) 발화원의 형태 : 정전기 스파크

(2) 종류
　① 박리대전(옷을 벗을 때)
　② 마찰대전(신발과 바닥 사이)

**09** 화면은 밀폐공간 작업을 보여준다. 밀폐된 공간에서 작업자를 구출하는 경우 착용하여야 하는 보호구는 (　　)이다. **(4점)**

**Answer & Explanation**

공기호흡기 또는 송기마스크

# 산업안전기사

**2017. 3회 3부**

시험시간 : 1시간 정도

**01** 화면에서 작업자는 DMF(디메틸포름아미드) 취급 작업을 하고 있다. 위 동영상을 보고 DMF 작업 시 작업자가 착용해야 할 보호구 3가지를 적으시오. (6점)

**Answer & Explanation**

① 방독마스크
② 화학물질용 안전장갑(불침투성 보호장갑)
③ 화학물질용 안전화(불침투성 보호장화)
④ 화학물질용 보호복(불침투성 보호복)
⑤ 보안경

**02** 화면에서 보여주는 (1) 보호구의 명칭을 적으시오. (2) 보호구의 구조를 2가지 적으시오. (4점)

그림 출처 : COV, 안전보건공단. "고소작업자를 위한 추락방지장치 구성요소"

### Answer & Explanation

(1) 안전블록

(2) 안전블록의 구조
   ① 자동 잠김 장치를 갖출 것
   ② 안전블록의 부품은 부식방지처리를 할 것

#### 참고하기

- 안전블록이 부착된 안전대의 구조
  ① 안전블록을 부착하여 사용하는 안전대는 신체 지지의 방법으로 안전그네만을 사용할 것
  ② 안전블록은 정격 사용 길이가 명시될 것
  ③ 안전블록의 줄은 합성 섬유로프, 웨빙(webbing), 와이어로프이어야 하며, 와이어로프인 경우 최소지름이 4mm 이상일 것

---

**03** 화면에서 작업자는 사출성형기 작동 중 기계가 멈추자 안을 들여다보며 기계 안에 끼인 이물질을 손으로 제거하다 감전으로 뒤로 넘어지는 재해를 당한다. 사출성형기의 이물질 제거 작업 시의 위험요인 3가지를 적으시오. (6점)

### Answer & Explanation

① 전원을 차단하지 않고 이물질을 제거하였다.
② 감전 우려가 있는 부위에 방호덮개를 설치하지 않았다.
③ 방호덮개를 개방하는 경우 전원이 차단되는 연동장치(인터록장치)를 설치하지 않았다.
④ 이물질 제거 시 전용 공구(수공구)를 사용하지 않고 손으로 제거하였다.

---

**04** 화면에서 작업자는 드릴 작업을 하고 있다. 작업 시 위험요인 2가지를 적으시오. (4점)

**화면 설명** · 작업자는 작업 중 이물질을 입으로 불어 제거하고 있으며, 또한 손으로 이물질을 제거하려는 모습을 보여준다. 작업자는 보안경을 착용하지 않은 상태이다.

### Answer & Explanation

① 작은 공작물을 손으로 잡고 작업하였다.
   (공작물을 바이스를 사용하여 고정하지 않아 손을 다칠 위험 있다.)
② 면장갑을 착용하였다. (면장갑을 착용하여 손을 다칠 위험 있다.)
③ 보안경을 착용하지 않았다. (보안경을 착용하지 않아 눈을 다칠 위험 있다.)
④ 방진마스크를 착용하지 않았다.
   (방진마스크를 착용하지 않아 이물질 또는 칩이 호흡기로 들어갈 위험 있다.)
⑤ 이물질을 전용 공구(수공구)를 사용하지 않고 손으로 제거하였다.
   (이물질을 손으로 제거하여 손을 다칠 위험 있다.)

**주의** 동영상을 확인하고 답을 적으세요.

**05** 화면에서 작업자는 덤프트럭 적재함을 들어 올리고 수리하다 재해를 당하였다. 차량계 하역, 운반기계 등의 수리 또는 부속 장치의 장착 및 해체작업을 하는 때 작업 시작 전 조치사항 3가지를 적으시오. (6점)

**Answer & Explanation**

① 작업순서를 결정하고 작업지휘자를 배치한다.
② 하역 및 유압장치에 안전지지대 또는 안전블록 등을 받쳐놓는다.
③ 작업 시작 전 하역장치 및 유압장치 기능의 이상 유무를 점검한다.

**06** 화면에서는 이동식 크레인으로 배관을 운반하는 작업 중이다. 작업 중 위험요소 2가지를 적으시오. (4점)

**화면 설명 ▸** 배관을 1줄 걸이 상태로 불안하게 운반하고 있으며, 와이어로프의 일부분이 손상된 모습을 보여준다. 작업자가 배관을 손으로 지지하다 배관이 흔들리며 작업자가 배관에 맞는 사고가 발생한다.

**Answer & Explanation**

① 줄걸이 방법 불량(2줄 걸이로 균형을 유지하여야 하나 1줄 걸이 상태로 운반함)
② 배관을 유도(보조)로프로 흔들림 방지하지 않고 손으로 지지하고 있음
③ 와이어로프 상태 불량(손상된 와이어로프 사용함)
④ 훅의 해지장치 미설치(혹은 훅의 해지장치를 체결하지 않음)

**07** 화면에서 작업자는 기계를 점검하다 회전축에 의한 협착사고를 당하였다. 해당되는 위험점의 종류와 정의를 적으시오. (5점)

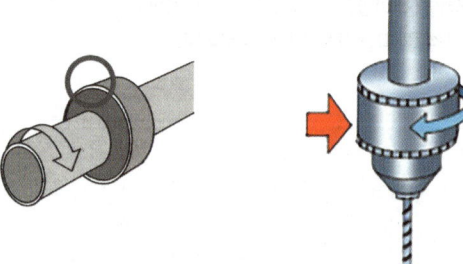

**Answer & Explanation**

① 위험점의 종류 : **회전말림점**
② 정의 : **회전하는 물체에** 작업복, 머리카락 등이 **말려 들어가는 위험점**

**08** 화면은 선박 탱크 내부의 슬러지 처리 작업을 보여준다. 작업 도중 한 작업자가 의식을 잃고 쓰러진다. 이러한 사고에 대비하여 필요한 비상 시 피난용구 3가지를 적으시오. (6점)

**Answer & Explanation**

① 송기마스크 또는 공기호흡기
② 섬유로프
③ 사다리
④ 안전대
⑤ 구명밧줄

**09** 작업자는 고압의 전기가 흐르는 충전전로에서 작업을 하고 있다. 화면과 같은 활선작업에서의 잠재 위험요인 2가지를 적으시오. (4점)

**Answer & Explanation**

① 작업자가 절연용 보호구를 착용하지 않아 감전의 위험 있다.
② 크레인이 이격거리를 준수하지 않아 감전의 위험 있다.
③ 작업자가 접근한계거리를 준수하지 않고 충전 전로에 접근하여 감전의 위험 있다.
④ 활선작업용 기구 및 장치를 사용하지 않아 감전의 위험 있다.

# 산업안전기사

**2018. 1회 1부**

시험시간 : 1시간 정도

**01** 화면에서는 항타기·항발기 작업을 보여준다. 항타기, 항발기 조립 시 점검해야 할 사항 3가지를 적으시오. (4점)

**Answer & Explanation**

① 본체의 연결부의 풀림 또는 손상의 유무
② 권상용 와이어로프·드럼 및 도르래의 부착상태의 이상 유무
③ 권상장치의 브레이크 및 쐐기장치 기능의 이상 유무
④ 권상기의 설치상태의 이상 유무
⑤ 리더(leader)의 버팀 방법 및 고정상태의 이상 유무
⑥ 본체·부속장치 및 부속품의 강도가 적합한지 여부
⑦ 본체·부속장치 및 부속품에 심한 손상·마모·변형 또는 부식이 있는지 여부

**02** 화면에서 작업자는 덤프트럭 적재함을 들어 올리고 수리하다 재해를 당하였다. 차량계 하역, 운반기계 등의 수리 또는 부속장치의 장착 및 해체작업을 하는 때 작업 시작 전 조치사항 3가지를 적으시오. (6점)

**Answer & Explanation**

① 작업순서를 결정하고 작업지휘자를 배치한다.
② 하역 및 유압장치에 안전지지대 또는 안전블록 등을 받쳐놓는다.
③ 작업 시작 전 하역장치 및 유압장치 기능의 이상 유무를 점검한다.

## 03
화면에서 작업자는 DMF(디메틸포름아미드) 취급 작업을 하고 있다. 위 동영상을 보고 DMF 작업 시 작업자가 착용해야 할 보호구를 적으시오. (6점)

**Answer & Explanation**

① 방독마스크
② 화학물질용 안전장갑(불침투성 보호장갑)
③ 화학물질용 안전화(불침투성 보호장화)
④ 화학물질용 보호복(불침투성 보호복)
⑤ 보안경

## 04
화면에서와 같은 고소작업대의 작업 시작 전 점검 사항 3가지를 적으시오. (4점)

**Answer & Explanation**

① 비상정지장치 및 비상하강방지장치 기능의 이상 유무
② 과부하방지장치의 작동 유무(와이어로프 또는 체인구동방식의 경우)
③ 아웃트리거 또는 바퀴의 이상 유무
④ 작업면의 기울기 또는 요철 유무

## 05
화면에서는 녹색 정화통의 방독마스크를 보여준다. [단, 그림의 기호는 무시] (6점)

(1) 화면에 해당하는 방독마스크의 종류를 적으시오.
(2) 방독마스크 정화통의 주성분을 1가지 적으시오.
(3) 화면에 해당하는 방독마스크 정화통의 시험가스 종류를 적으시오.
(4) 화면에 해당하는 방독마스크의 형식을 적으시오.

**Answer & Explanation**

(1) 암모니아용 방독마스크
(2) 큐프라마이트
(3) 암모니아 가스
(4) 직결식

**06** 화면에서는 유해물 취급작업을 보여준다. 유해물 취급 시 주의사항(안전 조치사항) 3가지를 적으시오. (5점)

**Answer & Explanation**

① 유해물질 발생원인 봉쇄
② 작업공정 은폐, 작업장 격리
③ 유해물의 위치, 작업공정 변경

**07** 화면은 작업자가 맨손으로 임시 배전반 점검 중에 감전 재해가 발생하는 것을 보여준다. 화면에서의 위험요인을 2가지 적으시오. (4점)

**화면 설명 ●** 화면에서 작업자는 전원을 차단하고 점검 중이다. 동료가 차단기 함을 열고 전원을 투입하는 순간 감전이 발생한다.

**Answer & Explanation**

① 작업자가 절연장갑을 착용하지 않았다.
② 개폐기 함에 잠금장치 및 통전금지 표찰을 부착하지 않았다.

**08** 화면에서 작업자는 작업을 하기 위해 전주에 올라가다 표지판에 부딪히며 추락하였다. 사고 발생원인 2가지를 적으시오. (4점)

**Answer & Explanation**

① 작업자가 안전대를 착용하지 않았다.
② 작업발판이 불안하다. [활선작업용장치(차량, 작업대)를 사용하지 않음]
③ 작업 전 주변 점검을 실시하지 않았다.

**09** 화면에서는 리프트를 이용하여 철근 절단 작업을 보여준다. 리프트의 작업 시작 전 점검사항을 2가지 적으시오. (6점)

**Answer & Explanation**

① 와이어로프가 통하는 곳의 상태
② 방호장치 및 브레이크, 클러치의 기능

## 2018. 1회 2부

# 산업안전기사

시험시간 : 1시간 정도

**01** 화면은 고온의 스팀배관을 보수하기 위해 누출 부위를 점검하는 장면을 보여준다. 예상되는 재해 발생형태를 적으시오. (4점)

**Answer & Explanation**

이상온도 노출·접촉

**참고하기**

- 상해의 종류 : 화상

**02** 화면에서는 고소작업대를 이용하여 산소절단기로 철근을 절단하는 장면을 보여준다. 화면에서와 같은 장비로 작업을 하는 경우 안전작업 준수사항 3가지를 적으시오. (4점)

**Answer & Explanation**

고소작업대를 사용하는 때 준수사항
① 작업자는 안전모·안전대 등의 보호구를 착용하도록 할 것
② 관계자 외의 자가 작업구역 내에 들어오는 것을 방지하기 위하여 필요한 조치를 할 것
③ 안전한 작업을 위하여 적정수준의 조도를 유지할 것
④ 전로(電路)에 근접하여 작업을 하는 때에는 작업감시자를 배치하는 등 감전사고를 방지하기 위하여 필요한 조치를 할 것
⑤ 작업대를 정기적으로 점검하고 붐·작업대 등 각 부위의 이상 유무를 확인할 것
⑥ 전환 스위치는 다른 물체를 이용하여 고정하지 말 것
⑦ 작업대는 정격하중을 초과하여 물건을 싣거나 탑승하지 말 것
⑧ 작업대의 붐대를 상승시킨 상태에서 탑승자는 작업대를 벗어나지 말 것

**03** 화면에서 작업자는 전주의 발판에 올라서서 변압기 볼트를 조이는 작업을 하고 있다. 작업 위험요인 2가지를 적으시오. (6점)

> **화면 설명** • 안전대를 착용하고 있으나 안전대를 전주에 고정하지 않은 상태이다.

**Answer & Explanation**

① 작업발판이 불안하여 떨어짐 위험이 있다. (전주의 발판에 올라서서 작업하여 떨어짐 위험있다.)
② 안전대를 전주에 고정하지 않아 떨어짐 위험이 있다.

**04** 아파트 창틀에서 두 명의 작업자가 발판을 설치하는 작업을 하고 있다. 한 작업자가 발판을 건네주고 다른 작업자가 설치하려고 이동하던 중 바닥으로 추락사고가 발생하였다. 주변 정리정돈이 되어있지 않고, 작업자가 밟고 있던 콘크리트 부스러기가 함께 떨어지는 장면을 보여준다. 위 사고에서 추락의 원인 3가지를 적으시오. (6점)

**Answer & Explanation**

① 안전대 미착용
② 추락방호망 미설치(또는 불량)
③ 안전난간 미설치(또는 불량)
④ 주변 정리정돈 불량

**주의** 동영상을 확인하고 답을 적으세요.

**05** 화면은 방열복을 보여준다. 방열복 내열원단의 시험성능 기준 3가지를 적으시오. (5점)

**Answer & Explanation**

① 난연성 시험
② 열충격 시험
③ 인장강도 시험
④ 내열성 시험
⑤ 내한성 시험

**06** 화면은 변압기를 유기화합물에 담가 절연 처리한 후 건조하는 작업을 나타낸다. 화면과 같은 작업에서 착용해야 할 보호구를 적으시오. (4점)

> **보기**
> (1) 손
> (2) 눈
> (3) 피부

**Answer & Explanation**

① 화학물질용 안전장갑(불침투성 보호장갑)
② 보안경
③ 화학물질용 보호복(불침투성 보호복)


**07** 사출성형기의 금형에 붙어있는 이 물질 제거 중 작업자 감전 사고가 발생하였다. 위와 같은 감전재해의 대책 3가지를 적으시오. (6점)

**Answer & Explanation**

① 전원을 차단하고 이물질을 제거한다.
② 감전 우려가 있는 부위에 방호 덮개(게이트 가드)를 설치한다.
③ 방호덮개(게이트가드)를 개방하는 경우 전원이 차단되는 연동장치(인터록장치)를 설치한다.
④ 이물질 제거 시 전용 공구(수공구)를 사용한다


**08** 프레스의 방호장치 중 기호 A-1인 (1) 방호장치명과 (2) 방호장치의 기능을 적으시오. (4점)

**Answer & Explanation**

(1) 방호장치명 : 광전자식 방호장치
(2) 방호장치의 기능 : 투광부, 수광부, 컨트롤 부분으로 구성된 것으로서 신체의 일부가 광선을 차단하면 기계를 급정지시키는 방호장치

🔶 **참고**하기

- 프레스 또는 전단기 방호장치의 종류 및 분류

| 종류 | 분류 | 기능 |
|---|---|---|
| 광전자식 | A-1 | 프레스 또는 전단기에서 일반적으로 많이 활용하고 있는 형태로서 투광부, 수광부, 컨트롤 부분으로 구성된 것으로서 신체의 일부가 광선을 차단하면 기계를 급정지시키는 방호장치 |
| | A-2 | 급정지기능이 없는 프레스의 클러치 개조를 통해 광선 차단 시 급정지시킬 수 있도록 한 방호장치 |
| 양수조작식 | B-1 (유·공압 밸브식) | 1행정 1정지식 프레스에 사용되는 것으로서 양손으로 동시에 조작하지 않으면 기계가 동작하지 않으며, 한손이라도 떼어내면 기계를 정지시키는 방호장치 |
| | B-2 (전기버튼식) | |
| 가드식 | C | 가드가 열려 있는 상태에서는 기계의 위험부분이 동작되지 않고 기계가 위험한 상태일 때에는 가드를 열 수 없도록 한 방호장치 |
| 손쳐내기식 | D | 슬라이드의 작동에 연동시켜 위험상태로 되기 전에 손을 위험 영역에서 밀어내거나 쳐내는 방호장치로서 프레스용으로 확동식 클러치형프레스에 한해서 사용됨(다만, 광전자식 또는 양수조작식과 이중으로 설치 시에는 급정지 가능프레스에 사용 가능) |
| 수인식 | E | 슬라이드와 작업자 손을 끈으로 연결하여 슬라이드 하강 시 작업자 손을 당겨 위험영역에서 빼낼 수 있도록 한 방호장치로서 프레스용으로 확동식 클러치형 프레스에 한해서 사용됨(다만, 광전자식 또는 양수조작식과 이중으로 설치 시에는 급정지가능 프레스에 사용 가능) |

**09** 화면에서 작업자는 발파를 위한 천공작업을 하고 있다. 근로자가 착용하여야 할 보호구 명칭을 적으시오. (4점)

**Answer & Explanation**

① 안전모
② 안전화
③ 방진마스크
④ 귀마개 또는 귀덮개

## 2018. 1회 3부

# 산업안전기사

시험시간 : 1시간 정도

**01** 화면에서 작업자는 회전하는 기계를 2인 1조로 분해하여 조립하는 작업 중이다. 화면과 같은 작업 시의 작업계획서 내용을 3가지 적으시오. (6점)

> **화면 설명 ●** 기계를 분해하고 조립하는 과정에서 허리를 삐끗하는 장면이 나오며, 중량물의 기계를 놓치는 바람에 옆의 근로자의 발이 중량물에 다치는 사고가 발생한다.

**Answer & Explanation**

중량물 취급 작업 시의 작업계획서 내용
① 추락위험을 예방할 수 있는 안전대책
② 낙하위험을 예방할 수 있는 안전대책
③ 전도위험을 예방할 수 있는 안전대책
④ 협착위험을 예방할 수 있는 안전대책
⑤ 붕괴위험을 예방할 수 있는 안전대책

**02** 작업 발판 위에서 작업 중 근로자 추락사고가 발생하였다. (1) 높이 2m 이상 장소에 설치하는 작업 발판의 폭을 적으시오. (2) 작업 발판 재료 간의 틈을 적으시오. (4점)

**Answer & Explanation**

(1) 높이 2m 이상 장소에서의 작업 발판의 폭 : 40cm 이상
(2) 발판 재료 간의 틈 : 3cm 이하

**03** 화면은 항타기, 항발기 작업을 보여준다. 충전전로 인근에서 항타기, 항발기 작업 시 감전 위험 방지를 위한 사업주의 조치사항 3가지를 적으시오. (6점)

**Answer & Explanation**

① 충전전로 인근에서 차량, 기계장치 등의 작업이 있는 경우에는 **차량등을 충전전로의 충전부로부터 300 센티미터 이상 이격시켜 유지시키되, 대지전압이 50킬로볼트를 넘는 경우 이격거리는 10킬로볼트 증가 할 때마다 10센티미터씩 증가시켜야** 한다.
② 절연용 방호구를 설치한 경우에는 이격거리를 절연용 방호구 앞면까지로, 차량 등의 가공 붐대의 버킷이나 끝부분 등이 절연되어 있고 유자격자가 작업을 수행하는 경우의 이격거리는 접근 한계거리까지로 할 수 있다.
③ 울타리를 설치하거나 감시인 배치 등의 조치를 하여야 한다.
④ 접지된 차량 등이 충전전로와 접촉할 우려가 있는 경우에는 **지상의 근로자가 접지점에 접촉하지 않도록 조치**하여야 한다.

**04** 화면에서는 이동식 크레인으로 배관을 운반하는 작업 중이다. 작업 중 위험요소 2가지를 적으시오. (4점)

**화면 설명 ●** 배관을 1줄 걸이 상태로 불안하게 운반하고 있으며, 와이어로프의 일부분이 손상된 모습을 보여준다. 작업자가 배관을 손으로 지지하다 배관이 흔들리며 작업자가 배관에 맞는 사고가 발생한다.

**Answer & Explanation**

① 줄걸이 방법 불량(2줄 걸이로 균형을 유지하여야 하나 1줄 걸이 상태로 운반함)
② 배관을 유도(보조)로프로 흔들림 방지하지 않고 손으로 지지하고 있음
③ 와이어로프 상태 불량(손상된 와이어로프 사용함)
④ 훅의 해지장치 미설치(혹은 훅의 해지장치를 체결하지 않음)

**주의** 동영상을 확인하고 답을 적으세요.

**05** 화면에서 보여주는 (1) 보호구의 명칭을 적으시오. (2) 안전블록이 부착된 안전대의 구조를 3가지 적으시오. (5점)

그림 출처 : COV, 안전보건공단. "고소작업자를 위한 추락방지장치 구성요소"

**Answer & Explanation**

(1) 안전블록

(2) 안전블록이 부착된 안전대의 구조
 ① 안전블록을 부착하여 사용하는 안전대는 신체지지의 방법으로 안전그네만을 사용할 것
 ② 안전블록은 정격 사용 길이가 명시될 것
 ③ 안전블록의 줄은 합성섬유로프, 웨빙(webbing), 와이어로프이어야 하며, 와이어로프인 경우 최소 지름이 4mm 이상일 것

**참고하기**

- 안전블록의 구조
 ① 자동잠김장치를 갖출 것
 ② 안전블록의 부품은 부식방지처리를 할 것

## 06
밀폐공간의 적정공기수준에 관한 내용이다. [보기]의 ( )에 적합한 숫자를 적으시오. (6점)

> **보기**
> 적정한 공기라 함은 산소농도의 범위가 ( ① )% 이상 ( ② )% 미만, 탄산가스의 농도가 ( ③ )% 미만, 일산화탄소의 농도가 ( ④ )ppm 미만, 황화수소의 농도가 ( ⑤ )ppm 미만인 수준의 공기를 말한다.

**Answer & Explanation**

① 18
② 23.5
③ 1.5
④ 30
⑤ 10

## 07
크레인을 이용하여 활선전로에 인접하여 전주 세우기 작업을 하던 중 크레인이 전로에 접촉하며 운전자가 감전을 당하는 재해가 발생하였다. 이 사고의 직접 원인 2가지를 적으시오. (4점)

**Answer & Explanation**

① 크레인이 **이격거리를 준수하지 않아 인접활선전로와 접촉**하였다.
② 활선전로에 **절연용 방호구를 설치하지 않았다.**

## 08
특수화학설비 내부의 이상 상태를 조기에 파악하기 위하여 설치해야 할 방호장치 3가지를 적으시오. (6점)

**Answer & Explanation**

① 계측장치(온도계·압력계·유량계)
② 자동경보장치
③ 긴급차단장치
④ 예비동력원(4가지를 적으라는 경우만 해당)

**09** 밀폐공간(산소결핍 장소)에서 근로자가 작업하는 경우의 안전조치 사항을 3가지 적으시오. (4점)

**Answer & Explanation**

① 작업 시작 전 및 작업 중에 해당 작업장을 적정 공기 상태가 유지되도록 **환기**하여야 한다.
② 밀폐공간에 근로자를 종사하도록 하는 경우에는 그 장소에 **근로자를 입장시킬 때와 퇴장시킬 때마다 인원을 점검**하여야 한다.
③ 작업하는 **근로자가 아닌 사람이 그 장소에 출입하는 것을 금지**하고, 출입금지 표지를 밀폐공간 근처의 보기 쉬운 장소에 게시하여야 한다.
④ 작업상황을 감시할 수 있는 **감시인**을 지정하여 밀폐공간 **외부에 배치**하여야 한다.
⑤ 밀폐공간에서 작업을 하는 동안 그 **작업장과 외부의 감시인 간에 항상 연락을 취할 수 있는 설비**를 설치하여야 한다.
⑥ 밀폐공간에서 작업을 하는 경우에 **산소결핍**이나 유해가스로 인한 질식·화재·폭발 등의 우려가 있으면 **즉시 작업을 중단**시키고 해당 **근로자를 대피**하도록 하여야 한다.
⑦ **공기호흡기 또는 송기마스크**, 안전대나 구명밧줄, 사다리 및 섬유로프 등 비상시에 대피용 기구 및 근로자를 구출하기 위하여 필요한 기구를 갖추어 두어야 한다.
⑧ 밀폐공간에서 근로자를 구출하는 경우 **구출작업에 종사하는 근로자에게 공기호흡기 또는 송기마스크를 지급**하여야 한다.

## 2018. 2회 1부

# 산업안전기사

시험시간 : 1시간 정도

**01** 화면에서 작업자는 크랭크 프레스로 철판에 구멍을 뚫는 작업을 하고 있다. 사용하고 있는 크랭크 프레스에 급정지 기구가 부착되어 있지 않다. 이 프레스에 설치하여 사용할 수 있는 방호장치를 3가지 적으시오. (4점)

**Answer & Explanation**

① 손쳐내기식
② 수인식
③ 게이트가드식

**02** 화면을 보고 습윤한 장소에서의 감전재해 방지 및 이동전선 사용 시 점검사항 3가지를 적으시오. (4점)

**화면 설명 •** 작업자들이 무채 작업을 하고 있는 장면이다. 작업자의 무릎 정도로 물이 차 있는 상태에서 전기기구를 손으로 쥐고 작업하고 있으며 이동전선은 물속에 잠겨있는 상태이다.

**Answer & Explanation**

① 누전 차단기를 설치할 것
② 전선은 충분한 절연 효과가 있는 것을 사용할 것
③ 전선의 접속부는 충분히 피복하거나 적합한 접속기구(접지형 콘센트 및 플러그)를 사용할 것
④ 전선은 절연피복 손상, 노화로 인한 감전방지 위해 필요한 조치를 할 것

**주의** 동영상을 확인하고 답을 적으세요.

## 03 화면에서는 틀비계 위에서의 작업을 보여준다. 틀비계 조립 시의 준수사항 3가지를 적으시오. (5점)

**Answer & Explanation**

① 밑둥에는 밑받침철물을 사용하여야 하며 밑받침에 고저차가 있는 경우에는 조절형 밑받침철물을 사용하여 항상 수평 및 수직을 유지하도록 할 것
② 높이가 20미터를 초과하거나 중량물의 적재를 수반하는 작업을 할 경우에는 주틀 간의 간격이 1.8미터 이하로 할 것
③ 주틀 간에 교차가새를 설치하고 최상층 및 5층 이내마다 수평재를 설치할 것
④ 벽이음 간격(조립간격) : 수직 방향 6m, 수평 방향으로 8m미터 이내마다 할 것
⑤ 길이가 띠장방향으로 4m 이하이고 높이가 10m를 초과하는 경우에는 10m 이내마다 띠장 방향으로 버팀기둥을 설치할 것

## 04 산업안전보건법상 누전차단기를 설치해야 하는 기계·기구 3가지를 적으시오. (4점)

**Answer & Explanation**

① 대지전압이 150볼트를 초과하는 이동형 또는 휴대형 전기기계·기구
② 물 등 도전성이 높은 액체가 있는 습윤장소에서 사용하는 저압용 전기기계·기구
③ 철판·철골 위 등 도전성이 높은 장소에서 사용하는 이동형 또는 휴대형 전기기계·기구
④ 임시배선의 전로가 설치되는 장소에서 사용하는 이동형 또는 휴대형 전기기계·기구

## 05 화면에서 작업자는 DMF(디메틸포름아미드) 취급 작업을 하고 있다. 위 동영상을 보고 DMF 작업 시 작업자가 착용해야 할 보호구를 적으시오. (6점)

**Answer & Explanation**

① 방독마스크
② 화학물질용 안전장갑(불침투성 보호장갑)
③ 화학물질용 안전화(불침투성 보호장화)
④ 화학물질용 보호복(불침투성 보호복)
⑤ 보안경

> **참고하기**
> - 산업보건기준에 관한 규칙 : 불침투성 보호복, 불침투성 보호장갑, 불침투성 보호장화, 호흡용 보호구, 보안경
> - 보호구 안전인증에 관한 노동부 고시 : 화학물질용 보호복, 화학물질용 안전장갑, 화학물질용 안전화, 방독마스크, 보안경

## 06. 화면에서 작업자는 흙막이 지보공(또는 터널 지보공) 설치작업을 하고 있다. 흙막이지보공 설치 후 정기적 점검 사항 3가지를 적으시오. (5점)

**Answer & Explanation**

① 부재의 손상·변형·부식·변위 및 탈락의 유무와 상태
② 버팀대의 긴압의 정도
③ 부재의 접속부·부착부 및 교차부의 상태
④ 침하의 정도

## 07. 화면에서는 이동식 크레인 작업을 보여준다. 이동식 크레인 작업 시 운전자의 안전 조치 사항 3가지를 적으시오. (6점)

**화면 설명** • 이동식 크레인으로 비계를 운반하던 중 비계를 내리는 과정에서 비계가 흔들리며 아래에 있던 작업자와 충돌하는 재해가 발생한다.

**Answer & Explanation**

① 인양 중인 하물이 작업자의 머리 위로 통과하게 하지 아니하게 한다.
② 작업 중 운전석 이탈을 금지한다.
③ 이동식 크레인의 지브와 인양물 또는 각종 장애물과 부딪치지 않도록 한다.

### ⊙ 참고하기

- **이동식 크레인 운전원 준수사항**
  ① 이동식 크레인의 탑승과 하차는 승강 계단을 이용하여야 한다.
  ② 이동식 크레인의 작업 중 운전석 이탈을 금지하여야 한다. 운전원이 장비를 떠나야 할 경우는 인양물을 지면에 내려놓아야 하고, 구동 엔진 정지 및 브레이크를 작동 상태로 하여 잠금장치를 하여야 한다.
  ③ 인양작업 중 고장 발생 시 인양물을 지상에 내려놓고 브레이크와 안전장치를 작동상태로 유지하여야 한다.
  ④ 이동식 크레인의 지브와 인양물 또는 각종 장애물과 부딪치지 않도록 하여야 한다.

**08** 안전인증대상 안전모의 그림이다. 안전모의 그림을 보고 ( )에 적합한 세부명칭을 적으시오. (5점)

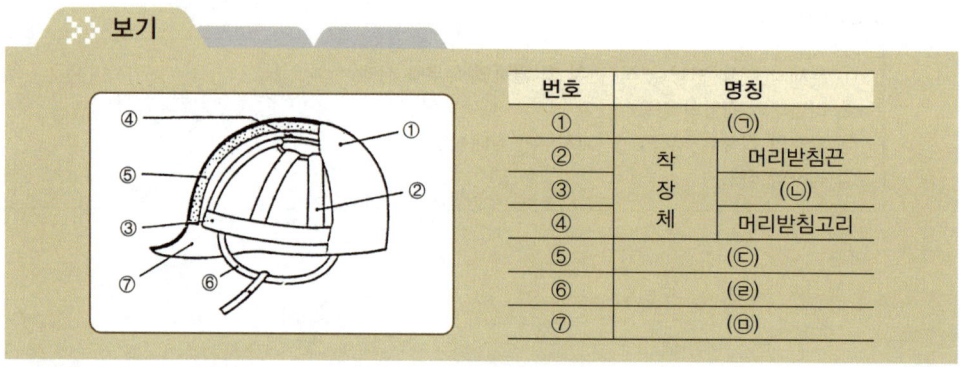

**Answer & Explanation**

ㄱ 모체
ㄴ 머리고정대
ㄷ 충격흡수재
ㄹ 턱끈
ㅁ 모자챙(차양)

**09** 화면에서 작업자는 콘크리트의 타설 작업을 하는 중이다. 콘크리트 타설 작업 시의 준수사항 3가지를 적으시오. (6점)

**Answer & Explanation**

① 당일의 작업을 시작하기 전에 해당 작업에 관한 거푸집 동바리 등의 변형·변위 및 지반의 침하 유무 등을 점검하고 이상이 있으면 보수할 것
② 작업 중에는 감시자를 배치하는 등의 방법으로 거푸집 및 동바리의 변형·변위 및 침하 유무 등을 확인해야 하며, 이상이 있으면 작업을 중지하고 근로자를 대피시킬 것
③ 콘크리트의 타설작업 시 거푸집붕괴의 위험이 발생할 우려가 있으면 충분한 보강조치를 할 것
④ 설계도서상의 콘크리트 양생기간을 준수하여 거푸집 및 동바리를 해체할 것
⑤ 콘크리트를 타설하는 경우에는 편심이 발생하지 않도록 골고루 분산하여 타설할 것

## 2018. 2회 2부

# 산업안전기사

시험시간 : 1시간 정도

**01** 교량 하부 점검 작업 중 근로자 추락사고가 발생하였다. 위 사고의 원인 세 가지를 적으시오. (6점)

> **화면 설명** ● 작업자는 부실한 작업발판 위에서 교량 하부를 점검하는 중이다. 추락방호망도 설치되지 않았으며 주변 정리정돈도 불량한 상태이다. 안전난간 대신 로프가 난간 역할을 하고 있으며 작업자가 로프로 된 난간 쪽으로 기대는 순간 로프 줄이 늘어지며 추락한다.

**Answer & Explanation**

① 안전대 미착용
② 추락방호망 미설치(또는 불량)
③ 안전난간 미설치(또는 불량)
④ 작업발판 미설치(또는 불량)
⑤ 주변 정리정돈 불량(정리정돈 불량으로 걸려 넘어진 경우)

**주의** 동영상을 확인하고 답을 적으세요.

**02** 화면에서 작업자는 프레스로 철판에 구멍을 뚫는 작업을 하고 있다. 위험예지 포인트를 3가지 적으시오. (6점)

**Answer & Explanation**

① 금형에 붙어있는 이물질을 손으로 제거하려다 손을 다친다.
② 작업자 실수로 페달을 밟아 (슬라이드가 하강하여) 손을 다친다.
③ 주변 정리정돈 불량으로 걸려 넘어지며 기계에 부딪힌다.
④ 보안경을 착용하지 않아 눈에 이물질이 들어가 눈을 다친다.

**03** 화면에서 2명의 작업자가 전주에서 작업을 하고 있다. 작업자 1명은 아래에서 절연용 방호구를 올리고 있으며 다른 작업자는 크레인에서 절연용 방호구를 받아 설치하는 작업을 하던 중 감전사고가 발생하였다. 화면에서와 같은 활선작업 시 내재되어 있는 핵심 위험요인 2가지를 적으시오. (4점)

**Answer & Explanation**

① 작업자가 절연용 보호구를 착용하지 않아 감전의 위험 있다.
② 크레인이 이격거리를 준수하지 않아 감전의 위험 있다.
③ 작업자가 접근한계 거리를 준수하지 않고 충전 전로에 접근하여 감전의 위험 있다.
④ 활선 작업용 기구 및 장치를 사용하지 않아 감전의 위험 있다.

주의 동영상 화면을 확인하고 답을 적으세요.

**04** 화면에서는 이동식 비계 위에서의 작업을 보여준다. 이동식 비계 작업의 준수사항 3가지를 적으시오. (4점)

**Answer & Explanation**

① 바퀴에는 갑작스러운 이동 또는 전도를 방지하기 위하여 브레이크·쐐기 등으로 바퀴를 고정시킨 다음 비계의 일부를 견고한 시설물에 고정하거나 아웃트리거를 설치하는 등 필요한 조치를 할 것
② 승강용 사다리는 견고하게 설치할 것
③ 비계의 최상부에서 작업을 할 때에는 안전난간을 설치할 것
④ 작업발판은 항상 수평을 유지하고 작업발판 위에서 안전난간을 딛고 작업을 하거나 받침대 또는 사다리를 사용하여 작업하지 않도록 할 것
⑤ 작업발판의 최대적재하중은 250킬로그램을 초과하지 않도록 할 것

**05** 화면에서 작업자는 퍼지작업을 하고 있다. 퍼지작업의 종류 3가지를 적으시오. (4점)

**Answer & Explanation**

① 진공퍼지
② 압력퍼지
③ 스위프퍼지
④ 사이폰퍼지

**06** 분전반 앞에서 그라인더 작업을 하기 위해 작업자가 맨손으로 콘센트를 잡고 차단기를 올리는 순간 감전이 발생한다. 동영상에서의 재해 발생원인 2가지를 적으시오. (4점)

> Answer & Explanation
>
> ① 맨손으로 전기를 조작하였다.(절연장갑을 착용하지 않았다.)
> ② 누전차단기를 미설치하였다.(또는 누전차단기 불량)

**07** 구축물, 건축물, 그 밖의 시설물 등의 해체작업 시 작성하여야 하는 해체계획에 포함되어야 할 사항 3가지를 적으시오. (6점)

> Answer & Explanation
>
> ① 해체방법, 해체순서 도면
> ② 가설설비, 방호설비, 살수, 방화설비 등 설비방법
> ③ 사업장 내 연락방법
> ④ 해체물 처분계획
> ⑤ 해체작업용 기계·기구 등의 작업계획서
> ⑥ 해체작업용 화약류 등의 사용계획서

**08** 보안면의 채색 투시부의 차광도를 구분하여 투과율을 적으시오. (5점)

| 차광도 | 투과율 |
|---|---|
| 밝음 | (    ) |
| 중간밝기 | (    ) |
| 어두움 | (    ) |

> Answer & Explanation
>
> | 차광도 | 투과율 |
> |---|---|
> | 밝음 | 50 ± 7 |
> | 중간밝기 | 23 ± 4 |
> | 어두움 | 14 ± 4 |

> 참고하기

| 구분 | | 투과율(%) |
|---|---|---|
| 투명 투시부 | | 85 이상 |
| 채색 투시부 | 밝음 | 50 ± 7 |
| | 중간밝기 | 23 ± 4 |
| | 어두움 | 14 ± 4 |

**09** 화면은 인화성 물질의 취급 및 저장소를 보여준다. 동영상을 참고하여 (1) 가스폭발의 종류와 (2) 화면에 해당하는 가스폭발의 정의를 설명하시오. (6점)

**화면 설명 ●** 화면에서는 가스가 대기 중에 다량 유출되어 순간적으로 폭발하는 장면을 보여준다.

**Answer & Explanation**

(1) 가스폭발의 종류 : 증기운 폭발
(2) 정의 : 인화성 가스가 대기 중에 유출되어 구름 형태로 모여 점화원에 의하여 순간적으로 폭발하는 현상

# 산업안전기사

2018. 2회 3부

시험시간 : 1시간 정도

**01** 방독마스크 정화통에 표시하여야 하는 사항 중 안전인증 표시 외 추가 표시사항을 4가지 적으시오. (4점)

**Answer & Explanation**

① 파과곡선도
② 사용시간 기록카드
③ 정화통의 외부 측면의 표시 색
④ 사용상의 주의사항

**02** 화면에서 작업자는 화학물질 실험 중이다. 보호구를 착용하지 않고 실험을 하던 중 갑자기 작업자가 아파하는 장면이 나온다. 화면에서와 같은 사고의 (1) 재해 발생형태와 (2) 재해 발생형태의 정의를 적으시오. (5점)

**Answer & Explanation**

(1) 재해 발생형태 : 유해위험물질 노출·접촉
(2) 정의 : 유해·위험물질에 노출·접촉 또는 흡입하였거나 독성동물에 쏘이거나 물린 경우

**03** 교량점검 작업 중 근로자 추락사고가 발생하였다. (5점)

(1) 위 사고의 원인 두 가지를 적으시오.
(2) 높이 2m 이상 장소에 설치하는 작업발판의 폭을 적으시오.

**Answer & Explanation**

(1) 추락사고의 원인
   ① 안전대 미착용
   ② 추락방호망 미설치(또는 불량)
   ③ 안전난간 미설치(또는 불량)
   ④ 주변 정리정돈 불량

(2) 높이 2m 이상 장소에서의 작업발판의 폭 : 40cm 이상

## 04
화면에서 작업자는 동료의 연락을 듣고 MCC 패널의 문을 열고 차단기 2개 중 하나를 투입하였으나 전원을 잘못 투입하여 재해가 발생하였다. 동종재해 방지대책 3가지를 적으시오. (6점)

**Answer & Explanation**

① 차단기 별로 회로명을 표기하여 오동작을 방지한다.
② 차단기에 잠금장치 및 통전금지 표찰을 부착하여 작업자 이외의 자의 조작을 방지한다.
③ 무전기 등 연락 장비를 사용하여 지시(연락)를 철저히 한다.
④ 작업자에게 전기안전 교육을 실시한다.

**참고하기**

- MCC(Motor Control Center) 패널
  전기제어 설비들이 들어 있는 판넬(전동기 제어반)

## 05
화면에서는 유해물 취급 작업을 보여준다. 유해물 취급 시 주의사항 3가지를 적으시오. (4점)

**Answer & Explanation**

① 유해물질 발생원인 봉쇄
② 작업공정 은폐, 작업장 격리
③ 유해물의 위치, 작업공정 변경

**06** 화면에서 작업자는 습윤한 장소에서 모터보트의 모터 부위를 점검하던 중 감전을 당하였다. (1) 감전 방지를 위해 설치하여야 하는 장치 1가지와 (2) 동종재해 예방대책 3가지를 적으시오. (6점)

**Answer & Explanation**

(1) 감전방지를 위해 설치하여야 하는 장치 : 누전차단기
(2) 동종재해 예방대책
  ① 전원을 차단하고 점검을 실시할 것(전원을 차단하지 않은 경우만 해당)
  ② 작업자는 절연장갑을 착용할 것(절연장갑을 착용하지 않은 경우만 해당)
  ③ 누전차단기를 설치할 것
  ④ 모터와 전선의 접속부는 충분히 피복하거나 적합한 접속기구(접지형 콘센트 및 플러그)를 사용할 것
  ⑤ 습윤한 장소에서 사용하는 전선은 충분한 절연효과가 있는 것을 사용할 것

**07** 화면에서 작업자는 거푸집 동바리의 해체작업을 하던 중 사고를 당한다. 거푸집 동바리의 조립 또는 해체작업 시 준수사항 3가지를 적으시오. (6점)

**Answer & Explanation**

① 해당 작업을 하는 구역에는 관계 근로자가 아닌 사람의 출입을 금지할 것
② 비·눈 그 밖의 기상상태의 불안정으로 인하여 날씨가 몹시 나쁜 경우에는 그 작업을 중지시킬 것
③ 재료·기구 또는 공구 등을 올리거나 내리는 경우에는 근로자로 하여금 달줄·달포대 등을 사용하도록 할 것
④ 낙하·충격에 의한 돌발적 재해를 방지하기 위하여 버팀목을 설치하고 거푸집 동바리 등을 인양장비에 매단 후에 작업을 하도록 하는 등 필요한 조치를 할 것

**08** 화면에서는 이동식 크레인 작업을 보여준다. 이동식 크레인 작업 시 운전자의 안전 조치사항 3가지를 적으시오. (6점)

**화면 설명** ● 이동식 크레인으로 비계를 운반하던 중 비계를 내리는 과정에서 비계가 흔들리며 아래에 있던 작업자와 충돌하는 재해가 발생한다.

**Answer & Explanation**

① 인양 중인 하물이 작업자의 머리 위로 통과하게 하지 아니하게 한다.
② 작업 중 운전석 이탈을 금지한다.
③ 이동식 크레인의 지브와 인양물 또는 각종 장애물과 부딪치지 않도록 한다.

> **참고하기**
>
> • 이동식 크레인 운전원 준수사항
> ① 이동식 크레인의 탑승과 하차는 승강 계단을 이용하여야 한다.
> ② 이동식 크레인의 작업 중 운전석 이탈을 금지하여야 한다. 운전원이 장비를 떠나야 할 경우는 인양물을 지면에 내려놓아야 하고, 구동 엔진 정지 및 브레이크를 작동 상태로 하여 잠금장치를 하여야 한다.
> ③ 인양작업 중 고장 발생 시 인양물을 지상에 내려놓고 브레이크와 안전장치를 작동상태로 유지하여야 한다.
> ④ 이동식 크레인의 지브와 인양물 또는 각종 장애물과 부딪치지 않도록 하여야 한다.

## 09 이동식 크레인 작업 시 작업 시작 전 점검사항 3가지를 적으시오. (3점)

**Answer & Explanation**

① 권과방지장치나 그 밖의 경보장치의 기능
② 브레이크·클러치 및 조정장치의 기능
③ 와이어로프가 통하고 있는 곳 및 작업장소의 지반상태

# 산업안전기사

2018. 3회 1부

시험시간 : 1시간 정도

**01** 화면에서 2명의 작업자가 전주에서 작업을 하고 있다. 작업자 1명은 아래에서 절연용 방호구를 올리고 있으며 다른 작업자는 크레인에서 절연용 방호구를 받아 설치하는 작업을 하던 중 감전 사고가 발생하였다. 화면에서와 같은 활선작업 시 내재되어 있는 핵심 위험요인 2가지를 적으시오. (4점)

**Answer & Explanation**

① 작업자가 절연용 보호구를 착용하지 않아 감전의 위험 있다.
② 인근 충전 전로에 절연용 방호구를 설치하지 않아 감전의 위험 있다.
③ 활선작업용 기구 및 장치를 사용하지 않아 감전의 위험 있다.
④ 크레인이 이격거리를 준수하지 않아 감전의 위험 있다.

주의 동영상 화면을 확인하고 답을 적으세요.

**02** 지게차의 작업 시작 전 점검 사항 3가지를 쓰시오. (6점)

**Answer & Explanation**

① 제동장치, 조종장치 기능의 이상 유무
② 하역장치, 유압장치 기능의 이상 유무
③ 바퀴의 이상 유무
④ 전조등, 후미등, 방향지시기, 경보장치의 이상 유무

**03** 화면에서는 액화질소, 액화탄산가스, 액화알곤가스 등 여러 개의 가스용기를 보여준다. 화면에서와 같은 가스 집합 용접 장치의 배관을 하는 경우 준수하여야 할 사항을 2가지 적으시오. (4점)

> **Answer & Explanation**
>
> ① 플랜지·밸브·콕 등의 접합부에는 개스킷을 사용하고 접합면을 상호 밀착시키는 등의 조치를 할 것
> ② 주관 및 분기관에는 안전기를 설치할 것. 이 경우 하나의 취관에 2개 이상의 안전기를 설치하여야 한다.

**04** 화면에서 작업자는 에어콤프레셔로 기계의 먼지를 털어내는 중이다. 화면에서 작업자가 착용하여야 하는 보호구 2가지를 적으시오. (4점)

> **화면 설명** • 기계 청소작업 중 갑자기 먼지가 눈에 들어가며 작업자가 소리를 지르는 장면이다.
>
> **Answer & Explanation**
>
> ① 보안경
> ② 방진마스크

**05** 화면에서는 박공지붕 설치작업을 보여준다. 재해 원인 3가지를 적으시오. (6점)

> **화면 설명** • 박공지붕 위에서 박공지붕을 설치하던 중 작업자가 미끄러지며 박공지붕 재료와 함께 추락하였다. 지붕 아래에는 다른 작업자가 누워서 휴식을 취하다가 비래하는 박공지붕에 맞는 사고가 발생했다.
>
> **Answer & Explanation**
>
> ① 추락방호망 미설치
> ② 안전대 미착용
> ③ 안전난간 미설치
> ④ 작업발판 미설치(또는 작업발판 불량)
> ⑤ 작업장 아래 접근금지 조치 미실시

## 06 승강기의 방호장치를 6가지를 적으시오. (6점)

① 과부하방지장치
② 권과방지장치(捲過防止裝置)
③ 비상정지장치
④ 제동장치
⑤ 파이널리미트스위치
⑥ 출입문인터록
⑦ 속도조절기(조속기)

## 07 화면에서는 항타기 작업을 보여준다. 다음 물음에 적합한 내용을 적으시오. (4점)

> **보기**
> 항타기 또는 항발기의 권상장치의 드럼축과 권상장치로부터 첫번째 도르래의 축과의 거리를 권상장치의 드럼 폭의 ( ① )배 이상으로 하여야 하며, 도르래는 권상장치 드럼의 ( ② )을 지나야 하며 축과 ( ③ )에 있어야 한다.

① 15
② 중심
③ 수직면상

## 08 가죽제 안전화의 뒷굽 높이를 제외한 몸통 높이를 적으시오. (5점)

| 단화 | 중단화 | 장화 |
|---|---|---|
|  |  |  |

| 단화 | 중단화 | 장화 |
|---|---|---|
| 113mm 미만 | 113mm 이상 | 178mm 이상 |

> **참고하기**
> 
> • **몸통 높이**란 몸통 뒤의 가장 높은 지점과 안창의 뒤끝 위쪽 면 사이의 수직거리를 말한다.

**09** 화면에서는 작업자 2명이 화물(철제파이프)을 들어 올리는 작업을 하고 있다. 승강기 개구부에서 한 명의 작업자는 위에서 안전난간에 로프를 걸쳐 화물을 끌어올리고 있으며, 다른 작업자는 밑에서 화물을 올려주는 작업을 하고 있다. 작업 중 인양하던 화물이 떨어지며 밑에 있던 작업자가 화물에 맞는 사고가 발생하였다. 동종 재해방지를 위한 화물인양 시의 준수사항을 2가지 적으시오. (6점)

**Answer & Explanation**

① 안전난간에 로프를 걸치고 화물을 끌어 올리는 작업을 해서는 안 된다.
② 손상된 로프 사용금지
③ 중량물은 양중 장비를 활용할 것
④ 긴 화물은 2줄 걸이로 균형을 유지하며, 로프의 결속을 단단히 할 것
⑤ 작업자는 안전모 등 **보호구를 착용**할 것

**주의** 동영상을 확인하고 답을 적으세요.

## 산업안전기사

2018. 3회 2부

시험시간 : 1시간 정도

**01** 화면에서 작업자는 가설통로 설치작업 중이다. 가설통로의 구조를 4가지 적으시오. (4점)

**Answer & Explanation**

① 견고한 구조로 할 것
② 경사는 30도 이하로 할 것
③ 경사가 15도를 초과하는 때는 미끄러지지 아니하는 구조로 할 것
④ 추락의 위험이 있는 장소에는 안전난간을 설치할 것
⑤ 수직갱 : 길이가 15미터이상인 때에는 10미터 이내마다 계단참을 설치할 것
⑥ 건설공사에 사용하는 높이 8미터 이상인 비계다리 : 7미터 이내 마다 계단참을 설치할 것

**02** 아파트 건설현장에서 승강기 개구부 주변에서 작업하던 근로자가 승강기 개구부로 추락하는 사고가 발생하였다. 사고의 핵심 원인 3가지를 적으시오. (6점)

**화면 설명 •** 나무판자를 이어붙인 발판 위에서 못 제거 작업을 하던 중 추락)

**Answer & Explanation**

① 작업발판 불량
② 안전대 미착용
③ 안전난간 미설치
④ 울타리 미설치
⑤ 수직형 추락방망 또는 덮개 미설치

**03** 특수 화학설비 내부의 이상 상태를 조기에 파악하기 위하여 설치해야 할 방호장치 3가지를 적으시오. (6점)

**Answer & Explanation**

① 계측장치(온도계·압력계·유량계)
② 자동경보장치
③ 긴급차단장치
④ 예비동력원(4가지를 적으라는 경우만 해당)

**04** 화면에서는 녹색 정화통의 방독마스크를 보여준다. [단, 그림의 기호는 무시] (5점)

(1) 화면에 해당하는 방독마스크의 종류를 적으시오.
(2) 방독마스크 정화통의 주성분을 1가지 적으시오.
(3) 화면에 해당하는 방독마스크 정화통의 시험가스 종류를 적으시오.
(4) 화면에 해당하는 방독마스크의 형식을 적으시오.

**Answer & Explanation**

(1) 암모니아용 방독마스크
(2) 큐프라마이트
(3) 암모니아 가스
(4) 직결식

## 05
화면에서 두 명의 작업자가 작동 중인 경사 컨베이어에서 포대를 컨베이어 위로 올리는 작업을 하고 있다. 한 작업자는 컨베이어 양쪽 끝부분에 올라서서 포대를 받을 준비를 하고 있으며, 다른 작업자는 컨베이어 아래에서 포대를 올려주고 있다. 컨베이어 위에 서 있던 작업자의 발이 포대에 맞아 넘어지며 작업자의 팔이 컨베이어에 끼이는 사고가 발생한다. (4점)

(1) 화면에서의 작업에서 작업자 측면의 문제점 2가지를 적으시오.
(2) 사고 시 조치해야 할 사항을 1가지씩 적으시오.

**Answer & Explanation**

(1) 작업자 측면의 문제점 2가지
① 컨베이어 전원을 차단하지 않고 작업하였다.
② 안전한 작업 발판을 확보하지 않고 컨베이어 위에서 작업했다.

(2) 사고 시 조치해야 할 사항
비상정지장치를 조작하여 컨베이어 운전을 정지시킨다.

## 06
이동식 크레인 작업 시 작업 시작 전 점검 사항 3가지를 적으시오. (6점)

**Answer & Explanation**

① 권과방지장치나 그 밖의 경보장치의 기능
② 브레이크·클러치 및 조정장치의 기능
③ 와이어로프가 통하고 있는 곳 및 작업장소의 지반상태

## 07
화면에서 작업자는 폭발성 물질 저장소에 들어가기 위해 신발에 물을 묻히고 있다. (1) 그 이유를 설명하시오. (2) 폭발성 물질 화재 시 적합한 소화 방법을 적으시오. (6점)

**Answer & Explanation**

(1) 이유 : 신발과 바닥 사이의 **정전기로 인한 폭발** 방지
(2) 소화 방법 : 다량의 주수에 의한 **냉각소화**

**08** 교류아크 용접작업 중 재해가 발생한 사례이다. (1) 기인물은 무엇이며, (2) 이 작업 시 눈과 감전 재해위험으로 부터 작업자를 보호하기 위해 착용해야 할 보호구 명칭 두 가지를 적으시오. (4점)

**Answer & Explanation**

(1) 기인물 : 교류아크 용접기
(2) 보호구 명칭 : 보안면(용접용보안면), 절연장갑, 절연화

**09** 화면에서 작업자는 덤프트럭 적재함을 들어 올리고 수리하다 재해를 당하였다. 차량계 하역, 운반기계 등의 수리 또는 부속장치의 장착 및 해체작업을 하는 때 작업지휘자 준수사항 2가지를 적으시오. (4점)

**Answer & Explanation**

① 작업순서를 결정하고 작업을 지휘할 것
② 안전지지대 또는 안전블록 등의 사용상황 등을 점검할 것

# 산업안전기사

2018. 3회 3부

시험시간 : 1시간 정도

**01** 다음은 타워크레인의 악천후 시 조치에 관한 내용이다. 괄호 안에 적합한 내용을 적으시오. (4점)

> **보기**
> (1) 순간풍속이 매초당 ( ① )미터를 초과하는 경우 : 타워크레인의 설치·수리·점검 또는 해체작업을 중지
> (2) 순간풍속이 매초당 ( ② )를 초과하는 경우 : 타워크레인의 운전작업을 중지
> (3) 순간풍속이 초당 30미터를 초과하는 바람이 불거나 중진(中震) 이상 진도의 지진이 있은 후 : 옥외 양중기의 각 부위 이상 점검
> (4) 순간풍속이 초당 ( ③ )미터를 초과하는 경우 : 옥외 주행 크레인의 이탈방지 조치
> (5) 순간풍속이 초당 ( ④ )미터를 초과하는 경우 : 건설용 리프트(지하에 설치되어 있는 것은 제외) 및 승강기의 붕괴 등을 방지하기 위한 조치

**Answer & Explanation**

① 10
② 15
③ 30
④ 35

## 02
화면의 재해사례에서(롤러기 작업) 나타나는 위험점을 기계의 운동 형태에 따라 분류하고자 할 때 (1) 위험점의 명칭, (2) 위험점의 정의를 적으시오. (4점)

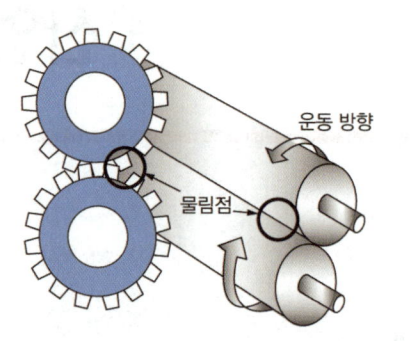

사진 출처 : 위키백과

**Answer & Explanation**

(1) 위험점의 명칭 : 물림점
(2) 정의 : 회전하는 두 개의 회전체에 물려 들어가는 위험점

## 03
화면에서 작업자는 전주의 발판에 올라서서 변압기 볼트를 조이는 작업을 하고 있다. 작업 위험요인 2가지를 적으시오. (4점)

**화면 설명** ▶ 안전대를 착용하고 있으나 안전대를 전주에 고정하지 않은 상태이다.

**Answer & Explanation**

① 작업 발판이 불안하여 떨어짐 위험이 있다. (전주의 발판에 올라서서 작업하여 떨어짐 위험 있다.)
② 안전대를 전주에 고정하지 않아 떨어짐 위험이 있다.

## 04
지게차 작업 중 위험에지 포인트 3가지를 기술하시오. (6점)

**Answer & Explanation**

① 전방 시야 불충분으로 지게차와 작업자가 충돌
② 물건을 과적하여 운전자 시야를 가려 지게차와 작업자가 충돌
③ 물건을 불안정하게 적재하여 화물이 떨어져 다침

## 05
화면에서 작업자는 드릴 작업을 하고 있다. 작업 시 위험요인 3가지를 적으시오. (6점)

**화면 설명 •** 작업자는 작업 중 이물질을 입으로 불어 제거하고 있으며, 또한 손으로 이물질을 제거하려는 모습을 보여준다. 작업자는 보안경을 착용하지 않은 상태이다.

**Answer & Explanation**

① 보안경을 착용하지 않았다. (보안경을 착용하지 않아 눈을 다칠 위험 있다.)
② 이물질을 전용 공구(수공구)를 사용하지 않고 손으로 제거하였다.
   (이물질을 손으로 제거하여 손을 다칠 위험 있다.)
③ 방진마스크를 착용하지 않았다.
   (방진마스크를 착용하지 않아 이물질 또는 칩이 호흡기로 들어갈 위험 있다.)

## 06
다음에서 주어진 방열복의 질량을 적으시오. (5점)

| 종류 | 질량(단위 : kg) |
|---|---|
| 방열상의 | ( ① ) |
| 방열하의 | ( ② ) |
| 방열일체복 | ( ③ ) |
| 방열장갑 | ( ④ ) |
| 방열두건 | ( ⑤ ) |

**Answer & Explanation**

| 종류 | 질량(단위 : kg) |
|---|---|
| 방열상의 | 3.0 |
| 방열하의 | 2.0 |
| 방열일체복 | 4.3 |
| 방열장갑 | 0.5 |
| 방열두건 | 2.0 |

## 07
LPG 저장소에 설치하는 가스 누출 감지경보기 검지 센서의 적절한 (1) 설치 위치와 (2) 경보설정치는 폭발 하한계의 몇 %인가? (6점)

**Answer & Explanation**

① LPG의 비중이 공기보다 무거우므로 바닥에 인접한 낮은 곳
② 폭발하한계의 25% 이하

08 구축물, 건축물, 그 밖의 시설물 등의 해체작업 시 작성하여야 하는 해체계획에 포함되어야 할 사항 3가지를 적으시오. (4점)

**Answer & Explanation**

① 해체방법, 해체순서 도면
② 가설설비, 방호설비, 살수, 방화설비 등 설비방법
③ 사업장 내 연락방법
④ 해체물 처분계획
⑤ 해체작업용 기계·기구 등의 작업계획서
⑥ 해체작업용 화약류 등의 사용계획서

09 화면에서 작업자는 기계를 점검하다 회전축에 의한 협착사고를 당하였다. 해당되는 위험점의 종류와 정의를 적으시오. (6점)

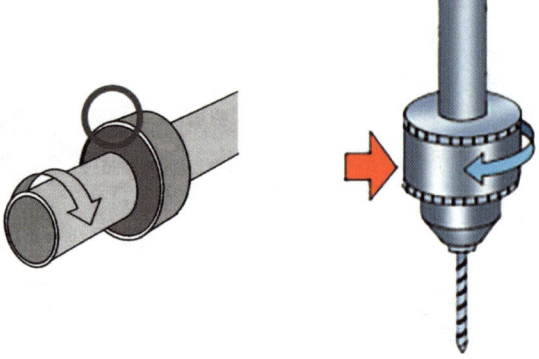

**Answer & Explanation**

(1) 위험점의 종류 : 회전말림점
(2) 정의 : 회전하는 물체에 작업복, 머리카락 등이 말려 들어가는 위험점

## 2019. 1회 1부

# 산업안전기사

시험시간 : 1시간 정도

**01** 화면에서 보여주는 (1) 보호구의 명칭을 적으시오. (2) 보호구의 구조를 2가지 적으시오. (3점)

그림 출처 : COV

**Answer & Explanation**

(1) 안전블록

(2) 안전블록의 구조
   ① 자동 잠김 장치를 갖출 것
   ② 안전블록의 부품은 부식방지처리를 할 것

**참고하기**

• 안전블록이 부착된 안전대의 구조
  ① 안전블록을 부착하여 사용하는 안전대는 신체 지지의 방법으로 안전그네만을 사용할 것
  ② 안전블록은 정격 사용 길이가 명시될 것
  ③ 안전블록의 줄은 합성섬유로프, 웨빙(webbing), 와이어로프이어야 하며, 와이어로프인 경우 최소지름이 4mm 이상일 것

## 02
화면에서 작업자는 교류아크 용접기로 용접작업을 하고 있다. 교류아크 용접기의 방호장치인 자동전격 방지기의 종류 4가지를 적으시오. (4점)

**Answer & Explanation**

① 외장형
② 내장형
③ 저저항시동형(L형)
④ 고저항시동형(H형)

## 03
화면은 작업자가 맨손으로 임시 배전반 점검 중에 재해가 발생하는 것을 보여준다. (4점)
(1) 재해발생 형태를 적으시오. (2) 화면에서의 위험요인을 2가지 적으시오.

**화면 설명** · 화면에서 작업자는 전원을 차단하고 점검 중이다. 동료가 차단기 함을 열고 전원을 투입하는 순간 감전이 발생한다.

**Answer & Explanation**

(1) 재해발생 형태 : 감전
(2) 위험요인
  ① 작업자가 절연장갑을 착용하지 않았다.
  ② 개폐기 함에 잠금장치 및 통전금지 표찰을 부착하지 않았다.

## 04
안전인증대상 안전모의 시험성능기준에 관한 다음 (    )안에 적합한 내용을 적으시오. (6점)

>> 보기

1. 내관통성 시험 : AE, ABE종 안전모는 관통거리가 ( ① )mm 이하이고, AB종 안전모는 관통거리가 ( ② )mm 이하이어야 한다.
2. 충격흡수성 시험 : 최고 전달충격력이 ( ③ )N을 초과해서는 안 되며, 모체와 착장체의 기능이 상실되지 않아야 한다.

**Answer & Explanation**

① 9.5
② 11.1
③ 4,450

### 참고하기

• 안전모의 성능 시험 종류 및 시험성능기준

| 항 목 | 시험성능 기준 |
|---|---|
| ① 내관통성 시험 | AE, ABE종 안전모는 관통거리가 9.5mm 이하이고, AB종 안전모는 관통거리가 11.1mm 이하이어야 한다. |
| ② 충격흡수성 시험 | 최고전달충격력이 4,450N을 초과해서는 안 되며, 모체와 착장체의 기능이 상실되지 않아야 한다. |
| ③ 내전압성 시험 | AE, ABE종 안전모는 교류 20kV에서 1분간 절연파괴 없이 견뎌야 하고, 이 때 누설되는 충전전류는 10mA 이하이어야 한다. |
| ④ 내수성 시험 | AE, ABE종 안전모는 질량 증가율이 1% 미만이어야 한다. |
| ⑤ 난연성 시험 | 모체가 불꽃을 내며 5초 이상 연소되지 않아야 한다. |
| ⑥ 턱끈풀림 시험 | 150N 이상 250N 이하에서 턱끈이 풀려야 한다. |

**05** 다음의 가스를 사용하여 작업하는 경우 퍼지를 실시하는 목적을 적으시오. (6점)

> **보기**
> (1) 가연성가스 및 지연성가스
> (2) 독성가스
> (3) 불활성가스

**Answer & Explanation**

(1) 가연성가스 및 지연성가스 : 화재폭발 방지
(2) 독성가스 : 중독사고 방지
(3) 불활성가스 : 산소결핍 방지

**06** 화면에서 작업자는 브레이크 라이닝 패드를 제작하는 작업 중이며 석면을 취급하고 있다. 안전작업수칙 3가지를 적으시오. (6점)

**Answer & Explanation**

① 국소배기장치를 설치하여 가동할 것
② 다른 작업장소와 격리할 것
③ 석면을 사용하는 설비는 밀폐된 장소에 설치할 것
④ 바닥은 불침투성 재료를 사용하고 청소하기 쉬운 구조로 할 것
⑤ 석면이 흩날리지 않도록 습기를 유지할 것
⑥ 근로자가 담배를 피우거나 음식물을 먹지 않도록 할 것
⑦ 방진마스크 착용할 것(특급)

> 참고하기
> 
> • 석면 해체·제거작업에 종사하는 근로자가 착용하여야 할 보호구
>   ① 방진마스크나 송기마스크
>   ② 고글(Goggles)형 보호 안경
>   ③ 신체를 감싸는 보호복과 보호 신발

**07** 동영상에서 작업자는 건물 해체공사를 하고 있다. 작업자와 해체장비 사이의 이격거리는 얼마 이상이어야 하는가? (4점)

**Answer & Explanation**

> 4m

**08** 화면은 컴퓨터 단말기(VDT) 작업을 보여준다. 화면의 작업에서 옳지 못한 포인트를 3가지를 찾아 바른 자세로 수정하시오. (6점)

**Answer & Explanation**

> ① 모니터 위치 불량 : 모니터를 보기 편한 위치로 조정해야 한다. (시선 : 수평면 아래 10~15°)
> ② 키보드 조작 위치 불량 : 키보드를 조작하기 편한 위치로 조정해야 한다.
>   (팔뚝과 위팔 사이 각도 : 90° 이상)
> ③ 의자 앉은 자세 불량 : 의자에 깊숙이 앉아야 한다. (무릎 굽힘 각도 : 90° 정도)

> 참고하기

그림 출처 : https://3sun.tistory.com/323

**09** 화면은 항타기, 항발기 작업을 보여준다. 항타기, 항발기로 땅을 굴착한 후 전주를 세우는 과정에서 인접 활선전로에 접촉하여 스파크가 일어난다. 충전전로 인근에서 항타기, 항발기 작업 시 감전위험 방지를 위한 조치사항 3가지를 적으시오. (6점)

**Answer & Explanation**

① 충전전로 인근에서 차량, 기계장치 등의 작업이 있는 경우에는 **차량 등을 충전전로의 충전부로부터 300 센티미터 이상 이격시켜 유지시키되**, 대지전압이 50킬로볼트를 넘는 경우 이격거리는 10킬로볼트 증가할 때마다 10센티미터씩 증가시켜야 한다.
② 절연용 방호구를 설치한 경우에는 이격거리를 절연용 방호구 앞면까지로, **차량 등의 가공 붐대의 버킷이나 끝부분 등이 절연되어 있고 유자격자가 작업을 수행하는 경우의 이격거리는 접근 한계거리까지로 할 수 있다.**
③ **울타리를 설치하거나 감시인 배치 등의 조치를** 하여야 한다.
④ 접지된 차량 등이 충전전로와 접촉할 우려가 있을 경우에는 **지상의 근로자가 접지점에 접촉하지 않도록 조치**하여야 한다.

# 산업안전기사

**2019. 1회 2부**

시험시간 : 1시간 정도

---

**01** 화면에서 작업자는 단무지공장에서 작업하고 있다. 무릎 정도 물이 차 있는 상태에서 수중펌프를 작동함과 동시에 감전 사고를 당한다. 작업자가 감전된 원인을 피부 저항과 관련하여 설명하시오. (2점)

**Answer & Explanation**

> 인체가 젖은 상태에서 피부 저항은 1/25로 감소하기 때문에 감전되기 쉽다.

---

**02** 화면에서 작업자는 물기가 많은 작업장에서 펌프 점검 중 수중펌프에 접촉하여 감전 사고가 발생하였다. 산업안전보건법상 누전차단기를 설치해야 하는 기계·기구 3가지를 적으시오. (6점)

**Answer & Explanation**

> ① 대지전압이 150볼트를 초과하는 이동형 또는 휴대형 전기기계·기구
> ② 물 등 도전성이 높은 액체가 있는 습윤장소에서 사용하는 저압용 전기기계·기구
> ③ 철판·철골 위 등 도전성이 높은 장소에서 사용하는 이동형 또는 휴대형 전기기계·기구
> ④ 임시배선의 전로가 설치되는 장소에서 사용하는 이동형 또는 휴대형 전기기계·기구

## 03
목재가공용 둥근톱 기계에 고정식 톱날접촉 예방장치(덮개)를 설치하고자 한다. 덮개 하단과 테이블 사이의 간격과 덮개 하단과 가공재 사이의 간격을 얼마로 조정하여야 하는가? (4점)

**Answer & Explanation**

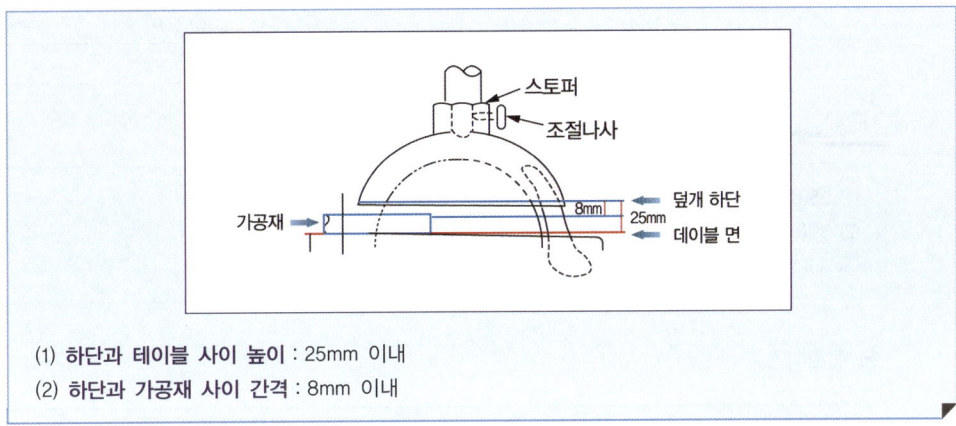

(1) 하단과 테이블 사이 높이 : 25mm 이내
(2) 하단과 가공재 사이 간격 : 8mm 이내

## 04
화면에서 작업자는 밀폐된 탱크 내에서 그라인더 작업 중 다른 작업자가 외부에 설치된 국소배기장치의 전원을 발로 차서 국소배기장치의 전원이 끊어지며 작업자가 의식을 잃고 쓰러진다. 밀폐공간에서 작업하는 경우 관리감독자의 직무 3가지를 적으시오. (6점)

**Answer & Explanation**

① 산소가 결핍된 공기나 유해가스에 노출되지 않도록 **작업 시작 전에 해당 근로자의 작업을 지휘하는 업무**
② **작업을 하는 장소의 공기가 적절한지를 작업 시작 전에 측정**하는 업무
③ **측정장비·환기장치 또는 송기마스크** 등을 작업 시작 전에 점검하는 업무
④ 근로자에게 **송기마스크 등의 착용을 지도**하고 착용 상황을 점검하는 업무

## 05
화면에서 작업자는 황산을 취급하고 있다. 작업자는 맨손이며, 마스크를 미착용한 채로 황산을 비커에 따르는 작업을 하고 있다. 황산이 체내에 유입될 수 있는 경로 3가지를 적으시오. (6점)

**Answer & Explanation**

① 호흡기
② 소화기
③ 피부점막

## 06

안전인증 대상 방음용 귀덮개(EM)의 차음성능 기준을 나타내고 있다. (    ) 안에 적합한 내용을 적으시오. (6점)

| 중심 주파수(Hz) | EM의 차음치(dB) |
|---|---|
| 1,000 | ( ① ) 이상 |
| 2,000 | ( ② ) 이상 |
| 4,000 | ( ③ ) 이상 |

**Answer & Explanation**

① 25(dB)
② 30(dB)
③ 35(dB)

**참고하기**

| 차음성능 | 중심 주파수 (Hz) | 차음치(dB) | | |
|---|---|---|---|---|
| | | EP-1 | EP-2 | EM |
| | 125 | 10 이상 | 10 미만 | 5 이상 |
| | 250 | 15 이상 | 10 미만 | 10 이상 |
| | 500 | 15 이상 | 10 미만 | 20 이상 |
| | 1,000 | 20 이상 | 20 미만 | 25 이상 |
| | 2,000 | 25 이상 | 20 이상 | 30 이상 |
| | 4,000 | 25 이상 | 25 이상 | 35 이상 |
| | 8,000 | 20 이상 | 20 이상 | 20 이상 |

## 07

화면은 항타기, 항발기 작업을 보여준다. 항타기, 항발기로 땅을 굴착한 후 전주를 세우는 과정에서 인접 활선전로에 접촉하여 스파크가 일어난다. 충전전로 인근에서 항타기, 항발기 작업 시 감전위험 방지를 위한 조치사항 3가지를 적으시오. (6점)

**Answer & Explanation**

① 충전전로 인근에서 차량, 기계장치 등의 작업이 있는 경우에는 차량등을 충전전로의 충전부로부터 300 센티미터 이상 이격시켜 유지시키되, 대지전압이 50킬로볼트를 넘는 경우 이격거리는 10킬로볼트 증가할 때마다 10센티미터씩 증가시켜야 한다
② 절연용 방호구를 설치한 경우에는 이격거리를 절연용 방호구 앞면까지로, 차량 등의 가공 붐대의 버킷이나 끝부분 등이 절연되어 있고 유자격자가 작업을 수행하는 경우의 이격거리는 접근 한계거리까지로 할 수 있다.
③ 울타리를 설치하거나 감시인 배치 등의 조치를 하여야 한다.
④ 접지된 차량 등이 충전전로와 접촉할 우려가 있을 경우에는 지상의 근로자가 접지점에 접촉하지 않도록 조치하여야 한다.

> 참고하기

- 항타기, 항발기 작업 시의 안전작업 수칙
  ① 작업반경 내 출입금지 조치
  ② 작업반경 내 가설 울타리 설치
  ③ 인접한 고압전선의 방호조치
  ④ 지하 매설물 확인

**08** 화면에서 작업자는 터널의 발파를 위한 다이너마이트 설치작업을 하고 있다. 터널 등의 건설작업을 하는 경우 낙반 등에 의한 위험이 있을 때 위험방지조치 3가지를 적으시오. (6점)

Answer & Explanation

① 터널지보공 설치
② 록볼트의 설치
③ 부석의 제거

**09** 화면에서는 안전대를 보여준다. (1) 화면과 같은 안전대의 명칭을 적고, (2) 그림에 해당하는 부위의 명칭을 적으시오. (3점)

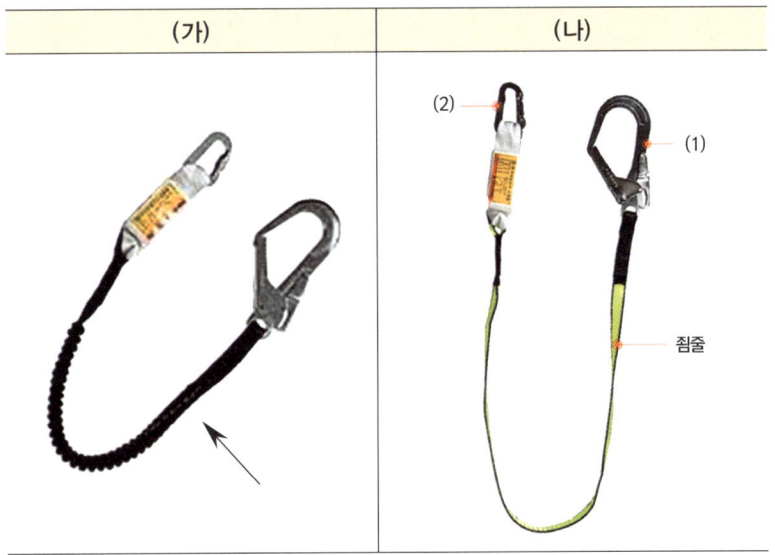

**Answer & Explanation**

(가) 죔줄
(나) (1) 훅
　　(2) 카라비너

주의 동영상을 확인하고 답을 적으세요.

### 참고하기

| 안전대의 명칭 | |
|---|---|
| 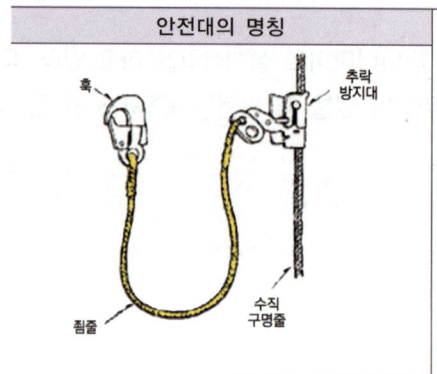 | 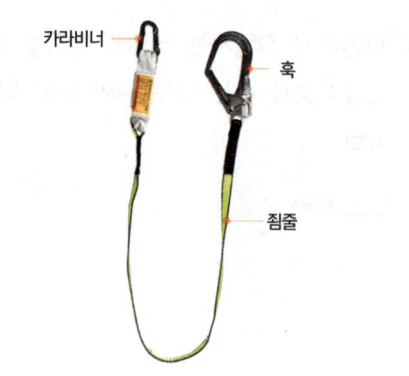 |
| 그림 출처 : 한국안전기술연합 | |

## 2019. 1회 3부

# 산업안전기사

시험시간 : 1시간 정도

**01** 화면에서는 박공지붕 설치작업을 보여준다. 다음 물음에 답하시오. (6점)
동종사고를 예방하기 위한 안전대책 3가지를 적으시오.

> **화면 설명** • 박공지붕 위에서 박공지붕을 설치하던 중 작업자가 미끄러지며 박공지붕 재료와 함께 추락하였다. 지붕 아래에는 다른 작업자가 누워서 휴식을 취하다가 떨어지는 박공지붕에 맞는 사고가 발생했다. 안전난간과 추락방호망이 미설치된 상태이며, 작업자는 안전모와 안전화를 착용하고 있다.

**Answer & Explanation**

① 추락방호망을 설치한다.
② 지붕 가장자리에 안전난간을 설치한다.
③ 작업자가 안전대를 착용한다.
④ 폭 30cm 이상의 작업발판을 설치한다.
⑤ 작업장 아래에는 관계근로자 외 접근을 금지한다.

**주의** 동영상을 확인하고 답을 적으세요.

**02** 화면은 항타기, 항발기 작업을 보여준다. 항타기, 항발기로 땅을 굴착한 후 전주를 세우는 과정에서 인접 활선전로에 접촉하여 스파크가 일어난다. 충전전로 인근에서 항타기, 항발기 작업 시 감전 위험 방지를 위한 조치사항 3가지를 적으시오. (4점)

**Answer & Explanation**

① 충전전로 인근에서 차량, 기계장치 등의 작업이 있는 경우에는 차량등을 충전전로의 충전부로부터 300센티미터 이상 이격시켜 유지시키되, 대지전압이 50킬로볼트를 넘는 경우 이격거리는 10킬로볼트 증가할 때마다 10센티미터씩 증가시켜야 한다.
② 절연용 방호구를 설치한 경우에는 이격거리를 절연용 방호구 앞면까지로, 차량 등의 가공 붐대의 버킷이나 끝부분 등이 절연되어 있고 유자격자가 작업을 수행하는 경우의 이격거리는 접근 한계거리까지로 할 수 있다.

③ 울타리를 설치하거나 감시인 배치 등의 조치를 하여야 한다.
④ 접지된 차량 등이 충전전로와 접촉할 우려가 있을 경우에는 지상의 근로자가 접지점에 접촉하지 않도록 조치하여야 한다.

> 📌 참고하기
>
> • 항타기, 항발기 작업 시의 안전작업 수칙
> ① 작업반경 내 출입금지 조치
> ② 작업반경 내 가설 울타리 설치
> ③ 인접한 고압전선의 방호조치
> ④ 지하 매설물 확인

**03** 화면에서 작업자는 면 마스크를 착용한 상태에서 석면취급 작업을 하고 있다. 작업자가 마스크를 착용하고 있으나 석면 위험에 노출되어 있어 직업병이 우려된다. (1) 그 이유를 설명하고, (2) 장기간 석면에 노출될 경우 우려되는 직업병의 종류를 3가지 적으시오. **(8점)**

> 🟩 화면 설명 • 작업장에 국소배기장치가 설치되지 않은 상태에서 석면이 날리고 있으며, 작업자가 석면을 포대에서 배합기에 넣고 있으며, 다른 작업자는 주변에 흩어진 석면을 빗자루로 쓸고 있다. 작업자는 방진마스크를 착용하지 않고 면 마스크를 착용한 상태이다.

**Answer & Explanation**

(1) 이유 : 방진마스크(특급)를 착용하지 않고 면 마스크를 착용하고 있다.
(2) 직업병의 종류
 ① 폐암
 ② 석면폐증
 ③ 악성 중피종

**04** 화면에서 작업자는 가설 전선 점검 작업을 하고 있다. 전선의 연결 부위를 만지던 중 사고가 발생한다. 화면에서와 같은 작업 시 우려되는 (1) 재해 유형, (2) 재해 유형의 정의를 적으시오. **(4점)**

> 🟩 화면 설명 • 작업자는 안전화는 착용하였으나 맨손이며, 전선에 전원이 인가된 상태이다.

**Answer & Explanation**

(1) 재해 유형 : 감전(전류접촉)
(2) 재해 유형의 정의 : 충전부 등에 신체의 일부가 직접 접촉하거나 유도전류의 통전, 아아크에 접촉된 경우

**05** 화면은 작업자가 맨손으로 임시 배전반 점검 중에 재해가 발생하는 것을 보여준다. (4점)
(1) 재해 발생형태를 적으시오. (2) 화면에서의 위험요인을 2가지 적으시오.

> **화면 설명 •** 화면에서 작업자는 전원을 차단하고 점검 중이다. 동료가 차단기 함을 열고 전원을 투입하는 순간 감전이 발생한다.

**Answer & Explanation**

(1) 재해 발생형태 : 감전(전류접촉)

(2) 위험요인
　① 작업자가 절연장갑을 착용하지 않았다.
　② 개폐기 함에 잠금장치 및 통전금지 표찰을 부착하지 않았다.

**06** 화면에서는 주유소에서 지게차에 경유를 주입하는 장면을 보여준다. 운전자의 흡연에 의한 발화가 발생하였다. 화면에서의 위험요인을 원인과 결과로 설명하시오. (4점)

**Answer & Explanation**

인화성 물질 주변에서 흡연을 하여 나화에 의한 화재, 폭발이 우려된다.

**07** 화면에서는 두 작업자가 작업을 하고 있다. 한 작업자가 변압기의 2차 전압을 측정하기 위해 다른 작업자에게 전원을 투입하라는 신호를 보낸다. 2차 전압측정 후 전원을 차단하라는 신호를 보내고 측정기를 철거하던 중 감전이 발생한다. 이 때 작업자는 맨손이며, 슬리퍼를 신고 있다. 이 동영상에서 내재되어 있는 핵심위험요인을 3가지를 적으시오. (6점)

**Answer & Explanation**

① 작업자가 절연장갑을 착용하지 않았다.
② 작업자 간의 신호전달이 제대로 이뤄지지 않았다.
③ 측정기를 철거하기 전에 정전 여부를 확인하지 않았다.

**주의** 동영상을 확인하고 답을 적으세요.

08 화면에서는 도금작업장을 보여준다. 도금작업장에서 착용하여야 하는 고무제 안전화의 종류를 구분하고 고무제 안전화를 사용하여야 하는 작업장의 종류 2가지를 적으시오. (4점)

**Answer & Explanation**

| 구 분 | 사용 장소 |
|---|---|
| 일반용 | 일반작업장 |
| 내유용 | 탄화수소류의 윤활유 등을 취급하는 작업장 |

09 용접용 보안면의 (1) 등급을 표시하는 기준과 (2) 투과율의 종류를 3가지 적으시오. (5점)

**Answer & Explanation**

(1) 등급을 표시하는 기준 : 차광도 번호

(2) 투과율의 종류
① 자외선 투과율(자외선 최대 분광 투과율)
② 적외선 투과율
③ 시감 투과율

## 2019. 2회 1부

# 산업안전기사

시험시간 : 1시간 정도

**01** 화면은 선박 탱크 내부의 슬러지 처리 작업을 보여준다. 작업 도중 한 작업자가 의식을 잃고 쓰러진다. 작업자가 탱크 내부에서 30분 이상 작업할 경우 착용하여야 할 보호구의 종류를 2가지 적으시오. (4점)

**Answer & Explanation**

송기마스크, 공기호흡기, 방독마스크(3가지를 적으라는 경우만 해당)

**02** 화면은 김치제조 공장에서 무채 슬라이스 작업을 보여준다. 작업 중 기계작동이 멈춰 기계를 점검하고 있던 중에 걸려있던 무채를 제거하는 순간 기계가 작동하며 재해가 발생하였다. 위험예지 포인트를 2가지를 적으시오. (4점)

**Answer & Explanation**

① 전원을 차단하지 않고 기계를 점검하여 손을 다칠 위험 있다.
② 인터록장치가 설치되어 있지 않아 손을 다칠 위험 있다.
③ 무채를 손으로 제거하여 손을 다칠 위험 있다.

**⊙ 참고하기**

- 위험예지 포인트(잠재 위험요인) : 발생할 수 있는 사고를 미리 예측하여 위험을 파악

**03** 화면에서 작업자는 사출성형기 작동 중 기계가 멈추자 안을 들여다보며 기계 안에 끼인 이물질을 손으로 제거하다 감전으로 뒤로 넘어지는 재해를 당한다. 사출성형기의 이물질 제거 작업 시의 안전 작업 방법 3가지를 적으시오. (6점)

**Answer & Explanation**

① 전원을 차단하고 이물질을 제거한다.
② 감전 우려가 있는 부위에 **방호덮개(게이트가드)**를 설치한다.
③ 방호덮개(게이트가드)를 개방하는 경우 전원이 차단되는 **연동장치(인터록장치)**를 설치한다.
④ 이물질 제거 시 전용 공구(수공구)를 사용한다.

**04** 화면에서 작업자는 흙막이 지보공 설치작업을 하고 있다. 흙막이 지보공 설치 후 정기적 점검 사항 4가지를 적으시오. (4점)

**Answer & Explanation**

① 부재의 손상·변형·부식·변위 및 탈락의 유무와 상태
② 버팀대의 긴압의 정도
③ 부재의 접속부·부착부 및 교차부의 상태
④ 침하의 정도

**05** 화면에서 작업자는 컨베이어 벨트 점검 작업을 하던 중 손이 협착되었다. (1) 가해물을 적으시오. (2) 사고의 핵심 원인 한 가지를 적으시오. (5점)

**화면 설명** ● 작업자가 야간에 한 손으로 플래시를 들고 컨베이어 벨트를 점검하고 있다. 점검 중 부주의로 컨베이어 위에 올려둔 손이 벨트 사이에 말려들어가는 사고가 발생한다.

**Answer & Explanation**

(1) 가해물 : 컨베이어 벨트
(2) 사고의 핵심 원인 : 전원을 차단하지 않고 점검작업을 하였다.

**06** 화면에서는 도금작업장에서 착용하는 고무제 안전화를 보여준다. 사용 장소에 따른 고무제 안전화의 종류를 2가지 적으시오. (4점)

**Answer & Explanation**

① 일반용  ② 내유용

### 참고하기

| 구 분 | 사용 장소 |
|---|---|
| 일반용 | 일반작업장 |
| 내유용 | 탄화수소류의 윤활유 등을 취급하는 작업장 |

**07** 변압기가 활선(충전물)인지 아닌지 확인할 수 있는 방법을 3가지를 적으시오. (6점)

*Answer & Explanation*

① 검전기로 확인
② 활선경보기로 확인
③ 테스터기로 확인

**08** 구축물, 건축물, 그 밖의 시설물 등의 해체작업 시 작성하여야 하는 해체계획에 포함되어야 할 사항 3가지를 적으시오. (6점)

*Answer & Explanation*

① 해체방법, 해체순서 도면
② 가설설비, 방호설비, 살수, 방화설비 등 설비방법
③ 사업장 내 연락방법
④ 해체물 처분계획
⑤ 해체작업용 기계·기구 등의 작업계획서
⑥ 해체작업용 화약류 등의 사용계획서

**09** 화면에서 작업자는 이동식 사다리에 올라선 채 고온 배관의 플랜지 볼트를 조이는 작업을 하다가 추락하는 재해를 당한다. 화면에서의 작업 위험요인 3가지를 적으시오. (6점)

*Answer & Explanation*

① **안전한 작업발판을 확보**하지 않아 떨어질 위험 있다.
② 작업자가 **안전대를 착용**하지 않아 떨어질 위험 있다.
③ 작업자가 **보안경을 착용**하지 않아 눈을 다칠 위험 있다.
④ 작업자가 **방열장갑을 착용**하지 않아 손에 화상을 입을 위험 있다.

## 2019. 2회 2부

# 산업안전기사

시험시간 : 1시간 정도

**01** 화면에서와 같은 전기 형강 작업 시 작업자가 착용하고 있는 안전대의 종류를 적으시오.

화면 설명 ▶ 작업자는 전봇대의 작업 발판을 딛고 작업을 하고 있는 상황이다.

사진 출처 : 뉴스 Q

**Answer & Explanation**

U자걸이용 안전대

### 참고하기

• 안전대의 선정
  ① U자걸이용은 전주 위에서의 작업과 같이 발 받침은 확보되어 있어도 불완전하여 체중의 일부는 U자 걸이로 하여 안전대에 지지하여야만 작업을 할 수 있으며, 1개 걸이의 상태로서는 사용하지 않는 경우에 선정해야 한다.
  ② 1개 걸이용은 안전대에 의지하지 않아도 작업할 수 있는 발판이 확보되었을 때 사용한다.

## 02 터널의 계측관리 사항(계측 방법) 3가지를 적으시오. (6점)

**Answer & Explanation**

① 천단침하 측정
② 내공변위측정
③ 지중 및 지표침하측정
④ 록볼트 축력측정
⑤ 숏크리트 응력 측정

## 03 높이 2미터 이상인 작업장소에 설치하여야 하는 작업 발판의 설치 기준 중 (1) 작업 발판의 폭과 (2) 발판 재료 간 틈의 적당한 간격을 적으시오. (4점)

**Answer & Explanation**

(1) 발판의 폭 : 40cm 이상
(2) 발판 재료 간의 틈 : 3cm 이하

## 04
화면에서 작업자는 롤러기 작업 중 손 협착 사고를 당하였다. 동종 사고를 방지하기 위한 (1) 롤러기의 방호장치명, (2) 방호장치 자율안전고시에 의하여 롤러기에 설치하여야 하는 급정지장치의 종류를 3가지 적고 각각의 설치 위치를 적으시오. (6점)

**Answer & Explanation**

(1) 롤러기의 방호장치명 : 급정지장치

(2) 급정지장치의 설치 위치에 따른 구분

| 종류 | 설치 위치 | 비고 |
|---|---|---|
| 손 조작식 | 밑면에서 1.8m 이내 | 위치는 급정지장치의 조작부의 중심점을 기준 |
| 복부 조작식 | 밑면에서 0.8m 이상 1.1m 이내 | |
| 무릎 조작식 | 밑면에서 0.6m 이내 | |

**참고하기**

- 위험기계기구 안전인증 고시 및 안전검사 고시 기준
  무릎 조작식 : 밑면으로부터 0.4m 이상 0.6m 이내

## 05
항타기, 항발기 작업 시 안전 작업 수칙 4가지를 기술하시오. (5점)

**Answer & Explanation**

① 작업반경 내 출입 금지 조치
② 작업반경 내 가설 울타리 설치
③ 인접한 고압전선의 방호조치
④ 지하 매설물 확인

## 06
화면은 방열복을 보여준다. 방열복 내열 원단의 시험성능 기준 3가지를 적으시오. (6점)

**Answer & Explanation**

① 난연성 시험
② 열충격 시험
③ 인장강도 시험
④ 내열성 시험
⑤ 내한성 시험

> 참고하기

| 구분 | 항목 | 시험성능 기준 |
|---|---|---|
| 내열원단 | 난연성 | 잔염 및 잔진시간이 2초 미만이고 녹거나 떨어지지 말아야 하며, 탄화 길이가 102mm 이내일 것 |
| | 절연저항 | 표면과 이면의 절연저항이 1MΩ 이상일 것 |
| 내열원단 | 인장강도 | 인장강도는 가로, 세로 방향으로 각각 25kgf 이상일 것 |
| | 내열성 | 균열 또는 부풀음이 없을 것 |
| | 내한성 | 피복이 벗겨져 떨어지지 않을 것 |
| 내열원단 및 안면렌즈 | 열전도율 | 이면중심 온도가 47℃ 이하이고, 온도상승이 25℃/4min 이하일 것 |

## 07 밀폐공간(산소결핍 장소)에서 근로자가 작업하는 경우의 안전조치 사항을 3가지 적으시오. (6점)

**Answer & Explanation**

① 작업 시작 전 및 작업 중에 해당 작업장을 **적정공기 상태가 유지되도록 환기**하여야 한다.
② 밀폐공간에 근로자를 종사하도록 하는 경우에는 그 장소에 **근로자를 입장시킬 때와 퇴장시킬 때마다 인원을 점검**하여야 한다.
③ 작업하는 **근로자가 아닌 사람이** 그 장소에 **출입하는 것을 금지**하고, **출입금지 표지를** 밀폐공간 근처의 보기 쉬운 장소에 게시하여야 한다.
④ 작업상황을 감시할 수 있는 **감시인을 지정**하여 밀폐공간 **외부에 배치**하여야 한다.
⑤ 밀폐공간에서 작업을 하는 동안 그 **작업장과 외부의 감시인 간에** 항상 연락을 취할 수 있는 **설비를 설치**하여야 한다.
⑥ 밀폐공간에서 작업을 하는 경우에 **산소결핍이나 유해가스로 인한 질식·화재·폭발** 등의 우려가 있으면 즉시 작업을 중단시키고 해당 **근로자를 대피**하도록 하여야 한다.
⑦ **공기호흡기 또는 송기마스크**, 안전대나 구명밧줄, 사다리 및 섬유로프 등 비상시에 대피용 기구 및 근로자를 구출하기 위하여 필요한 **기구를 갖추어 두어야 한다.**
⑧ 밀폐공간에서 근로자를 구출하는 경우 **구출작업에 종사하는 근로자에게 공기호흡기 또는 송기마스크를 지급**하여야 한다.

## 08 화물자동차의 작업 시작 전 점검 사항 3가지를 적으시오. (6점)

**Answer & Explanation**

① 제동장치, 조종장치 이상 유무
② 하역장치, 유압장치 이상 유무
③ 바퀴의 이상 유무

### 참고하기

| 구내운반차의 작업 시작 전 점검 사항 | 지게차의 작업 시작 전 점검 사항 |
|---|---|
| ① 제동장치 및 조종장치 기능의 이상 유무<br>② 하역장치 및 유압장치 기능의 이상 유무<br>③ 바퀴의 이상 유무<br>④ 전조등 · 후미등 · 방향지시기 및 경음기 기능의 이상 유무<br>⑤ 충전장치를 포함한 홀더 등의 결합 상태의 이상 유무 | ① 제동 장치 및 조종 장치의 기능<br>② 하역 장치 및 유압 장치의 기능<br>③ 바퀴의 이상 유무<br>④ 전조등, 후미등, 방향지시기, 경보장치의 이상 유무 |

## 09 화면은 밀폐공간 작업을 보여준다. 밀폐된 공간에서 작업자를 구출하는 경우 착용하여야 하는 보호구는 ( )이다. (3점)

**Answer & Explanation**

공기호흡기 또는 송기마스크

# 산업안전기사

**2019. 2회 3부**

시험시간 : 1시간 정도

---

**01** 화면은 터널 발파작업을 보여준다. 화약장전 시 안전사항을 적으시오. (5점)

> 화면 설명 • 철근으로 화약을 장전하는 장면을 보여준다.

**Answer & Explanation**

마찰·충격·정전기 등에 의한 **폭발의 위험이 없는 안전한 것을 사용할 것**

---

**02** 화면은 선반 작업 중 손 협착 사고가 발생하는 장면을 보여준다. 화면의 경우 재해 발생 요인을 3가지 적으시오. (6점)

> 화면 설명 • 작업자는 한 손으로 재료를 잡고 있으며, 다른 손은 기계 위에 올리고 작업한다. 작업 중 계속 곁눈질로 작업에 집중하지 않는 모습이다.

**Answer & Explanation**

① 손으로 재료를 지지하다 손이 말려 들어간다.
② 기계 위에 손을 올려놓고 있어 손이 미끄러지며 기계에 말려들어간다.
③ 작업에 집중하지 않고 곁눈질로 손이 말려들어간다.

03 화면에서 보이는 보호구의 (1) 명칭, (2) 등급을 3가지로 구분하고, (3) 산소농도 몇 % 이상인 장소에서 사용할 수 있는지를 적으시오. (5점)

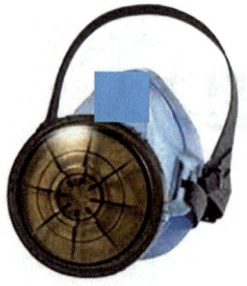 

**Answer & Explanation**

(1) 명칭 : 방진마스크
(2) 등급 : 특급, 1급, 2급
(3) 산소농도 18% 이상에서 사용

04 특수화학 설비 내부의 이상 상태를 조기에 파악하기 위하여 설치해야 할 방호장치 3가지를 적으시오. (6점)

**Answer & Explanation**

① 계측장치(온도계·압력계·유량계)
② 자동경보장치
③ 긴급차단장치
④ 예비동력원(4가지를 적으라는 경우만 해당)

◎ 참고하기

• 특수화학설비 내부의 이상 상태를 조기에 파악하기 위하여 설치해야 할 계측장치 3가지를 적으시오.
 ① 온도계
 ② 압력계
 ③ 유량계

**05** 높이 2미터 이상인 작업 장소에 설치하여야 하는 작업발판의 설치기준 중 (1) 작업발판의 폭과 (2) 발판 재료 간 틈의 적당한 간격을 적으시오. (4점)

> (1) 발판의 폭 : 40cm 이상
> (2) 발판 재료 간의 틈 : 3cm 이하

**06** 화면에서 작업자는 자동차 부품을 도금 후 세척하는 작업을 하고 있다. 다음 물음에 답하시오. 위 화면을 참고하여 위험예지훈련을 하려고 한다. 근로자가 지켜야 할 행동 목표 두 가지를 적으시오. (4점)

**화면 설명 •** 작업자는 담배를 물고 운동화를 착용한 상태에서 작업하고 있다.

> ① 작업 중 흡연하지 말자.
> ② 세척작업 중 화학물질용 안전화(불침투성 보호장화)를 착용하자.

**07** 화면에서 작업자는 이동식 사다리에 올라선 채 고온 배관의 플랜지 볼트를 조이는 작업을 하다가 추락하는 재해를 당한다. 화면에서의 작업위험요인 3가지를 적으시오. (6점)

> ① **안전한 작업발판을 확보하지 않아** 떨어질 위험 있다.
> ② 작업자가 **안전대를 착용하지 않아** 떨어질 위험 있다.
> ③ 작업자가 보안경을 착용하지 않아 눈을 다칠 위험 있다.
> ④ 작업자가 **방열장갑을 착용하지 않아** 손에 화상을 입을 위험 있다.

## 08 밀폐공간(산소결핍 장소)에서 근로자가 작업하는 경우의 안전조치 사항을 3가지 적으시오. (3점)

**Answer & Explanation**

① 작업 시작 전 및 작업 중에 해당 작업장을 적정공기 상태가 유지되도록 환기하여야 한다.
② 밀폐공간에 근로자를 종사하도록 하는 경우에는 그 장소에 근로자를 입장시킬 때와 퇴장시킬 때마다 인원을 점검하여야 한다.
③ 작업하는 근로자가 아닌 사람이 그 장소에 출입하는 것을 금지하고, 출입금지 표지를 밀폐공간 근처의 보기 쉬운 장소에 게시하여야 한다.
④ 작업상황을 감시할 수 있는 감시인을 지정하여 밀폐공간 외부에 배치하여야 한다.
⑤ 밀폐공간에서 작업을 하는 동안 그 작업장과 외부의 감시인 간에 항상 연락을 취할 수 있는 설비를 설치하여야 한다.
⑥ 밀폐공간에서 작업을 하는 경우에 산소결핍이나 유해가스로 인한 질식·화재·폭발 등의 우려가 있으면 즉시 작업을 중단시키고 해당 근로자를 대피하도록 하여야 한다.
⑦ 공기호흡기 또는 송기마스크, 안전대나 구명밧줄, 사다리 및 섬유로프 등 비상시에 대피용 기구 및 근로자를 구출하기 위하여 필요한 기구를 갖추어 두어야 한다.
⑧ 밀폐공간에서 근로자를 구출하는 경우 구출작업에 종사하는 근로자에게 공기호흡기 또는 송기마스크를 지급하여야 한다.

## 09 화면은 김치제조 공장에서 무채 슬라이스 작업을 보여준다. 작업 중 기계작동이 멈춰 기계를 점검하고 있던 중에 걸려있던 무채를 제거하는 순간 기계가 작동하며 재해가 발생하였다. 위험예지 포인트를 2가지를 적으시오. (6점)

**Answer & Explanation**

① 전원을 차단하지 않고 기계를 점검하여 손을 다칠 위험 있다.
② 인터록장치가 설치되어 있지 않아 손을 다칠 위험 있다.
③ 무채를 손으로 제거하여 손을 다칠 위험 있다.

**참고하기**

• 위험예지 포인트(잠재 위험요인) : 발생할 수 있는 사고를 미리 예측하여 위험을 파악

# 산업안전기사

**2019. 3회 1부**

시험시간 : 1시간 정도

---

**01** 구축물, 건축물, 그 밖의 시설물 등의 해체작업 시 작성하여야 하는 해체계획에 포함되어야 할 사항 3가지를 적으시오. (3점)

**Answer & Explanation**

① 해체방법, 해체순서 도면
② 가설설비, 방호설비, 살수, 방화설비 등 설비방법
③ 사업장 내 연락방법
④ 해체물 처분계획
⑤ 해체작업용 기계·기구 등의 작업계획서
⑥ 해체작업용 화약류 등의 사용계획서

---

**02** 높이 2미터 이상인 작업 장소에 설치하여야 하는 작업발판의 설치 기준을 6가지 적으시오. (6점)

**Answer & Explanation**

① **발판재료** : 작업 시의 하중을 견딜 수 있도록 **견고한 것으로 할 것**
② **발판의 폭** : 40cm 이상으로 하고, **발판재료 간의 틈** : 3cm 이하로 할 것
③ **추락의 위험성이 있는 장소에는 안전난간을 설치할 것**
④ **작업발판의 지지물** : 하중에 의하여 파괴될 우려가 없는 것을 사용할 것
⑤ 작업발판 재료는 뒤집히거나 떨어지지 아니하도록 2 이상의 지지물에 연결하거나 고정시킬 것
⑥ 작업에 따라 이동시킬 때에는 위험방지 조치를 할 것
⑦ **선박 및 보트 건조작업에서 선박블록 또는 엔진실 등의 좁은 작업공간에 작업발판을 설치하는 경우** : 작업발판의 폭을 30센티미터 이상으로 할 수 있고, 걸침비계의 경우 발판재료 간의 틈을 3센티미터 이하로 유지하기 곤란하면 5센티미터 이하로 할 수 있다.

## 03
물체를 인양 중 떨어뜨려 지나가던 작업자가 맞아 재해가 발생하였다. (1) 재해 발생형태와 (2) 재해 형태의 정의를 적으시오. (4점)

**Answer & Explanation**

(1) 재해 발생형태 : 맞음
(2) 재해 발생형태의 정의
  - 날아오거나 떨어진 물체에 맞음
  - 고정되어 있던 물체가 고정부에서 이탈하거나 또는 설비 등으로부터 물질이 분출되어 사람을 가해하는 경우

## 04
보호구 안전인증 고시에 의한 방독마스크의 성능시험 종류를 3가지 적으시오. (6점)

**Answer & Explanation**

① 안면부 흡기저항시험
② 정화통의 제독능력시험
③ 안면부 배기저항시험
④ 안면부 누설율시험
⑤ 배기밸브 작동시험
⑥ 시야시험
⑦ 강도, 신장율 및 영구 변형율시험
⑧ 불연성시험
⑨ 음성 전달판시험
⑩ 투시부의 내충격성 시험
⑪ 정화통 질량시험
⑫ 정화통 호흡저항시험
⑬ 안면부 내부의 이산화탄소농도시험

## 05
밀폐공간의 적정 공기 수준에 관한 내용이다. [보기]의 ( )에 적합한 숫자를 적으시오. (5점)

**보기**

적정한 공기라 함은 산소농도의 범위가 ( ① )% 이상 ( ② )% 미만, 탄산가스의 농도가 ( ③ )% 미만, 일산화탄소의 농도가 ( ④ )ppm 미만, 황화수소의 농도가 ( ⑤ )ppm 미만인 수준의 공기를 말한다.

**Answer & Explanation**

① 18
② 23.5
③ 1.5
④ 30
⑤ 10

**06** 화면에서 작업자는 스프레이 건으로 파이프에 도장작업을 하고 있다. 페인트 도장작업을 하는 작업자가 착용하여야 하는 방독마스크의 흡수제 종류 3가지를 적으시오. (6점)

**Answer & Explanation**

① 활성탄
② 소다라임
③ 알칼리제재
④ 큐프라마이트

**07** 화면에서 작업자는 회전하는 롤러기의 롤러를 걸레로 청소하고 있다. 작업 중 근로자의 손이 롤러에 말려드는 사고가 발생하였다. 이 사고의 핵심위험요인 2가지를 적으시오. (6점)

**Answer & Explanation**

① 롤러의 전원을 차단하지 않고 청소했다.
② 롤러기에 **인터록장치가 설치되지 않았다**.
  (롤러의 가드를 제거할 경우 롤러가 작동하지 않는 인터록장치를 설치하여야 한다.)
③ 롤러의 물림점에 가드가 설치되지 않았다.
④ **작업자가 장갑을 착용하였다**. (화면에서 장갑을 착용한 경우만 해당)

**08** 화면에서 작업자는 동력식 수동대패에서 작업을 하고 있다. 동력식 수동대패에 설치하여야 하는 (1) 방호장치명을 적고, (2) 방호장치 설치방법 두 가지를 적으시오. (5점)

> **Answer & Explanation**
>
> (1) 방호장치명 : 칼날 접촉 방지장치(덮개) 또는 날접촉예방장치
> (2) 방호장치 설치방법
>   ① 고정식 덮개
>   ② 가동식 덮개

### 참고하기

| 종류 | 용도 |
|---|---|
| 가동식 덮개 | 대패날 부위를 가공재료의 크기에 따라 움직이며 인체가 날에 접촉하는 것을 방지해 주는 형식 |
| 고정식 덮개 | 대패날 부위를 필요에 따라 수동조정하도록 하는 형식 |

**09** 화면에서 작업자가 작동 중인 컨베이어 벨트 끝부분에 올라서서 형광등을 교체하던 중 추락하는 장면을 보여준다. 작업자의 불안전한 행동 2가지를 적으시오. (4점)

> **Answer & Explanation**
>
> ① 안전한 작업발판을 사용하지 않고 컨베이어 벨트에 올라서서 형광등을 교체하였다.
> ② 움직이는 기계 주변에서 작업할 경우 기계의 전원을 차단하고 작업하여야 하나 컨베이어 전원을 차단하지 않았다.

## 2019. 3회 2부

# 산업안전기사

시험시간 : 1시간 정도

**01** 화면은 인화성 물질의 취급 및 저장소를 보여준다. 동영상을 참고하여 (1) 가스폭발의 종류와 (2) 화면에 해당하는 가스폭발의 정의를 설명하시오. (3점)

> **화면 설명** ● 화면에서는 가스가 대기 중에 다량 유출되어 순간적으로 폭발하는 장면을 보여준다.

**Answer & Explanation**

(1) 가스폭발의 종류 : 증기운 폭발
(2) 정의 : 인화성가스가 대기 중에 유출되어 구름 형태로 모여 점화원에 의하여 순간적으로 폭발하는 현상

**02** 화면은 승강기 컨트롤 패널 점검 작업을 보여준다. (4점)

> **화면 설명** ● 한 작업자가 승강기 컨트롤 패널 점검 작업을 하고 있고, 다른 작업자는 이동하는 모습을 보여준다. 작업자가 절연저항 측정기로 절연저항을 측정하는 중 다른 작업자가 패널 뒤쪽에서 쓰러지는 화면을 보여준다.

(1) 재해발생 형태
(2) 가해물의 종류를 적으시오.

**Answer & Explanation**

(1) 재해발생 형태 : 전류접촉(감전)
(2) 가해물 : 전기

> **주의** 동영상을 꼭 확인하세요.
> 작업자가 컨트롤 패널에 접촉하여 감전되었다면 가해물은 "컨트롤 패널", 전선을 만지고 있었다면 "전선"이 된다. 접촉부위 없이 감전이 되었다면 가해물은 "전기"가 된다.

**03** 화면은 철로 위에서 점검 작업을 하던 작업자들이 잡담을 나누던 중 기차가 접근하는 것을 알지 못하고 사고가 나는 장면을 보여 준다. 이러한 사고를 방지하기 위한 안전대책 3가지를 적으시오. (6점)

**Answer & Explanation**

① 열차 운행에 의한 충돌사고가 발생할 우려가 있는 궤도를 보수·점검하는 경우에 열차운행감시인을 배치하여야 한다.
② 열차운행감시인을 배치한 경우에 위험을 즉시 알릴 수 있도록 확성기·경보기·무선통신기 등 그 작업에 적합한 신호장비를 지급하고, 열차 운행 감시 중에는 감시 외의 업무에 종사하게 해서는 아니 된다.
③ 열차가 운행하는 궤도상에서 궤도와 그 밖의 관련 설비의 보수·점검작업 등을 하는 중 위험이 발생할 때에 작업자들이 안전하게 대피할 수 있도록 열차통행의 시간 간격을 충분히 하고, 작업자들이 안전하게 대피할 수 있는 공간이 확보된 것을 확인한 후에 작업에 종사하도록 하여야 한다.

**참고하기**

• 열차 운행 중에 열차를 점검·수리하거나 열차에 의하여 근로자에게 접촉·충돌·감전 또는 추락 등의 위험이 발생할 우려가 있는 경우 조치하여야 할 사항
  ① 열차의 운전이 정지된 후 작업을 하도록 하고, 점검 등의 작업 완료 후 열차 운전을 시작하기 전에 반드시 작업자와 신호하여 접촉위험이 없음을 확인하고 운전을 재개하도록 할 것
  ② 열차의 유동 방지를 위하여 차바퀴막이 등 필요한 조치를 할 것
  ③ 노출된 열차충전부에 잔류전하 방전조치를 하거나 근로자에게 절연보호구를 지급하여 착용하도록 할 것
  ④ 열차의 상판에서 작업을 하는 경우에는 그 주변에 작업발판 또는 안전매트를 설치할 것

**04** 작업자는 야외에 설치된 임시분전반에서 작업 중이다. 영상을 확인하고 작업 시의 문제점 2가지를 적으시오. (4점)

**화면 설명** • 작업자가 면장갑을 착용한 채 분전반에 전원을 연결하여 그라인더 작업을 하는 모습을 보여준다. 다른 작업자가 다가와 맨손으로 분전반 전원에 콘센트 플러그를 꽂고 전선을 만지는 순간 감전되어 쓰러진다. 분전반에는 누전차단기가 설치되어 있다.

그림 출처 • 안전보건공단 교육자료

**Answer & Explanation**

① 전선의 절연상태 불량(전선을 만져 감전된 경우)
② 누전차단기 설치 불량(분전반의 각 회로별로 누전차단기를 설치하여야 하나 미설치하였다.)
③ 작업자가 절연장갑을 착용하지 않았다.
④ 임시분전반 접지를 실시하지 않았다.
⑤ 분전반 잠금장치를 설치하지 않았다.(관계자 외 조작금지 조치를 실시하지 않았다.)

## 05
화면에서 작업자는 인쇄윤전기를 걸레로 청소하고 있다. 작업 중 근로자의 손이 윤전기 롤러에 말려드는 사고가 발생하였다. 윤전기의 청소 시 안전 작업 사항 3가지를 적으시오. (6점)

**Answer & Explanation**

① 롤러기(인쇄윤전기) 운전을 정지하고 청소한다.
② 롤러기(인쇄윤전기) 청소 시 장갑 착용을 금지한다.
③ 롤러기(인쇄윤전기)에 인터록 장치를 설치한다.
④ 롤러기(인쇄윤전기)의 물림점에 가드를 설치한다.

## 06
페인트 도장작업을 하는 작업자가 착용하여야 하는 (1) 보호구의 종류와 (2) 시험가스 종류를 3가지 적으시오. (6점)

**Answer & Explanation**

(1) 방독마스크(유기화합물용)
(2) 시험가스의 종류
시클로헥산($C_6H_{12}$), 디메틸에테르($CH_3OCH_3$), 이소부탄($C_4H_{10}$)

### 참고하기

| 종류 | 시험가스 |
| --- | --- |
| 유기화합물용 | 시클로헥산($C_6H_{12}$) |
|  | 디메틸에테르($CH_3OCH_3$) |
|  | 이소부탄($C_4H_{10}$) |
| 할로겐용 | 염소가스 또는 증기($Cl_2$) |
| 황화수소용 | 황화수소가스($H_2S$) |
| 시안화수소용 | 시안화수소가스(HCN) |
| 아황산용 | 아황산가스($SO_2$) |
| 암모니아용 | 암모니아가스($NH_3$) |

## 07
높이 2미터 이상인 작업 장소에 설치하여야 하는 작업 발판의 설치기준 중 (1) 작업 발판의 폭과 (2) 발판 재료 간 틈의 적당한 간격을 적으시오. (4점)

**Answer & Explanation**

(1) 발판의 폭 : 40cm 이상
(2) 발판 재료 간의 틈 : 3cm 이하

## 08 교량점검 작업 중 근로자 추락사고가 발생하였다. 위 사고의 원인 세 가지를 적으시오. (6점)

**화면 설명** ▶ 작업자는 부실한 작업발판 위에서 교량 하부를 점검하는 중이다. 추락방호망도 설치되지 않았으며 주변 정리정돈도 불량한 상태이다. 안전난간 대신 로프가 난간 역할을 하고 있으며 작업자가 로프로 된 난간 쪽으로 기대는 순간 로프 줄이 늘어지며 추락한다.

**Answer & Explanation**

① 안전대 미착용
② 추락방호망 미설치(또는 불량)
③ 안전난간 미설치(또는 불량)
④ 작업발판 미설치(또는 불량)
⑤ 주변 정리정돈 불량(정리정돈 불량으로 걸려 넘어진 경우)

## 09 화면에서 작업자는 동력식 수동대패에서 작업을 하고 있다. 동력식 수동대패에 설치하여야 하는 (1) 방호장치명을 적고, (2) 방호장치 설치방법 두 가지를 적으시오. (6점)

**Answer & Explanation**

(1) 방호장치명 : 칼날 접촉 방지장치(덮개) 또는 날접촉예방장치

(2) 방호장치 설치방법
① 고정식 덮개
② 가동식 덮개

### 참고하기

| 종류 | 용도 |
| --- | --- |
| 가동식 덮개 | 대패날 부위를 가공재료의 크기에 따라 움직이며 인체가 날에 접촉하는 것을 방지해 주는 형식 |
| 고정식 덮개 | 대패날 부위를 필요에 따라 수동조정하도록 하는 형식 |

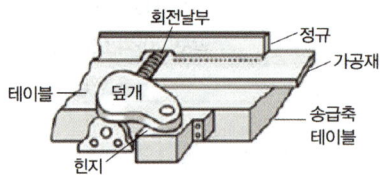
[가동식 접촉예방장치(덮개의 수평이동)]

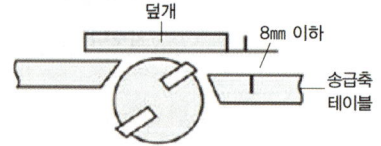
[덮개와 테이블과의 간격]

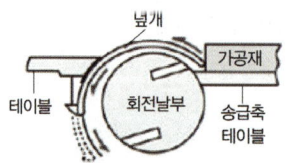
[가동식 접촉예방장치(덮개의 상하이동)]

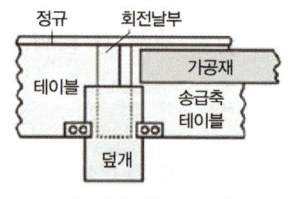
[고정식 접촉예방장치]

## 산업안전기사

2019. 3회 3부

시험시간 : 1시간 정도

**01** 화면에서 작업자는 인화성 물질 저장창고에서 작업을 하고 있다. 폭발의 원인이 된 (1) 발화원의 형태, (2) 그 종류를 2가지 적으시오. (6점)

> **화면 설명** • 인화성 물질이 든 드럼통을 들고 들어온 작업자가 윗옷을 벗음과 동시에 폭발사고가 발생한다.

**Answer & Explanation**

(1) 발화원의 형태 : 정전기 스파크

(2) 종류
　① 박리대전(옷을 벗을 때)
　② 마찰대전(신발과 바닥 사이)

**02** 화면은 작업자가 교류아크 용접작업을 하는 장면을 보여준다. (6점)
화면의 용접작업 시의 위험 요소 3가지를 적으시오.

> **화면 설명** • 작업자가 한 손으로 스위치를 조작하며 다른 손으로 용접을 하고 있으며, 작업장 주변에는 인화성 물질로 보이는 깡통 등이 쌓여있다.

**Answer & Explanation**

① 한 손으로 스위치를 조작하며 다른 손으로 용접을 하고 있어 작업이 불안하며 작업상황 파악이 어렵다.
② 용접하는 주변에 인화성 물질이 존재하여 화재위험이 있다.
③ 작업장 정리정돈이 불량하다.

**03** 화면에서 작업자는 전동권선기에 동선을 감는 작업을 하고 있다. 작업 중 기계가 정지하여 전원을 차단하지 않고 점검 중 발생한 재해이다. (1) 재해 발생형태와 (2) 재해 원인 2가지를 적으시오. (4점)

> **화면 설명 ●** 작업자가 전동권선기에 동선(코일)을 감는 작업을 하고 있다. 기계가 작동을 멈추자 기계를 점검하기 위하여 분전반을 열고 전선과 연결된 부분을 만지는 순간 감전되어 쓰러진다.

**Answer & Explanation**

(1) 재해 발생형태 : 전류접촉(감전)

(2) 재해 원인
① 전원을 차단하지 않고 기계 점검을 실시했다.
② 작업자가 절연장갑을 착용하지 않았다.
③ 작업 시작 전 기계 점검을 실시하지 않았다. (3가지를 적으라는 경우만 작성할 것)

**주의** 반드시 동영상을 확인하고 답을 적으세요.
기계 점검 중 감전된 경우가 아니고 점검 중 손이 끼인 경우라면
(1) 재해 발생 형태 : 끼임
(2) 재해 원인
① 전원을 차단하지 않고 기계 점검을 실시했다.
② 면장갑을 착용하고 기계 점검을 실시했다.

**04** 화면에서 작업자는 화학물질 실험 중이다. 보호구를 착용하지 않고 실험을 하던 중 갑자기 작업자가 아파하는 장면이 나온다. 화면에서와 같은 사고의 (1) 재해 발생형태와 (2) 재해 발생형태의 정의를 적으시오. (4점)

**Answer & Explanation**

(1) 재해 발생 형태 : 유해·위험물질 노출·접촉
(2) 정의 : 유해·위험물질에 노출·접촉 또는 흡입하였거나 독성동물에 쏘이거나 물린 경우

**05** 화면에서는 이동식 크레인 작업을 보여준다. 이동식 크레인 작업 시 운전자의 안전 조치사항 3가지를 적으시오. (6점)

> **화면 설명 ●** 이동식 크레인으로 비계를 운반하던 중 비계를 내리는 과정에서 비계가 흔들리며 아래에 있던 작업자와 충돌하는 재해가 발생한다.

**Answer & Explanation**

① 인양 중인 하물이 작업자의 머리 위로 통과하게 하지 아니하게 한다.
② 작업 중 운전석 이탈을 금지한다.
③ 이동식 크레인의 지브와 인양물 또는 각종 장애물과 부딪치지 않도록 한다.

### 참고하기

- **이동식 크레인 운전원 준수사항**
  ① 이동식 크레인의 탑승과 하차는 승강 계단을 이용하여야 한다.
  ② 이동식 크레인의 작업 중 운전석 이탈을 금지하여야 한다. 운전원이 장비를 떠나야 할 경우는 인양물을 지면에 내려놓아야 하고, 구동 엔진 정지 및 브레이크를 작동 상태로 하여 잠금장치를 하여야 한다.
  ③ 인양작업 중 고장 발생 시 인양물을 지상에 내려놓고 브레이크와 안전장치를 작동상태로 유지하여야 한다.
  ④ 이동식 크레인의 지브와 인양물 또는 각종 장애물과 부딪치지 않도록 하여야 한다.

**06** 구축물, 건축물, 그 밖의 시설물 등의 해체작업 시 작성하여야 하는 해체계획에 포함되어야 할 사항 3가지를 적으시오. (6점)

**Answer & Explanation**

① 해체방법, 해체순서 도면
② 가설설비, 방호설비, 살수, 방화설비 등 설비방법
③ 사업장 내 연락방법
④ 해체물 처분계획
⑤ 해체작업용 기계·기구 등의 작업계획서
⑥ 해체작업용 화약류 등의 사용계획서

**07** 화면에서는 고소작업대를 이용하여 산소절단기로 철근을 절단하는 장면을 보여준다. 화면에서와 같은 장비로 작업을 하는 경우 안전작업 준수사항 3가지를 적으시오. (6점)

**Answer & Explanation**

**고소작업대를 사용하는 때 준수사항**
① 작업자는 안전모·안전대 등의 **보호구를 착용**하도록 할 것
② 관계자 외의 자가 작업구역 내에 들어오는 것을 **방지**하기 위하여 필요한 조치를 할 것
③ 안전한 작업을 위하여 **적정수준의 조도를 유지**할 것
④ **전로(電路)에 근접하여 작업을 하는 때에는 작업감시자를 배치**하는 등 감전 사고를 방지하기 위하여 필요한 조치를 할 것
⑤ **작업대를 정기적으로 점검**하고 붐·작업대 등 각 부위의 이상 유무를 확인할 것
⑥ **전환 스위치는 다른 물체를 이용하여 고정하지 말 것**
⑦ 작업대는 정격하중을 초과하여 물건을 싣거나 탑승하지 말 것
⑧ 작업대의 붐대를 상승시킨 상태에서 탑승자는 작업대를 벗어나지 말 것

> 📌 **참고하기**
>
> • 고소작업대의 작업 시작 전 점검 사항
>   ① 비상정지장치 및 비상하강방지장치 기능의 이상 유무
>   ② 과부하방지장치의 작동 유무(와이어로프 또는 체인구동방식의 경우)
>   ③ 아웃트리거 또는 바퀴의 이상 유무
>   ④ 작업면의 기울기 또는 요철 유무

**08** 화면에서 작업자는 작업을 하기 위해 전주에 올라가다 표지판에 부딪히며 추락하였다. 사고 발생원인 2가지를 적으시오. (4점)

**Answer & Explanation**

> ① 작업자가 안전대를 착용하지 않았다.
> ② 작업 발판이 불안하다. [활선작업용장치(차량, 작업대)를 사용하지 않음]
> ③ 작업 전 주변 점검을 실시하지 않았다.

**09** 화면에서는 고소작업대를 이용하여 용접하는 장면을 보여준다. 화면에서와 같은 고소작업대 작업 시의 작업자 준수사항 3가지를 적으시오. (3점)

> 🟩 **화면 설명 ●** 고소작업대의 붐대를 조금 내리고 작업자를 태운 채 이동하여 다시 고소작업대를 상승시켜 용접하는 장면을 보여준다. 작업자는 안전모와 면장갑을 착용한 상태이며 주변에 소화기가 비치되어 있다.

시진 출처 : ulsansafety

**Answer & Explanation**

> ① 작업자를 태우고 이동하지 말 것
> ② 작업자는 용접용 보안면, 안전장갑을 착용할 것
> ③ 작업대의 붐대를 상승시킨 상태에서 탑승자는 작업대를 벗어나지 말 것
> ④ 작업대에 정격하중을 초과하여 물건을 싣거나 탑승하지 말 것

# 산업안전기사

2020. 1회 1부

시험시간 : 1시간 정도

## 01 산업안전보건법상 누전차단기를 설치하여야 하는 기계·기구 3가지를 적으시오. (6점)

**Answer & Explanation**

① 대지전압이 150볼트를 초과하는 이동형 또는 휴대형 전기기계·기구
② 물 등 도전성이 높은 액체가 있는 습윤장소에서 사용하는 저압용 전기기계·기구
③ 철판, 철골 위 등 도전성이 높은 장소에서 사용하는 이동형 또는 휴대형 전기기계·기구
④ 임시배선의 전로가 설치되는 장소에서 사용하는 이동형 또는 휴대형 전기기계·기구

## 02 작업자가 실수로 프레스의 페달을 밟아 금형 사이에 손이 협착되었다. 이러한 재해를 방지하기 위하여 페달에 설치하여야 하는 것은 무엇인가? (4점)

**Answer & Explanation**

U자형 덮개 설치

## 03 이동식 크레인 작업 시의 작업 시작 전 점검 사항 3가지를 적으시오. (6점)

**Answer & Explanation**

① 권과방지장치나 그 밖의 경보장치의 기능
② 브레이크·클러치 및 조정장치의 기능
③ 와이어로프가 통하고 있는 곳 및 작업장소의 지반상태

### 참고하기

| | |
|---|---|
| 크레인 | ① 권과방지장치·브레이크·클러치 및 운전장치의 기능<br>② 주행로의 상측 및 트롤리가 횡행(橫行)하는 레일의 상태<br>③ 와이어로프가 통하고 있는 곳의 상태 |
| 이동식 크레인 | ① 권과방지장치 그 밖의 경보장치의 기능<br>② 브레이크·클러치 및 조정장치의 기능<br>③ 와이어로프가 통하고 있는 곳 및 작업장소의 지반상태 |
| 리프트 | ① 방호장치·브레이크 및 클러치의 기능<br>② 와이어로프가 통하고 있는 곳의 상태 |
| 곤돌라 | ① 방호장치·브레이크의 기능<br>② 와이어로프·슬링와이어 등의 상태 |

**04** 화면은 선박 탱크 내부의 슬러지 처리 작업을 보여준다. 작업 도중 한 작업자가 의식을 잃고 쓰러진다. 이러한 사고에 대비하여 비치하여야 하는 비상 시 피난용구(밀폐공간 작업 시에 필요한 기구, 대피용 기구) 3가지를 적으시오. (3점)

**Answer & Explanation**

① 송기마스크 또는 공기호흡기
② 섬유로프
③ 사다리
④ 안전대
⑤ 구명밧줄

**05** 화면에서는 이동식 비계 위에서의 작업을 보여준다. 이동식 비계 작업의 준수사항 3가지를 적으시오. (6점)

**Answer & Explanation**

① 바퀴에는 갑작스러운 이동 또는 전도를 방지하기 위하여 브레이크·쐐기 등으로 바퀴를 고정시킨 다음 비계의 일부를 견고한 시설물에 고정하거나 아웃트리거를 설치하는 등 필요한 조치를 할 것
② 승강용 사다리는 견고하게 설치할 것
③ 비계의 최상부에서 작업을 할 때에는 안전난간을 설치할 것
④ 작업발판은 항상 수평을 유지하고 작업발판 위에서 안전난간을 딛고 작업을 하거나 받침대 또는 사다리를 사용하여 작업하지 않도록 할 것
⑤ 작업발판의 최대적재하중은 250킬로그램을 초과하지 않도록 할 것

## 06 높이 2미터 이상인 작업장소에 설치하여야 하는 작업 발판의 설치 기준을 6가지 적으시오. (6점)

**Answer & Explanation**

① 발판재료 : 작업 시의 하중을 견딜 수 있도록 견고한 것으로 할 것
② 발판의 폭 : 40cm 이상으로 하고, 발판재료 간의 틈 : 3cm 이하로 할 것
③ 추락의 위험성이 있는 장소에는 안전난간을 설치할 것
④ 작업발판의 지지물 : 하중에 의하여 파괴될 우려가 없는 것을 사용할 것
⑤ 작업발판재료는 뒤집히거나 떨어지지 아니하도록 2 이상의 지지물에 연결하거나 고정시킬 것
⑥ 작업에 따라 이동시킬 때에는 위험방지 조치를 할 것
⑦ 선박 및 보트 건조작업에서 선박블록 또는 엔진실 등의 좁은 작업공간에 작업발판을 설치하는 경우 : 작업발판의 폭을 30센티미터 이상으로 할 수 있고, 걸침비계의 경우 발판재료 간의 틈을 3센티미터 이하로 유지하기 곤란하면 5센티미터 이하로 할 수 있다.

## 07 지게차의 작업 시작 전 점검 사항 3가지를 쓰시오. (6점)

**Answer & Explanation**

① 제동장치, 조종장치 이상 유무
② 하역장치, 유압장치 이상 유무
③ 바퀴의 이상 유무
④ 전조등, 후미등, 방향지시기, 경보장치의 이상 유무

### 참고하기

| 구내운반차의 작업 시작 전 점검 사항 | 화물자동차의 작업 시작 전 점검 사항 |
|---|---|
| ① 제동 장치 및 조종장치 기능의 이상 유무<br>② 하역장치 및 유압장치 기능의 이상 유무<br>③ 바퀴의 이상 유무<br>④ 전조등·후미등·방향지시기 및 경음기 기능의 이상 유무<br>⑤ 충전장치를 포함한 홀더 등의 결합상태의 이상 유무 | ① 제동 장치 및 조종 장치의 기능<br>② 하역 장치 및 유압 장치의 기능<br>③ 바퀴의 이상 유무 |

## 08
화면에서 작업자는 전주의 발판에 올라서서 변압기 볼트를 조이는 작업을 하던 중 떨어지는 사고를 당한다. (1) 재해 발생형태 (2) 작업 위험요인 2가지를 적으시오. (3점)

**화면 설명 •** 안전대를 착용하고 있으나 안전대를 전주에 고정하지 않은 상태이다.

### Answer & Explanation

(1) 재해 발생형태 : 떨어짐

(2) 작업 위험요인
  ① 작업발판이 불안하다.
  ② 안전대를 전주에 고정하지 않아 위험하다.

## 09
승강기의 방호장치 명칭을 적으시오. (5점)

### Answer & Explanation

① 과부하방지장치　　② 권과방지장치(捲過防止裝置)
③ 비상정지장치　　　④ 제동장치
⑤ 파이널리미트스위치　⑥ 출입문인터록
⑦ 조속기(속도조절기)

### 참고하기

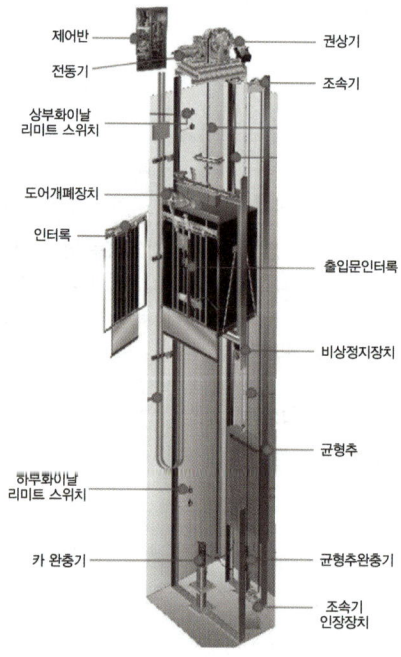

그림 출처 : 안전보건공단

• 양중기의 방호장치

| 양중기의 방호장치 ||
|---|---|
| 크레인 | • 과부하방지장치<br>• 권과방지장치(捲過防止裝置)<br>• 비상정지장치<br>• 제동장치<br>〈기타 방호장치〉<br>• 훅의 해지장치<br>• 안전밸브(유압식) |
| 이동식 크레인 | • 과부하방지장치<br>• 권과방지장치(捲過防止裝置)<br>• 비상정지장치<br>• 제동장치<br>〈기타 방호장치〉<br>• 훅의 해지장치<br>• 안전밸브(유압식) |
| 리프트<br>(자동차정비용 리프트 제외) | • 권과방지장치<br>• 과부하방지장치<br>• 비상정지장치<br>• 제동장치<br>• 조작반(盤) 잠금장치 |
| 곤돌라 | • 과부하방지장치<br>• 권과방지장치(捲過防止裝置)<br>• 비상정지장치<br>• 제동장치 |
| 승강기 | • 과부하방지장치<br>• 권과방지장치(捲過防止裝置)<br>• 비상정지장치<br>• 제동장치<br>• 파이널리미트스위치<br>• 출입문인터록<br>• 조속기(속도조절기) |

**암기법**

• 양중기 공통 방호장치 : 과부하방지장치, 권과방지장치, 비상정지장치, 제동장치
• 추가설치
 리프트(자동차정비용 제외) : 조작반잠금장치
 승강기 : 파이널리미트스위치, 출입문인터록, 속도조절기

## 2020. 1회 2부

# 산업안전기사

시험시간 : 1시간 정도

**01** 화면에서 작업자는 공장 지붕에서 패널 설치작업 중 실족으로 추락하였다. 재해 발생원인 2가지를 적으시오. (4점)

**Answer & Explanation**

① 근로자 안전대 미착용
② 안전난간 미설치
③ 추락방호망 미설치
④ 주변 정리정돈 불량

**참고하기**

추락방호망은 높이 10m 이상부터 설치

**주의** 반드시 동영상을 확인하고 답을 적으세요.

**02** 화면에서는 이동식 크레인으로 배관을 운반하는 작업 중이다. 작업 중 위험요소 2가지를 적으시오. (4점)

**화면 설명** ● 배관을 1줄 걸이 상태로 불안하게 운반하고 있으며, 와이어로프의 일부분이 손상된 모습을 보여준다. 작업자가 배관을 손으로 지지하다 배관이 흔들리며 작업자기 배관에 맞는 사고가 발생한다.

**Answer & Explanation**

① 줄걸이 방법 불량(2줄 걸이로 균형을 유지하여야 하나 1줄 걸이 상태로 운반함)
② 배관을 유도(보조)로프로 흔들림 방지하지 않고 손으로 지지하고 있음
③ 와이어로프 상태 불량(손상된 와이어로프를 사용함)
④ 훅의 해지장치 미설치(혹은 훅의 해지장치를 체결하지 않음)

## 03
화면에서 작업자는 드릴 작업 중이다. 작은 공작물을 손으로 잡고 공작하다 공작물이 튀어 재해를 당하였다. 잘못된 점과 안전대책을 각각 1가지씩 적으시오. (5점)

**Answer & Explanation**

(1) 잘못된 점
- 작은 공작물을 손으로 잡고 작업하고 있다.
- 보안경을 착용하지 않아 눈을 다칠 우려 있다.
- 면장갑을 착용하여 손을 다칠 우려 있다.

(2) 안전대책
- 작은 공작물은 바이스를 사용하여 작업하여야 한다.
- 보안경을 착용하고 작업한다.
- 드릴작업 시 면장갑 착용을 금지한다.

## 04
화면에서 작업자는 마그네틱 크레인으로 금형을 옮기는 작업을 하고 있다. 작업자가 한 손으로 스위치를 조작하며 다른 손으로 금형을 잡고 이동하던 중 스위치를 잘못 건드려 금형이 발에 떨어지는 사고를 당한다. (크레인 훅에는 해지장치가 없는 상태이며, 작업자는 안전모 미착용, 면장갑을 착용하고 있는 상태이다.) 화면에서와 같은 크레인으로 화물을 옮기는 작업에서의 위험요인 3가지를 적으시오. (6점)

**Answer & Explanation**

① 한 손으로 스위치를 조작하며 다른 손으로 금형을 잡고 이동하고 있어 스위치 오조작이 우려된다.
② 크레인에 해지 장치가 없어 화물이 낙하할 우려 있다.
③ 안전모를 미착용하여 낙하하는 화물에 머리를 다칠 우려 있다.

## 05
동영상에서 작업자는 전신주의 형강을 교체하는 화면을 보여주고 있다. 정전작업이 끝난 후의 조치사항 3가지를 적으시오. (6점)

**Answer & Explanation**

① 작업기구, 단락 접지기구 등을 제거하고 전기기기 등이 안전하게 통전될 수 있는지를 확인할 것
② 모든 작업자가 작업이 완료된 전기기기 등에서 떨어져 있는지를 확인할 것
③ 잠금장치와 꼬리표는 설치한 근로자가 직접 철거할 것
④ 모든 이상 유무를 확인한 후 전기기기 등의 전원을 투입할 것

## 06 밀폐공간(산소결핍 장소)에서 근로자가 작업하는 경우의 위험요인 2가지를 적으시오. (4점)

**Answer & Explanation**

① 환기장치를 설치하지 않아 산소결핍의 위험 있다.
② 작업자가 송기마스크를 착용하지 않아 질식 위험 있다.
③ 작업 중 산소 및 유해가스 농도를 측정하지 않아 질식 및 가스중독의 위험 있다.
④ 송기마스크, 사다리 및 섬유로프 등 비상시에 근로자를 피난시키거나 구출하기 위한 기구를 갖추지 않아 위험하다.

## 07 프레스의 방호장치 중 기호 A-1인 (1) 방호장치명과 (2) 방호장치의 기능을 적으시오. (4점)

**Answer & Explanation**

(1) 방호장치명 : 광전자식 방호장치

(2) 방호장치의 기능
투광부, 수광부, 컨트롤 부분으로 구성된 것으로서 신체의 일부가 광선을 차단하면 기계를 급정지시키는 방호장치

### 참고하기

• 프레스 또는 전단기 방호장치의 종류 및 분류

| 종류 | 분류 | 기능 |
|---|---|---|
| 광전자식 | A-1 | 프레스 또는 전단기에서 일반적으로 많이 활용하고 있는 형태로서 투광부, 수광부, 컨트롤 부분으로 구성된 것으로서 신체의 일부가 광선을 차단하면 기계를 급정지시키는 방호장치 |
| | A-2 | 급정지기능이 없는 프레스의 클러치 개조를 통해 광선 차단 시 급정지시킬 수 있도록 한 방호장치 |
| 양수 조작식 | B-1 (유·공압 밸브식) | 1행정 1정지식 프레스에 사용되는 것으로서 양손으로 동시에 조작하지 않으면 기계가 동작하지 않으며, 한 손이라도 떼어내면 기계를 정지시키는 방호장치 |
| | B-2 (전기버튼식) | |
| 가드식 | C | 가드가 열려 있는 상태에서는 기계의 위험부분이 동작되지 않고 기계가 위험한 상태일 때에는 가드를 열 수 없도록 한 방호장치 |

| 종류 | 분류 | 기능 |
|---|---|---|
| 손쳐내기식 | D | 슬라이드의 작동에 연동시켜 위험상태로 되기 전에 손을 위험 영역에서 밀어내거나 쳐내는 방호장치로서 프레스용으로 확동식 클러치형 프레스에 한해서 사용됨(다만, 광전자식 또는 양수조작식과 이중으로 설치 시에는 급정지 가능프레스에 사용 가능) |
| 수인식 | E | 슬라이드와 작업자 손을 끈으로 연결하여 슬라이드 하강 시 작업자 손을 당겨 위험 영역에서 빼낼 수 있도록 한 방호장치로서 프레스용으로 확동식 클러치형 프레스에 한해서 사용됨(다만, 광전자식 또는 양수조작식과 이중으로 설치 시에는 급정지가능 프레스에 사용 가능) |

**08** 화면에서 작업자는 이동식 사다리에 올라선 채 고온 배관의 플랜지 볼트를 조이는 작업을 하다가 추락하는 재해를 당한다. 화면에서의 작업위험요인 3가지를 적으시오. (6점)

**Answer & Explanation**

① 작업발판(이동식 사다리)이 불안하여 추락할 우려 있다.
② 보안경을 미착용하여 고압증기에 의해 눈을 다칠 우려 있다.
③ 방열장갑을 미착용하여 손에 화상을 당할 우려 있다.

**09** 아파트 창틀에서 두 명의 작업자가 발판을 설치하는 작업을 하고 있다. 한 작업자가 발판을 건네주고 다른 작업자가 설치하려고 이동하던 중 바닥으로 추락사고가 발생하였다. 주변 정리정돈이 되어있지 않고, 작업자가 밟고 있던 콘크리트 부스러기가 함께 떨어지는 장면을 보여준다. 위 사고에서 추락의 원인 3가지를 적으시오. (6점)

**Answer & Explanation**

① 안전대 미착용
② 추락방호망 미설치(또는 불량)
③ 안전난간 미설치(또는 불량)
④ 주변 정리정돈 불량

**주의** 반드시 동영상을 확인하고 답을 적으세요.

## 2020. 1회 3부

# 산업안전기사

시험시간 : 1시간 정도

**01** 화면은 작업자가 교류아크 용접작업을 하는 장면을 보여준다. 화면에서의 용접작업 시의 위험 요소 3가지를 적으시오. (4점)

> **화면 설명·** 작업자가 한 손으로 스위치를 조작하며 다른 손으로 용접을 하고 있으며, 작업장 주변에는 인화성 물질로 보이는 깡통 등이 쌓여있다.

**Answer & Explanation**

① 한 손으로 스위치를 조작하며 다른 손으로 용접을 하고 있어 작업이 불안하며 작업 상황 파악이 어렵다.
② 용접하는 주변에 인화성 물질이 존재하여 화재위험이 있다.
③ 작업장 정리정돈이 불량하다.

**02** 화면에서 작업자는 섬유기계 작업을 하고 있다. 해당 작업 시 작업자가 착용하여야 할 보호구를 3가지 적으시오. (5점)

> **화면 설명·** 섬유기계 작업 중 갑자기 기계가 멈추자 작업자가 전원을 차단하지 않고 면장갑을 착용한 채 회전체의 덮개를 열고 안을 들여다보며 점검하던 중 갑자기 기계가 작동하며 손이 끼이는 사고가 발생한다.

**Answer & Explanation**

작업 시 작업자가 착용하여야 할 보호구
① 안전모
② 안전화
③ 보안경
④ 방진마스크(먼지가 많을 경우)
⑤ 귀마개 또는 귀덮개(소음이 심한 경우)

**주의** 반드시 동영상을 확인하고 답을 적으세요.

03 화면에서는 이동식 크레인 작업을 보여준다. (6점)

(1) 이동식 크레인으로 자재를 운반하던 중 자재가 낙하하는 사고가 발생한다. 동영상에서와 같은 사고를 방지하기 위하여 크레인 훅에 설치하여야 하는 방호장치명을 적으시오.
(2) 산업안전보건법의 안전검사 주기에 해당하는 적합한 내용을 [보기]의 ( ) 안에 적으시오. (6점)

>> 보기

크레인, 리프트 및 곤돌라의 안전검사 주기

사업장에 설치가 끝난 날부터 ( ① ) 이내에 최초 안전검사를 실시하고, 그 이후부터 ( ② ) 마다, 단, 건설현장에서 사용하는 것은 최초로 설치한 날부터 ( ③ ) 마다 실시한다.

**Answer & Explanation**

(1) 크레인 훅에 설치하여야 하는 방호장치명 : 해지장치
(2) 안전검사 주기
  ① 3년
  ② 2년
  ③ 6개월

04 목재가공용 둥근톱 기계에 고정식 톱날접촉 예방장치(덮개)를 설치하고자 한다. 덮개 하단과 테이블 사이의 간격과 덮개 하단과 가공재 사이의 간격을 얼마로 조정하여야 하는가? (4점)

(1) 하단과 테이블 사이 높이 :
(2) 하단과 가공재 사이 간격 :

**Answer & Explanation**

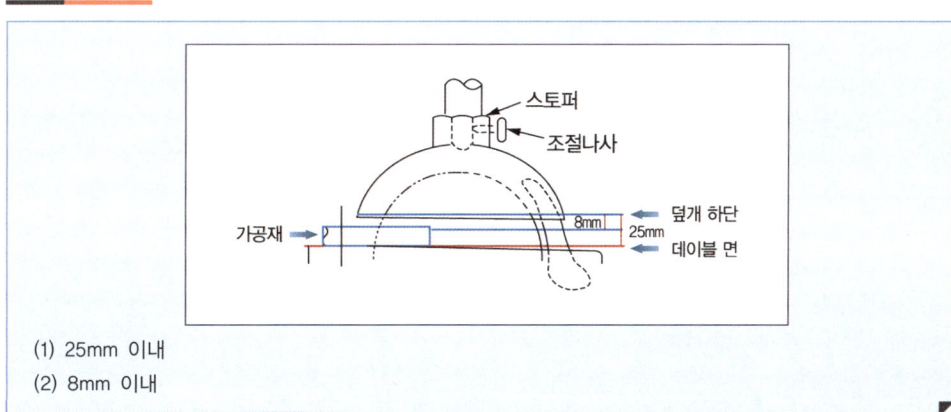

(1) 25mm 이내
(2) 8mm 이내

**05** 화면에서는 박공지붕 설치작업을 보여준다. 동종 사고를 예방하기 위한 안전대책 3가지를 적으시오. (6점)

> **화면 설명 ●** 박공지붕 위에서 박공지붕을 설치하던 중 작업자가 미끄러지며 박공지붕 재료와 함께 추락하였다. 지붕 아래에는 다른 작업자가 누워서 휴식을 취하다가 떨어지는 박공지붕에 맞는 사고가 발생했다. 안전난간과 추락방호망이 미설치된 상태이며, 작업자는 안전모와 안전화를 착용하고 있다.

**Answer & Explanation**

① 추락방호망 설치
② 작업자 안전대 착용
③ 안전난간 설치
④ 폭 30cm 이상의 작업발판 설치
⑤ 작업장 아래 접근금지 조치 실시

**주의** 반드시 동영상을 확인하고 답을 적으세요.

**06** 화면에서 작업자는 드릴작업 중이다. 공작물을 손으로 잡고 공작하다 공작물이 튀어 재해를 당하였다. (1) 작업의 위험요인 3가지를 적으시오. (2) 안전대책 3가지를 적으시오. (6점)

**Answer & Explanation**

(1) 작업의 위험요인
  • 공작물을 손으로 잡고 작업하고 있다.
  • 보안경을 착용하지 않아 눈을 다칠 우려 있다.
  • 면장갑을 착용하여 손을 다칠 우려 있다.

(2) 안전대책
  • 작은 공작물은 바이스를 사용하여 작업하여야 한다.
  • 보안경을 착용하고 작업한다.
  • 드릴작업 시 면장갑 착용을 금지한다.

**07** 화면에서는 이동식 크레인 작업을 보여준다. 이동식 크레인 작업 시 안전 조치사항 2가지를 적으시오. (4점)

> **화면 설명** • 이동식 크레인으로 비계를 운반하던 중 비계를 내리는 과정에서 비계가 흔들리며 아래에 있던 작업자와 충돌하는 재해가 발생한다.

**Answer & Explanation**

① 인양 중인 하물이 작업자의 머리 위로 통과하게 하지 아니할 것
② 유도(보조)로프로 흔들림을 방지할 것
③ 작업반경 내 관계근로자 외 출입금지 조치를 할 것
④ 하물을 내려놓기 위해 하물을 흔들어서는 안 된다.

**08** 화면은 습윤한 장소에 설치된 이동 전선을 보여준다. 습윤한 장소에서 사용되는 이동 전선에 대한 사용 전 조치사항 2가지를 적으시오. (4점)

**Answer & Explanation**

① **이동전선은 충분한 절연효과가 있는 것을 사용할 것**
② **전선의 접속부는 충분히 피복하거나 적합한 접속기구**(접지형 콘센트 및 플러그)를 사용할 것
③ 이동전선은 **절연피복 손상, 노화로 인한 감전방지 위해 필요한 조치를 할 것**
④ **누전차단기를 설치할 것**(전선 인출 분전반에 누전차단기를 설치할 것)

**09** 화면은 작업자가 재료를 유기화합물에 담그는 장면을 보여준다. 해당 작업 시에 착용하여야 하는 보호구를 적으시오. (6점)

**Answer & Explanation**

① 방독마스크
② 화학물질용 안전장갑(불침투성 보호장갑)
③ 화학물질용 안전화(불침투성 보호장화)
④ 화학물질용 보호복(불침투성 보호복)
⑤ 보안경

# 산업안전기사 (7월 27일)

2020. 2-1회 1부

시험시간 : 1시간 정도

01 화면에서 작업자는 고속절단기로 파이프를 절단하는 작업을 하고 있다. 절단 작업 중 불똥이 튀는 장면이 보이며 작업자는 안전화, 안전모만 착용한 상태이다. 작업자가 추가로 착용하여야 할 보호구 3가지를 적으시오. (3점)

**Answer & Explanation**

① 보안경
② 방진마스크
③ 귀마개

02 화면에서 작업자는 황산을 취급하고 있다. 작업자는 맨손이며, 마스크를 미착용한 채로 황산을 비커에 따르는 작업을 하고 있다. 황산이 체내에 유입될 수 있는 경로 3가지를 적으시오. (6점)

**Answer & Explanation**

① 호흡기
② 소화기
③ 피부점막

## 03 화면에서 작업자는 퍼지작업을 하고 있다. 퍼지작업의 종류 3가지를 적으시오. (3점)

**Answer & Explanation**

① 진공퍼지
② 압력퍼지
③ 스위프퍼지
④ 사이폰퍼지

## 04 크레인으로 전주를 옮기는 작업을 하던 중 전주가 떨어지며 작업자가 전주에 맞아 사고를 당하였다. (1) 가해물, (2) 재해 발생형태, (3) 전기작업 시 착용하여야 하는 안전모의 종류를 적으시오. (6점)

**Answer & Explanation**

(1) 가해물 : 전주(전주에 맞은 것이 아니라 크레인과 충돌한 경우라면 → 크레인)
(2) 재해 발생형태 : 맞음(떨어진 전주에 맞은 것이 아니라 운반 중 부딪힌 경우라면 → 부딪힘·접촉)
(3) 안전모의 종류 : AE형, ABE형

**주의** 떨어진 전주에 맞은 것이 아니라 운반 중 충돌한 경우라면 → 부딪힘·접촉

### 참고하기

- 안전인증 안전모의 종류(추락, 감전방지용)

| 종류(기호) | 사용 구분 | 비고 |
|---|---|---|
| AB | 물체의 낙하 또는 비래 및 추락에 의한 위험을 방지 또는 경감시키기 위한 것 | |
| AE | 물체의 낙하 또는 비래에 의한 위험을 방지 또는 경감하고, 머리 부위 감전에 의한 위험을 방지하기 위한 것 | 내전압성 |
| ABE | 물체의 낙하 또는 비래 및 추락에 의한 위험을 방지 또는 경감하고, 머리 부위 감전에 의한 위험을 방지하기 위한 것 | 내전압성 |

내전압성이란 7,000V 이하의 전압에 견디는 것을 말한다.

**05** 화면에서 작업자는 프레스 기계에 구멍을 뚫는 작업을 하고 있다. (1) 프레스에 부착할 수 있는 방호장치 3가지와 (2) 작업자가 무력화시킨 방호장치의 명칭을 적으시오. (6점)

> **화면 설명 ●** 프레스에는 투광부와 수광부가 부착되어 있는 모습이 보인다. 작업자가 센스 1개를 치우고 작업을 하던 중 손을 다치는 사고가 발생한다.

**Answer & Explanation**

(1) 방호장치
 ① 손쳐내기식(방호장치)
 ② 수인식(방호장치)
 ③ 게이트가드식(방호장치)
 ④ 양수조작식(방호장치)

(2) 작업자가 무력화시킨 방호장치 : 광전자식(방호장치)


**06** 화면은 작업자가 맨손으로 임시 배전반 점검 중에 감전 재해가 발생하는 것을 보여준다. (1) 재해 발생형태를 적으시오. (2) 화면에서의 위험요인을 2가지 적으시오. (5점)

> **화면 설명 ●** 화면에서 작업자는 전원을 차단하고 점검 중이다. 동료가 차단기 함을 열고 전원을 투입하는 순간 감전이 발생한다.

**Answer & Explanation**

(1) 재해 발생형태 : 감전(전류접촉)

(2) 위험요인
 ① 작업자가 절연장갑을 착용하지 않았다.
 ② 개폐기 함에 잠금장치 및 통전금지 표찰을 부착하지 않았다.

**07** 화면은 김치제조 공장에서 무채 슬라이스 작업을 보여준다. 작업 중 기계작동이 멈춰 기계를 점검하고 있던 중에 걸려있던 무채를 제거하는 순간 기계가 작동하며 재해가 발생하였다. (1) 슬라이스 기계에서 무채를 썰어내는 부분에 존재하는 위험점을 적으시오. (2) 위험점의 정의를 적으시오. (4점)

**Answer & Explanation**

(1) 위험점 : 절단점
(2) 위험점의 정의 : 회전하는 운동부 자체, 운동하는 기계 부분 자체의 위험점

**08** 터널의 계측관리 사항(계측 방법) 3가지를 적으시오. (6점)

**Answer & Explanation**

① 천단침하 측정
② 내공변위 측정
③ 지중 및 지표침하 측정
④ 록볼트 축력 측정
⑤ 숏크리트 응력 측정

**09** 화면에서는 항타기·항발기 작업을 보여준다. 항타기, 항발기 조립 시 점검해야 할 사항 3가지를 적으시오. (6점)

**Answer & Explanation**

① 본체의 연결부의 풀림 또는 손상의 유무
② 권상용 와이어로프·드럼 및 도르래의 부착상태의 이상 유무
③ 권상장치의 브레이크 및 쐐기장치 기능의 이상 유무
④ 권상기의 설치상태의 이상 유무
⑤ 리더(leader)의 버팀 방법 및 고정상태의 이상 유무
⑥ 본체·부속장치 및 부속품의 강도가 적합한지 여부
⑦ 본체·부속장치 및 부속품에 심한 손상·마모·변형 또는 부식이 있는지 여부

# 산업안전기사 (7월 27일)

2020. 2-1회 2부

시험시간 : 1시간 정도

**01** 화면에서 작업자는 연삭기로 연마작업을 하고 있다. 작업자가 미착용한 보호구 2가지를 적으시오. (4점)

**화면 설명 ▶** 작업자는 보안경을 미착용한 상태이며, 연삭기에는 덮개가 설치되어 있지 않으며, 숫돌의 측면으로 연삭 중에 사고가 발생한다.

**Answer & Explanation**

① 보안경
② 방진마스크
③ 귀마개

**02** 화면에서 작업자는 섬유기계(방직기) 작업을 하고 있다. 해당 사고의 핵심 위험요인 두 가지를 적으시오. (4점)

**화면 설명 ▶** 섬유기계 작업 중 갑자기 기계가 멈추자 작업자가 전원을 차단하지 않고 면장갑을 착용한 채 회전체의 덮개를 열고 안을 들여다보며 점검하던 중 갑자기 기계가 작동하며 손이 끼이는 사고가 발생한다.

**Answer & Explanation**

① 전원을 차단하지 않고 기계 점검을 실시했다.
② 기계에 인터록장치(연동장치)가 설치되지 않았다.
③ 면장갑을 착용하고 기계 점검을 실시했다.

**주의 ▶** 반드시 동영상을 확인하고 답을 적으세요.

**03** 화면에서 작업자는 크랭크 프레스로 철판에 구멍을 뚫는 작업을 하고 있다. 사용하고 있는 크랭크 프레스에 급정지 기구가 부착되어 있지 않다. 프레스의 작업 시작 전 점검 사항 3가지를 적으시오. (6점)

**Answer & Explanation**

① 클러치 및 브레이크 기능
② 크랭크축·플라이 휠·슬라이드·연결 봉 및 연결 나사의 볼트 풀림 유무
③ 1행정 1정지 기구·급정지 장치 및 비상 정지 장치의 기능
④ 슬라이드 또는 칼날에 의한 위험 방지 기구의 기능
⑤ 프레스의 금형 및 고정 볼트 상태
⑥ 당해 방호 장치의 기능
⑦ 전단기의 칼날 및 테이블의 상태

**04** 화면은 밀폐공간 작업을 보여준다. 밀폐된 공간에서 작업자를 구출하는 경우 구출하는 자가 착용하여야 하는 보호구는 (    )이다. (3점)

**Answer & Explanation**

공기호흡기 또는 송기마스크

**05** 화면에서는 이동식 크레인으로 배관을 운반하는 작업 중이다. 작업 중 위험요소 3가지를 적으시오. (6점)

**화면 설명**• 배관을 1줄 걸이 상태로 불안하게 운반하고 있으며, 와이어로프의 일부분이 손상된 모습을 보여준다. 작업자가 배관을 손으로 지지하다 배관이 흔들리며 작업자가 배관에 맞는 사고가 발생한다.

**Answer & Explanation**

① 줄걸이 방법 불량(2줄 걸이로 균형을 유지하여야 하나 1줄 걸이 상태로 운반함)
② 배관을 유도(보조)로프로 흔들림 방지하지 않고 손으로 지지하고 있음
③ 와이어로프 상태 불량(손상된 와이어로프 사용함)
④ 훅의 해지장치 미설치(혹은 훅의 해지장치를 체결하지 않음)

**주의** 동영상을 확인하고 답을 적으세요.

**06** 화면에서 작업자는 양수기의 모터 부위를 수리하고 있다. 모터에 묻은 기름을 닦기 위하여 걸레로 닦던 중 벨트와 덮개 사이에서 손을 다치는 사고가 발생한다. (1) 손을 다치는 부분에 존재하는 위험점, (2) 재해 발생형태, (3) 재해 발생형태의 정의를 적으시오. (6점)

| 접선물림점 | 끼임점 |
|---|---|

**Answer & Explanation**

(1) 위험점 : 끼임점

(2) 재해 발생형태 : 끼임

(3) 재해 발생형태의 정의
- 기계설비에 끼이거나 감김
- 두 물체 사이의 움직임에 의하여 일어난 것으로 직선 운동하는 **물체 사이의 끼임**, 회전부와 고정체 사이의 끼임, 롤러 등 회전체 사이에 물리거나 또는 회전체·돌기부 등에 감긴 경우

주의 동영상을 확인하고 답을 적으세요.

**07** 화면에서 작업자는 흙막이 지보공(또는 터널 지보공) 설치작업을 하고 있다. 흙막이 지보공 설치 후 정기적 점검 사항 3가지를 적으시오. (6점)

**Answer & Explanation**

① 부재의 손상·변형·부식·변위 및 탈락의 유무와 상태
② 버팀대의 긴압의 정도
③ 부재의 접속부·부착부 및 교차부의 상태

**08** 높이 2미터 이상인 작업장소에 설치하여야 하는 작업 발판의 설치기준 중 (1) 작업발판의 폭과 (2) 발판 재료 간 틈의 적당한 간격을 적으시오. (4점)

**Answer & Explanation**

(1) 발판의 폭 : 40cm 이상
(2) 발판 재료 간의 틈 : 3cm 이하

**09** 화면에서 작업자는 가설전선 점검 작업을 하고 있다. 전선의 연결 부위를 만지던 중 사고가 발생한다. 화면에서와 같은 작업 시 우려되는 (1) 재해 유형 및 (2) 작업의 위험요인 3가지를 적으시오. (6점)

**화면 설명 ●** 작업자는 안전화는 착용하였으나 맨손이며, 전선에 전원이 인가된 상태이다.

**Answer & Explanation**

(1) 재해 유형 : 감전(전류접촉)
(2) 작업의 위험요인
① 전원을 차단하지 않고 점검을 실시하였다.
② 작업자가 절연장갑을 착용하지 않았다.
③ 누전차단기를 설치하지 않았다.
④ 가설전선의 절연이 불량하다.

**주의** 동영상을 확인하고 답을 적으세요.

## 2020. 2-2회 1부

# 산업안전기사 (8월 2일)

시험시간 : 1시간 정도

**01** 1만 볼트의 고압이 인가된 배전반 작업 중 재해가 발생하였다. 재해발생형태를 적고 그 용어를 설명하시오. (6점)

**Answer & Explanation**

(1) 재해 발생형태 : 감전(전류접촉)
(2) 정의 : 충전부 등에 신체의 일부가 직접 접촉하거나 유도전류의 통전으로 근육의 수축, 호흡곤란, 심실세동 등이 발생한 경우 또는 특별고압 등에 접근함에 따라 발생한 섬락 접촉, 합선·혼촉 등으로 인하여 발생한 아아크에 접촉된 경우

**02** 터널 등의 건설작업을 하는 경우 낙반 등에 의한 위험이 있을 때 위험방지조치 2가지를 적으시오. (4점)

**Answer & Explanation**

① 터널지보공 설치
② 록볼트의 설치
③ 부석의 제거

**03** 화면에서 작업자는 띠톱을 이용하여 강재 파이프를 절단하는 작업을 하고 있다. 사고의 위험요인 3가지를 적으시오. (6점)

**화면 설명 ●** 작업자는 면장갑을 착용하고 보안경은 착용하지 않고 작업하고 있다. 띠톱으로 강재 파이프를 절단하고 절단한 재료를 꺼내기 위해 머리를 숙여 꺼내는 순간 회전하는 띠톱에 면장갑이 걸리며 사고가 발생한다.

**Answer & Explanation**

① 면장갑을 착용하고 작업하였다. (띠톱 작업 시 면장갑 착용 금지)
② 띠톱이 회전 중에 재료를 꺼내었다. (회전을 중지하고 재료를 꺼내야 한다.)
③ 보안경을 착용하지 않았다. (분진이 눈에 들어갈 위험 있다.)

**04** 화면은 지하에 위치한 폐수처리조의 슬러지 처리 작업을 보여준다. 화면과 같은 작업을 하는 경우 착용하여야 할 호흡용 보호구의 종류를 2가지 적으시오. (4점)

**Answer & Explanation**

송기마스크, 공기호흡기, 방독마스크(3가지를 적으라는 경우만 해당)

**05** 화면에서는 고소작업 시 추락을 방지하기 위한 시설을 보여준다.

(1) 화면에서 보여주는 시설의 명칭을 적으시오.
(2) 화면에서 보여주는 시설의 설치 높이를 적으시오. (5점)

사진 출처 : ulsansafety

**Answer & Explanation**

(1) 명칭 : 추락방호망
(2) 설치 높이 : 10m 이내

### 참고하기

- **추락방호망의 설치**
  ① 추락방호망의 설치 위치는 가능하면 작업면으로부터 가까운 지점에 설치하여야 하며, **작업면으로 부터 망의 설치지점까지의 수직거리는 10미터를 초과하지 아니할 것**
  ② 추락방호망은 수평으로 설치하고, 망의 처짐은 짧은 변 길이의 12퍼센트 이상이 되도록 할 것
  ③ 건축물 등의 바깥쪽으로 설치하는 경우 망의 내민 길이는 벽면으로부터 3미터 이상 되도록 할 것

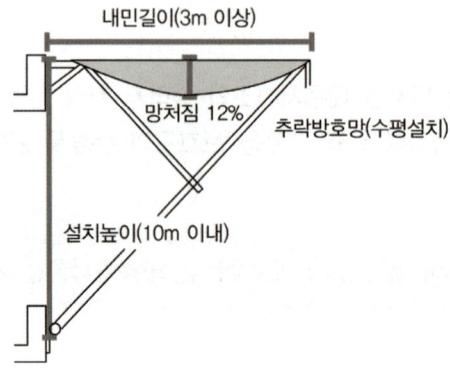

**06** 화면에서 작업자는 회전하는 롤러기의 롤러를 걸레로 청소하고 있다. 작업 중 근로자의 손이 롤러에 말려드는 사고가 발생하였다. 이 사고의 핵심 위험요인 3가지를 적으시오. (6점)

#### Answer & Explanation

① 롤러의 전원을 차단하지 않고 청소했다.
② 롤러기에 인터록장치가 설치되지 않았다.
   (롤러의 가드를 제거할 경우 롤러가 작동하지 않는 인터록장치를 설치하여야 한다.)
③ 롤러의 물림점에 가드가 설치되지 않았다.
④ 작업자가 장갑을 착용하였다. (화면에서 장갑을 착용한 경우만 해당)

**07** 화면에서 2명의 작업자가 전주에서 작업을 하고 있다. 작업자 1명은 아래에서 설연봉 방호구를 올리고 있으며 다른 작업자는 크레인에서 절연용 방호구를 받아 설치하는 작업을 하던 중 감전사고가 발생하였다. 화면에서와 같은 활선작업 시 내재되어 있는 핵심 위험요인 2가지를 적으시오. (4점)

> **Answer & Explanation**
> ① 작업자가 **절연용 보호구를 착용하지 않아** 감전의 위험 있다.
> ② 크레인이 **이격거리를 준수하지 않아** 감전의 위험 있다.
> ③ 작업자가 **접근한계거리를 준수하지 않고 충전전로에 접근하여** 감전의 위험 있다.
> ④ **활선작업용 기구 및 장치를 사용하지 않아** 감전의 위험 있다.

**주의** 동영상 화면을 확인하고 답을 적으세요.

## 08 화면에서 작업자는 폭발성 물질 저장소에 들어가기 위해 신발에 물을 묻히고 있다. (1) 그 이유를 설명하시오. (2) 폭발성 물질 화재 시 적합한 소화 방법을 적으시오. (4점)

> **Answer & Explanation**
> (1) **이유** : 신발과 바닥 사이의 **정전기로 인한 폭발 방지**
> (2) **소화 방법** : 다량의 주수에 의한 **냉각소화**

## 09 화면에서는 이동식 크레인 작업을 보여준다. 이동식 크레인 작업 시 운전자의 안전 조치 사항 3가지를 적으시오. (6점)

**화면 설명** ● 이동식 크레인으로 비계를 운반하던 중 비계를 내리는 과정에서 비계가 흔들리며 아래에 있던 작업자와 충돌하는 재해가 발생한다.

> **Answer & Explanation**
> ① 인양 중인 하물이 작업자의 머리 위로 통과하게 하지 아니하게 한다.
> ② 작업 중 운전석 이탈을 금지한다.
> ③ 이동식 크레인의 지브와 인양물 또는 각종 장애물과 부딪치지 않도록 한다.

### 참고하기

- **이동식 크레인 운전원 준수사항**
  ① 이동식 크레인의 탑승과 하차는 승강 계단을 이용하여야 한다.
  ② 이동식 크레인의 작업 중 운전석 이탈을 금지하여야 한다. 운전원이 장비를 떠나야 할 경우는 인양물을 지면에 내려놓아야 하고, 구동 엔진 정지 및 브레이크를 작동 상태로 하여 잠금장치를 하여야 한다.
  ③ 인양작업 중 고장 발생 시 인양물을 지상에 내려놓고 브레이크와 안전장치를 작동상태로 유지하여야 한다.
  ④ 이동식 크레인의 지브와 인양물 또는 각종 장애물과 부딪치지 않도록 하여야 한다.

# 산업안전기사 (8월 2일)

2020. 2-2회 2부

시험시간 : 1시간 정도

**01** 화면에서 작업자는 DMF(디메틸포름아미드) 취급 작업을 하고 있다. 위 동영상을 보고 DMF 작업 시 작업자가 착용해야 할 보호구 3가지를 적으시오. (5점)

**Answer & Explanation**

① 방독마스크
② 화학물질용 안전장갑(불침투성 보호장갑)
③ 화학물질용 안전화(불침투성 보호장화)
④ 화학물질용 보호복(불침투성 보호복)
⑤ 보안경

**참고하기**

① 산업보건기준에 관한 규칙 : 불침투성 보호복, 불침투성 보호장갑, 불침투성 보호장화, 호흡용 보호구, 보안경
② 보호구 안전인증에 관한 노동부 고시 : 화학물질용 보호복, 화학물질용 안전장갑, 화학물질용 안전화, 방독마스크, 보안경

**02** 화면에서 작업자는 단무지공장에서 작업하고 있다. 무릎 정도 물이 차 있는 상태에서 수중 펌프를 작동함과 동시에 감전을 당한다. 작업자가 감전된 원인을 피부 저항과 관련하여 설명하시오. (4점)

**Answer & Explanation**

인체가 젖은 상태에서 피부 저항은 1/25로 감소하기 때문에 감전되기 쉽다.

> 참고하기

- 인체의 저항
  ① 인체저항은 보통 5,000Ω 이나 근로환경, 피부가 젖은 정도, 인가전압, 접촉면적, 접촉부위에 따라 최악의 상태에는 500Ω까지 감소한다.
  ② 피부에 땀이 나면 건조 시보다 저항이 $\frac{1}{12}$로 감소되고, 물에 젖을 경우 $\frac{1}{25}$, 습기가 많을 경우는 $\frac{1}{10}$ 정도로 저항이 감소된다.

**03** 화면에서 작업자는 프레스 기계 작업을 하고 있다. 작업자가 금형의 이물질을 제거하기 위해 몸을 기울이는 순간 실수로 페달을 밟아 프레스에 손을 다치는 사고가 발생하였다. 동종 사고를 방지하기 위한 조치사항을 2가지 적으시오. (6점)

**Answer & Explanation**

① 전원을 차단하고 이물질을 제거한다.
② 이물질 제거 시에 전용 공구(수공구)를 사용한다.
③ 페달에 U자형 덮개(풋 스위치 방호 덮개)를 설치한다.

**04** 화면에서 작업자는 덤프트럭 적재함을 들어 올리고 수리를 하던 중 재해를 당하였다. 차량계 하역, 운반기계 등의 수리 또는 부속 장치의 장착 및 해체작업을 하는 때 작업지휘자 준수사항 2가지를 적으시오. (6점)

**Answer & Explanation**

① 작업순서를 결정하고 작업을 지휘할 것
② 안전지주 또는 안전블록 등의 사용상황 등을 점검할 것

## 05
화면은 작업자가 맨손으로 임시 배전반 점검 중에 재해가 발생하는 것을 보여준다. 화면에 감전 사고가 발생한 원인 2가지를 적으시오. (4점)

**화면 설명** ● 화면에서 작업자는 전원을 차단하고 점검 중이다. 동료가 차단기 함을 열고 전원을 투입하는 순간 감전이 발생한다.

**Answer & Explanation**

① 작업자가 절연장갑을 착용하지 않았다.
② 개폐기 함에 잠금장치 및 통전금지 표찰을 부착하지 않았다.

## 06
아파트 건설현장에서 승강기 개구부 주변에서 작업하던 근로자가 승강기 개구부로 추락하는 사고가 발생하였다. 사고의 핵심 원인 3가지를 적으시오. (6점)

**화면 설명** ● 나무판자를 이어붙인 발판 위에서 못 제거작업을 하던 중 추락한다.

**Answer & Explanation**

① 작업발판 불량
② 안전대 미착용
③ 안전난간 미설치
④ 울타리 미설치
⑤ 수직형 추락방망 또는 덮개 미설치

## 07
동영상은 아파트 건설현장을 보여주고 있다. 추락 및 낙하를 방지하기 위하여 설치하여야 하는 시설을 추락과 낙하 재해로 구분하여 각각 1가지씩 적으시오. (4점)

(1) 추락재해 방지시설
(2) 낙하재해 방지시설

**Answer & Explanation**

(1) 추락재해 방지시설
① 추락방호망
② 안전난간
③ 작업발판
(2) 낙하재해 방지시설
① 낙하물 방지망
② 수직보호망
③ 방호선반

### 참고하기

1. 추락재해 방지시설

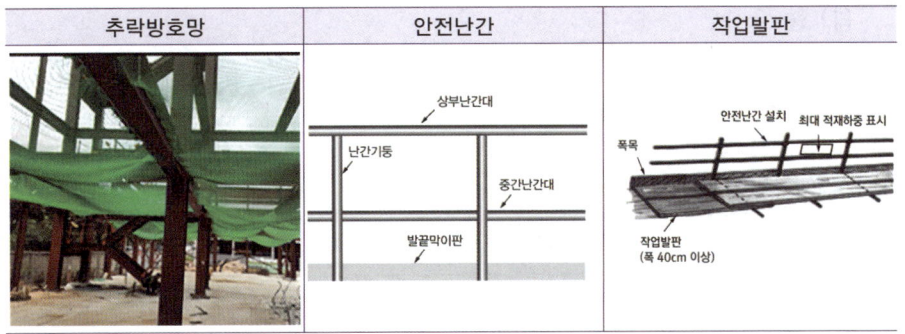

2. 낙하재해 방지시설

**08** 화면에서 작업자는 전주의 발판에 올라서서 변압기 볼트를 조이는 작업을 하던 중 떨어지는 사고를 당한다. 작업에 존재하는 위험요인 3가지를 적으시오. (6점)

**화면 설명 ●** 전봇대의 발판을 딛고 작업하고 있으며 안전대를 착용하고 있으나 안전대를 전주에 고정하지 않은 상태이다.

**Answer & Explanation**

① 작업발판이 불안하여 떨어짐 위험이 있다. (전주의 발판에 올라서서 작업하여 떨어짐 위험이 있다.)
② 안전대를 전주에 고정하지 않아 떨어짐 위험이 있다.
③ 작업자가 절연장갑을 착용하지 않아 감전 위험이 있다.

**주의** 동영상을 확인하고 답을 적으세요.

**09** 화면에서 작업자는 화학물질 취급 작업을 하고 있다. 해당 작업 시에 착용하여야 하는 보호구를 적으시오. (4점)

(1) 눈
(2) 손

**Answer & Explanation**

(1) 눈 : 보안경
(2) 손 : 화학물질용 안전장갑(불침투성 보호장갑)

**참고하기**

① 코, 입 : 방독마스크
② 발 : 화학물질용 안전화(불침투성 보호장화)
③ 피부 : 화학물질용 보호복(불침투성 보호복)

# 산업안전기사 (8월 2일)

2020. 2-2회 3부

시험시간 : 1시간 정도

**01** 화면에서 작업자는 거푸집 동바리의 해체작업을 하던 중 사고를 당한다. 거푸집 동바리의 조립 또는 해체작업 시 준수사항 3가지를 적으시오. (6점)

**Answer & Explanation**

① 해당 작업을 하는 구역에는 **관계 근로자가 아닌 사람의 출입을 금지**할 것
② 비·눈 그 밖의 기상상태의 불안정으로 인하여 **날씨가 몹시 나쁜 경우에는 그 작업을 중지**시킬 것
③ **재료·기구 또는 공구** 등을 올리거나 내릴 때에는 근로자로 하여금 **달줄·달포대 등을 사용**하도록 할 것
④ 낙하·충격에 의한 돌발적 재해를 방지하기 위하여 **버팀목을 설치**하고 거푸집 동바리 등을 인양 장비에 **매단 후에 작업**을 하도록 하는 등 필요한 조치를 할 것

**02** 화면에서 작업자는 등기구를 조작하던 중 사고가 발생한다. (1) 재해 유형을 적으시오. (2) 화면에서의 위험요인 2가지를 적으시오. (4점)

**Answer & Explanation**

(1) 재해 유형 : 감전(전류접촉)

(2) 위험요인
① **전원을 차단하지 않고 작업**하여 감전 위험이 있다.
② 작업자가 **절연장갑을 착용하지 않아** 감전 위험이 있다.
③ **등기구의 접지를 실시하지 않아** 감전 위험이 있다.(철제 등기구만 해당)

**03** 화면에서는 주유소에서 지게차에 경유를 주입하는 장면을 보여준다. 운전자의 흡연에 의한 발화가 발생하였다. (4점)

(1) 화면에서의 위험요인을 원인과 결과로 설명하시오.
(2) 담뱃불에 해당하는 발화의 형태는 무엇인가?

**Answer & Explanation**

(1) 위험요인 : 인화성 물질 주변에서 흡연을 하여 나화에 의한 화재, 폭발이 우려된다.
(2) 발화의 형태 : 나화

**참고하기**

• 나화(裸火) : 가연성 혼합가스 또는 기타 물질에 불을 붙일 수 있는 불꽃, 성냥, 라이터 및 양초 등을 말한다.


**04** 특수화학설비 내부의 이상 상태를 조기에 파악하기 위하여 설치해야 할 방호장치 2가지를 적으시오. (4점)

**Answer & Explanation**

① 계측장치(온도계·압력계·유량계)
② 자동경보장치
③ 긴급차단장치
④ 예비동력원(4가지를 적으라는 경우만 해당)

**참고하기**

• 특수화학설비 내부의 이상 상태를 조기에 파악하기 위하여 설치해야 할 계측장치 3가지를 적으시오.
 ① 온도계
 ② 압력계
 ③ 유량계

**05** 동영상은 아파트 공사현장을 보여준다. 현장에서 물체가 낙하 또는 비래할 위험이 있을 경우 취해야 할 조치사항 2가지를 적으시오. (4점)

**Answer & Explanation**

① 낙하물 방지망·수직보호망 또는 방호선반의 설치
② 출입금지구역의 설정
③ 보호구의 착용

**06** 화면에서는 박공지붕 설치작업을 보여준다. 재해원인 3가지를 적으시오. (6점)

**화면 설명** ● 박공지붕 위에서 박공지붕을 설치하던 중 작업자가 미끄러지며 박공지붕 재료와 함께 추락하였다. 지붕 아래에는 다른 작업자가 누워서 휴식을 취하다가 떨어지는 박공지붕에 맞는 사고가 발생했다. 안전난간과 추락방호망이 미설치된 상태이며, 작업자는 안전모와 안전화를 착용하고 있다.

**Answer & Explanation**

① 추락방호망 미설치
② 안전대 미착용
③ 안전난간 미설치
④ 작업발판 미설치(또는 작업발판 불량)
⑤ 작업장 아래 접근금지 조치 미실시

**07** 30kV의 고압이 흐르는 고압선 주변에서 이동식 크레인으로 작업하던 중에 크레인의 붐대 끝이 전선에 닿아 감전이 되는 사고가 발생하였다. 고압선 주변에서 크레인 등을 사용하여 작업할 경우 안전대책 3가지를 쓰시오. (6점)

**Answer & Explanation**

① 차량 등을 충전부로부터 300센티미터 이상 이격시키되, 대지 전압이 50킬로볼트를 넘는 경우 10킬로볼트 증가할 때마다 10센티미터씩 증가
② 이격거리
 • 절연용 방호구를 설치한 경우 : 절연용 방호구 앞면까지
 • 차량의 버킷이나 끝부분이 절연되어 있고 유자격자가 작업하는 경우 : 접근한계 거리까지
③ 근로자가 차량과 접촉하지 않도록 방책을 설치하거나 감시인 배치 등의 조치
④ 충전 전로 인근에서 접지된 차량 등이 충전 전로와 접촉할 우려가 있을 경우에는 지상의 근로자가 접지점에 접촉하지 않도록 조치

**08** LPG 저장소에 설치하는 가스 누출 감지경보기 검지 센서의 적절한 (1) 설치 위치와 (2) 경보 설정치는 폭발 하한계의 몇 %인가? (5점)

**Answer & Explanation**

(1) LPG의 비중이 공기보다 무거우므로 바닥에 인접한 낮은 곳
(2) 폭발하한계의 25% 이하

**09** 화면에서는 두 작업자가 작업을 하고 있다. 한 작업자가 변압기의 2차 전압을 측정하기 위해 다른 작업자에게 전원을 투입하라는 신호를 보낸다. 2차 전압측정 후 전원을 차단하라는 신호를 보내고 측정기를 철거하던 중 감전이 발생한다. 이때 작업자는 맨손이며, 슬리퍼를 신고 있다. 이 동영상에서 내재되어 있는 핵심 위험요인을 3가지를 적으시오. (6점)

**Answer & Explanation**

① 작업자가 절연장갑을 착용하지 않았다.
② 작업자 간의 신호전달이 제대로 이뤄지지 않았다.
③ 측정기를 철거하기 전에 정전 여부를 확인하지 않았다.

주의 동영상을 확인하고 답을 적으세요.

# 산업안전기사 (10월 10일)

시험시간 : 1시간 정도

**01** 화면에서 작업자는 버스 정비작업을 하고 있다. 화면에서와 같이 작업자가 버스 아래에 들어가 정비작업을 하는 경우 설치하여야 하는 장치 2가지를 적으시오. (4점)

**Answer & Explanation**

① 안전블록
② 안전지주

**02** 화면에서는 장비로 아파트를 해체하는 장면을 보여준다. 다음 물음에 답하시오. (6점)
(1) 해체장비의 명칭을 적으시오.
(2) 동영상 작업에서의 작업 위험 요인 2가지를 적으시오.

화면 설명 • 해체장비로 해체작업을 하는 중이다. 신호수가 신호를 하고 있으나 신호가 맞지 않으며 해체물에 지나가던 근로자가 다치는 모습을 보여준다.

사진 출처 : 신아그룹

**Answer & Explanation**

(1) 해체장비의 명칭 : 압쇄기

(2) 작업 위험요인
 ① 작업구역 내 관계자 외 출입을 통제하지 않았다. (관계자 외 출입금지 미실시)
 ② 작업자 간 신호 규정을 준수하지 않았다.

주의 동영상을 확인하고 답을 적으세요.

### 참고하기

• 해체공사 안전 일반
1. 작업구역 내에는 관계자 이외의 자에 대하여 출입을 통제하여야 한다.
2. 강풍, 폭우, 폭설 등 악천후 시에는 작업을 중지하여야 한다.
3. 사용 기계·기구 등을 인양하거나 내릴때에는 그물망이나 그물포대 등을 사용토록 하여야 한다.
4. 외벽과 기둥 등을 전도시키는 작업을 할 경우에는 전도 낙하 위치 검토 및 파편 비산거리 등을 예측하여 작업반경을 설정하여야 한다.
5. 전도 작업을 수행할 때에는 작업자 이외의 다른 작업자는 대피시키도록 하고 완전 대피상태를 확인한 다음 전도시키도록 하여야 한다.
6. 해체건물 외곽에 방호용 비계를 설치하여야 하며 해체물의 전도, 낙하, 비산의 안전거리를 유지하여야 한다.
7. 파쇄공법의 특성에 따라 방진벽, 비산 차단벽, 분진억제 살수시설을 설치하여야 한다.
8. 작업자 상호 간의 적정한 신호 규정을 준수하고 신호방식 및 신호기기 사용법은 사전 교육에 의해 숙지되어야 한다.
9. 적정한 위치에 대피소를 설치하여야 한다.

---

**03** 화면에서 작업자는 의자 위에 올라서서 배전반 점검을 하던 중 의자에서 떨어지는 재해를 당한다. 작업에서의 위험요인 2가지를 적으시오. (4점)

**Answer & Explanation**

① 작업발판 불량으로 추락할 위험 있다.
② 절연장갑을 착용하지 않고 배전반 점검 작업을 하여 감전될 위험이 있다.

---

**04** 화면에서 작업자는 섬유기계 작업을 하고 있다. (1) 해당 사고의 핵심 위험요인 두 가지를 적으시오. (5점)

화면 설명 ▶ 섬유기계 작업 중 갑자기 기계가 멈추자 작업자가 전원을 차단하지 않고 면장갑을 착용한 채 회전체의 덮개를 열고 안을 들여다보며 점검하던 중 갑자기 기계가 작동하며 손이 끼이는 사고가 발생한다.

**Answer & Explanation**

① 전원을 차단하지 않고 기계점검을 실시했다.
② 기계에 인터록장치(연동장치)가 설치되지 않았다.
③ 면장갑을 착용하고 기계점검을 실시했다.

주의 동영상을 확인하고 답을 적으세요.

**05** 동영상에서는 박공지붕 설치작업을 보여준다. 동영상에서의 재해원인 3가지를 적으시오. (6점)

화면 설명 • 박공지붕 위에서 박공지붕을 설치하던 중 작업자가 미끄러지며 박공지붕 재료와 함께 추락하였다. 지붕 아래에는 다른 작업자가 누워서 휴식을 취하다가 떨어지는 박공지붕에 맞는 사고가 발생했다. 안전난간과 추락방호망이 미설치된 상태이며, 작업자는 안전모와 안전화를 착용하고 있다.

**Answer & Explanation**

① 추락방호망 미설치   ② 안전대 미착용
③ 안전난간 미설치     ④ 작업발판 미설치(또는 작업발판 불량)
⑤ 작업장 아래 접근금지 조치 미실시

주의 동영상을 확인하고 답을 적으세요.

**06** 화면을 보고 사고의 원인이 되는 작업위험요인 3가지를 적으시오. (6점)

화면 설명 • 작업자는 움직이는 컨베이어에서 파지를 골라내는 작업을 하고 있다. 작업자의 머리 위로는 장비가 파지를 옮기는 작업을 하고 있다. 파지를 옮기던 중 파지가 작업자에게 떨어지며 작업자가 다치는 영상이다. 이때 작업자는 안전모를 미 착용한 상태이다.

**Answer & Explanation**

① 작업자가 **안전모를 착용하지 않았다.**
② **작업자 머리 위로 하물을 운반**하였다.(인양 중인 하물은 작업자의 머리 위로 통과하지 않도록 할 것)
③ 작업자가 안전한 작업발판 없이 **움직이는 컨베이어 위에서 작업**을 하고 있다.

주의 동영상을 확인하고 답을 적으세요.

**07** 동영상은 지하 피트의 밀폐공간 작업을 보여준다. 밀폐공간(산소결핍 장소)에서 근로자가 작업하는 경우의 안전조치 사항을 3가지 적으시오. (6점)

**Answer & Explanation**

① 작업 시작 전 및 작업 중에 해당 작업장을 **적정공기 상태가 유지되도록 환기**하여야 한다.
② 밀폐공간에 근로자를 종사하도록 하는 경우에는 그 장소에 **근로자를 입장시킬 때와 퇴장시킬 때마다 인원을 점검**하여야 한다.

③ 작업하는 근로자가 아닌 사람이 그 장소에 출입하는 것을 금지하고, 출입금지 표지를 밀폐공간 근처의 보기 쉬운 장소에 게시하여야 한다.
④ 작업상황을 감시할 수 있는 감시인을 지정하여 밀폐공간 외부에 배치하여야 한다.
⑤ 밀폐공간에서 작업을 하는 동안 그 작업장과 외부의 감시인 간에 항상 연락을 취할 수 있는 설비를 설치하여야 한다.
⑥ 밀폐공간에서 작업을 하는 경우에 산소결핍이나 유해가스로 인한 질식·화재·폭발 등의 우려가 있으면 즉시 작업을 중단시키고 해당 근로자를 대피하도록 하여야 한다.
⑦ 공기호흡기 또는 송기마스크, 안전대나 구명밧줄, 사다리 및 섬유로프 등 비상시에 대피용기구 및 근로자를 구출하기 위하여 필요한 기구를 갖추어 두어야 한다.
⑧ 밀폐공간에서 근로자를 구출하는 경우 구출작업에 종사하는 근로자에게 공기호흡기 또는 송기마스크를 지급하여야 한다.

## 08
목재가공용 둥근톱 기계에 고정식 톱날접촉 예방장치(덮개)를 설치하고자 한다. 덮개 하단과 테이블 사이의 간격과 덮개 하단과 가공재 사이의 간격을 얼마로 조정하여야 하는가? (4점)

(1) 하단과 테이블 사이 높이 :
(2) 하단과 가공재 사이 간격 :

**Answer & Explanation**

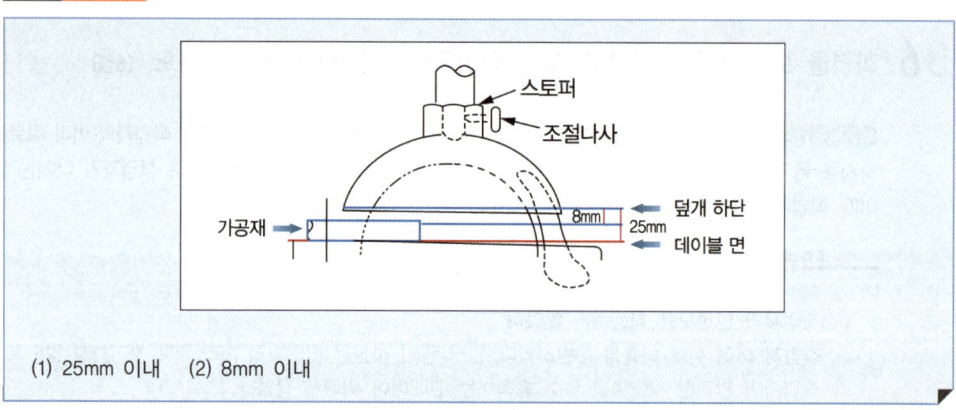

(1) 25mm 이내  (2) 8mm 이내

## 09
화면에서 작업자는 황산을 취급하고 있다. 작업자는 맨손이며, 마스크를 미착용한 채로 황산을 비커에 따르는 작업을 하고 있다. 황산이 체내에 유입될 수 있는 경로 3가지를 적으시오. (4점)

**Answer & Explanation**

① 호흡기
② 소화기
③ 피부점막

## 2020. 3-1회 2부

# 산업안전기사 (10월 10일)

시험시간 : 1시간 정도

**01** 화면에서는 이동식 크레인으로 배관을 운반하는 작업 중이다. 작업 중 위험요소 3가지를 적으시오. (6점)

**화면 설명 •** 배관을 1줄 걸이 상태로 불안하게 운반하고 있으며, 와이어로프의 일부분이 손상된 모습을 보여준다. 작업자가 배관을 손으로 지지하다 배관이 흔들리며 작업자가 배관에 맞는 사고가 발생한다.

**Answer & Explanation**

① 줄걸이 방법 불량(2줄 걸이로 균형을 유지하여야 하나 1줄 걸이 상태로 운반함)
② 배관을 유도(보조)로프로 흔들림 방지하지 않고 손으로 지지하고 있음
③ 와이어로프 상태 불량(손상된 와이어로프 사용함)
④ 훅의 해지장치 미설치(혹은 훅의 해지장치를 체결하지 않음)

**주의** 동영상을 확인하고 답을 적으세요.

**02** 전기형강 작업 중 작업자의 위험요인 3가지를 적으시오. (6점)

**화면 설명 •** 화면에서 작업자는 전봇대의 발판을 딛고 작업하고 있으며, 작업 중 흡연하는 장면이 보인다. C.O.S(컷아웃스위치)가 발판 옆에 걸쳐져 있다.

**Answer & Explanation**

① 작업 중 흡연했다.
② 작업자가 안전대를 착용하지 않았다. (U자 걸이용 안전대 착용)
③ C.O.S(컷아웃스위치)를 발판 옆에 걸쳐놓아 오조작할 위험 있다.

> 📌 참고하기
> 
> - **C.O.S(컷아웃스위치)**
>   배선의 인입점·분기점 등에 사용되는 스위치로 컷아웃스위치를 꺼버리면 해당 회로의 배선이 정전이 된다.
>   (배선의 점검, 수리 시에 끄고 작업)

## 03 특수화학설비 내부의 이상 상태를 조기에 파악하기 위하여 설치해야 할 방호장치 3가지를 적으시오. (6점)

**Answer & Explanation**

① 계측장치(온도계·압력계·유량계)
② 자동경보장치
③ 긴급차단장치
④ 예비동력원(4가지를 적으라는 경우만 해당)

> 📌 참고하기
> 
> - 특수화학설비 내부의 이상 상태를 조기에 파악하기 위하여 설치해야 할 계측장치 3가지를 적으시오.
>   ① 온도계
>   ② 압력계
>   ③ 유량계

## 04 화면에서 작업자는 사출성형기 작동 중 기계가 멈추자 안을 들여다보며 기계 안에 끼인 이물질을 손으로 제거하다 감전으로 뒤로 넘어지는 재해를 당한다. 사출성형기의 이물질 제거 작업 시의 안전작업방법 3가지를 적으시오. (3점)

**Answer & Explanation**

① 전원을 차단하고 이물질을 제거한다.
② 감전 우려가 있는 부위에 방호 덮개(게이트가드)를 설치한다.
③ 방호 덮개(게이트가드)를 개방하는 경우 전원이 차단되는 연동장치(인터록장치)를 설치한다.
④ 이물질 제거 시 전용 공구(수공구)를 사용한다.

**05** 화면에서 작업자는 자동차부품을 도금 후 세척하는 작업을 하고 있다. 위 화면을 참고하여 위험예지훈련을 하려고 한다. 근로자가 지켜야 할 행동목표 두 가지를 적으시오. (4점)

> **화면 설명** · 작업자는 담배를 물고 운동화를 착용한 상태에서 작업하고 있다.

**Answer & Explanation**

① 작업 중 흡연하지 말자.
② 세척작업 중 화학물질용 안전화(불침투성 보호장화)를 착용하자.

---

**06** 화면에서는 항타기 작업을 보여준다. 다음 물음에 적합한 내용을 적으시오. (4점)

> **보기**
>
> 항타기 또는 항발기의 권상장치의 드럼축과 권상장치로부터 첫번째 도르래의 축과의 거리를 권상장치의 드럼 폭의 ( ① )배 이상으로 하여야 하며, 도르래는 권상장치 드럼의 ( ② )을 지나야 하며 축과 ( ③ )에 있어야 한다.

**Answer & Explanation**

① 15
② 중심
③ 수직면상

---

**07** 화면은 고온의 스팀 배관을 보수하기 위해 누출 부위를 점검하는 장면을 보여준다. 예상되는 재해 발생형태를 적으시오. (4점)

**Answer & Explanation**

이상온도 노출·접촉

> **참고하기**
>
> · **상해의 종류** : 화상

**08** 화면에서 작업자는 지게차 포크 위에서 전등 교체작업을 하고 있다. 작업에서의 위험요인 3가지를 적으시오. (6점)

> **화면 설명 •** 작업자가 지게차 포크 위에서 전등 교체작업을 하고 있던 중 다른 작업자 지게차를 움직이며 작업자가 떨어지는 사고가 발생한다.

**Answer & Explanation**

① 안전한 작업발판을 사용하지 않고 지게차 포크 위에서 전등 교체를 하였다. (지게차 포크 위에서 작업하여 떨어질 위험이 있다.)
② 지게차 운행 중에는 운전자 외에 탑승을 금지하여야 하나, 작업자가 포크에 올라탄 채 지게차를 움직였다.
③ 추락할 위험이 있는 높이 2m 이상의 장소에서 작업 시에는 안전모, 안전대 등 추락방지용 보호구를 착용하여야 하나 착용하지 않았다. (높이 2m 이상인 경우만 해당)
④ 열쇠를 뽑아 별도 관리하여 지게차를 운전자 외에 운전하지 않도록 하여야 하나 이를 준수하지 않았다. (운전자 외의 자가 운전한 경우만 해당)

**주의** 동영상을 확인하고 답을 적으세요.

**09** 화면에서 작업자는 용접을 하기 위하여 전원을 켜고 용접기 어스선을 잡아당기던 중 감전을 당하였다. (1) 재해 발생형태 및 (2) 화면에서의 위험요인 2가지를 적으시오. (6점)

> **화면 설명 •** 목장갑을 착용한 작업자가 노란색 배전반을 열고 드라이버로 전선을 연결하는 중이다. 차단기는 켜짐 상태이며 누전차단기는 확인이 안 된다. 2번째 연결하는 전선의 피복상태가 불량해 보인다. 작업자가 배전반을 닫고 자동전격 방지기가 부착된 용접기를 손으로 잡는 순간 전기가 튄다.

**Answer & Explanation**

(1) 재해 발생형태 : 감전(전류접촉)
(2) 화면에서의 위험요인 2가지
① 작업자가 절연장갑을 착용하지 않았다.
② 누전차단기를 설치하지 않았다. (용접기 본체에 접촉하여 감전된 경우)
③ 접지를 실시하지 않았다. (용접기 본체에 접촉하여 감전된 경우)
④ 전선의 피복이 손상되었다. (화면에서 전선의 피복상태가 불량한 경우만 작성할 것)
⑤ 자동전격 방지기를 설치하지 않았다. (용접봉, 홀더, 어스선에 접촉하여 감전된 경우, 화면에서 전격 방지기가 부착되지 않은 경우만 작성할 것)

**참고하기**

누전차단기와 접지는 용접기 본체에 접촉하였을 경우의 감전을 방지하며 자동전격 방지기는 용접을 하다가 잠시 작업을 멈추었을 때 용접봉, 홀더, 어스선(케이블) 등에 접촉하였을 경우의 감전을 방지한다.

**주의** 동영상을 확인하고 답을 적으세요.

## 산업안전기사 (10월 10일)

시험시간 : 1시간 정도

**01** 화면에서 작업자는 피트의 뚜껑을 열고 나무 발판에 올라선 채 플래시를 비추며 피트 내부를 점검하던 중 발이 미끄러지며 피트로 추락하는 사고가 발생한다. 동영상에서와 같은 작업 시 준수하여야 할 작업 안전수칙 3가지를 적으시오. (6점)

> **화면 설명** ● 작업발판은 나무판자로 엉성하게 되어있으며, 작업자는 안전대를 착용하고 있으나 고정하지 않았고, 추락방호망도 설치되지 않았다. 피트 입구에 안전난간은 설치된 상태이다.

**Answer & Explanation**

① 안전한 작업발판을 확보하고 작업한다.
② 작업자가 안전대를 착용한다.(안전대를 고정한다.)
③ 개구부에 울타리, 수직형 추락방망 또는 덮개를 설치한다.
④ 피트 내부에 추락방호망을 설치한다.

**02** 화면은 영상표시 단말기(VDT) 작업을 나타내고 있다. VDT 작업으로 인한 장애를 3가지 쓰시오. (6점)

**Answer & Explanation**

① 경견완증후군
② 기타 근골격계 증상
③ 눈의 피로
④ 피부 증상
⑤ 정신신경계 증상

● **참고하기**

1. **영상표시 단말기 연속 작업** : 자료입력·문서작성·자료 검색·대화형 작업·컴퓨터 설계(CAD) 등 근무 시간 동안 연속하여 영상표시 단말기 화면을 보거나 키보드·마우스 등을 조작하는 작업을 말한다.

2. **영상표시 단말기 작업으로 인한 관련 증상(VDT 증후군)** : 영상 표시 단말기를 취급하는 작업으로 인하여 발생되는 다음과 같은 증상 등을 말한다.
   ① 경견완증후군
   ② 기타 근골격계 증상
   ③ 눈의 피로
   ④ 피부 증상
   ⑤ 정신신경계 증상

**03** 화면에서 작업자는 교류아크 용접기로 상수도 용접작업을 하고 있다. 습윤한 장소에서 감전을 방지하기 위하여 교류아크 용접기에 부착하여야 하는 방호장치를 적으시오. (4점)

**Answer & Explanation**

자동전격 방지기(자동전격 방지장치)

**04** 화면에서는 전주에 이동식 사다리를 이용하여 작업하던 중 이동식 사다리가 넘어지는 장면을 보여준다. 이동식 사다리의 구조 3가지를 적으시오. (6점)

**Answer & Explanation**

① 길이가 6미터를 초과해서는 안된다.
② 다리의 벌림은 벽 높이의 1/4 정도가 적당하다.
③ 벽면 상부로부터 최소한 60센티미터 이상의 연장 길이가 있어야 한다.

**05** 화면에서 작업자는 연삭기로 연마작업을 하고 있다. 작업에 존재하는 위험요인 3가지를 적으시오. (6점)

**화면 설명**• 작업자는 보안경을 미착용한 상태이며, 연삭기에는 덮개가 설치되어 있지 않으며, 숫돌의 측면으로 연삭 중에 사고가 발생한다.

**Answer & Explanation**

① 연삭기에 덮개를 설치하지 않았다.
② 작업자 보안경, 방진마스크, 귀마개를 착용하지 않았다.
③ 연삭기 측면을 사용하여 작업하였다.

## 06 화면에서는 건설작업용 리프트를 보여준다. 리프트의 작업 시작 전 점검을 2가지 적으시오. (4점)

**Answer & Explanation**

① 와이어로프가 통하는 곳의 상태
② 방호장치 및 브레이크, 클러치의 기능

### 참고하기

- 작업 시작 전 점검사항

| | |
|---|---|
| 크레인 | ① 권과방지장치·브레이크·클러치 및 운전장치의 기능<br>② 주행로의 상측 및 트롤리가 횡행(橫行)하는 레일의 상태<br>③ 와이어로프가 통하고 있는 곳의 상태 |
| 이동식 크레인 | ① 권과방지장치 그 밖의 경보장치의 기능<br>② 브레이크·클러치 및 조정장치의 기능<br>③ 와이어로프가 통하고 있는 곳 및 작업장소의 지반상태 |
| 곤돌라 | ① 방호장치·브레이크의 기능<br>② 와이어로프·슬링와이어 등의 상태 |

## 07 화면에서 작업자는 주황색 가스용기(수소) 저장소로 들어간다. 저장소에는 방폭형 전원스위치가 설치되어 있으며 환풍기는 작동하지 않는 상태이다. 수소 취급시 위험요인을 고려한 수소의 특성 2가지를 적으시오. (4점)

**Answer & Explanation**

① 폭발범위가 넓어 **누출 시 폭발위험성이 크다.** (누출 시 대형 폭발의 우려 있다.)
② **연소 시 발열량이 크다.**
③ 금속을 녹이는 성질이 있고 **저장과 운반이 매우 어렵다.**

**08** 화면에서는 터널 발파작업을 하고 있다. 작업자가 철근으로 화약을 장전하는 장면을 보여준다. 화면의 장전작업에 존재하는 위험요인을 적으시오. (4점)

**Answer & Explanation**

> 철근으로 화약을 장전하여 폭발의 위험이 있다.

### 참고하기

- 발파작업 기준
  ① 얼어붙은 다이너마이트는 화기에 접근시키거나 그 밖의 고열물에 직접 접촉시키는 등 위험한 방법으로 융해하지 아니하도록 할 것
  ② 화약이나 폭약을 장전하는 경우에는 그 부근에서 화기를 사용하거나 흡연을 하지 않도록 할 것
  ③ 장전구(裝塡具)는 마찰·충격·정전기 등에 의한 폭발의 위험이 없는 안전한 것을 사용할 것
  ④ 발파공의 충진재료는 점토·모래 등 발화성 또는 인화성의 위험이 없는 재료를 사용할 것
  ⑤ 점화 후 장전된 화약류가 폭발하지 아니한 때 또는 장전된 화약류의 폭발 여부를 확인하기 곤란한 때에는 다음 각목의 사항을 따를 것

  | 전기뇌관에 의한 경우 | 재점화되지 않도록 조치하고 5분 이상 경과한 후가 아니면 화약류의 장전장소에 접근시키지 않도록 할 것 |
  |---|---|
  | 전기뇌관 외의 것에 의한 경우 | 점화한 때부터 15분 이상 경과한 후가 아니면 화약류의 장전장소에 접근시키지 않도록 할 것 |

  ⑥ 전기뇌관에 의한 발파의 경우 점화하기 전에 화약류를 장전한 장소로부터 30미터 이상 떨어진 안전한 장소에서 전선에 대하여 저항측정 및 도통(導通) 시험을 할 것

**09** 화면에서는 유해물 취급 작업을 보여준다. 유해물 취급 시 주의사항(안전 조치사항) 3가지를 적으시오. (5점)

**Answer & Explanation**

> ① 유해물질 발생원인 봉쇄
> ② 작업공정 은폐, 작업장 격리
> ③ 유해물의 위치, 작업공정 변경

## 산업안전기사 (10월 12일)

시험시간 : 1시간 정도

**01** 화면에서 작업자는 버스 정비작업을 하고 있다. 작업자가 버스 아래에 들어가 정비작업을 하는 중에 다른 작업자가 시동을 걸어 정비작업 중이던 근로자가 다치는 사고가 난다. 화면에서의 위험요인 3가지를 적으시오. (6점)

**Answer & Explanation**

① 버스 시동 장치에 잠금장치를 하지 않았다.
② 열쇠를 뽑아 별도 관리하지 않았다.
③ "정비 중" 표지판을 설치하지 않았다.
④ 안전블록 또는 안전지주를 설치하지 않았다.
⑤ 작업지휘자를 배치하지 않았다.

주의 동영상을 확인하고 답을 적으세요.

**02** 화면에서는 액화질소, 액화탄산가스, 액화알곤가스 등 여러 개의 가스용기를 보여준다. 화면에서와 같은 가스집합 용접장치의 배관을 하는 경우 준수하여야 할 사항을 2가지 적으시오. (5점)

**Answer & Explanation**

① 플랜지·밸브·콕 등의 **접합부에는 개스킷을 사용**하고 **접합면을 상호 밀착시키는** 등의 조치를 할 것
② 주관 및 분기관에는 안전기를 설치할 것. 이 경우 **하나의 취관에 2개 이상의 안전기를 설치**하여야 한다.

## 03 화면에서 작업자는 작업 중 고장 난 양수기를 수리하고 있다. 위험요인 3가지를 적으시오. (6점)

**화면 설명** ● 전원을 차단하지 않고 양수기를 수리하고 있으며 동료와 잡담을 나누며 수공구를 던져주는 장면이 보인다. 수리 중 벨트에 손이 말려드는 사고가 발생한다.

**Answer & Explanation**

① 전원을 차단 않고 수리하여 손이 말려들어갈 우려 있다.
② 작업에 집중하지 않아 손이 말려들어갈 우려 있다.
③ 던져주던 수공구가 양수기에 말려들어갈 위험 있다.

## 04 화면에서는 프레스 작업을 보여준다. 프레스의 작업 시작 전 점검사항 3가지를 적으시오. (6점)

**Answer & Explanation**

① 클러치 및 브레이크 기능
② 크랭크축·플라이 휠·슬라이드·연결 봉 및 연결 나사의 볼트 풀림 유무
③ 1행정 1정지 기구·급정지 장치 및 비상 정지 장치의 기능
④ 슬라이드 또는 칼날에 의한 위험 방지 기구의 기능
⑤ 프레스의 금형 및 고정 볼트 상태
⑥ 당해 방호 장치의 기능
⑦ 전단기의 칼날 및 테이블의 상태

## 05 화면에서 2명의 작업자가 전주에서 작업을 하고 있다. 작업자 1명은 아래에서 절연용 방호구를 올리고 있으며 다른 작업자는 크레인에서 절연용 방호구를 받아 설치하는 작업을 하던 중 감전사고가 발생하였다. 화면에서와 같은 활선작업 시 내재되어 있는 핵심위험요인 2가지를 적으시오. (4점)

**Answer & Explanation**

① 작업자가 절연용 보호구를 착용하지 않아 감전의 위험 있다.
② 크레인이 이격거리를 준수하지 않아 감전의 위험 있다.
③ 작업자가 접근한계 거리를 준수하지 않고 충전 전로에 접근하여 감전의 위험 있다.
④ 활선 작업용 기구 및 장치를 사용하지 않아 감전의 위험 있다.

**주의** 동영상 화면을 확인하고 답을 적으세요.

**06** 화면은 작업자가 맨손으로 임시 배전반 점검 중에 감전 재해가 발생하는 것을 보여준다. 화면에서의 위험요인을 2가지 적으시오. (4점)

**화면 설명 •** 화면에서 작업자는 전원을 차단하고 점검 중이다. 동료가 차단기 함을 열고 전원을 투입하는 순간 감전이 발생한다.

**Answer & Explanation**

① 작업자가 절연장갑을 착용하지 않았다.
② 개폐기 함에 잠금장치 및 통전금지 표찰을 부착하지 않았다.

**07** 다음 [보기]의 설명은 낙하물 방지망의 설치 기준에 관한 내용이다. 괄호에 적합한 내용을 적으시오. (4점)

**>> 보기**

1. 설치 높이는 ( ① )미터 이내마다 설치하고, 내민 길이는 벽면으로부터 ( ② )미터 이상으로 할 것
2. 수평면과의 각도는 ( ③ )를 유지할 것

**Answer & Explanation**

① 10
② 2
③ 20도 이상 30도 이하

**참고하기**

| 낙하물 방지망 또는 방호선반을 설치 시 준수사항 | 추락방호망의 설치 기준 |
|---|---|
| ① 설치 높이는 10미터 이내마다 설치하고, 내민 길이는 벽면으로부터 2미터 이상으로 할 것<br>② 수평면과의 각도는 20도 이상 30도 이하를 유지할 것 | ① 추락방호망의 설치 위치는 가능하면 작업면으로부터 가까운 지점에 설치하여야 하며, **작업면으로 부터 망의 설치지점까지의 수직거리는 10미터를 초과하지 아니할 것**<br>② 추락방호망은 수평으로 설치하고, 망의 처짐은 짧은 변 길이의 12퍼센트 이상이 되도록 할 것<br>③ 건축물 등의 바깥쪽으로 설치하는 경우 망의 내민 길이는 벽면으로부터 3미터 이상 되도록 할 것 |

**08** 화면에서 작업자는 사출성형기 금형의 이물질을 제거하던 중 손을 다치는 사고가 발생한다. (1) 재해 유형을 적고, (2) 적합한 방호장치를 2가지 적으시오. (6점)

**Answer & Explanation**

> (1) 재해 유형 : 끼임
> (2) 방호장치 : 게이트가드식 방호장치, 양수조작식 방호장치

**09** 화면에서는 작업자 2명이 화물(철제파이프)을 들어 올리는 작업을 하고 있다. 승강기 개구부에서 한 명의 작업자는 위에서 안전난간에 로프를 걸쳐 화물을 끌어올리고 있으며, 다른 작업자는 밑에서 화물을 올려주는 작업을 하고 있다. 작업 중 인양하던 화물이 떨어지며 밑에 있던 작업자가 화물에 맞는 사고가 발생하였다. 동종 재해방지를 위한 화물 인양 시의 준수사항을 2가지 적으시오. (4점)

**Answer & Explanation**

> ① 안전난간에 로프를 걸치고 화물을 끌어올리는 작업을 해서는 안 된다.
> ② 손상된 로프 사용금지
> ③ 중량물은 양중장비를 활용할 것
> ④ 긴 화물은 2줄 걸이로 균형을 유지하며, 로프의 결속을 단단히 할 것
> ⑤ 작업자는 안전모 등 보호구를 착용할 것

**주의** 동영상을 확인하고 답을 적으세요.

## 2020. 4회 1부 산업안전기사

시험시간 : 1시간 정도

**01** 이동식 크레인 작업 시의 작업 시작 전 점검 사항 3가지를 적으시오. (6점)

### Answer & Explanation

① 권과방지장치나 그 밖의 경보장치의 기능
② 브레이크·클러치 및 조정장치의 기능
③ 와이어로프가 통하고 있는 곳 및 작업장소의 지반상태

### 참고하기

| 크레인 | ① 권과방지장치·브레이크·클러치 및 운전장치의 기능<br>② 주행로의 상측 및 트롤리가 횡행(橫行)하는 레일의 상태<br>③ 와이어로프가 통하고 있는 곳의 상태 |
|---|---|
| 이동식 크레인 | ① 권과방지장치 그 밖의 경보장치의 기능<br>② 브레이크·클러치 및 조정장치의 기능<br>③ 와이어로프가 통하고 있는 곳 및 작업장소의 지반상태 |
| 리프트 | ① 방호장치·브레이크 및 클러치의 기능<br>② 와이어로프가 통하고 있는 곳의 상태 |
| 곤돌라 | ① 방호장치·브레이크의 기능<br>② 와이어로프·슬링와이어 등의 상태 |

## 02 화면에서 작업자는 에어 배관 점검을 하던 중 눈 재해를 당하였다. 사고원인 2가지를 적으시오. (4점)

**Answer & Explanation**

① 배관 내 잔압을 제거하지 않고 배관을 점검하였다.
② 보안경을 착용하지 않았다.

## 03 화면에서는 유해물 취급 작업을 보여준다. 유해물 취급 시 주의사항(안전 조치사항) 3가지를 적으시오. (6점)

**Answer & Explanation**

① 유해물질 발생원인 봉쇄
② 작업공정 은폐, 작업장 격리
③ 유해물의 위치, 작업공정 변경

## 04 화면에서 두 명의 작업자가 작동 중인 경사 컨베이어에서 포대를 컨베이어 위로 올리는 작업을 하고 있다. 한 작업자는 컨베이어 양쪽 끝부분에 올라서서 포대를 받을 준비를 하고 있으며, 다른 작업자는 컨베이어 아래에서 포대를 올려주고 있다. 컨베이어 위에 서 있던 작업자의 발이 포대에 맞아 넘어지며 작업자의 팔이 컨베이어에 끼이는 사고가 발생한다. (5점)

(1) 화면에서의 작업에서 작업자 측면의 문제점 2가지를 적으시오.
(2) 사고 시 조치해야 할 사항을 1가지씩 적으시오.

**Answer & Explanation**

(1) 작업자 측면의 문제점 2가지
① 컨베이어 전원을 차단하지 않고 작업했다.
② 안전한 작업 발판을 확보하지 않고 작동 중인 컨베이어 위에서 작업했다.
(2) 사고 시 조치해야 할 사항
비상정지장치를 조작하여 컨베이어 운전을 정지시킨다.

> 참고하기

- 운반하역 표준 안전 작업지침
  운전 중 컨베이어 자체의 운반물 처리는 기계적인 방법으로 하여야 하며 구조상 그와 같은 방법을 설치할 수 없을 때에는 운전을 멈추고 처리하여야 한다. 부득이 운전 중에 운반물을 처리할 필요가 있을 때에도 구동부, 테이크업, 작업장소의 안전울 내에서의 작업은 절대 금지하여야 한다.

---

**05** 화면에서 작업자는 프레스 기계 작업을 하고 있다. 작업자가 금형의 이물질을 제거하기 위해 몸을 기울이는 순간 실수로 페달을 밟아 프레스에 손을 다치는 사고가 발생하였다. 동종 사고를 방지하기 위한 조치사항을 2가지 적으시오. (4점)

**Answer & Explanation**

① 전원을 차단하고 이물질을 제거한다.
② 이물질 제거 시에 전용 공구(수공구)를 사용한다.
③ 페달에 U자형 덮개(풋 스위치 방호 덮개)를 설치한다.

---

**06** 화면에서 작업자는 기계를 점검하다 회전축에 의한 손 감김 사고를 당하였다. 해당되는 위험점의 종류와 정의를 적으시오. (5점)

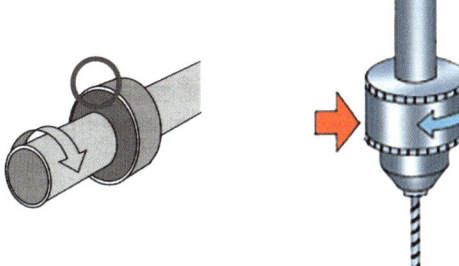

**Answer & Explanation**

① 위험점의 종류 : 회전말림점
② 정의 : 회전하는 물체에 작업복, 머리카락 등이 말려 들어가는 위험점

## 07
화면에서 작업자는 퍼지작업을 하고 있다. 퍼지작업의 종류 3가지를 적으시오. (6점)

**Answer & Explanation**

① 진공퍼지
② 압력퍼지
③ 스위프퍼지
④ 사이폰퍼지

## 08
화면에서 작업자는 브레이크 라이닝 패드를 화학물질에 담그는 작업을 하고 있다. 근로자가 착용하여야 하는 보호구를 3가지 적으시오. (3점)

**Answer & Explanation**

① 방독마스크
② 화학물질용 안전장갑(불침투성 보호장갑)
③ 화학물질용 안전화(불침투성 보호장화)
④ 화학물질용 보호복(불침투성 보호복)
⑤ 보안경

**주의**
- 브레이크 라이닝 패드를 제작 작업 → 석면 취급작업(특급 방진마스크)
- 브레이크 라이닝 패드를 화학물질에 담그는 작업 → 화학물질 취급작업(방독마스크)

## 09
화면에서 작업자는 드릴작업을 하고 있다. 동영상을 보고 작업 시의 위험요인 3가지를 적으시오. (6점)

**화면 설명** · 작업자는 보안경을 착용하지 않고 맨손으로 드릴로 금속제 구멍 넓히기 작업을 하고 있다. 드릴은 고정되지 않은 상태이고 방호장치도 설치되지 않았으며, 손으로 가공물을 잡고 있다.

**Answer & Explanation**

① 이동식 드릴을 고정하지 않았다.
  (드릴을 고정하지 않아 작업 중 움직일 위험 있다.)
② 드릴에 방호덮개를 설치하지 않았다.
  (드릴에 방호덮개를 설치하지 않아 손을 다칠 위험 있다.)
③ 투명 비산방지판을 설치하지 않았다.
  (투명 비산방지판을 설치하지 않아 칩 등 비산물에 눈을 다칠 위험 있다.)
④ 가공물을 손으로 잡고 있다.
  (가공물을 손으로 잡고 있어 손을 다칠 위험 있다.)
⑤ 보안경, 방진마스크를 착용하지 않았다.
  (보안경을 착용하지 않아 눈을 다칠 우려 있다.)

## 2020. 4회 2부

# 산업안전기사

시험시간 : 1시간 정도

**01** 밀폐공간에서 작업하는 경우 관리감독자의 직무 3가지를 적으시오. (6점)

**Answer & Explanation**

① 산소가 결핍된 공기나 유해가스에 노출되지 않도록 작업 시작 전에 해당 근로자의 작업을 지휘하는 업무
② 작업을 하는 장소의 공기가 적절한지를 작업 시작 전에 측정하는 업무
③ 측정장비·환기장치 또는 송기마스크 등을 작업 시작 전에 점검하는 업무
④ 근로자에게 송기마스크 등의 착용을 지도하고 착용 상황을 점검하는 업무

**02** 화면에서는 지게차 작업을 보여준다. 지게차의 최고속도가 5Km/hr일 경우 지게차의 주행 시 좌·우 안정도를 계산하시오. (3점)

> **보기**
>
> 주행 시 좌·우 안정도(%) = 15 + 1.1 × V
> 여기서, V : 최고속도 (Km/hr)

**Answer & Explanation**

주행 시 좌·우 안정도 = 15 + 1.1 × 5 = 20.5(%)

**참고하기**

- 지게차의 안정
  ① 주행 시 좌·우 안정도(%) = 15 + 1.1V (V : 최고속도 Km/hr) 이내
  ② 주행 시 전·후 안정도 : 18% 이내
  ③ 하역작업 시 좌·우 안정도 : 6% 이내
  ④ 하역작업 시의 전·후 안정도 = 4% 이내
  ⑤ 하역작업 시의 전·후 안정(5t 이상) = 3.5% 이내

## 03 화면에서는 이동식 비계에서 작업하는 모습을 보여준다. 화면에서의 작업 위험요인 2가지를 적으시오. (4점)

**화면 설명 ●** 이동식 비계에 안전난간이 없으며, 바퀴는 고정이 안 되어 작업 중 비계가 움직인다. 목재로 된 작업 발판이 고정되지 않은 채 비계에 걸쳐져 있다.

**Answer & Explanation**

① 이동식 비계에 안전난간 미설치(안전난간이 미설치되어 작업자 떨어짐이 우려된다.)
② 이동식 비계 바퀴를 고정하지 않았다.
 (바퀴는 브레이크 · 쐐기 등으로 고정시킨 다음 아웃트리거를 설치하여야 하나 이를 준수하지 않았다.)
③ 작업발판 설치 불량(발판을 고정하지 않아 작업자 떨어짐이 우려된다.)

### ● 참고하기

- 이동식 비계의 구조
 ① 바퀴에는 갑작스러운 이동 또는 전도를 방지하기 위하여 브레이크 · 쐐기 등으로 바퀴를 고정시킨 다음 비계의 일부를 견고한 시설물에 고정하거나 아웃트리거를 설치할 것
 ② 승강용 사다리는 견고하게 설치할 것
 ③ 비계의 최상부에서 작업을 할 때에는 안전난간을 설치할 것
 ④ 작업발판은 항상 수평을 유지하고 작업발판 위에서 안전난간을 딛고 작업을 하거나 받침대 또는 사다리를 사용하여 작업하지 않도록 할 것
 ⑤ 작업발판의 최대적재하중은 250킬로그램을 초과하지 않도록 할 것

## 04 작업자는 야외에 설치된 임시분전반에서 작업 중이다. 영상을 확인하고 작업 시의 문제점 2가지를 적으시오. (4점)

**화면 설명 ●** 작업자가 면장갑을 착용한 채 분전반에 전원을 연결하여 그라인더 작업을 하는 모습을 보여준다. 다른 작업자가 다가와 맨손으로 분전반 전원에 콘센트 플러그를 꽂고 전선을 만지는 순간 감전되어 쓰러진다. 분전반에는 누전차단기가 설치되어 있다.

🌱 그림 출처 : 안전보건공단 교육자료

**Answer & Explanation**

① 전선의 절연상태 불량(전선을 만져 감전된 경우)
② 누전차단기 설치 불량(분전반의 각 회로별로 누전차단기를 설치하여야 하나 미설치하였다.)
③ 작업자가 절연장갑을 착용하지 않았다.
④ 임시분전반 접지를 실시하지 않았다.
⑤ 분전반 잠금장치 및 통전금지 표찰을 설치하지 않았다.(관계자 외 조작금지 조치를 실시하지 않았다.)

**05** 화면에서 작업자는 띠톱으로 목재를 절단하는 작업을 하고 있다. 작업 시 위험요인 2가지를 적으시오. (4점)

> **화면 설명 ●** 작업자는 면장갑을 착용한 채 띠톱으로 목재 절단 작업을 하던 중 장갑이 톱에 걸리며 손에 피가 나는 장면을 보여준다. 보안경, 방진마스크를 미착용한 상태이다.

**Answer & Explanation**

① 띠톱작업 시 면장갑을 착용하였다.
② 작업자가 보안경, 방진마스크를 미착용 하였다.

**06** 화면에서 작업자는 공사현장에서 이동 중이다. 작업자는 발판이 설치되지 않은 곳을 지나가다 떨어진다. 화면에서 보여주는 현장에서의 추락사고를 방지하기 안전대책 3가지를 적으시오. (6점)

**Answer & Explanation**

① 안전난간 설치
② 추락방호망 설치
③ 작업발판 설치(폭 40cm 이상의 발판이 확보되지 않은 경우만 해당)
④ 작업자 안전대 착용
⑤ 작업장 정리정돈 철저

**주의** 동영상을 확인하고 답을 적으세요.

**07** 화면에서는 컨베이어 작업을 보여준다. 컨베이어의 작업 시작 전 점검 사항 4가지를 적으시오. (6점)

**Answer & Explanation**

① 원동기 및 풀리기능의 이상 유무
② 이탈 등의 방지장치기능의 이상 유무
③ 비상정지장치 기능의 이상 유무
④ 원동기·회전축·기어 및 풀리 등의 덮개 또는 울 등의 이상 유무

**08** 30kV의 고압이 흐르는 고압선 주변에서 이동식 크레인으로 작업하던 중에 크레인의 붐대 끝이 전선에 닿아 감전이 되는 사고가 발생하였다. 고압선 주변에서 크레인 등을 사용하여 작업할 경우 안전대책 3가지를 쓰시오. (6점)

**Answer & Explanation**

① 차량 등을 충전부로부터 300센티미터 이상 이격시키되, 대지전압이 50킬로볼트를 넘는 경우 10킬로볼트 증가할 때마다 10센티미터씩 증가
② 이격거리
  - 절연용 방호구를 설치한 경우 : 절연용 방호구 앞면까지
  - 차량의 버킷이나 끝부분이 절연되어 있고 유자격자가 작업하는 경우 : 접근한계거리까지
③ 근로자가 차량과 접촉하지 않도록 울타리를 설치하거나 감시인 배치 등의 조치
④ 충전전로 인근에서 접지된 차량 등이 충전전로와 접촉할 우려가 있을 경우에는 지상의 근로자가 접지점에 접촉하지 않도록 조치

**09** 동영상에서는 터널공사 현장을 보여준다. 장약작업 시의 준수사항 3가지를 적으시오. (6점)

**Answer & Explanation**

① 장약작업 장소 인근에서는 화기사용 및 흡연을 하지 않도록 할 것
② 장약작업 장소 인근에서는 전기용접 작업이나 동력을 사용하는 기계를 사용하지 않을 것
③ 장약작업을 하는 근로자가 안전모 등 적절한 보호구를 착용하도록 할 것
④ 기존의 발파에 사용된 발파공에는 장약하지 않도록 할 것
⑤ 약포는 1개씩 손을 사용하여 신중하게 장약봉으로 넣고, 약포 간에 간격이 없도록 그때마다 구멍 길이의 차를 측정하면서 장약을 수행하도록 할 것
⑦ 장약봉은 곧바르고 견고하며, 마찰·충격·정전기 등에 대하여 안전한 부도체(플라스틱, 나무 등)를 사용하여 약포 지름보다 약간 굵고, 적당한 길이로 하고, 개수는 충분히 준비하게 할 것
⑧ 장약은 뇌관의 관체, 각선, 연결장치 등이 충격 또는 손상되지 않도록 주의하며, 각 선의 길이는 결선작업을 고려하여 충분한 길이의 것을 사용하게 할 것
⑨ 낙석 또는 붕락의 위험이 있는 뜬돌(부석) 등의 유무를 확인하고, 이를 제거하는 등 안전조치 후 작업하도록 할 것
⑩ 장약작업 중에는 관계 근로자가 아닌 사람의 출입을 금지할 것

## 2020. 4회 3부

# 산업안전기사

시험시간 : 1시간 정도

**01** 화면에서는 용광로 작업을 보여준다. 작업자는 용탕 내의 쇳물을 휘저으며 슬래그 제거 작업을 하고 있다. 작업자는 슬래그를 제거하여 작업자 바로 앞에서 털어내고 있으며 보호구를 전혀 착용하지 않은 상태이다. 신체 부위별로 착용하여야 하는 보호구 3가지를 적으시오. (6점)

**Answer & Explanation**

① 머리, 눈, 얼굴 : 방열두건
② 몸 : 방열복
③ 손 : 방열장갑

**02** 지게차 주행작업 중 우려되는 사고위험요인 2가지를 적으시오. (6점)

**Answer & Explanation**

① 전방 시야 불충분으로 지게차와 작업자가 충돌한다.
② 물건을 과적하여 운전자 시야를 가려 지게차와 작업자가 충돌한다.
③ 물건을 불안정하게 적재하여 화물이 떨어지며 작업자가 다친다.
④ 작업자가 포크에 올라서서 이동하던 중 떨어진다.

**주의** 동영상을 확인하고 답을 적으세요.

## 03

화면에서 작업자는 공사현장에서 이동 중이다. 작업자는 발판이 설치되지 않은 곳을 지나가다가 떨어지는 사고를 당한다. 화면에서 떨어짐 사고의 원인 2가지를 적으시오. (4점)

**Answer & Explanation**

① 작업발판 미설치
② 작업자 안전대 미착용
③ 안전난간 미설치
④ 추락방호망 미설치
⑤ 작업장 정리정돈 불량

## 04

화면에서 작업자는 인화성 물질 저장창고에서 작업을 하고 있다. 폭발의 원인이 된 (1) 발화원의 종류를 2가지 적고, (2) 그 현상을 설명하시오. (6점)

**화면 설명** ● 인화성 물질이 든 드럼통을 들고 들어온 작업자가 윗옷을 벗음과 동시에 폭발사고가 발생한다.

**Answer & Explanation**

(1) 발화원의 종류
　① 마찰대전
　② 박리대전

(2) 설명
　① 마찰대전 : 두 물체 사이의 마찰로 인한 접촉, 분리에서 발생한다. (신발과 바닥 사이)
　② 박리대전 : 밀착된 물체가 떨어지면서 자유전자의 이동으로 발생한다. (옷을 벗을 때)

## 05

화면에서 작업자는 배전반 볼트를 조이는 작업 중 짜릿함을 느끼는 장면이 나온다. 화면에서 우려되는 재해 발생형태와 가해물을 적으시오. (6점)

**Answer & Explanation**

(1) 재해 발생형태 : 감전(전류접촉)

(2) 가해물 : 배전반

**06** 작업발판을 이용해 전동 톱으로 목재를 절단하던 중 작업자가 작업 발판(높이 60cm 이상)의 불균형으로 넘어지는 재해가 발생하였다. (1) 가해물과 (2) 재해 발생형태를 쓰시오. (5점)

**Answer & Explanation**

(1) 가해물 : 바닥
(2) 재해 발생형태 : 떨어짐

**참고하기**

- 「떨어짐」과 「넘어짐」의 분류
  - 바닥면과 신체가 떨어진 상태로 더 낮은 위치로 떨어진 경우 → 「떨어짐」
  - 바닥면과 신체가 접해있는 상태에서 더 낮은 위치로 떨어진 경우 → 「넘어짐」
  - 신체가 바닥면과 접해있었는지 여부를 알 수 없는 경우 : **작업발판 등 구조물의 높이가 보폭 (약 60cm) 이상인 경우** → 「떨어짐」
  - 보폭 미만인 경우 → 「넘어짐」

주의 바닥면과 신체가 접해있거나, 발판의 높이가 60cm 미만인 경우는 "넘어짐"이 된다.
동영상을 확인하고 답을 적으세요.

**07** 화면은 탁상용 연삭기 작업을 보여준다. 탁상용 연삭기에 봉강 연마작업 중 환봉이 튀어 발생한 사고이다. (1) 기인물은 무엇이며, (2) 연마 작업 시 파편이나 연삭분의 비래에 의한 위험에 대비하기 위해 설치해야 하는 방호장치명을 적으시오. (4점)

**Answer & Explanation**

(1) 기인물 : 탁상용 연삭기
(2) 장치명 : 투명비산방지판

**08** 화면에서 작업자는 회전하는 롤러기의 이물질을 면장갑을 착용한 채 이물질을 제거하던 중 작업자의 손이 롤러에 말려드는 사고가 발생하였다. (4점)

(1) 이 사고의 핵심위험요인 2가지를 적으시오.
(2) 작업 안전대책 2가지를 적으시오.

**Answer & Explanation**

(1) 사고의 핵심위험요인
① 롤러의 전원을 차단하지 않고 청소했다.
② 롤러기에 인터록장치가 설치되지 않았다.
　　(롤러의 가드를 제거할 경우 롤러가 작동하지 않는 인터록장치를 설치하여야 한다.)
③ 롤러의 물림점에 가드가 설치되지 않았다.
④ 작업자가 **장갑**을 **착용**하였다. (화면에서 장갑을 착용한 경우만 해당)

(2) 안전작업 사항
① 롤러기 운전을 정지하고 청소한다.
② 롤러기 청소 시 장갑 착용을 금지한다.
③ 롤러기에 인터록 장치를 설치한다.
④ 롤러의 물림점에 가드를 설치한다.

**09** 화면에서 작업자는 비커에 담긴 황산을 집게로 집어 다른 기구로 옮기던 중 기구가 깨지며 황산이 튀는 사고가 발생하였다. (4점)

(1) 이 사고의 재해 발생형태와 (2) 재해 발생형태의 정의를 적으시오.

**Answer & Explanation**

(1) **재해 발생형태** : 유해위험물질 노출·접촉
(2) **정의** : 유해·위험물질에 노출·접촉 또는 흡입하였거나 독성동물에 쏘이거나 물린 경우

## 2021. 1회 1부

# 산업안전기사

시험시간 : 1시간 정도

**01** 화면 영상에서 보여주는 양중기의 작업시작 전 점검사항 3가지를 적으시오. (6점)

**화면 설명 •** 이동식 크레인이 와이어로프에 화물을 매달아 올리는 작업 중이며 신호수와 지반의 상태를 확인하는 장면을 보여준다.

**Answer & Explanation**

> **이동식 크레인의 작업시작 전 점검**
> ① 권과방지장치나 그 밖의 경보장치의 기능
> ② 브레이크·클러치 및 조정장치의 기능
> ③ 와이어로프가 통하고 있는 곳 및 작업장소의 지반상태

### 참고하기

• 작업시작 전 점검

| | |
|---|---|
| 크레인 | ① 권과방지장치·브레이크·클러치 및 운전장치의 기능<br>② 주행로의 상측 및 트롤리가 횡행(橫行)하는 레일의 상태<br>③ 와이어로프가 통하고 있는 곳의 상태 |
| 이동식 크레인 | ① 권과방지장치 그 밖의 경보장치의 기능<br>② 브레이크·클러치 및 조정장치의 기능<br>③ 와이어로프가 통하고 있는 곳 및 작업장소의 지반상태 |
| 리프트 | ① 방호장치·브레이크 및 클러치의 기능<br>② 와이어로프가 통하고 있는 곳의 상태 |
| 곤돌라 | ① 방호장치·브레이크의 기능<br>② 와이어로프·슬링와이어 등의 상태 |

## 02 교량 점검 작업 중 근로자 추락사고가 발생하였다. 영상에서의 사고 발생원인 3가지를 적으시오. (6점)

**화면 설명ㆍ** 작업자는 부실한 작업 발판 위에서 교량 하부를 점검하는 중이다. 추락방호망도 설치되지 않았으며 주변 정리정돈도 불량한 상태이다. 안전난간 대신 로프가 난간 역할을 하고 있으며 작업자가 로프로 된 난간 쪽으로 기대는 순간 로프 줄이 늘어지며 추락한다.

**Answer & Explanation**

① 안전대 미착용
② 추락방호망 미설치(또는 불량)
③ 안전난간 미설치(또는 불량)
④ 작업발판 미설치(또는 불량)
⑤ 주변 정리정돈 불량(정리정돈 불량으로 걸려 넘어진 경우)

## 03 화면에서 작업자는 면장갑을 착용한 채 회전하는 롤러기의 이물질을 제거하고 있다. 이물질을 손으로 제거하던 중 작업자의 손이 롤러에 말려드는 사고가 발생하였다. (1) 이 사고의 핵심 위험요인 2가지를 적으시오. (2) 작업 안전대책 2가지를 적으시오. (6점)

**화면 설명ㆍ** 작업자는 롤러기의 전원을 끈 상태에서 롤러기 내부 수리를 한다. 수리를 마친 후 전원을 켜고 롤러기를 가동시키던 중 이물질을 발견하고 장갑을 낀 손으로 이물질을 제거하다 롤러에 손이 끼인다.

**Answer & Explanation**

(1) 사고의 핵심 위험요인
 ① 롤러의 전원을 차단하지 않고 이물질을 제거하였다.
 ② 롤러기에 인터록장치가 설치되지 않았다.
   (롤러의 가드를 제거할 경우 롤러가 작동하지 않는 인터록장치를 설치하여야 한다.)
 ③ 롤러의 물림점에 가드가 설치되지 않았다.
 ④ 이물질 제거 시 전용공구(수공구)를 사용하지 않고 손으로 제거했다.
 ⑤ 작업자가 장갑을 착용하고 이물질을 제거했다. (화면에서 장갑을 착용한 경우만 해당)

(2) 안전작업 사항
 ① 롤러기 운전을 정지하고 이물질을 제거한다.
 ② 롤러기에 인터록 장치를 설치한다.
 ③ 롤러의 물림점에 가드를 설치한다.
 ④ 이물질 제거 시 전용공구(수공구)를 사용한다.
 ⑤ 이물질 제거 시 장갑 착용을 금지한다.

## 04
동영상에서와 같은 밀폐공간 작업 시의 질식을 방지하기 위한 안전작업 사항 2가지를 적으시오. (6점)

**화면 설명 ●** 작업자는 밀폐된 탱크 내에서 그라인더 작업 중 다른 작업자가 외부에 설치된 국소배기장치의 전원을 발로 차서 국소배기장치의 전원이 끊어지며 작업자가 의식을 잃고 쓰러진다.

**Answer & Explanation**

① 작업 시작 전 및 작업 중에 해당 작업장을 적정 공기 상태가 유지되도록 환기하여야 한다.
② 밀폐공간에 근로자를 종사하도록 하는 경우에는 그 장소에 근로자를 입장시킬 때와 퇴장시킬 때마다 인원을 점검하여야 한다.
③ 작업하는 근로자가 아닌 사람이 그 장소에 출입하는 것을 금지하고, 출입금지 표지를 밀폐공간 근처의 보기 쉬운 장소에 게시하여야 한다.
④ 작업상황을 감시할 수 있는 감시인을 지정하여 밀폐공간 외부에 배치하여야 한다.
⑤ 밀폐공간에서 작업을 하는 동안 그 작업장과 외부의 감시인 간에 항상 연락을 취할 수 있는 설비를 설치하여야 한다.
⑥ 밀폐공간에서 작업을 하는 경우에 산소결핍이나 유해가스로 인한 질식·화재·폭발 등의 우려가 있으면 즉시 작업을 중단시키고 해당 근로자를 대피하도록 하여야 한다.
⑦ 공기호흡기 또는 송기마스크, 안전대나 구명밧줄, 사다리 및 섬유로프 등 비상시에 대피용 기구 및 근로자를 구출하기 위하여 필요한 기구를 갖추어 두어야 한다.
⑧ 밀폐공간에서 근로자를 구출하는 경우 구출작업에 종사하는 근로자에게 공기호흡기 또는 송기마스크를 지급하여야 한다.

**주의 ●** 동영상을 확인하고 답을 적으세요.

## 05
화면에서는 이동식 비계에서 작업하는 모습을 보여준다. 화면에서의 작업 위험요인 2가지를 적으시오. (4점)

**화면 설명 ●** 이동식 비계에 안전난간이 없으며, 바퀴는 고정이 안 되어 작업 중 비계가 움직인다. 목재로 된 작업발판이 고정되지 않은 채 비계에 걸쳐져 있다.

**Answer & Explanation**

① 이동식 비계에 안전난간 미설치(안전난간이 미설치되어 작업자 떨어짐이 우려된다.)
② 이동식 비계 바퀴를 고정하지 않았다.
  (바퀴는 브레이크·쐐기 등으로 고정시킨 다음 아웃트리거를 설치하여야 하나 이를 준수하지 않았다.)
③ 작업발판 설치 불량(발판을 고정하지 않아 작업자 떨어짐이 우려된다.)

**● 참고하기**

- **이동식 비계의 구조**
  ① 바퀴에는 갑작스러운 이동 또는 전도를 방지하기 위하여 브레이크·쐐기 등으로 바퀴를 고정시킨 다음 비계의 일부를 견고한 시설물에 고정하거나 아웃트리거를 설치할 것
  ② 승강용 사다리는 견고하게 설치할 것
  ③ 비계의 최상부에서 작업을 할 때에는 안전난간을 설치할 것
  ④ 작업발판은 항상 수평을 유지하고 작업발판 위에서 안전난간을 딛고 작업을 하거나 받침대 또는 사다리를 사용하여 작업하지 않도록 할 것
  ⑤ 작업발판의 최대적재하중은 250킬로그램을 초과하지 않도록 할 것

**06** 산업안전보건법에 의하여 사업주는 용융(鎔融)한 고열의 광물("용융고열물")을 취급하는 피트에 대하여 수증기 폭발을 방지하기 위한 조치를 하여야 한다. 이 경우 사업주가 하여야 하는 조치사항 2가지를 적으시오. (4점)

**Answer & Explanation**

① 지하수가 내부로 새어드는 것을 방지할 수 있는 구조로 할 것
② 작업용수 또는 빗물 등이 내부로 새어드는 것을 방지할 수 있는 격벽 등의 설비를 주위에 설치할 것

**07** 화면에서 작업자는 회전하는 기계를 2인 1조로 분해하여 조립하는 작업 중이다. 화면에서와 같은 작업 시의 작업계획서 내용을 4가지 적으시오. (4점)

**화면 설명 •** 기계를 분해하고 조립하는 과정에서 허리를 삐끗하는 장면이 나오며, 중량물의 기계를 놓치는 바람에 옆의 근로자의 발이 중량물에 다치는 사고가 발생한다.

**Answer & Explanation**

중량물의 취급 작업 시의 작업계획서의 내용
① 추락위험을 예방할 수 있는 안전대책
② 낙하위험을 예방할 수 있는 안전대책
③ 전도위험을 예방할 수 있는 안전대책
④ 협착위험을 예방할 수 있는 안전대책
⑤ 붕괴위험을 예방할 수 있는 안전대책

**08** [보기]는 충전전로에서 전기작업을 하는 경우 조치사항에 관한 내용이다. 괄호에 적합한 내용을 적으시오. (4점)

**>> 보기**

• 충전전로를 취급하는 근로자에게 그 작업에 적합한 ( ① )를 착용시킬 것
• 충전전로에 근접한 장소에서 전기작업을 하는 경우에는 해당 전압에 적합한 ( ② )를 설치할 것. 다만, 저압인 경우에는 해당 전기작업자가 ( ① )를 착용하되, 충전전로에 접촉할 우려가 없는 경우에는 ( ② )를 설치하지 아니할 수 있다.

**Answer & Explanation**

① 절연용 보호구
② 절연용 방호구

## 참고하기

- 충전전로에서의 전기작업(활선작업) 시의 조치
  ① 근로자에게 절연용 보호구를 착용시킬 것
  ② 충전전로에 절연용 방호구를 설치할 것
  ③ 고압 및 특별고압의 전로에서 전기작업을 하는 근로자에게 활선작업용 기구 및 장치를 사용하도록 할 것
  ④ 절연용 방호구의 설치·해체작업 시 절연용 보호구 착용하거나 활선작업용 기구 및 장치를 사용하도록 할 것
  ⑤ 유자격자가 아닌 근로자가 충전전로 인근의 높은 곳에서 작업할 때에 근로자의 몸 또는 긴 도전성 물체가 방호되지 않은 충전전로에서 대지전압이 50킬로볼트 이하인 경우에는 300센티미터 이내로, 대지전압이 50킬로볼트를 넘는 경우에는 10킬로볼트당 10센티미터씩 더한 거리 이내로 각각 접근할 수 없도록 할 것

## 09
화면에서 작업자는 샌드페이퍼 작업을 하고 있다. 손이 말려들어가는 부분에 존재하는 (1) 위험점의 종류와 (2) 정의를 적으시오. (5점)

**화면 설명**: 화면에서 작업자는 샌드페이퍼(사포)를 손으로 지지하며 작업하던 중 손이 말려들어가는 장면을 보여준다.

### Answer & Explanation

① 위험점의 종류 : 접선물림점 또는 끼임점 또는 회전말림점
  ※ 동영상에서 손이 말려드는 부분을 확인하세요.

② 정의
  - 끼임점 : 고정부분과 회전하는 동작 부분 사이에서 형성되는 위험점
  - 접선 물림점 : 회전하는 부분의 접선 방향으로 물려 들어가는 위험점
  - 회전말림점 : 회전하는 물체에 작업복, 머리카락 등이 말려 들어가는 위험점

### 참고하기

끼임점
접선물림점

회전 말림점

사진 출처 : AliExpress

## 2021. 1회 2부

# 산업안전기사

시험시간 : 1시간 정도

**01** 화면에서는 컨베이어 작업을 보여준다. 컨베이어의 작업 시작 전 점검 사항 3가지를 적으시오. (6점)

**Answer & Explanation**

① 원동기 및 풀리 기능의 이상 유무
② 이탈 등의 방지 장치 기능의 이상 유무
③ 비상 정지 장치 기능의 이상 유무
④ 원동기·회전축·기어 및 풀리 등의 덮개 또는 울 등의 이상 유무

**02** 화면에서 작업자는 전동권선기에 동선을 감는 작업을 하고 있다. 작업 중 기계가 정지하여 전원을 차단하지 않고 점검 중 발생한 재해이다. (1) 재해 발생형태와 (2) 재해 원인 2가지를 적으시오. (4점)

**Answer & Explanation**

(1) 재해 발생형태 : 전류접촉(감전)

(2) 재해 원인
① 전원을 차단하지 않고 기계 점검을 실시했다.
② 작업자가 절연장갑을 착용하지 않았다.
③ 작업시작 전 기계 점검을 실시하지 않았다.

주의 반드시 동영상을 확인하고 답을 적으세요.

### 참고하기

• 전동권선기

사진 출처 : 극동ENG

**03** 화면에서 작업자는 지게차에 경유를 주입하는 중이다. 지게차의 시동을 걸어둔 상태에서 내려 다른 작업자와 담배를 피우며 이야기를 나누고 있다. (1) 동영상에서의 가장 근본적인 위험(근로자의 불안전한 행동) 1가지를 서술하시오. (2) 예상되는 재해 발생형태를 적으시오. (4점)

**Answer & Explanation**

(1) 근본적인 위험(불안전한 행동) : 인화성 물질을 취급하는 주변에서 담배를 피워(흡연을 하여) 화재, 폭발의 위험이 있다.
(2) 예상되는 재해 발생형태 : 화재, 폭발

### 참고하기

| 폭발 | • 건축물, 용기 내 또는 대기 중에서 물질의 화학적, 물리적 변화가 급격히 진행되어 열, 폭음, 폭발압이 동반하여 발생하는 경우 |
|---|---|
| 화재 | • 가연물에 점화원이 가해져 비의도적으로 **불이 일어난 경우**를 말하며, **방화**는 의도적이기는 하나 관리할 수 없으므로 화재에 **포함시킨다.** |

**04** 아파트 창틀에서 두 명의 작업자가 발판을 설치하는 작업을 하고 있다. 영상에서의 추락 사고의 원인 3가지를 적으시오. (6점)

> **화면 설명 •** 한 작업자가 발판을 건네주고 다른 작업자가 설치하려고 이동하던 중 바닥으로 추락사고가 발생하였다. 주변 정리정돈이 되어있지 않고, 작업자가 밟고 있던 콘크리트 부스러기가 함께 떨어지는 장면을 보여준다.

**Answer & Explanation**

① 안전대 미착용
② 추락방호망 미설치(또는 불량)
③ 안전난간 미설치(또는 불량)
④ 주변 정리정돈 불량

**05** 화면에서 작업자는 비커에 담긴 황산을 집게로 집어 다른 기구로 옮기던 중 기구가 깨지며 황산이 튀는 사고가 발생하였다. (1) 이 사고의 재해 발생형태와 (2) 재해 발생형태의 정의를 적으시오. (5점)

**Answer & Explanation**

① 재해 발생형태 : 유해위험물질 노출·접촉
② 정의 : 유해·위험물질에 노출·접촉 또는 흡입하였거나 독성동물에 쏘이거나 물린 경우

**06** 화면에서는 이동식 비계 위에서의 작업을 보여준다. 이동식비계 작업의 준수사항 3가지를 적으시오. (6점)

**Answer & Explanation**

① 바퀴에는 갑작스러운 이동 또는 전도를 방지하기 위하여 브레이크·쐐기 등으로 바퀴를 고정시킨 다음 비계의 일부를 견고한 시설물에 고정하거나 아웃트리거를 설치할 것
② 승강용 사다리는 견고하게 설치할 것
③ 비계의 최상부에서 작업을 할 때에는 안전난간을 설치할 것
④ 작업발판은 항상 수평을 유지하고 작업발판 위에서 안전난간을 딛고 작업을 하거나 받침대 또는 사다리를 사용하여 작업하지 않도록 할 것
⑤ 작업발판의 최대적재하중은 250킬로그램을 초과하지 않도록 할 것

**07** 화면에서 작업자는 브레이크 라이닝 패드를 화학물질에 담그는 작업을 하고 있다. 근로자가 착용하여야 하는 보호구를 2가지 적으시오. (4점)

**Answer & Explanation**

① 방독마스크
② 화학물질용 안전장갑(불침투성 보호장갑)
③ 화학물질용 안전화(불침투성 보호장화)
④ 화학물질용 보호복(불침투성 보호복)
⑤ 보안경

**주의** • 브레이크 라이닝 패드를 제작 작업 → 석면 취급작업(특급 방진마스크)
• 브레이크 라이닝 패드를 화학물질에 담그는 작업 → 화학물질 취급작업(방독마스크)

**08** 화면에서 작업자는 가설통로를 이동 중 발에 걸려 떨어지는 사고가 발생한다. 가설통로의 구조를 4가지 적으시오. (4점)

**Answer & Explanation**

① 견고한 구조로 할 것
② 경사는 30도 이하로 할 것
③ 경사가 15도를 초과하는 때는 미끄러지지 아니하는 구조로 할 것
④ 추락의 위험이 있는 장소에는 안전난간을 설치할 것
⑤ 수직갱 : 길이가 15미터 이상인 때에는 10미터 이내마다 계단참을 설치할 것
⑥ 건설공사에 사용하는 높이 8미터 이상인 비계다리 : 7미터 이내 마다 계단참을 설치할 것

**참고**하기

사진 출처 : 세이프넷, 설치사례 "가설통로 낙하,비계안전시설"
그림 출처 : 안전보건공단, "2022년 만화로보는 산업안전보건기준에 관한 규칙", p18.

**09** 화면에서 작업자는 절단기로 대리석을 자르는 작업을 하고 있다. 영상을 보고 작업자의 불안전한 행동 3가지를 적으시오. (6점)

> **화면 설명 •** 그라인더로 물을 뿌리며 대리석 절단 작업을 하고 있다. 작업자는 기계가 작동 중인 상태에서 막대로 수압조절 밸브를 쳐서 조절하고 있으며, 한쪽 둥근톱이 정지되자 다른 편의 날이 작동 중인 상태에서 면장갑을 착용한 손으로 날을 점검하고 있다. 또한 가동 중인 기계 위로 작업자가 이동하는 장면을 보여준다.

**Answer & Explanation**

① 전원을 차단하지 않고(절단기를 정지시키지 않고) 점검을 실시했다.
② 작업자가 면장갑을 착용하고 작업했다.
③ 작업자가 가동 중인 기계 위로 이동했다.
④ 작업자가 보안경을 착용하지 않았다.

**주의** 동영상을 확인하고 답을 적으세요.

**참고하기**

사진 출처 : 일손산업기계

## 2021. 1회 3부

# 산업안전기사

시험시간 : 1시간 정도

**01** 화면을 보고 지게차 주행작업 중 우려되는 사고위험요인 2가지를 적으시오. (4점)

**화면 설명 ●** 지게차 포크에 화물을 2단으로 적재하고 로프로 고정하지 않아 맨 위의 화물이 흔들리며 운행하던 중 지나가던 다른 작업자가 화물에 맞는 사고가 발생한다.

**Answer & Explanation**

① 화물을 불안정하게 적재하여 화물이 떨어질 위험 있다.
② 화물을 너무 높이 적재하여 운전자 시야를 가려 위험하다.
③ 유도자를 배치하여 지게차를 유도하여야 하나 배치하지 않아 위험하다.

**02** 화면에서는 크레인을 이용하여 활선 전로에 인접하여 전주 세우기 작업을 하고 있다. 전주 세우기 작업 중 전주가 조금 돌아가며 인접 전로에 접촉하여 스파크가 발생한다. 이 사고의 직접 원인을 2가지 적으시오. (4점)

**Answer & Explanation**

① 크레인 이격거리 미준수로 인접활선전로와 접촉
② 활선전로에 절연용 방호구 미설치

03 화면은 밀폐공간에서 작업하는 모습을 보여준다. 밀폐공간의 적정공기수준에 관한 내용이다. [보기]의 ( )에 적합한 숫자를 적으시오. (5점)

> **보기**
>
> 적정한 공기라 함은 산소농도의 범위가 ( ① )% 이상 ( ② )% 미만, 탄산가스의 농도가 ( ③ )% 미만, 일산화탄소의 농도가 ( ④ )ppm 미만, 황화수소의 농도가 ( ⑤ )ppm 미만인 수준의 공기를 말한다.

**Answer & Explanation**

① 18  ② 23.5  ③ 1.5  ④ 30  ⑤ 10

04 화면에서는 이동식 크레인 작업을 보여준다. 이동식 크레인 작업 중 화물의 낙하·비래 위험을 방지하기 위한 사전점검 또는 조치내용을 3가지 적으시오. (6점)

**화면 설명 ●** 이동식 크레인을 이용하여 배관을 2줄 걸이로 운반하는 작업을 하고 있다. 훅에 해지장치도 설치되지 않았고, 신호수가 신호를 하고 있으나 신호가 잘 맞지 않아 배관이 철골에 부딪히는 사고가 발생한다.

**Answer & Explanation**

① 와이어로프 상태 점검
② 훅의 해지 장치 점검
③ 줄걸이 방법 점검
④ 작업반경 내 관계근로자 외 출입금지 조치

🔎 **참고하기**

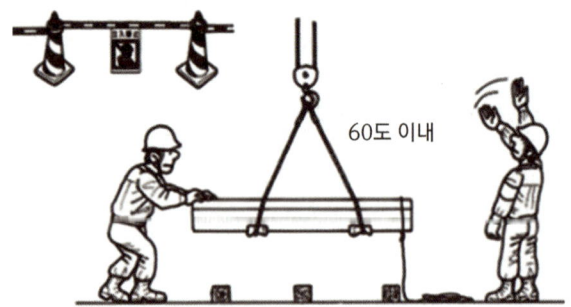

## 05

화면에서 작업자는 승강기 피트 내부에서 작업하는 모습을 보여준다. 작업발판 및 통로의 끝이나 개구부로서 근로자가 추락할 위험이 있는 장소에 설치하여야 하는 것을 3가지 적으시오. (6점)

**Answer & Explanation**

① 안전난간 설치
② 울타리 설치
③ 수직형 추락방망 또는 덮개 설치
④ 추락방호망 설치(안전난간 설치 곤란 또는 해체한 경우)

**참고하기**

- 개구부 등의 방호조치
  난간 등을 설치하는 것이 매우 곤란하거나 작업의 필요상 임시로 난간 등을 해체하여야 하는 경우 추락방호망을 설치하여야 한다. 다만, 추락방호망을 설치하기 곤란한 경우에는 근로자에게 안전대를 착용하도록 하는 등 추락할 위험을 방지하기 위하여 필요한 조치를 하여야 한다.

## 06

화면에서는 타워크레인이 작업하는 모습을 보여준다. 크레인을 사용하여 작업을 하는 경우 사업주가 그 작업에 종사하는 관계 근로자에게 조치를 준수하도록 하여야 하는 사항 3가지를 적으시오. (6점)

**Answer & Explanation**

① 인양할 하물(荷物)을 바닥에서 끌어당기거나 밀어내는 작업을 하지 아니할 것
② 유류드럼이나 가스통 등 운반 도중에 떨어져 폭발하거나 누출될 가능성이 있는 위험물 용기는 보관함(또는 보관고)에 담아 안전하게 매달아 운반할 것
③ 고정된 물체를 직접 분리·제거하는 작업을 하지 아니할 것
④ 미리 근로자의 출입을 통제하여 인양 중인 하물이 작업자의 머리 위로 통과하지 않도록 할 것
⑤ 인양할 하물이 보이지 아니하는 경우에는 어떠한 동작도 하지 아니할 것(신호하는 사람에 의하여 작업을 하는 경우는 제외한다)

## 07

화면에서 작업자는 롤러기 작업 중 손이 끼이는 사고를 당하였다. 방호장치 자율안전고시에 의하여 롤러기에 설치하여야 하는 급정지장치의 종류를 3가지 적고 각각의 설치 위치를 적으시오. (6점)

**Answer & Explanation**

| 종류 | 설치 위치 | 비고 |
|---|---|---|
| 손 조작식 | 밑면에서 1.8m 이내 | 위치는 급정지장치의 조작부의 중심점을 기준 |
| 복부 조작식 | 밑면에서 0.8m 이상 1.1m 이내 | |
| 무릎 조작식 | 밑면에서 0.6m 이내 | |

### 참고하기

- 위험기계 기구 안전인증 고시 및 안전검사 고시 기준
  무릎조작식 : 밑면으로부터 0.4m 이상 0.6m 이내

## 08

화면에서 작업자는 드릴작업 중이다. 작업의 위험요인 2가지를 적으시오. (4점)

**화면 설명 ●** 작은 공작물을 손으로 잡고 작업하던 중 공작물이 튀어 재해를 당하였다. 작업자는 작업 중 이물질을 입으로 불어 제거하고 있으며, 또한 손으로 이물질을 제거하려는 모습을 보여준다. 작업자는 보안경을 미착용하였고 면장갑을 낀 채 작업을 하고 있다.

**Answer & Explanation**

① 작은 공작물을 손으로 잡고 작업하였다.
   (공작물을 바이스를 사용하여 고정하지 않아 손을 다칠 위험 있다.)
② 면장갑을 착용하였다. (면장갑을 착용하여 손을 다칠 위험 있다.)
③ 보안경을 착용하지 않았다. (보안경을 착용하지 않아 눈을 다칠 위험 있다.)
④ 방진마스크를 착용하지 않았다.
   (방진마스크를 착용하지 않아 이물질 또는 칩이 호흡기로 들어갈 위험 있다.)
⑤ 이물질을 전용공구(수공구)를 사용하지 않고 손으로 제거하였다.
   (이물질을 손으로 제거하여 손을 다칠 위험 있다.)

## 09

화면에서 작업자는 휴대용 연삭기로 연삭 작업을 하고 있다. 이 작업에서 사용하는 휴대용 연삭기의 ① 방호장치명, ② 방호장치 실시 각도를 적으시오.

**Answer & Explanation**

① 방호장치명 : 덮개
② 방호장치(덮개) 설치 각도 : 180도 이상(숫돌 노출각도 : 180도 이내)

## 참고하기

- 연삭기 덮개의 설치 기준

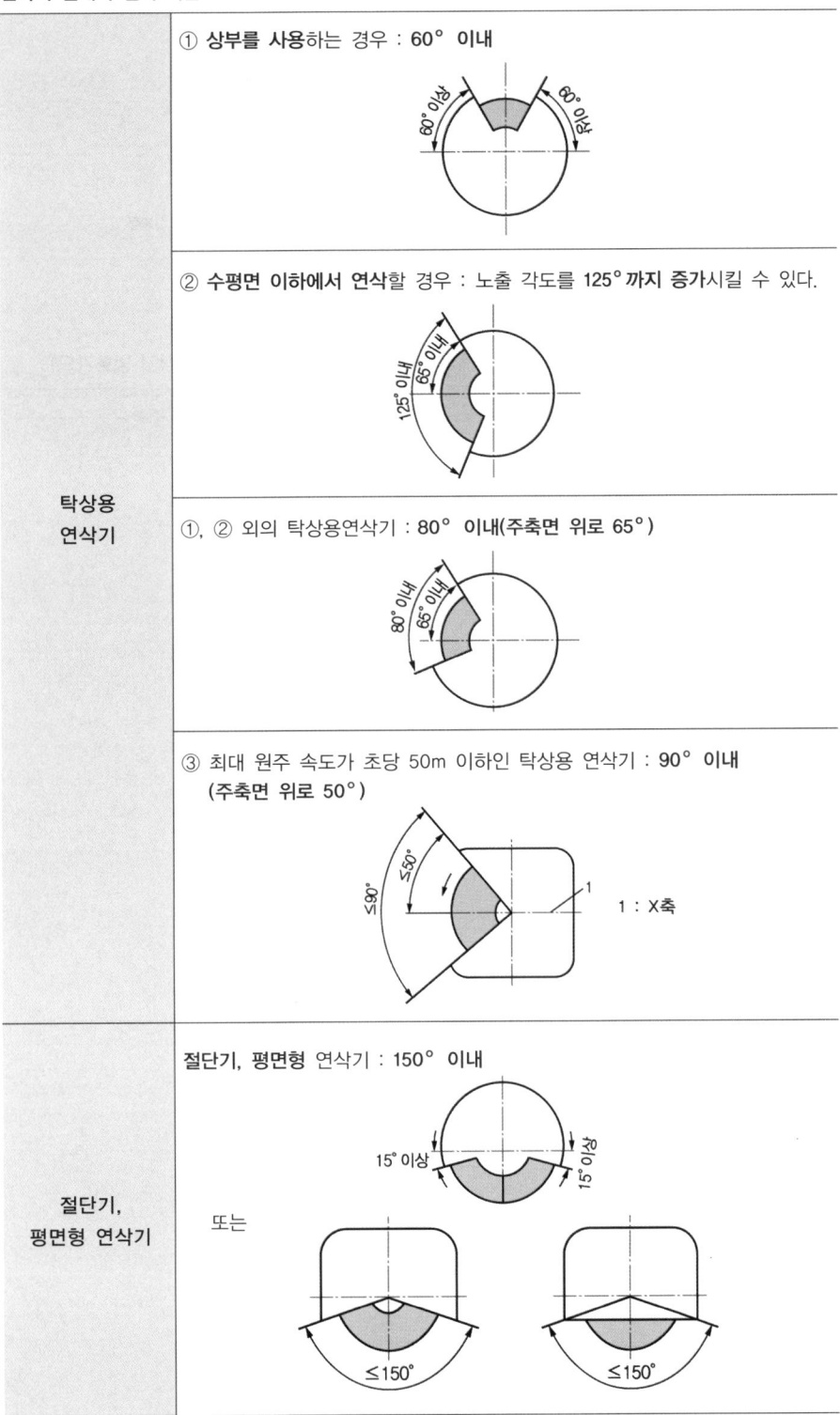

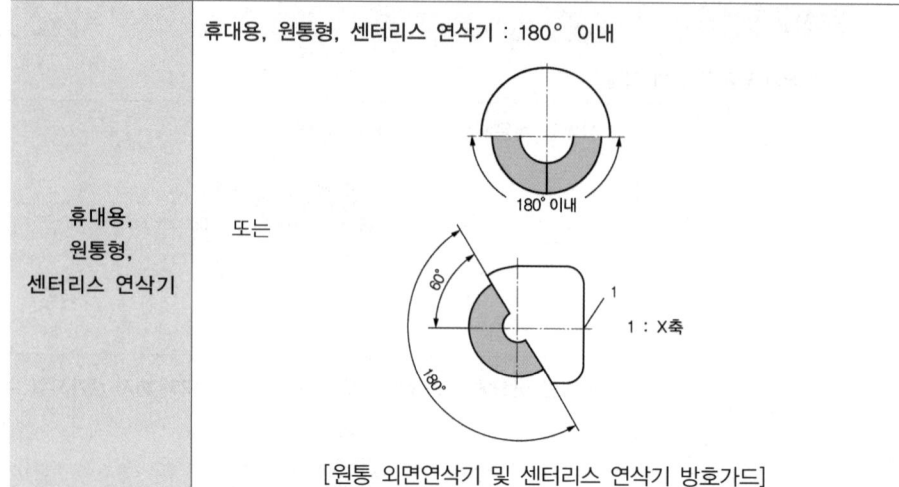

## 2021. 2회 1부

# 산업안전기사

시험시간 : 1시간 정도

**01** 화면에서는 타워크레인이 작업하는 모습을 보여준다. 크레인을 사용하여 작업을 하는 경우 사업주가 그 작업에 종사하는 관계 근로자에게 조치를 준수하도록 하여야 하는 사항 3가지를 적으시오. (6점)

**Answer & Explanation**

① 인양할 하물(荷物)을 바닥에서 끌어당기거나 밀어내는 작업을 하지 아니할 것
② 유류드럼이나 가스통 등 운반 도중에 떨어져 폭발하거나 누출될 가능성이 있는 위험물 용기는 보관함(또는 보관고)에 담아 안전하게 매달아 운반할 것
③ 고정된 물체를 직접 분리·제거하는 작업을 하지 아니할 것
④ 미리 근로자의 출입을 통제하여 인양 중인 하물이 작업자의 머리 위로 통과하지 않도록 할 것
⑤ 인양할 하물이 보이지 아니하는 경우에는 어떠한 동작도 하지 아니할 것(신호하는 사람에 의하여 작업을 하는 경우는 제외한다)

**02** 화면에서 작업자는 휴대용 연삭기로 연마작업 중이다. 휴대용 연삭기 작업 시 감전방지 대책 2가지를 적으시오. (4점)

**화면 설명** • 작업자는 강재에 물을 뿌리며 연마작업 중이다. 바닥에는 물기가 많은 상태이며, 전선의 접속부는 고무장갑으로 감싼 채 물기 있는 바닥에 방치되어 있다. 작업자는 고무장갑을 착용하고 작업하고 있으며, 방진마스크는 미착용한 상태이다.

**Answer & Explanation**

① 누전차단기를 설치할 것
② 전선의 접속부는 충분히 피복하거나 적합한 접속기구(접지형 콘센트 및 플러그)를 사용할 것
③ 젖은 손으로 전기기계·기구를 조작하지 않을 것(젖은 손으로 플러그를 꽂거나 제거하지 않을 것)

> **참고하기**
> 연삭기는 날이 회전하는 기계로 장갑은 착용하지 않는 것이 적합하다.

## 03
아파트 창틀에서 두 명의 작업자가 발판을 설치하는 작업을 하고 있다. 한 작업자가 발판을 건네주고 다른 작업자가 설치하려고 이동하던 중 바닥으로 추락사고가 발생하였다. 주변 정리정돈이 되어있지 않고, 작업자가 밟고 있던 콘크리트 부스러기가 함께 떨어지는 장면을 보여준다. 위 사고에서 추락의 원인 3가지를 적으시오. (6점)

**Answer & Explanation**

> ① 안전대 미착용
> ② 추락방호망 미설치(또는 불량)
> ③ 안전난간 미설치(또는 불량)
> ④ 주변 정리정돈 불량

**주의** 동영상을 확인하고 답을 적으세요.

## 04
화면에서 작업자는 샌드페이퍼 작업을 하고 있다. 작업의 위험요인 3가지를 적으시오. (6점)

**화면 설명 ●** 작업자는 면장갑을 착용하고 있으며 화면에서 작업자는 샌드페이퍼(사포)를 손으로 지지하며 작업하던 중 손이 말려들어가는 장면을 보여준다.

**Answer & Explanation**

> ① 샌드페이퍼(사포)를 손으로 지지하였다.(손이 말려들 위험있다.)
> ② 작업자가 면장갑을 착용하였다.
> ③ 위험점에(회전부) 덮개가 설치되지 않았다.

> **참고하기**

**05** 화면에서 작업자는 면장갑을 착용한 채 회전하는 롤러기의 이물질을 제거하고 있다. 이물질을 손으로 제거하던 중 작업자의 손이 롤러에 말려드는 사고가 발생하였다. (4점)

> **화면 설명** ● 작업자는 롤러기의 전원을 끈 상태에서 롤러기 내부 수리를 한다. 수리를 마친 후 전원을 켜고 롤러기를 가동시키던 중 이물질을 발견하고 장갑을 낀 손으로 이물질을 제거하다 롤러에 손이 끼인다.

(1) 이 사고의 핵심 위험요인 2가지를 적으시오.
(2) 작업 안전대책 2가지를 적으시오.

**Answer & Explanation**

(1) 사고의 핵심위험요인
  ① 롤러의 전원을 차단하지 않고 이물질을 제거하였다.
  ② 롤러기에 인터록장치가 설치되지 않았다.
    (롤러의 가드를 제거할 경우 롤러가 작동하지 않는 인터록장치를 설치하여야 한다.)
  ③ 롤러의 물림점에 가드가 설치되지 않았다.
  ④ 이물질 제거 시 전용공구(수공구)를 사용하지 않고 손으로 제거했다.
  ⑤ 작업자가 장갑을 착용하고 이물질을 제거했다.(화면에서 장갑을 착용한 경우만 해당)

(2) 안전작업 사항
  ① 롤러기 운전을 정지하고 이물질을 제거한다.
  ② 롤러기에 인터록 장치를 설치한다.
  ③ 롤러의 물림점에 가드를 설치한다.
  ④ 이물질 제거 시 전용공구(수공구)를 사용한다.
  ⑤ 이물질 제거 시 장갑 착용을 금지한다.

**06** 화면에서 작업자는 전동권선기에 동선을 감는 작업을 하고 있다. 작업 중 기계가 정지하여 전원을 차단하지 않고 점검 중 발생한 재해이다. (1) 재해 발생형태와 (2) 재해 원인 2가지를 적으시오. (5점)

> **화면 설명** ● 작업자가 전동권선기에 동선(코일)을 감는 작업을 하고 있다. 기계가 작동을 멈추자 기계를 점검하기 위하여 분전반을 열고 전선과 연결된 부분을 만지는 순간 감전되어 쓰러진다.

**Answer & Explanation**

(1) 재해 발생형태 : 전류접촉(감전)

(2) 재해 원인
  ① 전원을 차단하지 않고 기계점검을 실시했다.
  ② 작업자가 절연장갑을 착용하지 않았다.
  ③ 작업시작 전 기계점검을 실시하지 않았다.(3가지를 적으라는 경우만 작성할 것)

> **참고하기**

사진 출처 : 극동ENG

**주의** 반드시 동영상을 확인하고 답을 적으세요.

기계 점검 중 감전된 경우가 아니고 점검 중 손이 끼인 경우라면
(1) 재해 발생형태 : 끼임
(2) 재해 원인
　① 전원을 차단하지 않고 기계 점검을 실시했다.
　② 면장갑을 착용하고 기계 점검을 실시했다.

**07** 화면에서 작업자는 에어 콤프레셔로 기계의 먼지를 털어내는 중이다. 화면에서 작업자가 착용하여야 하는 보호구 2가지를 적으시오. (4점)

> **화면 설명** • 기계 청소작업 중 갑자기 먼지가 눈에 들어가며 작업자가 소리를 지르는 장면이다.

**Answer & Explanation**

① 보안경
② 방진마스크

**08** 화면에서는 두 작업자가 작업을 하고 있다. 한 작업자가 변압기의 2차 전압을 측정하기 위해 다른 작업자에게 전원을 투입하라는 신호를 보낸다. 2차 전압측정 후 전원을 차단하라는 신호를 보내고 측정기를 철거하던 중 감전이 발생한다. 이때 작업자는 맨손이며, 슬리퍼를 신고 있다. 이 동영상에서 내재되어 있는 핵심위험요인 2가지를 적으시오. (4점)

> ① 작업자가 절연장갑을 착용하지 않았다.
> ② 작업자 간의 신호전달이 제대로 이뤄지지 않았다.
> ③ 측정기를 철거하기 전에 정전 여부를 확인하지 않았다.

주의 동영상을 확인하고 답을 적으세요.

**09** 화면에서는 이동식 비계 위에서의 작업을 보여준다. 이동식 비계 작업의 준수사항(구조) 3가지를 적으시오. (6점)

> ① 바퀴에는 갑작스러운 이동 또는 전도를 방지하기 위하여 브레이크·쐐기 등으로 바퀴를 고정시킨 다음 비계의 일부를 견고한 시설물에 고정하거나 아웃트리거를 설치할 것
> ② 승강용 사다리는 견고하게 설치할 것
> ③ 비계의 최상부에서 작업을 할 때에는 안전난간을 설치할 것
> ④ 작업발판은 항상 수평을 유지하고 작업발판 위에서 안전난간을 딛고 작업을 하거나 받침대 또는 사다리를 사용하여 작업하지 않도록 할 것
> ⑤ 작업발판의 최대적재하중은 250킬로그램을 초과하지 않도록 할 것

## 2021. 2회 2부

# 산업안전기사

시험시간 : 1시간 정도

**01** 화면은 컴퓨터 단말기(VDT) 작업을 보여준다. 화면의 작업에서 옳지 못한 포인트를 3가지를 찾아 바른 자세로 수정하시오. (6점)

**Answer & Explanation**

① 모니터 위치 불량 : 모니터를 보기 편한 위치로 조정해야 한다. (시선 : 수평면 아래 10~15°)
② 키보드 조작 위치 불량 : 키보드를 조작하기 편한 위치로 조정해야 한다.
　(팔뚝과 위팔 사이 각도 : 90° 이상)
③ 의자 앉은 자세 불량 : 의자에 깊숙이 앉아야 한다. (무릎 굽힘 각도 : 90° 정도)

**참고하기**

그림 출처 : https://3sun.tistory.com/323

**02** 화면에서 작업자는 섬유기계 작업을 하고 있다. 해당 작업 시 작업자가 착용하여야 할 보호구를 3가지 적으시오. (6점)

> **화면 설명** • 섬유기계 작업 중 갑자기 기계가 멈추자 작업자가 전원을 차단하지 않고 면장갑을 착용한 채 회전체의 덮개를 열고 안을 들여다보며 점검하던 중 갑자기 기계가 작동하며 손이 끼이는 사고가 발생한다. 작업자는 안전모 대신 일반 모자를 착용하고 있다.

**Answer & Explanation**

① 안전모
② 안전화
③ 보안경
④ 방진마스크(먼지가 많을 경우)
⑤ 귀마개 또는 귀덮개(소음이 심한 경우)

> **주의** 반드시 동영상을 확인하고 답을 적으세요.

**03** 호이스트를 이용하여 변압기를 트럭에 하역작업 중 변압기가 흔들리며 떨어져 작업자가 맞는 사고가 발생한다. (1) 재해 유형 및 (2) 재해 원인 2가지를 적으시오. (5점)

> **화면 설명** • 변압기를 1줄 걸이로 트럭에 싣던 중 변압기가 흔들리며 아래로 떨어진다. 작업자는 한 손으로 조작스위치를 조작하고 다른 손으로는 흔들리는 변압기를 잡고 있다. 훅에는 해지장치가 없으며 작업장 바닥은 정리정돈이 안된 상태이다.

**Answer & Explanation**

(1) 재해 유형 : 맞음

(2) 재해 원인
① 줄걸이 방법 불량(1줄 걸이로 운반하여 화물이 균형을 잃고 떨어질 위험 있다.)
② 보조로프로 흔들림을 방지하지 않았다.
③ 훅에 해지장치가 설치되지 않았다.
④ 주변 정리정돈이 불량하다.

◉ **참고하기**

• **호이스트** : 중량물을 달아 올리거나 감아올리는 기계, 비교적 소형 화물을 들어 옮긴다.

사진 출처 : Alibaba.com

> **주의** 동영상을 확인하고 답을 적으세요.

## 04 [보기]의 기계·기구에 설치하여야 하는 방호장치명을 1가지씩 적으시오. (6점)

> **보기**
> (1) 컨베이어
> (2) 선반의 회전부
> (3) 연삭기

**Answer & Explanation**

(1) 컨베이어
　① 비상정지장치
　② 이탈 등의 방지장치
　③ 덮개 또는 울
(2) 선반의 회전부 : 쉴드(칩비산 방지 덮개)
(3) 연삭기 : 덮개

## 05 화면을 보고 지게차 주행작업 중 우려되는 사고위험요인 2가지를 적으시오. (4점)

**화면 설명 ●** 지게차 포크에 화물을 2단으로 적재하고 로프로 고정하지 않아 맨 위의 화물이 흔들리며 운행하던 중 지나가던 다른 작업자가 화물에 맞는 사고가 발생한다.

**Answer & Explanation**

① 화물을 불안정하게 적재하여 화물이 떨어질 위험 있다.
② 화물을 너무 높이 적재하여 운전자 시야를 가려 위험하다.
③ 운전자 시야가 확보되지 않은 경우에는 유도자를 배치하여 지게차를 유도하여야 하나 배치하지 않아 위험하다.
④ 지게차 운행 경로에 작업자 출입금지 조치를 하지 않았다. (출입금지를 하지 않아 지게차와 작업자 충돌 위험 있다.)

## 06 화면에서 작업자는 가설통로 설치작업 중이다. 가설통로의 구조를 4가지 적으시오. (4점)

**Answer & Explanation**

① 견고한 구조로 할 것
② 경사는 30도 이하로 할 것
③ 경사가 15도를 초과하는 때는 미끄러지지 아니하는 구조로 할 것
④ 추락의 위험이 있는 장소에는 안전난간을 설치할 것
⑤ 수직갱 : 길이가 15미터 이상인 때에는 10미터 이내마다 계단참을 설치할 것
⑥ 건설공사에 사용하는 높이 8미터 이상인 비계다리 : 7미터 이내 마다 계단참을 설치할 것

**07** 화면은 항타기, 항발기 작업을 보여준다. 항타기. 항발기로 땅을 굴착한 후 전주를 세우는 과정에서 인접 활선전로에 접촉하여 스파크가 일어난다. 충전전로 인근에서 항타기, 항발기 작업 시 감전 위험 방지를 위한 조치사항 3가지를 적으시오. (6점)

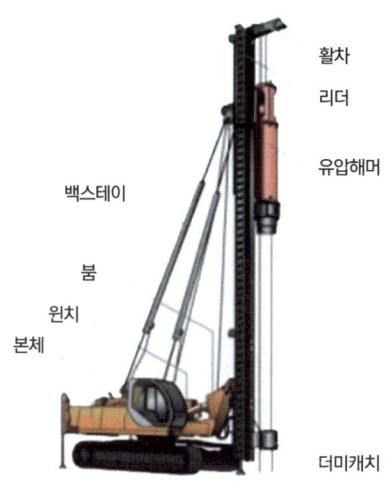

🚨 그림 출처 : 안전보건공단 교육자료, "항타기 항발기 운전자 안전보건교육", p4.

**Answer & Explanation**

① 충전전로 인근에서 차량, 기계장치 등의 작업이 있는 경우에는 **차량등을 충전전로의 충전부로부터 300 센티미터 이상 이격시켜** 유지시키되, 대지전압이 50킬로볼트를 넘는 경우 이격거리는 10킬로볼트 증가할 때마다 10센티미터씩 증가시켜야 한다.
② **절연용 방호구를 설치**한 경우에는 이격거리를 절연용 방호구 앞면까지로, 차량 등의 가공 붐대의 버킷이나 끝부분 등이 절연되어 있고 유자격자가 작업을 수행하는 경우의 이격거리는 접근 한계거리까지로 할 수 있다.
③ **방책을 설치하거나 감시인 배치** 등의 조치를 하여야 한다.
④ 접지된 차량 등이 충전전로와 접촉할 우려가 있을 경우에는 **지상의 근로자가 접지점에 접촉하지 않도록 조치**하여야 한다.

**암기법**

1. 이격거리 : 충전부로부터 300cm 이상, 대지전압 50kV 초과 시 – 10kV 증가 시마다 10cm씩 증가
2. 울타리 설치, 감시인 배치
3. 근로자가 접지점에 접촉하지 않도록 조치

## 08
화면에서 작업자는 전주의 발판에 올라서서 변압기 볼트를 조이는 작업을 하던 중 떨어지는 사고를 당한다. 작업에 존재하는 위험요인 2가지를 적으시오. (4점)

**화면 설명 •** 전봇대의 발판을 딛고 작업하고 있으며 안전대를 착용하고 있으나 안전대를 전주에 고정하지 않은 상태이다.

**Answer & Explanation**

① 작업발판이 불안하여 떨어짐 위험이 있다. (전주의 발판에 올라서서 작업하여 떨어짐 위험이 있다.)
② 안전대를 전주에 고정하지 않아 떨어짐 위험이 있다.
③ 작업자가 절연장갑을 착용하지 않아 감전 위험이 있다.

### 참고하기

| 전주의 발판에서 작업(떨어짐 위험) | 작업대 사용(안전한 방법) |

사진 출처 : 미디어오늘 뉴스, "비 오는 날 전봇대, '비닐장갑'으로 올라가라면 하시겠습니까?", 2014.07.25.

사진 출처 : e대한경제 뉴스, "한전-전기공사업계, 간접활선공구 도입 놓고 '평행선'", 2019.01.23.

**09** 화면에서는 이동식 비계에서 작업하는 모습을 보여준다. 화면에서의 작업 위험요인 2가지를 적으시오. (4점)

> **화면 설명 •** 이동식 비계에 안전난간이 없으며, 바퀴는 고정이 안 되어 작업 중 비계가 움직인다. 목재로 된 작업발판이 고정되지 않은 채 비계에 걸쳐져 있다.

**Answer & Explanation**

① 이동식 비계에 안전난간 미설치(안전난간이 미설치되어 작업자 떨어짐이 우려된다.)
② 이동식 비계 바퀴를 고정하지 않았다.
    (바퀴는 브레이크·쐐기 등으로 고정시킨 다음 아웃트리거를 설치하여야 하나 이를 준수하지 않았다.)
③ 작업발판 설치 불량(발판을 고정하지 않아 작업자 떨어짐이 우려된다.)

### 참고하기

- **이동식비계의 구조**
    ① 바퀴에는 갑작스러운 이동 또는 전도를 방지하기 위하여 브레이크·쐐기 등으로 바퀴를 고정시킨 다음 비계의 일부를 견고한 시설물에 고정하거나 아웃트리거를 설치할 것
    ② 승강용 사다리를 설치하지 않았다.
    ③ 비계의 최상부에서 작업을 할 때에는 안전난간을 설치하여야 하나 설치하지 않았다.
    ④ 작업발판은 수평을 유지하고 작업발판 위에서 안전난간을 딛고 작업을 하거나 받침대 또는 사다리를 사용하여 작업하지 않아야 하나 이를 준수하지 않았다.

## 2021. 2회 3부

# 산업안전기사

시험시간 : 1시간 정도

**01** 화면에서는 지게차 작업을 보여준다. 지게차와 같은 차량계 하역운반기계를 사용하여 작업하는 경우 작성하여야 하는 작업계획서에 포함하여야 할 내용을 2가지 적으시오. (4점)

**Answer & Explanation**

① 해당 작업에 따른 추락·낙하·전도·협착 및 붕괴 등의 위험 예방대책
② 차량계 하역운반기계 등의 운행경로 및 작업방법

**02** 화면에서 작업자는 마그네틱 크레인으로 금형을 옮기는 작업을 하고 있다. 작업자가 한손으로 스위치를 조작하며 다른 손으로 금형을 잡고 이동하던 중 스위치를 잘못 건드려 금형이 발에 떨어지는 사고를 당한다. (크레인 훅에는 해지장치가 없는 상태이며, 작업자는 안전모 미착용, 면장갑을 착용하고 있는 상태이다.) 화면에서와 같은 크레인으로 화물을 옮기는 작업에서의 위험요인 3가지를 적으시오. (6점)

**Answer & Explanation**

① 한 손으로 스위치를 조작하며 다른 손으로 금형을 잡고 이동하고 있어 스위치 오조작이 우려된다. (불안전한 행동을 할 위험 있다.)
② 크레인에 해지장치가 없어 화물이 떨어질 위험 있다.
③ 안전모를 미착용하여 화물에 머리를 다칠 위험 있다

## 참고하기

- 마그네틱 크레인 훅의 해지장치

사진 출처 : Mag Switch

**03** 화면에서 두 명의 작업자가 작동 중인 경사 컨베이어에서 포대를 컨베이어 위로 올리는 작업을 하고 있다. 한 작업자는 컨베이어 양쪽 끝부분에 올라서서 포대를 받을 준비를 하고 있으며, 다른 작업자는 컨베이어 아래에서 포대를 올려주고 있다. 컨베이어 위에 서 있던 작업자의 발이 포대에 맞아 넘어지며 작업자의 팔이 컨베이어에 끼이는 사고가 발생한다. 화면에서의 작업에서 작업자 측면의 문제점(작업 시의 위험요인) 2가지를 적으시오. (4점)

### Answer & Explanation

① 컨베이어 전원을 차단하지 않고 작업했다.
② 안전한 작업발판을 확보하지 않고 작동 중인 컨베이어 위에서 작업했다.
③ 작업자가 안전모, 안전화를 착용하지 않았다.(보호구를 착용하지 않은 경우만 해당)

## 참고하기

- 운반하역 표준안전작업지침
  운전 중 컨베이어 자체의 운반물 처리는 기계적인 방법으로 하여야 하며 구조상 그와 같은 방법을 설치할 수 없을 때에는 운전을 멈추고 처리하여야 한다. 부득이 운전 중에 운반물을 처리할 필요가 있을 때에도 구동부, 테이크업, 작업장소의 안전울 내에서의 작업은 절대 금지하여야 한다.

[컨베이어 작업발판]

사진 출처 : ㈜ 세움시스콘

## 04
화면에서 작업자는 크랭크 프레스로 철판에 구멍을 뚫는 작업을 하고 있다. 프레스의 작업 시작 전 점검사항 3가지를 적으시오. (6점)

**Answer & Explanation**

① 클러치 및 브레이크 기능
② 크랭크축·플라이 휠·슬라이드·연결 봉 및 연결 나사의 볼트 풀림 유무
③ 1행정 1정지 기구·급정지 장치 및 비상 정지 장치의 기능
④ 슬라이드 또는 칼날에 의한 위험 방지 기구의 기능
⑤ 프레스의 금형 및 고정 볼트 상태
⑥ 당해 방호 장치의 기능
⑦ 전단기의 칼날 및 테이블의 상태

## 05
1만 볼트의 고압이 인가된 배전반 작업 중 재해가 발생하였다. (1) 재해 발생형태를 적으시오. (2) 가해물을 적으시오. (5점)

**화면 설명**• 한 작업자가 배전반의 앞쪽에서 절연내력 시험을 하고 있고 다른 작업자는 이동하는 모습을 보여준다. 작업자가 절연내력 측정을 하던 중 갑자기 일어나 뒤쪽으로 이동하며 뒤쪽에서 쓰러진 작업자를 발견한다.

**Answer & Explanation**

(1) 재해 발생형태 : 감전(전류접촉)
(2) 가해물
  • 배전반(배전반에 접촉하여 감전된 경우)
  • 볼트(볼트에 접촉하여 감전된 경우)

**참고하기**

• 가해물은 동영상을 확인하세요.
• 전기(접촉물 없이 유도전류에 의해 감전된 경우)
• 전선(전선을 만지던 중 감전된 경우)

**주의** 동영상에서 작업자가 접촉한 부분이 가해물이 된다. 영상을 확인하세요.

## 06

[보기]는 충전전로에서 전기작업을 하는 경우 조치사항에 관한 내용이다. 괄호에 적합한 내용을 적으시오. (4점)

> **보기**
> - 충전전로를 취급하는 근로자에게 그 작업에 적합한 ( ① )를 착용시킬 것
> - 충전전로에 근접한 장소에서 전기작업을 하는 경우에는 해당 전압에 적합한 ( ② )를 설치할 것. 다만, 저압인 경우에는 해당 전기작업자가 ( ① )를 착용하되, 충전전로에 접촉할 우려가 없는 경우에는 ( ② )를 설치하지 아니할 수 있다.

**Answer & Explanation**

① 절연용 보호구
② 절연용 방호구

**참고하기**

- 충전전로에서의 전기작업(활선작업) 시의 조치
  ① 근로자에게 **절연용 보호구를 착용**시킬 것
  ② 충전전로에 **절연용 방호구를 설치**할 것
  ③ **고압 및 특별고압의 전로**에서 전기작업을 하는 근로자에게 **활선작업용 기구 및 장치를 사용**하도록 할 것
  ④ 절연용 방호구의 설치·해체작업 시 절연용 보호구를 착용하거나 활선작업용 기구 및 장치를 사용하도록 할 것
  ⑤ 유자격자가 아닌 근로자가 충전전로 인근의 높은 곳에서 작업할 때에 근로자의 몸 또는 긴 도전성 물체가 방호되지 않은 충전전로에서 **대지전압이 50킬로볼트 이하인 경우에는 300센티미터 이내로, 대지전압이 50킬로볼트를 넘는 경우에는 10킬로볼트당 10센티미터씩 더한 거리 이내로** 각각 접근할 수 없도록 할 것

## 07

화면에서 작업자는 샌드페이퍼 작업을 하고 있다. 손이 말려들어가는 부분에 존재하는 위험점의 종류와 정의를 적으시오. (4점)

**화면 설명** ● 작업자는 면장갑을 착용하고 있으며 화면에서 작업자는 샌드페이퍼(사포)를 손으로 지지하며 작업하던 중 손이 말려들어가는 장면을 보여준다.

**Answer & Explanation**

① 위험점의 종류 : 접선물림점 또는 끼임점 또는 회전말림점
② 정의
  • 끼임점 : 고정부분과 회전하는 동작 부분 사이에서 형성되는 위험점
  • 접선 물림점 : 회전하는 부분의 접선 방향으로 물려 들어가는 위험점
  • 회전 말림점 : 회전하는 물체에 작업복, 머리카락 등이 말려 들어가는 위험점

**주의** 위험점의 종류는 동영상에서 손이 말려드는 부분을 확인하세요.

> 참고하기

끼임점
접선물림점

회전 말림점

사진 출처 : AliExpress

**08** 영상에서 작업자는 혼자 피복아크 용접을 하고 있다. 작업에 존재하는 위험요인 3가지를 적으시오. (6점)

> 화면 설명 ● 주변에는 인화성 물질로 보이는 드럼통이 놓여있고 바닥에는 정리정돈이 안 된 상태이며 용접불꽃이 주변으로 튀는 장면을 보여준다. 작업자는 용접용 보안면, 가죽장갑, 용접용 앞치마를 착용한 상태이다.

사진 출처 : 안전보건공단 블로그 안젤이

**Answer & Explanation**

① 인근 가연성물질에 대한 방호조치를 하지 않아 화재의 위험 있다.
② 용접불티 비산방지덮개, 용접방화포 등 불꽃, 불티 등 비산방지조치를 하지 않았다. (화재의 위험 있다.)
③ 용접 흄, 용접 시 발생되는 유해가스 제거를 위한 환기를 실시하지 않았다.
④ 작업장소 인근에 소화기가 비치되지 않았다. (소화기가 비치되지 않은 경우만 해당)

## 참고하기

- **피복아크 용접** : 피복제를 입힌 용접봉에 전류를 가해서 발생하는 Arc열로 용접을 한다.

그림 출처 : 안전보건공단 교육자료

**09** 화면에서 작업자는 비커에 담긴 황산을 집게로 집어 다른 기구로 옮기던 중 기구가 깨지며 황산이 튀는 사고가 발생하였다. 작업자가 착용하여야 하는 보호구의 종류 3가지를 적으시오. (6점)

**Answer & Explanation**

① 방독마스크
② 화학물질용 안전장갑(불침투성 보호장갑)
③ 화학물질용 안전화(불침투성 보호장화)
④ 화학물질용 보호복(불침투성 보호복)
⑤ 보안경

# 산업안전기사

**2021. 3회 1부**

시험시간 : 1시간 정도

**01** 타워크레인 작업을 하는 경우에는 악천후 시 작업을 중지하여야 한다. 물음에 해당하는 작업 중지 조건을 적으시오. (4점)

> **보기**
> (1) 타워크레인의 운전 작업을 중지하여야 하는 풍속조건
> (2) 타워크레인의 설치·수리·점검 또는 해체작업을 중지하여야 하는 풍속조건

**Answer & Explanation**

(1) 초당 15미터(15m/s) 초과
(2) 초당 10미터(10m/s) 초과

**참고하기**

• 악천후 시 조치
① 순간풍속이 매초당 10미터를 초과하는 경우 : 타워크레인의 설치·수리·점검 또는 해체작업을 중지
② 순간풍속이 매초당 15미터를 초과하는 경우 : 타워크레인의 운전작업을 중지
③ 순간풍속이 초당 30미터를 초과하는 바람이 불거나 중진(中震) 이상 진도의 지진이 있은 후 : 옥외 양중기의 각 부위 이상 점검
④ 순간풍속이 초당 30미터를 초과하는 경우 : 옥외 주행 크레인의 이탈방지 조치
⑤ 순간풍속이 초당 35미터를 초과하는 경우 : 건설용 리프트(지하에 설치되어 있는 것은 제외) 및 승강기의 붕괴 등을 방지하기 위한 조치

## 02

교류아크 용접작업 중 재해가 발생한 사례이다. 작업자를 보호하기 위하여 착용하여야 하는 보호구 4가지를 적으시오. (4점)

**화면 설명** • 작업자는 일반 모자와 면장갑을 착용하고 있으며, 1회 용접을 한 후 용접슬러지를 제거하고 육안으로 확인한다. 다시 교류아크용접을 시작하는 순간 감전으로 쓰러진다.

**Answer & Explanation**

① 안전모(AE, ABE형)
② 용접용 보안면
③ 절연장갑
④ 절연화

## 03

동영상에서는 해체작업을 하고 있다. 구축물, 건축물, 그 밖의 시설물 등의 해체작업 시 작성하여야 하는 해체계획에 포함되어야 할 사항 3가지를 적으시오. (6점)

**Answer & Explanation**

① 해체방법, 해체순서 도면
② 가설설비, 방호설비, 살수, 방화설비 등 설비방법
③ 사업장내 연락방법
④ 해체물 처분계획
⑤ 해체작업용 기계·기구 등의 작업계획서
⑥ 해체작업용 화약류 등의 사용계획서

## 04

화면에서 작업자는 단무지 공장에서 작업을 하고 있다. 무릎정도 물이 차 있는 상태에서 수중 펌프를 작동함과 동시에 작업자가 접속 부위에 감전되는 사고를 당한다. 재해 예방 대책 3가지를 적으시오. (6점)

**Answer & Explanation**

① 누전차단기를 설치할 것
② 전선은 충분한 절연 효과가 있는 것을 사용할 것
③ 전선의 접속부는 충분히 피복하거나 적합한 접속기구(접지형 콘센트 및 플러그)를 사용할 것
④ 전선은 절연피복 손상, 노화로 인한 감전방지 위해 필요한 조치를 할 것

## 05
다음 [보기]의 설명은 낙하물 방지망의 설치 기준에 관한 내용이다. 괄호에 적합한 내용을 적으시오. (5점)

> **보기**
> 1. 설치 높이는 ( ① )미터 이내마다 설치하고, 내민 길이는 벽면으로부터 ( ② )미터 이상으로 할 것
> 2. 수평면과의 각도는 ( ③ )를 유지할 것

**Answer & Explanation**

① 10
② 2
③ 20도 이상 30도 이하

**참고하기**

| 낙하물 방지망 또는 방호선반을 설치 시 준수사항 | 추락방호망의 설치 기준 |
|---|---|
| ① 설치 높이는 10미터 이내마다 설치하고, 내민 길이는 벽면으로부터 2미터 이상으로 할 것<br>② 수평면과의 각도는 20도 이상 30도 이하를 유지할 것 | ① 추락방호망의 설치 위치는 가능하면 작업면으로부터 가까운 지점에 설치하여야 하며, 작업면으로 부터 망의 설치지점까지의 수직거리는 10미터를 초과하지 아니할 것<br>② 추락방호망은 수평으로 설치하고, 망의 처짐은 짧은 변 길이의 12퍼센트 이상이 되도록 할 것<br>③ 건축물 등의 바깥쪽으로 설치하는 경우 망의 내민 길이는 벽면으로부터 3미터 이상 되도록 할 것 |

## 06
터널 내부에서의 굴착작업을 보여준다. 근로자가 노출될 수 있는 위험요인 2가지를 적으시오. (4점)

> **화면 설명** • 터널 내에서 굴착한 토사를 컨베이어로 운반 중이다. 컨베이어에는 덮개, 울이 설치되지 않은 상태이다. TBM 기계 주변으로 방진마스크를 착용하지 않은 근로자가 이동하고 있으며, 분진이 많이 날리는 모습을 보여준다.

Answer & Explanation

① 작업장 내의 분진에 의한 진폐증 등 직업병이 발생할 위험이 있다.
② 작업장 내의 소음에 의한 소음성난청이 발생할 위험이 있다.
③ 신선한 공기를 공급할 수 있는 환기장치가 설치되지 않아 산소결핍의 위험이 있다.
 (동영상을 확인하고 작성할 것)

**07** 화면에서 작업자는 면장갑을 착용한 채 회전하는 롤러기의 이물질을 제거하고 있다. 이물질을 손으로 제거하던 중 작업자의 손이 롤러에 말려드는 사고가 발생하였다. 다음 물음에 답하시오. (4점)

화면 설명 • 작업자는 롤러기의 전원을 끈 상태에서 롤러기 내부수리를 한다. 수리를 마친 후 전원을 켜고 롤러기를 가동시키던 중 이물질을 발견하고 장갑을 낀 손으로 이물질을 제거하다 롤러에 손이 끼인다.

(1) 위험점의 종류 :

(2) 위험점의 정의 :

| 인쇄윤전기(롤러기) | 물림점 |
|---|---|
|  | 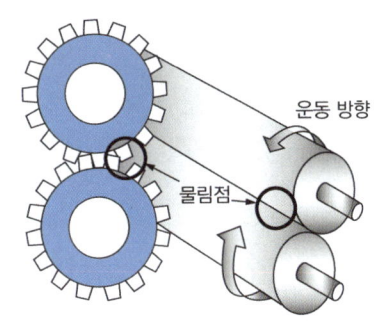 |

사진 출처 : 위키백과

Answer & Explanation

(1) 위험점의 종류 : 물림점
(2) 정의 : 회전하는 두 개의 회전체에 물려 들어가는 위험점

## 08
화면에서는 지게차 작업을 보여준다. 지게차의 작업 시작 전 점검사항 3가지를 적으시오. (6점)

**Answer & Explanation**

① 제동장치, 조종장치 이상 유무
② 하역장치, 유압장치 이상 유무
③ 바퀴의 이상 유무
④ 전조등, 후미등, 방향지시기, 경보장치의 이상 유무

## 09
화면은 방열복을 보여준다. 방열복 내열원단의 시험 성능기준 중 다음 물음에 답하시오. (6점)

> **보기**
> 1. 난연성 : 잔염 및 잔진 시간이 ( ① ) 미만이고 녹거나 떨어지지 말아야 하며, 탄화길이가 ( ② ) 이내일 것
> 2. 절연저항 : 표면과 이면의 절연저항이 ( ③ ) 이상일 것
> 3. 내열성 : 균열 또는 부풀음이 없을 것

**Answer & Explanation**

① 2초
② 102mm
③ 1MΩ

**2021. 3회 2부**

# 산업안전기사

시험시간 : 1시간 정도

**01** 화면에서는 컨베이어 작업을 보여준다. 컨베이어의 작업시작 전 점검사항 3가지를 적으시오. (6점)

**Answer & Explanation**

① 원동기 및 풀리 기능의 이상 유무
② 이탈 등의 방지장치 기능의 이상 유무
③ 비상정지장치 기능의 이상 유무
④ 원동기·회전축·기어 및 풀리 등의 덮개 또는 울 등의 이상 유무

**02** [보기]는 충전전로에서 전기 작업을 하는 경우의 조치사항에 관한 내용이다. 괄호에 적합한 내용을 적으시오. (4점)

> **보기**
> • 충전전로를 취급하는 근로자에게 그 작업에 적합한 ( ① )를 착용시킬 것
> • 충전전로에 근접한 장소에서 전기작업을 하는 경우에는 해당 전압에 적합한 ( ② )를 설치할 것. 다만, 저압인 경우에는 해당 전기작업자가 ( ① )를 착용하되, 충전전로에 접촉할 우려가 없는 경우에는 ( ② )를 설치하지 아니할 수 있다.

**Answer & Explanation**

① 절연용 보호구
② 절연용 방호구

**03** 화면에서 작업자는 휴대용 연삭기로 연삭작업을 하고 있다. 이 작업에서 사용하는 휴대용 연삭기의 (1) 방호장치명, (2) 방호장치(덮개) 설치 각도를 적으시오. (4점)

**Answer & Explanation**

(1) 방호장치명 : 덮개
(2) 방호장치 설치 각도 : 덮개 설치각도 180도 이상(숫돌 노출각도 180도 이내)

🔄 **참고하기**

- 숫돌 노출각도
  ① 탁상용
    - 상부를 사용하는 경우 : 60° 이내
    - 수평면 이하에서 연삭 : 125° 이내
    - 최대 원주 속도가 초당 50m 이하인 경우 : 90° 이내(주축면 위로 50°)
    - 그 외 탁상용 연삭기 : 80° 이내(주축면 위로 65°)
  ② 절단기, 평면형 연삭기 : 150° 이내
  ③ 휴대용, 원통형 연삭기 : 180° 이내


**04** 화면에서는 작업자가 LPG 저장소에서 스위치를 켜는 순간 폭발하는 장면을 보여준다. 다음 물음에 답하시오. (4점)

(1) LPG 저장소에 설치하는 가스 누출 감지경보기의 검지 센서의 적절한 설치위치를 적으시오.
(2) 가스 누출 감지경보기의 경보 설정치는 폭발하한계의 몇 %인가?

**Answer & Explanation**

(1) LPG의 비중이 공기보다 무거우므로 바닥에 인접한 낮은 곳
(2) 폭발하한계의 25% 이하

🔄 **참고하기**

1. 건축물 내에 설치되는 가스누출감지경보기는 감지대상 가스의 비중이 공기보다 무거운 경우에는 건축물 내의 하부에, 공기보다 가벼운 경우에는 건축물의 환기구 부근 또는 당해 건축물 내의 상부에 설치하여야 한다.
2. 가연성 가스 누출 감지경보기는 감지대상 가스의 폭발 하한계의 25% 이하, 독성가스 누출 감지경보기는 해당 독성가스의 허용농도 이하에서 경보가 울리도록 설정하여야 한다.

**05** 화면에서 작업자는 전주에 올라가다가 표지판에 부딪치며 추락하는 사고가 발생하였다. 위험요인 2가지를 적으시오. (4점)

> **Answer & Explanation**
>
> ① 작업자가 안전대를 착용하지 않았다.
> ② 작업발판이 불안하다.[활선작업용 장치(차량, 작업대)를 사용하지 않음]
> ③ 작업 전 주변 점검을 실시하지 않았다.

**06** 아파트 창틀에서 두 명의 작업자가 발판을 설치하는 작업을 하던 중 추락 사고가 발생한다. 추락의 원인 3가지를 적으시오. (6점)

> **화면 설명 ●** 한 작업자가 발판을 건네주고 다른 작업자가 설치하려고 이동하던 중 바닥으로 추락한다. 주변 정리정돈이 되어있지 않고, 작업자가 밟고 있던 콘크리트 부스러기가 함께 떨어지는 장면을 보여준다.

> **Answer & Explanation**
>
> ① 안전대 미착용
> ② 추락방호망 미설치(또는 불량)
> ③ 안전난간 미설치(또는 불량)
> ④ 주변 정리정돈 불량

**07** 화면에서 작업자는 비커에 담긴 황산을 집게로 집어 다른 기구로 옮기던 중 기구가 깨지며 황산이 튀는 사고가 발생하였다. 작업자가 착용하여야 하는 보호구의 종류 3가지를 적으시오. (5점)

> **Answer & Explanation**
>
> ① 방독마스크
> ② 화학물질용 안전장갑(불침투성 보호장갑)
> ③ 화학물질용 안전화(불침투성 보호장화)
> ④ 화학물질용 보호복(불침투성 보호복)
> ⑤ 보안경

## 08 화면에서 작업자는 드릴작업 중이다. 작업의 위험요인 3가지를 적으시오. (6점)

**화면 설명 •** 작은 공작물을 손으로 잡고 작업하던 중 공작물이 튀어 재해를 당하였다. 작업자는 작업 중 이물질을 입으로 불어 제거하고 있으며, 또한 손으로 이물질을 제거하려는 모습을 보여준다. 작업자는 보안경을 미착용하였고 면장갑을 낀 채 작업을 하고 있다.

**Answer & Explanation**

① 작은 공작물을 손으로 잡고 작업하였다.
  (공작물을 바이스를 사용하여 고정하지 않아 손을 다칠 위험 있다.)
② 면장갑을 착용하였다. (면장갑을 착용하여 손을 다칠 위험 있다.)
③ 보안경을 착용하지 않았다. (보안경을 착용하지 않아 눈을 다칠 위험 있다.)
④ 방진마스크를 착용하지 않았다.
  (방진마스크를 착용하지 않아 이물질 또는 칩이 호흡기로 들어갈 위험 있다.)
⑤ 이물질 제거 시 전원을 차단하지 않고 손으로 제거하였다.
  (이물질을 전원을 차단하지 않고 손으로 제거하여 손을 다칠 위험 있다.)

## 09 화면에서 작업자는 휴대용 연삭기로 연마작업 중이다. 휴대용 연삭기 작업 시 감전 방지 대책 3가지를 적으시오. (6점)

**화면 설명 •** 작업자는 강재에 물을 뿌리며 연마작업 중이다. 바닥에는 물기가 많은 상태이며, 전선의 접속부는 고무장갑으로 감싼 채 물기 있는 바닥에 방치되어 있다. 작업자는 고무장갑을 착용하고 작업하고 있으며, 방진마스크는 미착용한 상태이다.

**Answer & Explanation**

① 누전차단기를 설치할 것
② 전선의 접속부는 충분히 피복하거나 적합한 접속기구(접지형 콘센트 및 플러그)를 사용할 것
③ 젖은 손으로 전기기계·기구를 조작하지 않을 것(젖은 손으로 플러그를 꽂거나 제거하지 않을 것)

**참고하기**

연삭기는 날이 회전하는 기계로 장갑을 착용할 경우 보호용 가죽장갑을 착용하는 것이 적합하다.

**2021. 3회 3부**

# 산업안전기사

시험시간 : 1시간 정도

**01** 화면에서는 2명의 작업자가 고소작업대(또는 이동식 크레인)에서 작업하는 모습을 보여준다. 작업자는 니퍼 등의 공구로 작업하고 있으며 면장갑을 착용하고 있다. 작업에서의 위험요인 3가지를 적으시오.

> 화면 설명 • 붐대와 전선이 거의 닿을 정도로 가깝게 접근했다. 작업자 중 1명은 안전대와 안전모를 착용한 상태이며, 다른 1명은 안전모와 안전대를 미착용하고 면장갑을 끼고 작업하고 있다. 주변에는 복잡한 전선이 지나가고 있으며 아래로는 안전모를 쓴 다른 작업자가 지나가는 모습을 보여준다.

**Answer & Explanation**

① 차량(이동식 크레인)이 이격거리를 준수하지 않아 감전의 위험이 있다.
② 근로자가 절연용 보호구(절연모, 절연장갑)를 착용하지 않아 감전의 위험이 있다.
③ 주변 전선에 절연용 방호구를 설치하지 않아 감전의 위험이 있다.
④ 근로자가 안전대를 착용하지 않아 추락의 위험이 있다.

**02** 화면에서는 이동식 비계에서 작업하는 모습을 보여준다. 화면에서의 작업 위험요인 2가지를 적으시오. (4점)

> **화면 설명 •** 이동식 비계에 안전난간이 없으며, 바퀴는 고정이 안 되어 작업 중 비계가 움직인다. 목재로 된 작업발판이 고정되지 않은 채 비계에 걸쳐져 있다.

**Answer & Explanation**

① 이동식 비계에 안전난간 미설치(안전난간이 미설치되어 작업자 떨어짐이 우려된다.)
② 이동식 비계 바퀴를 고정하지 않았다.
  (바퀴는 브레이크·쐐기 등으로 고정시킨 다음 아웃트리거를 설치하여야 하나 이를 준수하지 않았다.)
③ 작업발판 설치불량(발판을 고정하지 않아 작업자 떨어짐이 우려된다.)

**03** 화면에서 작업자는 브레이크 라이닝 패드를 화학물질에 담그는 작업을 하고 있다. 근로자가 착용하여야 하는 보호구를 3가지 적으시오. (5점)

**Answer & Explanation**

① 방독마스크
② 화학물질용 안전장갑(불침투성 보호장갑)
③ 화학물질용 안전화(불침투성 보호장화)
④ 화학물질용 보호복(불침투성 보호복)
⑤ 보안경

**주의** • 브레이크 라이닝 패드를 제작 작업 → 석면 취급작업(특급 방진마스크)
• 브레이크 라이닝 패드를 화학물질에 담그는 작업 → 화학물질 취급작업(방독마스크)

**04** 화면에서는 두 작업자가 작업을 하고 있다. 한 작업자가 변압기의 2차 전압을 측정하기 위해 다른 작업자에게 전원을 투입하라는 신호를 보낸다. 2차 전압측정 후 전원을 차단하라는 신호를 보내고 측정기를 철거하던 중 감전이 발생한다. 이때 작업자는 맨손이며, 슬리퍼를 신고 있다. 이 동영상에서 내재되어 있는 핵심위험요인을 3가지를 적으시오. (6점)

**Answer & Explanation**

① 작업자가 절연장갑을 착용하지 않았다.
② 작업자 간의 신호전달이 제대로 이뤄지지 않았다.
③ 측정기를 철거하기 전에 정전 여부를 확인하지 않았다.

**주의** 동영상을 확인하고 답을 적으세요.

**05** 화면에서 작업자는 전주의 발판에 올라서서 변압기 볼트를 조이는 작업을 하던 중 떨어지는 사고를 당한다. 작업에 존재하는 위험요인 2가지를 적으시오. (4점)

> **화면 설명 ●** 전봇대의 발판을 딛고 작업하고 있으며 안전대를 착용하고 있으나 안전대를 전주에 고정하지 않은 상태이다.

**Answer & Explanation**

① 작업발판이 불안하여 떨어짐(추락) 위험이 있다.(전주의 발판에 올라서서 작업하여 떨어짐 위험이 있다.)
② 안전대를 전주에 고정하지 않아 떨어짐(추락) 위험이 있다.
③ 작업자가 절연장갑을 착용하지 않아 감전 위험이 있다.

**참고하기**

전주의 발판에서 작업(떨어짐 위험)

사진 출처 : 미디어오늘 뉴스, "비 오는 날 전봇대, '비닐장갑'으로 올라가라면 하시겠습니까?", 2014.07.25.

작업대 사용(안전한 방법)

사진 출처 : e대한경제 뉴스, "한전-전기공사업계, 간접활선공구 도입 놓고 '평행선'", 2019.01.23.

**06** 화면에서는 작업발판을 보여준다. 높이 2미터 이상인 작업 장소에 설치하여야 하는 작업발판의 설치 기준 중 작업발판의 폭과 발판 재료 간 틈의 적당한 간격을 적으시오. (4점)

**Answer & Explanation**

① 발판의 폭 : 40cm 이상
② 발판재료 간의 틈 : 3cm 이하

> 📌 **참고하기**

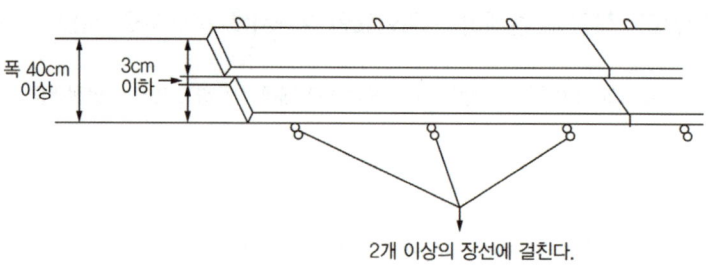

**07** 화면에서는 박공지붕 설치작업을 보여준다. 동영상에서와 같은 재해를 예방하기 위한 안전대책 3가지를 적으시오. (6점)

> 화면 설명 • 작업자들은 박공지붕 위에서 휴식을 취하며 커피를 마시고 있다. 주변에는 자재가 적재되어 있고 적재되어 있던 자재가 작업자에게 굴러떨어져 작업자 앞으로 넘어지는 장면을 보여준다. 작업자는 안전모, 안전화를 착용하고 안전대는 미착용한 상태이다. 추락방호망과 안전대도 미설치된 상태이다.

🔆 그림 출처 : 안전보건공단 "지붕공사 작업안전"

**Answer & Explanation**

① 작업자는 안전대를 착용하고 작업한다.
② 추락방호망을 설치한다.
④ 지붕 단부에 안전난간을 설치한다.
⑤ 자재를 한 곳에 과적하지 않는다.

> 참고하기

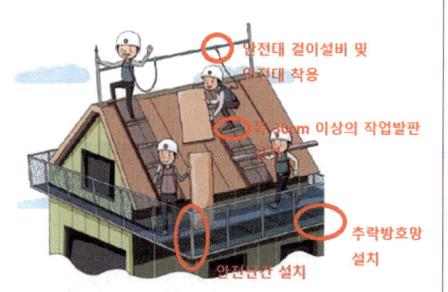

그림 출처 : 안전보건공단 "지붕공사 작업안전"

**08** 화면에서는 밀폐공간 작업을 보여준다. 밀폐공간에서의 작업 시 실시하여야 하는 특별교육의 내용 4가지를 적으시오. (단, 그 밖에 안전·보건관리에 필요한 사항은 제외한다.) (4점)

**Answer & Explanation**

① 산소농도 측정 및 작업환경에 관한 사항
② 사고 시의 응급처치 및 비상 시 구출에 관한 사항
③ 보호구 착용 및 보호 장비 사용에 관한 사항
④ 작업내용·안전작업방법 및 절차에 관한 사항
⑤ 장비·설비 및 시설 등의 안전점검에 관한 사항

**09** 동영상에서 작업자는 혼자 피복아크 용접을 하고 있다. 작업에 존재하는 위험요인 3가지를 적으시오.

> **화면 설명●** 주변에는 인화성 물질로 보이는 드럼통이 놓여있고 바닥은 정리 정돈이 안된 상태이며 용접불꽃이 주변으로 튀는 장면을 보여준다. 작업자는 용접용 보안면, 가죽장갑, 용접용 앞치마를 착용한 상태이다.

사진 출처 : 안전보건공단 블로그 안젤이

**Answer & Explanation**

① 인근 가연성물질에 대한 방호조치를 하지 않아 화재의 위험 있다.
② 용접불티 비산방지덮개, 용접방화포 등 불꽃, 불티 등 비산방지조치를 하지 않았다. (화재의 위험 있다.)
③ 용접 흄, 용접 시 발생되는 유해가스 제거를 위한 환기를 실시하지 않았다.
④ 작업장소 인근에 소화기가 비치되지 않았다. (소화기가 비치되지 않은 경우만 해당)

## 2022. 1회 1부

# 산업안전기사

시험시간 : 1시간 정도

**암기형**

**01** [보기]는 충전전로에서 전기작업을 하는 경우의 조치사항에 관한 내용이다. 괄호에 적합한 내용을 적으시오. (4점)

> **보기**
> - 충전전로를 취급하는 근로자에게 그 작업에 적합한 ( ① )를 착용시킬 것
> - 충전전로에 근접한 장소에서 전기작업을 하는 경우에는 해당 전압에 적합한 ( ② )를 설치할 것. 다만, 저압인 경우에는 해당 전기작업자가 ( ① )를 착용하되, 충전전로에 접촉할 우려가 없는 경우에는 ( ② )를 설치하지 아니할 수 있다.

**Answer & Explanation**

① 절연용 보호구
② 절연용 방호구

**참고하기**

- 충전전로에서의 전기작업(활선작업) 시의 조치
  ① 근로자에게 **절연용 보호구를 착용**시킬 것
  ② 충전전로에 **절연용 방호구를 설치**할 것
  ③ 고압 및 특별고압의 전로에서 전기작업을 하는 근로자에게 **활선작업용 기구 및 장치를 사용**하도록 할 것
  ④ 절연용 방호구의 설치·해체작업 시 **절연용 보호구 착용하거나 활선작업용 기구 및 장치를 사용**하도록 할 것
  ⑤ 유자격자가 아닌 근로자가 충전전로 인근의 높은 곳에서 작업할 때에 근로자의 몸 또는 긴 도전성 물체가 방호되지 않은 충전전로에서 **대지전압이 50킬로볼트 이하인 경우에는 300센티미터 이내로, 대지전압이 50킬로볼트를 넘는 경우에는 10킬로볼트당 10센티미터씩 더한 거리 이내로** 각각 접근할 수 없도록 할 것

02 화면에서 작업자 두 명은 피트에서 바닥에 고인 물을 퍼내는 작업 중이다. 영상에서와 같은 재해를 방지하기 위한 대책 2가지를 적으시오. (4점)

> 화면 설명 • 작업자 두 명은 안전모, 안전화를 착용한 채 양동이로 피트 내부에 고인 물을 퍼내고 있다. 작업자 1명이 몸을 숙이고 물을 퍼내어 다른 작업자에게 건네주는 작업을 반복하고 있다. 작업을 하던 중 작업자 1명이 몸의 균형을 잃고 피트 아래로 추락하려는 순간 다른 작업자가 잡아주는 모습을 보여준다.

사진 출처 : 구글 검색

**Answer & Explanation**

① 피트 주위에 안전난간 설치
② 작업자 안전대 착용하고 작업할 것

03 화면을 보고 습윤한 장소에서의 감전 재해 방지대책 3가지를 적으시오. (6점)

> 화면 설명 • 작업자들이 무채 작업을 하고 있는 장면이다. 작업자의 무릎 정도로 물이 차 있는 상태에서 전기기구를 손으로 쥐고 작업하고 있으며 이동 전선은 물속에 잠겨있는 상태이다.

사진 출처 : kbs뉴스, 극한직업

**Answer & Explanation**

① 누전차단기를 설치할 것
② 전선은 충분한 절연효과가 있는 것을 사용할 것
③ 전선의 접속부는 충분히 피복하거나 적합한 접속기구(접지형 콘센트 및 플러그)를 사용할 것
④ 전선은 절연피복 손상, 노화로 인한 감전 방지 위해 필요한 조치를 할 것

**04** 화면에서는 지게차 작업을 보여준다. 지게차의 작업시작 전 점검사항 3가지를 쓰시오. (6점)

**Answer & Explanation**

① 제동장치, 조종장치 이상 유무
② 하역장치, 유압장치 이상 유무
③ 바퀴의 이상 유무
④ 전조등, 후미등, 방향지시기, 경보장치의 이상 유무

**05** 밀폐공간에서 작업하는 경우 실시하여야 하는 특별교육의 내용 3가지를 적으시오. (6점)

**Answer & Explanation**

① 산소농도 측정 및 작업환경에 관한 사항
② 사고 시의 응급처치 및 비상 시 구출에 관한 사항
③ 보호구 착용 및 보호 장비 사용에 관한 사항
④ 작업내용·안전작업방법 및 절차에 관한 사항
⑤ 장비·설비 및 시설 등의 안전점검에 관한 사항
⑥ 그 밖에 안전·보건관리에 필요한 사항

## 06
화면에서 작업자는 면장갑을 착용한 채 회전하는 롤러기의 이물질을 제거하고 있다. 이물질을 손으로 제거하던 중 작업자의 손이 롤러에 말려드는 사고가 발생하였다. (4점)

(1) 이 사고의 핵심위험요인 2가지를 적으시오.
(2) 작업 안전대책 2가지를 적으시오.

**화면 설명** · 작업자는 롤러기의 전원을 끈 상태에서 롤러기 내부 수리를 한다. 수리를 마친 후 전원을 켜고 롤러기를 가동시키던 중 이물질을 발견하고 장갑을 낀 손으로 이물질을 제거하다 롤러에 손이 끼인다.

**Answer & Explanation**

(1) 사고의 핵심위험요인
① 롤러의 전원을 차단하지 않고 이물질을 제거하여 손을 다칠 위험 있다.
② 롤러기에 인터록장치가 미설치 되었다.
  (롤러의 가드를 제거할 경우 롤러가 작동하지 않는 인터록장치를 설치하여야 한다.)
③ 롤러의 물림점에 가드가 설치되지 않았다.
④ 이물질 제거 시 전용공구(수공구)를 사용하지 않고 손으로 제거했다.
⑤ 작업자가 장갑을 착용하고 이물질을 제거했다. (화면에서 장갑을 착용한 경우만 해당)

(2) 안전작업 사항
① 롤러기 운전을 정지하고 이물질을 제거한다.
② 롤러기에 인터록 장치를 설치한다.
③ 롤러의 물림점에 가드를 설치한다.
④ 이물질 제거 시 전용 공구(수공구)를 사용한다.
⑤ 이물질 제거 시 장갑 착용을 금지한다.

## 07
자재를 인양 중 떨어뜨려 지나가던 작업자가 맞아 재해가 발생하였다. (1) 재해 발생형태와 (2) 재해 발생형태의 정의를 적으시오. (5점)

**화면 설명** · 작업자가 천막 뭉치를 로프로 묶어 안전난간에 걸쳐서 올리던 중 천막 뭉치가 떨어지며 아래를 지나가던 작업자가 맞는 사고가 난다.

**Answer & Explanation**

① 재해 발생형태 : 맞음
② 재해 발생형태의 정의
  · 날아오거나 떨어진 물체에 맞음
  · 고정되어 있던 물체가 고정부에서 이탈하거나 또는 설비 등으로부터 물질이 분출되어 사람을 가해하는 경우

08 터널 내부에서의 굴착작업을 보여준다. 근로자가 노출될 수 있는 위험요인 2가지를 적으시오. (4점)

화면 설명 • 터널 내에서 굴착한 토사(버럭)을 컨베이어로 반출하는 모습을 보여준다. TBM 기계 주변으로 방진마스크를 착용하지 않은 근로자가 이동하고 있으며, 분진이 많이 날리는 모습을 보여준다.

사진 출처 : 연합뉴스

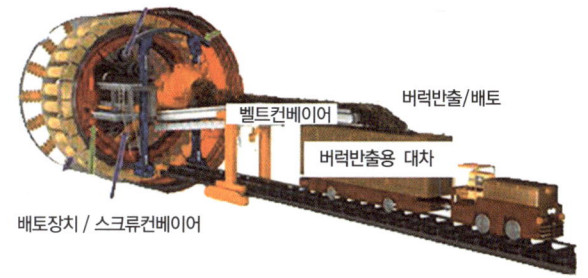
사진 출처 : https://patents.google.com/patent

**Answer & Explanation**

① 작업장 내의 분진에 의한 진폐증 등 직업병이 발생할 위험이 있다.
② 작업장 내의 소음에 의한 소음성난청이 발생할 위험이 있다.
③ 신선한 공기를 공급할 수 있는 환기장치가 설치되지 않아 산소결핍의 위험이 있다.
(동영상을 확인하고 작성할 것)

09 다음 [보기]의 설명은 낙하물 방지망의 설치 기준에 관한 내용이다. 괄호에 적합한 내용을 적으시오. (6점)

>> 보기

1. 설치 높이는 ( ① )미터 이내마다 설치하고, 내민 길이는 벽면으로부터 ( ② )미터 이상으로 할 것
2. 수평면과의 각도는 ( ③ )를 유지할 것

**Answer & Explanation**

① 10
② 2
③ 20도 이상 30도 이하

> 참고하기

| 낙하물 방지망 또는 방호선반을 설치 시 준수사항 | 추락방호망의 설치 기준 |
|---|---|
| ① 설치 높이는 10미터 이내마다 설치하고, 내민 길이는 벽면으로부터 2미터 이상으로 할 것<br>② 수평면과의 각도는 20도 이상 30도 이하를 유지할 것 | ① 추락방호망의 설치 위치는 가능하면 작업면으로부터 가까운 지점에 설치하여야 하며, 작업면으로 부터 망의 설치지점까지의 수직거리는 10미터를 초과하지 아니할 것<br>② 추락방호망은 수평으로 설치하고, 망의 처짐은 짧은 변 길이의 12퍼센트 이상이 되도록 할 것<br>③ 건축물 등의 바깥쪽으로 설치하는 경우 망의 내민 길이는 벽면으로부터 3미터 이상 되도록 할 것 |

# 산업안전기사

2022. 1회 2부

시험시간 : 1시간 정도

**01** 구축물, 건축물, 그 밖의 시설물 등의 해체작업 시 작성하여야 하는 해체계획에 포함되어야 할 사항 3가지를 적으시오. (6점)

**Answer & Explanation**

① 해체 방법, 해체 순서 도면
② 가설 설비, 방호설비, 살수, 방화설비 등 설비 방법
③ 사업장 내 연락방법
④ 해체물 처분계획
⑤ 해체작업용 기계·기구 등의 작업계획서
⑥ 해체작업용 화약류 등의 사용계획서

**02** 화면에서 작업자는 휴대용 연삭기로 연마작업 중이다. 휴대용 연삭기 작업 시 감전방지 대책 2가지를 적으시오. (4점)

화면 설명 • 작업자는 강재에 물을 뿌리며 연마작업 중이다. 바닥에는 물기가 많은 상태이며, 전선의 접속부는 고무장갑으로 감싼 채 물기 있는 바닥에 방치되어 있다. 작업자는 고무장갑을 착용하고 작업하고 있으며, 방진마스크는 미착용한 상태이다.

그림 출처 : 안전보건공단 자료실

**Answer & Explanation**

① 누전차단기를 설치할 것
② 전선의 접속부는 충분히 피복하거나 적합한 접속기구(접지형 콘센트 및 플러그)를 사용할 것
③ 젖은 손으로 전기기계·기구를 조작하지 않을 것(젖은 손으로 플러그를 꽂거나 제거하지 않을 것)

> **참고**하기
> • 연삭기는 날이 회전하는 기계로 장갑을 착용할 경우 보호용 가죽장갑을 착용하는 것이 적합하다.

## 03 화면을 보고 지게차 주행작업 중 우려되는 사고위험요인 2가지를 적으시오. (4점)

**화면 설명** • 지게차 포크에 화물(냉장고)을 2단으로 적재하고 로프로 고정하지 않아 맨 위의 화물이 흔들리며 운행하던 중 지나가던 다른 작업자가 화물에 맞는 사고가 발생한다.

사진 출처 : 안전저널

**Answer & Explanation**

① 화물을 불안정하게 적재하여 화물이 떨어질 위험 있다.
② 화물을 너무 높이 적재하여 운전자 시야를 가려 위험하다.
③ 운전자 시야가 확보되지 않은 경우에는 유도자를 배치하여 지게차를 유도하여야 하나 **배치하지 않아** 위험하다.
④ 지게차 운행 경로에 작업자 출입금지 조치를 하지 않았다.(출입금지를 하지 않아 지게차와 작업자 충돌 위험 있다.)

**04** 화면에서는 이동식 비계에서 작업하는 모습을 보여준다. 화면에서의 작업 위험요인 3가지를 적으시오. (6점)

> **화면 설명** • 이동식 비계에 안전난간이 없으며, 바퀴는 고정이 안 되어 작업 중 비계가 움직인다. 목재로 된 작업발판이 고정되지 않은 채 비계에 걸쳐져 있다.

**Answer & Explanation**

① 이동식 비계에 안전난간 미설치(안전난간이 미설치되어 작업자 떨어짐이 우려된다.)
② 이동식 비계 바퀴를 고정하지 않았다.
   (바퀴는 브레이크·쐐기 등으로 고정시킨 다음 아웃트리거를 설치하여야 하나 이를 준수하지 않았다.)
③ 작업발판 설치 불량(발판을 고정하지 않아 작업자 떨어짐이 우려된다.)

### 참고하기

• **이동식비계의 구조**
① 바퀴에는 갑작스러운 이동 또는 전도를 방지하기 위하여 **브레이크·쐐기 등으로 바퀴를 고정시킨 다음** 비계의 일부를 견고한 시설물에 고정하거나 아웃트리거를 설치할 것
② 승강용 사다리는 견고하게 설치할 것
③ 비계의 최상부에서 작업을 할 때에는 안전난간을 설치할 것
④ 작업발판은 항상 수평을 유지하고 작업발판 위에서 안전난간을 딛고 작업을 하거나 받침대 또는 사다리를 사용하여 작업하지 않도록 할 것
⑤ 작업발판의 최대적재하중은 250킬로그램을 초과하지 않도록 할 것

그림 출처 : 안전보건공단, "비계·작업발판 재해예방을 위한 작업 전 안전점검"

**암기형**

**05** 화면에서는 작업발판을 보여준다. 높이 2미터 이상인 작업장소에 설치하여야 하는 작업발판의 설치 기준을 3가지 적으시오. (단, 틈과 폭에 대한 기준은 제외한다.) (6점)

**Answer & Explanation**

① 발판재료 : 작업 시의 하중을 견딜 수 있도록 견고한 것으로 할 것
② 추락의 위험성이 있는 장소에는 안전난간을 설치할 것
③ 작업발판의 지지물 : 하중에 의하여 파괴될 우려가 없는 것을 사용할 것
④ 작업발판 재료는 뒤집히거나 떨어지지 아니하도록 2 이상의 지지물에 연결하거나 고정시킬 것
⑤ 작업에 따라 이동시킬 때에는 위험방지 조치를 할 것

**참고하기**

- 발판의 폭은 40cm 이상, 발판재료 간의 틈은 3cm 이하로 할 것
- 선박 및 보트 건조작업에서 선박블록 또는 엔진실 등의 좁은 작업공간에 작업발판을 설치하는 경우 : 작업발판의 폭을 30센티미터 이상으로 할 수 있고, 걸침비계의 경우 발판재료 간의 틈을 3센티미터 이하로 유지하기 곤란하면 5센티미터 이하로 할 수 있다.

**암기형**

**06** 목재가공용 둥근톱 기계에 고정식 톱날접촉 예방장치(덮개)를 설치하고자 한다. 덮개 하단과 테이블 사이의 간격과 덮개 하단과 가공재 사이의 간격을 얼마로 조정하여야 하는가? (4점)

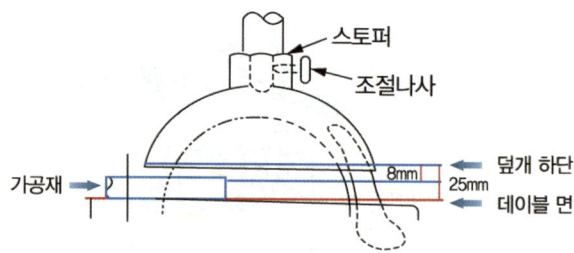

(1) 하단과 테이블 사이 높이 :

(2) 하단과 가공재 사이 간격 :

**Answer & Explanation**

(1) 25mm 이내
(2) 8mm 이내

**07** 화면은 김치 제조 공장에서 무채 슬라이스 작업을 보여준다. 작업 중 기계작동이 멈춰 슬라이스 부분의 덮개를 열고 고무장갑을 낀 상태로 무채를 제거하는 순간 기계가 작동하며 재해가 발생하였다. (1) 슬라이스 기계에서 무채를 썰어내는 부분에 존재하는 위험점을 적으시오. (2) 위험점의 정의를 적으시오. (5점)

**Answer & Explanation**

(1) 위험점 : 절단점(칼날부분) 또는 끼임점(회전부와 덮개 사이)

(2) 위험점의 정의
- 절단점 : 회전하는 운동부 자체, 운동하는 기계 부분 자체의 위험점
- 끼임점 : 고정부분과 회전하는 동작 부분 사이에서 형성되는 위험점

주의 동영상을 확인하세요.

---

암기형

**08** 화면에서는 항타기 작업을 보여준다. 다음 물음에 적합한 내용을 적으시오. (6점)

> **보기**
> 항타기 또는 항발기의 권상장치의 드럼 축과 권상장치로부터 첫번째 도르래의 축과의 거리를 권상장치의 드럼 폭의 ( ① )배 이상으로 하여야 하며, 도르래는 권상장치 드럼의 ( ② )을 지나야 하며 축과 ( ③ )에 있어야 한다.

**Answer & Explanation**

① 15    ② 중심    ③ 수직면상

---

**09** 화면에서는 건설 작업용 리프트를 보여준다. 리프트의 작업 시작 전 점검을 2가지 적으시오. (4점)

**Answer & Explanation**

① 와이어로프가 통하는 곳의 상태
② 방호장치 및 브레이크, 클러치의 기능

## 2022. 1회 3부

# 산업안전기사

시험시간 : 1시간 정도

**01** 【암기형】 화면에서 작업자는 흙막이 지보공(또는 터널 지보공) 설치작업을 하고 있다. 흙막이 지보공 설치 후 정기적 점검 사항 3가지를 적으시오. (6점)

**Answer & Explanation**

① 부재의 손상·변형·부식·변위 및 탈락의 유무와 상태
② 버팀대의 긴압의 정도
③ 부재의 접속부·부착부 및 교차부의 상태
④ 침하의 정도

**02** 이동식 비계에서 발생한 사고이다. 작업의 위험요인 2가지를 적으시오. (4점)

**화면 설명** ● 이동식 비계 위에서 작업자가 작업 중이다. 작업자는 안전모를 착용한 상태이며 안전대는 착용하지 않았다. 다른 작업자가 작업 중인 이동식 비계를 이동시키던 중 바닥에 있던 장애물에 걸려 이동식 비계가 심하게 흔들리며 작업자가 이동식 비계에서 떨어진다. 이동식 비계에는 안전난간과 승강용 사다리가 설치되어 있고 아웃트리거는 설치되어 있으나 고정되지 않은 상태이다.

**Answer & Explanation**

① 작업자가 이동식 비계에 탑승한 상태에서 이동식비계를 이동하였다.
② 이동식 비계의 아웃트리거를 고정하거나 비계 일부를 견고한 시설물에 고정하여야 하니 이를 준수하지 않았다.
③ 작업자가 안전대를 착용하지 않았다.

03 화면에서 작업자는 샌드페이퍼 작업을 하고 있다. 손이 말려들어가는 부분에 존재하는 (1) 위험점의 종류와 (2) 위험점의 정의를 적으시오. (5점)

**화면 설명 ●** 화면에서 작업자는 면장갑을 착용하고 샌드페이퍼(사포)를 손으로 지지하며 작업하던 중 손이 말려들어가는 장면을 보여준다.

**Answer & Explanation**

(1) 위험점의 종류

접선물림점 또는 끼임점 또는 회전말림점
※ 동영상에서 손이 말려드는 부분을 확인하세요.

(2) 위험점의 정의
- 끼임점 : 고정부분과 회전하는 동작부분 사이에서 형성되는 위험점
- 접선 물림점 : 회전하는 부분의 접선 방향으로 물려 들어가는 위험점
- 회전말림점 : 회전하는 물체에 작업복, 머리카락 등이 말려 들어가는 위험점

● 참고하기

끼임점
접선물림점

회전 말림점

사진 출처 : AliExpress

**암기형**

04 화면은 방열복을 보여준다. 괄호에 적합한 내용을 적으시오. (6점)

>> 보기

1. **난연성** : 잔염 및 잔진 시간이 ( ① ) 미만이고 녹거나 떨어지지 말아야 하며, 탄화길이가 ( ② ) 이내 일 것
2. **절연저항** : 표면과 이면의 절연저항이 ( ③ ) 이상일 것
3. **내열성** : 균열 또는 부풀음이 없을 것

**Answer & Explanation**

① 2초    ② 102mm    ③ 1MΩ

### 참고하기

| 구분 | 항목 | 시험성능기준 |
|---|---|---|
| 내열원단 | 난연성 | 잔염 및 잔진시간이 2초 미만이고 녹거나 떨어지지 말아야 하며, 탄화 길이가 102mm 이내일 것 |
| | 절연저항 | 표면과 이면의 절연저항이 1MΩ 이상일 것 |
| | 인장강도 | 인장강도는 가로, 세로방향으로 각각 25kgf 이상일 것 |
| | 내열성 | 균열 또는 부풀음이 없을 것 |
| | 내한성 | 피복이 벗겨져 떨어지지 않을 것 |
| 내열원단 및 안면렌즈 | 열전도율 | 이면중심 온도가 47℃ 이하이고, 온도상승이 25℃/4min 이하일 것 |

**05** 화면은 습윤한 장소에 설치된 이동 전선을 보여준다. 습윤한 장소에서 사용되는 이동 전선에 대한 사용 전 조치사항 2가지를 적으시오. (4점)

**Answer & Explanation**

① 이동 전선은 충분한 절연효과가 있는 것을 사용할 것
② 전선의 접속부는 충분히 피복하거나 적합한 접속기구(접지형 콘센트 및 플러그)를 사용할 것
③ 이동 전선은 절연피복 손상, 노화로 인한 감전 방지 위해 필요한 조치를 할 것
④ 누전차단기를 설치할 것(전선 인출 분전반에 누전차단기를 설치할 것)

**06** 화면은 항타기, 항발기 작업을 보여준다. 항타기, 항발기로 땅을 굴착한 후 전주를 세우는 과정에서 인접 활선전로에 접촉하여 스파크가 일어난다. 충전전로 인근에서 항타기, 항발기 작업 시 감전위험 방지를 위한 조치사항 3가지를 적으시오. (6점)

**Answer & Explanation**

① 충전전로 인근에서 차량, 기계장치 등의 작업이 있는 경우에는 차량 등을 충전전로의 충전부로부터 300센티미터 이상 이격시켜 유지시키되, 대지전압이 50킬로볼트를 넘는 경우 이격거리는 10킬로볼트 증가할 때마다 10센티미터씩 증가시켜야 한다.
② 절연용 방호구를 설치한 경우에는 이격거리를 절연용 방호구 앞면까지로, 차량등의 가공 붐대의 버킷이나 끝부분 등이 절연되어 있고 유자격자가 작업을 수행하는 경우의 이격거리는 접근 한계거리까지로 할 수 있다.

③ 방책을 설치하거나 감시인 배치 등의 조치를 하여야 한다.
④ 접지된 차량 등이 충전전로와 접촉할 우려가 있을 경우에는 **지상의 근로자가 접지점에 접촉하지 않도록 조치**하여야 한다.

### 암기법

1. 이격거리 : 충전부로부터 300cm 이상, 대지전압 50kV 초과 시 – 10kV 증가 시마다 10cm씩 증가
2. 울타리 설치, 감시인 배치
3. 근로자가 접지점에 접촉하지 않도록 조치

---

**암기형**

**07** 화면에서는 고소작업대를 이동하는 모습을 보여준다. 화면에서와 같이 고소작업대를 이동하는 경우 준수하여야 하는 사항 3가지를 적으시오. (6점)

**Answer & Explanation**

① 작업자를 태우고 이동하지 말 것
② 작업자는 용접용 보안면, 안전장갑을 착용할 것
③ 작업대의 붐대를 상승시킨 상태에서 탑승자는 작업대를 벗어나지 말 것
④ 작업대에 정격하중을 초과하여 물건을 싣거나 탑승하지 말 것

**08** 화면에서는 천정 크레인 작업을 보여준다. 동영상에서의 작업 위험요인 2가지를 적으시오. (4점)

**화면 설명** • 천정 크레인으로 변압기를 2줄 걸이로 인양하던 중 보조로프를 사용하지 않아 흔들리자 작업자가 변압기를 손으로 붙잡고 있다. 변압기를 내리던 중 훅에서 와이어로프가 이탈하여 작업자의 발에 화물(변압기)이 떨어진다. 크레인 훅에 해지장치가 설치되어 있으나 해지장치를 걸지 않은 상태이다.

그림 출처 : 안전보건공단 재해사례

> ① 해지장치를 고정하지 않았다.(해지장치를 고정하지 않아 화물(변압기)이 훅에서 이탈할 위험 있다.)
> ② 유도로프를 설치하지 않고 화물(변압기)을 손으로 고정하였다.

**암기형**

**09** 산업안전보건법상 누전차단기를 설치하여야 하는 기계·기구 2가지를 적으시오. (4점)

화면 설명 • 주변에 물기가 있는 습윤한 장소에서 핸드 그라인더로 철골에서 작업하는 장면을 보여준다.

> ① 대지전압이 150볼트를 초과하는 이동형 또는 휴대형 전기기계·기구
> ② 물 등 도전성이 높은 액체가 있는 습윤장소에서 사용하는 저압용 전기기계·기구
> ③ 철판·철골 위 등 도전성이 높은 장소에서 사용하는 이동형 또는 휴대형 전기기계·기구
> ④ 임시배선의 전로가 설치되는 장소에서 사용하는 이동형 또는 휴대형 전기기계·기구

# 산업안전기사

**2022. 1회 4부**

시험시간 : 1시간 정도

**암기형**

**01** 화면에서 작업자는 브레이크 라이닝 패드를 화학물질에 담그는 작업을 하고 있다. 근로자가 착용하여야 하는 보호구를 3가지 적으시오. (6점)

**Answer & Explanation**

① 방독마스크
② 화학물질용 안전장갑(불침투성 보호장갑)
③ 화학물질용 안전화(불침투성 보호장화)
④ 화학물질용 보호복(불침투성 보호복)
⑤ 보안경

**주의**
- 브레이크 라이닝 패드를 제작 작업 → 석면 취급작업(특급 방진마스크)
- 브레이크 라이닝 패드를 화학물질에 담그는 작업 → 화학물질 취급작업(방독마스크)

**02** 화면에서는 컨베이어 작업을 보여준다. 컨베이어의 작업시작 전 점검사항 3가지를 적으시오. (6점)

**Answer & Explanation**

① **원동기 및 풀리기능**의 이상 유무
② **이탈 등의 방지장치기능**의 이상 유무
③ **비상정지장치 기능**의 이상 유무
④ **원동기·회전축·기어 및 풀리 등의 덮개 또는 울** 등의 이상 유무

**03** 화면에서 작업자는 프레스 기계 작업을 하고 있다. 작업자가 금형의 이물질을 제거하기 위해 몸을 기울이는 순간 실수로 페달을 밟아 프레스에 손을 다치는 사고가 발생하였다. 작업의 위험요인 2가지를 적으시오. (4점)

**Answer & Explanation**

① 전원을 차단하지 않고 이물질을 제거했다.
② 전용공구(수공구)를 사용하지 않고 손으로 이물질을 제거했다.
③ 페달에 U자형 덮개가 설치되지 않았다.

**[암기형]**

**04** 화면에서는 이동식 크레인 작업을 보여준다. 이동식 크레인 작업 시 운전자의 안전 조치 사항(준수사항) 3가지를 적으시오. (6점)

**[화면 설명]** 이동식 크레인으로 비계를 운반하던 중 비계를 내리는 과정에서 비계가 흔들리며 아래에 있던 작업자와 충돌하는 재해가 발생한다.

**Answer & Explanation**

① 인양중인 하물이 작업자의 머리 위로 통과하게 하지 아니하게 한다.
② 작업 중 운전석 이탈을 금지한다.
③ 이동식 크레인의 지브와 인양물 또는 각종 장애물과 부딪치지 않도록 한다.

**◉ 참고하기**

- 이동식 크레인 운전원 준수사항
  ① 이동식 크레인의 탑승과 하차는 승강 계단을 이용하여야 한다.
  ② 이동식 크레인의 작업 중 운전석 이탈을 금지하여야 한다. 운전원이 장비를 떠나야 할 경우는 인양물을 지면에 내려놓아야 하고, 구동 엔진 정지 및 브레이크를 작동 상태로 하여 잠금장치를 하여야 한다.
  ③ 인양작업 중 고장 발생 시 인양물을 지상에 내려놓고 브레이크와 안전장치를 작동상태로 유지하여야 한다.
  ④ 이동식 크레인의 지브와 인양물 또는 각종 장애물과 부딪치지 않도록 하여야 한다.

**[암기형]**

**05** 화면에서는 지게차 작업을 보여준다. 지게차와 같은 차량계 하역운반기계를 사용하여 작업하는 경우 작성하여야 하는 작업계획서에 포함하여야 할 내용을 2가지 적으시오. (4점)

**Answer & Explanation**

① 해당 작업에 따른 추락·낙하·전도·협착 및 붕괴 등의 위험 예방대책
② 차량계 하역운반기계 등의 운행경로 및 작업방법

**06** 화면에서 작업자는 롤러기 작업 중 손이 끼이는 사고를 당하였다. 방호장치 자율안전고시에 의하여 롤러기에 설치하여야 하는 급정지장치의 종류를 3가지 적고 각각의 설치 위치를 적으시오. (6점)

### Answer & Explanation

| 종류 | 설치 위치 | 비고 |
|---|---|---|
| 손 조작식 | 밑면에서 1.8m 이내 | 위치는 급정지장치의 조작부의 중심점을 기준 |
| 복부 조작식 | 밑면에서 0.8m 이상 1.1m 이내 | |
| 무릎 조작식 | 밑면에서 0.6m 이내 | |

### 참고하기

- 위험기계 기구 안전인증 고시 및 안전검사 고시 기준
  무릎조작식 : 밑면으로부터 0.4m 이상 0.6m 이내

**07** 동영상은 건설현장에서 작업발판을 설치하는 모습을 보여준다. 동영상 작업에서의 추락방지 대책과 낙하물 방지대책을 각각 1가지씩 적으시오. (4점)

**화면 설명** 작업자가 안전대 없이 망치를 들고 작업발판을 설치하던 중 망치를 떨어뜨리는 사고가 발생한다.

### Answer & Explanation

(1) 추락방지 대책
 ① 작업자는 안전대를 착용하고 작업한다.
 ② 추락방호망을 설치한다.
(2) 낙하방지 대책
 ① 낙하물 방지망을 설치한다.

## 08
화면에서 작업자는 전동권선기에 동선을 감는 작업을 하고 있다. 작업 중 기계가 정지하여 전원을 차단하지 않고 점검 중 발생한 재해이다. (1) 재해 발생형태와 (2) 재해 원인 1가지를 적으시오. (4점)

> **화면 설명** • 작업자가 전동권선기에 동선(코일)을 감는 작업을 하고 있다. 기계가 작동을 멈추자 기계를 점검하기 위하여 분전반을 열고 전선과 연결된 부분을 만지는 순간 감전되어 쓰러진다.

### Answer & Explanation

(1) 재해 발생형태 : 감전(전류접촉)

(2) 재해 원인
① 전원을 차단하지 않고 기계점검을 실시했다.
② 작업자가 절연장갑을 착용하지 않았다.
③ 작업시작 전 기계점검을 실시하지 않았다.(3가지를 적으라는 경우만 작성할 것)

**주의** 반드시 동영상을 확인하고 답을 적으세요.

기계 점검 중 감전된 경우가 아니고 점검 중 손이 끼인 경우라면
(1) 재해 발생형태 : 끼임
(2) 재해 원인
① 전원을 차단하지 않고 기계 점검을 실시했다.
② 면장갑을 착용하고 기계 점검을 실시했다.

### 참고하기

사진 출처 : 극동ENG

09 화면에서 작업자는 양수기의 모터 부위를 수리하고 있다. 모터에 묻은 기름을 닦기 위하여 걸레로 닦던 중 벨트와 덮개 사이에서 손을 다치는 사고가 발생한다. (1) 손을 다치는 부분에 존재하는 위험점과 (2) 위험점의 정의를 적으시오. (5점)

**Answer & Explanation**

(1) 위험점 : 끼임점
(2) 위험점의 정의
  • 끼임점 : 고정부분과 회전하는 동작부분 사이에서 형성되는 위험점

### 참고하기

사진 출처 : 전남일보,
"농어촌 ⌂, 농촌용수관리 운영 체계 정비", 2020.05.28.

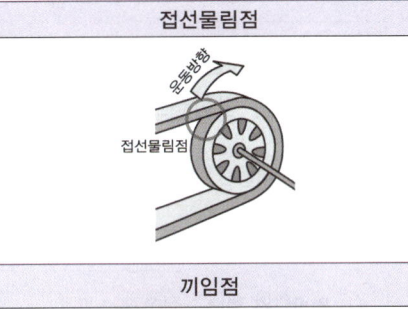

접선물림점

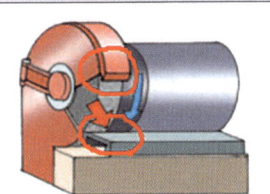

끼임점

**주의** 위험점은 동영상을 확인하고 답을 적으세요.
  • 벨트와 풀리(회전 바퀴) 사이에 손이 끼인다면 접선 물림점이 된다.
  • 접선 물림점의 정의 : 회전하는 부분의 접선 방향으로 물려 들어가는 위험점

# 산업안전기사

**2022. 2회 1부**

시험시간 : 1시간 정도

---

**01** 화면에서 작업자는 인화성 물질 저장창고에서 작업을 하고 있다. 폭발의 원인이 된 (1) 발화원의 형태, (2) 발화원의 종류를 2가지 적고, (3) 그 현상을 설명하시오. (5점)

> **화면 설명 •** 인화성 물질이 든 드럼통을 들고 들어온 작업자가 윗옷을 벗음과 동시에 폭발사고가 발생한다.

**Answer & Explanation**

(1) 발화원의 형태 : 정전기 스파크
(2) 종류
　① 박리대전(옷을 벗을 때)
　② 마찰대전(신발과 바닥 사이)
(3) 설명
　① 마찰대전 : 두 물체 사이의 마찰로 인한 접촉, 분리에서 발생한다.(신발과 바닥 사이)
　② 박리대전 : 밀착된 물체가 떨어지면서 자유전자의 이동으로 발생한다.(옷을 벗을 때)

---

**02** 화면에서는 충전 전로 부근에서 이동식 비계를 이용한 작업을 보여 준다. 작업의 위험요인 3가지를 적으시오. (6점)

> **화면 설명 •** 이동식 비계는 충전 전로 부근에 설치되어 있으며 바퀴가 고정되지 않은 상태이다. 작업자는 안전대를 착용하고 비계에 고정 후 작업하고 있다.

**Answer & Explanation**

① 충전 전로에 절연용 방호구가 설치되지 않았다.
② 충전 전로와 이동식 비계 사이에 이격 거리가 확보되지 않았다.
③ 바퀴에는 브레이크·쐐기 등으로 바퀴를 고정시킨 다음 비계의 일부를 견고한 시설물에 고정하거나 아웃트리거를 설치하여야 하나 바퀴 고정 및 아웃트리거를 설치하지 않았다.
④ 비계의 최상부에서 작업을 할 때에는 안전 난간을 설치하여야 하나 설치하지 않았다.(안전 난간이 미설치된 경우만 해당)

## 03
화면은 김치 제조 공장에서 무채 슬라이스 작업을 보여준다. 작업 중 기계작동이 멈춰 기계를 점검하고 있던 중에 걸려있던 무채를 제거하는 순간 기계가 작동하며 재해가 발생하였다. 사고의 기인물과 가해물을 적으시오. (4점)

**Answer & Explanation**

(1) 기인물 : 무채 슬라이스 기계
(2) 가해물 : 무채 슬라이스 기계의 칼날

## 04
동영상에서 작업자는 드릴을 이용하여 각목에 구멍을 뚫는 작업을 하고 있다. 작업 시의 위험요인 2가지를 적으시오. (4점)

**화면 설명 ●** 작업자는 면장갑을 착용한 채 드릴로 각목에 구멍 뚫기 작업을 하고 있으며 각목이 고정되지 않아 드릴 작업 중 움직이는 장면을 보여준다.

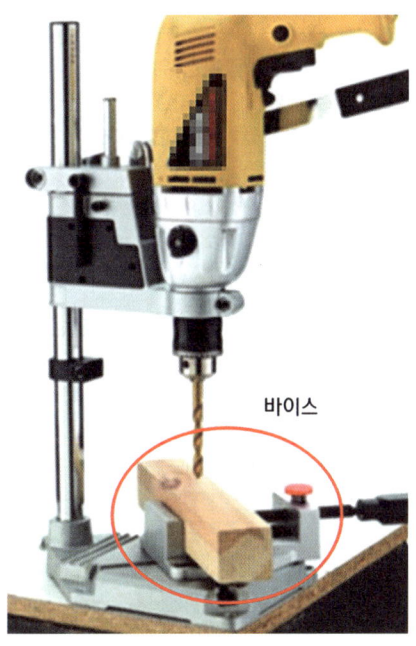

사진 출처 : 구글 검색

**Answer & Explanation**

① 각목을 바이스 등으로 고정하지 않았다.
② 면장갑을 착용하였다. (면장갑을 착용하여 손을 다칠 위험 있다.)
③ 보안경을 착용하지 않았다. (보안경을 착용하지 않아 눈을 다칠 위험 있다.)
④ 방진마스크를 착용하지 않았다.
　(방진마스크를 착용하지 않아 이물질 또는 칩이 호흡기로 들어갈 위험 있다.)

## 05
화면에서 작업자는 작업 중 고장 난 양수기를 수리하고 있다. 위험요인 3가지를 적으시오. (6점)

> **화면 설명** • 전원을 차단하지 않고 양수기를 수리하고 있으며 동료와 잡담을 나누며 수공구를 던져주는 장면이 보인다. 수리 중 벨트에 손이 말려드는 사고가 발생한다.

그림 출처 : 제주환경일보

**Answer & Explanation**

① 전원을 차단하지 않고 수리하여 손을 다칠 위험 있다.
② 작업에 집중하지 않아 손을 다칠 위험 있다.
③ 던져주던 수공구가 양수기에 말려들어갈 위험 있다.

## 06
화면에서 작업자는 교류아크 용접기로 상수도 용접작업을 하고 있다. 습윤한 장소에서 감전을 방지하기 위하여 교류아크 용접기에 부착하여야 하는 방호장치를 적으시오. (4점)

**Answer & Explanation**

자동 전격 방지기(자동 전격 방지장치)

## 07
화면에서 작업자는 휴대용 연삭기로 연삭작업을 하고 있다. 이 작업에서 사용하는 휴대용 연삭기의 (1) 방호장치명, (2) 방호장치(덮개) 설치 각도를 적으시오. (4점)

**Answer & Explanation**

(1) 방호장치명 : 덮개
(2) 방호장치 설치 각도 : 덮개 설치 각도 180도 이상(숫돌 노출각도 180도 이내)

**암기형**

**08** 화면에서 작업자는 폭발성 물질 저장소에 들어가기 위해 신발에 물을 묻히고 있다.
(1) 그 이유를 설명하시오.
(2) 폭발성 물질 화재 시 적합한 소화 방법을 적으시오. (6점)

**Answer & Explanation**

(1) 이유 : 신발과 바닥 사이의 정전기로 인한 폭발 방지
(2) 소화 방법 : 다량의 주수에 의한 냉각 소화

**09** 화면에서는 천정 크레인으로 코일을 인양하던 중 작업자와 지게차와 충돌하는 사고를 보여준다. 화면과 같은 재해를 예방하기 위한 대책 2가지를 적으시오. (6점)

**화면 설명** • 작업자는 천정 크레인으로 철판 코일을 운반하기 위해 크레인 조작 스위치를 조작하며 뒷걸음으로 이동 중에 맞은편에서 후진 중이던 지게차와 충돌하는 사고가 발생한다.

사진 출처 : 안전보건공단

**Answer & Explanation**

① 작업지휘자를 배치하여 작업을 지휘한다.
② 차량계 하역운반기계(지게차)의 이동 통로와 크레인의 작업공간을 분리한다.
③ 지게차 후진 시에는 유도자를 배치하거나 경적을 울리며 운행한다.

## 2022. 2회 2부

# 산업안전기사

시험시간 : 1시간 정도

**01** 화면에서는 지게차 작업을 보여준다. 지게차의 작업 시작 전 점검사항 3가지를 적으시오. (6점)

**Answer & Explanation**

① 제동장치, 조종장치 이상 유무
② 하역장치, 유압장치 이상 유무
③ 바퀴의 이상 유무
④ 전조등, 후미등, 방향지시기, 경보장치의 이상 유무

**암기형**

**02** 충전전로에서 전기작업을 하거나 그 부근에서 작업을 하는 경우의 안전조치사항 3가지를 적으시오. (6점)

**화면 설명 ●** 화면에서 절연용 보호구를 미착용한 작업자가 전봇대에 손을 댄 채 크레인을 올리라는 신호를 보내던 중 크레인이 충전전로와 접촉하여 스파크가 발생한다.

**Answer & Explanation**

충전전로에서의 전기작업(활선작업)시의 조치
① 근로자에게 절연용 보호구를 착용시킬 것
② 충전전로에 절연용 방호구를 설치할 것
③ 고압 및 특별고압의 전로에서 전기작업을 하는 근로자에게 활선작업용 기구 및 장치를 사용하도록 할 것
④ 절연용 방호구의 설치·해체작업시 절연용 보호구 착용하거나 활선작업용 기구 및 장치를 사용하도록 할 것
⑤ 유자격자가 아닌 근로자가 충전전로 인근의 높은 곳에서 작업할 때에 근로자의 몸 또는 긴 도전성 물체가 방호되지 않은 충전전로에서 대지전압이 50킬로볼트 이하인 경우에는 300센티미터 이내로, 대지전압이 50킬로볼트를 넘는 경우에는 10킬로볼트당 10센티미터씩 더한 거리 이내로 각각 접근할 수 없도록 할 것

**암기형**

**03** 화면에서 작업자는 컨베이어의 벨트 부위를 점검하던 중 손이 벨트에 말려드는 사고가 발생한다. 동영상을 보고 안전조치 사항 2가지를 적으시오. (4점)

**화면 설명 •** 작업자가 야간에 한 손으로 후레쉬를 들고 컨베이어 벨트를 점검하고 있다. 점검 중 부주의로 컨베이어 위에 올려둔 손이 벨트 사이에 말려들어가는 사고가 발생한다.

그림 출처 : 안전보건공단 재해사례

**Answer & Explanation**

① 전원 차단 후에 기계 점검 실시
② 컨베이어에 비상 정지 장치 설치
③ 컨베이어 주변 조명 확보
④ 작업 시작 전 기계 점검 실시
⑤ 작업자 안전교육 실시
※ ①~③번 항목을 우선으로 작성할 것

**암기형**

**04** 와이어로프의 사용금지사항 3가지를 적으시오. (6점)

**Answer & Explanation**

① 이음매가 있는 것
② 와이어로프의 한 꼬임에서 끊어진 소선의 수가 10퍼센트 이상인 것
③ 지름의 감소가 공칭지름의 7퍼센트를 초과하는 것
④ 꼬인 것
⑤ 심하게 변형, 부식된 것
⑥ 열과 전기충격에 의해 손상된 것

**05** 화면에서는 고소작업대를 이용하여 용접하는 장면을 보여준다. 화면에서와 같은 고소작업대 작업 시의 작업자 준수사항 2가지를 적으시오. (4점)

**화면 설명 •** 고소작업대의 붐대를 조금 내리고 작업자를 태운 채 이동한 후 다시 고소작업대를 상승시켜 용접하는 장면을 보여준다. 작업자는 안전모와 면장갑을 착용한 상태이며 주변에 소화기가 비치되어 있다.

사진 출처 : ulsansafety

**Answer & Explanation**

① 작업자를 태우고 이동하지 말 것
② 작업자는 용접용 보안면, 안전장갑을 착용할 것
③ 작업대의 붐대를 상승시킨 상태에서 탑승자는 작업대를 벗어나지 말 것
④ 작업대에 정격하중을 초과하여 물건을 싣거나 탑승하지 말 것

**06** 아파트 창틀에서 두 명의 작업자가 발판을 설치하는 작업을 하고 있다. 화면에서의 추락의 원인 2가지를 적으시오. (4점)

> **화면 설명 ▶** 한 작업자가 발판을 건네주고 다른 작업자가 설치하려고 이동하던 중 바닥으로 떨어지는 사고가 발생하였다. 주변 정리정돈이 되어있지 않고, 작업자가 밟고 있던 콘크리트 부스러기가 함께 떨어지는 장면을 보여준다.

그림 출처 : 안전보건공단 재해사례

**Answer & Explanation**

① 안전대 미착용
② 추락방호망 미설치(또는 불량)
③ 안전난간 미설치(또는 불량)
④ 작업발판 불량
⑤ 주변 정리정돈 불량

**주의** 동영상을 확인하고 답을 적으세요.

**07** 화면에서는 작업자가 공기압축기를 점검하는 장면을 보여준다. 공기압축기의 작업시작 전 점검사항 3가지를 적으시오. (단, 그 밖의 연결 부위의 이상 유무는 제외할 것) (6점)

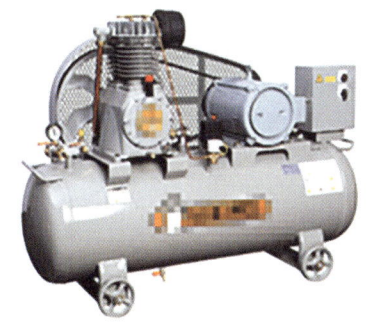

사진 출처 : 구글 검색

**Answer & Explanation**

① 공기저장 압력용기의 외관상태
② 드레인밸브의 조작 및 배수
③ 압력방출장치의 기능
④ 언로드밸브의 기능
⑤ 윤활유의 상태
⑥ 회전부의 덮개 또는 울

---

**08** 추락방호망의 설치에 관한 내용이다. 괄호에 적합한 내용을 적으시오. (5점)

> **보기**
>
> 1. 추락방호망의 설치 위치는 가능하면 작업 면으로 부터 가까운 지점에 설치하여야 하며, 작업 면으로 부터 망의 설치지점까지의 수직거리는 ( ① )미터를 초과하지 아니할 것
> 2. 추락방호망은 ( ② )으로 설치하고, 망의 처짐은 짧은 변 길이의 ( ③ )퍼센트 이상이 되도록 할 것
> 3. 건축물 등의 바깥쪽으로 설치하는 경우 망의 내민 길이는 벽면으로부터 ( ④ )미터 이상 되도록 할 것

**Answer & Explanation**

① 10    ② 수평    ③ 12    ④ 3

---

**09** 화면에서는 이동식 크레인으로 배관을 운반하는 작업 중이다. 작업 중 위험요소 2가지를 적으시오. (4점)

**화면 설명 •** 배관을 1줄 걸이 상태로 불안하게 운반하고 있으며, 와이어로프의 일부분이 손상된 모습을 보여준다. 작업자가 배관을 손으로 지지하다 배관이 흔들리며 작업자가 배관에 맞는 사고가 발생한다.

**Answer & Explanation**

① 줄걸이 방법 불량(2줄 걸이로 균형을 유지하여야 하나 1줄 걸이 상태로 운반함)
② 배관을 유도(보조)로프로 흔들림을 방지하지 않고 손으로 지지하고 있음
③ 와이어로프 상태 불량(손상된 와이어로프 사용함)
④ 훅의 해지장치 미설치(혹은 훅의 해지장치를 체결하지 않음)

# 2022. 2회 3부

# 산업안전기사

시험시간 : 1시간 정도

---

**01** 화면에서는 작업 발판을 보여준다. 높이 2미터 이상인 작업장소에 설치하여야 하는 작업 발판의 설치 기준 중 작업 발판의 폭과 발판 재료 간 틈의 적당한 간격을 적으시오. (4점)

**Answer & Explanation**

- 발판의 폭 : 40cm 이상
- 발판 재료 간의 틈 : 3cm 이하

**참고하기**

- 작업 발판의 설치 기준
  ① 발판 재료 : 작업 시의 하중을 견딜 수 있도록 **견고한 것**으로 할 것
  ② **발판의 폭** : 40cm 이상으로 하고, **발판 재료 간의 틈** : 3cm 이하로 할 것
  ③ 추락의 위험성이 있는 장소에는 안전난간을 설치할 것
  ④ 작업발판의 지지물 : 하중에 의하여 파괴될 우려가 없는 것을 사용할 것
  ⑤ 작업발판 재료는 뒤집히거나 떨어지지 아니하도록 2 이상의 지지물에 연결하거나 고정시킬 것
  ⑥ 작업에 따라 이동시킬 때에는 위험방지 조치를 할 것
  ⑦ 선박 및 보트 건조작업에서 선박블록 또는 엔진실 등의 좁은 작업공간에 작업발판을 설치하는 경우 : 작업발판의 폭을 30센티미터 이상으로 할 수 있고, 걸침비계의 경우 발판재료 간의 틈을 3센티미터 이하로 유지하기 곤란하면 5센티미터 이하로 할 수 있다.

---

**02** 화면의 재해 사례에서(롤러기 작업) 나타나는 위험점을 기계의 운동 형태에 따라 분류하고자 할 때 (1) 위험점의 명칭, (2) 위험점의 정의를 적으시오. (6점)

**Answer & Explanation**

(1) 위험점의 명칭 : 물림점
(2) 위험점의 정의 : 회전하는 두 개의 회전체에 물려 들어가는 위험점

**03** 화면에서는 목재가공용 둥근 톱을 보여준다. (1) 해당 작업의 위험요인 2가지를 적으시오. (2) 목재가공용 둥근톱에 설치하여야 하는 방호장치 2가지를 적으시오. (6점)

> 화면 설명 • 면장갑을 낀 채 작업하고 있으며, 방호장치도 설치되지 않은 상태이다. 잠시 한눈을 판 상태에서 둥근 톱에 손을 다치는 사고를 당한다.

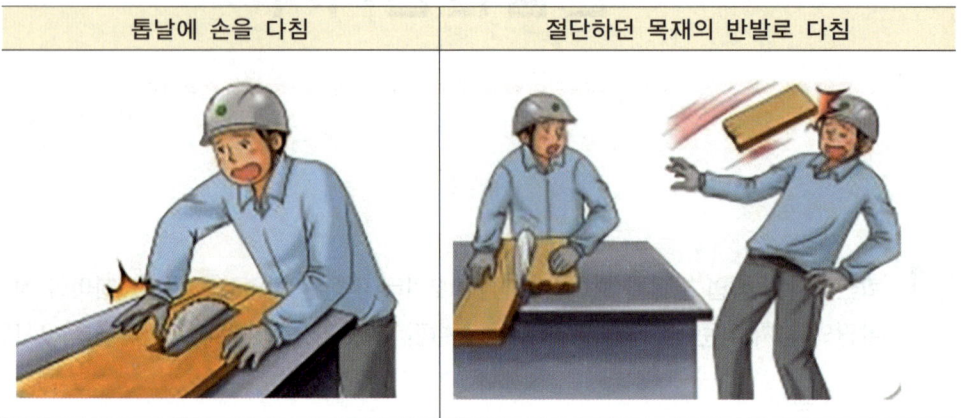

그림 출처 : 안전보건공단

**Answer & Explanation**

(1) 작업의 위험요인
 ① 면장갑을 착용하여 손을 다칠 위험 있다.
 ② 작업에 집중하지 않아 위험하다.
 ③ 방호장치가 설치되지 않아 위험하다.
(2) 목재가공용 둥근톱에 설치하여야 하는 방호장치
 ① 톱날접촉예방장치(날접촉예방장치)
 ② 반발예방장치(분할날, 반발방지롤러, 반발방지기구)

➲ 참고하기

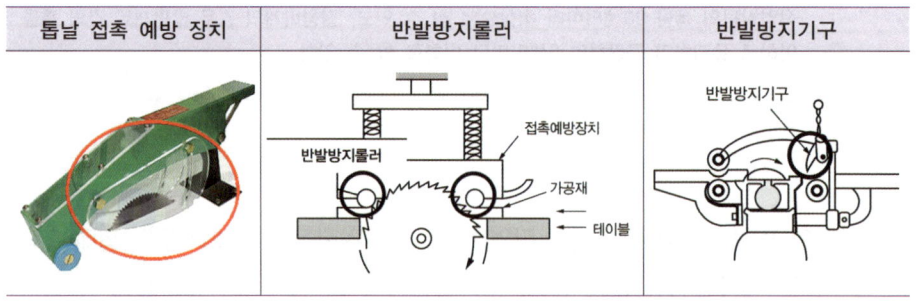

04 화면을 보고 재해 발생형태와 작업의 위험요인 2가지를 적으시오. (5점)

화면 설명 • 작업자가 기계의 시동을 켠 채 기계를 닦고 있던 중 기계 주변으로 물이 흐르며 작업자가 감전되는 장면을 보여준다.

Answer & Explanation

(1) 재해 발생형태 : 감전(전류접촉)
(2) 작업의 위험요인
  ① 기계의 전원을 켠 채 청소하였다.
  ② 누전차단기를 설치하지 않았다.

05 화면은 지하에 위치한 폐수처리조의 슬러지 처리 작업을 보여준다. 화면과 같은 밀폐공간에서 작업을 하는 경우 착용하여야 할 호흡용 보호구의 종류를 2가지 적으시오. (4점)

사진 출처 : 안전보건공단

Answer & Explanation

송기마스크, 공기호흡기, 방독마스크(3가지를 적으라는 경우만 해당)

**암기형**

06 특수화학설비 내부의 이상 상태를 조기에 파악하기 위하여 설치해야 할 방호장치 3가지를 적으시오. (6점)

Answer & Explanation

① 계측장치
② 자동경보장치
③ 긴급차단장치

> **참고하기**
>
> • 특수 화학설비 내부의 이상 상태를 조기에 파악하기 위하여 설치해야 할 계측장치 3가지
>   ① 온도계
>   ② 압력계
>   ③ 유량계

**07** 화면은 타워크레인을 이용하여 비계를 운반 중 발생한 재해를 보여준다. 이 사고는 타워크레인의 안전작업방법 중 어느 부분을 준수하지 않아 발생하였는지 3가지를 적으시오. (6점)

**화면 설명 ▶** 타워크레인으로 비계를 운반하여 지면에 내려놓는 작업을 하던 중 비계가 흔들리며 크레인 아래에서 작업 중이던 근로자와 충돌함

그림 출처 : 안전보건공단 재해사례

**Answer & Explanation**

① 크레인으로 하물을 인양하는 하부에는 미리 근로자의 출입을 통제하여야 하나 출입을 통제하지 않았다.
② 유도(보조)로프로 흔들림을 방지하여야 하나 유도로프를 사용하지 않았다.
③ 신호수를 배치하지 않았다.

**주의** 반드시 동영상을 확인하고 답을 적으세요.

08 화면에서는 이동식 비계에서 작업하는 모습을 보여준다. 화면에서의 작업 위험요인 2가지를 적으시오. (4점)

> 화면 설명 • 이동식 비계에 안전난간이 없으며 비계 위로 파이프를 1줄로 들어 올리던 중 파이프가 떨어지며 아래 작업자에게 맞는 사고가 난다.

Answer & Explanation

① 이동식 비계에 안전난간 미설치(안전난간이 미설치되어 작업자 떨어짐이 우려된다.)
② 재료·기구 또는 공구 등을 올리거나 내리는 때에는 달줄, 달포대를 사용하여야 하나 사용하지 않음
③ 작업구역 내에 출입금지 조치를 실시하지 않음

◎ 참고하기

그림 출처 : 안전보건공단, "비계·작업발판 재해예방을 위한 작업 전 안전점검"

09 [보기]는 보일러의 압력방출장치 설치에 관한 내용이다. 괄호 안에 적합한 내용을 적으시오. (4점)

>> 보기

압력방출장치를 1개 또는 2개 이상 설치하고 ( ① ) 이하에서 작동되도록 하여야 한다. 다만, 압력방출장치가 2개 이상 설치된 경우에는 최고사용압력 이하에서 1개가 작동되고, 다른 압력방출장치는 최고사용압력의 ( ② )배 이하에서 작동되도록 부착하여야 한다.

Answer & Explanation

① 최고사용압력   ② 1.05

## 2022. 3회 1부

# 산업안전기사

시험시간 : 1시간 정도

**01** 화면에서 작업자는 에어배관 점검을 하던 중 눈 재해를 당하였다. 사고원인 2가지를 적으시오. (안전모, 안전장갑은 착용한 상태) (4점)

**Answer & Explanation**

① 배관 내 잔압을 제거하지 않고 배관을 점검하였다.
② 배관 점검 시 남은 압력이 빠진 것을 확인하지 않았다.
③ 배관 점검 시 주 밸브를 잠그지 않았다. (동영상에서 밸브를 잠그지 않은 경우만 해당)
④ 보안경을 착용하지 않았다.

**참고하기**

그림 출처 : 안전보건공단 자료실

**암기형**

**02** 밀폐공간의 적정 공기 수준에 관한 내용이다. [보기]의 (    )에 적합한 숫자를 적으시오. (5점)

> **보기**
>
> 적정한 공기라 함은 산소농도의 범위가 ( ① )% 이상 ( ② )% 미만, 탄산가스의 농도가 ( ③ )% 미만, 일산화탄소의 농도가 ( ④ )ppm 미만, 황화수소의 농도가 ( ⑤ )ppm 미만인 수준의 공기를 말한다.

**Answer & Explanation**

① 18
② 23.5
③ 1.5
④ 30
⑤ 10

---

**암기형**

**03** 동영상에서 작업자는 전기용접 작업 중이다. 작업자가 전기용접 작업 시에 착용하여야 하는 보호구를 3가지 적으시오. (6점)

**Answer & Explanation**

① 용접용 보안면
② 절연장갑
③ 절연화
④ 방진마스크
⑤ 귀마개

**암기형**

**04** 화면은 이동식 크레인에 의한 작업을 보여준다. [보기]의 설명에 적합한 이동식 크레인의 방호장치 명칭을 적으시오. (4점)

> **보기**
> (1) 정격하중 이상의 하중이 부하되었을 경우 자동적으로 권상장치를 정지시키는 장치
> (2) 권상용 와이로프 등의 과도한 권상(감아올림)으로 인하여 화물이 지브에 부딪쳐 떨어지는 사고를 방지하기 위한 장치
> (3) 훅걸이용 와이어로프 등이 훅으로부터 벗겨지는 것을 방지하기 위한 장치
> (4) 전도 사고를 방지하기 위하여 장비의 측면에 부착하여 전도 모멘트에 대하여 효과적으로 지탱할 수 있도록 한 장치

**Answer & Explanation**

① 과부하방지장치
② 권과방지장치
③ 훅의 해지장치
④ 아웃트리거

**05** 화면에서 작업자는 전동권선기에 동선을 감는 작업을 하고 있다. 작업 중 기계가 정지하여 전원을 차단하지 않고 점검 중 발생한 재해이다. (1) 재해 발생형태와 (2) 재해 원인 2가지를 적으시오. (4점)

**Answer & Explanation**

(1) 재해 발생형태 : 감전(전류접촉)
(2) 재해 원인
　① 전원을 차단하지 않고 기계점검을 실시했다.
　② 작업자가 절연장갑을 착용하지 않았다.
　③ 작업시작 전 기계점검을 실시하지 않았다.

> **참고하기**

사진 출처 : 극동ENG

주의! 반드시 동영상을 확인하고 답을 적으세요.

## 06 화면에서 작업자는 드릴작업 중이다. 작업의 위험요인 3가지를 적으시오. (6점)

**화면 설명 •** 작은 공작물을 손으로 잡고 작업하던 중 공작물이 튀어 재해를 당하였다. 작업자는 작업 중 이물질을 입으로 불어 제거하고 있으며, 또한 손으로 이물질을 제거하려는 모습을 보여준다. 작업자는 보안경을 미착용하였고 면장갑을 낀 채 작업을 하고 있다.

**Answer & Explanation**

① 작은 **공작물을 손으로 잡고 작업**하였다.
　 (공작물을 바이스를 사용하여 고정하지 않아 손을 다칠 위험 있다.)
② **면장갑을 착용**하였다. (면장갑을 착용하여 손을 다칠 위험 있다.)
③ **보안경을 착용하지 않았다.** (보안경을 착용하지 않아 눈을 다칠 위험 있다.)
④ **방진마스크를 착용하지 않았다.**
　 (방진마스크를 착용하지 않아 이물질 또는 칩이 호흡기로 들어갈 위험 있다.)
⑤ **이물질 제거 시 전원을 차단하지 않고 손으로 제거하였다.**
　 (이물질을 전원을 차단하지 않고 손으로 제거하여 손을 다칠 위험 있다.)

> 참고하기

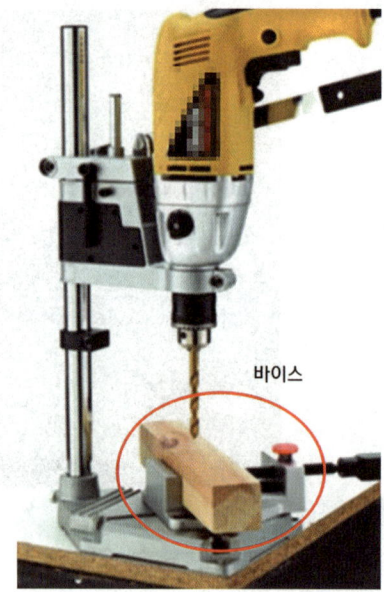

바이스

사진 출처 : 구글 검색

주의 반드시 동영상을 확인하고 답을 적으세요.

**07** 화면에서는 크레인으로 드럼통을 운반하는 작업 중이다. 작업 중 위험요소 2가지를 적으시오. (4점)

화면 설명 • 절반이 잘린 드럼통을 1줄 걸이 상태로 불안하게 운반하고 있으며, 작업자가 드럼통을 손으로 지지하다 드럼통이 흔들리며 떨어지는 사고가 발생한다.

**Answer & Explanation**

① 줄걸이 방법 불량(2줄 걸이로 균형을 유지하고 운반하여야 하나 1줄 걸이 상태로 운반함)
② 드럼통을 유도(보조)로프를 사용하여 흔들림을 방지하지 않고 손으로 지지하고 있음
③ 훅의 해지장치 미설치 혹은 훅의 해지장치를 체결하지 않음(훅의 해지장치가 설치되지 않았거나 설치되었더라도 체결하지 않은 경우만 해당)

## 08
화면에서 작업자는 인화성 물질 저장창고에서 작업을 하고 있다. 작업장 및 작업자 기준의 폭발방지 대책(정전기 재해방지 대책) 4가지를 적으시오. (4점)

**화면 설명** ● 인화성 물질이 든 드럼통을 들고 들어온 작업자가 윗옷을 벗음과 동시에 폭발사고가 발생한다.

**Answer & Explanation**

① 정전기용 안전화 착용
② 제전복 착용
③ 정전기 제전용구 사용
④ 작업장 바닥에 도전성을 갖출 것

## 09
화면에서 작업자는 유해화학물질 취급 작업을 하고 있다. (1) 유해화학물질이 작업자의 체내에 유입될 수 있는 침입 경로 3가지를 적으시오. (2) 화면에서는 작업자가 DMF를 배합기에 넣는 유해물질 취급작업을 보여준다. 유해물질 취급장소에 게시하여야 하는 사항 3가지를 적으시오. (6점)

**Answer & Explanation**

(1) ① 호흡기  ② 소화기  ③ 피부점막

(2) 관리대상 유해물질(또는 허가대상 유해물질) 취급장소에 게시하여야 하는 사항
① 유해물질의 명칭
② 인체에 미치는 영향
③ 취급상 주의사항
④ 착용하여야 할 보호구
⑤ 응급조치와 긴급 방재 요령

※ 디메틸포름아미드(DMF)는 관리대상 유해물질에 해당한다.

### ⊙ 참고하기

• 물질안전보건자료에 적어야 하는 사항
1. 제품명
2. 물질안전보건자료 대상 물질을 구성하는 화학물질 중 유해인자의 분류기준에 해당하는 화학물질의 명칭 및 함유량
3. 안전 및 보건상의 취급 주의사항
4. 건강 및 환경에 대한 유해성, 물리적 위험성
5. 물리·화학적 특성 등 고용노동부령으로 정하는 사항
   ① 물리·화학적 특성
   ② 독성에 관한 정보
   ③ 폭발·화재 시의 대처방법
   ④ 응급조치 요령
   ⑤ 그 밖에 고용노동부장관이 정하는 사항

## 2022. 3회 2부 산업안전기사

시험시간 : 1시간 정도

**01** 사업주는 사업장에서 지게차를 이용하여 하역 및 운반작업을 할 때에는 보유하고 있는 지게차별로 작업계획서를 작성하여야 한다. 작업계획서 작성 시기는 일상작업은 최초 작업 개시 전에 작성하며 그 밖의 경우에도 작성하여야 한다. 일상작업 외에 작업계획서를 작성하여야 하는 경우 3가지를 적으시오. (6점)

**Answer & Explanation**

① 작업장 내 구조 설비 및 작업방법이 변경되었을 경우
② 작업장소 또는 화물의 상태가 변경되었을 경우
③ 지게차 운전자가 변경되었을 경우

**참고하기**

- 차량계 하역운반기계 등을 사용하는 작업의 작업계획서 내용
  ① 해당 작업에 따른 추락·낙하·전도·협착 및 붕괴 등의 위험 예방대책
  ② 차량계 하역운반기계 등의 운행경로 및 작업방법

**02** 밀폐공간에서 근로자가 종사할 때 밀폐공간 보건작업 프로그램을 시행하여야 한다. 밀폐공간작업 프로그램의 내용을 3가지 적으시오. (6점)
(단, 그 밖에 밀폐공간 작업 근로자의 건강장해 예방에 관한 사항은 제외한다.)

**Answer & Explanation**

① 사업장 내 밀폐공간의 위치 파악 및 관리 방안
② 밀폐공간 내 질식·중독 등을 일으킬 수 있는 유해·위험 요인의 파악 및 관리 방안
③ 밀폐공간 작업 시 사전 확인이 필요한 사항에 대한 확인 절차
④ 안전보건교육 및 훈련

> **암기법**
>
> 밀폐공간 위치 파악하고 유해위험요인 파악해서 관리방안 세우고 교육훈련하자.
> ① 사업장 내 밀폐공간의 위치 파악 및 관리 방안
> ② 밀폐공간 내 유해·위험 요인의 파악 및 관리 방안
> ③ 안전보건교육 및 훈련

**암기형**

**03** 전신주의 형강을 교체하는 화면을 보여주고 있다. 화면의 작업을 하는 경우 작업자가 착용해야 할 보호구 2가지를 적으시오. (4점)

**화면 설명** ● 화면에서 작업자는 전봇대의 발판을 딛고 작업하고 있으며, 작업 중 흡연하는 장면이 보인다. C.O.S(컷아웃스위치)가 발판 옆에 걸쳐져 있다.

**Answer & Explanation**

① 안전모(ABE형) – 2m 이하 장소로서 추락의 위험이 없는 전기작업은 AE형 포함할 것
② 절연화
③ 절연장갑
④ 안전대(2m 이상 추락이 우려되는 장소의 경우만 해당)

**암기형**

**04** 화면에서는 이동식 크레인 작업을 보여준다. 이동식 크레인 작업 시의 작업 시작 전 관리감독자가 점검하여야 하는 사항 3가지를 적으시오. (6점)

**Answer & Explanation**

① 권과방지장치나 그 밖의 경보장치의 기능
② 브레이크·클러치 및 조정장치의 기능
③ 와이어로프가 통하고 있는 곳 및 작업장소의 지반상태

**암기형**

**05** 화면에서 작업자는 가설통로 설치작업 중이다. 가설통로의 구조 중 괄호 안에 적당한 숫자를 적으시오. (4점)

> **보기**
> 1. 경사는 ( ① )도 이하로 할 것
> 2. 경사가 ( ② )도를 초과하는 때는 미끄러지지 아니하는 구조로 할 것

**Answer & Explanation**

① 30  ② 15

**참고하기**

• 가설통로의 구조
  ① 견고한 구조로 할 것
  ② 경사는 30도 이하로 할 것
  ③ 경사가 15도를 초과하는 때는 미끄러지지 아니하는 구조로 할 것
  ④ 추락의 위험이 있는 장소에는 안전난간을 설치할 것
  ⑤ 수직갱 : 길이가 15미터 이상인 때에는 10미터 이내마다 계단참을 설치할 것
  ⑥ 건설공사에 사용하는 높이 8미터 이상인 비계다리 : 7미터 이내마다 계단참을 설치할 것

**06** 화면에서 작업자는 가스용접 작업을 하고 있다. 작업 시의 위험요인 3가지를 적으시오. (6점)

**화면 설명 ●** 작업자는 맨얼굴과 면장갑을 끼고 용접작업 중이며, 용접 중 줄이 짧아 줄을 잡아당기는 순간 호스가 뽑히며 산소가 누설되어 불꽃이 튄다. 산소 용기가 눕혀져 있으며 작업장 바닥에는 철판 등이 어지럽게 놓여있다. 작업장 바닥에는 철판 등이 어지럽게 놓여있다.

사진 출처 : 안전보건공단

**Answer & Explanation**

> ① 산소용기를 눕혀서 사용하여 위험하다. (용기 밸브 등의 파손 위험 있다.)
> ① 호스의 접속부에 조임기구를 사용하여 가스 누출을 방지하여야 하나 **사용하지 않아** 호스가 뽑히며 가스가 누설되었다. (가스 누설로 인한 화재, 폭발 위험 있다.)
> ② 작업자가 **보호구를 착용하지 않았다.** (용접용 보안면, 안전장갑을 착용하지 않아 화상 위험이 있다.)
> ③ **주변 정리정돈 불량**으로 (가연성 물질과의 접촉에 의한 화재, 폭발 및 걸려 넘어짐 등) 인한 사고 발생 위험 있다.

**07** 화면에서는 크레인으로 배관을 운반하는 작업 중이다. 작업 중 위험요소 3가지를 적으시오. (4점)

**화면 설명 ▸** 배관을 1줄 걸이 상태로 불안하게 운반하고 있으며, 작업자가 배관을 한 손으로 잡고 다른 손으로는 크레인의 리모콘을 조작하며 이동하던 중 바닥의 장애물에 걸려 넘어진다. 크레인 훅에는 해지 장치가 설치되지 않았다.

**Answer & Explanation**

> ① 줄걸이 방법 불량(2줄 걸이로 균형을 유지하여야 하나 1줄 걸이 상태로 운반함)
> ② 배관을 유도(보조)로프로 흔들림 방지하지 않고 손으로 지지하고 있음
> ③ 훅의 해지 장치 미설치
> ④ 작업장 정리정돈 불량

**08** 콘크리트 양생을 위해 열풍기를 사용하는 경우의 안전조치 사항 3가지를 적으시오. (5점)

**Answer & Explanation**

> ① 주변에 소화기를 비치할 것
> ② 환기 설비를 설치할 것
> ③ 작업자는 호흡용 보호구를 착용할 것
> ④ 열풍기 외함 접지 및 누전차단기를 설치할 것

> 참고하기

그림 출처 : 안전보건공단

**09** 중량물 취급작업 시의 안전기준이다. 괄호에 적합한 내용을 적으시오. (4점)

> 보기

사업주는 근로자가 취급하는 물품의 ( ① ), ( ② ), ( ③ ), ( ④ ) 등 인체에 부담을 주는 작업의 조건에 따라 작업시간과 휴식시간 등을 적정하게 배분하여야 한다.

**Answer & Explanation**

① 중량
② 취급 빈도
③ 운반 거리
④ 운반속도

## 2022. 3회 3부

# 산업안전기사

시험시간 : 1시간 정도

**01** 화면에서는 지게차 작업을 보여준다. 지게차 작업 시의 적합한 안정도를 적으시오. (6점)

> **보기**
> ① 하역작업 시 전·후 안정도
> ② 주행 시 전·후 안정도
> ③ 하역작업 시 좌·우 안정도
> ④ 하역작업 시 전·후 안정도(5t 이상)

**Answer & Explanation**

① 4% 이내
② 18% 이내
③ 6% 이내
④ 3.5% 이내

**참고하기**

주행 시 좌·우 안정도 : $15 + 1.1 \times V$ [ $V$ : 최고속도(km/hr)]

**02** 화면은 작업자가 교류아크 용접작업을 하는 장면을 보여준다. 화면에서의 용접작업 시의 위험요소 3가지를 적으시오. (6점)

**화면 설명 ·** 작업자가 한 손으로 스위치를 조작하며 다른 손으로 용접을 하고 있으며, 작업장 주변에는 인화성 물질로 보이는 깡통 등이 쌓여있다.

**Answer & Explanation**

① 한 손으로 스위치를 조작하며 다른 손으로 용접을 하고 있어 작업이 불안하며 작업상황 파악이 어렵다.
② 용접하는 주변에 인화성 물질이 존재하여 화재위험이 있다.
③ 작업장 정리정돈이 불량하다.

**암기형**

**03** 동영상에서는 말비계를 보여준다. 말비계의 구조(조립 시의 준수사항)에 관한 내용 중 괄호 안에 적합한 내용을 적으시오. (4점)

> **보기**
>
> 1. 지주부재의 하단에는 미끄럼 방지장치를 하고, 양측 끝부분에 올라서서 작업하지 아니하도록 할 것
> 2. 지주부재와 수평면과의 기울기를 ( ① )도 이하로 하고, 지주부재와 지주부재 사이를 고정시키는 ( ② )를 설치할 것
> 3. 말비계의 높이가 2미터를 초과할 경우에는 작업발판의 폭을 40센티미터 이상으로 할 것

**Answer & Explanation**

① 75   ② 보조부재

**참고하기**

• 말비계

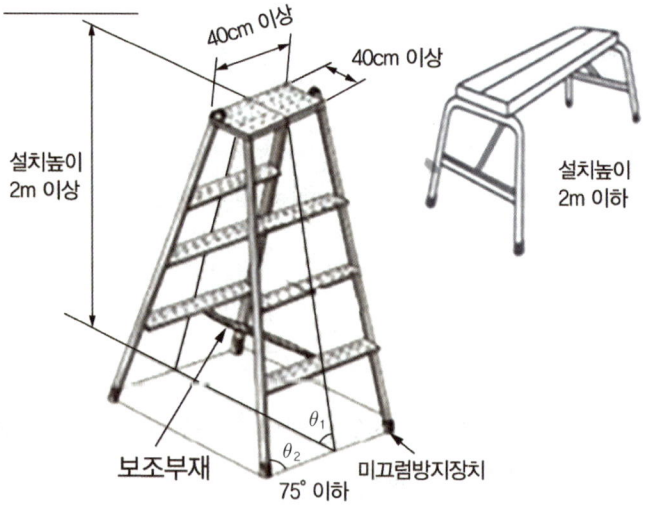

그림 출처 : 안전보건공단, "비계.작업발판 재해예방을 위한 작업 전 안전점검"

**04** 화면에서 작업자는 버스정비작업을 하고 있다. 작업자가 버스 아래에 들어가 정비작업을 하는 중에 다른 작업자가 시동을 걸어 정비 작업 중이던 근로자가 다치는 사고가 난다. 화면에서와 같이 작업자가 버스 아래에 들어가 정비작업을 하는 경우 설치하여야 하는 장치 2가지를 적으시오. (4점)

그림 출처 : http://news.imaeil.com/page/view/2018122116343894797

### Answer & Explanation

① 안전블럭
② 안전지주

### 참고하기

| 안전지주 | 안전블럭 |

그림 출처 : 고용노동부, "2020. 만화로 보는 산업안전보건기준에 관한 규칙", p93.

그림 출처 : 안전보건공단, "덤프트럭 안전보건작업 지침" 2016.11. p12.

**05** [보기]는 충전전로에서 전기 작업을 하는 경우의 조치사항에 관한 내용이다. 괄호에 적합한 내용을 적으시오. (5점)

> **보기**
> - 충전전로를 취급하는 근로자에게 그 작업에 적합한 ( ① )를 착용시킬 것
> - 충전전로에 근접한 장소에서 전기작업을 하는 경우에는 해당 전압에 적합한 ( ② )를 설치할 것. 다만, 저압인 경우에는 해당 전기작업자가 ( ① )를 착용하되, 충전전로에 접촉할 우려가 없는 경우에는 ( ② )를 설치하지 아니할 수 있다.
> - 유자격자가 아닌 근로자가 충전전로 인근의 높은 곳에서 작업할 때에 근로자의 몸 또는 긴 도전성 물체가 방호되지 않은 충전전로에서 대지전압이 50킬로볼트 이하인 경우에는 ( ③ ) 이내로, 대지전압이 50킬로볼트를 넘는 경우에는 10킬로볼트당 10센티미터씩 더한 거리 이내로 각각 접근할 수 없도록 할 것

**Answer & Explanation**

① 절연용 보호구  ② 절연용 방호구  ③ 300cm

**참고하기**

- 충전전로에서의 전기작업(활선작업) 시의 조치
  ① 근로자에게 절연용 보호구를 착용시킬 것
  ② 충전전로에 절연용 방호구를 설치할 것
  ③ 고압 및 특별고압의 전로에서 전기작업을 하는 근로자에게 활선작업용 기구 및 장치를 사용하도록 할 것
  ④ 절연용 방호구의 설치·해체작업 시 절연용 보호구 착용하거나 활선작업용 기구 및 장치를 사용하도록 할 것
  ⑤ 유자격자가 아닌 근로자가 충전전로 인근의 높은 곳에서 작업할 때에 근로자의 몸 또는 긴 도전성 물체가 방호되지 않은 충전전로에서 대지전압이 50킬로볼트 이하인 경우에는 300센티미터 이내로, 대지전압이 50킬로볼트를 넘는 경우에는 10킬로볼트당 10센티미터씩 더한 거리 이내로 각각 접근할 수 없도록 할 것

**06** 화면에서 작업자는 승강기 피트의 뚜껑을 열고 나무 발판에 올라선 채 플래시를 비추며 피트 내부를 점검하던 중 발이 미끄러지며 피트로 추락하는 사고가 발생한다. 동영상에서와 같은 작업에 존재하는 위험요인 3가지를 적으시오. (6점)

> **화면 설명** • 작업발판은 나무판자로 엉성하게 되어있으며, 작업자는 안전대를 착용하고 있으나 고정하지 않았고, 추락방호망도 설치되지 않았다. 피트 입구에 안전난간은 설치된 상태이다.

그림 출처 : 안전세계, 재해사례 "엘리베이터 피트 내부 철근 절단작업 중 추락"

**Answer & Explanation**

① **작업발판 설치가 불량**하다. (떨어짐 위험이 있다.)
② 작업자가 **안전대를 고정하지 않아** 위험하다. (떨어짐 위험이 있다.)
③ 개구부에 울타리, **수직형 추락방망** 또는 덮개를 **설치하지 않아** 위험하다. (떨어짐 위험이 있다.)
④ 피트 내부에 추락방호망이 설치되지 않아 위험하다. (떨어짐 위험이 있다.)

**참고하기**

안전대 착용, 수직형 추락방망, 추락방호망, 안전난간 설치

그림 출처 : 고용노동부, "2020. 만화로 보는 산업안전보건기준에 관한 규칙", p25.

## 07 건설용 리프트(자동차정비용 리프트 제외)의 방호장치 4가지를 적으시오. (4점)

**Answer & Explanation**

① 과부하방지장치
② 권과방지장치
③ 비상정지장치
④ 제동장치
⑤ 조작반 잠금장치

## 08 안전대에 사용되는 각 부품의 구조 및 치수를 설명하고 있다. 괄호 안에 적합한 내용을 적으시오. (6점)

> **보기**
>
> 1. 벨트는 강인한 실로 짠 직물로 비틀어짐, 흠, 기타 결함이 없을 것
> 2. 벨트의 너비는 ( ① )mm 이상(U자 걸이로 사용할 수 있는 안전대는 40mm) 길이는 버클포함 1,100mm 이상, 두께는 ( ② )mm 이상일 것
> 3. 벨트, 지탱벨트의 시험하중은 ( ③ )kN으로 할 것

**Answer & Explanation**

① 50    ② 2    ③ 15

**09** 화면에서 작업자는 베어링 세척작업 중이다. 베어링 세척작업 시의 위험요인 3가지를 적으시오. (4점)

> 화면 설명 • 작업자는 베어링 세척 중 흡연을 하고 있다. 작업자는 보호구를 미착용하였고 바닥에는 고무호스가 나뒹굴고 있다. 훅에는 해지 장치가 설치되지 않은 모습을 보여준다.

그림 출처 : 안전보건공단

**Answer & Explanation**

① 작업 중 흡연하여 위험하다.(화재, 폭발의 위험이 있다.)
② 작업자가 **방독마스크**, **불침투성 보호복**(화학물질용 보호복), **불침투성 보호장갑**(화학물질용 보호장갑), **불침투성 보호장화**(화학물질용 안전화), **보안경**을 착용하지 않았다.
③ 작업장에 국소배기장치가 설치되지 않았다.
④ 작업장 바닥의 정리정돈이 불량하다.

**참고**하기

금속의 세척작업에는 TCE, 신너 등의 화학물질이 포함된 세척제가 사용된다.

## 2023. 1회 1부

# 산업안전기사

시험시간 : 1시간 정도

**01** 화면에서는 프레스 작업을 보여준다. 프레스의 작업 시작 전 점검사항 3가지를 적으시오. (6점)

**Answer & Explanation**

① 클러치 및 브레이크 기능
② 크랭크축·플라이 휠·슬라이드·연결 봉 및 연결 나사의 볼트 풀림 유무
③ 1행정 1정지 기구·급정지 장치 및 비상 정지 장치의 기능
④ 슬라이드 또는 칼날에 의한 위험 방지 기구의 기능
⑤ 프레스의 금형 및 고정 볼트 상태
⑥ 당해 방호 장치의 기능
⑦ 전단기의 칼날 및 테이블의 상태

**02** 화면에서는 지게차 작업을 보여준다. 지게차와 같은 차량계 하역운반기계를 사용하여 작업하는 경우 작성하여야 하는 작업계획서에 포함하여야 할 내용을 2가지 적으시오. (4점)

**Answer & Explanation**

① 해당 작업에 따른 추락·낙하·전도·협착 및 붕괴 등의 위험 예방대책
② 차량계 하역운반기계 등의 운행경로 및 작업방법

03 산업안전보건법에 의하여 밀폐공간의 산소 및 유해가스 농도를 측정할 수 있는 자 또는 기관의 종류를 4가지 적으시오. (6점)

Answer & Explanation

관련 법규에서 삭제된 내용입니다.

04 화면에서는 박공지붕 설치작업을 보여준다. 동영상에서와 같은 재해를 예방하기 위한 안전 대책 3가지를 적으시오. (6점)

**화면 설명 ●** 작업자들은 박공지붕 위에서 휴식을 취하며 커피를 마시고 있다. 주변에는 자재가 적재되어 있고 적재되어 있던 자재가 작업자에게 굴러떨어져 작업자가 앞으로 넘어지는 장면을 보여준다. 작업자는 안전모, 안전화를 착용하고 안전대는 미착용한 상태이다. 추락방호망과 안전대도 미설치된 상태이다.

그림 출처 : 안전보건공단 "지붕공사 작업안전"

Answer & Explanation

① 작업자는 **안전대를 착용**하고 작업한다.
② **추락방호망을 설치**한다.
④ 지붕 가장자리에 **안전난간을 설치**한다.
⑤ **자재를 한 곳에 과적하지 않는다.**

**05** 산업안전보건법에 의한 국소배기장치의 설치조건 2가지를 적으시오. (4점)

> Answer & Explanation
>
> ① 후드는 유해물질 발산원마다 설치할 것
> ② 외부식, 리시버식 후드는 발산원에 가장 가까운 위치에 설치할 것
> ③ 덕트의 길이는 짧게, 굴곡부 수를 적게 할 것
> ④ 배기구를 옥외에 설치할 것

**06** 화면에서 2명의 작업자가 전주에서 작업을 하고 있다. 작업자 1명은 아래에서 절연용 방호구를 올리고 있으며 다른 작업자는 크레인에서 절연용 방호구를 받아 설치하는 작업을 하던 중 감전사고가 발생하였다. 화면에서와 같은 활선작업 시 내재되어 있는 핵심위험요인 2가지를 적으시오. (4점)

> Answer & Explanation
>
> ① 작업자가 절연용 보호구를 착용하지 않아 감전의 위험 있다.
> ② 인근 충전 전로에 절연용 방호구를 설치하지 않아 감전의 위험 있다.
> ③ 활선작업용 기구 및 장치를 사용하지 않아 감전의 위험 있다.
> ④ 크레인이 이격거리를 준수하지 않아 감전의 위험 있다.

➔ 참고하기

활선작업(전기가 흐르는 전선에서 작업)

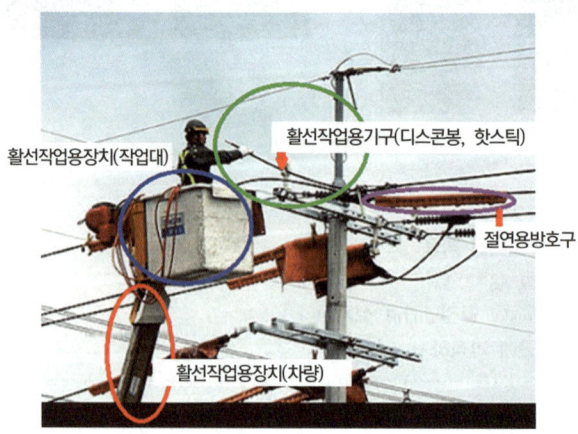

사진 출처 : ㈜한국안전신문, "민주노총 건설노조, '직접 활선공법' 전면폐지 촉구", 2018.03.07.

**07** 화면에서 작업자는 흙막이 지보공(또는 터널 지보공) 설치작업을 하고 있다. (1) 흙막이 지보공 설치 목적을 적고 (2) 설치 후 정기적 점검 사항 4가지를 적으시오. (6점)

**Answer & Explanation**

(1) 설치 목적
    굴착작업에 있어서 토사의 붕괴 또는 토석의 낙하에 의하여 근로자에게 위험을 미칠 우려가 있을 때 굴착면이 붕괴되지 않도록 하기 위하여 설치한다.

(2) 점검 사항
    ① 부재의 손상·변형·부식·변위 및 탈락의 유무와 상태
    ② 버팀대의 긴압의 정도
    ③ 부재의 접속부·부착부 및 교차부의 상태
    ④ 침하의 정도

**08** 화면에서 작업자는 착암기(전동 브레이커)로 도로 옆 인도를 파쇄하는 작업을 하고 있다. 작업자가 착용하여야 하는 보호구를 4가지 적으시오. (단, 화면과는 무관하게 작성할 것) (5점)

화면 설명 • 작업자는 안전모, 안전화, 목장갑을 착용하고 있으며 방진마스크, 보안경은 착용하지 않은 채 작업하고 있다.

**Answer & Explanation**

사진 출처 : 뉴시스 　　　　　　　　　　　　　　사진 출처 : 한일교역

① 안전모
② 안전화
③ 보안경
④ 방진마스크
⑤ 귀마개(또는 귀덮개)
⑥ 방진장갑

**09** 산업안전보건법에 의하여 화학설비로서 가솔린이 남아 있는 화학설비(위험물을 저장하는 것으로 한정), 탱크로리, 드럼 등에 등유나 경유를 주입하는 작업을 하는 경우에는 미리 그 내부를 깨끗하게 씻어내고 가솔린의 증기를 불활성 가스로 바꾸는 등 안전한 상태로 되어 있는지를 확인한 후에 그 작업을 하여야 한다. 다만, 다음 각 호의 조치를 하는 경우에는 그러하지 아니하다. 괄호에 적합한 내용을 적으시오. (4점)

> **보기**
> (1) 등유나 경유를 주입하기 전에 탱크·드럼 등과 주입설비 사이에 접속선이나 접지선을 연결하여 ( ① )를 줄이도록 할 것
> (2) 등유나 경유를 주입하는 경우에는 그 액표면의 높이가 주입관의 선단의 높이를 넘을 때까지 주입속도를 초당 ( ② ) 이하로 할 것

**Answer & Explanation**

① 전위차 　② 1미터

# 산업안전기사

2023. 1회 2부

시험시간 : 1시간 정도

**01** 화면에서는 지게차 작업을 보여준다. 괄호에 적합한 지게차의 안정도를 적으시오. (6점)

> **보기**
>
> 1. 지게차는 지면에서 중심선이 지면의 기울어진 방향과 평행할 경우 앞이나 뒤로 넘어지지 아니하여야 한다.
>    (1) 지게차의 최대하중상태에서 쇠스랑을 가장 높이 올린 경우 기울기가 ( ① )[지게차의 최대하중이 5톤 이상인 경우에는 ( ② )]인 지면
>    (2) 지게차의 기준 부하상태에서 주행할 경우 기울기가 ( ③ )인 지면
>
> 2. 지게차는 지면에서 중심선이 지면의 기울어진 방향과 직각으로 교차할 경우 옆으로 넘어지지 아니하여야 한다.
>    (1) 지게차의 최대하중상태에서 쇠스랑을 가장 높이 올리고 마스트를 가장 뒤로 기울인 경우 기울기가 ( ④ )인 지면
>    (2) 지게차의 기준 무부하 상태에서 주행할 경우 구배가 지게차의 최고주행속도에 1.1을 곱한 후 15를 더한 값인 지면. 다만, 규격이 5,000킬로그램 미만인 경우에는 최대 기울기가 100분의 50, 5,000킬로그램 이상인 경우에는 최대 기울기가 100분의 40인 지면을 말한다.

**Answer & Explanation**

① 100분의 4(4%)
② 100분의 3.5(3.5%)
③ 100분의 18(18%)
④ 100분의 6(6%)

> **참고하기**
> 
> • 지게차 작업 시의 안정도
>   ① 주행작업 시의 좌·우 안정도 = (15 + 1.1V)% 이내 (여기서, V : 최고속도 Km/h)
>   ② 주행작업 시의 전·후 안정도 = 18% 이내
>   ③ 하역작업 시의 좌·우 안정도 = 6% 이내
>   ④ 하역작업 시의 전·후 안정도 = 4% 이내
>   ⑤ 하역작업 시의 전·후 안정(5t 이상) = 3.5% 이내

**02** 화면에서 작업자는 비커에 담긴 황산을 집게로 집어 다른 기구로 옮기던 중 기구가 깨지며 황산이 튀는 사고가 발생하였다. (1) 이 사고의 재해 발생형태와 (2) 재해 발생형태의 정의를 적으시오. (4점)

**Answer & Explanation**

> (1) 재해 발생형태 : 유해위험물질 노출·접촉
> (2) 정의 : 유해·위험물질에 노출·접촉 또는 흡입하였거나 독성동물에 쏘이거나 물린 경우

**03** 화면의 재해사례에서(롤러기 작업)나타나는 위험점을 기계의 운동형태에 따라 분류하고자 할 때 (1) 위험점의 명칭 (2) 위험점의 형성조건을 적으시오. (4점)

**Answer & Explanation**

> (1) 위험점의 명칭 : 물림점
> (2) 위험점의 조건 : 서로 반대방향의 회전체(두개의 회전체가 서로 반대방향으로 회전)

**04** 화면에서는 화학설비 공장에서 높이 설치된 굴뚝의 모습을 보여준다. (1) 플레어 시스템 중 소각탑으로 스택 지지대, 플레어 팁, 파이롯 버너 및 점화장치 등으로 구성된 설비 일체를 무엇이라 하는가? (2) 플레어 시스템의 설치 목적을 구체적으로 적으시오. (6점)

그림 출처 : 한화토탈에너지

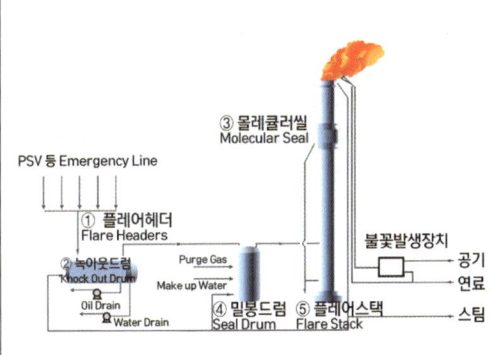
그림 출처 : https://hello-onl.tistory.com/3

> **Answer & Explanation**
>
> (1) 플레어스택
> (2) 안전밸브 등에서 **배출되는** 위험 물질을 안전하게 **연소 처리**하여 배출(대기 중으로 방출)하기 위하여 설치한다.

## 05 화면에서 작업자는 휴대용 연삭기로 연마작업을 하고 있다. 작업에 존재하는 불안전한 행동(위험요인) 3가지를 적으시오. (6점)

**화면 설명 ●** 작업자는 보안경을 미착용한 상태이며 면장갑을 착용하고 있다. 연삭기에는 덮개가 설치되어 있지 않으며, 숫돌의 측면으로 대리석을 연삭하던 중에 사고가 발생한다.

**Answer & Explanation**

① 연삭기에 덮개를 설치하지 않았다.
② 작업자가 보안경, 방진마스크, 귀마개를 착용하지 않았다.
③ 연삭기 측면을 사용하여 작업하였다.
④ 작업자가 면장갑을 착용하고 작업하였다. (면장갑을 착용한 경우만 해당)

**06** 화면에서 작업자는 선반작업을 하고 있다. 선반작업에 내재되어 있는 위험요인 3가지를 적으시오. (5점)

> **화면 설명 ·** 작업자는 맨손으로 기계에 손을 올려놓은 채 작업을 지켜보고 있다. 선반에는 덮개가 설치되지 않았고 칩 브레이커가 설치되지 않아 칩이 끊어지지 않고 길게 나오고 있다. 길이가 긴 공작물이 흔들리며 가공되는 모습을 보여준다.

그림 출처 : 안전 저널

**Answer & Explanation**

① 조작부에 손을 올려놓은 채 작업하여 회전부에 옷소매 등이 말려들거나 손이 끼일 위험 있다.
② 길이가 긴 공작물의 고정 불량(방진구의 미설치)으로 공작물이 부러지며 작업자에게 튈 위험 있다.
③ 보안경 미착용으로 비산하는 칩에 눈을 다칠 위험 있다.
④ 회전 중인 공작물의 칩을 제거하던 중 회전축에 손이 끼일 위험 있다.

## 07 산업안전보건기준에 관한 규칙에서 정하는 아세틸렌 및 가스집합 용접장치에 관한 내용이다. 괄호에 적합한 숫자를 적으시오. (4점)

> **보기**
>
> (1) 아세틸렌 용접장치를 사용하여 금속의 용접·용단 또는 가열작업을 하는 경우에는 게이지 압력이 ( ① )을 초과하는 압력의 아세틸렌을 발생시켜 사용해서는 아니 된다.
> (2) 주관 및 분기관에는 ( ② )를 설치할 것[이 경우 하나의 취관에 대하여 2개 이상의 ( ② )를 설치하여야 한다]
> (3) 발생기실은 건물의 최상층에 위치하여야 하며, 화기를 사용하는 설비로부터 ( ③ )를 초과하는 장소에 설치하여야 한다.
> (4) 용해아세틸렌의 가스집합용접장치의 배관 및 부속기구는 동 또는 동을 ( ④ ) 이상 함유한 합금을 사용하여서는 아니 된다.

### Answer & Explanation

① 127킬로파스칼(127kPa)
② 안전기
③ 3미터(m)
④ 70퍼센트(%)

### 참고하기

| 아세틸렌 발생기실의 설치장소 | 가스집합 용접장치의 배관 |
|---|---|
| ① 아세틸렌 용접장치의 아세틸렌 발생기를 설치하는 경우에는 **전용의 발생기실에 설치하여야** 한다.<br>② 발생기실은 **건물의 최상층에 위치**하여야 하며, **화기를 사용하는 설비로부터 3미터를 초과하는** 장소에 설치하여야 한다.<br>③ 발생기실을 옥외에 설치한 경우에는 그 개구부를 다른 건축물로부터 1.5미터 이상 떨어지도록 하여야 한다. | ① 플랜지·밸브·콕 등의 **접합부에는 개스킷을 사용**하고 접합면을 상호밀착 시키는 등의 조치를 할 것<br>② **주관 및 분기관에는 안전기를 설치**할 것(이 경우 **하나의 취관에 대하여 2개 이상의 안전기를 설치**하여야 한다) |

**08** 화면에서는 장비로 아파트를 해체하는 장면을 보여준다. 동영상과 같은 해체작업을 하는 경우의 안전 준수사항 3가지를 적으시오. (6점)

> **화면 설명** • 해체장비(압쇄기)로 해체작업을 하는 중이다. 신호수가 신호를 하고 있으나 신호가 맞지 않으며 해체물에 지나가던 근로자가 다치는 모습을 보여준다.

사진 출처 : 신아그룹

**Answer & Explanation**

① 작업구역 내에는 관계자 이외의 자에 대하여 **출입을 통제**하여야 한다.
② 강풍, 폭우, 폭설 등 **악천후 시**에는 **작업을 중지**하여야 한다.
③ 작업자 상호 간의 적정한 **신호 규정**을 준수하고 신호방식 및 신호기기 사용법은 **사전 교육**에 의해 숙지되어야 한다.

### 참고하기

| 해체공사 안전일반 | 압쇄기 사용공법의 준수사항 |
|---|---|
| ① 작업구역 내에는 관계자 이외의 자에 대하여 **출입을 통제**하여야 한다.<br>② 강풍, 폭우, 폭설 등 **악천후 시**에는 **작업을 중지**하여야 한다.<br>③ 사용 기계 기구 등을 인양하거나 내릴 때에는 그물망이나 그물 포대 등을 사용토록 하여야 한다.<br>④ 외벽과 기둥 등을 전도시키는 작업을 할 경우에는 전도 낙하 위치 검토 및 **파편 비산거리 등을 예측하여 작업반경을 설정**하여야 한다.<br>⑤ 전도 작업을 수행할 때에는 작업자 이외의 다른 작업자는 대피시키도록 하고 완전 대피 상태를 확인한 다음 전도시키도록 하여야 한다.<br>⑥ 해체 건물 외곽에 **방호용 비계를 설치**하여야 하며 해체물의 전도, 낙하, 비산의 안전거리를 유지하여야 한다. | ① 항시 중기의 안전성을 확인하고 중기침하로 인한 위험을 사전 제거토록 조치하여야 하며 중기 작업구조의 지반다짐을 확인하고 편평도는 1/100 이내이어야 한다.<br>② 중기의 작업가능 높이보다 높은 부분 해체 시에는 해체물을 깔고 올라가 작업을 하고, 이 때에는 중기전도로 인한 사고가 발생되지 않도록 조치하여야 한다.<br>③ **중기 운전자는 경험이 풍부한 자격 소유자**이어야 한다.<br>④ 중기작업반경내와 **해체물의 낙하가 예상되는 지역에 대하여는 출입을 제한**하여야 한다.<br>⑤ 해체작업 중 발생되는 분진의 비산을 막기 위해 살수할 경우에는 살수 작업자와 중기운전자는 서로 상황을 확인하여야 한다. |

⑦ 파쇄공법의 특성에 따라 **방진벽, 비산 차단벽, 분진 억제 살수시설을 설치**하여야 한다.
⑧ **작업자 상호 간의 적정한 신호 규정을 준수**하고 신호방식 및 신호기기 사용법은 사전교육에 의해 숙지되어야 한다.
⑨ **적정한 위치에 대피소를 설치**하여야 한다.

⑥ 외벽을 해체할 때에는 비계철거 작업자와 서로 연락하여야 하고 벽과 연결된 비계는 외벽해체 직전에 철거하여야 한다.
⑦ 상층 부분의 보와 기둥, 벽체를 해체할 경우는 해체물이 비산, 낙하할 위험이 있으므로 해체구조 바로 아래층에 **수평 낙하물 방호책을 설치해서 해체물이 비산, 낙하되지 않도록** 하여야 한다.
⑧ 높은 곳에서 가스로 철근을 절단할 경우에는 항시 안전대 부착설비를 하고 안전대를 착용하여야 한다.
⑨ 압쇄기에 의한 파쇄작업순서는 슬라브, 보, 벽체, 기둥의 순서로 해체하여야 한다.

주의 '압쇄기 사용공법의 준수사항'을 적으라는 경우는 '참고' 내용을 적으세요.

**09** 동영상에서는 아파트 공사현장을 보여준다. 작업자가 방망 설치작업을 하던 중 떨어지는 사고가 발생한다. (1) 동영상에서의 작업 위험요인 2가지와 (2) 동종 재해의 예방을 위한 안전 조치사항 2가지를 적으시오. (4점)

화면 설명 ● 작업발판이 미설치된 비계 위에서 안전모를 착용한 작업자가 낙하물 방지망을 비계에 고정하던 중 떨어진다.

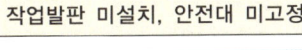
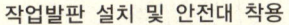

Answer & Explanation

(1) 위험요인
 ① 작업발판 미설치
 ② 작업자 안전대 미착용

(2) 안전 조치사항
 ① 안전한 작업발판을 설치하고 작업한다.
 ② 작업자는 안전대를 착용하고 작업한다.

# 산업안전기사

**2023. 1회 3부**

시험시간 : 1시간 정도

**01** 화면에서 작업자는 프레스 기계 작업을 하고 있다. 작업자가 금형의 이물질을 제거하기 위해 몸을 기울이는 순간 실수로 페달을 밟아 프레스에 손을 다치는 사고가 발생하였다. 사용하고 있는 프레스에 급정지 기구가 부착되어 있지 않다. 이 프레스에 설치하여 사용할 수 있는 방호장치를 3가지를 적으시오. (5점)

### Answer & Explanation

① 손쳐내기식
② 수인식
③ 게이트가드식
④ 페달에 U자형 덮개 설치(방호장치 4가지를 적으라는 경우만 해당)

**02** 화면은 탁상용 연삭기 작업을 보여준다. 탁상용 연삭기에 봉강 연마작업 중 환봉이 튀어 발생한 사고이다. (1) 기인물은 무엇이며, (2) 연마 작업 시 파편이나 연삭분의 비래에 의한 위험에 대비하기 위해 설치해야 하는 방호장치명을 적으시오. (4점)

그림 출처 : 고용노동부, "2021. 만화로 보는 산업안전보건기준에 관한 규칙" p63.

사진 출처 : 한일기업사

**Answer & Explanation**

(1) 기인물 : 탁상용 연삭기
(2) 장치명 : 투명비산방지판

주의 동영상을 확인하고 답을 적으세요.

**03** 산업안전보건법에 의하여 '입구 측의 압력이 설정 압력에 도달하면 판이 파열하면서 유체가 분출하도록 용기 등에 설치된 얇은 판으로 된 장치'의 (1) 명칭을 적으시오. (2) 이 장치를 반드시 설치해야 하는 경우를 2가지 적으시오. (4점)

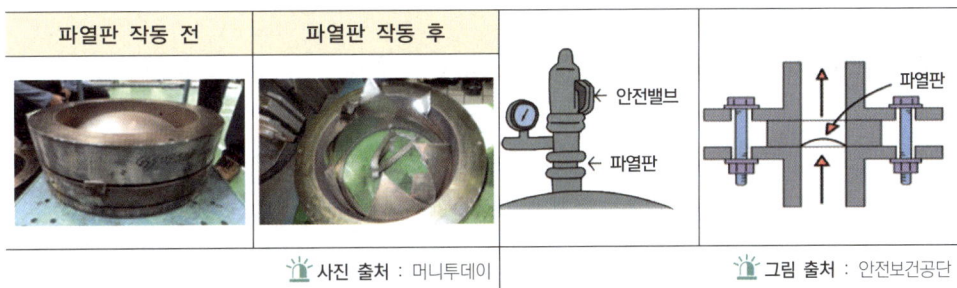

사진 출처 : 머니투데이        그림 출처 : 안전보건공단

**Answer & Explanation**

(1) 명칭 : 파열판
(2) 반드시 설치해야 하는 경우
   ① 반응 폭주 등 급격한 압력 상승의 우려가 있는 경우
   ② 급성독성물질의 누출로 인하여 주위의 **작업 환경을 오염시킬 우려**가 있는 경우
   ③ 운전 중 안전밸브에 이상 물질이 누적되어 **안전밸브가 작동되지 아니할 우려**가 있는 경우

**04** 화면에서는 작업자가 전주 위에서 작업하는 모습을 보여준다. 정전작업을 마친 후 전원 공급 시의 준수사항 3가지를 적으시오. (6점)

**Answer & Explanation**

① 작업기구, 단락 접지기구 등을 제거하고 전기기기 등이 안전하게 통전될 수 있는지를 확인할 것
② 모든 작업자가 작업이 완료된 **전기기기** 등에서 떨어져 있는지를 확인할 것
③ 잠금장치와 꼬리표는 설치한 근로자가 직접 철거할 것
④ 모든 이상 유무를 확인한 후 전기기기 등의 **전원을 투입**할 것

**05** 화면에서는 가설계단을 보여주고 있다. 다음 물음에 답하시오. (6점)

> **보기**
> 1. 계단 및 계단참의 강도는 매제곱미터당 ( ① )kg 이상이어야 하며 안전율은 ( ② )이상으로 하여야 한다.
> 2. 계단의 폭은 ( ③ )미터 이상으로 하여야 한다. (다만, 급유용·보수용·비상용계단 및 나선형 계단에 대하여는 그러하지 아니하다.)
> 3. 높이가 3m를 초과하는 계단에는 높이 ( ④ )m 이내마다 너비 ( ⑤ )m 이상의 계단참을 설치하여야 한다.
> 4. 바닥면으로부터 높이 ( ⑥ )m 이내의 공간에 장애물이 없도록 하여야 한다.

**Answer & Explanation**

① 500    ② 4    ③ 1    ④ 3    ⑤ 1.2    ⑥ 2

**참고하기**

• 계단의 설치
  ① 계단의 강도
    • 계단 및 계단참의 강도는 500kg/m² 이상이어야 하며 안전율은 4 이상으로 하여야 한다.
  ② 계단의 폭
    • 1미터 이상으로 하여야 한다.
  ③ 계단참의 높이
    • 높이가 3m를 초과하는 계단에는 높이 3m 이내마다 너비 1.2미터 이상의 계단참을 설치하여야 한다.
  ④ 천장의 높이
    • 바닥면으로부터 높이 2미터 이내의 공간에 장애물이 없도록 하여야 한다.
  ⑤ 계단의 난간
    • 높이 1미터 이상인 계단의 개방된 측면에 안전난간을 설치하여야 한다.

**06** 화면에서는 크레인을 이용하여 활선전로에 인접하여 전주 세우기 작업을 하고 있다. 전주 세우기 작업 중 전주가 조금 돌아가며 인접전로에 접촉하여 스파크가 발생한다. 동종재해를 방지하기 위한 대책 2가지를 적으시오. (6점)

사진 출처 : 오가크레인 전주작업

**Answer & Explanation**

충전전로 인근에서의 차량·기계장치 작업 시의 안전조치
① 차량 등을 충전부로부터 300센티미터 이상 이격시키되, 대지전압이 50킬로볼트를 넘는 경우 10킬로볼트 증가할 때마다 10센티미터씩 증가
② 이격거리
  - 절연용 방호구를 설치한 경우 : 절연용 방호구 앞면까지
  - 차량의 버킷이나 끝부분이 절연되어 있고 유자격자가 작업하는 경우 : 접근한계거리까지
③ 근로자가 차량과 접촉하지 않도록 울타리를 설치하거나 감시인 배치 등의 조치
④ 충전전로 인근에서 접지된 차량 등이 충전전로와 접촉할 우려가 있을 경우에는 지상의 근로자가 접지점에 접촉하지 않도록 조치

**07** 화면에서 작업자는 브레이크 라이닝 패드를 화학물질에 담그는 작업을 하고 있다. 근로자가 착용하여야 하는 보호구 3가지를 적으시오. (4점)

**Answer & Explanation**

① 방독마스크
② 화학물질용 안전장갑(불침투성 보호장갑)
③ 화학물질용 안전화(불침투성 보호장화)
④ 화학물질용 보호복(불침투성 보호복)
⑤ 보안경

**주의**
· 브레이크 라이닝 패드를 제작 작업 → 석면 취급작업(특급 방진마스크)
· 브레이크 라이닝 패드를 화학물질에 담그는 작업 → 화학물질 취급작업(방독마스크)

**08** 화면은 이동식크레인에 의한 작업을 보여준다. 다음 설명에 해당하는 이동식크레인의 방호장치의 명칭을 적으시오. (4점)

> **보기**
> (1) 권상용 와이어로프가 지나치게 감겨서 근로자가 위험해질 상황을 방지하기 위한 장치
> (2) 와이어로프 등이 훅으로부터 벗겨지는 것을 방지하기 위한 장치
> (3) 이동식 크레인의 전도 사고를 방지하기 위하여 장비의 측면에 부착하는 장치

**Answer & Explanation**

① 권과방지장치
② 훅의 해지장치
③ 아웃트리거

**09** 화면에서는 건설용 리프트를 보여준다. 화면을 보고 건설용 리프트 방호장치의 명칭을 적으시오. (6점)

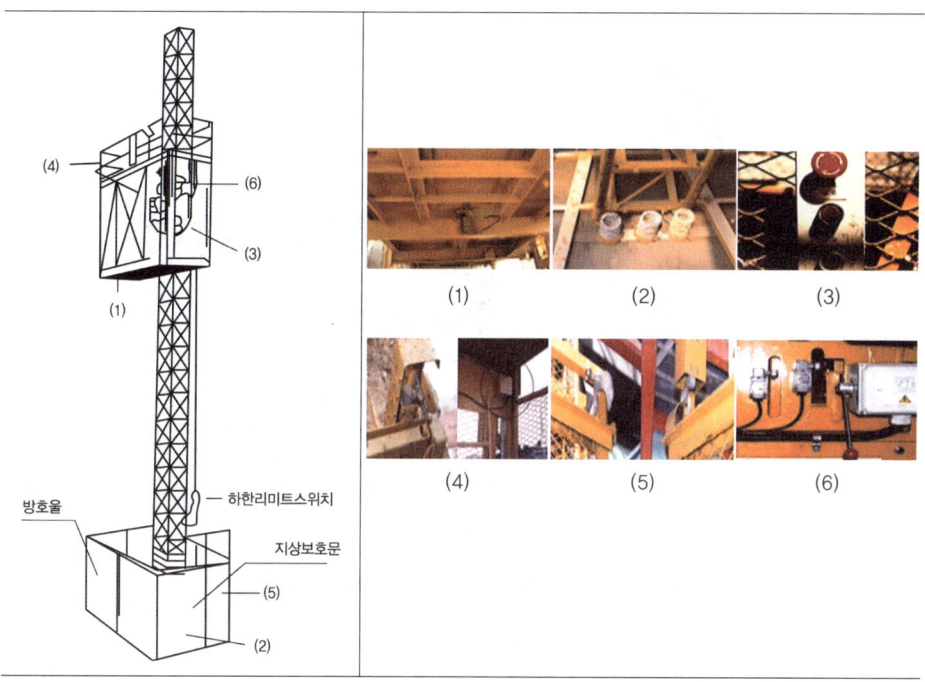

사진 및 그림 출처 : 안전보건공단, "건설작업용 리프트 안전작업 기준 OPS"

**Answer & Explanation**

① 과부하방지장치
② 완충스프링
③ 비상정지장치
④ 출입문 인터록장치(연동장치)
⑤ 방호울 출입문 연동장치
⑥ 3상 전원차단장치

## 참고하기

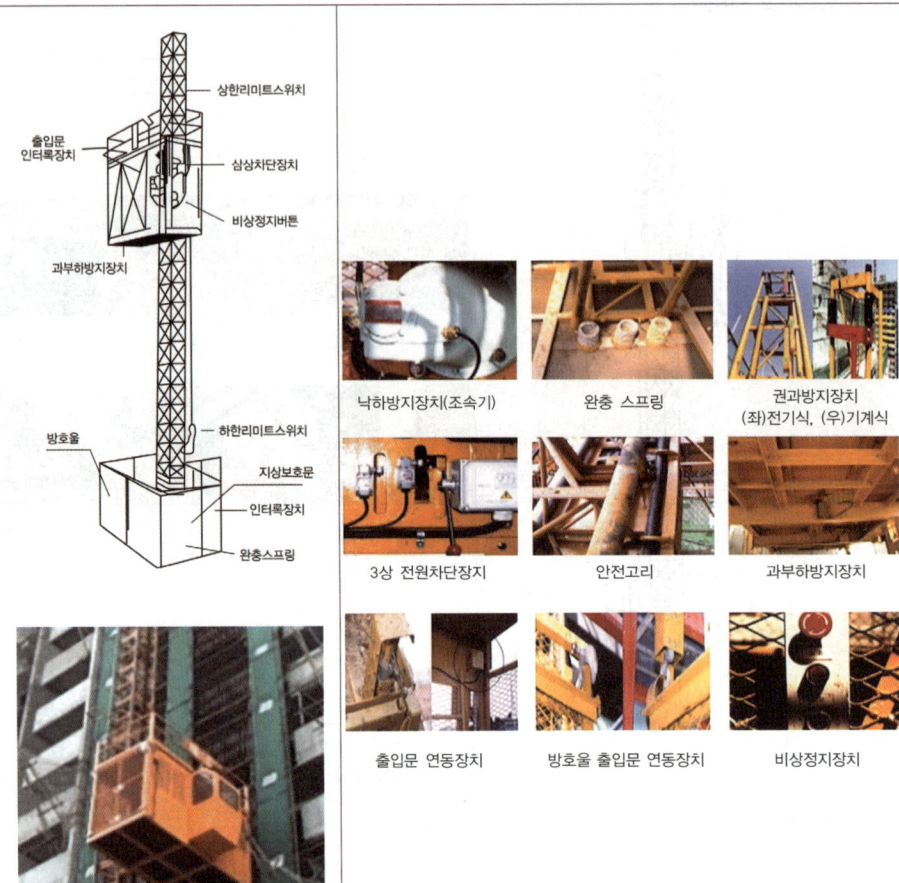

그림 출처 : 안전보건공단, "건설작업용 리프트 안전작업 기준 OPS"

# 산업안전기사

**2023. 1회 4부**

시험시간 : 1시간 정도

---

**01** 동영상에서 작업자는 혼자 피복아크 용접을 하고 있다. 작업에 존재하는 위험요인 3가지를 적으시오. (6점)

**화면 설명 •** 주변에는 인화성 물질로 보이는 드럼통이 놓여있고 바닥은 정리정돈이 안된 상태이며 용접불꽃이 주변으로 튀는 장면을 보여준다. 작업자는 용접용 보안면, 가죽장갑, 용접용 앞치마를 착용한 상태이다.

**Answer & Explanation**

① 인근 가연성물질에 대한 방호조치를 하지 않아 화재의 위험 있다.
② 용접불티 비산방지덮개, 용접방화포 등 불꽃, 불티 등 비산방지조치를 하지 않았다. (화재의 위험 있다.)
③ 용접 흄, 용접 시 발생되는 유해가스 제거를 위한 환기를 실시하지 않았다.
④ 작업장소 인근에 소화기가 비치되지 않았다. (소화기가 비치되지 않은 경우만 해당)

---

**02** [보기]는 산업안전보건법에 의한 강관비계(강관을 이용한 단관비계)의 구조에 관한 설명이다. 괄호에 적합한 숫자를 적으시오. (4점)

**▶▶ 보기**

비계기둥 간격은 띠장방향에서는 ( ① ) 이하, 장선방향에서는 ( ② ) 이하로 할 것

**Answer & Explanation**

① 1.85m
② 1.5m

➡️ **참고**하기

| 강관비계의 구조 | 강관비계 조립 시의 준수사항 |
|---|---|
| ① 비계기둥 간격 : 띠장방향에서는 1.85m 이하, 장선방향에서는 1.5m 이하로 할 것<br>다만, 다음 각 목의 어느 하나에 해당하는 작업의 경우에는 안전성에 대한 구조검토를 실시하고 조립도를 작성하면 띠장 방향 및 장선 방향으로 각각 2.7미터 이하로 할 수 있다.<br>  가. 선박 및 보트 건조작업<br>  나. 그 밖에 장비 반입·반출을 위하여 공간 등을 확보할 필요가 있는 등 작업의 성질상 비계기둥 간격에 관한 기준을 준수하기 곤란한 작업<br>② 띠장간격 : 2.0미터 이하로 할 것(다만, 작업의 성질상 이를 준수하기가 곤란하여 쌍기둥 틀 등에 의하여 해당 부분을 보강한 경우에는 그러하지 아니하다)<br>③ 비계기둥의 제일 윗부분으로 부터 31m되는 지점 밑 부분의 비 계기둥은 2본의 강관으로 묶어 세울 것(다만, 브라켓(bracket, 까치발) 등으로 보강하여 2개의 강관으로 묶을 경우 이상의 강도가 유지되는 경우에는 그러하지 아니하다)<br>④ 비계기둥 간의 적재하중은 400kg을 초과하지 않도록 할 것 | ① 비계기둥에는 **미끄러지거나 침하하는 것을 방지**하기 위하여 밑받침철물을 사용하거나 깔판·받침목 등을 사용하여 밑둥잡이를 설치할 것<br>② **강관의 접속부 또는 교차부는 적합한 부속철물을 사용**하여 접속하거나 단단히 묶을 것<br>③ **교차가새로 보강할 것**<br>④ 외줄비계·쌍줄비계 또는 돌출 비계의 벽이음 및 버팀 설치<br>  • 조립간격 : **수직방향에서 5m 이하, 수평방향에서는 5m 이하**<br>  • 강관·통나무 등의 재료를 사용하여 견고한 것으로 할 것<br>  • 인장재와 압축재로 구성되어 있을 때에는 **인장재와 압축재의 간격을 1m 이내로 할 것**<br>⑤ 가공전로에 근접하여 비계를 설치하는 때에는 가공전로를 이설, 절연용 방호구 장착하는 등 **가공전로와의 접촉 방지 조치할 것** |

**03** 화면에서 작업자는 버스정비작업을 하고 있다. 작업자가 버스 아래에 들어가 정비작업을 하는 경우의 안전조치사항 3가지를 적으시오. (6점)

> **화면 설명** • 작업자가 버스 아래에 들어가 정비작업을 하는 중에 다른 작업자가 시동을 걸어 정비 작업 중이던 근로자가 다치는 사고가 난다.

**Answer & Explanation**

① 버스 시동장치에 잠금장치를 한다.
② 열쇠를 뽑아 별도 관리한다.
③ "정비 중" 표지판을 설치한다.
④ 안전블럭 또는 안전지주를 설치하고 작업한다.
⑤ 작업지휘자를 배치하여 작업을 지휘한다.

## 04 영상에서는 거푸집 동바리를 보여준다. 다음 물음에 답하시오. (5점)

(1) [보기]의 설명에 해당하는 동바리의 명칭을 적으시오.

> **보기**
> 규격화·부품화된 수직재, 수평재 및 가새재 등의 부재를 현장에서 조립하여 거푸집으로 지지하는 동바리 형식을 말한다.

(2) (1)에서 설명하는 동바리 조립 시의 안전조치에 관한 내용이다. 괄호에 적합한 내용을 적으시오.

> **보기**
> 동바리 최상단과 최하단의 수직재와 받침철물은 서로 밀착되도록 설치하고 수직재와 받침철물의 연결부의 겹침길이는 받침철물 전체길이의 ( ) 이상이 되도록 할 것

### Answer & Explanation

(1) 시스템 동바리
(2) 3분의 1

### 참고하기

1. **시스템 동바리의 정의**
   규격화·부품화된 **수직재, 수평재 및 가새재 등의 부재를 현장에서 조립하여 거푸집으로 지지하는 동바리 형식**을 말한다.

2. **시스템 동바리 조립 시의 안전조치**
   ① **수평재는 수직재와 직각으로 설치해야** 하며, 흔들리지 않도록 견고하게 설치할 것
   ② **연결철물을 사용하여** 수직재를 견고하게 **연결**하고, 연결 부위가 탈락 또는 꺾어지지 않도록 할 것
   ③ 수직 및 수평하중에 의한 동바리의 구조적 안전성이 확보되도록 조립도에 따라 **수직재 및 수평재에는 가새재를 견고하게 설치할 것**
   ④ 동바리 최상단과 최하단의 **수직재와 받침철물은 서로 밀착되도록 설치**하고 수직재와 받침철물의 연결부의 겹침길이는 받침철물 전체길이의 3분의 1 이상이 되도록 할 것

## 05
동영상은 건설현장에서 작업발판을 설치하는 모습을 보여준다. 동영상 작업에서의 추락 방지 대책과 낙하물 방지 대책을 각각 1가지씩 적으시오. (4점)

**화면 설명 •** 작업자가 안전대 없이 망치를 들고 작업발판을 설치하던 중 망치를 떨어뜨리는 사고가 발생한다.

**Answer & Explanation**

(1) 추락 방지 대책
① 작업자는 안전대를 착용하고 작업한다.
② 추락방호망을 설치한다.

(2) 낙하 방지 대책
① 낙하물 방지망을 설치한다.

## 06
산업안전보건법에 의하여 근로자가 노출된 충전부 또는 그 부근에서 작업함으로써 감전될 우려가 있는 경우에는 작업에 들어가기 전에 해당 전로를 차단하여야 한다. 전로를 차단하지 않아도 되는 경우(정전작업을 하지 않아도 되는 경우) 3가지를 적으시오. (6점)

**Answer & Explanation**

① 생명유지 장치, 비상경보 설비, 폭발위험장소의 환기설비, 비상조명설비 등의 장치·설비의 가동이 중지되어 사고의 위험이 증가되는 경우
② 기기의 설계상 또는 작동상 제한으로 전로 차단이 불가능한 경우
③ 감전, 아크 등으로 인한 화상, 화재·폭발의 위험이 없는 것으로 확인된 경우

## 07
화면에서 작업자는 브레이크 라이닝 패드를 제작하는 작업 중이며 석면을 취급하고 있다. 석면에 장기간 폭로 시 예상되는 질병 3가지를 적으시오. (6점)

**Answer & Explanation**

① 폐암
② 석면폐증
③ 악성 중피종

**08** (1) 고열의 정의를 적으시오. (2) 다량의 고열물체를 취급하거나 심히 더운 장소에서 작업하는 근로자에게 착용해야 할 보호구의 명칭을 적으시오. (해당 사항 모두 기재) (4점)

**Answer & Explanation**

(1) 고열의 정의 : 열에 의하여 근로자에게 열경련·열탈진 또는 열사병 등의 건강장해를 유발할 수 있는 더운 온도를 말한다.
(2) 보호구의 명칭 : 방열장갑 및 방열복

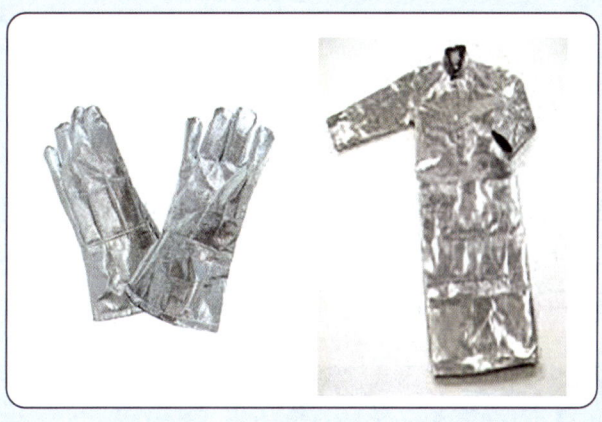

**참고하기**

사업주는 다음 각 호의 어느 하나에서 정하는 바에 따라 근로자에게 적절한 보호구를 지급하고, 이를 착용하도록 하여야 한다.
1. 다량의 고열물체를 취급하거나 매우 더운 장소에서 작업하는 근로자 : **방열장갑과 방열복**
2. 다량의 저온물체를 취급하거나 현저히 추운 장소에서 작업하는 근로자 : **방한모, 방한화, 방한장갑 및 방한복**

**09** 산업안전보건법에 의하여 사업주는 용융(鎔融)한 고열의 광물("용융고열물")을 취급하는 피트에 대하여 수증기 폭발을 방지하기 위한 조치를 하여야 한다. 이 경우 사업주가 하여야 하는 조치사항 2가지를 적으시오. (4점)

**Answer & Explanation**

① 지하수가 내부로 새어드는 것을 방지할 수 있는 구조로 할 것
② 작업용수 또는 빗물 등이 내부로 새어드는 것을 방지할 수 있는 격벽 등의 설비를 주위에 설치할 것

## 2023. 2회 1부

# 산업안전기사

시험시간 : 1시간 정도

**01** 화면에서는 작업자가 전주에서 작업하는 모습을 보여준다. 배전선에 접속하는 중요기기를 뇌전압으로부터 보호하기 위하여 설치하는 장치로서 (1) 영상에서 보여주는 동그라미 한 부분의 명칭과 (2) 장치의 구비조건을 3가지 적으시오. (6점)

**Answer & Explanation**

(1) 명칭 : 피뢰기

(2) 구비조건
① 반복 동작이 가능할 것
② 구조가 견고하며 특성이 변하지 않을 것
③ 점검, 보수가 간단할 것
④ 충격 방전 개시 전압과 제한 전압이 낮을 것
⑤ 뇌 전류의 방전 능력이 크고, 속류의 차단이 확실하게 될 것

> **참고**하기

| 피뢰기 | COS(컷아웃스위치) |
|---|---|

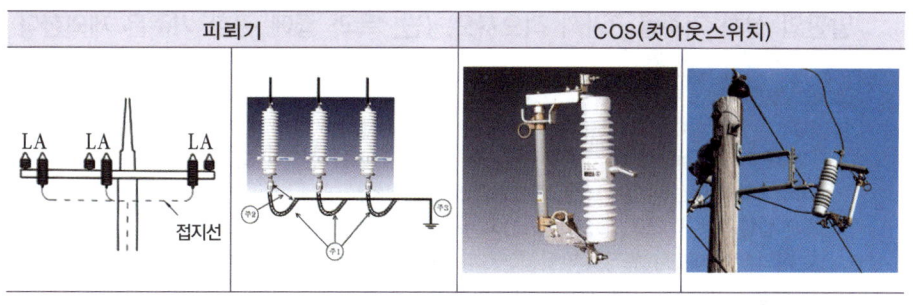

**02** 동영상에서는 산업용 로봇 주변에 안전표지와 안전매트가 설치된 모습을 보여준다. 다음 물음에 답하시오. (6점)

(1) 산업용 로봇의 방호장치인 안전매트의 동작 원리를 적으시오.

(2) 안전매트에 표시해야 할 항목 중 안전인증표시 외 추가 표시사항 2가지를 적으시오.

**Answer & Explanation**

(1) 안전매트의 역할
  유효감지영역 내의 임의의 위치에 일정한 정도 이상의 압력이 주어졌을 때 이를 감지하여 신호를 발생시킨다.

(2) 안전인증 외 표시사항
  ① 작동 하중
  ② 감응 시간
  ③ 복귀 신호의 자동 또는 수동 여부
  ④ 대소인 공용 여부

**03** 동영상에서 작업자는 스프레이건으로 파이프에 도장작업을 하고 있다. 페인트 도장작업을 하는 작업자가 착용하여야 하는 방독마스크의 흡수제 종류 2가지를 적으시오. (4점)

**Answer & Explanation**

① 활성탄
② 소다라임
③ 알칼리제재
④ 큐프라마이트

**04** 화면에서는 작업발판을 보여준다. 높이 2미터 이상인 작업장소에 설치하여야 하는 작업발판의 설치 기준을 3가지 적으시오. (단, 폭과 틈에 관한 기준은 제외한다.) (6점)

> **Answer & Explanation**
>
> ① 발판재료 : 작업 시의 하중을 견딜 수 있도록 견고한 것으로 할 것
> ② 추락의 위험성이 있는 장소에는 안전난간을 설치할 것
> ③ 작업발판의 지지물 : 하중에 의하여 파괴될 우려가 없는 것을 사용할 것
> ④ 작업발판 재료는 뒤집히거나 떨어지지 아니하도록 2 이상의 지지물에 연결하거나 고정시킬 것
> ⑤ 작업에 따라 이동시킬 때에는 위험방지 조치를 할 것

> 🔸 **참고하기**
>
> 1. 발판의 폭은 40cm 이상으로 하고, 발판재료 간의 틈은 3cm 이하로 할 것
> 2. 선박 및 보트 건조작업에서 선박블록 또는 엔진실 등의 좁은 작업공간에 작업발판을 설치하는 경우 : 작업발판의 폭을 30센티미터 이상으로 할 수 있고, 걸침비계의 경우 발판재료 간의 틈을 3센티미터 이하로 유지하기 곤란하면 5센티미터 이하로 할 수 있다.

**05** 화면에서 작업자는 지게차에 탑승 전에 여러 장치를 점검하고 있다. 지게차 작업시작 전 안전관리자가 점검하여야 하는 사항 3가지를 적으시오. (6점)

> **Answer & Explanation**
>
> ① 하역장치 및 유압장치 기능의 이상 유무
> ② 제동장치 및 조종장치 기능의 이상 유무
> ③ 바퀴의 이상 유무
> ④ 전조등, 후미등, 방향지시기, 경보장치 기능의 이상 유무

**06** 다음 [보기]의 설명은 낙하물 방지망의 설치 기준에 관한 내용이다. 괄호에 적합한 내용을 적으시오. (4점)

> **▶▶ 보기**
>
> 1. 설치 높이는 ( ① )미터 이내마다 설치하고, 내민 길이는 벽면으로부터 ( ② )미터 이상으로 할 것
> 2. 수평면과의 각도는 ( ③ )를 유지할 것

Answer & Explanation

① 10
② 2
③ 20도 이상 30도 이하

### 참고하기

| 낙하물 방지망 또는 방호선반을 설치 시 준수사항 | 추락방호망의 설치 기준 |
|---|---|
| ① 설치높이는 10미터 이내마다 설치하고, 내민 길이는 벽면으로부터 2미터 이상으로 할 것<br>② 수평면과의 각도는 20도 이상 30도 이하를 유지할 것 | ① 추락방호망의 설치위치는 가능하면 작업면으로부터 가까운 지점에 설치하여야 하며, 작업면으로부터 망의 설치지점까지의 수직거리는 10미터를 초과하지 아니할 것<br>② 추락방호망은 수평으로 설치하고, 망의 처짐은 짧은 변 길이의 12퍼센트 이상이 되도록 할 것<br>③ 건축물 등의 바깥쪽으로 설치하는 경우 망의 내민 길이는 벽면으로부터 3미터 이상 되도록 할 것 |

**07** 화면에서 작업자는 프레스 기계에 구멍을 뚫는 작업을 하고 있다. 화면의 프레스에 추가하여 부착할 수 있는 방호장치 3가지를 적으시오. (5점)

> 화면 설명 • 프레스에는 투광부와 수광부가 부착되어 있는 모습이 보인다. 작업자가 센서 1개를 치우고 금형을 청소하던 중 페달을 잘못 조작하여 손을 다치는 사고가 발생한다.

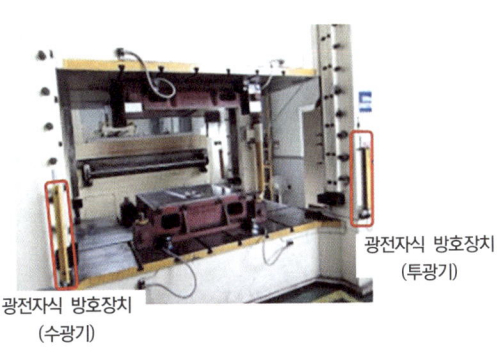

그림 출처 : 안전보건공단 재해사례

**Answer & Explanation**

① 손쳐내기식(방호장치)
② 수인식(방호장치)
③ 게이트가드식(방호장치)
④ 양수조작식(방호장치)

**08** LPG 저장소에 설치하는 가스 누출 감지경보기 검지 센서의 적절한 (1) 설치 위치와 (2) 경보 설정치는 폭발하한계의 몇 %인가? (4점)

**Answer & Explanation**

① LPG의 비중이 공기보다 무거우므로 바닥에 인접한 낮은 곳
② 폭발하한계의 25% 이하

**09** 화면에서는 석유화학 공장을 보여준다. 특수화학설비 내부의 이상 상태를 조기에 파악하기 위하여 설치해야 할 계측장치 3가지를 적으시오. (4점)

**Answer & Explanation**

① 온도계
② 압력계
③ 유량계

# 산업안전기사

2023. 2회 2부

시험시간 : 1시간 정도

**01** 화면에서 두 명의 작업자가 작동 중인 경사 컨베이어에서 포대를 컨베이어 위로 올리는 작업을 하고 있다. 컨베이어 방호장치 4가지를 적으시오. (6점)

> 화면 설명 • 한 작업자는 컨베이어 양쪽 끝부분에 올라서서 포대를 받을 준비를 하고 있으며, 다른 작업자는 컨베이어 아래에서 포대를 올려주고 있다. 컨베이어 위에 서 있던 작업자의 발이 포대에 맞아 넘어지며 작업자의 팔이 컨베이어에 끼이는 사고가 발생한다.

사진 출처 : 안전보건공단

**Answer & Explanation**

① **비상정지장치**(근로자의 신체의 일부가 말려드는 등 근로자에게 위험을 미칠 우려가 있는 경우)
② **이탈 등의 방지장치**(화물 또는 운반구의 이탈 및 역주행을 방지)
③ **덮개, 울**(화물이 떨어져 근로자가 위험해질 우려가 있는 경우)
④ **건널다리**(운전 중인 컨베이어 등의 위로 근로자를 넘어가도록 하는 경우)

## 02 화면을 보고 지게차 주행 작업 중 우려되는 사고위험요인 3가지를 적으시오. (6점)

**화면 설명 ●** 지게차 포크에 화물(냉장고)을 2단으로 적재하고 로프로 고정하지 않아 맨 위의 화물이 흔들리며 운행하던 중 지나가던 작업자가 화물에 맞는 사고가 발생한다.

사진 출처 : 안전저널

**Answer & Explanation**

① 화물을 불안정하게 적재하여 화물이 떨어질 위험 있다.
② 화물을 너무 높이 적재하여 운전자 시야를 가려 위험하다.
③ 운전자 시야가 확보되지 않은 경우에는 **유도자**를 배치하여 지게차를 유도하여야 하나 **배치하지 않아** 위험하다.
④ 지게차 운행 경로에 작업자 출입금지 조치를 하지 않았다.
　(출입금지를 하지 않아 지게차와 작업자 충돌 위험 있다.)

## 03 타워크레인 작업을 하는 경우에는 악천후 시 작업을 중지하여야 한다. 물음에 해당하는 작업 중지 조건을 적으시오. (4점)

> **보기**
> (1) 타워크레인의 운전 작업을 중지하여야 하는 풍속조건
> (2) 타워크레인의 설치·수리·점검 또는 해체작업을 중지하여야 하는 풍속조건

**Answer & Explanation**

(1) 초당 15미터(15m/s) 초과
(2) 초당 10미터(10m/s) 초과

### 참고하기

• 악천후 시 조치
① 순간풍속이 매초당 10미터를 초과하는 경우 : 타워크레인의 설치·수리·점검 또는 해체작업을 중지
② 순간풍속이 매초당 15미터를 초과하는 경우 : 타워크레인의 운전작업을 중지
③ 순간풍속이 초당 30미터를 초과하는 바람이 불거나 중진(中震) 이상 진도의 지진이 있은 후 : 옥외 양중기의 각 부위 이상 점검
④ 순간풍속이 초당 30미터를 초과하는 경우 : 옥외 주행 크레인의 이탈방지 조치
⑤ 순간풍속이 초당 35미터를 초과하는 경우 : 건설용 리프트(지하에 설치되어 있는 것은 제외) 및 승강기의 붕괴 등을 방지하기 위한 조치

**04** 화면에서는 산업용 로봇 작업을 보여준다. 로봇의 운전으로 인하여 근로자에게 발생할 수 있는 위험을 방지하기 위하여 높이 1.8미터 이상의 울타리를 설치할 수 없는 구간에 설치하여야 하는 방호장치 2가지를 적으시오. (4점)

그림 출처 : 안전보건공단

**Answer & Explanation**

① 안전매트
② 광전자식 방호장치 등 감응형 방호장치

**05** 화면에서 작업자는 프레스기계 작업을 하고 있다. 작업자가 실수로 프레스의 페달을 밟아 금형 사이에 손이 끼였다. (1) 이러한 재해를 방지하기 위하여 페달에 설치하여야 하는 방호장치는 무엇인가? (2) 상사점의 상형과 하형 사이의 간격은 얼마 이하가 적당한가? (4점)

**Answer & Explanation**

(1) U자형 덮개 설치
(2) 8mm 이하

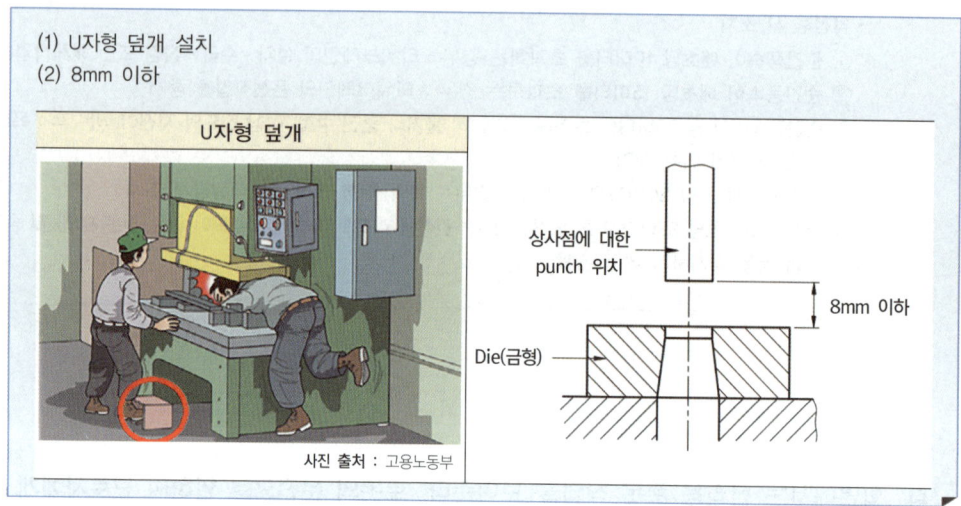

**06** 산업안전보건법에 의하여 사업주가 가스집합용접장치의 배관을 하는 경우에 준수하여야 하는 사항 2가지를 적으시오. (4점)

**Answer & Explanation**

① 플랜지·밸브·콕 등의 접합부에는 개스킷을 사용하고 접합면을 상호 밀착시키는 등의 조치를 할 것
② 주관 및 분기관에는 안전기를 설치할 것. 이 경우 하나의 취관에 2개 이상의 안전기를 설치하여야 한다.

**07** 화면에서는 이동식 비계 위에서의 작업을 보여준다. 이동식비계 작업의 준수사항 3가지를 적으시오. (6점)

**화면 설명** ● 작업자가 이동식비계 위에서 작업 중에 다른 작업자가 이동식 비계를 밀어 움직이던 중 바닥에 있던 동바리에 걸려 비계가 넘어진다.

**Answer & Explanation**

① **바퀴**에는 갑작스러운 이동 또는 전도를 방지하기 위하여 **브레이크·쐐기** 등으로 바퀴를 고정시킨 다음 비계의 일부를 견고한 시설물에 고정하거나 아웃트리거를 설치할 것
② **승**강용 사다리는 견고하게 설치할 것
③ 비계의 **최상부**에서 작업을 할 때에는 안전난간을 설치할 것
④ **작업발판**은 항상 수평을 유지하고 작업발판 위에서 안전난간을 딛고 작업을 하거나 받침대 또는 사다리를 사용하여 작업하지 않도록 할 것
⑤ 작업발판의 최대적재하중은 250킬로그램을 초과하지 않도록 할 것

**08** 화면에서는 컴퓨터 단말기 작업을 보여준다. (1) 반복적인 동작, 부적절한 작업 자세, 무리한 힘의 사용, 날카로운 면과의 신체접촉, 진동 및 온도 등의 요인에 의하여 발생하는 건강장해로서 목, 어깨, 허리, 팔·다리의 신경·근육 및 그 주변 신체조직 등에 나타나는 질환의 명칭을 적으시오. (2) 산업안전보건법에 의하여 컴퓨터 단말기 조작업무를 하는 경우 사업주의 조치사항 4가지를 적으시오. (6점)

**Answer & Explanation**

(1) 질환의 명칭 : 근골격계 질환
(2) 사업주의 조치사항
   ① 실내는 명암의 차이가 심하지 않도록 하고 직사광선이 들어오지 않는 구조로 할 것
   ② 저 휘도형(低輝度型)의 조명기구를 사용하고 창·벽면 등은 반사되지 않는 재질을 사용할 것
   ③ 컴퓨터 단말기와 키보드를 설치하는 책상과 의자는 작업에 종사하는 근로자에 따라 그 높낮이를 조절할 수 있는 구조로 할 것
   ④ 연속적으로 컴퓨터 단말기 작업에 종사하는 근로자에 대하여 작업시간 중에 적절한 휴식시간을 부여할 것

**09** 화면에서는 크레인을 이용하여 활선전로에 인접하여 전주 세우기 작업을 하고 있다. 전주를 운반하던 중 전주가 조금 돌아가며 크레인 운전자가 전주에 머리를 맞는 사고가 발생한다. (5점)

사진 출처 : 오가크레인 전주작업

(1) 가해물을 적으시오.

(2) 재해 발생형태를 적으시오.

(3) 작업자가 착용하여야 하는 안전모의 종류를 2가지 적으시오.

**Answer & Explanation**

(1) 가해물 : 전주
(2) 재해 발생형태 : 맞음
(3) 안전모의 종류 : AE형, ABE형

# 산업안전기사

시험시간 : 1시간 정도

**01** [보기]는 산업안전보건법에 의한 근골격계 질환 유해요인 조사에 관한 내용이다. (1) 괄호에 적합한 내용을 적으시오. (2) 근골격계 부담작업을 하는 경우에 실시하여야 하는 근골격계 질환 유해요인 조사 항목 2가지를 적으시오. (6점)

> **보기**
> 상시근로자 1인 이상의 근로자를 사용하는 사업주는 근로자가 근골격계 부담작업을 하는 경우에 3년마다 다음 각 호의 사항에 대한 유해요인조사를 하여야 한다. 다만, 신설되는 사업장의 경우에는 신설일로 부터 ( ) 이내에 최초의 유해요인 조사를 하여야 한다.

**Answer & Explanation**

(1) 1년
(2) 유해요인 조사 항목
  ① 설비·작업공정·작업량·작업속도 등 **작업장 상황**
  ② 작업시간·작업자세·작업방법 등 **작업조건**
  ③ 작업과 관련된 **근골격계질환 징후와 증상 유무 등**

**02** 화면에서 보여주는 기계·기구의 작업시작 전 점검사항 3가지를 적으시오. (4점)
(단, 그 밖의 연결 부위의 이상 유무는 제외할 것)

> 화면 설명 • 작업자가 공기압축기를 점검하는 장면을 보여준다.

**Answer & Explanation**

① 공기저장 압력용기의 외관 상태
② 드레인밸브의 조작 및 배수
③ 압력방출장치의 기능
④ 언로드밸브의 기능
⑤ 윤활유의 상태
⑥ 회전부의 덮개 또는 울

**03** 화면에서 작업자는 휴대용 연삭기로 연마작업을 하고 있다. 작업자가 착용하여야 할 보호구 3가지를 적으시오. (단, 안전모 착용은 제외할 것) (6점)

> 화면 설명 • 작업자는 보안경을 미착용한 상태이며 면장갑을 착용하고 있다. 연삭기에는 덮개가 설치되어 있지 않으며, 숫돌의 측면으로 대리석을 연삭하던 중에 사고가 발생한다.

**Answer & Explanation**

① 보안경
② 방진마스크
③ 귀마개
④ 안전화(착용하지 않은 경우만 작성할 것)

**04** 「운반하역 표준안전 작업지침」에 의하여 크레인 등 고정식 기계 운반 하역작업을 하는 경우 "걸이"작업의 기준 3가지를 적으시오. (6점)

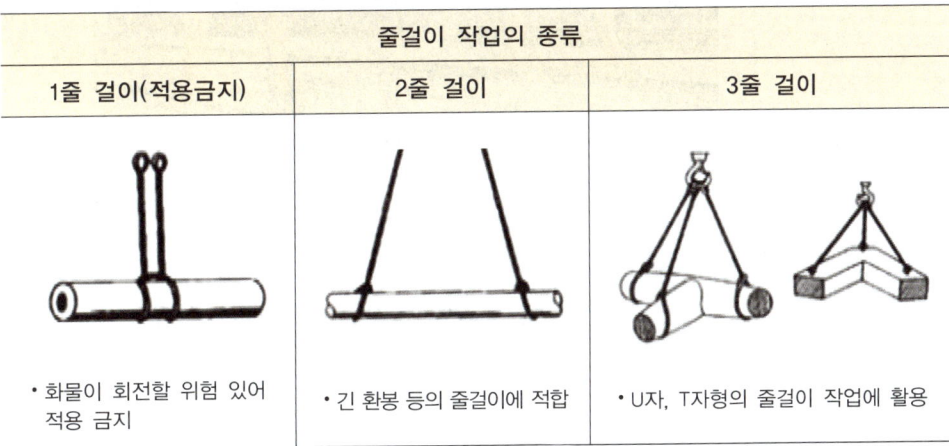

**Answer & Explanation**

① 와이어로프 등은 크레인의 후크 중심에 걸어야 한다.
② 인양 물체의 안정을 위하여 2줄 걸이 이상을 사용하여야 한다.
③ 밑에 있는 물체를 걸고자 할 때에는 위의 물체를 제거한 후에 행하여야 한다.
④ 매다는 각도는 60도 이내로 하여야 한다.
⑤ 근로자를 매달린 물체 위에 탑승시키지 않아야 한다.

## 05

화면을 보고 물음에 답하시오. (1) 화면에서 보여주는 크레인의 명칭을 [보기]에서 골라 적으시오. (2) 크레인의 새들(saddle) 돌출부와 주변 구조물 사이의 안전공간은 얼마 이상 확보하여야 하는가? (4점)

> 화면 설명 • 작업장 바닥에 고정된 레일을 따라 주행하는 크레인을 보여준다.

사진 출처 : AICRANE

>> 보기

호이스트, 서스펜션 크레인, 타워 크레인, 겐트리 크레인

**Answer & Explanation**

(1) 명칭 : 겐트리 크레인
(2) 간격 : 40센티미터 이상

## 06

화면에서 작업자는 샌드페이퍼 작업을 하고 있다. 손이 말려들어가는 부분에 존재하는 위험점의 종류와 정의를 적으시오. (5점)

> 화면 설명 • 화면에서 작업자는 면장갑을 착용하고 샌드페이퍼(사포)를 손으로 지지하며 작업하던 중 손이 말려들어가는 장면을 보여준다.

끼임점 / 접선물림점

사진 출처 : 머니AliExpress

회전 말림점

> **Answer & Explanation**
>
> (1) 위험점의 종류 : 접선물림점 또는 끼임점 또는 회전말림점
> (2) 정의
>   - 끼임점 : 고정부분과 회전하는 동작부분 사이에서 형성되는 위험점
>   - 접선 물림점 : 회전하는 부분의 접선 방향으로 물려 들어가는 위험점
>   - 회전말림점 : 회전하는 물체에 작업복, 머리카락 등이 말려 들어가는 위험점
>
> 주의 세 가지 위험점이 모두 출제되었습니다. 동영상에서 손이 말려드는 부분을 확인하고 답을 적으세요.

**07** 목재가공용 둥근톱 기계에 고정식 톱날접촉예방장치(덮개)를 설치하고자 한다. 덮개 하단과 테이블 사이의 간격과 덮개 하단과 가공재 사이의 간격을 얼마로 조정하여야 하는가? (4점)

(1) 하단과 테이블 사이 높이 :

(2) 하단과 가공재 사이 간격 :

> **Answer & Explanation**
>
>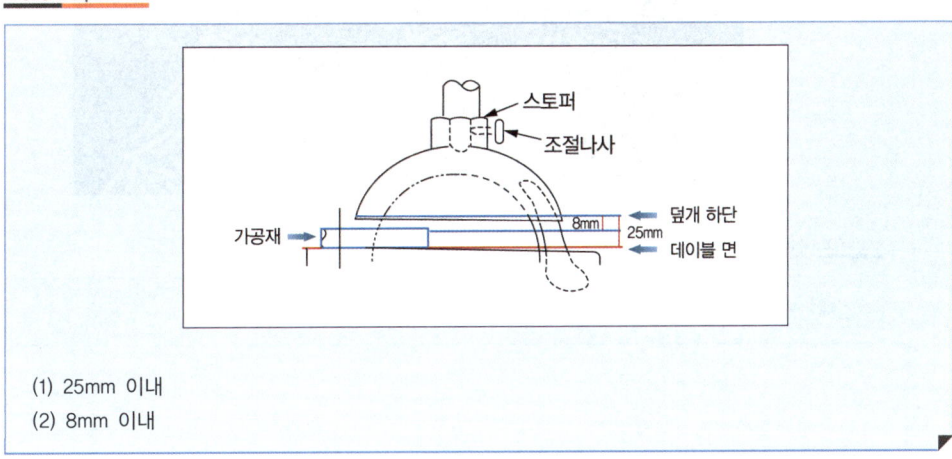
>
> (1) 25mm 이내
> (2) 8mm 이내

**08** 화면은 변압기를 유기화합물에 담가 절연처리한 후 건조하는 작업을 보여준다. 화면과 같은 작업에서 착용해야 할 보호구를 적으시오. (6점)

>> 보기

① 손
② 눈
③ 피부

**Answer & Explanation**

① 화학물질용 안전장갑(불침투성 보호장갑)
② 보안경
③ 화학물질용 보호복(불침투성 보호복)

**09** 화면에서 작업자는 단무지 공장에서 작업을 하고 있다. 무릎 정도 물이 차 있는 상태에서 수중 펌프를 작동함과 동시에 감전 사고를 당한다. 작업자가 감전된 원인을 피부 저항과 관련하여 설명하시오. (4점)

**Answer & Explanation**

인체가 젖은 상태에서 피부 저항은 1/25로 감소하기 때문에 감전되기 쉽다.

# 산업안전기사

2023. 3회 1부

시험시간 : 1시간 정도

**01** 추락방호망의 설치에 관한 내용이다. 괄호에 적합한 내용을 적으시오. (5점)

> **보기**
> 1. 추락방호망의 설치 위치는 가능하면 작업 면으로 부터 가까운 지점에 설치하여야 하며, 작업 면으로 부터 망의 설치지점까지의 수직거리는 ( ① )미터를 초과하지 아니할 것
> 2. 추락방호망은 ( ② )으로 설치하고, 망의 처짐은 짧은 변 길이의 ( ③ )퍼센트 이상이 되도록 할 것

**Answer & Explanation**

① 10  ② 수평  ③ 12

**02** 작업발판을 이용해 전동 톱으로 목재를 절단하던 중 작업자가 작업발판(높이 30cm 정도)의 불균형으로 넘어지는 재해가 발생하였다. (1) 가해물과 (2) 재해 발생형태를 쓰시오. (4점)

 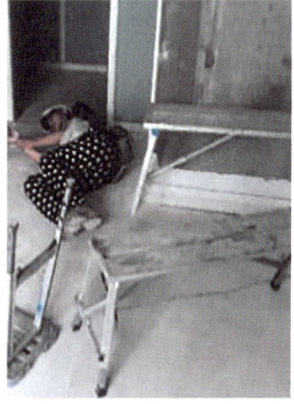

사진 출처 : https://www.csi.go.kr/acd/acdCaseView.do?case_no=1748

Answer & Explanation

(1) 가해물 : 바닥
(2) 재해 발생형태 : 넘어짐

주의❗ 동영상을 확인하여 발판의 높이가 60cm 이상인 경우는 "떨어짐"이 된다.
(동영상을 확인하고 답을 적으세요.)

**03** 화면에서 작업자는 승강기 피트 내부에서 작업하는 모습을 보여준다. 동영상을 참고하여 개구부에 설치하여야 하는 방호조치 3가지를 적으시오. (단, 작업장소에 한하여 답안을 작성하고, 안전대 착용은 답안작성에서 제외할 것) (6점)

화면 설명 ● 승강기 피트 내부의 발판에서 작업자 2명이 쪼그려 앉아 작업발판 위의 돌 들을 손으로 치우고 있다. 주위에는 시멘트 포대가 쌓여있으며 작업자가 포대에 미끄러지며 떨어지는 장면을 보여준다.

Answer & Explanation

① 안전난간 설치
② 울타리 설치
③ 수직형 추락방망 또는 덮개 설치
④ 추락방호망 설치(안전난간 설치 곤란 또는 해체한 경우)

🔄 참고하기

• 개구부 등의 방호 조치
난간 등을 설치하는 것이 매우 곤란하거나 작업의 필요상 임시로 난간 등을 해체하여야 하는 경우 추락방호망을 설치하여야 한다. 다만, 추락방호망을 설치하기 곤란한 경우에는 근로자에게 안전대를 착용하도록 하는 등 추락할 위험을 방지하기 위하여 필요한 조치를 하여야 한다.

**04** 화면은 지하에 위치한 폐수처리조의 슬러지 처리 작업을 보여준다. 화면과 같은 작업을 하는 경우 착용하여야 할 호흡용 보호구의 종류를 2가지 적으시오. (4점)

**Answer & Explanation**

> 송기마스크, 공기호흡기, 방독마스크(3가지를 적으라는 경우만 해당)

**05** 동영상에서는 항타기의 작업 모습을 보여준다. 동영상에 나오는 기계를 조립하는 때에 점검하여야 하는 사항 3가지를 적으시오. (6점)

사진 출처 : https://www.youtube.com/watch?app=desktop&v=At7OUonIeKg

**Answer & Explanation**

> 항타기, 항발기 조립하는 때 점검 사항
> ① 본체 연결부의 풀림 또는 손상의 유무
> ② 권상용 와이어로프·드럼 및 도르래의 부착상태의 이상 유무
> ③ 권상장치의 브레이크 및 쐐기장치 기능의 이상 유무
> ④ 권상기의 설치상태의 이상 유무
> ⑤ 리더(leader)의 버팀 방법 및 고정상태의 이상 유무
> ⑥ 본체·부속장치 및 부속품의 강도가 적합한지 여부
> ⑦ 본체·부속장치 및 부속품에 심한 손상·마모·변형 또는 부식이 있는지 여부

**◉ 참고하기**

- 항타기 또는 항발기를 조립하거나 해체하는 경우 준수사항
  ① 항타기 또는 항발기에 사용하는 권상기에 쐐기장치 또는 역회전방지용 브레이크를 부착할 것
  ② 항타기 또는 항발기의 권상기가 들리거나 미끄러지거나 흔들리지 않도록 설치할 것
  ③ 그 밖에 조립·해체에 필요한 사항은 제조사에서 정한 설치·해체 작업 설명서에 따를 것

**06** 동영상을 보고 다음 물음에 답하시오. (4점)

그림 출처 : https://www.youtube.com/watch?v=tgqi9panj1I

(1) 동영상에서 보여주는 기계의 명칭을 적으시오.
(2) 기계에 설치하여야 하는 방호장치의 명칭을 적으시오.

**Answer & Explanation**

(1) 동력식 수동대패
(2) 칼날 접촉 방지장치 또는 날접촉 예방장치

**07** 동영상을 보고 다음 물음에 답하시오. (6점)

그림 출처 : https://www.youtube.com/watch?v=kJzMEHK_nyI

(1) 동영상에서 나오는 장비(차량)의 명칭을 적으시오.

(2) 산업안전보건법에 의하여 동영상의 장비에 설치하여야 하는 방호장치를 4가지 적으시오.

**Answer & Explanation**

(1) 이름 : 지게차

(2) 설치하여야 하는 방호장치
   ① 헤드가드
   ② 백레스트
   ③ 전조등, 후미등
   ④ 안전벨트

---

**08** 산업안전보건법상 누전차단기를 설치하여야 하는 기계·기구 3가지를 적으시오. (6점)

**화면 설명** ● 한 작업자가 드라이버로 콘센트의 나사를 조이던 작업을 하던 중 다른 작업자가 스위치를 올리자 작업자가 감전으로 넘어지는 장면을 보여준다.

**Answer & Explanation**

① 대지전압이 150볼트를 초과하는 이동형 또는 휴대형 전기기계·기구
② 물 등 도전성이 높은 액체가 있는 습윤장소에서 사용하는 저압용 전기기계·기구
③ 철판·철골 위 등 도전성이 높은 장소에서 사용하는 이동형 또는 휴대형 전기기계·기구
④ 임시배선의 전로가 설치되는 장소에서 사용하는 이동형 또는 휴대형 전기기계·기구

---

**09** 화면에서 작업자는 황산을 취급하고 있다. 작업자는 맨손이며, 마스크를 미착용한 채로 황산을 비커에 따르는 작업을 하고 있다. 황산이 체내에 유입될 수 있는 경로 3가지를 적으시오. (4점)

**Answer & Explanation**

① 호흡기
② 소화기
③ 피부점막

## 2023. 3회 2부

# 산업안전기사

시험시간 : 1시간 정도

**01** 동영상에서는 말비계를 보여준다. 말비계의 구조(조립 시의 준수사항)에 관한 내용 중 괄호 안에 적합한 내용을 적으시오. (4점)

> **보기**
> 1. 지주부재의 하단에는 미끄럼 방지장치를 하고, 양측 끝부분에 올라서서 작업하지 아니하도록 할 것
> 2. 지주부재와 수평면과의 기울기를 ( ① )도 이하로 하고, 지주부재와 지주부재 사이를 고정시키는 보조부재를 설치할 것
> 3. 말비계의 높이가 2미터를 초과할 경우에는 작업발판의 폭을 ( ② ) 이상으로 할 것

**Answer & Explanation**

① 75  ② 40센티미터

**참고하기**

- 말비계

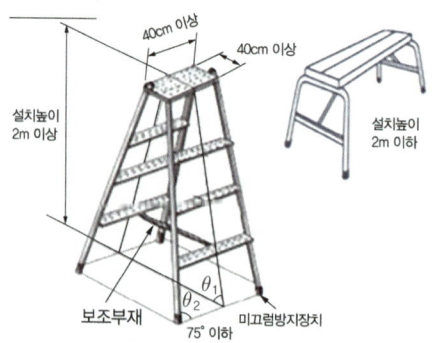

그림 출처 : 안전보건공단, "비계.작업발판 재해예방을 위한 작업 전 안전점검"

## 02
동영상은 안전난간을 보여주고 있다. 안전난간 설치 시 준수하여야 할 사항에 대하여 괄호에 적합한 내용을 적으시오. (6점)

> **보기**
> (1) 상부난간대는 바닥면 등으로 부터 ( ① )cm 이상 지점에 설치할 것
> (2) 발끝막이판은 바닥면 등으로부터 ( ② )cm 이상의 높이를 유지할 것
> (3) 난간대는 지름 ( ③ )센티미터 이상의 금속제 파이프나 그 이상의 강도가 있는 재료일 것

**Answer & Explanation**

① 90    ② 10    ③ 2.7

**참고하기**

- 안전난간의 구조 및 설치요건
  ① 상부 난간대, 중간 난간대, 발끝막이판 및 난간기둥으로 구성할 것
  ② 상부 난간대
   - 상부 난간대는 바닥면 등으로부터 90센티미터 이상 지점에 설치
   - 상부 난간대를 120센티미터 이하에 설치하는 경우 : 중간 난간대는 상부 난간대와 바닥면 등의 중간에 설치
   - 120센티미터 이상 지점에 설치하는 경우 : 중간 난간대를 2단 이상으로 설치, 난간의 상하 간격은 60센티미터 이하가 되도록 할 것(다만, 난간기둥 간의 간격이 25센티미터 이하인 경우에는 중간 난간대를 설치하지 않을 수 있다.)
  ③ 발끝막이판 : 바닥면 등으로 부터 10센티미터 이상의 높이를 유지할 것
  ④ 난간기둥 : 상부 난간대와 중간 난간대를 견고하게 떠받칠 수 있도록 적정한 간격을 유지할 것
  ⑤ 상부 난간대와 중간 난간대는 난간 길이 전체에 걸쳐 바닥면 등과 평행을 유지할 것
  ⑥ 난간대 : 지름 2.7센티미터 이상의 금속제 파이프
  ⑦ 안전난간은 100킬로그램 이상의 하중에 견딜 수 있는 튼튼한 구조일 것

## 03
화면에서 작업자는 롤러기 작업을 하고 있다. 방호장치 자율안전고시에 의하여 롤러기에 설치하여야 하는 급정지장치의 종류를 3가지 적고 각각의 설치 위치를 적으시오. (6점)

**Answer & Explanation**

(1) 급정지장치의 종류 3가지
  ① 손 조작식
  ② 복부 조작식
  ③ 무릎 조작식

(2) 급정지장치의 설치 위치에 따른 구분

| 종류 | 설치 위치 | 비고 |
|---|---|---|
| 손 조작식 | 밑면에서 1.8m 이내 | 위치는 급정지장치의 조작부의 중심점을 기준 |
| 복부 조작식 | 밑면에서 0.8m 이상 1.1m 이내 | |
| 무릎 조작식 | **밑면에서 0.6m 이내**(방호장치 자율안전기준 고시) | |

> **참고하기**
> 
> - 위험기계·기구 안전인증 고시 및 안전검사 기준
>   무릎 조작식 : 밑면으로부터 0.4m 이상 0.6m 이내

## 04 밀폐공간(산소결핍 장소)에서 근로자가 작업하는 경우의 안전조치 사항을 3가지 적으시오. (6점)

**Answer & Explanation**

① 작업 시작 전 및 작업 중에 해당 작업장을 **적정공기 상태**가 유지되도록 **환기**하여야 한다.
② 밀폐공간에 근로자를 종사하도록 하는 경우에는 그 장소에 근로자를 **입장시킬 때와 퇴장시킬 때마다 인원을 점검**하여야 한다.
③ 작업하는 **근로자가 아닌 사람**이 그 장소에 **출입하는 것을 금지**하고, **출입금지 표지**를 밀폐공간 근처의 보기 쉬운 장소에 **게시**하여야 한다.
④ 작업상황을 감시할 수 있는 감시인을 지정하여 밀폐공간 **외부에 배치**하여야 한다.
⑤ 밀폐공간에서 작업을 하는 동안 그 **작업장과 외부의 감시인 간에 항상 연락**을 취할 수 있는 설비를 설치하여야 한다.
⑥ 밀폐공간에서 작업을 하는 경우에 **산소결핍**이나 **유해가스로 인한 질식·화재·폭발** 등의 우려가 있으면 즉시 작업을 중단시키고 해당 **근로자를 대피**하도록 하여야 한다.
⑦ 공기호흡기 또는 송기마스크, 안전대나 구명밧줄, 사다리 및 섬유로프 등 비상 시에 대피용 기구 및 근로자를 구출하기 위하여 **필요한 기구**를 갖추어 두어야 한다.
⑧ 밀폐공간에서 근로자를 구출하는 경우 **구출작업에 종사하는 근로자에게 공기호흡기 또는 송기마스크를 지급**하여야 한다.

## 05 특수 화학설비를 설치하는 경우에는 이상 상태의 발생에 따른 폭발·화재 또는 위험물의 누출을 방지하고 내부의 이상 상태를 조기에 파악하기 위한 방호장치를 설치하여야 한다. 특수 화학설비에 설치하여야 하는 방호장치 2가지를 적으시오. (단, 온도계·압력계·유량계 등의 계측장치는 제외할 것) (4점)

**Answer & Explanation**

① 자동경보장치
② 긴급차단장치

**06** 화면을 보고 물음에 답하시오. (1) 화면에서 작업에서 사용하는 장치의 명칭을 적으시오. (2) 화면에서 보여주는 장치의 숫돌 노출 각도를 적으시오. (4점)

> **화면 설명** • 화면에서 작업자는 휴대용 연삭기로 작업하는 장면을 보여준다.

사진 출처 : 안전보건공단

### Answer & Explanation

(1) 장치의 명칭 : 휴대용 연삭기
(2) 숫돌 노출 각도 : 180도 이내

### 참고하기

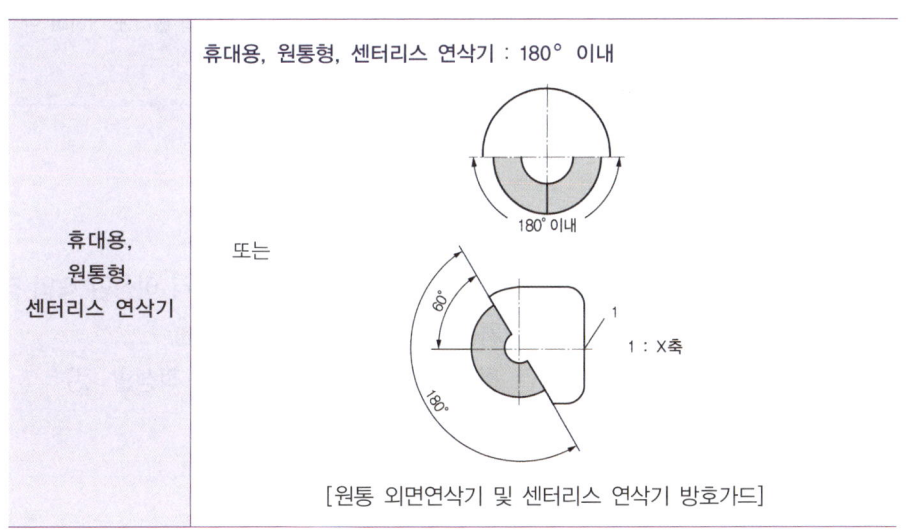

**07** 화면에서 작업자는 교류아크 용접기로 상수도 용접작업을 하고 있다. 습윤한 장소에서 감전을 방지하기 위하여 (1) 교류아크 용접기에 부착하여야 하는 방호장치를 적으시오. (2) 용접봉 홀더의 구비조건 1가지를 적으시오. (4점)

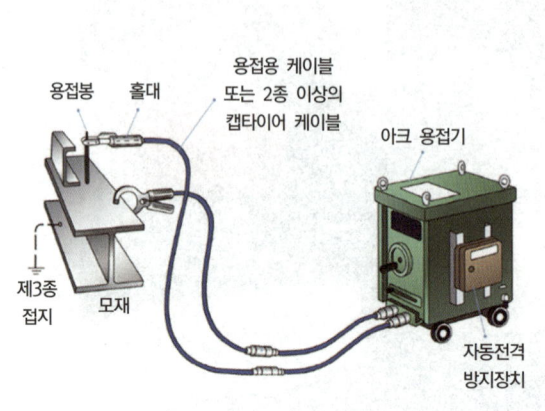

그림 출처 : https://ulsansafety.tistory.com/819

교류아크용접기에 자동 전격 방지기 부착

사진 출처 : 세이프넷, 설치사례

**Answer & Explanation**

(1) 자동전격방지기(자동전격방지장치)
(2) ① 절연내력  ② 내열성

**참고하기**

사업주는 아크용접 등(자동용접은 제외한다)의 작업에 사용하는 **용접봉의 홀더**에 대하여 한국산업표준에 적합하거나 그 이상의 **절연내력 및 내열성을 갖춘 것을 사용**하여야 한다.

**08** 화면에서는 작업발판을 보여준다. 물음에 답하시오. 높이 2미터 이상인 작업 장소에 설치하여야 하는 작업발판의 설치 기준을 3가지 적으시오. (6점)
(단, 발판 폭과 두께, 재료 간 틈에 관한 기준은 제외하고 작성할 것)

**Answer & Explanation**

① 발판재료는 작업 시의 하중을 견딜 수 있도록 견고한 것으로 할 것
② 추락의 위험성이 있는 장소에는 안전난간을 설치할 것
③ 작업발판의 지지물은 하중에 의하여 파괴될 우려가 없는 것을 사용할 것
④ 작업발판 재료는 뒤집히거나 떨어지지 아니하도록 2 이상의 지지물에 연결하거나 고정시킬 것
⑤ 작업에 따라 이동시킬 때에는 위험방지 조치를 할 것

> 참고하기

- 발판의 폭은 40cm 이상으로 하고, 발판재료간의 틈은 3cm 이하로 할 것
- 선박 및 보트 건조작업에서 선박블록 또는 엔진실 등의 좁은 작업공간에 작업발판을 설치하는 경우 **작업발판의 폭을 30센티미터 이상**으로 할 수 있고, 걸침비계의 경우 발판재료 간의 틈을 3센티미터 이하로 유지하기 곤란하면 5센티미터 이하로 할 수 있다.

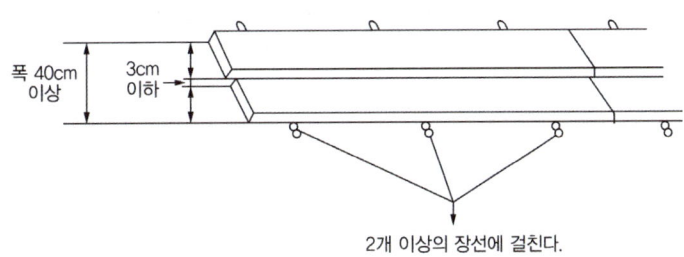

**09** 화면에서 작업자는 지게차 포크 위에서 전등 교체작업을 하고 있다. 작업자의 불안전한 행동(작업에서의 위험요인) 3가지를 적으시오. (5점)

> 화면 설명 • 작업자가 지게차 포크 위에서 전등 교체작업을 하고 있던 중 다른 작업자가 지게차를 움직이며 작업자가 떨어지는 사고가 발생함.

그림 출처 : https://ulsansafety.tistory.com/543

**Answer & Explanation**

① 안전한 작업발판을 사용하지 않고 지게차 포크 위에서 전등교체를 하였다. (지게차 포크 위에서 작업하여 떨어질 위험 있다.)
② 지게차 운행 중에는 운전자 외에 탑승을 금지하여야 하나, **작업자가 포크에 올라탄 채 지게차를 움직였다.**
③ 추락할 위험이 있는 높이 2m 이상의 장소에서 작업 시에는 안전모, 안전대 등 추락방지용 보호구를 **착용하여야 하나 착용하지 않았다.** (높이 2m 이상인 경우만 해당)
④ **열쇠를 뽑아 별도 관리**하여 지게차를 운전자 외에 운전하지 않도록 하여야 하나 이를 준수하지 않았다. (운전자 외의 자가 운전한 경우만 해당)

## 2023. 3회 3부

# 산업안전기사

시험시간 : 1시간 정도

**01** 화면에서 작업자는 교류아크 용접기로 용접작업을 하고 있다. 교류아크 용접기의 방호장치인 자동 전격 방지기의 종류 4가지를 적으시오. (4점)

**Answer & Explanation**

① 외장형
② 내장형
③ 저저항시동형(L형)
④ 고저항시동형(H형)

**02** 화면에서 작업자는 전동권선기에 동선을 감는 작업을 하고 있다. 작업 중 기계가 정지하여 전원을 차단하지 않고 점검 중 발생한 재해이다. (1) 재해 발생형태와 (2) 재해 원인 2가지를 적으시오. (6점)

**화면 설명** • 작업자가 전동권선기에 동선(코일)을 감는 작업을 하고 있다. 기계가 작동을 멈추자 기계를 점검하기 위하여 분전반을 열고 전선과 연결된 부분을 만지는 순간 감전되어 쓰러진다.

**Answer & Explanation**

(1) 재해 발생형태 : 감전(전류접촉)
(2) 재해 원인
① 전원을 차단하지 않고 기계점검을 실시했다.
② 작업자가 절연장갑을 착용하지 않았다.
③ 작업시작 전 기계점검을 실시하지 않았다.(3가지를 적으라는 경우만 작성할 것)

> **참고**하기

사진 출처 : 극동ENG

**주의** 반드시 동영상을 확인하고 답을 적으세요.

**03** 화면에서 작업자는 드릴작업을 하고 있다. 작업 방법 및 작업자의 측면에서 위험요인 2가지를 적으시오. (4점)

> **화면 설명** ● 작업자가 면장갑을 착용한 채 짧은 강관을 바이스에 고정하고 구멍을 뚫는 작업을 하고 있다. 드릴에는 방호 덮개가 설치되지 않았고 작업자는 보안경과 방진마스크를 미착용하였으며 입으로 칩을 불고 있다. 면장갑을 낀 채로 작업대 위의 칩을 치우던 중 드릴의 바이트에 감겨 사고를 당한다.

**Answer & Explanation**

① 이물질(칩) 제거 시 전원을 차단하지 않고 손으로 제거하였다.
　(전원을 차단하지 않고 수공구 대신 손으로 제거하여 손을 다칠 위험 있다.)
② 면장갑을 착용하였다. (면장갑을 착용하여 손을 다칠 위험 있다.)
③ 보안경을 착용하지 않았다. (보안경을 착용하지 않아 눈을 다칠 위험 있다.)
④ 방진마스크를 착용하지 않았다. (방진마스크를 착용하지 않아 이물질 또는 칩이 호흡기로 들어갈 위험 있다.)

04 화면에서 작업자는 사출성형기 점검 중 사고를 당한다. (1) 재해 발생형태를 적고, (2) 기인물을 적으시오. (5점)

> 화면 설명 • 작업자는 사출성형기 작업 중 기계가 멈추자 기계를 점검하고 있다. 점검 중 갑자기 사출성형기가 작동하여 손과 팔이 끼이는 사고를 당한다.

그림 출처 : 안전보건공단 유해 위험 기계 기구 종합정보시스템, "사출성형기 재해사례"

**Answer & Explanation**

(1) 재해 발생형태(재해 유형) : 끼임
(2) 기인물 : 사출성형기

05 화면에서 작업자는 인화성 물질 저장창고에서 작업을 하고 있다. 화면을 참고하여 (1) 가스 폭발의 종류를 적고 (2) 화면에서의 폭발 현상을 설명하시오. (6점)

> 화면 설명 • 인화성 물질이 든 용기를 작업자가 들고 들어온다. 작업자의 신발을 보여준 뒤, 작업자가 윗옷을 벗음과 동시에 화염이 발생하는 장면을 보여준다.

그림 출처 : 안전보건공단

[제전복 착용]

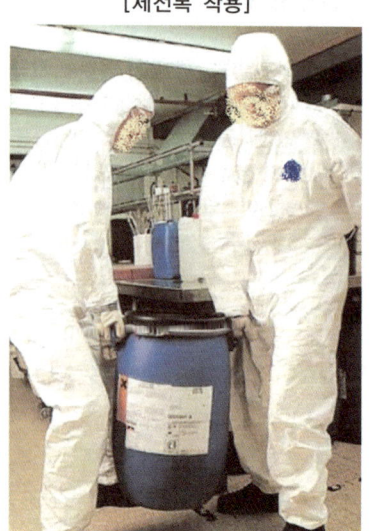

그림 출처 : 듀폰 안전 보호복

**Answer & Explanation**

(1) 가스폭발의 종류
- 정전기에 의한 폭발
  ① 박리대전(옷을 벗을 때)
  ② 마찰대전(신발과 바닥 사이)

(2) 설명
  ① 박리대전 : 밀착된 물체가 떨어지면서 자유전자의 이동으로 발생한다. (옷을 벗을 때)
  ② 마찰대전 : 두 물체 사이의 마찰로 인한 접촉, 분리에서 발생한다. (신발과 바닥 사이)

**06** 밀폐공간에서 작업하는 경우 실시하여야 하는 특별교육의 내용 3가지를 적으시오. (단, 그 밖에 안전·보건관리에 필요한 사항은 제외할 것) (6점)

> **화면 설명** ● 작업자가 맨홀 뚜껑을 열고 맨홀 안으로 들어가 작업을 마친 후 나오다가 쓰러지는 장면을 보여준다.

**Answer & Explanation**

① 산소농도 측정 및 작업환경에 관한 사항
② 사고 시의 응급처치 및 비상 시 구출에 관한 사항
③ 보호구 착용 및 보호 장비 사용에 관한 사항
④ 작업내용·안전작업방법 및 절차에 관한 사항
⑤ 장비·설비 및 시설 등의 안전점검에 관한 사항

**07** 화면에서는 사다리식 통로를 보여준다. 사다리식 통로의 구조 2가지를 적으시오. (단, 견고한 구조로 할 것은 제외하며, 단위를 포함할 것) (4점)

**Answer & Explanation**

① 견고한 구조로 할 것
② 심한 손상·부식 등이 없는 재료를 사용할 것
③ 발판의 간격은 일정하게 할 것
④ 발판과 벽과의 사이는 15센티미터 이상의 간격을 유지할 것
⑤ 폭은 30센티미터 이상으로 할 것
⑥ 사다리가 넘어지거나 미끄러지는 것을 방지하기 위한 조치를 할 것
⑦ 사다리의 상단은 걸쳐놓은 지점으로부터 60센티미터 이상 올라가도록 할 것
⑧ 사다리식 통로의 길이가 10미터 이상인 경우에는 5미터 이내마다 계단참을 설치할 것
⑨ 사다리식 통로의 기울기는 75도 이하로 할 것. 다만, 고정식 사다리식 통로의 기울기는 90도 이하로 하고, 그 높이가 7미터 이상인 경우에는 다음 각 목의 구분에 따른 조치를 할 것
  • 등받이울이 있어도 근로자 이동에 지장이 없는 경우 : 바닥으로부터 높이가 2.5미터 되는 지점부터 등받이울을 설치할 것
  • 등받이울이 있으면 근로자가 이동이 곤란한 경우 : 한국산업표준에서 정하는 기준에 적합한 개인용 추락 방지 시스템을 설치하고 근로자로 하여금 한국산업표준에서 정하는 기준에 적합한 전신 안전대를 사용하도록 할 것
⑩ 접이식 사다리 기둥은 사용 시 접혀지거나 펼쳐지지 않도록 철물 등을 사용하여 견고하게 조치할 것

**08** 화면에서는 충전전로 부근에서 이동식 비계를 이용한 작업을 보여 준다. 작업의 위험요인 3가지를 적으시오. (6점)

**화면 설명** • 이동식 비계는 충전전로 부근에 설치되어 있으며 바퀴가 고정되지 않은 상태이다. 작업자는 안전대를 착용하고 비계에 고정 후 작업하고 있다. 비계에 안전난간은 설치되어 있다.

**Answer & Explanation**

① 충전전로에 절연용 방호구가 설치되지 않았다.
② 충전전로와 이동식 비계 사이에 이격 거리가 확보되지 않았다.
③ 바퀴에는 브레이크·쐐기 등으로 바퀴를 고정시킨 다음 비계의 일부를 견고한 시설물에 고정하거나 아웃트리거를 설치하여야 하나 바퀴 고정 및 아웃트리거를 설치하지 않았다.

**09** 다음 [보기]의 설명은 낙하물 방지망의 설치 기준에 관한 내용이다. 괄호에 적합한 내용을 적으시오. (4점)

> **보기**
>
> 수평면과의 각도는 ( )를 유지할 것

**Answer & Explanation**

20도 이상 30도 이하

**참고하기**

| 낙하물 방지망 또는 방호선반을 설치 시 준수사항 | 추락방호망의 설치 기준 |
|---|---|
| ① 설치 높이는 10미터 이내마다 설치하고, 내민 길이는 벽면으로부터 2미터 이상으로 할 것<br>② 수평면과의 각도는 20도 이상 30도 이하를 유지할 것 | ① 추락방호망의 설치 위치는 가능하면 작업면으로부터 가까운 지점에 설치하여야 하며, **작업면으로부터 망의 설치지점까지의 수직거리는 10미터를 초과하지 아니할 것**<br>② 추락방호망은 **수평으로 설치하고, 망의 처짐은 짧은 변 길이의 12퍼센트 이상**이 되도록 할 것<br>③ 건축물 등의 바깥쪽으로 설치하는 경우 망의 내민 길이는 벽면으로부터 3미터 이상 되도록 할 것 |

## 2024. 1회 1부

# 산업안전기사

시험시간 : 1시간 정도

**01** 화면에서는 이동식 크레인 작업을 보여준다. 화면에서 보여주는 양중기를 사용하여 작업할 때 관리감독자로 하여금 작업 시작 전에 점검하도록 하여야 하는 사항 3가지를 적으시오. (단, "그 밖의 경보장치의 기능"은 제외할 것) (6점)

**Answer & Explanation**

① 권과방지장치의 기능
② 브레이크·클러치 및 조정장치의 기능
③ 와이어로프가 통하고 있는 곳 및 작업장소의 지반상태

**참고하기**

| | |
|---|---|
| 크레인 | ① 권과방지장치·브레이크·클러치 및 운전장치의 기능<br>② 주행로의 상측 및 트롤리가 횡행(橫行)하는 레일의 상태<br>③ 와이어로프가 통하고 있는 곳의 상태 |
| 이동식 크레인 | ① 권과방지장치 그 밖의 경보장치의 기능<br>② 브레이크·클러치 및 조정장치의 기능<br>③ 와이어로프가 통하고 있는 곳 및 작업장소의 지반상태 |
| 리프트 | ① 방호장치·브레이크 및 클러치의 기능<br>② 와이어로프가 통하고 있는 곳의 상태 |
| 곤돌라 | ① 방호장치·브레이크의 기능<br>② 와이어로프·슬링와이어 등의 상태 |

02 산업안전보건법에 의하여 가스장치실을 설치하는 경우 준수하여야 하는 가스장치실의 구조 3가지를 적으시오. (6점)

**Answer & Explanation**

① 가스가 누출된 때에는 당해 가스가 정체되지 아니하도록 할 것
② 지붕 및 천장에는 가벼운 불연성의 재료를 사용할 것
③ 벽에는 불연성의 재료를 사용할 것

03 화면은 항타기, 항발기 작업을 보여준다. 항타기, 항발기로 땅을 굴착한 후 전주를 세우는 과정에서 인접 활선전로에 접촉하여 스파크가 일어난다. 충전전로 인근에서 항타기, 항발기 작업 시 감전위험 방지를 위한 조치사항 3가지를 적으시오. (6점)

**Answer & Explanation**

① 충전전로 인근에서 차량, 기계장치 등의 작업이 있는 경우에는 차량등을 충전전로의 충전부로부터 300센티미터 이상 이격시켜 유지시키되, 대지전압이 50킬로볼트를 넘는 경우 이격거리는 10킬로볼트 증가할 때마다 10센티미터씩 증가시켜야 한다.
② 절연용 방호구를 설치한 경우에는 이격거리를 절연용 방호구 앞면까지로, 차량 등의 가공 붐대의 버킷이나 끝부분 등이 절연되어 있고 유자격자가 작업을 수행하는 경우의 이격거리는 접근 한계거리까지로 할 수 있다.
③ 방책을 설치하거나 감시인 배치 등의 조치를 하여야 한다.
④ 접지된 차량 등이 충전전로와 접촉할 우려가 있을 경우에는 지상의 근로자가 접지점에 접촉하지 않도록 조치하여야 한다.

04 화면에서는 지게차 작업을 보여준다. (1) 지게차 마스트의 후방에서 화물이 낙하함으로써 근로자가 위험해질 우려가 있는 경우 설치하여야 하는 장치의 명칭을 적으시오. (2) 헤드가드의 설치조건(설치방법) 1가지를 적으시오. (5점)

**Answer & Explanation**

(1) 백레스트(backrest)
(2) 헤드가드의 설치조건
　① 상부 틀의 각 개구의 폭 또는 길이는 16센티미터 미만일 것
　② 운전자가 앉아서 조작하거나 서서 조작하는 지게차의 헤드가드 높이는 좌식 0.903m, 입식 1.88m 이상일 것
　③ 최대하중의 2배(4톤을 넘는 값에 대해서는 4톤으로 한다)에 해당하는 등분포정하중(等分布靜荷重)에 견딜 수 있는 강도를 가질 것

> 참고하기
> 
> 1. 사업주는 **백레스트(backrest)**를 갖추지 아니한 지게차를 사용해서는 아니 된다. 다만, 마스트의 후방에서 화물이 낙하함으로써 근로자가 위험해질 우려가 없는 경우에는 그러하지 아니하다.
> 2. 사업주는 **헤드가드(head guard)**를 갖추지 아니한 지게차를 사용해서는 안 된다. 다만, 화물의 낙하에 의하여 지게차의 운전자에게 위험을 미칠 우려가 없는 경우에는 그렇지 않다.
> 3. 사업주는 **전조등과 후미등**을 갖추지 아니한 지게차를 사용해서는 아니 된다. 다만, 작업을 안전하게 수행하기 위하여 필요한 조명이 확보되어 있는 장소에서 사용하는 경우에는 그러하지 아니하다.

## 05 산업안전보건법에 의한 국소배기장치의 후드 설치 기준 3가지를 적으시오. (6점)

**Answer & Explanation**

> ① 유해 물질이 **발생하는 곳마다** 설치할 것
> ② 유해인자의 **발산원을 제어**할 수 있는 구조
> ③ 후드 형식은 가능한 한 포위식 또는 부스식 후드를 설치할 것
> ④ 외부식 또는 리시버식 후드는 해당 분진 등의 발산원에 가장 가까운 위치에 설치할 것

> 참고하기
> 
> • 국소배기장치의 설치 조건
>   ① 후드는 유해물질 발산원마다 설치할 것
>   ② 외부식, 리시버식 후드는 발산원에 가장 가까운 위치에 설치할 것
>   ③ 덕트의 길이는 짧게, 굴곡부 수를 적게 할 것
>   ④ 배기구를 옥외에 설치할 것

## 06 화면에서 작업자는 휴대용 연삭기로 연마작업 중이다. (1) 재해 발생형태를 적으시오. (2) 재해 발생원인 2가지를 적으시오. (4점)

**화면 설명**: 작업자는 강재에 물을 뿌리며 연마작업 중이다. 바닥에는 물기가 많은 상태이며, 전선의 접속부는 고무장갑으로 감싼 채 물기 있는 바닥에 방치되어 있다. 작업자는 고무장갑을 착용하고 작업하고 있으며, 방진마스크는 미착용한 상태이다.

사진 출처 : 안전보건공단 자료실

#### Answer & Explanation

(1) 재해 발생형태 : 감전(전류접촉)
(2) 재해 발생원인
 ① 전선의 접속부의 절연이 불량하다. (접속부를 충분히 피복하지 않아 누전의 위험 있다.)
 ② 물기가 있는 바닥에서 작업하여 누전의 우려 있다.

**07** 화면에서는 주유소에서 지게차에 경유를 주입하는 장면을 보여준다. 운전자의 흡연에 의한 발화가 발생하였다. (1) 화면에서의 위험요인(불안전한 요소)을 원인과 결과로 설명하시오. (2) 담뱃불에 해당하는 발화의 형태는 무엇인가? (3) 우려되는 재해 발생형태를 적으시오. (5점)

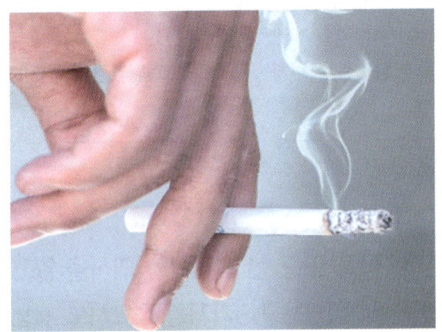

사진 출처 : 더코리아뉴스

#### Answer & Explanation

(1) 위험요인 : 인화성물질 주변에서 흡연을 하여 나화에 의한 화재, 폭발이 우려된다.
(2) 발화의 형태 : 나화
(3) 재해 발생형태 : 화재, 폭발

#### 참고하기

• **나화(裸火)** : 가연성 혼합가스 또는 기타 물질에 불을 붙일 수 있는 불꽃, 성냥, 라이터 및 양초 등을 말한다.

**08** 안전난간의 구조 및 설치 기준 중 발끝막이판의 상세 설치기준을 적으시오. (3점)

#### Answer & Explanation

발끝막이판은 바닥면 등으로 부터 10센티미터 이상의 높이를 유지할 것

> **참고하기**

• 안전난간의 구조 및 설치요건
① 상부 난간대, 중간 난간대, 발끝막이판 및 난간기둥으로 구성할 것
② 상부 난간대
  • 상부 난간대는 바닥면 등으로부터 90센티미터 이상 지점에 설치
  • 상부 난간대를 120센티미터 이하에 설치하는 경우 : 중간 난간대는 상부 난간대와 바닥면 등의 중간에 설치
  • 120센티미터 이상 지점에 설치하는 경우: 중간 난간대를 2단 이상으로 설치, 난간의 상하간격은 60센티미터 이하가 되도록 할 것(다만, 난간기둥 간의 간격이 25센티미터 이하인 경우에는 중간 난간대를 설치하지 않을 수 있다.)
③ 발끝막이판은 바닥면 등으로부터 10센티미터 이상의 높이를 유지할 것
④ 난간기둥은 상부 난간대와 중간 난간대를 견고하게 떠받칠 수 있도록 적정한 간격을 유지할 것
⑤ 상부 난간대와 중간 난간대는 난간 길이 전체에 걸쳐 바닥면 등과 평행을 유지할 것
⑥ 난간대는 지름 2.7센티미터 이상의 금속제 파이프나 그 이상의 강도가 있는 재료일 것
⑦ 안전난간은 구조적으로 가장 취약한 지점에서 가장 취약한 방향으로 작용하는 100킬로그램 이상의 하중에 견딜 수 있는 튼튼한 구조일 것

## 09
화면은 선박 탱크 내부의 슬러지처리 작업을 보여준다. 작업 도중 한 작업자가 의식을 잃고 쓰러진다. 이러한 사고에 대비하여 비치하여야 하는 비상시 피난용구 3가지를 적으시오. (4점)

**Answer & Explanation**

① 송기마스크 또는 공기호흡기
② 섬유로프
③ 사다리
④ 안전대
⑤ 구명밧줄

# 산업안전기사

**2024. 1회 2부**

시험시간 : 1시간 정도

---

**01** 다음 [보기]의 설명은 낙하물 방지망의 설치기준에 관한 내용이다. 괄호에 적합한 내용을 적으시오. (6점)

> **보기**
> 1. 설치 높이는 ( ① )미터 이내마다 설치하고, 내민 길이는 벽면으로부터 ( ② )미터 이상으로 할 것
> 2. 수평면과의 각도는 ( ③ )를 유지할 것

**Answer & Explanation**

① 10
② 2
③ 20도 이상 30도 이하

**참고하기**

| 낙하물 방지망 또는 방호선반을 설치 시 준수사항 | 추락방호망의 설치 기준 |
|---|---|
| ① 설치 높이는 10미터 이내마다 설치하고, 내민 길이는 벽면으로부터 2미터 이상으로 할 것<br>② 수평면과의 각도는 20도 이상 30도 이하를 유지할 것 | ① 추락방호망의 설치 위치는 가능하면 작업면으로부터 가까운 지점에 설치하여야 하며, **작업면으로 부터 망의 설치지점까지의 수직거리는 10미터를 초과하지 아니할 것**<br>② 추락방호망은 수평으로 설치하고, 망의 처짐은 짧은 변 길이의 12퍼센트 이상이 되도록 할 것<br>③ 건축물 등의 바깥쪽으로 설치하는 경우 망의 내민 길이는 벽면으로부터 3미터 이상 되도록 할 것 |

## 02
교량점검 작업 중 근로자 추락사고가 발생하였다. 사고의 불안전한 행동 및 상태 3가지를 적으시오. (6점)

**화면 설명** ● 작업자는 부실한 작업발판 위에서 교량 하부를 점검하는 중이다. 추락방호망도 설치되지 않았으며 주변 정리정돈도 불량한 상태이다. 안전난간 대신 로프가 난간 역할을 하고 있으며 작업자가 로프로 된 난간 쪽으로 기대는 순간 로프 줄이 늘어지며 추락한다.

**Answer & Explanation**

① 안전대 미착용
② 추락방호망 미설치(또는 불량)
③ 안전난간 미설치(또는 불량)
④ 작업발판 미설치(또는 불량)
⑤ 주변 정리정돈 불량(정리정돈 불량으로 걸려 넘어진 경우)

## 03
화면에서는 목재 가공용 둥근톱을 보여준다. (1) 해당 작업의 위험요인 2가지를 적으시오. (2) 목재 가공용 둥근톱에 설치하여야 하는 방호장치 2가지를 적으시오. (6점)

**화면 설명** ● 면장갑을 낀 채 작업하고 있으며, 방호장치도 설치되지 않은 상태이다. 잠시 한눈을 판 상태에서 둥근 톱에 손을 다치는 사고를 당한다.

**Answer & Explanation**

(1) 작업의 위험요인
① **면장갑을 착용**하여 손을 다칠 위험 있다.
② **톱날접촉예방장치**(날접촉예방장치), 반발예방장치 등 방호장치가 설치되지 않아 위험하다.
③ **작업에 집중하지 않아** 위험하다.

(2) 방호장치
① 톱날접촉예방장치(날접촉예방장치)
② 반발예방장치

## 04
화면에서는 건설용 리프트를 보여준다. 리프트의 방호장치를 3가지 적으시오. (4점) (단, 자동차정비용 리프트 제외)

**화면 설명** ● 건설용 리프트에서 작업자가 탑승하여 상부로 이동 후 리프트에서 내리는 장면을 보여준다. 화면에서 방호울 출입문 연동장치와 비상정지장치가 설치된 것을 확인할 수 있다.

**Answer & Explanation**

① 과부하방지장치
② 권과방지장치
③ 비상정지장치
④ 제동장치
⑤ 조작반 잠금장치

**05** 화면은 방열복을 보여준다. 방열복 내열원단의 시험성능 기준 중 다음 물음에 답하시오. (4점)

>> 보기

1. **난연성** : 잔염 및 잔진 시간이 ( ① ) 미만이고 녹거나 떨어지지 말아야 하며, 탄화길이가 ( ② ) 이내 일 것
2. **절연저항** : 표면과 이면의 절연저항이 ( ③ ) 이상일 것
3. **내열성** : 균열 또는 부풀음이 없을 것

**Answer & Explanation**

① 2초  ② 102mm  ③ 1MΩ

**06** 특수화학설비 내부의 이상 상태를 조기에 파악하기 위하여 설치해야 할 계측장치 3가지를 적으시오. (4점)

**Answer & Explanation**

① 온도계
② 압력계
③ 유량계

**참고하기**

- 특수화학설비 내부의 이상 상태를 조기에 파악하기 위하여 설치해야 할 방호장치
  ① 계측장치(온도계·압력계·유량계)
  ② 자동경보장치
  ③ 긴급차단장치

**07** 화면에서는 컴퓨터 단말기 작업을 보여준다. 산업안전보건법에 의하여 컴퓨터 단말기 조작 업무를 하는 경우 사업주의 조치사항 4가지를 적으시오. (6점)

**Answer & Explanation**

① 실내는 명암의 차이가 심하지 않도록 하고 직사광선이 들어오지 않는 구조로 할 것
② 저 휘도형(低輝度型)의 조명기구를 사용하고 창·벽면 등은 반사되지 않는 재질을 사용할 것
③ 컴퓨터 단말기와 키보드를 설치하는 책상과 의자는 작업에 종사하는 근로자에 따라 그 높낮이를 조절할 수 있는 구조로 할 것
④ 연속적으로 컴퓨터 단말기 작업에 종사하는 근로자에 대하여 작업시간 중에 적절한 휴식시간을 부여할 것

**08** 화면에서는 컨베이어와 사출성형기 및 휴대용 연삭기에 방호장치가 설치된 모습을 보여준다. 화면에서 보여주는 방호장치의 명칭을 적으시오. (4점)

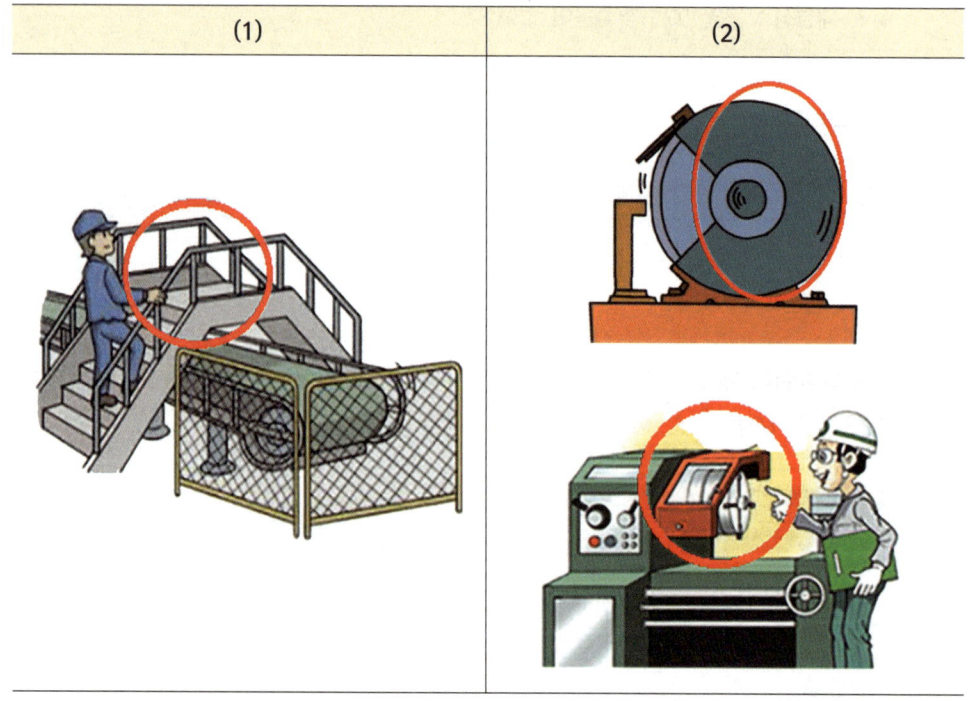

그림 출처 : 안전보건공단

**Answer & Explanation**

(1) 건널다리
(2) 덮개

**09** 화면에서는 프레스의 작업 모습을 보여준다. 프레스에 설치된 방호장치의 명칭과 기능을 적으시오. (단, 장치의 종류는 A-1이다.) (5점)

 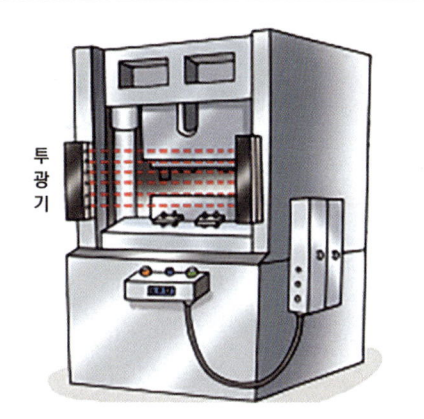

그림 출처 : 안전보건공단

**Answer & Explanation**

(1) 방호장치의 명칭 : 광전자식 방호장치
(2) 기능 : 투광부, 수광부, 컨트롤 부분으로 구성된 것으로서 신체의 일부가 광선을 차단하면 기계를 급정지 시키는 방호장치

### 참고하기

| 종류 | 분류 |
|---|---|
| 광전자식 | A-1 |
| | A-2 |
| 양수조작식 | B-1(유·공압 밸브식) |
| | B-2(전기버튼식) |
| 가드식 | C |
| 손쳐내기식 | D |
| 수인식 | E |

## 2024. 1회 3부

# 산업안전기사

시험시간 : 1시간 정도

**01** 화면에서 작업자는 프레스 기계에 구멍을 뚫는 작업을 하고 있다. (1) 화면의 프레스에 추가하여 부착할 수 있는 방호장치 3가지를 적으시오. (2) 작업자가 무력화시킨 방호장치의 명칭을 적으시오. (6점)

> **화면 설명** ● 프레스에는 투광부와 수광부가 부착되어 있는 모습이 보인다. 작업자가 센서 1개를 치우고 금형을 청소하던 중 페달을 잘못 조작하여 손을 다치는 사고가 발생한다.

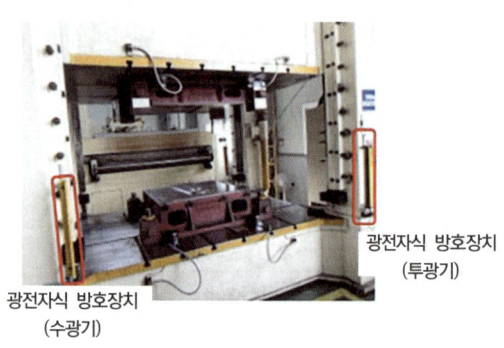

광전자식 방호장치 (수광기) / 광전자식 방호장치 (투광기)

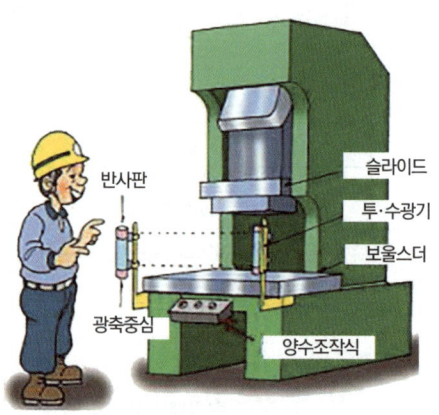

그림 출처 : 안전보건공단 재해사례

**Answer & Explanation**

(1) 방호장치
　① 손쳐내기식(방호장치)
　② 수인식(방호장치)
　③ 게이트가드식(방호장치)
　④ 양수조작식(방호장치)

(2) 작업자가 무력화시킨 방호장치 : 광전자식(방호장치)

## 02
화면에서 작업자는 용접을 하기 위하여 전원을 켜고 용접기 어스선을 잡아당기던 중 감전을 당하였다. (1) 재해 발생형태 및 (2) 화면에서의 위험요인 2가지를 적으시오. (6점)

**화면 설명 ▶** 목장갑을 착용한 작업자가 노란색 배전반을 열고 드라이버로 전선을 연결하는 중이다. 차단기는 켜짐 상태이며 누전차단기는 확인이 안 된다. 2번째 연결하는 전선의 피복상태가 불량해 보인다. 작업자가 배전반을 닫고 자동 전격 방지기가 부착된 용접기를 손으로 잡는 순간 전기가 튄다.

**Answer & Explanation**

(1) 재해 발생형태 : 감전(전류접촉)

(2) 화면에서의 위험요인 2가지
① 작업자가 절연장갑을 착용하지 않았다.
② 누전차단기를 설치하지 않았다. (용접기 본체에 접촉하여 감전된 경우)
③ 접지를 실시하지 않았다. (용접기 본체에 접촉하여 감전된 경우)
④ 전선의 피복이 손상되었다. (화면에서 전선의 피복상태가 불량한 경우만 작성할 것)
⑤ 자동 전격 방지기를 설치하지 않았다. (용접봉, 홀더, 어스선에 접촉하여 감전된 경우, 화면에서 전격 방지기가 부착되지 않은 경우만 작성할 것)

## 03
화면을 보고 지게차 주행작업 중 우려되는 사고위험요인 2가지를 적으시오. (4점)

**화면 설명 ▶** 지게차 포크에 화물(냉장고)을 2단으로 적재하고 로프로 고정하지 않아 맨 위의 화물이 흔들리며 운행하던 중 지나가던 다른 작업자가 화물에 맞는 사고가 발생한다.

**Answer & Explanation**

① 화물을 불안정하게 적재하여 화물이 떨어질 위험 있다.
② 화물을 너무 높이 적재하여 운전자 시야를 가려 위험하다.
③ 운전자 시야가 확보되지 않은 경우에는 유도자를 배치하여 지게차를 유도하여야 하나 배치하지 않아 위험하다.
④ 지게차 운행 경로에 작업자 출입금지 조치를 하지 않았다.
(출입금지를 하지 않아 지게차와 작업자 충돌 위험 있다.)

## 04
화면에서는 크레인 작업을 보여준다. (1) 크레인 및 이동식 크레인의 방호장치 3가지를 적으시오. (2) 산업안전보건법의 안전검사 주기에 해당하는 적합한 내용을 [보기]의 ( ) 안에 적으시오.. (6점)

**화면 설명 ▶** 집게형 천정크레인으로 철판을 트럭으로 이동하던 중 훅에서 체인이 이탈하며 철판이 낙하하여 작업자가 철판에 깔리는 사고가 발생하였다. 훅에는 해지장치가 설치되지 않았다.

>> **보기**

**크레인, 리프트 및 곤돌라의 안전검사 주기**

사업장에 설치가 끝난 날부터 ( ① ) 이내에 최초 안전검사를 실시하고, 그 이후부터 ( ② ) 마다, 단, 건설현장에서 사용하는 것은 최초로 설치한 날부터 ( ③ ) 마다 실시한다.

**Answer & Explanation**

(1) 이동식 크레인의 방호장치
   ① 과부하방지장치
   ② 권과방지장치(捲過防止裝置)
   ③ 비상정지장치
   ④ 제동장치

(2) 안전검사 주기
   ① 3년
   ② 2년
   ③ 6개월

**05** 화면에서는 고소작업대를 이용하여 산소절단기로 철근을 절단하는 장면을 보여준다. 화면에서와 같은 장비로 작업을 하는 경우 안전작업 준수사항 3가지를 적으시오. (6점)

**Answer & Explanation**

고소작업대를 사용하는 때 준수사항
① 작업자는 안전모·안전대 등의 보호구를 착용하도록 할 것
② 관계자 외의 자가 작업구역 내에 들어오는 것을 방지하기 위하여 필요한 조치를 할 것
③ 안전한 작업을 위하여 적정수준의 조도를 유지할 것
④ 전로(電路)에 근접하여 작업을 하는 때에는 작업감시자를 배치하는 등 감전사고를 방지하기 위하여 필요한 조치를 할 것
⑤ 작업대를 정기적으로 점검하고 붐·작업대 등 각 부위의 이상 유무를 확인할 것
⑥ 전환스위치는 다른 물체를 이용하여 고정하지 말 것
⑦ 작업대는 정격하중을 초과하여 물건을 싣거나 탑승하지 말 것
⑧ 작업대의 붐대를 상승시킨 상태에서 탑승자는 작업대를 벗어나지 말 것

**06** 보호구 안전인증 고시에 의한 안전대에 사용되는 벨트의 구조 및 충격 흡수장치의 시험성능 기준을 설명하였다. 괄호에 적합한 내용을 적으시오. (4점)

>> 보기

1. 벨트
   가. 강인한 실로 짠 직물로 비틀어짐, 흠, 기타 결함이 없을 것
   나. 벨트의 너비는 ( ① )mm 이상(U자 걸이로 사용할 수 있는 안전대는 40mm) 길이는 버클 포함 ( ② )mm 이상, 두께는 ( ③ )mm 이상일 것

### 2. 충격 흡수장치의 시험 하중

| 충격 흡수장치 | ( ④ )kN | 완전 전개한 후 시험하여 파단하지 않을 것 |
|---|---|---|
| | 2kN | 50mm 이상의 늘어남이 없을 것 |

**Answer & Explanation**

① 50   ② 1,100   ③ 2   ④ 15

---

**07** 화면에서는 컨베이어 작업을 보여준다. 컨베이어의 작업 시작 전 점검사항 3가지를 적으시오. (4점)

**Answer & Explanation**

① 원동기 및 풀리기능의 이상 유무
② 이탈 등의 방지장치기능의 이상 유무
③ 비상정지장치 기능의 이상 유무
④ 원동기·회전축·기어 및 풀리 등의 덮개 또는 울 등의 이상 유무

---

**08** 항타기 및 항발기의 무너짐 방지조치를 설명하고 있다. 괄호에 적합한 내용 1가지씩 적으시오. (4점)

> **보기**
> (1) 연약한 지반에 설치하는 경우에는 ( ① ) 등 지지구조물의 침하를 방지하기 위하여 깔판·받침목 등을 사용할 것
> (2) 궤도 또는 차로 이동하는 항타기 또는 항발기에 대하여는 불시에 이동하는 것을 방지하기 위하여 ( ② ) 등으로 고정시킬 것

**Answer & Explanation**

① 아웃트리거·받침
② 레일클램프 및 쐐기

> 참고하기

① 연약한 지반에 설치하는 경우에는 아웃트리거·받침 등 **지지구조물의 침하를 방지하기 위하여** 깔판·받침목 등을 사용할 것
② 시설 또는 가설물 등에 설치하는 때에는 그 내력을 확인하고 내력이 부족한 때에는 그 내력을 보강할 것
③ 아웃트리거·받침 등 지지구조물이 미끄러질 우려가 있는 때에는 말뚝 또는 쐐기 등을 사용하여 해당 지지구조물을 고정시킬 것
④ 궤도 또는 차로 이동하는 항타기 또는 항발기에 대하여는 불시에 이동하는 것을 방지하기 위하여 **레일 클램프 및 쐐기 등으로 고정시킬 것**
⑤ 상단 부분은 버팀대·버팀줄로 고정하여 안정시키고, 그 하단 부분은 견고한 버팀·말뚝 또는 철골 등으로 고정시킬 것

## 09
화면에서 작업자는 회전하는 롤러기(인쇄윤전기)의 롤러를 걸레로 청소하고 있다. 작업 중 근로자의 손이 롤러에 말려드는 사고가 발생하였다. 롤러기 청소 시 안전작업 사항 3가지를 적으시오. (5점)

**화면 설명 •** 작업자는 롤러기의 전원을 차단하지 않은 채 걸레로 회전하는 롤러를 닦고 있다. 물림점 안쪽까지 걸레를 밀어 넣어 닦는 순간 작업자의 손이 롤러에 말려든다.

**Answer & Explanation**

① 롤러기 운전을 정지하고 청소한다.
② 롤러기 청소 시 장갑 착용을 금지한다.
③ 롤러기에 인터록 장치를 설치한다.
④ 롤러의 물림점에 가드를 설치한다.

## 2024. 1회 4부

# 산업안전기사

**시험시간 : 1시간 정도**

---

**01** 화면에서 작업자는 샌드페이퍼 작업을 하고 있다. 불안전한 행동 및 상태(작업의 위험요인) 3가지를 적으시오. (단, 보호구 관련 내용은 제외할 것) **(6점)**

> **화면 설명 ●** 화면에서 작업자는 면장갑을 착용하고 샌드페이퍼(사포)를 손으로 지지하며 작업하던 중 손이 말려 들어가는 장면을 보여준다.

**Answer & Explanation**

① 샌드페이퍼(사포)를 손으로 지지하였다. (손이 말려들 위험 있다.)
② 작업자가 면장갑을 착용하였다.
③ 위험점에(회전부) 덮개가 설치되지 않았다.

---

**02** [보기]의 기계·기구에 설치하여야 하는 방호장치명을 1가지씩 적으시오. **(6점)**

> **보기**
> (1) 컨베이어
> (2) 선반의 회전부
> (3) 연삭기

**Answer & Explanation**

(1) 컨베이어
　① 비상정지장치
　② 이탈 등의 방지장치
　③ 덮개 또는 울
(2) 선반의 회전부 : 척 커버
(3) 연삭기 : 덮개

> **참고하기**
> 
> • 선반의 방호장치
> ① 쉴드(Shield) : 칩 및 절삭유의 비산을 방지하기 위해 설치하는 **플라스틱 덮개**
> ② 칩 브레이커 : 칩을 짧게 절단하는 장치
> ③ 척 커버 : 기어(회전부) 등을 복개하는 장치
> ④ 브레이크 : 선반의 일시 정지장치

**03** 화면에서 보여주는 기계·기구의 작업 시작 전 관리감독자의 점검사항 3가지를 적으시오. (6점)

> 화면 설명 • 화면에서는 지게차를 보여준다.

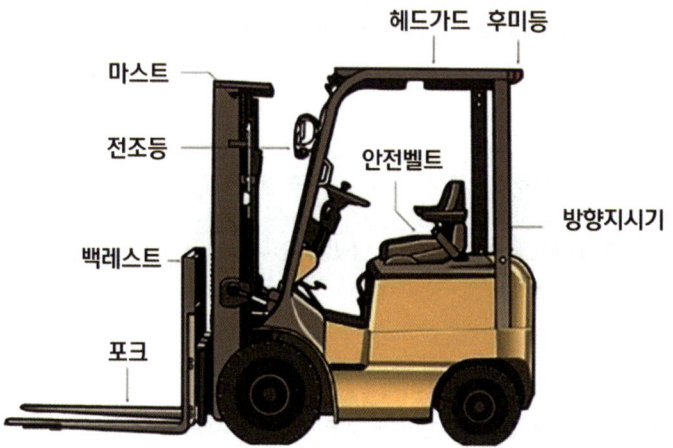

**Answer & Explanation**

> 지게차의 작업 시작 전 점검사항
> ① 제동장치, 조종장치의 이상 유무
> ② 하역장치, 유압장치의 이상 유무
> ③ 바퀴의 이상 유무
> ④ 전조등, 후미등, 방향지시기, 경보장치의 이상 유무

## 04
동영상에서 작업자는 드릴을 이용하여 각목에 구멍을 뚫는 작업을 하고 있다. 작업 시의 위험요인 2가지를 적으시오. (4점)

**화면 설명●** 작업자는 면장갑을 착용한 채 드릴로 각목에 구멍 뚫기 작업을 하고 있으며 각목이 고정되지 않아 드릴 작업 중 움직이는 장면을 보여준다.

그림 출처 : 안전보건공단

**Answer & Explanation**

① 각목을 바이스 등으로 고정하지 않았다.
② 면장갑을 착용하였다. (면장갑을 착용하여 손을 다칠 위험 있다.)
③ 보안경을 착용하지 않았다. (보안경을 착용하지 않아 눈을 다칠 위험 있다.)
④ 방진마스크를 착용하지 않았다. (방진마스크를 착용하지 않아 이물질 또는 칩이 호흡기로 들어갈 위험 있다.)

## 05
산업안전보건법에 의하여 밀폐공간에서 근로자가 종사할 때에는 밀폐공간 보건 작업 프로그램을 시행하여야 한다. 밀폐공간 작업 프로그램의 내용을 3가지 적으시오. (6점)

사진 출처 : 안전보건공단

**Answer & Explanation**

① 사업장 내 **밀폐공간의 위치 파악 및 관리 방안**
② 밀폐공간 내 질식·중독 등을 일으킬 수 있는 **유해·위험 요인의 파악 및 관리 방안**
③ 밀폐공간 작업 시 사전 확인이 필요한 사항에 대한 확인 절차
④ **안전보건교육 및 훈련**
⑤ 그 밖에 밀폐공간 작업 근로자의 건강장해 예방에 관한 사항

**암기법**

밀폐공간 위치 파악하고 유해위험요인 파악해서 관리방안 세우고 교육 훈련하자.

**06** 화면은 보일러에 두 개의 압력방출장치가 설치된 것을 보여준다. A, B 압력방출장치의 작동을 설명하시오. (단, A장치가 B보다 먼저 작동한다.) (4점)

**Answer & Explanation**

A : 최고사용압력 이하에서 작동
B : 최고사용압력의 1.05배 이하에서 작동

**07** 화면은 고온의 스팀배관을 보수하기 위해 누출 부위를 점검하는 장면을 보여준다. 예상되는 재해 발생형태를 적으시오. (4점)

그림 출처 : 안전보건공단 자료실

**Answer & Explanation**

이상온도 노출·접촉

**참고하기**

- 상해의 종류 : 화상

**08** 전주 위에서 전기작업을 하고 있다. 화면에서의 위험요인 3가지를 적으시오. (5점)

**화면 설명** ● U자 걸이용 안전대와 안전모를 착용한 작업자가 전주를 타고 올라가서 전주의 발판을 딛고 전기작업을 하고 있으며 C.O.S(컷아웃스위치)가 발판 옆에 걸쳐져 있다. 다른 작업자는 고소작업대에서 작업하고 있으며 안전대와 안전모를 착용하지 않고 일반 모자와 면장갑을 착용한 상태이다. 아래에는 신호수가 작업하는 모습을 올려다보고 있다.

사진 출처 : 매일노동뉴스

사진 출처 : 진 스카이차

**Answer & Explanation**

① 작업자가 안전대를 착용하지 않아 추락할 위험이 있다.(U자 걸이용 안전대 착용)
② 작업자가 안전모(절연모)와 절연장갑을 착용하지 않아 감전의 위험이 있다.
③ C.O.S(컷아웃스위치)를 발판 옆에 걸쳐놓아 오조작할 위험이 있다.

### 참고하기

- C.O.S(컷아웃스위치)
  배선의 인입점·분기점 등에 사용되는 스위치로 컷아웃스위치를 꺼버리면 해당 회로의 배선이 정전이 된다.(배선의 점검, 수리 시에 끄고 작업)

**09** 화면에서 작업자는 프레스의 금형을 교체하는 작업을 하고 있다. (1) 가해물을 적으시오. (2) 화면에서와 같은 장치의 부착, 해체, 조정 작업할 때 신체 일부가 위험점 내에서 슬라이드 불시 하강으로 인한 위험을 방지할 목적으로 설치하는 방호장치의 명칭을 적으시오. (4점)

**화면 설명**: 작업자는 금형을 해체하기 위해 금형의 볼트를 풀고 버튼을 누르니 슬라이드가 올라간다. 금형을 옮기던 중 금형을 놓치며 금형이 발에 떨어지는 사고를 당한다.

**Answer & Explanation**

(1) 가해물 : 금형
(2) 방호장치 : 안전블럭

## 2024. 2회 1부

# 산업안전기사

시험시간 : 1시간 정도

**01** 화면에서 작업자는 황산(유해 물질)을 취급하고 있다. 작업자는 맨손이며, 마스크를 미착용한 채로 황산을 비커에 따르는 작업을 하고 있다. 황산(유해 물질)이 체내에 유입될 수 있는 경로 3가지를 적으시오. (6점)

**Answer & Explanation**

① 호흡기
② 소화기
③ 피부 점막

**02** 산업안전보건법에 의하여 화학설비로서 가솔린이 남아 있는 화학설비(위험물을 저장하는 것으로 한정), 탱크로리, 드럼 등에 등유나 경유를 주입하는 작업을 하는 경우에는 미리 그 내부를 깨끗하게 씻어내고 가솔린의 증기를 불활성 가스로 바꾸는 등 안전한 상태로 되어 있는지를 확인한 후에 그 작업을 하여야 한다. 다만, 다음 각 호의 조치를 하는 경우에는 그러하지 아니하다. 괄호에 적합한 내용을 적으시오. (4점)

> **보기**
> (1) 등유나 경유를 주입하기 전에 탱크·드럼 등과 주입설비 사이에 접속선이나 접지선을 연결하여 ( ① )를 줄이도록 할 것
> (2) 등유나 경유를 주입하는 경우에는 그 액표면의 높이가 주입관의 선단의 높이를 넘을 때까지 주입속도를 초당 ( ② ) 이하로 할 것

**Answer & Explanation**

① 전위차   ② 1미터

## 03 산업안전보건법에 의한 동바리 조립 시의 안전조치에 관한 내용이다. 다음 물음에 답하시오. (4점)

(1) 설명에 해당하는 동바리의 유형을 적으시오.

> **보기**
>
> 규격화·부품화된 수직재, 수평재 및 가새재 등의 부재를 현장에서 조립하여 거푸집으로 지지하는 동바리 형식을 말한다.

(2) 괄호에 적합한 내용을 적으시오.

> **보기**
>
> 동바리 최상단과 최하단의 수직재와 받침철물은 서로 밀착되도록 설치하고 수직재와 받침철물의 연결부의 겹침길이는 받침철물 전체 길이의 (　　)이상이 되도록 할 것

### Answer & Explanation

(1) 시스템 동바리
(2) 3분의 1

### 참고하기

- 시스템 동바리 조립 시의 안전조치

  시스템 동바리 : 규격화·부품화된 수직재, 수평재 및 가새재 등의 부재를 현장에서 조립하여 거푸집으로 지지하는 동바리 형식을 말한다.

  ① **수평재는 수직재와 직각으로 설치해야** 하며, 흔들리지 않도록 견고하게 설치할 것
  ② **연결철물을 사용하여** 수직재를 견고하게 **연결**하고, 연결 부위가 탈락 또는 꺾어지지 않도록 할 것
  ③ 수직 및 수평하중에 의한 동바리의 구조적 안전성이 확보되도록 조립도에 따라 수직재 및 수평재에는 가새재를 견고하게 설치할 것
  ④ 동바리 최상단과 최하단의 **수직재와 받침철물은 서로 밀착되도록** 설치하고 수직재와 받침철물의 연결부의 겹침길이는 받침철물 전체 길이의 3분의 1 이상이 되도록 할 것

**04** 목재가공용 둥근톱 기계에 고정식 톱날접촉예방장치(덮개)를 설치하고자 한다. 괄호에 적합한 내용을 적으시오. (4점)

> **보기**
>
> 고정식 접촉예방장치는 톱날 등 분할 날에 대면하고 있는 부분 및 가공재의 상면에서 덮개 하단까지의 틈새가 ( ① )가 되도록 위치를 조절할 수 있고 덮개의 하단부와 테이블면 사이가 ( ② )의 간격을 유지할 수 있는 스토퍼를 설치해야 한다.

**Answer & Explanation**

① 8mm 이하
② 25mm 이하

**참고**하기

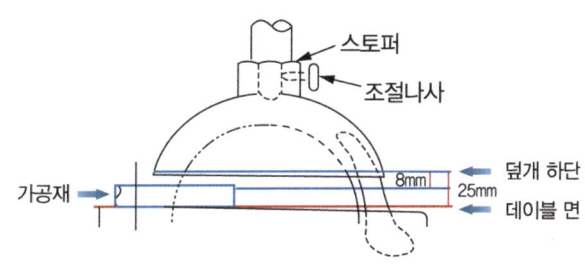

**05** 화면은 선박 탱크 내부의 슬러지 처리 작업을 보여준다. 작업 도중 한 작업자가 의식을 잃고 쓰러진다. 이러한 사고에 대비하여 비치하여야 하는 밀폐공간 작업 시에 필요한 기구 (비상시 피난 용구, 대피용 기구) 5가지를 적으시오. (5점)

**Answer & Explanation**

비상 시 피난용구
① 송기마스크 또는 공기호흡기
② 섬유로프
③ 사다리
④ 안전대
⑤ 구명밧줄

**06** 화면에서 작업자는 휴대용 연삭기로 연마작업을 하고 있다. 작업에 존재하는 (1) 불안전한 행동 3가지, (2) 작업 시의 안전대책 2가지, (3) 작업자가 미착용한 보호구 2가지를 적으시오. (6점)

> **화면 설명** · 작업자는 보안경을 미착용한 상태이며 면장갑을 착용하고 있다. 연삭기에는 덮개가 설치되어 있지 않으며, 숫돌의 측면으로 대리석을 연삭하던 중에 사고가 발생한다.

**Answer & Explanation**

(1) 불안전한 행동
① 연삭기에 덮개를 설치하지 않았다.
② 작업자가 보안경, 방진마스크, 귀마개를 착용하지 않았다.
③ 연삭기 측면을 사용하여 작업하였다.
④ 작업자가 면장갑을 착용하고 작업하였다.(면장갑을 착용한 경우만 해당)

(2) 작업 시의 안전대책
① 연삭기에 덮개 설치
② 작업자가 보안경, 방진마스크, 귀마개를 착용하고 작업한다.
③ 측면을 사용하는 것을 목적으로 제작된 연삭기 이외에는 측면 사용 금지
④ 작업시작 전 1분 이상, 숫돌 교체 시 3분 이상 시운전할 것

(3) 미착용한 보호구
① 보안경
② 방진마스크
③ 귀마개
④ 안전화(착용하지 않은 경우만 작성할 것)
※ 귀마개는 착용 여부 확인이 어려우므로 확인이 안 될 경우 보안경, 방진마스크만 작성

**07** 화면에서 작업자는 활선작업(충전전로에서의 전기작업) 중이다. 절연용 보호구의 종류 3가지를 적으시오. (6점)

**Answer & Explanation**

① 안전모(AE형, ABE형) 또는 절연모
② 절연장갑
③ 절연화

## 08
화면에서는 지게차 작업을 보여준다. 지게차의 작업시작 전 (안전관리자 또는 관리감독자의) 점검사항 3가지를 적으시오. (6점)

**Answer & Explanation**

① 제동장치, 조종장치의 이상 유무
② 하역장치, 유압장치의 이상 유무
③ 바퀴의 이상 유무
④ 전조등, 후미등, 방향지시기, 경보장치의 이상 유무

## 09
안전난간 설치 시 준수해야 할 사항에 대한 내용이다. 질문에 답하시오.
(단, 설치 범위와 단위를 포함하여 적을 것) (4점)

(1) 발 끝막이판의 높이는 얼마로 유지하여야 하는가?
(2) 난간대는 금속제 파이프 또는 이와 동등한 재료로서의 지름은 얼마로 하여야 하는가?

**Answer & Explanation**

(1) 발 끝막이판의 높이 : 바닥면 등으로부터 10cm 이상
(2) 난간대의 지름 : 2.7cm 이상

### 참고하기

안전난간의 구조 및 설치요건
① 상부 난간대, 중간 난간대, 발 끝막이판 및 난간기둥으로 구성할 것
② 상부 난간대
  - 상부 난간대는 바닥면 등으로부터 90센티미터 이상 지점에 설치
  - 상부 난간대를 120센티미터 이하에 설치하는 경우 : 중간 난간대는 상부 난간대와 바닥면 등의 중간에 설치
  - 120센티미터 이상 지점에 설치하는 경우 : 중간 난간대를 2단 이상으로 설치, 난간의 상하간격은 60센티미터 이하가 되도록 할 것(다만, 난간기둥 간의 간격이 25센티미터 이하인 경우에는 중간 난간대를 설치하지 않을 수 있다.)
③ 발끝막이판 : 바닥면 등으로 부터 10센티미터 이상의 높이를 유지할 것
④ 난간기둥 : 상부 난간대와 중간 난간대를 견고하게 떠받칠 수 있도록 적정한 간격을 유지할 것
⑤ 상부 난간대와 중간 난간대는 난간 길이 전체에 걸쳐 바닥면 등과 평행을 유지할 것
⑥ 난간대 : 지름 2.7센티미터 이상의 금속제 파이프나 그 이상의 강도가 있는 재료일 것
⑦ 안전난간은 구조적으로 가장 취약한 지점에서 가장 취약한 방향으로 작용하는 100킬로그램 이상의 하중에 견딜 수 있는 튼튼한 구조일 것

### 2024. 2회 2부

# 산업안전기사

시험시간 : 1시간 정도

**01** 화면에서는 전주에 이동식 사다리를 이용하여 작업하던 중 이동식 사다리가 넘어지며 작업자가 바닥으로 떨어지는 장면을 보여준다. (1) 기인물을 적으시오. (2) 가해물을 적으시오. (4점)

**Answer & Explanation**

(1) 기인물 : 이동식 사다리
(2) 가해물 : 바닥

**02** 동영상에서는 굴착기를 이용하여 거푸집을 인양하는 장면을 보여준다. 작업에서의 위험요인 2가지를 적으시오. (4점)

> 화면 설명 • 작업자 2명이 굴착기의 버킷에 로프를 연결하여 거푸집을 운반하고 있다. 거푸집을 바닥에 내려 놓으려고 할 때 버킷에서 로프가 풀리며 거푸집이 뒤로 넘어지고 작업자가 거푸집에 깔리는 사고가 난다.

사진 출처 : https://www.youtube.com/watch?v=F06OvsSOAP4

사진 출처 : https://ulsansafety.tistory.com/3662

### Answer & Explanation

① 화물 인양작업이 불가능한 굴착기로 인양하였다. (굴착기의 용도 외 사용)
② 작업반경 내 출입 금지 조치를 실시하지 않았다.
③ 작업지휘자를 배치하지 않았다.

#### 참고하기

- 굴착기를 사용하여 화물 인양작업을 할 수 있는 경우
  ① 굴착기의 퀵 커플러 또는 작업 장치에 달기구(훅, 걸쇠 등을 말한다)가 부착되어 있는 등 인양작업이 가능하도록 제작된 기계일 것
  ② 굴착기 제조사에서 정한 정격하중이 확인되는 굴착기를 사용할 것
  ③ 달기구에 해지장치가 사용되는 등 작업 중 인양물의 낙하 우려가 없을 것

주의 반드시 동영상을 확인하고 답을 적으세요.

**03** 화면에서 작업자는 가스용접 작업을 하고 있다. (1) 작업에서의 불안전한 행동 및 상태(위험요인) 2가지를 적으시오. (2) 안전작업 대책 2가지를 적으시오. (6점)

> **화면 설명** ● 작업자는 맨 얼굴과 면장갑을 끼고 용접작업 중이며, 용접 중 줄이 짧아 줄을 잡아당기는 순간 호스가 뽑히며 산소가 누설되어 불꽃이 튄다. 산소 용기가 눕혀져 있으며 작업장 바닥에는 철판 등이 어지럽게 놓여있다. 작업장 바닥에는 철판 등이 어지럽게 놓여있다.

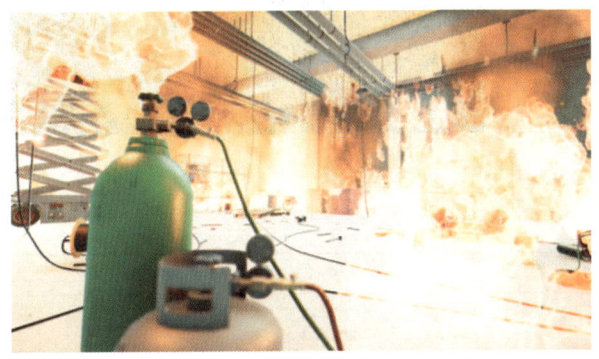

사진 출처 : 안전보건공단

### Answer & Explanation

(1) 작업 시의 위험요인
① 산소 용기를 눕혀서 사용하여 위험하다. (용기 밸브 등의 파손 위험 있다.)
② 호스의 접속부에 조임 기구를 사용하여 가스 누출을 방지하여야 하나 **사용하지 않아** 호스가 뽑히며 가스가 누설되었다. (가스 누설로 인한 화재, 폭발 위험 있다.)
③ 작업자가 보호구를 착용하지 않았다. (용접용 보안면, 안전장갑을 착용하지 않아 화상 위험이 있다.)
④ 주변 정리 정돈 불량으로(가연성 물질과의 접촉에 의한 화재, 폭발 및 걸려 넘어짐 등) 인한 사고 발생 위험 있다.

(2) 안전 작업 대책
① 산소용기는 세워서 사용한다.
② 호스의 접속부에 조임 기구를 사용하여 가스가 누출되지 않도록 조임을 철저히 한다.
③ 작업자는 용접용 보안면, 안전장갑을 착용하고 작업한다.
④ 주변 정리 정돈을 철저히 한다.

### 참고하기

그림 출처 : 만화로 보는 안전보건기준에 관한 규칙
사진 출처 : https://m.blog.naver.com/tinki8/221023765847

## 04
터널 등의 건설작업을 하는 경우 낙반 등에 의한 위험이 있을 때 위험방지조치 3가지를 적으시오. (5점)

**Answer & Explanation**

① 터널지보공 설치
② 록볼트의 설치
③ 부석의 제거

## 05
화면에서 작업자는 크랭크 프레스로 철판에 구멍을 뚫는 작업을 하고 있다. 프레스의 작업 시작 전 사업주가 관리감독자로 하여금 점검하도록 해야 하는 사항(작업 시작 전 점검사항) 3가지를 적으시오. (6점)

**Answer & Explanation**

① 클러치 및 브레이크 기능
② 크랭크축·플라이 휠·슬라이드·연결 봉 및 연결 나사의 볼트 풀림 유무
③ 1행정 1정지 기구·급정지 장치 및 비상 정지 장치의 기능
④ 슬라이드 또는 칼날에 의한 위험 방지 기구의 기능
⑤ 프레스의 금형 및 고정 볼트 상태
⑥ 당해 방호 장치의 기능
⑦ 전단기의 칼날 및 테이블의 상태

## 06
화면에서 작업자는 전주에 올라가다가 표지판에 부딪히며 추락하는 사고가 발생하였다. (1) 재해 발생형태를 적으시오. (2) 화면에서와 같은 작업에서 작업자가 착용하여야 하는 안전모의 종류를 적으시오. (6점)

**Answer & Explanation**

(1) 재해 발생형태 : 떨어짐
(2) 작업자가 착용하여야 하는 안전모 : ABE형

### 참고하기

• 안전인증대상 안전모의 종류와 기능

| 종류 | 기능 |
|---|---|
| AB | 물체의 낙하 또는 날아옴 및 추락에 의한 위험을 방지 또는 경감하기 위한 것 |
| AE | 물체의 낙하 또는 날아옴에 의한 위험을 방지 또는 경감하고, 머리 부위 감전에 의한 위험을 방지하기 위한 것 |
| ABE | 물체의 낙하 또는 날아옴 및 추락에 의한 위험을 방지 또는 경감하고, 머리 부위 감전에 의한 위험을 방지하기 위한 것 |

## 07
화면에서 작업자는 휴대용 연삭기로 연삭작업을 하고 있다. 이 작업에서 사용하는 휴대용 연삭기의 (1) 방호장치명 (2) 방호장치(덮개) 설치각도를 적으시오. (4점)

**Answer & Explanation**

(1) 방호장치명 : 덮개
(2) 방호장치 설치각도 : 덮개 설치각도 180도 이상(숫돌 노출각도 : 180도 이내)

### 참고하기

1. 방호장치 자율안전 확인 고시
   휴대용, 원통형, 센터리스 연삭기의 숫돌 노출각도 : 180° 이내

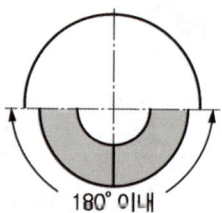
180° 이내

2. 위험기계·기구 자율안전 확인 고시

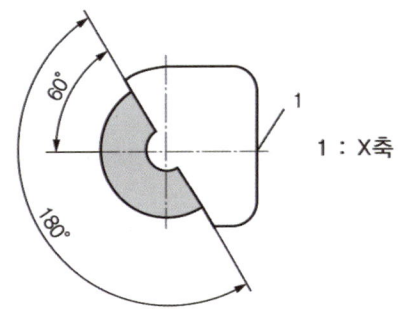

[원통 외면연삭기 및 센터리스 연삭기 방호가드]

**08** 화면에서 작업자는 흙막이 지보공(또는 터널 지보공) 설치작업을 하고 있다. (1) 흙막이 지보공 설치 목적을 적고 (2) 설치 후 정기적 점검사항 3가지를 적으시오. (6점)

| 흙막이 지보공 | 터널 지보공 |
|---|---|
|  |  |
| 사진 출처 : 테크비전 | 사진 출처 : 대영구조기술단 |

### Answer & Explanation

(1) 설치 목적
  굴착작업에 있어서 토사의 붕괴 또는 토석의 낙하에 의하여 근로자에게 위험을 미칠 우려가 있을 때 굴착면이 붕괴되지 않도록 하기 위하여 설치한다.

(2) 점검 사항
  ① 부재의 손상·변형·부식·변위 및 탈락의 유무와 상태
  ② 버팀대의 긴압의 정도
  ③ 부재의 접속부·부착부 및 교차부의 상태
  ④ 침하의 정도

**09** 동영상에서는 말비계를 보여준다. 말비계의 조립 시 준수사항에 관한 내용 중 괄호 안에 적합한 내용을 적으시오. (4점)

> **보기**
>
> 1. 지주부재의 하단에는 미끄럼 방지장치를 하고, 양측 끝부분에 올라서서 작업하지 아니하도록 할 것
> 2. 지주부재와 수평면과의 기울기를 ( ① )도 이하로 하고, 지주부재와 지주부재 사이를 고정시키는 ( ② )를 설치할 것
> 3. 말비계의 높이가 2미터를 초과할 경우에는 작업발판의 폭을 40센티미터 이상으로 할 것

**Answer & Explanation**

① 75
② 보조부재

**참고하기**

• 말비계

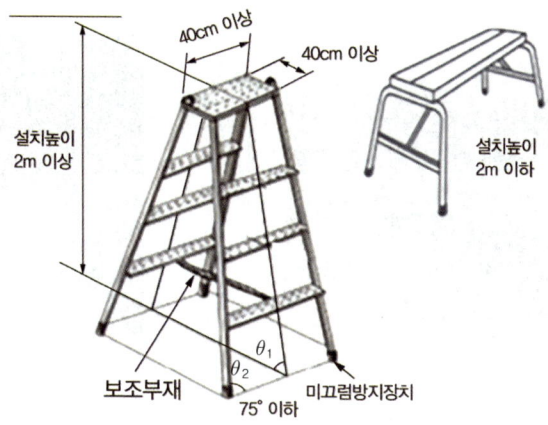

사진 출처 : 안전보건공단, "비계·작업발판 재해예방을 위한 작업 전 안전점검"

## 2024. 2회 3부

# 산업안전기사

시험시간 : 1시간 정도

**암기형**

**01** 물체를 인양 중 떨어뜨려 지나가던 작업자가 맞아 재해가 발생하였다. (1) 재해 발생형태와 (2) 재해 발생형태의 정의를 적으시오. (5점)

**화면 설명 •** 작업자가 천막 뭉치를 로프로 묶어 안전난간에 걸쳐서 올리던 중 천막 뭉치가 떨어지며 아래를 지나가던 작업자가 맞는 사고가 난다.

**Answer & Explanation**

(1) 재해 발생형태 : 맞음
(2) 재해 발생형태의 정의
  - 날아오거나 떨어진 물체에 맞음
  - 고정되어 있던 물체가 고정부에서 이탈하거나 또는 설비 등으로부터 물질이 분출되어 사람을 가해하는 경우

**02** 동영상에서 작업자는 혼자 피복아크 용접을 하고 있다. 작업에 존재하는 불안전한 행동 및 상태(위험요인) 3가지를 적으시오. (6점)

**화면 설명 •** 주변에는 인화성 물질로 보이는 드럼통이 놓여있고 바닥은 정리정돈이 안된 상태이며 용접불꽃이 주변으로 튀는 장면을 보여준다. 작업자는 용접용 보안면, 가죽장갑, 용접용 앞치마를 착용한 상태이다.

**Answer & Explanation**

① 인근 가연성 물질에 대한 방호조치를 하지 않아 화재의 위험 있다.
② 용접불티 비산방지덮개, 용접방화포 등 불꽃, 불티 등 비산 방지 조치를 하지 않았다. (화재의 위험 있다.)
③ 용접 흄, 용접 시 발생되는 유해가스 제거를 위한 환기를 실시하지 않았다.
④ 작업장소 인근에 소화기가 비치되지 않았다. (소화기가 비치되지 않은 경우만 해당)

## 03

화면은 이동식 크레인에 의한 작업을 보여준다. 다음 설명에 해당하는 이동식 크레인의 방호장치의 명칭을 적으시오. (6점)

> **보기**
> (1) 권상용 와이어로프가 지나치게 감겨서 근로자가 위험해질 상황을 방지하기 위한 장치(인양용 와이어로프가 일정한계 이상 감기게 되면 자동적으로 동력을 차단하고 작동을 정지시키는 장치)
> (2) 와이어로프 등이 훅으로부터 벗겨지는 것을 방지하기 위한 장치
> (3) 이동식 크레인의 전도 사고를 방지하기 위하여 장비의 측면에 부착하는 장치

**Answer & Explanation**

① 권과방지장치
② 훅의 해지장치
③ 아웃트리거

**참고하기**

- 과부하방지장치
  정격하중 이상의 하중이 부하되었을 때 자동적으로 상승이 정지되면서 경보음을 발생하는 장치

## 04

(1) 고열의 정의를 적으시오. (2) 다량의 고열물체를 취급하거나 심히 더운 장소에서 작업하는 근로자에게 착용해야 할 보호구의 명칭을 1가지 적으시오. (4점)

**Answer & Explanation**

(1) 고열의 정의 : 열에 의하여 근로자에게 열경련·열탈진 또는 열사병 등의 건강장해를 유발할 수 있는 더운 온도를 말한다.
(2) 보호구의 명칭 : ① 방열장갑  ② 방열복

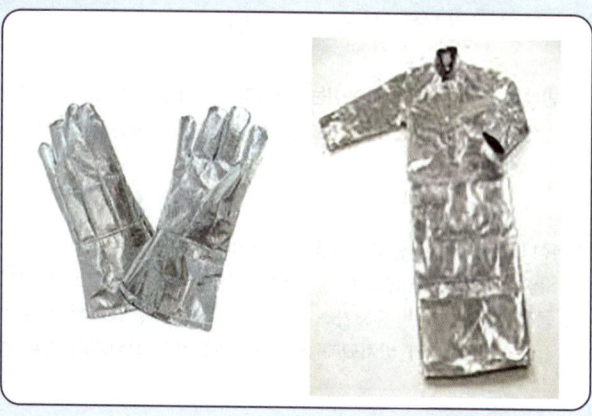

> 📌 **참고하기**
>
> 사업주는 다음 각 호의 어느 하나에서 정하는 바에 따라 근로자에게 적절한 보호구를 지급하고, 이를 착용하도록 하여야 한다.
>
> 1. 다량의 고열물체를 취급하거나 매우 더운 장소에서 작업하는 근로자 : **방열장갑과 방열복**
> 2. 다량의 저온물체를 취급하거나 현저히 추운 장소에서 작업하는 근로자 : **방한모, 방한화, 방한장갑 및 방한복**

### 암기형

**05** 화면에서는 유해·화학물질 취급작업을 보여준다. 물음에 답하시오. (6점)

(1) 작업자가 화학물질이 담긴 용기의 뚜껑을 열고 냄새를 맡는다. 이때 화학물질이 인체에 유입되는 경로(직업성 질환이 발생 될 수 있는 경로) 3가지를 적으시오.

(2) 화학물질이 담긴 용기에 화학물질의 특성 등을 표시하여 화학물질의 유해·위험을 알리기 위하여 작성하는 자료의 명칭을 적으시오. (단, 명칭을 정확히 적을 것)

**Answer & Explanation**

(1) 화학물질이 인체에 유입되는 경로(직업성 질환이 발생 될 수 있는 경로)
   ① 호흡기
   ② 소화기
   ③ 피부점막

(2) 물질안전보건자료(MSDS)

**06** 화면에서 작업자는 폭발성 물질 저장소에 들어가기 위해 신발에 물을 묻히고 있다. (1) 그 이유를 설명하시오. (2) 폭발성 물질 화재 시 적합한 소화 방법을 적으시오. (4점)

> **화면 설명 ▸** 작업자가 '위험물'이라 적힌 작업장에 들어서며 신발에 물을 묻히는 장면을 보여준다. 다른 화면에서 작업자가 바닥에 가루가 떨어져 있는 작업장에서 조금 미끄러지는 순간 신발에서 불꽃이 발생하는 모습을 보여준다.

**Answer & Explanation**

(1) 이유 : 신발과 바닥 사이의 **정전기로 인한 폭발 방지**
(2) 소화 방법 : 다량의 주수에 의한 **냉각 소화**

**07** 화면을 보고 물음에 답하시오. (1) 화면의 작업에서 사용하는 장치의 명칭을 적으시오. (2) 화면에서 보여주는 장치의 숫돌 노출 각도를 적으시오. (4점)

> 화면 설명 • 화면에서 작업자는 휴대용 연삭기로 작업하는 장면을 보여 준다.

사진 출처 : 11번가

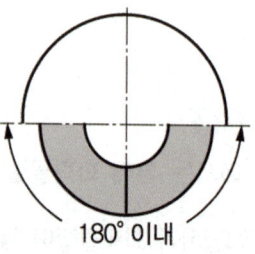

사진 출처 : 안전보건공단

**Answer & Explanation**

(1) 장치의 명칭 : 휴대용 연삭기
(2) 숫돌 노출 각도 : 180도 이내

---

**08** 화면에서 작업자는 인화성 물질 저장창고에서 작업을 하고 있다. 화면에서의 폭발사고를 방지하기 위한 대책(인체에 대전된 정전기에 의한 화재·폭발을 예방하기 위한 대책)을 3가지 적으시오. (단, 작업시설에 관련된 내용은 무시하고 작업장 및 작업자 관련 내용만 작성할 것) (6점)

> 화면 설명 • 인화성 물질이 든 드럼통을 들고 들어온 작업자가 윗옷을 벗음과 동시에 폭발사고가 발생한다. 작업자는 운동화와 작업복을 착용한 상태이다.

**Answer & Explanation**

① 정전기용 안전화 착용
② 제전복 착용
③ 정전기 제전용구 사용
④ 작업장 바닥에 도전성을 갖출 것

## 09 화면에서 보여주는 장치에 관한 설명이다. 괄호에 적합한 내용을 적으시오. (4점)

**화면 설명 •** 화면에서는 고소작업대를 이용한 작업을 보여준다.

> **보기**
> (1) 작업대에 정격하중 [안전율 ( ① ) 이상]을 표시할 것
> (2) 작업대에 끼임·충돌 등 재해를 예방하기 위한 가드 또는 ( ② )를 설치할 것

사진 출처 : ulsansafety

**Answer & Explanation**

① 5
② 과상승 방지장치

**참고하기**

**고소작업대를 설치하는 때에는 다음 각 호에 해당하는 것을 설치하여야 한다**

① 작업대를 와이어로프 또는 체인으로 상승 또는 하강시킬 때에는 와이어로프 또는 체인이 끊어져 작업대가 낙하하지 아니하는 구조이어야 하며, **와이어로프 또는 체인의 안전율은 5 이상**일 것
② 작업대를 유압에 의하여 상승 또는 하강시킬 때에는 작업대를 일정한 위치에 유지할 수 있는 장치를 갖추고 **압력의 이상 저하를 방지할 수 있는 구조**일 것
③ 권과방지장치를 갖추거나 압력의 이상 상승을 방지할 수 있는 구조일 것
④ 붐의 최대 지면경사각을 초과 운전하여 전도되지 않도록 할 것
⑤ 작업대에 **정격하중(안전율 5 이상)을 표시**할 것
⑥ 작업대에 끼임·충돌 등 재해를 예방하기 위한 가드 또는 **과상승 방지장치를 설치**할 것
⑦ **조작반의 스위치**는 눈으로 확인할 수 있도록 **명칭 및 방향 표시를 유지**할 것

# 산업안전기사

2024. 3회 1부

시험시간 : 1시간 정도

**01** 화면에서 작업자는 비커에 담긴 황산을 집게로 집어 다른 기구로 옮기던 중 기구가 깨지며 황산이 튀는 사고가 발생하였다. (1) 이 사고의 재해 발생형태와 (2) 재해 발생형태의 정의를 적으시오. (4점)

**Answer & Explanation**

(1) 재해 발생형태 : 유해·위험물질 노출·접촉
(2) 정의 : 유해·위험물질에 노출·접촉 또는 흡입하였거나 독성동물에 쏘이거나 물린 경우

**02** 화면에서 작업자는 작업 중 고장 난 양수기를 수리하고 있다. 위험요인 3가지를 적으시오. (6점)

화면 설명 • 전원을 차단하지 않고 양수기를 수리하고 있으며 동료와 잡담을 나누며 수공구를 던져주는 장면이 보인다. 수리 중 벨트에 손이 말려드는 사고가 발생한다.

그림 출처 : 제주환경일보

**Answer & Explanation**

① 전원을 차단하지 않고 수리하여 손을 다칠 위험 있다.
② 작업에 집중하지 않아 손을 다칠 위험 있다.
③ 던져주던 수공구가 양수기에 말려들어갈 위험 있다.

**03** 화면에서 작업자는 크랭크 프레스로 철판에 구멍을 뚫는 작업을 하고 있다. 사용하고 있는 크랭크 프레스에 급정지 기구가 부착되어 있지 않다. 이 프레스에 설치하여 사용할 수 있는 방호장치를 3가지 적으시오. (6점)

**Answer & Explanation**

① 손쳐내기식(방호장치)
② 수인식(방호장치)
③ 게이트가드식(방호장치)

**04** 중량물의 취급 작업 시에는 산업안전보건법에 의하여 작업계획서를 작성하여야 한다. [보기]의 괄호에 적합한 내용을 적으시오. (5점)

> **보기**
> 중량물 취급 작업의 작업계획서에는 (   ), (   ), (   ) 등의 위험을 예방할 수 있는 안전대책을 포함하여야 한다.

**Answer & Explanation**

추락, 낙하, 전도, 협착, 붕괴

**참고하기**

- 중량물 취급 작업의 작업계획서 포함사항
  ① 추락위험을 예방할 수 있는 안전대책
  ② 낙하위험을 예방할 수 있는 안전대책
  ③ 전도위험을 예방할 수 있는 안전대책
  ④ 협착위험을 예방할 수 있는 안전대책
  ⑤ 붕괴위험을 예방할 수 있는 안전대책

**05** 화면에서는 압쇄기로 아파트를 해체하는 장면을 보여준다. 압쇄기 사용 시의 준수사항 3가지를 적으시오. (6점)

사진 출처 : 신아그룹

**Answer & Explanation**

① 압쇄기의 중량, 작업 충격을 사전에 고려하고, 차체 **지지력을** 초과하는 중량의 압쇄기 부착을 금지하여야 한다.
② 압쇄기 부착과 해체에는 경험이 많은 사람으로서 선임된 자에 한하여 실시한다.
③ 압쇄기 연결 구조부는 보수 점검을 수시로 하여야 한다.
④ 배관 접속부의 핀, 볼트 등 연결 구조의 안전 여부를 점검하여야 한다.
⑤ **절단 날은** 마모가 심하기 때문에 적절히 교환하여야 하며 교환 대체품목을 항상 비치하여야 한다.

**주의** '압쇄기 사용공법의 준수사항'을 적으라는 경우는 '참고' 내용을 적으세요!

### 참고하기

| 해체공사 안전일반 | 압쇄기 사용공법의 준수사항 |
|---|---|
| ① **작업구역 내에는 관계자 이외의 자에 대하여 출입을 통제**하여야 한다.<br>② 강풍, 폭우, 폭설 등 악천후 시에는 작업을 중지하여야 한다.<br>③ 사용 기계 기구 등을 인양하거나 내릴 때에는 그물망이나 그물 포대 등을 사용토록 하여야 한다.<br>④ 외벽과 기둥 등을 전도시키는 작업을 할 경우에는 전도 낙하 위치 검토 및 **파편 비산거리 등을 예측하여 작업반경을 설정**하여야 한다.<br>⑤ 전도 작업를 수행할 때에는 작업자 이외의 다른 작업자는 대피시키도록 하고 완전 대피 상태를 확인한 다음 전도시키도록 하여야 한다.<br>⑥ 해체 건물 외곽에 **방호용 비계를 설치하여야 하며 해체물의 전도, 낙하, 비산의 안전거리를 유지**하여야 한다. | ① 항시 중기의 안전성을 확인하고 중기침하로 인한 위험을 사전 제거토록 조치하여야 하며 중기 작업구조의 지반다짐을 확인하고 편평도는 1/100 이내이어야 한다.<br>② 중기의 작업가능 높이보다 높은 부분 해체 시에는 해체물을 깔고 올라가 작업을 하고, 이 때에는 중기전도로 인한 사고가 발생되지 않도록 조치하여야 한다<br>③ 중기 운전자는 경험이 풍부한 자격 소유자이어야 한다.<br>④ 중기 작업반경 내와 **해체물의 낙하가 예상되는 지역에 대하여는 출입을 제한**하여야 한다.<br>⑤ 해체작업 중 발생되는 분진의 비산을 막기 위해 살수할 경우에는 살수 작업자와 중기운전자는 서로 상황을 확인하여야 한다. |

⑦ 파쇄공법의 특성에 따라 **방진벽, 비산 차단벽, 분진 억제 살수시설을 설치**하여야 한다.
⑧ **작업자 상호 간의 적정한 신호 규정을 준수**하고 신호방식 및 신호기기 사용법은 사전교육에 의해 숙지되어야 한다.
⑨ **적정한 위치에 대피소를 설치**하여야 한다.

⑥ 외벽을 해체할 때에는 비계철거 작업자와 서로 연락하여야 하고 벽과 연결된 비계는 외벽해체 직전에 철거하여야 한다.
⑦ 상층 부분의 보와 기둥, 벽체를 해체할 경우는 해체물이 비산, 낙하할 위험이 있으므로 해체구조 바로 아래층에 **수평 낙하물 방호책을 설치해서 해체물이 비산, 낙하되지 않도록** 하여야 한다.
⑧ 높은 곳에서 가스로 철근을 절단할 경우에는 항시 안전대 부착설비를 하고 안전대를 착용하여야 한다.
⑨ 압쇄기에 의한 파쇄작업순서는 슬라브, 보, 벽체, 기둥의 순서로 해체하여야 한다.

## 06
화면에서 작업자는 에어배관 점검을 하던 중 눈 재해를 당하였다. 사고원인 2가지를 적으시오. (안전모, 안전장갑은 착용한 상태) (4점)

**Answer & Explanation**

① 배관 내 잔압을 제거하지 않고 배관을 점검하였다.
② 배관 점검 시 남은 압력이 빠진 것을 확인하지 않았다.
③ 배관 점검 시 주 밸브를 잠그지 않았다.(동영상에서 밸브를 잠그지 않은 경우만 해당)
④ 보안경을 착용하지 않았다.

## 07
[보기]는 보일러의 압력방출장치 설치에 관한 내용이다. 괄호 안에 적합한 내용을 적으시오. (4점)

> **보기**
>
> 압력방출장치를 1개 또는 2개 이상 설치하고 ( ① ) 이하에서 작동되도록 하여야 한다. 다만, 압력방출장치가 2개 이상 설치된 경우에는 최고사용압력 이하에서 1개가 작동되고, 다른 압력방출장치는 최고사용압력의 ( ② )배 이하에서 작동되도록 부착하여야 한다.

**Answer & Explanation**

① 최고사용압력  ② 1.05배

## 08

화면에서는 이동식 크레인 작업을 보여준다. 화면에서 보여주는 양중기를 사용하여 작업할 때 관리감독자로 하여금 작업 시작 전에 점검하도록 하여야 하는 사항 3가지를 적으시오. (6점)

**Answer & Explanation**

① 권과방지장치나 그 밖의 경보장치의 기능
② 브레이크 · 클러치 및 조정장치의 기능
③ 와이어로프가 통하고 있는 곳 및 작업장소의 지반상태

**참고하기**

| | |
|---|---|
| 크레인 | ① 권과방지장치·브레이크·클러치 및 운전장치의 기능<br>② 주행로의 상측 및 트롤리가 횡행(橫行)하는 레일의 상태<br>③ 와이어로프가 통하고 있는 곳의 상태 |
| 이동식 크레인 | ① 권과방지장치 그 밖의 경보장치의 기능<br>② 브레이크·클러치 및 조정장치의 기능<br>③ 와이어로프가 통하고 있는 곳 및 작업장소의 지반상태 |
| 리프트 | ① 방호장치·브레이크 및 클러치의 기능<br>② 와이어로프가 통하고 있는 곳의 상태 |
| 곤돌라 | ① 방호장치·브레이크의 기능<br>② 와이어로프·슬링와이어 등의 상태 |

## 09

[보기]는 충전전로에서 전기 작업을 하는 경우의 조치사항에 관한 내용이다. 괄호에 적합한 내용을 적으시오. (4점)

**화면 설명** • 이동식 비계는 충전전로 부근에 설치되어 있으며 바퀴가 고정되지 않은 상태이다. 작업자는 안전대를 착용하고 비계에 고정 후 작업하고 있다. 비계에 안전난간은 설치되어 있다.

**보기**

- 충전전로를 취급하는 근로자에게 그 작업에 적합한 ( ① )를 착용시킬 것
- 충전전로에 근접한 장소에서 전기작업을 하는 경우에는 해당 전압에 적합한 ( ② )를 설치할 것. 다만, 저압인 경우에는 해당 전기작업자가 ( ① )를 착용하되, 충선선로에 접촉할 우려가 없는 경우에는 ( ② )를 설치하지 아니할 수 있다.

**Answer & Explanation**

① 절연용 보호구  ② 절연용 방호구

## 2024. 3회 2부

# 산업안전기사

시험시간 : 1시간 정도

---

**01** 화면에서는 화학설비 공장에서 높이 설치된 굴뚝의 모습을 보여준다. (1) 플레어 시스템 중 소각탑으로 스택 지지대, 플레어 팁, 파이롯 버너 및 점화장치 등으로 구성된 설비 일체를 무엇이라 하는가? (2) 플레어 시스템의 설치 목적을 구체적으로 적으시오. (4점)

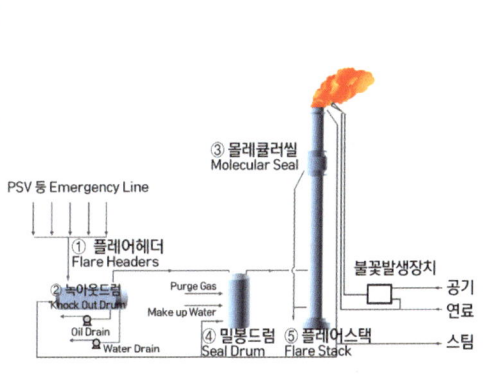

### Answer & Explanation

(1) 플레어스택
(2) 안전밸브 등에서 배출되는 위험 물질을 안전하게 연소 처리하여 배출(대기 중으로 방출)하기 위하여 설치한다.

## 02 밀폐공간의 적정 공기 수준에 관한 내용이다. [보기]의 ( )에 적합한 숫자를 적으시오. (5점)

> **보기**
> 적정한 공기라 함은 산소농도의 범위가 ( ① )% 이상 ( ② )% 미만, 탄산가스의 농도가 ( ③ )% 미만, 일산화탄소의 농도가 ( ④ )ppm 미만, 황화수소의 농도가 ( ⑤ )ppm 미만인 수준의 공기를 말한다.

**Answer & Explanation**

① 18  ② 23.5  ③ 1.5  ④ 30  ⑤ 10

## 03 화면에서는 크레인을 이용하여 활선전로에 인접하여 전주 세우기 작업을 하고 있다. 전주 세우기 작업 중 전주가 조금 돌아가며 인접전로에 접촉하여 스파크가 발생한다. 이 사고의 직접 원인을 2가지 적으시오. (4점)

**Answer & Explanation**

① 크레인의 이격거리 미준수로 인접 활선전로와 접촉
② 활선전로에 절연용 방호구 미설치

> **주의** 동영상 화면을 반드시 확인하세요.
> 화면에서 크레인이 전로와 접촉한 경우는 "인접 활선전로와 접촉"
> 크레인이 전로와 떨어져 작업하였으나 감전되었다면 "크레인 이격거리 미준수로 인한 유도전류에 의한 감전"이 답이 됩니다.

## 04 산업안전보건법에 의하여 근로자가 노출된 충전부 또는 그 부근에서 작업함으로써 감전될 우려가 있는 경우에는 작업에 들어가기 전에 해당 전로를 차단하여야 한다. 전로를 차단하지 않아도 되는 경우(정전작업을 하지 않아도 되는 경우) 3가지를 적으시오. (6점)

**Answer & Explanation**

① 생명유지 장치, 비상경보설비, 폭발위험장소의 환기설비, 비상조명설비 등의 장치·설비의 가동이 중지되어 사고의 위험이 증가되는 경우
② 기기의 설계상 또는 작동상 제한으로 전로 차단이 불가능한 경우
③ 감전, 아크 등으로 인한 화상, 화재·폭발의 위험이 없는 것으로 확인된 경우

**05** 화면에서 작업자는 크랭크 프레스로 철판에 구멍을 뚫는 작업을 하고 있다. 사용하고 있는 크랭크 프레스에 급정지 기구가 부착되어 있지 않다. 이 프레스에 설치하여 사용할 수 있는 방호장치를 3가지 적으시오. (4점)

**Answer & Explanation**

① 손쳐내기식(방호장치)
② 수인식(방호장치)
③ 게이트가드식(방호장치)

**06** 교량 점검 작업 중 근로자 추락사고가 발생하였다. 추락사고에 대한 작업자의 불안전한 행동 및 상태를 3가지 적으시오. (단, 주변 정리정돈은 제외할 것) (6점)

**화면 설명** • 작업자는 부실한 작업발판 위에서 교량 하부를 점검하는 중이다. 추락방호망도 설치되지 않았으며 주변 정리정돈도 불량한 상태이다. 안전난간 대신 로프가 난간 역할을 하고 있으며 작업자가 로프로 된 난간 쪽으로 기대는 순간 로프 줄이 늘어지며 추락한다.

**Answer & Explanation**

① 안전대 미착용
② 추락방호망 미설치(또는 불량)
③ 안전난간 미설치(또는 불량)
④ 작업발판 미설치(또는 불량)

**07** 화면을 보고 지게차 주행 작업 중 우려되는 사고를 예방하기 위한 대책 2가지를 적으시오. (단, 주변 정리정돈 불량 및 작업지휘자 배치는 제외할 것) (4점)

**화면 설명** • 지게차 포크에 화물을 2단으로 적재하고 로프로 고정하지 않아 맨 위의 화물이 흔들리며 운행하던 중 지나가던 다른 작업자가 화물에 맞는 사고가 발생한다.

**Answer & Explanation**

① 화물이 한쪽으로 치우치지 않도록 적재하고 최대하중 이하로 적재한다.
  (화물이 무너질 우려가 있는 경우 밧줄로 묶는 등 안전 조치한다.)
② 운전자 시야를 가리지 않도록 화물을 적재한다.
③ 유도자를 배치하여 지게차를 유도한다.
④ 지게차 운행 경로에 작업자 출입금지 조치를 한다.

## 08
보호구 안전인증 고시에 의한 방독마스크의 성능시험 종류를 3가지 적으시오. (6점)

**Answer & Explanation**

① 안면부 흡기 저항 시험
② 정화통의 제독 능력 시험
③ 안면부 배기 저항 시험
④ 안면부 누설률 시험
⑤ 배기밸브 작동 시험
⑥ 시야 시험
⑦ 강도, 신장률 및 영구 변형률 시험
⑧ 불연성 시험
⑨ 음성 전달판 시험
⑩ 투시부의 내충격성 시험
⑪ 정화통 질량 시험
⑫ 정화통 호흡 저항 시험
⑬ 안면부 내부의 이산화탄소농도 시험

## 09
화면에서 작업자는 가스용접 작업을 하고 있다. 작업에서의 불안전한 행동 및 상태(위험요인) 3가지를 적으시오. (6점)

**화면 설명 •** 작업자는 맨 얼굴과 면장갑을 끼고 용접작업 중이며, 용접 중 줄이 짧아 줄을 잡아당기는 순간 호스가 뽑히며 산소가 누설되어 불꽃이 튄다. 산소 용기가 눕혀져 있으며 작업장 바닥에는 철판 등이 어지럽게 놓여있다.

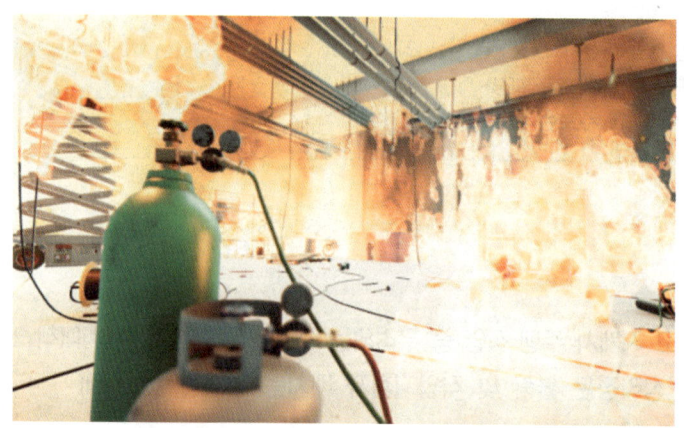

사진 출처 : 안전보건공단

**Answer & Explanation**

① 산소용기를 눕혀서 사용하여 위험하다. (용기 밸브 등의 파손 위험 있다.)
② 호스의 접속부에 조임 기구를 사용하여 가스 누출을 방지하여야 하나 사용하지 않아 호스가 뽑히며 가스가 누설되었다. (가스 누설로 인한 화재, 폭발 위험 있다.)
③ 작업자가 보호구를 착용하지 않았다. (용접용 보안면, 안전장갑을 착용하지 않아 화상 위험이 있다.)
④ 주변 정리 정돈 불량으로 (가연성 물질과의 접촉에 의한 화재, 폭발 및 걸려 넘어짐 등) 인한 사고 발생 위험 있다.

## 참고하기

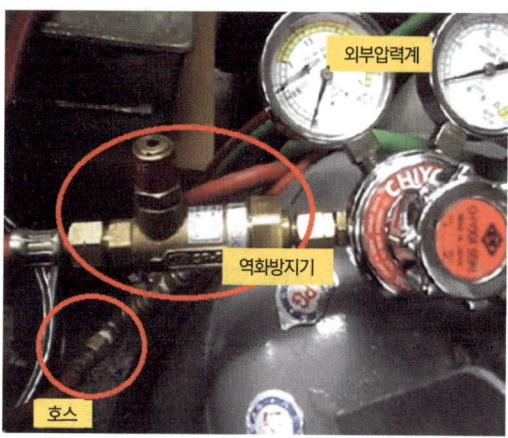

그림 출처 : 만화로 보는 안전보건기준에 관한 규칙
사진 출처 : https://m.blog.naver.com/tinki8/221023765847

## 2024. 3회 3부

# 산업안전기사

시험시간 : 1시간 정도

**01** 화면에서 작업자는 버스 정비작업을 하고 있다. 작업자가 버스 아래에 들어가 정비작업을 하는 경우의 안전조치사항 3가지를 적으시오. (6점)
(단, 작업지휘자 배치와 보호구 착용은 제외할 것)

> **화면 설명** ● 작업자가 버스 아래에 들어가 정비작업을 하는 중에 다른 작업자가 시동을 걸어 정비 작업 중이던 근로자가 다치는 사고가 난다.

**Answer & Explanation**

① 버스 시동장치에 잠금장치를 한다.
② 열쇠를 뽑아 별도 관리한다.
③ "정비 중" 표지판을 설치한다.
④ 안전블럭 또는 안전지주를 설치하고 작업한다.

**02** 산업안전보건법에 의하여 사업주는 용융(鎔融)한 고열의 광물("용융고열물")을 취급하는 피트에 대하여 수증기 폭발을 방지하기 위한 조치를 하여야 한다. 이 경우 사업주가 하여야 하는 조치사항 2가지를 적으시오. (4점)

**Answer & Explanation**

① 지하수가 내부로 새어드는 것을 방지할 수 있는 구조로 할 것
② 작업용수 또는 빗물 등이 내부로 새어드는 것을 방지할 수 있는 격벽 등의 설비를 수위에 설치일 것

**03** 화면에서는 이동식 크레인을 이용하여 형강을 운반하는 작업을 보여준다. 동영상에서와 같은 작업 시 준수해야 할 사항 3가지를 적으시오. (6점)
(단, 근로자 안전보건교육, 유도자 배치, 작업장 정리정돈은 제외할 것)

> **화면 설명** • 작업자가 형강을 1줄 걸이로 결속하여 운반하고 있으며 유도로프를 사용하여 운반하는 모습을 보여준다.

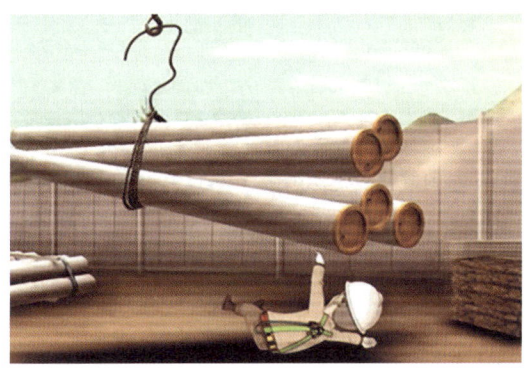

▲ 사진 출처 : 안전보건공단

**Answer & Explanation**

① **비계 인양 시 2줄 걸이로 인양**한다.
② **유도로프를 사용**하여 흔들림을 방지한다.(동영상에서 사용하지 않는 경우만 해당)
③ **훅의 해지장치를 사용**하여 인양물이 훅에서 이탈하는 것을 방지한다.
④ 작업구역 내에 출입금지 구역을 설정하여 **관계근로자 외의 출입을 금지**시킨다.

**주의** 동영상을 확인하고 답을 적으세요.

**04** 화면에서는 전단기 작업을 보여준다. 전단기(또는 프레스)에 설치하여야 하는 방호장치를 3가지 적으시오. (6점)

> **화면 설명** • 동영상에서는 전단기로 철판을 자르는 작업을 하고 있다. 작업자가 고무장갑을 착용한 채 왕복 운동하는 전단기로 철판을 절단하던 중 손가락이 잘리는 사고를 당한다.

▲ 사진 출처 : 안전보건공단

**Answer & Explanation**

① 손쳐내기식(방호장치)
② 수인식(방호장치)
③ 게이트가드식(방호장치)
④ 양수조작식(방호장치)
⑤ 광전자식(방호장치)
⑥ 페달에 U자형 덮개 설치(방호장치 5가지 이상 적으라는 경우만 해당)

**05** 화면에서 작업자는 등기구를 조작하던 중 사고가 발생한다. (1) 재해 유형(재해 발생형태)을 적으시오. (2) 화면에서의 위험요인(재해 원인) 1가지를 적으시오. (4점)

**Answer & Explanation**

(1) 재해 유형(재해 발생형태) : 감전(전류접촉)

(2) 위험요인
① 전원을 차단하지 않고 작업하여 감전 위험이 있다.
② 작업자가 절연장갑을 착용하지 않아 감전 위험이 있다.
③ 등기구의 접지를 실시하지 않아 감전 위험이 있다.(철제 등기구만 해당)

주의 동영상을 확인하고 답을 적으세요.

**06** [보기]는 충전 전로에서 전기 작업을 하는 경우의 조치사항에 관한 내용이다. 괄호에 적합한 내용을 적으시오. (6점)

> **보기**
> 
> • 충전전로를 취급하는 근로자에게 그 작업에 적합한 ( ① )를 착용시킬 것
> • 충전전로에 근접한 장소에서 전기작업을 하는 경우에는 해당 전압에 적합한 ( ② )를 설치할 것. 다만, 저압인 경우에는 해당 전기작업자가 ( ① )를 착용하되, 충전전로에 접촉할 우려가 없는 경우에는 ( ② )를 설치하지 아니할 수 있다.
> • 유자격자가 아닌 근로자가 충전전로 인근의 높은 곳에서 작업할 때에 근로자의 몸 또는 긴 도전성 물체가 방호되지 않은 충전전로에서 대지전압이 50킬로볼트 이하인 경우에는 ( ③ ) 이내로, 대지전압이 50킬로볼트를 넘는 경우에는 10킬로볼트당 10센티미터씩 더한 거리 이내로 각각 접근할 수 없도록 할 것

**Answer & Explanation**

① 절연용 보호구   ② 절연용 방호구   ③ 300cm

## 07
[보기]는 산업안전보건법에 의한 항타기, 항발기의 무너짐 방지 조치에 관한 내용이다. 괄호에 적합한 내용을 적으시오. (4점)

> **보기**
> (1) 연약한 지반에 설치하는 경우에는 아웃트리거·받침 등 지지구조물의 침하를 방지하기 위하여 ( ① ) 등을 사용할 것
> (2) 궤도 또는 차로 이동하는 항타기 또는 항발기에 대하여는 불시에 이동하는 것을 방지하기 위하여 ( ② ) 등으로 고정시킬 것

**Answer & Explanation**

① 깔판·받침목    ② 레일클램프 및 쐐기

### 참고하기

- 항타기 및 항발기의 무너짐 방지조치
  ① 연약한 지반에 설치하는 경우에는 아웃트리거·받침 등 **지지구조물의 침하를 방지하기 위하여 깔판·받침목** 등을 사용할 것
  ② 시설 또는 가설물 등에 설치하는 때에는 그 내력을 확인하고 내력이 부족한 때에는 그 내력을 보강할 것
  ③ 아웃트리거·받침 등 **지지구조물이 미끄러질 우려가 있는 때에는 말뚝 또는 쐐기** 등을 사용하여 해당 지지구조물을 고정시킬 것
  ④ 궤도 또는 차로 이동하는 항타기 또는 항발기에 대하여는 불시에 이동하는 것을 방지하기 위하여 **레일클램프 및 쐐기** 등으로 고정시킬 것
  ⑤ 상단 부분은 버팀대·버팀줄로 고정하여 안정시키고, 그 하단 부분은 견고한 버팀·말뚝 또는 철골 등으로 고정시킬 것

## 08
작업발판을 이용해 전동 톱으로 목재를 절단하던 중 작업자가 작업발판(높이 60cm 이상)의 불균형으로 넘어지는 재해가 발생하였다. (1) 기인물과 (2) 재해 발생형태를 쓰시오. (5점)

사진 출처 : https://www.csi.go.kr/acd/acdCaseView.do?case_no=1748

**Answer & Explanation**

(1) 기인물 : 작업발판
(2) 재해 발생형태 : 떨어짐(또는 넘어짐)

**주의** 바닥면과 신체가 접해있거나, 발판의 높이가 60cm 미만인 경우는 "넘어짐"이 된다.
(동영상을 확인하고 답을 적으세요.)

**참고하기**

• 「떨어짐」과 「넘어짐」의 분류

| | |
|---|---|
| 바닥면과 신체가 떨어진 상태로 더 낮은 위치로 떨어진 경우 | 「떨어짐」 |
| 바닥면과 신체가 접해있는 상태에서 더 낮은 위치로 떨어진 경우 | 「넘어짐」 |
| 신체가 바닥면과 접해있었는지 여부를 알 수 없는 경우에는 작업발판 등 구조물의 높이가 보폭(약 60cm) 이상인 경우 | 「떨어짐」 |
| 보폭 미만인 경우 | 「넘어짐」 |

**09** 화면에서는 DMF(디메틸포름아미드)라고 적힌 용기를 들고 기계에 넣는 모습을 보여 준다. 해당 작업장에 게시하여야 하는 경고표지의 종류 2가지를 [보기]에서 골라 그 번호를 적으시오. (4점)

**보기**
① 급성독성물질 경고  ② 산화성물질 경고  ③ 인화성물질 경고  ④ 발암성물질 경고

**Answer & Explanation**

①, ③

**참고하기**

1. DMF의 경고표지 항목(MSDS 자료 기준)

| 인화성물질 경고 | 급성독성물질 경고 | 발암성·변이원성·생식독성·전신독성·호흡기 과민성 물질 경고 |

2. DMF의 유해·위험성 분류(MSDS 자료 기준)

인화성 액체 : 구분 3       급성독성(흡입 : 증기) : 구분 3
심한 눈 손상 또는 자극성 : 구분 2    발암성 : 구분 1B
생식독성 : 구분 1B         특정 표적 장기, 전신 독성(반복 노출) : 구분 2

# 산업안전기사 실기[필답형+작업형]

초 판 인 쇄 | 2016년 1월 5일
초 판 발 행 | 2016년 2월 20일
개정1판 발 행 | 2017년 1월 20일
개정2판 발 행 | 2018년 2월 10일
개정3판 발 행 | 2019년 2월 11일
개정4판 1쇄 발 행 | 2020년 2월 10일
개정4판 2쇄 발 행 | 2021년 2월 15일
개정5판 발 행 | 2022년 2월 25일
개정6판 발 행 | 2023년 2월 20일
개정7판 발 행 | 2024년 2월 5일
개정8판 발 행 | 2025년 1월 20일

저 자 | 최윤정
발 행 인 | 조규백
발 행 처 | 도서출판 구민사
　　　　　(07293) 서울특별시 영등포구 문래북로 116, 604호(문래동3가 46, 트리플렉스)
전　　화 | (02) 701-7421
팩　　스 | (02) 3273-9642
홈페이지 | www.kuhminsa.co.kr
신고번호 | 제2012-000055호 (1980년 2월 4일)
I S B N | 979-11-6875-465-2 [13500]

값 46,000원

※ 낙장 및 파본은 구입하신 서점에서 바꿔드립니다.
※ 본서를 허락없이 부분 또는 전부를 무단복제, 게재행위는 저작권법에 저촉됩니다.